westermann

Rolf Bader, Ingolf Baumann

Tabellenbuch Sanitär Heizung Klima/Lüftung

Anlagenmechanik SHK Ausbildung und Praxis

Netzmeister/-monteure

12. Auflage

Bestellnummer 74032

Zusatzmaterialien zu Tabellenbuch Sanitär Heizung Klima/Lüftung

BiBox Einzellizenz für Lehrer/-innen (Dauerlizenz)
BiBox Klassenlizenz Premium für Lehrer/-innen und bis zu 35 Schüler/-innen (1 Schuljahr)
BiBox Kollegiumslizenz für Lehrer/-innen (Dauerlizenz)
BiBox Kollegiumslizenz für Lehrer/-innen (1 Schuljahr)

Für Schülerinnen und Schüler

BiBox Einzellizenz für Schüler/-innen (1 Schuljahr)
BiBox Einzellizenz für Schüler/-innen (4 Schuljahre)
BiBox Klassensatz PrintPlus (1 Schuljahr)

Druck und Bindung: Westermann Druck GmbH, Georg-Westermann-Allee 66, 38104 Braunschweig

ISBN 978-3-427-74032-2

Vorwort

Der Einsatz dieses Tabellenbuchs bezieht sich sowohl auf die **Ausbildung** (Berufs-, Meister- und Technikerschulen) als auch auf die **Praxis**. Hierzu zählen alle Berufstätige in den SHK-Betrieben (Planung, Ausführung, Betrieb), aber auch Firmen und Fachkräfte, die nur am Rand mit der SHK-Branche zu tun haben.

Auffallend ist die ständige Zunahme neuer Produkteinheiten in allen Bereichen, die zunehmenden Wünsche und Forderungen der Kunden hinsichtlich Ausstattung, Komfort, Sicherheit, Nützlichkeit, Hygiene sowie die Zunahme an Vorschriften und Verordnungen. Diese Punkte wurden bei der Neuauflage des Tabellenbuchs berücksichtigt.

- Beim Abschnitt **Sanitärtechnik** wurden die umfassenden Änderungen der Technischen Regeln Gasinstallation (TRGI 2018) und der resultierenden Folgerungen neu erstellt. Weiterhin sind es die Themen Trinkwasserversorgung und -erwärmung, Abwassertechnik, Montagetechnik, sanitäre Einrichtungen (Auswahl, Montage, Nutzung), letztlich auch die Themen im Fachbereich der Gesundheitstechnik.
- Beim Abschnitt **Heizungstechnik** sind es die Anforderungen hinsichtlich der Energieerzeugung und Energienutzung was sich auf die gesamte SHK-Branche auswirkt, wie Versorgungstechnik, Gerätetechnik (Wärmeerzeugung), Regelungstechnik, Feuerungstechnik usw.
- Der Fachbereich **Lüftungs- und Klimatechnik** hat einen hohen Stellenwert bei der Luftqualität in Wohngebäuden, Arbeitsstätten und Versammlungsräumen. Eine einwandfreie Lüftung (oft verbunden mit einer Kühlung) hat positive Auswirkungen auf Gesundheit, Behaglichkeit und Tätigkeiten.

Bezüglich der Neubearbeitung bedanken sich Autoren für die Unterstützung von Herrn Dipl.-Ing. Philip Kientz (Fa. Bosch) im Bereich Elektrotechnik und Herrn Ralph Bischoff (Fa. Hilti Deutschland) für den Bereich Montagetechnik.

Diesem Buch wurden die bei Manuskriptabschluss vorliegenden neuesten Ausgaben der DIN-Normen, VDI-Richtlinien und sonstigen Bestimmungen zu Grunde gelegt. Verbindlich sind jedoch nur die neuesten Ausgaben der DIN-Normen, VDI-Richtlinien und sonstigen Bestimmungen selbst.

Die in diesem Werk aufgeführten Internetadressen sind auf dem Stand zum Zeitpunkt der Drucklegung. Die ständige Aktualität der Adressen kann vonseiten des Verlages nicht gewährleistet werden. Darüber hinaus übernimmt der Verlag keine Verantwortung für die Inhalte dieser Seiten.

Klempnerarbeiten

Gasinstallation

Trinkwassererwärmung (TWE)

Energietechnik – Energieeinsparung

Heizungs- und Feuerungstechnik

10.1 Griechisches Alphabet

Buchstabe groß	Buchstabe klein	Benennung	Buchstabe groß	Buchstabe klein	Benennung	Buchstabe groß	Buchstabe klein	Benennung	Buchstabe groß	Buchstabe klein	Benennung	Buchstabe groß	Buchstabe klein	Benennung
Α	α	Alpha	Ζ	ζ	Zeta	Λ	λ	Lambda	Π	π	Pi	Φ	φ	Phi
Β	β	Beta	Η	η	Eta	Μ	μ	My	Ρ	ϱ, ρ*	Rho	Χ	χ	Chi
Γ	γ	Gamma	Θ	ϑ	Theta	Ν	ν	Ny	Σ	σ	Sigma	Ψ	ψ	Psi
Δ	δ	Delta	Ι	ι	Jota	Ξ	ξ	Xi	Τ	τ	Tau	Ω	ω	Omega
Ε	ε	Epsilon	Κ	ϰ	Kappa	Ο	ο	Omikron	Υ	υ	Ypsilon			

* ϱ bevorzugen, da ρ mit der Einheit p für Kraft verwechselt werden kann.

10.2 Römische Zahlzeichen

1	2	3	4	5	6	7	8	9	10	20	30	40	50	**Beispiele:**
I	II	III	IV	V	VI	VII	VIII	IX	X	XX	XXX	XL	L	1999 = MCMXCIX
60	70	80	90	100	200	300	400	500	600	700	800	900	1000	2023 = MMXXIII
LX	LXX	LXXX	XC	C	CC	CCC	CD	D	DC	DCC	DCCC	CM	M	3030 = MMMXXX

10.3 Basisgrößen/-einheiten, Internationales Einheitssystem (SI-System) DIN 1301-1

Basisgröße	Zeichen	SI-Basiseinheit	Zeichen
Länge	*l*	Meter	m
Ziet	*t*	Sekunde	s
Masse	*m*	Kilogramm	kg
Temperatur	*T* (*t*)	Kelvin	K
Stromstärke	*I*	Ampere	A
Stoffmenge	*n*	Mol	mol
Lichtstärke	*I*	Candela	cd
elektrischer Widerstand *R*		Ohm Ω	$1\ \Omega = \frac{1\ V}{A}$

abgeleitete SI-Einheiten	Zeichen	Einheit	Zeichen	Beziehung
Kraft	*F*	Newton	N	1 N = 1 kg · m/s²
Druck	*p*	Pascal	Pa	1 Pa = 1 N/m²
Celsiustemperatur	*ϑ*, *t*	Grad-Celsius	°C	1 °C = 1 K
Energie Wärmemenge	*W* *Q*	Joule	J	1 J = 1 N · m = 1 Ws
Leistung Wärmestrom	*P* $\dot{Q}$	Watt	W	$1\ W = 1\ \frac{J}{s}$
elektrische Ladung	*Q*	Coulomb	C	1 C = 1 A · s
elektr. Spannung	*U*	Volt	V	1 V = J J/C

10.4 Einheiten außerhalb des SI-Systems DIN 1301-1

Größe/Zeichen/Einheit	Größe/Zeichen/Einheit	Größe/Zeichen/Einheit
Volumen *V*/Liter l/1 l = 1 dm³	Zeit *t*/Minute min/1 min = 60 s	ebener Winkel *α*, *β*, *γ*/Grad 1°
Masse *m*/Tonne t/1 t = 10³ kg	Stunde *h*/1 h = 60 min	Minute 1' = (1/60)°
Druck *p*/10⁵ Pascal ≙ 1 Bar	Tag *d* = 24 h; Jahr *a* = 365 d	Sekunde 1" = (1/60)'

10.5 Umrechnungen für nicht mehr anzuwendende Einheiten DIN 1301-3

Größe	alte Einheit	Umrechnung in SI-Einheiten	Größe	alte Einheit	Umrechnung in SI-Einheiten
Länge	Zoll	1 Zoll = 25,4 mm	Energie, Arbeit	kpm	1 kpm = 9,81 J
Kraft	kp	1 kp = 9,81 N	Wärmemenge	kcal	1 kcal = 4186,8 J
Druck	at = kp/cm²	1 at = 9,81 · 10⁴ Pa	Leistung	PS	1 PS = 735,5 W
Hydrost. Druck	mWS	10,19 mWS = 1 bar	Wärmestrom	kcal/h	1 kcal = 1,163 W

10.6 Vorsätze und Vorzeichen von Einheiten

Vorsatz	Zeichen	Potenzangabe	Benennung	Vorsatz	Zeichen	Potenzangabe	Benennung	Vorsatz	Zeichen	Potenzangabe	Benennung
Tera	T	10^{12}	Billion	Hekto	h	10^{2}	Hundert	Zenti	c	10^{-2}	Hundert
Giga	G	10^{9}	Milliarde	Deka	da	10^{1}	Zehn	Milli	m	10^{-3}	Tausend
Mega	M	10^{6}	Million	–	–	10^{0}	Eins	Mikro	µ	10^{-6}	Million
Kilo	K	10^{3}	Tausend	Dezi	d	10^{-1}	Zehntel	Nano	n	10^{-9}	Milliarde

Verkleinerter Wert ← 0,0001 (10⁻⁴) · 0,001 (10⁻³) · 0,01 (10⁻²) · 0,1 (10⁻¹) · 0 (0) · 10 (10¹) · 100 (10²) · 1000 (10³) · 10 000 (10⁴) · 100 000 (10⁵) → Vergrößerter Wert

Beispiele: 30 cm = 0,3 m; 8 Megawatt = 8 000 000 W; 30 Hektoliter = 3 000 l; 25 km = 25 000 m; 20 Milliliter = 0,02 Liter; 400 a = 4 ha (Hektar), 2 l (Liter) = 2 000 ml; 20 000 cm² = 2 m²; 4 mg (Milligramm) = 0,004 g; 5,2 km = 5 200 m; 70 da g (Deka) = 700 g; 7 t (Tonne) = 7 000 kg.

11.1 Basisgrößen und Basiseinheiten des internationalen Einheitensystems (SI-System)

Basisgröße		SI-Basiseinheit		Basisgröße		SI-Basiseinheit	
Name	Zeichen	Name	Zeichen	Name	Zeichen	Name	Zeichen
Länge Zeit Masse Temperatur	l t m T (t)	Meter Sekunde Kilogramm Kelvin	m s kg K	Stromstärke Stoffmenge Lichtstärke	I n I	Ampere Mol Candela	A mol cd

11.2 Auswahl abgeleiteter SI-Einheiten mit besonderem Namen — DIN 1301-2

Größe		SI-Einheit		Beziehung	Größe		SI-Einheit		Beziehung
Name	Zeichen	Name	Zeichen		Name	Zeichen	Name	Zeichen	
Kraft	F	Newton	N	$1\ \text{N} = \frac{1\ \text{kgm}}{\text{s}^2}$	Leistung Wärmestrom	P $\dot{Q}$	Watt	W	$1\ \text{W} = \frac{1\ \text{J}}{\text{s}}$
Druck	p	Pascal	Pa	$1\ \text{Pa} = \frac{1\ \text{N}}{\text{m}^2}$	elektrische Ladung	Q	Coulomb	C	1 C = 1 A · s
Celsius-Temperatur	ϑ, t	Grad-Celsius	°C	1 °C = 1 K	elektrische Spannung	U	Volt	V	$1\ \text{V} = \frac{1\ \text{J}}{\text{C}}$
Energie, Wärmemenge	W Q	Joule	J	1 J = 1 N · m = 1 Ws	elektrischer Widerstand	R	Ohm	Ω	$1\ \Omega = \frac{1\text{V}}{\text{A}}$

11.3 Einheiten außerhalb des SI-Systems — DIN 1301-1

Größe		Einheit		Beziehung	Größe		Einheit		Beziehung
Name	Zeichen	Name	Zeichen		Name	Zeichen	Name	Zeichen	
Volumen	V	Liter	l	$1\ \text{l} = 1\text{dm}^3$	Masse	m	Tonne	t	$1\ \text{t} = 10^3\ \text{kg}$
Zeit	t	Minute Stunde Tag Jahr	min h d a	1 min = 60 s 1 h = 60 min 1 d = 24 h 1 a = 365 d	ebener Winkel	α, β, γ	Sekunde Minute Grad	1'' 1' 1°	1'' = (1/60)' 1' = (1/60)°
					Druck	p	Bar	bar	$1\ \text{bar} = 10^5\ \text{Pa}$

11.4 Umrechnungen für nicht mehr anzuwendende Einheiten — DIN 1301-3

Größe	alte Einheit	Umrechnung in SI-Einheiten	Größe	alte Einheit	Umrechnung in SI-Einheiten
Länge Kraft Druck Hydrost. Druck	Zoll kp $\text{at} = \text{kp/cm}^2$ mWS	1 Zoll = 25,4 mm 1 kp = 9,81 N $1\ \text{at} = 9{,}81 \cdot 10^4\ \text{Pa}$ 10,19 mWS = 1 bar	Energie, Arbeit Wärmemenge Leistung Wärmestrom	kpm kcal PS kcal/h	1 kpm = 9,81J 1 kcal = 4186,8 J 1 PS = 735,5 W 1 kcal = 1,163 W

11.5 Vorsätze und Vorzeichen von Einheiten

Vorsatz	Zeichen	Potenzangabe	Benennung	Vorsatz	Zeichen	Potenzangabe	Benennung	Vorsatz	Zeichen	Potenzangabe	Benennung
Tera	T	10^{12}	Billion	Hekto	h	10^2	Hundert	Zenti	c	10^{-2}	Hundert
Giga	G	10^9	Milliarde	Deka	da	10^1	Zehn	Milli	m	10^{-3}	Tausend
Mega	M	10^6	Million	–	–	10^0	Eins	Mikro	µ	10^{-6}	Million
Kilo	K	10^3	Tausend	Dezi	d	10^{-1}	Zehntel	Nano	n	10^{-9}	Milliarde

Verkleinerter Wert	0,0001	0,001	0,01	0,1	0	10	100	1 000	10 000	100 000	Vergrößerter Wert
	10^{-4}	10^{-3}	10^{-2}	10^{-1}	0	10^1	10^2	10^3	10^4	10^5	

Beispiele: 30 cm = 0,3 m; 8 Megawatt = 8 000 000 W; 30 Hektoliter = 3 000 l; 25 km = 25 000 m; 20 Milliliter = 0,02 Liter; 400 a = 4 ha (Hektar), 2 l (Liter) = 2 000 ml; $20\,000\ \text{cm}^2 = 2\ \text{m}^2$; 4 mg (Milligramm) = 0,004 g; 5,2 km = 5 200 m; 70 da (Deka) = 700 g; 7 t (Tonne) = 7 000 kg.

12.1 Klammerrechnung

Plusklammer	$2a + (b - 3c) = 2a + b - 3c$	Beim Auflösen einer Plusklammer bleiben alle Rechenzeichen erhalten.
Minusklammer	$a - (-3b + 2c) = a + 3b - 2c$	Beim Auflösen einer Minusklammer ändern sich alle Rechenzeichen.
mehrfache Klammern	$a - [-b + (c - d)] = a - [-b + c - d] = a + b - c + d$	Die Klammern werden von innen nach außen aufgelöst.
Zahl mal Klammer	$2a \cdot (b - 3c) = 2a \cdot b - 2a \cdot 3c = 2ab - 6ac$	Die Zahl wird mit jedem Summanden der Klammer multipliziert.
Klammer mal Klammer	$(a + b) \cdot (c + d) = a\,(c + d) + b\,(c + d) = ac + ad + bc + bd$	Jeder Summand der ersten Klammer wird mit jedem Summanden der zweiten Klammer multipliziert.
Klammer durch Zahl	$(a + b) : c = a : c + b : c = \frac{a}{c} + \frac{b}{c}$	Jeder Summand der Klammer wird durch die Zahl dividiert.
Klammer durch Klammer	$(a + b) : (c + d) = a : (c + d) + b : (c + d) = \frac{a}{c + d} + \frac{b}{c + d}$	Jeder Summand der ersten Klammer wird durch die zweite Klammer dividiert.

Beispiele: $\Delta Q = 200 \cdot 1{,}16 \cdot (40 - 10) = \underline{\underline{6\,960}}$; $q_A = (160 - 20) \cdot \left(\frac{0{,}37}{11{,}7} + 0{,}009\right) = 140 \cdot (0{,}0316 + 0{,}009) = \underline{\underline{5{,}69}}$

12.2 Rechnen mit Brüchen

Rechenart	Beispiel	Erklärung
erweitern und kürzen	$\frac{3 \cdot 3}{7 \cdot 3} = \frac{9}{21}$ $\frac{9 : 3}{21 : 3} = \frac{3}{7}$	Zähler und Nenner werden mit derselben Zahl multipliziert bzw. durch dieselbe Zahl dividiert.
gleichnamig machen	$\frac{3}{2} + \frac{4}{3} = \frac{3 \cdot 3}{2 \cdot 3} + \frac{4 \cdot 2}{3 \cdot 2} = \frac{9}{6} + \frac{8}{6}$	Durch Erweitern erhalten alle Brüche den gleichen Nenner. Der kleinste gemeinsame Nenner ist der Hauptnenner.
Addition und Subtraktion	$\frac{3}{7} + \frac{5}{7} - \frac{2}{7} = \frac{3 + 5 - 2}{7} = \frac{6}{7}$	Gleichnamige Brüche werden addiert bzw. subtrahiert, indem man die Zähler addiert bzw. subtrahiert.
Multiplikation	$3 \cdot \frac{7}{5} = \frac{3 \cdot 7}{5} = \frac{21}{5}$	Eine Zahl wird mit einem Bruch multipliziert, indem man die Zahl mit dem Zähler des Bruches multipliziert.
	$\frac{2}{3} \cdot \frac{7}{5} = \frac{2 \cdot 7}{3 \cdot 5} = \frac{14}{15}$	Ein Bruch wird mit einem Bruch multipliziert, indem man jeweils die Zähler und die Nenner multipliziert.
Division	$\frac{7}{5} : 6 = \frac{7}{5 \cdot 6} = \frac{7}{30}$	Ein Bruch wird durch eine Zahl dividiert, indem man den Nenner mit der Zahl multipliziert.
	$6 : \frac{7}{5} = 6 \cdot \frac{5}{7} = \frac{30}{7}$	Eine Zahl wird durch einen Bruch dividiert, indem man die Zahl mit dem Kehrwert des Bruches multipliziert.
	$\frac{3}{5} : \frac{7}{8} = \frac{3 \cdot 8}{5 \cdot 7} = \frac{24}{35}$	Ein Bruch wird durch einen Bruch dividiert, indem man den ersten Bruch mit dem Kehrwert des zweiten multipliziert.

12.3 Potenzen und Wurzeln

Potenz $a^n = b$ $(x^2)^3 = x^{2 \cdot 3} = x^6$ a Basis n Exponent (s. 13.1) b Potenzwert	**Wurzel** $\sqrt[n]{b} = b^{\frac{1}{n}} = a$ b Radikand n Wurzelexponent a Wurzelwert	**Wurzelumstellung:** z. B. $c = \sqrt{a^2 + b^2}$ Auflösung → a: ① quadrieren → $c^2 = a^2 + b^2$ ② mit $-b^2$ subtrahieren $c^2 - b^2 = a^2 + b^2 - b^2 = a^2$; Seite tauschen $a^2 = c^2 - b^2$; ③ radizieren $\sqrt{a^2} = \sqrt{c^2 - b^2}$; umstellen $a = \sqrt{c^2 - b^2}$

13.1 Potenzrechnen (mit Zehnerpotenzen[1])

Rechenart	Beispiel	Erklärung
Addition und Subtraktion	$3 \cdot 10^2 + 2 \cdot 10^2 = 5 \cdot 10^2$ $5 \cdot 10^2 - 2 \cdot 10^2 = 3 \cdot 10^2$	Nur Potenzen mit gleicher Basis und gleichem Exponenten können addiert bzw. subtrahiert werden.
Multiplikation	$10^3 \cdot 10^2 = 10^{3+2} = 10^5$	Potenzen mit gleicher Basis werden multipliziert, indem man die Exponenten addiert.
Division	$\frac{10^5}{10^2} = 10^{5-2} = 10^3$	Potenzen mit gleicher Basis werden dividiert, indem man die Exponenten subtrahiert.
Potenzieren	$(10^2)^3 = 10^{2 \cdot 3} = 10^6$	Potenzen werden potenziert, indem man die Basis beibehält und die Exponenten multipliziert.
Radizieren	$\sqrt[3]{10^6} = 10^{\frac{6}{3}} = 10^2$	Potenzen werden radiziert, indem man die Basis beibehält und den Potenzwert durch den Wurzelwert dividiert.

Sonderfälle	$10^1 = 10$	$10^0 = 1$	$\frac{1}{10^2} = 10^{-2}$	$10^2 = \frac{1}{10^{-2}}$
Beispiele:	$2 \cdot 3^2 + 3 \cdot 3^2 =$ $(2+3) \cdot 3^2 = 45$	$5^3 \cdot 7^0 \cdot 3^1 =$ $125 \cdot 1 \cdot 3 = 375$	$2^3 \cdot 3^4 =$ $8 \cdot 81 = 648$	$\frac{2^5}{3^4} = \frac{32}{81} = 0,395$

[1] Die Basis 10 kann durch jede andere Zahl ersetzt werden.

13.2 Umstellung von Gleichungen

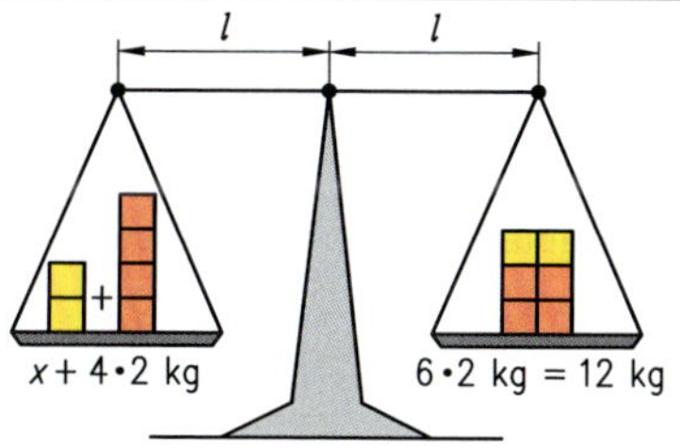

- Eine Gleichung kann man mit einer Balkenwaage vergleichen.
- Die Waage bleibt im Gleichgewicht, wenn die Inhalte der rechten und linken Waagschale um die gleiche Menge vergrößert oder vermindert oder getauscht werden.
- Zur Berechnung des unbekannten Gliedes einer Gleichung formt man diese so um, dass das unbekannte Glied positiv ist und links vom Gleichheitszeichen steht.
- Mit den wesentlichen Vorgängen soll anhand von Beispielen und Erklärungen das Theam ergänzt werden.

Seitenaustausch	$V = \frac{d^3 \cdot \pi}{6}$ $\frac{d^3 \cdot \pi}{6} = V$	Austausch, wenn z. B. gesuchte Größe auf der rechten Seite steht	Quotientengleichung	$\frac{D+d}{2} = U \cdot \pi \quad \vert \cdot 2$ $\frac{D+d}{2} \cdot 2 = U \cdot \pi \cdot 2$ $D + d = U \cdot \pi \cdot 2$	Die linke und rechte Seite werden mit dem gleichen Wert multipliziert (ein Divisor beseitigt)
Kehrwert bilden	$\frac{p_1}{p_2} = \frac{V_2}{V_1}$ $\frac{p_2}{p_1} = \frac{V_1}{V_2}$	Bildung, wenn z. B. die gesuchte Größe im Nenner steht	Potenzgleichung	$a^2 = V \quad \vert \sqrt[3]{\ }$ $\sqrt[3]{a^3} = \sqrt[3]{V}$ $a = \sqrt[3]{V}$	Linke und rechte Seite werden radiziert, sodass eine Potenz bereinigt wird
Summengleichung	$2 \cdot s + d = D \quad \vert - d$ $2 \cdot s + d - d = D - d$ $2 \cdot s = D - d$	Auf linker und rechter Seite wird der gleiche Wert subtrahiert	Wurzelgleichung	$\sqrt{c^2 - a^2} = b \quad \vert (\ )^2$ $\sqrt{(c^2 - a^2)} = b^2$ $c^2 - a^2 = b^2$	Linke und rechte Seite werden potenziert (s. 12.3)
Differenzgleichung	$D^2 - d^2 = 127 \cdot A \quad \vert + d^2$ $D^2 - d^2 + d^2 = 127 \cdot A + d^2$ $D^2 = 127 \cdot A + d^2$	Auf beiden Seiten wird der gleiche Wert addiert			
Produktgleichung	$m \cdot c\,(\vartheta_2 - \vartheta_1) = Q \quad \vert : m \cdot c$ $\frac{m \cdot c\,(\vartheta_2 - \vartheta_1)}{m \cdot c}$ $= \vartheta_2 - \vartheta_1 = \frac{Q}{m \cdot c}$	Beide Seiten werden durch den gleichen Wert geteilt, so wird ein Faktor beseitigt			

Man unterscheidet im Wesentlichen zwischen:
- Größengleichungen = Formeln (s. Physik)
- Bestimmungsgleichungen (algebraische Gleichungen). Hier sind die Werte bestimmter Variablen zu berechnen.
  z. B. $x - 13 = 18$
  $x = 18 - 13 = 5$ x = Variable (Variante)

14.1 Dreisatzrechnung

Dreisatz mit	gleichem Verhältnis	umgekehrtem Verhältnis
Sätze / **Beispiele**	2 m Rohr kosten 10 €. Wie viel € kosten 8 m Rohr?	5 Gesellen montieren eine Rohrleitung in 10 h. Wie lange brauchen 3 Gesellen?
1. Behauptungssatz (gegebene Vielzahl)	2 m Rohr ⇒ 10 €	5 Gesellen ⇒ 10 h
2. Zwischensatz (schließen von der Mehrheit auf die Einheit)	1 m Rohr ⇒ $\frac{10\ €}{2\ m}$	1 Geselle ⇒ 10 h · 5
3. Schlusssatz (schließen von der Einheit auf die neue Mehrheit)	8 m Rohr ⇒ $\frac{10\ €}{2\ m} \cdot 8\ m$	3 Gesellen ⇒ $10\ h \cdot \frac{5}{3}$

Im Zwischensatz wird beim gleichen Verhältnis dividiert und beim umgekehrten multipliziert.

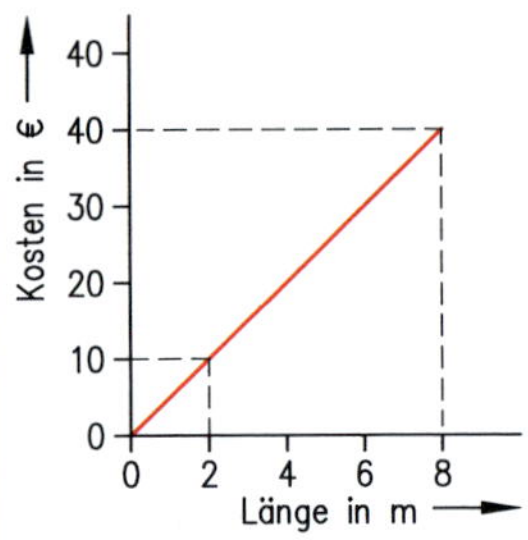

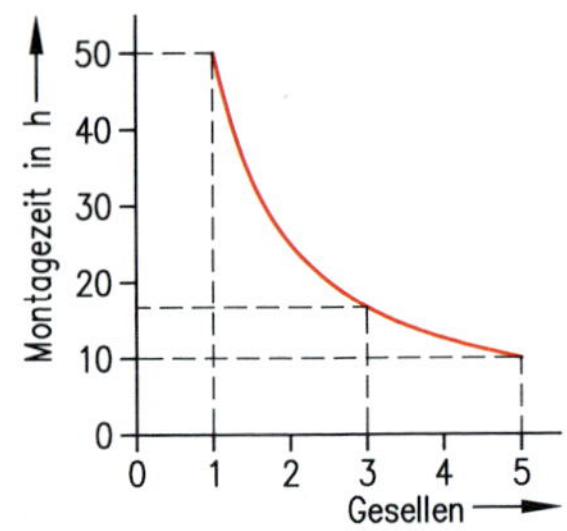

Zusammengesetzter Dreisatz

4 Monteure verdienen in 36 Stunden 2128 €.
Wie viel € verdienen 2 Monteure in 60 Stunden?

1. Satz: 4 Mon. in 36 h – 2128 €

2. Satz: 1 Mon. in 1 h – 2128 €/(4 Mon. · 36 h)

3. Satz: 2 Mon. in 60 h – $\frac{2128 \cdot 2\ \text{Mon.} \cdot 60\ \text{h}}{4\ \text{Mon.} \cdot 36\ \text{h}}$

14.2 Prozentrechnung mit Beispiel

$p = \frac{w \cdot 100\ \%}{g}$	$1\ \% = \frac{1}{100}$

p Prozentsatz in % (Angabe eines Teiles von 100)
w Prozentwert (Teil des Ganzen)
g Grundwert (entspricht dem Ganzen also 100 %)

Der Prozentwert und der Grundwert sind immer benannte Zahlen z. B. in kg, €, m, W, Wh, J oder N.

a) Von einer Dachfläche mit 380 m² müssen 11 m² repariert werden. Wie viel % sind dies?
b) Wie viel % sind es, wenn von der Reparaturfläche 8 % ausgetauscht werden müssen?

zu a) $\frac{100}{380} \cdot 40 = \underline{\underline{10{,}5\ \%}}$; zu b) $\frac{100}{40} \cdot 8 = \underline{\underline{20\ \%}}$

zu a)

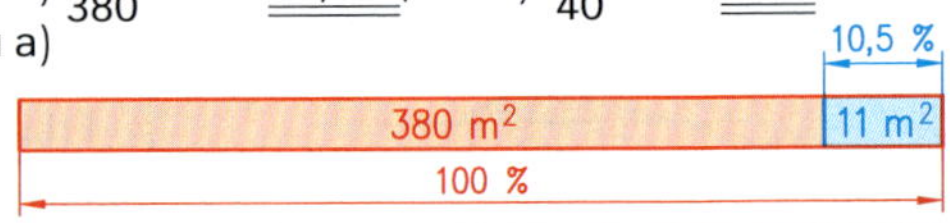

14.3 Zinsrechnung

$z = \frac{p \cdot k}{100\ \%}$	$z = \frac{p \cdot k}{100\ \%} \cdot \frac{h}{360}$
z Jahreszins in € p Zinssatz in % k Anfangskapital	Berücksichtigung der Verzinzungszeit (in der Regel Stunden pro Jahr)

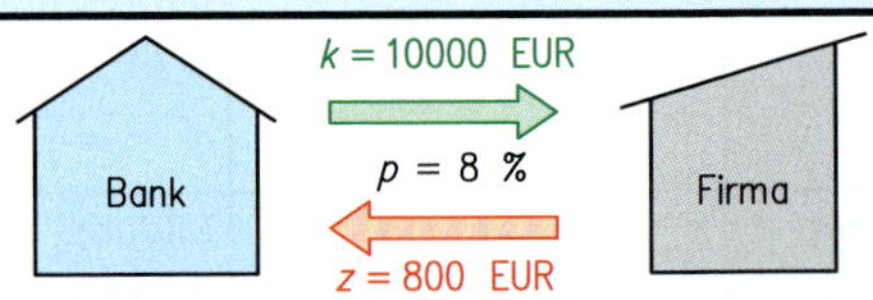

14.4 Teilung von Längen

Randabstand ≠ Teilung		Randabstand = Teilung	
$t = \frac{L - (a + b)}{n - 1}$	$z = n - 1$	$t = \frac{L}{n + 1}$	$z = n + 1$

L Gesamtlänge z. B. in m oder cm
t Teilung z. B. in m oder cm = 1 (n + 1)
a, b Randabstand z. B. in m oder cm
z Anzahl der Teile
n Anzahl der Teilungspunkte (z. B. Schellen, Bohrungen, Sägeschnitte oder Stutzen)

Beispiel (Randstand = Teilung) L = 3 m, n = 1,5

$t = \frac{L}{n + 1} = \frac{300}{3 + 1} = \underline{\underline{75\ \text{cm}}}$

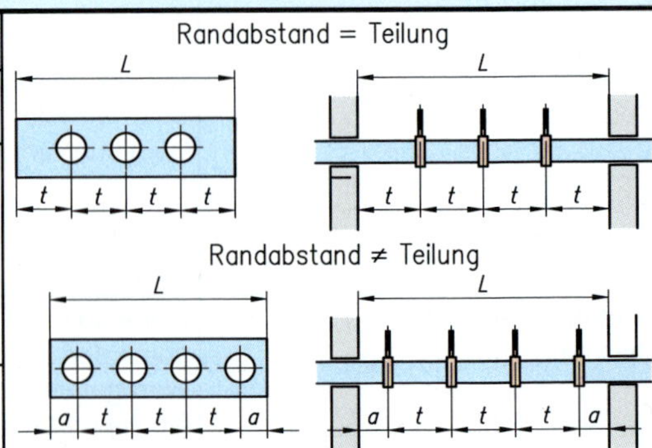

15.1 Lehrsatz des Pythagoras

In einem rechtwinkeligen Dreieck ist das Quadrat über der Hypotenuse (c) gleich der Summe der Quadrate über den Katheten (a) und (b).

c Hypotenuse
a Kathete
b Kathete

$c = \sqrt{a^2 + b^2}$ $b = \sqrt{c^2 - a^2}$ $a = \sqrt{c^2 - b^2}$ $c^2 = a^2 + b^2$

Beispiel: a = 40 mm und c = 100 mm. Wie groß ist die Seite b?

$c^2 = a^2 + b^2$; $b = \sqrt{c^2 - a^2} = \sqrt{(100\text{ mm})^2 - (40\text{ mm})^2} = \underline{\underline{91{,}6\text{ mm}}}$

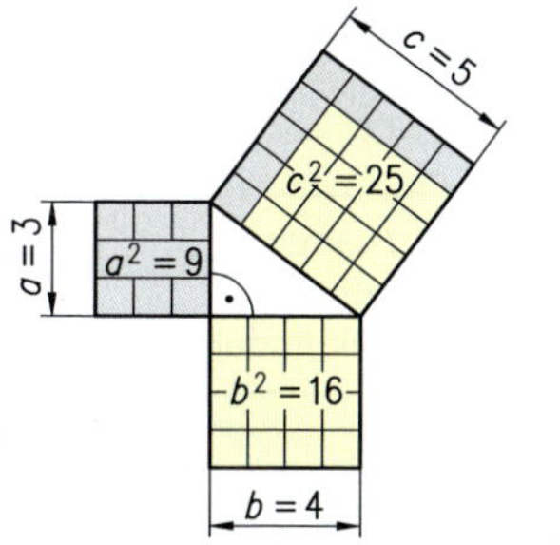

Seitenverhältnis 3 : 4 : 5 (a : b : 5) ergibt einen rechten Winkel.
Die Winkelfunktionen im rechtwinkligen Dreieck (s. 15.2)

15.2 Winkelfunktionen am rechtwinkeligen und schiefwinkligen Dreieck

Rechtwinkliges Dreieck			Schiefwinkliges Dreieck	
Funktionen	Winkel α	Winkel β	Sinussatz	Cosinussatz
Sinus $= \frac{\text{Gegenkathete}}{\text{Hypotenuse}}$	$\sin\alpha = \frac{a}{c}$	$\sin\beta = \frac{b}{c}$	$\frac{a}{\sin\alpha} = \frac{b}{\sin\beta} = \frac{c}{\sin\gamma}$ $a : b : c = \sin\alpha \cdot \sin\beta \cdot \sin\gamma$	$a^2 = b^2 + c^2 - 2 \cdot b \cdot c \cdot \cos\alpha$ $b^2 = a^2 + c^2 - 2 \cdot a \cdot c \cdot \cos\beta$ $c^2 = a^2 + b^2 - 2 \cdot a \cdot b \cdot \cos\gamma$
Cosinus $= \frac{\text{Ankathete}}{\text{Hypotenuse}}$	$\cos\alpha = \frac{b}{c}$	$\cos\beta = \frac{a}{c}$		
Tangens $= \frac{\text{Gegenkathete}}{\text{Ankathete}}$	$\tan\alpha = \frac{a}{b}$	$\tan\beta = \frac{b}{a}$	Aus einer Seite und zwei Winkeln lassen sich die anderen Werte berechnen Seite $a \rightarrow$ Gegenwinkel α Seite $b \rightarrow$ Gegenwinkel β Seite $c \rightarrow$ Gegenwinkel γ	**Mögliche Umstellungen:** $a = \frac{b \cdot \sin\alpha}{\sin\beta} = \frac{c \cdot \sin\alpha}{\sin\gamma}$ $b = \frac{a \cdot \sin\beta}{\sin\alpha} = \frac{c \cdot \sin\beta}{\sin\gamma}$ $c = \frac{a \cdot \sin\gamma}{\sin\alpha} = \frac{b \cdot \sin\gamma}{\sin\beta}$
Cotangens $= \frac{\text{Ankathete}}{\text{Gegenkathete}}$	$\cot\alpha = \frac{b}{a}$	$\cot\beta = \frac{a}{b}$		
Beispiel: a = 4 cm, b = 8 cm, c = 9 cm	$\sin\alpha = \frac{a}{c} = \frac{4}{9} = 0{,}44$ cm			

$\alpha + \beta + \gamma = 180°$
$\gamma = 90°$

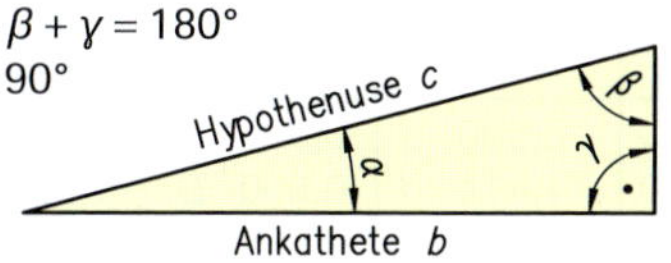

$\alpha + \beta + \gamma = 180°$

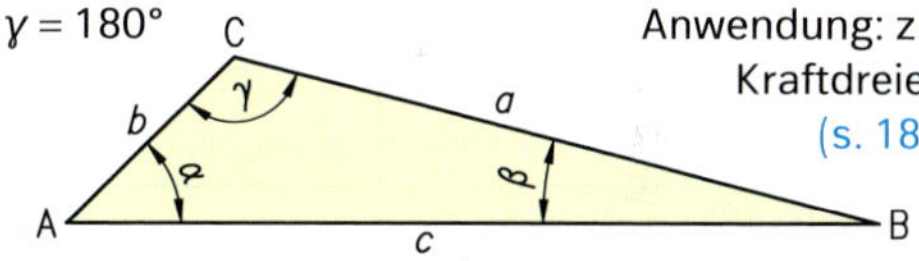

Anwendung: z. B. Kraftdreieck (s. 18.4)

15.3 Gefälle (negative Steigung)

$I_r = \frac{\Delta h}{l}$ (Relativgefälle)	$I_{\%} = \frac{\Delta h}{l} \cdot 100\ \%$ (Gefälle in Prozent)	$I_N = 1 : \frac{l}{\Delta h}$ (Neigungsverhältnis)

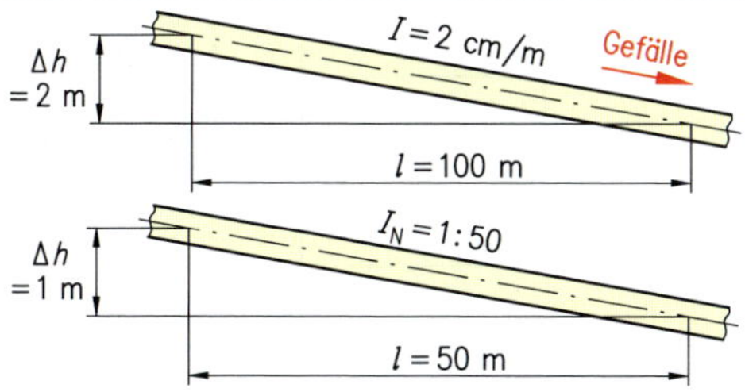

- Das Neigungsverhältnis gibt die Länge bei einer Höhendifferenz von 1 m an.
- Bei geringerem Gefälle kann man die Rohrlänge anstatt der waagerechten Projektion für die Berechnung verwenden.

Beispiel: Rohrlänge 15 m, Δh = 12 cm
Gefälle $\Delta h / l$ = 12 cm/15 m, entspricht 12 cm/1 500 cm = 0,008 (= Relativgefälle I_r) mit 100 multipliziert (= Prozentgefälle 0,8 cm/m)

Eine bedeutsame Rolle spielt das **Gefälle bei Entwässerungsanlagen** zur Ableitung von Abwasser (Anschluss-, Sammel- und Grundleitungen).

Mindestgefälle (liegende Leitungen) 2 ... 3 %, möglichst 5 % nicht überschreiten.

Beispiel:
Wie groß ist das Gefälle einer 81 m langen Leitung, wenn der Deckenabstand am Anfang der Leitung 55 cm und am Ende 25 cm beträgt?

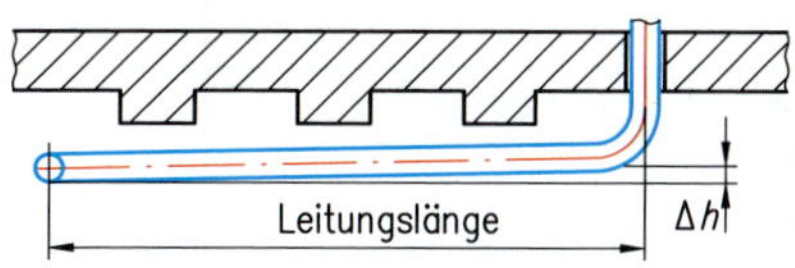

Lösung: $I = \frac{\Delta h \cdot 100\ \%}{l} = \frac{0{,}3\text{ m} \cdot 100\ \%}{81\text{ m}} = \underline{\underline{0{,}37\ \%}}$

16.1 Flächen

Einheitenumrechnung

$m^2 \xrightarrow{\cdot 100} dm^2 \xrightarrow{\cdot 100} cm^2 \xrightarrow{\cdot 100} mm^2$

$mm^2 \xrightarrow{:100} cm^2 \xrightarrow{:100} dm^2 \xrightarrow{:100} m^2$

Beispiele: $1\ m^2 = 100\ dm^2 = 10\,000\ cm^2$
$10\,000\ mm^2 = 100\ cm^2 = 1\ dm^2$
$125\,000\ cm^2 = 12{,}5\ m^2$

l, l_1, l_2	Länge	U	Umfang	D, d	Durchmesser	l_B	Bogenlänge
h	Höhe	A	Fläche	d_m	mittlere Durchmesser	s	Wanddicke
e	Diagonale	n	Eckenzahl	r	Radius	α, β, γ	Winkel

Quadrat

$A = l \cdot l$ $\quad U = 4 \cdot l$

$e = l \cdot \sqrt{2}$

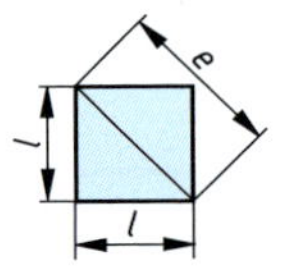

Rhombus

$A = l \cdot h$

$U = 4 \cdot l$

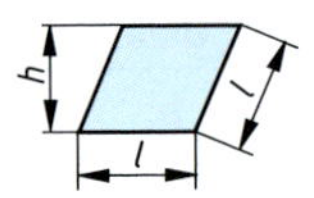

Dreieck

$A = \frac{l \cdot h}{2}$ $\quad h = \frac{2 \cdot A}{l}$

$U = l + l_1 + l_2$

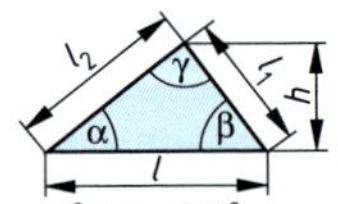

$\alpha + \beta + \gamma = 180°$

Trapez

$A = \frac{l_1 + l_3}{2} \cdot h$ $\quad l_m = \frac{l_1 + l_3}{2}$

$A = l_m \cdot h$

$U = l_1 + l_2 + l_3 + l_4$

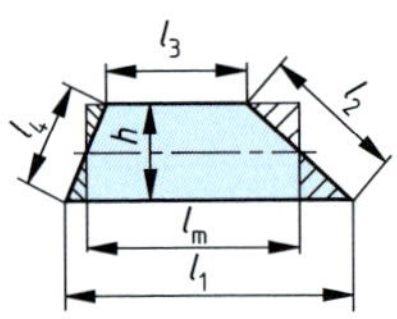

Unregelmäßiges Vieleck

$A = A_1 + A_2 + ... + A_n$

Beispiel:
$A_1 = (l_1 \cdot h_1) : 2$
$A_2 = (l_2 \cdot h_2) : 2$

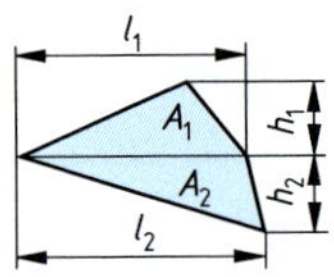

Kreis

$A = d^2 \cdot \frac{\pi}{4}$ $\quad U = d \cdot \pi$

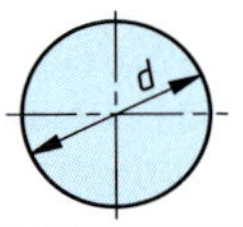

Kreisring

$A = (D^2 - d^2) \cdot \frac{\pi}{4}$

$A = d_m \cdot \pi \cdot s$ $\quad d_m = \frac{D + d}{2}$

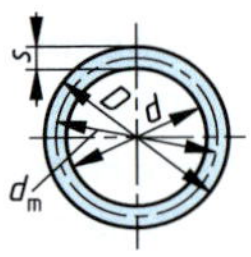

$s = (D - d) : 2$

Kreisringausschnitt

$A = (D^2 - d^2) \cdot \frac{\pi}{4} \cdot \frac{\alpha}{360°}$

$l = \frac{d_m \cdot \pi \cdot \alpha}{360°}$ $\quad d_m = \frac{D + d}{2}$

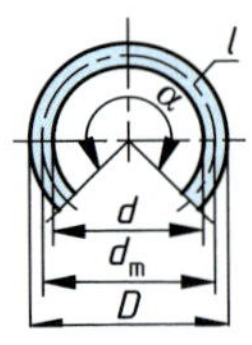

Rechteck

$A = l \cdot h$ $\quad U = 2 \cdot (l + h)$

$e = \sqrt{l^2 + h^2}$

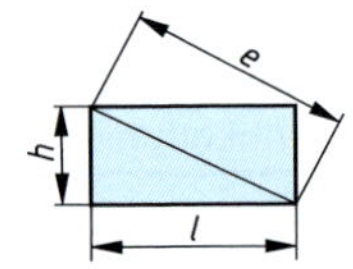

Parallelogramm

$A = l_1 \cdot h$

$U = 2 \cdot (l_1 + l_2)$

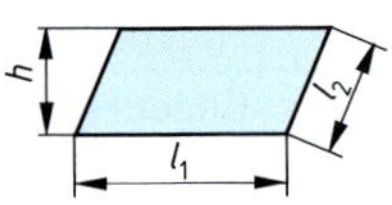

Regelmäßiges Vieleck

$A = \frac{n \cdot l \cdot d}{4}$ $\quad A = n \cdot A_\Delta$

$\alpha = 360°/n$

$\beta = 180° - \alpha$

$d = \sqrt{D^2 - l^2}$ $\quad l = D \cdot \sin\frac{180°}{n}$

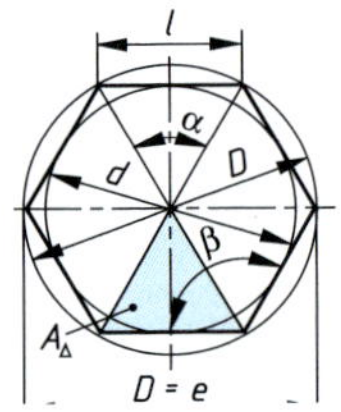

n	l	$D = e$	A	A
3	$0{,}867 \cdot D$	$2{,}000 \cdot d$	$0{,}325 \cdot D^2$	$1{,}299 \cdot d^2$
4	$0{,}707 \cdot D$	$1{,}414 \cdot d$	$0{,}500 \cdot D^2$	$1{,}000 \cdot d^2$
5	$0{,}588 \cdot D$	$1{,}236 \cdot d$	$0{,}595 \cdot D^2$	$0{,}908 \cdot d^2$
6	$0{,}500 \cdot D$	$1{,}155 \cdot d$	$0{,}649 \cdot D^2$	$0{,}866 \cdot d^2$
8	$0{,}383 \cdot D$	$1{,}082 \cdot d$	$0{,}707 \cdot D^2$	$0{,}828 \cdot d^2$
10	$0{,}309 \cdot D$	$1{,}052 \cdot d$	$0{,}735 \cdot D^2$	$0{,}812 \cdot d^2$
12	$0{,}259 \cdot D$	$1{,}035 \cdot d$	$0{,}750 \cdot D^2$	$0{,}804 \cdot d^2$

Ellipse

$A = D \cdot d \cdot \frac{\pi}{4}$ $\quad U \approx \frac{D + d}{2} \cdot \pi$

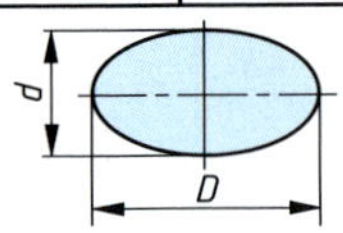

Kreisausschnitt

$A = \frac{d^2 \cdot \pi}{4} \cdot \frac{\alpha}{360°}$

$l_B = \frac{d \cdot \pi \cdot \alpha}{360°}$ $\quad A = \frac{l_B \cdot r}{2}$

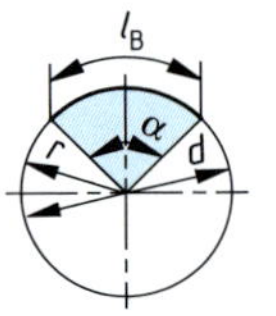

Kreisabschnitt

$A = \frac{r^2 \cdot \pi \cdot \alpha}{360°} - \frac{l \cdot (r - h)}{2}$

$l = d \cdot \sin\left(\frac{\alpha}{2}\right)$ $\quad h = r - \sqrt{r^2 - \frac{l^2}{4}}$

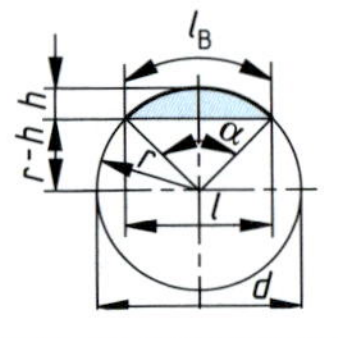

17.1 Körper

Einheitenumrechnung

$m^3 \xrightarrow{\cdot 1000} dm^3 \xrightarrow{\cdot 1000} cm^3 \xrightarrow{\cdot 1000} mm^3$

$mm^3 \xrightarrow{:1000} cm^3 \xrightarrow{:1000} dm^3 \xrightarrow{:1000} m^3$

Beispiele:
$1\ m^3 = 1000\ dm^3 = 1\,000\,000\ cm^3$
$1\,000\,000\ mm^3 = 1000\ cm^3 = 1\ dm^3$
$12{,}5\ m^3 = 12\,500\ dm^3 = 12\,500\,000\ cm^3$
$12\,500\,000\ cm^3 = 12\,500\ dm^3 = 12{,}5\ m^3$

V	Volumen	A_O	Oberfläche	h_{s1}, h_{s2}	Seitenhöhe	D, d	Durchmesser
A_1	Grundfläche	A_M	Mantelfläche	l, l_1, l_2	Länge	e	Diagonale
A_2	Deckfläche	h	Höhe	l_k	Kantenlänge		

Würfel

$V = l^3$ $\quad l = \sqrt[3]{V}$

$A_M = 4 \cdot l^2 \quad A_O = 6 \cdot l^2$

$e = \sqrt{3 \cdot l^2}$

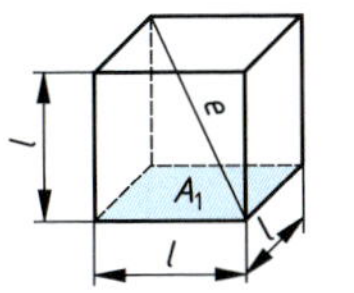

Zylinder

$V = \frac{d^2 \cdot \pi}{4} \cdot h$

$A_M = d \cdot \pi \cdot h$

$A_O = A_M + 2 \cdot A_1$

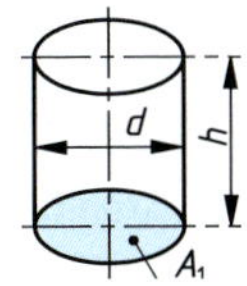

A_M = Rohroberfläche

Prisma

$V = A_G \cdot h$ $\quad V = l_1 \cdot l_2 \cdot h$

$A_M = 2 \cdot h \cdot (l_1 + l_2)$

$A_O = A_M + 2 \cdot A_1$

$e = \sqrt{l_1^2 + l_2^2 + h^2}$

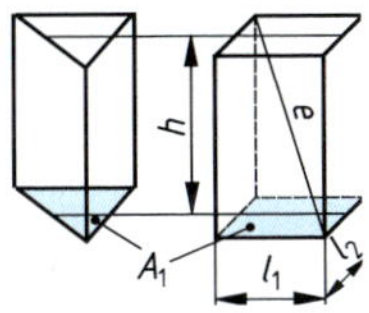

$A_1 = A_2$

Hohlzylinder

$V = (D^2 - d^2) \cdot \frac{\pi}{4} \cdot h$

$A_M = D \cdot \pi \cdot h$

$A_O = (D^2 - d^2) \cdot \frac{\pi}{2} + (D + d) \cdot \pi \cdot h$

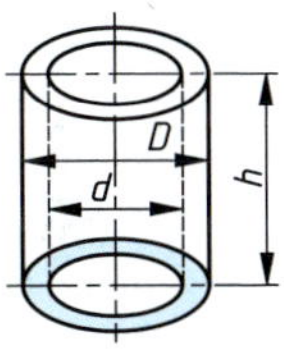

A_M = Rohroberfläche

Pyramide

$V = \frac{l_1 \cdot l_2 \cdot h}{3}$

$A_M = h_{s1} \cdot l_1 + h_{s2} \cdot l_2$

$A_O = A_M + l_1 \cdot l_2$

$h = \frac{3 \cdot V}{l_1 \cdot l_2}$ $\quad h_{s1} = \sqrt{h^2 + \frac{l_2^2}{4}}$ $\quad h_{s2} = \sqrt{h^2 + \frac{l_1^2}{4}}$

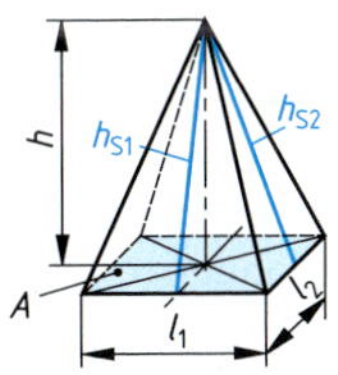

Kegel

$V = \frac{d^2 \cdot \pi}{4} \cdot \frac{h}{3}$

$A_M = \frac{h_s \cdot d \cdot \pi}{2}$

$A_O = A_M + \frac{d^2 \cdot \pi}{4}$

$h_s = \sqrt{\frac{d^2}{4} + h^2}$

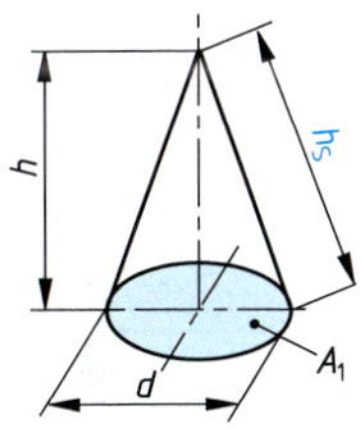

Pyramidenstumpf

$V = \frac{h}{3}\left(A_1 + A_2 + \sqrt{A_1 \cdot A_2}\right)$

$A_M = (l_1 + l_2) \cdot h_{s1} + (l_3 + l_4) \cdot h_{s2}$

$A_O = A_M + l_1 \cdot l_3 + l_2 \cdot l_4$

$h_{s1} = \sqrt{\frac{(l_3 - l_4)^2}{4} + h^2}$

$h_{s2} = \sqrt{\frac{(l_1 - l_2)^2}{4} + h^2}$

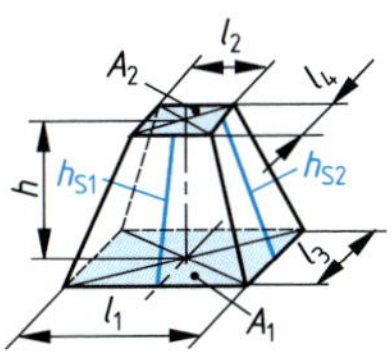

Kegelstumpf

$V = \frac{h \cdot \pi}{12} \cdot (D^2 + d^2 + D \cdot d)$

$A_M = \frac{h_s \cdot \pi}{2} \cdot (D + d)$

$A_O = A_M + (D^2 + d^2) \cdot \frac{\pi}{4}$

$h_s = \sqrt{\frac{(D - d)^2}{4} + h^2}$

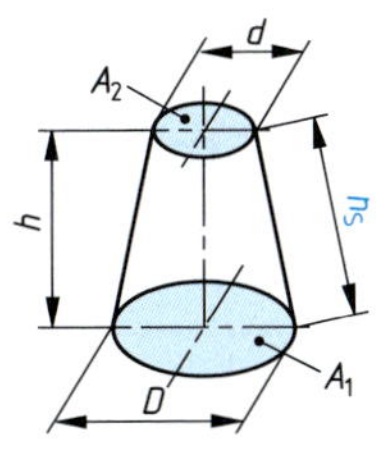

Kugel

$V = \frac{d^3 \cdot \pi}{6}$

$A_O = d^2 \cdot \pi$

$d = \sqrt{\frac{A_O}{\pi}}$ oder $d = \sqrt[3]{\frac{6 \cdot V}{\pi}}$

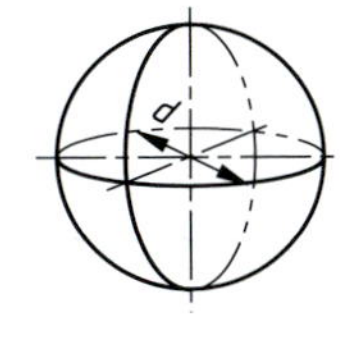

Kugelabschnitt

$V = h^2 \cdot \pi \cdot \left(\frac{D}{2} - \frac{h}{3}\right)$

$A_M = D \cdot \pi \cdot h$

$A_O = D \cdot \pi \cdot h + \frac{d^2 \cdot \pi}{4}$

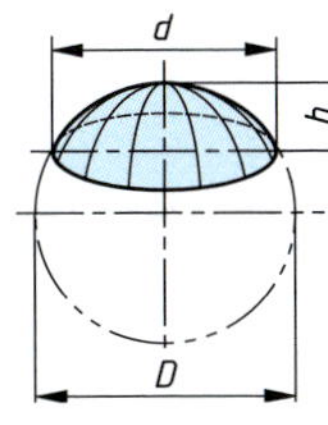

Grundlagen Elektro, Regelung | Kommunikation Bauzeichnungen | Werkstoffe Trennen, Fügen | Rohre, Zubehör Montage | Trinkwasser Feuerlöschtechnik | Entwässerung Sanitär, Klempner | Gasinstallation Flüssiggas | TW-Erwärmung Solarnutzung TWE | Energietechnik Erneuerb. Energien | Heizungs- und Feuerungstechnik | Lüftung, Klima Wärmerückführung

18.1 Dichte ist die Masse einer Volumeneinheit

Dichte $\varrho = \frac{\text{Masse } m}{\text{Volumen } V}$ $m = V \cdot \varrho$; $V = \frac{m}{\varrho}$ $1\,\frac{\text{g}}{\text{cm}^3} = 1\,\frac{\text{kg}}{\text{dm}^3} = 1\,\frac{\text{t}}{\text{m}^3}$ Die Dichte für Gase wird mit kg/m³ ausgegeben.

- **Dichte** für feste Stoffe (s. 106 f.), Flüssigkeiten (s. 105 Wasser, 107.2), Gase (s. 105 Dampf, 107.3)
- **Rohdichte** für porige Stoffe, mit Hohlräumen (z. B. Porenbeton, Dämmstoffe u. ä.Lochziegel);
- **Raumdichte** für porige Stoffe einschließlich aller (veränderbaren) Hohlräume;
- **Schüttdichte** für aufgeschüttete Stoffmengen, wie z. B. Brennholz (Hackholz, Pellets), Kies, Obst u. a.

18.2 Masse und Dichte bezogen auf längen- und flächenbezogene Körper

m' bezogen auf Länge (z. B. Rohr, Profil)
m'' bezogen auf Fläche (z. B. Blechtafel)

Beispiel: Stahlblech 8 mm dick, 1 m · 1,5 m
$\varrho = 7{,}84$ kg/dm³ (s. 106.1)
$V = l \cdot b \cdot d = 10\text{ dm} \cdot 15\text{ dm} \cdot 0{,}08\text{ dm} = 12\text{ dm}^3$
$m = V \cdot \varrho = 12\text{ dm}^3 \cdot 7{,}84\text{ kg/dm}^3 = \underline{\underline{94{,}08\text{ kg}}}$

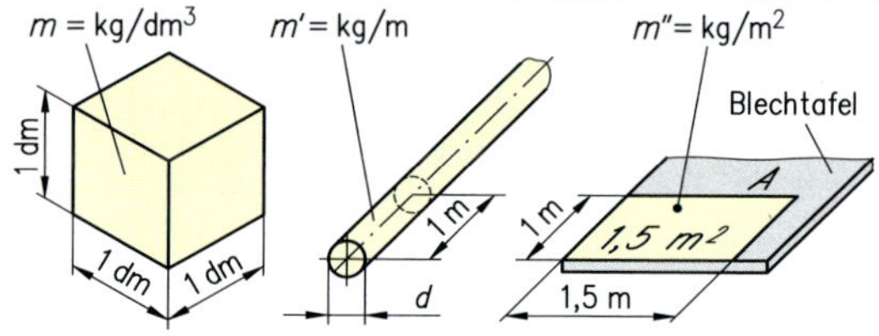

18.3 Bedeutung, Anwendungen und Auswirkungen von Kräften

Die Zusammenwirkung und Auswirkung von Kräften beruhen auf naturwissenschaftlichen Grundlagen:

- Kräfte sind Ursachen für alle Bewegungsvorgänge, z. B. Beschleunigung, Massenbewegungen
- Kräfte verursachen Formänderungen, z. B. durch Werkzeugeinsatz wie Bohren, Drehen, Fräsen u. a.
- Kräfte zu Druckerzeugungen (z. B. Kolbenkräfte), Lageveränderungen (z. B. Seilkraft, Schraubkraft)
- **Fluidkräfte** (= gemeinsame Bezeichung für Flüssigkeiten und Gase) z. B. Auftriebskräfte, Saugkräfte, hydraulische Presse, strömende Flüssigkeiten
- Die Kraft gibt an, wie stark zwei Kräfte aufeinander einwirken. Sie ist abhängig von Betrag, Richtung und Angriffspunkt.
- **Kräftebedarf in Bezug auf Energie, Arbeit, Leistung, Wirkungsgrad:** Potenzielle und kinetische Energie, Hub-, Zug-, Flieh-, Reibungs-, Auflagerkräfte; mechanische Arbeit und Leistung Kraftmomente, Wirkungsgrade, Zug- und Druckbeanspruchungen, Biegungs- und Torsionskräfte
- **Naturkräfte:** Windkraft (⊕ Stromerz., ⊖ Sturmschäden); Wasserkraft (⊕ Turbine, ⊖ Springflut)
- Muskelkraft: Arbeitskraft, Bewegung, Sport u. a.
- Formelzeichen ist F und die Einheit N
- Kräfte kann man z. B. einteilen nach ihrer Entstehung oder nach Art des Wirkens.

Oft wird Masse als Gewicht bezeichnet und dies mit Gewichtskraft verwechselt.

18.4 Bestimmung, Darstellung von Kräften, Kräftemaßstab, Lage und Kräftepaar

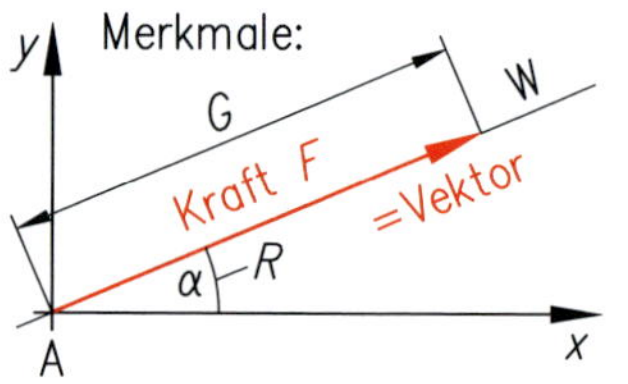

A Angriffspunkt
G Kraftbetrag[1]
W Wirkungskennlinie (legt α fest)
R Richtung ≙ *W*

[1] mit Kräftemaßstab messbar

Addition von Kräften bei gemeinsamer Wirkungslinie (maßstäbliche Zeichnung) F_R = Resultierende Kraft

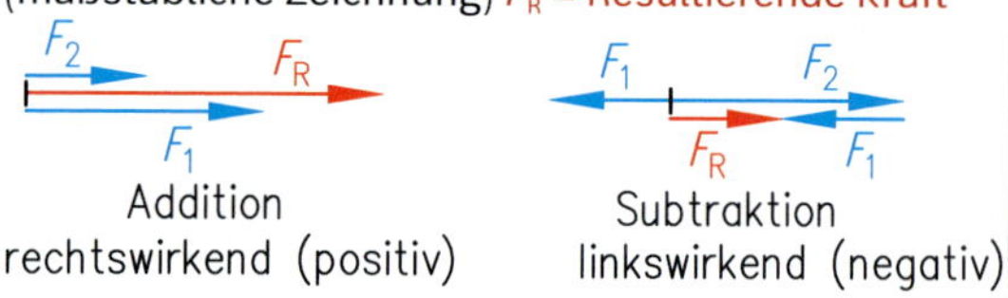

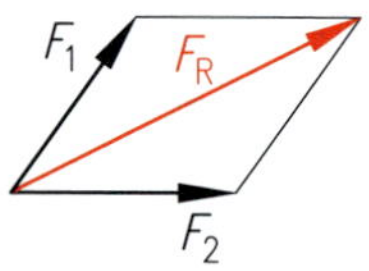

Wirkungslinien w_1, w_2 schneiden sich in Punkt *A*. Zusammensetzung der Teilkräfte $F_1 + F_2$ ergibt resultierende Kraft F_R.

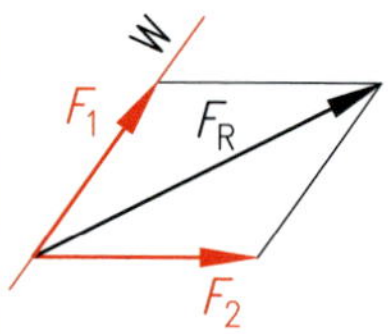

Zerlegung von F_R erzeugt die Teilkräfte F_1, F_2 durch die Parallelverschiebung der Wirkungskennlinien w_1, w_2.

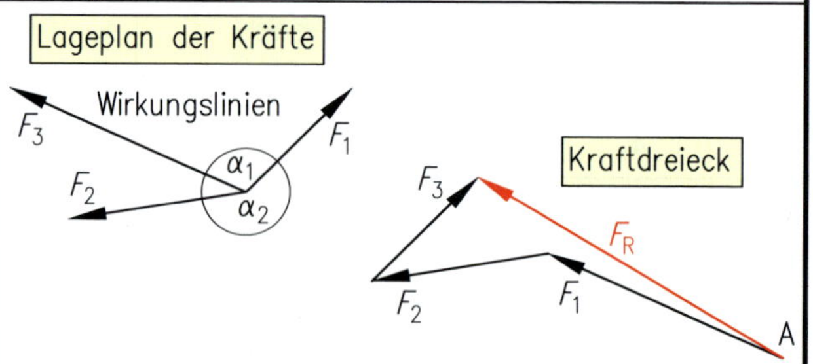

Teilkräfte **maßstabsgerecht** an der Pfeilspitze aneinander gereiht. Resultierende Kraft F_R aller Kräfte die Verbindung von *A* mit Pfeilspitze der letzten Kraft.

19.1 Schiefe Ebene (Kraftübersetzung)

$F_H = F_G \cdot \frac{h}{s} = F_G \cdot \sin\alpha$	$F_N = F_G \cdot \frac{l}{s'} = F_G \cdot \cos\alpha$	$\frac{F_N}{F_G} = \frac{h'}{s'}$ (Arbeit)

F_H	Hangabtriebskraft in N	F_G	Gewichtskraft in N
F_G	Gewichtskraft in N	F_N	Normalkraft in N
s, s'	Weglänge in m	α	Neigungswinkel in °
h, h'	Hubhöhe in m	l	horizontale Länge m

Der Kraftaufwand, um einen Körper auf eine höhere Lage zu bringen, kann durch eine schiefe Ebene reduziert werden.
Beispiel: $F = 520$ N; $h = 70$ cm; $s = 3{,}5$ m | $F = 520 \cdot 0{,}7/3{,}5 = \underline{104 \text{ N}}$

F_N ist immer senkrecht zur Weglänge

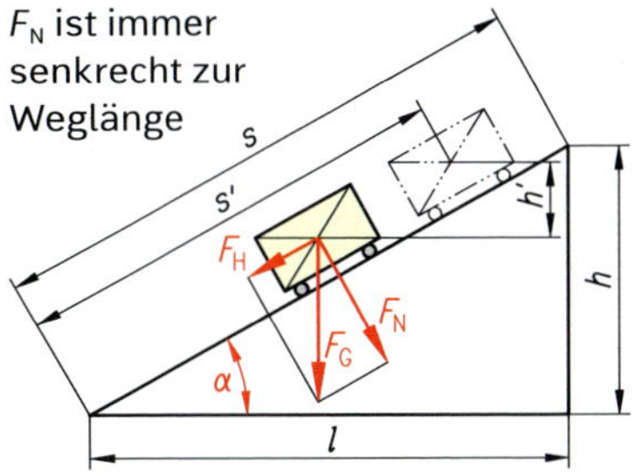

19.2 Hebel, Hebelgesetze, Drehmoment *M*

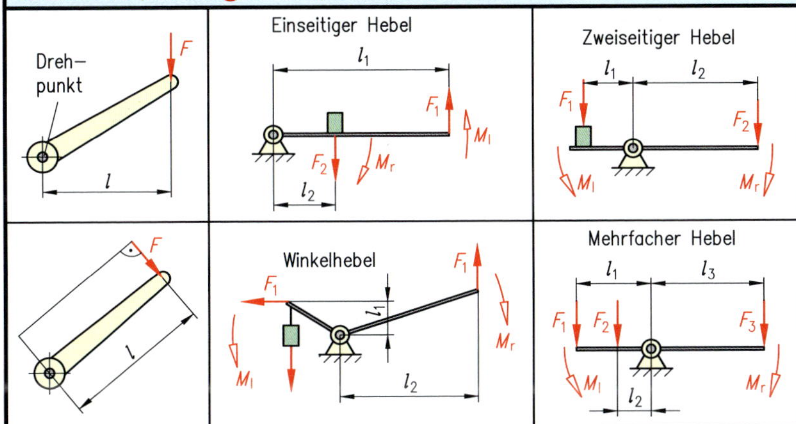

F_1, F_2	Kraft in N
M_l, M_r	Drehmoment in Nm
	(l nach links, r nach rechts)
$F_1 \cdot l_1 = F_2 \cdot l_2$	
l_1, l_2	wirksame Hebellänge

Beispiel: F_2?
$F_1 = 35$ N, $l_1 = 0{,}17$ m
$l_2 = 0{,}35$ m · $F_2 = ?$
$F_2 = \frac{F_1 \cdot l_1}{l_2} = \frac{35 \cdot 0{,}17}{0{,}35} = \underline{\underline{17 \text{ N}}}$

19.3 Feste und lose Rolle, Flaschenzug

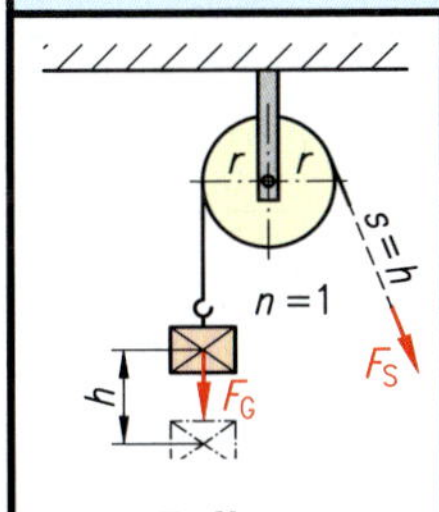

Feste Rolle
$F_S \cdot r = F_G \cdot r$
$s = h$
nur Umlenkung der Gewichtskraft (mit Reibung)

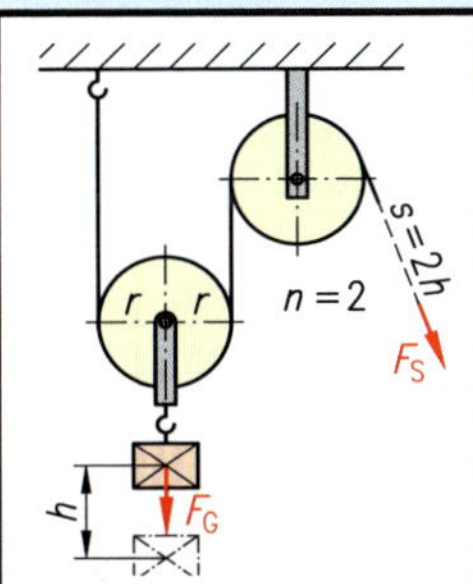

Lose Rolle
$F \cdot 2\,r = F_G \cdot r$
$F = \frac{F_G}{2}$ $h = 2$
Gewichtskraft halbiert

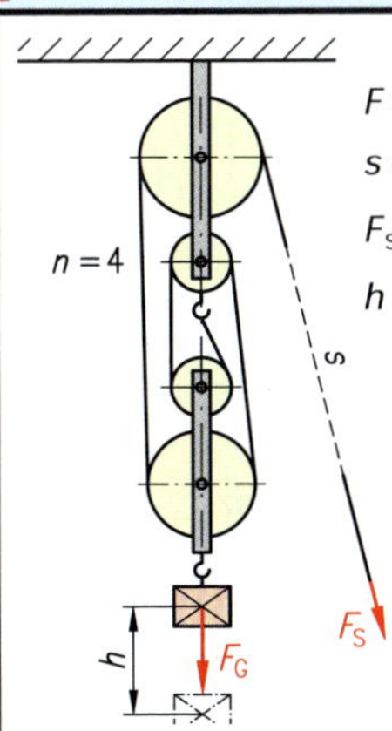

$F = \frac{F_G}{n} = \frac{F_G}{4}$
$s = 4 \cdot h$
$F_S = \frac{F_G}{4}$
$h = \frac{s}{n}$

F_s	Kraft am Seilstrang in N
F_G	Gewichtskraft in N
s	Kraftweg in N
h	Hubhöhe in m
n	Anzahl der Rollen

Beispiel: F_s?
Last mit 0,2 kN gegeben
Feste Rolle: $F_s = F_G = 0{,}2$ kN
Flaschenzug:
$F_S = \frac{F_G}{h} = \frac{0{,}20 \text{ kN}}{4} = \underline{\underline{0{,}05 \text{ kN}}}$

Was an Kraft reduziert wird, muss der Weg entsprechend länger sein → Goldene Regel der Mechanik

19.4 Kraft und Beschleunigung

$F = m \cdot a$	1 N = 1 kg · 1 m/s²

F	Kraft in N
m	Masse in kg
a	Beschleunigung in m/s²

Beispiel: Die Beschleunigung einer Masse von 5 kg um 3 m/s² ergibt eine Kraftwirkung von: $F = m \cdot a = 5 \text{ kg} \cdot 3 \text{ m/s}^2 = \underline{\underline{15 \text{ N}}}$

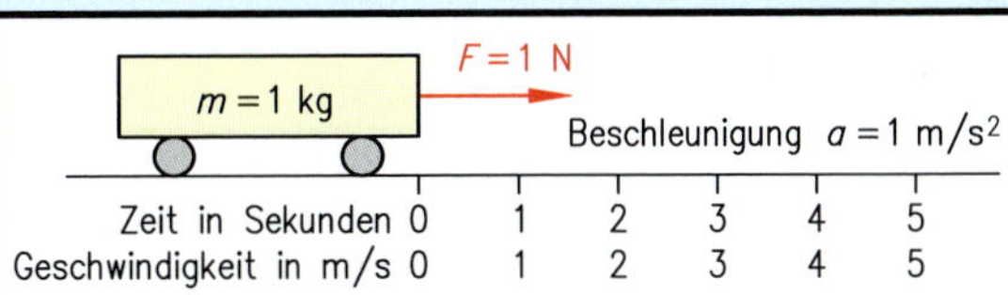

Wird der Körper mit 1 kg Masse um 1 m/s² beschleunigt, dann wirkt auf ihn die Kraft von 1N.

20.1 Gleichförmig geradlinige Bewegung · Gleichförmig kreisförmige Geschwindigkeit

Bei einer gleichförmigen geradlinigen Bewegung bewegt sich ein Körper mit konstanter Geschwindigkeit v auf einem geradlinigen Fahrweg.

$$v = \frac{s}{t}$$

- v Geschwindigkeit in m/s
- s Weglänge in m
- t Zeit in s

Beispiel (Abb.):

$$v = \frac{150}{2} = \underline{\underline{75\ \text{m/s}}}$$

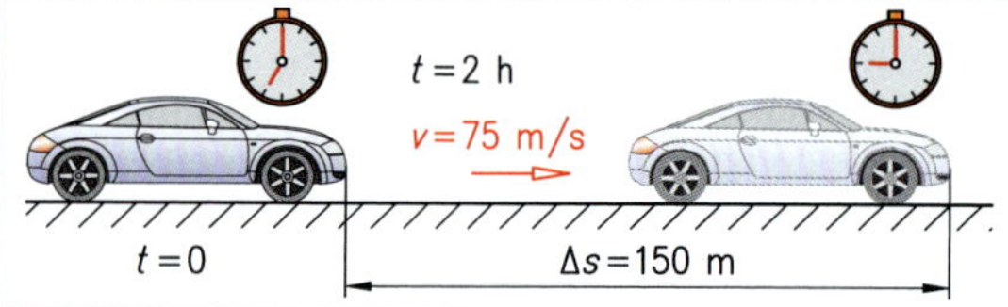

Abhängigkeiten zwischen v, s, und t im Diagramm

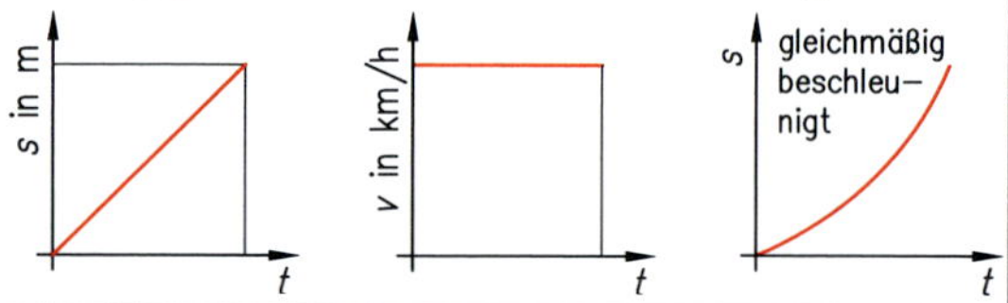

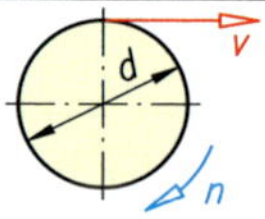

gleichförmige kreisförmige Geschwindigkeit

$v = d \cdot \pi \cdot n$ z. B. Schnittgeschwindigkeit beim Bohren, Fräsen u. a.

20.2 Gleichmäßig beschleunigte bzw. verzögerte, geradlinige Bewegung

Beschleunigung	$a = \frac{v}{t}$ oder $a = \frac{2 \cdot s}{t^2}$
Endgeschwindikeit	$v = \frac{2 \cdot s}{t}$ oder $v = \sqrt{2 \cdot a \cdot s}$

- a Beschleunigung oder Verzögerung in m/s²
- v End- bzw. Anfangsgeschwindigkeit in m/s
- t Zeit in s
- s Weglänge in m

Beschleunigung ohne Anfangsgeschwindigkeit

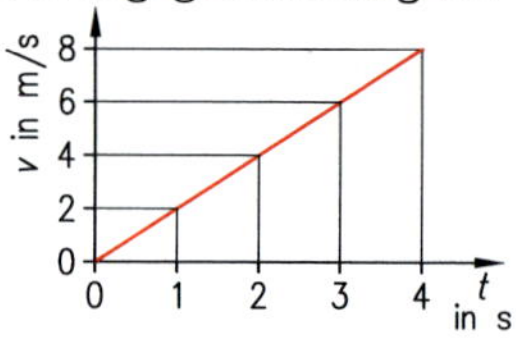

Verzögerung ohne Endgeschwindigkeit

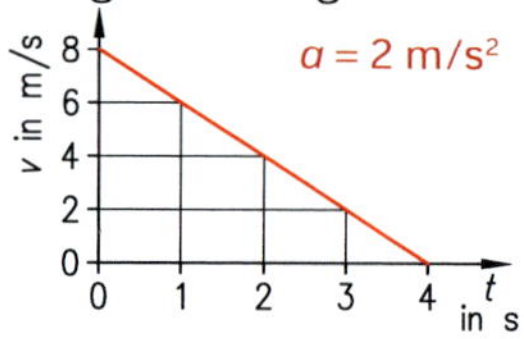

20.3 Reibkraft (Haft- und Gleitreibung, Rollreibung, Reibungsmoment)

- Falls Kräfte eine Verbindung von Bauteilen verhindern ⇒ eine kraftschlüssige Verbindung
- Reibungskräfte wirken auftretenden Bewegungen entgegen ⇒ „Zusammenpressen" von Bauteilen
- Verhältnisse zwischen Normalkraft F_N und Reibungskraft F_R entscheidet die Reibungszahl μ
- F_R ist immer parallel zur Kontaktfläche, unabhängig von ihrer Größe

Bei den Reibkräften unterscheidet man zwischen:

Haft- und Gleitreibung

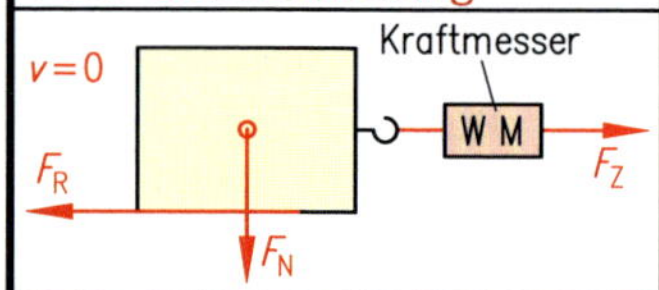

$$F_R = F_N \cdot \mu$$

Reibungsmoment

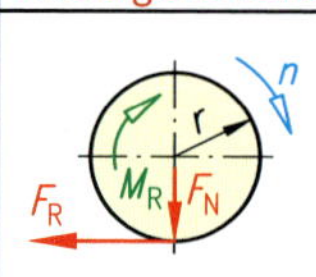

$$M_R = \frac{F_N \cdot \mu \cdot d}{2}$$

Rollreibung

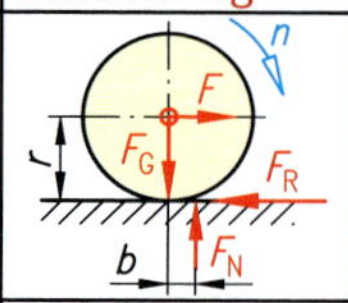

$$F_R = \frac{b \cdot F_N}{r}$$

- F_R Reibungskraft
- F_N Normalkraft
- F_Z Zugkraft
- F_G Gewichtskraft ≙ F_N
- M_R Reibungsmoment
- n Drehfrequenz 1/s

- M_R Radialkraft
- n Drehfrequenz
- r Radius
- b Strecke (Abstand Normalkraft)
- μ Reibungszahl (Tab.)

Rolle rutscht, falls b/r geringer ist als μ

Reibungszahlen μ

Paarung	Haftreibung	Gleitreibung
Stahl/Stahl	0,12–0,25 (0,08–0,1)	0,1–0,15 0,03–0,10
Stahl/Gusseisen	0,15–0,2 0,1–0,18	0,15–0,25 (0,03–0,18)
Gusseisen/Stahl	0,3–0,35 (0,25–0,2)	0,2–0,23 (0,08–0,12)
Stahl / Cu-Sn-Leg.	0,15–0,18 (0,1–0,2)	0,12–0,2 (0,03–0,08)
Holz/Metall	0,5–0,65 (0,2–0,4)	0,5–0,65 (0,35–0,5)
Holz/Holz	0,4–0,7 – poliert	
Klammerwerte: Flächen geschmiert		

μ-Werte bei Rollreibung z. B. Stahl/Stahl $b = 0{,}5–0{,}8 \rightarrow \mu \approx 0{,}0001–0{,}002$

- Die Reibungszahlen anhand von Tabellen sind abhängig von Materialpaarung, Oberflächenbeschaffenheit, Schmiermittel, Temperatur, Feuchte, Verschleiß, Normalkraft.

20.4 Zentrifugalkraft (Fliehkraft)

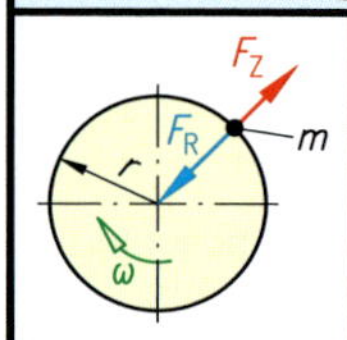

- F_z Zentrifugalkraft in N
- F_r Radialkraft (Zentripetalkraft) in N
- m Körpermasse in kg
- ω Winkelgeschwindigkeit in 1/s
- v Umfangsgeschwindigkeit in m/s
- r Radius in m

F_z Zentrifugalkraft, die bei Dreh- und Kreisbewegungen auftritt (radial nach außen) in N

$F_z = m \cdot r \cdot \omega^2 = \frac{m \cdot v^2}{r}$ Fliehkraft

F_r zwingt Körpermasse m in eine Kreisbahn Anwendung z. B. rotierende Flüssigkeiten (Schleudern)

21.1 Federkraft, *F*-*s*-Diagramm

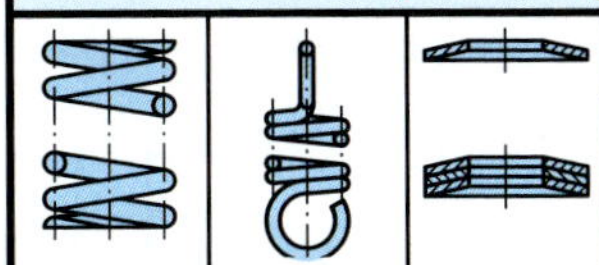

Druckfeder	Zugfeder	Tellerfeder

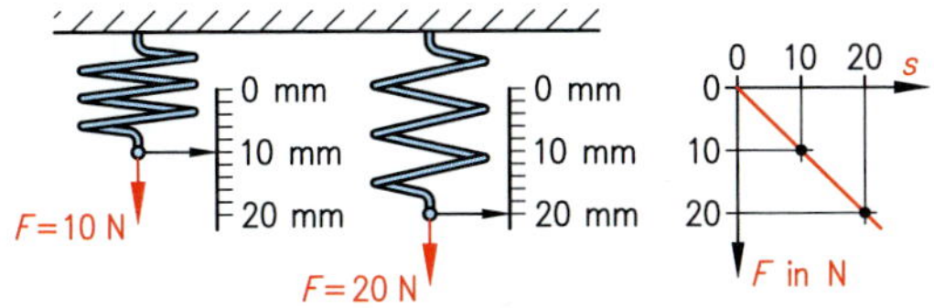

$F = R \cdot s$ in mm

F	Federkraft in mm
R	Federkonstante (Federrate) in mm
s	Federweg in mm

21.2 Riemen- und Zahnradantrieb

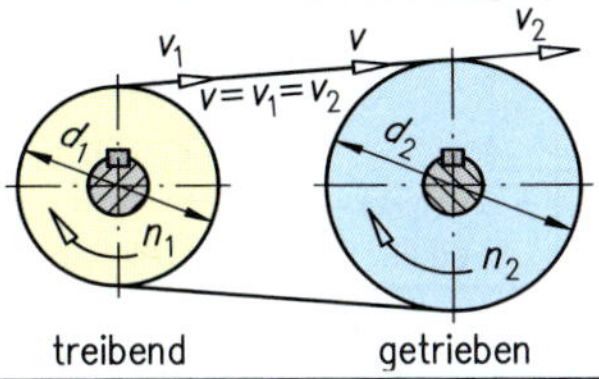

Flachriemen
Keilriemen
Keilrippenriemen
Zahnriemen
Rundriemen

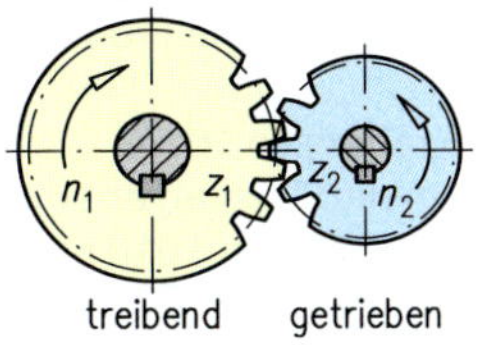

d	Durchmesser
n	Drehzahl (a Anfang, e Ende)
v	Geschwindigkeit
z	Zähnezahlen
i	Übersetzungsverhältnis

$$\frac{d_2}{d_1} = \frac{n_1}{n_2} = \frac{n_a}{n_e}; \quad \frac{z_2}{z_1} = \frac{n_1}{n_2} = \frac{n_a}{n_e}$$

21.3 Druckfortpflanzung in Flüssigkeiten – Hydrostatische Kraftübertragung

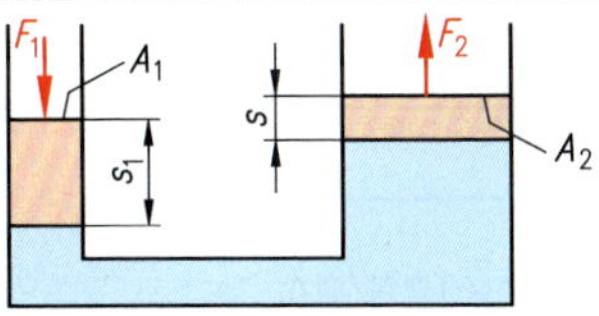

$F_1 > F_2$ Prinzip der
$s_1 < s_2$ hydr. Presse

$$i = \frac{F_1}{F_2} = \frac{A_1}{A_2} = \frac{s_2}{s_1} = \frac{d_1^2}{d_2^2}$$

F_1, F_2	Kolbenkräfte
A_1, A_2	Kolbenflächen
d_1, d_2	Kolbendurchmesser
s_1, s_2	Kolbenwege
i	Übersetzungsverhältnis

Beispiel: $F_1 = 120$ N

$A_1 = 8\ \text{cm}^2$; $A_2 = 400\ \text{cm}^2$

$$F_2 = \frac{F_1 \cdot A_2}{A_1} = \frac{120\ \text{N} \cdot 400\ \text{cm}^2}{8\ \text{cm}^2}$$

$= 6\,000\ \text{N} = \underline{\underline{0{,}6\ \text{kN}}}$

21.4 Auftriebskraft

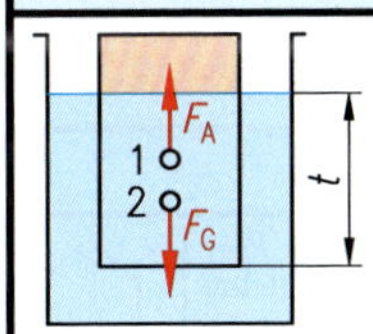

ϱ_F	Dichte der Flüssigkeit
$g = \text{m/s}^2 = \text{N/m}^2 = \text{Pa}$	

F_A	Auftriebskraft (Auftrieb)
F_G	Gewichtskraft (Gewicht)
V_K	Volumen des Körpers
V_F	verdrängtes Volumen
1	Schwerpunkt des Körpers = Angriffspunkt von F_G
2	Schwerpunkt der verdrängten Flüssigkeit = Angriffspunkt von F_A
t	Eintauchtiefe des Körpers
g	Fallbeschleunigung

Archimedisches Prinzip:
F_A entspricht dem Gewicht der verdrängten Flüssigkeit und wirkt nach oben.

$F_A = V_F \cdot \varrho_F \cdot g$ $\quad F_A = F_G \quad$ F_A, F_G in N (Newton)

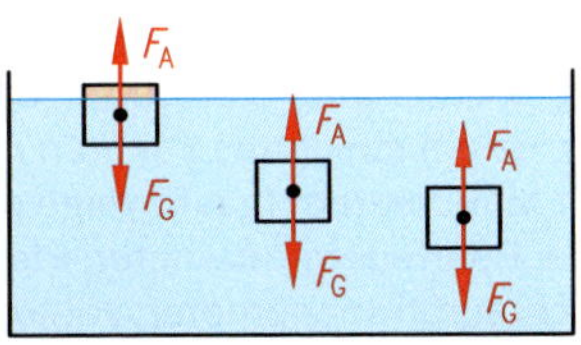

$F_A > F_G \rightarrow$ Körper steigt
$F_A = F_G \rightarrow$ Körper im schwebenden Zustand
$F_A < F_G \rightarrow$ Körper sinkt

21.5 Statischer, dynamischer und Gesamtdruck

p_{st} = Druck an der Wandung (Fließdruck) (N/m²)

$p_{dyn} = \dfrac{\varrho \cdot v^2}{2}$ $\quad \varrho$ Dichte des strömenden Mediums (kg/m³), v Strömungsgeschwindigkeit (m/s)

$p_t = p_{ges} = p_{st} + p_{dyn}$ (Pa = N/m²)

Druckmessung mittels Sonden. Bei der Hakensonde: Umwandlung der **Strömungsenergie in Druck** (p_{dyn}). Mit Öffnung parallel zur Strömungsrichtung: Messungen von p_{stat}.

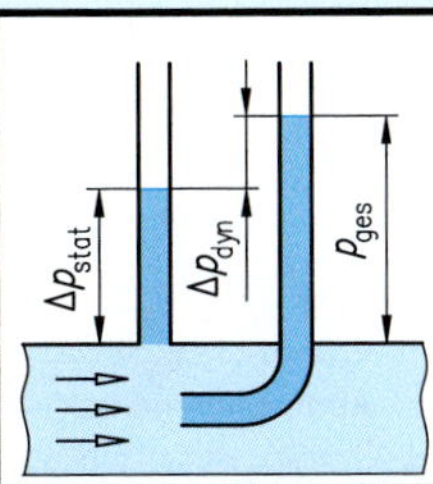

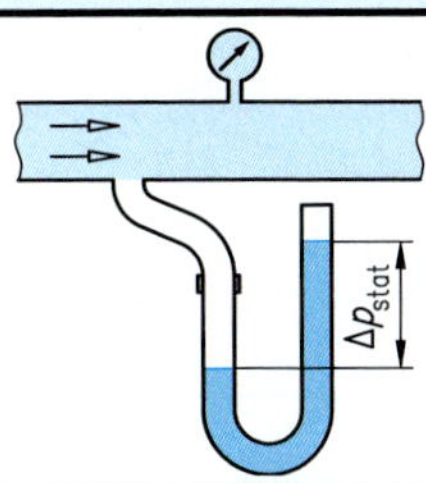

21.6 Schwerkraftdruck (Umtriebsdruck)

$\Delta p = h \cdot \Delta\varrho \cdot g$ (in Pa) Umtriebsdruck zwischen zwei Wärmeüberträgern WÜ

h	Höhenunterschied zwischen Mitte des oberen und unteren WÜ (in m)
$\varrho_2 - \varrho_1$	Dichtedifferenz zwischen dem aufsteigenden warmen und dem zurückströmenden abgekühlten Wasser (in kg/m³) aufgrund von $\Delta\vartheta = \vartheta_2 - \vartheta_1$

Aufgrund der Temperaturdifferenz $\vartheta_{Vorlauf} - \vartheta_{Rücklauf}$ funktionierte die frühere Schwerkraft-Warmwasserheizung ($\Delta p \mathrel{\hat=}$ Druckverluste der Anlage (s. 489.2))

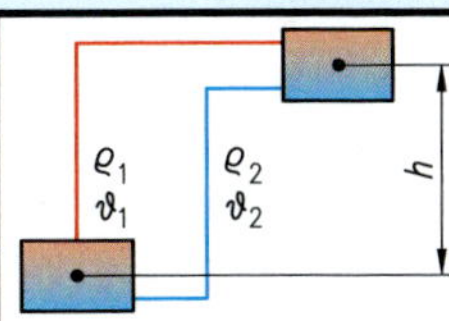

$\varrho_2 > \varrho_1$; $p_2 > \varrho_1$

22.1 Hydrostatischer Druck p_{hyd}

- verursacht durch die Gewichtskraft einer ruhenden Flüssigkeit
- unabhängig von Form und Querschnittsfläche (Behälter, Rohre u. a.)
- p_{hyd} abhängig von Höhe, Dichte und Fallbeschleunigung g (= 9,81 m/s²)

Hydrostatistischer Druck:

$$p_{hyd} = h \cdot \varrho \cdot g$$

$$\text{Pa} = \text{m} \cdot \frac{\text{kg}}{\text{m}^3} \cdot \frac{\text{m}}{\text{s}^2}$$

(„Schweredruck“)

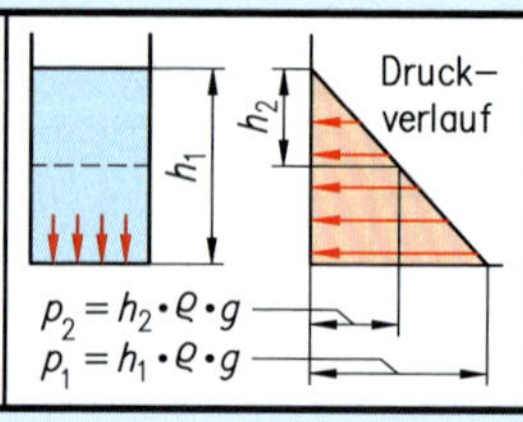

Kommunizierende Rohre

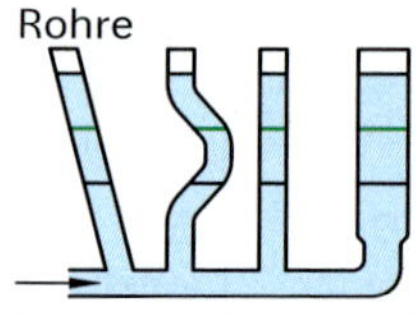

22.2 Atmosphärendruck (Luftdruck)

- Lufthülle übt durch ihre Gewichtskraft auf die Erdoberfläche einen Druck aus → Luftdruck p_{amb}
- Bis 2000 m sinkt p_{amb} um ca. 125 mbar pro 100 m
- In der Wetterkunde: Einheit hPa (hekto Pascal) anstatt mbar
- Siedetemp. (Wasser) bei 980 hPa ≈ 99 °C, bei 1010 hPa = 99 °C

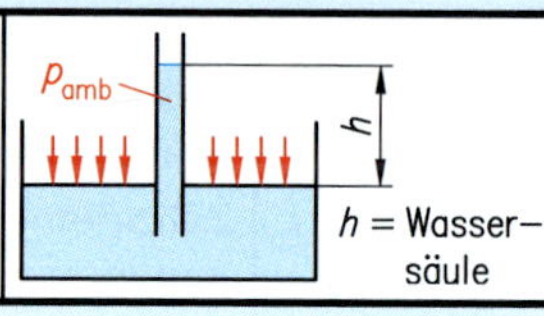

p_{amb} auf Meereshöhe
= 1013 mbar
= 1013 hPa
= Normaldruck

22.3 Druck durch Krafteinwirkung (Kolbenkraft)

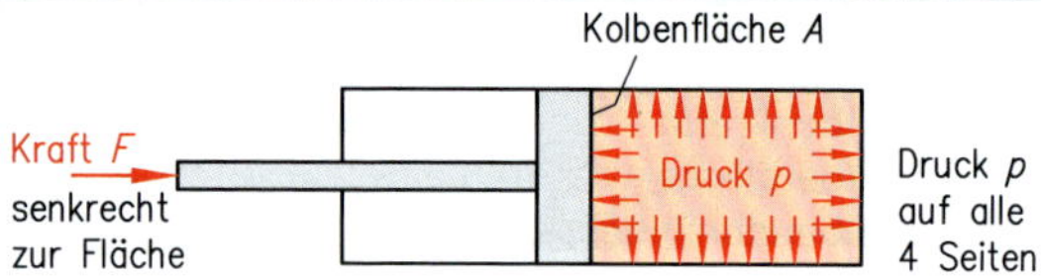

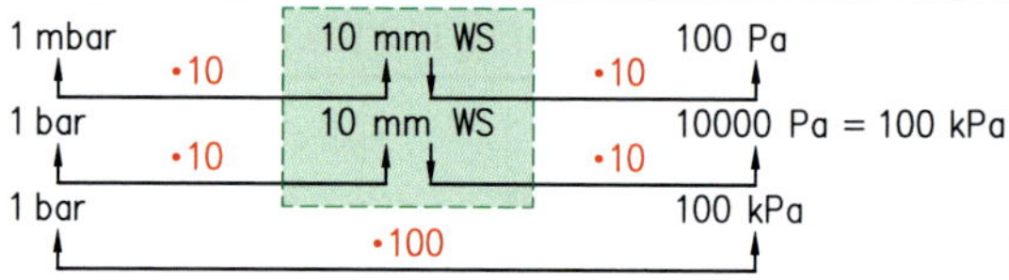

Die **Kraft *F*** von 1 N bewirkt auf die Fläche *A* von 1 m² einen Pressdruck von 1 Pa → $p = \frac{F}{A}$ 1 Pa = 1 N/m² 1 bar = 10 N/cm²

Umrechnungsbeispiele:
- 1500 N/m² = 1500 Pa = 1,5 kPa; 25 mbar = 0,025 bar = 2500 Pa; 1,5 mWS = 1,5 bar
- 70 N/cm² = 7 bar = 700 kPa; 0,9 bar = 9000 Pa ≙ 9 mWS; 40 N/cm² = 400000 Pa = 4000 hPa

22.4 Absoluter Druck und Überdruck; Venturiprinzip (Injektorwirkung)

- p_{abs} = Druckangabe bezogen auf den Druck Null (absolutes Vakuum)
- positiver Überdruck = Druck über dem Luftdruck (Bezugsdruck)
- negativer Überdruck = Druck unter dem Luftdruck („Unterdruck“) −1 bar nur annähernd erreichbar, da ein absolutes Vakuum nicht möglich
- Druckmessung erfolgt mit Manometern (gasförmige und flüss. Medien)
- Druckmessgeräte sind u. a. Rohrfedermanometer, Plattenfedermanometer, U-Rohrmanometer, Schrägrohrmanometer; zahlreiche Sonderformen.

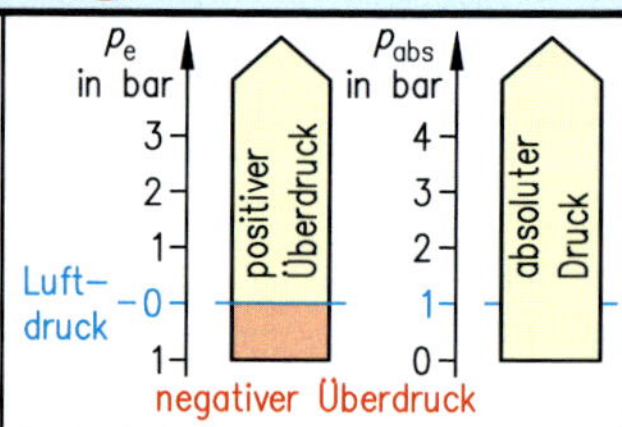

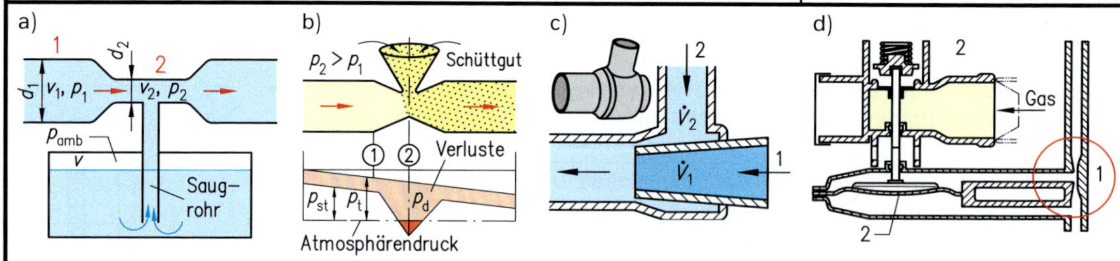

a) Ansaugung von Flüssigkeit, da $p_2 < p_{amb}$. $p_2 = p_1 + \varrho/2 \cdot (v_1^2 - v_2^2)$ entsprechend Bernoulli.
b) Ansaugung von Schüttgut (z. B. Holzspäne) mittels einer pneumatischen Förderanlage. Der negative Druck p_{st} ▼ bewirkt den Transport. **c)** Injektor: Die konusartige Einführung bewirkt eine Umwandlung von Druck in Geschwindigkeitsbewegung. Durch die gleichzeitige Druckabnahme entsteht gegenüber dem Stromkreis 1 ein Unterdruck, sodass V_2 mitgerissen wird. **d)** Prinzip einer Wassermangelsicherung. Strömt durch die Venturidüse die gewünschte Wassermenge, dann ist Ventil (2) geöffnet und Gas kann durchströmen. Bei Unterschreitung der Mindest-Wassermenge vermindert die geringere Geschwindigkeit die Bewegungsenergie und somit p_{dyn}. Dadurch kann p_{st} so zunehmen, dass die Membran (3) nach unten gedrückt wird. Diese Bewegung bewirkt ein Schließen des Ventils (2) und somit die Gaszufuhr.

23.1 Kontinuitätsgesetz (Durchflussgleichung, Stetigkeitsgesetz)

Bei $\varrho_1 = \varrho_2$ gilt $v_1/v_2 = A_2/A_1$, d. h. Geschwindigkeit ist umgekehrt proportional zum entsprechenden Querschnitt. Bei $\varrho_1 \neq \varrho_2$ (Erwärmung während der Strömung) gilt: $\varrho_1 \cdot v_1 \cdot A_1 = \varrho_2 \cdot v_2 \cdot A_2$

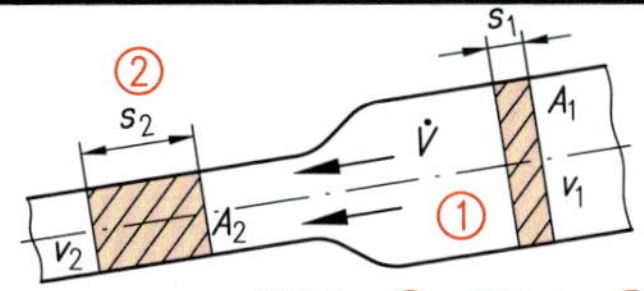

Fläche ① = Fläche ②

23.2 Gleichung von Bernoulli (Druckgleichung)

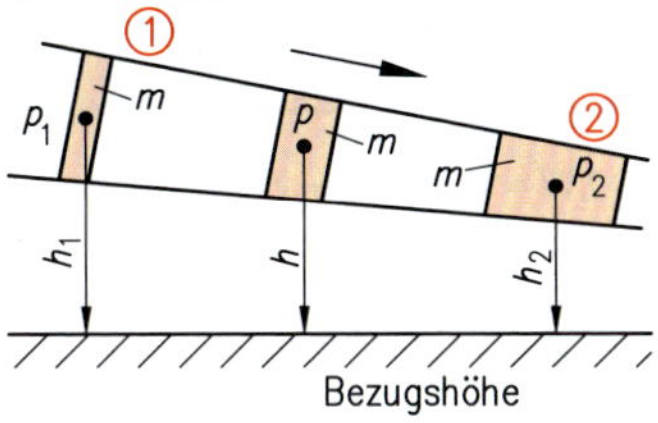

$$p_1 + \varrho \cdot g \cdot h_1 + \frac{\varrho}{2} v^2 = p_2 + \varrho \cdot g \cdot h_2 + \frac{\varrho}{2} v^2$$ in $\frac{\text{N}}{\text{m}^2}$ (Pa)

$p_1 = p_2$ = gleicher statischer Druck in N/m², Pa

ϱ Dichte in kg/m³

h geodätische Höhe in m

$v_{1,2}$ Geschwindigkeit in m/s

g Fallbeschleunigung in m/s²

Bei waagerechter Rohrverlegung entfällt $\varrho \cdot g \cdot h$ ($h = 0$)

Bei Gasen und höheren Geschwindigkeiten müssen die mit der Druckänderung eingehenden Dichte- und Temperaturänderungen im Energieeinsatz berücksichtigt werden. („erweiterte Bernoulligleichung")

Bernoulligleichung als Energiegleichung:
Druckenergie + potenzielle Energie + kinetische Energie in Nm
$W_D = p \cdot V$ + $W_{pot} = m \cdot g \cdot h$ + $W_{kin} = m/2 \cdot v^2$ = konstant

W Strömungsenergie Nm

Bernoulli ist der Begründer der Hydrodynamik.

23.3 Volumenstrom und Ausflussvolumen

$\dot{V} = A \cdot v$	$V = A \cdot v \cdot t$

$\dot{V}$ Volumenstrom in m³/s
V Ausflussvolumen in m³
A freie Querschnittsfläche in m²
v Fließgeschwindigkeit in m/s
t Zeit in s (Ausflusszeit)

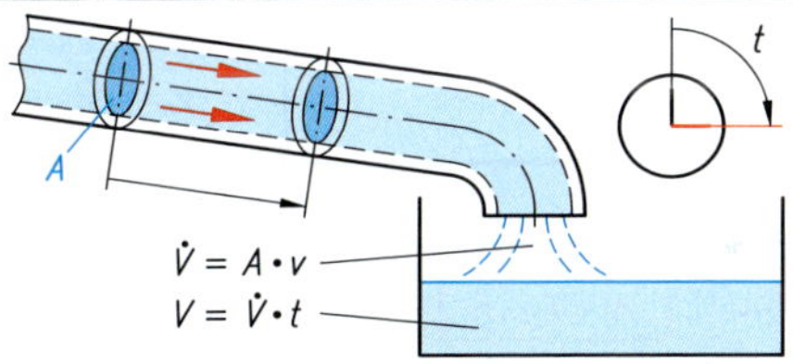

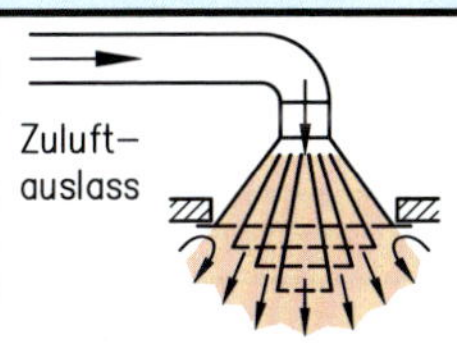

Luftvolumenstrom $\dot{V}$ in m³/h

23.4 Ausfluss aus einem Gefäß, Ausflussgeschwindigkeit (Bernoulli, Torricelli)

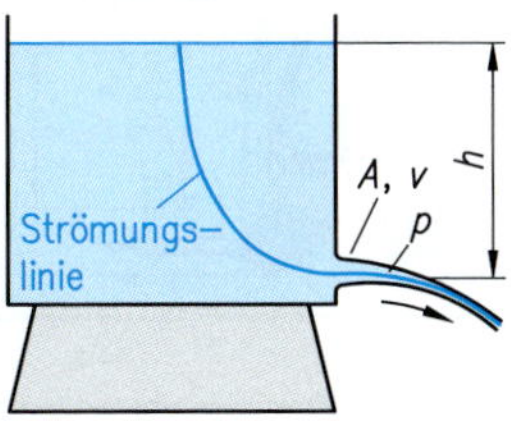

$A_O \cdot v_O = A \cdot v$ (Kontigleichung)
$p \cdot \frac{\varrho}{2} \cdot v^2$ = konstant

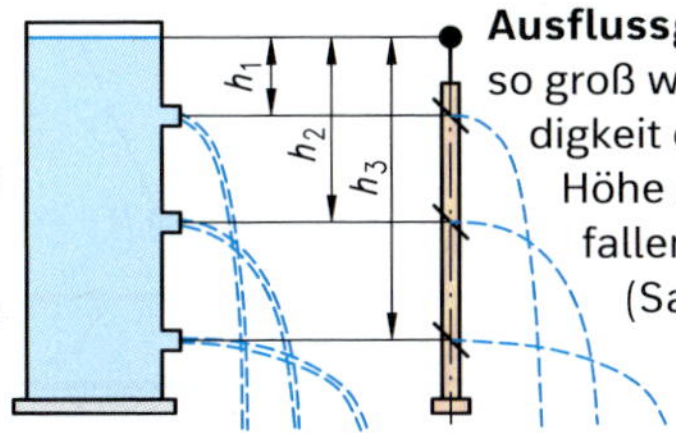

Ausflussgeschwindigkeit so groß wie die Geschwindigkeit eines aus der Höhe h herabfallenden Körpers (Satz von Torricelli)

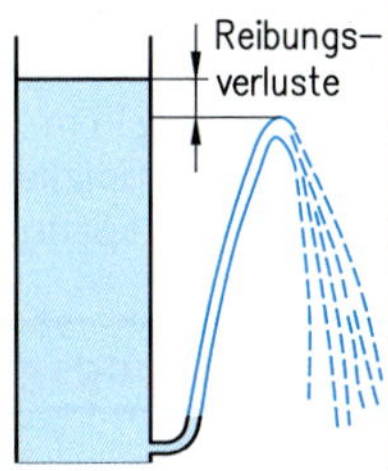

23.5 Energie – Arbeit

Ein Monteur soll einen Heizkörper auf das obige Gebäudegeschoss tragen.

Energie: Der Monteur besitzt die **Fähigkeit**, diese Aufgabe durchzuführen.
Arbeit: Die Energie, die zum Hochtragen erforderlich ist. Sie ist die **„verbrauchte" Energie**, d. h. der Betrag, um den sich die Energie ändert. Demnach hängen mechanische Energie und Arbeit sehr eng zusammen.
Leistung: Mechanische Leistung **berücksichtigt die Zeit**, in der eine Arbeit getätigt wird.

- Bei physikalischen Vorgängen geht jede Energieart nicht verloren, sondern wird nur in eine andere Energieform umgewandelt (z. B. Elektroenergie in Wärmeenergie). Dies bezeichnet man als **Energieerhaltungssatz**.

24.1 Mechanische Arbeit (Beschleunigungsarbeit)

$W = F \cdot s$

F konstant in Richtung der Strecke *s*

W	Arbeit in J oder Nm oder Ws
F	Kraft in N
s	Weglänge in m

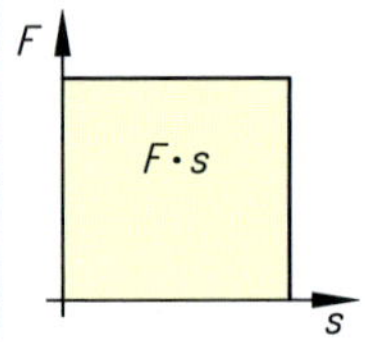

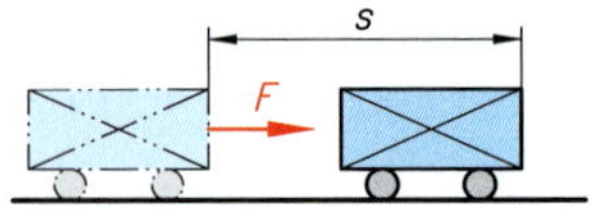

1 N · 1 m = 1 J

Verschiebt die Kraft von 1 N auf der Wirkungslinie den Angriffspunkt um 1 m, so wird Arbeit von 1 J verrichtet.

Weitere Arbeitsarten sind: Hubarbeit, Verformungsarbeit, Reibarbeit, u. a.

24.2 Potenzielle Energie (Lageenergie)

$W_P = F_G \cdot h$ | $W_P = m \cdot g \cdot h$

W_P	potenzielle Energie in J oder Nm oder Ws
F_G	Gewichtskraft in N oder kg · m/s²
m	Masse in kg
g	Fallbeschleunigung in m/s²
h	Höhe in m

1 Nm = 1 J = 1 Ws

24.3 Kinetische Energie (Bewegungsenergie)

$W_k = \frac{m}{2} v^2$ | $1\,\text{kg} \cdot 1\,\frac{\text{m}}{\text{s}^2} \cdot 1\,\text{m} = 1\,\text{Nm} = 1\,\text{J}$

W_k	kinetische Energie in J oder Nm oder Ws
m	Masse in kg
v	Geschwindigkeit in m/s

$W_P = F_G \cdot h$

$\Sigma W = W_P + W_K + W_R = \text{konst.}$

$v_0 = 0 \Rightarrow W_K = 0$

$W_K = m \cdot \frac{v_u^2}{2}$

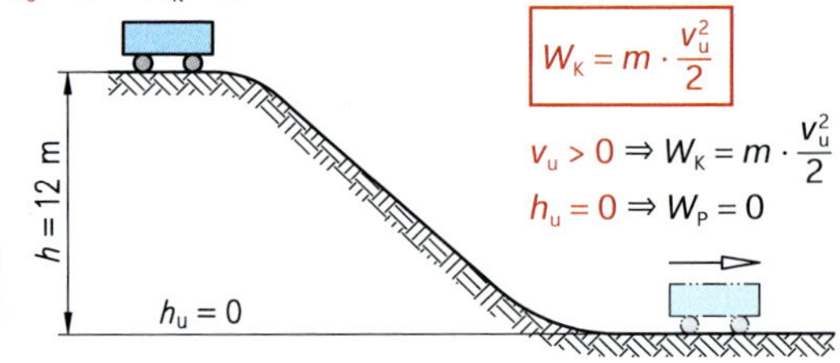

$v_u > 0 \Rightarrow W_K = m \cdot \frac{v_u^2}{2}$

$h_u = 0 \Rightarrow W_P = 0$

Beispiel: $h = 12$ m, $v_0 = 0$ m/s, $W_R = 0$, Ges.: $v_U = ?$ m/s.

$\Rightarrow \quad W_K = W_P \quad \Rightarrow \quad m \cdot \frac{v_u^2}{2} = m \cdot g \cdot h$

$\Rightarrow \quad v_u = \sqrt{2 \cdot g \cdot h} = \sqrt{2 \cdot 9{,}81\,\frac{\text{m}}{\text{s}^2} \cdot 12\,\text{m}} = \underline{\underline{15{,}35\,\frac{\text{m}}{\text{s}}}}$

24.4 Arbeit und Leistung

Mechanische Arbeit (Hubarbeit) $W = F_G \cdot h$

Leistung ist Arbeit pro Zeit $P = \frac{W}{t} = F \cdot v$

F	Kraft in N
F_G	Gewichtskraft in N (= *m* · *g*)
W	Arbeit in Nm
P	Leistung in W (= *F* · *s*/*t*)
s	Kraftweg in m
v	Geschwindigkeit m/s
t	Zeit (Zeitspanne) in s

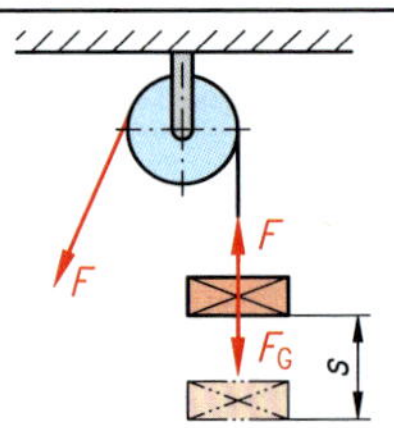

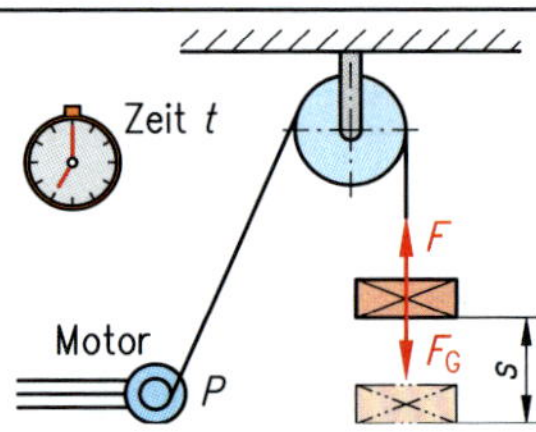

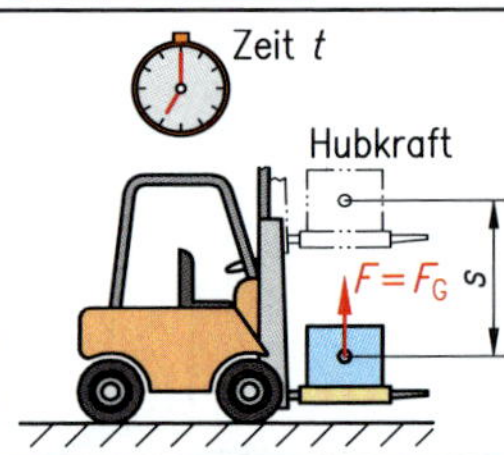

24.5 Wirkungsgrad

$\eta = \frac{P_{ab}}{P_{zu}}$ oder $\eta = \frac{W_{ab}}{W_{zu}}$ | $\eta_g = \eta_1 \cdot \eta_2 \cdot \eta_3 \cdot \ldots \cdot \eta_n$

η_g	Gesamtwirkungsgrad [ohne Einheit (o. E.)]
η_M	Wirkungsgrad Motor (o. E.)
η_R	Wirkungsgrad Antrieb (o. E.)
η_V	Wirkungsgrad Ventilator, Pumpe (o. E.)
P_{ab}	abgegebene Leistung in W
P_{zu}	zugeführte Leistung in W
W_{ab}	abgegebene Arbeit in J oder Ws oder Wh
W_{zu}	zugeführte Arbeit in J oder Ws oder Wh

Beispiel: $\eta_g = \eta_M \cdot \eta_R \cdot \eta_V = 0{,}8 \cdot 0{,}95 \cdot 0{,}6 = 0{,}456$
$\Rightarrow \underline{\underline{45{,}6\ \%}}$

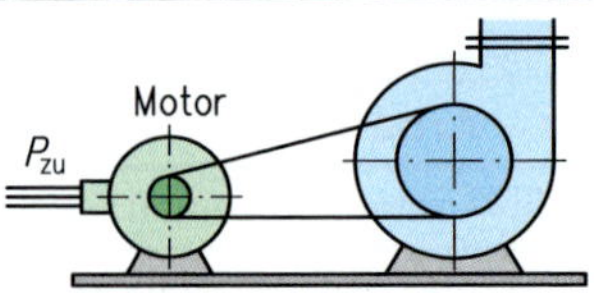

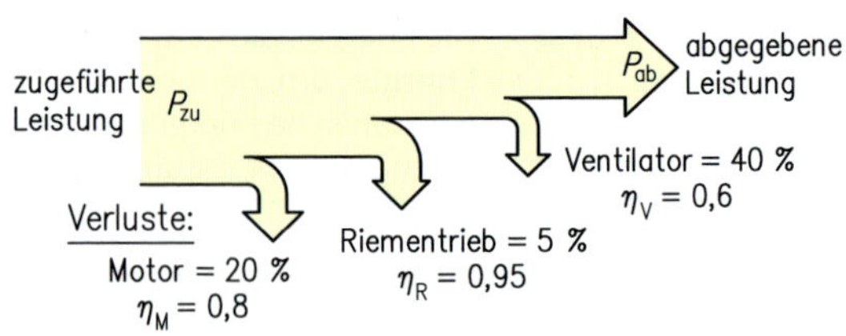

25.1 Druckverluste in Rohrleitungen[1] und Kanälen, Ventilkennwert

$$\Delta p_{ges} = R \cdot l + Z + \Delta p_{Einbauten}$$

Δp_{ges}	Gesamtdruckverlust in Pa
Δp_{Einb}	Druckverlust durch Einbauten in Pa
l	Rohrlänge in m
R	Druckverlust in Pa/m
Z	Druckverlust durch Einzelwiderstand in Pa

[1] gültig für alle Medien (Wasser, Luft, Öl u. a.)

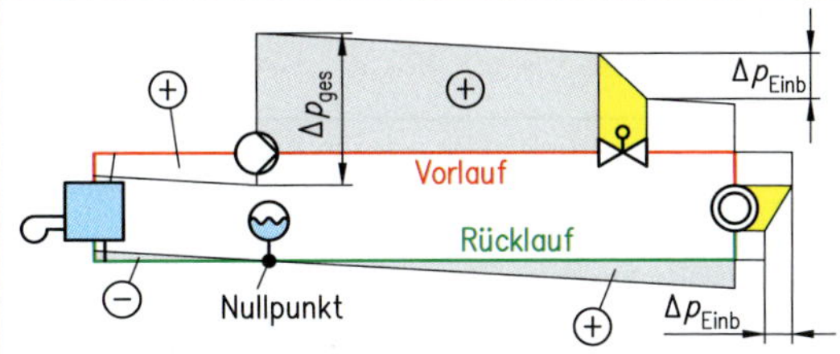

25.2 Druckverluste durch Einzelwiderstände

$Z = \Sigma\zeta \cdot p_{dyn}$	ζ s. 476.1 + 2 Z s. 476.3	$p_{dyn} = \frac{v^2 \cdot \varrho}{2}$	s. 25.3 s. 477.1

Z	Druckverlust durch Einzelwiderstände in Pa
$\Sigma\zeta$	Summe Widerstandsbeiwerte (ohne Einheit)
p_{dyn}	dynamischer Druck in Pa
ϱ	Dichte des Mediums in kg/m³
v	Strömungsgeschwindigkeit in m/s

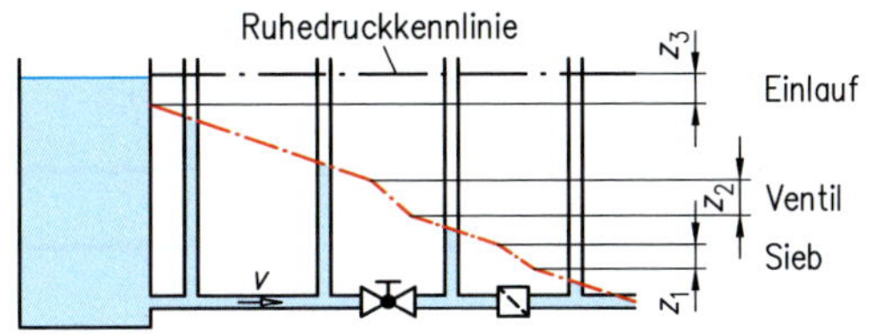

25.3 Druckverluste durch Rohrreibung

$\Delta p_R = l \cdot \frac{\lambda}{d} \cdot \frac{v^2 \cdot \varrho}{2}$	$\Delta p_R = R \cdot l$	$R = \frac{\lambda}{d} \cdot \frac{v^2 \cdot \varrho}{2}$

Δp_R	Druckverlust durch Rohrreibung in Pa
l	Rohrlänge in m
λ	Rohrreibungsbeiwert (ohne Einheit)
d	Rohrinnendurchmesser in m
v	Strömungsgeschwindigkeit in m/s
ϱ	Dichte des Mediums in kg/m³
R	Druckverlust in Pa/m

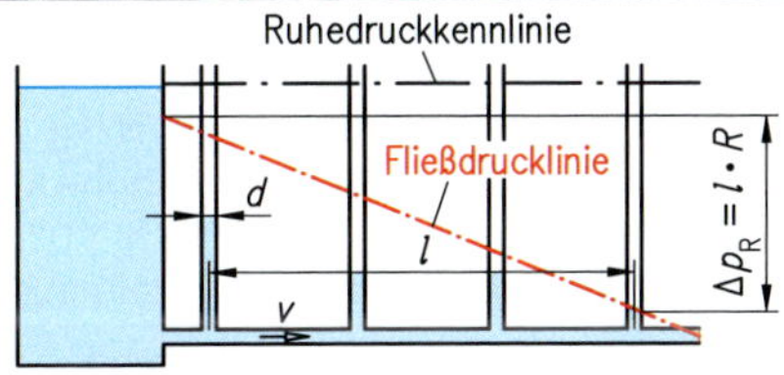

Der Rohrreibungsbeiwert λ (s. 25.2) berücksichtigt **1.** Rauigkeit der Rohrwandung, **2.** Turbulenz der Strömung, **3.** Zähigkeit des Mediums.

25.4 Ventildruckverlust, Ventilkennwert k_v und Umrechnung k_v in Widerstandsbeiwert ζ

$\Delta p_v = \left(\frac{\dot{V}}{k_v}\right)^2 \cdot 1\ \text{bar}$	$k_v = \frac{\dot{V}}{\sqrt{\Delta p_v}}$	$\zeta = \frac{A}{k_v^2} \cdot 500$

Δp_v	Druckverlust des Ventils in bar (s. 25.5)
$\dot{V}$	Volumenstrom in m³/h
k_v	Volumenstrom in m³/h im Allg. bei $\Delta p = 1$ bar
k_{vs}	Volumenstrom in m³/h bei voll geöffnetem Ventil und Ventildruckverlust von $\Delta p = 1$ bar
A	lichter Rohrquerschnitt in mm²
ζ	Widerstandsbeiwert (ohne Einheit)

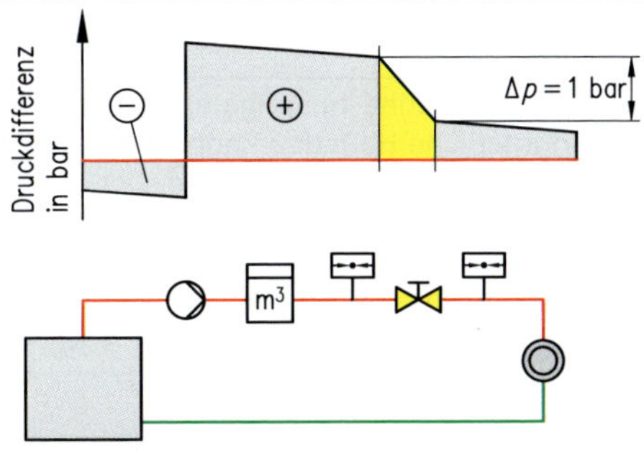

$\dot{V}$ in m³/h bei $\Delta p_{Ventil} = 1$ bar ≙ k_v bzw. k_{vs}

25.5 k_v-Bestimmung für Regelungsarmaturen (Beispiel: Heizkörperventil)

$\Delta p_v = \left(\frac{\dot{V}_h}{k_{vs}}\right)^2 \cdot 1\ \text{bar}$	Δp_v = Druckverlust des Ventils

Bsp.: Volumen des Heizkörpers = 150 l/h; k_v-Wert = 0,9 m³/h

$$\Delta p = \left(\frac{0{,}15\ \text{m}^3/\text{h}}{0{,}9\ \text{m}^3/\text{h}}\right)^2 \cdot 1\ \text{bar} = 0{,}028$$

= 0,028 bar = <u>28 mbar</u>

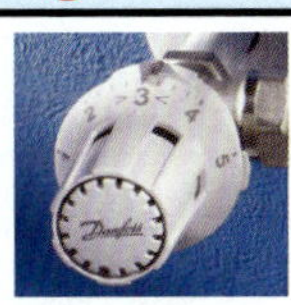

Ventilgehäuse und Fühlerelement

Die k_v-Bestimmung für das Thermostatventil kann auch anhand eines Diagramms ermittelt werden (s. 64.4). Ermittlung nach Herstellerangaben.

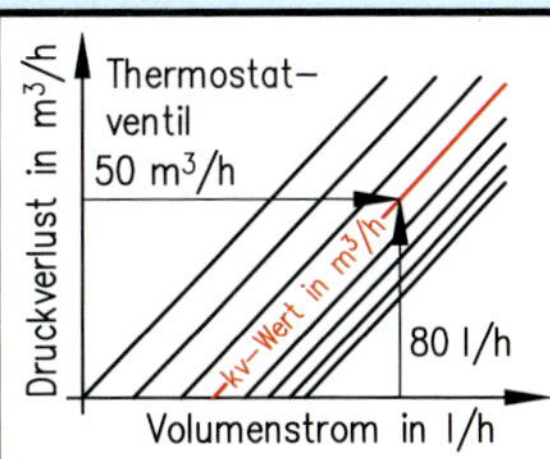

Grundlagen Elektro, Regelung · Kommunikation Bauzeichnungen · Werkstoffe Trennen, Fügen · Rohre, Zubehör Montage · Trinkwasser Feuerlöschtechnik · Entwässerung Sanitär, Klempner · Gasinstallation Flüssiggas · TW-Erwärmung Solarnutzung TWE · Energietechnik Erneuerb. Energien · Heizungs- und Feuerungstechnik · Lüftung, Klima Wärmerückführung

26.1 Pumpen-Förderdruck (Förderhöhe)

$$\Delta p_P = (\Delta p_{geo} + \Delta p_R + \Delta p_{Fl} + \Delta p_{(A-E)}) \cdot 1{,}1 \qquad H = \frac{\Delta p_P}{\varrho \cdot g}$$

Δp_P	Förderdruck in Pa oder in bar
Δp_{geo}	Druckverlust aus geodätischem Höhenunterschied in Pa oder bar
Δp_R	Druckverlust durch Rohrreibung und Einzelwiderstände in Pa oder bar
Δp_{Fl}	Fließdruck in Pa oder in bar
$\Delta p_{(A-E)}$	Schaltdruckdifferenz in Pa oder bar
H	Förderhöhe in m
ϱ	Dichte in kg/m³
g	Fallbeschleunigung in m/s² oder N/kg

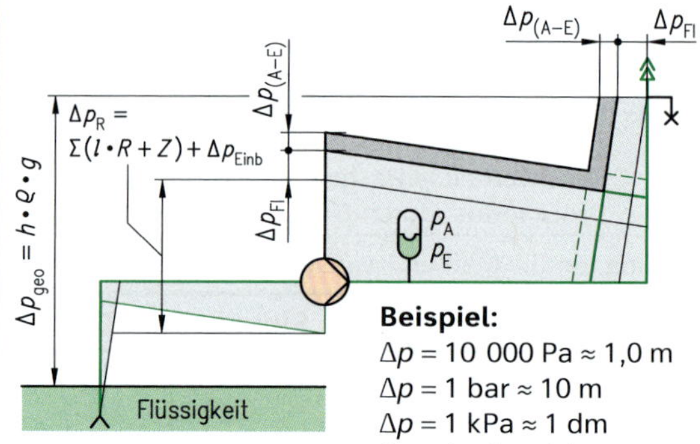

Beispiel:
$\Delta p = 10\,000$ Pa ≈ 1,0 m
$\Delta p = 1$ bar ≈ 10 m
$\Delta p = 1$ kPa ≈ 1 dm
$\Delta p = 1$ mbar ≈ 1 cm

26.2 Maximale Saughöhe

$$h_s = \frac{p_s}{\varrho \cdot g} \qquad p_s = p_{amb} - p_D - p_W - 0{,}1 \cdot p_{amb}$$

h_s	maximale Saughöhe in m
p_s	Saugdruckhöhe in Pa oder bar
ϱ	Dichte in kg/m³ (s. 102.2)
g	Fallbeschleunigung in m/s² oder N/kg
p_{amb}	örtlicher[1] Luftdruck auf Brunnenhöhe in Pa
p_D	Sattdampfdruck des Wassers in Pa (s. 102.1)
p_W	Gesamtdruckverlust in Pa (Rohrreibung)

[1] Höhe ü. NN und Luftdruckschwankungen beachten.

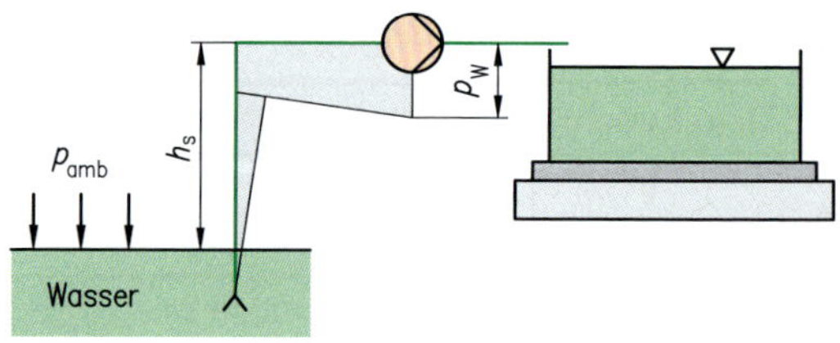

ϑ_W in °C	6	10	14	18	22	30
p_D in Pa	935	1 227	1 597	2 062	2 642	4 241

26.3 Haltedruckhöhe im Pumpensaugstutzen von Umwälzpumpen (Mindestzulaufhöhe)

$$H_H = H_{erf} + \frac{p_D}{\varrho \cdot g} + \frac{\Delta p_{ges}}{\varrho \cdot g} + 0{,}5\text{ m} - \frac{p_{amb}}{\varrho \cdot g}$$

H_H	Haltedruckhöhe im Saugstutzen in m
H_{erf}	erforderliche Haltedruckhöhe (NPSH)[1] in m
p_D	absoluter Wasserdampfdruck in Pa (s. 105.1)
Δp_{ges}	Druckverlust in der Saugleitung in Pa
p_{amb}	örtlicher Luftdruck (minimal) in Pa
ϱ	Wasserdichte in kg/m³ (s. 105.2)
g	Fallbeschleunigung in m/s² oder N/kg
0,5 m	Sicherheitszuschlag

[1] Nach Pumpenherstellerangabe.

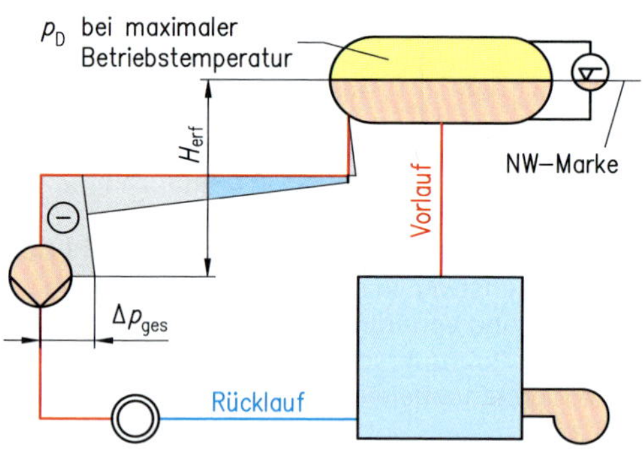

26.4 Volumenstrom bei Kolbenpumpen

$$\dot{V} = V \cdot n \cdot i \cdot \lambda$$

$\dot{V}$	Volumenstrom in l/min
V	Hubvolumen in l
n	Drehzahl in 1/min
i	Wirksamkeit (ohne Einheit)
λ	Liefergrad (ohne Einheit)

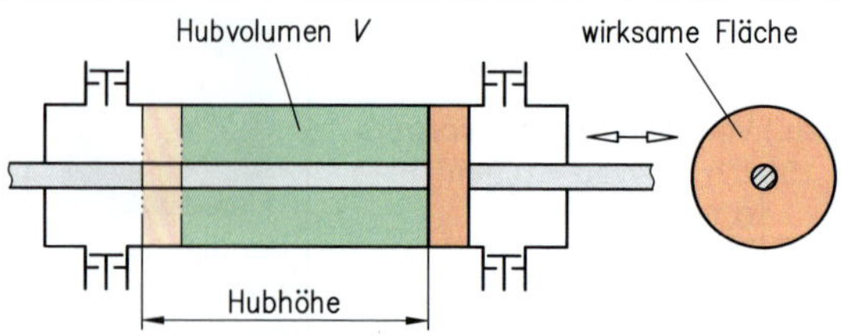

27.1 Pumpenleistung

$P_{zu} = \frac{\dot{V} \cdot \Delta p}{\eta_{ges}}$	$P_{zu} = \frac{\dot{m} \cdot g \cdot H}{\eta_{ges}}$	$\eta_{ges} = \eta_M \cdot \eta_P$

P_{zu}	zugeführte Leistung in W
$\dot{V}$	Volumenstrom in m^3/s
$\dot{m}$	Massenstrom in kg/s
Δp	Gesamtdruckverlust der Anlage in Pa
g	Fallbeschleunigung in m/s^2
H	Förderhöhe in m (s. 27.3)
η_{ges}	Gesamtwirkungsgrad (o. E.)
η_M	Motorwirkungsgrad (o. E.)
η_P	Pumpenwirkungsgrad (o. E.)
P_M	el. Motorleistung in W, KW
MAG	Membrandruck-Ausdehnungsgefäß (o. E.)

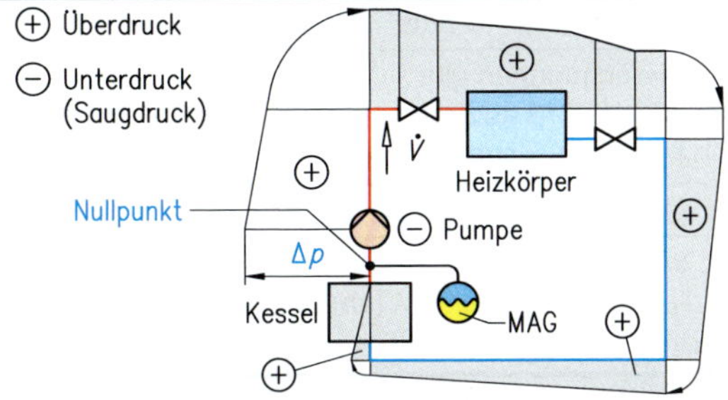

Anhaltswerte für Wirkungsgrade η_{ges} für Nassläufer			
Motorleistung in W	bis 100	bis 500	bis 2500
Wirkungsgrad in %	5 bis 40	20 bis 50	30 bis 60

27.2 Ventilatorleistung

$P_{zu} = \frac{\dot{V} \cdot \Delta p_{ges}}{\eta_{ges}}$	$P_M = P_{zu} \cdot (1{,}05 \ldots 1{,}2)$	$\eta_{ges} = \eta_M \cdot \eta_V$

$\Delta p_{ges} = p_{st} + p_{dyn}$ $\quad p_{st} = (l \cdot R + Z)_{Kanal} + \Delta p_{Einb}$

$P_{SEP} = P_{zu} : \dot{V}$

P_{zu}	zugeführte Leistung in W
P_M	Motorleistung in W (s. 567.2)
P_{SEP}	spezifische Ventilatorleistung in Ws/m^3 (s. 567.5)
$\dot{V}$	Volumenstrom in m^3/s (s. 536.3 bis 545.6)
p_{ges}	Gesamtdruckdifferenz der Anlage in Pa (s. 567.1)
p_{st}	statischer Druck in Pa (s. 21.5)
p_{dyn}	dynamischer Druck in Pa (s. 21.5)
ϱ	Dichte des Mediums in kg/m^3
η_{ges}	Gesamtwirkungsgrad (o. E.) (s. 567.3)
η_M	Motorwirkungsgrad (o. E.) (s. 567.3)
η_V	Ventilatorwirkungsgrad (o. E.)

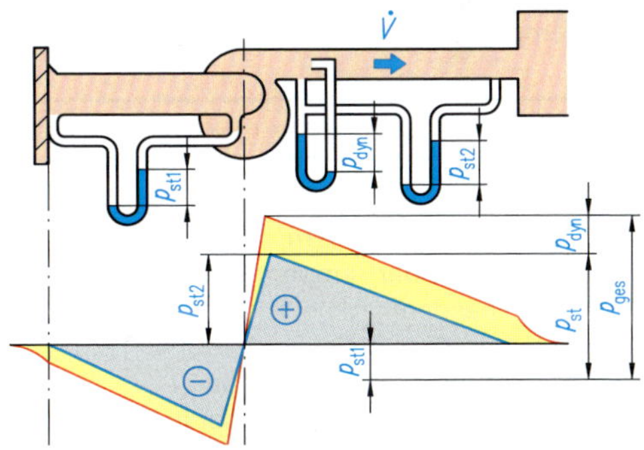

Beispiel: $\dot{V} = 50\ m^3/s$, $\Delta p_{ges} = 200$ Pa, $\eta_{ges} = 0{,}8$

$P_{zu} = (50\ m^3/s \cdot 200\ Pa) : 0{,}8 = 12\,500$ W

$P_{SEP} = 12\,500\ W : 50\ m^3/s = \underline{\underline{250\ Ws/m^3}}$

27.3 Kennlinien (Pumpe, Rohrnetz, Leistung)

$\frac{\dot{V}_1}{\dot{V}_2} = \frac{n_1}{n_2}$	$\frac{\Delta p_1}{\Delta p_2} = \left(\frac{n_1}{n_2}\right)^2$	$\frac{P_1}{P_2} = \left(\frac{n_1}{n_2}\right)^3$

$\dot{V}_1$, $\dot{V}_2$	Volumenstrom in m^3/s oder m^3/h
n_1, n_2	Drehzahl in 1/min
Δp_1, Δp_2	Druckdifferenz in Pa oder bar
H_1, H_2	Förderhöhe in m
P_1, P_2	Antriebsleistung in W oder kW
BP_1, BP_2	Betriebspunkt der Pumpe oder des Ventilators

——— Pumpen- oder Ventilatorkennlinie
——— Rohrnetz- oder Kanalnetzkennlinie
– – – – Leistungsbedarf

Der Schnittpunkt der Rohrnetzkennlinie mit der Pumpenkennlinie ergibt den Betriebspunkt BP.

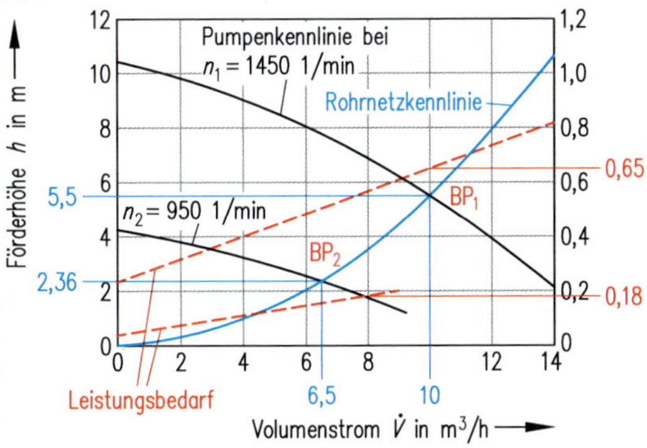

Beispiel	n 1/min	$\dot{V}$ m^3/h	H m	P kW
BP_1	1450	10,0	5,50	0,65
BP_2	950	6,5	2,36	0,18

28.1 Temperatur — DIN 1345

$0\ \text{K} = -273\ °\text{C}$ oder $0\ °\text{C} = 273\ \text{K}$

Für Umrechnungen gilt:
von °C in K: 273 addieren ⇒ $T = \vartheta_c + 273\ \text{K}$
von K in °C: 273 subtrahieren ⇒ $\vartheta_c = T - 273\ \text{K}$

$\Delta T = T_2 - T_1$ oder $\Delta\vartheta = \vartheta_2 - \vartheta_1$ | $\Delta T = \Delta\vartheta$

ΔT, $\Delta\vartheta$	Temperaturdifferenz immer in K
T_1, T_2	Temperatur in K (absolute Temperatur)
ϑ_1, ϑ_2	Temperatur in °C

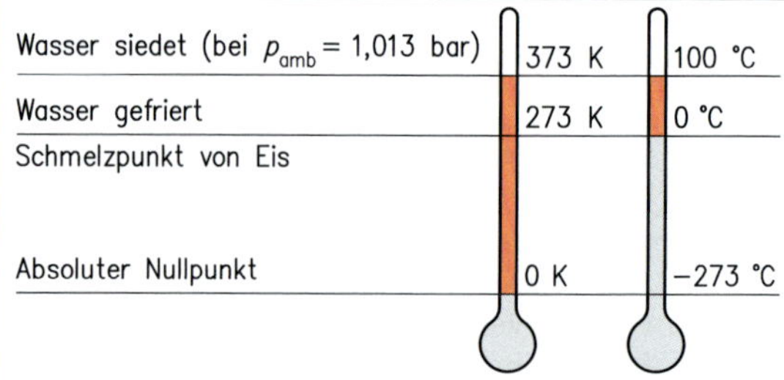

28.2 Längenausdehnung, Durchmesseränderung

$\Delta l = l_0 \cdot \alpha \cdot \Delta\vartheta$ | $\Delta\vartheta = \vartheta_2 - \vartheta_1$

Δl	Längenänderung in m
l_0	Länge vor der Temperaturänderung in m
α	Längenänderungskoeffizient in 1/K (s. 109.1, 170.1)
$\Delta\vartheta$	Temperaturdifferenz in K
ϑ_1	Anfangstemperatur in °C oder in K
ϑ_2	Endtemperatur °C oder in K

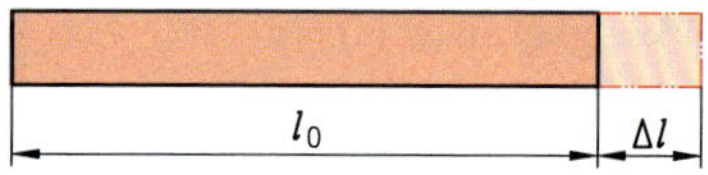

Wärmedehnung von Rohren (Stahl, Kupfer, Kunststoff)
anhand von Diagrammen (s. 168)
Kompensatoren (s. 171.1)
Festpunkte (Rohrmontage (s. 172.2))

Durchmesser

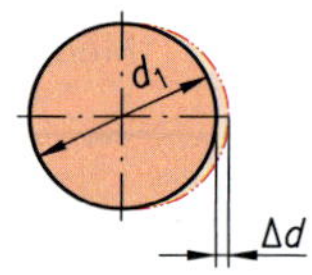

$\Delta d = d_1 \cdot \alpha \cdot \Delta t$

28.3 Volumenausdehnung fester und flüssiger Stoffe

$\Delta V = V_0 \cdot \gamma \cdot \Delta\vartheta$ | $\Delta\vartheta = \vartheta_2 - \vartheta_1$

ΔV	Volumenänderung in m³
V_0	Volumen vor der Temperaturänderung in m³
γ (α_v)	Volumenänderungskoeffizient in 1/K, bei festen Körpern ist $\gamma \approx 3 \cdot \alpha$, (s. 109.2)
$\Delta\vartheta$	Temperaturdifferenz in K
ϑ_1	Anfangstemperatur in °C oder in K
ϑ_2	Endtemperatur °C oder in K

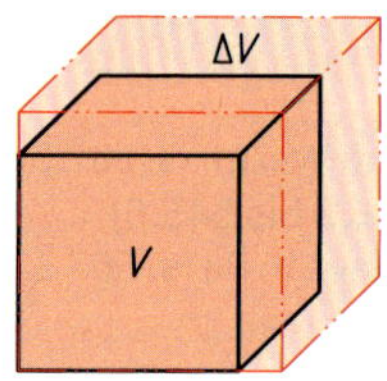

Beispiel:
Heizöl, $V = 500\ \text{l}$, $\Delta\vartheta = 30\ °\text{C}$

$$\gamma = 0{,}0007\ \frac{1}{°\text{C}}$$
$$\Delta V = \gamma \cdot V_1 \cdot \Delta\vartheta$$
$$\Delta V = 0{,}0007\ \frac{1}{°\text{C}} \cdot 500\ \text{l} \cdot 30\ °\text{C}$$
$$= 14\ \text{l}$$

28.4 Volumenausdehnung des Wassers

$\Delta V = m \cdot \Delta v$ | $\Delta v = v_2 - v_1$

ΔV	Volumenänderung in dm³ oder l
m	Wassermasse in kg
Δv	Differenz der spezifischen Volumen in dm³/kg
v_1	spez. Volumen vor der Erwärmung in dm³/kg
v_2	spez. Volumen nach der Erwärmung in dm³/kg (für Wasser (s. 105.2))

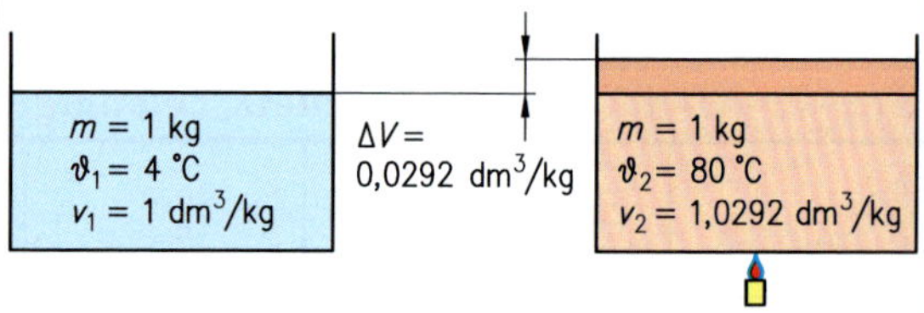

28.5 Allgemeine Gasgleichung

$\frac{p \cdot V}{T} = m \cdot R$ | $\frac{p_1 \cdot V_1}{T_1} = \frac{p_2 \cdot V_2}{T_2} = \text{konstant}$

p, p_1, p_2	absoluter Druck in bar
T, T_1, T_2	absolute Temperatur in K
V, V_1, V_2	Volumen in m³
m	Gasmasse in kg
R	spezifische Gaskonstante in J/(kg · K) (s. 108.1)

T = konst.	V = konst.	p = konst.
$p_{abs\,1} \cdot V_1 = p_{abs\,2} \cdot V_2$	$\frac{p_{abs\,1}}{T_1} = \frac{p_{abs\,2}}{T_2}$	$\frac{V_1}{T_1} = \frac{V_2}{T_2}$

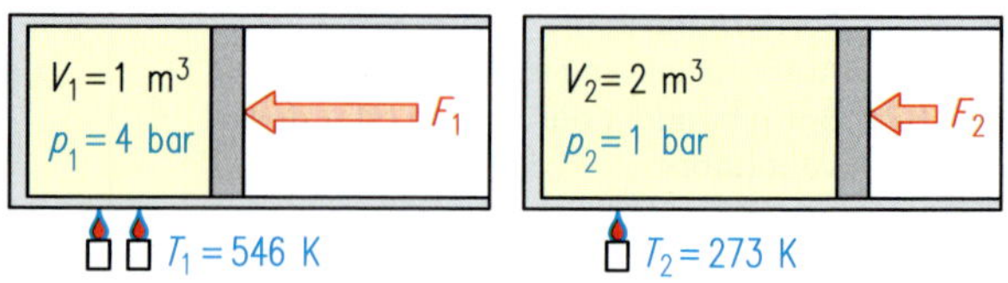

Gasgleichung **(Zustandsänderungen)**
- bei konstanter Temperatur → **Isotherme**
- bei konstantem Druck → **Isobare**
- bei konstantem Volumen → **Isochore**

29.1 Membrandruck-Ausdehnungsgefäß[1] (MAG) — DIN 4807, DIN EN 12828

$V_{exp} \geq (V_e + V_{WR}) \cdot \frac{p_e + 1}{p_e - p_0}$	$p_a \geq (p_0 + 1) \cdot \frac{V_{exp}}{V_{exp} - V_{WR}} - 1$
Vordruck bei Heizung	$p_0 \geq p_{st} + p_D$
Vordruck bei TWE[2]	$p_0 = p_R - 0{,}2$
Wasseraufnahme	$V_0 \geq V_e + V_{WR}$

V_{exp} Nenninhalt (Gesamtinhalt des MAG) in l
V_{WR} Wasservorlage im MAG in l
V_e Ausdehnungsvolumen in l, (s. 28.3)
p_0 Vordruck im MAG in bar (nur Gaspolster)
p_a Anfangsdruck (Fülldruck) in bar
p_R Ruhedruck in bar in TWE-Anlagen[2]
p_e Enddruck in bar (z. B. $p_e = p_{SV} - 0{,}5$ bar)
p_{st} statischer Druck in bar (aus Höhendifferenz)
p_D Dampfdruck in bar bei $\vartheta_V \geq 100$ °C, (s. 105.1)

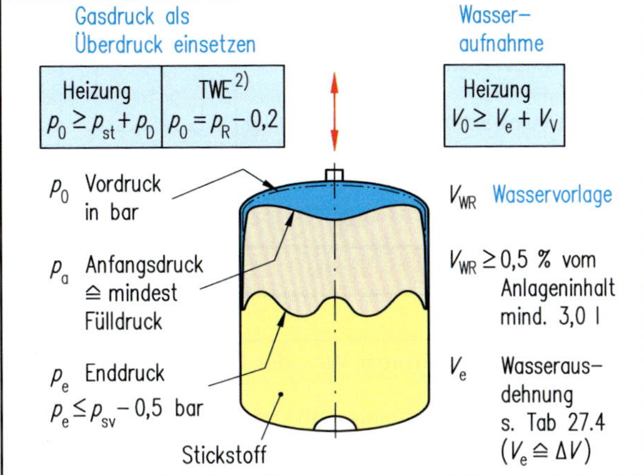

[1] Heizung (s. 489.1 f.); [2] Trinkwassererwärmung (s. 491.1 f.)

29.2 Wärmeinhalt, Wärmezufuhr oder Wärmemenge

$Q = m \cdot c \cdot \Delta\vartheta$	$Q = m \cdot c \cdot \Delta\vartheta$	$\Delta\vartheta = \vartheta_2 - \vartheta_1$
$m = \frac{Q}{c \cdot \Delta\vartheta}$	$\Delta\vartheta = \frac{Q}{m \cdot c}$	$\vartheta_2 = \vartheta_1 + \Delta\vartheta$ $\vartheta_1 = \vartheta_2 - \Delta\vartheta$

Q Wärmemenge, Wärmezufuhr oder Wärmeinhalt in Wh oder J
m Masse in kg
c spezifische Wärmekapazität in Wh/(kg · K) oder J/(kg · K) (s. 107.2, 523.2)
ϑ_2, ϑ_1 End- und Anfangstemperatur in °C
$\Delta\vartheta$ Temperaturdifferenz in K

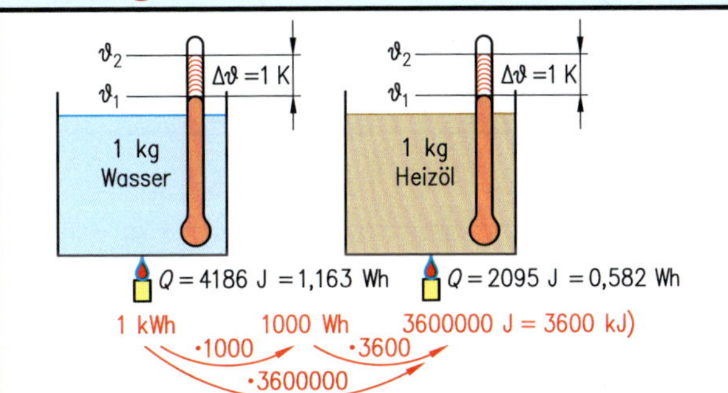

1 Wh = 3,6 kJ   1 W = 1 J/s

29.3 Wärmeleistung oder Wärmestrom beim Heiz- oder Kühlvorgang

Heiz- oder Kühlvorgang	$\dot{Q} = \frac{Q}{t}$	$\dot{Q} = \frac{m \cdot c \cdot \Delta\vartheta}{t}$

$\dot{Q}$ Wärmeleistung in W
Q Wärmemenge in Wh oder J
t Zeit in h
m Masse in kg (Heizmedium)
c spezifische Wärmekapazität in Wh/(kg · K)
$\Delta\vartheta$ Temperaturdifferenz in K

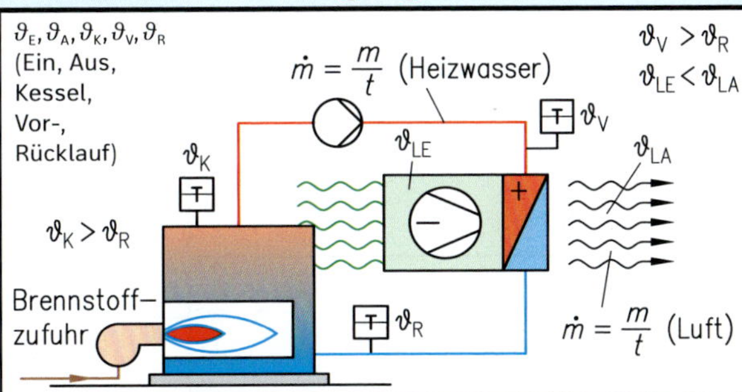

29.4 Zeitliche Volumenänderung des Wassers in Abhängigkeit von der Heizleistung

$\Delta\dot{V} = \mu \cdot \dot{Q}$

$\Delta\dot{V}$ Volumenveränderung in dm³/h
$\dot{Q}$ Wärmeleistung in kW
μ kalorische Ausdehnungszahl in dm³/kWh

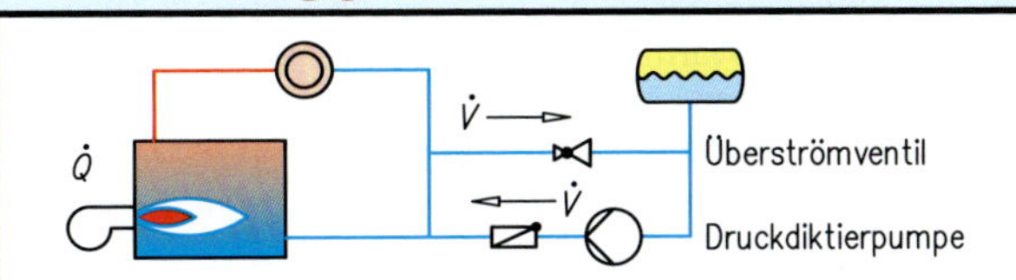

mittlere Wassertemperatur in °C	30	40	50	60	70	80	90	100	110	120	140
Ausdehnungszahl μ in dm³/kWh	0,26	0,34	0,40	0,46	0,52	0,57	0,63	0,68	0,73	0,78	0,90

30.1 Schmelzwärme, Verdampfungs- und Kondensationswärme, Zustandsänderungen

$Q = m \cdot q_S$

- Q Schmelzwärme in Wh oder J
- m Masse in kg
- q_S spezifische Schmelzwärme in Wh/kg oder J/kg (s. 108.2)
- c_{Eis} spezifische Wärmekapazität von Eis in Wh/(kg · K) oder J/(kg · K)

30.2 Verdampfungswärme[1]

$Q = m \cdot r$

- Q Verdampfungswärme in Wh oder J
- m Masse in kg
- r spezifische Verdampfungswärme[1] in Wh/kg oder J/kg (s. 108.3)
- c_W spezifische Wärmekapazität von Wasser
- c_D spezifische Wärmekapazität von Dampf

[1] Ist druckabhängig; (s. 108.3)

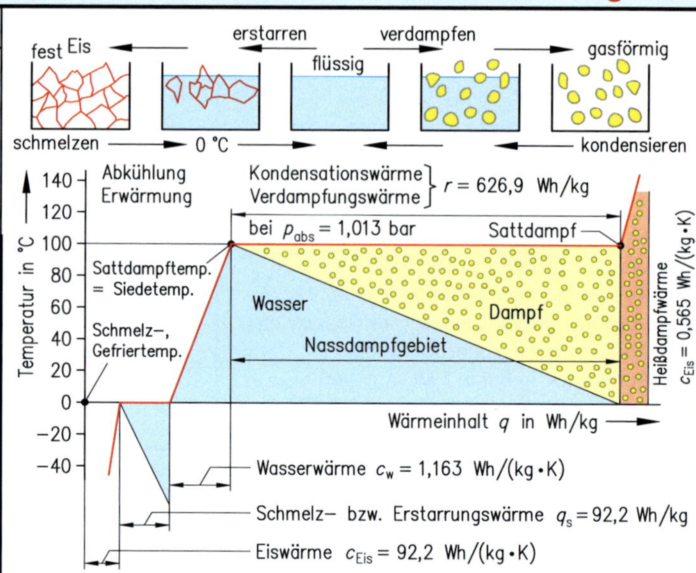

30.3 Mischtemperatur

$Q_m = Q_k + Q_w$	$\vartheta_m = \dfrac{m_k \cdot c_k \cdot \vartheta_k + m_w \cdot c_w \cdot \vartheta_w}{m_k \cdot c_k + m_w \cdot c_w}$
Stoffe mit gleicher spez. Wärmekapazität ($c_k = c_w$) z. B. Wasser	$\vartheta_m = \dfrac{m_k \cdot \vartheta_k + m_w \cdot \vartheta_w}{m_m}$
Kaltwasser	**Warmwasser**
$\vartheta_k = \dfrac{m_m \cdot \vartheta_m - m_w \cdot \vartheta_w}{m_k}$	$\vartheta_w = \dfrac{m_m \cdot \vartheta_m - m_k \cdot \vartheta_k}{m_w}$
$m_k = m_w \dfrac{\vartheta_w - \vartheta_m}{\vartheta_m - \vartheta_k}$	$m_w = m_k \dfrac{\vartheta_m - \vartheta_k}{\vartheta_w - \vartheta_m}$
$m_k = m_m \dfrac{\vartheta_w - \vartheta_m}{\vartheta_w - \vartheta_k}$	$m_w = m_m \dfrac{\vartheta_m - \vartheta_k}{\vartheta_w - \vartheta_k}$

- ϑ_m Mischwassertemperatur in °C
- m_m Mischwassermasse in kg
- ϑ_k Kaltwassertemperatur in °C
- m_k Kaltwassermasse in kg
- ϑ_w Warmwassertemperatur in °C
- m_w Warmwassermasse in kg
- c_k spezifische Wärmekapazität des kalten Mediums in Wh/(kg · K)
- c_w spezifische Wärmekapazität des warmen Mediums in Wh/(kg · K)

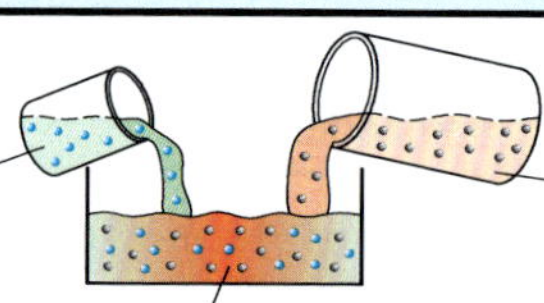

4 kg Kaltwasser $\vartheta_k = 10$ °C

Warmwasser $\vartheta_w = 60$ °C

Mischwasser $\vartheta_m = 40$ °C

Mischungskreuz:

Temperaturen		Anteile
Kaltwasser: $\vartheta_k = 10$ °C	Mischwasser: $\vartheta_m = 40$ °C	$\vartheta_W - \vartheta_m \mathrel{\widehat{=}} m_k$-Anteile 60 °C − 40 °C = 20-Anteile
Warmwasser: $\vartheta_w = 60$ °C		$\vartheta_m - \vartheta_k \mathrel{\widehat{=}} m_W$-Anteile 40 °C − 10 °C = 30-Anteile

Mischwasser $\mathrel{\widehat{=}}$ Σ-Anteile
(20+30) Anteile = 50-Anteile

$m_k = \dfrac{m_k\text{-Anteile}}{\Sigma\text{-Anteile}} \cdot m_m$ $\qquad$ $m_w = \dfrac{m_w\text{-Anteile}}{\Sigma\text{-Anteile}} \cdot m_m$

Berechnung der Kalt- und Warmwassermenge in kg bei $m_m = 180$ kg und $\vartheta_m = 40$ °C

$$m_k = \frac{m_k\text{-Anteile}}{\Sigma\text{-Anteile}} \cdot m_m = \frac{20 \text{ Anteile}}{50 \text{ Anteile}} \cdot 180 \text{ kg} = \underline{\underline{72 \text{ kg}}}$$

$$m_w = \frac{m_w\text{-Anteile}}{\Sigma\text{-Anteile}} \cdot m_m = \frac{30\text{-Anteile}}{50\text{-Anteile}} \cdot 180 \text{ kg} = \underline{\underline{80 \text{ kg}}}$$

Beispiel: 2000-l-Behälter (60 °C). Wie viel l Mischwasser 42 °C bei Kaltwassertemperatur von 12 °C?

$$m_m = m_w \cdot \frac{\vartheta_w - \vartheta_k}{\vartheta_m - \vartheta_k} = 2000 \text{ kg} \cdot \frac{60\text{ °C} - 12\text{ °C}}{42\text{ °C} - 12\text{ °C}} = 2000 \text{ kg} \cdot \frac{48\text{ °C}}{30\text{ °C}} = \underline{\underline{3200 \text{ kg } (3200 \text{ l})}}$$

31.1 Mischungsgleichung

$m \cdot x = m_1 \cdot x_1 + m_2 \cdot x_2 + ...$	$m = m_1 + m_2 + ...$

m	Masse der Mischung in kg
m_1; m_2	Masse der Mischungsbestandteile in kg
x	Gesamtmassenanteil[1] in g, kg oder %
x_1; x_2	Massenanteile[1] der Mischungsbestandteile in g, kg oder in %

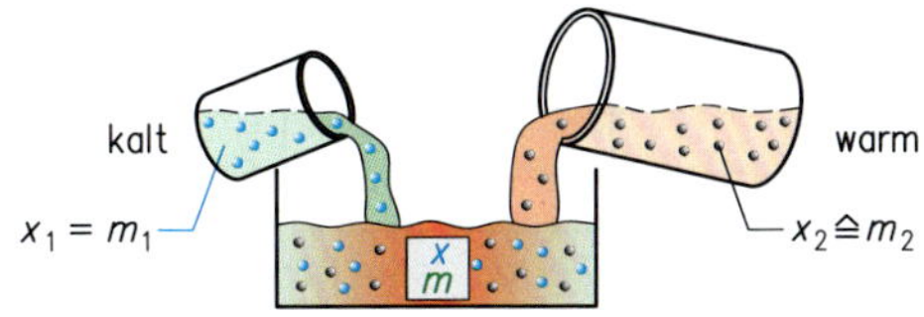

[1] Die Massenanteile können eingesetzt werden in g/g oder g/kg oder g/m³ oder Massenanteile in %.

31.2 Aufheizzeit, Warmwasserzapfleistung und Temperaturdifferenz

Aufheizzeit	$t = \frac{Q}{\dot{Q}}$ oder $t = \frac{m \cdot c \cdot \Delta\vartheta}{\dot{Q}}$
Wasserzapfleistung	$\dot{m} = \frac{\dot{Q}}{c \cdot \Delta\vartheta}$; $\dot{m} = \frac{\dot{Q}}{c \cdot \Delta\vartheta} \cdot \frac{1}{60}$ in $\frac{\text{kg}}{\text{min}}$
Temperaturdifferenz	$\Delta\vartheta = \frac{\dot{Q}}{\dot{m} \cdot c} = \vartheta_2 - \vartheta_1$

$\dot{Q}$	Wärmeleistung in W
Q	Wärmemenge in Wh oder J
t	Aufheizzeit in s oder h
m	Masse in kg
c	spezifische Wärmekapazität in Wh/(kg · K)
$\Delta\vartheta$	Temperaturdifferenz in K
$\dot{m}$	Massenstrom in kg/h (Volumenstrom in l/min)

Trinkwasser (TW) = PW
Trinkwasser, Kalt = PWC
Trinkwasser, Warm = PWH
DIN EN 806-1

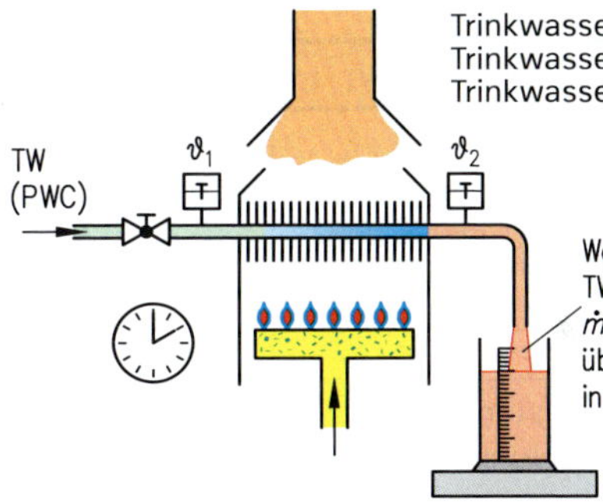

- Eine schnelle Erwärmung des Trinkwassers erfordert hohe Wärmeleistung und hohe Anschlusswerte
- Unbegrenzt warmes Trinkwasser (abhängig von Ausflussvolumen und Geräteleistung)

31.3 Verbrennungswärme (Heizwert) und Brennstoffkenndaten

Heizwertnutzung	$Q_i = m_B \cdot H_I$	$Q_i = V_B \cdot H_I$
Brennwertnutzung	$Q_S = m_B \cdot H_S$	$Q_S = V_B \cdot H_S$
Brennstoffbedarf	$m_B = \frac{Q}{H}$	$V_B = \frac{Q}{H}$

Q_i	Wärmemenge bei Heizwertnutzung in kWh
Q_S	Wärmemenge bei Brennwertnutzung in kWh
m_B	Brennstoffmasse in kg
V_B	Brennstoffvolumen in m³ oder in l
H	Heizwert[1] oder Brennwert[1] in kWh/kg oder kWh/m³ oder kWh/l (s. 32.1)
H_i	Heizwert in kWh/kg oder kWh/m³ oder kWh/l
H_S	Brennwert in kWh/kg oder kWh/m³ oder kWh/l
$V_{A,tr}$	trockenes Abgasvolumen[2] in m³/kg oder m_n^3 / m_n^3

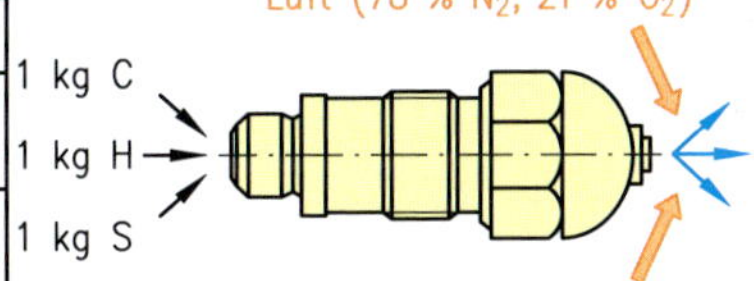

Beispiel: Die Verbrennung von Erdgas E:
Geg.: V_B = 15 m³; H_s = 11,1 kWh/m³, Ges.: Q_s = ? kWh
$Q_s = V_B \cdot H_s$ = 15 m³ · 11,1 kWh/m³ = <u>166,5 kWh</u>

Bei Brennwertnutzung wird der Wärmegewinn aus der Wasserkondensation zusätzlich genutzt.

Brennstoffe[2]	Anthrazit	Zech. Koks	Holz trocken Laub	Holz trocken Nadel	Torf trock.	Heizöl –EL[3]	Propan	Butan	Brenngase[2]	Erdgas LL	Erdgas E	Stadtgas
H_s[2] kWh/kg	9,48	8,25	4,76	4,13	4,17	12,8	13,98	13,74	H_s[2] kWh/m³	10,0	11,1	5,0
H_i[2] kWh/kg	9,24	8,21	4,33	3,69	3,79	11,9	12,87	12,69	H_i[2] kWh/m³	9,0	10,0	4,5
L_{min}[4] m³/kg	8,56	7,82	3,90	3,48	3,43	11,2	12,37	12,47	L_{min}[4] m³/ m³	8,6	9,6	3,9
$CO_{2\,max}$ %	19,1	20,7	20,4	20,5	20,0	15,4	13,8	14,1	CO_{2max} %	11,8	12,0	13,6
$V_{A,tr}$[2] m³/kg	8,37	7,81	3,87	3,46	3,42	10,53	11,32	11,46	$V_{A,tr}$[2] m_n^3 / m_n^3	7,87	8,67	3,61

[1] Je nach Art der Feuerungsanlage wird der Heiz- oder Brennwert eingesetzt. [2] Anhaltswerte [3] Für Heizöl wird der Heizwert mit $H_i \approx$ 10 kWh/l angegeben. [4] Theoretischer Luftbedarf.

32.1 Heizleistung bei Brennwertnutzung oder bei Heizwertnutzung

Heizwertnutzung	$\dot{Q} = \dot{m}_B \cdot H_I$	$\dot{Q} = \dot{V}_B \cdot H_I$
Brennwertnutzung	$\dot{Q} = \dot{m}_B \cdot H_S$	$\dot{Q} = \dot{V}_B \cdot H_S$

$\dot{Q}$ Heizleistung in W oder J/s (s. 32.3)
H_I Heizwert in Wh/kg oder Wh/m³ (s. 32.3, 343.1)
H_S Brennwert in Wh/kg, Wh/m³ oder Wh/l (s. 32.3, 342.4)
$\dot{m}_B$ Brennstoffdurchsatz in kg/h (s. 33.2)
$\dot{V}_B$ Brenngasvolumenstrom in m³/h (s. 33.2)

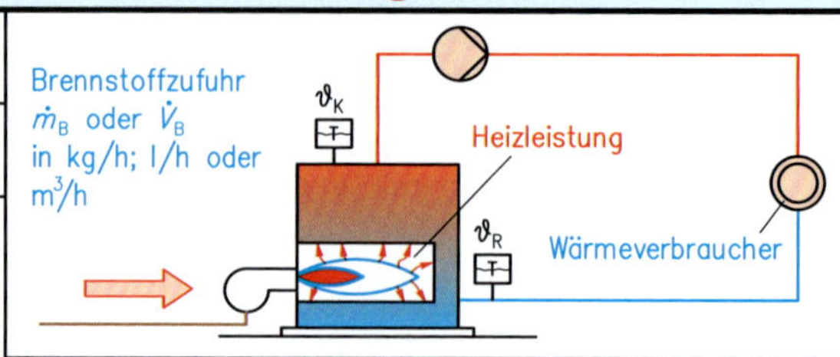

Früher bezeichnete man den **Heizwert** als unteren Heizwert h_u (unten) und den Brennwert h_s als oberen Brennwert h_o (oben).

32.2 Wärmebelastung und Brennstoffdurchsatz

Heizwertnutzung	$\dot{Q}_B = \dot{m}_B \cdot H_{IB}$	$\dot{Q}_B = \dot{V}_B \cdot H_{IB}$
Brennwertnutzung	$\dot{Q}_B = \dot{m}_B \cdot H_{SB}$	$\dot{Q}_B = \dot{V}_B \cdot H_{SB}$
Brennstoffdurchsatz	$\dot{m}_B = \frac{\dot{Q}_B}{H_B}$	$\dot{V}_B = \frac{\dot{Q}_B}{H_B}$

$\dot{Q}_B$ Wärmebelastung in W
$\dot{V}_B$ Brenngasvolumenstrom in m³/h
$\dot{m}_B$ Brennstoffdurchsatz in kg/h, m³/h oder l/min
H_{IB} Betriebsheizwert in Wh/m³, Wh/kg oder Wh/l
H_{SB} Betriebsbrennwert in Wh/m³, Wh/kg oder Wh/l

Die im Brennstoff zugeführte Wärmeleistung bezeichnet man als Wärmebelastung.
Grundsätzlich ist zwischen Nennwärmeleistung, Nennwärmebelastung, Einstellwert zu unterscheiden.

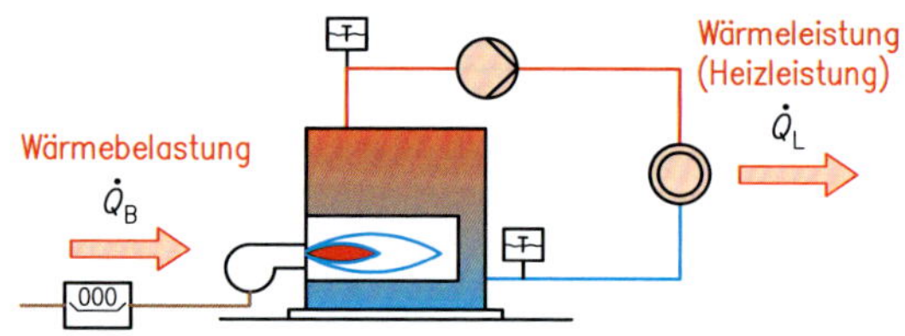

32.3 Anschlusswert, Einstellwert und Düsendruck

Anschlusswert	$\dot{V}_A = \frac{\dot{Q}_{NB}}{H_{IB}}$	in $\frac{m^3}{h}$
Einstellwert	$\dot{V}_E = \frac{\dot{Q}_{NB}}{H_{IB}} \cdot \frac{1\,000\ l/m^3}{60\ min/h}$	in $\frac{l}{min}$
Einzustellender Düsendruck	$p_{ein} = p_{gem} \left(\frac{\dot{V}_E}{\dot{V}_{gem}}\right)^2$	in mbar

$\dot{V}_A$ Anschlusswert in m³/h (Gas)
$\dot{V}_E$ Einstellwert in l/min
V_{gem} gemessener Gasvolumenstrom in l/min
$\dot{Q}_{NB}$ Nennwärmebelastung in W
H_{iB} Betriebsheizwert in Wh/m³
p_{ein} einzustellender Düsendruck in mbar
p_{gem} gemessener Düsendruck in mbar

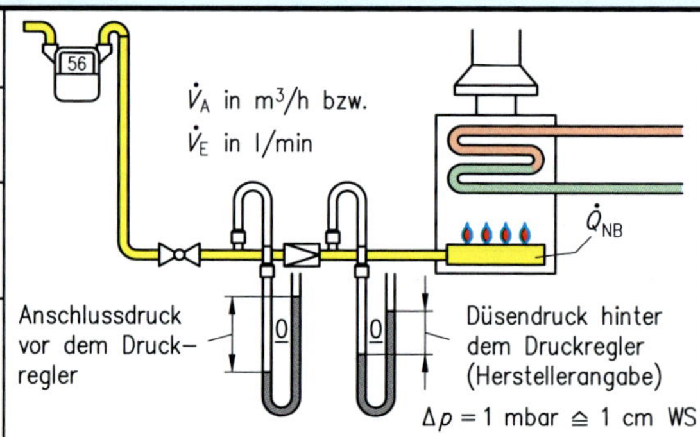

Die Gasbrennereinstellung erfolgt entweder mithilfe des Düsendruckes (manometrische Methode) oder des Gaszählers (volumetrische Methode (s. 509.2)).

32.4 Gerätewirkungsgrad η

$\eta = \frac{\dot{Q}_L}{\dot{Q}_B}$	bei Heizwertnutzung	< 1
	bei Brennwertnutzung	≥ 1

η Gerätewirkungsgrad (ohne Einheit)
$\dot{Q}_L$ Wärmeleistung in W (s. 30.3)
$\dot{Q}_B$ Wärmebelastung in W (s. 33.2)

Bei Brennwertnutzung wird der Wärmegewinn aus der Wasserdampfkondensation zusätzlich genutzt.

η = Verhältnis der Nennleistung zur Nennbelastung

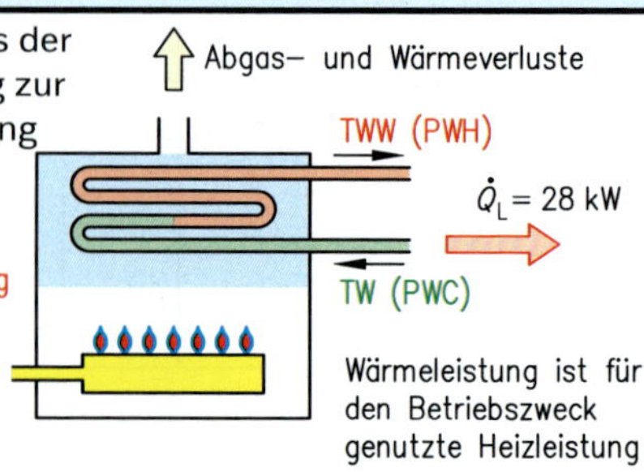

33.1 Wobbe-Index und Dichteverhältnis

$$W_{S,n} = \frac{H_{S,n}}{\sqrt{d}} \qquad W_{I,n} = \frac{H_{I,n}}{\sqrt{d}} \qquad d = \frac{\varrho_{Gn}}{\varrho_{Ln}}$$

- $W_{S,n}$ oberer Wobbe-Index in Wh/m³
- $H_{S,n}$ Brennwert im Normzustand in Wh/m³
- $W_{I,n}$ unterer Wobbe-Index in Wh/m³
- $H_{I,n}$ Heizwert im Normzustand in Wh/m³
- d Dichteverhältnis (ohne Einheit)
- ϱ_{Gn} Gasdichte im Normzustand in kg/m³
- ϱ_{Ln} Luftdichte im Normzustand (1,2931) in kg/m³

Brenngase mit gleichem Wobbe-Index ergeben die gleiche Wärmebelastung des Brenners.
In der Praxis wird der Wobbe-Index für die Düsendruckeinstellmethode (Voreinstellung) benötigt.

33.2 Feuerungstechnischer Wirkungsgrad, Abgasverluste und Luftüberschuss (BImSchV)

Feuerungstechnischer Wirkungsgrad bei			
Heizwertnutzung	$\eta_F = 100\,\% - q_A$		
Brennwertnutzung	$\eta_{FB} = 100\,\% + q_K - q_A$		
Abgasverluste bei Heizwertnutzung (BImSchV) und			
CO_2-Messung	$q_A = (\vartheta_A - \vartheta_L) \cdot \left(\frac{A_1}{CO_2} + B\right)$		
O_2-Messung	$q_A = (\vartheta_A - \vartheta_L) \cdot \left(\frac{A_2}{21 - O_2} + B\right)$		
Luftüberschuss	$\lambda = \frac{CO_{2\,max}}{CO_2}$	$\lambda = \frac{21}{21 - O_2}$	$\lambda = \frac{L_{tats}}{L_{theo}}$
Wärmegewinne bei der Brennwertnutzung			
Wasserdampfkondensation	$q_K = \frac{(H_S - H_I) \cdot \alpha}{H_I} \cdot 100\,\%$		

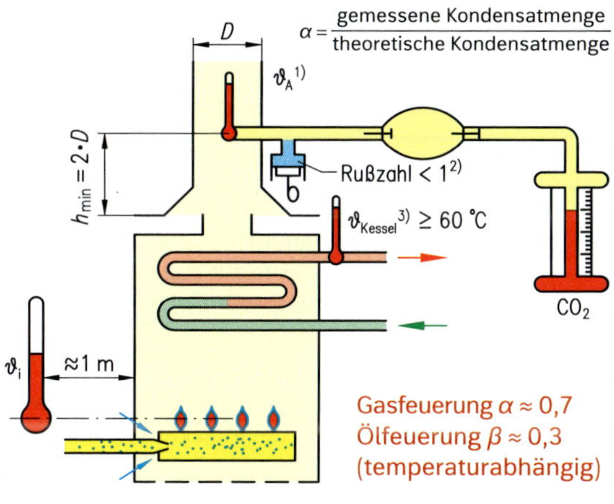

- q_A Abgasverluste in %, (s. 500.3)
- q_K Wärmegewinn in % aus Brennwertnutzung
- ϑ_A Abgastemperatur in °C
- ϑ_L Verbrennungslufttemperatur in °C
- A_1 Brennstoffbeiwert bei CO_2 (ohne Einheit)
- A_2 Brennstoffbeiwert bei O_2 (ohne Einheit)
- B Brennstoffbeiwert (ohne Einheit)
- CO_2 gemessener CO_2-Gehalt in %
- $CO_{2\,max}$ maximaler CO_2-Gehalt in %
- O_2 gemessener O_2-Gehalt in %
- H_S Brennwert in kWh/m³ oder kWh/l, (s. 32.3)
- H_I Heizwert in kWh/m³ oder kWh/l, (s. 32.3)
- α[4] Kondensationsfaktor (o. Einheit)
- η_F feuerungstechnischer Wirkungsgrad in %
- η_{FB} feuerungstechnischer Wirkungsgrad in %
- λ Luftverhältniszahl (ohne Einheit)
- L_{tats} tatsächlicher Luftbedarf in m³/kg o. m³/m³
- L_{theo} theor. Luftbed. in m³/kg o. m³/m³ (s. 360.1)

Brennstoff	Beiwerte			CO_{2max} in %	L_{theo}	
	A_1	A_2	B		m³/kg	m³/m³
Anthrazit	–	–	–	19,2	8,56	–
Heizöl	0,50	0,68	0,007	15,4	11,1	–
Erdgas L	0,37	0,66	0,009	11,7	–	7,80
Erdgas H	0,37	0,66	0,009	12,0	–	9,90
Stadtgas	0,35	0,63	0,011	13,6	–	3,90
Kokereigas	0,29	0,60	0,011	20,1	–	4,28
Flüssiggas	0,42	0,63	0,008	13,8	12,2	23,9
Flüssiggas-Luft-Gem.	0,42	0,63	0,008	–	–	–

[1] Im Abgaskernstrom messen (höchste Temperatur).
[2] Bei Verdampfungsbrennern Rußzahl ≤ 2.
[3] Gilt nicht für Brennwertgeräte und NT-Kessel.
[4] Ist abhängig von der Rücklauftemperatur und dem Brennersystem

Vorteile der Brennwerttechnik:
- Effizienteste und zuverlässliche Wärmeerzeugung fossiler Energieträger (Koks, Öl, Gas ...)
- Brennwertnutzung (Gas, Öl) ermöglicht einen Nutzungsgrad bis zu 110 % (Gas) und 105 % (Öl)
- Minderung der CO_2-Emission und dadurch Schutz der Umwelt. Geringe Amortisationszeiten.
- Ausgezeichnet kombinierbar mit alternativen Energien, z. B. Brennwert-Solar, Brennwert-Wärmepumpe.

Überprüfung des Abgassystems (Schornstein), korrosionsfestes Material, geringe Temperaturen (s. 510.3)

34.1 Kesselwirkungsgrad bei Brennwertnutzung und Kondensationswärmegewinn

Kesselwirkungsgrad	$\eta_K = 100 + q_K - q_A - q_B$
Kondensationswärme	$q_K = \frac{m_K \cdot r_K}{Q_{zu}} \cdot 100\ \%$

- η_K Kesselwirkungsgrad in %
- q_K Kondensationswärmegewinn in %
- q_A Abgasverluste in % (s. 33.2; 500.3)
- q_B Betriebsbereitschaftsverlust in % nach Herstellerangabe (nicht auf alle H. übertragbar)
- r_K Kondensationswärme in Wh/kg
- m_K Kondensatanfall in kg (s. 507.1)
- Q_{zu} Wärmezufuhr des Brennstoffes in Wh (z. B. $Q_{zu} = V_{zu} \cdot H_{IB}$ oder $Q_{zu} = m_{zu} \cdot H_{IB}$)

- Brennwerttechnik (Nutzung, Prinzip) (s. 505)
- Systemtemperaturen • Kondensat (s. 506.1)

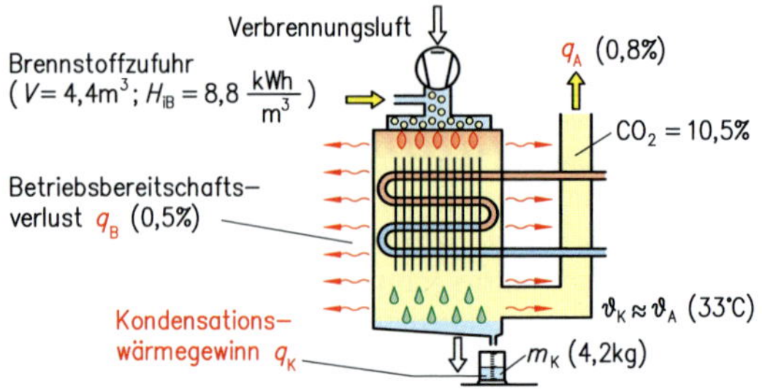

Beispiel: $q_K = \frac{4{,}2\ kg \cdot 673{,}3\ \frac{Wh}{kg} \cdot 100\ \%}{4{,}4\ m^3 \cdot 8\,800\ \frac{Wh}{m^3}} = \underline{\underline{7{,}3\ \%}}$

$\eta_K = 100 + q_K - q_A - q_B = 100 + 7{,}3 - 0{,}8 - 0{,}5 = \underline{\underline{106\ \%}}$

Die Kondensattemperatur entspricht etwa der Abgastemperatur.

34.2 Jahresnutzungsgrad

$$\eta_a = \frac{\eta_K}{\left(\frac{b_a}{b_{VK}} - 1\right) \cdot q_B + 1}$$

η_a ist das Verhältnis der in einer Heizperiode nutzbargemachten Heizwärme zur zugeführten Feuerungswärme (zeitgleich).

- η_a Kessel-Jahresnutzungsgrad in %
- η_K Kesselwirkungsgrad in %
- b_a Betriebsbereitschaftszeit, Einschaltdauer in h/a
- b_{VK} Vollbenutzungsstunden des Heizkessels in h/a
- q_B Betriebsbereitschaftsverlust (o. E.) nach Herstellerangabe

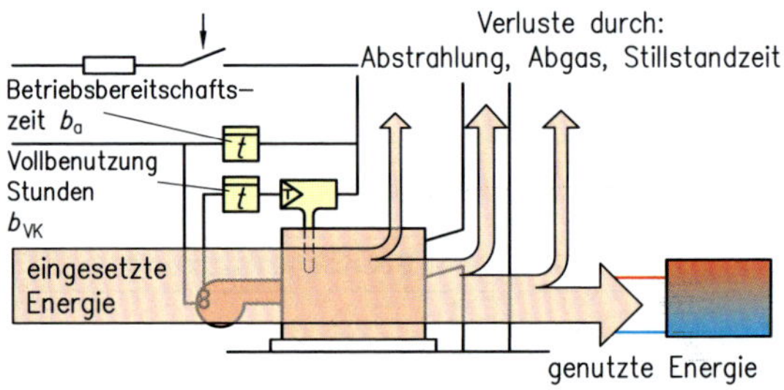

34.3 Kohlenstoffdioxidbildung bei der Verbrennung

$M_{CO2} = m_{CO2} \cdot Q_{Zu}$	$Q_{Zu} = m_B \cdot H_s$	$Q_{Zu} = V_B \cdot H_S$

- M_{CO2} Kohlenstoffdioxidbildung in kg
- Q_{Zu} zugeführte Wärmemenge in kWh
- m_{CO2} spez. Kohlenstoffdioxidbildung in kg/(kWh)
- m_B Brennstoffmasse in kg
- V_B Brennstoffvolumen in m^3 oder in l
- H_S Brennwert in kWh/kg oder kWh/m^3 oder kWh/l

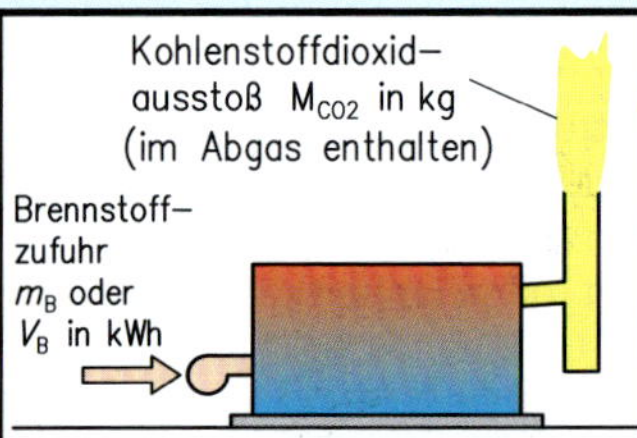

CO_2 nicht giftig, jedoch entscheidend für Treibhauseffekt (**Umweltbelastung**). Bedeutsam auch in der Lüftungstechnik (s. 526.2, 538.1)

$$\dot{V}_{AU} = \frac{\dot{V}_{CO_2}}{CO_2\,(Raum) - CO_{(AU)}}$$

Brennstoff	Braunkohle	Steinkohle	Heizöl S	Heizöl EL	Erdgas
CO_2-Bildung: m_{CO2} in kg/kWh	0,40	0,33	0,28	0,26	0,20

34.4 Arithmetische und logarithmische Temperaturdifferenzen DIN EN 442

Gilt bei $\Delta\vartheta_k/\Delta\vartheta_g \geq 0{,}7$	Gilt bei $\Delta\vartheta_k/\Delta\vartheta_g \leq 0{,}7$
$\Delta\vartheta = \frac{\Delta\vartheta_g + \Delta\vartheta_k}{2}$	$\Delta\vartheta_m = \frac{\Delta\vartheta_g - \Delta\vartheta_k}{\ln\frac{\Delta\vartheta_g}{\Delta\vartheta_k}}$

- $\Delta\vartheta$ mittlere arithmetische Temperaturdiff. in K
- $\Delta\vartheta_m$ logarithmische Temperaturdifferenz in K
- ln natürlicher Logarithmus
- $\Delta\vartheta_g$ größte Temperaturdifferenz in K
- $\Delta\vartheta_k$ kleinste Temperaturdifferenz in K

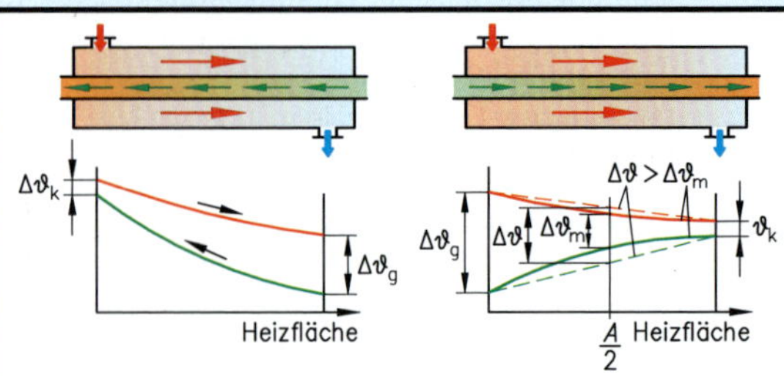

$\Delta\vartheta$ bei $\frac{\Delta\vartheta_k}{\Delta\vartheta_g} \geq 0{,}7$ und $\Delta\vartheta_m$ bei $\frac{\Delta\vartheta_k}{\Delta\vartheta_g} \leq 0{,}7$

35.1 Wärmeleitung in Baustoffen — DIN EN ISO 6946

$\dot{Q}_\lambda = A \cdot \frac{\lambda}{d} \cdot \Delta\vartheta$ | $R = \frac{d}{\lambda}$ | $\Delta\vartheta = \vartheta_1 - \vartheta_2$

$\dot{Q}_\lambda$	Wärmestrom in W
A	Fläche in m²
λ	Wärmeleitfähigkeit in W/(m · K)
R	Wärmedurchlasswiderstand in (m² · K)/W
$\Delta\vartheta$	Temperaturdifferenz in K
d	Dicke einer Schicht in m
ϑ_1, ϑ_2	Oberflächentemperatur in °C

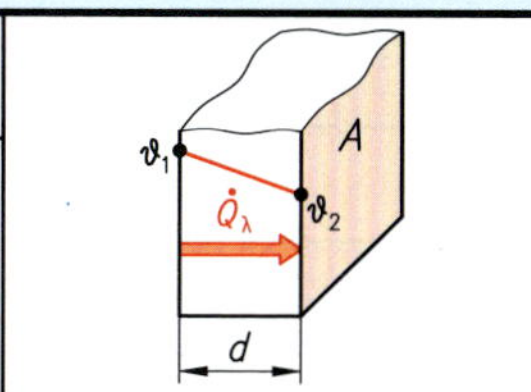

$\dot{Q}_\lambda$ in W, $d = 1$ m, $\Delta\vartheta = 1$ K $\}$ λ in $\frac{W}{m^2 \cdot K}$

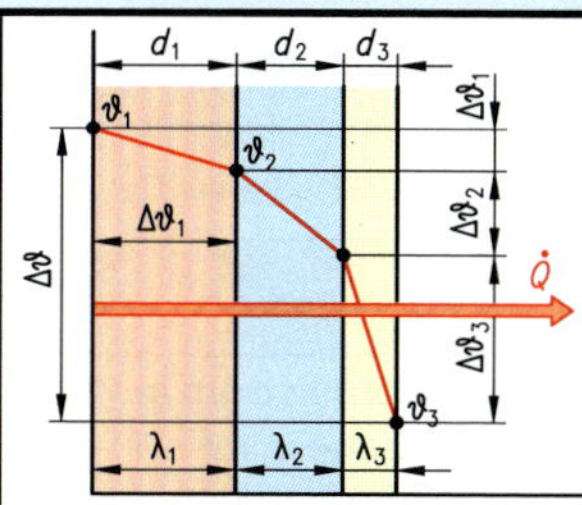

Mehrschichtige Wand

Zur Wärmeübertragung gibt es 3 Möglichkeiten: die Wärmeleitung, die Konvektion und die Wärmestrahlung; der Wärmefluss geht immer in Richtung tieferer Temperaturen.

35.2 Wärmeleitfähigkeit von Stoffarten in W/m · K*) — ϱ in kg/dm³

Aluminium	($\varrho = 2{,}7$)	200	Stahl	($\varrho = 7{,}8$)	57	Mineralwolle	($\varrho = 0{,}3$)	0,04
Blei	($\varrho = 11{,}3$)	35	Gusseisen	($\varrho = 7{,}5$)	50	Holz (Mittel)	($\varrho = 0{,}7$)	0,17
Kupfer	($\varrho = 8{,}9$)	350	Vollziegel	($\varrho = 2{,}0$)	1	Bodenbeläge	(s. 469.2)	

*) z. T. stark abhängig von der Dichte ϱ (z. B. Stahlbeton $\varrho = 800$ kg/m³: $\lambda = 0{,}4$ und bei 2000 kg/m³: $\lambda = 1{,}6$)

Wie aus der Tab. ersichtlich, unterscheidet man zwischen guten und schlechten Wärmeleitern. So ist z. B. Kupfer ein guter Wärmeleiter (Löten) und Mineralwolle gut bei der Wärmedämmung.

35.3 Wärmeübergang durch Konvektion und Strahlung an ebenen Flächen — DIN EN ISO 6946

$\dot{Q}_c = A \cdot h \cdot \Delta\vartheta$ | $h = h_c + h_r$ | $R_s = \frac{1}{h_c + h_r}$

für Außenoberflächen gilt: $h_{ce} = 4 + 4 \cdot v$

$\dot{Q}_c$	Wärmestrom (Konvektion u. Strahlung) in W
A	Fläche in m²
$\Delta\vartheta$	Temperaturdifferenz in K
h	Wärmeübergangszahl (früher α-Wert) in W/(m² · K) (s. 36.1, 113.1)
h_c	– konvektiver Anteil in W/(m² · K)
h_r	– Strahlungsanteil in W/(m² · K)
R_s	Wärmeübergangswiderstand in m² · K/W
v	Windgeschwindigkeit in m/s (s. 527.2)

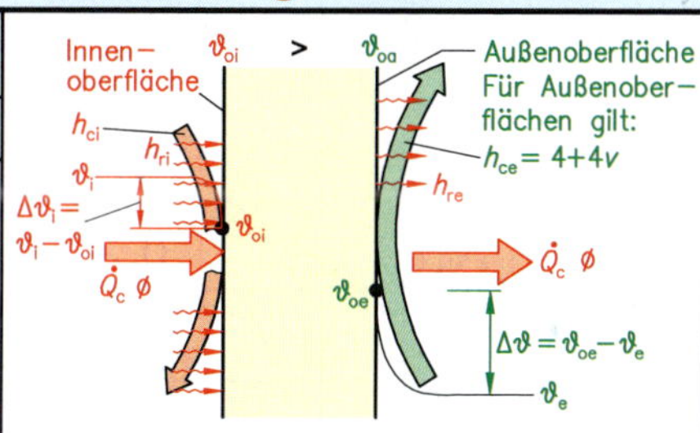

c: Konvektion	
Oberfläche innen	
Oberfläche außen	
c_i Konvek-	innen
c_e tion	außen
o_i Ober-	innen
o_e fläche	außen
r_i Strah-	innen
r_e lung	außen

c: contact; r: radiation;
si: surface interior; se: surface exterior

Weitere Hinweise: (geht z. T. aus Abb. hervor) – R_{si} und R_{se} (Anhaltswerte in der Bautechnik)

- h_i und h_e sind richtungsabhängig und addieren sich jeweils von einem konvektiven und Strahlungsanteil (h_e und h_r). Für Berechnungen werden i. d. R. nur Mittelwerte eingesetzt.
- Der innere Koeffizient (h_{ci}) ergibt sich durch die Raumverhältnisse, während der äußere (h_{ce}) von der Beschaffenheit der Außenwand und vor allem von den Windverhältnissen abhängig ist (h_{ce}).
- Ein vereinfachtes Rechenverfahren zur Ermittlung von h_r und h_c ist anhand ISO 6946 möglich.
- Der Kehrwert von h ist der Wärmeübergangswiderstand R. Je höher dieser ist, umso besser ist die Wärmedämmungseigenschaft.
- Bei der thermischen Bauteilaktivierung (z. B. Fußbodenheizung oder Kühldecken) ist die Ermittlung von h sehr schwierig (freie Kühlung, erzwungene Konvektion, Strahlungseinfluss, unterschiedliche Temperatur).
- Einflüsse bei Flüssigkeiten: Strömungsart, Geschwindigkeit, Einbauten.

Richtung des Wärmestroms	R_{si}	R_{se}
aufwärts	0,10	0,04
horizontal	0,13	0,04
abwärts	0,17	0,04

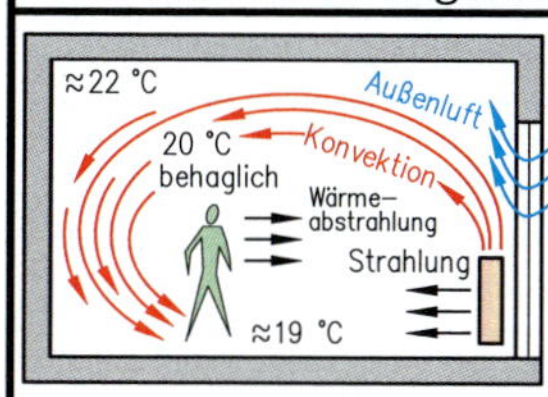

Luftwalze mit Heizkörper

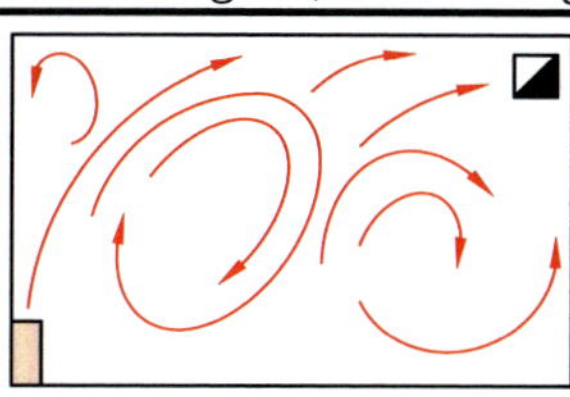

Zu- und Abluftführung

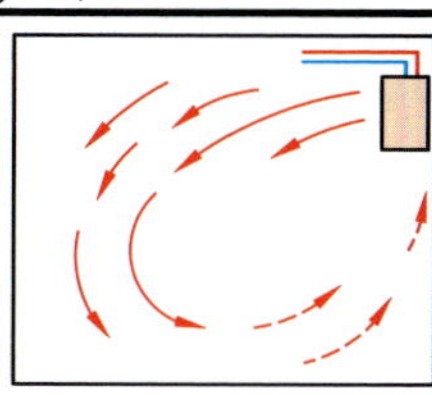

Warmlufterhitzer

Konvektive Strömungen: →
- Luftführungsarten (s. 533.1)
- Luftdurchlässe (s. 533.3)
- Wand- und Deckengeräte (s. 536.2)
- (Umluft) Luftheizung (s. 535.4)
- Luftgeschwindigkeit (s. 564.2)

36.1 Wärmedurchgangskoeffizent U und Wärmedurchgangswiderstand R

$$\dot{Q} = A \cdot U \cdot \Delta\vartheta \quad \text{oder} \quad \dot{Q} = A \cdot \frac{1}{R_T} \cdot \Delta\vartheta$$

$$U = \frac{1}{R_T}; \; R_T = R_{si} + R_1 + R_2 + \dots R_n$$

$$R_T = \frac{1}{U} = \frac{1}{h_{si}} + \frac{d_1}{\lambda_1} + \frac{d_2}{\lambda_2} + \dots \frac{d_n}{\lambda_n} + \frac{1}{h_a + h_r} + \frac{1}{h_{se}}$$

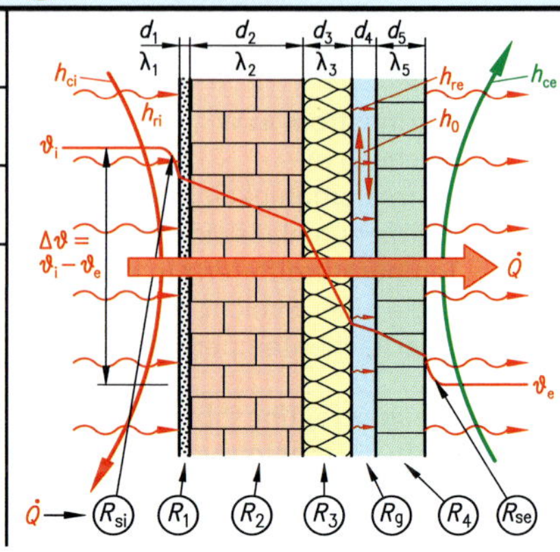

$\dot{Q}$ (Φ_T)	Wärmestrom in W	h_a	Wärmeübergangszahl (Konvektion und Leitung)
A	Fläche in m²	h_r	dsgl. durch Strahlung
U	Wärmedurchgangs-koeffizient in W/(m² · K)	R_T	Wärmedurchlasswider-stand in m² · K (s. 112.1)
$d_{1...n}$	Bauteilschichten in m	R_{si}, R_{se}	Wärmeübergangswider-stand (innen, außen) in m² · K/W (R_{se} windgeschwindigkeitsabhängig). Für beide Werte werden $\varepsilon = 0{,}9$ bei $\vartheta_a = 0$ °C angesetzt (s. 113.2)
$\lambda_{1...n}$	Wärmeleitfähigkeit der Schichten in W/m · K		
h_{si}, h_{se}	Wärmeübergangs-zahlen (innen, außen) in W/(m² · K)		
		R_g	Wärmedurchlasswiderstand des Luftraums in m² · K/W (s. 112.1)

36.2 Mittlerer Wärmedurchgangskoeffizent – Wärmeübertragende Umfassungsflächen

Für nebeneinander angeordnete Flächen:

$$U_m = \frac{U_1 \cdot A_1 + \dots + U_n \cdot A_n}{A_1 + A_2 + \dots A_n}$$

U_m mittlerer Wärmedurchgangs-koeffizient in W/(m² · K)
$A_{1...n}$ Bauteilflächen in m²

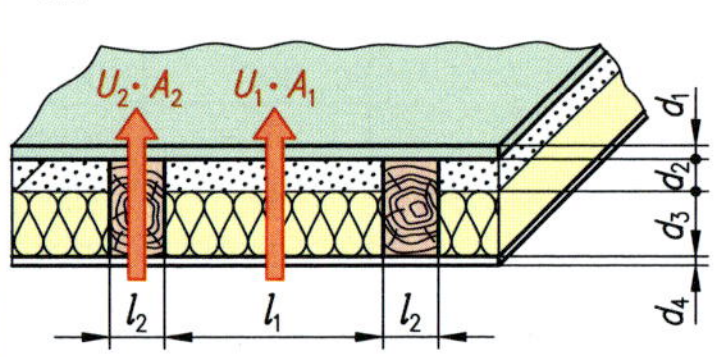

Für einzelne Räume oder die Hüllfläche eines Gebäudes:

$$U_m = \frac{U_W \cdot A_W + U_F \cdot A_F + 0{,}8\ U_D \cdot A_D + U_{DL} \cdot A_{DL}}{A_W + A_F + A_D + A_G + A_{DL}}$$

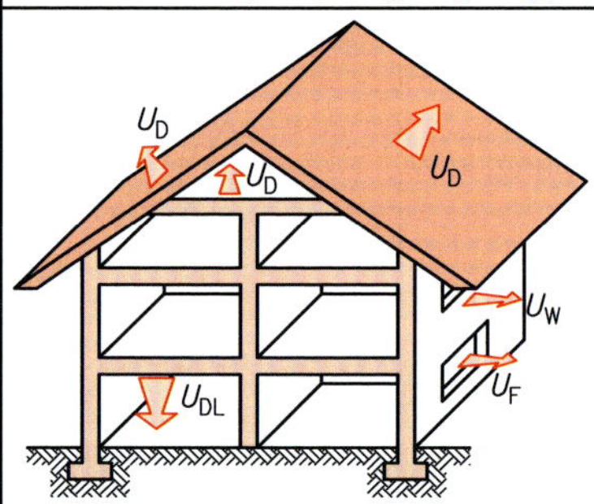

U_m mittlerer Wärmedurchgangs-koeffizient in W/(m² · K)
A Bauteilflächen in m²

Indizes für den U-Koeffizienten und die Bauteilflächen:

- W Wandfläche
- F Fensterfläche in m²
- D Decke oder Dachflächen
- DL Deckenflächen, die das Gebäude nach unten gegen Außenluft abgrenzen

36.3 Wärmestrahlung

$$Q_T(\Phi_T) = A_1 \cdot h_r \cdot (T_1 + T_2)$$
$$h_r = a_r \cdot C_r$$

$$a_r = \frac{(T_1)^4 - (T_2)^4}{T_1 - T_2}$$

$$a_r = 4 \cdot (T_m)^3$$

$$T_m = 0{,}5 \cdot (T_O + T_U)$$

$C_r = \varepsilon_1 \cdot \sigma$ (s. 113.2)

(bei $A_1 \ll A_2 \Rightarrow \frac{A_1}{A_2} \approx 0$)

$$C_r = \frac{\sigma}{\frac{1}{\varepsilon_1} + \frac{1}{\varepsilon_2} - 1}$$

bei parallelen Flächen $A_1 = A_2$ (oder ≈)

$$C_r = \frac{\sigma}{\frac{1}{\varepsilon_1} + \frac{A_1}{A_2}\left(\frac{1}{\varepsilon_2} - 1\right)}$$

Körperfläche 1 von Fläche 2 umhüllt

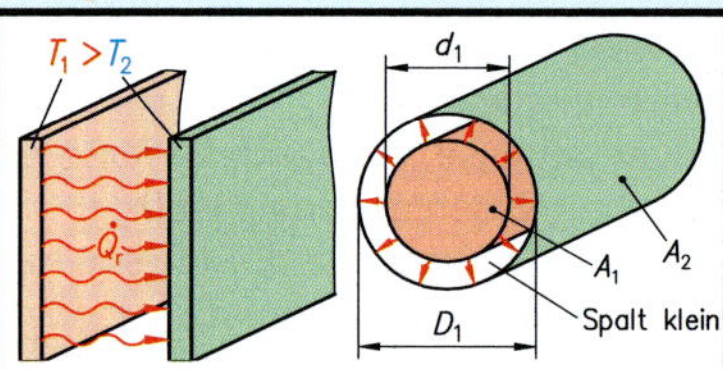

- Q_T Wärmestrahlung in W (Austausch)
- A strahlende Oberfläche in m²
- h_r Wärmeübergangskoeff. in W/(m² · K)
- a_r Temperaturfaktor in K
- ε Emissionsgrade der strahlenden Oberfläche (s. 113.2)
- C_r[1] Strahlungskoeffizient in W/(m² · K)
- σ Stefan-Boltzmann-Konstante $= 5{,}67 \cdot 10^{-3}$ in W/(m² · K)
- T_1, T_2, T_0 Oberflächentemp. in K (p_{abs})
- T_U Umgebungs- oder Lufttemp. in K
- T_m mittlere Temperatur in K

[1] C_r abhängig von Flächenanordnung

Eigenschaften und Bedeutung der Wärmestrahlung

- Wärmestrahlung = Wärmeübertragungsart, bei der ein Teil der Wärme durch elektromagnetische Wellen (infrarote Strahlung) übertragen wird.
- Wärmestrahlen werden absorbiert, reflektiert oder durchgelassen. Helle, glatte Flächen (z. B. weiße Wand, Kleidung) reflektieren mehr; schwarze Flächen absorbieren mehr (abhängig vom Stoff).
- Unerwünschte Wärmestrahlung bei WW-Leitungen
- Große Bedeutung (Nutzung) von Solarstrahlen
- Gute Wärmedämmung bei unerwünschter Strahlung
- Zwischen Strahler und „Empfänger“ keine Erwärmung

Strahlungsbeispiele (Auswahl)

- Strahlungsanteil bei Heizkörpern (s. 459.2)
- Deckenstrahlplatten (Nichtwohngebäude) (s. 464 ff.)
- Solarstrahlung zur Trinkwassererwärmung und Heizungsunterstützung, Hybridsysteme (Solar – Gas) (s. 417.2)
- Wärmestrahlung bei Feuerung (Brennkammer)
- Ungewünschte Wärmestrahlen an kalter Wand (s. 525.3)
- Wärmestrahlung bei Infrarotstrahler (s. 502.2)

37.1 Wärmepumpe: Leistungszahl und Jahresarbeitszahl (siehe 422 ff.)

Leistungszahl	$\varepsilon = \frac{\dot{Q}_C}{P_{el}}$	$\dot{Q}_C = \dot{Q}_O + P_{el}$
Jahresarbeitszahl	$\beta = \frac{\dot{Q}_H}{B_a}$	$\dot{Q}_H = \dot{Q}_{HA} + \dot{Q}_{Wea}$

- ε Leistungszahl ≙ COP Coeffizient of Performance (gilt für einen bestimmten Arbeitspunkt)
- β Jahresarbeitszahl = Verhältnis der jährlich gelieferten Heizwärme zu der jährlich angenommenden (elektrischen) Arbeitsenergie.
- $\dot{Q}_H$ Brennstoffbedarf in Wh
- $\dot{Q}_{Ha}$ Jahreswärmebedarf für Raumheizung
- $\dot{Q}_{Wea}$ Jahreswärmebedarf für Warmwasser
- B_a Jahresenergiebedarf in Wh

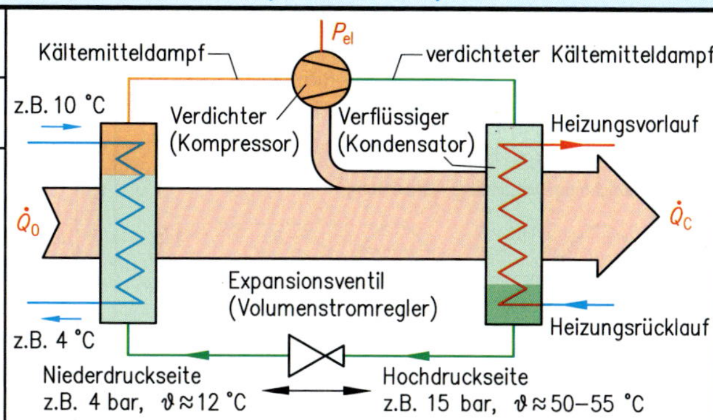

- $\dot{Q}_O$ Wärmezufuhr: Luft, Wasser, Sole (Umweltenergie)
- P_{el} zugeführte elektrische Leistung (Kompressorleistung)
- $\dot{Q}_C$ Verflüssigerleistung (Heizenergie)

37.2 Raumlufttechnik: Volumenströme, Luftarten, Luftwechsel, Formelzeichen

Zuluftvolumenstrom	Lüftungsrate je Raum
$q_{V,SUP} = \frac{q_{m,E}}{c_{IDA} - c_{SUP}}$	$q_{tot} = n \cdot q_P + A \cdot q_B$

- $q_{V,SUP}$ Zuluftvolumenstrom in m³/s (s. 526, 536 ff.)
- $q_{m,E}$ Massenstrom der Emission (Raum) in mg/s
- c_{IDA} zul. Konzentration (Raum) in mg/m³ (s. 526.2)
- c_{SUP} Konzentration der Zuluft in mg/m³ (s. 538.2)
- q_{tot} Gesamtlüftungsrate in l/s (s. 538.1)
- n Anzahl der Personen im Raum
- q_P Lüftungsrate je Person in l/s (s. Pers.) (s. 537.2)
- q_B Lüftungsrate für Gebäudeemissionen (s. 538.1)
- A Grundfläche des Raumes in m²

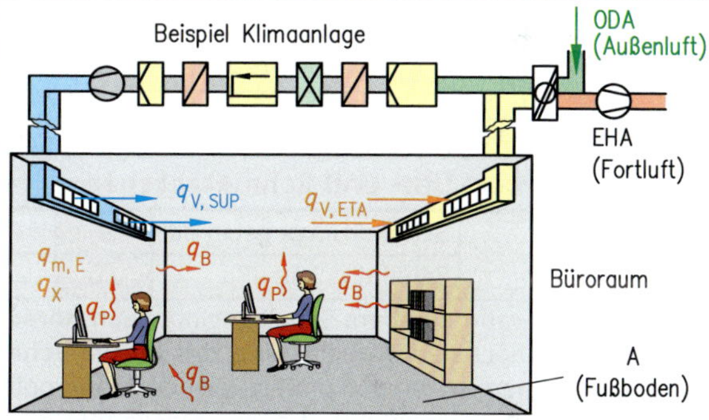

Volumenstrom für Heizung oder Kühlung

$$q_{V,SUP} = \frac{\Phi}{\varrho \cdot c_P \, (\Theta_{SUP} - \Theta_{a,IDA})}$$

Zulufttemperatur bei Heizlast (+) oder Kühllast (–)

$$\Theta_{SUP} = \Theta_{a,IDA} \pm \frac{\Phi}{q_{V,SUP} \cdot \varrho \cdot c_P}$$

- $q_{V,SUP}$ Zuluftvolumenstrom in m³/s oder m³/h (s. 536.3)
- Φ thermische Last in W
- ϱ Luftdichte in kg/m³ (s. 522.1)
- c_p spezifische Wärmekapazität in Wh/(K · kg)
- $\Theta_{a,IDA}$ Lufttemperatur im Raum in °C
- Θ_{SUP} Zulufttemperatur in °C

z.B. Bürogebäude (Abb.)					z.B. Fabrikationsraum				
Belegung des Raumes	+	Gebäude-emis-sionen	=	Gesamte Lüftungs-rate	Schadstoffe in Außen-luft	+	Schadstoffe in Raum	=	zuläss. Kon-zentration im Raum
$n \cdot q_p$		$A \cdot q_B$		q_{tot}	c_{ODA}		q_{tot}		c_{IDA}

Luftwechsel des Raumes

$$\beta = \frac{q_{V,SUP}}{V_R} \cdot 3600\,\frac{s}{h} \quad \text{oder} \quad \beta = \frac{q_{tot}}{V_R} \cdot \frac{3600\,\frac{s}{h}}{1000\,\frac{1}{m^3}}$$

- β Luftwechsel des Raumes in 1/h (s. 537.2, 537.3)
- $q_{V,SUP}$ Zuluftvolumenstrom in m³/h (s. 536.3)
- V_R Raumvolumen in m³
- q_{tot} Gesamtlüftungsrate in l/s

Volumenstrom bei Be- und Entfeuchtungslast

$$q_{V,SUP} = \frac{q_x}{\varrho \cdot (x_{ETA} - x_{SUP})}$$

- $q_{V,SUP}$ Zuluftvolumenstrom in m³/h (s. 536.3)
- q_x Wasseranfall im Raum in mg/s oder g/h
- ϱ Luftdichte in kg/m³ (s. 522.1; 523.2)
- x_{ETA} Wasserdampfgehalt der Abluft in g/kg$_{(tr)}$
- x_{SUP} Wasserdampfgehalt der Zuluft in g/kg$_{(tr)}$

Aktuelle Abkürzungen (Auswahl) DIN EN 16798-3

q ($\dot{V}$) Volumenstrom; Θ (ϑ) Temperatur; Φ therm. Last
Luftarten: ODA (AUL), EHK (FOL), ETA (ABL)
RCA (UML) = ETA-Anteil in SUP, Θ_{SUP} (ϑ_{zu}) (s. 532)

Beispiel: $q_{V,SUP} = \frac{\Phi}{\varrho \cdot c_P \, (\Theta_{SUP} - \Theta_{a,IDA})}$

Klammerwerte: bisherige Aufgaben werden z. T. noch in technischen Unterlagen verwendet (auch im Tabellenbuch)

Grundlagen Elektro, Regelung · Kommunikation Bauzeichnungen · Werkstoffe Trennen, Fügen · Rohre, Zubehör Montage · Trinkwasser Feuerlöschtechnik · Entwässerung Sanitär, Klempner · Gasinstallation Flüssiggas · TW-Erwärmung Solarnutzung TWE · Energietechnik Erneuerb. Energien · Heizungs- und Feuerungstechnik · Lüftung, Klima Wärmerückführung

38.1 Schalltechnische Grundlagen (Fortsetzung s. 301; 569 ff.)

Schall = Mechanische Schwingungen, die sich in festen Körpern, Flüssigkeiten und Gasen ausbreiten

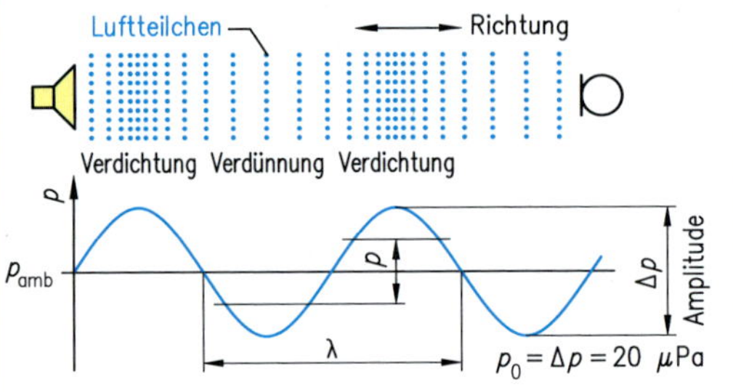

Arten von Schwingungen – Klangfarbe:

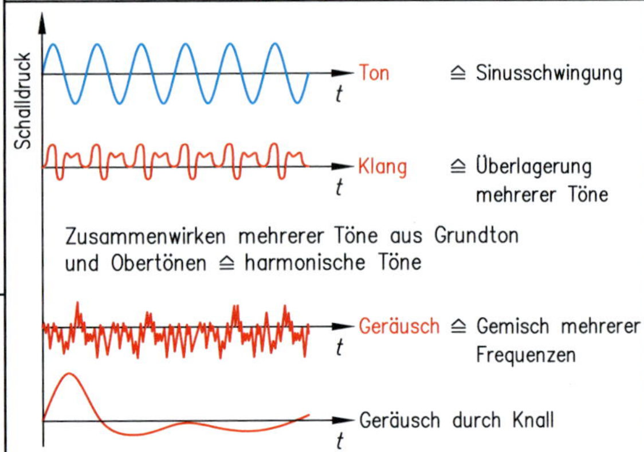

Bezeichnungen:

Schwingung	≙ Schalldruck	λ	Wellenlänge
Amplitude	≙ Lautstärke	p	effektiver Schalldruck
Form der Schwingung	≙ Klangfarbe	p_0	Bezugs-Schalldruck

gleichgroßer Schalldruck		ungleicher Schalldruck	
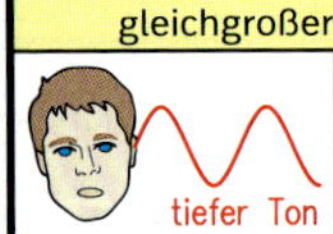	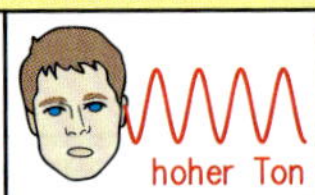	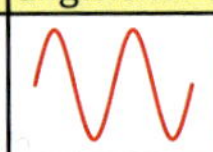	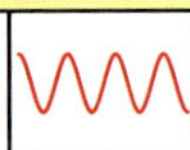
niedrige Frequenz	hohe Frequenz	lauter und tiefer Ton	leiser und hoher Ton

$\text{Schalldruckpegel} = 20 \cdot \lg \frac{p}{p_0}$	Einheit dB Dezibel

Abhängig vom Standort der Person, bzw. Pegelmesser, Geräuschwahrnehmung, Raumgröße u. a.
Unter s. 574 sind zahlreiche Hinweise zu beachten.

38.2 Schalldruck, Hör- und Schmerzgrenze

Hörgrenze	Schalldruckpegel in dB	0	20	40	60	80	100	120	140
Schmerzgrenze	Schalldruck in µPa	20	200	2000	$20 \cdot 10^3$	$20 \cdot 10^4$	$20 \cdot 10^5$	$20 \cdot 10^6$	$20 \cdot 10^7$

- Der vom Ohr wahrnehmbare Schall beginnt beim **Hörschwellenschalldruck** bei 20 µPa ($2 \cdot 10^4$ µbar) und endet bei der höchsten Ohrbelastung, d. h. bei der **Schmerzgrenze** von $20 \cdot 10^7$ µbar.
- Da der Druckbereich mit den umfangreichen Zehnerpotenzen sehr aufwendig ist, wurde die Schalldruckpegelangabe in dB eingeführt, d. h. als „Messgröße" des Schalls.

Anhaltswerte zur Bewertung von Schalldruckpegeln (s. 571.2; 571.3)

38.3 Schallarten, Schallübertragung

Luftschall	Körperschall		
Schallübertragung in der Luft	Schallübertragung in Feststoffen	Trittschall	Durch Schlag oder Stoß erzeugter Körperschall auf Umgebung (z. B. Fußboden, Wände)
		Erschütterung	Niederfrequente Schwingungen außerhalb am Rand des hörbaren Frequenzbereichs

Direkter und reflektierter Luftschall, abgestrahlter Körperschall, Raumabsorption (s. 575)

38.4 Schallleistung, Schallleistungspegel

- Da die **Schallleistung im Gegensatz zum Schalldruck** unabhängig von räumlichen Verhältnissen ist, erreicht man mit der Schallleistung eine objektive und unbeeinflussbare Größe, die sich als Ausgangspunkt aller akustischen Berechnungen eignet.
- In den technischen **Herstellerunterlagen** wird der Leistungspegel angegeben (siehe Tab.).

Beispiel: Technische Daten eines Ventilators (Kopfzeile einer Leistungstabelle):

Artikel	Art.-Nr.	U_{Nenn} V	f_{Nenn} Hz	Fördervolumen m³/h	Drehzahl 1/min	P_{Nenn} W	I_{Nenn} A	T_{Max} bei I_{Max} °C	Schallleistungspegel L_{WA7} dB(A)	Schutzart (IP)	Temperaturklasse	Wärmeklasse	Gewicht kg

Der Schallleistungspegel ist nicht direkt messbar, während es sich beim Schalldruckpegel um ein Schallergebnis handelt, das mit einem Pegelmesser gemessen werden kann (s. 575).
Relativer Schallpegel ist der bewertete Schallpegel dB (A)(s. 576.1); (Schallaufteilung, Schalldämpfer) (s. 576).

Hinweis: Vom Schallleistungspegel zum Schalldruckpegel durch Dämpfungsglieder (s. 575.4).

39.1. Weitere wesentliche akustische Begriffe

Geräusche: Sammelbegriff für alle Hörempfindungen, abhängig vom zeitlichen Verlauf (stationär, instationär). Das menschliche Ohr empfindet die Lautstärke nicht bei allen Frequenzen gleich laut (siehe Abb.).
Lärm: Unerwünschter, störender Schall (Geräusch); subjektiv, d. h. Menschen bewerten Schall unterschiedlich; schädigend je nach Stärke, Dauer, Frequenz; > 85 ... 90 dB verursacht Schwerhörigkeit.
Frequenz: Anzahl der Schallschwingungen je Sekunde, Einheit: 1 Hertz (1/s). Viele Schwingungen/s bedeuten hohe Töne, wenige bedeuten tiefe. Frequenzabhängige Lautheit und Frequenzband (s. 39.2).
Schallbrücke: Verbindungsort, an dem Schall von einem Körper zum anderen Körper übertragen wird. Erforderliche Maßnahmen sind z. B. Dämmeinlagen bei Rohrdurchführungen, spez. Fundamente, Rohrschellen.

39.2 Geräusche, Geräuschwahrnehmung, Geräuschbewertung

Ein Ton mit z. B. 50 Hz muss mindestens einen Lautpegel von ca. 58 dB haben, damit er dieselbe Lautstärke hat wie ein Ton von 1 kHz (≙ standardisiertem Geräusch) bei 30 dB.

A-Bewertung für Schalldruck und Schallleistung

Da das Ohr nicht für alle Frequenzen gleichermaßen empfindlich ist, ist im Schallpegelmesser ein elektronischer Filter eingebaut, um Schall- und Leistungspegel dem Ohr anzupassen.

a)	*f*	Hz	63	125	250	500	1 000	2 000	4 000	8 000
b)	*L*	dB	63	52	45	39	35	32	30	28
c)	A-Bew		−26	−16	−9	−3	±0	+1	+1	–
d)	*L*(A)	dB(A)	37	36	36	36	35	33	81	27

a) Frequenzband (8 Oktaven) | b) Unbewerteter Schallpegel
c) A-Bewertung (allgem. gültig) | d) Bewerteter Schallpegel

Bewertung des Summenpegels (s. Beispiel 571.1); allg. nur dB(A)

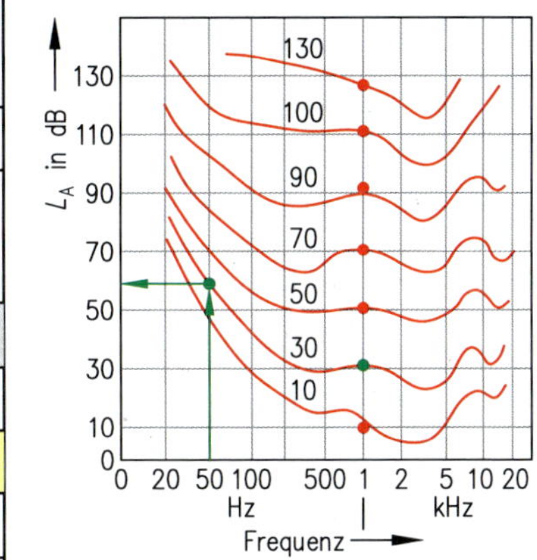

Kurvengleiche Lautstärkeempfindung (jeweils mit dem Geräusch bei 1 000 Hz vergleichen)

39.3 Addition von Schallquellen

Bei der Addition von Schallquellen werden nicht die Schalldrücke, sondern die Schallleistungen addiert. Den Gesamtpegel kann man berechnen oder anhand der beiden Diagramme bestimmen.

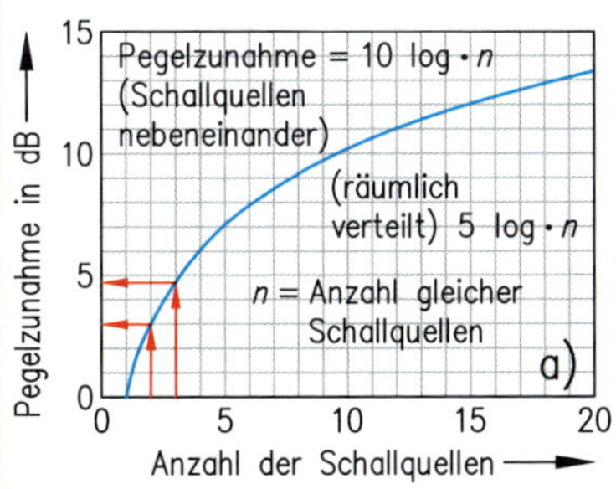

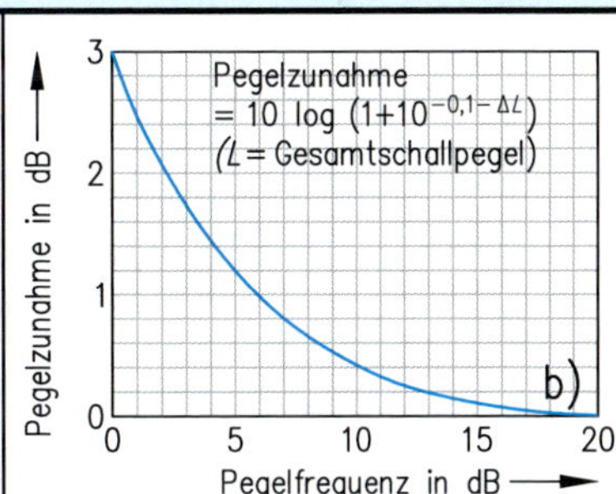

Beispiel 1 (zu Abb. a):
In einem Raum befinden sich zwei Geräte mit je einem Pegel von 25 dB. Wie groß ist der Summenpegel bei 2 und 3 Geräten? Lösung: Bei 2 Geräten ist die Pegelzunahme **3 dB** und bei 3 Geräten **4,8 dB**.
Beispiel 2 (zu Abb. b): In einem Büroraum befinden sich zwei Klimageräte. Das eine Gerät hat einen Leistungspegel von 42 dB, das andere von 37 dB. Wie groß ist der Summenpegel, wenn beide Geräte in Betrieb sind? Lösung: 42 – 37 = 5 dB ⇒ Pegelzunahme **1,2 dB**.

- **Anmerkungen:** Weitere Anwendungen solcher Pegeladditionen sind erforderlich, wenn z. B. in einem Oktavspektrum der Summenpegel zu ermitteln ist (s. 576.1), wenn ein Störpegeleinfluss auf den gemessenen Geräuschpegel zu ermitteln ist, wenn zum unbewerteten Frequenzspektrum die A-Bewertung (s. 39.2) addiert wird.
- Ist die Differenz von 2 Pegeln größer als 10 dB, wird der Summenpegel nur noch von dem höheren Pegel bestimmt, d. h. man braucht keine Addition vorzunehmen.

40.1 Schalldämm-Maße

Oft stören Geräusche aus angrenzenden Gebäuden und besonders innerhalb des Gebäudes durch Wände, Decken, Fußboden, Fenster, Türen. Schalldämm-Maß = Differenz zwischen einem Lärmpegel im „Senderaum" und dem Empfangsraum (frequenzabhängig)

Charakterisierung der Schalldämmung (Kenngrößen):

R_w bewertetes Dämm-Maß ohne Flankenübertragung (Nebenwege) in dB
R'_w desgl. mit Flankenübertragung

Indizes: $_R$ Rechenwerte
$_B$ Baustellenmessung
$_P$ Laborprüfung
R_{Wres} Wand mit Fenster oder Tür

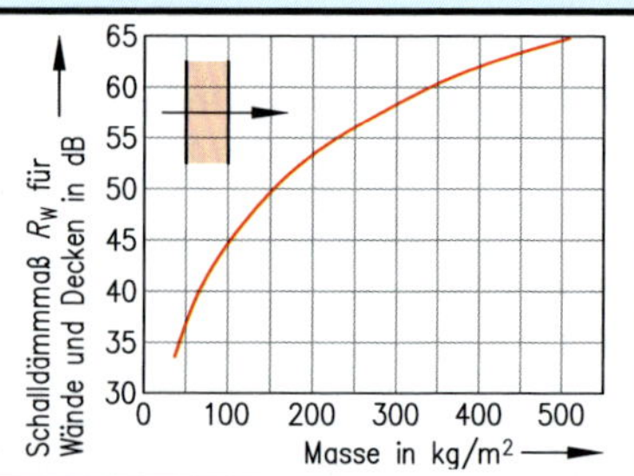

40.2 Schalldämm-Maße für Einfach- und Doppelscheibenverglasung R_w

Dämm-Maße für einfachverglaste Fenster						
Glasdicke innen	3,8	4,0	6,0	>80	10	12
Schalldämm-Maße	28	27	33	>33	35	36

- Die Schallübertragung wird durch ein hohes Scheibengewicht reduziert. Ungleiche Scheibendicke und ein großer Scheibenzwischenraum
- Schallschutzfenster verlangen hohe Dichtung
- Nach VdI 2720 gibt es 5 Schallschutzklassen

Dämm-Maße für Doppelscheibenverglasungen			
Konstruktionsart: Scheibendicke in mm		Scheibendicke Zwischenraum in mm	Schalldämm-Maß in dB
d_1	d_2		
4	4	≥ 1,2	31
4	4	≥ 16	32
6 (2)	4 (6)	≥ 12 (< 16)	32 (35)
10	4	≥ 29	37

Verbundfenster mit Falzdichtung

Dicke		Abstand	dB	Dicke		Abstand	dB	Dicke	Abstand	dB	Dicke	Abstand	dB
4	4	≥ 30 mm	32	4	4	≥ 40 mm	35	6/12/6	≥ 40 mm	37	8	6/12/4	≥ 50

40.3 Geräusche durch Abgase, Abgasschalldämpfer

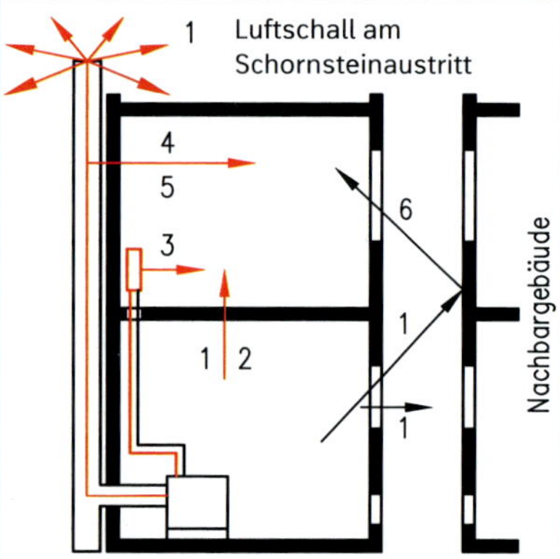

2 Luftschall durch Körperschall
3 Luftschall durch Einbauten, Strömungen
4 Abgas; Verbrennungsgeräusche
5 Luftschall infolge Körperschall
6 Luftschall durch Reflexion

Anmerkungen (Kriterien)

- Einbau in großen Anlagen, BHKW
- Zulässige Pegelwerte je nach Gebäude und Umgebung (s. 575.3)
- Auswahl abhängig von Frequenz (s. Abb.), Überdruckdichtheit, Abgastemperatur, Platzprobleme, Kesselbauart, Feuerung, Schornsteinhöhe

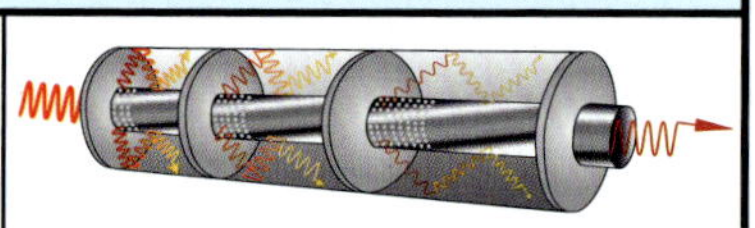

Jede Kammer des Tieftonschalldämpfers filtert einen bestimmten Frequenzbereich. Berechnung nach Auslegungsprogrammen.

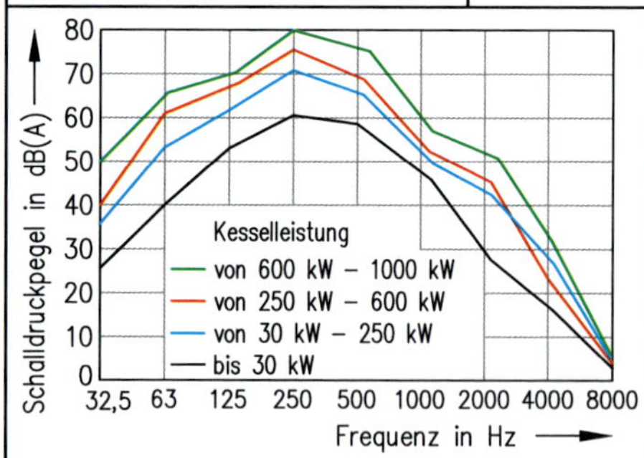

1 Passiv-
2 LAS-
Schalldämpfer

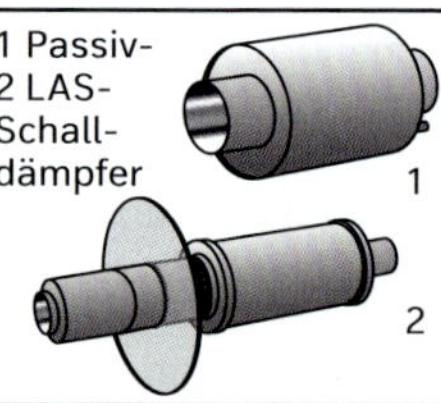

Umlenkschalldämpfer bei beengtem Platzbedarf

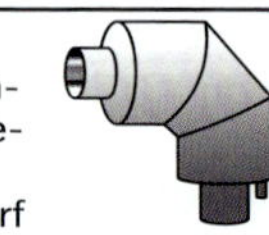

40.4 Seitenangaben (Tabellenbuch) zum Thema Schalltechnik

- Schalldämmung = Behinderung der Übertragung von Körperschall (Dämmstoffe) (s. 574.1)
- Schalldämpfung = Behinderung der Übertragung von Luftschall (z. B. Schalldämpfer) (s. 574.1; 576.1)
- Dämpfungsglieder (Lüftung), Eigendämpfung (s. 575.4)
- Schallübertragung bei Luftleitungen (s. 576.3)
- Schallübertragung bei Sanitärinstallation und Schallübertragung bei Armaturengruppen (s. 305. 1–5)
- Schallübertragung bei einer Wand (Ausbreitung von Raum 1 nach Raum 2) (s. 576.5)
- Schallkegelbestimmung bei Ventilatoren (s. 567.1)
- Schalldämm-Maße R (Wände, Fenster u. a) (s. 40.1)
- Geräuschbewertung, Frequenzband (s. 43.2)
- Schallpegel schutzbedürftiger Räume (s. 305.3)
- Schalladdition, Pegelzunahme, Beispiele (s. 39.3)
- Raumabsorption (näherungsweise) (s. 575.6)

41.1 Ohm'sches Gesetz

$U = R \cdot I$ [1)]

$1\ V = 1\ \Omega \cdot 1\ A$

Messungen:

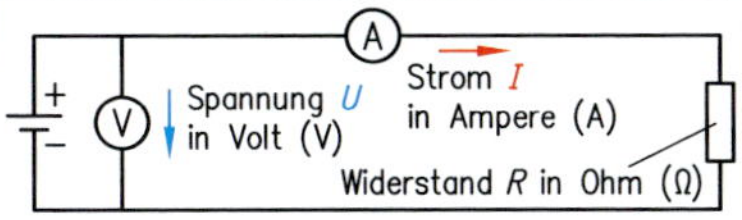

U: parallel zum Verbraucher; I: in Reihe zum Verbraucher

$1\ A = 1\ C/1s \approx 6{,}224 \cdot 10^{18}$ Ladungen/s

[1)] gilt nicht bei Magnetspulen und Elektromotoren

41.2 Leiterwiderstand und Leitfähigkeit

$R = \frac{\varrho \cdot l}{A}$ | $R = \frac{l}{\gamma \cdot A}$ | $\varrho = \frac{1}{\gamma}$

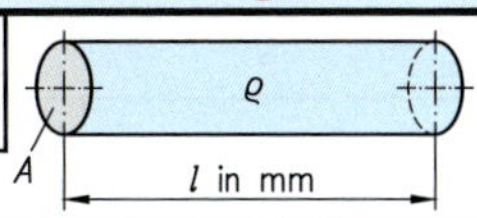

R Leiterwiderstand in Ω

ϱ spezifischer Widerstand:

γ Leitfähigkeit in m/(Ω · mm²)

l Leiterlänge in m

A Leiterquerschnitt in mm²

$\varrho_{Kupfer\text{-}ETP} = 0{,}017\ (\Omega \cdot mm^2)\ r/m$

Ω · mm²/m	Werkstoff
0,0278	Aluminium
0,0167	Silber
0,49	Konstantan
0,125	Stahl

41.3 Parallelschaltung von Widerständen

$U = U_1 = U_2 = U_3 = \ldots$

$I = I_1 + I_2 + I_3 + \ldots$

$\frac{1}{R} = \frac{1}{R_1} + \frac{1}{R_2} + \frac{1}{R_3}$

U	Spannung in V
I in A	Gesamtstromstärke
I_1, I_2, I_3	Teilstromstärke in A
R in Ω	Gesamtwiderstand
R_1, R_2, R_3	Einzelwiderstand in Ω

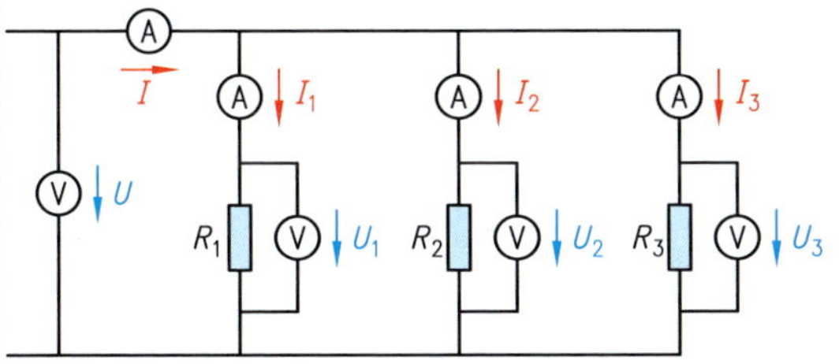

41.4 Reihenschaltung von Widerständen

$I = I_1 = I_2 = I_3 = \ldots$

$U = U_1 + U_2 + U_3 + \ldots$

$R = R_1 + R_2 + R_3 + \ldots$

I	Stromstärke in A
U in V	Gesamtspannung
U_1, U_2, U_3	Teilspannung in V
R in Ω	Gesamtwiderstand
R_1, R_2, R_3 in Ω	Einzelwiderstand

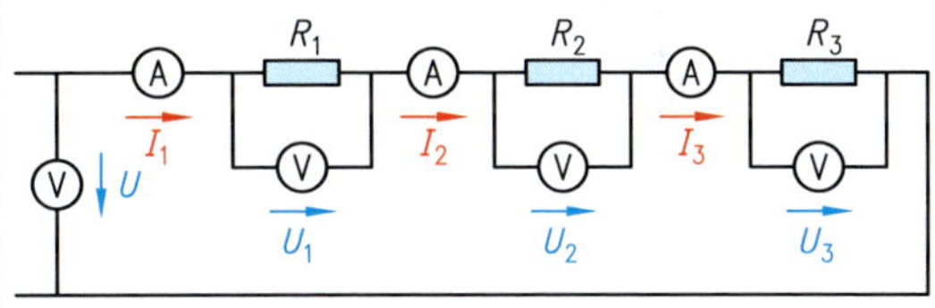

41.5 Transformator

$\frac{U_1}{U_2} = \frac{N_1}{N_2}$ | $\frac{I_1}{I_2} = \frac{N_2}{N_1}$

U_1, U_2 Spannung

I_1, I_2 Stromstärke

N_1, N_2 Windungszahl (ohne Einheit)

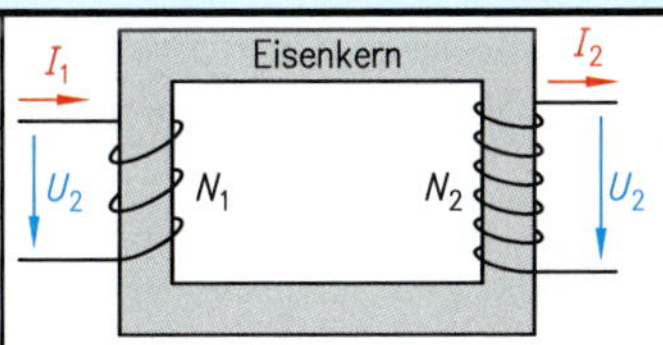

41.6 Brückenschaltung, Wheatstone-Brücke

$\frac{R_1}{R_2} = \frac{R_3}{R_4}$ oder

$R_1 \cdot R_4 = R_2 \cdot R_3$

U_d Diagonalspg.

I_d Diagonalstrom

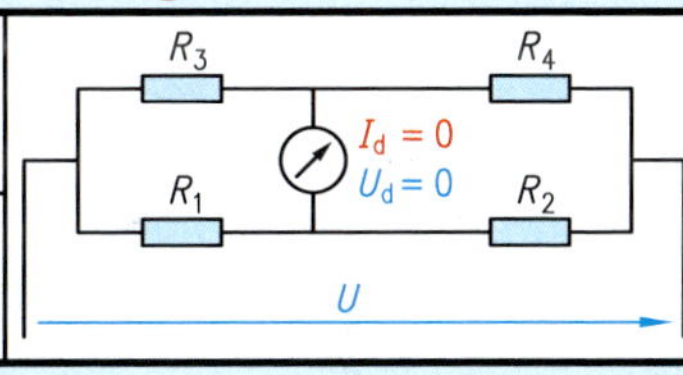

41.7 Spannungsverlauf bei unterschiedlichen Stromarten

Gleichstrom

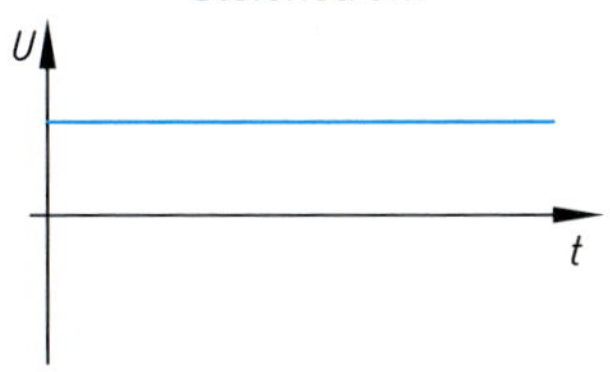

Wechselstrom

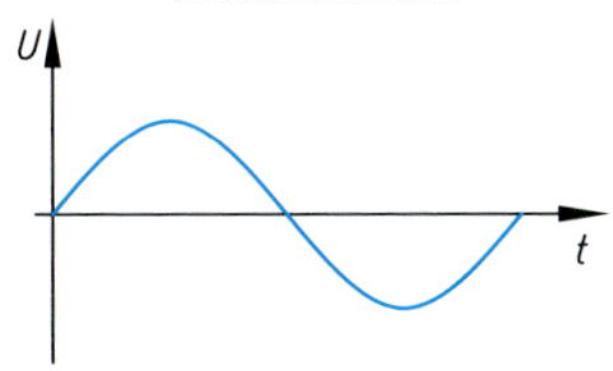

Drehstrom

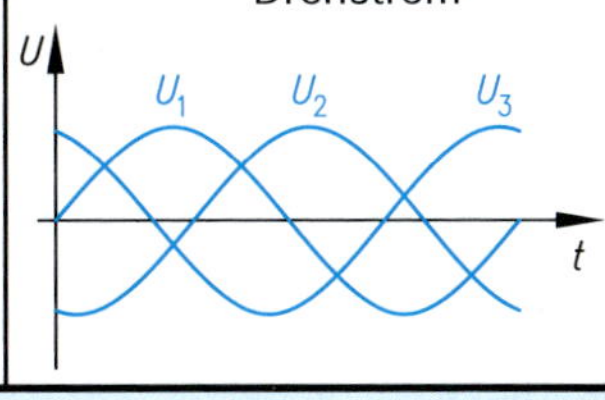

41.8 Leistung bei Gleichstrom/-spannung

$P = U \cdot I$ oder

$P = \frac{U^2}{R}$ oder

$P = I^2 \cdot R$

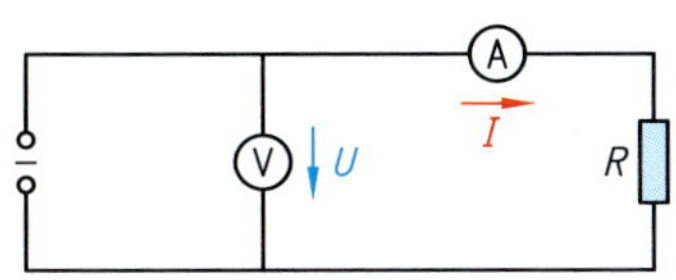

P	Leistung in W	I	Stromstärke in A
U	Spannung in V	R	Widerstand in Ω

Beispiel: $U = 24\ V$; $I = 2\ A \Rightarrow P = 24\ V \cdot 2\ A = \underline{\underline{48\ VA\ (W)}}$

41.9 Leistung bei Wechselstrom/-spannung

$P = U \cdot I \cdot \cos\varphi$

$S = U \cdot I$

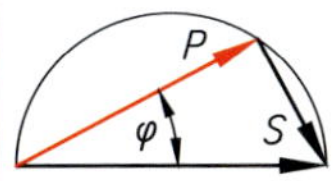

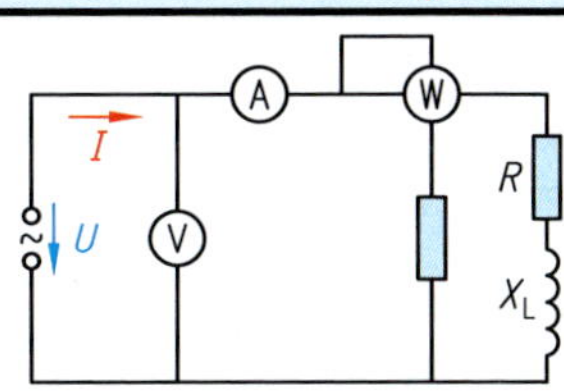

P	Wirkleistung in W	$\cos\varphi$	Leistungsfaktor (o. Einh.)
U	Spannung in V	S	Scheinleistung in VA
I	Stromstärke in A	X_L	Blindwiderstand in Ω

42.1 Wechselspannung

$U_{max} = \sqrt{2} \cdot U$

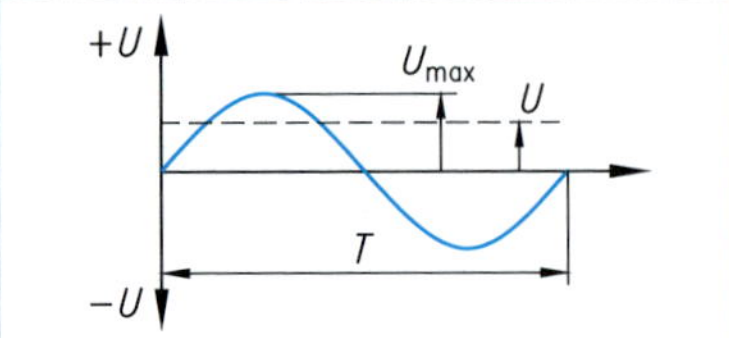

I	Effektivwert des Stromes in A
I_{max}	Scheitelwert des Stromes in A
U	Effektivwert der Spannung in V
U_{max}	Scheitelwert der Spannung in V

42.2 Leistung bei Drehstrom: Y-Schaltung, Δ-Schaltung

$P = \sqrt{3} \cdot U \cdot I \cdot \cos\varphi$

$P = 3 \cdot U_{Str} \cdot I_{Str} \cdot \cos\varphi$

P	Leistung in W
U	Spannung in V
U_{Str}	Strangspannung in V
I	Stromstärke in A
I_{Str}	Strangstrom in A
$\cos\varphi$	Leistungsfaktor (ohne Einheit)

$I_{Str} = I$ und $U_{Str} = \frac{U}{\sqrt{3}}$

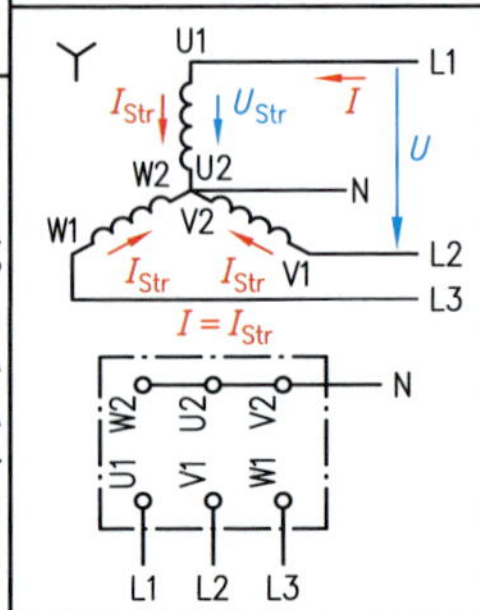

$U_{Str} = U$ und $I_{Str} = \frac{I}{\sqrt{3}}$

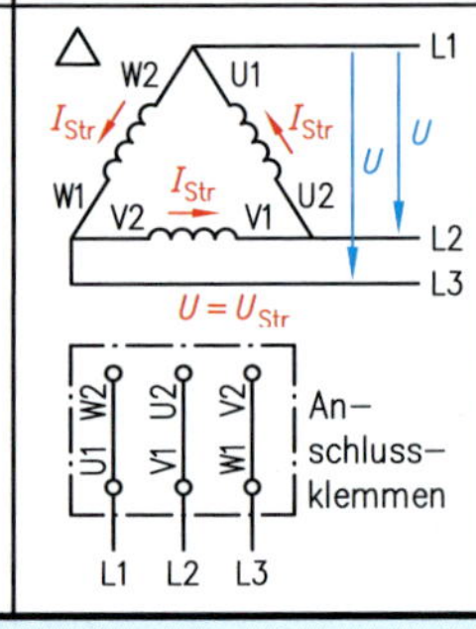

42.3 Spannungen im Verteilernetz 230 V/400 V

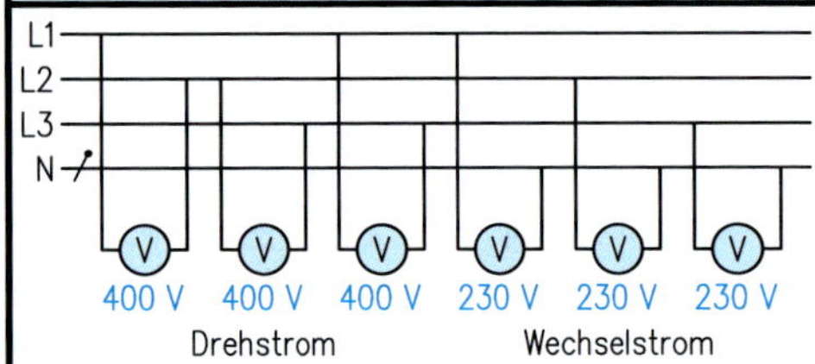

L1	Außenleiter 1
L2	Außenleiter 2
L3	Außenleiter 3
N	Neutralleiter

Beispiel: Dreieckschaltung

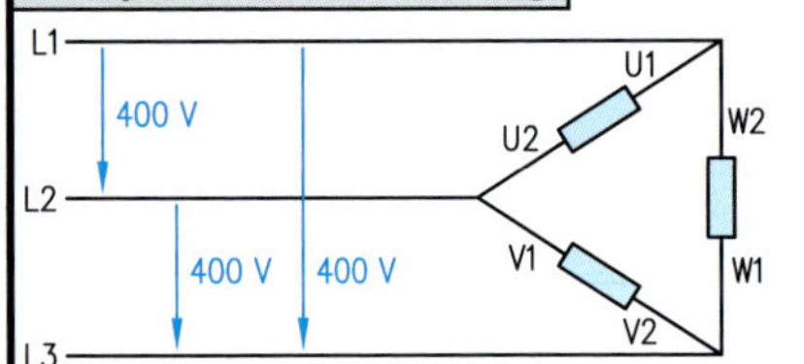

3 Phasenstränge des Drehstromsystems sind in Reihe geschaltet. ⇒ 3 Eckpunkte U_1, V_1, W_1 an denen Außenleiter L_1, L_2, L_3 angeschlossen sind.

Vorteil Sternschaltung: man kann 2 unterschiedliche Spannungen abgreifen; L_1 oder L_2 oder L_3 zu $N = 230$ V, jedoch L_1 zu L_2, L_1 zu L_3, L_2 zu $L_3 = 400$ V. Aus Sternspannung 230 V folgt verkettete Spannung 230 V · $\sqrt{3} \approx 400$ V

Stern-Dreieck-Anlaufschaltung (YΔ) dient dazu, Drehstrommotor mit Kurzschlussläufer mit reduzierter Leistungsaufnahme anlaufen zu lassen. Dies vermeidet Auslösen der Überstromschutzeinrichtung wegen zu hohem Anlaufstrom bei Direktanlauf (Dreieckschaltung). Die Leistungsaufnahme beträgt beim Anlaufen ⅓. Die Anlaufschaltung wird mit Schützschaltung K1, K2, K3 ausgeführt.

42.4 Beispiel Sternschaltung

Drehstromkreis am 3-Phasen-230-V-Netz

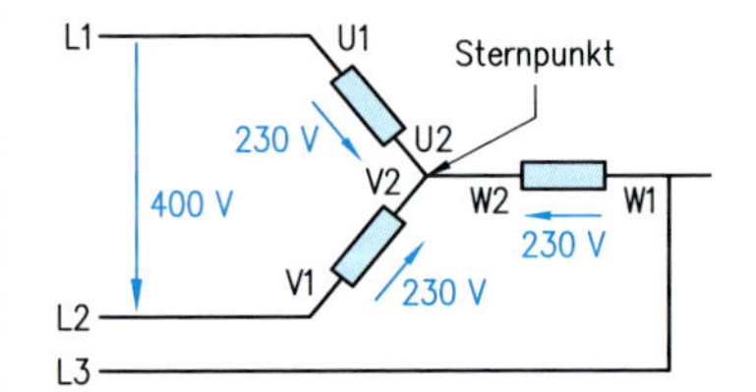

120° Phasenverschiebung

Sternschaltung: 3 Außenleiterstränge L_1, L_2, L_3 werden an einem Ende zusammengeschaltet.

Beispiel: Stern-Dreieck-Anlaufschaltung mit Schützschaltung, Anwendung: Wärmepumpe

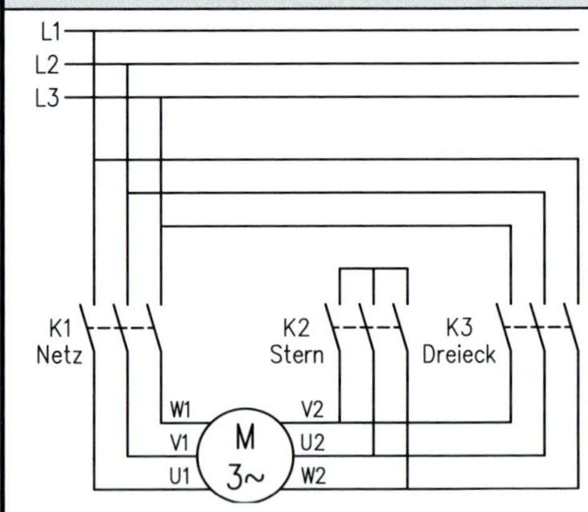

42.5 Elektrische Arbeit

$W = P \cdot t$

Arbeit in Wh oder Ws; 3600 Ws = 1 Wh
P Leistung in W; 3600000 Ws = 1 kWh
t Zeit in h oder s

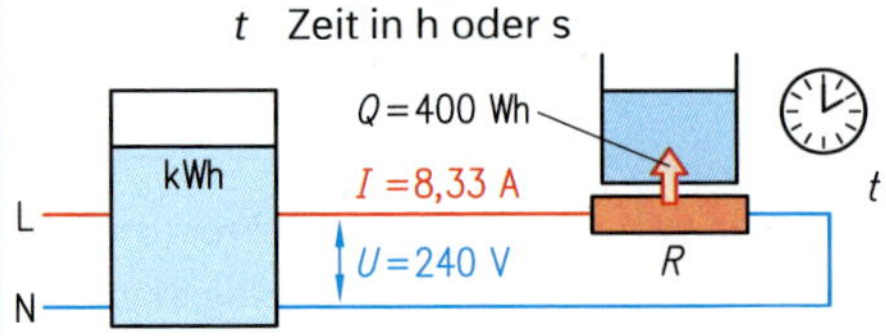

Beispiel: $W = 8{,}33\ \text{A} \cdot 240\ \text{V} \cdot 0{,}2\ \text{h} = 400\ \text{Wh}$

42.6 Leistungsvergleich Stern-/Dreieckschlt.

$P_\Delta = 3 \cdot P_Y$	P_Δ	Leistung bei Dreieckschaltung in W
$P_Y = \frac{1}{3} \cdot P_\Delta$	P_Y	Leistung bei Sternschaltung in W

bei gleicher Netzspannung

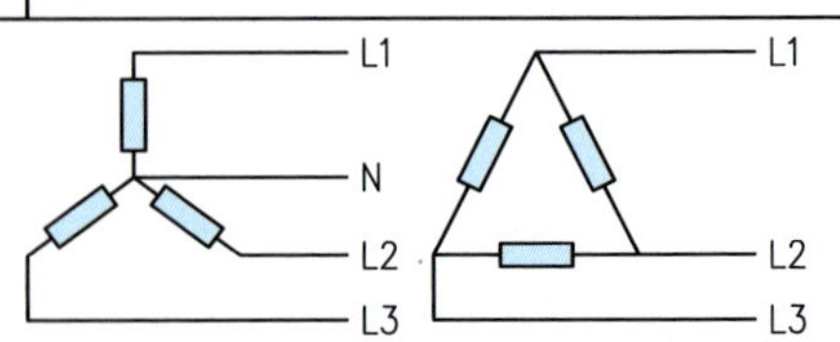

43.1 Schutzarten durch Gehäuse – IP-Code DIN EN 60529, VDE 0470-1

IP 2 3 C H

- Code-Buchstaben (**I**nternational **P**rotection) → IP
- 1. Kennziffer (Personen- und Fremdkörperschutz) → 2
- 2. Kennziffer (Wasserschutz) → 3
- Zusätzlicher Buchstabe[1] (zusätzlicher Berührungsschutz) → C
- Ergänzender Buchstabe (Information) → H

1.	Kennziffer f. Personen-/Fremdkörpersch.		Symbol	2.	Kennziffer f. Schutz gegen Wasser	Symbol
0	nicht geschützt	nicht geschützt		0	nicht geschützt	
	geschützt gegen Zugang	gegen Fremdkörper			geschützt gegen	
1	• mit Handrücken	• ⌀ ≥ 50 mm		1	• Tropfwasser (senkrecht)	
2	• mit Finger	• ⌀ ≥ 12,5 mm		2	• Tropfwasser (15° Neigung)	
3	• mit Werkzeug	• ⌀ ≥ 2,5 mm		3	• Sprühwasser	
4	• mit Draht	• ⌀ ≥ 1 mm		4	• Spritzwasser	
5	• mit Draht	• staubgeschützt		5	• Strahlwasser	
6	• mit Draht	• staubdicht		6	• starkes Strahlwasser	
X	keine Angabe des Schutzgrades			7	• zeitweiliges Untertauchen	
	X anstatt 1. und/oder 2. Kennziffer bedeutet, dass nur 1 Schutz vorhanden. Z. B. X4K bedeutet nur Spritzwasser			8	• dauerndes Untertauchen	
				9	• Hochdruck, hohe Strahlwassertemperatur	

Zusätzlicher Buchstabe[1]		Ergänzender Buchstabe	
A	• mit Handrücken vgl. Kz. 1	H	Hochspannungsgerät
B	• Finger vgl. Kz. 2	M	kein Wassereintritt bei bewegl. Teilen in Betrieb
C	• Werkzeug vgl. Kz. 3	S	kein Wassereintritt b. bewegl. Teilen im Stillstand
D	• Draht vgl. Kz. 4	W	geeignet bei festgelegten Wetterbedingungen

[1] Zusätzl. Buchst. wird verwendet, wenn Personenschutz höher als durch 1. Kz angegeben. Geschützt gegen Zugang mit ... A, B, C, D

DP 6K 9K[2] → nur Hochdruck ohne Untertauchen
↳ nur staubdicht

[2] K hinter Zahl bedeutet „nur" der auf die Zahl bezogene Schutz. Ohne K → alle niedrige Schutzarten sind mit abgedeckt.

43.2 Schutzklassen I, II und III, Symbole DIN EN 61140, VDE 0140-1

Schutzklasse I: alle Geräte mit Schutzleiteranschluss z. B. Schuko-Stecker. Bei Versagen der Isolierung schaltet Stromkreis ab.	Schutzkl. II: mit Schutzisolierung Hausgeräte, Betriebsmittel z. B. Lichtschalter sind verstärkt isoliert. Europastecker ohne Schutzleiterkont.	Schutzkl. III: Geräte mit Schutzkleinspannung ≤ 50 V AC/120 V DC oder Schutztrafo z. B. Rasiersteckdose im Badezimmer

43.3 Prüf-/Kurzzeichen und Symbole auf elektrischen Betriebsmitteln

GS-Prüfzeichen, Berufsgenossensch. Prüfstelle: Fachkraft Elektrotechnik	EG-Konformitätszeich. CE-Zeichen Gerät entspricht europäischen Gesetzesvorgaben	VDE-Kabelkennzeichnung	VDE-EMC-Zeichen für elektromagnetische Verträglichkeit	Gefährliche elektr. Spannung
Prüfzeichen d. Prüfstelle VDE Verband Deutscher Elektrotechniker für elektrotechnische Erzeugnisse	VDE-GS-Prüfzeichen für technische Arbeitsmittel im Sinne des ProdSG	VDE-Harmonisierungskennzeichen für Kabel und Leitungen	Sicherheitstransformator Schutzklasse III	Trenn-Transformator
ATEX Explosionsschutzkennzeichnung				

43.4 Kennfarben von Adern bei isolierten Leitungen, Kabeln[2], [3] DIN VDE 0293–308

System	Leiterbezeichnung	Kurzz.	Farbe[1]
Gleichstrom	positiv	L+	rot
	negativ	L–	schwarz
Wechselstrom	Außenleiter 1	L1	(braun)
	Außenleiter 2	L2	(schwarz)
	Außenleiter 3	L2	(grau)
	Neutralleiter	N	(blau)
	Schutzleiter	PE	(grün-gelb)
	Neutr.ltr. m. Schutz	PN	(grün-gelb)
	Schutzltr. o. Erdung	PU	(grün-gelb)

5-adrig mit/ohne grü-gel · 4-adrig m./oh. grü-gel · 3-adrig[3]

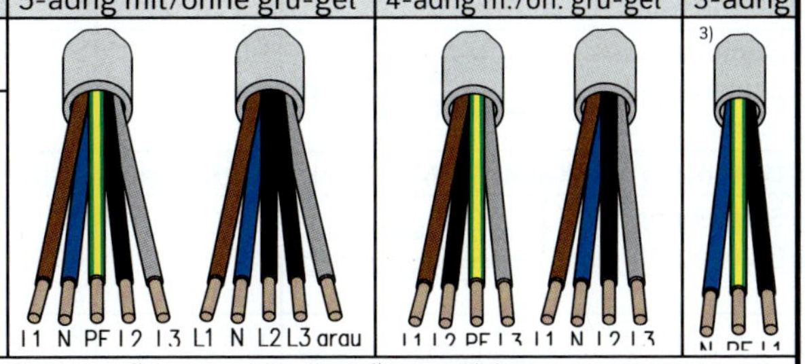

[1] Festlegung: blau → N, grün-gelb → PEN, Rest → Empfehlung; [2] fest und flexibel; [3] Kurzzeichen z. B. NYM–J3 × 1,5

44.1 System für Typkurzzeichen von isolierten Leitungen — DIN VDE 0292

Bsp.: Schlauchleitung 5 × 2,5 mm² **H 05 VV-F 5 G 2,5**

Kennzeichen der Bestimmung
- Harmonisierte Bestimmung — H
- Nationaler Typ — A

Nennspannung U_0/U
- 300 V/300 V — 03
- 300 V/500 V — 05
- 450 V/750 V — 07

Isolier- und Mantelwerkstoff
- Ethylenpropylen-Gummi bis 90 °C — B
- Polyethylen — E
- Polychloropren-Gummi — N
- Polyurethan — Q
- Polyamid — Q4
- Ethylenpropylen-Gummi/Elastom. — R
- Silikon-Gummi bis 180 °C — S
- PVC bis 70 °C (V2 bis 90 °C) — V
- PVC bis –25 °C (V4 vernetztes PVC) — V3
- vernetztes Polyethylen — X

Besonderheiten im Aufbau
- H flache, aufteilbare Leitung
- H2 flache nicht aufteilb. Ltg.
- H7 zweischicht-extrudierte Isol.

Leiterart
- U eindrähtig, rund
- W eindrähtig, Sektor
- R mehrdrähtig, rund
- S mehrdrähtig, Sektor
- K feindrähtig, fest verlegt
- F feindrähtig, flexibel verl.
- H feinstdrähtig, flexibel verl.
- Y Lahnlitze

n Aderzahl

- G mit Schutzleiter
- X ohne Schutzleiter

Nennquerschnitt

Häufig verwendete Ltgs.-typen

Gummischlauchleitungen:
H 05 RR-F geringe Belastung
H 05 RN-F hohe Belastung 500 V
H 07 RN-F für höhere mechanische Belastung auch für dauerhafte Verwendung im Freien mit Bemessungsspannung 750 V (Leiter gegen Leiter, 450 V Leiter gegen Erde).

Kunststoffschlauchleitung:
H 05 VV-F, H 05-V2 V2-F,
H 03 VV-F

Leitungsbezeichnung national:
Beisp.: NYM-J 3 x 1,5
N Normenleitung
Y Adern PVC-isoliert
M Mantelleitung
J mit grün-gelb. Schutzleiter
3 Adern mit je 1,5 mm² Quersch.

44.2 Leitungen für feste und flexible Verlegung und für Melde- und Signalanlagen

Bezeichnung	Leitungsaufbau	Kurzzeichen	Adern	Verwendung
Leitungen für feste Verlegung (Auswahl)				
Kunststoffaderleitung	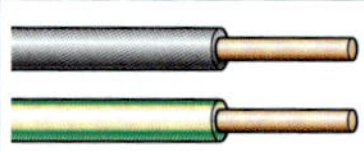	H07V-U H07V-R H07V-K	1	Zur Verlegung in trockenen Räumen. Zur inneren Verdrahtung von z. B. Leuchten, Motoren, Verteilungen.
Stegleitung	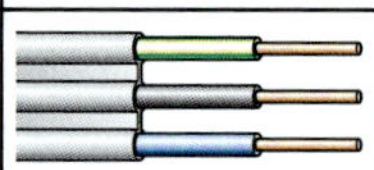	NYIF	2 ... 5	Nur in trockenen Räumen zur Verlegung in Putz und unter Putz. Nicht auf Holz, auf Metall, in Hohlräumen, im Bad.
Mantelleitungen	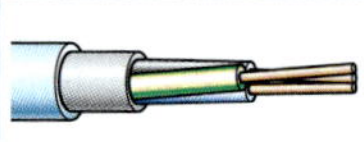	NYM	1 ... 5	Zur Verlegung auf, in und unter Putz in trockenen, feuchten, nassen, feuer- und explosionsgefährdeten Räumen. Nicht im Erdreich.
Leitungen zum Anschluss ortsveränderlicher Verbraucher				
Leichte Kunststoffschlauchleitung	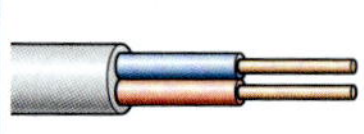	H03VV-F	2 ... 3	Bei geringen mechanischen Beanspruchungen; für Haushaltsgeräte und Büromaschinen. Nicht geeignet für Koch- und Raumheizgeräte.
Mittlere Kunststoffschlauchleitung	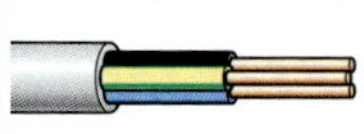	H05VV-F	2 ... 5	Bei mittleren mechanischen Beanspruchungen für Haushaltsgeräte, Büromaschinen, z. B. Kühlgeräte, Waschmaschinen, Wärmegeräte.
Gummi-Schlauchleitung (leichte Ausf.)	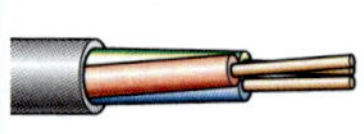	H05RR-F	1 ... 5	Bei geringen mechanischen Beanspruchungen für Haushaltsgeräte, Büromaschinen, z. B. Staubsauger, Lötkolben, Küchengeräte.
Gummi-Schlauchleitung (schwere Ausf.)	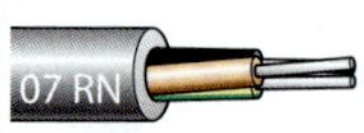	H07RN-F	2 ... 5	Zur Verlegung in trockenen, feuchten, nassen, Räumen, in explosionsgefährdeten Bereichen, im Freien, in landwirtschaftlichen Betriebsstätten.
Leitungen und Kabel für Melde- und Signalanlagen (Auswahl)				
Stegleitung (Kunststoffhülle)	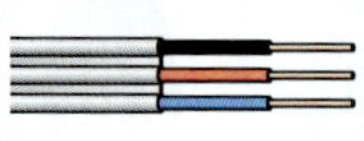	J-FY	2 und 3	Zur Verlegung in trockenen Räumen als Installationsleitung für Klingelanlagen; für feste Verlegung in und unter Putz.
Bus-Leitung		YCYM	2 und 4	Für europäischen Installationsbus (EIB), für feste Verlegung, vor Sonneneinstrahlung schützen.

45.1 Bemessung von fest verlegten Kabeln/Leitungen unter Berücksichtigung ...[1)]

... der Mindestquerschnitte (s. 45.2)	... des Spannungsfalls (S. 45.3)	... der Strombelastbarkeit
Für Leiter sind Mindestquerschnitte erforderlich. Der Neutralleiter im mehrphasigen Wechselstromkreis darf keinen kleineren Querschnitt als der Außenleiter haben, wenn Außenleiter ≤ 16 mm² Cu oder ≤ 25 mm² Al ist.	Der Spannungsabfall soll nach DIN VDE 0100 zwischen Hausanschlusskasten und Verbrauchern $\Delta u \leq 3$ % bei Beleuchtung und $\Delta u \leq 5$ % bei anderen Verbrauchsmitteln der Nennspannung sein.	Die Strombelastbarkeit (s. 45.4) ist abhängig von: • der Verlegeart • weiteren Umgebungsbedingungen [1)] s. DIN VDE 0100-520

45.2 Mindestquerschnitte von Cu-Kabeln und -Leitungen abhängig von der Verlegungsart

Feste geschützte Verlegung Al 2,5		1,5
Leitungen in Schaltanlagen und Verteilern	bis 2,5 A in mm²	0,5
	über 2,5 bis 16 A	0,75
	über 16 A in mm²	1,0
Fassungsadern	in mm²	0,75
Potenzial- und Erdungsleitungen		
Hauptpotenzialausgleich		6
zus. Potentzialausgleich im Bad		4
PEN-Leiter		10

Bewegliche Leitungen zum Anschluss von:	mm²
• leichten Handgeräten bis 1 A und $l \leq 2$ m	0,5
• Geräten bis 2,5 A und $l \leq 2$ m	0,5
• Geräten, Gerätesteck-/Kupplungsdosen ≤ 10 A	0,75
• Geräten ≥ 10 A, Mehrfachsteck-/Gerätesteck-/Kupplungsdosen 10 A ≤ I_N ≤ 16 A	1,0
Lichterkette innen: zwischen Kette und Stecker	0,75
zwischen einzelnen Lampen	0,5

Schutzleiterquerschnitt A_A	A_S
≤ 16	A_S
16 < A_S ≤ 35	16
> 35	½ A_S

[1)] A_{Smin} Schutzleiter in mm² zugeordnet zu A_A Außenleiter

45.3 Gleichungen zur Berechnung des Spannungsfalls ΔU in V, Δu in %

Gleichstrom	$\Delta U = \frac{2}{\gamma \cdot A} \cdot \sum(l \cdot I)$	Einphasen-Wechselstrom	$\Delta U = \frac{2 \cdot \cos\varphi}{\gamma \cdot A} \cdot \sum(l \cdot I)$
Drehstrom	$\Delta U = \frac{\sqrt{3} \cdot \cos\varphi}{\gamma \cdot A} \cdot \sum(l \cdot I)$	Prozentualer Spannungsfall	$\Delta u = \frac{\Delta U}{U_n} \cdot 100\%$

I Stromstärke in A
γ Leitfähigkeit in m/(Ω · mm²)
A Leiterquerschnitt in mm²
$\cos\varphi$ Leistungsfaktor (o. E.)

45.4 Strombelastbarkeit von Kabeln und Leitungen für feste Verlegung, $\vartheta_{zul.}$ 70 °C, $\vartheta_{Umgeb.}$ 30 °C

Verlegeart		A1		A2		B1		B2		C		E	
Leitungen		Aderleitung		Kabel/Mantelltg. mehradrig		Aderleitung		Kabel oder Mantelleitung mehradrig		ein-/mehradr.		mehradrig	
Verlegung Verlegeart		in wärmegedämmten Wänden und Elektroinstallationsrohren				in Elektroinstallationsrohren auf einer Wand				auf/in Wand oder Kabelrinne		frei in der Luft auf Kabelleitern	
Aderleitung, Kabel/Mantelleitung mehradrig		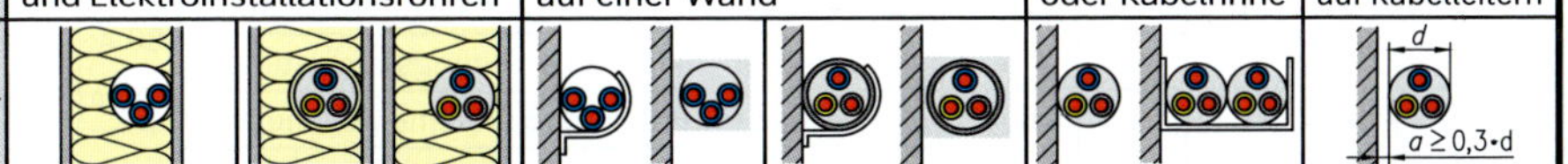											
$A_\varnothing$	belast. Adern	2	3	2	3	2	3	2	3	2	3	2	3
1,5 mm²	$I_{belastbar}$ in A	15,5	13,5	15,5	13	17,5	15,5	16,5	15	19,5	17,5	22	18,5
	I_{Nenn} in A	13	13	13	13	16	13	16	13	16	16	20	16
2,5 mm²	$I_{belastbar}$ in A	19,5	18	18,5	17,5	24	21	23	20	27	24	30	25
	I_{Nenn} in A	16	16	16	16	20	20	20	20	25	20	25	25
4,0 mm²	$I_{belastbar}$ in A	26	24	25	23	32	28	30	27	36	32	40	34
	I_{Nenn} in A	25	20	25	20	32	25	25	25	35	32	40	32

45.5 Umrechnungsfaktoren f_1, f_2; f_1 für abweichende Umgebungstemperaturen

Isolierwerkstoff	$\vartheta_{zul.Betr.}$ °C	10	15	20	25	30	35	40	45	50	55	60
		Umgebungstemperatur ϑ_U in °C										
Kautschuk (Gummi)	60	1,29	1,22	1,15	1,08	**1,0**	0,91	0,82	0,71	0,58	0,41	–
PVC-Isolierung	70	1,22	1,17	1,12	1,06	**1,0**	0,94	0,87	0,79	0,71	0,61	0,5
Ethylenpropylenkautschuk	80	1,18	1,14	1,10	1,05	**1,0**	0,95	0,89	0,84	0,77	0,70	0,63

Umrechnungsfaktoren f_2 für vieladrige Leitungen mit Leiternennquerschnitt bis 10 mm²

Anzahl der belasteten Adern	5	7	10	14	19	24	40	61
Umrechnungsfaktoren f_2	0,75	0,65	0,55	0,50	0,45	0,40	0,35	0,30

46.1 Sicherungen in der Elektrotechnik — VDE 0635, VDE 0636

- irreversible Bauart — Schmelzsicherungen
  - Geräte- bzw. Feinsicherungen
  - NH-Sicherungen
  - DO-System NEOZED
  - D-System DIAZED
- reversible Bauart
  - Leitungsschutzschalter
  - Multifuse

46.2 Funktions- und Betriebsklassen von Niederspannungssicherungen — DIN VDE 636

Funktionsklassen		Betriebsklassen	
g	**Grenzbereichssicherungen**[1]: Sicherungseinsätze führen Ströme bis zum Nennstrom I_n dauernd, können v. kleinsten Schmelzstrom bis Nennausschaltstrom ausschalten.	gG gR	Grenzbereichsschutz für allgemeine Anwendungen Grenzbereichs-Halbleiterschutz
a	**Teilbereichssicherungen**[2]: Sicherungseinsätze führen Ströme bis I_n dauernd, können beim Vielfachen I_n bis zum Nennausschaltstrom ausschalten.	gB gTr aM aR	Grenzbereichs-Bergbauanlagenschutz Grenzbereichs-Transformatorschutz Teilbereichs-Schaltgeräteschutz Teilbereichs-Halbleiterschutz

[1] für Überlast und Kurzschluss. [2] nur Kurzschluss

46.3 Bauarten von Niederspannungssicherungssystemen, Schraubsicherungen

	Baugröße/ Gewinde	Bemessungs-strombereich	Leistungs-abgabe	Bemess-ungsspg.	Teilungs-maß in mm	Schalt-vermögen	Betriebs-klassen
NEOZED	DO1/E14 DO2/E18 DO3/M30x2	2 A bis 16 A 20 A bis 63 A 80 A bis 100 A	≤ 2,5 W ≤ 5,5 W ≤ 7,0 W	400 V a.c. 250 V d.c.	27 = 1,5 TE 27 = 1,5 TE 45 = 2,5 TE	50 kA a.c. 8 kA d.c.	
DIAZED	DII/E27 DIII/E33 DIV/G1¼	2 A bis 25 A 32 A bis 63 A 80 A bis 100 A	≤ 4,5 W ≤ 7,0 W ≤ 9,0 W	500 V a.c. 500 V d.c.	39 mm 46 mm 48 mm	50 kA a.c. 8 kA d.c.	gG, gR flink gG
DIAZED	NDz/E16	2 A bis 25 A	500 V a.c.	500V d.c.	4 kA a.c. 1,6 kA d.c.		träg
Haltfeder E16		2 A bis 20 A		380 V a.c.		20 kA d.c.	

I_{Nenn}	Farbkenn.	Fuß-ø in mm D	DL	DO
2 A	rosa	6	8	7,3
4 A	braun			
6 A	grün			
10 A	rot	8		8,5
13 A	schwarz		–	
16 A	grau	10	10	9,7
20 A	blau	12	12	10,9
25 A	gelb	14		12,1
32/35	schwarz	16		13,3
50 A	weiß	18		14,5
63 A	kupfer	20		15,9
80 A	silber			21,4
100 A	rot			24,2

Zulässiger Wechsel unter Spannung

Typ	Nennspannung	Laien	Befugte
D, DO	≤ 400 V a.c.	≤ 63 A	≤ 63 A
D	> 400 V a.c.	nein	≤ 16 A
D, DO	≤ 25 V a.c.	ja	ja
DO	25 V bis 60 V d.c. ≤ 120 V d.c.	nein nein	≤ 6 A ≤ 2 A
D	25 V bis 60 V d.c. ≤ 120 V d.c. ≤ 750 V d.c.	nein nein nein	≤ 16 A ≤ 5 A ≤ 1 A

BKl	Teil-/Ganzbereichssicherung für
gG	Ganzber. f. allg. Anwendung, Kabel-Ltg.schutz
aM	Teilber.-Schaltgeräteschutz, Motorstromkr.
gR	Ganzber. für Halbleiterbauelementeschutz
gS	wie oben, für erhöhte Leitungsauslastung
aR	Teilber. für Halbleiterbauelementeschutz
gTr	Ganzber. für Trafoschutz, Bemessung in Trafo-Scheinleistung kVA statt Nennstrom
träg fl.	Ganzbereichs für Kabel-/Leitungsschutz = flink, Bereich wie oben

NH-Sicherungseinsätze Größe	Bemessungsstr.	Schwert	Schalt-verm.	Nenn-spannung
00/000	2 A bis 160 A	78 mm	≥ 50 kA	(400 V)
0	6 A bis 250 A	125 mm	typ.	500 V,
1	16 A bis 355 A	135 mm	100–	690 V a.c.
2	25 A bis 500 A	150 mm	120 kA	
3	250 A bis 800 A	150 mm	25 kA	250 V,
4/4a	400 A ⇒ 1 250 A	200 mm		440 V d.c.

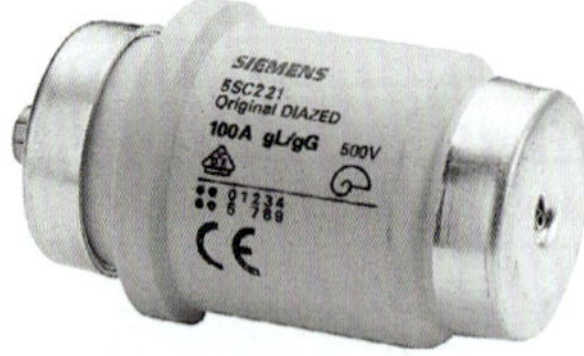

46.4 Geräteschutzsicherungen (Feinsicherungen)

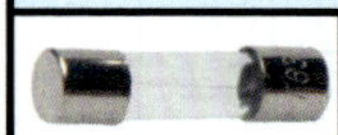

5 × 20 mm
Bsp.: T0,1/250 träge, 0,1A, 250 V

		Ausschaltvermögen	Werte bei 250 V AC			Glas-/Keramikrohr sandgefüllt/verstärkt	Strombereiche	Größe mm × mm
FF	superflink							
F	flink	≤ 20 ms						
M	mittelträge	≤ 90 ms	L	niedrig	$10 \times I_n \geq 35$ A	Glasrohr	1 bis 6,3 A (Char. T)	5 × 20
T	träge	≤ 300 ms	E	erhöht	≥ 100 A	" verstärkt/gefüllt	0,05 bis 2 A (Char. F)	6,3 × 20
TT	superträge		H	hoch	≥ 1 500 A	Keramikrohr gefüllt	0,05 – 6,3 A (Char. F)	5 × 20

47.1 Fehlerschutz im TT-System, Fehlerstrom-Schutzschalter RCCB (FI)

Ausbreitungswiderstand Anlagenerder

$$R_A \le \frac{U_T}{I_{\Delta n}}$$

U_T Berührungsspannung ≤ 50 V AC

$I_{\Delta n}$ Bemessungsfehlerstrom

$$R_{Amax} = \frac{50\ \text{V}}{30\ \text{mA}} = 1{,}67\ \text{k}\Omega$$

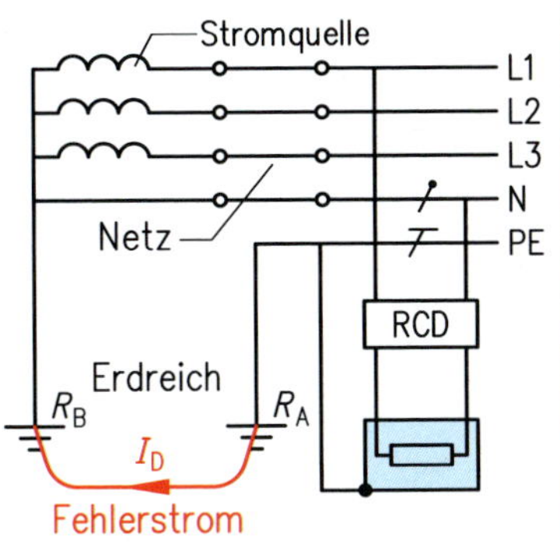

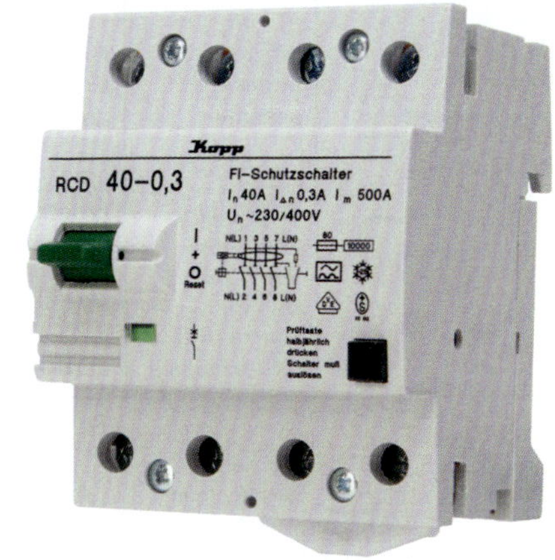

47.2 Leitungsschutzschalter (LS-Schalter, Sicherungsautomat) DIN EN 60898-1

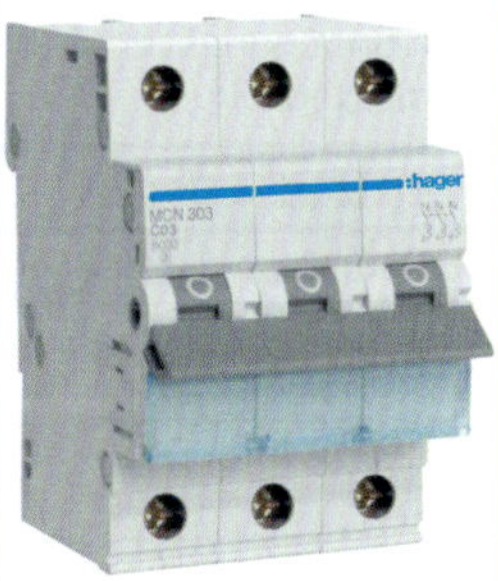

B	Standard: Steckdose
C	für höheren Einschaltstrom, Maschinen ...
D	indukt./kapazit. Last Transformator, Magnet
K	hoher Einschaltstrom sensible Überlastauslösung, Transformator
Z	Halbleiterschutz, hohe Netzimpedanz

Bsp.: 16 A-LS-Schalter Typ B → Prüfstrom 5 × I_n
$I_{Auslöse} = 5 \cdot 16\ \text{A} = 80\ \text{A}$

	Thermischer Auslöser		Magn. A.-l.
	Prüfstrom	Auslösezeit	Prüfstrom
B	1,13–1,45	bei 30° C	3 – 5 × I_n
C	× I_n	1 Std., über	5 – 10 × I_n
D	Nennstrom	63 A 2 Std.	10 – 20 × I_n
K	1,05 – 1,3	20° C 2 Std.	8 – 14 × I_n
Z	× I_n	30° C 3 Std.	2 – 3 × I_n

Bedingungen für Überstromschutz

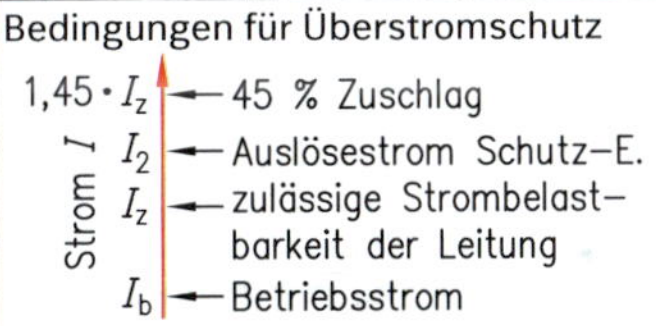

Strom-Zeit-Kennlinie mit Auslösezeiten

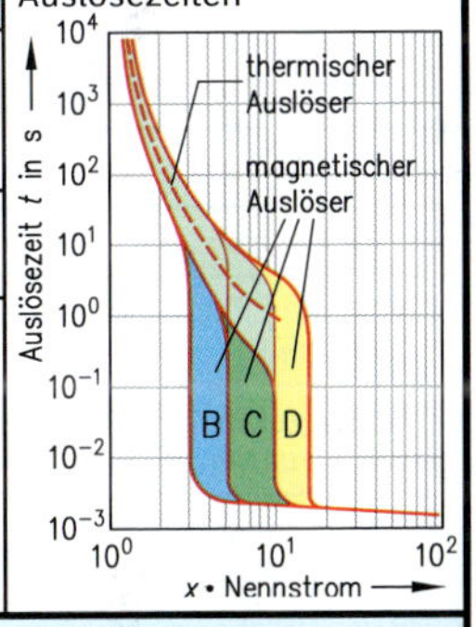

47.3 Netzsysteme (Auswahl), Erläuterung der Kurzzeichen DIN VDE 0100-410

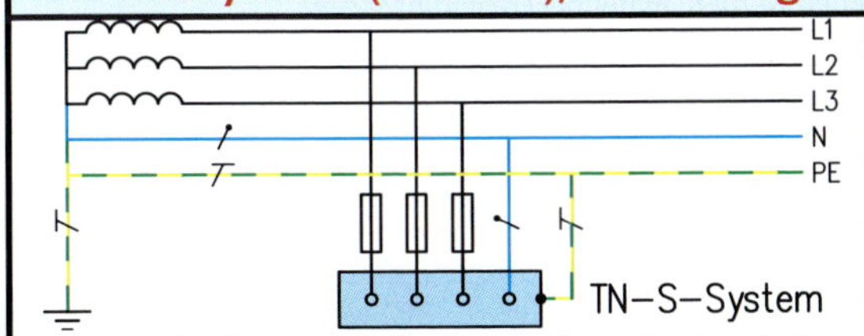

Sternpunkt direkt geerdet, Neutral- und Schutzleiter getrennt, Körper angeschlossener Betriebsmittel mit Erder verbunden, bei $A \le 10\ \text{mm}^2$ (Cu) vorgeschrieben

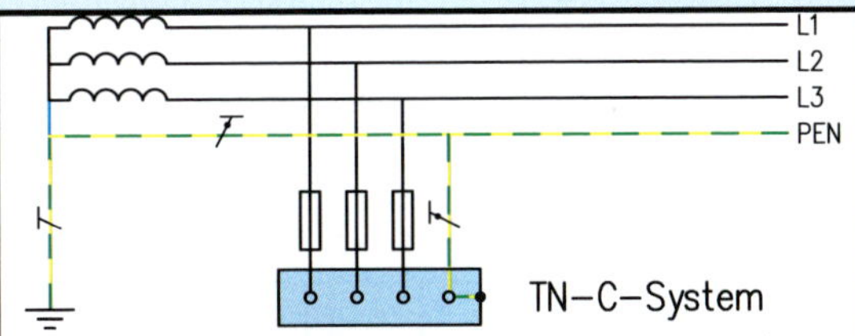

Neutral- und Schutzleiter im gesamten System im PEN-Leiter zusammengefasst. Nur bei Leiterquerschnitt $A > 10\ \text{mm}^2$ (Cu) erlaubt.

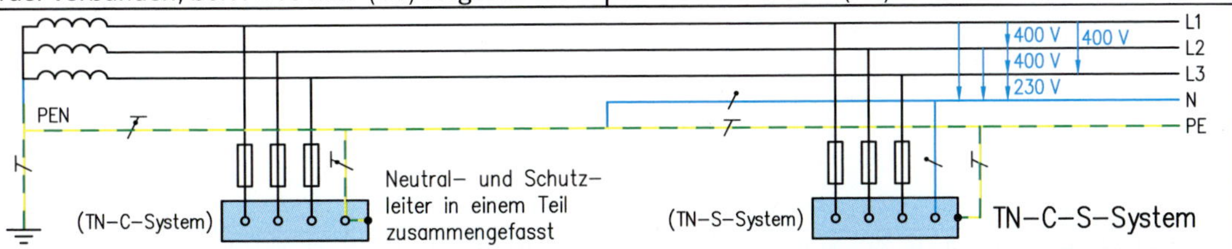

Erster Buchstabe: Erdungsverhältnisse der Stromquelle		Zweiter Buchstabe: Erdungsverhältnisse der Körper		Weitere Buchstaben: Anordnung Neutral- und Schutzleiter im TN-System	
T	direkte Erdung	T	Betriebsmittel direkt geerdet	S	N- und PE-Leiter getrennt
I	Isolierg. gegen Erde/Erdg. ü. Imped.	N	Betriebsm. mit Betriebserder verb.	C	N- u. PE-Leiter kombiniert (PEN)

Grundlagen Elektro, Regelung · Kommunikation Bauzeichnungen · Werkstoffe Trennen, Fügen · Rohre, Zubehör Montage · Trinkwasser Feuerlöschtechnik · Entwässerung Sanitär, Klempner · Gasinstallation Flüssiggas · TW-Erwärmung Solarnutzung TWE · Energietechnik Erneuerb. Energien · Heizungs- und Feuerungstechnik · Lüftung, Klima Wärmerückführung

48.1 Fehlerstromschutzeinrichtung RCD Typ AC, A, F, B und B⁺ (FI-Schalter)

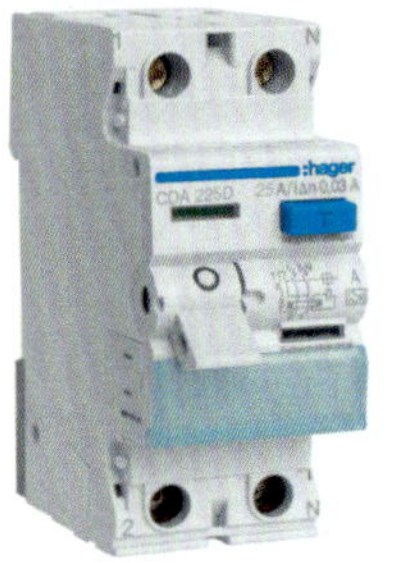	AC nur Wechselstrom – sensitiv  bei Gleichstromüberlagerung kein Auslösen, in BRD nicht zulässig	A = AC + Pulsstrom mit Gleichstromanteil ≤ 6 mA  arbeitet Spannungsunabhängig, am häufigsten eingesetzter Standard-RCD	F = A + Pulsstrom mit Gleichstromanteil ≤ 10 mA + Mischfrequenzstrom ≤ 1 kHz auch Fehlerstrom einphasiger Frequenzumrichter (Waschmaschine, Pumpe), kurzzeitverzögerte Auslösung	B = F + glatter Gleichstrom + Hochfrequenzstrom ≤ 2 kHz Erkennung glatter Gleichströme, hohe Anlagenverfügbarkeit ⇒ vorbeugender Brandschutz	B⁺ = B + Erkennung hochfrequenter Ströme bis zu 20 kHz, allstromsensitiver  Schutzschalter, benötigt Stromversorgung. Einsatz bei Wechsel- und Frequenzumrichtern. ⇒ gehobener vorbeugender Brandschutz

RCD Typ A

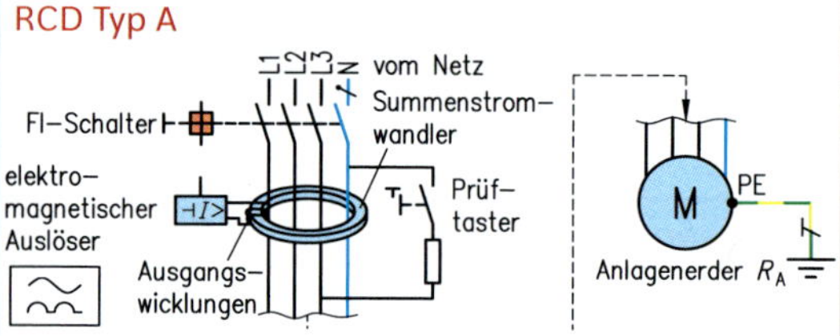

Mit dem Prüftaster wird ein Fehlerstrom simuliert.

RCD Typ B

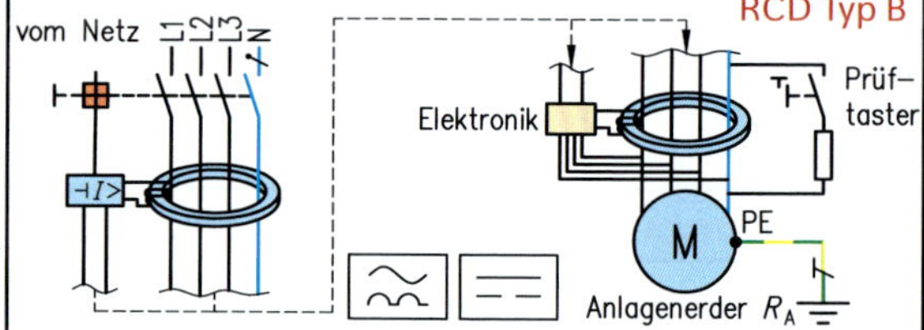

Bei glatten Gleichströmen ist eine Spannungsversorgung erforderlich. Sie erfolgt über die Netzleitung.

48.2 Sicherheitsregeln, Arbeiten im spannungsfreien Zustand — DIN VDE 0105-100

Vor Arbeitsfreigabe	an elektrischen Anlagen müssen 5 Maßnahmen der Reihe nach durchgeführt werden.
1. Von allen Einspeisungen freischalten	Freischalten aller Anlagenteile, an denen gearbeitet werden soll, durch Trennstrecke/Isolation (LS-Schalter abschalten, Schmelzsicherungen entfernen)
2. Schaltgeräte gegen Wiedereinschalten sichern	Betätigungsmechanismus von Schaltgeräten (LS-Schalter) durch Schloss sperren, Sicherungseinsätze mitnehmen, Warnschild anbringen, Kondensator entladen
3. Spannungsfreiheit feststellen, Elektrofachkraft	mit Spannungsprüfer nach: AC → DIN EN 61243-2, DC → DIN EN 61243-3; Anlagen mit Kondensator → Entladung abwarten; Feststellung auch durch eingebaute Messgeräte möglich
4. Zuerst Erden und dann Kurzschließen	muss von der Arbeitsstelle sichtbar sein; in AC-Anlagen bis 1000 V (DC bis 1500 V) darf vom Erden und Kurzschließen abgesehen werden, außer bei Freileitungskreuz
5. Benachbarte, unter Spannung stehende Teile	abdecken oder abschranken (Schutzvorrichtung, Abdeckung, Kapselung oder isolierende Umhüllung); ausreichender Schutz gegen mechanische/elektrische Beanspruchung

48.3 Gefährdungsbereiche von Körper-, Wechsel- und Gleichströmen bei Erwachsenen

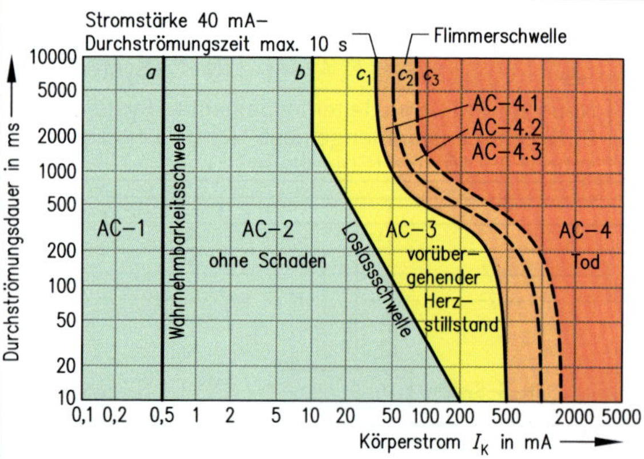

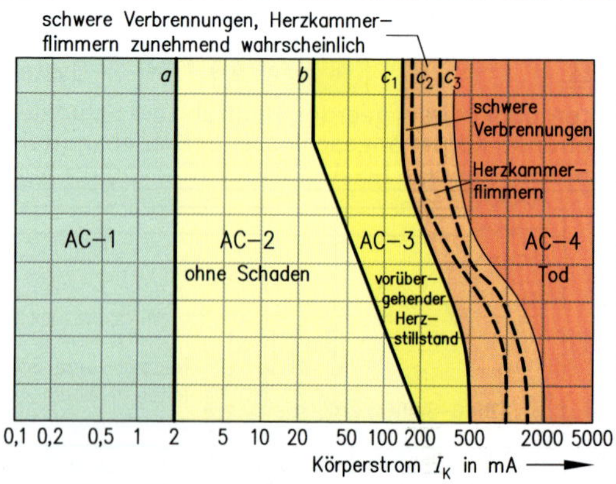

Zul. Berührungsspannung Kleinspannung (Niedervolt)	Mensch	AC 50 V DC 120 V	Kesselleuchte, Kinderspielzeug, landwirtschaftliche Anwesen im Tierbereich	AC 25 V DC 60 V

49.1 Fehlerarten und elektrische Größen im Fehlerfall, Gefahr des elektrischen Stroms

Kurzschluss = Leitende Verbindung zwischen betriebsmäßig gegeneinander unter Spannung stehenden Leitern (zwischen Außenleitern 3-poliger Kurzschluss). Im Fehlerstromkreis befindet sich kein Nutzwiderstand.
Leiterschluss = fehlerhafte Verbindung zwischen Leitern, wenn im Fehlerstromkreis ein Nutzwiderstand – oder Nutzwiderstandteil – liegt.
Körperschluss = leitende Verbindung zwischen Körper und aktiven Betriebsmittelteilen, entstanden durch Isolationsfehler. Fehler vor Verbraucher!
Erdschluss entsteht bei Verbindung eines Außenleiters oder betriebsmäßig isolierten Neutralleiters mit der Erde oder mit geerdeten Teilen.
Berührungsspannung (U_B) = der Fehlerspannung, der vom Menschen überbrückt wird. Defektes Gerät, spannungsführende Leitung berühren.
Fehlerspannung (U_F) ist die Spannung, die im Fehlerfall zwischen Körpern oder zwischen Körper(n) und der Bezugserde auftritt.
Fehlerstrom (I_F) = durch Isolationsfehler zum Fließen kommender Strom.
Anlagenerder steckt in der Erde und tritt mit ihr in elektrische Verbindung.

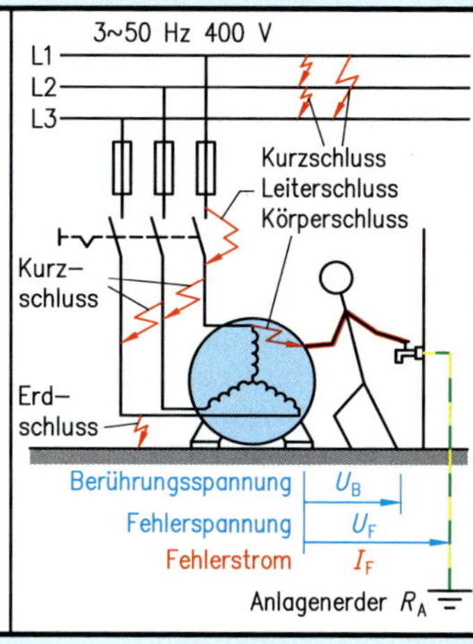

49.2 Schutz gegen elektrischen Schlag — DIN VDE 0100-410

Kleinspannung (klspg.)	doppelte/verstärkte Isolierung	automatische Abschaltung	Schutztrennung
SELV Sicherheitsklspg., PELV Funktionsklspg. mit sicherer Trennung von anderen Stromkreisen + Basisisolierung; Begrenzung.: AC 50 V/DC 120 V	Basisschutz (direktes Berühren): Basisisolierung aktiver Teile durch Abdeckg./Umhüllg.		
	Fehlerschutz (indirektes Berühren): durch zusätzliche Isolierung	Schutzpotenzialausgleich über Haupterdungsschiene und automatische Abschaltg. im Fehlerfall; Betriebsmittel d. Schutzklasse II einsetzbar	Fehlerschutz (ind.B.): Stromkreistrennung mit Schutztrennung von anderen Stromkreisen und Erde.
	Basis- und Fehlerschutz durch verstärkte Isolierung zwischen aktiven u. berührbaren Teilen		

49.3 Schutz durch Kleinspannung SELV/PELV und Begrenzung der Entladungsenergie

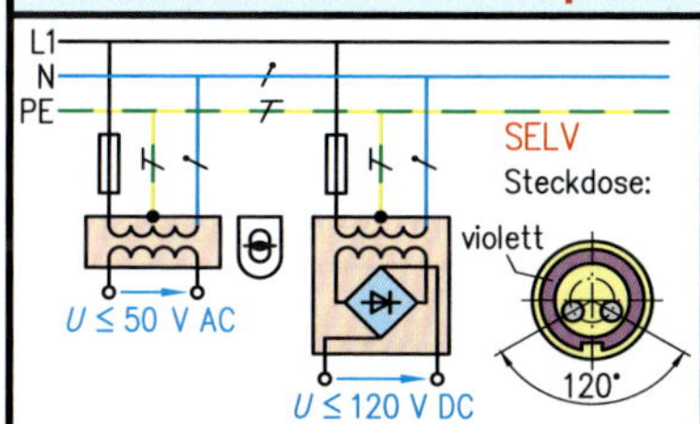

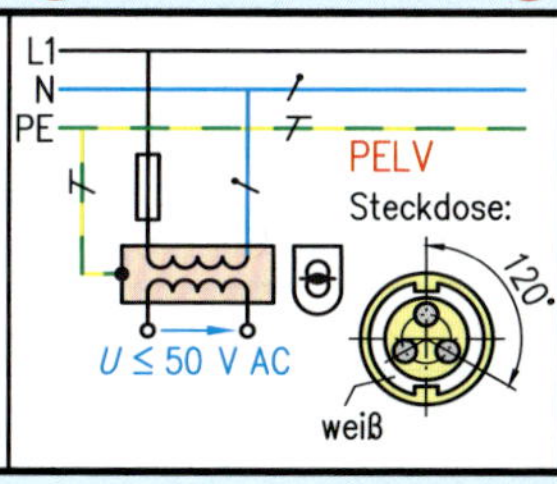

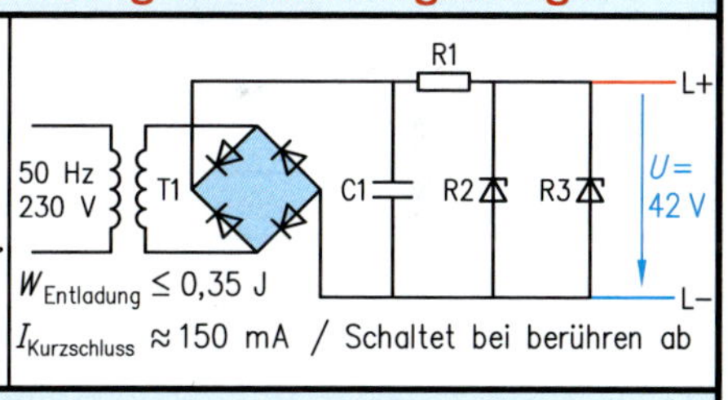

49.4 Schutz gegen elektrischen Schlag unter Fehlerbedingungen im TN-System

Abschaltbedingungen: $I_k > I_a$	$1{,}5 \cdot Z_{Sm} \cdot I_a \leq U_0$	
Spannungsbegrenzung bei Erdschluss, U_L höchste Berührungsspg.	$\frac{R_B}{R_E} \leq \frac{U_L}{U_0 - U_L}$	
höchstzulässige Abschaltzeiten	**Spannung V**	**Zeit s**
Steckdosenstromkreis und ortsveränderliche Betriebsmittel	AC ≤ 230 AC ≤ (>) 400	0,4 0,2 (0,1)
übrige Stromkreise		5 s
zul. Schutzeinrichtungen TN-S-/TN-C-System		
Überstromschutzeinrichtung RCD (FI-Schutzschalter)	nur Überstromschutzeinrichtung	
Abschaltbedingungen beim RCD	$R_A \cdot I_{\Delta n} \leq U_L$	

I_a	Abschaltstrom in A	U_0	Bemessungsspg. geg. Erde
I_k	Kurzschlussstrom in A	R_B	Gesamtwidstd. Betriebse.
$I_{\Delta n}$	Bemessungsdifferenzstr.	R_E	kleinster Erdübergangswiderstand bei Erdschluss
Z_{sm}	Schleifenimpedanz in Ω		

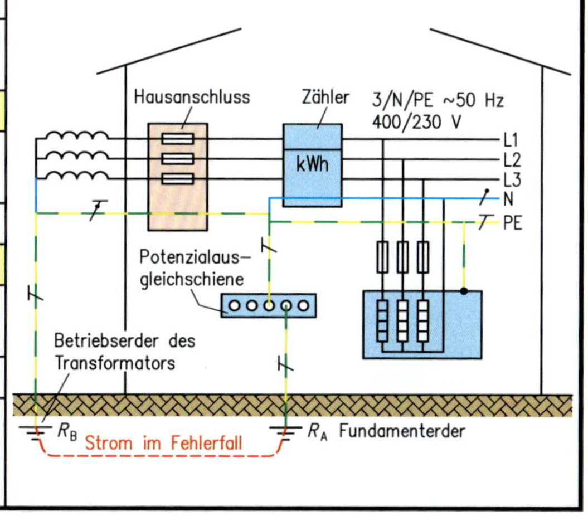

50.1 Potenzialausgleich „PA“ (Hauptpotenzial- oder örtlicher Potenzialausgleich)

Hauptpotenzialausgleich in allen Gebäuden notwendig. Der PA-Ausgleichsleiter wird an metallenen Gas-, Wasser-, Abwasser-, Heizungs- und Fernwärmeleitungen immer hinter der Trennstelle, z. B. Isolierstück oder Absperrarmatur angeschlossen. Kollektoren bei Gebäude mit Blitzschutzanlage einbeziehen, sonst Kollektoren in PA.

Örtlicher Potenzialausgleich ist außerhalb des Raums mit Badewanne/Dusche möglich. Leitfähige Bade-/Duschwanne braucht keinen Potenzialausgleich.
Gasleitungen müssen vor und nach dem Gebäudeeintritt jeweils ein Isolierstück erhalten. s. Gasversorgungsanlagen in Gebäuden (340.4)

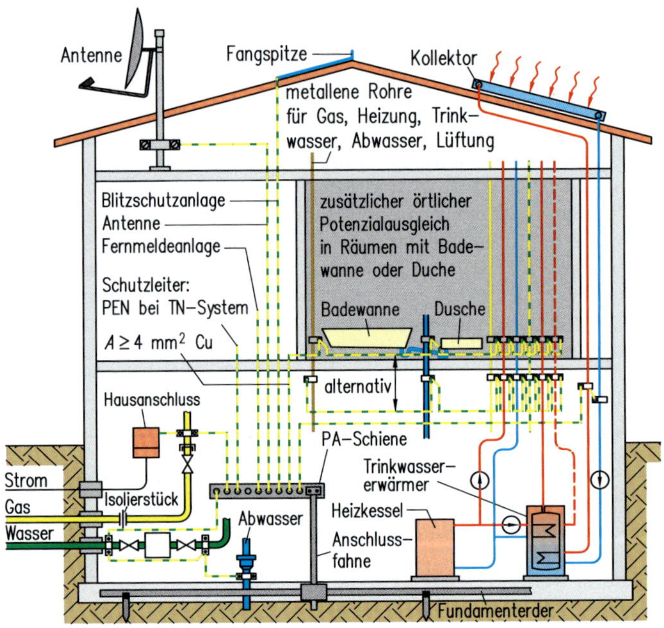

50.2 Verwendung von Betriebsmitteln Schutzklasse II – Schutzisolierung

Verstärkte Isolierung	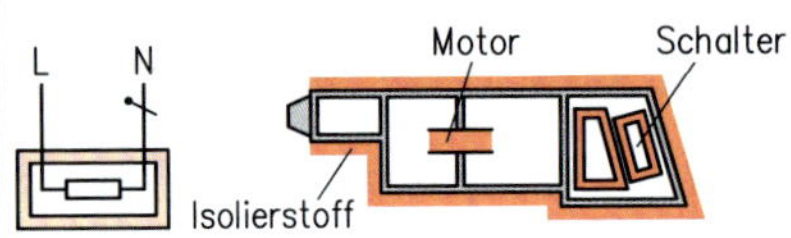	Zusätzliche Isolierung	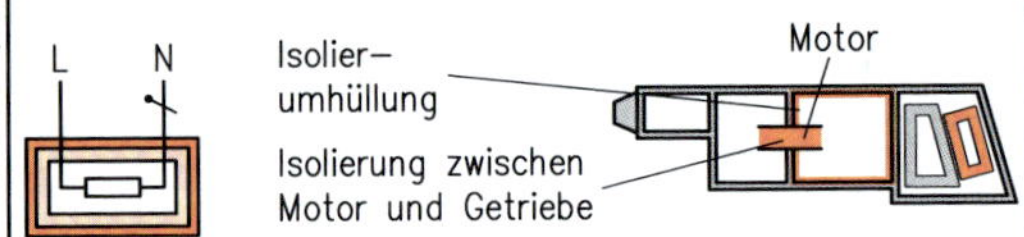

Zusätzliche/verstärkte Isolierung, um im Fehlerfall gefährliche Spannung zu vermeiden (Bohrmaschine).

50.3 Schutztrennung durch Transformator zwischen Netz und Verbraucher

= Potenzialtrennung; Spannung $U \leq 500$ V
Leitungslänge $l \leq 500$ m; $U \cdot l \leq 100\,000$ Vm
Gefahr, wenn ausgangsseitig gleichzeitig 2 Fehler auftreten: Erdschlussleitg. + Körperschluss Motor
Keine Gefahr, wenn nur einer der Fehler auftritt.
! Kesselbau: nur 1 Verbraucher am Trafo anschließen. Sonst darf ein Trafo mehrere Verbraucher versorgen, wenn d. Körper durch ungeerdete isolierte Potenzialausgleichsleiter verbunden. Sekundärstromkr. nicht mit Erde/Schutzleiter/anderem Stromkreis verbinden. Steckvorrichtung darf keinen Schutzkontakt haben.

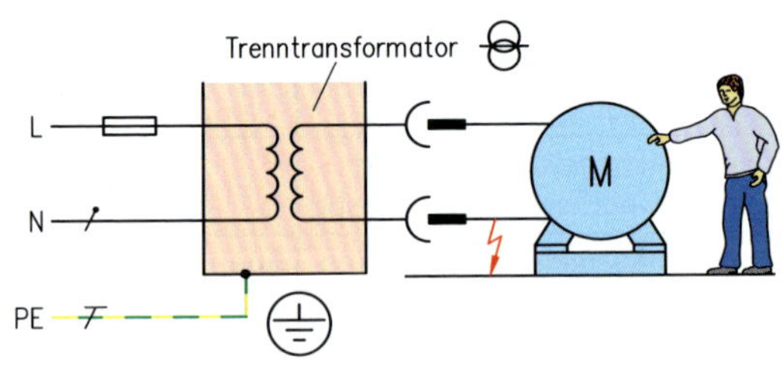

50.4 Schutz durch erdfreien örtlichen Potenzialausgleich

Speist ein Transformator mehrere Verbraucher, so müssen die Körper der Verbrauchsmittel untereinander durch einen erdfreien örtlichen Potenzialausgleichsleiter verbunden sein.
$A_{min} \geq 4$ mm² ohne mechnischen Schutz
$A_{min} \geq 2{,}5$ mm² mit mechanischem Schutz

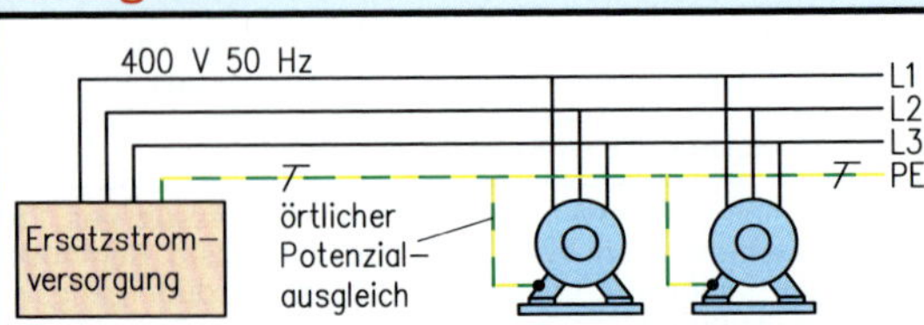

51.1 Stromversorgung auf Bau-/Montagestellen, Fehlerstromschutz PRCD-S, Baustromvert.

PRCD-S überprüft nach Einstecken in Steckdose ob Phase L, Neutralleiter N und der Schutzleiter PE vorhanden, richtig angeschlossen und nicht vertauscht sind. Er ermöglicht die sichere Stromentnahme aus vorhandenen Steckdosen.

Stromkreise $I_{Bemessung} \leq 32$ A müssen geschützt sein d.:
- Fehlerstromschutzschalter PRCD-S $I_{\Delta n} \leq 30$ mA,
- Schutzkleinspannung SELV
- Schutztrennung mit je einem Transformator für jede Steckdose oder jeden Verbraucher.

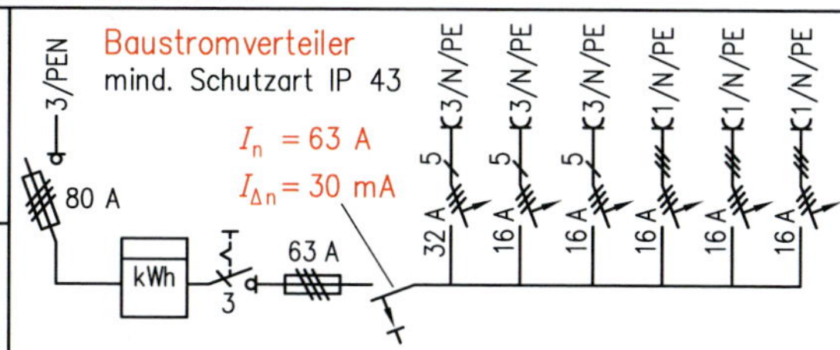

Betriebsmittel	Schutzart/Ausführ.
Schaltgeräte	IPX4
Steckverbindungen 2-polig	IPX4 Isolierstoff geh. für erschwerte Bedg.
Leuchten	IPX3
Handleuchte	IPX5
el. Handwerkz.	schutzisoliert

Ausstattung Baustromverteiler (≤ 32 A):
- Sicherungslasttrennschalter vor Drehstromzähler, Lasttrennschalter hinter Zähler, • Leitungsschutzschalter/Sicherungen,
- FI-Schutzschalter $I_{\Delta n} \leq 30$ mA, • CEE-Steckdosen Drehstrom 5/32 A und 5/16 A, Schutzkontaktsteckdosen 3/16 A.

! Der Anschluss des Baustromverteilers bedarf der Zustimmung des Verteilungsnetzbetreibers.

51.2 Prüfungen in elektrischen Anlagen — DIN VDE 0100-600

Besichtigen Erproben und Messen: • Durchgängigkeit d. Leiter	• Isolationswiderstand • SELV, PELV; Schutztrenn. • Widstd. Fußboden/Wand	• Schutz d. autom. Abschaltung der Stromversorgung • Zusätzlicher Schutz	• Spannungspolarität • Phasenfolge • Funktionsprüfg.; Spgs.-fall

Wiederkehrende Prüfung elektrischer Anlagen, Schutzmaßnahmen im TN-System — DIN VDE 0105-100

Messaufgabe	Messverfahren	Werte			
Isolationswiderstand des Schutzleiters zu Neutral- und Außenleiter	Isolationswiderstandsmessung	≥ 300 Ω/V mit Verbraucher ≥ 1000 Ω/V ohne Verbr. } $U_{Netz} \leq 500$ V, $U_{mess} = 500$ V			
Verwechslung Schutz- und Außenleiter	Phasen-/Spanngprfg. → Erde	Netzspannung			
Verwechslung Schutz- und Neutralleiter Schutzpotausgleich + zusätzl. Schutzpotausgl.	Niederohmige Widerstandsmessung	< 1 Ω	Mind.-Isolationswerte	Nennspg. Stromkreis	Prüf spanug.
Anlagen-Fehlerstrom-Schutzeinrichtungen ≥ 2 → Richtige Zuordng. Neutralleiter → FI-Stromkreis → Neutralleiterschluss unterschiedl. FI-Einr.	Besichtigung und/oder niederohmige Widerstandsmes. Isolationswiderstandsmessung:	< 1 Ω	≥ 0,25 MΩ ≥ 1,00 MΩ ≥ 1,00 MΩ	SELF, PELV ≥ 500 V ≥ 1000 V	250 V 500 V 1000 V

Sichtprüfung elektrischer Geräte DIN VDE 0701-0702

Schäden an Anschlussleitungen, Schäden an Isolierungen bestimmungsgem. Auswahl von Leitungen und Stecker Zustand des Netzsteckers, der Anschlussklemmen/-adern Mängel am Biegeschutz Mängel an Zugentlastung Zstd. Befestigungen, Ltgs.-Halterung., Sicherungshalter Schäden Gehäuse, Abdeckg. Anzeichen unzul. Veränderg.	Anzeichen Überlastung, unsachgem. Bedieng., Anwendg. Sicherheit unzul. beeinträcht. Verschmutzung, Korrosion ... Verschmutzte, verstopfte Kühlöffnungen Zustand von Luftfiltern Dichtheit Wasser-/Luftbehälter, Zustand Überdruckventil Bed. Schalter Steuereinrichtg. Lesbarkeit Sicherheitssymbole, Daten, Stellungen

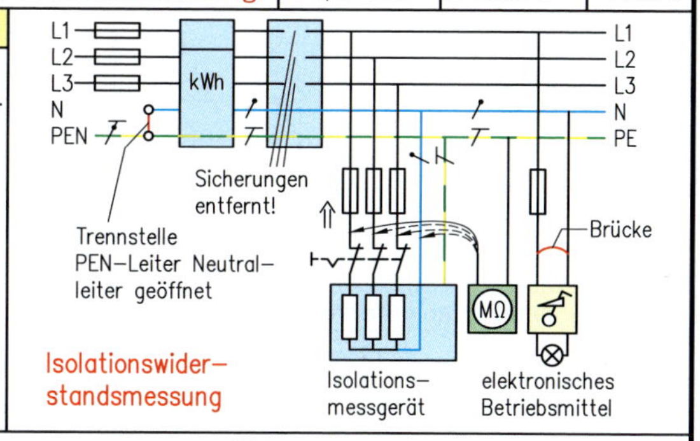

Prüfen der Schutzleiter und Potenzialausgleichsleiter, Mess- und Grenzwerte

Messspannung	4 bis 24 V
Messstrom	> 200 mA
Gleichstrommessung	Polarität wechseln
Schutzleitersystem	< 1 Ω
Potenzialausgleichsleiter	< 0,1 Ω
Hauptpotenzialausgleich	< 3 Ω

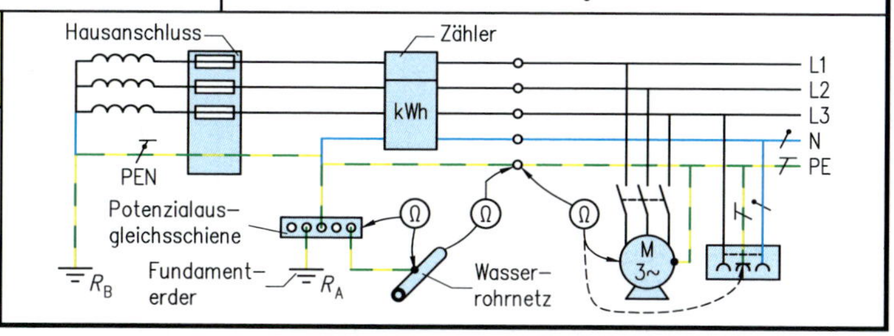

52.1 Messaufgaben/-verfahren für Wiederholungsprüfung elektr. Geräte DIN VDE 0701-0702

Messaufgabe	Schutzklasse I Niederohmige Widerstandsmessung des Schutzleiters	SKL II	SKL III
Schutzleiterwiderstand	≤ 0,3 Ω für $L_{\text{Anschlussleitung Gerät}}$ ≤ 5 m und Bemessungsstrom 16 A zuzüglich 0,1 Ω je weitere 7,5 m bis max. 1,0 Ω	–	–
Berührungsstrom	≤ 0,5 mA, nur Gerät m. berührbaren Teilen, die nicht mit Schutzleiter verbund.	≤ 0,5 mA	–
Isolationswdstd.	≥ 1,0 MΩ (≥ 0,3 MΩ mit eingebauten Heizelementen)	≥ 2,0 MΩ	≥ 0,25 MΩ
Schutzltr.strom	≤ 3,5 mA (≤ 1 mA/kW bis max. 10 mA b. Geräten mit Heizelementen ≥ 3,5 kW)	–	–

Standardfall
Schutzleiterwiderstandsmessung
Schutzkl. I

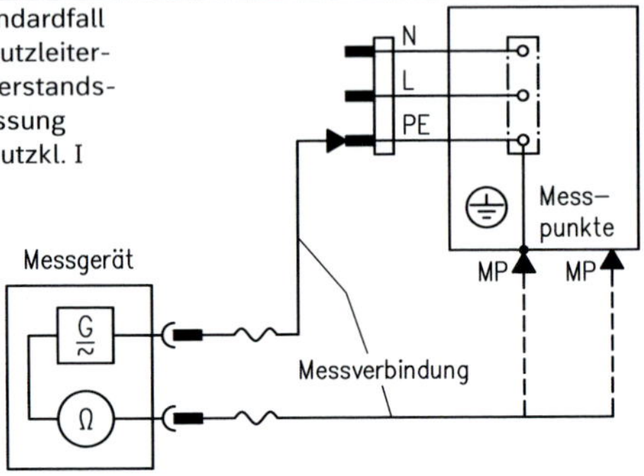

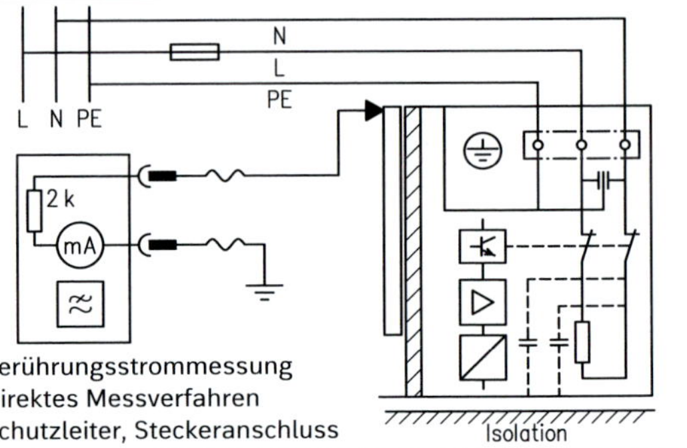

Berührungsstrommessung
Direktes Messverfahren
Schutzleiter, Steckeranschluss

Berührungsstrommessung
Differenzstromverfahren
Gerät schutzisoliert, Steckeranschluss, berührbare leitfähige Teile

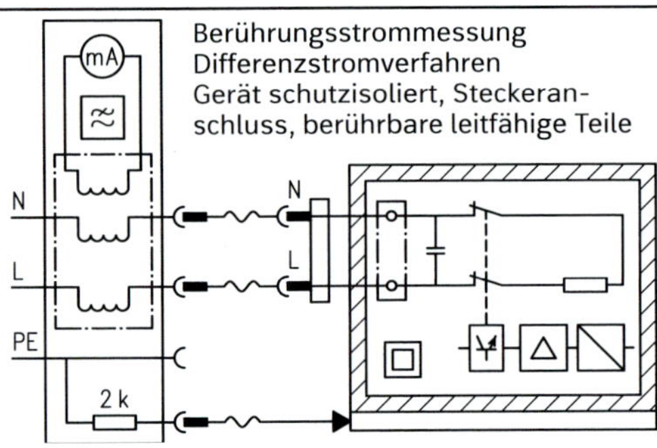

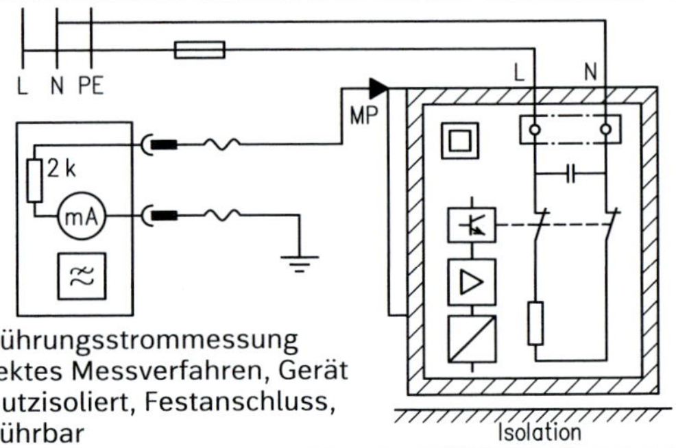

Berührungsstrommessung
Direktes Messverfahren, Gerät schutzisoliert, Festanschluss, berührbar

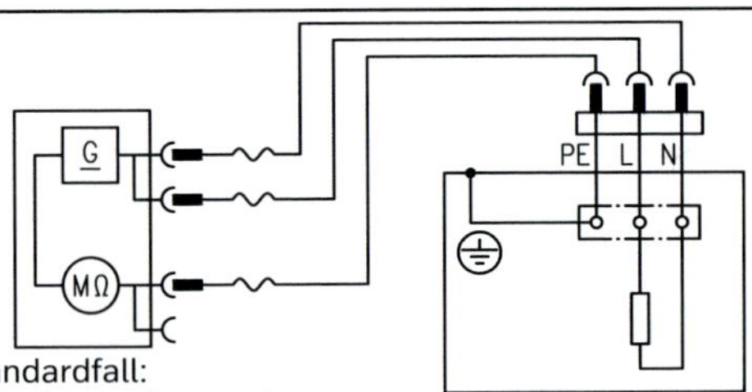

Standardfall:
Isolationswiderstandsmessung
Gerät mit Schutzleiter + Steckeranschluss

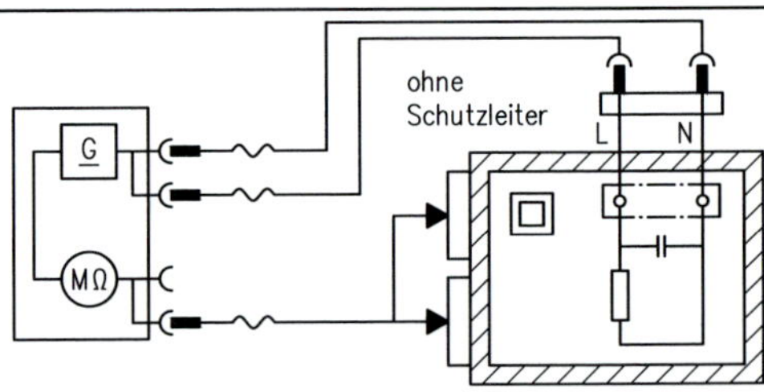

Gerät schutzisoliert, Steckeranschluss

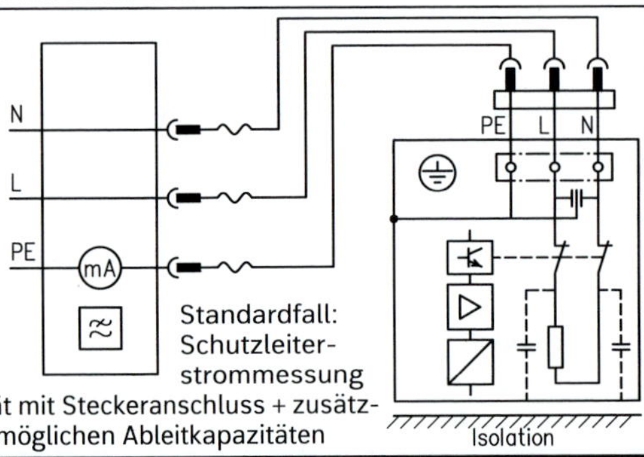

Standardfall:
Schutzleiterstrommessung
Gerät mit Steckeranschluss + zusätzlich möglichen Ableitkapazitäten

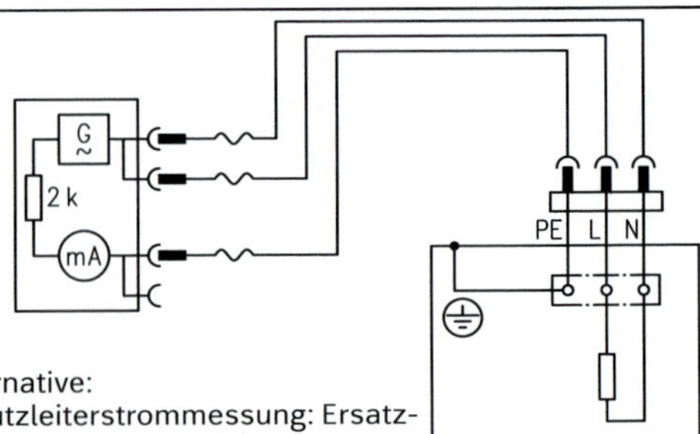

Alternative:
Schutzleiterstrommessung: Ersatz-Ableitstrommessverfahren
Gerät mit Steckeranschluss

53.1 Prüffristen für stationäre und nicht stationäre Anlagen, DGUV und DIN VDE 0105-100

Anlagen/Betriebsmittel	Prüffrist	Art der Prüfung auf:	Prüfer
Stationäre Anlagen, ortsfeste Betriebsmittel	4 Jahre	ordnungsgemäßen Zustand	Elektrofachkraft
Fehlerstrom-, Differenzstrom- u. Fehlerspgs.-Schutzschaltungen in stationären Anlagen	min. alle 6 Monate	einwandfreie Funktion durch Prüfeinrichtung betätigen	Benutzer
Nichtstationäre elektrische Anlagen	1 Jahr	ordnungsgemäßen Zustand	Elektrofachkraft
Fehlerstrom-Schutzeinr., nicht stat. Anlagen	1 Monat	auf Wirksamkeit	Elektrofachkraft
Fehlerstrom-, Differenzstrom- u. Fehlerspgs.-Schutzschaltung in nicht stationären Anlagen	arbeits-täglich	einwandfreie Funktion durch Prüfeinrichtung betätigen	Benutzer
Prüffristen für ortsfeste und ortsveränderliche Geräte			
ortsfeste Geräte	≤ 48 Mon.	auf ordnungsgemäßen Zustand	Elektrofachkraft
ortsveränderliche Geräte, Büro u. ä.	24 Mon.	auf ordnungsgemäßen Zustand	Elektrofachkraft
ortsveränderliche Geräte: allgemein	12 Mon.	auf ordnungsgemäßen Zustand	Elektrofachkraft
in besond. Räumen nach DIN VDE 0100-7xx	12 Mon.	auf ordnungsgemäßen Zustand	Elektrofachkraft

Beispiele für stationäre und nicht stationäre Anlagen

12 Monate: Baustellenverteiler, transportable Lastverteiler, Hand-/Baustellenleuchte, Bohrmaschine
24–36 Mon.: Elektrische Anlagen im Geltungsbereich der Versammlungsstätten VO, Landesspezif. Prüf VO
48 Monate: Stockwerksverteiler, Lichtstellanlagen, Notstromanlag., Schaltraum, Niederspannungsverteiler

53.2 Ergänzende Festlegungen für ortsfeste Warmwasserbereiter — DIN VDE 0701-0702

Ortsfeste Kochendwasserbereiter, Warmwasserspeicher/-boiler DIN EN 60335 2-15/2-21 s. 400ff. Durchflusswassererwärmer DIN 60335 2-35 s. 402f., ortsfeste Heizeinsätze VDE 0700-253

Anforderungen: Benutzer ist auf Notwendigkeit regelmäßiger Entkalkung hinzuweisen. Als Ersatz für Schutztemperaturregler, Temperatursicherung, Schutztemperaturbegrenzer dürfen nur vom Gerätehersteller angegebene Ersatzteile verwendet werden und nach Anweisung eingebaut werden.

Zusätzliche Prüfungen: Sichtprüfung – innere Verdrahtung auf festen Kontakt, mechanische Beschädigungen
Funktionsprüfung: Während einer Aufheizung sind zu überprüfen: Funktion – Temperaturregler, – Temperaturbegrenzer, – Strömungsschalter (nicht Schutztemperatur-Regler/-Begrenzung)
Geschlossene Geräte: Beobachtung Sicherheitsventil auf Tropfwasser. Gerät so lange aufheizen, bis Wasser austropft. Durch Besichtigung Dichtheit kontrollieren.

An offenen/drucklosen Warmwasserspeichern/-boilern feststellen, ob der ungehinderte Wasseraustritt sichergestellt ist. Sonst Entkalken, Gerät + Armatur, danach Durchfluss nach DIN 44531 prüfen und einstellen.

53.3 Hausanschluss — DIN 18012

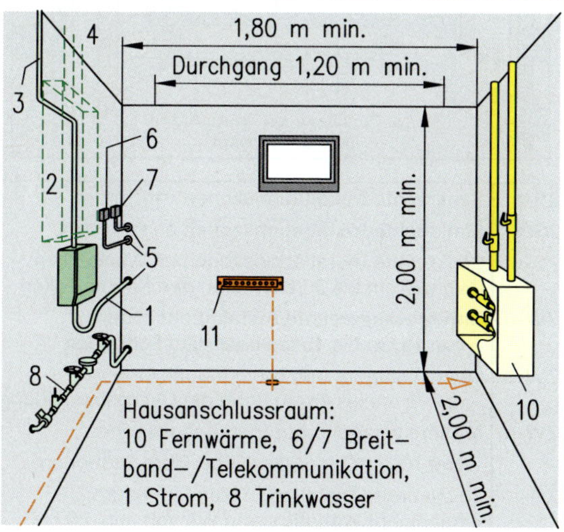

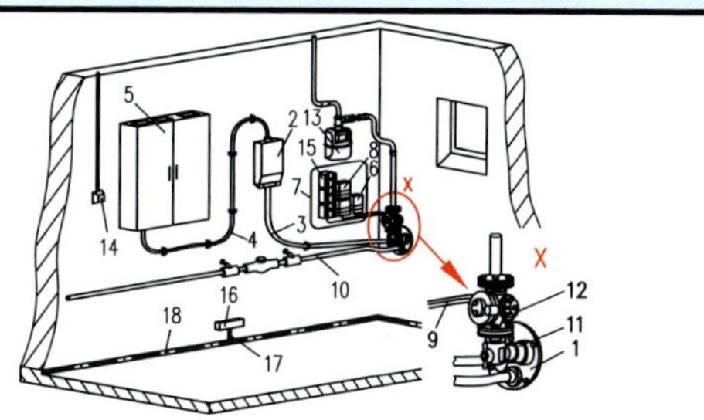

1 Mehrspartenhauseinführung
2 Niederspann.-Hausanschluss m. Hausanschluss sicher
3 Niederspann.-Anschlusskabel
4 Niederspann.-Hauptleitung
5 Zählerschrank mit Tür
6 APL – des allgem. Kommunikations-Kupferzugangsnetzes
7 Anschlussleit. allgemeines Kommunikat.-Kupferzugangsnetz
8 AP RuK – Abschlusspunkt für das koaxiale Breitbandverteilernetz
9 Anschlussleitung allgemeines koaxiales Breitbandverteilnetz
10 Anschlussleitung f. Trinkwasserversorgung mit Wasserzähler
11 Anschlussleit. f. Gasversorgung
12 Hausdruckregelgerät
13 Gaszähler
14 Schutzkontaktsteckdose
15 Haupterdungsschiene (Potentialausgleichsschiene)
16 Anschlussteil
17 Fundamenterder

54.1 Prüfung der Fehlerstromschutzeinrichtung (RCD) (s. 48.3)

RCD vor 1. Insbetriebnahme durch Elektrofachkraft prüfen
Bemessungsdifferenzstrom $I_{\Delta N}$ = 30 mA, Auslösezeit bei RCD Typ B t = 300 ms (Messgerät mit ansteig. Gleichstrom).
Funktionsprüfung: mind. alle 6 Monate

Prüfung der Schutzmaßnahme (höchstzul. Erdungswiderstd.)

$U_{L\ höchstzul.}$	I_{NF} 10 mA	30 mA	100 mA	300 mA	500 mA
25 V	2500 Ω	833 Ω	250 Ω	83 Ω	50 Ω
50 V	5000 Ω	1666 Ω	500 Ω	166 Ω	100 Ω

$U_{L\ höchstzul.}$ Höchstzulässige Berührungsspannung
I_{NF} Höchstzulässiger Erdungswiderstand bei Nennfehlerstr.

Prüfprotokoll: Hersteller ..., Typ ..., Besonderheiten ..., Bemessungsspannung ..., Bemessungskurzschlussstrom ..., Bemessungsstrom ..., Bemessungsdifferenzstrom ...

Messung: Berührungsspannung ...; Erdungswiderstand; Auslösezeit bei 1 × $I_{\Delta N}$ und 5 × $I_{\Delta N}$ bei 0°/180°; Auslösestrom ...

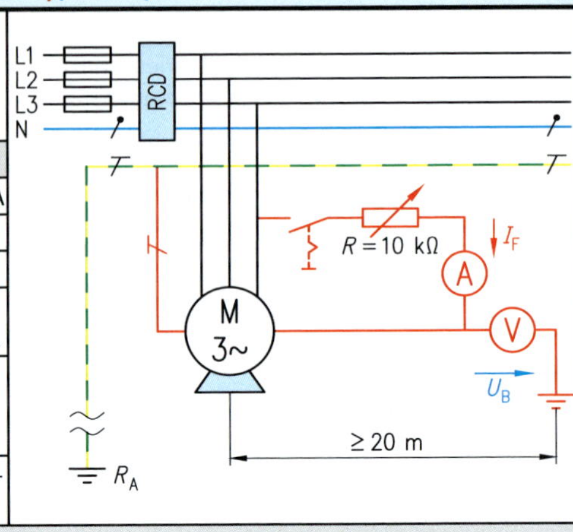

Prüfprotokoll für elektrische Anlagen, Auszug

Prüfung nach ☐ DIN VDE 0100-600 ☐ 0105-100
☐ Neuanlage ☐ Erweiterung ☐ Instandsetzung

Erprobung: ☐ Anlagenfunktion; ☐ Rechtsdrehfeld Drehstromsteckdose; ☐ Motorendrehrichtung; ☐ Not-Aus

Messung: Fabrikat Messgeräte ...; ☐ Schutzleiter ☐ Potenzialausgleich ☐ sichere Trennung

Besichtigung

Betriebsmittel: ☐ richtige Auswahl ☐ beschädigt ☐ Wärmeerzeuger; ☐ Leitungsverlegung; ☐ Bezeichnung der Stromkreise; ☐ Brandschottung; ☐ Basisschutz/direktes Berühren; ☐ Sicherheitseinrichtungen; ☐ Schutztrennung; ☐ Kleinspannung mit sicherer Trennung; ☐ Hauptpotenzialausgleich; ☐ zusätzlicher Potenzialauslgeich

Stromkreis	Leitung/Leiter			Überstromschutz			R_{ISO} MΩ	RCD Fehlerschutz				☐ entspr. Regeln d. Technik
	Art	Zahl	A mm²	Charakteristik	I_N A	ZS Ω		I_N A	$I_{\Delta N}$ A	t ms	U_B V	☐ Dokumentation vorhand.

54.2 Senkrechte, obere/untere und mittlere waagerechte Installationszonen DIN 18015

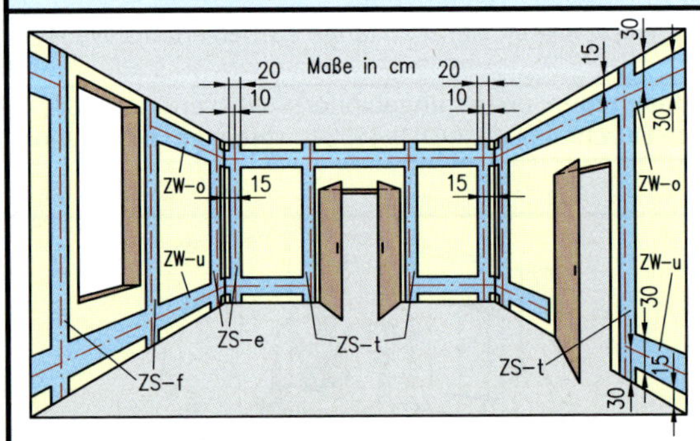

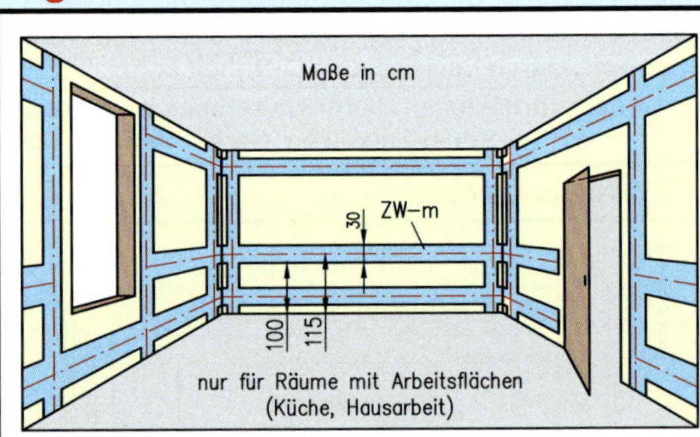

Leitungsführung auf der Decke bei ausschließlich elektrischen Leitungen

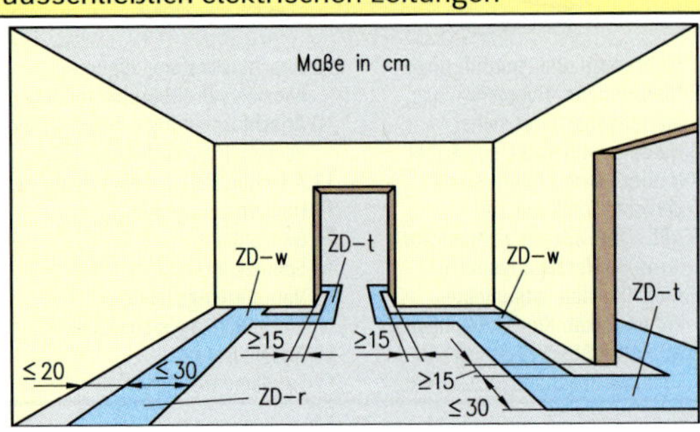

El. Leitung auf der Decke parallel zur Wand anordnen

ZS-t	Senkrechte Installationszonen[1)] an Türen:
ZS-f	Senkrechte Installationszonen an Fenstern:
ZS-e	Senkrechte Installationszonen an Wandecken: – von 10 cm bis 30 cm neben den Rohbauecken
ZW-u	Untere waagerechte Installationszone: – von 15 cm bis 45 cm über dem Fußboden
ZW-o	Obere waagerechte Installationszone: – von 15 cm bis 45 cm unter der Deckenbekleidung
ZW-m	Mittlere waagerechte Installationszone: – von 100 cm bis 130 cm über dem Fußboden
ZD-r	30 cm breite Installationszone im Raum: – mit einem Wandabstand WA von min. 20 cm
ZD-t	im Türdurchgang: – mit Wandabstand ≤ 15 cm
ZD-w	m. Wanddurchbruch: – WA parallel Wand ≤ 20 cm

55.1 Senkrechte, obere/untere und mittlere waagerechte Installationszonen (Forts.)

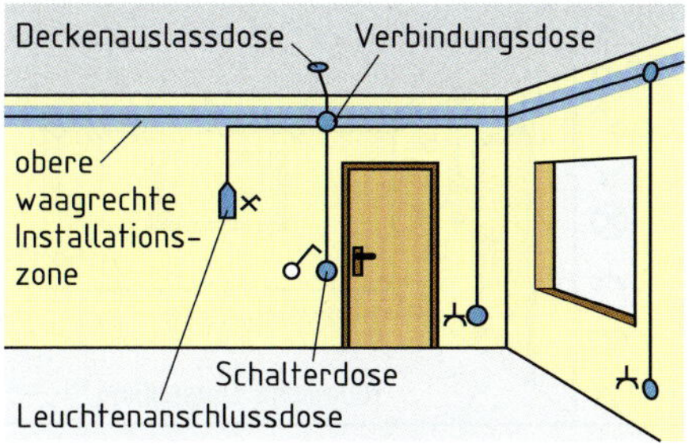

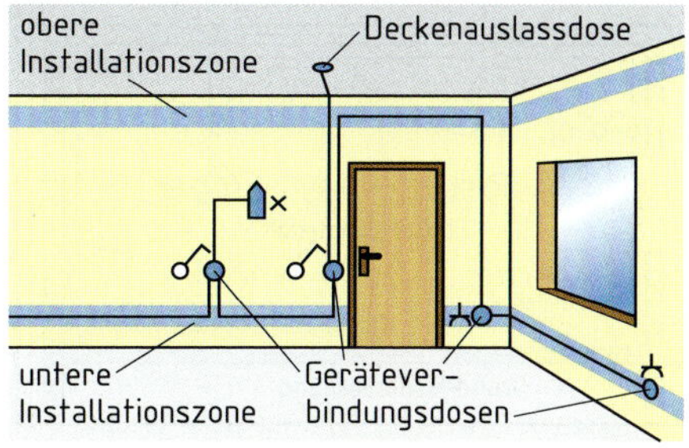

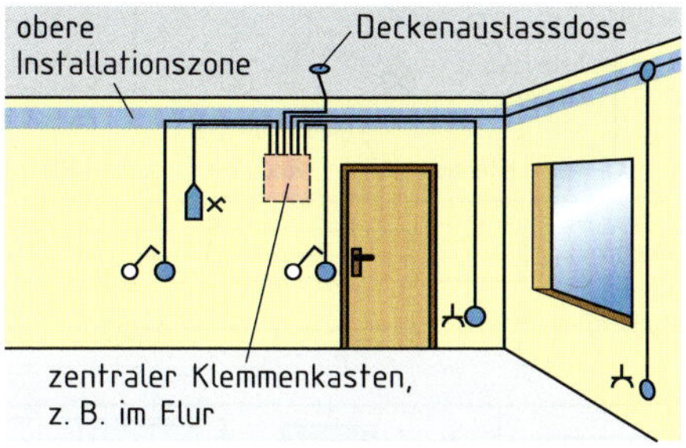

Senkrechte Installationszonen reichen jeweils von der Unterkante der oberen Decke bis Oberkante der unteren Decke. Für Fenster, 2-flüglige Türen und Wandecken werden die senkrechten Installationszonen beidseitig, für 1-flügl. Tür nur an Schlossseite festgelegt.

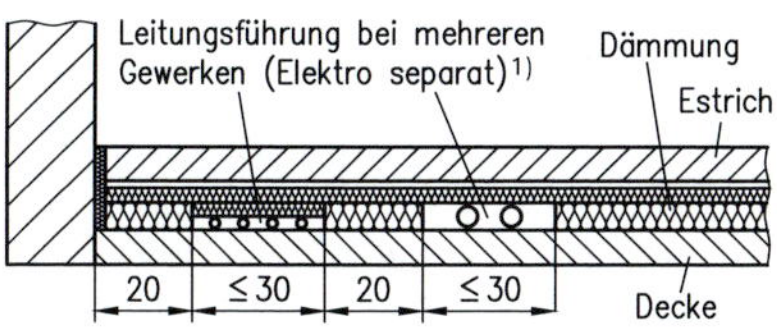

1) Mehrere elektrische Leitungen grundsätzlich bündig nebeneinander, geradlinig, parallel und möglichst kreuzungsfrei anordnen. Mindestabstand 20 cm auch bei unterschiedlichen Gewerken einhalten.

Leitungsführung in Wänden (massiv, Leichtbau) außerhalb von Gebäuden

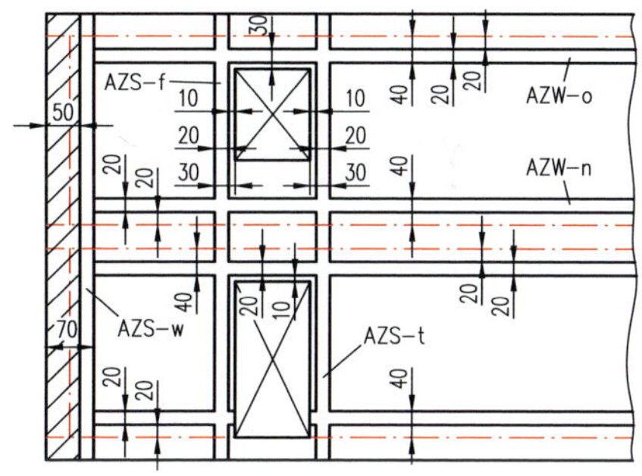

AZW-o	Obere waager. Installationszone: 20 bis 40 cm u. Decke
AZ-u	Untere waager. Installationszone von 20 bis 40 cm ü. FB
AZS	Senkrechte Installationszonen (Breite = 20 cm)
AZS-t	Türen von 10 bis 30 cm neben den Rohbaukanten
AZS-f	Fenster von 10 bis 30 cm neben den Rohbaukanten
AZS-w	Wandkanten von 50 bis 70 cm neben Rohbaukanten

Schalter neben Tür: Mitte ≤ 105 cm über Fußboden

Steckdose über Arbeitsfläche: Mitte: 115 cm über Fußboden

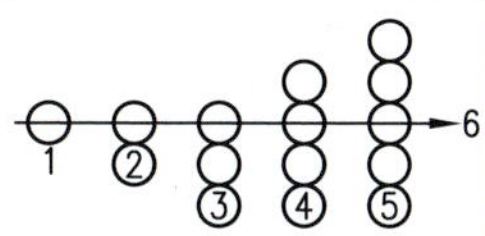

55.2 Wichtige DIN VDE 0100-Normen

Errichten von Niederspannungsanlagen, Anforderungen für Betriebsstätten, Räume und Anlagen besonderer Art:

- 701 Räume mit Badewanne oder Dusche (Wohngebäude, Hotel, Sportanlagen, fertige Duschkab.)
- 704 Baustellen (Auf-/Umbau, Gebäudeabbruch)
- 731 Abgeschlossene elektrische Betriebsstätten (abgeschl. Schalt- und Verteilungsanlagen)
- 737 Feuchte und nasse Bereiche und Räume und Anlagen im Freien (Waschküche, Backstube)

- 200 Errichten v. Niederspannungsanlagen: Begriffe
- 400 Schutzmaßnahmen: Schutz gegen elektrischen Schlag, s. 48.2 f.
- 610 Prüfung in elektrischen Anlagen

0105 Betrieb von elektrischen Anlagen: allgemeine
- 100 Festlegungen

0170 = DIN EN 50281-2 Elektrische Betriebs-
-0171 mittel zur Verwendung in Bereichen mit brennbarem Staub (Lackieranlage, Silo, Behälter)

DIN 18015 Installationszonen in Wohnungen

56.1 Elektro-Installationsschaltpläne

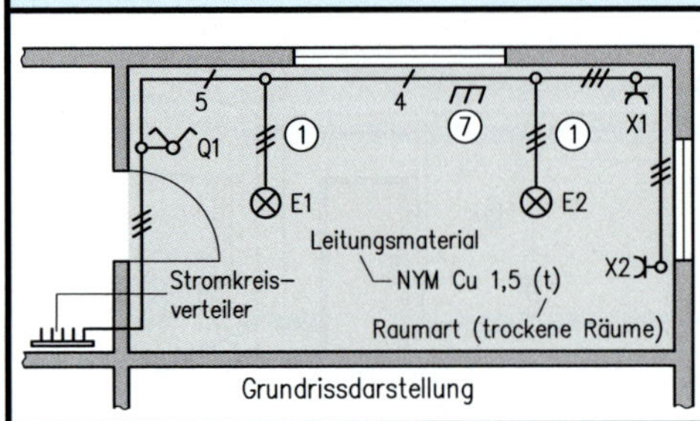

Grundrissdarstellung

① Ltg. dreiadrig
② Abzweigdose
③ Schalter
④ Seriensch.
⑤ Leuchte
⑥ Steckdose
⑦ Verlegung auf Putz
⑧ Aderzahl

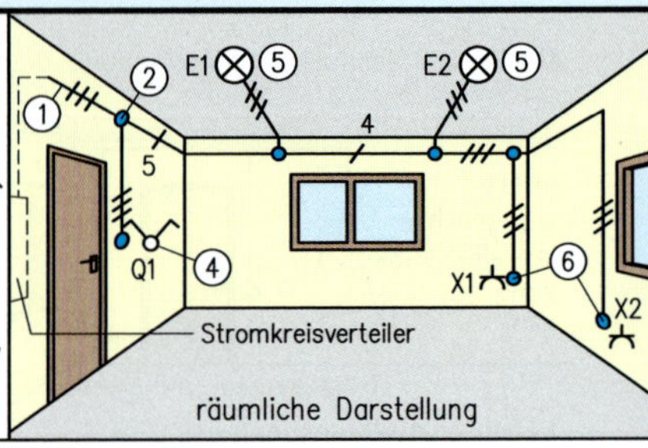

räumliche Darstellung

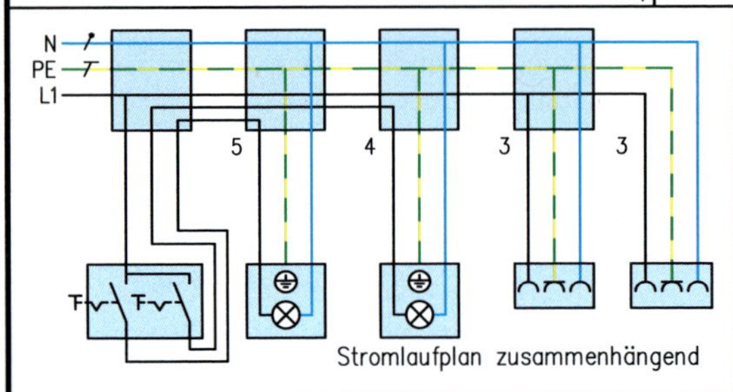

Stromlaufplan zusammenhängend

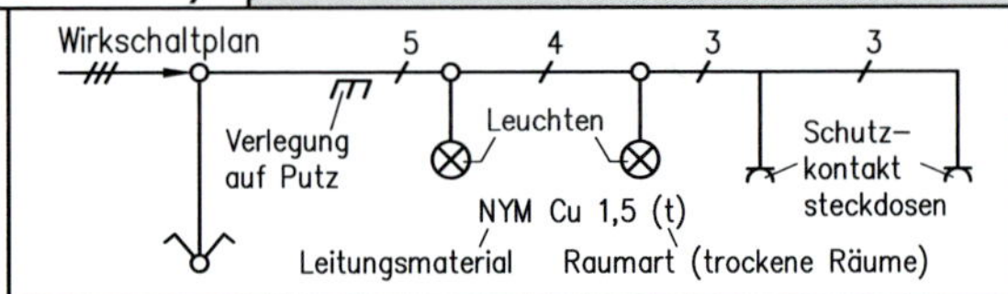

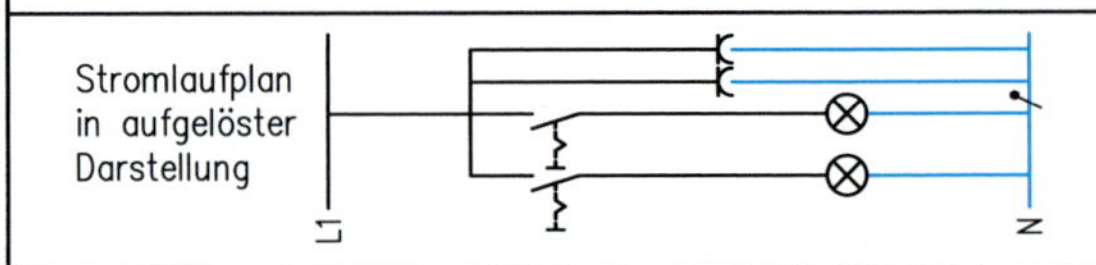

Stromlaufplan in aufgelöster Darstellung

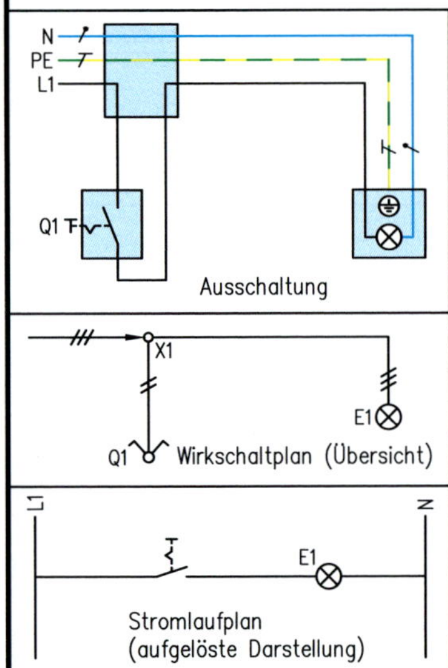

Ausschaltung

Wirkschaltplan (Übersicht)

Stromlaufplan (aufgelöste Darstellung)

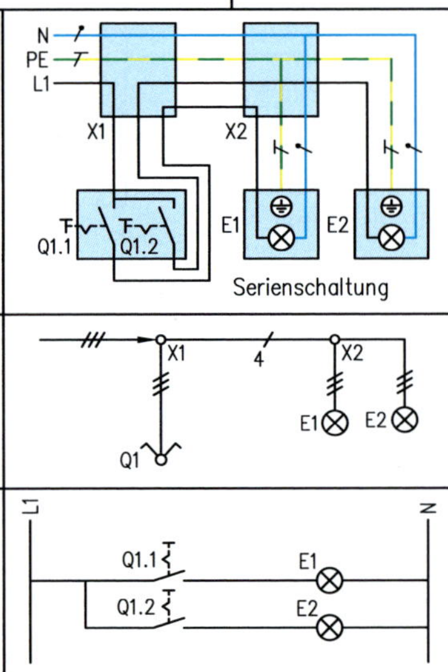

Serienschaltung

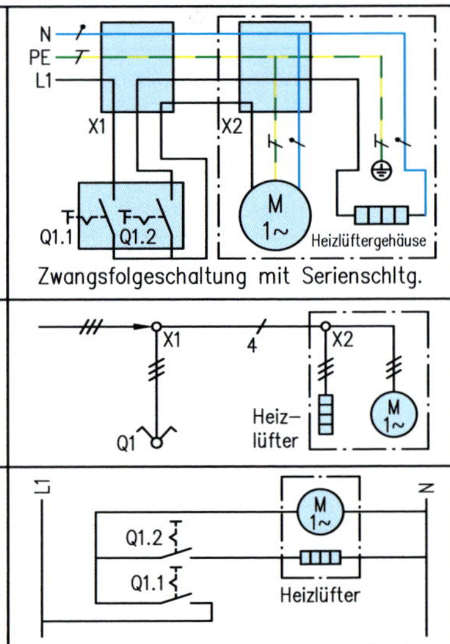

Zwangsfolgeschaltung mit Serienschltg.

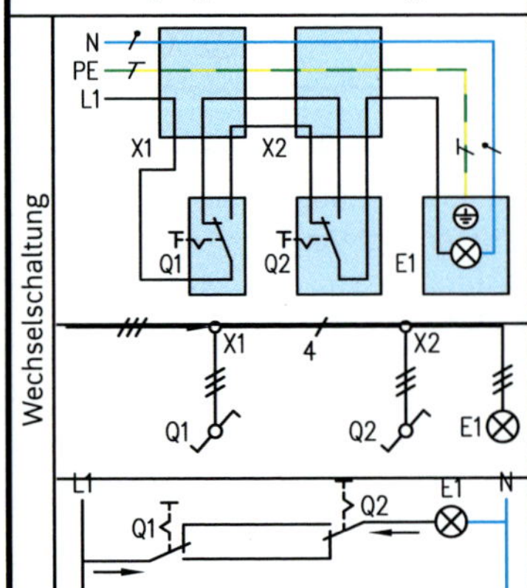

Wechselschaltung

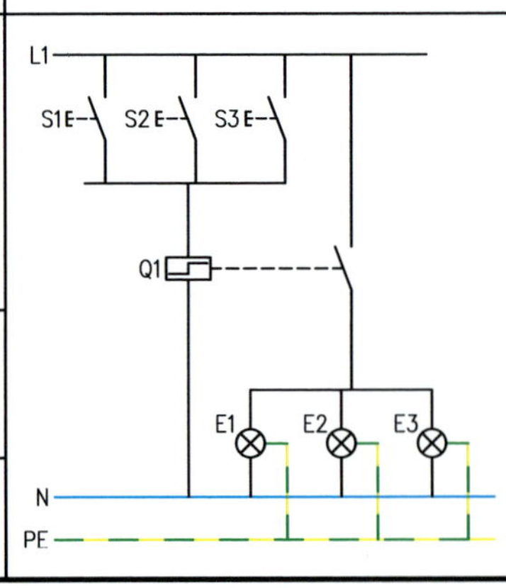

Schaltplan:
Relais L1/N/PE ~220 V/50 Hz

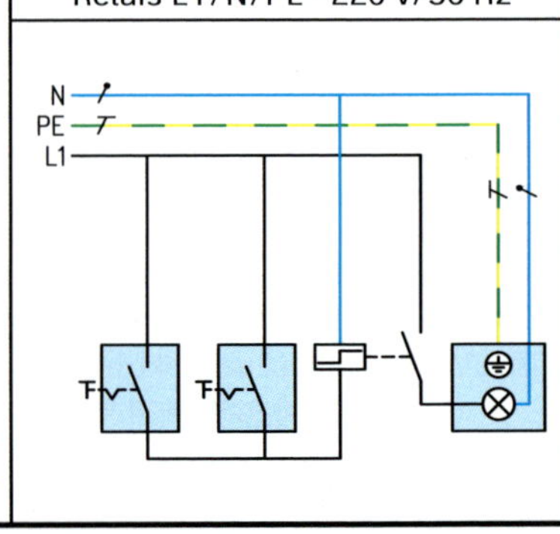

57.1 Aufgaben und Vorteile von Steuerungs- und Regelungsanlagen

- Reduzierung des Energiebedarfs (Nutzerfreundlichkeit) und Betriebskosten, geringere Umweltbelastungen
- Geringerer und einfacherer Bedienungsaufwand und somit höherer Komfort, geringere Wartungskosten
- Sicherheits- und Schutzfunktionen: erhöhte Betriebssicherheit z. B. durch Vermeidung von Betriebsstörungen
- Schutz von Menschen und Bauteilen (z. B. vor Überhitzung, Korrosion, Überschwemmung, Frost)
- Vermeidung von Betriebsstörungen (z. B. durch rechtzeitiges Abschalten bei Fehlfunktionen)
- Exakte Einhaltung der gewünschten oder vorgeschriebenen Werte (z. B. Temperatur, Druck, Wasserstrom)
- Nutzung erneuerb. Energien (z. B. Trinkwassererwärmung, Heizungsunterstützung, Hybridsysteme)
- Erhöhung der Wirtschaftlichkeit (Produktivität). Regelungen sind inzwischen zu Hightechsystemen geworden.
- Bessere Einhaltung rechtlicher Vorgaben (z. B. Energieeinsparungsgesetz bzw. Gebäudeenergiegesetz, Arbeitsstättenverordnung, Gefahrstoffverordnung, Gesamtenergieeffizient-EU-Richtlinie) u. a.
- Fortschritte bei Kommunikationssystemen, Vernetzungen mit der Gebäudeautomation (Steuerungen)

57.2 Darstellung eines Regelkreises (Beispiel: Raumtemperaturregelung)

Regelkreis besteht aus folgenden zwei Hauptgruppen (s. Abbildung):

1 Regeleinrichtung (R): Fühler (Messglied), Regler, Stellantrieb
2 Regelstrecke (S): Stellglied (hier Ventil), Heizkörper, Störgrößen z

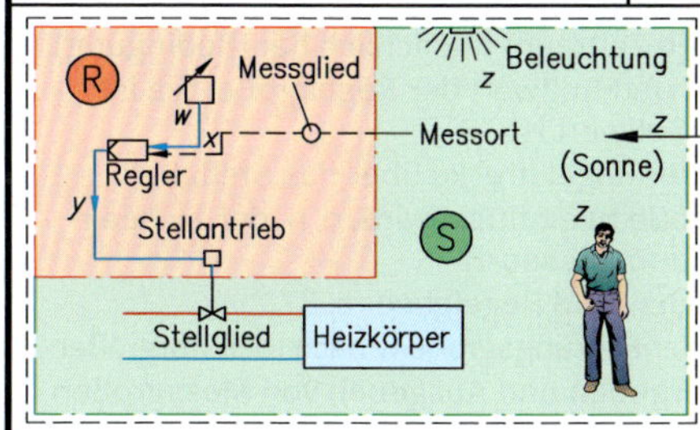

Wirkungsplan:

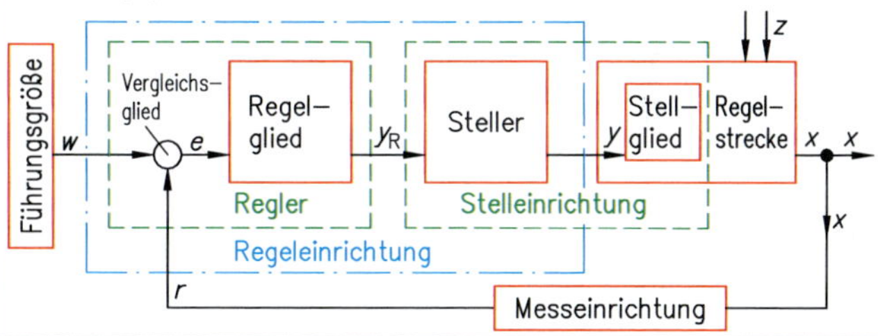

Blockschaltbild (Signalflussplan) mit 6 Regelkreisgliedern

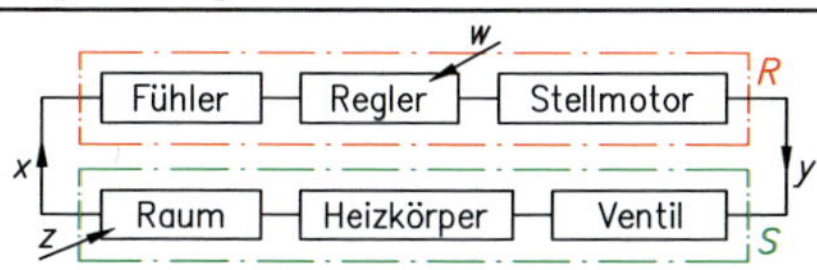

Regeln ist ein Vorgang, bei dem fortlaufend eine zu regelnde Größe x (z. B. Temperatur, Massenstrom) erfasst, mit der Führungsgröße w (z. B. eingestellter Sollwert) verglichen und dann entsprechend einer Angleichung beeinflusst wird ⇒ Betätigen der Stelleinrichtung und Korrigieren der Sollwertabweichung.

Regeln heißt: Messen – Vergleichen – Verstellen!

Regelungsbeispiele: Heizungstechnik Temperaturen (Wärmeerzeuger, Vorlauf, Speicher, Fußboden), Differenzdruck u. a. Lüftungs-/Klimatechnik Kaltwassertemp., Feuchte, Druck, Durchfluss, Drehzahl, Zulufttemp. u. a. Sanitärtechnik Gasdruck, Wasserdurchfluss, Trinkwassertemp., (Thermostatmischbatterie), Desinfektion u. a.

57.3 Gegenüberstellung von Regelung und Steuerung

Wirkungsplan	Wirkplan und Signalfluss	Aufgabe, Definition, Beispiel
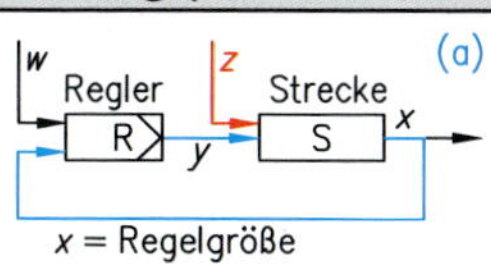	Regelkreis: **Geschlossener Wirkungsablauf**. Ausgangsgröße x wird auf den Eingang der Regeleinrichtung „zurückgeführt" (x beeinflusst sich selbst).	Eine Größe wird auf vorgegebenem Wert gehalten. Nach (Abb. 55.2) wird Raumtemp. ϑ_i ($\hat{=} x$) **gemessen**, im Regler wird mit w **verglichen** und falls erforderlich durch Ventil**verstellung** wieder erreicht.
Stabilität: Bei zu empfindlicher Einstellung ist wegen der Rückführung ein instabiles Verhalten möglich.		
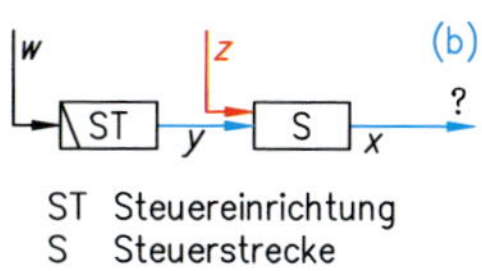	Steuerkette: **Offener Wirkungsablauf** (in der Regel). Ausgangsgröße x bleibt unüberwacht und besitzt kein Vergleichsglied ⇒ **„keine Rückmeldung"** und somit keine **„Nachbesserung"**.	Erfolgt z. B. bei (a) die Ventilbetätigung (Stellglied) durch den Außenfühler, wird ϑ_i nicht geregelt (keine Messung), sondern gesteuert, geregelt wird die Vorlauftemperatur (Störgrößen werden hier nicht erfasst).

Steuerungsbeispiele: Zirkulationspumpe bei der Trinkwassererwärmung (Zeitschaltuhr = Steuerglied), Druckerhöhungsanlage, Druckspüler, berührungslos gesteuerte Armaturen, Hebeanlagen, Nachtabsenkung, Pumpenschaltung, Frostschutzschaltung, Dosiergeräte, Brennersteuerungen, Rücklauftemperaturanhebung u. a.

58.1 Bezeichnung, Formelzeichen und Bedeutung bei Regelungen und Steuerungen

Regelgröße	x	die zu regelnde Größe (s. 57.2), sie wird der Regeleinrichtung zugeführt
Regelbereich	X_h	Bereich, innerhalb dessen x eingestellt werden kann (z. B. Ventilhub)
Rückführgröße	r	aus der x-Messung hervorgegangene Größe wird dem Vergleichs- und Regelglied zugeführt (verarbeitet den Sollwert-Istwert-Vergleich)
Führungsgröße	w	von außen zugeführte Größe, für die ein Bereich angegeben wird, in dem sie dem Regler den Sollwert der Regelgröße vorgibt (s. 57.3)
Regeldifferenz	e	im Vergleichsglied gebildete Differenz $w - r$. Bleibende Regeldifferenz (im Beharrungszustand); vorübergehende Regeldifferenz (nach Änderung von w)
Reglerausgang	y_R	entsprechend (s. 57.2) rechts die Eingangsgröße der Stelleinrichtung
Stellgröße	y	überträgt die Wirkung der Stelleinrichtung auf die Strecke (z. B. Ventilöffnung)
Stellbereich	Y_h	Bereich, innerhalb dessen die Stellgröße y einstellbar ist (z. B. Hubbereich)
Stellgeschwindigkeit	v_y	Geschwindigkeit, mit der die Stellgröße geändert wird (z. B. Ventilschließen)
Stellzeit	T_y	Zeit, in der y bei größtmögl. Stellgeschwind. den gesamten Stellbereich durchläuft
Störgröße	z	von außen wirkende Größe, die unerwünscht die Regelungsabsicht beeinflusst
Sollwert		Wert, den die gemessene Regelgröße im betrachteten Zeitraum haben soll; Sollwertsteller = Auslöser für Regelungsvorgang
Istwert		Wert, den die Regelgröße im betrachteten Zeitraum tatsächlich hat (Bedingung)
Sollwertabweichung	x_w	$= x - w = -e$. Differenz zwischen Istwert und Sollwert der Regelgröße. Sie ist positiv, wenn der Istwert größer als der Sollwert ist
Regeleinrichtung		bewirkt die gewünschte Beeinflussung der Regelstrecke über das Stellglied
Regelstrecke	S	geregelter Bereich, der durch die Stellgröße beeinflusst wird, d. h. der zu beeinflussende Systemteil (Weg vom Stellort zum Messort)
Regler	R	Funktionseinheit bestehend aus Vergleichs- und Regelglied (s. 57.2)
Regelglied		führt x so schnell und genau wie möglich der Führungsgröße w nach (bei Störgrößen)
Messeinrichtung		dient zum Aufnehmen, Anpassen, Weitergeben und Ausgeben von Messgrößen
Messglied		eine Einrichtung, die den Istwert erfasst (z. B. Raumfühler, Kanalfühler)
Messort		die Stelle, an dem die zu regelnde Größe durch das Messglied erfasst wird
Stellglied		Bauteil, das durch die Stellgröße die Regelgröße verändert („bekämpft x_w")
Stellort		die Stelle, an der die Regeleinrichtung in das Stellglied eingreift

58.2 Steuerung: Wirkungsweise, Merkmale

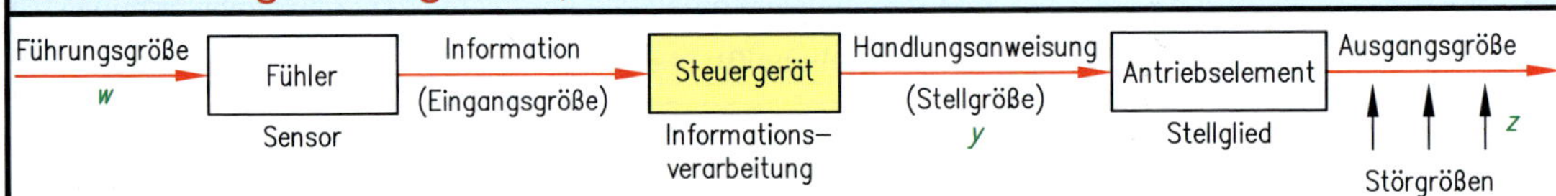

- Die **Führungsgröße** ergibt sich nach der festgelegten Außentemperatur (s. 448.1), wobei die gewünschte Raumtemperatur bei jeder Außentemperatur eingehalten werden muss. Als Antriebselement dient z. B. ein Dreiwegeventil, das für die erforderliche Vorlauftemperatur verantwortlich ist. Für die erforderliche Vorlauftemperatur ist demnach nur die Ventilstellung maßgebend, wobei die Außentemperatur die einzige verwertbare Größe ist.

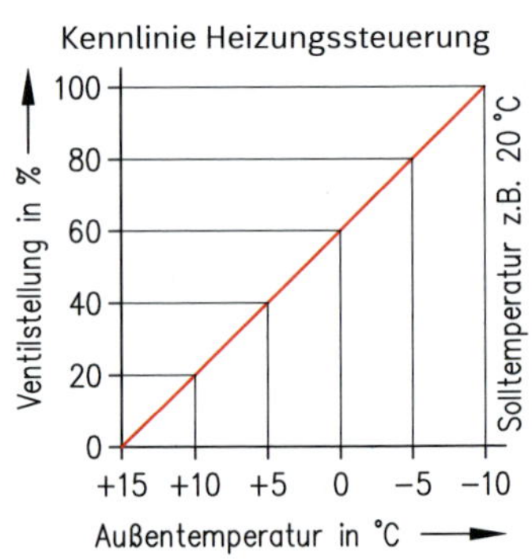

- **Folgerung:** Eine außentemperaturgeführte **Heizungssteuerung** ist demnach nicht geeignet. Die Gründe sind neben dem offenen Wirkungsablauf, dem nicht klar definierten Verlauf, die möglichen Störgrößen wie Personenzahl im Raum, offene Fenster, Sonnenstrahlung, Anweisungen bei Unter- oder Überschreitungen der gewünschten Raumtemperatur.
  Anhand des **Diagramms** kann man erkennen, dass der Außenfühler ständig die Außentemperatur misst, die in der Steuereinheit verarbeitet wird. Anschließend kann man anhand der Kennlinie die ermittelte Ventilstellung vornehmen.
  Neben den zahlreichen Regelungsarten gibt es auch effiziente Steuerungen, wie z. B. Brennersteuerungen, Pumpensteuerungen u. a. Demnach arbeitet eine Heizungsanlage mit einer Kombination von Regelung und Steuerung.

59.1 Steuerung einer Zirkulationspumpe bei der Trinkwassererwärmung (s. 395)

- Die Pumpe muss zeitabhängig einen bestimmten Volumenstrom (**Ausgangsgröße**) umwälzen.
- Die Steuerung der Umwälzung (wann, wie lange) geschieht durch eine Zeitschaltuhr (**Steuerglied**).
- Der an der Zeitschaltuhr eingestellte Wert (**Eingangsgröße**) lässt dann Spannung (**Steuergröße**) das Schaltschütz (**Stellglied**) legen. Die Zirkulationsleitung ist die Steuerstrecke.
- Da die Ausgangsgröße der Steuerstrecke unüberwacht bleibt, ist nicht sicher, ob die Wärmeverluste der Leitung ausgeglichen werden. Eine **Störgröße** ist z. B. eine zu geringe Speicherwassertemperatur.

59.2 Berührungslos gesteuerte Armaturen (z. B. in der Sanitärtechnik)

Bauteile der Armatur	Anmerkungen zur Arbeitsweise Armatur	
Elektronisches Steuerteil	Fremdstrom (Hilfsenergie), Netzanschluss und Trafo, Batterie	
Sensor (Signalglied als elektr. Impulsgeber zur Steuerung des Wasserdurchflusses)	Opto-Elektronik	Sensor arbeitet mit unsichtbarem Infrarotstrahl
	Radar-Elektronik	Sensor sendet elektromagnetische Mikrowellen (Radarwellen)
	Zeit-Elektronik	Sensor nutzt mit Piezotaster eine elektrische Spannung
	mit Schaltuhr	Sensor löst an vorgewähltem Zeitpunkt el. Impulse aus
Stellglied Schaltarmatur	Magnetventil	Öffnen/Schließen durch Strom (Freigabe/Stopp)
	Magnetselbstschlussventil	Öffnen: Schalter betätigt Druckknopf des Ventils Schließen: erfolgt selbsttätig

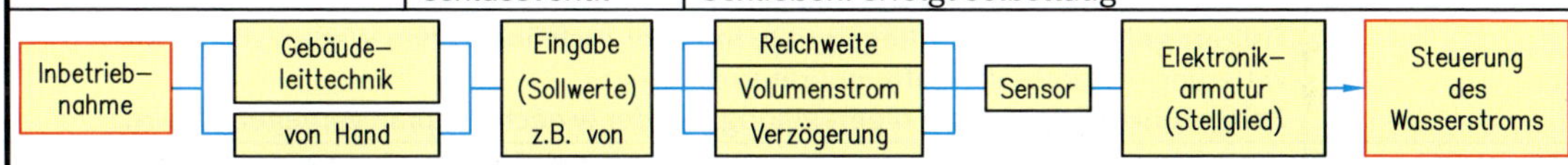

59.3 Einteilung und Unterscheidungsmerkmale von Steuerungen

nach Informationsdarstellung (Signale)	**analoge St.** (auch Zeit- u. Wegplanst.); **digitale St.** (DDC-St., wenn ein Rechnersyst. die Regelaufgabe übernimmt und sofort auf Stellglied einwirkt); **binäre St.**	
Signalarten[1]: analoge Signale	haben einen kontinuierlichen Werteverlauf, wobei jedem Punkt unterschiedliche Informationen zugeordnet sind (jeden Wert innerhalb eines bestimmten Bereichs)	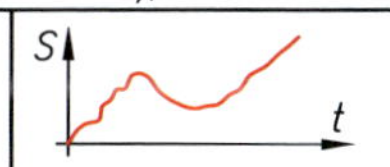
Signalarten[1]: digitale Signale (Digitalisierung s. 69.2)	haben eine bestimmte Anzahl von Wertebereichen. Jedem der Bereiche ist eine bestimmte Information zugeordnet. Messgrößen werden oft zahlenmäßig erfasst.	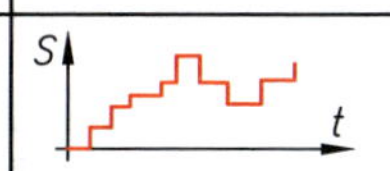
Signalarten[1]: binäre Signale	sind digitale Signale, die nur zwei Werte einnehmen können, dargestellt durch die Zustände 0 und 1. Die Einheit des binären Signals: Bit	
nach Signalverarbeitung	**synchron** (taktabhängig); **asynchron** (ohne Taktsignal), **Verknüpfungsst.**	
nach Steuerungsablauf	= schrittweiser Ablauf (meist programmiert): **zeitgeführte Steuerung** (Zeitglieder, Zeitzähler u. a.), **prozessabhängige St.** (von Signalen der gesteuerten Anlage)	
nach der Programmverwirklichung	**verbindungsprogrammierte Steuerung, speicherprogrammierbare St.** (Programm im Speicher), **freiprogrammierbare St., austauschprogrammierte St.**	
nach der hierarchischen Zuordnung	**Einzelsteuerung** (z. B. Hand-, Automatik-, Umschaltst., Speicherung, Verriegelung, Überwachung, Meldung, Verstärkung), **Gruppensteuerung, Prozesssteuerung**	
nach Steuerungssignalen	Melde-, Grenz-, Eingabe-, Ausgabesignal, Rückmeldung, Steuerungsbefehl	
nach der Betriebsart	von Hand, Automatik, Teilautom., Einrichten (Umgehung vorh. Verriegelungen)	

Die Zusammenfassung der Steuerungen kann man wie folgt einteilen:
a) nach der Signalübertragung: **mechanische St.** (z. B. durch Tastendruck); **hydraulische St.** Änderungen durch Flüssigkeit (z. B. Druckspüler); **pneumatische St.** Luft als Übertragungsmittel für die Weiterleitung; **elektrische St.** Weiterleitung zum Signalglied durch Strom (z. B. Zeitschaltuhr, Flammenüberwachung); **elektronische St.** durch Einsatz von elektronischen Bauteilen;
b) nach der Signalart: bei analogen Steuerungen ist der Wert der Ausgangsgröße analog der Eingangsgröße; bei **binären St.** gibt es nur zwei Schaltzustände: offen oder geschlossen (z. B. Magnetventile)
c) nach der Signalverarbeitung: **Ablaufsteuerungen**, wo mehrere Steuerungsvorgänge in einer vorgegebenen Reihenfolge ablaufen (z. B. Druckerhöhungsanl.), und **Verknüpfungsst.**, wo mehrere Steuerungsvorgänge ablaufen. Eingangssignale müssen beim Steuerungsablauf gleichzeitig oder abwechselnd vorhanden sein.

60.1 Regelung: Wirkungsweise, Merkmale

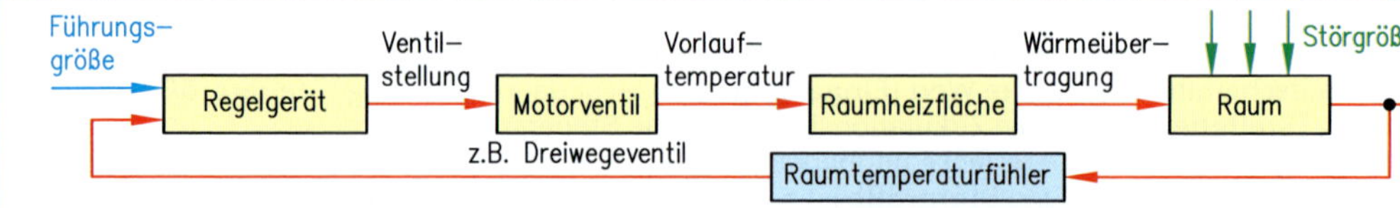

(s. 55.2/ 55.3)

60.2 Einteilung der Regeleinrichtungen – Unterscheidungsmerkmale

Regelgröße	Temperatur-, Feuchte-, Druck-, Drehzahl-, Wasserstand-, Durchfluss-, Zugregler u. a.
Hilfsenergie Stellantriebe	Regler **ohne Hilfsenergie** arbeiten ohne Energiezufuhr (z. B. Heizkörperthermostatventil), Regler **mit Hilfsenergie** durch Stellantriebe (elektromotorisch, elektrothermisch, elektromagnetisch, elektrohydraulisch, pneumatisch)
Übertragungsverhalten (zeitliches Regelverhalten)	**unstetige Regler:** Stellgröße kann nur wenige Werte aufnehmen, z. B. **Zweipunktregler** (schaltende Regler – EIN/AUS); **Dreipunktregler** (z. B. zu/min/auf), Mehrpunktregler **stetige Regler:** wirken ständig (stetig) auf das Stellglied, d. h. Stellgröße kann jeden beliebigen Wert annehmen. Man unterscheidet zwischen P-, I-, PI- und PID-Regler (s. 63.1)
Führungsgröße *w*	**Festwertregelung**, d. h. *w* wird auf einen festen Wert eingestellt; Sollwert bleibt konstant **Folgeregelung**: Wert der Regelgröße folgt den sich ändernden Werten von *w*, wie z. B. witterungsgeführte Vorlauftemperaturregelung; **Zeitgeführte Regelung:** Folgeregelung, bei der *w* nach Zeitplan vorgegeben wird.
Signalverarbeitung und Informationsdarstellung	**zeitkontinuierliche Regelung:** ununterbrochene Erfassung von *x* und Vergleich mit *w* Digitalregler (Abtastregler), Realisierung mehrerer Funktionen durch eine Einheit (Mikrocontroller), kommunikationsfähig über Bussysteme (Selbstüberprüfung, Meldung); **Adaptive Regelung**; **Fuzzy-Regelung** (s. 64.1) (nur nach momentanem Bedarf/Datenspeicher)

60.3 Beispiele für Regelkreise (Anlagenschaltbild mit Blockschaltbild)

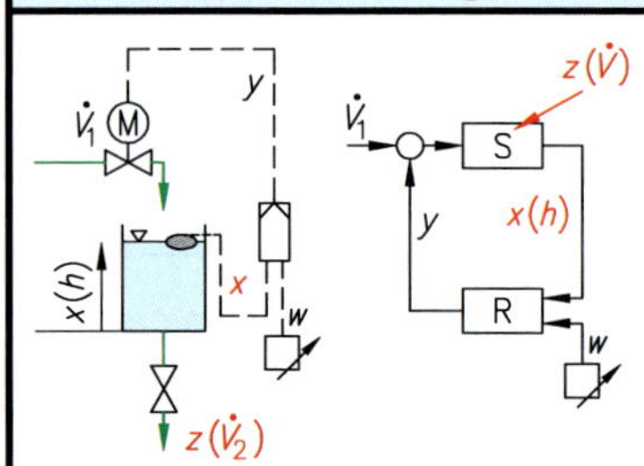

Wasserstandsregelung

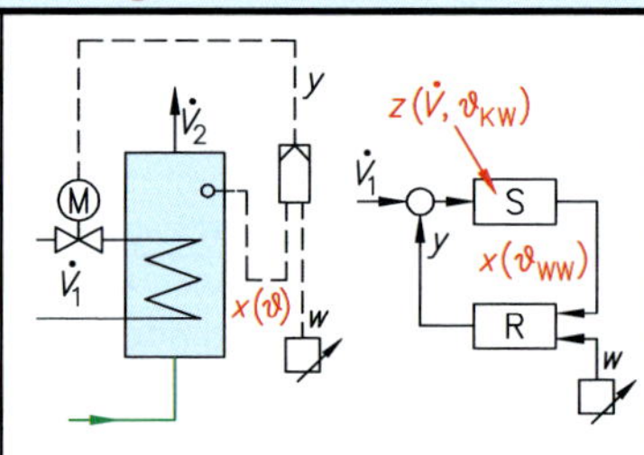

Trinkwassererwärmung

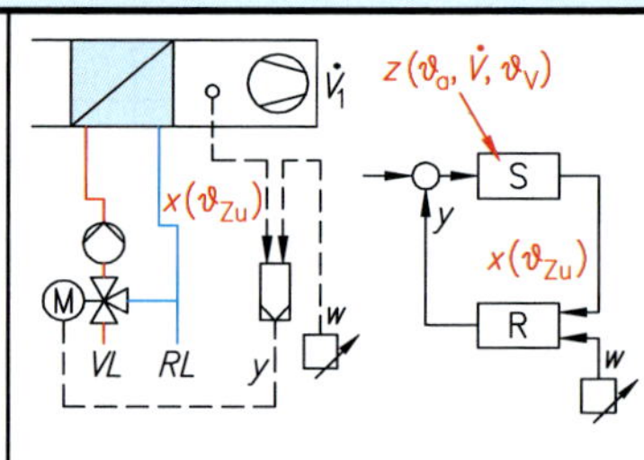

Zulufttemperaturregelung

60.4 Stellglieder (Übersicht und Hinweise)

Stellglied	Bauart	Verstellung	Stellglied	Bauart	Verstellung
Ventil	Einteilung	Ventilhub	Ventilator	radial, axial, Querstrom	z. B. Drehzahl
Hahn	Zwei-, Drei- oder Vierwegeausführung	Drehverstellung	Brenner	ein-, zweistufig modulierend	Brennstoffzufuhr
Mischer	Drei- oder Vierwege	Drehverstellung	Elektr. Stellglieder	Relais, Schütz, verschiedene Schalter	Schalterstellung
Klappe	ohne/mit Anschlag	Drehverstellung		Stelltransformator	Schleifer, Spannung
Pumpe	z. B. Kreiselpumpe	z. B. Drehzahl		Thyristorsteller	Spannung

- Stellglieder stehen in enger Beziehung mit der Strecke.
- Das Stellglied wird durch die Stellgröße so verändert, dass sich der Istwert wieder dem Sollwert nähert.
- Stellantriebe setzen das am Reglerausgang anstehende Signal in eine Hub- bzw. Drehbewegung.
- Mögliche Fehler bei Auswahl und Dimensionierung können das Arbeiten des Regelkreises beeinflussen.
- Anordnung: Stellglieder (s. 63.4), Bauarten (s. 60.4 ff.)

Stelleinrichtung:
Stellgröße
y_R (Regler)
y_S (Strecke)

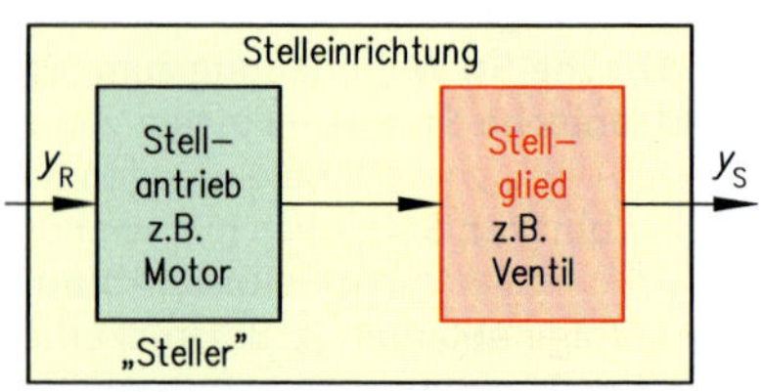

61.1 Regelkreise in einer Heizungsanlage (weitere durch Einbindung erneuerbarer Energien)

1	Wärmeerzeuger	feste Temperatureinstellung am Thermostat (Stelleinrichtung z. B. Brenner)
2	WW-Bereitung	desgl. am Speicherthermostat (Stelleinrichtung: Zirkulationspumpe)
3	Vorlauftemperatur	erfasst durch Außentemperaturfühler (Regelung mit gleitendem Sollwert)
4	Raumtemperatur	feste Einstellung am Thermostatventil oder über Raumtemperaturregelung

59.2 Unstetige Regler – Beispiel: Zweipunkt- und Dreipunktregler

Zweipunktregler	Zweipunktregler (ohne Hysterese)	Zweipunktregler (mit Hysterese)
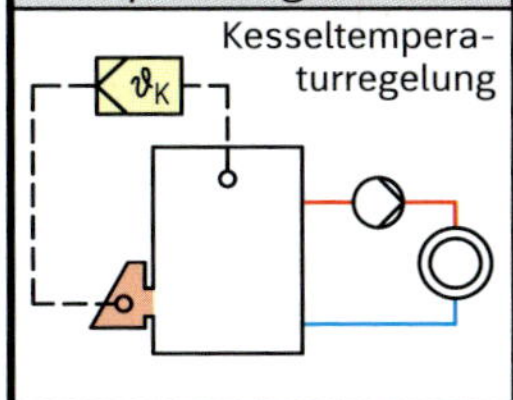	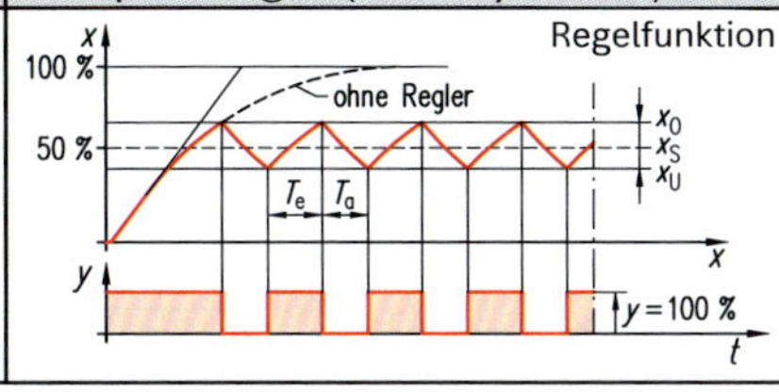	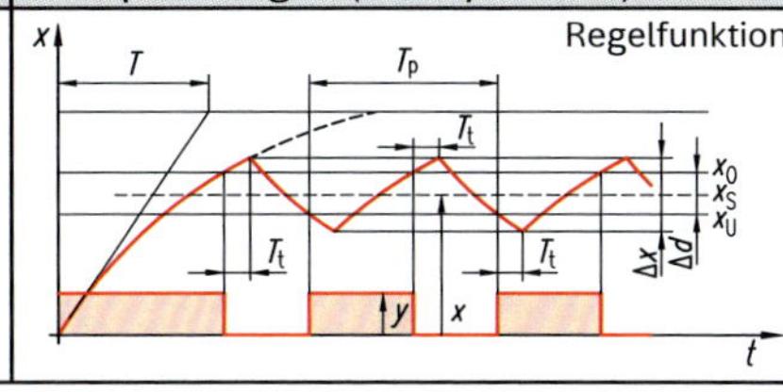

Anmerkungen: nur zwei Schaltzustände EIN/AUS (entsprechend 100–0 %), x_d Schaltdifferenz; T Zeitkonstante; T_t Totzeit; T_P Periodendauer (Schwingungsdauer bei mittlerer Belastung); T_e eingeschaltet; T_a ausgeschaltet; x_o oberer Schaltpunkt; x_u unterer Schaltpunkt; Δx Maximalwert (x mit Hysterese, um ein ständiges Ein- und Ausschalten des Stellgliedes zu verhindern); Sollwert z. B. $x_s = 20$ °C (vorgegeben): bei Schaltdifferenz 1 K (19,5–20,5 °C) → zu nah am Sollwert → gute Regelbarkeit, aber „Pendelgefahr". Mit Schalthysterese → stabile Regelung, schlechtes Regelergebnis.

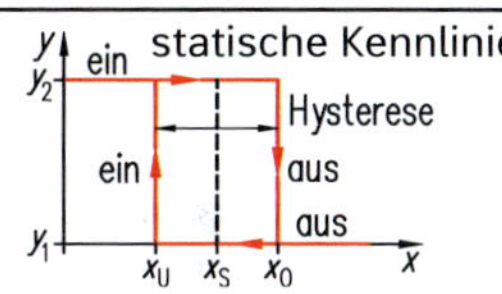

Anwendung: z. B. Thermostate, Pressostate, Höhenstandsanzeiger

Vorteile: Beim ersten Einschalten rasche Ausregelung, einfacher Aufbau, preisgünstig
Nachteile: Schwingungen der Regelgröße aufgrund der Schaltdifferenz, die allerdings bei Reglern mit hoher Zeitkonstante durch eine zusätzliche **Rückführung** reduziert werden. Bei der Heizung (z. B. Elektroheizung) kann durch einen Rückführungswiderstand (vom selben Stellglied angesteuert wie die Heizung selbst) der Temperaturfühler des Reglers zusätzlich aufgeheizt, dem Regler eine höhere Temperatur vorgetäuscht und er somit vorzeitig abgeschaltet werden und somit können starke Schwingungen vermieden werden. Beim Abkühlen tritt mit der vorgetäuschten niedrigeren Temperatur der gegenteilige Effekt auf.

61.3 Dreipunktregler (Verhalten der über die Regelgröße *x* abgetragenen Stellgröße *y*)

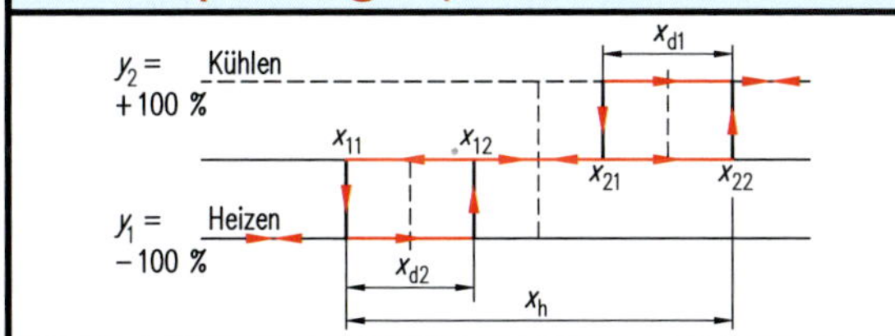

- z. B. kann ein Raum neben den Zuständen Heizen (ein/aus) auch auf Kühlung umgeschaltet werden, d. h. **drei verschiedene Schaltzustände:** $\boldsymbol{y_2}$ Motor vorwärts (Ventil öffnen), $\boldsymbol{y = 0}$ Stillstand (Ventilposition bleibt), $\boldsymbol{y_1}$ Motor rückwärts (Ventil schließt)
- vorstellbar auch 2 gekoppelte Zweipunktregler (einer heizt, der andere kühlt), d. h. nicht gleichzeitig

61.4 Regelstrecken, Stellverhalten, Sprungantwort der Regelgröße – Schwingungsverhalten

Die Regelstrecke (Teil zwischen Stell- und Messort) stellt den zu beeinflussenden Anlagenbereich dar. Man unterscheidet zwischen Strecken mit Ausgleich (P-Strecken) und Strecken ohne Ausgleich (I-Strecken). Nachfolgend der Verlauf der Regelgröße x über die Zeit t als Folge einer sprunghaften Stellgrößenänderung Δy.

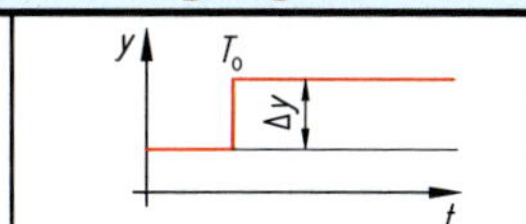

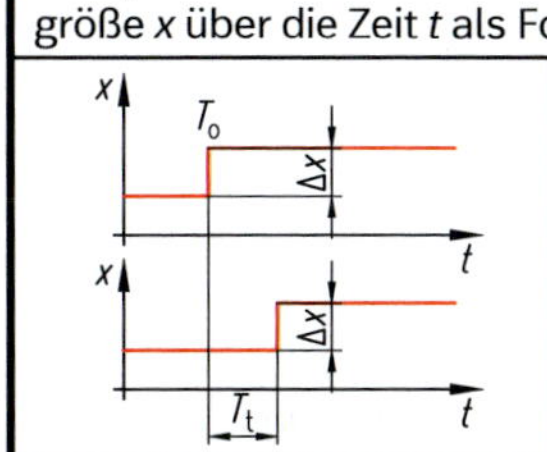	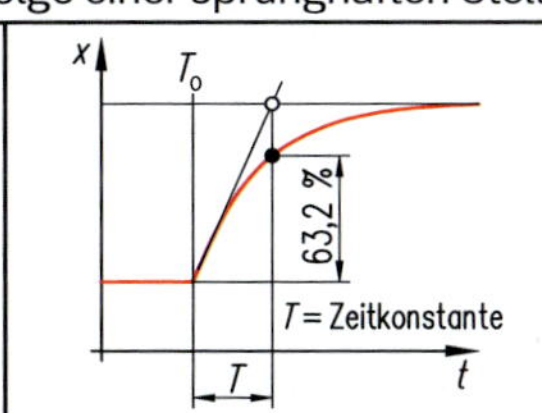	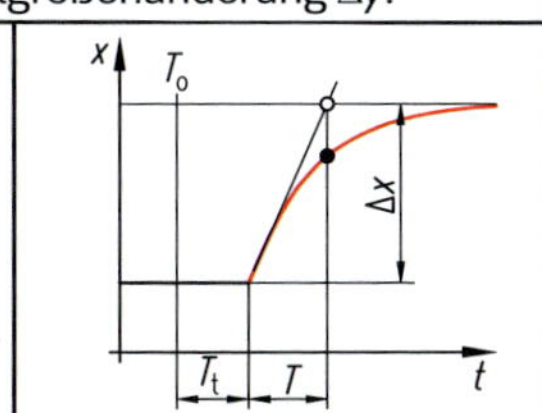	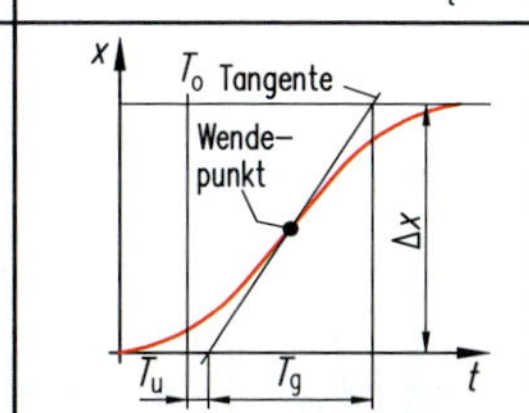
a) **Verzögerungslose Regelstrecke** (x folgt sofort y) b) mit Totzeit T_t (nach T_t ist $\Delta x = K_s \cdot \Delta y$)	**Regelstrecke 1. Ordnung** x ändert sich sofort mit einer gewissen Anfangsgeschwindigkeit **ohne** Totzeit T_t	**Regelstrecke 1. Ordnung mit Totzeit** (T_t = Zeit, bis Stellgrößenänderung den Istwert am Messort verändert)	**Regelstrecke 2. und höh. Ordnung.** T_u = Verzugszeit, T_g = Ausgleichzeit; $S = T_u / T_g$ = Schwierigkeitsgrad der Strecke

62.1 Proportionalregler (P-Regeleinrichtung) – Übertragungsverhalten, Kennlinien

- Beim **P-Regler** gibt es zu jeder Sollwertabweichung einen zugehörigen Wert der Stellgröße, d. h. bei jeder Regelgrößenänderung Δx reagiert der Regler mit einer dazu proportionalen Änderung der Stellgröße Δy, $\Delta y \Rightarrow \Delta x$ (proportionales Übertragungsverhalten).
- Der **Übertragungsbeiwert des Reglers** (Proportionalbeiwert) $K_p = \Delta y / \Delta x$ gibt an, wie sich die Stellgröße y ändert, wenn sich die Regelgröße um eine Einheit geändert hat : $\Delta y = K_p \Rightarrow \Delta x$

Beispiel: Sprungübergangsfunktion
$\Delta x = 1\ K \rightarrow \Delta y = 25\ \%$
($\Delta x = 4\ K \rightarrow \Delta y = 100\ \%$)

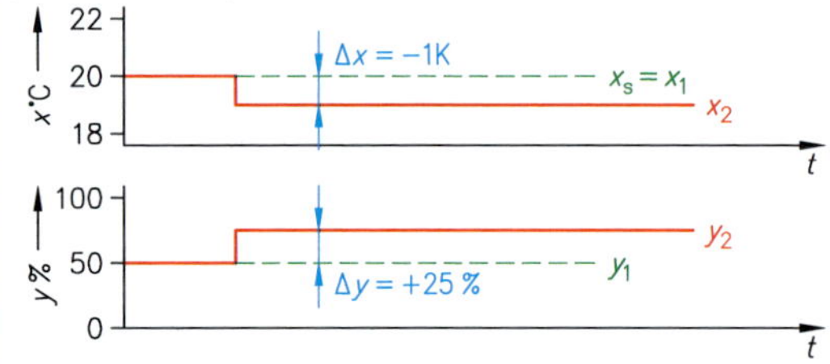

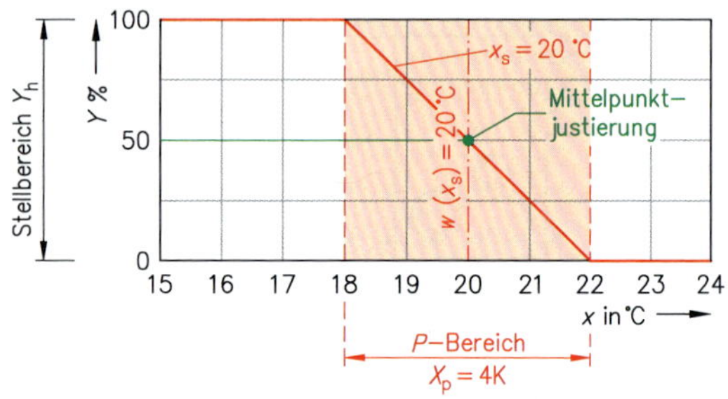

- Die **P-Abweichung** ist die bleibende Abweichung des Istwertes vom Sollwert (bleibende Sollwertabweichung). Sie wird geringer, wenn der Proportionalbereich X_p (P-Bereich) verringert wird.

Proportionalbereich $X_p = 4$ K ($X_p = 2$ K):

Stellgröße y (Lastzustand)	%	0 **0**	25 **25**	50 **50**	75 **75**	100 **100**
Regelgröße x (Istwert x_i)	°C	22 **21**	21 **20,5**	20 **20**	19 **19,5**	18 **19**
P-Abweichung Δx_p	K	+2 **+1**	+1 **−0,5**	±0 **±0**	−1 **−0,5**	−2 **−1**

Der **Proportionalbereich** X_p beschreibt die Empfindlichkeit des Reglers. Er ist der Bereich, um den sich die Regelgröße x ändern muss, damit die Stellgröße den gesamten Stellbereich Y_h durchläuft (Y_h setzt y Grenzen).

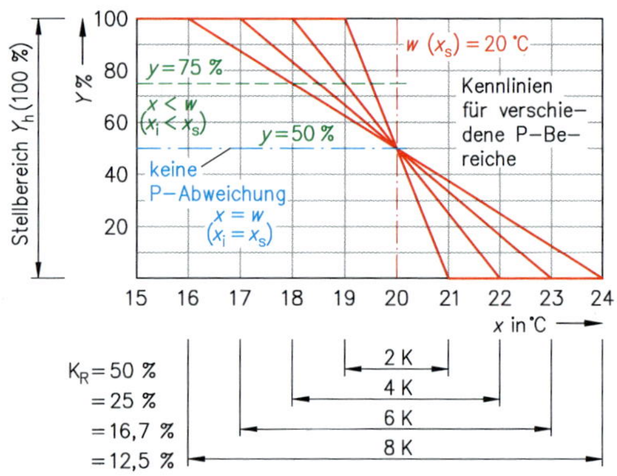

Je geringer X_p, desto geringer ist die Regeldifferenz bzw. P-Abweichung, aber umso eher die Neigung zu Schwingungen. ⇒ Bei einem P-Regler muss der P-Bereich so klein eingestellt werden, damit sich mit Sicherheit ein stabiles Regelverhalten des Regelkreises ergibt.

Beisp. Heizkörperthermostatventil: Hubweg (Stellgröße) ändert sich proportional zur im Ventil eingestellten Raumtemp. (Sollwert). Hubweg entspricht Ausdehnungslänge des Dehnelements (Regler) Gegeben: Ventilhubweg 4 mm, Schaltdifferenz 2 K, Sollwert 20 °C → Hubwegänderung = 4 mm : 2 = **2 mm/K**; bei Temp.abfall um z. B. 0,5 K (auf 19,5 °C) öffnet Ventil um 1 mm, was eine Volumenzunahme um 25 % bedeutet. **A = Arbeitspunkt des Ventils**.
Andere Beispiele: Differenzdruckregler, Temperaturregler u. a.

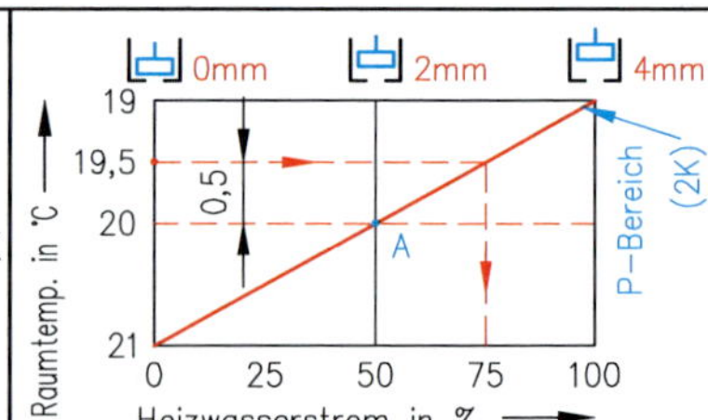

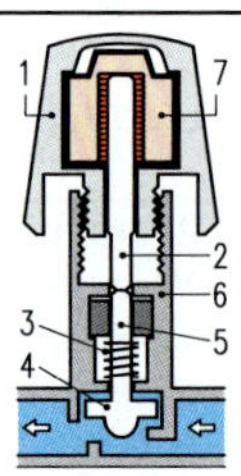

Aufbauprinzip TVT
1 Einstellkopf
2 Übertragungsstift
3 Rückstellfeder
4 Ventilkegel
5 Ventilspindel
6 Ventilgehäuse
7 Ausdehnungselement

Bezüglich Einstellelement (Fühler), Stellglied, Einstellteil:
a) Fester Fühler: Normalfall (bestes Regelergebnis), frei vor der Wand
b) Loser Fühler: i.d.R. an der Wand, 1/3 bis 2/3 Raumhöhe
c) Ferneinstellelement: Fühlerelement und Einstellung getrennt von Gehäuseplatzierung (1–1,5 m über Fußboden)

- Temperatur ϑ_i wird innerhalb „P-Band“ ausgeregelt (s. 62.1)
- Ober- und Unterteil bilden funktionsmäßig eine Einheit
- Ausdehnungselement in der Regel mit Flüssigkeit gefüllt

63.1 Stetige Regeleinrichtungen

Integralregler (I-Regler)

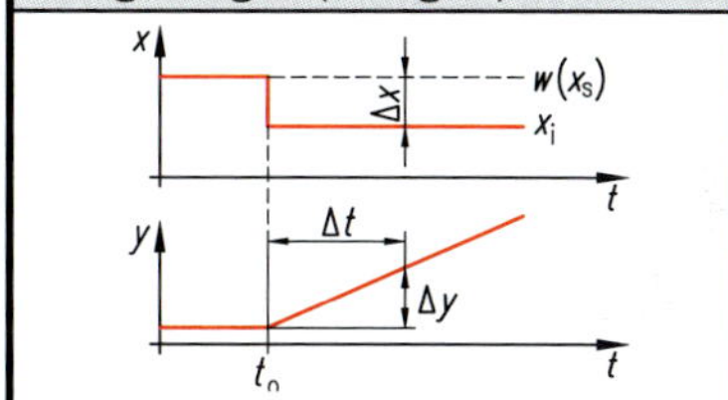

- Reagiert langsamer als P-Regler (in Ruhe, wenn $\Delta x = 0$)
- Restlose Störbeseitigung
- Anwendung in der Heizungs-, Lüftungs-, Klimatechnik gering

Proportional-Integral (PI-Regler)

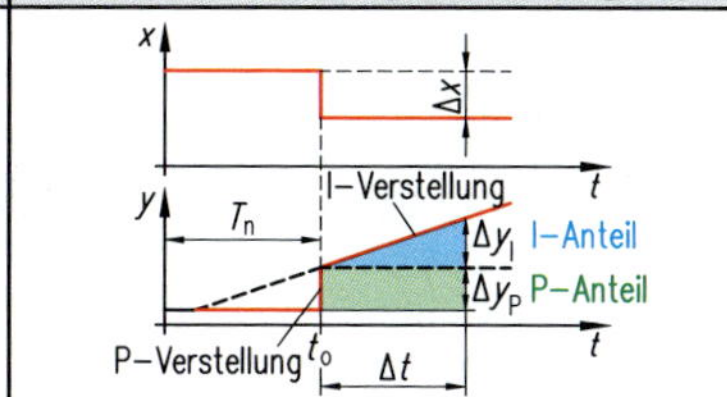

- Reagiert sofort proportional zu Δx
- Stellgrößenveränderung durch I-Anteil (bis Δx beseitigt), durch P-Anteil schneller Regelvorgang
- Gute Anpassung an versch. Strecken

Proportional-Differential (PD-Regler)

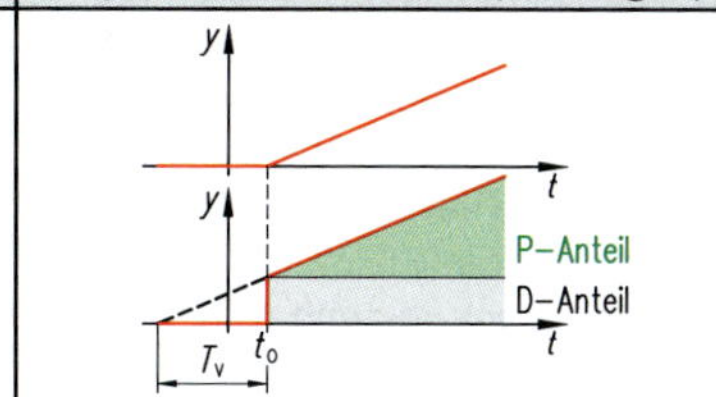

- PD = P-Regler mit Vorhalt [T_V (Vorhaltezeit)] benötigt die P-Verstellung
- PI-Regler mit D-Glied → PID-Regler (flexibel)

63.2 Anforderungen an die Platzierung von Raum- und Außentemperaturfühlern

Raumtemperaturfühler

- Montage ca. 1,5 m über dem Fußboden und ca. 0,5 m seitlicher Abstand von anderen Wandflächen
- Wandfläche (Montage) gegenüber Heizkörper
- nicht an kalten schlecht gedämmten Wänden
- Vermeidung von direkter Sonneneinstrahlung
- Bereiche von anderen Wärmequellen vermeiden
- keine Montage in Nischen, Regalen, hinter Türen
- nicht im Zugbereich des Raumes, Stauvermeidung

Außentemperaturfühler

- Montage mindestens 2,5 m über Erdreich; bei höheren Gebäuden zwischen 2. und 3. Obergeschoss
- nicht im thermischen Einflussbereich von Fenstern, Türen, Abluftöffnungen, Abgasleitungen
- nicht an Wand mit verschiedenen Himmelsrichtungen
- Montage möglichst an kalter Gebäudeseite (N, NW)
- keine Nischen, große Dach- oder Balkonvorsprünge
- Abstimmung an das Heizsystem (Steilheizkurve)

63.3 Einbau von Temperaturfühlern in Rohrleitungen

Einbau in geraden Rohrstrecken

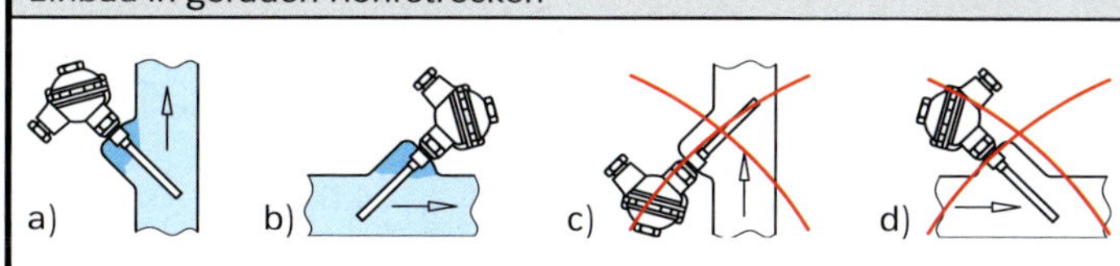

Einbau im Rohrbogen

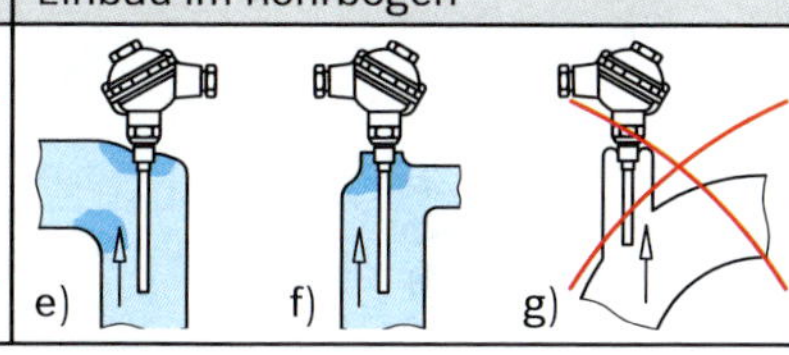

a), b), e) und f) = richtiger Einbau, c), d) und g) = falscher Einbau (mögliche Messfehler)

Hinweise: • guter Wärmeübergang zwischen Fühler und Messobjekt • geringe Wandstärke des Schutzrohrs • Schrägeinbau zur Strömungsrichtung • ausreichende Geschwindigkeit am Fühler (Fühler im Kernbereich) • Vermeidung von Einflüssen durch andere Ableitungen • Vermeidung eines Wärmeaustauschs der Temperatur mit der Umgebung • Mindestabstand nach einem Mischpunkt • Anordnung nach der Umwälzpumpe

63.4 Anordnungsbeispiele von Stellgliedern und Fühlern

Bedienungsgerät und Regler

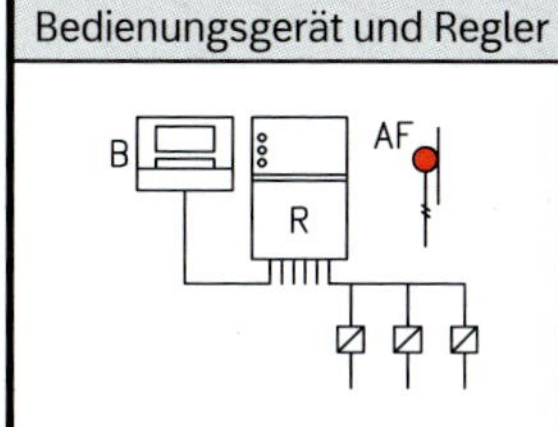

WW-Heizung

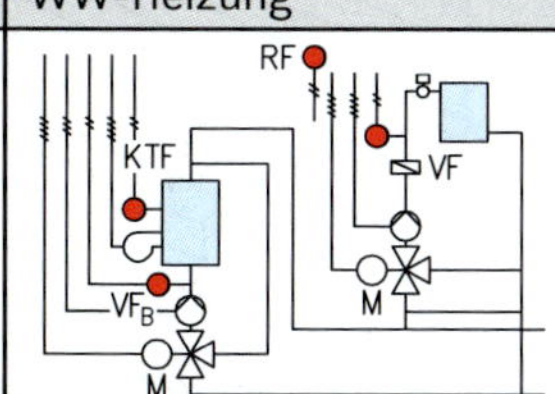

Trinkwassererwärmung

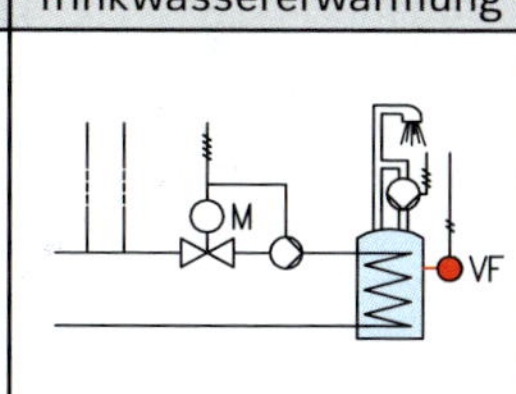

Lüftungsanlage

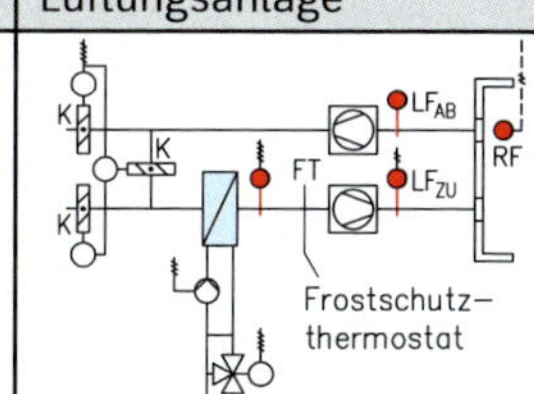

63.5 Temperaturmessungen in Luftleitungen – Temperaturfühler

Messungen schwieriger als bei Wassersystemen (größere Abmessungen der Messorte, Strömungsverhältnisse nach Baueinheiten, wie Mischkammer, Wärmetauscher). Wesentliche Fühler (je nach Luftleitungssystem) sind **Stabfühler** (Bedingungen: vollständige Fühlerumströmung, keine Temperaturschichtung; gerade Luftleitungsstrecken): **Mittelwertfühler**: Messungen auf gesamtem Querschnitt verteilt (mehrere Sensoren); **Kapilarrohrfühler**: z. B. Überwachung der Frostschutztemperatur.

64.1 Merkmale der Fuzzy-Regelung

- Entspricht besser der menschlichen Denkweise, d. h. anstelle der üblichen Regelung (z. B. EIN/AUS); beurteilt und verarbeitet **unscharfe Aussagen**, wie z. B. zu kalt, zu gering, viel zu hoch usw.
- Das Schaltverhalten des Reglers berücksichtigt diese gespeicherten Daten und entscheidet dann nach dem **Prinzip: WENN-DANN**. Bsp.: wenn kurzzeitig hoher WW-Bedarf, dann höhere Vorlauftemperatur
- Regelung **verwaltet z. B. in einem Speicherchip Vorgänge** und Abläufe über Tagesablauf, Jahreszeit, Temperatur (z. B. ϑ_a), Stoßlüftung (bestimmte Zeit), Brennstoffverbrauch, Witterungsschwankungen, usw.
- Fuzzy-Logik **vorteilhaft** bei nicht eindeutig bestimmbaren Regelprozessen; verbessert die Funkt. von normalen PID-Reglern; richtet sich nach momentanem Nutzerbedarf, kurzzeitige Störungen bleiben unberücksichtigt

64.2 Klassifizierung der Regelungssarten für Heizungssysteme DIN EN 12828

Anforderungsniveau des Heizsystems	L	Raumregelung	Leistungsmaßstäbe	M	manuelle Funktion	T	zeitabhäng. Funktion[1]
	Z	Zonenregelung		A	automatische Fkt	O	desgl. optimierend [2]
	C	zentrale Regelung	[1] z. B. Nachtabsenkung; [2] Optimierung der Wiedereinschaltung.				

Klassifizierung der Regelsysteme	**Beispiele**	• Raumregelung mit zentraler automatischer Regelung (Zentraleinheit) • Raumregelung mit Außentemp.fühler, lokale, autom. und zentral autom. Regelung • Raumregelung mit automatischer Regelung von Zonen • Autom. Raumreg. mit autom. zentraler und zentraler/optimierter Regelung

64.3 Dreiwege-Regelventil, Kennlinien von Durchfluss-Regelventilen

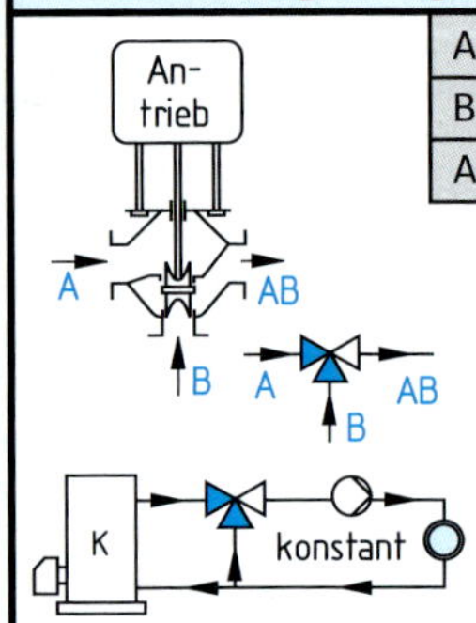

A	Regeltor	Anschluss an	mengenvariable Teilstrecke (Leistungsbeeinflussung)
B	Bypasstor		komplementär mengenvariable Teilstrecke (Anpassung)
AB	Summentor		mengenkonstante Teilstrecke (gesamter Volumenstrom)

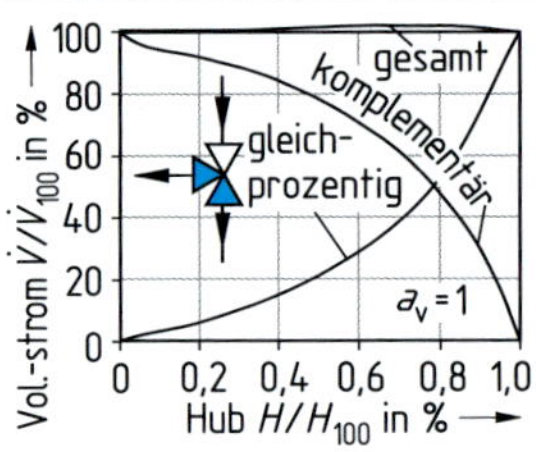

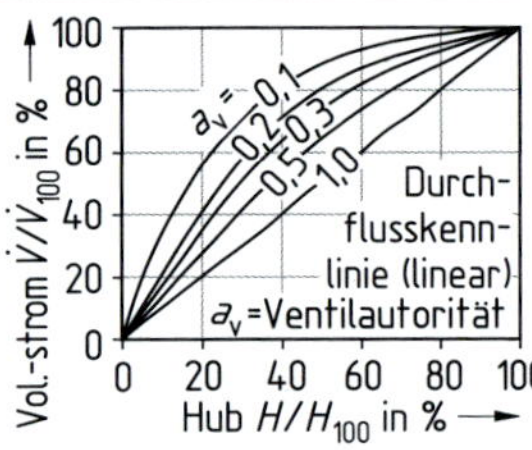

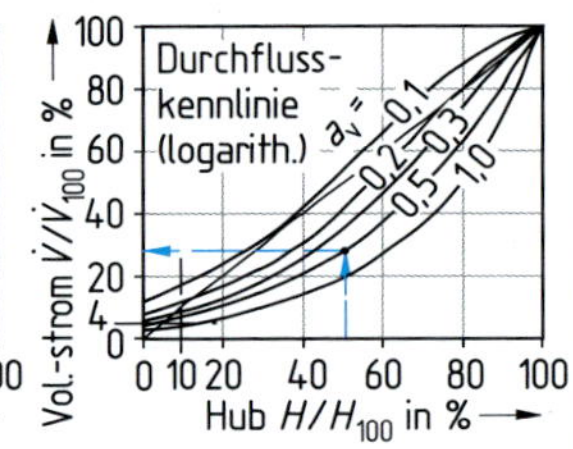

64.4 Ventilberechnung, Auswahl nach Diagramm, k_V- und k_{VS}-Wert

k_V-Wert	Volumendurchfluss in m³/h (Wasser), der bei 1 bar Druckabfall durch ein Stellventil bei dem jeweiligen Ventilhub durchfließt (%-Anteil von k_{VS})
k_{VS}-Wert	ist der für eine Ventilserie vorgegebene k_V-Wert bei voll geöffnetem Ventil (Hub 100 %); demnach ein Katalogwert für ein Ventil

aus $\frac{\Delta p_1}{\Delta p_2} = \left(\frac{\dot{V}_1}{\dot{V}_2}\right)^2$ folgt $\frac{1\ \text{bar}}{\Delta p_{\text{Ventil}}} = \left(\frac{k_V}{\dot{V}}\right)^2$

$\Delta p = \left(\frac{\dot{V}}{k_V}\right)^2$	$\dot{V} = k_V \cdot \sqrt{\Delta p}$	$k_V = \frac{\dot{V}}{\sqrt{\Delta p}}$

Beispiel: $\Delta p_{\text{Ventil}} = 5000$ Pa; $\dot{V} = 2\,200$ l/h

$$k_V = \frac{\dot{V}}{\sqrt{\Delta p}} = \frac{2{,}2}{\sqrt{0{,}05}} = \underline{\underline{9{,}84\ \text{m}^3/\text{h}}}\ \text{(s. Diagramm)}$$

Der Druckverlust kann auch über die Ventilautorität a_V ausgedrückt werden (s. 67.1).

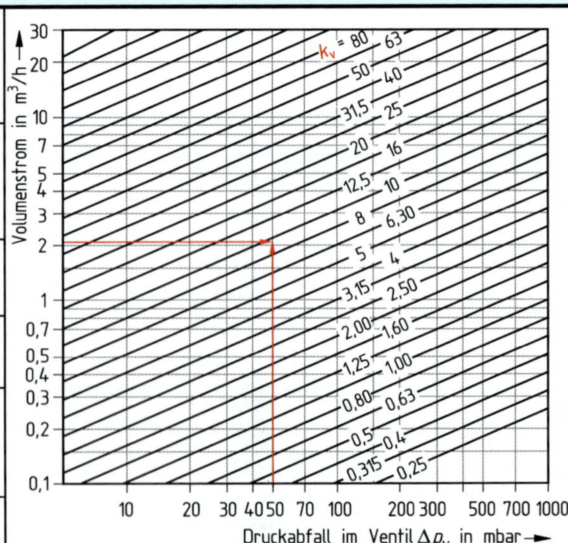

65.1 Durchgangs- und Dreiwegeventile

Durchgangsventile | **Dreiwegeventile**

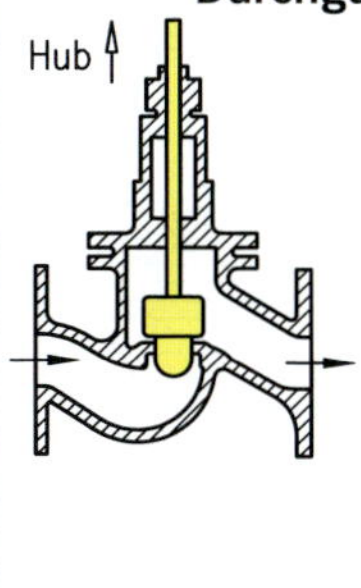

Einsitzventil

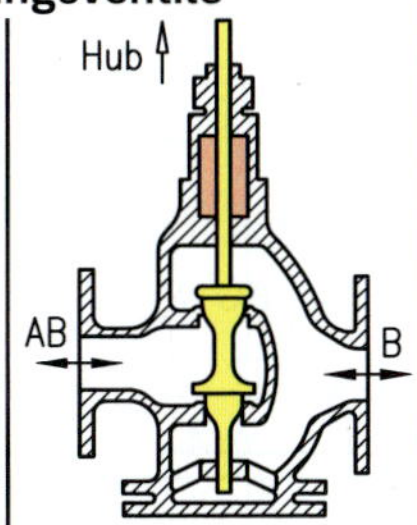

Doppelsitzventil

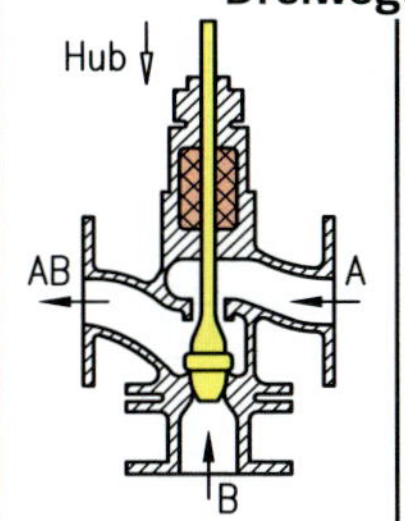

Mischventil

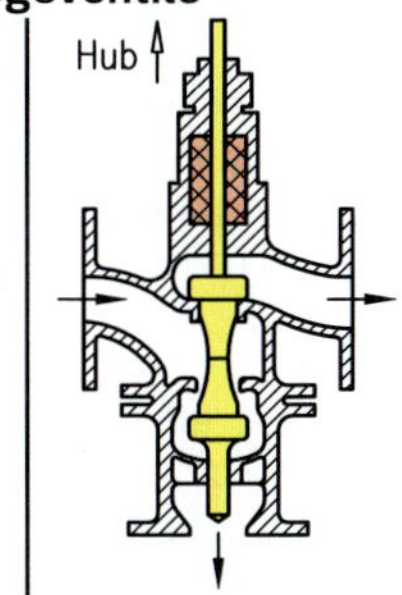

Verteilventil

Übersicht über die verschiedenen Stellglieder (s. 63.4)

Bei der Auswahl eines Ventils wird im Wesentlichen durch den Einsatzfall (Anlagenart, hydraulische Schaltung) bestimmt, ob es sich um ein Durchgangsventil oder Dreiwegeventil handelt.

Durchgangsventile besitzen zwei Rohranschlüsse. Eine Hubänderung bewirkt die Verstellung des Volumenstroms zwischen null und Maximum. Je nach Aufbau unterscheidet man:

Einsitzventile:
- Besitzen nur einen Ventilsitz und Ventilkegel muss gegen Strömungsrichtung schließen, um ein Aufdrücken des Kegels auf Ventilsitz zu vermeiden.
- Einsitzventile benötigen Stellantriebe, die verschiedene Stellkräfte aufbringen müssen (z. B. Ventil schließen bzw. voll öffnen), Durchflussrichtung beachten.

Doppelsitzventile:
- Haben zwei Ventilkegel mit zugehörigen Durchtrittsöffnungen für das Medium, dadurch zweimaliger Druck in gegensätzlicher Richtung auf die Ventilspindel. Die dadurch erreichte Druckentlastung ermöglicht eine Reduzierung der Stellkräfte.
- Ventile sind unabhängig von der Durchflussrichtung.

Dreiwegeventile (Tore B, AB, A (s. 64.3))
- Diese Ventile haben zwei Strömungswege, entweder von außen nach innen oder von innen nach außen.
- Das **Mischventil** kommt fast ausschließlich zur Anwendung, während beim **Verteilventil** die Schließrichtung gleich der Strömungsrichtung ist (daher Doppelkegel erforderlich). Diese Ventile spielen in der SHK-Branche keine Rolle mehr. Mischventile sind nicht als Verteilventile einsetzbar.

- Der **Hub** ist der Stellweg des Drosselkörpers, gemessen ab Schließstellung in mm.
  Der Nennhub H_{100} ist der Hub bei vollgeöffnetem Ventil, der für eine Bauserie angegeben wird.
- **Schlussbemerkung:** Die Bemessung der Regelventile ist von entscheidender Bedeutung für die Regelungsanlage. Eine falsche Ventilauslegung kann nachträglich kaum korrigiert werden.

65.2 Druckverhältnisse zwischen Anlage und Ventil (Regelung)

a)
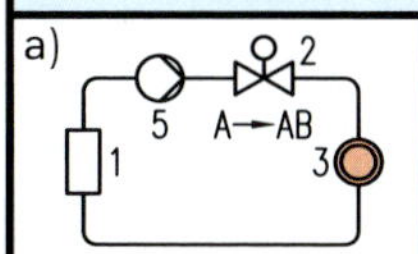

$\Delta p_{A\text{-}AB} = \Delta p_{AB\text{-}A}$

Mengenregelung

b)
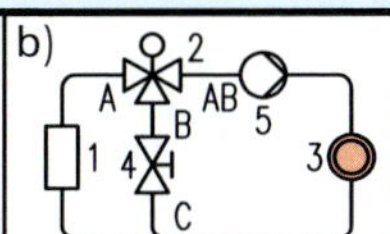

$\Delta p_{A\text{-}AB} = \Delta p_{C\text{-}A}$
$= \Delta p_{C\text{-}B}$

Mischregelung

c)
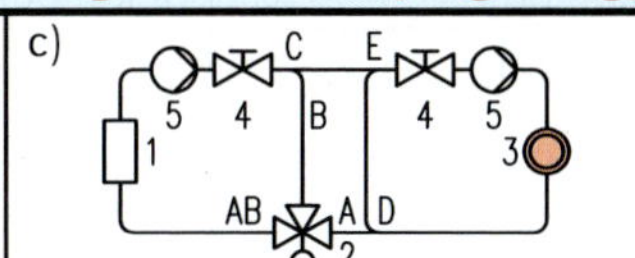

$\Delta p_{A\text{-}AB} = \Delta p_{DA} + \Delta p_{C\text{-}E}$

Einspritzschaltung

1 Wärmeerzeuger
2 Ventil (Durchgang, Dreiwege)
3 Verbraucher (z. B. Raumheizung)
4 Abgleich-/Regulierventil
5 Umwälzpumpe

zu b) verbreitetste Regelung	
variabel:	Volumenstrom: Erzeugernetz
	Temperatur: Verbrauchernetz

65.3 Hydraulische Schaltungen und zugehörige Regelungen

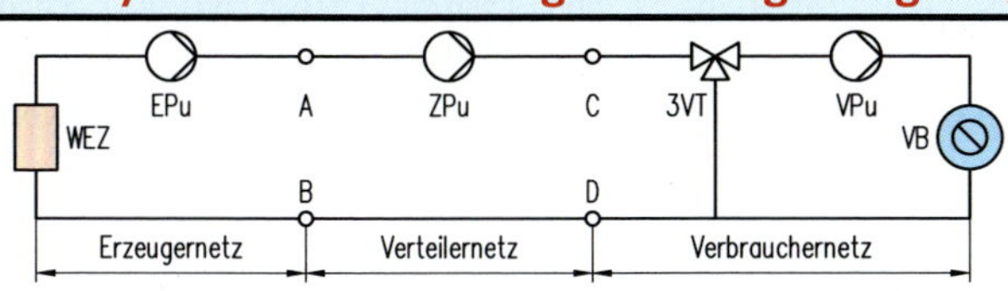

WEZ	Wärmeerzeuger
VB	Wärmeverbraucher
EPu	Erzeugerpumpe
ZPu	Zubringerpumpe
VPu	Verbraucherpumpe
3VT	Dreiwegeventil

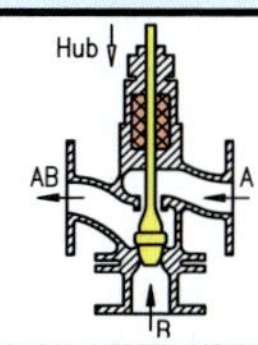

Erzeugernetz: WEZ z. B. Ein- oder Mehrkesselanlagen, Hybridsysteme (Kombination mit mehreren Energieträgern (z. B. Erdgas-Solar, Erdgas-Wärmepumpe u. a.), zentrale Einrichtungen; Anpassung an Betriebsweise
Verteilernetz: Hydraulische Verknüpfung zwischen Erzeuger- und Verbrauchernetz; Gegenmaßnahmen gegen evtl. Störungen zwischen Erzeuger- und Verbrauchernetz durch hydraulische Entkopplung
Verbrauchernetz: Raumheizflächen, Lufterwärmer, Trinkwassererwärmer, Regelventile, (Einhaltung der Sollwerte), Umwälzpumpe in verschiedenen Teilen des Gesamtnetztes (je nach hydraulischer Schaltung)

66.1 Drucklose Verteilerstation mit verschiedenen Schaltungen – Hydraulische Weiche

Regelungsbeispiel (zwei Heizgruppen)

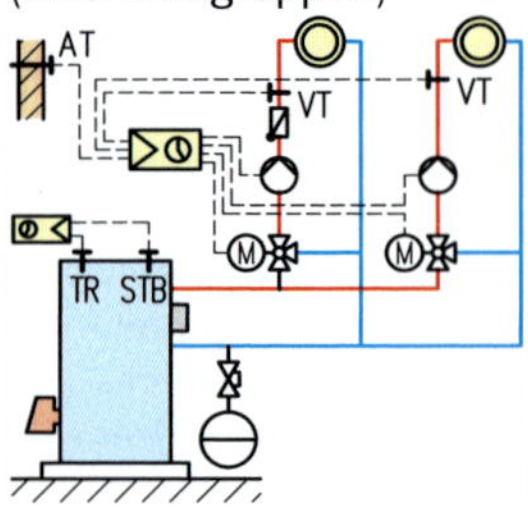

Hauptpumpe EPu und hydraulischer Entkopplung (hydraulische Weiche HW) (s. 66.2)

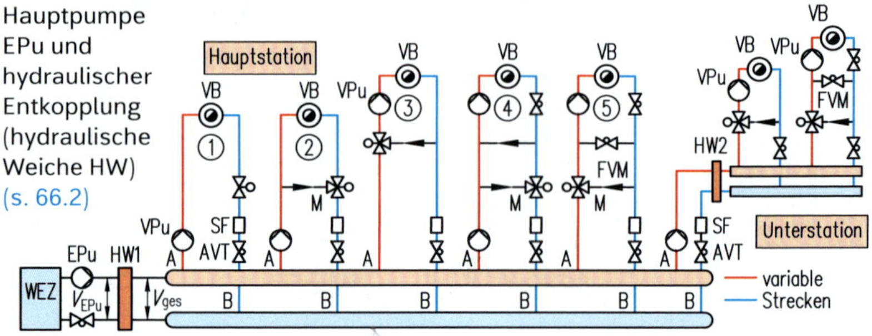

Druckloser Verteiler ist die übliche Ausführung (ohne Einschränkung). Druckverhältnisse Ventil-Anlage (s. 65.3)

VB Verbraucher, VPu Pumpenvolumenstrom, AVT Absperrventil, WEZ Wärmeerzeuger, M Mischventil, HW Hydraulische Weiche (s. 66.2).
Für die Bemessung von Verteilern und Sammlern können die Richtwerte gelten: $v \leq 0{,}5$ m/s und $\Delta p_{AB} \leq 500$ Pa (von Knotenpunkt A bis B)
Doppelkammerverteiler (s. 87.1); Rohrverteiler (s. 83.1 und 182.1)

66.2 Hydraulische Weiche in großen Heizungsanlagen

Die wesentliche Aufgabe besteht darin, den Verbraucherkreis und den Kesselkreis voneinander zu trennen, insbesondere dann, wenn die Volumenströme der Wärmeabnehmer und die des Wärmeerzeugers unterschiedlich groß sind. Bedeutsam ist auch die Vermeidung von Fehlzirkulationen.

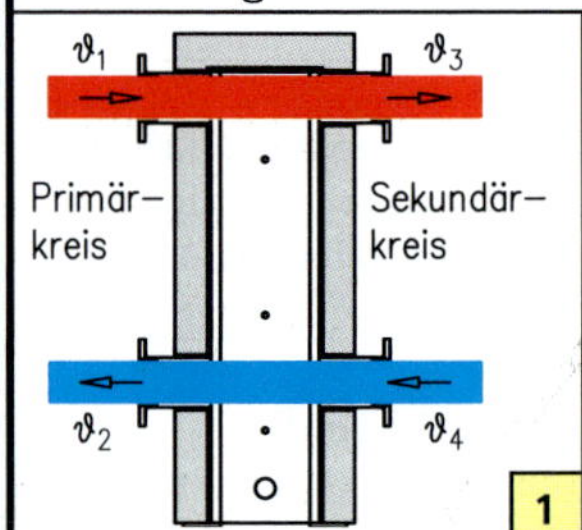

Gleiche Volumenströme Primär- und Sekundärkreis

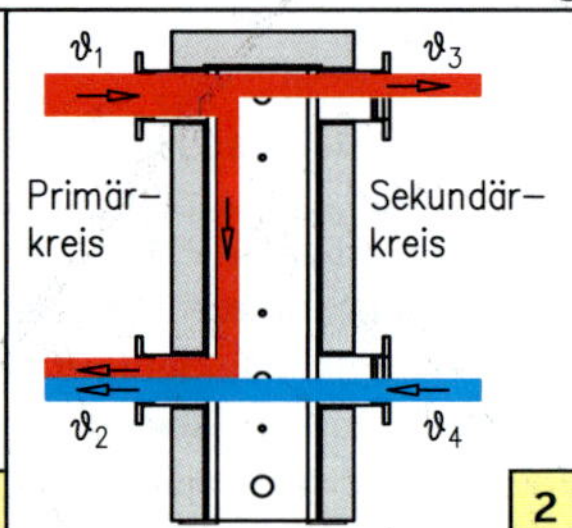

Größerer Volumenstrom im Primärkreis

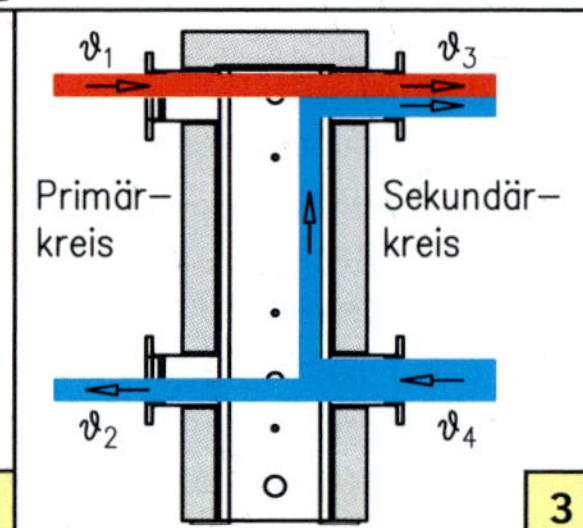

Größerer Volumenstrom im Sekundärkreis

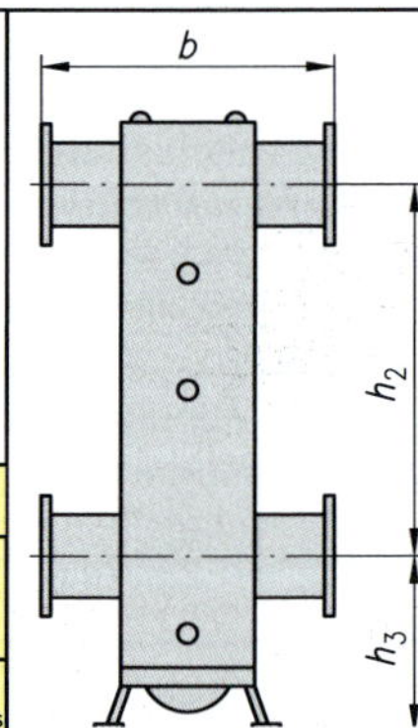

1				2				3			
$\dot{V}_p = \dot{V}_s$	$\vartheta_1 = \vartheta_3$	$\vartheta_2 = \vartheta_4$	$\dot{Q}_p = \dot{Q}_s$	$\dot{V}_p > \dot{V}_s$	$\vartheta_1 = \vartheta_3$	$\vartheta_2 > \vartheta_4$	$\dot{Q}_p = \dot{Q}_s$	$\dot{V}_p < \dot{V}_s$	$\vartheta_1 > \vartheta_3$	$\vartheta_2 = \vartheta_4$	$\dot{Q}_p = \dot{Q}_s$

- **Funktion und Betriebsweise:** Die Volumenströme im Primär- und Sekundärkreis sind jeweils abhängig vom Betriebszustand und daher meist unterschiedlich.
- Im Wesentlichen kann man zwischen diesen **drei Betriebszuständen** unterscheiden:
  zu 1: Hydr. Weiche in neutraler Position (funktionslos)
  zu 2: Im Teillastbereich fördert die Kesselkreispumpe wesentlich mehr Wasser als die Verbraucherseite benötigt.
  zu 3: Falls der Verbraucher mehr Wasser benötigt, als der Erzeugerkreis zur Verfügung stellt (selten), werden durch die hydr. Weiche die Kreisläufe ausgeglichen, indem aus dem Verbraucherkreis Vorlaufwasser zugemischt wird.

Typ	Durchsatz	Anschluss	Kammergröße	Maße in mm			Gesamthöhe
	m³/h[1]	DN[1]	mm	b	h_2	h_3	mm
120	12	65	120/120	520	900	300	1 350
160	21	80	160/160	600	930	300	1 390
200	29	100	200/200	600	1 000	380	1 550
250	45	125	250/250	660	1 000	400	1 580
300	65	150	300/300	700	1 000	450	1 650
350	95	200	350/350	765	1 000	450	1 680
400	125	250	400/400	825	1 000	500	1 750

- Bezüglich der **Dimensionierung** soll zwischen Vor- und Rücklauf ein vernachlässigbar geringer Druckverlust entstehen, damit eine Strömungsgeschwindigkeit von max. 0,2 m/s nicht überschritten wird.
  Man unterscheidet unter mehreren Baugrößen zwischen Kontaktbauweise (i. d. R. Quadratform) von ca. 10 000–150 000 kg/h Durchsatz und Rundbauweise von ca. 4 000–100 000 kg/h. Die Auslegung der Kesselkreispumpe sollte ca. 1,3-mal größer sein als der Anlagenvolumenstrom.
- Die **Anwendung** von hydr. Weichen bezieht sich auf größere Anlagen, Mehrkesselanlagen, Anlagen mit geringem „Kesselwasserstrom“ und großem „Anlagenwasserstrom“ (z.B. große Fußbodenheizungen).

67.1 Ventilautorität

Volumenstrom proportional zum Ventilhub → z. B. 40 % Ventilhub ≙ 40 % des Volumenstroms

nur gültig, wenn der zur Verfügung stehende Druck vom Regelventil aufgebracht wird

Dieser Druckabfall über dem Ventil Δp_{V100} (aus dem max. Druckverlust des durchflussvariablen Anlagenteils) wird vom Regelventil direkt beeinflusst, daher: **je nach hydraul. Schaltung unterschiedliche Ventilbetrachtung** (beim Dreiwegeventil $V_{variabel}$ am Tor A)

Festlegung des Ventildruckverlustes durch die:

$$\textbf{Ventilautorität } p_V = \left(\frac{\Delta p_V}{\Delta p_{ges}}\right)_{100} = \left(\frac{\Delta p_V}{\Delta p_V + \Delta p_{var}}\right)_{100}$$

Δp_{var} = Druckverlust der variablen bzw. beeinflussten Rohrstrecke; **Bedingungen:**

1: $\Delta p_{V\,100}$ gilt für Nennlastfall. Δp_{var} sind alle Druckverluste in der Strecke (außer Ventil)

2: Variable Strecke = Anlagenteil, in dem Δp_{var} im Teillastfall durch Ventileingriff ändert (Ventilhub H < H_{100})

Toleranzbereich 0,3 – 0,7 (0,5) je größer, desto besser die Regelung

zu hoch (> 90 %): extreme Pumpenleistungen (Energiekosten u. a.)

zu gering (< 30 %): kein angepasster Volumenstrom bei Zwischenstellungen (evtl. auf-zu, takten)

Überdimensionierte Ventile arbeiten häufig/lange im kleinen Hubbereich

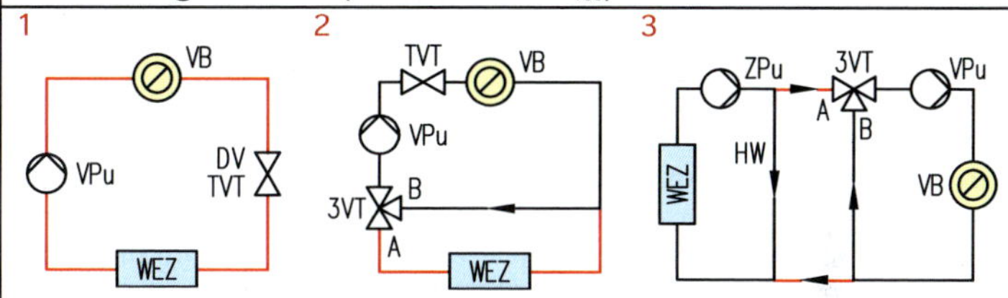

1 Mengenregelung/Durchgangsventil; 2 Beimischregelung/Dreiwegeventil; 3 Desgl. druckloser Verteiler (s. 63.3).

67.2 Energieeffizienzklassen für Gebäude (s. 439.3, 439.4, 440.1)

Einstufung	Am 1. Mai 2014 wurden die Energieklassen neu eingestellt (Klammerwerte vor 2014)		kWh/m²	
Effizienzklassen und Energieverbrauchswerte kWh/m²	A	Entspricht etwa dem Passivhaus (sehr geringe oder nahezu keine Energie)	< 30	(0–40)
	B	Entspricht etwa dem 3-Liter-Haus oder dem KfW-60-Haus	< 15	(40–60)
	C	Entspricht etwa den Verbrauchswerten eines klassischen Niedrigenergiehauses	< 75	(60–80)
	D	Häufig bei Neubauten (EnEV), modernisierte Altbauten (Dämmung bis ≈ 85 cm)	< 100	(80–100)
	E	Einfamilienhäuser, die die Anforderungen der EnEV gerade noch einhalten	< 130	(110–150)
	F	Altbauten, die nach EnEV-Anforderungen an Bestandsimmobilien modernisiert sind	< 160	(150–200)
	G	Nur teilweise erforderliche Modernisierung von Altbauten (z. B. neue Heizung)	< 200	(200–300)
	H	Keine Energieeinsparmaßnahmen, evtl. eine teilweise Isolierverglasung	> 250	(> 300)

67.3 Gebäudeautomation – Gebäudeeffizienz

- Ziel der GA ist es, alle Funktionsabläufe gewerkeübergreifend, automatisch nach vorgegebenen Einstellwerten durchzuführen. Alle Sensoren, Aktoren (Antriebselemente, Bedienungselemente), Verbraucher und andere Gebäudeeinheiten werden mittels Bussystem vernetzt (s. 68.2).
- GA bedeutet die Gesamtheit von Überwachungs- und Steuerungstechnik, Regelungs- und Leittechnik für alle automatisierbaren Baukonstruktionen, technischen Anlagensysteme und Ausstattungsgegenstände. GA ist somit ein wichtiger Bestandteil des technischen Managements.
- GA-Auswirkungen auf Gebäudeeffizienz mit stark zunehmender Bedeutung. Hierzu gehören z. B.
  → Abschätzung der Energieeffizienz in neuen und bestehenden Gebäuden (Effizienzklassen s. 67.2)
  → Bewertung der Wirtschaftlichkeit von Investitionen in Erneuerung von Automationssystemen

A	Klasse A	Effiziente GA-Systeme und techn. Gebäudemanagement
B	Klasse B	Weiterentwickelte GA-Systeme und einige TGM-Funktionen
C	Klasse C	entspricht dem aktuellen Stand (Referenzwert)
D	Klasse D	GA-System, das nicht mehr als energieeffizient gilt

Für jede Klasse bzw. Stufe werden anhand von Listen die entsprechenden Funktionen zusammengestellt.

Energie →	thermische				elektrische			
Klasse →	A	B	C	D	A	B	C	D
Bürogebäude	0,70	0,80	1,0	1,51	0,87	0,93	1,0	1,10
Hörsäle	0,50	0,75	1,0	1,24	0,89	0,94	1,0	1,06
Schulen	0,80	0,88	1,0	1,20	0,86	0,93	1,0	1,07
Krankenhäuser	0,86	0,91	1,0	1,31	0,96	0,98	1,0	1,05
Hotels	0,68	0,85	1,0	1,31	0,90	0,95	1,0	1,07
Restaurants	0,68	0,77	1,0	1,23	0,92	0,96	1,0	1,04
Handel	0,60	0,73	1,0	1,58	0,91	0,95	1,0	1,08
Wohnen, EFH, MFH	0,81	0,88	1,0	1,1	0,92	0,93	1,0	1,08

Beispiel: Bürogebäude von Klasse C auf A gebracht (0,7) ermöglicht ca. 30 % weniger Wärmeenergie

68.1 Hinweise zum Gebäudemanagement und betrieblichen Energiemanagement

Man unterscheidet zwischen Gebäudemanagement und dem betrieblichen Energiemanagement. Beide sind nur ein Teilgebiet des **Facilitymanagements**, das sich umfassend mit der Verwaltung und Bewirtschaftung von Gebäuden, technischen Anlagen und Einrichtungen befasst.

Gebäudemanagement (GM)

Technisches GM ➔ **Gebäude und technische Anlagen funktionsfähig halten** z. B. Betriebsführung, Sanierungs- und Umbaumaßnahmen, Versorgung, Umweltmanagement

Infrastrukturelles GM ➔ **spezielles Kümmern um die Immobilie** z. B. Verwaltung aller Dienstleistungsfirmen, wie Reinigung, Sicherheitsdienste, Logistik u. a.

Kaufmännisches GM ➔ **beschäftigen mit Buchhaltung, Kostenfragen** z. B. Rechnungswesen, Nutzerbetreuung, externe Dienstleistungen überwachen, Qualitätsfragen u. a.

Betriebliches Energiemanagement (EM)

(vorwiegend für Industriebetriebe)

Vorteile Zielvorgaben
- ➔ höhere Energieeffizienz
- ➔ Steigerung der Produktivität
- ➔ höhere Wettbewerbsfähigkeit
- ➔ Erfüllung v. Umweltauflagen
- ➔ höhere Betriebssicherheit
- ➔ bessere Anlageninformation

Gesetze
Verordnungen
Normen
Richtlinien

Maßnahmen (Auswahl) (s. 406.1)
- **Erfassung des Istzustandes** wie z. B. Verträge, Abrechnungen, Energieverbrauchsdaten
- **Bewertung** nach unterschiedlichen Kriterien
- **Vorschläge und Umsetzung**, z. B. Zeitplanung, Organisation, Abwicklung, Rahmenbedingungen

68.2 Steuerungen von Gebäude- und Anlagenteilen durch Bussysteme (Smart Home s. 69.3)

- **Bus-/Systemtechnik = Teil der Gebäudesystemtechnik** (Automatisierungsaufgaben in Räumen)
- Durch Bussysteme sind alle Antriebselemente (**Aktoren**) mit allen Befehlsgebern (**Sensoren**) über **zweiadrige Leitungsnetze** verbunden, über die alle Steuerfunktionen des Gebäudes verlaufen
- **Wesentliche Bussysteme** sind unter vielen anderen: z. B. **BAC net** (bes. Bauwesen Projektablauf); **LON** (vorrangig in der Gebäudeautomatisierung); KNX/**EIB** = Europ. Installationsbus (zahlreiche Steuerungen von Einrichtungen, Fernüberwachung und Steuerungen von Gebäuden)

Raumautomation (RA) = Teilgebiet der Gebäudeautomation (GA); Ausführung von gewerkeübergreifenden Automationsfunktionen innerhalb von Räumen und Gebäuden. Sie fasst Anlagen zusammen: Beleuchtung, Sonnenschutz, Helligkeit, Fensterstellung. Im Gegensatz zur GA erstreckt sich die RA über alle Etagen und Räume. Die RA ist dezentraler aufgebaut und wird durch das Zusammenspiel zahlreicher Geräte verwirklicht.

Funktionen der Raumautomation

1 Raumtemperaturregelung, korrekte Antriebsstellung, Thermostatventile, Abschaltung während Lüftung, Nacht-Solarwärme-Nutzung, Aufheizzeitpunkt
2 Fenster-Überwachung, Feuchtegehalt, Schließen bei extremen Außentemperaturen (Winter/Sommer)
3 Sonnenschutzautomatik (Lamellenführung), Blendschutz, kombiniert mit Lichtregelung, Solarnutzung, Sichtschutz, Verschattungskorrektur
4 Einbeziehung der Speichermassen (Heizung, Kühlung)
5 Außenluft-Versorgung, Luftqualitätssteuerung, Anpassung Ventilatorsteuerung

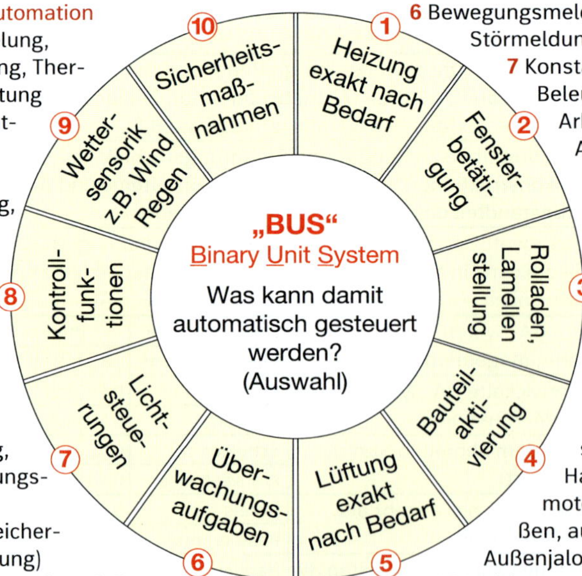

6 Bewegungsmelder, Fensterstellungen, Störmeldungen
7 Konstantlichtregelung, Beleuchtung, Anpassung an Arbeitsplatz, dimmfähige Aktoren, Erfassung Raumhelligkeit, Tageslichtschaltung, Präsenzerkennung
8 Bedienung, Messgeräte, Funktionselemente, Brennstoffvorrat (Heizöl, Pellets)
9 Schutzfunktionen bei Stürmen, Niederschlägen (z. B. Regensensor Dachfenster), Hagel, Schnee; motorisches Fensterschließen, autom. Markisen-Einzug, Außenjalousie-Schutz
10 Meldesysteme, Rauch-, Brandschutz, Luftbelastung, Zutrittskontrollen

69.1 Drei Ebenen in der Gebäudeautomation

Die klare Aufteilung dieser 3 Ebenen ist nicht mehr gegeben (greifen immer mehr ineinander).

Managementebene (Leitzentrale)	Automationsebene (Regelsystem)	Feldebene (Funktionsablauf)
• Zusammenlaufen aller Daten in der Leitzentrale (optische Anzeige) • Anschlüsse: Drucker, Fon, Fax, Funk (Fernübertragung) • Vernetzung mit Feldebene • Reaktion auf Systemfehler u. a.	• Verknüpfung durch Bussysteme • herstellerübergr. Infoaustausch • bei Nachrüstung oft Funksysteme • oft Datenübernahme von Feldebene und Vorgaben von Managementebene	• Bedarfsgerechter Ablauf der in s. 68.2 genannten Vorgänge • Verkabelung der Sensoren und Aktoren mit GA-Komponenten (beides sind sog. Feldgeräte)

69.2 Mögliche Verbindungen in Gebäudeautomationssystemen DIN ISO 16484-2

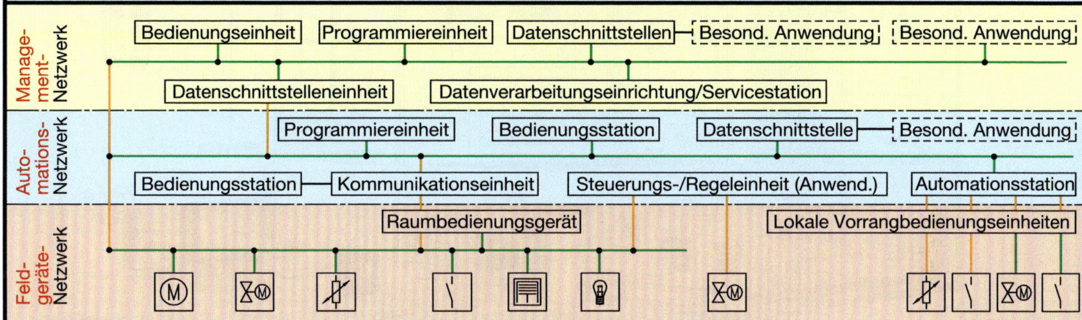

69.3 Smart-Home-Technologie „Vernetztes Wohnen"

Smart Home smart (engl.) bedeutet klug, clever	• **Oberbegriff** für technische Verfahren und Systeme in Wohnungen und Wohngebäuden • **Zweck:** Erhöhung von Wohn- und Arbeitsqualität, Sicherheit, effiziente Energienutzung u. a. • **Zahlreiche Unterscheidungen bei den Begriffen** (thematisch). Zwei Begriffe hängen zusammen: die Gebäudeautomation (s. 69.1) und besonders die Hausautomation (s. 68.1).

- Beim Begriff Smart Home handelt es sich im Wesentlichen um eine **„Haushaltsgeräte-Automation"**, d. h. eine Vernetzung, Fernsteuerung und Programmierung von Elektrohaushaltsgeräten wie z. B. Herd, Kühlschrank, Waschmaschine, Spülmaschine, Automaten, Jalousien u. a. (Neu- oder Altbau)
- Die Steuerung der Smart-Home-Umgebung erfolgt durch eine **App** auf mobilen Geräten (z. B. Smartphone); **Beispiel:** z. B. Datenaustausch zwischen Smartphone und Heizkörperventilen (Fernsteuerung)
- Größere Bedeutung haben auch **Sicherheitsaspekte** u. a. durch Einsatz von Sensoren, die Signale aussenden können; z. B. Bewegungssensoren, Wassersensoren (Wasserschaden), Fenstersensoren und Rauchmelder, Überwachungskameras (z. B. Fotoaufnahme bei einer Türöffnung), Geruchssensoren u. a.

Der **Smart-Home-Markt** steht in Deutschland vor dem Durchbruch. Bis zum Jahr 2019 rechnet man mit ca. 1 Million Haushalte und bis 2020/2021 mit 1,5 Millionen (2013 waren es ca. 30 000).

Verwandt mit der Hausautomation ist das **Smart Metering**, d.h. ein System, das über einen Zähler den Strom-, Wasser- oder Gasverbrauch misst, ebenso die tatsächliche Nutzungszeit.

Die **Smart-Home-Initiative Deutschland** umfasst die gesame Bandbreite der Gebäudeautomation: Elektrotechnik, Informationstechnik, Industrie, Handel, Handwerk, Architektur, Forschung/Lehre

Es werden viele Smart-Home-Lösungen angeboten, sinnvolle und weniger sinnvolle. Sehr bedeutsam sind Maßnahmen zur Sicherung und Energieeinsparung. Die Digitalisierung bringt Smart Home voran.

- Informationssysteme wie PC, Tablet, Smartphone entsprechen nur vernetztem Denken.

69.4 Regelungssystem mit PC und Smartphone (Heizungsanlage)

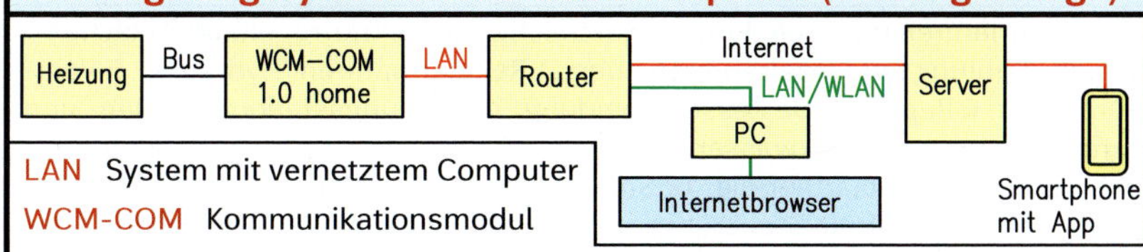

LAN System mit vernetztem Computer

WCM-COM Kommunikationsmodul

Server Computerprogramm (Kontaktaufnahme z. B. mit einem Kunden)

Router bestimmt die passende Schnittstelle

Browser (Datenverarbeiter) Suchprogramme (z. B. Suche nach Dokumenten im Internet)

70.1 Hausautomation, Fernsteuerbarkeit

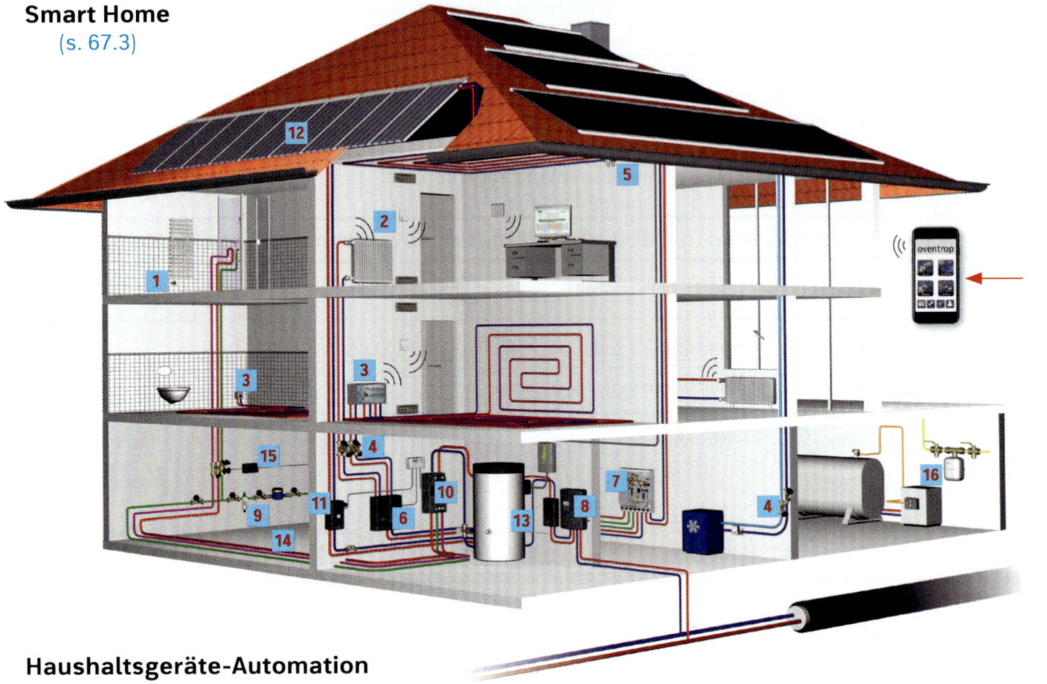

1

2
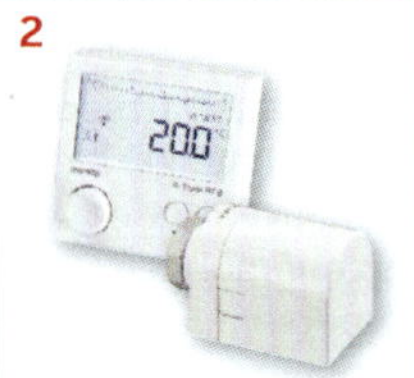
3
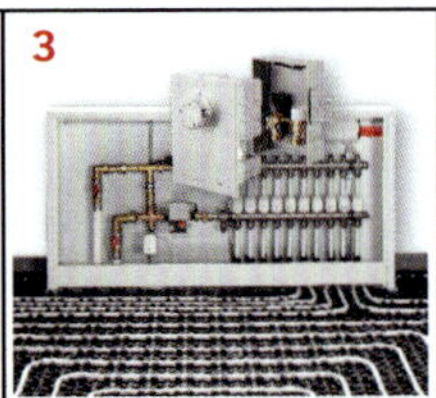
4

5

6

7

8
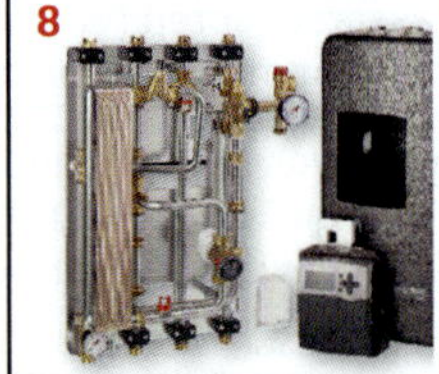
9

10

11

12

13

14

15

16

1 Heizkörperarmaturen und -regelung; **2** Elektrische Temperaturregelung; **3** Flächenheizung und -kühlung mit Einzelraumregelung; **4** Regelarmaturen (Hydraulik); **5** Volumenstromregler; **6** Regelgruppe Kesselanbindung; **7** Wohnungsstationen; **8** Nah- und Fernwärmeversorgung; **9** Trinkwasserarmaturen; **10** Stationen für Trinkwassererwärmung; **11** Regelgruppe Solarthermie; **12** Solarkollektoren; **13** Energie-/Pufferspeicher; **14** Combisystem; **15** Zentrale Steuerungs- und Regelungstechnik; **16** Heizöl und Gasarmaturen.

→ Bussysteme (s. 68.2)

71.1 Kommunikationsfähige Bedieneinheit, Anlagenbeispiel

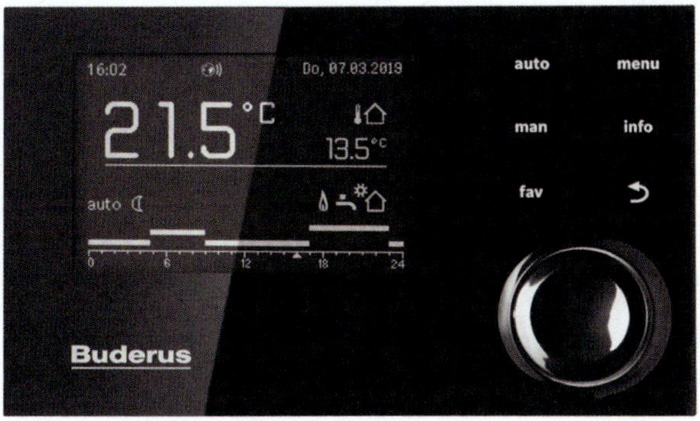

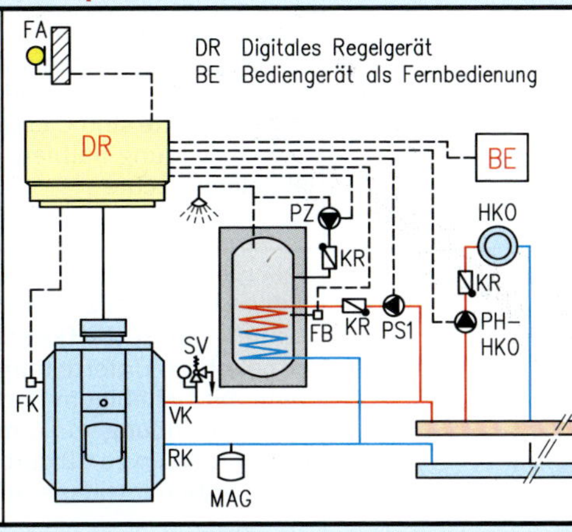

71.2 Digitalisierung (Vernetzung)

- Unter **Digitalisierung** versteht man allgemein die Aufbereitung von Informationen zur Verbreitung oder elektronischen Speicherung im Digitalsystem.
- Die Vernetzung schreitet weltweit rasant voran. **Digitale Planung, Erstellung** und **Betreibung** sind Standard.
- Das neue **digitale Zeitalter** hat fast alle Geschäftsbereiche in Betrieben erfasst, denn der digitale Wandel hat großen Einfluss auf die Leistungskraft bzgl. des wirtschaftlichen Potenzials.
- Für Hersteller, Firmen und Angestellte verschieben sich mit der Digitalisierung die bisherigen **Marktstrukturen**. Die Anforderungen sind hoch (auch bei Kunden). Hoch sind auch die Chancen.
- Die **Speicherung** erfolgt meistens in einer Datei (Endprodukt), abhängig z. B. von Informationen, Programmen und späterer Nutzungsart.
- Vorteile von Informationen und Daten (digitale Form) sind Wiedergaben in elektrischen Datenverarbeitungssystemen (Langzeitarchivierung).
- In der **SHK-Branche** ist die Digitalisierung bedeutsam. Bei der **Heizung** stehen die Regelung der Anlagensysteme, die Energieeinsparung, die Sicherheits- und Überwachungsmaßnahmen, die Einbindung alternativer Energien im Vordergrund.
- Bei **Sanitär** dominieren die Badinstallation („die individuelle Wohlfühlart"), die Komfort- und Hygienefunktionen, die Armaturenvielfalt (Wasser, Gas), die Schutzmaßnahmen, die Trinkwassererwärmung u. a.
- Zunehmende Bedeutung hat die **Gebäudevernetzung** (Sicherheit gegen Einbruch, Brand, Wasser, Licht u.a.)
- Viele **kleinere Handwerksbetriebe** fühlen sich von den technischen Möglichkeiten „überrollt", obwohl in jedem Betrieb digitale Geschäftsmodelle schlummern. Hierzu gibt es das Kompetenzzentrum „Digitales Handwerk".
- In etwa 50 % der dt. Unternehmen kommen digitale Produkte und Lösungen zum Einsatz (2017).

- digitale Signale in Schritten, analoge unterbrochen
- Digitalisierung kann auf Vernunft nicht verzichten.

71.3 Energieeffizienz und Energiemanagement – Einflussgrößen auf die Regelung

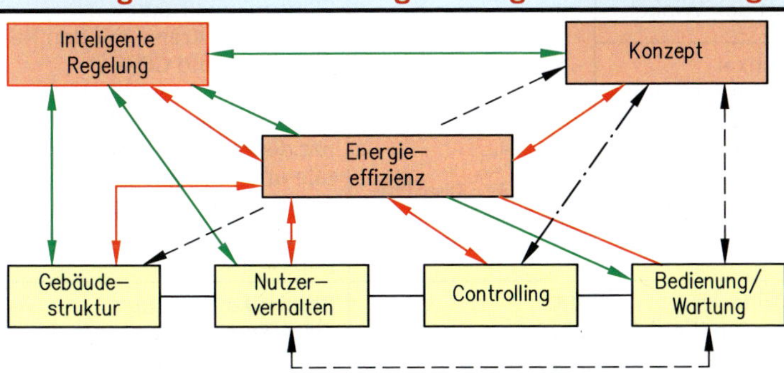

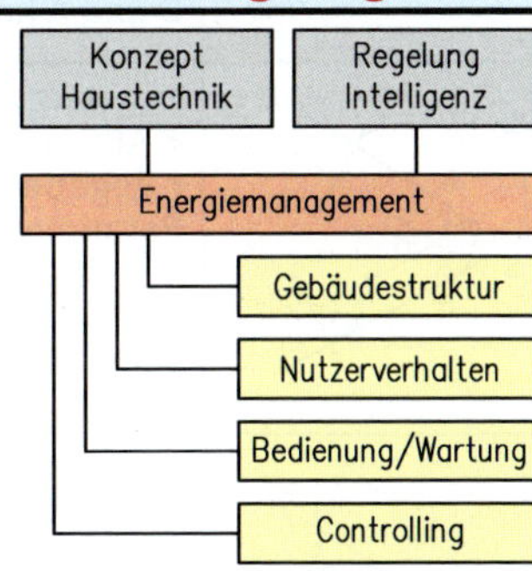

Um z. B. in einer Immobilie **Energieeffizienz** zu erreichen, müssen zahlreiche Faktoren zusammenpassen. Hierzu muss allerdings ein **Energiemanagement** übergeordnet werden. Es definiert und kontrolliert die Prozesse, die Lösungen sowie den Betriebsablauf. Außerdem ist es für die Energieeffizienz wesentlich verantwortlich.

72.1 Geometrische Grundkonstruktionen

1.
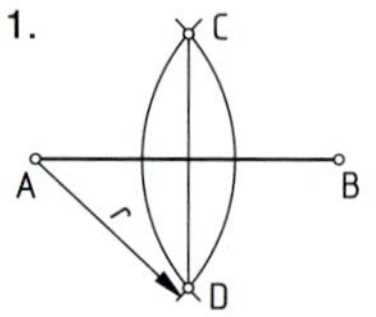

Strecke AB halbieren
Beliebiger Kreisbogen mit Radius *r* um die Pkte. A und B. Schnittpunkte sind C und D. Die Verbindung halbiert AB = Mittelsenkrechte

2.
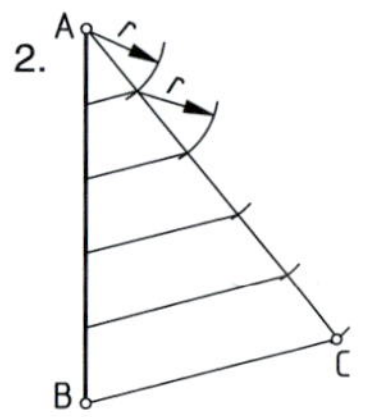

Teilen einer Strecke AB in beliebige Teile (hier z. B. 5)
Ziehen einer Hilfsgeraden (∢ beliebig). Unterteilung in 5 Teile mit beliebigem Radius *r* ⇒ C. Verbindung von C mit B und Parallelen zu CB durch die Teilpunkte der Hilfsgeraden

3.
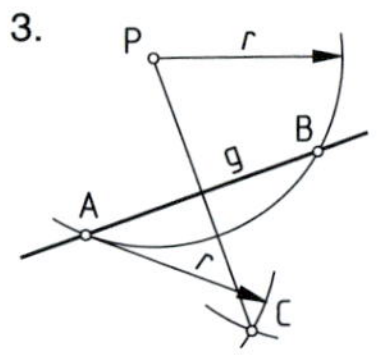

Lot von Punkt P auf eine Gerade *g*
Beliebiger Kreisbogen mit Radius *r* um Punkt P ergibt Punkt A und B.
Nochmals Kreisbögen um A und B ergibt Punkt C.
Lot = Gerade durch P und C

4.
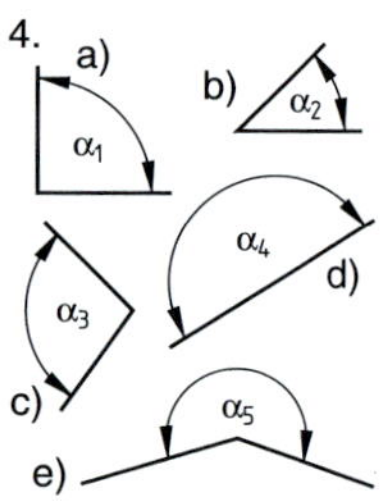

Winkelbenennungen
a) Rechter Winkel 90°
b) Spitzer Winkel < 90°
c) Stumpfer Winkel > 90° < 180°
d) Gestreckter Winkel 180°
e) Überstumpfer Winkel > 180°, Vollwinkel 360°

Winkel an Winkeldreiecken sind 30°, 45°, 60° und 90°.

5.
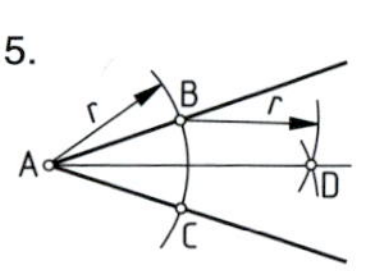

Halbierung eines Winkels
Beliebiger Kreisbogen um A mit Radius *r* ergibt Pkt. B und C. Kreisbögen um B und C ⇒ Schnittpunkt D. Gerade durch D und A halbiert den Winkel.

6.
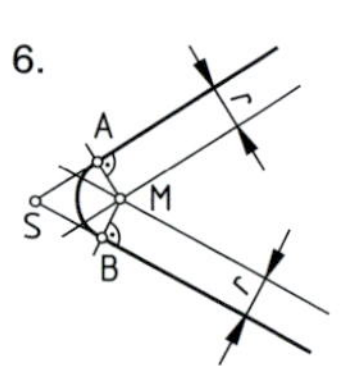

Rundung am Winkel
∢ ABS und Krümmungsradius *r* gegeben. Schnittpunkt der Parallelen mit Abstand *r* ist Mittelpunkt M. Lote von M auf die Schenkel sind die Übergangspunkte.

7.
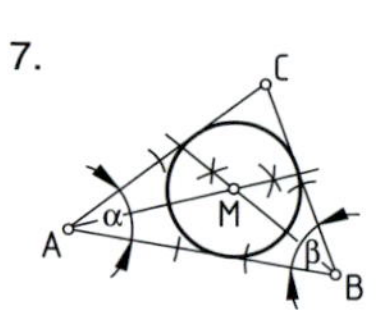

Inkreis eines Dreiecks
Halbierung von 2 beliebigen Winkeln (siehe unter 5). Der Schnittpunkt der Winkelhalbierenden ist der Kreismittelpunkt M.

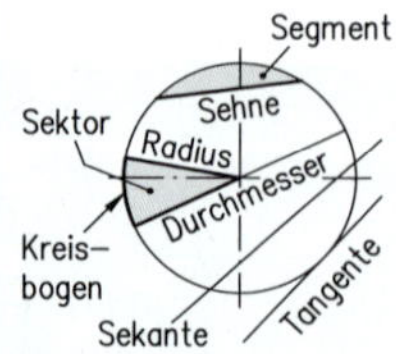

Benennung der Kreisstücke
Radius = Halbmesser
Segment = Kreisabschnitt
Sektor = Kreisausschnitt
Tangente = Berührende
Sekante = Schneidende
Peripherie = Kreislinie

9.
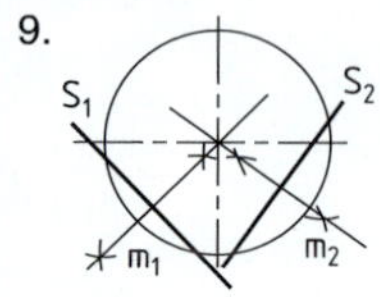

Kreismittelpunkt bestimmen
Zeichnen von 2 beliebigen nicht parallelen Sehnen S_1, S_2. Darauf Mittelsenkrechten errichten m_1 und m_2 (siehe unter 1). Deren Schnittpunkt ⇒ Kreismittelpunkt.

10.
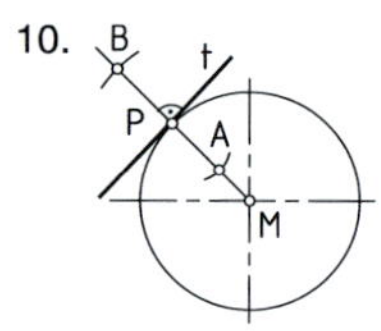

Tangente *t* an Kreispunkt P
Gerade durch M und P
Gleiche beliebige Abstände von P (Zirkel) ergeben Punkt A und B (AP = BP). Auf AB Mittelsenkrechte errichten ⇒ Tangente

11.
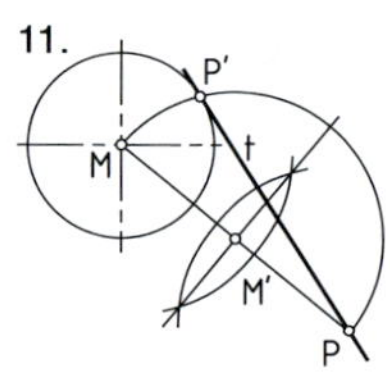

Tangente von Punkt P außerhalb des Kreises
Verbindung P mit M. MP halbiert gibt Punkt M′. Kreisbogen von M′ mit Radius MM′ (Thaleskreis) gibt Schnittpunkt P′. Gerade PP′ ist die Tangente *t*.

12.
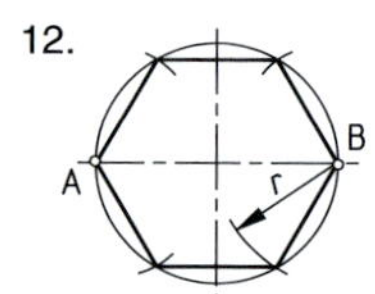

Konstruktion eines 6-Ecks
≙ Kreisteilung (6 Teile)
Um Punkt A und B Kreisbögen mit Radius *r* schlagen. Schnittpunkte am Kreis ergeben die Ecken.

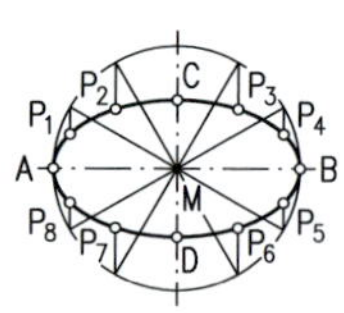

$\overline{AB}$ große Ellipsenachse
$\overline{CD}$ kleine Ellipsenachse
M Mittelpunkt

Ellipsenkonstruktion
Um M zwei Kreise mit den Radien AB/2 und CD/2.
Mehrere Ø unter beliebigem ∢ abtragen. Von ihrem Schnittpkt. mit dem kleinen Kreis horizontale und mit dem großen vertikale Geraden abtragen. Schnittpunkt P_1, P_2, P_3 usw. ⇒ Ellipsenpunkte

14.
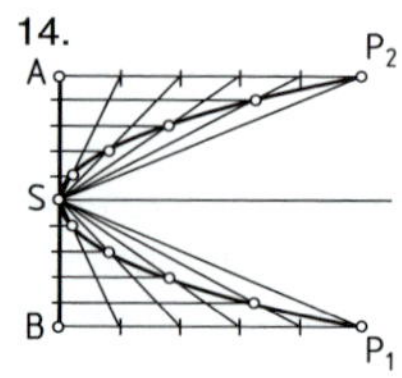

Parabelkonstruktion
Einteilung der Rechteckseiten AP_2 BP_1 und der Strecken AS, BS in gleiche Teile. Verbindet man die Teilpunkte mit den gleichen Zahlen, erhält man die Parabelpunkte.

73.1 Technische Kommunikation – Arbeitsplanung – Informationen

- Zwei Techniker informieren sich über die Bearbeitung und Ausführung eines umfangreichen Projekts (z. B. Versorgungsanlage); **sie kommunizieren miteinander**.
- Im technischen Bereich handelt es sich um eine **technische Kommunikation**.
- Bedeutsam ist ein sicherer **Austausch von Informationen** (meistens sehr zahlreiche Teilinformationen). Dies gilt auch zwischen Betrieb und Kunde.
- Eine Kommunikation muss deutlich, konfliktfrei, zielorientiert, effizient und fehlerfrei sein.

73.2 Kommunikationswege

- **Zwischen Menschen:** Neben dem gesprochenen Wort (unmittelbares Kommunikationsmittel) ist die schriftliche Information wesentlich von Bedeutung; ebenso das gedruckte Wort (trotz elektronischer Medien). Bedeutsam ist z.B. das Nachlesen von Informationen (nachhaltige Erlebnisse), die Verwendung von Symbolen ermöglicht oft ausreichende Informationsweitergaben.
- **Zwischen Mensch und Maschine:** Im Allgemeinen erfolgt eine Informationsübertragung an eine Maschine so, dass die menschliche Sprache in eine maschinenlesbare Sprache übersetzt wird (oder umgekehrt). Mittel: Steuerungs- oder Computertechnik → programmgesteuerte Maschinen
- **Zwischen Maschinen:** Diese sind informationstechnisch so miteinander vernetzt, dass untereinander ein selbsttätiger Austausch von Informationen möglich ist (einschließlich deren Verarbeitung).

73.3 Information (Merkmale und Bedeutung)

- Mitteilungen, Nachrichten, Symbole, Signale u.a.
- Grundlage für Entscheidungen, wenn diese auf aktuellen, vollständigen Informationen beruhen.
- Nutzbarmachung von niedergelegten Informationen z. B. Bücher, Druckschriften u. a. = **Dokumentation**
- Anwendung von Produktinformationen z. B. technisches Zeichnen, Montagepläne, Fachbücher, Kataloge, Fachmessen, techn. Befragungen
- Obwohl der **Information**sfluss je nach Betriebsart, Größe, Herstellung, Industrie oder Handwerk variiert, gilt grundsätzlich die Abfolge von der Produktidee (Planung) bis zum fertigen Produkt (z. B. SHK-Anlage)

73.4 Normenübersicht

ISO	Internationale Normen	DIN	Deutsches Institut für Normung e.V. (zuvor Entwurf)	DIN ISO	Deutsche Norm von ISO übern.
EN	Europäische Normen			DIN EN ISO	Deutsche Norm von ISO übernommene EN-Normen
EN ISO	Europäische Ausgaben von ISO übernommen	DIN EN	Nationale dt. Ausgabe von EN übernommen	Normungsorganisationen wie z. B.	
VDI	Verein deutscher Ingenieure; Herausgabe technischer Richtlinien (VDI-Richtlinien)	VDMA VDE	Verein deutscher Maschinen- und Anlagenbauer Verband der Elektrotechnik		

Inhalt der DIN-Normen bezieht sich u.a. auf:

Planung – Sicherheit – Qualität – Stoffe – Prüfung – Lieferung – Gesundheit – Dienstleistung

Anmerkungen:
- DIN-Normen = verpflichtende Empfehlungen. Die Anwendungen werden in der Praxis laufend überprüft.
- Falls fehlende Erfahrungen oder plötzliche Neuerungen zu erwarten sind, kommen zuerst Normentwürfe, sog. Vornormen zur Anwendung. Entwürfe werden öffentlich geprüft.

73.5 Aufgaben und Bedeutung der technischen Kommunikation

Mithilfe von: Skizzen, Zeichnungen, Schaltschemata, Plänen, Diagrammen, Tabellen, EDV-Programmen ermöglicht man im Wesentlichen:

1. Darstellung u. Funktionserläuterung von Bauteilen
2. Vorteile bei Auftragsplanung und Projektablauf
3. Darstellung und Lösen von Detailanfertigungen
4. Klärung bezügl. Schall-, Wärme- und Brandschutz, Platzbedarf, Durchbrüche, Nebenleistungen, u. a.
5. Vereinfachung der Materialzusammenstellung
6. Vermeidung von Missverständnissen zwischen Planer, Montagegruppe und anderen Gewerken
7. Darstellung von Alternativlös., evtl. Nachrüstung
8. Erleichterung bei Abnahme und Abrechnung
9. Hilfestellung bei der Kundenberatung
10. Vorteile bei Fachgesprächen, Schulungen, Info.

- Starke Zunahme der Datenkommunikation für die Gebäudeautomation (s. 65.3; 67.1)
- Techn. Kommun. nicht nur in folgenden ca. 20 Seiten, sondern anhand vieler Tab./Abb. des Buches

74.1 Grafische Darstellungen zur Veranschaulichung funktioneller Zusammenhänge

Bei den zahlreichen grafischen Darstellungen stehen vorwiegend die verschiedenen Diagramme im Vordergrund, mit denen funktionelle Zusammenhänge veranschaulicht werden. Dabei unterscheidet man:

Qualitative Darstellung	Quantitative Darstellung
Mit diesen Diagrammen wird der charakteristische Verlauf der voneinander abhängigen Größen dargestellt, meistens in Form von Kurven (s. Abb. 5). In folgenden Abschnitten zahlreiche Anwendungen.	Hier werden an den Diagrammen Zahlenwerte abgelesen. Beide Achsen werden mit Ziffern versehen. Schnittpunkte der beiden Größen (Messdaten) = gesuchter Wert.

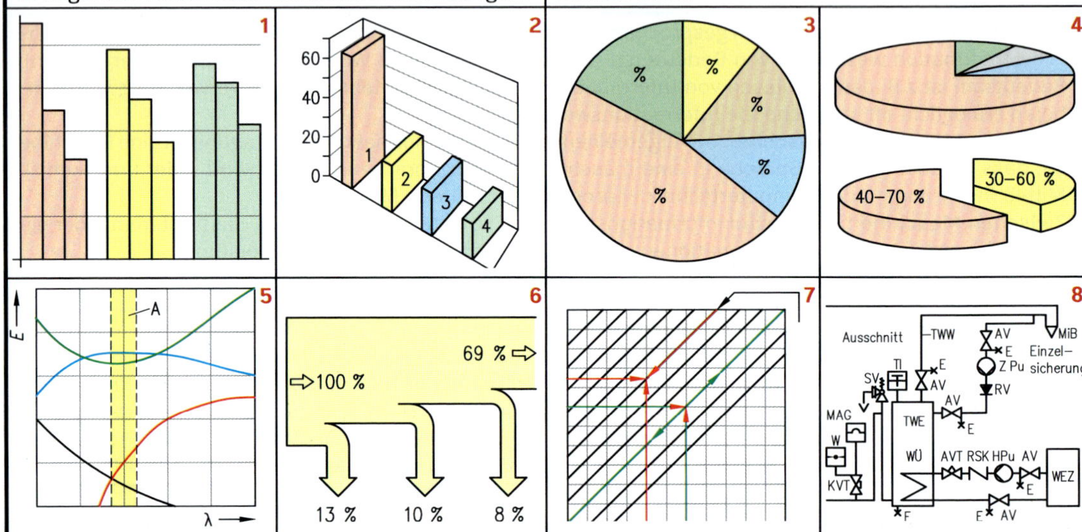

Anmerkungen zu den Abbildungen 1 bis 8:

1. Säulendiagramm: Senkrechte Anordnungen werden als Säulen, waagerechte als Balken bezeichnet. Beide sind gleich dick und werden – je nach Größe (Inhalt) – länger oder kürzer bezeichnet. Die anteiligen Flächen (wie auch bei 3 und 4) werden mittels Farbe (anschaulich und schneller erfassbar) und Zahlen (z. B. Prozentzahlen) gekennzeichnet, seltener durch Schraffuren.
2. Säulendiagramm räumlich dargestellt (z. B. 4 Bestandteile zur Herstellung einer Flüssigkeit).
3. Kreisdiagramm, eine sehr anschauliche Darstellung: 5 Bestandteile in Prozent oder Zahlen.
4. Kreisdiagramm als sog. Aufteilung „Tortendiagramm“, computerunterstützte Erstellung.
5. „Kurvenplan“: Hier Kurvenverlauf von 4 Bestandteilen eines Stoffes (z.B. Rauchgas) zur Ermittlung eines optimalen Arbeitsbereichs einer Feuerungsanlage. Grafische Darstellung
6. Sankeydiagramm: Aufteilung eines Flächenstreifens (100 %) in mehrere schmale Flächenstreifen – entsprechen Prozentanteilen. Anwendung bei Darstellung von Wirkungsgraden, Verlusten u. a.
7. Netztafel (Nomogramm) dient der grafischen Darstellung von mathematischen Zusammenhängen (in der Praxis sehr verbreitet).
8. Funktionsschaubild (Teilansicht) einer Heizzentrale, grafische Symbole für Anlagenteile, Rohrleitungen, Armaturen, Mess- und Regelgeräte, Wärmeerzeuger WEZ und Wärmespeicher TWE.

74.2 Präsentation von Arbeitsergebnissen

Vorbereitung der Präsentation	Durchführung der Präsentation
• Ziel und Bedeutung ausführlich erläutern • Ermittlung der Zusammensetzung der Zuhörerschaft wie z.B. Ausbildung, Berufserfahrungen, Belastbarkeit, Erwartungshaltung • Festlegen und Aufteilung des Gesamtinhalts • Bereitstellung erforderlicher Anschauungsmittel • Beachtung von organisatorischen Aufgaben • Vorbereitung auf evtl. technische Pannen	• **Zur Eröffnung:** Begrüßung der Zuhörer, eigene Vorstellung, Ziel des Themas nennen • **Zum Hauptteil:** Zur Präsentation: Stellung beziehen zum Arbeitsergebnis, zur Herstellung und Nutzung. Zum Vortrag: Deutliche Sprache • Achten auf Tempo, Lautstärke, Bewegungen • **Zum Schluss:** Zusammenfassung des Wesentlichen, eingehen auf evtl. Fragen, Verabschiedung

75.1 Technische Zeichnungen – Zeichnungsarten – Erläuterungen

Technische Zeichnungen sind aus Linien bestehende bildliche Darstellungen in der für technische Zwecke erforderlichen Art und Zweckmäßigkeit. Zeichnungen unterscheiden sich nach: Darstellung, Fertigung, Inhalt, Zweck, Wirtschaftlichkeit. Beispiele mit z. T. Hinweisen:

1 Originalzeichnung	6 Gesamtzeichnung	11 Montagezeichnung	16 Diagramme (s. 74.1)
2 Einzelzeichnung	7 Gruppenzeichnung	12 Teilzeichnung	17 Variantenzeichnung
3 Entwurfszeichnung	8 Skizze	13 Standardzeichnung	18 Schaltpläne (elekr. u. a.)
4 Ergänzungszeichnung	9 CAD-Zeichnung	14 Anordnungszeichnung	19 Entwurfszeichnung
5 Fertigungszeichnung	10 Konstruktionszeichnung	15 Bemaßungszeichnung	20 Patentzeichnung

Anmerkungen zu einigen Zeichnungsarten:
zu 2 (im Gegensatz zu 7): Zeichnung, bei der ein Erzeugnis (z. B. Gerät) in seine Einzelteile zerlegt wird (z. B. zur Präsentation, Ersatzbeschaffung, Information u. a.), „Explosionszeichnung" (s. 568.3);
zu 8: Man unterscheidet Erläuterungs-, Entwurfs-, Aufnahme- und Berechnungsskizze, i. allg. freihändig ohne technische Hilfsmittel, nicht maßstabsgerecht; oft Vorarbeit für eine spätere Einzelzeichnung, Projektrealisierung; zu 9: mittels Software erzeugt, dargestellt auf Plotter, Drucker, Bildschirm;
zu 10: Darstellung eines Gegenstandes im vorgesehenen Endzustand

Begriffe

Schriftart, Linienart, Schriftform, Zeichenpapier, CAD, Schablonen, Projektionen, isometrisch, Maßstab, Schriftfeld, Schnittfläche, Ansichten, Datenfeld, Schraffuren, Arbeitsplan, Umriss, Bemaßung, Zeichenblatt, Zeichenregeln, Schnittbild, PC, Abwicklung, 30°-Raster, Software, Bruchkanten, Lot, Linie

75.2 Bemaßung und Anschlüsse eines Pufferspeichers

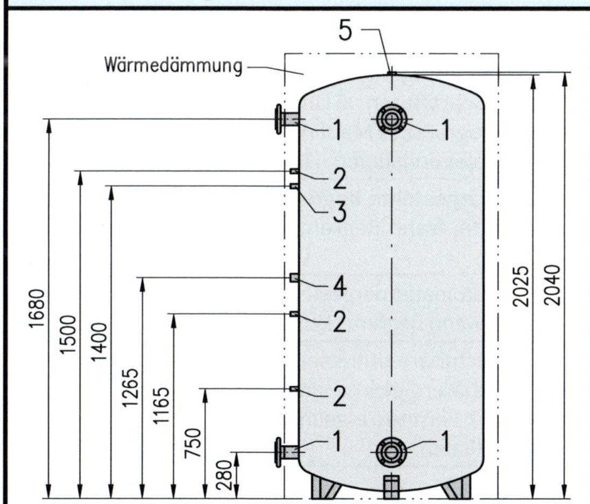

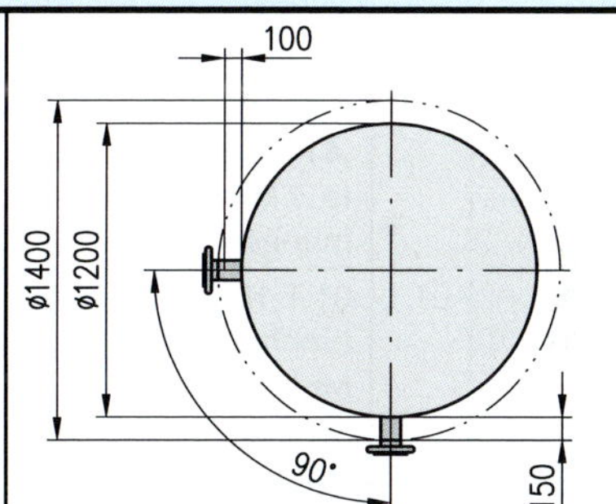

Integration in eine große Holzfeuerungsanlage von 540 kW

1 Vor- und Rücklaufflansche
2 Sensormuffen ½"
3 Desgl. ¾"
4 Elektroheizeinsatz (Reserve)
5 Entlüftungsmuffe

Wärmedämmung mit Hartschaumschalen (≈ 90 mm)

Einbaubeispiele in Heizungs- u. Trinkwassersystemen (mit Einbindung von Solarsystemen) (s. 417.3)

75.3 Maßtoleranzen, Maßbezeichnungen

Nennmaß (Sollmaß) wird in Zeichnung eingetragen
Höchstmaß ist das größte zulässige Maß
Mindestmaß ist das kleinste zulässige Maß
Grenzabweichung (Abmaß) Differenz zwischen Höchst- und Nennmaß oder Mindestmaß und Nennmaß
Messtoleranz zwischen Höchstmaß und Mindestmaß
Stichmaß (Hilfsmaß) Abstand eines Punktes von einer Bezugslinie (Messpunktabstand)
Istmaß ist ein gemessener Wert am Bauteil
Maßabweichung = Differenz zwischen Ist- und Nennmaß

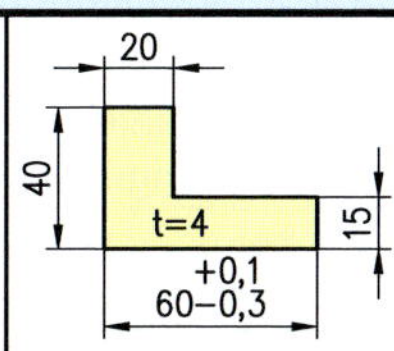

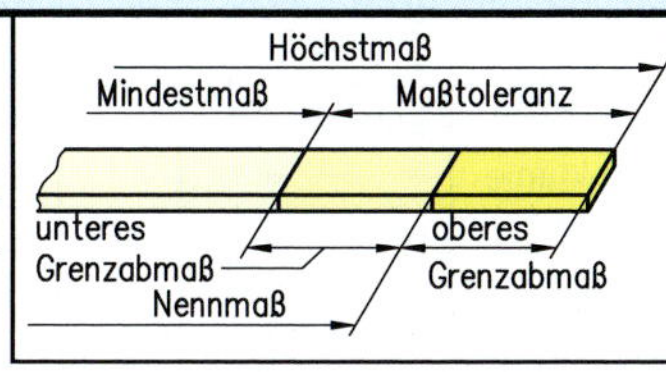

Nennmaß	Abmaße		
50	+0,1 −0,3	Höchstmaß	50 mm + 0,1 mm = 50,1 mm
Sollmaß		Mindestmaß	50 mm − 0,3 mm = 49,7 mm
		Maßtoleranz	50,1 mm − 49,7 mm = 0,4 mm
		Oberes Grenzabmaß	50,1 mm − 50 mm = 0,1 mm
		Unteres Grenzabmaß	49,7 mm − 50 mm = −0,3 mm

76.1 Schriftform B[1] vertikal — DIN EN ISO 3098-2 (DIN 6776-1)

A B C D E F G H I J K L M N O P Q R S T U V W X Y Z Ä Ö Ü

a b c d e f g h i j k l m n o p q r s t u v w x y z ä ö ü ß

[(! ? : ; " - = + × · : √ % &)] ∅ 1 2 3 4 5 6 7 8 9 0 I V X

- **Anforderungen für die Beschriftung:** Lesbarkeit, Einheitlichkeit, Eignung für Mikroverfilmung
- **Nenngröße der Schriftzeichen** ist die Höhe *h* der Großbuchstaben; die Nenngrößeneinheit von *h* hat die Stufung $\sqrt{2}$, wie beim Blattformat (s. 77.2); nach DIN 476-1: 1,8; 2,5; 3,5; 5; 7; 10; 14; 20

Schriftfestlegung - Verhältnisse bei Schriftform B[1] (Mindestabstände)

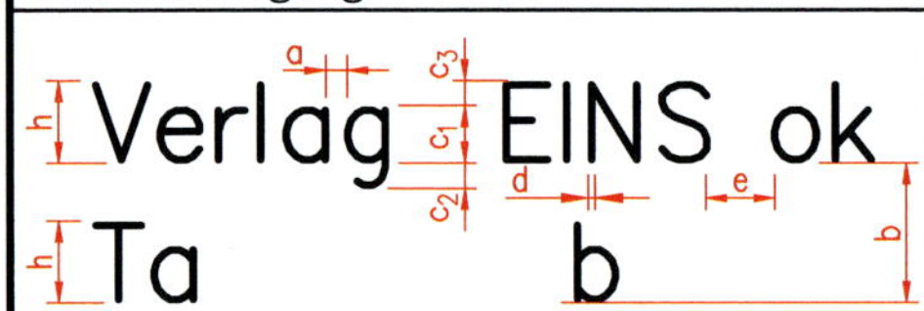

h	Schriftgröße (Höhe der Großbuchstaben)	(10/10) · *h*
c (c_1)	Höhe der Kleinbuchstaben	(7/10) · *h*
c_2, c_3	Unterlänge und Oberlänge, jeweils	(3/10) · *h*
a	mind. Abstand zwischen Schriftzeichen	(2/10) · *h*
b	Abstand zwischen den Grundlinien	(15/10) · *h*
e	Abstand zwischen den Wörtern	(6/10) · *h*
d	Linienbreite, Linienarten (s. 77.1)	(1/10) · *h*

[1] Schriftform B üblich (*h* = 10·*d*); Schriftform A (*h* = 14·*d*) bei eingeschränkten Platzverhältn.

Schriftform A und B können unter 15°-Winkel nach rechts geneigt, kursiv oder vertikal geschrieben werden

76.2 Linienarten und deren Anwendung — DIN ISO 128-24

Benennung/Darstellung[1]	Nr.	Bestimmung der Anwendung durch **Hinzufügen einer weiteren Ziffer**
Volllinie schmal (B)	01.1	z. B. 01.1.**1** Lichtkanten bei Durchdringungen, **.2** Maßlinien, **.3** Maßhilfslin. **.4** Hinweis- und Bezugslinien, **.5** Schraffuren, **.6** Umrisse eingeklappter Schnitte **.7** kurze Mittellinien, **.8** Gewindegrund, **.9** Maßlinienbegrenzung, **.12** Umrahmungen von Einzelheiten, **.16** Projektionslinien, **.17** Rasterlinien u. a.
Freihandlinie schmal (C)	01.1	01.1.**18** vorzugsweise manuell dargestellte Begrenzung von Teilen- oder gebrochener Ansichten und Schnitte, wenn Begrenzung keine Symmetrie oder Mittellinie ist
Zickzacklinie schmal (D)	01.1	01.1.**19** vorzugsweise mit Zeichenautomaten dargestellte Begrenzung von Teil- oder unterbroch. Ansichten u. Schnitte, wenn Begrenz. keine Symm.- o. Mittellinie ist
Volllinie breit (A)	01.2	z. B. 01.1.**2** sichtbare Kanten, **.2** sichtbare Umrisse, **.3** Gewindespitzen, **.4** Grenze nutzbarer Gewindelänge, **.5** Hauptdarst. von Fließbildern, **.7** Formteilungslinien von Ansichten u. a., **.8** Schnittpfeillinien
Strichlinie, schmal (F)	02.1	02.1.**1** verdeckte Kanten 02.1.**2** verdeckte Umrisse
Strichlinie, breit (E)	02.2	02.2.**1** Kennzeichnung zulässiger Oberflächenbehandlung
Strichpunktlinie (Strich-lang) schmal (G)	04.1	04.1.**1** Mittellinien, **.2** Symmetrielinien, **.3** Teilkreise für Verzahnungen, **.4** Lochkreise
Strichpunktlinie (Strich-lang) breit (J)	04.2	04.2.**1** Kennzeichnung begrenzter Bereiche, z. B. der Oberflächenbearbeitung, Wärmebehandlung u. a.
Strich-Zweipunktlinie (lang) (K)	05.1	05.1.**1** Umrisse benachbarter Teile, **.2** Endstell. bewegl. Teile, **.4** Umrisse vor Formgebung, **.6** Umrisse alternative Ausführungen

Liniengrundarten (DIN EN ISO 128-20)

01 Voll/ 02 Strich/ 03 Strich-Abstand/ 04 Strich-Pkt. (Strich lang)/ 05 Strich-2-Pkt./ 06 Strich-3-Pkt./ 07 Punkt/ 08 Strich-Strich (kurz-lang)/ 09 desgl. Strich-2-Strich/ 10 Strich-Pkt./ 11 2-Strich-Pkt./ 12 Strich-2-Pkt. 13 2-Strich-2-Pkt./ 14 Strich-3-Pkt. 15 2-Strich-3-Pkt.

[1] Kennbuchstaben A-K nach bish. DIN-15-1; nach EN ISO 128-20: Variationen: z. B. , Kombinationen: , , , , , ,

77.1 Längen der Linienelemente (entsprechend der Liniengrundarten (s. 76.2)) [1)]

Element	Linienart Nr. [1) 2)]	Länge
Punkte	04-07 und 10-15	$< 0{,}5 \cdot d$ [3)]
Lücken	02 und 04-15	$3 \cdot d$
kurze Striche	08 und 09	$6 \cdot d$
Striche	02, 03 und 10-15	$12 \cdot d$
lange Striche	04-06 und 08 und 09	$24 \cdot d$
Abstände	03	$18 \cdot d$

- *d* in Abhängigkeit von Art und Größe der Zeichnung
- *d* ist nach folgender Reihenfolge auszuwählen (mm) 0,13/0,18/0,25/0,35/0,5/0,7/1,0/1,4/2 ($1 : \sqrt{2}$)
- Breitenverhältnis: sehr breit, breit, schmal 4:2:1
- *d* einer Linie muss durchgehend konstant sein, Abstand paralleler Linien muss mind. 0,7 mm sein
- Linienkreuzung bei 02-06, 08-15 bei Strichen

[1)] nach EN ISO 128-20; [2)] Variationen und Kombinationen (s. 76.2); [3)] *d* = Linienbreiten (s. 76.1)

77.2 Papier-Endformate nach DIN EN ISO 216 – Formate nach DIN EN ISO 5457

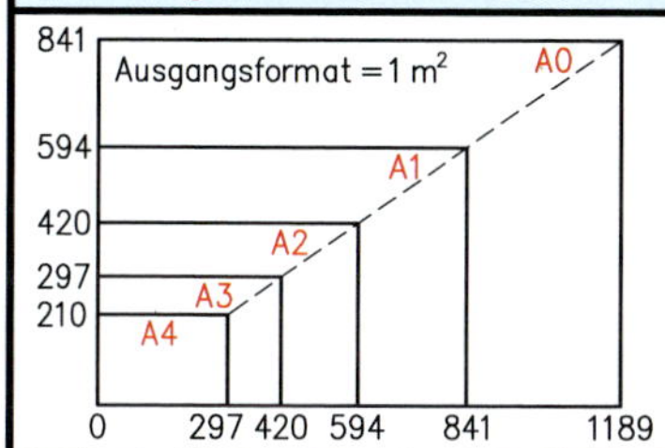

Kurzzeichen	Abmessungen in mm		
	beschnitten	Zeichenfläche	unbeschnitten
A0	841 × 1189	821 × 1159	880 × 1230
A1	594 × 841	574 × 811	625 × 880
A2	420 × 594	400 × 564	450 × 625
A3	297 × 420	277 × 390	330 × 450
A4	210 × 297	180 × 277	240 × 330

Blattbegrenzungen:
- Format unbeschnitten
- Format beschnitten
- Zeichenflächenbegrenzung
- Feldeinteilungsbegrenzung

Die Seiten *x* (Breite) und *y* (Länge) verhalten sich zueinander wie die Seiten eines Quadrates zu dessen Diagonale $x/y = 1/\sqrt{2}$. Formate sind so festgelegt, dass durch Halbieren oder Verdoppeln jeweils das nächstkleinere bzw. nächstgrößere Format entsteht. Nach DIN EN 20216 beträgt die Hauptreihe der Endformate A0, A1, A2, A3, A4, A5, A6, A7, A8, A9, A10 (4AO, 2AO ...).

77.3 Faltungen von Zeichnungen auf A4 (Faltart A: mit ausgefaltetem Heftrand)

Faltung nach DIN 824

Erst längs falten, dann quer falten.

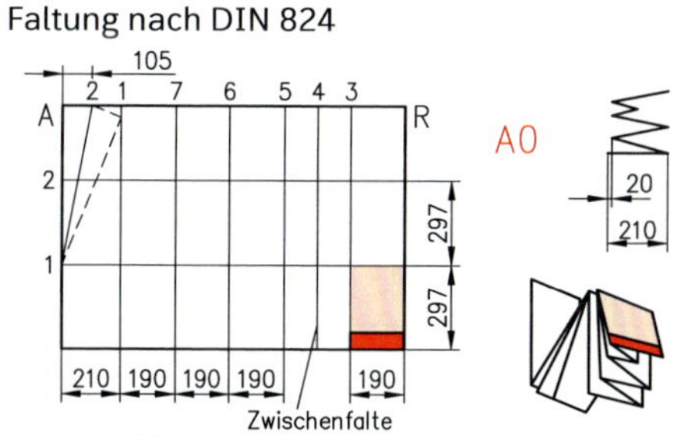

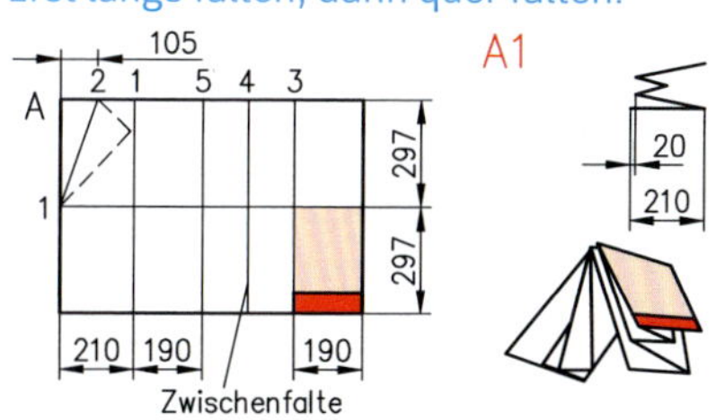

Weitere Faltarten:

Form B: mit zusätzlich angebrachtem Heftrand

Form C: Faltung ohne Heftrand

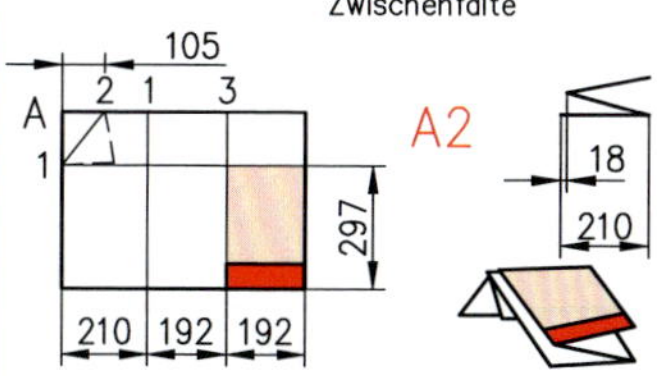

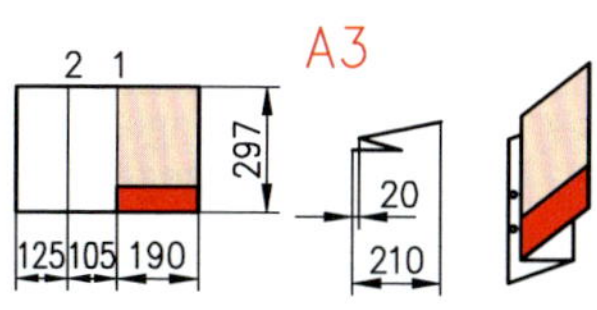

Anleitung, Anmerkungen zu den Abbildungen:
- Man unterscheidet zwischen Längsfalte, Querfalte, Schrägfalte, Zwischenfalte (Restfalte)
- Seite mit Schriftfeld muss immer obenauf liegen (Deckseite)
- Bei Faltbeginn muss bei Formaten A0 bis A2 die Breite 210 mm (ab Falte 1) festgehalten werden

- Vom rechten Blattrand R aus sind Strecken von 190 mm (192 bei A2) einzumessen und zu falten (gerade Zahl)
- Die Schrägfalte 2 (zurückgefaltetes Dreieck von A aus) dient zum Freilegen der Lochung nach Faltung
- Der beim Falten nicht aufgehende Teil (Ausgleich) wird halbiert eingefaltet (Zwischenfalte 4) Falte 3 nach hinten und 4 nach vorn und in diesem Wechsel weiter.

77.4 Maßstäbe nach DIN ISO 5455 (Maßstäbe bei Bauzeichnungen (s. 89.1))

Verkleinerungsmaßstäbe [1)]	Natürlicher Maßstab	Vergrößerungsmaßstäbe
1:2; 1:5; 1:10; 1:20; 1:50; 1:100	1:1 (Originalgröße)	2:1; 5:1; 10:1; 20:1; 50:1

[1)] Weitere Verkl.-Maßstäbe: 1:1200; 1:500; usw.

- **Beispiel:** Blechstück 450 mm × 350 mm im Maßstab 1:5; Maße in der Zeichnung: 90 mm × 70 mm
- Werden in einer Zeichnung mehrere Maßstäbe benötigt, sollte man den Hauptmaßstab in das Schriftfeld eintragen, die anderen in Nähe der Positionsnummer bzw. in Nähe des gezeichneten Einzelteils.

78.1 Darstellung von Körpern in der Normalprojektion — DIN ISO 5456-2

Projektionsmethode 1

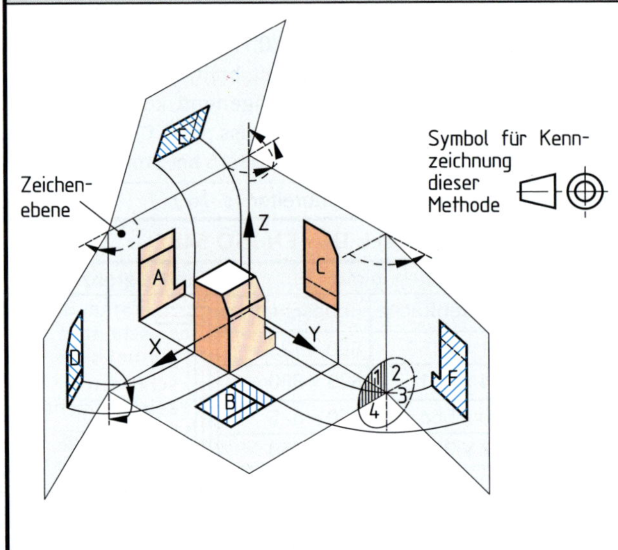

Anordnung und Benennung der Ansichten

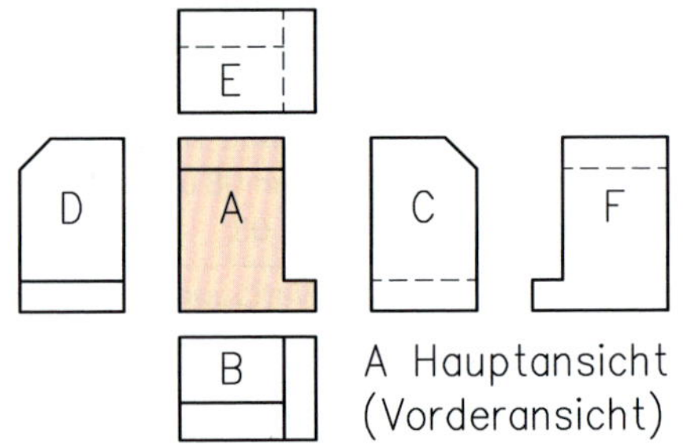

Anordnung der anderen Ansichten in Bezug auf die Hauptansicht

• Draufsicht liegt unterhalb:	Ansicht	B
• Untersicht liegt oberhalb:	Ansicht	E
• Seitenansicht von links liegt rechts:	Ansicht	C
• Seitenansicht von rechts liegt links:	Ansicht	D
• Rückansicht darf rechts oder links liegen:	Ansicht	F

78.2 Weitere Projektionsmethoden — DIN ISO 5456-2

Pfeilmethode (beliebige Anordnung der Ansichten)

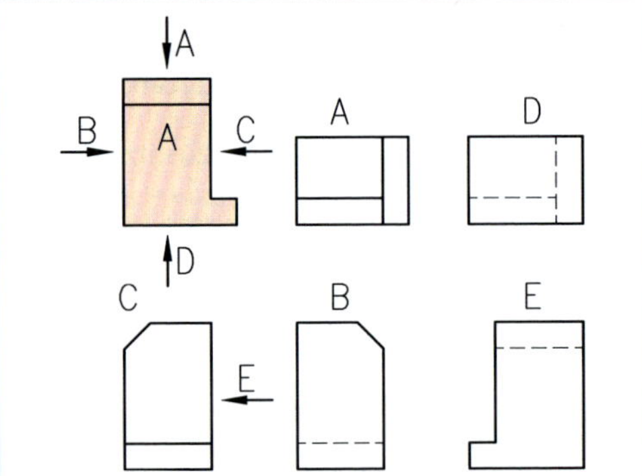

Anwendung bei Platzmangel (z. B. nachträgliches Hinzufügen) und für besondere Projektionsrichtungen Symbol ist der Pfeil

Projektionsmethode 3

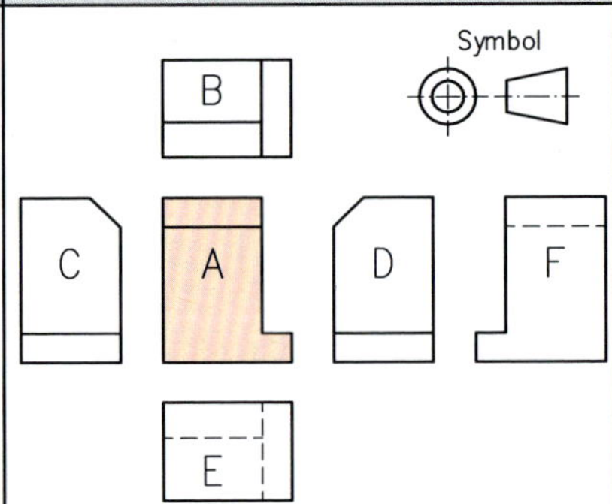

Anwendung in englischsprachigen Staaten Symbol: entgegengesetzt von Projektionsmethode 1

Bezogen auf Vorderansicht gilt:

- **Draufsicht** B liegt oberhalb
- **Seitenansicht von links** C liegt links
- **Seitenansicht** D **von rechts** liegt rechts
- **Untersicht** E liegt unterhalb
- **Rückansicht** kann links oder rechts liegen

78.3 Axiometrische Projektionen – Frontalprojektion — DIN ISO 5456-3

Axiometrische Projektion = Parallelprojektionen, bei der die Lage des Gegenstandes und (oder) die Richtung der Projektionslinien so gewählt sind, dass der Gegenstand in 3 Ausdehnungen dargestellt wird (ihre Messung in Richtung der Koordinaten x, y, z)

Schiefwinklige Parallelprojektion (Frontalprojektion): Vorderansicht parallel zur Bildebene; im Gegensatz zu a) nur 2 Objektachsen

a)

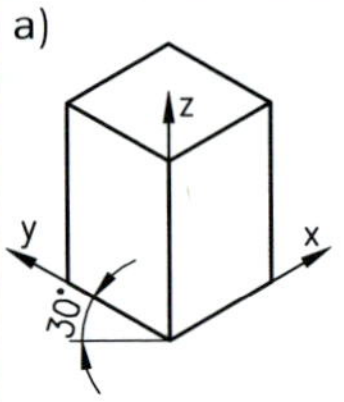

Isometrische Darstellung
3 Ansichten werden gleichwertig abgebildet

b)

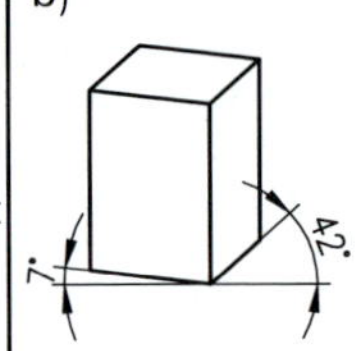

Dimetrische Darstellung
eine Ansicht wird bevorzugt dargestellt

c)

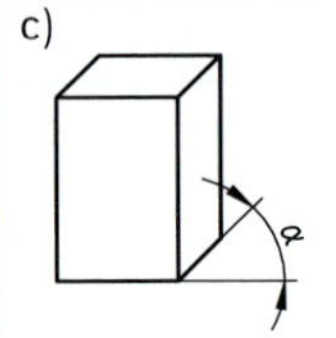

eine Möglichkeit

Schiefwinklige Axometrie
Projektionslinien treffen schiefwinklig auf Projektionsebene (Bildebene) auf, ∢ z. B. 30°, 45°, 90°

79.1 Abwicklung eines schrägen Zylinderschnitts (Mantelfläche und Deckfläche)

- Zwölferteilung beim Kreisumfang (Grundriss)
- Kreispunkte von Draufsicht in Vorderansicht projizieren
- Als Senkrechte (Mantellinien) in Vorderans. eintragen

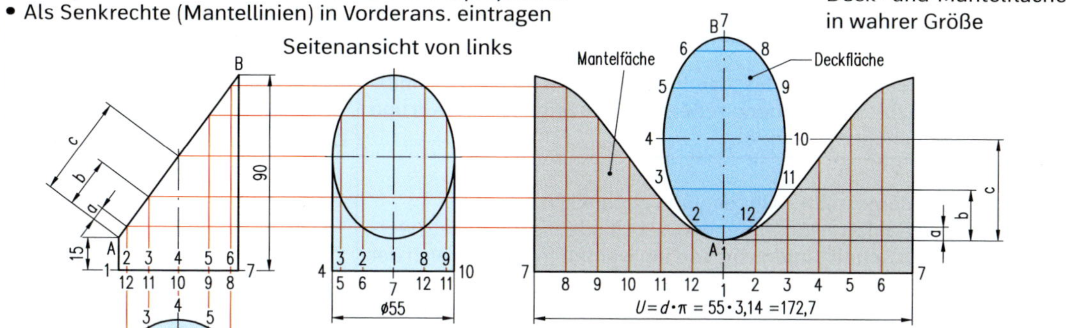

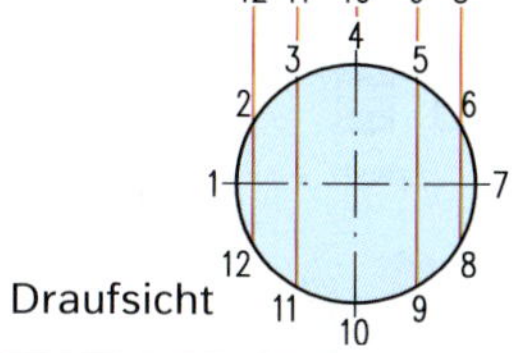

Mantelfläche: Mantelfläche in 12 gleiche Teile; in Rechteck Mantellinien 1 bis 12 einzeichnen (daraus Zuschnittskurve)

Deckfläche: Große Achse ≙ Strecke A-B; Unterteilung dieser Strecke in Abständen a, b und c der Vorderansicht (wahre Längen der Mittelachse) Strecken 12-2, 11-3 usw. in wahren Größen in der Draufsicht ⇒ Ellipse

79.2 Abwicklung eines Rohrabzweigs mit demselben Durchmesser, 90°

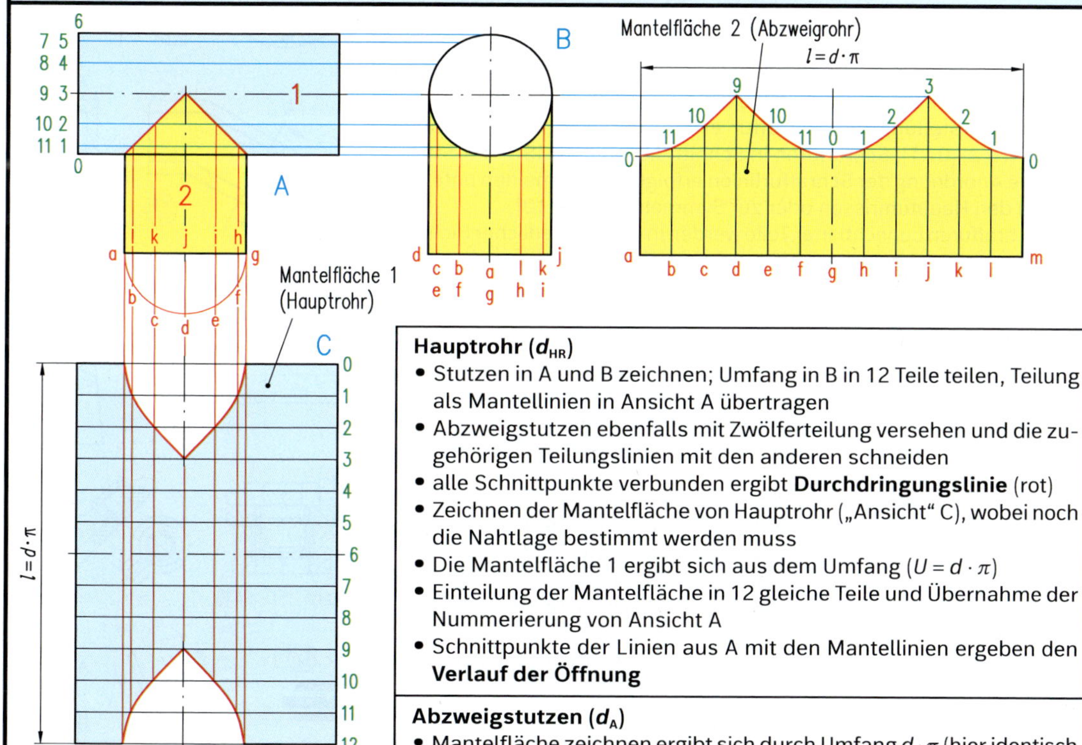

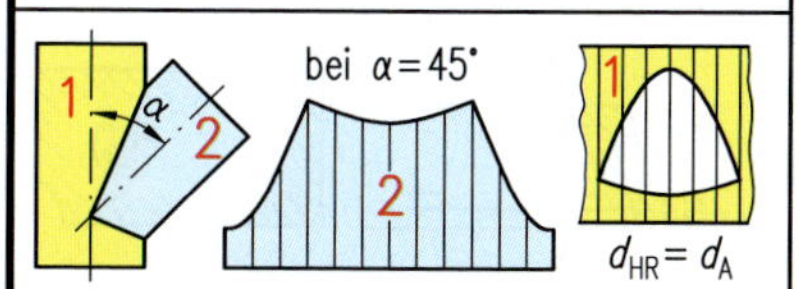

Hauptrohr (d_{HR})

- Stutzen in A und B zeichnen; Umfang in B in 12 Teile teilen, Teilung als Mantellinien in Ansicht A übertragen
- Abzweigstutzen ebenfalls mit Zwölferteilung versehen und die zugehörigen Teilungslinien mit den anderen schneiden
- alle Schnittpunkte verbunden ergibt **Durchdringungslinie** (rot)
- Zeichnen der Mantelfläche von Hauptrohr („Ansicht" C), wobei noch die Nahtlage bestimmt werden muss
- Die Mantelfläche 1 ergibt sich aus dem Umfang ($U = d \cdot \pi$)
- Einteilung der Mantelfläche in 12 gleiche Teile und Übernahme der Nummerierung von Ansicht A
- Schnittpunkte der Linien aus A mit den Mantellinien ergeben den **Verlauf der Öffnung**

Abzweigstutzen (d_A)

- Mantelfläche zeichnen ergibt sich durch Umfang $d \cdot \pi$ (hier identisch mit dem von 1, da dgl. ø) und Stutzenlänge vom Ende des Stutzens bis zur Mittellinie Hauptrohr
- Zwölferteilung und Teilungsbenennung aus A übernehmen
- Längen der Mantellinie aus A oder B abmessen auf abgewickelte Mantelfläche projizieren und mit zugehörigen Teilungslinien schneiden. Verbindung der Linienschnitte → **Kurvenverlauf**

80.1 Darstellung von Schnittflächen und Schraffuren

Schnittzeichnungen, wenn verdeckte Hohlräume oder Profile bzw. Querschnitte nicht eindeutig dargestellt werden können. Schraffuren dienen zur Darstellung von Schnittflächen und Stoffen.

Allgemeine Hinweise und Regeln zur Darstellung	Ausführungsbeispiele

Schnitt
Darstellung eines Gegenstandes, der durch eine oder mehrere Schnittebenen parallel zur Zeichenebene zerlegt wird. Er zeigt, was sich in und hinter der Zeichenebene befindet.

Schnittebene
Ebene, die den dargestellten Gegenstand gedanklich trennt.

1 Kann der Verlauf einer Schnittebene nicht eindeutig dargestellt werden, müssen **Schnittlinien** vorgesehen werden (nur im Bereich der Umrisslinien oder an Knickstellen) [3].
2 Die Blickrichtung auf die Ebene wird durch Pfeile angegeben. Die Pfeilspitze berührt die Schnittlinie [5] [7] [13].
3 Einzelteile in einer Gesamtzeichnung (z. B. Bolzen, Schrauben, Stifte, Stege, Rippen, Federn usw.) werden in der Schnittebene im Allgemeinen nicht geschnitten dargestellt [1, 10].
4 Liegen zwei Schnittebenen im Winkel zueinander, wird der Schnitt so dargestellt, als lägen die Schnittflächen in einer Ebene. Löcher dürfen in die Schnittebene gedreht dargestellt werden (ohne Schnittverlaufangabe) [5].

Schnittfläche
Fläche, die beim Trennen des Gegenstandes durch die Schnittebene entstehen würde; sie wird im Allgemeinen schraffiert.

5 Die Darstellung der Schraffur erfolgt durch schmale Volllinien (s. 76.2) (01.1); Schraffuren in Schnittflächen (DIN ISO 128-50).
6 Die Anordnung der Schraffurlinien erfolgt im Allgemeinen unter 45° zu den Hauptumrissen oder zur Symmetrieachse [10].
7 Schraffuren benachbarter Teile werden in unterschiedlicher Richtung oder unterschiedlichem Abstand gezeichnet [1, 10].
8 Der Abstand der Schraffurlinien ist der Größe der Schnittfläche anzupassen [13].
9 Bei großen Schnittflächen genügt eine Randschraffur [15].
10 Sehr schmale Schnittflächen können voll geschwärzt werden [12].
11 Befinden sich in der Schnittfläche Maßzahlen oder andere Eintragungen, so ist dort die Schraffur zu unterbrechen.
12 Die Schraffur ist auch dann einheitlich, wenn zwei Schnittebenen einen Winkel bilden [5].
13 Schraffurverwendung zur Stoffkennzeichnung (s. 91.2).
14 Bei geneigten Werkstücken legt man erläuternde Ansichten und Schnitte parallel zur schräg verlaufenden Kante [11].
15 Schnittflächen durch volle oder hohle Rundkörper vgl. (s. 82.2).
16 Zur Ersparnis von Zeichenfläche können Gegenstände auch gebrochen gezeichnet werden (s. 82.2).
17 Zu zeichnende Einzelheiten, die vor der Schnittebene liegen, erfolgen durch schmale Strichzweipunktlinien [2].

Schnittarten
Man unterscheidet **Vollschnitte** (Vertikal-, Horizontal-, Frontalschnitte), **Halbschnitte**, **Profilschnitte** u. **Teilausschnitte**.

18 Halbschnitte werden im Allg. rechts von der senkrechten Mittellinie oder unterhalb der waagerechten angeordnet [8].
19 Eine Profilschnittfläche kann auch gedreht in die Ansicht gezeichnet werden (ohne besondere Kennzeichnung) [9].
20 Teilschnitte werden durch Freihandlinien begrenzt [9].

Ausführungsbeispiele

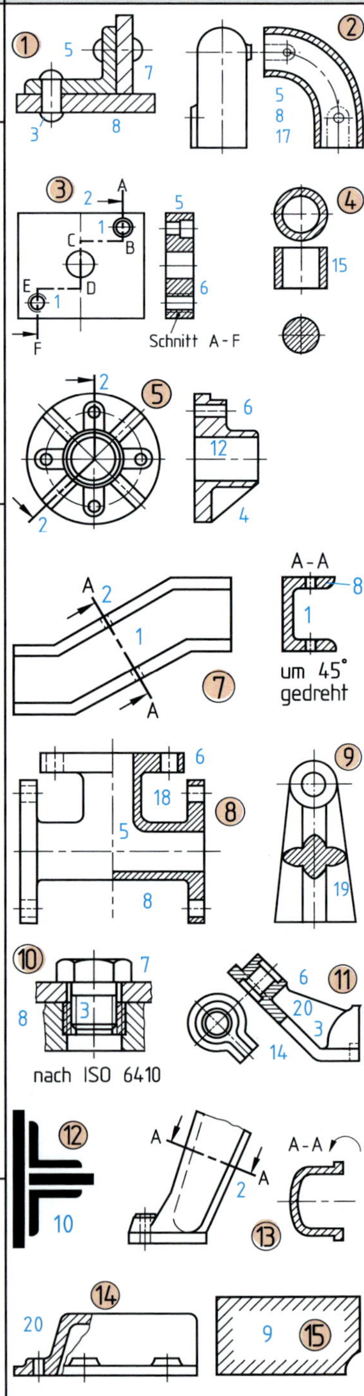

81.1 Maßeintragungen in Zeichnungen und Bemaßungsregeln — DIN 406-11

Begriffe	Allgemeine Hinweise und Regeln	Ausführungsbeispiele
Kennzeichnung	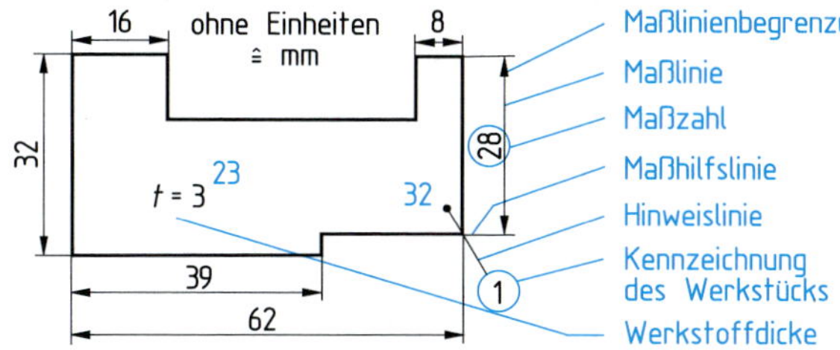	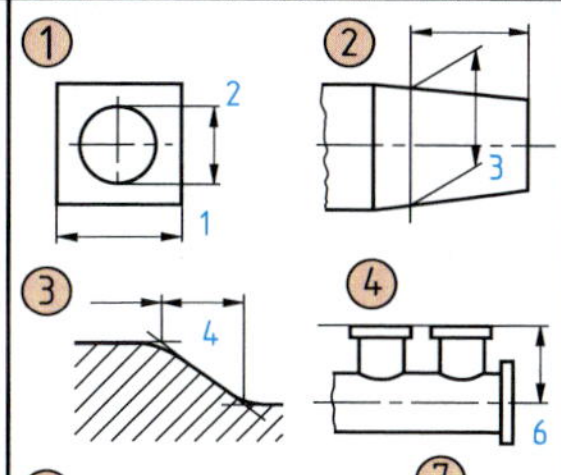
Maßhilfslinien	1 Sie ragen etwa 1 bis 2 mm über die Maßlinien hinaus 2 Bei Längenmaßen rechtwinklig zur zugehörigen Messstrecke 3 Schräge Anordn., (im Allg. unter 60 °), wenn damit übersichtlicher 4 Bei projizierenden Umrissen am Schnittpunkt ansetzen 5 Sie dürfen unterbrochen werden, wenn Fortsetzung erkennbar 6 Gemeinsame Linie bei gleichen Elementen und Maßen [10] 7 Bei Winkelmaßen bilden sie die Verlängerung der Schenkel [6]	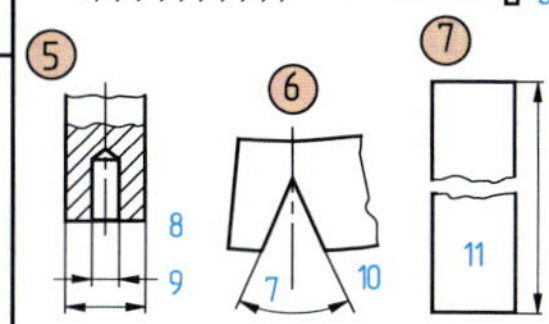
Maßlinien	8 Sind - wie Maßhilfslinien - schmale Volllinien 9 Untereinander und mit anderen Linien nicht schneiden [8] 10 Parallel zu den bemaßten Längen; Winkel- und Bogenmaße als Kreisbogen, bei < 30 ° auch als Gerade zulässig 11 Keine Linienunterbrechung bei unterbrochener Darstellung [7] 12 Ca. 7 mm Abstand bei Parallellinien, mind. 10 mm vom Körper 13 Bei gleicher Lochteilung evtl. Vereinfachung der Maßketten [8]	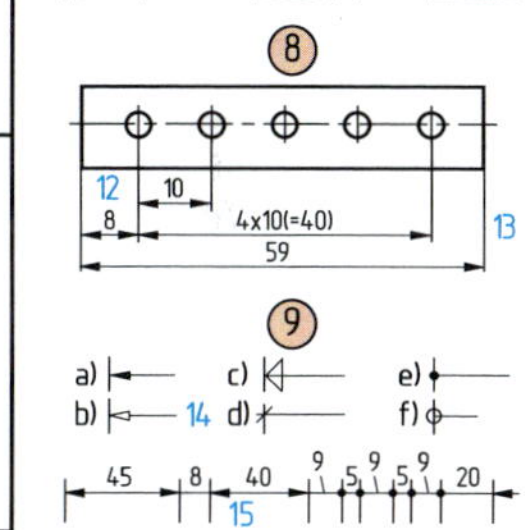
Maßlinienbegrenzung	14 Nach Abb. 9 a) durch geschwärzten Pfeil (Regelfall); b) bei rechnerunterstützter Anfertigung; c) d) im Bauwesen; e) Punkte bei Platzmangel; f) für Ursprungsangabe einer Bezugsbemaßung 15 In einer Zeichnung nur eine Begrenzungsart verwenden 16 Bei Platzmangel ist Anbringung auch von außen möglich [13]	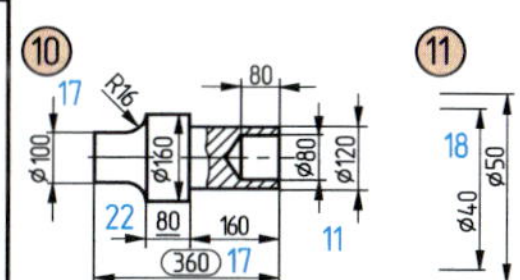
Maßzahleneintragung	17 In der Regel so, dass sie in Leselage der Zeichnung von unten und von rechts gelesen werden können; (360) Prüfmaß [10] 18 Bei parallelen oder konzentr. Maßlinien versetzter Eintrag [11] 19 Bei Platzmangel Eintrag über Maßlinienverlängerung [16] 20 Radienangabe möglichst nicht im grauen 30 °-Bereich [12] 21 Auch auf verlängerten und abgewinkelten Linien möglich [14] 22 Immer über Maßlinie; Zahl unterstrichen ≙ unmaßstäblich 23 Dicke- oder Tiefe-Angabe ist zulässig (t), s. Abb. oben	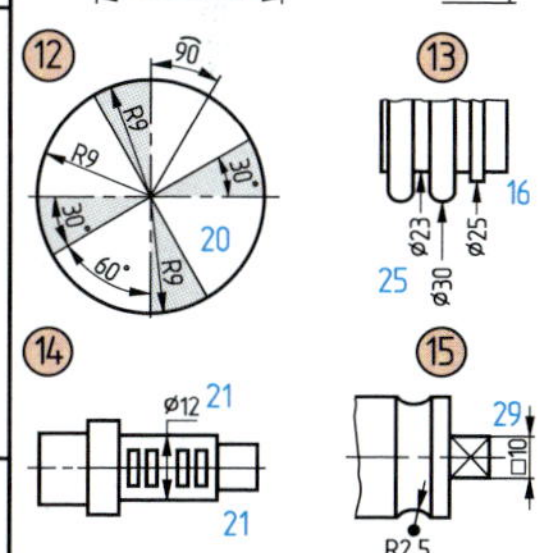
Durchmesser, Radien, Quadrate usw.	24 Durchmesserzeichen ist immer vor die Maßzahl zu setzen (auch wenn Kreisform aus Ansicht ersichtlich) [16] 25 Bei Platzmangel Durchmesserzeichen von außen [13] 26 Bei Radien wird vor Maßzahl ein R gesetzt, nur an Kreisbogen mit Pfeil inner- oder außerhalb der Darstellung [15] [16] 27 Wenn sich Radiusmittelpunkt nicht aus den geometrischen Beziehungen ergibt, muss er bemaßt werden [16] 28 Falls Radiusmittelpunkt außerhalb der Zeichenfläche liegt, erhält Linie einen Knick (nicht bei Computeranfertigung) [16] 29 Bei quadratischen Formen steht vor der Maßzahl ein Quadratzeichen. Ebene Flächen haben ein Diagonalkreuz [15] [17] 30 Bei Schlüsselweiten wird vor die Maßzahl ein SW gesetzt 31 Fasen mit 45° Winkel siehe entsprechend [18]	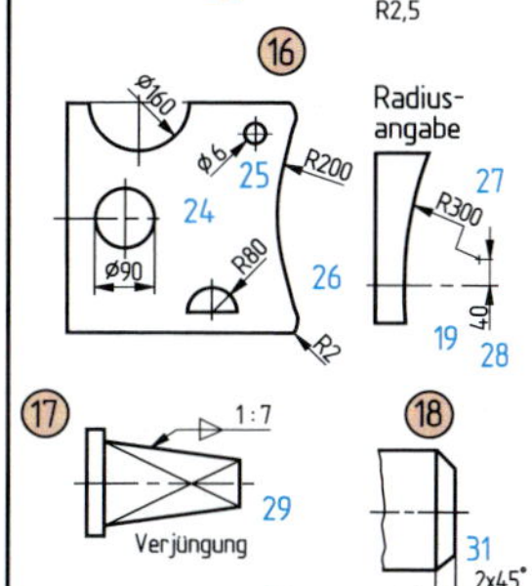
Hinweislinien	32 Enden diese an Körperkanten, werden sie mit Pfeil, enden sie an Flächen, werden sie mit Punkt versehen (s. Abb. oben) 33 Enden sie an anderen Linien, haben sie keine Begrenzung	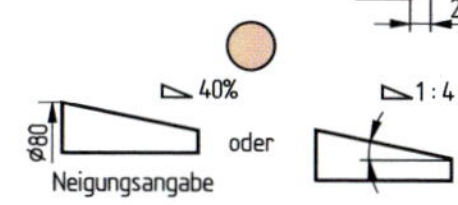

82.1 Bemaßungsbeispiele (Fortsetzung von S. 78 und 79) – Schrauben – Flanschen

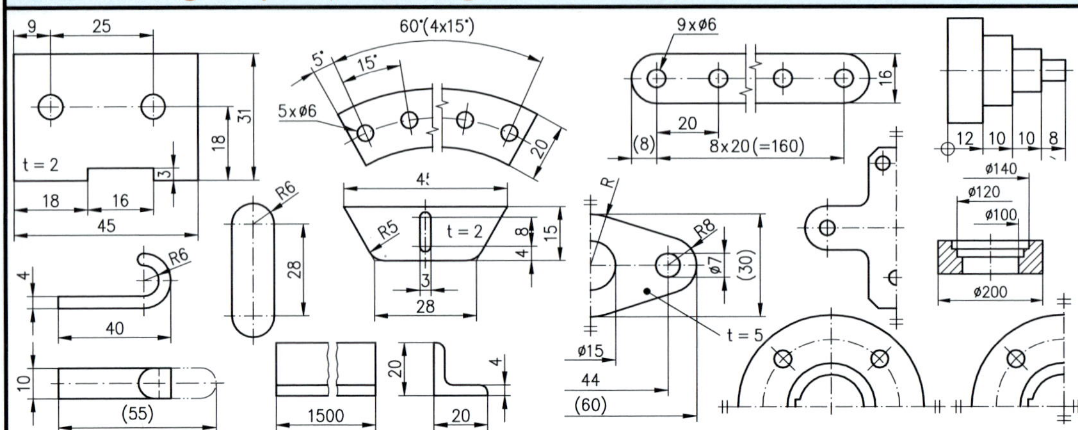

Symmetrische Teile dürfen unterbrochen werden, wenn sie damit eindeutig bestimmt werden können.
Grafiksymbole ╪ ╪ für Symmetrie am Ende der Symmetrielinie erforderlich.

Flanschdarstellung mit Teilansicht nach DIN ISO 128-30

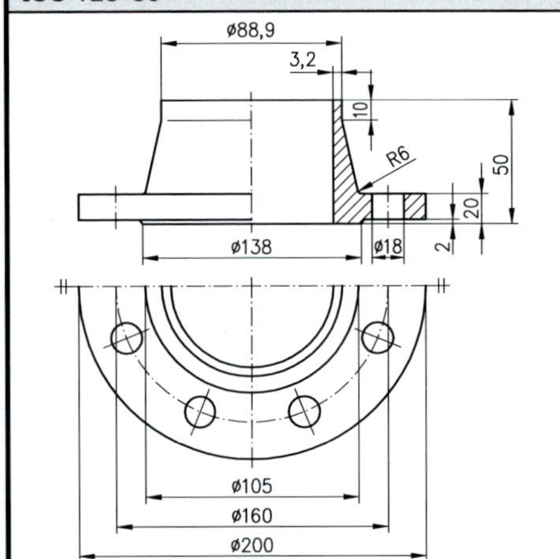

Sechskantschraube nach ISO 4014 M 8 × 40

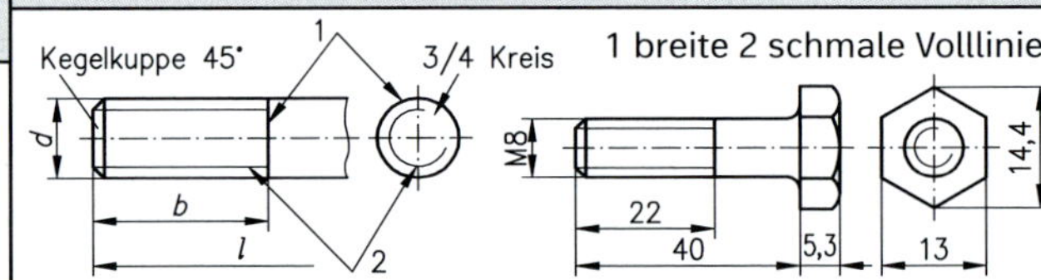

Schrauben und Mutter mit Scheibe

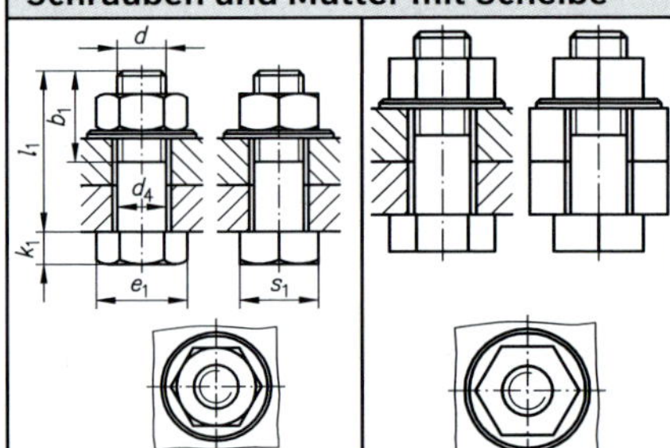

links:
mit Faserkreisen, Faserkanten und Kuppen

rechts:
vereinfachte Darstellung spart Zeichenarbeit

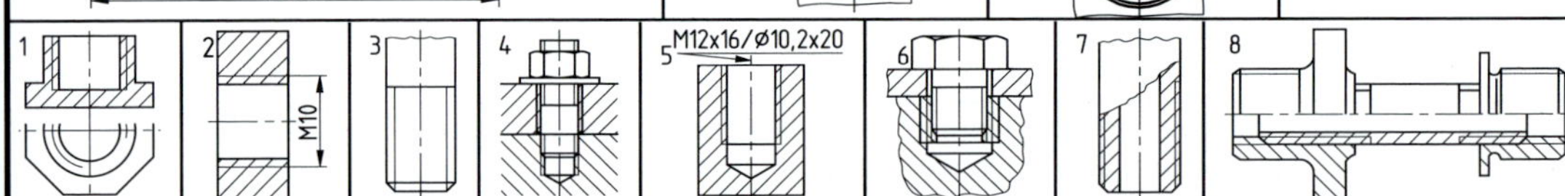

82.2 Verkürzte Darstellung von Werkstücken durch Bruchkanten DIN ISO 128-34

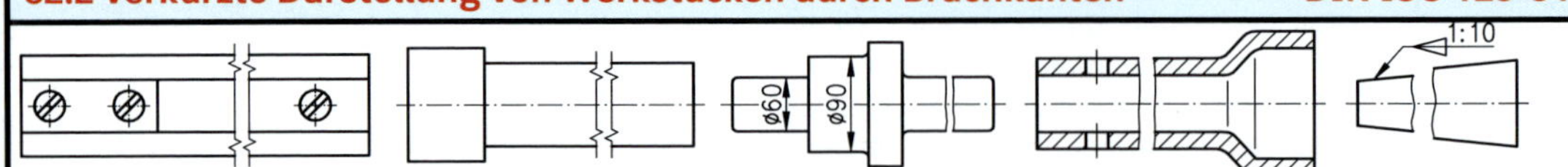

Freihand- oder Zickzacklinie (letztere etwas über Umrisslinie hinaus; Schleifen nicht mehr normgerecht)

82.3 Ermittlung der erforderlichen Rohrlänge zwischen zwei Fittings (DN 20)

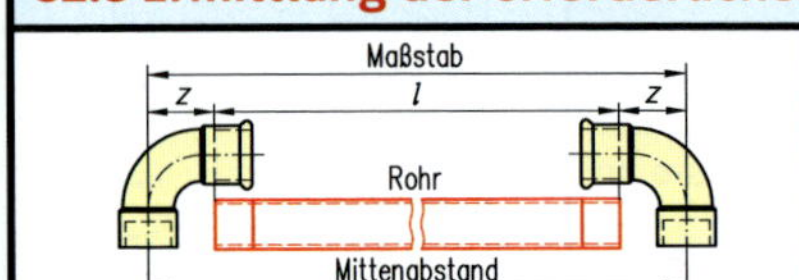

ausgehend vom Mittenabstand z. B. 2165 mm (2,165 m);
2165 mm abzüglich $2 \cdot z = 2165 - 2 \cdot 35 = 2095$ mm.

Rohrlänge $l = 2095$

83.1 Heizungsverteiler zur Versorgung von vier Heizgruppen

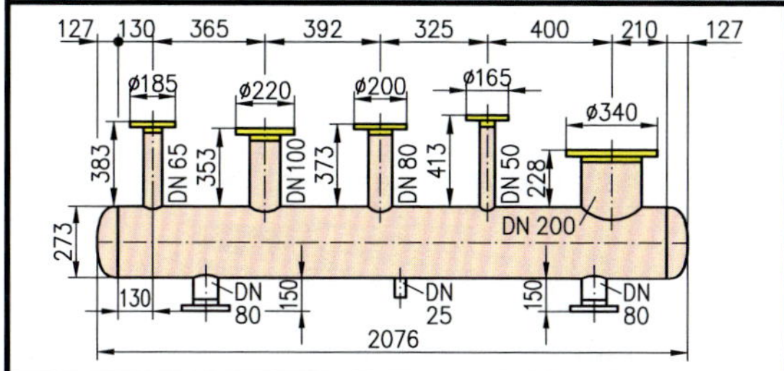

- Maße der Stutzenhöhe gelten für Ventile nach DIN 3356-2 (**normale Baulänge**) PN 16 und einem lichten Abstand zwischen den Stutzen von 100 mm (Außenkante Dämmung bis Außenkante Dämmung)
- Bei Ventilen mit **Kurzbaulänge** gelten die Maße: 258, 248, 253, 268, 228 (anstatt 383, 353, 373, 413, 228 mm)
- Stutzen nach unten sind als Stützen vorgesehen
- Hinweise zur Verteilerbemessung
- Flanscharmaturen (Ventile, Schieber)

83.2 Nutzflächenmaße für eine Fernwärme-Übergabestation (Anhaltswerte nach VDI 2050)

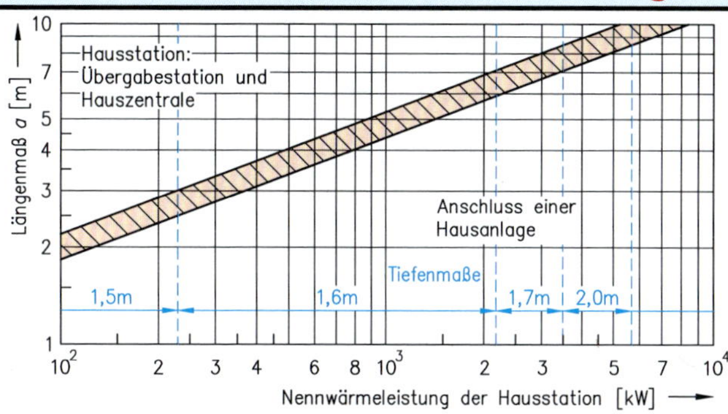

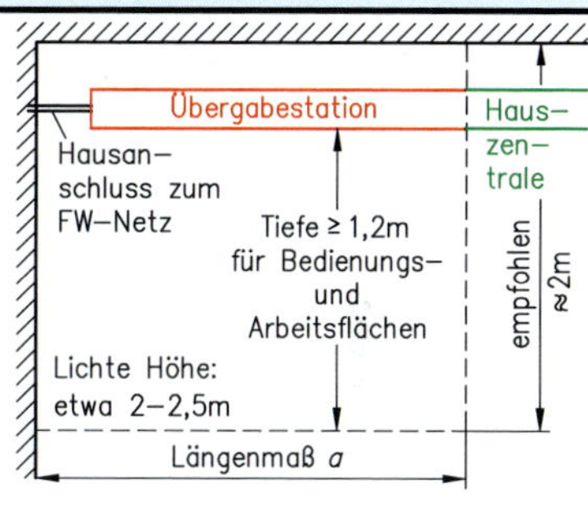

Grundriss

[1] Nutzfläche ist zwischen Wärmelieferer und Abnehmer nach dem Platzbedarf der Anlagenteile abzustimmen; Flächenbedarf für Hauszentrale und Trinkwassererwärmung nach DIN 18012

83.3 Darstellung einer Zweirohrheizung im Grundriss, Rohrschemata

Kellergeschoss

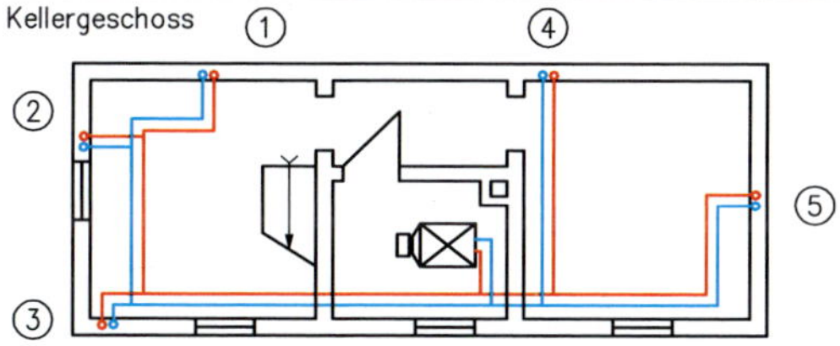

Erdgeschoss

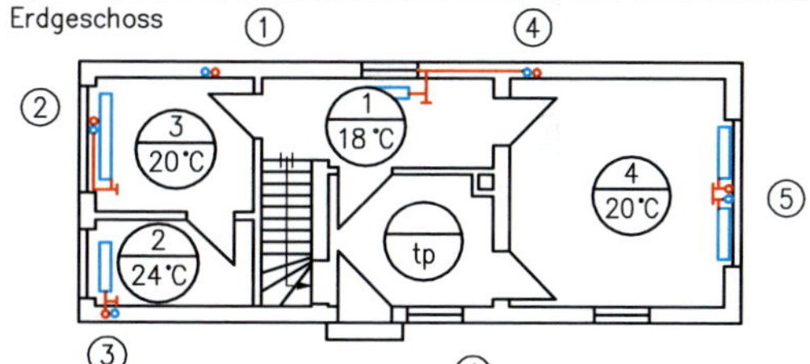

Strangschema

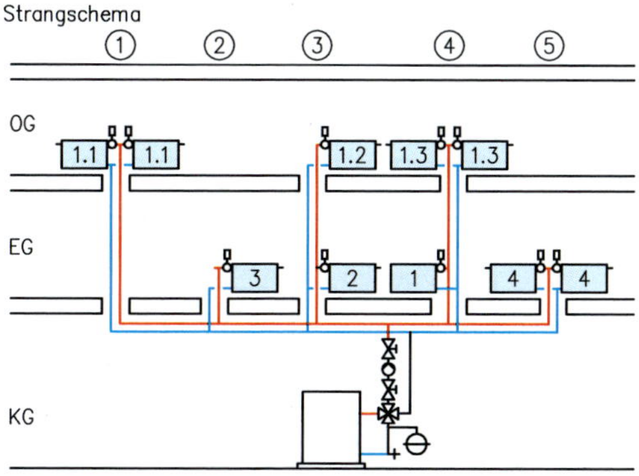

isometrische Darstellung

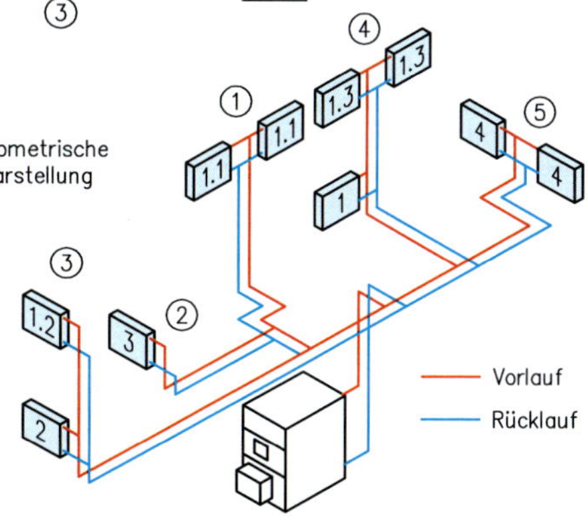

- Im Grundriss sind alle horizontalen Leitungen maßstäblich, im Strangschema nur die vertikalen.
- Aus dem Strangschema (i.d.R. 1:50) sollten auch Kesselanschluss mit Armaturen hervorgehen.
- In der Praxis werden im Strangschema die Verteilungsleitungen (Keller) i.d.R. weggelassen.
- Strangnummerierung wird im Grundriss festgelegt, dann im Strangschema entsprechend übernommen.
- Die isometrische Darstellung wird nur selten angewandt (weitere Beispiele vgl. (s. 84.1)).

84.1 Räumliche Darstellung von Rohrschemata in einem 30°-Raster

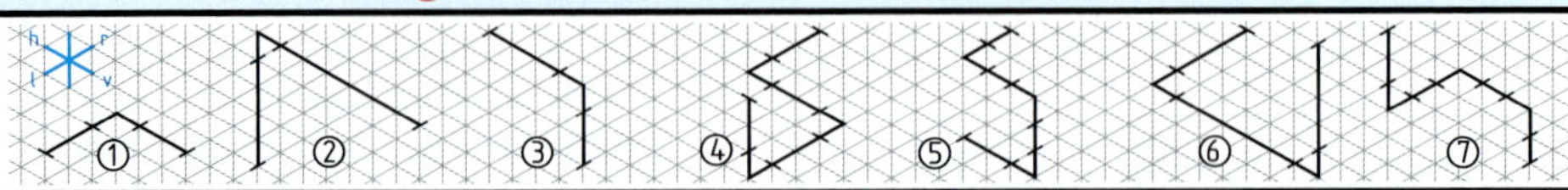

Beispiel: Einrohrheizung

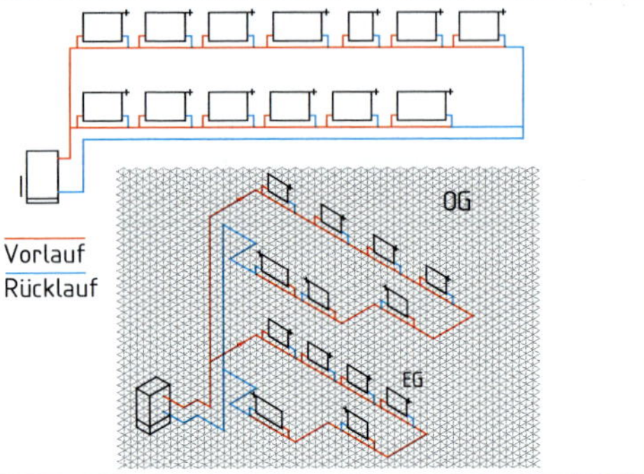

Beispiel: Kalt- und Warmwasseranschlüsse

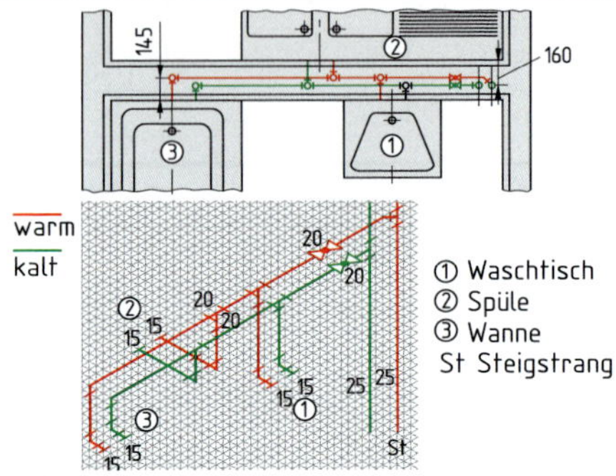

- Senkrechter Leitungsverlauf ≙ senkrechte Strecken • Waagerecht in der Breite nach links oder rechts verlaufende Leitungen werden unter 30° nach links fallend bzw. nach rechts ansteigend gezeichnet; in der Tiefe nach vorn oder hinten verlaufende Leitungen nach rechts fallend bzw. nach links ansteigend
- Querstriche unter 30° am Rohrende, bei Winkeln oder anderen Formstücken • Gefälle bleibt unberücksichtigt

84.2 Darstellung der Rohrführung nach Tichelmann

Beispiel: Strahlplattenheizung

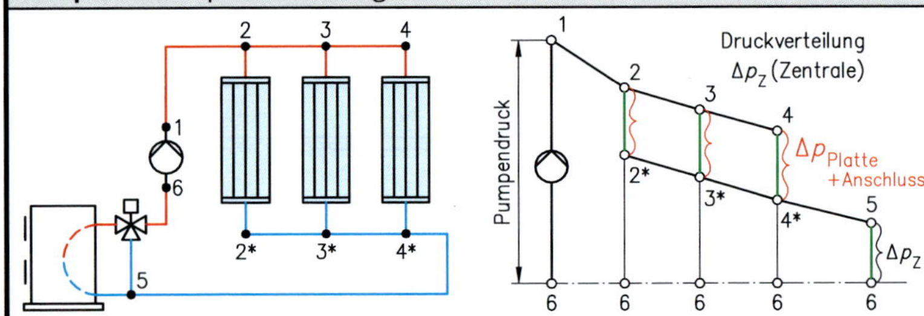

Trinkwassererwärmer

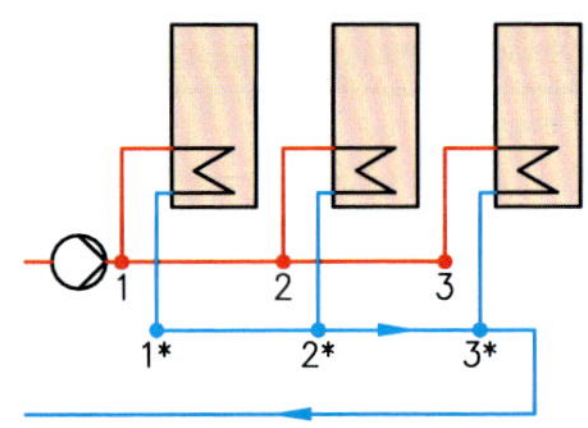

- **Empfohlene Anwendung:** bei großen weit voneinander entfernten Verbrauchern (sehr unterschiedliche Rohrleitungsgängen) z. B. bei Deckenstrahlplatten, Lufterhitzer, TW-Speicher, Sonnenkollektoren u. a.
- **Merkmale:** jeder Verbraucher hat denselben Druckverlust Δp (**Vorteil**) ⇒ hydraulischer Abgleich, der nächstliegende Verbraucher hat den kürzesten Vorlauf, dagegen den längsten Rücklauf (entsprechend umgekehrt beim entferntesten); nachteilig ist der meist größere Rohraufwand und die höheren Montagekosten

84.3 Beispiele von Rohrbogen – Parallel verlegte Rohre

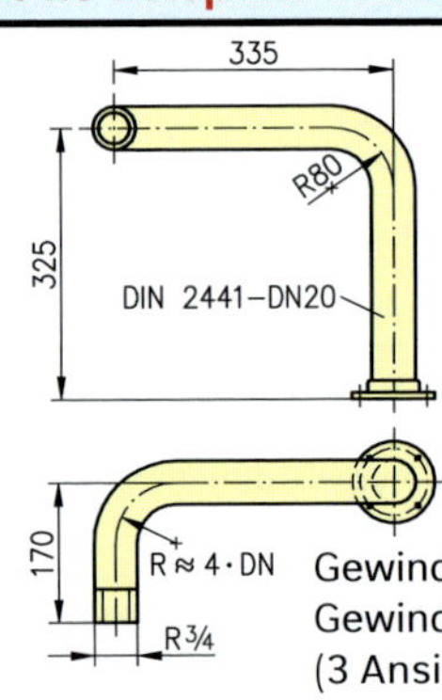

Gewinderohre mit Gewinde u. Flansch (3 Ansichten)

"Über-bogen"

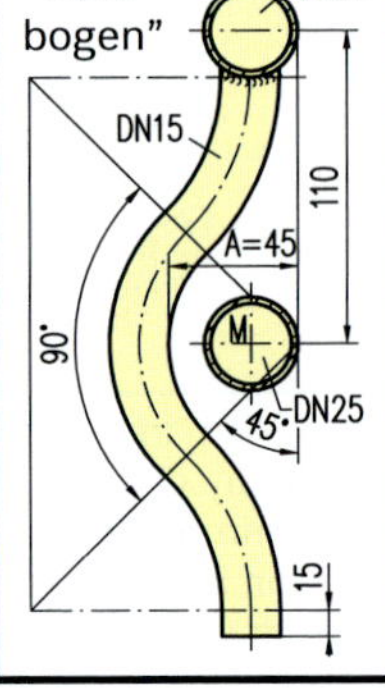

Etagen-bogen

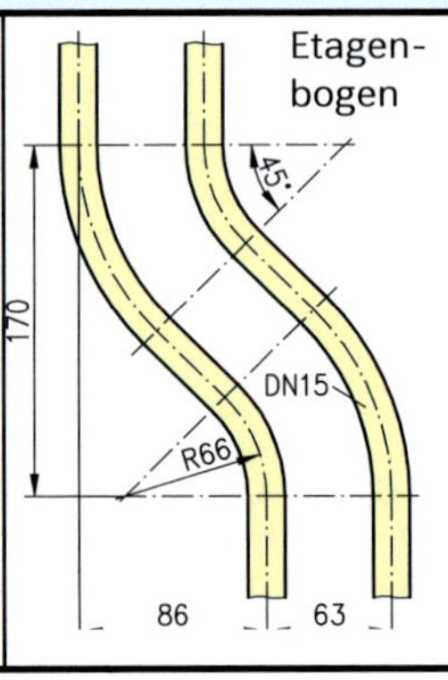

parallel verlegte Rohre mit Rohr-bogen

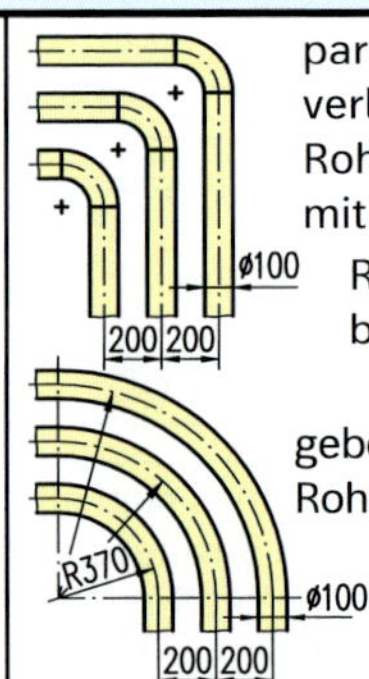

gebogene Rohre

85.1 Obere und untere Rohrverteilung (hier kombiniert)

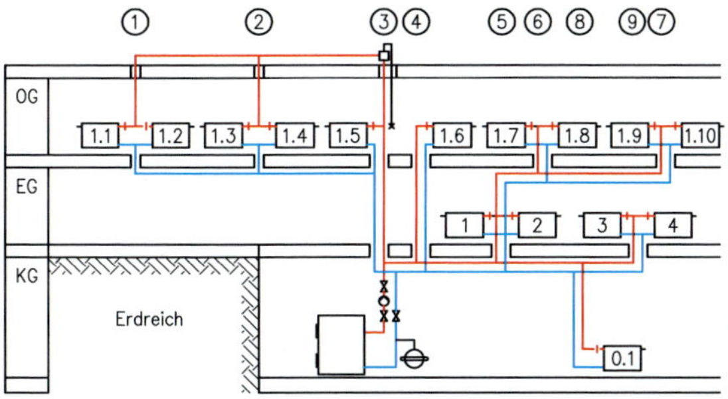

Untere Verteilung (rechter Teil der Abb. – außer 01)
- Rohrführung meistens unter der Kellerdecke
- verbreitetste Rohrführung (Heizung und Sanitär)
- oft etagenweise im Fußboden verlegt
- waagerechte Ltg. oft nicht dargestellt (nur Strang Nr.)
- leichtes Gefälle (Richtung zur Entleerung)

Obere Verteilung (linker Teil der Abb.)
- Steigleitung zum obersten Geschoss
- Anschluss der Heizkörper an den Fallsträngen
- Anwendung z. B. in Gebäuden ohne Kellergeschoss (Industriehallen); bei Deckengeräten
- vereinzelt auch Rücklaufleitung oben verlegt

85.2 Anhaltswerte für die Bemessung von senkrechten Leitungsschächten (Sanitär)

PWHC PWC PWH AW RW G HV HR L

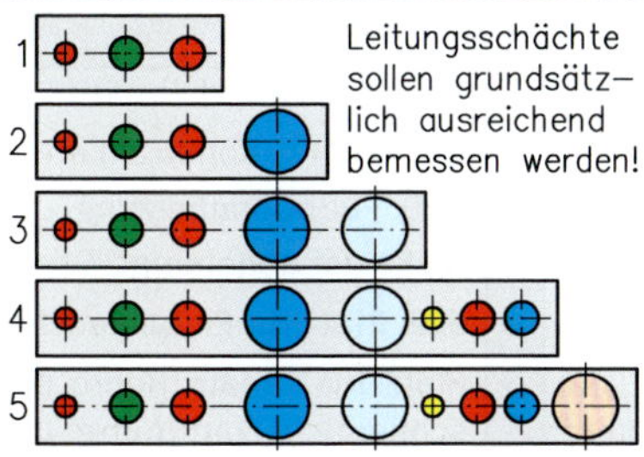

Leitungsschächte sollen grundsätzlich ausreichend bemessen werden!

	Schachtbreite [1]
1	400 ... 500 mm
2	550 ... 750 mm
3	800 ... 950 mm
4	1200 ...1400 mm
5	1500 ...1800 mm

Einflussgrößen auf Schachtabmessung
- Außendurchmesser der Rohrleitung
- vorgeschriebene Dämmschichtdicke (s. 480.2)
- Abstände zwischen den Rohrleitungen
- Durchmesser von Muffen, Manschetten u. a.
- Armaturenabmessung (Montage, Reparatur)
- Abstände der Rohre zur Wand
- Befestigungsart (Rohrschellen, Wandschiene)
- Platz für evtl. Rohrkreuzungen
- ausreichender Platz für Leitungsmontage
- zusätzl. Bedarf bei Vorwandinstallation

PWHC	Zirkulationsleitung	HV	Heizungsvorlaufltg.
PWC	Trinkwasser (kalt)	HR	Heizungsrücklaufltg.
PWH	Trinkwasser (warm)	L	Lüftungsrohr (z. B. Wohnungslüftung)
AW	Abwasser (Schmutzw.)		
RW	Regenwasser		
G	Gasleitung		

PWC, PWH, PWHC, G, HV, HR befinden sich rechts von AW, wenn links WC-Anschluss

Mindestabstände zwischen Rohr bzw. Dämmschicht und Wand sowie zwischen den Rohren	
	≥ 20 mm bei DN < 50
	≥ 40 mm bei DN > 50
	≥ 40 mm ohne Dämm.

[1] Schachtbreite meistens nach Wannen- bzw. Duschbreite wählen (evtl. Ablage A berücksichtigen)

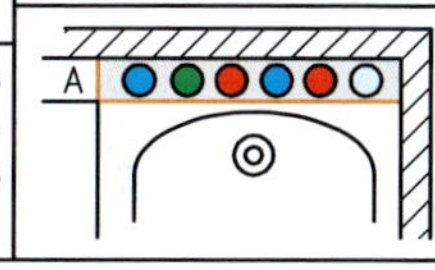

Vorgefertigte Installationsschächte (Komplettsysteme) – Beispiel Geberit –
- Erstellung von Sanitärinstallationen bis zur fliesenfertigen Fläche, wobei ein geprüfter Brand- und Schallschutz eingeschlossen ist.
- Erfüllung aller bauordnungsrechtlichen Anforderungen (auch bei Verwendung vorgefertigter Installationsschächte).
- Alle wichtigen Komponenten sind zu einem Komplexsystem zusammengeführt (dadurch schneller und wirtschaftlicher Einbau).
- Ausstopfung bzw. Verfüllen mit Mineralwolle o. ä. nicht erforderlich.
- Einbau von Elektroleitungen möglich. Luftleitung hinter Trennsteg.

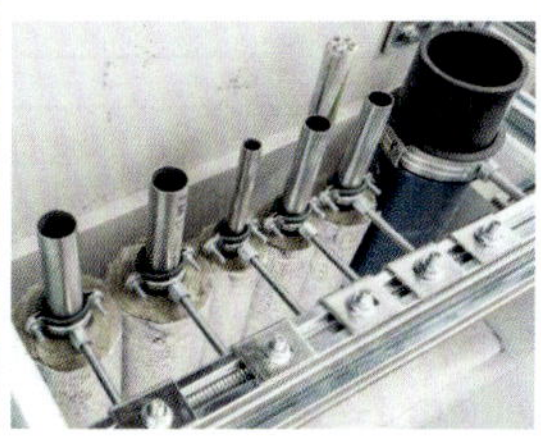

85.3 Rohrleitungskennzeichnung (Durchflussstoffe, Durchlaufrichtung)

Code	Gruppe	Grundfarbe	Schrift/Rand	Zusatzfarbe
x = SS	Gruppe 0 „Sauerstoff“	blau (RAL 5005)	weiß	keine
x = W	Gruppe 1 „Wasser“	grün (RAL 6032)	weiß	keine
x = D	Gruppe 2 „Dampf“	rot (RAL 3001)	weiß	keine
x = L	Gruppe 3 „Luft“	grau (RAL 7004)	schwarz	keine
x = BG	Gruppe 4 „Brennbare Gase“	gelb (RAL 1003)	schwarz	rot (RAL 3001*)
x = NG	Gruppe 5 „Nichtbrennbare Gase“	gelb (RAL 1003)	schwarz	schwarz
x = S	Gruppe 6 „Säuren“	orange (RAL 2010)	schwarz	keine
x = LA	Gruppe 7 „Laugen“	violett (RAL 4008)	weiß	keine
x = BF	Gruppe 8 „Brennbare Flüssigkeiten“	braun (RAL 8002)	weiß	rot (RAL 3001*)
x = NF	Gruppe 9 „Nichtbrennbare Flüssigkeiten“	braun (RAL 8002)	weiß	schwarz

- Schilder aus klebender Folie, wisch- u. kratzfest
- witterungsbeständig
- Anbringung an betriebswichtigen Punkten (Anfang, Ende) – DIN 2403

Zwei von ca. 130 Beispielen

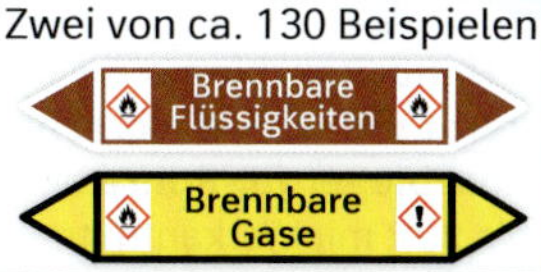

86.1 Doppelkammerverteiler als Kessel- und Heizkreisverteiler – Verteileranschlüsse

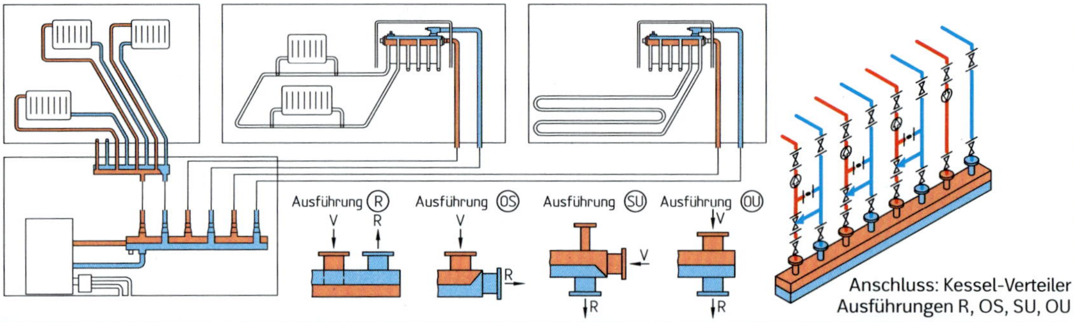

86.2 Unterzüge und Leitungsführung – Erforderliche lichte Höhe und Geschosshöhe

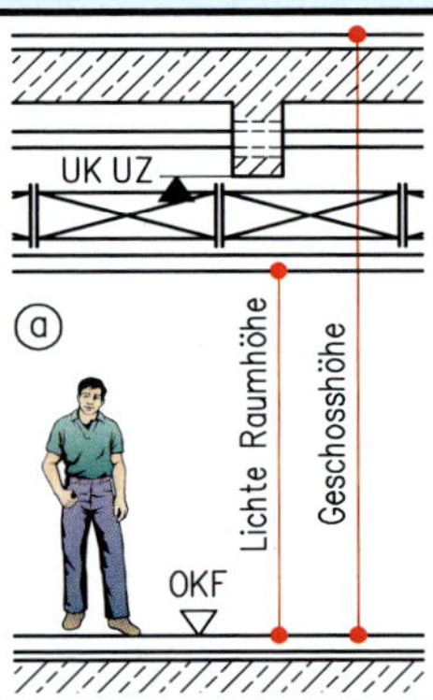

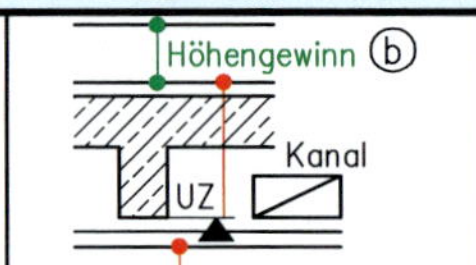

Erforderliche lichte Höhe nach ArbStättV

Grundfläche	l. Höhe
bis 50 m²	≥ 2,5 m
> 50 m²	≥ 2,75 m
> 100 m²	≥ 3,00 m
> 1000 m²	≥ 3,25 m

- Kanäle, Rohre möglichst nur parallel zum Unterzug Fall ⓑ ⇒ geringere Geschosshöhe und Kosten
- Falls ⓐ erforderlich, sollte Kanal in kleinere Kanäle aufgeteilt werden
- Aussparungen in Unterzügen in begrenztem Umfang (Bedingungen beachten)
- einbetonierte Rohrhülsen

Ermittlung der erforderlichen Geschosshöhe	
1	erforderliche l. H. (s. 90.1)
2	De- und FB-Konstruktion (z. B. Fußbodenheizung)
3	Dicke der abgehängt. Decke
4	evtl. Platz für Einbauleuchte
5	Platz für Kanäle/Rohre einschließlich Dämmung und Befestigung, Kreuzungen
6	① Unterzug bei Fall ⓐ

86.3 Warmbiegen eines 90°-Bogens (Stahlrohr), Kaltbiegen mit Biegegerät

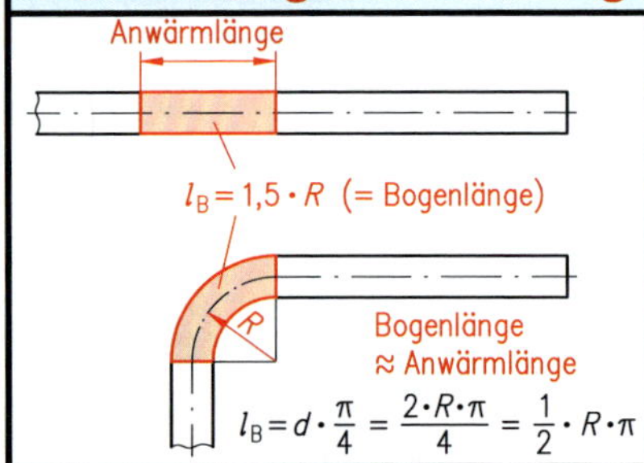

$$l_B = d \cdot \frac{\pi}{4} = \frac{2 \cdot R \cdot \pi}{4} = \frac{1}{2} \cdot R \cdot \pi$$

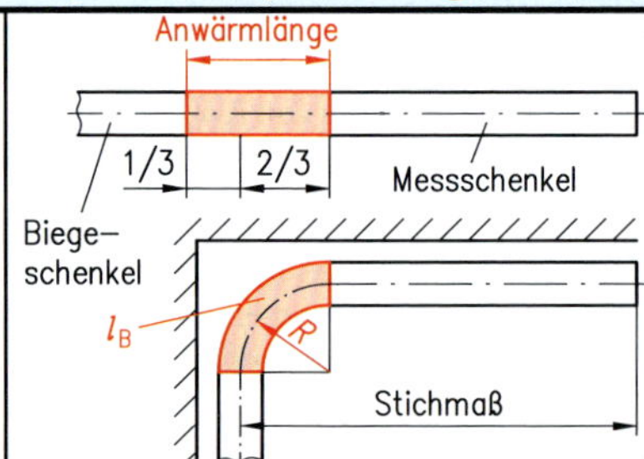

- Zunächst Stichmaß und Anwärmlänge ermitteln.
- Stichmaß auf dem Maßschenkel markieren.
- Beim Anreißen der Anwärmlänge von Stichmaßmarkierung ausgehen.
- ⅓ der Anwärmlänge am Biegeschenkel und ⅔ am Maßschenkel antragen.

Zug- und Druckspannung bei einem gegebenen Rohr

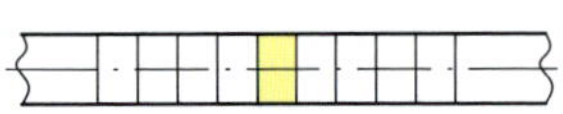

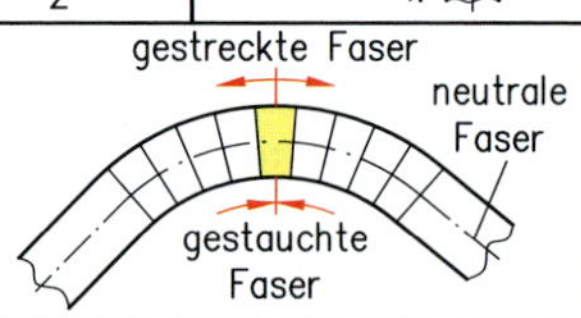

Beim Rohrbiegen treten auf der Innenseite Druckspannungen auf, die den Werkstoff stauchen. Die Faser wird verdichtet. Auf der Außenseite entstehen Zugspannungen, die den Werkstoff strecken. Die Faser wird gestreckt.

Biegegeräte
(Kaltbiegen)

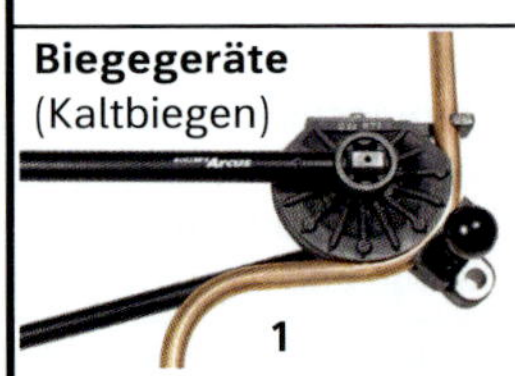

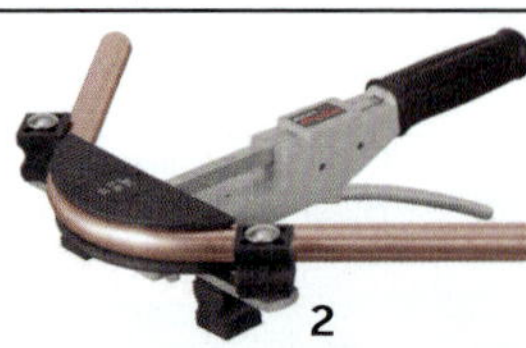

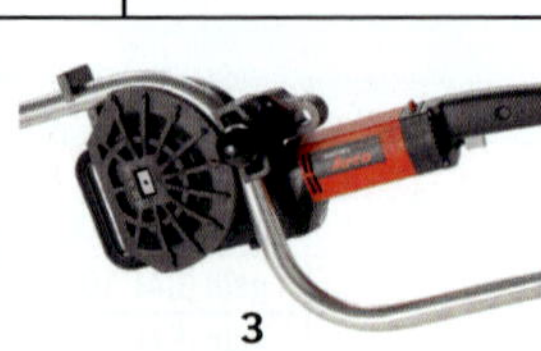

1 Hand-Rohrbieger für harte, halbharte und weiche Rohre bis ⌀ 22 mm, Verbundrohre bis 32 mm. **2 Biegegerät mit Schnellvorschub und -rücklauf** für schnelles Biegen, für weiche Rohre bis ⌀ 32 mm. **3 Elektro-Rohrbieger für Rohre** bis ⌀ 40 mm (im Stahlblechkasten bis 180°). **4 Elektro-Rohrbieger** bis ⌀ 1¼", 50 mm, bis 90°; mit Vierkantmitnehmer (Roller).

87.1 Zeichnungen mit Computerprogrammen; CAD (computer aided design)

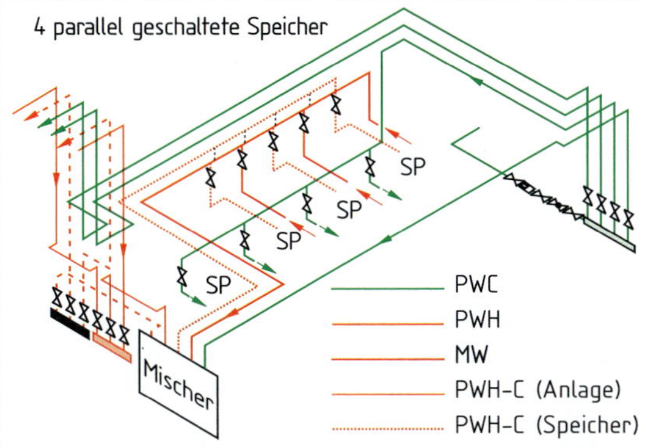

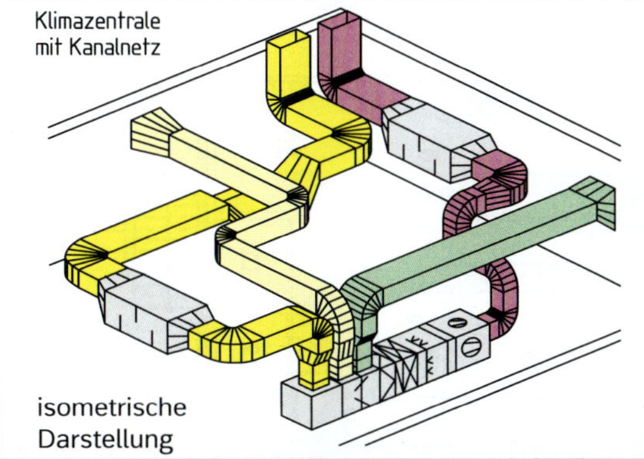

87.2 Sanitärinstallation in einem Einfamilienhaus – CAD-Zeichnung

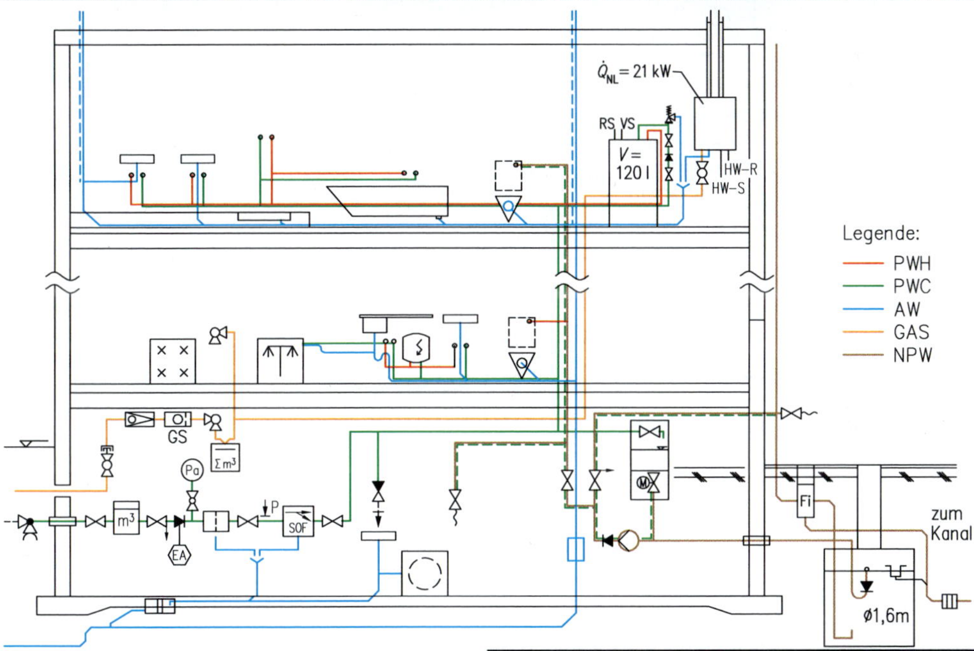

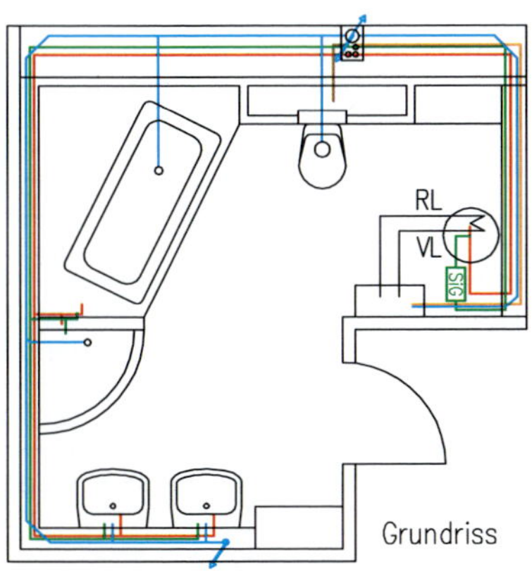

87.3 Lüftungsleitungen (Darstellung in 3-D)

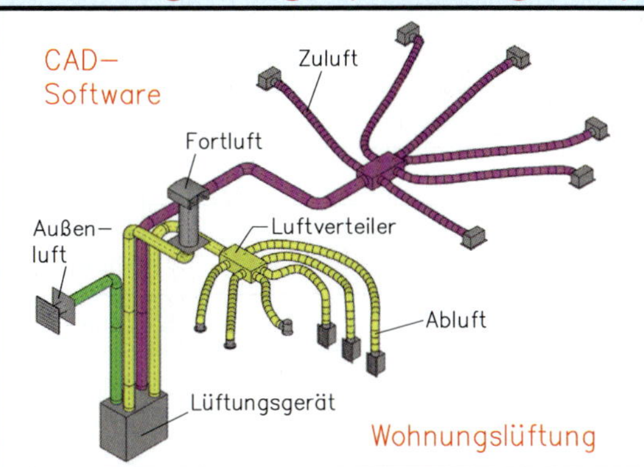

88.1 Kanalverlegung CAD/CAM (Ausschnitt)

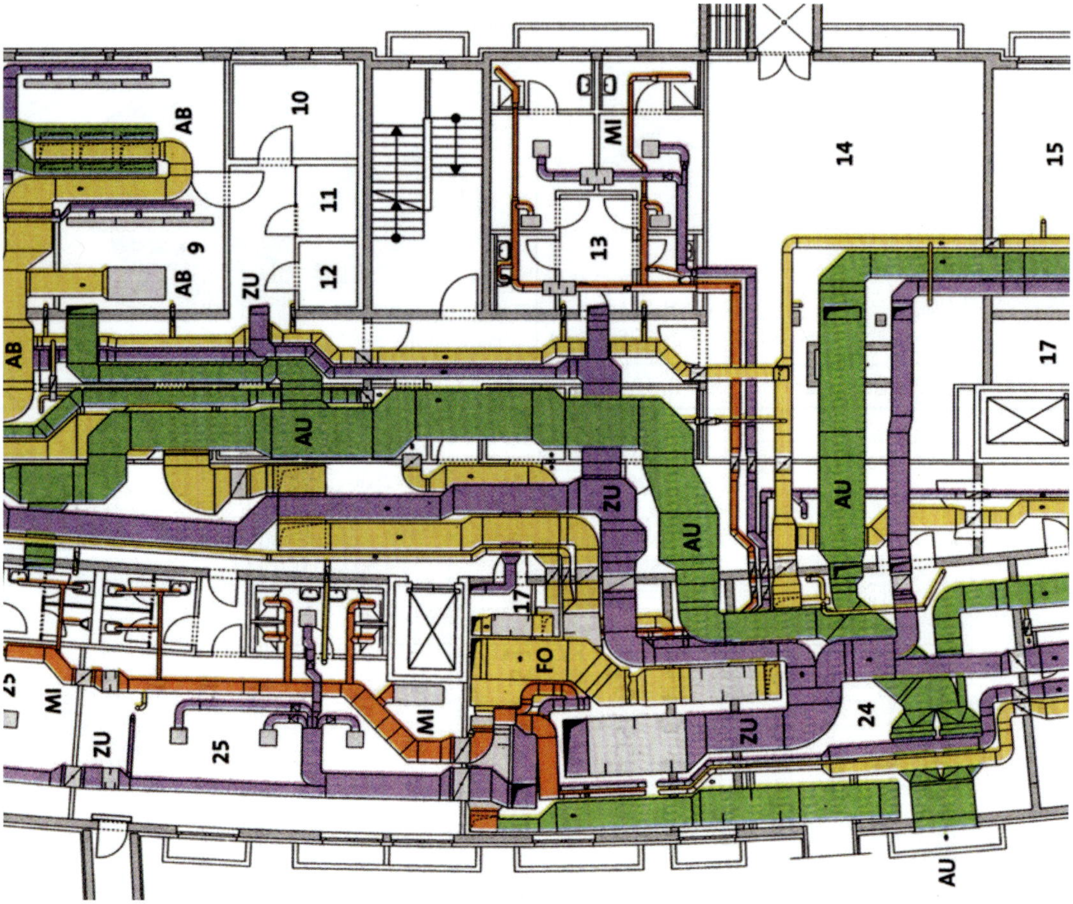

Grundriss Untergeschoss

88.1 Bauzeichnungen für die Objektplanung und zugehörige Maßstäbe DIN 1356

	Art	Maßstab	Anmerkungen
1	Vorentwurfszeichn.	1:200; 1:500	wesentliche Angaben über Gebäudelage; nur Hauptabmessungen
2	Entwurfszeichn.	1:100; 1:200	sämtl. Angaben über Größe und techn. Gebäudeausstattung
3	Baueingabepläne	1:100	unterliegen den jew. Vorschriften der B. Länder (Genehmigung)
4	Lagepläne	1:500	wie bei 3; Darstellung auch sämtl. Nebengeb. des Grundstückes
5	Ausführungspläne	1:50	= Werkspläne. Durch größ. Maßstab bessere Unterlage (als bei 2) für die Darstellung der geplanten Anlage; Montagepläne
6	Detailpläne	1:20; 1:10; 1:5	(extrem 1:1), für Einzelheiten, Anlagenteile (z. B. Kesselzentrale)
7	Aussparungspläne	1:50	separate Ausführungspläne der besseren Übersicht wegen

Maßstäbe nach DIN ISO 5455 (s. 77.4)

89.1 Darstellung eines Gebäudes: Ansichten, Grundrisse und Schnitte – Bemaßung

Ansicht	Darstellung der äußeren Gebäudeform in allen 4 Himmelsrichtungen (freistehend)
Grundriss	Waagerechte Schnittebene mit Draufsicht der darunterliegenden Bauteile; dabei sollen möglichst viele Türen, Fenster und sonst. Maueröffnungen geschnitten werden (ca. 1,3 m über Fußboden)
Schnitt	Senkrechte Schnittebene deren Verlauf so gewählt werden soll, dass die wesentlichen Teile erkennbar sind, z. B. Eingang, Treppenhaus, Türen, Fenster, Terrasse, Dachboden

89.2 Bauzeichnungen eines Einfamilienwohnhauses – Grundrissbemaßung

Südansicht

Ostansicht

Nordansicht

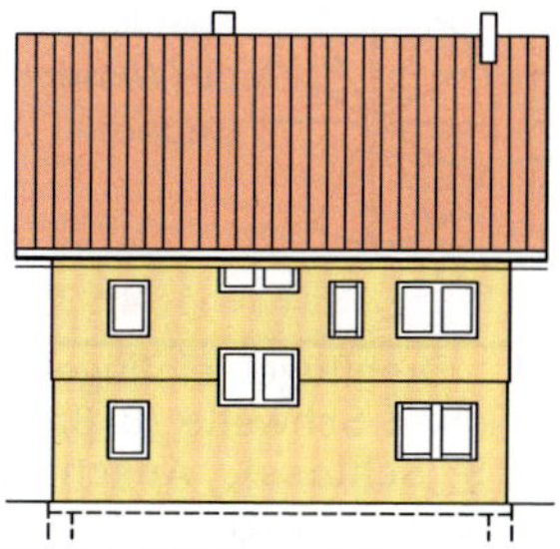

Westansicht

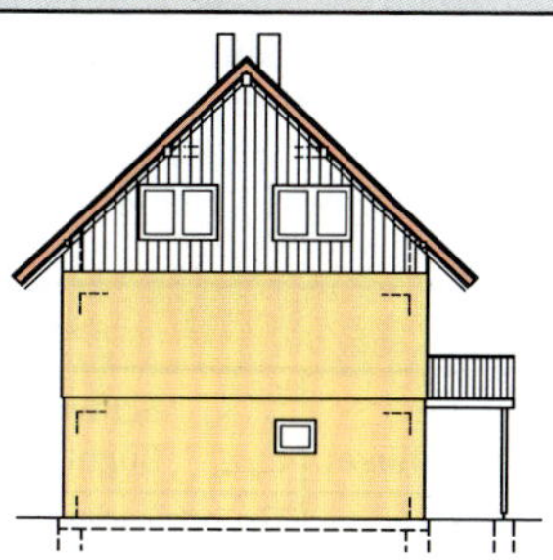

Gebäudeschnitt A-A

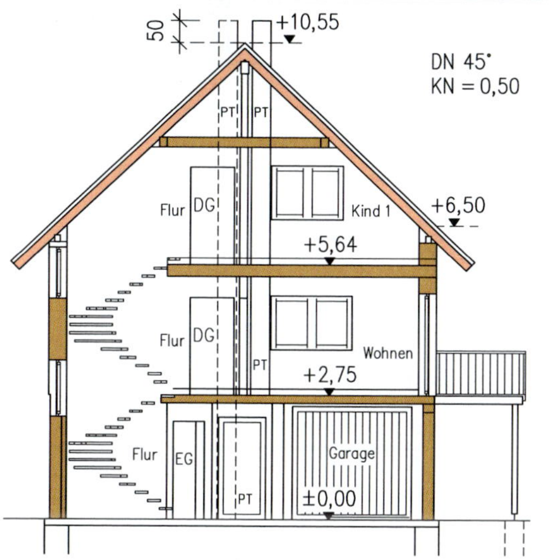

Kennfarben baulicher Veränderungen

grau: Bauteil vorhanden, verbleibend
braunrot: Bauteil neu zu erstellen
gelb: Bauteil abzubrechen

Gebäudegrundriss: Obergeschoss

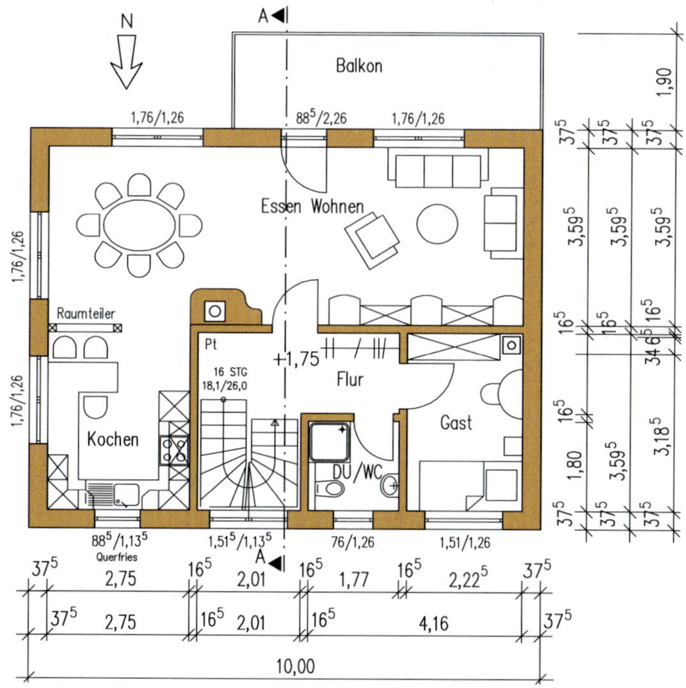

90.1 Bemaßungsangaben für Bauzeichnungen

Hinweise zur Bemaßung:
- Rohbaumaße: Mauerwerk ohne Putz
- Raumhöhen: Maßlinien oder gleichseitige Dreiecke (s. 90.2)
- Maßeinheit: bei ≥ 1 m in m und bei ≤ 1 m in cm; Bruchteile von cm als Hochzahl z. B. 85^5
- Maßlinienbegrenzung als Kreis, Punkt oder Schrägstrich, Pfeile bei Winkelangaben und Bogenlängen
- Weitere Angaben zur Bemaßung (s. 80.1; 81.1; 82.1)

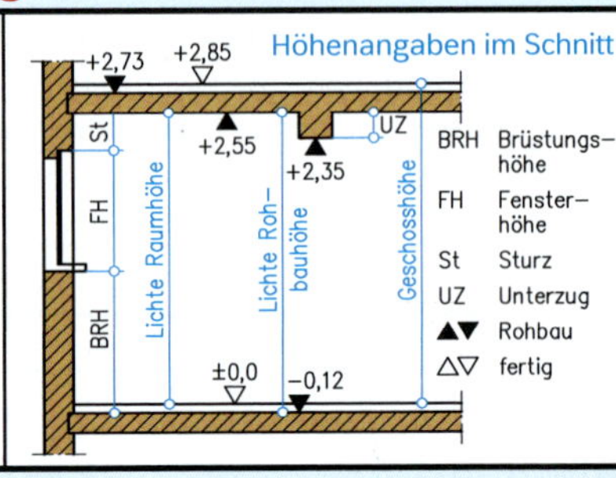

Darstellung eines Fensters (einschalige Wand)

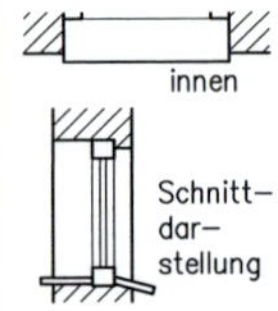

90.2 Höhenangaben im Gebäudeschnitt und Schnittebene zur Treppendarstellung

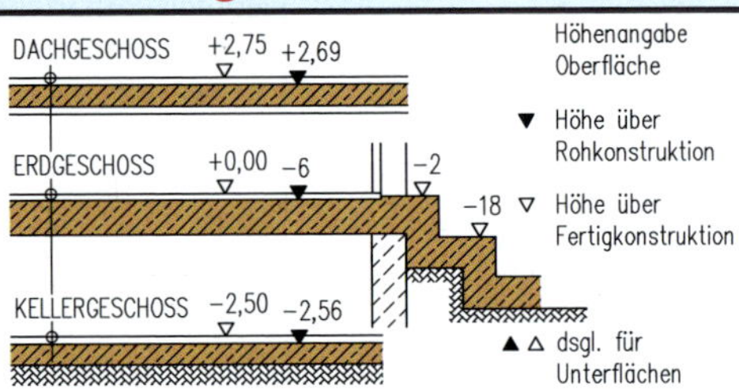

Bezugebene ±0 i. allg. der Eingangsbereich

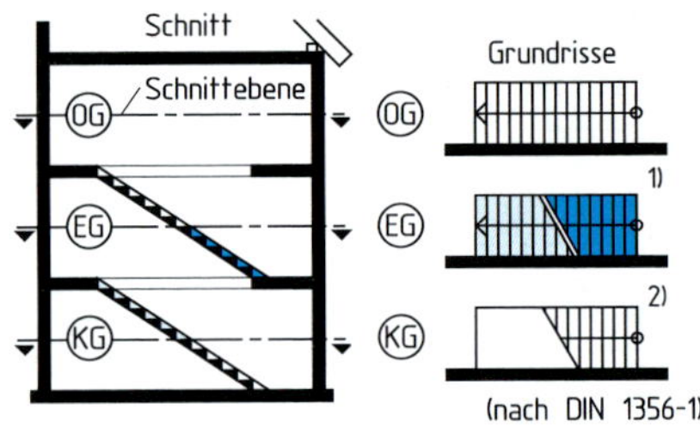

(nach DIN 1356-1)

90.3 Darstellung von Treppenformen im Grundriss

Geradlinige Treppenformen

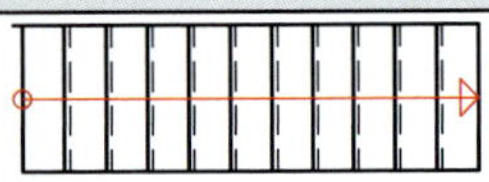

Treppe einläufig
○ Antritt (unterste Stufe)
→ Austritt (oberste Stufe)

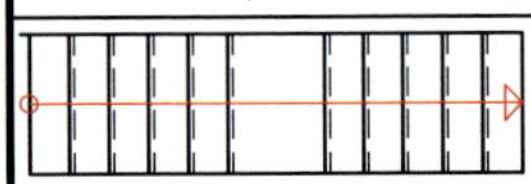

gerade Treppe zweiläufig mit Zwischenpodest

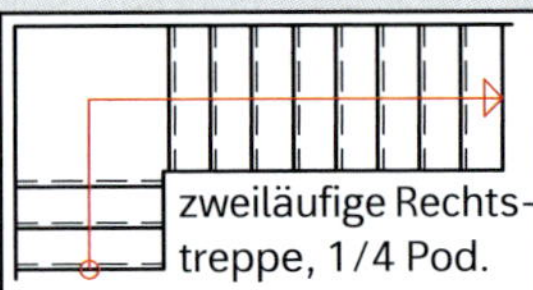

zweiläufige Rechtstreppe, 1/4 Pod.

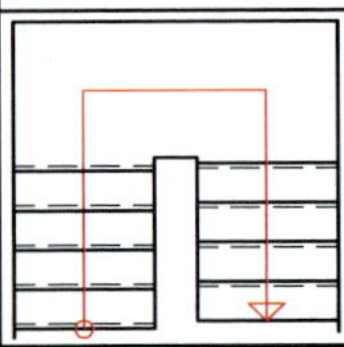

zweiläufige Rechtstreppe 1/2 Podest

Gewendelte Treppenformen

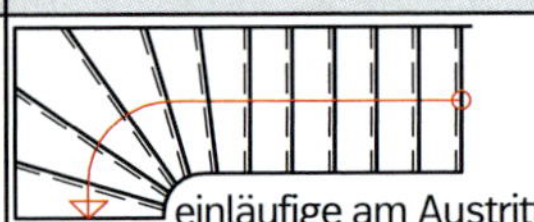

einläufige am Austritt 1/4-gewendelte Linkstreppe

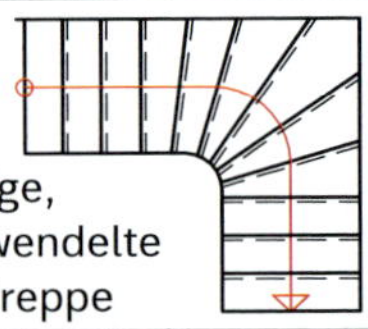

einläufige, 1/4 gewendelte Rechtstreppe

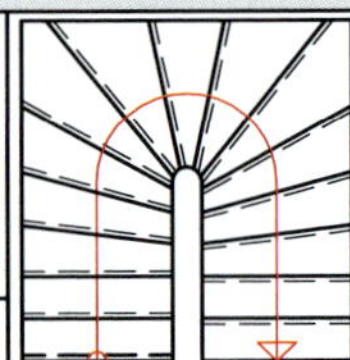

einläufige 1/2 gewendelte Rechtstreppe

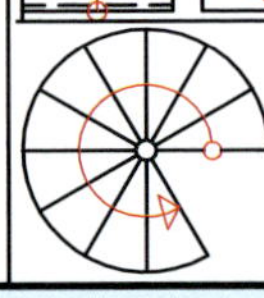

Spindeltreppe (Wendeltreppe)

90.4 Darstellung der Öffnungsarten von Türen im Grundriss — DIN 1356

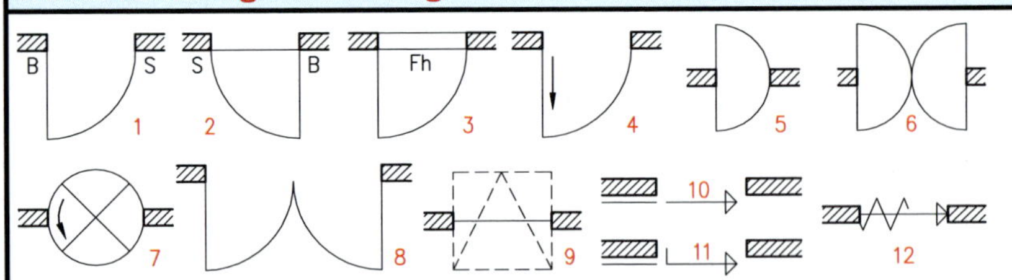

1 Drehflügel (einflügelig) ohne Schwelle (B Band S Schloss), Anschlag links; 2 desgl. mit einseitiger Schwelle, Anschlag rechts; 3 wie 1 jedoch Schwelle beidseitig, feuerhemmend; 4 Hebe-Drehtür; 5 Pendeltür, einflügelig; 6 wie 5, zweiflügelig; 7 Drehtür; 8 Drehflügel (zweiflügelig); 9 Schwingflügel; 10 Schiebetür; 11 Hebeschiebetür; 12 Falttür (oder Faltwand)

90.5 Öffnungsarten von Türen und Fenstern in der Ansicht — DIN 1356-1

Drehflügel	Kippflügel	Klappflügel	Drehkippflügel	Hebe-Drehflügel	Schwingflügel
Wendeflügel	Schwebeflügel, vertikal	Schwebeflügel, horiz.	Hebe-Schiebeflügel	Festverglasung	Grundrissdarstellung (s. 90.1)

91.1 Hausanschlusseinrichtungen (Übergabestellen) innerhalb von Gebäuden DIN 18012

Unterbringungsmöglichkeiten, Anforderungen:
a) Hausanschlussraum: über zugängliche Räume (z. B. Treppenhaus, Keller, von außen); nicht als Durchgang zu weiteren Räumen; Lage an die Außenwand mit Anschlussleitungen; fest install. Beleuchtung mit Schutzkontaktsteckdose; abschließbare Tür (0,875 m breit, 2 m hoch); Kennzeichnung; Durchgangshöhe > 1,8 m unter Leitungen; **Raummaße:** min. 2 m lang, min. 2 m hoch, 1,5 m breit (bei Belegung nur einer Wand, bzw. 1,8 m bei gegenüberliegenden Wänden)
b) Hausanschlusswand: erreichbar über zugängliche Räume; in Verbindung mit Außenwand; kreuzungsfreie Rohrverlegung; Höhe 1,8 m (unter Ltg.); Beleuchtung wie bei a); Hausanschlusswand über die gesamte Wandfläche; mind. 2,0 m hoch; Mindestplatzbedarf abstimmen.
c) Hausanschlussnische: Schutzrohre so verlegen, dass Leitungen senkrecht in Nische geführt werden; Größe nach Rohbaurichtmaß entsprechend einer Wohnungstür, Weiterführung aus Nische über Schlitze, Leerrohre, Kanäle.

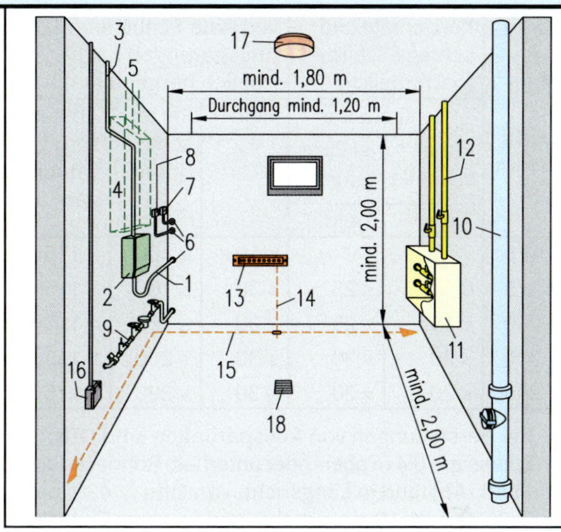

Auswahlbedingungen:	**Platzbedingungen** a) b) c)
a) Hausanschlussräume: in Gebäuden mit > 5 Nutzereinheiten	**Tiefe:** 30 cm für Anschlusseinricht.
b) Hausanschlusswände: für Gebäude mit bis zu 5 Einheiten	mind. 1,2 m für Arbeitsbereich,
c) Hausanschlussnischen: für nicht unterkellerte 1-Fam.-Häuser	**Breite:** links und rechts + 30 cm

1 Hauseinführung für Strom; **2** Strom-Hausanschlusskasten mit Sicherungen; **3** Strom-Hauptleitung; **4** ggf. Zählerplätze; **5** Verbindungsleitung zum Stromkreisverteiler; **6** Hauseinführung; **7** APL-Anschlusspunkt für Telekommunikationsanlagen; **8** HÜP-Hausübergabepunkt für Breitbandkommunikationsanlagen; **9** Abschlussleitung für Trinkwasser mit Wasserzähler; **10** Entwässerung; **11** Fernwärme-Übergabestation/Hauszentrale; **12** Vor- und Rücklaufleitung Heizung; **13** Haupterdungsschiene (Potenzialausgleich); **14** Erdungsleiter; **15** Fundamenterder; **16** Schutzkontaktsteckdose; **17** Leuchte; **18** Bodenablauf.

91.2 Schraffuren für Schnittflächen und zur Kennzeichnung von Stoffen DIN ISO 128-50

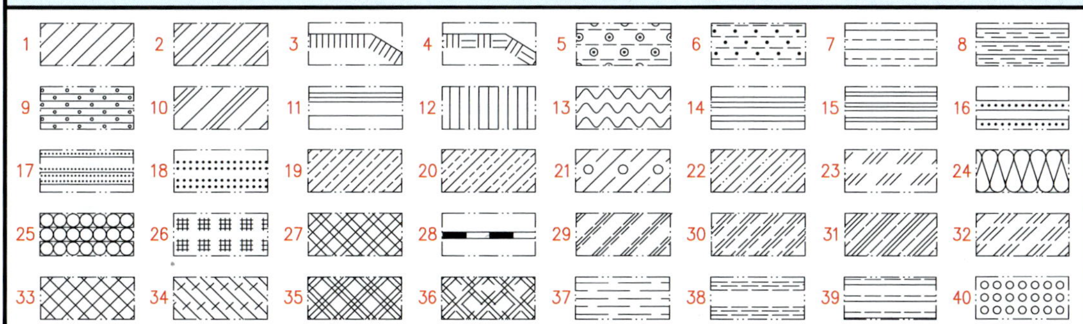

1 Allg. Grundschraffur; 2 Feste Stoffe; 3 gewachsener Boden; 4 geschütteter Boden; 5 Kies; 6 Sand; 7 Ton; 8 Humus; 9 Sandstein; 10 Vollholz, quer zur Faser; 11 Desgl. in Faserrichtung; 12 Holzwerkstoff; 13 Bitumen; 14 Mauerwerk Ziegel; 15 Mauerwerk erhöhte Festigkeit; 16 Mauerwerk Leichtziegel; 17 aus Bimsbaustoffe; 18 Gipsplatte; 19 Beton bewehrt; 20 Beton unbewehrt; 21 Leichtbeton; 22 Bimsbeton; 23 Glas; 24 Dämmstoff; 25 Füllstoff; 26 Schamotte; 27 Isolierstoff; 28 Dichtstoff; 29 legierter Stahl; 30 unleg. Stahl; 31 Gusseisen; 32 Leichtmetall; 33 Kunststoffe (allg.); 34 Gummi; 35 Duroplaste; 36 Thermoplaste; 37 flüss. Stoffe; 38 Wasser; 39 Öl; 40 gasförmige Stoffe

Ergänzungen aus EN 4108-7: 2009-01: Wärmedämmung wie Nr. 24; Holz, längs; Holz, quer; Holzwerkstoffplatten; Gipsplatten; Putz; Mauerwerk; Beton wie Nr. 19; Luftdichtheitsbahn; vorkomprim. Dichtband; Klebeband/Klebemasse; Luftdichtheitsschicht

92.1 Zulässige Schlitze und Aussparungen in tragenden Wänden, ohne Nachweis [1) 2)]

Dicke des Mauerwerks in mm	horizontale und schräge Schlitze [3)] (nachträglich)		vertikale Schlitze und Aussparungen nachträglich hergestellt			vertikale Schlitze und Aussparungen im gemauertem Verbund			
	Schlitzlänge unbeschränkt	≤1,25 m lang [4)]	Tiefe [6)]	Einzelschlitzbreite [7)]	Abstand von Öffnungen	Breite [8)]	Restwanddicke	Mindestabstände von Öffnungen	Mindestabstände untereinander
	Tiefe [5)]	Tiefe							
≥ 115	–	–	≤ 10	≤ 100	≥ 115	–	–	2 flache Schlitzbreite bzw. ≥ 365	≥ Breite des Schlitzes
≥ 175	0	≤ 25	≤ 30	≤ 100	≥ 115	≤ 260	≥ 115		
≥ 240	≤ 15	≤ 25	≤ 30	≤ 150	≥ 115	≤ 385	≥ 115		
≥ 300	≤ 20	≤ 30	≤ 30	≤ 200	≥ 115	≤ 385	≥ 175		
≥ 365	≤ 20	≤ 30	≤ 30	≤ 200	≥ 115	≤ 385	≥ 240		

1) Vertik. Schlitze und Aussparungen sind auch ohne Nachweis zulässig, wenn Querschnittsschwächung (bezogen auf 1 m Wandlänge) nicht mehr als 6 % beträgt; die Restwanddicken müssen jedoch eingehalten werden.

2) Bei Herstellungen von Aussparungen sind DIN 1053-1 und 1996-11 zu beachten
3) Zulässig: ≤ 0,4 m ober- oder unterhalb Rohdecke sowie jeweils an der Wandseite; nicht zul. bei Langlochziegeln.
4) Mind.-Abstand in Längsricht. von Öffn. ≥ 490 mm vom nächsten Horiz.-Schlitz ≥ zweifache Schlitzlänge
5) Tiefe darf um 10 mm erhöht werden, wenn Tiefe durch Werkzeuge exakt eingehalten werden kann, dann können auch in Wänden ≥ 240 mm gegenüberliegende Schlitze mit jeweils 10 mm Tiefe ausgeführt werden.
6) Schlitze, die bis max. 1 m über Fußboden reichen, dürfen bei Wanddicke ≥ 240 mm mit 80 mm Tiefe und 120 mm Breite ausgeführt werden.
7)8) Schlitzbreite nach 7) und 8) darf je 2 m Wandlänge die Maße in 8) nicht überschreiten. Bei geringeren Wandlängen als 2 m sind die Maße nach 8) proportional zur Wandlänge zu verringern.

zulässige Abstände von Öffnungen

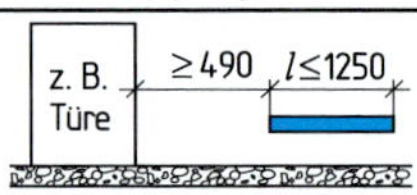

zum nächsten Horizontalschlitz

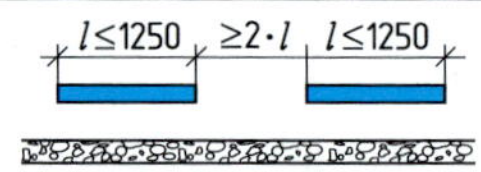

Abb. zu 3) nur an einer Seite der Wand

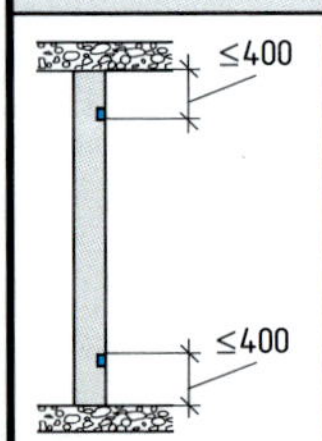

Schlitztiefe (gefräst) Schlitzlänge unbeschränkt

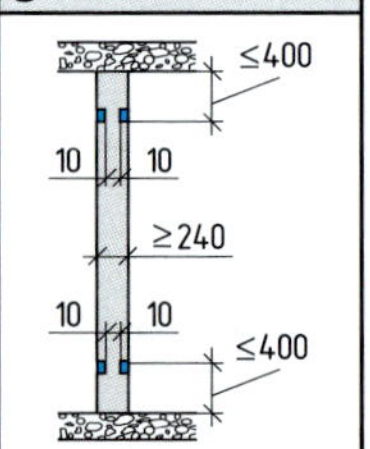

Maximale Breiten und Tiefen (Beispiel Wandicke 24, 30 und 36 cm)

im Verband gemauerte Aussparungen — gefräste Schlitze

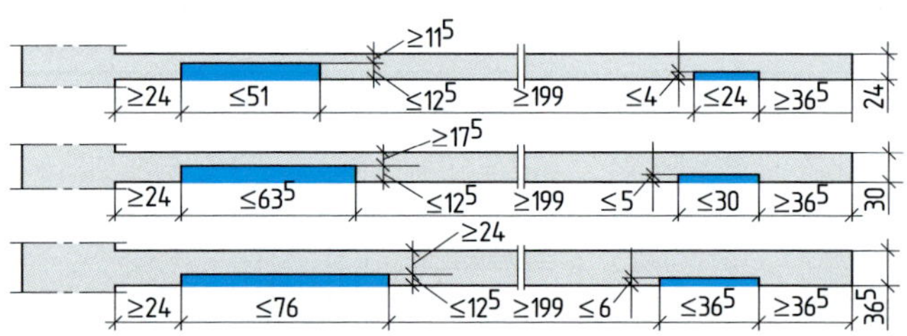

92.2 Übertragung von Aussparungen von Ansicht in Grundriss – Weitere Hinweise

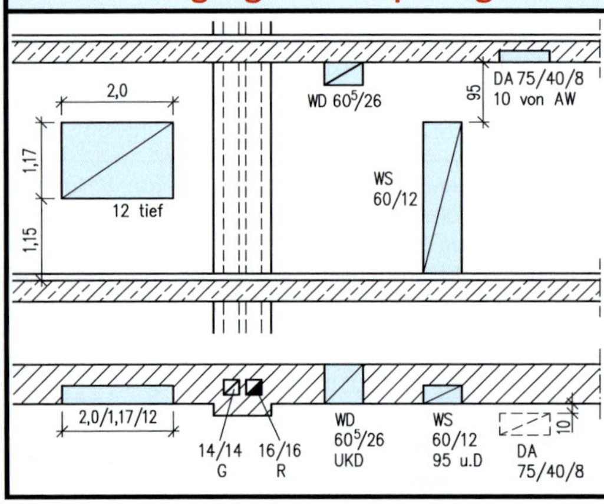

- **Aussparungen** = Schlitze und Durchbrüche in Wänden und Decken
- Ist die Tiefe einer Aussparung kleiner als die Bauteiltiefe ⇒ **Schlitz**
- Entspricht die Tiefe der Aussparung der des Bauteils ⇒ **Durchbruch**
- Nach VOB muss schon vor Baubeginn der Auftragnehmer dem Auftraggeber alle Angaben machen.
- Schächte für Rauchgas (R) ⇒ Schornstein (rote Prüfplakette) und Abgas (G) ⇒ Abgasltg. (gelbe Prüfplakette)
- Ein Stemmen von Aussparungen ohne Nachweis ist nicht mehr zulässig (Ausnahme (s. 92.1))
- In Zweifelsfällen soll bei Aussparungen der Statiker hinzugezogen werden.

93.1 Darstellungen von Aussparungen (Beispiele)

Grundriss	Ansicht (Aufriss)	Beispiele	Grundriss	Ansicht (Aufriss)	Beispiele
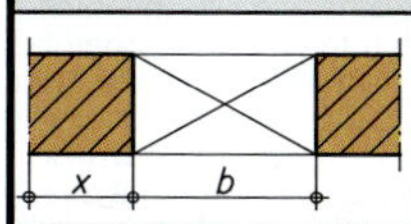	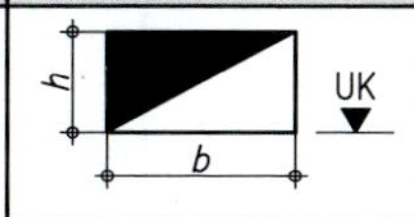	Wanddurchbruch WD z. B. 38/26	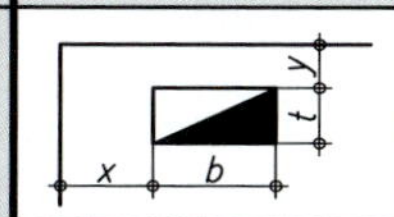	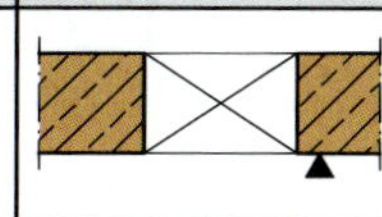	Deckendurchbruch DD z. B. 60/25
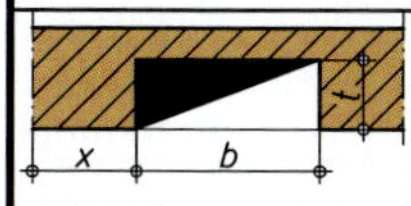	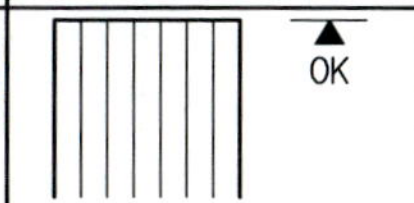	Wandschlitz vertikal z. B. $38^5/12^5$	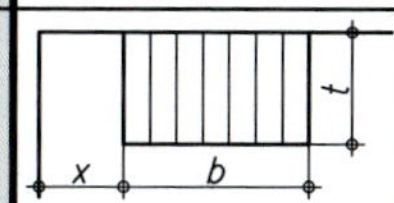	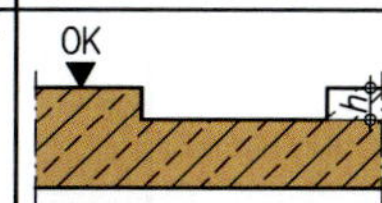	Deckenschlitz DS (Überseite)
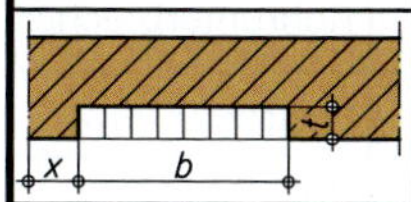	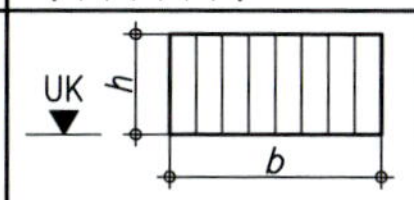	Wandschlitz horizontal z. B. 80/5/12	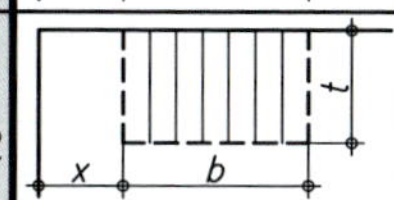	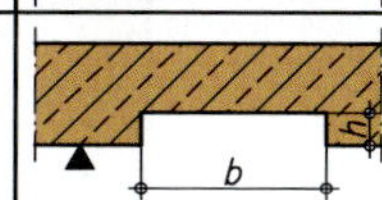	Deckenschlitz DS (Unterseite)
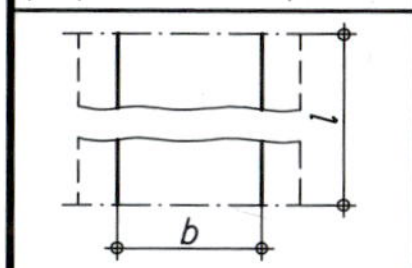	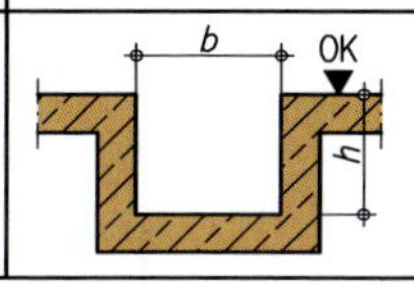	Bodenkanal BK (l Länge) z. B. 40/100/35 ($b \times l \times h$)	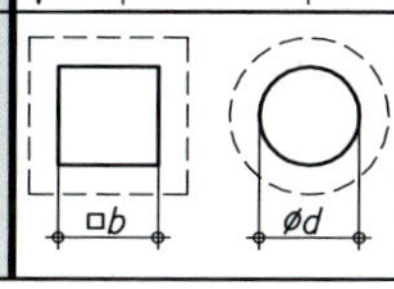		Schacht quadratisch rund

Anmerkungen: • Die Bezugsmaße *x* bzw. *y* sind im Grundriss anzugeben.
Bezügl. der Länge oder Höhenlage bei senkrechten Wandschlitzen sind keine Angaben erforderlich bei durchgehenden Schlitzen; UK (oder ▼)-Angabe bei im Geschoss beginnenden Schlitzen; bei im Geschoss endenden Schlitzen OK (oder ▲) angeben; bei WS: $b \times t$ bzw. $b \times t \times h$

93.2 Abkürzungen in Bauzeichnungen (Auswahl) – Kennzeichnung von Aussparungen

KG	Kellergeschoss	FFB	Fertigfußboden	HKN	Heizkörpernische	Fh	feuerhemmend
EG	Erdgeschoss	mNN	m über Normalnull	WD	Wanddurchbruch	Fb	feuerbeständig
OG	Obergeschoss	UK	Unterkante	WS	Wandschlitz	RH	Rohrhülse ⌀
DG	Dachgeschoss	OK	Oberkante	DD	Deckendurchbruch	DO	Deckeloberkante
RFB	Rohfußboden	BR	Brüstung	DA	Dachaussparung	UZ	Unterzug

Bei **Aussparungen** sind es meist Kombinationen von drei Buchstaben:

a) nach Nutzungszweck: S Sanitär, H Heizung, L Lüftung, G Gas, E Elektro; z. B. LWD, SWS, UKD

b) nach Bauteil: B Boden, D Decke, W Wand, F Fundament; z. B. SFS Fundamentschlitz für Sanitär

c) nach der Aussparungsart: D Durchbruch S Schlitz K Kanal; z. B. EDS, SBK, LDD

d) Vermaßung: Breite *b* × Tiefe *t* × Höhe *h*; bei WD: $b \times h$, bei DD: $b \times t$; statt OK, UK auch Höhenkoten▼▲

93.3 Beispiel für die Darstellung von Aussparungen (Gebäudeausschnitt)

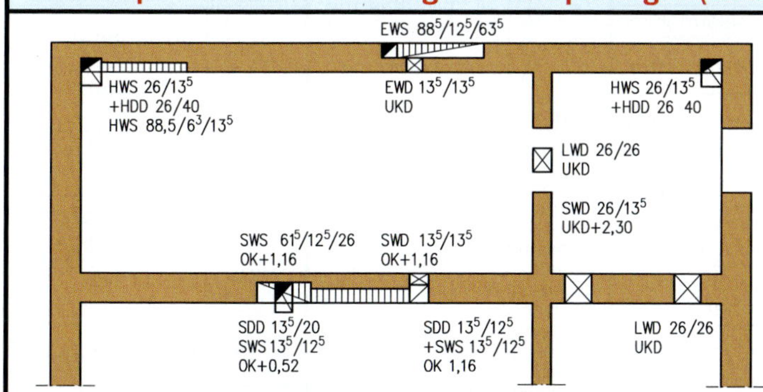

Anmerkungen:
- Darstellung in Werkplänen
- zulässige Aussparungen (s. 92.1)
- Kennzeichnung (s. 93.2)
- Ggf. farbige Kennzeichnung von Aussparungen sinnvoll: braun (Wand), gelb (Decke)
- **Wand**aussparungen in dargestelltem Geschoss; **Decken**aussparungen der Decke über dargestelltem Geschoss; im Boden (z. B. Keller) Bodenaussparungen z. B. Durchbruch BD

Aussparungen in Wänden und Fußboden (Beispiel)

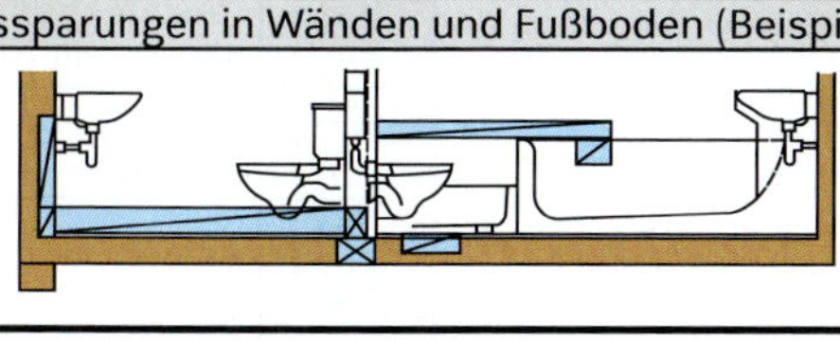

Aussparungsbeispiele: Sanitär
- Bad- und WC-Installation
- Schlitze für Kaltwasser-, Warmwasser- und Entwässerungsleitungen
- Zulässige Schlitze (Breite, Tiefe) vgl. (s. 92.1)

94.1 Sinnbilder für Trinkwasserinstallationen — DIN EN 806: 2001-12

Wasserleitungen, Verläufe und Armaturen

Nr.	Sinnbild	Bedeutung
1	*	Wasserleitung

* bedeutet folgende Abkürzungen für Trinkwasserleitungen (warm und kalt) **PWC 80:** potable water cold, DN 80; **PWH 50 TI:** potable water hot DN 50, TI thermal insulation (Wärmedämmung); **PWH-C40:** potable water hot, C Zirkulation DN 40. Diese drei Angaben jeweils über der Leitung anbringen.

Nr.	Sinnbild	Bedeutung
2		Leitungskreuz
3		Abzweig einseitig
4		Abzweig beidseitig
5		Schlauchleitung
6	50 40	Übergang in and. Nennweite
7	1,0 kPa 0,6 kPa	Übergang des höchsten Betriebsdruckes
8	St Cu	Übergang im Werkstoff
9		Ltg. im Grundriss dargestellt
10	+	Rohrltg. aufwärts verlaufend
11	−	Rohrltg. abwärts verlaufend
12	+ −	Rohrleitung durchgehend
13	+	Fließrichtung nach oben
14	+	Fließrichtung von oben
15	−	Fließrichtung nach unten
16	−	Fließrichtung von unten
17	+ −	Abzweig, einseitig, nach oben und unten führend
18		Elektr. Trennung, Isolierstücke
19		Potenzialausgleich, Erdung
20		Dehnungsbogen
21		Stopfbuchsenkompensator
22		Leitungsfestpunkt
23		Ltgsbefestigung mit Gleitführung
24		Wand- od. Deckenführung mit Schutzrohr
25		desgl. m. Abdichtung (Schutzrohr)
26		Leitungsabschnitt
27		Leitungsgefälle nach rechts
28	5 %	Leitungsgefälle nach links 5 %

Rohrverbindungen

Nr.	Sinnbild	Bedeutung
29	*	Rohrverbindung

* Stern gilt ggf. für folgende Abkürzungen: **BR** Hartlöt-, **CP** Klemm-, **SC** Gewinde-, **SL** Weichlöt-, **AD** Klebe-, **WE** Schweiß-, **CR** Pressfitting-, **PL** Flansch-, **CFL** Klemmflanschverbindungen, **QC** Schnellkupplung, **QCF** desgl. mit Befestigungsgewinde, **QCI** desgl. mit zwei gleichen Teilen

Nr.	Sinnbild	Bedeutung
30		Gewindeverbind.
31		Flauschverbind.
32		Klemmflanschverbindung
33		Geschweißte, gelötete (weich o. hart) (*evtl. mit Nr)
34		Schnellkupplung
35		desgl. mit zwei gleichen K.teilen

Absperr- u. Drosselarmaturen

Nr.	Sinnbild	Bedeutung
36		Absperrarmatur
37		Geradsitzventil
38		Kugelhahn
39		Kolbenschieber Kolbenventil
40		Freiströmventil Schieber
41		Nadelventil
42		Absperrklappe
43		Anschlussvorrichtung
44		Ventilbohrschelle
45	P	Druckminderer
46		Eckventil
47		Dreiwegeventil
48		desgl. Mischv.
49		Vierwegeventil

Entnahmestellen

Nr.	Sinnbild	Bedeutung
50		Entleerungsventil
51		Standardauslaufv.
52		Wandauslaufv.
53		Mischbatterie
54		Standmischbatterie
55		Wandmischbatterie
56		Brause
57		Schlauchbrause
58	FV	Druckspüler mit Rohrunterbrech.
59	FC	Spülkasten
60		Auslaufventil mit Schnellkuppl. und Schlauchverschraubung
61	*	Auslauf mit Sicherungsarmatur, Schnellkuppl. und Schlauchverschraubung

Sicherheitsarmaturen

Nr.	Sinnbild	Bedeutung
62	*	Sicherheitsarmatur, allgemein

* Stern kann nach EN 1717 durch Buchstaben ersetzt werden: **Freier Auslauf** (ungehindert) mit **AA**; mit kreisförmigem Überlauf (uneingeschränkt) **AB**; mit belüftetem Tauchrohr und Überlauf **AC**; mit Injektor **AD**; mit kreisförmigem Überlauf (uneingeschränkt) **AF**; mit Überlauf durch Versuch oder Vakuum geprüft **AG**; **BA** Rohrtrenner mit kontrollierbarer Druckzone; **CA** desgl. unterschiedlich und nicht kontrolliert; **DA** Rohrbelüfter (Durchgangsform); **DB** Rohrunterbrecher Typ A2; **DC** desgl. Typ A1; **EA** Rückflussverhinderer (kontrollierbar); **EB** desgl. nicht kontrollierbar; **EC** Doppelrückflussverhinderer (kontrollierbar); **ED** desgl. (nicht kontrollierbar); **GA** Rohrtrenner (nicht durchflussgesteuert); **GB** desgl. durchflussgesteuert; **HA** Schlauchanschluss mit Rückflussverhinderer; **HB** Rohrbelüfter mit Schlauchanschlüsse; **HD** desgl. mit Rückflussverhinderer; **HC** autom. Umsteller; **LA** Druckbeaufschlagter Belüfter; **LB** desgl. mit Rückflussverhinderer

Nr.	Sinnbild	Bedeutung
63		Freier Auslauf Systemtrennung
64		Rohrunterbrecher
65		Rohrbelüfter
66		Rückflussverhind. kontrollierbar EN 1717
67		Absperrventil m. integriertem Rückflussverh.
68		Rohrbelüfter Durchgangsform
69		Rohrentlüfter
70		Rohrtrenner
71		Rückflussverh. m. kontrollierb. Druckzonen
72		Rohrbruchscherung
73		Federbelast. Sicherheitsventil
74	T	Temperaturablassventil
75	T, P	Temp.-Druckablassventil

Wasserbehandlungsanlagen

Nr.	Sinnbild	Bedeutung
76	CHD	Dosiergerät
77	HD	Aufhärtungsanlage
78	SOF	Enthärtungsanlage
79	NIT	Nitratentfernungsanlagen
80	EDS	Elektrolyt. Gerät
81	RO	Umkehrosmose
82	UV	Desinfektionsanlage mit UV
83	CF	Mischfilteranlage
84	ACF	Aktivkohlefilter
85		Mechanischer Filter

95.1 Sinnbilder für Brandschutzeinrichtungen DIN EN 806-1

Nr.	Benennung	Nr.	Benennung	Nr.	Benennung	Nr.	Benennung
1 FW	Feuerlöschleitung	2	Sprinkler	3	Wasservorhang	4	Wandhydrant
FW-D trocken, FW-W nass FW-S Steigleitung		5	Wandhydrant mit Schlauchltg.	6	Unterflurhydrant	7	Oberflurhydrant

95.2 Sinnbilder für Behälter und Trinkwassererwärmer DIN EN 806-1

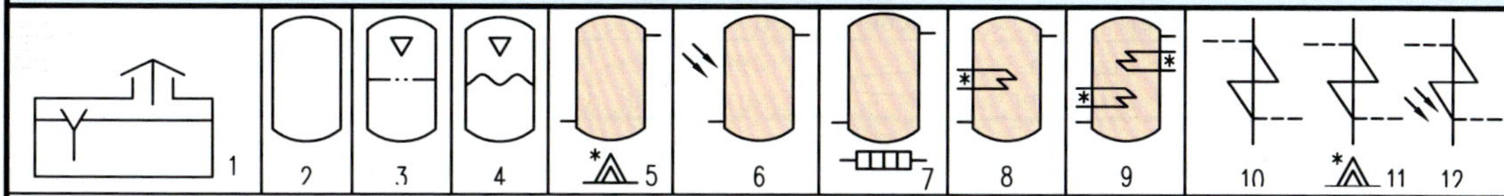

1 Trinkwasserbehälter; 2 Druck- oder Vakuumbehälter; 3 Druckbehälter mit Luftpolster; 4 Membrandruckgefäß; 5 **Speichertrinkwassererwärmer,** unmittelbar beheizt,* für O (Öl), G (Gas), C (Feststoff), D (Fernwärme); 6 desgl. solar beheizt; 7 desgl. elektrisch beheizt; 8 desgl. indirekt beheizt; 9 desgl. mit zwei Heizsystemen; 10 **Durchlauferhitzer** (allg.); 11 direkt beheizt (O,G,C,D); 12 desgl. solar beheizt

95.3 Sinnbilder für Mess- und Regeleinrichtungen DIN EN 806-1

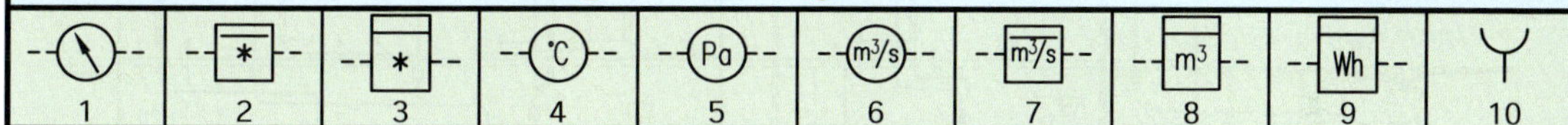

1 Messgerät mit Anzeige; 2 Registergerät; 3 Messgerät mit Integriervorrichtung; 4 Thermometer; 5 Manometer; 6 Durchflussmessgerät; 7 Durchflussschreiber; 8 Wasserzähler; 9 Wärmemessgerät; 10 Anschlussstelle

95.4 Sinnbilder für Abwassertechnik und sanitäre Austattungsgegenstände DIN 1986-100

Abwasser- u. Lüftungsleitungen

Nr.	Sinnbild	Benennung
8	DS	Schmutzwasser desgl. mit Druckrohr
9	DR	Regenwasser desgl. mit Druckrohr
10		Mischwasserleitung
11	a, b, c, d	Lüftungsleitung und Richtungshinweise: a hindurchgehend b beginnend abwärts c von oben dann endend d beginnend dann aufwärts ° Fallleitung
12	100 125	Nennweitenänderung
13		Werkstoffwechsel
14		Reinigungsrohr rund od. rechteckig
15		Reinigungsverschluss
16		Rohrendverschluss
17		Geruchverschluss
18		Belüftungsventile

Abläufe, Abscheider, Abwasserhebeanlagen, Schächte

Nr.	Sinnbild	Benennung
19		Ablauf, Entwässerungsrinne ohne Geruchverschluss
20		desgl. mit Geruchverschluss
21		Ablauf mit Rückstauverschluss für fäkal. freies Abwasser
22	S	Schlammfang
23	F	Fettabscheider
24	St	Stärkeabscheider
25	B	Benzinabscheider
26	H	Heizölabscheider
27	HSp HSp	Heizölsperre mit Rückstauverschluss
28, 29		Rückstauverschluss für fäkalienfreies und fäkalienhaltiges Abwasser
30		Abwasserhebeanlage für fäkalienfreies Abwasser
31		desgl. für fäkalienhaltiges Abwasser
32		Abwasserhebeanlage für begrenzte Verwendung
33		Schacht mit offenem Durchfluss
34		Schacht mit geschlossenem Durchfluss

Sanitäre Ausstattungsgegenstände[1)]

Nr.	Sinnbild	Benennung
35		Badewanne
36		Duschwanne
37		Waschtisch oder Handwaschbecken
38		Sitzwaschbecken
39		Urinalbecken
40		desgl. mit automatischer Spülung
41		Klosettbecken
42		Ausgussbecken
43		Spülbecken einfach
44		Spülbecken doppelt

[1)] Die z.T. zweite Abbildung ist die Darstellung im Aufriss.

Nr.	Sinnbild	Sinnbild x)	Benennung
45			Geschirrspülmaschine
46			Waschmaschine
47			Wäschetrockner
48	*	AC	Klimagerät
49	0,1 MPa 30 m³/h 0,5 MPa		Druckerhöhungsanlage mit zwei Pumpen*)

*) Abb. (rechts) nach DIN EN 806-1

96.1 Sinnbilder für Formstücke von Abwasserrohrleitungen[1)]

Muffenstücke	1 mit Flanschstutzen	2 mit Muffenstutzen	3 mit Muffenabzweig	4 Flanschenmuffenstück
5 Einflanschstück	6 Flanschbogen 45°	7 Flanschübergangsstück	8 Muffenkniestück	9 Doppelmuffenbogen
10 Doppelmuffenstück mit Flanschstutzen	11 desgl. mit Muffenstutzen	12 Doppelmuffen-Übergangsstück	13 Kappe	
14 Stopfen	15 Flanschkrümmer	16 Muffenübergangsstück	17 Überschiebemuffe	[1)] nach DIN 2430 (Auswahl)

96.2 Schematische Darstellung einer Grundstückentwässerungsanlage

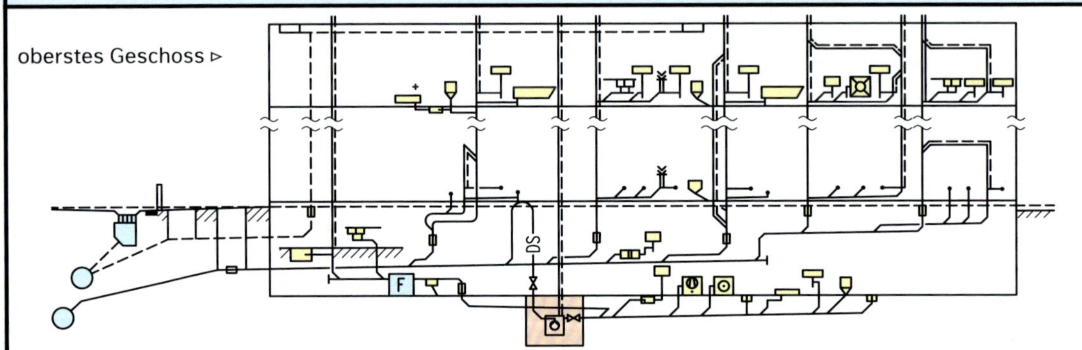

96.3 Sinnbilder für Gasinstallation — DVGW-TRGI 2018-G 600

Nr.	Sinnbild-Beschriftung	Benennung	Kurzzeichen
Gasleitungen			
1		Hauseinführung	
2		Isolierstück el. Trennung	
3	25	Leitung offen liegend (mit DN)	
4	25	dsgl. verdeckt liegend	
5	25 20	Querschnittsänderung	
6	TR, RK	Reinigungs-T und K-Stück	
7		Langgewindeverbindung	
8		Lösb. Verbdg., flachdichtend	
9		Muffenverbindung	
10		Flanschverbindung	
11		Schweiß-/Lötverbindung	
12		Kompensator	
13		Wand-/Deckendurchführung	
14		desgl. mit Schutzrohr	
15		Sicherheits-Gasschlauchltg.	
16		Anbohrschelle	
17	... kW	Sicherheitsgassteckdose	GSD
Gasarmaturen u. a.			
18	Σ m³	Gaszähler Zweistutzen	TAE
19	Σ m³	Gaszähler Einstutzen	
20		Gasdruckregler	
21		Thermische Absperreinrichtung	
22		Gasströmungswächter	GS
23		Gasabsperreinrichtung	AE
24		Sieb	
25	P	Druckmessgerät	
26		Magnetventil	
27		Gasmangelsicherung	
Gasgeräte u. a.			
28	m³/h	Gasdurchlaufwasserheizer	VWH
29	kW	Gaskombiwasserheizer	KWH
30		Gasvorratswasserheizer	VWH
31	G	Gas-Heizkessel	HS
32		Gasraumheizer	RH
33		Gasheizstrahler	HS
34	m³/h	Außenwandgasraumheizer	
35		Gasherd	HH
36		Gasheizherd	
37		Gas-/Terrassenstrahler	TS
38		Gaswarmlufterzeuger	
39		Gasgrill	G
40		Gasfeuer für offene Kamine	DE
41		Gas-Saunaofen	SO
42	BHKW	Gas-Blockheizkraftwerk	
43	G	Gas-Kühlschrank	KS
44		Gas-Wärmepumpe	WP
45		Absorptionskühlmaschine	
46		Erdgas-Kleintankstelle	
47	cm	Abgasschornsteine	

97.1 Sinnbilder Heizung [1) 2)]

Nr.	Benennung
1	Wärmeverbraucher
2	Wärmeübertrager
3	Wärmeerzeuger
4	Gegenstromapparat
5	Solar-Flachkollektor
6	Umwälzpumpe
7	Raumheizkörper
8	Konvektor
9	Rohrschlange z. B. FB-Heizung
10	Rohrregister
11	Deckenstrahlplatten
12	Vor- und Rücklauf
13	Dampfkessel
14	Sicherheitsstandrohr
15	Wärmezähler mit Leitung (TV, ΣW, TR)
16	Dampf-, Kondensat-, Luftltg.
17	Kondensatableiter
18	Fußbodenh.-Verteiler
19	Luftheizgerät
20	Öl/Gas-brenner
21	Membranausdehnungsgefäß

1) Aus div. Normen, VDI-Blättern und Herstellerunterlagen, oft unterschiedliche Sinnbilder
2) Sinnbilder für Rohrleitungen und Armaturen (s. 94.1), Regelung (s. 98.2), Raumlufttechnik (s. 97.2), Trinkwassererwärmer (s. 95.2), Elektrotechnik (s. 98.1) Heizung (s. 97.1)

97.2 Sinnbilder Raumlufttechnik EN 12792

Nr.	Benennung
Lüftungs- und Klimatechnik	
22	Zu- und Abluftdurchlass
	starre Luftleitungen
23	oval / rund (ø) / rechteckig (a x b)
	starre Luftleitungen mit Wärmedämmung
24	außen (xxxx) / innen
	mit Schalldämmung
25	außen / innen
26	Flexible Luftltg.
27	Bogen, Abzweig
28	Übergang: plötzlich, gleichmäßig
29	a) Drosselklappe b) desgl. luftdicht
30	Schalldämpfer
31	Aufteil-, Umschaltklappe
32	a) Rückschlag- b) Überströmklappe
33	a) Rauchschutz- b) Brandschutzklappe c) beide kombiniert
34	Volumenstromregler a) konstant b) variabel
35	Beipassklappe
36	Jalousieklappe
37	Wetterschutzgitter
38	Strömungsgleichrichter
39	Mischkammer a) konstanter b) variabler Volumenstrom
40	a) Messfühler b) Stellantrieb
41	Regler
42	Ventilator, - axial, I radial
43	Luftfilter
44	a) Lufterwärmer b) Luftkühler
45	Luftbefeuchter
46	Mischkammer
47	Ventilatorkonvektor
48	Induktionsgerät
Symbole nach DIN 1946-1 [1)]	
49	Kältemittelverdichter
50	Wärmepumpe
51	Wärmerückgewinner (Kreuzstrom)
52	Kühlturm a) geschlossen b) offen
53	Wärmetauscher
54	a) Abscheider (allgemein) b) Tropfenabscheider
55	Raum- und Außenfühler
56	Fühler (Temp., Feuchte, Druck)

1) DIN1946-1 wurde durch EN 12792 ersetzt

97.3 Drei Anwendungsbeispiele (Sinnbilder)

Kesselanschluss

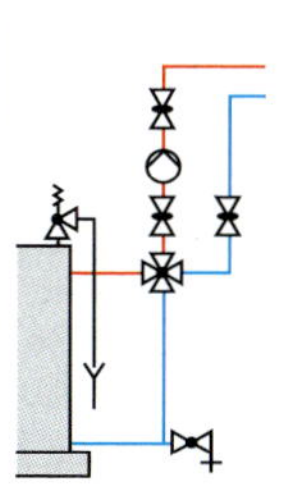

Verteilerstation (Heizung)

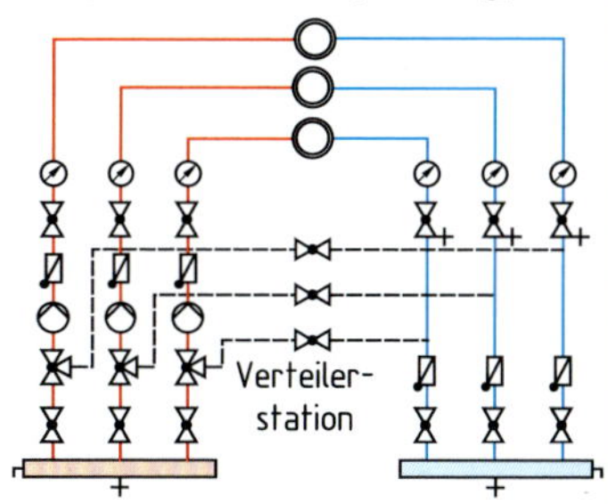

Lüftung · Heizung · Kühlung (Teilklimaanlage)

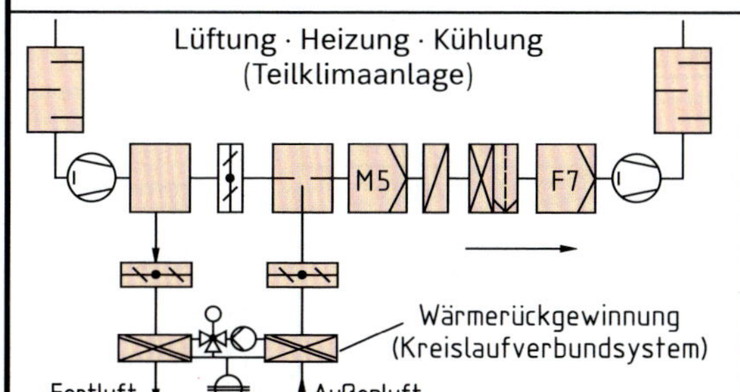

98.1 Sinnbilder der Elektrotechnik — DIN EN 60617 (Auswahl)

Nr.	Sinnbild	Bedeutung
1	— / ~ / ≂	Gleichstrom Wechselstrom Gleich- o. W.
2		Reihen- Parallel- Dreieck- Sternschalt.
3	oder; L1, L2, L3, N, PE	Leitung (allg.) Angabe der Leiterzahl Leiterkennzeichnung Außenleiter Neutralleiter Schutzleiter
4		Leitung auf Putz, im und unter Putz
5		elektrische Trennung, Isolierstück
6		Leitung nach oben
7		Primärzelle Akku, Batterie
8		Erde (allg.) Schutzerde
9		ideale Strom- und Spannungsquelle
10	1), 2)	Schließer, allg. Schalter Zweiweg-schließer, „Aus" (Mitte) 1) Öffner 2) Schütz, Öffner Wechsler mit Unterbrechung
11		Steckverbindung
12		Kreuz- und Wechselschalter
13		Sicherung und Sich.schalter
14		Schutzkontakt-Steckdose
15	A	Strommesser
16	V	Spannungsmesser
17		elektromech. Antrieb (allg.)
18		Anlasser für Motoren
19	* mit: C, G, GS, M, SM, M 3~	Maschine (allg.) Umformer Generator Synchron Gen. Motor Synchronmotor Drehstrom-asynchronmotor
20		Gleichrichter
21	A K	Halbleiter-Diode
22		Thyristor
23	ϑ	Widerstand desgl. veränderbar temperaturabhängiger W. Widerst. mit Schleifkontakt Heizwiderstand
24		Magnetkern mit Wicklung
25		Spule, Wicklung, Drossel
26		Kondensator allg. veränderbar
27		Trafo mit zwei Wicklungen
28	10 A, Wh	Zähler mit Angabe der Sicherung
29		Wecker (allg.) Hupe, Horn, Sirene
30		Speicherheizgerät
31		Infrarot-Strahler
32		Heißwasserspeicher
33		Durchlauferhitzer
34		Heißwassergerät
35		Wirkungshinweis für Druckminderventil

98.2 Sinnbilder von Mess-, Steuerungs- und Regeleinrichtungen — DIN 19227, DIN EN 60617

Nr.	Sinnbild	Bedeutung
36		Anschluss f. Messgeräte
37		Temperaturmessgerät
38		Temperaturbegrenzer
39	W	Temperaturwächter
40		Druckmessgerät
41		Durchflussmessgerät
42	000, Σ m³	Volumenzähler
43	000, Σ J	Wärmemengenzähler
44		Registriergerät
45		Regler (allgemein)
46		Steuergerät
47	1 … 9, M	Antriebe: 1 Hand, 2 Motor, 3 Membrane, 4 Kolben, 5 Elektromagnet, 6 Federbelastung, 7 Fluide, 8 gewichtsbelastet, 9 Schwimmer
48		Aufnehmer Fühler (allg.)
49		Stellgerät mit Stellort
50		Sollwerteinsteller
51		Zeitschaltuhr
52		Brandmelder
53		Rauchmelder
54		Feuerlöscher mit Auslöser
55		Thermoelement
56		Verstärker
57		Signal-Messumformer
58		Bildschirm
59		Speicher (allgemein)
60		Messblende
61		Venturidüse
62		Impuls-(Steuerleitung)
63		Schaltgerät
64	h	Betriebsstd.-zähler
65		Thermorelais
66	*	Messwerk (allgemein)
67	000	Anzeige digital
68		Widerstandsthermometer
69		galvanische Messzelle
70	ϑ / I	Messumformer Temp. ⇒ Strom
71	t	Integrierer
72		Leuchtmelder m. Glimml.
73		Anzeigevorrichtung
74		Impulszähler
75	t	Zeitrelais
76		Lampe Leuchtmeld.
77		Richtung n. beid. Seiten
78		Gerät mit automatisch. Steuerung
	Hauptimpulse	
79	⊕ / ⊖	öffnet bei Zunahme der Regelgröße dsgl. bei Abnahme der R.
	Grenzimpulse	
80		öffnet bei Erreichen des oberen Grenzwertes dsgl. bei unterem Grenzw.
81		schließt bei Erreich. des ob. Grenzw. dsgl. bei unterem Grenzwert

99.1 Grundsymbole für Schweiß- und Lötnahtarten

Benennung	Darstellung mit Symbol	Benennung	Darstellung mit Symbol	Benennung	Darstellung mit Symbol	Benennung	Darstellung mit Symbol
Bördelnaht		HY-Naht		Punktnaht	○	Stirnflachn.	|||
I-Naht	||	U-Naht		Lochnaht		Auftragung	
V-Naht	V	HU-Naht (Jotnaht)		Liniennaht		Flächennaht	=
HV-Naht		Gegenlage		Steilflankennaht		Schrägnaht	//
Y-Naht	Y	Kehlnaht		desgl. halbsteil		Falznaht	

99.2 Zusammengesetzte Symbole für symmetrische Nähte (Auswahl)

V-Naht mit Gegenlage	D(oppel)-V-Naht (X-Naht)	D(oppel)-HV-Naht (K-Naht)	D(oppel)-Y-Naht	D(oppel)-HY-Naht (K-Steg-naht)	D(oppel)-U-Naht	Doppel-Kehlnaht

99.3 Zusatzsymbole für Oberflächenform und Ausführung der Naht DIN 1912-4

	Form, Ausführung		Form, Ausführung		Form, Ausführung	Symbol
a	flach, flachnachgearb.	d	Wurzel ausgearbeitet	g	Beilage benutzt	M
b	konvex (gewölbt)	e	eingeebnet, zus. bearb.	h	Unterlage benutzt	MR
c	konkav (hohl)	f	kerbfreier Übergang		(Begriffe nach DIN 1912-1)	

Anwendungsbeispiel für Zusatzsymbole (Kombination von Grund- und Zusatzsymbol)

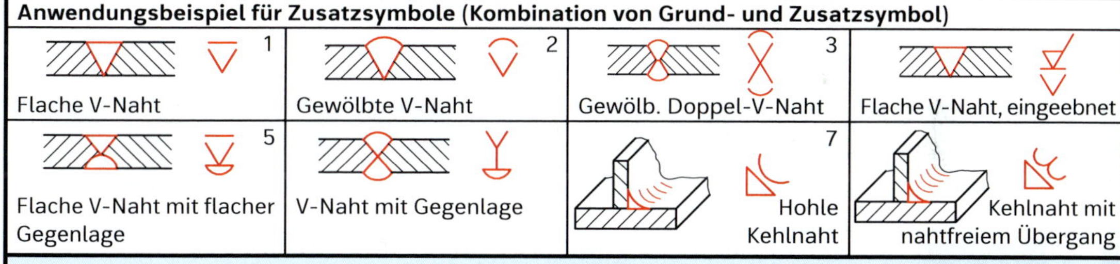

1 Flache V-Naht; 2 Gewölbte V-Naht; 3 Gewölb. Doppel-V-Naht; 4 Flache V-Naht, eingeebnet; 5 Flache V-Naht mit flacher Gegenlage; 6 V-Naht mit Gegenlage; 7 Hohle Kehlnaht; 8 Kehlnaht mit nahtfreiem Übergang

99.4 Lage der Pfeillinie, Bezugslinie und des Symbols, Maßeintragungen, Beispiele

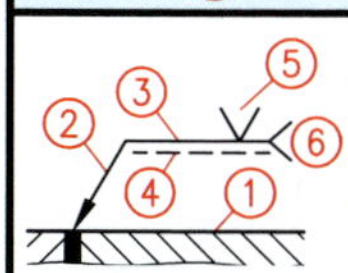

1 Werkstückoberfläche (Stoß); 2 Pfeillinie, 3 Bezugsvollinie (Nahtoberfläche); 4 Bezugsstrichlinie (Gegenseite); 5 Symbol der Schweißnaht; 6 Gabel

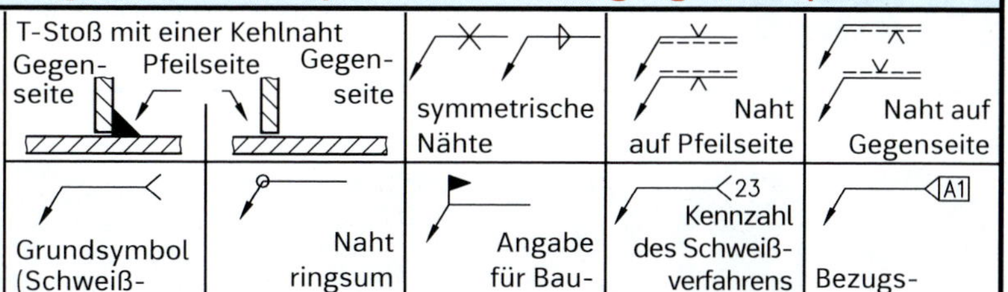

symmetrische Nähte; Naht auf Pfeilseite; Naht auf Gegenseite; Grundsymbol (Schweiß- oder Lötnaht); Naht ringsum verlaufend; Angabe für Baustellennaht; Kennzahl des Schweißverfahrens (EN ISO 4063); Bezugsangabe

Nahtdicke; Schenkeldicke; **Beispiel:** 5 mm dick 300 mm lang; Mindestmaß bis Einbrandunterkante; Pfeillinie zu dem Teil, an dem die Nahtvorbereitung vorgenommen wird

Nahtausführung

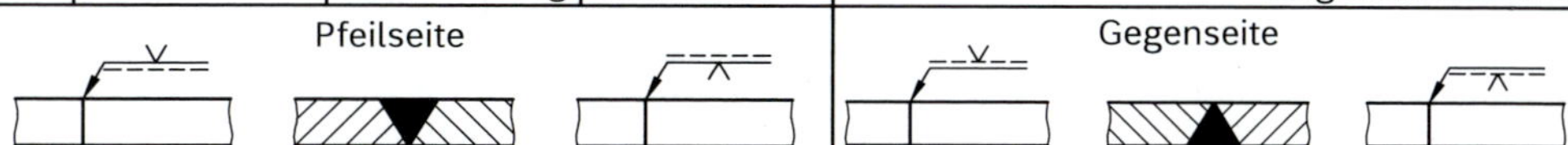

100.1 Verbotszeichen (Arbeits- und Umweltschutz) DIN EN ISO 7010

1 Für Fußgänger verboten
2 Rauchverbot
3 Feuer und Rauchen verboten
4 Zutritt für Unbefugte verboten
5 Eingeschaltete Mobiltelefone verboten
6 Kein Trinkwasser
7 Mit Wasser löschen verboten
8 Berühren verboten
9 Abstellen und Lagern verboten
10 Nicht schalten

100.2 Warnzeichen DIN EN ISO 7010

1 Explosionsgefährliche Stoffe
2 Feuergefährliche Stoffe
3 Explosionsfähige Atmosphäre
4 Ätzende Stoffe
5 Gasflaschen
6 Elektrische Spannung
7 Schwebende Last
8 Giftige Stoffe
9 Heiße Oberfläche
10 Laserstrahl

100.3 Brandschutzzeichen DIN EN ISO 7010

1 Brandmelder, 2 Brandmeldertelefon, 3 Feuerlöscher, 4 Löschschlauch, 5 Feuerleiter, 6 Mittel und Geräte zur Brandbekämpfung

100.4 Fluchtwege oder Notausgänge mit Richtungsangabe und Rettungszeichen DIN EN ISO 7010

1 + 2 Fluchtweg mit Richtungspfeil, 3 Arzt, 4 Erste Hilfe, 5 Notruftelefon, 6 Sammelstelle, 7 Notausgangsvorrichtung (Scheibe einschlagen), 8 Augenspüleinrichtung, 9 Notdusche, 10 Krankentrage

100.5 Gebotszeichen DIN EN ISO 7010

Benutzen von: 1 Schutzkleidung, 2 Gehörschutz, 3 Gesichtsschutz, 4 Augenschutz, 5 Fußschutz, 6 Handschutz, 7 Kopfschutz, 8 Atemschutz, 9 Hautschutzmittel benutzen, 10 Hände waschen, 11 Rückhaltesystem, 12 Schutzkleidung benutzen, 13 Fußgängerweg benutzen, 14 Handlauf, 15 Anleitung beachten, 16 Vor Wartung oder Reparatur freischalten

101.1 Periodensystem der Elemente (PSE)

Schriftfarbe des Symbols gibt den Aggregatzustand an: schwarz ≙ fest, blau ≙ flüssig, rot ≙ gasförmig,

Zuordnung der Elemente: Edelgas | Nichtmetall | Halbmetall | Leichtmetall | Schwermetall | Edelmetall

Atommasse A_r — 63,55 Cu — Kurzzeichen (Zustand) bei 0 °C und 1,013 bar
Protonenzahl (Ordnungszahl) — 29
Kupfer — Name (Zuordnung)

Bohrsches Atommodell

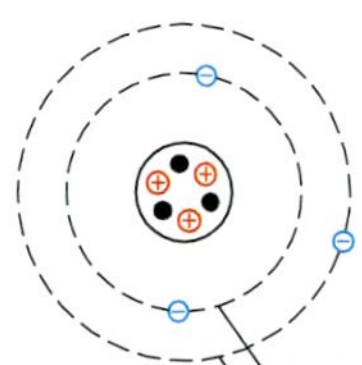

Teilchenart	elektrische Ladung in C	absolute Masse in kg
⊕ Proton	+ 1,6022 · 10^{-19}	1,6726 · 10^{-27}
● Neutron	keine	1,6752 · 10^{-27}
⊖ Elektron	− 1,6022 · 10^{-19}	9,1094 · 10^{-31}

Schale	1	2	3	4	5	6	7	8	9	10	11	12	13	14	15	16	17	18
	Alkalimetalle	Erdalkalimetalle											Borgruppe	Kohlenstoffgruppe	Stickstoffgruppe	Chalkogene, Erzbildner	Halogene, Salzbildner	Edelgase
1 K	1,01 H 1 Wasserstoff																	4,00 He 2 Helium
2 L	6,94 Li 3 Lithium	9,01 Be 4 Beryllium											10,81 B 5 Bor	12,01 C 6 Kohlenstoff	14,00 N 7 Stickstoff	16,00 O 8 Sauerstoff	19,00 F 9 Fluor	20,18 Ne 10 Neon
3 M	22,99 Na 11 Natrium	24,31 Mg 12 Magnesium											26,98 Al 13 Aluminium	28,09 Si 14 Silicium	30,97 P 15 Phosphor	32,07 S 16 Schwefel	35,45 Cl 17 Chlor	39,95 Ar 18 Argon
4 N	39,10 K 19 Kalium	40,08 Ca 20 Calcium	44,96 Sc 21 Scandium	47,88 Ti 22 Titan	50,94 V 23 Vanadium	52,00 Cr 24 Chrom	54,94 Mn 25 Mangan	55,85 Fe 26 Eisen	55,93 Co 27 Cobalt	58,69 Ni 28 Nickel	63,55 Cu 29 Kupfer	65,39 Zn 30 Zink	69,72 Ga 31 Gallium	72,59 Ge 32 Germanium	74,92 As 33 Arsen	78,96 Se 34 Selen	79,90 Br 35 Brom	83,80 Kr 36 Krypton
5 O	85,47 Rb 37 Rubidium	87,62 Sr 38 Strontium	88,91 Y 39 Yttrium	91,22 Zr 40 Zirkon	92,91 Nb 41 Niob	95,94 Mo 42 Molybdän	98,91 Tc 43 Technetium	101,07 Ru 44 Ruthenium	102,91 Rh 45 Rhodium	106,42 Pd 46 Palladium	107,87 Ag 47 Silber	112,41 Cd 48 Cadmium	114,82 In 49 Indium	118,71 Sn 50 Zinn	121,76 Sb 51 Antimon	127,60 Te 52 Tellur	126,90 I 53 Iod	131,29 Xe 54 Xenon
6 P	132,91 Cs 55 Cäsium	137,33 Ba 56 Barium	57...71 La...Lu Lanthaniden	178,49 Hf 72 Hafnium	180,95 Ta 73 Tantal	183,84 W 74 Wolfram	186,21 Re 75 Rhenium	190,23 Os 76 Osmium	192,22 Ir 77 Iridium	195,08 Pt 78 Platin	196,97 Au 79 Gold	200,59 Hg 80 Quecksilber	204,38 Tl 81 Thallium	207,20 Pb 82 Blei	208,98 Bi 83 Bismut	208,98 Po 84 Polonium	209,99 At 85 Astat	222.02 Rn 85 Radon
7 Q	223,02 Fr 87 Francium	226,03 Ra 88 Radium	89...103 Ac...Lr Actiniden															

Die kleinsten Teilchen der chemischen Elemente sind ihre Atome.
Jedes Atom ist nach außen elektrisch neutral (Protonzahl = Elektronenzahl).
Die Ordnungszahl des Atomes ist gleich der Protonenzahl.
Der Atomkern wird aus Protonen und Neutronen (genannt Nukleonen) gebildet.

Nuklide sind Atome mit bestimmter Ordnungs- und Massenzahl. Massenzahl eines Nuklids ist gleich seiner Nukleonenzahl.
Atome mit einer elektrischen Ladung (mit Elektonenüberschuss oder Elektronenmangel) nennt man Ione.

102.1 Einteilung der Werkstoffe

Werkstoffe sind Materialien, die aus verschiedenen Werkstücken bestehen

Qualität und Eigenschaften der Fertigungsprodukte sind stark von der Werkstoffqualität abhängig.

Werkstoffe

- **Metalle**
  - Eisenmetalle
    - Stahl
      - Baustähle
      - Werkzeugstähle
    - Gusseisen
      - Stahlguss
      - Grauguss
      - Temperguss
    - s. 114.1–118.1
  - Nichteisenmetalle
    - Leichtmetalle: z. B. Aluminium, Magnesium, Calzium, Natrium
    - Schwermetalle: z. B. Kupfer, Eisen, Zink, Nickel, Chrom
- **Nichtmetalle**
  - Natürliche Werkstoffe
  - Künstliche Werkstoffe

  Künstliche Werkstoffe aus verschiedenen Nichtmetallen
  - anorganisch: Glas, Keramik, Asbest, Glimmer
  - organisch: Papier, Holz, Kunststoff, Gummi, Textil
- **Verbundwerkstoffe**: aus mehreren Werkstoffen zusammengesetzt, z. B. glasfaserverstärkte Kunststoffe, Hartmetalle

*) Angaben sind willkürlich (wissenschaftlich nicht anerkannt)

Anmerkung: Hinsichtlich der Einteilung der Elemente im Periodensystem (s. 101.1) unterscheidet man bei den Metallen zwischen Nichtmetalle, Halbmetalle, Leichtmetalle, Schwermetalle, Edelmetalle (s. Schriftfarbe)

102.2 Eisen-Gusswerkstoffe (Gusseisen)

Gusseisen enthält als Hauptbestandteil Eisen mit wesentlich höherem Kohlenstoff mehr als 2 %, während bei Stahl weniger als 2 % enthalten sind.

Einteilung

• Gusseisen mit Lamellengrafit **Vorteile:** gute Gießbarkeit, Spanbarkeit, Wärmeleitfähigkeit, Formfestigkeit, Selbstschmiereigenschaften (durch Bearbeitung), Korrosionsbeständigkeit, hohe Druckbeanspruchbarkeit, schwingungsdämpfend; **Nachteile:** Geringe Zugfestigkeit, spröde, geringe Zähigkeit, schlechte Verformbarkeit; **Einsatzgebiete:** Werkzeugmaschinenbau, Bauteile mit komplexen Geometrien, Motoren, Pumpen, Getriebe

• Temperguss Nach dem Erstarren wird der Guss nochmals einer Glühbehandlung unterzogen („tempern"). Dabei unterscheidet man zwischen dem weißen und schwarzen Temperguss (helle und graue Gussfläche). Beim

weißen Gusseisen wird entkohlend geglüht, wobei der Kohlenstoff von außen nach innen zunimmt (helle metallische Gussfläche). **Eigenschaften:** (abhängig von der Wanddicke) sind bei den mechanischen Eigenschaften: gute Bruchdehnung, Zugfestigkeit, Schwingfestigkeit, Schmied- und Verformbarkeit und hohe Schmiedbarkeit. Bei den physikalischen Eigenschaften sind es gute Zerspanbarkeit, gutes Schweißverhalten, gut verzinkbar, hohe Oberflächengüte, gute Korrosionsbeständigkeit. **Anwendung** (stark verbreitet) Bauteile bei der mechanischen Beanspruchung, Sicherheitsbauteile (z. B. Getriebe, Befestigungselemente).

Schwarzes Gusseisen ist ein entkohlend geglühter Temperguss, Gefüge bis auf eine Randzone von 2 mm Tiefe, gute Gießbarkeit, leicht zerspanbar, vergütbar

Sphärenguss: Gusseisen mit Kugelgraphit, durch Entschwefelung der Schmelze stahlähnlich **Eigenschaften:** hohe Festigkeit, gute Bearbeitkeit, schmiedbar, für dickwandige Gussstücke, erdverlegte Gussrohre (inzwischen Kunststoffrohre (PE, PP, PVC-u))

102.3 Eigenschaften von Werkstoffen

Werkstoffeigenschaften:	
Physik	• Elektrische Eigenschaften z. B. Leitfähigkeit, Kriechstromfestigkeit
	• Mechanische Eigenschaften z. B. Dichte, Härte, Dauerfestigkeit, Zugfestigkeit, Druckfestigkeit, Elastizität, Kriechzähigkeit, Risszähigkeit, Druckfestigkeit u. a.
	• Optische-akustische Eigenschaften z. B. Lichtbrechung, Metallglanz (Reflexion), Schallabsorption, Schallreflexion, Durchsichtigkeit, Transparenz
	• Thermische Eigenschaften z. B. Wärmeausdehnung, Wärmeleitfähigkeit, spezifische Wärmekapazität, Warmfestigkeit, Speicherfähigkeit, Kältezähigkeit
Chemie	Korrosionsbeständigkeit, Säurebeständigkeit, Längenbeständigkeit, Brennbarkeit, Verbrennungsenthalpie, Komplexbildung
Fertigung	Gießbarkeit, Umformbarkeit, Zerspanbarkeit, Löt- und Schweißbarkeit, Klebbarkeit
Ökologie	Rohstoffverbrauch, Recyclingfähigkeit, Giftigkeit, Ressourcen, Emissionen durch Herstellung, Transport, Gebrauch (Gefahrstoffe s. 519.1)

Grundlagen Elektro, Regelung · Kommunikation Bauzeichnungen · Werkstoffe Trennen, Fügen · Rohre, Zubehör Montage · Trinkwasser Feuerlöschtechnik · Entwässerung Sanitär, Klempner · Gasinstallation Flüssiggas · TW-Erwärmung Solarnutzung TWE · Energietechnik Erneuerb. Energien · Heizungs- und Feuerungstechnik · Lüftung, Klima Wärmerückführung

103.1 Werkstoffprüfungen

- Diese Prüfungen umfassen verschiedene Verfahren, mit denen das Verhalten und die Werkstoffkenngrößen von normierten Werkstoffproben (analytisch) oder fertigen Bauteilen (Bauteilprüfung) unter mechanischen, thermischen oder chemischen Beanspruchungen ermittelt werden.
- Die Überprüfung erfolgt hinsichtlich Reinheit, Fehlerfreiheit oder Belastbarkeit.

Prüfungsmethoden (Auswahl)

zerstörende Werkstoffprüfung	bedingt zerstörungsfrei	zerstörungsfreie Prüfungen
Mechanisch: Aufschweißbiegeversuch, Biege- und Faltversuch von Blechen, **Einschlüsse:** Dauerschwingungs-, Druck-, Sicher-, Torsions-, Zeitstandsversuche u. a. **Chemisch und thermsich:** Brennprobe	**Bedingungen:** Erforderliche Mindestgröße und dafür vorgesehene Oberfläche. Bei innerer Prüfung: Ausfräsen des prüfenden Bereichs. Bohrwiderstandsmessung, Härteprüfungen	Qualitätstest eines Werkstückes, Ausnutzung verschiedener physikalischer Effekte; Verfahren (statische, dynamische, mechanische, magnetische, akustische u. a.

Prüfverfahren: Brinell, Rockwell, Eindringtiefe, Schwingung, Kerbschlag, Kugeleindringung u. a.

103.2 Legierungen

Warum legieren?

Viele Metalle besitzen für ihre technische Anwendung nicht die erforderliche Eigenschaft wie z. B. Korrosionsbeständigkeit, Oberflächenhärte, Bruchfestigkeit, Dichte u. a.

Merkmale

Legierungen sind Stoffgemische von zwei oder mehreren Metallen oder Nichtmetallen, die miteinander verschmolzen werden. Legierungskomponenten = Basismetall + Legierungselemente

Basismetalle sind z. B. Aluminium (Al), Antimon (Sb), Blei (Pb), Chrom (CR), Kupfer (Cu), Magnesium (Mg), Mangan (Mn), Molybdän (Mo), Nickel (Ni), Phosphor (P), Schwefel (S), Silicium (Si), Vanadium (V), Wolfram (W), Zinn (Sn), Zink (Zn),

Legierungsbeispiele

- Stahl = Eisen + Kohlenstoff (FeC)
- Rotguss = Kupfer + Zinn + Zink + Blei (CuSnZkPb)
- Tombak = Kupfer + reines Messing
- Messing = Kupfer + Zink (CuZn)
- Bronze = Kupfer + Zinn (CuSn)
- Invar = Eisen + Nickel (FeNi)
- Lötzinn = Blei + Zinn (PbSn)
- Chronin = Nickel + Chrom (NiCr)
- Hartblei = Blei + Antimon (PbSb)

103.3 Einfluss der Liegierungselemente auf die Eigenschaften der Stähle

Technologische Eigenschaften	Al	Cr	Ni	Mn	Mo	P	S	Si	V	W	Technologische Eigenschaften	Al	Cr	Ni	Mn	Mo	P	S	Si	V	W
Streckgrenze	0	+	+	+	+	+	0	+	+	+	Härtbarkeit	0	+	+	+	+	0	0	+	+	+
Zugfestigkeit	0	+	+	+	+	+	0	+	+	+	Vergütbarkeit	0	+	+	+	+	0	0	+	+	+
Kerbschlag-zähigkeit	–	–	0	0	+	–	–	–	+	0	Nitrierbarkeit	+	+	0	+	+	0	0	–	+	+
Zerspan-barkeit	0	0	–	–	–	+	+	–	0	–	Härte-temperatur	0	+	0	–	+	0	0	+	+	+
Verschleiß-festigkeit	0	+	–	–	+	0	0	–	+	+	Vergütungs-temperatur	0	+	0	–	+	0	0	+	+	+
Warmum-formbarkeit	–	–	+	+	+	0	–	–	+	–	Schweiß-barkeit	+	–	–	–	–	–	–	0	+	0
Kaltum-formbarkeit	0	0	0	–	–	–	–	–	0	–	Korrosions-beständigkeit	0	+	0	0	0	0	–	0	+	0

Erklärung: + Zunahme, – Abnahme, 0 gleich bleibend

104.1 Chemische Grundbegriffe

Chemie	Teilgebiet, das sich mit der Synthese oder Analyse von Stoffen und deren veränderbaren Eigenschaften befasst: Chemische Reaktionen und chemische Bindungen
Analyse	Zerlegung einer chemischen Verbindung bzw. eine Feststellung ihrer Zusammensetzung
Atom	Kleinstes Teilchen eines Elements (nicht zerlegbar), besteht aus Proton, Neutron, Elektron
Baselauge	Verbindung, die in Lösung Hydroxidionen bilden können. Lauge = Base in Wasser
Verbindung	Substanz, die 2 oder mehr Elemente hat. Charakteristisch ist ihre eindeutige Struktur.
Dispersion	Gemenge, bei denen die Stoffe im Lösungsmittel nicht gelöst, sondern nur verteilt sind
Element	Grundstoff, der sich chemisch nicht mehr zerlegen lässt.
Gemenge	Mischung beliebiger Stoffe in beliebigen Mengenverhältnissen
Ion	Elektrisch geladenes Atom: Kationen positiv, Anionen negativ
Legierung	Erstarrte Lösungen von Metallen (im geschmolzenen Zustand ineinander gelöst)
Lösung	Flüssigkeit, in der eine oder mehrere Stoffe in feinster Verteilung vorhanden sind
Molekül	Kleinste Einheit einer chemischen Verbindung (aus mehreren Atomen aufgebaut)
Oxidation	Verbindung eines Stoffes mit Sauerstoff; Elektronenabgabe eines Atoms oder Ions
Reduktion	Entzug von Sauerstoff; Elektronenaufnahme eines Atoms oder Ions
Säure	Fähigkeit der Bildung von positiven Wasserstoffionen (H_2O^+ Ionen in Wasser)
Salze	Verbindungen, die aus positiven und negativen Ionen aufgebaut sind
Synthese	Herstellung einer chemischen Verbindung (Herstellung eines neuen Stoffes)
Wertigkeit	Elektronenzahl, die ein Atom in Verbindung miteinander aufnehmen oder abgeben kann
pH-Wert	Stärke einer Säure oder Lauge lässt sich durch den pH-Wert charakterisieren (s. 221.1)
Elektrolyse	Prozess, bei dem elektr. Strom eine Reoxidation erzwingt (z. B. zur Gewinnung von Wasserstoff)

104.2 Bezeichnung von Chemikalien

Bezeichnung	Formel	Bezeichnung	Formel
Aceton,Propanon	$(CH_3)_2CO$	Lachgas (Distickstoffoxid)	N_2O
Aluminiumoxid (Korund.)	Al_2O_3	Magnesiumkarbonat	$MgCO_3$
Ammoniak	NH_3	Magnesiumhydrogenkarbonat	$Mg(HCO_3)_2$
Ätzkali (Kaliumhydroxid)	KOH	Magnesiumoxid	MgO
Azetylen, Äthin (Acetylen)	C_2H_2	Magnesiumsulfat	$MgSO_3$
Benzol	C_6H_6	Mennige (Bleioxid)	Pb_3O_3
Bleimenige	Pb_3O_3	Methan	CH_4
Butan	C_4H_{10}	Natronlauge (Natriumhydroxid)	NaOH
Calciumhydrogenkarbonat	$Ca(HCO_3)_2$	Patina-Cu (bas. Kupfercarbonat)	$CuCO_3 \cdot Cu(OH)_2$
Calciumsulfat	$CaSO_4$	Patina-Pb (bas. Bleicarbonat)	$PbCO_3 \cdot Pb(OH)_2$
Carbit (Alu)	Al_4C_3	Patina-Zn (bas. Zinkcarbonat)	$ZnCO_3 \cdot Zn(OH)_2$
Clycerin	$C_3H_5\,(OH)_3$	Propan	C_3H_8
Eisenrost (Eisenoxidhydrat)	$FeO \cdot Fe_2O_3 \cdot H_2O$	Rost (Eisenoxid)	Fe_2O_3
Ethan	C_2H_6	Salmiak	NH_4Cl
Formaldehyd (Methanol)	HCHO	Salmiakgeist	NH_4OH
Gips (Calciumsulfat)	$CaSO_4\ 2H_2O$	Salzsäure	HCl
Grünspan	$Cu\,(C_2H_3O_2)_2 +$	Schwefeldioxid	SO_2
(basisches Kupferacetat)	$Cu\,(OH)_2 \cdot 5H_2O$	Schwefelsäure	H_2SO_4
Kalk, gebrannt (Calciumoxid)	CaO	Schwefelige Säure	H_2SO_3
Kalk, gelöscht (Calciumhydroxid)	$Ca(OH)_2$	Spiritus (Ethanol)	C_2H_5OH
Kalkstein (Calciumkarbonat)	$CaCO_3$	Stickstoffdioxid	NO_2
Kochsalz (Natriumchlorid)	NaCl	Teflon	$F_2C \cdot CF_2$
Kohlensäure	H_2CO_3	Tonerde	Al_2O_3
Kohlenstoffdioxid	CO_2	Wasser	H_2O
Kohlenstoffmonoxid	CO	Zellulose	$C_6H_{10}\,(OH)_3$

(...) In den Klammern sind die chemischen Bezeichnungen aufgeführt.

- Chemische Formen geben die Zusammensetzung einer chem. Verbindung (in Kurzform)
- Jedes chemische Zeichen steht selbstvertretend für ein Atom in einem Molekül, wobei die tiefstehenden Zahlen die Zahl der jeweiligen Atome angibt.
- Manche Stoffe können gesundheitliche Probleme verursachen, Piktogramme s. 519.1

105.1 Zustandsgrößen von Wasser und Dampf bei Sättigung in Abhängigkeit vom Druck

Abs. Druck p_{abs} bar	Über-druck p_e in bar	Satt-dampf ϑ_S °C	Spez. Volumen Wasser v' dm³/kg	Spez. Volumen Dampf v'' in m³/kg	Dichte Dampf ϱ'' kg/m³	Wärmeinhalt Wasser h' kJ/kg	Wärmeinhalt Wasser h' Wh/kg	Wärmeinhalt Dampf h'' kJ/kg	Wärmeinhalt Dampf h'' Wh/kg	Verdampfungswärme r kJ/kg	Verdampfungswärme r Wh/kg
0,1	– 0,9	45,8	1,0102	14,67	0,0681	191,8	53,3	2585	718,0	2393	664,7
0,2	– 0,8	60,1	1,0172	7,65	0,1307	251,5	69,9	2610	725,0	2358	655,1
0,3	– 0,7	69,1	1,0223	5,229	0,1912	289,3	80,4	2625	729,3	2336	648,9
0,5	– 0,5	81,3	1,0301	3,240	0,3086	340,6	94,6	2646	735,0	2305	640,4
0,7	– 0,3	90,0	1,0361	2,365	0,4229	376,8	104,7	2660	738,9	2283	634,3
0,9	– 0,1	96,7	1,0412	1,869	0,5350	405,2	112,6	2671	741,9	2266	629,3
1,0	0	99,6	1,0434	1,694	0,5904	417,5	115,8	2675	743,2	2258	627,2
1,0132	0,0132	**100**	1,0437	1,673	0,5977	419,1	116,4	2676	743,3	**2257**	**626,9**
1,1	0,1	102,3	1,0455	1,549	0,6455	429	119,2	2680	744,4	2251	625,3
1,2	0,2	104,8	1,0476	1,428	0,7002	439	121,9	2683	745,3	2244	623,3
1,3	0,3	107,1	1,0495	1,325	0,7547	449	124,7	2687	746,4	2238	621,7
1,4	0,4	109,3	1,0513	1,236	0,8088	458	127,2	2690	747,2	2232	620,0
1,5	0,5	111,4	1,0530	1,159	0,8628	467	129,7	2693	748,1	2226	618,4
1,6	0,6	113,3	1,0547	1,091	0,9165	475	131,9	2696	748,9	2221	616,9
1,7	0,7	115,2	1,0562	1,031	0,9700	483	134,2	2699	749,7	2216	615,6
1,8	0,8	116,9	1,0579	0,977	1,0230	491	136,4	2702	750,6	2211	614,2
1,9	0,9	118,6	1,0597	0,929	1,076	498	138,3	2704	751,1	2206	612,8
2,0	1,0	120,2	1,0608	0,885	1,129	505	140,3	2706	751,8	2202	611,7
2,5	1,5	127,4	1,0675	0,718	1,392	535	148,6	2716	754,6	2181	605,8
3,0	2,0	133,5	1,0735	0,606	1,651	561	155,8	2725	758,9	2163	600,9
3,5	2,5	138,9	1,0789	0,524	1,908	584	162,2	2732	758,8	2147	596,5
4,0	3,0	143,6	1,0839	0,462	2,163	605	168,1	2738	760,4	2133	592,5
4,5	3,5	147,9	1,0885	0,414	2,417	623	173,1	2743	761,9	2120	588,8
5	4	151,8	1,0928	0,375	2,669	640	177,8	2748	763,2	2107	585,4
6	5	158,8	1,1009	0,316	3,170	670	186,1	2755	765,4	2085	579,2
7	6	165,0	1,1082	0,2727	3,667	697	193,6	2762	767,2	2065	573,6
8	7	170,4	1,1150	0,2403	4,162	721	200,3	2768	768,8	2047	568,7
9	8	175,4	1,1213	0,2148	4,655	743	206,4	2772	770,0	2030	563,9
10	9	179,9	1,1274	0,1943	5,147	763	211,9	2776	771,2	2014	559,4

105.2 Wassertemperatur in °C, Dichte in kg/m³, spezifisches Volumen in dm³/kg

Eis ϑ	kg/m³	dm³/kg	°C	kg/m³	dm³/kg	°C	kg/m³	dm³/kg	°C	kg/m³	dm³/kg	°C	kg/m³	dm³/kg	°C	kg/m³	dm³/kg
– 50 °C	890,0	1,1236	15	999,2	1,0008	32	995,1	1,0049	56	985,2	1,0150	76	974,1	1,0266	97	960,2	1,0414
± 0	917,0	1,0905	16	999,0	1,0010	33	994,7	1,0053	57	984,6	1,0156	78	972,9	1,0279	98	965,6	1,0421
Wasser	ϱ	v	17	998,8	1,0012	34	994,4	1,0056	58	984,2	1,0161	80	971,6	1,0292	99	958,9	1,0429
± 0 °C	999,8	1,0002	18	998,7	1,0013	35	994,0	1,0060	59	983,7	1,0166	82	970,4	1,0305	100	958,1	1,0437
1	999,9	1,0001	19	998,5	1,0015	36	993,7	1,0063	60	983,2	1,0171	84	969,1	1,0319	105	954,5	1,0477
2	999,9	1,0001	20	998,3	1,0017	37	993,3	1,0067	61	982,6	1,0177	85	968,4	1,0326	110	950,7	1,0519
3	999,9	1,0001	21	998,1	1,0019	38	993,0	1,0070	62	982,1	1,0182	86	967,8	1,0333	115	946,8	1,0562
4	**1000**	**1,0000**	22	997,8	1,0022	39	992,7	1,0074	63	981,5	1,0188	87	967,1	1,0340	120	942,9	1,0606
5	1000	1,0000	23	997,6	1,0024	40	992,3	1,0078	64	981,0	1,0193	88	966,5	1,0347	130	934,6	1,0700
6	1000	1,0000	24	997,4	1,0026	42	991,5	1,0086	65	980,5	1,0199	89	965,8	1,0354	141	925,8	1,0801
7	999,9	1,0001	25	997,1	1,0029	44	990,7	1,0094	66	979,9	1,0205	90	965,2	1,0361	150	916,8	1,0908
8	999,9	1,0001	26	996,8	1,0032	46	989,9	1,0103	67	979,2	1,0211	91	964,4	1,0369	160	907,3	1,1022
9	999,8	1,0002	27	996,6	1,0034	48	988,9	1,0112	68	978,8	1,0217	92	963,8	1,0376	170	897,3	1,1145
10	999,7	1,0003	28	996,3	1,0037	50	988,0	1,0121	69	978,2	1,0223	93	963,0	1,0384	180	886,9	1,1275
11	999,7	1,0003	29	996,0	1,0040	52	987,1	1,0131	70	977,7	1,0228	94	962,4	1,0391	190	876,0	1,1415
12	999,6	1,0004	30	995,7	1,0043	54	986,2	1,0140	72	976,5	1,0241	95	961,6	1,0399	200	864,7	1,1565
13	999,4	1,0006	31	995,4	1,0046	55	985,7	1,0145	74	975,3	1,0253	96	961,0	1,0406	300	712,2	1,4041

106.1 Dichte, spezifische Wärmekapazität und Wärmeleitfähigkeit fester Körper[1] (bei 20 °C)

ϱ Dichte in kg/dm³
λ Wärmeleitfähigkeit in W/(m · K)
c spezifische Wärmekapazität in J/(kg · K) oder in Wh/(kg · K)

Stoff[1]	ϱ $\frac{kg}{dm^3}$	c $\frac{J}{kg \cdot K}$	c $\frac{Wh}{kg \cdot K}$	λ $\frac{W}{m \cdot K}$	Stoff[1]	ϱ $\frac{kg}{dm^3}$	c $\frac{J}{kg \cdot K}$	c $\frac{Wh}{kg \cdot K}$	λ $\frac{W}{m \cdot K}$
Metalle und ihre Legierungen									
Aluminium[2]	2,70	920	0,26	221	Magnesium	1,74	1010	0,281	171
Antimon	6,69	210	0,058	17	Messing[3]	8,56	390	0,108	92
Blei	11,34	130	0,036	35	Messing[4]	8,80	390	0,108	110
Chrom	7,10	500	0,139	86	Nickel	8,80	460	0,128	87
Eisen	7,86	465	0,129	71	Platin	21,40	134	0,037	71
Grauguss	7,1...7,3	545	0,151	46...63	Quecksilber	13,60	138	0,038	10,5
Stahl 0,2 % C	7,85	460	0,128	50	Rotguss[5]	8,74	377	0,105	59
Stahl 0,6 % C	7,84	460	0,128	46	Silber (rein)	10,50	238	0,066	418
18 % Cr, 8 % Ni	7,88	500	0,139	15	Wismut[6]	9,80	125	0,035	9,6
Gold	19,30	125	0,035	314	Wolfram	19,30	142	0,039	197
Konstantan	8,90	410	0,114	22,5	Zink	7,14	376	0,104	109
Kupfer	8,90	390	0,108	393	Zinn	7,28	230	0,064	63
Andere feste Stoffe[1]									
Asphalt	1,1...1,5	920	0,26	0,7	Papierpappe	0,8	1260	0,35	0,07... 0,22
Beton	1,9...2,3	880	0,244	0,8....1,4	Papier				
Bitumen (Teer)	1,1	1630	0,453	0,16	Cellophan	1,42	1470	0,41	0,17
Eis 0 °C	0,92	2052	0,57	2,21	Zellulose	0,7...1,1	1340	0,37	0,07...0,14
Faserzement[7]	2,0	736	0,21	0,34...0,44	Paraffin	0,87 ...0,93	3270	0,91	0,21...0,29
Fett, frisch	0,93	2510	0,697	0,21					
Gipsplatten	0,9	900	0,25	0,21	Porzellan	2,3	840	0,23	1,28
Glas, Fenster-	2,5	840	0,23	0,81	Quarz	2,1...2,65	840	0,23	1,26
Granit	2,5	840	0,23	3,50	Ruß	1,6...1,7	–	–	0,07...1,20
Grafit, natürl.	1,8...2,3	840	0,23	10 ...175	Sandboden	1,6	–	–	1,07
Gummi	1,1	2010	0,56	0,17	Sandstein	2,2...2,3	710	0,20	1,63...2,1
Holzspanplatte	0,65	1700	0,472	0,14	Schamottestein	1,7...2,0	835	0,23	0,46...1,16
Kalk-Sandstein	1,9	720	0,2	1,0	Schnee, frisch	0,10	2090	0,58	0,11
Kesselstein	2,3	1260	0,35	0,6...2,3	Sperrholz	0,55	1700	0,472	0,14
Korkplatte	0,1...0,3	1590	0,442	0,03...0,06	Tonboden	1,5	880	0,24	1,28
Korkschrot (expandiert)	0,035 ... 0,06	1380	0,383	0,33	Ton, trocken	1,8	830	0,23	0,84
					Torf, lufttrocken	0,5...0,9	1880	0,52	0,06...0,08
Leder, trocken	1,0	1510	0,42	0,159	Wachs	0,96 ... 1,04	3430	0,95	0,084
Marmor	2,5...2,7	810	0,23	2,8					
Naphthalin	1,145	1280	0,36	0,3	Wellpappe	0,035	–	–	0,041
Kunststoffe – Thermoplaste									
Acrylnitril-ABS	1,06	1550	0,43	0,15	Polymethyl-methacrylat[9]	1,18	1300	0,361	0,19
Polyamid[8]	1,13	1900	0,528	0,27					
Polyethylen					Polypropylen	0,91	1700	0,472	0,22
PE-HD (hart)	0,95	2150	0,597	0,35	Polystyrol	1,05	1300	0,361	0,17
PE-LD (weich)	0,92	1800	0,500	0,42	Polyvinylchlorid	1,39	980	0,272	0,17
PE-X	0,94	2100	0,583	0,43	Polyvinyl-idenfluorid	1,78	1000	0,280	0,13

[1] Bau- und Dämmstoffe (s. 480.1; 480.2). [2] Al 99,5 %. [3] CuZn 28. [4] CuZn 10. [5] G-CuSn 10. [6] Wird auch als Bismut bezeichnet. [7] Gepresst. [8] Nylon. [9] Plexiglas.

107.1 Dichte, spezifische Wärmekapazität und Wärmeleitfähigkeit fester Körper (bei 20 °C)

ϱ Dichte in kg/dm³ — c spezifische Wärmekapazität in J/(kg · K) oder in Wh/(kg · K)
λ Wärmeleitfähigkeit in W/(m · K)

Stoff	ϱ $\frac{kg}{dm^2}$	c $\frac{J}{kg \cdot K}$	c $\frac{Wh}{kg \cdot K}$	λ $\frac{W}{m \cdot K}$	Stoff	ϱ $\frac{kg}{dm^2}$	λ $\frac{W}{m \cdot K}$	Temperatur-beständigkeit °C
Kunststoffe – Fortsetzung –								
Duroplaste					**Hartschaumstoffe**			
Bakelit	1,27	1600	0,044	0,23	Harnstoffharz-Sch.	0,008...0,015	0,041	< +100
Epoxidharz	1,15...1,2	–	–	0,21	Polystyrol-Sch.	0,015...0,050	0,041	– 200...+70
Polyesterharz	1,3...1,6	–	–	0,21	Polyurethan-Sch.	0,030...0,200	0,035	– 40...+90

107.2 Dichte und spezifische Wärmekapazität flüssiger Stoffe (bei 20 °C)

ϱ Dichte in kg/dm³ — c spezifische Wärmekapazität in J/(kg · K) oder Wh/(kg · K)

Stoff	ϱ $\frac{kg}{dm^3}$	c $\frac{J}{kg \cdot K}$	c $\frac{Wh}{kg \cdot K}$	Stoff	ϱ $\frac{kg}{dm^3}$	c $\frac{J}{kg \cdot K}$	c $\frac{Wh}{kg \cdot K}$
Aceton	0,80	2220	0,617	Kochsalzlösung (20 %)	1,15	3430	0,954
Antifrogen N (100 %)	1,143	2380	0,660	Kühlsole (20 %)	≈ 1,03	3980	1,105
Antifrogen L (100 %)	1,052	2500	0,694	(Frostschutz) (50 %)	≈ 1,05	3510	0,975
Ethylalkohol	0,79	2390	0,663	Maschinenöl	0,91	1680	0,465
Benzin, schwer	0,72...0,78	2090	0,581	Methylalkohol	0,79	2470	0,686
Benzol	0,88	1720	0,477	Natronlauge (100 %)	1,83	3270	0,908
Bier	1,03	3770	1,050	Naphthalin	1,145	1810	0,500
Butan (n) bei 0,5 °C	0,60	2280	0,633	Petroleum	0,78...0,86	2140	0,593
Glykol, Äthylen–	1,114	2300	0,639	Propan (bei - 43 °C)	0,585	2410	0,670
Heizöl EL	0,8...0,86	1880	0,523	Salzsäure (10 %)	1,05	3140	0,871
Heizöl S (bei 100 °C bis 200 °C)	0,95...0,97	1800 ...2200	0,5... 0,611	Schwefelsäure (100 %)	1,84	1380	0,384
				Seewasser	1,02...1,03	–	–
Kältemittel R 134 a	1,295	882	0,245	**Wasser,** destilliert	**1,0**	**4190**	**1,163**

107.3 Dichte und spezifische Wärmekapazität gasförmiger Stoffe (bei 0 °C ; p_{abs}= 1,013 bar)

ϱ Dichte in kg/m³
c_p spezifische Wärmekapazität bei konstantem Druck in kJ/(kg · K)
c_v spezifische Wärmekapazität bei konstantem Volumen in kJ/(kg · K)

Stoff	Chemische Formel	ϱ $\frac{kg}{m^3}$	c_p $\frac{kJ}{kg \cdot K}$	c_v $\frac{kJ}{kg \cdot K}$	Stoff	Chemische Formel	ϱ $\frac{kg}{m^3}$	c_p $\frac{kJ}{kg \cdot K}$	c_v $\frac{kJ}{kg \cdot K}$
Abgas[1]					Helium	He	0,18	5,2335	3,1610
feste Brennst.	–	≈ 1,33	–	–	Kältem. R134 a	$C_2H_2F_4$	4,69	0,816	0,7425
Heizöl	–	≈ 1,32	≈ 1,05	–	Kohlenstoff-				
Gasfeuerung	–	≈ 1,25	≈ 1,10	–	dioxid	CO_2	1,977	0,8206	0,6280
Acetylen	C_2H_2	1,171	1,5114	1,2142	monoxid	CO	1,250	1,0425	0,7453
Ammoniak	NH_3	0,771	2,0557	1,5659	**Luft, trocken**	–	**1,293**	**1,0048**	0,7159
Argon	Ar	1,78	0,5234	0,3182	Methan	CH_4	0,717	2,1604	1,6370
Benzol	C_6H_6	3,63	0,95	0,846	Neon	Ne	0,899	1,0476	0,6264
Butan (n)	C_4H_{10}	2,708	1,599	1,457	Propan	C_3H_8	2,011	1,549	1,36
Chlor	Cl_2	3,22	0,473	0,356	Sauerstoff	O_2	1,429	0,9169	0,6573
Erdgas	–	≈ 0,84	–	–	Schwefeldioxid	SO_2	2,931	0,6071	0,4773
Ethan	C_2H_6	1,356	1,7292	1,4445	Stickstoff	N_2	1,250	1,0383	0,7411
Ethylen	C_2H_4	1,261	1,6119	1,2895	Wasserdampf[2]	H_2O	0,598[3]	2,034[3]	1,527[3]
Gichtgas	–	≈ 1,26	1,01	0,716	Wasserstoff	H_2	0,090	14,235	10,111

[1] Mittlere Richtwerte (c_p bei 100 °C bis 300 °C) (s. 522.1). [2] (s. 105.1, 523.2). [3] Gilt bei 100 °C.

108.1 Spezifische Gaskonstante, Dichte und spezifische Wärmekapazität von Gasen

m molekulare Masse in g/mol
R spez. Gaskonstante in J/(kg · K)
ϱ Dichte in kg/m³ bei 0 °C und p_{abs} = 1,013 bar
c_p spez. Wärmekapazität in kJ/(kg · K) bei p = konst.
c_v spez. Wärmekapazität in kJ/(kg · K) bei V = konst.
Werte von c_p und c_v gelten bei ϑ = 0 °C

Gas	m g/mol	R J/(kg·K)	ϱ kg/m³	c_p kJ/(kg·K)	c_v kJ/(kg·K)	Gas	m g/mol	R J/(kg·K)	ϱ kg/m³	c_p kJ/(kg·K)	c_v kJ/(kg·K)
Ammoniak	17,03	488,2	0,771	2,06	1,57	Methan	16,04	518,3	0,717	2,16	1,65
Argon	39,95	208,2	1,784	0,52	0,32	Sauerstoff	32,0	259,8	1,429	0,91	0,65
Kohlenstoff-dioxid	44,0	188,9	1,977	0,82	0,63	Stickstoff	28,01	296,8	1,250	1,04	0,74
						Wasserstoff	2,016	4124	0,0899	14,38	1,40
Luft (CO_2-frei)	28,96	287,1	1,293	1,00	0,72	Wasserdampf	18,02	463	0,0048	1,86	1,40

108.2 Schmelzpunkt und Schmelzwärme verschiedener Stoffe

ϑ Schmelztemperatur in °C
q_s spezifische Schmelzwärme in kJ/kg oder Wh/kg

Stoff	ϑ °C	q_s kJ/kg	q_s Wh/kg	Stoff	ϑ °C	q_s kJ/kg	q_s Wh/kg	Stoff	ϑ °C	q_s kJ/kg	q_s Wh/kg
Metalle											
Aluminium	658	356	111	Gusseisen	1130…1200	96…138	27…38	Platin	1733	113	31
Antimon	631	167	46					Selen	220	69	19
Blei	327	24	6,7	Gold	1063	67	19	Silber	960	105	29
Chrom	1800	293	81	Kalium	63	54	15	Silicium	1420	164	45
Eisen, rein	1530	272	76	Kupfer	1083	209	58	Zink	419	112	31
Flussstahl	1350…1450	205	57	Molybdän	2600	288	80	Zinn	232	59	16
				Natrium	98	113	31	Wolfram	3380	251	70
				Nickel	1455	293	81	Woods Metall	60	33,5	9
Andere feste Stoffe											
Eis	0	332	92,2	Grafit, Kohle	≈ 3540	–	–	Natriumchlorid	802	52	14,4
Emailfarbe	≈ 960	–	–	Naphthalin	80	151	42	Paraffin	54	147	41
Kalium	63	54	15	Natrium	98	113	31,4	Wachs	64	–	–

108.3 Siedepunkt und Verdampfungswärme verschiedener Stoffe (bei p_{abs} = 1,013 bar)

ϑ_s Siedetemperatur in °C
r spezifische Verdampfungswärme in kJ/kg oder Wh/kg

Stoff	Chemische Formel	ϑ_s °C	r kJ/kg	r Wh/kg	Stoff	Chemische Formel	ϑ_s °C	r kJ/kg	r Wh/kg
Flüssigkeiten									
Aceton	C_3H_6O	56,1	523	145	R134a	$C_2H_2F_4$	–26	217	60
Benzol	C_6H_6	80,1	396	103	Propan	C_3H_8	–42,6	448	124
Butan	C_4H_{10}	0,5	402	112	Heizöl EL	–	80…150	260[1]	72
Ethylalkohol	C_2H_6O	34,5	846	235	**Wasser**[2]	H_2O	100	2257	627
Gase									
Ammoniak	NH_3	–33,4	1369	380	Propan	C_3H_8	–42,6	448	124
Kohlenstoff-dioxid	CO_2	–78	573	159	Sauerstoff	O_2	–183	213	59
-monoxid	CO	–191,6	217	60	Stickstoff	N_2	–196	201	56
Luft	–	–192,3	197	55	Wasserstoff	H_2	–252,8	460	128
Metalle									
Eisen	Fe	2500	6363	1768	Quecksilber	Hg	357	301	84
Gold	Au	2700	1758	488	Zink	Zn	907	1800	500
Kupfer	Cu	2330	4646	1291	Zinn	Sn	2337	2595	721

[1] Wert gilt bei 100 °C. [2] (s. 105.1).

109.1 Längenausdehnungszahl α fester Körper (Temperaturbereich 0 °C bis 100 °C)

α Längenausdehnungszahl in mm/(m · 100 K) α_1 Längenausdehnungszahl in 1/K

Stoff	α $\frac{mm}{m \cdot 100\,K}$	α_1 $\frac{1}{K}$	Stoff	α $\frac{mm}{m \cdot 100\,K}$	α_1
Metalle					
Aluminium	2,38	0,000 0238	Messing	1,84	0,000 0184
Blei	2,90	0,000 0290	Nickel	1,30	0,000 0130
Bronze	1,75	0,000 0175	Nickelstahl 20 Ni	1,95	0,000 0195
Chrom	0,70	0,000 0070	Stahl, unlegiert	1,15	0,000 0115
Chromstahl 13 Cr	1,10	0,000 0110	Titan	0,82	0,000 0082
Gusseisen	1,04	0,000 0104	Zink	2,90	0,000 0290
Invar (Nickelstahl 36 Ni)	0,15	0,000 0015	Zink, legiert (Titanzink)	2,20	0,000 0220
Kupfer	1,65	0,000 0165	Zinn	2,05	0,000 0205
Kunststoffe					
Acrylnitril, schlagfest	8,0	0,000 08	PE-X (vernetzt)	18,0	0,000 18
Polybuten PB	15,0	0,000 15	Polypropylen PP-C	18,0	0,000 18
Polyethylen PE-HD und PE-LD	20,0	0,000 20	Polyvinylchlorid PVC	8...10	0,000 08... 0, 000 10
Andere Stoffe					
Asbestzement (Platten)	1,00	0,000 0100	Kalksandstein	0,78	0,000 0078
Edelputz	0,46...	0,000 0046...	Kalkstein	0,70	0,000 007
	0,90	0,000 0090	Klinker	0,28...	0,000 0028...
Eiche, parallel z. Faser	0,76	0,000 0076		0,48	0,000 0048
Eiche, senkrecht z. Faser	5,44	0,000 0544	Marmor	0,20...	0,000 0020...
Tanne, parallel z. Faser	0,30	0,000 0030		2,00	0,000 0200
Tanne, senkrecht z. Faser	5,80	0,000 0580	Mörtel	0,85...	0,000 0085...
Eis (-20 °C bis -1 °C)	5,10	0,000 0510		1,35	0,000 0135
Faserzement	1,00	0,000 0100	Quarzglas	0,05	0,000 000 5
Gipsplatten	2,50	0,000 0250	Schaumbeton	1,08	0,000 0108
Glas (Fenster)	1,00	0,000 0100	Stahlbeton (normal)	1,20	0,000 0120
Granit	0,8...1,18	0,000 0080...	Ziegelstein	0,36...	0,000 0036...
		0,000 0118		0,58	0,000 0058

109.2 Raumausdehnungszahl γ von Flüssigkeiten (bei $\vartheta = 20$ °C und $p_{abs} = 1$ bar)

Stoff	γ $\frac{dm^3}{m^3 \cdot K}$	γ $\frac{m^3}{m^3 \cdot K}$	Stoff	γ $\frac{dm^3}{m^3 \cdot K}$	γ $\frac{m^3}{m^3 \cdot K}$	Stoff	γ $\frac{dm^3}{m^3 \cdot K}$	γ $\frac{m^3}{m^3 \cdot K}$
Ethylalkohol	1,09	0,001 09	Heizöl EL	0,70	0,000 70	Methanol	1,17	0,001 17
Benzin	1,00	0,001 00	Mineralöl	0,75 ...0,95	0,000 75 ...0,000 95	Quecksilber	0,182	0,000 182
Frigen R 22	2,02	0,002 02				Wasser	(s. 104.2; 105.1)	

109.3 Latentwärmespeicherarten und erzielbare Energiedichten

Speicherart	Speichermedium	Energiedichte	Arbeitstemperaturen
sensibel	Wasser	ca. 60 kWh/m³	< 100 °C[1)]
latent	Salzhydrat	bis zu 120 kWh/m³	ca. 30 bis 80 °C
	Paraffine (s. 111.1)		ca. 30 bis 40 °C
thermochemisch	Metallhydride	ca. 120 kWh/m³ bis 300 kWh/m³	280 bis 500 °C
	Silikagele		ca. 40 bis 100 °C
	Zeolithe		ca. 130 bis 300 °C

1) Bei $\Delta\vartheta \approx 60$ K.

110.1 Wärmeträgermedium für Solarkollektoranlagen nach Herstellerangabe

Frostschutzmittel	Tyfocor[1] (konz.)	Tyfocor L (konz.)	Tyfocor LS[2]
Basiswerkstoff	Ethylenglykol	1,2-Propylenglykol	1,2-Propylenglykol
Einsatzgebiete	Wärmepumpen	Flachkollektoren	Röhrenkollektoren
Siedepunkt in °C	>165	> 150	>100
Stockpunkt in °C	< – 15	< – 50	– 28
pH-Wert (konz.)	7...8	6,5...8,0	9,0...10,5
pH-Wert (1 : 2 Mischung)[3]	8...9	7,5...8,5	9,0...10,5[2]
Wassergefährdungsklasse	WGK 1	WGK 1	WGK 1
Dauertemperatur in °C	bis 140	bis 170	bis 170
Stillstandstemperatur in °C	140...200[4] kurzzeitig	> 200[4] kurzzeitig	> 200[4] kurzzeitig
Anlagen[5]	Mischinstallation ist möglich, ausgenommen verzinkte Bauteile.		

[1] In Anlagen, bei denen ein Übertritt in Lebensmittel oder Trinkwasser nicht ausgeschlossen werden kann, ist der WT nicht zu verwenden. [2] Gebrauchsfertige Spezialwärmeträgermischung für Vakuum-Röhrenkollektoren. [3] Mischung mit neutralem, destilliertem Wasser. Bei Tyfocor LS: unverdünnt. [4] Bei Temperaturen > 200 °C erfolgt eine Veränderung des Wärmeträgers. [5] Als geschlossene Anlage ausführen.

110.2 Frostschutzgrenzen der Wärmeträgermedien — VDI 2069

ϑ_{FS} Frostschutztemperatur der Mischung in °C
$V_{\%}$ Frostschutzanteil im Wassergemisch in Volumen %
ϱ Dichte in kg/m³
nD20 Brechungsindex bei 20 °C

Tyfocor (für Wärmepumpen)[1]				Tyfocor L (für Flachkollektoren)[1]				Tyfocor LS
ϑ_{FS}	$V_{\%}$[1]	ϱ	nD20	ϑ_{FS}	$V_{\%}$[1]	ϱ	nD20	(für Vakuum-Röhrenkollektoren)
– 10	21,6	1031	1,3560	– 10,7	25	1023	1,3626	Gebrauchsfertige Spezialwärme-
– 15	**28,6**	**1042**	**1,3638**	– 15	31,5	1030	1,3706	trägermischung.
– 20	34,5	1051	1,3703	– 20	38,2	1036	1,3781	Kälteschutz bis –28 °C.
– 25	39,8	1059	1,3760	**–21,5**	**40,0**	**1038**	**1,3801**	[1] Mindestgehalt an Wärme-
– 30	44,3	1066	1,3809	– 25	44,0	1042	1,3845	trägermedium wegen Korrosions-
– 40	51,6	1075	1,3884	– 30	48,4	1045	1,3893	schutz beachten (s. 110.3)

110.3 Physikalische Eigenschaften der Wärmeträgermedien

ϑ Temperatur[1] in °C
p_e Dampfdruck in bar
ϱ Dichte in kg/m³
c spezifische Wärmekapazität in kJ/(kg · K)
λ Wärmeleitzahl in W/(m · K)
υ kinematische Viskosität in mm²/s
γ Ausdehnungskoeffizient in 10^{-5}/K
Pr Prandtlsche Zahl

Tyfocor L für Flachkollektoren Mischung: 40 % (25 %)[3] Basis Propylenglykol								**Tyfocor LS**[2] für Vakuum-Röhrenkollektoren Gebrauchsfertige Mischung Basis Propylenglykol						
ϑ	p_e	ϱ	c	λ	υ	γ	Pr	p_e	ϱ	c	λ	υ	γ	Pr
– 20	–	1059	3,53	0,316	44,7	38	528,1	-	1053	3,44	0,385	55,0	43	517,5
0	–	1050	3,61	0,352	11,4	45	122,6	-	1044	3,52	0,399	15,0	49	138,2
20	–	1040	3,68	0,387	4,28	53	42,37	-	1034	3,60	0,413	4,9	56	44,16
40	0,072	1028	3,76	0,442	2,18	60	19,90	0,07	1021	3,68	0,427	2,5	63	21,99
60	0,187	1015	3,83	0,458	1,36	67	11,59	0,19	1008	3,77	0,442	1,7	69	14,62
80	0,435	1001	3,91	0,493	0,96	74	7,65	0,45	993	3,84	0,456	1,1	75	9,19
100	0,922	986	3,98	0,528	0,70	80	5,22	0,92	977	3,92	0,470	0,6	81	4,89
120	1,80	970	4,05	0,564	0,48	86	3,36	1,90	959	3,98	0,483	0,2	87	1,58

Tyfocor $V_{\%}$ = 28,5 % geeignet als Wärmeträger für Wärmepumpen. Mischung: 28,5 % (20 %)[3]

ϑ	ϱ	c	λ	υ	γ	Pr	ϑ	ϱ	c	λ	υ	γ	Pr
– 10	1053	3,75	0,442	6,13	27	54,76	5	1048	3,82	0,458	3,59	34	31,36
– 5	1051	3,77	0,448	5,09	30	45,17	10	1046	3,84	0,463	3,05	37	26,41
0	1050	3,80	0,453	4,26	32	37,50	15	1044	3,85	0,468	2,61	39	22,40

[1] Betriebstemperaturen über 130 °C nach Rücksprache mit Hersteller möglich. [2] Gebrauchsfertige Spezial-Wärmeträgerflüssigkeit auf Basis 1,2 Propylenglykol. [3] $V_{\%} \geq$ (...%-Werte) wegen Korrosion überschreiten.

111.1 Latentwärmespeicher auf der Basis von Paraffinen nach Herstellerangaben

Korrosivität:	sind gegenüber fast allen Materialien inert
Wassergefährdung:	RT 6 und RT 20: Wassergefährdungsklasse (WGK) 1 RT 41 bis RT 100: nicht wassergefährdender Stoff
Toxikologie:	RT 6 und RT 20: gesundheitsschädlich, kann beim Verschlucken Lungenschäden verursachen

ϑ_S Schmelztemperatur in °C
ϑ_E Erstarrungstemperatur in °C
ϑ_F Flammpunkt in °C
$\Delta\vartheta_A$ Arbeitsbereich in °C
m_M molare Masse in kg/kmol
ϱ_{fe} Dichte fest in kg/dm³ bei +15 °C
ϱ_{fl} Dichte flüssig in kg/dm³ bei ϑ_{fl}
c_{fe} spezifische Wärmekapazität fest in kJ/(kg · K)
c_{fl} spezifische Wärmekapazität flüssig in kJ/(kg · K)
q_S Speicherkapazität in kJ/kg im Arbeitsbereich
λ Wärmeleitfähigkeit in W/(m · K)
Δv Volumenausdehnung in % bei einem $\Delta\vartheta$
$\Delta\vartheta$ Temperaturdifferenz in K (bei der die angegebene Volumenausdehnung Δv erfolgt)

Typ[1]	ϑ_S °C	ϑ_E °C	m_M kg/kmol	ϱ_{fe} kg/dm³	ϱ_{fl} kg/dm³	ϑ_{fl} °C	c_{fe} kJ/(kg·K)	c_{fl} kJ/(kg·K)	q_S kJ/kg	q_S bei $\Delta\vartheta_A$ °C	λ W/(m K)	Δv %	Δv bei $\Delta\vartheta$	ϑ_F °C
RT 6	8	6	212	0,86[2]	0,73[3]	70	1,8	2,4	174	−3…12	0,20	12	30	122
RT 20	22	20	244	0,87	0,75	70	1,8	2,4	172	11…26	0,20	16	55	148
RT 41	43	42	325	0,88	0,76	70	1,8	2,4	155	35…50	0,20	16	55	187
RT 54	55	54	377	0,90	0,76	70	1,8	2,4	179	46…61	0,20	18	65	220
RT 80	79	80	570	0,92	0,77	100	1,8	2,4	175	71…86	0,20	22	95	270
RT 100	99	102	996	0,94	0,77	130	1,8	2,4	168	91…106	0,20	23	105	312

[1] Lt. Hersteller (*RUBITHERM*). [2] Der Wert gilt bei −15 °C. [3] Bei +15 °C beträgt die Dichte 0,77 kg/dm³.

111.2 Wärmepumpen-Arbeitsmittel – Kältemittel – bei p_{amb} = 1,013 bar — VDI 4640 Bl. 1

M molare Masse
ϑ_{Sie} Siedepunkt bei p_{amb} = 1,013 bar
r Verdampfungswärme bei p_{amb}
$\vartheta_{V,ü}$ übliche Verdampfungstemperatur
ϑ_C Verflüssigungstemperatur
$p_{e,C}$ max. Überdruck bei ϑ_C
ϑ_{kr} kritische Temperatur
p_{kr} kritischer Druck
WGK Wassergefährdungsklasse
GWP Treibhauspotenzial[1]
ODP = Ozonabbaupotenzial für die aufgef. Kältem.

Typ	Bezeichnung	chem. Formel	M kg/kmol	ϑ_{Sie} °C	r kJ/kg	$\vartheta_{V,ü}$ °C	ϑ_C °C	$p_{e,C}$ bar	ϑ_{kr} °C	p_{kr} bar	WGK	GWP[1]
R134a	Tetrafluorethan	$C_2H_2F_4$	102,0	-26,1	217	-10/+20	70	20	101	41	1	1300
HFKW-Gemische												
R407C	R32/R125/R134a	Gem.[2]	86,2	-44	249	-10/+10	55	23,8	86	46,3	1	1520
R410A	R32/R125	Gem.[3]	72,6	-52	273	-50/+10	55	33,4	71	49,0	1	1720
Halogenfreie Arbeitsmittel												
R290	Propan	C_3H_8	44,1	-41,2	426	-40/+20	60	20,2	97	42,4	n. w.[4]	3
R1270	Propen	C_3H_6	42,08	-47,7				24,3	92	46,0	n. w.[4]	3
R717	Ammoniak	NH_3	17,03	-33	1369	-60/+10	40	15	132	114	2	0
R744	Kohlenstoffdioxid	CO_2	44,01	-57[5]	574	-45/-20	0	33,9	31	73,8	n.w.[4]	1

[1] Lt. DIN (EN) 378 Teil 1. [2] Verhält. 23/25/52 %. [3] Verhält. 50/50 %. [4] Nicht wassergefährd. [5] Sublimationstemp. -78,5 °C.

111.3 Anhaltswerte für die Wärmedurchgangskoeffizienten *U* (Wärmeüberträger)

Wärmedurchgang von	→ durch →	an	*U* in W/(m² · K)	Wärmedurchgang von	→ durch →	an	*U* in W/(m² · K)
Wasser	→ Stahl →	Wasser	300…500[1]	Luft[3]	→ Stahl →	Luft	10…16
Wasser	→ Kupfer →	Wasser	350…550[1]	Luft[3]	→ Kupfer →	Luft	8…17
Dampf	→ Stahl →	Wasser	930…1390	Luft[3]	→ Schamottsteine →	Luft	5…7
Dampf	→ Kupfer →	Wasser	1160…2910	Rauchgas[3]	→ Stahl →	Wasser	9…10
Wasser	→ Metall →	Luft[2]	10…29	Rauchgas[3]	→ Stahl →	Dampf	11… 14

[1] Je nach Wasserführung und Geschwindigkeit kann der *U*-Wert wesentlich höher sein.
[2] Heizkörper 8…15 W/(m² · K) . [3] Gilt auch für Heizgas.

112.1 Wärmedurchlasswiderstand R_T von Luftschichten in $m^2 \cdot K/W$ — DIN EN ISO 6946

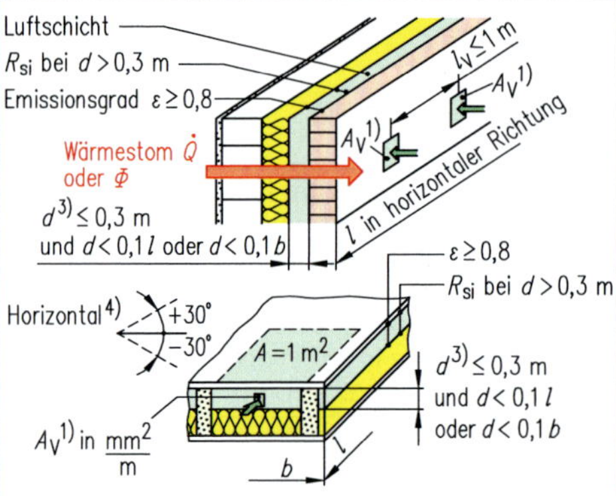

Luftschicht gilt als		
ruhend	schwach belüftet	stark belüftet
$A_V \leq 500\ mm^2$	$500\ mm^2 < A_V < 1500\ mm^2$	$A_V{}^{1)} \geq 1500\ mm^2$

Wärmedurchlasswiderstand R_L in $m^2 \cdot K/W$ ruhende Luftschichten[2]

d	vertikal	horizontal[4]	abwärts	d	vertikal	horizontal[4]	abwärts
5	0,11	0,11	0,11	25	0,16	0,18	0,19
7	0,13	0,13	0,13	50	0,16	0,18	0,21
10	0,15	0,15	0,15	100	0,16	0,18	0,22
15	0,16	0,17	0,17	300	0,16	0,18	0,23
20	0,16	0,17	0,18	500	0,16	0,18	0,24

Schwach belüftete Luftschicht:

$$R_T = \frac{1500 - A_v}{1000} R_{T,u} + \frac{A_v - 500}{1000} R_{T,v}$$

Wärmedurchlasswiderstand:

- $R_{T,u}$ ruhende Luftschicht in $m^2 \cdot K/W$
- $R_{T,v}$ stark belüftete Luftschicht

Stark belüftete Luftschicht:

Der Wärmedurchlasswiderstand R_T der Luftschicht und der anderen Schichten zwischen Luftschicht und Außenumgebung wird vernachlässigt. Dafür wird der konventionelle Wärmeübergangswiderstand R_{si} (s. 441.1) eingesetzt oder der innere Wärmeübergangswiderstand R_{si} der ruhenden Luft berechnet (s. 35.1).

[1] A_V in mm^2 je 1 m Länge (in horiz. Richtung) für vertikale Luftschichten oder A_V in mm^2 je m^2 Oberfläche in horiz. Luftschicht. [2] Richtung des Wärmestromes: ⇑ aufwärts, ⇒ horizontal[4], ⇓ abwärts. [3] Bei $d > 0,3$ m wird R_T nicht berechnet, sondern eine Wärmebilanz der Wärmeströme nach DIN EN ISO 13789 erstellt. [4] Die Werte unter horizontal gelten für Richtungen des Wärmestromes von ± 30° zur horizontalen Ebene.

112.2 Wärmedurchlasswiderstand für unbelüftete Lufträume[1]

$R_g = 1/(h_a + h_r)$ $\qquad h_a = 0,025/d^{2)}$

- R_g Wärmedurchlasswiderstand in $m^2 \cdot K/W$
- h_a Wärmeübergangskoeffizient für Leitung/Konvektion in $W/(m^2 \cdot K)$
- h_r Wärmeübergangskoeffizient durch Strahlung in $W/(m^2 \cdot K)$ (s. 36.2)

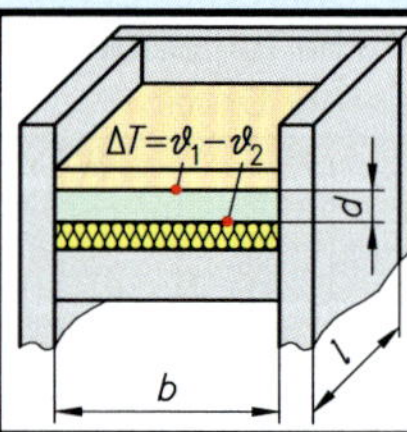

Wärmeübergangskoeffizient $h_a{}^{2)}$			
ΔT	vertikal	horizontal	abwärts
≤ 5 K	1,25	1,95	$0,12 d^{-0,44}$
> 5 K	$0,73(\Delta T)^{1/3}$	$1,14(\Delta T)^{1/3}$	$(\Delta T)^{0,187} d^{-0,44}$

[1] Gilt für Lufträume mit $l > 10 \cdot d$ oder $b > 10 \cdot d$ in Wärmestromrichtung. Gilt nicht für Verglasung. [2] Maßgebend ist der größere Wert.

112.3 Korrekturen des Wärmedurchgangskoeffizienten — DIN EN ISO 6946

$U_c = U + \Delta U$ (s. 35.2)

- U Wärmedurchgangskoeffizient in $W/(m^2 \cdot K)$
- ΔU_g Korrektur für Luftzwischenräume[1] in $W/(m^2 \cdot K)$

$\Delta U = \Delta U_g + \Delta U_f + \Delta U_r$ (s. 113.4)

- ΔU_f Korrektur für mechanische Befestigungsteile
- ΔU_r Korrektur für Umkehrdächer[1] in $W/(m^2 \cdot K)$

[1] Im Kühlfall wird keine Korrektur vorgenommen.

112.4 Korrektur für mechanische Befestigungselemente — DIN EN ISO 6946

Näherungsverfahren: Berechnung DIN EN ISO 10211

$$\Delta U_f = \frac{\lambda_f A_f n_f}{d_0} \left(\frac{R_1}{R_{T,h}} \right)^2$$

$\alpha = 0,8 \cdot (d_1/d_0)$; bei $d_1 = d_0 \Rightarrow \alpha = 0,8$

- α 0,8 bei vollständ. Durchdringung der Dämmschicht durch die Befestigung
- λ_f Wärmeleitfähigkeit des Befestigungselementes in $W/(m \cdot K)$
- A_f Querschnittsfläche eines Befestigungselementes in m^2
- d_0 Dicke der Dämmschicht, die das Befestigungselement enthält in m
- d_1 Dicke des Befestigungselementes, das die Dämmschicht durchdringt in m
- n_f Anzahl der Befestigungselemente je m^2
- R_1 Wärmedurchlasswiderstand der von den Befestigungselementen durchdrungenen Dämmschicht in $m^2 \cdot K/W$ (s. 36.1)
- $R_{T,h}$ Wärmedurchgangswiderstand des Bauteils ohne Berücksichtigung von Wärmebrücken in $m^2 \cdot K/W$ (s. 36.1)

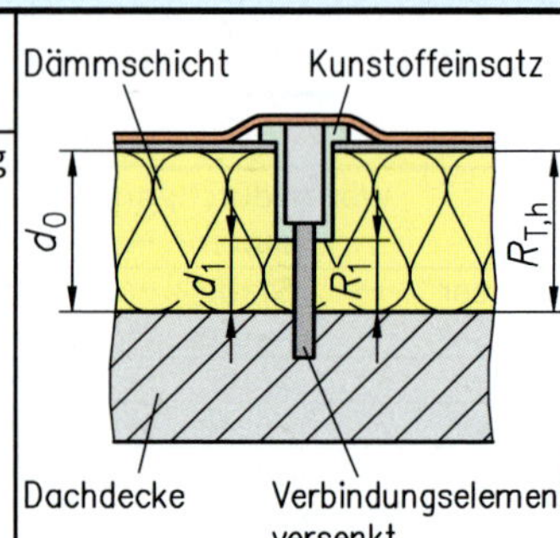

Grundlagen Elektro, Regelung · Kommunikation Bauzeichnungen · Werkstoffe Trennen, Fügen · Rohre, Zubehör Montage · Trinkwasser Feuerlöschtechnik · Entwässerung Sanitär, Klempner · Gasinstallation Flüssiggas · TW-Erwärmung Solarnutzung TWE · Energietechnik Erneuerb. Energien · Heizungs- und Feuerungstechnik · Lüftung, Klima Wärmerückführung

113.1 Konvektiver Anteil des Wärmeübergangskoeffizienten für Wände und Rohrleitungen

innerhalb von Gebäuden	senkrechte ebene Wände[1) 2)] und senkrechte Rohrleitungen	waagerechte Rohrleitungen
laminare Strömung	$H^3 \cdot \Delta\vartheta \le 10\ m^3 \cdot K \Rightarrow h_c = 1{,}32 \cdot \sqrt[4]{\frac{\Delta\vartheta}{H}}$	$D_e^3 \cdot \Delta\vartheta \le 10\ m^3 \cdot K \Rightarrow h_c = 1{,}25 \cdot \sqrt[4]{\frac{\Delta\vartheta}{D_e}}$
turbulente Strömung	$H^3 \cdot \Delta\vartheta > 10\ m^3 \cdot K \Rightarrow h_c = 1{,}74 \cdot \sqrt[3]{\Delta\vartheta}$	$D_e^3 \cdot \Delta\vartheta > 10\ m^3 \cdot K \Rightarrow h_c = 1{,}21 \cdot \sqrt[3]{\Delta\vartheta}$

- h_c konv. Wärmeübergangskoeffizient in W/(m² · K)
- H Wandhöhe in m
- $\Delta\vartheta$ Temperaturdifferenz in K
- D_e Rohraußendurchmesser
- v Geschw. m/s

$\Delta\vartheta$ K	Wandhöhe[2)] H in m 0,2	0,4	0,6	1,0	1,5	$\Delta\vartheta$ K	Rohraußendurchmesser D_e in mm 20	50	100	300	500	800	1000
1	2,0	1,7	1,5	1,3	1,7	1	3,3	2,6	2,2	1,7	1,5	1,3	1,2
3	2,6	2,2	2,0	2,5	2,5	3	4,4	3,5	2,9	2,2	2,0	1,7	1,7
5	3,0	2,5	3,0	3,0	3,0	5	5,0	4,0	3,3	2,5	2,2	2,1	2,1
10	3,5	3,0	3,7	3,7	3,7	10	5,9	4,7	4,0	3,0	2,6	2,6	2,6
15	3,9	3,3	4,3	4,3	4,3	15	6,5	5,2	4,4	3,3	3,0	3,0	3,0
20	4,2	4,7	4,7	4,7	4,7	20	7,0	5,6	4,7	3,6	3,3	3,3	3,3
50	5,2	6,4	6,4	6,4	6,4	50	8,8	7,0	5,9	4,5	4,5	4,5	4,5
100	6,2	8,1	8,1	8,1	8,1	100	10,5	8,4	7,0	5,6	5,6	5,6	5,6

außerhalb	senkrechte ebene Wände[1)]	senkrechte und waagerechte Rohrleitungen
laminare Strömung	$v \cdot H \le 8\ m^2/s \Rightarrow h_c = 3{,}96 \cdot \sqrt{\frac{V}{H}}$	$v_L \cdot D_e \le 8{,}55 \cdot 10^{-3}\ m^2/s \Rightarrow h_c = \frac{8{,}1.10^{-3}}{D_e} + 3{,}14 \cdot \sqrt{\frac{V_L}{D_e}}$
turbulente Strömung	$v \cdot H > 8\ m^2/s \Rightarrow h_c = 5{,}76 \cdot \sqrt[5]{\frac{V^4}{H}}$	$v_L \cdot D_e > 8{,}55 \cdot 10^{-3}\ m^2/s \Rightarrow h_c = 8{,}9 \cdot \frac{(v_L)^{0{,}9}}{(D_e)^{0{,}1}}$

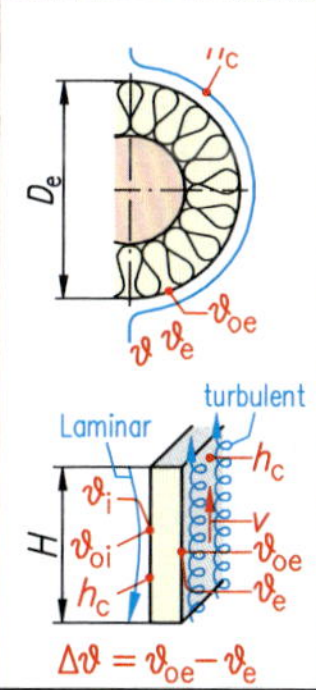

v m/s	Höhe h in m 0,5	1,0	2,0	3,0	5,0	Rohraußendurchmesser D_e in mm 20	50	100	300	500	800	1000
0,1	1,8	1,3	0,9	0,7	0,6	7,5	4,6	1,4	1,3	1,2	1,2	1,1
1,0	5,6	4,0	2,8	2,3	1,8	13,2	12,0	11,2	10,0	9,5	9,1	8,9
2,0	7,9	5,6	4,0	3,2	7,3	24,6	22,4	20,9	18,7	17,8	17,0	16,6
3,0	9,7	6,9	4,8	11,1	10,1	35,4	32,3	30,1	27,0	25,6	24,5	23,9
4,0	11,2	7,9	5,6	14,0	12,7	45,8	41,8	39,0	35,0	33,2	31,7	31,0
5,0	12,5	8,9	18,2	16,8	15,1	56,0	51,1	47,7	42,7	40,6	38,7	37,9
6,0	13,7	9,7	21,0	19,4	17,5	66,0	60,2	56,2	50,4	47,8	45,6	44,6
8,0	15,8	11,2	26,5	24,4	22,0	85,5	78,0	72,8	65,2	62,0	59,1	57,8
10,0	17,7	36,3	31,6	29,2	26,3	104,5	95,4	89,0	79,7	75,8	72,3	70,7
20,0	72,7	63,3	55,1	50,8	45,8	195,1	178,0	166,1	148,8	141,4	134,9	131,9

1) Werte gelten in Annäherung auch für große Kugeln. 2) Bei $H > 1{,}5$ m kann man mit $H = 1{,}5$ m rechnen.

113.2 Strahlungskoeffizient und Emissionsgrad für Temperaturen zwischen 0 °C und 200 °C

$$C_r = \varepsilon \cdot \sigma$$

- C_r Strahlungskoeffizient in W/(m² · K⁴) (s. 36.3)
- ε Emissionsgrad gilt zwischen 0 und 200 °C
- σ Stefan-Boltzmann-Konstante 5,67 · 10⁻⁸ W/(m² · K⁴)

Stoffe und Zustand der Oberfläche		ε	Stoffe und Zustand der Oberfläche	ε
Metalle hochglanzpoliert (edle Met.)		0,016 ... 0,05	**Anstriche**	
Metalle im technischen Zustand			Aluminiumlack	0,034 ... 0,42
Aluminium:	stark oxidiert	0,24	Emaillelack schneeweiß	0,91
	eloxiert	0,8	beliebige Ölfarben auch weiß	0,88 ... 0,97
	Folie blank, walzblank	0,05	**Verschiedene Stoffe**	
Eisen, Stahl:	roh mit Guss-, Walzhaut	0,75 ... 0,81	Eichenholz gehobelt	0,89
	verzinkt, (verz. blank)	0,22 ... 0,28	Dachpappe	0,91
	verzinkt, verstaubt	0,44	farbbeschichtetes Blech	0,90
Messing:	rohe Walzfläche	0,068	Gips; Glas, glatt	0,95
	frisch geschmirgelt	0,14	Marmor, hellgrau poliert	0,85
	brüniert	0,42	Schaumglas, Kunststoffummantelung	0,90
Kupfer, schwarz oxidiert		0,77	Ziegelstein, Mörtel, Putz	0,93 ... 0,95

114.1 Begriffsbestimmungen und Bezeichnung von Stahl

Stahlerzeugnisse

- Begriffsbestimmung für die Einteilung der Stähle DIN EN 10020
- Bezeichnungssysteme für Stähle
  - Kurznamen DIN EN 10027-1
  - Werkstoffnummern DIN EN 10027-2
- Begriffsbestimmungen für Stahlerzeugnisse DIN EN 10079

114.2 Begriffsbestimmung für die Einteilung der Stähle DIN EN 10020

Stahl

- Hauptmassenanteil Eisen
- Kohlenstoffanteil < 2 %
- weitere Legierungsbestandteile

Unlegierte Stähle
- Qualitätsstähle
- Edelstähle

Grenzgehalte (s. 117.3)

Nichtrostende Stähle
- Cr-Gehalt ≥ 10,5 %, C-Gehalt ≤ 1,2 %
- Ni-Gehalt < 2,5 % oder ≥ 2,5 %
- korrosions-, hitzebeständig und warmfest

Andere legierte Stähle
- Qualitätsstähle
- Edelstähle

Grenzgehalte (s. 117.3)

Unlegierte Qualitätsstähle (QS)

- keiner der Grenzgehalte aus (s. 117.3) wird erreicht
- erfüllen festgelegte Anforderungen an Zähigkeit, Korngröße und/oder Umformbarkeit.

Unlegierte Edelstähle

- haben einen höheren Reinheitsgehalt als QS
- vorgesehen für Vergüten der Oberflächenhärten
- erfüllen erhöhte Anforderungen an
  - hohe und eng eingeschränkte Streckgrenzen oder Härtbarkeitswerte
  - eignen sich teilweise zum Kaltumformen, Schweißen
- entsprechen mindestens einer der Anforderungen:
  - mind. Kerbschlagarbeit im vergüteten Zustand
  - festgel. Einhärtungstiefe oder Oberflächenhärte
- besonders niedrige Gehalte an nichtmetallischen Einschlüssen[2]
  - mind. Kerbschlagarbeit[1] ≤ 27 J bei –50 °C
  - elektrische Leitfähigkeit > 9 S · m/mm²
  - ausscheidungshärtende Stähle mit Mindestgehalten an Kohlenstoff
  - erfüllen festgelegte Anforderungen an Zähigkeit, Korngröße und/oder Umformbarkeit.

Legierte Qualitätsstähle

- mind. einer der Grenzgehalte aus (s. 117.3) wird erreicht
- erfüllen Anforderungen wie Qualitätsstahl, nicht zum Vergüten oder Oberflächenhärten vorgesehen
- schweißgeeignete Feinkornbaustähle mit
  - $R_{e\,min}$ < 380 N/mm² für Dicken ≤ 16 mm
  - max. Gehalt an Legierungsbestandteilen beachten
  - mind. Kerbschlagarbeit[1] ≤ 27 J bei -50 °C
- enthalten Kupfer als einziges Legierungselement
- Verwendung: für Schienen, Spundbohlen, Grundausbau; warm-, kaltgewalzte Flacherzeugnisse und schwierige Kaltumformungen[3]

Legierte Edelstähle

- alle legierten Stahlsorten ohne nichtrost. Stähle
- verbesserte Eigenschaften durch genaue Einstellung ihrer Zusammensetzung und besondere Herstell- und Prüfbedingungen gegenüber den Qualitätsstählen

Verwendung als Maschinenbau-, Werkzeug-, Wälzlager- und Schnellarbeits-, Druckbehälterstahl, und mit besonderen physikalischen Eigenschaften.

[1] In Längsrichtung oder ≤ 16 J bei in Querrichtung entnommener Proben. [2] P- und S-Gehalt ≤ 0,020 % in Schmelzanalyse und ≤ 0,025 % in Stückanalyse. [3] Enthalten Bor, Niob, Titan, Vanadium und/oder Zirconium.

114.3 Grenzgehalte zwischen unlegierten und legierten Stählen (Schmelzanalyse)

Element	Al	B	Bi	Co	Cr	Cu	La [1]	Mn	Mo	Nb
%	0,30	0,0008	0,10	0,30	0,30	0,40	0,10	1,65	0,08	0,06
Element	Ni	Pb	Se	Si	Te	Ti	V	W	Zr	Sonstige
%	0,30	0,40	0,10	0,60	0,10	0,05	0,10	0,30	0,05	0,10[2]

[1] Einzeln gewertet.
[2] Jeweils mit Ausnahme von P, S, C und N.

Grundlagen Elektro, Regelung
Kommunikation Bauzeichnungen
Werkstoffe Trennen, Fügen
Rohre, Zubehör Montage
Trinkwasser Feuerlöschtechnik
Entwässerung Sanitär, Klempner
Gasinstallation Flüssiggas
TW-Erwärmung Solarnutzung TWE
Energietechnik Erneuerb. Energien
Heizungs- und Feuerungstechnik
Lüftung, Klima Wärmerückführung

115.1 Bezeichnungssystem für Stähle mit Nummern — DIN EN 10027-2

Aufbau der Werkstoffnummer:	1 .	xx	xx	(xx)[1]
Beispiel: Werkstoffnummer: 1.0143	1 .	01	43	(xx)[1]

- **Werkstoffhauptgruppennummer** (für Stahl = 1)
- **Stahlgruppennummer** mit Grenzwert (01 entspr. R_m < 500 N/mm² = 500 MPa)
- **Zählnummer** (im Bsp. 70) bei Bedarf erweiterbar (xx)[1]

Stahlgruppennummern

Nr.:	**unlegierte Stähle**	Nr.:	**legierte Stähle**
1.00 xx	Grundstähle[2]	Qualitätsstähle	
Qualitätsstähle		1.08 xx	Stähle mit besonderen physikalischen Eigenschaften
1.01 xx	allgemeine Baustähle, R_m < 500 N/mm²		
1.02 xx	sonstige Baustähle[2], R_m < 500 N/mm²	1.09 xx	Stähle für verschiedene Anwendungen
1.03 xx	Stähle mit C < 0,12 % o. R_m < 400 N/mm²	Edelstähle, chemisch beständige Stähle	
1.04 xx	Stähle mit C ≥ 0,12 < 0,25 % oder R_m ≥ 400 N/mm² < 500 N/mm²	1.40... .45	nichtrostende Stähle mit/ohne Ni, Mo, Ti
		1.46 xx	chemisch beständige und hochwarmfeste Ni-Legierungen
1.05 xx	Stähle mit C ≥ 0,25 < 0,55 % oder R_m ≥ 500 N/mm² < 700 N/mm²	1.47 xx	hitzebeständige Stähle Ni < 2,5 %
1.06 xx	Stähle mit C ≥ 0,55 % oder R_m ≥ 700 N/mm²	1.48 xx	hitzebeständige Stähle Ni ≥ 2,5 %
		1.49 xx	hochwarmfeste Stähle
1.07 xx	Stähle mit höherem P- oder S-Gehalt	Edelstähle	
Edelstähle		1.20... .29	Werkzeugstähle
1.10 xx	Stähle mit besonderen physikalischen Eigenschaften	1.30... .39	verschiedene Stähle
		1.32, 1.33	Schnellarbeitsstähle ohne/mit Co
1.11 xx	Bau-, Maschinenbau- und Behälterstähle mit C < 0,5%	1.35 xx	Wälzlagerstähle
		1.36, 1.37	Stähle mit besonderen magnetischen Eigenschaften ohne/mit Co
1.12 xx	Maschinenbaustähle mit besonderen Anforderungen C ≥ 0,5 %	1.38, 1.39	Stähle mit besonderen physikalischen Eigenschaften ohne/mit Ni
1.13 xx	Bau-, Maschinenbau- und Behälterstähle mit besonderen Anforderungen	1.50... .89	Bau-, Maschinenbau-, Behälterstähle
1.15 18	Werkzeugstähle	1.85 xx	Nitrierstähle
		1.87... .89	nicht für Wärmebehandlung best. Stähle
		1.88, 1.89	hochfeste, schweißgeeignete Stähle

[1] Die Stellen sind für zukünftigen Bedarf vorgesehen.
[2] Werden mit Qualitätsstählen zusammengefasst.

115.2 Begriffsbestimmung für Stahlerzeugnisse — DIN EN 10079 (Auszug)

Stahlerzeugnisse
- Form und Maße
- Aussehen und Oberflächenzustand

Erzeugnisse				Oberflächen
– FL	Flacherzeugnis	– C	Gussstück (casting)	Behandlungszustand
– B	Stab- oder Formstahl (bar)	– TS	nahtloses Rohr (tube, seamless)	Oberflächenzustand
– W	Draht (wire)	– TW	geschweißtes Rohr (tube, welded)	DIN EN 10027-1.
– FO	Schmiedestück (forging)			Kurzzeichen (s. 116.1)

116.1 Bezeichnungssystem für Stähle mit Kurznamen — DIN EN 10027-1 (Auszug)

Benennung der Stähle

Hauptsymbole		Zusatzsymbole für Stähle		Zusatzsymbole für Stahlerzeugnisse
Kennbuchstabe	Kennzahl	Gruppe 1	Gruppe 2	Symbol für
• Kennbuchstaben für die – Verwendung – chem. Zusammensetzung • Kennzahl – kennzeichn. Eigenschaften – Zusammensetzung		**Gruppe 1:** Verwendung und mech. Eigenschaften oder phys. Eigenschaften **Gruppe 2**: chemische Zusammensetzung. Je nach Hauptsymbol unterschiedliche Angaben		Tabelle 1: Besondere Anforderungen Tabelle 2: Art des Überzuges Tabelle 3: Behandlungszustand

Hauptsymbole für den

G[1]	Stahlguss[1]
S[1]	Stahlbau[1]
P[1]	Druckbehälterstähle[1]
L	Stähle für Leitungsrohre
E[1]	Maschinenbaustähle[1]
B	Betonstähle
Y	Spannstähle
R	Schienenstähle
D[2]	Flacherzeugnisse (C, D, X)[2]
H[3]	Flacherzeugnisse[3]
T	Verpackungsbleche und -band
M	Elektroblech und -band
C[1)4)]	unlegierte Stähle Mn < 1 %[1)4)]
	unlegierte Stähle Mn ≥ 1 %[1)4)]
X[1]	nichtrostende und leg. Stähle
HS	Schnellarbeitsstahl
PM[1]	Pulvermetallurgie[1)5)]

Gruppe 1: Kerbschlagarbeit W_K

$\vartheta_{Prüf}$ in °C	27 J	40 J	60 J
+ 20	JR	KR	LR
0	J0	K0	L0
– 20	J2	K2	L2
– 30	J3	K3	L3
– 40	J4	K4	L4
– 50	J5	K5	L5
– 60	J6	K6	L6

Zusatzsymbole für Stähle

werden für jede Stahlsorte den Anforderungen entsprechend festgelegt

Gruppe 1: Verwendung

W_K	Kerbschlagarbeit (s. unten)
A	ausscheidungshärtend
M	thermochemisch gewalzt
N	normalgeglüht[6]
E	vorgeschr. max. S-Gehalt
S	einfache Druckbehälter
T	Rohre
W	für Schweißdraht
Q	vergütet
G..	andere Merkmale bis 2 Ziff.

Gruppe 2: Chem. Zusammens.

C	bes. Kaltumformbarkeit
D	für Schmelztauchüberzüge
E	Emaillierung
F	zum Schmieden
H	Hochtemperatur/Hohlprof.
R	Raumtemperatur
L	Tieftemperatur
Q	vergütet
W	wetterfest
an	chem. Symbole[8]

Zusatzsymbole für Stahlerzeugnisse

Tab. 1: Besondere Anforderungen:

+H	mit Härtbarkeit
+Z[7] ...	mindest Brucheinschnürung +Z15 +Z25 oder +Z35

Tab. 2: Art des Überzuges

+A	feueraluminiert
+AS	Al-Si-Legierung überzogen
+CE	elektrolyt. spezialverchromt
+CU	Kupferüberzug
+IC	anorganische Beschichtung
+OC	organische Beschichtung
+T	schmelztauchvered. Pb-Zn
+Z	feuerverzinkt
+ZE	elektrolytisch verzinkt
+S	feuerverzinnt

Tab. 3: Behandlungszustand

+A	weichgeglüht
+C	kaltverfestigt
+CR	kaltgewalzt
+M	thermomechanisch umgeformt
+N	normalgegl. o. norm. umgef.
+NT	normalgegl. und angelassen
+Q	abgeschreckt
+QT	vergütet
+U	unbehandelt
+WW	warmverfestigt

[1] Die Symbole G und PM werden vorangestellt. [2] Flacherzeugnisse aus Cnn ≙ kaltgewalzt; Dnn ≙ warmgewalzt, für unmittelbare Kaltumformung vorgesehen und Xnn ≙ Walzart ist nicht vorgegeben. Dieser Angabe folgen zwei Buchstaben. [3] Aus höherfesten Stählen zum Kaltumformen. [4] C = Kohlenstoffgehalt (nnn = 100 × prozentualer C-Gehalt. [5] PM pulvermetallurgisch hergestellte Werkzeug- und Schnellarbeitsstähle. [6] Oder normalisierend gewalzt. [7] Falls erforderlich für zusätzliche Anforderungen mit einer Ziffer.

117.1 Bezeichnungssystem für Stähle mit Kurznamen (Fortsetzung) DIN EN 10027-1 (Auszug)

Nach dem Verwendungszweck und den mechanischen oder physikalischen Eigenschaften

Stahlbaustähle:	**S235J0C+Z**	G[1]	S	235	J0	W	+Z
Druckbehälterstähle:	**P355GH**	G[1]	P	355	G	H	
Rohrleitungsstähle:	**L360NQ**		L	360	N	Q	

Hauptsymbole (s. 116.1)		Zusatzsymbole für (s. 116.1)		Zusatzsymbole für Stahlerzeugnisse
Buchstabe	Eigenschaften	Gruppe 1	Gruppe 2	
S, P, L, M,E	R_e, R_p oder R_t[2]	A,M, N, Q, S, T, G	C, D, H, L, Q, W	(s. 116.1)
H	R_e oder R_m[3]	M, G	D	(s. 116.1)
D	Cnn, Dnn, Xnn[4]	D, E, K, E, D, H, T,G		(s. 116.1)

Nach den chemischen Zusammensetzung bezeichnete Stähle

unlegierter Stahl mit Mn < 1 %: ausgenommen Automatenstähle	**C35E+U**	G[1]	C 35	E	an	+U

Hauptsymbole (s. 116.1)	Zusatzsymbole für (s. 116.1)		Zusatzsymbole für Stahlerzeugnisse
	Gruppe 1	Gruppe 2	
Kohlenstoffgehalt C × 100	E, W, G	chem. Symbole	(s. 116.1)

Unlegierte, und legierte Stähle

unlegierte mit Mn ≥ 1 % oder legierte[5]:	**13CrMo4-5**	G[1]	13[6]	CrMo	4-5	
legiert (Legierungselemente ≥ 5 %)[7]:	**X5CrNi18-10+C**	G[1]	X5	CrNi	18-10	+C
Schnellarbeitsstähle:	**HX2-9-1-8**		HS	2-9-1-8		

Stähle	Hauptsymbole	Stahlerzeugnisse
unlegierte Mn ≥ 1 % und legiert[5]	C-Gehalt[5], Legierungselemente[6]	(s. 116.1)
legiert[5) 7)] (mind. ein Element ≥ 5 %)	X C-Gehalt[6], Legierungselemente	(s. 116.1)
Schnellarbeitsstähle	HS W-Mo-V-Co[8]	(s. 116.1)

[1] Das G wird bei Stahlguss vorangestellt. [2] $R_t \triangleq$ Dehngrenze bei gesamter Dehnung. [3] Vor die Mindestzugfestigkeit R_m wird ein T gesetzt. [4] Dem D folgt Cnn oder Dnn oder Xnn mit einer zweistelligen Kennzahl nn. [5] Anteil des einzelnen Legierungselementes < 5 %. Der mittlere Gehalt der Elemente multipliziert mit den Faktoren. [6] Mittlerer Kohlenstoffgehalt in % × 100. [7] Mindestens eines der Legierungselemente ≥ 5 % und ausgenommen Schnellarbeitsstähle. [8] Die Elemente in der aufgeführten Reihenfolge angeben.

117.2 Multiplikatoren für Legierungselemente

Elemente	Cr, Co, Mn, Ni, Si, W	Al, Be, Cu, Mo, Nb, Pb, Ta, Ti, V, Zr	Ce, N, P, S	B
Faktor *f*	4	10	100	1000

117.3 Grenzgehalte zwischen schweißbaren, legierten Qualitäts- und legierten Edelstählen

Element	Cr	Cu	Mn	Mo	Nb	Ni	Ti	V	Zr	schweißgeeignete legierte Feinkornbaustähle z. B. P275NH
%	0,50	0,50	1,80	0,10	0,08	0,50	0,12	0,12	0,12	

118.1 Übliche Stahlsorten

R_m Zugfestigkeit in N/mm² — R_{eH} Streckgrenze[1] in N/mm² — A Bruchdehnung in %

Do Desoxidationsart: – FN beruhigter, – FF vollberuhigter Stahl

Gk Güteklasse: – BS Grundstähle[1] – QS Qualitätsstahl

Bezeichnung der Stahlsorte nach DIN EN 10027 Kurzname	W. Nr.:	Bisheriger Kurzname	R_m in N/mm²	R_{eH}[2] in N/mm²	A[3] in %	Do	Gk	Massenanteile in % max. (Schmelzanalyse) C	P	S	Si	Mn
Allgemeine Baustähle nach DIN EN 10025-2												
S185	1.0035	St 33	290...510	185	18	frei	BS	–	–	–	–	–
S235JR	1.0037	St 37-2	340...470	235	26	frei	BS	0,17	0,045	0,045	–	1,40
S235JRG2	1.0038	RSt 37-2	340...470	235	26	FN	BS	0,17	0,045	0,045	–	1,40
S275JR	1.0044	St 44-2	410...560	275	22	FN	BS	0,21	0,045	0,045	–	1,50
Stahlrohre nach DIN EN 10224 und EN 10255												
S195T	1.0026	–	320...520	195	20	FN		0,20	0,035	0,030	–	1,40
L210GA	1.0319	RRStE210.7	335...475	210	25	FF	QS	0,21	0,030	0,030	0,40	0,90
L235GA	1.0458	–	370...510	235	23	FF	QS	0,16	0,030	0,030	0,40	1,20
L290GA	1.0483	–	415...555	290	21	FF	QS	0,20	0,030	0,030	0,40	1,40
L245NB	1.0457	StE240.7	245...440	415	22	FF	QS	0,16	0,025	0,020	0,40	1,10
Stahlrohre nach DIN EN 10216-1, DIN EN 10217-1												
P195TR1[4]	1.0107	–	320...440	195	25	FF	QS	0,13	0,025	0,020	0,35	0,70
P195TR2[4]	1.0108	–	360...500	235	25	FF	QS	0,13	0,025	0,020	0,35	0,70
P235TR1[4]	1.0254	USt 37.0	360...500	235	23	FF	QS	0,16	0,025	0,020	0,35	1,20
P265TR2[4]	1.0259	–	410...570	265	19	FF	QS	0,16	0,025	0,020	0,35	1,20
P195GH[5]	1.0348	UHI	320...440	195	25	FF	QS	0,13	0,025	0,020	0,35	0,70
P235GH[5]	1.0345	H I[3]	360...500	235	23	FF	QS	0,16	0,025	0,020	0,35	1,20
Feuerverzinktes Band und Blech aus weichen und unlegierten Stählen DIN EN 10327												
DX51D	1.0226	St 02Z	270...500	–	22	–	QS	0,12	0,045	0,045	–	0,50
DX52D	1.0350	St 03Z	270...420	140	26	–	QS	0,10	0,035	0,035	–	0,45
DX53D	1.0355	St 05Z	270...380	140	30	–	QS	0,08	0,030	0,030	–	0,40
DX54D	1.0306	St 06Z	260...350	120	34	–	QS	–	–	–	–	–
Stahlsorten für Präzisionsstahlrohre[6] DIN EN 10305-1 und –2												
E155[6]	1.0033	–	270...410	155	28	FF	QS	0,11	0,025	0,025	0,35	0,70
E195[6]	1.0034	RSt 34-2	300...440	195	28	FF	QS	0,15	0,025	0,025	0,35	0,70
E215[6]	1,0212	St 30 Al	290...430	215[6]	30	FF	QS	0,10	0,025	0,025	0,05	0,70
E275[6]	1.0225	St 37.4	410...550	275[6]	21	FF	QS	0,21	0,025	0,025	0,35	1,40

Legierte und austenitische nicht rostende Stähle DIN EN 10088-1, -2 und-3

Kurzname	W. Nr.:	R_m[7] N/mm²	$R_{p0,2}$[7] N/mm²	Massenanteile in % C ≤	Si ≤	Mn ≤	P ≤	S ≤	N ≤	Cr	Mo	Ni
X5CrNi18-10	1.4301	520...720	210	0,07	1,00	2,00	0,045	0,015[8]	0,11	18		10
X6CrNiTi18-10[9]	1.4541	500...700	190	0,08	1,00	2,00	0,045	0,015	–	18	–	10
X2CrNiMo17-12-2	1.4404	520...670	220	0,03	1,00	2,00	0,045	0,015[8]	0,11	17	2	12
X5CrNiMo17-12-2	1.4401	520...670	220	0,07	1,00	2,00	0,045	0,015[8]	0,11	17	2	12
X6CrNiMoTi17-12-2[9]	1.4571	520...670	220	0,08	1,00	2,00	0,045	0,015[8]	–	17	2	12
X3CrNiMo17-13-3	1.4436	530...730	220	0,05	1,00	2,00	0,045	0,015[8]	0,11	17	3	13
X2CrNiMo18-14-3	1.4435	520...670	220	0,03	1,00	2,00	0,045	0,015[8]	0,11	18	3	14
X2CrNiMoN17-13-5	1.4439	580...780	270	0,03	1,00	2,00	0,045	0,015	0,22[10]	17	5	13
X1NiCrMoCu25-20-5	1.4539	520...720	220	0,02	0,70	2,00	0,030	0,010	0,15	20	5	25
X1NiCrMoCuN25-20-7	1.4529	650...850	300	0,02	0,50	1,00	0,030	0,010	0,25[11]	20	7	25

[1] Nach DIN EN 10020 entfällt die Hauptgüteklasse Grundstahl. [2] Gilt für Wanddicke $s \leq 16$ mm.
[3] In Querrichtung.[4] TR1 ohne festgelegten- und TR2 mit festgelegten Aluminiumanteil. Lieferzustand.
[5] GH Einsatz bei erhöhten Temperaturen. [6] Werte von R_m, R_{eH} und A gelten für den Lieferzustand +N.
[7] Werte gelten für warmgewalztes Blech. [8] Für Halbzeuge S-Gehat max. 0,030 %.[9] Ti-Gehalt 5 × C bis 0,70 %. [10] N-Gehalt soll 0,12 bis 0,22 betragen.[11] N-Gehalt soll 0,15 bis 0,25 betragen.

119.1 Normung der Eisen-Gusswerkstoffe — DIN EN 1560

Die Bezeichnungssysteme für Eisen-Gusswerkstoffe nach DIN EN 1560 beruhen auf den Grundsätzen und dem Aufbau der EN 10027-2 (s. 116.1 und 117.1). Werkstoffnummern oder Kurzzeichen werden benutzt.

Eisen-Gusswerkstoffe GJ — G für Guss, J für Eisen

GJ-Lamellengrafit	Temperguss W (white)[1], B (black)[2]	GJ-Kugelgrafit	Ausferritisches GJ-Kugelgrafit[3]
DIN EN1561	DIN EN1562	DIN EN1563	DIN EN1564

Bezeichnungssystem für Gusseisen – 5 – mit **Werkstoffnummer** DIN EN 1560

Beispiel: **EN–5.3401**

EN[4] – 5. | 3 | 4 | 01

Grafitstruktur 3. Position	Matrixstruktur 4. Position		Jeweiliger Werkstoff 5. und 6. Position
1 lamellar	1 Ferrit	5 Austenit	Die Zahlen 00 bis 99 weisen die Arbeitsgruppen des CEN/TC für die jeweiligen Werkstoffen zu.
3 kugelig	2 Ferrit/Perlit	6 Ledeburit	
4 Temperkohle	3 Perlit	7, 8 Reserve	
5 grafitfrei	4 Ausferit	9 Andere	

Bezeichnungssystem für Gusseisen – GJ – mit **Kurzzeichen** DIN EN 1560

Beispiel: **EN-GJS-350-22C**

EN – GJS (3. Pos.) – 350 (4. Pos.) – 22 (5. Pos.) – C (Pos. 5) | 6. Pos.

Grafitstruktur **3. Pos**	Mikro- oder Makrostruktur **4. Pos.**		mech. oder chem. Eigenschaften **5. Pos.**	
L lamellar	A Austenit	Q abgeschreckt	Zugfestigkeit R_m in Pa.	EN-GJS-350
M Temperkohle	R Ausferrit	T abgeschreckt	Probe C[5] oder (leer)[6]	-350C
N grafitfrei	F Ferrit	und vergütet	Bruchdehnung[7] A in %	-350-22C
S kugelig	P Perlit	B nicht entkohlend	Schlagenergiewert[8]	-350-22-LT
V Vermikulargrafit	M Martensit	geglüht	Härte[9] HB, HV, HR	-HB230
Y Sonderstruktur	L Ledeburit	W entkohlend geglüht	chemische Eigenschaften	

zusätzliche Anforderungen **6. Pos.**			
D	Rohgussstück	**niedrig legiert**	EN-GJS
H	Wärmebehandeltes Gussstück	ohne Kohlenstoffangabe	-SiMo-7
W	Schweißeignung für Verbindungsschweißung	mit Kohlenstoffangabe[10]	-320SiMo45-10
Z	In der Bestellung festgelegte zusätzliche Anforderung	**hoch legiert**[11]	
		ohne Kohlenstoffangabe	-SiMo-7
		mit Kohlenstoffangabe	-320SiMo45-10

[1] W ≙ entkohlend geglüht. [2] B ≙ entkohlend geglüht. [3] Das ausferritische GJ-Kugelgrafit ist ein verbessertes Gusseisen mit Kugelgrafit mit hohen Festigkeits- und Verschleißwerten. [4] EN darf nur für genormte Werkstoffe verwendet werden. [5] C ≙ einem Gussstück entnommenenes Probestück. [6] Gegossenes Probestück. [7] Zus. Angabe der Mindestbruchdehnung. [8] RT ≙ Raumtemperatur oder LT ≙ Tieftemperatur. [9] HB ≙ Brinellhärte, HV ≙ Vickershärte, HR ≙ Rockwellhärte. [10] Prozentsatz × 100 z. B. 300 für 3 % angeben. [11] Mind. ein Legierungselement ≥ 5 % muss der Buchstabe **X** das erste Zeichen an der 5. Stelle sein.

Übliche Gusseisen-, Stahlguss- und Temperguss-Werkstoffe

R_m Zugfestigkeit in N/mm², R_p Dehngrenze in N/mm², A Dehnung in %

Kurzname	W.Nr.	R_m	A	Kurzname	W.Nr.	R_m	A
Gusseisen mit Lamellengrafit (GG) DIN EN 1561				Temperguss DIN EN 1562			
EN-GJL-150	5.1200	150…200	0,8 bis 0,3	EN-GJMB-350-10	5.4101	350	10
EN-GJL-200	5.1300	200…300	0,8 bis 0,3	EN-GJMW-400-5	5.4202	400	5
EN-GJL-250	5.1301	250…350	0,8 bis 0,3	EN-GJMW-450-7	5.4203	450	7
Stahlguss DIN EN 10293				Gusseisen mit Kugelgrafit DIN EN 1563			
GS - 38	1.0420	380	25	EN-GJS-400-18-RT	5.3104	400	18
GS - 45	1.0446	450	22	EN-GJS-400-15	5.3106	880	7

120.1 Bezeichnungssystem für Nichteisenmetalle

Bezeichnungssysteme für Nichteisenmetalle

Werkstoffnummernsystem	
Kupfer:	DIN EN 1412
Aluminium:	DIN EN 573-1

Zustandsbezeichnung oder chemische Symbole
Zustandsbezeichnung bei Kupfer: DIN EN 1173
chemische Symbole bei Aluminium: DIN EN 573-2

120.2 Werkstoffnummernsystem für Kupfer und Kupferlegierungen DIN EN 1412

C für Kupferwerkstoffe — C | W | 0 2 4 | A

Erzeugnisart		Kennzahl[1] für die Werkstoffgruppe (000 bis 999)	Kennbuchstaben
B	Werkstoff in Blockform	Kupfer	A oder B
C	Gusserzeugnisse	niedriglegierte Cu-Legier. (Legierungselemente < 5%)	C oder D
F	Schweißzusatzwerkstoffe und Hartlote	Cu-Sonderlegierungen (Legierungselemente > 5%)	E oder F
		Cu-Al-Legierungen	G
M	Vorlegierungen	Cu-Ni-Legierungen	H
R	raffiniertes Cu in Rohform	Cu-Ni-Zn-Legierungen	J
S	Werkstoffe in Form von Schrott	Cu-Sn-Legierungen	K
		Cu-Zn-Legierungen (Zweistoff – Legierungen)	L oder M
W	Knetwerkstoffe	Cu-Zn-Pb-Legierungen	N oder P
X	nicht genormte Werkstoffe	Cu-Zn-Legierungen (Mehrstofflegierungen)	R oder S

[1] Kennzahl für genormte Cu-Werkstoffe 000 bis 799 und nicht genormte 800 bis 999.

120.3 Werkstoffnummernsystem für Aluminium und Aluminiumlegierungen DIN EN 573-1

unlegiertes Aluminium (Al 99,0 Cu): **EN AW–1070Cu**[1] — EN | A | W – 1 1 0 0 | Cu

legiertes Aluminium (Al Mg2,5): **EN AW–5052A**[2] — EN | A | W – 5 0 5 2 | A[2]

Aluminium	Halbzeug	chemische Zusammensetzung des Werkstoffes	nationale Variante[2]

Werkstoffnummernsystem für unlegiertes und legiertes Aluminium

unlegiertes Aluminium Al ≥ 99,0 %	Nummer	legiertes Aluminium	Nummer
mit natürlicher Verunreinigung	**10**xx	Hauptlegierungsgruppen **2**xxx bis **8**xxx	1. Ziffer
mit einem oder mehreren Elementen[2]	**11**xx	Originallegierung z. B. 2**0**xx oder 6**0**xx	**2.** Ziffer = **0**
dritte und vierte Ziffer ≙ Reinheitsgrad		Legierungsabwandlungen[3] (1 bis 9)	2**1**xx...2**9**xx
Al = 99,97 % ⇒ EN AW–1097 (Al 99,97)	10**97**	– 3. und 4. Ziffer keine bes. Bedeutung[4]	Nr. der Leg.

Hauptlegierungsgruppen für Aluminium-Werkstoffnummernsystem DIN EN 573-1

Aluminiumlegierungen	reines Alum.	Hauptlegierungselemente						
	Al ≥ 99,00 %	AlCu	AlMn	AlSi	AlMg	AlMgSi	AlZi	sonstige Elemente
Serie	**1**xxx	**2**xxx	**3**xxx	**4**xxx	**5**xxx	**6**xxx	**7**xxx	**8**xxx

[1] Verunreinigung oder geringe Mengen Legierungselemente z. B. Al ≥ 99,0 % und Cu < 1 %. [2] Buchstabe A bis Z (ohne I, O und Q) wird bei identischen Legierungen als nationale Variante vergeben. [3] Die Ziffern 1 bis 9 gelten für jede Serie. [4] Die Ziffern dienen als Bezeichnung der verschiedenen Legierungen innerhalb der Serie.

121.1 Bezeichnungssystem für Nichteisenmetalle mit Kurzzeichen oder chemischen Symbolen

Bezeichnung der Nichteisenmetalle nach:							
Zustandsbezeichnung bei Kupfer EN 1173:		C	W		R240		S[1]
Zusammensetzung bei Aluminium EN 573-2:	EN	A	W	–	3005 [Al Mn1Mg0,5]		T4
Angabe ohne Werkstoffnummer[2]	EN	A	W	–	[Al Mn1Mg0,5][2]		H12

Kennbuchstabe für Metall	Kennbuchstabe für die Verarbeitung	Bezeichnung für Kupfer	Beispiele	Werkstoff-eigenschaft
A Aluminium C Kupfer M Magnesium	W Knetlegierung C Gusslegierung X nicht genormte Werkstoffe	– A Bruchdehnung – D gezogen[3] – R Zugfestigkeit in N/mm² – H Härte (Brinell oder Vickers) für Alu. num. mit chem. Symbolen[2]	– A007 – ... – D – ... – R240 –... – H150 – ... vgl. oben[2]	Kupfer (s. 121.3) Aluminium Werkstoffzst. (s. 122.1)

[1] Suffix (Nachsilbe) z. B. für zusätzliche Behandlung. [2] Bezeichnung nur mit chemischen Symbolen erfolgt in Ausnahmefällen. [3] Ohne vorgeschriebene mechanische Eigenschaften.

121.2 Übliche NE-Metalle für Rohre, Bleche und Bänder in der Versorgungstechnik

R_m Zugfestigkeit in N/mm² = MPa HV Härte

Werkstoff	Kurzzeichen	W. Nr.:	Eigensch.	R_m	HV	Massenanteile in %
Kupfer	Cu – DHP[1] – R220	CW024A	weich	≥ 220	H040	Cu + Ag ≥ 99,90; 0,015 ≤ P ≤ 0,04
EN 1173	Cu – DHP[1] – R240	CW024A	½ hart	≥ 240	H065	Cu + Ag ≥ 99,90; 0,015 ≤ P ≤ 0,04
EN 1172	Cu – DHP[1] – R250	CW024A	½ hart	≥ 250	≤ 100[3]	Cu + Ag ≥ 99,90; 0,015 ≤ P ≤ 0,04
EN 1057	Cu – DHP[1] – R290	CW024A	hart	≥ 290	H090	Cu + Ag ≥ 99,90; 0,015 ≤ P ≤ 0,04
Zink	Z1	–	–	≥ 150	–	Zn ≥ 99,995; Beimen. ≤ 0,005
Blei	–	PB 810 M	–	–	–	Cu 0,03 ≤ 0,06; Rest Pb und Beimen.
Aluminium[2]	EN AW Al 99,8(A)	AW-1080A	F[2]	≥ 60	–	Al ≥ 99,8 und Beimengun. ≤ 0,02

[1] Mit Phosphor desoxidiertes, sauerstofffreies Kupfer, sehr gut schweiß- und hartlötbar. [2] Gilt für Bleche im F-Herstellungszustand bei einer Nenndicke von ≥ 2,5 mm bis 25 mm. [3] Keine Anforderung, nur Richtwert.

121.3 Kupfer und Kupferlegierungen

R_m Mindestzugfestigkeit in N/mm² $R_{p0,2}$ Streckgrenze in N/mm² H Härte ⇒ z. B. min. HB 40

Kurzzeichen	W. Nr.:	Eigenschaft		R_m	$R_{p0,2}$	Massenanteile[1] in % (in Mittel)
DIN EN 1652, DIN EN 1982, DIN EN 12164, DIN EN 12165, DIN EN 12168, DIN EN 12449						
CuOF	CW008A	R220	H040	≥ 220	≤ 140	≥ 99,95 Cu; < 0,0005 Bi; < 0,04 O
CuSP	CW114C	–	H080	≈ 250	≈ 200	Cu Rest; 003...0,012P; 0,2...0,7 S; 0,1 Beim.[1]
CuZn10	CW501L	R240	H050	≥ 240	≤ 140	90 Cu; Rest Zn und Beimengungen[1]
CuZn39Pb2	CW612N	R360	H090	≥ 360	< 270	59 Cu; ≤ 2,5 Pb; Rest Zn und Beim.[1]
CuZn39Pb3	CW614N	R360	H085	≥ 360	≤ 250	58 Cu; ≤ 3,5 Pb; Rest Zn u. Beimengungen[1]
CuZn40Pb2	CW617N	R360	H085	≥ 360	≤ 250	58 Cu; ≤ 2,5 Pb; Rest Zn u. Beimengungen[1]
CuZn36Pb2As[2]	CW602N	R290	H080	≥ 290	< 250	62 Cu; ≤ 2,8 Pb; Rest Zn und Beim.[1]
CuSn6	CW452K	R350	H080	≥ 350	≤ 300	Rest Cu; ≤ 7 Sn und Beimengungen[1]
CuSn8	CW453K	R370	H090	≥ 370	≤ 300	Rest Cu; ≤ 8,5 Sn und Beimengungen[1]
CuZn37Pb2	CW606N	R340	H090	≥ 340	≈ 180	61 Cu; ≤ 0,05 Al; ≤ 2,5 Pb; Rest Zn, Beim.[1]
CuSn3Zn8Pb5-C	CC490K	–	H080	≥ 180	≥ 85	83 Cu; ≤ 3,5 Sn; ≤ 9,5 Zn; ≤ 6 Pb und Beim.[1]
CuSn5Zn5Pb-C	CC491K	–	H060	≥ 200	≥ 90	85 Cu; ≤ 6 Sn; ≤ 6 Zn; ≤ 6 Pb und Beim.[1]
CuSn7Zn2Pb3-C	CC492K	–	H060	≥ 230	≥ 120	87 Cu; ≤ 8 Sn; ≤ 3 Zn; ≤ 3,5 Pb und Beim.[1]
CuZn35Ni3Mn2AlPb	CW710R	R490	H125	≥ 490	≥ 290	60 Cu; ≤ 3 Ni; ≤ 2,5 Mn; Rest Zn und Beim.[1]

[1] Beimengungen können sein: Pb, Ni, Fe, Al, Mn, P und andere. [2] Entzinkungsfrei.

122.1 Bezeichnung der Werkstoffzustände für Bänder und Bleche aus Aluminium DIN EN 515

EN AW [AlMn1Mg0,5]–H12 → EN AW | [AlMn1Mg0,5] – H | 1 | 2

Grundzustand		Unterteilte Zustandsbezeichnung (auszugsweise Aufstellung)			
F	Herstellungszustand	H1x	kaltverfestigt	Hx2	¼ hart
O	weichgeglüht	H2x	kaltverfestigt und rückgekühlt	Hx4	½ hart
H	kaltverfestigt	H3x	kaltverfestigt und stabilisiert	Hx6	¾ hart
W	lösungsgeglüht	H4x	kaltverfestigt und einbrennlackiert	Hx8	4/4 hart[1]
T	wärmebehandelt und abgeschreckt oder lösungsgeglüht	H111[2]	geringfügig kaltverfestigt [2]	T4	lösungsgeglüht und kaltausgela.
		H112[2]	verfestigt d. Warm- oder Kaltumformung [2]		

[1] Voll durchgehärtet. [2] Die dritte Ziffer kennzeichnet eine Variante zu Hxx. Hx11 nicht so stark oder gleichmäßig verfestigt wie Hx1. Hx12 erlangt durch Warm- oder begrenzte Kaltumformung eine bestimmte Verfestigung.

122.2 Aluminium und Alu-Legierungen für Bänder und Bleche DIN EN 485 und DIN EN 573

Kurzzeichen	Werkstoff-Nr.:	R_m	$R_{p0,2}$	r [1]	Massenanteile[2] in % (in Mittel)
AlMn1 – H12	EN AW 3103 – H12	≥ 115	≥ 85	$1{,}5 \cdot s$	0,9...1,5 Mn; 0,3 Mg; 0,5 Si Rest Al und Beimengungen[2]
AlMn1 – H14	EN AW 3103 – H14	≥ 140	≥ 120	$2{,}0 \cdot s$	
AlMn1Mg1 – H12	EN AW 3004 – H12	≥ 190	≥ 155	$1{,}5 \cdot s$	1,0...1,5 Mn; 0,8...1,3 Mg; Rest Al[2]
AlMn1Mg0,5 – H12	EN AW 3005 – H12	≥ 145	≥ 125	$1{,}5 \cdot s$	1...1,5 Mn; 0,2...0,6 Mg; Rest Al[2]
AlMg3 – H14	EN AW 5754 – H14	≥ 240	≥ 190	–	0,5 Mn; 0,4 Si; 2,6...3,6 Mg; Rest Al[2]
AlSiMgMn – T4	EN AW 6082 – T4	≥ 205	≥ 110	$3{,}0 \cdot s$	0,7...1,3 Si; 0,6...1,2 Mg; 0,4...1 Mn Rest Al[2]

[1] Radius gilt bei 180° und einer Dicke von $s \leq 1{,}5$ mm. [2] Beimengungen können sein Si, Fe, Cu, Mn, Mg, Cr, Ni, Zn, Ga, V, Ti und andere.

122.3 Kurzzeichen für Kunststoffe

Kunststoffe
- Thermoplaste T
- Duroplaste D
- Elastomere E

Kurzzeichen für Basispolymere und ihre besonderen Eigenschaften DIN EN ISO 1043-1

Beispiel: PE-HD → PE – H | D | …
PVC-C → PVC – C | | …

Basispolymer	1. besondere Eigenschaften	2. besondere Eigenschaften	3. besondere Eigenschaften
PE / PVC	H / C	D	

Kennbuchstaben für besondere Eigenschaften – Auszug

Buchstabe	besondere Eigenschaften	Buchstabe	besondere Eigenschaften	Buchstabe	besondere Eigenschaften	**Beispiel:**
C	chloriert	I	schlagzäh	R	erhöht, Resol	PVC-C: PVC chloriert
D	Dichte	L	linear, niedrig	U	ultra, weichmacherfrei	PE-HD: PE mit hoher Dichte
E	verschäumt	M	mittel, molekular	V	sehr	
F	flexibel, flüssig	N	normal, Novolak	W	Gewicht	PE-X: PE vernetzt
H	hoch	P	weichmacher th.plast.	X	vernetzt, vernetzbar	

123.1 Kunststoffe, Bezeichnungen, physikalische Eigenschaften und Verwendungen

ϱ Dichte in kg/dm³ — α Längenausdehnungszahl in 1/K — ϑ_{zul} zulässige Betriebstemperatur in °C
R_m Zugfestigkeit in N/mm² — λ Wärmeleitzahl in W/(m · K)

Kurzzeichen	Bezeichnung	Handelsnamen	ϱ kg/dm³	R_m N/mm²	α 1/K	λ W/(m · K)	ϑ_{zul} °C	Verwendung
Thermoplaste								
ABS	Acrylnitril-Butadien-Styrol	Novodur, Terluran	1,06	40 ... 50	0,00008	0,15	+100	HT-Abwasserrohr
ASA	Acrylnitril-Styrol-Acrylat	Luran	1,06	45 ... 60	bis 0,000011	0,17	bis +100	HT-Abwasserrohr
PVC-U	Polyvinylchlorid-hart	Hostalit, Vestolit	1,38	50	0,00008	0,16	+70	Dachrinne, Behälter, Rohr
PVC-P	-weich	Tivolen	1,30	8 ... 25	0,00020	0,17	+60	Abdichtungsbahn, Profil, Folie
PVC-C	-chloriert	PVCC	1,40	50	0,00008	–	+95	Kalt-und Warmwasser
PVDF	Polyvinylidenfluorid	Sygef	1,78	57	0,00012	0,13	−40 bis +140	Rohr, Folie
PE-HD	Polyethylen hoher Dichte	Hostalen, Lupolen,	0,95	20	0,00016	0,42	−60	Gas-,Trink-, Abwasserrohr,
PE-LD	niedriger Dichte	Vestolen	0,92	11 ... 20	0,00022	0,35	bis +60	Öltank, Folie
PE-X	-vernetzt	Lupolen	0,94	18	0,00018	0,43	+95	Heizung, TW und TWW
PS	Polystyrol	Hostyren	1,05	40 ... 50	0,00008	0,15	+70	Gehäuse, Schauglas, Verpackung
PS-E	-Hartschaum	Exporit, Styropor	bis 0,05	22 ... 34	–	0,041	−200 bis +70	Schaumstoff, Wärmedämmung
PA	Polyamid	Durethan, Ultramid	1,13	35 ... 75	0,00010	0,26	+100	Schlauch, Rohr, Textilfaser
PMMA	Polymethylmethacrylat	Plexiglas, Resatglas	1,18	70	0,00008	0,19	+68	Verglasung, Formmasse
PB	Polybutylen	Duraflex	0,93	17	0,00015	0,21	+95	Heizungs-, WW-Rohr
PIB	Polyisobuten	Oppanol, Rhepanol	0,93	3	0,00010	0,28	−30 bis +70	Fugenmasse, Dichtungsband
PP	Polypropylen	Hostalen, Novolen	0,91	33	0,00010	0,28	+95	HT-Abwasserrohr, Verpackung
PP-C	PP-Copolymerisat	Hostalen	0,91	21	0,00018	0,24	+60	Fußbodenheizung
Duroplaste								
UP-Harz	ungesättigter Polyesterh.	Palatal, Vestopal	1,3 bis 1,6	80 bis 140	0,000025	0,21	−50 bis +130	Kunstharz-Beton, Klebstoff
EP	Epoxidharz	Avaldit	1,15 ... 1,2	ähnlich wie UP-Harz				Industrieboden
PUR-Sch.	Polyurethan-Hartschaum	Moltopren, Contipren	0,015 0,050	0,2 ... 2	–	0,035	−40 bis +90	Wärmedämmung, Polstermaterial
UF-Sch.	Harnstoffharz-Schaum	Iso-Schaum	bis 0,015	–	–	0,041	+100	Schaumstoff, Bindemittel

124.1 Kurzzeichen und Reaktionsart der Kunststoffe (Auszug) DIN EN ISO 1043

Kurzz.	Bedeutung		Herst.	Kurzz.	Bedeutung		Herst.
ABS	Acrylnitril-Butadien-Styrol	T	M	PE	Polyethylen	T	M
ASA	Acrylnitril-Styrol-Acrylester	T	M	PIB	Polyisobutylen	T	M
CA	Celluloseacetat	T	K	PMMA	Polymethylmethacrylat	T	M
CR	Chloropren-Kautschuck	E	M	PP	Polypropylen	T	M
EP	Epoxidharz	D	A	PS	Polystyrol	T	M
E/P	Expandiertes Polystyrol	T	M	PTFE	Polytetrafluorethylen (Teflon)	T	M
EPDM	Ethylen–Propylen–Kautschuk	E	V	PUR	Polyurethan	D/T	A
FPM	Fluor Kautschuk	E	V	PVAC	Polyvinylacetat	T	M
NBR	Nitril–Kautschuk	E	V	PVC	Polyvinylchlorid	T	M
NR	Naturkautschuk	E	VP	PVC-C	Chloriertes Polyvinylchlorid	T	M
PE-HD	Polyethylen hoher Dichte	T	M	PVDF	Polyvinylidenfluorid	T	M
PE-LD	Polyethylen niederer Dichte	T	M	SAN	Styrol-Acrylnitril (-Polymer)	T	M
PA	Polyamid	T	K o. A	SB	Styrol-Butadien	T	M
PAN	Polyacrylnitril	T	M	SI	Silikon	E	K
PB	Polybuten	T	M	SIR[1)]	Silicon-Kautschuk	E	VP
PC	Polycarbonat	T	K	PE-X	Vernetztes Polyethylen	T	M

A = Polyaddukt; D = Duroplast; E = Elastomer; K = Polykondensat; M = Polymerisat; T = Thermoplast; V = Vulkanisat; VP = Vulkanisiertes Polymerisat [1)] Für das Kurzzeichen wird auch QR oder FS verwendet.

124.2 Schmelzindex (PE und PP) in g/10 min (Auswahl)

Kurzzeichen	000	001	003	006	012	022	045	090
Masse in g/10 min	...0,1	0,1...0,2	0,2...0,4	0,4...0,8	0,8...1,5	1,5...3,0	3,0...6,0	6,0...12

124.3 Beständigkeit von Kunststoffen bei 20 °C

Kunststoff	Säuren schw[1)]	Säuren stark	Laugen schw[1)]	Laugen stark	Benzin Öle	Kunststoff	Säuren schw[1)]	Säuren stark	Laugen schw[1)]	Laugen stark	Benzin Öle
PVC-U	+	+	+	+	+	PIB	+	+	+	+	–
PVC-P	+	o	+	o	o	PP	+	–	+	+	–
PE	+	+	+	+	+	UP-Harz	+	o	o	–	+
PS	+	+	+	+	+	EP	+	+	+	+	+
PA	–	–	+	–	+	PUR-Schaum	+	–	+	o	o
PMMA	+	–	+	+	+	UF-Schaum	o	–	+	–	+
PB	+	+	+	+	+	PS-Schaum	+	+	+	+	–

+ beständig; o bedingt beständig; – nicht beständig [1)] schwach

124.4 Flamm- und Brennprobe bei Kunststoffen

Kunststoff	Ent-flammbar	Flamme	Geruch	Dichte[1)] kg/dm³
PVC	schwer	gelb mit grünem Rand, sprühend	stechend nach Salzsäure	≥ 1,30
PE	leicht[2)]	leuchtend gelb mit blauem Kern	nach verlöschenden Kerzen, Paraffin	≥ 0,95
PS	leicht[2)]	leuchtend gelbrot, rußt stark	unangenehm süßlich nach Styrol	1,05
PA	leicht[2)]	bläulich mit gelbem Rand	nach verbranntem Horn	1,13
ABS	leicht[2)]	leuchtend gelb, rußend	süßlich, mit Beigeruch nach Gummi	1,06
PMMA	leicht[2)]	leuchtend gelb mit blauem Rand	fruchtartig, süßlich	1,18
PIB	leicht[2)]	leuchtend	nach Gummi	0,93
PP	leicht[2)]	leuchtend gelb mit blauem Kern	nach verlöschenden Kerzen, Paraffin	0,91
UP-Harz	leicht[2)]	gelb und rot, stark rußend	Styrol, verbranntes Fett	> 1,30
EP	leicht[2)]	leuchtend, rußend	Phenol	> 1,15
PUR-Schaum	leicht[2)]	leuchtend	stechend, Isocyanat	≥ 0,015
UF-Schaum	schwer	gelb mit bläulichem Rand	Harnstoff, Ammoniak	≤ 0,015

[1)] Bei einer Dichte < 1 schwimmt die Probe auf Wasser. [2)] Brennt außerhalb der Zündflamme weiter.

125.1 Korrosion in der Sanitär- und Heizungstechnik

Korrosion EN ISO 8044, EN 12502 und DIN 50930-6[1] DIN 1988-7, VDI 2035 und EN 14868

Physikochemische Wechselwirkung zwischen einem Metall und seiner Umgebung (elektrochemischer, chemischer oder metallphysikalischer Vorgang), die zu erheblichen Beeinträchtigungen der Funktion des Metalles, der Umgebung oder des technischen Systems, führen kann.

Wasserverteilungssysteme DIN EN 12502	Heizungsanlagen VDI 2035
Korrosion[2] wird beeinflusst durch – Werkstoffeigenschaften – Wasserbeschaffenheit – Planung und Verarbeitung – Dichtheitsprüfung und Inbetriebnahme – Betriebsbedingungen	Korrosionsschaden am Werkstoff durch – Steinbildung TWW (PWH) und Heizanlagen Teil 1 – wasserseitige Korrosion Teil 2 (Durchrostung) – abgasseitige Korrosion Teil 3 – Taupunktkorrosion – Verunreinigung der Verbrennungsluft

[1] Beeinflussung der Wasserqualität durch innere Korrosion. Die TrinkwV enthällt Grenzwerte für mikrobiologische und chemische Stoffe (s. 194 f.). [2] Art und Geschwindigkeit der Korrosion.

125.2 Arten der Korrosion — DIN EN 12502-1, DIN EN ISO 8044

Art	Erscheinung	Hervorgerufen durch	Art	Erscheinung	Hervorgerufen durch
Flächenförmige Korrosion	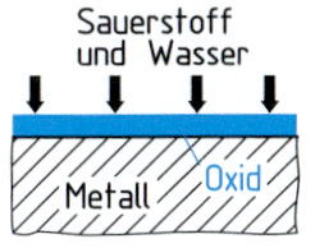	Luft, Wasser oder Chemikalien bewirken einen gleichmäßigen Werkstoffabtrag	Bimetallkorrosion	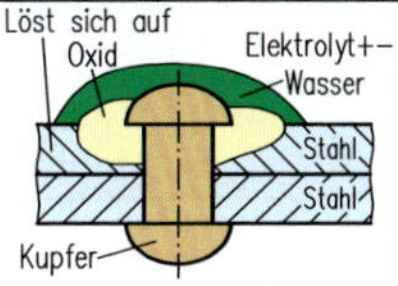	Berührung von Metallen mit verschiedenen Potenzialen und einem Elektrolyten
Lochkorrosion	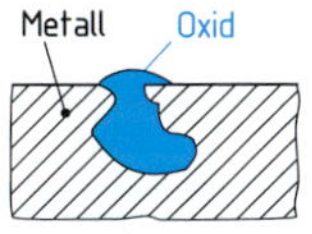	örtliche elektrochemische Vorgänge (Späne, Belüftungselm.)	Erosionskorrosion	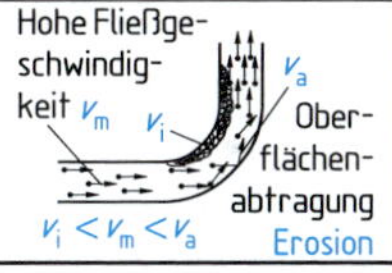	überschreiten eines kritischen Turbulenzgrades (zu hohe Geschw.)
Spaltkorrosion		enge Spalte oder Risse und Bildung von Konzentrationselementen ⇒ Lochkorrosion	Spannungskorrosion		korrosives Medium und gleichzeitiges Vorhandensein von Zugkräften[1]
Interkristalline Korrosion[2]	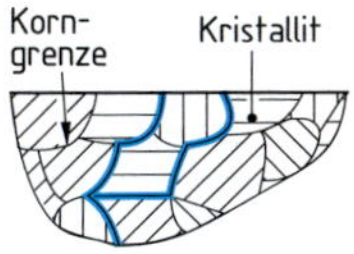	unsachgemäße Wärmebehandlung ⇒ Ausscheidungen von Legierungsbestandteilen an den Korngrenzen	Korrosionsermüdung	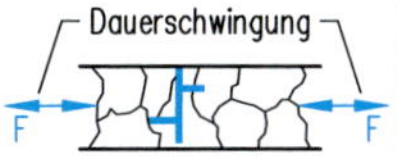	Risse als Folge des gleichzeitigen Einwirkens von Korrosion und Dauerschwingung
Selektive Korrosion (z. B. Entzinkung)	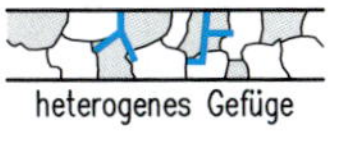	Potenzialunterschiede an den Korngrenzen z. B. Entzinkung	Belüftungselement	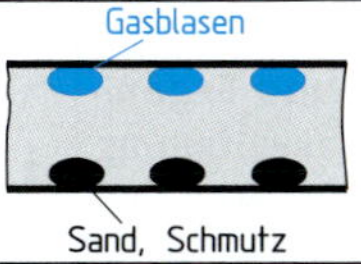	örtlich höhere Konzentration durch z. B. Sand und Schmutzteile
Messerschnittkorrosion	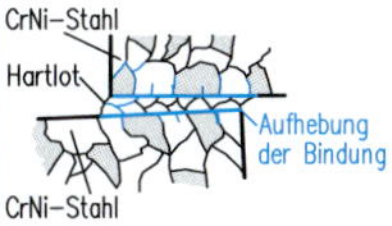	Aufhebung der Bindung zwischen nichtrostendem Stahl und Hartlot[3]	Taupunktkorrosion (Säurekorrosion)	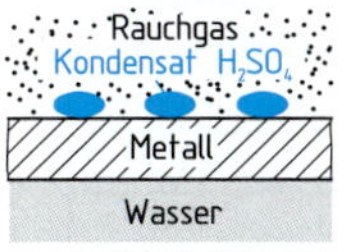	Unterschreitung des Taupunktes und Entstehung von H_2SO_3, H_2SO_4

[1] Können transkristalline, interkristalline und Messerschnittkorrosion auslösen. [2] Wird als Sensibilisierung (Chromverarmung) bezeichnet. [3] Selektive Korrosion an den Phasengrenzen nicht rostender Stahl/Hartlot.

126.1 Korrosionsschutz von Metalloberflächen

Art	Vorgang	Anwendung	Art	Vorgang	Anwendung
kathodischer Schutz	elektrisch leitende Verbindung des Metalls mit der Opferanode aus unedlerem Metall	Warmwasserspeicher, erdverlegte Rohre, Tanks	Fetten, Ölen, Wachsen	Auftragen von Fett-, oder Öl- oder Wachsschichten	für Transport oder Lagerung
Fließregel	richtiges Aufeinanderfolgen der Metalle (z. B. GG ⇒ Zn ⇒ Cu)	Rohrinstallation, Blecharbeiten	Farb-, Lacküberzug	Spritz- oder Tauchverfahren, luft- oder ofengetrocknet	Witterungseinflüsse, Bleche
Schmelztauchen	Tauchen des Werkstücks in flüssiges Überzugsmetall (Zn, Pb, Sn, Al usw.)	gegen Luft und Wasser, für Bleche und Rohre	Asphalt-, Teerüberzug	Anstreichen oder Tauchen evtl. Umwickeln mit Juteband	für erdverlegte Gas-, Wasser- undÖlleitungen, Erdtanks
Galvanisieren	elektrochemische Elektrolyse, Überzugsmetalle Cu, Cr, Ni usw.	gegen Luft und Wasser, für Armaturen und Rohre	Kunststoffüberzug	Flammenspritzen von PVC, PE, PA-Pulver oder Granulat oder Wirbelsintern	
Plattieren	Walzen oder Pressen, Überzugsmetalle Cu, Ni, Ag	für Bleche	Emaillieren, Glasur	Überziehen mit Glasfluss bei 500 bis 1000 °C	Warmwasserspeicher, Badewanne

126.2 Richtwerte für Heizungsanlagen Füll- und Ergänzungswasser VDI 2035 Blatt 1

Spez. Anlagenvolumen $V_{Anl} \leq 20$ l/kW, $V_{Anl} > 20$ l/kW nächste Gruppe, $V_{Anl} > 50$ l/kW höchste Gruppe 0,02 mol/m³

Gesamtheizleistung in kW	Σ Erdalkalien mol/m³	Calcium mol/m³	$K_{S\,4,3}$	Gesamtheizleistung in kW	Σ Erdalkalien mol/m³	Calcium mol/m³	$K_{S\,4,3}$
< 50[1)]	k. A.	k. A.	k. A.	> 200 bis ≤ 600	≤ 1,5	≤ 1,5	≤ 3,0
> 50 bis ≤ 200	≤ 2,0	≤ 2,0	≤ 4,4	> 600	< 0,02	< 0,02	< 0,04

[1)] Gilt nicht für Umlaufwasserheizer, elektrische Heizelemente Σ Erdalkalien ≤ 3,0 mol/m³.

126.3 Hinweise zur Heizungswasserbehandlung, pH-Wertebereich VDI 2035

- **Behandeltes Heizungswasser** ist Wasser, dem Chemikalien zugesetzt werden. Aufbereitetes Heizungswasser ist enthärtetes oder entsalztes Heizungswasser, dem keine Chemiekalien zugesetzt wurden. Die Angaben beziehen sich auch auf die Trinkwassererwärmung (TWE).
- **VDI 2035 Vermeidung von Schäden in Warmwasserheizungen** behandelt in **Blatt 1** die Ursachen der Steinbildung und Maßnahmen. **Blatt 2** Einstellung des materialabhängigen pH-Werts; ferner Korrosionsschutzmaßnahmen (z. B Entsalzung)
- **Richtwerte für Füll- und Ergänzungswasser** (Schadensverhütung durch Steinbildung) nach 2035/1

Heizleistung kW	Erdalkalien mol/m³	Gesamthärte (°d)
< 50	keine Anforderungen	
> 50–≤ 200	≤ 2,0*)	≤ 11,2
> 200–≤ 600	≤ 1,5	≤ 8,4
> 600	< 0,02	≤ 0,11

*) nicht für Umlaufwasserheizer und elektr. Heizelemente

Einfluss von Leitfähigkeit, pH-Wert und Sauerstoffgehalt des Heizungswassers auf die Korrosionsgeschwindigkeit

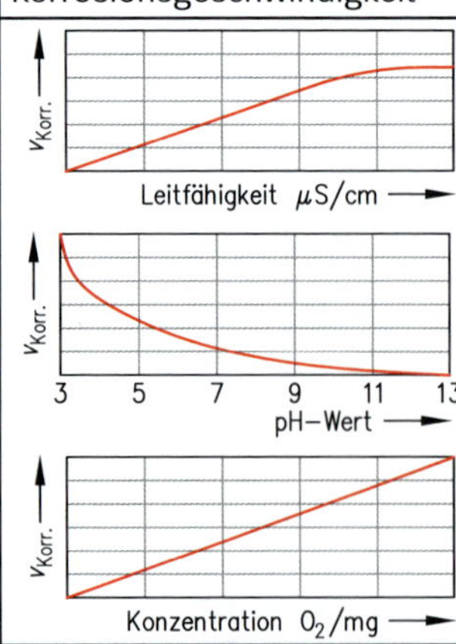

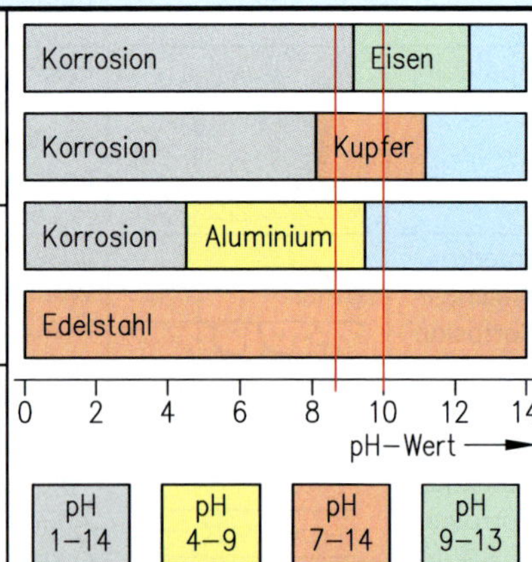

pH-Wert des Füllwassers hat Auswirkung auf Korrosionsreaktionen. Ist es zu hoch oder zu niedrig, wirkt sich das auf die Lebensdauer der in der Anlage verwendeten Bauteile aus. Empfohlener pH-Wert liegt zwischen 8,2 und 10,0 (**s. rote Linien**). Grenzwerte für Eisen, Kupfer, Aluminium. Edelstahl durchgehend korrosionsstabil.

127.1 Spannungsreihe der Metalle für reine Metalle

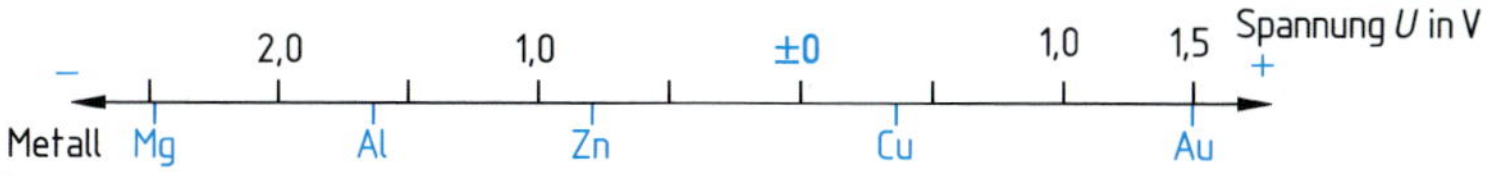

Metall	U	Metall	U	Metall	U
Gold	+1,50	Blei	–0,13	Chrom	–0,56
Sauerstoffelektrode	+1,20	Zinn	–0,14	Zink	–0,76
Silber	+0,80	Nickel	–0,23	Mangan	–1,05
Kupfer	+0,34	Cadmium	–0,40	Aluminium	–1,67
Wasserstoffelektrode	± 0	Eisen	–0,44	Magnesium	–2,40

Die elektrische Aufladung der Metalle in einer genormten Flüssigkeit ist ein Maß für das Auflösungs- und Korrosionsverhalten des jeweiligen Metalls. Je negativer die Ladung (das Potenzial) eines Metalls ist, umso schneller löst es sich auf.

127.2 Verformungen von Baureihen durch Krafteinfluss (Werkzeugen, Maschinen u. a.)

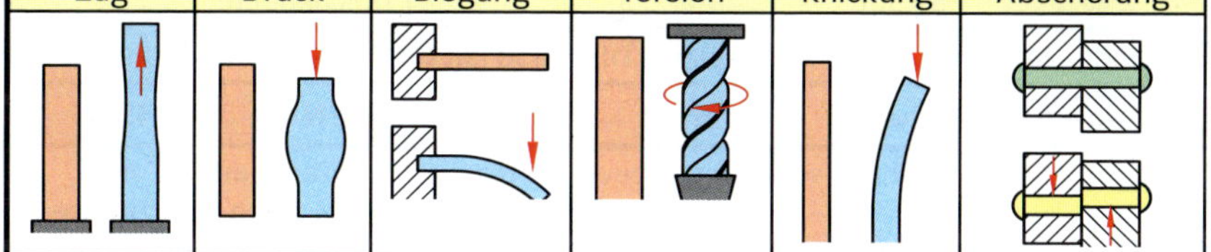

Zug	Druck	Biegung	Torsion	Knickung	Abscherung
Zugkraft	Druckkraft	Biegekraft	Drehkraft	Biegekraft	Scherkraft
Rohraufhängungen Seile Ketten Schrauben	Kompensatoren Auflager Beladene Stabel	Rohrbiegungen Sprungkraft Umformung Kragareme	Bohrungen Schraubendreheer Schraubverschluss	Gekrümmte Stäbe Stützen (Knicklast, Knickkraft)	Scherbeanspruchung von Schrauben Trennung mit Scheren

Spannungs- Dehnungs-Diagramm bei Zerreißen eines Stabes

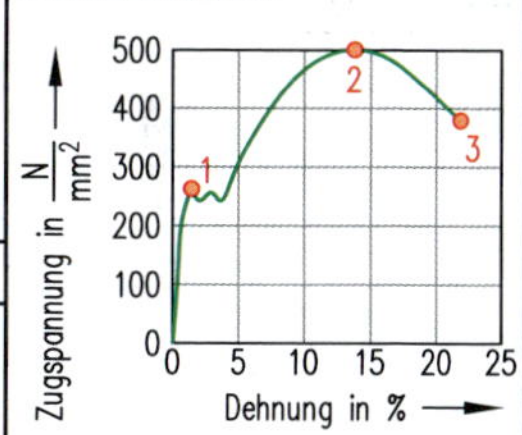

1 Streckgrenze, 2 Zugfestigkeit, 3 Stab zerreißt

127.3 Bohrertypen

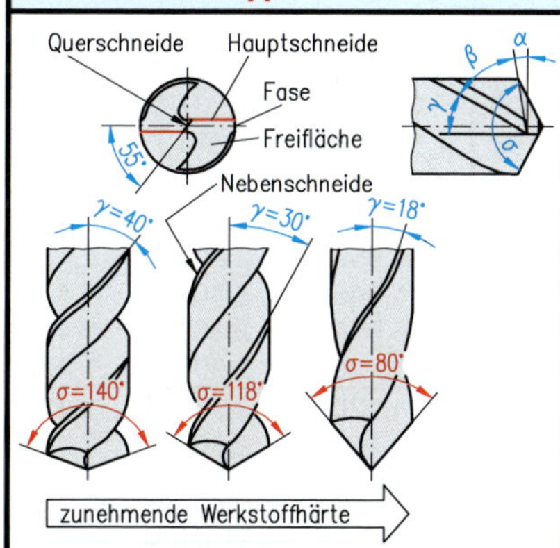

Typ	γ	σ	Anwendung
N	16° bis 30°	118°	Stahl und Stahlguss bis R_m = 700 N/mm², Temper-/Grauguss und spröde CuZn-Legierungen
		130°	Stahl und Stahlguss mit R_m > 700 N/mm²
		140°	nichtrostender Stahl, Al-Legierungen, Kupfer
H	10° bis 13°	80°	Schichtpressstoffe, Hartgummi, Marmor
		118°	weiche CuZn-Legierungen
		140°	austenitische Stähle, Magnesiumlegierungen
W	35° bis 40°	80°	Pressstoffe
		118°	Lagermetall, Zinklegierungen
		130°	Kupfer, Aluminium, weiche Al-Legierungen

127.4 Fräserarten

Fräser allgemein	Walzenfräser	Walzenstirnfräser	Scheibenfräser	Schaftfräser	Messerkopf

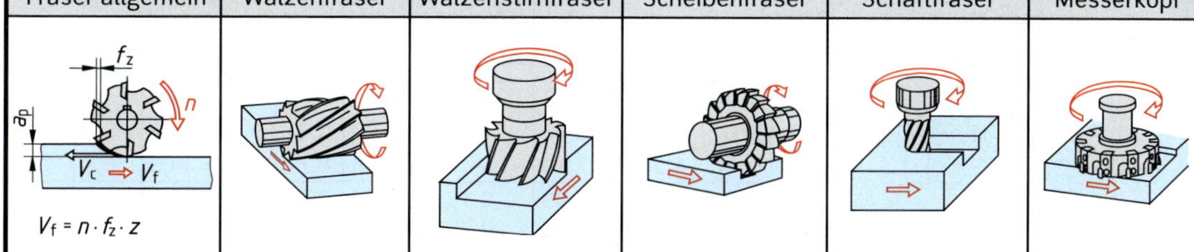

Entscheidend sind: Hauptnutzungszeit, Vorschub je Fräsenumdrehung und -geschwindigkeit, Drehzahl

128.1 Gewinde – Übersicht — DIN 202 (Auszug)

Benennung	KB[1]	Gewindeprofil	Kurzzeichen	Nenngröße	Anwendung
Metrisches ISO–Gewinde mit großem Spiel	**M**	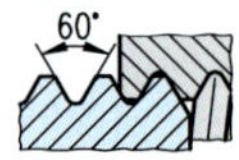	DIN 13-1 – M 24 DIN 13-1 – M 24 × 1 DIN 2510 – M 24	1 ... 68 mm 1...1000 mm 12...180 mm	Regelgewinde, allgemein Feingewinde, allgemein Schraube mit Dehnschaft
Rohrgewinde, zylindrisch	**G**	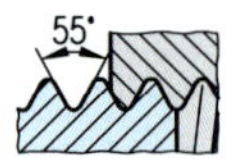	DIN ISO 228 G 1¹/₄[2] DIN ISO 228 G 1¹/₄ A[3]	¹/₈ ... 6 inch	Rohrgewinde, **nicht** im Gewinde **dichtend**
Zylindrisches Rohrinnengew.	**Rp**		EN 10266-1 – Rp ¹/₂ DIN 3858 – Rp ¹/₂[4]	¹/₁₆ ... 6 inch ¹/₈...1¹/₂ inch	Rohrgewinde, im Gewinde dichtend für
Kegeliges Rohraußengewinde	**R**	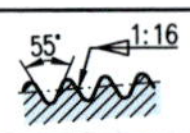	EN 10266-1 – R ¹/₂ DIN 3858 – R ¹/₂[4]	¹/₁₆ ... 6 inch ¹/₈...1¹/₂ inch	Gewinderohre, Fittings, Rohrverschraubungen
Blechschraubengewinde	**ST**		DIN EN ISO 1478 – ST 3,5	1,5...9,5 mm	Blechschrauben für Blechkanäle

[1] Kennbuchstabe. [2] Innengewinde. [3] A oder B ≙ Toleranzklasse. [4] DIN 3858 gilt für Rohrverschraubungen.

128.2 Whitworth-Rohrgewinde für im Gewinde dichtende Verbindungen — EN 10266-1, ISO 7-1

Kegeliges Außengewinde **R** Kegel 1:16 — Zylindrisches Innengewinde **Rp**

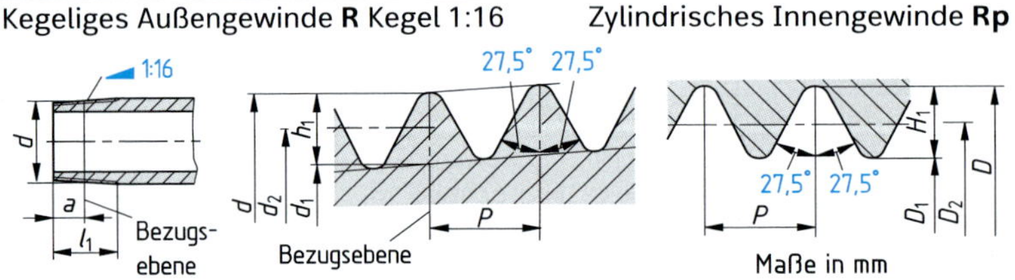

Z	Gangzahl je Zoll
L_a	Mittlere Einschraublänge in mm
P	Steigung in mm
R	Außengewinde in Zoll
Rp	Innengewinde in Zoll
LH	Linksgewinde (hinter der Bezeichn. setzen)

Bezeichnung eines zylindrischen Rohrinnengewindes ¾": **Rohrgewinde EN 10266-Rp ¾"**

DN	Kurzzeichen		Z	l_1	L_a	a	$d = D$	$d_2 = D_2$	$d_1 = D_1$	P	$h_1 = H_1$
6	R ¹/₈	Rp ¹/₈	28	6,5	7	4,0	9,728	9,147	8,566	0,907	0,581
8	R ¹/₄	Rp ¹/₄	19	9,7	10	6,0	13,157	12,301	11,445	1,337	0,856
10	R ¹/₈	Rp ³/₈	19	10,1	10	6,4	16,662	15,806	14,950	1,337	0,856
15	R ¹/₂	Rp ¹/₂	14	13,2	13	8,2	20,955	19,793	18,631	1,814	1,162
20	R ³/₄	Rp ³/₄	14	14,5	15	9,5	26,441	25,279	24,117	1,814	1,162
25	R 1	Rp 1	11	16,8	17	10,4	33,249	31,770	30,291	2,309	1,479
32	R 1¹/₄	Rp 1¹/₄	11	19,1	19	12,7	41,910	40,431	38,952	2,309	1,479
40	R 1¹/₂	Rp 1¹/₂	11	19,1	19	12,7	47,803	46,324	44,845	2,309	1,479
50	R 2	Rp 2	11	23,4	24	15,9	59,614	58,135	56,656	2,309	1,479
65	R 2¹/₂	Rp 2¹/₂	11	26,7	27	17,5	75,184	73,705	73,226	2,309	1,479
80	R 3	Rp 3	11	29,8	30	20,6	87,884	86,405	84,926	2,309	1,479
100	R 4	Rp 4	11	35,8	36	25,4	113,030	111,551	110,172	2,309	1,479
125	R 5	Rp 5	11	40,1	40	28,6	138,430	136,951	135,472	2,309	1,479
150	R 6	Rp 6	11	40,1	40	28,6	163,830	162,351	160,872	2,309	1,479

128.3 Metrisches ISO Gewinde, Abmessungen — Maße in mm, DIN 13-1

$d = D$	Nenndurchmesser in mm	D_0	Durchmesser des Kernlochbohrers in mm
A_S	Spannungsquerschnitt in mm²	SW	Sechskantschlüsselweite in mm

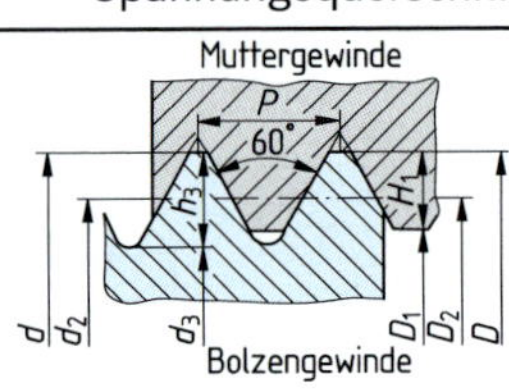

$$A_s = \frac{\pi}{4} \cdot \left(\frac{d_2 + d_3}{2}\right)^2$$

$d = D$	P	$d_2 = D_2$	d_3	D_1	h_3	H_1	A_S	D_o	SW
M 5	0,8	4,48	4,02	4,13	0,49	0,43	14,2	4,2	8
M 6	1	5,35	4,77	4,92	0,61	0,54	20,1	5,0	10
M 8	1,25	7,19	6,47	6,65	0,77	0,68	36,6	6,8	13
M 10	1,5	9,03	8,16	8,38	0,92	0,81	58,0	8,5	17
M 12	1,75	10,86	9,85	10,11	1,07	0,95	84,3	10,2	19
M 16	2	14,70	13,55	13,84	1,23	1,08	157	14,0	24
M 20	2,5	18,38	16,93	17,29	1,53	1,35	245	17,5	30

129.1 Sechskantschrauben mit Regelgewinde DIN EN ISO 4014 und DIN EN ISO 4017 (Auszug)

Schrauben mit Schaft DIN EN ISO 4014	Schrauben mit Gewinde bis Kopf DIN EN ISO 4017

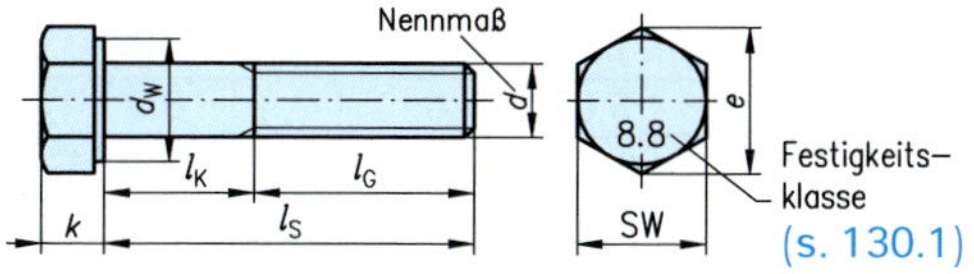

Mindest – Klemmlänge: $l_K \geq l_S - l_G$

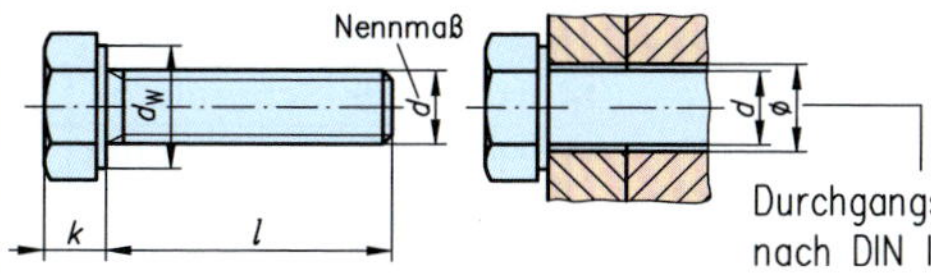

Durchgangslöcher nach DIN ISO 273
$d_f \triangleq$ fein; $d_m \triangleq$ mittel; $d_g \triangleq$ grob

Bezeichnungsbeispiel: **Sechskantschraube DIN EN ISO 4014 – M 16 × 80 – 5.6**

Benennung | DIN EN ISO-Hauptnummer – Gewinde × Nennlänge – Festigkeitsklasse

Geltungsbereich: Produktklasse A

Maße in mm

Nennmaß	SW	e	k	d_w	l	l_S	l_G[1]	l_G[2]	d_f	d_m	d_g
M 5	8	8,79	3,5	6,88	10 ... 50	25 ... 50	16	–	5,3	5,5	5,8
M 6	10	11,05	4	8,88	12 ... 60	30 ... 60	18	–	6,4	6,6	7
M 8	13	14,38	5,3	11,6	16 ... 80	40 ... 80	22	–	8,4	9	10
M 10	17	17,77	6,4	14,6	20 ... 100	45 ... 100	26	–	10,5	11	12
M 12	19	20,03	7,5	16,6	25 ... 120	50 ... 120	30	–	13	13,5	14,5
M 16	24	26,75	10	22,5	30 ... 150	65 ... 150	38	44	17	17,5	18,5
M 20	30	33,53	12,5	28,2	40 ... 200	80 ... 200	46	52	21	22	24

Schraubenlänge

Schrauben nach	DIN EN ISO 4017		DIN EN ISO 4014 und DIN EN ISO 4017		
Nennlänge in mm	bis 12	12 bis 20	20 bis 70	70 bis 160	160 bis 300
Längenabstufung in mm	2	4	5	10	20

[1] Maße gelten für $l \leq 125$ mm. [2] Maße gelten für $125 < l \leq 200$ mm.

129.2 Sechskantmuttern mit Regelgewinde und Unterlegscheiben DIN EN ISO 4032 bis 4035

Bezeichnung von Muttern: **Sechskantmutter DIN EN ISO 4032 – M 16 – 5**

Maße in mm

Benennung | DIN EN ISO-Hauptnummer – Gewinde – Festigkeitsklasse

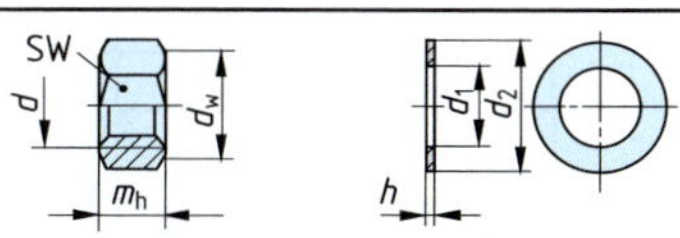

Norm	Festigkeitsklasse	m_h
DIN EN ISO 4032	6; 8; 10	m_2
DIN EN ISO 4033	9; 10; 12	m_3
DIN EN ISO 4035	04; 05	m_5

d	SW	d_w	m_2	m_3	m_5	d_1	d_2	h
M 5	8	6,9	4,7	5,1	2,7	5,3	10	1
M 6	10	8,9	5,2	5,7	3,2	6,4	12	1,6
M 8	13	11,6	6,8	7,5	4	8,4	16	1,6
M 10	17	14,6	8,4	9,3	5	10,5	20	2
M 12	19	16,6	10,8	12	6	13	24	2,5
M 16	24	22,5	14,8	16,4	8	17	30	3
M 20	30	27,7	18	20,3	10	21	37	3

129.3 Schraubenbolzen mit Dehnschaft und Sechskantmuttern Maße in mm, DIN 2510-3 und -5

Form L: Lang-Gewinde[1]
Form K: Kurz-Gewinde[2]

Form NF
Regelform

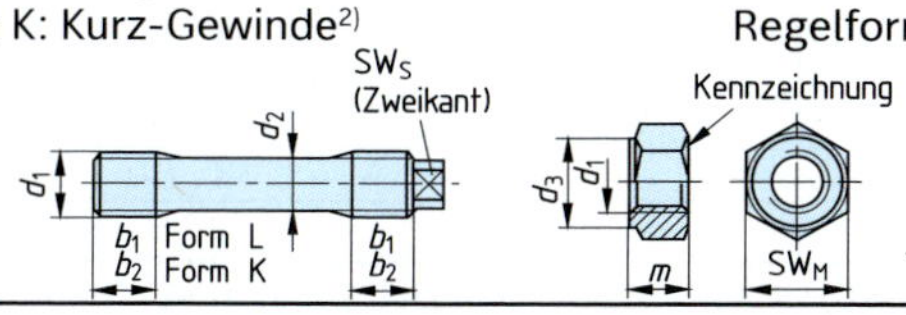

d_1	d_2	b_1[1]	b_2[2]	SW_S	m	SW_M	d_3
M 12	8,5	20	13	7	12	22	21
M 16	12	23	16	10	16	27	26
M 20	15	28	20	11	20	32	31
M 24	18	32	24	11	24	36	35
M 27	20,5	35	27	13	27	41	40

[1] b_1 gilt für die Gewindelänge nach Form L. [2] b_2 gilt für die Gewindelänge nach Form K.

130.1 Festigkeitsklassen von Schrauben und Muttern — DIN EN ISO 898 (Auszug)

Fk — Festigkeitsklasse[1)]
R_m — Zugfestigkeit in N/mm² = MPa
R_{eL} oder $R_{p0,2}$ — untere Streckgrenze oder Dehngrenze in N/mm²
A — Bruchdehnung in %

Festigkeitsklasse[1)] gibt an: R_m = 1. Zahl × 100 und R_e = 1. Zahl × 2. Zahl × 10 in N/mm² (N/mm² = MPa)

Schrauben **Muttern**

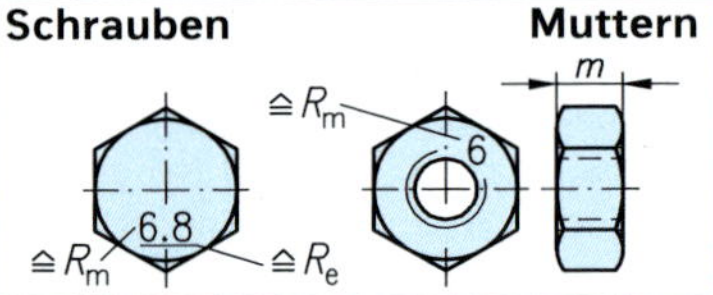

Fk-Schrauben		4.6	4.8	5.6	5.8	6.8	8.8[2)]		9.8	10.9	12.9
R_m[1)]	in MPa	400		500		600	800		900	1000	1200
R_{eL}[1)]	in MPa	240	–	300	400	480	–	720	900	1080	–
$R_{p0,2}$[1)]	in MPa	–	–	–	–	–	640	640	720	900	1080
A	in %	22	–	20	–	–	12	12	10	9	8

Muttern

Mutterhöhe m		$0{,}45\,D \le m < 0{,}8\,D$		$m \ge 0{,}8\,D$, hohe Mutter $m \approx 0{,}9$ oder $m_{min} > 0{,}9\,D$						
Fk-Muttern[1)]		04	05	5		6	8	9	10	12
zugehörige	Fk	nicht festgelegt		4.6; 4.8	5.6; 5.8	6.8	8.8	9.8	10.8	12.9
Schraube	Größe	M5 ≤ D ≤ M39		M5 ≤ D ≤ M39				M5 ≤ D ≤ M39		

[1)] Nennwerte für die Fk. [2)] Schrauben links d ≤ 16mm, rechts d > 16 mm. [3)] Hohe Mutter. [4)] Hohe oder norm. Mutter.

130.2 Bohrschrauben mit Blechschraubengewinde — DIN EN ISO 15480 bis 15483 (Auszug)

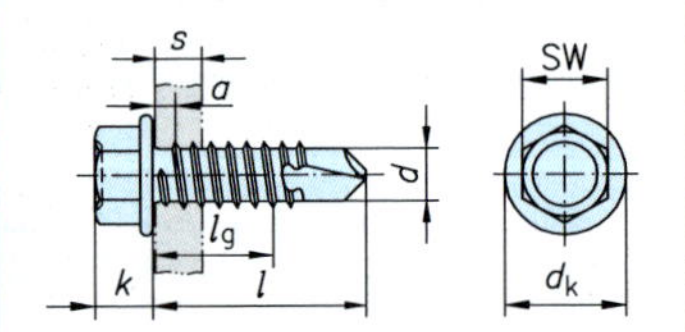

Maße l_G mit der Kopfform K und O weichen geringfügig ab.

Gewinde	d_S mm	s mm	l mm	l_g mm	k mm	d_k mm	a mm	SW mm
ST 2,9	2,3	0,7...1,9	9,5...19	3,25 ... 12,5	2,8	6,3	1,1	4,0
ST 3,5	2,8	0,7...2,3	9,5...25	2,85 ... 18,1	3,4	8,3	1,3	5,5
ST 3,9	3,1	0,7...2,4	13 ... 38	5,8 ... 30,5	3,4	8,3	1,3	5,5
ST 4,2	3,6	1,8...3,0	13 ... 38	4,3 ... 29,0	4,1	8,8	1,4	7,0
ST 4,8	4,1	1,8...4,4	13 ... 50	3,7 ... 39,5	4,3	10,5	1,6	8,0
ST 5,5	4,8	1,8...5,3	16 ... 50	5,0 ... 39,0	5,4	11,0	1,8	8,0
ST 6,3	5,8	2,0...6,0	19 ... 50	7,0 ... 38,0	5,9	13,5	1,8	10,0

130.3 Offene Blindniete mit Sollbruchdorn mit Flach- oder Senkkopf — DIN EN ISO 15977/78

Bezeichnung eines offenen Blindnietes mit Flachkopf, d_1 = 3 mm, l = 4 mm, Niethülse Al, und Nietdorn Stahl mit Klasse[1)] L der Niethülse: **Blindniet DIN 15977 – 3 × 4 – A/A/St – L** — **Maße in mm**

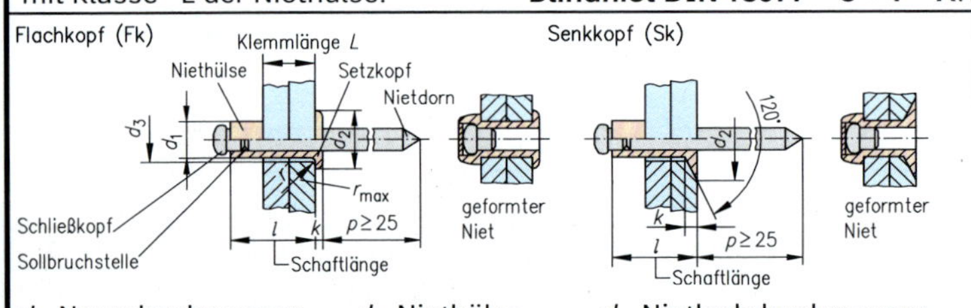

d_1 Nenndurchmesser d_2 Niethülse d_3 Nietlochdurchmesser

Oberflächenschutz: Niethülse: Oberfläche blank
Nietdorn[2)]: Öl, Phosphat und Öl oder Zink

d_1	d_3 >	k	d_2 ≤ Fk	d_2 ≤ Sk
2,4	2,5	1	5	5
3	3,1	1,3	6,3	6,3
3,2	3,3	1,3	6,7	6,7
4	4,1	1,7	8,4	8,4
4,8	4,9	2	10,1	10,1
5	5,1	2,1	10,5	10,5
6	6,1	2,5	12,6	–
6,4	6,5	2,7	13,4	–

Niethülse DIN EN ISO	Form	Werkstoff Niet-hülse	Werkstoff Niet-dorn	Nenndurchm. d_1
15977	Fk	AIA	St	2,4...6,4
15978	Sk	AIA	St	2,4...5
15979	Fk	St	St	2,4...6,4
15980	Sk	St	St	2,4...6,4
15981[4)]	Fk	AIA	AIA	2,4...6,4[4)]
15982[4)]	Sk	AIA	AIA	2,4...6,4[4)]
15983	Fk	A2	A2	3...5
15984	Sk	A2	A2	3...5

d_1 ⇓	Klemmlängenbereich L für Nietlängen l in mm: 4...5	6...7	8...9	10...11	12...13	16...17
2,4	0,5...2[3)]	2...4	4...6	6...8	8...9,5	–
3	0,5 ...1,5	1,5... 3,5	3,5 ...5	5...7	7...9	9...13
3,2						
4	–	1...3	3...5	5...6,5	6,5...8,5	8,5...12,5
4,8	–	1,5... 2,5	2,5... 4	4,5...6	6...8	8...12
5						
6[5)]	–	–	2...3	3...5	5...7	7...11
6,4[5)]	–	–	–	–	3...6	6...10

[1)] Für Niethülsen sind zwei Festigkeitsklassen, niedrig (L) und hoch (H) festgelegt. Die zulässigen Zug- und Scherkräfte sind in den Normen enthalten. [2)] Legt der Hersteller fest. [3)] Form Sk hat einen Klemmlängenbereich von 1,2 ... 2 mm. [4)] Die Norm enthält nicht die Nenngrößen 5 und 6. [5)] Nicht in Form (Sk) genormt.

131.1 Löt- und Schweißverfahren

Löten und Schweißen haben durch die Presstechnik an Bedeutung verloren.

- **Weichlöten** (Arbeitstemperatur < 450 °C, fast ausschließlich Kupferrohrlötung) vorwiegend in der Trinkwasserinstallation und kleineren Heizungsanlagen.
- **Kolbenweichlöten** (aufgeheizter Kolben) für punktförmige Verbindungen, Blecharbeiten, Gefäßen (Reparatur)
- **Hartlöten:** höhere Festigkeit; zur Verbindung von Flächen, Rohren (Fittings). Werkstoffe: Stahl, Kupfer, Messing.

Schweißen: Verbinden zweier Werkstoffe. Schweißverfahren:

- **Gasschmelzschweißen:** Verschmelzung des Werkstoffes mit einer Acetylen-Sauerstoff-Flamme, Flammentemp. ca 300 °C, ausgeführt als Injektorbrenner. Je nach Mischungsverhältnis unterscheidet man zwischen neutraler Flamme (begrenzter Flammenkegel), Flamme mit Acetylen – und Flamme mit Sauerstoffüberschuss, Gasflaschen (s. 133.2)

Brennschweißen: (Trennung)

- **Schutzgasschweißen:** Einsatz von Schutzgasen um das Schmelzbad vor schädlichen Lufteinflüssen zu schützen*). **MIC** mit Gleichstrom geschweißt; **MAG** Zuführung von Abgasen aus CO_2 und O_2; **WIG**-Schweißen vorwiegend bei hochlegierten Stählen und NE-Metallen

*) **MSG** Metallschutzgasschweißen, **MIG** Metallinertgasschweißen, **WIG** Wolframinertgasschweißen

131.2 Lote und Flussmittel für das Löten

Kurzzeichen	vorm. Kurzz.	Zusammensetzung in %	TO[1] °C	Flussmittel	Werkstoffpaarung	
Hartlote[2] für die Gas-,Trinkwasser- und Heizungsrohrleitungen						**DIN EN ISO 17672**
CuP 179[3]	L-CuP6[3]	93,8Cu; 6,2P	760	–	Kupfer	Kupfer
CuP 279[3]	L-Ag2P[3]	2Ag; 91,8Cu; 6,2P	740	FH 10	Kupfer	Rotguss, Mes.
Ag 134	L-Ag45Sn	45Ag; 27Cu; 3Sn; Rest Zn	710	FH10	Stahl	Stahl
Ag 145	L-Ag44	44Ag; 30Cu; Rest Zn	670	FH10	Kupfer	Kupfer,
Ag 244	L-Ag34Sn	34Ag; 36Cu; 3Sn; Rest Zn	730	FH10		Rotguss; Mes.
Weichlote für die Trinkwasserinstallation[4]						**DIN EN ISO 9453**
S -Sn97Cu3[5]	L-SnCu3	Rest Sn; 2,5...3,5 Cu	240	3.1.1 oder	Kupfer	Kupfer
S-Sn97Ag3	L-SnAg5	Rest Sn; 3...3,5 Ag	230	3.1.2	Kupfer	Rotguss, Mes.
Lote für die Bauklempnerei[3]						**DIN EN ISO 9453**
S-Pb58Sn40Sb2	L-PbSn40(Sb)	40Sn; (2...2,4 Sb); Rest Pb	185...231	3.2.2	Zink, verz. Stahlbl.	
S-Sn97Cu3	L-SnCu3	2,5...3,5 Cu; Rest Sn	230...250	3.1.1[6) 7)]	Kupfer[6)]	
S-Pb70Sn30	L-PbSn30(Sb)	30 Sn; (bis 0,5 Sb); Rest Pb	183...255	3.1.1	Blei, CrNi-Stahl[7)]	

1) TO = Arbeitstemperatur. 2) Auch geeignet für alle Öl-, Flüssiggas-, Erdgas- und fluorierte Chlorwasserstoff (Kältemittel)-Rohrleitungen sowie Trinkwasserrohrleitungen ab 35 × 1,5 mm. 3) CuP 179 und CuP 279 nicht zulässig bei Faulgas oder Schwefelwasserstoff oder ähnlichen Verbindungen. Diese Lote sind auch für die Bauklempnerei verwendbar. Mit 10 mm Überlappung ohne Flussmittel löten. Über 400 mm Zuschnittbreite mit Nieten heften. 4) Kupferrohre $D \leq 28 \times 1{,}5$ mm für Trinkwasser nur Weichlöten erlaubt. 5) Auch als Lotpasten (Lot-Flussmittel-Mischungen) lieferbar. 6) Kupferblech ab 0,7 mm Dicke und bei großem Blechzuschnitt vorverzinnen. 7) Für unbeschichtetes CrNi-Stahlblech als Lötwasser A-014 und beschichtetes FLUX 252 verwenden. Für Baustellenbedingungen möglichst Lote mit Sn ≥ 30 % (≈ 70 %) und spezielles Flussmittel der Fa. Ferrinox verwenden.

131.3 Zulässige Betriebsdrücke der Lötstellen in Rohrleitungen[1] in bar DIN EN 1254-1

Weichlote	ϑ_0 in °C	d[2] ≤ 34	d[2] ≤ 54	d[2] ≤ 108	**Hartlote**	ϑ_0 in °C	d[2] ≤ 28	d[2] ≤ 54	d[2] ≤ 108
S–Sn97Cu3	30	25	25	16	CP 203	30	25	25	16
und	65	25	16	16	CP 105	65	25	16	10
S–Sn97Ag3	110	16	10	10	AG 104	110	16	10	10

1) Gelten bei Verwendung von Lötfittings nach DIN EN 1254. 2) Rohraußendurchmesser d in mm.

131.4 Richtwerte für den Lotverbrauch je Verbindungsstelle (g/Lötstelle)

Rohraußendurchmesser in mm	10	12	15	18	22	28	35	42	54	76,1	88,9	108
Weichlot (z.B. S-Sn97Cu3)	0,43	0,45	0,59	0,72	0,88	1,19	2,23	3,30	4,80	9,00	13,0	21,0
Hartlot (z. B. AG 104; AG 203)	0,25	0,36	0,47	0,60	0,75	1,00	2,15	2,80	4,20	8,00	12,0	19,0

132.1 Flussmittel — DIN EN 1045 und DIN EN 29454-1

Bezeichnung	DIN	–	Typ
Flussmittel zum Hartlöten	EN 1045	–	FH 10
Flussmittel zum Weichlöten	EN 29454-1	–	3.1.1

FH Flussmittel für Schwermetalle
FL Flussmittel für Leichtmetalle (Alu.)

Vor dem Auftragen des Flussmittels muss die Lötstelle immer gereinigt werden.

Flussmittel für Hartlote — **DIN EN 1045**

Typ	Wirktemperatur	Rückstände	Typ	Wirktemperatur	Rückstände wirken
FH10, FH11; FH12	550...800 °C	wirken korrosiv	FH20; FH21	700...1100 °C	FH21 nicht korrosiv

Flussmittel für Weichlote — **DIN EN 29454-1**

Kurzzeichen[1] nach EN 29454	bisher	Hinweise für Verwendung	Kurzzeichen[2] nach EN 29454	bisher	Hinweise für Verwendung
3.2.2	F-SW 11[1]	Titanzink, Bauklempnerei	3.1.1	F-SW 21[2]	Cu-Rohrinst., Cu-Klempnerei
3.1.1	F-SW 12[1]	Kupfer, Kupferklempnerei	3.1.2	F-SW 22[2]	Cu-Rohrinstallation
			2.1.2	F-SW 25[2]	Cu-Rohrinstallation

[1] Rückstände wirken stark korrodierend. [2] Rückstände wirken bedingt korrodierend.

132.2 Druckgasflaschen mit Kennzeichnung — DIN EN 1089-3

V_0 Flaschenrauminhalt in l (bei p_{amb} = 1 bar)
p_{e1} Fülldruck der Gasflasche in bar
V_F Füllmenge in m³ oder m in kg

Kennfarbe:	
Flaschenschulter[1]	N[1]
Flaschenkörper	
ganze Flasche	(alt)

Gasart	Kennfarbe[1]	Ventilanschluss DIN 477	V_0 l	p_{e1} bar	Füllmenge	Gasart	Kennfarbe[1]	Ventilanschluss DIN 477	V_0 l	p_{e1} bar	Füllmenge
Acetylen[4]	N	Spannbügel	10	18	1,6 kg	Helium[2]	N	W21,80 × 1/14	10	200	1,8 m³
	4)		20	18	4 kg			[3] W30 × 2	20	200	3,7 m³
	(alt)		50	18	10 kg		(alt)		50	200	9,2 m³
Sauerstoff[2][5]	N	G 3/4	10	200	2,1 m³	Argon[2][6]	N	W21,80 × 1/14	10	200	2,1 m³
	5)	[3] W30 × 2	20	200	4,3 m³		6)	[3] W30 × 2	20	200	4,3 m³
	(alt)		50	200	10,7 m³		(alt)		50	200	10,7 m³
Wasserstoff[2]	N	W21,80 × 1/14 LH[7]	10	200	1,8 m³	Mischgase[2]	N	W21,80 × 1/14	10	200	2 m³
			20	200	3,6 m³			[3] W30 × 2	20	200	4 m³
	(alt)	[3] W30 × 2LH[7]	50	200	8,8 m³	($ArCO_2$)	(alt)		50	200	10 m³
Propan		W21,80 × 1/14 LH[7]	12	8,3	5 kg	Druckluft[2]	N	G 5/8 Innengewinde	10	200	2 m³
			27	8,3	11 kg				20	200	4 m³
	(alt)		79	8,3	33 kg		(alt)	[3] W30 × 2	50	200	10 m³
Stickstoff[2][8]	N	W24,32 × 1/14	10	200	1,9 m³	Kohlenstoffdioxid	N	W21,80 × 1/14	13	≈ 58	10 kg
	8)	[3] W30 × 2	20	200	3,8 m³			[3] W30 × 2	27	≈ 58	20 kg
	(alt)		50	200	9,6 m³		(alt)		40	≈ 58	30 kg

[1] Nach DIN EN 1089 gekennzeichnete Flaschen müssen den Buchstaben N (Neu) tragen. [2] Auch lieferbar mit p_{e1} = 300 bar (Füllmenge bis zu 43 % größer). [3] Ventilanschluss gilt für p_{e1} = 300 bar. [4] Oder schwarz oder gelb. [5] Oder grau. [6] Oder in dunkelgrün. [7] LH ≙ links Gewinde. [8] Oder dunkelgrün oder schwarz.

132.3 Gasflaschen-Kennzeichnung (ausgenommen LPG = Flüssiggas)

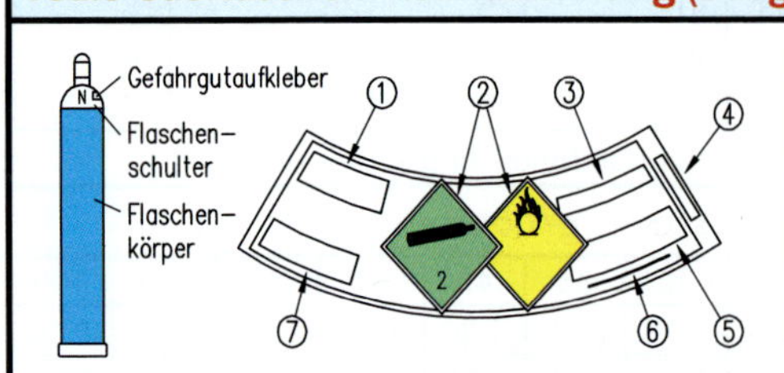

1. Risiko und Sicherheitssätze
2. Gefahrzettel (1 bis max. 3 Zettel)
3. Produktbezeichnung Zusammensetzung des Gases
4. Nummer bei Einzelstoffen o. das Wort Gasgemisch
5. Vollständige Gasbennenung
6. Herstellerhinweis
7. Name, Anschrift und Tel. Nr. des Herstellers

133.1 Richtwerte für das Heizelement-Stumpfschweißen (HS) von Thermoplasten

d Rohraußendurchmesser in mm *s* Wanddicke in mm	t_A Anwärmzeit in s t_U Umstellzeit in s	t_K gesamte Abkühlzeit in min t_F Fügedruckaufbauzeit in s

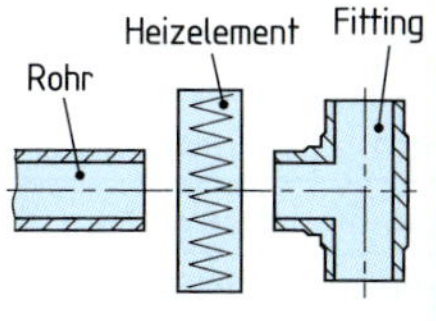

Werkstoff: PE-HD						PP					
s	*h*[1]	t_A[2]	t_U	t_F	t_K[3]	*s*	*h*[1]	t_A[2]	t_U	t_F	t_K[3]
< 4,5	0,5	≤ 45	< 5	≤ 5	≥ 6	2 ...3,9	0,5	≤ 65	< 4	≤ 6	≥ 6
4,5...7	1,0	≤ 70	< 6	≤ 6	≥ 10	4,3...6,9	0,5	≤ 115	< 5	≤ 8	≥ 12
7 ...12	1,5	≤ 120	< 8	≤ 8	≥ 16	7,0...11,4	1,0	≤ 180	< 6	≤ 10	≥ 20
12...19	2,0	≤ 190	< 10	≤ 11	≥ 24	12,2...18,2	1,0	≤ 290	< 8	≤ 15	≥ 30
19...26	2,5	≤ 260	< 12	≤ 14	≥ 32	20,1...25,5	1,5	≤ 330	< 10	≤ 20	≥ 40

[1] Wulsthöhe am Ende der Angleichzeit unter einem Angleichdruck von p = 0,15 N/mm² für PE-HD und p = 0,10 N/mm² für PP. [2] $t_A = 10 \cdot s$ bei $p \le 0{,}02$ N/mm² bei PE-HD und $p \le 0{,}01$ N/mm² für PP. [3] Abkühlzeit unter Fügedruck = Angleichdruck, vgl. Fußnote 1.

133.2 Schutzgase und ihre Verwendung — DIN EN ISO 14175

Schutzgas-Schweißverfahren	MAG MIG	WIG	WP
MAG Metall-Aktivgas MIG Metall-Inertgas WIG Wolfram-Inertgas WP Wolfram-Plasma	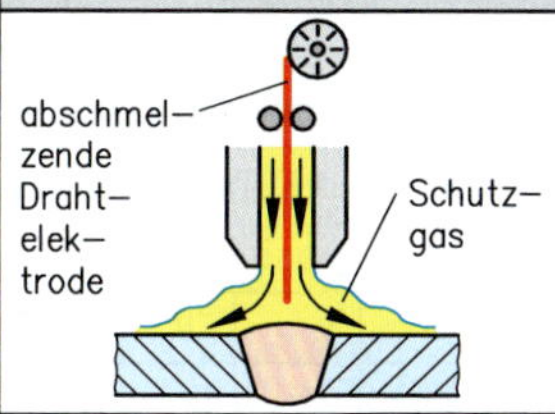	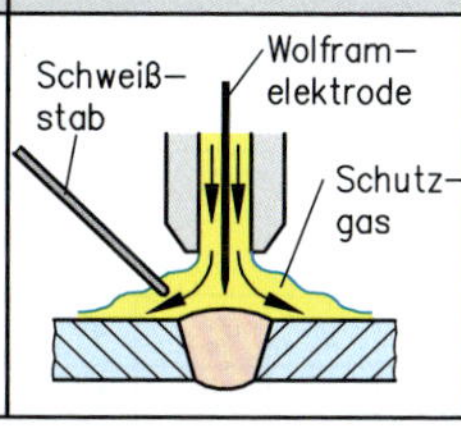	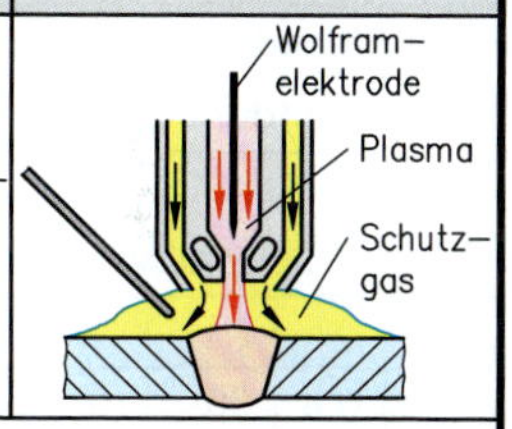

Beispiele für die Bezeichnung von Schutzgasen:	Schutzgas	ISO ...	–	Gruppe	–	Bestandteile
Mischgas M24 mit 10 % CO_2; 3 % O_2 Rest Ar	Schutzgas	ISO 14175	–	M24	–	ArCO – 10/3
Mischgas der Gruppe I3 mit 40 % He	Schutzgas	ISO 14175	–	I3	–	ArHe – 40

Hauptgruppe	Untergruppe	Schutzgase Volumenanteile in %	Rest	Wirkung	Werkstoffgruppen[1] – Schweißverfahren WP; WIG	MIG	MAGM	MAGC
R	1	$0{,}5 \le H_2 \le 15$	Ar[2]	reduzierend	B	–	–	–
	2	$15 < H_2 \le 50$	Ar[2]	reduzierend	B			
I	1	100 Ar			B; C; D; E	C; D	–	–
	2	100 He		inert	C; D		–	–
	3	$0{,}5 \le He \le 95$	Ar		–	C; D	–	–
M 1	1	$0{,}5 \le CO_2 \le 5$, $0{,}5 \le H_2 \le 5$	Ar[2]	schwach	–	–	B	–
	2	$0{,}5 \le CO_2 \le 5$	Ar[2]	oxidierend	–	–	B	–
	3	$0{,}5 \le O_2 \le 3$	Ar[2]		–	–	B	–
	4	$0{,}5 \le CO_2 \le 5$, $0{,}5 \le O_2 \le 3$	Ar[2]				B	
M 2	0	$5 < CO_2 \le 15$	Ar[2]		–	–	A	–
	1	$15 < CO_2 \le 25$	Ar[2]		–	–	A	–
	2	$3 < O_2 \le 10$	Ar[2]		–	–	A	–
	3	$0{,}5 \le CO_2 \le 5$, $3 < O_2 \le 10$	Ar[2]		–	–	A	–
	4	$5 < CO_2 \le 15$, $0{,}5 \le O_2 \le 3$	Ar[2]		–	–	A	–
	5	$5 < CO_2 \le 15$, $3 < O_2 \le 10$	Ar[2]		–	–	A	–
M 3	1	$25 < CO_2 \le 50$	Ar[2]		–	–	A	–
	2	$10 < O_2 \le 15$	Ar[2]		–	–	A	–
	3	$25 < CO_2 \le 50$, $2 < O_2 \le 10$	Ar[2]		–	–	A	–
	4	$5 < CO_2 \le 25$, $10 < O_2 \le 15$	Ar[2]		–	–	A	–
C	1	100 CO_2	–		–	–	–	A
	2	$0{,}5 \le O_2 \le 30$	CO_2	stark oxidierend				A
N	1	100 N_2	–	reaktionsträge	Plasmaschneiden			
	5	$0{,}5 \le H_2 \le 50$	N_2	reduzierend	Wurzelschutz			

[1] Werkstoffgruppen: A unlegierte, B legierte Stähle, C Aluminium und Al-Legierungen, D Kupfer und Cu-Legierungen, E Nickel, Titan, Tantal, Molybdän. [2] Argon kann teilweise oder vollständig durch Helium ersetzt werden.

134.1 Schweißzusätze für das Schutzgasschweißen DIN EN ISO 14341, Merkmalbeschreibung A

Bezeichnung der Drahtelektrode: **DIN EN ISO 14341 G3Si1**

Benennung	ISO 14341	–	A	–	G	–	46	3	M	G3Si1
Schweißgut	Norm	–	1	–	2	–	3	4	5	6

Drahtdurchmesser: 0,6, 0,8, 1,0, 1,2 und 1,6 mm

1 Merkmalbeschreib. A
2 Schutzgasschweißen
3 Festigkeit
4 Kerbschlagarbeit
5 Schutzgas
6 chem. Zusammensetz.

Kurzzeichen für die chemische Zusammensetzung der Drahtelektroden in Gewichts-% – Auswahl –

Kurzz.	W.Nr.:	Si	Mn	Kurzz.	W.Nr.:	Si	Mn	max. Legierungsbestandteile
GO	vereinbarte Zusammensetz.			G4Si1	1.5130	0,8...1,2	1,6...1,9	C 0,06...0,14; Ni 0,15; Mo 0,15
G2Si1	1.5112	0,5...0,8	0,9...1,3	G3Ni1[1]	–	0,5...0,9	1,0...1,6	P 0,02; Al 0,02; S 0,02
G3Si1	1.5125	0,7...1,0	1,3...1,6	G2Mo[2]	1.5424	0,3...0,7	0,9...1,3	Ti und Zr 0,15

[1] Ni-Gehalt beträgt 0,8...1,5 %. [2] Gehalt an C beträgt 0,08...0,12 und Mo 0,4...0,6 %.

134.2 Einstellwerte für das Schutzgasschweißen von Stumpfnähten an Blechen

s Blechdicke in mm
d Drahtdurchmesser in mm
I Stromstärke in A
v Schweißgeschw. in cm/min
$\dot{V}_p$ Schutzgasverbrauch in l/min
V_m Schutzgasverbrauch in l/m

Stahl (I-Naht) Schweißverfahren MAG						Aluminium und Kupfer und deren Legierungen MIG oder WIG – Wannenposition						Steigposition					
s	d	I	v	$\dot{V}_p$	V_m	s	d_S	I	v	$\dot{V}_p$	V_m	s	d	I	v	$\dot{V}_p$	V_m
1,0	0,8	90 ...110	80	8	10	1,0	3	75	26	5	19	4,0	3,0	90	24	8	33
1,5	1,0	100 ...140	60	10	16,5	1,5	3	90	23	5	21	6,0	3,0	110	20	10	50
2,0	1,0	100 ...140	50	10	20	2,0	3	110	21	6	28	8,0	4,0	120	18	10	55
3,0	1,0	130 ...170	40	10	25	3,0	3	125	17	6	35	V-Naht in Wannenposition					
4,0	1,0	140 ...170	30	10	33	4,0	3	160	15	8	55	5,0	4,0	165	15	23	155
5,0	1,0	140 ...200	25	10	40	5,0	4	185	14	8	70	6,0	4,0	185	12,5	24	190

134.3 Auswahl von Drahtelektroden für das Schutzgasschweißen, Beispiele DIN EN ISO 14341

Einsatz	Stahlsorte	Schweißgut	Einsatz	Stahlsorte	Schweißgut
Bau- und Rohrstähle	S185 bis S355 L210 bis L360	A–G 42 4 M G3Si1 A–G 46 4 M G4Si1	warmfeste Stähle	P235 bis P355 P235GH bis P355GH	A–G 42 4 M G3 Si1 A–G 46 4 M G4 Si1

134.4 Richtwerte für das Heizelement-Muffenschweißen (HD) von Thermoplasten

d Rohraußendurchmesser in mm
s_m Mindestwanddicke in mm
l_S Schällänge[1] in mm
l_N Schweißlänge in mm
t_A Anwärmzeit in s
t_U Umstellzeit in s
t_{Kf} Abkühlzeit fixiert in s
t_H Haltezeit in s
t_K gesamte Abkühlzeit in min
t_F Fügedruckaufbauzeit in s
Die Richtwerte für das Heizelement-Stumpfschweißen (s. 130.1)

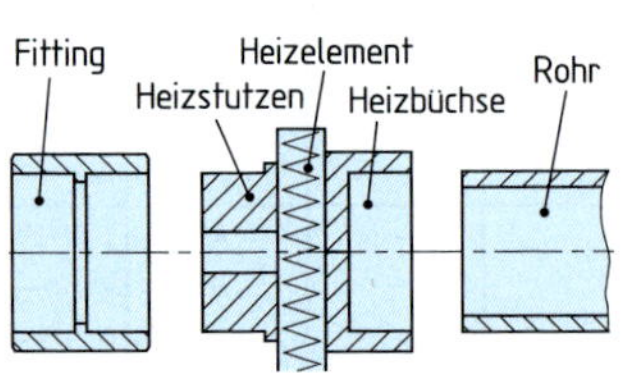

- Schweißenden unmittelbar vor Schweißbeginn bearbeiten
- Verbindungsflächen gründlich mit Entfettungsmittel reinigen
- Schweißtemperatur 250...270 °C

Werkstoff: **PE-HD**							**PP**				**PB** – lt. Hersteller –				
d	s_m	l_S[1]	t_A	t_U	t_{Kf}	t_{Kg}	s_m	t_A	t_U	t_{Kg}	s_m	l_N	t_A	t_H	t_{Kg}
16	1,8	–	5	4	6	2	2,0	5	4	2	2,0	15	5	15	2
20	2,0	14	5	4	6	2	2,5	5	4	2	2,0	15	6	15	2
25	2,3	16	7	4	10	2	2,7	7	4	2	2,3	18	6	15	2
32	3,0	18	8	6	10	4	3,0	8	6	4	3,0	20	10	20	4
40	3,7	20	12	6	20	4	3,7	12	6	4	3,7	22	14	20	4
50	4,6	23	18	6	20	4	4,6	18	6	4	4,6	25	18	30	4
63	5,8	27	24	8	30	6	3,6	24	8	6	5,8	28	22	30	6
75	6,9	31	30	8	30	6	4,3	30	8	6	6,9	31	26	60	6
90	8,2	35	40	8	40	6	5,1	40	8	6	8,2	36	30	75	6
110	10	41	50	10	50	8	6,3	50	10	8	10	42	35	90	6

[1] Lt. Hersteller entspricht die Schällänge der Messerlänge des Werkzeuges.

135.1 Pressverbindungen – Einteilung der Fügetechniken

Je nachdem wie die Fügeverbindungen zusammenhalten, unterscheidet man zwischen löslichen und unlöslichen Verbindungen, wobei letztere nur durch Zerstörung gelöst werden können.

Verbindungsprinzipien

- Kraftschlüssige Verbindungen
  - **Pressverbindungen** (unlösbar)
  - Klemmverbindungen (lösbar)
  - Schraubverbindungen (lösbar)
- Stoffschlüssige Verbindungen (unlösbar)
  - Lötverbindungen
  - Schweißverbindungen
  - Klebeverbindungen
- Formschlüssige Verbindungen
  - Nietverbindungen
  - Bördelverbindungen
  - Passverbindungen

Pressverbindungen (Presstechnik)

Die Presstechnik ist für die allermeisten SHK-Betriebe mit großem Abstand die wichtigste Verbindungsart, sowohl für Heizungs- als auch für Sanitäranlagen. Schon seit etwa um die Jahre 1995–2000 wurde diese Technik ständig weiterentwickelt, sodass inzwischen viele Werkzeughersteller zahlreiche Geräte und Zubehörteile in ihrem Programm haben.

Vorteile der Presstechnik:

- Etwa 60 % geringere Montagezeit (wirtschaftlich)
- Erfolg auch bei schwerer Zugänglichkeit (z.B. Ecke)
- Keine Brandschutzmaßnahmen (Brandschutz)
- Körperliche Entlastung (Gasflaschen, Schweißen)
- Keine Probleme beim Pressen über Augenhöhe
- Keine Verschmutzungen von Wänden (Sanierung)
- Großer Bereich bezüglich Rohrmaterial, Rohrdurchmesser (~30–100 mm), Antrieb (Akku oder elektrohydraulisch), Gewicht (ab 25 kg „Minipress")
- Preis (je nach Ausführung, ⌀ mm, Bedienung 400 bis >2000 €)

135.2 Schrittweiser Pressvorgang

(s. 162.1, 474.2)

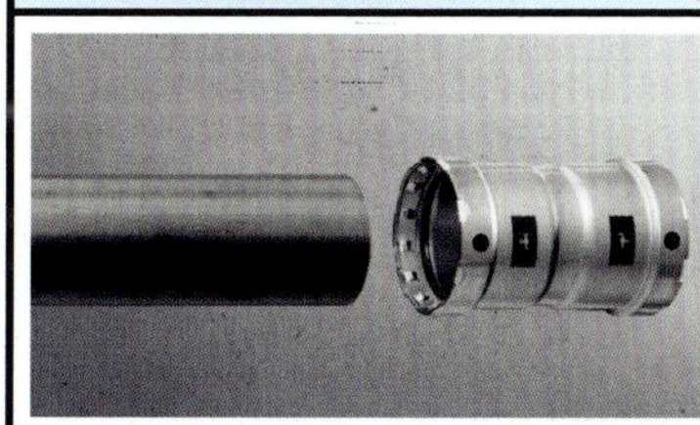

Absägen und Reinigung des Stahlrohres, Einstecktiefe abmessen und markieren. Danach Pressverbindung bis zur Markierung auf das Rohr montieren.

Verbinder > 1¼ Zoll Pressringe mit Gelenkzugbacke zwischen ½°–1° sowohl Pressbacke als auch Pressringe mit Gelenkzugbacke, ³⁄₈ Zoll wird mit Pressbacke verpresst.

Der Verbinder wird mit einer Pressmaschine sekundenschnell verpresst und danach mit dem Rohr kraftschlüssig verbunden.

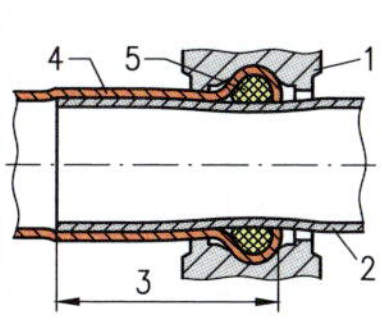

1 Pressbacke
2 Systemrohr
3 Einschubtiefe
4 Pressfitting
5 Dichtung

Pressfittings

Presszange mit Akku

bis 100 mm

Heizkörperanschluss

Pressen großer Rohrdimensionen

136.1 Übersicht Rohrarten, Werkstoffe, Bezeichnungen, DIN-Normen, DVGW-Arbeitsblätter

	Werkstoff: Bezeichnung	DIN-/VGW-	DIN EN-
Kunststoffrohr	Polyvinylchlorid: PVC-4	8061, 8062	1452
	chloriertes PVC: PVC-C	8079, 8080	ISO 15877
	Polyethylen: PE-HD (-100)	8074, 8075	10221
	vernetztes PE: PE-X	16892, 16893	ISO 15875
	Polybuten: PB	16968, 16969	ISO 15876
	Polypropylen: PP-R	8077, 8078	ISO 15874
Verbundrohr	PE-Aluminium: PEX/Al/PEX	16836/W 542	
	PE-Al: PE-MDX/Al/PE-MDX	16836/W 542	
	PE-Al: PE-RT/Al/PE-RT	16836/W 542	
	PE-Al: PE-HD/Al/PE-X	DVGW VP 652	
	PB-Al: PB/Al/PB	16836/W 542	
	PP-Al: PP/Al/PP	16836/GW 544	
	Cu mit Kunststoffmantel	VP 652	

	Werkstoff, Bezeichnung	DVGW-	DIN EN-
Metallrohr	Kupferrohr Cu	GW 392	1057
	innenverzinntes Kupferrohr	VP 652	13349
	Nichtrostender Stahl (Edelstahl)	GW 541	
	Edelstahl mit Kunststoffmantel	VP 653	
	Schmelztauchverzinktes Stahlrohr		10255 in Verbindung mit
	• Gewinderohr mittelschwer (M)		
	• Gewinderohr schwer (H)		10240
	Siederohr nahtlos		10220
	Siederohr geschweißt		10220
	Präzisionsstahlrohr nahtlos		10305-1
	Präzisionsstahlrohr geschweißt		10305-2
	Präzisionsst. geschweißt/maßgewalzt		10305-3
	Wellrohr (Edelstahl)	GW 354	

136.2 DN-Stufen, Nennweiten DIN EN ISO 6708

Vorschweißflansch

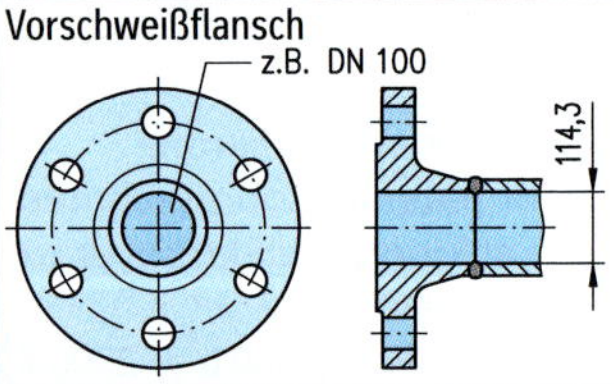

10	50	150	450	1000	1800
15	60	200	500	1100	2000
20	65	250	600	1200	2200
25	80	300	700	1400	+200
32	100	350	800	1500	bis
40	125	400	900	1600	4000

Rohr 114,3 × 4,5 *d*: 105,3

136.3 PN-Stufen, Auswahl und Begriff DIN EN 1333

PN-Stufen	
PN 2,5	PN 63
PN 6	PN 100
PN 10	PN 160
PN 16	PN 250
PN 25	PN 320
PN 40	PN 400

PN: alphanumerische Kenngröße bezogen auf mechanische Eigenschaften eines Bauteils. PN ist kein messbarer Wert, sollte nicht in Berechnungen verwendet werden. Der zulässige Druck eines Rohrleitungsteils hängt von der PN-Stufe, dem Werkstoff, der Bauteilauslegung und der zulässigen Temperatur ab.

136.4 Kunststoffrohre für Gas-, Wasserversorgung ISO 1452, W 544 Einsatzgrenzen

Zusammenstellung der Rohrkenngrößen ISO 4065

Wanddicke s in mm		Rohrserienzahl S	SDR-Wert	Nenndruck PN	zul. Betriebsdruck
$s = \frac{p_s \cdot D \cdot C}{2\sigma_{LCL} + p_s}$	$s = \frac{D}{2S+1}$	$S = \frac{D-s}{2 \cdot s}$	$SDR = 2S + 1 \approx \frac{D}{s}$	$PN = \frac{10 \cdot \sigma_s}{S}$	$p_s = \frac{\sigma_{LCL}}{S \cdot C}$

p_s	zulässiger Betriebsüberdruck in N/mm² oder MPa
D	Nenn-Außenrohrdurchmesser in mm
C	Sicherheitsfaktor (ohne Einheit)
σ_{LCL}	Zeitstand-Innendruckfestigkeit (MRS) N/mm² oder MPa
σ_s	Berechnungsspannung in N/mm² (σ_s = MRS/C)
SDR	Durchmesser/Wanddicken-Verhältnis

Betriebsbedingungen für die Trinkwasser- und Trinkwarmwasserinstallation:
- Betriebsdruck: $p = 0 \ldots 10$ bar schwankend
- Betriebstemperatur:
  - Kaltwasser: $\vartheta_{PWC} \leq 25$ °C
  - Warmwasser: $\vartheta_{PWH} \leq 60$ °C kurzz. 85 °C

	Gas- und Wasserversorgungsleitung		Trinkwasserinstallation W 544				
Werkstoff	PVC-U	PE 80 und 100	PVC-C	PE-X	PB	PP-R	Verbund-Rohre
Güte	DIN EN ISO 1452 und 8061	8075	8080	16892	16968	8078	
Rohrmaß	DIN EN ISO 1452 und 8062	8074	8079	16893	16969	8077	

Nenndrücke PN abhängig vom Rohrdurchmesser und Rohrserie S bis 25 °C

SDR	41	33	26	21	17	13,6	11	17,6	11	7,4	9	7,4	11	6	5	–
S	20	16	12,5	10	8	6,3	5	8,3	5	3,2	4	3,2	5	2,5	2	–
PN $D \leq 90$	–	6	8	10	12,5	16	20	6	10	16	25	20	6	20	25	10
PN $D > 90$	6	8	10	12,5	16	20	25	6	10	16	25	20	6	20	25	10

Mindest-Kennzeichnung der Rohre nach DIN EN ISO 1452-2

Normreihe	Hersteller/	Werkstoff	Nennaußen-⌀ × Wanddicke	Nenndruck PN	Herstellerangabe	Verwendung
ISO 1452	Warenzeichen	z. B.: PVC-U	z. B.: D 110 mm × s 6,6 mm	z. B.: PN 16[1]	z. B.: 90.06.14[2]	z. B.: W/P[3]

[1] Die Kennzeichnung der Rohrserie S darf enthalten sein, z. B. PN 16/S 8.

[2] Zur Sicherstellung der Nachweisbarkeit müssen folgende Einzelheiten angegeben werden:
- der Produktionszeitraum, als Angabe in Jahren, in Ziffern oder als Code,
- ein Name oder Code für die Produktionsstätte, wenn der Hersteller in verschiedenen nationalen und/oder internationalen Produktionsstätten fertigt,
- Bezeichnungen der Extrusionslinie, falls relevant

[3] Angaben zu Abkürzungen können CEN/TR 15438 (5) und/oder nationalen Vorschriften entnommen werden.

137.1 Klassifizierung von Betriebsbedingungen, Anwendungsklassen/-gebiet ISO 10508, DIN 4726

Anwendungsklasse		1	2	4			5		
Berechnungstemperatur	°C	60	70	20	40	60	20	60	80
Betriebsdauer	Jahre	49	49	2,5	20	25	14	25	10
max. Betriebstemperatur ϑ_{max}	°C	80	80	70			90		
Betriebsdauer bei ϑ_{max}	Jahre	1	1	2,5			1		
Betriebstemp. $\vartheta_{Hygiene}$	°C	95	95	100			100		
Betriebsdauer bei $\vartheta_{Hygiene}$	h	100	100	100			100		

Betriebsdauer für das Temperatur-Kollektiv: 14 + 25 + 10 + 1 = 50 Jahre.

Anwendungsklasse	1	2	4 [1]	5 [2]
Betriebstemperatur	≤ 60 °C	≤ 70 °C	≤ 60 °C	≤ 80 °C
zul. Betriebsdruck	0,4 MPa, 0,6 MPa, 0,8 MPa oder 1MPa			
Anwendungsgebiet	Warmwasser-versorgung		Fußboden-/NT-Heizung	Hochtemp. Radiatorhzg.

Klasse A: Rohrabmessungen für alle Anwendungsklassen
Klasse C: Rohrabmessungen für Heizsysteme außerhalb der Vorzugsreihe

Sauerstoffdichtheit gibt bei [1] $\vartheta = 40\ °C \Rightarrow O_2 \leq 0{,}32\ mg/(m^2 \cdot d)$; [2] $\vartheta = 80\ °C \Rightarrow O_2 \leq 3{,}6\ mg/(m^2 \cdot d)$

Werkstoff	PB 125 [3]	PP-H [4]	PP-R [5]	PE-X [6] [9]	PE-MDX [7]	PE-RT I u. II	Mehschichtverbundr.	Rohrtabelle siehe:
Güteanforderung	DIN 16986	DIN 8078		DIN 16892	DIN 16894	DIN 16833	DIN 16836 [8]	[3] 134.2, [4] 136.3
Rohrabmessung Kl. A	DIN 16969	DIN 8077		DIN 16893	DIN 16895	DIN 16834	DIN 16837	[5] 136.3, [6] 143.2
Rohrabmessung Kl. C	EN ISO 15876	EN ISO 15874		EN ISO 15875		EN ISO 22391	EN ISO 21003	[7] 149.2, [8] 144.1
$s_{R,\,min}$ (bei D) mm	1,1 ($D \leq 12$)	1,5 ($12 < D \leq 16$)		1,9 ($D > 16$)				[9] Vernetzungsart angeben
Verbindung	nur Muffenschweißen zugelassen			mit Klemmverbinder oder Pressfittings				
Schweißen zul.	$s \geq 1{,}9$ mm,	$s \geq 2$ mm		$s \geq 1{,}9$ mm,		–	–	
Biegeradius	$R \geq 5 \times D$,	$R \geq 6 \times D$		$R \geq 5 \times D$			lt. Hersteller	

A-Klasse	1	2	4	5	1	2	4	5	Erläuterung
A-Gebiet Betr.-Temp.	Warmwasserversorgung 60 °C [1]	70 °C [1]	Niedertemp.hzg. 60 °C	Hochtemp.hzg 80 °C	Warmwasserversorgung 60 °C [1]	70 °C [1]	Niedertemp.hzg. 60 °C	Hochtemp.hzg 80 °C	Mehrschicht-verbundrohr
$p_{Betr.\,zul.}$	PB 125 DIN 16968/69 Sicherheitsfaktor 1,5				PP-H DIN 8077/78 Sicherheitsfaktor 1,7 EN ISO 15874				DIN 16836
0,4 MPa	SDR 26 S 12,5	SDR 26 S 12,5	SDR 26 S 12,5	SDR 21 S 10	SDR 11 S 5	SDR 9 S 4	SDR 11 S 5	SDR 7,5 S 3,2	DIN 16837
0,6 MPa	SDR 21 S 10	SDR 17 S 8	SDR 21 S 10	SDR 13,6 S 6,3	SDR 9 S 4	SDR 6 S 2,5	SDR 9 S 4	SDR 5 S 2	ISO 21003
0,8 MPa	SDR 13,6 S 6,3	SDR 13,6 S 6,3	SDR 13,6 S 6,3	SDR 11 S 5	SDR 7,4 S 3,2	SDR 5 S 2	SDR 7,4 S 3,2	–	Sicherheits-
1 MPa	SDR 11 S 5	SDR 11 S 5	SDR 11 S 5	SDR 9 S 4	SDR 6 S 2,5	–	SDR 6 S 2,5	–	faktor 1,5
$p_{Betr.\,zul.}$	PP-R DIN 8077/8 Sicherheitsfaktor 1,5 EN ISO 15874				PP-RCT DIN 8077/78 Sicherheitsfaktor 1,5				zulässiger
0,4 MPa	SDR 17 S 8	SDR 11 S 5	SDR 17 S 8	SDR 9 S 4	SDR 17,6 S 8,3	SDR 17,6 S 8,3	SDR 17,6 S 8,3	SDR 11 S 5	Betriebs-
0,6 MPa	SDR 11 S 5	SDR 7,4 S 3,2	SDR 11 S 5	SDR 6 S 2,5	SDR 11 S 5	SDR 11 S 5	SDR 11 S 5	SDR 9 S 4	druck
0,8 MPa	SDR 9 S 4	SDR 6 S 2,5	SDR 9 S 4	SDR 5 S 2	SDR 11 S 5	SDR 9 S 4	SDR 11 S 5	SDR 7,4 S 3,2	$p_{Betr.\,zul.}$
1 MPa	SDR 7,4 S 3,2	SDR 5 S 2	SDR 7,4 S 3,2	–	SDR 9 S 4	SDR 7,4 S 3,2	SDR 9 S 4	SDR 6 S 2,5	0,4 MPa
$p_{Betr.\,zul.}$	PE-X DIN 16892/3 Sicherheitsfaktor 1,5 EN ISO 15875				PE-RT DIN 16833/4 Sicherheitsfaktor 1,5 ISO 22391				bis 1 MPa
0,4 MPa	SDR 13,6 S 6,3	SDR 13,6 S 6,3	SDR 13,6 S 6,3	SDR 13,6 S 6,3	SDR 13,6 S 6,3	SDR 13,6 S 6,3	SDR 13,6 S 6,3	SDR 11 S 5	SDR-/S-
0,6 MPa	SDR 13,6 S 6,3	SDR 11 S 5	SDR 13,6 S 6,3	SDR 11 S 5	SDR 11 S 5	SDR 9 S 4	SDR 11 S 5	SDR 7,4 S 3,2	Werte
0,8 MPa	SDR 9 S 4	SDR 9 S 4	SDR 9 S 4	SDR 9 S 4	SDR 9 S 4	SDR 7,4 S 3,2	SDR 9 S 4	SDR 6 S 2,5	Hersteller-
1 MPa	SDR 7,4 S 3,2	SDR 7,4 S 3,2	SDR 7,4 S 3,2	SDR 7,4 S 3,2	SDR 7,4 S 3,2	SDR 6 S 2,5	SDR 7,4 S 3,2	SDR 5 S 2	angaben
$p_{Betr.\,zul.}$	PVC-C Typ I DIN 8079 Sicherheitsfaktor 1,5 EN ISO 15877				PVC-C Typ II DIN 8079 Sicherheitsfaktor 1,5				verwenden
0,4 MPa	SDR 21 S 10	SDR 17 S 8	–	–	SDR 21 S 10	SDR 17 S 8	SDR 21 S 10	SDR 11 S 5	[1] Betriebs-
0,6 MPa	SDR 13,6 S 6,3	SDR 13,6 S 6,3	–	–	SDR 13,6 S 6,3	SDR 11 S 5	SDR 13,6 S 6,3	SDR 9 S 4	bedingung
0,8 MPa	SDR 11 S 5	SDR 11 S 5	–	–	SDR 11 S 5	SDR 9 S 4	SDR 11 S 5	–	8760 h/a 25 °C
1 MPa	SDR 9 S 4	SDR 9 S 4	–	–	SDR 9 S 4	SDR 9 S 4	SDR 9 S 4	–	8710 h/a 60 °C
$p_{Betr.\,zul.}$	PP-B DIN 8077/8 Sicherheitsfaktor 1,5 EN ISO 15874								
0,4 MPa	SDR 9 S 4	SDR 6 S 2,5	SDR 9 S 4	SDR 6 S 2,5					
0,6 MPa	SDR 6 S 2,5	SDR 5 S 2	SDR 6 S 2,5	–					
0,8 MPa	SDR 5 S 2	–	SDR 5 S 2	–					

Zusammenhang zwischen S,SDR und PN DIN 16969

S	25	20	16,7	16	12,5	10	8	6,3	5	4	3,15
SDR	51	41	34,4	33	26	21	17	13,6	11	9	7,3
PN [1]	3,2	4	4,8	5	6,3	8	10	12,5	16	20	25

[1] Mit $\sigma_{v,\,zul}$ 8 MPa

137.2 Rohre aus Polybuten PB 125, Maße in mm DIN 16969, DIN EN ISO 15876

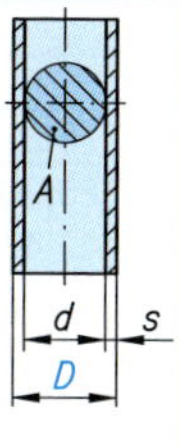

D	SDR 17 oder S 8, PN 10 s	d	A cm²	V l/m	m kg/m	SDR 11 oder S 5, PN 16 s	d	A cm²	V l/m	m kg/m	SDR 9 oder S 4 PN 20 s	d	A cm²	V l/m	m kg/m
10	1,3	7,4	0,43	0,04	0,04	1,3	7,4	0,43	0,04	0,04	1,3	7,4	0,43	0,04	0,04
12	1,3	9,4	0,69	0,07	0,05	1,3	9,4	0,69	0,07	0,05	1,4	9,2	0,66	0,07	0,05
16	1,3	13,4	1,41	0,14	0,06	1,5	13,0	1,33	0,13	0,07	1,8	12,4	1,21	0,12	0,08
20	1,3	17,4	2,38	0,24	0,08	1,9	16,2	2,06	0,21	0,11	2,3	15,4	1,86	0,19	0,13
25	1,5	22,0	3,80	0,38	0,11	2,3	20,4	3,27	0,33	0,17	2,8	19,4	2,96	0,30	0,19
32	1,9	28,2	6,25	0,62	0,18	2,9	26,2	5,39	0,54	0,26	3,6	24,8	4,83	0,48	0,32
40	2,4	35,2	9,70	0,97	0,29	3,7	32,6	8,30	0,84	0,42	4,5	31,0	7,50	0,75	0,49

D	SDR 17 S 8, PN 10 s	d	A	V	SDR 11 S 5, PN 16 s	d	A cm²	V l/m
50	3,0	44,0	15,2	1,52	4,6	40,8	13,1	1,31
63	3,8	55,4	24,4	2,41	5,8	51,4	20,7	2,08
75	4,5	66,0	34,2	3,42	6,8	61,4	29,6	2,96
90	5,4	79,2	49,3	4,93	8,2	73,6	42,5	4,25
110	6,6	96,8	73,6	7,36	10,0	90,0	63,6	6,36
125	7,4	110	95,4	9,54	11,4	102	82,0	8,20

Bsp.: RAL PB-H 125 DIN 16969 S 5 32 × 2,9

138.1 Muffenschweißfittings aus Polybuten PB, Maße in mm (Herst.ang.) DIN EN ISO 15876-3

Winkel 90° | Winkel 90° I + A | T-Stück | Kappe | Muffe | Reduzierstück

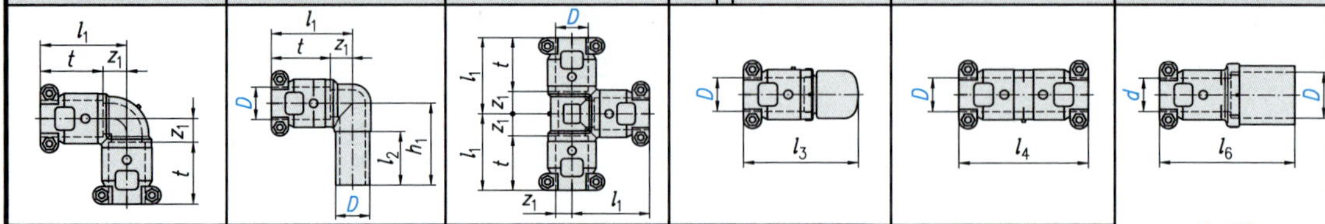

Winkel 45° | Winkel 45° I + A | Bundbuchse, flache | Flansch Gusseis./GFK | Flachdichtung

Flansch: $d_i \approx d_A + 1$ bis 2 mm; Flachdichtung: $s = 3$ bis 5 mm; Reduzierstück: $d = 20$ mm

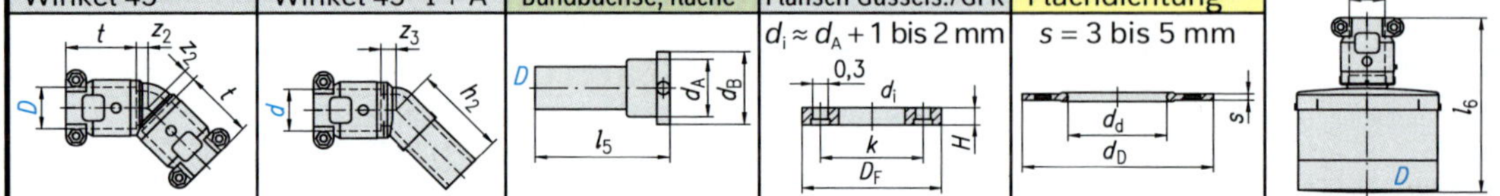

D	t	l_1	z_1	l_2	h_1	l_3	l_4	z_2	h_2	l_5	d_B	D_F mm	d_i mm	k mm	H' mm	Schrauben M	d_D	d_d
16	37	47	10	40	53	67	76	6	50	–	–						–	–
20	40	54	14	40	58	70	80	7	54	–	–	95	28	65	12	12 × 55	–	–
25	42	58	16	42	62	77	85	8	57	–	–	105	34	75	12	12 × 60	–	–
32	42	60	18	42	66	83	85	9	60	75	50	115	42	85	16	12 × 60	71	28
40	47	69	22	47	77	95	95	11	67	83	61	140	51	100	16	16 × 70	82	40
50	49	78	29	49	85	104	99	14	75	88	73	150	62	110	18	16 × 75	92	46
63	51	86	36	51	96	116	102	17	79	93	90	165	78	125	18	16 × 80	107	58
75	67	112	45	–	–	–	134	21	–	153	106	185	92	145	20	16 × 85	127	69
90	73	127	54	–	–	–	147	25	–	167	125	200	110	160	20	16 × 90	142	84
110	80	146	66	–	–	–	160	31	–	180	150	220	133	180	20	16 × 95	162	104

T-Stück reduziert

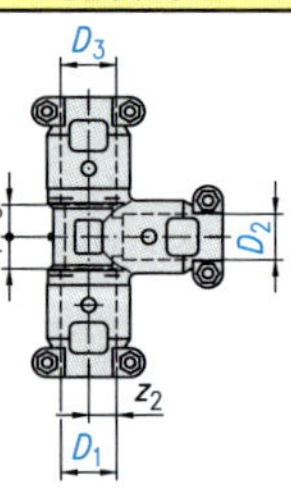

Reduzierstück:

D	d	l_6	D	d	l_6
20	16	83	63	25	104
25	16	83		32	95
	20	86		40	103
32	20	84		50	106
	25	89	75	63	129
40	25	104	90	75	143
	32	95	110	90	165
50	25	104	75	20	134
	32	95	90	20	133
	40	103	110	20	140

Verschraubung Innengew. | Außengew.

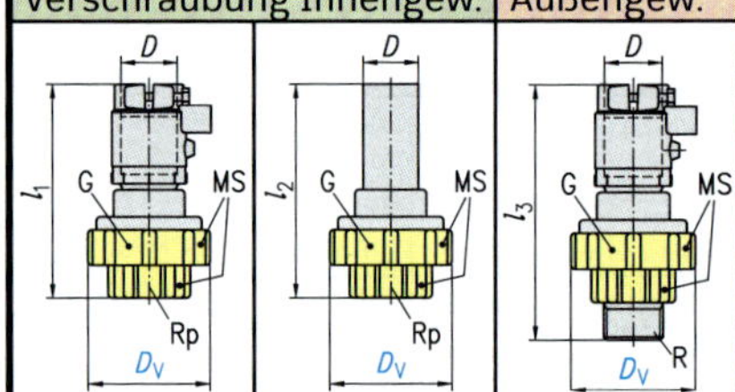

mit Innengewinde							Außengew.			T-Stück reduziert											
D	G	D_V	l_1	D	R_P	l_2	D	R	l_3	D_1	D_2	D_3	z_1	z_2	z_3	D_1	D_2	D_3	z_1	z_2	z_3
16	1	41	90	16	½	90	16	½	106	20	16	16	14	10	10	32	25	32	18	16	18
16	1¼	50	93	20	½	94	20	½	109	20	16	20	14	11	14	40	25	40	22	21	22
25	1½	56	99	25	¾	100	25	¾	116	25	16	25	16	16	16	40	32	40	22	21	22
32	2	69	104	32	1	103	32	1	124	25	20	20	16	14	14	50	25	50	29	30	29
40	2½	83	115	40	1¼	114	40	1¼	137	25	20	25	16	14	16	50	32	50	29	30	29
50	2¾	90	121	50	1½	119	50	1½	143	25	25	20	16	16	14	63	25	63	36	39	36
63	3½	110	132	63	2	126	63	2	158	32	20	32	18	18	18	63	40	63	36	38	36

135.2 System-/Metallverbund MV- o. Polybutenrohr mit PVDF-Steckverbindungen (Herst.ang.)

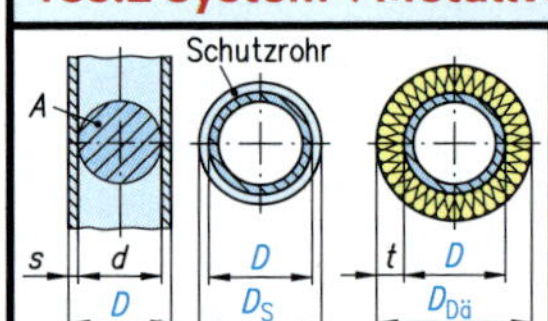

D	s	d	D_S	$D_{Dä}$	Dämmung t (mm)
16	2	12	27	28	6 Sanit./Hzg.
20	2	16	31	32	10 Sanit./Hzg.
25	2,5	20	36	37	13 MV-Rohr
Sanitär	TS ≤ 70 °C				PS ≤ 1 MPa
Hzg. MV	TS ≤ 85 °C				PS ≤ 1 MPa

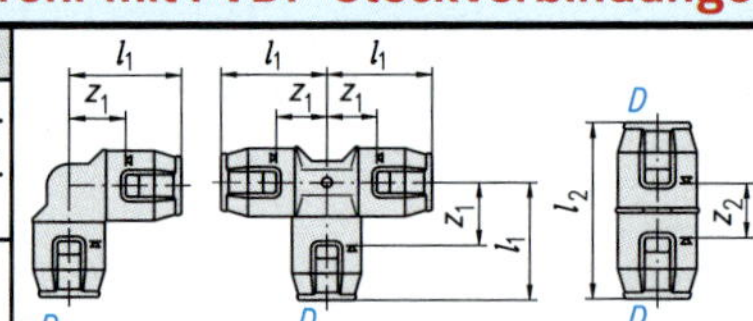

W 90°, T-Stück Kupplung

D	l_1	z_1	l_2	z_2
16	49	24	74	24
20	53	27	77	26
25	61	32	87	29

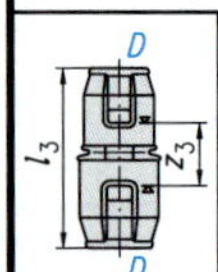

Reduktion

$D \times D_1$	l_3	z_3
20 × 16	76	25
25 × 16	82	27
25 × 20	86	28

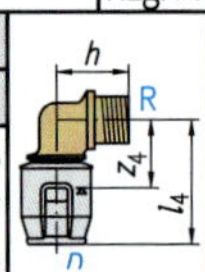

Übergangswinkel[2]

$D \times R$	h	l_4	z_4
16 × ½	32	57	31
20 × ½	33	58	32
25 × ¾	38	65	36

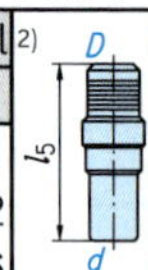

$D \times d$	l_5	z_5
16 × 15	55	22
20 × 18	56	23
20 × 22	57	25
25 × 22	60	28

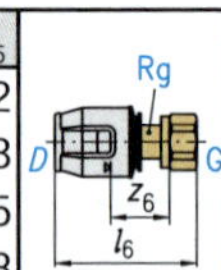

Ü. mit Mutter

$D \times G$	l_6	z_6
20 × ½	67	33
25 × ¾	73	36
25 × 1	77	38

Steckübergänge

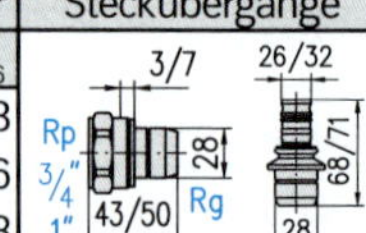

T-Stück reduziert

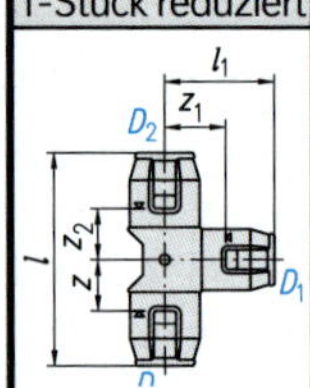

$D \times D_1 \times D_2$	l	l_1	z	z_1	z_2
20 × 16 × 16	99	52	25	26	24
20 × 16 × 20	101	52	25	26	25
20 × 20 × 16	104	53	27	27	26
25 × 16 × 25	110	55	26	29	26
25 × 20 × 20	110	56	28	30	27
25 × 20 × 25	114	56	28	30	28
25 × 25 × 20	117	61	32	32	30

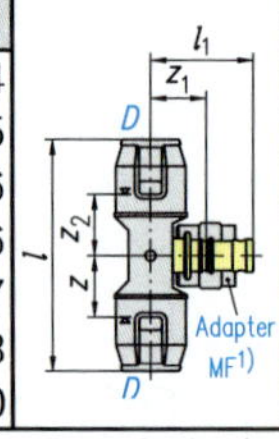

Übergänge auf Mepla-Fix-fähige Elemente

D	16	20
MF	20	16
l	106	111
l_1	47	47
z	27	30
z_1	24	24
z_2	27	30

Durchgang

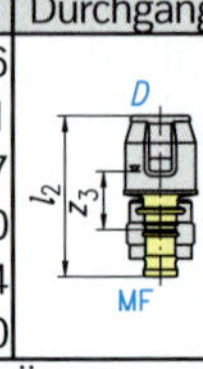

D	16	20
MF	20	20
l_2	73	75
z_3	25	27
Adapter für MF-E		

Übergangswinkel 90°

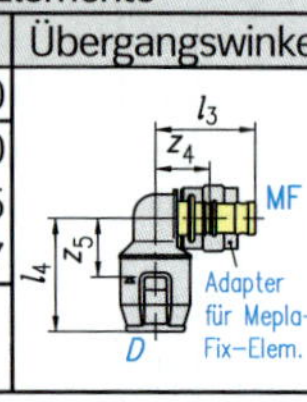

D	16	20
MF	20	20
l_3	47	47
l_4	55	56
z_4	24	24
z_5	27	30

[1] Überg. Systemrohr (MV o. PB) auf Metallverbundrohr (Mepla Fix); [2] Überg. auf Pressfitting-System (z. B. Mapress)

139.1 System-/Metallverbund- oder Polybutenrohr, Verbindungsteile, Verteiler

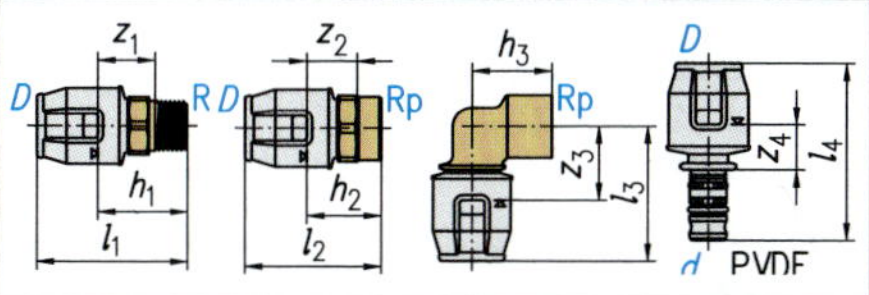

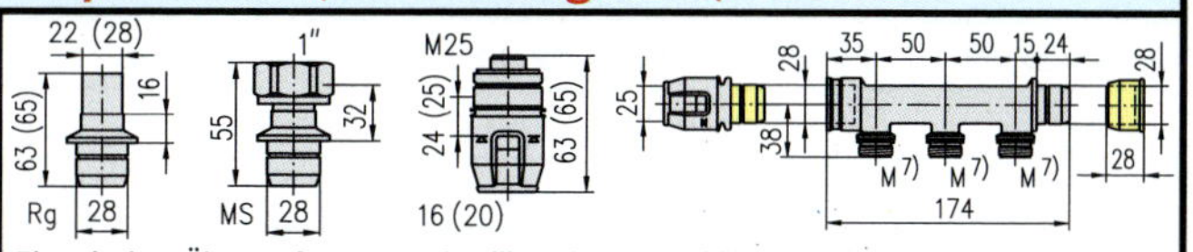

Einschub Überwurfmutter Schnellkupplung Steckübergang (MS) Verteiler Kappe (MS)

D × R	h_1	l_1	z_1	D × Rp	h_2	l_2	z_2	h_3	l_3	z_3	D × d	l_4	z_4
16 × ½	37	63	24	16 × ½	32	58	17	32	57	31	16 × 16	70	18
20 × ½	38	65	25	20 × ½	31	58	16	33	58	32	20 × 20	74	20
20 × ¾	39	65	25	20 × ¾	35	61	19	36	61	36	25 × 26	84	22
25 × ¾	41	70	27	25 × ¾	35	64	19	38	65	36	Übergang auf		
25 × 1	43	72	26	25 × 1	41	70	21	Ü-W 90°			Metallverbd.		

Doppelanschlusswinkel (Rg) Anschluss-T-Stück (Ms) Eckanschlusswinkel 90° (Ms)

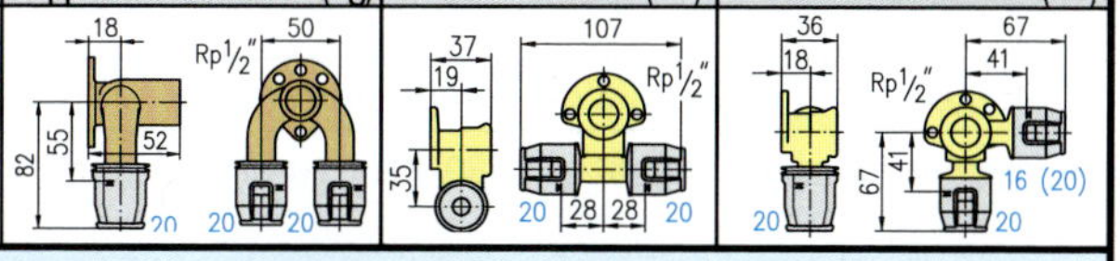

139.2 Rohre aus chloriertem Polyvinylchlorid PVC-C, Verbindungsteile DIN 8079, DIN EN ISO 15877

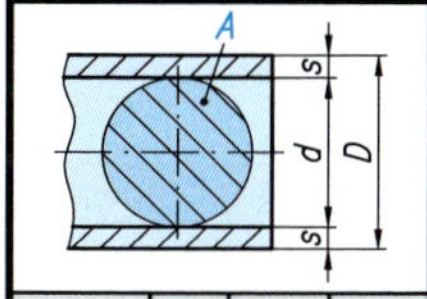

	SDR	TS ≤	PS ≤
Warmw.	13,6	60 °C	0,6
Typ I o.	9	70 °C	1 MPa
Typ II	9	70 °C	1 MPa
NT-Hzg.	13,6	60 °C	0,6
HT-Hzg.	9	60 °C	1 MPa
Typ II	–	80 °C	1 MPa

Rohr		PN 10, SDR 21 o. S 10					PN 16, SDR 13,6 oder S 6,3					PN 20, SDR 11 oder S 5					PN 25, SDR 9 oder S 4				
DN	D mm	s mm	d mm	A cm²	V l/m	m kg/m	s mm	d mm	A cm²	V l/m	m kg/m	s mm	d mm	A cm²	V l/m	m kg/m	s mm	d mm	A cm²	V l/m	m kg/m
12	16						1,2	13,7	1,45	0,15	0,10	1,5	13,0	1,33	0,13	0,12	1,8	12,4	1,21	0,12	0,14
15	20						1,5	17,0	2,27	0,23	0,15	1,9	16,2	2,06	0,21	0,18	2,3	15,4	1,86	0,19	0,22
20	25	1,5	22	3,80	0,38	0,19	1,9	21,2	3,53	0,35	0,23	2,3	20,4	3,27	0,33	0,28	2,8	19,4	2,96	0,30	0,33
25	32	1,5	29	6,61	0,66	0,25	2,4	27,2	5,81	0,58	0,38	2,9	26,2	5,39	0,54	0,44	3,6	24,8	4,83	0,48	0,53
32	40	1,9	36,2	10,3	1,03	0,39	3,0	34,0	9,08	0,91	0,59	3,7	32,6	8,35	0,83	0,80	4,5	31,0	7,55	0,75	0,83
40	50	2,4	45,2	16,5	1,61	0,61	3,7	42,6	14,3	1,43	0,90	4,6	40,8	13,1	1,31	1,09	5,6	38,8	11,8	1,18	1,28
50	63	3,0	57,0	25,5	2,55	0,95	4,7	53,6	22,6	2,26	1,42	5,8	51,4	20,7	2,07	1,71	7,1	48,8	18,7	1,87	2,05
65	75	3,5	68,0	36,3	3,63	1,32	5,6	63,8	32,0	3,20	2,01	6,8	61,4	29,6	2,96	2,39	8,4	58,2	26,6	2,66	2,88
80	90	4,3	81,4	52,4	5,20	1,93	6,7	76,6	46,1	4,61	2,88	8,2	73,6	42,5	4,25	3,46	10,1	69,8	38,3	3,83	4,15
100	110	5,3	99,4	77,6	7,76	2,89	8,1	93,8	69,1	6,91	4,27	10	90,0	63,6	6,36	5,13	12,3	85,4	57,3	5,73	6,16

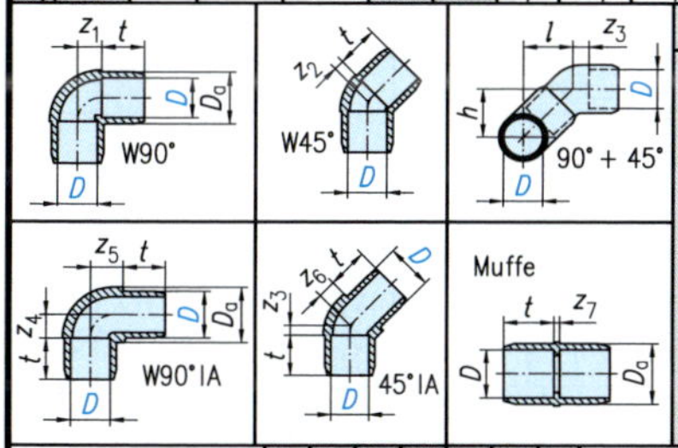

D	D_a	t	z_1	z_2	z_3	l	h	z_4	z_5	z_6	z_7	l_1	l_2	z_8	D_1	D_2	z_9	z_{10}	z_{11}
16	20	16	9	5	5	22	30	10	12	6	2	25	50	9	20	16	9	12	11
20	25	20	11	5	7	28	34	12	15	8	2	31	62	11	20	16	9	9	11
25	31	25	14	6	8	34	42	14	18	10	2	39	77	14	25	16	9	9	14
32	40	30	17	8	10	43	53	18	23	13	2	47	94	17	32	20	11	11	17
40	50	35	21	10	13	51	64	22	28	16	2	56	112	21	40	20	11	11	21
50	62	41	26	12	16	62	78	26	34	20	2	67	134	26	50	25	14	14	26
63	78	50	33	14	21	76	97	33	42	25	3	83	165	33	63	32	17	17	33
75	87	60	39	17	PVC-C-Klebe-						4	99	197	39	75	40	21	21	39
90	105	72	46	20	fittings Auszug						4	118	236	46	90	50	26	26	46

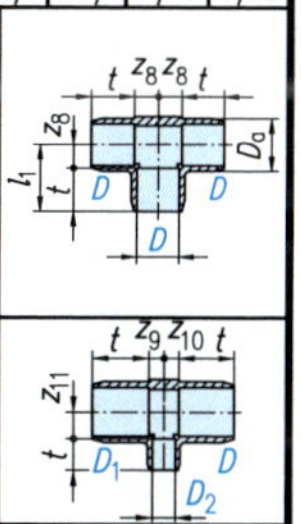

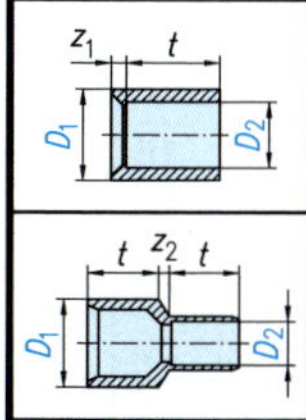

D_1	D_2	z_1	D_1	D_2	z_1	z_2
20	16	4	50	32	11	
25	16	9	50	40	6	
25	20	5	50	25		7
32	20	10	63	32		8
32	25	5	63	40	15	
40	25	10	63	50	9	
40	32	5	75	40		9

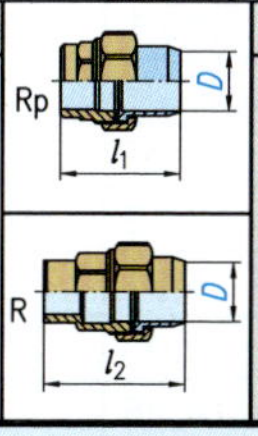

D × R/R_p	l_1	l_2
16 × ½	45	59
20 × ½	51	66
25 × ¾	58	74
32 × 1	66	86
40 × 1¼	74	91
50 × 1½	82	103
63 × 2	96	119

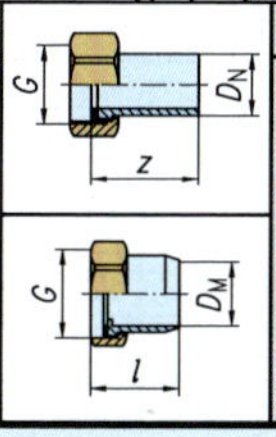

G × $D_{N/M}$	l/z
¾ × 20	38
1 × 25	46
1¼ × 32	54
1 × 20	32
1¼ × 25	38
1½ × 32	45
2 × 40	50

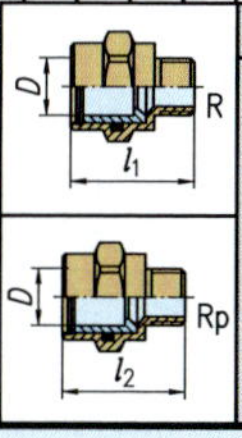

D × R/R_p	l_1	l_2	h
16 × ½	44	43	31
20 × ½	49	48	46
20 × ¾	49	49	
25 × ½	55	54	52
25 × ¾			
32 × 1			

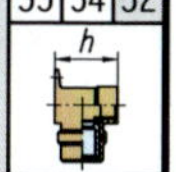

139.3 Rohre aus Polypropylen PP-B 80, -R 80 und -RCT DIN 8077, DIN EN ISO 15874

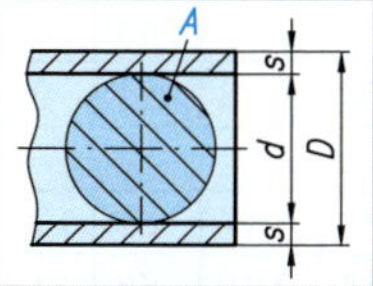

	SDR	TS ≤	PS ≤
Warm-	11	60 °C	0,6
wasser	6	60 °C	1 MPa
	5	70 °C	1 MPa
NT-	11	60 °C	0,6
Heizung	7,4	60 °C	1 MPa
HT-Hzg.	7,4	80 °C	0,6

Rohr		PN 10, SDR 11 oder S 5					PN 16, SDR 7,4 oder S 3,2						PN 20, SDR 6 oder S 2,5							PN 25, SDR 5 oder S 2				
DN	D mm	s mm	d mm	A cm²	V l/m	m kg/m	DN	D mm	s mm	d mm	V l/m	m kg/m	DN	D mm	s mm	d mm	A cm²	V l/m	m kg/m	s mm	d mm	A cm²	V l/m	m kg/m
8	12	1,8	8,4	0,55	0,06	0,05	10	12	1,8	8,4	0,06	0,06		12	2,0	8,0	0,50	0,05	0,062	2,4	7,2	0,41	0,04	0,071
12	16	1,8	12,4	1,21	0,12	0,07	12	16	2,2	11,6	0,11	0,10	10	16	2,7	10,6	0,88	0,09	0,110	3,3	9,6	0,73	0,07	0,128
15	20	1,9	16,4	2,06	0,21	0,11	15	20	2,8	14,4	0,16	0,15	12	20	3,4	13,2	1,37	0,14	0,172	4,1	11,8	1,09	0,11	0,198
20	25	2,3	20,4	3,27	0,33	0,16	20	25	3,5	18,0	0,25	0,23	15	25	4,2	16,6	2,11	0,22	0,266	5,1	14,8	1,72	0,17	0,307
25	32	2,9	26,2	5,39	0,54	0,26	25	32	4,4	23,2	0,42	0,37	20	32	5,4	21,2	3,53	0,35	0,434	6,5	19,0	2,84	0,28	0,498
32	40	3,7	32,6	8,35	0,83	0,41	32	40	5,5	29,0	0,66	0,58	25	40	6,7	26,6	5,56	0,56	0,671	8,1	23,8	4,45	0,45	0,775
40	50	4,6	40,8	13,1	1,31	0,64	40	50	6,9	36,2	1,03	0,90	32	50	8,3	33,4	8,76	0,88	1,04	10,1	29,8	6,97	0,70	1,21
50	63	5,8	51,4	20,7	2,07	1,01		63	8,6	45,8	1,65	1,41	40	63	10,5	42,0	13,85	1,39	1,65	12,7	40,4	12,82	1,28	1,91
65	75	6,8	61,4	29,6	2,96	2,03	50	75	10,3	54,4	2,32	2,01	50	75	12,5	50,0	19,63	1,96	2,34	15,1	44,8	15,76	1,58	2,70
80	90	8,2	73,6	42,5	4,25	3,01	65	90	12,3	65,4	3,36	2,87		90	15,0	60,0	28,27	2,83	3,36	18,1	53,8	22,73	2,27	3,88

140.1 Druckrohre aus PVC-U — DIN EN ISO 1452 und DIN 8062

Anwendung	Wasserversorgung (kalt)	Wassertemperatur bis 45 °C zugelassen
Farbe	eisengrau, blau oder cremefarben	$\vartheta_0 \leq 25$ °C gilt: [PFA] = [PN] $\vartheta_0 > 25$ °C gilt: [PFA] = $f_T \times$ [PN] Prüfdruck: [PEA] = 1,5 × [PFA] max. Prüfdruck: [PEA] ≤ [PFA] + 5 bar
Lieferlänge	bis 12 m Länge, über 12 m nach Vereinbarung	
Lieferform	mit glatten Enden (G) mit Klebemuffe (K) mit Steckmuffe (S)	
Montage	möglichst bei Temperaturen über + 5 °C	

ϑ in °C	25	30	35	40	45
f_T	1,0	0,9	0,8	0,7	0,62

Bezeichnung nach DIN 8062, DN 80, PN 10 und Werkstoff PVC-U: **Rohr DIN 8062 – 90 × 4,3 – PVC-U**

Rohr | DIN 8062 – $D \times s$ – PN oder SDR oder S | Werkstoff und G, K o. S

Mindest-Kennzeichnung der Rohre nach DIN EN ISO 1452:

Norm	Hersteller	Werkstoff	$D \times s$	Nenndruck	Info-Herst.	Maschine
ISO 1452	xyz	PVC-U	110 × 6,6	PN 16	09.08.09	Nr. 12

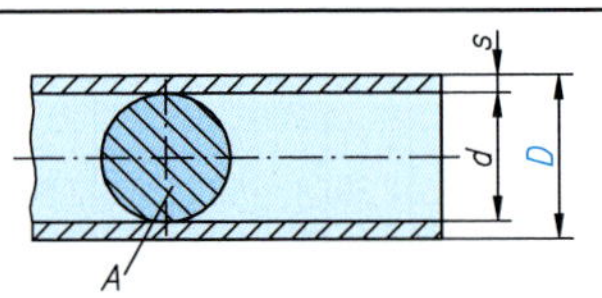

PVC-Rohr mit Klebemuffe (K)

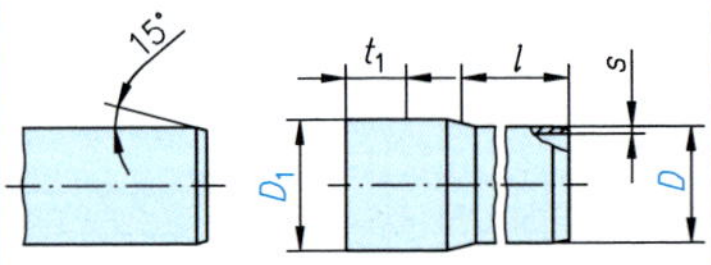

PVC-Rohr mit Steckmuffe[2] (S)

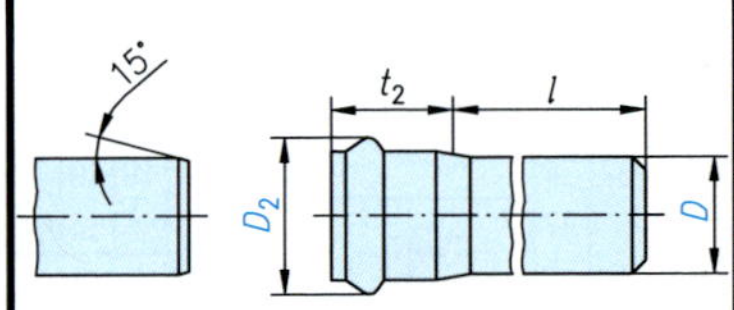

DN	D mm	s mm	d mm	A cm²	V l/m	m[1] kg/m	D_1[2] mm	D_2[3] mm	t_1[4] mm	t_2[4] mm
PN 10, SDR 21 für $d \leq 90$ nach DIN EN ISO 1452-2 und DIN 8062 ($C = 2{,}5$)[5]										
25	32	1,6	28,8	6,51	0,65	0,241	36	–	22	82
32	40	1,9	36,2	10,3	1,03	0,352	44	–	26	83
40	50	2,4	45,2	16,05	1,60	0,544	55	–	31	86
50	63	3,0	57,0	25,52	2,55	0,844	69	85	38	90
65	75	3,6	67,8	36,10	3,61	1,225	83	101	44	94
80	90	4,3	81,4	52,04	5,20	1,734	99	119	51	97
PN 10, SDR 26 für $d > 90$ ($C = 2$)[5]										
100	110	4,2	101,6	81,07	8,11	2,094	125	142	61	104
125	140	5,4	129,2	131,1	13,11	3,434	154	174	76	112
150	160	6,2	147,6	171,1	17,11	4,465	176	200	86	119
200	225	8,6	207,8	339,1	33,91	8,661	248	274	119	136
PN 16, SDR 13,6 für $d \leq 90$ nach DIN EN ISO 1452-2 und DIN 8062 ($C = 2{,}5$)[5]										
15	20	1,5	17,0	2,27	0,23	0,160	23	–	16	–
20	25	1,9	21,2	3,53	0,35	0,213	29	–	19	–
25	32	2,4	27,2	5,81	0,58	0,338	37	–	22	82
32	40	3,0	34,0	9,08	0,91	0,521	46	–	26	83
40	50	3,7	42,6	14,25	1,43	0,794	58	–	31	86
50	63	4,7	53,6	22,56	2,26	1,256	73	–	38	90
65	75	5,6	63,8	31,97	3,20	1,709	87	–	44	94
80	90	6,7	76,6	46,08	4,61	2,565	104	123	51	97
PN 16, SDR 17 für $d > 90$ ($C = 2$)[5]										
100	110	6,6	96,8	73,59	7,36	3,138	128	147	61	104
125	140	8,3	123,4	119,6	11,96	4,808	164	183	76	112
150	160	9,5	141,0	156,2	15,61	6,288	185	208	86	119
200	225	13,4	198,2	308,5	30,85	12,94	259	285	119	136

d	Nenn-Außendurchmesser
V	Rohrinhalt in l/m
m	Masse in kg/m
t_1	Einstecktiefe Klebemuffe
t_2	Einstecktiefe Steckmuffe
PN	Nenndruck in bar
PFA	zul. Betriebsdruck in bar
PEA	Prüfdruck in bar
ϑ_0	Betriebstemperatur in °C
f_T	Abminderungsfaktor

[1] Masse ohne Muffenanteil mit 1,4 g/cm³ gerechnet. [2] Herstellerangabe, nicht auf alle Hersteller übertragbar. [3] Lt. Hersteller sind Rohre PN 10 ab DN 50 und PN 16 ab DN 80 mit Steckmuffen lieferbar. [4] Mindestmaße nach ISO 1452-2. [5] C Gesamtbetriebs(berechnungs)koeffizient.

141.1 PVC-Formstücke mit Steckmuffen für Druckrohre PN 10, Maße in mm, DIN EN ISO 1452-3[1)]

Bezeichnung eines Doppelmuffenbogens DN 150, PN 10 (SDR 26 oder S 12,5) mit 45°:

Formstück	Norm	–	Form	–	PN[2)]	–	Außendurchmesser
Doppelmuffenbogen	**DIN EN ISO 1452**	–	**MMK – KS 45°**	–	**10**	–	**160**

Muffenbogen[2)] MK-KS 11°...60° MQ-KS 90°	Doppelmuffenbogen[2)] MMK-KS 11°...60° MMQ-KS 90°	Flansch-muffen-stück E-KS[3) 4)]	Ein-flansch-stück F-KS[3) 4)]	Spreizring-flansch[3)]	Schellen-kupplung mit Dicht.[3)]
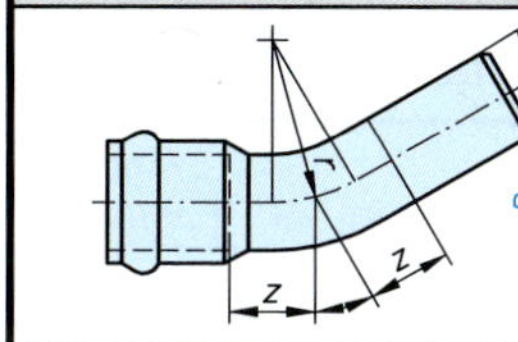	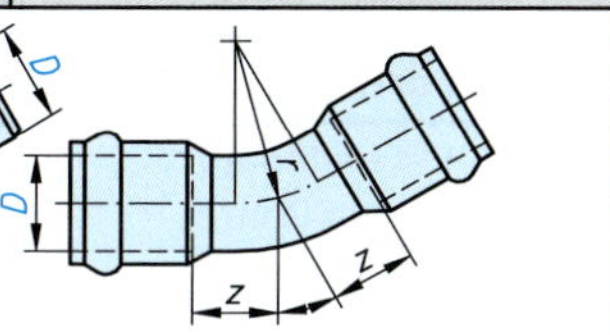	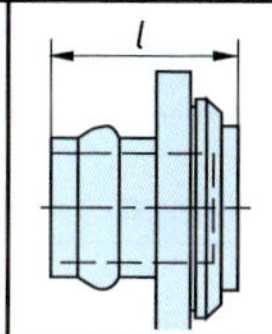	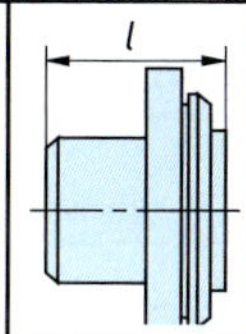	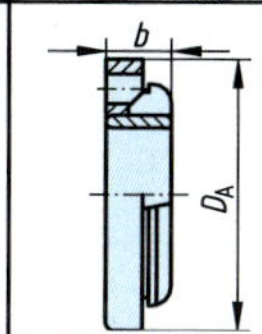	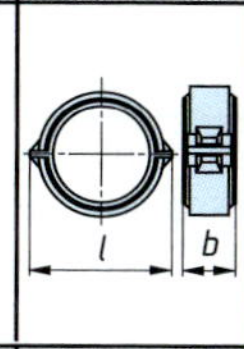

DN	D	r	11°	22°	30°	45°	60°	90°		E-KS		F-KS		Spreizringfl.		S.-Kupplung	
			z	z	z	z	z	z	m[5)]	l	m[5)]	l	m[5)]	D_A	b	l	b
50	63	221	46	68	84	117	153	246	1,01	118	0,86	142	0,85	165	35	136	46
65	75	263	55	81	100	139	182	293	1,59	115	1,21	155	1,21	185	42	156	52
80	90	315	66	97	120	166	218	351	1,78	123	1,51	160	1,48	200	43	173	54
100	110	385	81	119	147	203	266	429	3,14	134	1,99	170	1,92	220	43	210	60
125	140	490	103	151	187	259	339	546	5,97	–	–	–	–	–	–	–	–
150	160	560	118	173	214	296	387	624	8,42	155	3,79	196	3,54	285	40	282	85
200	225	788	166	243	301	416	545	878	21,5	–	–	–	–	b ≙ Breite			

Doppelmuffe mit Muffenstutzen MMB-KS[3)]

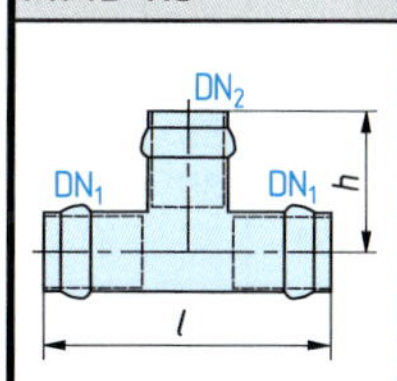

Flanschenstutzen MMA-KS[3) 4)]

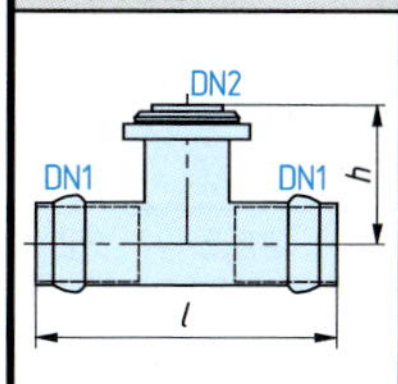

Form DN₁	DN₂	l	h	MMB m[5)]	MMA m[5)]
50	50	274	137	0,80	1,39
65	50	300	144	1,09	1,69
	65	300	150	1,19	2,00
80	50	316	150	1,53	2,17
	65	316	158	1,61	2,47
	80	330	165	1,83	2,76
100	50	336	168	2,31	2,94
	65	336	168	2,37	3,24
	80	352	175	2,62	3,53
	100	368	184	2,97	4,01
150	80	396	200	5,54	6,52
	100	414	210	6,09	7,06
	150	462	231	7,59	9,07
200	80	450	240	9,29	10,3
	100	450	250	9,62	10,6
	150	580	270	12,9	14,5
	200	580	290	14,2	–

Flanschstück mit Bundstutzen[3) 4)]

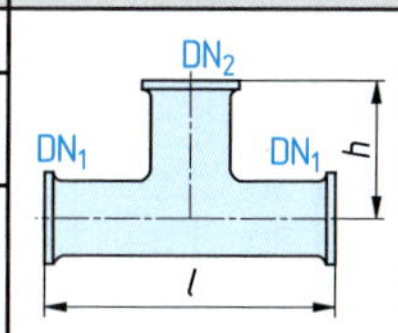

Form: T-KS DN₁	DN₂	l	h	m[5)]
80	80	319	158	2,02
100	80	338	168	2,78
	100	358	178	3,19
150	80	392	202	5,30
	100	412	212	5,63
	150	462	231	7,11

Reduktion

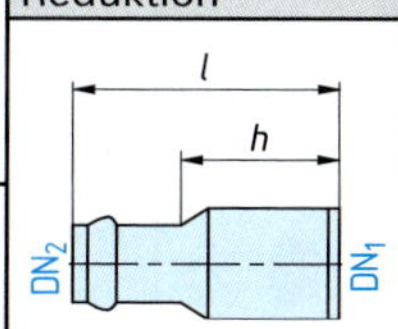

Form: R-KS DN₁	DN₂	l	h	m[5)]
65	50	232	128	0,43
80	50	243	139	0,54
100	50	257	153	0,74
	80	270	141	1,22
150	50	291	187	1,63
	100	314	173	2,18

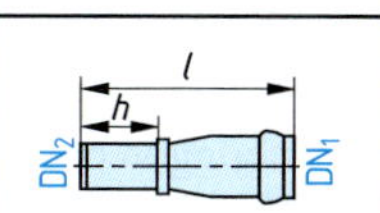

Form: MR-KS DN₁	DN₂	l	h	m[5)]
125	100	348	116	2,14
150	125	357	127	2,85
200	150	490	137	6,20

Überschiebmuffen U-S

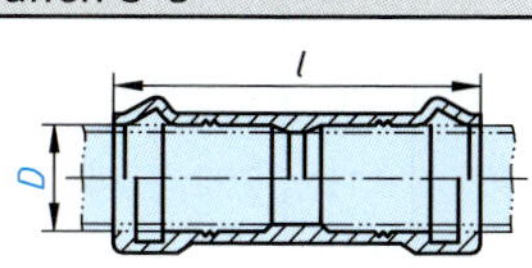

DN	D mm	l mm	m[5)] kg	DN	D mm	l mm	m[5)] kg
50	63	235	0,20	125	140	320	1,34
65	75	250	0,31	150	160	350	1,91
80	90	270	0,47	200	225	405	4,37
100	110	290	0,76		–	–	–

[1)] Auszug aus DIN EN ISO 1452-3 und Herstellerunterlagen. [2)] Bogen ab DN 80 auch in PN 16 lieferbar. [3)] Lt. Hersteller auch für 12,5 bar geeignet. [4)] Auch ohne Spreizringflansch lieferbar. [5)] m Masse in kg lt. Hersteller.

142.1 PVC-Schieber – Herstellerangabe –

Steckmuffenschieber | Bundschieber

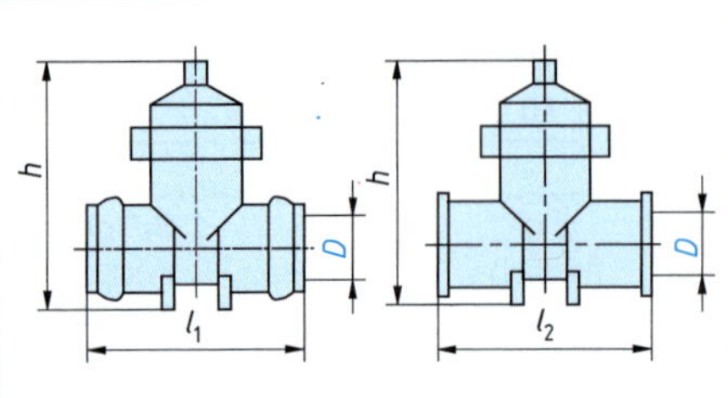

DN	l_1 mm	l_2 mm	h mm	Masse kg[1)]	Masse kg[2)]
50	274	250	312	3,9	3,1
65	300	270	314	3,5	4,0
80	340	280	370	6,5	6,0
100	368	300	426	8,7	8,2
150	460	350	552	17,8	16,2

[1)] Masse gilt für Steckmuffenschieber.
[2)] Masse gilt für Bundschieber.

Einbaugarnitur – Rohrdeckung in m

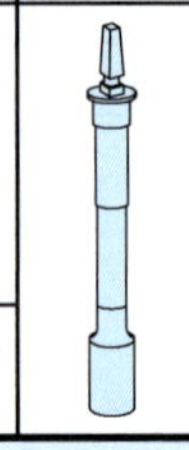

starr	verstellbar
1,00	≈ 1,0...1,5
1,25	≈ 1,2...1,8
1,50	

142.2 Anschluss- und Ventilanbohrschellen Wasserdruck bis 10 bar – Herstellerangabe –

Anschlussschellen Sattel aufklebbar | gummigedichtet

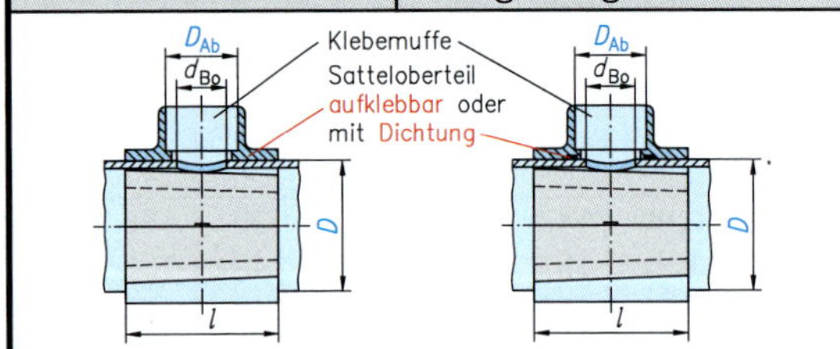

Anbohrschellen mit eingebauten Bohrer

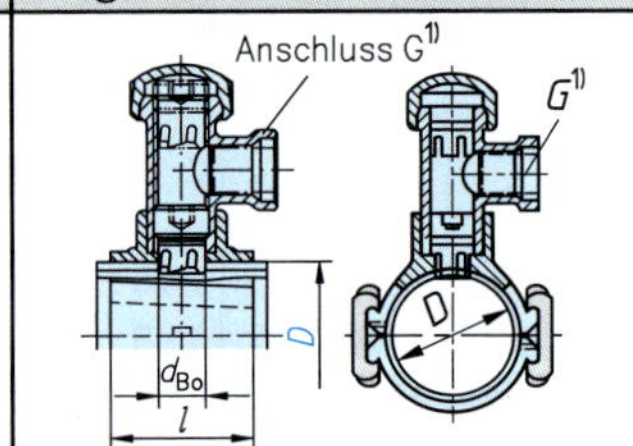

Ventil VS | Kugelventil[2)]

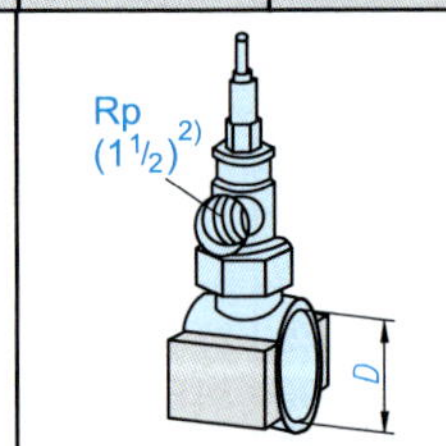

Satteloberteil:			aufklebbar			gummigedichtet			Anbohrschelle mit Bohrer[1)]						Ventil VS o. Kugelv.			
Abgang D_{Ab}			40	50	63	40	50	63	20	25	32	40	50	63	Anschluss Rp			Rp[2)]
Anschluss									½	¾	1	1¼	1½	2	1¼	1½	2	1½
DN	D	l	Anbohrdurchmesser d_{Bo}			..... Satteloberteil nur gummigedichtet									alle Maße in mm			
50	63	105	30	30	–	21	21	–	21	21	21	21	–	–	–	–	–	–
65	75	105	–	–	–	–	30	–	–	–	**30**	**30**	–	–	–	–	–	–
80	90	105	30	39	39	30	30	–	21	21	**30**	**30**	–	–	24	31	36	31
100	110	105	30	39	39	30	39	39	**21**	**21**	30	30	39	39	24	31	36	31
150	160	120	30	39	48	30	39	39	**21**	**21**	30	30	**39**	39	24	31	36	31
200	225	120	–	39	48	–	39	39	–	–	30	30	39	39	24	31	36	31

Rohranschluss-System PVP für PE-Rohre

PN 10 und PN 16, zugfest

Dichtung: NBR gasbeständig.

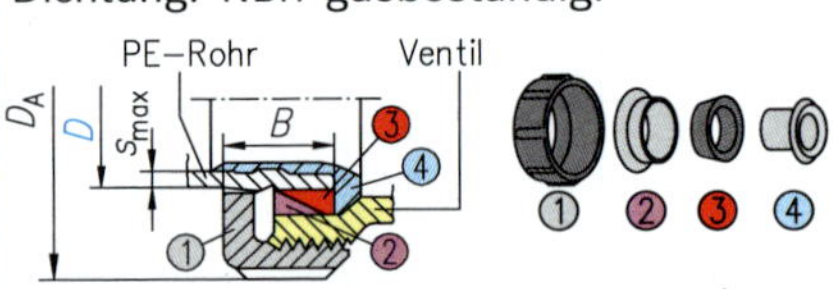

DN	15	20	25	32	40	50
G (PVP)[1)]	½	¾	1	1¼	1½	2
D mm	20	25	32	40	50	63
s_{max} bei PN 10	2,4	2,8	3,5	4,3	5,3	6,6
s_{max} bei PN 16	–	4,0	–	6,3	–	–
D_A mm	54,5	61,5	74,5	86,5	100,5	117
B mm	20	22	24	26	28,5	32

[1)] Abgang mit Gewinde für Verschraubungen des PVP-Systems. [2)] Der Anschluss gilt für Kugelventile.

142.3 Schubsicherungen – Herstellerangabe – Maße in mm

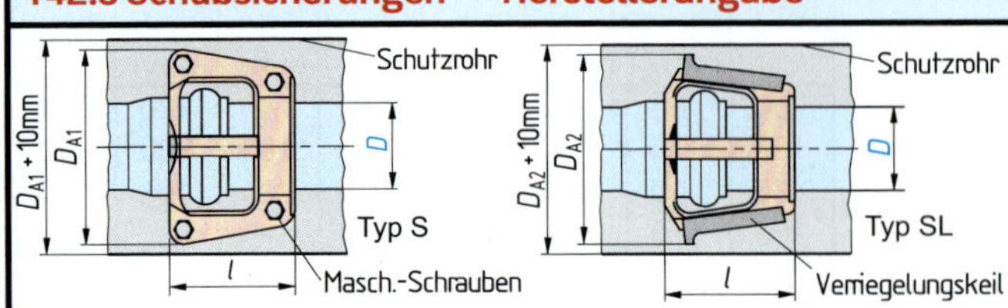

m Masse in kg (gilt für Typ S)

DN	D	D_{A1}	D_{A2}	l	m
80	90	232	225	160	4,7
100	110	252	246	165	5,1
125	140	–	276	182	7,0
150	160	319	301	199	8,3
200	225	386	375	245	14,8

143.1 Zugfeste Rohrkupplungen für Kunststoff- und Metallrohre – Herstellerangaben –

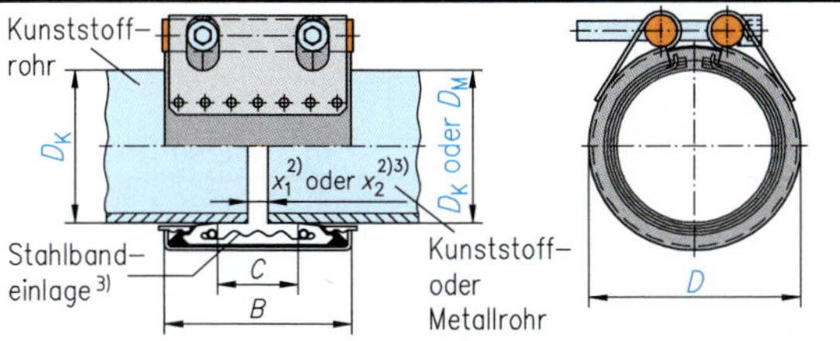

Rohrverbindung für Kunststoffrohre oder Übergang vom Kunststoffrohr auf Metallrohre
Betriebsdruck: 16 bar
Temperaturbereich:
EPDM Dichtmanschetten: – 30 °C bis +100 °C
NBR Dichtmanschetten: – 20 °C bis +80 °C
Werkstoff: Gehäuse/Innenstützringe 1.4301 (CrNi-Stahl)

DN	Kunststoffrohr				Metallrohr		Maße der Kupplungen				
	D_K	Spannbereich	Stützringe[1] PN 6	Stützringe[1] PN 10	D_M	Spannbereich	B	C	D	x_1[2]	x_2[2)3)]
	mm	mm			mm	mm	mm	mm	mm	mm	mm
32	40	39,0 – 40,5	35,4	32,6	38	37,5 – 39,0	65	20	60	5	10
32	40	39,0 – 40,5	35,4	32,6	42,4	42,0 – 43,5	65	20	65	5	10
40	50	49,0 – 50,5	44,2	40,8	48,3	47,8 – 49,0	65	20	70	5	10
50	63	62,0 – 64,0	55,8	51,4	60,3	59,7 – 61,0	80	35	85	10	25
65	75	74,0 – 76,0	66,4	61,2	76,1	75,0 – 77,5	97	40	105	10	25
80	90	89,0 – 91,0	79,8	73,6	88,9	87,0 – 90,0	97	40	120	10	25
100	110	109,0 – 111,0	97,4	90,0	108	106,5 – 110,5	97	40	135	10	25
100	110	109,0 – 111,0	97,4	90,0	114,3	112,0 – 116,0	97	45	140	10	25
125	140	139,0 – 142,0	124,0	114,6	139,7	137,5 – 141,0	112	45	170	15	35
150	160	159,0 – 162,0	141,8	130,8	159,0	157,0 – 160,5	112	45	185	15	35

[1] Innenstützringe sind in Rohre aus Weichthermoplasten z. B. PE, PP, PB einzusetzen. Die Abmessungen der aufgeführten Stützringe gelten für PE-Rohre nach DIN 8074. [2] Maß x_1 gilt für Kupplungen ohne und x_2 mit Stahlbandeinlage.[3] Stahlbandeinlagen sind erforderlich bei großen Rohrabständen, Gummi-Quellung, Unterdruck oder äußerem Überdruck.

143.2 Gusseisen-Formstücke[1] GGG für PVC-Druckrohrleitungen PN10/16 DIN EN 12842

Bezeichnung eines Doppelmuffen-Bogens mit 45°, DN 200, Nenndruck PN 16:

Formstück | DIN EN 12842 – MMK–KS 200 – 45° – PN 16

m Masse[1] in kg — Maße[1] in mm

Beschichtungsart	pH-Wert
Bitumen	6 – 9
Innenzementierung	5 – 9
Email	2 – 10
EWS (Epoxit-Wirbel-Sinter)	4 – 10

Doppelmuffen[1] – Bogen MMK-KS 11,3° ... 45° | MMQ-KS 90° | U-KS | mit Gewinde | Flanschenmuffenstück E-KS | Einflanschstück F-KS

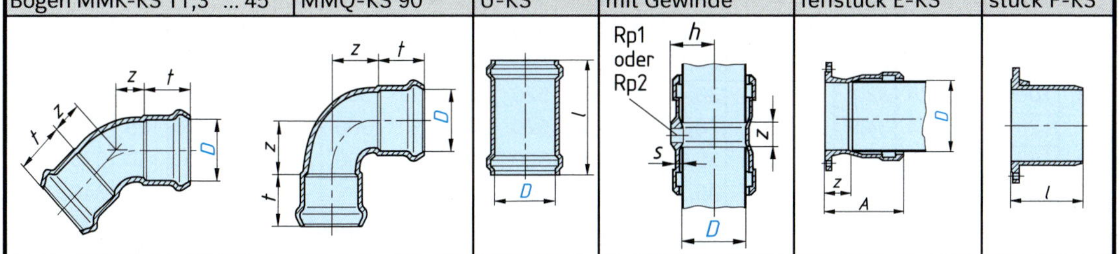

DN	D	t[1]	11,3°	22,5°	45°	90°		U-KS		MMI-KS			E-KS			F-KS	
			z	z	z	z	m[1]	l	m[1]	h	z	m[1)2)]	z	A	m[1]	l	m[1]
50	63	96	22	25	40	93	3,6	–	–	59	68	4,1	4	100	3,0	126	3,2
65	75	101	25	25	40	86	4,4	–	–	64	71	5,4	9	110	3,8	129	4,5
80	90	106	26	30	50	84	5,5	270	5,4	81	74	6,5	14	120	4,6	140	5,1
100	110	115	30	30	61	94	7,2	290	5,9	90	79	9,4	15	130	6,2	155	6,1
125	140	126	31	33	76	136	11,4	292	10,2	104	85	13,3	19	145	7,7	168	9,5
150	160	135	30	35	74	167	15,2	312	11,6	113	91	16,0	15	150	9,8	169	10,1
200	225	158	56	45	88	166	30,1	451	21,8	152	103	25,7	34	192	15,1	225	16,8

[1] Herstellerangabe, nicht auf alle Hersteller übertragbar. [2] Masse gilt für MMI-KS mit Rp 2".

144.1 Gusseisen-Formstücke[1] GGG für PVC-Druckrohrleitungen (Fortsetzung) Maße[1] in mm

Bezeichnung einer Doppelmuffe DN_1 200 mit Flanschenstutzen DN_2 100, Nenndruck PN 16:

Formstück	DIN EN 12842	–	MMA–KS 200 × 100	–	PN 16

m Masse[1] in kg

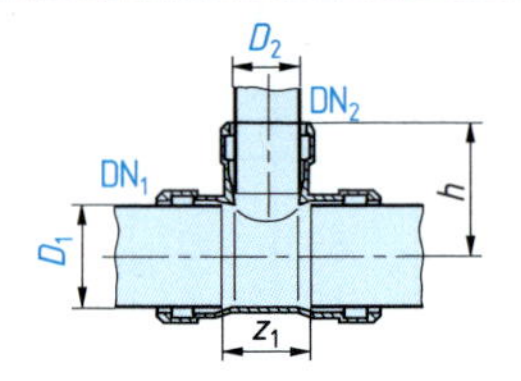

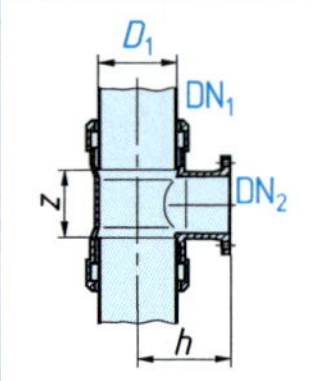

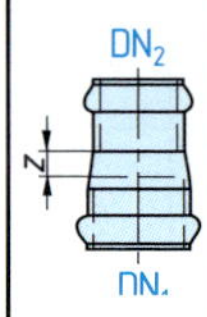

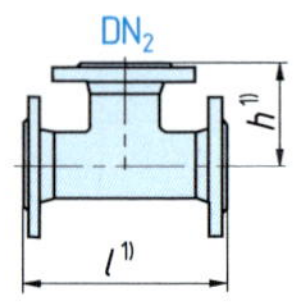

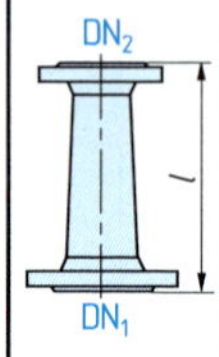

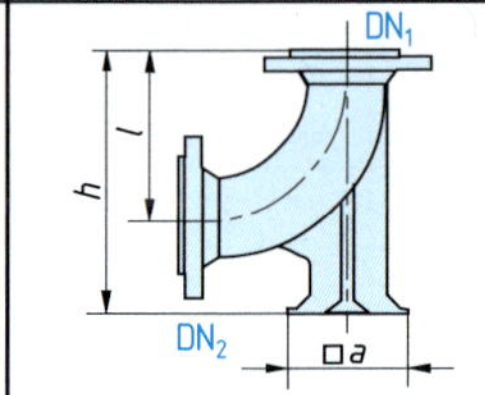

		Doppelmuffe mit Muffenstutzen			Doppelmuffe mit Flanschenstück			Doppelmuffe reduziert		T-Stück[1]			Flanschen-Übergang	
		Form: MMB-KS			MMA-KS			MMR-KS		T[1]			FFR[1]	
DN_1	DN_2	z_1	h	m[1]	z	h	m[1]	z[1]	m[1]	l[1]	h[1]	m[1]	l[1]	m[1]
50	50	70	127	4,6	63	140	6,9	–	–	300	150	12,1	–	–
65	50	73	134	5,8	66	140	8,3	20	3,7	330	158	14,5	200	8,4
	65	84	140	6,8	81	140	8,0	–	–	330	165	15,9	–	–
80	50	76	142	7,2	69	161	9,2	28	4,7	330	160	14,0	200	7,3
	65	87	148	8,3	84	161	10,5	24	4,9	330	160	14,5	200	8,0
	80	101	164	9,0	99	161	10,6	–	–	330	165	14,9	–	–
100	50	81	150	9,5	74	170	11,6	35	5,6	360	170	16,5	200	8,7
	65	92	156	9,7	89	172	12,0	36	6,0	360	170	16,9	200	8,8
	80	106	156	12,2	104	172	12,2	31	6,6	360	175	17,8	200	9,8
	100	124	180	13,7	124	172	13,3	–	–	360	180	19,4	–	–
125	65	98	177	13,9	95	203	16,2	–	–	400	185	23,0	–	–
	80	112	181	14,9	110	187	14,8	48	9,1	400	190	24,8	200	10,5
	100	130	184	18,6	130	197	16,8	41	9,9	400	195	25,1	200	12,8
	125	157	206	18,6	155	205	21,8	–	–	400	200	27,2	–	–
150	80	118	191	19,5	116	199	17,0	44	10,8	440	205	27,6	200	13,8
	100	136	197	19,9	136	208	19,1	53	11,0	440	210	28,4	200	13,9
	125	163	217	21,7	161	218	26,3	42	12,4	440	215	31,7	200	16,4
	150	181	228	24,6	186	218	24,1	–	–	440	220	29,9	–	–
200	100	148	226	32,1	148	251	30,4	84	16,4	520	240	43,0	300	18,8
	125	175	244	34,9	173	245	28,2	77	18,2	520	245	49,5	300	19,8
	150	193	256	36,1	198	251	35,6	71	19,7	520	250	46,4	300	24,2
	200	252	284	56,2	248	251	39,3	–	–	520	260	50,0	–	–

Flanschen-Krümmer[1] N-KS[1]

DN_1/DN_2	l[1]	h[1]	m[1]
80	165	275	14,1
80/100	185	310	16,8
100	180	305	16,2
80/150	220	385	27,5

Muffenfußkrümmer EN-KS[1]

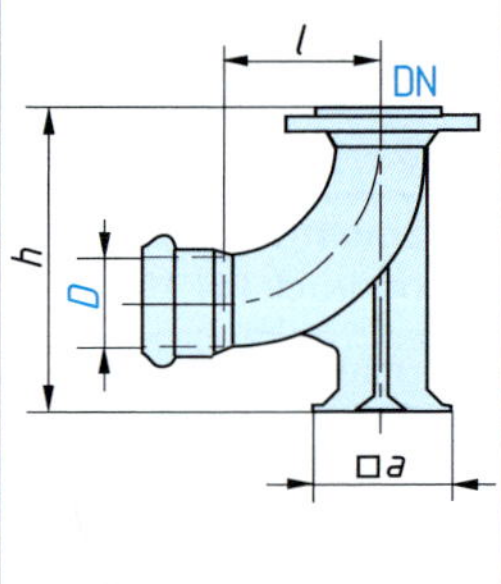

DN/D	l[1]	h[1]	m[1]
80/90	150	288	13,0
80/110	185	300	13,6
100/110	185	320	18,4
80/160	130	335	17,2
150/160	175	340	36,2

Anpressflansch AF[1) 2)]

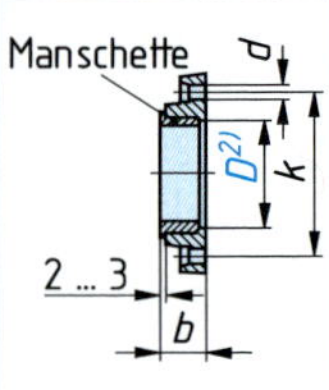

DN	D_P[2]	D_S[2]	D_G[2]	b	k	d	m[1]
50	63	60,3	66	37	125	18	1,4
65	75	76,1	82	37	145	18	2,6
80	90	88,9	98	37	160	18	2,5
100	110	114,3	118	39	180	18	3,7
125	140	139,7	144	40	210	18	4,4
150	160	168,3	170	43	240	23	5,5
200	225	219,1	222	44	295	23	8,2

Rohrendkappe[1] EXI-KS[1] / EX-KS[1]

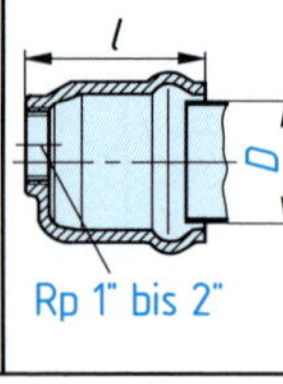

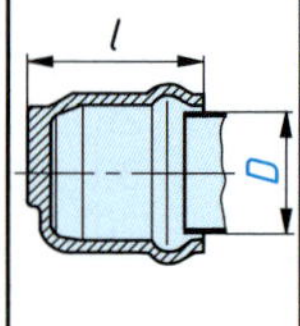

DN	l[1]	m[1]
50	122	2,0
65	130	2,6
80	140	3,4
100	144	4,7
125	167	6,1
150	177	8,9
200	210	17,5

[1] Herstellerangabe, nicht auf alle Hersteller übertragbar. [2] Mit Anpressflanschen können PVC-Rohre (D_P), Stahlrohre (D_S) und Gusseisenrohre (D_G) angeschlossen werden.

145.1 Druckrohre aus Polyethylen PE 80 (Gas), PE 100 (Wasser) DIN 8074, DIN EN 1555, 12201

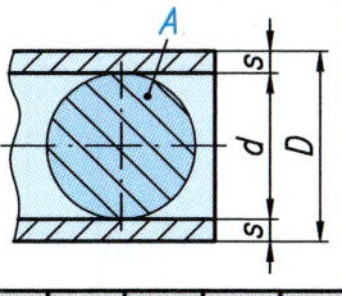

PE	SDR	PS ≤	Wass.	Gas
80	17,6	MPa	1	0,1
80	11	MPa	1,25	0,4
100	17	MPa	1	0,4
100	11	MPa	1,6	1

PE 80 PN 6, SDR 17,3/S 8,3						PN 10, SDR 11 oder S 5					PN 16, SDR 7,4 o. S 3,2				
D mm	s mm	d mm	A cm²	V l/m	m kg/m	s mm	d mm	A cm²	V l/m	m kg/m	s mm	d mm	A cm²	V l/m	m kg/m
25	2,3	20,4	3,27	0,33	0,171	3,0	19,0	2,84	0,28	0,152	3,5	18,0	2,54	0,25	0,24
32	2,3	27,4	5,90	0,59	0,204	3,0	26,0	5,31	0,53	0,260	4,4	23,2	4,23	0,42	0,39
40	2,3	35,4	9,84	0,98	0,29	3,7	32,6	8,35	0,83	0,430	5,5	29,0	6,61	0,66	0,60
50	2,9	44,2	15,3	1,53	0,44	4,6	40,8	13,1	1,31	0,666	6,9	36,2	10,3	1,03	0,94
63	3,6	55,8	24,5	2,45	0,69	5,8	51,4	20,7	2,07	1,05	8,6	45,8	16,5	1,65	1,47
75	4,3	66,4	34,6	3,46	0,98	6,8	61,4	29,6	2,96	1,47	10,3	54,4	23,2	2,32	2,09
90	5,1	79,8	50,0	5,00	1,39	8,2	73,6	42,5	4,25	2,12	12,3	65,4	33,6	3,36	3,00
110	6,3	97,4	74,5	7,45	2,08	10	90	63,6	6,36	3,14	15,1	79,8	50	5	4,49

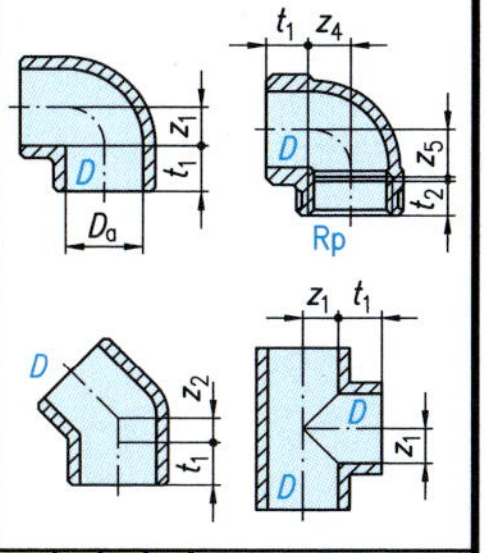

PWH DIN EN 12201-2	
80	schwarz mit hellblauen Streifen
100	blau
Gasrohr DIN EN 1555-2	
80	gelb oder schwarz mit gelben Streifen
100	orangegelb
PE 80/100 MRS 8/10	

PE 100 PN 10 SDR 17, Gas D ≤ 63						PN 16, SDR 11, G/W D ≤ 63																
D	s	d	A	V	m	s	d	A	V	m	D	D_a	t_1	t_3	z_1	z_2	z_3	Rp	t_2	z_4	z_5	z_6
25	1,8	21,4	3,60	0,36	0,14	2,3	20,4	2,06	0,21	0,112	20	31	15	11	11	5	3	½	15,0	11	13	19
32	1,9	28,2	6,25	0,62	0,19	2,9	26,2	3,27	0,33	0,171	25	36	16	13	14	6	3	¾	16,3	14	16	21
40	2,4	35,2	9,73	0,97	0,30	3,7	32,8	5,39	0,54	0,272	32	44	18	15	17	8	3	1	19,1	17	19	24
50	3,0	44,0	15,21	1,52	0,45	4,6	40,8	8,45	0,85	0,430	40	54	21	17	21	10	3	1¼	21,4	21	23	28
63	3,8	55,4	24,11	2,41	0,72	5,8	51,4	13,07	1,31	0,666	50	66	24	20	26	12	3					
75	4,5	66,0	34,21	3,42	1,02	6,8	61,4	20,75	2,08	1,05	63	82	28	24	33	14	3					
90	5,4	79,2	49,27	4,93	1,46	8,2	73,6	29,61	2,96	1,47	75	93	30	25	39	17	4					
125	7,4	110,2	95,38	9,54	2,76	11,4	102,2	42,54	4,25	2,12	90	114	33	28	46	20	5					

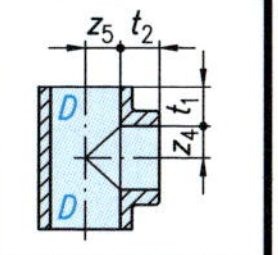

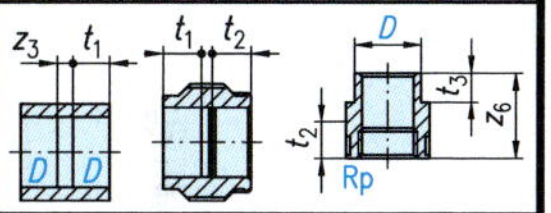

Schweißmuffe PN 10

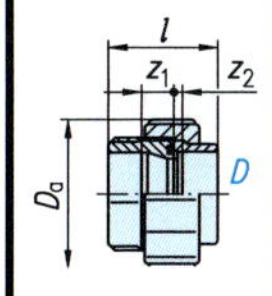

Werkst.		PE/Ms			PP/Ms		
D	D_a	z_1	z_2	l	z_1	z_2	l
20	46	6	3	46	5	12	45
25	52	6	3	49	5	12	49
32	64	6	3	51	5	12	53
40	79	8	3	56	5	14	59
50	85	8	3	61	5	16	67

Innengewindeanschl.

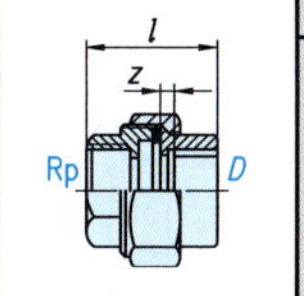

Werkst.		PE/Ms		PP/Ms		PE/Ms			PP/Ms		
		Innengewindeanschl.				Außengewindeanschl.					
D	Rp	z	l	z	l	z	l_1	l	z	l_1	l
20	½	10	46	5	41	6	40	62	5	32	53
25	¾	9	48	5	46	6	41	65	5	49	72
32	1	8	51	5	51	6	45	71	5	53	78
40	1¼	7	56	5	56	8	48	78	5	54	81
50	1½	7	59	5	59	8	53	81	5	61	91

Außengewindeanschl.

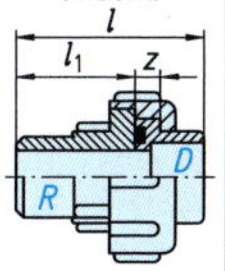

Überwurfmutter, Gewindebuchse, Gewindestutzen (7) aus PE, PP, EN-G/MW-450, CuZn40Pb2 o. G-CuSn5ZnPb (Messing Ms)

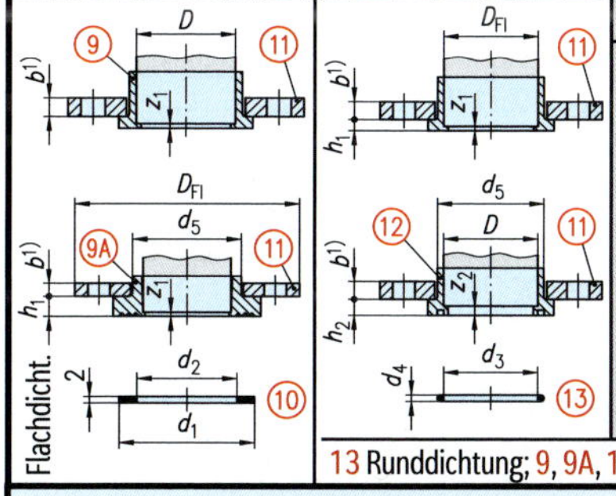

DN	z_1	z_2	h_1	h_2	d_1	d_2	d_3	d_4	d_3	D_{Fl}	PN 6	D_{Fl}	PN 10
15	3	6	7	10	45	20	23	3,5	22	80	M 10	95	M 12
20	3	6	9	12	58	25	28	3,5	33	90	M 10	105	M 12
25	3	6	10	13	68	32	36	3,5	41	100	M 10	115	M 12
32	3	8	11	16	78	40	44	5,3	50	120	M 12	140	M 16
40	3	8	12	17	88	50	53	5,3	61	130	M 12	150	M 16
50	3	8	14	19	102	63	69	5,3	76	140	M 12	165	M 16
65	3	8	16	21	122	75	82	5,3	90	160	M 12	185	M 16
80	5	10	17	22	138	90	101	5,3	108	190	M 16	200	M 16
100	5	10	18	24	158	110	120	7,0	131	210	M 16	220	M 16

13 Runddichtung; 9, 9A, 12 Bundbuchse; 11 Flansch (GG, St, Al, PVC oder GFK)

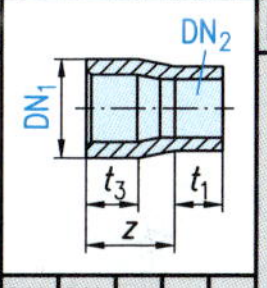

DN_1	DN_2	z	t_1	t_3
20	15	19	16	11
25	15	23	18	11
25	20	23	18	13
32	20	27	21	13
32	25	27	21	15

DN_1	DN_2	z	t_1	t_3
40	20	33	24	13
40	25	33	24	15
40	32	33	24	17
50	25	40	28	15
50	32	40	28	17
50	40	40	28	24
65	50	44	30	28
80	50	51	33	28
80	65	51	33	30
100	80	60	37	33

145.2 Spritzgussfittings für Stumpfschweißung aus PE und PP, Maße in mm DIN EN 12201

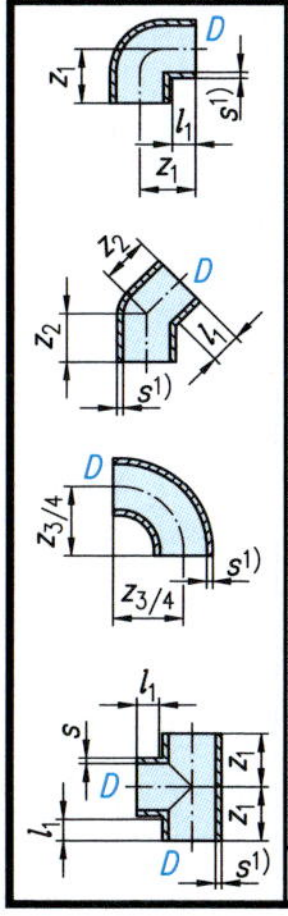

D	l_1	z_1	z_2	z_3	z_4
20	5	20	14	21	19
25	6	25	17	26	23
32	8	32	22	34	30
40	10	40	26	43	38
50	12	50	33	53	48
63	16	63	41	66	61
75	19	75	49	78	72
90	22	90	57	93	87
110	28	110	70	115	107
125	32	125	79	130	122
160	40	145	95	165	157
180	45	155	100	184	176
225	55	220	140	231	
250	60	220	156	256	

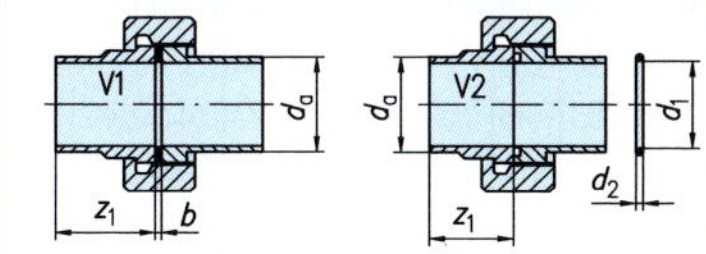

1 Bundbuchse
2/3 Mutter
4 Flachdichtg. aus EPDN

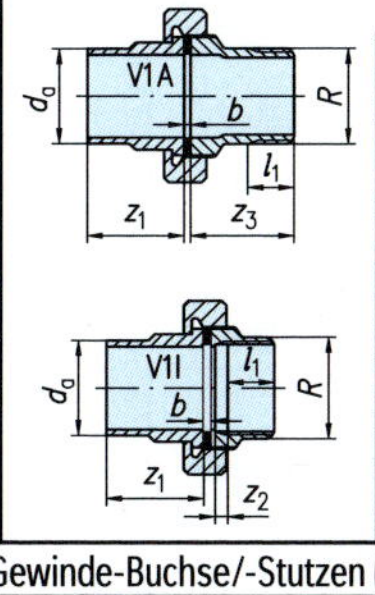

d_a	R	d_1	d_2	l_1	b	z_1	z_2	z_3
20	½	20,2	3,5	13,2	2	53	7	32
25	¾	28,2	3,5	14,5	2	56	8	49
32	1	32,9	3,5	16,8	2	59	9	53
40	1¼	40,6	5,3	19,1	2	62	9	54
50	1½	47,0	5,3	19,1	2	65	10	62
63	2	59,7	5,3	23,4	3	68	10	69
75	2½			26,7	3	71	11	74
90	3			29,8	3	74	11	83

s siehe oben b. Rohr (568 Gewinde-Buchse/-Stutzen (7); 9 Runddichtung)

R

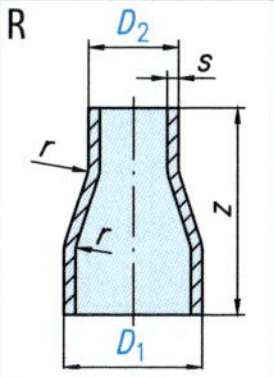

R3

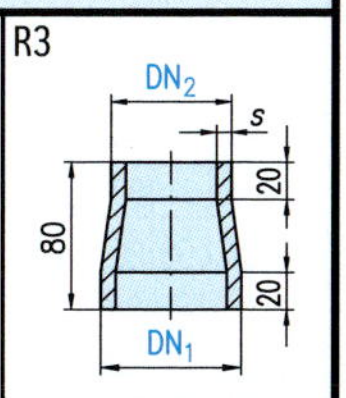

D_1	D_2	z	D_1	D_2	z	D_1	D_2	z	DN_1	DN_2
25	20	30	50	40	50	90	63	75	50	40
32	20	30	63	32	60	90	75	75	65	50
32	25	30	63	40	60	110	63	90	80	50
40	20	40	63	50	60	110	75	90	80	65
40	25	40	75	40	65	110	90	90	100	50
40	32	40	75	50	65	125	75	100	100	65
50	25	50	75	63	65	125	90	100	100	80
50	32	50	90	50	75	125	110	100	125	100

146.1 PE-100 Stutzenfittings für Elektromuffen- und Stumpfschweißung — Maße in mm

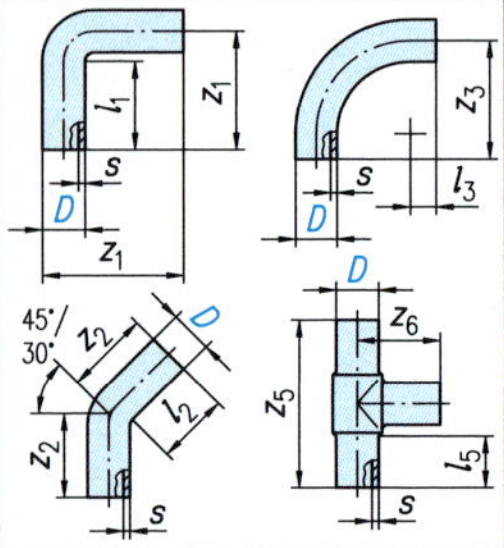

D	s	z_1	l_1	z_2	l_2	z_3	l_3	z_4	l_4	z_5	l_5	z_6
20	3	75	52			100	55	52	46	150	52	75
25	3	80	52			112	60	52	46	160	52	80
32	3	85	54	80	54	135	70	54	48	170	54	85
40	3,7	95	57	85	57	156	80	57	49	190	57	95
50	4,6	105	63	90	63	165	85	63	53	210	63	105
63	5,8	115	65	95	65	183	90	65	54	230	65	115
75	6,8	130	72	105	72	203	105	79	72	264	71	132
90	8,2	150	81	120	81	215	110	90	81	300	81	150
110	10	165	86	130	86	238	130	98	86	330	86	165

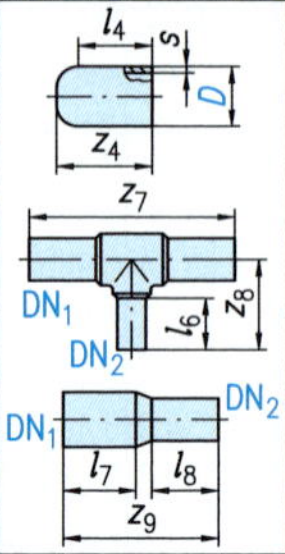

DN_1	DN_2	z_7	z_8	l_6	z_9	l_7	l_8
50	40	215	103	56	150	65	63
65	40	255	108	56	170	72	63
65	50	255	117	63	170	72	65
80	50	269	136	64	190	81	65
80	65	272	138	70	190	81	70
100	65	309	151	70	215	92	72
100	80	310	152	79	215	92	81
125	80	340	180	79	217	102	74
125	110	391	202	83	245	102	86

Heizwendel-Schweißfitting

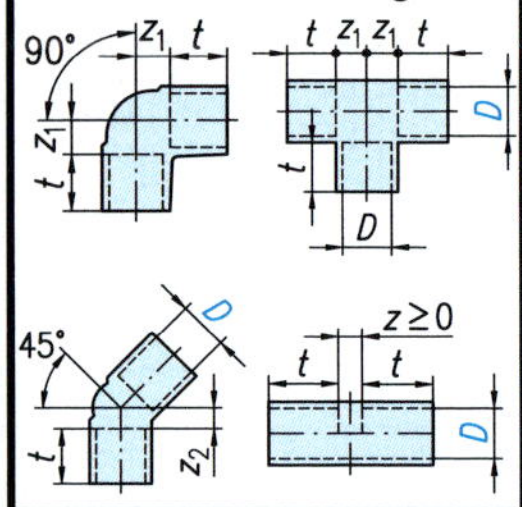

D	t_{min}	t_{max}	z_1	z_2
20	15	37	10	3
25	15	40	13	3
32	16	44	16	4
40	18	49	20	5
50	20	55	25	6
63	23	63	32	7
75	25	70	38	9
90	28	79	45	10
110	32	85	55	13

Vorschweiß-/Losflansch

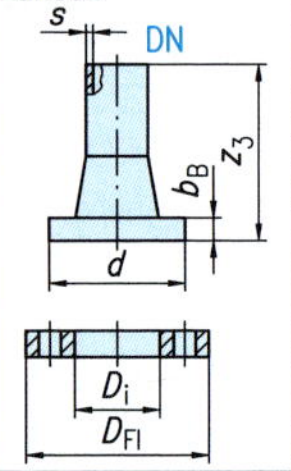

DN	d	z_3	D_i	b_B	D_{Fl}	b
15	45	50	28	7	95	12
20	58	50	34	9	105	12
25	68	80	42	9	115	16
32	78	85	51	11	140	16
40	88	92	62	12	150	18
50	102	100	78	14	165	18
65	122	120	92	16	185	20
80	138	140	108	17	200	20
100	158	160	128	18	220	20

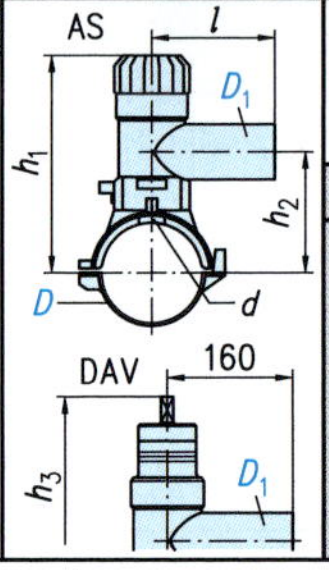

Anbohrschelle AS
Druckanbohrventil
$D_1 = 63, d = 32/35 > 90$

D	h_1	h_2	h_3
63	234	112	272
75	240	118	278
90	248	126	286
110	258	136	296
75	191	113	f. D_1
90	199	121	≤ 40

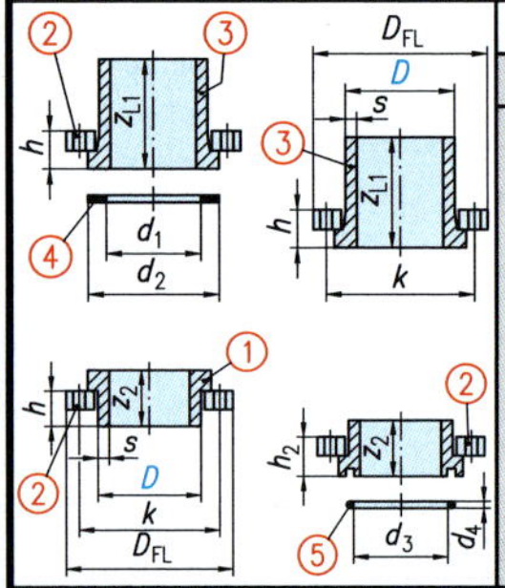

Flansch-Flachdichtung F1 (kurz), F6 (lang)/-Runddichtung F7 (kurz), F3 (lang)

D	d_1	S_{PN6}	h_{PN6}	$d_{2/6}$	S_{PN10}	h_{PN10}	$h_{2/10}$	$d_{2/10}$	d_3	d_4	z_1	z_{L1}	z_2	z_{L2}	D_{Fl}	k	M	Nr. Benennung
20	45	1,8			1,9	7	10	16	23	3,5	50	85	53	88	95	65	12	1 Vorschweißbund – kurz
25	58	1,8	9	21	2,3	9	12	20	28	3,5	50	85	53	88	105	75	12	2 Flansch
32	68	1,9	10	28	3,0	10	13	26	36	3,5	50	85	53	88	115	85	12	3 Vorschweißbund – lang
40	78	2,3	11	35	3,7	11	16	33	44	5,3	50	85	55	90	140	100	16	4 Flachdichtung
50	88	2,9	12	44	4,6	12	17	41	53	5,3	50	85	55	90	150	110	16	5 Runddichtung
63	102	3,6	14	56	5,8	14	19	51	69	5,3	50	95	55	105	165	125	16	S_{PN6}, h_{PN6}, $d_{2/6}$ gilt f. PN 6
75	122	4,3	16	66	6,9	16	21	61	82	5,3	50	125	55	130	185	145	16	S_{PN10}, h_{PN10}, $h_{2/10}$, $d_{2/10}$ gilt
90	138	5,1	17	80	8,2	17	22	74	101	5,3	80	140	85	145	200	160	16	für PN 10 = 1 MPa
110	158	6,3	18	97	10	18	24	90	120	7,0	80	160	85	166	220	180	16	Dicke je nach Werkstoff

146.2 Rohre aus vernetztem Polyethylen PE-X (PHW, Heizung), PE-MDX (Heizung) DIN EN ISO 15875

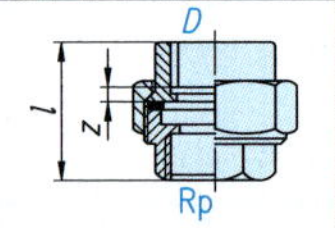

	SDR	TS ≤	PS ≤
Warmwasser	11	60 °C	0,6
	7,4	70 °C	1 MPa
NT-Hzg.	9	60 °C	1 MPa
HT-Hzg.	11	80 °C	0,6
Klas. A	7,4	80 °C	1 MPa

Peroxidvernetzt PE-Xa ≥ 70 % V-Grad
Silanvernetzt PE-Xb ≥ 65 % V-Grad
Physikalisch vernetzt PE-Xc ≥ 60 % V-Grad
Azovernetzt PE-Xd

-X	PN 12,5, SDR 11 oder S 5					PN 16, SDR 9 oder S 4					PN 20, SDR 7,4 o. S 3,2					-MDX PN 12,5, SDR 9/S 4					PN 20, SDR 6 oder S 2,5				
D mm	s mm	d mm	A cm²	V l/m	m kg/m	s mm	d mm	A cm²	V l/m	m kg/m	s mm	d mm	A cm²	V l/m	m kg/m	s mm	d mm	A cm²	V l/m	m kg/m	s mm	d mm	A cm²	V l/m	m kg/m
10	1,3	7,4	0,43	0,04	0,038	1,3	7,4	0,43	0,04	0,04	1,4	7,2	0,41	0,04	0,040						1,8	6,4	0,32	0,032	0,047
12	1,3	9,4	0,69	0,07	0,047	1,4	9,2	0,66	0,07	0,05	1,7	8,6	0,58	0,06	0,057	1,8	0,84	0,55	0,055	0,058	2,0	8,0	0,50	0,050	0,063
16	1,5	13,0	1,33	0,13	0,072	1,8	12,4	1,21	0,12	0,08	2,2	11,6	1,06	0,11	0,098	1,8	1,24	1,21	0,121	0,082	2,7	10,6	0,88	0,088	0,112
20	1,9	16,2	2,06	0,21	0,111	2,3	15,4	1,86	0,19	0,13	2,8	14,4	1,63	0,16	0,153	2,3	1,54	1,86	0,186	0,130	3,4	13,2	1,37	0,137	0,176
25	2,3	20,4	3,27	0,33	0,167	2,8	19,4	2,96	0,30	0,20	3,5	18,0	2,54	0,25	0,238	2,8	1,94	2,96	0,296	0,196	4,2	16,6	2,16	0,216	0,272
32	2,9	26,2	5,39	0,54	0,269	3,6	24,8	4,83	0,48	0,32	4,4	23,2	4,23	0,42	0,382	3,6	2,48	4,83	0,483	0,320	5,4	21,6	3,66	0,366	0,444
40	3,7	32,6	8,35	0,83	0,425	4,5	31,0	7,55	0,75	0,50	5,5	29,0	6,61	0,66	0,594	4,5	3,10	7,55	0,755	0,498	6,7	26,6	5,56	0,556	0,686
50	4,6	40,8	13,1	1,31	0,658	5,6	38,8	11,8	1,18	0,77	6,9	36,2	10,3	1,03	0,926	5,6	3,88	11,82	1,182	0,771	8,4	33,2	8,66	0,866	1,070
63	5,8	51,4	20,8	2,07	1,040	7,1	48,8	18,7	1,87	1,24	8,6	45,8	16,5	1,65	1,45	7,0	4,90	18,86	1,886	1,210	10,5	42,0	13,85	1,385	1,690

D	-MDX PN 10, SDR 11 o. S5 s	d	A	V	m	PN 16, SDR 7,4 o. S 3,2 s	d	A	V	m
12	1,8	8,4	0,55	0,06	0,054	1,8	8,4	0,55	0,06	0,054
16	1,8	12,4	1,21	0,12	0,075	2,2	11,6	1,06	0,11	0,089
20	1,9	16,2	2,06	0,21	0,100	2,8	14,4	1,63	0,16	0,141
25	2,3	20,4	3,27	0,33	0,153	3,5	18,0	2,54	0,25	0,220
32	2,9	26,2	5,39	0,54	0,247	4,4	23,2	4,23	0,42	0,355

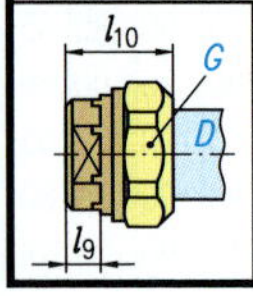

D	G	l_9	l_{10}	D	G	l_9	l_{10}
12	3/8	9	32	32	1	12	37
16	3/8	9	32	40	1¼	14	41
20	½	9	33	50	1½	15	44
25	¾	10	36	62	2	16	48

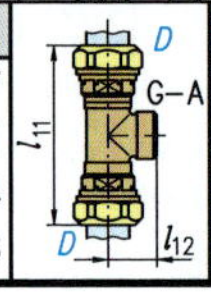

D	G-A	l_{11}	l_{12}
16	3/8	95	23
20	½	103	26
25	¾	115	30
32	1	130	37

Metall-Klemmverbinder für Rohre aus PE-HD, PE-X und PB

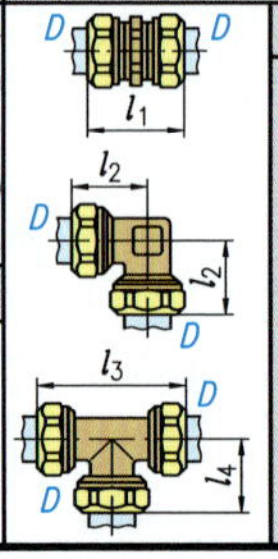

D	l_1	l_2	l_3	l_4	R	l_5	l_6	l_7	l_8
12	35	53			3/8			31	33
16	45	39	66	33	3/8	10,1	40	33	39
18	46	56	70	35	½	13,2	42	35	55
20	50	41	72	36	½	13,2	43	37	41
25	57	50	89	45	¾	14,5	46	44	50
32	64	52	104	52	1	16,8	60	45	52
40	70	60	114	57	1¼	19,1	61	53	60
50	75	92	129	80	1½	19,1	65	57	69
63	78	99	189	92	2	23,4	78	72	103

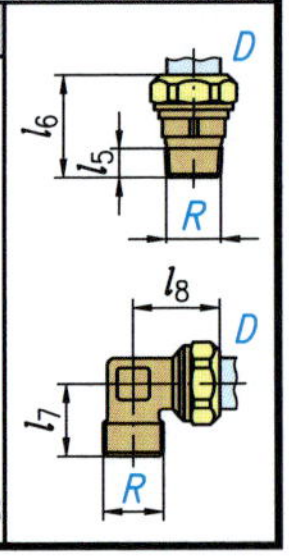

147.1 Mehrschichtverbundrohre P und M, Pressformteile, versch. Hersteller DIN EN ISO 21003

PE-RT/Polymer/PE-RT

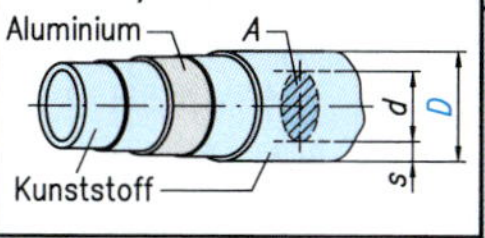

Dauerbetrieb: $p_{zul} \leq 1$ MPa/$\vartheta \leq 70$ °C
Kurzzeit 100 h: $p_{zul} \leq 0{,}6$ MPa/$\vartheta \leq 95$ °C
Ausdehnung $\alpha = 0{,}025$ mm/(m · K)
$r_{Biege} = 5 \times D$; $r_{BF} = 4 \times D$; $\lambda = 0{,}35$ W/mK

D	s	d	A cm²	V l/m	m kg/m	l_{max} m	D	s	d	A cm²	V l/m	m kg/m
14	2	10	0,78	0,08	0,101	38,2	16	2	12	1,13	0,113	0,112
17	2	13	1,33	0,13	0,125	22,6	20	2	16	2,01	0,201	0,154
20	2	16	2,01	0,21	0,150	14,9	26	3	20	3,14	0,314	0,294
26	3	20	3,14	0,32	0,270	10,6	32	3	26	5,31	0,531	0,404
32	3	26	5,31	0,54	0,340	5,7	40	3,5	33	8,55	0,855	0,583
40	3,5	33	8,55	0,86	0,516	3,5	50	4	42	13,9	1,385	0,879
50	4	42	13,9	1,39	0,718	2,2	63	4,5	54	22,9	2,290	1,321
63	4,5	54	22,9	2,29	1,06	1,3	75	5	65	33,2	3,316	1,6

PE-X/AL/PE-HD

$p_{zul} \leq 1$ MPa/$\vartheta \leq 95$ °C
$p_{kurz} \leq 1$ MPa/$\vartheta \leq 100$ °C
$\alpha = 0{,}026$ mm/mK
$\lambda = 0{,}45$ W/mK
$r_{frei\,18} = 80$ mm
$r_{frei\,20} = 100$ mm
$r_{BF\,16} = 48$ mm
$r_{BF\,20} = 60$ mm

alpex F50

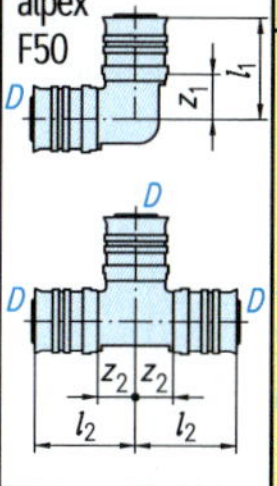

D	l_1	z_1	l_2	z_2
16	37	13	38	13
20	39	14	40	14
26	51	18	51	18
32	56	22	55	22
40	66	27	67	27
50	80	29	80	31
63	91	36	95	41
75	105	51	105	51

PE-Xb/AL/PE-RT

d mm	d_i mm	s mm
16	12	2
20	16	2
25	20	2,5

$\alpha = 0{,}029$ mm/mK
$\lambda = 0{,}41$ W/mK

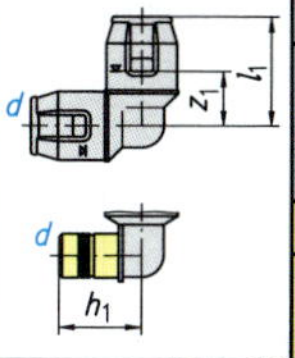

d	l_1 mm	z_1
16	49	24
20	53	27
25	61	32
d	**h_1**	**l_2**	**z_2**
16	35	51	25
20	37	55	29

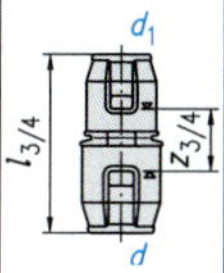

d	d_1	$l_{3/4}$	$z_{3/4}$
16	16	74	24
20	20	77	26
25	25	87	29
20	16	76	25
25	16	82	27
25	20	86	28

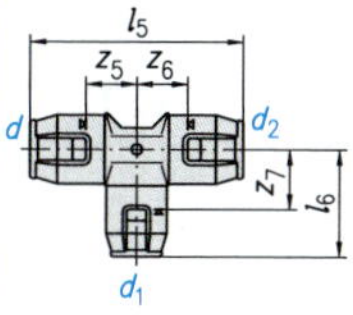

d	d_1	d_2	l_5	l_6	z_5	z_6	z_7
20	16	16	99	52	25	26	24
20	16	20	101	52	25	26	25
20	20	16	104	53	27	27	26
25	16	25	110	55	26	29	26
25	20	20	110	56	28	30	27
25	20	25	114	56	28	30	28
25	25	20	117	61	32	32	30
16	16	16	98	49	24	24	24
20	20	20	105	53	27	27	27
25	25	25	122	61	32	32	32

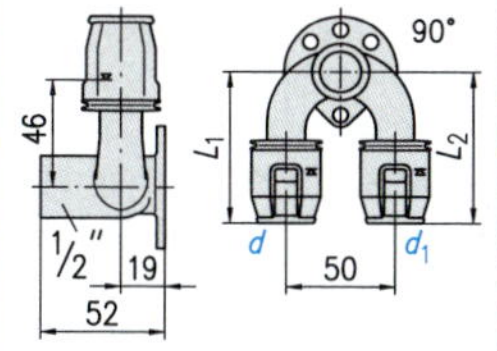

Doppelanschluss-⊀

d	d_1	L_1	L_2
16	16	71	71
16	20	71	72
20	16	72	71
20	20	72	72

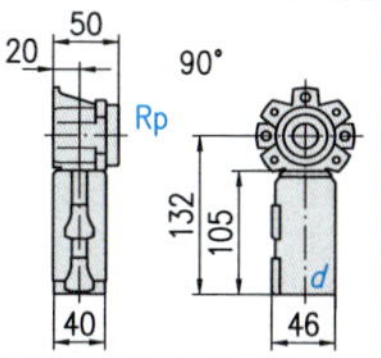

Anschlussdose

d	R_p
16	½
20	½
20	¾

Verteiler

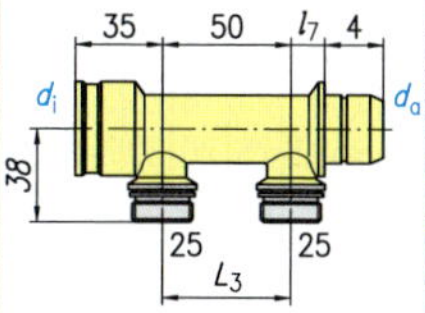

d_a	d_i	l_7	L_3	Abgangzahl
28	28	15	124	2
28	28	15	174	3

Wasser	$p_{Betrieb} \leq$	ϑ °C	Medium	$p_{Betrieb} \leq$	ϑ °C
Trinkwasser 1)	1,6 MPa	≤ 20	Heizungsw.	1 MPa	85 2) 3)
Trinkwasser 2)	1 MPa	≤ 70	Glykolgem.	1 MPa	≤ 40
Regenw.	1 MPa	≤ 40	Druckluft 1	1 MPa	≤ 40
Meerw.	1 MPa	≤ 40	Druckluft 2	1 MPa	≤ 40
Osmose	1 MPa	≤ 70	Druckluft 3	1 MPa	≤ 40
entsalzt	1 MPa	≤ 70	Stickstoff	1 MPa	≤ 40
enthärtet	1 MPa	≤ 70			
Desinfekt.	1 MPa	≤ 40			

1) Lebensdauer 50 Jahre
2) kurzzt. 95° (max. 150 h/Jahr)
3) Lebensdauer 10 Jahre

Metallverbundrohr PE-Xb/AL/PE-RT System PushFit Herstellerang.

	rund 6 mm vorgedämmt			Schutzrohr		Heizung		NPW	10 mm vorgedämmt		
d/s	16/2	20/2	25/2,5	16	20	16	20	25	16	20	25
J/m · k	189	244	370	s = 2	2	s = 2	2	2,5	s = 2	2	2,5
d_i mm	12	16	20	12	16	12	16	20	12	16	20
$D_{a\,ISO}$	28	32	37						36	40	45
m kg/m	0,112	0,153	0,231	0,163	0,214	0,099	0,137	0,212	0,126	0,168	0,248
m_W 4)	0,226	0,354	0,545	0,276	0,416	0,212	0,339	0,526	0,239	0,396	0,562
V l/m	0,113	0,201	0,314								

4) Rohrgewicht mit Wasser 10 °C in kg/m

Wärmekapazität in J/m · k

d	c	c
16	189	164
20	244	214
25	370	334
16	276	214
20	345	272
25		401

Faserverbundrohr MF

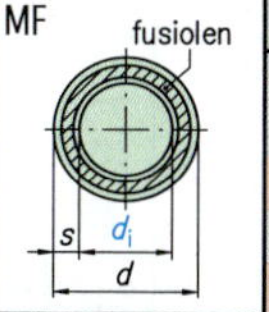

SDR 7,4/11/ 17,6 MF blau

d	s	d_i	m
20	2,8	14,4	0,159
25	3,5	18	0,247

green pipe

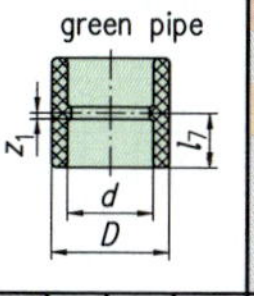

d mm	16	20	25	32	40	50	63	75
l_1	15	16	17,5	20,3	23,8	26,5	30,3	33,3
z_1	2	1,5	1,5	2,25	3,25	3	2,75	3,25
D mm	24,5	29,5	34	43	52	68	84	100
m g	8	11	14	26	44	84	139	226

fusiolen PP-R SDR 7,4/S 3,2

d	s	d_i	V l/m	m kg/m
20	2,8	14,4	0,163	0,159
25	3,5	18	0,254	0,247
32	3,6	23,2	0,379	0,394
32	4,4	24,8	0,483	0,328
40	4,5	29	0,59	0,613
40	5,5	31	0,754	0,511
50	5,6	36,2	0,919	0,955
50	6,9	38,8	1,182	0,791
63	7,1	45,8	1,444	1,5
63	8,6	48,8	1,869	1,261
75	8,4	54,4	2,054	2,135
75	10,3	58,2	2,659	1,771
90	10,1	65,4	2,943	3,058
90	12,3	69,8	3,825	2,553
110	12,3	85,4	5,725	3,789
110	15,1	79,8	4,403	4,576

$p_{ü\,zul}$ PWC/PWH in MPa

SDR	a 5)	11 S	7,4 S	7,4 MS	7,4 MF	9 MF
20	1	1,5	2,38	65,3	2,86	-RP
°C	10	1,37	2,17	2,73	2,61	2,39
	50	1,29	2,04	2,57	2,45	2,31
30	1	1,28	2,02	2,55	2,43	2,17
°C	10	1,16	1,83	2,31	2,20	2,06
	50	1,09	1,73	2,18	2,07	2,00
40	1		1,71	2,15	2,05	1,87
°C	10		1,56	1,96	1,87	1,77
	50		1,45	1,83	1,75	1,70
50	1		1,45	1,83	1,75	1,59
°C	10		1,31	1,65	1,57	1,51
	50	≙1/60	1,22	1,54	1,47	1,45
60	10		1,10	1,38	1,32	1,28
°C	25		1,05	1,33	1,26	1,25
	50		1,01	1,27	1,21	1,23
65	1		1,16	1,46	1,39	1,24
°C	50		0,88	1,11	1,06	1,12
70	1		1,03	1,30	1,24	1,14
°C	10		0,93	1,17	1,11	1,07
	25		0,80	1,01	0,96	1,05
	50		0,67	0,85	0,81	1,02

$p_{ü\,zul}$ Heizung/geschl. System Dauertemperatur 70 °C in MPa

SDR ϑ °C	a 5)	11 MF OT/S	17,6 MF	7,4 MF/S	9 MF RP	SDR ϑ °C	a 5)	11 MF OT/S	17,6 MF	7,4 MF/S	SDR 9 MFRP
75	5	0,938	0,538	1,427	1,290	85+	5	0,791	0,454	1,203	1,040
(30	25	0,782	0,448	1,174	1,220	(60	25	0,605	0,347	0,922	0,990
Tge)	45	0,677	0,389	1,018	1,200	Tge)	35	0,557	0,320	0,848	0,980
80	5	0,888	0,509	1,350	1,170	90+	5	0,725	0,416	1,104	0,950
(30	25	0,738	0,424	1,114	1,110	(60	25	0,512	0,294	0,781	0,910
Tge)	42,5	0,649	0,372	0,979	1,090	Tge)	30	0,490	0,281	0,746	0,900
85	5	0,817	0,469	1,242	1,070	75+	5	0,971	0,526	1,402	1,220
(30	25	0,670	0,385	1,014	1,010	(90	25	0,745	0,427	1,133	1,160
Tge)	37,5	0,607	0,349	0,918	1,000	Tge)	45	0,645	0,370	0,982	1,140
90	5	0,750	0,430	1,139	0,980	80+	5	0,846	0,485	1,290	1,130
(30	10	0,585	0,336	0,886	0,920	(90	25	0,660	0,378	1,605	1,070
Tge	35	0,539	0,309	0,816	0,910	Tge)	37,5	0,598	0,343	0,909	1,060
75	5	0,926	0,531	1,411	1,230	85	5	0,776	0,445	1,181	1,030
+	10	0,890	0,511	1,357	1,210	+	10	0,703	0,404	1,072	1,010
(60	25	0,762	0,437	1,158	1,170	(90	25	0,563	0,323	0,858	0,908
Tge)	45	0,660	0,379	1,005	1,150	Tge)	32,5	0,528	0,303	0,803	0,970
80	5	0,861	0,494	1,312	1,140	90+	5	0,696	0,399	1,059	0,940
+	10	0,824	0,473	1,254	1,120	(90	10	0,588	0,337	0,896	0,920
(60	25	0,693	0,398	1,056	1,080	Tge)	25	0,470	0,270	0,717	0,890
Tge)	40	0,618	0,355	0,941	1,070						

5) Betriebsjahre

148.1 Faserverbundrohrsysteme, Muffenschweißformteile SDR 6; 7,4; 9; 11; 17,6 (Herstellerangabe) Maße in mm

W 90°

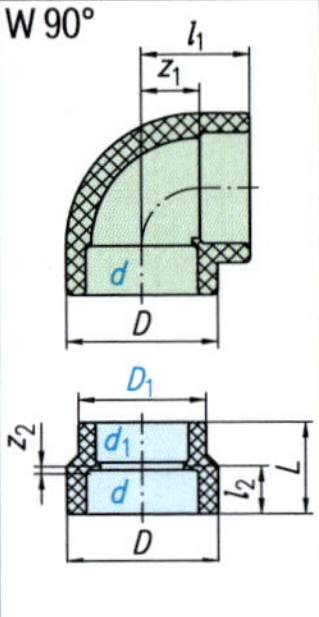

d	D	z_1	l_1	d	d_1	D	l_2	z_2	d	d_1	D	l_2	z_2	d	d_1	D	l_2	z_2	d	d_1	D	D_1	L	l_2	z_2	m g
16	24,5	9	22	20	16	24,5	39	26	50	32	43	54	36	75	40	52	69,5	49	40	32	52	43	44	24	3,5	50
20	29,5	11	25,5	25	16	26	38	25	50	40	52	52,5	32	75	50	68	63	39,5	50	32	68	43	47	26,5	3	93
25	34	13,5	29,5	25	20	29,5	38,5	24	63	20	29,5	65	50,5	75	63	84	71	43,5	50	40	68	52	50,5	26,5	3	98
32	43	17	35	32	20	29,5	37,5	23	63	25	34	65	49	90	50	68	75	51,5	63	40	84	52	54	30,5	3	163
40	52	21	41,5	32	25	34	38	22	63	32	43	62	44	90	63	84	78	50,5	63	50	84	68	56	30	2,5	171
50	68	26	49,5	40	20	29,5	45	30,5	63	40	52	65	44,5	90	75	100	81,5	51,5	75	50	100	68	60	33,5	3,5	258
63	84	32,5	60	40	25	34	50	34	63	50	68	63,5	40	110	63	84	86	58,5	75	63	100	84	62,5	32,5	2,5	268
75	100	38,5	68,5	40	32	43	50	32	75	20	34,5	65,5	51	110	75	100	89	59	90	63	120	84	66,5	36,5	3,5	414
90	120	46	79	50	20	29,5	55	40,5	75	25	34,5	65,5	49,5	110	90	120	99	66	90	75	120	100	69	36	3	430
110	147	56	93	50	25	34	55	39	75	32	52	69,5	51,5	110	90	147	41	4	110	75	147	100	74,5	41	4	733

T-Stück egal und **reduziert**

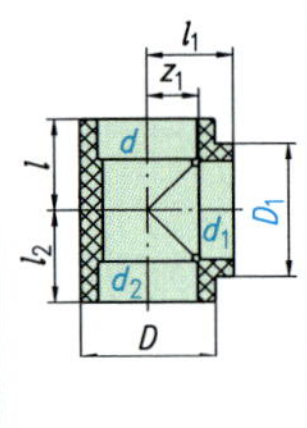

d	D	z	l	d	d_1	d_2	D	D_1	l	l_1	l_2	z	z_1	z_2
16	24,5	9	22	20	16	16	29,5	29,5	25,5	25,5	25,5	11	12	12,5
20	29,5	11	25,5	20	16	20	29,5	29,5	25,5	25,5	25,5	11	12	11
25	34	15	31	20	20	16	29,5	29,5	25,5	25,5	25,5	11	11	12,5
32	43	17	35	20	25	20	34	34	31	30,5	31	16,5	14	16,5
40	52	20	40,5	25	16	16	34	34	31	30,5	31	15	17,5	18
50	68	26	49,5	25	16	20	34	34	31	30,5	31	15	17,5	16,5
63	84	32,5	60	25	16	25	34	34	31	30,5	31	15	17,5	15
75	100	38,5	68,5	25	20	20	34	34	31	30,5	31	15	16	16,5
90	120	46	79	25	20	25	34	34	31	30,5	31	15	16	15
110	147	56	93	32	16	32	43	29,5	35	31	35	17	18	17

d	d_1	d_2	D	D_1	l	l_1	l_2	z	z_1	z_2	m g
32	20	20	43	43	36,5	37	36,5	18,8	22,5	22,3	75
32	20	32	43	29,5	35	31	35	17	16,5	17	49
32	25	25	43	43	35	34,5	35	17	18,5	15	69
32	25	32	43	43	35	34,5	35	17	18,5	17	50
40	20	40	52	34	41,5	36	41,5	21	21,5	21	91
40	25	40	52	34	41,5	36	41,5	21	20	21	90
40	32	40	52	34	42	40,5	42	21,5	22,5	21,5	92
50	20	50	68	29,5	49,5	40,5	49,5	26	26	26	161
50	25	50	68	43	49,5	44,5	49,5	26	28,5	26	158
50	32	50	68	43	49,5	44,5	49,5	26	26,5	26	159
50	40	50	68	68	49,5	49,5	49,5	26	29	26	161
63	32	63	84	52	60	53,5	60	32,5	35,5	32,5	342
63	40	63	84	52	60	53,5	60	32,5	33	32,5	333
63	50	63	84	84	60	60	60	32,5	36	32,5	402
75	40	75	100	52	68,5	59	68,5	38,5	38,5	38,5	496
75	50	75	100	84	68,5	66	68,5	38,5	42,5	38,5	553
75	63	75	100	84	68,5	66	68,5	38,5	38,5	38,5	518
90	40	90	120	52	79	65	79	46	44,5	46	870
90	50	90	120	84	79	75	79	46	51,5	46	908
90	63	90	120	84	79	75	79	46	47,5	46	874
90	75	90	120	120	79	81	79	46	51	46	993

Einschweißsattel

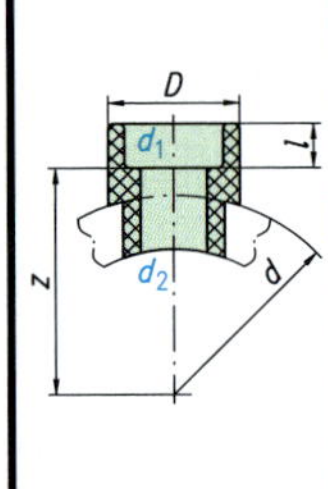

d	d_1	d_2	D	l	z	d	d_1	d_2	D	l	z
40	20	25	32,5	25	27	75	40	40	51	40	34
40	25	25	32,5	25	28,5	90	20	25	58	25	27,5
50	20	25	38	25	27,5	90	25	25	57,5	25	28,5
50	25	25	37,5	25	28,5	90	32	32	57	32	30
63	20	25	44,5	25	27,5	90	40	40	58,5	40	34
63	25	25	44	25	28,5	110	20	25	68	25	27,5
63	32	32	43,5	32	30	110	25	25	68,5	25	28,5
75	20	25	50,5	25	27,5	110	32	32	67	32	30
75	25	25	50	25	28,5	110	40	40	68,5	40	34
75	32	32	49,5	32	30	110	50	50	65,5	50	34

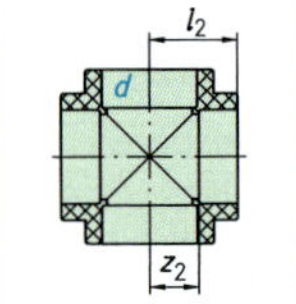

d	D	z	l	m g
20	29,5	26	11,5	25
25	34	30	13,5	35
32	43	35	17	64
40	52	42	21	99

148.2 Schiebehülsen-Fittingsystem für PE-X und Verbundrohre (Herst.ang.) Maße in mm

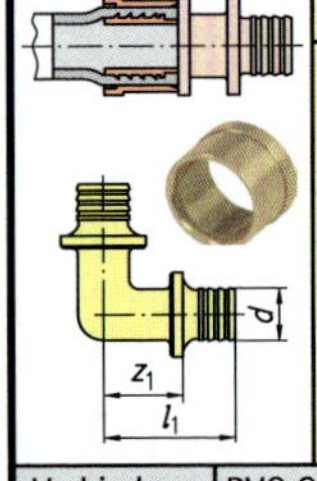

d	z_1	l_1
14	23	38
16	23	38
20	25	42
25	30	54
32	35	66
40	38	73
50	45	84
63	53	99

TECEflex

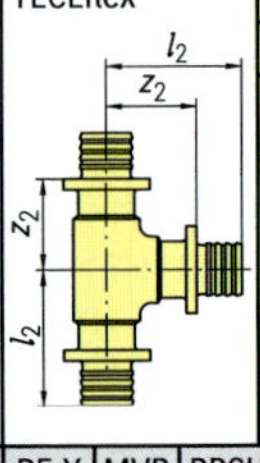

T-Stück

d	z_2	l_2
16	24	39
20	25	42
25	30	54
32	35	66
40	43	76
50	49	87
63	54	99

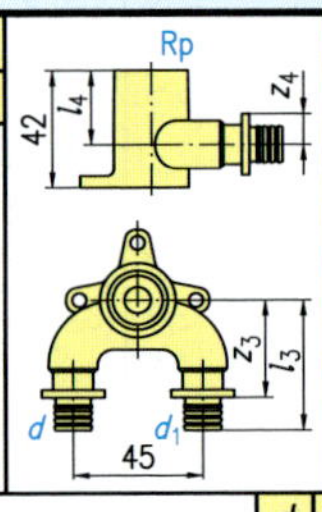

Doppelwandscheibe

d	16	20
d_1	16	20
R_p	½	½
z_3	37	26
z_4	12	11
l_3	51	53
l_4	27	26

Kupplung

d	z_5	l_5
16	14	43
20	14	48
25	17	64
32	19	81
40	24	91
50	26	103
63	28	118

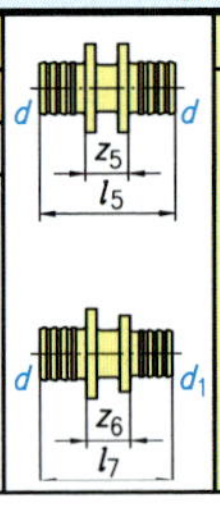

d	d_1	z_6	l_7
20	16	14	45
25	16	15	53
25	20	15	56
32	20	16	64
32	25	18	72
40	32	22	87
50	40	25	97
63	50	26	110

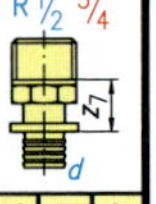

d	z_7	l_8
16	18	46
20	18	48
20	18	49
25	21	59

Verbindung	PVC-C	PP-R	PB	PE-X	MVR	PPSU	PVDF
kleben	x					nur als	
schweißen		x	x			Fittings	
klemmen			x	x		angeboten	
schieben				x	x		
pressen			x	x	x	x	x
stecken			x			x	

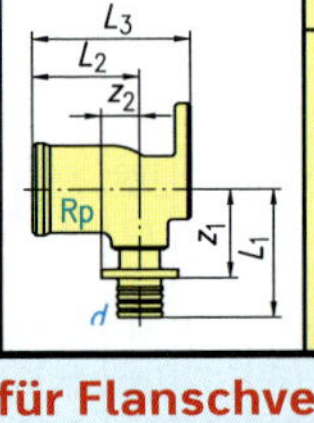

d	16	20	20	25
R_p	½	½	¾	¾
z_1	28	28	32	33
z_2	17	17	19	19
l_1	43	45	49	57
l_2	32	32	35	35
l_3	47	47	50	54

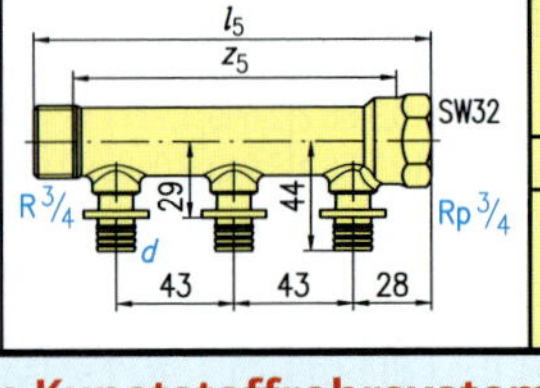

Verteiler
R ¾" x R_p ¾"
x-fach × 16

d	16	16
x-	2-f.	3- f.
z_5	71	114
l_5	100	143

148.3 Schraubenanzugsmomente für Flanschverbindung im Kunststoffrohrsystem in Nm

Nennweite DN	$p_{Betrieb}$	15	20	25	32	40	50	65	80	100	125	150	200	Flansch-Bundausführung	Einsatzgrenzen/Bemerkung
Flachdichtung	≤ 1 MPa	15	15	15	20	30	35	40	40	40	50	60	70	mit Dichtrillen DR	> DN 200, $p_{Betrieb}$ ≤ 0,6 MPA; ≤ 40 °C
Profil/O-Ring	≤ 1,6 MPa	15	15	15	15	15	20	25	25	30	35	40	50	mit und ohne DR/mit Nut	Profil = Flachring profiliert

149.1 Nahtloses Kupferrohr für Trinkwasser-, Heizungs- und Gasleitungen DIN EN ISO 1057

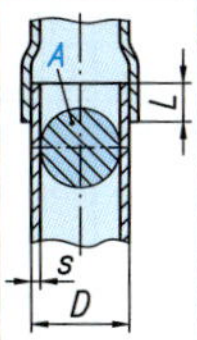

D in mm	innen	Länge	Form	Zustand
6–28	blank	25/50	Ring	R_m 220 MPa
12–22	verzinnt	25 m	Ring	R_m 220 MPa
6–159	blank	3 m/5 m	Stange	R_m 250 MPa
6–267	blank	3 m/5 m	Stange	R_m 290 MPa
12–108	verzinnt	5 m	Stange	R_m 290 MPa

Kupferwerkstoffzusammensetzung nach DIN EN ISO 1190							
Bezeichnung nach DIN EN ISO 1190	DIN 1700 alt	R_m in MPa = N/mm²	$R_{p0,2}$ N/mm²	A %	HB 30	Zustand	Werkstoff-Nr. DIN 17007
Cu-DHP-R 220	SF-CuF 22	220–270	≤ 140	40	55	weich	2.0090.10
Cu-DHP-R 250	SF-CuF 25	250–300	≥ 150	20	80	halbh.	2.0090.26
Cu-DHP-R 290	SF-CuF 29	≥ 290	≥ 250	6	95	hart	2.0090.30

R: Zugfestigkeit in N/mm²; *A*: Bruchdehnung in %; HB 30: Härte; Ringaußendurchmesser 500–900 mm

Gruppe **A** Gas- und Trinkwasserrohre									Heizungsrohr				
DN	D mm	s mm	d_i	A cm²	V l/m	m kg/m	A'_o m²/m	t mm	s mm	d_i	A cm²	V l/m	m kg/m
4	6	1	4	0,13	0,013	0,140	0,019	5,8	0,6	4,8	0,18	0,018	0,091
6	8	1	6	0,28	0,028	0,196	0,025	6,8	0,6	6,8	0,36	0,036	0,124
8	10	1	8	0,50	0,050	0,252	0,031	7,8	0,6	8,8	0,61	0,061	0,158
10	12	1	10	0,79	0,079	0,308	0,038	8,6	0,7	10,4	0,85	0,085	0,274
12	15	1	13	1,33	0,133	0,391	0,047	10,6	0,8	13,4	1,41	0,141	0,314
15	18	1	16	2,01	0,201	0,475	0,057	12,6	0,8	16,4	2,11	0,211	0,385
20	22	1	20	3,14	0,314	0,587	0,069	15,6	0,9	20,2	3,20	0,320	0,531
25	28	1	26	5,31	0,531	0,755	0,088	18,4	1,0	26,0	5,31	0,531	0,755
32	35	1,2	32,6	8,35	0,835	1,134	0,110	23,0	1,0	33,0	8,55	0,855	0,951
40	42	1,2	39,6	12,32	1,232	1,369	0,132	27,0	1,0	40,0	12,57	1,257	1,146
50	54	1,5	51,0	20,43	2,043	2,202	0,170	32,0	1,2	51,6	20,91	2,091	1,768
	64	2	60	28,24	2,827	3,467	0,201	32,5					
65	76,1	2	72,1	40,83	4,083	4,144	0,239	33,5	1,5	73,1	41,97	4,197	3,124
80	88,9	2	84,9	56,61	5,661	4,859	0,279	37,5					
100	108	2,5	103	83,32	8,332	7,374	0,339	47,5					

A'_o : Rohroberfläche m²/m
t : Einstecktiefe in mm

E R 220 dünnwandige Kupferrohre mit PE-Mantel, weiß, $\lambda_{PE} = 0{,}35$ W/(m · k)

D_M	s	d_i	s_{Cu}	V	m
14	2	10	0,30	0,079	0,147
16	2	12	0,35	0,113	0,189
18	2	14	0,35	0,150	0,271
20	2	16	0,50	0,201	0,311
26	3	20	0,50	0,310	0,511

Stegmantel außen

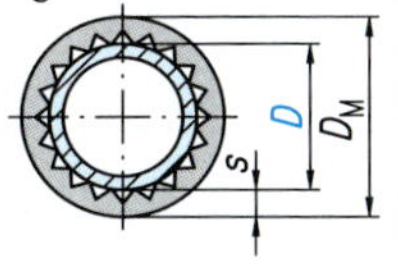

D_M: ⌀ mit Mantel; innen: blank

Wärmedämmung			
D	D_{50}	D_{100}	l_{ab}
12	26	33	120
15	29	37	150
18	32	41	180
22	26	46	120
28	33	64	160
35	40	72	160
42	48	91	200
54	60	116	200

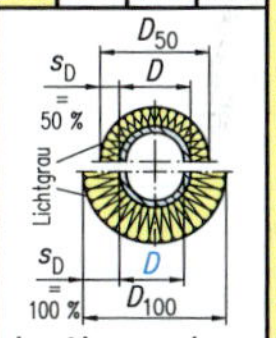

l_{ab}: Abmantelung

B R 290		$p_{ü\,zul.}$	MPa
D	s mm	S 3,5	S 4
6	1,0	22,9	20,0
8	0,8	16,3	14,3
8	1,0	12,7	11,1
10	0,8	10,4	9,1
10	1,0	8,2	7,1
12	0,7	6,7	5,9
12	0,8	5,4	4,8
15	0,8	4,2	3,7
18	0,8	4,1	3,6
22	0,9	3,4	3,0
22	1,5	3,3	2,9
28	1,0	3,7	3,2
35	1,0	3,1	2,7
42	1,0	2,6	2,3
50	1,2	2,7	2,4

149.2 Kapillar-Lötfittings für Kupferrohre, Herstellerangabe, Maße in mm DIN EN 1254

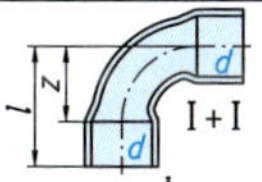

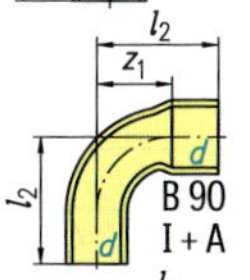

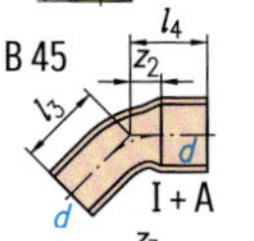

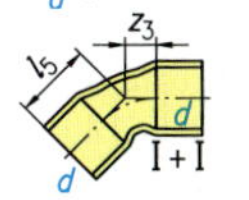

	95002 A I+I		95001 A I+A			95040 I+A			95041		Winkel		Muffe	
d	l	z	l_1	l_2	z_1	l_3	l_4	z_2	l_5	z_3	l_6	z_4	l_7	z_5
8	17	10	18	17	10	Innen/außen			I+I		14	7	15	1
10	22	14	24	22	14	16	14	6	14	6	22	14	17	1
12	23	14	25	23	14	16	15	5	14	5	21	12	19	2
15	29	18	31	29	18	19	17	6	17	6	21	10	23	2
18	32	19	37	35	22	23	21	8	21	8	25	12	27	2
22	42	26	43	42	28	27	25	9	25	9	31	15	32	2
28	52	33	55	53	34	33	31	12	31	12	38	19	38	2
35	65	42	67	65	42	40	38	15	38	15	51	28	48	2
42	77	50	79	77	50	46	44	17	44	17	61	34	56	2
54	97	65	98	97	65	56	54	22	54	22	77	45	66	2
64	116	83	111	109	76	80	72	32	70	37	109	76	70	5
76,1	134	100	126	125	92	74	71	35	67	33	100	67	72	4
88,9	150	112	148	145	107	85	82	44	78	40	116	79	80	5
108	225	177	Bogen 90°			Bogen 45°			110	62	178	130	100	4

Winkel 94090 G						Muffe 95240			
d	Rp	l_8	l_9	z_6	z_7	d	d_1	l_{10}	z_8
12	½	19	21	10	12	12	10	20	4
15	³/₈	18	21	6	10	15	10	23	5
15	½	22	23	12	12	15	12	26	5
15	¾	23	28	12	17	18	12	29	7
18	½	23	25	14	12	18	15	27	4
18	¾	24	29	13	16	22	12	35	9
22	½	23	27	19	11	22	15	37	7
22	¾	26	32	16	16	22	18	35	6
22	1	30	35	11	19	28	15	44	12
28	¾	32	34	19	15	28	18	42	7
28	1	32	40	19	21	28	22	43	5
35	1¼	40	47	19	23	35	22	50	11
42	1½	45	53	24	26	35	28	52	9
54	2	55	64	29	32	42	35	60	10

Wandscheibe 94471 G							
d	Rp	a_1	a_2	a_3	a_4	b_1	b_2
12	½	25	20	9	22	10	13
15	¾	23	18	11	21	6	10
15	½	25	22	10	24	12	13
18	½	25	23	12	26	13	13
18	¾	30	24	12	29	13	16
22	½	21	23	15	31	13	15
22	¾	21	27	15	33	16	17
28	1	34	35	18	37	15	19

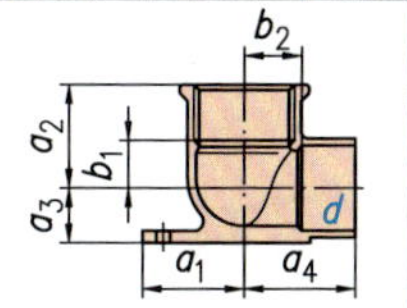

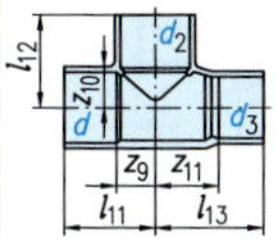

T-Stück 95130									T-Stück 95130 Fortsetzung									T-Stück 95130 Fortsetzung								
d	d_2	d_3	l_{11}	l_{12}	l_{13}	z_9	z_{10}	z_{11}	d	d_2	d_3	l_{11}	l_{12}	l_{13}	z_9	z_{10}	z_{11}	d	d_2	d_3	l_{11}	l_{12}	l_{13}	z_9	z_{10}	z_{11}
12	12	12	16	16	16	7	7	7	18	18	15	23	23	27	10	10	16	22	28	22	36	34	36	20	15	20
12	15	12	20	19	20	11	5	11	18	22	18	28	29	28	15	13	15	28	28	28	34	35	34	15	16	15
15	15	15	19	20	19	8	9	8	22	22	22	28	28	28	12	12	12	28	15	22	30	29	36	11	18	20
15	12	12	19	20	23	8	11	14	22	15	15	25	23	28	9	12	17	28	15	28	29	29	29	10	18	10
15	12	15	19	20	19	8	11	8	22	15	18	25	23	28	9	12	7	28	18	18	31	31	37	12	18	24
15	15	12	19	20	24	8	9	15	22	15	22	25	23	25	9	12	9	28	18	22	31	31	37	12	18	21
15	18	15	24	23	24	13	10	13	22	18	15	27	27	32	11	14	11	28	18	28	29	31	29	10	18	10
15	22	15	27	29	27	16	13	16	22	18	18	27	27	32	11	14	19	28	22	22	31	34	37	12	18	21
18	18	18	23	24	23	10	11	10	22	18	22	27	27	27	11	14	11	28	22	28	31	34	31	12	18	12
18	15	15	21	24	25	8	13	14	22	22	15	28	28	33	12	12	22	35	35	35	42	45	42	19	22	19
18	15	18	21	24	21	8	13	8	22	22	18	28	28	33	12	12	20	35	22	28	38	37	45	15	21	26

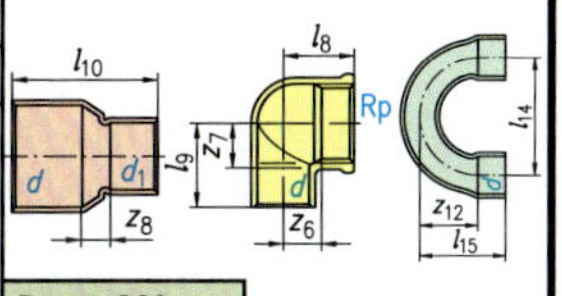

Bogen 80°			
d	l_{14}	l_{15}	z_{12}
10	30	25	17
12	34	26	17
15	45	34	23
18	52	39	26
22	66	48	32
28	84	60	41

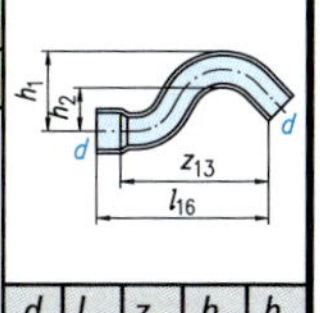

d	l_{16}	z_{13}	h_1	h_2
15	80	68	35	20
18	87	73	38	20

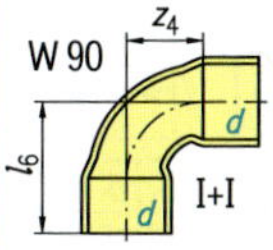

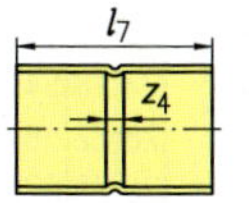

150.1 Kapillar-Lötfittings für Kupferrohre, Verschraubungen, Maße in mm (Herst.ang.) DIN EN 1254

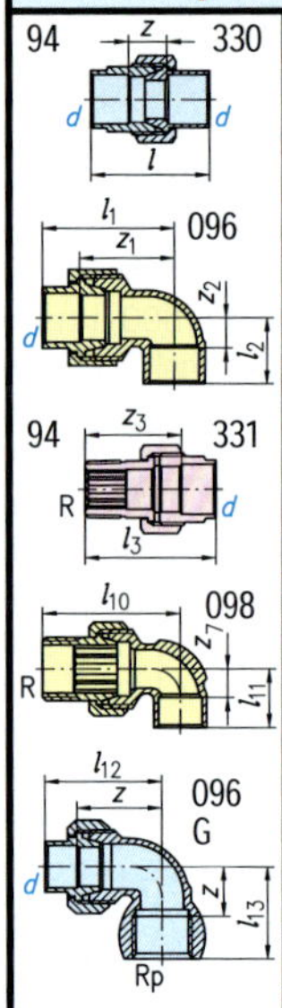

94330			94096 WVS				94331 G/94330 G					80 G
d	l	z	l_1	l_2	z_1	z_2	R/R_p	l_3	z_3	l_4	z_4	l_5
15	35	13	41	20	30	9	½	46	35	47	21	38
18	40	14	45	25	32	12	½	48	35	50	22	40
22	45	14	52	30	36	14	¾	54	38	54	22	44
28	55	18	60	37	42	18	1	63	44	59	21	51
35	65	22	Rotguss				1¼	74	51	Rg/Ms		60

94098 G Winkelverschraubung									94- /94-			
d	R_p/R	l_{10}	l_{11}	z_7	l_{12}	l_{13}	z_8	z_9	l_{14}	z_{10}	l_{15}	z_{11}
10	¼	39	17	9		94096 G			340 G		341 G	
12	³/₈	43	18	9	37	26	28	14	37	16	38	29
12	½	49	18	9					41	21	45	36
15	½	49	20	9	42	33	31	18	47	21	44	33
18	½	51	25	12	44	33	31	21	49	21	47	34
18	¾	59	25	12	52	39	39	23	49	23	51	38
22	¾	59	30	14	53	39	37	23	53	21	52	36
28	1	68	37	18	63	47	44	28	58	20	60	41
35	1¼	76	45	22	73	57	50	35	70	25	68	45
42	1½	85	51	24	86	59	58	34	72	23	78	51
54	2	100	60	28	101	69	68	43	81	23	86	54

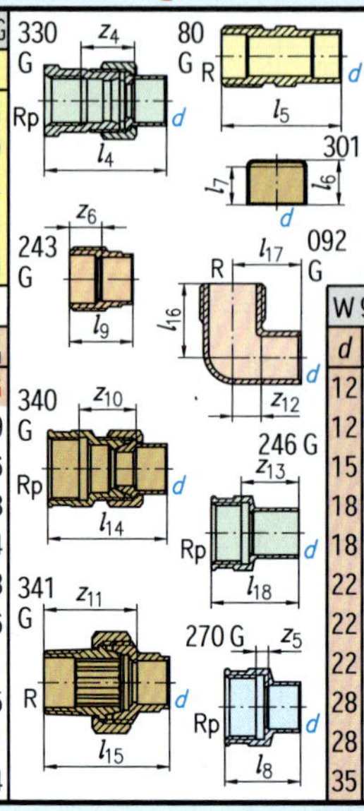

Kappe 95301					
d	l_6	l_7	d	l_6	l_7
10	10	8	28	21	18
12	11	9	35	29	25
15	13	11	42	33	27
18	15	13	54	37	32
22	18	15	64	37	33

W 94092 G / M 94246 G						
d	R/R_p	l_{16}	l_{17}	z_{12}	l_{18}	z_{13}
12	³/₈	23	18	9	26	18
12	½	26	19	10	32	21
15	½	28	21	10	32	20
18	½	30	32	18	33	22
18	¾	31	27	14	36	24
22	½	33	27	11	36	24
22	¾	33	29	14	38	25
22	1	39	33	17		
28	¾	38	33	18	41	28
28	1	46	38	19	45	30
35	1¼	45	45	22	58	37

Muffe 94270 G/-243 G					
d	R_p/R	l_8	z_5	l_9	z_6
10	½	25	5	23	15
12	½	25	5	23	14
15	½	28	5	20	15
15	¾	29	5	27	16
18	½	30	5	28	15
18	¾	31	5	26	13
22	½	33	1	33	17
22	¾	34	5	32	16
22	1	36	5	32	16
28	¾	37	1	37	18
28	1	40	5	37	18
28	1¼	44	10	40	19
35	1	43	8	45	22
35	1¼	51	13	44	21
35	1½			35	12
42	1¼	55	14	53	26
42	1½	55	12	48	21
54	2	64	15	60	28

150.2 Kupfer-Pressfitting-System, Auszug — Maße in mm (Herstellerangabe)

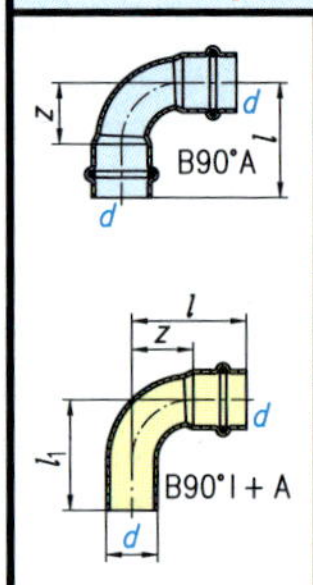

Bogen 90°			I + A	45° A		I + A
d	l	z	l_1	l_2	z_1	l_3
12	32	14	34	24	6	26
15	38	16	41	29	7	29
18	40	18	42	29	7	30
22	49	26	51	34	11	36
28	55	31	60	36	12	40
35	59	33	63	41	15	42
42	69	33	71	53	17	52
54	95	55	96	62	22	64

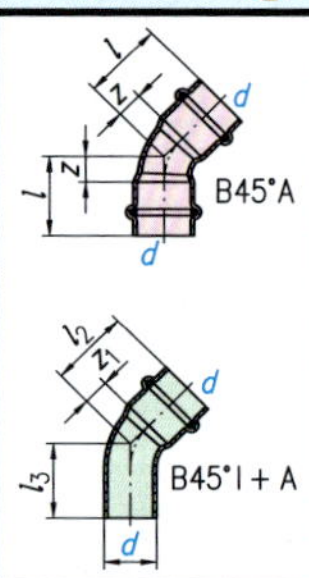

Werkstoffe	Cu-DHP/CuSn5Zn5Pb5-C (s. 143.1)			
Medium	ϑ_{zul}	p_{zul}	Dichtringe	weitere Verwendung
Trinkwasser	110 °C	1,6 MPa	EPDM-schwarz	Sprinkler-/Löschwassera.
Heizung	110 °C	1,6 MPa	EPDM-schwarz	Fernwärmeversorgung
Solaranlage	200 °C	0,6 MPa	FKM/Viton-grün	Niederdruckdampfanlage
Gas, Flüssigg.	650 °C	0,1 MPa	HNBR-gelb-braun	inerte Gase/Druckluft
Öl	110 °C	1 MPa	HNBR-gelb-braun	Kühlwasserleitung

EPDM: Ethylen-Propylen-Dien-Kautschuk; FKM: Fluor-Kautschuk
HNBR: Acrylnitril-Butadien-Kautschuk

Profipress d = 12–64 mm; Profipress XL d = 64/76,1/88,9/108 mm

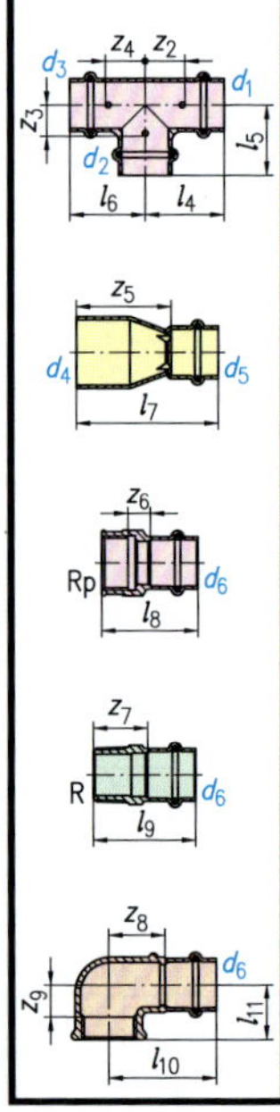

T-Stück Profipress									T-Stück Fortsetzung								
d_1	d_2	d_3	l_4	l_5	l_6	z_2	z_3	z_4	d_1	d_2	d_3	l_4	l_5	l_6	z_2	z_3	z_4
12	12	12	36	27	36	18	9	18	28	15	22	40	41	48	16	19	22
15	15	12	40	33	40	18	11	22	28	15	28	40	41	40	16	19	16
15	15	15	40	33	40	18	11	18	28	18	22	42	41	47	18	19	24
15	18	15	42	35	42	20	13	20	28	18	28	42	41	42	18	19	18
15	22	15	44	38	44	22	15	22	28	22	22	44	42	50	20	19	26
18	12	15	38	31	43	16	13	21	28	22	28	44	42	44	13	19	13
18	15	15	40	35	45	18	13	23	28	28	22	48	43	52	20	19	30
18	15	18	40	35	40	10	13	10	28	28	28	48	43	48	23	19	23
18	18	15	42	35	46	20	13	24	35	18	35	44	44	44	18	22	18
18	18	18	42	35	42	20	13	20	35	22	28	46	45	52	19	22	28
18	22	18	44	36	44	22	13	22	35	22	35	46	45	46	19	22	19
22	15	15	40	37	47	17	15	25	35	28	28	48	46	56	22	22	32
22	15	18	40	37	44	17	15	22	35	28	35	48	46	48	22	22	22
22	15	22	40	37	40	8	15	8	35	35	22	52	48	63	26	22	40
22	18	15	42	37	50	19	15	28	35	35	28	52	48	59	26	22	35
22	18	18	42	37	47	19	15	25	35	35	35	52	48	52	26	22	26
22	18	22	42	37	42	19	15	19	42	22	42	53	52	53	17	29	17
22	22	15	44	38	51	21	15	29	42	28	42	55	53	55	19	29	19
22	22	18	44	38	51	21	15	29	42	35	42	58	55	58	22	29	22
22	22	22	44	38	44	22	15	22	42	42	42	65	65	65	29	29	29
22	28	22	48	39	48	24	15	24	54	54	54	75	75	75	35	35	35

Reduziert				Übergangsstück SP					
d_4	d_5	l_7	z_5	d_6	R_p/R	l_8	z_6	l_9	z_7
14	12	42	24	12	³/₈	32	3	35	18
15	12	50	32	12	½	39	6	37	20
18	12	53	35	15	³/₈	37	4	39	17
18	14	52	33	15	½	44	7	46	24
18	15	54	32	15	¾	45	7	50	28
22	14	55	36	18	½	43	6	44	22
22	15	58	36	18	¾	45	7	49	27
22	18	55	33	22	½	44	6	49	25
28	15	65	43	22	¾	47	7	49	26
28	18	61	39	22	1	52	9	56	33
28	22	52	29	28	½	44	5	–	–
35	22	69	46	28	¾	47	7	52	28
35	28	63	39	28	1	52	9	55	38
42	22	92	69	28	1¼	56	11	58	24
42	28	87	63	35	1	48	3	53	28
42	35	82	56	35	1¼	54	7	60	34
54	28	103	79	35	1½	–	–	62	37
54	35	97	71	42	1¼	61	4	65	29
54	42	101	65	42	1½	61	4	66	30
64	42	103	67	54	1½	72	11	78	38
64	54	100	60	54	2	75	9	79	39

Ü-Winkel SP			
l_{10}	l_{11}	z_8	z_9
38	16	20	5
40	20	22	5
46	18	24	7
44	22	22	7
50	24	28	8
46	22	24	7
50	24	28	8
52	26	28	10
52	26	28	10
59	29	36	10
56	32	32	17
58	26	34	10
59	32	36	13

Muffe Profipr.				
d	l_{12}	z_{10}	l_{13}	t_{min}
12	39	3	39	18
15	47	3	47	22
18	49	5	49	22
22	51	5	51	23
28	52	4	52	24
35	56	4	56	26
42	76	4	76	36
54	84	4	84	40

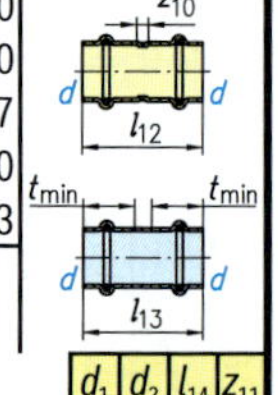

Red.-Muffe Profipress

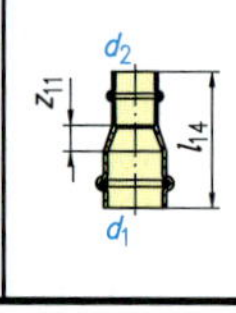

d_1	d_2	l_{14}	z_{11}
18	15	53	7
22	15	56	10
22	18	54	9
28	22	58	11
35	28	63	13

151.1 Steckfittings für Kupfer-, Edelstahl- und Stahlrohr – Herstellerangaben – Maße in mm

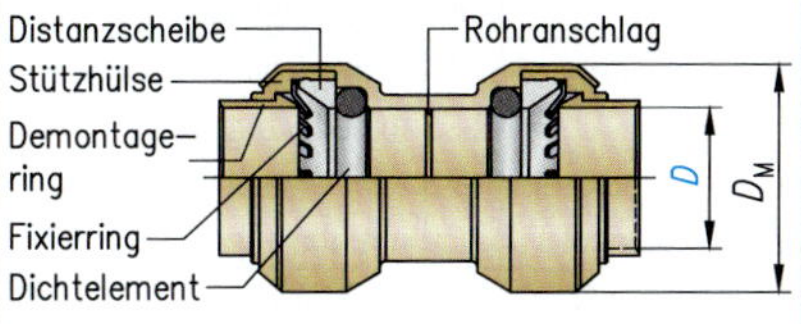

Demontierbar und wiederverwendbar

Werkstoffe (s. 118.3)	CW 602N (Ms), CC491K (Rg)
Betriebstemperatur	-20 °C bis +90 °C für Sanitär und Heizung
Betriebsdruck	10 bar bei 114 °C (16 bar bei $\vartheta \le 30$ °C)
Dichtelement	EPDM, lösbar, unter Putz einsetzbar
Geeignet für Cu-Rohre R250, R290 und R220 mit Stützhülse.	
Nicht geeignet für Gas- und Solarinstallationen.	

Winkel 90° i + i

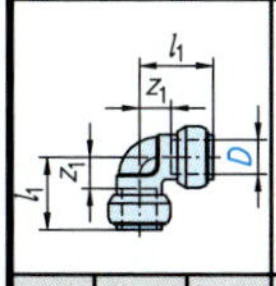

i + a

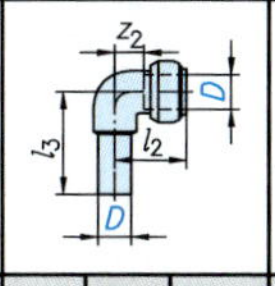

Winkel 45° i + i

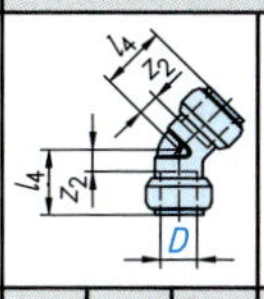

i + a

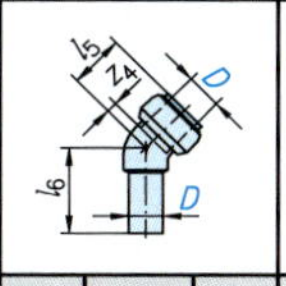

T-Stück

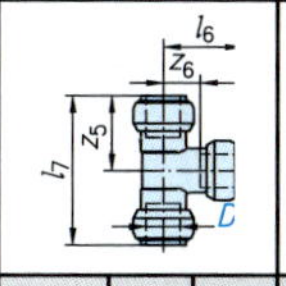

Muffen

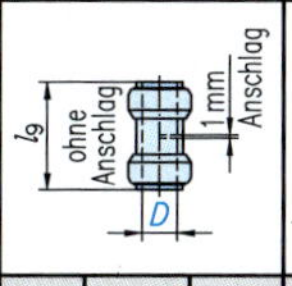

Stopfen

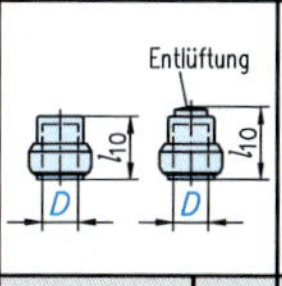

Red.-Nippel

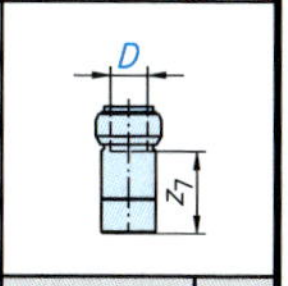

Winkel 90° i + i				i + a			Winkel 45° i + i		i + a			T-Stück			Muffen			Stopfen		Red.-Nippel	
D	D_M	l_1	z_1	l_2	l_3	z_2	l_4	z_3	l_5	l_6	z_4	l_7	l_8	z_5	z_6	l_9	l_{10}	D × D_1	z_7	D × D_1	z_7
12	23	31	7	31	42	8	33	5	33	36	5	62	31	7	7	49	24	15 × 12	22	35 × 22	56
15	26	33	9	32	44	8	33	5	33	37	5	65	34	9	10	49	24	18 × 15	22	35 × 28	56
18	29	34	10	34	48	11	34	5	34	38	5	68	34	10	10	49	24	22 × 12	28	42 × 22	60
22	34	40	12	41	50	12	41	6	41	42	6	81	41	12	12	59	29	22 × 15	28	42 × 28	59
28	42	49	17	49	57	18	49	7	49	48	7	97	49	16	15	65	32	22 × 18	28	42 × 35	61
35	59	76	19	–	–	–	77	20	66	93	9	154	77	20	20	115	57	28 × 15	31	54 × 35	67
42	70	85	23	–	–	–	85	23	75	106	13	170	85	23	23	126	62	28 × 18	31	54 × 42	68
54	82	98	29	–	–	–	98	29	83	114	14	196	98	29	29	139	69	28 × 22	27	–	–

T-Stück reduziert

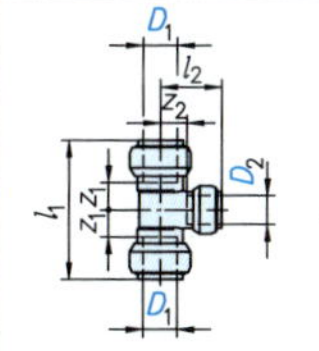

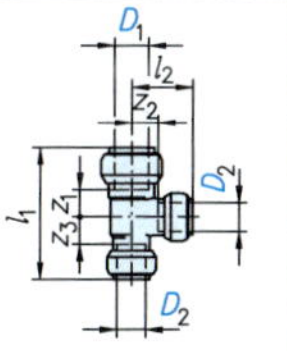

D × D_1 × D_2	l_1	l_2	z_1	z_2
12 × 12 × 10	60	32	7	7
15 × 15 × 10	59	32	6	8
15 × 15 × 12	63	33	8	9
22 × 22 × 10	70	38	6	14
22 × 22 × 15	75	38	9	14
22 × 22 × 18	78	36	10	12
28 × 28 × 15	84	40	10	16

D × D_1 × D_2	l_1	l_2	z_1	z_2	z_3
28 × 28 × 18	87	39	10	15	–
28 × 28 × 22	91	44	12	15	–
15 × 10 × 15	65	34	9	10	9
22 × 15 × 22	78	41	9	13	17
22 × 18 × 22	78	41	9	13	17
28 × 15 × 28	88	48	12	16	25
28 × 18 × 28	88	48	11	16	24
28 × 22 × 28	92	48	11	15	20
15 × 10 × 10	63	32	8	9	8
15 × 12 × 12	62	33	9	9	7
22 × 18 × 18	71	36	9	12	11
22 × 15 × 15	73	36	9	13	10
28 × 18 × 18	80	41	10	17	10
28 × 22 × 22	89	44	15	16	15

T-Stück mit Rp im Abg.

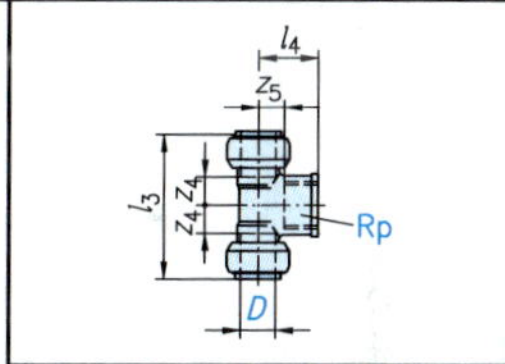

D × Rp	l_3	z_4	l_4	z_5
15 × 1/2	69	11	25	11
18 × 1/2	70	13	28	12
22 × 1/2	78	10	27	14
22 × 3/4	78	13	30	12
35 × 1/2	136	11	49	20
42 × 1/2	147	11	52	23
–	–	–	–	–

Red.-Muffe

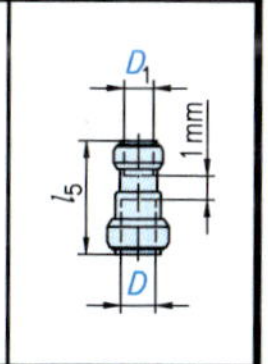

D × D_1
l_5
18 × 15
49
22 × 18
54
28 × 22
62

Übergangsmuffe

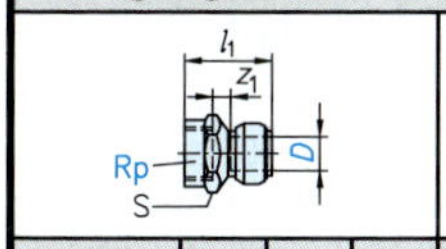

Übergangsnippel

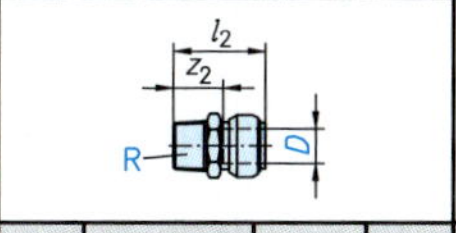

Übergangswinkel i + i

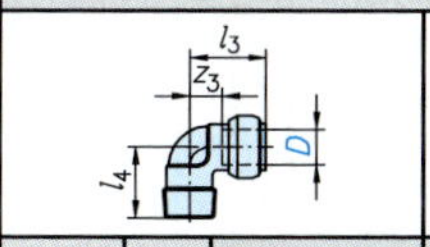

i + a

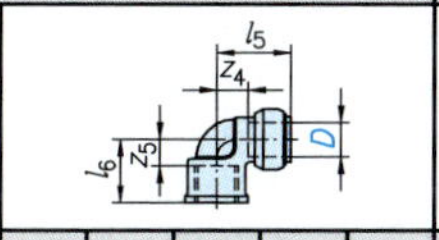

Deckenwinkel 90°

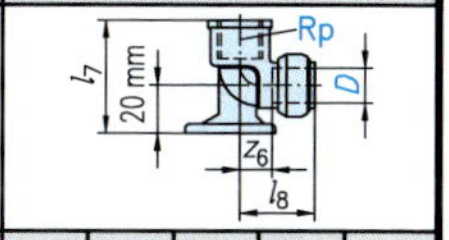

D × Rp	l_1	z_1	l_2	z_2	D × Rp	l_1	z_1	l_2	z_2	D × R/Rp	l_3	l_4	z_3	l_5	l_6	z_4	z_5	l_7	l_8	z_6
12 × 3/8	39	2	39	15	22 × 3/4	47	3	46	18	12 × 1/2	33	29	7	34	25	10	11	45	34	11
12 × 1/2	40	2	40	16	22 × 1	49	2	49	20	15 × 1/2	33	29	9	34	25	10	11	45	35	11
15 × 3/8	39	2	39	16	28 × 3/4	51	3	–	–	18 × 1/2	34	29	10	36	25	12	11	45	34	11
15 × 1/2	40	3	40	16	28 × 1	53	1	53	21	18 × 3/4	34	36	10	40	33	16	18	51	40	11
18 × 1/2	40	3	43	19	35 × 1 1/4	84	6	83	26	22 × 3/4	41	34	12	42	33	13	18	54	40	12
18 × 3/4	43	3	43	19	42 × 1 1/2	89	6	88	26	28 × 1	49	42	17	49	37	17	21	–	–	–
22 × 1/2	45	2	44	16	54 × 2	100	6	100	31	–	–	–	–	–	–	–	–	–	–	–

152.1 Rohre aus unlegiertem Stahl zum Schweißen und Gewindeschneiden DIN EN 10255

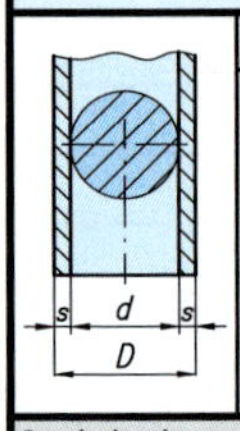

Fertigungsverf.	nahtlos S oder längsgeschweißt W	Option-Nr./Rohrende mit		Option-Nr./Eignung zum	
Lieferant	Standardlänge l = 6 oder 6,4 mm	– 1	– konischem Außengewinde	– 6	Schmelztauchverzinken mit Überzugsquali. A 2/3
Rohr-Reihe	mittlere Reihe M, schwere Reihe H	– 2	– je einer Muffe		
Farbkennzeich.	mittlere R. M blau, schwere R. H rot	– 4	– Endverschluss/Kappe, Stopfen	–7	Schmelztauchverzinken mit Überzugsqualität A 1
Rohrgewinde	Whitworth-Rohrgewinde	– 5	– Gewindeschutz (Konservier.)		
	DIN EN 10266 (ISO 7-1) (s. 128.2)	– 9	Oberfläche verzinkt nach DIN EN 10240 (ISO 1461)		
Werkstoff	S 19 ST/WN 1.0026 DIN EN 10027	12	temporärer Oberflächenschutz		

Gewinderohre				schwere Reihe H					mittlere Reihe M					Reihe L			Reihe L1 (weiß)			Reihe L2			DIN 2442 PN 100[1)]	
DN	R	D mm	A_0 m²/m	s mm	d mm	A cm²	V l/m	m kg/m	s mm	d mm	A cm²	V l/m	m kg/m	s mm	d mm	m kg/m	s mm	d mm	m kg/m	s mm	d mm	m kg/m	s mm	m kg/m
8	¼	13,5	0,042	2,9	7,7	0,47	0,047	0,765	2,3	8,9	0,62	0,062	0,641	2,0	9,5	0,567	2,0	9,5	0,570	1,8	9,9	0,515		
10	⅜	17,2	0,054	2,9	11,4	1,02	0,102	1,02	2,3	12,6	1,25	0,125	0,839	2,0	13,2	0,750	2,0	13,2	0,742	1,8	13,6	0,610	2,9	1,02
15	½	21,3	0,067	3,2	14,9	1,74	0,174	1,44	2,6	16,1	2,03	0,203	1,21	2,3	16,7	1,08	2,3	16,7	1,08	2,0	17,3	0,947	3,2	1,44
20	¾	26,9	0,085	3,2	20,5	3,30	0,330	1,87	2,6	21,7	3,70	0,370	1,57	2,3	22,3	1,40	2,3	22,3	1,39	2,3	22,3	1,38	3,2	1,87
25	1	33,7	0,106	4,0	25,7	5,18	0,518	2,93	3,2	27,3	5,85	0,585	2,43	2,9	27,9	2,20	2,9	27,9	2,20	2,6	28,5	1,98	4,0	2,98
32	1¼	42,4	0,133	4,0	34,4	9,29	0,929	3,79	3,2	36,0	10,18	1,018	3,13	2,9	36,6	2,82	2,9	36,6	2,82	2,6	37,2	2,54	4,0	3,79
40	1½	48,3	0,152	4,0	40,3	12,76	1,276	4,37	3,2	41,9	13,79	1,379	3,60	2,9	42,5	3,25	2,9	42,5	3,24	2,9	42,5	3,23	4,0	4,37
50	2	60,3	0,189	4,5	51,3	20,67	2,067	6,19	3,6	53,1	22,15	2,215	5,10	3,2	53,9	4,51	3,2	53,9	4,49	2,9	54,5	4,08	4,5	6,19
65	2½	76,1	0,239	4,5	67,1	35,36	3,536	7,93	3,6	68,9	37,28	3,728	6,54	3,2	69,7	5,75	3,2	69,7	5,73	3,2	69,7	5,71	4,5	7,93
80	3	88,9	0,279	5,0	78,9	49,89	4,989	10,30	4,0	80,9	51,40	5,140	8,53	3,2	82,5	6,76	3,6	81,7	7,55	3,2	82,5	6,72	5,0	10,30
100	4	114,3	0,359	5,4	103,5	84,13	8,413	14,50	4,5	105,3	87,09	8,709	12,5	3,6	107,1	9,83	4,0	106,3	10,80	3,6	107,1	9,75	5,3	16,80
125	5	139,7	0,439	5,4	128,9	130,5	13,05	17,90	5,0	129,7	132,12	13,21	17,1	4,5	130,7	15,0	1) PN DN 100 s = 5,6; m = 15 kg/m						8,0	25,90
150	6	165,1	0,519	5,4	154,3	187,0	18,70	21,30	5,0	155,1	188,93	18,89	20,4	4,5	156,1	17,8	80, DN 125/s = 7,1; DN 150/s = 8						8,8	33,80

152.2 Gewindefittings aus Temperguss, Maße in mm, Abbildung s. 160.1 DIN EN 10242

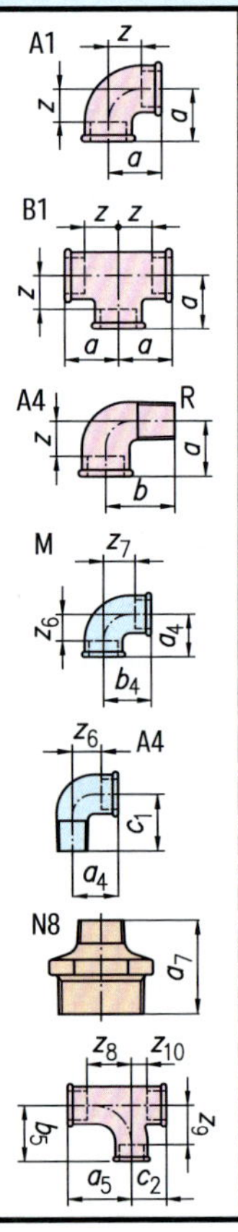

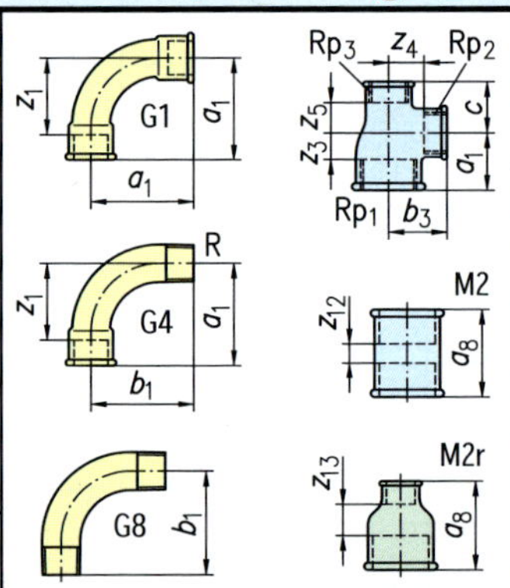

Winkel, T-Kreuz				Bogen lang 90°/45°					
R/Rp	a	b	z	a_1	b_1	z_1	a_2	b_2	z_2
¼	21	28	11	40	36	30	26	21	16
⅜	25	32	15	48	42	38	30	24	20
½	28	37	15	55	48	42	36	30	23
¾	33	43	18	69	60	54	43	36	28
1	38	52	21	85	75	68	51	42	34
1¼	45	60	26	105	95	86	64	54	45
1½	50	65	31	116	105	97	68	58	49
2	58	74	34	140	130	116	81	70	57
2½	69	88	42	176	165	149	99	86	72
3	78	98	48	205	190	175	113	100	83
4	96	118	60	260	245	224			
5	115	A1 B1	75	G1, G4, G8					

Winkel A1/A4 red.							Bogen-T E1 red.					
Rp	Rp/R	a_4	b_4	c_1	z_6	z_7	a_5	b_5	c_2	z_8	z_9	z_{10}
¾	½	30	31	40	15	18	47	48	25	32	35	10
1	½	32	34		15	21	49	51	28	32	38	11
1	¾	35	36	46	18	21	53	54	30	36	39	13
1¼	¾	36	41		17	26	55	58	33	36	43	14
1¼	1	40	42	56	21	25	66	61	36	47	51	17
1½	1	42	46		23	29	66	71	36	47	54	17

Verschraubung $U_{11/12}$ $UA_{11/12}$									
Rp/R	a_{10}	b_6	z_{15}	z_{16}	a_{11}	b_7	c_3	z_{17}	z_{18}
½	48	66	22	53	58	76	28	15	45
¾	52	72	22	57	62	82	33	18	47
1	58	80	24	63	72	94	38	21	55
1¼	65	90	27	71	82	107	45	26	63
1½	70	95	32	76	90	115	50	31	71
2	78	106	30	82	100	128	58	34	76
2½	85	118	31	91	Winkelverschraubg.				

Nippel N4 red./N8 Muffe M2, M4, M2/4 red.											
R	Rp	a_6	a_7	z_{11}	Rp	Rp/R	a_8	a_9	z_{12}	z_{13}	z_{14}
½	¼	24	44	14	½	¼	36	43	10	13	30
¾	¼	26	47	16	¾	½	39	48	9	11	33
¾	½	26		13	1	½	45	55	11	15	38
1	¼	29		19	1	¾	45	55	11	13	38
1	½	29	53	16	1¼	½	50		12	18	
1	¾	29	53	14	1¼	¾	50	60	12	16	41
1¼	½	31	57	18	1¼	1	50	60	12	14	41
1¼	¾	31	57	16	1½	¾	55		17	21	
1¼	1	31	57	14	1½	1	55	63	17	19	44
1½	½	31		18	1½	1¼	55	63	17	17	44
1½	¾	31	59	16	2	1	65		17	24	
1½	1	31	59	14	2	1¼	65	70	17	22	46
1½	1¼	31	59	12	2	1½	65	70	17	22	46
2	1	35	68	18	2½	2	74		20	23	
2	1½	35	68	16	3	2	80		20	26	

T Durchg./Abzweig reduz. B1								
Rp1	Rp2	Rp3	a_3	b_3	c	z_3	z_4	z_5
¾	½	½	30	31	28	15	18	15
¾	¾	½	33	33	31	18	18	18
1	½	½	32	34	28	15	21	15
1	½	¾	32	34	30	15	21	15
1	¾	½	35	36	31	18	21	18
1	¾	¾	35	36	33	18	21	18
1	1	½	38	38	34	21	21	21
1	1	¾	38	38	36	21	21	21
1¼	½	1	34	38	32	15	25	15
1¼	¾	¾	36	41	33	17	26	18
1¼	¾	1	36	41	35	17	26	18
1¼	1	¾	40	42	36	21	25	21
1¼	1	1	40	42	38	21	25	21
1¼	1¼	½	45	45	38	26	26	25
1¼	1¼	¾	45	45	41	26	26	26
1¼	1¼	1	45	45	42	26	26	25
1½	½	1¼	36	42	34	17	29	15
1½	¾	1¼	38	44	36	19	29	17
1½	1	1	42	46	38	23	29	21
1½	1	1¼	42	46	40	23	29	21
1½	1¼	1¼	46	48	45	27	29	26
1½	1½	½	50	50	42	31	31	29
1½	1½	¾	50	50	44	31	31	29
1½	1½	1	50	50	46	31	31	29
1½	1½	1¼	50	50	48	31	31	29
2	¾	1½	40	50	38	16	35	19
2	1	1½	44	52	42	20	35	23
2	1¼	1½	48	54	46	24	35	27
2	2	1	58	58	52	34	34	35

153.1 Mapress C-Stahl Systemrohr kunststoffummantelt; innen, innen/außen verzinkt (Herst.ang.)

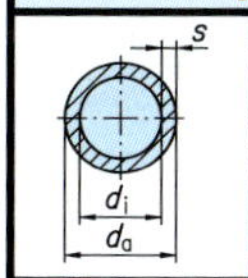

	außen verz.			PP-Um.		i/a verz.		Rohr/Fitting/Dichtung	$\vartheta_{min} - \vartheta_{max}$	$p_{Betr.\,max}$	auß.	PP-	i + a	C-ST.	Ms-	C//R	FKM	EPDM	FPM	Centelen
	d mm	d_i	s mm	d_i	s	d_i	s	Verwendung	°C	MPa	verzi.	Um.	verz.	verz.	Fittg.	schwarz	blau	schwarz	grün	R 3822
	12	9,6	1,2	9,6	1,2			Heizung/Kühlung	0 – 100	1,6	✓	✓		✓	✓	✓		✓		
	15	12,6	1,2	12,6	1,2	12	1,5	mit Frostschutz	–30 – +40	1,6	✓	✓		✓	✓	✓				✓
	18	15,6	1,2	15,6	1,2	15	1,5	Fernwärmeheizung	0 – 120	1,6	✓			✓	✓	✓			✓	✓
unlegierter	22	19	1,5	19	1,5	19	1,5	Fernwärmeheizung	0 – 140	1,6	✓			✓	✓		✓			✓
Stahl WSNr.	28	25	1,5	25	1,5	25	1,5	Löschw./Sprinkler	0 – 70	1,6			✓	✓ 2)		✓		✓		
1.0034 E 195	35	32	1,5	32	1,5	32	1,5	Wärmeträger/Öl/Bz.	–25 – 220	1,0	✓			✓	✓		✓ 3)		✓ 3)	
1.0215 E 220	42	39	1,5	39	1,5	39	1,5	Druckluft	0 – 100	2,5 1)	✓	✓	✓	✓	✓	✓	✓	✓	✓	
Rauheit 10 µm	54	51	1,5	51	1,5	51	1,5	Inertgas (z. B.: N)	auf Anfrage		✓			✓		✓		✓		
α 0,012 mm/mk	76,1	72,1	2	Umman-		72,1	2													
λ 60 W/(m · k)	88,9	84,9	2	telung		84,9	2													

1) 2,5 MPa für d = 12–28 mm; 1,6 MPa für d = 35–54 mm; 1,2 MPa für d = 66,7–108 mm; 2) für Sprinkler: 1,6 MPa für d = 22–54 mm; 1,2 MPa für d = 66,7–76,1 mm; 1 MPa für d = 88,9–108 mm. 3) nach Freigabe

I+I

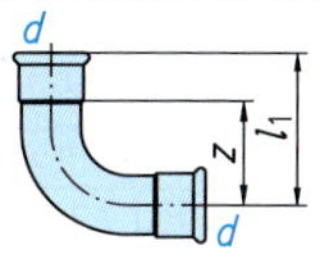

A+I

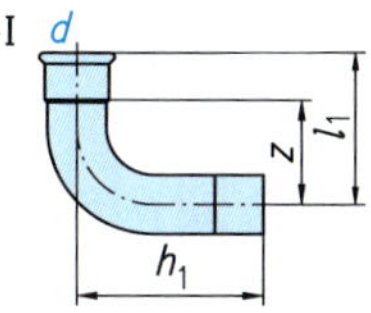

A+I

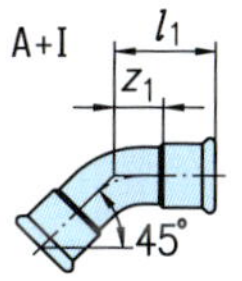

I+I

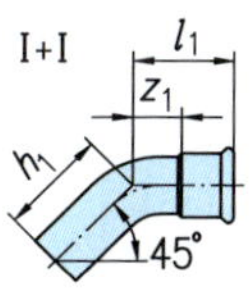

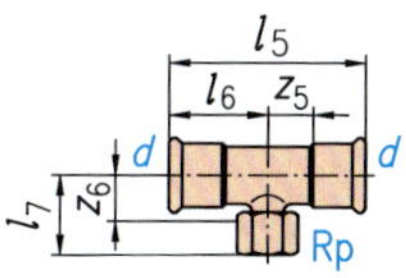

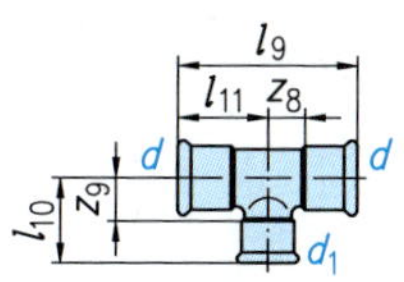

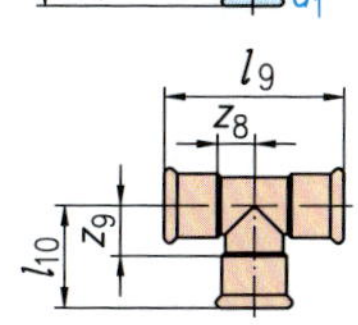

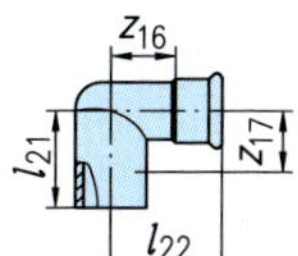

s. 160.2

Bog. 90° I + I			A+I	45° I + I		A+I	Muffe		Schiebemuff.		
d mm	l	z	h	l_1	z_1	h_1	l_2	z_2	l_3	z_3	t
12	42	25	48	32	15	41	42	8	67	17	25
15	49	29	59	36	16	45	48	8	80	30	25
18	53	33	61	37	17	42	48	8	80	30	25
22	61	40	70	42	21	52	50	8	84	34	25
28	72	49	79	48	25	56	54	8	91	31	30
35	68	42	77	43	17	53	62	10	102	42	30
42	80	50	90	51	21	61	71	11	120	40	40
54	100	65	111	62	27	73	83	13	140	60	40
76,1	153	110	166	97	44	111	141	35	230	110	60
88,9	179	119	194	112	54	130	162	42	260	120	70
108	222	147	240	139	62	157	194	44	310	150	80

Reduktion			
d	d_1	l_4	z_4
15	12	51	34
18	12	53	36
18	15	55	35
22	12	60	43
22	15	59	39
22	18	57	37
28	12	67	50
28	15	66	46
28	18	64	44
28	22	60	39
35	15	75	55
35	18	74	55
35	22	71	50
35	28	68	45
42	18	80	60
42	22	82	61
42	28	83	60
42	35	77	51
54	18	95	75
54	22	95	74
54	28	110	87
54	35	108	80
54	42	92	62

T-Stück mit Innengewinde						
d	R_p	l_5	l_6	l_7	z_5	z_6
12	½	56	28	36	11	23
15	½	64	32	37	12	24
18	½	68	34	39	14	26
22	½	74	37	40	16	27
22	¾	74	37	44	16	28
28	½	84	42	44	19	31
28	¾	84	42	47	19	32
28	1	84	42	53	19	36
35	½	100	50	48	24	35
35	¾	100	50	51	24	36
35	1	100	50	46	24	39
42	½	114	57	51	27	38
42	¾	114	57	54	27	39
42	1	114	57	60	27	43
54	½	138	69	57	34	44
54	¾	138	69	60	34	45
54	1	138	69	66	34	49
54	2	138	69	79	34	56
76,1	¾	230	115	79	62	64
76,1	2	230	115	89	62	66
88,9	¾	260	130	88	70	73
88,9	2	260	130	96	70	73
108	¾	310	155	105	80	90

C-St. Übergang			
d	R	l_8	z_7
12	⅜	33	16
12	½	36	22
15	⅜	38	18
15	½	41	21
15	¾	43	26
18	½	42	22
18	¾	44	24
22	½	40	22
22	¾	44	23
22	1	46	26
28	¾	46	26
28	1	48	25
28	1¼	48	28
35	1	51	25
35	1¼	53	27
35	1½	53	30
42	1½	57	27
54	1½	71	36
54	2	71	36
76,1	2½	119	43
88,9	3	137	50
108	4	160	61
Außengewinde			

T-Stück reduziert/erweit.						
d mm	d_1	l_9	l_{10}	l_{11}	z_8	z_9
15	18	64	36	32	12	18
15	22	64	42	32	12	21
18	15	68	42	34	14	22
18	22	68	41	34	14	20
22	15	74	44	37	16	24
22	18	74	44	37	16	24
22	28	74	45	37	16	22
28	15	84	47	42	19	27
28	18	84	47	42	19	27
28	22	84	48	42	19	27
35	15	100	51	50	24	31
35	18	100	51	50	24	31
35	22	100	52	50	24	31
35	28	100	55	50	24	32
42	15	114	53	57	27	33
42	18	114	53	57	27	33
42	22	114	55	57	27	34
42	28	114	58	57	27	35
42	35	114	62	57	27	36
54	15	138	59	69	34	39
54	18	138	59	69	34	39
54	22	138	61	69	34	40
54	28	138	64	69	34	41
54	35	138	68	69	34	42
54	42	138	72	115	34	42
76,1	35	230	81	115	62	55
76,1	42	230	81	115	62	51
76,1	54	230	87	130	62	52

Übergang mit Rp/R					
d mm	Rp	l_{12}	h_2	R	h_3
12	½	58	45	½	55
15	½	61	48	½	57
18	½	61	48	½	57
18	¾	64	49	¾	59
22	½	62	49	½	57
22	¾	65	50	¾	59
28	½	74	49	1	66
35	½	77	52	1¼	80
42	½	81	57	1½	91
54	½	86	62	2	102

T-Stück C-Stahl egal				
d mm	l_{13}	l_{14}	z_{10}	z_{11}
12	56	35	11	18
15	64	39	12	19
18	68	41	14	21
22	74	44	16	23
28	84	50	19	27
35	100	57	24	31
42	114	65	27	35
54	138	77	34	42
76,1	230	110	62	57
88,9	260	128	70	68
108	310	153	80	78

Muffe reduziert			
d	d_1	l_{15}	z_{12}
42	35	79	19
54	35	93	28
54	42	92	23

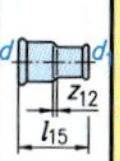

Übergang m. Rp			
d	Rp	l_{16}	z_{13}
12	½	34	4
15	½	37	4
15	¾	38	7
18	½	37	4
18	¾	38	3
22	½	38	3
22	¾	39	3
22	1	42	4
28	½	38	2
28	¾	38	1
28	1	44	4
35	¾	42	1
35	1	45	2
35	1¼	49	4
42	1½	53	4
54	2	62	5

Überangsverschraubung						
d	Rp/R	G	l_{17}	z_{14}	l_{18}	h_4
15	½	¾	58	23	61	41
18	½	¾	58	23	61	41
22	¾	1	63	23	68	47
22	1	1	66	30	69	48
28	1	1¼	71	33	75	52
35	1¼	1½	77	35	80	54
42	1½	1¾	82	31	85	55
54	2	2	95	34	97	62

C-Stahl Rohrnippel

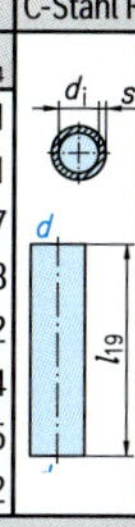

d mm	d_i	s	l_{19}
15	12,6	1,2	50
18	15,6	1,2	50
22	19	1,5	52
28	25	1,5	56
35	32	1,5	62
42	39	1,5	80
54	51	1,5	90
76,1	72,1	2	136

Ü-Winkel 90° Außen-/Innengewinde

d	R	h_5	l_{20}	z_{15}
12	⅜	25	32	15
15	⅜	26	36	16
15	½	31	35	15
18	½	31	37	17
22	¾	35	41	20
28	¾	50	58	35
28	1	54	58	35

d	Rp	l_{21}	l_{22}	z_{16}	z_{17}
22	½	42	40	21	27
28	½	47	44	24	31
28	¾	58	50	35	35
28	1	58	54	35	36

Verschraubg.			
d	G	l_{23}	z_{18}
12	½	58	21
15	¾	66	26
18	¾	69	29
22	1	72	30
28	1¼	77	31
35	1½	82	30

154.1 Präzisionsstahlrohre nahtlos, kaltgezogen/geschweißt, maßgewalzt

D	d_i	s	A cm²	V l/m	m kg/m	A_o m²/m	D	d_i	s	A cm²	V l/m	m kg/m	A_o m²/m	Rohr DIN EN 10305	Werkstoffe/Stahl E	Lieferzustd.	Oberflächenschutz
8	5	1,5	0,196	0,020	0,240	0,0251	10	8,0	1	0,503	0,050	0,222	0,0314	–1 nahtlos,	215, 235, 355 auch	+ C, + LC,	S1 roh, schwarz
8	6	1	0,283	0,028	0,173	0,0251	12	9,6	1,2	0,723	0,072	0,320	0,0377	kaltgezogen	1.4571 und 1.4541	+ SR,	
10	7	1,5	0,385	0,039	0,314	0,0314	15	12,6	1,2	1,246	0,125	0,408	0,0471	– 2 geschweißt,	155, 195 s. 118.1	+ A, + N	S2 gebeizt
10	8	1	0,503	0,050	0,222	0,0314	18	15,6	1,2	1,911	0,191	0,497	0,0565	kaltgezogen	235, 275, 355		
12	9	1,5	0,636	0,064	0,388	0,0377	20	17	1,5	2,269	0,227	0,684	0,0628	– 3 geschweißt,	155, 195 s. 118.1	+ CR1,	S3 kaltgewalzt
15	12	1,5	1,131	0,113	0,537	0,0471	22	19	1,5	2,835	0,284	0,758	0,0691	maßgewalzt	275, 355	+ A, + N	
18	15	1,5	1,767	0,177	0,610	0,0565	25	22	1,5	3,801	0,380	0,869	0,0785	gelb verzinkt	190, 220 s. 118.1	+ CR2	S4 phosphatiert
20	17	1,5	2,269	0,227	0,684	0,0628	28	25	1,5	4,910	0,491	0,980	0,0880	auß. passiviert	260, 320, 420		und geölt
22	18	2	2,545	0,254	0,986	0,0691	35	32	1,5	8,042	0,804	1,240	0,1100	+ C (alt + BK) – zugblank/hart		+ SR (BKS) – zugblank und	
28	24	2	4,524	0,452	1,282	0,0880	42	39	1,5	11,95	1,195	1,500	0,1319	+ LC (BKW) – zugblank/weich		spannungsfrei geglüht	
30	26	2	5,309	0,531	1,380	0,0942	48,3	44,3	2	15,41	1,541	2,280	0,1392	+ A (GBK) – geglüht		+ CR1 (BKM) – nicht behandelt	
35	31	2	7,548	0,755	1,628	0,1100	60	56	2	24,63	2,463	2,860	0,1884	+ N (NBK) – normalgeglüht		+ CR2 Wärmebeh. nicht vorgesehen	

154.2 Einschraub-/Verschraubungen mit Schneidring für Präzisionsstahlrohr Reihe L, Maße in mm DIN 2353, EN ISO 8434

G

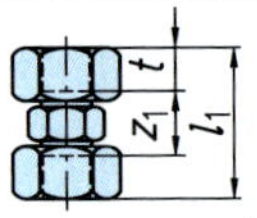

W

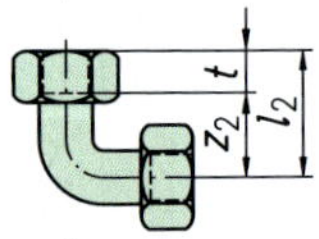

GR

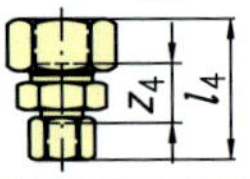

	Stutzen G			W		T		Red. GR		VKA ROV		
D	t	l_1	z_1	l_2	z_2	l_3	z_3	l_4	z_4	l_5	l_6	z_6
6	15	40	11	27	12	27	12	40	11	18,5	22	7
8	15	41	12	29	12	29	14	41	12	18,5	23	8
10	15	41	12	30	14	30	15	41	12	20,0	24	9
12	15	42	13	32	19	32	17	42	13	20,5	25	10
15	15	42	13	36	19	36	21	42	13	20,5	26	11
18	17	43	14	40	24	40	23,5	43	14	22,5	28	11,5
22	17	45	15	44	27	44	27,5	45	15	25,0	30	13,5
28	17	45	15	47	36	47	30,5	45	15	25,5	31	14,5
35	17	46	15,5	56	41	56	34,5	46	15,5	30,0	36	14,5
42	17	46	15,5	63	50	63	40	46	15,5	30,0	39	16

Konus RED				Red TR			Konus RED				Red TR			Konus mit Dichtkegel (RED)							
D	D_1	l_{13}	l_{14}	D_2	l_{15}	z_{12}	D	D_1	l_{13}	l_{14}	D_2	l_{15}	z_{12}	D	D_1	l_{13}	l_{14}	D	D_1	l_{13}	l_{14}
8	6	38	23,5	8	29	14	22	10	48	33	22	44	27,5	35	6	52	37	42	15	58	42,5
10	8	40	25	10	30	15	22	12	48	33	22	44	27,5	35	8	52	37	42	18	58	42
12	8	40	25	12	32	17	22	15	49	34	22	44	27,5	35	10	53	38	42	22	60	44
12	10	41	26	12	32	17	22	18	50	33,5	22	44	27,5	35	12	53	38	42	28	61	44
15	10	44	29,5	15	36	21	22	22			18	44	27,5	35	15	54	39	42	35	65	43
15	12	44	29,5	15	36	21	28	12	50	35	28	47	30,5	35	18	55	38,5				
18	10	44	29	18	40	23,5	28	15	51	36	28	47	30,5	35	22	57	40,5				
18	12	44	29	18	40	23,5	28	18	52	35,5	28	47	30,5	35	28	57	40,5				
18	15	45	30	18	40	23,5	28	22	54	37,5	22	47	30,5	42	10	56	41,5				
18	18			18	40	24	28	22			28	47	30,5	42	12	56	41,5	s. 159.3			

GER

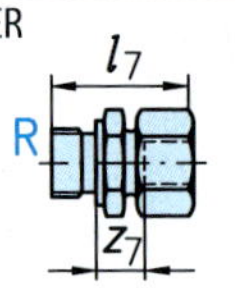

WE-R

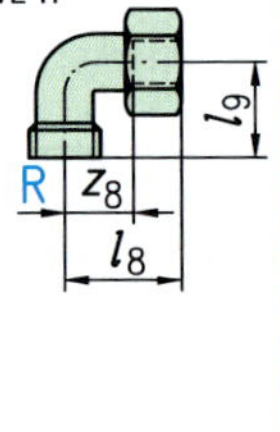

GAI-R

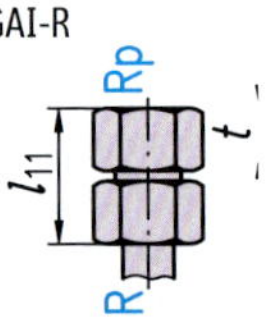

St. GE-R/-ED				WE-R			GAI-R		EW-R-ED		
D	Rp/R	l_7	z_7	l_8	l_9	z_8	l_{11}	t	l_{12}	z_{10}	z_{11}
8	⅜	26	11,5	32	28	17	40	17			
8	½	27	12				44	20			
10	⅜	27	12,5	32	28	17	41	17			
10	½	28	13				45	20			
12	⅜	27	12,5	32	28	17	41	17	32	17	42
12	½	28	13	36	34	21	45	20			
12	¾	29	14								
15	½	29	14	36	34	21	46	20	36	21	46,5
15	¾	30	15								
18	½	31	14,5	40	36	23,5	47	20	40	23,5	50
18	¾	31	14,5								
22	½	33	16,5								
22	¾	33	16,5	44	42	27,5	52	22	44	27,5	55
22	1	34	17,5								
28	½	34	17,5								
28	¾	34	17,5								
28	1	34	17,5	47	48	30,5	55	24,5	47	30,5	59
28	1¼	35	18,5								
35	1	39	17,5								
35	1¼	39	17,5	56	54	34,5	63	26,5	56	34,5	68,5
35	1½	41	19,5								
42	1½	42	19	63	61	40	65	28,5	63	40	75

154.3 Klemmring-Fittings für Weichstahl- und Kupferrohre Herstellerangabe, Maße in mm

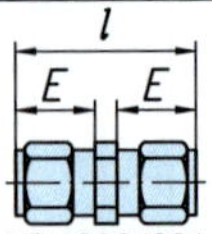

VS 1200/301

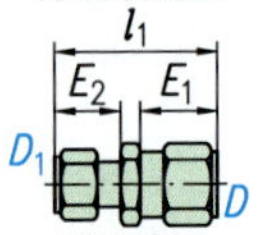

1201/301

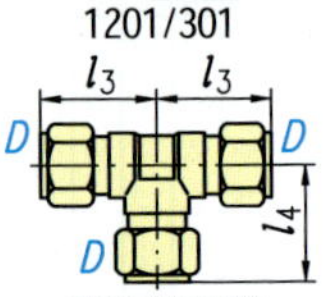

1220/601 EQ

VS 1200/301			01/301		401	1220/601		T-reduz. VS 1221/601 R						Muffe-T 1223/617				
D	E	l	D_1	l_1	l_2	l_3	l_4	D	D_1	D_2	l_5	l_6	l_7	D	Rp	l_8	l_9	t
12	18,5	41	10	39,5	29	29,5	32	15	12	15	30,5	30,5	33,5	12	½	30,5	21	9
15	21,5	45,5	12	44	32,5	32	34,5	18	15	18	34,5	34,5	34,5	15	½	35,5	26	15
18	22,5	49	15	47,5	36,5	35	35	22	15	22	33	33	38	18	½	36	26	15
22	23	50,5	18	50	37,5	36,5	39,5	22	18	22	39	39	40	22	½	36	27	15
28	23,5	53	22	52	41,5	40	43,5	28	15	28	33	33	42	22	¾	38,5	27,5	16,5
35	30	62,2	15 × 22		49	49,5	50	28	22	22	37,5	38	42,5	28	½	37	32	15
42	35,5	74		48,5	58,5	58,8	58,5	28	22	28	37	37	42	28	¾	40	32	15,5

E-schr. VS 1212/402					Muffenwinkel IG VS 1214/403								AG-Durchg. 1202/302 TA							
D	R	l_{11}	l_{12}	h	l_{13}	H	H_1	D	R	l_{13}	H	H_1	D	R	l_{14}	h_2	D	R	l_{14}	h_2
15	½	36	25	10,5	36,5	28	15	22	½	37,5	26,5	15	12	½	39	14	18	¾	45	18
15	¾	39	26	11,5	39,5	30,5	16,5	22	¾	40,5	32,5	16,5	15	½	44	17	22	½	43	14
18	½	37	26,5	10	37,5	29	15	22	1	43,5	37,5	19	15	¾	44	18	22	¾	46	17,5
18	¾	36,5	37	18,5	40,5	32	16,5	28	1	45	33,5	19	18	½	45	17	22	1	51,5	21,5

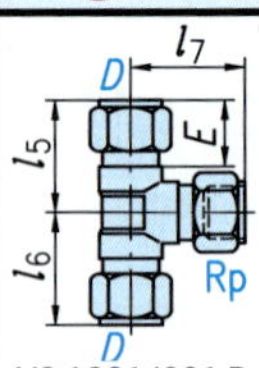

VS 1221/601 R

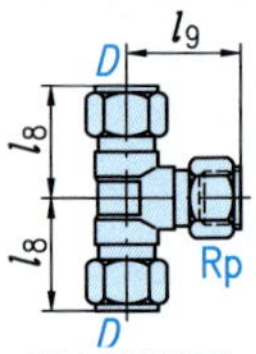

VS 1223/617

s. 156.4

Muffe 1204/303			
D	R	l_{10}	t_1
12	½	33,5	9
15	½	36	9
15	¾	45,5	16,5
18	½	37	9
18	¾	37,5	9
22	½	39	15
22	¾	37,5	9
22	1	50	19
28	¾	46	16,5
28	1	48,5	19
28	1¼	54	21,5
35	1¼	57,5	21,5
42	1½	64	21,5

155.1 Nahtlose und geschweißte Stahlrohre Maße in mm, DIN EN 10220, 10216 u. 10217

Reihe 1 + 2			Nahtlos DIN EN 10220[1]					Geschweißt DIN EN 10220				
DN	D mm	A_o m²/m	s	d_i mm	A cm²	V l/m	m kg/m	s	d_i mm	A cm²	V l/m	m kg/m
25	30	0,094	2,6	24,8	4,83	0,48	1,76	2,0	26,0	5,30	0,53	1,38
	33,7	0,106	2,6	28,5	6,38	0,64	1,99	2,0	29,7	6,63	0,66	1,56
32	38	0,119	2,6	32,8	8,45	0,84	2,27	2,3	33,4	8,76	0,88	2,02
	42,4	0,133	2,6	37,2	10,87	1,09	2,55	2,3	37,8	11,22	1,22	2,27
40	44,5	0,140	2,6	39,3	12,13	1,21	2,69	2,3	39,9	12,50	1,25	2,39
	48,3	0,152	2,6	43,1	14,59	1,46	2,93	2,3	43,7	15,00	1,50	2,61
	51	0,160	2,6	45,8	16,47	1,65	3,10	2,3	46,4	16,90	1,69	2,76
50	57	0,179	2,9	51,2	20,59	2,06	3,87	2,3	52,4	21,60	2,16	3,10
	60,3	0,189	2,9	54,5	23,33	2,33	4,11	2,3	55,7	24,37	2,44	3,29
	63,5	0,199	2,9	57,7	26,15	2,62	4,33	2,3	58,9	27,25	2,73	3,47

Stahlrohr/Nahtlos (DIN 2448 alt)								Geschweißt (DIN 2458 alt)				
DN	D mm	A_o m²/m	s	d_i mm	A cm²	V l/m	m kg/m	s	d_i mm	A cm²	V l/m	m kg/m
65	**76,1**	0,239	2,9	70,3	38,82	3,88	5,24	2,6	70,9	39,48	3,95	4,71
	82,5	0,259	3,2	76,1	45,48	4,55	6,26	2,6	77,3	46,93	4,69	5,12
80	**88,9**	0,280	3,2	82,5	53,46	5,35	6,76	2,9	83,1	54,24	5,42	6,15
100	108	0,339	3,6	100,8	79,80	7,98	9,27	2,9	102,2	82,03	8,20	7,52
	114,3	0,359	3,6	107,1	90,10	9,01	9,83	3,2	107,9	91,44	9,14	8,77
125	133	0,418	4,0	125,0	122,72	12,27	12,70	3,6	125,8	124,29	12,43	11,5
	139,7	0,439	4,0	131,7	136,23	13,60	13,40	3,6	132,5	137,89	13,79	12,1
150	159	0,499	4,5	150,0	176,71	17,67	17,10	4,0	151,0	179,10	17,91	15,3
	168,3	0,529	4,5	159,3	199,31	19,93	18,20	4,0	160,3	201,82	20,18	16,2
200	**219,1**	0,688	6,3	206,5	334,91	33,49	33,10	4,5	210,1	346,69	34,67	23,8

[1] Technische Lieferbedingungen nach DIN EN 10208-1 oder 10216-1 (nahtlos)/10217-1 (geschweißt); **Fettgedruckt** bevorzugen

155.2 Stahlformstücke zum Einschweißen, Werkstoff S 235 Maße in mm, DIN EN 10253, DIN EN 10027

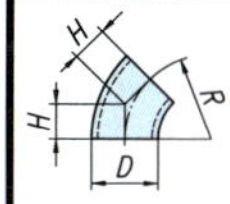

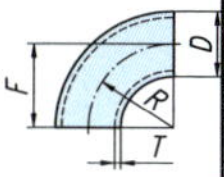

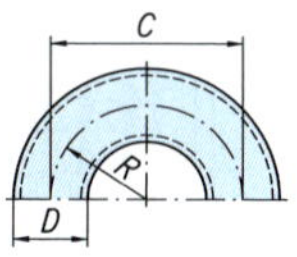

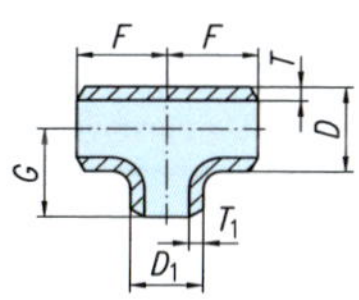

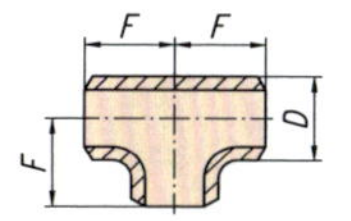

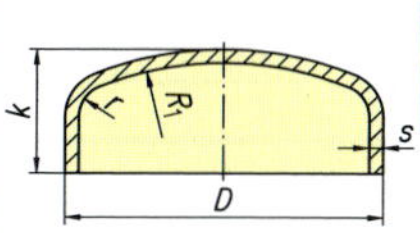

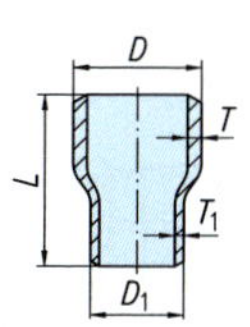

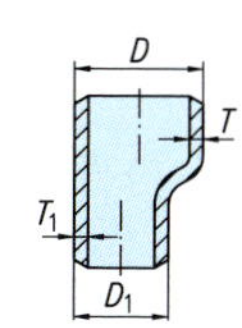

Bez.-Beispiel: T-Stück mit reduziertem Abzweig EN 10253-2 – Typ B – 114,3 × 6,3 – 88,9 × 4,0 – P2 65 GH

Rohrbogen Bauart 2 D						3 D (R ≈ 1,5 d)			90°	5 D (r ≈ 2,5 d)			90°	T	Kap.-
DN	D	s	R	C	BWZ	R	C	BWZ	m kg	R	C	BWZ	m kg	F	pe k
20	26,9	2,3	25	50	39	38	76	51	0,07	57,5	115	71	0,13	29	25
25	33,7	2,6	25	50	42	38	76	51	0,12	72,5	145	89	0,25	38	25
	38,0	2,6				49	90	64		82,5	165	101			
32	42,4	2,6	32	64	53	48	96	69	0,19	92,5	185	114	0,40	48	38
40	48,3	2,6	38	76	62	57	114	82	0,27	109,5	219	134	0,50	57	38
	51,0	2,6				63	126	88		122,5	245	149			
	57,0	2,9				72	144	100		130,0	260	158			
50	60,3	2,9	51	102	81	76	152	106	0,49	137,5	275	168	0,88	64	38
65	76,1	2,9	63	127	102	95	190	133	0,79	175,0	350	213	1,45	76	38
80	88,9	3,2	76	152	121	114	228	159	1,22	207,5	415	252	2,23	86	51
	108,0	3,6				142,5	285	196	2,08	253,0	506	306	3,67		
100	114,3	3,6	102	203	159	152	304	210	2,37	270,0	540	327	4,00	105	64
	133,0	4,0				181	362	247		311,5	623	378			
125	139,7	4,0	127	254	197	190	380	260	4,04	330,0	660	400	7,20	124	76
	159,0	4,5				216	432	295	5,80	375,0	750	454	10,2		
150	168,3	4,5	152	305	237	229	457	313	6,50	390,0	780	474	11,2	143	89
200	219,1	6,3	203	406	313	305	610	414	14,9	515,0	1030	624	24,8	178	102

Legende
R1 ≈ 0,8 D
r ≈ 0,15 D

Reduzierstück					Reduzierstück					Reduzierstück				
DN	D	DN_1	D_1	L	DN	D	DN_1	D_1	L	DN	D	DN_1	D_1	L
20	26,9	15	21,3	38	65	76,1	50	60,3	89	125	139,7	100	114,3	127
25	33,7	20	26,9	51	65	76,1	40	48,3	89	125	139,7	80	88,9	127
25	33,7	15	23,3	51	65	76,1	32	42,4	89	125	139,7	65	76,1	127
32	42,4	25	33,7	51	65	76,1	25	33,7	89	150	168,3	125	139,7	140
32	42,4	20	26,9	51	80	88,9	65	76,1	89	150	168,3	100	114,3	140
32	42,4	15	21,3	51	80	88,9	50	60,3	89	150	168,3	80	88,9	140
40	48,3	32	42,4	64	80	88,9	40	48,3	89	150	168,3	65	76,1	140
40	48,3	25	33,7	64	80	88,9	32	42,4	89	200	219,1	150	168,3	152
40	48,3	20	26,9	64	100	114,3	80	88,9	102	200	219,1	125	139,7	152
50	60,3	40	48,3	76	100	114,3	65	76,1	102	200	219,1	100	114,3	152
50	60,3	32	42,4	76	100	114,3	50	60,3	102	200	219,1	80	88,9	152
50	60,3	25	33,7	76	100	114,3	40	48,3	105	250	273	150	168,3	178
50	60,3	20	26,9	76	125	139,7	50	60,3	127	250	273	125	139,7	178

T-Stück reduziert. Abzweig					
DN	D	DN_1	D_1	F	G
20	26,9	15	21,3	29	29
25	33,7	15	21,3	38	38
25	33,7	20	26,9	38	38
32	42,4	15	21,3	48	48
32	42,4	20	26,9	48	48
32	42,4	25	33,7	48	48
40	48,3	15	21,3	57	57
40	48,3	20	26,9	57	57
40	48,3	25	33,7	57	57
40	48,3	32	42,4	57	57
50	60,3	20	26,9	64	44
50	60,3	25	33,7	64	51
50	60,3	32	42,4	64	57
50	60,3	40	48,3	64	60
65	76,1	25	33,7	76	57
65	76,1	32	42,4	76	64
65	76,1	40	48,3	76	67
65	76,1	50	60,3	76	70
80	88,9	32	33,7	86	57
80	88,9	40	42,4	86	64
80	88,9	50	48,3	86	67
80	88,9	65	60,3	86	70
100	114,3	40	48,3	105	86
100	114,3	50	60,3	105	89
100	114,3	65	76,1	105	95
100	114,3	80	88,9	105	98
125	139,7	65	76,1	124	108
125	139,7	80	89,9	124	111
125	139,7	100	114,3	124	117
150	168,3	100	114,3	143	130
150	168,3	125	139,7	143	137
200	219,1	150	168,3	178	168

155.3 Zugfeste Rohrkupplungen für Metallrohre PN 16, Spannbereich SB Herstellerang., Maße in mm; p_s in MPa

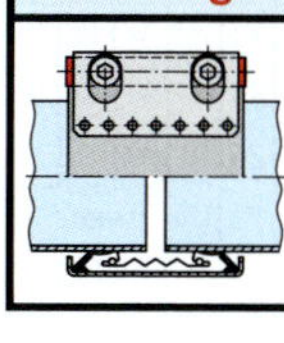

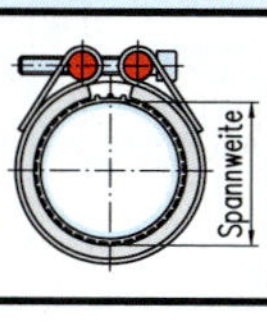

d	p_s	SB in mm	d	p_s	SB in mm	d mm	p_s	SB in mm	d mm	p_s	SB in mm	Dichtung	
33,7	6,2	33,2 – 34,2	48,3	4,4	47,8 – 48,8	88,9	4,1	88,0 – 89,8	168,3	2,9	166,6 – 170,0	EPDM	TS = –30
38,0	5,8	37,5 – 38,5	57,0	3,7	56,4 – 57,6	108,0	3,5	106,0 – 109,1	219,1	2,6	216,9 – 221,3	bis	+ 100 °C
42,4	5,3	41,9 – 42,9	60,3	3,7	59,7 – 60,9	114,3	3,4	113,2 – 115,4	Gehäusewerkstoff:			NBR	TS = –20
44,5	4,8	44,0 – 45,0	76,1	5,6	75,3 – 76,9	139,7	3,2	138,3 – 141,1	1,4301; $p_s = p_{zul}$ MPa			bis	+ 80 °C

zu 152.2 Gewindefittings aus Temperguss, Abbildungen, Vermaßung

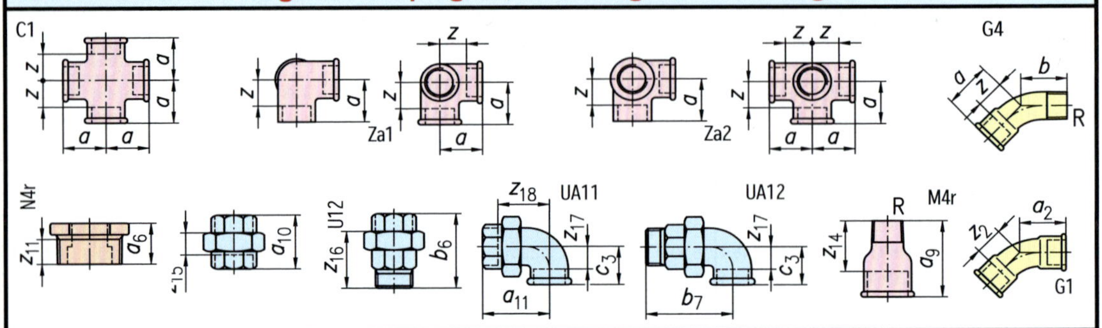

zu 153.1 Mapress C-Stahl Systemrohr, Abbildungen, Vermaßung

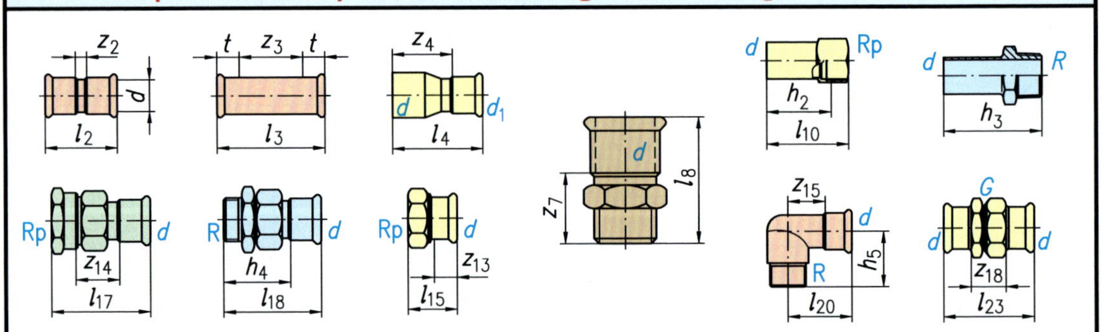

zu 154.2 Verschraubungen mit Schneidring Präzisionsstahlrohr, Abbildungen, Vermaßung

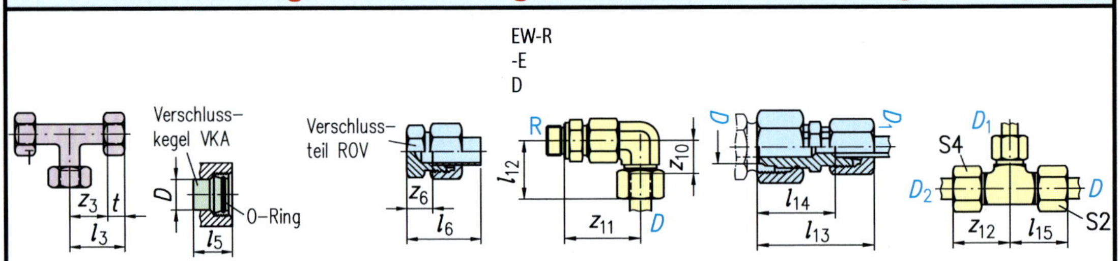

zu 154.3 Klemmring-Fittings Weichstahl-/Cu-Rohr, Abbildungen, Vermaßung

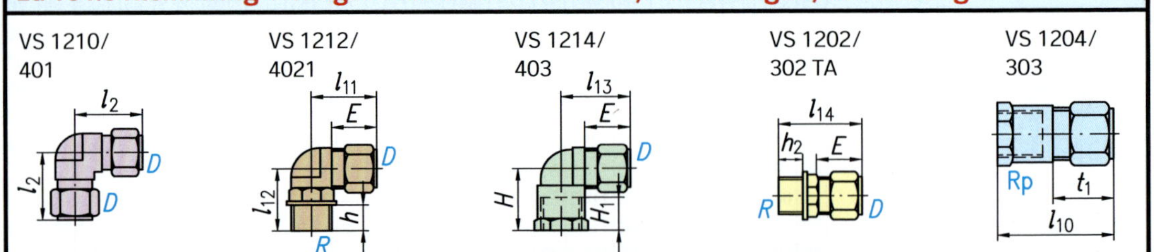

156.2 Edelstahlwellrohr für PWH/C und Gas, Ü-Mutter, Nippel, Ü-Stück, Rohrverb., T-/Reduzier-Stück

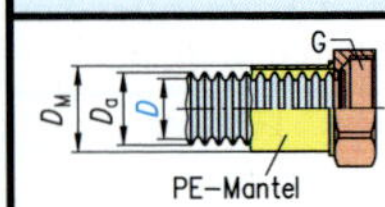

Werkstoff: 1.4404
Biegeradius: ≤ 2 × D_a
Wanddicke: 0,3 mm

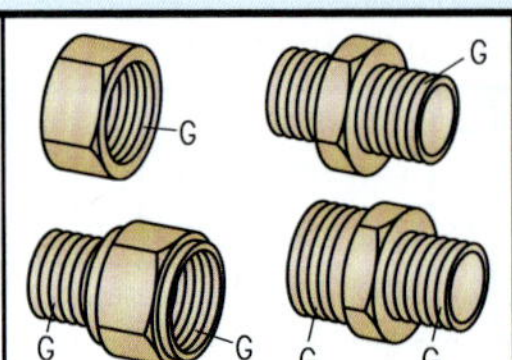

DN	G	D	D_a	D_M
12	½	12	16	17
15	¾	16	20	22
20	1	20	25	27
25	1¼	27	33	35

Rohrverb.

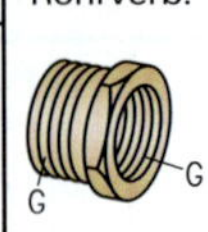

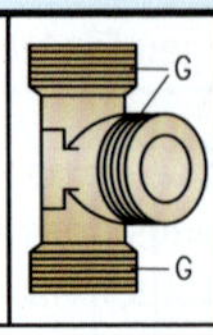

Red.-Stück

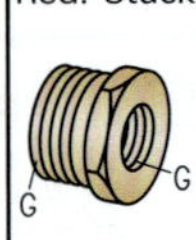

Reduz.		T-egal		T-red.		
¾	½	12	½[1]	¾	½	½
1	¾	15	¾[1]	¾	¾	½
1¼	1	20	1	¾	½	¾
		25	1¼			

zulässige Betriebsdrücke: PWH/C 1,5 MPa; Gas: 100 hPa

[1] vernickelt

157.1 Stahlflansche und zugehörige Bauteile (Auswahl) DIN EN 1092-1

Typ	Benennung		Bild	PN	DN
01	Flansch zum Schweißen oder Löten		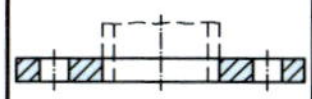	2,5 und 100	10 bis 600
02	lose Flansche für	Typ 32	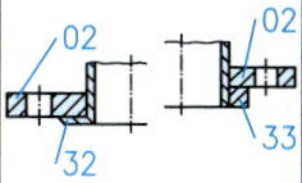	6 bis 40	10 bis 600
02		Typ 33			
04		Typ 34	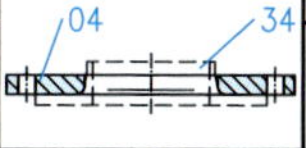	10 bis 40	
05	Blindflansch		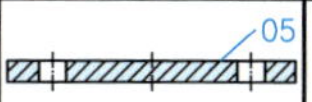	2,5 bis 100	10 bis 350[2]
11	Vorschweißflansch		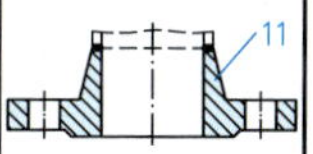	2,5 bis 25	10 bis 1000
				bis 100	10 bis 350[2]

Typ	Benennung		Bild	PN	DN
12	Überschieb-Schweißflansch mit Ansatz		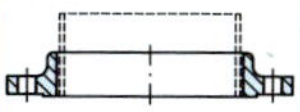	6 bis 40	10 bis 600[3]
–	Gewindeflansche mit Ansatz	glatt oval[1]	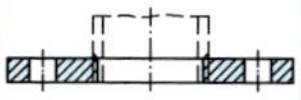	6	6 bis 100
–		oval	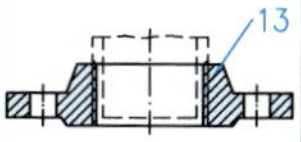	16	6 bis 40
13		rund		6 bis 100	6 bis 150[2]
32	glatter Bund			6 bis 40	10 bis 600
33	gebördeltes Rohrende		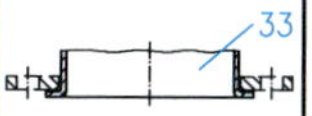		
34	Vorschweißbund		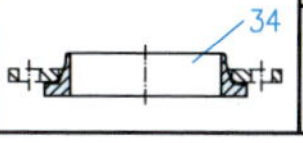	10 bis 40	

[1] Flansch ohne Ansatz nach DIN 2500. [2] Gilt bei PN ≤ 100. [3] Gilt bei PN ≤ 40.

157.2 Übersicht mit den Auswahlkriterien für Dichtungen (Auswahl) DIN EN 1514

Flachdichtungen DIN EN 1514-1		Flanschdichtflächen mit Flachdichtungen DIN EN 1092-1			
Form: FF	IBC, TG, SR	Form: A	Form: B[2]	Form: C/D	Form: E/F
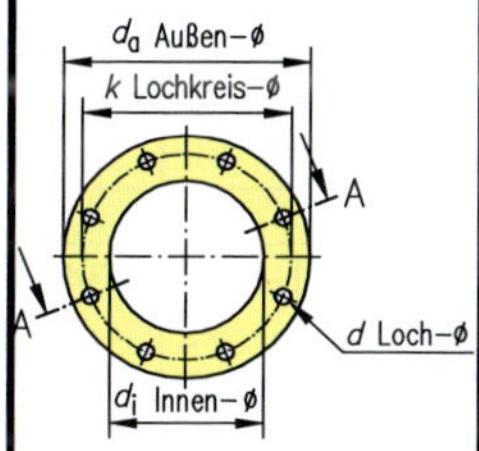	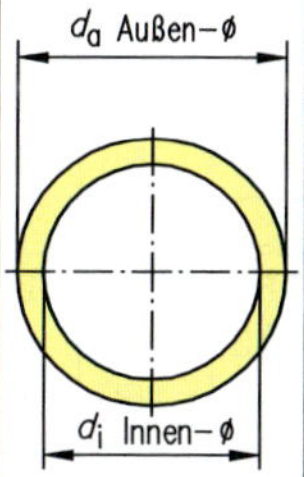	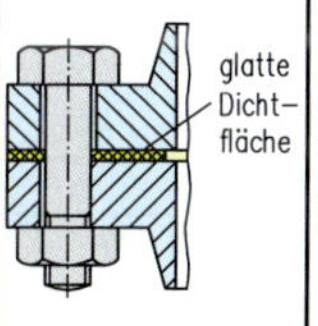	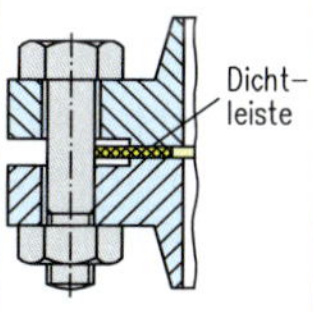	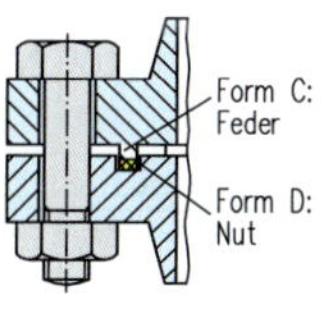	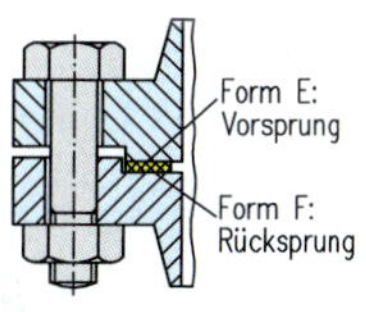
		Dichtung: FF	Dichtung: IBC	Dichtung: TG	Dichtung: SR

Dichtungsart	Profil	Anwendungsbereich	Werkstoff	Verwendung
Faserdichtung		Druck ≤ 10 bar Temp. ≤ 150 °C	Aramidfaser, Glas mit Nitrilkautschuk-Binder	Versorgungsleitungen für Luft, Wasser, Stickstoff usw.
Grafit mit Klettblech[1]		Druck ≤ 20 bar Temp. ≤ 550 °C	Auflage: Grafit 98 %, Träger: 1.4401	Standarddichtung, beständig gegenüber der Mehrzahl der verwendeten Medien
mit Innenbördel			Innenbördel: 1.4571	
Kammprofil[1]	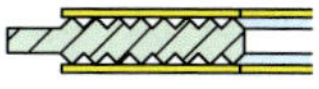	Druck > 20 bar Temp. ≤ 550 °C	Auflage: Grafit 98 % Auflage: PTFE Träger: 1.4571	Bei p > 20 bar. PTFE-Auflage bei stark oxidierenden Medien
PTFE		Druck ≤ 20 bar Temp. ≤ 200 °C	PTFE gefüllt PTFE gereckt	bei stark oxidierenden Medien, die Grafit-Auflage angreifen
PTFE		Druck ≤ 20 bar Temp. ≤ 100 °C	PTFE gefüllt (weich)	in glasfaserverstärkten Rohrleitungen und Apparaten
Gummi/Stahl			EPDM mit HDPE-Stützring	

[1] Ausnahme: stark oxidierende Medien. [2] Übliche Anwendung B1 bei PN ≤ 40 und B2 bei PN 63 und PN 100.

158.1 Vorschweißflansche, Dichtungen, Schrauben — DIN EN 1092

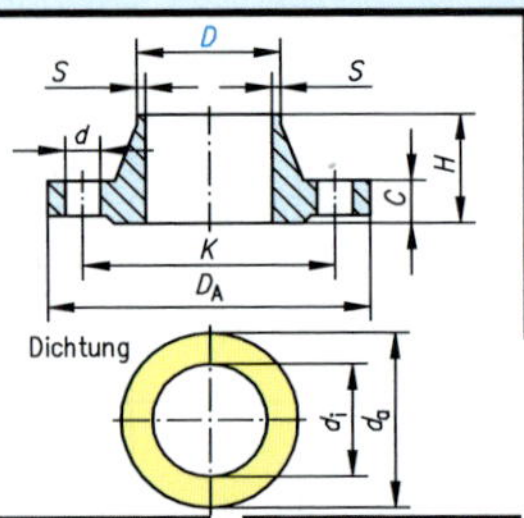

Werkstoff	Tab. 158.2 andere Werkstoffe nach DIN EN 1092 o. nach Vereinbarung
Dichtung	Flachdichtung IBC nach DIN EN 1514-1 für PN 6 und PN 16. Dichtleisten nach DIN EN 1092-1 (s. 157.2).
Druck	für ferritischen Stahl gilt bei TS ≤ 100 °C, p_s = PN. Sonst nach DIN EN 1092-1 Druck/Temperatur-Zuordnung beachten

Bestelltext eines Vorschweißflansches Typ 11 mit Dichtflächenform B1, DN 50 mit $D = 57$, PN 16 mit Ansatzdicke $S = 2{,}9$ mm aus S235GH:

Bennen.	EN 1092-1	/	Typ	/	Dichtfläche	/	DN ... (× D)[1]	/	PN ...	/	S ...	/	Werkstoff[2]
Flansch	EN 1092-1	/	11	/	B1	/	DN 50 × 57	/	PN 16	/	2,9	/	S235GH

Kennzeichnung der Flansche: Hersteller / EN 1092-1 / Typ / DN ... / PN ... / S ... / Werkstoff[2] / Guss-Nr.: ...

Beispiel für die Kennzeichnung eines Flansches: **XXX/EN 1092-1/11/DN 50/PN 16/S235GH/12345**

Nennweite DN	10	15	20	25	32	40	50	65	80	100	125	150	200
Nenndruck PN 6 Vorschweißflansche nach DIN EN 1092-1													
Flansch- D_A in mm	75	80	90	100	120	130	140	160	190	210	240	265	320
C in mm	12	12	14	14	14	14	14	14	16	16	18	18	20
K in mm	50	55	65	75	90	100	110	130	150	170	200	225	280
H in mm	28	30	32	35	35	38	38	38	42	45	48	48	55
d in mm	11	11	11	11	14	14	14	14	18	18	18	18	18
Masse m in kg	0,50	0,50	0,50	1,00	1,00	1,50	1,50	2,00	3,00	3,50	4,50	5,50	8,00
Dichtung d_i in mm	18	22	27	34	43	49	61	77	89	115	141	169	220
d_a in mm	39	44	54	64	76	86	96	116	132	152	182	207	262
Schraubenanzahl	4	4	4	4	4	4	4	4	4	4	8	8	8
Größe	M10	M10	M10	M10	M12	M12	M12	M12	M16	M16	M16	M16	M16
Länge l[3] in mm	40	40	40	40	45	45	45	45	55	55	60	60	60
Nenndruck PN 16[4] Vorschweißflansche nach DIN EN 1092-1													
Flansch- D_A in mm	90	95	105	115	140	150	165	185	200	220	250	285	340
C in mm	16	16	18	18	18	18	18	18	20	20	22	22	24
K in mm	60	65	75	85	100	110	125	145	160	180	210	240	295
H in mm	35	38	40	40	42	45	45	45	50	52	55	55	62
d in mm	14	14	14	14	18	18	18	18	18	18	18	22	22
Masse m in kg	0,50	1,00	1,00	1,00	2,00	2,00	2,80	3,50	4,00	4,50	6,50	7,50	11,0
Dichtung d_i in mm	18	22	27	34	43	49	61	77	89	115	141	169	220
d_a in mm	46	51	61	71	82	92	107	127	142	162	192	218	273
Schraubenanzahl	4	4	4	4	4	4	4	4[5]/8	8	8	8	8	12[6]
Größe	M12	M12	M12	M12	M16	M16	M16	M16	M16	M16	M16	M 20	M 20
Länge l[3] in mm	45	50	50	50	55	55	60	60	60	65	70	70	80

[1] Bei Rohren der Reihe 2 und 3 sollte zusätzlich der Außendurchmesser D angegeben werden. [2] Werkstoffkurzname oder Werkstoffnummer oder Werkstoffsorte und wenn erforderlich, die Wärmebehandlung und Werkstoffbescheinigung angeben. [3] Die Schraubenlänge gilt für Vorschweiß-, Blind-, Gewinde- und Ovalflansche gegen Armaturenflansche und einer 2 mm dicken Flachdichtung. [4] Abmessungen gelten auch für PN 10. [5] Bei Bedarf auch mit 4 Löchern zugelassen. [6] Flansche DN 200 für PN 10 haben nur 8 Schrauben.

158.2 Flanschenwerkstoffe und Schrauben (Auswahl) — DIN EN 1092, DIN EN 1515-1

Werkstoff-Gruppe	Anwendungs-bereich °C	Unlegierte Baustähle		Festigkeitsklasse (Fk)		Anhaltswerte für Anzugsmomente Nm		
		Kurzname	W. Nr.:	Schrauben	Muttern			
1E0	−10 bis 100	S235JR	1.0037	4.6	5	Fk	5.6	8.8
1E1	−10 bis 300	S235JRG2	1.0038	4.6, 5.6, 6.8 und 8.8	5, 6 und 8	M12	40	85
2E0	bis 350 oder 400	GP240GR	1.0621			M16	95	205
3E0	bis 400	P265GH	1.0425			M20	190	410

159.1 Mapress Edelstahl-Systemrohre

Herstellerangabe, Maße in mm

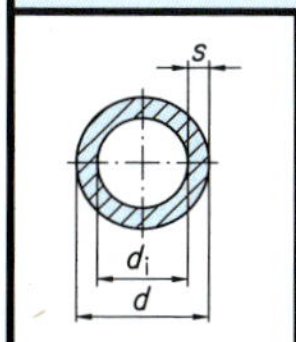

CrNiMo-Stahl
$\alpha = 0{,}0165$ mm/mk
$\lambda = 15$ W/m · k
CrMoTi-Stahl
$\alpha = 0{,}0104$ mm/mk
$\lambda = 23$ W/m · k

d	d_i	s	Rohr/Fitting/Dichtg.	$p_{Betr.\,max}$	ϑ_{min} –	CrNiMo	CrMoTi	CrNiMo	Rot-	CNR	FKM		EPDM	FPM	Centellen	
12	10	1	Verwendung	MPa	ϑ_{max} °C	1.4401	1.4521	1.4401	guss	schwarz	blau	weiß	schwarz	grün	3825	3822
15	13	1	PWC/H, Hzg., Kühlung	1,6	0 – 100	✓	✓	✓	✓	✓		nur bei Sattdampf 5 – 155 °C	✓			✓
18	16	1	mit Frostschutzm.	1,6	-30 – 40	✓	✓	✓	✓	✓					✓	✓
22	19,6	1,2	Fernwärmeheizung	1,6	0 – 120	✓	✓	✓	✓	✓				✓	✓	✓
28	25,6	1,2	Fernwärmeheizung	1,6	0 – 140	✓	✓	✓			✓				✓	✓
35	32,0	1,5	Löschwasser/Sprinkl.	1,6	0 – 70	✓		✓	✓	✓			✓	✓		✓
42	39,0	1,5	Wärmetr./Öl/Benzin		-25 – 220	✓	✓	✓			✓			✓		✓
54	51,0	1,5	Druckluft d 12 – 54	2,5	0 – 100	✓	✓	✓	✓	✓	✓		✓	✓		✓
76,1	72,1	2	Inertgas (Stickstoff)	2,5	0 – 160	✓	✓	✓	✓	✓			✓			✓
88,9	84,9	2	Acetylen, Schutzgas			✓		✓		✓	✓					✓
108	104	2	Erd-/Flüssig-/Biogas	0,5	-20 – 70	✓		✓								✓

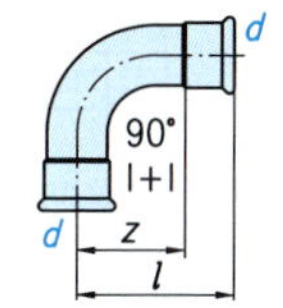

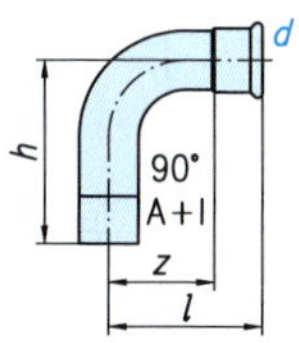

Bog. 90° I + I			A+I	45° I+I		60° I+I		A+I	30° I+I		A+I	15° I+I		A+I	T-Stück m. Innengewinde							Übergang m. R			
d	l	z	h	l	z	l	z	h	l	z	h	l	z	h	d	Rp	l_1	l_2	l_3	z_1	z_2	d	R	l_4	z_3
12	42	25	48	32	15			(60°)			(30°)			(15°)	15	½	64	40	32	12	27	12	½	36	19
15	49	29	59	36	16	40	20	50	33	13	43	30	10	40	18	½	68	42	34	14	29	22	½	42	21
18	53	33	61	37	17										18	¾	68	44	34	14	29	22	1	46	25
22	61	40	70	42	21	47	26	56	37	16	46	33	12	41	22	½	74	43	37	16	3	28	¾	46	23
28	72	49	79	48	25	54	31	61	41	18	48	36	13	43	22	¾	74	46	37	16	31	28	1	48	23
35	68	42	77	43	17	50	24	59	37	11	46	32	6	41	28	½	84	46	42	19	33	28	1¼	48	25
42	80	50	90	51	21	59	29	69	44	14	54	37	7	47	28	¾	84	49	42	19	34	35	1½	53	27
54	100	65	111	62	27	72	37	83	52	17	63	44	9	55	35	½	100	50	50	24	37	54	1½	83	48
76,1	157	104	166	101	48	117	64	126	88	35	97	75	22	84	35	¾	100	53	50	24	38	54	2	89	54
88,9	184	124	194	117	57	136	76	146	101	41	111	85	25	95	42	¾	114	56	57	27	41	76,1	2½	123	70
108	226	151	240	143	68	166	91	180	122	47	136	103	28	117	54	¾	138	62	69	34	47	88,9	3	137	77

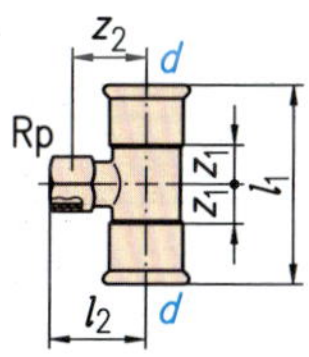

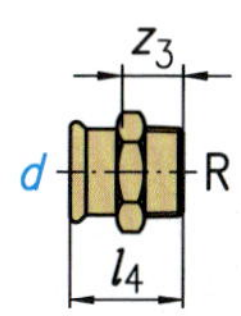

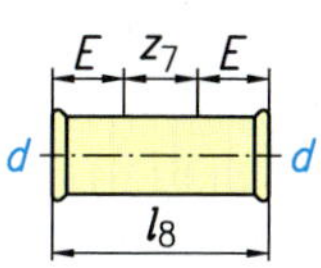

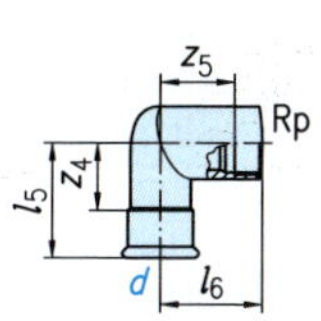

Ü-Winkel m. Innen-/Außeng.									Schiebemuffe				Muffe	
d	Rp/R	l_5	l_6	z_4	z_5	h_1	l_7	z_6	d	E	l_8	z_7	l_9	z_8
15	⅜ –	57	34	37	24	37			12	25	67	17	42	8
15	½	57	37	37	24	37	57	37	15	25	80	30	48	8
18	½	57	39	37	26	39	57	37	18	25	80	30	48	8
22	¾	60	46	39	31	46	60	39	22	25	84	34	50	8
28	1	67	54	43	37	54	67	44	28	30	91	31	54	8
35	1¼	75	63	49	44	63	75	49	35	30	102	42	62	10
42	1½	Ü 90°-Innen-				67	83	53	42	40	120	40	71	11
54	2	gewinde				78	94	59	54	40	140	60	83	13
									76,1	60	230	110	141	35
									88,9	70	260	120	162	42
									108	80	310	150	195	44

Ü-Verschr. Innen-/Außeng. Ü-Mutter								
d	Rp/R	G	l_{13}	z_{11}	h_2	l_{14}	l_{15}	z_{12}
15	½	¾	59	26	44	64	66	26
15	¾	¾	61	26	46	66		
18	½	¾	59	26	44	64	69	29
18	¾	¾	61	26	46	66		
22	½ –	1			46	67	72	30
22	¾	1	63	27	47	68		
22	1	1	66	28	52	73		
28	1	1¼	71	31	55	78	77	31
35	1¼	1½	77	32	59	85	82	30
42	1½	1¾	82	33	60	90	95	35
54	2	2⅜	95	37	68	103	113	43

T mit Außengewinde						
d	R	d_1	h_3	l_{16}	l_{17}	z_{13}
15	⅜	15	50	64	32	12
15	½	15	34	64	32	12
18	½	18	36	68	34	14
22	¾	22	42	74	37	16
22	1	28	48	84	42	19
35	1¼	35	54	100	50	24

T-egal wie C-Stahl s. 149.2
ebenso Ü.-Verschraubg.

T-Stück reduziert ≤ DN 40								T-Stück reduziert ≥ DN 50						
d	d_1	d_2	l_{10}	l_{11}	l_{12}	z_9	z_{10}	d	d_1	l_{10}	l_{11}	l_{12}	z_9	z_{10}
15	12	15	64	36	32	12	19	54	15	138	59	69	34	39
18	15	15	79	41	34	14	21	54	18	138	59	69	34	39
18	15	18	68	41	34	14	21	54	22	138	60	69	34	39
22	15	18	85	43	37	16	23	54	28	138	63	69	34	40
22	15	22	74	43	37	16	23	54	35	138	67	69	34	41
22	18	18	85	43	37	16	23	54	42	138	71	69	34	41
22	18	22	74	43	37	16	23	76,1	22	230	77	115	62	56
28	15	28	84	46	42	19	26	76,1	28	230	79	115	62	56
28	18	28	84	46	42	19	26	76,1	35	230	81	115	62	55
28	22	22	90	47	42	19	26	76,1	42	230	81	115	62	51
28	22	28	84	47	42	19	26	76,1	54	230	87	115	62	52
35	18	35	100	49	50	24	29	88,9	28	260	87	130	70	64
35	22	28	104	50	50	24	29	88,9	35	260	90	130	70	64
35	22	35	100	50	50	24	29	88,9	42	260	92	130	70	62
35	28	28	104	53	50	24	29	88,9	54	260	93	130	70	58
35	28	35	100	53	50	24	29	88,9	76,1	260	114	130	70	61
42	18	42	114	53	57	27	33	108	28	310	105	155	80	82
42	22	35	115	54	57	27	33	108	35	310	108	155	80	82
42	22	42	114	54	57	27	33	108	42	310	111	155	80	80
42	28	35	115	57	57	27	34	108	54	310	113	155	80	78
42	28	42	114	57	57	27	34	108	76,1	310	124	155	80	71

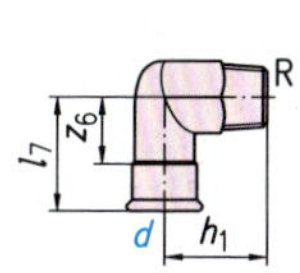

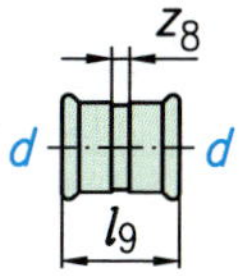

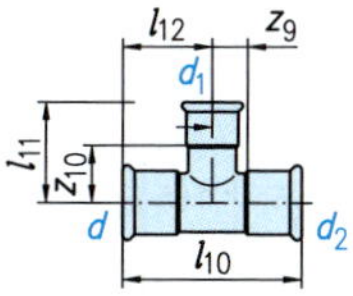

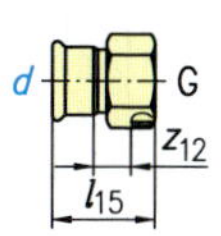

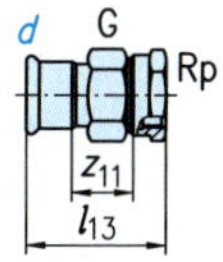

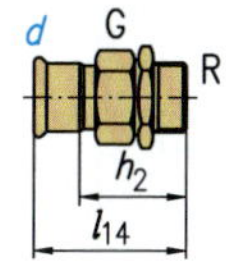

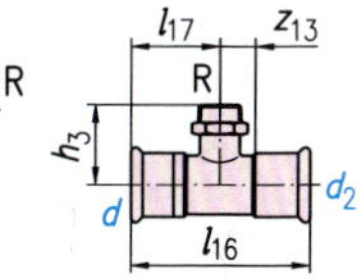

160.1 Stutzweiten Mapress Edel- und C-Stahl, SW in mm, Verpressung Mindestabstände — DIN EN 806

CrNiMo-St DN	CrNiMo-St d	CrNiMo-St s	CrMoTi d	CrMoTi s	C-St. d	C-St. s	SW horiz.	Herst. Empf.
10	12	1,0	12	1,0	12	1,2	1,00	1,50
12	15	1,0	15	1,0	15	1,2	1,20	1,50
15	18	1,0	18	1,0	18	1,2	1,20	1,50
20	22	1,2	22	1,2	22	1,2	1,80	2,50
25	28	1,2	28	1,2	28	1,5	1,80	2,50
32	35	1,5	35	1,5	35	1,5	2,40	3,50
40	42	1,5	42	1,5	42	1,5	2,40	3,50
50	54	1,5	54	1,5	54	1,5	2,70	3,50
65	76,1	2,0	Edel-		76,1	2,0	3,00	5,00
80	88,9	2,0	stahl		88,9	2,0	3,00	5,00
100	108	2,0	1.4521		108	2,0	3,00	5,00

Mindestabstände L_{min}, Leitungstiefe $B/C/D_{min}$

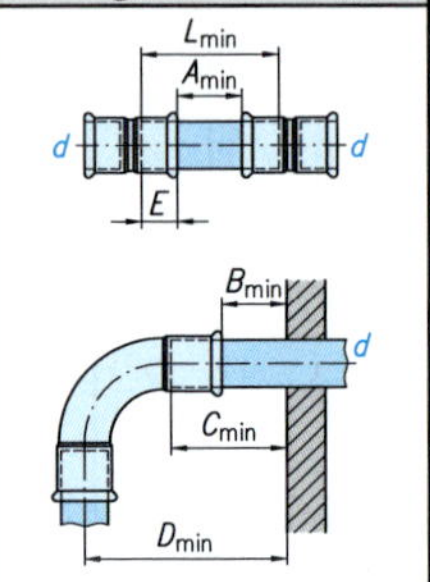

d mm	A_{min} mm	L_{min} mm	E mm	B_{min} mm	C_{min} mm	D_{min} mm
12	1	44	17	35	52	77
15	1	50	20	35	55	85
18	1	50	20	35	55	89
22	1	52	21	35	56	95
28	1	56	23	35	58	107
35	1	62	26	35	61	121
42	2	80	30	35	65	147
54	2	90	35	35	70	174
76,1	2[1]	126	53	75	128	223
88,9	2[1]	140	60	75	135	249
108	2[1]	170	75	75	150	292

Platzbedarf

Pressbacke

Schlinge

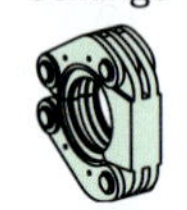

d mm	A mm	B mm	C mm	D mm	E mm	F mm
12	20	56	20	28	75	131
15	20	56	20	28	75	131
18	20	60	25	28	75	131
22	25	65	31	35	80	150
28	25	75	31	35	80	150
35	30	75	31	44	80	170
42	75	115	75	75	115	265
54	85	120	85	85	120	290
76,1	110	140	110	110	140	350
88,9	120	150	120	120	150	390
108	140	170	140	140	170	450

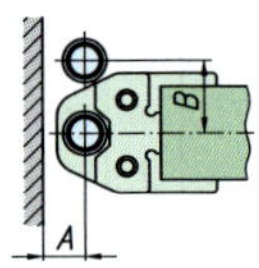

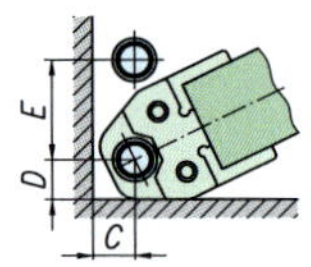

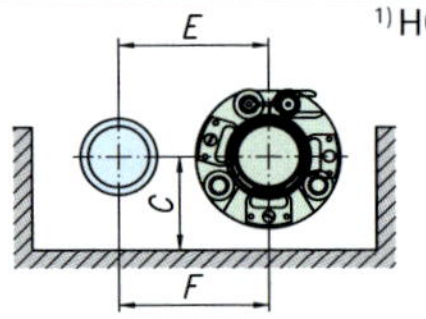

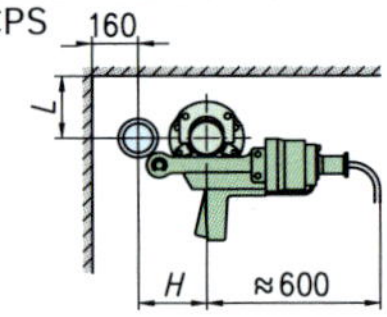

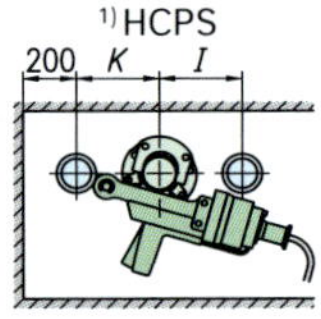

d	76,1	88,9	108
L	110	120	130
K	220	220	230
I	220	220	230
H	160	180	200
G	300	320	340

PE-Xb/Al/PE-HD

d	A	B	C	D	E
16	16	42	19	31	58
20	18	46	20	34	57
26	21	53	23	37	62
32	27	62	27	45	67
40	31	72	31	51	77
50	40	95	40	60	95
63	80	100	80	100	100

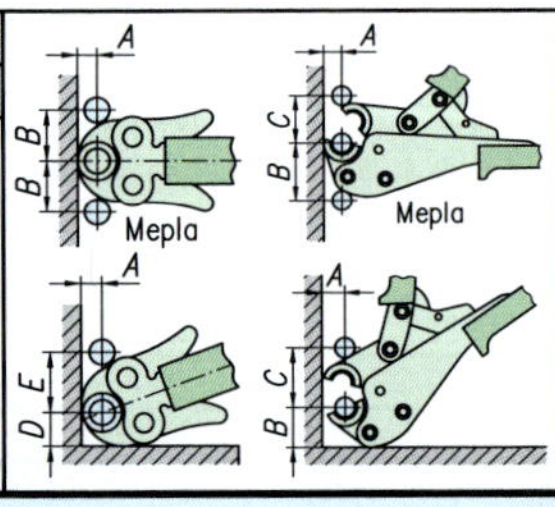

Handpresse

d	A	B	C
16	15	38	42
20	16	42	44
26	19	47	53

d	A	B	C
16	19	30	50
20	20	31	55
26	23	33	53

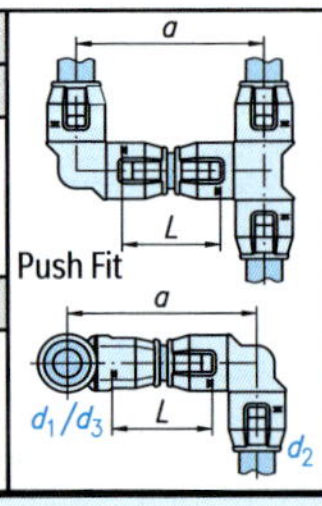

Mindestmaße — Geberit Push Fit Fitting-kombinat.

d	16	20	25
L	53	54	61
a	100	107	123

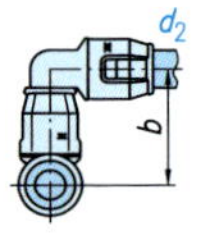

$d_{1/3}$	16		20		25	
d_2	L	a	L	a	L	a
16	5,3	100	5,5	102	60	107
20	–	–	5,4	107	59	122
25	–	–	–	–	61	123

$d_{1/3}$	d_2	16	20
16	b =	63	–
20	b =	63	65
25	b =	63	68

160.2 Befestigungs-/Rohrschellenabstände RA, Gleit-/Fixpunkte (Herst.ang.) Maße in mm

DN	CrNiMo	CrMoTi	Mepla	Push	Cu[1]
10	1,5 m	1,5 m	–	Fit	1,25
12	1,5 m	1,5 m	1,5 m	1,5 m	1,25
15	1,5 m	1,5 m	1,5 m	1,5 m	1,50
20	2,5 m	2,5 m	1,5 m	1,5 m	2,00
25	2,5 m	2,5 m	2,0 m	RA	2,25
32	3,5 m	3,5 m	2,0 m	–	2,75
40	3,5 m	3,5 m	2,5 m	–	3,00
50	3,5 m	3,5 m	2,5 m	–	3,50
65	5,0 m	–	2,5 m	–	4,25
80	5,0 m	–	–	–	4,75
100	5,0 m	–	–	–	5,00

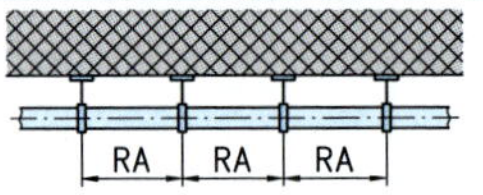

Push Fit frei verlegt

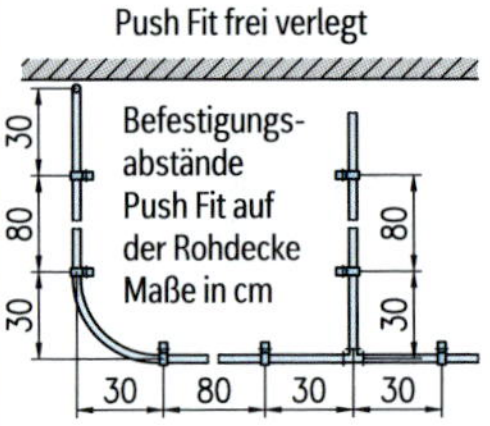

Befestigungsabstände Push Fit auf der Rohdecke Maße in cm

Gewindestärke PF	RA mm	d 16	d 20	d 25
Rohrschelle an Decke	≤ 100	M8	M8	M8
	– 200	M8	M8	M8
	– 300	M8	M8	M10
	– 400	M10	M10	M10
	– 600	M10	M10	M10
Rohrschelle an Wand	≤ 100	M8	M8	M8
	– 200	M10	M10	M10
	– 300	M10	M10	½"
	– 600	½"	½"	½"

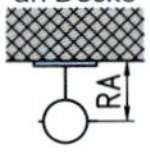

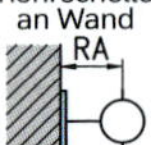

Fixpunkte ≤ 250 mm RA Wand o. Decke → Gewindestange ½"

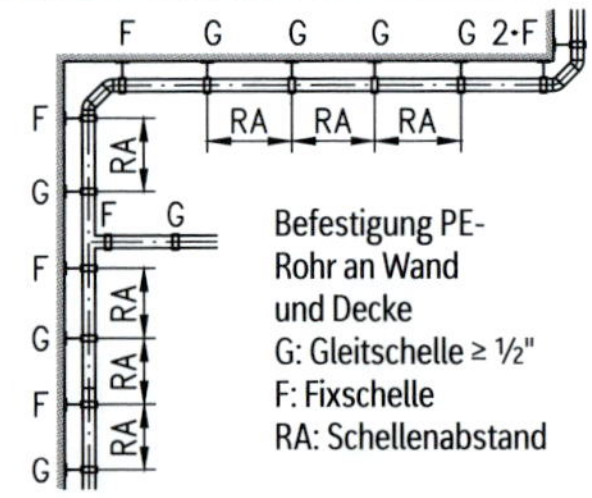

Befestigung PE-Rohr an Wand und Decke
G: Gleitschelle ≥ ½"
F: Fixschelle
RA: Schellenabstand

d mm	32	40	50	56	75	90	110	125	160	200
RA o.	0,8	0,8	0,8	0,8	0,8	0,9	1,1	1,3	1,6	2,0
m. T	1[2]	1	1	1	1,2	1,4	1,7	1,9	2,4	3,0

[1] für Kupferrohr DIN EN 1057 nicht für Gasleitung, Sprinkler- und autom. Löschanlage; [2] o. = ohne, m. = mit Tragschalen, Geberit PE

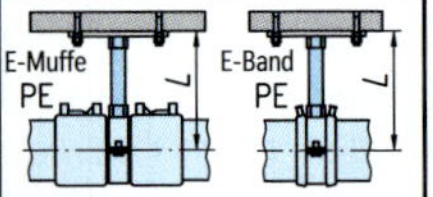

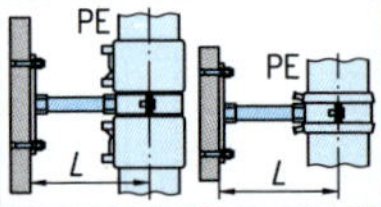

d \ L	10	20	30	40	50	60	10	20	30	40	50	60
40	¾"	1¼"	1¼"	1½"	2"	2"	½"	¾"	1"	1"	1"	1¼"
50	1"	1¼"	1½"	2"	2"	2"	½"	¾"	1"	1"	1¼"	1¼"
56	1"	1¼"	1½"	2"	2"		½"	1"	1"	1¼"	1¼"	1½"
75	1"	1½"	2"	2"			¾"	1"	1¼"	1¼"	1½"	1½
90	1¼"	2	Fixschelle an				1"	1¼"	1¼"	1½"	2"	2"
110	1½"	Decke, konvention.					1"	1¼"	2"	2"	2"	
125	2"	starre Befestigung					1¼"	1¼"	2"	Wandfixsch.		

PE d mm	Decke o. TS RA	Decke o. TS RG	Decke o. TS F_G in N	m. Tragschale RA	m. Tragschale RG	m. Tragschale F_G in N	Wand RA	Wand F_{AX} in N
40	0,8	0,4	11	1,0	0,5	13	1,0	178
50	0,8	0,4	16	1,0	0,5	20	1,0	220
56	0,8	0,4	20	1,0	0,5	25	1,0	250
75	0,8	0,4	36	1,2	0,6	45	1,2	390
80	0,9	0,5	58	1,4	0,7	86	1,4	584
110	1,1	0,6	106	1,7	0,9	158	1,7	876
125	1,3	0,7	149	1,9	1,0	233	1,9	1144
160	1,6	0,8	323	2,4	1,2	485	2,4	1912
200	2,0	1,0	626	3,0	1,5	939	3,0	2878
250	2,0	1,0	1195	3,0	1,5	1826	3,0	4422

RA Geberit Silent-dB 20 Entwässerung

d mm	Leitung waagerecht RA_o	Leitung waagerecht F_G N	Leitung waagerecht RA m	Leitung waagerecht F_G N	senkrecht RA	senkrecht F_G N	senkrecht F_{AX} N
56	0,80	23	1,00	28	1,5	84	184
75	0,80	40	1,20	59	1,5	147	247
90	0,90	65	1,40	101	1,5	216	316
110	1,10	118	1,70	182	1,7	321	421
135	1,40	220	1,90	299	1,9	471	571
160	1,70	374	2,40	528	2,4	660	760

RG: Abstand Fix- zu Gleit-Schelle
F_G: Gewichtskraft pro Schelle
F_{AX}: F_G + Schiebewiderstand

161.1 Übersicht von Armaturen – Grundbauarten DIN EN 736-1

Ventil	Schieber	Hahn	Klappe

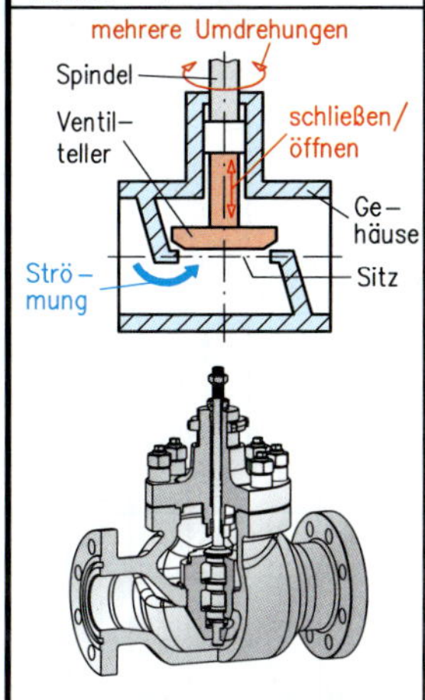

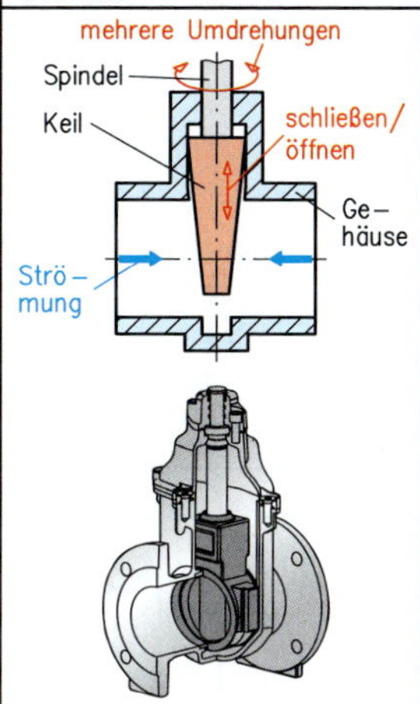

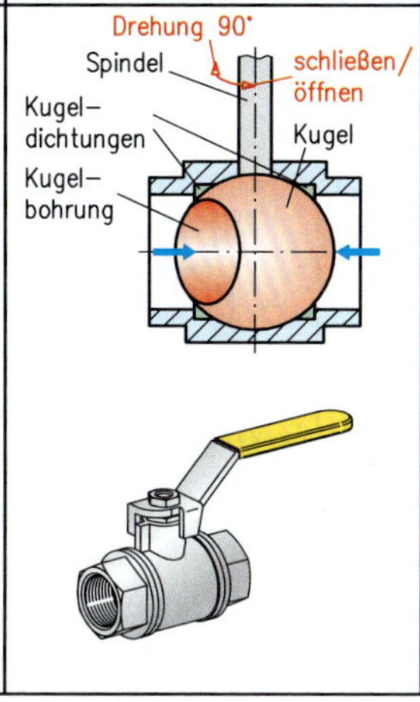

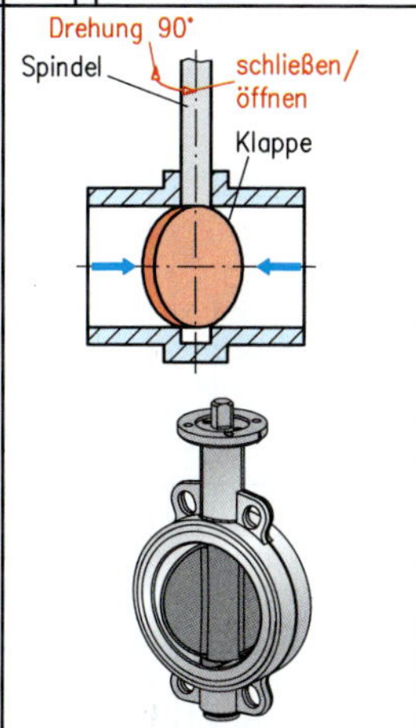

- **Ventile**
  - Funktion/Aufgabe
    - Absperrventile
    - Regelventile
    - Drosselventile
    - Sicherheitsventile
    - Rückschlagventile
    - Überströmventile u. a.
  - Gehäuseform
    - Durchgangsvent.
    - Eckventile
    - 3-,4-Wegeventile
  - Ventilsitz
    - Geradsitz-
    - Schrägsitz-
    - ventile
  - Anzahl der Ventilsitze
    - Einsitzvent. / Doppelsitzv.
  - Abschlusskörper
    - Tellerventile
    - Kegelventile
    - Kugelventile
    - Membranventile
    - Kolbenventile
    - Nadelventile
  - Stellantrieb
    - Schwimmerventile
    - Magnetventile
    - Motorventile
    - Thermost. Ventile
    - Pneumatische V.
    - Hydraulische V.
- **Schieber**
  - Abschlusskörper
    - Keilschieber
    - Parallelschieber
    - Sonderformen
  - Anschluss
    - Muffen
    - Flanschen
    - Löt-, Schweißv.
- **Hähne**
  - Verwendung
    - Regelorgan
    - Absperrorgan
    - Kontrollorgan
  - Abschlusskörper
    - Kegelhähne
    - Kugelhähne
    - Sonderformen
- **Klappen**
  - Absperrklappen
  - Drosselklappen
  - Rückschlagklappen

Ventile	meist verwendete Armatur (universeller Einsatz); **Schrägsitzv.** geringer Widerstand (gg. Geradsitzv. nur 1/3-1/4); **3-Wegeventile** vorwieg. als Regelventile; **Doppelsitzv.** mit 2 Ventilsitzen (Druckentlastung am Ventilteller); **Rückschlagventile** verhindern Rückströmung in Herkunftsrichtung
Schieber	ungehind. Durchströmen (geringer Druckv.), geringe Einbautiefe, bei nicht steigender Spindel (Handrad) Gewinde umspült, ungeeignet als Drosselorgan, Abschlusskörper meist Keilschieber
Hähne	schnelles Öffnen und Schließen (schon bei 1/4 Umdr.) Anw. z. B. Füll- und Entleerung, Gasabsperrung, Stellglied in Regelkreisen u.a.; evtl. Druckstöße bei Förderströmen (daher langsame Drehung)
Klappen	Absperr- oder Drosselarmatur, meist kreisförm. Abschlusskörp., Öffn. u. Schließ. schon bei 1/4 Umdrehung, bei hohen Dichtheitsanforderungen nicht möglich, Drehachse meist in Klappenmitte

161.2 PVC-Armaturen PN 10 – Herstellerangabe – Maße in mm

Betriebsbedingungen: PN 16 und $\vartheta_s \leq 20$ °C

Kugelhahn[1]	Kugelrückschlagv.[1]	Schmutzfänger
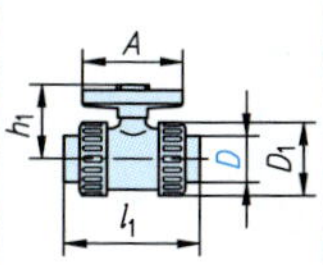 k_{V1}	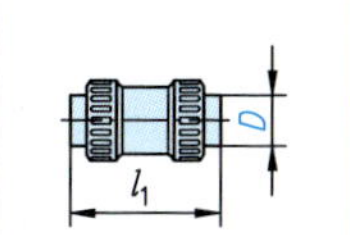 k_{V2}	PN 10 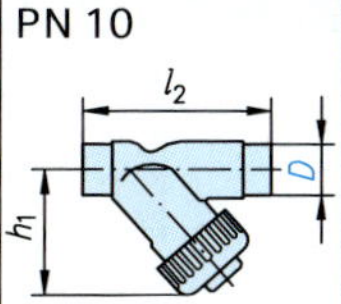 k_{V3}

$k_{V1...3}$ Volumenstrom in m³/h bei $\Delta p = 1$ bar (s. 25.4)

DN	D	l_1	h_1	D_1	A	l_2	h_2	k_{V1}	k_{V2}	k_{V3}
10	16	99	50	46	78	–	–	4,26	10,2	–
15	20	102	50	46	78	124	65	11,1	9,0	2,1
20	25	120	60	56	92	144	76	21	19,8	3,9
25	32	131	70	67	100	154	90	42	23,4	5,4
32	40	150	80	82	110	174	104	60	42,4	9,3
40	50	163	92	98	120	194	124	96	54,0	13,5
50	63	197	110	120	146	224	148	186	83,4	22,2

[1] Anschluss mit Klebemuffe, -stutzen, Gewindemuffe aus PVC, Schweißmuffe und -stutzen aus PE erhältlich.

162.1 Rotgussarmaturen – Herstellerangabe – Maße in mm

Anwendungsbereich: Flüssigkeiten und Dampf, Betriebsdruck PN 16, Betriebstemperatur ≤ 150 °C

Muffenschieber ϑ_s[1] ≤ 200 °C	Durchgangs-Muffenventil[2]	Schrägsitz-Muffenventil[2) 3)]	Rückschlagventil[2) 4)] ϑ_s ≤ 120 °C	Rückschlagklappe[5)] ϑ_s ≤ 120 °C	Schmutzfänger[6)]
DIN 3352 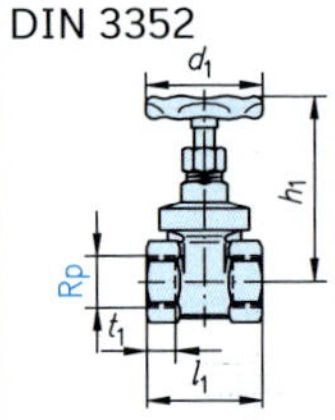	DIN 3844 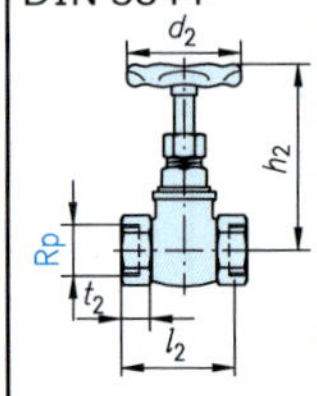	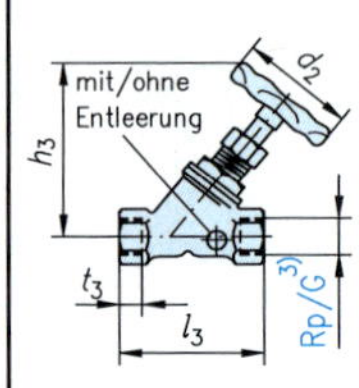	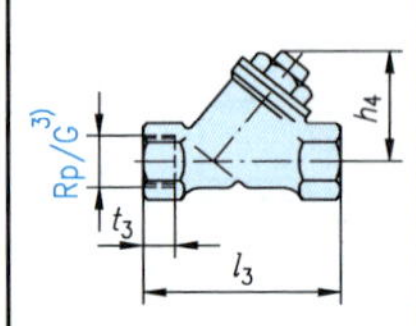	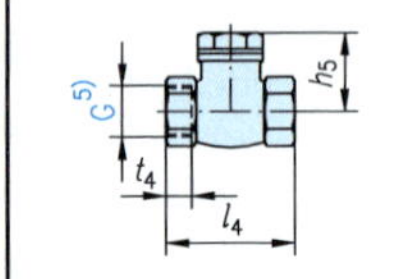	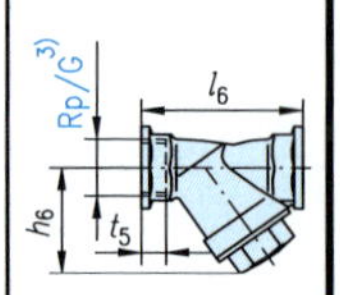
ζ_S-Wert	ζ_D-Wert	ζ_V-Wert	ζ_R-Wert	ζ_K-Wert	ζ_F-Wert

DN	Rp	l_1	t_1	h_1	d_1	ζ_S	l_2	t_2	h_2	d_2	ζ_D	l_3	t_3	h_3	ζ_V	h_4	ζ_R	l_4	t_4	h_5	ζ_K	l_6	h_6	t_5	ζ_F[7)]
10	3/8	48	11	78	50	0,4	51	10	92	50	4	64	10	87	3	35	6	–	–	–	3	64	34	10	15
15	1/2	55	15	80	50	0,9	62	13	92	50	12	66	13	95	5	43	7	60	12	40	3	67	42	13	9,2
20	3/4	60	16	89	50	0,3	72	15	102	60	14	75	15	110	5	49	9	70	13	49	2	77	52	15	7,4
25	1	68	19	101	60	0,4	82	17	116	60	12	80	10	125	4	55	5	80	15	56	2	90	61	15	7,3
32	1 1/4	76	21	118	80	0,7	97	19	140	80	12	97	13	145	5	67	9	95	16	60	2	112	73	18	6,2
40	1 1/2	80	21	127	80	0,4	107	19	147	80	12	107	15	155	3	80	13	105	18	70	1	120	82	18	6,5
50	2	93	26	148	90	0,4	132	23	170	90	14	124	17	175	4	92	13	130	20	80	1	150	94	22	5,6

[1)] Rotguss/Messing-Muffenschieber für PN 16 und $\vartheta_s \leq 120$ °C geeignet. [2)] Bei Luft $p_s \leq 6$ bar. [3)] DN 25 bis DN 50 mit G-Gewinde versehen. [4)] Öffnungsdruck ≈ 4000 Pa. [5)] Anschlussgewinde G. [6)] Mit Maschenweite 0,6 mm und 0,25 mm lieferbar. [7)] Einzelwiderstände gelten für Maschenweite 0,25 mm.

162.2 Membranventile, Rotguss

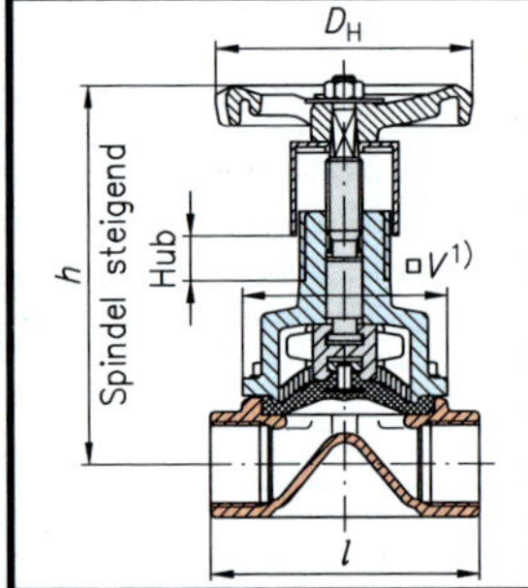

Betriebsdruck:	≤ 16 bar
Betriebstemperatur:	–10 +90 °C
Membrane:	EPDM/W270 oder NBR
Gehäuse:	CuSn4Zn6Pb3
Oberteil:	Kunststoff/JL-1040
Handrad:	Guss/Kunststoff

[1)] Durchmesser 190 mm.

DN	Rp	l mm	h mm	D_H mm	□ V mm	SW mm	Hub mm
15	1/2	85	87	100	55	28	7
20	3/4	95	90	100	55	34	7
25	1	105	151	100	80	41	13
32	1 1/4	120	154	100	80	50	13
40	1 1/2	130	157	100	80	58	13
50	2	150	201	80	105	70	22
65	2 1/2	185	248	125	125	85	30
80	3	205	329	200	190[1)]	100	45

162.3 Strangregulierventil, Durchflussregler „R" und Differenzdruckregler „DP"

Strangregulierventil „R"

TS: –20 bis 150 °C
PS: 25 bar oder 16 bar[2)]

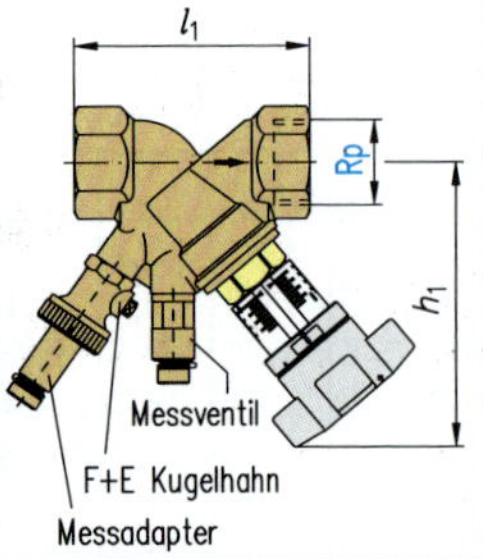

Differenzdruckregler[1)] „DP"

TS: –20 bis 120 °C
PS: 10
Δp = 50 bis 300 mbar oder = 250 bis 700 mbar

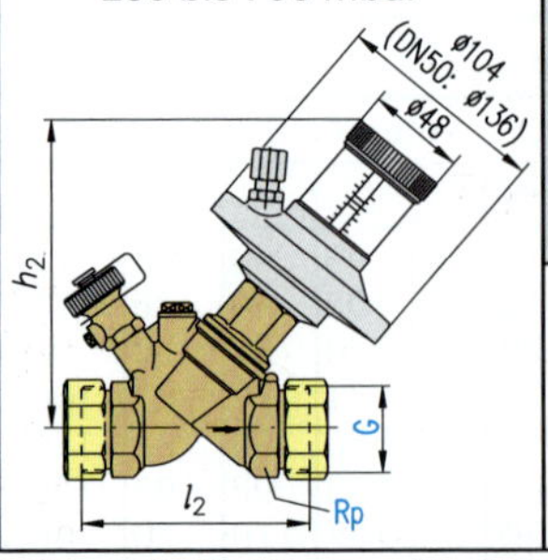

DN	Rp	l_1	h_1	h_2	G	D_1	$k_{VS,R}$	$k_{VS,DP}$
10	3/8	73	114	–	5/8	–	2,88	–
15	1/2	80	114	158	3/4	18[3)]	3,88	2,5
20	3/4	84	116	160	1	22	5,71	5,0
25	1	98	119	163	1 1/4	28	8,89	7,5
32	1 1/4	110	136	172	1 1/2	35	19,5	10,0
40	1 1/2	120	138	178	1 3/4	42	27,5	15,0
50	2	150	148	210	2 3/8	54	38,8	34,0
65	2 1/2	151	186	–	–	–	50,0	–

Pressanschl.

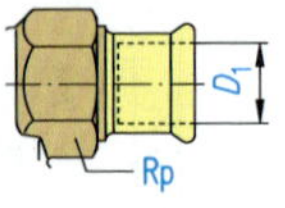

Ü-Mutter

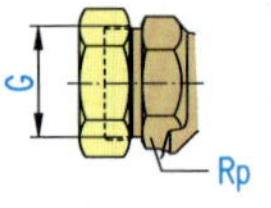

[1)] Max. Differenzdruck: DN 15 – DN 40: 2 bar und bei DN 50: 3 bar. [2)] Pressverbindung DN 65: 16 bar. [3)] Oder 15.

163.1 Messingarmaturen – Herstellerangaben – Maße in mm

Anwendungsgebiet	Trinkwasser und Trinkwarmwasser	Gehäusewerkstoff	CuZn40Pb2
Betriebstemperatur	≤ +90 °C	Dichtungen	EPDM/NBR
Nenndruck	PN 10/PN 16	Spindel	steigend oder nichtsteigend
Schallschutzgruppe	I (L_{ap} ≤ 20 dB bei p_{Fl} = 3 bar)	Gehäuse mit DIN – DVGW Reg. Nr.	

Mindestvolumenstrom in l/s bei einer Druckdifferenz von Δp = 0,1 bar

Armatur	DN	10	15	20	25	32	40	50	65	80	100
Geradsitzventil (Eck-, Durchg.)	Klasse: $\dot{V}_A$	0,10	0,20	0,40	0,70	1,20	1,60	2,70	4,50	6,70	8,50
Schrägsitzventil	Klasse: $\dot{V}_B$	0,25	0,50	1,00	1,75	3,00	4,00	6,75	11,0	16,0	22,0

Kennzeichnung von Armaturen:

Herstellerzeichen	Nennweite	Baureihe	Richtungspfeil	Klassenkennz.	Verbandszeichen
©	DN 40	–	→	$\dot{V}_B$	DIN–DVGW

Messingarmaturen mit Innengewinde, wahlweise mit oder ohne Entleerung G ¼ – Herstellerangaben –

Geradsitzventil	Schrägsitzventil	Rückflussverhinderer $\dot{V}_B$ mit Prüfschraube			Kolbenschieber $\dot{V}_B$
$\dot{V}_A$ DIN 3512	$\dot{V}_B$ DIN 3502	mit Absperrung[2]	ohne Absperrung	Durchgang	DIN 3500

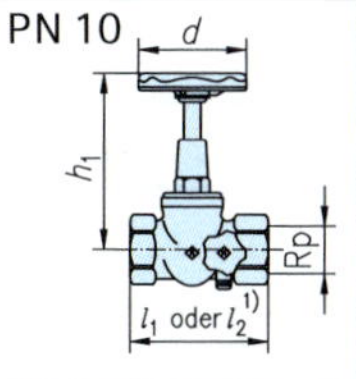

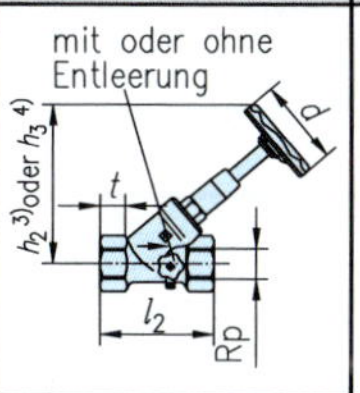

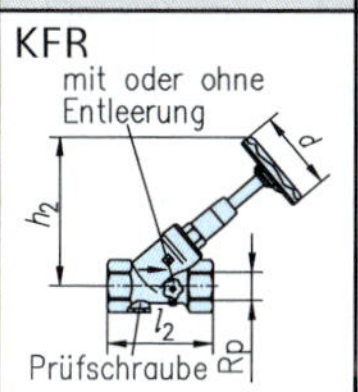

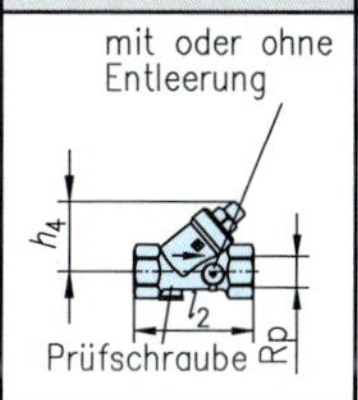

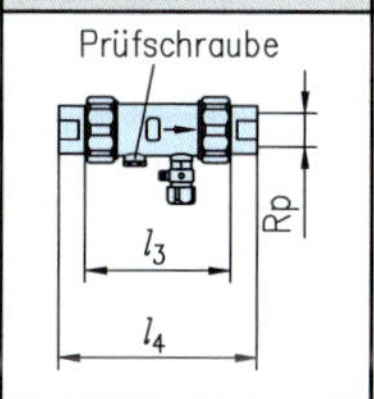

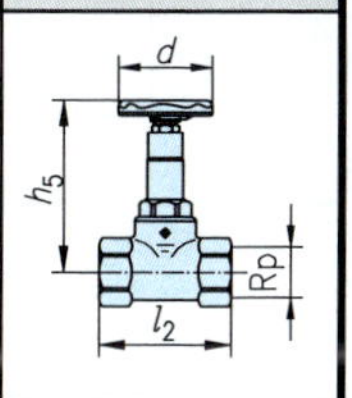

DN	Rp	t	d	l_1[1]	l_2[1]	l_3	l_4	h_1	h_2[3]	h_3[4]	h_4	h_5	h_6[5]	h_7
15	½	13,2	60	64	67	–	–	71	90	77	40	93	111	52
20	¾	14,5	60	74	77	117	150	91	104	88	50	95	114	52
25	1	16,8	70	92	92	127	165	110	130	104	61	124	128	58
32	1¼	21,4	70	110	112	134	176	132	158	118	70	151	–	–
40	1½	21,4	90	120	122	139	181	139	170	136	90	170	–	–
50	2	25,7	90	150	152	177	228	156	205	158	111	200	–	–

Unterputzarmaturen[5]

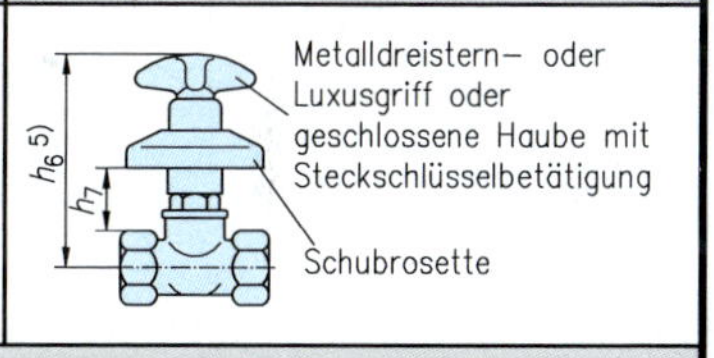

Messingarmaturen mit Lötmuffen für Kupferrohre

Freistromventil $\dot{V}_B$	und RV absperrbar	Durchgang $\dot{V}_B$	Unterputzschieber	Unterputzventil

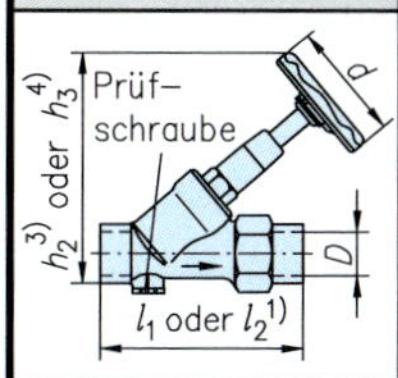

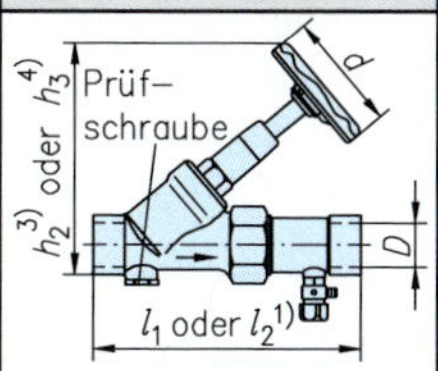

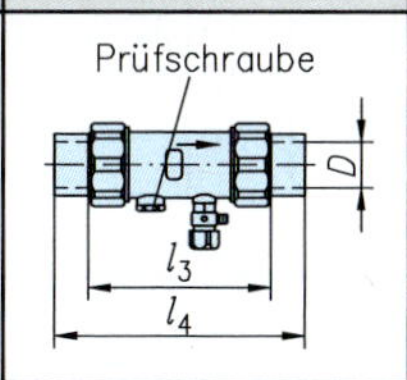

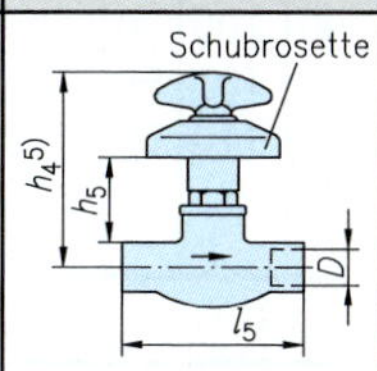

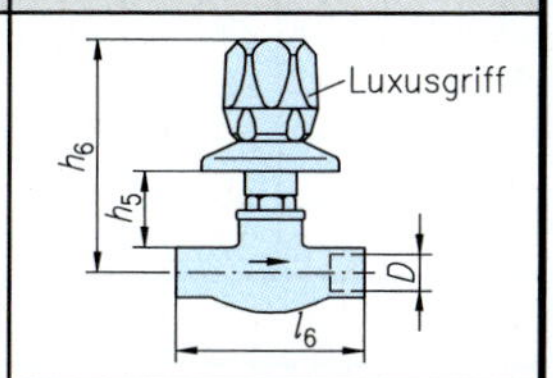

DN	D	t	d	l_1	l_2[1]	l_3	l_4	l_5	l_6	h_2[3]	h_3[4]	h_4[5]	h_5	h_6	h_7
15	15	11	60	85	115	–	–	65	67	90	77	111	55	113	34
15	18	13	60	99	120	–	–	–	70	90	77	–	–	113	32
20	22	15,5	60	111	139	108	138	75	76	104	88	114	55	118	35
25	28	18,5	70	131	163	125	162	–	105	130	104	–	–	126	41
32	35	23,5	70	160	192	132	179	–	–	158	118	–	–	–	–
40	42	27	90	177	210	143	177	–	–	170	136	–	–	–	–
50	54	35	90	215	244	146	216	–	–	205	158	–	–	–	–

Armaturengriffe

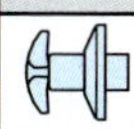	Metalldreisterngriff
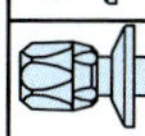	Luxusgriff
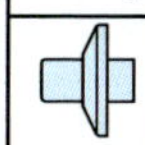	Haube mit Steckschlüsselbetätigung

[1] l_1 gilt für Ventile ohne und l_2 mit Entleerung. [2] Nur mit steigender Spindel erhältlich. [3] h_2 gilt für Ventil mit steigender Spindel. [4] h_3 gilt für Ventile mit nichtsteigender Spindel. [5] Mit Schubrosette. Höhe gilt für Dreisterngriff.

164.1 Armaturen mit Außengewinde und Metallanschlussverschraubung[1] — Maße in mm

Anwendungsbereich, Betriebsbedingungen, Schallschutzgruppe und Werkstoff (s. 161.1)

Freistromventile $\dot{V}_B$

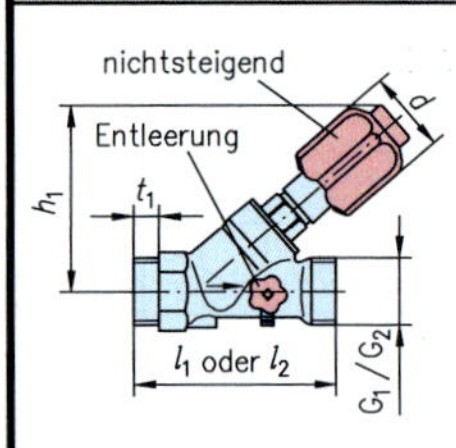

mit/ohne Entleerung

Rückflussverhinderer $\dot{V}_B$

absperrbar (KFR)

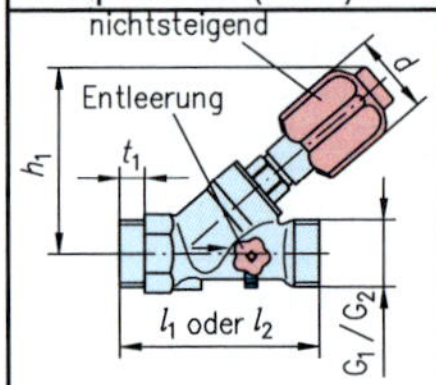

nicht absperrbar

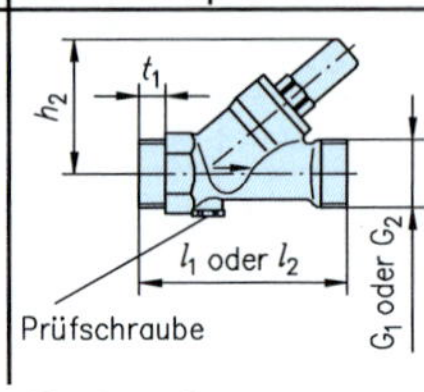

mit Entleerung und Prüfschraube

Verschraubungen an Metallrohre, flachd.

Lötmuffe

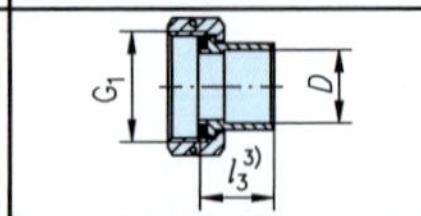

Innengewinde

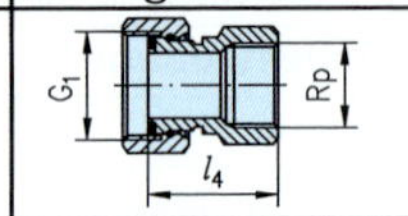

Außengewinde

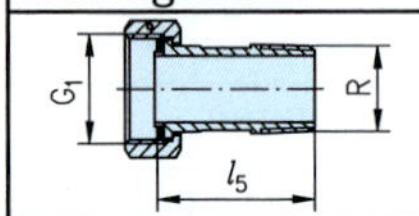

Pressverbinder

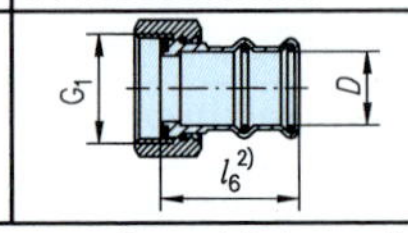

Anschluss an Metallrohre							Kunststoffrohre		Verschraubungen			
DN – G_1	D	t_1	d	h_1	h_2	l_1	DN – G_2	l_2	l_3	l_4	l_5	l_6
15 – ¾[2]	15/18	11	38	80	–	77	15 – 1	80	16	39	33	[2]50/38
20 – 1[3]	18/22	12	38	90	50	95	20 – 1¼	98	[3]25	43	36	[3]40
25 – 1¼	28	14	46	106	61	105	25 – 1½	113	29	50	43	40
32 – 1½	35	16	52	132	70	127	32 – 2	133	34	55	49	42
40 – 1¾	42	18	52	138	90	138	40 – 2¼	142	37	55	52	59
50 – 2⅜	54	20	58	180	111	165	50 – 2¾	174	43	65	59	60

[1] Herstellerangaben. Nicht auf alle Hersteller übertragbar.
[2] Für Verschraubung DN 15 – ¾ gilt l_6 = 38 mm für D = 15 mm und l_6 = 50 mm für D = 18 mm.
[3] Maße gelten für Rohre mit D = 18 mm und D = 22 mm.

164.2 Armaturen mit Pressverbinder – Herstellerangabe – — Maße in mm

Anwendungsbereich, Betriebsbedingungen, Schallschutzgruppe und Werkstoff (s. 161.1)

Freistromventil $\dot{V}_B$

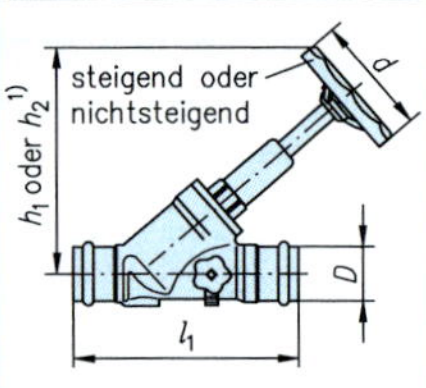

mit/ohne Entleerung

Rückflussverhinderer $\dot{V}_B$

absperrbar (KFR)

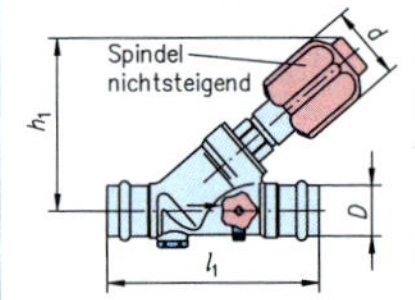

nicht absperrbar

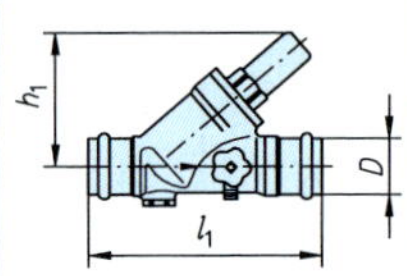

mit Entleerung und Prüfschraube

Unterputzventile[2]

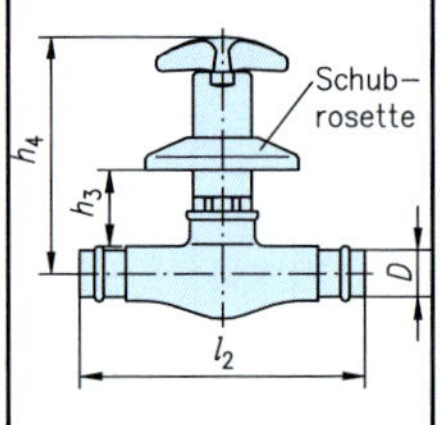

Kolbenschieber $\dot{V}_B$[2]

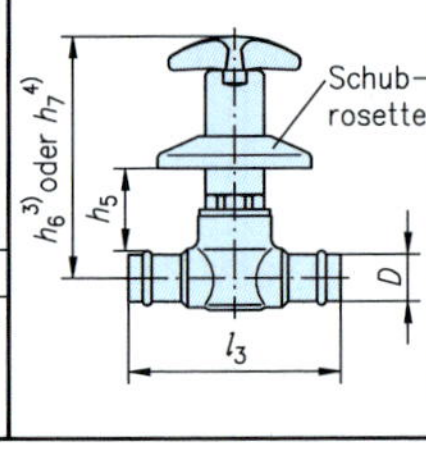

DN	D	l_1	t	d	h_1	h_2[1]	l_2	h_3	h_4	l_3	h_5	h_6[3]	h_7[4]
15	15	110	27	60	90	80	90	50	100	98	44	124	111
20	18	123	29	60	104	90	100	50	105	100	45	127	114
20	22	123	29	60	104	90	101	50	105	100	42	127	114
25	28	130	29	70	130	106	110	55	112	108	58	–	124
32	35	148	33	70	158	132	–	–	–	–	–	–	–
40	42	178	37	90	170	138	–	–	–	–	–	–	–

[1] Höhe gilt für nichtsteigende Spindel.
[2] Mit Luxus-, Metallsterngriff, geschlossener Haube und Bauschutzkappe erhältlich.
[3] Höhe gilt für Luxusgriff.
[4] Höhe gilt für Metalldreisterngriff.

164.3 Kugelhähne – Herstellerangaben – — Maße in mm

Anwendungsbereich: Flüssigkeiten und ungefährliche Gase für PN 20 oder 25 geeignet.

zulässiger Betriebsdruck in bar bei einer Temperatur in °C				
0 bis 100	50	80	100	150
PN 20	25	20	16	8

Kugelhähne PN 20

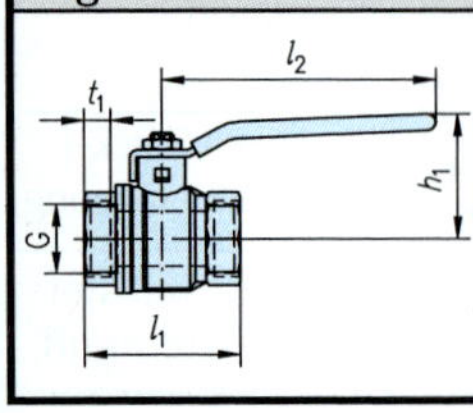

Kugelhähne PN 25

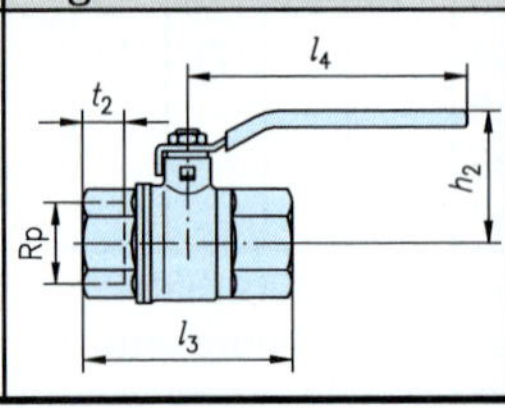

DN	G	t_1	l_1	l_2	h_1	Rp	t_2	l_3	l_4	h_2
10	⅜	9	39	100	38	⅜	11,4	55	100	42
15	½	11	50	100	43	½	15	75	100	44,5
20	¾	12	54	120	50	¾	16,3	80	120	53
25	1	14	67	120	54	1	19,1	90	120	57
32	1¼	15	77	160	73	1¼	21,4	110	158	77
40	1½	17	90	160	79	1½	21,4	120	158	83
50	2	19	106	160	86	–	–	–	–	–

165.1 Flanschen-Absperrventile

Maße in mm

Absperrventile, kompakt in Kurzbaulänge mit Hubbegrenzung und Hubanzeige

Einklemm-Ausführung

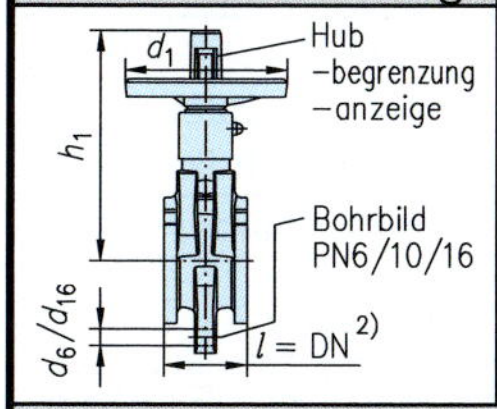

Kurzbaulänge[1)]

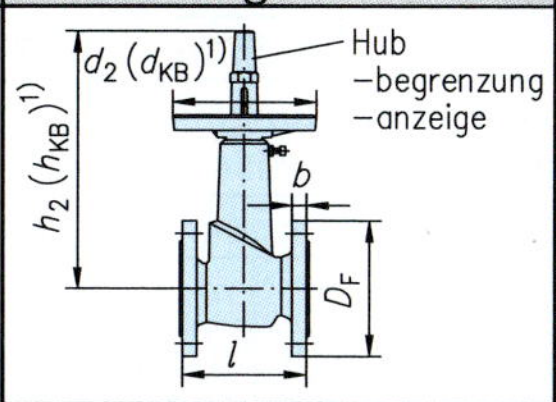

Einsatzgebiet	Heiz- und Klimaanlagen –10 °C ...+120 °C
Drosselkegel	EPDM-ummantelt, weichdichtend
Einsatzgebiet	Trinkwasseranlagen PN 16 mit EKB[1)]-Auskleidung bis 70 °C (kurzzeitig 90 °C)
Drosselkegel	EPDM-ummantelt, weichdichtend
Gehäuse	JL 1040 oder EN-GJL-250 (GG 25)
Betriebsdruck	PN 6, PN 10/16

m_V Masse-Ventil in kg | ζ_V - Widerstandsbeiwert | n_6 Schraubenz.

	Einklemm-Ausführung, Baulänge = DN[2)]											Absperrventile in Kurzbaulänge DIN EN 558-1/14[4)]											
DN			PN 6			PN 16						PN 6		PN 16		ohne EKB[1)]			mit EKB[1)] PN 10/16			
	h_1	d_1	n_S	M	l_S[3)]	n_S	M	l_S[3)]	ζ_x	m_V	l	D_F	b	D_F	b	h_2	d_2	ζ_V	h_{KB}	d_{KB}	ζ_{KB}	m_V
15	–	–	–	–	–	–	–	–	–	–	115	80	12	95	14	156	80	0,3	156	80	0,9	2,3
20	125	50	4	10	75	4	12	80	0,6	0,75	120	90	14	105	16	156	80	0,9	156	80	0,7	2,7
25	128	50	4	10	75	4	12	80	1,4	0,75	125	100	14	115	16	156	80	1,9	156	80	1,5	3,0
32	169	80	4	12	85	4	16	95	1,9	1,5	130	120	16	140	18	179	100	0,7	179	100	1,7	4,8
40	169	80	4	12	95	4	16	100	1,6	2,0	140	130	16	150	18	179	100	1,6	179	100	1,3	5,5
50	189	100	4	12	105	4	16	110	1,5	3,0	150	140	16	165	20	189	100	1,4	189	100	1,5	6,9
65	248	125	4	12	120	4	16	130	1,6	5,0	170	160	16	185	20	252	125	1,2	252	125	1,5	10,0
80	248	160	4	16	140	8	16	150	2,2	7,5	180	190	18	200	22	252	160	1,4	252	160	1,8	12,5
100	298	160	4	16	160	8	16	170	1,8	10,5	190	210	18	220	24	298	160	1,3	298	160	1,7	17,1
125	373	200	8	16	190	8	16	200	2,1	15,0	200	240	20	250	26	373	200	2,3	373	200	2,0	26,5
150	386	250	8	16	215	8	20	230	2,5	21,0	210	265	20	285	26	386	250	3,5	386	250	2,6	31,0
200	693	315	8	16	75	12	20	80	2,5	68,0	230	340	30	340	30	693	315	2,5	693	315	2,5	71,0

Flanschen-Ventile DIN EN 558-1/1 (Grundreihe 1)

Absperrventile, weichdicht.

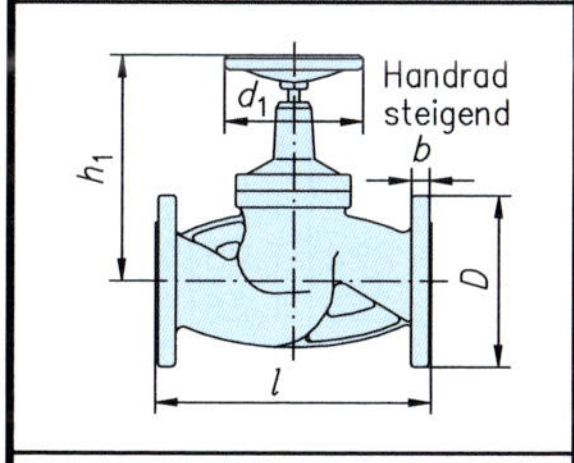

Rückschlagventile (RV)

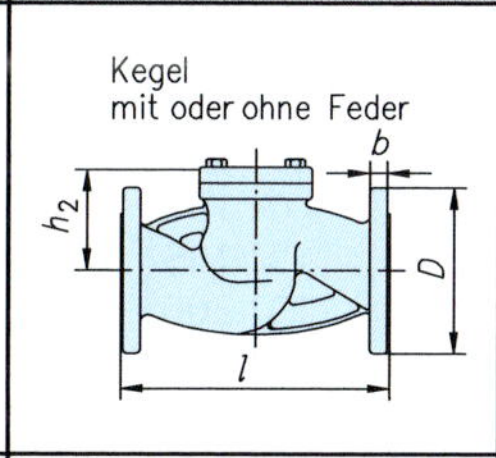

Faltenbalgventile

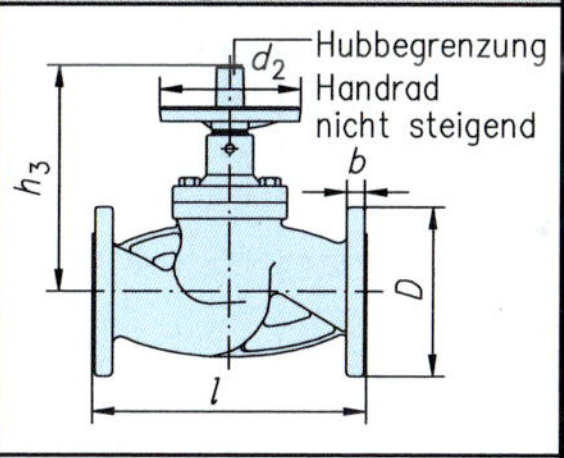

Einklemm-Rückschlagventile DIN EN 558-1/49[4)]

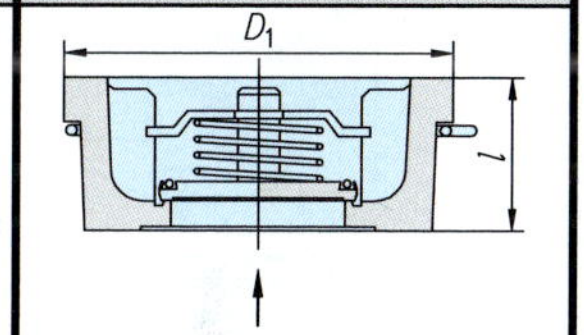

DN ≤ 100: CW710R
DN 125...200: JL 1040

Absperrventile, weichdicht.	Rückschlagventile (RV) / Faltenbalgventile	Einklemm-Rückschlagventile		
PN 6 oder PN 16	PN 6 oder PN 16 / PN 16 oder PN 25	zul. Betriebstemp. in °C		
Gehäuse: JL 1040 (GG-25)	Gehäuse: JL 1040, Betriebstemp.: –10... +300 °C	Gehäuse:	PN 16	
zul. Temp.: –10...+120 °C	JS 1025, Betriebstemp.: –10... +350 °C	Druck/Temp.	bar	°C
weichdichtend	metallisch dichtend	CW710R	13	250
Einsatz: PWWH $\vartheta_s \leq 120$ °C	Einsatz: PWWH, HWH, HDD, Wärmeübertragungsanl.	JL1040	13	300

Ventile			weichd. PN 6			weichdichtend PN 16					RV[5)]		Faltenbalgventile					Einklemm-Rückschl.			
DN	l	h_1	D	b	m	D	b	d_1	m	ζ_D	h_2[5)]	ζ_R[6)]	h_3	d_2	ζ_S	ζ_{Dr}	m[7)]	l	D_1	ζ_E[6)]	m
15	130	155	80	12	2,5	95	14	100	3,0	4,5	50	4,5	175	125	3,1	20	3,1	16	40	5,6	0,09
20	150	160	90	15	3,0	105	16	100	3,5	3,1	60	3,1	178	125	4,3	16	4,0	19	47	4,4	0,13
25	160	165	100	15	4,0	115	16	100	5,0	4,6	65	4,6	184	125	5,7	13	4,7	22	56	5,3	0,21
32	180	180	120	16	5,0	140	18	100	6,0	3,7	85	3,7	205	125	5,3	8	7,3	28	72	4,5	0,48
40	200	195	130	16	7,5	150	18	125	8,5	5,6	90	5,6	210	125	4,2	10	7,7	32	82	6,1	0,63
50	230	205	140	16	8,5	165	20	125	10,5	3,7	95	3,7	235	160	4,8	11	10,2	40	95	7,1	1,05
65	290	240	160	16	12,0	185	20	125	15,0	5,7	120	5,7	246	160	3,8	13	17,0	46	115	8,1	1,45
80	310	305	190	18	18,0	200	22	160	20,0	4,4	130	4,4	282	200	4,9	13	22,0	50	132	10,2	2,0
100	350	340	210	18	25,0	220	24	160	27,5	4,9	155	4,9	304	200	5,5	19	32,0	60	152	15,7	3,2
125	400	380	240	20	32,5	250	26	200	37,5	4,6	175	4,6	390	250	5,4	13	54,0	90	184	7,8	5,6
150	480	435	265	20	54,0	285	26	315	63,0	4,2	195	4,2	408	250	5,2	19	70,5	106	209	8,8	8,4
200	600	545	320	22	92,0	340	30	315	99,0	5,5	245	5,5	570	400	5,8	12	130	140	264	9,9	17

[1)] Ventile mit EKB ≙ Elektrostatische Kunststoff-Beschichtung sind für Trinkwasseranlagen zugelassen. [2)] DN 20 und DN 25 sind 25 mm lang. [3)] Schraubenlänge gilt für Vorschweißflansche. [4)] Länge nach DIN EN 558-1 Grundreihe 14. [5)] Maße (Flanschendicke b und Höhe H_2) für PN 16. [6)] Öffnungsdruck muss zusätzlich berücksichtigt werden. [7)] Massen gelten für PN16, JL 1040.

166.1 Flanschen-Armaturen

Maße in mm

Schieber DIN EN 1171	für Gase[1] und Trinkwasser[2]	für Heizanlagen	
Gehäuse	JS 1030, PN 16, Baulänge EN 558-1	JL1040[3], PN 10, Baulänge EN 558-1/14	
Betriebstemperatur ϑ_s	≤ 50 °C, p_s ≤ 16 bar	≤ 120 °C, p_s ≤ 10 bar	≤ 200 °C, p_s ≤ 8 bar
Ausführung	wartungsfrei, weichdichtend, auch mit Steckmuffen beiderseits, lieferbar	wartungsfrei, metallischdichtend	mit Stopfbuchse, metallischdichtend

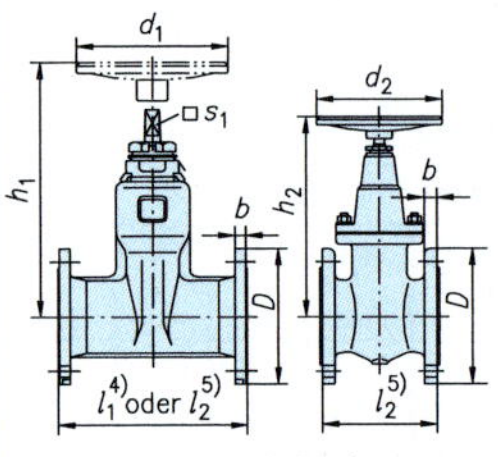

ς Widerstandsbeiwert

	Gas- und Trinkwasser PN 16, Grundreihe 14 oder 15										Heizungsschieber PN 10				
DN	l_1[4]	l_2[5]	D	b	h_1 ≈	s_1	d_1	m_1[6]	m_2[6]	ς	l_2[5]	h_2 ≈	d_2	m_3[7]	ζ
40	240	140	150	19	245	14	200	10,5	10,0	0,2	140	225	150	9,5	0,3
50	250	150	165	19	245	14	200	11,5	10,5	0,2	150	235	150	11,0	0,3
65	270	170	185	19	280	17	250	16,5	15,5	0,2	170	280	150	15,5	0,3
80	280	180	200	19	280	17	250	18,0	17,0	0,1	180	280	150	17,0	0,3
100	300	190	220	19	334	19	315	24,5	22,5	0,1	190	330	200	23,0	0,3
125	325	200	250	19	379	19	315	32,5	31,5	0,1	200	380	200	33,5	0,2
150	350	210	285	19	417	19	315	44,0	40,5	0,1	210	420	200	42,0	0,2
200	400	230	340	20	523	24	400	76,0	68,0	0,1	230	505	200	61,5	0,2

[1] Zugelassen für Gase nach DVGW G 260. Oberflächenschutz mit EP-P (Pulverbeschichtung). [2] Schieber DVGW geprüft. Oberflächenschutz mit EP-P oder mit Email. [3] Bei $\vartheta_0 \geq 120$ °C Werkstoffvorschriften von DIN EN 12953 beachten. [4] Baulänge DIN EN 558-1, Grundreihe 15. Für Erdeinbau vorgesehen. Teleskop-Erdeinbaugarnitur erhältlich mit $h = 1$ bis 2,7 m [5] Baulänge DIN EN 558-1, Grundreihe 14. Nicht für Erdeinbau vorgesehen. [6] Masse der Schieber in kg ohne Handrad für Trinkwasser. m_1 gilt für Grundreihe 15 und m_2 für Grundreihe 14. [7] Masse der Schieber in kg für PN 6 und PN 10 ohne Handrad.

Schmutzfänger (SF) PN 6 und PN 16

Gehäuse: JL 1040 oder JS 1025 (PN 16)

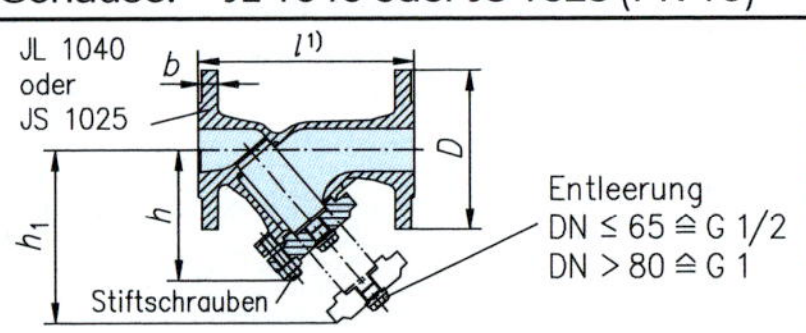

PN 6/16		PN 6			PN 16			PN 6 und PN 16				
DN	l[1]	D	b	m	D	b	m[2]	h	h_1	W[3]	$ς_N$[4]	$ς_F$[4]
15	130	80	12	2,5	95	14	3	90	120	1,00	2,5	2,9
20	150	90	14	3,0	105	16	4	100	139	1,00	2,4	2,8
25	160	100	14	4,5	115	16	5	115	144	1,00	2,3	2,7
32	180	120	16	5,5	140	18	7	125	171	1,00	2,3	2,7
40	200	130	16	7,0	150	18	9	150	180	1,00	2,3	2,8
50	230	140	16	9,0	165	20	12	160	202	1,00	2,4	3,0
65	290	160	16	13	185	20	16	180	224	1,25	3,1	4,3
80	310	190	18	19	200	22	21	215	255	1,25	3,0	4,6
100	350	210	18	26	220	24	30	235	344	1,60	3,2	4,9
125	400	240	20	38	250	26	43	275	366	1,60	3,2	5,0
150	480	265	20	54	285	26	61	305	426	1,60	3,5	5,6
200	600	320	22	110	340	30	121	390	565	1,60	3,5	5,7

zul. Betriebsdrücke in bar bei Temp. in °C

Gehäuse	PN	+120	200	250	300	350
JL 1040	6	6	5	5	5	–
JL 1040	16	16	13	13	13	–
JS 1025	16	16	13	13	13	10

[1] Baulänge nach DIN EN 558-1, Grundreihe 1. [2] Masse gilt für Gehäuse aus JL 1040. [3] Maschenweite gilt für das Normalsieb. Das Feinsieb hat eine Maschenweite von 0,25 mm. [4] Werte gelten für SF aus JL 1040.

Absperrklappe PN 6/10/16	Gehäuse: JS 1030	Ringbalg für Heizanlagen: EPDM-XV ⇒ ϑ_s ≤ 130 °C
Baulänge: DIN EN 558-1/20	p_s ≤ 16 bar	für Trinkwasser: PDM-XW ⇒ ϑ_s ≤ +90 °C

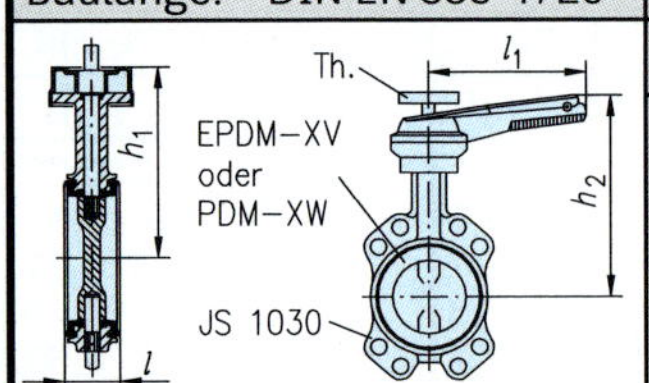

DN	l	h_1	l_1	h_2	m	ς	DN	l	h_1	l_1	h_2	m	ς
20	27	101	165	153	1,0	1,14	80	46	163	165	215	3,3	0,26
25	27	104	165	156	1,1	0,39	100	52	191	230	253	5,1	0,28
32	27	108	165	160	1,4	0,55	125	56	205	230	266	6,1	0,14
40	33	126	165	178	1,7	0,97	150	56	224	330	298	8,8	0,12
50	43	131	165	183	2,0	0,59	200	60	252	330	326	13	0,09
65	46	157	165	209	2,7	0,38	250	68	275	460	374	20	0,06

Membranventile PN 16	Gehäuse: JL 1040	Membrane:	EPDM ≤ +140 °C	EPDM/W270 ≤ +90 °C

Baulänge: DIN EN 558-1/1

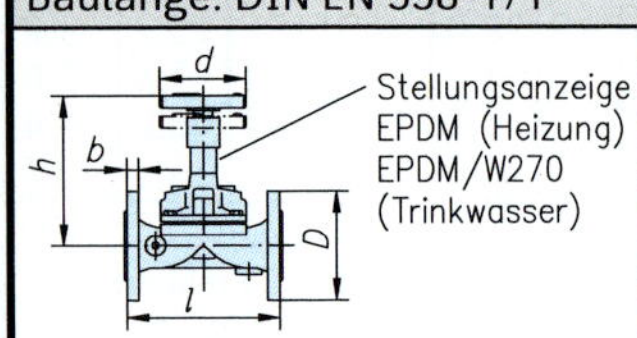

DN	l	D	b	h	d	m	ς	DN	l	D	b	h	d	m	ς
15	130	95	14	150	80	3,0	1,7	65	290	185	20	322	200	21	1,7
20	150	105	16	150	80	3,5	2,3	80	310	200	22	322	200	23	2,1
25	160	115	16	150	80	4,0	3,9	100	350	220	24	388	250	37	2,1
32	180	140	18	192	100	7,0	1,7	125	400	250	26	388	250	44	5,3
40	200	150	18	192	100	7,5	2,7	150	480	285	26	512	400	80	2,7
50	230	165	20	231	125	11	2,3	200	600	340	30	512	400	95	13,5

167.1 Ermittlung der Anwärmlänge und Biegeradien

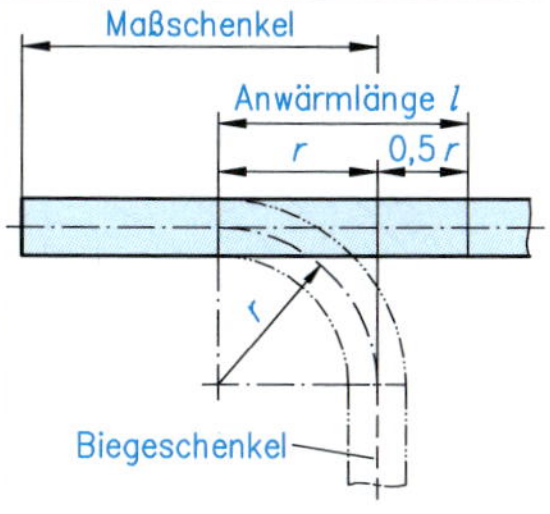

Auftragen der Anwärmlänge:
– auf dem Maßschenkel r
– auf dem Biegeschenkel $r/2$

Anwärmlänge:

$$l = \frac{2 \cdot r \cdot \pi \cdot \alpha}{360°}$$

Faustformel für 90°

$$l = 1{,}5 \cdot r$$

l Anwärmlänge
r Biegeradius
α Biegewinkel

Werkstoff		Biegeradius
Stahlrohr für	ND-Anlagen	$r \geq 3$ bis $5 \cdot D$
	HD-Anlagen	$r \geq 6 \cdot D$
Kupfer $D \leq 28$	von Hand[1]	$r \geq 6$ bis $12 \cdot D$
	mit Werkzeug[1]	$r \geq 3{,}5$ bis $6 \cdot D$
Kunststoffrohre	PB und PE-X	$r \geq 5 \cdot D$
	PP	$r \geq 6 \cdot D$
Verbundrohre	lt. Hersteller	$r \geq 5 \cdot D$

[1] Je nach Zustand des Kupfers und der Oberflächenausführung sind die Mindestbiegeradien einzuhalten.

167.2 Richtwerte für Rohrschellenabstände

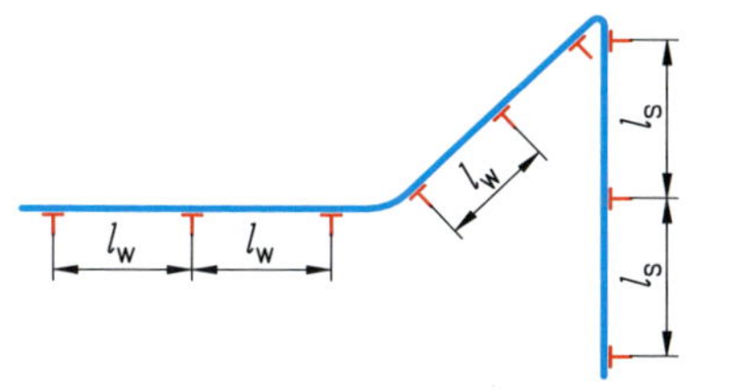

Rohrschellenabstand in senkrecht verlegten Kunststoffrohrleitungen l_S: $l_S \approx 1{,}3 \cdot l_W$

Beispiel: Rohrschellenabstand für senkrecht verlegte PVC-C-Rohrleitung DN 65 und einer Betriebstemperatur $\vartheta_0 = 60$ °C
$\Rightarrow l_W = 1{,}65$ m $\Rightarrow l_S \approx 1{,}3 \cdot l_W = 1{,}3 \cdot 1{,}65$ m $= \underline{\underline{2{,}145 \text{ m} \approx 2{,}15 \text{ m}}}$

D Rohraußendurchmesser in mm
l_S Rohrschellenabstand in senkrechten Rohrleitungen in m
l_W Rohrschellenabstand in waagerechten Rohrleitungen in m

Richtwerte für Rohrschellenabstände Metallrohre Wasser und Gas in m

Nennweite DN		10	–	15	20	25	32	40	50	–	65	80	100	–	125
Stahlrohr DIN 2440		2,25	–	2,75	3,00	3,5	3,75	4,25	4,75	–	5,50	6,00	6,00	–	6,00
Außendurchmesser D mm		12	15	18	22	28	35	42	54	64	76,1	88,9	108	–	133
Kupfer und CrNi–Rohre		1,25	1,25	1,50	2,00	2,25	2,75	3,00	3,50	4,00	4,25	4,75	5,00	–	5,00
Außendurchmesser D mm		–	16	20	25	32	40	50	63	–	75	90	110	125	140
PVC	$\vartheta_0 = 20$ °C	–	0,80	0,90	0,95	1,05	1,20	1,40	1,50	–	1,65	1,80	2,00	–	2,25
	$\vartheta_0 = 40$ °C	–	0,50	0,60	0,65	0,70	0,90	1,10	1,20	–	1,35	1,50	1,70	–	1,95
PE–HD	$\vartheta_0 = 20$ °C	–	0,70	0,75	0,80	0,90	1,00	1,15	1,30	–	1,40	1,55	1,70	1,85	1,95
	$\vartheta_0 = 40$ °C	–	0,60	0,65	0,75	0,85	0,95	1,05	1,20	–	1,30	1,45	1,60	1,70	1,80

Richtwerte für Schellenabstände Kunststoffrohre Wasser und Gas (lt. Herstellerangabe)

Werkstoff		PVC[1]	PVC-C			PE[2]	PE-X			PB (PN 16)		PP (PN 10)			Verbundrohr	
DN	D	l_w Rohrschellenabstand[3] in m in waagerechten Leitungen, Betriebstemperatur in °C														
		20	20	60	80	20	20	60	80	20	> 20[4]	20	60	80	PE-X/Al	PP/Al
10	16	0,95	1,00	0,75	0,60	0,50	0,55	0,40	0,35	0,50	1,00[4]	0,65	0,55	0,50	1,20	0,70[5]
15	20	1,10	1,15	0,87	0,70	0,57	0,60	0,45	0,40	0,60	1,00[4]	0,70	0,60	0,55	1,30	0,90[5]
20	25	1,20	1,20	0,90	0,70	0,65	0,65	0,50	0,45	0,70	1,20[4]	0,80	0,70	0,65	1,50	1,00[5]
25	32	1,35	1,35	1,00	0,80	0,75	0,75	0,60	0,50	0,80	1,20[4]	0,95	0,85	0,75	1,60	1,20[5]
32	40	1,45	1,50	1,15	0,90	0,90	0,85	0,65	0,55	1,00	1,20[4]	1,10	0,95	0,87	1,70	1,40[5]
40	50	1,60	1,65	1,30	1,10	1,05	0,95	0,75	0,65	1,20	1,50[4]	1,25	1,10	1,00	2,00	1,60[5]
50	63	1,80	1,85	1,50	1,25	1,20	1,05	0,85	0,70	1,40	1,50[4]	1,45	1,30	1,20	2,20	1,80[5]
65	75	2,00	2,05	1,65	1,35	1,35	1,15	0,90	0,75	1,60	1,50[4]	1,55	1,35	1,25	2,40	1,90[5]
80	90	2,20	2,25	1,80	1,50	1,50	1,25	1,05	0,85	1,80	2,00[4]	1,65	1,45	1,35	2,40	2,00[5]
100	110	2,40	2,50	1,95	1,65	1,65	1,40	1,10	0,95	2,00	2,00[4]	1,85	1,60	1,40	2,40	2,00[5]

[1] Gilt für PVC-U Rohre für PN 10 und PN 16. [2] Gilt für PE-Rohre PN 10. [3] Herstellerangaben.
[4] Abstand gilt für die Rohrverlegung in Tragschalen. [5] Gilt für $\vartheta_0 = 70$ °C.

168.1 Rohrschellenabstände bei Stahlrohren

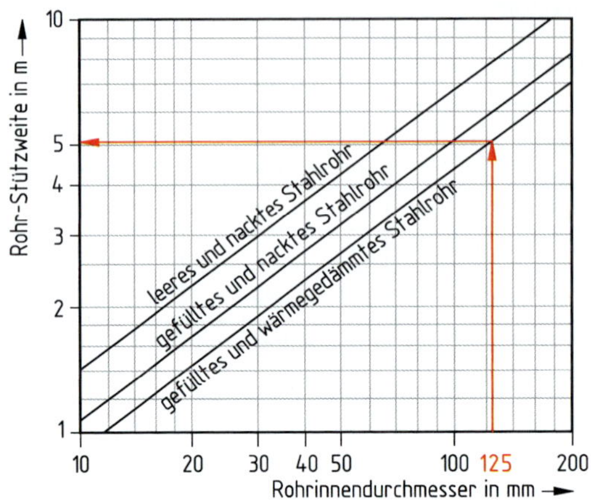

Verlegung ohne Gefälle (Durchbiegung ≈ 1 mm/m)

168.2 Wärmedehnung von Stahlrohren

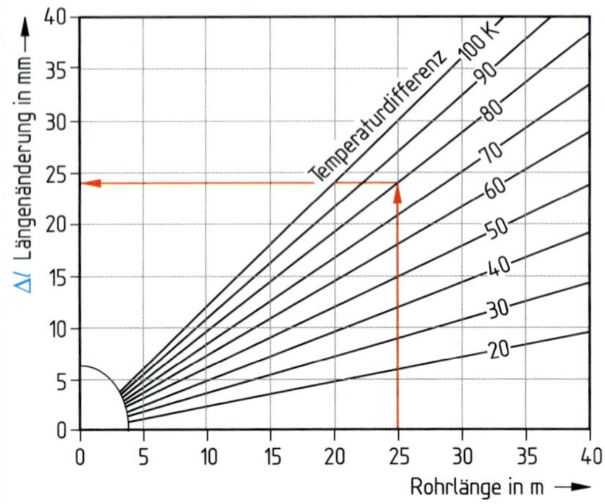

Wärmeausdehnungskoeffizient $\alpha = 0{,}000012$ 1/K

168.3 Dehnungsaufnahme von Stahlrohr-L- und -U-Bogen (Gewinde und Siederohre)

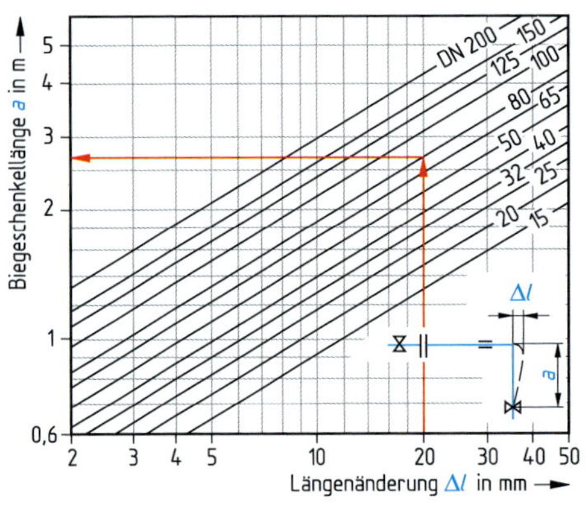

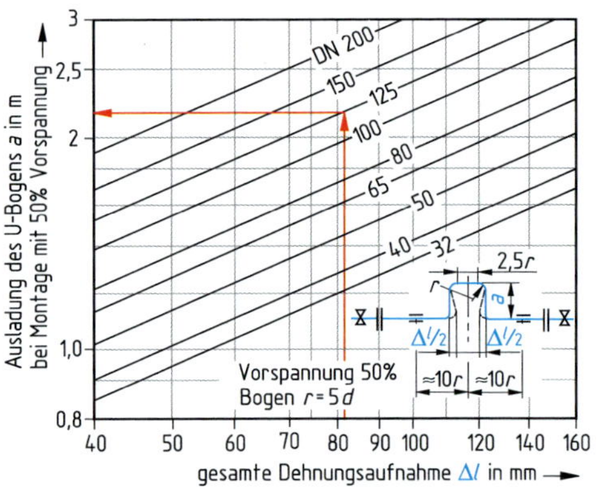

168.4 Reaktionskräfte bei Stahlrohr-U-Bogen und Metall- und Gummikompensatoren

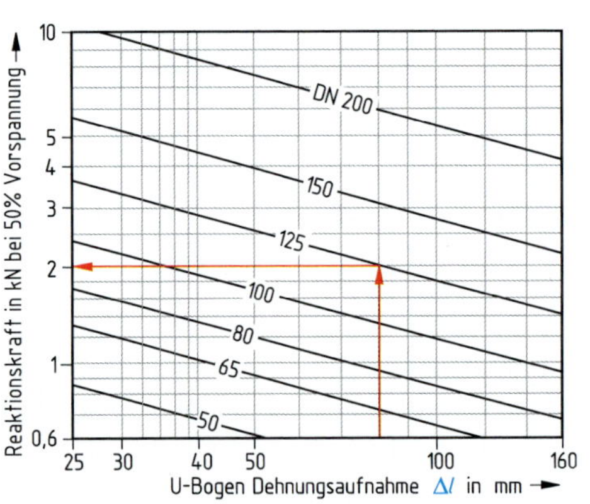

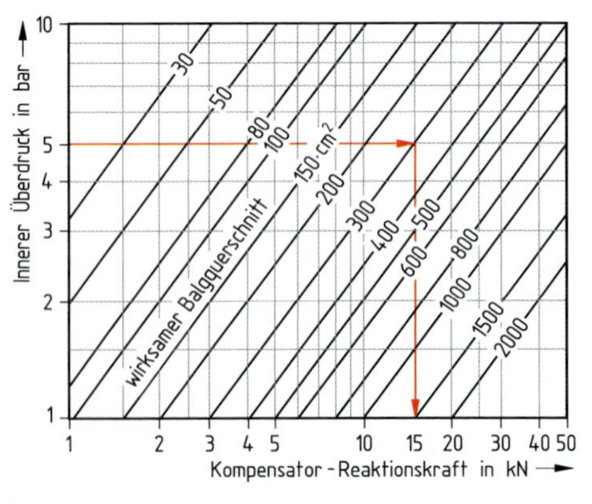

(s. 171.1, 172.1 und 172.2)

169.1 Wärmedehnung von Cu- und CrNi-Rohr

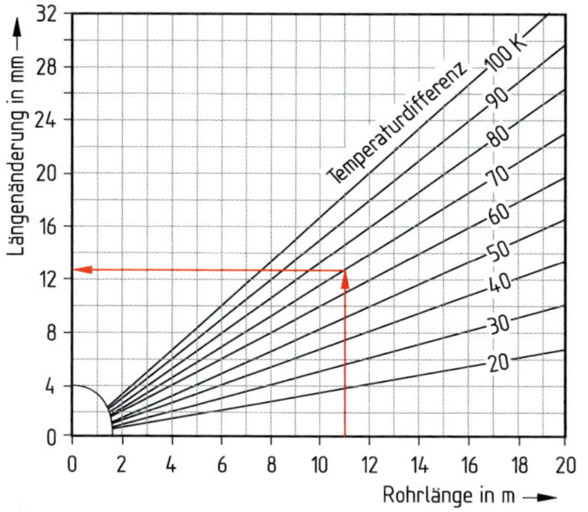

169.2 Rohrschellenabstand bei Cu-Rohr in m

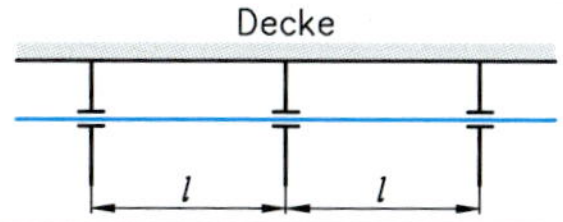

Rohr $D \times s$	blank	um-mantelt	Rohr $D \times s$	blank
10 × 1	1,00	0,9	64 × 2	2,30
12 × 1	1,10	1,00	76,1 × 2	2,40
15 × 1	1,20	1,10	88,9 × 2	2,50
18 × 1	1,30	1,30	108 × 3	2,80
22 × 1	1,40	1,30	133 × 3	3,10
28 × 1,5	1,70	1,50	159 × 3	3,20
35 × 1,5	1,80	1,60	219 × 3	3,40
42 × 1,5	1,90	1,70	267 × 3	3,50
54 × 2	2,20	2,00		

169.3 Dehnungsaufnahme und Schenkellänge von L- und U-Bogen aus Kupferrohren

L-Bogen

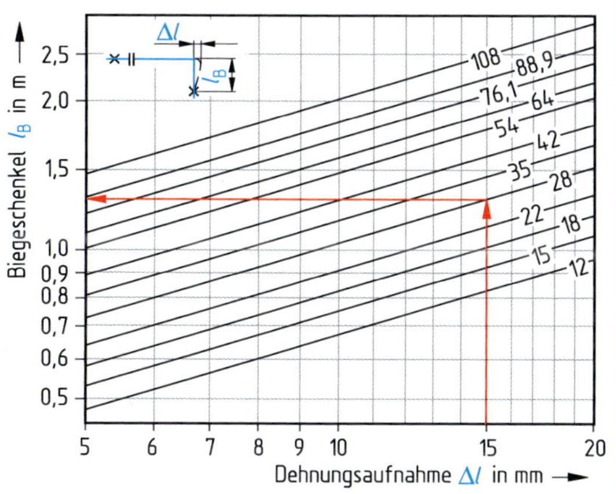

U-Bogen

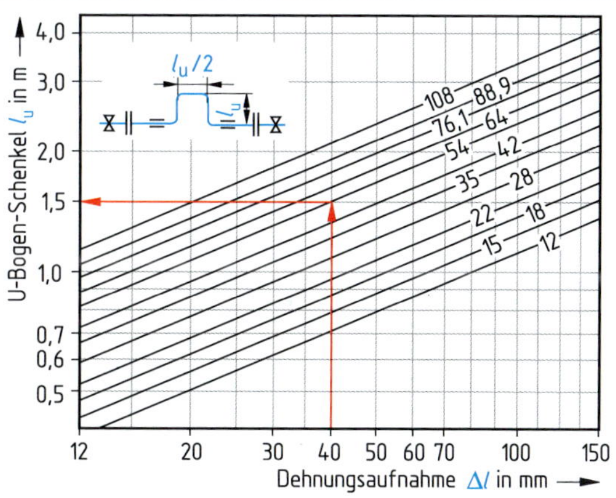

169.4 Dehnungsaufnahme und Schenkellänge von L- und U-Bogen aus CrNi-Stahlrohren

L-Bogen

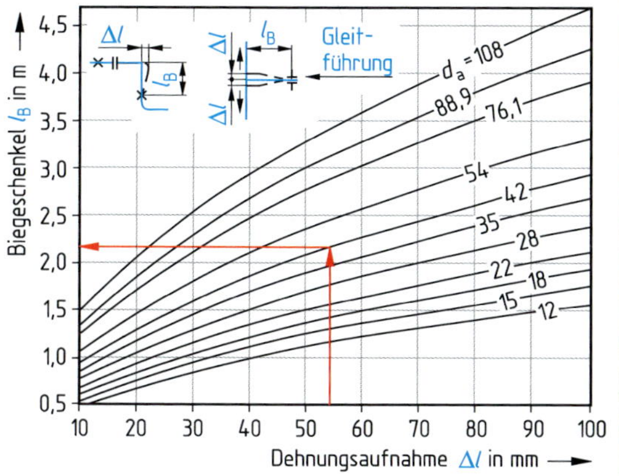

U-Bogen

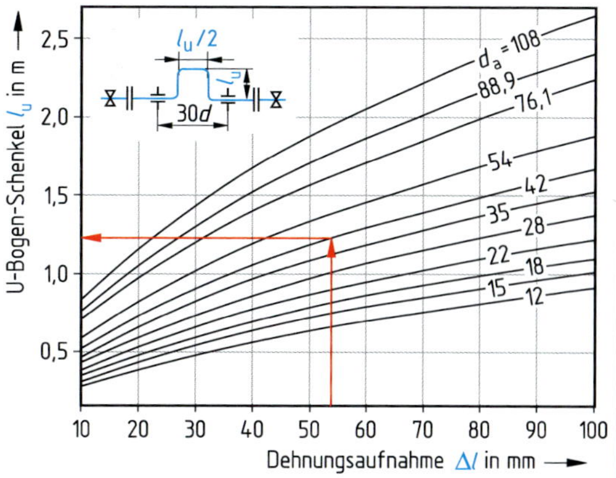

170.1 Wärmedehnung bei Kunststoffen

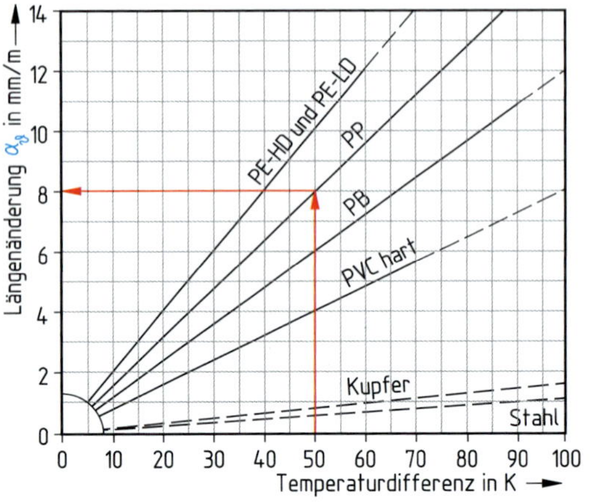

Längenausdehnungskoeffizient α		
Werkstoff	mm/(m · K)	1/K
PVC-U und PVC-C	≈ 0,08	≈ 0,000 08
PE-LD, PE-HD und PE-X	≈ 0,20	≈ 0,000 20
PP	≈ 0,16	≈ 0,000 16
PB	≈ 0,12	≈ 0,000 12
ABS und ASA	≈ 0,08	≈ 0,000 08
Verbundrohr PE/Al/PE	≈ 0,025	≈ 0,000 025
Verbundrohr PP/Al/PP	≈ 0,030	≈ 0,000 030

Beispiel:
Polypropylenrohr mit einer Anfangslänge von 6 m wird von 10 °C auf 60 °C erwärmt. Um wie viel mm dehnt sich das PP-Rohr aus?

Lt. Diagramm $\alpha_\vartheta = 8{,}0$ mm/m
$\Delta l = l_0 \cdot \alpha_\vartheta = 6 \text{ m} \cdot 8{,}0 \text{ mm/m} = \underline{\underline{48 \text{ mm}}}$
oder lt. Tabelle $\alpha = 0{,}16$ mm/(m · K)
$\Delta l = l_0 \cdot \alpha \cdot \Delta\vartheta = 6 \text{ m} \cdot 0{,}16 \text{ mm/(m} \cdot \text{K)} \cdot 50 \text{ K} = \underline{\underline{48 \text{ mm}}}$

170.2 Dehnungsaufnahme und Schenkellänge von L-Bogen in Kunststoffrohrleitungen

PVC-U, PVC-C und Verbundrohr PE-HD /Al/PE-X

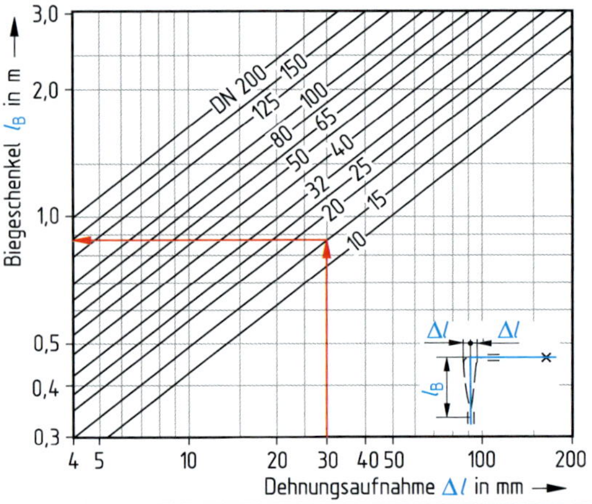

PP

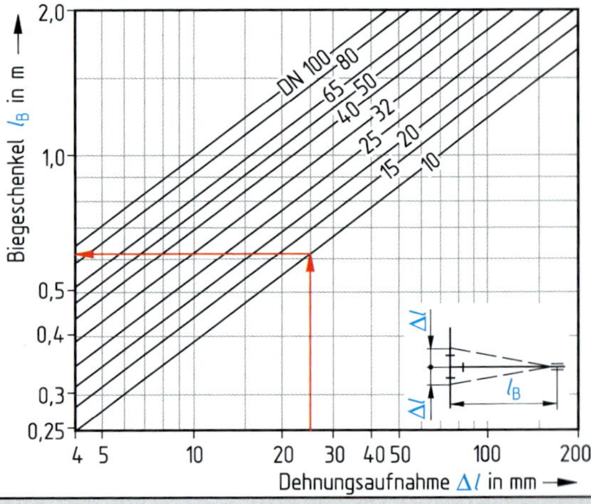

PE-HD und PE-X

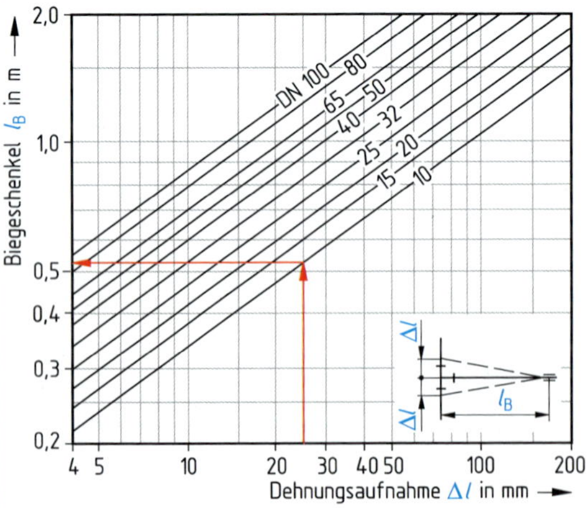

PB

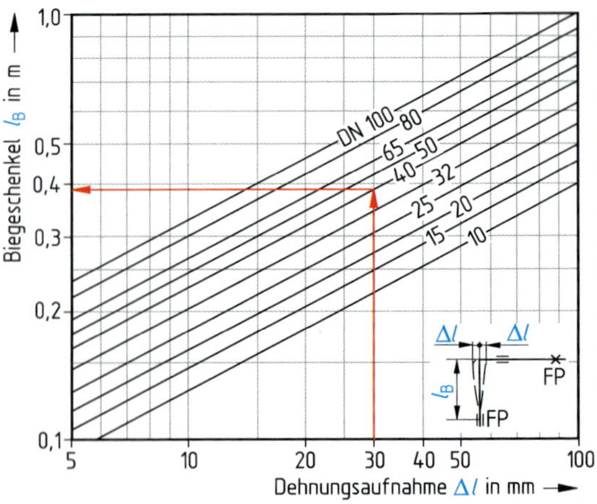

171.1 Axialkompensatoren – Herstellerangaben[1] – Maße in mm

Ermittlung der zulässigen Betriebsbedingungen:		
max. Dehnungsaufnahme:	A_B	wirksamer Balgquerschnitt in cm²
$\Delta l = \Delta l_N \times K_L \times K_\vartheta$	C_A[2]	axiale Federrate[2] des Kompensators in N/mm²
max. Betriebsdruck:	F_A	Eigenwiderstand des Balges in N bei $\Delta l_N = 18/25$ mm.
$p_0 = PN \times K_P$	Δl_N	nominale, axiale Dehnungsaufnahme in mm
Kompensator nach TRWI[3]:	Δl	axiale Dehnungsaufnahme (s. 28.2; 168.2 bis 170.1)
$\Delta l_{TW} = \Delta l_N \times 0{,}6$	K_L	Abminderungsfaktor für Lastwechselzahl o. E.
	K_ϑ	Abminderungsfaktor für Dehnungsaufnahme o. E.
	K_P	Abminderungsfaktor für Druck ohne Einheit
Reduktionsfaktor 0,6 gilt für Anwendungen nach TRWI[3].	n	Lastwechselzahl des Kompensators o. E.
	$C_{AD/S}$	Federrate[2] für Komp. mit Lötmuffe/Schweißenden

Kompensatoren mit Schweißenden, Flanschen		Gewindemuffen		Pressfittingmuffen	Kupferlötmuffen[4]
Balgwerkstoff	1.4571/1.4541	1.4571		1.4571	2.1020
Schutzmantel	ohne, C- oder CrNi-Stahl[5]	ohne[6]	mit[5) 7)]	C-oder CrNi-Stahl[5]	Kupfer
Betriebstemperaturen	– 10 bis 400 °C	300 °C[6]	180 °C	110 °C/TW 85 °C	180 °C

Abminderungsfaktoren für die Dehnungsaufnahme in Abhängigkeit von der Lastwechselzahl

Lastwechselzahl (Δl_N gilt für 1000 Lastwechsel)	n	1 000	3 000	5 000	10 000	50 000	100 000
Abminderungsfaktor für die Dehnungsaufnahme o. E.	K_L	1,00	0,73	0,63	0,51	0,32	0,26

Abminderungsfaktoren für Betriebsdruck und Dehnungsaufnahme in Abhängigkeit von der Betriebstemperatur

Betriebstemperatur ϑ_0 in °C	−10 ... +20	50	100	150	180[8]	200	225	250	300	350	400
Druck K_P	1,00	0,92	0,87	0,83	0,77	0,79	0,76	0,74	0,67	0,60	0,53
Dehnungsaufnahme K_ϑ	1,00	0,97	0,94	0,92	0,90	0,90	0,89	0,88	0,86	0,85	0,84

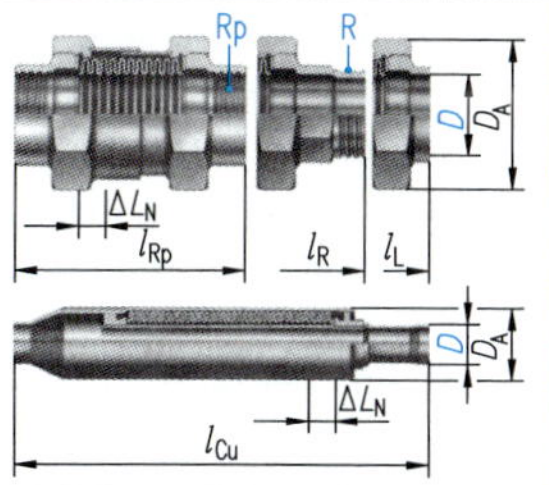

Kompensatoren mit Gewindemuffen[5] PN 10										Kupferlötmuffen[4] PN 16					
DN	Rp	Δl_N	l_{Rp}	l_R	l_M	D_A	A_B	C_A	C_{AM}	D	Δl_N	l_{Cu}	D_A	A_B	F_A
15	½	16	109	–	98	44	5,5	42	56	18	18	168	30	4,1	139
20	¾	20	124	171	122	48	6,4	54	54	22	18	178	35	5,7	227
25	1	26	152	198	124	54	9,5	98	54	28	18	183	43	8,8	261
32	1¼	28	167	217	150	67	15	83	98	35	25	290	70	17	110
40	½	29	179	231	–	73	20	89	–	42	25	305	80	25	170
50	2	37	207	265	–	90	32	105	–	–	–	–	–	–	–

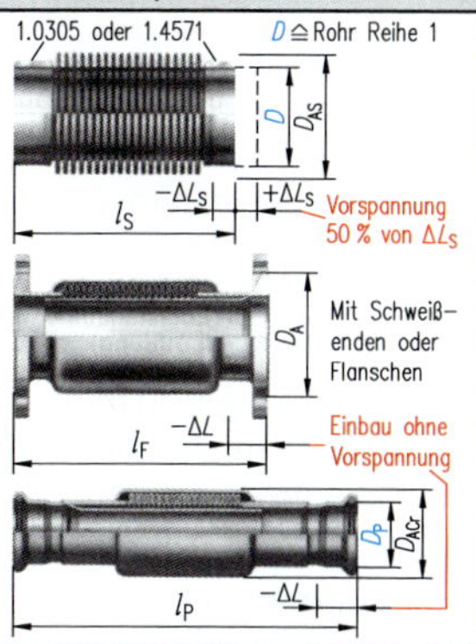

Axialkompensatoren PN 16 mit Schweißenden[9]						Flanschen- oder Pressfittingmuffen-Anschl.							
DN	l_S	$\pm\Delta l_S$	D_{AS}	A_{BS}	C_{AS}	D_P	l_F	l_P	$-\Delta l$	D_A	D_{ACr}	A_B	C_A
15	140	15	34	6	63	18	450	498	74	38	38	6	24
20	140	15	34	6	63	22	440	490	74	38	38	6	24
25	162	14	41	9	151	28	430	486	72	45	48	9	27
32	170	17	51	14	142	35	465	529	74	56	56	15	37
40	182	18	57	19	145	42	520	592	75	62	64	19	40
50	206	24	73	30	173	54	475	559	72	80	80	32	50
65	268	27	93	49	258	76,1	600	726	82	100	102	52	67
80	268	27	104	64	278	88,9	600	748	85	112	114	68	73
100	314	36	135	109	300	108	730	910	105	144	144	114	108
125	314	36	157	152	336	–	735	–	105	168	–	158	123
150	314	36	185	219	381	–	735	–	107	197	–	226	142

[1] Angaben sind nicht auf alle H. übertragbar. [2] Abweichung von ±30 % möglich. [3] Bei Kompensatoranwendungen nach TRWI sind die Tabellenwerte für die nominale Dehnungsaufnahme um 40 % ($f = 0{,}6$) zu reduzieren. [4] Für 5000 Lastwechsel ausgelegt. Vorgespannt einbauen. [5] Ohne Vorspannung montieren. [6] Kompensatoren mit Anschlussverschraubungen aus Rotguss $\vartheta_0 \leq 225$ °C. [7] Schutzmantel wahlweise aus verzinktem Stahl oder Messing weich eingelötet $\vartheta_0 \leq 180$ °C oder nichtrostendem Stahl $\vartheta_0 \leq 300$ °C. [8] Werte gelten für Komp. mit Lötmuffen. [9] Für Kompensatoren mit Leit- und Schutzrohr gelten die technischen Daten ($-\Delta l$, D_A, A_B und C_A) der Kompensatoren mit Flanschenanschluss. Die Gesamtlänge weicht geringfügig ab.

172.1 Gummikompensatoren – Herstellerangabe[1] – Maße in mm

Einsatzmöglichkeiten	zulässige Betriebstemperaturen in °C	Farbkennzeichnung	Aufbau: Innenlage	Aufbau: Festigkeitsträger	Aufbau: Außenlage
kaltes u. warmes Wasser	−10 bis +70	schwarz (Punkt)	Chloropren	Nyloncort	Chloropren
Heißwasser (Heizung)	−10 bis +110[2]	rot (Kreis)	EPDMT	Nylonkort Spez.[2]	EPDMT
Trinkwasser, Gase, Öle	−10 bis +90	gelb (Punkt)	Nitril	Nyloncort	Chloropren

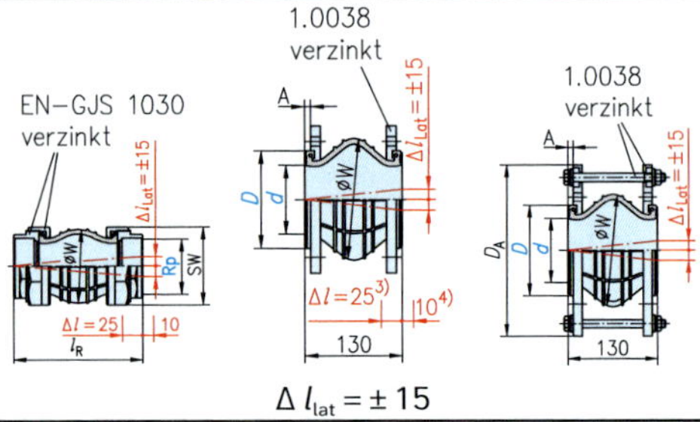

$\Delta\, l_{lat} = \pm 15$

Gewindemuffen PN 10

DN	Rp	l_R	SW	W
15	½	228	81	75
20	¾	228	81	75
25	1	200	81	75
32	1¼	200	81	75
40	½	200	81	75
50	2	200	102	95
65	2½	200	124	120
80	3	200	135	130

Flanschen PN 16

DN	A	W	d	D	D_A
25	6,5	70	29	64	220
32	6,5	70	29	64	245
40	8,0	75	36	69	255
50	8,5	95	48	87	270
65	9,0	120	60	109	290
80	8,5	130	75	118	305
100	11,5	150	96	147	325
125	12,5	180	120	177	375
150	13,0	204	143	202	410
200	15,5	256	191	263	465

[1] Angaben sind nicht auf alle Hersteller übertragbar.
[2] Nach DIN 4809: $\vartheta_s \le 100$ °C bei $p_s \le 10$ bar und $\vartheta_s \le 110$ °C bei $p_s \le 6$ bar.
[3] DN 150 $\Delta\, l \ge 20$ mm. [4] DN = 125 $\Delta\, l \ge 15$ mm.

172.2 Reaktionskräfte an Festpunkten und Anordnung der Rohrführungslager

Reaktionskräfte bei nichtkraftschlüssigen Rohrverbindungen

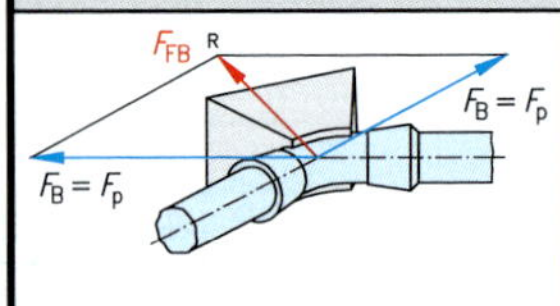

$F_B = F_p = A_R \cdot p_t$

$F_{FB} = 2 \cdot F_B \cdot \sin\frac{\alpha}{2}$

Eigenwiderstand	$F_W = \Delta l \cdot C_A$
Innendruck[1]	$F_p = A \cdot p_t$
Reibung	$F_R = \mu \cdot F_N$
Richtungsänderung	$F_{FB} = 2 \cdot F_B \sin\frac{\alpha}{2}$
Kompensator Einbaulänge[3]	$l_m = l_0 + \frac{\Delta l}{2} - \Delta l \cdot \frac{\Delta\vartheta_m}{\Delta\vartheta_g}$
Temperaturdifferenz bei Montage	$\Delta\vartheta_M = \vartheta_e - \vartheta_0$
Gesamttemperaturdifferenz	$\Delta\vartheta_g = \vartheta_1 - \vartheta_0$

Axial-Kompensatoren[2] in geraden Rohrleitungen

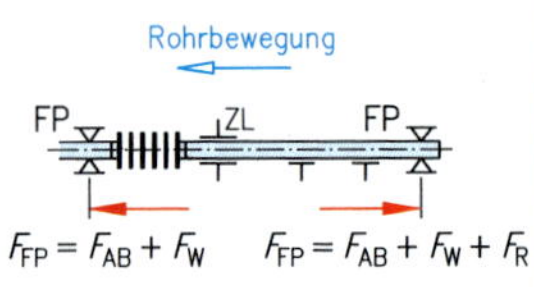

am Bogen

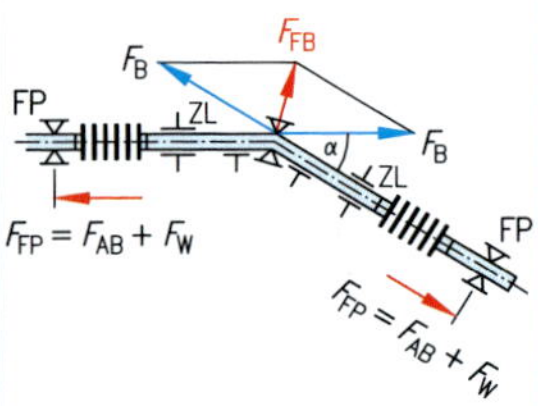

$F_B = F_{AB} + F_{AR} + F_W + F_R$

$F_{FB} = 2 \cdot F_B \cdot \sin\frac{\alpha}{2}$

Anordnung der Rohrführungslager

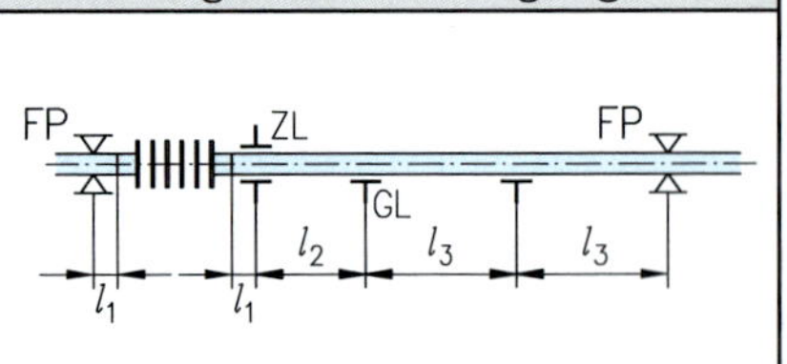

l_3 (s. 167.1 bis 170.1)

$l_1 \le 2 \times$ DN $l_2 \approx 0{,}7 \cdot l_3$ $l_3 \triangleq$ Stützweite	Festpunkt FP Zwangsgleitlager ZL Gleitlager GL

F_W	Eigenwiderstand in N
F_p	Druckreaktionskraft in N
F_R	Reibungskraft in N (s. 20.3)
F_N	Normalkraft in N (s. 20.3)
F_{AB}	Druckkraft im Balgquer. in N
F_{AR}	Druckkraft im Rohrquer. in N
F_B	im Bogen wirkende Kraft in N
F_{FP}	res. Kraft am Festpunkt in N
F_{FB}	res. Kraft am FP-Bogen in N
A	druckbeaufschlagte Fläche A_R und/oder A_B (s. 171.1)
A_B	wirksamer Balgquerschnitt in cm² (s. 171.1)
A_R	lichter Rohrquerschnitt in cm²
p_t	Prüfdruck[1] in N/cm²
Δl	Längenänderung in mm (s. 28.2; 168.2 bis 170.2)
l_0	Kompensatorlänge ohne Vorspannung in mm
l_M	Komp. Einbaulänge[3] in mm
C_A	Federrate in N/mm (s. 171.1)
μ	Reibungskoeffizient (s. 20.3)
α	Winkel in °
ϑ_0	min. Temperatur in °C
ϑ_1	max. Temperatur in °C
ϑ_e	Einbautemperatur in °C
$\Delta\vartheta_M$	Temperaturdiff. bei Mon. °C
$\Delta\vartheta_g$	Gesamttemperaturdiff. °C
p_s	max. Betriebsdruck in N/cm²

[1] Prüfdruck (in Wasserleitungen $p_t = 1{,}5 \times p_s$ und in Heizanlagen $p_t = 1{,}3 \times p_s$) einsetzen. [2] max. Dehnungsaufnahme bei 50 % Vorspannung. [3] Kompensator-Einbaulänge bei abweichenden Montagetemperaturen.

173.1 Wohnbau-Rohrschelle, leicht, mittelschwer, schwer, massiv, Kälte-RS, Schalldämpfer — Maße in mm

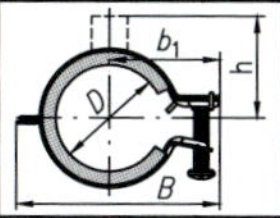

verz. Stahl DC 01, EPDM Gummieinl., Schallmind. 17 dB (A), Δϑ = −40 °C – +110 °C, Baustoffklasse B2

R	Bereich	B	b_1	h	F in N
	8–12 mm	47	27	22	200
3/8"	16–20	50	28	24	400
½"	20–25	56	30	27	400
¾"	25–31	62	34	30	400
1"	31–38	70	37	34	400
1¼"	38–45	77	41	37	750
1½"	45–52	85	45	42	750
2"	59–66	100	53	49	750

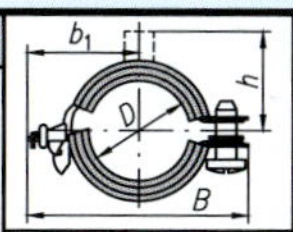

verz. Stahl DC 01, EPDM Gummieinl., Schallmind. 20 dB (A), Δϑ = −40 °C – +110 °C, Baustoffklasse B2

R	Bereich D	B	b_1	h	F in N
	8–11 mm	49	24	23	400
3/8"	17–20	53	26	25	750
½"	21–24	57	28	25	750
¾"	25–28	63	31	26	750
1"	33–37	71	35	30	750
1¼"	42–46	80	40	35	750
1½"	47–51	86	43	38	750
2"	57–61	96	48	43	750

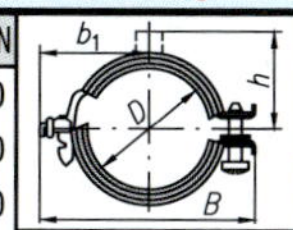

verz. Stahl DD 11, Dämmmaterialhärte 40° ± 5° Shore A, Schallmind. 18 dB (A), Max.-Last 1400 N

R	Bereich	B	b_1	h
½"	20–24	66	34	36
¾"	25–29	71	36	38
1"	30–34	77	39	41
	35–39	80	41	43
1¼"	40–46	87	44	46
1½"	47–53	94	48	50
	54–60	101	51	53
2"	60–66	107	54	56

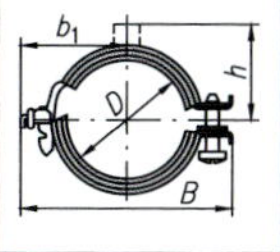

verz. Stahl DD 11, Dämmmaterialhärte 50° ± 5° Shore A, Schallmind. 15 dB (A)

R	Bereich	B	b_1	h	F in N
	8–11 mm	49	24	32	450
3/8"	17–20	53	26	34	750
½"	21–24	57	28	36	750
¾"	25–28	63	31	39	750
1"	33–37	71	35	43	750
1¼"	42–46	80	40	47	750
1½"	47–51	86	43	50	750
	52–56	91	43	53	750
2"	57–61	96	48	55	750

MP-LH I M8 Wohnbau						MPN-QRC M8 Komfortschelle – ORC M10										MPN-SI F Komfort			
R	Bereich	B	b_1	h	F in N	Bereich	B	b_1	h	F in N	Bereich	B	b_1	h	F in N	Bereich	B	b_1	h
½"	20–25	56	30	27	400	21–24	57	28	36	750	21–24	57	28	36	750	20–24	66	34	36
¾"	25–31	62	34	30	400	25–28	63	31	39	750	25–28	63	31	39	750	25–29	71	36	38
1"	31–38	70	37	34	400	33–37	71	35	43	750	33–37	71	35	43	750	30–34	77	39	41
1¼"	38–45	77	41	37	750	40–46	80	40	47	750	40–46	87	44	48	780	40–46	87	44	46
1½"	45–52	85	45	42	750	47–51	86	43	50	750	47–53	94	48	51	750	47–53	94	48	50
	52–59	92	49	45	750	52–56	91	45	53	750	54–60	101	51	55	750	54–56	101	51	53
2"	59–66	100	53	49	750	57–61	96	48	55	750	60–66	107	54	58	1400	60–66	107	54	56

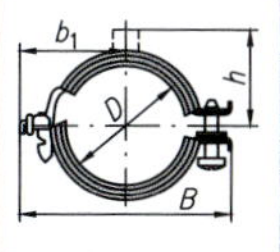

Δϑ = −60 °C – 200 °C, Dämmmaterialhärte 40° ± 5° Shore A, Silikonkautschuk, Schallmind. 18 dB (A)

R	Bereich	B	b_1	h	F in N
½"	20–24	57	28	36	750
¾"	25–29	63	31	39	750
1"	30–34	71	35	43	750
1¼"	40–46	80	40	47	750
1½"	47–51	86	43	50	750
	52–56	87	46	48	1400
2"	60–66	96	48	55	1400
2½"	72–77	119	60	64	1400
3"	87–93	134	68	71	1400
4"	114–118	174	86	85	1800

MPN-GK K M8 Gleit. M10-G F M8/10/1/2"

D	B	b_1	h	F in N	b_1	h	D	B	b_1	h
16	53	26	25	750	26	30	50	101	51	55
20	57	28	25	750	28	32	56	107	54	56
25	63	31	26	750	31	35	63	113	57	59
32	71	35	30	750	35	38	75	126	64	66
40	80	40	35	750	40	42	90	160	79	77
50	91	45	40	750	45	48	110	174	86	84
56	96	48	43	750	M10		125	193	96	93
63	103	51	46	750	750 N		150	226	112	110

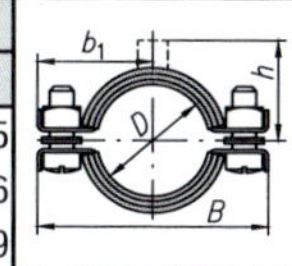

Stahl S235 JRG, Δϑ = −40 °C – +110 °C, Dämmmaterialhärte 50° ± 5° Shore A, EPDM/19 dB (A)

R	Bereich	B	h	F in N	m_g
½"	20–25	69	36	1800	113
¾"	25–30	75	39	1800	127
1"	32–38	83	42	1800	145
1¼"	40–45	92	47	1800	155
1½"	48–54	101	50	1800	169
	54–57	107	53	1800	183
2"	57–64	111	55	1800	186
	68–72	123	60	1800	213
2½"	70–77	130	64	1800	224
	80–84	139	68	1800	233
3"	82–90	144	71	1800	243
	97–103	163	78	2400	386
4"	108–114	174	84	2400	394
	114–119	179	86	2400	411
	122–127	187	90	2400	432
	132–137	198	95	N/A	489
5"	137–142	203	98	2400	497
	156–162	223	107	2400	551
6"	162–168	229	110	2400	574

Massiv MP-MI DL/EL					MIS G/C		-M
R	Bereich	B	h	F in N	B	h	h
½"	20–25	69	35	1800	69	36	32
¾"	25–30	75	38	1800	75	39	34
1"	32–38	83	41	1800	83	42	38
1¼"	40–45	92	46	1800	92	47	41
1½"	48–54	101	49	1800	101	50	46
	54–57	107	52	1800	107	53	–
2"	57–64	111	54	1800	111	55	51
	68–72	123	59	1800	123	60	–

Massiv MP-MI DL/EL					MIS G/C		MP-M		Massivrohrschelle MP-MXI			
R	Bereich	B	h	F in N	h	F kN	h	F kN	Bereich	B	h	F kN
2½"	70–77	130	66	1500	64	1,8	59	1,5	73–78	156	71	2,4
3"	82–90	140	73	1500	71	1,8	65	1,5	88–93	172	78	2,4
	97–103	163	80	2250	78	2,4	75	2,25	108–116	210	90	3,1
4"	108–114	174	86	2250	84	2,4	81	2,25	122–126	221	95	3,1
	114–119	179	88	2250	86	2,4	88	2,25	131–137	231	100	3,1
	122–127	187	92	2250	90	2,4	90	2,25	139–144	238	104	3,1
	132–137	198	97	2250	95	2,4	92	2,25	159–166	261	115	3,1
5"	137–145	203	100	2250	98	2,4	95	2,25	163–170	265	117	7,5

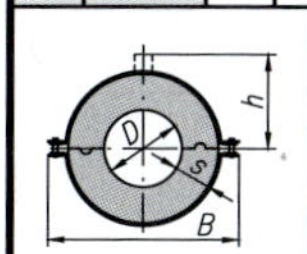

Kälterohrschelle, Δϑ = −30 °C – +105 °C, λ = 0,034 W/mk, ρ = 120 kg/m³

MRP-KF Kälterohrschelle

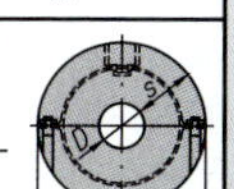

Δϑ = −45 °C – +105 °C, λ = 0,043 W/mk, Druckfest. 2,4 N/mm²

Kälte MRP-RPC			
D	B	h	F N
12	86	46	40
14	93	49	40
16	93	49	50
3/8"	93	49	50
20	100	53	75
½"	100	53	75
¾"	100	53	75
1"	108	57	135
35	128	63	135
1¼"	128	63	180
1½"	137	67	220
54	146	72	220
2"	146	72	350
66,7	155	76	350
2½"	164	81	500

Kälte leicht isoliert MIP-H						mittel MIP-M			stark isoliert MIP-T			
R	Bereich	B	b_1	h	F in N	B	b_1	h	Bereich	B	b_1	h
¼"	10–14	74	38	39	40	89	44	48	15–18	115	57	62
3/8"	15–18	80	41	45	50	96	48	52	21–22	121	60	65
½"	21–26	87	44	48	75	103	51	55	24–26	128	64	69
¾"	27–31	94	48	52	75	109	54	57	26–30	128	64	69
1"	33–38	101	51	55	150	115	57	64	33–35	156	76	75
1¼"	41–43	107	54	57	200	128	64	68	41–45	170	83	83
1½"	48–50	113	57	62	275	128	64	68	47–49	170	83	83
	53–58	119	60	65	300	156	76	75	51–54	177	86	86
2"	59–65	126	64	69	475	163	79	79	60–62	187	91	91
2½"	75–81	160	79	80	750	177	86	86	76–80	214	105	105
3"	88–90	167	83	84	1100	187	91	91	88–90	222	111	109
	101–104	184	91	92	1300	214	107	107	101–109	257	129	127
4"	113–115	193	96	97	1700	218	107	105	113–115	257	129	127
5"	132–140	219	109	109	2000	256	128	126	132–141	291	146	143
6"	164–169	254	128	127	2600	276	138	136	164–169	362	181	149

Kühlwasser MRP-KF		
D mm	B	F in N
12,7	87	150
15,8	87	190
18,0	87	210
21,3	87	260
26,9	87	320
33,7	98	400
42,4	103	510
48,3	108	580
60,3	120	720
76,1	136	1370
88,9	149	1600
108,0	200	2590
114,3	200	2740
139,7	219	3350
168,3	340	4900

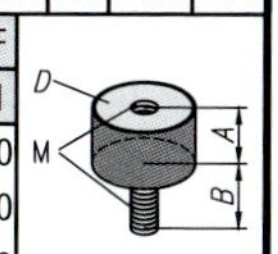

MVI-T Schalldämpfer M8/10

B	F_{Sch} N	F_{Dr} N
23	330	750
25	300	700

F_{Sch}: Schublast, F_{Dr}: Drucklast, Dämmst. EPDM 55° ± 5° Shore A für MQ-System, Δϑ = −30 °C – +150 °C

174.1 Montageschienen leicht, Basiswerte Statik, Max. Spannweite bei Einzel-/Gleichlast — Herstellerang.

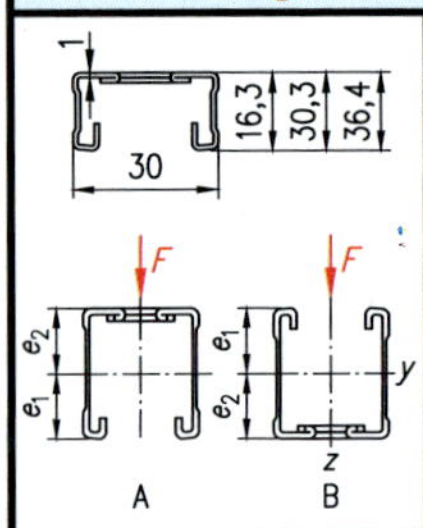

zul. Spannung 188,3 N/mm²
E-Mod. 210000 N/mm²

e_1	Schwerpunktachse A
e_2	Schwerpunktachse B
I	Flächenträgheitsmom.
W	Widerstandsmoment
r	Trägheitsradius
M	zul. Moment
L	Spannweite in cm

	MM-C-16	-30	-36	MM-C-16			C-30		C-36		MM-C-16			C-30		C-36			MM-C-16		C-30		C-36	
s mm	1,0	1,0	1,75/1,0	F kN	L	f	L	f	L	f	F kN	L	f	L	f	L	f	L cm	F kN	f	F kN	f	F kN	f
A mm²	69,75	96,35	159,73	0,25	70	3,5	150	7,5	238	11,9	0,25	88	4,4	188	9,4	291	14,5	25	0,80	0,5	2,13	0,3	4,69	0,2
m g/m	565,0	779,0	1287,0	0,50	40	1,3	106	5,1	172	8,6	0,50	62	3,1	135	6,7	215	10,7	50	0,40	2,0	1,06	1,1	2,34	1,0
Querschnittswerte y-Achse				0,75	27	0,6	71	2,3	141	7,1	0,75	51	2,5	111	5,5	178	8,9	75	0,21	3,7	0,71	2,6	1,56	2,2
e_1 mm	9,81	16,43	19,41	1,00	20	0,3	53	1,3	116	5,2	1,00	40	1,6	96	4,8	155	7,7	100	0,12	5,0	0,53	4,6	1,17	3,9
e_2 mm	7,12	13,87	16,99	1,25	16	0,2	42	0,8	93	3,4	1,25	32	1,0	85	4,1	139	6,9	125	0,07	6,2	0,37	6,2	0,93	6,0
I_z cm²	0,24	1,16	3,02	1,50	13	0,1	35	0,6	78	2,3	1,50	27	0,7	71	2,9	127	6,3	150	0,05	7,4	0,25	7,5	0,66	7,5
W_z cm²	0,26	0,71	1,56	1,75	11	0,1	30	0,4	67	1,7	1,75	23	0,5	61	2,1	117	5,9	175	0,03	8,6	0,18	8,7	0,48	8,7
r_z cm	0,59	1,10	1,38	2,00	10	0,1	27	0,3	59	1,3	2,00	20	0,4	53	1,6	110	5,5	200	0,02	9,8	0,13	9,9	0,36	10,0
M_z Nm	49,8	133,0	293,2	2,25	9	0,1	24	0,3	52	1,0	2,25	18	0,3	47	1,3	104	5,2	225	Max. Belastung F				0,28	11,2
Querschnittswerte z-Achse				2,50	8	0,1	21	0,2	47	0,8	2,50	16	0,3	42	1,0	93	4,2	250	Durchbiegung f				0,22	12,4
I_z cm²	1,09	1,51	2,74	3,00	7	0	18	0,1	39	0,6	3,00	13	0,2	35	0,7	78	2,9	275	max. $L/200$ bei				0,18	13,6
W_z cm²	0,67	1,01	1,71	4,00	5	0	13	0,1	29	0,3	4,00	10	0,1	27	0,4	59	1,6	300	Einzellast				0,14	14,8
r_z cm	1,20	1,25	1,31	5,00	4	0	11	0,1	23	0,2	5,00	8	0,1	21	0,3	47	1,1							

max. Belastung bei Einzellast

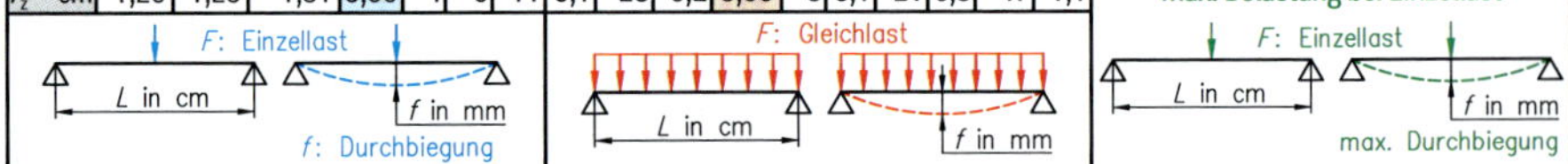

Schienenauswahl für Cu-/Edelstahl-/Stahl-/Verbundrohr (Maße in mm)

Schienenlänge zw. Befestigung				Ro.-Zahl	Cu-Rohr				Mapress				Gewinderohr					Greberit Mepla				
D	Befestigung			Zahl	1,5	2	2,5	3	1,5	2	2,5	3	D	1,5	2	2,5	3	D	1,5	2	2,5	3
18	310	470	630	2/4/6	16	–	–	–	16	16	16	–	21,3	16	16	–	–	20	16	–	–	–
22	330	510	690	2/4/6	16	16	–	–	16	16	16	16	26,9	16	[1]	–	–	26	16	–	–	–
28	350	550		2/4	16	16	–	–	16	16	16	16	33,7	16	16	[2]	–	32	16	16	–	–
28			750	6	30	30	–	–	30	30	30	30	33,7	30	30	30	–	32	16	30	–	–
35	378	**606**		2/4	16	**16**	16	–	16	16	16	16	42,4	[3]	[3]	[3]	[3]	40	16	16	–	–
35			834	6	30	30	30	–	30	30	30	30	42,4	30	36	36	36	40	30	30	–	–
42	410			2	16	16	16	16	16	16	16	16	48,3	16	16	16	16	50	16	16	16	–
42		670		4	16	30	30	30	16	30	30	30	48,3	30	30	30	30	50	16	30	30	–
42			930	6	30	30	36	36	30	30	30	36	48,3	36	36	36	36	50	30	30	30	–
54	450			2	16	16	16	16	16	16	16	16	60,3	16	16	16	16	63	16	16	16	–
54		750		4	30	30	30	30	30	30	30	30	60,3	30	30	36	36	63	16	16	16	
54			1050	6	36	36	36	36	36	36	36	36	60,3	36	36	36		63	36	36	36	
76,1	510			2	16	16	30	30	16	16	16	30	76,1	16	16	30	30	75	16	16	16	16
76,1		870		4	36	36	36	36	36	36	36	36	76,1	36	36	36	36	75	30	30	36	36
76,1			1230	6	36				36				76,1	36	36	36	36	75	36	36	36	
88,9	360			1	16	16	16	16	16	16	16	16	88,9	16	16	16	16					
88,9		570		2	30	30	30	30	30	30	30	30	88,9	30	30	30	30					
88,9			990	4	36				36	36	36	45	88,9	36	36	36						
108	400			1	16	16	16	30	16	16	16	16	114,3	16	16	30	30					
108		650		2	30	30	30	30	30	30	30	30	114,3	30	30	36	36					

1,5 m/2 m/2,5 m/3 m = Befestigungsabstände zwischen Schienen

[1] C-16, ab Schienenlänge 690 mm → C-30; [2] C-16, ab Schienenlänge 550 mm → C-30; [3] C-16, ab Schienenlänge 606 mm → C-30

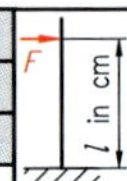

zul. Knickbelastung in kN, Biegeknicknachweis n. DIN EN 1993

max. Durchbiegung bei Gleichlast

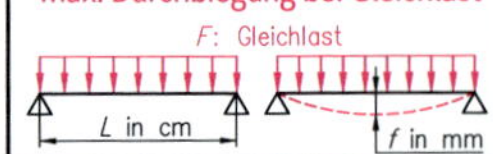

l cm	C-16	C-30	C-36	MM-C-16			C-30		C-36	
25	9,21	13,94	24,46	L	F kN	f	F kN	f	F kN	f
50	4,54	7,67	15,10	25	1,59	0,6	4,25	0,4	9,38	0,3
75	2,58	4,42	9,26	50	0,78	2,5	2,12	1,4	4,68	1,2
100	1,71	2,95	6,40	75	0,34	3,8	1,41	3,2	3,12	2,7
125	1,24	2,18	4,87	100	0,19	5,0	1,92	5,0	2,33	4,8
150	0,95	1,74	3,95	125	0,12	6,3	0,59	6,3	1,54	6,3
175	0,75	1,45	3,34	150	0,08	7,5	0,40	7,5	1,06	7,5
200	0,61	1,24	2,90	175	0,05	8,8	0,29	8,8	0,77	8,8
225	0,50	1,09	2,57	200	0,04	10	0,22	10	0,58	10
250	0,42	0,97	2,30	225					0,45	11,3
275	0,36	0,88	2,08	250					0,36	12,5
300	0,31	0,79	1,89	300					0,23	15,0

Schienenauswahl und Gewicht in kg/3 m Befestigungsabstand für Kanäle mit/ohne Isolierung, Herstellerangaben

Mit Isolierung

	s = 0,75	Blech s = 0,88 mm						Blech s = 1,00 mm						Blech s = 1,13 mm		
H/B	250	280	315	355	400	450	500	560	630	710	800	900	1000	1120	1250	1400
200	25,2	30,1	32,2	34,7	37,6	40,7	43,8	53,0	57,8	63,4	69,7	76,6	83,6	102,1	112,1	123,7
224	26,4	31,6	33,7	36,3	39,1	42,2	45,3	54,6	59,5	65,1	71,3	78,3	85,3	103,9	114,0	125,6
250	27,7	33,2	35,4	37,9	40,7	43,8	47,0	56,4	61,3	66,9	73,2	80,1	87,1	105,9	116,0	127,6
280		35,1	37,3	39,8	42,6	45,7	48,8	58,5	63,4	69,0	75,2	82,2	89,2	108,3	118,3	129,9
315			39,4	41,9	44,8	47,9	51,0	61,0	65,8	71,4	77,7	84,7	91,6	111,0	121,0	132,6
355	MM-C-16			44,5	47,3	50,4	53,5	63,8	68,6	74,2	80,5	87,4	94,4	114,1	124,1	135,7
400	MM-C-30				50,1	53,2	56,3	66,9	71,8	77,3	83,6	90,6	97,5	117,5	127,6	139,2
450	MM-C-36					56,3	59,5	70,4	75,2	80,8	87,1	94,1	101,0	121,4	131,5	143,1
500							62,6	73,9	78,7	84,3	90,6	97,5	104,5	125,3	135,3	146,9
560								78,0	82,9	88,5	94,8	101,7	108,7	129,9	140,0	151,6
630									87,8	93,4	99,6	106,6	113,6	135,3	145,4	157,0
710										98,9	105,2	112,2	119,1	141,5	151,6	163,2
800											111,5	118,4	125,4	148,5	158,5	170,1
1000													139,4	163,9	174,0	185,6

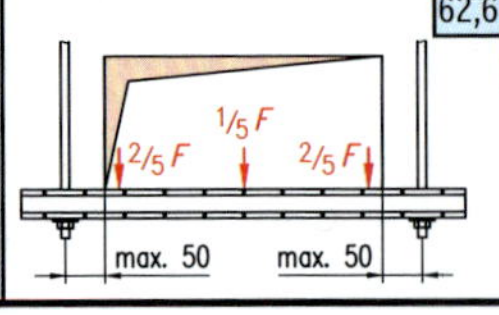

Ohne Isolierung

	0,75	0,88 mm ohne Isolierung						1 mm o. Isolierung			
H/B	250	280	315	355	400	450	500	560	630	710	800
200	20,3	24,9	26,7	28,8	31,1	33,7	36,3	44,7	48,9	53,6	58,9
224	21,3	26,1	27,9	30,0	32,3	34,9	37,5	46,2	50,3	55,0	60,3
250	22,3	27,5	29,3	31,3	33,7	36,3	38,9	47,7	51,8	56,5	61,8
280		29,0	30,8	32,9	35,2	37,8	40,4	49,5	53,6	58,3	63,6
315	900		32,6	34,7	37,0	39,6	42,2	51,5	55,6	60,3	65,6
355	73,9	1000		36,8	39,1	41,7	44,3	53,9	58,0	62,7	68,0
400	76,5	82,4	1120		41,4	44,0	46,6	56,5	60,6	65,4	70,7
450	79,5	85,4	104,5			46,6	49,2	59,5	63,5	68,3	73,6
500	82,4	88,3	107,8		1400[1]		51,8	62,4	66,5	71,2	76,5
560	86,0	91,8	111,8		120,4	1600		65,9	70,1	74,8	80,1
630	90,1	96,0	116,4		125,1	135,1			74,2	78,9	84,2
710	94,8	100,7	121,7		130,4	140,4		[1] Blech-		83,6	88,9
800	100,1	106,0	127,7		136,4	146,4		breite ≥			94,2
1000	106,0	111,9	134,4		143,0	153,0		1120 mm/s = 1,13 mm			

175.1 Montageschienen mittelschwer, Basiswerte Statik, Max. Spannweite bei Einzel-/Gleichlast

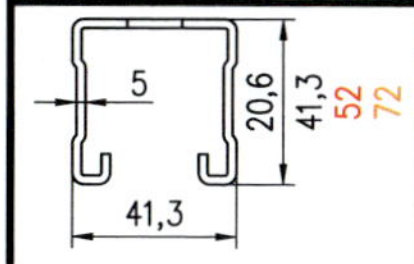

σ_{zul} = 188,3/E-M. = 21000 N/mm²

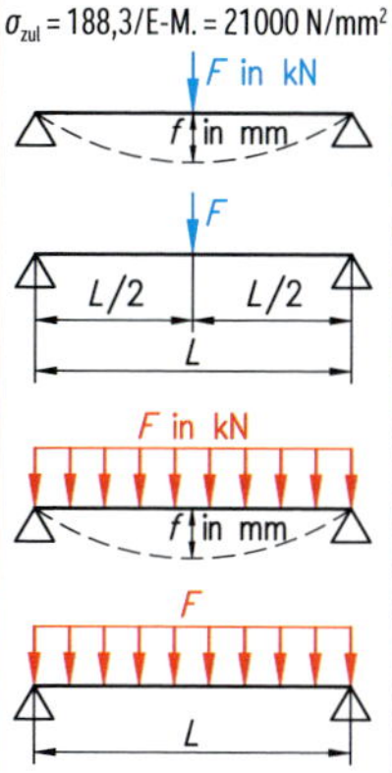

MQ-	21	41-L	41	41/3/LL	52	72
s in mm	2,0	1,5	2,0	3,0	2,5	2,75
A in mm²	182,12	199,57	267,75	375,88	378,74	527,55
m in kg/m	1,44	1,60	2,08	2,91	2,94	4,10
Querschnittwerte y-Achse						
e_1 in mm	11,13	21,44	21,69	22,07	27,27	37,42
e_2 mm	9,47	19,86	19,61	19,23	24,23	34,58
I_y in cm²	0,99	4,48	5,88	7,70	12,42	30,99
W_{y1} cm²	0,89	2,09	2,71	3,49	4,55	8,28
i_y cm	0,74	1,50	1,48	1,43	1,81	2,42
M_y Nm	168,00	394,00	511,00	657,00	858,00	156,00
Querschnittwerte z-Achse						
I_z in cm²	4,63	5,90	7,69	10,79	11,17	15,89
W_z cm²	2,24	2,86	3,72	5,23	5,41	7,70
i_z cm	1,59	1,72	1,69	1,70	1,72	1,74

F kN	MQ-21 L cm	MQ-21 f	41-L L cm	41-L f mm	41 L cm	41 f mm	41/3/LL L cm	41/3/LL f mm	52 L cm	52 f mm	72 l cm	72 f mm
0,25	138	6,9	285	14,2	319	15,9	351	17,5	435	21,7	600	27,9
0,50	99	5,0	208	10,4	236	11,8	266	13,3	334	16,7	498	24,9
0,75	81	4,1	172	8,6	195	9,8	221	11,1	279	13,9	426	21,3
1,00	67	3,0	149	7,5	170	8,5	194	9,7	245	12,2	377	18,8
1,25	54	1,9	125	5,5	153	7,6	174	8,7	220	11,0	342	17,1
1,50	45	1,3	105	3,8	135	6,3	159	8,0	202	10,1	314	15,7
1,75	38	1,0	90	2,8	116	4,6	148	7,4	187	9,4	292	14,6
2,00	34	0,8	79	2,2	102	3,6	130	5,7	169	7,9	275	13,7
2,25	30	0,6	70	1,7	90	2,8	116	4,6	151	6,3	260	13,0
2,50	27	0,5	63	1,4	81	2,3	104	3,7	136	5,1	245	12,0
3,00	22	0,3	52	1,0	68	1,6	87	2,6	115	3,5	205	8,4
4,00	17	0,2	39	0,5	51	0,9	66	1,5	85	2,0	155	4,8
5,00	13	0,1	32	0,3	41	0,6	52	0,9	68	1,3	124	3,1
0,25	171	8,5	344	17,2	379	18,9	409	20,4	501	24,9	600	31,4
0,50	124	6,2	258	12,9	291	14,5	323	16,1	402	20,1	581	29,0
0,75	102	5,1	215	10,7	243	12,2	273	13,6	343	17,1	510	25,4
1,00	89	4,4	187	9,4	213	10,6	241	12,0	303	15,1	458	22,9
1,25	80	4,0	168	8,4	192	9,6	217	10,9	274	13,7	419	20,9
1,50	73	3,6	154	7,7	176	8,8	200	10,0	252	12,6	388	19,4
1,75	67	3,4	143	7,1	163	8,1	185	9,3	235	11,7	363	18,1
2,00	63	3,1	134	6,7	153	7,6	174	8,7	220	11,0	342	17,1
2,25	60	3,0	126	6,3	144	7,2	164	8,2	208	10,4	324	16,2
2,50	54	2,4	120	6,0	137	6,8	156	7,8	198	9,9	308	15,4
3,00	45	1,7	105	4,8	125	6,2	143	7,1	181	9,0	283	14,1
4,00	34	0,9	79	2,7	102	4,4	124	6,2	157	7,9	247	12,3
5,00	27	0,6	63	1,7	81	2,9	104	4,6	136	6,3	222	11,1

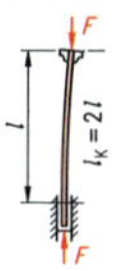

Biegeknicken

Fall 1 (l = 2)

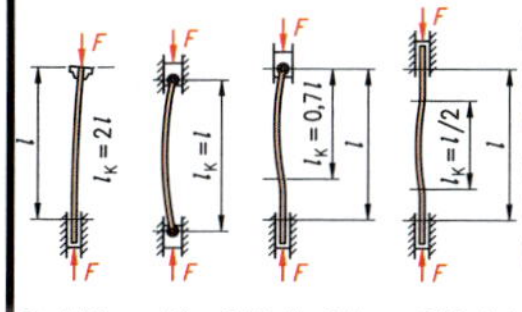

gilt nur für zentr. Knicklast

Stablänge l [cm]/Eulerfaktor β/Knicklänge SK [cm] = $l \cdot \beta$

Zulässige Knickbelastung in kN						MQ-
SK	21	41-L	41	41/3	52	72
25	27,79	33,05	44,04	61,61	62,18	85,14
50	17,25	23,55	31,27	44,67	44,15	57,94
75	10,64	15,27	20,65	31,43	29,42	36,95
100	7,21	10,31	14,42	23,56	20,85	25,41
125	5,24	7,48	10,87	18,79	15,97	19,04
150	3,99	5,78	8,70	15,62	12,99	15,22
175		4,68	7,26	13,32	11,01	12,75
200		3,92	6,24	11,53	9,60	11,04
225	$\gamma_{G/Q}$ = 1,4 →		5,48	10,09	8,54	9,78
250	F_D = zul. Knick-			8,90	7,70	8,82
300	last 1,4 (Designwert)				6,43	7,40

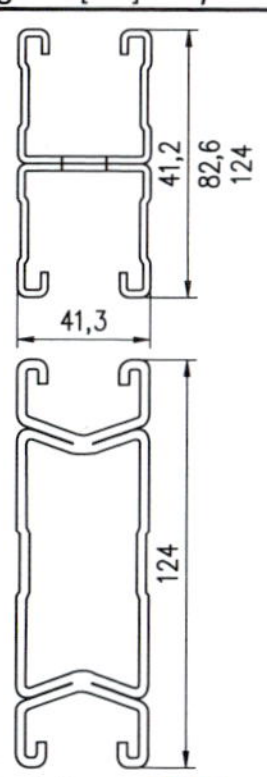

y-/z-Achse s. 170.1

MQ-	21D	41D	52-72D	124XD
A mm²	372,3	546,0	916,2	1253
m kg/m	2,90	4,19	7,08	9,84
Querschnittwerte y-Achse				
e_1 mm	20,60	41,30	62,32	62,00
e_2 mm	20,60	41,30	61,68	62,00
I_y cm²	5,26	32,36	121,1	190,9
W_{y1} cm²	2,55	7,83	19,42	30,79
i_y cm	1,19	2,44	3,64	3,90
M_y Nm	480	1475	3658	4999
Querschnittwerte z-Achse				
I_z cm²	9,25	15,41	27,08	32,07
W_z cm²	4,48	7,46	13,11	15,53
i_z cm	1,58	1,68	1,72	1,60

F kN	21D L cm	21D f	41D L cm	41D f mm	52-72D L cm	52-72D f mm	124XD L cm	124XD f mm
0,50	221	11	507	25,2	600	13,5	600	9,8
0,75	184	9,2	434	21,6	600	18,0	600	12,6
1,00	160	8,0	385	19,2	600	22,4	600	15,4
1,25	144	7,2	348	17,4	600	26,8	600	18,2
1,50	127	5,8	321	16,0	588	29,3	600	21,0
1,75	109	4,3	299	14,9	553	27,6	600	23,8
2,00	95	3,3	280	14,0	523	26,1	600	26,6
2,50	77	2,1	232	9,7	474	23,7	580	29,0
3,00	64	1,5	194	6,8	437	21,8	537	26,9
4,00	48	0,8	146	3,9	355	15,2	472	23,5
5,00	38	0,5	117	2,5	287	9,9	385	15,6
6,00	32	0,4	98	1,7	240	7,0	325	11,0

F kN	21D L cm	21D f mm	41D L cm	41D f mm	52-72D L cm	52-72D f mm	124XD L cm	124XD f mm
0,50	271	13,5	589	29,2	600	10,2	600	7,7
0,75	228	11,4	518	25,8	600	13,0	600	9,4
1,00	200	10,0	466	23,2	600	15,8	600	11,2
1,25	180	9,0	427	21,3	600	18,5	600	12,9
1,50	165	8,3	395	19,7	600	21,3	600	14,7
1,75	154	7,7	370	18,4	600	24,1	600	16,4
2,00	144	7,2	348	17,4	600	26,8	600	18,2
2,25	136	6,8	330	16,5	600	29,6	600	19,9
2,50	129	6,5	315	15,7	579	28,9	600	21,7
3,00	118	5,9	289	14,4	537	26,8	600	25,2
4,00	95	4,1	252	12,6	474	23,7	580	29,0
5,00	77	2,7	226	11,3	429	21,4	528	26,4
6,00	64	1,8	194	8,5	394	19,7	487	24,4

Beispiele zur stat. Berechnung/Bestimmung v. Montageschienen

1. Einzellast 1 kN (≙ 100 kg), die Durchbiegung der gewählten Montageschiene soll ≤ 1,5 mm betragen → 174.1 ⇒ Montageschiene MM-C-30 ausgewählt L = 0,53 m; f_{max} = 1,3 mm.

2. Die Aufhängung eines Kanals ergibt eine Gleichlast F = 2 kN, die Spannweite = 1 m, die maximale Durchbiegung = 5 mm → 174.1 = Montageschiene MM-C-36 ausgewählt, Durchbiegung 5,5 mm bei einer Spannweite 1,10 m.

3. 4× Kupferrohr DN32, D_a = 35 mm (m = 2,7 kg/m) sind mit 2 m Befestigungsabstand zwischen den Schienen aufzuhängen → 174.1 ⇒ Cu-Rohr/2/D = 35 mm → 16 ≙ Schienenauswahl MM-C-16, Schienenlänge zwischen den Befestigungspunkten = 606 mm; Dübelzahl 2 im gerissenen Beton.

Beispiele: zu 174.1

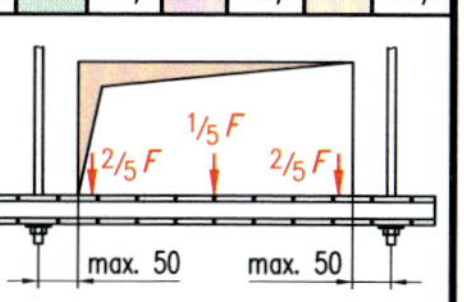

4. Befestigung eines Rechtecklüftungskanals mit Isolierung $B \times H$ = 630 × 400 mm, Blechdicke s = 1 mm, m = 71,8 kg/3 m Länge → 174.1 ⇒ Auswahl MM-C-30.

5. Knickbelastung eines eingespannten Trägers F = 20 kN, Knicklänge SK = 1 m → 175.1 ⇒ Schienenauswahl MQ-52, SK = 1 m/zulässige Knickbelastung 20,85 kN (n. DIN EN 1993-1).

6. Einzellast 2 kN (≙ 200 kg) soll über Schienenspannweite L = 6 m abgetragen werden (Einfeldträger) → 175.1 ⇒ Schienenauswahl MQ-124XD, L = 6 m/tatsächliche Durchbiegung f = 26,6 mm.

176.1 Verbindungsknopf MQN, Flügelmutter MQM, Schellenanbindung MQA Herstellerang.

MQN Verbindungsknopf

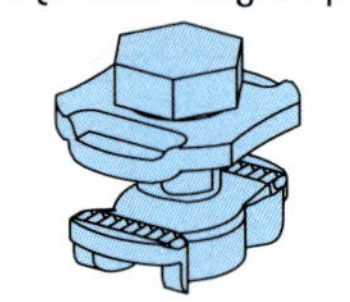

Bauteil	Schiene:/Max. Zuglast			$F_{S\,max}$	Drehmoment M		maximales Biegemoment mit Gewindestange 4.8
MQN M10	1: 5 kN	2: 8 kN	3: 2,5 kN	5 kN	1, 2: 40 Nm	3: 40 Nm	
MQM-M6	1: 3 kN	2: 3 kN	3: 2,5 kN	1,5 kN	1, 2: 10 Nm	3: 10 Nm	
MQM-M8	5 kN	5 kN	2,5 kN	3,5 kN	20 Nm	20 Nm	
MQM-M10	5 kN	8 kN	2,5 kN	5 kN	30 Nm	20 Nm	
MQM-M12	5 kN	8 kN	2,5 kN	5 kN	30 Nm	20 Nm	
MQA-½"	1: 5 kN	2: 8 kN	3: 3 kN		1, 2: 31 Nm	3: 20 Nm	22,4 Nm
MQA-¾"	5 kN	8 kN	3 kN		31 Nm	20 Nm	10,0 Nm
MQA-M6	2 kN	2 kN	2 kN		4 Nm	4 Nm	2,6 Nm
MQA-M8	3 kN	3 kN	3 kN		9 Nm	9 Nm	6,4 Nm
MQA-M10	4 kN	4 kN	3 kN		18 Nm	18 Nm	12,8 Nm
MQA-BM10	5 kN	8 kN	3 kN		1, 2: 18 Nm		12,8 Nm
MQA-BM12	5 kN	8 kN	3 kN		31 Nm	20 Nm	22,4 Nm
MQA-BM16	5 kN	8 kN	3 kN		40 Nm	20 Nm	56,9 Nm

Schienen s. 171.1

1: MQ-	2: MQ-	3: MQ-
21	41/3	-41-L
41	52	
21D	72	
41D	52-72D	
	124D	

MQM Flügelmutter

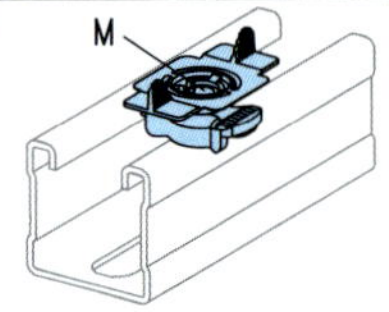

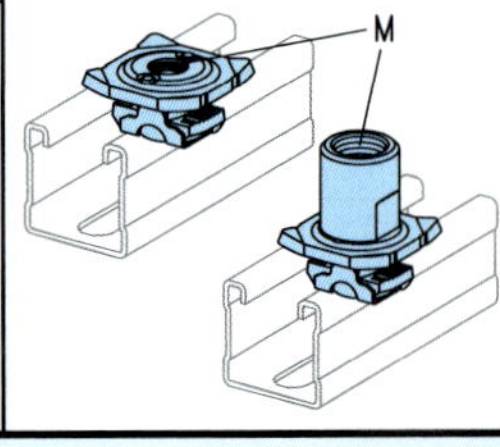

176.2 Konsolen, Winkelstützen, Lastwerte für Untergrund Beton in N Herstellerang.

Winkelstütze MM

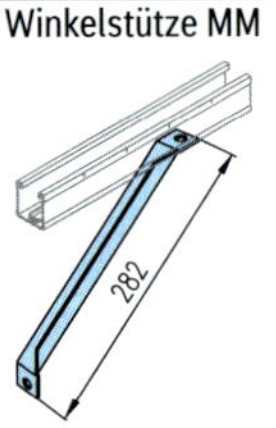

Schiene oben WSSo
Schiene unten WSSu

MMB

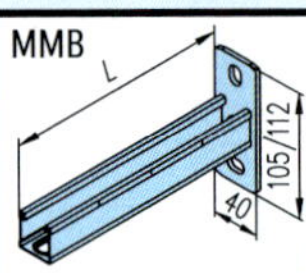

Montage von Kabelpritschen, Lüftungsrohr, Leichtrohrtrasse und Lüftungskanal

$F_1 = q \cdot i$ in N

Lastfall 1: Gleichlast; Lastfall 2: Einzellast (½, F_1); Lastfall 3: (F_1); Lastfall 4: (⅓, F_2, F_2); Lastfall 5: (¼, F_3, F_3, F_3)

		Lastfall 1			Lastfall 2			Lastfall 3			Lastfall 4			Lastfall 5		
MMB	L mm	MMB	WSSu	WSSo	MMB	WSSu	WSSo	MMB	WSSu	WSSo	MMB	WSSu	WSSo	MMB	WSSu	WSSo
-30	200	870	2990	4590	870	2730	2730	430	1490	2290	430	1490	2050	290	990	1360
-30	300	580	1990	3060	580	1190	3060	290	990	1360	290	990	1530	190	660	1020
-36	300	1230	1990	3060	1230	1190	3060	610	990	1530	610	990	1530	410	660	1020
-36	450	810	1320	2030	810	1320	2030	400	660	1010	400	660	1010	270	440	670
-36	600	610	990	1520	610	990	1520	300	470	470	300	490	760	203	330	500
MQK	L mm	L21	o. WS	m. WS	L21	o. WS	m. WS	L21	o. WS	m. WS	L21	o. WS	m. WS	L21	o. WS	m. WS
21/41	300	534	2235		534	2235		281	1204		267	1117		178	745	
21/41	450	365	1560	5463	365	1560	5467	188	822	2383	182	780	2733	122	520	1822
41 s	600	nur	1196	5386		1196	3440		622	2424		598	2516		399	1797
2 mm	1000	für	581	2052		697	3222		218	398		327	1611		211	1074
41 s	300	-21/	2321			2321			1228			1161			774	
3 mm	450	200	1600	5459		1600	5463		832	2725		800	2732		533	1821
41/3	600	mm:	1216	5382		1216	4445		626	2684		608	2693		405	1795
41 s	600	768	1148	5386	768	1148	3440	412	596	2424	384	574	2516	256	383	1797
4 mm	1000	s =	581	2052		697	3222		218	398		327	1611		211	1074
72 s	450	2 mm	4003	5454		4003	5458		2212	2720		2001	2729		1334	1819
2,75	600		3143	5375		3143	5379		1699	2678		1571	2689		1048	1793
21D	450		1567	5460		1567	5463		823	2334		784	2732		522	1821
41D	1000		2045	3202		2045	3202		1076	1581		1022	1601		682	1067

MQK-L-21

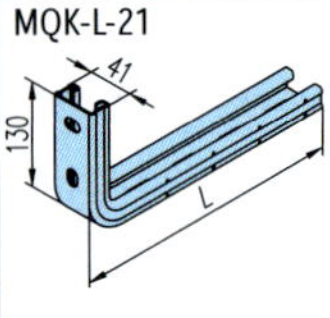

MQK-41

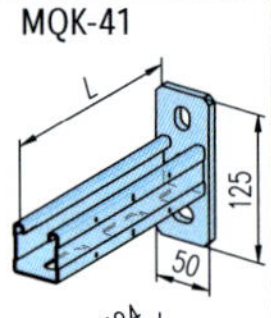

MQK-41D

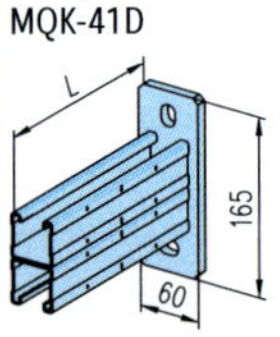

ohne Winkelstütze

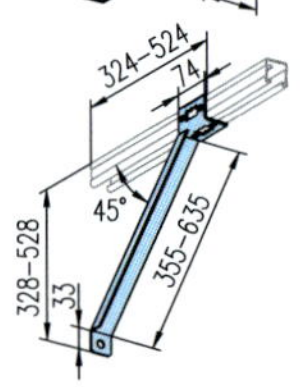

mit Winkelstütze

176.3 Winkel MQW 90°, Lastwerte Herstellerang.

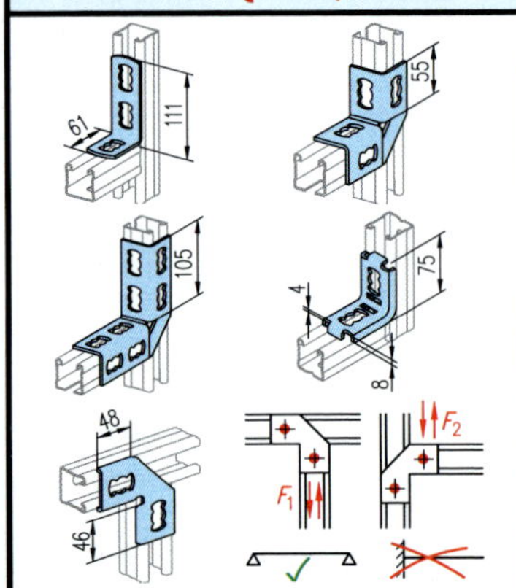

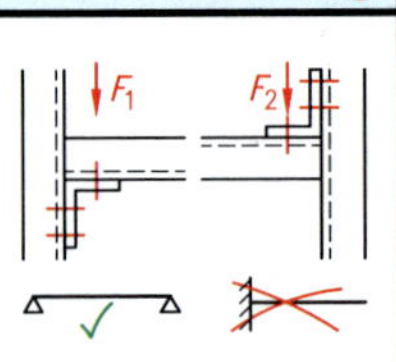

empfohlene Werte MQW-	F_1 kN	F_2 kN
3	≤ 6,8	≤ 2,5
4	≤ 5	≤ 3,7
8/90	≤ 9	≤ 4,3
42	≤ 4,8	≤ 2,5
P2	≤ 0,64	≤ 0,64

Teilsicherheitsbeiwerte ES 1,4/WS 1,0

176.4 Montagewinkel MQW 45°/135° Lastwerte

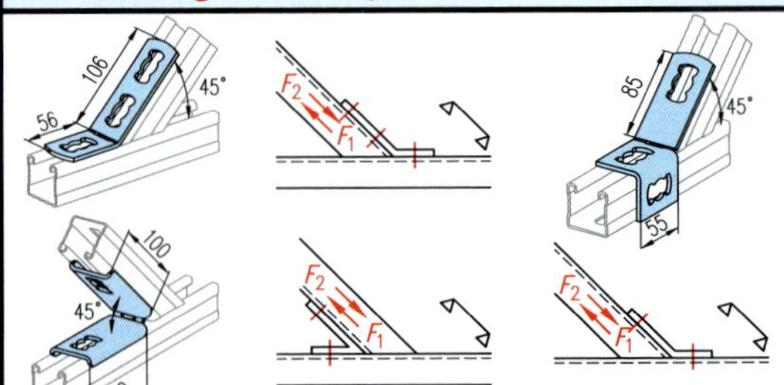

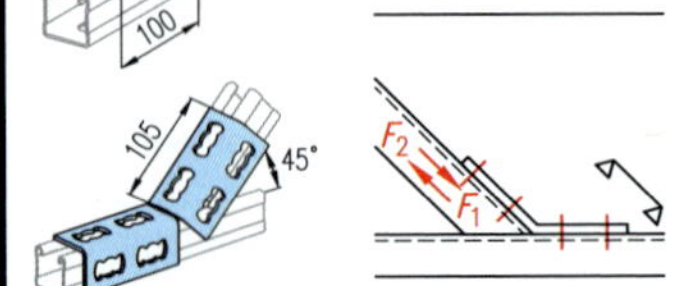

empf. Werte MQW-	F_1 kN	F_2 kN
3/45	≤ 7	≤ 2,5
3/135	≤ 4,5	≤ 3
2/45	≤ 3	≤ 0,82
8/45	≤ 9	≤ 5

177.1 Schienenverbinder MQV, Längsverbinder, Schienenfuß — Herstellerang.

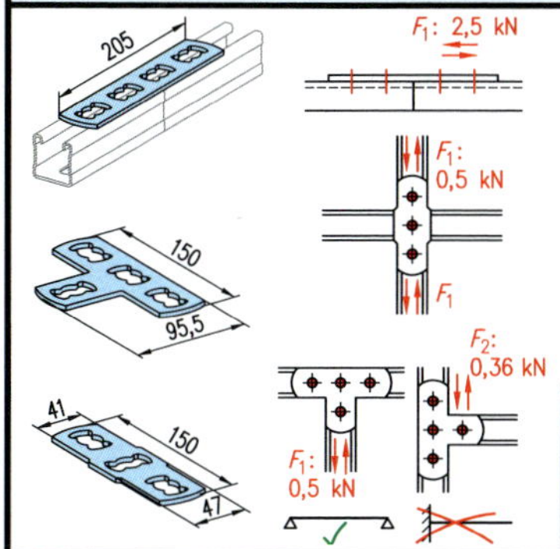

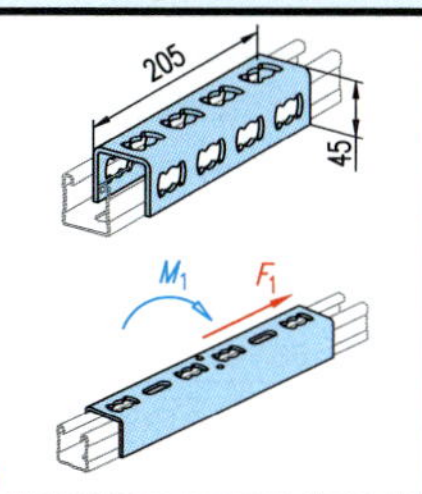

empfohlene Werte MQV-	F_1 kN	F_2 kN
12	7,2	155
41(52)	9	500
72	9	700

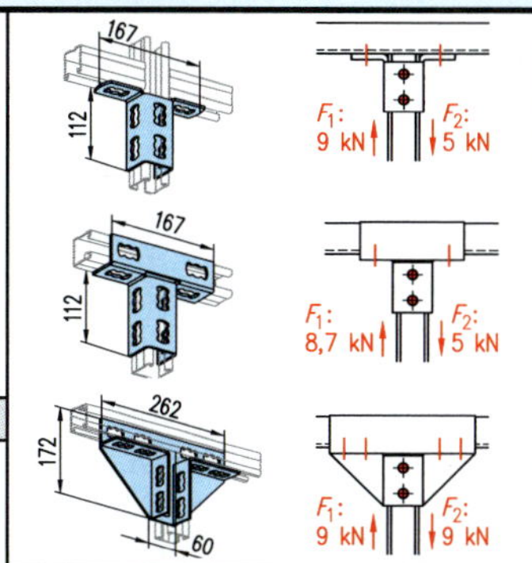

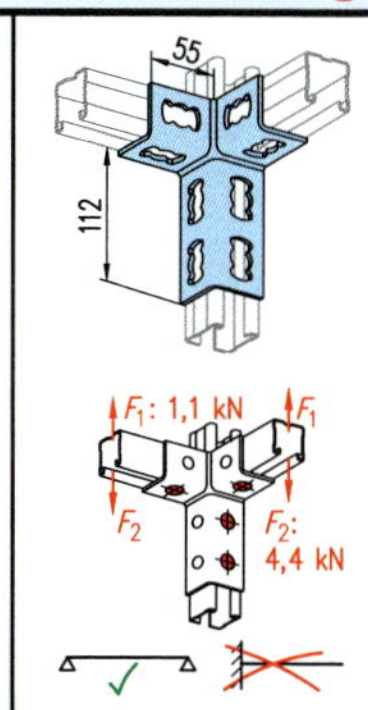

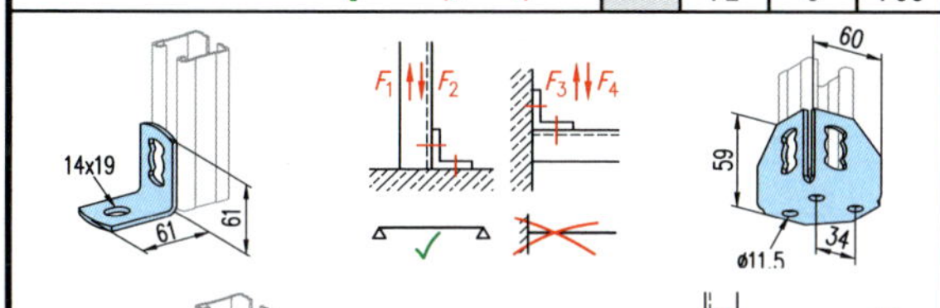

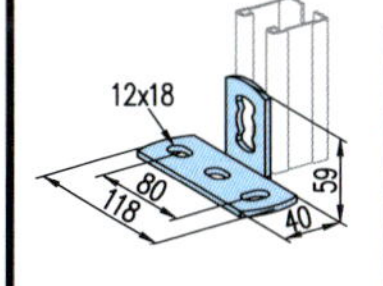

empfohlene Werte				
MQP	F_1 kN	F_2	F_3 kN	F_4 kN
-1/1	2,14	3	3	2,14
-1/3	0,79	4,2	0,82	0,82
-2/3	1,29	4,6	1,07	1,07

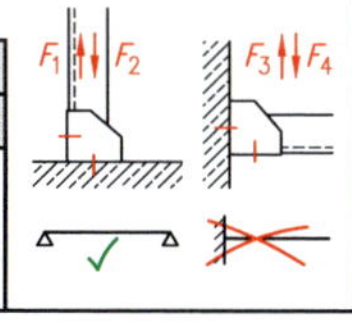

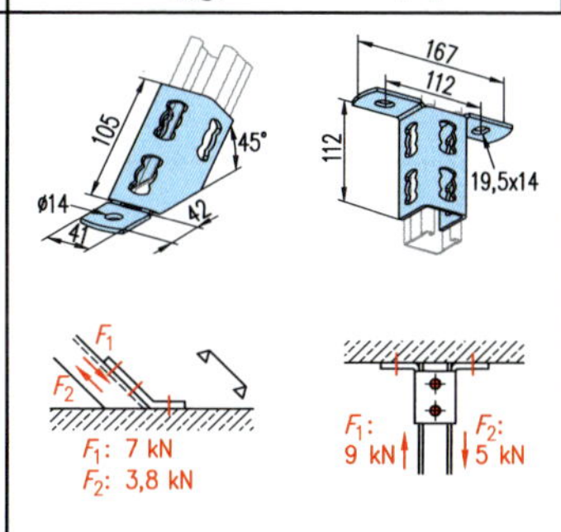

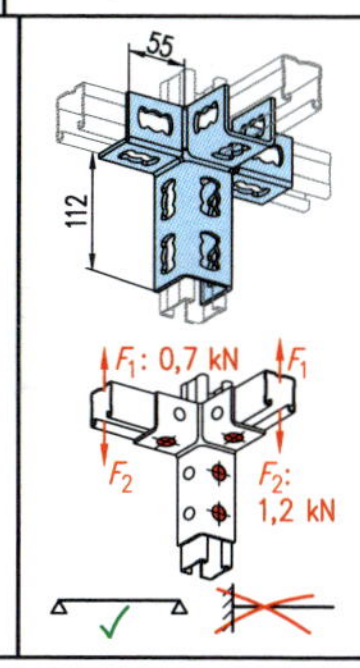

Klemmkonsole zum Befestigen von Schienen MQT -K

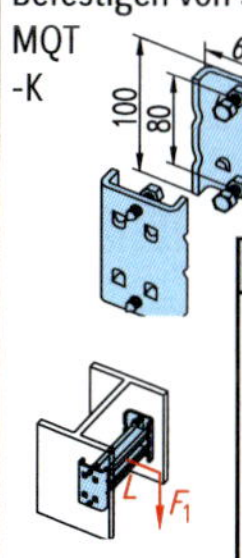

L mm	F kN
50	1,12
100	0,71
150	0,52
200	0,40
250	0,33
300	0,28
350	0,24

L Kragarmlänge
F_1 Last in kN

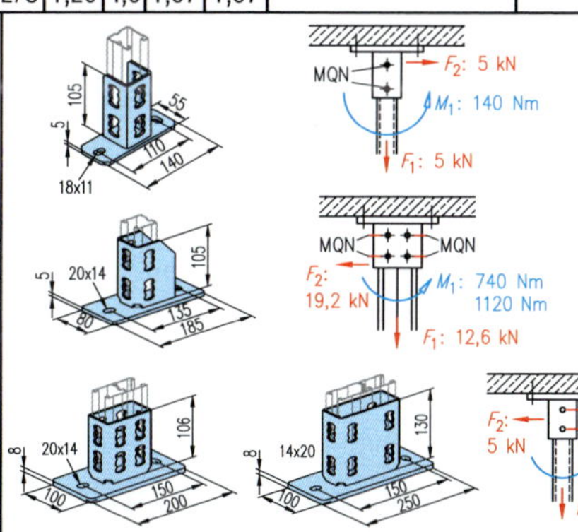

Festpunkt

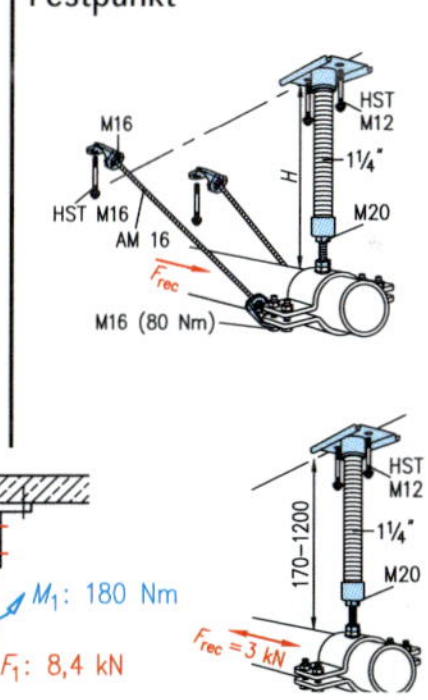

(Kreuz-)Schiebegleiter

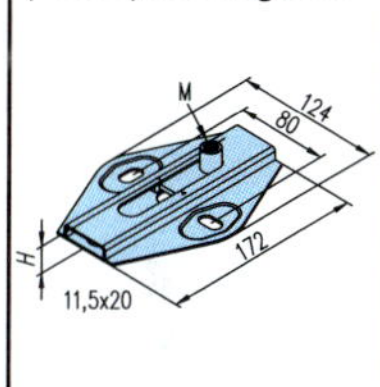

M	H mm
8	27
10	27
12	35
16	35
½"	32
¾"	34

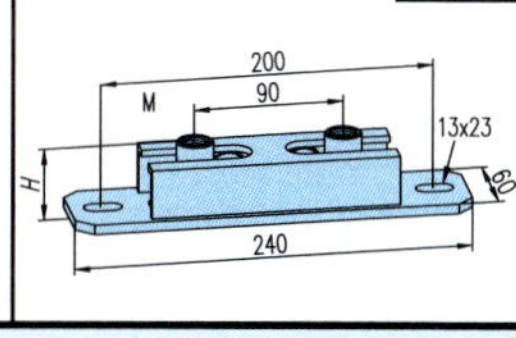

177.2 Schalldämmelemente, Gummieinlageprofile, Schallentkopplung Rohrleitung, Klimawandkonsole

Schalldämmprofil für Schienen: MQ
MM → 13 db (A)

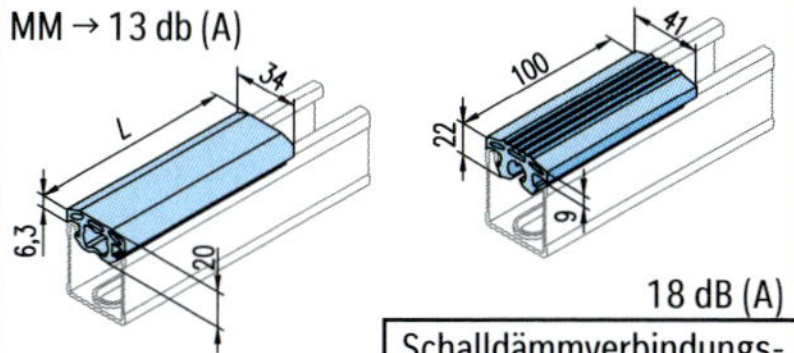

18 dB (A)

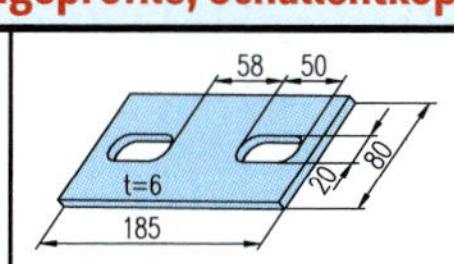

Schallschutzgrundplatte

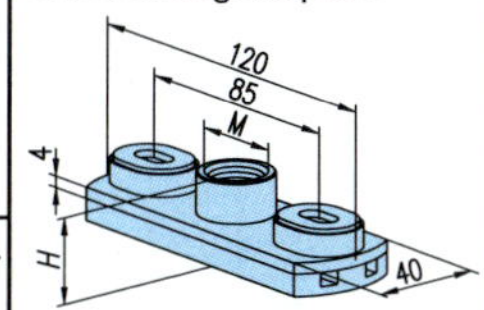

H: 27/29/35 mm

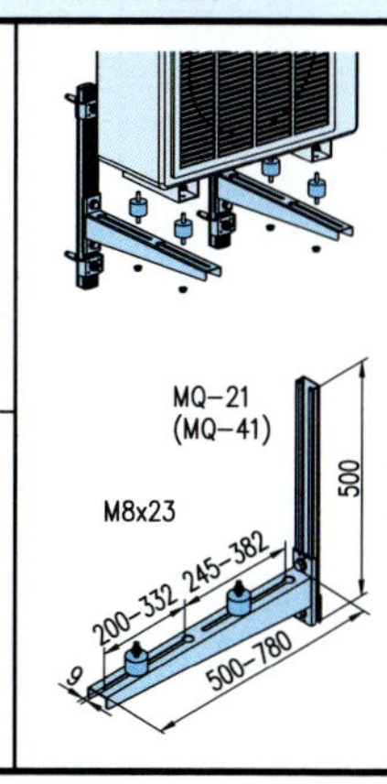

Schalldämpfer: 18 dB (A)
MVI-B

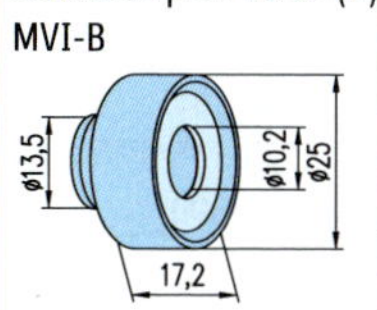

Schalldämmverbindungs-element

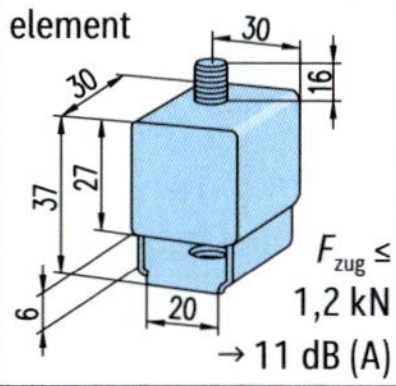

$F_{zug} \le$ 1,2 kN
→ 11 dB (A)

Schallentkopplung v. Rohrltg. bis 10 dB (A), max. Zuglast 5 kN

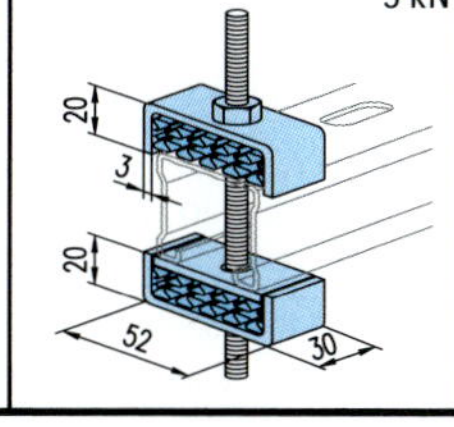

Schallschutzgarnitur

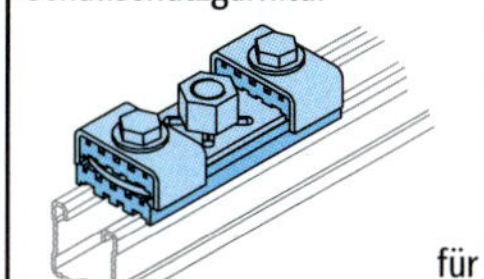

für Montageschiene

178.1 Dübelanordnung, Metalldübel in der Betonzugzone, Auswahlhilfe

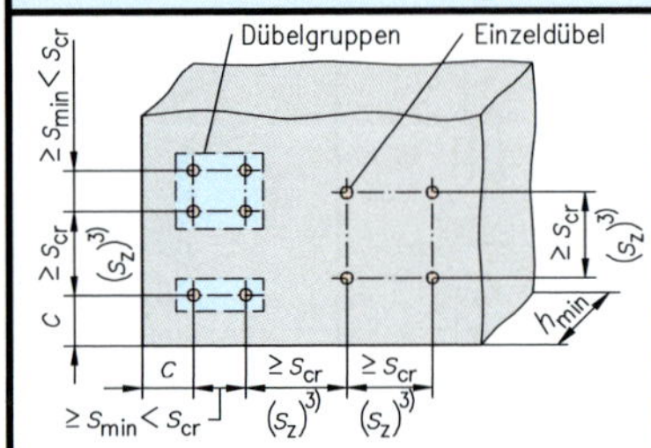

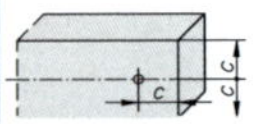

F_{zul} muss bei $s_{min} \le s \le s_{cr}$ und/oder $c_{min} \le c \le c_{cr}$ reduz. werden.

F_{zul} [1]	zul. Zug-/Querlast in kN	t	Bohrlochtiefe in mm
F_{F90} [2]	zulässige Zuglast in kN bei FWD 90, 90 min Feuerwid.	h_{min}	Mindestbauteildicke in mm
		s_{cr}	Achsabstand bei Volllast
F_e	empfohlene Zuglast in kN	s_{min}	min. Achsabstand bei Lastred.
M_D	Anzugsdrehmoment in Nm	c_{cr}	Randabstand bei Volllast
d_0	Bohrerdurchmesser in mm	c_{min}	mind. Randabstand bei Lastred.

R: korrosionsbeständiger Stahl 1.4401/1.4571, Außenber., Innen feucht
HCR: hoch korr.best. Stahl 1.4529, Hallenbad, Meer, Industrie atmosph.
Untergrund: Beton C20/25 (alt ≥ B25) gerissen oder ungerissen

Lasten gelten für: [1] randferne Einzelbefestig. ohne dichte Bewehrung
[2] verz. St; höhere Lastwerte bei R, HCR; [3] besond. Zulassungsbedingungen

Auswahlhilfe für Metalldübel Bezeichnung der Dübel	Ungeriss. Beton	Geriss. Beton	Vollsteinmauerwerk	Porenbeton	Spannbeton-Hohlplatten	Durchsteckmontage	Vorsteckmontage
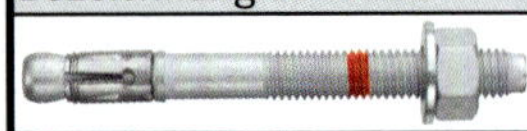 [4] HST2	✓	✓	nicht geeign.	n. g.	nicht geeign.	✓	✓
HST3	✓	✓	[4] für Winkelprofil, Schiene, Konsole			✓	✓
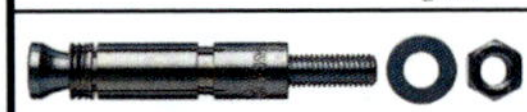 [5] HSC	✓	✓	nicht geeign.	n. g.	nicht geeign.	nicht geeign.	✓
	[5] für Sicherheitsbefestigung mittlerer Lastbereich, Install.-/Deckenbefestigung						
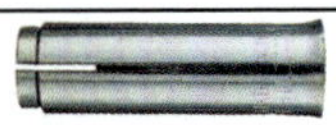 [6] HKD	✓	✓	nicht geeign.	n. g.	nicht geeign.	nicht geeign.	✓
	[6] für mittlere Lasten, Schrauben-/Gewindestangenbefestigung						
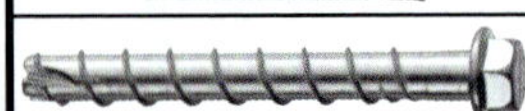 HUS3- [7] H/HR	✓	✓	✓ o. Zulsg.	✓ o. Z.	nicht geeign.	✓	n. g.
	[7] Serienbefestigung in Durchsteckmontage, Stahlplatte, Gelände						
 [8] HUS3-I6	✓	✓	✓ o. Zulsg.	✓ o. Z.	✓	✓	n. g.
	[8] 4 verschiedene Kopfgeometrien für Einzel- und Mehrfachbefestigung						
 [9] HUS6	✓ o. Zulg.	✓ o. Z.	✓ o. Zulsg.	✓ o. Z.	✓ o. Zulsg.	✓ o. Zulsg.	n. g.
	[9] Befestigen von Fensterrahmen, Türrahmen, Leisten, Lattungen						
 [10] DBZ	✓	✓	nicht geeign.	n. g.	nicht geeign.	✓	n. g.
	[10] Abhängungen an Betondecken, Schlitz-, Lochband, Noniussystem						
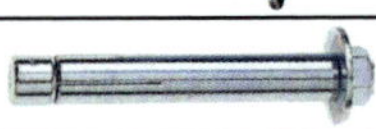 [11] HPD	n. g.	n. g.	nicht geeign.	✓	nicht geeign.	nicht geeign.	n. g.
	[11] für vielfältige Befestigungen in Porenbeton						
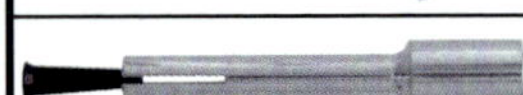 [12] HK	✓	✓	nicht geeign.	n. g.	nicht geeign.	✓	✓
	[12] Verankerung leichter Deckenverkleidung, Lüftung-/Sanitärrohr						
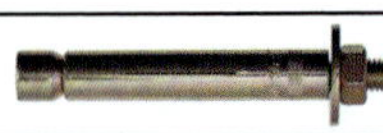 [13] HKH	n. g.	n. g.	nicht geeign.	n. g.	✓	✓	✓
	[13] Befestigungen und Abhängungen in der Haustechnik						

HST2	M8	M10	M12	M16	HST3	M8	M10	M12	M16	M20	M24	HSC	M8	M10	AM8	M10	AM8	M12	HKD	M8	M10	M12	M12	M16
d_o mm	8	10	1	16	M8	8	10	12	16	20	24	IM6	8	10	8	10	8	12	M6	8	10	12	12	16
t mm	55	69	80	95		54	68	80	98	116	143	46	47	68	46	47	56	68	27	33/33/44		27	55	70
F_{zul} kN	20,4	4,3	5,7	9,5		3,6	5,7	9,5	13,4	17,4	19	4,3	4,3	6,1	4,3	4,3	6,1	8,0	1,0	1,4	1,4	1,4	1,4	1,4
F_{Qzul} kN	6,5	12,3	17,9	31,6		7,9	13,5	20,2	31,6	47,9	44,8	4,6	7,0	8,7	8,3	8,7	8,3	15,9						
c_{min} mm	45	55	55	70		40	45	55	65	80	125	40	40	50	40	40	50	60	100	100/80/140		100	175	230
l mm	75	90	105	140	75/95/115		80[1]	95[2]	115[3]	170[4]	200[4]	43	44	65	72	80	82	104	25	25/30/40		25	50	65
M_D Nm	20	45	60	110		20	45	60	110	180	300	10	10	20	10	20	10	30	4	8	15	35	35	60
F_{R90} kN	0,4	0,71	1,43	2,5		0,5	0,9	1,5	2,8	4,3	6,2		1,5	2,5	1,5	1,5	1,5	2,0						

HUS	3-H8			3-H10			3-H14			-HR 6/8/10/14				3-I6	6	KS12	MZ20	Hlz12	PB2/4	PB6	[1] 90/100/110/130/
t_E mm	50	60	70	55	75	85	65	85	115	55	80	90	110	55	30	40	40	60	60	60	160/200
t mm	60	70	80	65	85	95	75	95	125						40	50	50	70	–	70	[2] 105/115/125/145/
F_{zul} kN	2,9	4,3	5,7	4,6	7,7	9,4	5,9	9,3	15,1	1,7	4,8	6,3	9,9	2,4	1,0 Beton	1,0	0,47	0,1	0,2	0,2	165/185/215/235/
F_{Qzul} kN	4,3	8,1	8,1	4,6	13,3	13,3	11,9	18,5	21,4	7,8	12,4	15,7	27,3	6,0	0,5[12]/	0,4/	0,2/	0,2/	0,1/	0,2/	255/295
c_{min} mm	50	50	50	50	50	60	60	75	75	40	50	50	60	40	1,6	1,1	0,6	0,6	0,3	0,6	[3] 135/145/170/220/
l mm	55/75/85[5]			60/70/80[6]			75/100/130[7]				55[8]	[8] + [9]	[10]	35/55	35/45/60/80/100/120/140/160/180						260/300

[4] 200/260; [5] 100/120/150; [6] 90/100/110/130/150; [7] 35/45/60/70; [8] 65/75/85/95/105; [9] 115/130; [10] 80/120/135

[12] Randabstand ≥ 30 mm/bei ≥ 30 mm/bei ≥ 60 mm → 1,6 kN; t Bohrloch-/t_E Einstecktiefe; F_{zul} – Beton geriss. C20/25; F_Q – Querlast

179.1 Metalldübel in der Betonzugzone DBZ, HPD, HK — Herstellerangabe

DBZ 6/4,5 6/35				HPD M6	M8	M10	F_{zul}/D, 2D	M6/8	M10	F_{zul}/2D	M6/8	M10	HK	M6	M6L	Erläuterung
l mm	40	71	71	86/106	88/98	90/110	PP2/PB2	0,4 kN	0,6	PP2/PB2	0,6 kN	0,8	t_E mm	36	36	l Länge
b mm	5	35	20	10/30	10/20	10/30	PP4/6, B4/6	0,8 kN	1,2	PP4/6 PB6/8	1,1 kN	1,2	t mm	42	42	b Befest.stärke
t mm	40	55	70	70	70	70	P3,3 Platte	0,8 kN	0,8	P3,3 Platte	0,8 kN	0,8	b mm	0/4	0/4/8/23	t Bohrtiefe
$F_{3\,zul}$	1,4 kN/3BF			F_{B90} 0,35	0,45	0,8 kN	P4,4 Platte	0,8 kN	1,2	P4,4 Platte	1,1 kN	1,2	F_{zul} kN	0,8	1,4	F_3 zul. Last für
$F_{4\,zul}$	1,6 kN/4BF			F_{B120} 0,3	0,35	0,75 kN	Achsabstand ≥ 10 cm			a ≥ 20 cm/Dübelpaar			a = 20 cm/≥ 3 Dübel			3 Befestigungen

B90 Feuerwiderstandsdauer; PP/PB/P Porenbeton-Planstein/-Block/-Platte; DBZ, HK im gerissenen Beton C20/25

179.2 Kunststoffdübel HUD (Poren-)Beton, Mauer, Gipskarton — Herstellerangabe

HUD	5	6	8	10	12	14	F_{zul} in kN	5 mm	6 mm	8 mm	10	12	14	-L 6	8 × 60	10 × 70	6 × 50	HGN	F_{zul} kN	12	14
l mm	25	30	40	50	60	70	C16/C20	0,30	0,55	0,85	1,40	2,00	3,00	0,90	1,30	1,80	l = 47	12 mm	PP2	0,50	0,65
b mm	10	10	10	10			PP4	0,10	0,15	0,30	0,40	0,50	0,60	0,24	0,50	0,70	t = 70	l = 75	PP/B4	0,75	1,00
t mm	35	40	55	65	80	90	PP2	0,06	0,10	0,15	0,20	0,25	0,30	0,07	0,15	0,56	8 × 60	t = 95	PP/B6	1,60	2,00
Schrau-	4×	5×	6×	8×	10	12	KS 12	0,25	0,50	0,85	1,00	1,50	1,50	0,55	0,90	1,50	l = 57	14 mm	P3,3	0,65	0,80
be	30	35	45	55	65	75	KS L12	0,10	0,20	0,30	0,40	0,50	0,60	0,25	0,30	0,40	t = 80	l = 85	P4,4	1,00	1,20
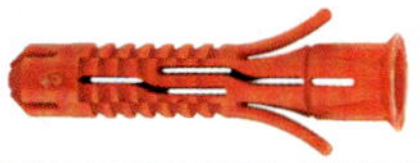							≥ MZ 12	0,17	0,35	0,60	0,80	1,00	1,00	0,24	0,28	1,96	10 × 70	t =	Gips	0,50	0,55
							HLzB 12	0,08	0,10	0,20	0,25	0,28	0,32	0,15	0,20	0,30	l = 70	110	Bims	0,35	0,50
							GKB 12,5	0,04	0,05	0,06	–	–	–	0,10	0,15	0,12	t = 90	(Poren-)Beton, Gipskarton			

179.3 Sechskant-/Stockschraube, Muffe, Bohrschraube, Red.-Muffe, Maße in mm — Herst.ang.

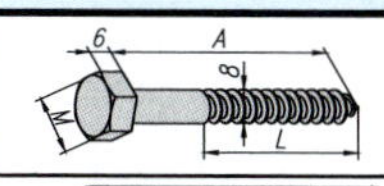

M8×	50	60	80	100
L mm	40	55	60	70
A mm	50	60	80	100

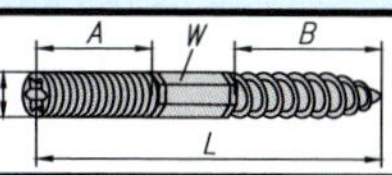

M6×	60	80	8×50	60	80	100	120	130	150	W
A mm	20	30	15	20	30	40	50	50	50	6
B mm	30	30	30	30	40	40	50	50	50	6

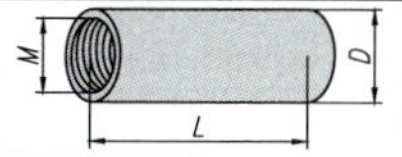

M6×	20	30	40	8×30	40	10×30	40	12×30	40
L mm	20	30	40	30	40	30	40	30	40
D mm	10	10	10	11	11	13	13	16	16

M10×80	100	120	130	150	W	12×100	140	W
A mm 30	30	50	50	50	8	30	60	10
B mm 40	60	60	60	60	8	50	60	10

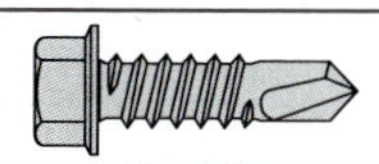

S-MD o1Z 4,8×	13	16	19
Befestigungshöhe	3,5	6,5	8,5
Bohrleistung	1,2–2,75 mm		

S-MS o1Z 4,0×13	HEX	TX	SQ	×20	20M
Befestigungshöhe	2	2	2	2,5	2,5
Bohrleistung	0,63 mm–2 mm			0,63–2,5	

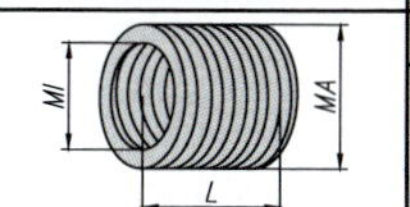

SR-RM	M12	M16	M16	½"	½"	½"	½"	¾"	¾"	¾"
MI	M8	M10	M12	M8	M10	M12	M16	1/2"	M10	M16
MA	M12	M16	M16	½"	½"	½"	½"	¾"	¾"	¾"
L mm	8	10	10	10	10	10	17	20	10	17

Schnellbau	
Spez. S-DD	
o3Z	4,2×13
o3Z	4,2×25

179.4 Hauseinführungen sowie Wand- und Deckendurchführungen[1)] — Maße in mm

Hauseinführungen		Wand- und Deckendurchführungen[4)]	
nichtdrückendes Wasser	drückendes Wasser	für Trockenbereich	für Nassbereich

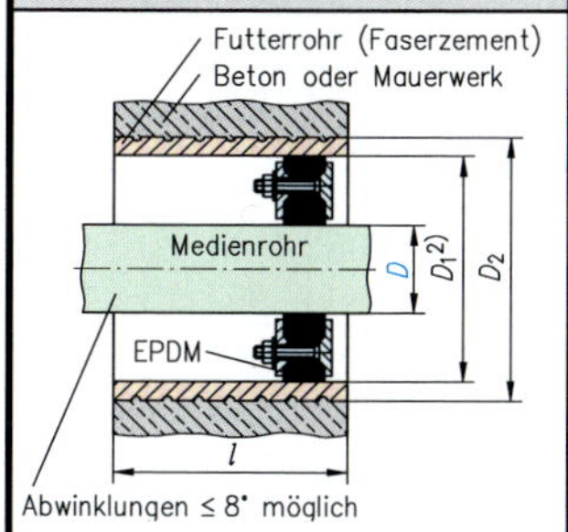

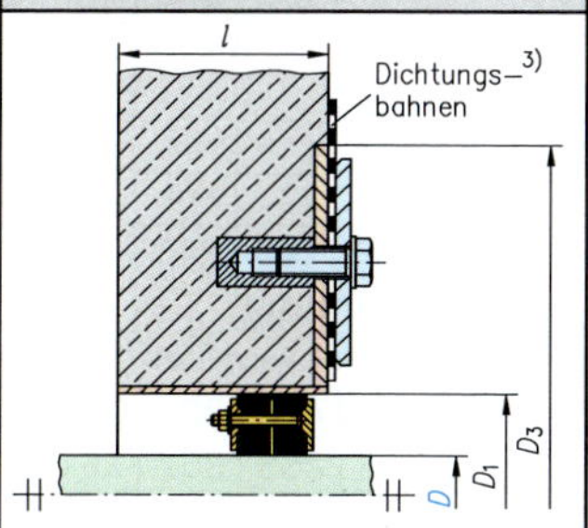

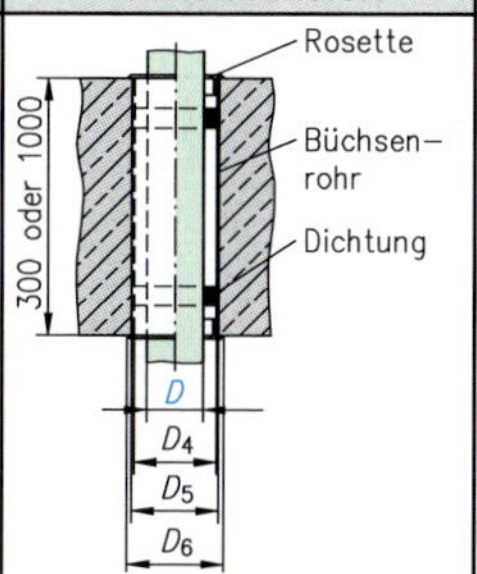

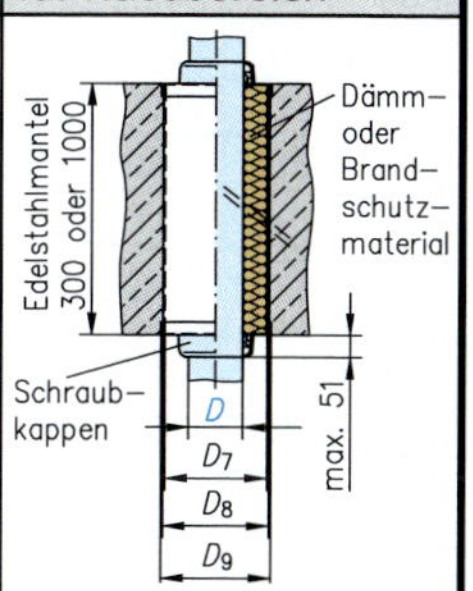

D	D_1[2)]	D_2	D_3	l	D	D_1[2)]	D_2	D_3	l	D	D_4	D_5	D_6	D	D_7	D_8	D_9
1…40	80	104	440	–	105…145	200	229	560	250	1…29	42	45	60	16…23	51	54	57
41…57	100	124	460	–	146…190	250	284	610	300	30…39	51	54	70	24…28	66	70	73
58…77	125	149	480	200	191…233	300	338	660	350	40…49	61	63	80	29…35	76	80	83
78…104	150	176	510	240	234…288	350	402	710	365	50…69	85	90	100	36…43	85	90	93

1) Herstellerangaben, nicht auf alle Hersteller übertragbar. 2) D_1 gilt für Futterrohr und Kernbohrung. 3) Bei Bauten mit Dichtungsbahnen ist DIN 18195-9 zu berücksichtigen. 4) (s. 186.1).

180.1 Verteilerkonstruktion für Flanschenarmaturen — Maße in mm, DIN EN 558-1

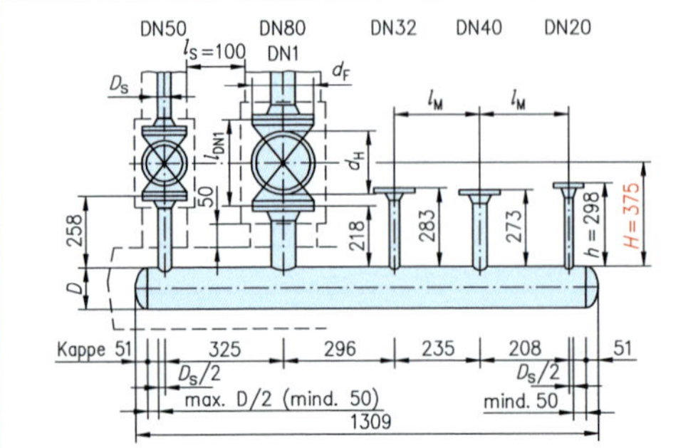

Verteiler ohne Dämmung: $H \approx 0{,}5 \cdot l_{DN1} + 100$

l_{DN1} Ventillänge von DN1 (größter Stutzen)

Abmessungen gelten für Flanschen-Armaturen PN 10/16; Rohre DIN EN 10255; DIN EN 10220, Reihe 1, (s. 153.1)
Wärmedämmung lt. EnEV mit $l = 0{,}035$ W/(m · K)
Stutzenabstände gelten bei Flanschen-Ø ≥ Handrad-Ø[1)]

Verteilerkonstruktion

1. Verteilerdurchmesser: $D \geq 1{,}2 \cdot$ DN 1 = 1,2 · 80 ≈ 100 mm
2. Spindelmitte H (für größten Stutzen z. B. DN1 ≙ DN 80)
3. Stutzenhöhe h der Stutzen DN1 bis DN ... n
4. Stutzenabstand l_M (Mitte bis Mitte) s. Ablesebeispiel

H	DN	50	80	32	40	20
375 mm	h mm	258	218	283	273	298
	l_M mm	325	296	235	208	

Stutzenabstand bei l_S = 100 mm, Verteiler mit Wärmedämmung

DN	15	20	25	32	40	50	65	80	100	125	150	200
15	161											
20	164	167										
25	178	180	194									
32	192	195	208	222								
40	205	208	221	235	248							
50	221	224	237	251	264	280						
65	239	242	255	269	282	298	316					
80	265	268	281	296	309	325	343	369				
100	288	291	304	318	331	347	365	392	414			
125	301	303	317	331	344	360	378	404	427	440		
150	315	318	331	345	358	374	392	419	441	454	468	
200	340	343	356	371	384	400	418	444	467	479	494	519

Stutzenhöhen h[2)] für Ventile Grundreihe 1[2)] mit Wärmedämmung

200	150	125	100	80	65	50	40	32	25	20	15	DN	H
228	288	328	353	373	383	413	428	438	448	453	463	200	530
	223	263	288	308	318	348	363	373	383	388	398	150	465
		223	248	268	278	308	323	333	343	348	358	125	425
			223	243	253	283	296	308	318	332	333	100	400
				218	228	258	273	283	293	298	308	80	375
					193	223	238	248	258	263	273	65	340
						168	183	193	203	208	218	50	285
							153	163	173	178	188	40	255
								138	148	153	163	32	230
									123	128	138	25	205
										108	118	20	185
											98	15	165

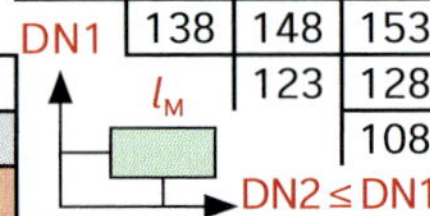

Stutzenabstand bei l_S = 80 mm, Verteiler mit Wärmedämmung

DN	15	20	25	32	40	50	65	80	100	125	150	200
15	141											
20	144	147										
25	158	160	174									
32	172	175	188	202								
40	185	188	201	215	228							
50	201	204	217	231	244	260						
65	219	222	235	249	262	278	296					
80	245	248	261	276	289	305	323	349				
100	268	271	284	298	311	327	345	372	394			
125	281	283	297	311	324	340	358	384	407	420		
150	295	298	311	325	338	354	372	399	421	434	448	
200	320	323	336	351	364	380	398	424	447	459	474	499

Stutzenhöhen h[3)], Ventile und Schieber Grundreihe 14[3)] mit Wärmedämmung

200	150	125	100	80	65	50	40	32	25	20	15	DN	H
228	238	243	248	253	258	268	273	278	281	283	286	200	345
	223	228	233	238	243	253	258	263	266	268	271	150	330
		223	228	233	238	248	253	258	261	263	266	125	325
			223	228	233	243	248	253	256	258	261	100	320
				213	218	228	233	238	241	243	246	80	305
					193	203	208	213	216	218	221	65	280
						168	173	178	181	183	186	50	245
							148	153	156	158	161	40	220
								133	136	138	141	32	200
									126	128	131	25	190
										108	111	20	170
											96	15	155

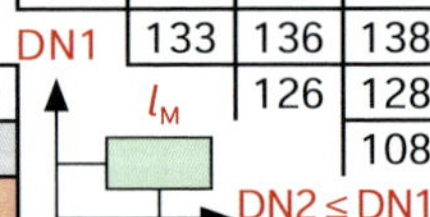

Stutzenabstand, l_S = 150 mm, Verteiler ohne Dämmung

DN	15	20	25	32	40	50	65	80	100
15	171								
20	174	177							
25	178	180	184						
32	182	185	188	192					
40	185	188	191	195	198				
50	191	194	197	201	204	210			
65	199	202	205	209	212	218	226		
80	205	208	211	216	219	225	233	239	
100	218	221	224	228	231	237	245	252	264

Stutzenhöhe für Einklemm-Ventile[4)] mit Wärmedämmung

100	80	65	50	40	32	25	20	DN	H
223	233	241	248	253	257	261	261	100	275
	218	226	233	238	242	246	246	80	260
		196	203	208	212	216	216	65	230
			168	173	177	181	181	50	195
				153	157	161	161	40	175
					142	146	146	32	160
						126	126	25	140
							111	20	125

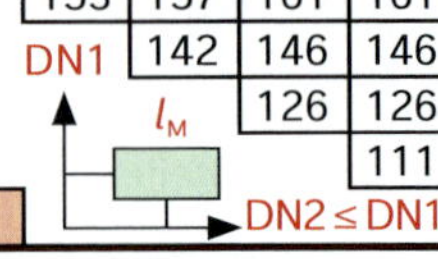

[1)] Abstände prüfen bei Flanschendurchm. größer als Handraddurchmesser.
[2)] Normale Baulänge.
[3)] Kompaktventile.
[4)] Nach Herstellerangaben.

181.1 Gebäudeklassen nach Musterbauordnung MBO 2016 (geändert 2019)

OKF	Oberkante Fußboden von Aufenthaltsräumen ab Geländeoberkante (GO)	WF	Wände von notwendigen Fluren und Ausgängen ins Freie
KG	Tragende Bauteile in Kellergeschossen, Wänden und Decken	WT	Wände von notwendigen Treppenräumen
OG	Tragende Bauteile in Obergeschossen, Wänden und Decken	GT	Gebäudetrenn-, Brandwände
RT	Raumumschließende Trennwände in OG von Wohnungstrennwänden, Nutzungseinheiten	(grünes Symbol)	Leitungsdurchführungen mit Anforderungen an Wärme- und Schallschutz
		(gelbes Symbol)	Wärme-, Schall- und Brandschutz F 30
		(rotes Symbol)	Wärme-, Schall- und Brandschutz F 60 … F 120

Gebäudeklassen	Abbildungen	Erläuterung	Bauteile KG	OG	RT	WF	WT	GT
GK 1a[1]	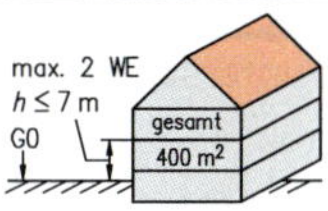	freistehende Gebäude, ≤ 7 m OKF (≤ 2 Nutzungseinheiten und insgesamt ≤ 400 m²)	F 30	keine Anforderungen (kA)[1]				
GK 1b[1]		freistehende land- und forstwirtschaftliche Gebäude	F 30 (↑)	keine Anforderungen (kA)[1] (↑)				
GK 2[1]	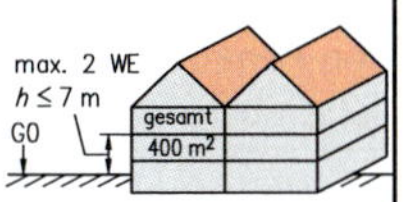	Gebäude, ≤ 7 m OKF (2 Nutzungseinheiten und insgesamt ≤ 400 m²)	F 30 (↑)	F 30[2]	F 30	k. A.	F 30-A	F 60[5]/ F 90-AB
GK 3[1)4)]	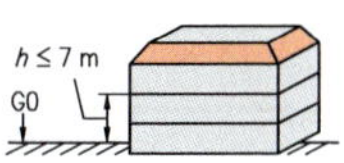	sonstige Gebäude, ≤ 7 m OKF	F 90[4]	F 30[2]	F 30 (↑)	F 30 OG, KG	F 90-A	F 60[5]/ F 90-AB
GK 4[1]	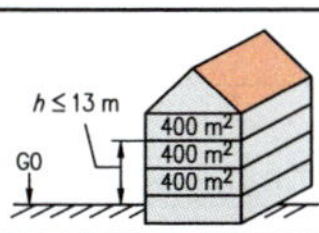	Gebäude, ≤ 13 m OKF (Nutzungseinheiten mit jeweils nicht mehr als 400 m²)	F 90	F 60[5]/ F 90[2]	F 60/ F 90[5]	F 30 OG / F 90 KG	F 90-A	
GK 5[1]	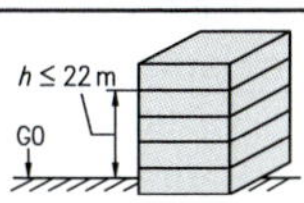	sonstige Gebäude, ≤ 22 m OKF (2 Nutzungseinheiten ≤ 400 m²)	F 90	F 90[2]	F 90	F 30 OG / F 90 KG (↑)	F 90-A	
Sonderbauten[3] (Hochhäuser)	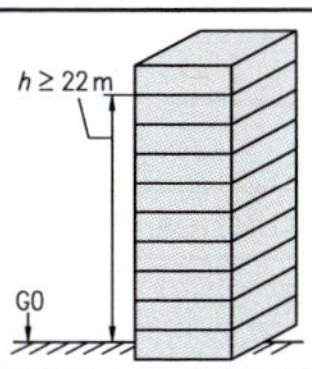	Gebäude, ≥ 22 m OKF – Hotels – Versammlungsstätten – Sportstätten – Schulen – Krankenhäuser	F 90/ F 120[3]	F 90[2]	F 90[3]	F 30 OG / F 90 KG (↑)	F 90-A[3]	

[1] Nach MBO keine Anforderungen an die Abschottung von Leitungsanlagen, Installationsschächten, Kanälen und Lüftungsanlagen innerhalb von Wohnungen und Nutzungseinheiten mit nicht mehr als 400 m² in nicht mehr als 2 Geschossen gestellt. [2] Nach MBO gelten für Decken zu Dachräumen und Flachdächern keine Anforderungen, wenn im Dachraum keine Aufenthaltsräume vorhanden sind. [3] Für Sonderbauten gelten differenzierte Anforderungen. Details sind den Sonderbauordnungen und dem spezifischen Brandschutzkonzept als Bestandteil der Baugenehmigung zu entnehmen. [4] In Bayern, Hessen, Hamburg gelten F-30-Anforderungen für tragende Bauteile im Kellergeschoss. Leitungsabschottungen in F 30.
[5] Abschottungen für F 60 sind zurzeit im Markt nicht verfügbar, deshalb Abschottungen F 90 einbauen.

182.1 Struktur des Baurechts (öffentliches Recht)

Grundgesetz | **Ordnungsrecht** | **Bauordnung als Ländergesetz (LBO)**

Sonderbauverordnungen	technische Baubestimmungen	Durchführungs-VO	Verwaltungsvorschr.
• Verkaufsstätten-VO • Garagen-VO • Versammlungsstätten-VO • Beherbergungsstätten-VO • Hochhaus-RL • Industriebau-RL	• Leitungsanlagen-RL • Lüftungsanlagen-RL • Systemböden-RL • EltBauVO • DIN 4102	Verordnungen im Internet unter www.is-argebau.de verfügbar. **Argebau** = Arbeitsgemeinschaft der Bauministerien erstellt die „Muster" als Grundlage für die baurechtliche Einführung in den Bundesländern.	

182.2 Brandschutz für Leitungsanlagen – Auszug – geänderte MLAR 2020

Abschottungen von Rohrleitungen in Decken und Wänden werden grundsätzlich unterschieden nach

1. Abschottungen gemäß Muster-Leitungsanlagen-Richtlinie (MLAR 09/2020), Abs. 4,
2. Abschottungen mit geprüften Systemen mit „allgemein bauaufsichtlicher Zulassung" (ABZ) oder „allgemein bauaufsichtlichem Prüfzeugnis" (ABP) oder „Zustimmung im Einzelfall" ZIE durch oberste Baubehörde.

Die MLAR 02/2015 (geändert 09/2020) gilt für...

- die Verlegung von Leitungsanlagen in notwendigen Treppen, Fluren ...
- die Führung von Leitungen durch Wände, Decken (Brandabschnitte).
- den Funktionserhalt v. elektrischen Leitungen im Brandfall.

In der MBO/MLAR sind die notwendigen Treppenräume, notwendigen Flure etc. (Rettungswege) definiert.

Die ABZ können unter www.DIBt.de oder www.irbdirekt.de heruntergeladen werden (kostenpflichtig). Eine Auswahl von Herstellerinformationen (z. B. ABZ, ABP) erhält man kostenlos unter www.MLPartner.de oder über die Homepage der einzelnen Hersteller (z. B. Armacel, Doyma, Hilti, Missel, Rockwool usw.).

182.3 Bauteilklassifizierungen/Einteilung

Bauteilklassifizierung	FWD[1] in Min.	bauaufsichtliche Benennung	Kurzbezeichnung	Baustoffeinstufung		
FWD 30	≥ 30	feuerhemmend	F 30-A	nicht brennbar	F 30-B	brennbar
			F 30-AB	tragende/wesentliche Bauteile nicht brennbar		
FWD 60	≥ 60	hoch feuerhemmend	F 60-A	nicht brennbar	F 60-B	brennbar
			F 60-AB	tragende/wesentliche Bauteile nicht brennbar		
FWD 90	≥ 90	feuerbeständig	F 90-A	nicht brennbar	F 90-B	brennbar
			F 90-AB	tragende/wesentliche Bauteile nicht brennbar		
FWD 120	≥ 120	hoch feuerbeständig	F 120-A	nicht brennbar	[1] Feuer-Widerstands-Dauer	
FWD 180	≥ 180	hoch feuerbeständig	F 180-A	nicht brennbar		

182.4 Klassifizierte Abschottungen/Feuerabschlüsse

ABZ = Allgemeine bauaufsichtliche Zulassung		ABP = Allgemeines bauaufsichtliches Prüfungszeugnis	
Bezeichnung	**Benennung**	**Bezeichnung**	**Benennung**
R 30 – R 120[1]	Rohrabschottungen	L 30 – L 90[1]	Lüftungsschächte/-kanäle
K 30 – K 90[2]	Brandschutzklappen	T 30 – T 90[2]	Feuerabschlüsse/Türen
K 30 –18017[1] bis K 90 –18017	Brandschutzabschottungen z. B. für Badentlüftung	T 30 – RS[2] T 90	Feuerabschlüsse mit Rauchdichtheit
S 30 – S 90[2]	Elektroschotts/Kombischotts	RS[1]	Rauchschutztüren
I 30 – I 90[1]	Installationsschächte/-kanäle	[1] Als ABP/ABZ möglich. [2] Nur als ABZ möglich.	

[1] Brennbare Beschichtung bis 0,5 mm zugelassen. [2] Bei der Durchführung von nicht brennbaren Rohren durch F-30-Bauteile reicht Mineralfaserdämmung ϑ > 1000 °C und Vermörtelung/Verspachtelung des Restquerschnitts.

183.1 Zuordnung bauaufsichtlicher Benennung zu Klassen DIN 4102 und DIN EN 13501

Baustoffklassen DIN 4102-1	bauaufsichtliche Anforderungen	Baustoffklassen DIN EN 13501: ausgenommen Bodenbeläge	Baustoffklassen DIN EN 13501: Bodenbeläge	Erläuterung der zusätzlichen Angaben
A1	nicht brennbar	A1	$A1_{fl}$	s (Smoke) Rauchentwicklung
A2		A2s1d1	$A2_{fl}s1$	
B1 mit Abtropfvermerk	schwer entflammbar, kein brennendes Abtropfen/Abfallen	Bd1s3	–	d (Dropelts) brennendes Abtropfen/Abfallen
		Cd1s3	–	
B1	schwer entflammbar	Bd2s3	$B_{fl}s1$	
		Cd2s3	$C_{fl}s1$	... fl Brandverhaltensklasse für Bodenbeläge
B2 mit Abtropfvermerk	normal entflammbar, kein brennendes Abtropfen/Abfallen	Dd1s3	–	
		Ed0	–	
B2	normal entflammbar	Dd2s3 / Ed2	$D_{fl}s2$ / –	
B3	leicht entflammbar (nicht zulässig)	F	F_{fl}	

183.2 Brandabschnittsbildung, Festlegung von Rettungswegen

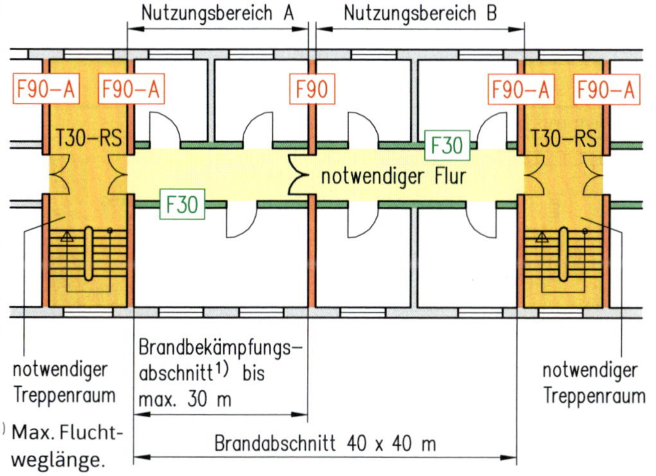

[1] Max. Fluchtweglänge.

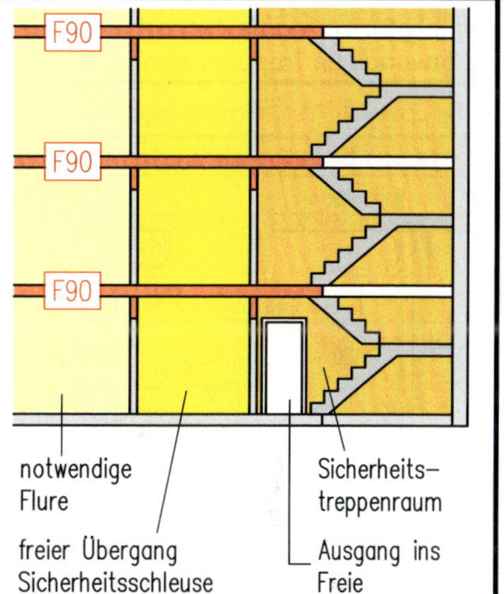

- Rettungswegbereich muss frei von Brandlasten gehalten werden.
- Leitungsanlagen in Rettungswegen sind nur zulässig, wenn eine Wegnutzung im Brandfall ausreichend lang möglich ist.
- Ein Sicherheitstreppenraum wird benötigt, wenn der zweite Rettungsweg (Treppenraum, Zugang der Feuerwehr) fehlt.

In Sicherheitstreppenräumen und Ausgängen ins Freie sind nur Leitungsanlagen zulässig, die ausschließlich der unmittelbaren Versorgung dieser Räume oder der Brandbekämpfung dienen.

183.3 Nebeneinanderliegende klassifizierte Abschottungen in R-, S-, I-, K-, L-Qualität

Durchführungen nach Erleichterungen (einzelne Rohrdurchführungen oder Elektroleitungen) ohne Verwendungsnachweis (nach MLAR)

Abschottungen nach ABZ/ABP

a = Mindestabstand nach ABZ/ABP, fehlt hier das Maß, dann gilt $a \geq 50$ mm (s. 190.1).
b ≥ 50 mm gegenüber Einzelleitungen (Außenfl. bei gedämmten und nicht gedämmten Leitungen).
c ≥ 1 × *d* Mindestabstand el. Leitungen (s. 190.1).

R-Rohrdurchführung

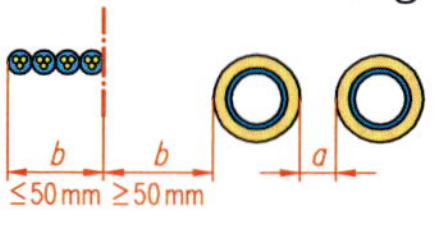

S-Elektroschott

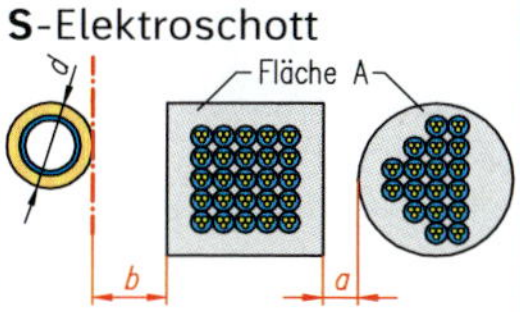

Belegung ≤ 60 % von *A*

K-Brandschutzklappe oder **F**-Feuerschutzabschlüsse

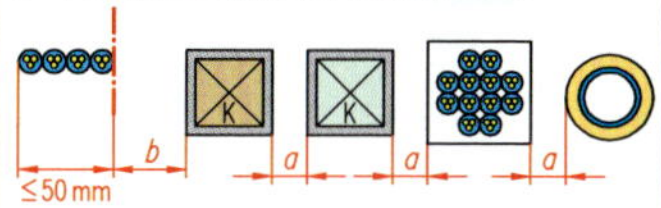

I-/**E**-/**L**-Installations- und Lüftungskanäle

[1] Ausgleichsflansch darf nicht an- oder abgeschnitten werden.

184.1 Brandschutzkapselung R/S 90, Unterdecken in notwendigen Treppenräumen MLAR

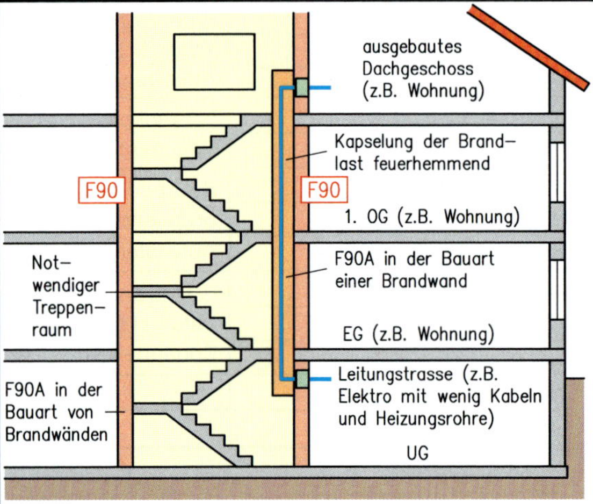

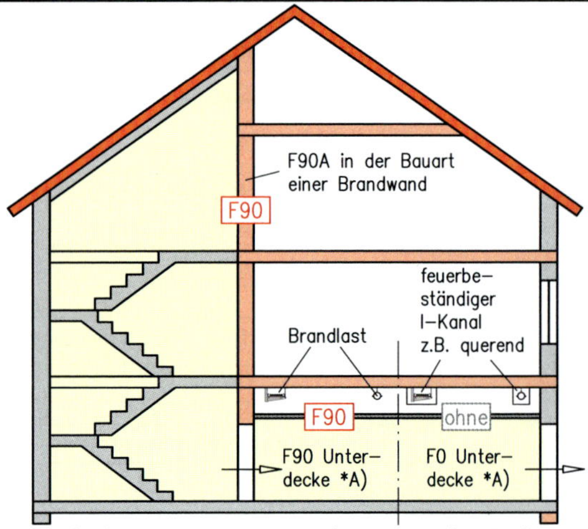

* gültig für Vorräume, Sicherheitsschleusen und in Räumen zwischen notwendigen Treppenräumen und Ausgängen ins Freie

A) Ausgang ins Freie

184.2 Abschottungsregeln in notwendigen Fluren

Rohre aus brennbaren Werkstoffen oder gedämmt mit brennbaren Dämmstoffen

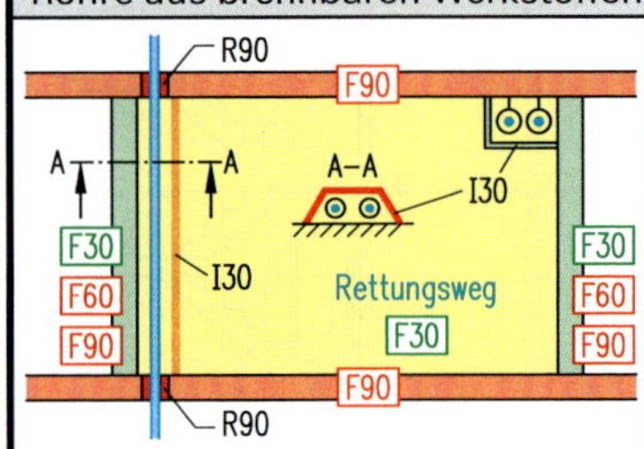

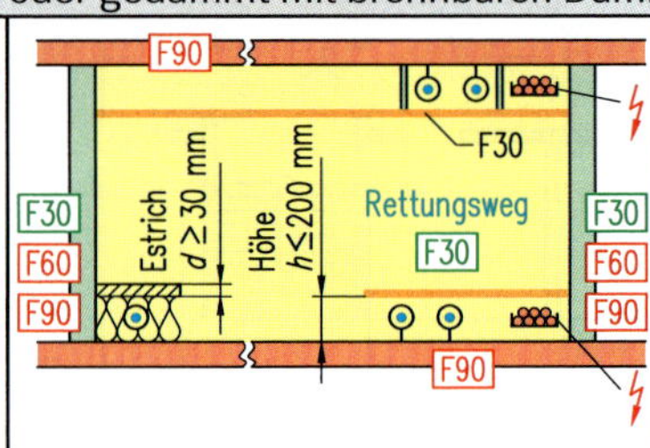

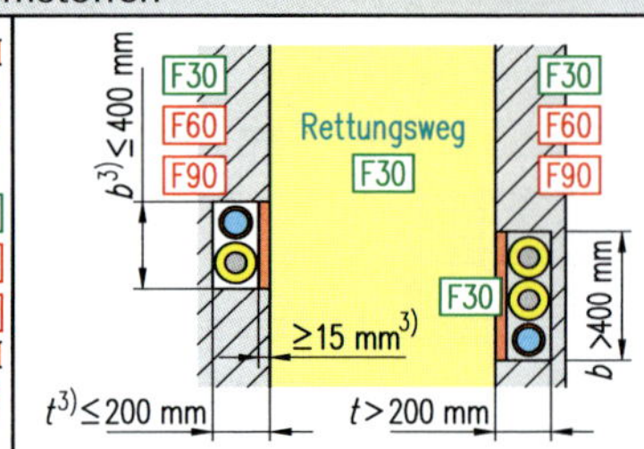

Rohre nicht brennbar[1]

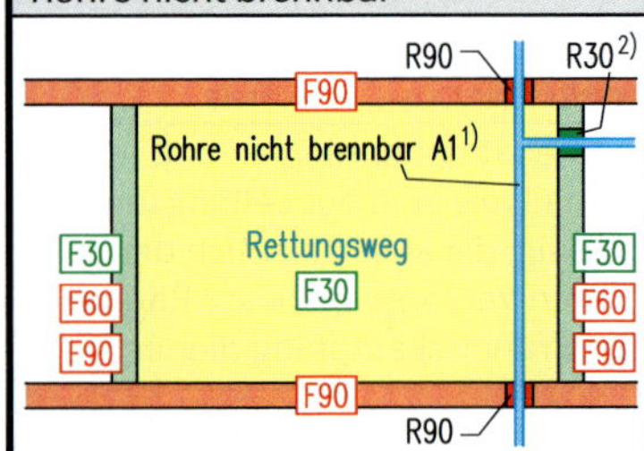

Nicht brennbare Aufhängung

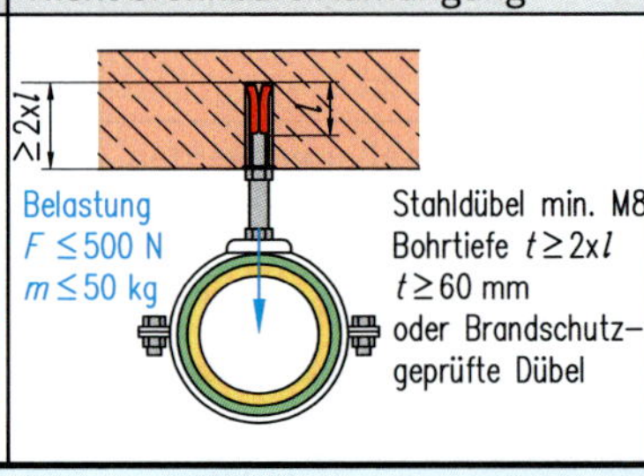

[1] Brennbare Beschichtung bis 0,5 mm zugelassen. [2] Bei der Durchführung von nicht brennbaren Rohren durch F-30-Bauteile reicht Mineralfaserdämmung ϑ > 1000 °C und Vermörtelung/Verspachtelung des Restquerschnitts. [3] Nicht brennbare Putzabdeckung oder mineralische Bauplatte, Dicke ≥ 15 mm.

184.3 Verlegung von brennbaren Rohrleitungen in notwendigen Fluren (Rettungswegen)

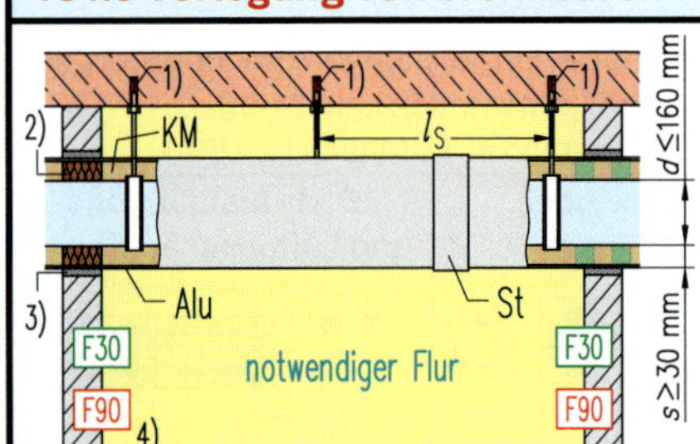

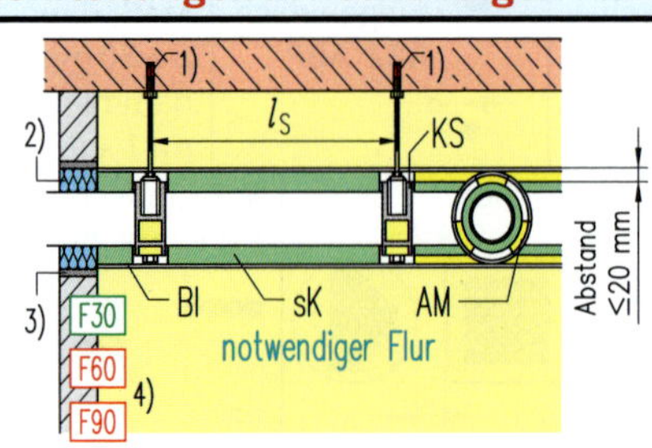

[1] Befestigung mit Verwendungsnachweis o. nach DIN 4102.
[2] Durchführungen muss F-Trennwand entsprechen.
[3] Vermörtelung.
[4] F 30 in Ober- und F 90 in Kellergeschossen.
[5] Schmelzpunkt ϑ_s > 1000 °C.

Alu	Alu-Folie mit Gitternetz	l_s	Schellenabstand	St	Alufix-Klebeband	KS	Kälteschelle stirnseitig verklebt
KM	Mineralwollekapselung	sK	synth. Kautschuk B1	Bl	Blechmantel eng	AM	Mineralwolleabstandshalter

185.1 Beispiele für die Verlegung und Befestigung von Rohrtrassen in notwendigen Fluren

Brandlastfreie Leitungstrassen bei offener Verlegung

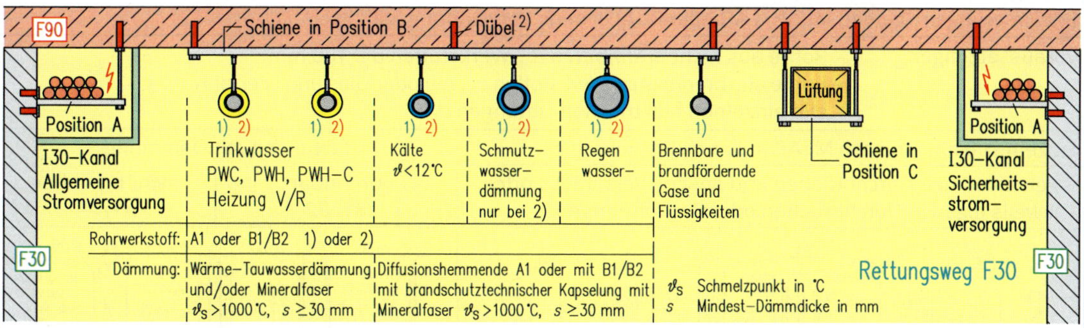

Leitungstrasse oberhalb einer F-30-Unterdecke

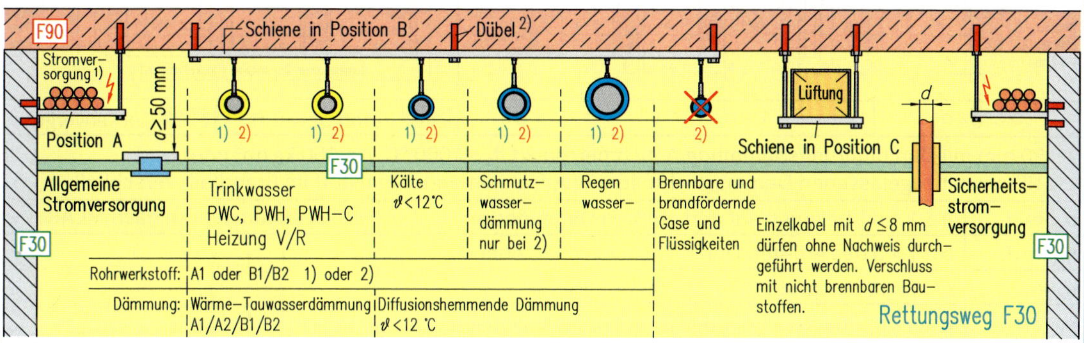

- 1) Rohre nicht brennbar A1
- 2) Rohre brennbar B1/B2[1]

Wärme- und Tauwasserdämmung
- 1) mit A1/A2 (DIN 4102) Dämmdicke n. EnEV
- 2) mit A1/A2 und/oder als brandschutztechnische Kapselung mit Mineralfaser $\vartheta_s \geq 1000$ °C, Dämmdicke nach EnEV jedoch $s \geq 30$mm.

F 30-Unterdecke mit ABP/ABZ, Aufhängung nicht brennbar in F 30 mitgeprüft

- 1) Diffusionshemmende Dämmung mit A1 oder
- 2) Diffusionshemmende Dämmung B1 und/oder als brandschutztechnische Kapselung $\vartheta_s \geq 1000$ °C, Dämmdicke nach EnEV jedoch $s \geq 30$ mm.

Wärme- und Tauwasserdämmung A1/A2 B1/B2, Rohr A1 1) oder B1/B2 2)

Diffusionshemmende Dämmung $\vartheta < 12$ °C, A1/B1 Rohr 1) oder 2) (Kälteleitungen)

Die Befestigungen der Rohrleitungen müssen mit brandschutzgeprüften Befestigungssystemen erfolgen! Die Befestigungssysteme müssen in Anlehnung an DIN 4102 ausgelegt sein (ABZ oder ABP besitzen).

[1] Brennbare Rohre, die zum Betrieb des notwendigen Flures notwendig sind, dürfen offen verlegt werden.
[2] Nur zugel. Stahldübel ≥ M 8 m. Verwendbarkeitsnachweis [3] Dämmung nur bei brennbaren Rohren (B1/B2).

185.2 Zulässige Belastung für Montageschienen MQ 41/3[1] und Gewindestangen (F 30)

Stützweite in mm	350			500			600			700			zuläs. Zugspannung:
Schiene in Position[2]	A	B	C	A	B	C	A	B	C	A	B	C	
Σ Gleichlast in kN	3,70	–	3,70	3,30	–	3,30	3,15	–	3,15	3,00	–	3,00	bei F 30
1 Einzellast je kN	2,40	1,80	2,40	2,40	1,50	2,40	2,40	1,30	2,40	2,40	1,10	2,40	$\sigma \leq 9$ N/mm²
2 Einzellasten je kN	1,38	1,20	1,38	1,29	0,95	1,29	1,24	0,80	1,24	1,24	0,70	1,24	bei F 90
3 Einzellasten je kN	1,06	0,90	1,06	0,93	0,70	0,93	0,89	0,62	0,89	0,86	0,51	0,86	$\sigma \leq 6$ N/mm²

Gewindestangengröße	M 6	M 8	M 10	M 12	M 16
Zulässige Zugkraft in N	182	323	512	744	1386

[1] Montageschienen (s. 178, 179)
[2] Schienenposition (s. 189.1).

186.1 Übersicht über Abstandsregeln zwischen Abschottungen und Durchführungen

Abstandsregeln (immer den größten Abstand wählen): Maße in mm

Erleichterungen[1] gemäß MLAR/LAR oder RbALei ohne Verwendungsnachweis

Voraussetzungen:	– Rohre aus nicht brennbaren d_{nb} Werkstoffen $d \leq 160$ mm – Rohre aus brennbaren Werkstoffen d_b, Alu oder Glas und Leerrohre[2] $d \leq 32$ mm – alle einzelnen elektrischen Leitungen d_K

Einzelne Leitungen nach MLAR 4.3 ohne Dämmung in

– gemeinsamen Durchbrüchen und anschl. Verschluss **oder**
– jeweils eigenen Durchbrüchen oder Bohröffnungen

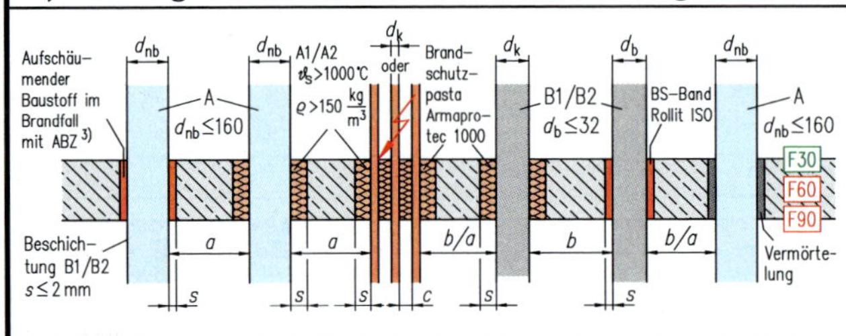

Leitungen mit Dämmung

brennbar B1/B2	nicht brennbar A1/A2

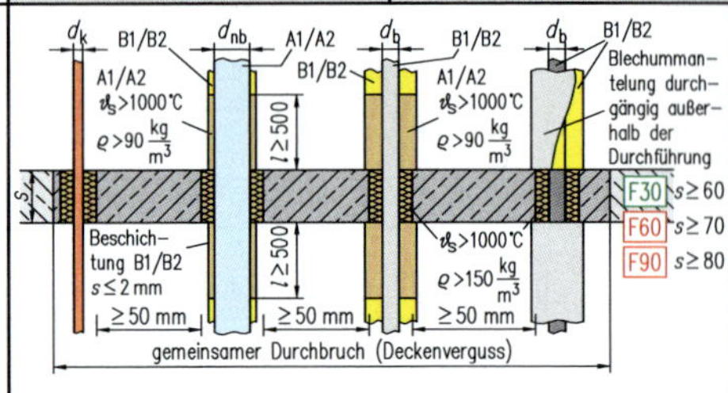

$a \geq 1 \times d$	$c \geq 1 \times d$	$b \geq 5 \times d$	Beton bewehrt	Deckenverguss

$s \leq 50$ mm mit Durchführungsdämmung A, Schmelzpunkt $\vartheta_S > 1000$ °C, $\varrho \geq 150$ kg/m³ oder
$s \leq 15$ mm mit zugelassenen Dämmschichtbildner (aufschäumender Baustoff im Brandfall) verschließen.

$d_{nb} \Leftrightarrow d_{nb}$	$a \geq 1 \times d_{nb}$ bezogen auf den größten Durchmesser
$d_{nb} \Leftrightarrow d_K$	$a \geq 1 \times d$ des größten Durchmessers von d_K oder d_{nb}
$d_K \Leftrightarrow d_K$	$c \geq 1 \times d_K$ des größten Kabeldurchmessers
$d_K \Leftrightarrow d_b$	$b \geq 5 \times d_b$ oder $a \geq 1 \times d_K$ den größten Abstand einhalten
$d_b \Leftrightarrow d_b$	$b \geq 5 \times d_b$ des größten Rohrdurchmessers
$d_b \Leftrightarrow d_{nb}$	$b \geq 5 \times d_b$ oder $a \geq 1 \times d_{nb}$ den größten Abstand einhalten

Mindestbauteildicke nach MLAR

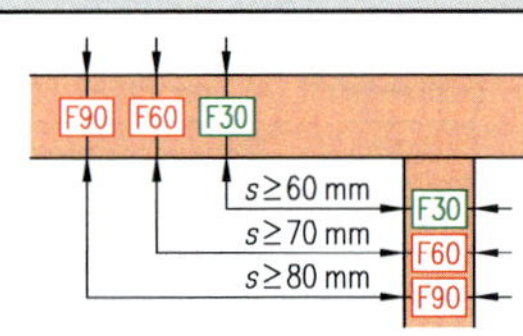

Abschottung mit geprüften Durchführungen ABZ/ABP, MLAR 4.1

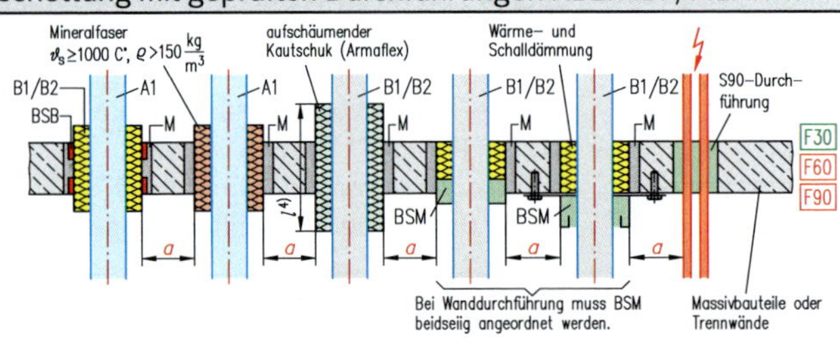

a = Mindestabstand nach ABZ/ABP, fehlt das Maß, dann gilt $a \geq 50$ mm.
Bei unterschiedlichen Maßen a in den ABZ/ABP gilt das größte Maß.
Anforderungen an weiterführende Dämmung entsprechend ABZ/ABP.

brennbare und brandförd. Medien

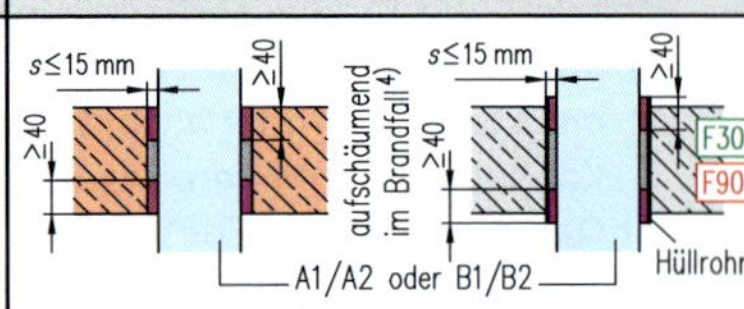

Schottungen in Leichtbauwänden

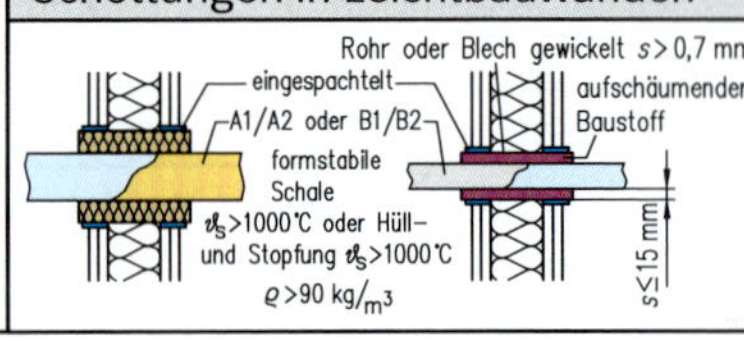

A1/A2 Baustoffklasse nicht brennbar (s. 181.3)	BSB Brandschutzbänder mit Zulassung
B1/B2 Baustoffklasse brennbar (s. 181.3)	BSM Brandschutzmanschette mit Zulassung
M ⇒ Mörtel	ϑ_S Schmelztemperatur > 1000 °C (Mineralfaser)

Zugelassene Systeme kommen immer dann zur Anwendung, wenn die Abstände der Leitungen untereinander gemäß MLAR nicht eingehalten werden können oder wenn es sich um sogenannte „Kombischotts" handelt.

Grundsätzlich gilt für zugelassene Brandschutzprodukte (BS): Verlegung der Installationen und Einbau des BS-Materials gemäß Zulassung und Montageanleitung des Herstellers (z. B. Hilti, Rockwool u. a.).

[1] Bei den Durchführungen nach den Erleichterungen sind keine Typenschilder erforderlich. Eine Fachunternehmerbescheinigung über die Einhaltung der MLAR/LAR/RbLei reicht aus. [2] Geschossweise durchgängige Leerrohre. [3] Schall- und Wärmedämmung sind nicht gewährleistet. [4] Laut ABP/ABZ einbauen.

187.1 Abschottungsprinzipien

geschlossener Schacht	offener Schacht
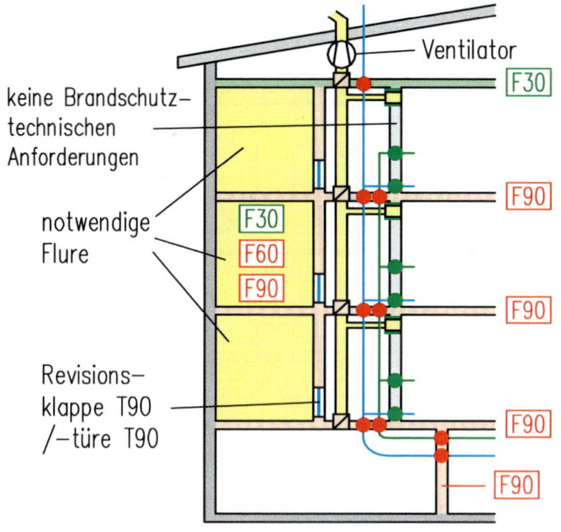	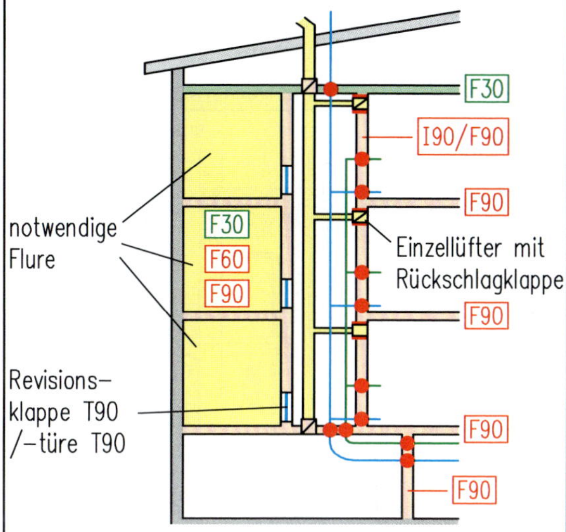

- (roter Punkt) Wand- und Deckendurchführung mit Brand-, Schall- und Wärmeschutz
- (grüner Punkt) Wanddurchführung mit Schall- und Wärmeschutz
- Brandschutzklappe
- L 90 Lüftungskanal oder Lüftungsrohr
- Rohrwerkstoff brennbar oder nicht brennbar (PWC, PWH, PWH-C, PWW-Heizung usw.)
- Abwasser, brennbar oder nicht brennbar

187.2 Raumentlüftungssysteme mit Kaltrauchsicherheit — DIN 18017-3

Einzellüfter / Zentralabluft	Anschlüsse	Bauteile
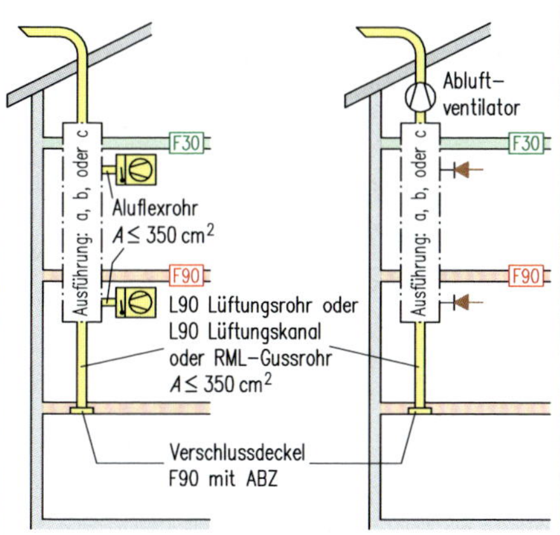	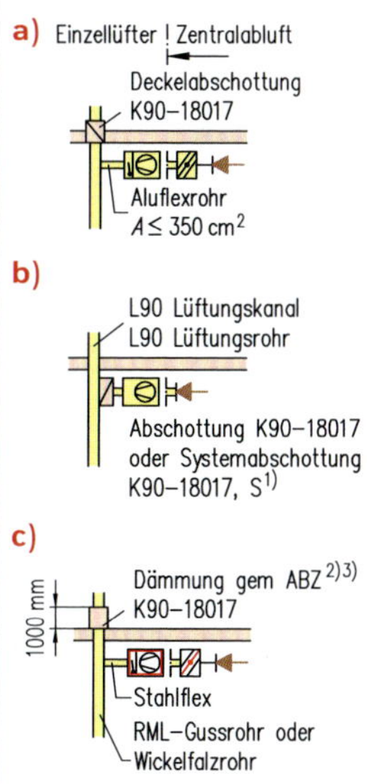	Abschottung K 90-18017 oder Systemzulassung K 90-18017 S[1] Lüftungskanal, -rohr Durchführungsdämmung gemäß ABZ Einzellüfter mit Rückschlagklappe Einzellüfter mit Rückschlagklappe mit Brandschutzeinrichtung mit ABZ – mit Kaltrauchsperre ohne Brandschutz – mit Kaltrauchsperre und aufschäumendem Baustoff – ohne Kaltrauchsperre und ohne Brandschutz

[1] Systemzulassung. [2] Bei Wickelfalzrohr ϑ_S > 1000 °C. [3] Bei RML-Gussrohr ϑ_S > 1000 °C, $\varrho \geq 150$ kg/m³.

Grundlagen Elektro, Regelung · Kommunikation Bauzeichnungen · Werkstoffe Trennen, Fügen · Rohre, Zubehör Montage · Trinkwasser Feuerlöschtechnik · Entwässerung Sanitär, Klempner · Gasinstallation Flüssiggas · TW-Erwärmung Solarnutzung TWE · Energietechnik Erneuerb. Energien · Heizungs- und Feuerungstechnik · Lüftung, Klima Wärmerückführung

188.1 Rohrdurchführungen in Installationsschächten F 90, F 60 und F 30

A1/A2	nicht brennbar (nb)	BSK	Brandschutzklappe[1]	■	Rohrdämmung A1/A2, ϑ_S > 1000 °C
B1/B2	schwer entflammbar (bb)	■	Wärme-, Schallschutz	■	Rohrdämmung B1/B2, brennbar
ϑ_S	Schmelztemperatur > 1000 °C	■	Brand-, Wärme- und Schallschutz	■	Rohrwerkstoff brennbar B1/B2
BSM	Brandschutzmanschette			■	Rohrwerkstoff nicht brennbar A1/A2

geschlossener Schacht mit Deckenverguss[2] für nicht brennbare und brennbare Rohrleitungen

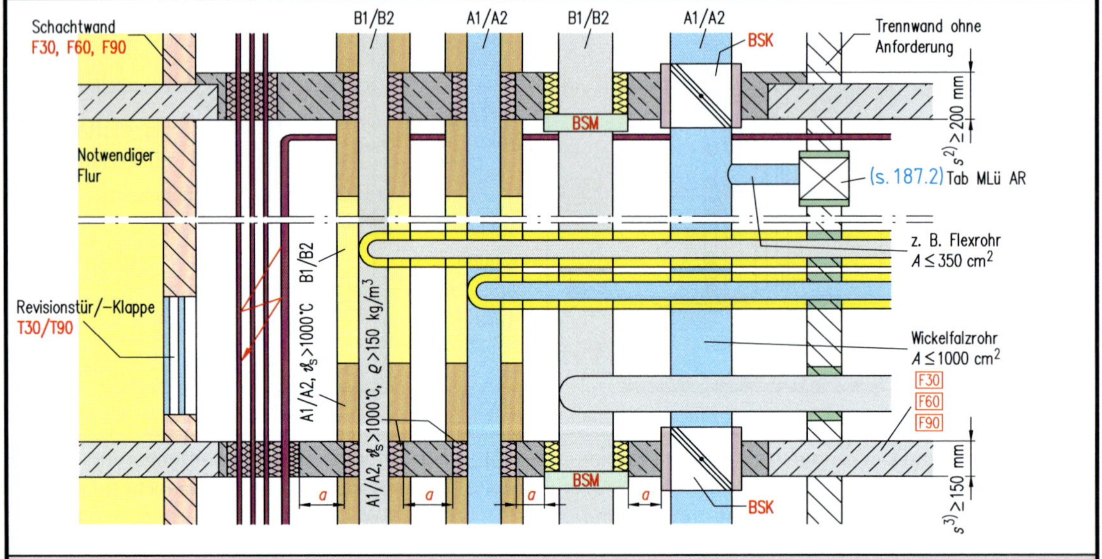

offener Schacht für nicht brennbare und brennbare Rohrleitungen

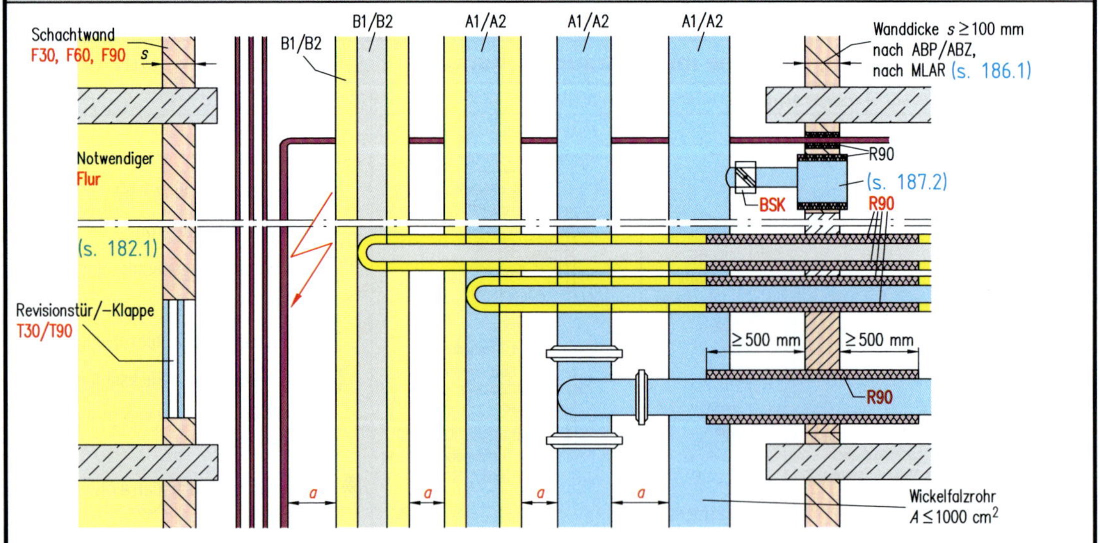

a Abstandsvorschriften für Wand- und Deckendurchführungen nach ABP/ABZ oder MLAR sind einzuhalten. Bei Abschottungen ***a*** **≥ 0 mm** muss der Verschluss des Restquerschnitts so erfolgen, dass weder Feuer noch Rauch durchtreten können. In diesen Fällen ist ein Abstand ***a*** **≥ 20 mm** in der Praxis zu empfehlen.

[1] Absperrvorrichtung K 90, K 60, K 30 nach DIN 18017-3. [2] Deckenverguss nur 100 mm bei ausschließlich nicht brennbaren Rohren und nicht brennbarer Dämmung im Schacht. [3] Deckendicke lt. ABP/ABZ. Nach MLAR gelten Erleichterungen (s. 186.1).

Grundlagen Elektro, Regelung
Kommunikation Bauzeichnungen
Werkstoffe Trennen, Fügen
Rohre, Zubehör Montage
Trinkwasser Feuerlöschtechnik
Entwässerung Sanitär, Klempner
Gasinstallation Flüssiggas
TW-Erwärmung Solarnutzung TWE
Energietechnik Erneuerb. Energien
Heizungs- und Feuerungstechnik
Lüftung, Klima Wärmerückführung

189.1 Verlegung von Rohrleitungen für brennbare Medien[1) 5)] und Anordnung von Gaszählern

Installationsschächte und -kanäle

dicht verfüllt	mit Be- und Entlüftung[2)]	in notwendigen Treppenräumen	in der Fußbodenkonstruktion
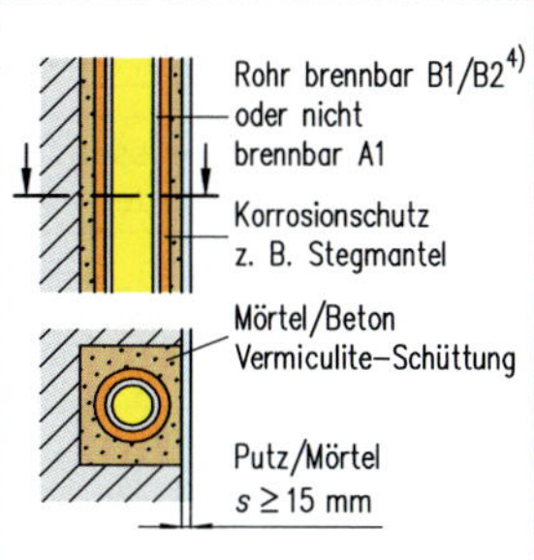	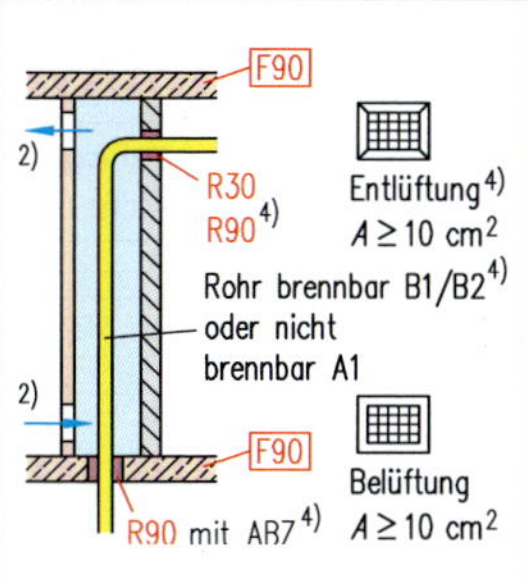	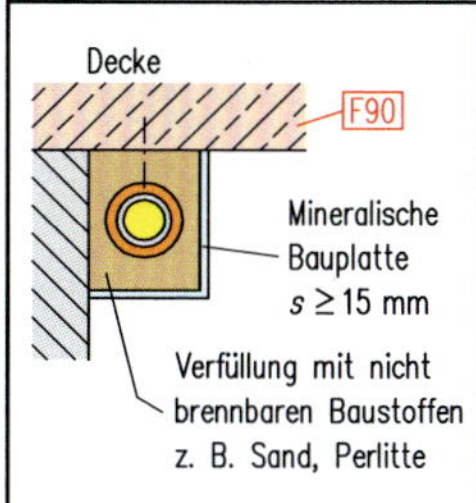	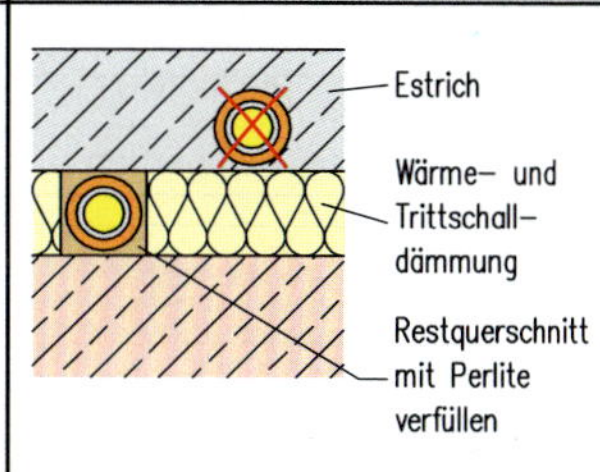

Gaszähler in notwendigen Fluren und in offenen Gängen müssen

- thermisch erhöht belastbar sein **oder**
- durch eine thermisch auslösende Einrichtung geschüzt sein **oder**
- durch Bauteile mit einer Feuerwiderstandsdauer von mindestens 90 Minuten und aus nicht brennbaren Baustoffen abgetrennt sein.

Eine Anordnung von Gaszählern in notwendigen Treppenräumen ist nicht zulässig.

Kunststoff-Innenleitungen sind als Gasleitungen mit $p \leq 100$ mbar zugelassen. Absicherung nach TRGI.

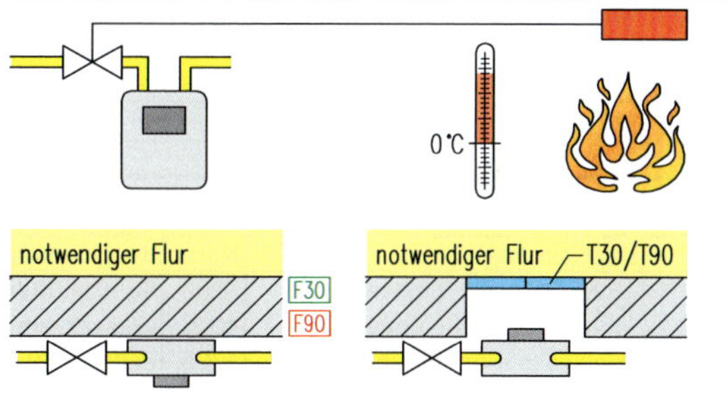

[1)] Gasleitungen sind nicht zugelassen in Sicherheitstreppenräumen und Räumen zwischen Sicherheitsräumen und Ausgängen ins Freie. [2)] Be- und Entlüftungsöffnungen dürfen nicht in notw. Flure und notw. Treppenräume geführt werden. Bei Bedarf Öffnungen mit vorgegebener Feuerwiderstandsklasse versehen. [3)] Mind. Bauteildicken (s. 186.1). [4)] Wand- und Deckenschotts R 30/R 90 müssen einen entsprechenden Verwendungsnachweis (ABZ/ABP) haben. [5)] Bei Verlegung von Flüssiggaslt. TRF oder bei Ölleitungen TRÖL beachten.

189.2 Offene Entwässerungssysteme mit brennbaren und nicht brennbaren Leitungen

BO	R 90 Bodenablauf	VE	Verbinder[1)] / Steckmuffe	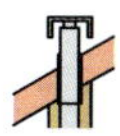 Dachentlüfter mit Anschlussschlauch brennbar
BE	Befestigung (nb)	BSM	Brandschutzmanschette	

nicht brennbare Leitungen	brennbare Leitungen	unzulässige Materialwechsel
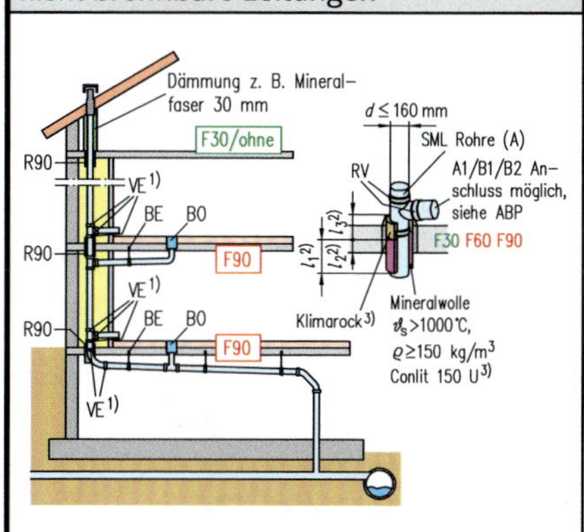	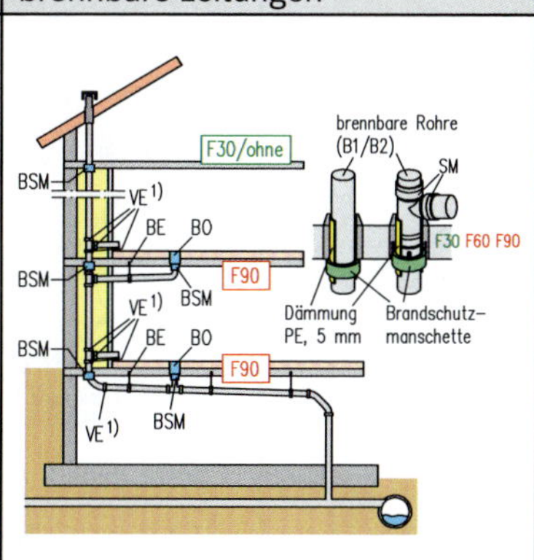	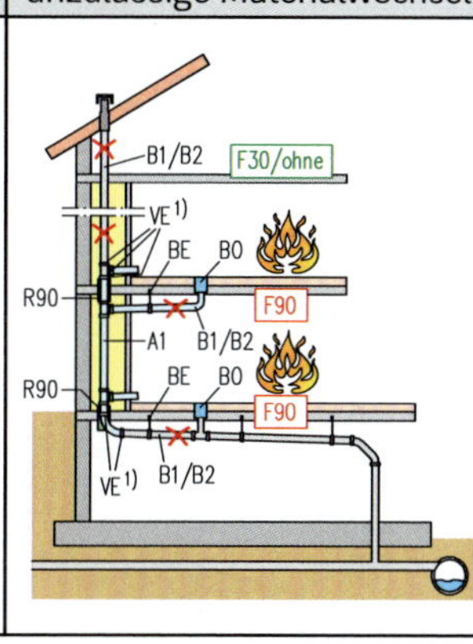

[1)] Rapid-Verbinder keine CV-Verbinder verwenden. [2)] Maße aus ABP/ABZ entnehmen. [3)] z. B. Fabr. Rockwool.

190.1 Gesetze und Regeln für die Sanitärtechnik, imperatives und optionales Regelwerk

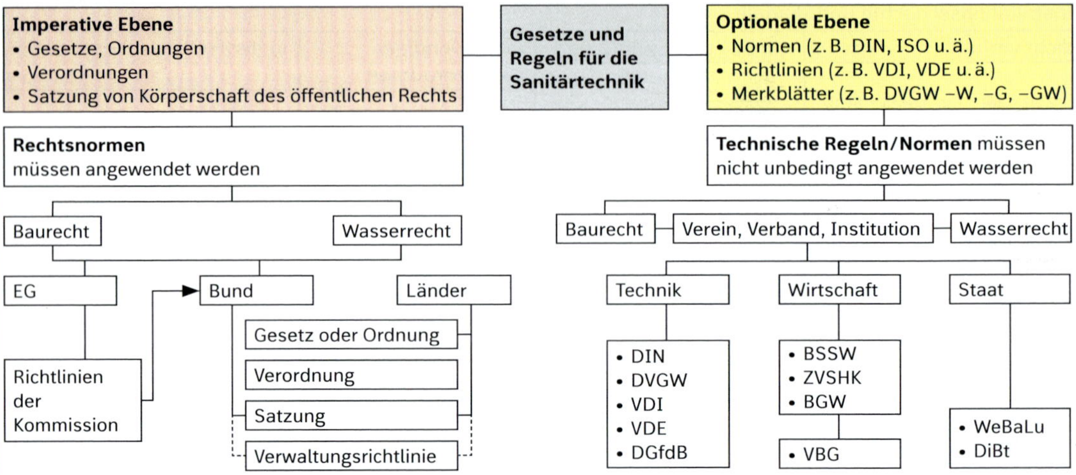

190.2 Normen und Arbeitsblätter zur Trinkwasserversorgung, Trinkwasserinstallation

DIN	Bezeichnung	Norm	Bezeichnung	Norm	Bezeichnung
EN 806	TRWI Teil 1–5, Trinkwasserinst.	3266	Rohrbelüfter D und E	18012	Hausanschlusseinrichtung
1988	TRWI Technische Regeln für	4046	Wasserversorgung	18381	VOB Gas-/Wasser-/Entwäss.-an.
	Trinkwasserinstallation	4708	Zentrale Wassererwärmungsanl.	19633	Ionenaustauscher Wasseraufb.
	Teile 100, 200, 300, 400, 500	12729	Systemtrenner BA	19635/6	Dosiersysteme/Enthärtungsan.
1989	Regenwassernutzung Teile 1–4	13433	Rohrtrenner EA1/13434 EA 2	EN 1717	Schutz des Trinkwassers
2000	Zentrale Trinkwasserversorgung	14452	Rohrunterbrecher A2/453 A3	EN 13959	Rückflussverhinderer
	Teile 1–4	14461	Feuerlöscheinrichtungen 1–6	EN 15096	Rohrbelüfter f. Schlauchanschl.
2001	Eigen-/Einzeltrinkwasserverordn.	14462	Löschwassereinrichtungen	TrinkwV	Trinkwasserverordnung

190.3 Kreislauf des Wassers

natürlicher Kreislauf

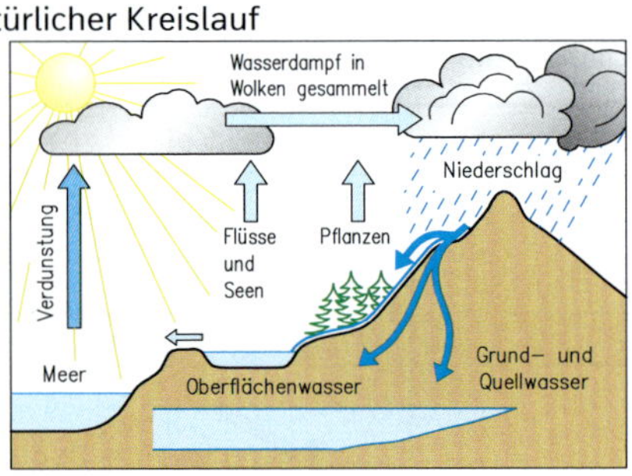

künstlicher Kreislauf

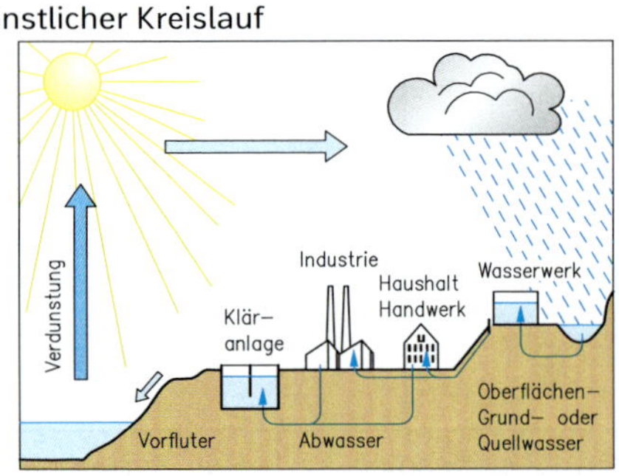

190.4 Öffentliche Trinkwasserversorgung BRD [1)]

Wasserherkunft

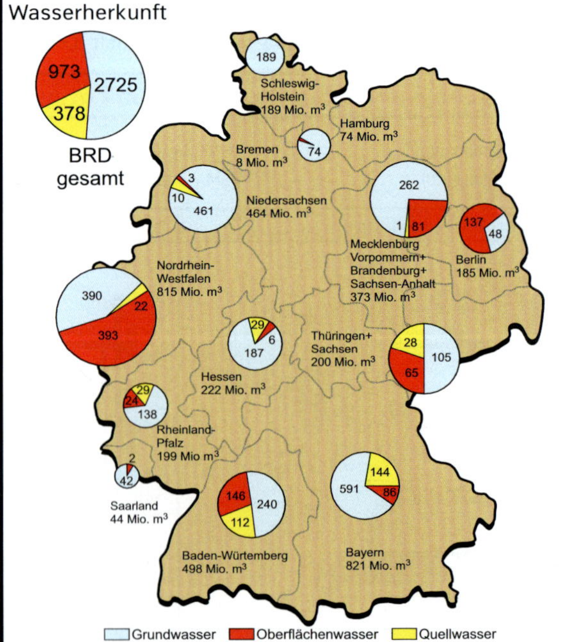

1) Mit Eigenwasserversorgung.

191.1 Wasservorräte der Erde und Wassernutzung in der Bundesrepublik Deutschland

Wasservorkommen in	Volumen in km³	Anteil	
Hydrosphäre insgesamt	1 360 000 000	100 %	
Meeren	1 322 000 000	92,7 %	
Polarkreis Gletschereis	25 390 000 3 800 000	1,87 % 0,28 %	Süßwasser 2,8 %
Grundwasser tiefer als 800 m Luft (Atmosphäre) lebenden Organismen (Biosphäre)	8 500 000 13 400 600	0,627 % 0,00096 % 0,00004 %	
Grund- und Quellwasser Flüssen und Seen	66 000 230 000	0,005 % 0,017 %	

verfügbar in BRD 188 Mrd. m³

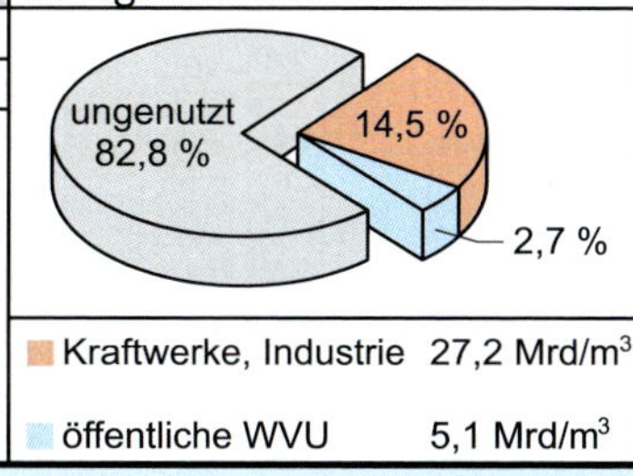

191.2 Wasserwirtschaft in Deutschland 2013 in 1 000 m³, Statistisches Bundesamt

Grundwasser GW	Quellwasser	Uferfiltrat	angereichert. GW	See-/Talsperrenw.	Flusswasser
L: 2 725 324	L: 377 803	L: 362 913	L: 276 780	L: 276 610	L: 60 617
W: 351 456	W: 44 368	W: 72 873	W: 167 278	W: 337 385	–
Σ: 3 076 780	Σ: 422 171	Σ: 435 786	Σ: 444 058	Σ: 613 995	Σ: 60 617

Fremdbezug V.	anderen WVU	and. Bundesländer	Ausland	Industrieb./Lieferant	Eigengewinnung
L: 1 852 481	L: 1 687 191	L: 115 894	L: 1 613	L: 47 783	L: 4 080 047
W: 211 585	W: 204 900	W: 6 663	–	W: 22	W: 973 360
Σ: 2 064 066	Σ: 1 892 091	Σ: 122 557	Σ: 1 613	Σ: 47 805	Σ: 5 053 407

Differenz	Differenz	Gesamtabgabe	Wasserverlust	Wasserwerkeigenverbr.	Wasseraufkom.
L: 912 137	L: 21 218	L: 4 489 245	L: 453 690	L: 119 863	L: 4 129 443
W: 911 960	W: 16 957	W: 11 026	W: 16 924	W: 16 515	W: 973 382
Σ: –177	Σ: –4 261	Σ: 4 500 271	Σ: 470 614	Σ: 136 378	Σ: 5 102 825

Wasserabgabe an · davon · Wasserabgabe zum

andere WVU im Bundesland	andere Bundesländer	Betriebswasser	Weiterverteiler	an das Ausland	Letztgebrauch
L: 775 054		L: 100 896	L: 17 321 nur	L: 4 266	L: 4 467 658
W: 1 116 860		W: 5 602	W: 6 186 in	W: 4 840	–
Σ:		Σ: 106 498	Σ: 23 507 BRD	Σ: 9 106	Σ: 4 467 658

Haushalt und Kleingewerbe, L: 3 540 535

gewerbliche und sonstige Abnehmer, L: 927 123

L = öffentl. WVU, Wasserabgabe zum Letztgebrauch
W = Unternehmen, verteilen ausschließlich weiter

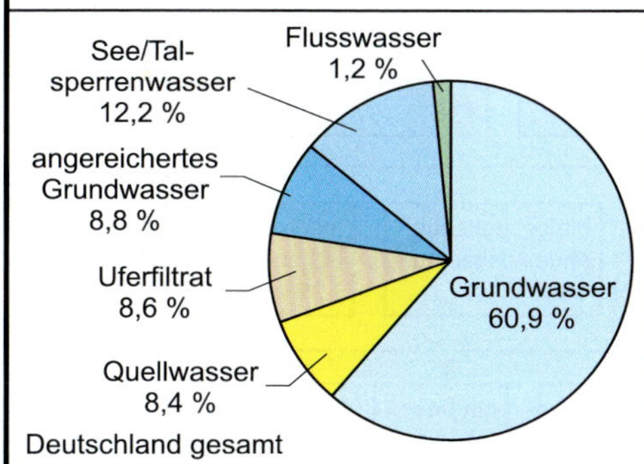

Bundesland	Grundw.	Quellw.	Uferfilt.	anger. GW	Seew.	Fluss.
Baden-Württ.	332 684	130 357	6 295	3 159	146 814	33 746
Bayern	607 476	154 113	61 574	5 705	23 294	–
Berlin	57 278	–	123 792	25 867	–	–
Brandenburg	119 650	13	2 734	2 394	–	–
Hessen	257 286	40 770	2 426	40 824	–	–
Niedersachsen	461 159	10 776	169	1 741	63 489	315
NRW	464 962	22 590	145 832	347 919	185 216	12 105
Rheinl.-Pfalz	175 388	32 488	27 765	–	9 172	–
Saarland	58 969	1 833	–	–	–	–
Sachsen	62 040	11 137	59 488	4 631	130 581	2 090
Schlesw.-Holst.	174 438	–	–	–	142	–
Thüringen	49 331	16 653	–	84	52 696	54

191.3 Haushaltswasserverbrauch, internationaler Vergleich, BGW-Wasserstatistik

Belgien	120 [1]	Griechenland	140	Österreich	162	Schweiz	237	Japan 278	USA 295
Deutschland	127	Finnland	145	Luxemburg	170	Kanada	255		
Niederlande	130	England	149	Schweden	191	Australien	256		
Dänemark	139	Frankreich	156	Italien	213	Norwegen	260		

[1] In l pro Einwohner und Tag.

192.1 Entwicklung der Wasserförderung und des Haushaltswasserbedarfs, BDEW

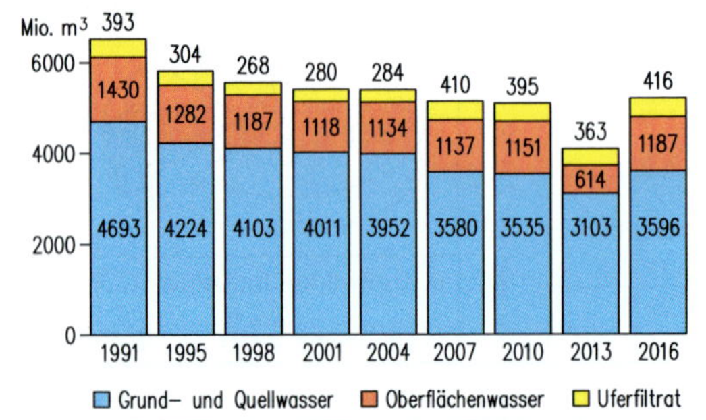

192.2 Wasserabgabe der öffentlichen Wasserwerke in der BRD 2013, Statistisches Bundesamt

Land	Wasserversorger Anzahl	Abgabe insgesamt		Haushalte und Kleingewerbe		Gewerbe in Mio. m³
		in Mio. m³	je Einwohn. u. Tag	gesamt Mio. m³	je Einw. u. Tag	
Deutschland	5699	4466,8	152,9	3540,3	121,2	926,5
Baden-Württemberg	1202	557,5	144,7	448,4	116,4	109,0
Bayern	2236	730,9	160,9	588,0	129,5	142,9
Berlin	1	189,1	152,9	140,7	113,8	48,4
Brandenburg	93	110,9	125,5	95,3	107,8	15,7
Bremen	3	35,8	149,9	28,8	120,6	7,0
Hamburg	1	95,2	149,8	87,9	138,1	7,4
Hessen	412	310,4	141,3	273,1	124,3	37,3
Mecklenburg-Vorpom.	52	85,8	147,6	60,7	104,5	25,1
Niedersachsen	255	461,3	163,2	357,3	126,4	104,0
Nordrhein-Westfalen	512	1068,4	169,0	843,1	133,4	225,3
Rheinland-Pfalz	210	214,7	147,7	172,4	118,6	42,3
Saarland	41	50,8	140,3	41,1	113,5	9,7
Sachsen	91	181,0	123,4	126,6	86,3	54,3
Sachsen-Anhalt	66	113,3	138,1	75,9	92,6	37,4
Schleswig-Holstein	444	170,3	168,3	131,3	129,8	38,9
Thüringen	80	91,4	115,9	69,6	88,3	21,8

192.3 Jahresabwassermenge über öff. Kanalisation, Deutschland 2013, Stat. Bundesamt[1)]

Jahresabwassermenge 9887127 | Zentral behand. Abw. 9825189 | dezentr. behand. Abw. 18118 | Einleitung in Untergund 57 | Einleitg. in Oberflächengewässer 18061 | nicht öff. Anlagen behand. Abwasser 43811 | Indirekteinltg. aus nichtöff. Entsorgung 476065

häusl. + betr. Schmutzwas. 5020773 + Fremdwasser 2235500 + Niederschlagwasser 2568925 → biolog. Behandlg. mit Ausbaustufen 9652595 + biolog. Behandlg. ohne Ausbaustufe 1393 + mechan. Behandlg. 1393 | Schmutzwasser gesamt 5082702

mit Nitrifikation 9630633 | m. Denitrifikation 9443049 | mit Phosphorentfernung 909123 | mit Denitrifikation und Phosphorentf. 8938520 | mit Filtration 1673742 | mit Desinfektion 152477 | Elimination von Mikroschadst. 143791

Werte in 1000 m³

In 9307 öffentlichen Kläranlagen wurden tägl. 26,9 Mio. m³ Abwasser behandelt = 9843 Mio. m³/Jahr: Schmutzwasser aus Haushalt und Betrieben 5 Mrd. m³ – 51,1 %, Niederschlagswasser 2,6 Mrd. m³ – 26,1 %, Fremdwasser (durch ggf. undichte Kanäle) 2,2 Mrd. m³ – 22,8 %. 67,6 % der Kläranlagen reinigen biologisch mit Ausbaustufen, 31,6 % ohne weitere Ausbaustufe.

1) Öffentliche Abwasserbehandlungsanlagen mit mindestens 50 Einwohnerwerten

193.1 Abwasserbehandlungsanlagen BRD

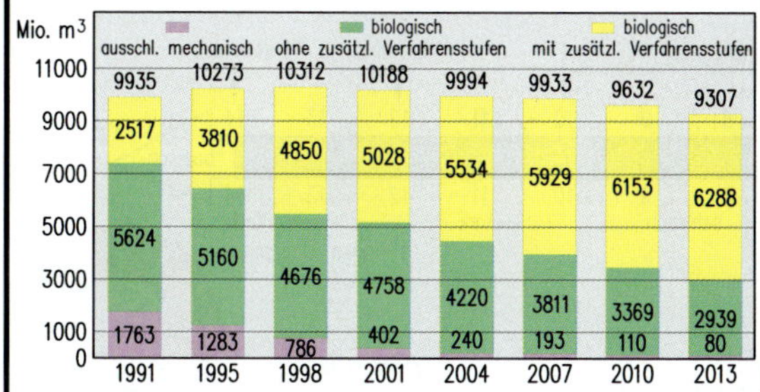

193.2 Jahresabwassermenge BRD in Mio m³

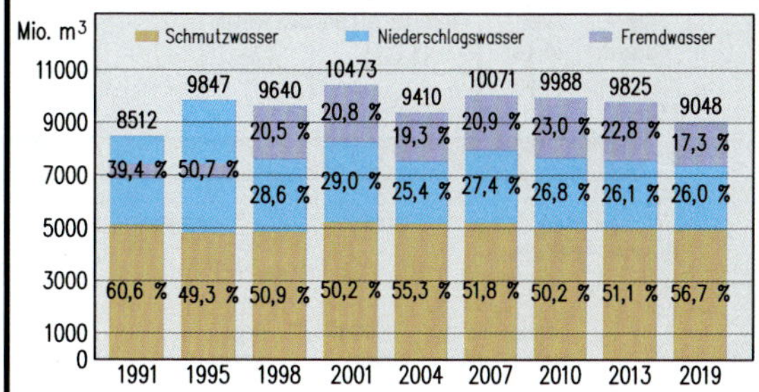

193.3 Jahresabwassermenge in öffentlichen Kläranlagen, BRD 2013 Stat. Bundesamt

Land Bundesland Regionale Gliederung	angeschl. Einwohnerzahl	Anlagenzahl	Abwasser gesamt Mio. m³	Schmutzw. gesamt Mio m³	%	Fremdwasser Mio. m³	%	Niederschlagwasser Mio. m³	%	dezentrale Kläranl. Einwohnerzahl	dezentrale Kläranl. Schmutzw. Mio.m³
Deutschland	78054264	9307	9825,2	5020,8	51,1	2235,5	22,8	2568,9	26,1	568220	18118
Baden-Württemberg	10532233	972	1725,7	553,1	32,1	515,6	29,9	657,1	38,1	1404	69
Bayern	12186730	2480	1848,5	994,9	53,8	360,1	19,5	493,5	26,7	25377	1044
Berlin	3381630	1	84,6	74,1	87,6	–	–	10,5	12,4	–	–
Brandenburg	2146454	243	237,3	212,9	89,7	8,2	3,5	16,2	6,8	–	–
Bremen	652942	4	61,5	50,0	81,2	6,0	9,7	5,6	9,1	–	–
Hamburg	1728200	1	161,6	123,4	76,4	20,0	12,4	18,2	11,3	–	–
Hessen	5997102	696	909,9	296,4	32,6	316,5	34,8	297,0	32,6	890	43
Mecklenburg-Vorpommern	1415918	595	92,2	73,4	79,7	9,9	10,7	8,9	9,6	837	29
Niedersachsen	7359277	613	577,6	453,7	78,5	88,7	15,4	35,2	6,1	396	10
Nordrhein-Westfalen	17190846	634	2400,7	1312,7	54,7	532,2	22,2	555,8	23,2	635	29
Rheinland-Pfalz	3961930	680	545,8	232,4	42,6	119,7	21,9	193,7	35,5	650	41
Saarland	987073	136	186,3	61,7	33,1	55,6	29,8	69,1	37,1	7092	280
Sachsen	3700061	677	415,9	185,9	44,7	106,1	25,5	123,9	29,8	117264	3730
Sachsen-Anhalt	2129211	239	177,36	119,8	67,5	29,4	16,6	28,2	15,9	29745	963
Schleswig-Holstein	2662259	790	193,9	160,5	82,8	17,6	9,1	15,8	8,2	1312	52
Thüringen	2022398	546	206,2	115,8	56,2	50,1	24,3	40,3	19,6	382618	11828

Kläranlagen ab mindestens 50 Einwohnerwerten (Bemessungskapazität gemäß Genehmigungsbescheid). Die regionale Zuordnung erfolgt jeweils nach dem Standort der Kläranlagen.

193.4 Löslichkeit von Salzen in Wasser, Löslichkeitskoeffizienten von O_2, N_2 und CO_2 pro 1 MPa

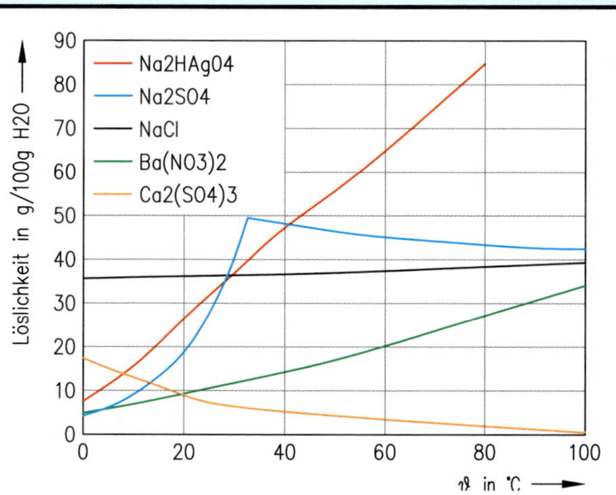

ϑ in °C	g O_2/kg H_2O pro 1 MPa	g N_2/kg H_2O pro 1 MPa	g CO_2/kg H_2O pro 1 MPa
0	0,00676	0,00281	0,326
10	0,00526	0,00226	0,228
20	0,00428	0,00190	0,167
30	0,00364	0,00166	0,128
50	0,00291	0,00137	0,082
70	0,00258	0,00129	0,059
90	0,00246	0,00125	–

Beispiel:

Luft mit 21 Vol.-% O_2 in H_2O von 20 °C bei 0,12 MPa

- Partialdruck $p\ (O_2)$ = 0,12 MPa · 21/100 Vol.-% = 0,0252 MPa
- Löslichkeit $L\ (O_2)$ = 0,0252 MPa · 0,00428 g O_2/kg H_2/MPa = 0,000108 g O_2/kg H_2O

Die Löslichkeit von CO_2 ist stark vom pH-Wert abhängig. Der pH-Wert wird von zahlreichen im Wasser gelösten Stoffen beeinflusst.

194.1 pH-Wert

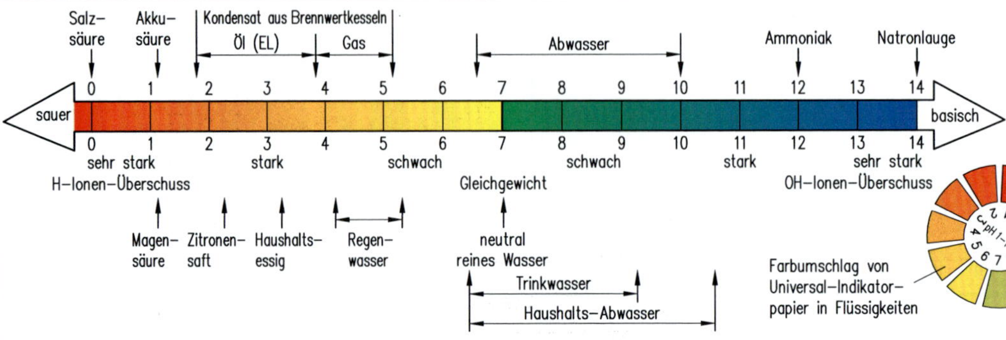

194.2 Kalk-Kohlensäure-Gleichgewichtskurven nach Tillmans, Wasserhärte, -bereiche[1]

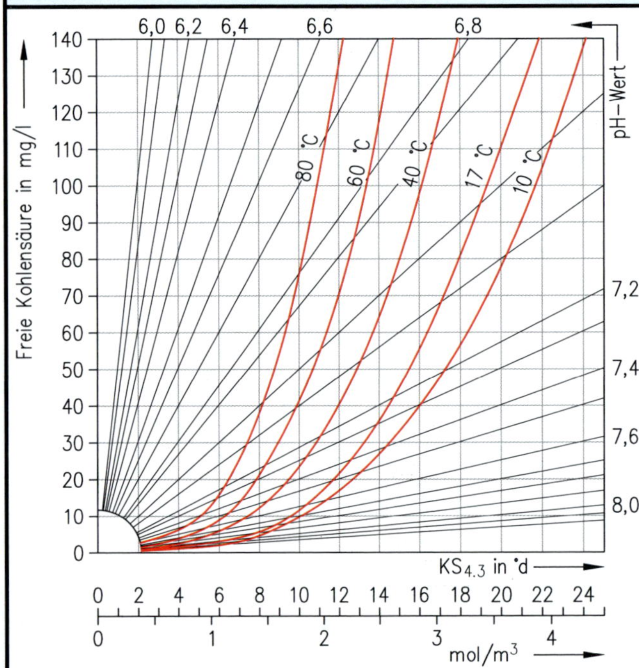

Säurekapazität bis pH 4,3: Karbonathärte $KS_{4,3}$, an Kohlensäure H_2CO_3 gebundene Härtebildner fallen bei 55 °C als Kalk aus, z. B. Belag im Rohr.

Nichtkarbonathärte: nicht an Kohlensäure gebundene Härtebildner fallen bei 100 °C aus, z. B. Kesselstein

Härtebereich[1]	mmol/l	°dH
1 weich	0,0 bis 1,49	0,0 bis 8,4
2 mittel	1,5 bis 2,49	8,4 bis 14
3 hart	> als 2,5	> 14
(früher 4 sehr hart)	(über 3,8)	(über 21,3)

1 mmol/m³ ≙ 5,6° dH (Deutsche Härtegrade)
1 °dH ≙ 0,357 val/m³
1 val/m³ ≙ 2,8°dH
1 °dH ≙ 0,179 mol/m³
1 °dH ≙ 10 mg CaO/l
1 °dH ≙ 7,14 mg Ca/l – Calcium
1 °dH ≙ 7,14 mg MgO/l
1 °dH ≙ 4,30 mg Mg/l – Magnesium

[1] Summe aller Erdalkalielemente (Ca, Mg ...) gemessen in mmol/l nach dem Wasch- und Reinigungsmittelgesetz 2007 – geändert 07/2016.

194.3 Verordnung über die Qualität von Wasser für den menschlichen Gebrauch

Trinkwasserverordnung 2001 – Bundesgesetzblatt 09.01.2018, Auszug

Zweck der Verordnung:
Die menschliche Gesundheit vor den nachteiligen Einflüssen, die sich aus der Verunreinigung von Wasser ergeben, das für den menschlichen Gebrauch bestimmt ist, durch Gewährleistung seiner Genusstauglichkeit und Reinheit nach Maßgabe der Vorschriften zu schützen.

Anforderungen: 1. Trinkwasser muss so beschaffen sein, dass durch seinen Genuss oder Gebrauch eine Schädigung der menschlichen Gesundheit insbes. durch Krankheitserreger nicht zu besorgen ist. Es muss rein und genusstauglich sein. Dies gilt als erfüllt, wenn bei Wasseraufbereitung und -verteilung mind. die allgemein anerkannten Regeln der Technik eingehalten werden und das Trinkwasser den **Mikrobiologischen Anforderungen** entspricht.

2. Der Unternehmer und der Inhaber einer Wasserversorgungsanlage dürfen Wasser, das den folgenden Anforderungen (s. 195.1) und den geduldeten und zugelassenen Grenzwerten nicht entspricht, nicht als Trinkwasser abgeben und anderen nicht zur Verfügung stellen.

3. Im Trinkwasser dürfen Krankheitserreger im Sinne des Infektionsschutzgesetzes, die durch Wasser übertragen werden können, nicht in schädigender Konzentration enthalten sein.

195.1 Trinkwasserverordnung, BGbl. 01.20.2018, Anforderungen an das Trinkwasser

Chemische Parameter, Konzentration erhöht sich im Netz nicht		
Acrylamid	in mg/l	0,0001
Benzol	mg/l	0,001
Bor	mg/l	1,0
Bromat	mg/l	0,010
Chrom	mg/l	0,050
Cyanid	mg/l	0,050
1,2 Dichlorethan	mg/l	0,003
Fluorid	mg/l	1,5
Nitrat	mg/l	50 [1]
Pflanzenschutzmittel, Biozidprodukte	mg/l	0,0001
Σ aller Biozide	mg/l	0,0005
Quecksilber	mg/l	0,001
Selen	mg/l	0,010
Tetra-/Trichlorethen		0,010
Uran	mg/l	0,010
Radioaktive Stoffe		
Radon 222	in Bq/l	100
Tritium	in Bq/l	100
Richtdosis	m Sv/a	0,100

[1] $\frac{\sum \text{Nitratkonz.}}{50} \le 1$; $\frac{\text{Nitratkonz.}}{3} \le 1$

Chemische Parameter, Konzentration kann ansteigen	
Antimon	0,0050
Arsen	0,010
Benzo(a)pyren	0,00001
Blei	0,010
Cadmium	0,003
Epichlorhydrin	0,0001
Kupfer	2,0
Nickel	0,020
Nitrit	0,5
PAK[2]	0,0001
Trihalogenmethan	0,05 (0,01 ab Wasserwerk)
Vinylchlorid	0,0005
Mikrobiologische Parameter	
Escherichia Coli	0/100 ml[3]
Enterokokken	0/100 ml
Pseudomonas aeruginosa	0/250 ml in verschl. Beh.
Legionella spec.	100/100 ml

1× jährl. untersuchen (s. 398 f.)

[2] Polyzyklische Aromatische Kohlenwasserstoffe

Allgemeine Indikatorparameter	
Aluminium	0,2 mg/l
Ammonium	0,5 mg/l
Chlorid	250 mg/l
Clostridium perfringens einschließlich Sporen	Anzahl 0/100 ml (nur bei Oberflächenwasser)
Coliforme Bakterien	0/100 (250 Behälter) ml
Eisen	0,2 mg/l
Färbung in m^{-1}	0,5 (Hg 436 nm)
Geruch TON	3 (23 °C)
Geschmack	annehmbar ohne anormale Veränderung
Koloniezahl bei 22 °C	100/ml (20 Wasserwerk)
Koloniezahl bei 36 °C	100/ml o. anor. Veränd.
elektr. Leitfähigkeit	2790 μS/cm bei 25 °C
Mangan	0,050 mg/l
Natrium	200 mg/l
organ. gebundener C	ohne anormale Veränd.
Oxidierbarkeit	5 mg/l O_2
Sulfat	250 mg/l
Trübung NTU	1,0 nephelometrische Trübungseinheit
Wasserstoffionenkonz.	6,5–9,5 pH-Einheiten
Calcitlösekapazität	5 mg/l $CaCO_3$

195.2 Umfang und Häufigkeit von routinemäßigen Untersuchungen TWVO

produzierte Wassermenge	Mindestzahl Untersuchung
≤ 1000 m³/Tag	1 pro Jahr
≤ 10000 m³/Tag	1 + 1 pro zusätzl. 3300 m³/Tag
≤ 100000 m³/T	3 + 1 pro zusätzl. 10000 m³/Tag
> 100000 m³/T	10 + 1 pro zusätzl. 25000 m³/Tag

Erstuntersuchung Radionukleide

Ermittlung der im Jahresdurchschnitt vorliegenden Aktivitätskonzentration je 1 Untersuchung je Quartal. Bei Änderung der Wassergewinnung ist erneut eine Erstuntersuchung vorzunehmen. Eine Erstuntersuchung ist nicht erforderlich bei Feststellung durch zuständige Behörde.

Regelmäßige Untersuchungen sind

- erforderlich bei Überschreitung der Parameter für radioaktive Stoffe.
- nicht erforderlich bei Feststellung durch zuständige Behörde.
- erforderlich bei Aufbereitung, Reduzierung von Radionukliden im Trinkw. Bei natürlichen Vorkommen kann Behörde die Untersuchungshäuf. anpassen.

Inhaltsstoffe	Inhaltsstoffe (Fortsetzung)
Aluminium [1] s. u.	Escherichia coli
Ammonium	Färbung, Geruch, Geschmack
Clostridium perfrigens einschl. Sporen [2] s. u.	Koloniezahl bei 22 °C/36 °C
Coliforme Bakterien	Pseudomonas aeruginosa (nur bei Behälterabfüllung)
Eisen[3]	Trübung
Elektr. Leitfähigkeit	Wasserstoffionen-Konzentration

Umfassende Untersuchungen

sind erforderlich bei allen in 195.2 nicht aufgeführten Inhaltsstoffen aus 195.3. Gilt nicht beim Befüllen von Behältern oder mikrobiologischen Untersuchungen in bestimmten Teilen der Trinkwasserinstallation oder wenn zuständige Behörde feststellt, dass das Vorhandensein eines Parameters im Gebiet nicht in gefährdender Konzentration zu erwarten ist.

195.3 Analysenmindesthäufigkeit, a) im Wasserversorgungsgebiet, b) Abgabe in Behälter

produzierte m³ im Versorgungsgebiet	Routinemäßige Untersuchungen	Umfassende Untersuchungen
≤ 10 m³/Tag	1 Analyse/Jahr	1 Analyse/Jahr
≤ 1000 m³/T	4 Analysen/Jahr	1 Analyse/Jahr
≤ 10000 m³/T	4 + 3 pro zusätzl. 1000 m³/Tag	1 + 1 pro zusätzl. 3300 m³/Tag
≤ 100000 m³/T	4 + 3 pro zusätzl. 1000 m³/Tag	3 + 1 pro zusätzl. 10000 m³/Tag
> 100000 m³/T	4 + 3 pro zusätzl. 1000 m³/Tag	10 + 1 pro zusätzl. 25000 m³/Tag

Abfüllung in verschlossene Behält.	Routinemäßige Untersuchungen	Umfassende Untersuchungen
≤ 10 m³/Tag	1 Analyse/Jahr	1 Analyse/Jahr
> 10 bis ≤ 60 m³/T	12 Analysen/Jahr	1 Analyse/Jahr
> 60 m³/Tag	1 pro 5 m³	1 pro 100 m³

[1] nur erforderlich bei Desinfektion und Wasserenthärtung.
[2] nur erforderlich bei Oberflächenwasser oder Beeinflussung durch Oberflächenwasser.

Legionella spec. ist mindestens einmal jährlich zu untersuchen, Gewerbewasser alle 3 Jahre.

196.1 Anzeigepflichten für Unternehmen, Inhaber einer Wasserversorgungsanlage beim Gesundheitsamt

Wasserversorgung/ Anlage	Errichtung	erstmalige Inbetriebnahme/Wiederinbetriebnahme	Stilllegung	bauliche oder betriebstechnische Veränderung	Übergang, Eigentum oder Nutzungsrecht auf andere Person
zentrale Wasserwerke dezentrale kleine Wasserwerke, Kleinanlagen Eigenvers., ständige W-Verteilung	Mindest. 4 Wochen	Mindestens 4 Wochen vorher	Innerhalb von 3 Tagen	Mindestens 4 Wochen vorher	Mindestens 4 Wochen vorher
mobile Versorgungsanlagen	–	Mind. 4 Wo. vorher	In 3 Tagen	Mind. 4 Wo. vorh.	
Nichttrinkwasseranlage	≤ 4 Wo. vo.	Mind. 4 Wo. vorher	In 3 Tagen	–	Mind. 4 Wo. vorher
ständ. Wasserverf./mobile Versorgungsanlage mit TWE	sofort	Mindestens 4 Wochen vorher	In 3 Tagen	Mindestens 4 Wochen vorher	

196.2 Besondere Anzeige- und Handlungspflichten beim Gesundheitsamt durch Unternehmer/Inhaber der WVA

Pflicht zur Anzeige beim Gesundheitsamt, wenn:	Pflicht zur Anzeige beim Gesundheitsamt, wenn:
Grenzwerte nach 195.1 Mikrobiologische/Chemische Parameter überschritten; festgelegter Maßnahmenwert erreicht oder überschritten.	Grenzwerte nach 195.1 Indikatorparameter, Anforderungen nicht erfüllt oder Grenzwerte nicht eingehalten sind.
nach Untersuchungsanordnung durch das Gesundheitsamt Grenzwerte/oder Mindestanforderungen nicht eingehalten sind.	durch das Gesundheitsamt geduldete zugelassene Höchstwerte für die betreffenden Parameter überschritten werden.
Veränderungen des Trinkwassers festgestellt werden, es Vorkommnisse an der WVA gibt oder das Rohwasser belastet ist.	Aufbereitungsstoffe mit Konzentration im Trinkwasser müssen wöchentlich aufgezeichnet und Verbrauchern schriftlich bekanntgegeben werden.

196.3 Informationspflicht des Unternehmers gegenüber dem Verbraucher, Anforderung an Anlagen

Information der Verbraucher und Berichtspflichten: Bei Betreiben der Anlage im Rahmen einer gewerblichen oder öffentlichen Tätigkeit muss einmal jährlich aktuelles Informationsmaterial über die Qualität des bereitgestellten Trinkwassers auf der Grundlage der Untersuchungsergebnisse nach 195.3 übermittelt werden. Dazu gehören Aufbereitungsstoffe und Angaben für die Auswahl geeigneter Materialien für die Trinkwasserinstallation nach den allgemein anerkannten Regeln der Technik, ebenso, wenn Leitungen aus dem Werkstoff Blei in den von ihnen betriebenen Anlagen sind.
WVA dürfen nicht ohne eine den allgemein anerkannten Regeln der Technik entsprechende Sicherungseinrichtung mit Wasser führenden Teilen, in denen sich Wasser befindet oder fortgeleitet wird, das nicht für den menschlichen Gebrauch bestimmt ist, verbunden werden (z. B. mit freiem Auslauf). Leitungen unterschiedlicher Versorgungssysteme sind bei Einbau farblich unterschiedlich zu kennzeichnen. Entnahmestellen sind zu kennzeichnen und gegen nicht bestimmungsgemäßen Gebrauch zu sichern.
Bei Großanlagen zur Trinkwassererwärmung besteht Pflicht zur systematischen Untersuchung an mehreren repräsentativen Probeentnahmestellen (besonders bei Duschen u. Einrichtungen zur Wasservernebelung).

196.4 Anford. für orientierende und weitergehende Untersuchungen, Probeentnahmeventil

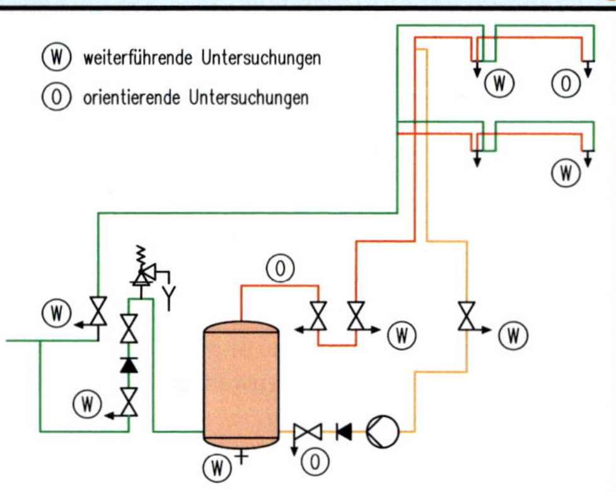

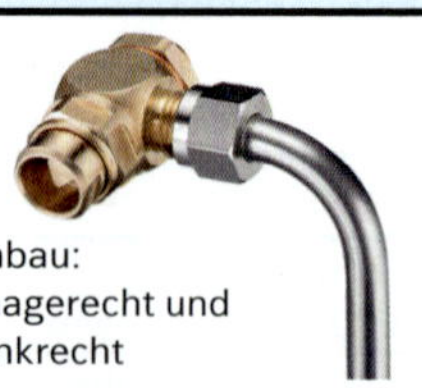

Einbau: waagerecht und senkrecht

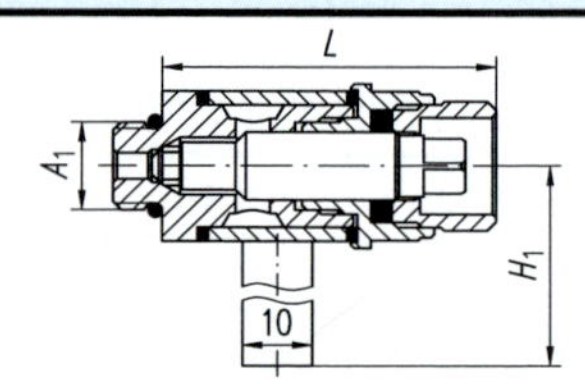

Nennweite	DN		8	10	
Bauhöhe	H	mm	125	125	Probeentnahmeventil zur Bestimmung mikrobiologischer, chemischer Parameter, Auslaufbogen abflammbar.
Baulänge	L	mm	48	48	
Anschluss	A_1		G¼	G⅜	
Gewicht		g	225	229	
Druckstufe	PN	MPa	1,6	1,6	
Temp. max.	ϑ_{max}	°C	90	90	
totraumfrei			ja	ja	

197.1 Automatisches Zirkulationsregulierventil für thermische Desinfektion ≥ 70 °C[1)] (Herst.ang.)

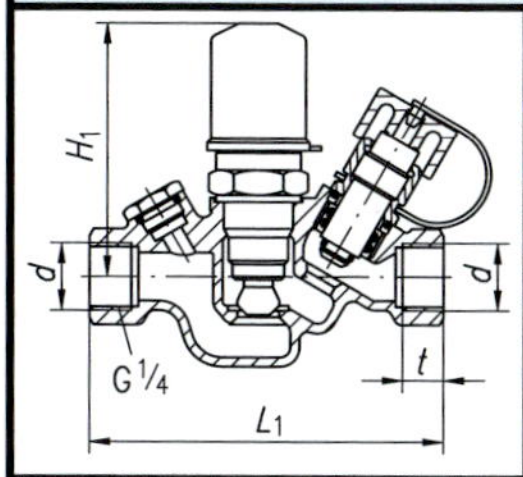

DN		15	20	25
H_1	mm	85	85	97,5
L_2	mm	110	123	133
d	G	½	¾	1
t	mm	15	16,3	19,1
m	mm	0,75	0,96	1,15
k_{vs}	s. Diagramm unten			

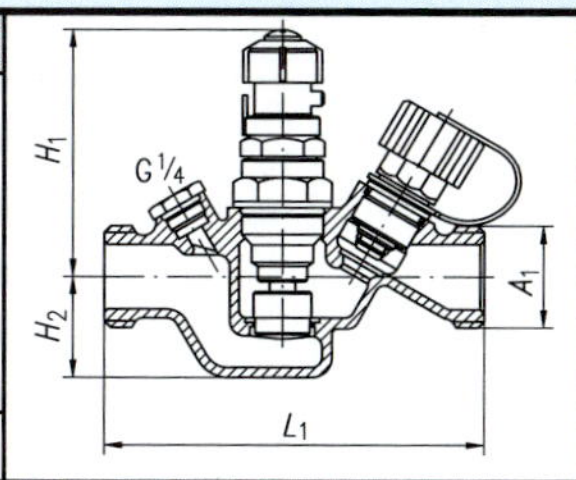

DN		15	20	25
H_1	mm	85	85	96
H_2	mm	28	33	34
L_1	mm	110	123	133
A_1	G	¾	1	1¼
m	kg	0,690	0,871	1,140
k_{vs}	m³/h	1,3	1,6	3,2

Regelkennlinien

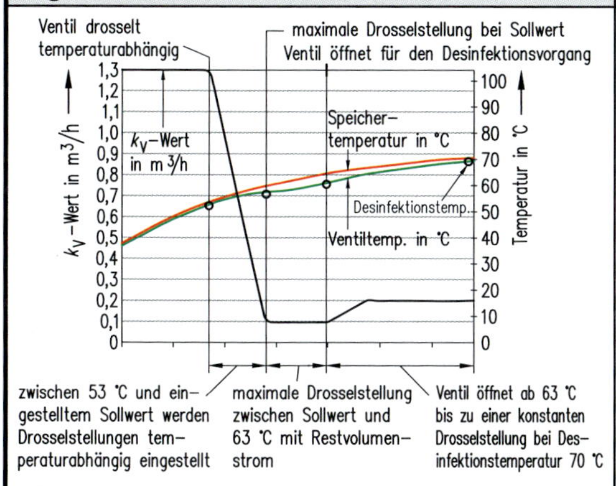

Regelverhalten im Betrieb

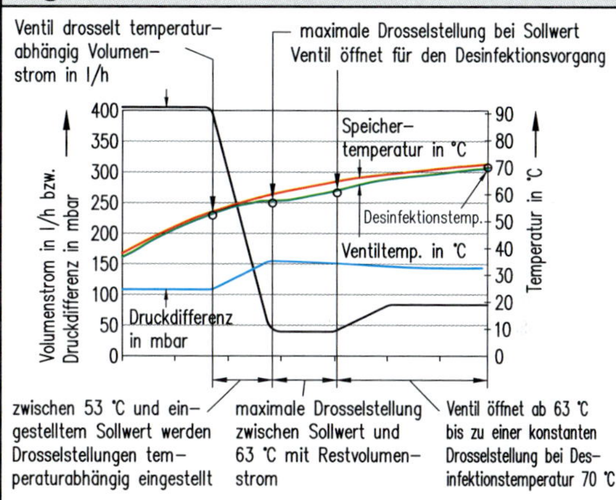

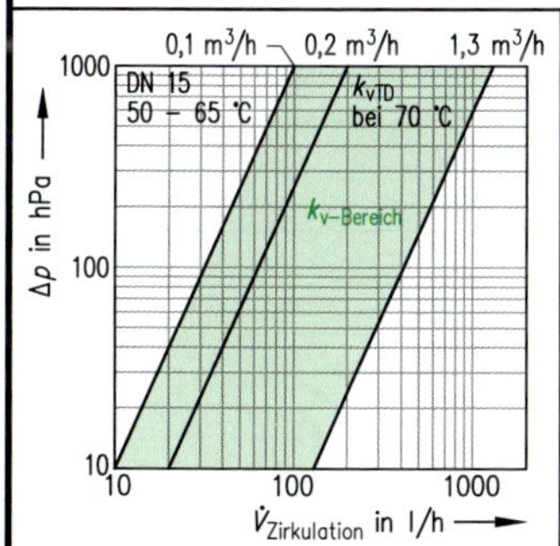

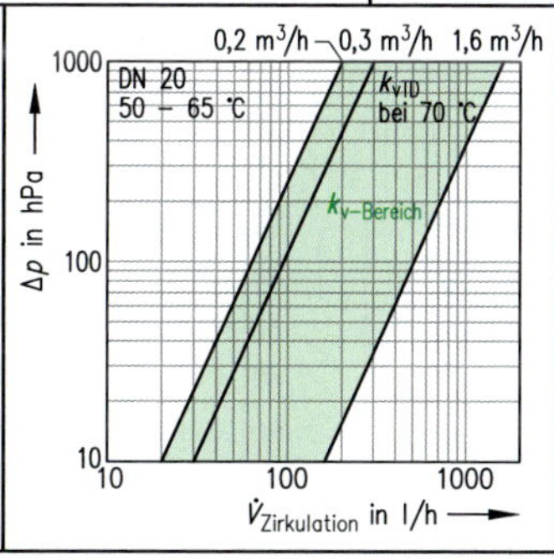

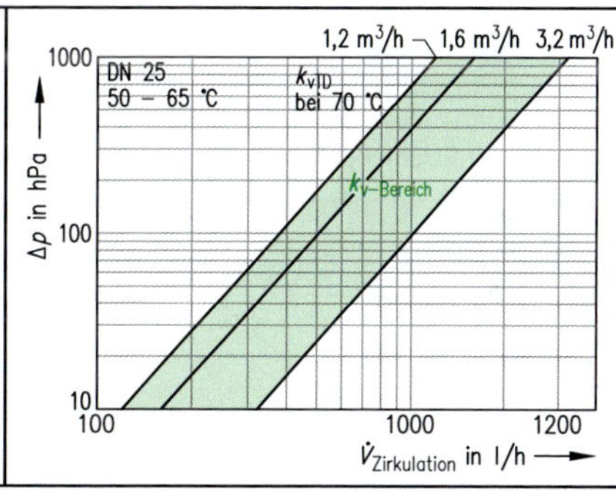

[1)] absperrbar, zum thermisch selbstregelnden, hydraulischen Strangabgleich, mit automatischer Regelbereichsumstellung; einstellbarere Regelbereiche 30 °C bis 50 °C oder 50 °C bis 65 °C; für Anlagen nach DVGW-Arbeitsblatt W551/W553; Dauertemperatur bis 90 °C, mit Thermostatregulierer für niedrig temperierte Anlagen; totraumfrei, Druckstufe (PN) 1,6 MPa

197.2 Heizungsbefüllkombination zur Absicherung nach BA Kategorie 4 (Herst.ang.)

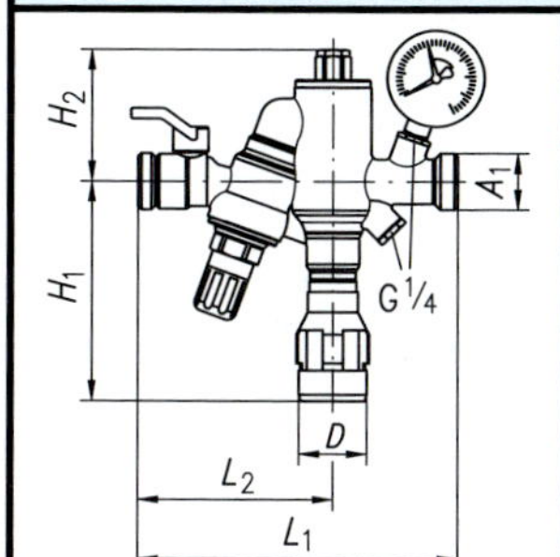

DN		20
H_1	mm	129
H_2	mm	95,5
L_1	mm	186,5
L_2	mm	114
A_1	G	1
D	mm	40
m	kg	1,702
$P_{Ausg.}$	MPa	0,01
bis	MPa	0,04

zur automatischen Heizungsbefüllung mit Inhibitoren totraumfrei
Einbau waagerecht
Druckstufe PN 10
max. Eingangstemperatur 30 °C
min. Vordruck 0,15 MPa

Einbaubeispiel nach DIN EN 1717:

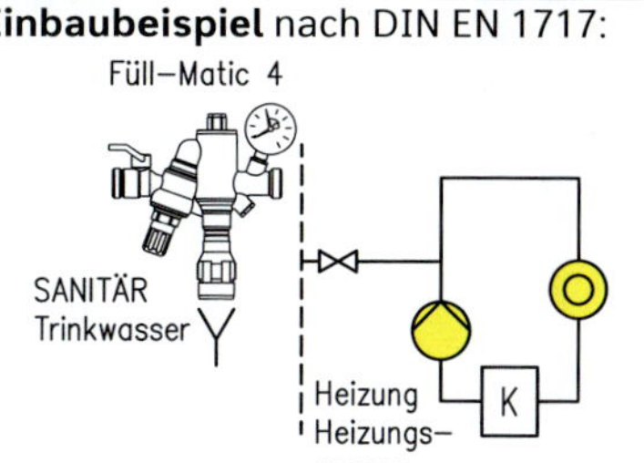

z. B. $p_1 = 0{,}3$ MPa $p_2 = 0{,}15$ MPa

Grundlagen Elektro, Regelung · Kommunikation Bauzeichnungen · Werkstoffe Trennen, Fügen · Rohre, Zubehör Montage · Trinkwasser Feuerlöschtechnik · Entwässerung Sanitär, Klempner · Gasinstallation Flüssiggas · TW-Erwärmung Solarnutzung TWE · Energietechnik Erneuerb. Energien · Heizungs- und Feuerungstechnik · Lüftung, Klima Wärmerückführung

198.1 Venturi-Strömungsteiler für Zwangsdurchströmung, kontinuierlicher Wasseraustausch

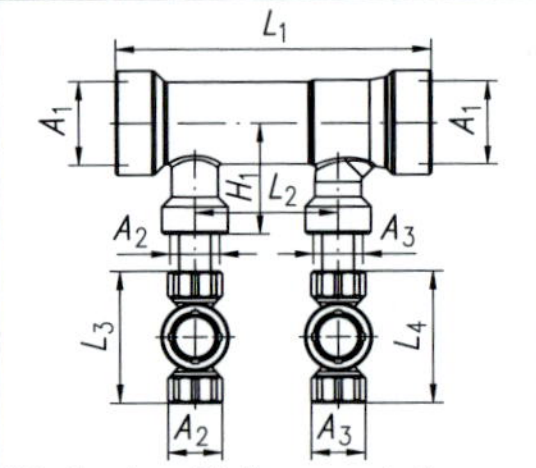

Statischer Strömungsteiler

DN	DN	15	20	20	25	32
H_1	mm	48,5	58,5	58,5	68,5	73,5
L_1	mm	185	185	185	185	195
L_2	mm	100	100	100	100	100
L_3	mm	84	84	90	84	90
L_4	mm	84	84	84	84	84
A_1	Rp	½	¾	¾	1	1¼
A_2	Rp	½	½	¾	½	¾
A_3	Rp	½	½	½	½	½
p	MPa	1,6	1,6	1,6	1,6	1,6

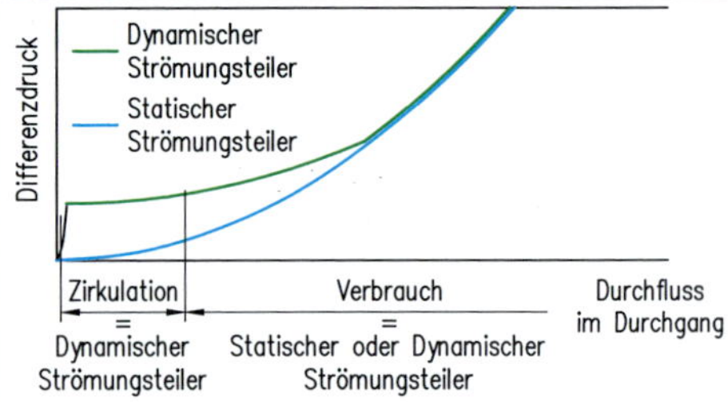

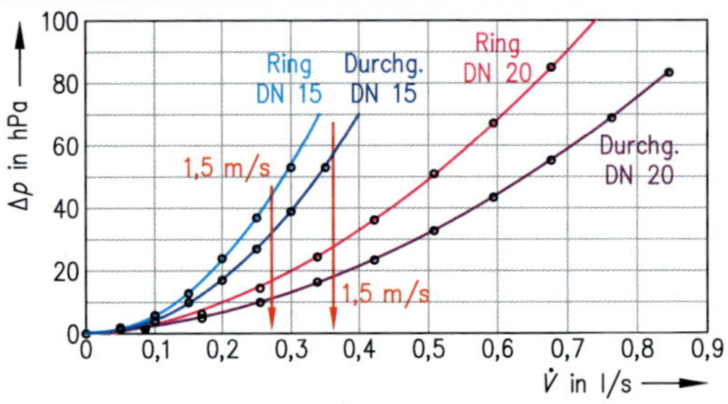

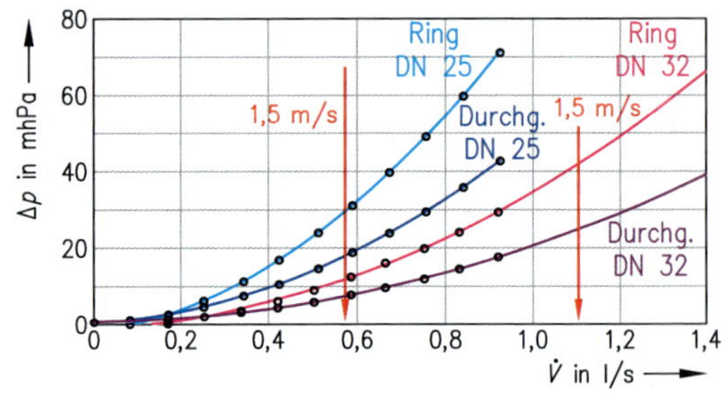

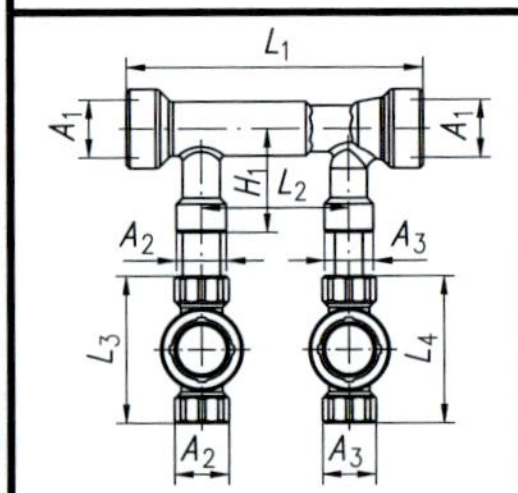

Dynamischer Strömungsteiler

DN	DN	15	20	25	32	40	50
VAV	DN	15	20	20	20	25	25
H_1	mm	48,5	58,5	68,5	73,5	78,5	88,5
L_1	mm	185	185	185	195	206	219
L_2	mm	100	100	100	100	100	100
L_3	mm	84	90	90	90	99	99
A_1	Rp	½	¾	1	1¼	1½	2
A_2	Rp	½	¾	¾	¾	1	1
PN	MPa	1,6	1,6	1,6	1,6	1,6	1,6
$\vartheta_{Betr.}$	max.°C	90	90	90	90	90	90

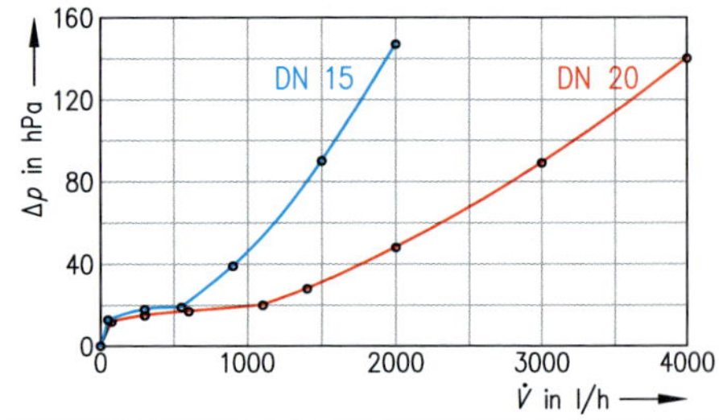

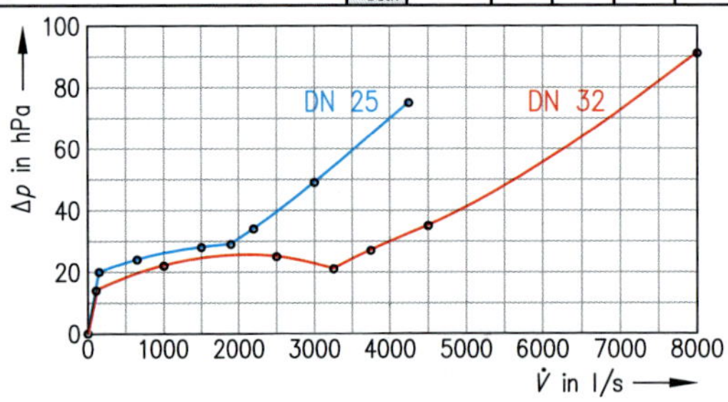

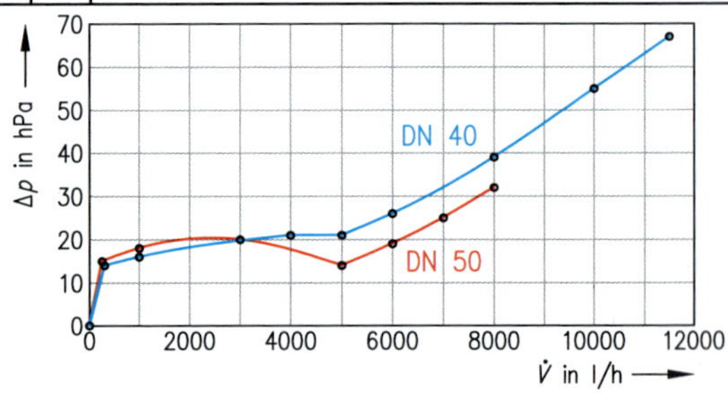

Dynamischer Strömungsteiler für Inliner-Systeme

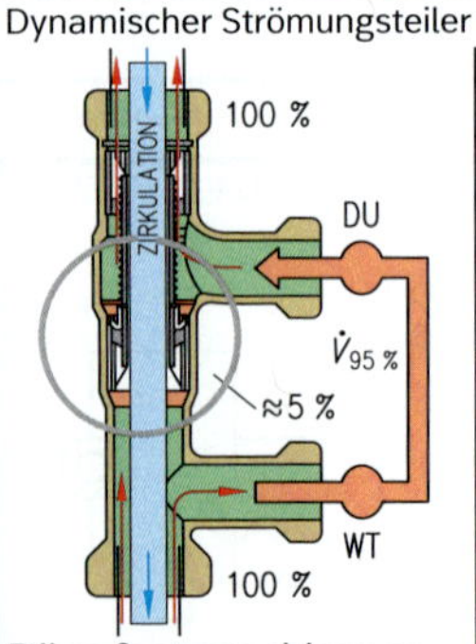

Düse fast geschlossen
$p_{öffnen}$ nicht erreicht

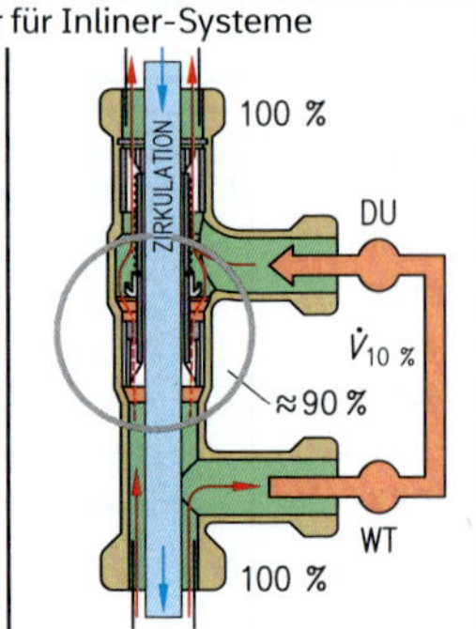

Düse öffnet
$\dot V_{90\,\%}$ → Strömungsteiler

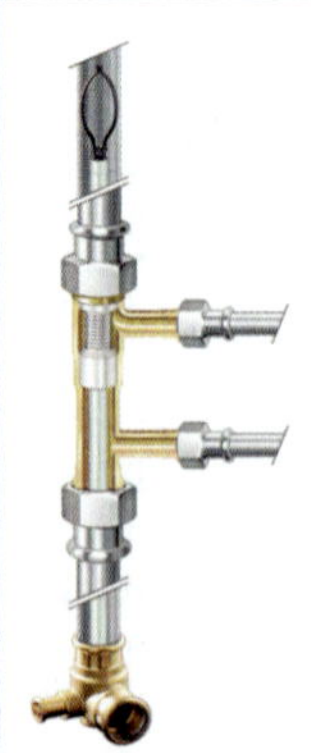

Dachausbaureserve

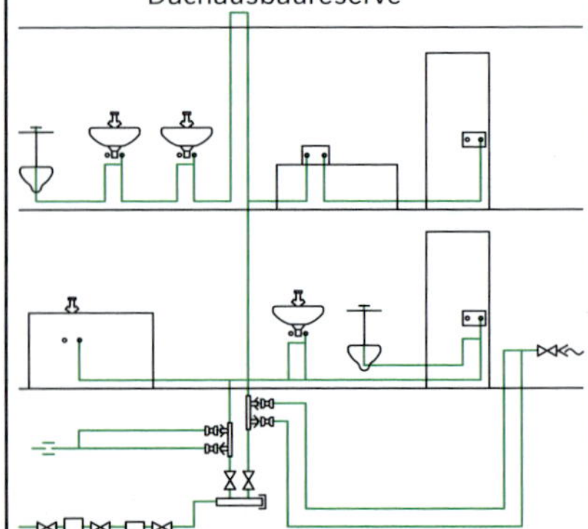

199.1 Temperaturmessarmatur mit Widerstandsthermometer

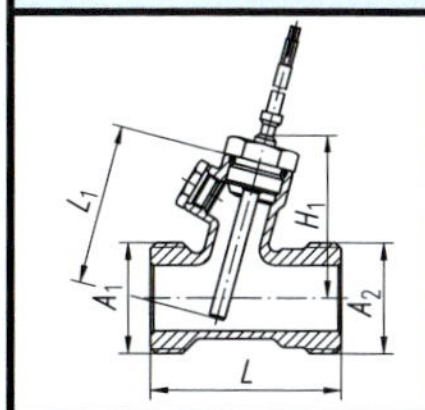

DN	DN	15	20	25	32	40	50
H_1	mm	65	68	70,5	78	79	88,5
L	mm	65	67	72	77	82	90
L_1	mm	60	60	70	80	80	80
A_1	G	$^3/_4$	1	$1^1/_4$	$1^1/_2$	$1^3/_4$	$2^3/_8$
A_2	G	$^3/_4$	1	$1^1/_4$	$1^1/_2$	$1^3/_4$	$2^3/_8$
t	°C	Bereich: 0 bis 105 °C					
p	bar	16					

199.2 Freier Auslauf mit Schwimmer

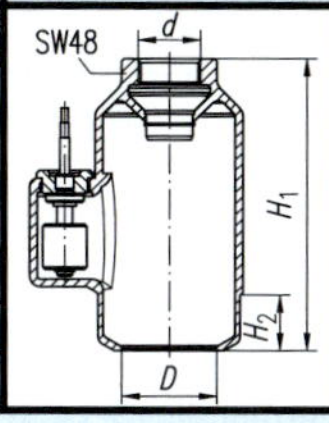

NW	DN	20	25	32
A_1	mm	176	176	176
H_2	mm	41	41	41
L	mm	55	55	55
d	Rp	$^3/_4$	1	$1^3/_4$
D	mm	50	50	50

Schaltleistung max. 10 W
Schaltspannung max. 230 V

199.3 Steuerung/Überwachung von Wasserwechselmaßnahmen in Großobjekten (Herst.ang.)

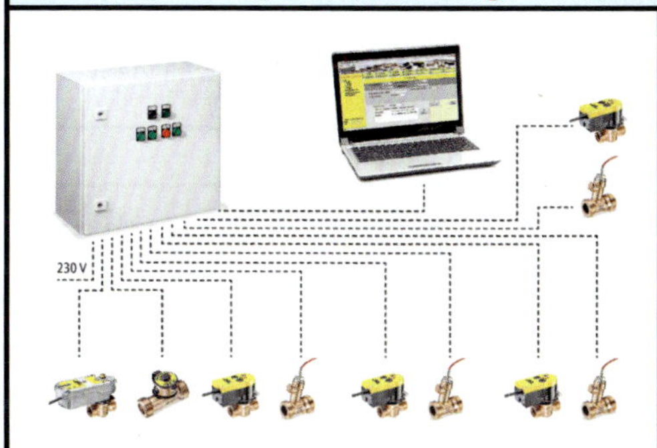

Anlagenbauteil	max. Kabellänge	Querschnitt mm
Vollstromabsperrventil mit Stellantrieb (24 V)	29/43/58 m 86/144/230 m	6 × 0,5/0,75/1 6 × 1,5/2,5/4
Vollstromabsperrventil (SA 230 V)	9500 m	4 × 1,5
Freier Auslauf, Ablaufüberwachg.	150 m	2 × 0,25
Durchflussmessarmatur	300 m	7 × 0,34[1)]
Timer-Vollstromabsperrventil (230 V)	10000 m	2 × 1,5/3 × 1,5
Systemsteuerungszentrale	10000 m	3 × 1,5
Temperaturmessarmatur 199.1	10000 m	4 × 2 × 0,6
Hygienespülung m. Steuerventilen	10000 m/100 m	3 × 1,5/5 × 0,5
CAN-Bus-Kabel nach DIN ISO 11898	40/300/600/ 1000 m	1 × 2 × 0,25/ 0,34/0,5/0,75

Eingabemaske des Hygienesystems

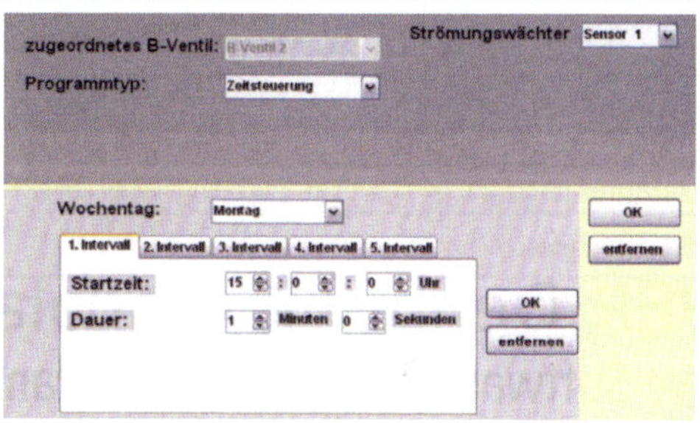

Spülprotokoll Trinkwasser kalt (Auszug Herstellerangabe)

Ort/Bezeichnung der Spüleinheit/Spülarmatur	Armatur	Spülart	Dauer	Entnahmemenge Volumen (in Liter)	Temp. Referenz	Temp. Entnahmestelle vor Spülung	Temp. Entnahmestelle nach Spülung
Raum 2.08	A-Ventil	Temp.	02:39	16	16,9 °C	24,0 °C	20,5 °C
Laden 5 Sa	Hygienespülung	Zeit	02:58	21,36			
Zimmer 16	A-Ventil	Temp.	03:00	23,94	17,3 °C	24,0 °C	20,6 °C
Raum 2.07	A-Ventil	Temp.	02:07	7,5	17,2 °C	24,0 °C	19,5 °C
Raum 2.08	A-Ventil	Temp.	02:16	15,2	17,0 °C	24,0 °C	20,3 °C
Zimmer 16	A-Ventil	Temp.	02:26	11,12	15,8 °C	24,0 °C	19,7 °C
Praxis 2 H	Hygienespülung	Zeit	02:58	21,36			
Raum 2.08	A-Ventil	Temp.	02:22	9,68	15,5 °C	24,0 °C	19,5 °C

199.4 Vollstromabsperrventil mit Stellantrieb, 24/230 V

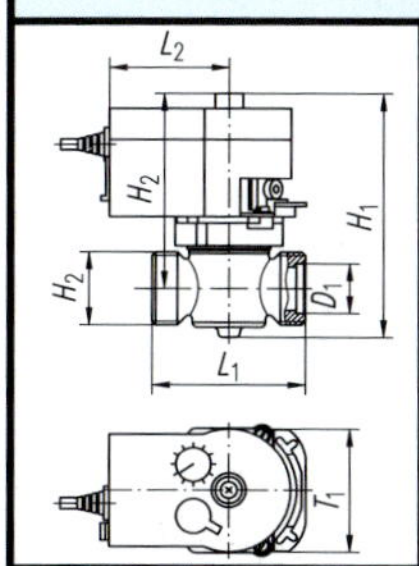

DN	DN	15	20	25	32
H_1	mm	135	135	140,5	146,5
H_2	mm	110	110	112,5	115,5
L_1	mm	68	73	88	93
L_2	mm	89	89	89	89
A_1	G	$^3/_4$	1	$1^1/_4$	$1^1/_2$
T_1	mm	72	72	72	72
D_1	mm	18	22,5	29	35
p	PN	16	16	16	16

Speisespannung 230 V AC/24 V AC/DC, 24 V max. Durchfluss 2 l/min nur in DN 15

199.5 Durchfluss-/Temperaturmessarmatur

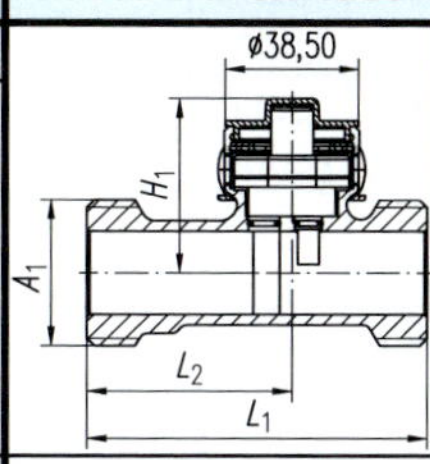

NW	DN	15	20	25
H_1	mm	46	48	50,5
L_1	mm	75	86	109
L_2	mm	40	49	70
A_1	G	$^3/_4$	1	$1^1/_4$
MB	l/min	3,5–50	5–85	9–150
k_{vs}	m³/h	8	14	19
Δp_1	mbar	6	7	9
Δp_2	mbar	25	26	35

Durchflussmessbereiche MB bei max. Durchflusswert k_{vs}, Druckverluste bei 1 m/s Δp_1, bei 2 m/s Δp_2

199.6 Hygienespüleinrichtung mit Zeitschalter für Zwangsspülungen Trinkwasser kalt/warm

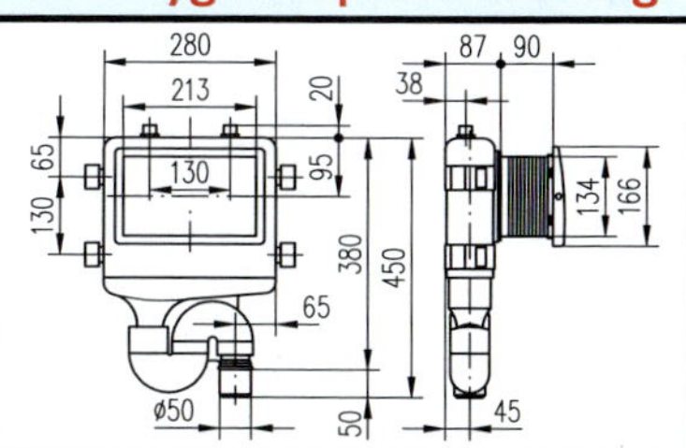

Einbau im Nassbau oder in der Vorwand in Reihen-/Ringleitungssystem
Stagnationswasser bei Wohnungsleerstand wird ausgespült
Spülung von Einzelzuleitungen, wenn keine Ringleitung installiert ist
$\dot{V}_{max.} = 0{,}12$ l/s bei 0 °C bis 70 °C und 0,5 bar bis 10 bar, 2× DN 15
Netzteil: 230 V/12 V DC Verbrauch: 7,2 W
Einstellmöglichkeiten: Spülintervall, Spüldauer und Fehleranalyse
Magnetventile, Filtersiebe und Geruchverschluss (d = 50 mm) integriert

200.1 Sanierungsmaßnahmen

Trinkwasserinstallation	speziell Warmwasserinstallation
• Demontage von Umgehungsleitungen, Reserveleitungen, Reserveabgängen an Verteilern • Demontage von nicht/wenig benutzten Leitungen (Gästez.) • Regelmäßiges Spülen wenig benutzter Leitungen (Füllleitung) zum Heizkessel, Gartenleitung im Winter • Schmutzentfernung in den Wasserleitungen durch Spülen mit Luft-Wasser-Gemisch (s. 216.1)	• Erhöhung der Warmwassertemperatur (Abgang Speicher) ≥ 60 °C • Einregulierung der Zirkulationsleitung, ϑ_{min} = 55 °C Eingang Speicher; Einbau thermisch gest. Regulierventile • In Abhängigkeit der Rohrleitung kann auch die WW-Temp. auf über 60 °C angehoben werden (Vorsicht bei verz. Leitung) • Dämmung von Warm- und Kaltwasserltg. sowie Armaturen • Wartung der Trinkwasseranlage, WW-Bereiter, Wasserfilter
Weitere Maßnahmen neben der Sanierung der Trinkwasserinstallation	
• Chemische Desinfektion mit Chlordioxid (s. 200.2 ff.) • Verfahren durch Wasseraufbereitungsfirma (UV-Behandlung, elektrolyt. Desinfektion, endständige Membranfilter)	• Thermische Desinfektion, WW-Temp. ≥ 70 °C, alle WW-Entnahmestellen nacheinander 3 Minuten mit dem heißen Wasser durchspülen

Typ		A	B	Dusche	C[2]
Membranfläche	cm^2	550	550	1 020	550
Filterfeinheit	µm	0,2	0,2	0,2	0,2
Durchfluss bei 1 bar	l/min	5,3	5,3	10,4	3,4
Durchfluss bei 3 bar	l/min	11,3	11,3	22,8	8,0
Durchfluss bei 5 bar	l/min	17,4	17,4	31,8	12,8
Maximaldruck	bar	5	5	5	5
Max. Wassertemperatur	°C[1]	60	60	60	60
Länge (ohne Adapter b. B)	mm	72	85	240	70
Lebensdauer (bis zu)	Tage	31	31	31	31

[1] Jeweils und 30 Minuten bei 70 °C über die Standzeit
[2] Inlineausführung mit 2 Adaptern (ohne Bild).

Maßnahme zur sofortigen Keimretention/-zurückhaltung, mittels Adapter leicht zu installieren (vgl. DVGW Twin 12)

200.3 Unterschiedliche Desinfektionsverfahren

Wirkung	UV-Desinfektion	Chlordioxid	Chlor	Endst. Membranfilter
Barrierewirkung	+	–	–	+
Depotwirkung	–	+	+	–
Beeinflussung der Wasserqualität	–	sehr gering	sehr gering	–
Korrosionswahrscheinlichkeit	–	sehr gering	sehr gering[1]	–
Wirkung auf vorh. Biofilm	–	+	–	–

[1] Je nach Chlorherstellung/-bereitstellung.

200.4 Chlordioxid als Desinfektionsmittel

- im Kalt- und Warmwassersystem einsetzbar
- hohe Leistungskraft (kein Einfluss durch pH-Wert)
- entfernt effektiv Biofilme, wirkt prophylaktisch
- zeigt hohe Wirksamkeit gegen Mikroorganismen
- bildet nur sehr wenige Desinfektionsnebenprodukte
- keine Geruchs-/Geschmacksirritationen
- geringere Zehrung als bei freien Cl_2, das bedeutet lange Standzeiten im System und somit wirksamer Langzeitschutz gegen Reinfektion
- die Chlordioxid-Konzentration ist mit der DPD-Methode/Elektrode messbar (Doku-Möglichkeit!)

Durch die Biofilmauflösung kann es nach Wiederinbetriebnahme zum Anstieg der Keimzahl kommen.

200.5 Chlordioxiderzeugungs- und Dosieranlage, Herstellerangabe

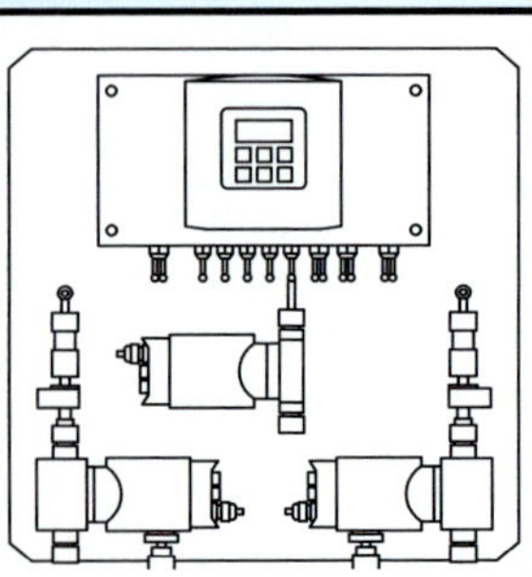

Dosierleistung	g/h	5
max. Betriebsdruck	bar	6
Umgebungstemperatur	°C	10–40
relative Luftfeuchtigkeit	%	< 92
Verdünnungswasser	bar	3–6
Batchvolumen ClO_2	l	0,8
Konzentration ClO_2	ppm	2 000
Dosierleistung gegen 10 bar	l/h	3
Dosierleistung gegen 5 bar	l/h	3,4
Spannung/Leistung	V/W	230/69
Abmessungen $H \times B \times T$ ca.	mm	s. Bild
Gewicht	kg	38

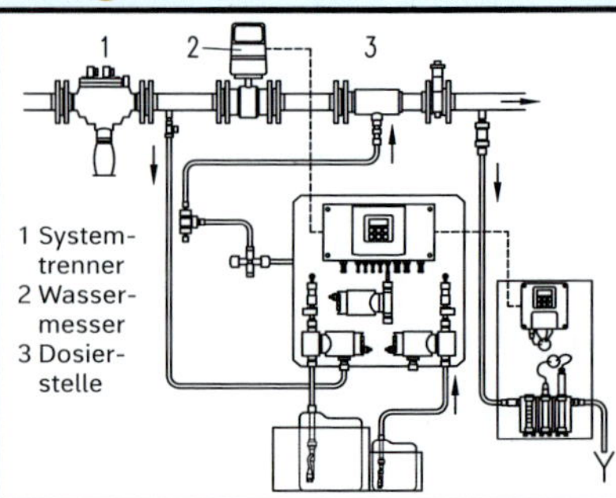

1 Systemtrenner
2 Wassermesser
3 Dosierstelle

201.1 Umkehrosmoseverfahren – Wirkung, Größenvergleich, Filterergebnis (Herst.angaben)

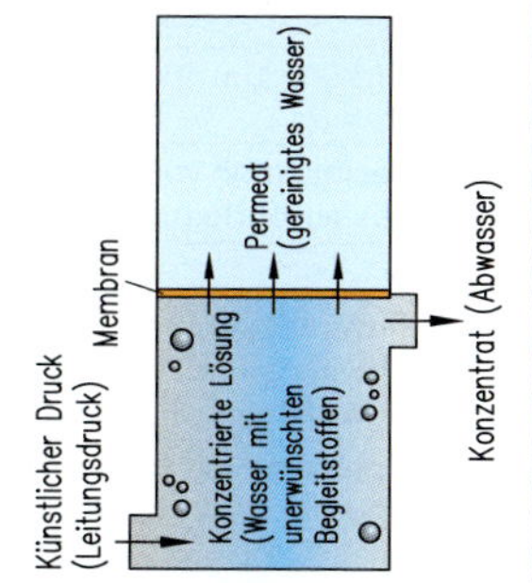

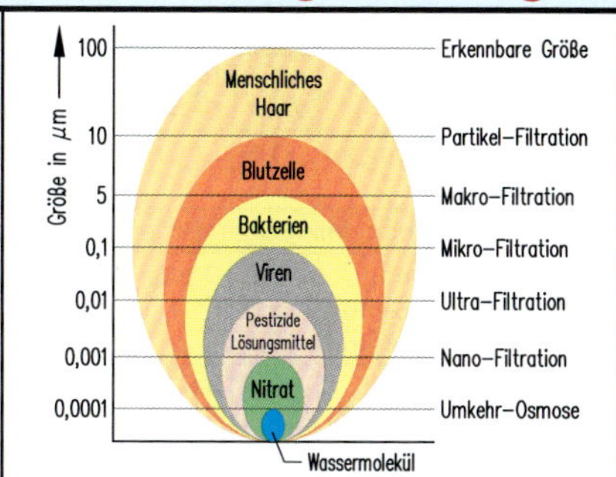

Stoff	Filter	Stoff	Filter
Aluminium	97 %	Bakterien	> 99 %
Blei	97 %	Cadmium	97 %
Chrom	90 %	Eisen	94 %
Fluoride	94 %	Herbizide	95 %
Kalium	95 %	Kalk	97 %
Magnesium	97 %	Natrium	96 %
Sulfate	98 %	Nickel	97 %
Nitrat	93 %	Nitrit	93 %
Phosphat	98 %	Pestizide	95 %
Polyphos-phat	98 %	Silikate	91 %
Zyankali	90 %	Medikamen-te	> 99 %

201.2 Stufen-Umkehrosmoseanlage (Herst.ang.)

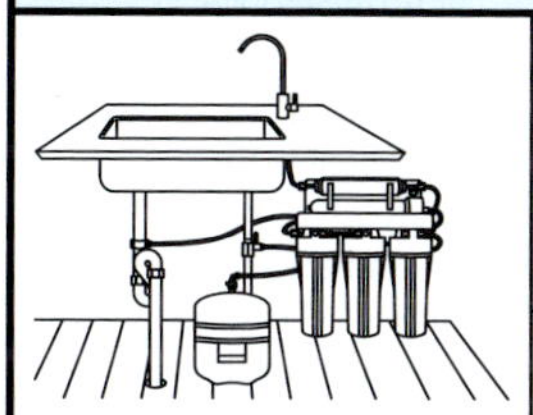

Permeatleistung in l/Tag	190
Verhältnis Osmose/Abwasser	¼
Min. Versorgungsdruck bar	3,5[1]
Edelstahlvorratstank *V* in l	12
Filterzahl	4
Membrane	1

[1] Bei < 3,5 bar Anlage mit Boosterpumpe erforderlich.

201.3 Hochdruckrohr-Umkehrosmoseanlage

Membranpore im Größenvergleich

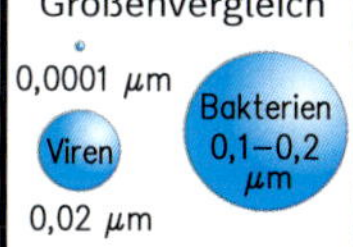

Permeatleistung	in l/h	160	180	200
Permeattank	*V* in l	50	100	100
Modulzahl		1	3	4
Hochdruckpumpe	kW	1,5	1,3	1,3
Höhe	in mm	750	850	1 250
Breite	in mm	355	580	800
Tiefe	in mm	560	580	260

Anschlüsse: KW R½, Permeat R¾, Konzentrat DN 10

201.4 Gestell-Umkehrosmoseanlage (Herstellerangaben)

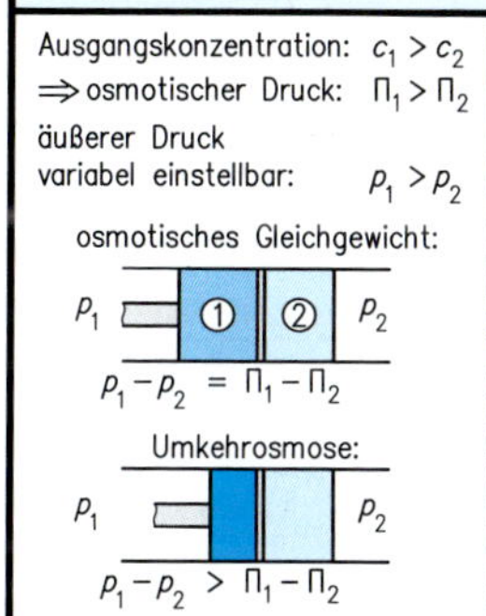

$\dot{V}_p$ l/h	Mod.	DN_{KW}	$DN_{Perm.}$	DN_{AbW}	*P* kW	*p* bar	*H* mm	*B* mm	*T* mm
40	1	10	10	10	0,25	10	1 000	600	260
80	1	10	10	10	0,25	10	1 250	600	260
150	1	15	10	10	0,55	14	1 250	600	260
300	2	15	10	10	0,55	14	1 250	800	260
600	2	20	15	15	1,5	21	1 380	645	450
800	3	20	15	15	1,5	21	1 380	645	450
1 000	4	20	15	15	3,0	21	1380	645	450
1 950	6	25	20	15	3,0	21	1 530	955	450
3 000	3/1[1]	40	32	25	4,0	16	1 740	4 100	900
6 000	5/2	40	40	32	5,5	16	1 740	4 100	900
10 000	8/3	50	50	50	11	16	1 740	4 100	900
12 000	9/3	50	50	50	15	16	1 740	4 100	900

max. Einspeisesalzgehalt 1 000 ppm
Zulaufdruck 2 bis 5 bar
Temperatur 10 bis 25 °C
Umgebungstemp. 5 bis 30 °C
Netzanschluss (40–300) 230 V
Netzanschluss (–12 000) 400 V
Leistungsdaten nach 3-jährigem Betrieb der Anlagen
Rückhalterate
Der maximal zulässige Permeatgegendruck beträgt 0,3 bar.

[1] Anzahl der Module/Druckrohre.

201.5 UV-Desinfektionsanlagen (Herstellerangaben)

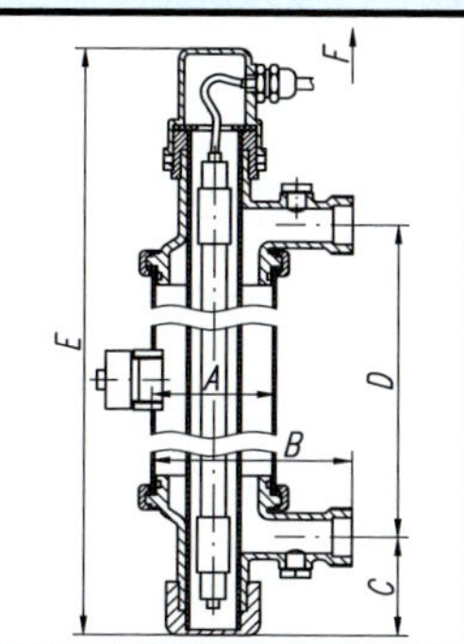

DN/R	m³/h	$\vartheta_{1/2}$ °C	$\vartheta_{3/4}$ °C	P_1 W	t_0 h	P_{uvc} W	P_A W	Str	*A* mm	*B* mm	*C* mm	*D* mm	*E* mm	*F* mm
¾	1,4	5/20	5/40	58	8 000	15	80	1	70	115	70	780	890	1 000
¾	1,8	5/20	5/40	58	8 000	15	62	1	70	115	70	780	890	1 000
1¼		5/30	5/40	80	10 000	21	180	1	114	128		909	1 013	1 000
2		5/65	5/40	200	10 000	76	220	1	114	140	60	1 128	1 263	1 200
80		5/30	5/40	80	10 000	21	500	3	219	420	135	940	1 165	1 000
80		5/65	5/40	130	10 000	52	450	3	219	359	135	910	1 135	1 000
100		5/30	5/40	80	10 000	21	550	5	406	693	162	1 476	1 529	1 300
100		5/30	5/40	100	10 000	34	680	6	406	646	162	1 255	1 529	1 300
150		5/30	5/40	100	10 000	34	880	8	508	752	194	1 255	1 588	1 300

$\vartheta_{1/2}$: Wassertemperatur min/max.; $\vartheta_{3/4}$: Umgebungstemp. min/max.; P_1: Strahlerleistung je Einheit; t_0: Strahlerlebensdauer; P_{uvc}: UVC-Leistung; P_A: Anschlussleistung; Str: Strahlerzahl

201.6 Ozonanlage (Herstellerangaben)

Leistg.	Luft Nm³/h	Trockenmittel	$\dot{V}_{Kühl\,H_2O}$	Trafolstg.	$DN_{Kühl\,H_2O}$	DN_{Ozon}	*H* mm	*B* mm	*T* mm	*M* kg	weitere Werte	
25 g/h	1,25	3 kg	40 L/h	1,1 kVA	15	15	1 900	800	500	330	Ozonkonz.	20 g/m³
45 g/h	2,25	3 kg	70 L/h	2,0 kVA	15	15	1 900	800	500	360	$p_{Betriebsgas}$	0,1–0,0 bar
140 g/h	7,00	12 kg	200 L/h	6,0 kVA	15	15	2 100	1 000	600	620	$\vartheta_{Umgebung}$	5–30 °C
350 g/h	17,50	12 kg	500 L/h	15,0 kVA	15	25	2 100	2 800	600	1 250	abs. Luftf.	≤ 20 g/Nm³

202.1 Wasseraufbereitungschemikalien, Desinfektion, Keimschutz, Enthärtung (Herst.ang.)

Wasserart	Härtebereich	°dH	Σ Erdalk. mol/m³	Karbonathärte °d	Chemikalie Konzentrat/Lösung	pH-Wert	P_2O_5-Gehalt	Dosierung Löslichkeit	Wirkung Einwirkdauer
Desinfektion eines Rohrleitungssystems: Entfernung des Biofilms nach 12-stündiger Einwirkzeit									
universal	1 bis 4	1 bis 21	0,2 bis 3,8		Chlordioxidlösung im Wasser[1]	1,6	CO_2: 3 g/l_{H_2O}	1 : 300–600 l H_2O	Desinfektion von Trinkwasserrohrleitungen
Entkeimung von Enthärtungsanlagen, Entfernung von Biofilmen, Mikroorganismen, Bakterien									
universal universal universal	s. o. s. o. s. o.	s. o. s. o. s. o.	s. o. s. o. s. o.		Chlordioxidlösung Chlordioxidkonzentrat Chlordioxidkonzentrat	1,6 8,1 10,1	3 g/l_{H_2O}	10 mg/l 370 g/l 370 g/l	Einwirkdauer: 3 Stunden Einwirkdauer: 10 Minuten Einwirkdauer: 10 Minuten
universal universal	s. o. s. o.	s. o. s. o.	s. o. s. o.		Chlordioxidlösung NaCl mit ClO_2 (0,6 %)	12,0 8,0	NaCl 25 % NaCl 99 %	ϱ : 1,21 g/cm³ ϱ : 1,11 g/cm³	Ionenaust. mit Elektrolyse Zusammensetzg. anwenderbest.
Vermeidung von Korrosion bei Kupferrohr und Mischinstallation									
sehr weich aggressiv	0 bis 1	0 bis 1		0 bis 8 (ab 8[2])	Alkaliwirkstoff Alkalilösung	12 12,9	3,45 % 1,40 %	1 : 20 H_2O [3]	vermindert Korrosion neutralisiert H_2CO_3
Schutzschichtbildung bei verzinktem Stahlrohr und Keimschutz									
weich aggressiv	1	1 bis 7	0,2 bis 1,3		Monophosphatkonz. Monophosphatlösung	4,5 4,5	59,0 % 4,1 %	1 : 20 H_2O [4]	minimiert die Korrosivität im Installationssystem
aggressiv kalkhaltig	2	7 bis 14	1,3 bis 2,5	bis 14	Polymonophosphatkonz. Polymonophosphatlösung mit Keimschutz	6,0 5,1	58,0 % 3,8 %	1 : 20 H_2O [4]	Aufbau: Calcium-Eisen-Phosphat-Schutzschicht, Innenrohrversiegelung
hart aggressiv	3	14 bis 21	2,5 bis 3,8	bis 14	Polymonophosphatkonz. Polymonophosphatlösung mit Keimschutz	7,3 4,45	62,0 % 4,0 %	1 : 20 H_2O [4]	stabilisiert KH, keine Kalkablagrungen, Innenrohrversiegelung
sehr hart	4	> 21	> 3,8	bis 18 darüber [2]	Polyphosphatkonzentr. Polymonophosphatlösung mit Keimschutz	6,6 5,85	68,0 % 3,9 %	1 : 20 H_2O [4]	neutralisiert H_2CO_3, hebt pH-Wert an, fördert Schutzschichtbildung
universal	1 bis 3	bis 21	bis 3,8		Alkaliphosphatsilitrat	11,8	[5]	0,1 l/$m^3_{H_2O}$	stabiler Schutzfilm
Trinkwasserbehandlung nach Enthärtungsanlagen (Ionenaustausch, teilenthärtetes Wasser) bei St-Rohr									
weich aggressiv	1 bis 2	1 bis 14	0,2 bis 2,5		Polymonophosphatkonz. Polymonophosphatlsg.	6,0 5,0	58,0 % 3,8 %	1:20 H_2O [3]	vermindert Korrosion, Resthärtestabilisierung
Kalksteinentfernung in Rohrleitungen, Trinkwassererwärmern, Umkehrosmose- und UV-Anlagen									
universal	1 bis 4	Kalksteinentfernung zur Verminderung des Legionellenwachstums			Kalklösersäurepulver Kalklösersäure Kalklösersäure	1,0 < 1 < 1	 2,8[6] 2,5[6]	1 : 10 H_2O 1 + 9 H_2O 2 + 8 H_2O	löst 480 g Kalk/1 kg Pulver löst 1 kg Kalk/1,1 kg Fluid löst 1 kg Kalk/1 kg Fluid
Aktivkohle und Vulkaneifelgestein zur Filtration, Pestizid-/Herbizidentfernung, Adsorption von Radium									
Fe, Al < 0,2 mg/l Mangan < 0,05 pH: 5–9, ggf. vorbehandelt	pH: 6 bis 8 universal	adsorbiert unerwünschte Geschmacks-/Geruchsstoffe Adsorption: Radium, Fe, Mangan, Pestizid, Herbizid			Aktivkohle Ø 1,4 mm Ball-pan-Härte: 96 % Vulkantuffgestein Ø 2 mm Schüttdichte 1 kg/l	Jodadsorption: 850 mg/g; BET-Oberfl.: 950 m²/g; Methylenblauadsorption: 200 mg/g, Schüttdichte 500 kg/m³ v_{Filter}: 5–20 m/h; $v_{Spül\,H_2O}$: 50–60 m/h; ϑ:10–12 °C; Freibordhöhe: 30–40 % Schnitthöhe; Schnitthöhe$_{ges}$: 1–2 m			

[1] Haltbarkeit der hergestellten wässrigen Lösung: 24 Stunden. [2] Bei Wässern mit mehr als 8 °d Karbonathärte ist zuvor eine Teilenthärtung vorzunehmen. [3] Verfahrensziel pH-Wert 7,4 bis 8,4; das Mineralstoffdosiergerät muss entsprechend eingestellt werden. [4] Bis zu 5 g P_2O_5/m³ Wasser ≙ 6,7 g PO_4/m³ Wasser ≙ 2,2 g P/m³ Wasser. [5] Poly-PO_4: 2 %; SiO_2: 1,9 %; Na_2O: 0,4 %; Dichte 1,04 kg/l. [6] Kalklösebedarf: verkalkte Fläche m² × Kalkstärke mm × 2,8 = kg Fluid; Dichte: 1,18 kg/l; Einwirkzeit: 3 Std.; Arbeitstemperatur: 20–40 °C.

202.2 Trinkwasseraufbereitungsverfahren

Verfahren	Typen, Wirkung: Schutz vor ...	DIN	Tab.
mechanisch wirkende Filter	Wechselfilter (Kartuschen), Klarfilter, Kalkschutzfilter, Rückspulfilter, Enteisenungsfilter, Aktivkohlefilter; Fremdpartikel, Korrosion, Kalk, Chlor	19628 EN 13443	203 204
elektrophysikalisches Enthärten Kationenaustausch	Nanokristallbildung, Schutz vor Kalkablagerungen in Rohren, TWE mittels Kochsalz NaCl, Aufsalzung, Chloriderhöhung; Kalkablagerung	EN 14743 19636	204.2
Mineralstoffdosieranlage	nicht einstellbar nach DIN 19812, Elekrolytische DIN EN 14095; Schutzschicht	19635	205.2
Umkehrosmose Teilentsalzg.	Entkeimung, Entfernung von Feststoffen, Pyrogenen durch semipermeable M.	EN 806-2	201
Chlordioxidbehandlung	Entkeimung von Trinkwasseranlagen, Entfernung v. Biofilm, Mikroorganismen		200.5
Ozondesinfektion	Vermischung von O_3 mit H_2O, Keim-/Bakterientötung		201.6
UV-Desinfektion	Bestrahlung mit Quecksilber-Niederdruckstrahler, UVC-Strahlung	EN 4897	201.5
Entkarbonisierung	Nichtkarbonhärte bleibt erhalten, Vorbehandlung erforderlich		204.3
Rieselentgasung	Entfernung von Kohlensäure, Schwefelwasserstoff, Kohlendioxid		205.3

203.1 Trinkwasserfilter und Aufbereitungsgeräte im Vergleich

Schadstoffe, Salze, Bakterien, Viren, Keime, organische Stoffe, Pestizide, Sedimente, Zucker	Sediment-filter	Aktivkohle-filter	Ionenaus-tauscher	Umkehr-osmose	Chlor-dioxidbeh.	Ozondes-infekt.	UV-Des-infektion
Arsen, Blei, Cadmium, Natrium, Sulfat, Ca, Mg, Phosphat, Chlorid, Fluorid, Nitrat, radioakt. Stoff	0 %	0 %	97 %	97 %	0 %	0 %	0 %
Colibakterien, Legionellen, Viren, Dioxine	0 %	0 %	teilw.	100 %	100 %	100 %	100 %
organische Stoffe, Chlor, Pestizide, THM, TEE	0 %	100 %	0 %	100 %	0 %	0 %	0 %
Sedimente, Asbest (*) nach Feinheit)	*) teilweise	*) teilweise	0 %	100 %	0 %	0 %	0 %

203.2 Volumenfilter, Festbettfilter DIN 19605

Filterart	v in m/h	Δp kPa	rückspülbar	Betrieb	-Schicht	Bauweise	Größe in m³	Zahl
Langsamf. offen	0,05–0,5	15	nein	einstufig, Eink.	Ein-	geschlossen (lie-	bis 10	bis 1
Schnellfilt. offen	7 –10	30	ja	Mehrkammer	oder	gend oder stehend)	bis 100	bis 1
geschlossen	10 –20	60	ja	mehrstufig	Mehr-	offen	bis 400	bis 4

203.3 Filter für die Hausinstallation, Wechselfilter, Klarfilter (Herstellerangaben)

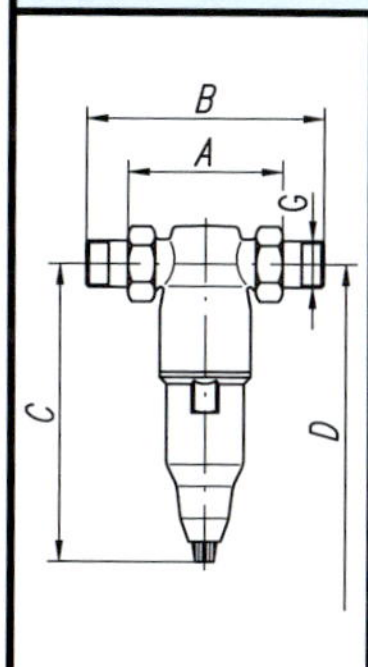

Anschluss DN	20	20	20	25	25	25	32	32	32	40	50	20	25	32	40	50
$\dot{V}$ m³/h / Δp = 20 kPa	3,0	3,0	5,5	3,5	3,5	7,0	4,0	4,0	7,5	9,0	12,0	4,0	4,0	5,5	13,5	14
$\dot{V}$ m³/h / Δp = 50 kPa		5,0	9,0		6,0	11,5		6,5	12,0	14,5	15,5	6,5	7,0	9,5	22,0	22
Länge *A* mm		100	130		100	130		105	130	140	140	100	100	100	125	125
Länge *B* mm		184	214		184	214		203	228	254	274	196	196	216	240	260
Höhe *C* mm	250	239	350	250	239	350	250	239	350	290	290	190	190	190	190	190
Bodenabstand *D*	350	350	530	350	350	530	350	350	530	450	450	1)	1)	1)	285	285
Überwurfmutter		1¼			1¼			1½		2¼	2¼	1¼	1¼	1½	2¼	2¼
Wandabstand mm	50	50		50	50		50	50		60	60	2)	2)	2)	3)	3)
Nenndruck MPa	1,6	1,0	1,6	1,6	1,0	1,6	1,6	1,0	1,6	1,0	1,0	1,0	1,0	1,0	1,0	1,0
Filterfeinheit µm	90	90	90	90	90	90	90	90	90	90	90	90	90	90	90	90
bis µm	110	110	125	110	110	125	110	110	125	110	110	Einbau senkrecht				

1) Geräte-UK bis Rohrmitte 170 mm. 2) Bedienungshöhe oben 150 mm unten 280 mm. 3) Unten 500 mm.

203.4 Schutzfilter mit Druckminderer, Rückspülfilter (Herstellerangaben)

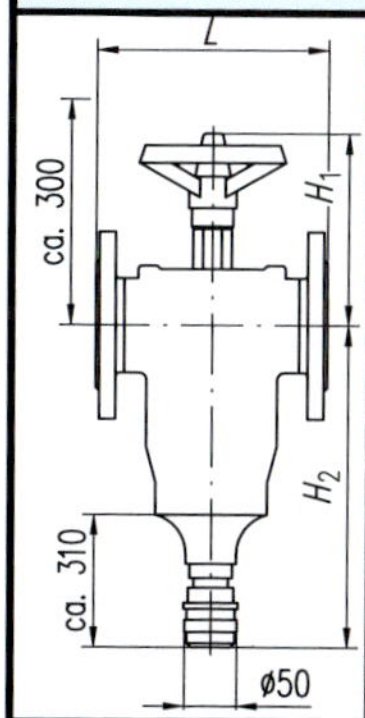

Anschluss DN	20	25	32	20	25	32	20	25	32	40	50	50	65	80	100	125
$\dot{V}$ m³/h / Δp = 20 kPa	4,0	5,5	6,5	3,0	3,5	4,0	3,0	3,5	4,0	9,0	12,0	20	22	36	85	100
$\dot{V}$ m³/h / Δp = 50 kPa	m. Druckmind.			Rückspülung			5,0	6,0	6,5	14,5	15,5	32	36	58	2)4)	2)4)
Länge *L* mm	122	122	142	Modul-anschluss			100	100	105	140	140	220	220	220	350	350
L_{ges} oder H_1 mm	130	130	150				184	184	203	254	274	230	230	230	160	180
C oder H_2 mm	350	350	350	350	350	350	278	278	278	370	370	400	400	400	510	520
Bodenabstand	315	315	315	350	350	350	400	400	400	450	450	310	310	310		
Lochkreis Ø mm	1) ¾	1) 1	1¼	1) ¾	1) 1	1¼	1¼	1¼	1½	2¼	2¼	1) 2	145	160	180	210
Wandabstand mm				50	50	50	50	50	50	60	60	2)3) Flansch			Flansch	
Nenndruck MPa	1,6	1,6	1,6	1,6	1,6	1,6	1,0	1,0	1,0	1,0	1,0	1,0	1,0	1,0	1,0	1,0
Filterfeinheit µm	90	90	90	90	90	90	90	90	90	90	90	90	90	90	100	100
bis µm	110	110	110	110	110	110	110	110	110	110	110	110	110	110		
Kanal-/Schlauch Ø	ohne			20	20	20	14	14	14	20	20	50	50	50	65	65

1) Anschlussgewinde R bzw. Überwurfmuttergewinde G. 2) Betriebsdruck 0,25/1 MPa. 3) Rückspülmenge V_R 30 l bei 0,4 MPa $\dot{V}_{Spül}$ = 1,7 l/s 4) $\dot{V}_R$ = 70 l $\dot{V}_{Spül}$ ≤ 4 l/s.

203.5 Hauswasserstation mit Druckminderer

Anschluss DN	20	25	32	40 1)	50 1)
$\dot{V}$ m³/h / Δp = 20 kPa	3,0	3,5	4,0	10,5	11,0
$\dot{V}$ m³/h / Δp = 50 kPa	4,0	5,0	6,0	16,0	16,5
Länge *A* mm	100	100	130	125	125
Länge *B* mm	184	184	228	295	260
Höhe *C* mm	350	350	360	550	550
Bodenabstand	350	350	350	670	670
Überwurfmutter	1¼	1¼	1½	2¼	2¼
Anschluss	Modul			Flansch	

Druck nach Druckminderung 200–600 kPa
Filterfeinheit unten/oben 90/111 µm
Nenndruck 1,6 kPa

1) Flansch 4-Loch.

203.6 Enteisenungsfilter

Voraussetzungen: Rohwasserzusammensetzung: pH >6,8; $KMnO_4$ Verbrauch < 20 mg/l; Oxidierbarkeit < 5 mg/l; CmHn = 0; Fe < 5 mg/l; Mn < 1 mg/l; Ammonium < 0,5 mg/l; Leitfähigkeit < 250 mS/m; KS 4,3 < 4 mmol/l

Anschluss DN	32 1)	32 1)	32 1)	32 1)
$\dot{V}_{max}$ in m³/h	1	2	3	5
Druckverlust kPa	20	30	50	100
$\dot{V}_{Spül\,min}$ in m³/h	1,8	3,2	5,6	7,2
$\dot{V}_{Spül\,max}$ in m³/h	2,3	3,8	7,0	9,0
Spülwasser in l	420	750	1 200	2 000
Höhe in mm	1 500	1 930	1 880	2 135
Wassereingang	1 335	1 765	1 715	1 965
Ø-Filter in mm	305	405	545	615
Filterkies kg	10	37	50	70
Menge in Sack	2	4	6	10

1) Außengewinde 1¼", p_{min} = 200 kPa p_{max} = 700 kPa, biologisch-katalytisch.

204.1 Aktivkohlefilter (Herstellerangaben)

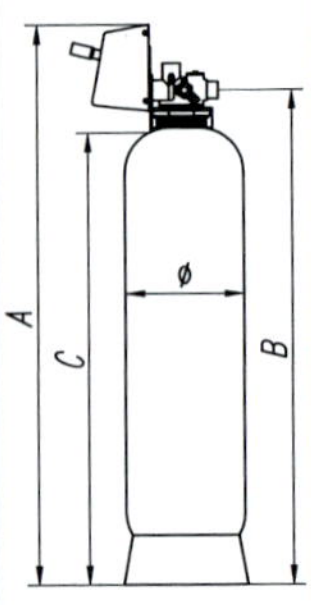

Anschluss DN	20	20	20	Funktionsvoraussetzungen		Rohwasser	Verf.	Ausrüstung
$\dot{V}$ m³/h / Δp = 100 kPa	2[1]	2,5	2,8	pH-Wert vor Ort	> 6,8	Fe < 5 mg/l	1	ERF
$\dot{V}$ m³/h / v = 10 m/h	0,3[1]	0,7	1,2	pH-Entmanganung	> 7,6	Mn < 0,1 mg/l		
$\dot{V}$ m³/h / v = 20 m/h		1,4	2,4	$KMnO_4$-Verbrauch	< 20 mg/l	O_2 > 2/7 mg/l		
$\dot{V}_{Spül}$ l/min / p = 400 kPa		25	25	Oxidierbarkeit	< 5 ms/l	Fe < 1 mg/l	2	ERF, Dosierstat.
Rückspüldauer min		5–10	5–10	Eisen	< 5 mg/l	Mn < 0,1 mg/l		m. Impfstelle ¼"
Höhe *A* mm	295	1 410	1 460	Mangan	< 1 mg/l	O_2 < 2 mg/l		Kontaktwz. l = 1
Anschluss *B* mm	500	1 275	1 350	Ammonium	< 0,5 mg/l	Fe < Mn	2	ERF, Dosierstat.
Flasche *C* mm		1 237	1 266	Schwefelwasserstoff	0	Mn < 1 mg/l		m. Impfstelle ¼"
ø Flasche mm	122	315	410	Leitfähigkeit	< 250 mS/m	O_2 > 1 mg/l		Kontaktwz. l = 1
Kiesfüllung kg		8	12,5	KS 4,3	< 4 mmol/l	Fe > 1 < 5 mg/l	3	ERF, ölfreier
Aktivkohle kg		25	50	Sauerstoffkonzentr.	vor Ort mess.	Mn > 0,1 < 1		Kompr., Oxida-
Gewicht kg		120	200	Kohlenwasserstoff	0	O_2 < 7 mg/l		tionsanschluss

[1] Δp = 20 kPa; $\dot{V}$ = 0,3 m³/h für optimale Kontaktzeit, Filterwirksamkeit 10 µm, PN 800 kPa; $p_{Betrieb\ min.}$ = 200 kPa

204.2 Kalkschutzanlagen, physikalische Wasserbehandlung, Nanokristallbildung (Herst.ang.)

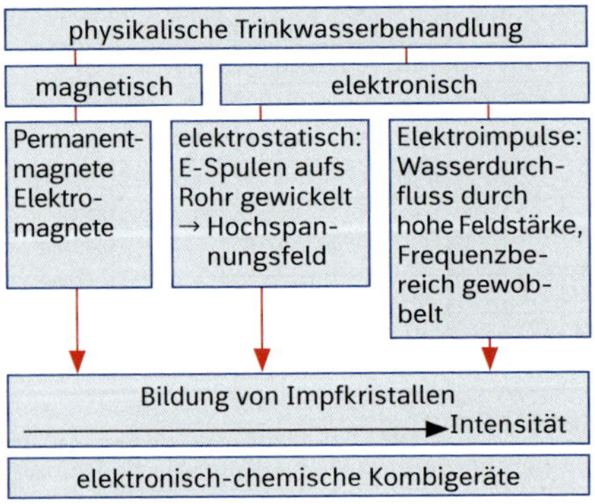

Anschluss DN (St: Standgerät)	25	25 St	40	40	50	50
Aufbereitungsleistung l/min	25	42	93	140	187	233
m³/h	1,5	2,5	5,6	8,4	11,2	14,0
Wohneinheiten	1	2–4	13–18	19–24	25–36	30–50
Aufbereitungskapazität m³	380	380	1 150	1 275	2 300	2 875
Kartuschenzahl	1	1	2	3	4	5
Druckverlust bei $\dot{V}_{Nenn}$ kPa	80	80	80	80	80	80
Höhe mm	1 100	1 130	1 280	1 280	1 280	1 280
Breite mm	320	310	560	560	825	825
Tiefe mm	200	280	470	470	470	470
Anschlusshöhe ü. OKFB mm	720	776	694	694	694	694
Gewicht kg	14	24	57	64	94	101
Standby-Leitung Wh	8	8	13	13	15	15
Elektrische Anschlusslstg. W	60	60	120	120	120	120

max. 40 °dH, Energieverbrauch: 0,055 kWh/m³, Nenndruck: 1 MPa

Einbauschema

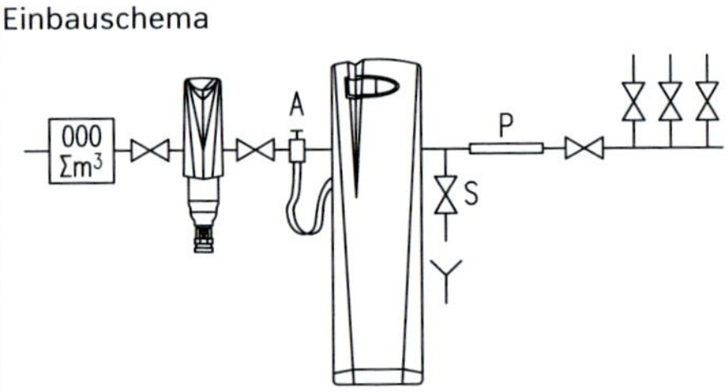

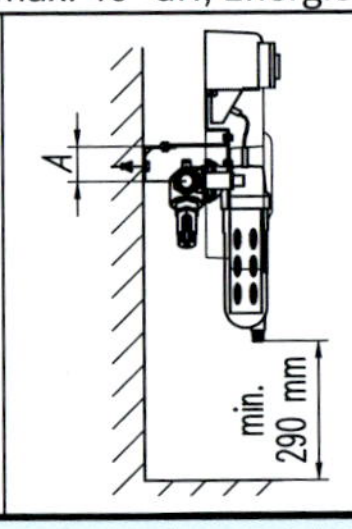

Anschluss DN	25	25	25
Aufbereitungslstg. max. l/min	25	25	25
Aufbereitungslstg. min. l/min	0,6	0,6	0,6
Aufbereitungskapazität m³			110
Filtrationsleistung m³/h	3	3	
Höhe mm	620	620	710
Breite mm	254	418	300
Wandabstand mm	80	80	80
Anschlusshöhe min. mm	450	450	420
Gewicht kg	10	11	11

204.3 Ionenaustauschanlage, Nennkapazität, Harzmenge, notw. Wasserbehandlung DIN 1988-200

Familienhaus	Personen	Nennkap.	Harz	Erläuterungen
1 bis 2	bis 5	1,6 mol	4 l[1]	Ausnahme:
3 bis 5	bis 12	2,4 mol	6 l	max. 1,5 × maximale
6 bis 8	bis 20	3,6 mol	8 l	Nennkapazität
9 und mehr	über 20	9,0 mol	15 l	[1] 80 l Wasser/Pers./Tag

$CaCO_3$ mmol/l	< 1,5 (8,4 °dH)	≥ 1,5 < 2,5	≥ 2,5 (14 °dH)
ϑ ≤ 60 °C	keine	keine	empfohlen[2]
ϑ > 60 °C	keine	empfohlen	muss[2]

[2] Stabilisierung oder (Teil-)Enthärtung mittels Weichwasseranlagen zum Schutz von insbesondere Trinkwassererwärmern

204.4 Anschluss- und Absperrarmatur mit Bypass, Weichwasserkontrollautomaten

Anschluss DN bzw. G	20	25	25	32	1¼	1¼	1¼
Nenndruck MPa	1,6	1,6	1,0	1,6	1,0	1,0	1,0
Ansprechdruck ÜSV kPa						80	
Anschlussbreite mm			60		60	76	76
Länge mm	122	122	122	142			
Länge mit Verschr. mm	210	205	204	238			
Rohrmitte bis Handrad mm			101		95	72	72
Rohrmitte bis Anschluss mm			45		78	114	114
Höhe Rohrmitte bis OK mm	130	130		150			
Anschlussnennweite R	¾AG	1AG	1¼AG				

Automat	A	B
Überwachung von	Gesamthärte	Gesamthärte Carbonathärte minus *m*-Wert *p*-Wert
$p_{Betrieb}$ kPa	10–800	10–800
WW-Zulauf mm	4 (6 × 1)	4 (6 × 1)
Ablauf mm	14	14
Leistung W	26	30
H × *B* × *T* mm	380 × 480 × 280	

205.1 Wasserenthärtungsanlagen (Ionenaustauscher) (Herstellerangaben)

Anschluss DN 32 G	1¼"	1¼" AG			1¼" AG			1¼"		1¼"	alle
Arbeitsbereich/Betriebsdruck kPa	200–800	250–800			150–600			200–800		200–800	PN 1 000 kPa
Nenndurchfluss [PN] m³/h	1	1,4 (1,7) [600 kPa]			1	2	2,5	1,7	1,4	1,5	Kanalanschluss
Druckverlust bei Nenndurchfluss kPa	50	70			40	80	130	80	80	100	DN 50
Nennkapazität (mol) m³ x °d	(2 x 1,1)	9 (1,6)	13 (2,4)	18 (3,2)	25	50	100	(2 x 1,3)	(2 x 1,2)	(2 x 5)	Netzanschluss
Harzmenge l (Wohneinheit)	2 x 3,5	(1–2)	(3)	(4)	10	16	28	2 x 5,4		2 x 14	230 V/50 Hz
Regeneriermittel pro Regeneration kg	0,25	0,35	0,5	0,8	1,2	2,9	5	0,25		1,2	Wassertemp.
Wassermenge pro Regeneration l	16	27	39	50	0,4 l/s			24		54	5–30 °C
Regeneriermittelvorrat kg	25	15			22	50	70	50		75	Lufttemp.
Höhe mm	610	630			650	1 095	1 340	890		1270	5–40 °C
Breite mm	410	390			325	325	325	500		900	[1] Anschluss
Tiefe mm	505	470/570			610	610	610	520		460	Außengewinde
Anschlusshöhe A_1 mm	413	495			498	952	1 185	630 [1]		960	G 1¼".
Anschlusshöhe A_2 mm	473	Anschlussbreite 60			Anschl.-Breite 245			690		1 020	[2] Überlauf
Anschlusshöhe Schlauch mm	295	Sicherheitsüberlauf 283			260	706	928	580		915 [2]	475 mm.

205.2 Mineralstoff-Dosiergeräte (Herstellerangaben)

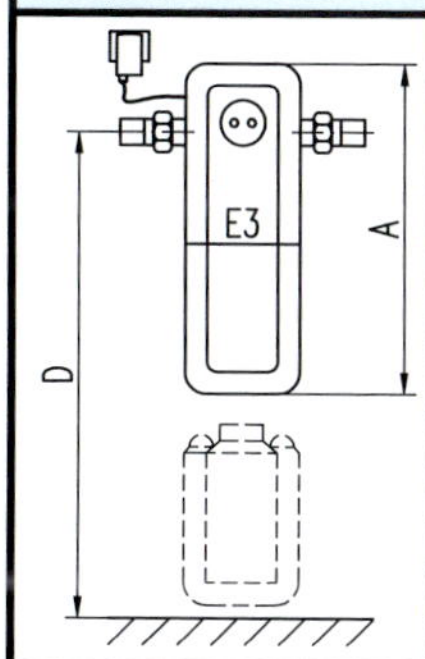

Anschluss DN (Außen R)			20-25	25–32	25 (1")	40 (1½)	50 (2)
Arbeitsbereich Durchfluss m³/h	0,03–3,5		0,03–3,5	0,03–3,5	0,03–10	0,1–15	0,1–30
untere Anlaufgrenze l/h	30		30	30	30	100	100
zulässiger Dauerdurchfluss	50 %		50 %	50 %	100 %	100 %	100 %
Druckverlust bei max. q kPa			80	80	80	40	80
Dosierabstand l		0,66	0,53	0,53	2	2	2
behandelte Wassermenge/Ladung m³	30	100/200	30	200	200	200	400
Dosiermenge (einstellbar) ml/m³		100	100	100	100 (einstellbar)		
Wirkstoffbehälterinhalt kg					20	20	20
Höhe A mm	400	240	400	240			
Ansaughöhe c mm		1500		1 500	1 000	1 000	1 000
Tiefe (Einbaulänge o.V.) mm			317	317	(260)	(300)	(270)
Mindesteinbauhöhe mm	560		560				

Nenndruck: 1 MPa; Wassertemperatur max.: 30 °C; Umgebungstemperatur max.: 40 °C; Netzanschluss: 230 V/50 Hz

205.3 Rieselentgaser, physikalische Entfernung von Kohlensäure und Schwefelwasserstoff (Herst.ang.)

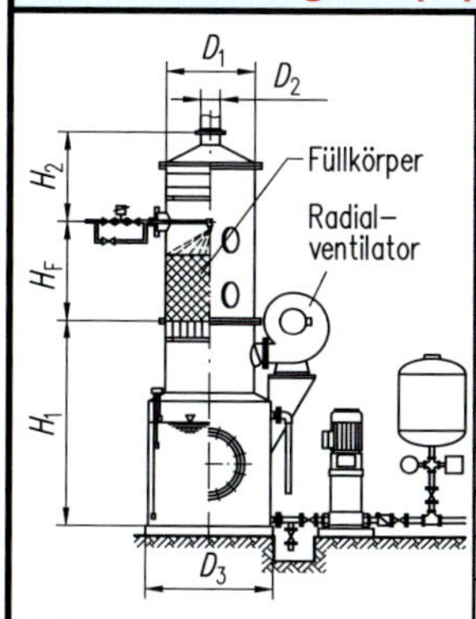

Nennleistung m³/h	1,75	3,0	5,0	8,0	12	15	20	25
Leistungsbereich min. m³/h	1,0–	2,4–	3,5–	6,0–	9,0–	12–	16–	22–
Leistungsbereich max. m³/h	2,5	4,5	7,0	10,0	14,0	18	24	28
Durchmesser D_1 mm	300	400	500	600	700	800	800	1 000
Bauhöhe $H_F + H_2$ mm	2310	2390	2430	2520	2580	2630	2830	3040
Luftaustritte D_2 mm	110	125	140	180	200	225	225	280
Schichthöhe H_F mm	1600	1600	1600	1600	1600	1600	1800	1800
Füllkörpermenge l	115	200	315	450	615	800	900	1415
Gebläseleistung m³/h	300	550	850	1200	1700	2100	2500	3200
$V_{Auffangbehälter}$ m³	0,7	0,7	1,0	1,4	1,4	2,5	2,5	2,5
Durchmesser D_3 mm	1000	1000	1200	1200	1200	1400	1400	1400
Höhe Auffangbehälter mm	1500	1500	1500	1900	1870	2320	2320	2320
Gesamthöhe $H_1+H_F+H_2$ mm	3810	3870	3930	4420	4450	4950	5150	5335

Anlagenauslegung für max. 250 mg/l freies $CO_2 = H_2CO_3$-Gehalt mit 15 °d KH

205.4 Druckfilter (Herstellerangabe)

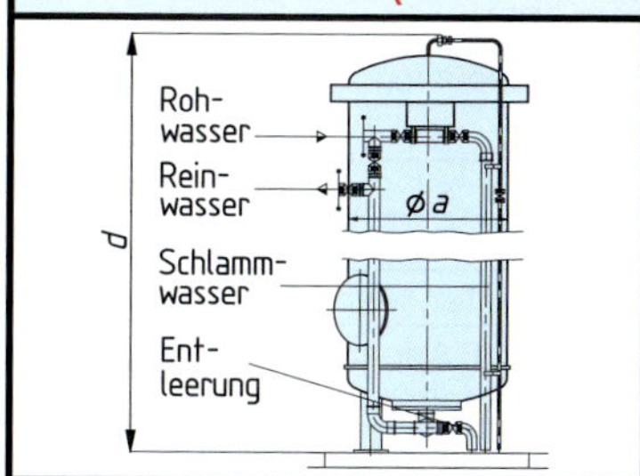

$\dot{V}$ in m³/h[1]	Abwasser	ø mm	d	Höhe[2]	Tiefe[2]	Breite[2]	Anschl.
0,4–1,0	0,78 l/s	350	1840	2030	1700	800	DN 25
1,2–2,5	1,30 l/s	450	1860	2030	1850	870	DN 25
1,7–3,5	1,95 l/s	550	2190	2300	1950	1000	DN 25
2,5–5,0	2,78 l/s	650	2220	2350	2100	1070	DN 32
3,5–7,5	4,2 l/s	800 × 1500		2550	2350	1300	DN 40
4,5–8,0	4,2 l/s	800 × 2000		3050	2350	1300	DN 40
6,5–9,0	4,2 l/s	800 × 2500		3550	2350	1300	DN 40

[1] $\dot{V}$ abhängig von Wasserqualität und Füllungsgrad.
[2] Empfohlenes Raummaß.

206.1 Minimierung von Stagnation — DIN 1988-100

- möglichst kurze Rohrleitungsführung
- keine Überdimensionierung der Rohrquerschnitte
- stark genutzte Entnahmestellen am Ende von Stichleitungen
- Warmwasserspeicher so klein wie möglich auslegen
- unmittelbarer Anschluss SV, thermische Ablaufsicherung max. 10 × DN
- Löschwasser nach DIN 1988-600 von Trinkwasserinstallation trennen
- fachgerechte Dämmung der Kalt- und Warmwasserleitungen
- Vorgaben zur Warmwassertemp. (Legionellenpräv.) einhalten
- an allen Entnahmestellen regelmäßig Trinkwasser zapfen
- < 6 Monate nicht benutzte Anlagen am Hausanschluss absperren, vor Inbetriebnahme Leitungen gründlich nach DIN EN 806-4 spülen
- bei gelegentlich genutzten Leitungen alle 4 Wochen Wasser wechseln
- stillgelegte Abschnitte von der Installation am Abzweig trennen
- Stagnationswasser sollte nicht getrunken noch zur Zubereitung von Speisen und Getränken verwendet, sondern anderweitig genutzt werden

206.2 Flüssigkeitskategorien, Einteilung — DIN EN 1717

Kat.	Flüssigkeit, Gefährdung für Menschen
1	Wasser für den menschlichen Gebrauch, das direkt aus der Trinkwasserinstallation entnommen wird
2	Flüssigkeiten, die die Gesundheit nicht gefährden, die für den menschlichen Gebrauch geeignet sind, z. B. Wasser aus TW/TWW, das in Geschmack, Geruch, Farbe oder Temperatur verändert ist.
3	Flüssigkeit, die die Gesundheit durch giftige Stoffe gefährdet. $LD_{50} \leq 200$ mg/kg Körpergewicht
4	Flüssigkeit, die die Gesundheit durch giftige oder besonders giftige Stoffe oder radioaktive, mutagene oder kanzerogene Substanzen gefährdet, $LD_{50} > 200$ mg/kg Körpergewicht
5	Flüssigkeit, die die Gesundheit durch mikrobielle oder virale Erreger übertragbarer Krankheiten gefährdet

206.3 Bestimmung der Flüssigkeitskategorie für den erforderlichen Schutz — DIN EN 1717

Kat.	Wasser für den menschlichen Gebrauch	Kat.	Trinkwasser für anderen Gebrauch
1	Trinkwasser	2	Kochen von Lebensmitteln
1	Wasser unter hohem Druck	3	Lebensmittelbetrieb: Früchte, Gemüse waschen
2	Stagnationswasser [1]	5	Früchte, Gemüse-, Vorwasch- und Waschwasser [2]
2	gekühltes Wasser	5	Waschen/Vorwaschen von Geschirr/Küchengerät
2	heißes Wasser im Sanitärbereich	3	Spülwasser von Geschirr/Küchengerät
2	Dampf (in Kontakt mit Lebensmitteln, frei von Additiven)	3	Heizungswasser ohne Additive, Spülkastenwasser
		5	Abwasser, Wasser von Körperreinigung
2	behandeltes Trinkwasser innerhalb Gebäude	5	Schwimmbecken-, Waschmaschinenwasser
[1] Manche Stoffe erhöhen das Risiko (z. B. Temperatur).		5	WC-Wasser, Wasser für Tiertränken
[2] Für das Spülwasser Kategorie 3.		3	steriles oder demineralisiertes Wasser

Kat.	Wasser mit Additiven oder in Kontakt mit flüssigen oder festen Stoffen, andere als Kategorie 1	
3/4	enthärtetes Wasser nicht zum menschlichen Gebrauch bestimmt	Abgrenzung Kat. 3 bei $LD_{50} \leq 200$ mg/kg Körpergewicht gemäß EU-Richtlinie 93/21, EEG
3/4	Wasser + Korrosionschutzmittel nicht für den menschlichen Gebrauch best.	
3/4	Wasser + Frostschutzmittel, Wasser + Algizide, Wasser + Waschmittel	
3/4	Wasser + oberflächenaktive Stoffe, Wasser + Desinfektionsmittel n. f. Menschen	
3/4	Wasser und Detergentien, Wasser + Kühlmittel	
2	Trinkwasser + flüssige Lebensmittel (Fruchtsaft, Kaffee, Suppe ...)	
2	Trinkwasser + feste Lebensmittel, Trinkwasser + alkoholische Getränke	

Fluidkategorie der Wärmeträger von Trinkwassererwärmern DIN EN 1717 (s. 400 f.)

206.4 Trennung durch Einzel- oder Doppelwände, Installationsmatrix

Trennung	besteht aus
einwandig	fester und abgedichteter Bereich/Behälter; eine Seite Kontakt mit Trinkwasser, andere Seite Kontakt mit Fluid
doppelwandig	mind. 2 feste und abgedichtete Bereiche/Behälter; bildet neutrale Zwischenzone zwischen Trinkwasser und Fluid
Zwischenzone enthält Gas oder Flüssigkeit Kat. 1, 2 o. 3	

Installationsmatrix, Flüssigkeitskategorie

Druck	1	2	3	4	5
p = atm			X[1]		
p > atm					

[1] Ausfüllen je nach Parameter, Marke im betreff. Feld.

p = atm	Sicherungspunkt o. Apparat-Anschlussstelle befindet sich oberhalb max. Wasserspiegel
p > atm	Sicherungspunkt unterhalb max. Wasserspiegel

207.1 Symbole der Sicherungseinrichtungen, zugeordnete Flüssigkeitskategorien DIN EN 1717

Symbol		Sicherungseinrichtung Flüssigkeitskategorie	1	2	3	4	5
AA	1	ungehinderter freier Auslauf	–	×	×	×	×
AB	2	freier Auslauf mit nicht kreisförmigem Überlauf (uneingeschränkt)	–	×	×	×	×
AC	3	freier Auslauf mit belüftetem Tauchrohr und Überlauf, Mitlauf	–	×	×	–	–
AD	4	freier Auslauf mit Injektor	–	×	×	×	×
AF	5	freier Auslauf mit kreisförmigen Überlauf (eingeschränkt)	–	×	×	×	–
AG	6	freier Auslauf mit Überlauf durch Versuch mit Unterdruckprüfung bestätigt	–	×	×	–	–
BA	7	Rohrnetztrenner mit kontrollierbarer Mitteldruckzone	×	×	×	×	–
CA	8	Rohrtrenner mit unterschiedlichen, nicht kontrollierbaren Druckzonen	×	×	×	–	–
DA	9	Rohrbelüfter in Durchflussform	o	o	o	–	–
DB	10	Rohrunterbrecher mit beweglichen Teilen	o	o	o	o	–
DC	11	Rohrunterbrecher mit ständiger Verbindung zur Atmosphäre	o	o	o	o	o
EA	12	kontrollierbarer Rückflussverhinderer	×	×	–	–	–
EB	13	nicht kontrollierbarer Rückflussverhinderer	1)				
EC	14	kontrollierbarer Doppelrückflussverhinderer	×	×	–	–	–
ED	15	nicht kontrollierbarer Doppelrückflussverhinderer	1)				
GA	16	Rohrtrenner, nicht durchflussgesteuert	×	×	×	–	–
GB	17	Rohrtrenner, durchflussgesteuert	×	×	×	×	–
HA	18	Schlauchanschluss mit Rückflussverhinderer RV	×	×	o	–	–
HB	19	Rohrbelüfter für Schlauchanschluss	o	o	–	–	–
HC	20	automatischer Umsteller, z. B. für Handbrause	1)				
HD	21	Rohrbelüfter für Schlauchanschluss kombiniert mit RV (Sicherungskombination)	×	×	o	–	–
LA	22	druckbeaufschlagter Belüfter	o	o	–	–	–
LB	23	druckbeaufschlagter Belüfter kombiniert mit nachgeschaltetem RV	×	×	o	–	–

Bei Überflutgefahr keine Einrichtungen mit atmosphärischer Belüftung (AA, BA, CA, GA, GB ...) einbauen.
1) Nur für bestimmten häuslichen Gebrauch. × erlaubt; o nur erlaubt, wenn p = atm; – nicht erlaubt; - trifft nicht zu

207.2 Sicherungseinrichtungen für Entnahmestellen und Apparate DIN EN 1717

Entnahmestelle, Apparat	Kategorie	erlaubte Sicherung
Brause an Waschbecken, Spülbecken, Dusche, Badewanne; ausgenommen WC und Bidet	5	Kategorie 2 und EB, ED, HC
Badewanne mit Einlauf unterhalb der Oberkante	5 1)	Kategorie 3
Entnahmearmaturen mit Schlauchverschraubung im häusl. Bereich	5 1) 2)	Kategorie 3
Beregnungsanlagen für Grünflächen – Unterfluranlage	5 1)	Kategorie 4

1) Der Einbauort der Sicherungseinrichtung muss über dem maximalen Betriebswasserspiegel sein (p = atm).
2) Vorgesehen für Waschen, Reinigen oder Gartenbewässerung.

Die Sicherungseinrichtungen müssen im häuslichen Bereich Bestandteil der Entnahmearmaturen und Apparate sein. Sonst müssen diese an der Anschlussstelle eingebaut werden.

208.1 Sicherungseinrichtungen, Konstruktionsprinzip — DIN EN 1717

Symbol	Armatur Grafik	Einrichtung Grafik	Konstruktionsprinzip	Definition; Anforderungen an den Einbau
AA	1	24	47	Ungehinderter freier Auslauf; Zulauf, Schwimmerventil fest, $a \geq 3 \times d$, Wasserstrahl senkrecht in Behälter, nicht im Überflutraum
AB	2	25	48	Fr. A. mit nicht kreisförmigem Überlauf; Zulauf, Schwimmerventil fest, Einlauf darf nicht mit Ablauf in Berührung kommen, s.o.
AC	3	26	49	Fr. A. mit belüftetem Tauchrohr und Überlauf; Zulauf, Schwimmerventil fest, nicht im Überflutungsraum, bakteriologische Barriere
AD	4	27	50	Fr. A. mit Injektor; Zulauf, Schwimmerventil fest, nicht im Überflutungsraum, nicht verwechseln mit Schutz vor Rückstau im Gebäude
AF	5	28	51	Freier Auslauf mit kreisförmigem Überlauf (eingeschränkt); Zulauf, Schwimmerventil fest, Einlauf getrennt vom Ablauf
AG	6	29	52	Fr. A. mit Überlauf durch Versuch mit Unterdruckprüfung bestätigt; Zulauf, Schwimmerventil fest, Einlauf getrennt von Ablauf
BA	7	30	53	Rohrtrenner mit kontrollierbarer reduzierter Mitteldruckzone; $p_1 - p_i > 14$ kPa, Öffnen: $p_1 - p_i \leq 14$ kPa, Trennen solange $p_1 \leq 14$ kPa
CA	8	31	54	RT mit unterschiedlichen, nicht kontrollierbaren Druckzonen; Trennen: $p_i - p_1 < 10\,\%\ p_1$, Mitteldruckzone gewährleistet Abfluss
DA	9	32	55	Rohrbelüfter in Durchflussform; Einbau: $h > 300$ mm über max. Flüssigkeitsspiegel 69
DB	10	33	56	Rohrunterbrecher mit beweglichen Teilen; Einbau: $h > 150$ mm über max. Flüssigkeitsspiegel 70
DC	11	34	57	RU mit ständiger Verbindung zu Atmosphäre; $h > 150$ mm, keine Absperrung nach DB, DC 71
EA	12	35	58	Kontrollierbarer Rückflussverhinderer; öffnet automatisch, wenn zulaufseitiger Druck größer als nach der Armatur ist.
EB	13	36	59	Nicht kontrollierbarer RV versehen mit Verschluss, der Durchfluss nur in eine Richtung erlaubt; öffnet automatisch s.o.
EC	14	37	60	Kontrollierbarer Doppel-RV; öffnet automatisch, wenn der Druck auf der Zulaufseite größer als nach der Armatur ist, schließt bei $q = 0$
ED	15	38	61	Nicht kontrollierbarer Doppel-RV; öffnet wie EC, bei höherem Druck nach der Armatur o. $q = 0$, schließt mittels Feder oder Mechanik
GA	16	39	62	Rohrtrenner, nicht durchflussgesteuert; Durchfluss: $p_f \leq p_s + 50$ kPa, öffnen: $p_s \geq p_{Stat} + 50$ kPa, entleert: $p_e \geq p_s - 36$ kPa, drei Zonen
GB	17	40	63	RT durchflussgesteuert; Durchfluss: $\Delta p_{Eingang/Ausgang} \geq 15$ kPa, Durchflussstellung: $\Delta p < 100$ kPa, zwei Druckzonen (vor/nach Armat.) RT in Trennstellung: $q = 0$, Drei Zonen nach Entleerung
HA	18	41	64	Schlauchanschluss mit RV; Betrieb: RV offen, Belüftung zu, max. Wassersp. $h > 200$ mm, Einbau: 72
HB	19	42	65	Rohrbelüfter für Schlauchanschlüsse; Einbau: Betrieb: Öffnungen verschlossen, max. Wassersp. $h > 250$ mm 73
HC	20	43	66	Belüftungsarmatur für Schlauchanschlüsse; Einbau: Belüftung: 1 absperren oder 2 Unterdruck, $h > 250$ mm 74
HD	21	44	Rückflussverhind. EB+Rohrbelüfter HB	RB für Schlauchanschlüsse kombiniert mit RV (Sicherungskombination); $h \geq 250$ mm, Einbau: 75
LA	22	45	67	Druckbeaufschlagter Belüfter, bei Unterdruck öffnend ($p <$ atm); Betriebsdruck: zu, $h > 300$ mm 76
LB	23	46	68	Druckbeaufschlagter Belüfter, bei Unterdruck öffnend; LB ist LA + EB (ablaufseitig) $h > 300$ mm 77

209.1 Auswahl von Sicherungseinrichtungen für Entnahmestellen, Apparate DIN 1988-100

+ zugelassen, o zugel. für p = atm	AA	AB	AD	DC	AF	BA	DB	GB	AC	AG	CA	DA	GA	HA	HD	LB	EA	EC
Symbol / Apparat																		
Aktivkohlefilter, bei chem. Apparaten	+	+	+	o														
Badelifter	+	+	+	o														
Badewanneneinlauf unter Wannenrand	+	+	+	o		+	o	+			+[1]	o	+	o	o	o		
BWE mit integrierter Absicherungsarmatur unterhalb Wannenrand[2]	+	+	+	o	+	+	o	+										
BWE unter Wannenrand, nicht häuslich	+	+	+	o														
Behälterbefüllung (Tankwagen)	+	+	+	o														
Beregnungsanlage, Überfluranlage	+	+	+	o	+	+	o	+	+	+	+[1]	o	+	o	o			
Beregnungsanlage, Unterfluranlage	+	+	+															
Chemikalienzumischanl. (Dünger, Desinf.)	+	+	+	o	+	+	o	+										
Chemischer Reinigungsapparat	+	+	+	o	+	+	o	+										
Dialysegerät ohne Desinfektion (s. u.)	+	+	+	o														
Druckerei, Repro, fotografischer Betrieb	+	+	+	o	+	+	o	+										
Enthärtungs- und Entsäuerungsanlage:																		
Regeneration ohne Säuren und Basen	+	+	+	o	+	+	o	+	+	+	+[1]	o	+	o	o	o		
Regeneration mit Säuren und Basen	+	+	+	o	+	+	o	+										
Desinfekt. mit Formalin zur Dialyse	+	+	+	o	+	+	o	+										
Schlauchanschluss, häuslich (Gartenv.)	+	+	+	o	+	+	o	+	+	+	+[1]	o	+	o	o	o		
Feinfilter < 80 µm	+	+	+	o														
Filmentwicklungsmaschine	+	+	+	o	+	+	o	+										
Fischbecken	+	+	+	o														
Fleisch-/fischverarbeitende Maschine	+	+	+	o														
Galvanische Anlage	+	+	+															
Gasentwickler, z. B. Acethylen	+	+	+	o	+	+	o	+										
Geschirrspülbrause mit Rückholfeder	+	+	+	o														
Getränkeautomat ohne H_2CO_3 (Kaffee)	+	+	+	o	+	+	o	+	+	+	+[1]	o	+	+	+	+	+	+
Gläserspüleinrichtung in Gaststätten	+	+	+	o														
Großkochgeräte: Kochkessel mit Rückkühler o. Dampfraum autom. wasserbefüllt	+	+	+	o	+	+	o	+	+	+	+[1]	o	+	+	+	+	+	+
Wasserbad, Heißumluftgerät, Kochkessel	+	+	+	o														
Heizungsfülleinrichtung: mit Inhibitoren	+	+	+	o	+	+	o	+										
Wasser ohne Inhibitoren	+	+	+	o	+	+	o	+	+	+	+[1]	o	+	o	o	o		
Hochdruckreiniger mit/o. Chemikalien	+	+	+	o	+	+	o	+										
Kartoffelschälmaschine	+	+	+	o														
Kartoffelstärkeabscheider	+	+	+	o														
Keimfreies Wasser mit Desinfektion	+	+	+	o	+	+	o	+										
Kleinstwasserbehandlung, Umkehrosmose	+	+	+	o														
Kühlkreislauf, Kühltürme	+	+	+															
Labortische, chemisches Labor	+	+	+	o	+	+	o	+										
Labortische, bakteriologisches Labor	+	+	+	o														
Medizinische Einrichtungen	+	+	+	o														
Melkmasch., Spülautomat Desinfektion	+	+	+	o	+	+	o	+										
Regenwassernutzung	+	+	+	o														
Getränkeleitungsreinigung Gaststätten	+	+	+	o	+	+	o		+	+	+[1]	o						
Röntgenapparat, Kühlung	+	+	+	o	+	+	o	+	+	+	+[1]	o	+	+	+	+	+	+
Schwimm-/Badebecken: (Nach-)füllen	+	+	+	o														
mit Aufbereitung und Desinfektion	+	+	+	o	+	+	o	+										
Spül-/Reinigungsgerät f. Abwasserleitung	+	+	+	o														
Sterilisator: desinfiz., verpacktes Material	+	+	+	o	+	+	o	+	+	+	+[1]	o	+	o	o	o		
für kanzerogenes Material	+	+	+	o	+	+	o	+										
für Labor- und Dampfdesinfektion	+	+	+	o														
Stiefelwaschanlage	+	+	+	o	+	+	o	+										
Umkehrosmoseanlage: Dead-end-Betrieb	+	+	+	o														
im Cross-flow-Betrieb	+	+	+	o	+	+	o	+										
Unterwassermassageanlage	+	+	+	o														

210.1 Auswahl v. Sicherungseinrichtungen für Entnahmestellen, Apparate (Fortsetzung) DIN 1988-100

+ zugelassen, o zugel. für p = atm	AA	AB	AD	DC	AF	BA	DB	GB	AC	AG	CA	DA	GA	HA	HD	LB	EA	EC	HB	LA	EB	ED	HC
Symbol / Apparat																							
Entkarbonisierung: Getränkebereiter, gew. Spülm.	+	+	+	o	+	+	o	+		+	+[1]	o	+	o	o	o	+	+			+	+[4]	
Frisörsalon, Rückwärtswaschanlage[3]	+	+	+	o	+	+	o	+	+	+	+[1]	o	+	+	+	+	+	+	o	o	+	+	o
Schlauchbrause: Küche (häuslicher Bereich)[3]	+	+	+	o	+	+	o	+	+	+	+[1]	o	+	+	+	+	+	+			+	+	
an Bad-/Duschwanne, Waschtisch (häuslicher B.)[3]	+	+	+	o	+	+	o	+	+	+	+[1]	o	+	+	+	+	+	+	o	o	+	+	+
an BW/DW Krankenhaus, Pflegeheim (nicht häusl.)	+	+	+	o																			
Viehtränkebecken	+	+	+	o																			
WC-Becken, Urinal, Bidet	+	+	+	o																			
WC-Reinigungsspritze/-brause	+	+	+	o																			
Zahnarztbehandlungsstuhl: Mundspülung	+	+	+																				
Zahnarztausrüstung: Reinigungsbecken	+	+	+																				
Instrumente, Werkzeuge	+	+	+																				
Zahnarztbehandlungsstuhl: Gesamtanlage	+	+	+	o																			
Feuerlöschanlagen s. 250	[1] Mit positivem Druckgefälle. [2] Die Sicherungseinrichtung muss integraler Bestandteil der Fülleinrichtung sein. [3] Risikoverminderung nach 207.2. [4] RV alle 5 Jahre tauschen.																						

210.2 Auswahl üblicher Sicherungseinrichtungen, Kategorie DIN 1988-100

Apparat/Entnahmestelle	Kat.	Sich.	Apparat/Entnahmestelle	Kat.	Sich.
Aktivkohlefilter bei chemischen Apparaten	5	○DC	Kartoffelschälmaschine	5	○DC
Badefilter	5	○DC	Kartoffelstärkenabscheider	5	○DC
BW Einlauf unter Rand, häuslicher Bereich	3	○DB	Keimfreies Wasser, Herstellung mit Desinfektion	4	●BA
BW Einlauf unter Rand, nicht häuslicher Bereich	5	○DC	Kleinstwasserbehandlungsgerät (Umkehrosmose)	5	○DC
Behälterbefüllung, z. B. Tankwagen	5	○DC	Kühlkreisläufe, Kühltürme	5	●AA
Beregnungsanlage Überfluranlage	3	●CA	Labortische, chemisches Labor	4	●BA
Beregnungsanlage Unterfluranlage	5	●AA	Labortische, bakteriologisches Labor	5	○AA
Chemikalienzumischanl.: Dünge-/Desinfektionsmittel	4	●BA	Medizinische Einrichtungen	5	○DC
Chemischer Reinigungsapparat	4	●BA	Melkmaschine, Spülautomat m. Desinfektionsmittelzug.	4	●BA
Dialysegerät ohne Desinfektion	5	○DC	Regenwassernutzung	5	●AA
Druckerei, Reproduktionsbetr., fotografischer Betrieb	4	●BA	Reinigungsgeräte für Getränkeleitungen in Gaststätten	3	●CA
Enthärtungs-/Entsäuerungsanl.: ohne Säuren/Basen	3	●HD	Röntgenapparat, Kühlung	2	●EA
Regeneration mit Säuren und Basen	4	●BA	BW-/DW-Schlauchbrause, Waschtisch häuslicher Bereich	2	●EB
Desinfektion mit Formalin o.Ä. zur Dialyse	4	●BA	BW-/DW-Schlauchbrause nicht häuslich. Bereich, Krankenhaus	5	○DC
Entkarbonisierung von Getränkebereitern, Klarspülern			Schlauchbrause in der Küche, häuslicher Bereich	2	●EB
gewerblicher Spülmaschinen regelmäßige Wartung	2	●EA	Schwimm-/Badebecken, Füllen und Nachfüllen	5	○DC
Schlauchanschluss im häuslichen Bereich, Gartenventil	3	●HD	Schwimm-/Badebecken mit Aufbereitung, Desinfektion	4	●BA
Feinfilter < 80 µm	5	○AA	Spülvorrichtung/Reinigungsgerät für Abwasserleitungen	5	○DC
Filmentwicklungsmaschine	4	●BA	Sterilisatoren für desinfiziertes, verpacktes Material	3	○HD
Fischbecken	5	●AA	Sterilisation für kanzerogenes Material	4	●BA
Fleisch- und fischverarbeitende Maschinen	5	○DC	Sterilisatoren für Labor- und Dampfdesinfektion	5	○DC
Frisörsalon, Rückwärtswaschanlage[1]	2	●EA	Stiefelwaschanlage	4	●BA
Galvanische Anlagen	5	●AB	Umkehrosmoseanlagen im Dead-end-Betrieb	5	○DC
Gasentwickler, z. B. Acethylen	4	●BA	Umkehrosmoseanlagen im Cross-flow-Betrieb	4	●BA
Geschirrspülbrause mit Rückholfeder	5	○DC	Unterwassermassageanlagen	5	○DC
Getränkeautomat ohne H_2CO_3 (Kaffee, Säfte)	2	●EA	Viehtränkebecken	5	○DC
Gläserspüleinrichtung, z. B. an Schanktischen	5	○DC	WC-Becken, Urinal, Bidet	5	○DC
Großkochgeräte: Wasserbad, Kochkessel, Heißumluft-	5	○DC	WC-Reinigungsspritze, Brause	5	○DC
gerät, Kochkessel mit autom. Wasserfüllung für Dampf-			Zahnarztausrüstung: Füllwasser für Mundspülung	5	●AA
raum, Rückkühleinr., Heißluftdämpfer, Druckgarautomat	2	●EA	Reinigungsbecken	5	●AA
Heizungsfülleinrichtung, Wasser ohne Inhibitor	3	●CA	Instrumente, Werkzeuge	5	●AA
Heizungsfülleinrichtung, Wasser mit Inhibitor	4	●BA	Zahnarztbehandlungsstuhl, Gesamtanlage	5	●AA
Hochdruckreiniger mit/ohne Chemikalienzugabe	4	●BA	Feuerlöschanlagen s. 250.1. [1] Risikoverminderung s. 207.2.		

211.1 Ermittlung notwendiger Sicherungseinrichtungen, Analyse der Trinkwasserinstallation

Einbauort Raumbezeichnung	Entnahmestelle, Art Geräte-/Apparateart	Sicherungspkt. p = atm, oberhalb des max. Betriebswasserspiegels	Sicherungspkt. p > atm, unterhalb des max. Betriebswasserspiegels	Kat. 1–5	notwendige Sicherungseinrichtung an der Entnahmest. im Apparatezulauf	notwendige Sicherungseinrichtung im App. eingebaut direkter Anschluss
Bsp.: Bad EFH	Badewanne unter Rand		ja	3		o DB

211.2 Mittelbare Verbindung von Trinkwasser und Einzelversorgung DIN 1988-100, Nichttrinkwasser, Kennzeichnung

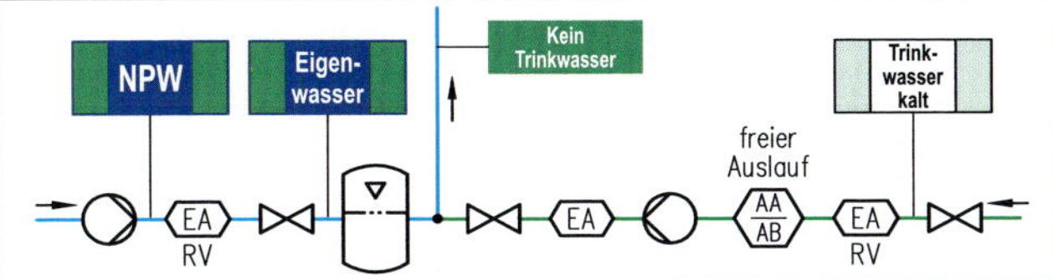

Die Verbindung einer Trinkwasserversorgung mit einer Nichttrinkwasserversorgung ist nicht zulässig. Nachspeisung ausschließlich über Sicherungseinrichtung Typ AA oder AB. Sicherungseinrichtung außerhalb Speicher installieren (Überflutungsgefahr). Trink-/Betriebswasserl., Entnahmestellen kennzeichnen.

211.3 Kennzeichnung für Rohrleitungen nach DIN 2403 in Verbindung mit DIN EN 806-1, Behälterbeschilderung

Kennzeichnung	Benennung	Kennzeichnung	Benennung	Kennzeichnung	Benennung	Kennzeichnung	Benennung
PW	Trinkwasser Kurzz.: PW Farbe: grün	PWH	Trinkw.: warm Kurzz.: PWH Farbe: rot	NPW	Nichttrinkw. Kurzz.: NPW Farbe: weiß	NPW Betriebswasser	Nichttrinkw. Betriebsw.
Trinkwasser kalt	Trinkwasser kalt Farbe: grün	Trinkwasser Zirkulation warm	Trinkw.: warm Zirkul.: PWHC Farbe: violett	NPW Eigenwasserversorgung	Nichttrinkw. Eigenwasser-versorgung	Betriebswasser kein Trinkwasser	Kennzeich. der Entnahmestelle Betriebsw.
Trink-wasser / Trinkwasser	Kennzeichnung der Rohrleitung mit Fließrichtungspfeilen Farbe: grün	Kein Trinkwasser	Kennzeichnung der Rohrleitung	Regenwasser Kein Trinkwasser	Kennzeichnung der Entnahmestelle	Desinfektionsmittel	Kennzeichnung der Entnahmestelle für Desinfektionsmittel
		Achtung! In diesem Gebäude ist eine Regenwassernutzungsanlage installiert. Querverbindungen sind auszuschließen	Kennz. an der Hauseinführung/Wz	Dieser Spülkasten wird mit Regenwasser betrieben	Kennzeichnung am Spülkasten		

211.4 Trinkwassertrennstation, freier Auslauf Typ AA (Herst.ang.)

Einspeisung aus öffentl. Trinkwassernetz mit freiem Auslauf Typ AB

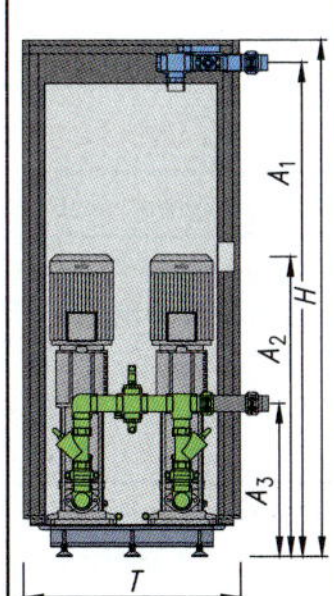

Mittelbarer Anschluss DIN 1988:
- Aufstellung ober- od. unterh.* Rückstauebene (*Zusatzmodul/o. Hebeanl.)
- automatischer Wasseraustausch in Anschlussleitung/Vorlagebehälter
- Integrierter gepr. Zwischenbehälter
- Integrierter Überlauf-Siphon
- Gesamtaufstellungsfläche ab 0,64 m²
- optional Drehzahlregelung
- TÜV, DEKRA, DVGW zertifiziert

PW-Anschluss	DN	50	65	80	100
Betriebswasser	DN	50	65	80	100
Notüberlauf	mm	110	110	110	110
Höhe H	mm	1 930	1 930	1 930	1 930
Breite B	mm	800	800	800	800
Tiefe T	mm	800	1 600	1 600	1 600
Anschlussh. A_1	mm	1 845	1 850	1 850	1 850
Anschlussh. A_2	mm	1 070	1 070	1 070	1 070
Anschlussh. A_3	mm	570	600	750	850

Stufenzahl	1	2	3	4
P_2 in kW	0,75	1,50	2,20	3,00
Stufenzahl	5	6	7	8
P_2 in kW	4,00	4,00	5,50	5,50
Stufenzahl	9	10	12	14
P_2 in kW	7,50	7,50	9,00	11,00

η_p in % NPSH in m **NPSH** (**N**et-**P**ositive-**S**uction-**H**ead → Netto positive Saughöhe)

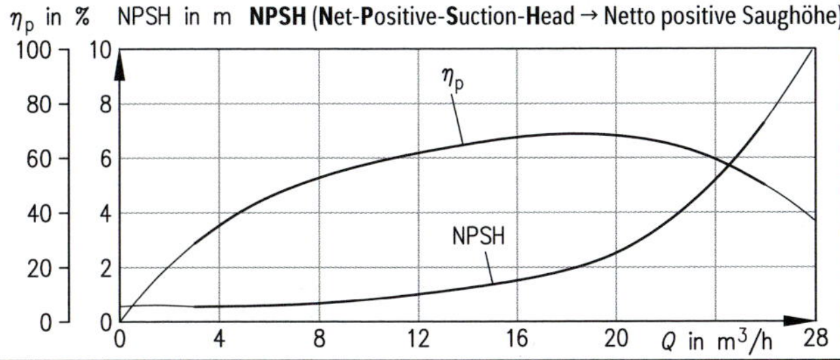

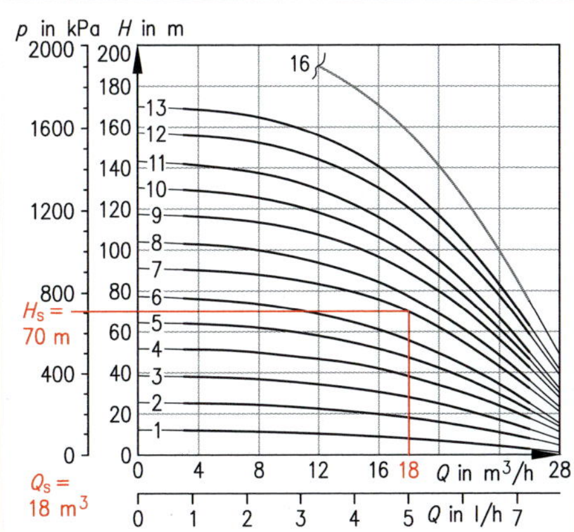

212.1 Verlegung von Trinkwasserleitungen, Abstand zur Grundstücksentwässerung DIN 1988-100

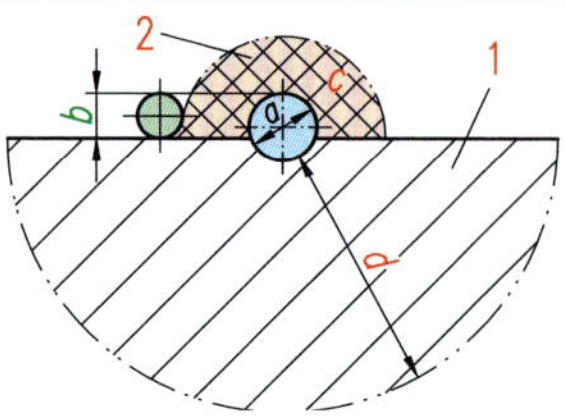

a	Grundstücksentwässerung
b	Trinkwasserleitung, Außen-Ø
c	Mindestabstand 0,2 m
d	bei tief liegender TWL ≤ 1 m
Trinkwasserleitungsverlegung	
1	nur mit besonderen Schutzmaßnahmen[1]
2	nicht zulässig

[1] TWL nicht durch Fäkalien-/Sickergruben, Entwässerungsschächte, Abflusskanäle führen. Schutzrohre bei verunreinigten Bächen (Mineralöl, Holzschutz, Pestizid, Lösemittel auch bei Lichteinfluss) verwenden. Einwirkungen durch Verstrahlung (radioaktiv), Diffusion, Korrosion sind auszuschließen. Kein Eintritt von Gas, Dampf, Insekten über Belüfter.

212.2 Dichtheitsprüfung mit Druckluft oder Inertgas ohne Apparate, Armaturen DIN EN 806-4

Dichtheitsprüfung: Prüfdruck 150 hPa					Belastungsprüfung: $p_{\text{Prüf. max}}$ = 0,3 MPa				
V_{Leitung} in l	≤ 100	200	300	+ 100	p_{max} =	ΔN	≤ 50	> 50 < 100	Prüfzeit
Prüfzeit min	120	140	160	+ 20	0,3 MPa	*p* MPa	0,3	0,1	10 min

Gas: • ölfreie Druckluft
• Inertgas (Krankenhaus) z. B. CO_2, N_2
• Formiergas (Leckortung) mit 5 % H_2 in N

Zu beachten: UVV-Arbeiten an Gasanlagen und DVGW-TRGI → max. Prüfdruck = 0,3 MPa (3 bar); Leitungen dürfen nur nach bestandener Druckprüfung in Betrieb genommen werden; Druckprüfung an unverdeckten Leitungen, ggf. abschnittsweise

212.3 Art der Verfahren für die hydrostatische Druckprüfung abhängig vom Rohrwerkstoff DIN EN 806-4

Rohrwerkstoff/Abschnitt	Verf.
Metalle (linear elastisch)	A
PVC-U, PVC-C, ... (elastisch)	A
PP, PE, PE-X, PA, PB ... (visko-elastisch) mit DN/OD ≤ 63	A
viskoelast. mit ND/OD > 63	B o. C
Metall und Kunststoff kombiniert mit DN/OD ≤ 63 / mit DN/OD > 63	A / B o. C
abschnittsweise jede beliebige Installation (Verbrauchs-/Verteilungsleitungen)	C

Prüfverfahren A

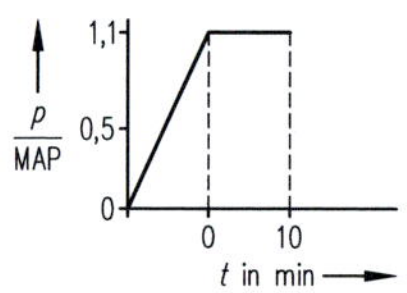

- Leitungen mit Wasser füllen
- entlüften
- Prüfdruck *p* = 1,1-facher Systembetriebsdruck MDP
- 10 min aufrechthalten
- Druckabfall Δ*p* muss 0 sein

Prüfverfahren B

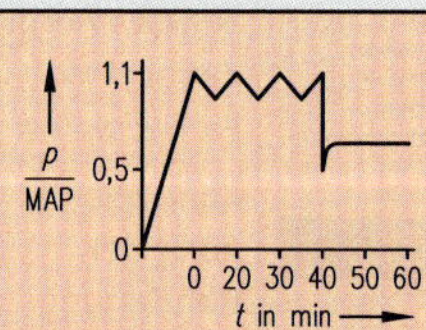

- 1,1-fachen Systembetriebsdruck MDP aufbringen
- 30 min aufrechthalten
- Inspektion der Leitungen
- absenken auf 0,5 Prüfdruck
- 30 min aufrechthalten
- Sichtprüfung

Prüfverfahren C

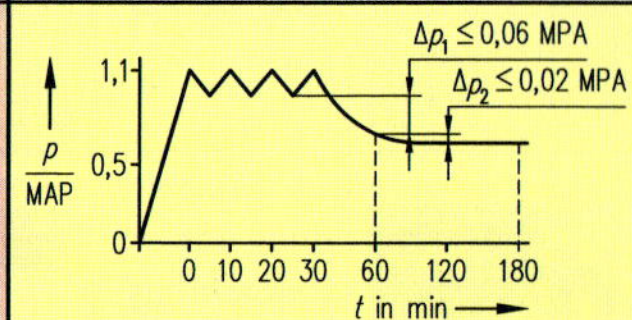

- 1,1-fachen Systembetriebsdruck MDP aufbringen, 30 min aufrechthalten, protokollieren, Inspektion der Leitungen
- *p* nach weiteren 30 min erneut protokollieren, bei Δp_1 ≤ 0,06 MPa keine Undichtheit, nach weiteren 120 min Δp_2 ≤ 0,02 MPa → Ltg. dicht

212.4 Druckprobenprotokoll für die Trinkwasserinstallation, Prüfmedien Druckluft/Inertgas und Wasser (B, C)

allgem. Angaben	Bauvorhaben/Auftraggeber/Auftragnehmer	Bauvorhaben/Auftraggeber/Auftragnehmer/Datum	
Prüfmedium spez. Angaben	☐ ölfreie Druckluft ☐ Stickstoff ☐ Kohlendioxid Anlagendruck in MPa/Temperatur Prüfmedium °C Umgebungstemperatur °C; Gesamt-/Teil-Prüfung	Wasser/Spülung des Haus-/Bauwasseranschlusses zulässiger Betriebsdruck 1 MPa (10 bar)/Wassertemperatur ϑ_W °C Umgebungstemperatur ϑ_U °C; $\Delta\vartheta = \vartheta_U - \vartheta_W$ in K (Kelvin)	
Systemwerkstoff	Rohrleitung/Verbindung/Verbindungsart	Metall, Mehrschichtverbund, PVC	PP, PE, PE-X, PB, Metall-/Mehrschichtverbund
Vorbereitung	Leitungen sind mit metallenen Stopfen, Kappen, Steckscheiben, Blindflanschen geschlossen, Apparate sind getrennt. Sichtkontrolle ist durchgeführt.	Umgebungstemperatur zu Fülltemperatur $\Delta\vartheta$ ≤ 10 K Bei Pressverbindungen unverpresst undicht zunächst max. 0,6 MPa; Prüfdruck aufbringen (15 min); aufgebrachter Druck: ... MPa (... bar).	
Dichtheitsprüfung	Prüfdruck 150 hPa (150 mbar); bis *V* 100 l Prüfzeit 60 min; je weitere 100 l Erhöhung um 20 min	min. Prüfdruck 1,1 MPa aufbringen $p_{\text{Prüf}} = p_{\text{Zul}} \cdot 1{,}1$ = ... MPa (... bar); Prüfzeit 30 min; Prüfung auf offensichtliche Undichtheiten	
	Temperaturausgleich abwarten → Beginn	Absenken auf 0,5 · Prüfdruck, 30 min	Weitere Prüfzeit: 120 min
Bewertung	☐ Während der Prüfzeit kein Druckabfall	Während dieser Zeit ist kein Druckabfall (Δ*p* = 0) eingetreten, Undichtheiten nicht erkennbar	Bw.: Während dieser Zeit ist kein Druckabfall (Δ*p* = 0) eingetreten, Undichtheiten sind nicht erkennbar
Belastungsprüfung	max. Prüfdruck 0,3 MPa (≤ DN 50); 0,1 MPa (> DN 50); 10 min Prüfzeit; Temperaturausgleich abgewartet		

213.1 Inspektions- und Wartungsplan DIN EN 806-5

Sy	Anlagenbauteil, Apparat	DIN EN	Inspekt./Wartung
AA	Ungehinderter freier Auslauf	13076	halbjährlich
AB	Freier Auslauf nicht kreisförmiger Überlauf	13077	halbjährlich
AC	Freier Auslauf belüftetes Tauchrohr, Überlauf	13078	jährlich
AD	Freier Auslauf mit Injektor	13079	halbjährlich
AF	Freier Auslauf kreisförmiger Überlauf (eingesch.)	14622	jährlich
AG	Freier Auslauf kreisförmiger Überlauf mit Mindest-Ø (Nachweis d. Prüfung/Messung)	14623	jährlich
BA	Systemtrenner kontrollierbare druckred. Zone	12729	halbj./jährlich
CA	Systemtrenner mit unterschiedlichen nicht kontrollierbaren Druckzonen	14367	halbj./jährlich
DA	Rohrbelüfter in Durchgangsform	14451	jährlich
DB	Rohrunterbrecher Luftöff.+bewegliches Teil	14452	jährlich
DC	Rohrunterbrecher Luftöff. ständig geöffnet	14453	halbjährlich
EA	Kontrollierbarer Rückflussverhinderer	13959	jährlich
EB	Nicht kontrollierb. Rückflussverhinderer	13959	jährl./Tausch[1]
EC	Kontrollierb. Doppelrückflussverhinderer	13959	jährlich
ED	Nicht kontrollierb.Doppelrückflussverhind.	13959	jährl./Tausch[1]
GA	Rohrtrenner nicht durchflussgesteuert	13433	halbj./jährlich
GB	Rohrtrenner durchflussgesteuert	13434	halbj./jährlich
HA	Schlauchanschluss m. Rückflussverhinderer	14454	jährlich
HB	Brauseanschluss mit Rohrbelüfter	15096	jährlich
HC	Automatischer Umsteller	14506	jährlich
HD	Rohrbelüfter für Schlauchanschlüsse kombiniert mit Rückflussverhinderer	15096	jährlich
LA	Druckbeaufschlagter Belüfter	14455	jährlich

Sy	Anlagenbauteil, Apparat	DIN EN	Inspekt./Wartung
LB	Druckbeaufschlagter Belüfter, kombiniert m. nachgeschaltetem Rückflussverhinderer		jährlich
[2] a	Hydraulische Sicherheitsgruppe	1487	halbj./jährlich
[2] a	Sicherheitsgruppe für Expansionswasser	1488	halbj./jährlich
[2] b	Sicherheitsventil	1489	halbjährlich
[2] b	Kombiniertes Druck-Temperaturventil	1490	halbjährlich
[2] b	Sicherheitsventil für Expansionswasser	1491	halbjährlich
[2] c	Druckminderventil	1567	jährlich
[2] d	Thermostatische Mischer f. Warmwasserber.	15092	halbj./jährlich
	Druckerhöhungspumpe (auch 806-4)	806-2	jährlich
	Filter rückspülbar (80 bis 150 µm)	13443	halbjährlich
	Filter nicht rückspülbar (80–150 µm)	13443	halbjährlich
	Filter (< 80 µm)	13443	halbjährlich
	Dosiersystem (auch DIN EN 15848)	14812	2 Mon./halbj.
	Enthärter	14743	2 Mon./halbj.
	Elektrolyt. Dosieranlage Aluanoden	14095	2 Mon./halbj.
	Filter mit aktiven Substanzen	14898	2 Mon./halbj.
	Membranfilteranlage	14652	2 Mon./halbj.
	UV-Gerät Quecksilberdampf-Niederdruckstr.	14897	2 Mon./halbj.
	Nitratentfernungsanlage	15219	2 Mon./halbj.
	Wasserwärmer	12897	2 Mon./halbj.
[2] e	Leitungsanlage (auch DIN EN 806-2)	806-4	jährlich
[2] f	Wasserzähler, kalt	MID[1]	jährl./6 Jahre
[2] f	Wasserzähler, warm	MID[1]	jährl./5 Jahre

[1] Austausch alle 10 Jahre; [2] a, b, c, d, e und f s. 213.2

213.2 Inspektions- und Wartungsverfahren DIN EN 806-5

Kontrollaufgaben / Anlagenbauteil	AA-AG	BA	CA	DC	DA	DB	EA EC	EB ED	HA	HB	HC	HD	LA	LB	a	b	c	d	e	f
Ablaufseitige Kontrolle, Wasserverände.	✓	✓	✓	✓	✓	✓	✓	✓	✓	✓	✓	✓	✓	✓	✓			✓		
Einhaltung der Einbauanweisungen	✓	✓	✓	✓	✓	✓	✓	✓	✓	✓	✓	✓	✓	✓	✓	✓	✓	✓	✓	✓
Zugänglichkeit der Armatur, Freiraum		✓	✓				✓										✓	✓	✓	✓
Belüftung der Armatur sauber, frei	✓	✓	✓	✓	✓	✓			✓	✓		✓	✓	✓	✓	✓				
keine Überflutungsgefahr		✓	✓		✓	✓			✓	✓		✓	✓	✓						
Frost-/Hitze-Schutz		✓	✓		✓	✓			✓	✓		✓	✓	✓	✓				✓	
Sauberkeit, Korrosionsschutz, Kalk	✓	✓	✓	✓	✓	✓	✓	✓	✓	✓		✓	✓	✓	✓	✓	✓	✓	✓	✓
Überlauf durchlässig (Wasserstand)	✓		✓																	
Zulauf durchlässig	✓																			
Dichtheit der Anlage, Fehlaustritt	✓			✓	✓	✓	✓	✓			✓	✓	✓	✓	✓	✓	✓	✓	✓	✓
Bewegliche Teile leichtgängig		✓	✓			✓					✓									
Abstand freier Auslauf korrekt	✓																			
Oberfläche der Armatur (Schäden)		✓	✓	✓																
richtige Auslegung der Entwässerung		✓	✓																	
Flüssigkeitsstand im Geruchverschluss		✓	✓												✓	✓				
Wasser im Auslauf kontrollieren		✓	✓						✓	✓					✓	✓				
Anlüfteinrichtung betätigen															✓	✓				
Absperrarmatur betätigen															✓			✓		
Austausch undichter Bauteile		✓															✓		✓	
Mischwassertemperatur prüfen																		✓		
Druckprüfung an den Zuläufen		✓					✓										✓	✓		
Entkalken, Reinigen der Anlage		✓																✓	✓	
Befestigung der Anlage prüfen																			✓	✓
Wärmedämmung prüfen																			✓	
Filtersatz ausbauen, reinigen		✓															✓	✓		
Funktionsfähigkeit kontrollieren		✓	✓	✓	✓	✓	✓	✓	✓	✓	✓	✓	✓	✓	✓	✓	✓	✓		✓
Zulaufventil schließen, Kontrolle			✓										✓	✓						
Entleerung öffnen, Kontrolle		✓	✓				✓													
Durchfluss prüfen				✓		✓	✓		✓	✓		✓	✓	✓			✓	✓		

214.1 Instandhaltungsplanung durch Inspektion und automatische Zustandsüberwachung, Gebäudeautomation

Instandhaltungsklassen	A	B	C
Maßnahmen	Apparate/Anlagen können ohne Festlegung eines Inspektions- oder Wartungsintervalls instandgesetzt werden, sofern ein festgelegter Grenzwert erreicht wird (Parameterüberwachung).	Apparate/Anlagen sind zwingend im festgelegten Zeitraster zu inspizieren.	Apparate/Anlagen sind zwingend im festgelegten Zeitraster vorbeugend zu warten.
Zeitintervall	variabel	definiert	definiert
Bezeichnung	Instandsetzung bei Mangel	Inspektion im Zeitraster	Wartung im Zeitraster

214.2 Bewertungsgruppe 1, Wirkung des Mangels ist gering ohne Risiko für Personen und Sachen (Schönheitsfehler)

Mangelerkennung präventiv möglich?	durch automatische Zustandsüberwachung einschließl. Alarm bei erreichten Grenzwerten	nur durch Inspektion	nein
Wodurch wird manifestierter Mangel erkannt?			
durch Gebäudeautomation, Zustandsmeldung[1)]	A	A	A
nur durch Inspektion	A	B	B
durch Funktionsausfall	Bewertung hier nicht relevant; [1)] und/oder Grenzwertüberschreitung GWÜ		

214.3 Bewertungsgruppe 2, Mangel führt zu erhöhten Betriebskosten/Verbrauchswerten ohne Risiko für Personen/Sachen

Mangelerkennung präventiv möglich?	durch automatische Zustandsüberwachung einschließl. Alarm bei erreichten Grenzwerten	nur durch Inspektion	nein
Wodurch wird manifestierter Mangel erkannt?			
durch Gebäudeautomation, Zustandsmeldg., GWÜ	A	A	A
nur durch Inspektion	A	B	B
durch Funktionsausfall	A	B	B

214.4 Bewertungsgruppe 3, Mangel führt zur Beeinträchtigung der Nutzung

Mangelerkennung präventiv möglich?	durch automatische Zustandsüberwachung einschließl. Alarm bei erreichten Grenzwerten	nur durch Inspektion	nein
Wodurch wird manifestierter Mangel erkannt?			
durch Gebäudeautomation, Zustandsmeldg., GWÜ	A	B	B
nur durch Inspektion	B	B	B
durch Funktionsausfall	B	B	C

214.5 Bewertungsgruppe 4, Mangel gefährdet Personen und Sachen

Mangelerkennung präventiv möglich?	durch automatische Zustandsüberwachung einschließl. Alarm bei erreichten Grenzwerten	nur durch Inspektion	nein
Wodurch wird manifestierter Mangel erkannt?			
durch Gebäudeautomation, Zustandsmeldg., GWÜ	A	B	C
nur durch Inspektion	B	B	C
durch Funktionsausfall	B	C	C

214.6 Vorrangige Verantwortlichkeiten im Lebenszyklus der Anlage

Bauherr	Planung	Ausschreibg.	Vergabe				Abnahme		Betreiber	Instandhalt.	Entsorgung
Auftragnehmer				Erstellung				Inbetriebn.			
Bauherr			Vergabe		Hygiene – 1. Inspekt.		Abnahme				
Unternehmer/Inh.						Hygieneinsp.		Übernahme			

214.7 Einhaltung von Anforderungen durch Betreiber, bei Abnahme zu übergebende Unterlagen d. VIU[1)]

Einzuhaltende Anforderungen	durch VIU zu übergebende Unterlagen DIN 18381 VOB Teil C
1) bestimmungsgemäßer Betrieb 2) regelmäßige Inspektion 3) regelmäßige Wartung 4) bedarfsorientierte Instandsetzung	1) alle für einen sicheren, wirtschaftlichen Betrieb erforderlichen Betriebs- u. Wartungsanleitungen 2) Protokolle über Dichtheitsprüfungen 3) Protokoll zur Einweisung des Wartungs- und Bedienungspersonals 4) Prüfbescheinigungen, Werksbescheinigungen und Herstelleranweisungen

[1)] Mit der Inbetriebnahme und Übergabe bzw. Abnahme der haustechnischen Anlagen ist der Gefahrenübergang wie auch der Beginn der Instandhaltungs- und Wartungsverpflichtung des Betreibers festgelegt.

215.1 Maßnahmen bei Betriebsunterbrechungen aufgrund von Urlaub oder Mieterwechsel DIN 1988-100 Kommentar

Dauer der Nichtnutzung der TWI	Wiederinbetriebnahme
länger als 3 Tage	Öffnen aller Entnahmearmaturen, vollständigen Wassertausch herbeiführen
länger als 4 Wochen: EFH-Absperrarmatur hinter Wasserzähler schließen MFH-Stockwerksarmatur schließen	Öffnen der Absperrarmaturen und aller Entnahmearmaturen in den abgestellten Bereich, vollständigen Wasseraustausch herbeiführen
länger als 6 Monate: Einfamilienhaus: Schließen der Absperrarmatur hinter der Wasserzähleranlage Mehrfamilienhaus: Schließen der Stockwerksarmaturen	Öffnen der Absperrarmaturen und aller Entnahmearmaturen in dem abgestellten Bereich, vollständigen Wasseraustausch herbeiführen. Empfehlung: Wasserprobe aus einer Entnahmestelle in dem abgestellten Bereich entnehmen und mikrobiologische Kontrolluntersuchung durchführen lassen. Spül- oder Desinfektionsmaßnahmen durchführen lassen, falls unzulässige mikrobiologische Belastungen festgestellt werden. Inbetriebnahme und Nutzung erst dann, wenn einwandfreie Ergebnisse vorliegen.
Dauerhafte Nichtnutzung	Abtrennen der Anschlussleitungen direkt an den Versorgungsleitungen, Wiederinbetriebnahme nur durch Vertragsinstallationsunternehmen

215.2 Verpflichtungen zur Wartung von haustechnischen Anlagen, ZVSHK Kommentar zu DIN EN 1717 und DIN 1988-100

Gesetz, Fundstelle	Wesentliche Gesetzestexte, Vorschriften (Auszüge)
BGB § 536, BGB § 823	Verkehrssicherungspflicht: Haustechnische Anlagen sind zu überprüfen und instand zu setzen. Wer vorsätzlich oder fahrlässig das Leben, den Körper, die Gesundheit ... eines anderen widerrechtlich verletzt, ist zum Schadenersatz verpflichtet.
TrinkwV § 3 (2)	Trinkwasser-Installationen gehören in den Verantwortungsbereich des Hausbesitzers: Betreiber ist der Verantwortliche.
AVBWasserV § 12 (1) Kundenanlage § 15 (1) Betrieb, Erweiterung, Änderung von Kundenanlagen, VBE	Für die ordnungsgemäße Errichtung, Erweiterung, Änderung o. Erhaltung der Anlage hinter dem Hausanschluss, mit Ausnahme der Messeinrichtung des Wasserversorgungsunternehmens, ist der Anschlussnehmer verantwortlich. Hat er die Anlage(nteile) einem Dritten vermietet o. sonst zur Benutzung überlassen, so ist er neben diesem verantwortlich. Anlage und Verbrauchseinrichtungen sind so zu betreiben, dass Störungen anderer Kunden, störende Rückwirkungen aus Einrichtungen des WVU oder Dritter oder Rückwirkungen auf die Güte des Trinkwassers ausgeschlossen sind.
Energieeinsparverordnung EnEV § 11 Abs. 3	Anlagen und Einrichtungen der Heizungs-, Kühl- und Raumlufttechnik sowie die Warmwasserversorgung sind vom Betreiber sachgerecht zu bedienen. Komponenten mit wesentlichem Einfluss auf den Wirkungsgrad solcher Anlagen sind vom Betreiber regelmäßig zu warten und instand zu halten. Für die Wartung und Instandhaltung ist Fachkunde erforderlich. Fachkundig ist, wer die zur Wartung und Instandhaltung notwendigen Fachkenntnisse und Fertigkeiten besitzt.
Werkvertragsrecht VOB Teil B, DIN 1961, § 13.4	Die Verjährungsfrist verkürzt sich für wartungsbedürftige Anlagen oder Anlagenteile von zwei Jahren auf ein Jahr, wenn der Auftraggeber die Wartung in der zweijährigen Verjährungsfrist nicht übertragen bekommt.
VOB Teil C DIN 18299 o. 2.20	Übertragung der Wartung während der Dauer der Verjährungsfrist f. Gewährleistungsansprüche f. maschinelle elektrotechnische/elektronische Anlagen oder Teile, bei denen die Wartung Einfluss auf die Sicherheit/Funktionsfähigkeit hat, durch Wartungsvertrag.
DIN EN 806-5 TRWI	Betrieb der Anlagen obliegt dem Betreiber, d. sichergestellt wird, dass die vertragliche Verpflichtung nach AVB-WasserV eingehalten werden.
Allgem. Wohngebäude-Vers.bed. VGB 88 § 11	Der Versicherungsnehmer hat alle gesetzlichen, behördlichen oder vereinbarten Sicherheitsvorschriften zu beachten und die versicherte Sache stets in einem ordnungsgemäßen Zustand zu halten und Mängel unverzüglich beseitigen zu lassen.
VDE-Bestimmung DIN 0105	Danach sind elektrische Anlagen entsprechend den Unfallverhütungsvorschriften der Unfallversicherungsträger alle 4 Jahre, Fehlstrom- und Fehlerspannungsschutzeinrichtungen mindestens alle 6 Monate zu überprüfen.
Mietverträge	Auch in Mietverträgen werden die Mieter verpflichtet, Wartungsverträge, z. B. für Trinkwassererwärmer, abzuschließen.

215.3 Trinkwasserinstallation: Übergabeprotokoll der Inbetriebnahme der Anlage, Auflistung der Anlagenteile

Hauptabsperreinrichtung Wasserzähleinrichtung Rückflussverhinderer Rohrtrenner Filter Druckminderanlage Leitungsanlage PWC, Armaturen Verteiler mit Armaturen Steigleitungen mit Armaturen Einzelzuleitungen m. Armaturen Einzelwasserzähler Einrichtung zur Trinkwasserspeicherung	Freier Auslauf Rohrunterbrecher Rohrbelüfter Sicherheitsventile Dosieranlagen UV-Desinfektionsanlagen Anlagen zur Vermeidung von Steinbildung Enthärtungsgeräte Kalkschutzgeräte Regenwassernutzungsanlage Eigenwasserversorgungsanlage Druckerhöhungsanlagen	Leitungsanlage PWH, Armaturen Trinkwassererwärmer Wärmetauscher Warmwasserspeicher Membranausdehnungsgefäß Verteiler mit Armaturen Steigleitungen mit Armaturen Einzelzuleitungen m. Armaturen Regulierventile Leitungsanlage PWH-C mit Armaturen Zirkulationspumpe Einr. z. Temperaturbegrenzung	Verbrauchseinrichtungen Entnahmearmaturen Einhebelmischer Zweigriffarmaturen Selbstschlussventile Thermostatarmaturen Strahlregler Anschlussleitung Heizung Füllwasser für Schwimmbad Feuerlösch- und Brandschutzanlagen sonstige Anlagenteile

Diese Anlagenteile wurden in Betrieb genommen. Der Betreiber wurde in den Betrieb der Anlage eingewiesen. Die erforderlichen Betriebsunterlagen, Bedienungs- und Wartungsanleitungen wurden ausgehändigt.

216.1 Spülen vor Inbetriebnahme der Trinkwasserinstallation mit Wasser, Wasser-/Luft-Gemisch DIN EN 806-4

Verfahren	Wasser	Wasser-/Luft-Gemisch intermittierend
Vorbereitung	Armaturen schützen (Druckspüler); Siebe, Brauseköpfe, Durchflussregler ausbauen	ausreichende Menge ölfreier Druckluft Druck ≥ stat. Wasserdruck
Öffnen	Entnahmestellen vollständig, zuerst die am weitesten von Steigleitung entfernte	Mindestzahl v. Entnahmestellen s. 216.2 stockwerksweise, am Steigleitungsbeginn zuerst
Spülen	im unteren Stockwerk beginnen und stockwerksweise nach oben fortführen	mit der Wartungsarmatur beginnen, von der nächsten zur weitesten Steigleitung
v_{min}	Mindestfließgeschwindigkeit: 2 m/s	0,5 m/s, Rohrstranglänge ≤ 100 m
Schließen Spüleffekt verstärken	beginnen mit der der Steigleitung am nächsten liegenden Entnahmestelle, mind. 20 × Wasseraustausch im System	in der umgekehrten Reihenfolge, regelmäßiges periodisches Öffnen und Schließen mit Kugelhahn, Intervall 5 s offen, 2 s geschlossen

Anordnung Wasser-/Luft-Gemisch

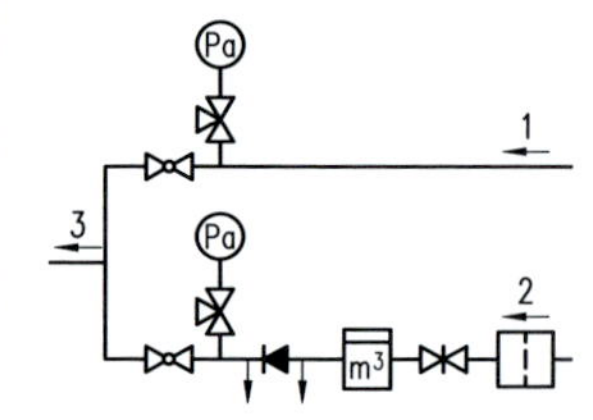

1 Druckluft
2 Trinkwasser (warm bei Lötmittel)
3 Wasser-/Luft-Gemisch

216.2 Wasser/Luft-Spülgerät, Mindestdurchfluss, Mindestzahl von zu öffnenden Entnahmestellen

Spülung nach DIN EN 806-4, Sanierung verkeimter, verschlammter Rohre, auch Fußbodenheizung

Anschl.	DN	32
$\dot{V}_{max}$	m³/h	5
$\Delta p_{Verlust}$	kPa	160
$p_{Betrieb}$	kPa	0,2–0,7
p_{Luft}	kPa	0,2–1
$\dot{V}_{saug}$	l/min	200
$V_{Druckluft}$	l	9,5
Länge	mm	380
Breite	mm	340
Höhe	mm	640
m	kg	25
el. Anschl.		
Leistung	VA	20
P_{Motor}	kW	1,1
P_{max}	°C	80

[1] Mindestfließgeschw. in der größten DN = 0,5 m/s

Wasser/Luft-Spülverfahren DIN EN 806-4	DN/Mindestdurchfluss/Zahl						
größte DN der zu spülenden Rohrleitung	25	32	40	50	65	80	100
Mindestvolumenstrom (vollgefüllt)[1] in l/min	15	25	38	59	100	151	236
Mindestzahl offene Entnahmestellen DN 15	2	2	3	4	6	9	14

[1] v_{min} in größter DN: 0,5 m/s

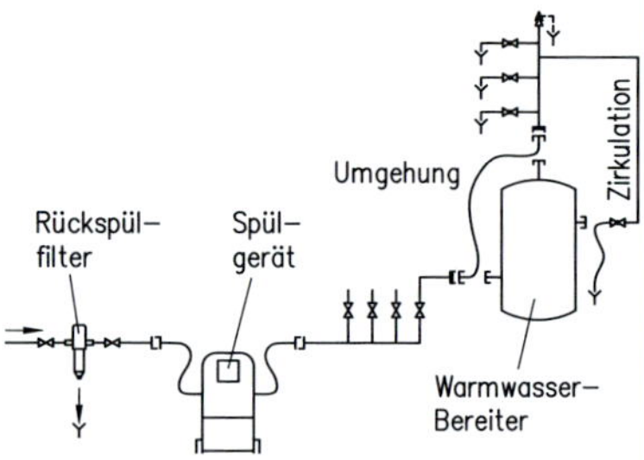

Spülfolge der Entnahmestellen

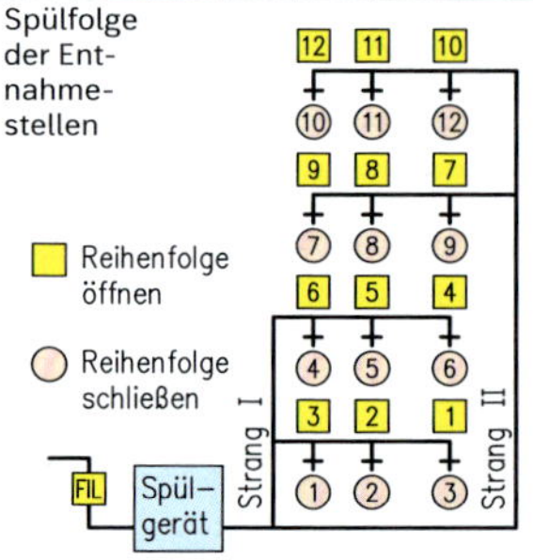

216.3 Dauerhaft dichte Verbindungen

dauerhaft dichte Verbindung nach bestandener Druckprüfung	erdverlegt	innen kalt	innen warm
metall. Gewindeverbindung DIN 2999-1, 2950, 2566; Dichtmittel DIN 30660	✓	✓	✓
s. o. mit Bauteilen aus Cu-Legierung bzw. nichtrostendem Stahl	–	✓	✓
Flansch DIN 2500, DVGW-GW2	✓	✓	✓
Flansch DIN 28604 bis DIN 28607	✓	–	–
Bundflansch DIN 19532, 19533	✓	✓	–
konisch/konisch, kugelig o. flachdichtende Verschraubung, St-Gewinde, Cu-Lötanschluss	–	✓	✓
PVC-Rohrverschraubung mit Flach- oder Runddichtung DIN 8963	✓	✓	–
Übergang Cu-Legierung-Gewinde/PVC-Klebeanschluss DIN 8063-3	✓	✓	–
Kleben, Schweißen DVGW-W 320	✓	✓	–
Löten, Schweißen DVGW-GW2	–	✓	✓
Schweißen DVS 1502-1/2 und DIN 8563-1/2/3	✓	–	–
Steckmuffe DIN 19532 u. 28603; Schraubmuffe DIN 28601-1/3; Stopfbuchsmuffe	✓	–	–

216.4 Kombination von Rohren und Fittings, Korrosionsvermeidung bei versch. metallischen Werkstoffen

Fitting oder Armatur \ Rohr	Nichtrostender Stahl	Schmelztauchverzinkter Stahl	Kupfer
Nicht rostender Stahl	✓	s. Herstellerempfehlungen	✓
Schmelztauchverzinkter Stahl	nicht möglich	✓	nicht möglich
Kupfer	✓	s. Herstellerempfehlungen	✓
Kupferleitungen	✓	✓	

217.1 Sicherungsarmaturen, Überblick, Auswahl (Herstellerangaben)

Armatur/Gerät Absicherung bis										
Gruppe Typ	Trennstation AB fr. Auslauf	Systemtrenner BA	BA	BA	BA	elektr. Nachfülleinh. BA	Rückflussverhinderer EA	EA	EA	Rohrtrenner GA
FL-Kat. 2	✓	✓	✓	✓	✓	✓	✓	✓	✓	✓
FL-Kat. 3	✓	✓	✓	✓	✓	✓				✓
FL-Kat. 4	✓	✓	✓	✓	✓	✓				
FL-Kat. 5	✓									
DN/R	DN 50–80	R ¾	R ½ – R 2	DN 65–150	DN 65–200	R ½	DN 40–300	R ½ – R 2	R ½ – R 2	R ½ – R 2
PWC/H	✓	✓	✓	✓	✓		✓	✓	✓	✓
Heizung						✓				
häuslich		✓	✓			✓		✓	✓	
Gewerbe	✓		✓	✓	✓	✓	✓	✓	✓	✓
Industrie	✓		✓	✓	✓	✓	✓	✓	✓	✓
Rotguss			✓							✓
Messing		✓				✓		✓	✓	
Edelstahl				✓						
Grauguss					✓		✓			
Anwendg.	Feuerlöscha.	Nachrüstung	Kompaktbau.	Edelstahlan.	RV-Tausch	m. Syst.-trenn.	hoher Q	auch f. Luft	Vorschalt.	RT EA1

217.2 Sicherungsarmaturen, Gruppe A, freier Auslauf, Gruppe B, Systemtrenner BA (Herst.ang.)

Einzelpumpen-Sicherheitstrennstation Kat. 5

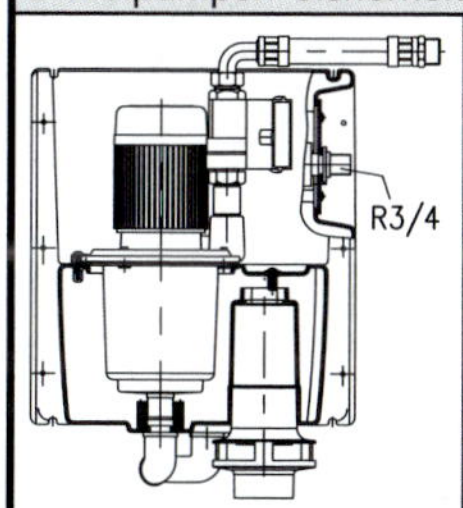

Landwirtsch., Labor, Unterflurberegnung

$\dot{V}_{max}$	in m³/h	4
Förderhöhe	m	43
$p_{Betrieb}$	MPa	0,6
$p_{PWC\,max}$	MPa	0,4
Breite	mm	410
Höhe	mm	569
Tiefe	mm	336
Gewicht	kg	35

Systemtrenner AB bis Kategorie 4

Nachrüstlösung für Standrohre, Zapfventile, Zapfhahn

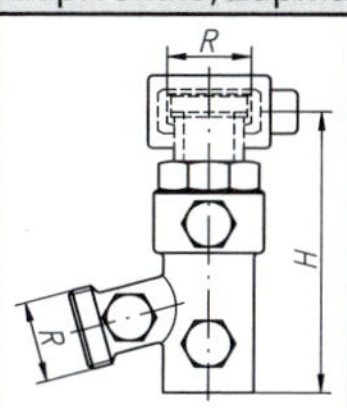

DN ¾"		20
Eingang		R 1"
Ausgang		R 1"
L	mm	58
H	mm	148
Masse	kg	0,8
p_{max}	MPa	1
p_{min}	MPa	0,15

Systemtrenner BA für Standrohre

bei Bauwasserentnahme, Wasserentnahme für Veranstaltungen

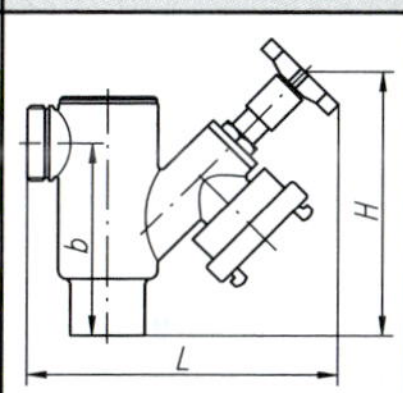

DN 1½"		40
Eingang		G 2"
Ausgang		C-Kup.
L	min	252
H	mm	255
h	mm	165
Masse	kg	3,8
p_{max}	MPa	1

217.3 Systemtrenner BA DIN 12729, Sicherung bis Flüssigkeitskategorie 4 (Herst.ang.) DIN 1988-100

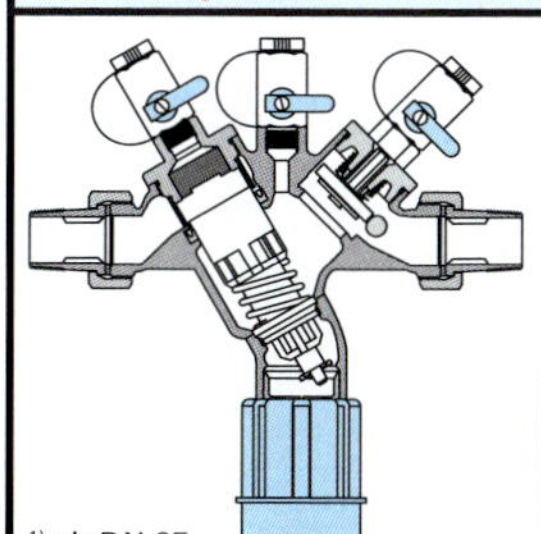

[1] ab DN 65 Flansch

DN	L in mm	H in mm	$\dot{V}$ in m³/h	m in kg
15	195	218	3,0	1,6
20	208	218	3,5	1,6
25	247	263	4,0	1,6
32	272	263	8,7	5,0
40	315	446	13,6	5,0
50	345	446	21,2	5,0
[1] 65	559	570	45	32,0
80	559	570	54	32,5
100	559	570	85	33,0
150	695	570	191	57,0

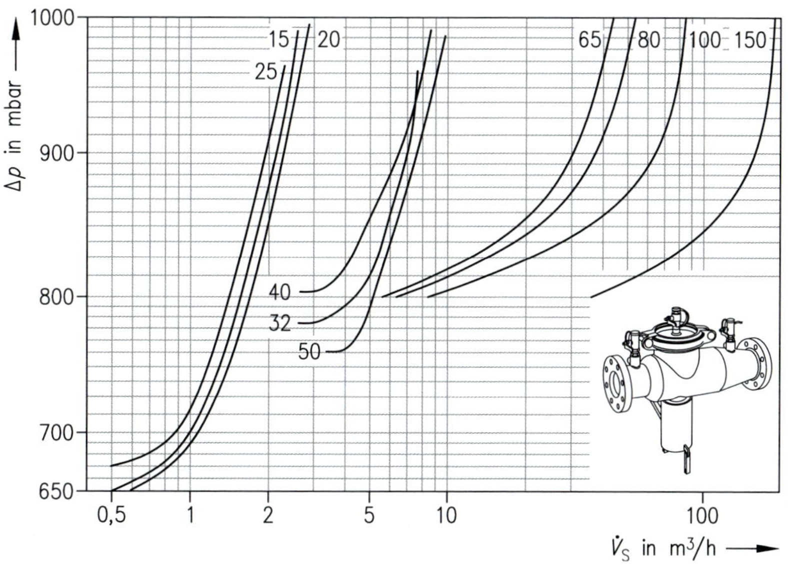

218.1 Rückflussverhinderer EA (kontrollierbar) bis Flüssigkeitskategorie 2, (Herst.ang.) DIN EN 13959

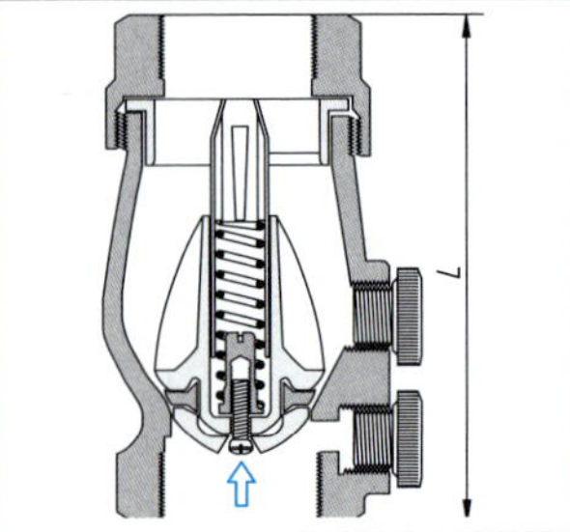

DN	Q in m³/h	k_{vs}-Wert	L in mm	Wohneinheit
15	1,7	4,5	65	1
20	3,5	9,1	75	bis 2
25	6,6	17	93	5
32	10,8	28	110	30
40	14,7	38	120	110
50	23,2	60	150	160
65[2]	43,0	110	240	150[1]
80	66,0	170	260	300[1]
100	93,0	240	300	450[1]

[1] Hotelbetten, [2] Flanschverbindung ab DN 65

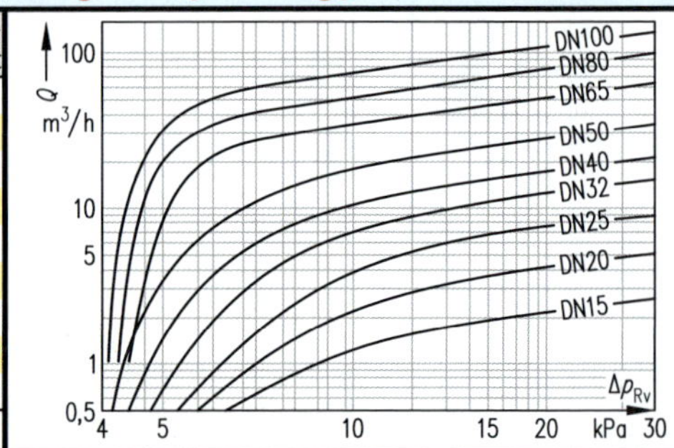

Freistrom-Kombi-Rückflussverhinderer EA, Muffen-/Verschraubanschluss

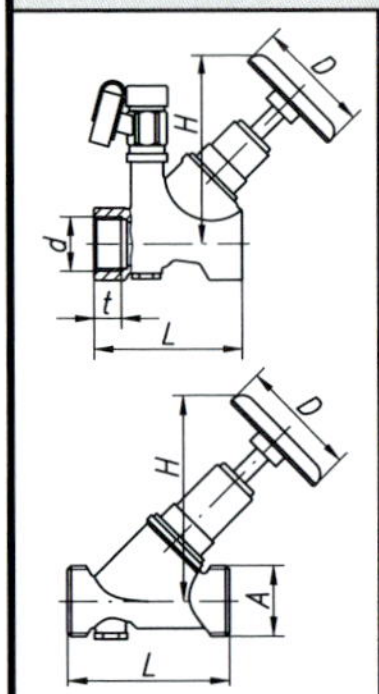

DN		15	20	25	32	40	50	65	80
k_{vs}	m³/h	4,03	8,3	14,6	25,3	35,9	64,7	116	130
ζ		4,9	3,6	2,9	2,6	3,1	2,3	2,1	3,8
$p_{öffnen}$	kPa	12	11	13	8	8	7	12	14
Höhe H	mm	102	118	143	163	178	210	310	342
Länge L	mm	65	75	90	110	120	150	190	215
Tiefe t	mm	15	16,3	19,1	21,4	21,4	25,7		
Rad-ø	mm	60	60	70	70	90	90	120	120
Anschluss	Rp	½	¾	1	1¼	1½	2	G3	3½
E-Ventil	G	¼	¼	¼	¼	¼	¼	3/8	3/8
Masse	kg	0,46	0,72	0,93	1,20	1,63	2,60	4,50	6,80

Druckstufe 1,6 MPa (16 bar); Temperatur bis 100 °C

Freistrom-Kombi-Rückflussverhinderer EA, Flansch

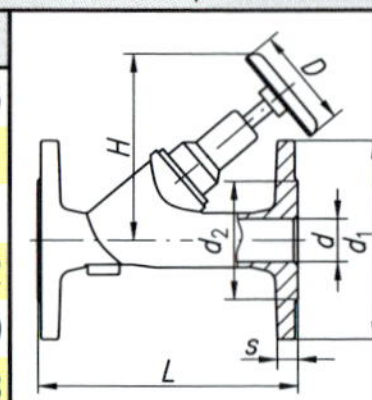

DN		15	25	40	50	65	80	100
k_{vs}	m³/h	4,03	14,6	35,9	64,7	116	130	186
ζ		4,9	2,9	3,1	2,3	2,1	3,8	
$p_{öffnen}$	kPa	12	13	8	7	12	14	
Höhe H	mm	127	155	206	220	293	326	302
Länge L	mm	130	160	200	230	290	310	350
Tiefe t	mm	11,5	s12	s14	s14	s15	s16	s18
Handrad-ø	in mm	60	70	90	90	120	120	120
Flanschmaß d_1	in mm	95	115	150	165	185	200	220
Flanschmaß d_2	in mm	45	68	88	102	122	138	158
Masse (Gewicht)	in kg	1,52	2,8	5,0	6,4	10,0	14,6	19,2
Rohranschluss d	mm	18	25	40	50	65	80	100

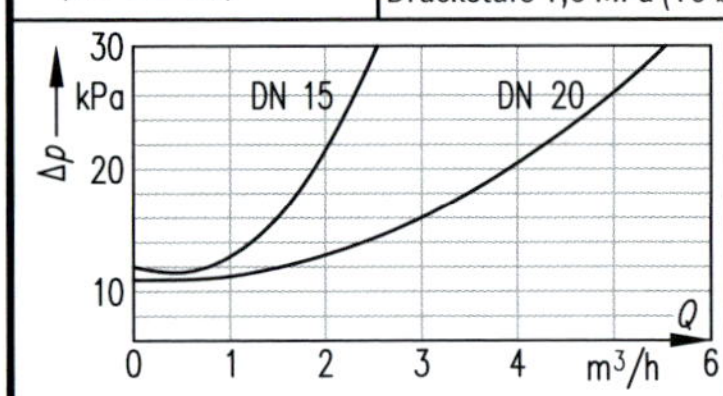

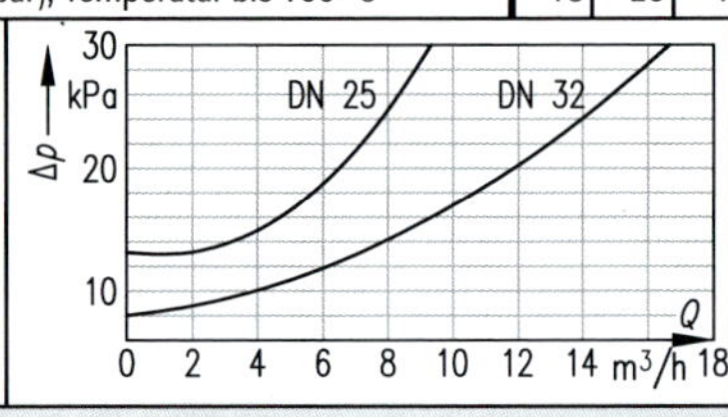

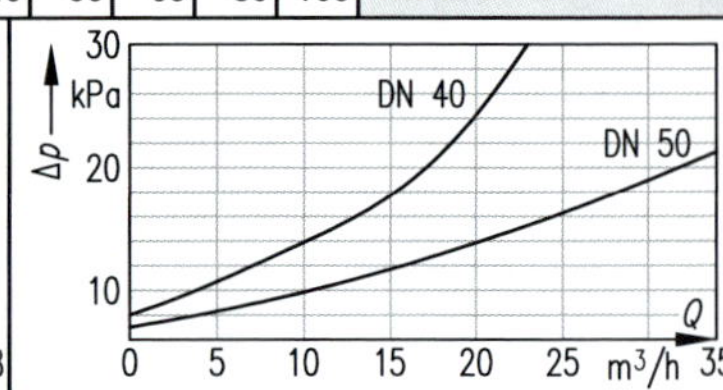

Vorschalt-Rückflussverhinderer EA bis Flüssigkeitskategorie 2 (Herstellerangaben)

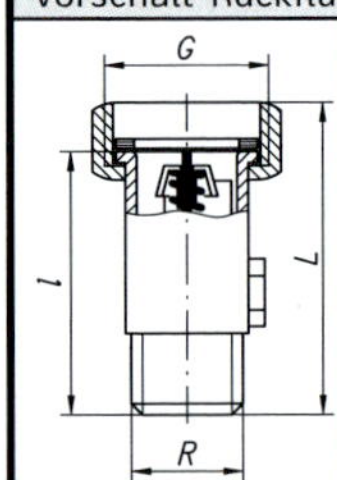

DN		15	20	25	32	40	50
k_{vs}	m³/h	6	10	15	28	41	70
Q (Δp 15 kPa)		1,8	3,8	5,8	10,8	15,9	27,1
Länge L	mm	69	74	82,5	94	103	121
l	mm	57	63	69,5	80	90	106
Anschluss	R	½	¾	1	1¼	1½	2
NW	G	1	1	1¼	1¼	2	2½
Entleer.	R	¼	¼	¼	¼	¼	¼
Masse	kg	0,20	0,22	0,35	0,52	0,86	1,56

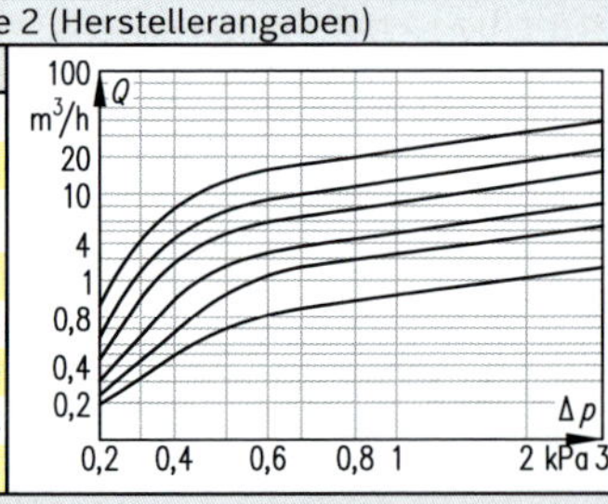

Patrone DIN EN 13959

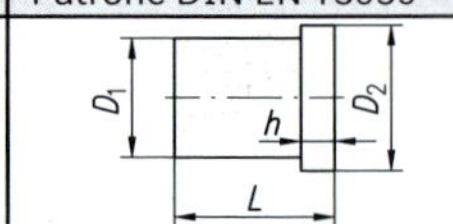

DN		15	20	25	40
D_1	mm	18,3	22,1	28,5	40,3
L	mm	19,5	25,5	38,5	50,0
D_2	mm	20	25	32	46
h	mm	3,0	7,0	8,0	10,0

Einschubrückflussverhinderer EB (nur für bestimmten häuslichen Gebrauch) Auswahl (Herstellerangaben) u. DIN EN 13959

Einschub-Rückfluss-verhinderer	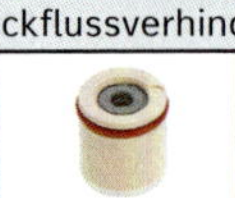							
Größe in mm (Bohrung)	10,1; 11,1; 14,1 14,4; 15,1 16,6; 20,1	15,1; 20,1 25,1; 32,1 40,1; 50,1	10,1; 15,1 20,1; 25,1 32,1; 40,1; 50,1	7,1; 10,1 15,1; 20,1	8,1 13,1	10,1; 12,1; 13,1 14,1; 14,4; 15,1	15,1; 20,1 25,1; 40,1	15,1; 20,1 25,1; 32,1 40,1
Durchfluss-leistung l/min	1,5–7,0; 2,5–18,0; 3,5–21,0 5,0–50,0	11–45; 25–80 27–140; 57–210; 77–360 180–550	1,8–17; 11–45 25–80; 27–140 57–210; 77–360 180–550	1,8–17 11–45 25–80	1,5–7 2,5–24	Spektrum 1,9 bis 15	11–45; 25–80 27–140 77–360	11–45; 25–80 27–140; 57–210 77–360
Besonderheit Einbau Verwendung	2-seitig einbaubar (in/gegen Durchfluss)	aufliegende Dichtung, nur gegen Durchfluss/Nase	Dichtung nutfixiert, nur gegen Durchflussrichtung/Nase	Dichtung nutfixiert, in und gegen Durchflussrichtung	nutfixiert in und gegen Durchfluss Rastnasen	mit Mengenregler druckunabhängig, kompatibel 1	Patrone Wasserzähler	speziell für Heißwasser bis zu 127 °C ausgelegt

219.1 Membransicherheitsventil, TRD 721, Sicherheitsgruppe f. geschlossene Wasserwärmer (Herst.ang.)

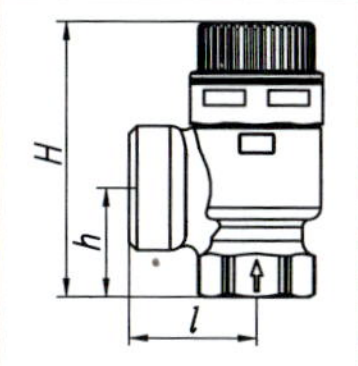

DN_{ein}		15	20	25	32
DN_{aus}		20	25	32	40
H	mm	87	91	123	130
h	mm	23	28	40	47
l	mm	36	42	50	55
V_{WE}	$l \leq$	200	1 000	5 000	> 5 000
Q_{WF}	kW	≤ 75	≤ 150	≤ 250	≤ 2 200
p_{an}	kPa	200, 600, 800 oder 1 000			

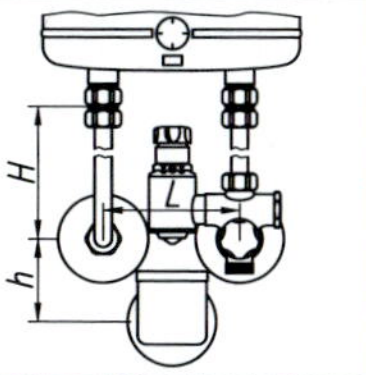

DN_{an}		15	20	25	15
DN_{ein}		20	20	20	15
L	mm	178	186	204	100
l	mm	68,5	72,5	81,5	
H	mm	124,5	124,5	124,5	120
h	mm	105,5	105,5	105,5	100
V_{WE}	$l \leq$	200	1 000	1 000	200
p_{an}	kPa	600, 800 oder 1 000			

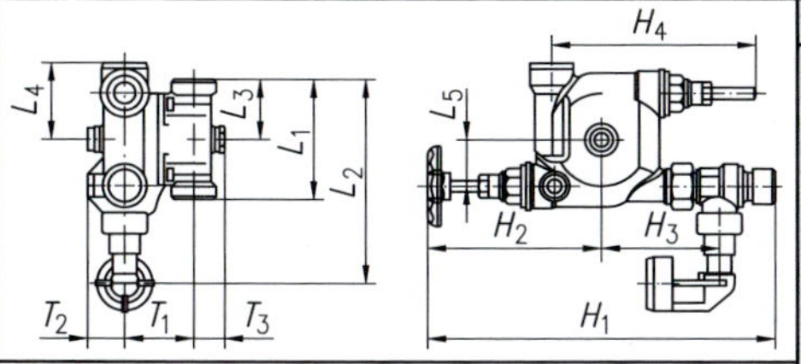

DN		20	25	32
H_1	mm	270	270	270
H_2	mm	135	135	135
H_3	mm	88	88	88
H_4	mm	151,5	151,5	151,5
L_1	mm	90	100	105
L_2	mm	158	163	165,5
L_3	mm	45	50	52,5
L_4	mm	57,5	57,5	57,5
L_5	mm	35	35	35
T_1	mm	51,5	51,5	51,5
T_2	mm	27	27	27
T_3	mm	20,6	27,5	27,5
M	kg	2,1	2,84	2,88
k_{vs}	m³/h	4,5	4,5	4,5

$p_{Ansprech}$: 0,6/0,8/1 MPa

Inspektion, Wartung nach DIN 1988 T8	
Druckminderer: Sichtkontrolle	jährl. Betreib.
RV: Funktionsprüfung	jährl. Betreib.
SV: Funktionskontrolle – Anluftvorrichtung betätige, Dichth.	1/2jährl. Betreiber
Wartung DM: kein stabiler Wert des Ausgangsdrucks → Ventileinsatz ausbauern, überprüfen, ggf. austauschen	1–3 Jahre Installationsunternehmen
SV: liegt eine Funktionsstörung vor, so kann durch mehrmaliges Betätigen der Abluftvorrichtung eine Instandsetzung versucht werden. Gelingt dies nicht, ist eine Instandsetzung zu veranlassen.	jährlich Installationsunternehmen

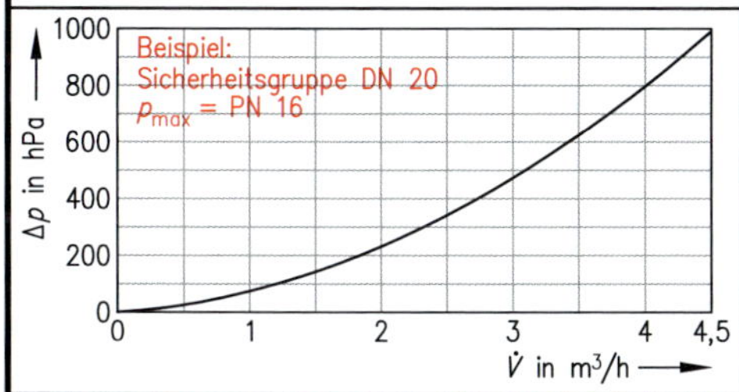

219.2 Sicherungsarmaturen Gruppe C, Systemtrenner, Gruppe D, Rohrunterbrecher, BW-Einlauf unter Wannenrand

Rohrtrenner CA bis Flüssigkeitskategorie 3

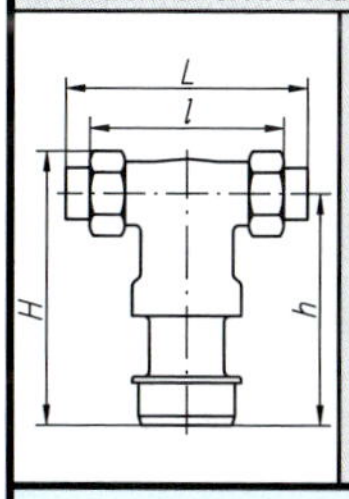

DN		½"	¾"
$\dot{V}$	m³/h	0,7	0,7
L	mm	145	155
l	mm	84	87
H	mm	138	142
h	mm	121	121
m	kg	0,51	0,51
p_{max}	MPa	1	1
p_{min}	MPa	0,15	0,15

Rohrunterbrecher bis Kat. 4

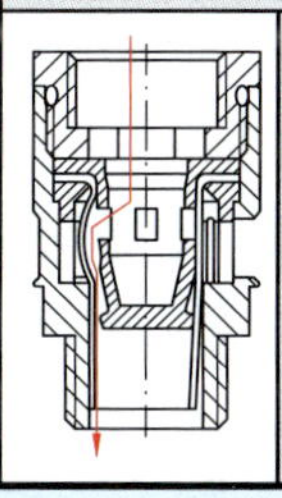

bei Einbauhöhe ≥ 150 mm senkrecht ü. Nichttrinkwasser DN 15 ½" Bauform A2

Rohrunterbrecher bis Kat. 5

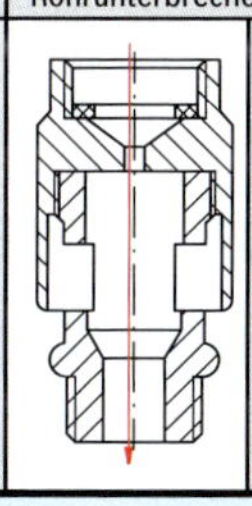

bei Einbauhöhe ≥ 150 mm senkrecht DN 15 ½" DN 20 ¾ Bauform A1

Beispiel: Badewanneneinlauf

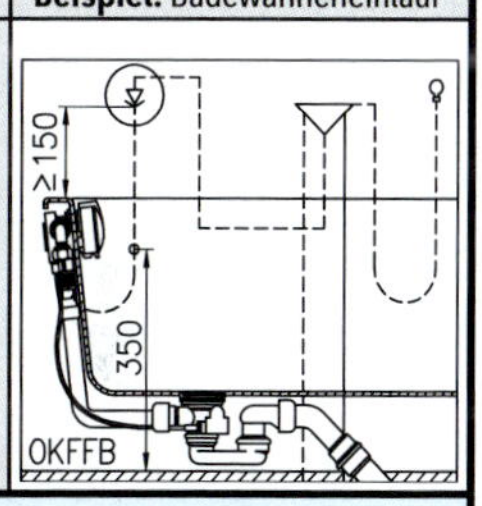

219.3 Rohrtrenner GA, Sicherung bis Flüssigkeitskategorie 3, Bauart 1, Druckverlust Δp (Herst.ang.)

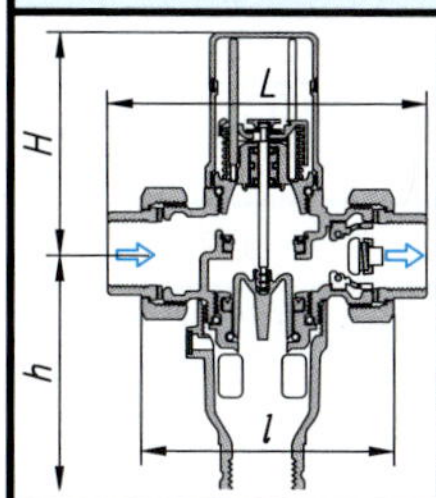

DN		15	20	25	32	40	50	65F	80F	100	125	150	200
L	mm	151	153	159	216	228	241	532	572	652	752	882	1 102
H	mm	105	107	107	162	161	154	380	495	475	528	563	851
h	mm	124	122	122	157	158	165	165	208	232	280	313	438
$\dot{V}$	m³/h	2,5	3,3	4,5	7	10	15	27	34	68	114	150	198
k_{vs}		4,5	6	8	13	18	27	50	62	125	208	274	362
ζ		4	7	10	13	12,5	14	11	17	10	9	10	19
m	kg	1,4	1,6	1,8	4,3	4,9	5,3	48	67	89	145	206	408
p_{an}	kPa	wahlweise 50, 100, 150 oder 200						50, 100 od. 150			50 oder 100		
l	mm	105	105	105	150	160	165	$p_{ein\,min} = p_{an} + 100$ kPa					

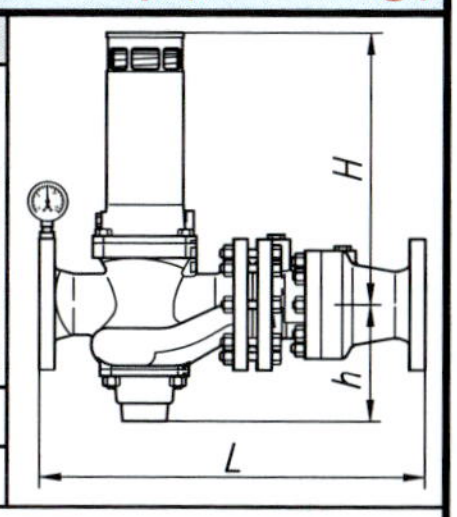

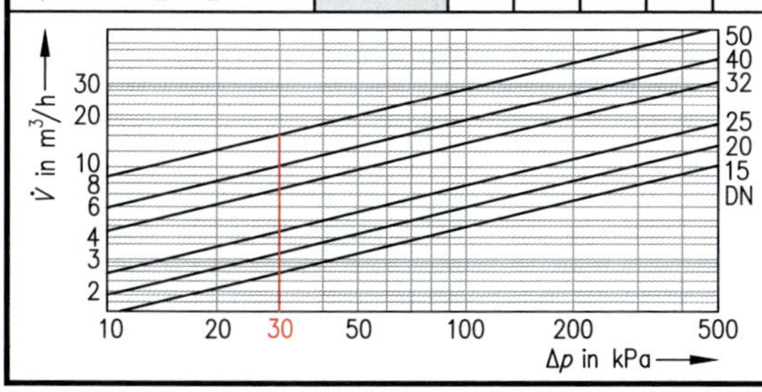

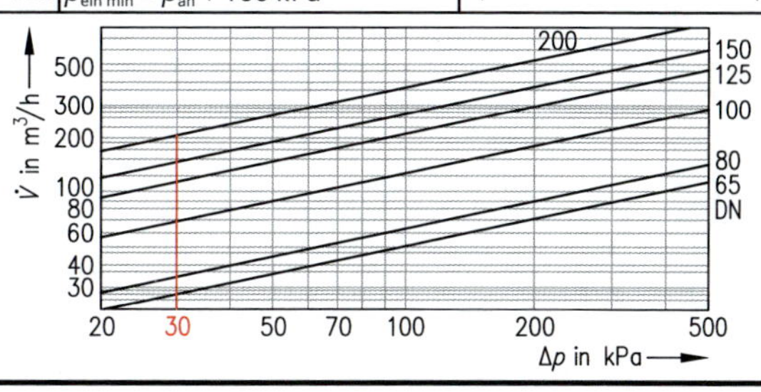

220.1 Rohrtrenner GB, Sicherung bis Flüssigkeitskategorie 4, Bauart 2, differenzdruckgesteuert (Herst.ang.)

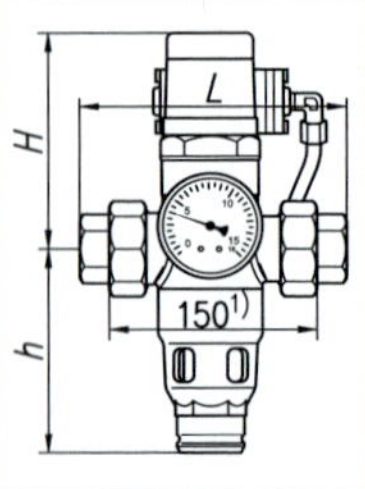

DN	15	20	25	32	40	50	65F	80F	100	125	150	200
L mm	151	153	159	216	228	241	532	572	652	752	882	1 102
H mm	153	155	155	232	231	224	380	495	475	528	563	851
h mm	152	123	123	155	159	166	165	208	232	280	313	438
$\dot{V}$ m³/h[1)]	2,2	3,1	3,6	8,9	12,5	14,3	21	31	45	89	134	222
k_{vs}	2,5	3,5	4	10	14	16	24	35	50	100	150	248
ζ	13	20,9	39	16,8	20,9	39	50	53,5	64	39	36	42
m kg	1,4	1,6	1,8	4,3	4,9	5,3	49	68	90	146	207	409

[1)] DN 40: 160; DN 50: 165

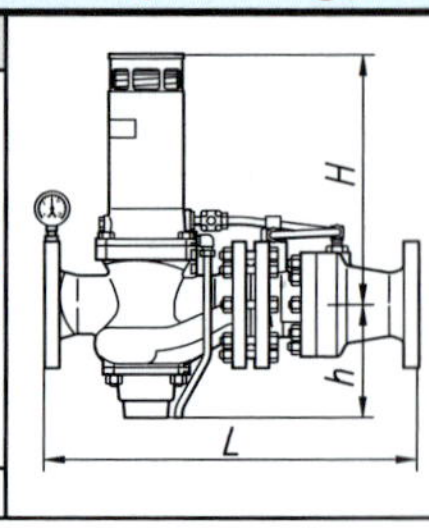

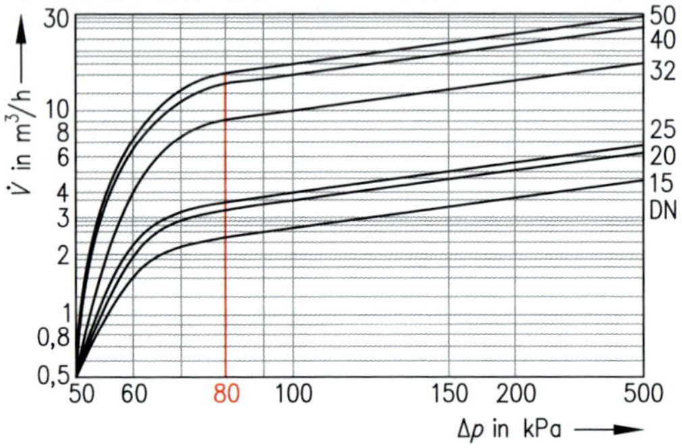

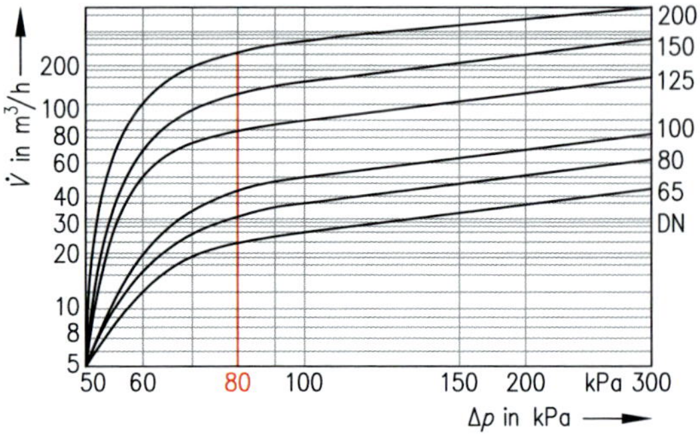

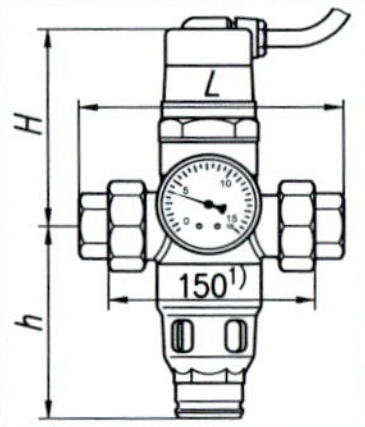

DN	15	20	25	32	40	50	65F	80F	100	125	150	200
L mm	151	153	159	216	228	214	532	572	652	752	882	1 102
H mm	160	162	162	232	231	224	380	495	475	528	563	851
h mm	125	123	123	158	159	166	165	208	232	280	313	438
$\dot{V}$ m³/h[1)]	4	5,4	7,6	11,6	16,1	24,1	45	55	112	186	245	324
k_{vs}	4,5	6	8	13	18	27	50	62	125	208	274	362
ζ	4	7	10	10	12,5	14	11	17	10	9	10	19
m kg	1,4	1,6	1,8	4,3	4,9	5,3	49	68	90	146	207	409

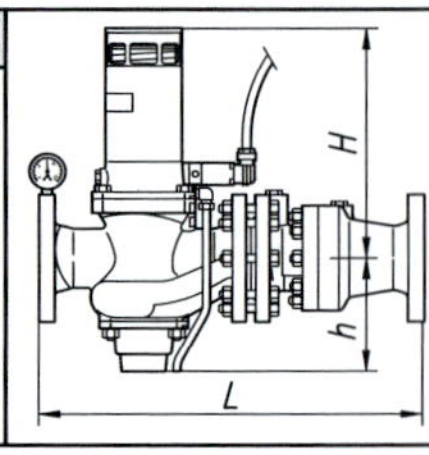

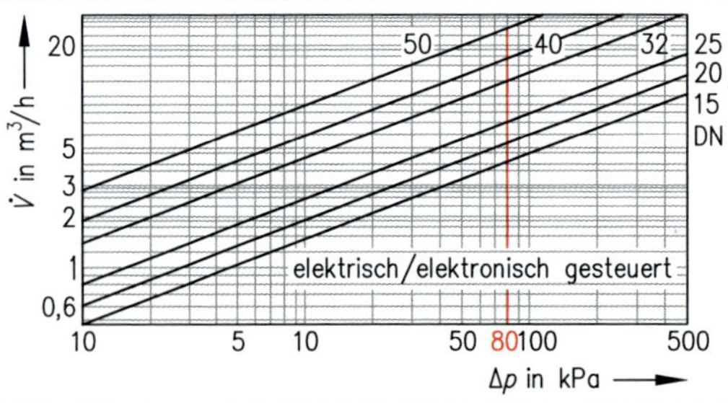

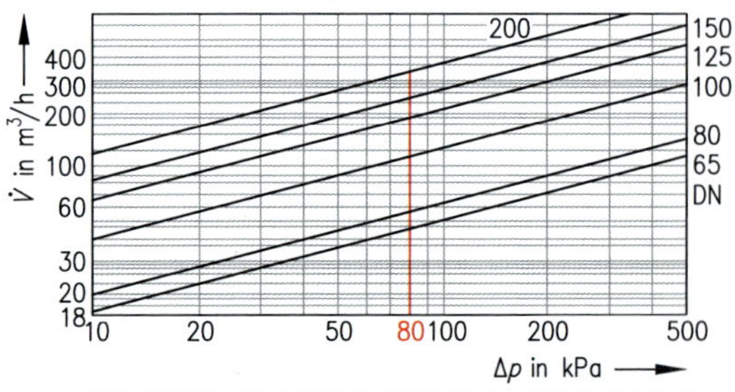

220.2 Rohrbelüfter für Schlauchanschluss HB, Rohrbelüfter kombiniert mit Rückflussverhinderer HD DIN EN 15096

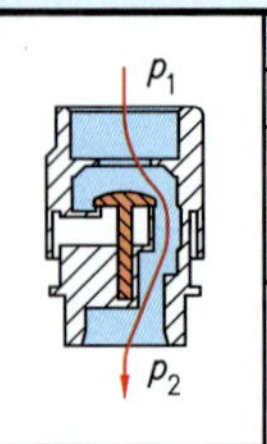

Rohrbelüfter HA

DN	15	20	25
d mm	11	14,5	20,5
p MPa	1	1	1
Q_{min} l/s	0,15	0,30	0,50

Durchfluss $p_1 > p_2 >$ atm
Rücksaugen $p_1 < p_2$
p_2 = atm [1)]

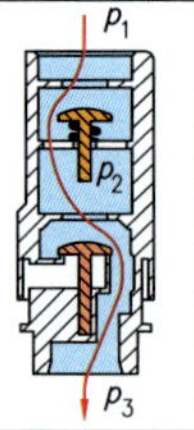

Rohrbelüfter HD mit Rückflussverhinderer

DN	15	20	25

Durchfluss $p_1 > p_2 > p_3$
Rücksaugen RV dicht
$p_1 < p_2 = p_3 =$ atm
RV undicht
$p_1 < p_2 < p_3 \leq$ atm

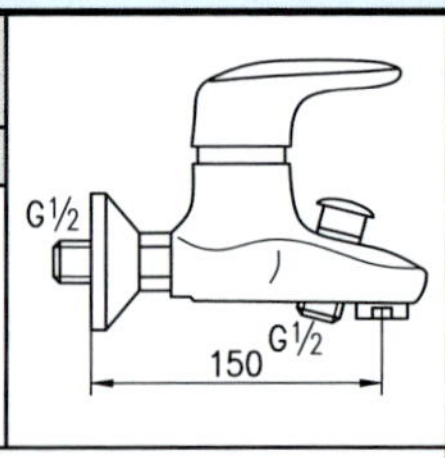

automatischer Umsteller HC für Wannenfüll- u. Brausearmatur[3)]

Anschlüsse DN 20, Brause DN 15
L je nach Modell 115 bis 160 mm
Anschlussdiff. PWC/H 150 ± 20

[1)] HB bis Flüssigkeitskat. 2 (p = atm)
[2)] HD bis 2 (3 bei p = atm)
[3)] HC nur für für best. häusl. Gebrauch

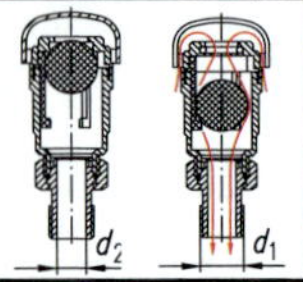

Rohrbelüfter LA Bauf. D

DN	15	20
d_1	G ½ B	G ¾ B
d_2 mm	14,5	20,5
Rohrbelüfter DN 3266-D		

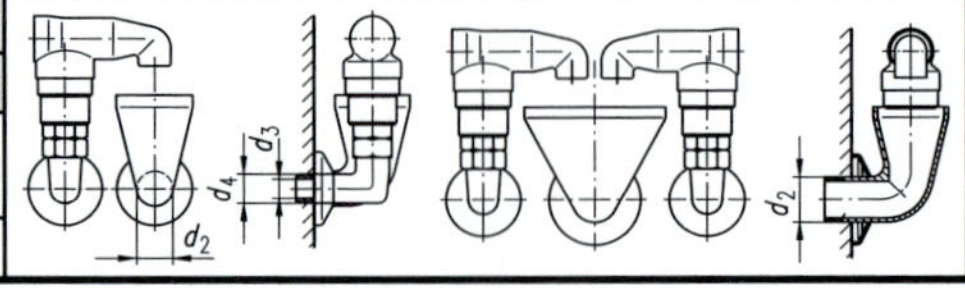

Rohrbelüfter LA Bauform E

DN	15	20	**Beispiel**
d_1	G ¾ B	G 1 B	Rohrbelüfter
d_2	G 1 B	G 1 B	DIN 3266-
d_3	G ½ B	G ¾ B	E-15 (o. 20)

221.1 Druckminderer, Einsatzventil entlastet für Wasser, Luft und Stickstoff, Größenbestimmung (Herst.ang.)

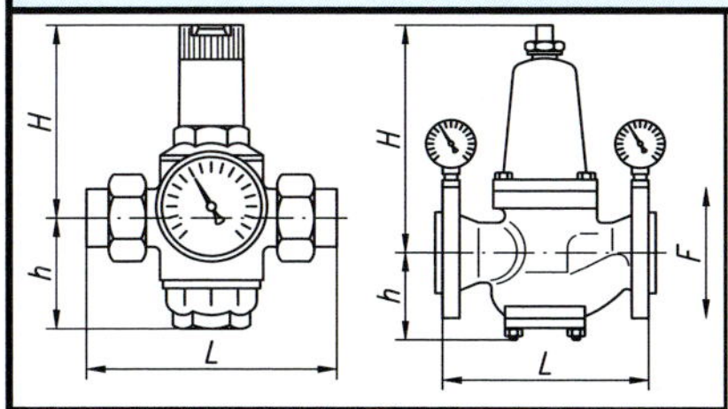

DN	*H* mm	*h* mm	*L* mm	*l*/*F* mm	Ø/[1] Wand	k_{vs} m³/h	*m* kg
15	89	58	140	80	54	2,4	0,8
20	89	58	160	90	54	3,1	1
25	111	64	180	100	61	5,8	1,4
32	111	64	200	105	61	5,9	2
40	173	126	255	140	82	12,6	3,3
50	173	126	255	140	82	12	4,5
50F	282	106	230	165	100[1]	28	16,2
65F	315	126	290	185	120	47	28,2
80F	356	154	310	200	130	70	41,5
100	481	183	350	220	145	110	67
125	487	210	400	250	165	180	103
150	573	248	480	300	180	250	150
200	1 340	305	600	360	220	380	408

[1] mit Flansch

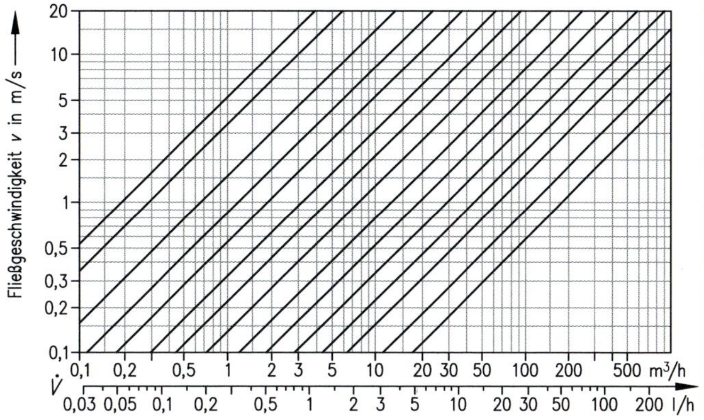

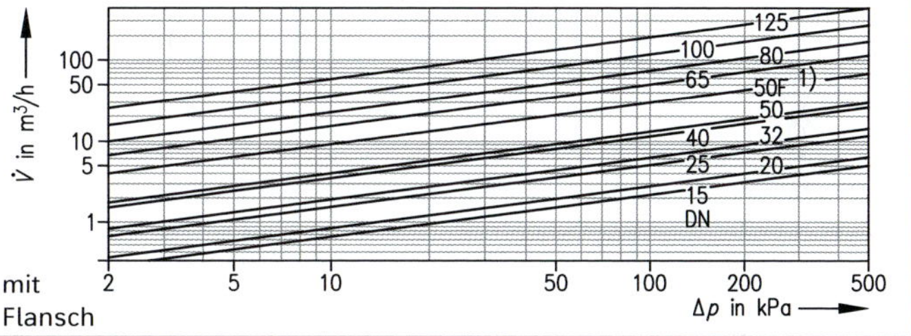

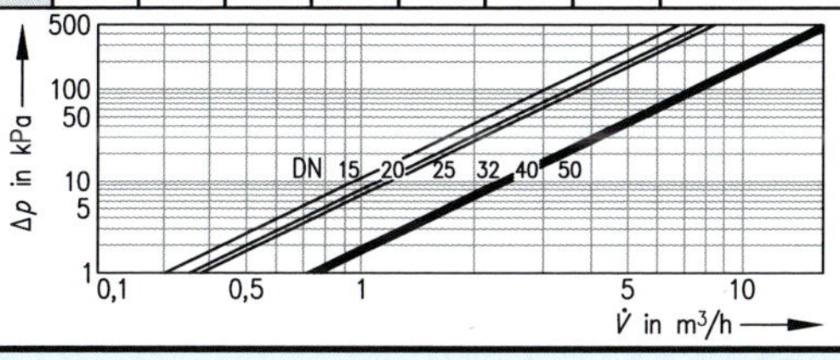

DM für Heißwasser

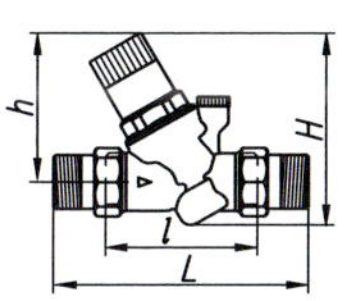

DN	15	20	25	32	40	50
H mm	123	123	124	178	181	178
h mm	96	96	96	147	147	147
L mm	155	163	176	207	216	257
l mm	95	95	97	115	120,5	140
k_{vs}	3,0	3,5	3,7	7,3	7,5	7,7

221.2 Hauswasserstation mit RV, Filter, Druckminderer und Absperrventil (Herstellerangabe)

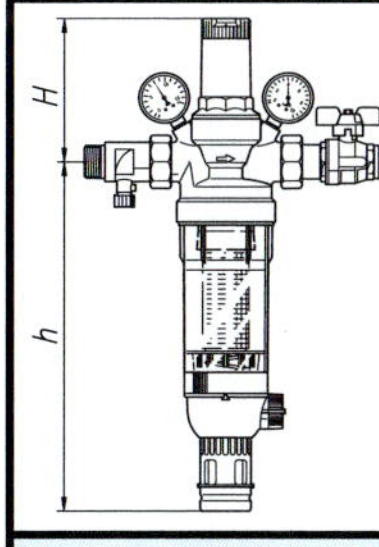

Anschluss DN		15	20	25	32	40	50
Baulänge *L*	mm	255	268	305	327	370	408
l	mm	110	110	130	130	150	150
Bauhöhe *H*	mm	439	439	493	493	590	590
h	mm	350	350	353	353	417	417
Ø	mm	97	97	97	97	120	120
k_{vs}-Wert		2,7	3,2	7,6	8,9	12,6	13
Masse	kg	4	4,1	5,7	6,3	8,1	10
Filterfeinheit		20, 50, 100, 200, 300, 500 µm					
Druck	MPa	1,6 (2,5 Rotguss-Tasse)					
Temperatur	°C	40 (70 Messing-Siebtasse)					

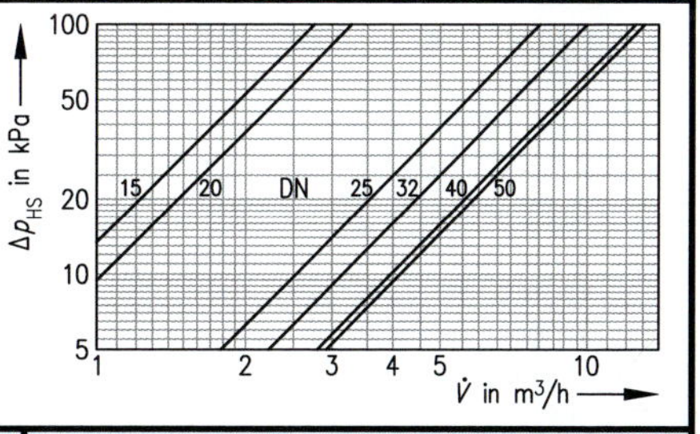

221.3 Wasserzählerbügel (Herstellerangabe)

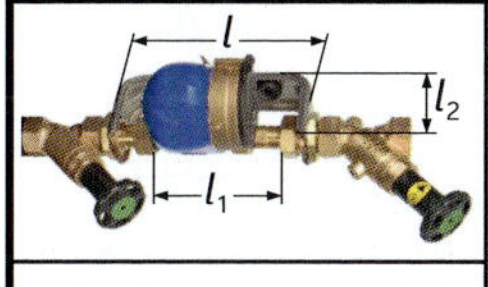

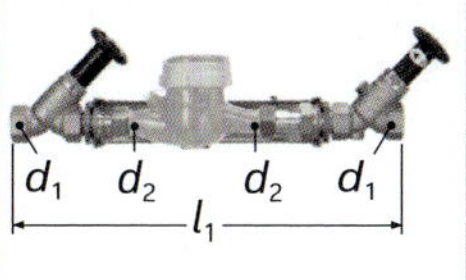

Q_n m³/h	2,5	6	6	10	2,5
d_1 Rp	1	1¹/₄	1¹/₂	2	1
d_2 G	1	1¹/₄	1¹/₂	2	1
l mm	296	375	375	430	215
l_1 mm	495	625	660	770	411
l_2 bis	100	100	100	160	65
l_2 mm	145	145	145	210	
l_3	190	260	260	300	105

Bügel aus Edelstahl 3 mm, Schallschutzelemente, Schrägsitzventil, absperrbarer Rückflussverhinderer

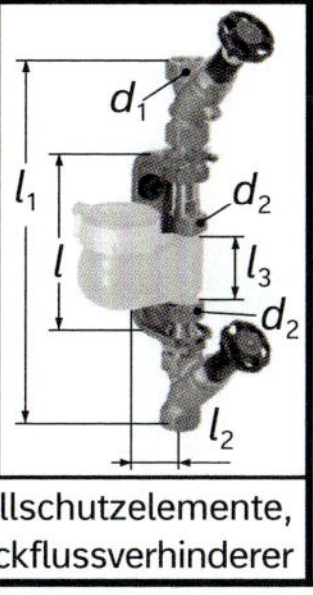

221.4 Hauseinführung (Herstellerang.)

Einzelhauseinführung		
Bohrung	mm	92–102
Wanddicke	mm	200–900
und	mm	900–1 200
dicht bis	MPa	0,1

Abdichtung über flexible Dichtmanschetten

Mehrspartenhauseinf.		
Bohrung	mm	199–203
Wanddicke	mm	≥ 130
dicht bis	MPa	0,05

222.1 Hauswasserzähleranlage DIN 1988-200, Größen n. Herstellerangaben, Messfehler, Druckverlust

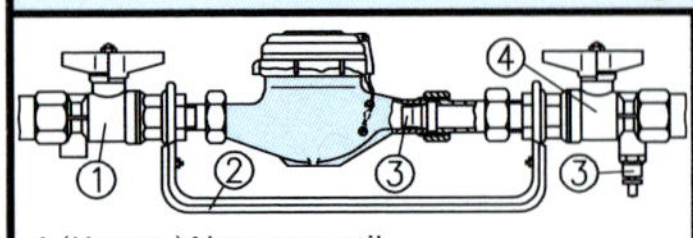

1 (Haupt-)Absperrventil
2 Anschlussbügel mit Verschraubung
3 Einsteck-Rückflussverhinderer
4 Absperrventil mit Entleerung

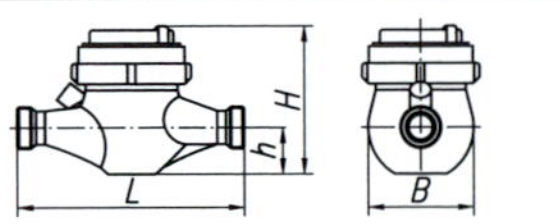

Nenn-Ø DN		15	20	25	32	40
Q_n	m³/h	1,5	2,5	3,5	6	10
Q_{max}	m³/h	3	5	7	12	20
Q_{min}	l/h	12	15	23	30	35
Q_{Trenn}	l/h	15	20	30	45	55
Q_{Anlauf}	l/h	5	8	15	12	20
Δp_{Qmax}	hPa	550	510	1000	850	750
L	mm	165	190	260	260	300
B	mm	96	96	103	103	134
H	mm	120	120	135	135	152
h	mm	34	36,5	45	45	61
m	kg	1,4	1,6	2,3	2,5	5

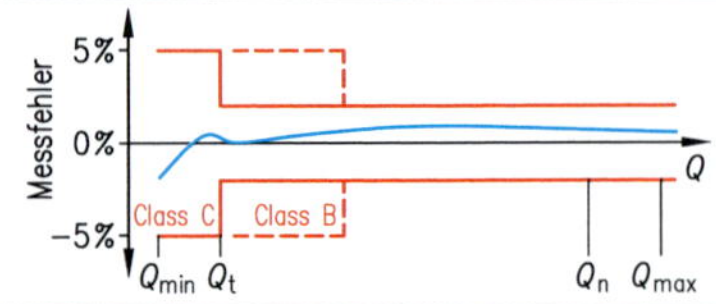

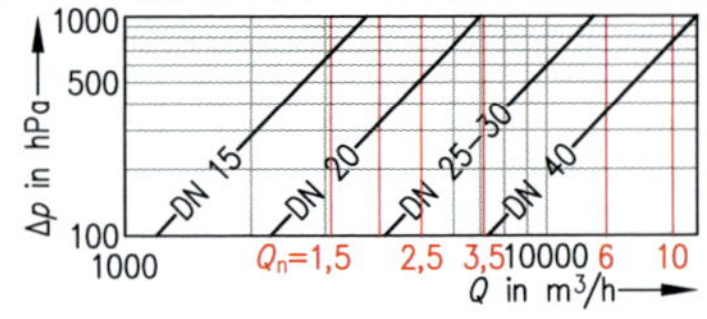

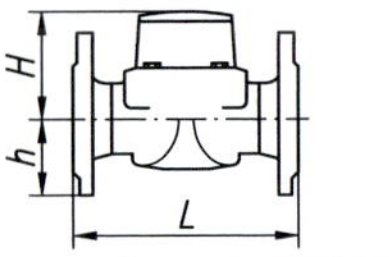

DN	50	65	80	100	150
Lieferlänge	200	200	200	250	300
	270	300	225	350	500
in mm	300		350	360	

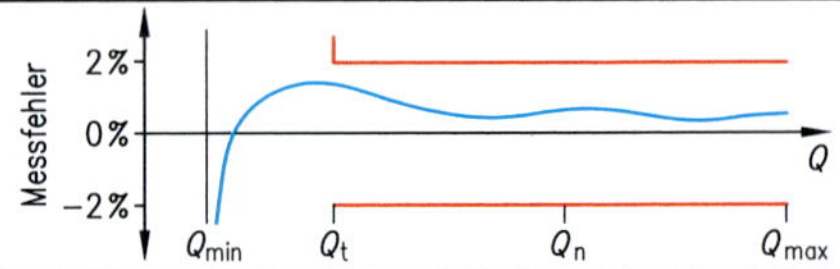

Nennweite DN		40	50	65	80	100	125	150
Nenngröße	Q_n	15	15	25	40	60	100	150
Q_s kurzzt.	m³/h	60	90	120	200	300	350	600
Q_{max} 100 h	m³/h	55	60	70	150	240	260	450
$Q_{Dauerbel.}$	m³/h	40	40	50	100	120	160	250
Q_{Trenn} hor.	m³/h	0,32	0,32	0,36	0,5	0,6	0,8	1,4
Q_{Trenn} vert.	m³/h	0,4	0,4	0,65	0,65	1,1	1,6	2,6
Q_{min} horizontal		0,2	0,15	0,2	0,2	0,3	0,5	0,8
Q_{min} vertikal		0,28	0,28	0,4	0,5	0,5	1	1,6
Q_{Anlauf} ø	m³/h	0,05	0,05	0,07	0,1	0,11	0,15	0,3
Δp_{Qmax}	hPa	130	80	210	90	200	360	140
L	mm	220	270	300	300	350	250	500
H	mm	120	120	120	150	150	160	177
h	mm	69	73	85	95	105	118	135
Ausbauhöhe		200	200	200	270	270	280	356
Masse	kg	7,5	5,6	12	16,3	20	20,7	44,2

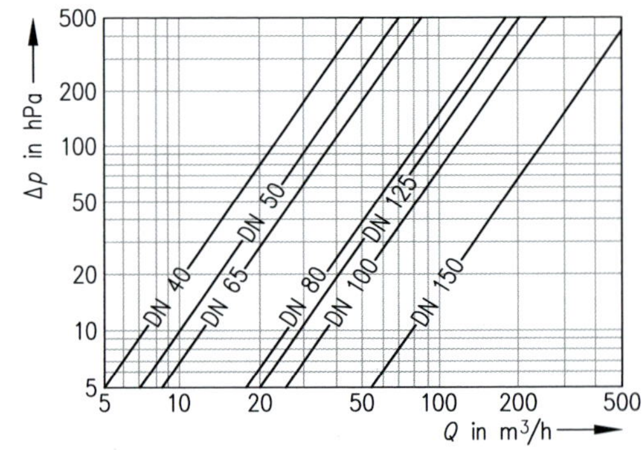

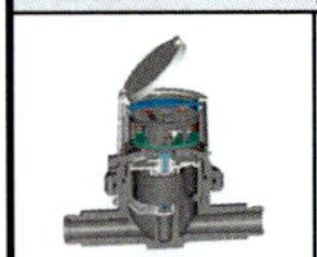

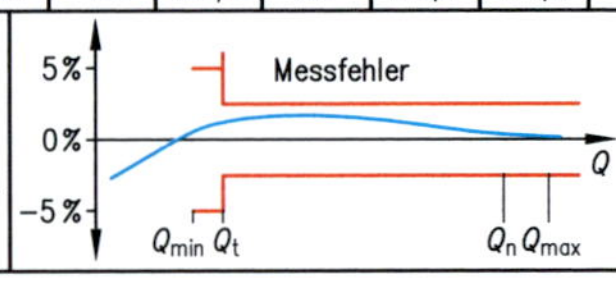

Nenn-Ø DN		20
Q_n	m³/h	2,5
Q_{max}	m³/h	5
Q_{min}	l/h	6
Q_{Trenn}	l/h	12
Q_{Anlauf}	l/h	2
Δp_{Qmax}	hPa	810
L	mm	190
B	mm	113
H	mm	149,5
H_{+HR}	mm	167,5

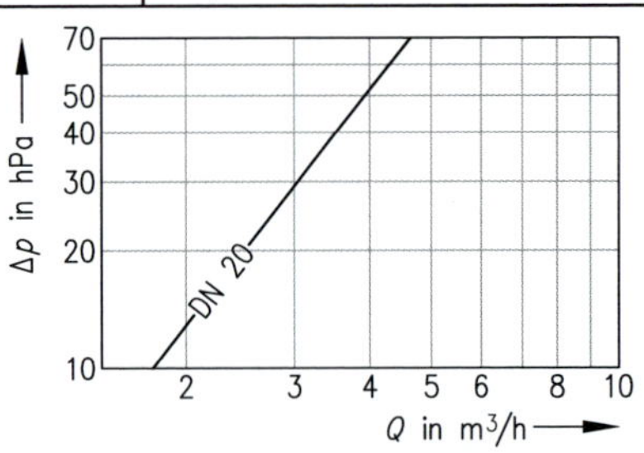

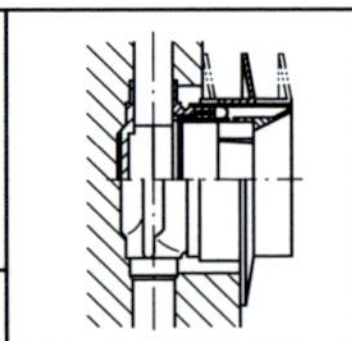

Unterputz-Wasserz.

Nenn. DN		15/20	25
Q_n	m³/h	1,5	25
A	mm	15	20
B	mm	110	130
C	mm	71	71
T	mm	44	44
$ø_1$	mm	85	85
$ø_2$	mm	140	140

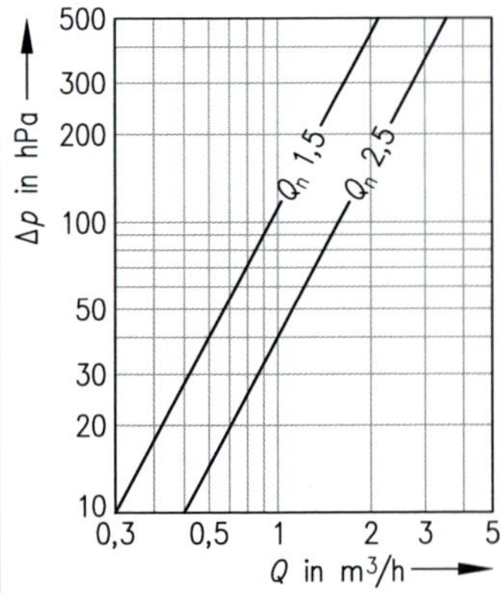

Waschtisch-Wz für Unterwaschtischmont.

Nenn. DN		15	15
Q_n	m³/h	1,5	1,5
ϑ bis	°C	30	90
L	mm	110	110
T	mm	22	22

Montage zwischen 3/8" Eckventil und Cu-Ltg. 10 mm Ø o. Flexschl. 3/8"

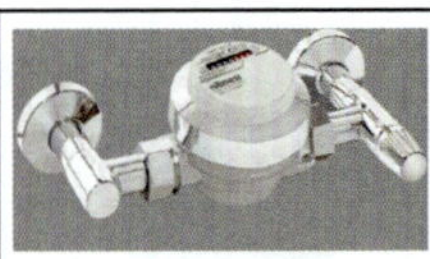

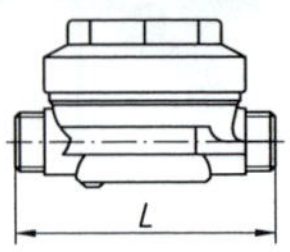

Aufputz-Wz zwischen Eckverschraubungen

Nenn. DN		15	15
Q_n	m³/h	1,5	1,5
ϑ bis	°C	30	90
L	mm	110	110
T	mm	22	22
D	mm	86	86

Montage horizontal o. vertikal m. Einrohran.

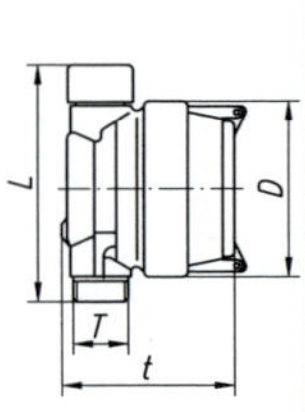

Zapfventil-Wz im Gebäude (f. WM)

Nenn. DN		15	15
Q_n	m³/h	1,5	1,5
ϑ bis	°C	30	90
L	mm	110	110
T	mm	22	22
t	mm	82	82
D	mm	87	87

3/4" Anschlussmutter

223.1 Unterteilung der Trinkwasserversorgungsanlage — DIN EN 806-1, DIN 1988-200

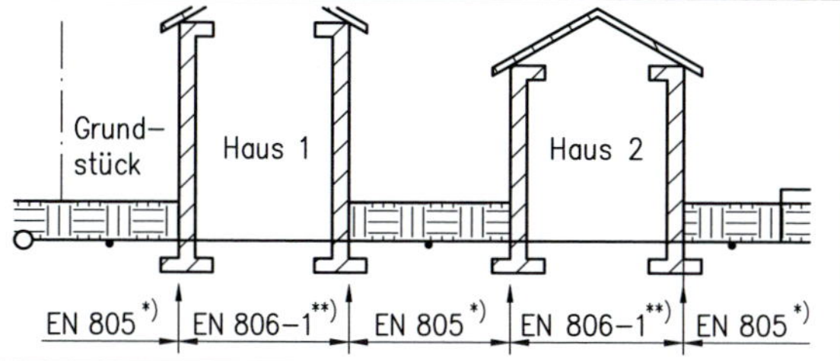

Die Übergabestelle ist variabel zwischen Versorgungsleitung A und Gebäude 1.
DIN EN 806 Teil 1 bis 5 beschreibt die Anforderungen und gibt Empfehlungen für Planung, Installation, Änderung, Prüfung, Instandhaltung und Betrieb von Trinkwasserinstallationen innerhalb von Gebäuden und für bestimmte Anwendungen außerhalb von Gebäuden, aber innerhalb von Grundstücken.

Installation Typ B

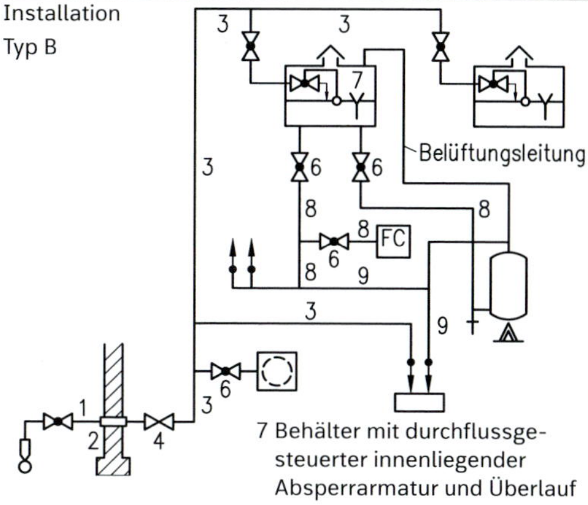

7 Behälter mit durchflussgesteuerter innenliegender Absperrarmatur und Überlauf

Installation Typ A

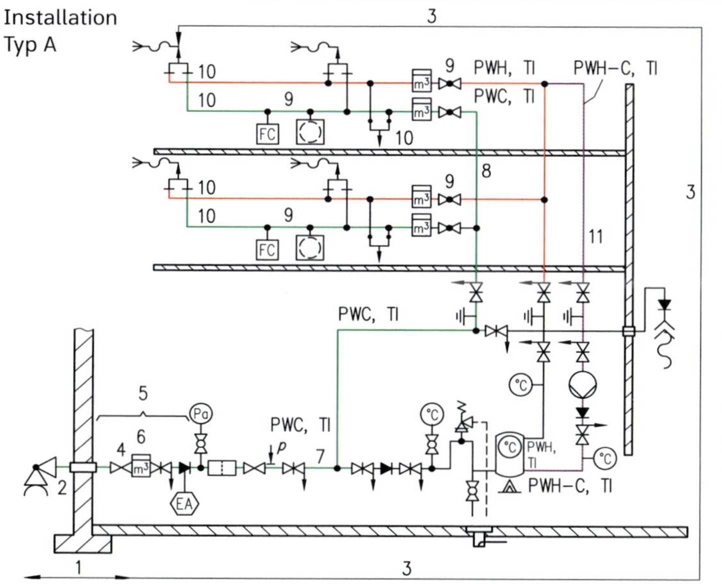

1 Anschlussleitung
2 Eintrittstelle
3 Verbrauchsleitung
4 Hauptabsperrarmatur
5 Wasserzähleranlage
6 Wasserzähler
B 6 Wartungsarmatur
7 Sammelzuleitung
8 Steigleitung
Verteilungsleitung für
B 8 kaltes Wasser
B 9 warmes Wasser
9 Stockwerksleitung
10 Einzelzuleitung
11 Zikulationsleitung
PWC Trinkwasser kalt, grün
PWH Trinkwasser warm, rot
PWH-C Zirkulation violett
NPW Nichttrinkwasser grün/blau (Schrift: weiß)

Lage der Sicherungseinrichtungen in diesem Beisp. nur teilweise gezeigt. (s. DIN EN 1717 und S. 217 ff.)

223.2 Rohre in der Trinkwasserinstallation (s. 136) — DIN 1988-200, DVGW W 534

DIN EN	Rohrwerkstoff	DIN	Rohrwerkstoff	DIN	Kunststoffrohre DVGW W 544
10255	Schmelztauchverzinkter Stahl	GW 354	Wellrohre	16968	PB Polybuten
GW 541	Nichtrostender Stahl NRS	16833	PE-RT (erhöht Temp.beständ.)	8079	PVC-C chloriertes PVC
	NRS mit Kunststoffmantel	16892	PE-X vernetztes Polyethylen	16836	Verbundrohre: PE-MDX-,
1057	GW 392Cu; innenverzinnt	16894	PE-MDX (mittlerer Dichte)	W 534	PE-RT-, PE-HD-, PE-X-, PB-, PP-,
VP 652	Kupfer mit Kunststoffmantel	8077	PP Polypropylen		AL-PE-MDX ... Aufbau

Kunststoffrohre: nach DVGW 534 dürfen ausschließlich folgende Werkstoffe eingesetzt werden:

Werkstoff	Kurzbez.	Norm	Werkstoff	Kurzb.	Norm
Nachchlor. Polyvinylchlorid	PVC-C	DIN 16832-2	Temp.best. Polyoxymethylen	POM	ISO 9988-1
Polyvinylidenfluorid	PVDF	ISO 10931-1, -2	Polyphenylensulfon	PPSU	–
Polypropylen	PP-H100	DIN 16962-5	Polysulfon	PSU	–
Polypropylen	PP-R80	DIN 16962-5	Temperaturbeständiges		
Polybuten	PB125	DIN 16831-5	– Polyethylenterephtalat		DIN 16779-1
Vernetztes Polyethylen	PE-X	DIN 16892	– verstärktes Polyamid	GF-PA	–

224.1 Rohre/Verbindungen in der Trinkwasserinstallation — DIN EN 806-4

Art der Verbindung: + zulässig, – nicht zulässig / Rohrwerkstoffe; Fittingswerkstoffe	Weichlöt-verbindung	Hartlöt-verbindung	Schweiß-verbindung	Klebeverbindung	Gewinde-verbindung	Klemm-verbindung	Press-verbindung	Muffenverb. mit Elastomerdicht.	Steckverbindung	Flansch-verbindung	Verbindung mit Kupplung	Lösbare Verbindung
Gusseisen mit Kugelgrafit (Rohr und Fitting)	–	–	–	–	–	–	–	+	+	+	+	–
Nichtrostender Stahl; NRS und Messing	–	+	+	–	+	+	+	–	+	+	+	–
Schmelztauchverzinkter Stahl;-Temperguss	–	+	–	–	+	+	–	–	+	+	+	–
Kupfer; Kupfer und Kupferlegierungen	+	+	+	–	+	+	+	–	+	+	+	–
PE-X; Kunststoff oder Metall (Herstellernachweis)	–	–	–	–	+ [2]	+	+	–	+	+	–	+
PE; Gusseisen mit Kugelgrafit	–	–	–	–	+ [2]	+	–	+	–	+	–	–
PE; Temperguss	–	–	–	–	+ [2]	+	–	+	–	+	–	+
PE; Kupferlegierungen	–	–	–	–	+ [2]	+	–	–	–	+	–	+
PE; POM	–	–	–	–	+ [2]	+	–	–	–	–	–	–
PE; PP	–	–	–	–	+ [2]	+	–	–	–	+	–	–
PE; PE	–	–	+ [1]	–	+ [2]	–	–	–	–	+	–	+
PVC-U; Gusseisen mit Kugelgrafit	–	–	–	–	–	+	–	+	–	+	–	+
PVC-U; PVC-U	–	–	–	+	+ [2]	+	–	+	–	+	–	+
PVC-C; Nichtrostender Stahl oder Kupferlegierung	–	–	–	–	+ [2]	+	–	–	–	+	–	+
PVC-C; PVC-C	–	–	–	+	+ [2]	–	–	–	–	+	–	+
PP; Kunststoff (nicht PP) oder Metall (nicht Cu)	–	–	–	–	+ [2]	+	–	–	+	+	–	+
PP; PP	–	–	+	–	+ [2]	+	–	–	–	+	–	+
PB; Kunststoff (nicht PP) oder Metall (Nachweis)	–	–	–	–	+ [2]	+	+	–	+	+	–	+
PB; PB	–	–	+	–	+ [2]	+	–	–	+	+	–	+
Mehrschichtrohr; Kunststoff	–	–	+	–	+ [2]	+	+	–	+	+	–	+
Mehrschichtrohr; Metall	–	–	–	–	+ [2]	+	+	–	+	+	–	+

[1] Elektroschmelzschweißen, Stumpfschmelzschweißen. [2] Gewinde auf den Verbindungsstücken.

224.2 Dauerhaft dicht geltende fachgerecht hergestellte Verbindungen[1] — DVGW W 534

Verbindung nach bestandener Druckprüfung DIN 1988	PWC	PWH
Metallene Gewindeverbindung DIN 2999-1 verb. mit: • DIN EN 10242, 10241 und DIN 2566 unter Verwendung von Gewindedichtmitteln nach DIN 30660	+	+
• Bauteilen aus Kupferlegierungen sowie aus nichtrostenden Stählen unter Verwendung von Gewindedichtmitteln nach DIN 30660	+	+
Flanschverbindung nach DIN 2500	+	+
Flanschverbindung nach DVGW GW 2	+	+
Löt- und Schweißverbindung nach DVGW GW 2	+	+
Klebeverbindung nach DVGW W 320	+	–

Verbindung nach bestandener Druckprüfung DIN 1988	PWC	PWH
Konisch/konisch bzw. konisch/kugelig oder flachdichtende Verschraubung für Stahlrohr mit Gewindeanschluss, für Kupferrohr mit Lötanschluss	+	+
Flach- oder mit Runddichtung dichtende Rohrverschraubung für PVC-Rohr mit Klebeanschluss 8063-3	+	+
Übergangsverbinder mit einerseits Gewindeanschluss aus Kupferlegierungen oder verzinktem Temperguss, andererseits mit Klebeanschluss für PVC-Rohr nach DIN 8063-3	+	–

[1] gelten ohne Nachweis nach Prüfgrundlage als dauerhaft dicht

224.3 Typbezeichnung für Verbinder und Verbindungsarten — DVGW W 534

Mechanische Verbinder aus	Metall für Metallrohr	Kunststoff f. Metallrohr	Metall für Kunststoffrohr	Kunststoff für Kunststoffrohr	Metall für Verbundrohr	Kunststoff für Verbundrohr	Metall für Wellrohr	Kunststoff f. Wellrohr
Typbezeichng.	M-MM	M-KM	M-MK	M-KK	M-MV	M-KV	M-MW	M-KW

Stoffschlüssige Verbindungen	Löt- und Schweißverbindungen für metallene Rohre		Schweißverbindung für Kunststoffrohr	Klebeverbindungen für Kunststoffrohr	Sonderverbinder und Verbindungen
Typbezeichnung	S-LM	S-SM	S-SK	S-KK	N

224.4 Mindestdämmschichtdicken Trinkwasserleitungen kalt, $\lambda = 0{,}040$ W/(m · K); warm, $\lambda = 0{,}035$ W/(m · K)

Rohrleitung/Raum Trinkwasser kalt, PWC	*d* mm
frei verlegt/nicht beheizt ≤ 20 °C (Keller), Tauwasserschutz	9
in Rohrschächten, Bodenkanälen, abgehängten Decken ≤ 25 °C	13
in Technikzentrale, Medienkanal, Schacht mit Wärmelast ≥ 25 °C	wie, PWH
Vorwandinstallation: Stockwerksleitung, Einzelzuleitung	4/RiR[1]
im Fußbodenaufbau: Stockwerksleitung, Einzelzuleitung	4/RiR
im Fußbodenaufbau: Stockwerksleitung, Einzelzuleitung neben warmgehenden zirkulierenden Rohrleitungen[1]	13

Rohrleitung/Einbausituation Trinkwasser warm, PWH	*d* mm
Innendurchmesser ≤ 22 mm/> 22 mm *d*; ≤ 35 mm	20/30
Innendurchmesser d_i > 35 mm ≤ 100 mm	= d_i
Innendurchmesser > 100 mm	100
im Wand-/Deckendurchbruch, an Leitungskreuzung, -verbindungsstelle bei zentralen Leitungsnetzverteiler; je nach d_i	½ von oben
Stockwerks-/Einzelzuleitung $V \leq 3$ l ohne Zirkulation/Heizband	–

[1] Oder Rohr in Rohr insbesondere bei UP-Verlegung.

225.1 Wasserverbrauch pro Kopf und Tag in l und % bzw. pro Jahr in m³ BDEW 2021

	l	%	m³		l	%	m³		l	%	m³
Toilettenspülung	34 l	27 %	12,5 m³	Geschirrspülen	8 l	6 %	3 m³	Gemüse, Obst, Reinigung			
Körperpflege (Baden, Duschen)	46 l	36 %	17 m³	Kleingewerbe	11 l	9 %	4 m³	Blumengießen, Autowaschen ...	8	6	3
Wäsche waschen	15 l	12 %	5,5 m³	Trinken, Essenzubereitung	5 l	4 %	2 m³	Gesamt:	127	100	47

225.2 Wasserverbrauch in l/Vorgang, nach Bebauung in l/Einwohner und Tag, Kleingewerbe in l/Angestellter (Gast) und Tag

Wannenbad	140–160	Ein-/Zweifamilienhaus (einfach)	60–70	Bäckerei je Beschäftigten	150
Duschen je min	6–23	Mehrfamilienhaus (einfach)	80–90	Metzgerei je Beschäftigten	250
WC-Spülung	4–14	Mehrfamilienhaus (saniert)	80–100	Friseur je Beschäftigten	250
Geschirrspüler (*junges Baujahr)	20*–55	EFH (neu), Wohnblock (neu)	100–150	Konditorei je Beschäftigten	180–250
Geschirrspülen von Hand	30–40	Ein-/Zweifamilienhaus (Komfort)	150–200	Gaststätte je Essen	15–20
Waschmaschine (*junges Bauj.)	50*–175	Appartmenthäuser mit Ein- und	160–180	Gaststätte/Hotel je Übernachtung	40–60
Autowäsche mit Eimer	20–40	Zweizimmerwohnungen		Hotel mit Bad je Gast	120–150
Autowäsche mit Schlauch	100–200	Komfortwohnung (bevorz. Lage)	150–250	Hotel (erstklassig) je Gast	150–250
Gartenbewässerung	20 l/m²	Villa (beste Wohnlage)	200–400	Wäscherei je Beschäftigten	2 500

225.3 Wasserverbrauch in der Landwirtschaft in l/Tag, Industrie in l/kg, öffentliche Einrichtung in l/Tag

Landwirtschaftlicher Haushalt je. P.	130–150	Herstellung Steinkohle	10–25	Büro u. Verwaltung je Angestelltem	10–100
Fütterung je Rind (über 2 Jahre)	45–60	Herstellung Koks	10–40	Schule je Schüler	10–40
Fütterung je Pferd	30–50	Herstellung Stahl	30–50	Schule mit Schwimmbad je Schüler	50–90
Schwein, Schaf, Ziege je Tier	2–3	Stahl bei Wasserrecycling	5–10	Universität allgemein je Student	100–200
Rindergülle je Tier, Verdünng. 1:10	200–300	Herstellung Papier aus Zellstoff	240–260	Universität Physik je Student	500
Pferdegülle je Tier, Verdünng. 1:10	150–200	Herstellung Zeitungspapier	20–70	Universität Chemie je Student	1000
Schweinegülle je Tier, Verdünng. 1:10	60–80	Herstellung Pappe	20–100	Krankenhaus 300 Betten je Patient	200
Bewässerung Erwerbsgärten/m²	1–3	Herstellung Kunstfasern	500–700	Krankenhaus 600 Betten je Patient	240
Landwirtschaftl. Nutzfläche/m²	1–2	chemisches Labor je Beschäft.	220	Krankenhaus 1000 Betten je Patient	320
Gärtnerei je m²	1–3	biologisches Labor je Beschäft.	340	Altenwohnheim, Pflegeheim je Pat.	200
Gartenland je m²	5–20	medizinisches Labor je Beschäft.	13	Haftanstalt je Häftling	160
Hopfenbau je 100 Stöcke	5–20	Herstellung Früchte/Konserven	20–40	Truppenunterkunft je Soldat	350
Weinbau je Betrieb	150–950	Herstellung Zucker	120	Truppenunterkunft je Zivilangestelt.	80
Molkerei je 1000 Milch	–4 000	Herstellung Bier	3–7	Schlachthof je Großvieh	500–1 000
Beregnung: Fruchtwechsel je ha/h	–10 000	Herstellung Fruchtsaft	2–3	Schlachthof je Schwein	100–300
Gemüse, klein, Dauerweide je ha/h	–4 000	Dampfkessel je t Dampf	1 100	Hallen- und Freibad je Besucher	140–240
Getreide mit Zwischenfrucht je ha/h	–1 500	chemische Industrie je Person	4–8	medizinisches Bad je Patient	100–200
Hackfrucht je ha/h	–2 500	Herstellung Nudeln je kg	12–26	Unterwassermassage je Patient	630–830
Obst mit. Unterkultur, Tabak je ha/h	–6 000	Herstellung Hering je kg	17–68	Saunabetrieb je Person	130–180
Fütterung je Rind (bis 2 Jahre)	30–45	Herstellung Leder je m²	15–30	Markthalle je m²	3
Fütterung je Kalb	15–25	Tankstelle mit Waschplatz je h	–5 000	Friedhof je m²	0,1

225.4 Löschwasserbedarf in m³/h für min. 2 Std.

Siedlung/Geschosse/GFZ/Brandausbreitungsgefahr	Geschosse	GFZ	klein	mittel	groß	Gefahr	Bausubstanz, Umfassung, Dach
Kleinsiedlung, Wochenendhausgebiet	≤ 2	≤ 4	24	48	96	klein	feuerbeständig, feuerhemmend
Wohngebiet, Mischgebiet, Dorfgebiet, Gewerbegebiet	bel.	0,3–1,2	48	96	96		harte Bedachung
Kerngebiet, Gewerbegebiet	≥ 1	0,7–2,4	96	96	192	mittel	nicht feuerbeständig/-hemmend, hart
Industriegebiet		BMZ ≤ 9	96	192	192		feuerbest./-hemmend, weiche Bedachg.
Netzdruck ≥ 150 kPa (1,5 bar). Für kleine ländl. Orte gelten 48 m³/h. Einzelanwesen werden mit Tankfahrzeugen versorgt (Empfehlung: Löschwasservorrat 50 m³/Haus)						groß	nicht feuerbeständ./-hemmend, weich Holzfachwerk, behind. Zugang

226.1 Wasserbedarf Bemessungsgrundlage

$$Q_{ges} = Q_H + Q_G + Q_I + Q_Ö + Q_{Lösch} + Q_{Verlust} + Q_{WW}$$

Q_H	Haushalt	Pauschal pro Einwohner abhängig von Besiedelungs-, Bevölkerungsstruktur und Klima
Q_G	Kleingewerbe	Pauschal pro Angestelltem (s. 225.2) z. B.: 10 Metzgereiangestellte × 250 l/Tag = 2,5 m³/d
Q_I	Industrie Großgewerbe	öffentlicher Bedarf – Pauschalwerte pro Produktionseinheit/Angestellte/Gast

$Q_Ö$	sonstiger einschlägiger öffentlicher Bedarf
$Q_{Lösch}$	Löschwasserbedarf (s. 225.4)
$Q_{Verlust}$	Wasserverluste (Leckagen, Ungenauigkeit ...)
Q_{WW}	Eigenbedarf des Wasserwerks

Grundlage für die Dimensionierung ist eine möglichst exakte Abschätzung des jeweiligen Bedarfs.

226.2 Berechnung der Rohrdurchmesser für Normalinstallationen in Gebäuden bis 6 WE DIN EN 806-3

Voraussetzungen

- Entnahmearmaturendurchfluss [l/s]
  $Q_A \leq Q_A$ (Tab. 226.3)
- Spitzendurchfluss [l/s]
  $Q_D \leq Q_D$ (Dia. 227.2)
- keine Versorgung von Dauerverbrauchern ($t_{Entnahme} \leq 15$ min)
- regelmäßiger Wasseraustausch an allen Entnahmestellen
- Zuerst muss nachgewiesen werden, dass $p_{min\,Fl}$ ausreicht. Der Mindestversorgungsdruck ist ausreichend, wenn das verfügbare Rohrreibungsdruckgefälle $R_v > 10$ hPa/m ist.
  Ist es kleiner ⇒ eine differenzierte Berechnung nach DIN 1988-300.
- Die Differenz zwischen dem Ruhedruck an der untersten Entnahmestelle und dem Fließdruck an der hydraulisch ungünstigsten Entnahmestelle (reduziert um die Druckverluste aus Rohrreibung und Einzelwiderständen) ergibt den möglichen geodätischen Höhenunterschied innerhalb einer Druckzone.

Druckbedingungen	p_R/p_{Fl} in kPa
Ruhedruck an der Entnahmestelle im Gebäude	max. 500
Ruhedruck Entnahmearmatur Garten/Garage	max. 1 000
Mindestfließdruck an der Entnahmestelle $p_{min\,Fl}$ (1 bar)	min. 100[1]

[1] Höhere erforderliche $p_{min\,Fl}$ (z. B. thermisch gesteuerte Mischer oder Gas-Durchfluss-WE) sind in den Berechnungen zu berücksichtigen

Nachweis für den ausreichenden Mindestversorgungsdruck			
Mindestversorgungsdruck	$p_{min\,V}$	...	hPa
Druckverlust in der Hausanschlussleitung Druckverlust im Hauswasserzähler	Δp_{Hal} Δp_{WZ}	...	hPa
Mindestdruck nach dem Hauswasserzähler	$p_{min\,WZ}$	...	hPa
Druckverlust aus geodät. Höhenunterschied[2]	Δp_{geo}	...	hPa
Druckverlust im Rückflussverhinderer	Δp_{RV}	...	hPa
$\Delta p_{Apparate}$: Wohnungswasserzähler	Δp_{WZ}	...	hPa
Filter	Δp_{FIL}	...	hPa
Enthärtungsanlage	Δp_{EH}	...	hPa
Dosieranlage	Δp_{DOS}	...	hPa
Trinkwassererwärmer	Δp_{TE}	...	hPa
weitere Apparate	Δp_{Ap}	...	hPa
$p_{min\,Fl}$: Mindestfließdruck (Entnahmestelle)	$p_{min\,Fl}$	...	hPa
Summe der Druckverluste	$\Sigma\,\Delta p$	...	hPa
verfügbar für Rohrreibung/Einzelwiderstände	$\Sigma(l \cdot R + Z)_v$	...	hPa
Anteil für Einzelwiderstände, geschätzt	a	...	%
verfügbar für Druckverluste aus Rohrreibung	Δp_R	...	hPa
Leitungslänge	l_{ges}	...	m
verfügbares Rohrreibungsdruckgefälle[1]	R_v	...	hPa/m

Zul. Fließgeschwindigkeit für Werte 227.1	
Sammelzuleitung, Steigleitung, Stockwerksleitung	max. 2 m/s
Einzelzuleitung	max. 4 m/s

Belastungswert 1 LU ≙ Q_A von 0,1 l/s (s. 226.3)
Ausgehend von der entferntesten Entnahmearmatur sind die Belastungswerte für die einzelnen TS zu ermitteln und zu addieren. In 227.1 ist die Wahrscheinlichkeit der gleichzeitigen Nutzung berücksichtigt. ⇒ d_i der gewählten Rohrwerkstoffe können entnommen werden. Dabei ist der größte Einzelbelastungswert und bei den kleineren Rohrdurchmessern – abhängig vom Rohrwerkstoff – die maximal zulässige Rohrlänge zu beachten. Der Spitzendurchfluss Q_D nach 227.2 ist in Tab. 227.1 berücksichtigt.

226.3 Belastungswert LU, Entnahmearmaturendurchfluss Q_A, min. Entnahmearmaturendurchfluss Q_{min}

Entnahmestelle l/s	Q_A	Q_{min}	LU	Entnahmestelle l/s	Q_A	Q_{min}	LU
Waschtisch, Handwaschbecken, Bidet, Spülkasten	0,1	0,10	1	Badewannenauslauf	0,4	0,3	4
				Entnahmearmatur für Garten/Garage	0,5	0,4	5
Haushalt-Küchenspüle, Wasch-, Geschirrspülmaschine, Ausgussbecken, Duschbrausekopf	0,2	0,15	2	Gewerbeküchenspüle DN 20, Gewerbebadewannenauslauf	0,8	0,8	8
Urinaldruckspüler	0,3	0,15	3	Druckspüler DN 20	1,5	1,0	15

227.1 Max. Belastungswert LU, größter Einzelwert ( ) bei versch. Rohrwerkstoffen DIN EN 806-3

Feuerverzinktes Stahlrohr LU										6 (4)	16 (15)	40	160	300	600	1600
d_i in mm, (maximale Rohrlänge in mm)										16 (10)	21,6 (6)	27,2	35,9	41,8	53,0	68,8
Kupferrohr LU	1	2	3 (2)	3	4	6 (4)	10 (5)			20 (8)	50	165	430	1050	2100	
$d_a \times s$ in mm	12 × 1,0			15 × 1,0			18 × 1,0			22 × 1,0	28 × 1,5	35 × 1,5	42 × 1,5	54 × 2,0	76,1 × 2,0	
d_i in mm	10			13			16			20	25	32	39	50	72,1	
max. Rohrl. in m	20	7	5	15	9	7										
Nichtrostendes Stahlrohr				3	4	6 (4)	10 (5)			20 (8)	50	165	430	1050	2100	
$d_a \times s$ in mm				15 × 1,0			18 × 1,0			22 × 1,0	28 × 1,5	35 × 1,5	42 × 1,5	54 × 2,0	76,1 × 2,0	
d_i in mm				13			16			20	25	32	39	50	72,1	
max. Rohrlänge in m				15	9	7										
PE-X-Rohr LU				1		2	3	4	5 (4)	8 (5)	16 (8)	35	100	350	700	
$d_a \times s$ in mm				12 × 1,7			16 × 2,2			20 × 2,8	25 × 3,5	32 × 4,4	40 × 5,5	50 × 6,9	63 × 8,6	
d_i in mm				8,4			11,6			14,4	18,0	23,2	29,0	36,2	45,6	
max. Rohrlänge in m				13		4	9	5	4							
PB-Rohr LU				1	2	3 (2)	3	4	6 (4)	13 (5)	25 (8)	55	180	500	1100	
$d_a \times s$ in mm				12 × 1,3			16 × 1,5			20 × 1,9	25 × 2,3	32 × 3,0	40 × 3,7	50 × 4,6	63 × 5,8	
d_i in mm				9,4			13,0			16,2	20,4	26,0	32,6	40,8	51,4	
max. Rohrlänge in m				20	7	5	15	9	7							
PP-Rohr LU				1	2	3 (2)	3	4	6 (4)	13 (5)	30 (8)	70	200	540	970	
$d_a \times s$ in mm				16 × 2,7			20 × 3,4			25 × 4,2	32 × 5,4	40 × 6,7	50 × 8,4	63 × 10,5	75 × 12,5	
d_i in mm				10,6			13,2			16,6	21,2	26,6	33,2	42,0	50	
max. Rohrlänge in m				20	12	8	15	9	7							
PE-MB/AL/PE-HD LU				3	4	5 (4)	6 (5)			10 (5)	20 (8)	55	180	540	1300	
PEX/AL/PE-HD $d_a \times s$				16 × 2/2,25			18 × 2,0			20 × 2,5	26 × 3,0	32 × 3,0	40 × 3,5	50 × 4,0	63 × 4,5	
d_i in mm				12,0/11,5			14			15	20	26	33	42	54	
max. Rohrlänge in m				9	5	4										
PVC-C-Rohr LU							3	4	5 (4)	10 (5)	20 (8)	45	160	420	900	
$d_a \times s$ in mm							16 × 2,0			20 × 2,3	25 × 2,8	32 × 3,6	40 × 4,5	50 × 5,6	63 × 6,9	
d_i in mm							12,0			15,4	19,4	24,8	31	38,8	49,2	
max. Rohrlänge in m							10	6	5							

227.2 Spitzendurchfluss Q_D abhängig vom Summendurchfluss Q_T in LU (Normalinstallation)

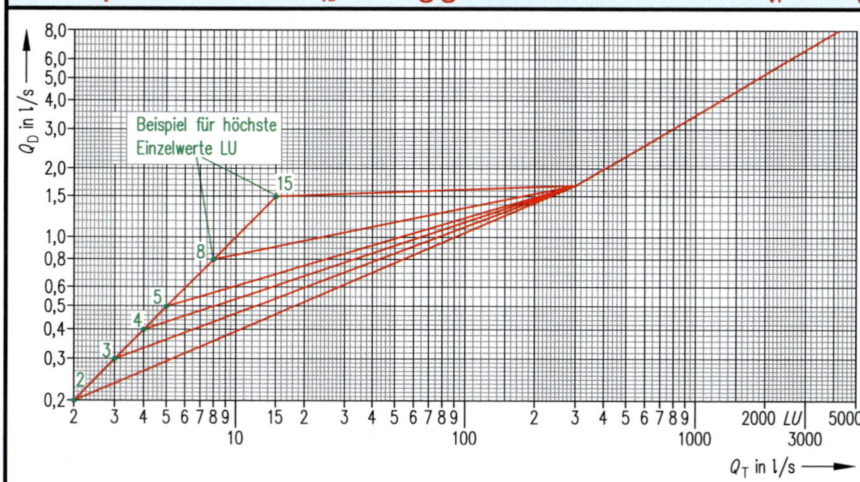

Beispiel: verz. Stahlrohr	
1 Küchenspüle	2 LU
(s. 227.1)	**DN 15**
1 Küchenspüle	2 LU
1 Badewanne	4 LU
6 LU (s. 227.1)	**DN 15**
1 Küchenspüle	2 LU
1 Badewanne	4 LU
1 Waschtisch	1 LU
1 Spülkasten	1 LU
8 LU (s. 227.1)	**DN 20**
2 Wohnungen	16 LU
(s. 227.1)	**DN 20**
3 Wohnungen	24 LU
4 Wohnungen	32 LU
5 Wohnungen	40 LU
jeweils	**DN 25**

228.1 Berechnungsbeispiel nach DIN EN 806-3, Wohngebäude mit sechs Wohnungen (vereinf. Verf.)

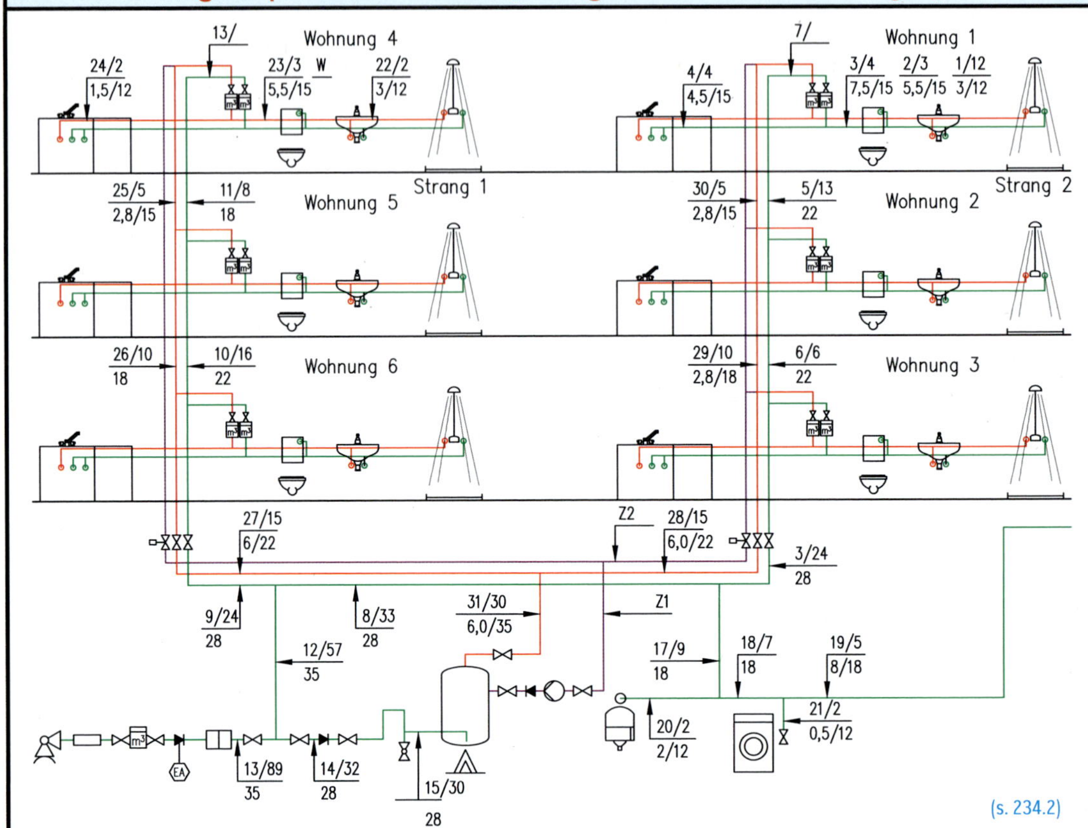

(s. 234.2)

Nachweis für den ausreichenden Mindestversorgungsdruck p_{minV}		
Mindestversorgungsdruck	p_{minV}	**4000** hPa
Druckverlust in der Hausanschlussleitung, Wasserzähler		850 hPa
Mindestdruck nach dem Hauswasserzähler		**3150** hPa
Druckverlust aus geodätischem Höhenunterschied		800 hPa
$\Delta p_{WohnungsWC}$ (Norm 200, tats. 188 hPa) + Filter 200 hPa		400 hPa
Mindestfließdruck (Armatur: Waschtisch-Mischarmatur)		500 hPa
verfügbar für Rohrreibung/Einzelwiderstand $\sum(l \cdot R + Z)_v$		**1450** hPa
geschätzter Anteil für Einzelwiderstände	a	40 %
verfügbar für Druckverlust aus Rohrreibung	Δp_R	870 hPa
Leitungslänge	l_{ges}	29 m
verfügbares Rohreibungsdruckgefälle	R_v	30 hPa/m
Mindestversorgungsdruck ist ausreichend, wenn R_v > 10 hPa/m ist.		

Wohnung 1: Dusche 2 LU, 3 m → DN 12×1; Waschtisch 1 LU, 0,5 m → DN 12×1; Spülkasten 1 LU, 0,5 m → 12×1; Geschirrspülmaschine 2 LU, 1 m → 12×1; Küchenspüle 2 LU, 0,5 m → 12×1

TS	Dusche (Kaltwasser PWC) LU = 2	LU	3 m	12×1
2	Dusche + Waschtisch	3	5,5	15×1
3	Dusche + Waschtisch + Spülkasten	4	7,5	15×1
4	Küchenspüle + Geschirrspüler	4	1,5	15×1
5	Wohnung 1 gesamt	8		18×1
6	Wohnung 1 + 2	16		22×1
7	Strang 2 (Wohnung 1 + 2 + 3)	24		28×1,5
8	Strang 2 + Waschküche TS 17	33		28×1,5
9	Strang 1 (Wohnung 4 + 5 + 6) ≙ Str. 2	24		28×1,5
10	Strang 1 (Wohnung 4 + 5)	16		22×1
11	Strang 1 (Wohnung 4)	8		18×1
12	Strang 1 + 2	57		35×1,5
13	Gesamt PWC + PWH	89		35×1,5
14	TWE + Heizungsfüllanschluss	32		28×1,5
15	Anschluss TWE	30		28×1,5
16	Heizungsfüllanschluss	2		12×1

TS	Fortsetzung PWC	LU	m	DN	TS	Fortsetzung PWC	LU	m	DN	TS	Fortsetzung PWH	LU	m	DN
17	Waschküche	9		18×1	22	Dusche Warmwas.	2	3 m	12×1	27	Wohnung 1 + 2 + 3	15		22×1
18	WM + Außenzapfst.	7		18×1	23	Dusche + Waschtisch	3	5,5	15×1	28	Str. 1 (W 4 + 5 + 6)	15		22×1
19	Außenzapfstelle	5	8	18×1	24	Küchenspüle (PWH)	2	1,5	12×1	29	Str. 1 (W 4 + 5)	10		18×1
20	Ausguss	2	2	12×1	25	Wohnung 1 ges.	5	2,8	15×1	30	Str. 1 (W 4)	5	2,8	15×1
21	Waschmaschine	2	0,5	12×1	26	Wohnung 1 + 2	10		18×1	31	Str. 1 + 2 (PWH)	30		35×1,5

229.1 Auslegung von Zirkulationsleitungen für Wohngebäude bis 6 Wohnungen DIN EN 806-3

Zirkulationspumpe DN 15; Förderstrom ≥ 200 l/h bei 100 hPa bei RV hinter Zirkulationspumpe ⇒ $\Delta p_{RV} \leq 30$ hPa (30 mbar) Rohr-ø aller Zirkulationsleitungen DN 10, (Kupfer: 12 × 1); längster Fließweg der Zirkulationsleitung (PWH-C) 20 m. Länge aller Fließwege der zirkulierenden Warmwasserleitungen ∑ PWH ≤ 30 m (ohne PWH-C!); Einbau von thermischen Zirkulationsregulierventilen in die einzelnen Steigstränge (s. 197.1)

Beispiel s. 228.1 (Fortsetzung): Auslegung der **PWH-C**

Länge aller in die Zirkulation eingebundenen Warmwasserleitungen:

TS	L	Längster Fließweg der Zirkulationsleitungen und Dimension (Cu)		
31	6 m			
30	6 m			
29	2,8			
28	2,8			
27	6 m	Z1	6 m	12×1
26	2,8	Z2	5 m	12×1
25	2,8	Z3	6,5	12×1
∑	29,2	∑	17,5 < 20 m	

Ergebnis: Einbau Zirkulationsregulierventile DN 12 in Strang 1 und 2, Zirkulationspumpe DN 15; Förderstrom: 200 l/h bei 100 hPa

229.2 Berechnungsdurchfluss $\dot{V}_R$, Entnahmearmaturendurchflüsse (Herstellerangaben)

Berechnungsdurchfluss:

$$\dot{V}_R = \frac{\dot{V}_{min} + \dot{V}_o}{2}$$

$\dot{V}_{min}$ Mindestdurchfluss
$\dot{V}_o$ oberer Durchfluss
p_{Fl} Fließdruck
$p_{min\,Fl}$ Mindestfließdruck
$p_{Fl,\,k}$ kennzeichnender Fließdruck nach DIN EN ISO 3822-2

Entnahmedurchfluss:

$$\dot{V}_E = \frac{2 \cdot \dot{V}_R}{\sqrt{\frac{p_{min\,Fl}}{p_{Fl}}} + \sqrt{\frac{p_{o\,Fl,\,k}}{p_{FL}}}}$$

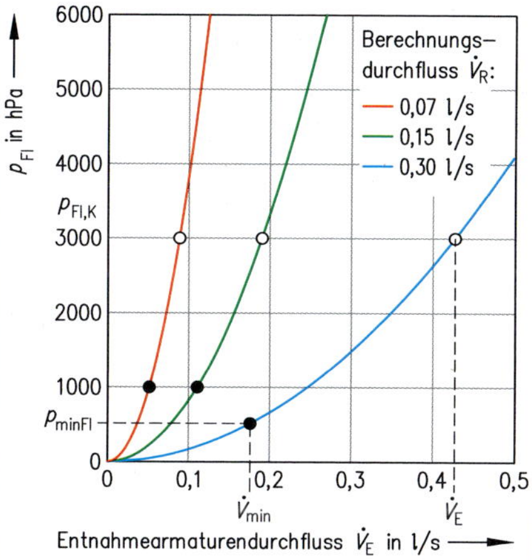

Beispiel für Entnahmearmaturendurchfluss:
$\dot{V}_R = 0{,}15$ l/s, $p_{Fl,\,k} = 3000$ hPa,
$p_{min\,Fl} = 1000$ hPa,
Fließdruck $p_{Fl} = 2500$ hPa

$$\dot{V}_E = \frac{2 \cdot 0{,}15}{\sqrt{\frac{1000}{2500}} + \sqrt{\frac{3000}{2500}}} = 0{,}174 \text{ l/s}$$

$$\dot{V}_{min} = \frac{2 \cdot 0{,}15}{\sqrt{\frac{1000}{1000}} + \sqrt{\frac{3000}{1000}}} = 0{,}110 \text{ l/s}$$

Berechnungsdurchfluss:

$$\dot{V}_R = \frac{\dot{V}_E \cdot \left(\sqrt{\frac{p_{min\,Fl}}{p_{Fl}}} + \sqrt{\frac{p_{o\,Fl,\,k}}{p_{FL}}}\right)}{2}$$

Beisp. $p_{min\,Fl} = 1000$ hPa, $\dot{V}_{min} = 0{,}117$ l/s,

$$\dot{V}_R = \frac{0{,}117 \cdot \left(\sqrt{\frac{1000}{1000}} + \sqrt{\frac{3000}{1000}}\right)}{2} = 0{,}16 \text{ l/s}$$

Summendurchfluss: $\sum \dot{V}_R$

229.3 Trinkwasserentnahmestellen Mindestfließdruck $p_{min\,Fl}$, Berechnungsdurchfluss $\dot{V}_R$ DIN 1988-300

Entnahmestelle (Werte aus DIN 1988-300)	DN	$p_{min\,Fl}$ hPa	$\dot{V}_R$ l/s
Auslaufventile ohne Strahlregler, ohne angeschlossenen Apparat, (z. B.: Gartenschlauch mit Gerät)	15 20 25	500 500 500	0,30 0,50 1,00
Auslaufventil mit Strahlregler	10 15	1000 1000	0,15 0,15
Mischarmatur für Dusche [1]	15	1000	0,15
Mischarmatur für Badewanne [1]	15	1000	0,15
Mischarmatur für Küchenspüle [1]	15	1000	0,07
Mischarmatur für Waschbecken [1]	15	1000	0,07
Mischarm. für Sitzwaschbecken [1]	15	1000	0,07
Waschmaschine DIN EN 60456	15	500	0,15
Geschirrspülmaschine EN 50242	15	500	0,07
WC-Spülkastenfüllventil 14124	15	500	0,13
manueller Urinaldruckspüler	15	1000	0,30
elektronischer Urinaldruckspüler	15	1000	0,30
WC-Druckspüler	20	1200	1,00
Ausguss: Auslaufv. kalt o. warm	15	1000	0,15
Mischarmatur je Anschluss[1]	15	1000	0,15
Ausguss: Mischbatterie je Anschluss[1]	15	1000	0,15
Klinik Druckspüler kalt oder warm	20	1200	1,00

Entnahmestelle (Werte nach Feurich)			DN	$p_{min\,Fl}$ hPa	$\dot{V}_R$ l/s
Steckbecken-spülapp.	Kaltwasser		15	2500	1,30
	Warmwasser		15	2500	0,70
	Niederdruckdampf		15	500	–
Duschkopf		je Anschluss	15	1000	[1] 0,15
		je Anschluss	20	1000	[1] 0,50
		je Anschluss	25	1000	[1] 0,70
Handdusche		je Anschluss	15	1000	[1] 0,15
Seitenduschkopf		je Anschluss	15	1000	[1] 0,05
Badewanne	Mischarmatur	je Anschluss	20	1000	[1] 0,50
	Mischarmatur	je Anschluss	25	1000	[1] 1,00
WC	Druckspüler		15 25	1200 400	0,70 1,00
Sitzwaschbeckenmischarmat.		je Anschl.	15	1000	[1] 0,07
Spülbeckenmischarmatur		je Anschl.	20	1000	[1] 0,30
Urinal-Magnetv.	$\dot{V}_R$ für 1 Urinal = 0,3 l/s		20	700	←
	$\dot{V}_R$ für 1 Spülkopf = 0,12 l/s		25	400	←
Fußwaschbeckenmischarmat.		je Anschl.	15	1000	[1] 0,05
Reihenwaschan.	Mischarmatur	je Anschl.	15	1000	[1] 0,05
	Duschbatterie	je Anschl.	15	1000	[1] 0,15

[1] $\dot{V}_R$ ist für Kalt- **und** Warmwasser zu berücksichtigen.

[1] Eckventile (WT-Armatur), S-Anschlüsse (Dusche, BW) als Einzelwiderstände oder im p_{minFl} berücksichtigen.

230.1 Trinkwasserentnahmestellen p_{minFl}, $\dot{V}_R$: wichtige Hinweise

Die Hersteller müssen den Mindestfließdruck und die Berechnungsdurchflüsse auf der Kalt- und Warmwasserseite (Mischarmaturen) angeben. Grundsätzlich sind für die Bemessung der Rohrdurchmesser die Angaben der Hersteller zur berücksichtigen, die z. T. erheblich von 229.3 abweichen. **Es ist wie folgt vorzugehen:** Liegen die Herstellerangaben für p_{minFl}, $\dot{V}_R$ **unter** 229.3 gibt es zwei Optionen. Ist die Trinkwasserinstallation aus hygienischen und wirtschaftlichen Gründen für die kleineren Werte zu bemessen, muss dieses Vorgehen mit dem Bauherrn vereinbart und die Auslegungsvoraussetzungen für die Entnahmestellen in die Bemessung aufgenommen werden – wenn nicht → 229.3 verwenden.
Liegen Herstelleranagaben **über** 229.3, **muss** mit den Herstellerwerten bemessen werden.

230.2 Umrechnung Summendurchfluss in Spitzendurchfluss f. versch. Gebäudetypen, DVGW Kommentar — DIN 1988-300

Kon. f. $\dot{V}_S$	Wohngeb.	Pflegeheim	Krankenhaus	Hotel	Schule/ Verwaltung
a	1,48	1,40	0,75	0,70	0,91
b	0,19	0,14	0,44	0,48	0,33
c	0,94	0,92	0,18	0,13	0,38
$\sum \dot{V}_R$	Spitzendurchfluss $\dot{V}_S$ in l/s				
0,20	0,15	0,20	0,19	0,19	0,17
0,22	0,17	0,21	0,21	0,21	0,19
0,24	0,19	0,23	0,22	0,22	0,20
0,26	0,21	0,24	0,23	0,24	0,22
0,28	0,22	0,25	0,25	0,25	0,23
0,30	0,24	0,26	0,26	0,26	0,25
0,32	0,25	0,27	0,27	0,28	0,26
0,34	0,27	0,28	0,29	0,29	0,27
0,36	0,28	0,29	0,30	0,30	0,28
0,38	0,29	0,30	0,31	0,31	0,29
0,40	0,30	0,31	0,32	0,32	0,30
0,42	0,32	0,32	0,33	0,33	0,32
0,44	0,33	0,33	0,34	0,34	0,33
0,46	0,34	0,34	0,35	0,35	0,34
0,48	0,35	0,34	0,36	0,36	0,34
0,50	0,36	0,35	0,37	0,37	0,35
0,55	0,37	0,37	0,39	0,39	0,37
0,60	0,40	0,38	0,42	0,42	0,40
0,65	0,42	0,40	0,44	0,44	0,42
0,70	0,44	0,41	0,46	0,46	0,43
0,75	0,46	0,42	0,48	0,48	0,45
0,80	0,48	0,44	0,50	0,50	0,47
0,85	0,49	0,45	0,52	0,52	0,49
0,90	0,51	0,46	0,54	0,54	0,50
0,95	0,53	0,47	0,55	0,55	0,52
1,00	0,54	0,48	0,57	0,57	0,53
1,05	0,55	0,49	0,59	0,59	0,54
1,10	0,57	0,50	0,60	0,60	0,56
1,15	0,58	0,51	0,62	0,62	0,57
1,20	0,59	0,52	0,63	0,63	0,58
1,30	0,62	0,53	0,66	0,66	0,61
1,40	0,64	0,55	0,69	0,69	0,63
1,50	0,66	0,56	0,72	0,72	0,65
1,60	0,68	0,58	0,74	0,75	0,67
1,70	0,70	0,59	0,77	0,77	0,69
1,80	0,71	0,60	0,79	0,80	0,71
1,90	0,73	0,61	0,81	0,82	0,73

$\sum \dot{V}_R$ l/s	Wohngeb.	Pflegeheim	Krankenhaus	Hotel	Schule/ Verwaltung
2,00	0,75	0,62	0,84	0,85	0,75
2,10	0,76	0,63	0,86	0,87	0,77
2,20	0,78	0,64	0,88	0,89	0,78
2,30	0,79	0,65	0,90	0,91	0,80
2,40	0,81	0,66	0,92	0,94	0,81
2,50	0,82	0,67	0,94	0,96	0,83
2,75	0,85	0,69	0,99	1,01	0,87
3,00	0,88	0,71	1,04	1,06	0,90
3,50	0,94	0,75	1,12	1,15	0,96
4,00	0,99	0,78	1,20	1,23	1,02
4,50	1,03	0,81	1,27	1,31	1,07
5,00	1,07	0,83	1,34	1,39	1,12
5,50	1,11	0,86	1,41	1,46	1,16
6,00	1,14	0,88	1,47	1,52	1,21
6,50	1,17	0,90	1,53	1,59	1,25
7,00	1,20	0,92	1,59	1,65	1,28
7,50	1,23	0,94	1,64	1,71	1,32
8,00	1,26	0,95	1,69	1,77	1,35
8,50	1,28	0,97	1,74	1,83	1,39
9,00	1,31	0,98	1,79	1,88	1,42
10,0	1,35	1,01	1,89	1,98	1,48
11,0	1,39	1,04	1,97	2,08	1,53
12,0	1,43	1,06	2,06	2,18	1,59
13,0	1,47	1,08	2,14	2,27	1,64
14,0	1,50	1,11	2,22	2,35	1,68
15,0	1,54	1,13	2,29	2,44	1,73
16,0	1,57	1,14	2,36	2,52	1,77
17,0	1,60	1,16	2,43	2,60	1,81
18,0	1,62	1,18	2,50	2,67	1,85
19,0	1,65	1,19	2,56	2,75	1,89
20,0	1,67	1,21	2,62	2,82	1,92
22,5	1,73	1,25	2,77	2,99	2,01
25,0	1,79	1,28	2,91	3,15	2,09
27,5	1,84	1,31	3,04	3,30	2,16
30,0	1,88	1,33	3,17	3,45	2,23
35,0	1,96	1,38	3,41	3,72	2,36
40,0	2,04	1,43	3,62	3,98	2,48
45,0	2,11	1,47	3,82	4,22	2,58
50,0	2,17	1,50	4,01	4,45	2,68
55,0	2,23	1,53	4,19	4,66	2,77
60,0	2,28	1,56	4,36	4,87	2,86

231.1 Rechnerische Spitzendurchflüsse $\dot{V}_S$ in Abhängigkeit vom Summendurchfluss und der Nutzung des Gebäudes

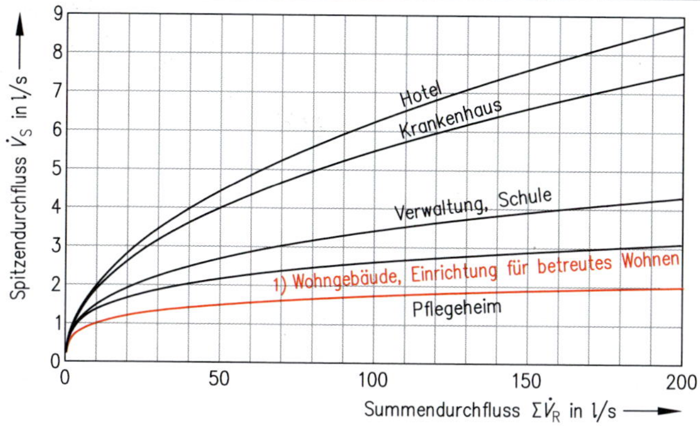

231.2 Max. rechnerische v_{max} beim zugeordneten $\dot{V}_S$

Leitungsabschnitt	v_{max} in m/s	
Fließdauer in min	< 15	≥ 15
(Haus-)Anschlussleitung	2	2
Verbrauchsleitungen: Teilstrecken mit ζ < 2,5 (Kolbenschieber, Kugelhahn, Schrägsitzventil)	5	2
Teilstrecken mit $\zeta \geq 2,5$ (Geradsitzventil)[1]	2,5	2

[1] Regel ist bei Wohnungsanschlussltgen. zu beachten (Geradsitzventil als UP-Absperrventil). Die Dimensionierung über v_{max} ist **nicht zulässig**, sie führt zu Bemessungsfehlern (Fließgeschwindigkeiten > 2,5 m/s treten als Ausnahme auf).

231.3 Spitzendurchfluss $\dot{V}_S$, Konstanten *a*, *b*, *c* für $\dot{V}_S$ (230.2), Ausnahmen

$\dot{V}_S = a\,(\Sigma\,\dot{V}_R)^b - c$ im Bereich $0{,}2 \leq \Sigma\,\dot{V}_R \leq 500$

a, *b*, *c*: Konstanten für die Entnahme-Gleichzeitigkeit s. 230.2 sind abhängig von der Nutzung. Nicht sämtliche Entnahmestellen sind gleichzeitig geöffnet.

Beispiel: NE Gäste-WC: **1.** Kennzeichnung Überschreitung des Einrichtungsstandards = 1 Urinal X ← bleibt für $\dot{V}_s$ unberücksichtigt. ⇒ **2.** $\dot{V}_S$ = 0,20 l/s, trotzdem muss man mit $\dot{V}_S$ = 0,30 l/s rechnen![1]

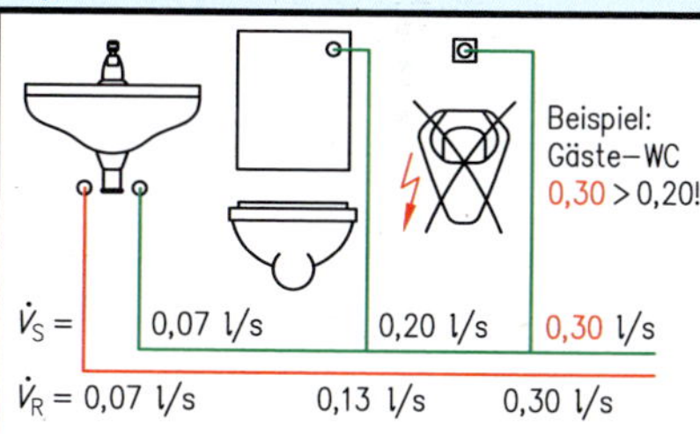

Es gibt folgende Ausnahmen:

- **Nutzungseinheiten NE:** Normalerweise sind nicht mehr als 2 Entnahmestellen gleichzeitig offen ⇒ $\dot{V}_S$ ist zu hoch angesetzt. ⇒ $\dot{V}_S$ in jeder Teilstrecke wird ≤ $\dot{V}_R$ der 2 größten Entnahmestellen der Teilstrecke gesetzt, auch wenn sich kleinerer $\dot{V}_S$ ergibt (s. Bsp. 0,20 l/s). Wird an eine Teilstrecke eine 2. NE angeschlossen, addieren sich $\dot{V}_{S1} + \dot{V}_{S2}$. Diese Σ muss < $\dot{V}_S = a\,(\Sigma\,\dot{V}_R)^b - c$ sein, sonst gilt der berechnete $\dot{V}_S$.
- **Dauerverbraucher** (z. B. Gartensprengventil, Dauerverbrauch = Wasserentnahme von mehr als 15 min): Deren Durchfluss wird zum V_s der anderen Entnahmestellen addiert.
- **Reihenanlagen:** Grundlage ist Berechnung $\Sigma\,\dot{V}_R$. Mit Betreiber Gleichzeitigkeit der Entnahme festlegen ⇒ $\dot{V}_{S\,\text{Reihenanlage}} + \dot{V}_{S\,\text{andere Teilbereich}}$, wenn sie gleichzeitig auftreten können.
- **Sonderbauten, Gewerbe- und Industrieanlagen:** Die Gleichzeitigkeit der Entnahmen muss bestimmt werden. In Industrie-, Landwirtschafts-, Gärtnerei-, Schlachthof-, Molkerei-, Wäschereibetrieben, Großküchen, öff. Bädern muss $\dot{V}_S$ mit Anlagenbetreiber aus $\Sigma\,\dot{V}_R$ ermittelt werden. Gilt auch für Teilbereiche (Gewerbebetrieb im Wohnhaus). $\dot{V}_{S\,\text{Teilbereiche}}$ sind bei Gleichzeitigkeit zu addieren. Große Wasserentnahmen im Produktionsablauf dürfen sicht nicht überlagern ⇒ verhindern durch Regelung/Verriegelung.

Veränderung des Faktors *b* durch projektspezifische Messergebnisse:
Beispiel:
Bettenhaus Krankenhaus
$\dot{V}_S$ wird bei *b* = 0,35 geringer ⇒ kleinere DN der Hauptverteilungsleitung

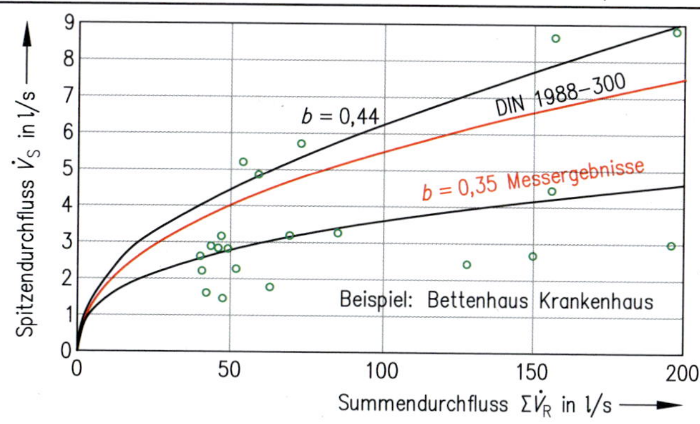

Veränderung Gleichzeitigkeitskurve der Variation von *b*

[1] **Regel:** Es ist vorrangig der Berechnungsdurchfluss der Einzelarmatur zu verwenden, solange dieser größer ist als ein berechneter Spitzendurchfluss.

232.1 Trinkwasserentnahmestellen Berechnungsdurchfluss $\dot{V}_R$ bei Mindestfließdruck $p_{min\,Fl}$ Herst.ang.

Entnahmestellen		DN	$p_{min\,Fl}$ hPa	$\dot{V}_R$ l/s
Selbstschluss-Standventil		15	1000	0,1
Selbstschluss-Wandauslaufventil		15	1000	0,1
Selbstschluss-Mischbatterie	PWC: 0,07 l/s	15	1000	0,7
Selbstschluss-Hebel-/-Einhandmischer	0,07 l/s	15	1000	0,7
Selbstschluss-Klemmbatterie	PWC: 0,07 l/s	15	1000	0,7
Selbstschluss-Durchgangsventil hydr. gest.		15	1000	0,2
Selbstschluss-Knieventil		15	1000	0,28
Selbstschluss-Grubenventil		15	1000	0,45
Selbstschluss-Fußbodenventil		15	1000	0,45
AQUAMIX-Selbstschluss-Eingriffmischer		15	1000	0,06
WASH-S-Waschplatzarmatur	PWC: 0,07 l/s	15	1000	0,07
AQUACONTACT-Waschplatzarmatur		15	1000	0,1
Protronic-WTA mit Elektro-WW-Speicher		15	1000	0,08
Wandauslauf-Waschanlagen-Armatur		15	1000	0,1
Wandauslauf-Waschanl.-Armatur m. Thermostat		15	1000	0,07
Protronic-S-Waschtischarmatur		15	1000	0,1
Brauseanlagenarmaturen				
Selbstschluss-Durchgangsventil	hydr. gest.	20	700	0,63
Selbstschluss-Durchgangsventil		25	400	0,80
Selbstschluss-Düsenbrause		15	1500	0,15
Selbstschluss-Zweigriffkombination		15	1000	0,25
Selbstschluss-Eingriffkombination		15	1000	0,25
AQUAMAT-Thermostatkombination		15	1000	0,18

Armatur	DN	$p_{min\,Fl}$ hPa	$\dot{V}_R$ l/s
Selbstschluss-Abspritzbrause/Umstellung	15	1000	0,13
AQUAMAT-Brause mit Magnetventil	15	1000	0,28
AQUAMAT-Brause mit Thermostat.	15	1000	0,25
Elektro-Armaturen			
Differenzdrucksteuerventil	15	1000	0,43
Differenzdrucksteuerventil	20	700	0,55
Differenzdrucksteuerventil	25	400	0,65
Kontakt-Wasserzähler	20	700	0,50
Differenzdruckschalter	15	1200	0,50
Differenzdruckschalter	20	1200	0,73
Differenzdruckschalter	25	1200	1,25
Armaturen für Urinalanlagen			
Urinaldruckspüler	15	1200	0,50
Selbstschluss-Durchgangsventil	15	1000	0,48
Selbstschluss-Durchgangsventil	20	700	0,60
Selbstschluss-Durchgangsventil	25	400	0,80
AQUAMAT mit Magnetventil	15	1000	0,28
mit Magnet-Selbstschlussventil	15	1000	0,43
Magnet-Selbstschlussventil	15	700	0,43
Magnet-Selbstschlussventil	20	700	0,63
Magnet-Selbstschlussventil	25	400	0,80
Magnet-Urinaldruckspüler	15	1200	0,30

232.2 Beginn der hydraulischen Berechnung, Mindesversorgungsdruck p_{minV}

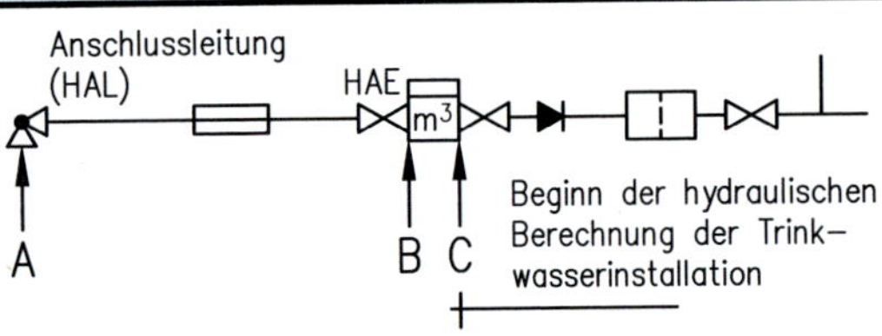

A: Anschlussvorrichtung, Mindestversorgungsdruckangabe des WVU

B: $p_{min\,V}$ hinter der Hausabsperreinrichtung

C: $p_{min\,WZ}$ = Mindestdruck nach dem Hauswasserzähler

$$p_{min\,WZ} = p_{min\,V} - (\Delta p_{HAL} + \Delta p_{WZ}) \text{ in hPa}$$

232.3 Verfügb. Druckgefälle R_V, Apparate-Δp_{Ap}

$$R_V = \frac{\left(1 - \frac{a}{100}\right)}{l_{ges}} \cdot \Delta p_{ges,\,v}$$

a Anteil Druckverluste durch Einzel-ζ
$\Delta p_{ges,\,v}$ verfügbare Druckdifferenz
$p_{min\,WZ}$ Mindestdruck nach Haus-WZ

s. 226.2 Nachweis für den Mindestversorgungsdruck

$$\Delta p_{ges,\,v} = p_{min\,WZ} - \Delta p_{geo} - \sum \Delta p_{Ap} - \sum \Delta p_{RV} - p_{min\,Fl} \quad \text{in hPa}$$

Δp_{geo} Höhendifferenz zwischen Anfangs- und Endpunkt Fließweg

$$\Delta p_{Ap} = \Delta p_g \left(\frac{\dot{V}_S}{\dot{V}_g}\right)^2$$

Δp_{App} Druckverlust in Apparaten
Δp_g Druckverlust im Betriebspunkt, Herstellerangabe

Gebäudetyp \ Ant.-ζ a	a %	Druckverlust in	hPa
Wohngebäude	40–60	Hausanschlussleitung Δp_{HAL}	200
Gewerbe-/Industrieanlage	30	Wasserzähler Δp_{WZ}	650
kleine verwinkelte Netze	50	$\Delta p_{HAL} + \Delta p_{WZ}$	850[1]

[1] Nur bei Mindestversorgungsdruckangabe des WVU.

Beispiel: Herstellerangabe WZ $\dot{V}_{max} = 12\ m^3/h = \dot{V}_g$

$\dot{V}_S = 2{,}8\ l/s = 10{,}08\ m^3/h$;

$\Delta p_g = 1000\ hPa \Rightarrow \Delta p_{Ap} = 1000\ hPa \cdot \left(\frac{10{,}08}{12}\right)^2 = \underline{\underline{706\ hPa}}$

232.4 k_{VS}-Wert, Apparatedruckverlust

$$\Delta p_{Ap} = \frac{1\,000}{\left(\frac{k_{VS} \cdot 1\,000}{\dot{V}}\right)^2}$$

k_{VS} = Durchfluss m³/h; $p_{min\,Fl}$ = 1 000 hPa

Beispiel: $k_{VS\,TWE} = 10\ m^3/h$;

$\dot{V} = 2\ l/s = 7\,200\ l/h$; $\Delta p_{Ap} = \underline{\underline{518{,}4\ hPa}}$

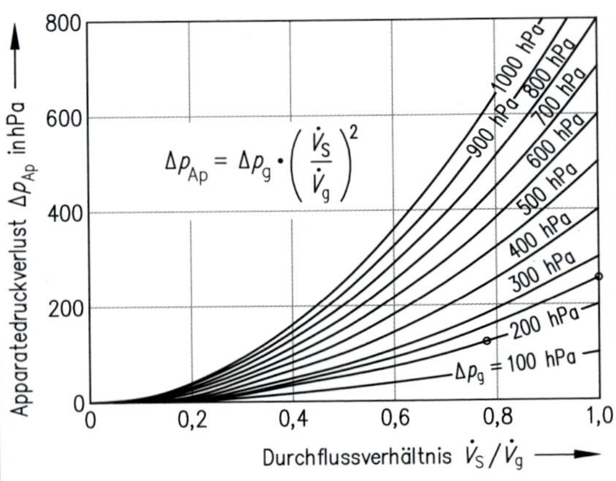

233.1 Druckverluste von Gruppentrinkwassererwärmern, Mindestfließdruck, Berechnungsdurchfluss

Geräteart (nach DIN 1988-300)			Δp_{TE} hPa
Elektro-Durchfluss-Wassererwärmer	hydraulisch gesteuert		1 000
	elektronisch gesteuert		800
Elektro-/Gas-Speicher-Wassererwärmer bis V_N 80 l			200
Gas-Durchfluss-/-Kombi-Wasserheizer DIN EN 297			800
Geräteart (nach Herstellerangabe)		**$\dot{V}_R$ l/s**	**$p_{min\,Fl}$**
Gas-Durchfluss-WH und Gas-Kombi-WH	Nennwärmeleistung 8,7 kW	0,07	800
	17,4 kW	0,16	800
	22,7 kW	0,21	1 300
	27,9 KW	0,26	1 700
Geschlossene Elektro-/-Gas-Speicher-WEW	Inhalt 10 bis 100 l	0,2	$\dot{V}_{Arm}$
	200 bis 400 l	0,2	$\dot{V}_{Arm}$

Geräteart (Herstellerang.) DN 15		Inhalt l	$\dot{V}_R$ l/s	$p_{min\,Fl}$
Elektro-Kochend-Wasserbereiter		5	0,15	1 000
		10 bis 60	0,25	1 000
Offene Elektro-/bzw. Gas-Speicher-Wassererwärmer		5	0,08	1 000
		8	0,13	1 000
		10	0,16	1 000
		15	0,20	1 000
		30–120	0,30	1 000
Elektro-Durchfluss-Wasser-EW	thermisch geregelt		0,15	500
	hydraulisch gesteuert		0,18	1 000
	elektronisch gesteuert		0,17	500
Mit Membran-SV, $\dot{V}_R$ nach angeschlossenen Entnahmestellen.				

233.2 Widerstandsbeiwerte Form-/Verbindungsstücke, schmelztauchverzinktes Eisen, Kupfer, Rotguss, nichtrostender Stahl: ζ-Wert

DN	Stromtrennung T-Stück: Abzweig	Durchgang	Gegenlauf	Stromvereinigung T-Stück: Abzweig	Durchgang	Gegenlauf	Winkel/Bogen: W 90°	W 45°	Reduktion	Wandscheibe	Doppelwandscheibe Durchgang	Abzweig	Verteiler STV	Kupplung Muffe K
12	2,1	0,9	0,0	1,7	3,3	1,9	1,7	1,7	2,1	1,4	3,4	1,0	2,0	0,7
15	2,3	0,7	0,0	1,6	3,0	2,0	1,1	1,6	1,6	3,2	3,0	3,5	2,3	0,4
20	1,2	0,7	0,1	1,5	2,8	2,0	1,0	1,6	1,6	5,7	2,4	5,5	1,2	0,4
25	2,0	0,7	0,3	1,5	2,8	1,8	1,7	0,4	1,6				2,0	0,6
32	1,6	0,5	0,6	1,4	2,6	1,3	1,6	0,4	0,1				1,6	0,8
40	1,0	0,1	0,8	1,4	2,8	1,7	0,4	0,3	0,1				1,0	0,1
50	0,9	0,1	0,9	1,4	2,8	1,7	0,4	0,3	0,1				0,9	0,1
60	1,0	0,1	1,0	1,9	3,8	1,8	0,3	0,2	0,1				1,0	0,1
65	1,1	0,1	1,1	1,8	3,5	2,4	0,6	0,3	0,1				1,1	0,1
80	1,1	0,1	1,1	1,8	3,5	2,4	0,6	0,3	0,1				1,1	0,1
100	1,1	0,1	1,1	1,8	3,5	2,4	0,6	0,3					1,1	0,1
Form- und Verbindungsstücke aus Kunststoffen für stoffschlüssige Kunststoffsysteme (PP, PB, PVC-C): ζ-Wert														
12	2,4	1,1	0,0	2,0	3,8	2,2	2,0	2,0	2,4	1,6	4,0	3,0	2,3	0,8
15	2,6	0,9	0,3	1,9	3,5	2,3	1,3	1,9	1,9	3,7	3,5	2,0	2,6	0,5
20	1,4	0,9	0,3	1,8	3,2	2,3	1,2	1,9	1,9	–	–	–	–	0,5
25	2,3	0,9	0,4	1,8	3,2	2,0	2,0	0,5	1,9	–	–	–	–	0,7
32	1,8	0,6	0,7	1,6	3,0	1,6	1,9	0,5	0,2	–	–	–	–	0,9
40	1,2	0,2	0,7	1,6	3,2	1,9	0,5	0,4	0,2	–	–	–	–	0,2
50	1,1	0,2	1,1	1,6	3,2	1,9	0,5	0,4	0,2	–	–	–	–	0,2
65	1,2	0,2	1,3	2,0	4,0	2,7	0,7	0,4	0,2	–	–	–	–	0,2
80	1,3	0,2	1,3	2,0	4,0	2,7	0,7	0,4	0,2	–	–	–	–	0,2
100	1,3	0,2	1,3	2,0	4,0	2,7	0,7	0,4	–	–	–	–	–	0,2
Form- und Verbindungsstücke aus Metall-Kunststoff-Verbund und PEX-System: ζ-Wert														
12	17,2	6,0	11,5	17,0	35,0	27,0	17,3	3,0	3,1	8,1	5,0	4,0	4,5	3,1
15	8,1	3,6	6,8	10,0	23,0	17,0	7,4	2,5	2,6	6,6	4,5	3,5	3,0	3,5
20	5,6	2,1	5,3	8,0	16,0	12,0	5,7	2,0	2,0	–	4,0	3,0	–	2,1
25	9,3	4,8	3,7	5,0	11,0	9,0	8,3	1,5	1,0	–	–	–	–	5,0
32	3,5	1,1	3,5	5,5	10,0	8,0	3,3	1,3	0,6	–	–	–	–	0,9
40	3,0	0,8	3,0	4,5	9,0	7,0	3,0	1,0	1,3	–	–	–	–	0,9
50	3,1	0,7	3,1	4,0	8,0	6,0	3,5	1,0	0,3	–	–	–	–	0,9
65	4,1	0,8	4,1	3,5	7,0	5,0	4,0	1,0	0,5	–	–	–	–	0,7
80	3,5	0,8	4,0	3,5	6,0	5,0	4,0	1,0	0,4	–	–	–	–	0,7
100	3,5	0,8	4,0	3,5	6,0	5,0	4,0	1,5	–	–	–	–	–	0,7

233.3 Widerstandsbeiwerte für Armaturen aus Rotguss und nichtrostendem Stahl DIN 1988-300

Einzelwiderstand DN	Graf. Symbol	12	15	20	25	32	40	50	60	65	80	100
Absperrarmatur, Schrägsitzventil		2,5	2,0	2,0	2,0	2,0	2,5	2,5	3,0	3,0	3,5	3,5
Kugelhahn (Volldurchgang/red. Durchgang)		0,3	0,3	0,3	0,3	0,3	0,3	03	–	–	–	–
Geradsitzventil (z. B. Unterputzventil)		7,0	7,0	7,0	7,0	–	–	–	–	–	–	–
Kolbenschieber		0,1	0,1	0,1	0,2	0,2	0,2	0,2	–	–	–	–

234.1 Ringleitungen in der Stockwerksverteilung, Druckbedarf Δp_{Ring}, Berechnungsbeispiel

Trinkwasserhygiene: Es sollen vorwiegend Ringleitungssysteme installiert werden (Hotel, Altenheim, Krankenhaus). Der Druckbedarf Δp_{Ring} muss für die Ermittlung der Rohrdurchmesser gesondert ausgewiesen werden. Berechnung nach Hardy-Cross (iterativ) nur für eine Nutzungseinheit!

Verfügbare Druckdifferenz (232.3) somit: $\Delta p_{ges,v} = p_{min\,WZ} - \Delta p_{geo} - \sum \Delta p_{Ap} - \sum \Delta p_{RV} - p_{min\,Fl} - \Delta p_{Ring}$ in hPa

Beispiel: nichtrostender Stahl DN12, $\vartheta = 10\,°C$

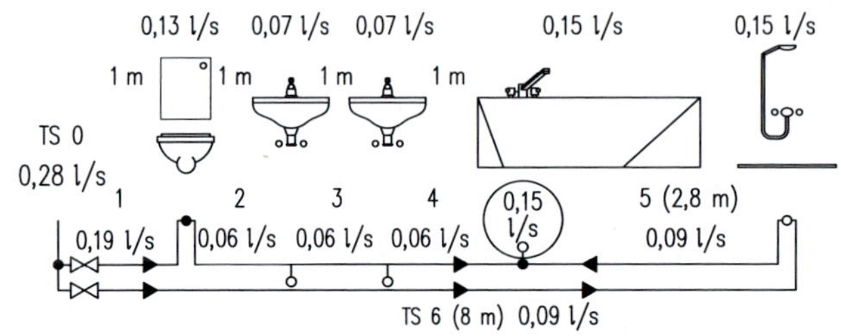

Wannenarmatur Zufluss links 0,09 l/s, Zufluss rechts 0,06 l/s, iterativ berechnet:

TS	$\dot{V}_S$ l/s	v m/s	$l \cdot R$ hPa	$\sum \zeta$	Z hPa	$l \cdot R + Z$	$\sum$ TS
1	0,19	1,42	22,2	4,6	46,7	68,9	
2	0,06	0,45	3	4,5	4,5	7,5	
3	0,06	0,45	3	2,1	2,1	5,1	
4	0,06	0,45	3	5,1	5,1	8,1	89,6
5	0,09	0,68	49,6	3,4	7,9	57,3	
6	0,09	0,68	17,4	6,4	14,9	32,3	
							89,6

Der Druckverlust in der Ringleitung TS 1–4 und TS 6, 7 beträgt $\Delta p_{Ring} = 89{,}6$ hPa. Werden in TS $\dot{V}_s$ aus $\sum \dot{V}_R$ berechnet, kann das Hardy-Cross-Verfahren nicht mehr angewendet werden.

234.2 Beispielrechnung Bild 224.1, ungünstigster Strang, Summen- und Spitzenvolumenströme, Edelstahl

Druck in hPa/Strang	PWC li	PWH li	PWC re	PWH re	Garten
Versorgungsdruck nach Wasserzähler	3150	3150	3150	3150	3150
Geodätischer Druckverlust	860	860	860	860	860
Druckverlust Wohnungswasserzähler	179	76	179	76	
Druckverlust Filteranlage	200	200	200	200	200
Mindestfließdruck	1 000	1 000	1 000	1 000	1 000
$\sum$ Druckverluste	2 239	2 136	2 239	2 136	1 400
Verfügbar für Druckverlust	911	1 014	911	1 014	1 750
Einzelwiderstände dav. 40 %	364	406	364	406	700
Verfügbar für Rohrreibung	547	608	547	608	1 050
Leitungslänge in m	29,3	35,3	34,3	35,3	43,0
$R_{verfügbar}$ in hPa/m	18,7	17,2	15,9	17,2	24,4

Wohnung 1	$\dot{V}_{R\,PWC}$ l/s	$\dot{V}_{R\,PWH}$ l/s
WC-Spülkasten	0,13	
Waschtisch	0,07	0,07
Dusche	0,15	0,15
Küchenspüle	0,07	0,07
Geschirrspülmaschine	0,07	
$\sum \dot{V}_R$	0,49	0,29
$\dot{V}_{S\,Formel}$ 231.3	0,35	0,23
$n_{Nutzungseinheiten} = 2$		
$\sum \dot{V}_{NE}$ 231.3	0,42	0,23
Waschmaschine	0,15	
Ausguss und Garten	0,80	

Fortsetzung Haus gesamt l/s		
6 Wohnungen × 0,78 = 4,68 + 0,95		
$\dot{V}_{R\,Haus\,gesamt} = 5{,}63$ l/s = TS 13		
Wohnungswasserzähler		
beide G ¾"	PWC	PWH
Druckverluststufe	1 000	1 000
$\dot{V}_S$ Übertr. in l/s	0,35	0,23
$\dot{V}_S$ in m³/h	1,27	0,83
$\dot{V}_{max}$ in m³/h	3	3
$\Delta p_{Wohnungs\text{-}Wz}$ hPa	179	77
$\dot{V}_{STS\,13} = 1{,}48 \cdot 5{,}63^{0{,}19} - 0{,}94$		
$\dot{V}_{STS\,13} = 1{,}12$ l/s		

TS	l in m	$\dot{V}_R$ l/s	$\dot{V}_{Formel}$	$\dot{V}_{NE}$ l/s	$\dot{V}_S$ l/s	DN	v m/s	R hPa/m	$R \cdot l$	$\sum \zeta$	Z hPa	Δp hPa	┌	ζ	Abz.	ζ	AV	ζ	RV	ζ	Red	ζ
13	3,0	5,63	1,12		1,12	32	1,39	7,0	21,0	6,5	62,2	83,2					2	2,0	1	2,5		
12	5,0	3,89	0,98		0,98	32	1,22	5,5	27,5	11,4	84,8	112,3	4	1,6	1	0,5	1	2,0	1	2,5		
8	8,0	2,42	0,81		0,81	25	1,57	11,3	90,4	5,1	62,9	152,3			1	1,6	1	2,0			1	1,5
7	3,0	1,47	0,65		0,65	25	1,27	7,8	23,4	9,1	73,4	96,8	4	1,7	1	0,3	1	2,0				
6	2,8	0,98	0,53		0,53	20	1,76	19,3	54,0	4,2	65,0	119,0			1	0,7	1	2,0			1	1,5
5	4,0	0,49	0,35	0,42	0,35	20	1,16	9,3	37,2	9,2	61,9	99,1	4	1,0	1	0,7	1	2,0	1	2,5		
3	2,0			0,28	0,28	15	1,39	16,7	33,4	4,4	42,5	75,9	2	1,1	1	0,7					1	1,5
2	1,0			0,22	0,22	12	1,66	29,6	29,6	2,8	38,6	68,2			1	0,9					1	1,9
1	5,5			0,15	0,15	12	1,13	14,8	81,4	4,3	27,5	108,9	2	1,7	1	0,9						

Erläuterungen: Rohrreibungsdruckgefälle *R*, Fließgeschwindigkeit *v* s. 233.1, $\dot{V} = 1{,}10$.
Widerstandsbeiwerte ζ für Form-/Verbindungsstücke s. 233.2, für Armaturen s. 233.3.

Druckverlust aus Einzelwiderständen $Z = 5 \cdot \zeta \cdot v^2$ in hPa

Verfügbares Druckgefälle $\Delta p_{verf.} = 911$ hPa ↔ verbrauchter Druck $\sum \Delta p = 915$ hPa, ergibt die Summe für Druckverluste aus Rohrreibung $\sum R \cdot l = 398$ hPa (36 %) ≈ 40 % und die Summe für Druckverluste aus Einzelwiderständen $\sum Z = 517$ hPa (64 %) ≈ 60 %
→ Diese Dimensionierung ist optimal.

235.1 Berechnungsgang DIN 1988-300

Rechenschritt, Tabelle

1 Berechnungsdurchfluss $\dot{V}_R$ aus 229.3 Summendurchfluss $\sum \dot{V}_R$ je TS bestimmen

2 Spitzendurchfluss $\dot{V}_S = a \cdot (\sum \dot{V}_R)^b - c$ je nach Gebäudeart bestimmen s. 234.2 Ausnahmen s. 229.3 berücksichtigen

3 Druckverluste in Apparaten: W_Z s. 222; Hauswasserstation s. 221.2; Filter s. 203f, RV s. 218.1; Rohrtrenner s. 219.3; Systemtrenner s. 220.1; Druckminderer s. 221.1; Enthärtungsanlagen s. 205.1; Dosiergeräte s. 205.2

4 Bestimmung ungünstigster Strang: Versorgungsdruck (WVU) Mindestfließdruck (größter Verbr.) $\sum$ Druckverluste: $\Delta p_{geo} + \Delta p_{Anl} + \Delta p_{MF}$ verfügbare Druckdifferenz: s.234.1 davon ca. 40 % für Einzelwiderstände und 60 % für Rohrreibung Δp_R; Leitungslänge je Strang

5 $R_{verfügbar} = \Delta p_R$/Leitungslänge

6 DN bei v_{zul} und $R_{verfügbar}$ aus Tabellen 241 bis 246 bestimmen

7 Druckverluste aus Einzelwiderständen über ζ-Werte (s. 231.2/3) $Z = 5 \cdot \zeta \cdot v^2$ für jede TS bestimmen

8 Gesamtdurckverlust $\Delta p_{TS} = \sum (R \cdot l) + \sum Z$ berechnen und für alle TS addieren ⇒ Δp_{ges} mit verfügbarem Druckverlust des gesamten Stranges vergleichen. ⇒

9 Zu wenig verbraucht → grenzwertige Teilstrecken nachdimensionieren (eine DN kleiner), zu viel verbraucht → ggf. strömungsgünstigere Armaturen oder größere DN für eine Teilstrecke wählen.

235.2 Rohrreibungsdruckgefälle *R*, Edelstahlrohre, Fließgeschwindigkeit

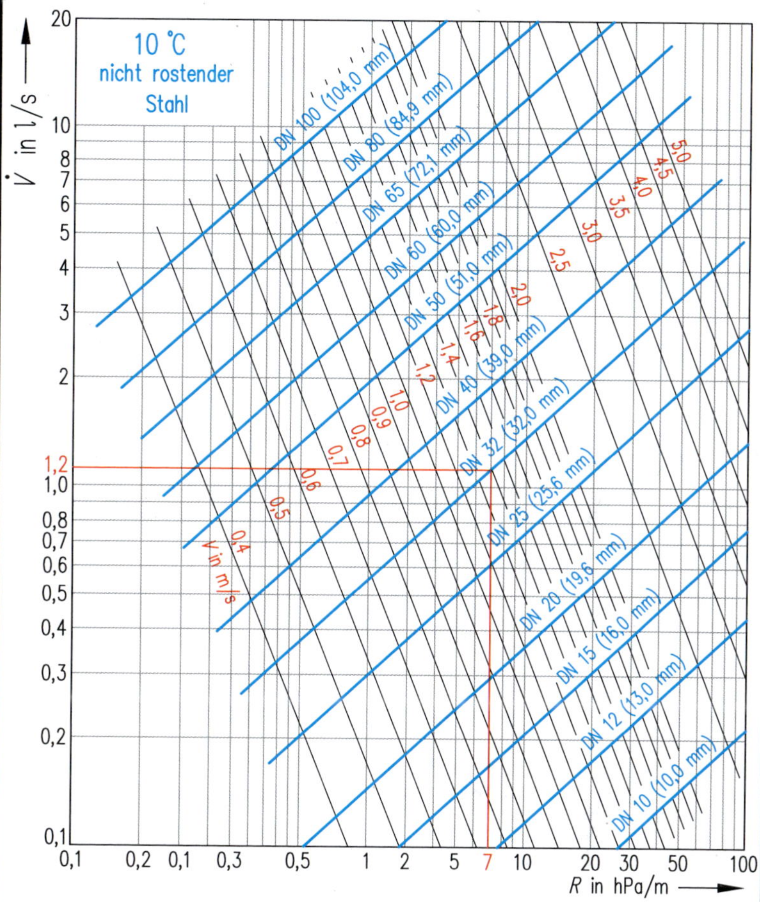

235.3 Nennwerte für Trinkwasserrohre, Außen-/Innendurchmesser, Rohrinhalt DIN 1988-300

Rohrwerkstoff/DN		10	12	15	20	25	32	40	50	60	65	80	100	125	150
Schmelztauchverzinktes Eisenrohr	d_i in mm	11,5		15,2	20,7	26,1	34,8	40,7	51,6		67,2	79,0	103,0	130,0	155,4
	d_a in mm	17,2		21,3	26,9	33,7	42,4	48,3	60,3		76,1	88,9	114,3		
	V/*l* in l/m	0,12		0,20	0,37	0,58	1,01	1,37	2,21		3,72	5,13	8,71	13,27	18,97
Kupferrohr	d_i in mm	10	13	16	20	25	32	39	50	60	72,1	84,9	103,0	127,0	153,0
	d_a in mm	12	15	18	22	28	35	42	54	64	76,1	88,9	108,0		
	V/*l* in l/m	0,08	0,13	0,20	0,31	0,49	0,80	1,19	1,96		4,08	5,66	8,33	12,67	18,39
Nicht rostendes Stahlrohr d_a siehe Kupferrohr	d_i in mm	10	13	16	19,6	25,6	32	39	51	60	72,1	84,9	104,0		
	V/*l* in l/m	0,08	0,13	0,20	0,30	0,51	0,80	1,19	2,04						
Mehrschichtverbundrohr PEX	d_i in mm	8,6	11	14	17,6	22,5	28	36,2	45,8		60,0	73,0	90,0		
	V/*l* in l/m	0,06	0,1	0,15	0,24	0,40	0,62	1,03	1,65		2,83	4,19	6,362		
PP-, PB-, PVC-C-Rohr	d_i in mm		11,6	14,4	18,0	23,2	29	36,2	45,8		54,4	65,4	79,8		
	V/*l* in l/m		0,11	0,16	0,25	0,42	0,66	1,03	1,65		2,32	3,36	5,001		
PE-HD-Rohr	d_i in mm			16	20,4	26	32,6	40,8	51,4		61,2	73,6	102,2	130,8	147,2
	V/*l* in l/m			0,20	0,33	0,53	0,83	1,31	2,07		2,94	4,25	8,20	13,44	17,02

236.1 Berechnung von Zirkulationssystemen, untere Verteilung

Grundvorschriften

- $\Delta\vartheta \leq 5$ K in allen Leitungsabschnitten
- $\vartheta \geq 55$ °C an keiner Stelle unterschritten
- Strömungsgeschwindigkeit:
  $0{,}2$ m/s $\leq v \leq 0{,}5$ m/s; $v_{max} = 1$ m/s
  pumpennah: $0{,}5$ m/s $\leq v \leq 1$ m/s
  pumpenfern: $0{,}2$ m/s $\leq v \leq 0{,}3$ m/s
- min. Rohrinnendurchmesser 10 mm

Mindestdämmstoffdicke

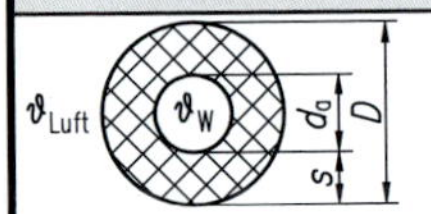

Die Mindestdämmstoffdicke bezieht sich auf $\lambda_D = 0{,}35$ W/(m · K)

bei $\vartheta = 40$ °C; Annahme: $a_a = 10$ W/(m² · R)

Volumenstromverteilung auf einzelne TS

Bilanz an jedem PWC-Abzweig (Stromtrennung). Als Durchgangsweg gilt der Weg mit der größten Wärmeabgabe.

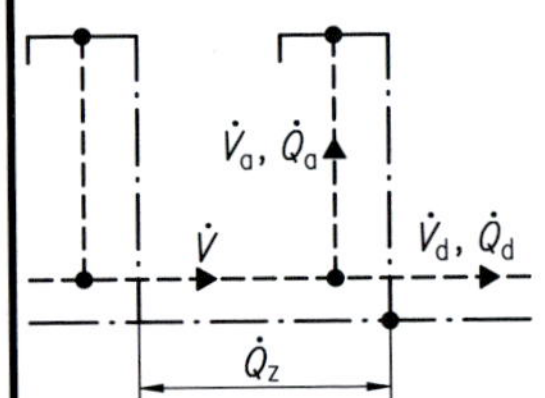

$\dot{V}$ Volumenstrom
$\dot{V}_A$ Abzweigstrom
Wärmeverlust
$\dot{Q}_a$ Abzweig
$\dot{Q}_d$ Durchgang
$\dot{Q}_z$ Zirkulat.

Zirkulationspumpe Förderdruck Δp_p

$\Delta p_P = \sum(l \cdot R + Z) + \sum \Delta p_{RV} + \Delta p_{ZRV} + \Delta p_{Ap}$

Δp_{ZRV} Druckverlust im Zirkulationsregulierventil bei voller Öffnung s. 197.1

$$\Delta p_{ZRV} = \frac{a \cdot (\sum(l \cdot R + Z) + \Delta p_{RV} + \Delta p_{Ap})}{1 - a}$$

Ventilautorität a im ungünstigsten Zirkulationskreis min. $a = 0{,}3$ (kein Takten!)
Rückflussverhind.-Öffnungsdruck $\Delta p_{RV} = 10$ hPa

Volumenströme aus den Wärmeverlusten der PWH-Leitungen

Wärmeverlust einer Teilstrecke: $l \cdot \dot{q}_W$ / Wärmedurchgangskoeffizient U_R

$\dot{q}_W = U_R \cdot \Delta\vartheta$; $\Delta\vartheta = \vartheta_W - \vartheta_L$

$$U_R = \frac{\pi}{\frac{1}{2\lambda_D} \cdot \ln\frac{D}{d_a} + \frac{1}{a_a \cdot D}}$$

λ_D Wärmeleitfähigkeit d. Dämmung
a_a äußerer Wärmeübergangskoeffiz.
D Außen-Ø gedämmte PWC-Ltg.
d_a Außen-Ø ungedämmte PWC-Ltg.

Förderstrom der Zirkulationspumpe $\dot{V}_p$

Mit der rechnerischen Temperaturdifferenz $\Delta\vartheta_W$ des Warmwassers entlang aller Strömungswege vom Trinkwassererwärmer bis Abgang Zirkulation der Warmwasserleitung wird der Förderstrom der Zirkulationspumpe bestimmt.

$$\dot{V}_P = \frac{\sum[l_W \cdot U_R(\vartheta_W - \vartheta_L)]}{\zeta_{H2O} \cdot c_W \cdot \Delta\vartheta_W}; \quad \Delta\vartheta_W = \frac{\Delta\vartheta_{TE}}{2} \text{ mit } \Delta\vartheta_{TE} = 4 \text{ K bis } 5 \text{ k}$$

l_W Länge PWH-Teilstrecke; U_R Wärmedurchgangskoeffizient für die PWH-Teilstrecke; ϑ_W Trinkwasser warm; ϑ_L Lufttemperatur; ζ_{H2O} Wasserdichte; c_W spez. Wärmekapazität; üblich für ϑ_L : $\vartheta_L = 10$ °C für unbeheizte Kellerleitung, $\vartheta_L = 25$ °C für Leitung im Schacht, in der Vorwand oder abgehängten Decken von beheizten Räumen.

Volumenstrom – im Durchgang $\dot{V}_d$, – für den Abzweig $\dot{V}_a$

$\dot{Q}_d$	$\geq \dot{Q}_a + \dot{Q}_z$	$< \dot{Q}_a + \dot{Q}_z$
$\dot{V}_d =$	$\frac{\dot{V} \cdot \dot{Q}_d}{\dot{Q}_a + \dot{Q}_d + \eta\dot{Q}_z}$	$\frac{\dot{V} \cdot \dot{Q}_d}{\dot{Q}_a(1-\eta) + \dot{Q}_d(1+\eta)}$
$\dot{V}_a$ im Abzweig: $\dot{V}_a = \dot{V} - \dot{V}_d$		
Beimischgrad: $0 \leq \eta \leq 1$ (reduziert Δp)		

$\eta = 0$, wenn kein höher temperiertes Zirkulationswasser beigemischt wird.
$\eta = 1$ maximale Beimischung
Die richtige Wahl von η ermöglicht eine energetisch optimale Auswahl der Zirkulationspumpe.

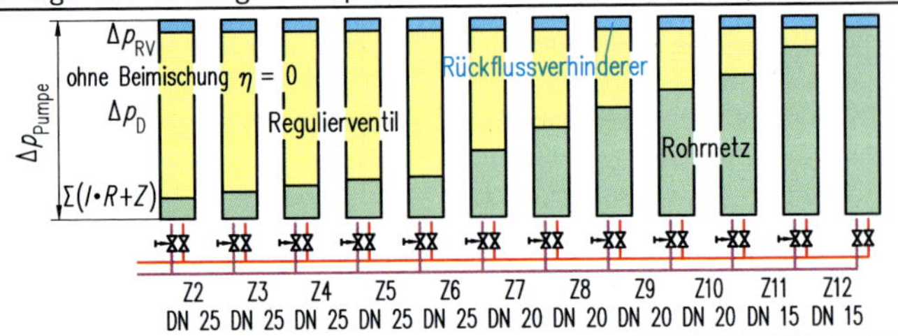

Wärmeverlust gedämmtes Edelstahlrohr $\Delta\vartheta = 50$ K

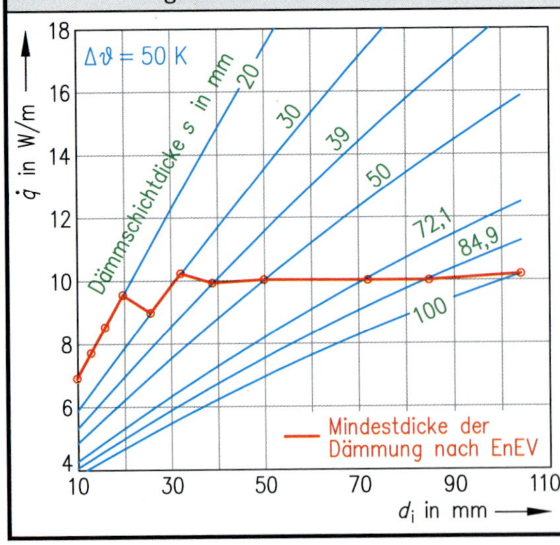

Wärmeverlust gedämmtes Edelstahlrohr $\Delta\vartheta = 35$ K

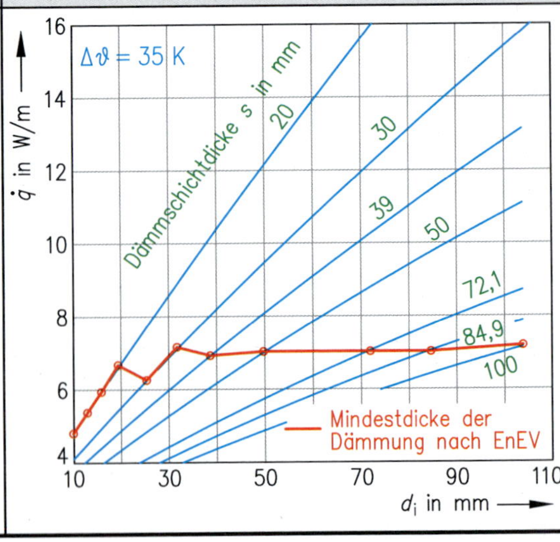

237.1 Berechnung von Zirkulationssystemen, untere Verteilung, Fortsetzung

Temperatur in einem Beimischpunkt ϑ_x

$$\vartheta_x = \frac{\dot V_1 \cdot \vartheta_1 + \dot V_2 \cdot \vartheta_2}{\dot V_1 + \dot V_2}$$

$$\vartheta_{XTS\,2} = \frac{652{,}4 \cdot 55{,}2 + 39 \cdot 57{,}3}{652{,}4 + 39}$$

$$\vartheta_{XTS\,2} = 55{,}3\ °C$$

Beispiel

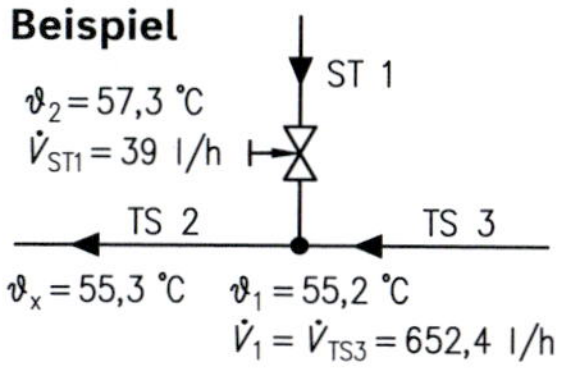

Strömungsgeschwindigkeit Zirkulationsleitung

Ideale Annahme: 0,2 m/s $\le v_z \le$ 0,5 m/s; $v_{max} \le$ 1 m/s, wenn Zirkulationspumpen mit relativ großen Förderhöhen zur Verfügung stehen.

Guter Abgleich: pumpennahe Leitungen 0,5 m/s $\le v \le$ 1 m/s; pumpenferne Leitungen $v \le$ 0,3 m/s.

Der Mindestdurchmesser für eine Zirkulationsleitung beträgt 10 mm.

Leitungsdurchmesser DN

Die Auswahl der DN im hydraulisch ungünstigsten Zirkulationskreis PWH-C erfolgt in Abhängigkeit von Zirkulationsvolumenstrom $\dot V$ und der Strömungsgeschwindigkeit v. Zur Unterstützung des hydraulischen Abgleichs DN so wählen, dass v im Zirkulationskreis Richtung Zirkulationspumpe zunimmt. Ziel ist Entlastung der Zirkulationsregulierventile. Werden hier die Rohrleitungsdruckverluste größer, kann Δp_{ZRV} reduziert werden.

v_{max} = 1 m/s nur in pumpennahen TS! Sonst wird die Pumpendruckdifferenz zu hoch → unwirtschaftlicher Rohrleitungsbetrieb, ggf. Erosionskorrosion in Abzweigen und Winkeln.

Anzustrebende Geschwindigkeitsverteilung in Zirkulationsleitungen:

Rohrreibungsdruckgefälle R Edelstahl ϑ 60 °C

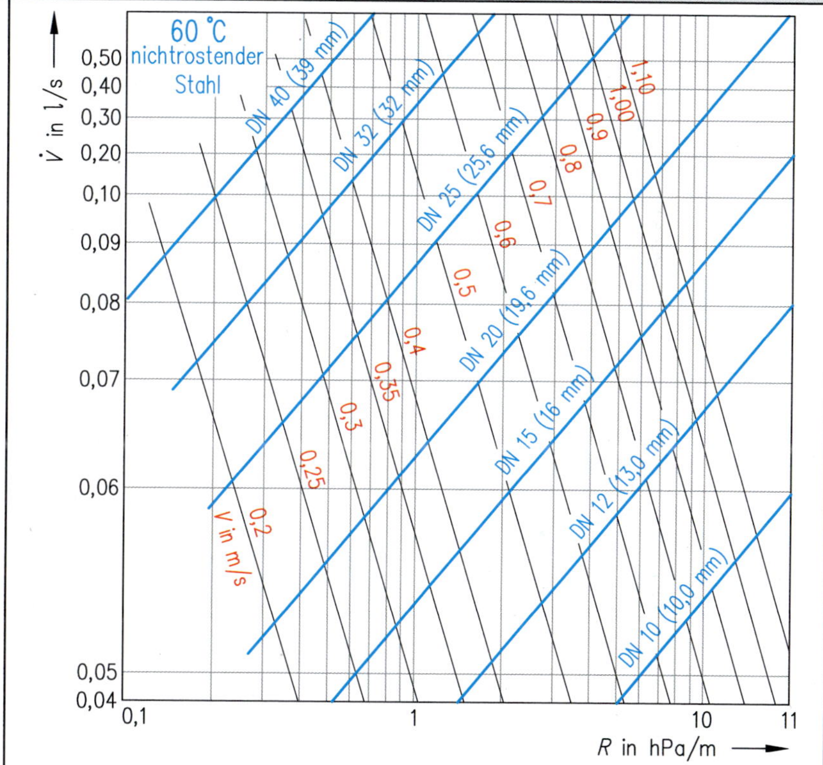

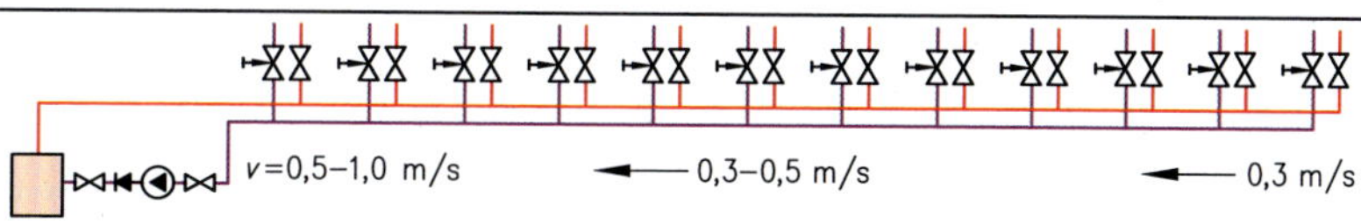

$$\Delta p_p = \Sigma\,(l \cdot R + Z) + \Sigma\,\Delta p_{RV} + \Delta p_{ZRV} + \Delta p_{Ap}$$

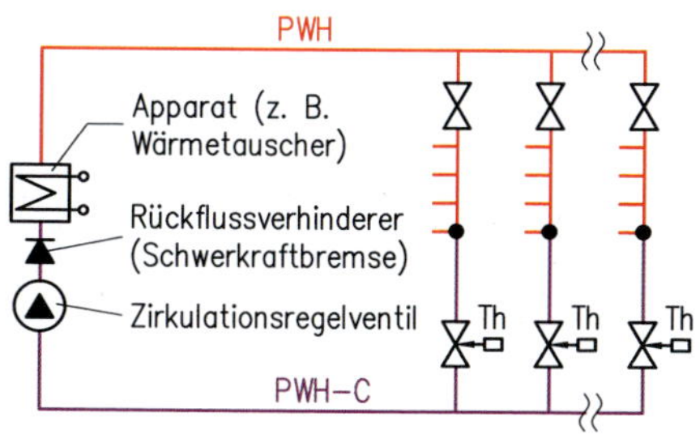

Förderdruck der Zirkulationspumpe

Δp_{ZRV} Druckverlust im Zirkulationsregulierventil bei voller Öffnung

Berechnung erfolgt im längsten Zirkulationskreis. Die Druckverluste bei η = 0 sind höher als bei z. B. η = 0,55, die Differenz kann für reduzierte Pumpenleistung genutzt werden.

→ erhebliche Energieeinsparung!

Abzudrosselnde verbleibende Druckdifferenzen 197.1

$$\Delta p_D = \Delta p_p - (\Sigma\,(l \cdot R + Z)_{PWH} + \Sigma\,(l \cdot R + Z)_{PWH\text{-}C} + \Sigma\Delta p_{RV} + \Delta p_{\Delta p})$$

Die Abdrosselung wird durch Zirkulationsventile erreicht. (Automatisches Zirkulationsregulierventil 197.1)

238.1 Druckverlust in Zirkulationsregulierventilen, mehrstufiger hydraulischer Abgleich

Ventilautorität a für ZRV:

$$a = \frac{\Delta p_{\text{über Thermostatventil}}}{\Delta p_{\text{Pumpe}}}\,;\ a \geq 0{,}3$$

im ungünstigsten Zirkulationskreis.

Druckverlust im Zirkulationsregulierventil

$$\Delta p_{\text{ZRV}} = \frac{a \cdot (\Sigma\,(l \cdot R + Z) + \Delta p_{\text{RV}} + \Delta p_{\text{Ap}})}{1 - a}$$

Öffnungsdruck des Rückflussverhinderers Δp_{RV} = 10 h Pa

Mehrstufige Einregulierung: im Kreis immer nur 1 thermisches ZRV!

⇒ in der TS Anschluss an Verbrauchsleitung, alle anderen nur mit statischer Drosselfunktion s. 239.2

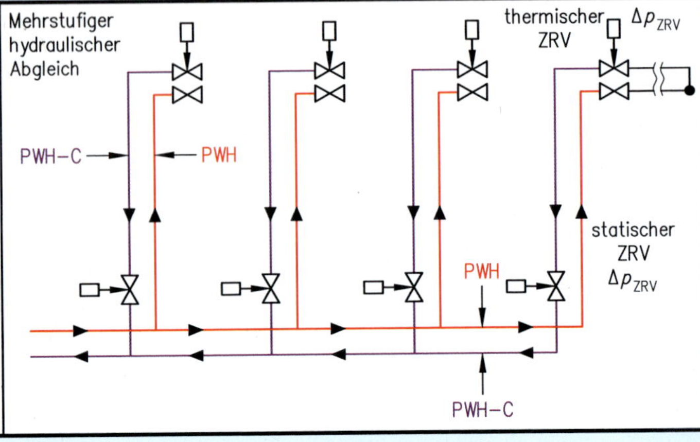

238.2 Zirkulationssystem mit oberer Verteilung, zulässige Temperaturdifferenz

Leitungsführung im Dach/oberste Etage, Vorteile: Reduzierung der Wärmeverluste, der Leitungslänge, keine Wärmeabgabe im Steigschacht (40 % weniger) an Trinkwasserleitung!

Temperaturdifferenz des Warmwassers $\Delta\vartheta_{\text{W}}$:

$$\Delta\vartheta_{\text{W}} = \frac{\Delta\vartheta_{\text{TE}}}{2} \cdot \frac{l_{\text{W}}}{l_{\text{Z}}} \quad \text{mit} \quad \Delta\vartheta_{\text{TE}} = 4\ \text{K bis } 5\ \text{K}$$

$\Delta\vartheta_{\text{TE}}$ Temperaturdifferenz des Warmwassers am TE l_{W}, l_{Z} Rohrleitungslängen s. Bild

$\Delta\vartheta_{\text{W}} \leq 3$ K, sonst ist Nachweis erforderlich, dass die Abkühlung im gesamten Umlauf ≤ 5 K

Beispiel:

$\vartheta_{\text{Speicheraustritt}} = 60\,°\text{C}$, $\Delta\vartheta_{\text{TE}} = 4$ K

$\vartheta_{\text{Beginn Zirkulationsleitung}} = 57\,°\text{C} \Rightarrow \Delta\vartheta_{\text{W}} = 3$ K

Die Speichereintrittstemperatur muss über 55 °C liegen ($\Delta\vartheta_{\text{TE}} \leq 5$ K). Das ist im Beispiel mit $\vartheta_{\text{TEein}} = 56\,°\text{C}$ der Fall.

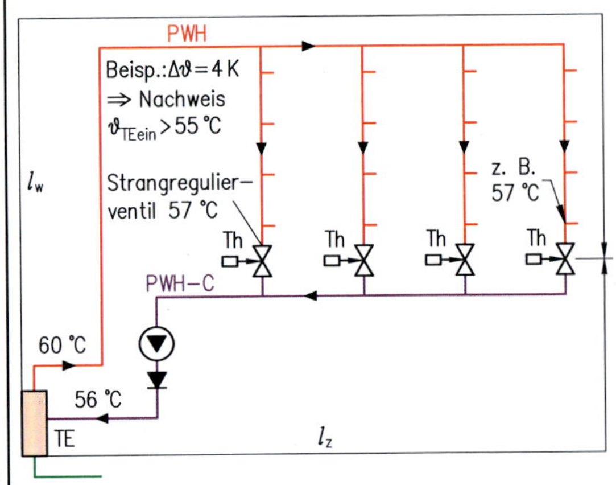

238.3 Hydraulischer Abgleich, Ermittlung der Pumpendruckdifferenz Δp_{p} für η = 0 und 0,55

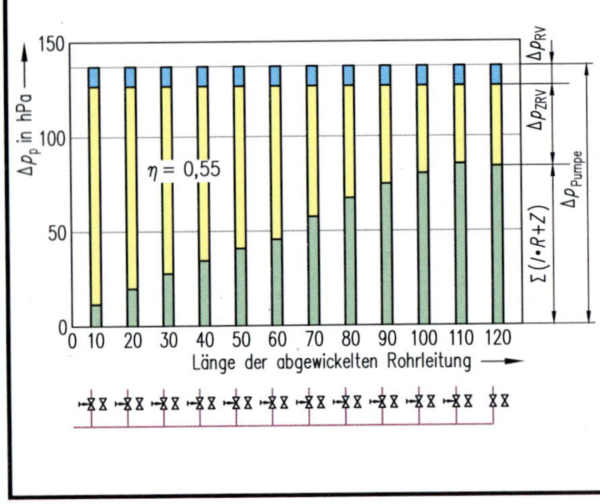

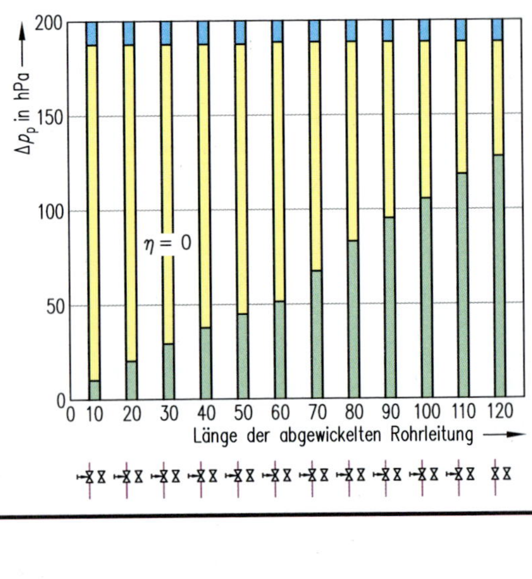

239.1 Zirkulations-$\dot{V}$, k_v-Werte, ϑ für Regulierventile

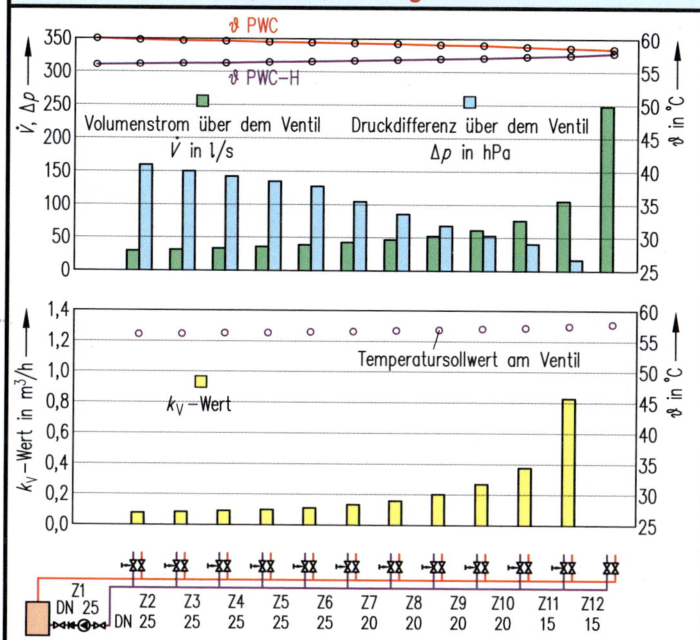

Die Bemessung und Voreinstellung der Zirkulationsregulierventile erfolgt im Allgemeinen über den k_v-Wert = $\dot{V}$ in m³/h durch das Ventil bei $\Delta p = 1\,000$ hPa. Er wird vom Hersteller angegeben. Der an den Zirkulationsregulierventilen jeweils geforderte k_v-Wert kann aus den Anlagenkennwerten $\dot{V}_z$ und Δp_{ZRV} (s. links und 239.2) berechnet werden:

$$k_v = \frac{\dot{V}_z}{1\,000} \cdot \sqrt{\frac{1\,000}{\Delta p_{ZRV}}} \quad \text{in m}^3/\text{h}$$

Beisp.: $\dot{V}_z = 30$ l/h, $\Delta p_{ZRV} = 117$ hPa ⇒ k_v-Wert = 0,087 m³/h

Bei der Verwendung statischer Zirkulationsregulierventile erfolgt die Dimensionierung über den k_v-Wert, $\dot{V}_z$ und die Druckdifferenz über dem Ventil Δp_{ZRV}. Den erforderlichen Armatureneinstellwert liest man aus Diagrammen (s. 239.2) oder aus Tabellen der Hersteller. Mit statischen Ventilen kann jeder k_v-Wert aus einer Rohrnetzberechnung eingestellt werden.

239.2 Statische Zirkulationsregulierventile, Einstellwert A, k_V-Wert

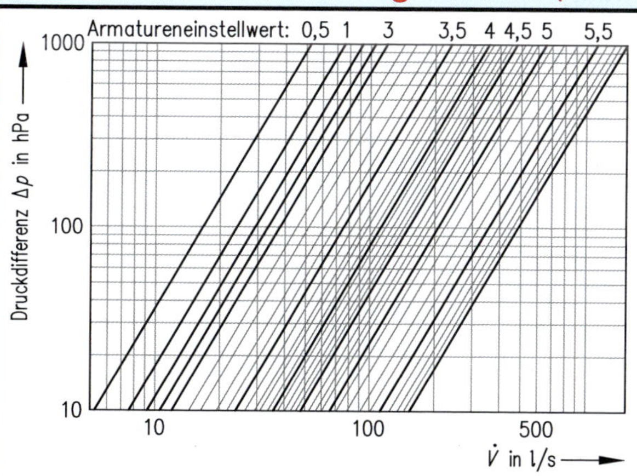

Drosselkennlinie eines statischen ZRVs

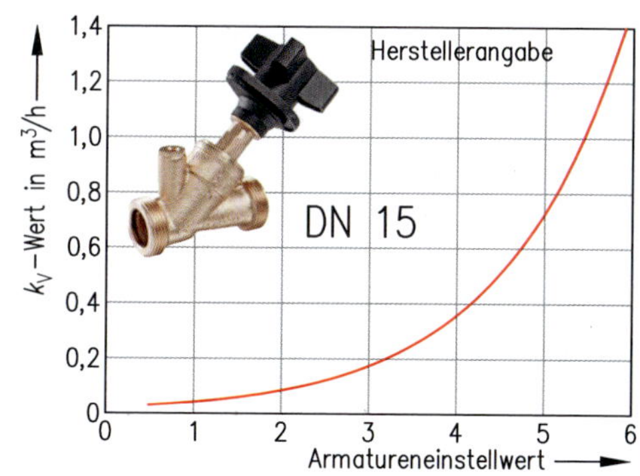

A	1,8	1,9	2,0	2,2	2,3	2,6	2,9	3,2	3,6	4,1	5,2
k_v-W	0,08	0,08	0,09	0,10	0,11	0,13	0,16	0,20	0,27	0,37	0,82

239.3 Innenliegende Zirkulation, Rohr-in-Rohr-System, Herstellerangabe

Vorteile bei Rücklauf innerhalb der PWH-Leitung:
- weniger Wärmeverluste/Energieverluste
- kein Wärmeübertrag an PWC-Leitung im Schacht
- geringe Gefahr der Keimbildung in PWC-Leitung
- geringere Material- und Erstellungskosten, nur eine PWH-Leitung zu verlegen → Platz im Schacht, nur eine Befestigung am Baukörper, nur eine Leitung zu dämmen, eine Brandschutzdurchführung
- Anschlussstück d 28/35, Kopfstück PE-Xc 1,4 × 1,5 mm

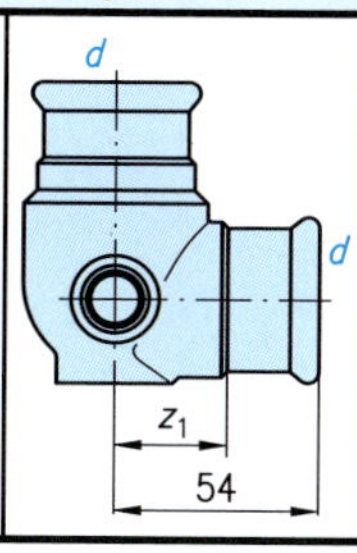

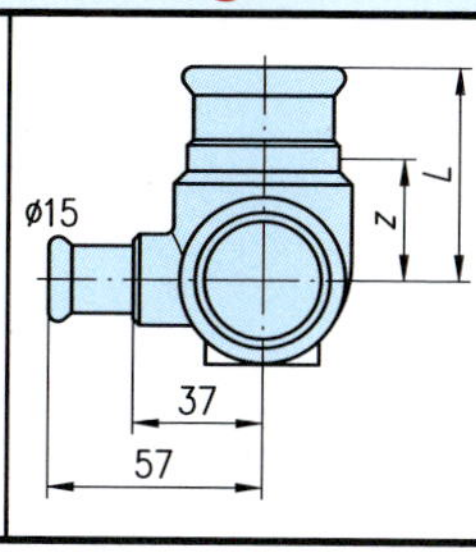

Anschluss-set in mm		
DN	25	32
DN	12	12
DN	25	32
d	28	35
L	57	57
Z	34	32
Z_1	31	29

240.1 Zirkulations-Inliner-System, Rohrreibungsdruckgefälle PE-X Inliner 14 × 1,5

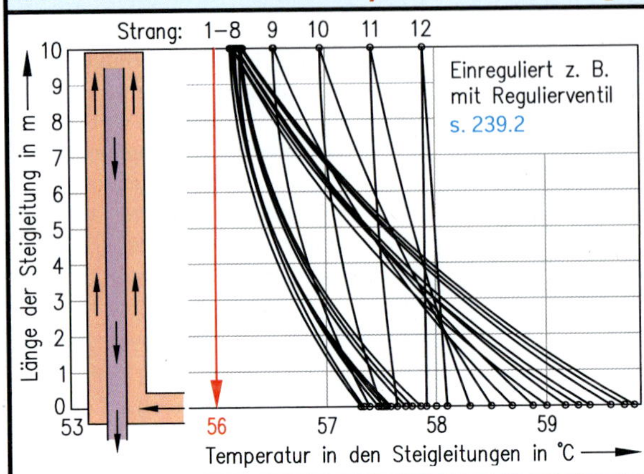

Zirkulations-Inliner-System als Alternative zum System mit oberer Verteilung.
Temperaturverlauf in Steigleitungen mit Inlinern in einem einregulierten System.

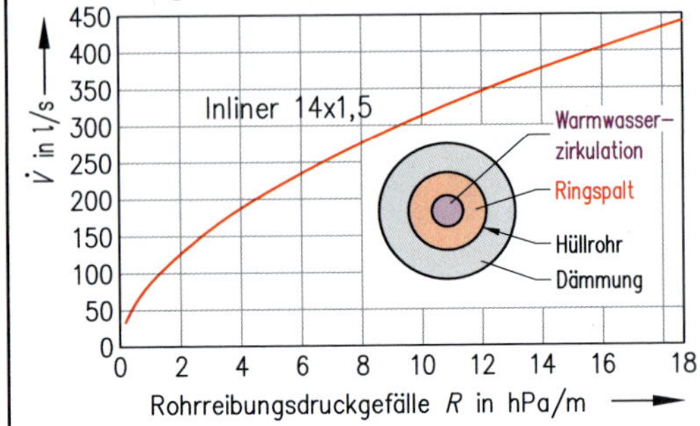

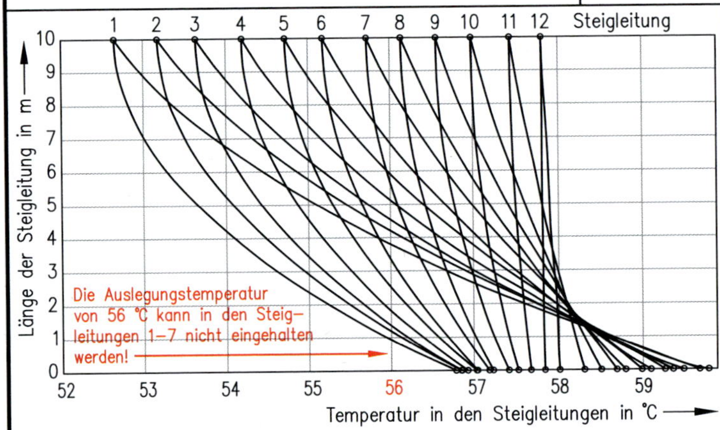

Temperaturverlauf in Steigleitungen mit Inlinern in einem nicht einregulierten System.
Anders als bei konventioneller Zirkul. fällt die Temp. beim Inliner in Steigleitungen in Fließrichtung nicht mehr kontinuierlich ab. Die niedrigste Temp. in der Steigltg. ist in der Umlenkung vom Ringspalt in den Inliner im Kopfstück – und nicht im Fußstück! Die Strömung verliert Wärme sowohl an die Umgebungsluft als auch im Gegenstrom an den Zirkulationsvolumenstrom im Inliner. Wärmeaufnahme im Inliner führt in Fließrichtung zur Erhöhung – Maximum am Fußstück!

240.2 Zirkulationspumpen, Permanentmotor mit elektronischer Steuerung (Herst.ang.)

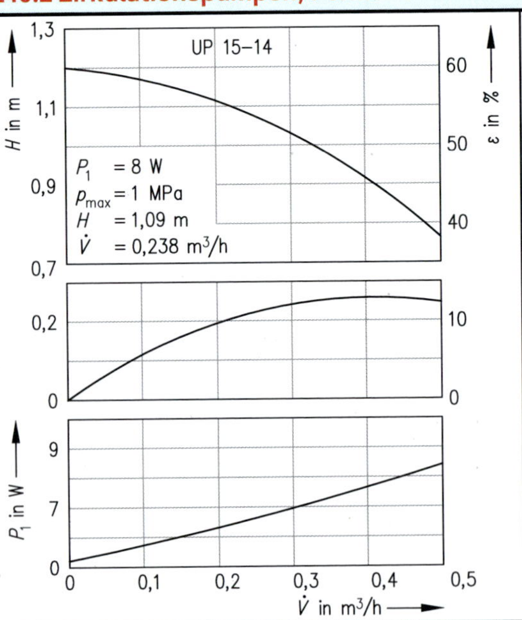

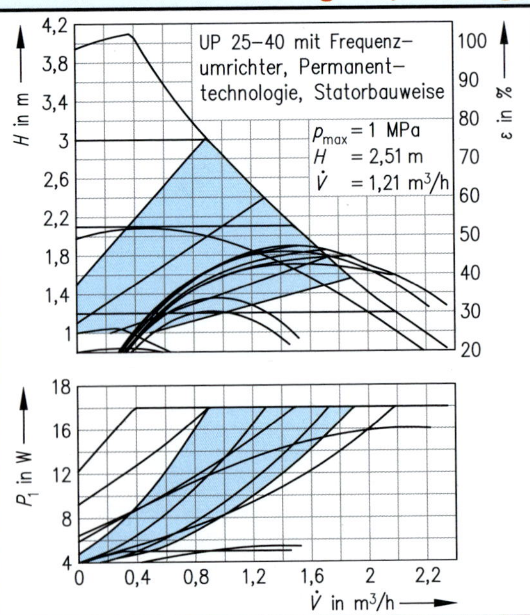

241.1 Rohrreibungsdruckgefälle bei schmelztauchverzinkten Eisenwerkstoffen, $k = 0{,}15$ mm, $\vartheta = 10$ °C

	DN 10		DN 15		DN 20		DN 25		DN 32		DN 40		DN 50		DN 65		DN 80		DN 100	
$\dot{V}$ l/s	v m/s	R hPa/m	v m/s	R hPa/m	v m/s	R hPa/m	v m/s	R hPa/m	v m/s	R hPa/m	v m/s	R hPa/m	v m/s	R hPa/m	v m/s	R hPa/m	v m/s	R hPa/m	v m/s	R hPa/m
0,05	0,48	5,1	0,28	1,3	0,15	0,3	0,09	0,1												
0,10	0,96	18,9	0,55	4,5	0,30	1,0	0,19	0,3	0,10	0,1										
0,15	1,44	41,0	0,83	9,7	0,45	2,0	0,28	0,6	0,16	0,2										
0,20	1,93	71,4	1,10	16,8	0,59	3,5	0,37	1,1	0,21	0,3										
0,30	2,89	157,5	1,65	36,5	0,89	7,4	0,56	2,3	0,32	0,5	0,26	0,1								
0,40	3,85	277,0	2,20	63,8	1,19	12,8	0,75	3,9	0,42	0,9	0,33	0,3								
0,50	4,81	430,0	2,76	98,7	1,49	19,7	0,93	6,0	0,53	1,4	0,40	0,6	0,18	0,2						
0,60	5,60	620,0	3,31	141,0	1,78	28,0	1,12	8,5	0,63	2,0	0,47	0,9	0,25	0,3						
0,70			3,86	190,9	2,08	37,8	1,31	11,4	0,74	2,6	0,54	1,2	0,32	0,4						
0,80			4,41	248,4	2,38	49,0	1,50	14,7	0,84	3,4	0,61	1,5	0,38	0,5	0,17	0,1				
0,90			4,96	313,3	2,67	61,7	1,68	18,5	0,95	4,2	0,69	1,9	0,43	0,6	0,21	0,2				
1,00					2,97	75,9	1,87	22,6	1,05	5,1	0,77	2,3	0,48	0,7	0,25	0,2				
1,10					3,27	91,5	2,06	27,2	1,16	6,2	0,85	2,8	0,52	0,8	0,27	0,2				
1,20					3,57	108,5	2,24	32,3	1,26	7,3	0,92	3,3	0,57	1,0	0,31	0,3	0,20	0,1		
1,30					3,86	127,0	2,43	37,7	1,37	8,5	1,00	3,8	0,62	1,1	0,35	0,3				
1,40					4,16	147,0	2,62	43,6	1,47	9,8	1,08	4,4	0,67	1,3	0,40	0,4				
1,50					4,46	168,4	2,80	49,9	1,58	11,2	1,15	5,0	0,72	1,5	0,44	0,4	0,30	0,2		
1,60					4,75	191,2	2,99	56,6	1,68	12,7	1,23	5,7	0,77	1,7	0,47	0,5				
1,70					5,05	215,5	3,18	63,8	1,79	14,3	1,31	6,4	0,81	1,9	0,51	0,6				
1,80							3,36	71,4	1,89	15,9	1,38	7,1	0,86	2,1	0,53	0,6	0,38	0,3		
1,90							3,55	79,4	2,00	17,7	1,46	7,9	0,91	2,3	0,55	0,7				
2,00							3,74	87,8	2,10	19,6	1,54	8,7	0,96	2,6	0,57	0,7	0,42	0,3	0,25	0,1
2,20							4,11	105,9	2,31	23,6	1,69	10,5	1,05	3,1	0,65	0,9	0,47	0,4		
2,40							4,49	125,7	2,52	27,9	1,84	12,4	1,15	3,7	0,70	1,1	0,50	0,5		
2,60							4,86	147,2	2,73	32,7	2,00	14,5	1,24	4,3	0,75	1,3	0,53	0,5		

$\dot{V}$ l/s	DN 25 v	DN 25 R	DN 32 v	DN 32 R	DN 40 v	DN 40 R	DN 50 v	DN 50 R	DN 65 v	DN 65 R	DN 80 v	DN 80 R	DN 100 v	DN 100 R
	5,24	170,7	2,94	37,8	2,15	16,7	1,34	4,9	0,80	1,4	0,50	0,6		
3,00			3,15	43,2	2,31	19,1	1,43	5,6	0,85	1,5	0,62	0,7	0,35	0,2
3,20			3,36	49,1	2,46	21,7	1,53	6,4	0,90	1,7	0,66	0,8		
3,40			3,57	55,3	2,61	24,4	1,63	7,1	0,98	2,0	0,70	0,9		
3,60			3,78	61,8	2,77	27,3	1,72	8,0	1,05	2,2	0,76	1,0		
3,80			4,00	68,8	2,92	30,4	1,82	8,9	1,10	2,5	0,79	1,1		
4,00			4,21	76,1	3,07	33,6	1,91	9,8	1,14	2,8	0,83	1,3	0,48	0,3
4,20			4,42	83,8	3,32	36,9	2,01	10,8	1,23	3,1	0,87	1,4		
4,40			4,63	91,8	3,38	40,5	2,10	11,8	1,30	3,3	0,91	1,5		
4,60			4,84	100,2	3,54	44,2	2,20	12,9	1,35	3,5	0,95	1,6	0,57	0,4
4,80			5,05	109,0	3,69	48,0	2,30	14,0	1,38	3,7	0,99	1,7		
5,00					3,84	52,0	2,39	15,1	1,41	3,8	1,02	1,8	0,63	0,5
5,50					4,23	62,8	2,63	18,2	1,55	4,7	1,12	2,0	0,66	0,5
6,00					4,61	74,5	2,87	21,6	1,69	5,5	1,22	2,4	0,72	0,6
6,50					5,00	87,2	3,11	25,3	1,83	6,4	1,33	2,8	0,78	0,7
7,00							3,35	29,2	1,97	7,4	1,43	3,2	0,84	0,8
7,50							3,59	33,4	2,11	8,5	1,53	3,7	0,90	0,9
8,00							3,83	38,0	2,26	9,6	1,63	4,2	0,96	1,1
8,50							4,06	42,8	2,39	10,8	1,73	4,7	1,02	1,2
9,00							4,30	47,9	2,54	12,1	1,84	5,3	1,08	1,4
9,50							4,54	53,3	2,68	13,5	1,94	5,8	1,14	1,5
10,00							4,78	59,0	2,82	14,9	2,04	6,5	1,20	1,7
11,00							5,26	71,3	3,10	18,0	2,24	7,8	1,32	2,0
12,00									3,38	21,3	2,45	9,2	1,44	2,4
14,00									3,95	28,9	2,86	12,5	1,68	3,2
16,00									4,51	37,6	3,26	16,2	1,92	4,1
18,00									5,07	47,4	3,67	20,4	2,16	5,2
20,00											4,08	25,1	2,40	6,3
22,50											4,59	31,7	2,70	8,0
25,00											5,11	39,0	3,00	9,8
30,00													3,60	14,1

$\dot{V}$ l/s	DN 125 v	DN 125 R	DN 150 v	DN 150 R
4,0	0,30	0,09	0,22	0,04
5,0	0,37	0,13	0,27	0,06
6,0	0,45	0,19	0,32	0,08
7,0	0,52	0,26	0,36	0,10
8,0	0,60	0,33	0,43	0,13
9,0	0,67	0,41	0,47	0,17
10,0	0,75	0,50	0,53	0,21
12,0	0,90	0,71	0,63	0,29
14,0	1,05	0,95	0,73	0,38
16,0	1,2	1,24	0,84	0,50
18,0	1,36	1,56	0,95	0,63
20,0	1,50	1,90	1,06	0,78
22,0	1,66	2,30	1,16	0,92
24,0	1,80	2,70	1,27	1,13
26,0	1,96	3,20	1,37	1,26
28,0	2,11	3,66	1,47	1,42
30,0	2,26	4,21	1,57	1,66
32,0	2,41	4,75	1,67	1,87
34,0	2,56	5,35	1,77	2,15
36,0	2,71	6,00	1,90	2,41
38,0	2,87	6,66	2,00	2,66
40,0	3,03	7,50	2,12	2,95
45,0	3,39	9,35	2,37	3,72
50,0	3,77	11,50	2,63	4,55
55,0	4,15	13,90	2,90	5,50
60,0	4,48	16,50	3,16	6,50
65,0	4,90	19,27	3,44	7,75
70,0			3,69	8,85
80,0			4,02	11,40
90,0			4,76	14,54

242.1 Rohrreibungsdruckgefälle bei Kupferrohr, $k = 0{,}0015$ mm, $\vartheta = 10$ °C und 60 °C

	DN 10			DN 12			DN 15			DN 20			DN 25			DN 32			DN 40		
$\dot{V}$ l/s	v m/s	R 10 °C hPa/m	R 60 °C hPa/m	v m/s	R 10 °C hPa/m	R 60 °C hPa/m	v m/s	R 10 °C hPa/m	R 60 °C hPa/m	v m/s	R 10 °C hPa/m	R 60 °C hPa/m	v m/s	R 10 °C hPa/m	R 60 °C hPa/m	v m/s	R 10 °C hPa/m	R 60 °C hPa/m	v m/s	R 10 °C hPa/m	R 60 °C hPa/m
0,05	0,64	7,7	5,7	0,38	2,2	1,7	0,25	0,8	0,6	0,16	0,3	0,2	0,10	0,1	0,1						
0,07	0,89	13,7	10,4	0,53	4,0	3,0	0,35	1,5	1,1	0,22	0,5	0,4	0,14	0,2	0,1						
0,10	1,27	25,4	19,5	0,75	7,3	5,6	0,50	2,7	2,1	0,32	1,0	0,7	0,20	0,3	0,2						
0,15	1,91	51,6	40,1	1,13	14,8	11,4	0,75	5,5	4,2	0,48	1,9	1,5	0,31	0,7	0,5						
0,20	2,55	85,5	67,2	1,51	24,5	19,0	0,99	9,1	7,0	0,64	3,2	2,4	0,41	1,1	0,8						
0,25	3,18	126,9	100,5	1,88	36,2	28,4	1,24	13,5	10,5	0,80	4,7	3,6	0,51	1,6	1,7						
0,30	3,82	175,3	139,9	2,26	50,0	39,3	1,49	18,6	14,5	0,95	6,4	5,0	0,61	2,2	1,7						
0,35	4,46	230,6	185,1	2,64	65,6	51,9	1,74	24,3	19,1	1,11	8,4	6,5	0,71	2,9	2,2						
0,40	5,10	292,4	236,0	3,01	83,1	66,1	1,99	30,8	24,3	1,27	10,6	8,3	0,81	3,7	2,8						
0,45				3,39	102,5	81,8	2,24	37,9	30,0	1,43	13,1	10,2	0,92	4,5	3,5	0,51	0,9	0,8	0,34	0,3	0,2
0,50				3,77	123,6	99,1	2,49	45,7	36,3	1,59	15,7	12,4	1,02	5,4	4,2	0,63	1,6	1,3	0,42	0,6	0,4
0,60				4,52	171,2	138,1	2,98	63,2	50,5	1,91	21,7	17,2	1,22	7,5	5,9	0,75	2,3	1,8	0,50	0,9	0,7
0,70				5,27	225,6	183,1	3,48	83,2	66,7	2,23	28,6	22,7	1,43	9,8	7,7	0,87	3,0	2,4	0,59	1,2	0,9
0,80							3,98	105,6	85,1	2,55	36,2	28,9	1,63	12,5	9,8	0,99	3,8	3,0	0,67	1,5	1,2
0,90							4,48	130,4	105,5	2,86	44,7	35,8	1,83	15,3	12,2	1,12	4,7	3,7	0,75	1,8	1,4
1,00							4,97	157,5	127,9	3,18	53,9	43,3	2,04	18,5	14,7	1,24	5,7	4,5	0,84	2,2	1,7
1,10							5,47	186,9	152,4	3,5	63,9	51,5	2,24	21,9	17,5	1,37	6,7	5,3	0,92	2,6	2,1
1,20							5,97	218,6	178,7	3,82	74,7	60,3	2,44	25,6	20,5	1,49	7,9	6,2	1,00	3,1	2,4
1,30							6,47	252,6	207,1	4,14	86,2	69,8	2,65	29,5	23,7	1,62	9,1	7,2	1,09	3,5	2,8
1,40										4,46	98,5	80,0	2,85	33,7	27,1	1,74	10,3	8,2	1,17	4,0	3,2
1,50										4,77	111,5	90,7	3,06	38,1	30,7	1,87	11,7	9,3	1,26	4,5	3,5
1,60										5,09	125,0	102,2	3,26	42,8	34,5	1,99	13,1	10,5	1,34	5,1	4,0
1,70													3,46	47,7	38,6	2,11	14,6	11,7	1,42	5,7	4,5
1,80													3,67	52,9	42,8	2,24	16,2	13,0	1,51	6,3	5,0
2,00													4,07	63,9	51,9	2,49	19,5	15,7	1,67	7,6	6,0
2,20													4,48	75,8	61,8	2,74	23,1	18,7	1,84	9,0	7,2
2,40													4,89	88,7	72,5	2,98	27,0	21,9	2,01	10,5	8,4
2,50													5,10	95,4	78,0	3,11	29,1	23,5	2,09	11,3	9,0
2,60																3,23	31,2	25,3	2,18	12,1	9,7
2,80																3,48	35,7	29,0	2,34	13,8	11,1
3,00																3,73	40,4	32,9	2,51	15,6	12,6
3,20																3,98	45,4	37,0	2,68	17,5	14,2
3,40																4,23	50,6	41,3	2,85	19,5	15,8
3,50																4,35	53,3	43,6	2,93	20,6	16,7
3,60																4,48	56,1	45,9	3,01	21,6	17,6

	DN 50			DN 60		
$\dot{V}$ l/s	v m/s	R 10 °C hPa/m	R 60 °C hPa/m	v m/s	R 10 °C hPa/m	R 60 °C hPa/m
1,50	0,77	1,3	1,1	0,53	0,5	0,5
1,60	0,82	1,5	1,3	0,57	0,6	0,5
1,70	0,87	1,7	1,4	0,60	0,7	0,6
1,80	0,92	1,9	1,5	0,64	0,8	0,6
2,00	1,02	2,3	1,8	0,71	1,0	0,8
2,20	1,12	2,7	2,2	0,78	1,1	0,9
2,40	1,22	3,2	2,5	0,85	1,3	1,1
2,50	1,27	3,4	2,7	0,88	1,4	1,1
2,60	1,32	3,7	2,9	0,92	1,5	1,2
2,80	1,43	4,2	3,3	0,99	1,8	1,4
3,00	1,53	4,7	3,8	1,06	2,0	1,6
3,20	1,63	5,3	4,3	1,13	2,2	1,8
3,40	1,73	5,9	4,8	1,20	2,5	2,0
3,50	1,78	6,2	5,0	1,24	2,6	2,1
3,60	1,83	6,6	5,3	1,27	2,7	2,2
3,80	1,94	7,2	5,8	1,34	3,0	2,4
4,00	2,04	7,9	6,4	1,41	3,3	2,6
4,25	2,17	8,9	7,2	1,51	3,7	3,0
4,50	2,29	9,8	7,9	1,59	4,1	3,3
4,75	2,42	10,8	8,8	1,68	4,5	3,6
5,00	2,55	11,8	9,6	1,77	4,9	4,0
5,25	2,68	12,9	10,5	1,86	5,4	4,4
5,50	2,80	14,0	11,4	1,95	5,8	4,7
5,75	2,93	15,3	12,4	2,04	6,3	5,1
6,00	3,06	16,4	13,4	2,12	6,8	5,5
6,50	3,31	19,0	15,5	2,30	7,9	6,4
7,00	3,57	21,7	17,8	2,48	9,0	7,3
7,50	3,82	24,6	20,1	2,65	10,2	8,3
8,00	4,07	27,6	22,7	2,83	11,5	9,4
8,50	4,33	30,8	25,4	3,01	12,8	10,5
9,00	4,58	34,2	28,2	3,18	14,2	11,6
9,50	4,84	37,7	31,1	3,36	15,7	12,8
10,00	5,09	41,2	34,3	3,54	17,2	14,1
11,00				3,89	20,4	16,8
12,00				4,24	23,9	19,7
13,00				4,60	27,6	22,8

$\dot{V}$ l/s	DN 65			DN 80			DN 100		
	v m/s	R 10 °C hPa/m	R 60 °C hPa/m	v m/s	R 10 °C hPa/m	R 60 °C hPa/m	v m/s	R 10 °C hPa/m	R 60 °C hPa/m
7,5	1,84	4,1	3,3	1,32	1,9	1,5	0,90	0,8	0,6
8,0	1,96	4,7	3,8	1,41	2,2	1,7	0,96	0,9	0,7
8,5	2,08	5,3	4,3	1,50	2,4	1,9	1,02	1,0	0,8
9,0	2,20	5,9	4,8	1,59	2,7	2,2	1,08	1,1	0,9
9,5	2,33	6,5	5,3	1,68	2,9	2,4	1,14	1,2	0,9
10,0	2,45	7,1	5,8	1,77	3,2	2,6	1,20	1,3	1,0
10,5	2,57	7,7	6,3	1,85	3,5	2,9	1,26	1,4	1,1
11,0	2,69	8,4	6,9	1,94	3,8	3,1	1,32	1,5	1,2
11,5	2,82	9,1	7,5	2,03	4,2	3,4	1,38	1,6	1,3
12,0	2,94	9,9	8,1	2,12	4,5	3,7	1,44	1,8	1,4
12,5	3,06	10,6	8,7	2,21	4,8	3,9	1,50	1,9	1,5
13,0	3,18	11,4	9,3	2,30	5,2	4,2	1,56	2,0	1,7
13,5	3,31	12,2	10,0	2,38	5,6	4,5	1,62	2,2	1,8
14,0	3,43	13,0	10,7	2,47	5,9	4,8	1,68	2,3	1,9
15,0	3,67	14,8	12,2	2,65	6,7	5,5	1,80	2,6	2,2
17,5	4,29	19,5	16,2	3,09	8,9	7,3	2,10	3,5	2,9
20,0	4,90	24,9	20,7	3,53	11,3	9,3	2,40	4,5	3,6
22,5	5,48	30,7	25,9	3,99	14,0	11,6	2,70	5,5	4,5
25,0				4,42	17,0	14,1	3,00	6,7	5,5
30,0				5,30	22,7	18,9	3,60	9,2	8,0

$\dot{V}$ l/s	DN 40 v m/s	DN 40 R 10 °C hPa/m	DN 40 R 60 °C hPa/m
3,70	3,10	22,7	18,5
3,80	3,18	23,9	19,4
3,90	3,26	25,0	20,3
4,00	3,35	26,2	21,3
4,10	3,43	27,4	22,3
4,20	3,52	28,6	23,3
4,30	3,60	29,8	24,3
4,40	3,68	31,1	25,3
4,50	3,77	32,3	26,4
4,60	3,85	33,7	27,5
4,70	3,93	35,0	28,6
4,80	4,02	36,3	29,7
4,90	4,10	37,7	30,9
5,00	4,19	39,1	32,0
5,10	4,27	40,5	33,2
5,20	4,35	42,0	34,4
5,40	4,52	45,0	36,9
5,50	4,60	46,5	38,2
5,60	4,69	48,0	39,5
5,80	4,86	51,2	42,1
6,00	5,02	54,4	44,8

243.1 Rohrreibungsdruckgefälle bei nichtrostendem Stahlrohr, $k = 0{,}0015$ mm, $\vartheta = 10$ °C und 60 °C

$\dot{V}$ l/s	DN 10 v m/s	DN 10 R 10 °C hPa/m	DN 10 R 60 °C hPa/m	DN 12 v m/s	DN 12 R 10 °C hPa/m	DN 12 R 60 °C hPa/m	DN 15 v m/s	DN 15 R 10 °C hPa/m	DN 15 R 60 °C hPa/m	DN 20 v m/s	DN 20 R 10 °C hPa/m	DN 20 R 60 °C hPa/m
0,05	0,64	7,7	5,7	0,38	2,2	1,7	0,25	0,8	0,6	0,17	0,3	0,2
0,07	0,89	13,7	10,4	0,53	4,0	3,0	0,35	1,5	1,1	0,23	0,6	0,4
0,10	1,27	25,4	19,5	0,75	7,3	5,6	0,50	2,7	2,1	0,33	1,1	0,8
0,15	1,91	51,6	40,1	1,13	14,8	11,4	0,75	5,5	4,2	0,50	2,1	1,6
0,20	2,55	85,5	67,2	1,51	24,5	19,0	0,99	9,1	7,0	0,66	3,5	2,7
0,25	3,18	126,9	100,5	1,88	36,2	28,4	1,24	13,5	10,5	0,83	5,1	4,0
0,30	3,82	175,3	139,9	2,26	50,0	39,3	1,49	18,6	14,5	0,99	7,1	5,5
0,35	4,46	230,6	185,1	2,64	65,6	51,9	1,74	24,3	19,1	1,16	9,3	7,2
0,40	5,10	292,4	236,0	3,01	83,1	66,1	1,99	30,8	24,3	1,33	11,7	9,1
0,45				3,39	102,5	81,8	2,24	37,9	30,0	1,49	14,4	11,3
0,50				3,77	123,6	99,1	2,49	45,7	36,3	1,66	17,3	13,6
0,60				4,52	171,2	139,0	2,98	63,2	50,5	1,99	23,9	18,9
0,70				5,28	226,2	187,5	3,48	83,2	66,7	2,32	31,5	25,0
0,80							3,98	105,6	85,1	2,65	39,9	31,8
0,90							4,48	130,4	105,5	2,98	49,2	39,4
1,00							4,97	157,5	127,9	3,31	59,4	47,7
1,10	Beisp.: 1,12 → v: 1,39 m/s; R: 7 hPa/m						5,47	187,0	152,3	3,65	70,4	56,8
1,20										3,98	82,3	66,6
1,30										4,31	95,0	77,0
1,40										4,64	108,5	88,2
1,50										4,97	122,9	100,1
1,60										5,30	138,4	112,7

$\dot{V}$ l/s	DN 25 v m/s	DN 25 R 10 °C hPa/m	DN 25 R 60 °C hPa/m	DN 32 v m/s	DN 32 R 10 °C hPa/m	DN 32 R 60 °C hPa/m	DN 40 v m/s	DN 40 R 10 °C hPa/m	DN 40 R 60 °C hPa/m
0,05	0,10	0,1	0,1						
0,07	0,14	0,2	0,1						
0,10	0,19	0,3	0,2	0,15	0,3	0,2			
0,15	0,29	0,6	0,4	0,21	0,4	0,2			
0,20	0,39	1,0	0,7	0,27	0,5	0,3			
0,25	0,49	1,4	1,1	0,33	0,7	0,4			
0,30	0,52	2,0	1,5	0,39	0,8	0,6			
0,35	0,68	2,6	2,0	0,45	1,0	0,7	0,16	0,4	0,2
0,40	0,78	3,3	2,5	0,51	1,2	0,8	0,25	0,5	0,3
0,45	0,87	4,0	3,1	0,57	1,5	1,1	0,33	0,6	0,4
0,50	0,97	4,9	3,8	0,63	1,7	1,3	0,42	0,7	0,5
0,60	1,17	6,7	5,2	0,75	2,3	1,8	0,50	0,9	0,7
0,70	1,36	8,8	6,9	0,87	3,0	2,4	0,59	1,2	0,9
0,80	1,55	11,1	8,8	0,99	3,8	3,0	0,67	1,5	1,2
0,90	1,75	13,7	10,9	1,12	4,7	3,7	0,75	1,8	1,4
1,00	1,94	16,5	13,1	1,24	5,7	4,5	0,84	2,2	1,7
1,10	2,14	19,6	15,6	1,37	6,7	5,3	0,92	2,6	2,1
1,20	2,33	22,8	18,3	1,49	7,9	6,2	1,00	3,1	2,4
1,30	2,53	26,4	21,1	1,62	9,1	7,2	1,09	3,5	2,8
1,40	2,72	30,1	24,2	1,74	10,3	8,2	1,17	4,0	3,2
1,50	2,91	34,0	27,4	1,87	11,7	9,3	1,26	4,5	3,6
1,60	3,11	38,2	30,8	1,99	13,1	10,5	1,34	5,1	4,0
1,70	3,30	42,6	34,4	2,11	14,6	11,7	1,42	5,7	4,5
1,80	3,50	47,2	38,2	2,24	16,2	13,0	1,51	6,3	5,0
2,00	3,89	57,0	46,3	2,49	19,5	15,7	1,67	7,6	6,0
2,20	4,27	67,6	55,1	2,74	23,1	18,7	1,84	9,0	7,2
2,40	4,66	79,1	64,6	2,98	27,0	21,9	2,01	10,5	8,4
2,50	4,86	85,2	69,6	3,11	29,1	23,5	2,09	11,3	9,0
2,60	5,06	91,6	74,7	3,23	31,2	25,3	2,18	12,1	9,7
2,80				3,48	35,7	29,0	2,34	13,8	11,1
3,00				3,73	40,4	32,9	2,51	15,6	12,6
3,20				3,98	45,4	37,0	2,68	17,5	14,2
3,40				4,23	50,6	41,3	2,85	19,5	15,8
3,50				4,35	53,3	43,6	2,93	20,6	16,7

$\dot{V}$	DN 40 v m/s	DN 40 R 10 °C hPa/m	DN 40 R 60 °C hPa/m
3,60	3,01	21,6	17,6
3,70	3,10	22,7	18,5
3,80	3,18	23,9	19,4
3,90	3,26	25,0	20,3
4,00	3,35	26,2	21,3
4,10	3,43	27,4	22,3
4,20	3,52	28,6	23,3
4,30	3,60	29,8	24,3
4,40	3,68	31,1	25,3
4,50	3,77	32,3	26,4
4,60	3,85	33,7	27,5
4,70	3,93	35,0	28,6
4,80	4,02	36,3	29,7
4,90	4,10	37,7	30,9
5,00	4,19	39,1	32,0
5,10	4,27	40,5	33,2
5,20	4,35	42,0	34,4
5,40	4,52	45,0	36,9
5,50	4,60	46,5	38,2
5,60	4,69	48,0	39,5
5,80	4,86	51,2	42,1
6,00	5,02	54,4	44,8

$\dot{V}$ l/s	DN 50 v m/s	DN 50 R 10 °C hPa/m	DN 50 R 60 °C hPa/m	DN 60 v m/s	DN 60 R 10 °C hPa/m	DN 60 R 60 °C hPa/m
1,30	0,63	1,2	0,9	0,46	0,5	0,4
1,40	0,68	1,3	1,0	0,50	0,6	0,4
1,50	0,73	1,4	1,0	0,53	0,6	0,5
1,60	0,78	1,5	1,1	0,57	0,7	0,5
1,70	0,83	1,6	1,2	0,60	0,7	0,6
1,80	0,88	1,7	1,4	0,64	0,8	0,6
2,00	0,98	2,1	1,7	0,71	1,0	0,8
2,20	1,08	2,5	2,0	0,78	1,1	0,9
2,40	1,17	2,9	2,3	0,85	1,3	1,1
2,50	1,22	3,1	2,5	0,88	1,4	1,1
2,60	1,27	3,3	2,7	0,92	1,5	1,2
2,80	1,37	3,8	3,0	0,99	1,8	1,4
3,00	1,47	4,3	3,4	1,06	2,0	1,6
3,20	1,57	4,8	3,9	1,13	2,2	1,8
3,40	1,66	5,4	4,3	1,20	2,5	2,0
3,50	1,71	5,7	4,6	1,24	2,6	2,1
3,60	1,76	6,0	4,8	1,27	2,7	2,2
3,80	1,86	6,6	5,3	1,34	3,0	2,4
4,00	1,96	7,2	5,8	1,41	3,3	2,6
4,25	2,08	8,1	6,5	1,51	3,7	3,0
4,50	2,20	8,9	7,2	1,59	4,1	3,3
4,75	2,33	9,8	8,0	1,68	4,5	3,6
5,00	2,45	10,8	8,7	1,77	4,9	4,0
5,25	2,57	11,7	9,6	1,86	5,4	4,4
5,50	2,69	12,8	10,4	1,95	5,8	4,7
5,75	2,82	13,9	11,3	2,04	6,3	5,1
6,00	2,94	14,9	12,2	2,12	6,8	5,5
6,25	3,06	16,1	13,1	2,21	7,4	6,0
6,50	3,18	17,3	14,1	2,30	7,9	6,4
7,00	3,43	19,7	16,1	2,48	9,0	7,3
7,50	3,67	22,3	18,3	2,65	10,2	8,3
8,00	3,92	25,1	20,6	2,83	11,5	9,4
8,50	4,16	28,0	23,0	3,01	12,8	10,5
9,00	4,41	31,1	25,6	3,18	14,2	11,6
9,50	4,65	34,3	28,3	3,36	15,7	12,8
10,00	4,90	37,6	31,1	3,54	17,2	14,1
11,00	5,39	44,5	37,1	3,89	20,4	16,8
13,00				4,60	27,6	22,8

$\dot{V}$ l/s	DN 65 v m/s	DN 65 R 10 °C hPa/m	DN 65 R 60 °C hPa/m	DN 80 v m/s	DN 80 R 10 °C hPa/m	DN 80 R 60 °C hPa/m	DN 100 v m/s	DN 100 R 10 °C hPa/m	DN 100 R 60 °C hPa/m
6,0	1,48	2,6	2,3	1,09	1,3	1,1			
6,5	1,60	3,1	2,8	1,17	1,5	1,3			
7,0	1,72	3,6	3,1	1,25	1,7	1,4			
7,5	1,84	4,2	3,5	1,33	1,9	1,6	0,88	0,7	0,6
8,0	1,96	4,7	3,8	1,41	2,2	1,7	0,96	0,9	0,7
8,5	2,08	5,3	4,3	1,50	2,4	1,9	1,00	0,9	0,7
9,0	2,20	5,9	4,8	1,59	2,7	2,2	1,06	1,0	0,8
9,5	2,33	6,5	5,3	1,68	2,9	2,4	1,12	1,1	0,9
10,0	2,45	7,1	5,8	1,77	3,2	2,6	1,18	1,2	1,0
10,5	2,57	7,7	6,3	1,83	3,5	2,9	1,24	1,3	1,1
11,0	2,69	8,4	6,9	1,94	3,8	3,1	1,29	1,4	1,2
11,5	2,82	9,1	7,5	2,03	4,2	3,4	1,35	1,6	1,3
12,0	2,94	9,9	8,1	2,12	4,5	3,7	1,41	1,7	1,4
12,5	3,06	10,6	8,7	2,21	4,8	3,9	1,47	1,8	1,5
13,0	3,18	11,4	9,3	2,30	5,2	4,2	1,53	2,0	1,6
13,5	3,31	12,2	10,0	2,38	5,6	4,5	1,59	2,1	1,7
14,0	3,43	13,0	10,7	2,47	5,9	4,8	1,65	2,2	1,8
15,0	3,67	14,8	12,2	2,65	6,7	5,5	1,77	2,5	2,1
17,5	4,29	19,5	16,2	3,09	8,9	7,3	2,06	3,4	2,8
20,0	4,90	24,9	20,7	3,53	11,3	9,3	2,35	4,3	3,5
22,5	5,51	31,0	25,7	3,98	14,0	11,6	2,65	5,3	4,3
25,0				4,42	17,0	14,1	2,94	6,4	5,2
30,0				4,86	20,3	16,9	3,23	7,6	6,2
35,0				5,30	23,6	19,9	3,52	8,9	7,3

244.1 Rohrreibungsdruckgefälle bei PP-, PB-, PVC-C-Rohr, $k = 0{,}007$ mm, $\vartheta = 10$ °C und 60 °C

	DN 12			DN 15			DN 20			DN 25			DN 32			DN 40			DN 50		
$\dot{V}$ l/s	v m/s	R 10°C hPa/m	R 60°C hPa/m	v m/s	R 10°C hPa/m	R 60°C hPa/m	v m/s	R 10°C hPa/m	R 60°C hPa/m	v m/s	R 10°C hPa/m	R 60°C hPa/m	v m/s	R 10°C hPa/m	R 60°C hPa/m	v m/s	R 10°C hPa/m	R 60°C hPa/m	v m/s	R 10°C hPa/m	R 60°C hPa/m
0,05	0,47	3,9	2,9	0,31	1,4	1,0	0,20	0,5	0,4	0,12	0,1	0,1	0,08	0,0	0,0						
0,07	0,66	6,9	5,3	0,43	2,5	1,9	0,28	0,9	0,6	0,17	0,3	0,2	0,11	0,1	0,1						
0,10	0,95	12,8	10,0	0,61	4,6	3,5	0,39	1,6	1,2	0,24	0,5	0,4	0,15	0,2	0,1						
0,15	1,42	26,1	20,8	0,92	9,3	7,3	0,59	3,2	2,5	0,35	1,0	0,7	0,23	0,3	0,3						
0,20	1,89	43,5	35,1	1,23	15,4	12,2	0,79	5,3	4,1	0,47	1,6	1,2	0,30	0,5	0,4						
0,25	2,37	64,8	53,0	1,54	22,9	18,3	0,98	7,8	6,2	0,59	2,3	1,8	0,38	0,8	0,6						
0,30	2,84	90,0	74,3	1,84	31,6	25,6	1,18	10,8	8,6	0,71	3,2	2,5	0,45	1,1	0,9	0,28	0,7	0,4			
0,35	3,31	118,8	98,9	2,15	41,6	34,0	1,38	14,2	11,4	0,83	4,2	3,3	0,53	1,5	1,1	0,33	0,8	0,5			
0,40	3,78	151,3	127,0	2,46	52,9	43,5	1,57	18,0	14,5	0,95	5,3	4,2	0,61	1,8	1,4	0,38	0,9	0,6	0,25	0,4	0,2
0,45	4,26	187,5	158,4	2,76	65,4	54,1	1,77	22,2	18,0	1,06	6,6	5,2	0,68	2,3	1,8	0,43	1,0	0,7	0,28	0,5	0,3
0,50	4,73	227,3	193,2	3,07	79,1	65,8	1,96	26,8	21,9	1,18	7,9	6,3	0,76	2,7	2,1	0,48	1,1	0,8	0,31	0,6	0,3
0,55	5,20	270,8	231,4	3,38	94,0	78,6	2,16	31,8	26,1	1,30	9,4	7,5	0,83	3,2	2,5	0,53	1,2	0,9	0,34	0,7	0,4
0,60				3,68	110,1	92,5	2,36	37,2	30,6	1,42	10,9	8,8	0,91	3,8	3,0	0,58	1,3	1,0	0,37	0,8	0,5
0,65				3,99	127,4	107,5	2,55	43,0	35,5	1,54	12,6	10,2	0,98	4,3	3,4	0,63	1,5	1,2	0,40	0,9	0,5
0,70				4,30	145,8	123,5	2,75	49,2	40,8	1,66	14,4	11,7	1,06	4,9	3,9	0,68	1,7	1,3	0,43	1,0	0,6
0,75				4,61	165,4	140,7	2,95	55,7	46,3	1,77	16,3	13,3	1,14	5,6	4,5	0,73	1,9	1,5	0,46	1,1	0,7
0,80				4,91	186,2	158,9	3,14	62,6	52,3	1,89	18,3	14,9	1,21	6,2	5,0	0,78	2,2	1,7	0,49	1,1	0,7
0,85				5,21	208,6	178,3	3,34	69,9	58,5	2,01	20,4	16,7	1,29	7,0	5,6	0,83	2,4	1,9	0,52	1,2	0,8
0,90							3,54	77,5	65,1	2,13	22,6	18,6	1,36	7,7	6,2	0,87	2,7	2,1	0,55	1,2	0,8
0,95	DN 65						3,73	85,6	72,1	2,25	24,9	20,5	1,44	8,5	6,9	0,92	2,9	2,3	0,58	1,3	0,9
1,00	0,44	0,5	0,4				3,93	94,0	79,4	2,37	27,4	22,6	1,51	9,3	7,5	0,97	3,2	2,6	0,61	1,4	1,0
1,10	0,48	0,6	0,5				4,32	111,8	95,0	2,60	32,5	26,9	1,67	11,0	9,0	1,07	3,8	3,0	0,67	1,5	1,1
1,20	0,52	0,7	0,6				4,72	131,1	111,9	2,84	38,0	31,7	1,82	12,9	10,6	1,17	4,4	3,6	0,73	1,6	1,2
1,30	0,56	0,7	0,6				5,12	151,0	130,1	3,08	44,0	36,8	1,97	14,9	12,2	1,26	5,1	4,1	0,79	1,7	1,3
1,40	0,60	0,8	0,7	$\dot{V}$	DN 80		5,52	173,5	149,6	3,31	50,3	42,2	2,12	17,0	14,0	1,36	5,8	4,7	0,85	1,9	1,5
1,50	0,65	0,9	0,7	l/s	v m/s	R 10 °C	R 60 °C			3,55	57,1	48,1	2,27	19,3	15,9	1,46	6,6	5,4	0,91	2,1	1,7
1,60	0,69	1,0	0,8	3,00	0,81	1,1	0,9			3,78	64,2	54,3	2,42	21,7	18,0	1,55	7,4	6,0	0,97	2,4	1,9
1,70	0,73	1,2	0,9	3,25	0,90	1,3	1,1			4,02	71,7	60,8	2,57	24,2	20,1	1,65	8,3	6,8	1,03	2,7	2,1
1,80	0,77	1,3	1,0	3,50	0,98	1,6	1,3	DN 100		4,26	79,6	67,7	2,73	26,8	22,4	1,75	9,2	7,5	1,09	3,0	2,4
1,90	0,82	1,4	1,1	3,75	1,10	1,9	1,6	v m/s	R 10 °C	R 60 °C		$\dot{V}$ l/s	2,88	29,6	24,7	1,85	10,1	8,3	1,15	3,3	2,6
2,00	0,86	1,6	1,3	4,00	1,19	2,3	2,0	0,80	0,9	0,7		2,00	3,03	32,5	27,2	1,94	11,1	9,1	1,21	3,6	2,9
2,20	0,95	1,8	1,5	4,25	1,27	2,5	2,1	0,85	1,0	0,8		2,20	3,33	38,7	32,5	2,14	13,2	10,9	1,34	4,2	3,4
2,40	1,03	2,2	1,7	4,50	1,34	2,7	2,2	0,90	1,1	0,9		2,40	3,63	45,3	38,3	2,33	15,4	12,8	1,46	4,9	4,0
2,50	1,08	2,3	1,9	4,75	1,42	3,0	2,5	0,95	1,2	0,9		2,50	3,78	48,8	41,4	2,43	16,6	13,8	1,52	5,3	4,3
2,60	1,12	2,5	2,0	5,00	1,49	3,3	2,7	1,00	1,3	1,0		2,60	3,94	52,5	44,5	2,53	17,8	14,8	1,58	5,7	4,7
2,80	1,20	2,8	2,3	5,25	1,57	3,6	3,0	1,05	1,4	1,1		2,80	4,24	60,1	51,2	2,72	20,4	17,0	1,70	6,5	5,4
3,00	1,29	3,2	2,6	5,50	1,64	3,9	3,3	1,10	1,5	1,2		3,00	4,54	68,2	58,3	2,91	23,1	19,4	1,82	7,4	6,1
3,20	1,38	3,6	3,0	5,75	1,71	4,3	3,5	1,15	1,7	1,3		3,20	4,84	76,8	65,9	3,11	26,0	21,9	1,94	8,3	6,9
3,40	1,46	4,0	3,3	6,00	1,79	4,6	3,8	1,20	1,8	1,4		3,40				3,30	29,0	24,5	2,06	9,3	7,7
3,50	1,51	4,3	3,5	6,25	1,87	5,0	4,1	1,25	1,9	1,6		3,50				3,40	30,6	25,9	2,12	9,8	8,1
3,60	1,55	4,5	3,7	6,50	1,93	5,3	4,4	1,30	2,0	1,7		3,60				3,50	32,2	27,3	2,19	10,3	8,5
3,80	1,63	4,9	4,0	6,75	2,01	5,7	4,8	1,35	2,2	1,8		3,80				3,69	35,6	30,2	2,31	11,3	9,4
4,00	1,72	5,4	4,5	7,00	2,08	6,1	5,1	1,40	2,3	1,9		4,00				3,89	39,1	33,2	2,43	12,4	10,4
4,20	1,81	5,9	4,9	7,25	2,16	6,5	5,5	1,45	2,5	2,1		4,20				4,08	42,8	36,4	2,55	13,6	11,4
4,40	1,89	6,4	5,3	7,50	2,23	6,9	5,8	1,50	2,6	2,2		4,40				4,28	46,6	39,8	3,67	14,8	12,4
4,50	1,94	6,7	5,5	7,75	2,31	7,4	6,2	1,55	2,8	2,3		4,50				4,37	48,5	41,5	2,73	15,4	12,9
4,60	1,98	7,0	5,8	8,00	2,38	7,8	6,5	1,60	3,0	2,5		4,60				4,47	50,5	43,3	2,79	16,0	13,5
4,80	2,07	7,5	6,2	9,00	2,68	9,7	8,1	1,80	3,7	3,0		4,80				4,66	54,6	46,9	2,91	17,3	14,6
5,00	2,15	8,1	6,7	10,0	2,98	11,7	9,9	2,00	4,5	3,7		5,00				4,86	58,9	50,7	3,03	18,7	15,7
5,25	2,26	8,9	7,4	11,0	3,27	13,9	11,8	2,20	5,3	4,4		5,25				5,11	64,3	53,5	3,19	20,5	17,3
5,50	2,37	9,6	8,0	12,0	3,57	16,4	13,9	2,40	6,2	5,2		5,50							3,34	22,2	18,8
6,00	2,58	11,3	9,4	13,0	3,87	18,9	16,2	2,60	7,2	6,0		6,00							3,64	26,1	22,2
7,00	3,01	14,9	12,6	14,0	4,17	21,7	18,6	2,80	8,2	6,9		7,00							4,25	34,6	29,6
8,00	3,44	19,1	16,2	15,0	4,47	24,7	21,2	3,00	9,3	7,9		8,00							4,86	44,3	38,1
9,00	3,87	23,7	20,2	17,5	5,21	32,5	29,4	3,50	12,4	10,6		9,00							4,99	46,4	39,9
10,00	4,30	28,8	24,7	20,0				4,00	15,8	13,6		10,00							5,11	48,6	41,7

245.1 Rohrreibungsdruckgefälle bei Mehrschichtverbundrohr PEX, $k = 0{,}007$ mm, $\vartheta = 10$ °C und 60 °C

$\dot{V}$ l/s	DN 10 v m/s	DN 10 R 10 °C hPa/m	DN 10 R 60 °C hPa/m	DN 12 v m/s	DN 12 R 10 °C hPa/m	DN 12 R 60 °C hPa/m	DN 15 v m/s	DN 15 R 10 °C hPa/m	DN 15 R 60 °C hPa/m
0,02	0,34	2,0	2,4	0,21	0,7	0,8	0,13	0,3	0,2
0,04	0,69	10,8	8,3	0,42	3,4	2,5	0,26	1,1	0,8
0,06	1,03	21,9	17,0	0,63	6,8	5,2	0,39	2,2	1,6
0,08	1,38	36,3	28,6	0,84	11,2	8,7	0,52	3,6	2,7
0,10	1,72	53,7	42,9	1,05	16,5	12,9	0,65	5,2	4,0
0,12	2,07	74,3	59,9	1,26	22,7	18,0	0,78	7,2	5,6
0,15	2,58	110,6	90,4	1,58	33,7	26,9	0,97	10,6	8,3
0,20	3,44	185,5	154,2	2,10	56,2	45,6	1,30	17,6	14,0
0,25	4,30	277,9	234,2	2,63	83,9	68,9	1,62	26,2	21,0
0,30	5,16	387,5	330,1	3,16	116,4	96,6	1,95	36,2	29,4
0,35				3,68	153,9	128,9	2,27	47,7	39,0
0,40				4,21	196,2	165,5	2,60	60,7	49,9
0,50				5,26	295,1	252,2	3,25	90,7	75,6
0,60							3,90	126,3	106,4
0,70							4,55	167,4	142,2
0,80							5,19	216,5	182,8

$\dot{V}$ l/s	DN 20 v m/s	DN 20 R 10 °C hPa/m	DN 20 R 60 °C hPa/m	DN 25 v m/s	DN 25 R 10 °C hPa/m	DN 25 R 60 °C hPa/m	DN 32 v m/s	DN 32 R 10 °C hPa/m	DN 32 R 60 °C hPa/m	DN 40 v m/s	DN 40 R 10 °C hPa/m	DN 40 R 60 °C hPa/m
0,02	0,08	0,1	0,1	0,05	0,0	0,0						
0,04	0,16	0,2	0,3	0,10	0,1	0,1						
0,06	0,25	0,7	0,5	0,15	0,2	0,2						
0,08	0,33	1,2	0,9	0,20	0,4	0,3						
0,10	0,41	1,8	1,3	0,25	0,6	0,4						
0,12	0,49	2,4	1,9	0,30	0,8	0,6						
0,15	0,62	3,6	2,8	0,38	1,1	0,8						
0,20	0,82	5,9	4,6	0,50	1,8	1,4						
0,25	1,03	8,7	6,9	0,63	2,7	2,1						
0,30	1,23	12,0	9,6	0,75	3,7	2,9	0,50	1,7				
0,35	1,44	15,8	12,7	0,88	4,9	3,8	0,58	2,1		0,38	0,5	0,3
0,40	1,64	20,1	16,2	1,01	6,2	4,9	0,66	2,5		0,43	0,6	0,4
0,50	2,06	29,9	24,4	1,26	9,2	7,3	0,82	3,4		0,48	0,9	0,7
0,60	2,47	41,5	34,2	1,51	12,7	10,2	0,98	4,5	3,5	0,58	1,3	1,0
0,70	2,88	54,8	45,5	1,76	16,7	13,6	1,14	5,8	4,7	0,68	1,7	1,3
0,80	3,29	69,8	58,4	2,01	21,2	17,4	1,30	7,4	6,0	0,78	2,2	1,7
0,90	3,70	86,5	72,9	2,26	26,2	21,6	1,46	9,1	7,4	0,87	2,7	2,1
1,00	4,11	104,9	88,8	2,52	31,7	26,3	1,62	11,0	9,0	0,97	3,2	2,6
1,10	4,52	124,8	106,3	2,77	37,7	31,3	1,79	13,1	10,7	1,07	3,8	3,0
1,20	4,93	146,4	125,3	3,02	44,1	36,9	1,95	15,3	12,5	1,17	4,4	3,6
1,30	5,43	169,0	145,3	3,27	51,0	42,8	2,11	17,7	14,5	1,26	5,1	4,1
1,40				3,52	58,4	49,2	2,27	20,2	16,7	1,36	5,8	4,7
1,50				3,77	66,2	56,0	2,44	22,9	19,0	1,46	6,6	5,4
1,60				4,02	74,5	63,2	2,60	25,7	21,4	1,55	7,4	6,0
1,70				4,28	83,3	70,9	2,76	28,7	23,9	1,65	8,3	6,8
1,80				4,53	92,5	78,9	2,92	31,8	26,6	1,75	9,2	7,5
1,90							3,09	35,1	29,4	1,85	10,1	8,3

$\dot{V}$ l/s	DN 32 v m/s	DN 32 R 10 °C hPa/m	DN 32 R 60 °C hPa/m	DN 40 v m/s	DN 40 R 10 °C hPa/m	DN 40 R 60 °C hPa/m
2,00	3,25	38,5	32,4	1,94	11,1	9,1
2,10	3,41	42,1	35,5	2,04	12,1	10,0
2,20	3,57	45,9	38,7	2,14	13,2	10,9
2,30	3,74	49,7	42,1	2,23	14,3	11,8
2,40	3,90	53,8	45,6	2,33	15,4	12,8
2,50	4,06	57,9	49,3	2,43	16,6	13,8
2,60	4,22	62,3	53,1	2,53	17,8	14,8
2,70	4,38	66,7	57,0	2,62	19,1	15,9
2,80	4,55	71,3	61,0	2,72	20,4	17,0
2,90	4,71	76,1	65,2	2,82	21,7	18,2
3,00	4,87	81,0	69,5	2,91	23,1	19,4
3,10	5,03	86,0	74,0	3,01	24,5	20,6
3,20	5,19	91,1	79,0	3,11	26,0	21,9
3,20				3,21	27,5	23,2
3,40				3,30	29,0	24,5
3,50				3,40	30,6	25,9
3,60				3,50	32,2	27,3
3,70				3,59	33,9	28,7
3,80				3,69	35,6	30,2
3,90				3,79	37,3	31,7
4,00				3,89	39,1	33,2
4,10				3,89	40,9	34,8
4,20				4,08	42,8	36,4
4,30				4,18	44,6	38,1
4,40				4,28	46,6	39,8
4,50				4,37	48,5	41,5
4,60				4,47	50,5	43,3
4,80				4,66	54,6	46,9
5,00				4,86	58,9	50,7

$\dot{V}$ l/s	DN 50 v m/s	DN 50 R 10 °C	DN 50 R 60 °C	DN 60 v m/s	DN 60 R 10 °C	DN 60 R 60 °C
1,10	0,67	1,3	0,9	0,38	0,3	0,2
1,20	0,73	1,5	1,1	0,42	0,4	0,3
1,30	0,79	1,7	1,3	0,46	0,5	0,4
1,40	0,85	1,9	1,5	0,50	0,5	0,4
1,50	0,91	2,1	1,7	0,53	0,6	0,5
1,60	0,97	2,4	1,9	0,57	0,7	0,5
1,70	1,03	2,7	2,1	0,60	0,7	0,6
1,80	1,09	3,0	2,4	0,64	0,8	0,6
1,90	1,15	3,3	2,6	0,67	0,9	0,7
2,00	1,21	3,6	2,9	0,71	1,0	0,8
2,20	1,34	4,2	3,4	0,78	1,2	0,9
2,40	1,46	4,9	4,0	0,85	1,3	1,1
2,50	1,52	5,3	4,3	0,88	1,5	1,2
2,60	1,58	5,7	4,7	0,92	1,6	1,3
2,80	1,70	6,5	5,4	0,99	1,8	1,4
3,00	1,82	7,4	6,1	1,06	2,0	1,6
3,20	1,94	8,3	6,9	1,13	2,3	1,8
3,40	2,06	9,3	7,7	1,20	2,5	2,0
3,50	2,12	9,8	8,1	1,24	2,7	2,2
3,60	2,19	10,3	8,5	1,27	2,8	2,3
3,80	2,31	11,3	9,4	1,34	3,1	2,5
4,00	2,43	12,4	10,4	1,41	3,4	2,8
4,25	2,58	13,9	11,6	1,50	3,8	3,1
4,50	2,73	15,4	12,9	1,59	4,2	3,4
4,75	2,88	17,0	14,3	1,68	4,6	3,8
5,00	3,03	18,7	15,7	1,77	5,0	4,2
5,25	3,19	20,5	17,2	1,86	5,5	4,6
5,50	3,34	22,2	18,8	1,95	6,0	5,0
5,75	3,49	24,1	20,5	2,04	6,5	5,4
6,00	3,64	26,1	22,2	2,12	7,0	5,8
6,50	3,95	30,2	25,8	2,30	8,1	6,8
7,00	4,25	34,6	29,6	2,48	9,3	7,8
7,50	4,55	39,3	33,8	2,65	10,5	8,8
8,00	4,86	44,3	38,1	2,83	11,8	10,0
9,00	5,47	54,0	47,6	3,18	14,7	12,4
10,00				3,54	17,8	15,2
11,00				3,89	21,2	18,1
13,00				4,60	28,9	24,9

$\dot{V}$ l/s	DN 80 v m/s	DN 80 R 10 °C	DN 80 R 60 °C	DN 100 v m/s	DN 100 R 10 °C	DN 100 R 60 °C
3,00	0,70	0,9	0,6			
3,20	0,75	1,0	0,7			
3,40	0,80	1,1	0,8			
3,60	0,85	1,2	0,9			
3,80	0,90	1,3	1,0			
4,00	0,95	1,4	1,1	0,63	0,4	0,3
4,10	0,98	1,4	1,1	0,65	0,5	0,4
4,20	1,00	1,5	1,2	0,66	0,5	0,4
4,30	1,03	1,5	1,2	0,68	0,5	0,4
4,40	1,05	1,6	1,3	0,69	0,6	0,5
4,50	1,08	1,6	1,3	0,71	0,6	0,5
4,75	1,14	1,8	1,5	0,75	0,7	0,5
5,00	1,19	2,0	1,6	0,79	0,7	0,6
5,25	1,26	2,2	1,8	0,83	0,8	0,6
5,50	1,31	2,3	1,9	0,86	0,8	0,7
5,75	1,37	2,5	2,1	0,90	0,9	0,7
6,00	1,43	2,7	2,2	0,94	1,0	0,8
6,25	1,49	2,9	2,4	0,98	1,1	0,9
6,50	1,55	3,1	2,6	1,02	1,1	0,9
6,75	1,61	3,4	2,8	1,06	1,2	1,0
7,00	1,67	3,6	3,0	1,10	1,3	1,1
7,25	1,73	3,9	3,2	1,14	1,4	1,1
7,50	1,79	4,1	3,4	1,18	1,5	1,2
7,75	1,85	4,4	3,6	1,22	1,6	1,3
8,00	1,91	4,6	3,8	1,26	1,7	1,4
9,00	2,15	5,7	4,7	1,41	2,1	1,7
10,0	2,39	6,9	5,7	1,57	2,5	2,1
11,0	2,63	8,2	6,9	1,73	3,0	2,5
12,0	2,87	9,6	8,1	1,89	3,5	2,9
13,0	3,11	11,1	9,4	2,04	4,0	3,3
14,0	3,34	12,7	10,8	2,20	4,6	3,8
15,0	3,58	14,4	12,3	2,36	5,2	4,4
17,5	4,18	19,2	16,5	2,75	6,9	5,8
20,0	4,78	24,5	21,2	3,14	8,8	7,5

246.1 Rohrreibungsverluste bei PE-HD/AL/PE-Xb-Verbundrohr (Herstellerangaben)

	DN 12		DN 15		DN 20		DN 25	
$\dot{V}_s$ in l/s	*R* in mbar/m	*v* in m/s	*R* in mbar/m	*v* in m/s	*R* in mbar/m	*v* in m/s	*R* in mbar/m	*v* in m/s
0,05	4,1	0,5	1,2	0,3	0,3	0,2	0,1	0,1
0,10	13,6	1,0	3,8	0,6	1,0	0,3	0,3	0,2
0,15	27,7	1,4	7,8	0,8	2,0	0,5	0,6	0,3
0,20	46,2	1,9	12,9	1,1	3,3	0,6	0,9	0,4
0,25	68,8	2,4	19,1	1,4	4,8	0,8	1,4	0,5
0,30	95,5	2,9	26,4	1,7	6,6	1,0	1,9	0,6
0,35	126,1	3,4	34,8	2,0	8,7	1,1	2,5	0,7
0,40	160,7	3,9	44,2	2,3	11,1	1,3	3,1	0,8
0,45	199,1	4,3	54,6	2,5	13,6	1,4	3,9	0,8
0,50	241,4	4,8	66,0	2,8	16,4	1,6	4,7	0,9
0,60	DN 32		91,9	3,4	22,8	1,9	6,4	1,1
0,70	2,7	0,8	121,6	4,0	30,0	2,2	8,5	1,3
0,80	3,4	0,9	155,2	4,5	38,2	2,5	10,8	1,5
0,90	4,2	1,1	DN 40		47,3	2,9	13,3	1,7
1,00	5,1	1,2	1,6	0,7	57,2	3,2	16,0	1,9
1,20	7,0	1,4	2,2	0,9	79,7	3,8	22,3	2,3
1,40	9,3	1,6	2,9	1,0	105,7	4,5	29,4	2,6
1,60	11,8	1,9	3,7	1,2	DN 50		37,5	3,0
1,80	14,6	2,1	4,6	1,3	1,3	0,8	46,5	3,4
2,00	17,7	2,3	5,5	1,4	1,6	0,9	56,3	3,8

	DN 25		DN 32		DN 40		DN 50	
$\dot{V}_s$ in l/s	*R* in mbar/m	*v* in m/s	*R* in mbar/m	*v* in m/s	*R* in mbar/m	*v* in m/s	*R* in mbar/m	*v* in m/s
2,20	67,1	4,1	21,0	2,6	6,5	1,6	2,0	1,0
2,40	78,7	4,5	24,6	2,8	7,6	1,7	2,3	1,0
2,60	91,1	4,9	28,4	3,0	8,8	1,9	2,6	1,1
2,80			32,6	3,3	10,1	2,0	3,0	1,2
3,00			36,9	3,5	11,4	2,2	3,4	1,3
3,20			41,6	3,7	12,9	2,3	3,8	1,4
3,40			46,4	4,0	14,4	2,5	4,3	1,5
3,60			51,6	4,2	15,9	2,6	4,7	1,6
3,80			57,0	4,4	17,6	2,7	5,2	1,7
4,00			62,6	4,7	19,3	2,9	5,7	1,7
4,20			68,5	4,9	21,1	3,0	6,2	1,8
4,40					23,0	3,2	6,8	1,9
4,70					25,9	3,4	7,6	2,1
5,00					29,0	3,6	8,5	2,2
5,50					34,5	4,0	10,2	2,4
6,00					40,5	4,3	11,9	2,6
6,50					47,0	4,7	13,8	2,8
7,00					53,9	5,1	15,8	3,1
8,00							20,1	3,5
9,00							25,0	3,9

246.2 Rohrreibungsverluste bei PE-X-Rohr — DIN 16892 und DIN 16893

	DN 8		DN 12		DN 15		DN 20	
d_i	8,4 mm		11,6 mm		14,4 mm		18,0 mm	
0,01	1,2	0,2	0,3	0,1	0,1	0,1		
0,02	3,7	0,4	0,8	0,2	0,3	0,1	0,1	0,1
0,03	7,4	0,5	1,6	0,3	0,6	0,2	0,2	0,1
0,04	12,5	0,7	2,6	0,4	0,9	0,2	0,3	0,2
0,05	17,8	0,9	3,9	0,5	1,4	0,3	0,5	0,2
0,06	24,5	1,1	5,3	0,6	1,9	0,4	0,7	0,2
0,07	32,1	1,3	6,9	0,7	2,5	0,4	0,9	0,3
0,08	40,6	1,4	8,7	0,8	3,1	0,5	1,1	0,3
0,09	49,9	1,6	10,7	0,9	3,8	0,6	1,3	0,4
0,10	60,1	1,8	12,8	0,9	4,6	0,6	1,6	0,4
0,15	123,8	2,7	26,1	1,4	9,3	0,9	3,2	0,6
0,20	207,9	3,6	43,5	1,9	15,4	1,2	5,3	0,8
0,25	311,6	4,5	64,8	2,4	22,8	1,5	7,8	1,0
0,30	434,8	5,4	89,9	2,8	31,6	1,8	10,8	1,2
0,35	577,0	6,3	118,8	3,3	41,6	2,1	14,2	1,4
0,40	738,2	7,2	151,3	3,8	52,9	2,5	18,0	1,6
0,45			187,4	4,3	65,4	2,8	22,2	1,8
0,50			227,2	4,7	79,1	3,1	26,8	2,0
0,55			270,5	5,2	94,0	3,4	31,8	2,2
0,60			317,3	5,7	110,1	3,7	37,2	2,4
0,65			367,7	6,2	127,3	4,0	43,0	2,6
0,70					145,8	4,3	49,2	2,8
0,75					165,3	4,5	55,7	2,9
0,80					186,1	4,9	62,6	3,1
0,90					231,0	5,5	77,5	3,5
1,00					280,5	6,1	93,9	3,9
1,20							131,1	4,7

	DN 25		DN 32		DN 40		DN 50	
d_i	23,2 mm		29,0 mm		36,2 mm		45,6 mm	
0,10	0,5	0,2	0,2	0,2	0,1	0,1	0,0	0,1
0,20	1,6	0,5	0,5	0,3	0,2	0,2	0,1	0,1
0,30	3,2	0,7	1,1	0,5	0,4	0,3	0,1	0,2
0,40	5,3	0,9	1,8	0,6	0,6	0,4	0,2	0,2
0,50	7,9	1,2	2,7	0,8	0,9	0,5	0,3	0,3
0,60	10,9	1,4	3,7	0,9	1,3	0,6	0,4	0,4
0,70	14,4	1,7	4,9	1,1	1,7	0,7	0,6	0,4
0,80	18,3	1,9	6,2	1,2	2,2	0,8	0,7	0,5
0,90	22,6	2,1	7,7	1,4	2,7	0,9	0,9	0,6
1,00	27,3	2,4	9,3	1,5	3,2	1,0	1,1	0,6
1,20	38,0	2,8	12,9	1,8	4,4	1,2	1,5	0,7
1,40	50,3	3,3	17,0	2,1	5,8	1,4	1,9	0,9
1,60	64,2	3,8	21,7	2,4	7,4	1,6	2,4	1,0
1,80	79,6	4,3	26,8	2,7	9,2	1,7	3,0	1,1
2,00	96,5	4,7	32,5	1,0	11,1	1,9	3,6	1,2
2,20	115,0	5,2	38,6	3,3	13,2	2,1	4,3	1,3
2,40			45,3	3,6	15,4	2,3	5,0	1,5
2,60			52,4	3,9	17,8	2,5	5,8	1,6
2,80			60,1	4,2	20,4	2,7	6,7	1,7
3,00			68,2	4,5	23,1	2,9	7,5	1,8
3,20			76,8	4,8	26,0	3,1	8,5	2,0
3,40			85,8	5,1	29,0	3,3	9,5	2,1
3,60					32,2	3,5	10,5	2,2
3,80					35,6	3,7	11,6	2,3
4,00					39,1	3,9	12,7	2,4
5,00					58,9	4,9	19,1	3,1
7,00							35,3	4,3

247.1 Förderdruck und Förderhöhe von Druckerhöhungsanlagen, Pressure boosting station

Pumpenförderhöhe der Druckerhöhungsanlage

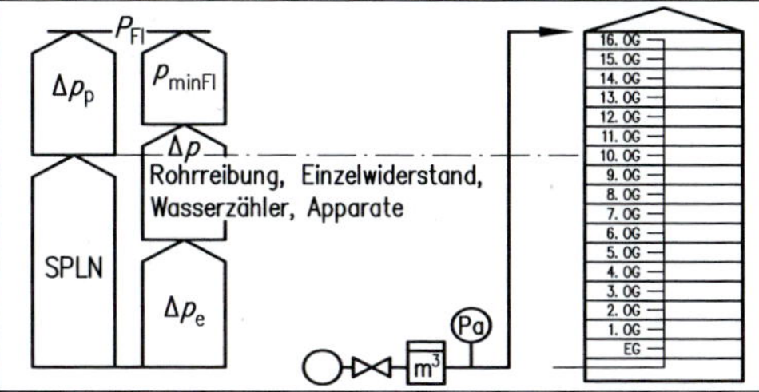

$\Delta p_p = [\Delta p_e + p_{min\,Fl} + \sum(l \cdot R + Z) + \Delta p_{WZ} + \Delta p_{App}] - SPLN$

Δp_p	Förderdruck, Differenz Enddruckseite – verfügbarer Druck vor der Druckerhöhungsanlage
Δp_e	$= \Delta h \cdot g \cdot \varrho$ Verlust aus geodätischem Höhenunterschied
$p_{min\,Fl}$	Mindestfließdruck an der hydraulisch ungünstigsten Entnahmestelle, erforderlich bei Entnahmearmaturendurchfluss
$\sum(l \cdot R + Z)$	Druckverlust durch Rohrreibungs- und Einzelwiderstände
$\Delta p_{WZ/App}$	Druckverlust durch Wasserzähler/Apparate
SPLN	Mindestversorgungsdruck (beim WVU erfragen!)

Mindestversorgungsdruck an der Hausanschlussleitung HAL	
Gebäude mit EG: 200 hPa (mbar)	je weitere Etage + 350 hPa (mbar)

247.2 Zur Verfügung stehender Fließdruck nach der DEA, Förderstrom $\dot{V}_D$, max. Unterschied der Fließgeschwindigkeit

$p_{Fl} = SPLN + \Delta p_p$ Fließdruck nach der DEA
Notwendigen Förderstrom $\dot{V}_D$ nach 229.2 ermitteln. Die max. Fließgeschwindigkeit in der Zuleitung der DEA darf die Werte nach DIN 1988-300 nicht übersteigen.

Unzulässige Druckstöße in Versorgungsltg. vermeiden

Der erzeugte max. Unterschied der Fließgeschwindigkeit (durch Ein-/Ausschalten) in der Anschluss-/Zuleitung zur DEA muss ≤ 0,15 m/s, bei Ausfall aller Pumpen (Stromausfall) ≤ 0,5 m/s sein. → Bei jedem Einschalten steigt Ruhedruck um nicht mehr als die Hälfte und nicht unter 0,1 MPa, beim Ausschalten um nicht mehr als 0,1 MPa.

247.3 Max. Förderstrom $\dot{V}_D$ in der Anschlussleitung zur Druckerhöhungsanlage

DN der Gebäudeanschlussleitungen		25	32	40	50	65	80	100	150	200	250	300
Max. Gesamtdurchfluss zur DEA und zu Verbrauchsleitungen ohne DEA in m^3/h	$v_{ges} \leq 2$ m/s	3,5	5,8	9,2	14	22	40	60	128	224	353	500
Max. zul. $\dot{V}_D$ bei unmittelbarem Anschluss einer DEA ohne vordruckseitigen Druckbehältern m^3/h	$\Delta v_{zul} \leq 0{,}15$ m/s [1]	0,26	0,43	0,7	1,1	1,8	2,7	3,5	10	17	27	38
	$\Delta v_{zul} \leq 0{,}5$ m/s [1]	0,88	1,45	2,3	3,5	6,0	10	15	32	56	88	125

[1] Grenzen für die durch Ein-/Ausschalten erzeugten Unterschiede der Fließgeschwindigkeiten in der Anschlussleitung (s. 247.2) für unmittelbaren Anschluss ohne vordruckseitigen Druckbehälter.

247.4 Ausführungsarten verschiedener Druckzonen DIN 1988-500

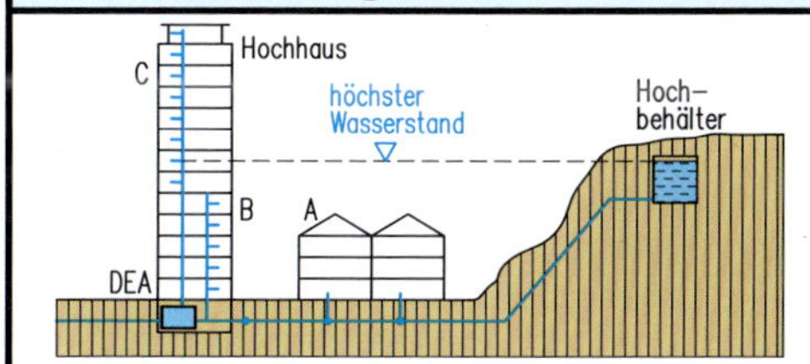

Aus energetischen Gründen Druckzonen so wählen, dass keine Druckminderer notwendig sind (A und B). A: Gebäude wird unmittelbar mit dem öffentl. Wasserdruck versorgt, nur erforderliche Bereiche über DEA

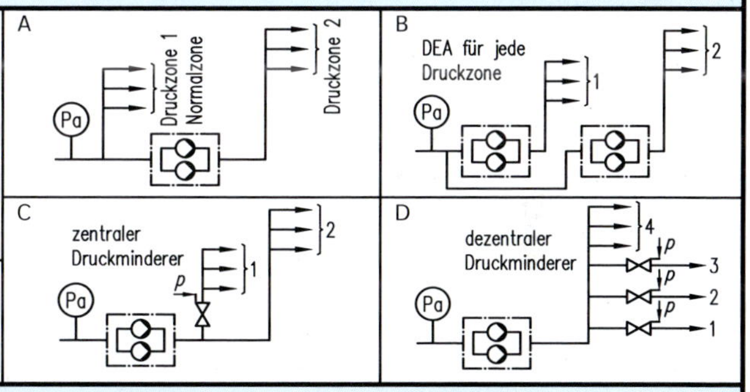

247.5 Überschlägige Einteilung der Druckzonen für max. 0,5 MPa Ruhedruck

Geschosse einer Druckzone		Δp_e (h_{geo}) 1 … n in MPa		Fließdruck der Entnahmearmatur in MPa (1 MPa = 10 bar)									
				0,05	0,05	0,12	0,12	0,13	0,13	0,15	0,15	0,20	0,20
				Fließdruck am Steigleitungsabzweig zum 1. wasserversorgten Geschoss in MPa									
2	5	0,06	0,15	0,134	0,245	0,204	0,315	0,214	0,325	0,234	0,345	0,284	0,395
3	6	0,08	0,18	0,171	0,282	0,241	0,352	0,251	0,362	0,271	0,382	0,321	0,442
4	7	0,12	0,21	0,208	0,319	0,278	0,389	0,288	0,399	0,308	0,419	0,358	0,469

Beisp.: Druckzone mit 6 Geschossen, Fließdruck am Abzweig Steigleitung zum 1. Geschoss 0,382 MPa, Ruhedruck 0,5 MPa und 0,15 MPa Fließdruck an der Entnahmestelle, der Verlust aus geodätischem Höhenunterschied beträgt 0,18 MPa.

247.6 Versorgungsdruck in MPa im untersten Geschoss einer Druckzone (1 MPa = 10 bar)

h_{geo} in m		15	18	21	24	27	30	33	36	39	42	45	48	51	54	57	60	63
Geschosse		5	6	7	8 PN 0,4	9	10	11 PN 0,5	12	13 PN 0,6	14	15	16	17	18	19	20	21
Versorgungsdruck bei Fließdruck der Entnahmearmatur MPa	0,05	0,27	0,31	0,35	0,39	0,43	0,47	0,51	0,55	0,59	0,63	0,67	0,71	0,75	0,79	0,83	0,87	0,91
	0,12	0,36	0,40	0,44	0,48	0,52	0,56	0,60	0,64	0,68	0,72	0,76	0,80	0,84	0,88	0,92	0,96	1,00
	0,13	0,37	0,41	0,46	0,49	0,53	0,57	0,61	0,65	0,69	0,73	0,77	0,81	0,85	0,89	0,93	0,97	
	0,15	0,40	0,44	0,48	0,52	0,56	0,60	0,64	0,68	0,72	0,76	0,80	0,84	0,88	0,92	0,96	1,00	PN 1
	0,20	0,47	0,51	0,55	0,59	0,63	0,67	0,71	0,75	0,79	0,83	0,87	0,91	0,95	0,99			

Beisp.: 6 Geschosse, 0,15 MPa Fließdruck der Entnahmestelle, Versorgungsdruck im untersten Geschoss der Druckzone 0,44 MPa.

248.1 Anschluss von Druckerhöhungsanlagen DIN 1988-500

Unmittelbarer Anschluss	Mittelbarer Anschluss ist erforderlich, wenn:
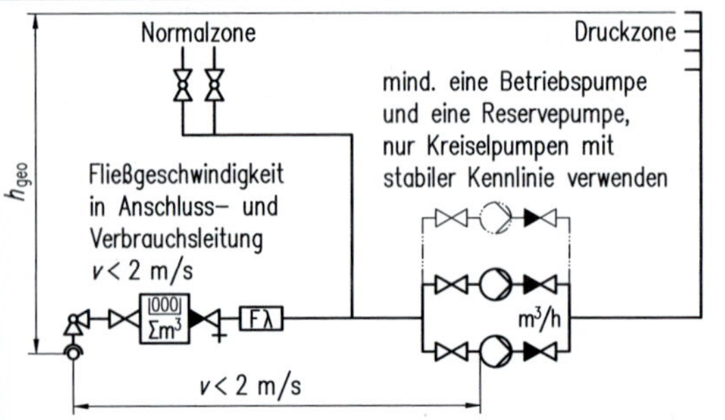	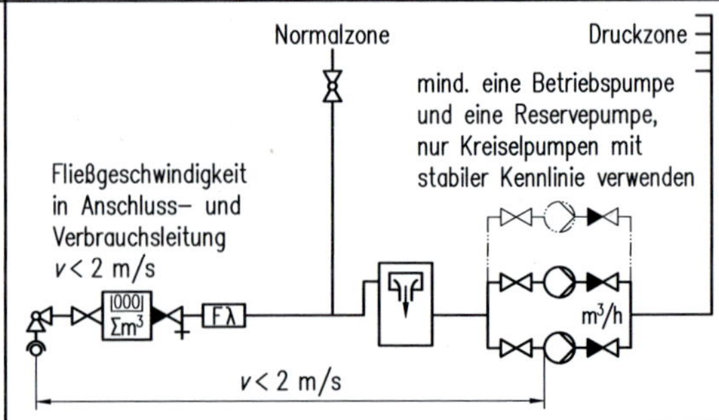
Der unmittelbare Anschluss ist vorzuziehen, der anstehende Versorgungsdruck zur DEA wird mit übernommen, eine geringere Antriebsenergie ist erforderlich.	• $p_{min\,FL}$ der benachbarten Anlagen unterschritten wird oder kurzfristiger Zwischenbedarf abzudecken ist. • SPLN < 100 kPa (1 bar); offener Vorbehälter • bei maximaler Entnahme

248.2 Nutzvolumen des Vorbehälters V_B in m³ der Druckerhöhungsanlage (freier Auslauf!)

$V_B \geq 0{,}03\ \text{h} \cdot \dot{V}_D$	$\dot{V}_D$ Spitzendurchfluss der nachgeschalteten Installation	Spitzendurchfluss $\dot{V}_D$ in m³/h	≤ 7	> 7 ≤ 15	> 15
		Gesamtvolumen V_V in m³	0,30	0,50	0,75

248.3 Anlagenauswahl (Herstellerangabe)

unmittelbarer Anschluss

erf. Pumpendruck $\Delta p_p =$
$\Delta p_{geo} = p_{min} = \sum (l \cdot R + Z)$

Δp_{geo}	2,4 bar	(24 m)
$+\,p_{min}$	1,5 bar	(15 m)
$+\sum (l \cdot R + Z)$	0,48 bar	(4,8 m)
$-\,p_{zul}$	2,0 bar	(20 m)
$= \Delta p_p$	2,38 bar	(23,8 m)

gewählter Pumpenförderdruck: 2,5 bar (25 m)

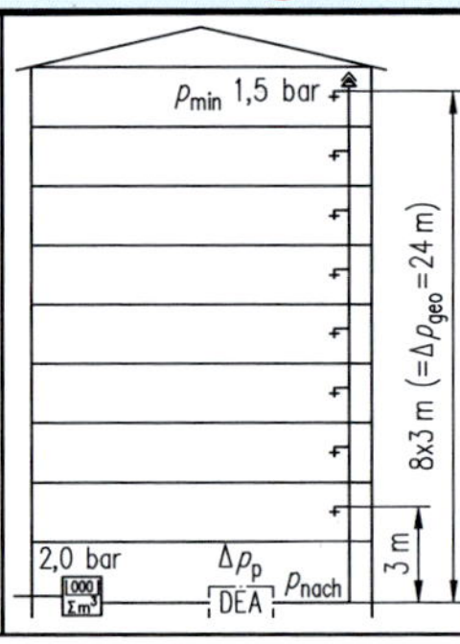

mittelbarer Anschluss

Δp_{geo}	2,4 bar	(24 m)
$+\,p_{min}$	1,5 bar	(15 m)
$+\sum (l \cdot R + Z)$	0,48 bar	(4,8 m)
$= \Delta p_p$	4,38 bar	(43,8 m)

gewählter Pumpenförderdruck: 4,5 bar (45 m)

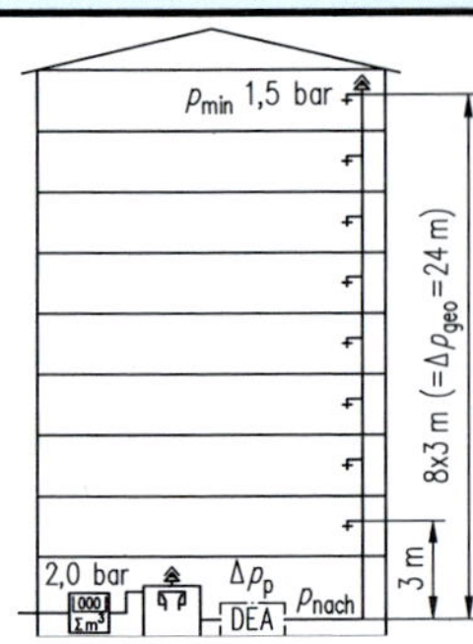

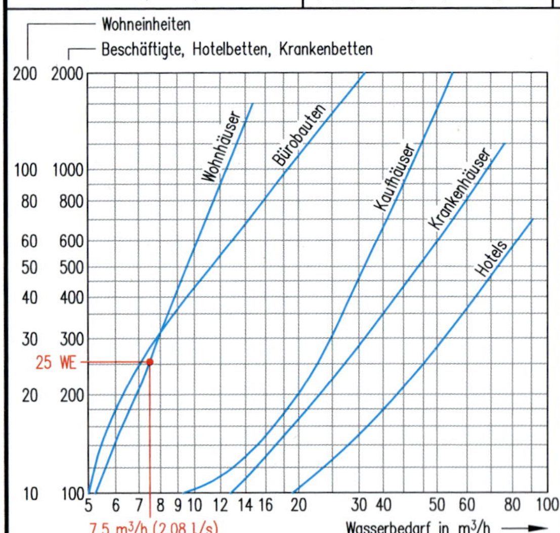

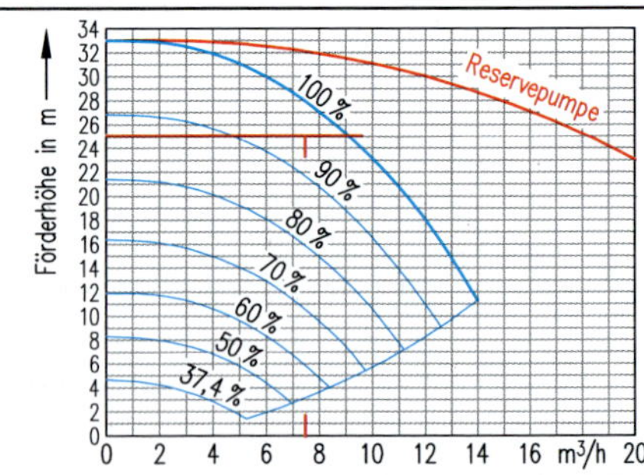

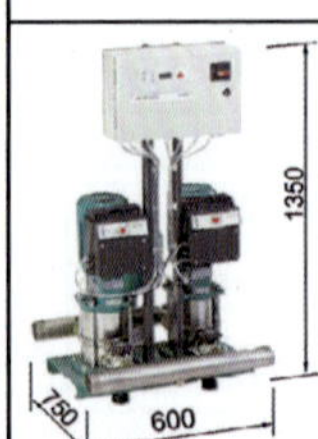

Drehzahlgeregelte Vario-DBA Trockenläuferpumpe

Anschlüsse:	R3/PN16
Masse:	137 kg
Nennleistung:	1,1 kW
Nenndrehzahl:	2840 1/min
Nennspannung:	3~400 V
max. Strom:	4,2 A

249.1 DEA mit geräuscharmen Nassläuferpumpen, Drehzahlregelung mit Frequenzumformer

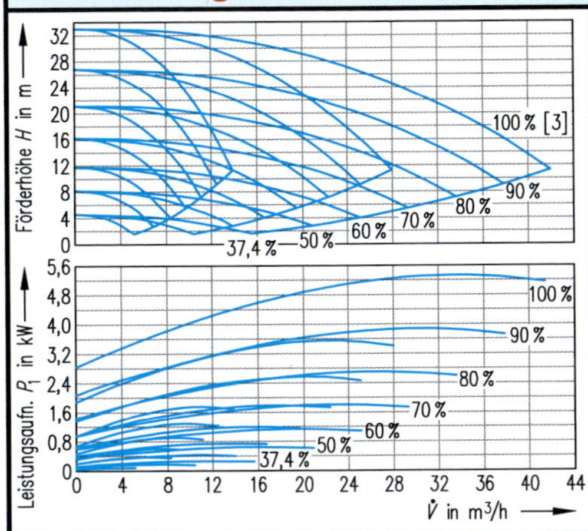

für un- oder mittelbaren Anschluss
8 l Membrandruckbehälter

Masse:	185 kg
Rohranschlüsse:	R3
Nennleistung je Pumpe:	1,1 kW
Nennspannung:	3 ~ 400 V
max. Stromaufnahme:	4,2 A

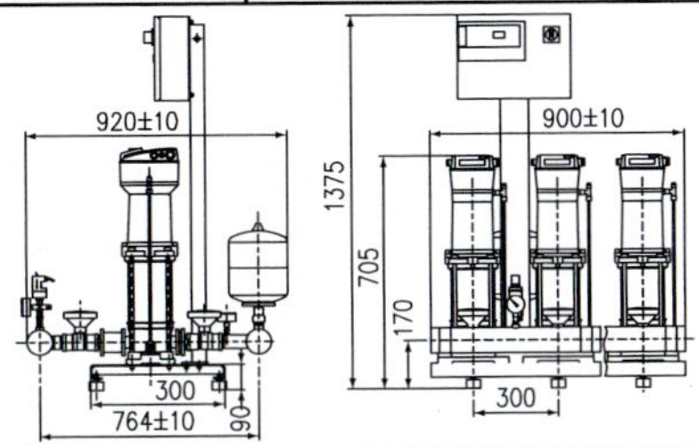

249.2 DEA/Wasserversorgungsanlage zum Anschluss an Vorbehälter/Versorgungsnetz

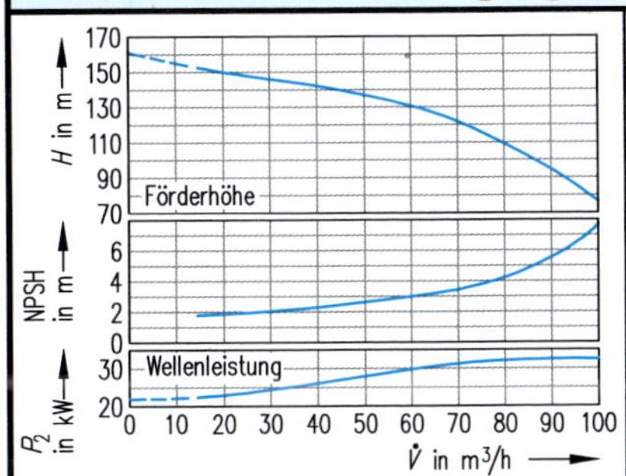

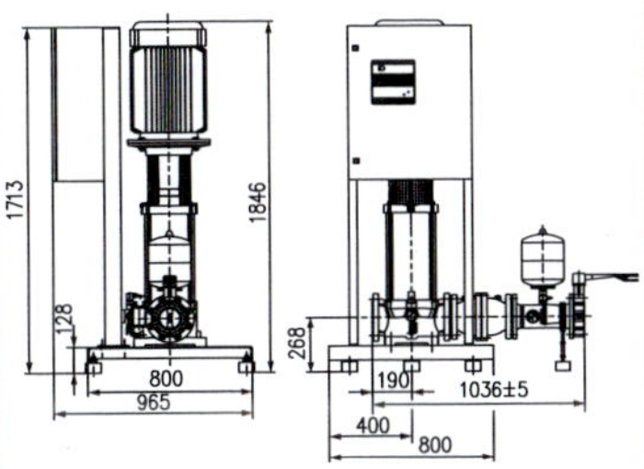

normalsaugende, vertikale mehrstufige Hochdruckpumpe

Masse:	448 kg
Rohranschlüsse:	DN 100
Nennleistung:	37 kW
Nenndrehzahl:	2 950 1/min
Nennspannung:	3 ~ 400 V
max. Stromaufnahme:	64,5 A

Löschwasserversorgung

Vermeidung von Stagnaten

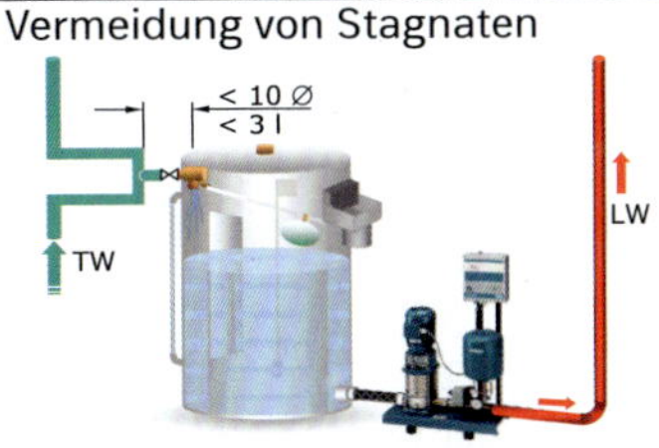

Wasserversorgung und Brandschutz

Montagehinweise

Systemtrennung nach EN 1717

249.3 Inspektion und Wartung DEA — DIN 1988-500

Inspektion	durchzuführende Aufgabe	Zeit
durch den Betreiber	• visuelle Kontrolle auf Zustand, Dichtheit und Manometerstände • Zustand der Kompensatoren • Kontrolle eines Schaltspiels der Pumpen und der Laufruhe	½-jährl.
Wartung durch VIU/ Hersteller	• Prüfung der Funktion der Druckwächter, -regler, Wassermangelsicherung/ elektrische Schalteinrichtung • Kontrolle des Motorschutzschalters/ thermischer Motorschutz • Prüfung und Reinigung der Vorbehälter • Funktionsprüfung bei Teil- und Spitzenentnahme, der Absperreinrichtungen und RV • Prüfung des Vordruckes	jährlich

249.4 Einzeltrinkwasserversorgung

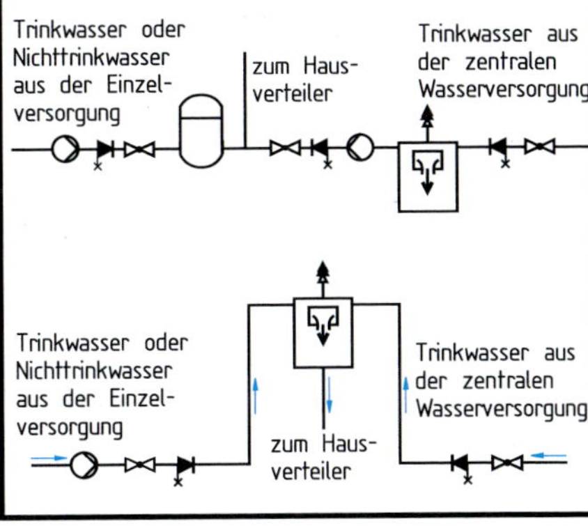

250.1 Übersicht Löschwasseranlagen LWA, Trinkwasseranlage TWA, Unter-/Überflurhydrantenanlagen U/ÜFH

LWA	„trocken"	„nass"	„nass/trocken"	„nass/trocken"	TWA Wandhydr.	Unter-/Überflurhydrantenanlagen		
LWÜ	Einspeise n. DIN 14461-2	Freier Auslauf Vorlagebehälter	Freier Auslauf Vorlagebehälter	Füll- und Entleerungsstation	mit Sicherungskombination	Unter- oder Überflurhydrant	Füll- und Entleerungsstation	Freier Auslauf
Anschl.			mittelbar	unmittelbar			unmittelbar	mittelbar
Hydrant $V/\dot{V}$	nur für Feuerwehr vorgeseh.	Wandhydrant	Typ F 3 × 100 l/min bei 0,3 MPa 3 × 200 l/min bei 0,45 MPa		Typ S $V_{Löschwasser} < V_{Trinkwasser}$	$V_{Löschwasserbedarf} < V_{Trinkwasserbedarf}$	z. B. Unterflurhydrant	z. B. Unterflurhydrant
Bild	①	②	③	④	⑤	⑥	⑦	⑧

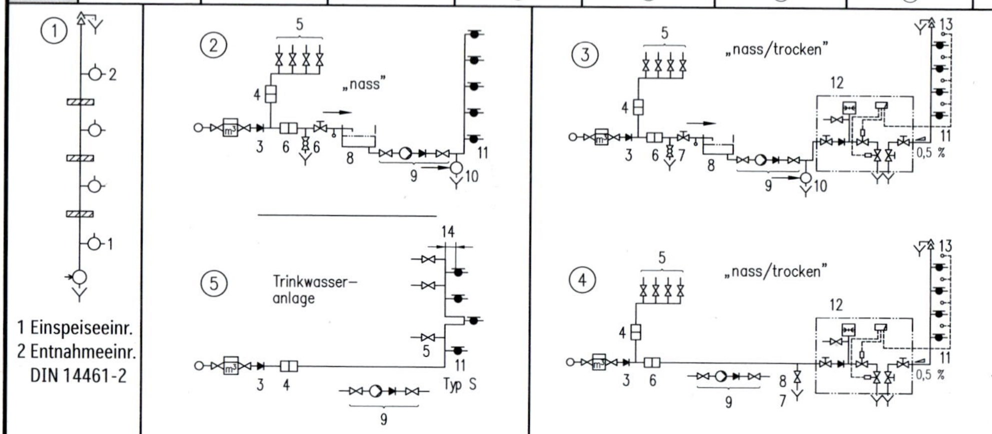

3 RV
4 FI
5 Verbrauchsleitung
6 Steinfänger
7 automat. Spüleinrichtung
8 Vorlagebehälter freier Auslauf
9 DEA
10 Fremdwassereinspeis.

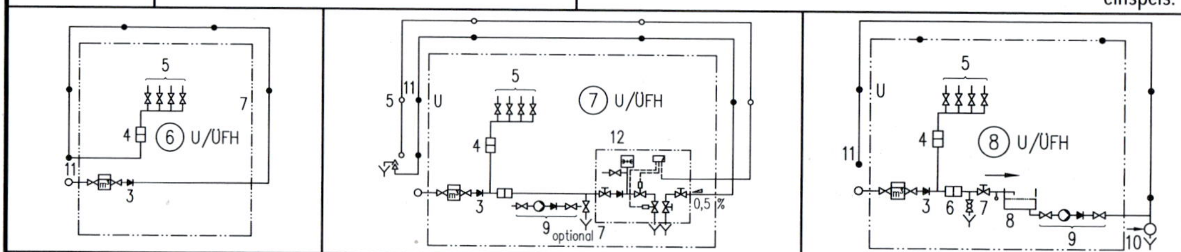

11 Hydrant; 12 Füll- und Entleerungsstation; 13 Grenztaster für Schlauchanschlussventil; 14 $a \leq 10$ DN und $\leq 1{,}5$ l (s. 250.3)

250.2 Löschwasserübergabestelle LWÜ, zulässige Anschlussarten DIN 1988-600

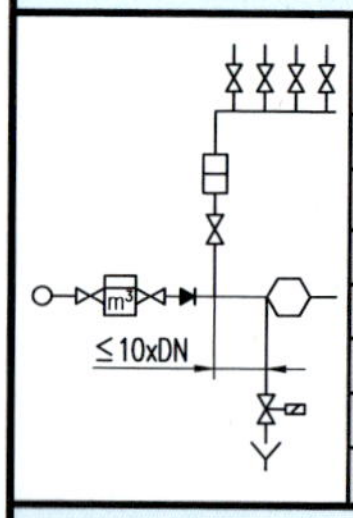

\ Anlage mit Übergabestelle	zus. Einspsg. Nichttrinkw.	Wandhydrant Typ F, Typ S „nass"	„nass-trocken"	Trinkwasser Wandhydr. S	offenen Düsen DIN 14494-5	Sprinklern EN 12845	Unter- und Überflurhydr.
Freier Auslauf	+ (1)	+ (2)	+ (3)	–	+ $\dot{V}_S \leq 50$ m³/h	+ (s. 253 f)	+ (8)
Füll- u. Entleergst.	–	–	+ (4)	–	–	–	+ (7)
DIN 14463-1	–	–	–	–	+ $\dot{V}_S \leq 50$ m³/h	–	–
DIN 14463-2	–	–	–	–	+ $\dot{V}_S \leq 50$ m³/h	+	–
Direktanschluss	–	–	–	–	–	–	–
Schlauchanschluss	–	–	–	+ (5)	–	–	–
Über-/Unterflurhy.	–	–	–	–	–	–	+ (6)

250.3 Rohrleitungsmaterialien in Trinkwasserinstallationen vor LWÜ, ergänzende Festlegung DIN 1988-600

Rohrmaterial DIN	Verbindungstechn.	Fittings nach	Rohrverbdg.	ergänzende Festlegungen zu den Anschlussarten
Guss DIN EN 545/969	Flansch/Muffe		DIN 28601	(4/7) nur fernbetätigte Füll-/Entleerungsstation DIN 14463-1
verzinkt EN 10255 in Verb. m. EN 10240	Gewindeverbindung	DIN EN 10241/2	EN 10226-1	Abstand Verbrauchsleitung max. 10 × DN oder Spüleinricht.
	Klemmverbindung	DVGW W534	DVGW W534	(6/7) $\dot{V}_{S\,TWI}$ muss > $\dot{V}_{S\,Löschwasser}$; Zuleitung > 10 × DN: Spüleinrichtung: $V_{Spül} \geq 3 \times V_{Leitung}$, 1 × wöchentlich, $v \geq 0{,}1$ m/s; $\dot{V}_{S\,Einzelzuleitung}$: $v \leq 5$ m/s
Nicht rostender Stahl	(Klemm-)Pressverbindg.	(-) DIN 2459	(-) W534	
Kupfer (innenverzinntes Kupfer) DIN EN DIN EN 13349 DVGW GW392 DVGW VP652	Hartlötverb. > 28 mm (-) Weichlötv. ≤ 28 mm Schweißverbindung (-) Pressverbindung Klemmv. metall.dichtend Steck-/Pressverbindung	EN 1254-1/4/5 DVGW GW6/8 2607, EN 14640 2459, W534 EN 1254-2/4, 534 DVGW W534	DVGW GW2 DVGW GW2 DVGW GW2 DVGW GW2 DVGW GW2	(6) Hydranten unmittelbar auf PWC anordnen (5) 1 Steigleitung für Hydranten und Stockwerksleitungen, $\dot{V}_R \leq 2 \times 24$ l/min bei 0,2 MPa nach Schlauchanschlussventil, Schlauchanschlussventile mit Sicherungskombination, Stichleitungslänge ≤ 10 × DN; Kunststoffrohre B1/B2 zulässig mit Putzüberdeckung ≤ 15 mm
Cu/Kunststoffmantel	Pressverbindung	DVGW W534	W534, VP652	

251.1 Wandhydrantenschrank mit formstabilem Schlauch, Typ F/S; Auswahl, Herstellerangabe DIN 14461-1

WH Form C Typ F

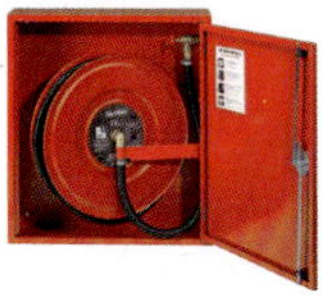

LWA: nass/nass-trocken

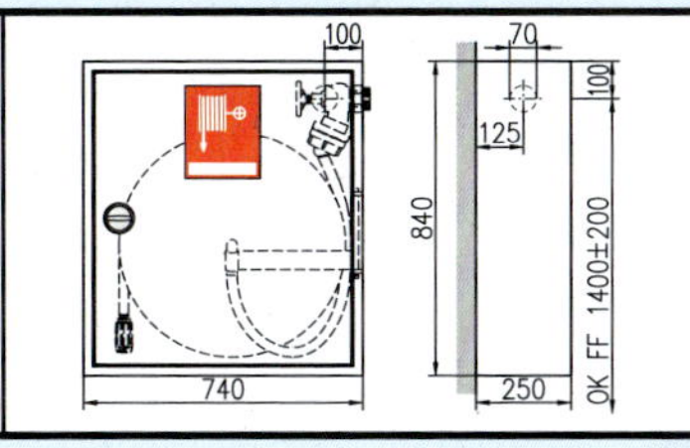

Typ	Form	*B* mm	*H* mm	*T* mm
F	B	720	820	250
F	C	740	840	250
F	B	880	880	230
F	C	900	900	220
S	B	700	820	180
S	C	740	840	180
S	C	740	840	220
S	B	1 070	900	190

WH Form B Typ S

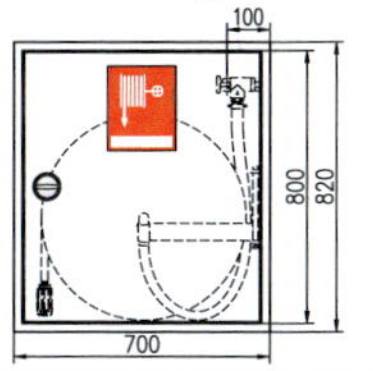

251.2 Unter- und Überflurhydranten Herstellerangabe DIN EN 14339, EN 14384

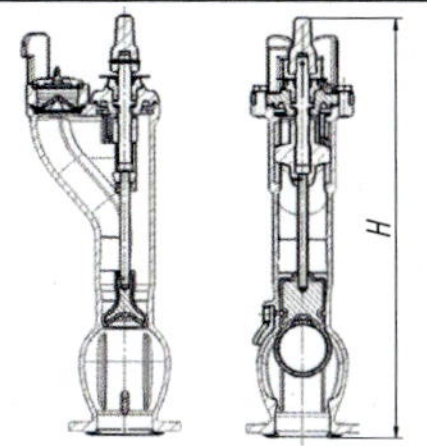

DN	PN MPa	Rohr-deckung	Höhe *H* mm	Masse in kg
80	1,6	800	575	24
80	1,6	1 000	750	24
80	1,6	1 250	1 000	31
80	1,6	1 500	1 250	35
80	1,6	800	575	25
80	1,6	1 000	750	25
80	1,6	1 250	1 000	32
80	1,6	1 500	1 250	36

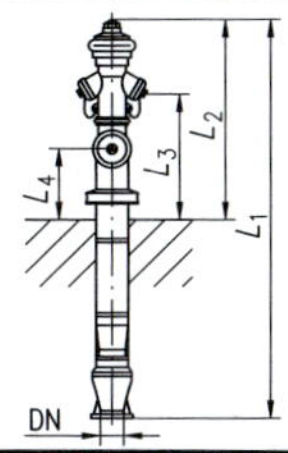

Überflurhydrant/Doppelabsperrung				
DN	80	80	100	100
PN in MPa	1,6	1,6	1,6	1,6
Rohr-deckung	1 250	1 500	1 250	1 500
L_1 in mm	2 195	2 445	2 195	2 445
L_2 in mm	1 000	1 000	1 000	1 000
L_3 in mm	600	600	600	600
L_4 in mm	300	300	300	300
Masse kg	136	147	140	151

251.3 Durchflussmenge an der Entnahmearmatur DIN 14462

Hydrant Typ/DN/Tab. Löschwasserentnahme LWE	$\dot{V}(p_{Fl\,min})$ in l/min	Gleich-zeitigk.	$p_{Fl\,min}$ in MPa	$p_{Fl\,max}$ in MPa	$p_{Ruhe\,max}$ in MPa
Wandhydrant S/(s. 251.1)	24	2	0,20	0,8	1,2
Wandhydrant Typ F	100	3	0,30	0,8	1,2
Feuerwehr (s. 251.1)	200	3	0,45	0,8	1,2
Überflurhydrant DN 80	800	Brand-schutz-konzept	0,15	0,8	1,2
Überflurhydrant DN 100	1 600		0,15	0,8	1,2
Unterflurhydrant **DN 80**	800		0,15	0,8	1,2
Löschwasserentnahme „trocken“	≥ 200 an 3 Entnahmestellen gleichzeitig ⇒ $\Delta p_{max} \le 0{,}1$ MPa + Δp_{geo} Einspeisung bis Entnahmestelle				

251.4 Schlauchanschlussventil Wandhydrant Herst.ang.

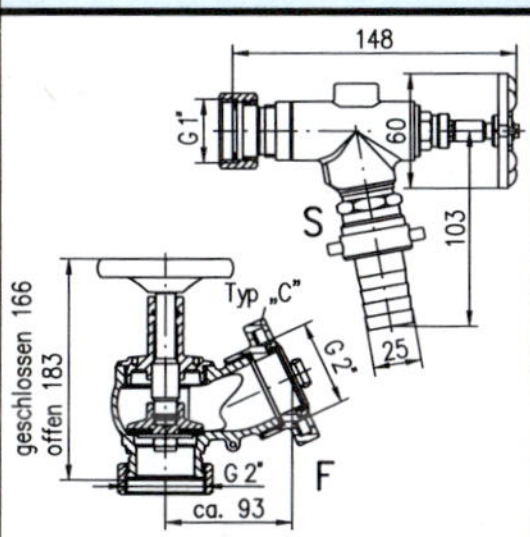

SAV DN	Wandhydrant Typ	DIN	k_{vs} m³/h	ξ
20	S	14461-1	0,72	
mit integriertem RV/Belüfter (HD nach DIN EN 1717) $\dot{V}_{max}$ = 24 l/min bei 0,2 MPa				
50	F	14462	55,0	3,9
für Löschwasser-Trocken- und Nassleitungen mit C-Kupplung DIN 14461-3 Gewicht: 2,3 kg				

251.5 Einspeise-/Entnahmearmatur DIN 14461-4/-5

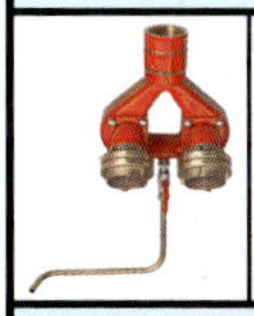

2 Eingänge B-Fest- u. B-Blinkkupplung Abgang 3" Innengewinde m. Überwurfm.

Eingang G2A mit Verschraubg. 2" Abgang 90° Krümmer, C-Festkupplung mit C-Blinkkupplung

251.6 Füll- u. Entleerungsstation Herst.ang. DIN 14463-1

Füll-/Entleerungs-station DN 80/100 o. Gewinde-anschl. 2"

Nass-Trocken-Station DN 80/ DN 100 mittelb.

251.7 Inbetriebnahme Wand-, Über- u. Unterflurhydrant

Inbetriebnahme durch Sachkundigen und Abnahmeprüfung	
11	Schutz des Trinkwassers, Füll-/Entleerungsstation, freier Auslauf
22	Sichtkontrolle der Gesamtanlage auf offensichtliche Mängel
33	Festigkeit, Dichtheit: 10 min bei PN; vor Abnahme 2 min 1,5 × PN
44	ausreichend Löschwasser, Prüfung Druckminderer, Steinfänger
55	Prüfung Vorlagebehälter, Druckerhöhungsanl, Füll-/Entleerungsstation
6	Prüfung Schlauchanschlusseinrichtungen nach DIN EN 671-3
77	Prüfung (elektrisch und mechanisch) der Grenztaster (wenn vorhanden)
88	Messung Füllzeit bei Löschwasseranlagen nass/trocken
9	Prüfung Zugänglichkeit/Beschädigungen von Über- und Unterflurhydrant, Funktion Absperrkörper, Klaue, Vierkant, Schmutzabweiser, Verschlussdeckel, Fallmantel, Deckkapsel, Innenteile, Korrosion
10	Messung $\dot{V}$, p_{Fl}, p_{Ruhe} an Anschlussventil ohne Gleichzeitigkeit
10	hydraulisch günstigsten/ungünst. WH kennzeichnen/protokollieren
11	2. Messung $\dot{V}$, p_{Fl}, p_{Ruhe} ungünst. WH mit Gleichzeitigkeit/Protokoll
12	nach Inbetriebnahme: Schließen, Schlauch entleeren, an Ventil kuppeln
12	Schließen, Entleeren, dabei Funktion Füll-/Entleerventil prüfen
13	Plombierung/Versiegelung der Wandhydrantentür
13	Prüfvermerk anbringen, Ergebnisse im Kontrollbuch protokollieren

251.8 Löschwasser-Vorlagebehälter Herst.ang. DIN 14462

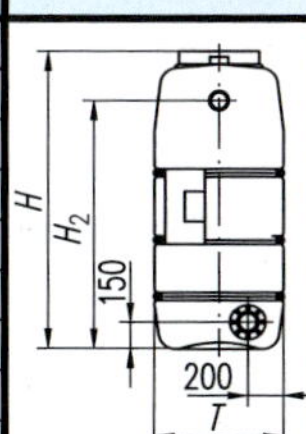

V in l	Breite	Höhe	H_2 mm	Tiefe	Einsatzbereich
640	800	1 800		600	Nass- o. Nass-
900	1 400	1 400	1 140	725	Trockenanlage
1 300	1 550	1 650	1 420	725	Wandhydrant
1 800	2 100	1 700	1 410	725	Typ S o. Typ F
2 200	1 900	1 650	1 360	1 000	Unterflurhydr.
2 600	2 250	1 650	1 360	1 000	Überflurhydr.
3 500	2 450	1 950	1 620	1 000	Trockena. Einsp.
Löschwassermenge ≤ 105 m³/h Entnahmeeinr.					

Prüfung Vorlagebehälter, DEA, Füll- u. Entleerungsstation	
11	Einbauort, Beschilderung, Einbau nach Herstellerangaben
2	VB freier Auslauf, Nachspeiseeinrichtung, Überlauf, Wassermangel
2	Gängigkeit Ventile, Dichtheit, Funktion + Entleerungseinrichtung
3	DEA Kontrolle nach Herstellervorgaben, Ansteuerung
3	elektrische Installation, Eingangs-/Ausgangsparameter
44	Kontrolle des Signaltongebers, elektrische Anzeigen und Schnittstellen bzw. potenzialfreie Kontakte nach Herstellerangaben
5	Anforderungen DEA: nur 1 Pumpenanlage, zuverlässiger Betrieb, elektrische Zuleitung ausschließlich für DEA, kein FI-Schutz

252.1 Feuerlöschschläuche, Strahlrohrmundstücke, Herstellerangaben — DIN EN 15182-3, EN 671-1/-2

Kurzz. -d_i mm	l m	Masse in kg	V/m l/m	V in l
A-110	1,6	14,0	9,5	15,2
[1]	2,5	19,3	9,5	23,7
B-75	1,6	7,6	4,4	7,1
C-52	1,6	4,6	2,1	3,4
A-110	5	8,8	9,5	47,5
[2]	20	26,8	9,5	188,8
B-75	15	12,1	4,4	66,3
	20	16,4	4,4	88,8
	30	21,6	4,4	122,6
C-42	15	6,1	1,4	20,7
	20	7,5	1,4	27,6
	30	11,4	1,4	41,8
C-52	15	7,1	2,1	31,8
D-25	15	3,8	0,5	7,4
F-150	20		17,7	353,2

[1] Saugschläuche DIN 14810
[2] Druckschläuche DIN 14811

p in MPa	Wasserdurchfluss $\dot{V}$ in l/m bei d_i in mm: 4[3]	6[6]	8	9[4]	10	12[7]	14	16[5]	18	20[8]	22	24
0,10	11	24	42	54	66	95	130	170	215	265	310	380
0,15	13	29	52	66	81	115	160	205	260	325	390	465
0,20	1,5	34	60	76	93	135	185	240	305	374	450	540
0,25	17	38	67	85	105	150	205	270	340	420	505	600
0,30	18	41	73	93	115	165	225	295	370	460	555	660
0,35	20	45	79	100	125	180	240	315	400	495	600	710
0,40	21	48	85	105	130	190	260	340	430	530	640	760
0,45	22	50	90	115	140	200	275	360	454	560	680	810
0,50	24	53	95	120	150	215	290	380	480	590	715	850
0,60	26	58	105	130	160	235	315	415	525	650	785	935
0,70	28	63	110	140	175	250	345	450	565	700	845	1010
0,80	30	67	120	150	185	270	365	480	605	750	905	1080
0,90	32	71	125	160	200	285	390	510	640	795	960	1140
1,00	33	75	135	170	210	300	410	535	670	835	1 010	1 200

Strahlrohre: [3] DM mit Mundstück ($d = 4$); [4] CM mit Mundstück ($d = 9$); [5] BM mit Mundstück ($d = 16$); [6] DM mit Düse ($d = 6$); [7] CM mit Düse ($d = 12$); [8] BM mit Düse ($d = 22$); [9] Verteiler Eing. C/Abg. D-C-D, B/C-B-C, B/C-C-C; [10] Schlauchmanometer; [11] Rohrkrümmer 90°

252.2 Inbetriebnahme LWA „trocken“ DIN 14462

1	Gesamt-Sichtkontrolle; Prüfung der Einspeise- u. Entnahmeeinrichtung
2	Messung Druckverlust Löschwasserltg.: $\dot{V} \geq 200$ l/min, bei gleichzeitiger Entnahme an 3 Vent. $\Delta p \leq 0{,}1$ MPa + h_{geo} (ungünst. Entnahme-Einspeisg.)
3	Festigkeit-/Dichtheitsprüfung 10 min bei 1,6 MPa, vor Abnahme 2 min bei 2,4 MPa. Es darf kein Druckabfall auftreten. Messung an der Einspeisg.
4	Funktion Einspeise-/Entnahmearm., Be-/Entlüftgsvent., Entleerungseinr.
5	Betrieb DEA; Vollständigkeit, Lesbarkeit der Beschilderung
6	Nach Inbetrn.: Entleerung, Schließen Schlauchanschlusseinrichtung
7	Prüfvermerk; Plombierung Einspeise/Entnahme/Entleer.; Protokoll

252.3 Wasseranschluss für andere Verbraucher DIN EN 12845[1]

Wasserversorgungsart	Zul. Zahl, DN, Anschlusszweck
öffentliches Netz; Haupt-/Versorgungsltg. ≥ 100 mm	Anschluss ≤ 25 mm Durchmesser, für nicht industrielle Zwecke
öffentliches Wasserltgs.-Netz; Haupt- und Versorgungsleitung ≥ 150 mm	1 Anschluss ≤ 40 mm, f. nicht industr. Zwecke o. 1 Anschluss ≤ 50 mm Schlauchhaspel + ≤ 40 mm f. nicht industrielle Zwecke nahe 1. Anschluss m. AV
Hoch(-zwischen-)behälter[2]	1 Anschluss ≤ 50 mm Schlauchhaspelanlage[3]

[1] Nur bei Anlagen in eingeschossigen Gebäuden. [2] und automatische Pumpenanl. [3] Zus. Einspeisung mit RV für die Feuerwehr möglich.

252.4 Sprinkleranlage, Funktion, Kenngrößen — VdS 2092

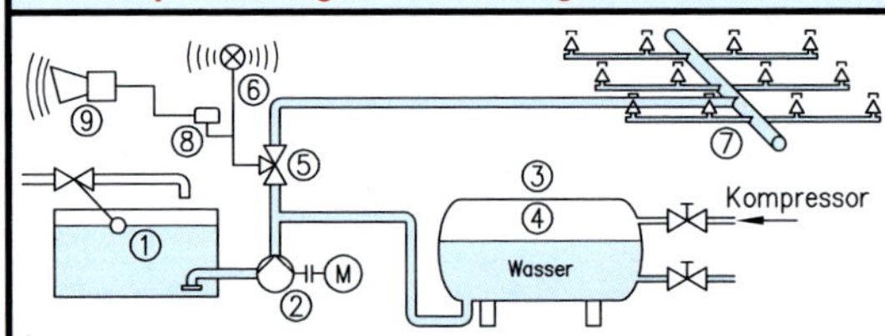

1 Vorratsbehälter	4 Drucklufttauflast	7 Sprinklernetz
2 Anlagenpumpe	5 Steuerventil	8 Druckschalter
3 Druckluftwasserbeh.	6 optisches Alarmsign.	9 akust. Alarmsignal

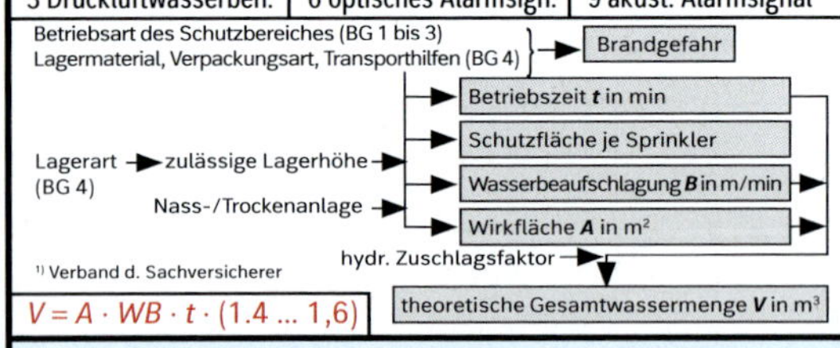

$V = A \cdot WB \cdot t \cdot (1.4 \ldots 1{,}6)$

252.5 Sprinklerarten, k-Faktoren versch. Brandgefahrenklassen

Brandgefahrenklasse	WB	Sprinklerart	k-Faktor
LH	2,25 mm/min	Normal-, Schirm-, Decken-, Flachschirm-, versenkte, verdeckte o. Seitenwandsprinkl.	57
OH	5,0		80
HHP und HHS Decken- o. Dachsprink.	≤ 10 / > 10	Normal- oder Schirmsprinkler	80/115 / 115
HHS; Spr. in Zwischenebenen (hohe Lagen)	–	Normal-, Schirm- oder Flachschirmsprinkler	80 oder 115

Ansprechempfindlichkeit ASE Sprinkler — DIN EN 12845

ASE \ Sprink.	Regals.	Decken- u. Regals.	Trocken-A. vorgesteuert	alle anderen
Standard 'A'	–	+	+	+
spezial	–	+	+	+
schnell	+	+	–	+

Werden neue Sprinkler verwendet, kann es erforderlich sein, die Auswirkungen unterschiedlicher ASE zu berücksichtigen → vermeidet das Auslösen zu vieler Sprinkler. Die ASE von Deckenspr. ≤ ASE Regalspr. Die meisten Sprinkler sind nach ihrer Ansprechempfindlichkeit in absteigender Folge als: schnell, spezial, Standard 'A' eingestuft (DIN EN 12259-1). Wechselwirkung Sprinkler – andere Maßnahmen!

252.6 Glasfass- und Schmelzlotsprinkler — DIN EN 12259-1

Glasfasssprinkler

Öffnungstemp.	Farbe
57 °C	orange
68 °C	rot
79 °C	gelb
93/100 °C	grün
121/141 °C	blau
163/182 °C	malve
H 204/227/260 °C	schwarz
286/343 °C	schwarz

mit Sprühteller für stehenden Einbau

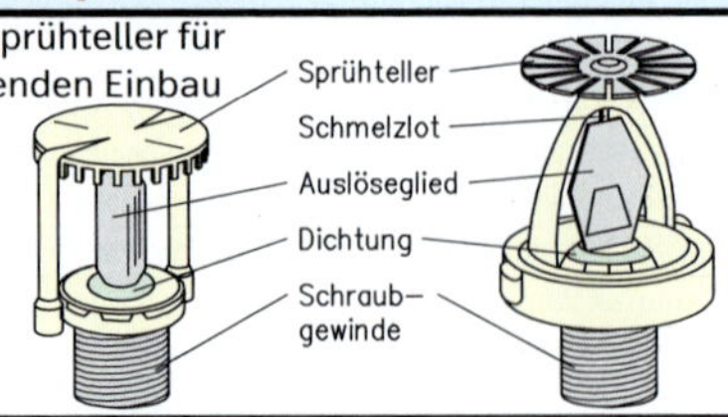

DN 10 (3/8"), 15/20 (1/2"), 20 (3/4")

Schmelzlotsprinkler

Öffnungstemp.	Farbe
57 ... 77 °C	farblos
80 ... 107 °C	weiß
121 ... 149 °C	blau
163 ... 191 °C	rot
204 ... 246 °C	grün
260 ... 302 °C	orange
320 ... 343 °C	schwarz

253.1 Wasserdurchfluss/-verteilung, k-Faktor, Schutzfl.

Düse mm	k-Faktor nass	k-Faktor trocken	Ausflussrate in l/min	Schutzfl. in m²	Abstand in m	Wasserbeaufschlagung *)	Behälter [1]
10	57±3	57±5	50,6	20,25	4,5	2,5 mm/min	8
15	80±4	80±6	61,3	12,25	3,5	5,0 mm/min	5
15			135,0	9,00	3,0	15 mm/min	4
20	115±6	115±9	90,0	9,00	3,0	10 mm/min	4
20			187,5	6,25	2,5	30 mm/min	3

[1] Max. Anzahl Behälter, in denen die Wasserbeaufschlagung ≤ 50 % von*)

Anteil vom Sprühteller nach unten abgegebenes Wasser	
Normal-Sprinkler	40 % bis 60 %
Schirm-Sprinkler	80 % bis 100 %
Flachschirm-Sprinkler	85 % bis 100 %

253.2 Max. Schutzfläche A_{max}, max. Abstände S/D je Sprinkler

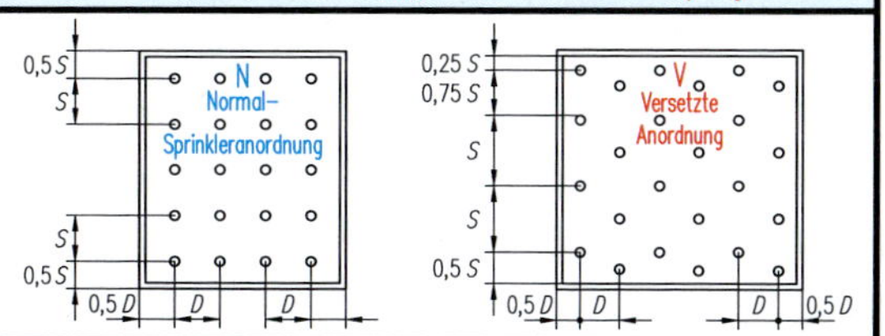

Brandgefahrenklasse		A_{max}/Sprinkler	N:	S und D	V:	S	D
LH	(s. 253.3)	21,0 m²		4,6		4,6	4,6
OH		12,0 m²		4,0		4,6	4,0
HHP und HHS		9,0 m²		3,7		3,7	3,7

253.3 Brandgefahr, Produktions- und Lagerrisiko

LH	Leichte Brandgefahr
OH 1–3	mittlere Brandgefahr Gruppe 1–3
OH 4	mittlere Brandgefahr Gruppe 4; ist das Produktionsrisiko OH 4 ⇒ Lagerbereiche nach HHS einstufen
HHP 1–3	hohe Brandgefahr, Produktionsrisiken Gruppe 1–3
HHP 4	hohe Brandgefahr, Produktionsrisiken Gruppe 4
HHP 4	Schutz durch Sprühwasser-Löschanlagen
HHS 1–3	hohe Brandgefahr, Lagerrisiken Kategorie I–III
HHS 4	hohe Brandgefahr, Lagerrisiken Kategorie IV

253.4 Max. Schutzfläche A_{max}, max. Abstd. f. Seitenwandsprinkler

Klasse	A_{max}	S/D	Wand	Raumbreite	Länge	Reihen	Anordnung
Brandgefahr LH	17 m² je Spr.	4,6 m zwischen Spr.	2,3 m Spr.-Wandende	≤ 3,7 m	beliebig	1	eine Reihe
				≤ 7,4 m	≤ 9,2 m	2	normal N
				≤ 7,4 m	> 9,2 m	2	versetzt V
				> 7,4 m	beliebig	2+Dspr.	normal N
Brandgefahr OH	9 m² je Spr.	3,4 m 3,7 bei Decke F 120	1,8 m Spr.-Wandende	≤ 3,7 m	beliebig	1	eine Reihe
				≤ 7,4 m	≤ 6,8 m	2	normal N
				≤ 7,4 m	> 6,8 m	2	versetzt V
				> 7,4 m	beliebig	2+Dspr.	normal N

253.5 Schutz OH3, max. Lagerhöhen in m, Lagerart ST

Kategorie		Freistehende oder Kompaktlager ST1	ST2 bis ST6
I	s. 254.8	4,0	3,5
II	s. 254.8	3,0	2,6
III	s. 254.8	2,1	1,7
IV	s. 254.8	1,2	1,2

Art	Lagerart, Regale R	Einschränkung/Begrenzung
ST1	freistehend, kompakt	Kat III, IV Teillagerblöcke A_{max} = 150 m²
ST2	einreihige Gitterboxpaletten	Reihenabstände ≥ 2,4 m
ST3	mehrreihige Gitterboxpaletten	Begrenzung auf Teilbl. A_{max} = 150 m²
ST4	Paletten-Regallager (Paletten auf Regalträgern)	Freistreifen ≥ 1,2 m, Zwischenspr. empf. Freistreifen < 1,2 m, Zwischenspr. erf.
ST5	R geschlossene/gelattete Zwischenböden ≤ 1 m Breite	Freistreifen ≥ 1,2 m oder A_{max} ≤ 150 m² Sprinkler in Zwischenebene empfohlen
ST6	R geschlossene/gelattete Zwischenböden ≤ 6 m Breite	Freistreifen ≥ 1,2 m oder A_{max} ≤ 150 m² Sprinkler in Zwischenebene erforderlich

253.6 LH, OH, HHP, Wasserbeaufschlagung WB u. Wirkfläche A

Gefahr	WB mm/min	Nass-/vorgesteuerte Anl.	Trocken/Nass-Trockenanl.
LH	2,25	A: 84 m²	nicht zulässig → OH 1
OH 1	5,0	72 m²	A: 90 m²
OH 2	5,0	144 m²	180 m²
OH 3	5,0	216 m²	270 m²
OH 4	5,0	360 m²	nicht zulässig → HHP 1
HHP 1	7,5	260 m²	325 m²
HHP 2	10,0	260 m²	325 m²
HHP 3	12,5	260 m²	325 m²

Auslegung Decken-/Dachsprinkler bei vorhand. Regalsprinklern

Lagerart	Max. zulässige Lagerhöhe [1] Kat I	Kat II	Kat III	Kat IV	WB in mm/min	Nass-/vorgest. Anl.	Anmerkungen (Kat s. 254.8)
ST4	3,5	3,4	2,2–3,5	1,6–2,7	7,5–15	A: 260 m²	[1] über oberster Regalsprinklerebene in m
ST5	3,5	3,4	2,2/2,6	1,6/2,0	7,5/10	260 m²	
ST6	3,5	3,4	3,2	2,3/2,7	12,5/15	260 m²	

253.7 Auslegung HHS, Schutz nur durch Decken-/Dachsprinkler

Lagerart	Max. zulässige Lagerhöhe [1] m Kat I	Kat II	Kat III	Kat IV	WB in mm/min	Nass-/vorgest. Anl. A
ST1 freistehende Lager oder Kompaktlager	5,3	4,1	2,9	1,6	7,5	260 m²
	6,5	5,0	3,5	2,0	10,0	260
	7,6	5,9	4,1	2,3	12,5	260
		6,7	4,7	2,7	15,0	260
		7,5	5,2	3,0	17,5	260
			5,7	3,3	20,0	300 m²
			6,3	3,6	22,5	300
			6,7	3,8	25,0	300
			7,2	4,1 [2]	27,5	300
ST2*/ST3	4,7	3,4	2,2	1,6	7,5	260 m²
	5,7	4,2	2,6	2,0	10,0	260
	6,8*	5,0	3,2	2,3	12,5	260
		5,6*	3,7*	2,7*	15,0*	260
			4,4*	3,3*	20,0*	260
ST4			5,3	3,8	25,0	300
			6,0	4,4	30,0	300
ST5/ST6				2,7	15,0	260 m²
				3,0	17,5	260

Anmerkungen (zu Trockenanlagen[3]):
[1] Vertikaler Abstand zw. Fußboden und Sprinklersprühteller – 1 m oder der größte Tabellenwert, je nachdem welcher der kleinere ist.
[2] 4,4 m bei 30 mm/min.
[3] Bei HHS mögl. keine Trocken-/Alternativanlage, bes. bei Lagergut höherer Brennbarkeit, großer Lagerhöhe. Bei Ausnahmen muss die Wirkfläche um 25 % vergrößert werden.

253.8 Druck-/Durchflussrate $p_d/\dot{V}_{min}$ vorberechnete Anlage

WB in mm/min	geforderte Durchflussrate $\dot{V}_{min}$ l/min Nass-/vorgest. A.	Trocken-/Nass-Tr.-A.		p_d höchster Pkt. in hPa 6 m²	7 m²	8 m²	9 m²
a) Rohrduchmesser (s. 254.1) und k-Faktor Sprinkler 80							
7,5	2300	2900				1,80	2,25
10,0	3050	3800		1,80	2,40	3,15	3,90
7,5	2300	2900	a*			1,35	1,75
10,0	3050	3800	a*	1,30	1,80	2,35	3,00
b) Rohrdurchmesser (s. 254.3, 4) und k-Faktor Sprinkler 80							
7,5	2300	2900				0,70	0,90
10,0	3050	3800		0,70	0,95	1,25	1,60
c) Rohrdurchmesser (s. 254.3, 4) und k-Faktor Sprinkler 115							
10,0	3050	3800					0,95
12,5	3800	4800			0,90	1,15	1,45
15,0	4550	5700		0,95	1,25	1,65	2,10
17,5	4850	6000		1,25	1,70	2,25	2,80
20,0	6400	8000		1,65	2,25	2,95	3,70
22,5	7200	9000		2,05	2,85	3,70	4,70
25,0	8000	10000		2,55	3,50	4,55	5,75
27,5	8800	11000		3,05	4,20	5,50	6,90
30,0	9650	12000		3,60	4,95	6,50	

254.1 Strang-/Verteilerrohr-Ø HH-Anlage, $p_d/\dot{V}$ aus 253.8

Stränge	Anordnung	DN	Sprinkler
am entferntesten Ende der Verteilerrohre	Doppel-Kammeran. letzte 2 Stränge	25	max. 1
		32	max. 2
	Dreifach-Kammeran. letzte 3 Stränge	25	max. 2
		32	max. 3
	sämtl. andere An.	25	max. 2
	nur letzter Strang	32	max. 3
		40	max. 4
sämtl. andere	alle	25	max. 3
		32	max. 4

Verteiler-	DN	Sprinkler
Rohre am äußersten Ende der Anlage[2]	32	max. 2
	40	max. 4
	50	max. 8
	65	max. 12
	80	max. 18
	100	max. 48

[1] Strangrohr-Ø (s. 253.8 a*)
[2] Verteilerrohr-Ø hinter dem Auslegungspunkt für HH

254.2 Strang-/Verteilerrohr-Ø HH-Anlage, $p_d/\dot{V}$ aus 253.8 b), c)[1]

Stränge	Anordnung	DN	Sprinkler
Ende Vert.-rohr	Kammeran. letzte 3 Stränge (DN 65/max. 6) (40/2; 50/4; 65/6)	40	max. 1
		50	max. 3
weitere		32	max. 1
Ende Vert.rohr	Doppel-Kammeran. letzte 3 Stränge	32	max. 1
		40	max. 2
weitere		32	max. 2
sämtliche andere Stränge	Dreifach- und Vierfach-Kammeranordnungen	32	max. 1
		40	max. 2
		50	max. 4

Verteiler-	DN	Sprinkler
Rohre am äußersten Ende der Anlage*[2]	50	max. 4
	65	max. 8
	80	max. 12
	100	max. 16
	150	max. 48

[1] nur Strangrohr-Ø
[2] Verteilerrohr-Ø hinter dem Auslegungspunkt in HH-Anl. (s. 253.8 a) a*, b), c))

254.3 Lage der Auslegungspunkte LH, OH, HHP/S; LH-Strangrohr

Gefahr	Sprinkler	Auslegungspkt.	Anordnung
LH	≤ 3[1]	$n = 3$[2]	
	≤ 4[1]	$n = 4$[2]	
OH	> 16	$n = 17$[3]	Doppel-Kamm
	> 18	$n = 19$[3]	alle übrigen
HHP/S	> 48	$n = 49$[3]	jede beliebige

[1] Sprinkler pro Verteilerrohr in einem Raum
[2] Lage Auslegungspkt. hinter n-tem Sprinkler
[3] Lage AP an Verbindung Verteilerrohr-Strang mit n Spr.

Mindestdurchmesser bei Anlagen		DN
LH		20
OH, HH	Einzelspr.-Anschluss, k-Faktor ≤ 80	20
sämtliche anderen		25

LH-Strangrohr-Ø	
DN	angeschl. Sprinkler
20	max. 1
25	max. 3

254.4 Strang-/Verteilerrohr-Ø OH-Anlage

Stränge	Anordnung	DN	Sprinkler
Ende Vr. letzte 2	Doppel-Kamm	25	max. 1
		32	max. 2
letzte 3 Stränge	Dreifach-Kamm	25	max. 2
		32	max. 3
letzter Strang		25	max. 2
		32	max. 3
		40	max. 4
sämtl. anderen	sämtliche (DN 40/max. 6, DN 50/max. 9)	25	max. 3
		32	max. 4

Verteiler-	DN	Sprinkler
an den äußersten Enden der Anlage	[1] 32	max. 2
	[1] 40	max. 4
	[1] 50	max. 8
	[1] 65	max. 16
	32	max. 3
	40	max. 6
	50	max. 9
	65	max. 18

[1] Doppel-Kamm-Anordn.

254.5 Min. Wassermenge für vorberechnete LH-, OH-, HH-Anlagen

Gef.	Anlagen	$\Delta h_{Sprinkler}$ [1]	V_{min}	WB[2]	V_{min} NA[3]	V_{min} TA
LH	– **N**ass- **o**der **v**orgesteuerte **A**nlagen NovA	$\Delta h \leq 15$ m	9 m³	7,5	225	280
		$15 < \Delta h \leq 30$	10	10,0	275	345
		$30 < \Delta h \leq 45$	11	12,5	350	440
OH 1	– NovA	$\Delta h \leq 15$ m	55	15,0	425	530
		$15 < \Delta h \leq 30$	70	17,5	450	560
		$30 < \Delta h \leq 45$	80	20,0	575	720
OH 1	– **T**rocken- **o**. **N**ass-Trocken**A**n. ToNTA – NovA	$\Delta h \leq 15$ m	105	22,5	650	815
		$15 < \Delta h \leq 30$	125	25,0	725	905
		$30 < \Delta h \leq 45$	140	27,5	800	1 000
OH 2, OH 3	– ToNTA – NovA	$\Delta h \leq 15$ m	135	30,0	875	1 090
		$15 < \Delta h \leq 30$	160			
		$30 < \Delta h \leq 45$	185			
OH 3, OH 4, OH 4	– ToNTA – NovA nur HH-Schutz	$\Delta h \leq 15$ m	160			
		$15 < \Delta h \leq 30$	185			
		$30 < \Delta h \leq 45$	200			

[1] Δh = höchster Sprinkler – tiefster Sprinkler
[2] Wasserbeaufschlagung WB in mm/min
[3] V_{min} Nass-Anlage NA, Trocken-Anlage TA in m³

Wassermengen sind ausschließlich zur Verwendung in der Sprinkleranl.

254.6 Min. Pumpenkennwerte für vorberechnete LH-, OH-Anlagen

Gef.	Anlagen	$\Delta h_{Spr.-Alarm}$ [1]	p_{NW}[1]	$\dot{V}_{NW}$	p_{CH}[1]	$\dot{V}_{CH}$	p_{CH}	$\dot{V}_{CH}$
LH	– **N**ass- **u**nd **v**orgesteuerte **A**nlagen NuvA	$\Delta h \leq 15$ m	0,15	300	0,37	225	MPa	l/min
		$15 < \Delta h \leq 30$	0,18	340	0,52	225		
		$30 < \Delta h \leq 45$	0,23	375	0,67	225		
OH 1	– Nass- und vorgesteuerte Anlagen	$\Delta h \leq 15$ m	0,12	900	0,22	540	0,25	375
		$15 < \Delta h \leq 30$	0,19	1 150	0,37	540	0,40	375
		$30 < \Delta h \leq 45$	0,27	1 360	0,52	540	0,55	375
OH 1	– ToNTA – NovA	$\Delta h \leq 15$ m	0,14	1 750	0,25	1 000	0,29	725
		$15 < \Delta h \leq 30$	0,20	2 050	0,40	1 000	0,44	725
		$30 < \Delta h \leq 45$	0,26	2 350	0,55	1 000	0,59	725
OH 2, OH 3	– ToNTA – NovA	$\Delta h \leq 15$ m	0,14	2 250	0,29	1 350	0,32	1 100
		$15 < \Delta h \leq 30$	0,20	2 700	0,44	1 350	0,47	1 100
		$30 < \Delta h \leq 45$	0,25	3 100	0,59	1 350	0,62	1 100
OH 3, OH 4	– ToNTA – NovA	$\Delta h \leq 15$ m	0,19	2 650	0,30	2 100	0,35	1 800
		$15 < \Delta h \leq 30$	0,24	3 050	0,45	2 100	0,50	1 800
		$30 < \Delta h \leq 45$	0,30	3 350	0,60	2 100	0,65	1 800

[1] Δh = höchster Spr.-Alarmventilstat.; NW: Nennwert; CH: Charakteristik

254.7 Inspektions- und Prüfprogramm

Zeitabstand	Kontrolle, Prüfung, Service, Instandhaltung
jede Woche	Wasser-/Luft-Manometer an Gruppen, Hauptversorgungsltg., Druckluftwasserbehälter ($\Delta p \leq 0{,}1$ MPa pro Woche) Wasserstände (Hoch-/Vorrats-/Druckluftwasserbehälter) richtige Stellung sämtlicher Haupt-Absperrarmaturen
Prüfung jede Woche	Alarmglocke min. 30 s; automatischer Pumpenstart, Wiederholungsstartprüfung, bei Dieselmotoren: Begleitheizungen, örtliche Heizung auf Funktion
Vierteljahr Überprüfung	Einstufung Brandgefahrenklassen, Sprinkler, Steuerventile, Sprühdüsen, Rohrleitungen/-halterungen (Korrosion), elektrischer Erdungsanschluss, Wasser-/Stromversorgung, Armaturen, Melder
Halbjahr	Trockenalarmventile, Alarmübertragung zu Feuerwehr
Jahr, Inspektion	$\dot{V}_{automatische\ Pumpe}$, Fehlstart Dieselmotor, Schwimmerventil Vorratsbehälter, Pumpenansaugkammer, Steinfang
3 Jahre	Vorrats-/Druckluftwasserbehälter, Absperrarmaturen
10 Jahre	Vorratsbehälter reinigen, untersuchen, instand setzen
25 Jahre Überprüfg.	Rohre, Sprinkler (Trockenanlage alle), Druckprfg. 1,2 MPa, 1 m/100 Sprinkl. Strangrohr, jedes Rohr-Ø 2 × 1 m, spülen

254.8 Kategorien gelagerter Produkte n. Brandgefahr, Auszug

Kat	Lagerprodukt	Kat	Lagerprodukt	Kat	Lagerprodukt
III	Alkohol > 20 Vol.%	I	Getreidekörner	IV	Papier (< 5) stehend
I	Alkohol ≤ 20 Vol.%	I	Glasfasern	III	Papier (≥ 5) stehend
II	Naturfasern, Seile	I	Glas, Keramik	III	Wellpappe, Kartons
II	Dachpappe (lieg. III)	III	Holz, Furnierblatt	IV	Wellp., Kart., steh.
II	Batterien	II	Holzkohle	II	Pflanzenfasern
II	Baumwolle, Kleider	IV	Holzwolle, Ballen	IV	Reifen, liegend
I	Bier	III	Kerzen	II	Schuhe, Leder
II	Bücher	II	Kissen, Feder, Daun.	III	Schuhe, Kunstst.
III	Büromaterial	III	Klebstoff o. Lösm.	II	Seife
II	Dünger, trocken	III	Korbwaren	III	Synthetik-Stoffe
I	el. Geräte 95 % Met.	III	Kunstharz o. Lösm.	III	Streichhölzer
III	Kabel, Leitungen	II	Lebensmittel	II	Süßwaren
I	Farben, wasserlösl.	II	Leder, Tierhäute	II	Tabak, Zigaretten
II	Faserplatte, Sperrh.	IV	Matratzen	II	Teppich, Orient-
II	Felle, liegen in Kist.	I	Metall	III	Teppichfliesen
II	Flachs, Hanf, Kork	II	Möbel, Polster	IV	Wachs, Paraffin
II	Fleisch (a. tiefgek.)	III	Papier < 5 kg/100 m²	II	Zellulose, -masse
I	Geschirr	II	Papier ≥ 5 kg/100 m²	II	Zucker

Grundlagen Elektro, Regelung · Kommunikation Bauzeichnungen · Werkstoffe Trennen, Fügen · Rohre, Zubehör Montage · Trinkwasser Feuerlöschtechnik · Entwässerung Sanitär, Klempner · Gasinstallation Flüssiggas · TW-Erwärmung Solarnutzung TWE · Energietechnik Erneuerb. Energien · Heizungs- und Feuerungstechnik · Lüftung, Klima Wärmerückführung

255.1 Geltungsbereiche der Abwassernormen, Übersicht DIN 1986-30

Nachbar	Entwässerung Gebäude	Grundstück	Kommune

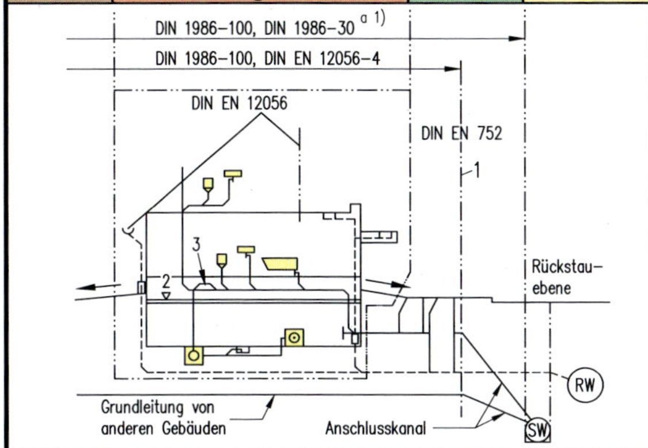

1 Grundstücksgrenze 2 Rückstauebene im Gebäude 3 Rückstauschleife	a wenn der Anschlusskanal nicht Bestandteil der öffentlichen Abwasseranlage ist

[1] Die DIN 1986-30 gilt auch für Grundleitungen und Anschlusskanäle der Grundstücksentwässerung, die im öffentlichen Grund liegen, aber nicht Bestandteil der öffentlichen Abwasseranlage sind. Die 1986-30 gilt zusammen mit DIN 1986-3 und in Verbindung mit DIN EN 13508-2.

DIN	Bezeichnung
1986-100 (-100/A1)	Entwässerungsanlagen für Gebäude und Grundstück in Verbindung mit DIN EN 752 und 12056
1986-3	Regeln für Betrieb und Wartung
1986-4	Verwendungsbereiche von Abwasserrohren und -formstücken verschiedener Werkstoffe
1986-30	Instandhaltung
EN 12056	Schwerkraftentwässerungsanlagen innerhalb von Gebäuden
Teil 1	Allgemeine Ausführungsanforderungen
Teil 2	Schmutzwasseranlagen, Planung und Berechnung
Teil 3	Dachentwässerung, Planung und Bemessung
Teil 4	Abwasserhebeanlagen, Planung und Bemessung
Teil 5	Installation und Prüfung, Anleitung für Betrieb, Wartung und Gebrauch
EN 1610	Verlegung und Prüfung von Abwasserleitungen und -kanälen
4045	Abwassertechnik, Grundbegriffe
EN 752	Entwässerungssysteme außerhalb v. Gebäuden
EN 13508 Teil 1 und 2	Untersuchung und Beurteilung von Entwässerungssystemen außerhalb von Gebäuden
1989-1	Regenwassernutzungsanlagen: Planung, Betrieb
1989-2	Filter: Werkstoffe, Typen, Hydraulische Funktion
1989-3	Regenwasserspeicher: Anforderungen, Prüfung
1989-4	Bauteile zur Steuerung und Nachspeisung

255.2 Abwasserrohre und Formstücke für Neubau/Erneuerung zugelassener Werkstoffe DIN 1986-4

Werkstoff / Konstruktion \ Leitungsbereich	Norm DIN	Anschl.-/ Verb.-ltg.	Fall-ltg.	Sammelltg.	Grundleitung[7] in Bodenpl.	Grundleitung[7] in Erdreich	Lüftgs.-leitung	Regenwasserltg. Gebäude	Regenwasserltg. außen	Kondensatltg.	Brandverhalten
Steinzeugrohr	EN 295-1	+	+	+	+	+	+	+	+	+	A1 n.b.
(Stahl-)Beton-/Stahlfaserr. (Typ 2 Misch-/Schmutzwasser)	EN 1916; V 1201 (Typ 1 Regenkanal)	–	–	–	+	+	–	–	–	–[1]	A1 n. brennb.
Faserzementrohr	EN 12763	+	+	+	–	–	+	+	+	–[1]	A2 n.b.
Faserzementrohr EN 588-1	19850-1/-2	–	–	–	+	+	–	–	+	–[1]	A2 n.b.
Blech (Zn, Cu, Al, verz. St.)	EN 612	–	–	–	–	–	–	–	+[2]	–	A1 n.b.
Gusseisenrohr muffenlos	19522; EN 877	+	+	+	+	+[3]	+	+	+	–[1]	A1 n.b.
Gusseisenrohr duktil	EN 598	–	–	–	+	+	–	–	–	–[1]	A1 n.b.
Stahlrohr	EN 1123-1/-2	+	+	+	+	+[4]	+	+	+	–[1]	A1 n.b.
Nichtrostendes Stahlrohr	EN 1124-1/-2/-3	+	+	+	+	+[4]	+	+	+	+	A1 n.b.
PVC-U EN 1401-1	19534-3	–	–[5]	–[5]	+	+[6]	–	–	–	+	B1
PVC-U EN 1329-1	19531-10	+	+	+	+	–	+	+	–	+	schwer
PVC-U Regenfallleitung	EN 12200-1	–	–	–	–	–	–	–	+[2]	–	entfl.b.
PVC-U/profiliert EN 13476-1 bis -3		–	–	–	+	+	–	–	–	+	–
PVC-C EN 1566-1	19538-10	+	+	+	+	–	+	+	+[2]	+	B1 s.e.
PE-HD EN 1519-1	19535-10	+	+	+	+	–	+	+	+	+	B2 n.e.
PE-HD	EN 12666-1	–	–	–	+	+	–	–	–	+	–
PE-HD/profiliert	EN 13476-1 bis -3	–	–	–	–	+	–	–	–	+	–
PP EN 1451-1	19560-10	+	+	+	+	+	+	+	–	+	B1 s.e.
PP	EN 1852	–	–	–	+	+	–	–	–	+	–
PP/profiliert	EN 13476-1 bis -3	–	–	–	+	+	–	–	–	+	–
PP/mineralverstärkt	EN 14758-1	–	–	–	+	+	–	–	–	+	–
ABS/SAN + PVC EN 1455-1/EN 1565-1		+	+	+	+	–	+	+	–	+	B2 n.e.
UP-GF/geschleudert/gewickelt EN 14364		–	–	–	+	+	–	–	–	+	–
PRC inkl. Vortriebsrohr	EN 14636-1	–	–	–	+	+	–	–	–	+	–
Steinzeug-Vortriebsrohr	EN 295-7	–	–	–	+	+	–	–	–	+	–
(Stahl-)Beton-Vortriebsrohr	EN 1916; V 1201	–	–	–	+	+	–	–	–	[1]	–

[1] Nur für verdünntes Abwasser (DIN 1986-100 + ATV-DVWK-A251), andernfalls ist eine Sonderbeschichtung erforderlich. [2] Nicht als Standrohr verwendbar. [3] Mit geeigneter Außenbeschichtung (DIN EN 877) für die Erdverlegung. [4] Rohre und Formstücke sind außen mit einem Korrosionsschutz (DIN 30670) zu versehen. Bauseitig aufgebrachter Korrosionsschutz muss DIN 30672 entsprechen. [5] Darf als Fall- und Sammelleitung verwendet werden, sofern Abwassertemperatur ≤ 45 °C. [6] Mind. SN4 (DIN EN 1401-1). [7] Bei Wechsel der Muffenmaße innerhalb einer Abwasserleitung müssen Übergangsstücke verwendet werden, sonst Schacht einbauen.
A1 nicht brennbar; A2 nicht brennbar; B1 schwer entfalmmbar; B2 normal entflammbar.

256.1 SML-Abwasserrohr (rotbraun), Zweikomponenten-Innen-Beschichtung DIN 19522, DIN EN 877

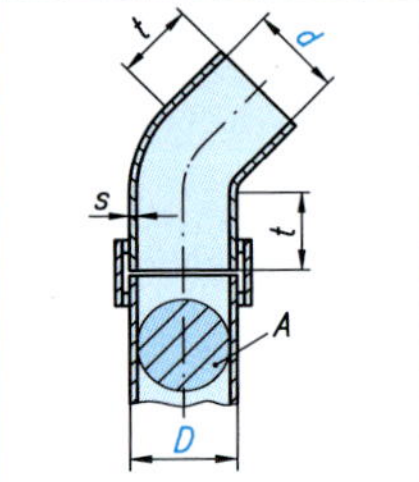

DN	D mm	d mm	A cm²	s mm	t_{ein} mm	m/l kg/m	V/l l/m
40	48	42	13,9	3,0	30	3,1	1,3
50	58	51	20,4	3,5	30	4,3	2,0
80	83	76	45,4	3,5	35	6,1	4,5
100	110	103	83,3	3,5	40	8,4	8,3
125	135	127	126,7	4,0	45	11,8	12,3
150	160	152	181,4	4,0	50	14,1	17,7
200	210	200	314,2	5,0	60	23,1	30,8

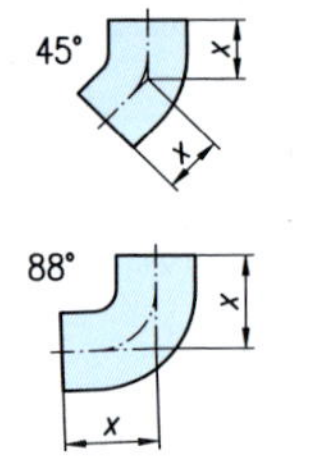

Bog. 30°		Bog. 45°		Bog. 68°		Bog. 88°	
x	kg	mm	kg	x	kg	mm	kg
mm		50	0,4	mm		70	0,5
45	0,5	50	0,5	65	0,7	75	0,7
50	0,8	60	1,0	80	1,1	95	1,4
60	1,3	70	1,6	90	1,9	110	2,1
70	2,0	80	2,3	105	2,9	125	3,2
80	3,0	90	3,5	120	4,3	145	4,9
95	5,4	110	6,2	145	7,7	180	8,8

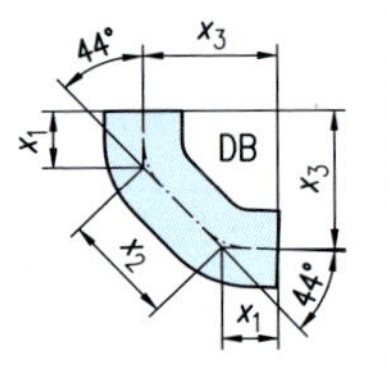

DN	x_1 mm	x_2 mm	x_3 mm	BB	x_1 mm	x_2 mm	x_3 mm
50	50	100	121	mit Beruhigungsstrecke			
75[1]	60	120	145		60	301	273
100	70	140	170		70	312	291
125	80	160	195		80	322	308
150	90	180	219		90	334	326

[1] DN 75 – EN 877 = DN 80 – EN 12056-2

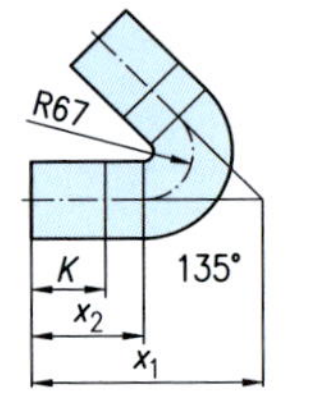

DN	x_1 mm	x_2 mm	K mm
Bogen 135°			
100	312	150	100
Bogen 88°			LB
100	250	110	140
Bogen 45°			LB
100	250	70	180

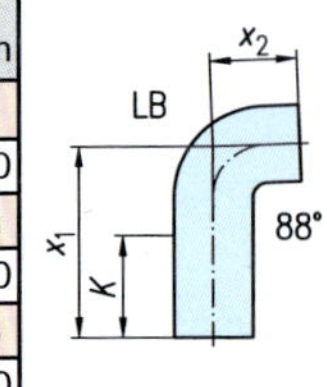

SML-Abzweig: 45°

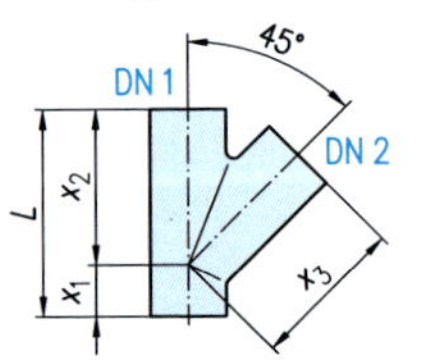

Bezeichnungsbeispiel:
SML-Abzweig DIN 19522 – 125 × 100 – 45

DN_1	DN_2	L mm	x_1	x_2	x_3
50	50	185	50	135	135
80	50	185	50	135	135
80	80	220	60	160	160
100	50	200	35	165	165
100	80	225	55	170	170
100	100	275	70	205	205
125	80	240	40	200	200
125	100	280	60	220	220
125	125	320	80	240	240
150	100	295	55	240	240

88°

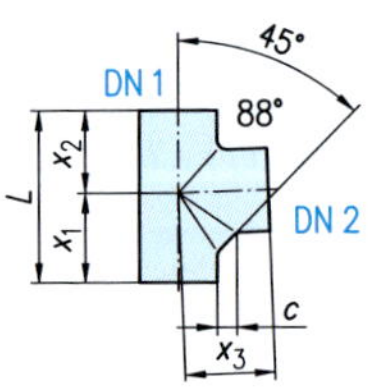

Bezeichnungsbeispiel:
SML-Abzweig DIN 19522 – 100 × 100 – 88

DN_1	DN_2	L	c mm	x_1	x_2	x_3
50	50	145	20	79	66	80
80	50	160	21	85	75	90
80	80	180	21	95	85	95
100	50	170	22	94	76	105
100	80	190	22	100	90	110
100	100	220	22	115	105	115
125	80	205	25	105	100	125
125	100	235	25	125	110	130
125	125	260	25	137	123	135
150	100	245	27,5	130	115	145

D 88°

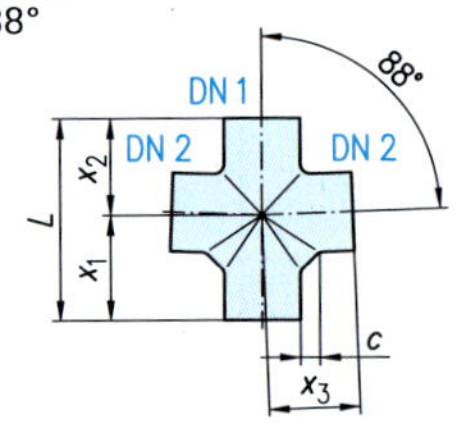

DN_1	DN_2	L mm	c mm	x_1 mm	x_2 mm	x_3 mm
100	50	180	22	100	80	105
100	70	190	22	102	88	110
100	80	205	22	110	95	120
100	100	230	22	120	110	120
125	100	245	25	130	115	135
150	100	245	27,5	130	115	145

EA 88°

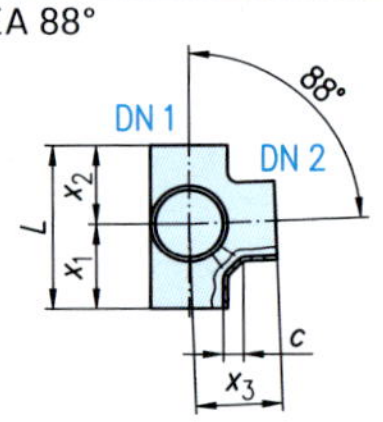

DN_1	DN_2	L	c mm	x_1	x_2	x_3
80	80	180	21	95	85	95
100	70	190	22	102	88	110
100	80	190	22	100	90	110
100	100	220	22	115	105	120
125	70	200	25	107	93	125
125	100	235	25	125	110	130
150	100	245	27,5	130	115	145

AL 100

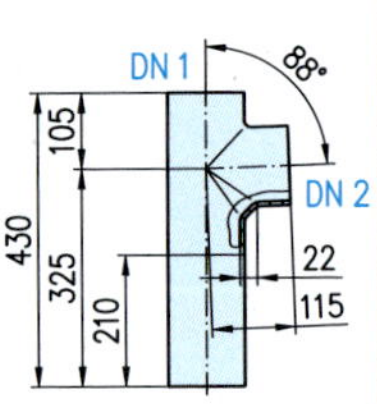

EAL

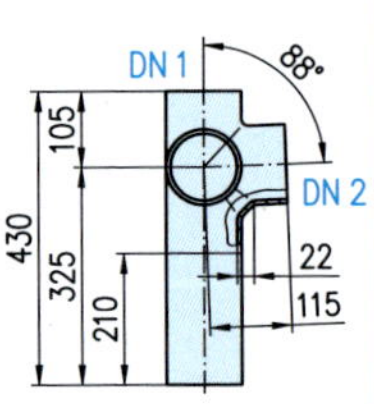

Kombinationsabzweig

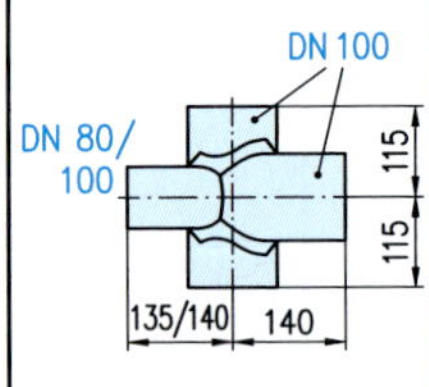

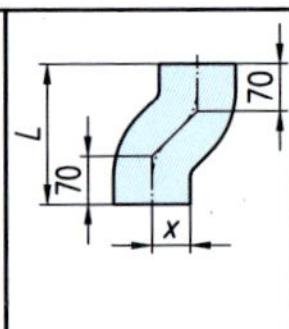

L = 205	x = 65
L = 270	x = 130
L = 340	x = 200

Reduzierstück R

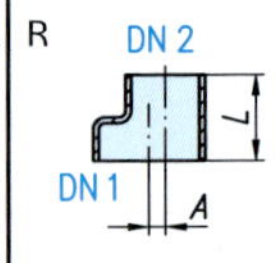

SML-Reduzierstück DIN 19522 – 125 × 100 R

DN_1	DN_2	A mm	L
50	40	5	65
80	50	13	80
100	50	25	80
100	80	14	90
125	80	26	95
125	100	12,5	95
150	100	25	105
150	125	12,5	110

G

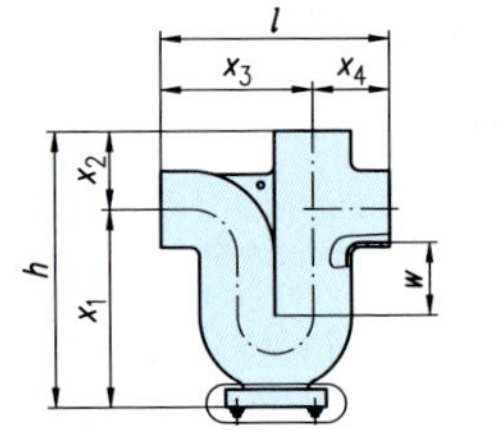

DN	50	80	100	125	150
l	190	265	325	390	470
h	250	293	392	446	493
w	60	60	100	100	100
x_1	182	200	282	316	348
x_2	68	93	110	130	145
x_3	122	172	215	260	325
x_4	68	93	110	130	145

SML-Geruchsverschluss

RGV

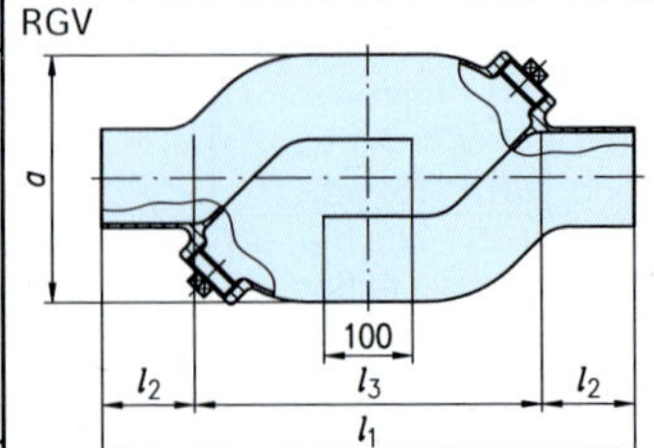

DN	70	100	125	150
a	195	276	344	374
b	90	124	144	179
l_1	80	90	100	110
l_2	312	408	487	522
l_3	472	588	687	742

Bsp.: SML-Geruchsverschluss DIN 19522-100-RGV

257.1 SML-Reinigungsrohr rund für Fallleitung, rechteckig für Grund-, Sammel- und Fallleitung — Auszug

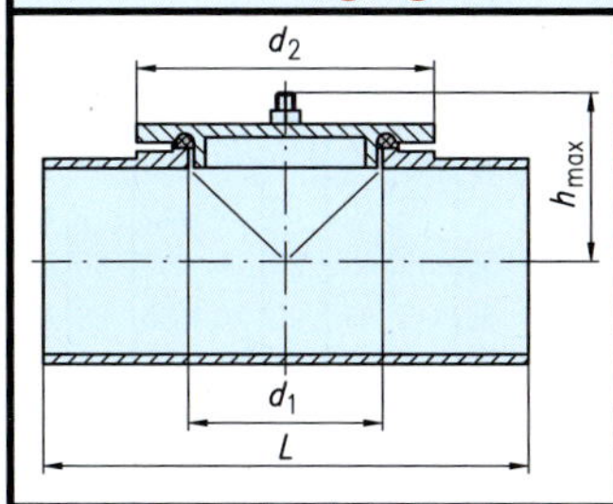

DN	50	80	100
d_1	53	78	104
d_2	105	134	159
h_{max}	65	75	85
L	190	220	260

Bezeichn.-Beisp.:
SML-Reinigungsrohr DIN 19522 – 100 R Rrd

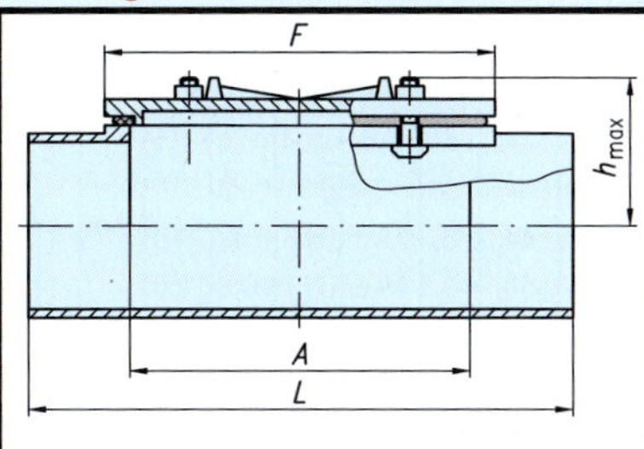

DN	100	125	150	200
A	200	225	250	300
Brt.	160	190	215	265
F	230	255	280	330
h_{max}	85	105	115	140
L	340	370	395	465

Maße in mm

SML-Reinigungsrohr DIN 19522 – 100 RRrk

257.2 SML-Anschlussstücke: Flansch-(Fl), Steinzeugrohr-(E), Bogen Objekt-Anschluss (OL) — Auszug

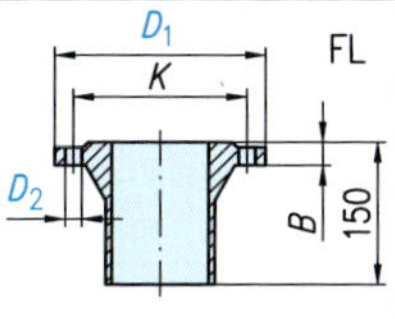

DN	100	125	150
D_1	220	250	285
D_2	18	18	22
B	24	26	26
K[1]	180	210	240

[1] 8 × PN 6/PN 10

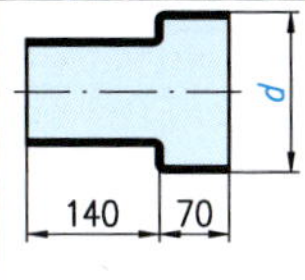

DN	d in mm
100	159 ± 2,0
125	187 ± 3,5
150	218 ± 3,5
für Steinzeug	

SML-Anschluss DIN 19522-125-E

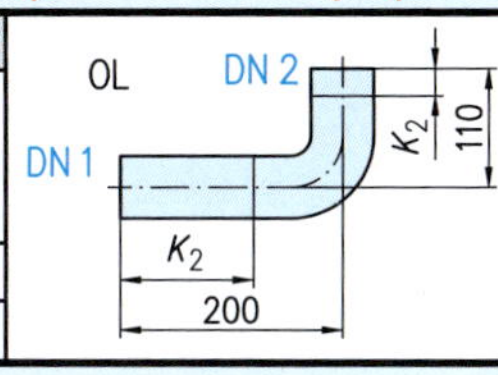

DN 1 × 2	K_1[1]	K_2
50 × 40	120	20
50 × 50	120	25
50 × 60	120	30

[1] max. Kürzung für WT/Urinal

257.3 SML-Verbindungen: Rapid, Rapid-Kralle, CV-CE und Kralle, SVE (erdverlegt), Inox — Herstellerangabe

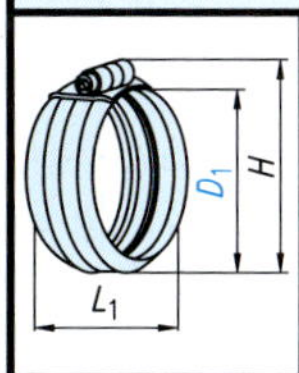

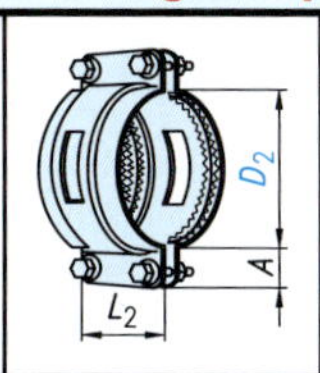

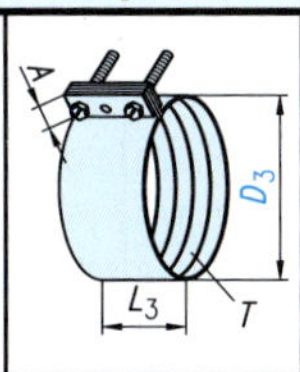

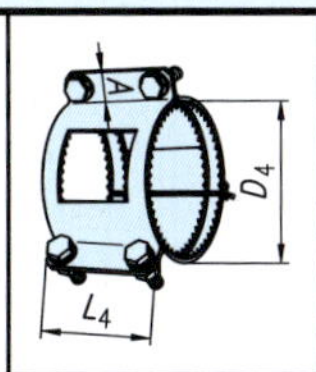

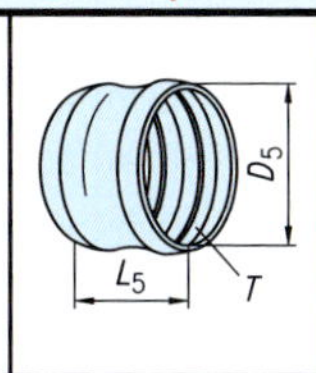

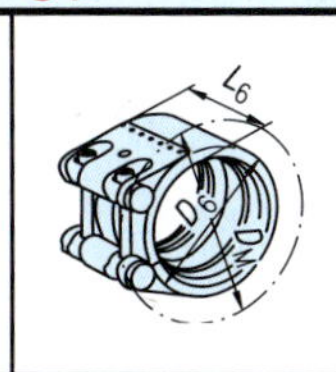

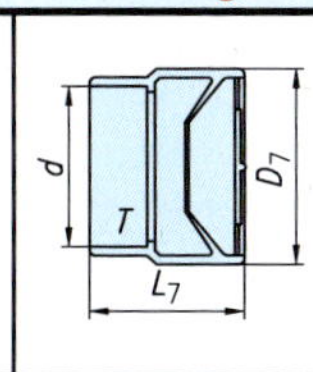

DN	D_1	H	L_1	M in Nm	D_2	L_2	A	D_3	L_3	T	A	M in Nm	D_4	L_4	A	D_5	L_5	T	A	D_6	L_6	b	c	D_M	D_7	d	L_7	T
50	71	83	47	12–15	75	69	21	65	48	22,5	14	4–6	74	71	12	77	60	29	2	85	78	29	17	105	72	57	58	20
80	96	107	47	10–12	100	75	23	88	48	22,5	14	10–12	94	71	23	103,5	65,5	32	2	105	98	40	25	125	92	82	71,5	22
100	123	135	47	25–30	135	87	25	115	54	25,5	18	10–12	124	87	23	134	82	39,5	3	130	98	40	25	150	116	108	90,5	35,5
125	152	164	54	30–35	160	95	25	140	65	31	18	10–12	149	98	23	161	103	50	3	165	115	50	35	195	126	13	108,5	35,5
150	177	189	54	30–35	185	95	25	170	65	31	18	10–12	174	98	23	186	103	50	3	185	115	50	35	215	Konfix-Verbinder			

257.4 GMX-Stahlrohr, innen und außen feuerverzinkt, Formstücke Herst.ang. — DIN EN 1123

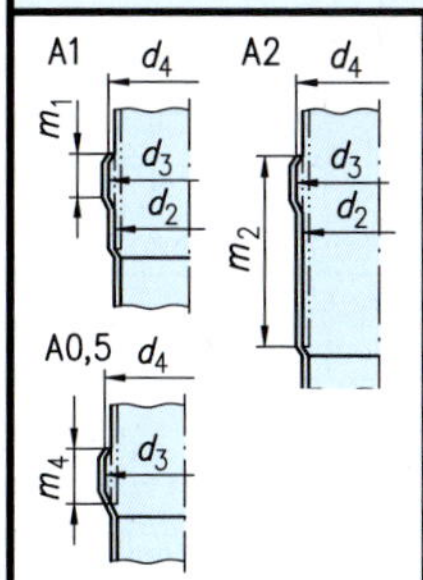

DN	d_1 mm	d_2 mm	d_3 mm	d_4 mm	t_0 mm	t_1 mm	t_2 mm	m/l kg/m	V/l l/kg
32	32	34	37	36		30		0,8	0,7
40	42	45	48	45	16	30	70	1,5	1,2
50	53	56	60	56	19	38	90	2,0	2,0
70	73	76	81	76	27	55	120	3,0	3,8
80	89	92	99	92	32	60	130	3,5	5,8
100	102	106	114	107	38	70	150	4,9	7,5
125	133	138	147	140	41	75	160	8,0	12,9
150	159	164	176	168	56	80	170	9,6	18,6

Rohrbogen mit Steckmuffe 1A

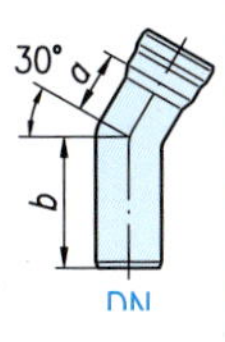

DN	Bogen 30° a mm	Bogen 30° b mm	Bogen 30° m kg	Bogen 45° a mm	Bogen 45° b mm	Bogen 45° m kg	Bogen 70° a mm	Bogen 70° b mm	Bogen 70° m kg	Bogen 87° a mm	Bogen 87° b mm	Bogen 87° m kg
40	46	76	0,3	56	86	0,3	75	105	0,3	92	105	0,3
50	64	92	0,4	76	104	0,5	100	128	0,5	120	128	0,5
70	66	105	0,7	83	122	0,8	118	157	0,9	146	157	1,1
80	56	116	0,7	72,5	132	1,0	105	165	1,2	134	194	1,2
100	44	114	4,3	54	124	1,3	74	144	1,3	91	162	1,7
125	45	118	2,1	58	131	2,2	75	157	2,4	97	179	2,6
150	61	148	3,6	83	162	4,4	125	205	5,5	170	250	6,4

GMX-Abzweig 45°

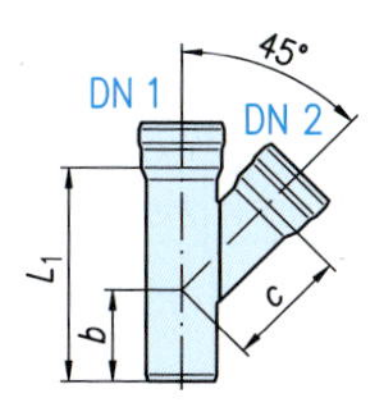

DN	Abzweig 45° DN1 = 2 b_{45} mm	c_{45} mm	L_1 mm	m_{45} kg	Abzw. 87° DN1 = 2 b_{87} mm	c_{87} mm	L_1 mm	m_{87} kg
40	55	70	125	0,4	70	40	110	0,3
50	65	90	150	0,6	80	50	130	0,5
70	85	115	200	1,1	110	65	175	1,0
80	97	138	235	1,2	126	75	200	1,4
100	110	155	265	2,5	140	90	230	2,1
125	130	210	340	4,8	170	120	285	3,8
150	140	240	380	6,7	190	135	320	5,0

reduzierter Abzweig 45° DN1	DN2	b	c	L_1	DN1	DN2	b	c	L_1	reduz. Abzweig 87° DN1	DN2	b	c	L_1
50	40	50	79	130	125	70	90	157	255	50	40	75	46	120
70	40	60	95	150	125	80	185	169	290	80	50	109	69	155
70	50	75	106	175	125	100	105	176	290	100	50	115	76	180
80	50	71	117	185	150	40	129	156	200	100	80	135	81	230
100	40	65	116	180	150	50	149	168	225	125	50	125	91	200
100	50	75	127	200	150	80	179	188	290	125	100	155	105	255
100	70	90	136	230	150	100	95	195	290	150	100	155	119	255
100	80	110	147	265	150	125	120	230	340	150	125	175	134	290

258.1 PE-Abwasserrohre (Polyethylen) und Formstücke DIN EN 1519 (schwarz) Auszug — Herstellerangaben

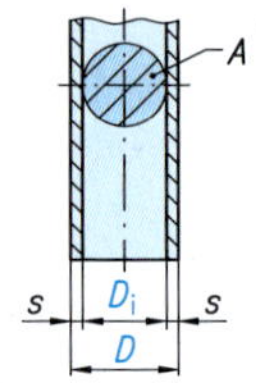

Bezeichnungsbeispiel: Rohr DIN EN 1519 – DN 100 x 5000

DN	D mm	D_i mm	s mm	A cm²	PN MPa	m/l kg/m	V/l l/m
30	32	26	3	5,3	1,03	0,26	0,5
40	40	34	3	9	0,81	0,33	0,9
50	50	44	3	15,2	0,64	0,42	1,5
56	56	50	3	19,6	0,57	0,48	2,0
70	75	69	3	37,3	0,41	0,65	3,7
90	90	83	3,5	54,1	0,4	0,91	5,4
100	110	101,4	4,3	80,7	0,4	1,36	8,1
125	125	115,2	4,9	104,5	0,4	1,76	10,4
150	160	147,5	6,2	171,1	0,4	2,86	17,1

PEB

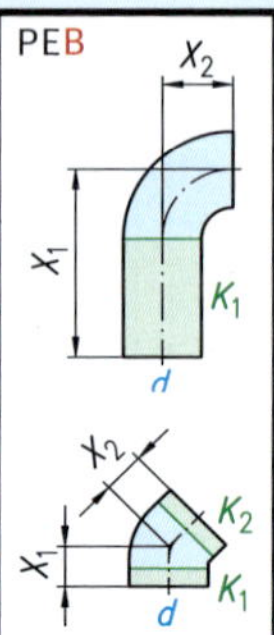

Bogen 90°					Bogen 45°					88,5°		
d	X_1	X_2	K_1	r	d	X_1	X_2	K_1	K_2	d	$X_{1/2}$	$K_{1/2}$
32	100	30	70	30	110	147	60	110	25	56	85	s.
40	150	30	120	30	40	40	40	20	20	75	115	90°
50	180	40	140	40	50	45	45	20	20	50	60	20
56	210	40	170	40	56	45	45	20	20	56	65	20
75	210	70	140	70	75	50	50	20	20	75	75	20
90	240	90	150	90	90	55	55	20	20	90	80	20
110	270	100	170	100	110	60	60	25	25	110	95	25
125	200	110	90	110	125	65	65	25	25	125	100	25
160	200	140	60	140	160	69	69	20	20	160	120	25

PEER

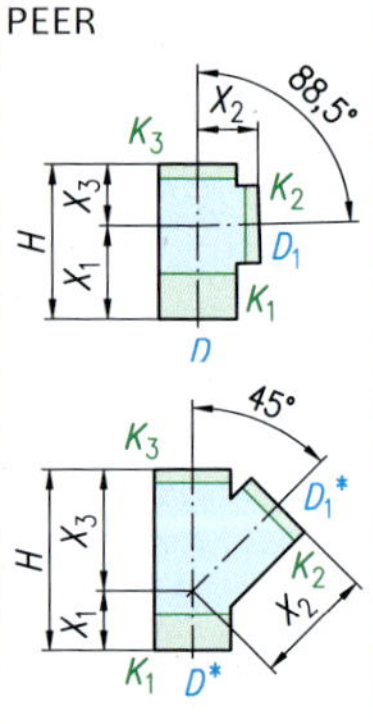

DN/DN	D	D_1	H	X_1	X_2	X_3	K_1	K_2	K_3	D	D_1	H	X_1	X_2	X_3	K_1	K_2	K_3	D*	D^*_1	H	X_1	X_2	X_3	K_1	K_2	K_3
40/40	40	40	130	75	55	55	50	25	20	110	50	225	135	90	90	95	25	50	50	50	165	55	110	110	35	20	20
50/40	50	40	150	90	60	60	60	25	30	110	56	225	135	90	90	90	25	45	75	50	210	70	140	140	60	30	40
50/50	50	50	150	90	60	60	55	25	25	110	75	225	135	90	90	85	25	35	75	75	210	70	140	140	40	25	25
56/50	56	50	175	105	70	70	70	30	35	110	90	225	135	90	90	75	25	30	90	50	240	80	160	160	80	40	50
56/56	56	56	175	105	70	70	65	30	30	110	110	225	135	90	90	65	20	20	90	75	240	80	160	160	65	30	35
70/50	75	50	175	105	70	70	70	25	35	125	50	250	150	100	100	110	25	60	90	90	240	80	160	160	50	20	20
70/56	75	55	175	105	70	70	65	25	30	125	75	250	150	100	100	100	25	45	110	50	270	90	180	180	95	50	55
70/70	75	75	175	105	70	70	55	25	25	125	110	250	150	100	100	80	20	30	110	75	270	90	180	180	75	30	35
90/50	90	50	200	120	80	80	85	25	45	125	125	250	150	100	100	70	20	20	110	90	270	90	180	180	65	25	30
90/70	90	75	200	120	80	80	70	25	30	150	110	350	210	140	140	135	45	60	110	110	270	90	180	180	55	20	20
90/90	90	90	200	120	80	80	65	25	25	150	125	350	210	140	140	125	45	50	125	110	300	100	200	200	70	25	25
100/40	110	40	225	135	90	90	100	25	60	160	160	350	210	140	140	105	35	30	125	125	300	100	200	200	60	20	20

PER

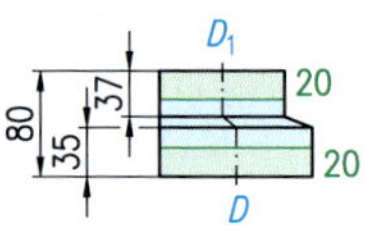

Beisp.: Übergangsrohr DIN EN 1519 – PER – A 100 x 90

D	D_1	a	D	D_1	a
50	40	5	110	40	34
56	40	8	110	50	29
56	50	3	110	75	16
75	40	17,5	110	90	9
75	50	12,5	125	50	36
75	56	9,5	125	75	23
90	50	20	125	90	16
90	56	17	125	110	7
90	75	7,5	160	110	23

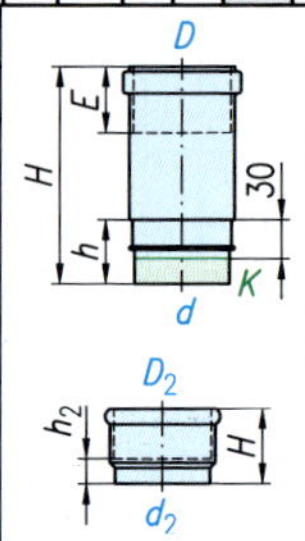

d	D	H	h	E in mm	K
32	46	128	39	40– 55	0
40	55	237	68	70–100	30
50	67	240	68	70–100	30
56	74	240	68	70–100	30
75	57	246	68	80–105	30
90	113	249	69	80–105	30
110	136	256	73	80–105	35
125	157	261	74	80–110	35
160	195	268	74	80–115	35

d_2 mm	D_2 mm	H_2 mm	h_2 mm
40	57	63	20
50	67	63	20
56	72	64	20
75	92	88	25
90	108	88	25
110	131	88	25
125	149	88	25
160	188	123	30

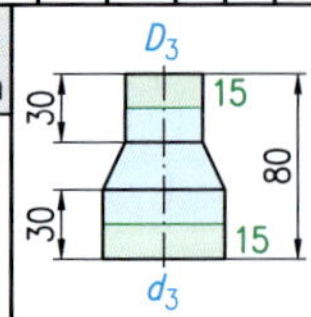

DN/DN	d_3	D_3
40/30	40	32
50/30	50	32
100/90	110	90

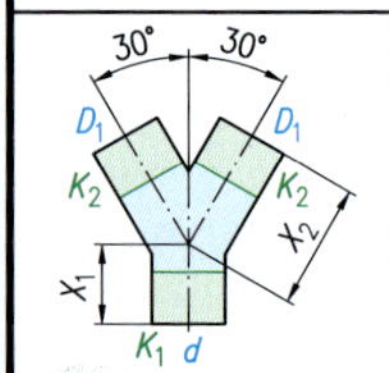

d mm	D_1 mm	X_1 mm	X_2 mm	K_1 mm	K_2 mm
50	40	55	110	40	50
56	50	60	120	40	50
56	56	18	53	0	0
75	50	70	140	60	70
75	56	70	145	60	70

Doppelabzweig

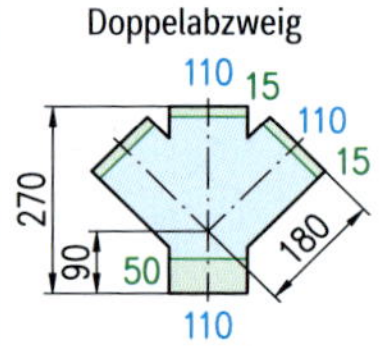

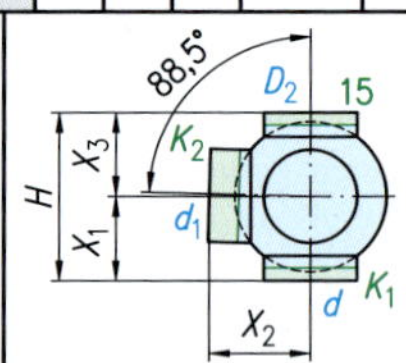

d	d_1	D_2	H	X_1	X_2	X_3	K_1	K_2
75	75	120	160	80	100	80	15	35
110	110	170	200	100	120	100	15	40
PE-Kugelabzweig 135°/180°								
110	110	170	200	100	120	100	15	40
PE-Kugelabzweig 180°								
75	75	120	160	80	100	80	13	35

Ü-Spannverbinder

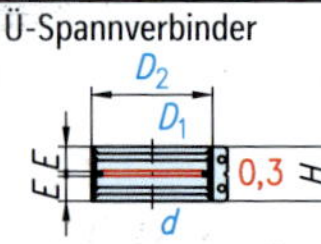

Elektroschweißmuffe

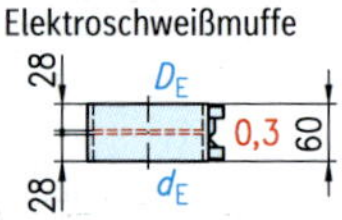

d in mm	D_1 in mm	D_2	H	E	d_E	D_E
56	58	75	57	27	40	52
75– 76	78	93	57	27	50	62
75– 76	83– 84	98	57	27	56	68
89– 90	83– 84	111	57	27	75	89
108–110	114–116	131	69	33	90	104
125	140–141	156	69	33	110	125
159–160	159–160	175	69	33	125	142
159–160	168	183	69	33	160	178

Übergangsstutzen

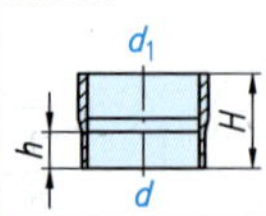

d	d_1	H	h
110	132	130	50
160	187	140	50

Schrumpfmuffe

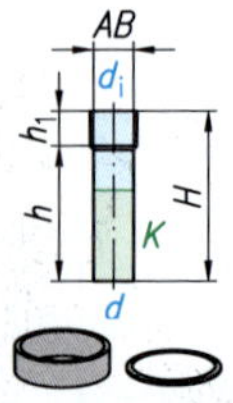

AB_1	AB_2	d	d_i	H	h	h_1	K
41–45	35–39	40	50	240	180	60	120
60–67	53–60	50	70	275	220	55	170
67–74	60–67	50	80	285	230	55	170
53–54	48–49	50	60	300	240	60	170
80–84	73–77	50	90	305	235	70	170
60–67	53–60	56	70	245	190	55	140
67–74	60–67	56	80	245	190	55	140
80–84	73–77	70	90	245	175	70	120

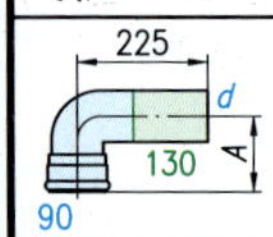

WC-Anschl.

d mm	A mm
90	110
110	121

90°-doppel

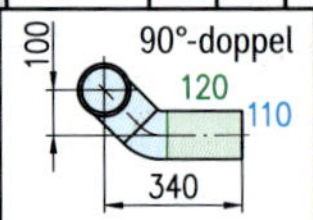

d_1 mm	A mm	a mm
110	285	110
90	275	105

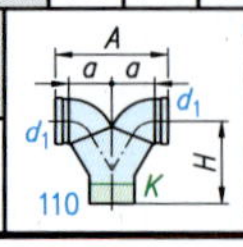

d_1 mm	A mm	a mm	H mm	K mm
110	285	110	205	50
90	275	105	325	190

90° liegend

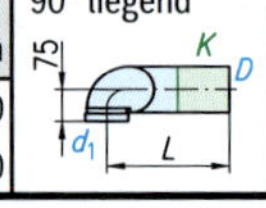

D	d_1	L	K
90	90	290	150
110	90	320	170
110	110	320	170

259.1 Abwasserkanäle und Formstücke[1] aus Polypropylen PP-MD DIN EN 14758-1

KG2000EM-Rohr

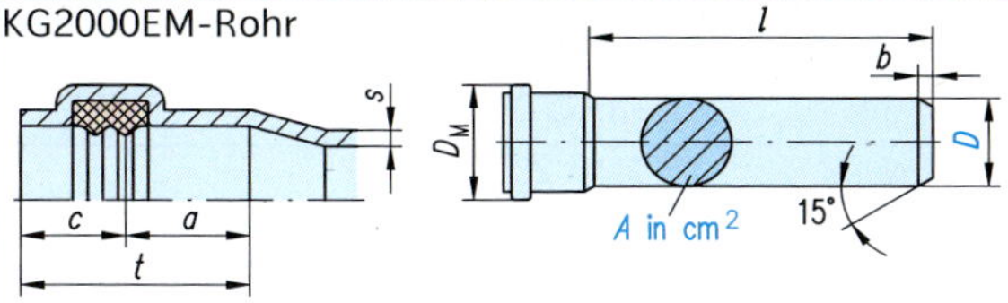

V Volumen in l/m
Maße in mm
m Masse in kg/m gilt für 1 m mit Muffe und Dichtung

Farbe	maigrün, RAL 6017
Länge	0,5; 1,0; 2,0; und 5 m
Dichtung[2]	Dichtringe[2] nach DIN EN 681
Einsatzbereich[3]	ϑ_0 = −20 °C bis +90 °C
Dichtheitsprüfung	DIN EN 1610
SN 10	Nenn-Ringsteifigkeit in kN/m²
chemische Beständigkeit	pH 2 bis pH 12; In Sonderfällen DIN 8078 Bbl. 1 zu entnehmen.

Bezeichnung von Bauteilen:

Rohr bzw. Formstück	Norm	–	Kurzzeichen	DN ...	–	Grad
Bogen	DIN EN 14758-1	–	KGB	DN 150	–	45

Kennzeichnung der Bauteile für Abwasserkanäle und Abwasserleitungen nach DIN EN 14578:

Norm	Anwendung U o. UD	Hersteller	DN	SDR oder s	Werkstoff	SN	Hersteller-Information	*3)

DIN EN 14758, U oder DU, SN 10

DN	D mm	D_M[1] mm	a min	c max	t min	b mm	s mm	D mm	A cm²	V l/m	m kg/m
100	110	128	40	22	62	6	3,4	103,2	84	8,4	1,7
125	125	146	43	26	68	6	3,9	117,2	108	10,8	2,1
150	160	187	50	32	82	7	4,9	150,2	177	17,7	3,5
200	200	236	58	40	98	9	6,2	187,6	276	27,6	5,7
250	250	287	68	50	118	9	7,7	234,6	432	43,2	8,9
300	315	359	81	63	144	12	9,7	295,6	686	68,6	14,3
400	400	450	108	80	178	15	12,3	375,4	1107	111	26,4

Reduktion exzentrisch KG2000R

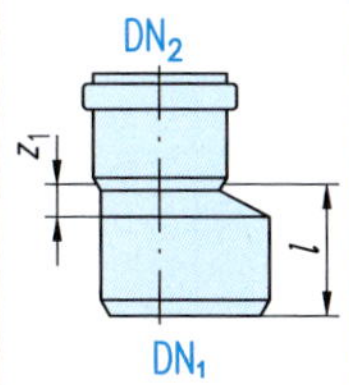

DN_1	DN_2	z_1 mm	l mm
125	100	16	99
150	100	34	135
150	125	28	129
200	150	32	175
250	200	49	181
300	250	63	215
400	300	91	271

Bogen KG2000B

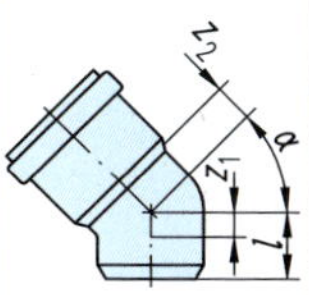

DN	α = 15° z_1	z_2	l_1	α = 30° z_1	z_2	l_1	α = 45° z_1	z_2	l_1	α = 67° z_1	z_2	l_1	α = 87° z_1	z_2	l_1
100	9	16	87	17	23	95	26	29	94	41	47	119	59	65	137
125	10	19	93	19	28	102	29	36	112	44	54	127	66	72	145
150	24	19	120	24	34	125	37	45	144	56	69	161	84	91	180
200	15	31	158	29	46	162	46	57	189	–	–	–	–	–	–
250	23	44	163	–	–	–	59	77	199	–	–	–	–	–	–
300	28	56	188	–	–	–	73	98	233	–	–	–	–	–	–
400	29	67	220	–	–	–	92	120	283	–	–	–	–	–	–

Reinigungsrohre KG2000RE

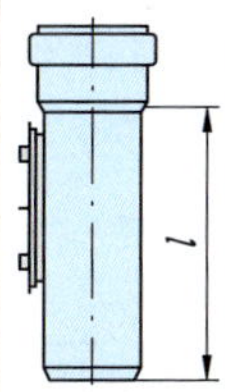

DN	l
100	308
125	313
150	380
200	410
250	–
300	–
400	–

Abzweige α = 45°, KG2000EA

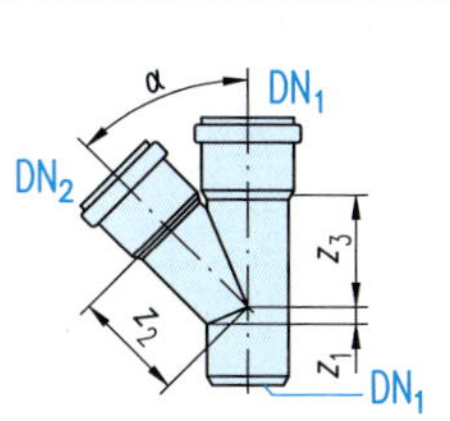

DN_1	DN_2	z_1	z_2	z_3	DN_1	DN_2	z_1	z_2	z_3
100	100	26	134	134	250	150	57	258	311
125	100	81	91	91	250	250	57	311	311
125	125	29	152	152	300	150	40	301	250
150	100	2	168	162	300	200	72	325	393
150	125	10	179	175	300	300	72	393	393
150	150	37	195	195	400	150	82	394	526
200	150	19	221	218	400	200	55	417	555
200	200	46	244	244	400	400	78	683	683

Abzw. α = 87° KG2000EA

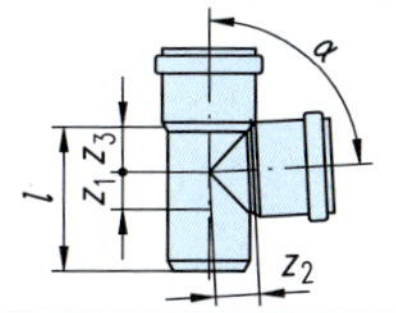

DN_1	DN_2	z_1	z_2	z_3	l
100	100	59	64	64	197
150	100	15	141	140	227
150	150	81	91	91	279

Doppelmuffe KG2000U

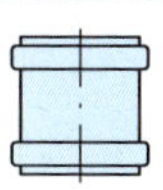

Überschiebemuffe KG2000MM

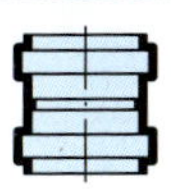

Muffenstopfen KG2000M

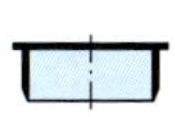

Anschlüsse für Rohre aus anderen Werkstoffen

KG2000G

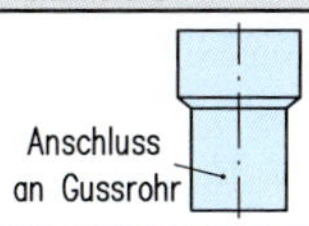

KG2000US

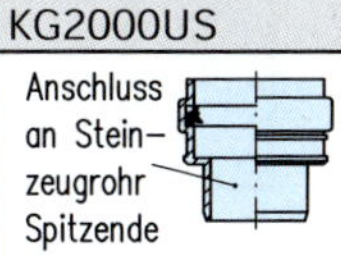

KG2000USM

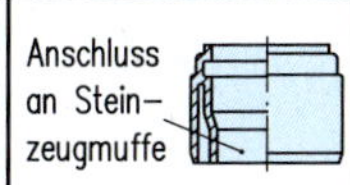

[1] Konstruktionslängen nach Herstellerangaben. Nicht auf alle Hersteller übertragbar. [2] Mit NBR-Dichtungen für Fettleitungen mit Begleitheizung und Tankstellenabwässer geeignet. [3] Gebrauchstauglichkeit für kaltes Klima.

260.1 Abwasserkanäle aus PVC-U und Formstücke[1] Maße in mm, DIN EN 1401, DIN 19534-3

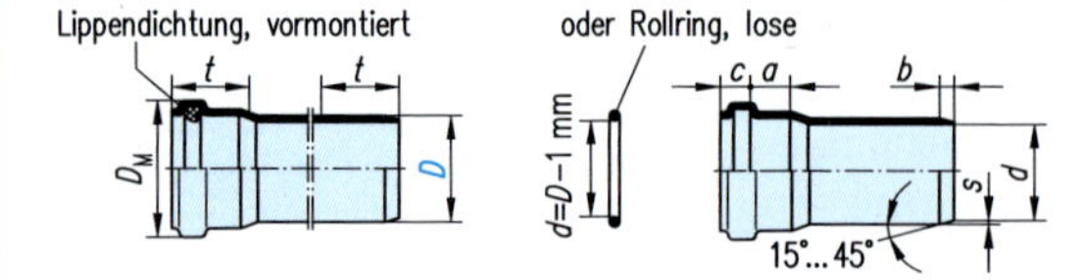

A lichter Querschnitt in cm² (mit $d = D - 2 \cdot s$ gerechnet)
V Volumen in l/m mit d gerechnet
m Masse in kg/m (mit s und $r = 1{,}4$ g/cm³ gerechnet)

Farbe	orangebraun oder staubgrau
Länge	bis 5 m
Dichtung	EPDM, DIN EN 681–1
Wasser-temperatur	DN ≤ 200 TO ≤ 45 °C DN > 200 TO ≤ 35 °C
SN[2]	Nenn-Ringsteifigkeit in kN/m²
Anwendung	**U** außerhalb der Gebäudestruktur **UD** außerhalb und innerhalb der Geb.

Bezeichnung von Bauteilen:

Rohr bzw. Formstück	Norm	–	Kurzzeichen	DN ...	–	Grad
Bogen	DIN EN 1401	–	KGB	DN 150	–	45

Kennzeichnung der Bauteile für Abwasserkanäle und Abwasserleitungen nach DIN EN 1401:

Norm	Anwendungsgebiet	Hersteller	DN	SDR oder s	Werkstoff	SN[2]	Hersteller-Information	★[3]

Kanalrohr DIN EN 1401, U oder UD							SN 4, SDR 41					SN 8, SDR 34				
DN	*D* mm	D_M[1] mm	*a* min	*c* max	*t* min	*b* mm	*s* mm	*d* mm	*A* cm²	*V* l/m	*m* kg/m	*s* mm	*d* mm	*A* cm²	*V* l/m	*m* kg/m
100	110	128	32	26	60	6	3,2	103,6	84,3	8,4	1,5	3,2	103,6	84,3	8,4	1,5
125	125	145	35	26	67	6	3,2	118,6	110,5	11,0	1,7	3,7	117,6	108,6	10,9	2,0
150	160	183	42	32	81	7	4,0	152,0	181,5	18,1	2,7	4,7	150,6	178,1	17,8	3,2
200	200	226	50	40	99	9	4,9	190,2	284,1	28,4	4,2	5,9	188,2	278,2	27,8	5,0
250	250	287	55	70	125	9	6,2	237,6	443,4	44,3	6,6	7,3	235,4	435,2	43,5	7,8
300	315	357	62	70	132	12	7,7	299,6	705,0	70,5	10,4	9,2	296,6	690,9	69,1	12,4

Bogen[1] – KGB

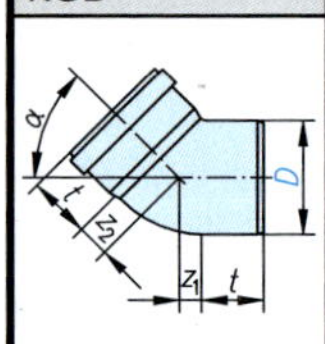

DN	α = 15° z_1	α = 15° z_2	α = 30° z_1	α = 30° z_2	α = 45° z_1	α = 45° z_2	α = 67° z_1	α = 67° z_2	α = 87° z_1	α = 87° z_2
100	8	14	17	22	26	31	40	46	59	65
125	10	16	19	24	28	34	46	52	66	72
150	12	19	24	31	36	43	59	66	83	90
200	15	24	30	38	46	55	74	82	105	115
250	19	30	37	49	57	69	–	–	132	143
300	23	38	47	61	72	86	–	–	166	180

Reinigungsrohr[1] – KGRE

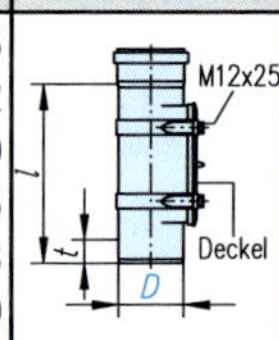

DN	*l*
100	350
125	360
150	390
200	550
250	–
300	–

Übergangsrohr[1] – KGR

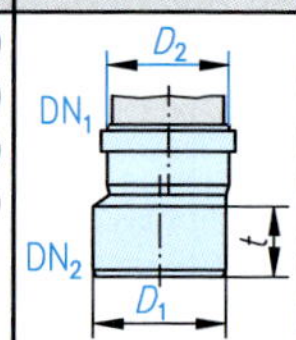

DN_1	DN_2
125	100
150	100
150	125
200	150
250	200
300	250

Abzweig[1] – KGEA; Sattelstück[1] – KGAB; α = 45°

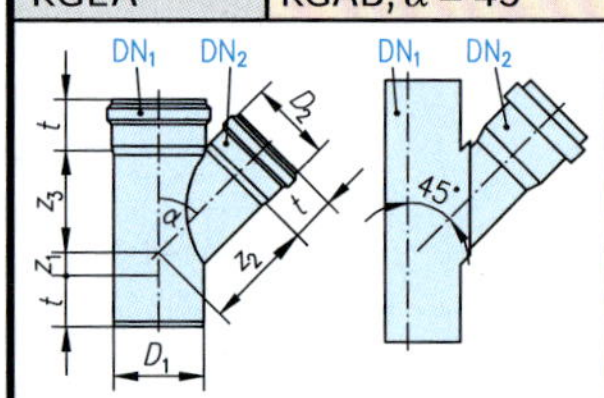

(DN₁ × DN₂ − α)

DN_1	DN_2	α = 45° z_1	α = 45° z_2	α = 45° z_3	α = 87° z_1	α = 87° z_2	α = 87° z_3	DN_1	DN_2	α = 45° z_1	α = 45° z_2	α = 45° z_3	α = 87° z_1	α = 87° z_2	α = 87° z_3
100	100	25	134	134	57	61	61	200	150	18	220	214	86	108	91
125	100	18	144	141	57	68	62	200	200	45	241	241	105	111	111
125	125	28	152	152	65	69	69	250	100	−37	290	310	64	160	130
150	100	2	168	159	59	83	63	250	150	−3	260	250	88	165	135
150	125	12	181	176	66	86	71	250	200	24	350	268	107	160	160
150	150	36	200	200	83	87	88	250	250	57	340	340	131	160	180
200	100	−17	194	179	61	106	67	300	200	−5	380	380	110	170	180
200	125	−7	203	190	69	106	75	300	300	72	440	440	166	260	220

Doppelmuffe[1]	Muffenstopfen[1]	Aufklebemuffe[1]	Anschlüsse für Rohre aus anderen Werkstoffen[1]		
KGU o. KGMM	KGM	KGAM	KGUG	KGUS	KGUSM

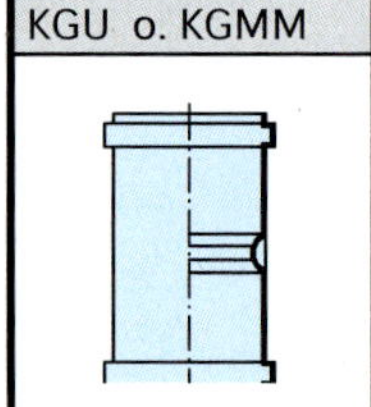

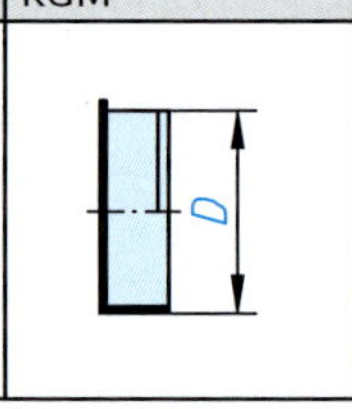

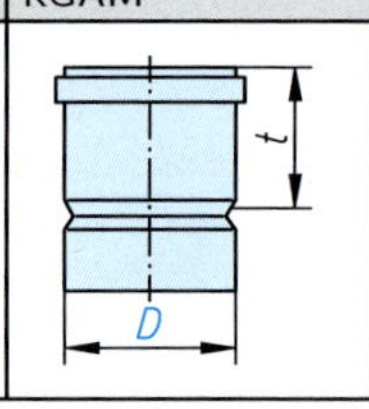

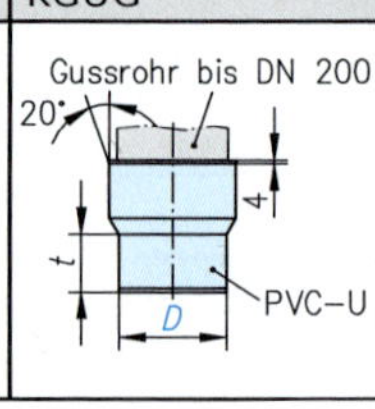

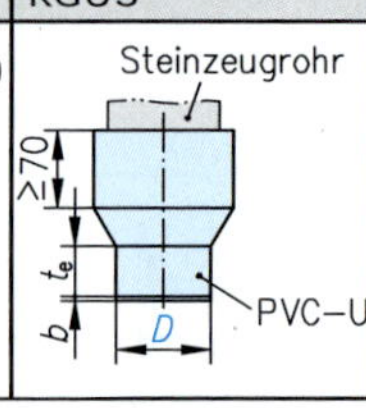

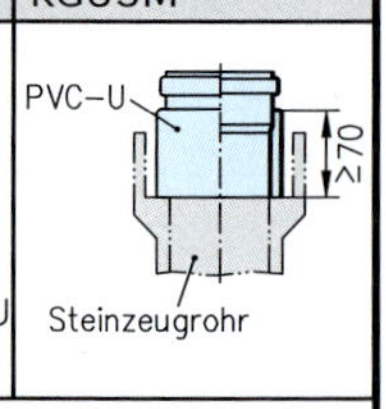

[1] Nach Herstellerangaben. Nicht auf alle Hersteller übertragbar. [2] Kennzahl für die Ringsteifigkeit in kN/m².
[3] Verlegung der Rohre auch bei Temperaturen unter $\vartheta \leq -10$ °C möglich (Montage üblich bei $\vartheta \geq +5$ °C).

261.1 Schallgedämmtes, mineralverstärktes PP-Abwasserrohr und Formstücke, Auszug — Herstellerangabe

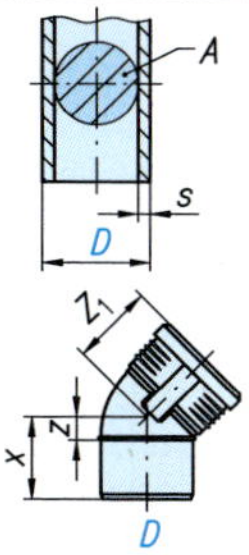

Rohr		Bogen 15°			Bogen 30°			Bogen 45°			Bogen 87,5°		
D mm	S mm	X_{15} mm	Z mm	Z_1 mm	X_{30} mm	Z mm	Z_1 mm	X_{45} mm	Z mm	Z_1 mm	X_{87} mm	Z mm	Z_1 mm
32	20	50	6	10	52	8	9	55	10	11	64	19	20
40	20	54	7	11	57	9	10	60	12	13	71	23	25
50	20	58	7	11	62	11	10	65	15	14	79	28	30
75	26	65	9	15	70	15	15	76	20	21	97	41	42
90	31	73	12	17	79	18	17	85	24	25	110	49	48
110	36	82	14	20	90	21	22	97	30	29	128	60	60
125	42	88	14	23	98	24	35	107	33	33	142	68	67
160	52	97	17	26	110	30	28	122	42	40	166	85	84

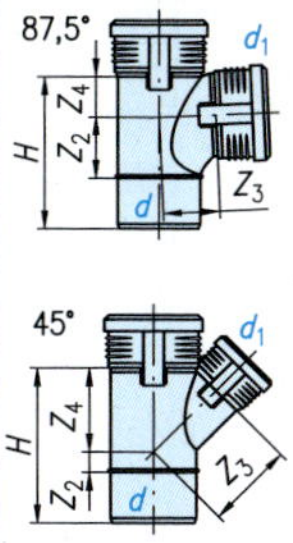

d_{mm}	d_1	$H_{87{,}5°}$	Z_2	Z_3	Z_4	$H_{45°}$	Z_2	Z_3	Z_4	Bogenabzweig 87,5°
40	40	92	22	22	22	98	12	50	50	
50	50	105	27	28	28	114	10	63	63	DN 90/90
75	50	114	28	42	31	134	1	81	76	H = 177 mm
75	75	139	40	43	43	150	19	94	94	$Z_{2/3/4}$ = 67/
90	50	121	28	49	32	130	6	91	84	7/49mm
90	75	146	40	51	45	175	12	104	102	DN 110/90
110	50	129	28	60	32	148	15	106	95	H = 186 mm
110	75	154	40	61	45	183	2	119	112	$Z_{2/3/4}$ = 68/
125	110	213	66	78	73	237	21	147	143	81/50 mm
160	110	206	64	68	68	245	4	172	161	

RED

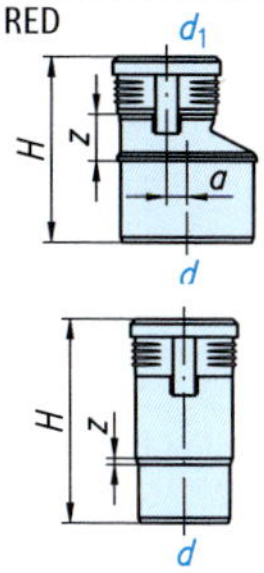

d	d_1	a	H	Z	d	d_1	a	H	Z
50	40	5	114	16	110	50	28	164	45
50			181	3	110	50	26	95	24
75	50	12	133	26	110	75	17	157	33
75	50	10	84	23	110	75	14	96	29
75			198	6	110	90	10	157	27
90	50	19	146	34	110	90	6	98	32
90	50	17	88	24	110			242	5
90	75	7	139	22	125	110	7	171	29
90	75	4	89	28	125			265	6
90			217	3	160	110	23	194	45

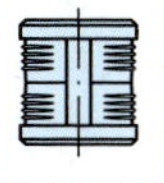

d	H	Z
40	96	1
50	103	1
75	113	2
90	124	2
111	139	3
125	152	4

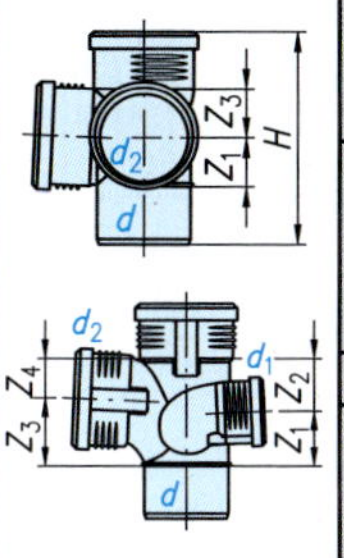

d	90	110	125	90	110	110
d_1	90	110	110	90	110	110
d_2	90	110	110	90	75	110
H	157	186	213	177	212	212
Z_1	46	56	66	70	83	77
Z_2	50	60	78	70	77	77
Z_3	50	61	73	49	61	61

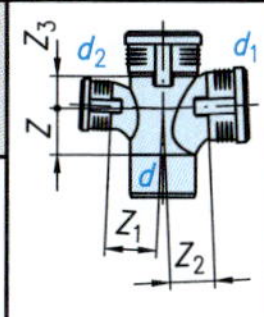

Z = 67/82/82 mm

d	90	110	H	176	211	Z_4	49	61
d_1	75	75	Z_1	63	67	Z_5	35	44
d_2	90	110	Z_2	53	76	Z_6	69	71
a	82	92	Z_3	67	82			

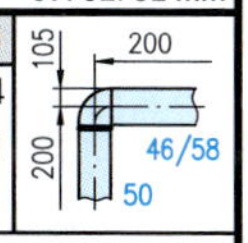

Übergangsmuffe

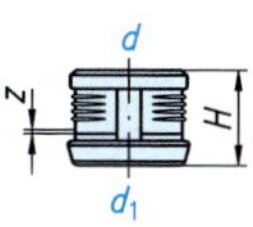

d	d_1	H	Z
50	56	87	3
75	75	92	3
90	90	97	3
110	110	104	3
125	135	120	3
160	160	136	4

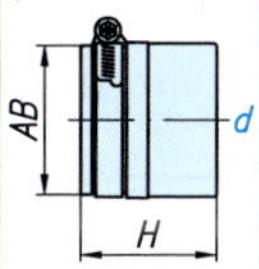

Ü-Manschette

d in mm	AB	H
40/56	58	63
56/75	78	77
75/90	83	77
104/110	110	95
125	130	103

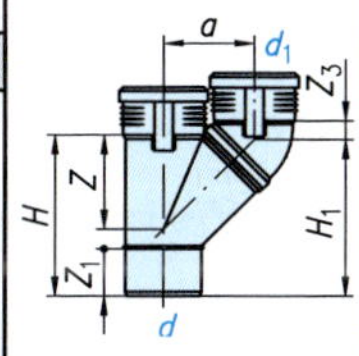

Parallelabzweig

d	H	H_1	a
90	196	214	11
110	233	255	13
Z	Z_1	Z_2	Z_3
113	22	150	25
138	27	184	29

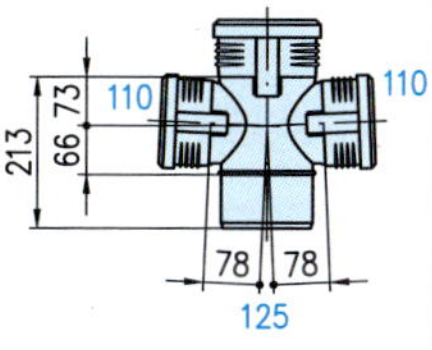

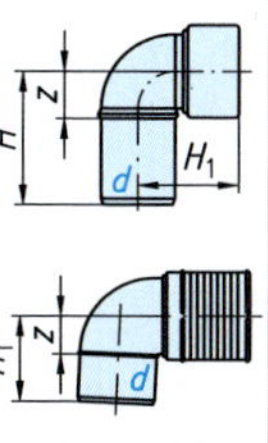

d	d_1	H	H_1	Z
32	46	71	51	26
40	46	74	55	26
50	46	82	57	32
50	58	83	59	32
für WC 87,5°				
90		200	126	58
110		191	110	49

Haltekralle

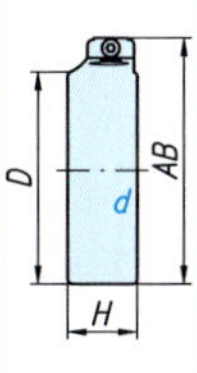

d	AB	D	H
40	69	57	35
50	82	70	38
75	109	96	37
90	126	113	41
110	147	135	41
125	165	152	45
160	206	193	50

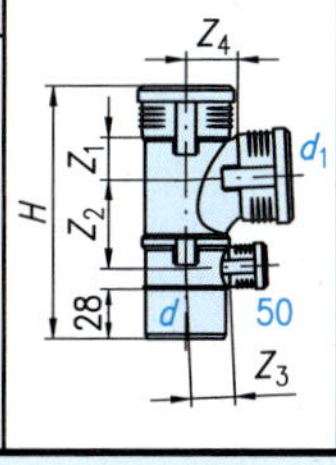

d	d_1	H	
90	90	306	
110	90	324	
110	110	350	
Z_1	Z_2	Z_3	Z_4
49	107	49	70
50	109	60	81
61	124	60	77

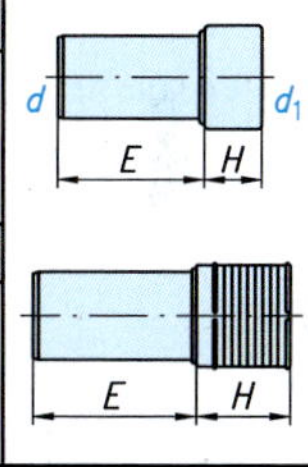

PP-Stutzen

d	d_1	H	E
32	46	35	45
40	46	32	47
50	58	32	51
für WC			
d		H	E
110		109	18

261.2 Rohre und Formstücke für heißwasserbeständige Abwasserleitungen HT hell- bis dunkelgrau

Rohrserienzahl S/SDR für Anwendungsbereich					
Werkstoff		PP[1]	ABS/ASA	SAN + PVC	PVC-C
Anwendungsbereich	B	20/41	25/51	25/51	25/51
	BD	/33	16,7/33	16,7/33	16,7/33
	SN	≥ 4	≥ 5	≥ 5	≥ 6,3

Anwendungsbereich	
B	innerhalb und außen am Gebäude
BD	innerhalb und erdverlegt innerhalb der Gebäudestruktur[2] mit $D \geq 75$ mm
SN	Nenn-Ringsteifigkeit in kN/m²

Kennzeichnung der Abwasserrohre EN 1451

Norm Hersteller Dxs Werkstoff Anwendung S/SDR[3] MFR-Gruppe ★[4] Hersteller-Info

Bezeichnung: Rohr DIN EN 1451 – HTEM DN 100 × 1 000 (Länge in mm)

Kennzeichnung für das Brandverhalten der Abwasserrohre

Rohrwerkstoff	DIN EN	Rohrkennzeichnung	Farbe	Baustoffklassen DIN 4102	
Polypropylen PP/PP-H	1451-1	PP DN 4102-B1	rot	A	nichtbrennbare Baustoffe
Styrol-Copolymerisat ABS	1455-1	ABS DIN 4102-B2	gelb	A1	Beton/A2 Faserzem., Gipskart.
Styrol-Copolymerisat ASA	1455-1	ASA DIN 4102-B2	gelb	B	brennbare Baustoffe
Styrol-Copolymer-Blends SAN + PVC	1565-1	ABS/ASA/PVC DIN 53438 K1	rot	B1	schwer entflammbar
(zusätzliche Beschriftung)		DN 4102-B2-klebbar	gelb	B2	normal entflammbar
Chloriertes Polyvinylchlorid PVC-C	1566-1	PVC-C DIN 4102-B1 klebbar	rot	B3	leicht entzündlich

Schmelzindex MFR für PP (Copolymerisat) und PP-H (Homopolymerisat) – Rohre

Gruppe A	≤ 0,3	Gruppe C	0,6 < MFR ≤ 0,9	Nur Bauteile der gleichen oder benachbarten
Gruppe B	0,3 < MFR ≤ 0,6	Gruppe D	0,9 < MFR ≤ 1,5	MFR-Gruppe dürfen verschweißt werden.

[1] PP = Copolymerisat. PP-H = Homopolymerisat

[2] Rohrverlegung bis 1m Tiefe im Erdreich und max. 1 m vom Gebäude entfernt

[3] s. 137.1

[4] Montagetemperat. ≥ + 5 °C, Verlegung bis –10 °C möglich

262.1 HT-Abwasserrohre (PP) und Formstücke DIN EN 1451-1 (grau) Auszug — Herst.ang.

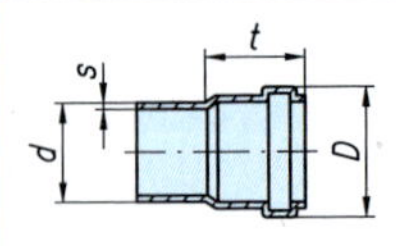

Kurzz.	Benennung	Kurzz.	Benennung	Kurzz.	Benennung	Kurzz.	Benennung
HTEM	Rohr mit einseitiger Steckmuffe	HTB	Bogen	HTR	Übergangsrohr (Reduzierung)	HTWB	Wandklosettbogen
		HTEA	Einfachabzweig			HTSP	Sprungrohr
HTDM	Rohr m. Doppelmuffe	HTDA	Doppelabzweig	HTPA	Parallelabzweig	HTRE	Reinigungsrohr
HTGE	Rohr mit glatten Enden	HTED	Eckdoppelabzw.	HTKB	Klosettbogen	HTM	Muffenstopfen

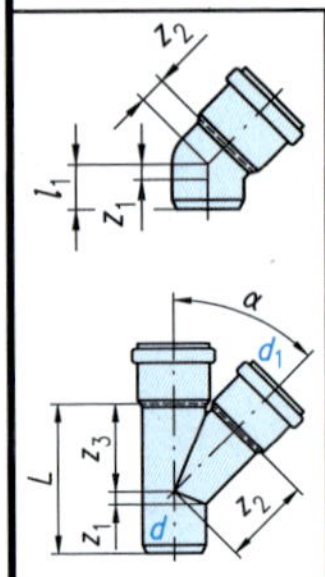

Rohr				Bogen 15°			Bogen 30°			Bogen 45°			Bogen 67°			Bogen 87°		
d	s	D	t	z_1	z_2	l_1	z_1	z_2	l_1	z_1	z_2	l_1	z_1	z_2	l_1	z_1	z_2	l_1
32	1,8	44	40	3	8	42	6	10	42	9	12	42	14	17	42	19	23	42
40	1,8	53	55	5	9	44	7	11	44	10	14	44	16	20	44	23	26	42
50	1,8	63	56	5	9	46	9	13	46	12	16	46	22	23	46	28	31	46
75	1,9	88	61	7	11	51	12	16	51	16	12	51	28	31	51	40	43	51
90	2,2	105	58	6	12	54	13	18	54	20	25	54	32	36	54	46	49	54
110	2,7	125	76	9	17	58	17	24	58	17	24	58	40	44	58	57	61	58
125	3,1	143	82	10	17	64	19	25	64	28	34	64	40	44	58	65	71	64
160	3,9	181	90	13	22	73	24	32	73	36	46	73				83	96	73

Bezeichnungsbeispiel: Bogen DIN EN 1451 HTB DN 70 × 67°

d/d_1	Abzweig 45°				Abzweig 67°				Abzweig 87°			
mm mm	z_1	z_2	z_3	L	z_1	z_2	z_3	L	z_1	z_2	z_3	L
40/ 40	10	50	50	104	16	33	33	99	23	25	25	92
56/ 50	12	62	62	125	20	41	41	110	28	30	30	109
75/ 50	1	79	74	128	14	54	46	115	27	43	31	112
75/ 75	18	92	92	164	28	66	60	143	40	34	34	138
90/ 50	9	90	82	127	d/d_1 = 50/40				26	50	31	111
90/ 75	9	103	100	163	14	39	35	95	39	51	44	137
110/ 50	17	104	94	152	8	73	54	125	28	60	34	120
110/ 75	1	120	115	175	22	78	68	148	40	60	46	113
125/110	18	144	142	224	d_1 = 110		88	186	58	70	64	191

262.2 HT (PP)-Formstücke DIN EN 1451-1 (grau), Reduktion, Doppelabzweig, Muffe, Ausz. Herstell.ang.

HTR

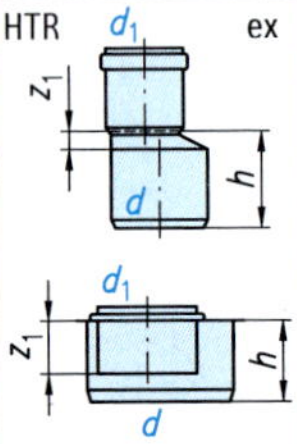

d	d_1	z_1	h	d	d_1	z_1	h
40	32	31,5	50,5	110	50	30,5	58
50	40	12	64	110	75	26	89
75	50	21	72	110	75	39,4	59
75	50	30,9	53	110	90	17	75
90	50	29	83	125	110	15	79
90	75	17	71	160	110	36,5	118
110	50	40	102	160	160	28	101

HTDA

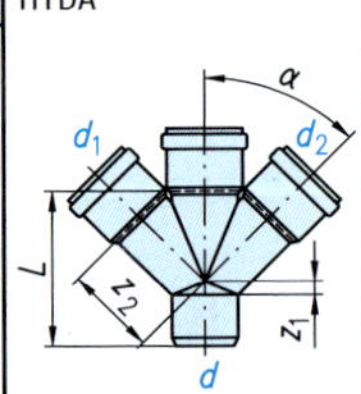

HTDA-Doppelabzweig					
d	d_1	d_2	z_1	z_2	L
50	50	50	20	41	107
75	75	75	28	55	138
[1]90	90	90	46	51	151
110	50	50	8	73	121
110	110	110	40	87	189

[1] $\alpha = 87°$ sonst $\alpha = 67°$

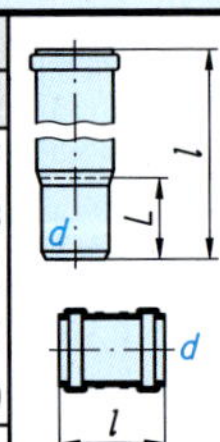

HTL/HTAM			HTU/MM	
d	l	L	d	l
50	211	54	40	103
50	116		50	105
75	222	57	75	111
75	96,5		90	98
90	151	60	110	128
110	255	68	125	116

262.3 Schallgedämmtes, mineralverstärktes HT-Abwasserrohr und Formstücke, Auszug — Herstellerangabe

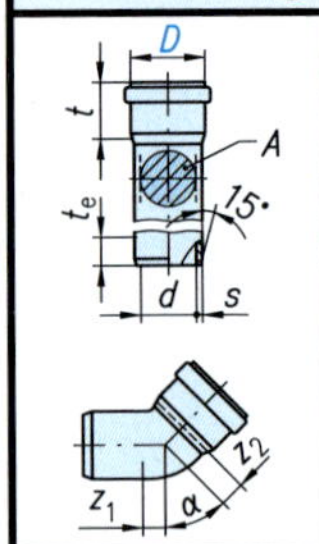

Rohr/Steckmuffe				α 15°		α 30°		α 45°		α 67°		α 87°	
d	s	D	t	z_1	z_2	z_1	z_2	z_1	z_2	z_1	z_2	z_1	z_2
40	1,8	54	42,3	5	8	7	11	10	14	16	19	23	26
50	1,8	64	46,3	5	9	9	12	12	16	20	23	28	31
75	1,9	89	49,3	7	11	12	15	18	21	28	31	40	43
90	2,2	105	52	7	12	14	18	21	25	34	39	48	52
110	2,7	128	55,6	9	14	17	21	25	29	40	44	57	61
125	3,1	146	60,4	10	15	19	23	28	33	46	50	65	70
160	3,9	184	67,7	12	19	24	31	38	42	–	–	87	87
200	6,2	240	101	–	–	–	–	46	63	–	–	105	122

HTEA

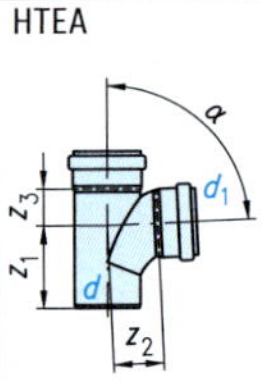

Einfachabzweig mit Steckmuffe

Einfachabzweig 45°			
d/d_1	z_1	z_2	z_3
50/50	12	61	61
75/50	−1	79	74
75/75	18	81	91
90/50	−8	90	83
90/75	11	102	100
90/90	21	110	110
110/50	−17	104	91
110/75	1	116	109
110/90	12	121	118

Einfachabzweig 87°			
d/d_1	z_1	z_2	z_3
50/40	24	30	29
50/50	28	30	30
75/50	27	43	31
75/75	40	43	43
90/50	28	50	32
90/75	41	51	44
110/50	28	60	32
110/75	1	116	109
110/90	68	79	48

HTR

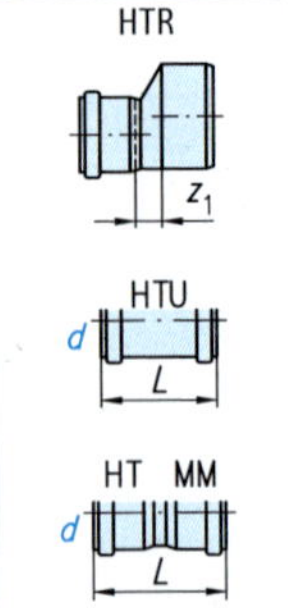

Übergang HTU/MM/HTDA				
d	d_1	z_1	d	l
50	40	12	40	89
75	50	20	50	93
90	50	29	75	111
90	75	15	90	107
110	50	40	110	128
110	75	26	125	142
110	90	20	160	148
125	110	15	200	206
160	110	38	Ü-/Doppel-Muffe	
160	125	27		

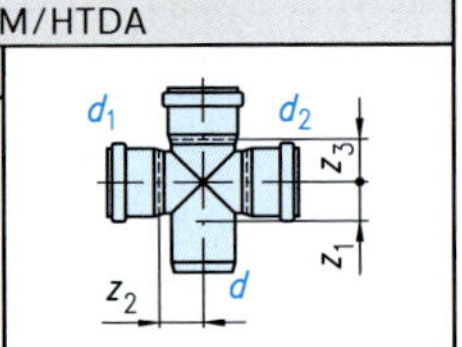

d	d_1	d_2	α°	z_1	z_2	z_3
110	110	110	45	25	134	134
110	110	110	87	57	62	62
125	110	110	45	18	144	141
160	110	110	87	58	86	64

HTED

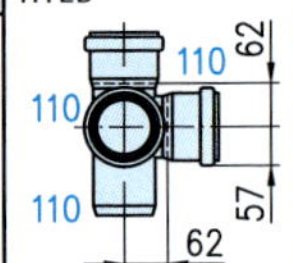

HTPA

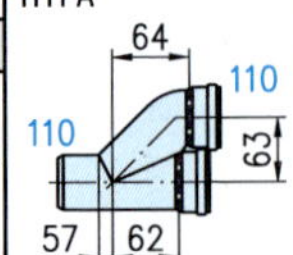

Schachtabzweig links/rechts		
d	90	110
d_1	75	75
d_2	90	110
α°	87	87
z_1	56	57
z_2	70	62
z_3	51	62
z_4	46	63

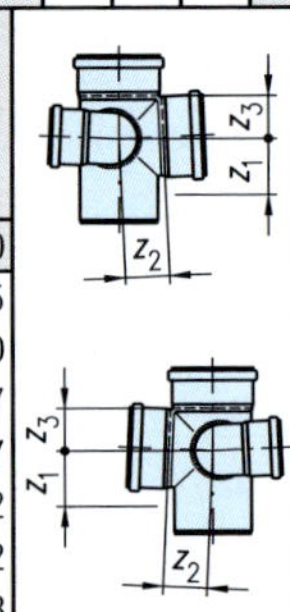

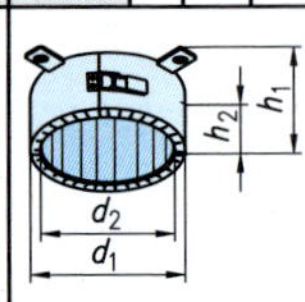

d_1	d_2	h_1	h_2
68	57	50	15–35
99	82	50	15–35
118	97	70	25–45
139	117	70	25–45
161	132	70	25–45

Fest-/Sicherungsschelle

d	d
40	110
50	125
75	160
90	200

Verbindungsklammer

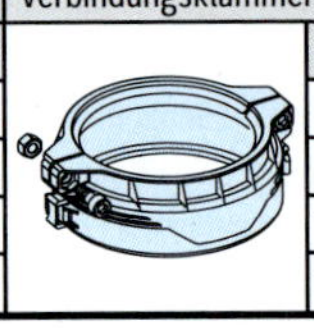

d_A	d_A
84	155
95	173
120	200
135	249

Stützbefestigung

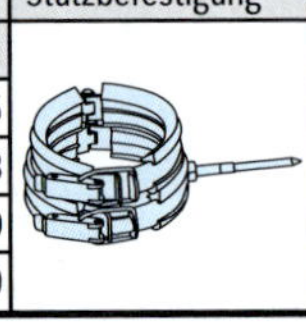

d
50
75
90
110
125

Brandmanschette

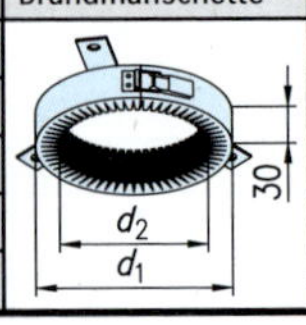

d_1	d_2
75	63
109	88
135	103
155	123
170	138

Winkelbrandmanschette

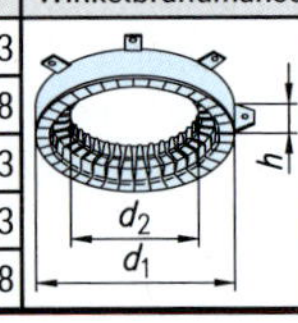

d_1	d_2	h
191	121	30
216	136	42
236	156	42
264	184	42

263.1 Anlagenunterteilung DIN EN 12056

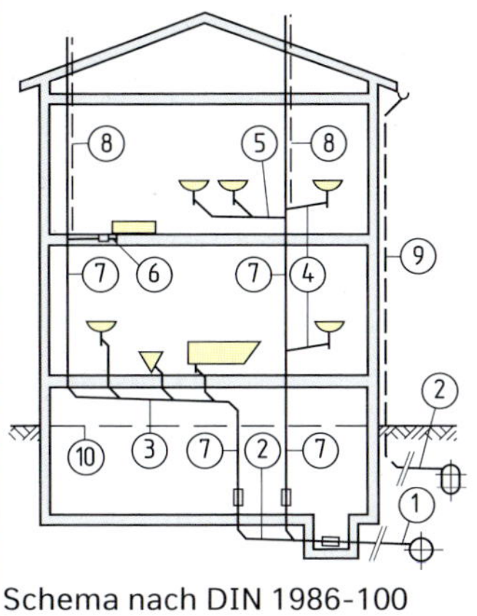

Schema nach DIN 1986-100

① Anschlusskanal
② Grundleitg.
③ Sammelltg.
④ Einzelanschlussltg.
⑤ Sammelanschlussltg.
⑥ Verbindungsleitg.
⑦ Fallleitung
⑧ Lüftungsleitung
⑨ Regenfallleitung
⑩ Rückstauebene

263.2 Fallleitung, Anschlüsse, Absaugung

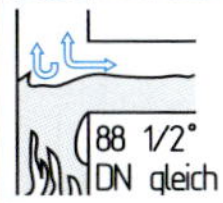	Fallleitung voll belastbar, kein hydraulischer Abschluss ⇒ **Druckausgleich**	Geruchverschlüsse **voll funktionsfähig**
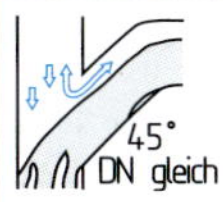	Fallleitung voll belastbar, hydraulischer Abschluss bei WC-Spülg. ⇒ **Unterdruck**	genügend dimensioniert **funktionsfähig**
	Fallleitung voll belastbar, kein hydraulischer Abschluss ⇒ **Druckausgleich**	Geruchverschlüsse **voll funktionsfähig**, Fremdeinspülung möglich
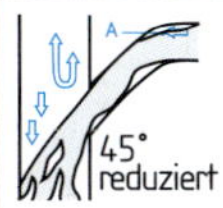	Fallleitg. gering belastbar infolge hydraulischem Abschluss ⇒ **Unterdruck**	**Absaugung** infolge hydraulischem Abschluss im Einlaufknie A – **nicht zulässig** –

Schutz vor unplanmäßiger Überflutung durch ausreichende Bemessung der Entwässerungsanlage
Gefahren nach DIN 1986-100: Überflutung • durch Wasseraustritt im Gebäude; • von außen wegen ungünstiger Einbindung des Gebäudes in das Gelände; • von Flächen, auf denen z. B. wassergefährdende Stoffe oder andere Schutzgüter lagern. Der Schutz gegen Rückstau ist entsprechend 292.1 ff auszuführen. Abwasserleitungen sind so zu planen und herzustellen, dass dauerhafte Feststoffablagerungen bei bestimmungsgemäßem Betrieb vermieden werden.

263.3 Fallleitung, Druckverhältnisse, Richtlinien DIN EN 12056, DIN 1986-100

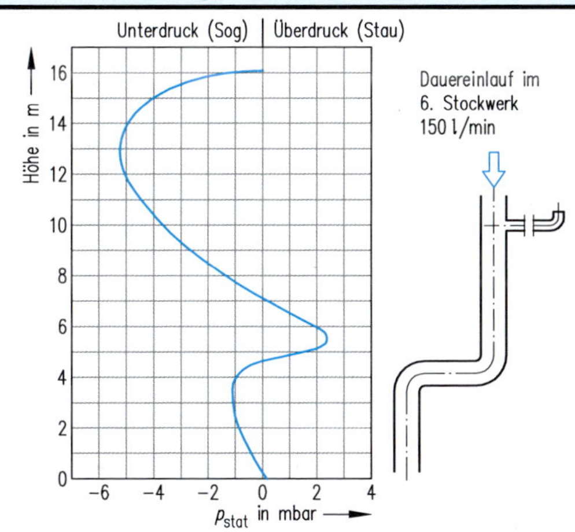

- Geradlinig durch die Geschosse, ohne Nennweitenänderung, mit Hauptlüftung über Dach führen.
- Oberhalb 2 m der Umlenkung keine Anschlüsse an 10 bis 22 m lange Fallleitungen (4 bis 8 Geschosse).
- Anschlüsse nur 1 m hinter bzw. vor der Umlenkung.
- Alternativ auch mittels gelüfteter Sammelanschlussleitung.
- > 10 m bis 22 m Länge oder Verziehung < 2 m nur mit Umgehung (263.3b) oder direkter Übergang in Sammel- oder Grundleitung (263.3e).
- Anschlüsse ≤ DN 70 müssen mit (88 ± 2)°-Abzweigen ausgeführt werden.
- Umlenkungen immer mit zwei 45°-Bögen und 250-mm-Zwischenstück (≤ 10 m auch (88 ± 2)°-Bogen).

263.4 Fallleitung, Einmündung benachbarter Anschlussleitungen, Sonderformstücke DIN 1986-100

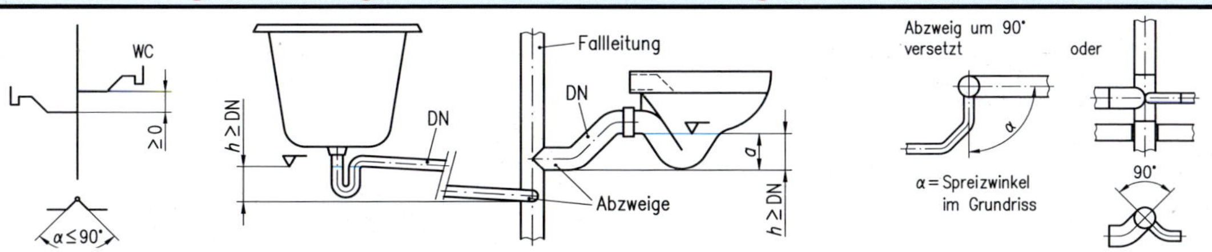

Anschlussleitungen für Klosettbecken, Bade- und Duschwannen sowie für Badabläufe sind so in die Fallleitung einzuführen, dass das Maß $h \geq$ DN der Anschlussleitung ist. h = Höhenunterschied zwischen Wasserspiegel im Geruchverschluss und Sohle der Anschlussleitung am Fallleitungsabzweig. Benachbarte Anschlussleitungen sind so zu verlegen, dass Fremdeinspülungen vermieden werden. (s. Bild oben und 263.1).

264.1 Anschluss von Klosettbecken an die Fallleitung, Sohlenabstand *a* DIN EN 12056

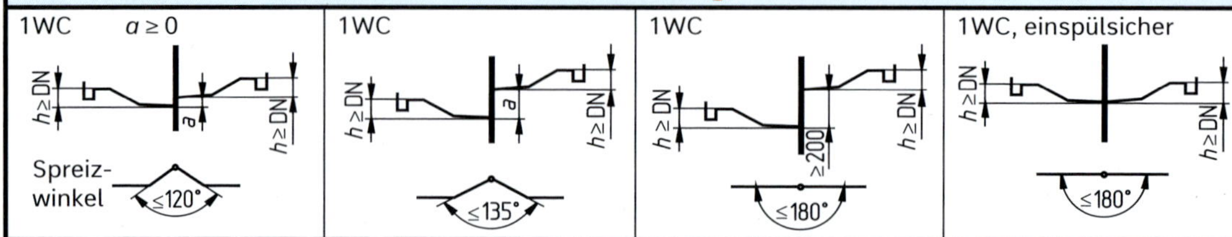

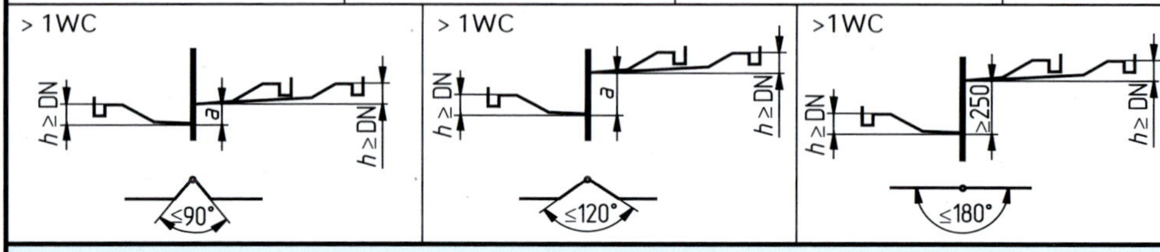

$a = 0$ Eckdoppelabzweige dürfen verwendet werden.

264.2 Anschluss von Klosettbecken auf gleicher Rohrsohle an die Fallleitung DIN 1986-100

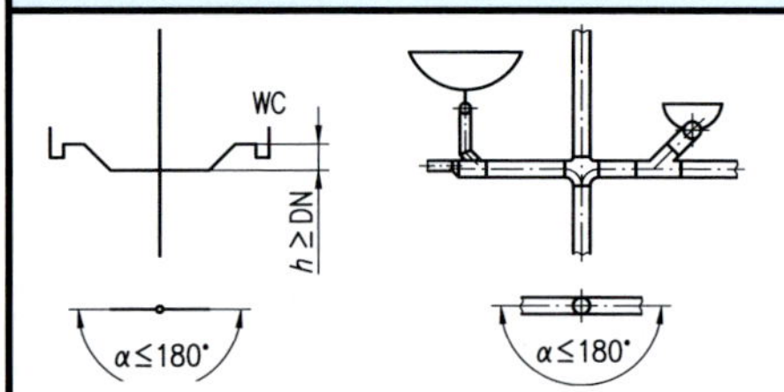

bei jeweils gleicher Abgangsnennweite des Doppelabzweiges mit Innenradius oder 45° Einlaufwinkel

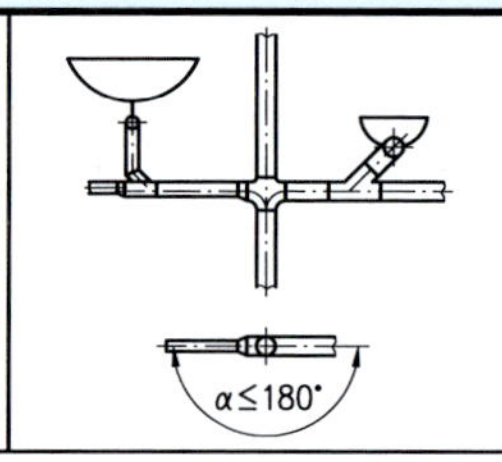

bei jeweils gleicher Abgangsnennweite des Doppelabzweiges mit Innenradius oder 45° Einlaufwinkel mit Nennweitenreduzierung s. 264.1

Auch für Anschlüsse von Einzelanschlussleitungen an Sammelanschlussleitungen bzw. Sammelleitungen gilt der Grundsatz, dass Fremdeinspülungen zu vermeiden sind. Nebeneinanderliegende Wohnungen dürfen nur dann an eine gemeinsame Schmutzwasserfallleitung angeschlossen werden, wenn sowohl für den Schall- als auch für den Brandschutz die erforderlichen Maßnahmen berücksichtigt werden.

264.3 Fallleitungen, Führung durch die Geschosse, Verziehung, Umgehungsleitung DIN 1986-100

a. Verziehung ohne Umgehungsleitung 10 m < *L* < 22 m

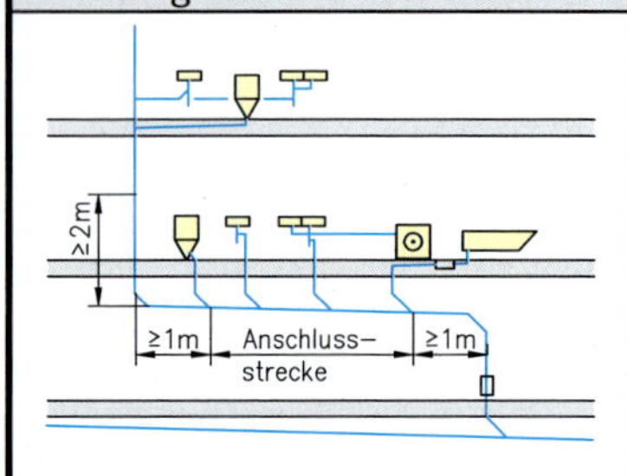

Verziehung ≥ 2 m

b. mit Umgehungsleitung 10 m < *L* < 22 m

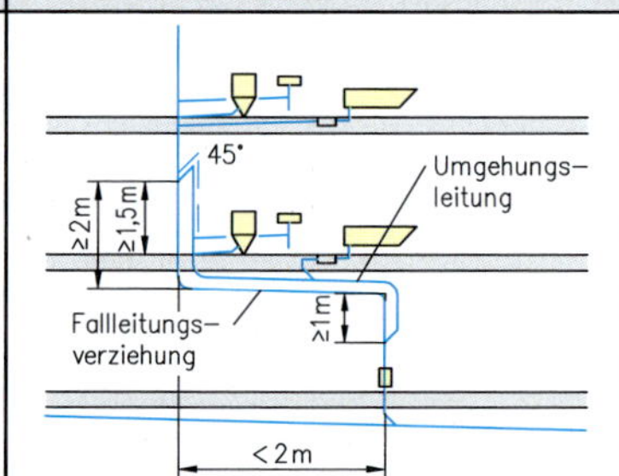

Verziehung < 2 m

c. Umlüftung 4 bis 8 Geschosse 10 m < *L* < 22 m

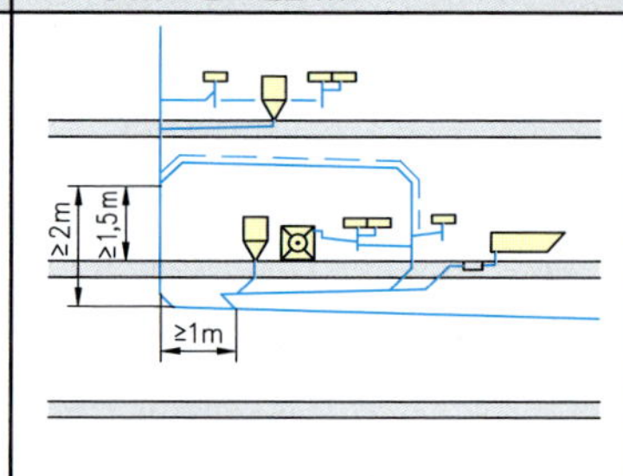

Verziehung ≥ 2 m

d. Umlüftung 4 bis 8 Geschosse 10 m < *L* < 22 m DIN EN 12056

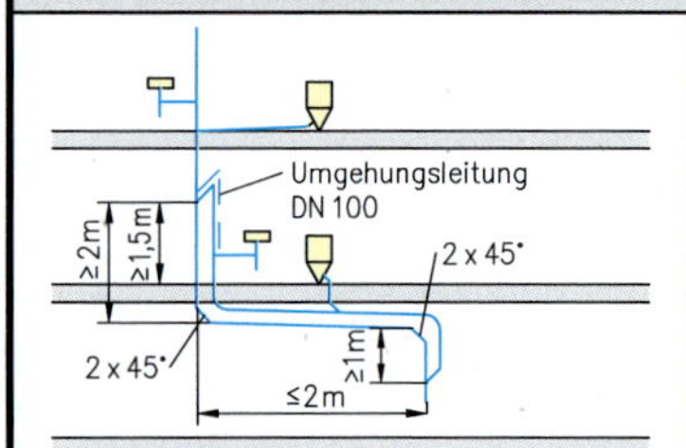

Verziehung < 2 m

e. Übergang in Grundleitung/SL

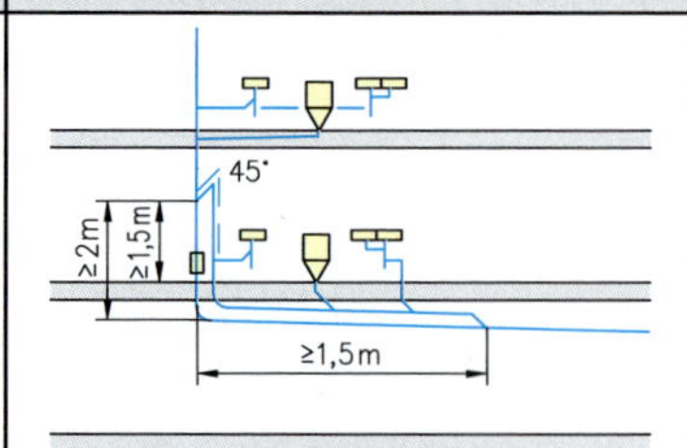

Verziehung ≥ 2 m

f. Umgehungsleitung DIN EN 12056

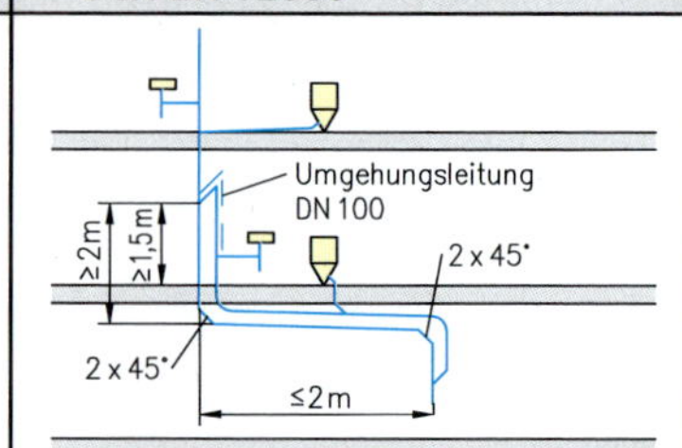

Verziehung < 2 m

265.1 Mehrfach verzogene Fallleitung mit in-/direkter Nebenlüftung

g. Fallleitungsverziehung 1 bis 3 Geschosse, $L < 10$ m	h. mehrfach verzogene Fallleitung mit direkter Nebenlüftung
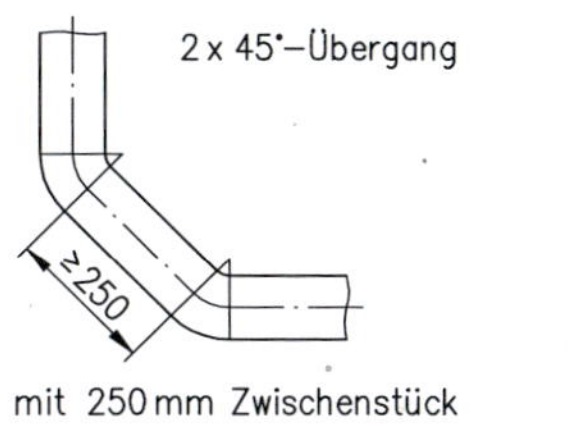 Übergang in eine liegende Leitung	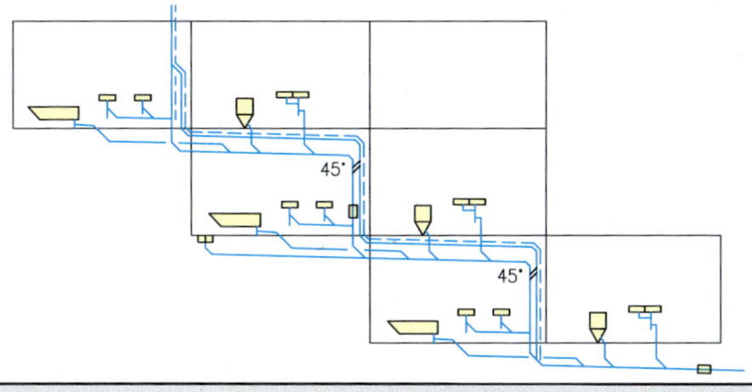
i. geneigter Anschluss an Leitungen für Schmutzwasser	j. mehrfach verzogene Fallleitung mit indirekter Nebenlüftung
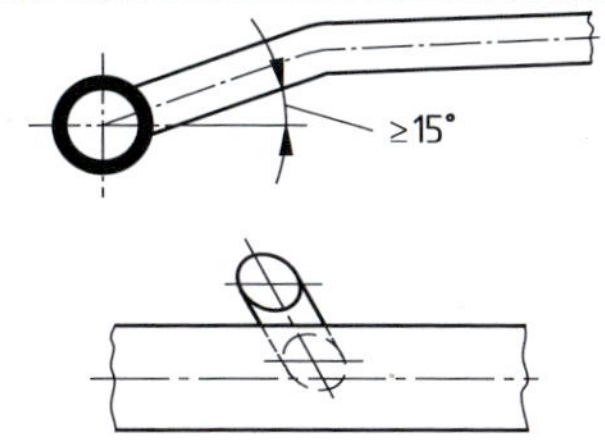 insbesondere WC-Anschluss an Sammelanschlussleitung	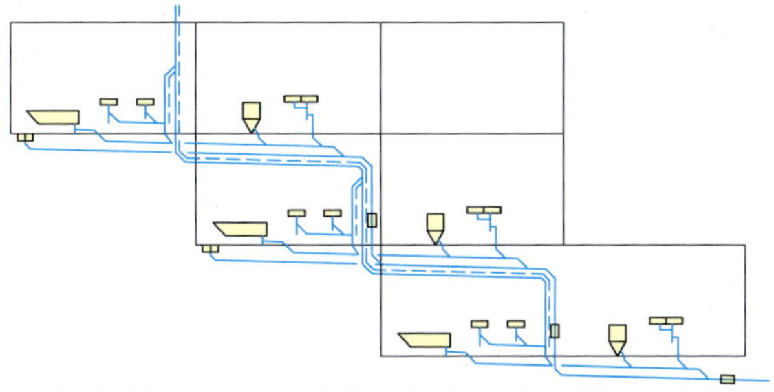

265.2 Sonderformstücke für den Anschluss an die Fallleitung, Beispiel Silent-PP Maße s. 257.1

Eckabzweig 87,5°	Bogenabzweig 88,5°	BA 87,5°/Schachtbogenabzweig	Kombibogen(-eck)-Abzweig, gerade, links, rechts
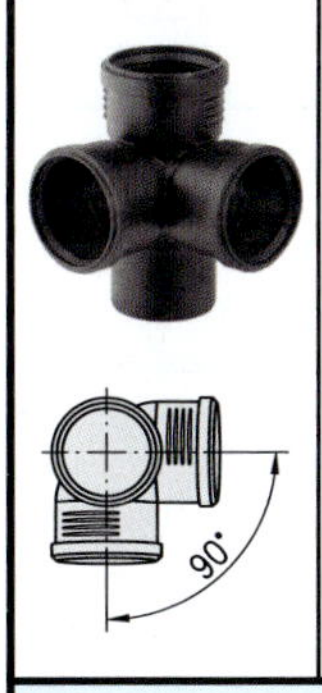	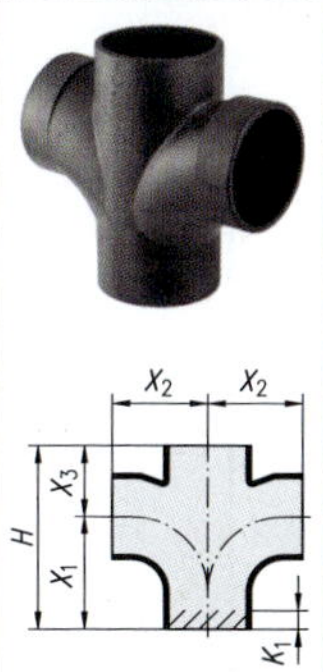	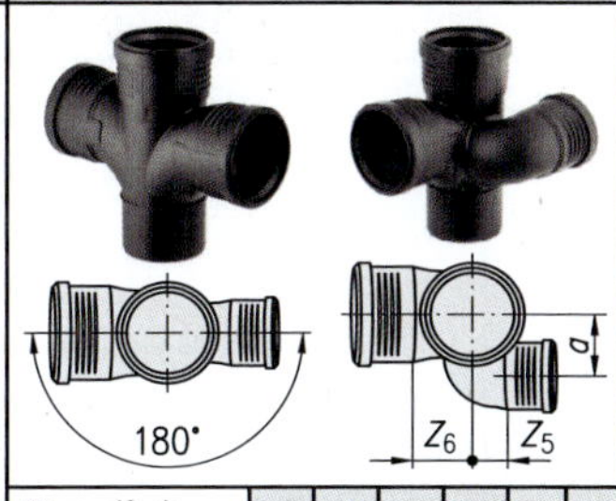	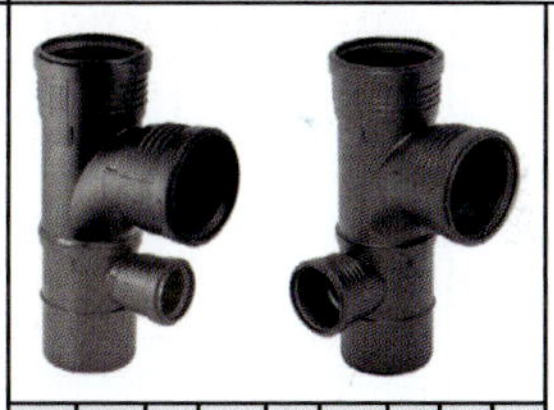 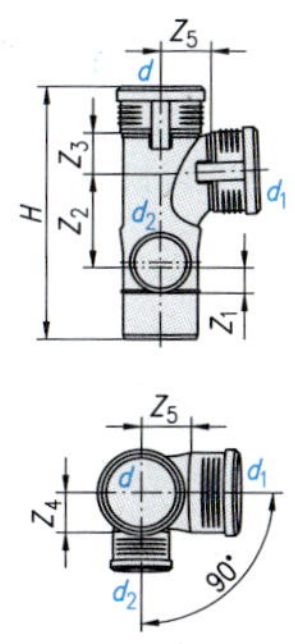

BA zweifach mit erhöhtem Schallschutz

d	H	X_1	X_2	X_3	K_1
90	203	120	105	83	15
110	225	135	115	90	25

Kombibogen(-eck)-Abzweig

d	d_1	d_2	H	Z_1	Z_2	Z_3	Z_4	Z_5
90	90	50	306	32	109	52	49	67
110	90	50	324	33	111	54	59	78
110	110	50	350	33	126	65	59	74
110	110	75	375	42	138	65	60	78

265.3 Belüftungsventile (Herstellerangabe, Bezeichnungen, Betriebsbedingungen) DIN 1686-100

GRB 50

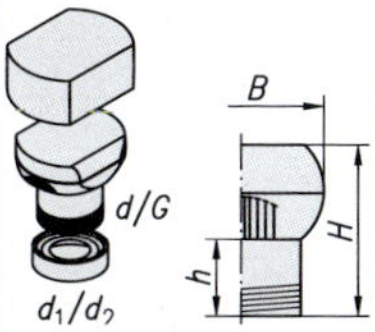

Rohrbelüfter Typ AI
DIN EN 12380

d	mm	50
G	mm	1½
d_1	mm	32
d_2	mm	40
L	mm	80
B	mm	70
H	mm	73
h	mm	35
$\dot{V}$	l/s	7,5

GRB 90 PE/
Silent-PP/-dB 20

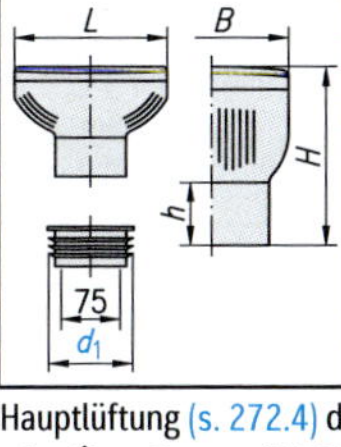

$d_{1\,PE}$	103,5
$d_{1\,PP}$	106
$d_{1\,dB\,20}$	99,5
d mm	90
L mm	195
B mm	120
H mm	141
h mm	50
$\dot{V}$ l/s	35

Bezeichnung	A	B	I	II	III
Bereich/ Position	Ja	Nein	−20 °C bis +60 °C	0 °C bis +60 °C	0 °C bis +20 °C
Bestimmungs-faktor	Lage: [1] Unterhalb		Temperatur		

[1] Unterhalb der Fließebene (= Rückstauebene) der Anschlussleitung der angeschlossenen Entwässerungsgegenstände einsetzbar.

Für Schmutzwasserfallleitung mit DN der Hauptlüftung (s. 272.4) dimensionieren.
Für Anschlussleitung: System I/IV → $\dot{V}_a = 1 \times \dot{V}_{tot}$ System II/III → $\dot{V}_a = 2 \times \dot{V}_{tot}$
$\dot{V}_a \geq 8 \times \dot{V}_{tot}$
Für Einzelfallleitung: $\dot{V}_a$ min. Luftmenge/$\dot{V}_{tot}$ Gesamtschmutzwasserabfluss l/s

Anmerkung: Ventile der Bezeichnung I sind für einen Einsatz vorgesehen, dessen Temperatur am Einsatzort (unbeheizter Dachboden) tagelang unter dem Gefrierpunkt liegen kann.

266.1 Lüftungssysteme der Entwässerung — DIN EN 12056-2

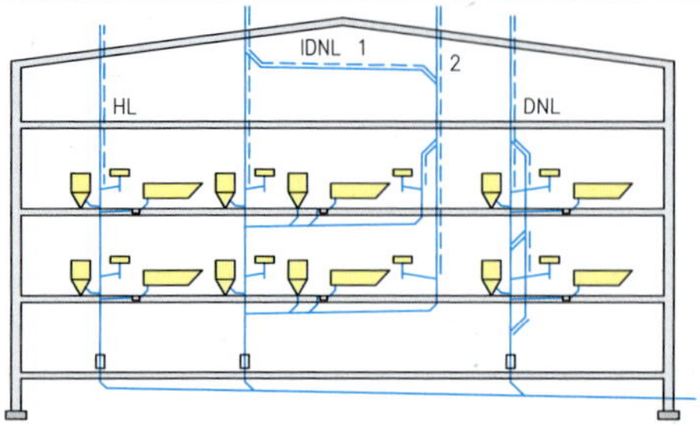

HL	Hauptlüftung	IDNL	indirekte Nebenlüftung
DNL	direkte Nebenlüftung	1	an Hauptlüftung
		2	unmittelbar über Dach

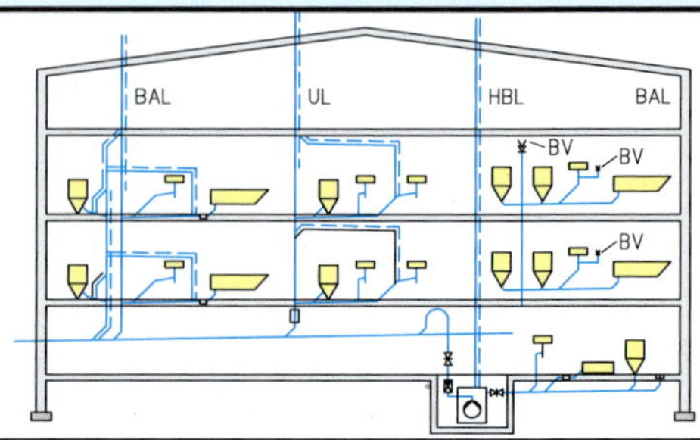

BAL	Belüftete Anschlussltg.	HBL	Hebeanlagenlüftung
UL	Umlüftung	BV	Belüftungsventil

Übersicht nach DIN 1986-100 s. 264.3 und 265.1

266.2 Hauptlüftungen HL

Druckkontrolle in der Fallleitung durch Be- und Entlüftung der Fallleitung. Alternativ können Belüftungsventile verwendet werden.

266.3 Nebenlüftungen NL

Druckkontrolle durch separate Nebenlüftungen, ggf. + belüftete Anschlussleitungen in Verbindung mit Hauptlüftungen. Belüftungsventile sind zulässig.

266.4 Lüftungsleitungen, Hauptlüftung, Umgehung, Umlüftung

1 Einzel-/2 Sammel-Hauptlüftung		Umgehungsleitung		Umlüftungsleitung	
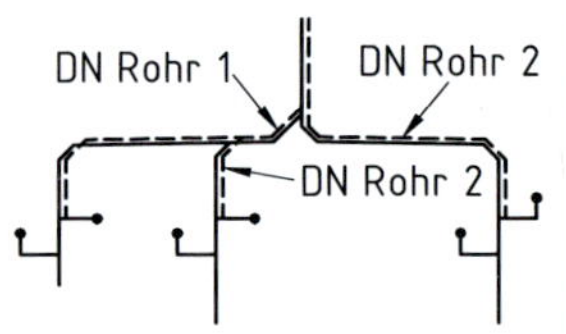	DN Rohr 2 ≥ ½ Σ DN Rohr 1 DN 1 muss > als größte DN Rohr 2 sein	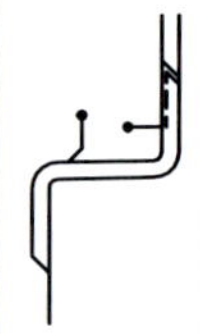	max. DN 100 Bemessung Lüftungsteil nach DIN EN 12056-2	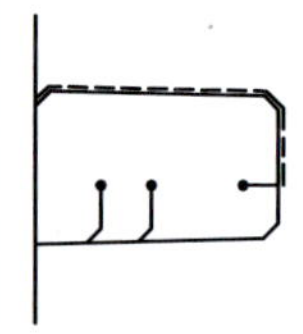	DN 70 reicht, sonst wie Sammelanschlussleitung

266.5 Lüftungssysteme für Anschlussleitungen, Anwendungsgrenzen — DIN EN 12056-2

Art	System I BRD	System II	System III	System IV	
In Deutschland verwendete Lüftungssysteme • vor allem System I • II bei Sammelanschlussleitungen DN 80 u. h/d max. 0,5 • IV, wenn im Gebäude eine Grauwassernutzung vorgesehen ist.	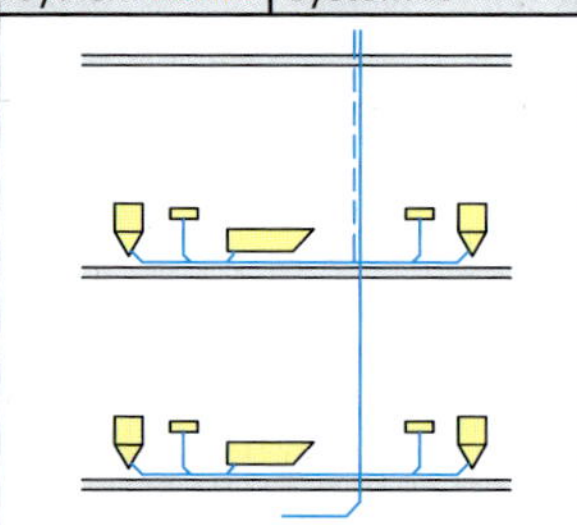		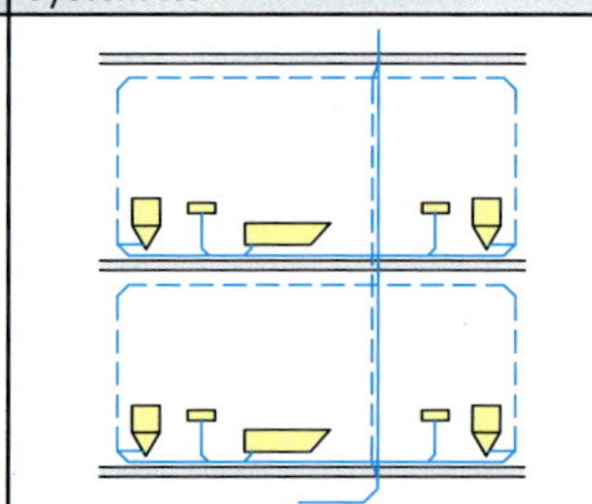	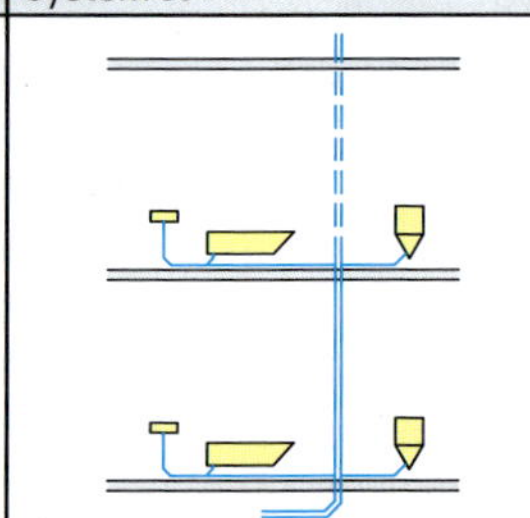	
Fallleitung	Einzelfallleitung mit Anschlussleitungen teilbefüllt		Einzelfallleitung, Anschlussleitungen teil- oder vollgefüllt	getrennte Fallleitungen für Grau- und Schwarzwasser	
Füllungsgrad	0,5	0,7	1,0	wie System I, II oder III	
Belüftet/unbelüftet	unbelüftet oder belüftet		belüftet	siehe einzelne Systeme	
Anwendungsgrenzen für unbelüftete Anschlussleitungen					
Rohrlänge maximal	4,0 m	10,0 m	Da System III in Deutschland keine Anwendung findet, wird hier auf Tab. 6 DIN 12056-2 verwiesen.	10,0 m	[1] ohne Anschlussbogen [2] II = DN 70 → 3,0 m bei DN 100 + WC ⇒ kein weiterer Anschluss im Bereich von 1 m über Anschluss an eine belüftete Anlage
Anzahl 90°-Bogen[1]	≤ 3	1		3	
Absturzhöhe H_{max}	1,0 m	DN[2] > 70 → 6,0 m		1,0 m	
Mindestgefälle	1 % (1 : 100)	1,5 %		1 %	
Anwendungsgrenzen für belüftete Anschlussleitungen					
Rohrlänge maximal	10,0 m	keine Begrenzg.	Da System III in Deutschland keine Anwendung findet, wird hier auf Tab. 9 in DIN 12056-2 verwiesen.	10,0 m	
Anzahl 90°-Bogen	keine Begrenzung			keine Begrenzg.	
Absturzhöhe H_{max}	3,0 m	3,0 m		3,0 m	
Mindestgefälle	0,5 %	0,5 %		0,5 %	

267.1 Reinigungsöffnungen in Rohrleitungen — DIN 1986-100

Rohrendverschluss	Reinigungsverschl.	Reinigungsrohr mit runder/ovaler Öffnung	Reinigungsrohr mit rechteckiger Öffnung	offene Rohrdurchführung im Schacht	Reinigungsrohr als Schiebestück
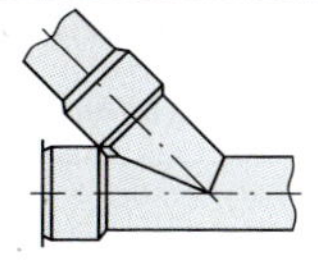	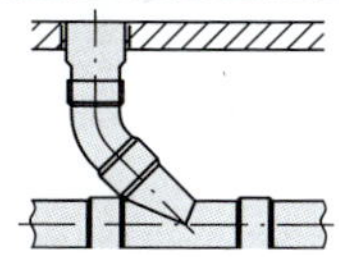	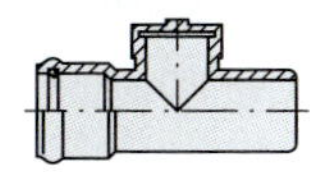	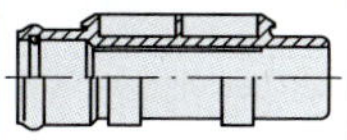	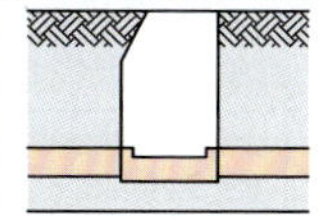	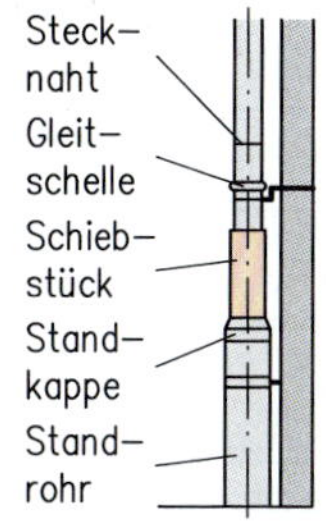
Ersatz für Reinigungsrohr in Fallleitung; Übergang lotrechte Leitung in eine Sammelleitung	Reinigung der Grundleitung/Sammelleitung von der OKFFB aus	Reinigung der Umlenkung von lotrecht in liegend nur für Anschluss-, Fall- und Sammelleitung zulässig	für alle Leitungen Aufnahme von großen Reinigungs- und Inspektionsgeräten möglich	danach Grundleitung DN 150 mit Füllungsgrad $h/d = 1{,}0$ möglich	

267.2 Abstände von Reinigungsöffnungen in Grundleitungen — DIN 1986-100

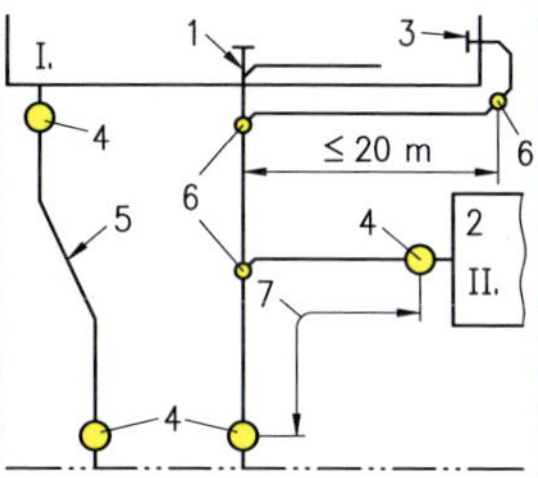

1 Reinigungs-T-Stück an der Kellerwand
2 Gebäude I bzw. II
3 Reinigungs-T-Stück an der Kellerwand
4 besteigbarer Schacht DN 1000
5 Axialversprung ≤ 30°
6 Inspektionsöffnung z.B. Schacht DN 400
7 40 m ≤ DN 150, 60 m ≥ DN 200 (gilt auch für 1 bis 4)

- In Grund- und Sammelleitungen mindestens alle 20 m.
- Nahe der Grundstücksgrenze, ≤ 15 m vom öffentlichen Abwasserkanal anordnen.
- Bei Grenzbebauung statt Schachtinstallation einer Reinigungsöffnung im Gebäude in der Sammelleitung vor der Mauerdurchführung.
- Keine Reinigungsöffnung bei Nahrungsmittelbe- und -verarbeitung, Lagerung.
- Reinigungs-/Rohrendverschlüsse in Sammelleitungen.
- Reinigungsrohre unmittelbar am Übergang Fallleitung/liegende Leitung.
- Übergang von lotrecht in Sammelleitung.

267.3 Reinigungsstücke, -rohre und -verschlüsse — Herstellerangabe, Maße in mm

Silent PP

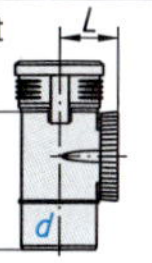

dB20

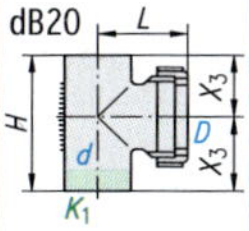

	Silent-PP runde Öffnung						– dB 20 Öffnung rund					PE Öffnung rund					PE Öffnung oval				
d	50	75	90	110	125	160	75	90	110	123	160	75	90	110	125	160	110	125	160	200	250
D/d_1							115	129	145	145	144	75	90	110	110	110					
A												95	110	90	130	150	120	125	140	175	200
H	123	154	177	210	215	222	175	203	240	288	335	175	200	240	250	350	400	410	430	650	580
L/h	47	61	74	90	98	116	100	115	90	130	139						280	280	280	380	380
X_1/X	EPDM-Dichtung						105	120	135	173	185	105	120	135	150	210	200	205	215	325	290
X_3	Verschlussstück						70	83	105	115	150	70	80	105	100	140					
K_1/K	strömungsoptimiert						35	15	25	85	70	35	30	45	60	120	30	40	40	55	30
K_3	rohrbündig abschließend						Deckel aus PP					0	0	0	10	40	Graugussdeckel				

PE rund

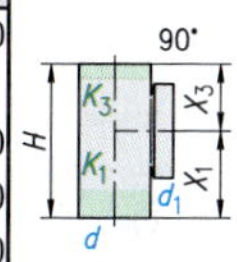

PE oval

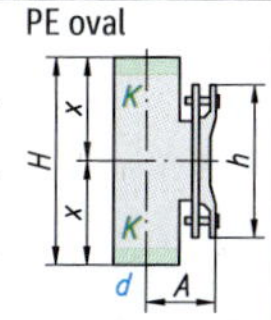

Controlfix Reinigungsrohr aus Kunststoff Klasse A15 ≙ 1,5 t Belastbarkeit

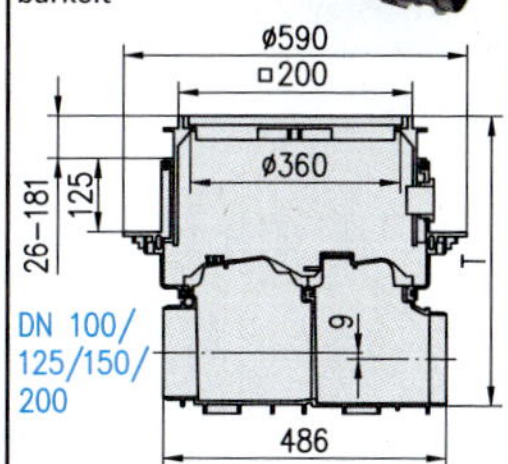

SMX

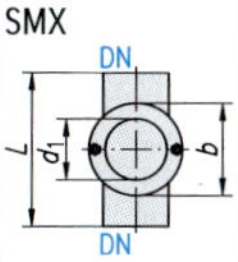

SMX rund			
DN	70	80	100
b mm	125	135	159
L mm	210	220	260
d_1	73	78	104
m kg	2,9	3,1	5,0

SMK rechteckig

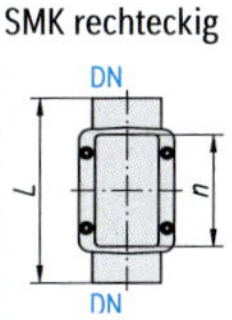

DN	L mm	n mm	m kg
125	370	225	10,3
150	395	250	14,5
200	465	300	22,0
250	570	350	36,5
300	640	400	51,0

GMX

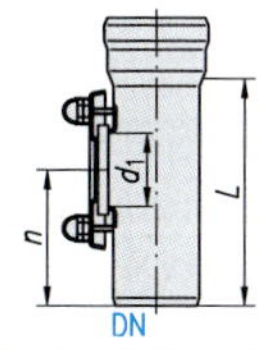

DN	L mm	n mm	d_1	kg
40	125	80	35	0,3
50	150	95	45	0,5
70	200	125	61	0,9
80	210	135	75	1,0
100	265	165	95	2,1
125	290	180	128	3,6
150	320	190	128	4,7

Finor Reinigungsverschl. Belastungskl. K3 $m = 2{,}5$ kg

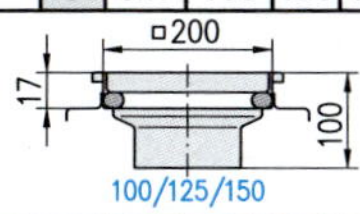

Finor Reinigungsverschluss, Edelstahl, rückstausicher bis 500 hPa

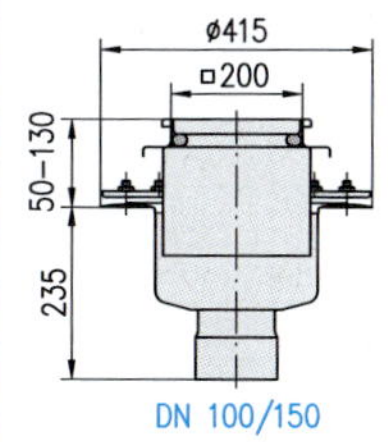

Pipe Edelstahl

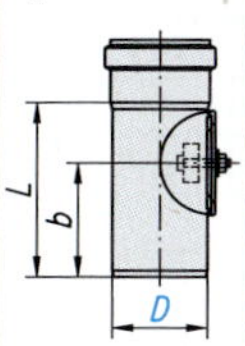

D mm	a mm	b mm	kg
75	139	90	0,5
110	183	117	0,8
125	210	135	0,9
160	288	184	2,3
200	293	186	3,7

Steckmuffenverbindung rückstausicher

Anordnung Reinigungsöffnung, -verschluss und -endverschluss

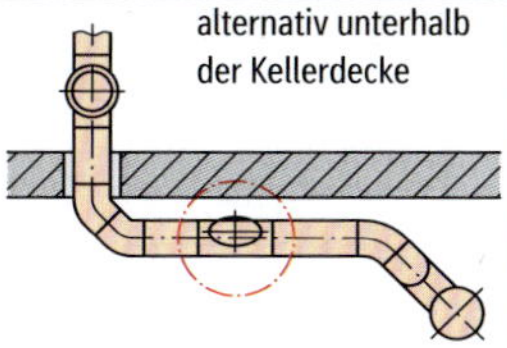

alternativ unterhalb der Kellerdecke

Reinigungsverschluss in einer Grundleitung

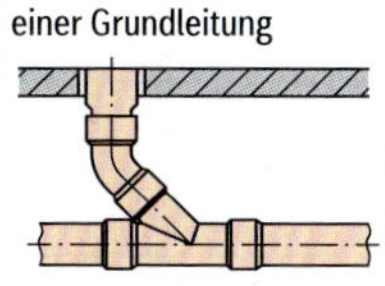

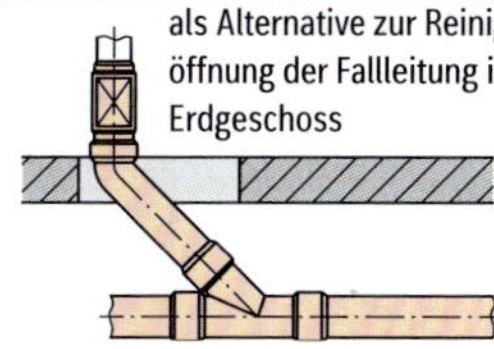

als Alternative zur Reinigungsöffnung der Fallleitung im Erdgeschoss

268.1 Maße von Einsteigschächten und Inspektionsöffnungen, Einbauregeln DIN 1986-100

Querschnitte	Maße und Schachttiefen für Schächte nach DIN EN 476		
Einsteigschächte (Kreis / Rechteck)	Besteigbare Schächte mit Steighilfen und freiem Arbeitsraum ≥ 1 800 mm oberhalb des Rohrscheitels:		
	• ≥ DN/ID 1000 mm[1] • ≥ 750 mm × 1 200 mm	an Grundstücksgrenze zum öffentlich kanalisierten Weg; Regelabstand weiterer Schächte ≤ 40 m (DN 100/150), ≤ 60 m (DN 200 und größer); [1] bis 800 mm möglich	
(Kreis / Rechteck)	In Ausnahmesituationen besteigbare Schächte bis 3 000 mm Tiefe: (mit Steighilfen, Einstieg nur angegurtet)	• ≥ DN/ID 800 mm • ≥ 750 mm × 1 000 mm	
Inspektionsöffnungen (Kontrollschacht[2])	DN/ID ≥ 300 mm bis < 400 mm; nicht besteigbar DN/ID ≥ 400 mm bis < 800 mm; nicht besteigbar	Einbautiefe ≤ 1 500 mm Einbautiefe ≤ 3 000 mm	[2] Kontrollschächte nach DIN EN 476 siehe unten
Kontrollschacht innerh. Gebäude	≥ 600 mm x 800 mm zugelassen bis zu einer Tiefe von 800 mm	Schächte ≥ DN/ID 800 ≤ 1000 nur als Kontrollschacht mit offenem Durchfluss verwenden, angegurtet begehen, durch zusätzliche Person absichern	

Einbauregeln		Einbauregeln	
außerhalb von Gebäuden vor Tür/Fenster offener Durchfl.	Deckel über Rückstauebene: Schacht mit offenem Durchfluss Deckel unterhalb Rückstauebene: geschlossener Durchfluss oder Deckel gegen Abwasseraustritt sichern. Schacht mit offenem Gerinne → Deckel mit Lüftungsöffnungen Deckel nach DIN 1229/EN 124 gegen unbefugtes Entfernen sichern. Schächte + Deckel müssen Verkehrslast (Klassifizg.) sicher tragen. Bei Schächten < 5 m von Fenster/Tür von Aufenthaltsräumen/Terrasse muss der Austritt von Kanalgasen verhindert werden (nicht Re-genw.). Die Rohrsohle darf nicht tiefer liegen als abgehende Leitungen. → Schachtsohle mit Gerinne zum Einbinden seitlicher Zuflüsse.	allgemein	Wenn Druckrohrleitungen in Schächte einmünden → für wirksame Energieumwandlung sorgen (s. u.). Leitungsanschluss an Schacht nach DIN EN 1610 gelenkig ausführen (Bodenbeweg., Verwerfung). Gesamthöhe Ausgleichsringe (DN/ID ≥ 600 mm) über Schachthals muss ≤ 240 mm sein. Leitungen für Wasser, Gas, Öl sowie Kabel dürfen nicht durch Entwässerungsschächte geführt werden. Bei Verwendung von Schächten aus Beton gelten DIN 1917 und DIN V 4014 gemeinsam.
innerhalb Gebäude	Leitungen geschlossen mit Reinigungsrohren durch den Schacht führen. Schachtunterteile bis zur Dichtung der Reinigungsöffnung mit Beton auffüllen (leichtes Gefälle zur Reinigungsöffnung hin).	Trennsystem	Bei Entwässerungsanlagen im Trennsystem sind für Schmutzwasser und Niederschlagswasser getrennte Schächte vorzusehen.

Schachtabdeckung EN 124

Klasse	Gruppe, Fläche von
A15/15 kN ≙ 1,5 t	1. Fußgängern u. Radfahrern benöt.
B125 (125 kN)	2. Fußgängerzone Pkw-Parkplätze
C250 (250 kN)	3. Bordrinne Straße max. 0,5 m
D400 (400 kN)	4. Fahrbahn, Parkplatz für Lkw
E600 (600 kN)	5. Flugplatz, Hafenanlage
F900 (900 kN)	6. Flugplatz, mit m = 90 t belastbar

Schachtsysteme aus Kunststoff, ø 1 000, 600 und 400 mm, Herstellerangabe Maße in mm

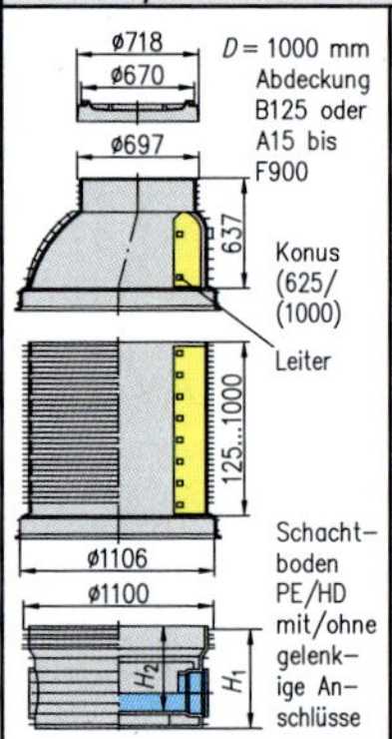

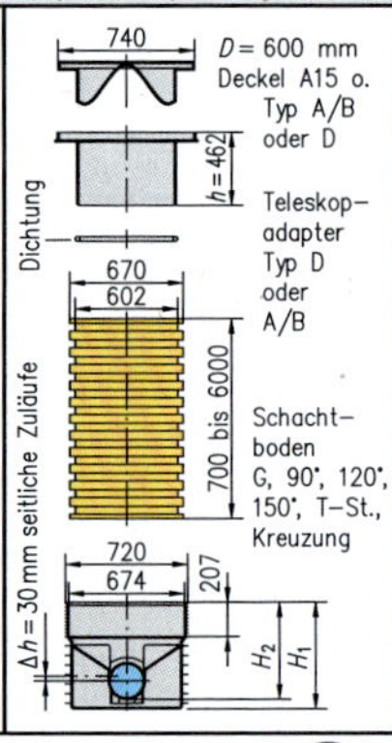

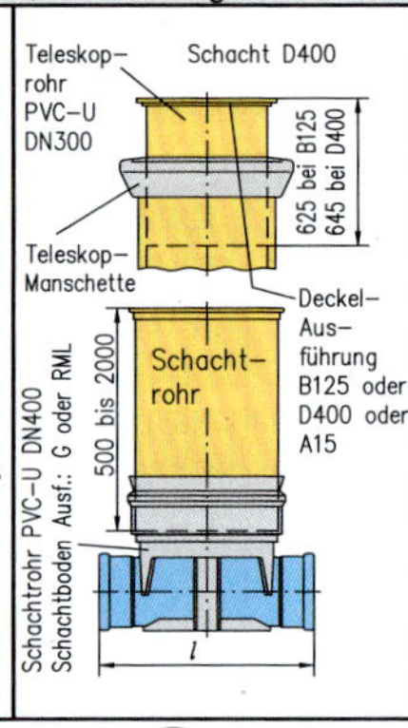

Schacht D = 1 000				Rinne mit Bogen			
DN	H_1	H_2	kg	15°	30°	45°	90°
150	460	412	51	–	–	–	–
200	530	450	54	+	+	+	+
250	580	500	60	–	–	–	–
300	640	553	68	+	+	+	–

Schacht D = 600				90°	120°	150°
150	646	521	21	+	+	+
200	646	546	21	+	+	+
250	705	605	25	+	+	+
300	705	630	27	+	+	+

Schacht D = 400, A15 bis D400

DN	H_1	l mm	m_G	m_{RML}
100	366	528	4,1	4,5
150	406	583	4,9	6,0
200	458	605	53	6,2

Anschlussbilder oder Schachtböden

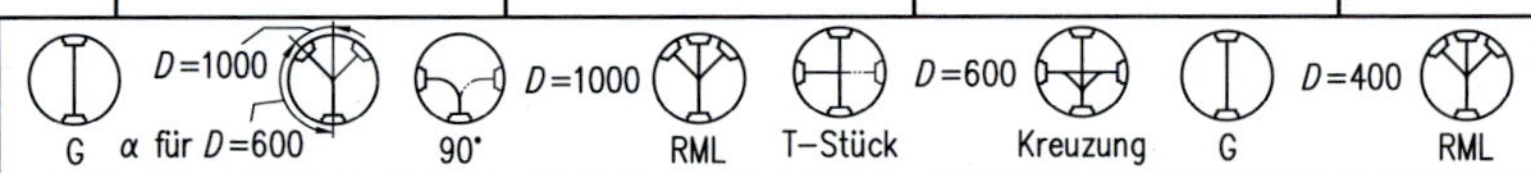

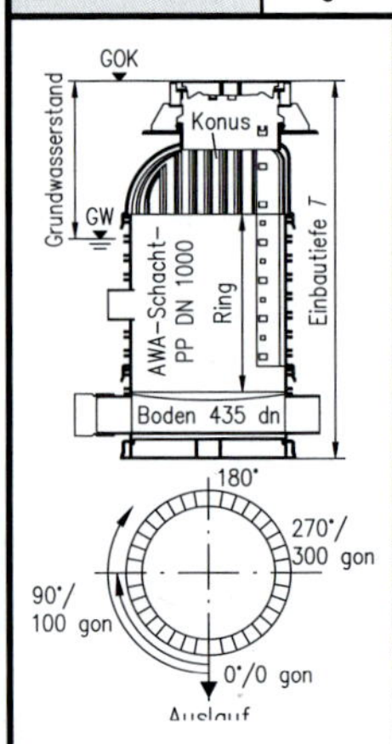

Einbautiefe	Ring	DN 800/dn 160	Ring	dn 200 I 0 %	160/200/2 %
1 245–1 495	435	1 060–1 310	535	1 000–1 350	915–1 165
1 496–1 745[1]	685	1 311–1 435	125	1 351–1 475	1 166–1 290
1 746–1 995[2]	935	1 436–1 560	250	1 476–1 600	1 291–1 415
1 996–2 245	250	1 561–1 685	375	1 601–1 725	1 416–1 540
2 246–2 495	500	1 686–1 810	500	1 726–1 850	1 541–1 665
2 496–2 745	750	1 811–1 935	625	1 851–1 975	1 666–1 790
2 746–2 995	1 000	1 936–2 060	750	1 976–2 100	1 791–1 915
2 996–3 245	1 250	2 061–2 185	875	2 101–2 225	1 916–2 040
3 246–3 495	1 500	2 186–2 310	1 000	2 226–2 350	2 041–2 165
3 496–3 745	1 750	2 311–2 435	1 125	2 351–2 475	2 166–2 290
3 746–3 995	2 000	2 436–2 560	1 250	2 476–2 600	2 291–2 415
3 996–4 295	2 250	2 561–2 685	1 375	2 601–2 725	2 416–2 546
[1] Boden 685 mm		2 686–2 810	1 500	2 726–2 850	2 541–2 665
[2] Boden 935 mm		2 811–2 935	1 675	2 851–2 975	2 666–2 790

Schachtring Beton	ø cm	H cm	m kg
	60	25	90
	60	50	180
	80	25	140
	80	50	280
	80	100	560
	100	25	190
	100	50	380
	100	75	570

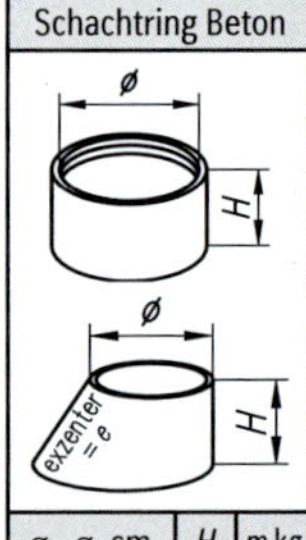

$ø_1$–$ø_2$ cm	H	m kg	ø cm	H cm	m kg
			100	100	760
80–62,5 e	60	300	120	25	250
100–62,5 e	60	400	120	50	490
120–62,5 e	60	620	120	100	980
150–62,5 z	60	700	150	50	500
200–62,5 z	60	950	150	100	1 000

269.1 Zusammenführung von Schmutz- und Regenwasser, Misch- und Trennsystem in Grundleitungen

Ableitung über Schacht		Zusammenführung im Gebäude		Mischsystem	Trennsystem
Mischsystem	Trennsystem	Mischsystem Ausnahme	Trennsystem	Gemeinsame Leitung für Schmutz- und Regenwasser in der Grundleitung nach besteigbarem Schacht	Getrennte Leitung für Schmutz- und Regenwasser. Einsatz: Innerhalb von Gebäuden und außerhalb von Gebäuden vor einem besteigbarem Schacht

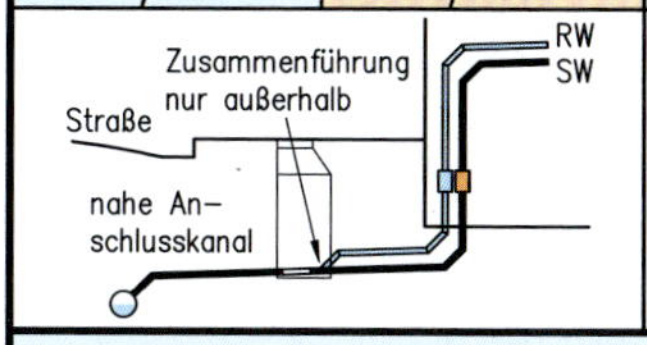

269.2 Füllungsgrad, Füllungsverhältnisse in teilgefüllten, liegenden Leitungen

günstig: h/d_i =	zu gering: h/d_i =	zu groß: h/d_i =
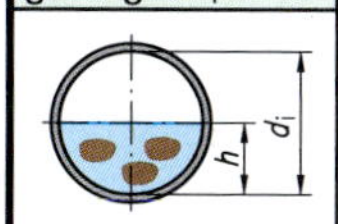	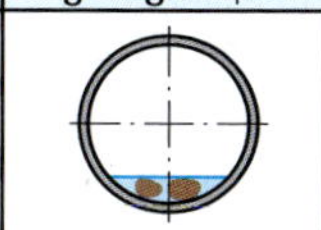	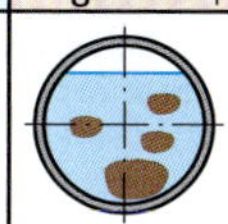 > 0,5 ⇒ im Gebäude
im Gebäude 0,5 außen Schmutz- u. Mischwasser 0,7	< 0,5 ⇒ kaum Schwemmwirkung, Leitung wächst zu	Behinderung der Belüftung, Absaugen v. Geruchverschlüssen

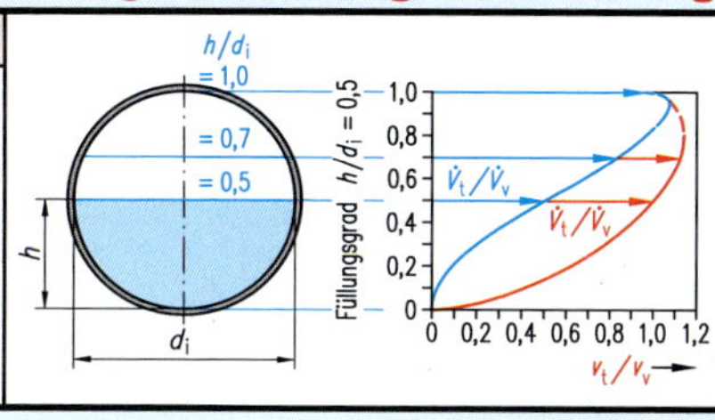

$\dot{V}_t/\dot{V}_v$ – Volumenstromverhältnis
v_t/v_v – Geschwindigkeitsverhältnis
$\dot{V}_t$ – l/s Teilfüllung
$\dot{V}_v$ – l/s Vollfüllung
v_b – Strömungsgeschwindigkeit Teilf.

269.3 (Mindest-)Gefälle von Entwässerungsleitungen, Fließgeschwindigkeit DIN 1986-100, EN 12056-2

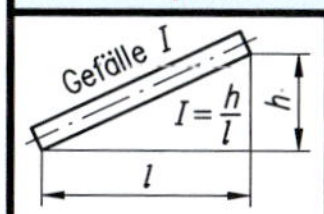

s. 15.3
Mindestgefälle f
Bsp.: f = 0,5 cm/m
Mindestfließgeschwindigkeit v
Bsp.: v = 0,5 m/s

Anschlussleitungen unbelüftet I_{min} =	1,0 %	s. 272.1
Anschlussleitungen belüftet I_{min} =	0,5 %	s. 272.2
Grund-/Sammelleitung (im Gebäude):	I_{min}:	$v \geq 0,5$ m/s
• für Schmutzwasser (h/d = 0,5 ≙ 50 %)	≥ 0,5	$f \geq 0,5$ cm/m
• für Regenwasser (h/d = 0,7 ≙ 70 %)	> 0,5	
DN 90 (4,5 l–6 l WC-Spülwasservolumen)[1]	1,5 %	s. 273.7
Grundleitung für Schmutz-/Mischwasser außerhalb des Gebäudes h/d_i = 0,7 (nach Abwasserhebeanlage h/d_i = 1,0)	I_{min}: 1 : DN	$v \geq 0,7$ m/s $v_{max} \leq 2,5$ cm/m

Mischwasserleitungen ≥ DN 150 für Vollfüllung ohne Überdruck h/d_i = 1,0[2].
Anschlussleitungen dürfen als Grundleitungen verlegt werden, wenn sie kurz/inspizierbar sind.
[1] Bei 4/4,5 l-WC (ab DN 100) Selbstreinigung prüfen – Kriterien: 1. DN Sammel-/Grundleitung; 2. I ausreichend; 3. Entwässerungsgegenstände Zahl/Art; 4. Gleichzeitigkeit Abflüsse
[2] Hinter Schacht mit offenem Durchfluss.

kann bis Schacht in DN 80 (d_i = 75 mm) sein – hydr. Berechnung! ⇒ Verwendung von DN 100 wird empfohlen

Auswirkung des Gefälles liegender Leitungen auf Füllungsgrad, Belüftung und Selbstreinigung		
Gefälle optimal: I = 0,5–5 %	Gefälle zu klein: I < 0,5 %	Gefälle zu groß: I > 0,5 %
gute Füllhöhe, gute Belüftung, guter Auftrieb, gute Schwemmwirkung	Strömungsgeschwindigkeit zu klein ⇒ Vollfüllung Geruchverschluss: Leersaugung; keine Schwemmwirkung ⇒ Entwässerungsleitung wächst zu	Strömungsgeschwindigkeit zu hoch ⇒ GV: Leersaugung durch Mitreißen der Luft; Füllhöhe zu gering ⇒ Entwässerungsleitung wächst zu

269.4 Geruchverschlüsse, Mindestsperrwasserhöhe h, versch. Bauarten Abfluss $\dot{V}_A$ DIN 1986-100, DIN 19541

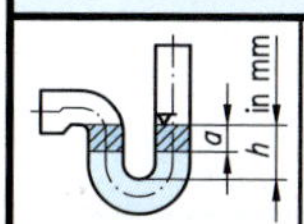

zul. Sperrwasserverlust d. Abflussvorgang ≤ 25 mm
Sperrwasser darf nicht durch Unterdruck abgesaugt oder Überdruck herausgedrückt werden.
a = zulässiger Sperrwasserverlust

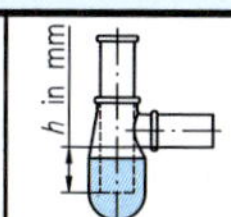

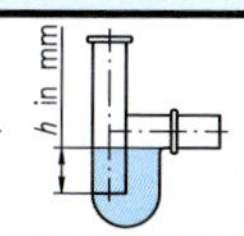

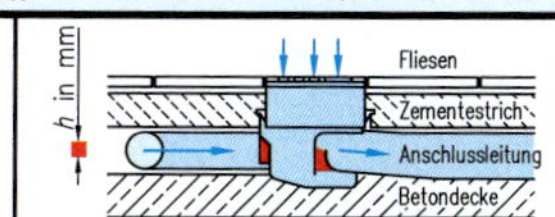

Entwässerungsgegenst.	DN	h mm	$\dot{V}_A$ in l/s
Flach- u. Tiefspülklosett	100	50	1,1–2,3
Absaugeklosett	100	50	1,1–2,3
Waschtisch/Bidet	32/40	60	0,3–0,6
Brausewanne	40/50	40	0,4–0,6
Urinalbecken	50	50	0,3–0,8
Urinalstand	50	60	0,6–1,1
Badewanne	40/50	40	0,8–1,1
Küchenablauf, Spüle	40/50	60	0,5–1,1
Bad- Bodenablauf (s. o.)	50	50	0,8–1,2
mit Geruchsverschluss	70	50	0,8–1,7
Boden-Deckenablauf	50	60	0,8–1,2
mit	70	60	1,2–1,7
Geruchverschluss	100	60	1,6–2,2
Regenwasserablauf		100	s. 279.2
Leichtflüssigkeitsabscheid.		100	s. 294.4

Spültischablauf

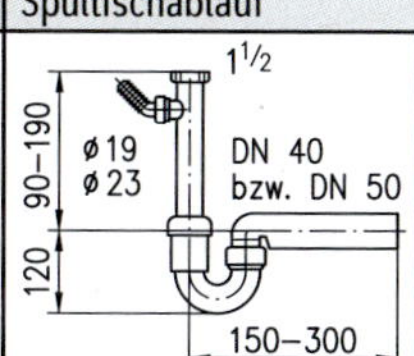

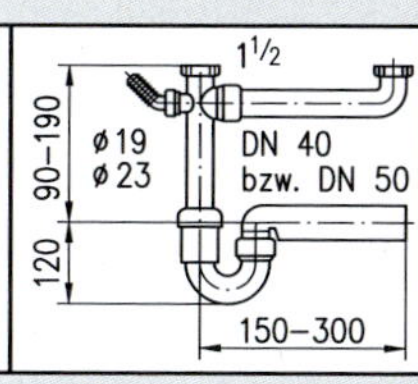

Urinalablauf

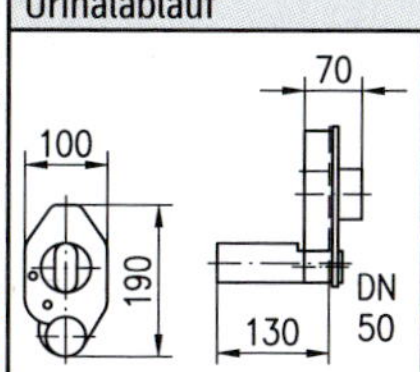

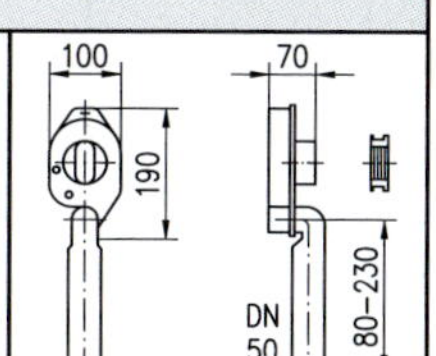

Bade-/Duschwannenablauf

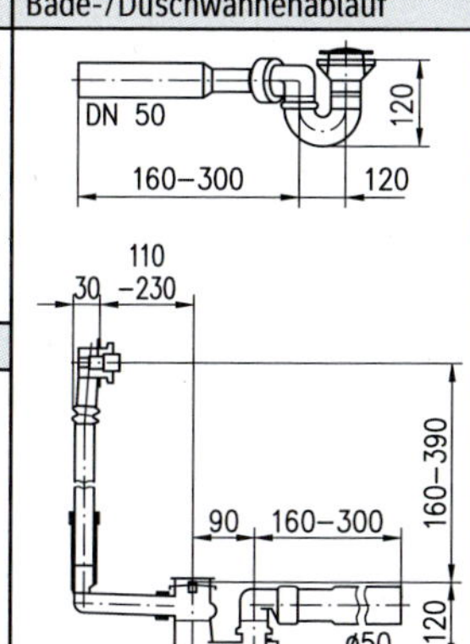

270.1 Geruchverschlüsse Waschtisch, Leckwasser, Sonderformen

Waschtischablauf

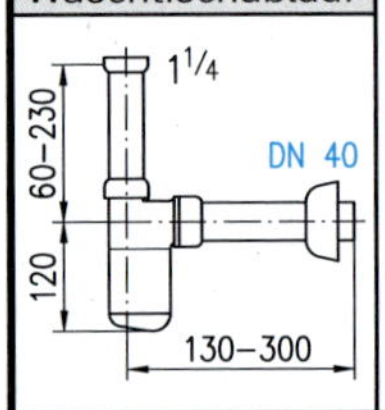

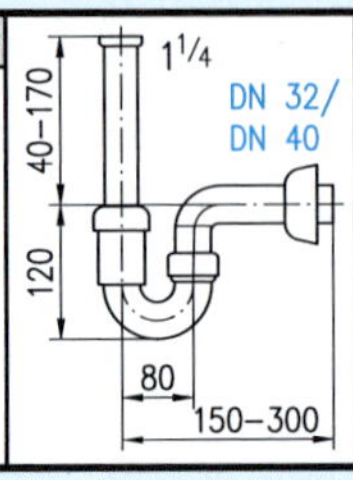

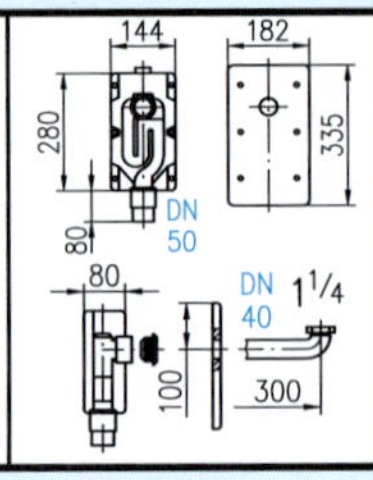

Leckwasserablauf

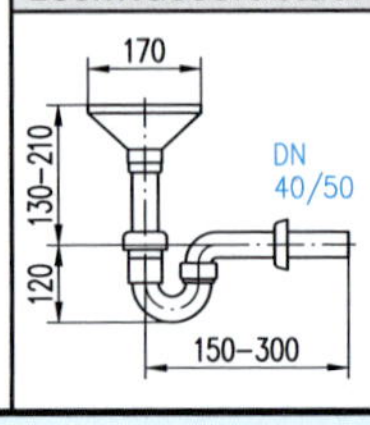

Glocken-Geruchverschluss

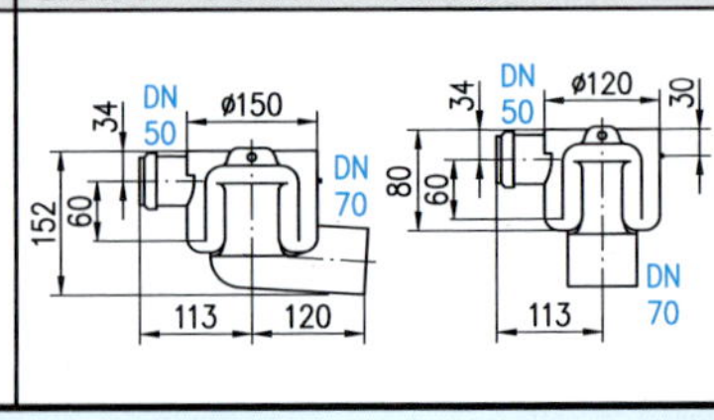

270.2 Duschrinnen, Wandablauf, Planung bodengleicher Duschen, Abdichtung — DIN 18534

Verbundabdichtung

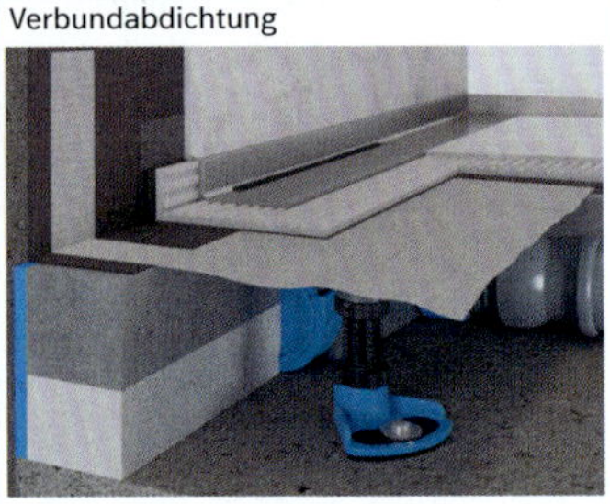

Höhenermittlung: Überprüfung der Bodenkonstruktion; Höhe des erforderlichen Gefälles, waagerechten u. senkrechten Anschlusspunkt ermitteln. Ist Untergrund für Verbundabdichtung (ZDB-M) geeignet? Festlegung der Ablaufleistung 269.1. Schallschutzanforderung nach DIN 4109 s. 305.3 Brandschutzanforderung n. MBO 2002/MLA-R 183 ff. Kriterien Ablaufsystem: • Punkt- oder Linienentwässerung, • Ablaufhöhe/-leistung.
Positionierung des Ablaufgehäuses:
• Duschrinne – direkt an der Wand (s. links)
• Duschrinne, Badablauf nahe Wand (200 mm)
• Duschrinne, Bodenablauf mittig; Leitungsplanung, Planung Durchdringungen;

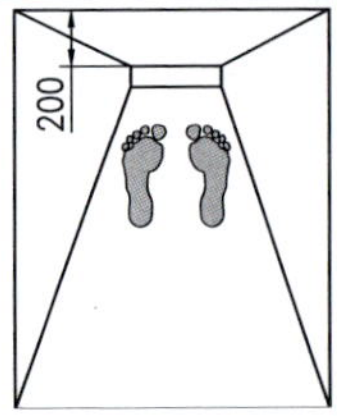

Auswahl Verbundabdichtung n. ZDB-Merkblatt: P = Polymerdispersion; M = Kunstst.-Zementmörtel; H = Harze

Wandablauf/-Duschrinne

Scada

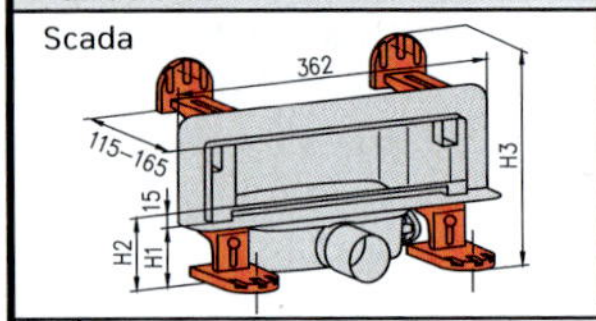

H_1	Oberkante Flansch	65–200 mm
H_2	Oberkante Fliese	80–215 mm
H_3	Gesamthöhe	218–353 mm
h	Sperrwasserhöhe 22 mm/DN 50	

Einbauboard ABS

mit Flansch; Ablaufst. DN 50

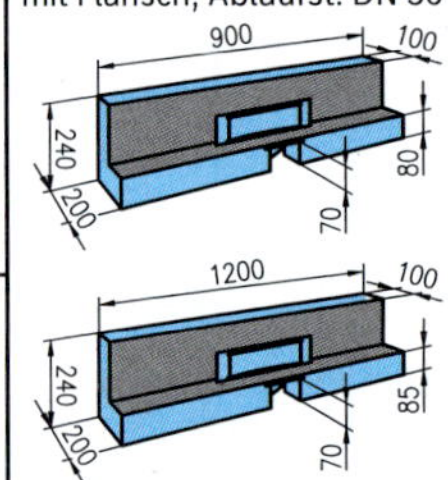

Terso SLIM — Ablauf DN 40

l = 800 mm
900 mm
1000 mm
h = 80–200 mm
Sperrwasserhöhe 50 mm
Ablauflstg. $\dot{V}_{Ab}$ = 0,5 l/s

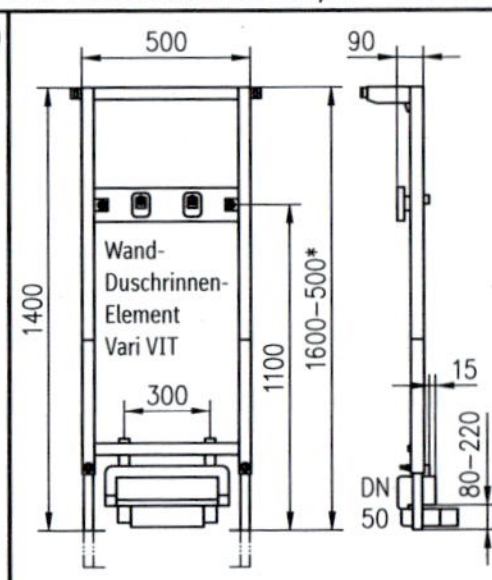

Ceraline F DN 50 Flächenmontage

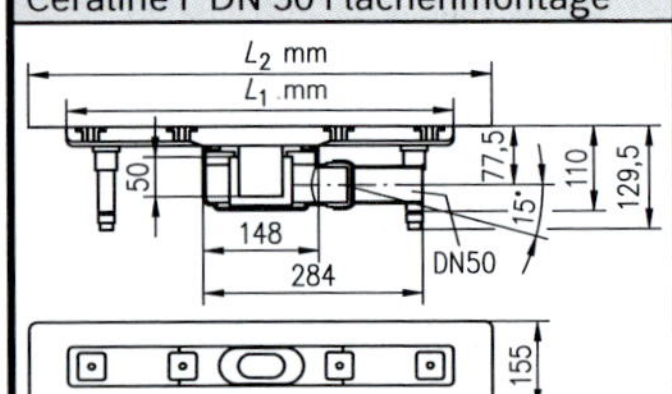

L_1 mm	L_2 mm
500	600
600	700
700	800
800	900
900	1 000
1 000	1 100
1 100	1 200
1 200	1 300

F DN 50 – 2 Ablaufgehäuse, $\dot{V}$ = 1,4 l/s, 20 mm Anstauhöhe

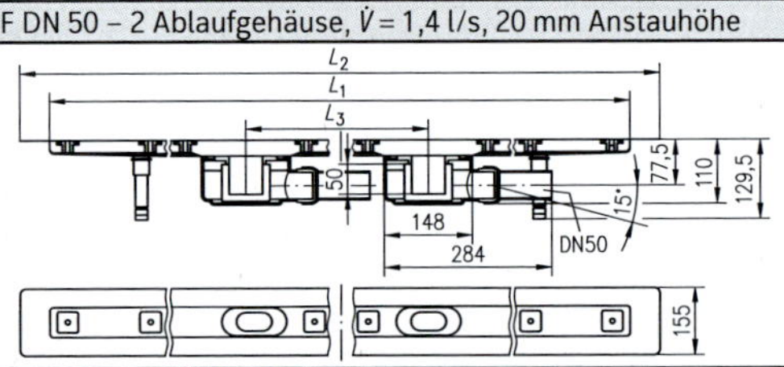

L_1 mm	L_2 mm	L_3
1 300	1 400	500
1 400	1 500	500
1 500	1 600	600
1 600	1 700	600
1 700	1 800	700
1 800	1 900	700
1 900	2 000	800
2 000	2 100	800

Bodengleiche Duschen ohne direkten Anschluss an die Schmutzwasserleitung für Umbau, Bauen im Bestand

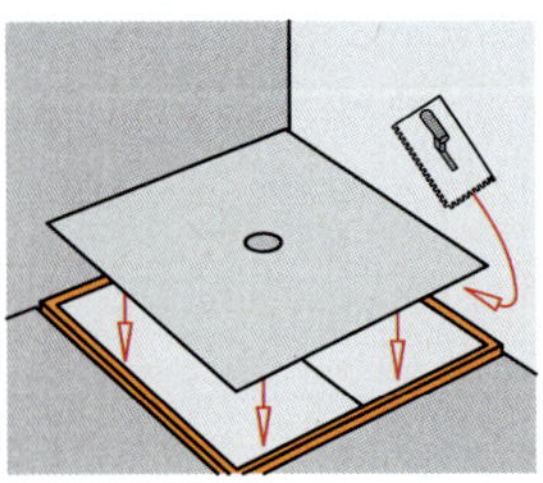

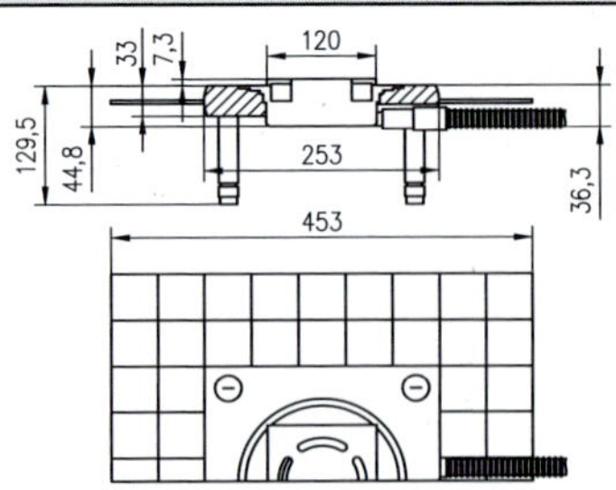

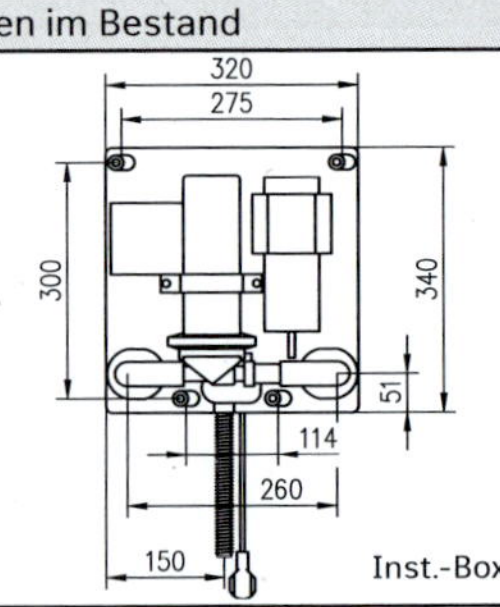

Bodengleiche Dusche mit gefliestem Duschboard		
	900	900
	1 000	1 000
	1 200	1 200
	1 500	1 500
	900	1 200

Montagearten d. Box:
komplett Aufputz, komplett Unterputz,
Box Aufputz, Leitung Unterputz im Trockenständerwerk.
Funktion: Sensor erfasst $\dot{V} \Rightarrow$ steuert
Pumpenleistung, kleinste Mengen werden erfasst.

Pumpenleistung 12 l/min
Saughöhe ≤ 300 mm, Saugleitung ≤ 5 m, PVC-U 20 mm, Druckhöhe ≤ 500 mm

271.1 Entwässerungsgegenstand, Anschlusswert DU, System (I BRD)

EWGST\System*, DA l/s	I BRD	EAL[1]	II l/s	III l/s	IV l/s
Waschbecken, Bidet	0,5	DN 40	0,3	0,3	0,3
Dusche	0,6	DN 50	0,4	0,4	0,4
Dusche mit Stöpsel	0,8	DN 50	0,5	1,3	0,5
Einzelurinal, Spülkasten	0,8	DN 50	0,5	0,4	0,5
Urinal mit Druckspüler	0,5	DN 50	0,3	-	0,3
Standurinal je Person	0,2/P.	DN 50	0,2/P.	0,2/P.	0,2/P.
Urinal ohne Spülung	0,1/P.	DN 50	–	–	–
Badewanne, Küchenspüle[2]	0,8	DN 50	0,6	1,3	0,5
Geschirrspüler Haushalt	0,8	DN 50	0,6	0,2	0,5
Waschmaschine ≤ 8 kg	0,8	DN 50	0,6	0,6	0,5
Waschmaschine ≤ 12 kg	1,5	56/60	1,2	1,3	1,0
WC 4/4,5 l Spülkasten	1,8	80/30	1,8	n. z.	n. z.
WC 6 l Spülk./Druckspüler	2,0	80/ [3]	1,8	1,2[5]	2,0
WC 7,5 l Spülk./Drucksp.	2,0	80/ [4]	1,8	1,4[5]	2,0
WC 9 l Spülk./Druckspüler	2,5	100	2,0	1,6[5]	2,5
Bodenablauf DN 50	0,8	DN 50	0,9	–	0,6
Bodenablauf DN 70	1,5	DN 70	0,9	–	1,0
Bodenablauf DN 100	2,0	100	1,2	–	1,3

DIN 1986-100/EN 12056-2

* Lüftungssysteme s. 266.5

[1] Der zul. max. Schmutzwasserabfluss $\dot{V}_{max}$ muss mind. dem größten Wert des berechneten Schmutzwasserabflusses $\dot{V}_s$ oder des Gesamtschmutzwasserabflusses $\dot{V}_{tot}$ s. 271.2 oder nach DIN 1986-100 des Schmutzwasserabflusses des Entwässerungsgegenstandes mit dem größten Anschlusswert s. 271.1 entsprechen.

[2] Küchenspüle und Geschirrspülmaschine mit gemeinsamem Geruchverschluss und Ausgussbecken

[3] DIN 1986-100 bis DN 100

[4] 7,5-l-WC sind nicht gebräuchlich, bei WC mit Druckspüler gleiche Werte wie m. Spülkasten. 4/4,5/6-l-WC können mit DN 80 und DN 90 angeschlossen werden.

[5] III 4,5-l-WC bis 1,7 l/s; 7,5-l-WC bis 1,8 l/s; 9-l-WC bis 2 l/s; n. z.: nicht zulässig

271.2 Schmutzwasserabfluss $\dot{V}_{ww}$

Benutzung	Gebäude/Abflusskennzahl	K
unregelmäßig	Wohnhaus, Pension, Büro	0,5
regelmäßig	Krankenhäuser, Schulen, Restaurants, Hotels	0,7
häufig	öffentl. WC, öffentl. Dusche	1,0

$$\dot{V}_{WW} = K \cdot \sqrt{\Sigma\,DU}$$ Schmutzwasserabfluss in l/s

Σ (DU) Summe der Anschlusswerte l/s

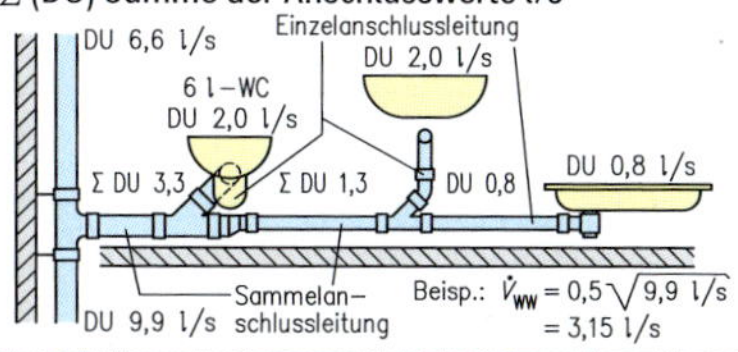

Gesamtschmutzwasserabfluss $\dot{V}_{tot}$ in l/s

$$\dot{V}_{tot} = \dot{V}_{WW} + \dot{V}_C + \dot{V}_P$$

$\dot{V}_C$ Dauerabfluss
$\dot{V}_P$ Pumpenförderstr.

Ist der berechnete Schmutzwasserabfluss $\dot{V}_{ww}$ kleiner als der größte Anschlusswert des größten Entwässerungsgegenstands, so gilt dessen Anschlusswert insgesamt. Pumpenförderströme müssen ohne Abzug hinzugezählt werden.

271.3 Mischwasserabfluss in Grundleitungen, Niederschlagswassereinleitung n. AwSV DIN 1986-100

$$\dot{V}_{WW} = K \cdot \sqrt{\Sigma\,DU} + \dot{V}_{r,a}$$

$\dot{V}_{r,a}$ Regenwasserabfluss von Flächen mit verunreinigtem Niederschlag

Berechnung gilt bei Einleitung von Auffangflächen in Schmutzwasserleitungen (AwSV oder kommunale Regelung)

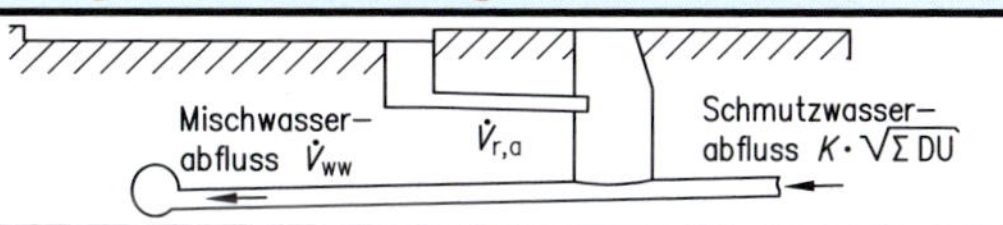

Beispiel:

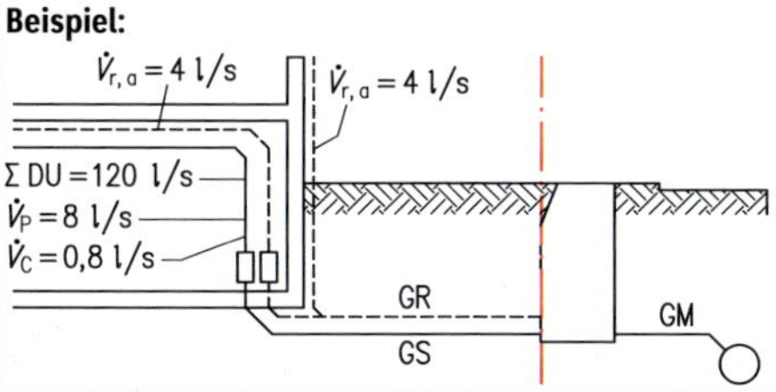

Wohnhaus ($K = 0,5$): gesucht $\dot{V}_{ww}$ der Grundleitung GM

- Schmutzwasserleitung Σ DU = 120 l/s; • Hebeanlage $\dot{V}_P = 8$ l/s;
- kontinuierlicher Dauerabfluss $\dot{V}_C = 0,8$ l/s;
- 2 Regenfallleitungen $\dot{V}_{r,a\,ges} = 4$ l/s + 4 l/s = 8 l/s

TS	Σ DU	$0,5 \cdot \sqrt{\Sigma\,DU}$	$\dot{V}_P$	$\dot{V}_C$	$\dot{V}_{WWGS} + \dot{V}_P + \dot{V}_C$	$\dot{V}_{r,a\,ges}$	$\dot{V}_{WWGM}$	s. 274 ff
GS	120 l/s	5,5 l/s	8 l/s	0,8 l/s	14,3 l/s			$h/d_i = 1,0$
GR						8 l/s		$v = 1,4$ m/s
GM	120 l/s	5,5 l/s	8 l/s	0,8 l/s	14,3 l/s	8 l/s	22,3 l/s	DN 150

271.4 Max. Schmutzwasserabfluss $\dot{V}_{ww}$, Summe der Anschlusswerte Σ DU und Abflusskennkzahl K

Σ DU	$\dot{V}_{ww}$ in l/s bei K = 0,5	0,7	1,0	1,2
10	1,6	2,2	3,2	3,8
12	1,7	2,4	3,5	4,2
14	1,9	2,6	3,7	4,5
16	2,0	2,8	4,0	4,8
18	2,1	3,0	4,2	5,1
20	2,2	3,1	4,5	5,4
22	2,3	3,3	4,7	5,6
24	2,4	3,4	4,9	5,9
26	2,6	3,6	5,1	6,1
28	2,6	3,7	5,3	6,4
30	2,7	3,8	5,5	6,6
32	2,8	4,0	5,7	6,8
34	2,9	4,1	5,8	7,0
36	3,0	4,2	6,0	7,2
38	3,1	4,3	6,2	7,4

Σ DU	$\dot{V}_{ww}$ in l/s bei K = 0,5	0,7	1,0	1,2
40	3,2	4,4	6,3	7,6
42	3,2	4,5	6,5	7,8
44	3,3	4,6	6,6	8,0
46	3,4	4,7	6,8	8,1
48	3,5	4,9	6,9	8,3
50	3,5	5,0	7,1	8,5
55	3,7	5,2	7,4	8,9
60	3,9	5,4	7,7	9,3
65	4,0	5,6	8,1	9,7
70	4,2	5,9	8,4	10,0
75	4,3	6,1	8,7	10,4
80	4,5	6,3	8,9	10,7
85	4,6	6,5	9,2	11,1
90	4,7	6,6	9,5	11,4
95	4,9	6,8	9,7	11,7

Σ DU	$\dot{V}_{ww}$ in l/s bei K = 0,5	0,7	1,0	1,2
100	5,0	7,0	10,0	12,0
110	5,2	7,3	10,5	12,6
120	5,5	7,7	11,0	13,1
130	5,7	8,0	11,4	13,7
140	5,9	8,3	11,8	14,2
150	6,1	8,6	12,2	14,7
160	6,3	8,9	12,6	15,2
170	6,5	9,1	13,0	15,6
180	6,7	9,4	13,4	16,1
190	6,9	9,6	13,8	16,5
200	7,1	9,9	14,1	17,0
210	7,2	10,1	14,5	17,4
220	7,4	10,4	14,8	17,8
230	7,6	10,6	15,2	18,2
240	7,7	10,8	15,5	18,6

Σ DU	$\dot{V}_{ww}$ in l/s bei K = 0,5	0,7	1,0	1,2
250	7,9	11,1	15,8	19,0
260	8,1	11,3	16,1	19,3
270	8,2	11,5	16,4	19,7
280	8,4	11,7	16,7	20,1
290	8,5	11,9	17,0	20,4
300	8,7	12,1	17,3	20,8
310	8,8	12,3	17,6	21,1
320	8,9	12,5	17,9	21,5
330	9,1	12,7	18,2	21,8
340	9,2	12,9	18,4	22,1
350	9,4	13,1	18,7	22,5
360	9,5	13,3	19,0	22,8
370	9,6	13,5	19,2	23,1
380	9,7	13,6	19,5	23,4
390	9,9	13,8	19,7	23,7

Σ DU	$\dot{V}_{ww}$ in l/s bei K = 0,5	0,7	1,0	1,2
400	10,0	14,0	20,0	24,0
410	10,1	14,2	20,2	24,3
420	10,2	14,3	20,5	24,6
440	10,5	14,7	21,0	25,2
460	10,7	15,0	21,4	25,7
480	11,0	15,4	21,9	26,3
500	11,2	15,7	22,4	26,8
550	11,7	16,4	23,5	28,1
600	12,2	17,1	24,5	29,4
700	13,2	18,5	26,5	31,7
800	14,1	19,8	28,3	33,9
900	15,0	21,0	30,0	36,0
1 000	15,8	22,1	31,6	37,9
1 100	16,6	23,2	33,1	39,8
1 200	17,3	24,2	34,6	41,6

Σ DU	$\dot{V}_{ww}$ in l/s bei K = 0,5	0,7	1,0	1,2
1 400	18,7	26,2	37,4	44,9
1 600	20,0	28,0	40,0	48,0
1 800	21,2	29,7	42,4	50,9
2 000	22,4	31,1	44,7	53,7
2 200	23,5	32,8	46,9	56,3
2 400	24,5	34,3	49,0	58,8
2 600	25,5	35,7	51,0	61,2
2 800	26,5	37,0	52,9	63,5
3 000	27,4	38,3	54,8	65,7
4 000	31,6	44,3	63,2	75,9
5 000	35,3	50,5	70,7	84,9

Der Schmutzwasserabfluss $\dot{V}_{ww}$ wird mit der immer neu gebildeten Σ DU berechnet.

Grundlagen Elektro, Regelung · Kommunikation Bauzeichnungen · Werkstoffe Trennen, Fügen · Rohre, Zubehör Montage · Trinkwasser Feuerlöschtechnik · Entwässerung Sanitär, Klempner · Gasinstallation Flüssiggas · TW-Erwärmung Solarnutzung TWE · Energietechnik Erneuerb. Energien · Heizungs- und Feuerungstechnik · Lüftung, Klima Wärmerückführung

272.1 Anwendungsgrenzen unbelüfteter und belüfteter Anschlussleitungen System III — DIN EN 12056-2

In Deutschland nicht gebräuchlich! Gegenstand, Geruchverschluss GV	DN	GVH [1] mm	Anschlussleitung unbelüftet L_{max}	Gefälle	Bögen	H_{max}	Anschlussleitung belüftet L_{max}	Gefälle	Bögen	H_{max}
Waschbecken, Bidet ⌀ GV 30 mm	30	75	1,7 m	2,2 %[2]	0	0	3 m	1,8 %	max. 2	3 m
Waschbecken, Bidet ⌀ GV 30 mm	30	75	1,1 m	4,4 %[2]	0	0	–	–	–	–
Waschbecken, Bidet ⌀ GV 30 mm	30	75	0,7 m	8,7 %[2]	0	0	–	–	–	–
Waschbecken, Bidet ⌀ GV 30 mm	40	75	3 m	1,8–4,4	max. 2	0	3 m	1,8 %	∞	∞
Dusche, Badewanne	40	50	∞[2]	1,8–9	∞	1,5 m	∞[2]	1,8 %	∞	∞
Wandurinal/Urinalrinne	40/50	75	3 m[3]	1,8–9	∞[4]	1,5 m	3 m[3]	1,8 %	∞	3 m
Standurinal bis 7 Personen/Ablauf	60	50	3 m[3]	1,8–9	∞[4]	1,5 m	3 m[3]	1,8 %	∞	3 m
Küchenspüle ⌀ GV 40 mm	40	75	∞[2]	1,8–9	∞	1,5 m	∞[4]	1,8 %	∞	∞
Haush.-Geschirrspül-/Waschmaschine	40	75	3 m	1,8–4,4	∞	1,5 m	∞[3]	1,8 %	∞	∞
Klosett, Abfluss ≤ 80 mm[5]	75	50	∞	1,8 %	∞[4]	1,5 m	∞	1,8 %	∞[4]	1,5 m
Klosett, Abfluss > 80 mm[5]	100	50	∞	1,8 %	∞[4]	1,5 m	∞	1,8 %	∞[4]	1,5 m
Kartoffelschälmasch., Abfallzerklein.	≥ 40	75[7]	3 m[3]	13,5 %	∞[4]	1,5 m	3 m[3]	13,5 %	∞[4]	3 m
Abfallzerkleinerer für Hygieneartikel	≥ 40	75[7]	3 m[3]	5,4%	∞[4]	1,5 m	3 m[3]	5,4%	∞[4]	3 m
Bodenablauf DN 50, DN 70, DN 100		50	∞[3]	1,8 %	∞	1,5 m	∞[3]	1,8 %	∞	∞
4 Becken unbelüftet, 5 belüftet[9]	50	75	4 m	1,8–4,4	0	0	7 m	1,8–4,4	max. 2	0
10 Becken belüftet[8][9]	50	75	–	–	–	–	10 m	1,8–4,4	∞	0
Wandurinal unbelüftet[6], belüftet[9][10]	50	75	∞[3]	1,8–9	∞[4]	1,5 m	∞[3]	1,8 %	∞[4]	∞
Maximum von 8 Klosetts[5]	100	50	15 m	0,9–9	max. 2	1,5 m	∞	0,9%	∞	∞
Handwaschbecken ≤ 5 Ventile[7]	30	50	4,5 m	1,8–4,4	∞[4]	0	∞[3]	1,8–4,4	∞	0

[10] Lüftungsrohr – DN vor Anschlussleitungen DN 25, bei L_{max} > 15 m oder > 5 Bogen DN 30

[1] Geruchverschlusshöhe GVH

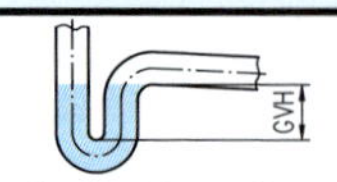

[2] L_{max} > 3 m ⇒ Geräusche, Verstopfung

[3] Möglichst kurz, Ablagerungen!

[4] Enge Bögen vermeiden

[5] In Falltg. mit Abzweig mit Innenradius

[6] Nur Röhren-GV, keine wieder auffüllende GV, keine Flaschen-GV

[7] Abläufe mit flachen Sieben ohne Stopf.

[8] Jedes Becken einzeln belüften

[9]

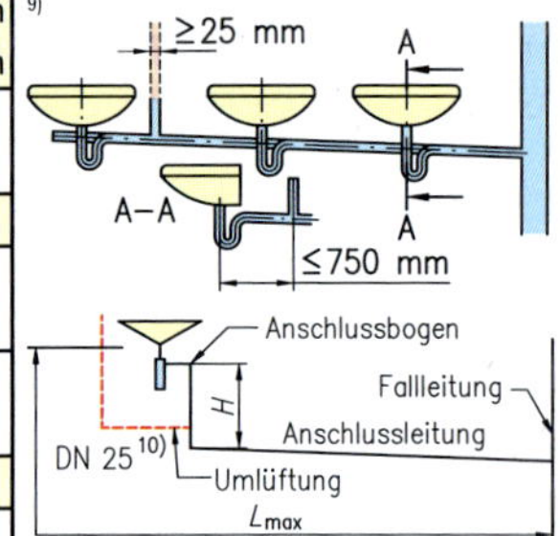

272.2 Zul. Schmutzwasserabfluss $\dot{V}_{max}$, Nennweite Anschlussleitung/Belüftung — DIN EN 12056

System $\dot{V}_{max}$ l/s	I BRD unbelüftet	II unbelüftet	III DN	IV unbelüftet	System $\dot{V}_{max}$ l/s	I BRD belüftet	II belüftet	III DN	IV belüftet
0,40	nicht erl.	DN 30	s. 272.1	DN 30	0,60	nicht erl.	30/30	s. 272.1	30/30
0,50	DN 40	DN 40		DN 40	0,75	DN 50/40	40/30		40/30
0,80	DN 50	nicht erl.		nicht erl.	1,50	DN 60/40	50/30		50/30
1,00	DN 60	DN 50		DN 50	2,25	DN 70/50	60/30		60/30
1,50	DN 70	DN 60		DN 60	3,00	80/50[0]	70/40[0]		70/40[0]
2,00	80 o. WC	70 o. WC		70 o. WC	3,40	90/60[2]	80/40[1]		80/40[1]
2,25	DN 90[2]	80 ≤ 1 WC		80 ≤ 1 WC	3,75	100/60	90/50		90/50

[0] ohne WC; [1] mit 1 WC; [2] Max. 2 WC und max. ein 90°-Bogen

Anwendungsgrenzen bei Einzelanschlussleitungen

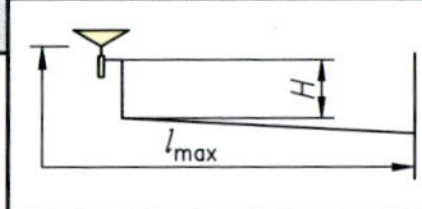

System	unbelüftet I BRD	II	IV	belüftet I BRD	II	IV
L_{max}	4 m	10	10	10 m	∞	10
I_{min}	1 %	1,5	1%	0,5 %	0,5	0,5
Bögen (90°) ohne Anschlussbogen	3	1	3	∞	∞	∞
Absturzhöhe, I ≥ 45 % Gefälle H_{max}	1 m	3[1]	1	3	3	3

[1] H_{max} = 3 m/ DN 70, 6 m > DN 70; DN < 100 mit WC an unbelüfteter Anschlussleitung ⇒ bis 1 m über Anschluss keinen Entwässerungsgegenstand anschließen

272.3 Bemessung unbelüfteter/belüfteter Sammelanschlussleitungen DU in l/s — DIN 1986-100

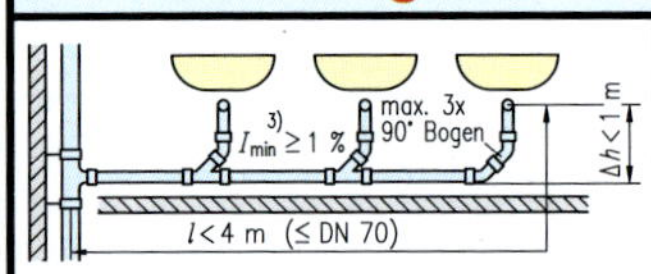

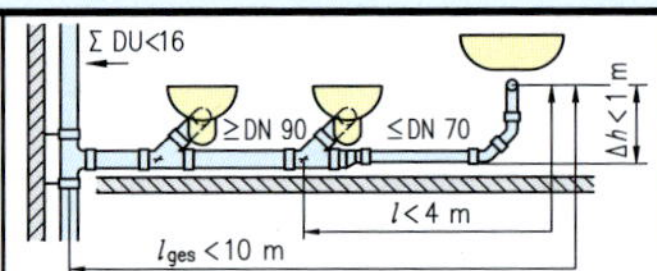

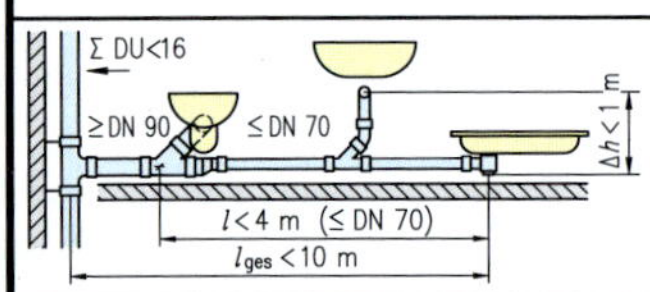

Innerhalb unbelüfteter SAL gelten die Regeln für Einzelanschlussleitungen s. 273.2
Kann eine der Anwendungsgrenzen nicht erfüllt werden, ist es eine Sammelleitung die belüftet werden muss. Berechnung s. 273.3

DU in l/s DN	$d_{i\,min.}$	unbelüftet K = 0,5	0,7	1,0	max l_{ges}	belüftet K = 0,5	0,7	1,0
DN 50	44 mm	1 l/s	1 l/s	0,8	4 m	3 l/s	2 l/s	1 l/s
56/60	49/56	2 l/s	2 l/s	1 l/s	4 m	5 l/s	4,6	2,2
DN 70[1]	68 mm	9 l/s	4,6	2,2	4 m	13	10	5 l/s
DN 80	75 mm	13[2]	8[2]	4 l/s	10 m	16	13	9 l/s
DN 90	79 mm	13[2]	10[2]	5 l/s	10 m	20	16	11
100	96 mm	16	12	6,4	10 m	25	20	14

[1] keine WC; [2] Maximal 2 WC;
[3] Mindestgefälle unbelüfteter SAL: I_{min} = 1 cm/m

272.4 Schmutzwasserfallleitung, Schmutzwasserabfluss $\dot{V}_{max}$ in l/s — DIN 1986-100/EN 12056-2

mit Hauptlüftung nach DIN 1986-100

DN	$Abzw_o$	$Abzw_i$
70	1,5 l/s	2 l/s
80[1]	2 l/s	2,6 l/s
90[2]	2,7 l/s	3,5 l/s
100	4 l/s	5,2 l/s
125	5,8 l/s	7,6 l/s
150	9,5 l/s	12,4 l/s
200	16 l/s	21 l/s

DN 60 (0,5 l/s bzw. 0,7 l/s) in BRD nicht verwendet

[1] Ergänzend zu DIN EN 12056-2 darf bei 4–6-l-WC DN 80 verwendet werden, sonst ⇒

[2] Mindestnennweite bei WC-Anschluss 90

mit Nebenlüftung DIN EN 12056-2 System I, II, III u. IV

DN_{FL}	DN_{NL}	$Abzw_o$	$Abzw_i$
70	50	2 l/s	2,6 l/s
80	50	2,6 l/s	3,4 l/s
90	50	3,5 l/s	4,6 l/s
100[3]	50	5,6 l/s	7,3 l/s
125	70	8,4 l/s	10 l/s
150	80	14,1 l/s	18,3 l/s
200	100	21 l/s	27,3 l/s

DN 60 (0,7 l/s bzw. 0,9 l/s) in BRD nicht verwendet

[3] Min. DN 100 bei WC-Anschluss mit > 6 l Spülwasser an S I, III, IV. Fallleitung DN 70 (Küchenstrang) ≤ 4 Küchenablaufstellen; 87°/88,5° Abzweig mit Einlauf-∢ 45° wie Abzweig mit Innenradius

Abzweig mit Innenradius

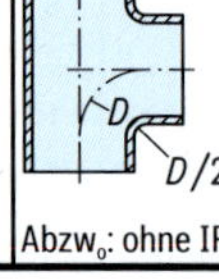

$Abzw_o$: ohne IR

273.1 Schmutzwasserleitungen DN 90/System I mit wassersparenden WC (4 bis 6 l)

Nach DIN 1986-100 können Abflussleitungen der Nennweite DN 90 eingesetzt werden Σ bessere Selbstreinigung als bei DN 100. Anwendungsgrenzen (s. 272.1)

273.2 Anschlusswerte, Nennweite von Einzelanschlussleitungen DN 90 DIN 1986-100

WC mit Spülkasten in l	4,0/4,5	6,0
Anschlusswert DU	1,8	2,0
Einzelanschlussleitung DN	80/90	80–100

273.3 Sammelanschlussleitungen DN 80/90

Σ DU bei k =	0,5	0,7	1,0
DN 80	13,0 mit max. 2 WC	8,0 max. 2 WC	4,0
DN 90	13,0 mit max. 2 WC	10,0 max. 2 WC	5,0

273.4 Fallleitungen DN 90, $\dot{V}_{max}$ in l/s

mit Hauptlüftung	3,5	Bei Verwendung von DN 80 sind
mit Nebenlüftung DN 50	4,6	
die Anwendungsgrenzen reduziert (s. 272.4).		

273.5 Maximal anschließbare 6-l-WC-Anzahl an die Fallleitung (2,0 DU) (Herstellerangaben)

Fallrohr	mit Hauptlüftung		mit Nebenlüftung		HWB: **H**and**w**asch**b**ecken. Die max. Anzahl anschließbarer WC ergibt sich aus (s. 273.4) (DIN EN 12056-2).
DN 90 Abzweige mit Innenradius	24 WC	19 WC mit HWB	42 WC	33 mit HWB	
DN 100 mit Abzweigen	32 WC	25 WC mit HWB	62 WC	50 mit HWB	
DN 100 Abzweige mit Innenradius	54 WC	43 WC mit HWB	106 WC	85 mit HWB	
DN 125 mit Abzweigen	67 WC	53 WC mit HWB	141 WC	112 mit HWB	

273.6 Mindestgefälle bei Verwendung von Schmutzwasserleitungen DN 90 [1)]

Bereich	I in %	Bereich	I in %
Einzelanschlussleitungen unbelüftet	1,5	Sammelanschlussleitungen unbelüftet	1,0
Einzelanschlussleitungen belüftet	0,5	Sammelanschlussleitungen belüftet	0,5
Grund- und Sammelleitungen	1,5	[1)] Nach DIN 1986-100.	

273.7 Zul. Schmutzwasserabfluss von Grund- und Sammelleitungen DN 90 h/d = 0,5 (50 %)

Gefälle I in cm/m	0,50	1,00	1,50	2,00	2,50	3,00	3,50	4,00	4,50	5,00	Für 6-l-WC ist I_{min} = 2 cm/m, 4- bis 4,5-l-WC ist I_{min} = 1,5 cm/m (DIN 1986-100)
$\dot{V}_{max}$ in l/s	1,08	1,54	1,89	2,19	2,45	2,68	2,90	3,10	3,29	3,47	
v in m/s	0,44	0,63	0,77	0,89	1,00	1,10	1,18	1,27	1,34	1,42	

273.8 Berechnungsbeispiel: Entwässerungsanlage DIN EN 12056

12 WE (6 an jeder Fallleitung), System I, Fallleitung 2 Eck-Abzweige

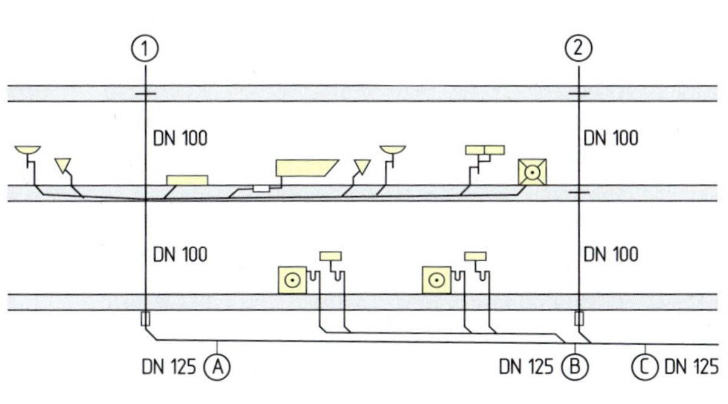

Entwässerungsgegenstand	DU	Σ DU
2 × WC (7,5 l)	2,0	4,0
2 × Waschtisch	0,5	1,0
1 × Badewanne	0,8	0,8
1 × Dusche (frei)	0,6	0,6
1 × Spülbecken	0,8	0,8
1 × Geschirrspüler	0,8	0,8
Summe je Wohnung		8,0
2 × Waschmaschine	0,8	1,6
2 × Waschtrog	0,5	1,0
Summe Keller		2,6

Fallleitung: 6 App. mit 8 DU = 48 DU

$\dot{V}_s = 0{,}5$ l/s $\cdot \sqrt{48} = 3{,}5$ l/s ⇒ **DN 100** (s. 272.4)

Grundleitung A: $\dot{V}_s = 3{,}5$ l/s ⇒ **DN 125** (s. 274.1)

Grundleitung B: $\dot{V}_s = 0{,}5$ l/s $\cdot \sqrt{48 + 2{,}6} = 3{,}6$ l/s ⇒ **DN 125** (s. 274.1)

Grundleitung C: $\dot{V}_s = 0{,}5$ l/s $\cdot \sqrt{48 + 2{,}6 + 48} = 5{,}0$ l/s ⇒ **DN 125** (s. 274.1)

274.1 Abflussvermögen von Entwässerungsleitungen, Füllungsgrad h/d_i = 0,5/0,7/1,0 — DIN 1986-100

Gefälle cm/m	DN 70 d; 68 mm		DN 80 75 mm		DN 90 79 mm		DN 100 96 mm		DN 125 113 mm		DN 150 146 mm		DN 200 184 mm		DN 225 207 mm		DN 250 230 mm	
	$\dot V$ l/s	v m/s	$\dot V$ l/s	v m/s	$\dot V$ l/s	v m/s	$\dot V$ l/s	v m/s	$\dot V$ l/s	v m/s	$\dot V$ l/s	v m/s	$\dot V$ l/s	v m/s	$\dot V$ l/s	v m/s	$\dot V$ l/s	v m/s
0,20													6,3	0,5	8,6	0,5	11,4	0,5
0,30											4,2	0,5	7,7	0,6	10,5	0,6	14,0	0,7
0,40									2,4	0,5	4,8	0,6	8,9	0,7	12,2	0,7	16,2	0,8
0,50							1,8	0,5	2,7	0,5	5,4	0,6	10,0	0,8	13,7	0,8	18,1	0,9
0,60	0,7	0,4	1,0	0,5	1,1	0,5	1,9	0,5	3,0	0,6	5,9	0,7	11,0	0,8	15,0	0,9	19,8	1,0
0,70	0,8	0,5	1,1	0,5	1,2	0,5	2,1	0,6	3,2	0,6	6,4	0,8	11,8	0,9	16,2	1,0	21,4	1,0
0,80	0,9	0,5	1,1	0,5	1,3	0,5	2,2	0,6	3,5	0,7	6,8	0,8	12,7	1,0	17,3	1,0	22,9	1,1
0,90	0,9	0,5	1,2	0,6	1,4	0,6	2,4	0,7	3,7	0,7	7,3	0,9	13,4	1,0	18,4	1,1	24,3	1,2
1,00	1,0	0,5	1,3	0,6	1,5	0,6	2,5	0,7	3,9	0,8	7,7	0,9	14,2	1,1	19,4	1,2	25,7	1,2
1,10	1,0	0,6	1,4	0,6	1,6	0,6	2,6	0,7	4,1	0,8	8,0	1,0	14,9	1,1	20,4	1,2	26,9	1,3
1,20	1,1	0,6	1,4	0,6	1,6	0,7	2,7	0,8	4,2	0,8	8,4	1,0	15,5	1,2	21,3	1,3	28,1	1,4
1,30	1,1	0,6	1,5	0,7	1,7	0,7	2,9	0,8	4,4	0,9	8,7	1,0	16,2	1,2	22,1	1,3	29,3	1,4
1,40	1,2	0,6	1,5	0,7	1,8	0,7	3,0	0,8	4,6	0,9	9,1	1,1	16,8	1,3	23,0	1,4	30,4	1,5
1,50	1,2	0,7	1,6	0,7	1,8	0,7	3,1	0,8	4,7	0,9	9,4	1,1	17,4	1,3	23,8	1,4	31,5	1,5
2,00	1,4	0,8	1,8	0,8	2,1	0,9	3,5	1,0	5,5	1,1	10,9	1,3	20,1	1,5	27,5	1,6	36,4	1,8
2,50	1,6	0,9	2,0	0,9	2,4	1,0	4,0	1,1	6,1	1,2	12,2	1,5	22,5	1,7	30,8	1,8	40,7	2,0
3,00	1,7	1,0	2,2	1,0	2,6	1,1	4,4	1,2	6,7	1,3	13,3	1,6	24,7	1,9	33,7	2,0	44,6	2,1
3,50	1,9	1,0	2,4	1,1	2,8	1,1	4,7	1,3	7,5	1,5	14,4	1,7	26,6	2,0	36,4	2,2	48,2	2,3
4,00	2,0	1,1	2,6	1,2	3,0	1,2	5,0	1,4	7,8	1,6	15,4	1,8	28,5	2,1	39,0	2,3	51,5	2,5
4,50	2,1	1,2	2,8	1,2	3,2	1,3	5,3	1,5	8,3	1,6	16,3	2,0	30,2	2,3	41,3	2,5		
5,00	2,2	1,2	2,9	1,3	3,3	1,4	5,6	1,6	8,7	1,7	17,2	2,1	31,9	2,4				

Gefälle cm/m	DN 70 d; 68 mm		DN 80 75 mm		DN 90 79 mm		DN 100 96 mm		DN 125 113 mm		DN 150 146 mm		DN 200 184 mm		DN 225 207 mm		DN 250 230 mm	
	$\dot V$ l/s	v m/s	$\dot V$ l/s	v m/s	$\dot V$ l/s	v m/s	$\dot V$ l/s	v m/s	$\dot V$ l/s	v m/s	$\dot V$ l/s	v m/s	$\dot V$ l/s	v m/s	$\dot V$ l/s	v m/s	$\dot V$ l/s	v m/s
0,20											5,7	0,5	10,5	0,5	14,4	0,6	19,0	0,6
0,30									3,5	0,5	7,0	0,6	12,9	0,6	17,6	0,7	23,3	0,8
0,40							2,6	0,5	4,1	0,5	8,1	0,6	14,9	0,8	20,4	0,8	27,0	0,9
0,50			1,5	0,5	1,7	0,5	2,9	0,5	4,6	0,6	9,0	0,7	16,7	0,8	22,8	0,9	30,2	1,0
0,60	1,3	0,5	1,7	0,5	1,9	0,5	3,2	0,6	5,0	0,7	9,9	0,8	18,3	0,9	25,0	1,0	33,1	1,1
0,70	1,4	0,5	1,8	0,5	2,1	0,6	3,5	0,6	5,4	0,7	10,7	0,9	19,8	1,0	27,1	1,1	35,8	1,2
0,80	1,5	0,5	1,9	0,6	2,2	0,6	3,7	0,7	5,8	0,8	11,5	0,9	21,2	1,1	29,0	1,2	38,3	1,2
0,90	1,6	0,6	2,1	0,6	2,4	0,6	4,0	0,7	6,1	0,8	12,2	1,0	22,5	1,1	30,7	1,2	40,6	1,3
1,00	1,7	0,6	2,2	0,7	2,5	0,7	4,2	0,8	6,5	0,9	12,8	1,0	23,7	1,2	32,4	1,3	42,8	1,4
1,10	1,7	0,6	2,3	0,7	2,6	0,7	4,4	0,8	6,8	0,9	13,5	1,1	24,9	1,3	34,0	1,4	45,0	1,4
1,20	1,8	0,7	2,4	0,7	2,7	0,7	4,6	0,8	7,1	0,9	14,1	1,1	26,0	1,3	35,5	1,4	47,0	1,5
1,30	1,9	0,7	2,5	0,7	2,8	0,8	4,8	0,9	7,4	1,0	14,6	1,2	27,1	1,4	37,0	1,5	48,9	1,6
1,40	2,0	0,7	2,6	0,8	2,9	0,8	5,0	1,0	7,7	1,0	15,2	1,2	28,1	1,4	38,4	1,5	50,8	1,6
1,50	2,0	0,8	2,7	0,8	3,1	0,8	5,1	1,1	7,9	1,1	15,7	1,3	29,1	1,5	39,7	1,6	52,5	1,7
2,00	2,4	0,9	3,1	0,9	3,5	1,0	5,9	1,2	9,2	1,2	18,2	1,5	33,6	1,7	45,9	1,8	60,7	2,0
2,50	2,6	1,0	3,4	1,0	4,0	1,1	6,7	1,3	10,3	1,4	20,3	1,6	37,6	1,9	51,4	2,0	67,9	2,2
3,00	2,9	1,1	3,8	1,1	4,3	1,2	7,3	1,4	11,3	1,5	22,3	1,8	41,2	2,1	53,6	2,2	74,4	2,4
3,50	3,1	1,2	4,1	1,2	4,7	1,3	7,9	1,5	12,2	1,6	24,1	1,9	44,5	2,2	60,9	2,4		
4,00	3,4	1,2	4,4	1,3	5,0	1,4	8,4	1,6	13,0	1,7	25,8	2,1	47,6	2,4				
4,50	3,6	1,3	4,6	1,4	5,3	1,5	8,9	1,7	13,8	1,8	27,3	2,2	50,5	2,5				
5,00	3,8	1,4	4,9	1,5	5,6	1,5	9,4	1,7	14,6	1,9	28,8	2,3						

Abflussvermögen bei h/d_i = 1,0 — DIN 1986-100

I cm/m	$\dot V$ l/s	v m/s	$\dot V$ l/s	v m/s	$\dot V$ l/s	v m/s	$\dot V$ l/s	v m/s	$\dot V$ l/s	v m/s	$\dot V$ l/s	v m/s	$\dot V$ l/s	v m/s	$\dot V$ l/s	v m/s	$\dot V$ l/s	v m/s
0,30											8,3	0,5	15,4	0,6	21,1	0,6	27,9	0,7
0,40									4,9	0,5	9,6	0,6	17,8	0,7	21,4	0,7	32,3	0,8
0,50							3,5	0,5	5,4	0,5	10,8	0,6	20,0	0,8	27,3	0,8	36,2	0,9
0,60					2,3	0,5	3,9	0,5	6,0	0,6	11,8	0,7	21,9	0,8	30,0	0,9	38,7	1,0
0,70	1,6	0,5	2,1	0,5	2,5	0,5	4,2	0,6	6,5	0,6	12,8	0,8	23,7	0,9	32,4	1,0	42,9	1,0
0,80	1,8	0,5	2,3	0,5	2,6	0,5	4,5	0,6	6,9	0,7	13,7	0,8	25,3	1,0	34,7	1,0	45,9	1,1
0,90	1,9	0,5	2,4	0,6	2,8	0,6	4,7	0,7	7,3	0,7	14,5	0,9	26,9	1,0	36,8	1,1	48,7	1,2
1,00	2,0	0,5	2,6	0,6	3,0	0,6	5,0	0,7	7,7	0,8	15,3	0,9	28,4	1,1	38,8	1,2	51,3	1,2
1,10	2,1	0,6	2,7	0,6	3,1	0,6	5,2	0,7	8,1	0,8	16,1	1,0	29,8	1,1	40,7	1,2	53,8	1,3
1,20	2,2	0,6	2,8	0,6	3,2	0,7	5,5	0,8	8,5	0,8	16,8	1,0	31,1	1,2	42,5	1,3	56,2	1,4
1,30	2,3	0,6	2,9	0,7	3,4	0,7	5,7	0,8	8,8	0,9	17,5	1,0	32,4	1,2	44,3	1,3	58,6	1,4
1,40	2,3	0,6	3,1	0,7	3,5	0,7	5,9	0,8	9,2	0,9	18,2	1,1	33,6	1,3	46,0	1,4	60,8	1,5
1,50	2,4	0,7	3,2	0,7	3,6	0,7	6,1	0,8	9,5	0,9	18,8	1,1	34,8	1,3	47,6	1,4	62,9	1,5
2,00	2,8	0,8	3,7	0,8	4,2	0,9	7,1	1,0	11,0	1,1	21,7	1,3	40,2	1,5	55,0	1,6	72,7	1,8
2,50	3,1	0,9	4,1	0,9	4,7	1,0	7,9	1,1	12,3	1,2	24,3	1,5	45,0	1,7	61,5	1,8	81,4	2,0
3,00	3,5	1,0	4,5	1,0	5,2	1,1	8,7	1,2	13,5	1,3	26,7	1,6	49,3	1,9	67,4	2,0	89,2	2,1
3,50	3,7	1,0	4,9	1,1	5,6	1,1	9,4	1,3	14,5	1,5	28,8	1,7	53,3	2,0	72,9	2,2	96,4	2,3
4,00	4,0	1,1	5,2	1,2	6,0	1,2	10,1	1,4	15,6	1,6	30,8	1,8	57,0	2,1	77,9	2,3	103	2,5
4,50	4,2	1,2	5,5	1,2	6,3	1,3	10,7	1,5	16,5	1,6	32,7	2,0	60,5	2,3	82,7	2,5		
5,00	4,5	1,2	5,8	1,3	6,7	1,4	11,3	1,6	17,4	1,7	34,5	2,1	63,8	2,4				

Beispiel: Dimensionierung einer Sammelleitung: Entwässerungsgegenstände: 1 WC mit 6 l Spülung und 1 Bodenablauf DN 70 → 271.1 DU System I BRD: WC DU 2,0 l/s; BA DN 70 DU 1,5 l/s; K = 0,5 (271.2 unregelmäßig)
Für $\dot V_{ww}$ ergibt sich: $\dot V_{ww} = 0{,}5 \cdot \sqrt{(2{,}0 + 1{,}5)} \approx 1$ l/s. Aber, der maximale Wert DU ist 2,0 l/s → die Sammelleitung muss für 2,0 l/s bemessen werden → DIN 1986-100: DN 90; Silent PP: DN 90; Silent-db 20: DN 90

Abflussvermögen in l/s bei h/d_i = 0,5; k_b = 1 mm Silent-PP

DN	32/28 mm		40/36 mm		50/46 mm		75/69,8		90/83,3		110/102,8		125/116,6	
I %	$\dot V$ l/s	v m/s	$\dot V$ l/s	v m/s	$\dot V$ l/s	v m/s	$\dot V$ l/s	v m/s	$\dot V$ l/s	v m/s	$\dot V$ l/s	v m/s	$\dot V$ l/s	v m/s
0,5	0,06	0,21	0,13	0,25	0,25	0,30	0,76	0,41	1,24	0,46	2,15	0,53	3,01	0,58
1,0	0,09	0,30	0,18	0,36	0,35	0,43	1,08	0,58	1,77	0,65	3,06	0,75	4,28	0,82
1,5	0,11	0,37	0,22	0,44	0,43	0,53	1,33	0,71	2,17	0,80	3,76	0,92	5,26	1,01
2,0	0,13	0,43	0,26	0,52	0,50	0,61	1,54	0,82	2,51	0,93	4,34	1,07	6,08	1,16
2,5	0,15	0,48	0,29	0,58	0,56	0,69	1,72	0,92	2,81	1,04	4,86	1,19	6,81	1,30

Abflussvermögen in l/s bei h/d_i = 1,0; k_b = 1 mm Silent-PP

I %	$\dot V$ l/s	v m/s	$\dot V$ l/s	v m/s	$\dot V$ l/s	v m/s	$\dot V$ l/s	v m/s	$\dot V$ l/s	v m/s	$\dot V$ l/s	v m/s	$\dot V$ l/s	v m/s
0,5	0,11	0,23	0,21	0,28	0,41	0,33	1,27	0,44	2,07	0,50	3,59	0,58	5,02	0,63
1,0	0,15	0,33	0,30	0,40	0,58	0,47	1,80	0,63	2,95	0,72	5,10	0,82	7,14	0,90
1,5	0,20	0,43	0,37	0,49	0,72	0,58	2,22	0,78	3,62	0,88	6,26	1,01	8,77	1,10
2,0	0,22	0,47	0,43	0,56	0,83	0,67	2,56	0,90	4,19	1,02	7,24	1,17	10,1	1,27
2,5	0,24	0,53	0,48	0,63	0,93	0,75	2,87	1,01	4,69	1,14	8,10	1,31	11,3	1,43

Abflussvermögen in l/s bei h/d_i = 0,5; k_b = 1 mm Silent-db 20

DN	56/49,6 mm		75/67,8 mm		90/75 mm		110/98 mm		135/123 mm		160/146 mm	
I	$\dot V$	v	$\dot V$	v	$\dot V$	v	$\dot V$	v	$\dot V$	v	$\dot V$	v
0,5	0,30	0,31	0,69	0,38	0,04	0,42	1,86	0,49	3,41	0,57	5,39	0,64
1,0	0,42	0,44	0,89	0,54	0,48	0,60	2,64	0,70	4,85	0,82	7,66	0,92
1,5	0,52	0,54	1,21	0,67	0,82	0,74	3,24	0,86	5,95	1,00	9,40	1,12
2,0	0,60	0,62	1,40	0,77	2,10	0,86	3,75	0,99	6,88	1,16	10,87	1,30
2,5	0,67	0,70	1,56	0,87	2,36	0,96	4,20	1,11	7,70	1,30	12,16	1,45

Abflussvermögen in l/s bei h/d_i = 1; k_b = 1 mm Silent-db 20

I	$\dot V$	v	$\dot V$	v	$\dot V$	v	$\dot V$	v	$\dot V$	v	$\dot V$	v
0,5	0,50	0,35	1,16	0,43	1,75	0,48	3,11	0,55	5,72	0,64	9,03	0,72
1,0	0,71	0,49	1,65	0,61	2,49	0,68	4,43	0,79	8,12	0,91	12,82	1,02
1,5	0,87	0,61	2,03	0,75	3,05	0,83	5,44	0,96	9,97	1,12	15,73	1,26
2,0	1,01	0,70	2,34	0,87	3,53	0,96	6,28	1,11	11,52	1,30	18,18	1,45
2,5	1,13	0,78	2,62	0,97	3,95	1,08	7,03	1,25	12,89	1,45	20,34	1,63

275.1 Abflussvermögen von PE-Rohr in l/s, Fließgeschwindigkeit in m/s Herstellerangabe

DN/d_i	32/26 mm		40/34 mm		50/44 mm		56/50 mm		75/69 mm		90/83 mm		110/101,4		125/115,2		160/147,6		200/187,6		250/234,4		315/295,4		h/d_i
I %	$\dot{V}$	v	$\dot{V}$	v	$\dot{V}$	v	$\dot{V}$	v	$\dot{V}$	v	$\dot{V}$	v	$\dot{V}$	v	$\dot{V}$	v	$\dot{V}$	v	$\dot{V}$	v	$\dot{V}$	v	$\dot{V}$	v	0,5
cm/m	l/s	m/s	l/s	m/s	l/s	m/s	l/s	m/s	l/s	m/s	l/s	m/s	l/s	m/s	l/s	m/s	l/s	m/s	l/s	m/s	l/s	m/s	l/s	m/s	k_b
0,50	0,05	0,19	0,11	0,23	0,21	0,28	0,30	0,31	0,72	0,39	1,19	0,44	2,03	0,50	2,86	0,55	5,55	0,65	10,52	0,76	19,01	0,88	35,11	1,02	1 mm
1,00	0,07	0,27	0,15	0,33	0,31	0,40	0,43	0,44	1,03	0,55	1,69	0,63	2,89	0,72	4,07	0,78	7,89	0,92	14,93	1,08	26,98	1,25	49,80	1,45	Be-
1,50	0,09	0,34	0,19	0,41	0,38	0,49	0,53	0,54	1,26	0,68	2,08	0,77	3,55	0,88	5,00	0,96	9,68	1,13	18,32	1,33	33,09	1,53	61,07	1,78	triebs-
2,00	0,10	0,39	0,22	0,48	0,43	0,57	0,61	0,63	1,46	0,78	2,40	0,89	4,11	1,02	5,78	1,11	11,19	1,31	21,18	1,53	38,24	1,77	70,57	2,06	rau-
2,50	0,12	0,44	0,24	0,53	0,49	0,64	0,69	0,70	1,64	0,88	2,69	0,99	4,60	1,14	6,46	1,24	12,52	1,46	23,69	1,71	42,78	1,98	78,94	2,30	ig-
3,00	0,13	0,48	0,27	0,58	0,53	0,70	0,75	0,77	1,80	0,96	2,95	1,09	5,04	1,25	7,09	1,36	13,72	1,60	25,97	1,88	46,89	2,17	86,51	2,52	keit
Abflussvermögen in l/s, Fließgeschwindigkeit in m/s bei $h/d_i = 0,7$, Betriebsrauigkeit $k_b = 1$ mm PE- Rohr																									
0,50	0,09	0,22	0,18	0,26	0,36	0,32	0,51	0,35	1,22	0,43	2,00	0,49	3,41	0,57	4,80	0,62	9,30	0,73	17,59	0,85	31,76	0,98	58,60	1,14	s.
1,00	0,12	0,31	0,26	0,38	0,51	0,45	0,73	0,50	1,73	0,62	2,84	0,70	4,85	0,80	6,82	0,88	13,20	1,03	24,96	1,21	45,05	1,40	83,09	1,62	258.1
1,50	0,15	0,38	0,31	0,46	0,63	0,56	0,89	0,61	2,12	0,76	3,49	0,86	5,95	0,99	8,37	1,07	16,19	1,27	30,62	1,48	55,25	1,71	101,88	1,99	
2,00	0,18	0,44	0,36	0,54	0,73	0,64	1,03	0,70	2,46	0,88	4,03	1,00	6,88	1,14	9,68	1,24	18,72	1,46	35,39	1,71	63,85	1,98	117,72	2,30	
2,50	0,20	0,50	0,41	0,60	0,82	0,72	1,16	0,79	2,75	0,98	4,51	1,12	7,70	1,28	10,83	1,39	20,94	1,64	39,59	1,92	71,43	2,21	131,68	2,57	
3,00	0,22	0,54	0,45	0,66	0,90	0,79	1,27	0,86	3,02	1,08	4,95	1,22	8,44	1,40	11,87	1,52	22,95	1,79	43,39	2,10	78,28	2,43	144,30	2,82	

275.2 Abflussvermögen von schallgedämmtem HT-Rohr, Fließgeschwindigkeit, RAUPIANOPLUS $h/d_i = 0,5/0,7$

DN/d_i	40/36,4		50/46,4		70/71,2		90/85,6		100/104,6		125/118,8		150/152,2		200/187,6		40/36,4		50/46,4		70/71,2		90/85,6		104,6 mm		118,8 mm		152,2 mm		187,6 mm	
I %	$\dot{V}$	v	$\dot{V}$	v	$\dot{V}$	v	$\dot{V}$	v	$\dot{V}$	v	$\dot{V}$	v	$\dot{V}$	v	$\dot{V}$	v	$\dot{V}$	v	$\dot{V}$	v	$\dot{V}$	v	$\dot{V}$	v	$\dot{V}$	v	$\dot{V}$	v	$\dot{V}$	v	$\dot{V}$	v
0,50					c				2,2	0,5	3,1	0,6	6,0	0,7	10,5	0,8					1,5	0,5	2,2	0,5	3,7	0,6	5,2	0,6	10,1	0,7	17,6	0,9
0,60	$h/d_i = 0,5$				0,9	0,4	1,4	0,5	2,4	0,6	3,4	0,6	6,6	0,7	11,5	0,8	$h/d_i = 0,7$				1,6	0,5	2,4	0,6	4,1	0,6	5,7	0,7	11,1	0,8	19,3	0,9
0,70					0,9	0,5	1,5	0,5	2,6	0,6	3,7	0,7	7,1	0,8	12,5	0,9					1,7	0,6	2,6	0,6	4,4	0,7	6,2	0,7	12,0	0,9	20,9	1,0
0,80					1,0	0,5	1,6	0,6	2,8	0,7	3,9	0,7	7,6	0,8	13,3	1,0					1,8	0,6	2,9	0,6	4,7	0,7	6,6	0,8	12,8	0,9	22,3	1,1
0,90					1,1	0,5	1,7	0,6	3,0	0,7	4,2	0,8	8,1	0,9	14,2	1,0					1,9	0,6	3,1	0,7	5,0	0,8	7,0	0,8	13,6	1,0	23,7	1,1
1,00					1,1	0,6	1,8	0,6	3,1	0,7	4,4	0,8	8,6	0,9	14,9	1,1			0,6	0,5	2,0	0,7	3,2	0,7	5,3	0,8	7,4	0,9	14,3	1,1	25,0	1,2
1,10					1,2	0,6	1,9	0,7	3,3	0,8	4,6	0,8	9,0	1,0	15,7	1,1			0,6	0,5	2,1	0,7	3,4	0,8	5,5	0,9	7,8	0,9	15,0	1,1	26,2	1,3
1,20			0,4	0,5	1,2	0,6	2,0	0,7	3,4	0,8	4,8	0,9	9,4	1,0	16,4	1,2			0,7	0,5	2,1	0,7	3,5	0,8	5,8	0,9	8,1	1,0	15,7	1,2	27,4	1,3
1,30			0,4	0,5	1,3	0,6	2,1	0,7	3,6	0,8	5,0	0,9	9,8	1,1	17,0	1,2	0,4	0,5	0,7	0,5	2,2	0,7	3,7	0,8	6,0	0,9	8,5	1,0	16,3	1,2	28,5	1,4
1,40			0,4	0,5	1,3	0,7	2,2	0,8	3,7	0,9	5,2	0,9	10,1	1,1	17,7	1,3	0,4	0,5	0,7	0,6	2,3	0,8	3,8	0,8	6,2	1,0	8,8	1,1	17,0	1,2	29,6	1,4
1,50			0,4	0,5	1,4	0,7	2,3	0,8	3,9	0,9	5,4	1,0	10,5	1,2	18,3	1,3	0,4	0,5	0,7	0,6	2,7	0,9	4,4	0,9	6,5	1,0	9,1	1,1	17,6	1,3	30,6	1,5
2,00	0,3	0,5	0,5	0,6	1,6	0,8	2,6	0,9	4,5	1,0	6,3	1,1	12,1	1,3	21,2	1,5	0,4	0,6	0,8	0,7	3,0	1,0	4,9	1,0	7,5	1,1	10,5	1,3	20,3	1,5	35,4	1,7
2,50	0,3	0,6	0,6	0,7	1,8	0,9	2,9	1,0	5,0	1,2	7,0	1,3	13,6	1,5	23,7	1,7	0,5	0,6	0,9	0,7	3,3	1,1	5,4	1,1	8,4	1,1	11,8	1,4	22,7	1,7	39,6	1,9
3,00	0,3	0,6	0,6	0,7	2,0	1,0	3,2	1,1	5,5	1,3	7,7	1,4	14,9	1,6	26,0	1,9	0,5	0,7	1,0	0,8	3,5	1,2	5,8	1,2	9,2	1,3	12,9	1,6	24,9	1,8	43,4	2,1
3,50	0,3	0,7	0,7	0,8	2,1	1,1	3,5	1,2	5,9	1,4	8,3	1,5	16,1	1,8	28,1	2,0	0,6	0,7	1,1	0,9	3,5	1,2	5,8	1,3	9,9	1,5	13,9	1,7	26,9	2,0	46,9	2,3

I %	40/36,4 $\dot{V}$	v	50/46,4 $\dot{V}$	v	70/71,2 $\dot{V}$	v	90/85,6 $\dot{V}$	v	100/104,6 $\dot{V}$	v	125/118,8 $\dot{V}$	v	150/152,2 $\dot{V}$	v	200/187,6 $\dot{V}$	v
0,50									4,4	0,5	6,2	0,6	12,1	0,7	21,0	0,8
0,60							2,8	0,5	4,9	0,6	6,8	0,6	13,2	0,7	23,1	0,8
0,70	RauPianoPlus				1,9	0,5	3,1	0,5	5,2	0,6	7,4	0,7	14,3	0,8	24,9	0,9
0,80	$h/d_i = 1,0$				2,0	0,5	3,3	0,6	5,6	0,7	7,9	0,7	15,3	0,8	26,7	1,0
0,90					2,1	0,5	3,5	0,6	6,0	0,7	8,4	0,8	16,2	0,9	28,3	1,0
1,00					2,2	0,6	3,7	0,6	6,3	0,7	8,8	0,8	17,1	0,9	29,9	1,1
1,10					2,4	0,6	3,9	0,7	6,6	0,8	9,3	0,8	18,0	1,0	31,3	1,1
1,20			0,8	0,5	2,5	0,6	4,0	0,7	6,9	0,8	9,7	0,9	18,0	1,0	32,7	1,2
1,30			0,8	0,5	2,6	0,6	4,2	0,7	7,2	0,8	10,1	0,9	19,5	1,1	34,1	1,2
1,40			0,8	0,5	2,7	0,7	4,4	0,8	7,5	0,9	10,5	0,9	20,3	1,1	35,4	1,3
1,50			0,9	0,5	2,8	0,7	4,5	0,8	7,7	0,9	10,8	1,0	21,0	1,2	36,6	1,3
2,00	0,5	0,5	1,0	0,6	3,2	0,8	5,2	0,9	8,9	1,0	12,5	1,1	24,3	1,3	42,4	1,5
2,50	0,5	0,6	1,1	0,7	3,6	0,9	5,8	1,0	10,0	1,2	14,0	1,3	27,2	1,5	47,4	1,7
3,00	0,6	0,6	1,2	0,7	3,9	1,0	6,4	1,1	11,0	1,3	15,4	1,4	29,8	1,6	51,9	1,9
3,50	0,7	0,7	1,3	0,8	4,2	1,1	6,9	1,2	11,8	1,4	16,6	1,5	32,2	1,8	56,1	2,0

Ablesebeispiel:

1. Sammelleitung, Gefälle 2 cm/m (2 %), $\dot{V}_{ww} = 2,4$ l/s, $h/d_i = 0,5$
   → PE DN 90, $v = 0,89$ m/s; RauPianoPlus DN 90 (2,6 l/s), $v = 0,9$ m/s
2. Grundleitung, Gefälle 1,5 cm/m, $\dot{V}_{ww} = 18$ l/s, $h/d_i = 0,5$
   → PE DN 200, $v = 1,3$ m/s; GM-X-Rohr ($\dot{V}_{ww}$ bis 25,5 l/s) DN 200

275.3 Abflussvermögen GM-X-Abflussrohr

DN	40		50		70		80		100		125		150		200	
d_i	39 mm		50 mm		69,8 mm		85,4 mm		98 mm		128 mm		154 mm		212,6	
I	$\dot{V}$	v	$\dot{V}$	v	$\dot{V}$	v	$\dot{V}$	v	$\dot{V}$	v	$\dot{V}$	v	$\dot{V}$	v	$\dot{V}$	v
%	l/s	m/s	l/s	m/s	l/s	m/s	l/s	m/s	l/s	m/s	l/s	m/s	l/s	m/s	l/s	m/s
0,5	ACO-GM-X						1,3	0,5	1,9	0,5	3,8	0,6	6,2	0,7	14,7	0,8
1,0	$h/d_i = 0,5$				1,1	0,6	1,8	0,6	2,6	0,7	5,4	0,8	8,8	1,0	20,8	1,2
1,5			0,5	0,5	1,3	0,7	2,2	0,8	3,2	0,9	6,6	1,0	10,8	1,2	25,5	1,4
2,0	0,3	0,5	0,6	0,6	1,5	0,8	2,6	0,9	3,7	1,0	7,7	1,2	12,5	1,3	29,5	1,7
2,5	0,4	0,6	0,7	0,7	1,7	0,9	2,9	1,0	4,2	1,1	8,6	1,3	14,0	1,5	33,0	1,9
3,0	0,4	0,6	0,8	0,8	1,9	1,0	3,2	1,1	4,6	1,2	9,4	1,5	15,4	1,7	36,2	2,0
3,5	0,4	0,6	0,8	0,8	2,0	1,1	3,4	1,2	5,0	1,3	10,1	1,6	16,6	1,8	39,1	2,2
0,5									3,0	0,5	6,1	0,6	10,0	0,7	23,6	0,9
1,0	$h/d_i = 0,7$				1,7	0,6	2,9	0,7	4,2	0,8	8,7	0,9	14,2	1,0	33,5	1,3
1,5	0,4	0,5	0,9	0,6	2,1	0,7	3,6	0,8	5,2	0,9	10,6	1,1	17,4	1,3	41,0	1,6
2,0	0,5	0,6	1,0	0,7	2,4	0,9	4,2	1,1	6,0	1,1	12,3	1,3	20,1	1,5	47,4	1,8
2,5	0,6	0,6	1,1	0,8	2,7	1,0	4,7	1,2	6,7	1,2	13,8	1,4	22,5	1,6	53,1	2,0
3,0	0,6	0,7	1,2	0,8	3,0	1,0	5,1	1,3	7,4	1,3	15,1	1,6	24,7	1,8	58,2	2,2
3,5	0,7	0,8	1,3	0,9	3,2	1,1	5,5	1,4	8,0	1,4	16,3	1,7	26,7	1,9	62,9	2,4

276.1 Abflussvermögen von SML-Rohr in l/s, Fließgeschwindigkeit in m/s — Hersteller.ang.

DN	50/51		80/75		100/103		125/127		150/152		200 mm		250/263		300/314		50/51		80/75		103 mm		127 mm		152 mm		200 mm		250/263		300/314	
I	$\dot V$	v	$\dot V$	v	$\dot V$	v	$\dot V$	v	$\dot V$	v	$\dot V$	v	$\dot V$	v	$\dot V$	v	$\dot V$	v	$\dot V$	v	$\dot V$	v	$\dot V$	v	$\dot V$	v	$\dot V$	v	$\dot V$	v	$\dot V$	v
0,5	h/d_i =		0,9	0,4	2,1	0,5	3,7	0,6	6,0	0,7	12,5	0,8	25,8	1,0	41,3	1,1	h/d_i =		1,5	0,5	3,6	0,6	6,2	0,7	10,1	0,7	20,8	0,9	43,1	1,1	68,9	1,2
0,6	0,5		1,0	0,4	2,3	0,6	4,1	0,6	6,6	0,7	13,7	0,9	28,3	1,0	45,3	1,2	0,75		1,7	0,5	3,9	0,6	6,8	0,7	11,0	0,8	22,9	1,0	47,2	1,2	75,5	1,3
0,7	0,4	0,4	1,1	0,5	2,5	0,6	4,4	0,7	7,1	0,8	14,8	0,9	30,6	1,1	48,9	1,3	0,6	0,4	1,8	0,5	4,2	0,7	7,4	0,8	11,9	0,9	24,7	1,1	51,1	1,3	81,6	1,4
0,8	0,4	0,4	1,1	0,5	2,7	0,6	4,7	0,7	7,6	0,8	15,8	1,0	32,7	1,2	52,3	1,4	0,7	0,5	1,9	0,6	4,5	0,7	7,9	0,8	12,7	0,9	26,4	1,1	54,6	1,3	87,3	1,5
0,9	0,4	0,4	1,2	0,6	2,9	0,7	5,0	0,8	8,1	0,9	16,8	1,1	34,7	1,3	55,5	1,4	0,7	0,5	2,1	0,6	4,8	0,8	8,4	0,9	13,5	1,0	28,1	1,2	58,0	1,4	92,6	1,6
1,0	0,5	0,5	1,3	0,6	3,0	0,7	5,3	0,8	8,5	0,9	17,7	1,1	36,6	1,3	58,5	1,5	0,8	0,5	2,2	0,7	5,1	0,8	8,8	0,9	14,3	1,1	29,6	1,3	61,1	1,5	97,6	1,7
1,1	0,5	0,5	1,4	0,6	3,2	0,8	5,5	0,9	8,9	1,0	18,6	1,2	38,4	1,4	61,4	4,6	0,8	0,5	2,3	0,7	5,3	0,9	9,3	1,0	15,0	1,1	31,0	1,3	64,1	1,6	102,4	1,8
1,2	0,5	0,5	1,4	0,6	3,3	0,8	5,8	0,9	9,4	1,0	19,4	1,2	40,1	1,5	64,2	1,7	0,8	0,6	2,4	0,7	5,5	0,9	9,7	1,0	15,6	1,2	32,4	1,4	67,0	1,6	107,0	1,8
1,3	0,5	0,5	1,5	0,7	3,4	0,8	6,0	1,0	9,7	1,1	20,2	1,3	41,8	1,5	66,8	1,7	0,8	0,6	2,5	0,7	5,8	0,9	10,1	1,1	16,3	1,2	33,8	1,4	69,7	1,7	111,4	1,9
1,4	0,5	0,5	1,5	0,7	3,6	0,9	6,3	1,0	10,1	1,1	21,0	1,3	43,4	1,6	69,3	1,8	0,9	0,6	2,6	0,8	6,0	1,0	10,5	1,1	16,9	1,2	35,0	1,5	72,4	1,8	115,6	2,0
1,5	0,6	0,6	1,6	0,7	3,7	0,9	6,5	1,0	10,5	1,2	21,7	1,4	44,9	1,7	71,8	1,9	0,9	0,6	2,7	0,8	6,2	1,0	10,9	1,1	17,7	1,3	36,3	1,5	74,9	1,8	119,7	2,1
1,6	0,6	0,6	1,6	0,7	3,8	0,9	6,7	1,1	10,8	1,2	22,4	1,4	46,4	1,7	74,1	1,9	1,0	0,6	2,7	0,8	6,4	1,0	11,2	1,2	18,1	1,3	37,5	1,6	77,4	1,9	123,7	2,1
1,8	0,6	0,6	1,7	0,8	4,1	1,0	7,1	1,1	11,5	1,3	23,8	1,5	49,2	1,8	78,7	2,0	1,0	0,7	2,9	0,9	6,8	1,1	11,9	1,3	19,2	1,4	39,8	1,7	82,1	2,0	131,2	2,3
2,0	0,7	0,6	1,8	0,8	4,3	1,0	7,5	1,2	12,1	1,3	25,1	1,6	51,9	1,9	82,9	2,1	1,1	0,7	3,1	0,9	7,2	1,2	12,5	1,3	20,2	1,5	41,9	1,8	86,6	2,1	138,3	2,4
2,5	0,7	0,7	2,0	0,9	4,8	1,2	8,4	1,3	13,5	1,5	28,1	1,8	58,0	2,1	92,8	2,4	1,2	0,8	3,4	1,0	8,0	1,3	14,0	1,5	22,6	1,7	46,9	2,0	96,9	2,4	154,7	2,7
3,0	0,8	0,8	2,2	1,0	5,3	1,3	9,2	1,5	14,8	1,8	30,8	2,0	63,6	2,3	101,7	2,6	1,3	0,9	3,8	1,1	8,8	1,4	15,4	1,6	24,8	1,8	51,4	2,2	106,1	2,6	169,6	2,9

DN	50/51		80/75		100/103		125/127		150/152		200 mm		250/263		300/314	
0,5	h/d_i =		1,8	0,4	4,2	0,5	7,4	0,6	12,0	0,7	24,9	0,8	51,6	1,0	82,6	1,1
0,6	1,0		1,9	0,4	4,7	0,6	8,2	0,6	13,2	0,7	27,4	0,9	56,6	1,0	90,5	1,2
0,7	0,8	0,4	2,1	0,5	5,0	0,6	8,8	0,7	14,2	0,8	29,6	0,9	61,2	1,1	97,8	1,3
0,8	0,8	0,4	2,3	0,5	5,4	0,6	9,4	0,7	15,2	0,8	31,6	1,0	65,4	1,2	104,6	1,4
0,9	0,9	0,4	2,4	0,6	5,7	0,7	10,0	0,8	16,2	0,9	33,6	1,1	69,4	1,3	111,0	1,4
1,0	0,9	0,5	2,6	0,6	6,0	0,7	10,6	0,8	17,1	0,9	35,4	1,1	73,2	1,3	117,1	1,5
1,1	1,0	0,5	2,7	0,6	6,3	0,8	11,1	0,9	17,9	1,0	37,1	1,2	76,8	1,4	122,8	1,6
1,2	1,0	0,5	2,8	0,6	6,6	0,8	11,6	0,9	18,7	1,0	38,8	1,2	80,3	1,5	128,3	1,7
1,3	1,0	0,5	2,9	0,7	6,9	0,8	12,1	1,0	19,5	1,1	40,4	1,3	83,7	1,5	133,6	1,7
1,4	1,1	0,5	3,1	0,7	7,2	0,9	12,5	1,0	20,2	1,1	41,9	1,3	86,7	1,6	138,7	1,8
1,5	1,1	0,6	3,2	0,7	7,4	0,9	13,0	1,0	20,9	1,2	43,4	1,4	89,8	1,7	143,6	1,9
1,6	1,2	0,6	3,3	0,7	7,7	0,9	13,4	1,1	21,6	1,2	44,9	1,4	92,8	1,7	148,3	1,9
1,8	1,2	0,6	3,5	0,8	8,1	1,0	14,2	1,1	22,9	1,3	47,6	1,5	98,4	1,8	157,3	2,0
2,0	1,3	0,6	3,7	0,8	8,6	1,0	15,0	1,2	24,2	1,3	50,2	1,6	103,8	1,9	165,9	2,1
2,5	1,5	0,7	4,1	0,9	9,6	1,2	16,8	1,3	27,1	1,5	56,2	1,8	116,1	2,1	185,6	2,4
3,0	1,6	0,8	4,5	1,0	10,5	1,3	18,4	1,5	29,7	1,6	61,6	2,0	127,2	2,3	203,3	2,6

276.2 Abflussvermögen AWADUKT HPP SN 16 k_b 0,25

DN	160/155,4		200/191,8		250/237,3		315/296,2		400/363,6		500/454,4	
I	$\dot V$	v	$\dot V$	v	$\dot V$	v	$\dot V$	v	$\dot V$	v	$\dot V$	v
0,2	h/d_i =		14,1	0,55	25,5	0,63	47,1	0,73	88,5	0,86	159,4	0,99
0,3	1,0		17,4	0,67	31,5	0,78	58,1	0,91	109,1	1,05	196,4	1,21
0,4	11,2	0,68	20,2	0,78	36,6	0,91	67,4	1,05	126,5	1,22	227,6	1,41
0,5	12,6	0,76	22,7	0,88	41,0	1,01	75,5	1,18	141,8	1,37	255,1	1,58
0,6	13,8	0,83	25,0	0,97	45,1	1,12	83,0	1,29	155,7	1,50	280,0	1,73
0,7	15,0	0,91	27,0	1,04	48,8	1,21	89,8	1,40	168,5	1,63	302,9	1,87
0,8	16,1	0,97	29,0	1,12	52,2	1,29	96,1	1,50	180,4	1,74	324,2	2,00
0,9	17,1	1,03	3,08	1,19	55,5	1,37	102,1	1,59	191,5	1,85	344,2	2,13
1,0	18,0	1,09	32,5	1,26	58,6	1,45	107,7	1,68	202,1	1,95	363,2	2,25
1,5	22,2	1,34	40,0	1,55	72,1	1,78	132,5	2,07	248,3	2,40	446,1	2,76
2,0	25,7	1,55	46,3	1,79	83,4	2,06	153,3	2,39	287,4	2,78	516,1	3,19
2,5	28,8	1,74	51,9	2,01	93,5	2,31	171,7	2,68	321,7	3,11	577,7	3,57
3,0	31,6	1,91	56,9	2,20	102,5	2,54	188,3	2,94	352,8	3,41	633,5	3,92
4,0	36,6	2,21	65,9	2,55	118,6	2,94	217,8	3,40	408,0	3,94	732,4	4,53
5,0	41,0	2,48	73,8	2,86	132,8	3,90	243,8	3,80	456,7	4,41	819,7	5,07
10	58,2	3,51	104,7	4,05	188,5	4,67	345,9	5,39	647,5	6,26	1062	7,18

$\dot V$ in l/s, v in m/s AWADUKT HPP SN 16 k = 0,5

DN	160/155,4		200/191,8		250/237,3		315/296,2		400/363,6		500/454,4	
0,2	h/d_i =		13,2	0,51	23,8	0,59	44,0	0,69	82,7	0,80	149,1	0,92
0,3	1,0		16,2	0,63	29,3	0,73	54,1	0,84	101,8	0,98	183,3	1,13
0,4	10,4	0,63	18,8	0,73	34,0	0,84	62,7	0,98	117,8	1,14	212,1	1,31
0,5	11,7	0,71	21,1	0,82	38,1	0,94	70,2	1,09	131,9	1,27	237,5	1,47
0,6	12,8	0,77	23,1	0,89	41,8	1,03	77,0	1,20	144,7	1,40	260,5	1,61
0,7	13,9	0,84	25,0	0,97	45,2	1,12	83,3	1,30	156,5	1,51	281,6	1,74
0,8	14,8	0,89	26,8	1,04	48,4	1,20	89,1	1,39	167,4	1,62	301,2	1,86
0,9	15,8	0,95	28,4	1,10	51,4	1,27	94,6	1,47	177,7	1,72	319,7	1,98
1,0	16,6	1,00	30,0	1,16	54,2	1,34	99,8	1,56	187,4	1,81	337,2	2,08
1,5	20,4	1,23	36,8	1,42	66,5	1,65	122,5	1,91	230,0	2,22	413,7	2,56
2,0	23,6	1,43	42,6	1,65	76,9	1,90	141,6	2,21	265,8	2,57	478,2	2,96
2,5	26,5	1,60	47,7	1,85	86,1	2,13	158,5	2,47	297,5	2,87	535,0	3,31
3,0	29,0	1,75	52,3	2,02	94,4	2,34	173,7	2,71	326,1	3,15	586,3	3,62
4,0	33,6	2,03	60,5	2,34	109,1	2,70	200,8	3,13	376,8	3,64	677,6	4,19
5,0	37,6	2,27	67,7	2,62	122,1	3,02	224,7	3,50	421,5	4,07	757,9	4,69
10	53,3	3,22	96,0	3,71	173,0	4,28	318,3	4,96	597,0	5,77	1073	6,64

276.3 Abwasserkanalrohr AWADUKT HPP

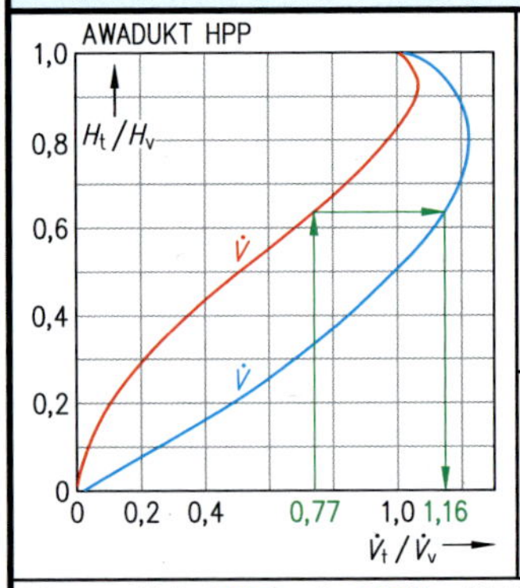

Teilfüllungsdiagramm
(s. 300.2 Kanalschnitt)

- $\dot V_t$ Abfluss Teilfüllung l/s
- $\dot V_v$ Abfluss Vollfüllung l/s
- v_t Fließgeschw. Teilfüllg. l/s
- v_v Fließgeschw. Vollfüllg. m/s
- v_t Fließgeschw. Teilfüllg. l/s
- H_t Füllhöhe Teilfüllung
- H_v Füllhöhe Vollfüllung

Berechnungsbeispiel: geg.:
- Abflussmenge $\dot V_t$ = 40 l/s
- Gefälle I 2,5 % /25 ‰)
- k_b-Wert 0,25

ges.: DN v. PP SN 16; v_v in m/s

Lösung: Tab. 276.2 → I = 2,5 % = 25 %; $\dot V_v$ = 51,9 l/s (Vollfüllung)
Fließgeschw. bei Vollfüllg. v_v = 2,01 m/s bei DN 200 (160 zu klein)

$$\frac{\dot V_t}{\dot V_v} = 40\ \text{l/s} / 51{,}9\ \text{l/s} = 0{,}77 \Rightarrow \text{in Teilfüllungsdiagramm 276.3}$$

$$\rightarrow \frac{v_t}{v_v} \approx 1{,}16 \rightarrow v_t \approx 1{,}16 \cdot v_v \approx 1{,}16 \cdot 2{,}01\ \text{m/s} \approx 2{,}3\ \text{m/s}$$

277.1 Abflussvermögen AWADUKT PP SN 10 k_b 0,25/0,5

DN	110		160		200		250		315		400		500	
d_i	101,8 mm		147,6 mm		194,6 mm		230,8 mm		300,8 mm		369,4 mm		461,8 mm	
I %	$\dot{V}$ l/s	v m/s	$\dot{V}$ l/s	v m/s	$\dot{V}$ l/s	v m/s	$\dot{V}$ l/s	v m/s	$\dot{V}$ l/s	v m/s	$\dot{V}$ l/s	v m/s	$\dot{V}$ l/s	v m/s
0,2	k_b = 0,25		8,1	0,47	14,6	0,55	26,5	0,64	48,9	0,74	91,9	0,86	165,2	0,99
0,4	4,3	0,53	11,6	0,68	21,0	0,79	37,9	0,91	70,0	1,06	131,6	1,23	235,9	1,42
0,5	4,8	0,60	13,1	0,77	23,6	0,89	42,6	1,02	78,5	1,19	147,3	1,38	264,4	1,59
0,6	5,3	0,66	14,3	0,84	25,9	0,97	46,8	1,13	86,2	1,31	161,7	1,52	290,2	1,75
0,8	6,2	0,76	16,7	0,98	30,1	1,13	54,2	1,30	99,9	1,51	187,2	1,76	336,0	2,02
1,0	6,9	0,86	18,7	1,10	33,7	1,27	60,8	1,46	112,0	1,70	209,8	1,97	376,3	2,26
1,5	8,5	1,06	23,0	1,35	41,5	1,56	74,8	1,80	137,7	2,08	257,8	2,42	462,3	2,78
2,0	9,9	1,23	26,7	1,57	48,1	1,81	86,6	2,08	159,3	2,41	298,3	2,80	534,8	3,22
2,5	11,1	1,38	29,9	1,76	53,9	2,03	97,0	2,33	178,4	2,70	334,0	3,14	598,6	3,60
3,0	12,2	1,51	32,8	1,93	59,1	2,22	106,4	2,56	195,7	2,96	366,2	3,44	656,4	3,95
0,2	k_b = 0,5		7,5	0,44	13,7	0,51	24,7	0,60	45,7	0,69	85,9	0,81	154,5	0,93
0,4	4,0	0,49	10,8	0,63	19,5	0,73	35,3	0,85	65,1	0,99	123,3	1,15	219,8	1,32
0,5	4,5	0,55	12,1	0,71	21,9	0,82	39,5	0,95	73,0	1,10	137,0	1,29	246,1	1,48
0,6	4,9	0,61	13,3	0,78	24,0	0,90	43,4	1,04	80,0	1,21	150,2	1,41	269,9	1,62
0,8	5,7	0,71	15,4	0,90	27,8	1,05	50,2	1,21	92,6	1,40	173,8	1,63	312,2	1,88
1,0	6,4	0,79	17,2	1,01	31,2	1,17	56,2	1,35	103,7	1,57	194,5	1,83	349,4	2,10
1,5	7,8	0,97	21,2	1,24	38,3	1,44	69,0	1,66	127,3	1,93	238,7	2,24	428,7	2,58
2,0	9,1	1,13	24,5	1,44	44,3	1,66	79,8	1,92	147,2	2,23	276,0	2,59	495,5	2,98
2,5	10,1	1,26	27,4	1,61	49,5	1,86	89,4	2,15	164,7	2,49	308,8	2,90	554,4	3,34
3,0	11,1	1,38	30,1	1,77	54,3	2,04	98,0	2,36	180,5	2,73	338,5	3,18	607,6	3,66

277.2 Anschlusswerte DU nach Feurich, TU Dresden

DN	I	v m/s	$\dot{V}$ l/s	DU	Entwässerungsgegenstand	DU	EAL[1]
60	0,5	0,408	0,423	0,4	Waschbecken, Bidet, Wasch-	0,06	DN 25
	1 %	0,508	0,634	0,6	reihe (unten fließ. Wasser)	l/s	
	1,5	0,598	0,695	0,7	Waschbecken, Bidet	0,30	DN 32
	2 %	0,666	0,707	0,7	Dusche ohne Stöpsel	0,40	DN 40
70	0,5	0,410	0,598	0,6	Dusche mit Stöpsel	0,50	DN 40
	1 %	0,526	0,692	0,7	Einzelurinal mit Spülkasten	0,50	DN 40
	1,5	0,621	0,833	0,8	Urinal mit Druckspüler	0,40	DN 40
	2 %	0,692	0,896	0,9	Standurinal	0,10	DN 40
80	0,5	0,448	0,768	0,8	Urinal ohne Wasserspülung	0,07	DN 25
	1 %	0,556	0,883	0,9	Badewanne	0,60	DN 40
	1,5	0,650	1,003	1,0	Küchenspüle mit Geschirrsp.		
	2 %	0,729	1,022	1,0	mit gemeinsamen GV	0,60	DN 40
100	0,5	0,471	0,966	1,0	Geschirrsp., Waschm. ≤ 6 kg	0,60	DN 40
	1 %	0,617	1,264	1,3	Waschmaschine ≤ 12 kg	0,90	DN 50
	1,5	0,746	1,458	1,5	WC-Anschlussleitung DN 60	0,70	DN 60
	2 %	0,816	1,595	1,6	WC-Anschlussleitung DN 70	0,90	DN 70
					WC-Anschlussleitung DN 80	1 l/s	DN 80
					WC-Anschlussleitg. DN 100	1,60	100
					Bodenablauf DN 50	0,60	DN 50
					Bodenablauf DN 70	1,20	DN 70
					Bodenablauf DN 100	1,50	100

$\dot{V}$ ist ausschließlich von DN, Rohrsohlengefälle und einstellenden Wasserspiegelgefälle abhängig (in WC noch kleiner!)

[1] Einzelanschlussleitung/DU l/s

277.3 Abwasserleitung DN 50 bei k_b = 1 mm, ϑ = 10°C, $\nu = 1{,}31 \times 10^{-6}$ m²/s, versch. Füllgrade

d_i 50 mm	h/d 1,00		1,00	0,70	0,50	0,40	0,30	0,20	0,10	1,00	0,70	0,50	0,40	0,30	0,20	0,10
I mm/m	R mbar/m	Lambda λ	Geschwindigkeit v in m/s nach Feurich							Volumenstrom $\dot{V}$ in l/s nach Feurich						
0,20	0,020	0,06273	0,056	0,064	0,056	0,050	0,041	0,031	0,017	0,110	0,093	0,055	0,036	0,021	0,009	0,002
0,25	0,025	0,06138	0,063	0,072	0,063	0,056	0,047	0,035	0,020	0,124	0,105	0,062	0,041	0,023	0,010	0,002
0,33	0,033	0,05981	0,074	0,084	0,074	0,066	0,055	0,042	0,024	0,145	0,123	0,073	0,048	0,027	0,012	0,002
0,50	0,049	0,05791	0,092	0,104	0,092	0,082	0,069	0,052	0,030	0,181	0,153	0,090	0,060	0,034	0,015	0,003
1,00	0,098	0,05534	0,133	0,151	0,133	0,119	0,100	0,077	0,045	0,261	0,221	0,131	0,087	0,050	0,021	0,005
1,25	0,123	0,05466	0,150	0,169	0,150	0,134	0,113	0,086	0,051	0,294	0,249	0,147	0,098	0,056	0,024	0,005
1,43	0,140	0,05429	0,161	0,182	0,161	0,143	0,121	0,093	0,055	0,315	0,267	0,158	0,105	0,060	0,026	0,006
1,67	0,163	0,05389	0,174	0,197	0,174	0,156	0,132	0,101	0,060	0,342	0,289	0,171	0,114	0,065	0,028	0,006
2,00	0,196	0,05345	0,192	0,216	0,192	0,171	0,145	0,111	0,066	0,376	0,318	0,188	0,126	0,072	0,031	0,007
2,50	0,245	0,05296	0,215	0,243	0,215	0,192	0,163	0,125	0,075	0,423	0,357	0,211	0,141	0,081	0,035	0,008
2,86	0,280	0,05269	0,231	0,260	0,231	0,206	0,175	0,134	0,081	0,453	0,382	0,226	0,151	0,087	0,038	0,008
3,33	0,327	0,05240	0,250	0,282	0,250	0,224	0,189	0,146	0,088	0,491	0,414	0,245	0,164	0,094	0,041	0,009
4,00	0,392	0,05208	0,275	0,310	0,275	0,246	0,208	0,160	0,097	0,539	0,455	0,269	0,180	0,103	0,045	0,010
5,00	0,490	0,05172	0,308	0,347	0,308	0,276	0,234	0,180	0,109	0,606	0,510	0,302	0,202	0,116	0,050	0,011
6,67	0,654	0,05131	0,357	0,402	0,357	0,320	0,272	0,210	0,127	0,701	0,591	0,350	0,235	0,135	0,059	0,013
10,00	0,981	0,05083	0,439	0,495	0,439	0,394	0,335	0,259	0,158	0,863	0,727	0,431	0,289	0,166	0,072	0,016
10,53	1,032	0,05077	0,451	0,508	0,451	0,404	0,344	0,266	0,162	0,886	0,746	0,443	0,296	0,170	0,074	0,017
11,11	1,090	0,05071	0,464	0,522	0,464	0,415	0,353	0,273	0,167	0,910	0,767	0,455	0,305	0,175	0,076	0,017
11,76	1,154	0,05066	0,477	0,538	0,477	0,428	0,364	0,281	0,172	0,937	0,789	0,469	0,314	0,180	0,079	0,018
12,50	1,226	0,05060	0,492	0,555	0,492	0,441	0,375	0,290	0,177	0,967	0,814	0,483	0,324	0,186	0,081	0,018
13,33	1,307	0,05053	0,509	0,573	0,509	0,456	0,388	0,300	0,183	0,999	0,841	0,499	0,334	0,192	0,084	0,019
14,29	1,401	0,05047	0,527	0,593	0,527	0,472	0,402	0,311	0,190	1,035	0,871	0,517	0,346	0,199	0,087	0,019
15,38	1,509	0,05040	0,547	0,616	0,547	0,491	0,417	0,323	0,198	1,075	0,905	0,537	0,360	0,207	0,090	0,020
16,67	1,634	0,05034	0,570	0,642	0,570	0,511	0,435	0,337	0,206	1,119	0,942	0,560	0,375	0,215	0,094	0,021
18,18	1,783	0,05026	0,596	0,671	0,596	0,534	0,454	0,352	0,216	1,170	0,985	0,585	0,392	0,225	0,098	0,022
20,00	1,961	0,05019	0,625	0,704	0,625	0,561	0,477	0,370	0,226	1,228	1,033	0,614	0,411	0,236	0,103	0,023
22,22	2,179	0,05011	0,660	0,743	0,660	0,592	0,503	0,390	0,239	1,295	1,090	0,648	0,434	0,249	0,109	0,024
25,00	2,452	0,05003	0,700	0,788	0,700	0,628	0,536	0,414	0,254	1,375	1,157	0,687	0,461	0,265	0,116	0,026
28,57	2,802	0,04994	0,749	0,843	0,749	0,672	0,572	0,444	0,272	1,471	1,238	0,735	0,493	0,283	0,124	0,028
33,33	3,269	0,04985	0,810	0,911	0,810	0,727	0,619	0,480	0,295	1,590	1,338	0,795	0,533	0,306	0,134	0,030
40,00	3,922	0,04976	0,880	0,999	0,880	0,797	0,679	0,527	0,324	1,744	1,467	0,872	0,584	0,336	0,147	0,033
50,00	4,903	0,04966	0,994	1,118	0,994	0,892	0,760	0,590	0,363	1,951	1,642	0,976	0,654	0,376	0,165	0,037

278.1 Abwasserleitung DN 70 bis 125 bei k_b = 1 mm, ϑ = 10 °C, $\nu = 1{,}31 \times 10^{-6}$ m²/s

d_i 70 mm	h/d 1,00		1,00	0,70	0,50	0,40	0,30	0,20	0,10	1,00	0,70	0,50	0,40	0,30	0,20	0,10
I mm/m	R mbar/m	Lambda λ	Geschwindigkeit v in m/s							Volumenstrom $\dot{V}$ in l/s						
0,50	0,049	0,04945	0,118	0,133	0,118	0,105	0,089	0,068	0,041	0,454	0,383	0,227	0,151	0,086	0,037	0,008
1,00	0,098	0,04764	0,170	0,191	0,170	0,152	0,129	0,099	0,060	0,653	0,551	0,327	0,218	0,125	0,054	0,012
2,00	0,196	0,04630	0,244	0,274	0,244	0,218	0,186	0,144	0,087	0,937	0,789	0,469	0,314	0,180	0,079	0,018
3,33	0,327	0,04556	0,317	0,357	0,317	0,284	0,242	0,188	0,115	1,220	1,026	0,610	0,409	0,235	0,103	0,023
5,00	0,490	0,04508	0,390	0,439	0,390	0,350	0,299	0,232	0,143	1,502	1,263	0,751	0,504	0,290	0,127	0,029
6,67	0,654	0,04480	0,452	0,508	0,452	0,406	0,346	0,269	0,166	1,740	1,463	0,870	0,584	0,336	0,147	0,033
10,00	0,981	0,04446	0,556	0,625	0,556	0,499	0,426	0,332	0,206	2,139	1,798	1,070	0,718	0,414	0,182	0,041
12,50	1,226	0,04429	0,623	0,700	0,623	0,559	0,477	0,372	0,231	2,396	2,013	1,198	0,804	0,464	0,204	0,046
15,38	1,509	0,04416	0,692	0,777	0,692	0,622	0,531	0,414	0,257	2,662	2,236	1,331	0,893	0,515	0,227	0,051
20,00	1,961	0,04401	0,790	0,887	0,790	0,710	0,606	0,473	0,294	3,040	2,554	1,520	1,021	0,589	0,259	0,059
25,00	2,452	0,04390	0,884	0,993	0,884	0,795	0,679	0,530	0,330	3,404	2,858	1,702	1,143	0,659	0,290	0,066
33,33	3,269	0,04378	1,023	1,148	1,023	0,919	0,785	0,613	0,382	3,936	3,304	1,968	1,322	0,763	0,336	0,077
40,00	3,922	0,04371	1,121	1,259	1,121	1,008	0,861	0,673	0,420	4,314	3,622	2,157	1,449	0,836	0,368	0,084
50,00	4,903	0,04365	1,254	1,408	1,254	1,128	0,964	0,753	0,470	4,827	4,052	2,414	1,621	0,936	0,413	0,094
80 mm DN 80																
0,50	0,049	0,04663	0,130	0,146	0,130	0,116	0,098	0,076	0,045	0,652	0,550	0,326	0,208	0,125	0,054	0,012
1,00	0,098	0,04504	0,187	0,210	0,187	0,167	0,142	0,110	0,067	0,938	0,790	0,469	0,314	0,180	0,079	0,017
2,00	0,196	0,04388	0,267	0,301	0,267	0,240	0,204	0,159	0,097	1,344	1,131	0,672	0,451	0,259	0,113	0,025
3,33	0,327	0,04323	0,348	0,391	0,348	0,312	0,266	0,207	0,128	1,749	1,470	0,874	0,587	0,338	0,148	0,033
5,00	0,490	0,04281	0,428	0,481	0,428	0,385	0,328	0,256	0,158	2,152	1,808	1,076	0,722	0,416	0,183	0,041
6,67	0,654	0,04256	0,496	0,557	0,496	0,446	0,380	0,297	0,184	2,492	2,093	1,246	0,837	0,483	0,212	0,048
10,00	0,981	0,04227	0,609	0,684	0,609	0,548	0,468	0,365	0,227	3,063	2,572	1,532	1,029	0,594	0,261	0,059
12,50	1,226	0,04213	0,682	0,766	0,682	0,614	0,524	0,409	0,256	3,430	2,880	1,715	1,152	0,665	0,293	0,067
15,38	1,509	0,04201	0,758	0,851	0,758	0,682	0,583	0,455	0,284	3,811	3,199	1,905	1,280	0,739	0,326	0,074
20,00	1,961	0,04188	0,866	0,972	0,866	0,779	0,666	0,520	0,325	4,352	3,652	2,176	1,462	0,844	0,372	0,085
25,00	2,452	0,04178	0,969	1,088	0,969	0,872	0,746	0,583	0,365	4,871	4,087	2,436	1,637	0,946	0,417	0,095
33,33	3,269	0,04168	1,120	1,257	1,120	1,008	0,862	0,675	0,423	5,632	4,725	2,816	1,893	1,094	0,483	0,111
40,00	3,922	0,04162	1,228	1,378	1,228	1,105	0,945	0,740	0,464	6,174	5,179	3,087	2,075	1,199	0,529	0,121
50,00	4,903	0,04157	1,374	1,542	1,374	1,236	1,058	0,828	0,520	6,907	5,794	3,453	2,321	1,342	0,593	0,136
100 mm DN 100																
0,50	0,049	0,04246	0,152	0,171	0,152	0,136	0,116	0,090	0,054	1,154	1,005	0,597	0,400	0,230	0,100	0,022
1,00	0,098	0,04119	0,218	0,245	0,218	0,196	0,167	0,130	0,080	1,714	1,441	0,857	0,575	0,331	0,145	0,033
2,00	0,196	0,04025	0,312	0,351	0,312	0,281	0,204	0,187	0,116	2,480	2,059	1,226	0,823	0,475	0,209	0,047
3,33	0,327	0,03973	0,406	0,455	0,406	0,365	0,312	0,243	0,152	3,186	2,674	1,593	1,070	0,618	0,272	0,062
5,00	0,490	0,03940	0,499	0,560	0,499	0,449	0,384	0,300	0,188	3,919	3,288	1,959	1,317	0,761	0,336	0,077
6,67	0,654	0,03920	0,578	0,648	0,578	0,520	0,445	0,348	0,218	4,537	3,805	2,268	1,525	0,881	0,389	0,089
10,00	0,981	0,03896	0,710	0,796	0,710	0,639	0,547	0,428	0,269	5,573	4,673	2,787	1,874	1,084	0,479	0,110
12,50	1,226	0,03885	0,795	0,891	0,795	0,715	0,613	0,480	0,302	6,240	5,231	3,120	2,098	1,214	0,537	0,123
15,38	1,509	0,03876	0,882	0,989	0,882	0,795	0,681	0,534	0,336	6,931	5,810	3,466	2,331	1,349	0,597	0,137
20,00	1,961	0,03865	1,008	1,129	1,008	0,907	0,777	0,610	0,384	7,913	6,632	3,957	2,662	1,540	0,682	0,157
25,00	2,452	0,03858	1,128	1,264	1,128	1,016	0,870	0,683	0,432	8,856	7,422	4,428	2,979	1,725	0,763	0,176
33,33	3,269	0,03849	1,303	1,461	1,303	1,174	1,006	0,790	0,499	10,24	8,578	5,119	3,444	1,994	0,883	0,204
40,00	3,922	0,03845	1,429	1,601	1,429	1,287	1,103	0,866	0,547	11,32	9,401	5,610	3,776	2,186	0,968	0,224
50,00	4,903	0,03841	1,598	1,791	1,598	1,440	1,234	0,969	0,613	12,66	10,52	6,276	4,224	2,446	1,084	0,250
125 mm DN 125																
0,50	0,049	0,03886	0,178	0,200	0,178	0,160	0,136	0,106	0,065	2,180	1,832	1,090	0,731	0,421	0,185	0,042
1,00	0,098	0,03783	0,255	0,286	0,255	0,229	0,196	0,153	0,095	3,125	2,623	1,562	1,049	0,606	0,267	0,061
2,00	0,196	0,03708	0,364	0,408	0,364	0,327	0,280	0,219	0,137	4,463	3,743	2,232	1,500	0,867	0,383	0,088
5,00	0,490	0,03640	0,580	0,650	0,580	0,523	0,448	0,352	0,222	7,123	5,968	3,562	2,397	1,388	0,614	0,142
6,67	0,654	0,03623	0,672	0,753	0,672	0,605	0,519	0,407	0,257	8,243	6,905	4,122	2,774	1,607	0,712	0,164
10,00	0,981	0,03604	0,825	0,924	0,825	0,743	0,638	0,501	0,317	10,12	8,477	5,061	3,408	1,974	0,875	0,203
12,50	1,226	0,03595	0,923	1,034	0,923	0,832	0,714	0,561	0,356	11,33	9,489	5,666	3,815	2,211	0,981	0,227
15,38	1,509	0,03588	1,025	1,148	1,025	0,924	0,793	0,624	0,396	12,59	10,54	6,292	4,237	2,456	1,090	0,253
20,00	1,961	0,03580	1,171	1,311	1,171	1,055	0,906	0,713	0,452	14,37	12,03	7,183	4,838	2,805	1,245	0,289
25,00	2,452	0,03574	1,310	1,466	1,310	1,181	1,014	0,798	0,507	1,607	13,46	8,037	5,414	3,139	1,394	0,324
33,33	3,269	0,03567	1,514	1,695	1,514	1,365	1,172	0,923	0,587	18,58	15,55	9,289	6,258	3,629	1,612	0,375
50,00	4,903	0,03561	1,856	2,077	1,856	1,674	1,437	1,132	0,721	22,77	19,06	11,39	7,672	4,450	1,978	0,460

279.1 Wirksame Dachfläche, Zahl der Abläufe

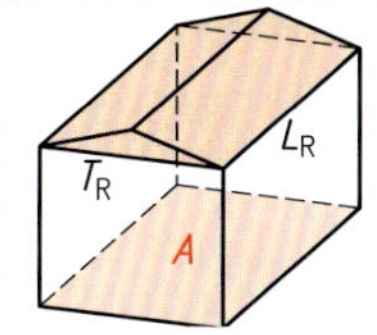

A wirksame Dachfläche in Grundriss projiziert

$A = T_R \cdot L_R$ — T_R projizierte Trauflängen; L_R Ortgang Länge je in m

$n_{DA} = \frac{\dot{V}}{\dot{V}_{DA}}$ — n_{DA} Zahl der Dachabläufe; $\dot{V}$ Regenwasserabfluss; $\dot{V}_{DA}$ Ablaufvermögen des gewählten Dachablaufs, abhängig von der Stauhöhe (Druckhöhe) in l/s

Erf. Druckhöhe, $\dot{V}_{DA\,min}$ s. 281.3

279.2 Regenwasserabfluss von Niederschlagsflächen

$\dot{V}_r = r_{(D,\,T)} \cdot C \cdot A \cdot \frac{1}{10\,000}$ Regenwasserabfluss in l/s

$t = \frac{l}{v}$ — l Fließweg in m; v Fließgeschw. in m/s; Regenwasserfließzeit in s

$r_{(D,\,T)}$ Berechnungsregenspende l/(s · ha); D Regendauer Min.
T die Jährlichkeit des Regenereignisses; C Abflussbeiwert

$A_u = A \cdot C_s$ abflusswirksame Fläche, A befest. Fl. im Grundriss.
C_s Spitzenabflussbeiwert zur Berechng. v. A_u, zur Bemessung der Dachentwässerung/Grundltg./C_m mittlerer Abflussbeiwert

279.3 Abflussbeiwert C zur Ermittlung des Regenwasserabflusses über das Entwässerungssystem DIN 1986-100

Wasserundurchlässige Flächen (Dachflächen)	C_s	C_m[1]	Teildurchlässige, schwach ableitende Flächen (Verkehr)	C_s	C_m[1]
Schrägdach: • Metall, Glas, Schiefer, Faserzement	1,0	0,9	• Betonpflaster in Sand/Schlacke verlegt, Flächen mit Platten	0,9	0,7
• Ziegel, Abdichtungsbahn	1,0	0,8	• Pflasterfläche Fugenant. > 15 %, ≤ 10 x 10 cm; fester Kiesbelag	0,7	0,6
Flachdach: • Metall, Glas, Faserzement, Abdichtungsbahn	1,0	0,9	kleinster/fester Kiesbelag: • wassergebundene Flächen	0,9	0,7
(Neigung ≤ 3°/5°) • Kiesschüttung	,8	0,8	• lockerer Kiesbelag, Schotterrasen, z. B. Kinderspielplätze	0,3	0,2
Begrünte Dachfläche: • Extensivbegrünung (> 5°)	0,7	0,4	• Verbundsteine mit Sickerfugen, Sicker-/Drainsteine	0,4	0,25
• Intensivbegrünung ab 30 cm Aufbaudicke (≤ 5°)	0,2	0,1	• Rasengittersteine (häufige Verkehrsbelastung, z. B. Parkplatz)	0,4	0,2
• Extensivbegrünung ab 10 cm Aufbaudicke (≤ 5°)	0,4	0,2	• Rasengittersteine (ohne Verkehrsbelastg., z. B. Feuerwehrzuf.)	0,2	0,1
• Extensivbegrünung < 10 cm Aufbaudicke (≤ 5°)	0,5	0,3	Sportfläche mit Dränung: • Kunststoff-Fläche, Kunststoffrasen	0,6	0,5
Verkehrsflächen (Straße, Plätze, Zufahrt, Weg): • Betonfläche	1,0	0,9	• Tennenflächen	0,3	0,2
• Schwarzdecken (Asphalt)	1,0	0,9	• Rasenflächen	0,2	0,1
• befestigte Fläche mit Fugendichtg. (vergossenes Pflaster)	1,0	0,8	Parkanlagen, Rasenflächen, Gärten: • flaches Gelände[2]	0,2	0,1
Rampen: • Neigung zum Gebäude – immer! –	1,0	1,0	• steiles Gelände[2]	0,3	0,2

[1] C_m mittlerer Abflussbeiwert zur Volumenberechnung von Niederschlagswasserrückhalteräumen bei ermittelter Regendauerstufe.
[2] Bei diesen Flächen ist für den Überflutungsnachweis je nach Gegebenheit möglicher höherer Abfluss zu prüfen (Gefälle, Boden, Vegetation).

279.4 Regenspenden in Deutschland r in l/(s · ha), Bemessung, Notentwässerung $r_{(5,100)}$, Prüfung

Dauer D[1]	Dachfläche		Grundstücksfläche					
Stadt	$r_{(5,5)}$	Not. $r_{(5,100)}$	$r_{(5,2)}$	Prfg. $r_{(5,30)}$	$r_{(10,2)}$	Prfg. $r_{(10,30)}$	$r_{(15,2)}$	Prfg. $r_{(15,30)}$
Aachen	266	463	206	384	161	290	133	241
Aschaffenburg	293	529	221	434	171	317	141	259
Ausgburg	352	684	250	550	187	373	153	293
Bad Tölz	444	767	345	638	258	461	209	372
Bamberg	303	527	235	437	179	320	146	260
Bayreuth	346	644	256	524	201	395	169	329
Berlin	331	582	254	481	196	359	162	296
Bielefeld	285	533	209	433	163	315	137	257
Bocholt	255	432	201	361	157	272	130	225
Bonn	285	533	209	433	163	315	137	257
Braunschweig	330	633	237	511	180	362	148	292
Bremen	246	434	189	358	149	269	125	223
Bremerhaven	314	580	232	473	170	326	137	257
Chemnitz	331	582	254	481	196	359	162	296
Cottbus	438	686	245	550	182	372	148	292
Cuxhaven	290	532	216	435	166	316	137	257
Dessau	300	531	230	438	174	319	141	259
Dortmund	339	630	250	513	188	365	153	293
Dresden	333	630	242	510	185	364	153	293
Duisburg	300	531	230	438	174	319	141	259
Düsseldorf	330	633	237	511	180	362	148	292
Eisenach	280	492	216	407	169	310	141	259
Emden	271	506	200	412	155	296	128	240
Erfurt	277	463	220	388	168	293	138	242
Erlangen	330	633	237	511	180	362	148	292
Essen	314	527	249	442	187	323	151	262
Frankfurt	339	630	250	513	188	365	153	293
Garmisch	303	519	237	432	191	345	162	296
Gera	336	627	247	510	190	365	157	295
Göppingen	284	489	221	406	174	311	146	260
Görlitz	339	630	250	513	188	365	153	293
Göttingen	333	630	242	510	185	364	153	293
Halle/Saale	300	531	230	438	174	319	141	259
Hamburg	266	463	206	384	161	290	133	241
Hamm	293	529	221	434	171	317	141	259
Hanau	348	686	245	550	182	372	148	292
Hannover	266	463	206	384	161	290	133	241
Heidelberg	328	586	249	482	191	358	157	295
Heilbronn	284	489	221	406	174	311	146	260
Helmstedt	333	630	242	510	185	364	153	293
Hildesheim	280	492	216	407	169	310	141	259
Ingolstadt	303	527	235	437	179	320	146	260
Kaiserslautern	342	626	255	512	193	366	157	295
Karlsruhe	339	630	250	513	188	365	153	293
Kassel	310	578	229	470	173	326	141	259
Kiel	243	437	183	359	144	268	120	222
Koblenz	331	630	242	510	185	364	153	293
Köln	341	693	233	551	179	370	143	296
Konstanz	345	623	260	511	198	367	162	296
Leipzig	365	682	268	554	193	375	153	293
Lübeck	267	477	202	393	153	278	125	223
Magdeburg	307	581	223	471	168	325	137	257
Mainz	322	637	225	510	173	360	143	290
Mannheim	328	586	249	482	191	358	157	295
Mönchenglad.	266	463	206	384	161	290	133	241
München	356	642	268	527	209	398	174	330
Münster	293	529	221	434	171	317	141	259

[1] siehe 280.1

280.1 Regenspenden in Deutschland in l/(s · ha)

Dauer D[1]	Dachfläche		Grundstücksfläche					
Stadt	$r_{(5,5)}$	Not. $r_{(5,100)}$	$r_{(5,2)}$	Prfg. $r_{(5,30)}$	$r_{(10,2)}$	Prfg. $r_{(10,30)}$	$r_{(15,2)}$	Prfg. $r_{(15,30)}$
Neubrandenb.	365	682	268	554	193	375	153	293
Neustadt/Wein.	342	626	255	512	193	366	157	295
Nürnberg	339	630	250	513	188	365	153	293
Oberstdorf	382	728	276	589	207	412	169	329
Osnabrück	340	649	245	525	191	393	159	326
Paderborn	333	630	242	510	185	364	153	292
Passau	345	623	260	511	198	367	162	296
Pforzheim	333	630	242	510	185	361	153	293
Pirmasens	333	630	242	510	185	364	153	293
Regensburg	348	686	245	550	182	372	148	292
Rosenheim	440	775	337	641	248	359	199	369
Rostock	252	435	196	361	152	271	125	223
Saarbrücken	280	492	216	407	169	310	141	259
Schweinfurt	333	630	242	510	185	364	153	293
Schwerin	280	492	216	407	169	310	141	259
Siegen	325	634	231	510	178	362	148	292
Solingen	390	793	267	631	196	419	159	326
Speyer	318	587	236	479	184	356	153	293
Stuttgart	405	782	289	630	214	423	174	330
Trier	352	684	250	550	187	373	153	293
Ulm	293	529	221	434	171	317	141	259
Villingen-Schw.	389	729	285	592	210	414	169	329
Wuppertal	352	687	250	550	187	373	153	293
Würzburg	386	795	261	631	191	418	155	325
Zwickau	331	582	254	481	196	359	162	296

[1] Regendauer D = 5 min | 10 min | 15 min | Notentwässerung $r_{5,100}$ = 5 min
Bemessung $r_{5,5}$ = 5 min | $r_{5,2}$ = 5 min | $r_{10,2}$ = 10 min | $r_{15,2}$ = 15 min
Überflutungsprüfung $r_{5,30}$ = 5 min | $r_{10,30}$ = 10 min | $r_{15,30}$ = 15 min

280.2 Fallleitungen, max. Füllungsgrad $f = 0{,}33$

DN-Fallleitung ≥ DN-Dachablaufanschluss/Sammelanschlussleitung

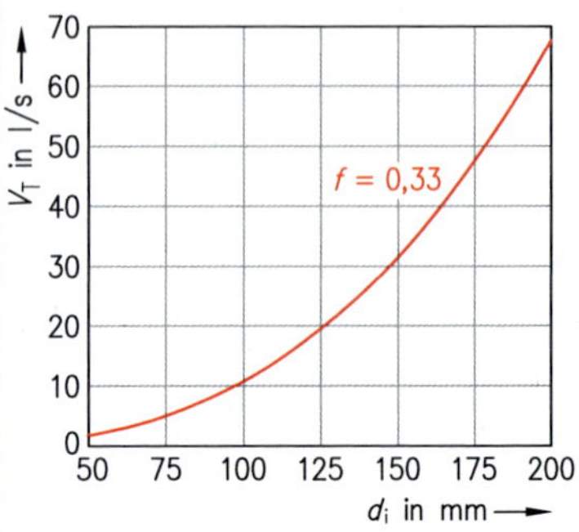

Fallleitungen können bis zu einem Füllungsgrad von 0,33 bemessen werden.

d_i Innendurchmesser der Fallleitung in mm

$\dot{V}_r$ Regenwasserabfluss in l/s

Fallleitungsverzüge ≥ 10° bleiben bei der Ermittlung von $\dot{V}_{\text{Fallltg. max}}$ unberücksichtigt.

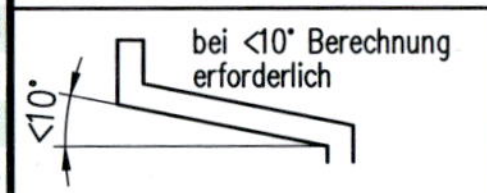

Bei Verzügen < 10° müssen die Fallltg. mit dem Gefälle des Verzugs bei Füllungsgrad $h/d_i = 0{,}7$ bemessen werden.

Regenwasserfallleitung als Freispiegelentwässerung

d	Silent-PP-Rohr			Silent-db 20			PE-Rohr	$f = 0{,}33$	
mm	s	d_i mm	$\dot{V}_r$ l/s	s	d_i mm	$\dot{V}_r$ l/s	s	d_i mm	$\dot{V}_r$ l/s
32	2,0	28,0	0,36				3,0	26	0,29
40	2,0	36,0	0,70				3,0	34	0,60
50	2,0	46,0	1,35				3,0	44	1,20
56				3,2	49,6	1,65	3,0	50	1,69
75	2,6	69,8	4,11	3,6	67,8	3,80	3,0	69	3,98
90	3,1	83,8	6,69	5,5	79,0	5,71	3,5	83	6,52
110	3,6	102,8	11,53	6,0	98,0	10,15	4,3	101,4	11,12
125	4,2	116,6	16,13	6,0[2]	123,0	18,60	4,9	115,2	15,62
160	5,2	149,4	31,36	7,0	146,0	29,39	6,2	147,6	30,26
200							6,2	187,8	57,35
200[1]							7,7	184,6	54,94
250							7,8	234,4	103,88
250[1]							9,7	230,6	99,45
315							9,8	295,4	192,50
315[1]							12,2	290,6	184,27

[1] PE-Rohr vestärkt
[2] d = 135 mm
Füllungsgrad der Regenwasserfallleitung $f = 0{,}33$

280.3 Regenwasserabfluss über Notentwässerung

$$\dot{V}_{Not} = (r_{(5,100)} - r_{(D,T)} \cdot C) \cdot \frac{A}{10000}$$

Mindestabflussmenge der Notentwässerung in l/s

$r_{(5,100)}$ 5-Min.-Regenspende l/(s · ha), wird 1 mal in 100 Jahren erwartet
$r_{(D,T)}$ Berechnungsregenspende l/(s · ha); D Regendauer in Minuten
T die Jährlichkeit des Regenereignisses; C Abflussbeiwert

Die Berücksichtigung des Abflussbeiwertes C ist nur bei der Ermittlung des Abflusses aus dem Berechnungsregen $r_{(5,5)}$ s. 279.4 für die Dachfläche zulässig. Abflussbeiwert C s. 279.3

280.4 Notentwässerung, Druck-/Überflutungshöhen am Notüberlauf — DIN 1986-100

Das Jahrhundertregenereignis $r_{(5,100)}$ muss über 5 Minuten entwässert werden können.

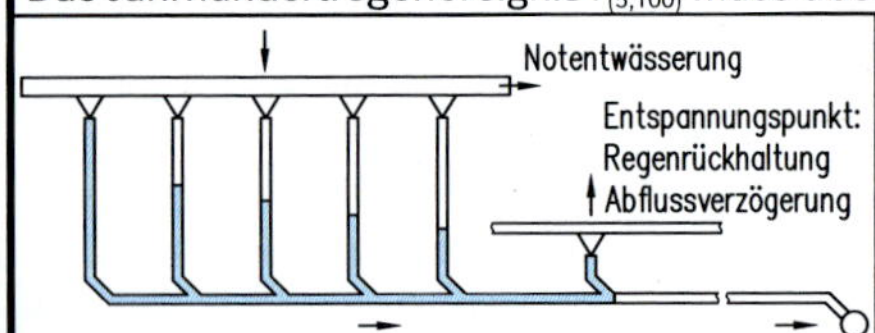

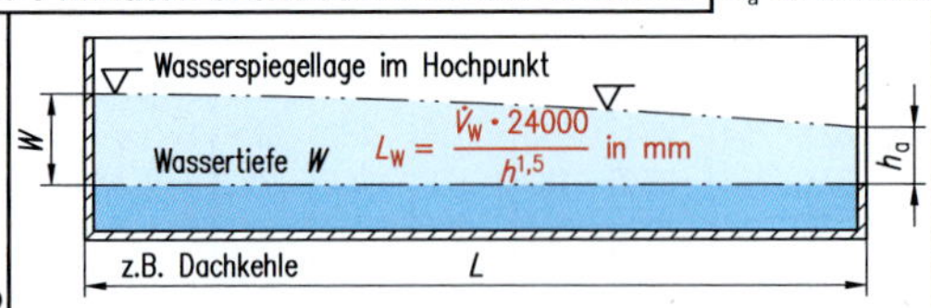

h_a Druckhöhe am Notüberl.

$W = 2 \cdot h_a$ in mm für $L_w \geq 10$ m u. Abstand Notüberlauf zu Notüberlauf > 20 m

Ermittlung der Überflutungshöhe bei Notentwässerungen

bei geschlossener Attika

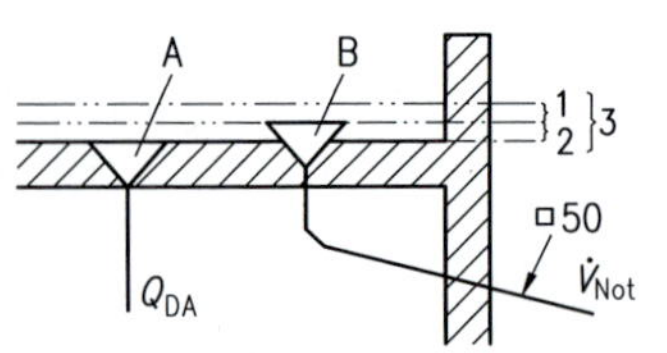

durch Öffnung in der Attika

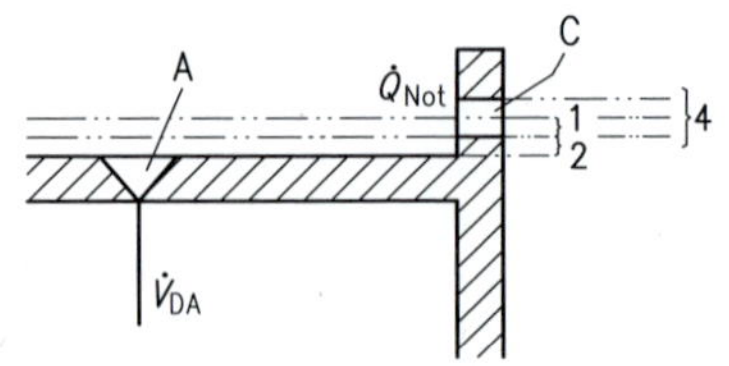

1 erforderliche Druckhöhe h am Notablauf B
2 erforderliche Druckhöhe h am Dachablauf A
3 max. Überflutungshöhe W
4 Höhe Notüberlauföffnung C Attika/Fassade oberhalb der erforderlichen Druckhöhe 2 des Dachablaufs A.
5 Notablauf frei durch Fassade

Die Höhe der Notüberlauföffnung C muss immer größer sein als die Druckhöhe 1 eines Notablaufs B.

281.1 Berechnungsregen, maßgebende Regendauer, Jährlichkeit — DIN 1986-100

Die für die Bemessung maßgebende Regendauer ist mit D = 5 min zu berücksichtigen. Die Jährlichkeit wird durch die Aufgabenstellung festgelegt und muss unter Beachtung der Gebäudeart/Nutzung vorgenommen werden. Sicherheitsfaktoren sind dann nicht zu berücksichtigen. Die Jährlichkeit des Berechnungsregens (Grundstück, keine Dachfläche!) muss für Niederschlagsflächen ohne Regenrückhaltung mindestens einmal in 2 Jahren T = 2a betragen. Die Jährlichkeit des Berechnungsregens für die Entwässerung von Dachflächen muss mindestens einmal in 5 Jahren T = 5a betragen.

281.2 Abflussvermögen von frei angeströmten rechteckigen und runden Überläufen

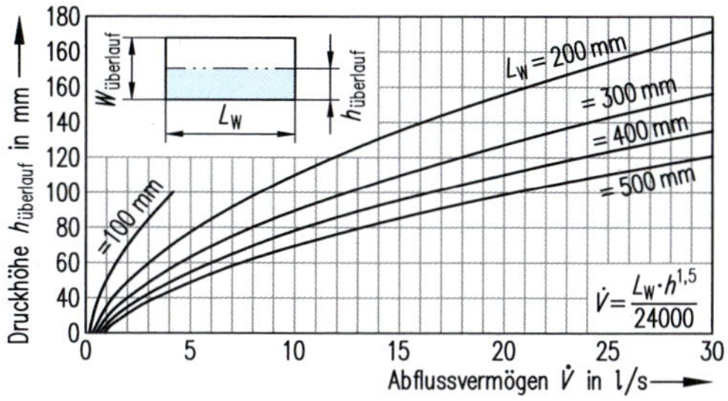

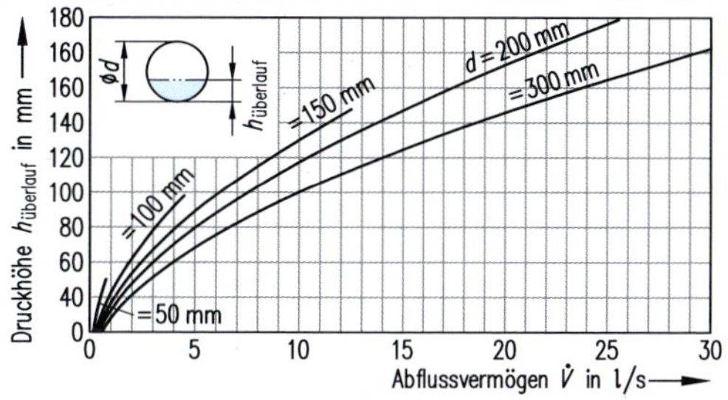

281.3 Erford. Druckhöhe, Erreichung Mindestabfluss

Ablaufstutzen		Freispiegel		Druckentwässerung	
DN/OD	DN/ID	$\dot{V}_{min}$ in l/s	h in mm	$\dot{V}_{min}$ in l/s	h in mm
40		–	–	2,5	55
	40	–	–	3,0	
50		0,9	35	4,0	
	50			6,0	
63		1,0	35	–	–
75	70	1,7	35	12,0	55
80	75	2,6	35	14,0	
90		–	–	18,0	55
110	100	4,5	35	22,0	
125	125	7,0	45	–	–
160	150	8,1	45	–	–

281.4 Notüberlaufsystem mit freiem Auslauf

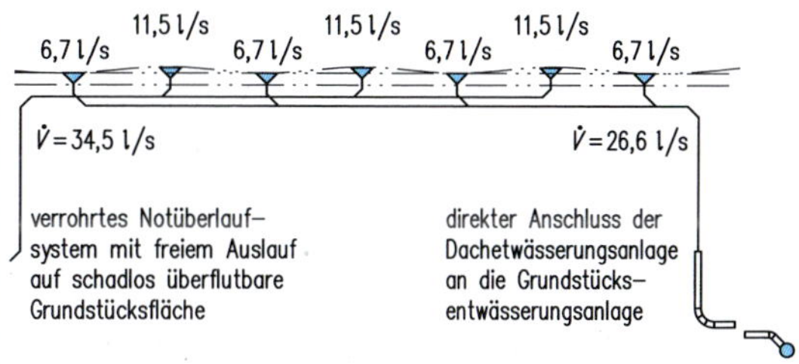

281.5 Regenwasserableitungssysteme Überblick

Teilgefüllte Entwässerungsleitungen

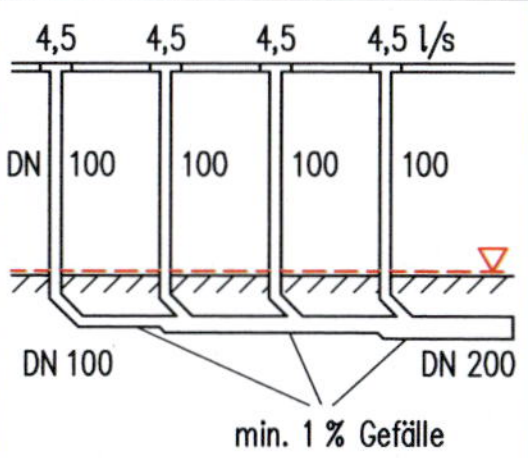

kleinere Dachflächen, Garagendach, Dach mit geringer Höhe Ableitung über innen- und außenliegende Leitungen Fallleitung DN 100

$\dot{V}_{max}$ = 4,7 l/s

Vollgefüllte Leitungen mit Druckströmung

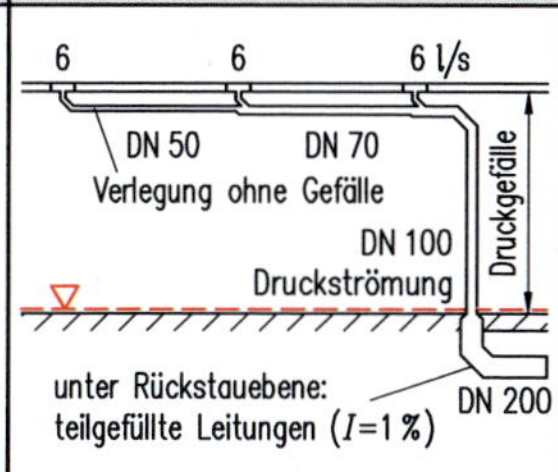

große Flachdächer, Ableitung meist innenliegend
+ weniger Grundleitungen,
+ weniger Fallleitungen,
+ kleine Rohr-DN
+ Verlegung unter Dach ohne Gefälle (flacher Deckenbau)
– druckfeste, kraftschlüssige Rohre erforderlich

281.6 Freispiegelentwässerung Beispiel

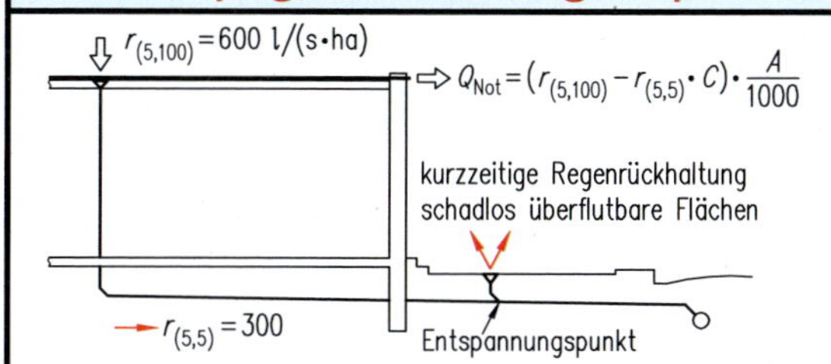

281.7 Getrennte Grundleitungen

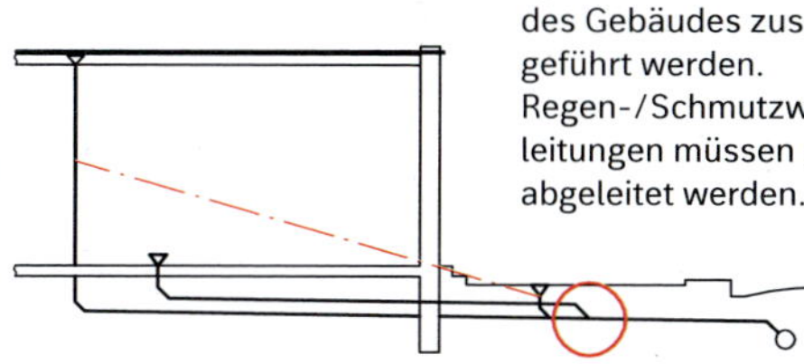

Die Grund- bzw. Sammelleitungen dürfen erst außerhalb des Gebäudes zusammengeführt werden. Regen-/Schmutzwasserleitungen müssen getrennt abgeleitet werden.

Regenwasserableitung b. kleinen Grundstücken ≤ 800 m² abflusswirksamer Fl. ohne Überflutungsprfg.-Anschlusskanal DN 100.

282.1 Überflutungs-/Überlastungsnachweis bei Starkregenereignis innerhalb von Gebäuden

Für Dachflächen ohne Notentwässerung ⇒ Berechnung der Überflutungshöhe ist erforderlich:

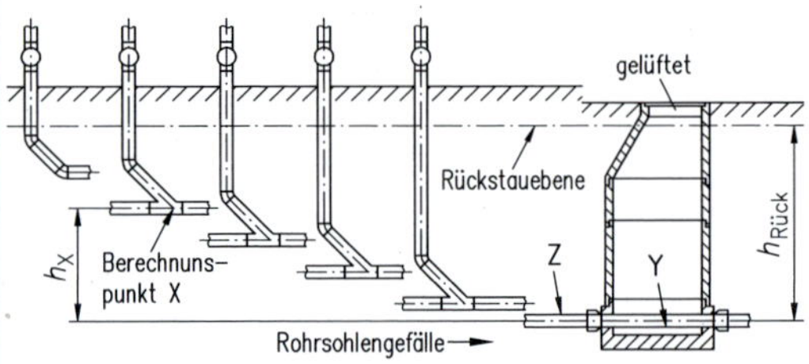

statischer Innendruck in hPa:
$p_x = p_2 - h_x \cdot \varrho \cdot g + \Delta p_{x...2}$
$p_2 = h_{Rück} \cdot \varrho \cdot g$, $p_2 \approx 0$ bei freiem Abfluss in den Kanal
$h_x = \Sigma\,(J \cdot l)$ (Höhendifferenz)
$\Delta p_{x...2} = \Sigma\,(R_b \cdot l)$ Summe der Druckverluste von Y bis X
R_b Rohrreibungsdruckgefälle

p_2 stat. Druck in der Sohle des Schachtes mit off. Durchfluss
$h_{Rück}$ Höhendifferenz Schachtsohle – max. Rückstrom
J Gefälle, l Teilstrecke in mm
Y tiefster Rohrsohlenpunkt
Z DN > 150 ⇒ für Neuanlage/Sanierung ist Überlastungsnachweis erforderlich

Der Überflutungs-/Überlastungsnachweis ist für den Jahrhundertregen ($r_{(5,\,100)}$) durchzuführen (s. 275.4 u. 276.4)

282.2 Rohrreibungsverluste in überlasteten Freispiegelleitungen (k_b = 1 mm) DIN 1986-100

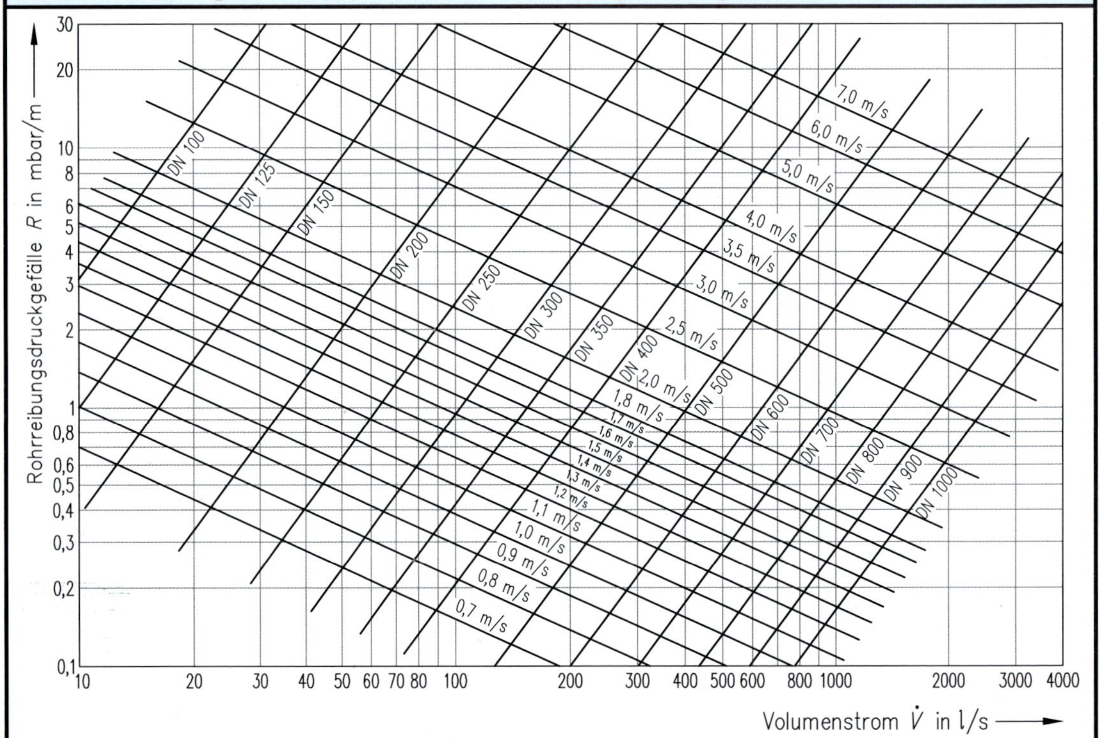

282.3 Überflutungs-/Überlastungsnachweis bei Starkregen außerhalb von Gebäuden

Auf dem Grundstück anfallende Regenwassermenge in m³:

$$V_{Rück} = (r_{(0,30)}) \cdot A_{ges} - (r_{(0,2)}) \cdot A_{Dach} \cdot C_{5,\,Dach} + r_{(0,2)} \cdot A_{FaG} \cdot C_{5,\,FaG} \cdot \frac{D \cdot 60}{10000 \cdot 1000}$$

Sind die Grundleitungen nach dem 2-jährigen Regenereignis bemessen, so kann statt des Bemessungsabflusses der (oft größere) max. Abfluss der Grundleitungen bei Vollfüllung V_{voll} angesetzt werden: für D = 5/10/15 min ⇒ größtes $V_{Rück}$ ist maßgebend

$$V_{Rück} = \left(\frac{r_{(0,30)} \cdot A_{ges}}{10000} - \dot{V}_{Voll}\right) \cdot \frac{D \cdot 60}{1000}$$

$V_{Rück}$ zurückzuhaltende Wassermenge
D kürzeste maßgebende Regendauer i.d.R. D = 5 min. Jährlichkeit darf einmal in 2 Jahren nicht unterschritten werden.
C_5 s. 279.3; A_{FaG} befestigte Fläche a. G.
$A_{ges} = A_{Dach} + A_{FaG}$ in m²

Bemessung von Rückhalteraum V_{RRR} bei Einleitungsbeschränkung: in m³

$V_{RRR} = A_u \cdot r_{D,\,T}/10000 \cdot D \cdot f_z \cdot 0{,}06 - D \cdot f_z \cdot \dot{V}_{Dr} \cdot 0{,}06$ | $A_u = A_{Dach} \cdot C_{m,\,Dach} + A_{FaG} \cdot C_{m,\,FaG}$

oder $A_u = A_{ges} \cdot C_{m,\,resultierend}$ | $C_{m,\,resultierend}$ flächengemittelter Mittelwert 279.3

$C_{m,\,resultierend} = (A_1 \cdot C_{m,\,1} + A_2 \cdot C_{m,\,2} + ...\ A_x \cdot C_{m,\,x})/A_{ges}$

$\dot{V}_{Dr}$ Drosselabfluss RRR je s = arithmetisches Mittel → Beginn – Vollfüllung

$r_{D,\,T}$ Regenspende in l/(s · ha) s. 279.4 der Regendauer D und Jährlichkeit T
f_z mittleres Risikomaß mit Zuschlagfaktor f_z = 1,15 (Einfachverfahren)
0,06 Dimensionsfaktor l/s → m³/min

Anmerkung: Der Abminderungsfaktor f_A wird wegen der kurzen Fließzeiten vernachlässigt (f_A = 1). Wird alternativ eine Drosselabflussspende in l/(s · ha) angegeben ⇒ einzuhaltender $\dot{V}_{Dr/e} = \dot{V}_{Dr/A} \cdot A_{Bezug}$ | A_{Bezug} = abflusswirksam

283.1 Ermittlung des Rückhaltevolumens $V_{Rück}$

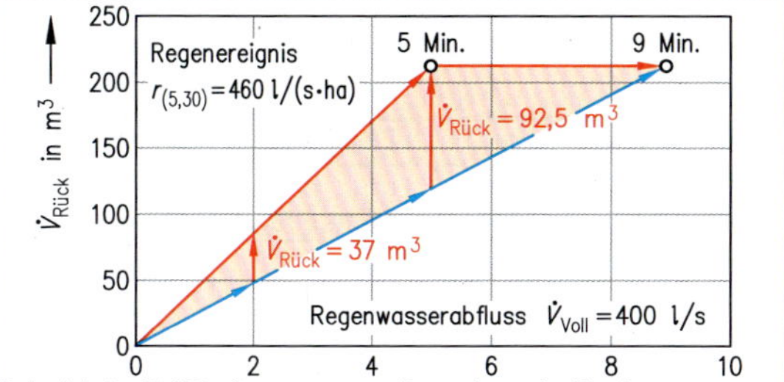

Beispiel: $A = 15\,400$ m²

$$V_{Rück} = \left(\frac{r_{(0,30)} \cdot A_{ges}}{10\,000} - \dot{V}_{Voll}\right) \cdot \frac{D \cdot 60}{1\,000} = \left(\frac{460 \cdot 15\,400}{10\,000} - 400\right) \cdot \frac{5 \cdot 60}{1\,000}$$

$V_{Rück} = 92{,}5$ m³

283.2 $V_{Rück}$ bei Einleitungsbeschränkung

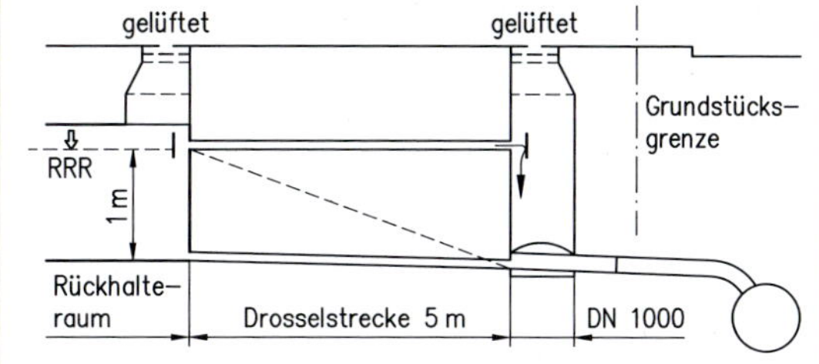

Drosselabfluss bei Einleitungsbeschränkung $\dot{V}_{Dr} = 15$ l/s, $A_u = 2000$ m²

$$V_{RRR} = A_u \cdot \frac{r_{(D,T)}}{10\,000} \cdot D \cdot f_z \cdot 0{,}06 - D \cdot f_z \cdot \dot{V}_{Dr} \cdot 0{,}06 =$$

$$2000 \cdot 460/1\,000 \cdot 5 \cdot 1 \cdot 0{,}06 - 5 \cdot 1 \cdot 15 \cdot 0{,}06 = 23{,}1 \text{ m}^3$$

283.3 Kürzeste Regendauer abhängig von mittlerer Geländeneigung/Befestigungsgrad

Mittlere Geländeneigung	< 1 %		1–4 %	> 4 %	
Befestigungsgrad	≤ 50 %	> 50 %	–	≤ 50 %	> 50 %
kürzeste Regendauer r_2	15 min	10 min	10 min	10 min	5 min

Bei Anwendung der Tabelle darf die Jährlichkeit des Berechnungsregens einmal in 2 Jahren für die Bemessung von Grundstückentwässerungsanlagen nicht unterschritten werden.

283.4 Planmäßig vollgefüllt betriebene Dachentwässerungsanlagen, Druckströmung DIN 1986-100

Bei vollgefüllt betriebenen Rohrleitungen wird mit Erreichen der Berechnungsregenspende die geodätische Druckdifferenz zwischen Dachablauf und Übergang in die Freispiegelentwässerung zur Strömungserzeugung genutzt.

Druckverlust Fließweg:

$\Delta p = \Delta h_{verf} \cdot \varrho \cdot g$

$\varrho_{H_2O} = 1\,000$ kg/m³ (10 °C)

$g = 9{,}81$ m/s²

Druckverlust: Einzelwiderstände $z = \sum \xi \cdot \frac{v^2 \varrho}{2}$

in geraden Rohrleitungen $R \cdot l$

$\Delta p = \sum (l \cdot R + z)$, zul. Abweichung $s \leq 10$ kPa

Die Strömungsverluste Δp im Fließweg sollten dem jeweils verfügbaren Druck $\Delta p_{verf.}$ entsprechen.

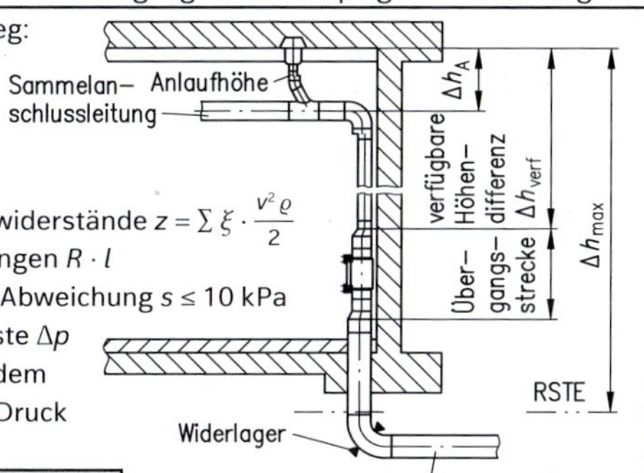

Mindestvolumenstrom $\dot{V}_{A,\,min}$ für Druckströmung zur Fallleitung: $\dot{V}_{A\,verb} > 1{,}2 \cdot \dot{V}_{A,\,min}$

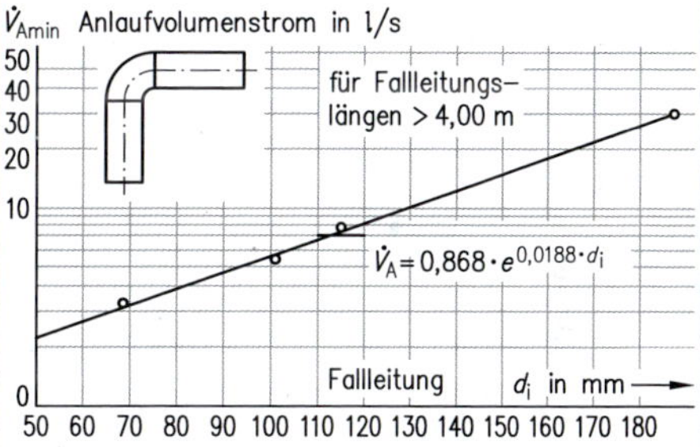

Einzelwiderstandsbeiwerte ξ

Bogen 15°	30°	45°	70°	90°	Abzw. 45°	Red.	Überg.	Ablauf
ξ = 0,1	0,3	0,4	0,6	08	0,6	0,3	1,5	1,0

Kontrolle des Innendrucks: $p_x = \Delta h_x \cdot \varrho \cdot g - \frac{v_x^2 \cdot \varrho}{2} - \sum (l \cdot R + z)$

Vermeidung von Kavitation: $p_x \geq -90$ kPa (–0,9 bar)

Vom Hersteller angegebene Grenzen beachten!

Anlaufbedingung:

$\dot{V}_{A\,verb.} > 1{,}2 \cdot \dot{V}_{A\,min}$

$\dot{V}_{A\,verb.} = \dot{V}_r \cdot \sqrt{\frac{\Delta h_x}{\Delta h_{verf.}}}$

Δh_x Anlaufhöhe

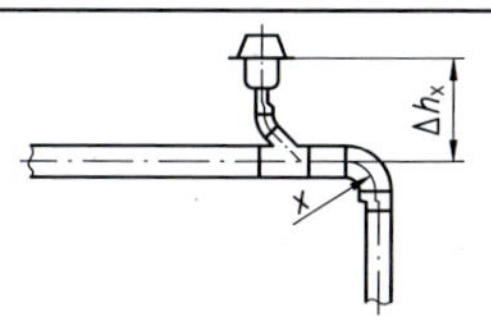

283.5 Regenfallrohr, Werkstoffdicke, Nähte, Nahtüberlappung DIN EN 612

Werkstoff	Alumin.		CU	St	S. Stahl		Zn
Klasse	A	B	min.	min.	A	B	min.
kreisförmig, Werkstoffdicke in mm							
$d_i \leq 100$	0,7	0,6	0,6	0,6	0,5	0,4	0,65
$d_i > 100$	0,7	0,7	0,7	0,7	0,6	0,5	0,7
quadratisch/rechteckig lange Seite							
Seite < 100	0,7	0,6	0,6	0,6	0,5	0,4	0,65
100 ≤ S < 120	0,7	0,7	0,7	0,7	0,5	0,4	0,7
120 ≤ Seite	0,7	0,7	0,7	0,7	0,6	0,5	0,8

Aluminium Serie A: 1000
Serie B: 3000, 5000, 6000
Cu-DHP Wst.Nr. CW 024 A
CuZn 0,5 Wst.Nr. CW 119 C
Stahlblech mit Zinküberzug: DX 51 D + Z
Zink-Aluminium-Überzug: DX 51 D + ZA
Alu-Zn: DX 51 D + AZ

Schmelztauchveredeltes Stahlblech organisch beschichtet
Nicht rostendes Stahlblech: X3CrTi17, Wst.Nr. 1.4510; X6CrNi1910 Wst.Nr. 1.4301; X6CrNiMo17122 Wst.Nr. 1.4401

Nahtausführung	Werkstoff Al	Cu	St	SS	Zn	Überlappung Klasse X	Y [2]
weichgelötet		×			×	min. 5 mm	1 [3]
hartgelötet		×				min. 3 mm	3 [3]
gefalzt	×	×	×	×	×	min. 6 mm	6 [4]
geschweißt[1]	×	×	×	×	×	abhängig von [5]	

Zn: Titanzink nach DIN EN 988
Titanzink darf auch organisch beschichtet sein

[1] Rohre aus vorbeschichtetem Werkstoff weisen nach dem Schweißen einen unbeschichteten Bereich an der Schweißnaht auf.
[2] Nahtüberlappung s. 284.1; [3] Gebundene Lötnaht, Maß L s. 284.1;
[4] Gesamtlänge, Maß F s. 284.1;
[5] In Abhängigkeit vom Schweißverfahren

284.1 Nahtüberlappung, Wulstformen, Rinnenformen — DIN EN 612

Nahtüberlappung: s. 279.5

Überlappung bei:
- gefalzter Naht

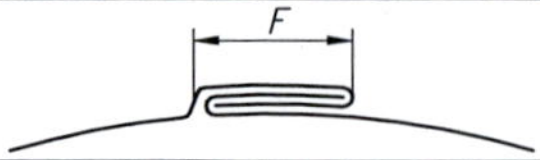

Überlappung bei:
- weich- oder hartgelöteter Naht

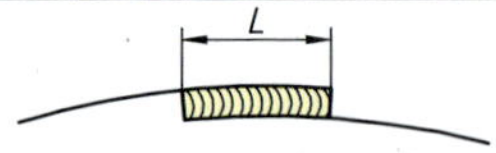

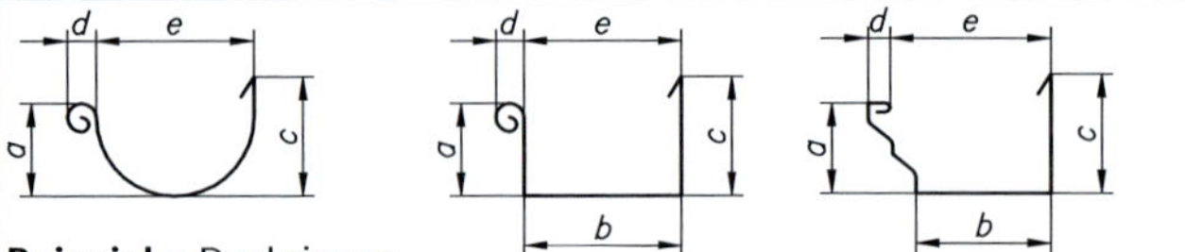

Beispiele: Dachrinnen

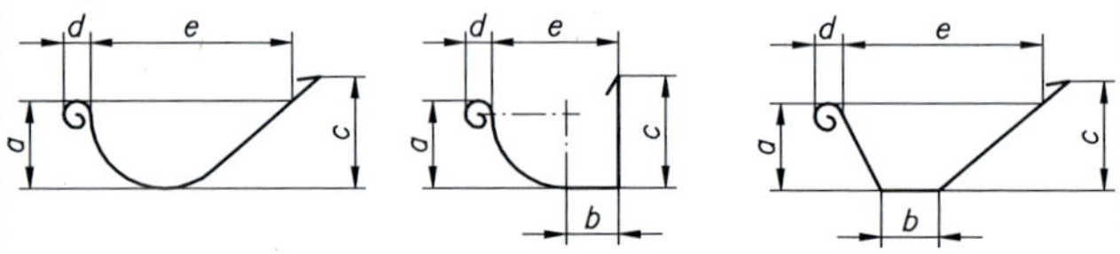

Wulstform I	Form II	Form III
kreisförmig f = max. 3 mm	kreisförmig mit Aussteifung g	rechteckig

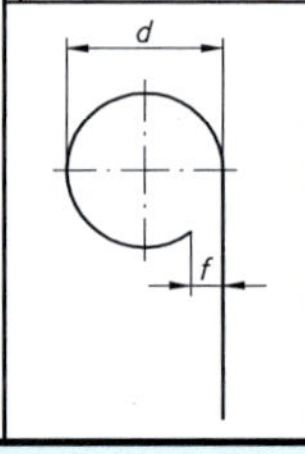

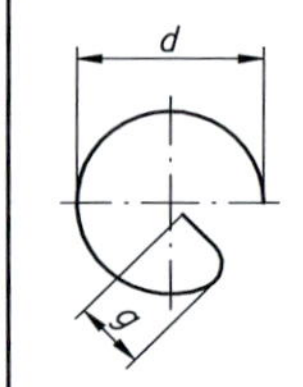

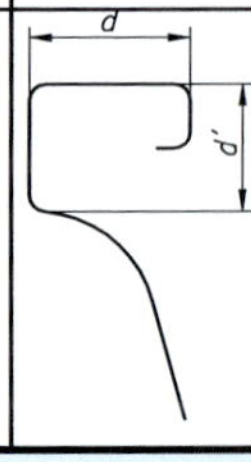

284.2 Dachrinnen, Wulstdurchmesser, Höhe Rinnenvorderseite, Werkstoffe, Dicke — DIN EN 612

Zuschnittbreite w alle Maße in mm	Wulst-ø d in mm Klasse X	Kl. Y	Höhe a Vorders.	$a+d$ mm	Werkstoff-Nenndicke [1] in mm/Klasse Al/A	Al/B	Cu	St	SS/A	SS/B	Zn/A	Zn/B
$w \leq 200$	16	14	40	70	0,7	0,6	0,6	0,6	0,5	0,4	0,65	0,65
$200 < w \leq 250$	16	14	50	75	0,7	0,6	0,6	0,6	0,5	0,4	0,65	0,65
$250 < w \leq 333$	18	14	55	75	0,7	0,6	0,6	0,6	0,5	0,4	0,7	0,65
$333 < w \leq 400$	20	18	65	90	0,8	0,7	0,7	0,7	0,6	0,5	0,8	0,8
$400 < w$	20	20	75	100	0,8	0,7	0,7	0,7	0,6	0,5	0,8	0,8

[1] Blechwerkstoffe:
Alu: EN 573/EN 485
Cu: Cu-DHP, CuZn 0,5
Schmelztauchv. Stahl: Zink-/organ. Überzug
SS: Nicht rostend. St.
Titanzink: EN 988

284.3 Halbrunde Hängedachrinne H, Kastenförmige Hängedachrinne K — DIN 1986-100

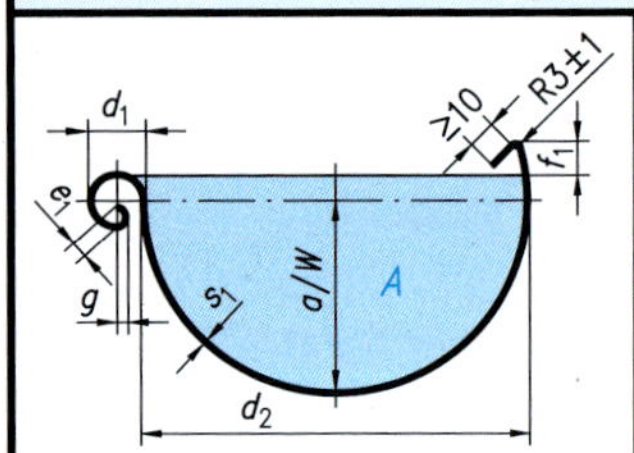

Zuschnitt/ Nennmaß	teilig	d_1 mm	d_2 mm	e_1 mm	f_1 mm	a/W mm	A mm²	Herstellerangabe: Boden a	b	c
200 mm	10	16	80	5	8	48	3 069	19	83	56
250 mm	8	18	105	7	10	62	5 256	20	106	70
280 mm	7	18	127	7	11	72,5	7 347	20	128	81
333 mm	6	20	153	7	11	86,5	10 567	22	154	95
400 mm	5	22	192	9	11	107	16 363	24	193	117
500 mm	4	22	250	9	21	136	27 004	24	253	150

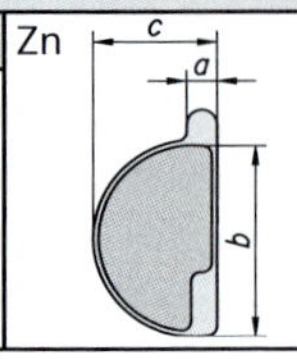

Bezeichnungsbeispiel: runde Hängedachrinne EN 612-333-Cu-X

W Sollwassertiefe

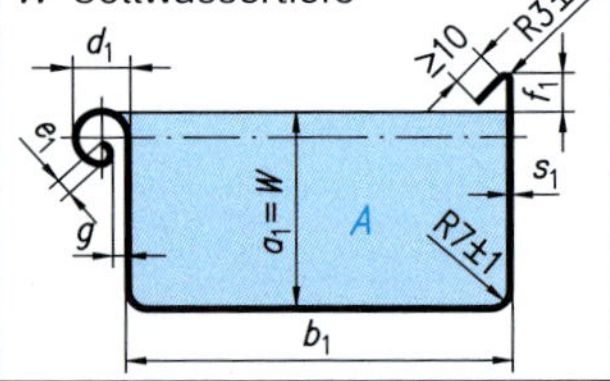

Zusch. in mm	a/W mm	b_1 mm	c mm	d mm	e mm	f_1 mm	g mm	A mm²	Herstellerangabe: Boden a	c	d	e
200	42	70	50	16	5	8	5	2 940	18	45	8	72
250	55	85	65	18	7	10	6	4 675	20	57	10	87
333	75	120	85	20	7	10	6	9 000	22	77	14	122
400	90	150	100	22	9	10	6	13 500	24	94	13	152
500	110	200	130	22	9	20	6	22 000	24	114	24	202

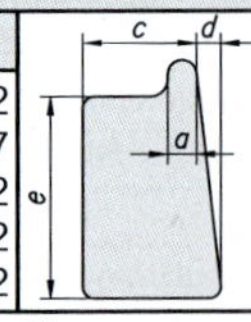

Bezeichnungsbeispiel: rechteckige Hängedachrinne EN 612-400-St-Y

284.4 Rinnenhalter, Rohrschelle — Herstellerangabe

NG	Höhe c mm	mm	$b \times s$ Beanspruchung 1	2	3	4
200	230	270	25×4	25×4	25×4	
250	280	330	25×4	30×4	25×6	
	410	500	25×4			
280	290	350	30×4	30×5	25×6	25×8
	390	480	30×4			
333	300	370	30×5	25×6	40×5	30×8
	450		30×5			
400	340	430	30×5	40×5	25×8	30×8
500	375	515	40×5	40×5	30×8	30×8

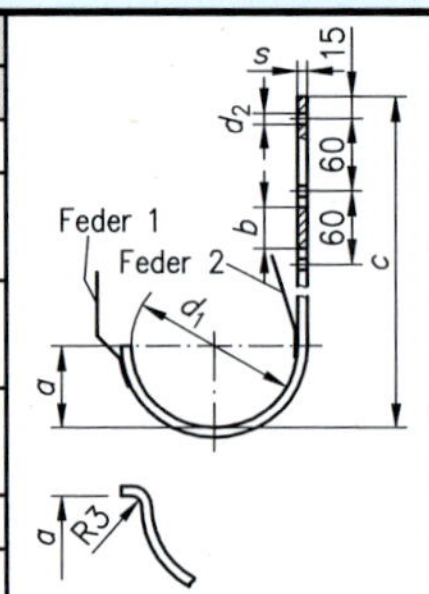

d_1 mm	Höhe a FFH	NFH
80	37	40
105	50	53
127	61	64
153	74	77
192	93	96
250	122	125

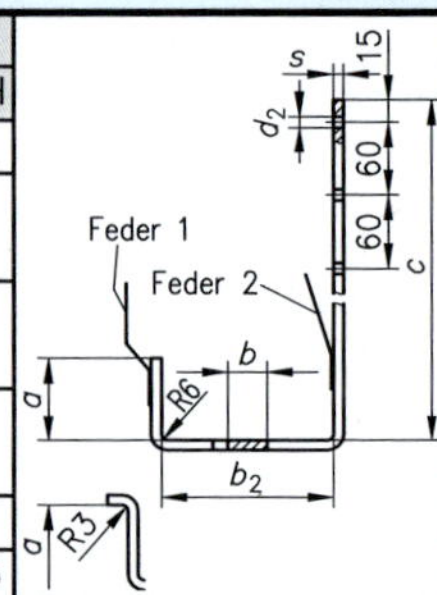

b_2 mm	Höhe a FFK	NFK
70	31	34
85	44	47
120	62	65
150	77	80
200	97	100

Rohrschelle

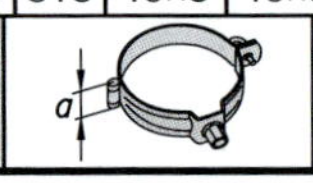

NG	mm	60	76	80	87	100	120	150
a		30	30	30	30	30	30	30

NG	100/100	80/80
a	30 mm	30 mm
d_1	100 mm	81 mm

285.1 Regenfallrohre, Rinne, Rinnenstutzen

A bei r_Q = 300 l/(s · ha) in m²	zul. $\dot{V}r$ l/s	Fallrohr NG mm	Fallrohr Q cm²	zugeordnete Dachrinne halbrund NG	halbrund Q cm²	kastenförmig NG mm	kastenförmig Q cm²	Metall Teiligkeit
37	1,1	60	28	200	25	200	28	10
57	1,7	70	38					
83	2,5	80	50	250	43			8
				280	63			
150	4,5	100	79	333	92	333	90	6
243	7,3	120	113	400	145	400	135	5
270	8,1	125	122					
443	13,3	150	177	500	245	500	220	4
Rohr, halbrunde, kastenförmige Rinne PVC hart Außen								
20	0,6	50	17	80	34	80	22	50
37	1,1	63	28	80	34	80	34	63
57	1,7	70	38	100	53	100	53	75
97	2,9	90	56	125	73	125	73	90
170	5,1	110	86	150	101	150	100	110
243	7,3	125	113	180	137	180	137	125
483	14,5	160	188	250	245	250	225	160

285.2 Rinneneinhangstutzen für halbrunde Rinne

Form G gerade

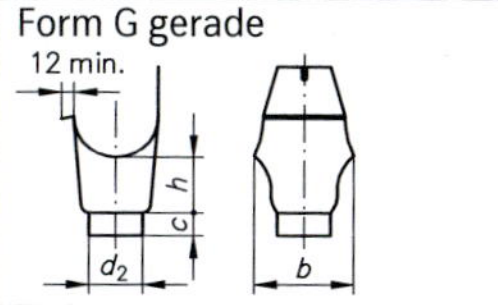

Form S schräg

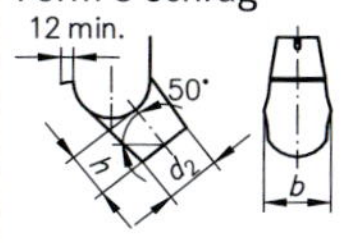

NG in mm (halbrund)	NG in mm (rund)	d mm	b mm	min. h mm	c mm
200	60	58	115	60	35
250	80	78	140	65	40
280	80	78	165	80	40
333	100	98	185	95	45
400	120	118	210	105	50
280	80	105	120	80	
333	100	125	140	93	
400	120	140	170	113	

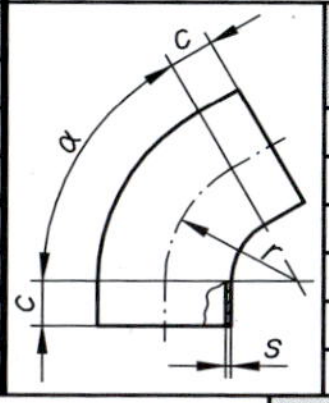

Rohrbogen NG	d [1]	α	r	c	Dicke s Cu	St	Zn
60	60		d: x	30	0,6	0,6	0,7
80	80	40°	1,75	35	0,6	0,6	0,7
100	100	60°	oder	35	0,6	0,6	0,7
120	120	72°	d: x	40	0,7	0,6	0,8
150	150		1,35	40	0,7	0,7	0,8

[1] Oberes Ende = weites Rohrende.

Verfügbare Dachrinnen- und Ablaufgrößen

Dachrinnengrößen — Herstellerangabe

Teile/Zuschnittbreite	Neue Benennung	Durchmesser – Richtgröße
10-teilig/200er Br.	20er Dachrinne	⌀ 80 mm – RG 75
8-teilig/250er Br.	25er Dachrinne	⌀ 105 mm – RG 100
7-teilig/285er Br.	28er Dachrinne	⌀ 127 mm – RG 125
6-teilig/333er Br.	33er Dachrinne	⌀ 153 mm – RG 150

Ablaufrohrgrößen — Herstellerangabe

Teile/Zuschnittbreite	Dachfläche	Fallrohrgröße
10-teilig/200er Br.	0– 37 m²	50 mm und 60 mm
8-teilig/250er Br.	37– 50 m²	60 mm, 76 mm u. 80 mm
7-teilig/285er Br.	50– 83 m²	80 mm, 87 mm u. 100 mm
6-teilig/333er Br.	83–150 m²	80 mm, 87 mm u. 100 mm

Wasserfangkasten

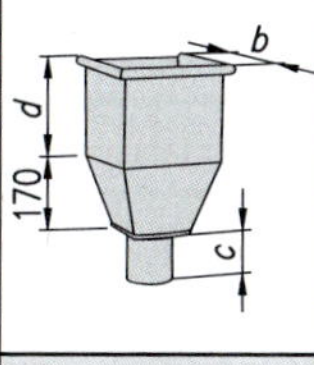

NG	a	b	c	e
76	220	220	106	196
80	220	220	106	196
87	220	220	106	196
100	220	220	106	196
120	240	240	106	193

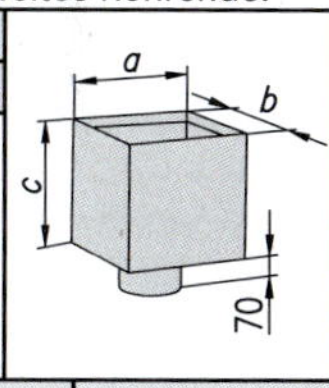

Kubus
NG
100
a/b/c
200
a/b/c
300

Rinnenstutzen

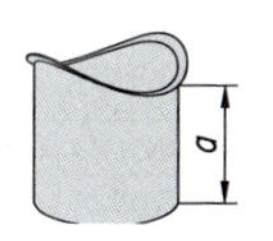

Nenngröße	a	NG– a
200/ 60	50	400/120
250/ 76	65	a = 80 mm
280/ 76	65	500/150
280/ 87	65	a = 80 mm
333/100	65	Maße in mm

Kastenrinnenstutzen rund

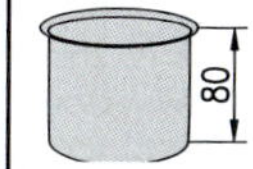

NG
60
87
100
120
150

285.3 Abflussvermögen von Ablaufkombinationen mit/ohne Rinneneinhangstutzen RES

Nennmaß	250	250	280	280	333	333	400	400	500	500	500
	Fallrohr mit Rinneneinhangstutzen										
d_i in mm	60	80	80	100	80	100	100	120			
$\dot{V}$ in l/s	1,8	2,2	3,0	3,3	5,0	5,3	9,0	9,3			
	Fallrohr ohne Einlauftrichter										
d_i in mm	60	80	80	100	80	100	100	120	100	120	150
$\dot{V}$ in l/s	1,5	2,0	2,6	3,0	4,0	4,5	6,8	7,4	10,5	12,0	14,5

mit RES

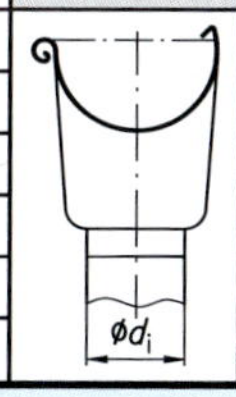

ohne Einlauftrichter

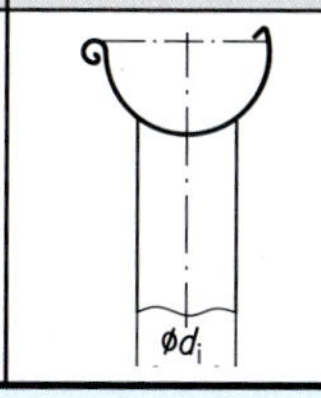

Kombination

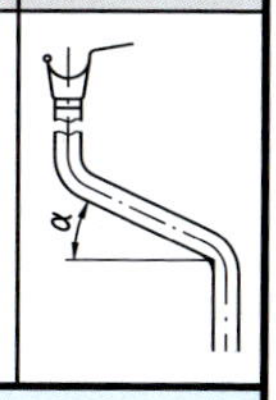

285.4 Abflussvermögen von halbrunden und rechteckigen Rinnen, Entwässerungslänge

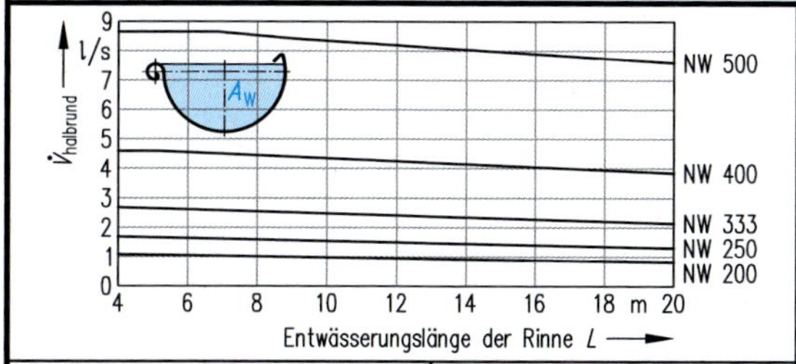

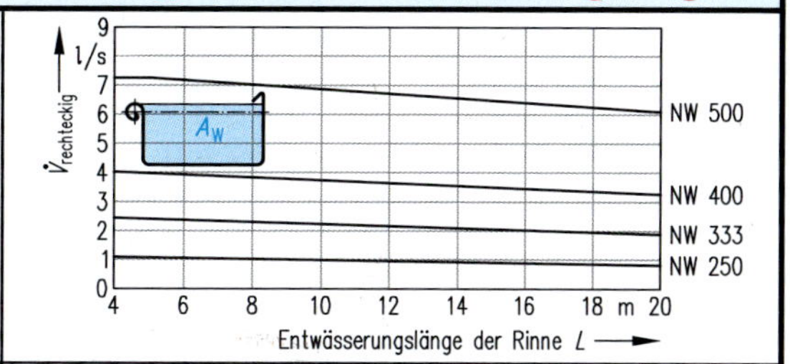

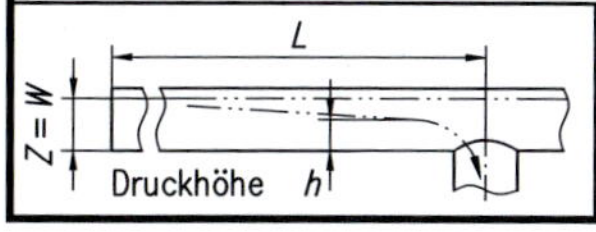

Richtungsänderung > 10° reduzieren das Abflussvermögen der Rinne um 15%. Notentwässerung immer über Vorderkante.

286.1 Dachablauf-Abflussvermögen, Überlauf-/Auslaufströmung, Druckhöhenfaktor

Rinnenablauf kreisrund	ja	nein
Überlaufströmung [1] 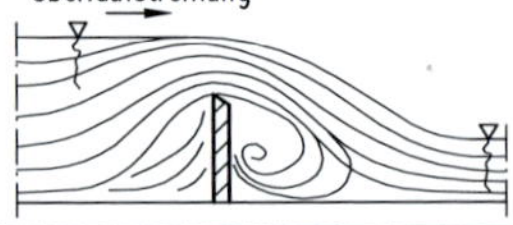	Gesamtabfluss l/s $\dot{V}_o = \frac{k_o \cdot D \cdot h^{1,5}}{7500}$ Druckhöhe $h = F_h \cdot W$ $h \le D/2$ in mm	Gesamtabfluss l/s $\dot{V}_o = \frac{k_o \cdot L_W \cdot h^{1,5}}{24000}$ $h = F_h \cdot W$ $h \le 2\,A_o/L_W$
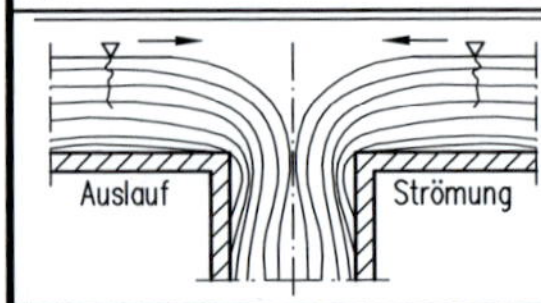	$\dot{V}_o = \frac{k_o \cdot D^2 \cdot h^{0,5}}{15000}$ $h > D/2$	$\dot{V}_o = \frac{k_o \cdot A_o \cdot h^{0,5}}{12000}$ $h > A_o/L_W$
Rinnenstutzen Rinnenauslass konisch 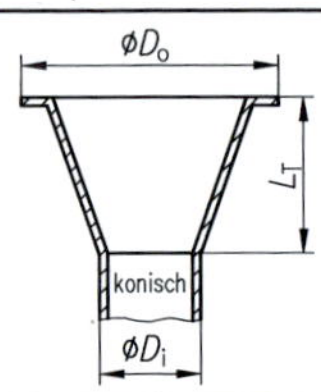	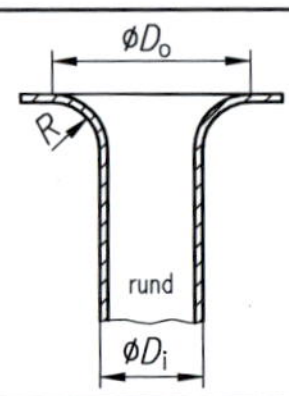	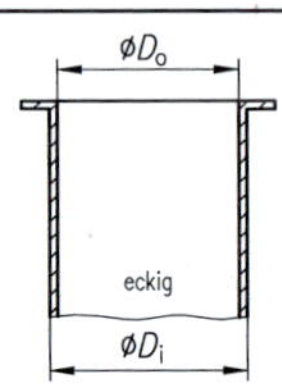
$D_o \ge 1,5 \cdot d_i$; $L_T \ge D_o$ $D = D_o$	$\ge 1,5 \cdot d_i$; $R \ge D_o/6$ $= 0,9 \cdot D_o$	$D = D_o = d_i$

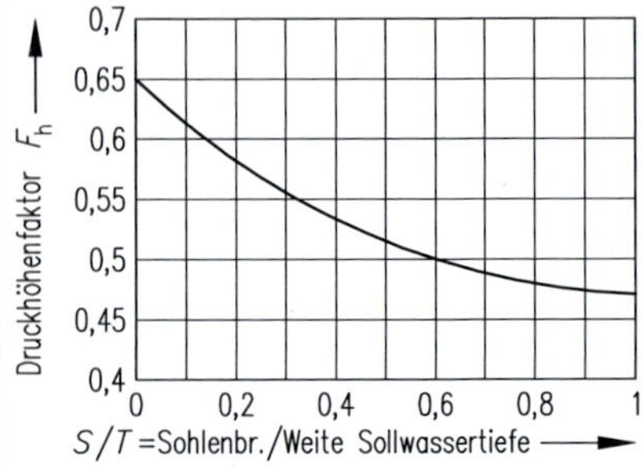

- D tatsächlicher Strömungs-ø des Auslasses
- h Druckhöhe am Rinnenauslass in mm
- k_o Rinnenauslasskoeffizient 1,0 (ungehindert), 0,5 (Sieb/Rost/Laubfang)
- L_W Länge der Ablaufkante in mm
- A_o ebener Bereich Rinnenauslass in mm²
- W Sollwassertiefe (auch S/T s. 288.3)
- [1] Zwischenraum Auslaufecke – Rinnenseite ≥ 5% Fallrohrdurchmesser.

286.2 Regenwasserfallleitung-Abflussvermögen $\dot{V}_{RWP}$

d_i in mm	$\dot{V}_{RWP}$ in l/s f 0,20	f 0,33	d_i in mm	$\dot{V}_{RWP}$ in l/s f 0,20	f 0,33	d_i in mm	$\dot{V}_{RWP}$ in l/s f 0,20	f 0,33	d_i in mm	$\dot{V}_{RWP}$ in l/s f 0,20	f 0,33
50	0,7	1,7	85	3,0	6,9	140	11,4	26,3	220	38,1	87,7
55	0,9	2,2	90	3,5	8,1	150	13,7	31,6	240	48,0	110,6
60	1,2	2,7	95	4,0	9,3	160	16,3	37,5	260	59,4	137,0
65	1,5	3,4	100	4,6	10,7	170	19,1	44,1	280	72,4	166,9
70	1,8	4,1	110	6,0	13,8	180	22,3	51,4	300	87,1	200,6
75	2,2	5,0	120	7,6	17,4	190	25,7	59,3	> 300 [1]		
80	2,6	5,9	130	9,4	21,6	200	29,5	68,0	f = Füllungsgrad		

[1] $\dot{V}_{RWP} = 2,5 \cdot 10^{-4} \cdot k_D^{-0,167} \cdot d_i^{2,667} \cdot f^{1,667}$ k_D = Rohrrauigkeit (angenommen 0,25 mm).

286.3 Scharfkantiger Überlauf $\dot{V}_W$ in l/s

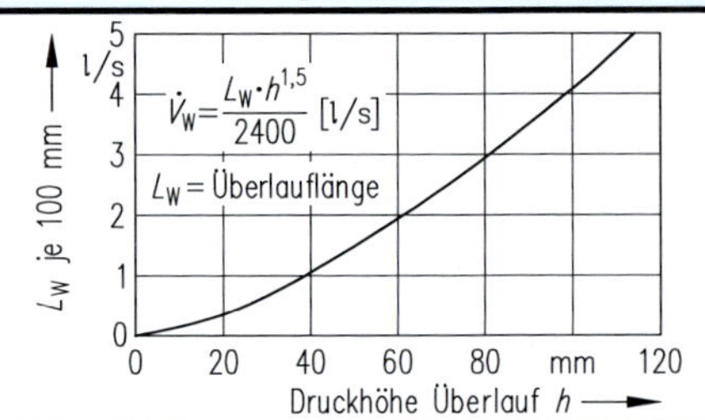

286.4 Abflussvermögen von Fallleitungen innenliegender Rinnen

Info ZVSHK

$L_T \ge D$

$D \ge 1,5 \cdot d_i$

h Wasserstand am Ablauf

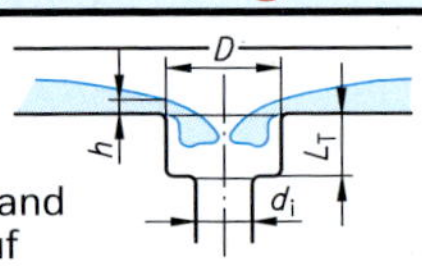

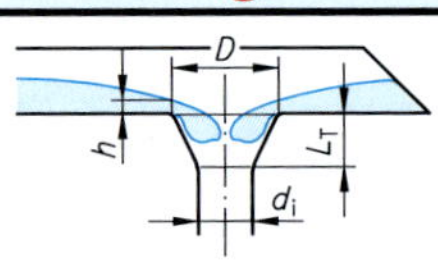

Überlaufströmung $h \le \Delta/2$

Auslaufströmung $h > \Delta/2$

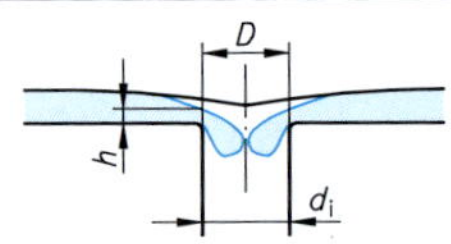

DN	70		100		125		150		200		250	
$L_T = D$	105 mm		150 mm		187,5 mm		225 mm		300 mm		375 mm	
h mm	$\dot{V}$ l/s	$\dot{V}_{Ko}$ l/s	$\dot{V}$ l/s	$\dot{V}_{Ko}$ l/s	$\dot{V}$ l/s	$\dot{V}_{Korb}$ l/s	$\dot{V}$ l/s	$\dot{V}_{Korb}$ l/s	$\dot{V}$ l/s	$\dot{V}_{Korb}$ l/s	$\dot{V}$ l/s	$\dot{V}_{Korb}$ l/s
30	2,3	1,2	3,3	1,6	4,1	2,1	4,9	2,6	6,6	3,6	8,2	4,1
40	3,5	1,8	5,1	2,5	6,3	3,2	7,6	3,8	10,1	5,1	12,6	6,3
50	4,9	2,5	7,1	8,3	8,4	4,4	10,6	5,3	14,1	7,1	17,7	8,8
60		2,8	9,3	4,6	11,6	5,8	13,9	7,0	18,6	9,3	23,2	11,6
70		3,1		5,9	14,6	7,3	17,6	8,8	23,4	11,7	29,3	14,6
80		3,3		6,7	17,9	8,9	21,5	10,7	28,6	14,3	35,8	17,9
90		3,5		7,1		10,7	25,6	12,8	34,2	17,1	42,7	21,3
100		3,7		7,5		11,7	30,0	15,0	40,0	20,0	50,0	25,0
110		3,9		7,9		12,3		17,3	46,1	23,1	57,7	28,8
120		4,0		8,2		12,8		18,5	52,6	26,3	65,7	32,9
130				8,6		13,4		19,2	59,3	29,6	74,1	37,1
140				8,9		13,9		20,0	66,3	33,1	82,8	41,4
150				9,2		14,4		20,7		36,7	91,9	45,9
200				11		16,6		23,9		42,4		66,3
250						18,5		26,7		47,4		74,1
300								29,2		52,0		81,2

DN	70		100		125		150		200		250	
	70 mm		100 mm		125 mm		150 mm		200 mm		250 mm	
h mm	$\dot{V}$ l/s	$\dot{V}_{Ko}$ l/s	$\dot{V}$ l/s	$\dot{V}_{Ko}$ l/s	$\dot{V}$ l/s	$\dot{V}_{Ko}$ l/s	$\dot{V}$ l/s	$\dot{V}_{Ko}$ l/s	$\dot{V}$ l/s	$\dot{V}_{Korb}$ l/s	$\dot{V}_{Korb}$ l/s	$\dot{V}_{Korb}$ l/s
30	1,5	0,8	2,2	1,1	2,7	1,4	3,3	1,6	4,4	2,2	5,5	2,7
40	2,1	1,0	3,4	1,7	4,2	2,1	5,1	2,5	6,7	3,4	8,4	4,2
50	2,3	1,2	4,7	2,4	5,6	2,9	7,1	3,5	9,4	4,7	11,8	5,9
60	2,5	1,3	5,2	2,6	7,7	3,9	9,3	4,6	12,6	6,2	15,5	7,7
70	2,7	1,4	5,6	2,8	8,7	4,4	11,7	5,9	15,6	7,8	19,5	9,8
80	2,9	1,5	6,0	3,0	9,3	4,7	13,4	6,7	19,1	9,5	23,9	11,9
90	3,1	1,5	6,3	3,2	9,9	4,9	14,2	7,1	22,8	11,4	28,5	14,2
100	3,3	1,6	6,7	3,3	10,4	5,2	15,0	7,5	26,7	13,3	33,3	16,7
110	3,4	1,7	7,0	3,5	10,9	5,5	15,7	7,9	28,0	14,0	38,5	19,2
120	3,6	1,8	7,3	3,7	11,4	5,7	16,4	8,2	29,2	14,6	43,8	21,9
130	3,7	1,9	7,6	3,8	11,9	5,9	17,1	8,6	30,4	15,2	47,5	23,8
140	3,9	1,9	7,9	3,9	12,3	6,2	17,7	8,9	31,6	15,8	49,3	24,7
150	4,0	2,0	8,2	4,1	12,8	6,4	18,4	9,2	32,7	16,3	51,0	25,5
200		2,3	9,4	4,7	14,7	7,4	21,2	11	37,7	18,9	58,9	29,5
250		2,6	11	5,3	16,5	8,2	23,7	12	42,2	21,1	65,9	32,9
300		2,8		5,8	18,0	9,0	26,0	13	46,2	23,1	72,2	36,1

287.1 Abflussvermögen rechteckiger Notüberläufe in der Rinnenlängsseite Info ZVSHK

$r_{(5,5)}$ beim Flachdach auch $r_{(5,100)}$ muss schadlos abgeführt werden → Notüberlauf

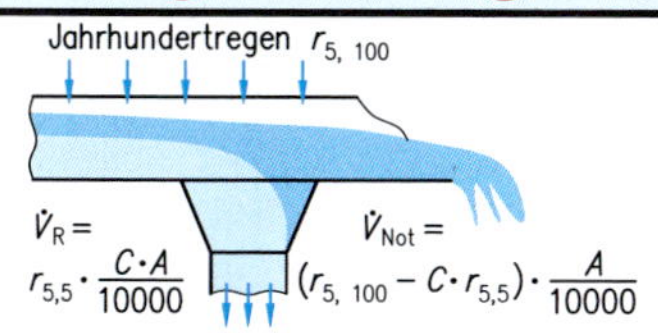

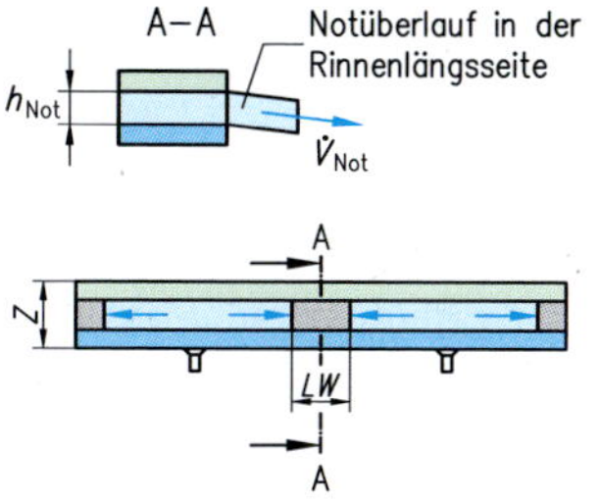

Bezeichnung an innenliegenden Rinnen:

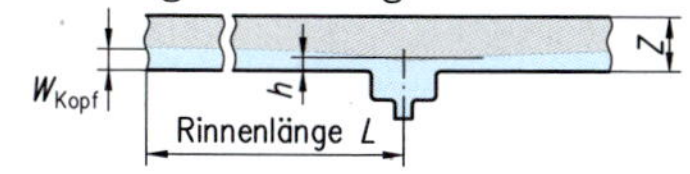

W_{Kopf} Wassertiefe am Kopfstück; W_{Not} Wassertf. Notablauf

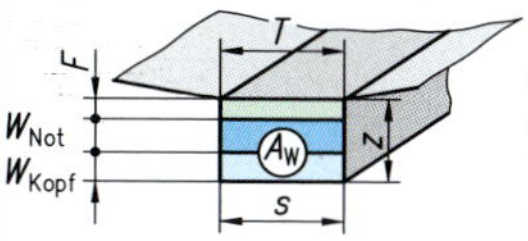

Z Rinnentiefe
F Freibordhöhe
T Scheitelbreite
S Sohlenbreite
h Wasserstand Abl.

weitere Anordnungsmöglichkeiten:

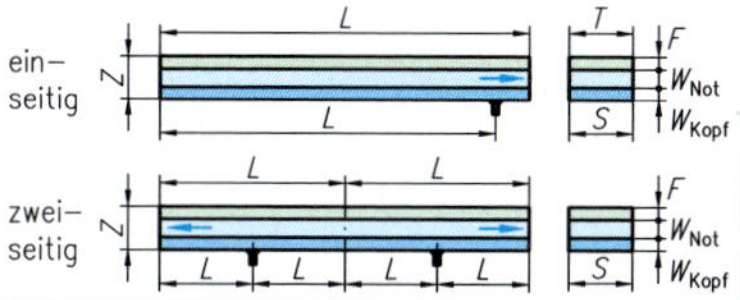

h_{Not} mm	50	60	70	80	90	100
L_W 100	1,5	1,9	2,4	3,0	3,6	4,2
110	1,6	2,1	2,7	3,3	3,9	4,6
120	1,8	2,3	2,9	3,6	4,3	5,0
130	1,9	2,5	3,2	3,9	4,6	5,4
140	2,1	2,7	3,4	4,2	5,0	5,8
150	2,2	2,9	3,7	4,5	5,3	6,3
160	2,4	3,1	3,9	4,8	5,7	6,7
170	2,5	3,3	4,1	5,1	6,0	7,1
180	2,7	3,5	4,4	5,4	6,4	7,5
190	2,8	3,7	4,6	5,7	6,8	7,9
200	2,9	3,9	4,9	6,0	7,1	8,3
220	3,2	4,3	5,4	6,6	7,8	9,2
240	3,5	4,6	5,9	7,2	8,5	10,0
260	3,8	5,0	6,3	7,8	9,3	10,8
280	4,1	5,4	6,8	8,3	10,0	11,7
300	4,4	5,8	7,3	8,9	10,7	12,5

287.2 Abflussvermögen rechteckiger innenliegender Rinnen bei Gefälle $I = 0$, $\dot{V}_r$ in l/s Info ZVSHK

S mm	200	200	200	200	200	200	200	200	200	200	200	200	200	200	200	200	200	200	300	300	300	300	300	300	300	300	300	300	300
W mm	200	195	190	185	180	175	170	165	160	155	150	145	140	135	130	125	121	117	300	280	260	240	220	210	200	190	185	180	175
h mm	95	92	90	87	86	83	80	78	75	73	71	69	66	64	61	59	57	55	142	132	123	113	104	99	95	90	87	85	83
A_W cm²	400	390	380	370	360	350	340	330	320	310	300	290	280	270	260	250	242	234	900	847	780	720	660	630	600	570	555	540	525
L 5 m	19,8	19,1	18,3	17,6	16,9	16,2	15,5	14,8	14,1	13,5	12,8	12,2	11,6	11,0	10,4	9,8	9,3	8,9	54,6	49,2	44,0	39,1	34,2	32,0	29,7	27,5	26,4	25,4	24,3
10 m	19,8	19,1	18,3	17,6	16,9	16,2	15,5	14,8	14,1	13,5	12,8	12,2	11,6	11,0	10,1	9,3	8,8	8,3	54,6	49,2	44,0	39,1	34,2	32,0	29,4	27,1	26,0	24,9	23,8
15 m	19,8	19,1	18,3	17,6	16,9	16,2	15,5	14,8	14,1	13,5	12,3	11,2	10,6	10,0	9,3	8,8	8,3	7,8	54,0	48,4	43,1	37,9	33,0	30,7	28,4	26,1	25,0	23,9	22,9
20 m	19,8	19,1	18,3	17,6	16,9	16,2	14,2	13,3	12,6	11,9	11,3	10,7	10,0	9,5	8,8	8,3	7,8	7,4	52,7	47,2	41,9	36,8	32,0	26,9	27,4	25,2	24,1	23,0	22,0
25 m	17,6	16,9	16,2	15,4	14,7	14,1	13,3	12,7	12,0	11,4	10,8	1,02	9,6	9,0	8,4	7,8	7,4	7,0	51,5	46,0	40,8	35,8	31,0	28,7	26,4	24,2	23,2	22,1	21,1
30 m	17,0	16,3	15,6	14,9	14,2	13,5	12,8	12,2	11,5	10,9	10,3	9,7	9,1	8,5	7,9	7,4	7,0	6,6	50,3	44,9	39,7	34,7	30,0	27,7	25,3	23,4	22,3	21,3	20,3
35 m	16,4	15,7	15,0	14,3	13,6	13,0	12,3	11,7	11,0	10,5	9,8	9,3	8,7	8,1	7,6	7,0	6,6	6,2	49,1	43,8	38,6	33,7	29,1	26,8	24,6	22,5	21,5	20,5	19,5
40 m	15,9	15,2	15,4	13,8	13,1	12,5	11,8	11,2	10,6	10,0	9,4	8,8	8,3	7,7	7,2	6,7	6,3	5,9	48,0	42,7	37,6	32,8	28,2	25,9	23,8	21,7	20,7	19,7	18,7
45 m	15,3	14,6	14,0	13,3	12,6	12,0	11,4	10,8	10,2	9,6	9,0	8,5	7,9	7,4	6,9	6,4	6,0	5,6	46,9	41,6	36,6	31,8	27,3	25,1	23,0	21,0	20,0	19,0	18,0
50 m	14,8	14,2	13,5	12,8	12,2	11,6	10,9	10,4	9,8	9,2	8,6	8,1	7,6	7,1	6,6	6,1	5,7	5,3	45,8	40,6	35,7	30,9	26,5	24,3	22,2	20,2	19,3	18,3	17,4
60 m	13,9	13,2	12,6	12,0	11,3	10,8	10,2	9,6	9,1	8,5	8,0	7,5	7,0	6,5	6,0	5,6	5,2	4,9	43,7	37,7	33,8	29,7	24,9	22,8	20,8	18,9	18,0	17,1	16,2
70 m	13,0	12,4	11,8	11,2	10,6	10,1	9,5	9,0	8,4	7,9	7,4	7,0	6,5	6,1	5,6	5,2	4,9	4,6	41,8	36,8	32,1	27,7	23,5	21,5	19,6	17,7	16,8	16,0	15,1
80 m	12,3	11,7	11,1	10,6	10,0	9,5	8,9	8,4	8,0	7,5	7,0	6,6	6,1	5,7	5,3	5,0	4,7	4,5	40,0	35,1	30,6	26,3	22,2	20,3	18,5	16,7	15,8	15,0	14,2
S mm	300	300	300	300	300	300	300	300	300	300	300	400	400	400	400	400	400	400	400	400	400	400	400	500	500	500	500	500	500
W mm	170	165	160	155	150	145	140	135	130	125	120	400	350	300	260	240	220	200	180	160	150	140	125	500	450	400	350	300	250
h mm	80	78	76	73	71	69	66	64	61	59	57	189	165	142	123	113	104	95	85	76	71	66	59	236	213	189	165	142	118
A_W cm²	510	495	480	465	450	435	420	405	390	375	360	1600	1400	1200	1040	960	880	800	720	640	600	560	500	2500	2250	200	1750	1500	1250
10 m	22,7	21,7	26,6	19,6	18,6	17,7	16,7	15,7	14,8	13,9	13,0	112	91,7	72,8	58,7	52,1	45,7	39,6	33,8	28,3	25,7	23,2	19,6	196	167	140	115	91,0	69,2
20 m	20,9	19,9	18,9	17,9	17,0	16,0	15,1	14,2	13,3	12,4	11,6	112	89,7	70,3	55,9	49,1	42,6	36,5	30,7	25,2	22,6	20,1	16,6	196	167	139	112	87,8	65,6
25 m	20,1	19,1	18,1	17,1	16,2	15,3	14,4	13,5	12,6	11,8	10,9	109	88,0	68,6	54,4	47,7	41,3	35,2	29,5	24,1	21,6	19,1	15,7	194	164	136	110	85,8	63,7
30m	19,3	18,3	17,3	16,4	15,5	14,6	13,7	12,8	12,0	11,1	10,3	107	86,2	67,0	52,9	46,3	40,0	34,0	28,4	23,1	20,6	18,2	14,9	191	161	134	108	83,8	62,0
40 m	17,8	16,8	15,9	15,0	14,1	13,1	12,4	11,6	10,8	10,0	9,3	103	82,8	64,0	50,1	43,7	37,5	31,7	26,3	21,2	18,8	16,6	14,3	186	156	129	104	80,0	58,6
50 m	16,4	15,5	14,7	13,8	13,0	12,2	11,4	10,6	9,8	9,1	8,4	99,6	79,5	61,0	47,5	41,2	35,3	29,7	24,4	19,6	17,3	15,1	12,2	180	152	125	99,4	76,3	55,4
60 m	15,3	14,4	13,6	12,8	12,0	11,2	10,5	9,8	9,1	8,4	7,7	96,2	76,4	58,3	45,1	39,0	33,2	27,8	22,7	18,1	16,0	14,0	11,2	175	147	120	95,5	72,9	52,5
80 m	13,4	12,7	11,9	11,2	10,5	9,9	9,2	8,6	8,0	7,5	7,0	89,8	70,7	53,3	40,8	35,0	29,6	24,6	20,0	15,9	14,0	12,3	10,0	166	138	112	88,3	66,6	47,3
S mm	W mm	h mm	A_W cm²	L 5 m	10 m	15 m	20 m	25 m	30 m	40 m	50 m	60 m	70 m	80 m	S mm	W mm	h mm	L 5 m	10 m	15 m	20 m	25 m	30 m	40 m	50 m	60 m	70 m	80 m	A_W cm²
500	240	113	1200	65,1	65,1	63,2	61,4	59,6	57,9	54,6	54,6	48,7	46,1	43,8	500	180	85	42,3	42,3	39,9	39,3	36,9	35,5	32,9	30,5	28,4	26,6	25,0	900
500	230	109	1150	61,1	65,1	59,1	57,3	55,6	53,9	50,7	47,8	45,1	42,6	40,3	500	170	80	38,8	38,8	36,3	35,9	33,5	32,1	29,6	27,4	25,5	23,8	22,4	850
500	220	104	1100	57,1	57,1	55,0	53,3	51,6	50,0	46,9	44,1	41,5	39,1	37,0	500	160	76	35,4	35,4	32,9	31,5	30,2	28,9	26,5	24,4	22,6	21,1	19,9	800
500	210	99	1050	53,3	53,3	41,1	49,4	47,8	46,2	43,2	40,5	38,0	35,8	33,8	500	150	71	32,2	32,2	29,6	28,3	27,0	25,8	23,6	21,6	20,0	18,6	17,5	750
500	200	95	1000	49,5	49,5	47,3	45,6	44,0	42,5	39,7	37,1	34,7	32,6	30,8	500	140	66	29,0	29,0	26,4	25,1	23,9	22,8	20,7	18,9	17,5	16,3	15,4	700
500	190	90	950	45,8	45,8	43,5	41,9	40,4	38,9	36,2	33,7	31,5	29,5	27,8	500	130	61	25,9	25,9	23,4	22,2	21,0	19,9	18,0	16,4	15,1	14,1	13,4	650

288.1 Bemessungsregeln für Dachrinnen, abhängig von der Rinnenlänge L — DIN EN 12056

Dachrinne	vorgehängt	vorgehängt	innenliegend, eingebaut
Form	halbrund oder ähnlich	rechteckig, trapezf. o. ä.	rechteckig, trapezf. o. ä.
Abflussvermögen. hydraul. kurz ohne Gefälle	$\dot{V}_L = 0{,}9 \times \dot{V}_N$ in l/s $\dot{V}_N = 2{,}78 \times 10^{-5} \times A_W^{1,25}$ $L \geq 50 \times$ Sollwassertiefe	$\dot{V}_L = 0{,}9 \times \dot{V}_N$ in l/s $\dot{V}_N = \dot{V}_{SE} \times F_d \times F_s$ $\dot{V}_{SE} = 3{,}48 \times 10^{-5} \times A_W^{1,25}$	$\dot{V}_L = 0{,}9 \times \dot{V}_N$ in l/s $\dot{V}_N = \dot{V}_{SV} \times F_d \times F_s$ $\dot{V}_{SV} = 3{,}89 \times 10^{-5} \times A_W^{1,25}$
hydrau. lang ohne/mit Gef.	$\dot{V}_{Rinne} = \dot{V}_L \times F_L$ in l/s $L \geq 50 \times$ Sollwassertiefe	$\dot{V}_{Rinne} = \dot{V}_L \times F_L$ in l/s F_L Längen-/Gefällefaktor s. 288.3 Abflussbeiwert	$\dot{V}_{Rinne} = \dot{V}_L \times F_L$ in l/s

- $\dot{V}_L$ Abfluss kurzer Rinne o. Gef.
- $\dot{V}_N$ zulässiger Rinnenabfluss
- $\dot{V}_{SE}$ Abfluss rechteckige Rinne
- $\dot{V}_{SV}$ Abfl. rechteck., innenlieg. R.
- A_W Rinnenquerschnitt unterhalb Sollwassertiefe in mm²
- F_d Tiefenfaktor (s. 288.3)
- F_s Formfaktor (s. 288.3)

288.2 Abflussvermögen: vorgehängte (1, 2), rechteckige innenliegende (3) Dachrinne ohne Gefälle

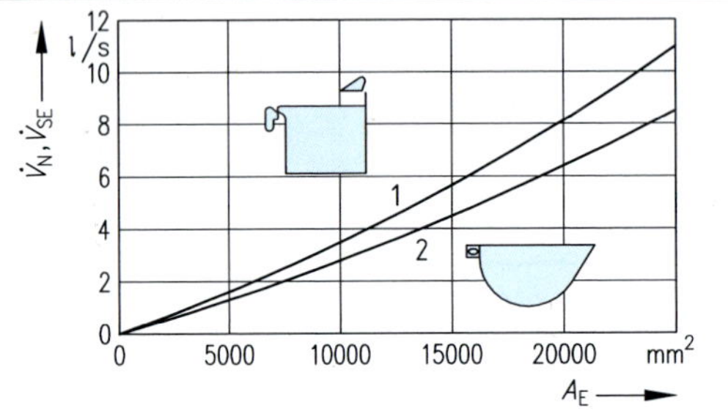

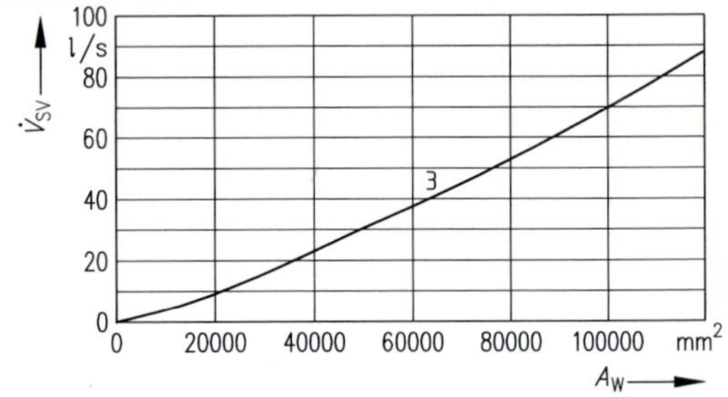

288.3 Abflussbeiwert F_L in l/s für lange Rinne, Freibord-Mindestmaß a, Tiefen-/Formfaktor

L/W [1]	0–3 [2]	4 [2]	6 [2]	8 [2]	10 [2]
50	1,00	1,00	1,00	1,00	1,00
75	0,97	1,02	1,04	1,07	1,09
100	0,93	1,03	1,08	1,13	1,18
125	0,90	1,05	1,12	1,20	1,27
150	0,86	1,07	1,17	1,27	1,37
175	0,83	1,08	1,21	1,33	1,46
200	0,80	1,10	1,25	1,40	1,55
225	0,78	1,10	1,25	1,40	1,55
250	0,77	1,10	1,25	1,40	1,55
275	0,75	1,10	1,25	1,40	1,55
300	0,73	1,10	1,25	1,40	1,55
325	0,72	1,10	1,25	1,40	1,55
350	0,70	1,10	1,25	1,40	1,55
375	0,68	1,10	1,25	1,40	1,55
400	0,67	1,10	1,25	1,40	1,55
425	0,65	1,10	1,25	1,40	1,55
450	0,63	1,10	1,25	1,40	1,55
475	0,62	1,10	1,25	1,40	1,55
500	0,60	1,10	1,25	1,40	1,55

[1] Rinnenlänge/Sollwassertiefe (Tiefe bis Überlaufhöhe (-Freibord il. R.)
[2] Rinnengefälle in mm/m

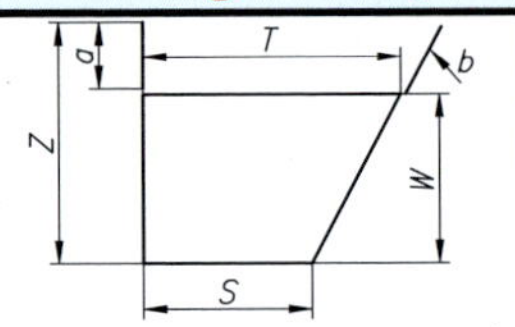

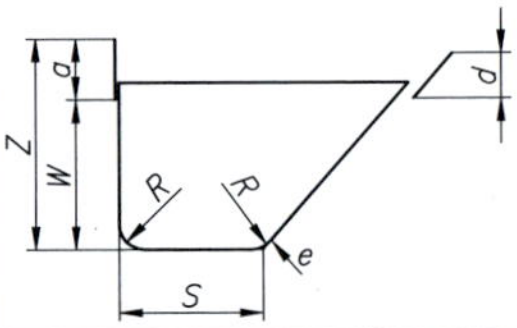

Gesamtwassertiefe	Freibord mindestens
$Z < 85$ mm	25 mm
$85 \leq Z \leq 250$	$0{,}3 \times Z$
$250 < Z$	75 mm

- a Freibord-Mindestmaß
- d Überlaufhöhe
- S Sohlenbreite
- T Weite an der Sollwassertiefe
- W Sollwassertiefe
- Z Gesamtwassertiefe

Ermittlung: Zahl d. erford. Rinnenabläufe s. 288.1

Innenliegende Rinnen:

- müssen Notentwässerg. auf schadlos überflutbare Flächen haben,
- für Bemessung → Einteilung in funktionale Schichten.

In der untersten Schicht werden Regenereignisse bis zur Berechnungsregenspende $r_{(5,5)}$ entwässert. Schicht wird durch Notentwässerung bzw. Rinnenkopfstück begrenzt. In der mittleren Schicht findet die Strömung zur Notentwässerung statt. Obere Schicht = Rinnenfreibord.

Ablauf von Rinnen mit nicht ebenen Sohlen

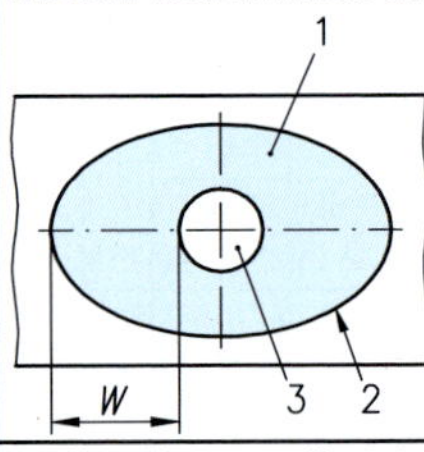

1 Fläche ≥ 2 × Fläche Falltg.
2 Kante des Rinnenablaufs
3 Regenwasserfallleitung
$W \geq$ Dachrinnentiefe
(Rinne mit Sieb/Laubfang ⇒ Abflussvermögen × 0,5 ($\dot{V}_L \times 0{,}5$))

Freibord muss die Wellenbildung (einschießendes Wasser + Wind) ausgleichen. Der mind. zu berücksichtigende Freibord ist abhängig von der Rinnentiefe (s. oben).

Tiefenfaktor F_D

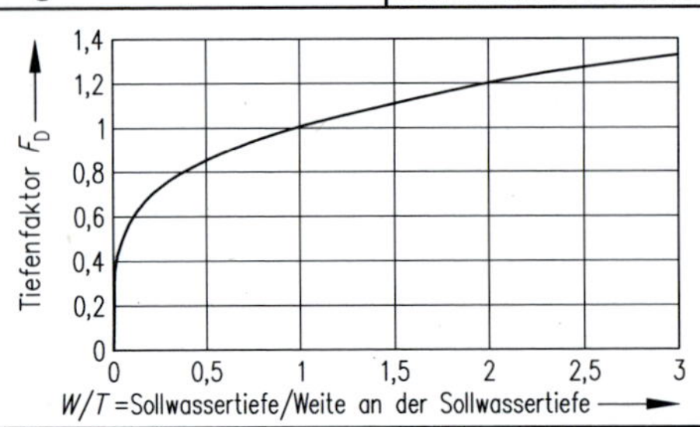

Formfaktor F_S

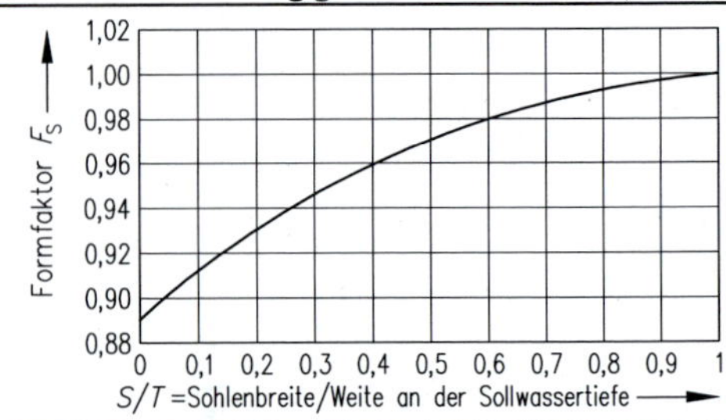

289.1 Berechnungsbeispiel Entwässerungsanlage Einfamilienhaus mit Hebeanlage, Dachentwässerung

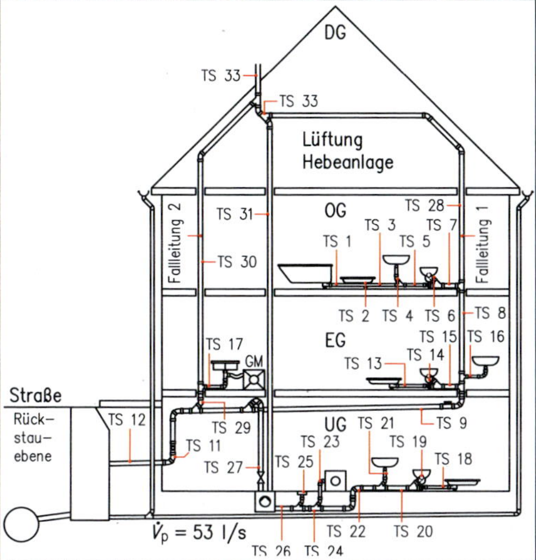

Einzel-/Sammelanschlussleitungen DN EA/DN SA, DU s. 271.1

TS	Gegenstand/Teilstr.	DU	DN	DN[1]	TS	Gegenstand/Teilstr.	DU	DN	DN
1	EA Badewanne	0,8	50	56	18	EA Dusche m. Stöpsel	0,8	50	56
2	EA Dusche m. Stöpsel	0,8	50	56	19	EA WC 6 l	2,0	90	90
3	SA TS 1 + TS 2	1,6	56	56	20	SA TS 18 + TS 19	2,8	90	90
4	EA Waschtisch	0,5	40	56	21	EA Waschtisch	0,5	40	56
5	SA TS 3 + TS 4	2,1	70	70	22	SA TS 20 + TS 21 [2]	3,3	90	90
6	EA WC 6 l [2]	2,0	90	90	23	Waschmaschine b. 6 kg	0,8	50	56
7	SA TS 5 + TS 6	4,1	90	90	24	SA TS 22 + TS 23 [2]	4,1	90	90
13	EA Dusche m. Stöpsel	0,8	50	56	25	EA Bodenablauf DN 50	0,8	50	56
14	EA WC 6 l	2,0	90	90	26	SA TS 24 + TS 25 [2]	4,9	90	90
15	SA TS 13 + TS 14 [2]	2,8	90	90	27	DL Hebeanl. DIN 12050-1	5,3	90	90
16	EA Waschtisch	0,5	40	56		[1] gewählte DN Geberit Silent db 20			
17	Küchenspüle/GM, 1 GV	0,8	50	56		[2] Wenn EA WC DN 90, muss SA DN 90 sein.			

Annahme: $\dot V_p$ = 5,3 l/s, DL: v = 0,98 m/s (DIN EN 12056: 0,7 m/s ≤ v ≤ 2,3 m/s).

Berechnung Fallleitung: Wohnhaus, unregelmäßige Benutzung K = 0,5

Fl 1	TS 7 + 15 + 16 ∑ DU 7,4 l/s	$\dot V_{ww1} = K \cdot \sqrt{\sum DU} = 0{,}5 \cdot \sqrt{\sum 7{,}4\ l/s}$ = 1,36 l/s s. 271.2
Fl 2	TS 17 ∑ DU 0,8 l/s	nach 272.4 Mindest-DN 90 bei WC-Anschluss

$\dot V_{ww2} = 0{,}5 \cdot \sqrt{0{,}8\ l/s}$ = 0,45 l/s nach 272.4 Mindest-DN 70 für Fallleitungen.

Berechnung der Grund- und Sammelleitung s. 274.1 **Silent-db 20**

Fl 1 geht in Sammelleitung TS 9 → $\dot V_{ww}$ = 1,36 l/s < größte DU (WC 2 l/s)
Innerhalb Gebäude gilt: Mindestgefälle I = 0,5 cm/m, Füllungsgrad h/d_i = 0,5, nach der Abwasserhebeanlage h/d_i = 0,7, v_{min} = 0,5 m/s.
Nach 274.1 ist bei I = 1 % → $\dot V_{ww}$ = 2,64 l/s bei v = 0,7 m/s ⇒ d_{i9} = 98 mm DN 100

TS 10 nach Einleitung der Abwasserhebeanlage (h/d_i = 0,7 / v_{min} = 0,5 m/s)
$\dot V_{tot\,10} = \dot V_{ww} + \dot V_p$ = 2 l/s (WC!) + 5,3 l/s = 7,3 l/s; bei I = 1 cm/m →
$\dot V_{tot}$ ≤ 8,12 l/s bei v = 0,91 m/s ⇒ $d_{i\,10}$ = 123 mm DN 125 274.1 silent-dB 20

TS 11 = TS 10 + Fl 2: $\dot V_{tot\,11} = \dot V_{ww} + \dot V_p = 0{,}5 \cdot \sqrt{\sum DU_{Fl\,1} + \sum DU_{Fl\,2}}$ + 5,3 l/s →
$\dot V_{tot\,11}$ = 1,4 l/s + 5,3 l/s; ! 1,43 l/s < 2 l/s WC → $\dot V_{tot\,11}$ = 2 l/s + 5,3 l/s = 7,3 l/s
≤ 8,12 l/s bei v = 0,91 m/s ⇒ $d_{i\,10}$ = 123 mm DN 125 274.1 silent-dB 20

TS 12 Grundleitung nach 289.3 $\dot V_{tot\,12}$ = 7,3 l/s, h/d_i = 0,7, I = 1: DN,
0,7 m/s ≤ v ≤ 2,5 m/s → Tab. 275.1 PE-Rohr → I = 1,5 %, $\dot V$ = 8,37 l/s,
v = 1,07 m/s ⇒ $d_{i\,12}$ = 115,2 mm DN 125

Berechnung der Rinnen und Regenfallleitungen

Vorgabe: Karlsruhe, wirksame ½ Dachfläche 40 m², halbrunde vorgehängte Rinne, Notüberlauf Rinnenlängsseite, Fallleitung ohne Einlauftrichter, Fallleitungsverzug 30°. 279.4 Regenspende Karlsruhe $r_{(5,5)}$ = 339 l/s · ha; Regenwasserabfluss in die Rinnen $\dot V_R = r_{(5,5)} \cdot C \cdot A \cdot 10^{-4}$ l/s

$\dot V_R = \frac{339 \cdot 1 \cdot 40}{10\,000}$ = 1,356 l } Nennmaß Rinne 8 m s. 289.4 280 (7-tlg.) zulässig bis 1,57 l/s

Regenfallleitungen: s. 289.2 $\dot V_R$ = 1,356 l ohne Einlauftrichter für 280er Rinne → Nennmaß 80 zulässig bis 2,6 l/s

Berechnung der Einzel-/Sammel-Hauptlüftung

TS 28	EHL 1	DN 90	d_i 79	A 49	A/2 = 24,5	$A_{SHL} \geq ½ \cdot \sum A_{GHL}$
TS 30	EHL 2	DN 70	67,8	36,1	18,1 cm²	Einfamilienhaus →
TS 31	$L_{Hebeanl.}$	DN 70	67,8	36,1	18,1 cm²	DN_{SHL} kann = DN_{EHL}
TS 32:	$A_{TS\,32}$ = 24,5 cm² + 18,1 cm² = 42,6 cm² → DN 90 (bis 49)					
TS 33:	$A_{TS\,33}$ = 24,5 + 18,1 + 18,1 = 60,8 cm² → DN 100 (bis 75,4)					

289.3 Dimensionierung v. Grundleitung GL

GL	im Geb.	Außen
h/d_i	0,5[1]	0,7[2]
I cm/m	0,5	1: DN
v_{min} m/s	0,5	0,7
v_{max} m/s	–	2,5

Bei $\dot V_p$ aus Hebeanlage ist h/d_i
[1] in der folgenden GL 0,7
[2] hinter Schacht mit offenem Durchfluss 1,0
GL bis Schacht kann DN 90 sein.

289.4 Abflusslstg. l/s vorgehängte Rinne I = 0

L m	halbrunde Rinne 250	280	333	400	500	Kastenrinne 250	333	400	500
5	1,07	1,65	2,64	4,63	8,68	1,02	2,38	3,96	7,23
6	1,05	1,62	2,60	4,58	8,66	1,00	2,33	3,90	7,15
7	1,03	1,59	2,56	4,51	8,64	0,98	2,30	3,85	7,06
8	1,01	1,57	2,52	4,46	8,53	0,96	2,26	3,79	6,98
9	0,99	1,54	2,49	4,41	8,43	0,93	2,22	3,74	6,90
10	0,97	1,51	2,45	4,35	8,35	0,91	2,18	3,69	6,82
12	0,93	1,46	2,38	4,25	8,20	0,87	2,11	3,58	6,66
16	0,86	1,36	2,24	4,05	7,89	0,80	1,97	3,39	6,36
20	0,80	1,28	2,12	3,87	7,60	0,74	1,85	3,21	6,07

289.2 Abflusslstg. l/s runde, quadrat. Fallltg. ZVSHK

Rinne d_i		halbrunde Rinne, Fl rund		kastenförmige Rinne, Fl: rund, quadrat.			Fl mit Verziehung $\alpha \geq 10°$								
Maß	mm	$\dot V_o$ l/s	$\dot V_m$ l/s	d_2 mm	$\dot V_o$ l/s	$\dot V_o$ l/s	I	d_i 60		80 mm		100 mm		d_i 120 mm	
250	60	1,5	1,8	85	0,7	1,3	%	$\dot V$	v	$\dot V$	v	$\dot V$ l/s	v m/s	$\dot V$ l/s	v m/s
250	80	2,0	2,2	85	1,1	1,8	0,5	l/s	m/s	1,8	0,5	3,3	0,6	5,4	0,6
280	80	2,6	3,0	–	–	–	0,6	–	–	2,0	0,5	3,6	0,6	5,9	0,7
280	100	3,0	3,3	–	–	–	0,7	1,0	0,5	2,1	0,6	3,9	0,7	6,3	0,8
333	80	4,0	5,0	120	1,4	2,8	0,8	1,1	0,5	2,3	0,6	4,2	0,7	6,8	0,8
333	100	4,5	5,3	120	2,2	3,5	0,9	1,1	0,5	2,4	0,6	4,4	0,8	7,2	0,9
400	100	6,8	9,0	150	2,8	4,6	1,0	1,2	0,6	2,6	0,7	4,7	0,8	7,6	0,9
400	120	7,4	9,3	150	3,7	5,5	1,1	1,2	0,6	2,7	0,7	4,9	0,8	8,0	0,9
500	100	10,5	–	–	–	–	1,2	1,3	0,6	2,8	0,8	5,1	0,9	8,3	1,0
500	120	12,0	–	200	4,4	7,4	1,3	1,4	0,6	2,9	0,8	5,3	0,9	8,7	1,0
500	150	14,5	–	200	5,9	9,3	1,4	1,4	0,7	3,0	0,8	5,5	0,9	9,0	1,1
							1,5	1,5	0,7	3,2	0,8	5,7	1,0	9,3	1,1
							2,0	1,7	0,8	3,7	1,0	6,6	1,1	10,8	1,3
							2,5	1,9	0,9	4,1	1,1	7,4	1,3	12,1	1,4
							3,0	2,1	1,0	4,5	1,2	8,1	1,4	13,2	1,6
							3,5	2,2	1,1	4,8	1,3	8,8	1,5	14,3	1,7
							4,0	2,4	1,1	5,2	1,4	9,4	1,6	15,3	1,8
							4,5	2,5	1,2	5,5	1,5	10,0	1,7	16,2	1,9
							5,0	2,7	1,3	5,8	1,5	10,5	1,8	17,1	2,0

$\dot V_o$ ohne/$\dot V_m$ mit Einlauftrichter Laubfangkorb im Ablaufstutzen reduziert $\dot V$ um 50 %. Regenfallleitung mit Verziehung α < 10° (17,6 cm/m) werden wie liegende Leitungen mit Füllungsgrad h/d_i = 0,7 berechnet.

Grundlagen Elektro, Regelung · Kommunikation Bauzeichnungen · Werkstoffe Trennen, Fügen · Rohre, Zubehör Montage · Trinkwasser Feuerlöschtechnik · Entwässerung Sanitär, Klempner · Gasinstallation Flüssiggas · TW-Erwärmung Solarnutzung TWE · Energietechnik Erneuerb. Energien · Heizungs- und Feuerungstechnik · Lüftung, Klima Wärmerückführung

290.1 Getrennte Ableitung v. Regenwasser

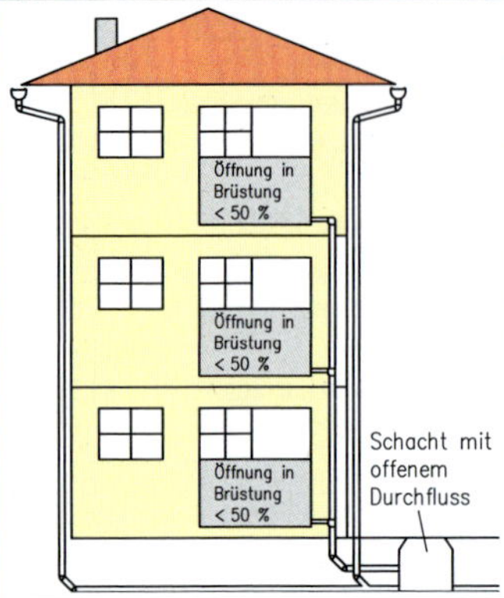

An Regenwasserfallleitungen dürfen zur Vermeidung von Überflutungen auf den unteren Etagen, keine Abläufe von Balkonen, Loggien mit geschlossener Brüstung angeschlossen werden. Auch dann nicht, wenn Notentwässerungen vorhanden sind.

Gilt auch für Terrassenabläufe. Gemeinsame Fallleitung ist nur zulässig, wenn min. 50 % Brüstung freier Auslauf sind.

Bei Aufstellung von Kühlaggregaten Auffangfläche mit $r_{(5,2)}$ bemessen und in Schmutz-/Mischwassergrundleitung einleiten. Beim Überflutungsnachweis sind die Auffangflächen unbelasteten Flächen zur Niederschlagsableitung gleichzusetzen, dürfen aber nicht auf das Rückhalte-Vol. angerechnet werden. Abstd. Kühlaggregat-Lüftungsltg. Fettabscheider ≥ 5 m

290.2 Nachträgliche Anschlüsse DIN1986-100

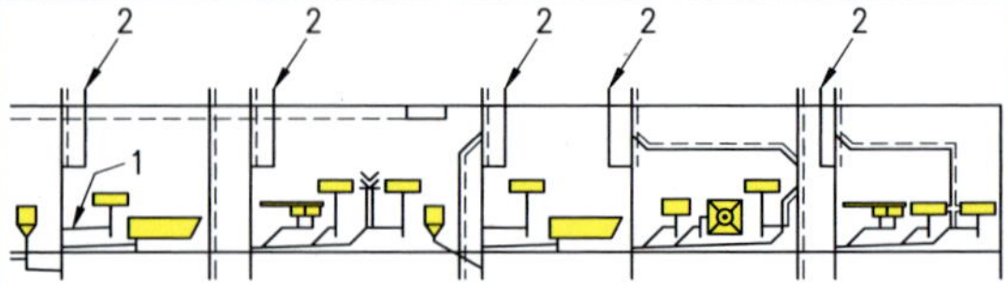

290.1 gilt nicht für Anlagen mit Regenwasserabfluss $r \leq 1$ l/s über Dachabläufe DN 50 an Schmutzwasserfallleitung ≥ DN 100 – Auffangfläche ≤ 10 m² mit max. Aufkantung ≤ 35 mm. Flächen nur oberhalb der letzten Anschlussleitung (1) anschließen, bei Neben- u. Umlüftung (2) unterhalb Lüftungseinmündung. Nicht zulässig bei Fallleitung mit Belüftungsventil sowie ausschließlicher Einleitung von Küchenabwasser. Auffangflächen mit $r \leq 1$ l/s ⇒ sicherstellen, dass kein weiteres Niederschlagswasser mit abgeleitet wird.

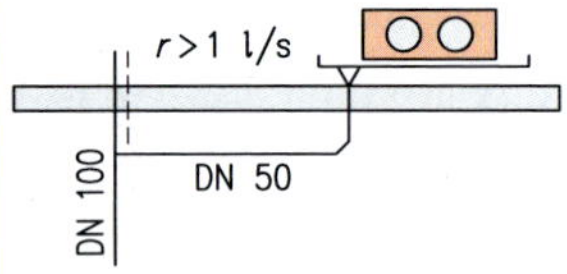

Bei $r > 1$ l/s (s. links) $r_{(5,2)}$ anwenden. Alle $r > r_{(5,2)}$ müssen über andere Dachfläche abgeleitet werden. Höhe Ablaufebene ≥ W (s. 280.4) ist nachzuweisen!

290.3 Entwässerung von Flächen unterhalb der Rückstauebene, Hebeanlage DIN 1986-100

Flächen unter der Rückstauebene mit Hebeanlage entwässern. Einleitungsbegrenzung mit Rückhaltebecken sicherstellen. Beckenoberkante muss über der Rückstauebene sein. Zwischen Becken und Kanalisation muss ein Rückflussverhinderer eingebaut sein. Bei kleinen Flächen (≈ 5 m²) für geschlossenen RV nachweisen, dass Überflutung ausgeschlossen. Überflutungsprüfung mit $r_{(5,100)}$ berechnen, Abflussbeiwert C darf nicht berücksichtigt werden. Abwasserhebeanlagen für Flächen unterhalb Rückstauebene die Gebäude gefährden, sind mit $r_{(5,100)}$ zu bemessen (Hauseingang, Kellereingang, Garageneinfahrt). Für große Flächen unter Rückstauebene, die Gebäude nicht gefährden ist Überflutungsnachweis mit $r_{(5,30)}$ zu führen. ⇒ Abwasserhebeanlage mindestens mit $r_{(5,2)}$ bemessen. Regenwasserhebeanlage nach EN 12050-2 nass aufgest. Anl. ohne Fäkalienzerkleinerer als Doppelhebeanlage ausführen.

Entwässerung von Abwasserhebeanlagen in Freispiegelleitungen

Hebeanlagenzahl	Förderstrom	Berechnung mit
1. Anlage o. größte	$\dot{V}_{p1}$ o. $\dot{V}_{Pmax}$	100 % Berücksichtigung
2. Anlage, 2. größte	$\dot{V}_{p2}$	40 % Berücksichtigung
3. und weitere Anl.	$\dot{V}_{p3}$ ...	jeweils 10 % Berücksichtigung

Bei Regenwasserleitungen ist $\dot{V}_p$ bei Anschluss an Regen- oder Mischwasserleitungen zu 100 % zu $\dot{V}_r$ hinzuzuzählen.

290.4 Schutzmaßnahmen bei Arbeiten auf Dächern mit Traufhöhen > 3 m, Anlegeleiter

Dachneigung ≤ 20°

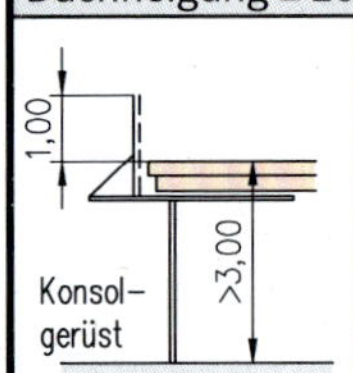

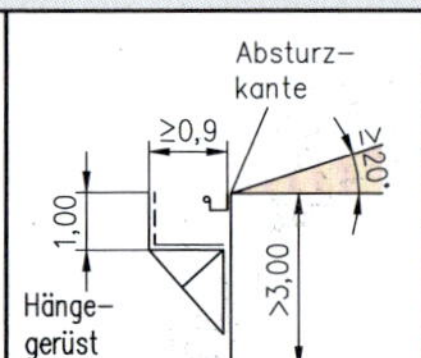

20° bis 45°

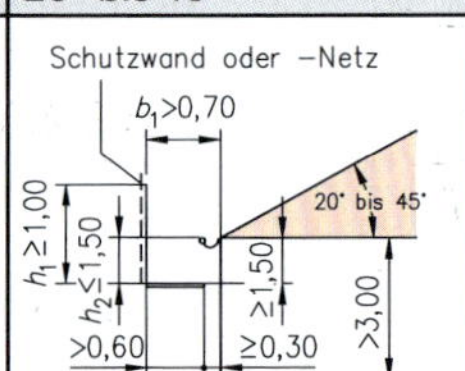

$h_1 \geq h_2 + 1{,}50$ m $- b_1$

45° bis 60°

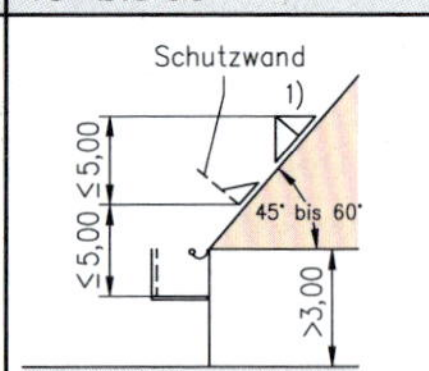

[1] Arbeitsplatz/Absturzkeil

Anstellwinkel

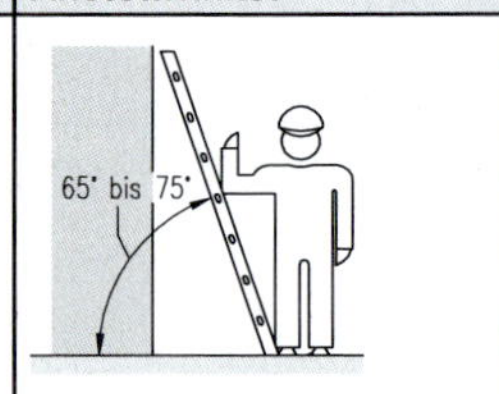

Unfallverhütungsvorschriften bei Dacharbeiten

- Anliegende Kleidung; rutschfeste Schutzschuhe; Schutzhelm.
- Werkzeuge/Geräte gegen Herabfallen sichern.
- Laufsteg bei Glas-/Faserzementdach.
- Brandfördernde Stoffe vom Arbeitsplatz entfernen, Löscheinrichtung bereitstellen, vorsichtig mit Brenner umgehen.
- Bei Traufen über 3 m Höhe sind Dachfanggerüste erforderlich.
- Anlegeleitern sind gegen Abrutschen, Umfallen zu sichern.
- Leiterholme müssen Anlegepunkt mindestens 1 m überragen.
- Zweihandmaschinen sind auf Leitern nicht erlaubt.

> 60° nur mit Gerüst

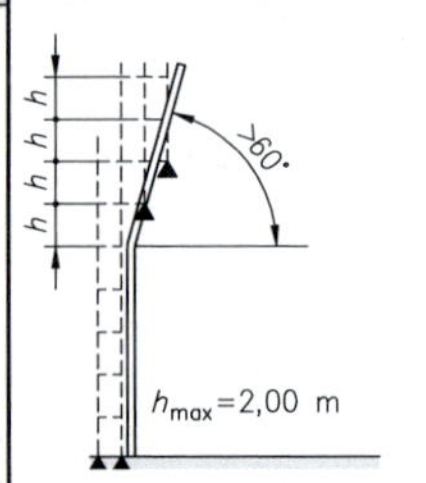

Fußverbreiterung

- max. 8 m lang,
- Standplatz max. 7 m
- Werkzeuggewicht max. 10 kg

291.1 Regenwassernutzungsanlagen mit Erd-/Kellerspeicher, Hybridbehälter, Versickerungsanlage

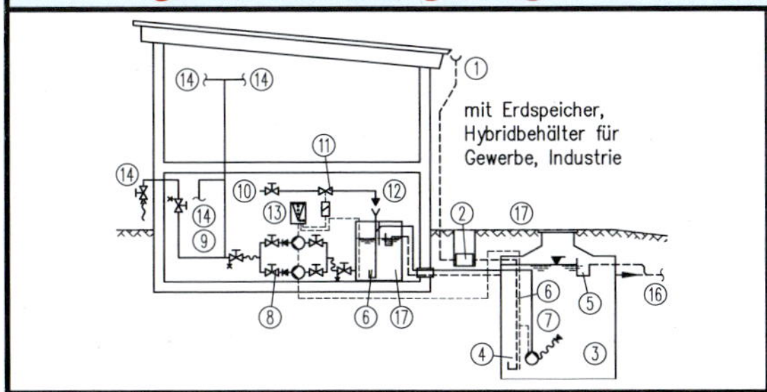

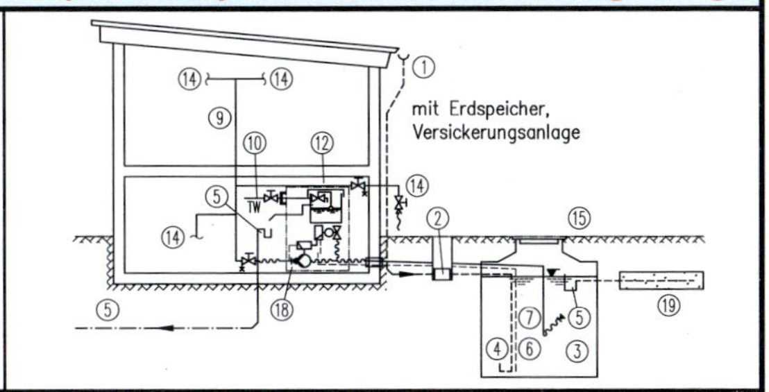

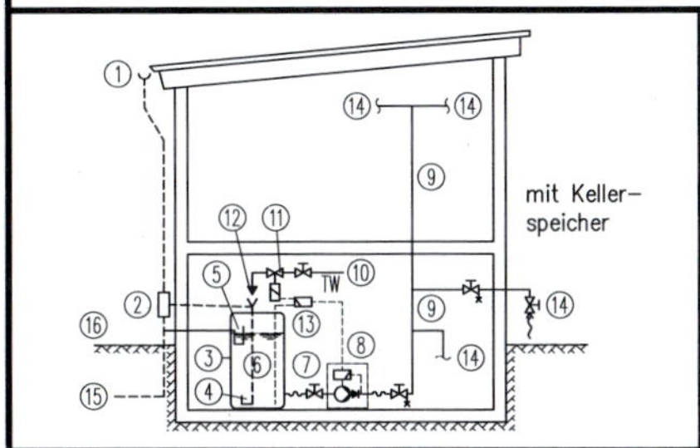

		Vorschriften, Norm
1 Dachrinne/Fallrohr	11 Magnetventil	DIN 1989-1, -2, -3
2 Filter	12 freier Auslauf Typ AA/ Typ AB n. DIN EN 1717	DIN 1988-100
3 Regenwasserspeicher	13 Anlagensteuerung	DIN EN 1717; 806
4 beruhigter Zulauf	14 Entnahmestellen	TrinkwV 2011
5 Überlauf mit Geruchsverschluss	15 Versickerungsanlage/ Kanalisation	DIN 1986-100
6 Wasserstandserfassg.	16 Rückstauebene	DIN EN 12056-1 b. 5
7 Entnahmeltg. (Pumpe)	17 Hybridbehälter	DIN EN 476; 752
8 Betriebswasserpumpe	18 Regenwasserzentrale	AVB WasserV § 3
9 Betriebswasserleitung	19 Versickerungsrigole	AVB WasserV § 14
10 Trinkwasserleitung		Kommunale Satzung

291.2 Schutz gegen Rückstau aus öffentlicher Misch- und Regenwasserkanalisation bei Überlaufeinleitung DIN 1989-1

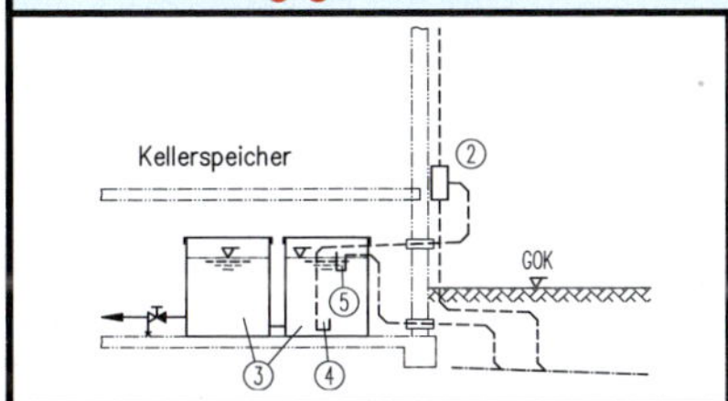

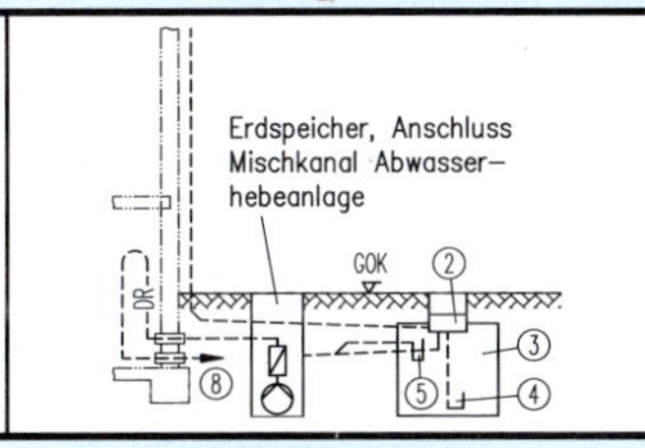

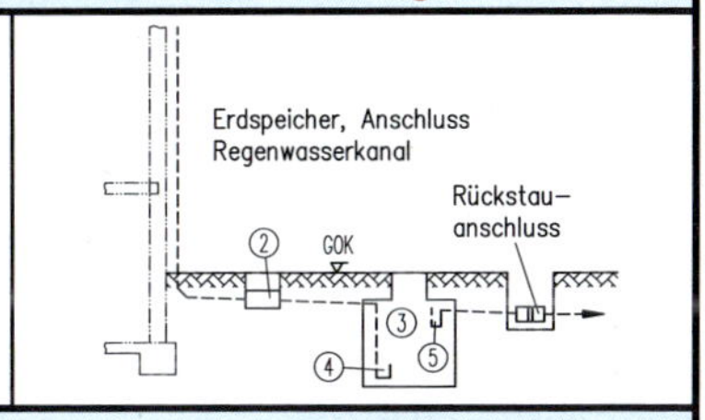

291.3 Anschlussfertige Regenwassernutzungsanlage in Verbindung mit Zisterne/Behälter (Herstellerang.)

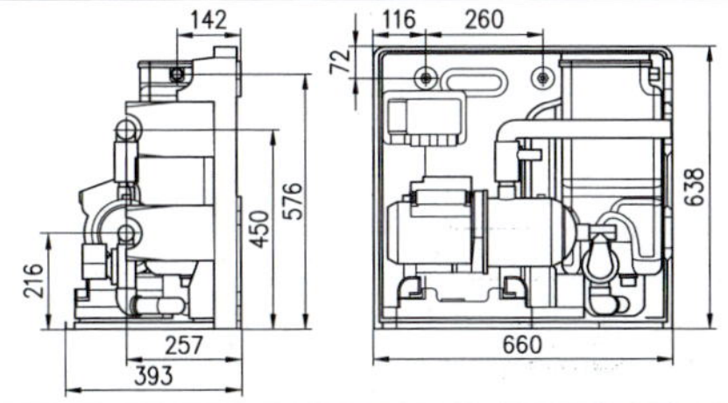

für EFH

$P = 550/750$ W
$p_{max} \leq 0{,}8$ MPa
$p_{ein} \geq 0{,}12$ MPa
$p_{aus} = 0{,}4$ MPa
$m = 26/27$ kg

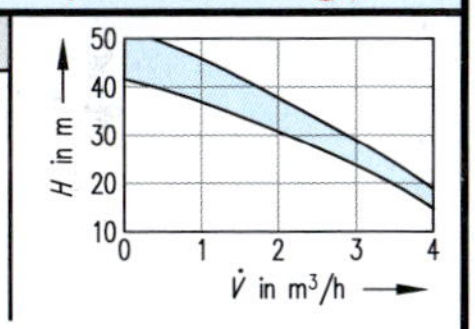

Anschlüsse Saug-/Druckseite: G 1"/Rp 1"
Frischwassernachsp. R ¾", freier Auslauf AA
Anschluss Überlauf Nachspeisung DN 70

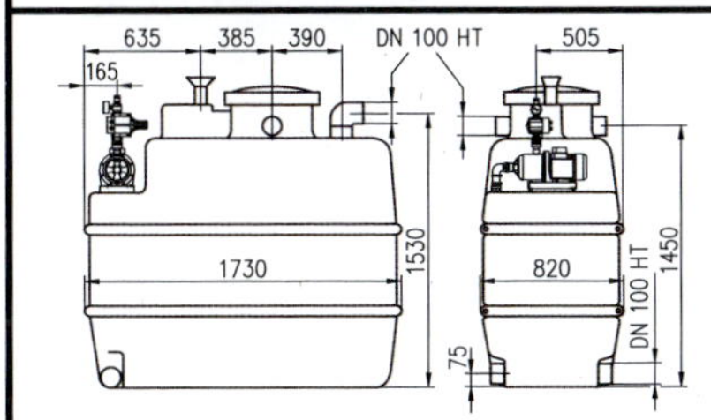

Gewerbliche/industrielle Nutzung, Hybridsystem

$P = 550/750/1\,100$ W
$p_{max} \leq 1$ MPa
Anschlüsse: Druckseite
Sammelverrohrung: 1½"
Einlaufrohr: HT 50
Überlaufanschl.: 100
Hybridbehälter: 400 l

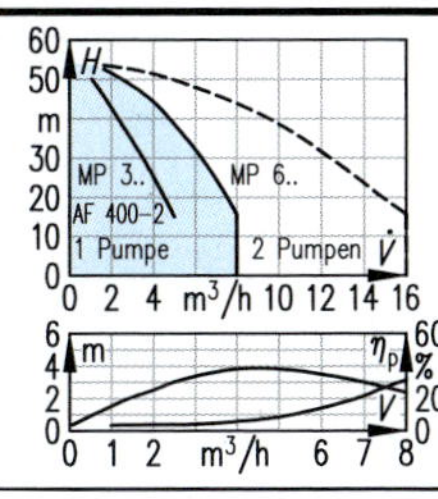

für EFH; $P = 550/750$ W; $p_{max} \leq 0{,}6$ MPa; $m = 76$ kg

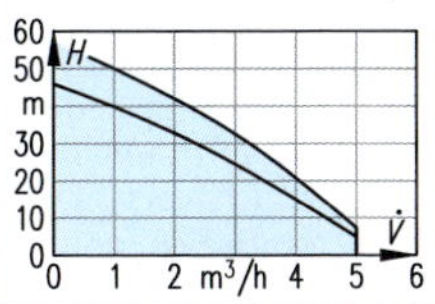

Anschlüsse:
Druckltg.: 1"
Einlaufr.: HT 100
Überlauf: 2 × HT 100
Erweiterungsbehälter: 1 700 l

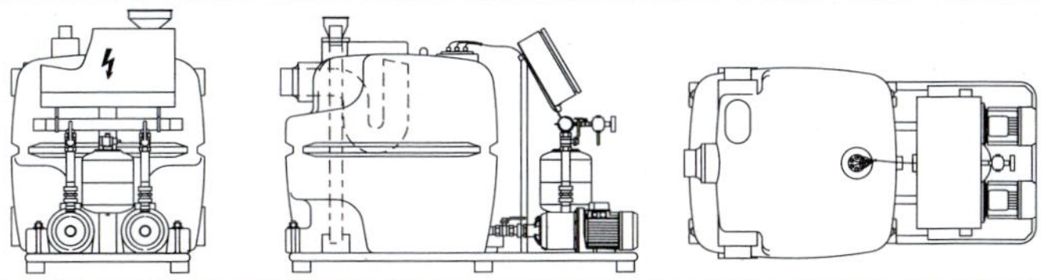

292.1 Filtertypen mit mechanischer Filtration, Filterbeispiele (Herstellerangaben) DIN 1989-2

Filter mit	Sedimentation		ohne
Sedimentationsvolumen	groß	klein	–
mit Fremdstoffrückhalt	Typ A	Typ B	–
mit Fremdstoffableitung	Typ A	Typ B	Typ C

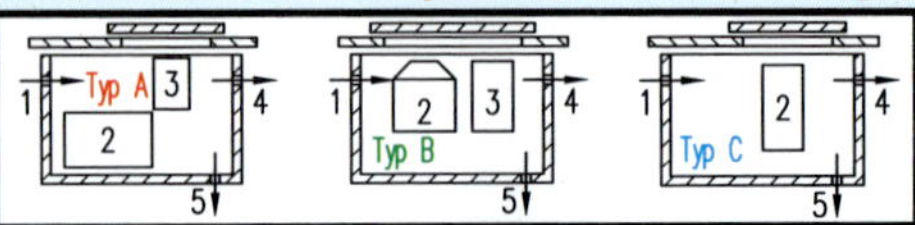

1/4 Zu-/Ablauf (Überl.)
2 Einstauvolumen $V_{Rück}$
3 Filterelement
5 Speicherzulauf

Typ	$V_{Rück}$
A	$\dot{V} \times 25$ s
B	$\dot{V} \times 2$ s

$\dot{V}$ Volumenstrom in Filterzulauf bei Füllungsgrad 70 % und 1 % Gefälle (DIN EN 12056-3/C1) in l/s

$A_{anzuschließend}$	Typ A – Fläche	m_{Filter}	m_{ges}
500 m²	Verkehr, Parkplatz	54 kg	300 kg
750 m²	Verkehr, gering	34 kg	220 kg
1 000 m²	Dach ohne Metall	34 kg	220 kg
650 m²	Cu-, Zn-, Pb-Dach	66 kg	350 kg

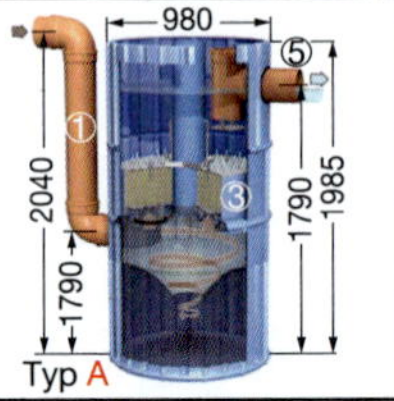

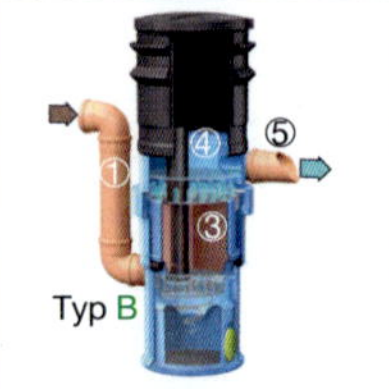

$A_{anzuschl.}$	Typ B anzuschl. Fläche	m kg
100 m²	Stark-Verkehr, Parkplatz	24
130 m²	Verkehr gering, Höfe	27
175 m²	Dach ohne Metall < 50 m²	27
130 m²	Rein-Cu-, Zn-, Pb-Dach	27

vorgeschl. Durchgangswert: 0,2 (M 153)

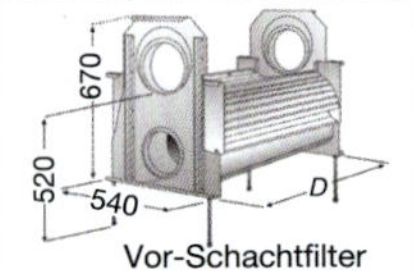

Vor-Schachtfilter

$A_{anschl.}$	DN_{Regen}	$DN_{Zist.}$	DN_{Ablauf}	D mm	$\dot{V}_{max}$ l/s
1 347 m²	1 × 200	1 × 150	1 × 200	390	25,5
1 347 m²	2 × 200	1 × 150	1 × 200	390	33,0
2 433 m²	2 × 250	1 × 250	1 × 250	980	70,5

Einbau in Vorschacht; $\dot{V}/A$ = 300 l/s · ha
Maschenweite Filter: 0,39/0,98 mm

$A_{anzuschl.}$	$\dot{V}/A$ l/s·ha	$\dot{V}_{max}$ l/s
580 m²	≥ 200	11,60
387 m²	≥ 300	11,61

Typ C: Kanalabl. DN 125
Zu-/Ablauf: h = 300 mm
Maschenweite Filter 0,65 mm

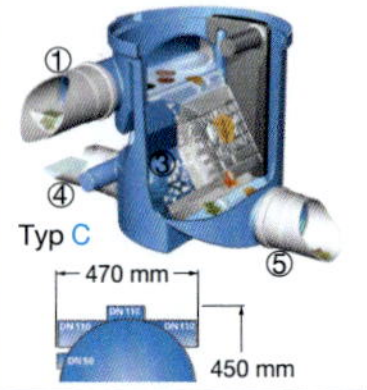

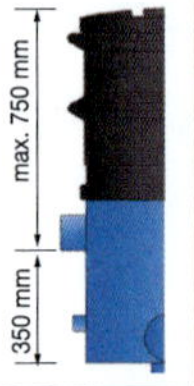

292.2 Regenwasser-Haus- und Erdspeicher (Herstellerangaben)

Haus-V	L mm	B mm	H mm	m kg
750 l	730	730	1 660	25
1 100 l	1 450	720	1 375	53
1 500 l	1 520	720	1 605	80
2 000 l	2 050	720	1 640	120

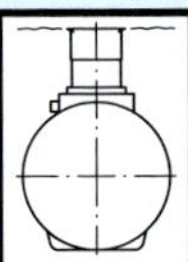

Regenwasser-Erdspeicher rund

V in l	L mm	B mm	H mm	T_{max}	m kg
1 500	2 350	1 350	680	1 355	80
3 500	2 350	2 300	975	1 675	140
5 000	2 430	2 300	1 350	2 050	170

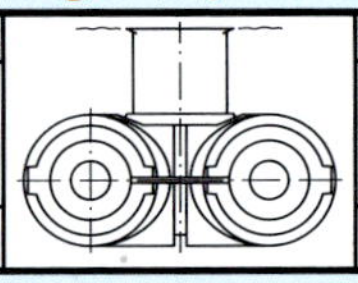

Twin-Erdspeicher

V in l	L mm	B mm	H mm	m kg
3 500	2 070	1 700	1 830	160
4 500	2 450	1 765	1 860	195
6 000	3 120	1 830	1 920	200

292.3 Auslegung der Speichergröße, Vereinfachtes Verfahren, Berechnungsbeispiel EFH A_a 100 m² EN 16941

Jährl. Betriebswasserbedarf HBW_a	Tagesbed./Pers.	spez. Jahresbed.	Auffangfläche A_a m²	e %
WC im Haushalt (nur 6 l bzw. 4,5 l!)	24 l/Pers. × Tag		geneigtes Hartdach	0,8
WC im Büro (nur 6 l bzw. 4,5 l!)	12 l/Pers. × Tag		Flachdach ohne Kies	0,8
WC in Schulen (nur 6 l bzw. 4,5 l!)	P_d: 6 l/Pers. × Tag		Flachdach mit Kies	0,6
Garten/Grünanlage je m² Nutzfl.		BS_q: 60 l/m²	Gründach intensiv	0,3
Sportanlage V_{ges} 6 Mon. (04–09)		200 l/m²	Gründach extensiv	0,5
Grünanl.: leichter Boden V_{ges} 6 Mon.		100–200 l/m²	(Verbund-)Pflasterfl.	0,5
schwerer Boden V_{ges} 6 Mon.		80–150 l/m²	Asphaltbelag	0,8
je angeschl. Waschmaschine	+ 10 l/Tag		45°-Ziegel/Betonstein: 0,75	

Grundfläche	× e	= A_{eff}	j. Niederschl.	η
Dach 100 m²	0,8	80 m²	744 Hamburg	0,9
Sonst – m²	.....	– m²	(mm o. l/m²)	
Σ 80 m² × 744 l/m² × 0,9				
jährl. Regenwasserertrag				= 53 568 l
Betriebswasserbedarf im EFH:				
WC 4 Pers. × 24 l/Tag × 365 Tage				= 35 040 l
Garten 300 m² × 60 l/m²				= 18 000 l
Waschmaschine 10 l/Tag × 200 T				= 2 000 l
Betriebswasserjahresbedarf				= 55 040 l

Bsp.: Speichergröße: 6 % Betriebswasserjahresbedarf o. jährl. Regenertrag (kleineren Wert aufnehmen)
⇒ Nutzvolumen in l = 53 568 l/Jahr × 0,06 = 3 214 l; $V_{gewählt}$ = 1 500 l + 1 700 l (s. 292.3); Deckungsrate: 53 568/55 040 × 100 = 97 % (> 80 %)

Jährl. speicherb. Regenwassermenge: $E_R = A_a \times e \times h_N \times \eta$ | e %-Ertragsbeiwert; h_N-Regenhöhe mm o. l/m²; η-hydraulischer Filterwirkungsgrad

$BW_a = P_d \times n \times 365$ und $BW_a = A_{Bew} \times BS_a$ (Garten); P_d-Tagesbed./Pers. n | Ausreichendes Nutzvolumen; V_N = Minimum von BW_a oder $E_R \times 0{,}06$ (6 %)

Verkürztes Verfahren für Ein-/Zweifamilienhaus oder vergleichbare andere Gebäude/Regenspende: 500 ≤ h_N ≤ 800 mm/m² · Jahr

25 l/m² ≤ V_{Nutz}/A_a ≤ 50 l/m² (nicht Gründach!) | 800 l/Pers. ≤ V_{Nutz}/Pers. ≤ 1 000 l/Pers. | **Bsp.:** A_a = 100 m² ⇒ 2 500 l < V < 5 000 l

4 Personen ⇒ V_{Nutz} = 4 m³ bei 25 l/m² und 4 000 l/4 Personen bei ganzjähriger Nutzung und konstanter Personenzahl

292.4 Inspektions- und Wartungsmaßnahmen I/W, Prüfung P, Kontrolle K DIN 1989-1

Anlagenteil	Inspektions- und Wartungsmaßnahmen I/W	Zeit
Dachablauf	I:P ungehinderter Ablauf, Dichtheit, Beheizung	6 Mon.
-rinnen -fallrohre	I:P Dichtheit, Sauberkeit, Befestigung, Anstrich, Beheizung; Siebe reinigen	6 Monate
Filtersystem	I:K Filterzustand; W: Filter reinigen	1 J.
Regenwasserspeicher	I:P Sauberkeit, Dichtheit, Standsicherheit W: Entleeren, Innenflächen reinigen, Sediment	10 Jahe
Betriebswasserpumpe	I:VP Schaltspiel auf Betriebsfähigkeit, Dichtheit	6 Mon.
	W: Probelauf, P elektr. Absicherung Pumpe (VDE) Vordruck Membranbeh., Dichtheit Pumpe Gleitring, Funktion RV, Geräusche, Dichtheit, Sauberkeit, Korrosion Anlage, Arm.	1 Jahr
Nachspeisung Freier Auslauf	I:P Sicherungsabstd. Einlaufventil-Überlauf (Einlauf voll geöffnet), K Be-/Entlüftg.	1 Jahr
Systemsteuerung	I:P Schaltspiel Pumpe; W: Probelauf P Ein-/Ausschaltpunkte, Nachspeisung, Magnetv.	I: ½ J. W: 1 J.
Füllstandanz.	I: Anzeige mit tats. Speicherfüllstd. vergleich.	1 J.

Anlagenteil	Inspektions- und Wartungsmaßnahmen I/W	Zeit
Rohrleitung	I:P Zustand, Dichtheit, Befestigung, Korrosion	1 J.
Wasserzähler	I:P Funktion, Dichtheit; W: Austausch n. 6 J.	I: 1 J.
Rückflussverhinderer	I:P vor RV absperren, Prüfvorrichtung öffnen → kein Wasserfluss ⇒ Abschluss ist dicht	1 Jahr
Rückstauverschlüsse	I: Betriebs-/Notverschluss betätigen; W: Säubern, P Dichtheit, Funktion nach Herstellerangaben	I: 1 M. W: ½ J.
Geruchversch.	I:P Sauberkeit, Wasserstand, Dichtheit, Absperrb.	6 Mon.
Entnahmearm.	I:P Dichtheit, Wasserveränd.: Geruch, Farbe, Stoffe	1 J.
WC-Spülung	I:P Spülvorgang, Korrektur Spülwasservolumen	1 J.
Kennzeichng.	I:P Kennzeichnung Leitungen/Entnahmest.	1 J.

Inhalte eines Inbetriebnahme-/Einweisungsprotokolls

Anlagenteile: Dachablauf, -rinnen, -fallrohre, Filtersystem, Speicher, Betriebswasserpumpe, Nachspeisung, Freier Auslauf, Systemsteuerung, Leitungen, WZ, RV, Rückstau-/Geruchsverschluss, Hebeanlage (s. 303.2), Entnahmearmaturen, Kennzeichnung

Einweisung ist erfolgt, Betriebsunterlagen sind ausgehändigt

293.1 Rückstauebene ≙ Bordsteinoberkante

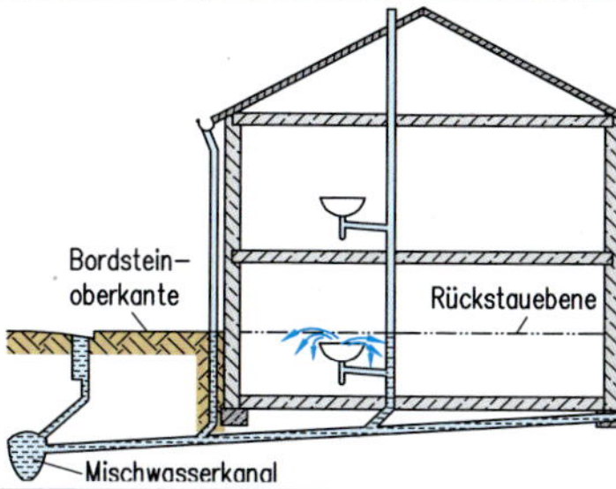

293.2 Rückstauverschluss für Fäkalienabwasser

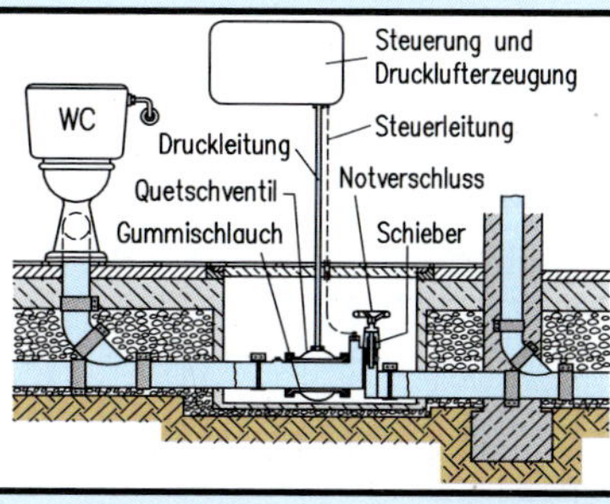

293.3 Rückstaudoppelverschlüsse für fäkalienfreies bzw. -haltiges Schmutzwasser, Wartung

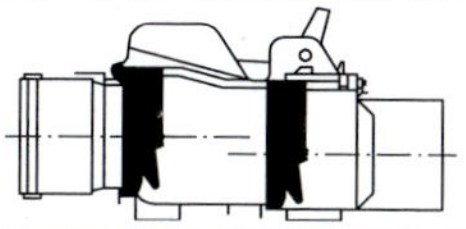	zulässig, wenn bei Rückstau auf die Benutzung verzichtet werden kann (Aufstaugefahr!)		zulässig für kleinen Benutzerkreis, wenn oberhalb der Rückstauebene ein weiteres WC

Inspektion	Funktionsprüfung DIN 1986-3
Monatliche Inaugenscheinnahme/Betätigung des Notverschlusses durch Betreiber/Hausbesitzer	• Schließen des handbetätigten Notverschlusses • Standrohr für Rückstausimulation öffnen • Klares Wasser einfüllen
Wartung	
2 × jährliche Funktionsprüfung, Rückstausimulation, Reinigung, Prüfung, ggf. Austausch von Dichtungen, Kontrolle und Nachfetten beweglicher Absperrorgane.	Prüfdruck: 1 kPa (10 mbar) ⇒ 10 cm über Prüfanschluss Prüfdruck: 10 kPa (100 mbar) ⇒ 100 cm über Prüfanschluss Prüfdauer: 10 min; zulässiges Leckvolumen: 500 cm³ (½ l)

293.4 Rückstaudoppelverschluss für fäkalienfreies Abwasser (Herstellerangaben)

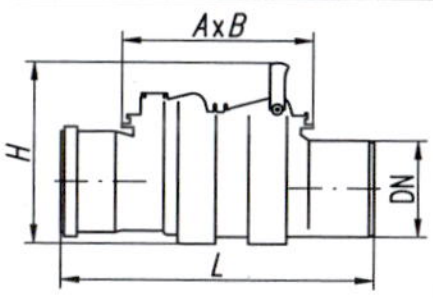

DN	L mm	H mm	$A \times B$ mm	Aussparg.
100	389	230	193 × 167	650 × 300 mm
125	515	306	263 × 214	
150	526	306	263 × 214	
200	590	306	263 × 214	
f. Siphons DN 50 s. DIN EN 13564				

DN 70

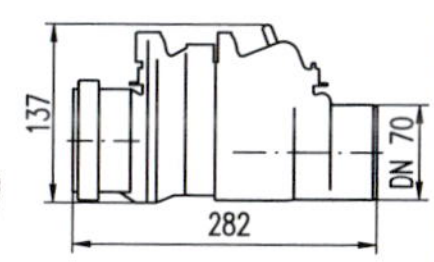

293.5 Rückstauverschluss-Pumpanlage für fäkalienhaltiges und -freies Abwasser (Herst.ang.)

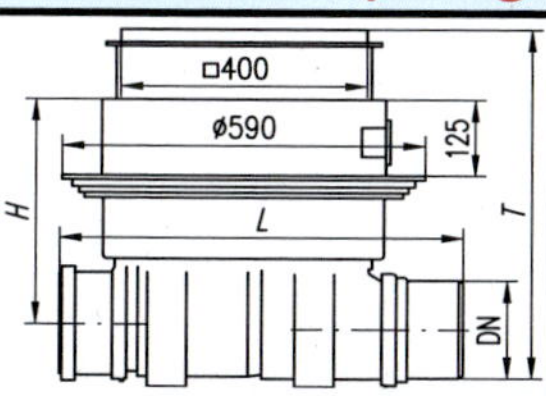

DN	L in mm	H in mm	Hinweise
100	642	394	Einbau in Bodenplatte, RV motor. verriegel
125	645	387	
150	656	370	
200	720	348	

Einbautiefe: 486 – 640 mm

Aussparung: 750 × 750 mm

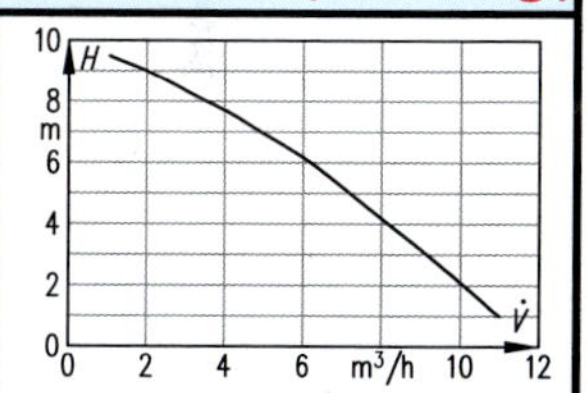

293.6 Rückstausicherungssysteme

Lage zur Rückstauebene	Schmutzwasser: fäkalienfrei	Schmutzwasser: fäkalienhaltig	Regenwasser: kleine Fläche	Regenwasser: große Fl.	Hinweise, Vorschriften, Sicherheitsvorkehrungen
Rückstauebene; unter Rückstauebene oberhalb Scheitel Straßenkanal	*Entsorgungssicherheit gering:* Rückstauverschluss DIN EN 13564-1[1]	Rückstauverschluss DIN EN 13564-1 mit Fäkalienhebeanlage für kleinen Benutzerkreis[2]	Rückstauverschluss DIN EN 13564-1[3] Sickerschacht	Hebeanlage (Einzelpumpe)[4]	[1] Bei Rückstau keine Benutzung möglich. [2] Nur möglich, wenn oberhalb der Rückstauebene ein WC vorhanden ist. [3] Grundfläche < 5 m² (Kellerabgang), Keller zusätzlich sichern! (z. B.: Einbau einer erhöhten Türschwelle). [4] Die Schalthäufigkeit/Einschaltdauer muss überprüft werden.
	Entsorgungssicherheit größer: Hebeanlage f. fäkalienfreies Abwasser	Hebeanlage (Doppelpumpe)	Hebeanlage	Hebeanl. (Doppelpumpe)[4]	
unterhalb Scheitel Straßenkanal	Entwässerung unterhalb des Straßenkanal-Scheitels grundsätzlich nur über eine Hebeanlage				

Jeder Rückstauverschluss muss mind. 2 voneinander unabhängige Verschlüsse haben. Auch bei Rückstau muss einer als Notverschluss funktionieren. Es muss ein dauerhaftes Schild mit Bedienungs-/Wartungsanweisungen angebracht werden.

294.1 Schutz gegen Rückstau, Rückstaupumpanlage für fäkalienhaltiges und fäkalienfreies Abwasser

DN	L in mm	H in mm	Hinweise
100	642	422	zum Einbau in eine
125	645	422	freiliegende
150	656	422	Abwasserleitung,
200	720	422	freier Rohrquerschn.

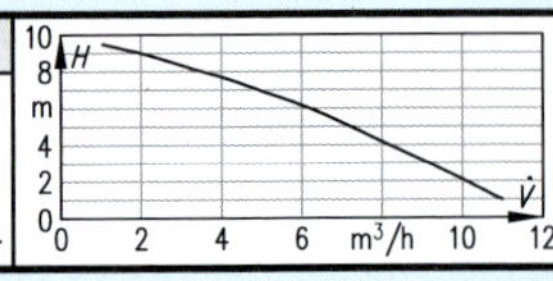

294.2 Leichtflüssigkeitsabscheider (Öl, Benzin), Koaleszenzabscheider KA, Herst.ang. DIN 1999-100/-101, EN 858

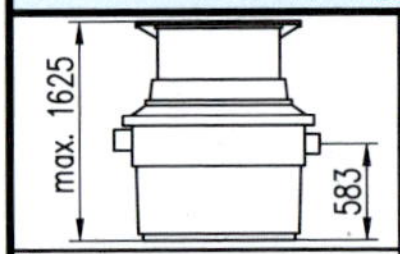

Öl-/Benzinabsch. Kl. II
NA 1,5; DN 100; $\dot{V}_m = 1{,}5$ l/s
$V_{Öl} = 110$ l; 1 425/1 300 mm

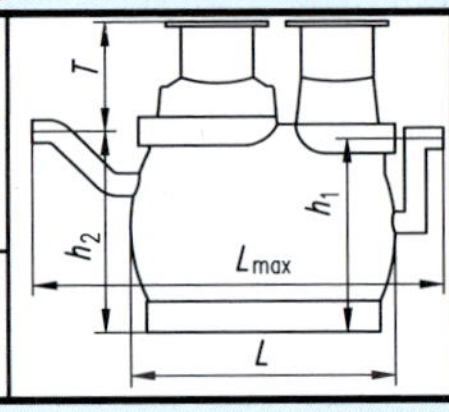

NS	DN	Schlammf.	L mm	L_{max}	B mm	T_{min}	T_{max}	h_2 mm	h_1 mm	$V_{Öl}$ l	m kg	m KA
3	150	1 000 l	2 080	3 080	1 200	840	1 240	1 100	1 040	187	379	395
6	200	2 500 l	2 300	3 535	1 760	850	1 230	1 630	1 560	265	519	535
6	200	5 000 l	3 060	4 295	1 760	870	1 250	1 630	1 560	380	594	610
10	150	1 500 l	2 860	3 860	1 200	840	1 240	1 100	1 040	262	424	440
10	200	2 500 l	2 300	3 535	1 760	850	1 230	1 630	1 560	265	519	535
10	200	5 000 l	3 060	4 295	1 760	870	1 250	1 630	1 560	380	594	610
15	200	5 000 l	3 060	4 295	1 760	870	1 250	1 630	1 560	380	594	610

294.3 Bemessung von Leichtflüssigkeitsabscheidern, Abscheider Nenngröße NS, Regenwasserabfluss $\dot{V}_R$ DIN EN 858

$NS = (\dot{V}_R + f_x \cdot \dot{V}_S)\, f_d \cdot f_f$

$\dot{V}_S = \dot{V}_{S1} + \dot{V}_{S2} + \dot{V}_{S3} + \ldots$

f_x Mindestserschwernisfaktor; f_f FAME-Faktor s.u.
f_d Dichtefaktor der maßgebenden Leichtflüssigkeit, $\dot{V}_{S3}$ Hochdruckreiniger
$\dot{V}_S$ Schmutzwasserabfluss; $\dot{V}_{S1}$ von Auslaufventilen, $\dot{V}_{S2}$ HD-Autowaschanl.

$\dot{V}_R = r \cdot C \cdot A \frac{1}{10000}$ (s. 279.2)

r (279.4) l/(s × h_a)	$\dot{V}_R$ in l/s bei Fläche (m²): 100	300	500	800
≥ 150	1,5	4,5	7,5	12,0
200	2,0	6,0	10,0	16,0
300	3,0	9,0	15,0	24,0

Auslaufventil	Ventilabflusswert $\dot{V}_{S1}$ in l/s 1. V.	2. V.	3. V.	4. V.	5. V.	$\dot{V}_{S2}$ l/s	$\dot{V}_{S3}$ l/s	f_d bei ϱ S-P 294.4	≤ 0,85 f_d	≤ 0,9 f_d	≤ 0,95 f_d	f_x	f_x-Einsatzzweck nach DIN EN 858-2
DN 15	0,5	0,5	0,35	0,25	0,1	je 2	2+	S-II-P[3)]	1	2	3	0	Regenabfluss von undurchläss. Flächen ölverschmutzt
DN 20	1,0	1,0	0,70	0,50	0,2	+	weit.	S-I-P	1[1)]	1,5[1)]	2[1)]	1	unkontrolliert auslaufende Leichtflüssigkeit
DN 25	1,7	1,7	1,20	0,85	0,3	$\dot{V}_{S3}$	je 1	S-II-I-P	1[2)]	1[2)]	1[2)]	2	Industrie-Schmutzwasser, Fahrzeugwaschanlage

[1)] Bei Abscheider Kl. I (Schwerkraftabscheidung) → f_d für Kl. II ansetzen. [2)] Bei Abscheidern der Klassen I und II. [3)] S/P/I/II (s. 294.4).

294.4 Dichtefaktor f_d verschiedener Leichtflüssigkeiten, Zusammenstellung der S-, II-, I-, P-Komponente, Anwendung

Leichtflüssigkeit	15–20 °C ϱ g/cm³	Abscheidbarkeit	f_d S-II-P	S-I-P	S-II-I-P	Löslichkeit max.
Benzol	0,87	Ja	2	1,5	1	1,8 g/l
Kohlenteeröl	0,86–0,89	Ja	2	1,5	1	0,2 g/l
Cyclohexan	0,778	Ja	1	1	1	–
Dieselkraftstoff, -öl	0,85	Ja	1	1	1	–
Heizöl, leicht	0,87	Ja	2	1,5	1	–
Heizöl, schwer	0,94–0,99	≤ 0,96	3	2	1	–
Schwerbenzin	0,70–0,75	Ja	1	1	1	–
Kerosin; Petroleum	0,80	Ja	1	1	1	–
Schmieröl	0,89–0,90	Ja	2	1,5	1	–
Terpentin	0,86–0,87	Ja	2	1,5	1	–
Benzin	0,68–0,79	Ja	1	1	1	–
Transformatoröl (PCB)	0,82	Ja (Nein)	1	1	1	–

FAME-Faktor f_f Kompon.	$c_{FAME} \le 2$	$2 < c \le 5$	$c \le 10$	$c > 10$	FAME	DIESEL	ϱ (15 °C) g/cm³
S-II-P	1,00	1,25	1,50	1,75	5 %	95 %	0,830
S-I-P	1,00	1,00	1,25	1,50	10 %	90 %	0,835
S-II-I-P	1,00	1,00	1,00	1,25	40 %	60 %	0,850
					100 %	0	0,883

Anwendungsfall	Bemerkungen	öff. Kanal	Oberflächengew.
Tankstelle, Regenwasser	ohne Reinigungsdetergenz.	S-II-P	S-I-P
Öllager Regenwasser		S-II(b)-P	S-I-P
Parkplatz Regenwasser		S-II(b)-P	S-I-P
Straße Regenwasser	bes. Fall: Wasserschutzg.	S-II(b)-P	S-I-P
Fußboden Reinigungsm.	Werkstoff, Prüfinstitut,	S-I-P	Darf nicht direkt in Oberflächengewässer eingeleitet werden. Bei zusätzlicher Behandlg. ggf. (Behörde) Ausnahme möglich.
ohne Reinigungsmittel	Fabrik (Leckage)	S-II-P	
Autowäsche von Hand	nur Flächen, CH-frei	S-P	
In Waschanlagen	s. o. + Unterbodenw.	S-II-P	
Mit Hochdruckreiniger	nur Flächen, CH-frei	S-P	
Unterbodenwäsche	Ölverschmutzt	S-I-P	
Motorwäsche		S-II-EBS-P	
Mit Hochdruckreiniger	Motoren und Teile	S-I(EBS)-P	
Paraffin, Wachs, Rostsch.	neue Fahrzeuge	S-II-EBS-P	
Schrottplatz	+ Trockenaufnahme	S-II-P	
Bodenbehandlung		S-II-P	
Behandlungsanlage	Schlamm, Leichtflüssigkeit	S-I-P	

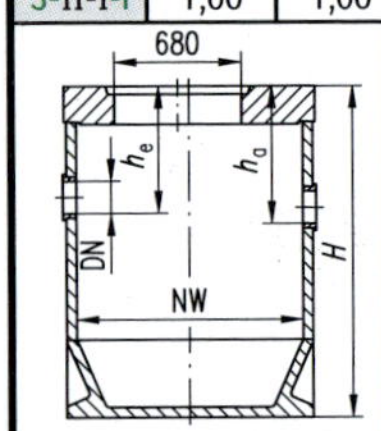

Polymerbeton-Schlammfang

Schlammfang: NS – Vol. Abscheider	Volumen in l
≤ 3 NS	600
> 3 NS	2 500 [4)]

V in l	NW mm	DN	m kg	H mm	h_e	h_a
300	600	150	300	1 650	460	480
600	800	150	450	1 750	460	480
800	800	150	550	2 150	460	480
1 000	1 000	150	1 050	1 850	460	480
1 500	1 200	150	1 400	1 950	460	480
1 500	1 200	200	1 400	1 950	510	530
2 000	1 200	150	1 600	2 400	460	480
2 000	1 200	200	1 600	2 400	510	530
3 000	1 500	200	2 150	2 350	510	530
3 000	1 500	250	2 150	2 350	560	580
4 000	2 000	150	3 000	2 350	460	480
4 000	2 000	250	3 000	1 950	560	580
6 000	2 000	250	3 500	2 600	560	580

Komponenten	Abwasserbeschaffenheit am Abscheiderauslauf
Fließr. → S-II-P	Mindestqualität für Einleiten in Abwasserbehandlung
→ S-I-P	Wenn höherer Abscheidegrat gefordert wie S-I-P,
→ S-II-I-P	mehr Leichtflüssigkeit möglich
→ S-II b-P	Auffangen unkontrolliert auslaufender Leichtflüss.
→ S-I b-P	1. Schwall verschmutztes Regenwasser

S: Schlammfang; Abscheider Klasse I, II; P: Probenahmeschacht

Schlammanfall für		$V_{Schlammfang\,min}$ l
gering	Prozessabwasser, überdachte Tankst.	100 × NS/f_d [1)]
mittel	Tankstelle, Pkw-(Teile-)Wäsche, Bus, Abwasser, Reparatur, Abstellfl., Kraftwerk	200 × NS/f_d [2)]
groß	Baustellenfz.-Wäsche, landwirtsch. Maschinen, Lkw-Waschstand, automat. Fahrzeugwaschanlage, -straße[3)]	300 × NS/f_d [2)]

[1)] Nicht für Abscheider ≥ NS 10, ausgenommen überdachte Parkfläche
[2)] Mindestschlammfangvolumen: 600 l. [3)] 5000 l.
[4)] Verteilung auf mehrere Behälter: Einzel-V muss 100 × NG (f_d = 1).

295.1 Stahlbeton-Schlammfang, Nenngrößen

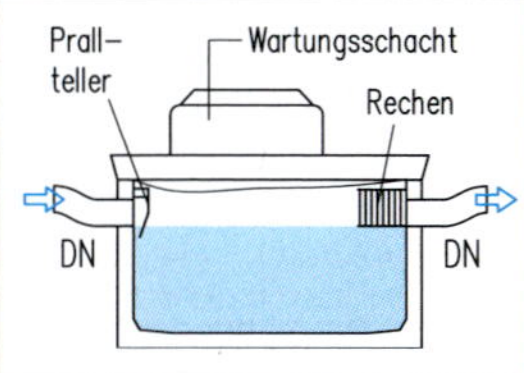

t Aufenthaltsdauer in min
A_0 Mindestoberfläche in m²

Nenngröße	Flüssigkeitsdichte
1-fache NS	$\varrho \le 0{,}85$ g/cm³
2-fache NS	$\varrho \le 0{,}90$ g/cm³
3-fache NS	$\varrho \le 0{,}95$ g/cm³

NS	DN	t	A_0	V m³	m to
1,5	100			0,06	0,3
3	100			0,25	0,5
6	125			0,43	0,7
8	125	3,0	1,6	2,20	6,5
10	150	3,0	2	3,30	9,0
15	200	3,0	3	4,40	11,5
20	200	3,0	4	5,30	14,5
30	250	4,0	6	12,20	25,0
40	250	5,0	8	12,80	30,0
50	300	6,0	10	27,40	45,0
65	300	6,3	13	36,20	55,0
80	300	6,6	16	36,20	55,5
100	400	7,0	26	36,20	55,4

295.2 Leichtflüssigkeitssperre/-abscheider Herst.-ang.

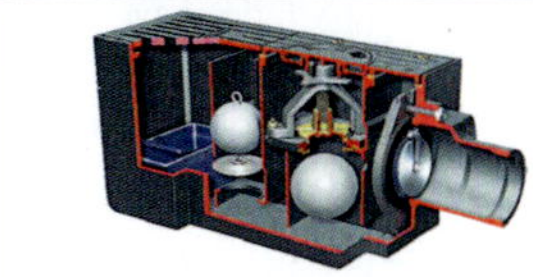

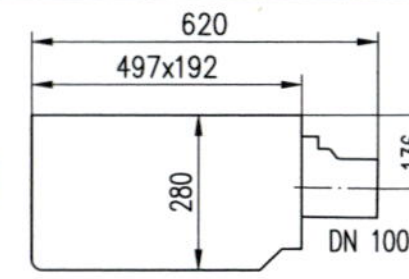

$V_{Öl} \le 4$ l; $\dot{V}_{Ab} = 1{,}7$ l/s; Sperrwasserhöhe = 135 mm; $\varrho = 0{,}95$ g/m³

Leichtflüssigkeitsabscheider Klasse II

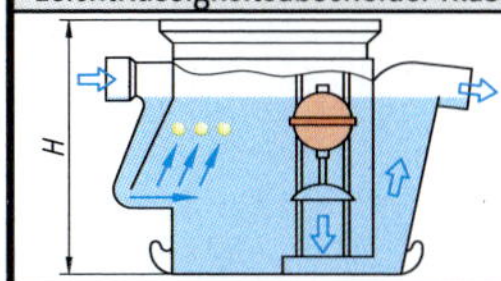

	NS		1,5	3	6
DN 100	V_{ges}	l	55	150	185
ϱ_1 0,85	$V_{Öl}$	l	20	45	65
ϱ_2 0,95	L	mm	820	1 050	1 260
g/cm³	B	mm	316	420	420
DIN	H	mm	600	740	800
EN 858	m	kg	115	220	290

295.3 Fettabscheider SE/D freie Aufstellung Herst.ang.

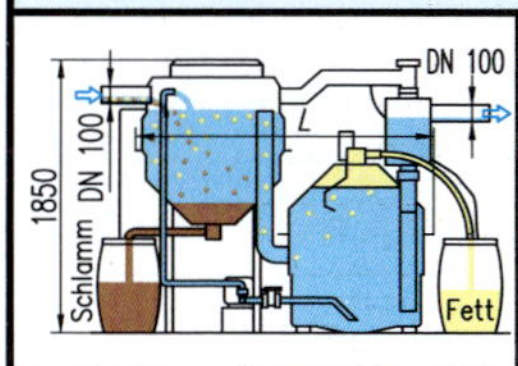

NS	V_{SF} l	V_{Absch}	L mm	B mm	m kg
2	400	530	2 000	1 400	1 200
4	400	1 000	2 200	1 700	1 750
2	200	212	1 250	670	54
4	400	354	1 810	730	69
7	700	567	1 850	990	104
10	1 000	794	2 700	990	129

295.4 Fettabscheider Euro D Erdeinbau Herst.ang.

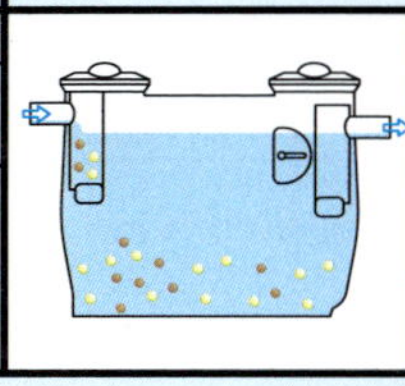

NS	V_{SF} l	V_{Absch}	V_{Fett} l	L mm	B mm	m kg
7	700	1 100	280	2 080	1 200	305
10	1 000	1 600	400	2 860	1 200	360
15	1 500	2 800	600	2 300	1 760	455
20	2 000	3 800	800	3 060	1 760	530
25	2 500	4 300	2 000	3 740	2 010	570
35	3 500	5 300	2 000	3 740	2 010	570

295.5 Bestimmung der Nenngröße NS nach max. Schmutzwasserabfluss, $\varrho_{Fett/Öl}$, Betriebsart, Beispiel

$NS = \dot{V}_S \cdot f_t \cdot f_d \cdot f_r$

Erschwernisfaktoren: f_t Einlauftemperatur
f_r Reinigungsmittel; $f_d = 1{,}5$ ($\varrho > 0{,}94$ g/cm³)

f_t	ϑ_{Abw} °C	f_d	ϱ g/cm³	Schmutzwasser aus: (s. auch Diagramm)
1,0	≤ 60	1,0	≤ 0,94	Küche, Fleisch-/Fischverarbeitungsbetrieb
1,3	> 60	1,3	> 0,94	Dichte von Fetten/Ölen (s. 295.5 unten)

f_r	Spül-/Reinigungsmittel
1,0	ohne
1,3	gelegentlich/ständig
≥ 1,5	Sonderfälle, z. B. Krankenhaus

Schlammfangvolumen: ≥ 100 NS in l
Schlachthof u. ä. Betr.: ≥ 200 NS in l

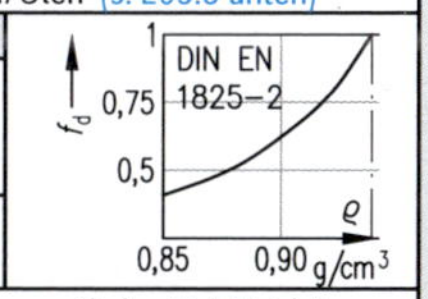

$\dot{V}_{S_{Betrieb}} = \frac{V \cdot F}{t \cdot 3600}$ — V in l ø tägl. Schmutzwasser; t in h ø tägl. Betrieb; F Stoßbelastungsfaktor, abh. v. der Betriebsart

$V = M \cdot V_M$ — Gewerbliche Küchenbetriebe: M tägl. Essensportion; V_M betriebsspez. Wassermenge je Essensport. in l

$V = M_p \cdot V_p$ — Fleischverarbeitungsbetriebe: M_p tägl. Wurstprod. in kg; V_p betriebsspez. Wassermenge je Wurstprodukt. in l

Gewerblicher Betrieb		F	V_M	V_p	Erläuterung Fleischv.
Hotelküche		5,0	100	in	M_p = 100 kg/GV (Näherg.)
Spezialitätenrestaurant		8,5	50	l	GV = 1 Rind/2,5 Schweine
Krankenhaus		13	20		[1] Zusätzl. tägl. V_p z. B. Partyservice/Imbiss sind der Ermittlung der ø Schmutzwassermenge V hinzuzurechnen.
Werksküche/Mensa		20	10		
Großküche, 24-h-Betrieb		22	5		
Fleischverarbeitung	≤ 5 GV/Woche[1]	30	in	20	
	≤ 10 GV/Woche[1]	35	l	15	
	≤ 40 GV/Woche[1]	40		10	

-Fett/-Öl	ϱ g/cm³	-Fett/-Öl	ϱ g/cm³	-Fett/-Öl	ϱ g/cm³
Butterfett	0,91	Mohnöl	0,92	Sesamöl	0,92
Erdnussöl	0,91–0,92	Oleinsäure	0,89–0,90	Soja-/Sonnenblumenöl	0,92–0,93
Fichten/Harz	0,87–0,91	Olivenöl	0,91		
Holzöl	0,95–0,97	Palmitinsäure	0,84	Specköl	0,91–0,92
Jojobaöl	0,86–0,90	Palmkernöl	0,94–0,95	Stearinsäure	0,84
Kakaobutter	0,89–0,94	Palmöl	0,91–0,92	Talg	0,92
Kienöl	0,93–0,94	Pflanzlich. Öl	0,95–0,97	Tierfett	0,85–0,94
Kokosöl	0,92–0,93	Rapsöl	0,91–0,92	Tran	0,89–0,94
Leinöl	0,93–0,94	Rizinusöl	0,95–0,97	Anisöl	1,00

$\dot{V}_S = \Sigma\, n \cdot \dot{V}_i \cdot Z_i\,(n)$

$\dot{V}_S$ max. Schmutzwasserabfluss in l/s
$\dot{V}$ max. Schmutzwasserabfl. Einrichtungsgegenst.

Kücheneinrichtung \ Gleichzeitigkeit Z_i	$n = 1$	$n = 2$	$n = 3$	$n = 4$	$n \ge 5$	$\dot{V}_i$ l/s
Kochkessel Auslauf ø 25 mm	0,45	0,31	0,25	0,21	0,20	1,0
Kochkessel Auslauf ø 50 mm	0,45	0,31	0,25	0,21	0,20	2,0
Kippkessel Auslauf ø 70 mm	0,45	0,31	0,25	0,21	0,20	1,0
Kippkessel Auslauf ø 100 mm	0,45	0,31	0,25	0,21	0,20	3,0
Spülbecken mit Geruchverschluss 40 mm	0,45	0,31	0,25	0,21	0,20	0,8
Spülbecken mit Geruchverschluss 50 mm	0,45	0,31	0,25	0,21	0,20	1,5
Spülbecken ohne Geruchverschluss 40 mm	0,45	0,31	0,25	0,21	0,20	2,5
Spülbecken ohne Geruchverschluss 50 mm	0,45	0,31	0,25	0,21	0,20	4,0
Geschirrspülmaschine	0,60	0,45	0,40	0,34	0,30	2,0
Kippbratpfanne	0,45	0,31	0,25	0,21	0,20	1,0
Bratpfanne	0,45	0,31	0,25	0,21	0,20	0,1
Hochdruck-/Dampfstrahlreinigungsger.	0,45	0,31	0,25	0,21	0,20	2,0
Schälgerät	0,45	0,31	0,25	0,21	0,20	1,5
Gemüsewascheinrichtung	0,45	0,31	0,25	0,21	0,20	2,0
Auslaufventil (DN/$\dot{V}_i$) 15/0,5; 20/1; 25	0,45	0,31	0,25	0,21	0,20	1,7

Beispiel: NS Abscheideranlage **Hotelrestaurantküche** (05:00–01:00)

t = 20 h; M = 600 Essensportionen/d; V_M = 100 l/Essensportionen;
$F = 5$; $V = M \cdot V_M = 60\,000$ l/d; $\dot{V}_S = \frac{V \cdot F}{t \cdot 3600} = \frac{60\,000 \cdot 5}{3600 \cdot 20} = 4{,}17$ l/s;
$f_t = 1$ ($\vartheta \le 60$ °C); $f_d = 1$ ($\varrho_{Küchenfette/-öle} < 0{,}94$); $f_r = 1{,}3$ (Spülmittel);
$NS = \dot{V}_S \cdot f_t \cdot f_d \cdot f_r = 4{,}17 \cdot 1 \cdot 1 \cdot 1{,}3 = 5{,}42 \Rightarrow$ **Abscheideranlage NS 7**
$\Rightarrow V_{min\ Schlammfang} = 100 \cdot NS = 700$ l Schlammfang

Beispiel: NS Abscheideranlage **kleiner Fleischverarbeitungsbetrieb**

Einrichtung (s. Tab. oben)	n	$\dot{V}_i$	Z_i	$n \cdot \dot{V}_i \cdot Z_i$	$\dot{V}_S = \Sigma n \cdot \dot{V}_i \cdot Z_i = 2{,}3$ l/s
Kochkessel Auslauf Ø 25 mm	1	1 l/s	0,45	0,45 l/s	$f_t = 1{,}3$; $f_d = 1$; $f_r = 1{,}3$
Kochkessel Auslauf Ø 50 mm	1	2,0	0,45	0,90 l/s	NS = 3,89 ⇒ **NS 4**
Spülbecken GV ø 40 mm	2	0,8	0,31	0,50 l/s	$V_{min\ Schlammfang}$ =
Auslaufventil DN 20	1	1,0	0,45	0,45 l/s	200 · NS = 800 l

Beispiel: NS Abscheideranlage **Spezialitätenrestaurantküche**

Einrichtung (s. Tab. oben)	n	$\dot{V}_i$	Z_i	$n \cdot \dot{V}_i \cdot Z_i$	$\dot{V}_S = \Sigma n \cdot \dot{V}_i \cdot Z_i = 1{,}85$ l/s
Spülbecken GV ø 40 mm	3	0,8	0,25	0,60 l/s	$f_t = 1$ ($\vartheta \le 60$ °C); $f_d = 1$; $f_r = 1{,}3$
Geschirrspülmaschine	1	2 l/s	0,60	1,25 l/s	NS = 1,85 · 1 · 1 · 1,3 = 2,41
Bratpfanne	1	0,1	0,45	0,05 l/s	⇒ **Abscheider NS 4**

$\Rightarrow V_{min\ Schlammfang} = 100 \cdot NS = 400$ l Schlammfang (s. 294.4)

296.1 Stärkeabscheider Erdeinbau Herstellerangaben

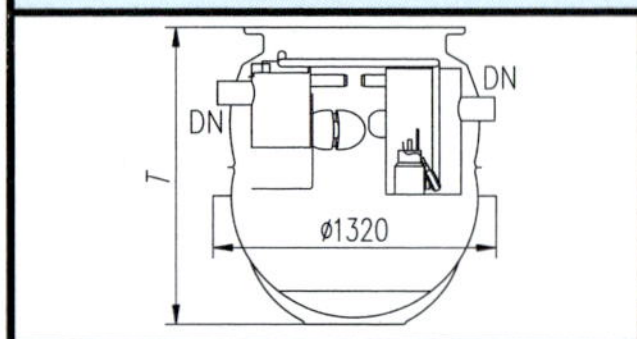

NS	DN	V in l	T mm	m kg
1	100	720	1 375	65
2	150	1 465	2 150	95
3	150	2 170	2 830	127
0,5	100	620	1 700	202
1	100	975	1 850	251
2	150	1 875	2 150	385

296.2 Sammelbehälter Gastronomieabfälle Herst.an.

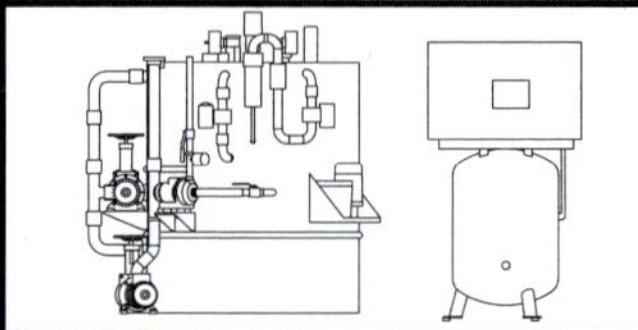

NS[1]	V_{Nutz} l	T mm	m kg
2–4	2 500	2 200	580
5,5–8,5	3 300	2 500	650
10–15	4 400	2 700	690
20–25	6 000	3 400	760

[1] Passend für Waste-Jet-Eingabestat./Fettabscheid.

296.3 Biologische Abwasserbehandlung[1] Herst.an.

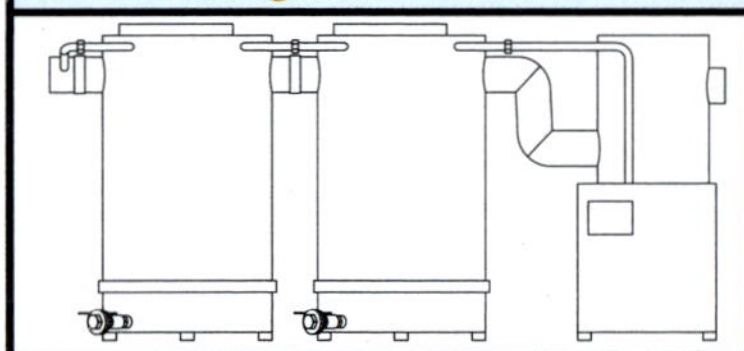

R	V in l	T mm	m kg
2	1 075	1 450	495
3	1 575	1 450	675
6	3 520	1 630	1 400
8	5 430	1 820	2 070

R Bioreaktorenzahl

[1] schwerfl. lipoph. Stoffe

296.4 Gewerbl./industr. Abwasserbehandlung Herst.an.

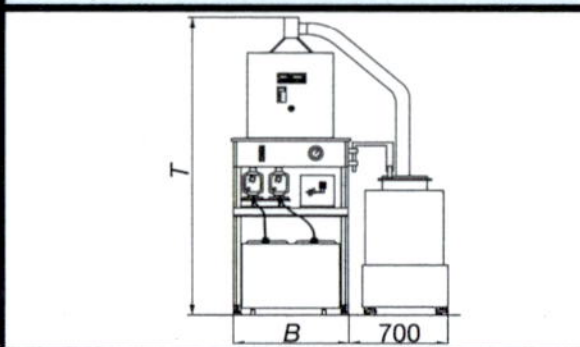

$\dot{V}$ l/h	V l	B mm	T mm	m kg
400	400	800	2 000	240
1 500	600	850	2 100	255
2 500	800	900	2 200	280

Chem./physik. Abwasserbeh. Öl-/Fett-/Schwermetall-Entfernung; Flotation

296.5 Chemisch/physikalische Neutralisation Herst.an.

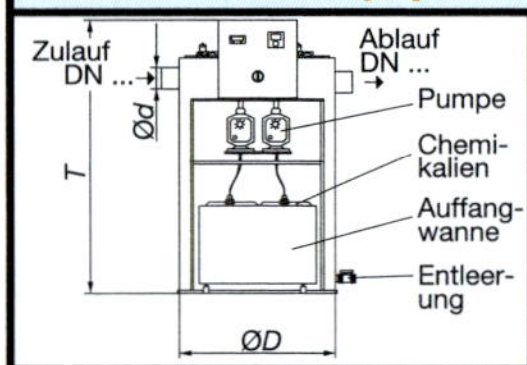

DN	$\dot{V}$ l/h	V_{RB} l	D mm	T mm	m kg
100	1 000	520	800	1 400	110
150	2 000	1 000	1 000	1 700	140
150	3 000	1 450	1 200	1 700	170
150	5 000	2 500	1 500	1 800	210

RB Reaktionsbehälter

Regulierung 1- oder 2-stufig

296.6 Chemisch/physikalische Sedimentation Herst.an.

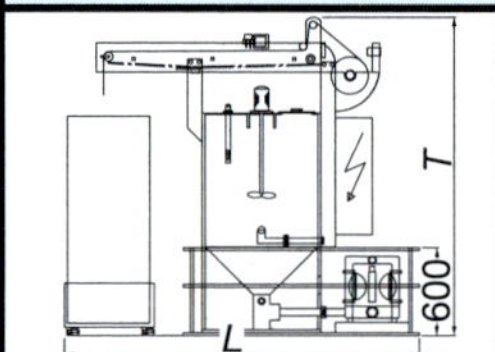

$\dot{V}$ l/h	V_{RB} l	L mm	B mm	T mm	m kg
300	400	2 200	1 100	2 000	240
600	400	2 400	1 100	2 100	260
900	400	2 600	1 300	2 200	280

Abwässer mit hoher Schmutzfracht und komplex gelösten Stoffen; Kosmetikind., Kfz-Werkstatt, Pinselreinigungsanlage

296.7 Neutralisationsanlagen Brennwertgeräte ATV-A 251

$\dot{Q}_{NL}$ kW	Neutralisation erforderlich: Gas	Heizöl	schwefelarm
< 25	nein[1)2)]	ja	nein[1)2)]
< 200	nein[1)2)3)]	ja	nein[1)2)3)]
≥ 200	ja	ja	ja

Eine Neutralisation ist dennoch erforderlich bei:

[1] Ableitung des häuslichen Abwassers in Kleinkläranlagen

[2] Gebäude/Grundstücke erfüllen Abwasserleitungen nicht die Materialanforderungen DIN 1986-4

[3] Gebäude erfüllen Bedingungen der ausreichenden Vermischung nicht

Kondensatanfall zur ausreichenden Vermischung ATV-A 251

Wärmebelastung Kessel $\dot{Q}_{NB}$ kW	25	50	100	150	200
Mindestzahl der Wohnungen in Abhängigkeit von $\dot{Q}_{NB}$					
$V_{Kondensat}$: Erdgas/Heizöl m³/a	7/4	14/8	28/6	42/24	56/32
Mindestzahl Wohnungen	≥ 1	≥ 2	≥ 4	≥ 6	≥ 8
Mindestzahl Bürobeschäftigte abhängig von $\dot{Q}_{NB}$					
$V_{Kondensat}$: Erdgas/Heizöl m³/a	6/3,4	12/6,8	24/13,6	36/20,4	48/27,2
Mindestzahl Bürobeschäftigte	≥ 10	≥ 20	≥ 40	≥ 60	≥ 80

296.8 Dichtheitsprüfung Abscheideranlage DIN 1999-100

$t = F \cdot A \cdot M$	t Prüfdauer; f Faktor 2 h/l; M Messgenauigkeit mm
$t_{min} \geq 0{,}5$ h	t 0,1 h/m²A; A messtechnisch erfasste Wasseroberfläche

Dichtheit: Wasserspiegel liegt über Nullwasserstand nach Zugabe des höchstzulässigen Wasservolumens von 500 ml/h Prüfdauer und m²

Sonderfall bestehende Anlage: 400 ml/h Prüfdauer und m²

Nachfüllmenge ≤ 1 000 ml: Genauigkeit Wasserzugabe 10 ml; > 1 000 ml Genauigkeit 50 ml; → überschritten, Undichtheit lokalisieren

Nullwasserstand einstellen, Belüften min. 20 mm unter OK Schachtabdeckung, Stabilisierungszeit; Nullwasserstand nachjustieren; Prüfdauerbeginn; Wasserspiegelabsenkung erfassen; Zugabe des höchstzulässigen Wasservolumens; Wasserspiegel nach Wassergabe erfassen.

Prüfbericht: Ergebnis visuelle Prüfung, Art Dichtheitsprüfung, Regel-Sonderfall; messtechnisch erfasste Wasseroberfläche A; Prüfdauer t; höchstzulässige Wassergabe; Uhrzeiten: Stabilisierungszeit, Prüfung; Messwerte; Ergebnis, Beschreibung festgestellter Mängel

296.9 Überprüfung von Abscheideranlagen DIN 1999-100

Sicherheit gegen Austritt aus Anlage/Schachtaufbau (Überhöhung); Baulicher Zustand und Dichtheit der Abscheideranlage; Zustand der Innenwandflächen/-beschichtung, Einbauteile, Elektronik; Tarierung Verschluss d. Gewichts-/Vol.-Bestimmung des Schwimmers; Nachweis ordnungsgemäße Entsorgung; Vollständigkeit Zulassungen, Genehmigungen; tat. Abwasseranfall; Bemessung, Eignung, Leistungsfähigkeit der Anlage

296.10 Abwasserhebeanlagen DN_{min} Druckleitung

DN	DIN EN	Fäkalienhebeanlage
20	12050-3	zur begrenzten Verwendung mit Fäkalienzerteilg.
25	12050-3	zur begr. Verwendung mit Fäkalienzerteilung
32	12050-1	mit Fäkalienzerteilung
80	12050-1	ohne Fäkalienzerteilung
32	12050-2	Abwasserhebeanlage f. fäkalienfreies Abwasser

296.11 Abwasserhebeanlage Gesamtförderhöhe H_{ges}, Mindestfließgeschwindigkeit, Pumpenvolumenstrom, Verlustbeiwerte

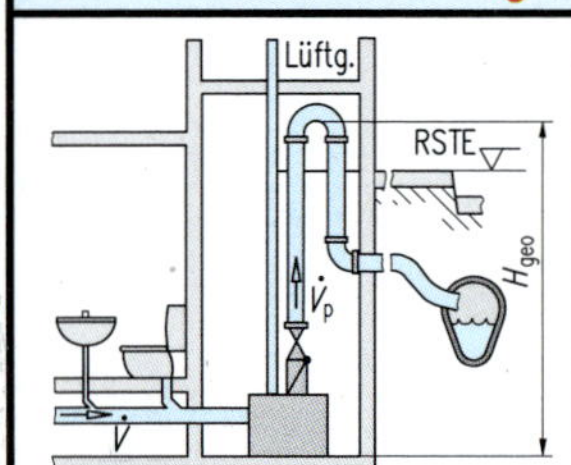

$\dot{V} = K \cdot \sqrt{\Sigma\, DU}$ Abwasserzufluss; K (s. 271.4); DU (s. 271.1)

$H_{ges} = H_{geo} + H_V$ H_{geo} statische Förderhöhe in mm

$$H_V = \Sigma\,\xi \cdot \frac{v^2}{2 \cdot g} + \Sigma\,(H_{VR} \cdot l)$$

$$\dot{V}_{min} = v \cdot \frac{\pi}{4} \cdot 10^{-2} \cdot d_i^2$$

$\dot{V}_p > \dot{V}_{min}$; $\dot{V}_p > \dot{V}$ $H_{ges} \leq H_p$

ξ Armaturenverlustbeiwert

H_{VR} Rohrleitungsverluste in m

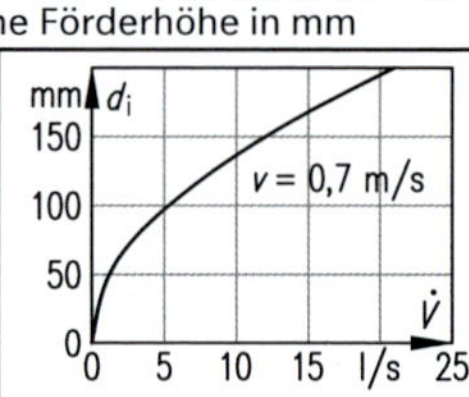

Einzelwiderstände	ξ
Absperrschieber/Bogen 90°	0,5
Rückflussverhinderer	2,2
Freier Auslauf	1,0
Bogen 45°/T-Stück 45° Dur.	0,3
T-Stück 90° Durchgang	0,5
T-Stück 45° Abzweig	0,6
T-Stück 90° Abzweig	1,0
T-Stück 90° Gegenlauf	1,3
Querschnittserweiterung	0,3

297.1 Druckhöhenverlust gerader Rohrleitungen H_{VR} in m, Volumenstrom $\dot{V}_P$ in m³/h, Strömungsgeschwindigkeit v in m/s

$\dot{V}_P$	DN 20	v	DN 25	v	DN 32	v	DN 40	v
m³/h	H_{VR} m	m/s	H_{VR} m	m/s	H_{VR} m	m/s	H_{VR} m	m/s
1,0	0,087	0,9	0,028	0,6				
1,2	0,124	1,1	0,039	0,7				
1,4	0,167	1,2	0,052	0,8				
1,6	0,216	1,4	0,067	0,9				
1,8	0,272	1,6	0,085	1,0	0,024	0,7		
2,0	0,334	1,8	0,104	1,1	0,029	0,7		
2,2	0,403	1,9	0,125	1,2	0,035	0,8		
2,4	0,478	2,1	0,148	1,4	0,041	0,8		
2,6	0,559	2,3	0,173	1,5	0,048	0,9		
2,8	0,646	2,5	0,200	1,6	0,055	1,0	0,017	0,7
3,0			0,228	1,7	0,063	1,0	0,020	0,7
3,2			0,259	1,8	0,071	1,1	0,025	0,8
3,4			0,292	1,9	0,080	1,2	0,028	0,8
3,6			0,327	2,0	0,090	1,2	0,031	0,8
3,8			0,363	2,2	0,100	1,3	0,034	0,9
4,0			0,402	2,3	0,110	1,4	0,038	0,9
4,2			0,444	2,4	0,121	1,5	0,041	1,0
4,4	DN 50	v			0,132	1,5	0,045	1,0
4,6	0,014	0,7			0,144	1,6	0,049	1,1
4,8	0,015	0,7			0,157	1,7	0,049	1,1
5,0	0,017	0,7			0,170	1,7	0,053	1,1
5,5	0,020	0,8			0,205	1,9	0,064	1,2
6,0	0,024	0,8	DN 60	v	0,243	2,1	0,076	1,3
6,5	0,028	0,9	0,011	0,6	0,285	2,2	0,089	1,4
7,0	0,032	1,0	0,013	0,7	0,320	2,4	0,102	1,5
7,5	0,037	1,1	0,015	0,7			0,117	1,6
8,0	0,042	1,1	0,016	0,8			0,133	1,8
8,5	0,047	1,2	0,018	0,8			0,150	1,9
9,0	0,052	1,3	0,020	0,9			0,167	2,0
9,5	0,058	1,3	0,023	0,9			0,186	2,1
10,0	0,064	1,4	0,025	1,0	DN 70	v	0,206	2,2
10,5	0,071	1,5	0,028	1,0	0,013	0,7	0,227	2,3
11,0	0,076	1,5	0,031	1,1	0,014	0,8	0,252	2,4
12	0,088	1,6	0,035	1,2	0,016	0,9	DN 80	v
13	0,102	1,7	0,041	1,3	0,019	0,9	0,009	0,7
14	0,118	1,8	0,048	1,4	0,022	1,0	0,011	0,8
15	DN 90	v	0,055	1,5	0,025	1,1	0,012	0,8
16	0,008	0,7	0,062	1,6	0,028	1,2	0,014	0,9
17	0,009	0,7	0,070	1,7	0,031	1,2	0,016	0,9
18	0,010	0,8	0,078	1,8	0,035	1,3	0,018	0,9
19	0,011	0,8	0,087	1,9	0,039	1,3	0,020	1,0
20	0,012	0,9	0,096	2,0	0,043	1,4	0,022	1,1
22	0,014	1,0	0,116	2,2	0,052	1,6	0,026	1,2
23	0,016	1,0	DN 100		0,057	1,6	0,029	1,2
24	0,017	1,0	0,010	0,8	0,062	1,7	0,031	1,3
26	0,020	1,1	0,011	0,9	0,072	1,9	0,036	1,4
30	0,026	1,3	0,015	1,1	0,095	2,2	0,048	1,7
32	0,029	1,4	0,017	1,1	DN 125		0,054	1,8
36	0,037	1,6	0,021	1,3	0,007	0,8	0,068	2,0
40	0,045	1,7	0,026	1,4	0,008	0,9	0,084	2,2
45	0,057	2,0	0,035	1,7	0,010	1,0		
50	0,070	2,2	0,041	1,8	0,013	1,1		
55			0,049	1,9	0,016	1,3		
60			0,058	2,1	0,018	1,4		
65			0,068	2,3	0,022	1,5		
70					0,025	1,6		
80					0,032	1,8		

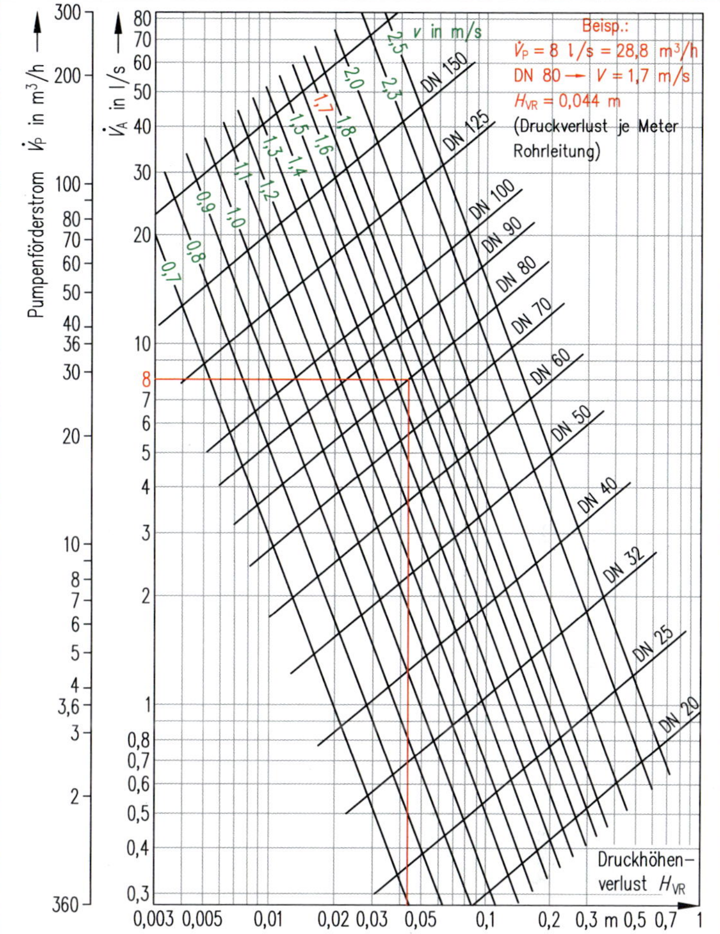

Druckverluste in Armaturen und Formstücken $\Sigma \xi \cdot v^2/(2 \cdot g)$

v	ξ: 0,3	0,4	0,5	0,6	0,8	1,0	1,2	1,4	1,6	1,8	2,0	2,5	3,0	3,5	4,0
0,6	0,005	0,007	0,009	0,011	0,014	0,017	0,020	0,024	0,029	0,033	0,036	0,044	0,054	0,064	0,074
0,7	0,007	0,010	0,013	0,015	0,020	0,025	0,029	0,034	0,039	0,044	0,049	0,061	0,074	0,086	0,098
0,8	0,010	0,013	0,016	0,019	0,026	0,032	0,038	0,045	0,051	0,058	0,064	0,080	0,096	0,112	0,128
0,9	0,012	0,016	0,020	0,024	0,032	0,041	0,049	0,057	0,065	0,073	0,081	0,101	0,122	0,142	0,162
1,0	0,015	0,020	0,025	0,030	0,040	0,050	0,060	0,070	0,080	0,090	0,100	0,125	0,150	0,175	0,200
1,1	0,018	0,024	0,030	0,036	0,048	0,061	0,073	0,085	0,097	0,109	0,121	0,151	0,182	0,212	0,242
1,2	0,021	0,029	0,036	0,043	0,058	0,072	0,086	0,101	0,115	0,130	0,144	0,180	0,216	0,252	0,288
1,3	0,025	0,034	0,043	0,051	0,068	0,085	0,101	0,118	0,135	0,152	0,169	0,211	0,254	0,296	0,338
1,4	0,029	0,039	0,049	0,059	0,078	0,098	0,188	0,137	0,157	0,176	0,196	0,245	0,294	0,343	0,392
1,5	0,034	0,045	0,057	0,068	0,090	0,113	0,135	0,158	0,180	0,203	0,225	0,281	0,338	0,394	0,450
1,6	0,038	0,051	0,064	0,077	0,102	0,128	0,154	0,179	0,205	0,230	0,256	0,320	0,384	0,448	0,512
1,7	0,044	0,058	0,073	0,087	0,116	0,145	0,173	0,202	0,231	0,260	0,289	0,361	0,434	0,506	0,578
1,8	0,049	0,065	0,081	0,097	0,130	0,162	0,194	0,227	0,259	0,292	0,324	0,405	0,486	0,567	0,648
1,9	0,054	0,072	0,090	0,108	0,144	0,181	0,217	0,253	0,289	0,325	0,361	0,451	0,542	0,632	0,722
2,0	0,060	0,080	0,100	0,120	0,160	0,200	0,240	0,280	0,320	0,360	0,400	0,500	0,600	0,700	0,800
2,1	0,066	0,088	0,110	0,132	0,176	0,221	0,265	0,309	0,353	0,397	0,441	0,551	0,662	0,772	0,882
2,2	0,073	0,097	0,121	0,145	0,194	0,242	0,290	0,339	0,387	0,436	0,484	0,605	0,726	0,847	0,968
2,3	0,080	0,106	0,133	0,159	0,212	0,265	0,317	0,370	0,423	0,476	0,529	0,661	0,794	0,926	1,058
2,4	0,087	0,115	0,144	0,173	0,230	0,288	0,346	0,403	0,461	0,518	0,576	0,720	0,864	1,008	1,152
2,5	0,094	0,125	0,157	0,188	0,250	0,313	0,375	0,438	0,500	0,563	0,625	0,781	0,938	1,094	1,250

298.1 Abwasserdruckleitung, Förderstrom

DN	$d_a \times s$ in mm × mm	d_i in mm	$\dot{V}$ in l/s bei v_{min} 0,7 m/s	v_{min}[1] 1 m/s	v_{max}[1] 2,5 m/s
32	–	32	0,563	0,804	2,010
	38,0 × 2,6	32,8	0,591	0,845	2,111
	42,4 × 3,25	35,9	0,708	1,012	2,529
	42,4 × 2,6	37,2	0,761	1,086	2,716
40	–	40	0,879	1,256	3,140
	48,3 × 3,25	41,8	0,960	1,372	3,429
	48,3 × 2,6	43,1	1,021	1,458	3,646
50	–	50	1,374	1,963	4,906
	57,0 × 2,9	51,2	1,440	2,058	5,145
	60,3 × 3,65	53	1,544	2,205	5,513
	60,3 × 2,9	54,5	1,632	2,332	5,829
65	–	65	2,322	3,317	8,292
	76,1 × 3,65	68,8	2,601	3,716	9,289
	76,1 × 2,9	70,3	2,716	3,880	9,699
80	–	80	3,517	5,024	12,560
	88,9 × 4,05	80,8	3,587	5,125	12,812
	88,9 × 3,2	82,5	3,740	5,343	13,357
100	–	100	5,485	7,850	19,625
	114,3 × 4,5	105,3	6,093	8,704	21,760
	114,3 × 3,6	107,1	6,303	9,004	22,511
125	–	125	8,586	12,266	30,664
	139,7 × 4,85	130	9,287	13,267	33,166
	139,7 × 4	131,7	9,531	13,616	34,039
150	–	150	12,364	17,663	44,156
	165,1 × 4,85	155,4	13,270	18,957	47,393
	165,1 × 4,5	156,1	13,390	19,128	47,821
175	–	175	16,828	24,041	60,102
	193,7 × 5,4	182,9	18,382	26,260	65,650
200	–	200	21,980	31,400	78,500
	219,1 × 5,9	207,3	23,614	33,734	84,335

[1] v_{min} = 1 m/s bei l_{ges} > 30 m; $v_{max\ Steinzeug/Beton}$ = 2,5 ... 3,5 m/s
für fäkalienfreies Abwasser/Regenwas. min. DN 80
für Fäkalienabwasser ohne Zerteilung min. DN 80
für Fäkalienabwasser mit Zerteilung min. DN 50

298.2 Pumpen, Leistungsdiagramm, Daten, Herstellerangaben

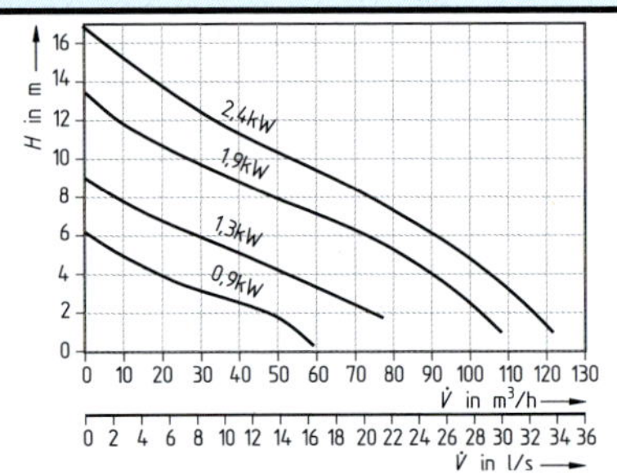

Nr.	P_2 kW	U V	I_N A	n min⁻¹	DN	H	B	T	kg
1	0,9	400	2,6	2900	80	661	258	650	40
2	1,3	400	3,3	2900	80	661	258	650	40
3	1,9	400	5,5	2900	80	795	317	690	66
4	2,4	400	6,3	2900	80	795	317	690	66

298.3 Zul. Motorschaltzahlen nass/trocken

Motorleistung	in kW	≤ 4	≤ 7,5	≤ 11	≤ 30	> 30
Schaltungen je h	Nassläufer	–	15	–	12	10
	Trockenläufer	30	–	25	20	10

298.4 Hebeanlage für Einzel-WC, Dusche, Bidet und Handwaschbecken — DIN EN 12050-3

Herstellerangabe

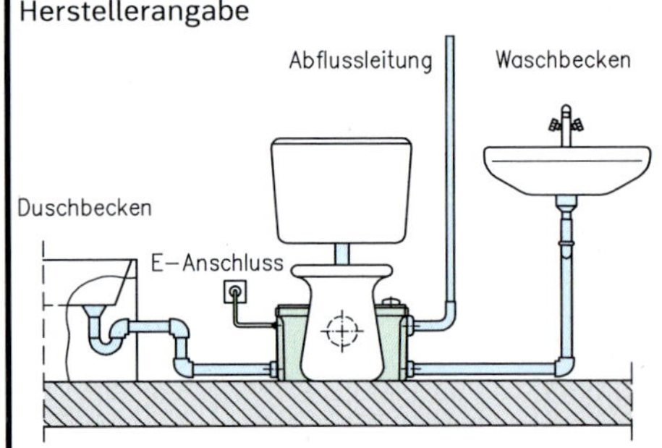

Einsatzgrenzen (Druckleitung DN 25 ohne Fäkalienzerkleinerung)

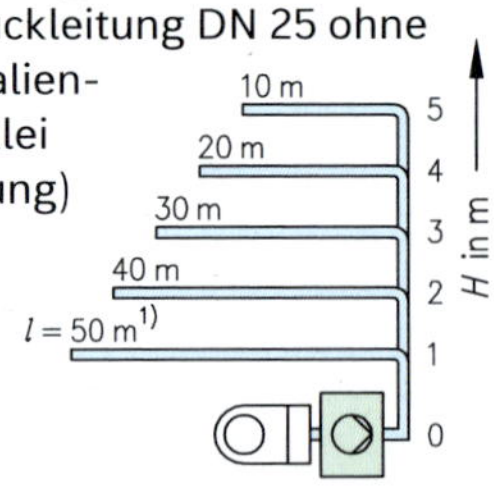

[1] Bei H = 1 m noch 50 m weit
3 × 90°-Bögen ≙ H = 1 m ≙ l = 10 m

$\dot{V}_{max}$	in m³/h	4	Zulaufstutzen	DN 100
H	in m	6,5		2 × 40 mm
Temperatur	°C	35	Druckansch. ø	32 mm
P	in kW	0,4	Lüftungsstutzen	25 mm
U	in V	230	Einschaltniveau	80 mm
Masse	in kg	6,9	Restwasser ca.	15 mm

Montage: Für optimale Förderleistung muss die Druckleitung zuerst senkrecht steigend und danach horizontal verlegt werden. Druckltg. m. Fäkalzerkleinerer DN 20 Sammelbehälter < 20 l

298.5 Motorleistung, Mindestlaufzeit[1]

$V = T \cdot \dot{V}_p$
$\dot{V}_p$ in l/s
[1]

V Nutzvolumen in l
T Mindestlaufzeit s
$\dot{V}_p$ Pumpenförderstr.

P in kW	T in s
≥ 2,5	2,2
≥ 7,5	5,5
< 7,5	8,5

[1] Nach DIN EN 12050-1 beträgt das Mindestnutzvolumen 20 l. V muss größer sein als das über dem Rückflussverhinderer bis zur Rückstauschleife anstehende Volumen in der Druckleitung. Das sichert den Austausch des anstehenden Abwassers bei einem Pumpvorgang.

[1] DIN EN 12056-4

299.1 Regenwasserbehandlung, Versickerung, Verschmutzung, benötigte Flächen

Herkunft: unbedenkliche Fläche	tolerierbare Fläche	Regenwasserbehandlung erforderl.	nicht tolerierbare Fläche
Gründach, Wiese, Kulturland mit Abfluss in die Entwässerung Dach ohne Verwendung von unbeschichtetem Metall im Wohn- und vergleichbaren Gewerbegebiet	Dach mit wenig Cu, Zn, Pb; Rad-/Gehweg ohne Straße; wenig befahren: Hof, Parkplatz, Verkehrsfläche, Anlieger-/Erschließungsstraße, Flugplatz: Start-/Lande-/Rollbahn	Industriegeb. mit Luftverschmutzung, Hauptverkehrsstraße, Flughafen, Parkplatz (Einkaufszentrum); Cu-, Zn-, Pb-Dach; Straße/Platz: Landwirtschaft, Fuhrunternehmen...	Hofflächen und Straßen im Gewerbe- und Industriegebiet mit signifikanter Luftverschmutzung; Sonderfläche: Lkw-Park-/Abstellfläche, Flugzeugpositionsfläche

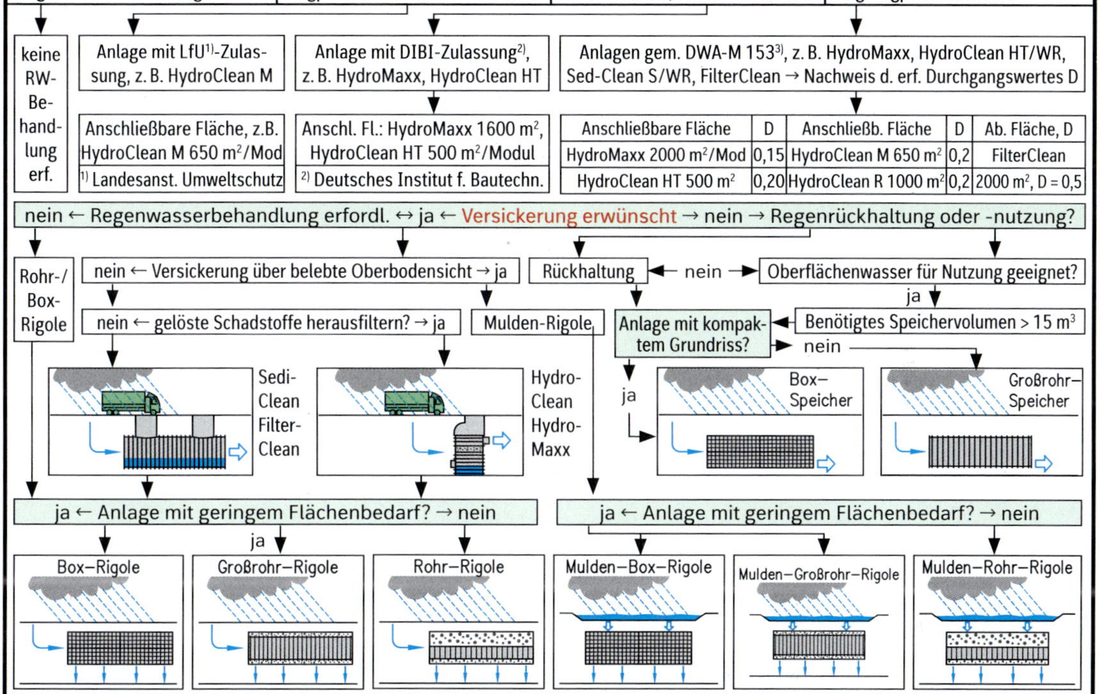

299.2 Box-Rigole

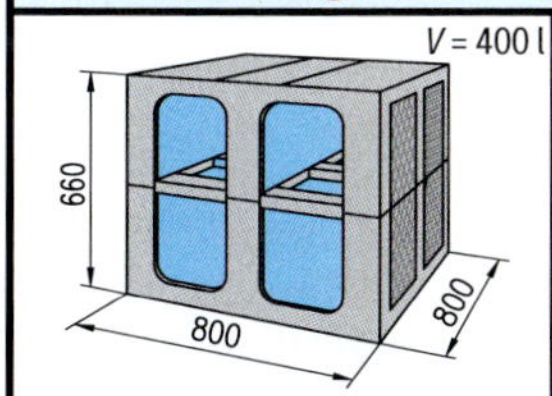

Anschluss DN 100/160/200 über Frontgitter. Sohlgleicher Anschluss DN 200/250 ü. Frontanschlussstut.

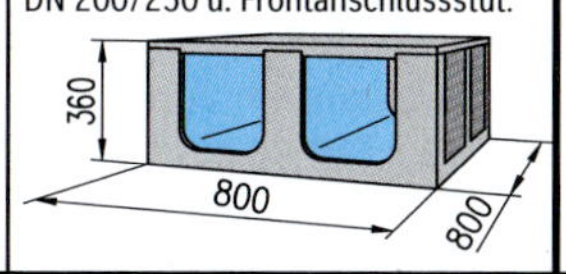

299.3 Großrohr-Rigole Maße in mm, Herst.ang.

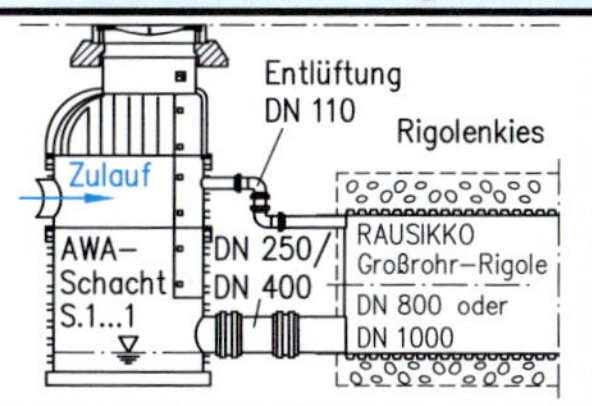

d_i mm	d_o mm	Typ
500	580	TP-V, LP-T, MP-M
535	630	TP-V, LP-T, MP-M
600	700	TP-V, LP-T, MP-M
678	800	TP-V, LP-T, MP-M
800	930	TP-Vollsicker
851	1000	LP-Teilsicker
1022	1200	MP-Mehrzweck

299.4 Rohr-Rigole, Versickerrohr PE Herst.ang.

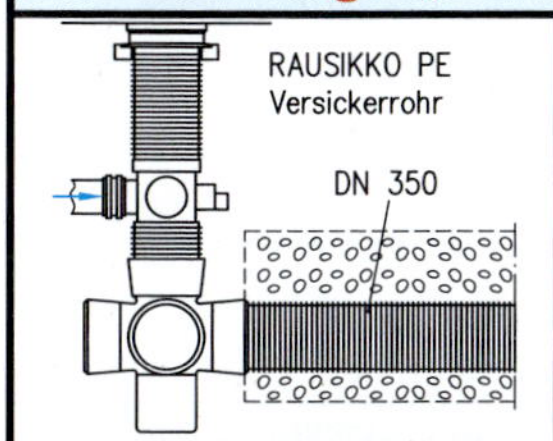

DIN 4262-1
Typ R2

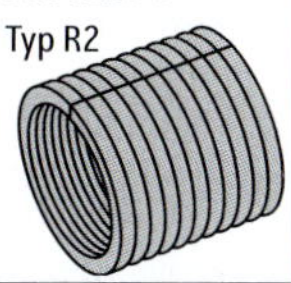

d_i	350	200
A	135	120
m	6 kg/m	2,5

d_i in mm
Austritt s/l
A in cm²/m

Belastbar mit SLW 60 bei Überdeckung > 0,8 m/t < 4 m

Sedi-Clean Typ M mit Verlängerung PP DN 400 (s. 299.5)

RAUSIKKO	L_m	KG DN 250 in mm	KG DN 315 in mm	KG DN 400 in mm
SediClean nicht begehb.	3	$830 \le T \le 2000$	$965 \le T \le 2050$	$1050 \le T \le 2150$
	6	$830 \le T \le 3500$	$965 \le T \le 3550$	$1050 \le T \le 3650$
begehbar	1	$830 \le T \le 1500$	$965 \le T \le 1550$	$1050 \le T \le 1650$
	3	$830 \le T \le 3500$	$965 \le T \le 3550$	$1050 \le T \le 3650$

299.5 Sedi-Clean, Sedimentation Herst.ang.

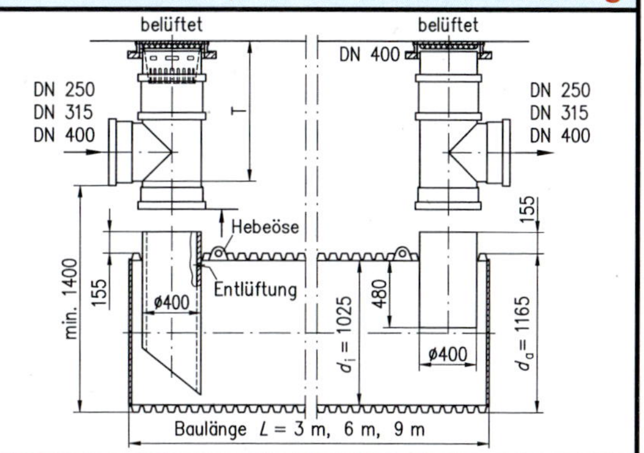

300.1 Reinigung von Niederschlagswasser, HydroClean Reinigungsleistung Herst.ang.

Stoff	Leitf.	ph-	P_{ges}	NH_4	NO_3	Cd	Zn	Cu	Pb	Ni	Cr	EPA	MKW
Einheit	µS/cm	Wert	mg/l	mg/l	mg/l	µg/l	µg/l	µg/l	µg/l	µg/l		µg/l	
Dach allgem.	25–270	4,7–6,8	0,06–0,50	0,1–6,2	0,1–4,7	0,2–2,5	24–4880	6–3416	2–493	2–7	2–6	0,4–0,6	0,1–3,1
Kupferdach	25–270	4,7–6,8	0,06–0,50	0,1–6,2	0,1–4,7	0,2–1	24–877	2200–8500	2–493	2–7	2–6	0,4–0,6	0,1–3,1
Zinkdach	25–270	4,7–6,8	0,06–0,50	0,1–6,2	0,1–4,7	0,5–2	1731–43674	11–950	4–302	2–7	2–6	0,4–0,6	0,1–3,1
Parkplatz	50–2400	6,4–7,9	0,09–0,30	0,0–0,9	0–16	0,2–1,7	15–1420	21–140	98–170	4–70	6–50	0,2–17,1	0,1–6,5
Hauptstraße	110–2400	6,4–7,9	0,23–0,34	0,5–2,3	0–16	0,3–13	120–2000	97–104	11–525	4–70	6–50	0,2–17,1	0,1–6,5
Prüfw.[1]	–	–	–	–	–	5	500	50	25	50	50	0,2	0,2
Ablauf[2]	< 1500	7–9,5	0,20	0,3	nicht	< 1	< 500	< 50	< 25	< 20	< 50	< 0,2	

☐ kritisch, Reinigung notwendig ☐ nicht unbedingt ☐ unkritisch

[1] Prüfwert Wirkungspfad Boden-Grundwasser, § 8.1.2 BBodSchGes

[2] Ablaufwert HydroClean, Zielvorgabe: frachtgemittelt, Jahresmittel, Durchgangswert gemäß DWA-Merkblatt M153 : 0,2

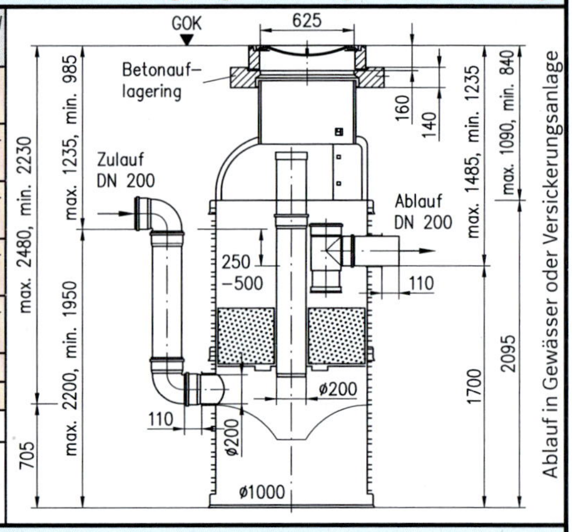

300.2 Kanalschnitt, Füllungskurven, Abfluss

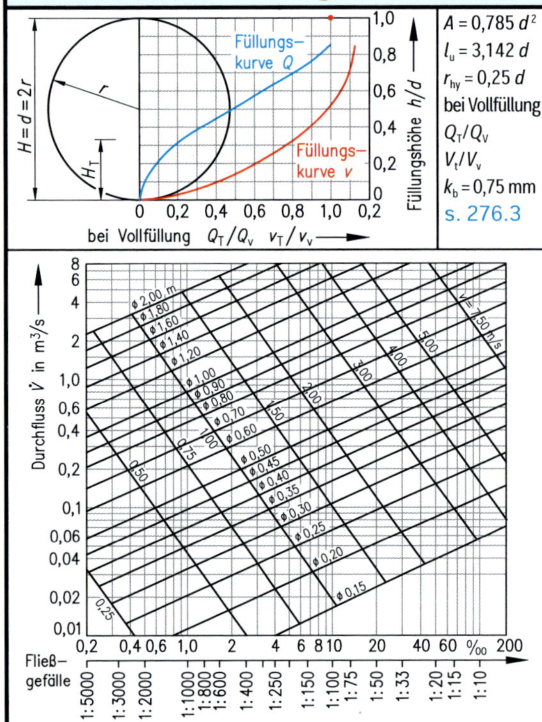

$A = 0{,}785\ d^2$

$l_u = 3{,}142\ d$

$r_{hy} = 0{,}25\ d$

bei Vollfüllung

Q_T/Q_V

V_t/V_v

$k_b = 0{,}75$ mm

s. 276.3

300.3 Grundleitung im Misch-/Trennverfahren

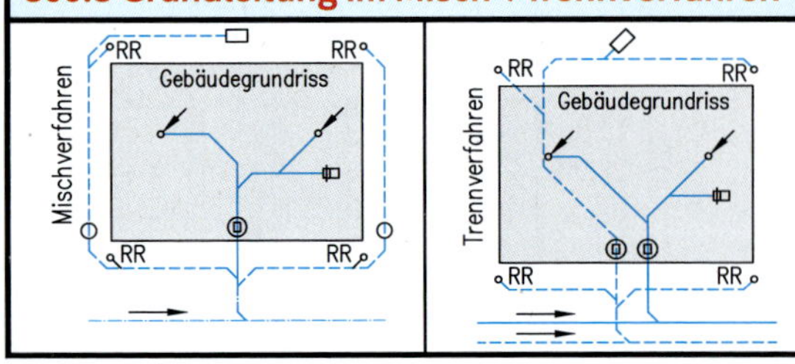

300.4 Abwassereinleitung in der BRD, Statista

Wirtschaftsbereich	in Gewässer eingeleitetes Abwasser in Mio. m³ behandelt	biologisch	unbehand.	Kühlwasser
Wasservers.	9704,3	(9639,5)	64,8	–
Gewerbe	6259,3	(939,9)	5319,7	(4750,6)
Kraftwerk	25882,3	(48,8)	25833,5	(25825,0)
gesamt	41845,9	(10628,3)	31218,0	(30575,6)

300.5 Einwohnergleichwert, -zahl, -wert

EW = EZ + EGW	EW Einwohnerwert EZ Einwohnerzahl EGW Einwohnergleichwert	z. B. $EGW_{B\,60}$ $EGW_{W\,200}$ $EGW_{S\,2,0}$

Abwasser aus (Mittelwert)	EGW	Abwasser aus (Mittelwert)	EGW
Molkerei, 1000 l Milch	~ 50	Futter, 1 t Silofüllung/Tag	8
Käserei, 1000 l Milch	135	Dämpfanlage, 1 t Kartoffeln	40
Schlachthof, 1 t lebend	265	Fisch, 100 kg Forellen	5
Kuhstall, 1 Kuh	8	Zucker, 1 t Rüben	60
Schweinestall, 1 Schw.	3	Malz, 1 t Getreide	60
Geflügel, 1 Henne	0,2	Brauerei, 1000 l Bier	150
Hotel, Pension, je Bett	1–3	Papierfabrik, 1 t Papier	550
Zeltplatz, je 2 Personen	1	Wäscherei, 1 t Wäsche	625
Gaststätte/Platz ≤ 3× besetzt	1	Mülldeponie, 1 ha Fläche	45
je weitere 3× Nutzung (24 h)	1	Fabrik, je 2 Betriebsangehörige	1
ohne Küche/3 Plätze	1	Büro, je 3 Angestellte	1
Gartenlokal o. Kü./10 Plätze	1	Haus, je Person (150 l/d) EW:	11
Vereinshaus/5 Benutzer	1	ETW ≤ 50 m² (EZ: 2) EW:	2
Sportplatz/30 Besucher	1	ETW > 50 m² (EZ: 4) EW:	4

300.6 Abwasserreinigung in Kleinkläranlagen

Behandlung	mögliche Verfahren	DIN/ATV-
mechanische Reinigung	Mehrkammer-Absetzgrube Mehrkammer-Ausfaulgrube	DIN 4261-1 DIN 4261-1
biologische Reinigung	Filtergraben, Sandfilterschacht, Bodenkörperfilter, Versickerungsgraben, -grube, -mulde	DIN 4261-1 DIN 4261-5
alternativ:	Pflanzenbeetkläranlage Abwasserteich ATV-	ATV-Hw. 262 Arbbl. A 201
Abwassereinleitung	in den • Vorfluter • Sickerschacht (nicht in BRD)	DIN 4261-1

301.1 Einteilung der Kläranlagen, Kommunale Kläranlage — DIN 4261

Kleinkläranlagen ohne Abwaserbelüftung ≤ 8 m³/d

mechanische Abwasserbehandlung mit Absetzgrube	anaerobe biolg. Abwasserbehandlung m. Absetzgrube
V_{nutz} = 300 l je Einwohner; $V_{gesamtnutz}$ ≥ 2000 l	V_{nutz} = 1 500 l je Einwohner; $V_{gesamtnutz}$ ≥ 6000 l
2-, 3-, 4-Kammergrube	3-, 4-Kammergrube

Kommunale Kläranlage

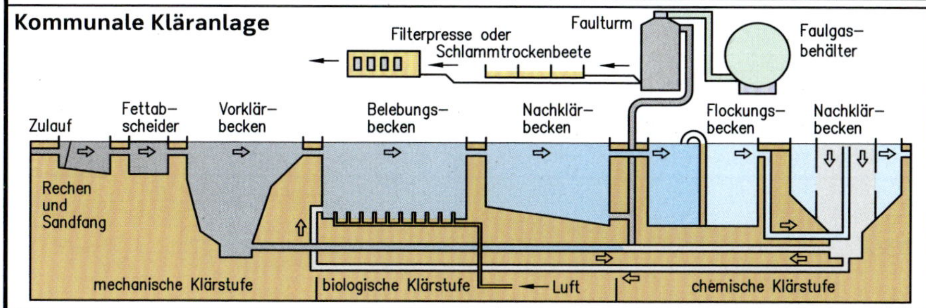

Absetz- und Ausfaulgruben: Wassertiefe t_{max}

Gesamt-V in m³	t_{max} m
2 ≤ V ≤ 4	2
4 < V ≤ 10	2,5
V > 10	3

t_{min} ≥ 1,2 m, ggf.
[1] 0,5 t + h s. 301.2

Sickerschacht DIN 4261-1

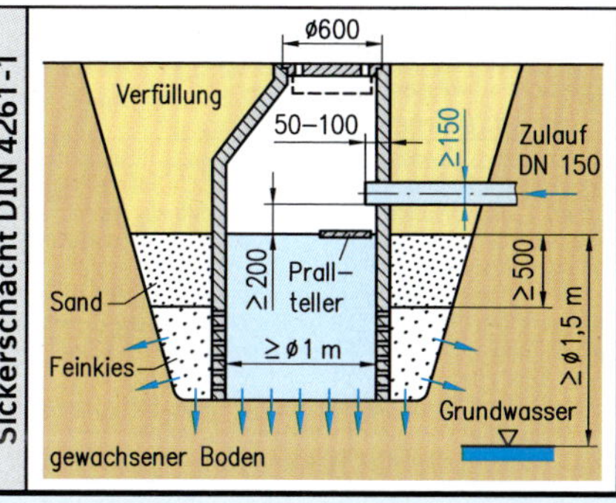

Versickerungsgraben

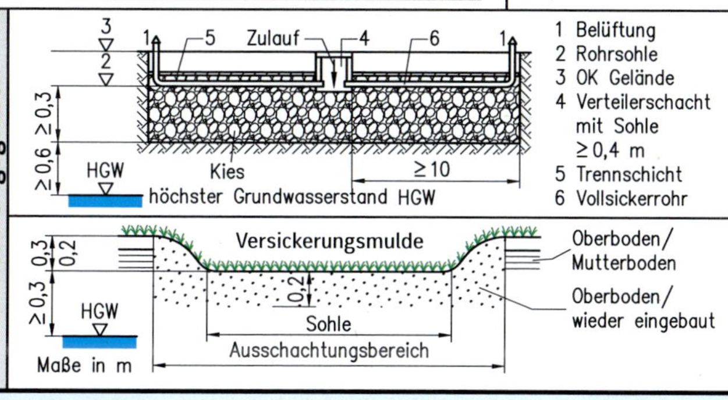

301.2 EFH Kleinkläranlage, Dreikammer-Absetzgrube, Bodenfilter und Schönungsteich

Dreikammer-Absetzgrube

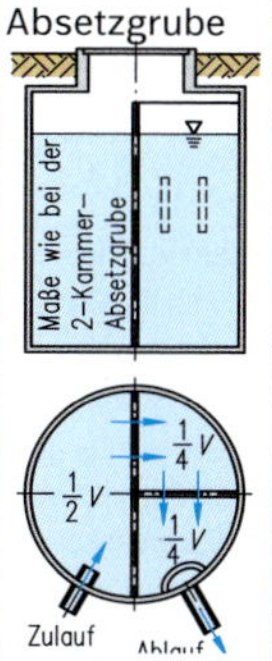

Zweikammer-Absetzgrube

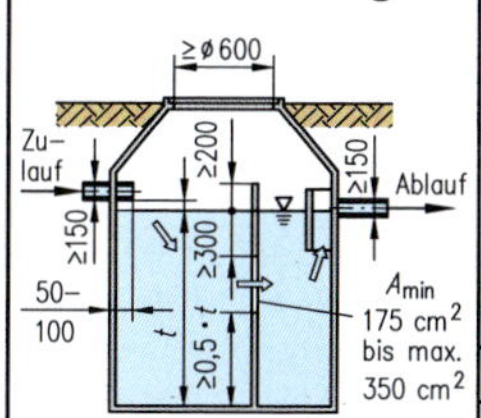

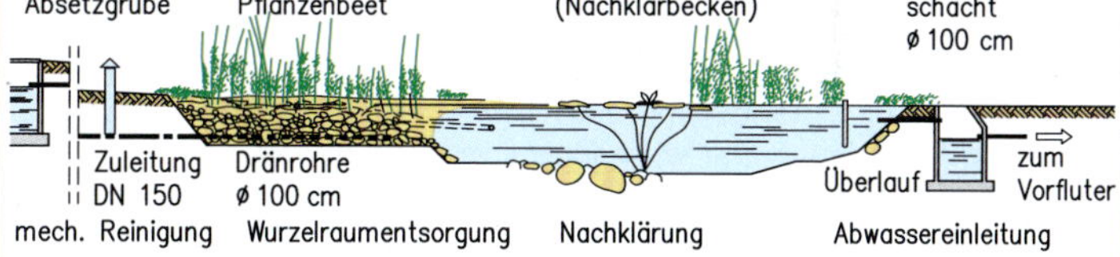

Bewachs. Bodenfl. 6 m²/EW ~ 1 m tief

Schönungsteich 20 m²/EW ≤ 1,20 m tief

Kammerzahl		$V_{1. Kammer}$
Absetz-grube	2	⅔ V_{ges}
	3–4	½ V_{ges}
Ausfaulgr.	≥ 3	½ V_{ges}

Wassertiefe	V ≤ 4 000 l	1 000 l	50 000 l	> 50 000 l
1,20 m ≤ T	≤ 1,90 m			
1,20 m ≤ T	≤ 1,90 m	≤ 2,20 m	≤ 2,50 m	≤ 3,00 m
1,20 m ≤ T	≤ 1,90 m	≤ 2,20 m	≤ 2,50 m	≤ 3,00 m

Oberflächenbeschickung $q_A = \dot{V}/A$ in m³/h

täglich Fracht $B_{d,x} = \beta_x \cdot \dot{V}_d$; Raumbelastung $B_{rx} = B_{dx}/V = \dot{V}_d \cdot \beta_x / V_{BB}$

Schlammalter $t_{TS} = TS_R \cdot V_{BB} / \dot{V}_{ÜS} \cdot TS_{ÜS}$

TS_R Trockenmassenkonzentration im Belebungsbecken

301.3 Kleinkläranlagen, Untergrundverrieselung, Filtergraben — DIN 4261-1

Anlage	Mehrkammergrube	Mehrkammerausfaulgrube	Untergrundverrieselg.	Sandfiltergraben
Abwasserbehandlg.	mechanische Reinigung	biologische Teilreinigung: Anlage: ≤ 6 EW →	biologische Reinigung	Fäulnisunfähigkeit
V bzw. l/Einwohner	V = 300 l	1 500 l/750 l (≤ 10 EW)/500 l (> 10 EW) je EW	10 m bis 20 m	6 m bis 30 m/250 l
V_{ges} in l	2 000	6 000	–	4 000

Untergrundverrieselung

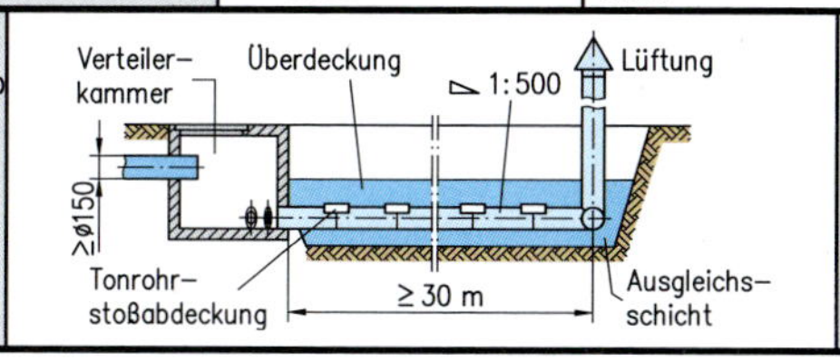

Filtergraben

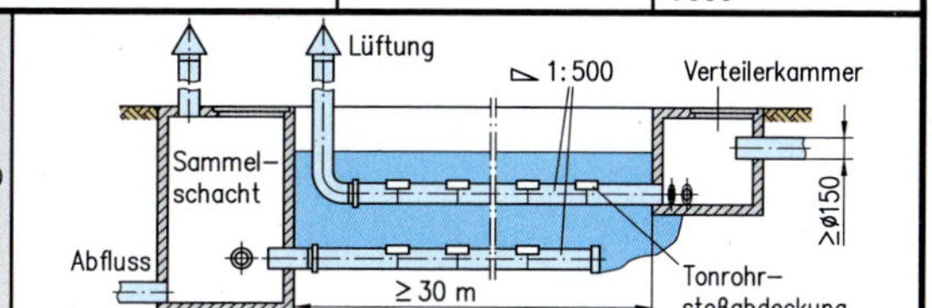

302 *Abwasserableitungsanlagen · Prüfverfahren · Zeitspannen für Dichtheitsprüfungen · Wiederkehrende Kontrollen DIN 1986-30 · Prüfmethoden für die Grundleitungskontrolle DIN EN 1610*

302.1 Einfache Dichtheitsprüfung DR_2 von Grundleitungen, häusliches und gewerbliches Abwasser — DIN 1986-30

Wasserdruckprüfg.	Auffüllung mit Wasser bis 0,5 m über Rohrscheitel oder Auffüllung mit Wasser bis OK tiefster Entwässerungsgegenstand oder UK Reinigungsöffnung in der Fallleitung				
	Prüfzeit 15 min; Wasserzugabewert ≤ 0,2 l/m² benetzte Fläche				
Luftdruckprüfung	Prüfdruck 10 kPa (100 mbar); zul. Druckabfall Δp = 1,5 kPa				
	Beruhigungszeit $t_B = 10 \times d_i$; Prüfzeit t in s, Tab. unten				
	DN	100	125	150	200	250
	Prüfzeit t in s	60	75	90	120	150

Häusliches Abwasser aus	Gewerblich/industrielles Abwasser
• (Wasch-)Küchen, Bad, WC u. Ä. • Niederschlag (sauber) befestigter Flächen, Einleitung Mischkanal • Abwasser aus Fettabscheidern • gewerbl. Abw. ≙ Qualität häusl. Abwasser, keine Schutzmaßn. erforderl. • Kondensat Brennwertanlage	und Regenwasser von befestigten Flächen/Anlagen DWA-A 787 • vor Abwasserbehandlungsanlagen und Anlagen, die als Auffangvorrichtungen betrieben werden • nach Abwasserbehandlungsanlage und Auffangvorrichtungsanlagen

Dokumentation (Auszug): ☐ Zustandserfassung mit Kanalfernsehanlage (besondere Regelung im Wassergewinnungsgebiet beachten!); ☐ Luft; ☐ Wasser: ☐ Wasserdruck 50 cm über Rohrscheitel, Prüfzeit 15 min, Wasserzugabewert 0,2 l/m² oder ☐ Wasserdruck bis Oberkante höchster Entwässerungsgegenstand, Prüfzeit 15 min, Wasserzugabewert 0,2 l/m² (m² benetzte Rohroberfläche)

302.2 Prüfverfahren, Zeitspannen und Anlässe für die Dichtheitsprüfungen KA, DR_1 und DR_2 — DIN 1986-30

Wiederkehrende Prüfung Grundleitungen und Anlagen

Anlass/	Häusliches Abwasser				Gewerbl. Abwasser vor/nach[1]						
Prüfobjekt	KA	DR_2	DR_1	Zeitsp.	KA	DR_1	Zeitsp.	KA	DR_2	DR_1	Zeitsp.
Abwasseranlage	+	–	–	20 J. 30 J.[3]	–	+	5 J.	[3] +[4]	[3] –	–	20 J. 30 J.[2]
Tot. Umbau Entkernung	–	–	+	im Zuge der Baumaßnahme	–	+	im Zuge der Baumaßnahme	–	–	+	im Zuge der Baumaßnahme
wesentl. Bauveränderung	–	+	–		–	+		–	+	–	
Überbau vorhand. Grundl.	+	–	–		–	+		–	+	–	
Abwasserbehandlgs.-A.	–	–	–	–	–	+	5 J. [5] [6]	+	[7]	[7]	20 J. 30 J.[3]

[1] Vor oder nach einer Abwasserbehandlungsanlage.

[2] Erstmals bei Neuanlagen mit nachweislich durchgeführter Prüfung DR_1.

[3] KA, DR_2 für gewerbl. Abwasser nach Abwasserbehandlungsanlage nur möglich, wenn nachweislich DR_1 erfolgte, die nicht älter als 5 Jahre ist, (s. 303.3).

[4] Gilt nur, wenn nachweislich eine Erstprüfung DR_1 durchgeführt wurde.

Wiederkehrende Prüfung Grundltg. in Wasserschutzgebieten[9]

Schutzzone II:		KA	DR_1	wiederkehr.Prfg.
Anlagen zur Ableitung von Abwasser		–	+	mind. 5 Jahre
Schutzzone III	Ableitungsanl. häusliches Abwasser	+	–	10 Jahre [8]
	gewerbliches Abwasser vor Abwasserbehandlungsanlage + Abwasserauffangvorrichtung DWA-A 787	–	+	mind. 5 Jahre
	gewerbl./industr. Abwasser nach Abwasserbeh.-Anl./Auffangvorrichtg.	+	–	10 Jahre [8]

[5] Abwasserrohre, die zusätzlich Abwasser aus Auffangsystemen (Feuerlöschwasser, Tankfeldentwässerung) aufnehmen, ⇒ wiederkehrend alle 5 Jahre Prfg. nach DR_1. [6] Abwasseranl. mit V > 1 m³/h ohne Rückstau gelten erstmalig geprüft, wenn Dichtheitsprfg. mit Wasser o. Luft (s. 304.2) ≤ 10 Jahre zurückliegt und Wasserzugabewert = 0 (muss dokumentiert sein) ⇒ wiederkehrende Prüfung nach 10 Jahren. Bei V < 1 m³/h ohne Rückstau, häufiges Trockenfallen (geringe Vermischung) ⇒ Dichtheitsprfg. mit Wasser o. Luft (s. 304.2); Wasserabgabewert = 0 nach Vorbereitungszeit. Abwasserltg. vor Absperrschieber ⇒ Druckltgs.-Prüfg. DIN EN 805. [7] Bei wesentlichen baulichen Veränderungen (Entkernung, Überbauung) im Zug der Maßnahme. [8] Überwachungsbehörde kann (ohne bauliche o. abwassertechnische Änderung) die Intervalle und das Prüfverfahren verändern. [9] Erstprüfung im Wasserschutzgebiet nach Wasserschutzgebietsverordnung.

302.3 Prüfmethoden DR_1 für die Grundleitungskontrolle, wiederkehrende Kontrolle — DIN EN 1610/DIN 1986-30

Prüfung	Vorprüfung Luft	Abnahmeprüfung mit Luftverfahren L	Abnahmeprüfung mit Wasserverfahren W	Kamerakontrolle
Zeitpunkt	vor Verfüllung (kein Schlamm!)	nach vollständiger Erddeckung und Entfernen des Verbaus (Pölzung)	nach vollständiger Erddeckung und dem Entformen des Verbaus (Pölzung)	wiederkehrende Kontrolle KA
Wahl	durch Auftraggeber	Die Wahl der Prüfung mit Luft oder Wasser darf Auftraggeber bestimmen.		d. Auftraggeber
Vorbereitung	sämtliche Öffnungen, Abzweige, Einmündungen drucksicher, wasserdicht verschließen, Formstücke (Abzweige und Bögen müssen verankert und gesichert werden), ggf. Standrohre anbringen			fast keine (s. 303.3)
Verfahren Prüfdruck Sicherheit	Um eine als undicht erkannte Leitung nicht wieder freilegen zu müssen, ist eine Vorprüfung mit Luft sinnvoll. Leitung gegen Auseinanderrutschen sichern, p_{VP} = 10 kPa aufbringen ⇒ kein Druckabfall ⇒ Sicherung entfernen, Graben verfüllen ⇒ Verfahren L oder W durchführen, Vorteil der Vorprüfung mit Luft ⇒ bei Leckagen keine Schlammbildung	Prüfverfahren (s. 303.1) LC wählen Prüfdruck p_e = 10 kPa + 10 % = 11 kPa (110 mbar) aufbringen und 5 min halten, wenn nötig muss nachgepumpt werden. – Vorsicht bei großen DN! Prüfung von Schächten/Inspektionsöffnungen ist schwierig ⇒ ½ Prüfzeit wie für Rohrleitung gleicher DN verwenden. – Anschließend wird der Druck auf den Prüfdruck von 10 kPa (100 mbar) abgesenkt.	Wasserschlauchanschluss an tiefster Leitungsstelle, Vermeiden von Lufteinschlüssen beim Befüllen von der tiefsten Stelle aus. Wasserdruck gemessen an Rohrscheitel min. 10 kPa (100 mbar), max. 50 kPa (500 mbar). Der zu wählende Druck ist anlagenabh. Höherer Druck: bei Grundleitung ohne Entwässerungsanschluss im Keller. p_e > 50 hPa, wenn Fallleitung über Etagen anschlussfrei in die Grundleitung mündet. Vorbereitungszeit: 1 h nach Wasserfüllung (Beton, Dichtungen sollen Wasser ziehen)	Kamerafahrt durch die Grundleitung zeigt herausgeschobene Dichtungen, Leitungsversatz, Wurzeleinwuchs, Risse in den Rohrwandungen. Nach Leitungsspülung muss dann die Dichtheit mit Verfahren L oder W nachgewiesen werden. Die DIN 1986-30 lässt wiederkehrende Kontrolle mit Kamera zu.
Prüfdauer Grenzen		abh. v. DN (s. 303.1) ± 5 s (Fehlergrenze) zulässiger Druckabfall: ≤ 1,5 kPa (15 mbar) ⇒ Leitung gilt nach Verf. LC als dicht. Fehlergrenze Druckmessgerät 10 % Δp Bei Temperaturveränderungen kann Ergebnis negativ sein ⇒ Verfahren W	Prüfdauer: 30 ± 1 min, Druck ist innerhalb 1 kPa des festgelegten Prüfdrucks durch Auffüllen mit Wasser zu halten. Anforderung erfüllt, wenn V/A des Nachfüllwassers: ≤ 0,15 l/m² für Rohrleitungen (m² = benetzte Rohrfl.) ≤ 0,20 l/m² für Rohrleitungen einschl. Schächten ≤ 0,40 l/m² für Schächte, Inspektionsöffnungen	
einzelne Verbindungen		Prüfung einzelner Verbindungen anstatt Prüfung der gesamten Rohrleitung bei > DN 1000 anerkannt	Oberfläche eines 1 m langen Rohrabschnitts wählen, Prüfdruck = 50 kPa am Rohrscheitel (falls nicht anders gefordert!).	
Dokumentation		Die Ausführung der Dichtheitsprüfg., das Prüfergebnis müssen dokumentiert werden = Nachweis für den Betreiber	gesamtes Prüfwasservolumen messen, jeweilige Druckhöhe am erforderlichen Prüfdruck messen und aufzeichnen	

Überprüfung und Dokumentation nur durch berechtigte Person = Fachhandwerker mit besonderem Sachkundenachweis.

303.1 Prüfzeiten, Druckabfall, Prüfdruck, K_p-Wert für die Prüfung mit Luft — DIN EN 1610

Werkstoff	Verf.	p_e kPa	Δp kPa	DN 100	200	300	400	600	800	1000
trockene Betonrohre	LA	1	0,25	5 min	5	5	7	11	14	18
	LB	5	1,00	4 min	4	4	6	8	11	14
	LC	10	1,50	3 min	3	3	4	6	8	10
	LD	20	1,50	1,5	1,5	1,5	2	3	4	5
K_p-Wert				0,058	0,058	0,053	0,040	0,027	0,020	0,016
feuchte Betonr. alle anderen WS	LA	1	0,25	5 min	5	7	10	14	19	24
	LB	5	1,00	4 min	4	6	7	11	15	19
	LC	10	1,50	3 min	3	4	5	8	11	14
	LD	20	1,50	1,5	1,5	2	2,5	4	5	7
K_p-Wert				0,058	0,058	0,040	0,030	0,020	0,015	0,012

K_p-Wert, Prüfzeit

$t = \frac{1}{K_p} \cdot \ln \cdot \frac{p_e}{p_p - \Delta p}$ — p_e Druck über Atmosphäre

Für trockene Betonrohre ist $K_p = 16/\text{DN}$ mit einem Höchstwert von 0,058. Feuchte und andere WS: $K_p = 12/\text{DN}$ mit einem Höchstwert von 0,058. Wobei t bei $t \leq 5$ min auf die nähere 0,5 min und bei $t > 5$ min auf die nähere 1,0 min gerundet ist.

In Deutschland nur Verfahren LC

Beispiel

trockenes Betonrohr DN 100, Prüfverfahren LC ⇒ Prüfdruck über Atmosphäre p_e = 10 kPa; aus Tabelle ⇒ Prüfzeit = 3 min (± 5 s), wobei der zulässige Druckabfall 1,5 kPa nicht überschreiten darf.

303.2 Dokumentation, Prüfprotokoll (Auszug) der Grundleitung mit Wasser bei Abnahme (Beispiel)

Name des Hauseigentümers: .... Grundstück: ....

Rohrwerkstoff: .... Prüfverfahren: LC Prüfdruck: ......kPa ☐ Lageplan mit Bezeichnung der Prüfabschnitte liegt bei.

Die Rohrleitung wurde einer Dichtheitsprüfung unterzogen als: ☒ Gesamtanlage ☐ in Teilabschnitt

Vorbereitungszeit: ...... (1 h reicht aus nach Befüllen von Rohren, Schächten und Erreichen des Prüfdrucks)

☒ Die Rohrleitung wurde nach Verfüllen und Entfernen des Verbaues geprüft.
☒ Öffnungen, Abzweige waren wasserdicht und drucksicher geschlossen.
☒ Rohrleitung wurde vom Tiefpunkt gefüllt, die Luft konnte entweichen.
Wassermenge, die während der Messung (30 min) nachgefüllt wurde: 2,50 l
Differenz zwischen zulässiger und tatsächlicher Wasserzugabe: +1,40 l
☒ Die Wasserzugabe ist kleiner als die zulässige, die Grundleitung ist dicht.
Datum: .... Unterschriften: Auftraggeber ....Auftragnehmer...........

benetzte Rohrleitungsfläche					Prüfwasser		Vollfüllzeit
DN	d_i in m	· π	l m	A_i m²	in l/m²	V in l	
100	0,107	3,14	10	3,36	0,15	0,50	60 min
125	0,127	3,14	10	3,99	0,15	0,60	60 min
150	0,152	3,14	10	4,77	0,15	0,72	60 min
Schacht				5,20	0,40	2,08	60 min
Σ zulässige Wasserzugabe: 3,90 l							

303.3 Zustandsprüfung durch optische Inspektion (Kanalfernsehen) KA — DIN 1986-30

Die Durchführung v. KA liefert keinen Dichtheitsnachweis, sie zeigt den baulichen Zustand. KA wird als Nachweis nach den Kriterien (s. 303.2) anerkannt, Voraussetzung kein sichtbarer Schaden. Neu hergestellte/sanierte Grundleitung/Schächte sind auf Dichtheit nach DIN EN 1610 (DR_1) zu prüfen, auch Regenwasserleitung.

Eine ausreichende Dichtheit kann festgestellt werden, wenn
- der bauliche Zustand keine Schäden/Undichtheiten aufzeigt,
- keine hydr. Belastung die Betriebssicherheit gefährdet,
- keine bes. Anforderungen bestehen: a. Lage Grundleitung im Wasserschutzgebiet; b. Zusammensetzung Abwasser.

303.4 Schadensklassen A, B, C Grundleitung B, Schacht D

Schaden	Kodierung, C1, C2	A	B	C
Hohlraum/Boden sichtbar	BAP/BAD/DAO/DAP	+/+/+	–/+/–	–/+/–
Bodenmaterial eingedr.	BBD %/DBD	+ +	– –	– –
Wasseraustritt sichtbar	BBG/DBG	+ +	– –	– –
Infiltration (≙ DBF)	BBF C1: C, D/B/A	+/–/–	–/+/–	–/–/+
Fehlanschluss	BDE C2: A/B	+ –	– +	– –
Verschobene Rohrverbindung[3]	BAJ C1: A/B (mm) C (DN ≤ 200/> 200)	≥ 50/20 ≥ 9/4	≥ 30/15 < 50/20 ≥ 5/2 < 9/4	< 15/30 < 5/2
Rohrbruch/Einsturz	BAC C1: A, B, C (mm)	+	–	–
Oberflächenschäden des Rohres	BAF C1: I/A, B C, D, E, F, G, H/J	+ – – –	– – + red. Wand	– + – Rost
Haarrisse/Rissbildung	BAB C1: A/B, C (mm)	– ≥ 2	– ≥ 1 < 2	+ < 1
Verformung,Rohrbiege	-steif/-weich %	≥ 7/15	≥ 1/6 < 7/15	< 1/6
Wurzeleinwuchs	BBA % /DBA A, B, C	≥ 10 –	< 10 +	– –
einragendes Dichtungsmaterial	BAI C1: A/A; 2: AB/CD Z % %	– + ≥ 30	+ – ≥ 10 < 30	– – < 10
Anhaft. Stoff/Ablagerung	BBB /BBC %	≥ 30	≥ 10 < 30	< 10
Wasserstand Unterbogen	BDD %	≥ 70	≥ 30 < 70	< 30
Andere Hindernisse (Einrag. Anschluss)	BBE C1: D, G % A, B, C, E, F, H, Z %	≥ 30 ≥ 30	< 30 ≥ 10 < 30	– < 10
Schadhafter Anschluss	BAH C1: E/A/B, C, D	+/–/–	–/–/+	–/+/–
Schadh. DN-Wechsel	BDB	–	+	–
Bruch, verschoben	DAC C1: A, B, C	+	–	–
Einrag. Dichtungsmat.	DAI C1: A/Z	– –	+[1] –	+[2] +
Rissbildung Schacht /verschob. Verbindung	DAB C1: B, C (mm) DAB A/DAJ A, B, C	≥ 2[1][2] – –	> 1 < 2[1] 5[2] – –	< 1 + +
Schadh. Steighilfen	DAQ C1: A bis K	+	–	–
Abdeckung, Rahmen	DAR, A, C, F, D/B, E, G, H	+ –	– +	– –

[1] Schaden ≤ 0,5 m über Rohrscheitel. [2] > 0,5 m ⇒ A ≥ 5 mm.
[3] Werte bezogen auf Steinzeugrohre mit Muffenverbindungen.

303.5 Sanierungspriorität, -anlass u. -zeitraum

Prior.	Umfang	Beginn	Bemerkung zur Sanierung
I	sehr hoch	≤ 6 Mon.	Bei Sanierung alle Schäden berücksichtigen
II	mittel/gering	mittelfr. max. 5 J.	Einzelfall zus. Prfg./vorgezogene Reparatur, Sanierung bei Umbau, max. nach 5 Jahren
III	ger./kein	langfr.	Sanierung bei nächst. wiederkehr. Prüfung

Anlass nach Schadensklassen (s. 303.4)	PR	WSZ: II	III	keine	Zeit
ab 1 Schaden Ao: 2 B je 10 m Abwasserleitg	I	–	+	+	6 Mon.
undicht (s. 302.2) DR_1/DR_2 (währ. Baumaß.)	I	+	+	+	w.BM
undicht (s. 302.2) DR_1 Ableitung gewerbl. Abwasser vor einer Abwasserbehandlungsanlage	I	–	+	+	6 Mon.
DR_1 häusl. u. gewerbl. Abwasser in Schutzz. II	I	+	–		3 Mon.
DR_1 gewerbl. Abwasser u. Anlagen als Auffangvorrichtung n. DWA-A 787 in Schutzzone III	I	–	+	–	6 Mon.
1 Schaden B je 10 m und weitere C	II	–	+	–	2 Jahr.
größter Einzelschaden je Schacht maßgebend	II	–	–	+	5 Jahr.
kein Schaden o. Feststellung der Klasse C	III	–	+	+	wk.Prf.

Beispiel: Zeitspannen Wiederholungsprüfungen DIN 1986-30

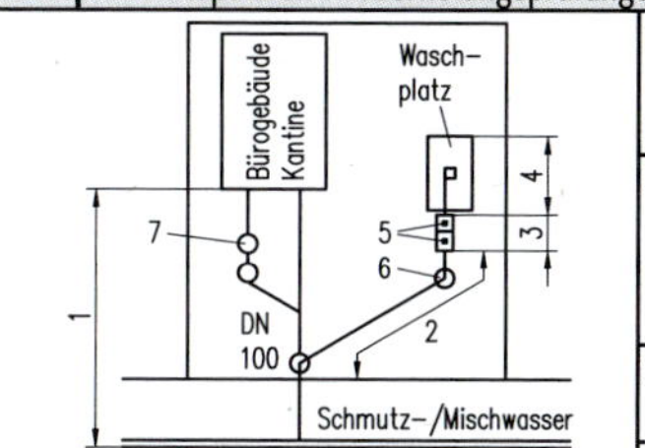

5 Leichtflüssigkeitsabscheider 5 Jahre
6 Probenentnahme; 7 Fettabscheider wiederkehrende Prüfung alle 5 Jahre

1 Grundltg./Schächte häusliches Abwasser; KA neu 30 J., wk. Prf. 20 J.
2 neu 30 J., wk. Prf. 20 J. Prüfverf. KA; bei best. Anl. o. Druckprfg. ⇒ → DR_1 nach 20 J. KA
3 Inspek. + Dichth.prf. wiederk. Prfg. alle 5 J.
4 Umgehend, wenn älter als 5 J. einschl. Ablauf, wiederkehrende Prüfung alle 5 J. → DR_1

304.1 Zulässige Benutzung der Entwässerungsanlage — DIN 1986-3

Häusliches Abwasser DIN EN 12056-1	Industrielles Abwasser EN 12056-1	Regenwasser DIN EN 12056-1
Aus Haushaltung, Gemeinschaftsunterkunft, Hotel, Gaststätte, Campingplatz, Krankenhaus, Bürogeb. o. entsprechenden Anlagen. Kann i. d. R. ohne Schutzmaßnahme eingeleitet werden, wenn schädliche Inhaltsstoffe nur in so geringer Menge/Konzentration enthalten und nachteilige Auswirkungen (Kläranlagen) ausgeschlossen sind.	Gewerbliche/industrielle Herkunft o. vergleichbar (Gefährdungspotenzial) z. B. Grundwassersanierung darf nur nach Ermittlung, ggf. Rückhaltung, Behandlung und Aufbereitung eingeleitet werden (siehe auch ATV-DVWK-M 115).	Darf ohne Vorbehandlung oder ohne entsprechende Rückhalteeinrichtung nur eingeleitet werden, wenn abwasserrechtlich zulässig ist. Für Flächen mit besonderer Nutzung, Gefährdung ergeben sich spez. Einleitungsanforderungen.

304.2 Inspektions- und Wartungsmaßnahmen I/W, visuelle Prüfung VP, Kontrolle K, Entsorgung

Anlageteil	Inspektions- und Wartungsmaßnahmen I/W	Zeit
Abwasseranlage Verbindungen	I: VP aller sichtbaren Abwasser-/Lüftungsleitungen auf Zustand, Dichtheit, Befestigung, Korrosion	1 Jahr
Absperreinrichtgen., Schieber	I: Prüfen auf Zustand und äußerliche Korrosion W: Prüfen auf Funktion und Dichtheit	1 Monat
Reinigungsöffn.	I: VP auf Dichtheit, Befestigung u. Zugänglichkeit	6 Mon.
Schächte	I: VP auf Zustand, Dichtheit, Sauberkeit, Zugänglichkeit, Beschädigung, K: Steigeisen; ggf. W	1 Jahr
Inspektionsöff.	I: Prüfen auf Zustand, Sauberkeit, Zugänglichkeit	1 J.
Abläufe (Hofabläufe)	I: Ungehinderter Ein-/Ablauf, Seiteneinlauf, Dichtheit; W: Reinigung Schmutzfang, Einlaufrostöff.	6 Mon./ Bedarf
Dachabläufe Notüberläufe	I: Ungeh. Ein-/Ablauf, ggf. K: Beheizung, Druckentwäss.: Sitz der Teile; W: Reinigung Schmutzfang, Einlaufrost; fehlende/defekte Teile ersetzen	6 Mon. insb. Herbst
Dachrinnen, Regenwasserfallleitungen	I: Zustand, Sauberkeit, Schutzfarbe, Beheizung W: Dehnungs-/Längenausgleicher, Rinnen, Kehlen, Traufen, Laubfänge reinigen	6 Mon. insb. Herbst
Be-/Entlüftgs.-öffng. übrt. Dach	I: Prüfen auf freien Querschnitt; K: Einbindung in Dachfläche; W: Reinigung	1 Jahr
Belüftungsventil	I: Prüfen auf ordnungsgem. Zustand, Zugänglichk., Luftzufuhr; W: keine Demontage, ggf. Austausch	1 Jahr
Geruchverschlüsse GV	I: K: Wasserstand; W: Auffüllen, Reinigen Schmutzwasser führender GV, Regenrohr-GV	min. 1 Jahr
WT, HWB, BW, BRW, BD, Spüle, WC	I: K: freier Ab-/Überlauf Entwässerung, Ablaufgeräusch, Leersaugen GV, Geruchsbelästigung; I: K: Druckspüler, Spülk.; W: Einstellung, Dichtung	bei Bedarf
Urinalanlage m. Wasserspülung	I: K: Spülvorgang, Elektroanschl.; W: Batterie erneuern; K: Zeitspüleinrichtung; W: ggf. Korrektur	
UR o. Wassersp.	I: K: Verunreinigung, Sperrflüssigk.; W: Austausch	tägl.
Rückstauverschlüsse DIN EN 13564-1	I: Funktion Betriebsverschluss, Notverschluss	1 Mon.
	W: Ablagerung entfernen; Dichtungen prüfen, erneuern; K: Mechanik, nachfetten; Funktionsprüfung	6 Monate
Leichtflüssigkeitssperre DIN EN 1253-5	I: K: selbstt. Abschluss leichtgängig, Dichtflächen W: Einlaufkammer: Ablagerung, Sand entfernen, wieder mit Wasser füllen; Herstelleranweisung!	min. 6 Monate
Stärkeabscheider	I: Entleeren, Entsorgen, Spülen; W: Ablagerung entfernen, K und Reinigen v. geruchsdichten Abdeckungen, Probeentnahmestelle, bis Ruhewasserspiegel füllen; Entsorgungsbestimmung!	2 Wo./ vor Betriebspause
	W: K: Innenwandkontrolle; autom. Entsorgg. n. Herstellerang.; W nur Sachkundige; Protokoll	1 Jahr
	Überprüfung (Fachkundiger); erdeingebaut: Wasserdichthprüfg. 100 mm über Rohrscheitel Zulauf	5 Jahre
Brennwertanl. Neutralisation	I: Herstellerang. (1x monatl.); W: Standzeit Neutralisationsmittel, Austausch, Protokoll	mind. 1x pro Jahr
Emulsionspalt.	I: Herstellerang. (1x monatl.); W: Herst./Behörde	
pH-Messgerät	I: W: Messelektrode 1x wöch. reinigen, alle 3 Monate kalibrieren, Herstellerangabe beachten	1 Wo. 3 Mon.
Schlamm-/ Sandfang	I: VP Zustand, Dichtheit, Sauberkeit, Zugänglichkeit W: Sand, Schlamm entfernen, Reinigen	6 Monate

Anlageteil	Inspektions- und Wartungsmaßnahmen I/W	Zeit
Kleinkläranlage Abwasservorbehandlung Schlammentna.	I/W, Entsorgungsintervalle DIN 4261-1/EN 12566-1: Einkammer-Absetzgrube nach 70 % Füllung, Mehrkammer-Absetzgrube nach 50 %, 30 cm Impfschlamm verbleiben; nach Herstellerangabe durch Fachbetrieb	mind. alle 6 Monate
Kleinkläranlage mit Belüftung	I/W, Entsorgungsintervalle DIN 4261-4, nach Herstellerang. durch Fachbetr., K: tägl./mon. durch Betreiber	4 Monate
Abwassersammelgrube (abflusslos)	I, Entleeren, Abwasserabfuhr d. Kommune, K: Zugänglichkeit, Zustel., Schachtabdeckung, Fachbetrieb	1 Monat
	W: Entleerung, Reinigung; VP: Innenwand, Zulauf, Abdeckung o. Dichtheitsprf. DIN 1986-30, Protokoll	10 Jahre
Regenversickrg.	I/W nach ATV-DVWK-A 138 Versicherungsanlage	
Drainageüberg.	I/W: VP Schacht, Sandfang, Pumpe, Ableitung	6 Mon.
Abwasserhebeanlagen bzw. Tauchpumpen	I: Betriebsfähigk. (2 Zykl.), K: Dichtheit, Korrosion	1 Mon.
	W: Dichtheit Verbindungsstellen, Leichtgängigkeit Schieber, nachfetten; Reinigen Rückflussverhind.	3 Mon. gewerb.
	K: Sitz v. Kugel; Reinigen Fördereinrichtung; Laufrad, Lager prüfen, Ölstand nachfüllen/wechseln;	6 Mon. MFH
	Behälter innen reinigen, VP Elektrik, Sammelbehälter, Anlage m. Wasser durchspülen (alle 2 Jahre)	1 J. EFH
Regenwasser-NA	I/W: nach DIN 1989-1 (s. 292.4)	
Abscheideranlagen für Leichtflüssigkeiten DIN 1999-100	I: Schichtdicke, Volumenleichtfl., Lage Schlammspiegel messen; K: selbsttätiger Abschluss, Alarm, Wasserstand vor/hinter Koaleszenseinsatz bei Betrieb (Verstopfung Einsatz), Herstelleranleitung; Grobstoffe entfernen, Mängel beseitigen; Betriebstagebuch protokollieren	1 Monat
	W: K Koaleszenzeinsatz auf Durchlässigkeit, wenn Wasserspiegel vor/nach unterschiedlich, Reinigen/Austausch; Abscheider entleeren, reinigen; Rinne im Probenahmeschacht reinigen (falls vorhand.)	6 Monate
nur Regenwass.	W: tats. Schlamm-/Leichtfl.-Anfalleigenverantwortl.	< 1 J.
	E: 80 % der Speichermenge erreicht (s. Typschild), 50 % Schlamm im Sammelraum (! ggf. bes. Bestimmung) Wiederbefüllen der Abscheideranlage mit Wasser	Mengenabh.
Überprüfung Generalinspekt.	DIN 1999-100: durch Fachkundigen, inkl. Dichtheitsprüfung erdeingebauter Anlagen (s. 302.3)	5 Jahre
Abscheideranlagen für Fette DIN 4040-100	I mit E: vollst. Entleeren, Reinigen v. Schlammfang, Abscheider, ggf. Absauge-/Entsorgungs-/Spüleinrichtung; K: Funktion, freier Auslauf der Befülleinrichtung; Verkrustungen, Ablagerungen entfernen, geruchdichte Abdeckung reinigen, K: Dichtung; Probenahmeeinrichtung reinigen; Anlage bis Ruhewasserspiegel füllen. E: 100 % Speichermenge erreicht (s. Typschild), 50 % Schlammfangvolumen; anschließend Wiederbefüllen mit Wasser (auch aufbereitet)	2 Wochen, min. 1× Monat
	W: K: Innenwandflächen Abscheider/Schlammfang (Beton: Rissbildung/Metall: Korrosion), Elektrische Einrichtungen/Install.: W-Bericht	1 Jahr
Generalinspekt.	nach DIN 4040-100 durch Fachkundigen	5 J.

305.1 Geräuschquellen und Schallschutzmaßnahmen bei sanitären Anlagen

Geräuschquellen in der Sanitärtechnik

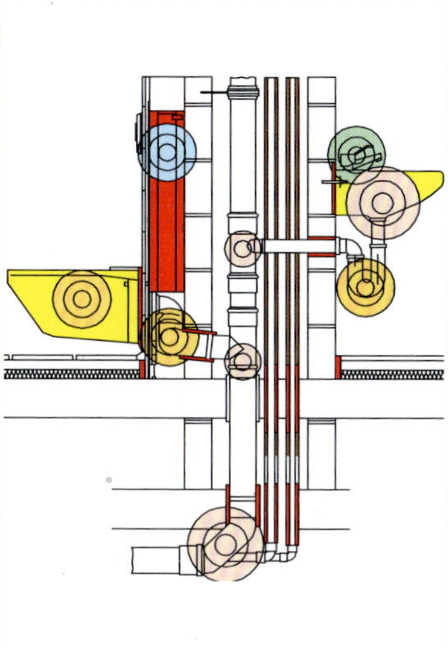

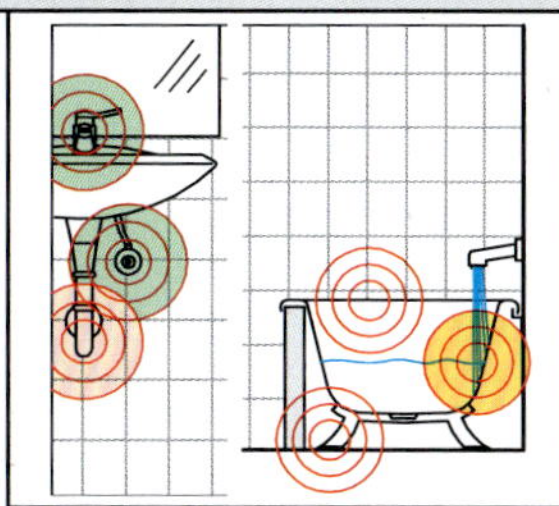

Schallschutzmaßnahmen beim Wand-WC

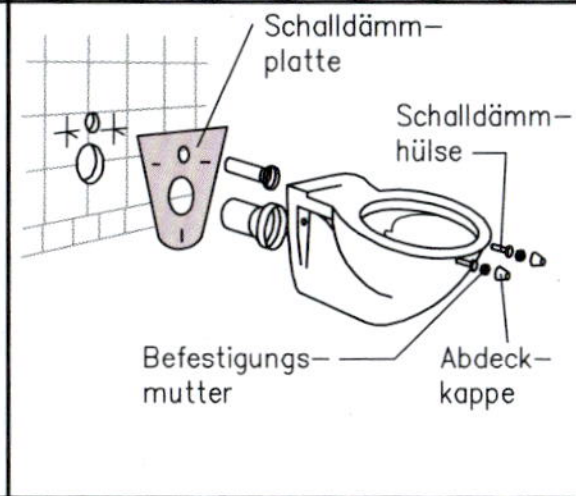

Rand bei Dusch- und Badewanne

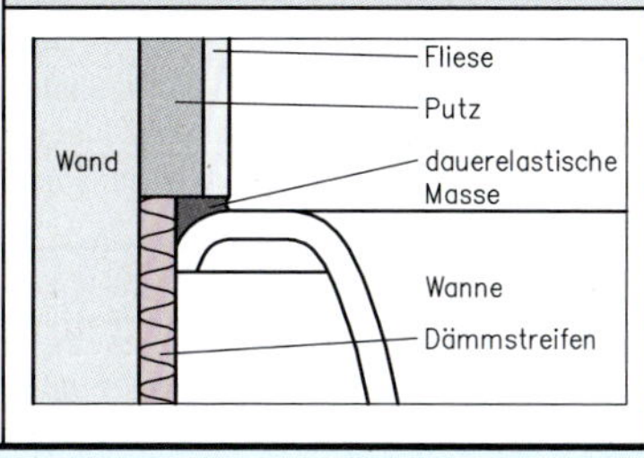

Rohrdurchführung

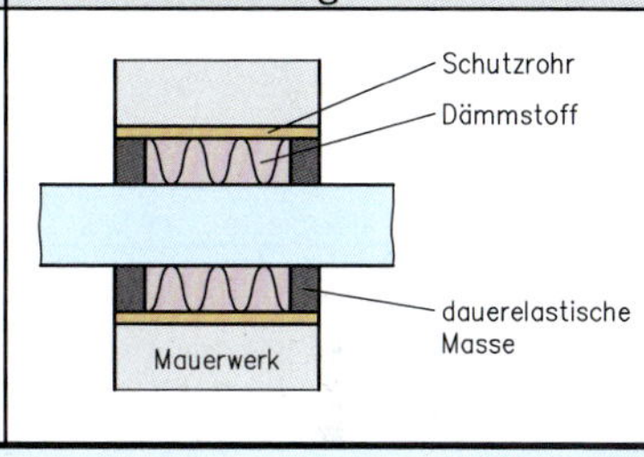

305.2 Anforderungen an Armaturen, Armaturengruppen, Schallpegel DIN 4109

Armaturengruppe I ≤ 20 dB (A) erforderlich

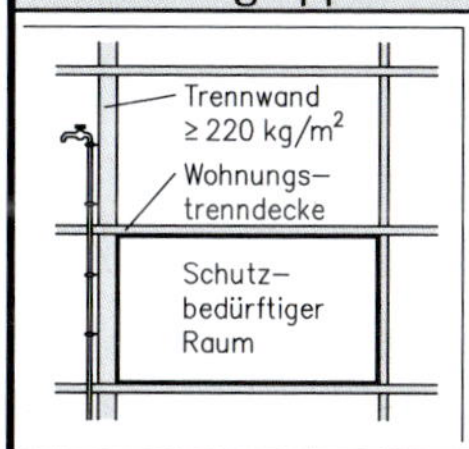

Auslauf-, Geräteanschlussarmaturen, Druckspüler, Brause, Durchflusswassererwärmer

Armaturengruppe II ≤ 30 dB (A) möglich

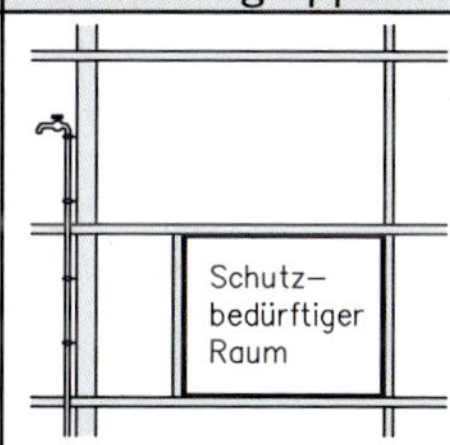

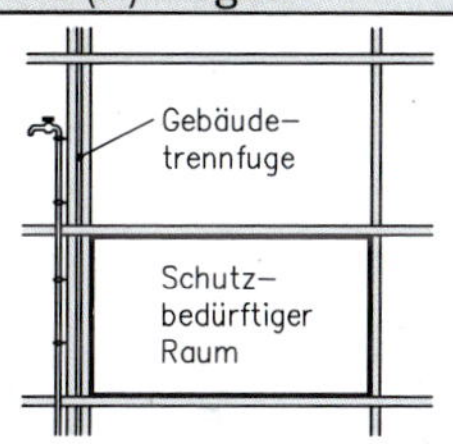

Druckspüler, Spülkasten, Absperr-, Eckventil, Rückflussverhinderer, Druckminderer

Auslaufvorrichtungen, die direkt an die Auslaufarmatur angeschlossen werden

Armaturengruppe I ≤ 15 dB (A): Strahlregler, Durchflussbegrenzer, Rohrbelüfter	Armaturengruppe II ≤ 25 dB (A): Rückflussverhinderer u. a.

305.3 Zulässige Schallpegel in schutzbedürftigen Räumen DIN 4109-A1

Geräuschquelle	Wohn- und Schlafräume	Unterrichts- und Arbeitsräume
	zulässiger Schallpegel in dB (A)	
Wasserinstallation	≤ 30 [1) 2)]	≤ 35 [1)]
sonst. Haustechnik	≤ 30 [3)]	≤ 35 [3)]
Betriebe 6...22 Uhr	≤ 35	≤ 35 [3)]
Betriebe 22...6 Uhr	≤ 25	≤ 35 [3)]

[1)] Kurzzeitige Spitzen (Öffnen, Schließen der Armaturen, Nutzergeräusche, Spüleinlauf WC) werden nicht berücksichtigt.

[2)] Werkvertragliche Voraussetzungen zur Erfüllung des zulässigen Installationsdruckpegels:
- Ausführungsunterlagen nach Schallschutzanforderungen (Bauteilschallschutznachweise vorlegen).
- Teilabnahme durch Bauleitung vor Verschließen der Installation (ZVSHK-Merkblatt)

[3)] Dauergeräusche ohne auffällige Einzeltöne bei Lüftungsanlagen bis 5 dB (A) höher zulässig.

305.4 Zulässiger Schallpegel in dB (A) VDI 4100

Wohngebäude	Schallschutzstufe SSt I	SSt II	SSt III	DIN 4109 A1
Mehrfamilienhaus	35	30	25	30
Doppel-/Reihenhaus	35	25	20	30
selbstgenutzte Räume	35	30	30	30

305.5 Geräuschpegel bei Sanitärarmaturen

Armatur, Gegenstd., Leitung	DN	p_{Fl} bar	$\dot{V}$ in l/s	dB (A)
Auslaufventil	15	3	0,7	33
Spültischbatterie	15	3	0,2	24
Waschtischeinlochbatterie	15	3	0,2	13
Duschbatterie	15	3	0,3	18
Wannenfüll-/Duschbatterie	15	3	0,3	26
Spülkasten mit Eckventil	15	3	0,15	27
Druckspüler Gruppe I	20	2,5	1,3	38
Druckspüler Gruppe II	20	2,5	1,3	32
Leitung: Geradsitzventil	20	4,2	1,4	39
Schrägsitzdurchgangsventil	20	4,2	1,8	25
Abwasserfallgeräusche PE			0,8	58

306.1 Günstige Wohnhausinstallation, Ausstattungsbedarf in Wohnungen VDI 6000 Blatt 1

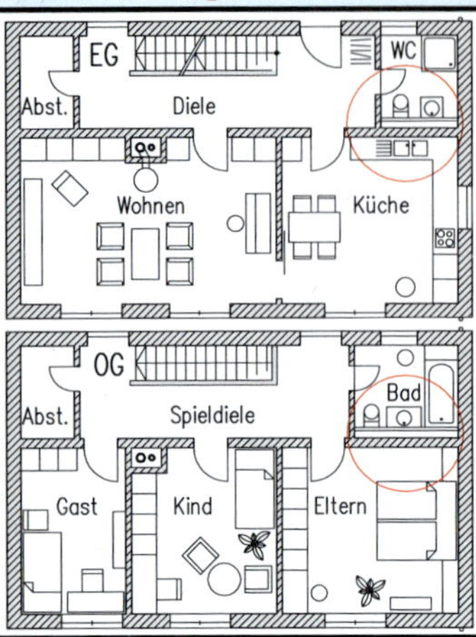

Ausst. Raum	einfach Objekt, Zubeh.	gehobene Ausstattung Sanitärobjekt, Zubehör	komfortable Ausstattung Sanitärobjekt, Zubehör
Gäste-WC		WC, Papierrollenhalter, bodenfreier Bürstenhalter	WC, Papierhalter, bodenfreier WC-Bürstenhalter, Papiervorratsbox
		WB, Spiegel, Haken f. Handt.	WB, Spiegel, Ablage, Handtuchhalt. DU, Haltegriff, Duschabtrennung
Bad	WC, Papierhalter, WC-Bürste	WC, Papierrollenhalter, bodenfreier Bürstenhalter	WC, Papierhalter, bodenfreier WC-Bürstenhalter, Hygieneabfallbeh., Box
	WB, Spiegel, Ablage	WB, Spiegel, Ablage, Handtuchhalter	DWB, Flächenspiegel, Ablage, Handtuchhalter, Mundgläser mit Halter
	BW, Griff, Haken	BW, Griff, Badetuchhalter	BW, Haltegriff, Badetuchh., Whirlpool
	alt, DU, Griff, Haken, Abtrennung	DU, Haltegriff, Duschabtrennung, Badetuchhalter	DU, Haltegriff, Duschabtrennung, Badetuchhalter, klappbare Sitzbank
	Waschmasch.	Sitzwaschb., Handtuchhalt.	Sitzwaschb., Handtuchhalter, Badmöbel
Küche	Spüle, Gassteckdose (opt.)	Einbauküche, Spülmaschine, Gassteckdose (option.)	Einbauküche, SP mit Ablauffläche, Spülmaschine, Gassteckdose (opt.)
Hausarbeit		ggf. Trockner, Waschmaschine	Spüle, Waschmaschine, Wäschetrockner, Bügeltisch, Wäschebeh.

306.2 Sanitärobjektmaße, min. Bewegungsflächen, min. seitliche Abstände, Wohnungen VDI 6000 Blatt 1

Sanitärobjekt/Maße cm		Breite	Tiefe	min. Bewfl.		Mont.-Höhe	min. seitliche Abstände zu anderen Sanitärobjekten											Wand-	beid-
Ausstattungsgegenstand		*b* cm	*t* cm	*B* cm	*T* cm	ü. FFB	WB	DWB	EWT	HWB	SWB	WC a/u	UB	DU	EDU	BW	WM/TR	abstd.	seitig
Einzelwaschbecken	WB	60	55	90	55	85/90					25	20	20	20	20	20	20	20	25
Doppelwaschbecken	DWB	120	55	150	55	85/90					25	20	20	20	20	20	20	20	
Einbauwaschtisch	EWT	70	60	90	55	85/90					25	20	20	15	20	15	15		
EWT mit 2 Becken	EDWT	140	60	150	55	85/90					25	20	20	15	20	15	15		
Handwaschbecken	HWB	45	35	70	45	85/90					25	20	20	20	20	20	20	20	
Sitzwaschbecken	SWB	40	60	80	60	42 OK SO	25	25	25	25		25	25	25	25	25	25	25	
WC Spülung vorwand	WCa	40	75	80	60	42 OK SO	20	20	20	20	25		20	20	20	20	20	20	25
WC Wandeinbauspülk.	WCu	40	60	80	60	42 OK SO	20	20	20	20	25		20	20	20	20	20	20	25
Urinalbecken	UB	40	40	60	60	65	20	20	20	20	25	20	20	20	20	20	20	20	25
Duschwanne	DU/EDU	80	80	80/70	75		20	20	15	20	25	20	20				3		
Badewanne	BW	170	75	90	75		20	20	15	20	25	20	20				3		
Waschmaschine	WM	60	60	90	90		20	20	20	20	25	20	20	3	3	3		20	25
Wäschetrockner	TR	60	60	90	90		20	20	20	20	25	20	20	3	3	3		20	25
Ausgussbecken	AB	50	40	80	55	65													
Einfach-Spüle	SP	90	60	90	120	85/92													
Doppel-Spüle	DSP	120	60	120	120	85/92		Abstand aller Objekte zu Türöffnungen/Türlaibungen min. 10 cm											

306.3 Zuordnung von Armaturen zu Sanitärobjekten in Wohnungen bei verschiedener Ausstattung VDI 6000 Blatt 1

Ausstattung	einfache Ausstattung			gehobene Ausstattung			komfortable Ausstattung				
Sanitärobjekt	Zweigriffarm.	Spülk.[1]	Drucksp.[1]	Einhebelm.	Spülk.[1]	Drucksp.[1]	Einhebelm.	Thermost.	Elektron.	Spülk.	Drucksp.
Spültisch	×	[1] Wandeinbau		×			×	×			
Waschbecken	×			×			×	×	×		
Dusche/BW	× ×			× ×			× ×	× ×	×		
Sitzwaschb.				×			×	×			
WC/Urinal		×	×		×	× ×			×	×	×

306.4 Sanitärobjektmaße, min. Bewegungsflächen, min. seitliche Abstände, Hotelzimmer VDI 6000 Blatt 4

Sanitärobjekt/Maße cm		Breite	Tiefe	min. Bewegungsfl.		Mont.-Höhe	min. seitliche Abstände zu Sanitärobjekten							
Ausstattungsgegenstand		*b* in cm	*t* cm	Breite *B*	Tiefe *T*	ü. OKFFB	WT	DWT	E(D)WT	SW	WC a/u	DU	BW	Wand
Einzelwaschtisch	WT	60	55	90	55	85	20			25	20	20	20	20
Doppelwaschtisch	DWT	120	55	150	55	85				25	20	20	20	20
Einbauwaschtisch, 1 Becken	EWT	70	60	90	55	85			0	25	20	15	15	0
Einbauwaschtisch, 2 Becken	EDWT	140	60	150	55	85				25	20	15	15	0
Sitzwaschbecken	SW	40	60	80	60	42 OK SO	25	25	25		25	25	25	25
WC Spülung vorwand	WC a	40	75	80	60	42 OK SO	20	20	20	25		20	20	20
WC Wandeinbauspülung	WC u	40	60	80	60	42 OK SO	20	20	20	25		20	20	20
Urinalbecken	UB	40	40	60	60	65	20	20	20	25	20	20	20	20
Duschwanne/Eckeinstieg	DU	80/70	80	80	75		20	20	15	25	20		0	0
Badewanne/Eckeinstieg	BW	170/160	75	90	75	60	20	20	15	25	20	0		0
Spüle in Kleinküche/2 B.	SP	90	60	90	75/120	85/92	Abstand zu gegenüberliegend SO 75 cm							

307.1 Bezugseinheiten für die Planung von sanitären Einrichtungen im öffentlichen Bereich VDI 3818

Gebäude-/ Anlagenart	Bezugs-einheit	WC je Damen	Bezugseinheit Herren	Urinal	Beh.-WC	WC m. HWB	Dusche Damen	Herren	Spezielle Ausstattung/weitere Gültigkeit/zu beachten/ Bezugsnorm
Gebäude mit Publikum	Besucher[1]	75	100	100	1	1	–	–	[1] gleichzeitige Anwesenheit der Kunden/Besucher
Stadtzentrum, ÖPNV[2]	Einwohner	-10000	-10000	-10000	1	1	–	–	[2] Wohngebietszentren, Einkaufszonen, Haltestellen
Freianlage, Freizeitpark	Besucher[1]	50–100	50–100	50–100	1	1	–	–	[1] gleichzeitige Anwesenheit der Besucher
Parkhaus, Tiefgaragen	Stellplätze	50–200	50–200	50–200	1	1	–	–	
Tankstellen	pro Anlage	1	1	–	–	1	–	–	(s. Garagenverordnung)
Volksfest, Jahrmarkt	Besucher[1]	250	250	250	1	3	–	–	[1] gleichzeitige Anwesenheit der Besucher
Bahnhof, Flughafen	Reisende[1]	100	100	50	1	1	–	–	1 Speibecken, 1 Wickeltisch/[1] gleichzeitige Anwesenheit
Autobahn, Fernstraße	je 25 km	2	1	2	1	2			1 Wickeltisch alle 50 km
Raststätten	Sitzplätze	30	40	30	1	1–2	2 je Raststätte		1 Wickeltisch/vorh. Tankstellen-WC anrechnen
Gaststätten	–125 Sitzpl.	20	40	20	1	1			Speibecken/(s. auch Verordnungen der Länder)
	–480 Sitzpl.	30	60	30	1	1–2			
Campingplätze (s. Campingplatz-VO)	Stellplätze	10–15	20	20	1	3	25	25	1 Wickeltisch, 1 Fuß-WB, 1 Geschirr- u. 2 Wäschespülbecken je 30 Stellplätze, 1 Trinkwasserzapfstelle je 50 Stellplätze
Hallenbad, Wasserfl.	–150 m²	150	150	150	1	1	15	15	1 Haartrockenplatz, 1 Wickeltisch, 2 Speibecken in der
(s. VDI 2089) Wasserfl.	–500 m²	250	500	250	1	1	25	25	Schwimmhalle, 1 Kaltwasserdusche, Trockenber. je 1 Wfl.
Freibäder, Wasserfl. (s. VDI 2089 Blatt 3)	–500 m²	250	500	250	1	3	330	330	1 Haartrockenplatz je 50 Schränke, 1 Wickeltisch, 1 Speibecken, 1 Kaltwasserdusche, 1 Trinkbrunnen
Saunen	Saunaplatz	10–15	20–25	20–25	1	1	3–8	3–8	1–2 Fußwärmbecken, Duschpl.f. Vorreinigung/Kaltwasser
Medizinische Bäder	Behandlgspl.	10–15	20–25	20–25	1	1	–	–	
Medizinische Einrichtg.	Station	2	1	1	1	1	–	–	Stationäre medizinische Einrichtungen
Medizinische Einrichtg.	Arztplätze	4	4	4	1	1	–	–	Ambulante medizinische Einrichtungen
Turn-/Sporthallen	Fläche in m²	-100	-100	-200	1	1–2	10–20	10–20	1 Haartrockenpl./50 Schränke, 1 Fußwaschpl. je 5 Duschen
Kaufhaus	Fläche in m²	1000	2000	2000	1	1			Sanitäranlage nahe Hauptverkehrsstrom versehen

307.2 Bewertungskriterien für Benutzung, Zerstörungsrisiko und Ausstattungseinschränkung VDI 3818

Gebäude-, Anlagenart/(zusätzlich)	Zugängigkeit			Benutzungshäufigkeit			Zerstörungsrisiko[1]				Ausstattungseinschränkungen			
Gebäude mit Publikumsverkehr (Besucher)	immer	geregelt	zeitw.	ständig	stoßw.	zeitw.	keines	Kat. 0	Kat. 1	Kat. 2	keine	gering	mittel	hoch
Bank, Sparkasse		×		×			×				×			
Behörde, Rathaus, Regierungsgeb., Feuerw.			×			×		×				×		
Gemeinde, Gewerbe/Technologie/Werkstatt		×		×				×				×	×	
Hotel, Motel (Eingangshallen)/Kino	×	×		×	×			×	× ×			× ×	× ×	
Institut, Labor, Alten-/Behindertenwohnheim		×		×				×				×		
Polizeibehörde, Gerichtsgebäude		×	×	×					×			×	×	
Kinder-/Jugendwohnheim		×		×					×				×	
Obdachlosenheim	(×)		×					×	×				×	×
Stadt-WC, -Zentrum ÖPNV, Einkaufszentrum	×	×	×	×						×				×
Parkhaus, Tiefgarage, Freianl./Freizeitpark	×	× ×	×	× ×		× ×			× ×	× ×			× ×	× ×
Volksfest, Jahrmarkt, Ausstellungsbau		×	×	×					×	×			×	×
Bus-, Bahnhof/Messebau	×	× ×	×	× ×		×			× ×	×			× ×	×
Flughafengebäude/Hafengebäude	×	× ×		× ×				×	× ×			× ×	× ×	
Autobahn-/Fernstraßenparkplatz	×			×	×					×				×
Cafés, Gaststätte/Kantine, Mensa		× ×		×	×			× ×	×			× ×	×	
Restaurant, Hotel/Theater, Oper		× ×	×	×	×		× ×	× ×			× ×	× ×		
Campingplatz/Sport-Zuschaueranlage	×	× ×	× ×	× ×	× ×	×		× ×	× ×	×			× ×	(×)
Sportstadion, Sportanlage im Freien			×		×					×			×	×
Hallenbad/Freibad		× ×	× ×	× ×				× ×	×				× ×	
Stadthalle/Ausstellungsbauten		× ×	× ×	× ×				× ×	× ×			×	× ×	×
Wissenschaftliches Konferenzzentrum			×		×	×		×				×		
Universität, (Fach-)Hochschule	×	×		×	×				×				×	
Haupt-, Realschule, Gymnasium		×		×	×	×			×				×	
Turn- und Sporthalle/Jugendhort		× ×	× ×	× ×	×	× ×		×	× ×	× ×			× ×	
Bibliothek, Galerie/Museum		× ×	× ×	× ×			× ×					× ×	×	
Kirche/Kulturzentrum		(×) ×	×	×	×			× ×				× ×	×	
Krankenhaus, Reha, stat. med. Einrichtung		×		×			×	×				×		
Ambulante medizinische Einrichtung		×		×				×				×		
Medizinisches Bad/Sauna		× ×		× ×			×	×				× ×		
Warenhaus > 2000 m²/Dienstleistungsbetr.		× ×		× ×			×	×			×	× ×	×	

[1] Für Ausstattung von Toiletten-, Wasch- und Duschanlagen werden nach Zerstörungsrisiko entsprechende Werkstoffe empfohlen z. B. 315.3/4.

308.1 Ausstattungsbedarf von Sanitärräumen im Hotel, Hotelzimmer, Appartement

Allgemeine Sanitärräume auf jeder Etage/Zubehör		Sanitärräume im Hotelzimmer, Appartement	
WC Damen	1 WC für 10 Betten, 1 Handwaschbecken/Waschtisch pro 5 WC-Becken/WC-Papierhalter, Bürstenhalter, Spiegel	Einzelzimmer	1 Waschtisch/Spiegel, Handtuchhalter, Ablagefläche 1 Bidet (empfehlenswert), Handtuchhalter, Ablage
WC Herren	1 WC für 15 Betten, 1 Handwaschbecken/Waschtisch pro 5 WC-Becken, 1 bis 2 Urinale für 15 Betten	Doppelzimmer	2 Waschtische/Spiegel, Handtuchhalter, Ablagefläche 1 Bidet (empfehlenswert), Handtuchhalter, Ablage
Duschraum	1 Duschwanne, 1 Fußwanne ggf. kombiniert mit der Duschwanne, 1 Waschtisch, 1 Bidet (empfohlen)/Haltegriff, Duschabtrennung, Spiegel, Ablage	EZ mit Duschbad	1 WC/Papierrollenhalter, Bürstenhalter, Feuchtpap.-box 1 Duschwanne/Haltegriff, Abtrennung, Handtuchhalter 1 Waschtisch/Spiegel, Handtuchhalter, Ablage
Badewannenraum	1 Liegewanne, 1 WC, 1 Bidet, 1 bis 2 Waschtische, Haltegriff, Spritzschutz bei Nutzung als Dusche Ablagen für Seife, Shampoo, Handtuchhalter	DZ mit Duschbad	1 WC/Papierrollenh., Bürstenh., 1 Bidet (empfehlensw.) 1 Duschwanne/Haltegriff, Abtrennung, Handtuchhalter 2 Waschtisch/Spiegel, Handtuchhalter, Ablage
Appartement Kitchenette	1 WC, 1 Bidet, 1 zus. Duschwanne (empfehlenswert), 2 Waschtische, 1 Badewanne/Zubehör s. neben 1 Spüle mit Ablauffläche, Kochfeld, Kühlschrank, Einbauküche mit Mikro, Kaffeemasch., Wasserk., Abfallbeh.	DZ mit Wannenbad	1 WC/Papierrollenhalter, Bürstenhalter, Hygieneabfallb., 1 Badewanne/Haltegriff, Spritzschutz, Handtuchhalter, Ablagefläche für Seife, Shampoo, 1 Haarföhn 2 Waschtische/Zubeh. s. o., 1 Bidet (empfehlenswert)

308.2 Zuordnung von Armaturen zu Sanitärobjekten im Hotelzimmer und bei Arbeitsstätten — VDI 6000 Blatt 4 und 2

Armatur/ Sanitärobjekt	Zweigriff	Hebelmischer	Thermostat	Selbstschluss	Wandeinbau Spülkast.	Wandeinbau Drucksp.	Armatur/ Sanitärobjekt	Auslaufv.	Einhand	Selbstschluss	berührungsl.	Verbrühschutz	f. Wandeinbau	Zweigriff	Spülarm.
Waschtisch		×		×			Hand-/Waschpl.	×/–	×/×	×/×	×/×	×/×	×/×		
WC/Urinal					×	×/×	Fußw./Dusche		×/×	×/×		×/×	×/×		
Dusche		×	×	×			WC/Urinal				×/×		×/×		×/×
Badewanne		×	×				Ausgussbeck.						×	×	
Sitzwaschbeck.		×	×				Teeküche	×	×						
Spültisch	×	×					Trinkbrunnen	×		×					

308.3 Sanitärobjektmaße, min. Bewegungsflächen, min. seitliche Abstände, Arbeitsstätten — VDI 6000 Blatt 2

Sanitärobjekt/alle Maße in cm Ausstattungsgegenstand/Kabine		Breite *b* in cm	Tiefe *t* in cm	min. Bewegungsfläche Breite *B* cm	min. Bewegungsfläche Tiefe *T* cm	Mont.-Höhe ü. OKFFB	min. seitl. Abstände zu Sanitärobjekt. WP	HWB	DP	FWP	WC	HK	UR	SB	Wand 1x/2x
Waschplätze	WP	60	50	90	55	85	20	20	20	20	20	20	20	20	20
Handwaschbecken	HWB	45	35	70	45	85	20	20	20	20	20	20	20	20	20
Duschplatz	DP	90	90	90	70	0	20	20		20					20
Fußwaschplatz	FWP	40	55	60	50	35	20	20	20	20					20
WC Spülung vorwand	WC a	40	75	80	60	42	20	20					20		20/25
WC Wandeinbauspülung	WC u	40	60	80	60	42	20	20			20		20		20/25
Hockklosett	HK	70	70	80	55	0	20	20			20		20		15
Urinal	UR	40	40	60	60	65	20	20			20	20			20/25
Speibecken	SB	47	47	80	60	90	20	20							20/25
Trinkbrunnen	TB	40	35	60	50	90	20	20						20	20/25
Ausgussbecken	AB	50	40	80	55	65	20	20							20/25
Spüle	SP	90	60	90	120	85 bis 92	20	20							20
Duschplatz barrierefrei	DP b	150	150	Bewegungsfläche 150 × 150		0									
Waschtisch barrierefrei	WT b	60	55			80					95				20
WC barrierefrei	WC b	40	70			46	95								95

Kabine	Breite	Tiefe		
WC-Kabine, Tür nach außen	90	125	Raumtiefe vor den Kabinen TvK	155
WC-Kabine, Tür nach innen/Duschkabine	90	150/160	TvK, WC + UR gegenüber, Tür n. außen/innen	205/165
WC-Kab. m. HWB nebeneinander, Tür nach außen	155	125	TvK, WC 2-bündig, Tür nach außen/innen	200/125
WC-Kab. m. HWB nebeneinander, Tür nach innen	155	150	Türbereich, Abstand zu Türöffnungen	min. 10

308.4 Sanitärräume, Zuordnung zu Arbeitsstätten/-plätzen ohne/mit besonderen Hygieneanforderungen A1/A2

Umgebung schmutzend	nicht[1]	mäßig[2]	schmutzend[2]	stark[2]	Umgebung schmutzend	nicht[2]	mäßig[2]	schmutzend[2]	stark[2]
Büro und Verwaltung	×				Verkauf, Fabrikation empfindlicher Produkte	×	z. B. Elektronik		
Verkaufsstätten	×	×			Gemeinschaftsküchen		×		
Beherbergungsstätten	×				Lebensmittelverarbeitung		×	×	
Gaststätten	×				Lagerräume	×	×	×	
Bauhöfe		×	×		Gesundheitswesen	×	×		
Ausbildungsstätten	×	×	×		Arzneiprod./Infektionsabt.	×	×		
Werkstätten		×	×		Lebensmittelprod./-handel	×	×		
Fertigung/Produktion		×	×	×	Laboratorien	×	×	×	
Lager/Sportstätten	×	×	×		Wäschereien		×	×	×
Färbereien				×					

[1] Pausenraum ab 10 Besch., Umkleide falls erf., Toilettenraum, Sanitätsraum
[2] Pausenraum, Umkleide, Waschraum, Waschplatz, Toilettenr., Sanitätsraum

309.1 Toilettenräume, Sanitärobjektzahl nach Arbeitsstättenrichtlinie, VDI 6000 D+H/Beschäftigte bekannt

Damen oder Herren		6-10	-20	-50	-75	-100	-150	-200	-250	6-10	-20	-50	-75	-100	-150	-200	-250	6-10	-20	-50	-75	-100	-150	-200	-250
Toiletten-	WC	1	2	3-4	5	6-7	8-9	10	10	1	2	2	4	5	7	8	10	1	1	2	2	4	5	7	8
raum	HWB	1	1	1	1	2	2	2	2	1	1	1	2	3	3	4	5	1	1	2	2	2	3	3	4
Damen	WC+HWB	nach Arbeitsstättenrichtlinie								in Kabine		1	1	1	2	2	2	in Kabine			1	1	1	2	2
Toiletten-	WC	1	2	2-3	4	5	6-7	7-8	9-10	1	1	2	2	2	3	4	5	1	1	1	2	2	2	3	4
raum	UR	1	2	2-3	4	5	6-7	7-8	9-10	1	2	2	4	5	7	8	10	1	1	2	3	4	5	7	8
Herren	HWB	1	1	1	1	1	2	2	2	1	1	2	2	3	4	5	5	1	1	2	2	2	3	4	5

309.2 Waschräume, Sanitärobjektzahl nach Arbeitsstättenrichtlinie/VDI 6000, Tätigkeit schmutzend/stark schmutzend

D. o. H. bis	6-10	20	50	75	100	150	200	250	10	20	50	75	100	150	200	250	10	20	50	75	100	150	200	250	20	50	75	100	200	250
Waschpl.	2-3	-4	12	18	-24	-36	-49	-61	1	2	4	8	11	16	22	28	1	-3	-8	12	-17	-25	-33	-42	2	4	8	11	22	28
Duschpl.	1	1	1	1	1	1	1	1	1	2	3	6	8	12	18	23	1	-2	-4	-6	-8	-13	-17	-21	3	4	8	11	22	28
Fußwasch	–	–	1	2	2-3	3-4	4-5	5-6			1	2	3	3	3	4			1	2	2	3	4	4	1	2	3	3	4	4
Schränke	1 je Beschäftigtem (ASR)								1 je Beschäftigtem (VDI 6000)								1 (ASR stark schmutzend)								1 (VDI stark schmutzend)					
WC-Anl.	In unmittelbarer Nähe von Wasch-									1	1	2	2	3	4	4	In unmittelbarer Nähe von Wasch-								1	1	2	2	4	4
UR-Anl.	u. Umkleideräumen müssen Toiletten-									1	1	2	2	2	3	3	u. Umkleideräumen müssen								1	1	2	2	3	3
HWB	räume vorhanden sein.									1	1	1	1	2	2	2	Toilettenräume vorhanden sein.								1	1	1	1	2	2

309.3 Waschräume mit Toilettenraum nach Arbeitsstättenrichtlinie/VDI 6000 Tätigkeit mäßig schmutzend

Damen oder Herren	6-10	-20	-50	-75	-100	-150	-200	-250	6-10	11-20	21-50	51-75	76-100	101-150	151-200	201-250
Waschplätze	1	2-3	3-9	9-14	14-19	19-29	29-39	39-49	1	2	4	6	9	13	17	23
Duschplätze	1	1	1	1	1	1	1	1	1	1	2	3	4	5	7	9
Fußwaschplätze	–	–	–	1	2-3	2-3	3-4	4-5	–	–	–	1	2	3	3	3
Schrank je Beschäftigt.	1	1	1	1	1	1	1	11	1	1	1	1	1	1	1	1
Klosettanlagen	In unmittelbarer Nähe müssen WC-Räume vorhanden								–	1	1	2	2	3	4	4
Urinal im WC-Raum	sein. Die Arbeitsstättenrichtlinie macht keine Angaben								–	1	1	2	2	2	3	3
Handwaschbecken	zu Sanitärobjektzahlen.								–	1	1	1	1	2	2	2

309.4 Waschräume mit Toilettenraum nach Arbeitsstättenrichtlinie/VDI 6000 Tätigkeit stark schmutzend

Damen oder Herren	6-10	-20	-50	-75	-100	-150	-200	-250	6-10	11-20	21-50	51-75	76-100	101-150	151-200	201-250
Waschplätze	1	1-3	3-8	8-12	12-17	17-25	25-33	33-42	1	2	4	8	11	16	22	28
Duschplätze	1	1-2	1-4	4-6	6-8	8-13	13-17	17-21	2	3	4	8	11	16	22	28
Fußwaschplätze	–	–	1	2	2	3	4	4	–	1	2	3	3	3	4	4
Schrank je Beschäftigt.	2	2	2	2	2	2	2	2	2	2	2	2	2	2	2	2
Klosettanlagen	In unmittelbarer Nähe müssen WC-Räume vorhanden								–	1	1	2	2	3	4	4
Urinal im WC-Raum	sein. Die Arbeitsstättenrichtlinie macht keine Angaben								–	1	1	2	2	2	3	3
Handwaschbecken	zu Sanitärobjektzahlen.								–	1	1	1	1	2	2	2

309.5 Sanitärräume in Kleinbetrieben VDI 6000-2

Ein Waschplatz ist erforderlich pro		
Beschäftigte	Schmutzarbeit	
≤ 5	nein	
≤ 4	ja	
≤ 3	ja, sehr stark	

Bei ≤ 6 Beschäftigten 1 Toilette bei > 5 Männer + 1 Urinal, Urinal und HWB im Toilettenraum möglich, 1 Umkleideraum bei spezieller Berufskleidung erforderlich.

309.6 Arbeitsplatz mit Gesundheitsgefährdung 6000-2

Empfohlene Sanitärausstattung			
Damen oder Herren	6-10	11-20	21-50
Waschplätze	1	1	2
Duschplätze	3	5	10
Fußwaschplatz	1	1	1

Nach ASR → 12 Waschplätze je 40 Arbeitnehmer (2 WT + 10 Duschen + 1 Fußwaschplatz

309.7 Arbeitsräume mit Hygieneanforderungen

Küche	Gaststätten VO	Mindestens 1 Waschgelegenheit
Speisenzuber., Spülen, Nahrungsm. lagern	Regel Sicherheits- u. Gesundheitsschutz in Küche	Geflügel-, Fleisch-, Gemüsevorbertg. 1 WT, Seifen-/Desinfektionsmittelspender, Einmalhandtücher
Lebensmittelherstellg., -behandlg., Verkauf	Lebensmittelhygieneverordng. LMHV	ausreichende Zahl WT, Warm-/Kaltwasser, Seifen-/Desinfektionsmittelspender, Einmalhandtüch.
Schlacht-, Zerlege-, Verarbeit.- Umpackbetrieb Großmarktbetrieb	Fleischhygiene-VO FlHV, GeflügelfleischH-VO GFlHV	ausreichende Zahl naher WT, Warm-/Kaltwasser, berührungslose Armatur, Seifen-/Desinfektionsmittelspender, Einmalhandtücher
Fischereierzeugnisherstellung Verkauf, Großhandel, Markt	Fischhygieneverordnung, FischHV	ausreichende Zahl naher WT, Warm-/Kaltwasser, berührungslose Armatur, Seifen-/Desinfektionsmittelspender, Einmalhandtücher
Wäschereien	Biostoffverordnung	WT unreine Seite: Warm- u. Kaltwasser, Seifen-/Desinfektionsmittelspender, Einmalhandtuch

309.8 Krankenhaus je 33 bis 36 Betten

Besucher-WC	Damen	2 WC, 1 HWB o. 1 WT, Spiegel, Ablage	Seifen-/Desinfektionsmittelspender, Einmalhandtücher, Heiß-, Warm-Kalt-Wasser berührungslos funktion. Armaturen
	Herren	1 WC, 1-2 UR, 1 HWB o. 1 WT, Spiegel, Ablage	
2 Patienten-WC je		1 WC für 10 Betten, 1 UR für 20 Betten, je R. 1 WT	
Personal-WC	Damen	1 WC je 10 Damen, 1 HWB/WT je 2 WC	
	Herren	1 WC je 10 Herren, 1 UR, 1 HWB/WT je 2 WC	
1-2 Betriebsräume		1 Fäkalienspülapparat, 1 Fäkalausguss	
Pflegearbeitsraum		s. o. + 1 Spülbecken, 1 Steckbeckenwärmeapp.	
1-2 Stationsbäder		1 BW, 1 Sitzwanne, 1 WC, 1 DU, 1 Sitzwaschbecken, 1 Wäschewärmer	
Brausebad		1 DU, 1 Wäschewärmer, Handtuchtr.	
Krankenzimmer mit WC mit Bad		1 WT für 3 Betten, 1 Mundspülbecken/ 1 Sitzwaschbecken/1 WC für max. 6 Betten + 1 BW für 1-2 Krankenzimmer	
Schleuse/Schwest.		1 HWB/WT, Einmalhandtücher	
ambulante Untersuchung/Gewebe-Ausscheidungs-Untersuchung		1 Ärzte-WT (leicht erreichbar), 1 Spüle mit Abstellfläche, Einmalhandtücher (lt. Gesundheitsdienst Unfallverhütungsvorschrift)	

310.1 Sanitärobjektmaße, min. Bewegungsflächen, min. seitliche Abstände, Versammlungsstätten VDI 6000 Blatt 3

Sanitärobjekt/Maße Ausstattungsgegenstand		b [3] cm	t [3] cm	Bew.fl. B	Bew.fl. T	Montagehöhe	Montage Kind	seitl. Abstände WB	seitl. Abstände HWB	seitl. Abstände WC a/u	Schamwand	Wandabstd.	beidseitig
Waschbecken	WB	60	50	80	55	85[1]	65/70	20		20		20	
Handwaschbecken	HWB	45	35	70	55	85	65/70			20		20	
Ausgussbecken	AB	50	35	80	55	65			20			20	
Speibecken	SB	47	47	80	60	90		50	50			25	
WC Spülung vorwand	WC a	40	75	80	60	42[2]	35	20	20			20	25
WC Wandeinbauspülkast.	WC u	40	60	80	60	42[2]	35	20	20			20	25
Urinalbecken	UR	40	40	60	60	65	50/55	20	20	20	20	20	25
Baby-Wickeltisch	BWT	70	80	90	60	85		seitliche					
Schminktisch	ST	60	25	90	55	85		Abstände zu					
WB barrierefrei	WB b	60	50	Bew.fl.		80		anderen Sanitär-					
WC barrierefrei	WC b	40	70	150x150		48[2]		objekten				95	

Maße für Toilettenräume in cm Toilettenraum	Türanschl. n. außen	mit Waschpl.
Breite, WC-Kabine	90	115
Tiefe, WC-Kabine	125	125
Raumtiefe vor Kabinen (Vorräum.)	155	155
T Vorraum einbünd. WC m. UR	225	205
T Vorraum zweibünd. WC-Anlag.	200	200

Bei gegenüberliegender Anordnung von Objekten ist ein Abstand von min. 75 cm vorzusehen.
Abstand zu Türöffnungen/-leibungen ≥ 10 cm

[1] Montagehöhe über Fertigfußboden OKFFB.
[2] Wandhängend, Oberkante Keramik.
[3] Maße von sanitären Ausstattungsgegenständen

310.2 Versammlungsstätten Sanitärobjektzahl n. Gleichzeitigkeit

Glztg. H/D	niedrig Herren			Damen		mittel Herren			Damen		hoch Herren			Damen		barf.
Besucherpl.	WC	WB	UR	WC	WB	WC	WB	UR	WC	WB	WC	WB	UR	WC	WB	WC b
25	1	1	1	2	1	1	1	1	2	1	2	1	1	3	1	1
50	1	1	1	2	1	1	2	2	3	2	2	2	2	4	2	1
100	2	2	2	3	2	2	2	2	4	2	2	3	4	6	3	1
300	2	2	2	4	2	2	3	3	5	3	3	4	5	8	4	1
500	2	3	4	6	3	3	4	5	8	4	4	5	7	11	5	2
700	3	3	4	7	3	4	5	6	10	5	5	7	9	14	7	2
1 000	3	4	6	9	4	4	6	8	12	6	6	9	12	18	9	2
1 500	4	5	7	11	5	5	7	10	15	7	7	11	15	22	11	4
2 000	5	7	9	14	7	6	9	12	18	9	9	13	18	27	13	4
3 000	6	8	10	16	8	8	11	14	22	11	11	16	21	32	16	4
4 000	7	10	13	20	10	9	13	18	27	13	14	20	26	40	20	6
5 000	9	12	16	25	12	12	17	23	35	17	17	25	33	50	25	6
6 000	10	15	20	30	15	14	20	26	40	20	20	30	40	60	30	6

310.3 Sanitärräume Kita, Kindergarten, Krippe

Pflegeraum	1 Wickeltisch m. Papierhandtuch-/Desinfektionsmittel, Seifenspender, 1 Waschtisch, 1 Säuglingswanne, 1 Dusche mit Haltegriff und Badetuchhalter
Waschraum Kinderkrippe	1 WT je 2–6 Kinder, Seifen-/Papierhandtuchspender 1 WC je 8–10 Kinder, Papier-/Bürstenhalter bodenfrei 1 HWB je WC, Seifen-/Papierhandtuchspender Fäkalausguss, 1 Töpfchenregal je Töpfchenraum 1 WT Personal, Seifen-/Desinfektionsmittelspender
WC/Waschraum KiGa Hort	1 WT je 2–6 Kinder, 1 WC je 6–10 Kinder, Ausstattung s.o. 1 Urinal je 10 Kinder, 1 HWB je Toilettenraum, Seifen-/Papierhandtuchspender, 1 Dusche je 10 Kinder, Haltegriff, Badetuchhalter, Bodenablauf. 1 WT Personal, Seifen-/Desinfektionsmittelspender
Gruppenr.	1 Kinderküche, 1 Spüle mit Abtropffläche, Kochfeld, Warmbad, Dunstabzug, Mikrow., Kühlschrank, Abfallbehälter

310.4 Sanitärausstattungsbedarf in Schulen — VDI 6000 Blatt 6

WC-Herren/-Schüler	1 WC für 40–50 Pers., 1 HWB/WT für 60 Pers., 1 Ausguss, 1 Urinalanlage für 20–30 Pers., Einmalhandtuch
-Schülerinnen	1 WC für 20–30 Pers., 1 HWB/WT für 60 Pers., 1 Ausguss
WC-Lehrer	1 WC für 20 Pers., 1 HWB/WT für 20 Pers., 1 UR für 20 Personen
-Lehrerinnen	1 WC für 20 Pers., 1 HWB/WT für 20 Pers., Einmalhandtuch
Klassenzim.	1 Einfachspülbecken mit Abtropffläche, Einmalhandtuch
Lehrerzimmer	1 WT, 1 Spüle mit Abtropffläche, Einmalhandtuchspender
Arztzimmer	1 WT, Desinfektionsmittel-/Handtuch-/Seifenspender
Hausmeister	1 WT, Handtuch-, Seifenspender, Abfallbehälter
Putzraum	1 Ausguss, Klapprost, Abfalltrennung, Putzmittelregal

Physik, Biologie, Chemie Lehrpult	1 Experimentiervorführtisch 360 × 80 × 80 cm, 3 Gasanschlüsse, 2 PWC-Anschlüsse, 1 säurefeste Spüle/Ausguss mit Mischbatterie, 2× Gleich-/2× Wechselstrom
Übungsraum	Experimentiertische für 2–4 Schüler 260 × 80 × 80 cm 2 Gasanschlüsse, 4 PWC-Anschlüsse, sonst wie oben
Vorbereitung	1 Experimentiervorführtisch wie oben, 1 WT, 1 Ausguss
Lehrküche	1 Doppelspüle, Herd/Ceran für 4 Schüler, 2 WT, 1 WM
WC-Behinderte	1 WC für Rollstuhlfahrer, 2 Stützgriffe klappbar, Rollenhalter/Spülknopf am Griff, 1 WT unterfahrbar, Spiegel 100 cm (Einsicht aus Sitzposition), Notruf

310.5 Sanitärobjektmaße, min. Bewegungsflächen, min. seitl. Abstände, Schule, Kindergarten, Kita VDI 6000 Bl. 6

Sanitärobjekt/Maße cm Ausstattungsgegenstand		b [2] cm	t [2] cm	Bew.fläch. B	Bew.fläch. T	Montagehöhe ü. OKFFB ≤6 J.	≤11 J.	≤15 J.	≤16 J.	min. seitl. Abstände zu and. Objekten WT	HWB	WC a/u	UR	DU	SäW	Wand
Einzelwaschtisch	WT	60	55	90	55	55[4]	65[5]	75[6]	85	20		20	20	20	20	20
Handwaschbecken	HWB	45	35	70	45	55[4]	65[5]	75[6]	85		20	20	20	20	20	20
WC Spülung vorwd.	WC a	40	75	80	60	35[3]	35[3]	42[3]	42[3]	20	20		20	20	20	20/[9]
WC Wandeinbausp.	WC u	40	60	80	60	35[3]	35[3]	42[3]	42[3]	20	20		20	20	20	20/25
Urinalbecken	UR	40	40	60	60		50	57	65	20	20	20		20	20	20/25
Dusche (Eck*) 70)	DU	80	80	*)80	75					20	20	20	20			
Säuglingswanne	SäW	90	40	90	75				85[7]	20	20	20	20			
Waschm./Trockner	WMTR	60	60	90	90					20	20	20	20			20
WT Klassenzimmer	KzB	60	45	80	55	55[4]	65[5]	75[6]	85							20
Werkraumbecken[1]	WkB	90	60	90	120		65[5]	75[6]	85							
Einf.-/Doppelspüle[1]	SP	90	60	90	120				85[8]							
Ausgussbecken	AB	50	40	80	55				65							20/25
Fäkalienausguss	FäA	45	60	60	55				65							20/25
Fäkalspülapparat	FäS	60	60	80	120				65							20/25
WT Rollstuhlfahrer	WTb	60	55	150 x					80			95				20
WC Rollstuhlfahrer	WC b	40	70	150					46[3]	95						95

[1] Doppel 120/70, DSP 120/60.
[2] Empfohlene Breite/Tiefe.
[3] Wandhängend OK Keramig.
[4] Bis 65. [5] Bis 75. [6] bis 85.
[7] Bis 90. [8] Bis 92. [9] 25 bei Wänden auf beiden Seiten.

Maße für Toilettenräume Raum \ Türanschlag	nach außen	nach innen
Breite Toilettenzelle	90	90
Tiefe Toilettenzelle	125	150
Raumtiefe Vorraum	155	155
T Vorraum 1 bünd. WC/UR	205	165
T Vorraum 2 bünd. WC-An	200	125

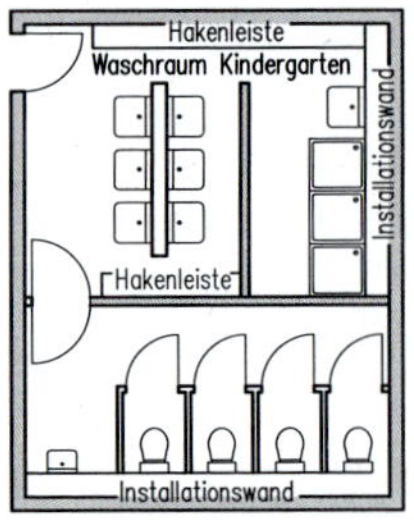

311.1 Umrüstung zur barrierefreien Wohnung, Ausstattung Sanitärraum in Seniorenwohnung

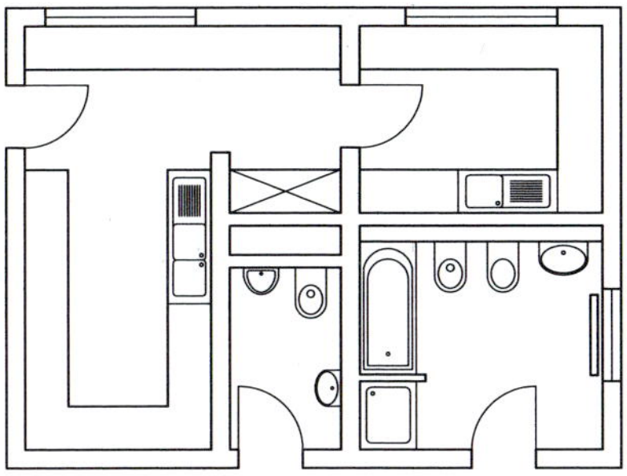

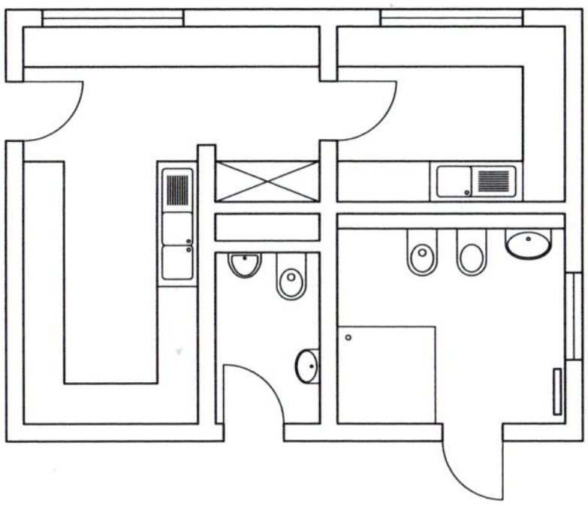

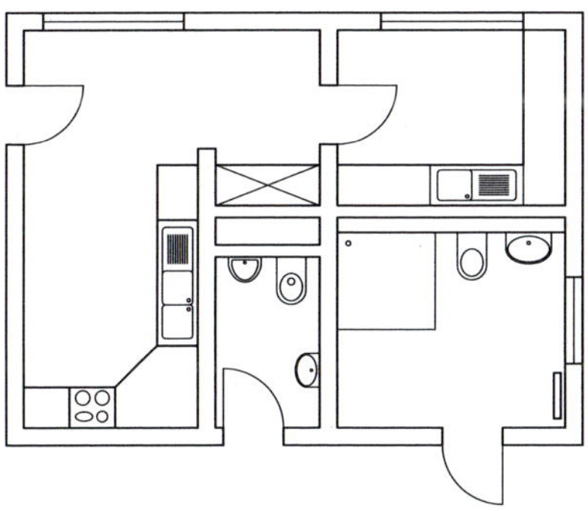

Bad in Seniorenwohnung, Ausstattung, Zubehör	VDI 6000 Blatt 6
WC	s. 312.1 mit Griffausstattung (mind. nachrüstbar), Bürstenhalt.
WT	s. 313.1 mit Griffausstattung (mind. nachrüstbar), Spiegel 100 cm
BW	s. 313.1 mit verstellbarem Sitz und Haltegriff, Badetuchhalter
DU	s. 312.1 bodeneben (max. 2 cm), Duschabtrennung, Badetuchh. klappbare Sitzbank, Griffausstattung (min. nachrüstbar)
SW	Griffausstattung (mind. nachrüstbar), Handtuchhalter
Küche	Spüle mit Ablaufflächen, Spülmaschine, für Rollstuhl umbaubar

Bad für betreutes Wohnen, Ausstattung, Zubehör nach VDI 6000 Blatt 6: Ausstattungsbedarf wie Seniorenwohnung, Badewanne nicht erforderlich
Bad für Seniorenwohnheim wie oben, Badewanne nicht erforderlich.

Objektmaße, Bewegungsflächen, Abstände in Seniorenwohnungen

Abmessungen \ Sanitärobjekt			WT	SW	WC a	WC u	DU	BW	WMTR	SP
Breite *b* (nur Objekt)		in cm	60	40	40	40	80	170	60	90[1]
Tiefe *t* (nur Objekt)		in cm	55	60	75	60	80	75	60	60
Mind. Bewegungs-	Breite *B*	cm	90	80	80	80	80[2]	90	90	90[1]
flächen	Tiefe *T*	cm	55	60	60	60	75	75	90	120
Montagehöhe		in cm	85	42[3]	42[3]	42[3]				85
über OKFFB		in cm	90							92
Min. seitliche Abstände zu anderen Sanitärobjekten, Wänden										
Waschtisch		WT		25	20	20	20	20	20	
Sitzwaschbecken		SW	25		25	25	25	25	25	
WC Vorwandspülung		WC a	20	25			20	20	20	
WC Wandeinbauspülung		WC u	20	25			20	20	20	
Duschwanne		DU	20	25	20	20			3	
Badewanne		BW	20	25	20	20			3	
Waschmaschine/Trockner		WMTR	20	25	20	20	3	3		
Wand			20	25	20	20			20	
Wand beidseitig			20	25	25	25			20	

Bei gegenüberliegender Anordnung von Sanitärobjekten, Wänden und Stellflächen ist ein Abstand von 75 cm vorzusehen. Abstand zu Türöffnungen/Türleibungen mind. 10 cm.

Objektmaße, Bewegungsfl., Abstände in betreuten Seniorenwohnungen

Abmessungen \ Sanitärobjekt			WT	SW	WC u	DU	WTU	AB	SP
Breite *b* (nur Objekt)		in cm	60	40	40	120	60	50	90[1]
Tiefe *t* (nur Objekt)		in cm	55	60	70	120	55	40	60
Mindest-	Breite *B*	in cm	120	120	120		90	80	90[1]
Bewegungsflächen	Tiefe *T*	in cm	120	120	120		55	55	120
Montagehöhe		in cm	80	46[3]	46[3]	0	85	65	90
über OKFFB		in cm					90		
Mind. seitliche Abstände zu anderen Sanitärobjekten, Wänden									
WT (im Untersuchungsraum WTU)				30	30	15	Türbereich:		
Sitzwaschbecken		SW	30		30	15	Abstand zur		
WC Wandeinbauspülung		WC u	30	30		15	Türlaibung		
Duschwanne		DU	15	15	15		mind. 25 cm		
Wand			30	30	30	0			

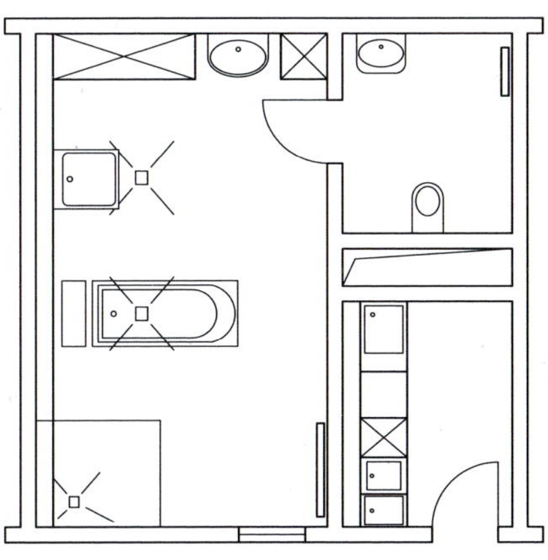

Objektmaße im Senioren-, Kranken- und Pflegeheim

Abmessungen \ Sanitärobjekt			WT	WC u	DU	WTU	AB	SP	DSP
Breite *b* (nur Objekt)		in cm	60	40	150	60	50	90	120
Tiefe *t* (nur Objekt)		in cm	55	70	150	55	40	60	60
Mindest-	Breite *B*	in cm	150	150		90	80	90	120
Bewegungsflächen	Tiefe *T*	in cm	150	150		55	55	120	120
Montagehöhe über OKFFB		in cm	80	46[3]	0	–90	65	90	90
Mind. seitliche Abstände zu anderen Sanitärobjekten, Wänden									
WT (im Untersuchungsraum WTU)				95	15	Türbereich:			
WC Wandeinbauspülung		WC u	95		15	Abstand zur			
Duschwanne		DU	95		15	Türlaibung			
Wand			15		15	mind. 25 cm			

[1] Doppel-SP 120 cm. [2] Eckeinstieg 70 cm. [3] Wandhängend OK Keramig.

312.1 Barrierefreie Sanitäranlagen, öffentliche Gebäude, Wohnungen DIN 18040-1/DIN 18040-2

Anford.	öffentlich zugängliche Gebäude	Wohnungen	Wohnungen, uneingeschränkte Rollstuhlnutzung R
all-gemein	1 WC barrierefrei pro Sanitäranlage oder bei Damen oder Herren integriert Ausstattungselemente müssen sich deutlich von der Umgebung abheben.	1 Sanitärraum muss barrierefrei sein Wandunterbau muss Nachrüstung ermögl.: • Griffe an WC, DU, BW; • Klappsitz in der DU Elemente sollten deutlich zu sehen sein.	1 Sanitärraum muss rollstuhlgerecht sein Ausstattungselemente sollten sich deutlich von der Umgebung abheben. Leuchtdichtekontrast (hell-dunkel) muss bedachtet werden.
Beweg.-flächen	150 cm × 150 cm vor WC, Waschtisch Bewegungsflächen können überlagern	≥ 120 cm × 120 cm vor WC, WT, BW i. d. DU Bewegungsfl. können überlagern s. u.	≥ 150 cm × 150 cm vor WC, WT, BW i. d. DU s. u. Bewegungsflächen dürfen sich überlagern
Türen	≥ 90 cm lichte Durchgangsbreite *B* Drehflügeltür öffnet nach außen	≥ 80 cm *B*; ≥ 205 cm lichte Höhe *H* Drehflügeltür öffnet nach außen	≥ 90 cm *B*; ≥ 205 cm lichte Durchgangshöhe *H* Drehflügeltür öffnet nach außen
WC	*h*: 46–48 cm ü. OKFFB; Bewegungsfläche beidseitig 90 × 70 cm (bei freier Anfahrt auch einseitig); Rückenstütze n. 55 cm	≥ 20 cm zur Wand oder zu anderen Sanitärobjekten, s. u.	*h*: 46–48 cm ü. OKFFB; Bewegungsfläche rechts o. links: *b* ≥ 90 cm; *t* ≥ 70 cm, Wandabstand 30 cm Rückenstütze 55 cm hinter WC-Vorderkante
Stütz-griffe	*l*: WC + 15 cm, lichter Abstand: 65–70 cm *h*: 28 cm ü. Sitz; beidseitig klappbar	Wandkonstruktion muss Nachrüstung ermöglichen	Länge: WC + 15 cm; lichter Abstand: 65–70 cm; Höhe: 28 cm über Sitzfläche; beidseitig klappbar
Spü-lung	Hand/Arm ohne Sitzposition verändern berührungslos: kein ungewolltes Auslösen		mit Hand/Arm ohne Veränderung der Sitzposition berührungslos: kein ungewolltes Auslösen
Rücken-stütze	Erforderlich max. 55 cm hinter Vorderkante, WC-Deckel ist ungeeignet		Erforderlich max. 55 cm hinter Vorderkante, der WC-Deckel ist ungeeignet
Wasch-becken (HWB)	*h*: max. 80 cm; beinfrei *b* × *t* = 90 cm × 50 cm; unterfahrb. 67 cm kniefrei = 30 cm, 35 cm fußfrei *t* = 10 cm (*t* = 45 cm ausreichend)	Beinfreiraum unter dem Waschtisch	Beinfreiraum: *b* ≥ 90 cm, *t* ≥ 55 cm; *h* ≤ 80 cm Unterfahrbarkeit { 67 cm Kniefreiraum in *t* = 30 cm; 35 cm Fußfreiraum in *t* = 10 cm
Armat.	Abstd. VK WT ≤ 40 cm, Einhebel o. berührlos	Einhebel o. berührungslos; Temp.begr. 45 °C	Abstd. VK WT ≤ 40 cm; Einhebel/berührlos; max. 45 °C
Spiegel	≥ 100 cm Höhe; im Sitzen einsehbar	bauseitige Nachrüstmöglichkeit (100 cm)	≥ 100 cm Höhe: OK ≤ 195 cm; kein Kippspiegel
Dusche Bew.fl. Kl.-sitz Griffe Stützgr. Arma-tur	rutschhäm. Belag, niveaugleich (max. 2 cm) 150 × 150 cm vor Objekten Tiefe: 45 cm; Sitzhöhe 46–48 cm ü. OKFFB Haltegr.: waagerecht 85 cm ü. OFF + senkr. li + re Abst. 65 cm. *l* = Sitz + 15, *h* = Sitz + 28 Einhebel mit Handbrause, seitlich in *h* = 85 cm ü. OFF erreichbar (max. 105 cm) Hebel nach unten (für Sehbehinderte)	rutschhemmender Belag (GUV-I 8527) B 120 cm × 120 cm vor Objekten { Wandkonstruktion muss Nachrüstung ermöglichen Einhebel oder berührungslos mit Temp.-begrenzer (45 °C), Hebel nach unten verringert Verletzungsgefahr für Sehbehinderte	rutschhemmender Belag, niveaugleicher Überg. 150 cm × 150 cm vor Objekten; Duschpl. = Bewfl. nachrüstbar: *t* = 45 cm, Sitzhöhe 46–48 cm ü. OKF li + re Stützklappgr. (nachrüstb.) Abstand: 65 cm Länge = Sitztiefe + 15 cm, Höhe = 28 cm über Sitz Einhebel oder berührungslos, Temp.begrenz. 45 °C, Hebel nach unten (für Sehbehinderte) muss sitzend in 85 cm über OFF erreichbar sein
Badew.		nachträgliche Aufstellung sollte mögl. sein	nachträgliche Aufstellung muss möglich sein (Lifter)
Fenster	Bedienbarkeit Fenstergriff beachten	Bedienbarkeit Fenstergriff beachten	Bedienbarkeit Fenstergriff beachten
2. WC		≥ 3 Wohn-/Schlafräume zusätzlich nicht barrierefrei mit WC + WT	

WC links + rechts anfahrbar

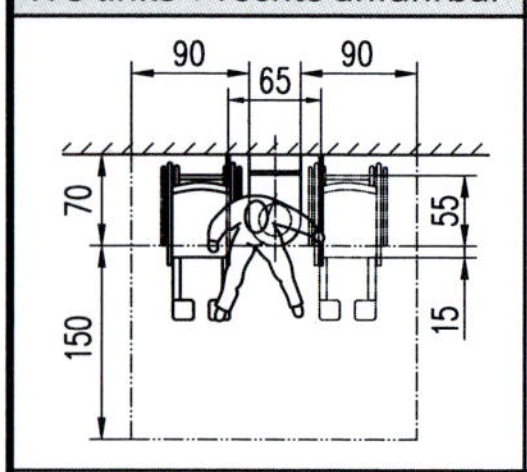

einseitig anfahrbar

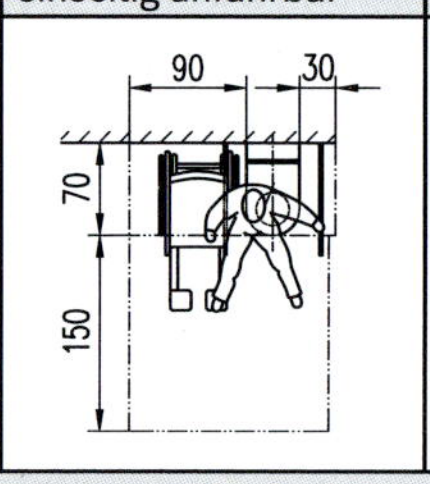

Dusche/WC/WT überlagerte Flächen

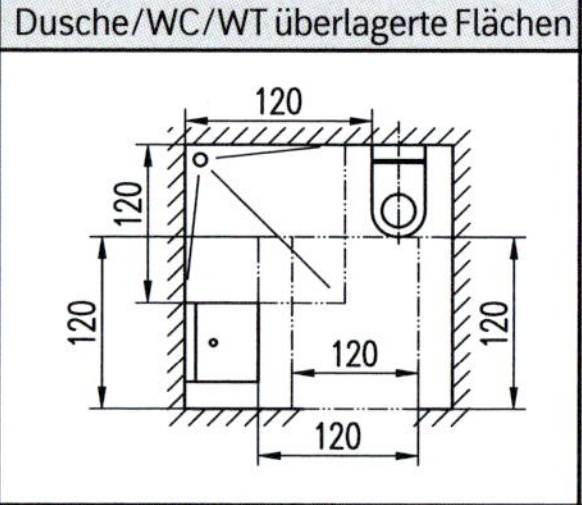

Badewanne/WC/WT überlagerte Flächen

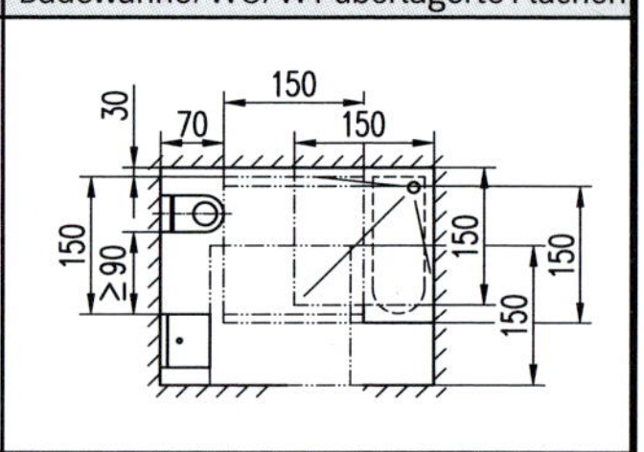

Knie-/Fußfreiraum WT

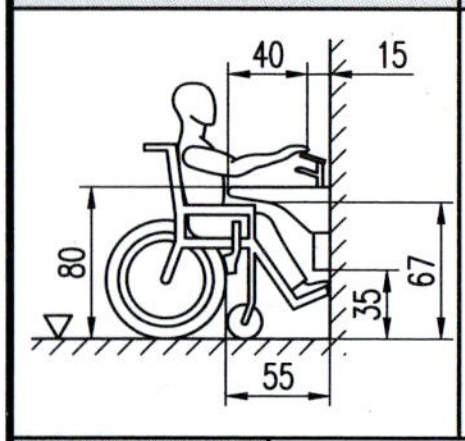

WC-Stützgriff, Bedienhöhe WT

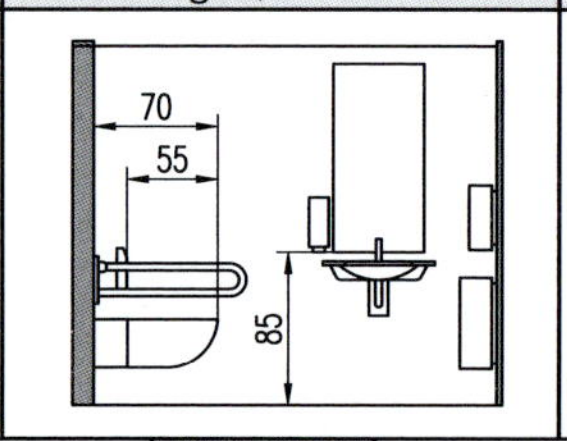

Anordnung von Stützklappgriffen/Haltestange DIN 18040-1

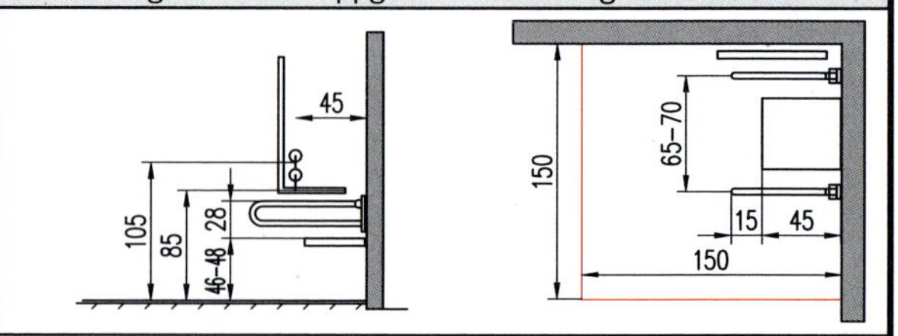

WC-Stützklappgriffe 1/Rückenstütze 2 DIN 18040-2

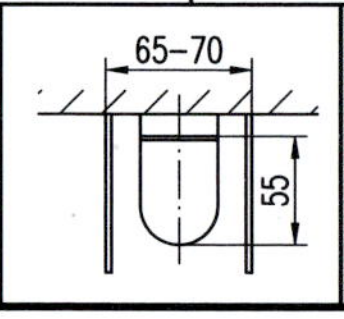

Haltegriffe in Sanitärräumen für Blinde oder Gehbehinderte

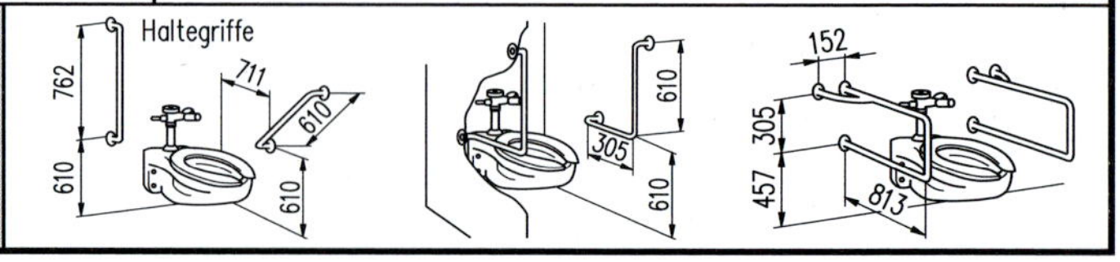

313.1 Barrierefreie Ausstattung von Wohngebäuden/öffentlichen Sanitärräumen, VDI 6008 Blatt 2

Behinderung/Einschränkung/ Waschplatz/WC-/DU-Ausrüstung	Senioren S	S mit Einschränkg.	Rollstuhlfahrer	gehbehindert	blind	sehbehindert	gehörlos	schwerhörig	geistige Beh. Demenz	besondere Behinderg.
WT mit Greifprofil (Festhalten)	+ /	+ /	+ /	+ /	+ /	+ /	+ /	+ /	+ /	+ /
Höhenverstellung (nur Wohng.)		vorbereitet	vorber. / +	vorbereitet	Kinder, Menschen mit Schädigung der oberen Gliedmaßen, Großw.					
Unterfahrbarkeit	+	+	muss + / +	vorb. / +					+	+
Haltegriffe links/rechts	vorber.	vorbereitet	/ +	vorbereitet						
Einhebelmischer (nur Wohng.)	+	+	+	+	+	+			+	+
Handbrause (nur Wohng.)	+	vorbereitet	+							+
Verbrühschutz (nur Wohng.)	+	vorbereitet			+	+			+	+
Berührungslose Armatur	/ +	/ +	+ / +	+ / +	/ +	/ +	/ +	/ +	/ +	+ / +
Spiegel (Einsicht Steh-/Sitzposition)	+	vorbereitet	+ / +	+ / +						+
Ablage	+	+	+ / +	+ /	+	+	+	+	+	+
starke Kontraste (Objekte)	+ /	+ / +	+ /	+ /		+ / +	+ /	+ /		+ / +
WC-Ausladung 70 cm			vorber. / +							vorber. / +
Rückenstütz (einstellbar)		(+) /	(+) / +	/ +						(+) /
Spülung in beiden Griffen integr.	+ /	+ / +	+ / +	+ / +	/ +				+ /	+ /
Toilettenpapier sitzend erreichb.	+ /	+ / +	+ / +	+ / +	/ +				+ /	+ /
Stützgriffe links, rechts	vb. /	vb. / +	+ / +	vb. / +	/ +					vb. / +
Halter für Gehhilfen		/ +		+ / +						
Höhenverstellbar (Aufstehhilfe)	+ / +	vb. / +	+ / +	+ / +		+ /				vb. / +
Dusch-WC (vb. inkl. Stützgriffe)		+	+		vorb.	vorber.			vorbereitet	(vb.)
Dusche 150 × 150 cm (120 × 120 cm)	(+) /	(+)	+ / +	(+)					+	(+)
Bodengleich	+	+	+ / +	+	+	+			+	+
Duschrinne (Gefälle z. Ablauf < 2 %)	+	+	+ / +	+	+	+			+	+
Rutschhemmung R 10	+	+	+ / +	+	+	+	+	+	+	+
Haltegriffe/Handlauf	+	+	+	+ / +	+ / +	+			+	+
Sitz (fest/einhängb./klappbar)	+	+	+	+ / +	+ / +	+			+	+
Arm. Verbrühschutz/höhenverstellb.	+ / +	+ / +	+ / +	+ / +	+ / +	+ / +	+ / +	+ / +	+ / +	+ / +
BW (nur Wohng.) Untertritt 12 cm	+	+	+	+					+	+
Haltegriffe (nur Wohnung)	+	vorbereitet	+	+	+	+			+	vorbereitet
Armatur mit Verbrühschutz	+	+	+	+	+	+	+	+	+	+
Ein-/Ausstiegshilfe oder Tür	+	+	+	+						+
Integrierter höhenverstb. Sitz		+								+
Urinal autom. Spülg. (öffentl. SR)	+	+	+	+	+	+	+	+	+	+
Haltegriff re./l. (nur öffentl. SR)			+	+						
(Tee-)Küche, Unterfahrbarkeit	+ / +	vorber. / +	+ / +							
Arbeitsfläche höhenverstellb.		+ / +	vorber. / +							+ / +
Armatur mit Schlauch/schwenkb.	/ +	/ +	/ +	/ +						/ +
Spüle mit schräger Spülkante		/ +	/ +							+ / +
Schränke/Spüle höhenverstb.	+ / +	+ / +	vorber. / +	+ / +						+ / +
Hauswirtschaft Ausguss unterfahrb.			+ /							
Einhandwandarmatur (n. Whg.)	+ /	+ /	+ /	+ /			+ /	+ /	+ /	+ /

313.2 Zuordnung von Armaturen zu Sanitärobjekten

Armatur/ Sanitärobjekt	Einhand- vent.	Einhand- misch.	Selbstschluss	berührungsl.	Verbrühschutz	f. Wandeinbau	Zweigriff	Spülarm.
Waschtisch		+	+	+	+	+		
Handwaschb.	+		+	+		+		
Dusche/BW		+ / +	+ /	+ /	+ / +	+ / +		
WC/Urinal				+ / +		+ / +		+ / +
Küche/Ausguss	+ /	+ /				+ /	/ +	

313.3 Montagehöhen in cm, abhängig v. d. Körpergröße

Körpergröße	WC mit Sitz	Rückenstütze Sitztiefe	WT Oberkante	WT UK sitzend	Spüle	Urinal	Dusch-arm.
90–105	25–30		55–60				
100–115	30–35		60–70				
110–125	35–40		65–70				
120–135	35–40		70–75	53		50	
130–150	35–40	46 ab 150	75–80	53–58	70–80	57	
145–175	40–45	49 ab 160	80–85	58–62	75–85	60	70–75
165–200	45–49	52–54	85–90	62–65	80–90	65	75–85
Rollstuhl	46–48	s. o.	80	67	80		85

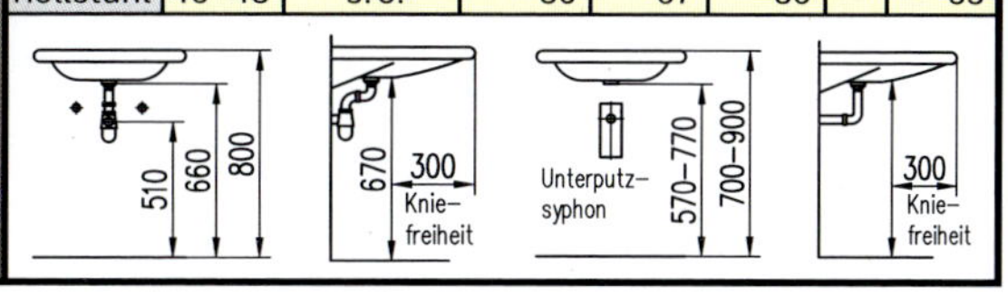

314.1 Verschiedene Fliesenraster in mm (m Fliesenmitte, halbe Fliese)

Fliesen	1	m	2	m	3	m	4	m	5	m	6	m	7	m	8	m	9	m	10	m	11	m
98/198	100	150	200	250	300	350	400	450	500	550	600	650	700	750	800	850	900	950	1000	1050	1100	1150
100/100	102	153	204	255	306	357	408	459	510	561	612	663	714	765	816	867	918	969	1020	1071	1122	1173
100/150	103	155	206	258	309	361	412	464	515	567	618	670	721	773	824	876	927	979	1030	1082	1133	1185
150/ 75	152	228	304	380	456	532	608	684	760	836	912	988	1064	1140	1216	1292	1386	1444	1520	1596	1672	1748
150/200	153	230	306	383	459	536	612	689	765	842	918	995	1071	1148	1244	1301	1377	1454	1530	1606	1683	1760
200/150	203	305	406	508	609	711	812	914	1015	1117	1218	1320	1421	1523	1624	1726	1827	1929	2030	2131	2233	2334
246/246	250	375	500	625	750	825	1000	1125	1250	1375	1500	1625	1750	1875	2000	2125	2250	2375	2500	2625	2750	2875
250/127	253	380	506	633	759	886	1012	1139	1265	1392	1518	1645	1771	1898	2024	2151	2277	2404	2531	2657	2783	2910
300/152	303	455	606	758	909	1061	1212	1364	1515	1667	1818	1970	2121	2273	2424	2576	2727	2879	3030	3182	3333	3485
350/177	353	530	706	883	1059	1236	1412	1589	1765	1942	2118	2295	2471	2648	2824	3001	3177	3354	3530	3707	3883	4060
400/202	403	605	806	1008	1209	1411	1612	1814	2015	2217	2418	2620	2821	3023	3224	3426	3627	3829	4030	4232	4433	4635
410/207	413	620	826	1033	1239	1446	1652	1859	2065	2272	2478	2685	2991	3098	3304	3511	3717	3924	4130	4337	4543	4750

314.2 Waschtischraster Ra, Höhe Eckventile E, Abfluss A, Wandbatterie WB, Eckventilabstand Ea — Maße Herst.ang.

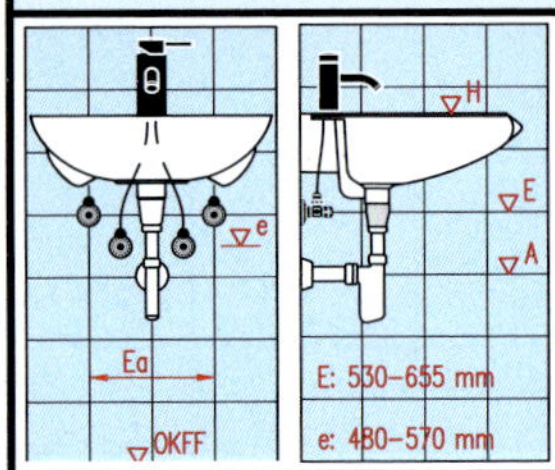

Körperg.		H	100	102	150	152	153	200	202	203	250	303	353	403	413
≤ 1,89 m	Eckventil	900	600	612	600	608	612	600	606	609	625	606		605 m	620 m
≤ 1,75 m	Eckventil	850	550 m	561 m	525 m	532 m	536 m	600	505 m	508 m	500		530 m		
≤ 1,60 m	Eckventil	800	500	510	525 m	532 m	536 m	500 m	505 m	508 m	500				
≤ 1,50 m	Eckventil	750	450 m	459 m	450	456	459	500 m	505 m	508 m	500	455 m			
≤ 1,85 m	Abfluss A	900	500	510	525 m	532 m	536 m	500 m	505 m	508 m	500				
≤ 1,75 m	Abfluss A	850	450 m	459 m	456	456	459	450 v	455 v	457 v	437 v				
≤ 1,60 m	Abfluss A	800	400	408	375 m	380 m	383 m	400	404	406	437 v				
≤ 1,50 m	Abfluss A	750	350 m	357 m	375 m	380 m	383 m	350 v	354 v	356 v	375 m	379 v	353	403	413
Montagehöhe H = 800 Rollstuhlfahrer, Krankenhaus	Ea		200	102	150	152	153	200	202	203	250	152 m	177 m	202 m	207 m
OP-Bereich, Körperbehinderte	Ea				300	304	306					303	353		

(Kopfzeile: Ra)

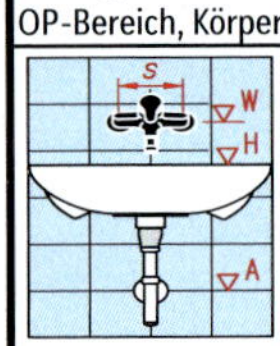

	H	100	102	150	152	153	200	202	203	250	303	353	403	413
Wandbatterie: 970–1200 mm	900	1150	1173	1125	1140	1148	1100	1111	1117	1125				
S-Anschlüsse: 150 ± 20 mm	900	1100	1122	m	1064	1071	m	m	m	m				
variabel: 130–170 mm	850	1100	1122	1125	1140	1071	1100	1111	1117	1125				
Abwasseranschlusshöhe A:	850	1050	1020	1050	1064		1050		1015	1063 v	1061	1059		1033
(H = 850 mm) 345–600 mm	800	1050	1020	1050	1064	1071	1000	1010	1015	1000			1008	m
(H = 900 mm) 395–620 mm	800	1000	969 m	975 m	998 m	995 m							m	

Waschtischhöhe Erwachsene	≥ 1,90 m	950
Waschtischhöhe Erwachsene	≥ 1,76 m	900
Waschtischhöhe Erwachsene	≥ 1,63 m	850
Waschtischhöhe Erwachsene	≥ 1,50 m	800
Waschtischhöhe Jugendliche	1,63 m	820
Waschtischhöhe Kinder (12 J.)	1,50 m	750
Waschtischhöhe Kinder (10 J.)	1,40 m	700
Waschtischhöhe Kinder (8 J.)	1,30 m	650
Waschtischhöhe Kinder (6 J.)	1,20 m	600
Waschtischhöhe Kinder (¾ J.)	1,10 m	550
Ärztewaschtisch, stehen		850
Ärztewaschtisch, sitzen		800
Inhalationstisch		740
Friseur Vorwärtshaarwäsche		760
Friseur Rückwärtshaarwäsche		960
Spiegelmontage(-Mitte) Erwachsene		1550
Spiegelmontage(-M.) Kinder ≤ 14 J.		1300
Spiegelmontage-UK, Rollstuhlfahrer		1000
Seifenhalter, -spender-UK		970 – 1020
Heißlufthändetrockner-UK:		
• Erwachsene Männer		1200 – 1300
• Erwachsene Frauen		1150 – 1250
• Kinder ≤ 14 Jahre		1050 – 1150
• Rollstuhlfahrer		1000 – 1100
Heißlufthaartrockner: M.		1700 – 1800
• Erwachsene Frauen		1600 – 1700
• Kinder ≤ 14 Jahre		1400 – 1500
• Rollstuhlfahrer		1300 – 1400

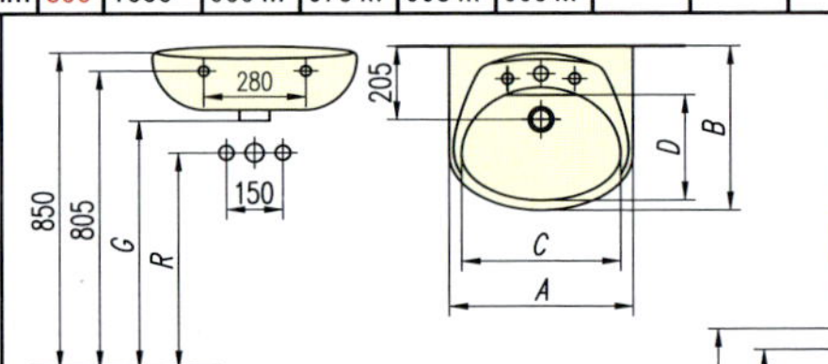

A	B	C	D	G	R	S
700	570	615	390	635	560	640
655	515	575	350	640	560	640
605	500	535	340	640	560	640
550	475	460	315	660	585	640
500	445	420	290	660	585	640

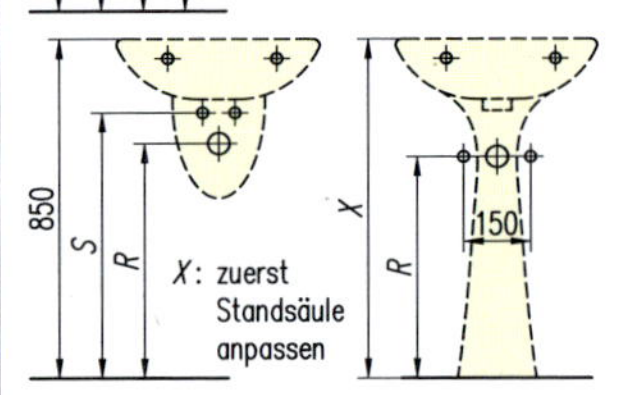

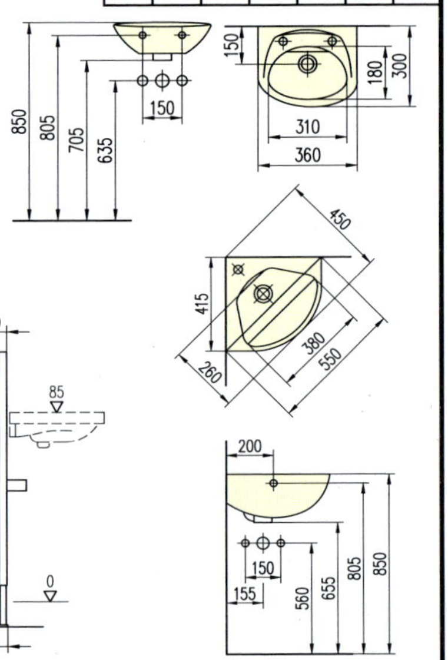

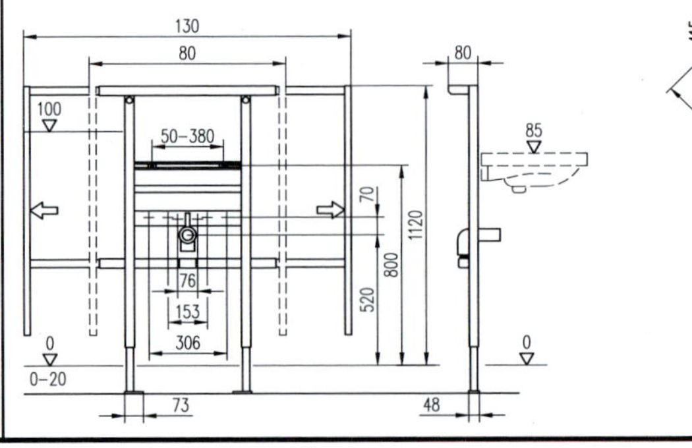

315.1 Waschtisch-Montagemaße, behindertengerecht unterfahrbar, UP-Ablaufgarnitur Herst.ang.

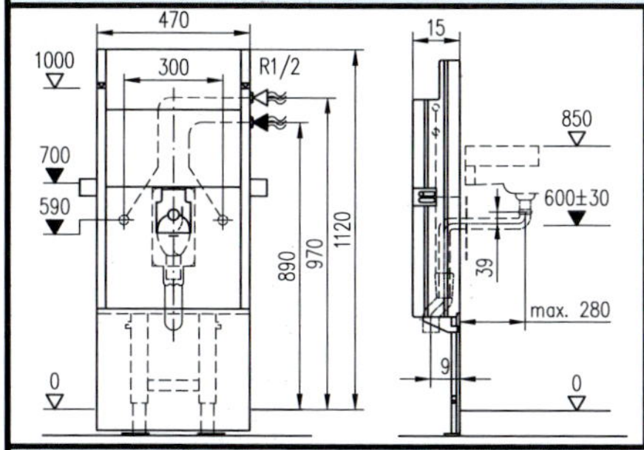

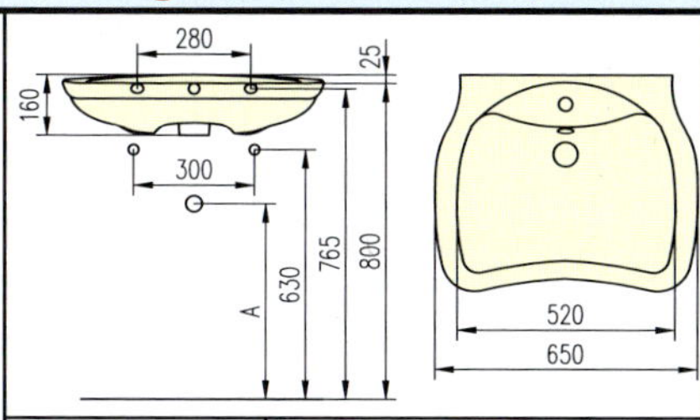

A Excenterventil	560 mm mit o. ohne Überlauf
A Universalventil	590 mm mit o. ohne Überlauf

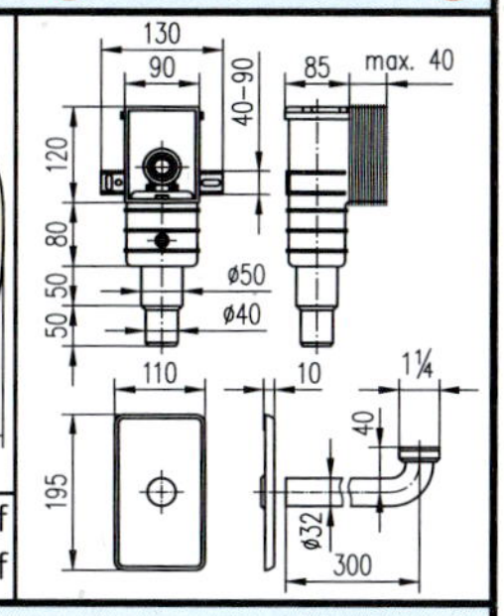

315.2 Einbauwaschtisch unterbaufähig, Einhand-Einlochbatterie für offene Heißwasserbereiter Herst.ang.

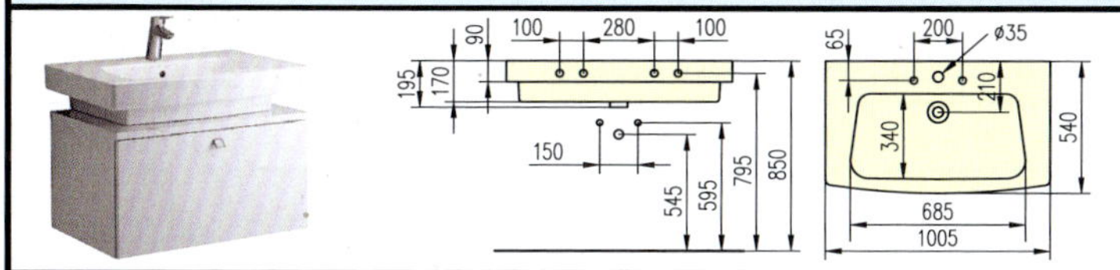

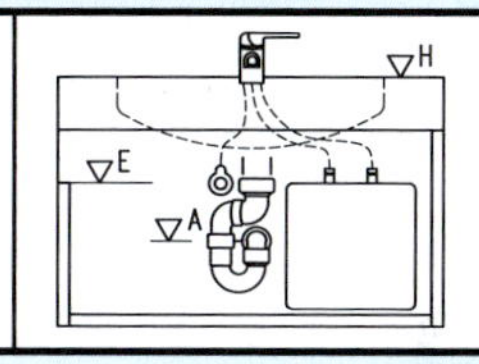

Eckventile E: 595–660 mm (bei $H = 850$)
Abfluss A: 50–525 mm
Wandeinbau-GV: 535–560

315.3 Waschtisch V2A öffentl. Bereich, Vandalismus hemmend Herstellerangaben

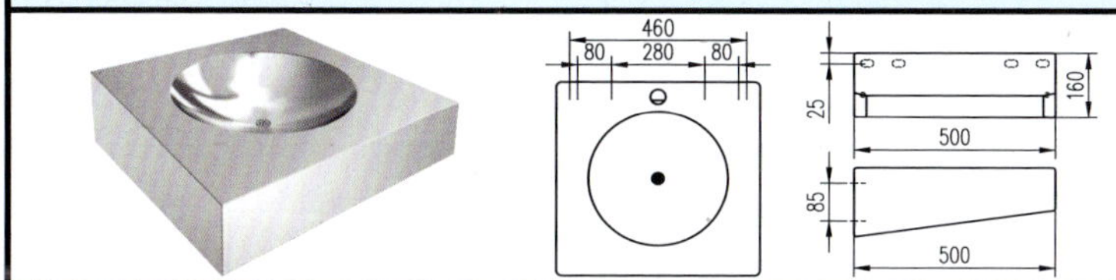

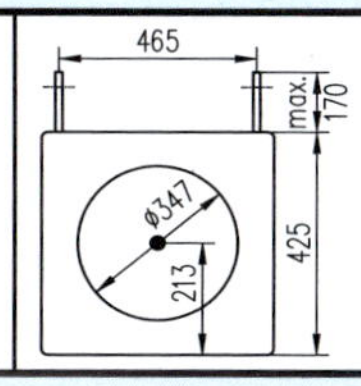

Ausführung mit Gewindestangen, Technikraummontage

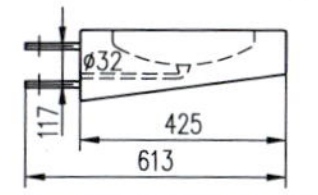

315.4 WT-Armatur öffentl. Bereich Selbstschluss-Standventil DN 15, opto-elektronisch gesteuerte WT-A DN 15 Herst.ang.

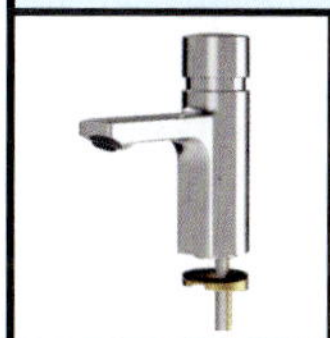

$\dot{V}_R = 0{,}1$ l/s (0,3 MPa)
$p_{min\,fl} =$ 0,1 MPa
$t_{min} = 5$ s
$t_{max} = 20$ s
$m = 1{,}2$ kg

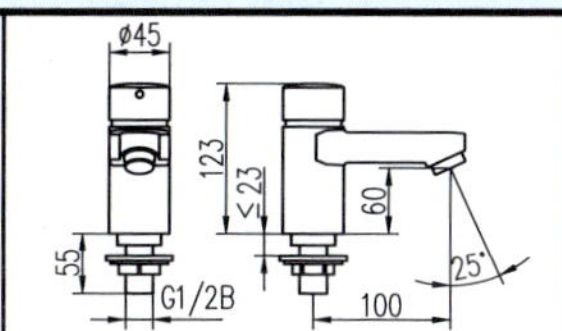

Hinterwand-installation
24 V DC/7 W
$\dot{V}_R = 0{,}1$ l/s
$p_{min\,fl} =$ 0,1 MPa
Hygiene-spülung

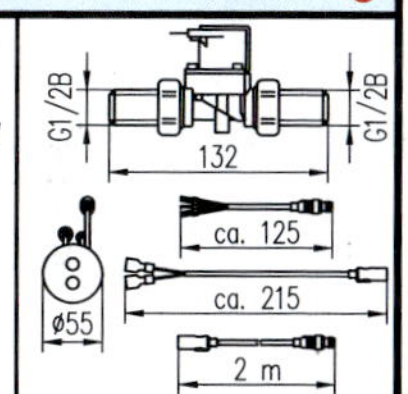

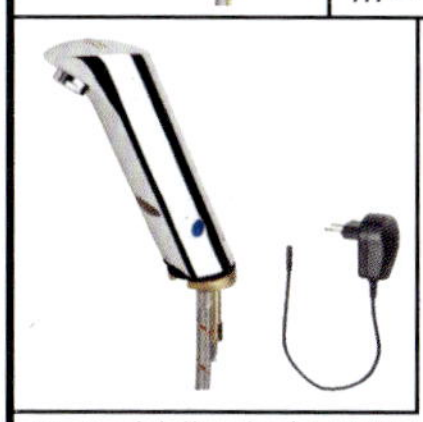

$\dot{V}_R = 0{,}1$ l/s (0,3 MPa)
$p_{min\,fl} =$ 0,1 MPa
$t_{fl} = 60$ s
DN 15
Sensor
$m = 2$ kg

Netzabhängig (230 V AC), opto-elektronisch gesteuerte WTA

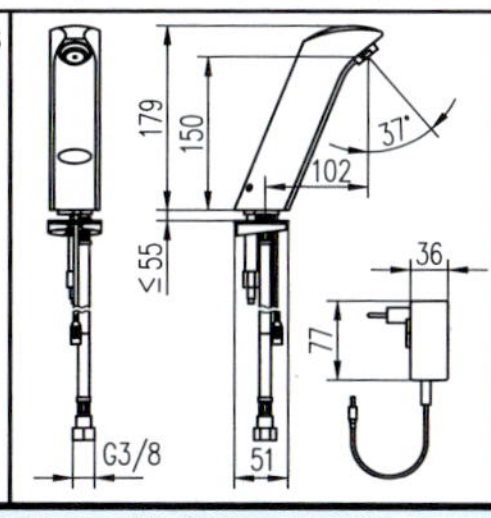

$\dot{V}_{R\,PWC} = 0{,}07$ l/s
$\dot{V}_{R\,PWH} = 0{,}07$ l/s
$\dot{V}_{0{,}3\,MPa} = 0{,}15$ l/s
$p_{min\,fl} = 0{,}1$ MPa
$t_{min} = 1$ s; $m = 4$ kg

Selbstschluss-Thermostatbatterie Wandbatterie für Waschanlagen mit arretierbarem Schwenkauslauf DN 15 Wassermengenregulierung absperrbar

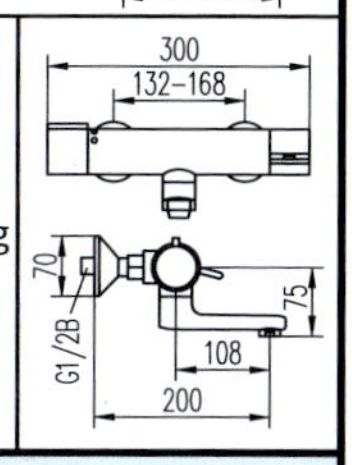

315.5 Einhebel-Waschtischmischer Herstellerangaben

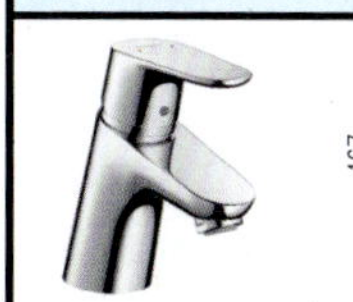

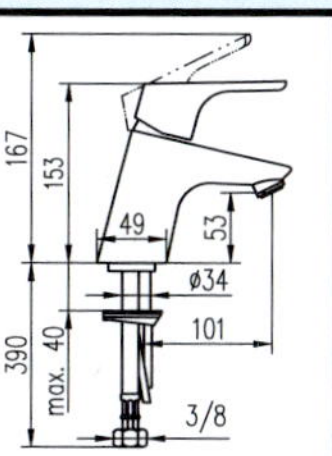

$\dot{V}_R = 5$ l/min
Normalstrahl
Einhebel-WT-Mischer, Zugstangen-Ablaufgarnitur für Durchlauferhitzer geeignet

$\dot{V}_R = 5$ l/min
Normalstrahl
Schwenkauslauf 360°, für Durchlauferh. geeignet

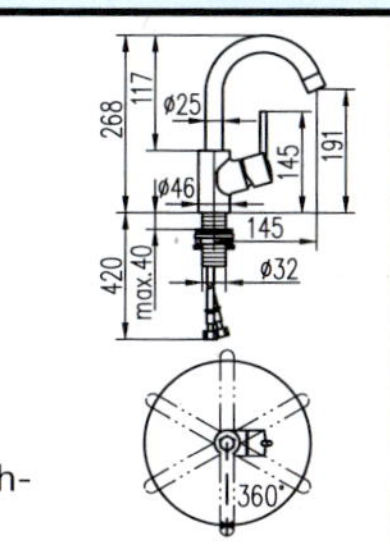

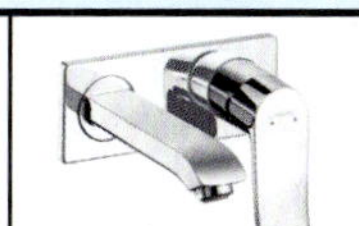

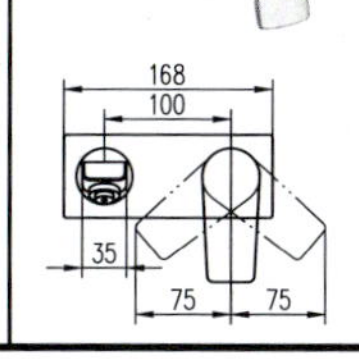

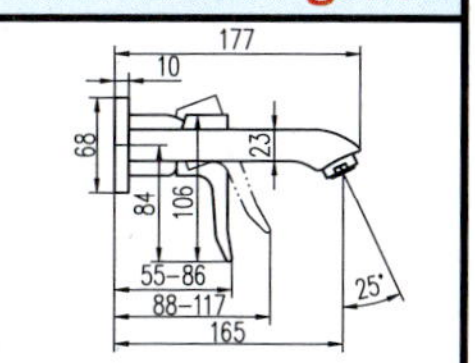

Wandmontage-/UP-Arm.
$\dot{V}_R = 3{,}5$ l/min Low flow
für Durchlauferhitzer geeignet

316.1 Bodenstehendes WC-Becken mit Abgang, Maße Zulauf-/Ablauf-Stutzen (-Bohrung) DIN EN 33

mit Abgang waagerecht freiliegend | mit Abgang senkrecht freiliegend | mit Abgang senkrecht verdeckt

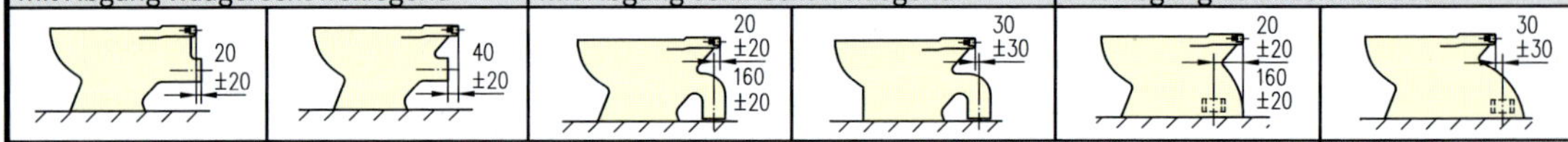

waagerecht verdeckt | Back-to-wall WC mit Abgang a. verdeckt, b. freiliegend, Maße der Zulaufstutzen | senkrecht waagerecht

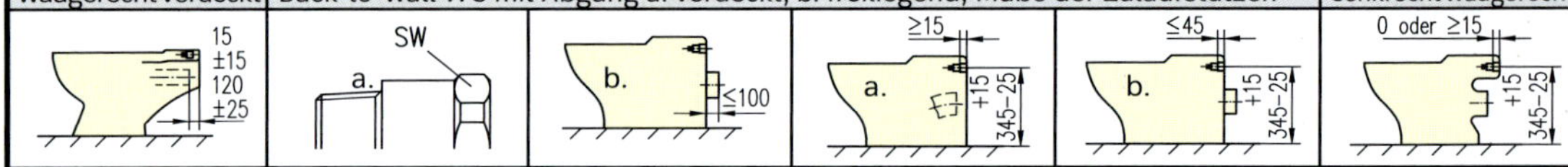

waagerecht freiliegend | waagerecht verdeckt | senkrecht freiliegend | senkrecht verdeckt

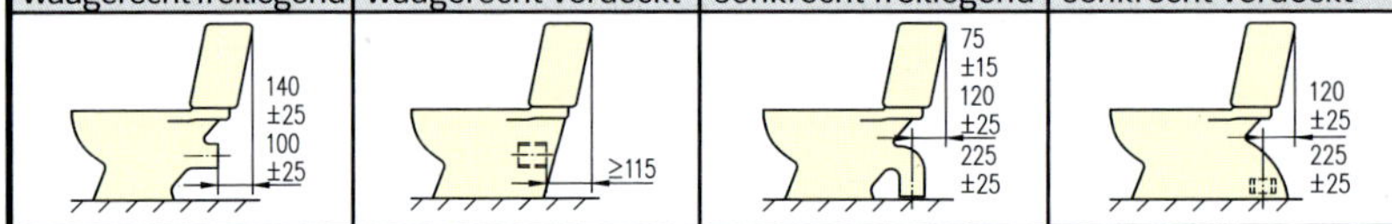

Anschlussmaße Zulaufstutzen

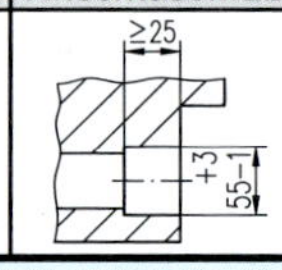

Tiefe und Innendurchmesser des Innenzylinders für die Aufnahme des Rohrs

316.2 Wandhängende WC-Becken und WC-Anlagen, Maße Abgang, Zulauf, Befestigung, WC-Sitz DIN EN 33

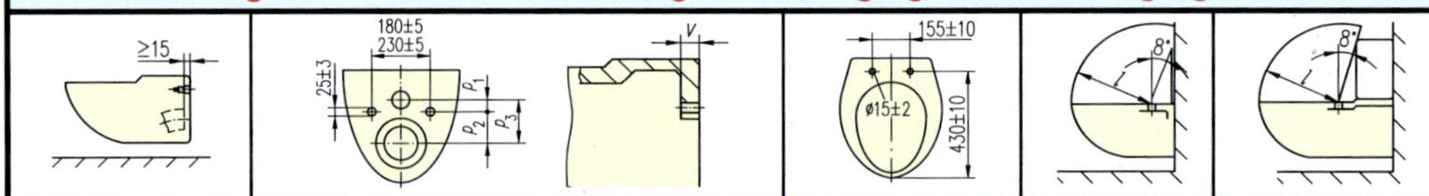

p_1 35 ± 5
p_2 100 ± 5
p_3 135 ± 3
$V \leq 80$ mm
l 430 ± 10

316.3 WC-Anlagen Montagemaße, Fliesenraster — Herstellerangaben

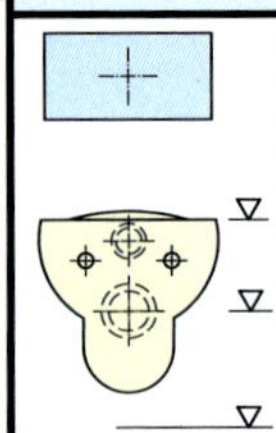

H mm		W: UP-Spül-	100	102	150	152	153	200	202	203	250	303	353	403	413
260	Kinder 3–4 J.	kasten nie-	1200	1224	1200	1216	1224	1200	1212	1218		1212	1236	1209	1239
300	Kinder 5–6 J.	drig 765 mm	1150	1173							1188		m		
350	Kinder 7–10 J.	normal	1100	1122	1125	1140	1148	1100	1111	1117	1125				
400	Erwachsene	955–1000	1050	1071	1050	1064	1071	m	m	m	1063	1061	1059	1008	1033
420	medizin. Bereich	UP-Druck-	1000	1020	975 m	988	995 m	1000	1010	1015	1000	m		m	m
	Krankenhaus	spüler	950	969 m	900	912	918	900	909	914	938	909	883	806	826
500	Behinderte, Se-	988–1105	W: AP-Spülkasten tief; Eckventil: 800–930 mm; halbhoch 1200–1300 mm;												
600	niorenm. Hüftleiden	A. (s. 316.1)	hochhängend: 1900–2100 mm; AP-Druckspüler: 890–1170 mm (1000 mm)												

Tiefspülklosett mit tiefem Spülkasten: Abgang senkrecht verdeckt | Abgang waagerecht freiliegend

Flachspülklosett mit tiefem Spülkasten: Abgang senkrecht verdeckt | Abgang waagerecht freiliegend

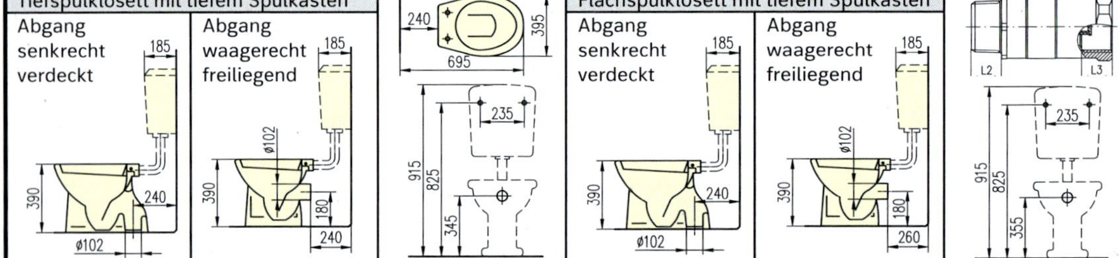

Tiefspülklosett

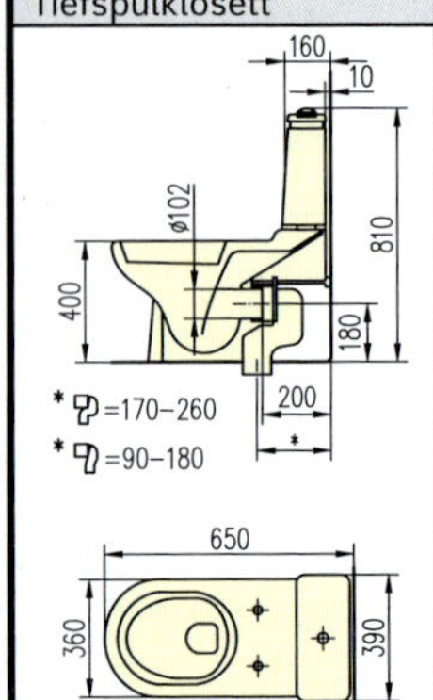

Kombispülkasten aufgesetzt

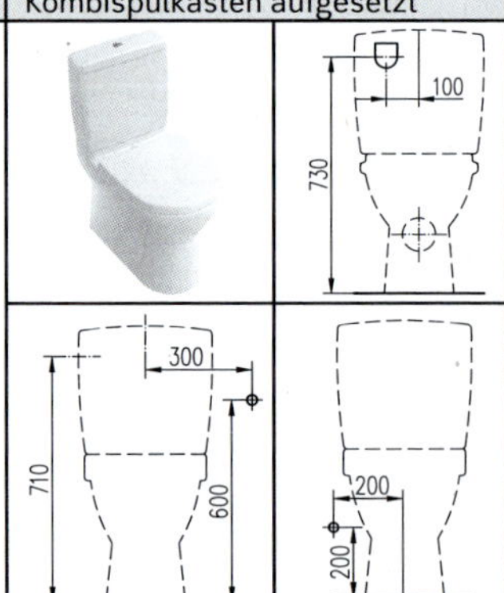

TSK mit offenem Wasserrand, 3-/4,5-l-WC (nicht für Druckspüler!)

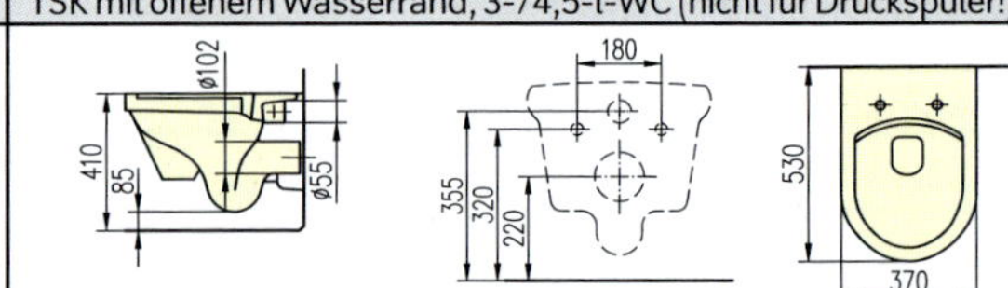

Abgang waagerecht verdeckt; m = 20,3 kg

Anschlussmaße WC-Ablaufstutzen DIN EN 33

Abgang senkrecht | Abgang waagerecht

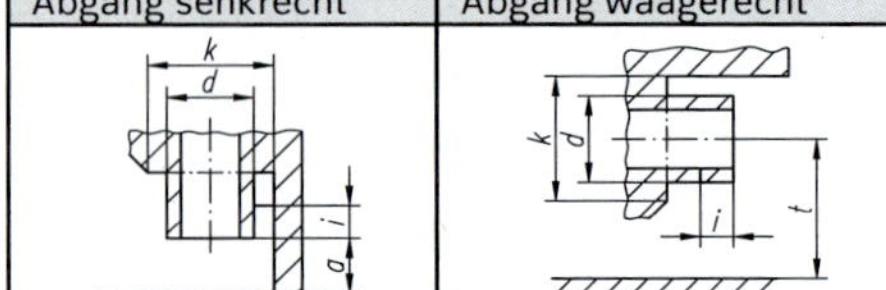

Maße	
d	102 ± 5
i	≥ 40
k	≥ 150
t	180^{+15}_{-10}
ggf. spez.	
a	≥ 10

317.1 Dusch-WC, Dusch-WC-Aufsätze, Warmluftföhn, Geruchsabsaugung Herstellerangaben

Abbildung: Dusch-WC Technische Daten		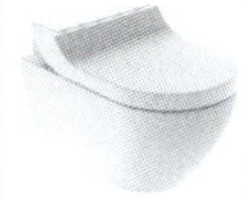		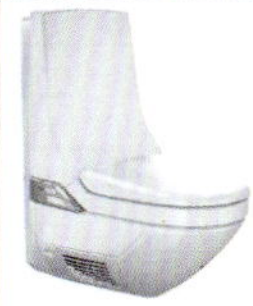	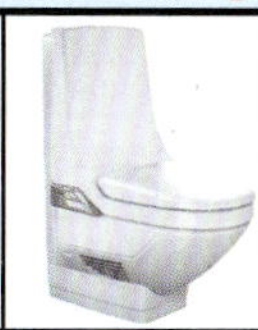		
$B \times H \times T$ in mm Sitzöffng. $L \times B$ p_{Fl} in MPa (bar) $\dot{V}_{Dusche}$ in l/min p regulierbar	385 × 380 × 578 300 × 200 0,05–1 (0,5–10) 0,9–1,5 5 Stufen	360 × 340 × 553 293 × 207 0,1–1 (1–10) 2,1–5,5 7 Stufen	360 × 340 × 559 293 × 207 0,1–1 (1–10) 2,1–5,5 7 Stufen	420 × 880 × 735 290 × 215 0,1–1 (1–10) 2,1–5,5 7 Stufen	420 × 960 × 735 290 × 215 0,1–1 (1–10) 2,1–5,5 7 Stufen	400 × 155 × 505 285 × 225 0,05–1 (0,5–10) 0,9–1,5 5 Stufen	360 × 106 × 523 293 × 207 0,1–1 (1–10) 1,7–3,0 7 Stufen
Arm einstellbar							
Temp. einstellbar							
D. oszillierend							
Warmluftföhn							
Geruchsabsaugg.							

317.2 Aufputzspülkasten Herstellerang., Spülwasservolumen, Kennzeichnung DIN EN 14055

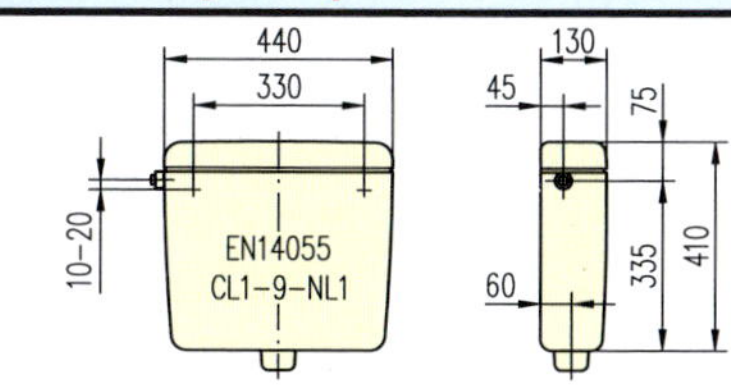

V_{Nenn}	Vollsplg.	Sparsplg.	Bez.	Eigenschaften der Spülkästen
9 l	8,5–9,0	3,0–4,5	CL 1	Klasse 1 : WC V festgelegt 9/7/6/5 oder 4 l
7 l	7,0–7,5	3,0–4,0	CL 2	Klasse 2: WC $V \leq 6$ l
6 l	6,0–6,5	3,0–4,0	CL 3 (X/Y)	Klasse 3: Urinal $V < 5$ l, $\dot{V} = 0{,}4–0{,}6$ l/s
5 l	4,5–5,5	3,0–4,0	V R /	Kl. 1/3; V 9, 7, 6, 5, 4 l; p_{min} Füllventil
4 l	4,0–4,5	2,0–3,0	NL	zuverlässigk. Ablaufventil/Geräusch G I/II

Bsp.: Spülk. EN 12541-CL 1/2/3-X/Y-NL I/II-VR I/II-WL-DA

Armaturengruppe	unterer Druckbereich	oberer Druckbereich
I	$L_{AP} \leq 20$ lndB	$L_{AP} \leq 25$ lndB
II	$20 \leq L_{AP} \leq 30$ lndB	$25 \leq L_{AP} \leq 35$ lndB
ohne Armaturengr.	$L_{AP} > 30$ lndB	$L_{AP} > 35$ lndB

Bezeichng. von WC-Becken		
	A/Y	Spülkasten vorgegeben V/optional $p_{Fl\,min}$
	C/Y	Druckspüler und optional $p_{Fl\,min}$
	WL/CF	Dichtheit/Spülanforderung/LR Belastbarkeit
Beispiel:	BP/CA	Rückflussverhinderung/Reinigbarkeit

EN 997-CL 1/2-xl A o. C/Y-VR I/II-WL-CF-BP-CA-VR-LR

317.3 WC-/Urinaldruckspüler mit Rohrunterbrecher, Beispiele Herstellerangabe DIN EN 12541

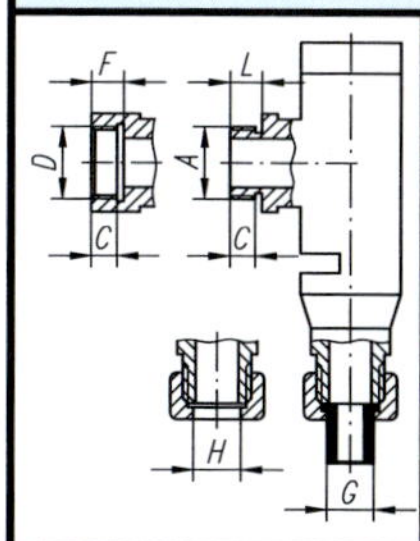

Maß	DN 15	DN 20	DN 25	DN 32
A	G½ B	G¾ B	G1 B	G1¼ B
D	G½	G½	G¾	G1
$G_{-0,5}^{\ 0}$	20	26	26/30	30
$H_{+0,5}^{+0,2}$	22	28	28/32	32
G	½ (B)	¾ (B)	1 (B)	1¼ B
C min.	(8)	(10)	(10)	11
L min.	(11)	(13)	(15)	19
F min.	10	12	12	

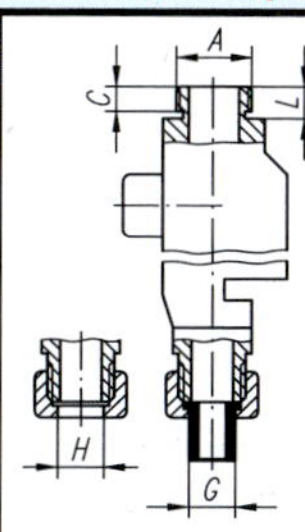

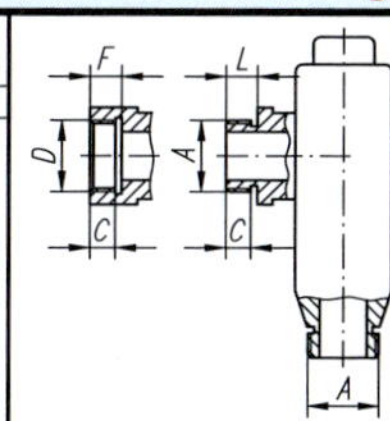

Urinaldruckspüler		
Maß	DN 15	DN 20
A	G½ B	G¾ B
D	G½	G½
C min.	8	10
L min.	11	13
F min.	10	12

p_{Fl} DN 15/20 in MPa (bar): 0,1–0,4 (1–4)
p_{Fl} DN 25: 0,08–0,25; DN 32: 0,08–0,2

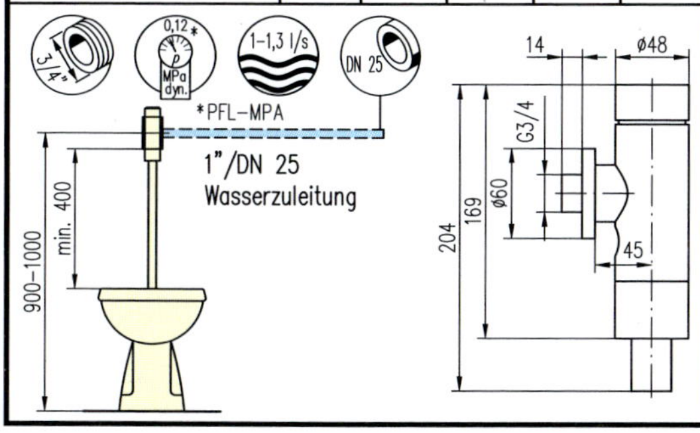

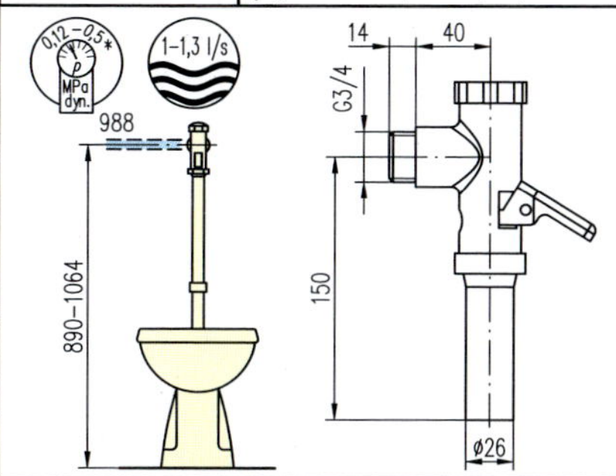

HyTouch pneumatische WC-Steuerung

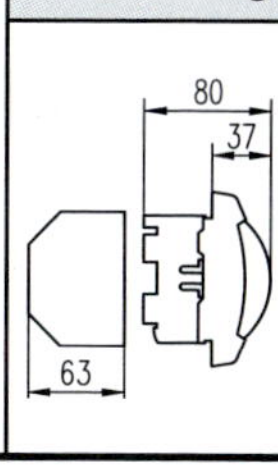

318.1 Wandhängende Urinale, Typen, Klassifizierung, Kennzeichnung, Beispiele DIN EN 13407

Typ	Bauart des Urinals			Klasse	Klassifizierung wandhängender Urinale eingebaut in
I	Absaugurinal mit Spülrand, angeformten/vorgegebenem GV			1	Entwässerungsanlagen Typ I, II o. IV EN 12056-2, mit min.
II	Verdrängungsurinal mit angeformten oder vorgegebenem GV			CL 1	Geruchverschlusshöhe 50 mm mit Wiederauffüllung
III	Verdrängungsurinal ohne zugehörigen Geruchsverschluss			2	Entwässerungsanlagen Typ III DIN EN 12056-2, mit min.
IV	Typ I, II, III mit vorgegebener zugehöriger Spüleinrichtung			CL 2	Geruchverschlusshöhe 75 mm mit Wiederauffüllung
A	Manuell betätigter Spülkasten	BP	Rückflussverhinderung		EN 13407-CL 1-I-3C: Klasse 1, Typ I, Spülventil $V_{min} = 3$ l
B	Automatik-Spülkasten	LR	Statische Belastbarkeit		EN 13407-CL 2-III-5B: Klasse 2, Typ III, Autom.-Spülk. $V_{min} = 5$ l
C	Spülventil CA Reinigbarkeit	DA	Dauerhaftigkeit		EN 13407-CL 1-IV-2/0,2 C: Kl. 1, $V_{SV\,min} = 2$ l, $\dot{V}_{SV\,min} = 0{,}2$ l/s

318.2 Urinal-Montagemaße Fliesenraster, Wandhängendes Urinal, Montagehöhe VK in mm Herst.ang.

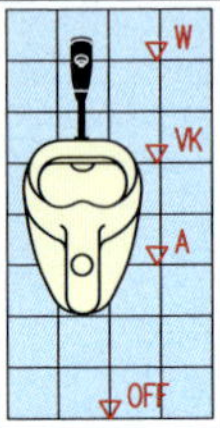

VK	Größe		Wasseranschluss	100	102	150	152	153	200	202	203	250	303	353	403	413
450	1,20 m	Kind	W: Aufputzspüler	500	510	525 h	532 h	536 h	500 h	505 h	508 h	500		530 h		
500	1,35 m	Kind	= VK + *h* + 120 – 240	600	612	600	608	612	600	606	609	625 h	606	617 v	605 h	620 h
600	1,57 m	Jugd.	W: UP-Drücker	650 h	663 h	675 h	684 h	689 h	650 v	657 v	661 v	688 v	682 v			
650	1,76 m	Erw.	= VK + *h* + 100 – 350	700	714				700 h	707 h	711 h			706		
700	1,90 m	Erw.	Fuß: OFF + 125 – 200	750 h	765 h	750	760	765				750	758 h		705 v	723 v

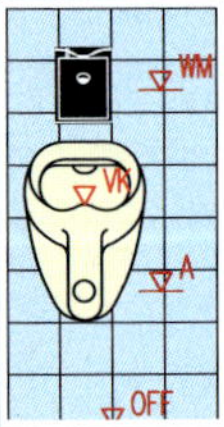

	100	102	150	152	153	200	202	203	250	303	353	403	413
Urinal-Elektronik-Montagehöhe	1300	1275	1325	1292	1301	1300	1313	1320	1375	1364	1412	1411	1446
WM: Mitte Abdeckplatte	1200	1173	1200	1216	1224	1200	1212	1218	1250	1212	1236	1209	1239
= VK + *h* + 145 – 245; 150 Richtmaß	1050	1020	1050	1064	1071	1100	1111	1117	1125	1061	1059		1033
W: Wasseranschluss	1000			988 h	995 h	1000	1010	1015	1000			1008	
= VK + *h* + 170 – 240; 200 Richtmaß	950 h	969	975	912	918	900 h	909 h	914 h	875 h	909	883 h		826
Abwasseranschluss (VK = 650) A =	300	306	300	304	306	300 h	303 h	305 h	313 v	303	265 v	303 v	310 v
(Geruchverschluss sichtbar) 150–300	200	204	225 h	228 h	230 h	200	202	203	250	227 v		202 h	207 h
(Geruchverschluss verdeckt) 150–240	150 h	152 h	150	152	153	150 v	152 v	152 v	188 v	152 v	177 h		

Absaugurinal wassersparend $V_{Spül} = 0{,}8$ l $m = 12$ kg

$V_{Spül} = 0{,}8$ l; 12 kg Zulauf verdeckt

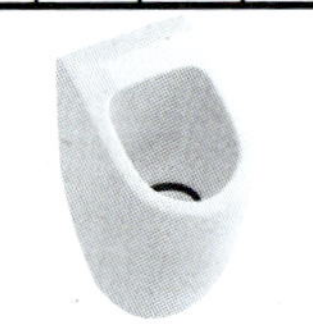

wasserlos mit Einsatzsiphon

wasserloses Urinal Urimat mit MB-Active Trap

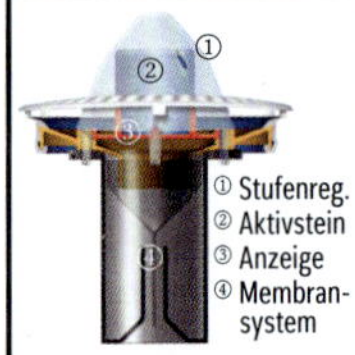

MB-Active Trap

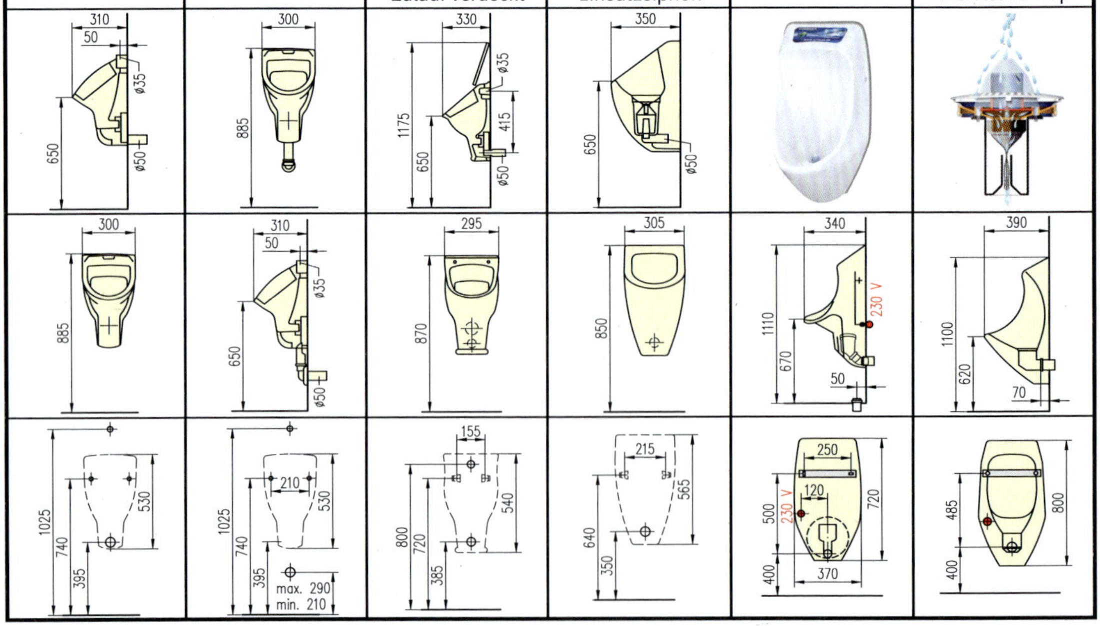

319.1 Montageelemente für WC, min. 1140 mm mit UP-Spülkasten, Eckmodul Herst.ang.

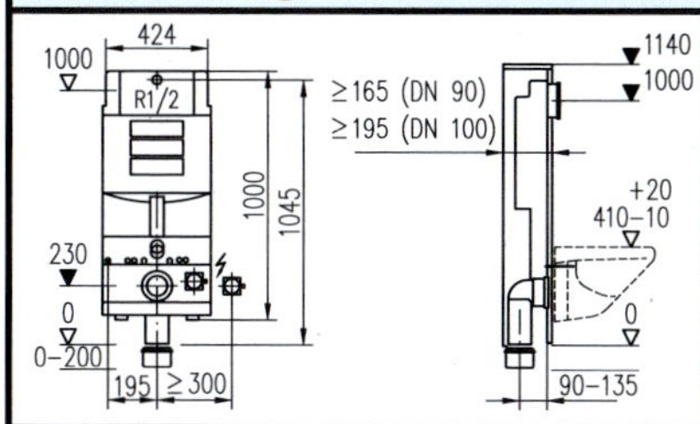

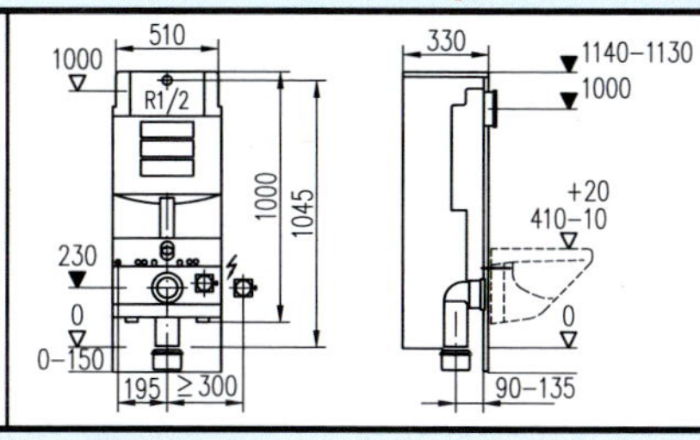

Spülmenge groß 4,5/6/7,5 l
Spülmenge klein 3–4 l
p_{Fl} = 0,01–1 MPa (0,1–10 bar)
Wasseranschluss R ½"
PE-Anschlussgarnitur Ø 90/
- Wand-WC-Bogen Ø 90 mm/
- Übergangsstück Ø 90/110 mm

*Eckmodul 650 × 330 × 460 mm zur 45°-Vorwandmontage

319.2 Montageelemente für Urinal, universal/verdeckte Steuerung/Sanbloc Herstellerangaben

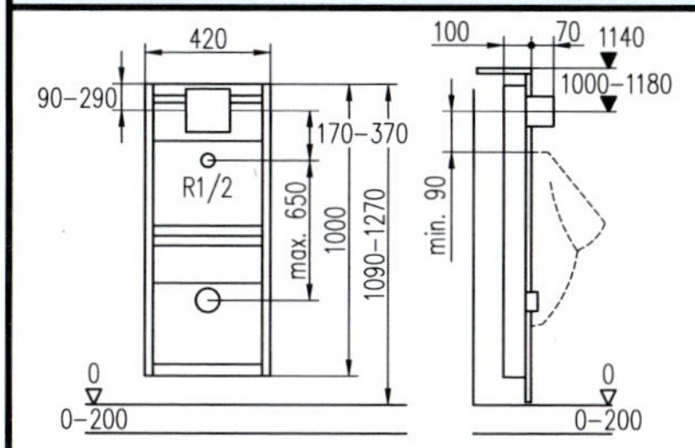

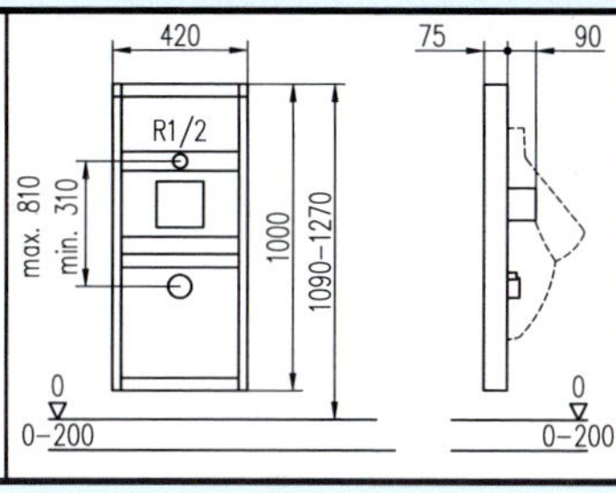

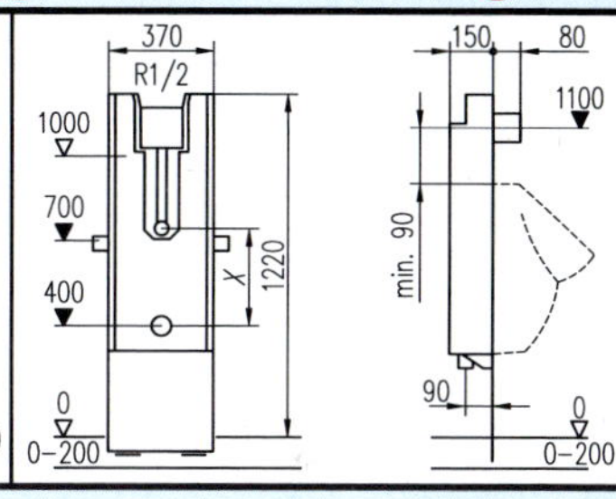

319.3 Urinal-Spülsysteme, pneumatisch, elektronisch AP/UP, Rohbauset Herstellerangaben

Urinal-Spül-system/ Techn. Daten	pneumat.[1]	elektr. AP[2]	elektr. UP[3]
		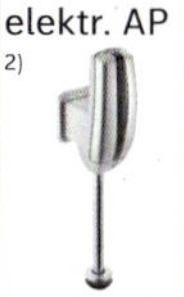	
$\dot{V}_R$ in l/s	0,3	0,3	0,3
$p_{Fl\,min}$ MPa	0,1 (1 bar)	0,1 (1 bar)	0,1 (1 bar)
$p_{Betrieb}$ MPa	0,1–0,8	1 (10 bar)	0,1–0,8
$t_{Spül}$ in s	4/8/12	3–15	3–15

[1] HyTouch Handauslösung.
[2] UR-Elektronik Aufputzmontage Wassereinlauf oben.

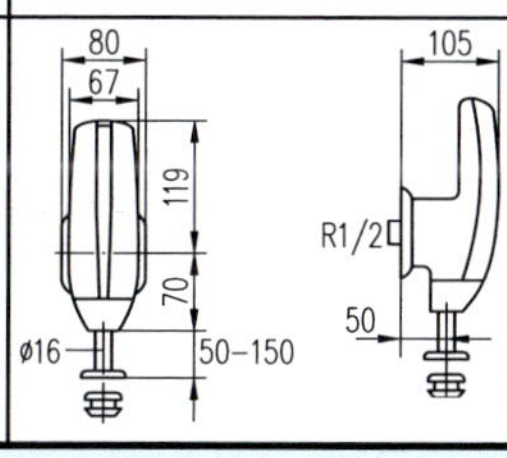

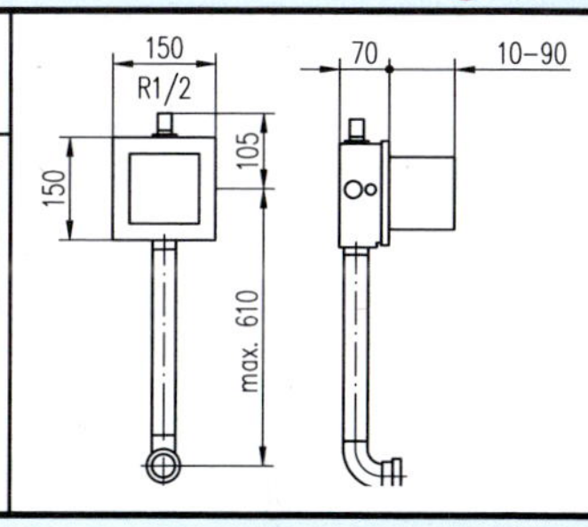

319.4 Urinalstände, Einzelablauf, Sammelablauf, Montagemaße Herstellerangaben

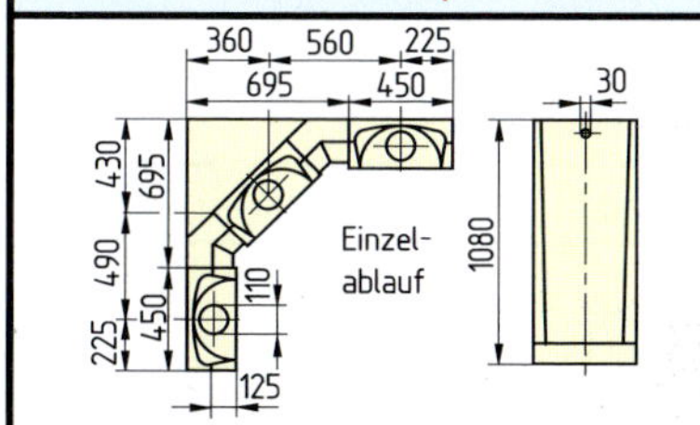

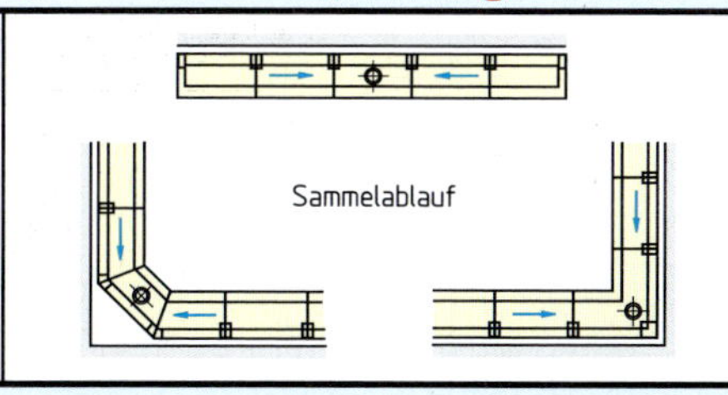

Sammelablauf Maße	mm
Mittenabstand	600
Mitte zur Wandecke	350
Mitte zur Schamwand	380
Standtiefe vor Urinal	350
Abstand:	
• WC-Tür innen	1250
• WC-Tür außen	1600
• Urinal gegenüber	1800

319.5 Washroomsysteme Selbstschlussarmaturen, Duschpanel, Zeitsteuerung Herst.ang.

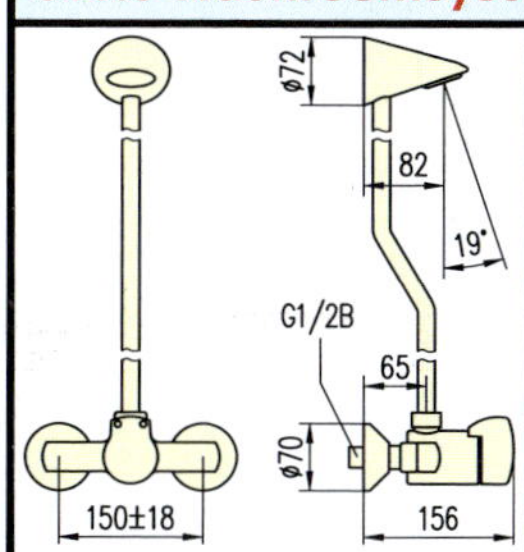

$p_{min\,Fl}$ = 0,1 MPa; t_{min} = 15 s;
Mengenregler t_{max} = 50 s

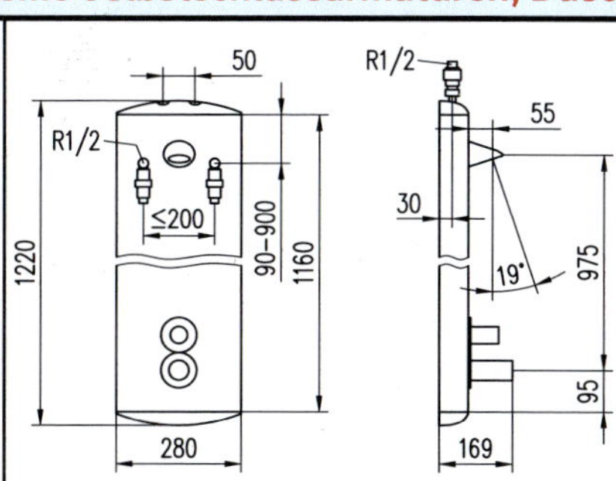

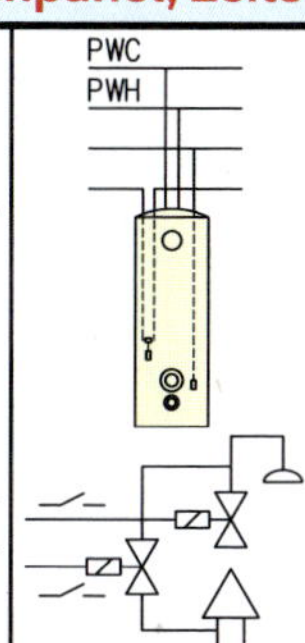

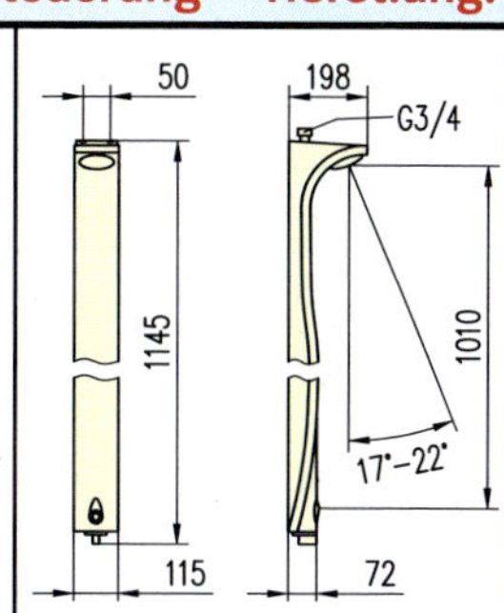

320.1 Stand-/Wandbidet, Montagemaße, Fliesenraster, Montageelemente Herstellerangaben

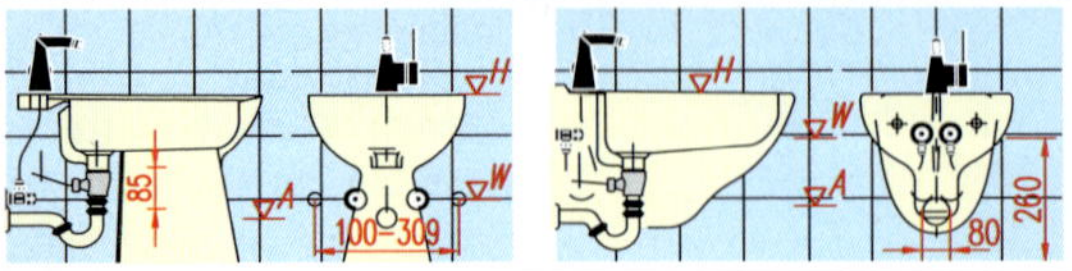

H = 400 mm	100	102	150	152	153	200	202	203	250	303	353	403	413
W = 100 –	250	255				250	253	255	250			303	310
260 mm	200	204	225	228	230	200	202	203				202	207
A = 110 mm	150	153	150	152	153	150	152	153	125	152	177		
(90–120)	100	102				100	101	102				101	104

Eckventile mit Entleerung, Abstand waagerecht: ≥ 350 mm

Bidet bodenstehend mit Überlauf

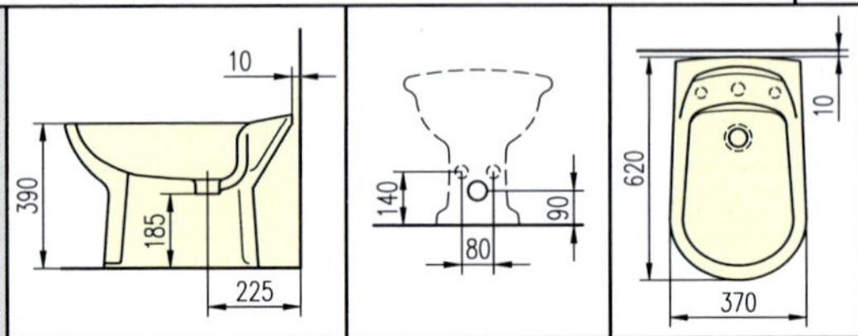

Bidet wandhängend mit Überlauf

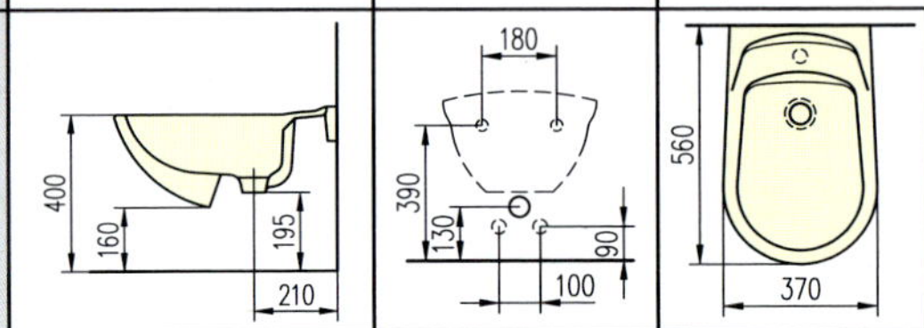

Bidet bodenstehend mit Überlauf

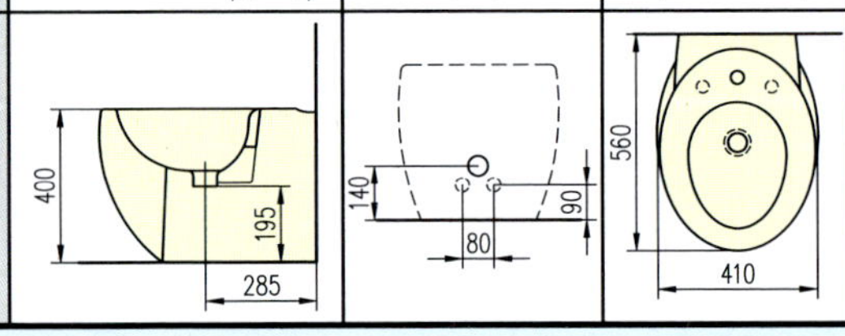

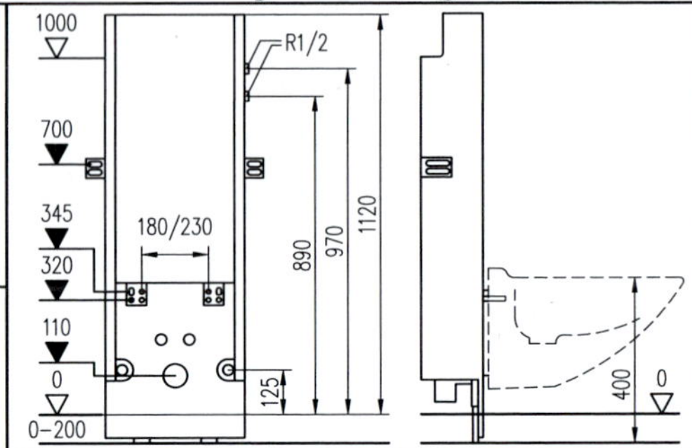

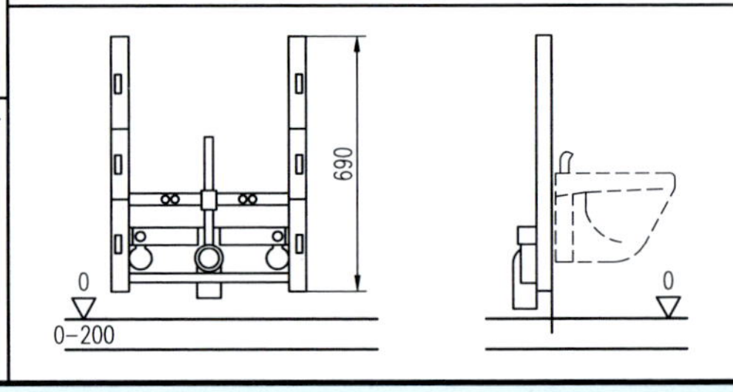

320.2 Bidet-(Sitzwaschbecken-)Einhand-Einlochbatterie DN 15 Herstellerangabe

$\dot{V}_R$ = 0,12 l/s
Perlator M 22

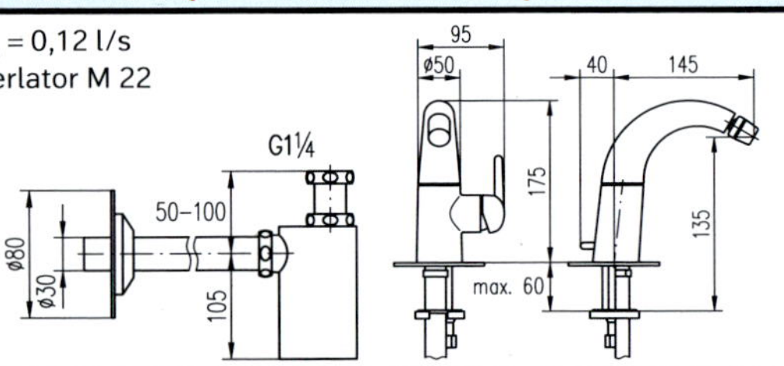

$\dot{V}_R$ = 0,19 l/s;
300 kPa;
0,1 l/s;
85 kPa;
50–1000 kPa;
max. +85 °C

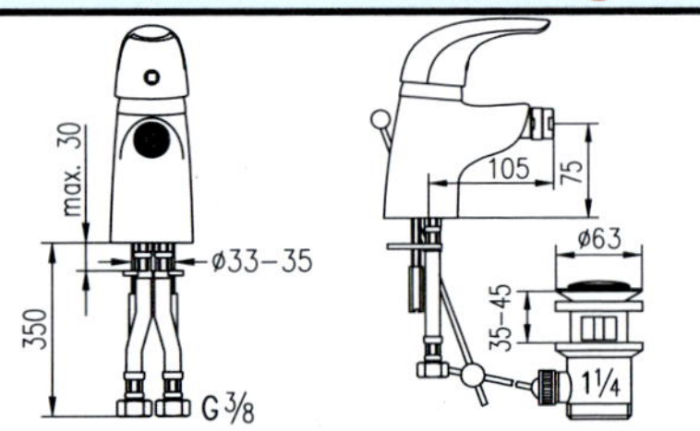

320.3 Duschwannen DN 50, Duschrinnenablauf, Wandrinnenablauf DN 50 Herstellerangabe

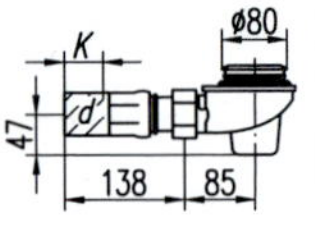

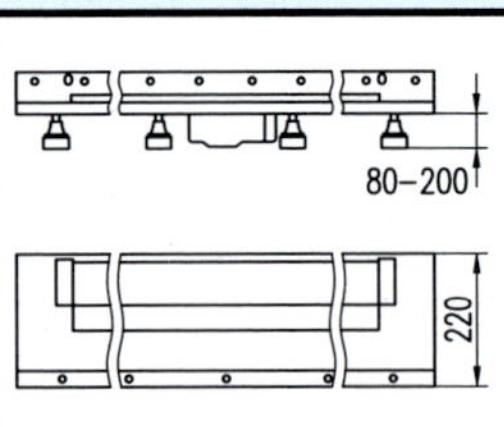

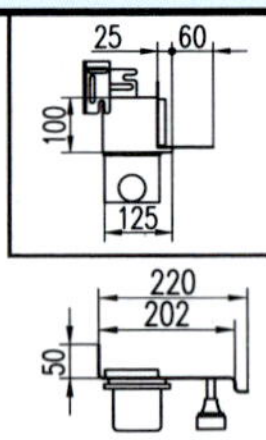

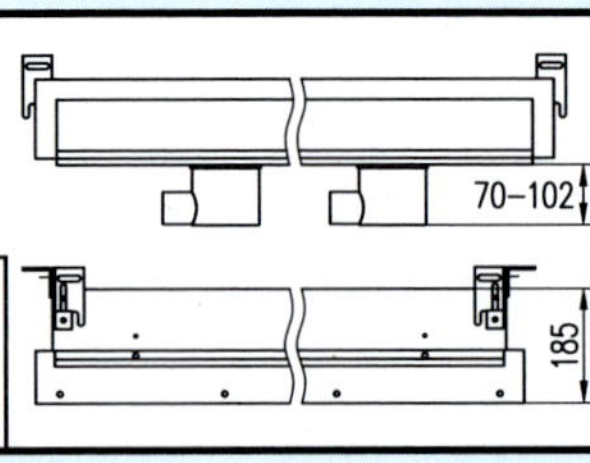

Montagerahmen
min. 800 × 750 mm
max. 1500 × 1800 mm

320.4 Badewannenzu- und -ablaufgarnitur, Wannen-Wandanschluss, Wannenfuß Herst.ang.

BW-Ablauf

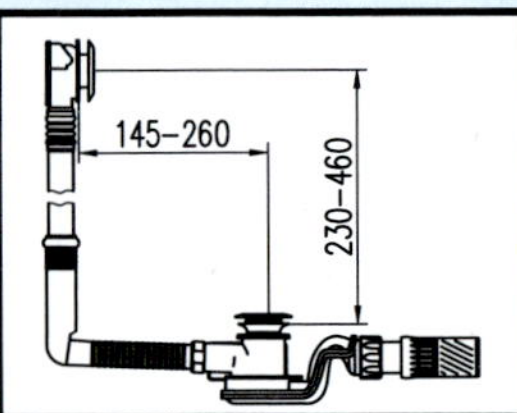

Zu- und Ablauf

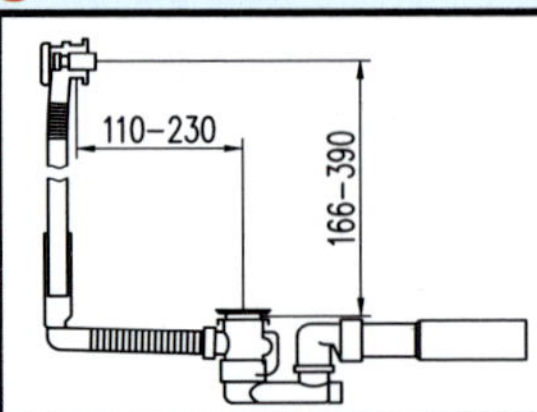

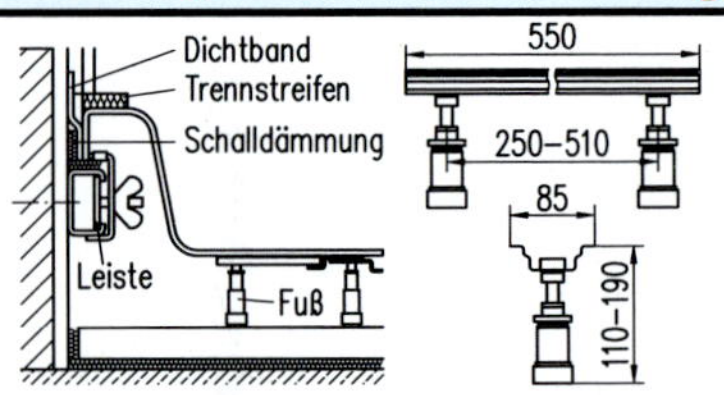

321.1 Brausewannen, Bauhöhen, -maße, -formen — Herstellerangabe

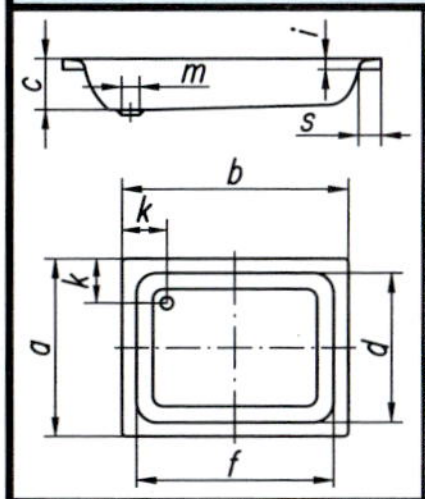

a	700	750	800	700	700	750	800	900	800	1000	800	750	800	750	900
b	750	800	800	850	900	900	900	900	1000	1000	1200	800	800	900	900
c	140	140	140	140	140	140	140	140	140	140	140	250	250	250	250
d	620	620	670	620	570	620	670	770	670	870	670	620	670	620	770
f	670	670	670	770	770	770	770	770	870	870	1070	670	670	770	770
r	32	32	32	32	32	32	32	32	32	32	32	32	32	32	32
k	175	200	200	175	200	200	200	200	200	200	200	220	220	220	220
s	40	65	65	40	65	65	65	65	65	65	65	65	65	65	65

flach mit Topfgeruchverschluss

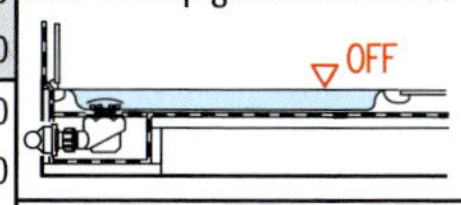

bodeneben gefliest

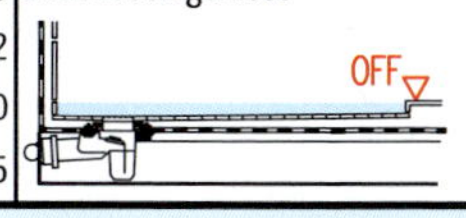

321.2 Brause-/Duschanlagen-Montagemaße, Montageelemente, Durchflussleistung Herst.ang.

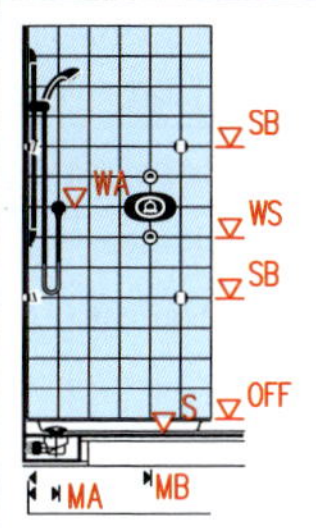

W	Thermostat DN 20	1160–1230
WA	Anschlussbogen	980–1230
SB	Seitenbrause oben	1185–1501
		585– 741
u.		
Ws		930–1030
MB		650
WA		max. 150

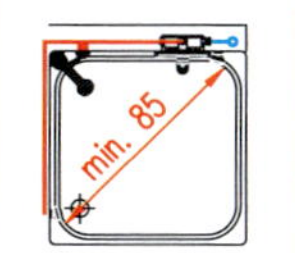

2 UP Vent. DN 20
6 Seitenbrausen

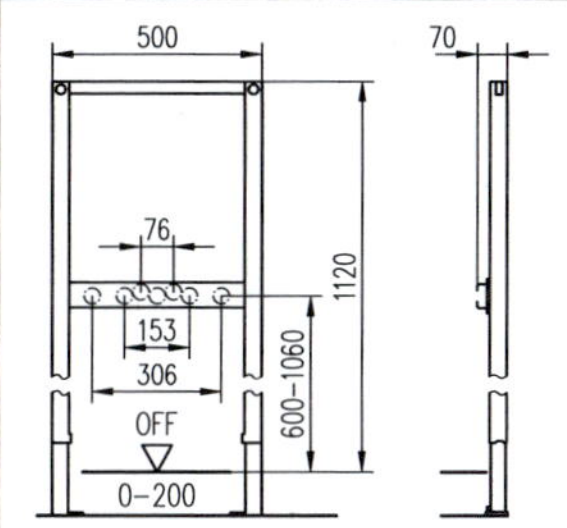

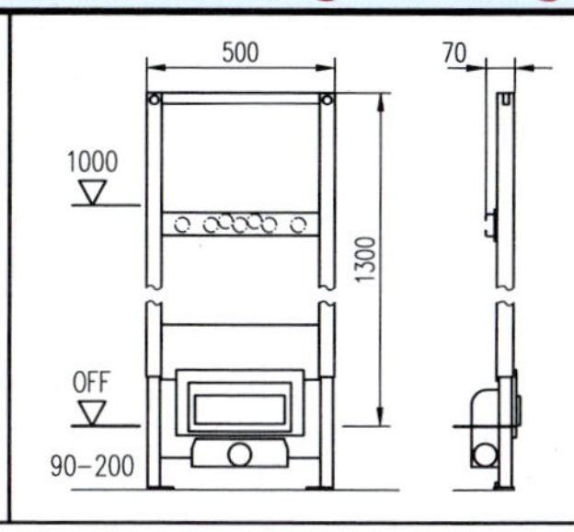

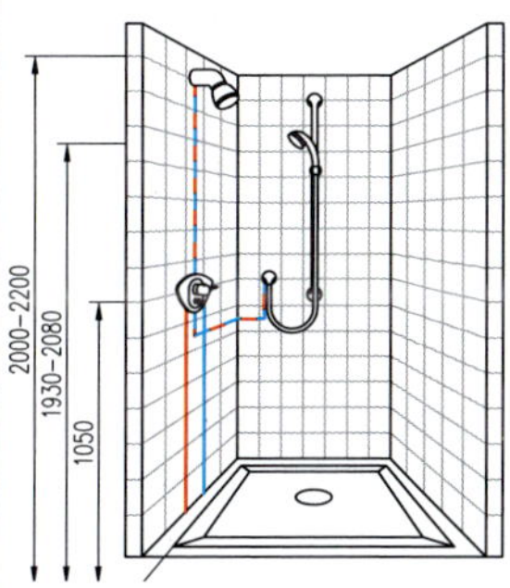

1 Kopfbrause: $\dot{V}_R$ (0,3 MPa) = 15 l/min = 0,25 l/s
1 Handbrause: $\dot{V}_R$ (0,3 MPa) = 13,3 l/min ≈ 0,22 l/s
Anschlüsse DN 15

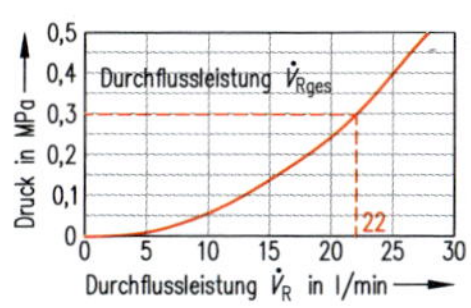

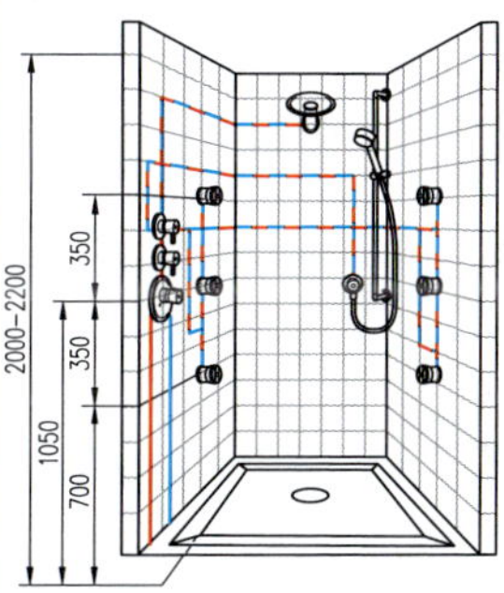

1 Kopfbrause: $\dot{V}_R$ (0,3 MPa) = 15 l/min = 0,25 l/s
1 Handbrause: $\dot{V}_R$ ≈ 0,22 l/s
6 Seitenbrausen: $\dot{V}_R$ (0,3 MPa) = 6 x 3,9 l/min = 0,30 l/s
1 Kopf- + 6 Seitenbrausen
$\dot{V}_R$ = 27,8 l/s = 0,47 l/s

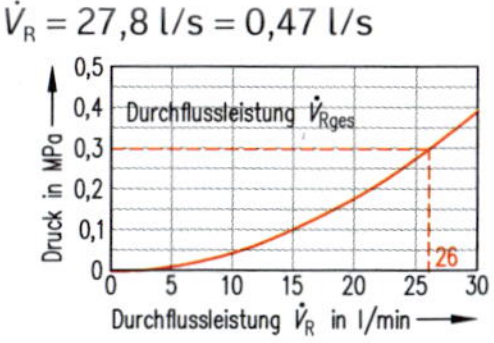

321.3 Brausearmaturen, Hand-/Kopf-/Seitenbrause, Duschsystem — Herstellerangabe

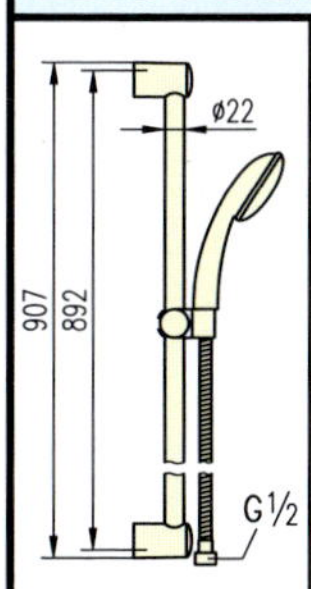

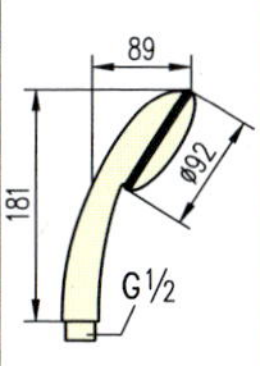

$\dot{V}_{R\,ges}$ (0,3 MPa) = 0,22 l/s = 13 l/min

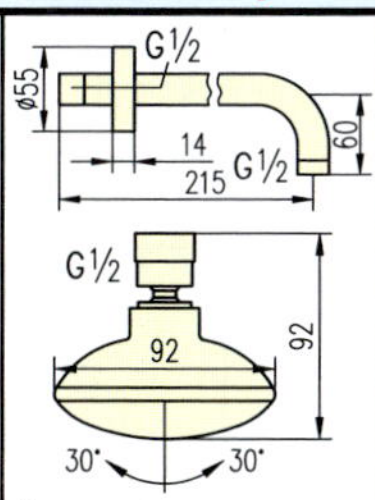

$\dot{V}_R$ (0,3 MPa) = 0,22 l/s

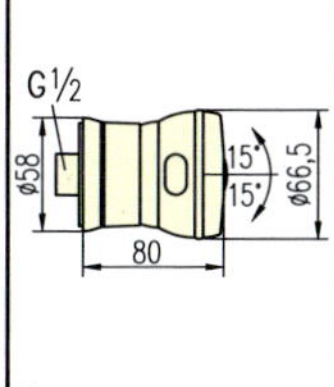

$\dot{V}_R$ (0,3 MPa) = 4 l/min = 0,07 l/s

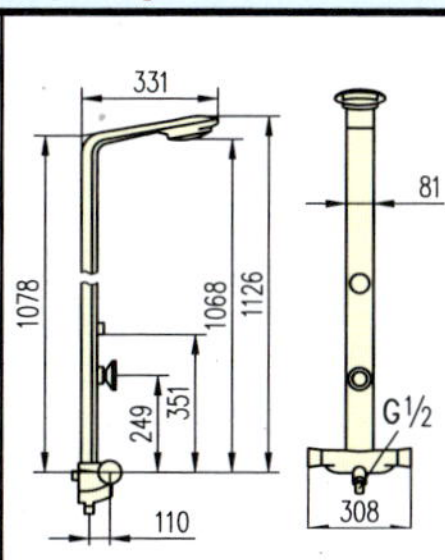

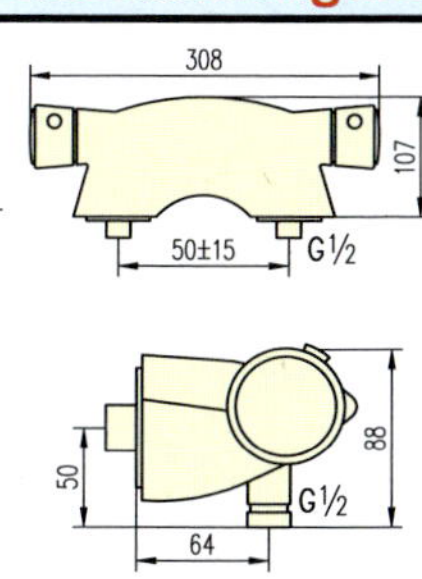

Einhand-Brause-batterie für Wand-aufbau
$\dot{V}_R$ = 19 l/min = 0,32 l/s
begrenzt: 6 l/min

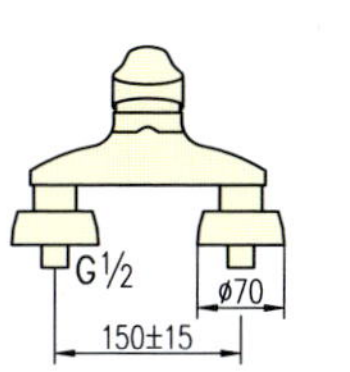

Heißwassersperre

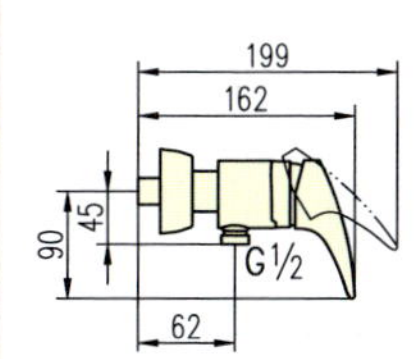

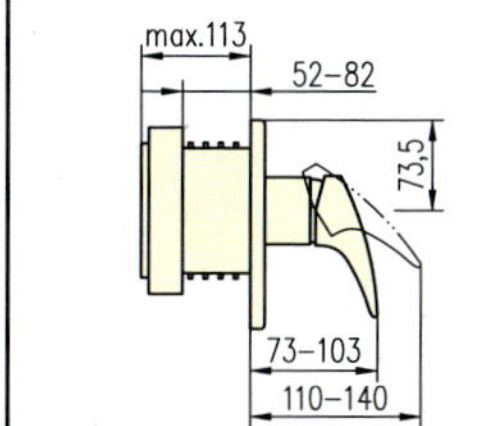

$\dot{V}_R$ (0,3 MPa) = 34 l/min = 0,57 l/s

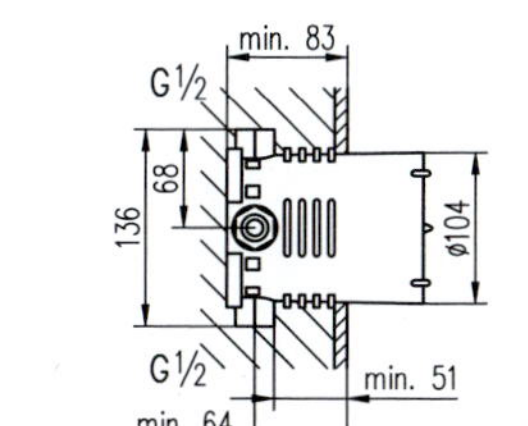

322.1 Badewannen, Maße in mm — Herstellerangabe

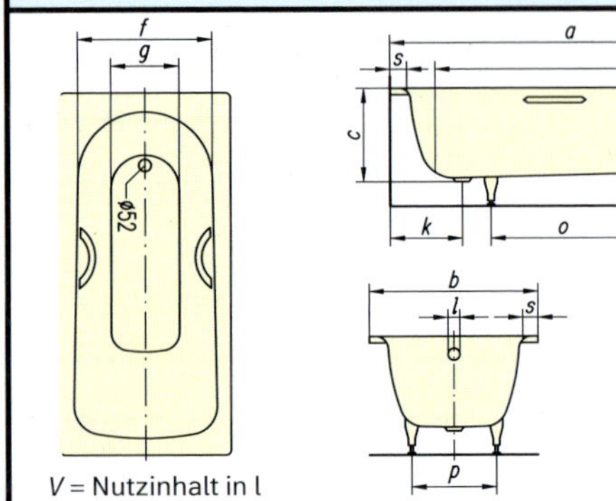

Saniform Stahl-Email 3,5 mm

V = Nutzinhalt in l

a	1400	1500	1600	1700	1700	1600	1700	1750	1800
b	700	700	700	700	730	750	750	750	800
c	410	410	410	410	410	410	410	430	430
e	850	950	1050	1150	1150	1050	1150	1200	1250
f	550	550	550	500	500	600	600	630	675
g	530	530	530	530	530	580	580	560	640
k	310	320	310	310	310	310	310	285	310
o	445	555	600	740	740	640	750	640	830
p	380	380	380	380	370	430	430	430	480
s	70	70	70	70	85	70	70	60	70
t	75	75	75	75	90	75	75	55	75
V	67 l	82 l	93 l	111 l	111 l	107 l	123 l	145 l	150 l

322.2 Badewannen-Montagemaße, Anschlüsse, Montageelemente, Durchflussleistung Herst.ang.

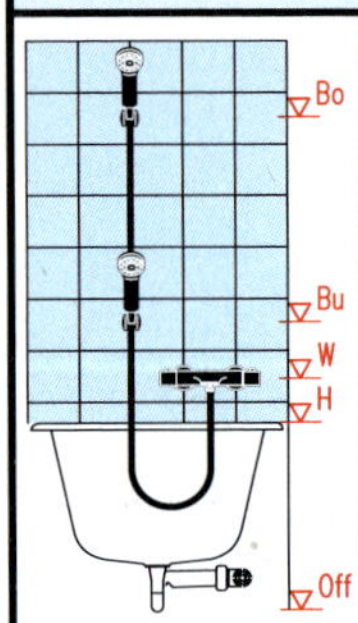

H	Wohnung, Hotel	550 mm
	Wanne eingefliest	500–600
	Behinderte Rollstuhl	500–550
	Gehbehinderte	350–500
	Kinderheim	380–450
	Sitzwanne, Therapie	600–750
W	H + [75–200]; i.d.R.	H + 150 mm
Bu	Wandbrause unten	800–1080
Bo	Wandbrause oben	1860–2060
WA	Wandanschlussbogen	H + [500–800]
E	Wanneneinlauf	H + [70–135]

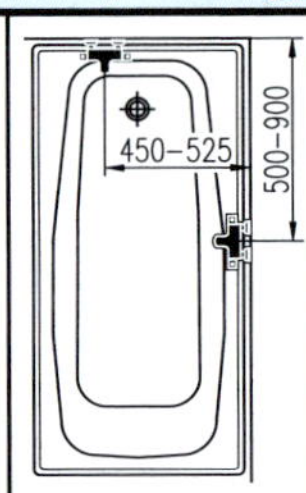

UP-Thermostat
norm: H + 200–300
hoch: H + 300–520

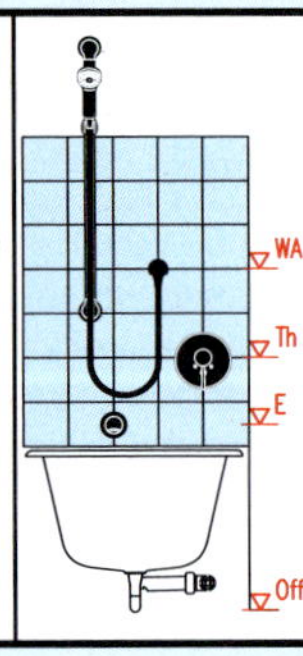

Montageelement für Bade-/Duschwanne

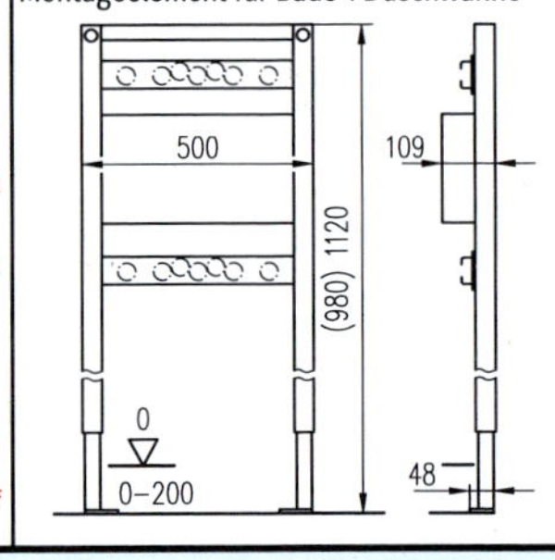

322.3 Badewannenarmaturen Einhand, Thermostat, Unterputz, Wannenrand Herstellerangabe

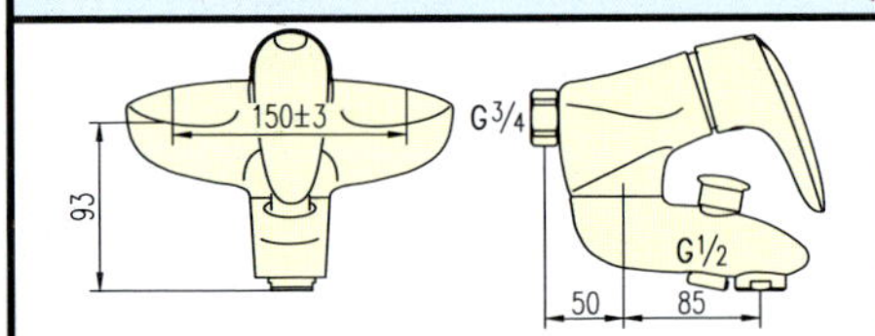

$\dot{V}_R$ (0,3 MPa)
= 0,33 l/s
= 19,8 l/min
begrenzt
= 0,17 l/s
= 10,2 l/min

2 -Griff-Thermostatbatterie

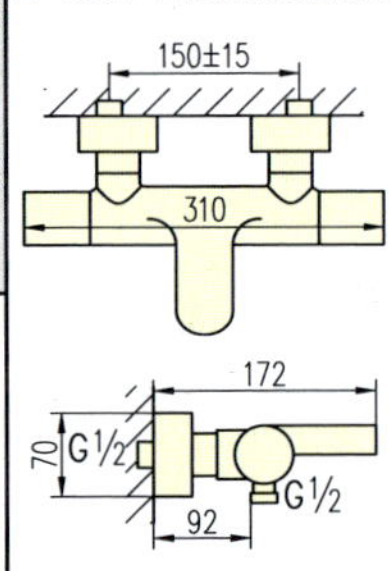

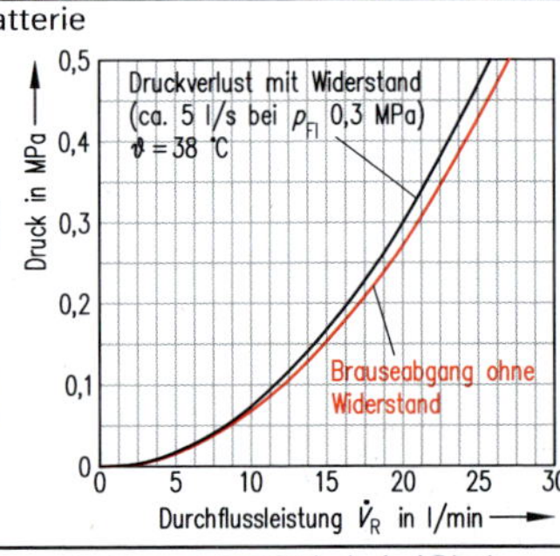

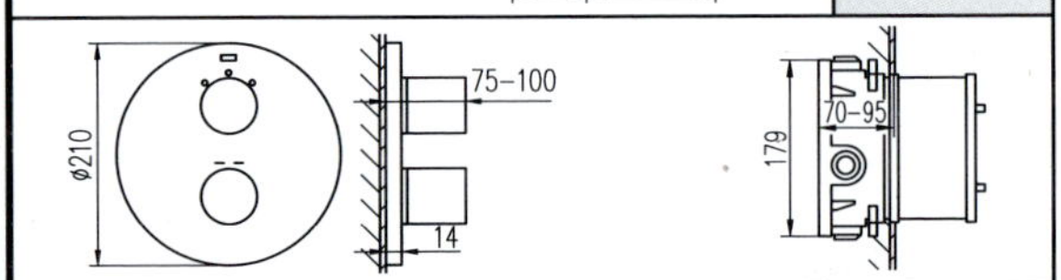

UP-Thermostat, Zu-/Ablaufgarnitur

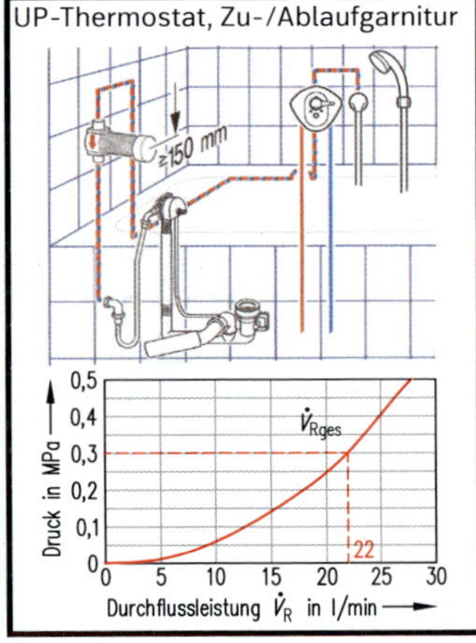

3-Loch-Fliesenrand-Einbaukörper für entfernt liegenden Wanneneinlauf DN 20 Schläuche G3/4 x G3/4

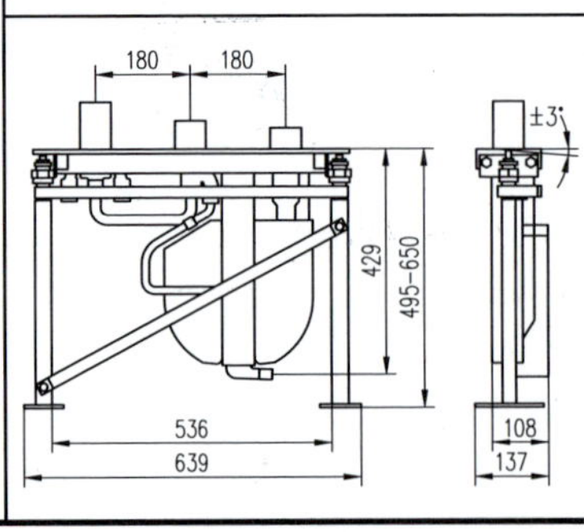

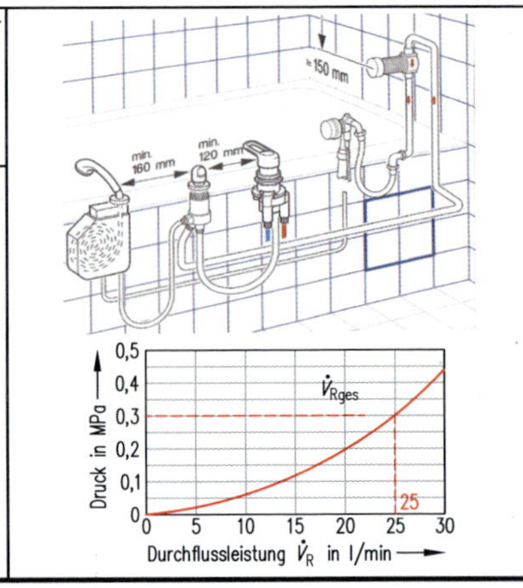

323.1 Spültische, Einbauspülen, Montagemaße, Montageelemente, Anschlüsse, Armaturen — Herst.ang.

H	820 mm Behinderte, sitzen
	850 mm normal
	900 mm ab Körpergr. 1,78 m
W	550–620 mm (600 bei H 850)
E	100 mm (min. 80 mm)
A	480–580 mm Röhren-GV
	400–590 mm Raumspar-GV
	320–530 mm 2-/3-Becken

Küchenspüleanschlüsse 2 × R½"

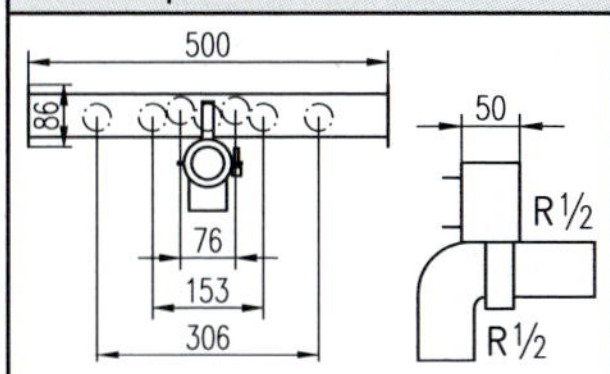

Waschmaschinenanschluss mit UP-Siphon, R½"

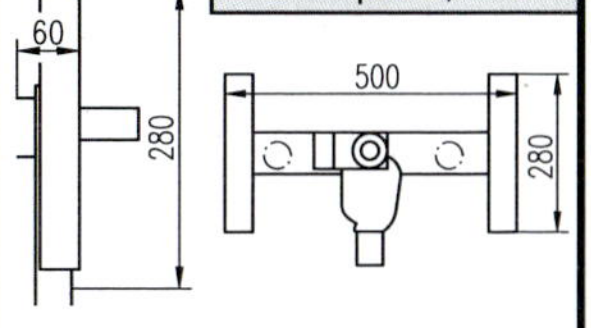

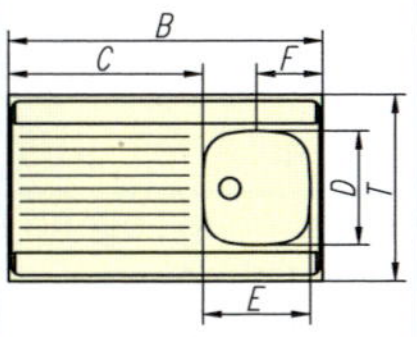

B	800	1000	800	1000
T	600	600	500	500
C	400	400	400	555
D	370	370	340	340
E	340	340	370	370
F	210	210	230	260

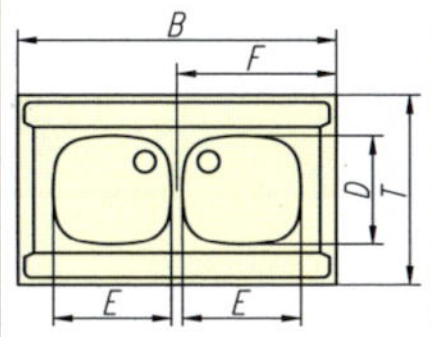

Edelstahlspülen

B	800	1000	800	1000
T	600	600	500	500
D	370	370	370	340
E	340	340	340	370
F	400	400	400	500

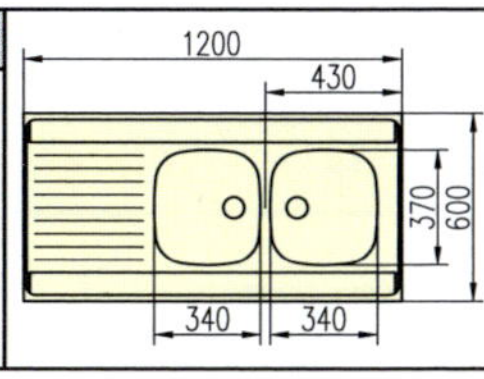

Silgranit-Einbauspüle

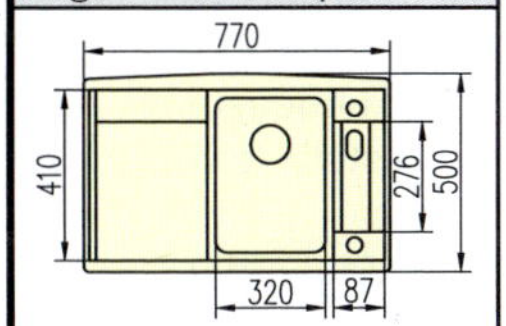

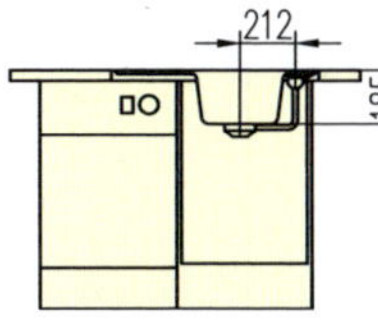

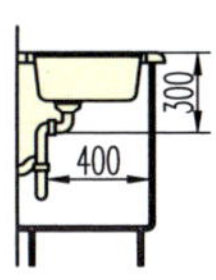

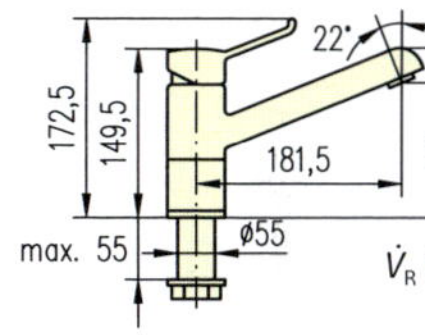

$\dot{V}_R$ bei 0,3 MPa = 9 l/min

Spültischbatterien

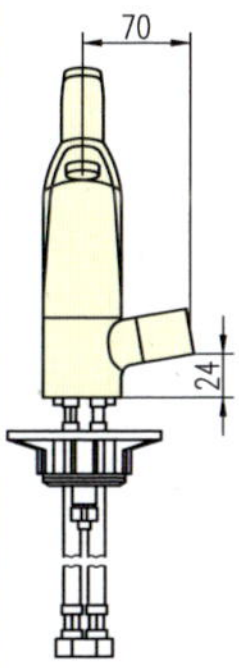

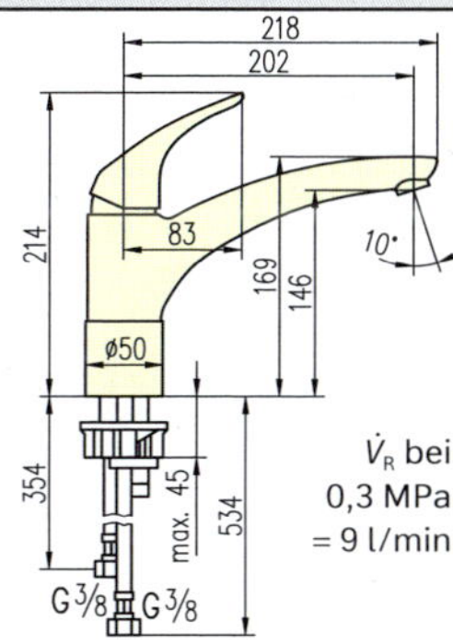

$\dot{V}_R$ bei 0,3 MPa = 9 l/min

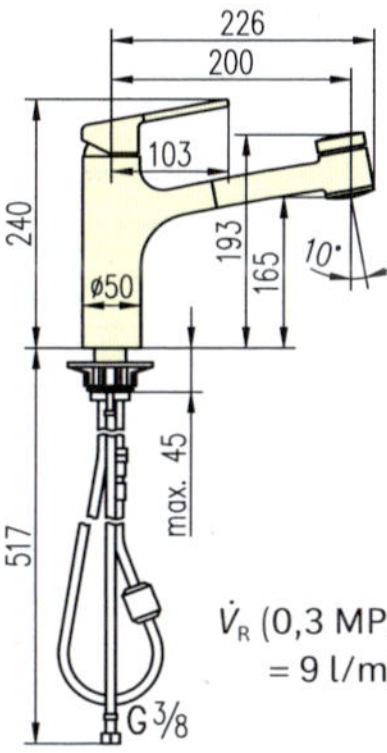

$\dot{V}_R$ (0,3 MPa) = 9 l/min

Eckventil

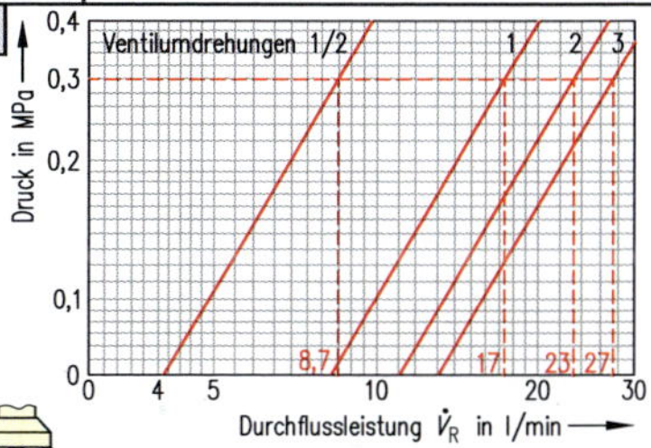

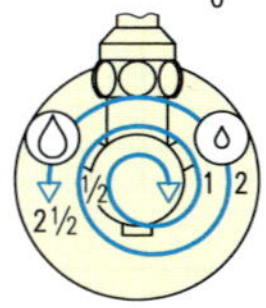

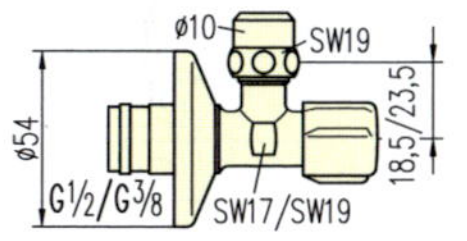

Ausgussbecken

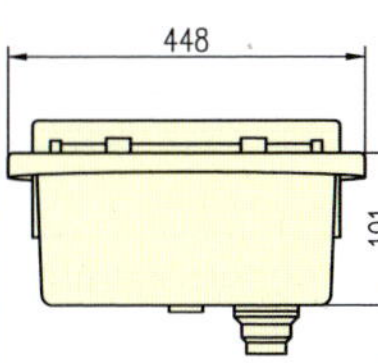

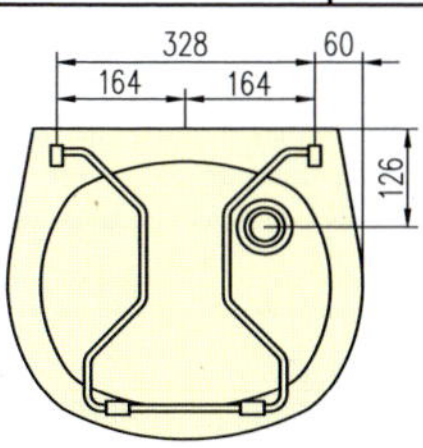

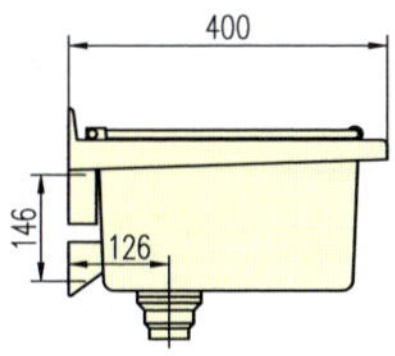

Eckventil-Thermostat

$\dot{V}_R$ (0,3 MPa) = 13 l/min

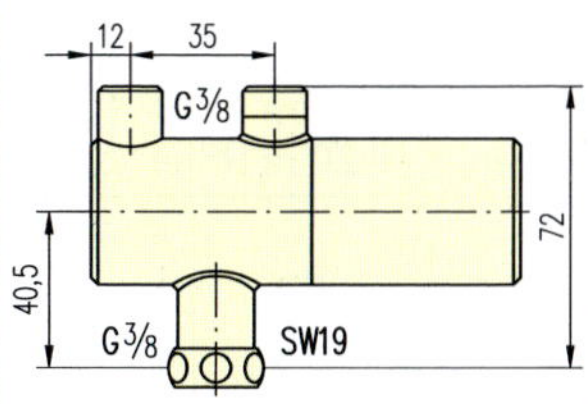

Montageelement/Ausgussbecken

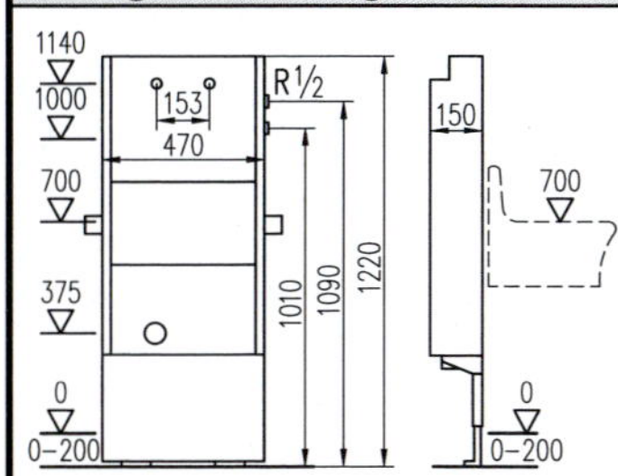

Medipro

$\dot{V}_R$ (0,3 MPa) = 6 l/min

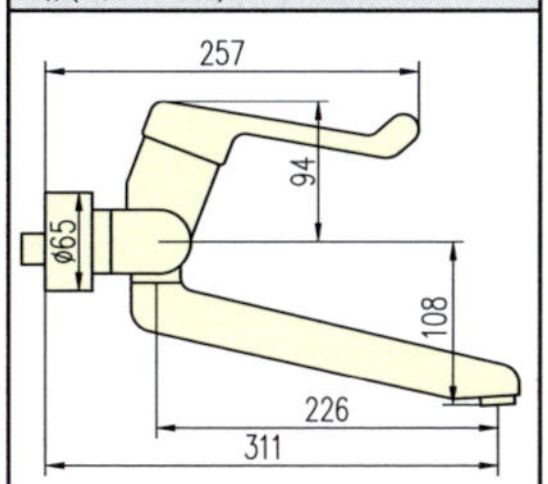

Fäkalausguss

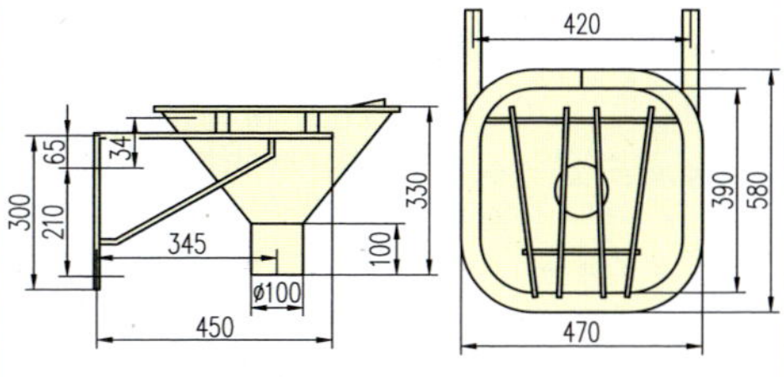

324.1 Äußerer, innerer Blitzschutz

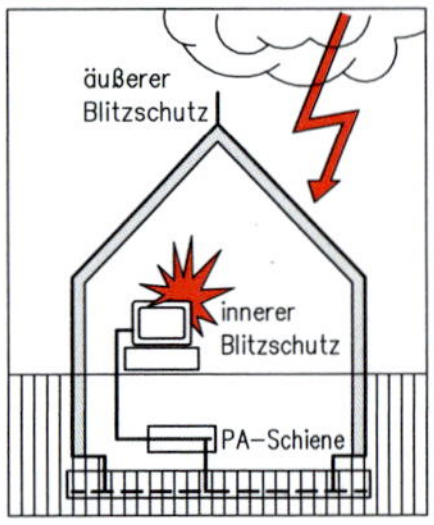

DIN VDE 0185

324.2 Äußere Auffanganlage, Schutzbereich (Gebäude bis 20 m Höhe)

Steildach

Flachdach

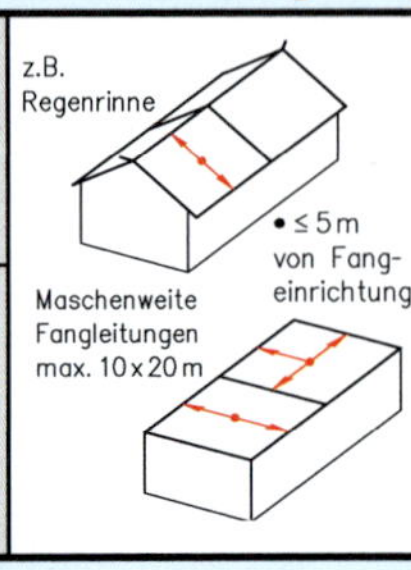

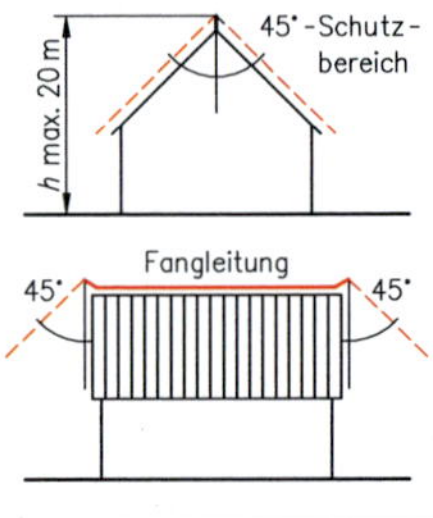

Alternativ: Fangstange

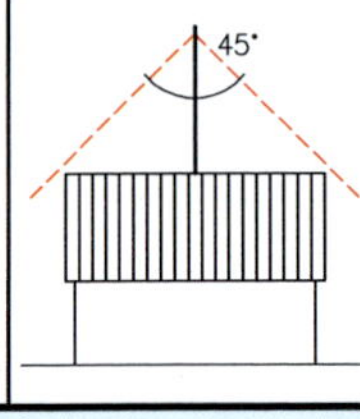

324.3 Blitzschutzanlagenbeispiel, Sinnbilder DIN 48820 (Auswahl)

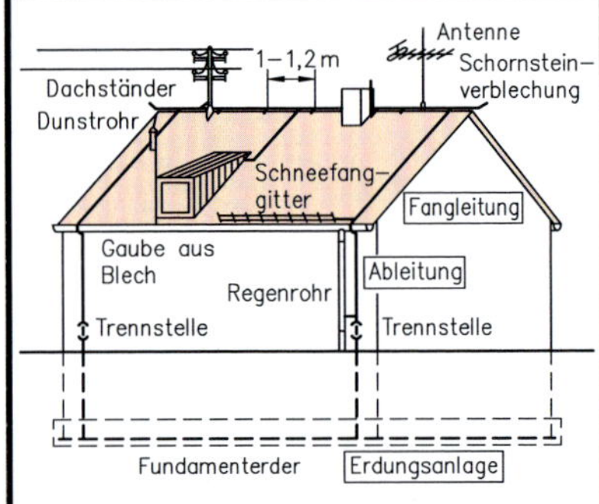

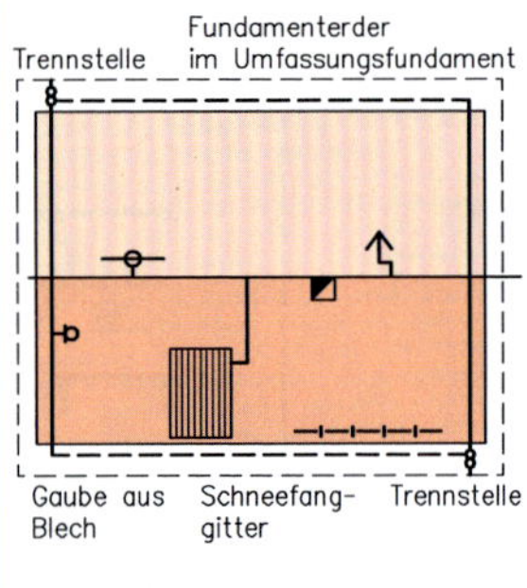

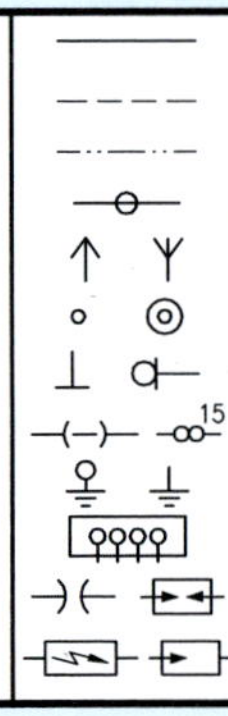

Blitzschutzltg. offen liegend
unterirdische Leitungen
Leitg. unter Dach und Putz
Dachständer für elektr. Ltg.
Antenne
Auffang-/Fahnenstange
Anschlussstelle Rohrleitung
Trennstelle
Rohr- und Staberder
Potenzialausgleichsschiene
Trennfunkenstrecke
Blitz-/Überspannungsableiter

324.4 Anzahl der Ableitungen

Gebäudeumfang	Gebäudeform symmetrisch Breite ≤ 12 m	> 12 m	L-Form
≤ 20 m	1	1	1
≤ 49 m	2	2	2
≤ 69 m	2	4	3
≤ 89 m	4	4	4
≤109 m	4	6	5
≤129 m	6	6	6
≤149 m	6	8	7
≤169 m	8	8	8
≤189 m	8	10	9
Türme/Schornst.	≤ 20 m Höhe: 1 Ableitung > 20 m Höhe: 2 Ableitungen		

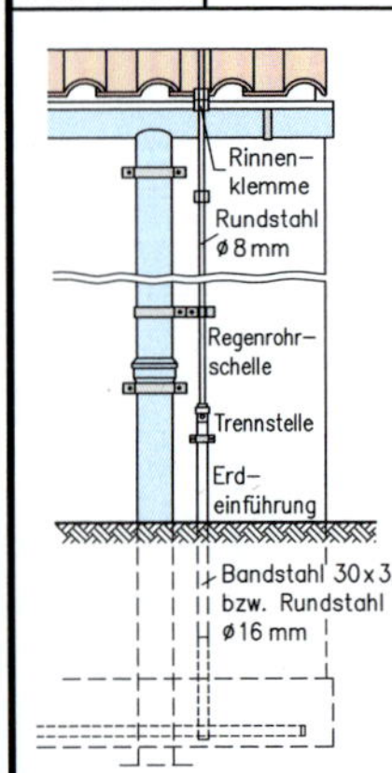

Ableitungsabstand max. 20 m, Abltg. gleichmäßig um das Gebäude verteilen, Abltg. im Abstand von 1,0 bis 1,2 m befestigen. Verlegen auch unter Putz, im Schlitz/Schacht.
(NYY o. NYM 16 mm²). Nutzbar auch Metallregenfallrohr, Feuerleiter, Bewehrungsstahl, Metallfassade ... bei genügendem Querschnitt.

324.5 Schutzklasse Sk, Schutzwinkel α V ENV 61024

Sk	Wirksamkeit	Maschenweite	Kugelradius
I	98 %	5 m × 5 m	20 m
II	95 %	10 m × 10 m	30 m
III	90 %	15 m × 15 m	45 m
IV	80 %	20 m × 20 m	60 m

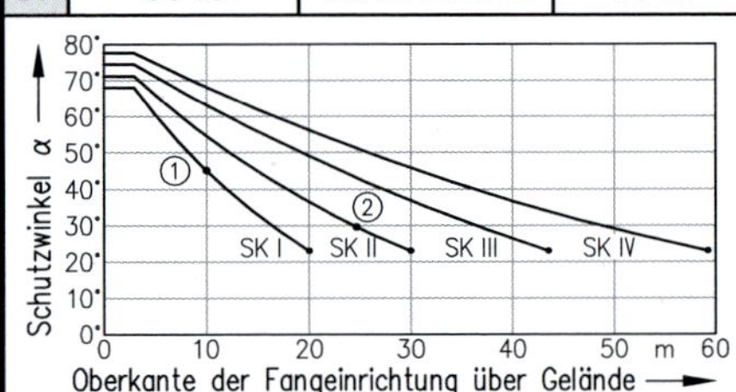

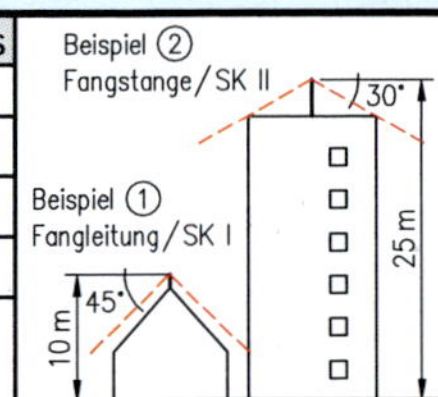

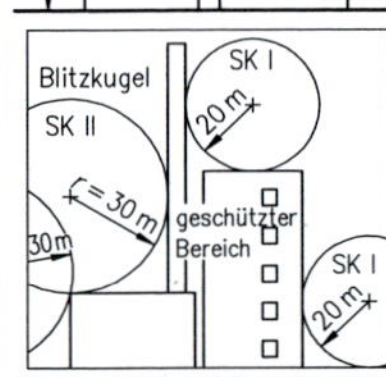

324.6 Näherung[1]

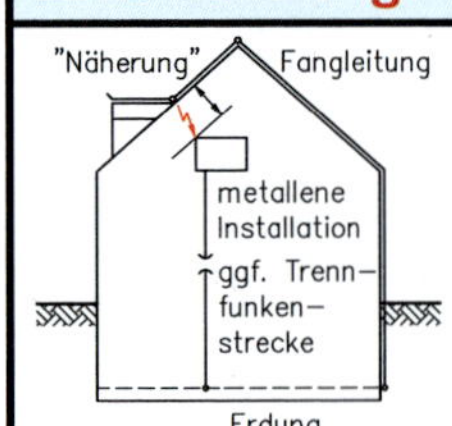

[1] Zu geringer Abstand zwischen Blitzschutzanlage und Installation ⇒ Gefahr des Überschlags = Trennfunkenstrecke

324.7 Überspannungsschutz

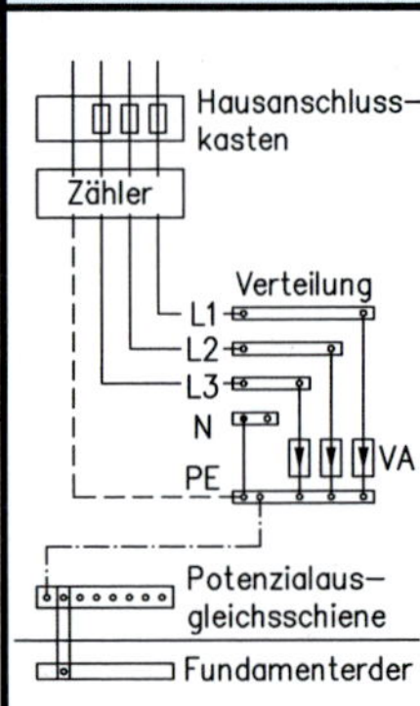

Besonders gefährdet: Mess-, Steuer-, Regelanlagen, EDV. Blitzschutz-Potenzialausgleich garantiert keinen Schutz. (Ventilableiter VA zwischen L1, L2, L3) ⇒ Überspannungs-Ableiter (Blitzductor im Stromkreisverteiler oder in Steckdosenleisten)

325.1 Normen für Klempnerarbeiten (Auswahl)

Bezeichnung	DIN EN	Bezeichnung	DIN
Bleche und Bänder aus AL, kaltgewalzt	485/546	Entwässerungsanlagen für Gebäude	1986
AL-AL-Legierung, Zusammensetzung, Halbzeug	573	Flachzeug aus Stahl, kaltgewalztes Band	1623
Hängedachrinnen, Zubehör aus PVC-U	607	Anodisch oxidierte Aluminiumerzeugnisse	17611
Hängedachrinnen, Metallblech, Regenfallrohre	612	Bleche und Bänder aus Blei, EN 12548	17640-1
Entwässerungssysteme außerhalb Gebäuden	752	VOB Teil A Allgemeine Bestimmungen	1960
Bleche und Bänder aus Zink, Zinklegierungen	988	Bauwerksabdichtungen	18190-1
Hartlöten, Flussmittel; Lote EN ISO 17672	1045	Abdichtungsarbeiten	18336
Rinnenhalter für Hängedachrinnen	1462	Well- und Pfannenbleche	18338
Kupfer, Kupferlegierung: Bleche, Bänder	1652	VOB Teil C Klempnerarbeiten	18339
Nicht rostender Stahl, Flacherzeugnisse 1–7	10028	Galvanische Zink-Duplex-Überzüge	50961
Schwerkraftentwässerungsanlagen	12056	Bitumendachbahnen, Rohfilzeinlage	52128
Weichlote: Chemische Zusammensetzung	ISO 9453	Wellbleche, Stahldachpfannen	59231
Flussmittel zum Weichlöten	29454-1	Bleche aus Blei	59610

325.2 Bezeichnungen am Dach, Längenmaße beim Dach, Dachformen, Gauben

Satteldach

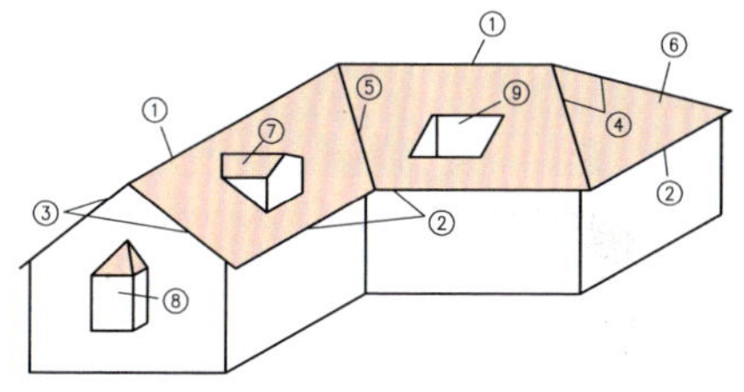

Bezeichnungen

1 First: obere waagerechte Dachkante
2 Traufe: untere waagerechte Dachkante
3 Ortgang: Kante zwischen Dach/Giebel
4 Grat: Außenstoß zweier Dachflächen
5 Kehle: Innenstoß zweier Dachflächen
6 Walm: schräger, gedeckter Giebelabschluss
7 Gaube, hier: Satteldachgaube (Dachaufbau)
8 Erker (Gebäudeanbau)
9 Loggia (Dacheinbau)

Sparrenlänge

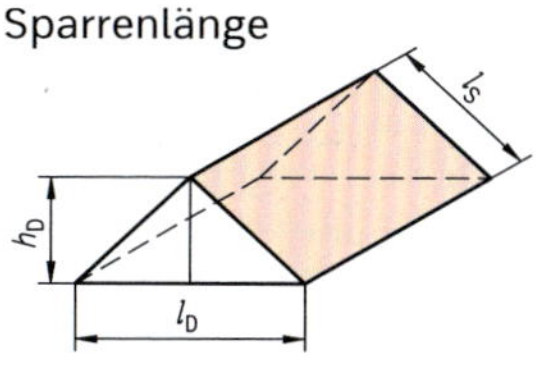

$$l_s = \sqrt{h_D^2 + \left(\frac{l_D}{2}\right)^2}$$

l_s Sparrenlänge in m
h_D Dachhöhe in m
l_D Dachbreite in m

Kehllänge l_K in m

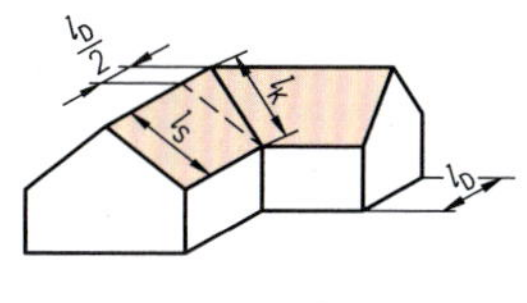

$$l_K = \sqrt{l_s^2 + \left(\frac{l_D}{2}\right)^2}$$

Walm- und Gratlänge beim Walmdach

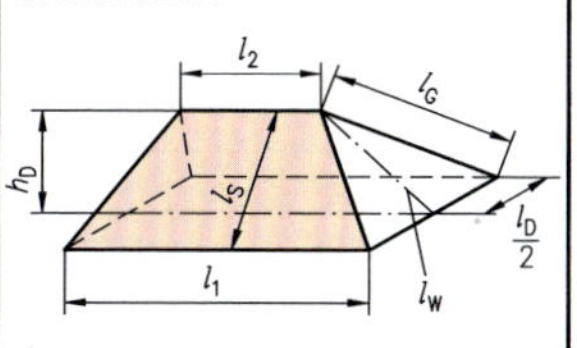

$$l_G = \sqrt{l_W^2 + \left(\frac{l_D}{2}\right)^2}$$

$$l_W = \sqrt{h_D^2 + \left(\frac{l_1 - l_2}{2}\right)^2}$$

l_G Gratlänge in m
l_W Walmlänge in m

A

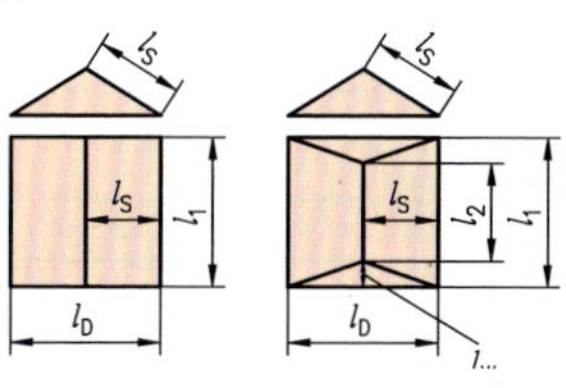

Satteldach:

$$A_O = 2 \cdot l_1 \cdot l_s$$

Walmdach:

$$A_O = 2 \cdot \left(\frac{l_1 + l_2}{2} \cdot l_s + \frac{l_D \cdot l_W}{2}\right)$$

Mansarddach	Krüppelwalmdach	Pultdach	Sheddach	Segmentdach	Turmdach
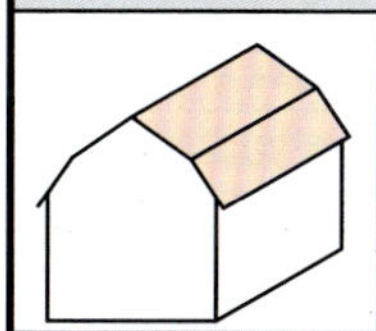	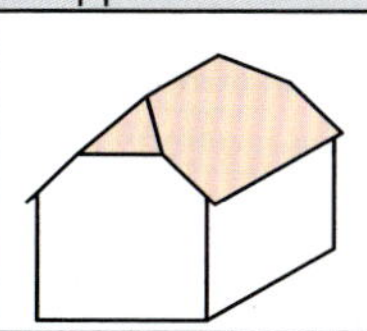	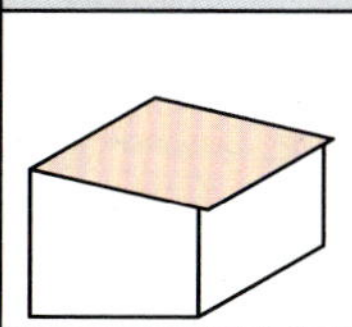	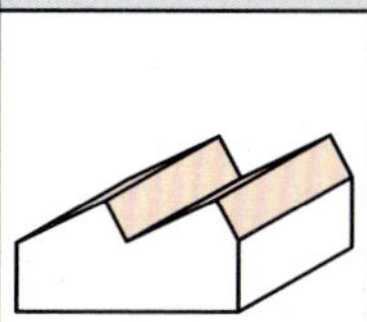	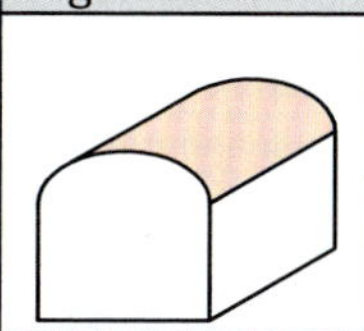	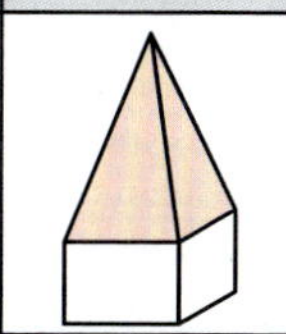

Satteldachgaube	Schleppdachgaube	Rundgaube	Spitzgaube	Fledermausgaube	Flachdach
	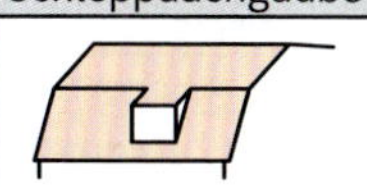	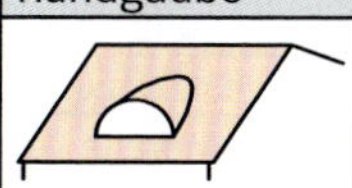	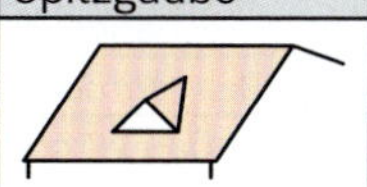	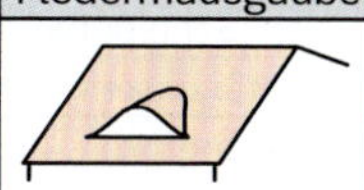	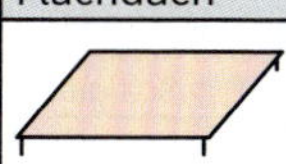

326.1 Flachdachdeckung, Kaltdach, Warmdach

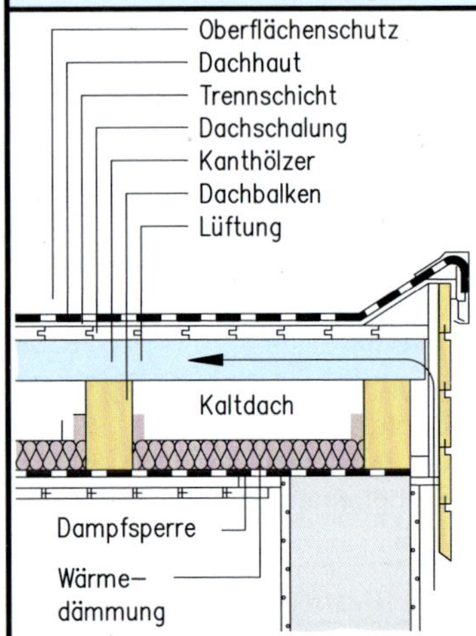

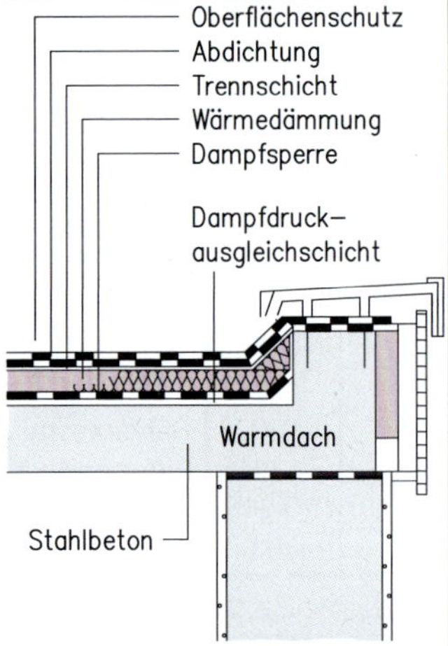

326.2 Lote in der Bauklempnerei

Bezeichnung	Zusammensetzung %	Schmelzber. in °C	Blech Wstoff
Weichlot [1]			
S-Pb 60 Sn 40	40 Sn, 60 Pb	183–235	Zn[2], Cu St[4]
S-Sn 97 Cu 3	97 Sn, 3 Cu	230–250	Cu[3]
S-Pb 70 Sn 30	30 Sn, 70 Pb	186–250	Pb
Hartlot [1]			
L-Ag 2P	92 Cu, 2 Ag, 6 P	710 °C	Cu
L-Cu P6	94 Cu, 6 P	720 °C	Cu

Kurzbezeichnung:
[1] Ag = Silber; Cu = Kupfer; P = Phosphor; Pb = Blei; Sn = Zinn; St = Stahl (s. 101.1).
Flussmittel:
[2] F-SW11.
[3] F-SW21, F-SW22 oder F-SW25.
[4] genietetes Stahlblech verzinnen

326.3 Werkstoffe und Blechformate

Werkstoff	Tafelformat in mm	Bandbreite in mm
D-Zn bd	1000 × 2000 1000 × 3000	bis 1000
SF-Cu F24	1000 × 2000	bis 1250
St 02 Z	1000 × 2000 1250 × 2500 1500 × 3000	bis 600
NRS	1000 × 2000	bis 1000
Al Mn F14/F15 Al Mg 1	1000 × 2000 1600 × 6000	600
Pb	–	bis 1300

326.4 Vorgefertigte Titanzinkbleche, Farbkennzeichnung

Farbkennzeichnung der Dicke grün = 0,80 mm, rot = 0,70 mm blau = 0,65 mm

Kennzeichnung der fertigen Bauelemente mit farbigen Aufklebern. Nenngröße, Zuschnittbreite.

326.5 Einbau von Bauteilen aus unterschiedlichen Metallen

Metallkombination	Al	Pb	Cu	Zn	NRS	St	Hinweis
Aluminium Al	×	–	–	×	×	×	Galvanische Verkupferung von verzinkten Bauteilen kann Korrosion verstärken ⇒ ungeeigneter Korrosionsschutz!
Blei Pb	–	×	×	×	×	×	
Kupfer Cu	–	×	×	–	×	– [1]	
Titanzink Zn	×	×	–	×	×	×	× zulässig; – nicht zulässig
nicht rostender Stahl NRS	×	×	×	×	×	×	[1] Stahlstifte von Hohlnieten sind im Außenbereich zulässig.
feuerverzinkter Stahl St	×	×	–	×	×	×	

326.6 Äußere Einflüsse, Forderungen und Maßnahmen bei Blecharbeiten

Einfluss	Forderung; Maßnahme
Witterung	sichere Ableitung, dicht; Gefälle, Überdeckung ausreich., Dichtungsstreifen, Tropfkanten, Überstände
Wind, Sturm, Bausenkung	Aufnahme von Sog, Druck und Schub; richtige Blechdicke, genügend Befestigung (Hafte), bewegliche Anschlüsse, besondere Sicherung von Traufe, First usw.
Bau- und Nutzfeuchtigkeit	Beständigkeit; zweischalige, belüftete Konstruktion, Sperr- und Trennschichten, Winkelbleche bis 2 cm streichen
Temperaturwechsel 100 K	Ausgleich therm. Wechselbewegung; Ausdehnungsmöglichkeit schaffen durch indirekte Befestigungen, Schiebehafte, entsprechende Firstausbildung, Dehnungsausgleicher (s. 326.3)
Luftverschmutzung	Beständigkeit; extreme Beanspruchung, ungeschütztes Bitumen ⇒ Schutzanstrich
Kontaktkorrosion	Beständigkeit; Zusammenbau verschiedener Metalle vermeiden ⇒ Trennschicht. Bei Verwendung versch. Metalle muss in Fließrichtung des Wassers Korrosion ausgeschlossen sein.

327.1 Bleche aus NE-Metallen für die Bauklempnerei, Masse der Bleche in kg/m^2 Maße in mm

Werkstoff	Kurzzeichen	DIN	Blechgrößen	Bandgrößen	α [1]
Titan-zink	Z 1 (Farbkodierung weiß)	EN 988	$600 \le b \le 1000$ $l = 2000$ oder 3000	$600 \le b \le 1000$ Streifen: $100 \le b < 600$	0,022 mm/(m · K)
Kupfer • weich • halbhart	Cu – DHP • R220 • R240	EN 1172	$b \le 1250$ $l = 2000$ oder 3000	$b \le 1250$ ID = 300, 400, 500 oder 600	0,017 mm/(m · K)
Aluminium	AlMn1Mg1[2] AlMn1Mg0,5[2] AlMn1Mg1Cu[2]	EN 573 oder EN 485	$b \le 1600$ $l \le 6000$	$b \le 2600$ $ID = 600$	0,024 mm/(m · K)
Blei	Pb810M	EN 12588	Nennmaß: s[3] = 1,25 bis 6 mm, b = 1000 mm, l = 2 m		0,030 mm/(m · K)

s mm	Zn kg	Cu kg	Al g	Pb kg
0,30	2,15	2,67	0,81	3,40
0,40	2,87	3,56	1,08	4,54
0,50	3,59	**4,45**	1,35	5,67
0,55	3,95	4,90	1,49	–
0,60	**4,30**	**5,34**	**1,62**	6,80
0,65	**4,70**	5,79	1,76	–
0,70	**5,00**	**6,23**	**1,89**	7,94
0,75	5,40	6,70	2,03	8,51
0,80	**5,80**	**7,12**	**2,16**	9,07
0,90	6,48	8,01	2,43	10,2
1,00	**7,20**	**8,90**	**2,70**	11,3

Kennzeichnung: Dicke – DIN/EN – W.-Kurzz./-Nr, – Schmelze Nr. – Hersteller – Walzwerk Kennzeichen

Beispiel Zn: 0,65 – EN 988 – Z1 – 000 111 222 – XXX – AB 11

[1] Längenausdehnungskoeffizient; [2] 122.1/2; [3] 1,25–1,5; 1,5–1,75; 1,75–2; 2–2,5; 2,5–3; 3–3,5; 3,5–6 mm

327.2 Beschichtungswerkstoffe für Alu-Bleche und Bänder DIN EN 1396

Ze.	Werkstoff	Zeichen	Werkstoff	Zeichen	Werkstoff	Zeichen	Werkstoff
AY	Acrylharze	SP	Polyester	PUR	Polyurethan	SP-SI	Silicon modifiz. Polyester
AK	Alkydharze	PUR-PA	modifiz. Poly-	PUR(A)	Polyureth.-Kleber	PVC(F)	Polyvinylchlorid-Film
EP	Epoxidharze	und SP-PA	amidsysteme	PVDF	Polyvinylidenfluorid	PVF(F)	Polyvinylfluorid-Film

327.3 Nicht rostende Stahlbleche und Bänder für die Bauklempnerei DIN EN 612

Werkstoff	W. Nr.:	Oberfläche	α	ϱ	s	0,4	0,5	0,6	Handelsformate	
									Bleche	Bänder
X3CrTi17	1.4510	verzinnt	0,011	7,7	m	3,1	3,9	4,6	$1000 < b < 1500$	$500 < b < 1250$
X6CrNi19-10	1.4301	walzm./blank	0,016	7,9	m	3,2	4,0	4,7	$2000 < l < 3000$	
X2CrNiMo17-12-2	1.4404	verzinnt	0,016	8,0	m	3,2	4,0	4,8		

Lieferbedingungen nach DIN EN 10088
Oberfläche: verzinnt, walzmattiert, blank

s Wanddicke in mm
m Blechmasse kg/m^2
α Längenausdehnungskoeff. mm/(m · K)
ϱ Dichte in kg/dm^3

327.4 Schmelztauchveredeltes Band und Blech aus weichen unlegierten Stählen[1] DIN EN 10327

Güteklassen	Stahlsorte DIN EN 10327				Auflage[4]	Auflage[4]		Oberflächenart				Stahlmasse	
		Überzug[3]		W. Nr.:	g/m^2	g/m^2	µm[4]	N	M und R[5]			s[6]	m[7]
Maschinenfalzgüte	DX51D	+Z	+ZF	1.0226	100...350	100	7	A	A	B	C	0,60	4,710
Ziehgüte	DX52D	+Z	+ZF	1.0350	100...275	140	10	A	A	B	C	0,70	5,495
Tiefziehgüte	DX53D	+Z	+ZF	1.0355	100...200	200	14	A	A	B	C	0,80	6,280
Sondertiefziehgüte	DX54D	+Z	+ZF	1.0306	100...200	275	20	A	A	B	C	0,90	7,065
Spezialtiefziehgüte	DX56D	+Z	+ZF	1.0322	100...200	350	25	A	A	–	–	1,00	7,850

Anwendung: Klima-Lüftungskanäle und Bauklempnerarbeiten.
Handelsformate: Bleche: 1 × 2 m, 1,25 × 2,5 m oder 1,5 × 3,0 m oder nach Vereinbarung.
Bezeichnung: Blech EN 10143 – 0,7S[2] ×1,25S[2] ×2500FS[2] Stahl EN 10327 – DX51D+Zn275–N–A–C

Erzeugnis (Blech/Band) | EN 10143 | Dicke[2] × Breite[2] × Länge[2] | ergänzt um die Bezeichnung

Stahl | EN 10327 | Kurzzeichen./W.Nr.: | Überzug | Auflage | Oberflächenart | Oberflächenbeh.

Oberflächenausführung	N übliche Zinkblume	M kleine Zinkblume	R ZnFe Legierung[3]
Oberflächenart	A übliche Oberfläche	B verbesserte Oberfläche	C beste Oberfläche
Oberflächenbehandlung	C chem. passiviert	O geölt (oder CO kombiniert)	P phosphatfrei (PO)

Überzug durch Schmelztauchverzinken oder -veredeln			Zink-Aluminium	+ ZA	Zn und ≈ 5 % Al
Zink	+ Z	Zn > 99 %	Aluminium-Zink	+ AZ	Al 55 %, 1,6 Si, Zn
Zink-Eisen-Legierung	+ ZF	Zn, 8 % < Fe < 12 %	Aluminium-Silizium	+ AS	Al, 8 % < Si < 11 %

[1] Auswahl [2] S ≙ Grenzabmaße und FS ≙ Ebenheitstoleranzen eingeschränkt. [3] +Z für Zink und +ZF für Zink-Eisenlegierung. [4] Schicht beidseitig. [5] Beschichtung mit 100 und 120 g/m^2. [6] Dicke in mm. [7] Masse in kg/m^2.

328.1 Erforderlicher Korrosionsschutz, äußere Einflüsse, Blechwerkstoff

Werkstoff	Dicke	Verbindungsarten	Witterung	Sand, Kies	Beton, Mörtel	Erde, Humus
verzinkter St	0,62 mm	falzen, nieten, löten	erforderlich	erforderlich	nicht geeignet	nicht geeignet
Al	1,0 mm	schweißen	erforderlich	erforderlich	nicht geeignet	nicht geeignet
Titanzink	0,7 mm	weichlöten	nein	erforderlich	erforderlich	nicht geeignet
Cu	0,6 mm	falzen, nieten, löten, schweißen	nein	nein	erforderlich	erforderlich
Edelstahl	0,5 mm	nieten, löten, schweiß.	nein	nein	nein	erforderlich

Bleche bis 2 cm über den Mörtelbelag streichen. Unter Erdschichten sind das Aufkleben einer Bitumenbahn auf dem Blech und eine Sand- oder Kiesschüttung zu empfehlen.

328.2 Bes. Leistungen, Leistungsausschlüsse, -vorbehalte nach VOB vor Beginn geltend machen

- Witterungsverhältnisse, die sich nachteilig auswirken (bei Klebearbeiten $\vartheta \leq +5$ °C, scharfer Wind, Feuchtigkeit, Nässe, Schnee, Eis; bei Arbeiten mit Titanzink $\vartheta < +10$ °C)
- Abweichung des Bestandes gegenüber den Vorgaben.
- ungeeignete Beschaffenheit des Untergrunds (zu rau, porig, feucht, verschmutzt), ungenügende Tragfähigkeit
- ungenügende Schalungsdicke, zu scharfe Schalungskanten, Unebenheit, fehlende Abrundung an Kanten
- fehlende, ungeeignete Befestigungsmöglichkeiten an Anschlüssen, Aussparungen z.B. Durchdringungen
- fehlende Be-/Entlüftung bei zu durchlüftenden Dächern und hinterlüfteten Wandbekleidungen
- ungeeignete Lage, Art von Durchdringungen, Entwässerungen, Anschlüssen, Schwellen und dergleichen
- Abweichung von der Waagerechten/des Gefälles, das in der Leistungsbeschreibung vorgeschrieben ist
- fehlende Höhenbezugspunkte/je Geschoss; fehlende oder ungenügende Bewegungsmöglichkeiten.
- fehlende oder ungenügende bauliche Voraussetzungen für Sicherheitsüberläufe
- fehlende Sättel an Dachdurchdringungen
- zu große Achsabstände

328.3 Maximale Abstände von Bewegungsausgleichern — DIN 18339 VOB Teil C [1]

Bauteilausführung, Art, Anordnung	l in m
in wasserführender Ebene für eingeklebte Einfassung, Winkelanschluss, Rinneneinhang, Shedrinne	6
für Strangpress-Profile	6
außerhalb wasserführender Ebene für Mauerabdeckung, Dachrandabschluss und innen liegende, nicht eingeklebte Dachrinne mit Zuschnitt über 500 mm	8
wie oben, bei Stahl	14
für Scharen von Dachdeckung und Wandbekleidung, sowie für innen liegende, nicht eingeklebte Dachrinne mit Zuschnittbreite unter 500 mm und Hängedachrinne mit Zuschnitt über 500 mm	10
wie oben, bei Stahl	14
für Hängedachrinne mit Zuschnittbreite bis 500 mm	15

[1] Für die Abstände von Ecken oder Festpunkten gelten jeweils die halben Längen.

328.4 Windsoglasten in N/m², Winddruck auf Teilflächen offener Bauwerke — DIN 1055

Dachneigung	bis 25° (47 %)			26 bis 35° (70 %)		
Gebäudehöhe	bis 8 m	bis 20 m	bis 100 m	bis 8 m	bis 20 m	bis 100 m
Eckbereich	1600	2560	3520	900	1440	1980
Randbereich (1/8 Gebäudebreite)	900	1440	1980	550	880	1210
Normalbereich	300	480	660	300	480	660

Luvseite offen

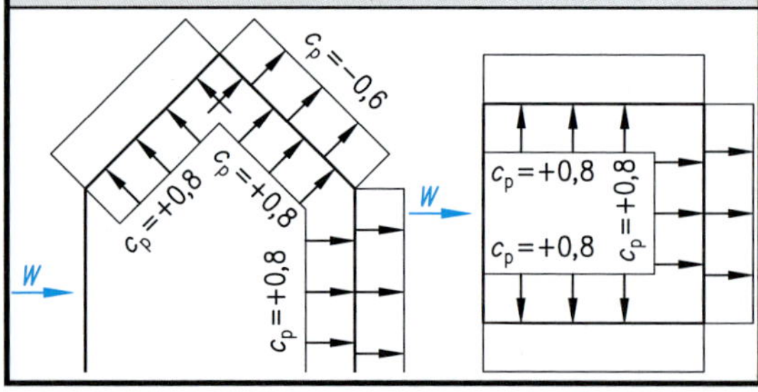

Leeseite offen

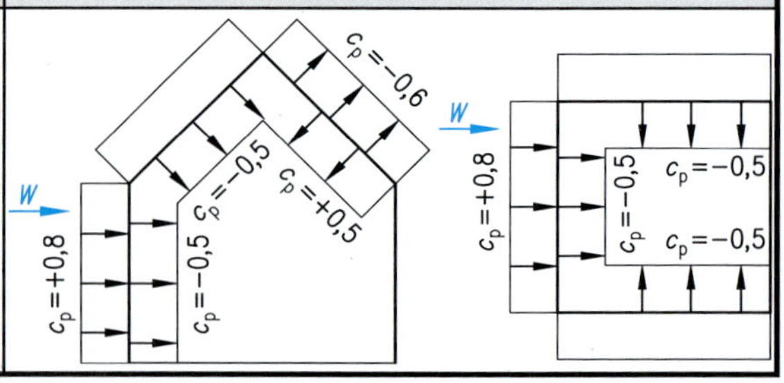

329.1 Flächeneinteilung Flach-, Sattel-, Trog-, Pult-, Walmdach — DIN 18339 VOB

Flach-/Sattel-/Trogdach

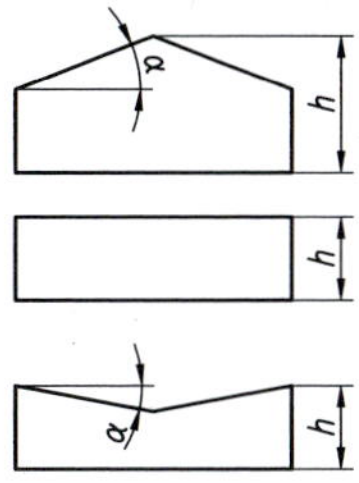

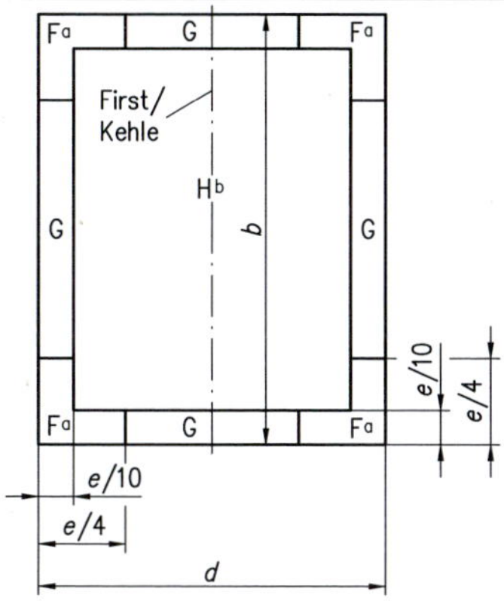

a bei $\alpha \leq -15°$ F_{hoch}

b bei $\alpha \leq -30°$ und $\alpha \geq +15°$ J

Pultdach

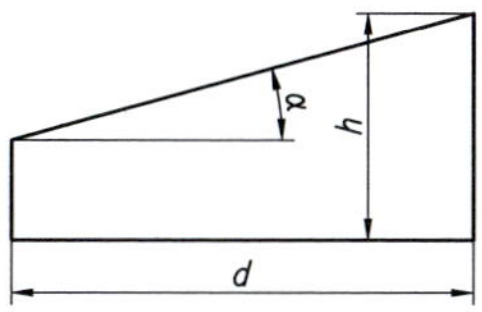

Entsprechend der Neigung tauschen:

a bei $\alpha \leq 30°$ F

b bei $\alpha \leq 30°$ J

c bei $\alpha \leq 30°$ F

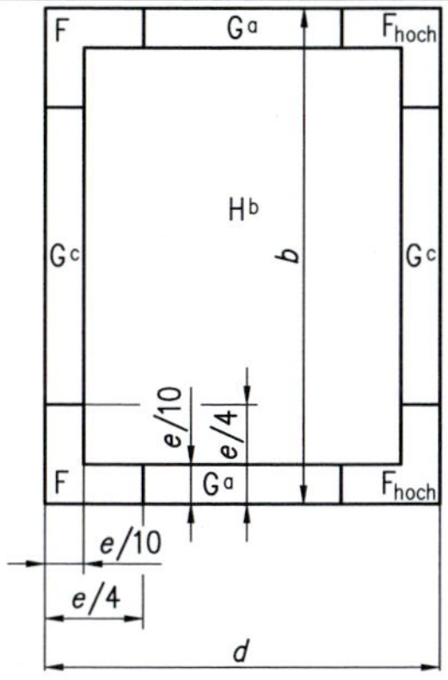

Walmdach

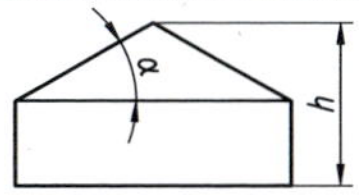

übernommen aus DIN EN 1991 Einwirkungen auf Tragwerke – Windlasten

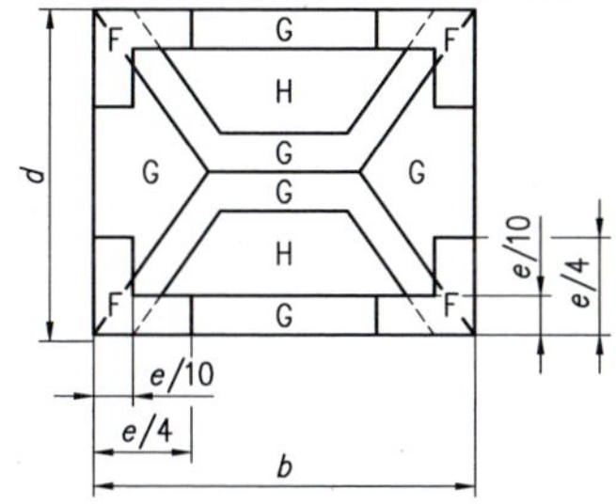

Vereinfachte Flächeneinteilung für vertikale Wände:
$a = b$ oder D

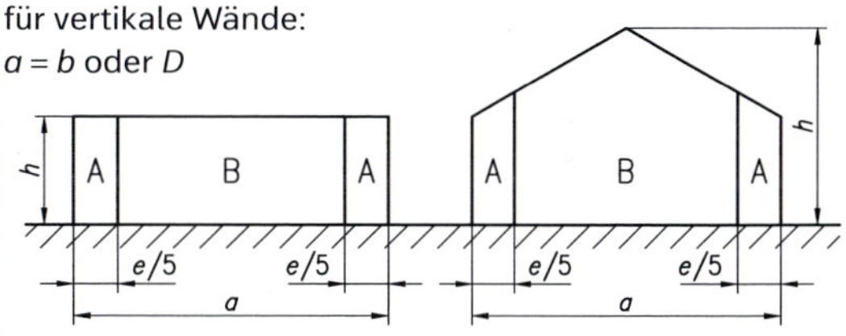

$e = b$ oder $2\,h$, der kleinere Wert ist maßgebend

329.2 Haftabstand und -anzahl (1/m²) abh. v. Scharenbreite, Gebäudehöhe, Windzone I, II

Gebäudehöhe			h ≤ 10 m				10 m < h ≤ 20 m				20 m < h ≤ 50 m				50 m < h ≤ 100 m		
Scharenbreite mm			520	590	620	720	520	590	620	720	520	590	620	720	520	590	620
Windzone I Dach α ≤ 30°	F_{hoch}	Abstd.	330	290	270	240	250	220	210	180	180	160	150	130	150	130	130
		Hafte	5,9	5,9	5,9	5,9	7,6	7,6	7,6	7,6	10,7	10,7	10,7	10,7	12,7	12,7	12,7
	F	Abstd.	380	330	320	270	290	260	250	210	210	180	180	150	180	150	150
		Hafte	5,1	5,1	5,1	5,1	6,6	6,6	6,6	6,6	9,2	9,2	9,2	9,2	11,0	11,0	11,0
	G	Abstd.	470	420	400	340	370	320	310	260	260	230	220	190	220	190	180
		Hafte	4,1	4,1	4,1	4,1	5,3	5,3	5,3	5,3	7,4	7,4	7,4	7,4	8,8	8,8	8,8
	H	Abstd.	500	500	500	500	500	500	500	440	440	380	370	310	370	320	310
		Hafte	3,8	3,4	3,2	2,8	3,8	3,4	3,2	3,2	4,4	4,4	4,4	4,4	5,3	5,3	5,3
	J	Abstd.	500	500	500	460	490	430	410	350	350	310	290	250	290	260	250
		Hafte	3,8	3,4	3,2	3,0	3,9	3,9	3,9	3,9	5,5	5,5	5,5	5,5	6,6	6,6	6,6
Windzone I Dach α > 30°	F_{hoch}	Abstd.	400	350	320	290	250	220	210	180	180	160	150	130	150	130	130
		Hafte	4,9	4,9	4,9	4,9	7,6	7,6	7,6	7,6	10,7	10,7	10,7	10,7	12,7	12,7	12,7
	F	Abstd.	500	500	500	460	490	430	410	350	350	310	290	250	290	260	250
		Hafte	3,8	3,4	3,2	3,0	3,9	3,9	3,9	3,9	5,5	5,5	5,5	5,5	6,6	6,6	6,6
	G	Abstd.	470	420	400	340	370	320	310	260	260	230	220	190	220	190	180
		Hafte	4,1	4,1	4,1	4,1	5,3	5,3	5,3	5,3	7,4	7,4	7,4	7,4	8,8	8,8	8,8
	H	Abstd.	500	500	500	500	500	500	500	440	440	380	370	310	370	320	310
		Hafte	3,8	3,4	3,2	2,8	3,8	3,4	3,2	3,2	4,4	4,4	4,4	4,4	5,3	5,3	5,3
	J	Abstd.	500	500	500	500	500	500	470	410	400	350	340	290	340	300	280
		Hafte	3,8	3,4	3,2	2,8	3,8	3,4	3,4	3,4	4,8	4,8	4,8	4,8	5,7	5,7	5,7
Windzone II Dach α ≤ 30°	F_{hoch}	Abstd.	270	240	220	190	210	180	170	150	150	130	120	110	120	110	100
		Hafte	7,2	7,2	7,2	7,2	9,4	9,4	9,4	9,4	13,1	13,1	13,1	13,1	15,6	15,6	15,6
	F	Abstd.	310	270	260	220	240	210	200	170	170	150	140	120	140	130	120
		Hafte	6,2	6,2	6,2	6,2	8,1	8,1	8,1	8,1	11,3	11,3	11,3	11,3	13,4	13,4	13,4
	G	Abstd.	390	340	330	280	300	260	250	220	210	190	180	150	180	160	150
		Hafte	5,0	5,0	5,0	5,0	6,5	6,5	6,5	6,5	9,0	9,0	9,0	9,0	10,7	10,7	10,7
	H	Abstd.	500	500	500	470	500	440	420	360	360	310	300	260	300	260	250
		Hafte	3,8	3,4	3,2	3,0	3,9	3,9	3,9	3,9	5,4	5,4	5,4	5,4	6,4	6,4	6,4
	J	Abstd.	500	460	430	370	400	350	330	290	280	250	240	210	240	210	200
		Hafte	3,8	3,7	3,7	3,7	4,8	4,8	4,8	4,8	6,8	6,8	6,8	6,8	8,0	8,0	8,0

330.1 Haftabstand und -anzahl (1/m²) abh. v. Scharenbreite, Gebäudehöhe, Windzone II, III

Gebäudehöhe			$h \le 10$ m				10 m < $h \le 20$ m				20 m < $h \le 50$ m				50 m < $h \le 100$ m		
Scharenbreite mm			520	590	620	720	520	590	620	720	520	590	620	720	520	590	620
Windzone II Dach α > 30°	Abstd.[1]	F_{hoch}	320	290	270	230	210	180	170	150	150	130	120	110	120	110	100
	Hafte		5,9	5,9	5,9	5,9	9,4	9,4	9,4	9,4	13,1	13,1	13,1	13,1	15,6	15,6	15,6
	Abstd.	F	500	460	430	370	400	350	330	290	280	250	240	210	240	210	200
	Hafte		3,8	3,7	3,7	3,7	4,8	4,8	4,8	4,8	6,8	6,8	6,8	6,8	8,0	8,0	8,0
	Abstd.	G	390	340	330	280	300	260	250	220	210	190	180	150	180	160	150
	Hafte		5,0	5,0	5,0	5,0	6,5	6,5	6,5	6,5	9,0	9,0	9,0	9,0	10,7	10,7	10,7
	Abstd.	H	500	500	500	470	500	440	420	360	360	310	300	260	300	260	250
	Hafte		3,8	3,4	3,2	3,0	3,9	3,9	3,9	3,9	5,4	5,4	5,4	5,4	6,4	6,4	6,4
	Abstd.	J	500	500	500	430	460	400	380	330	330	290	280	240	280	240	230
	Hafte		3,8	3,4	3,2	3,2	4,2	4,2	4,2	4,2	5,9	5,9	5,9	5,9	7,0	7,0	7,0
Windzone III Dach α ≤ 30°	Abstd.	F_{hoch}	220	190	190	160	170	150	140	120	120	110	100	90	100	90	90
	Hafte		8,7	8,7	8,7	8,7	11,2	11,2	11,2	11,2	15,8	15,8	15,8	15,8	18,7	18,7	18,7
	Abstd.	F	260	230	220	190	200	180	170	140	140	120	120	100	120	110	100
	Hafte		7,5	7,5	7,5	7,5	9,7	9,7	9,7	9,7	13,6	13,6	13,6	13,6	16,1	16,1	16,1
	Abstd.	G	320	280	270	230	220	210	180	180	180	160	150	130	150	130	130
	Hafte		6,0	6,0	6,0	6,0	7,7	7,7	7,7	7,7	10,9	10,9	10,9	10,9	12,9	12,9	12,9
	Abstd.	H	500	470	450	390	410	370	350	300	290	260	250	210	250	220	210
	Hafte		3,8	3,6	3,6	3,6	4,6	4,6	4,6	4,6	6,5	6,5	6,5	6,5	7,7	7,7	7,7
	Abstd.	J	430	380	360	310	330	290	280	240	240	210	200	170	200	180	170
	Hafte		4,5	4,5	4,5	4,5	5,8	5,8	5,8	5,8	8,2	8,2	8,2	8,2	9,7	9,7	9,7
Windzone III Dach α > 30°	Abstd.	F_{hoch}	270	240	220	190	170	150	140	120	120	110	100	90	100	90	90
	Hafte		7,2	7,2	7,2	7,2	11,2	11,2	11,2	11,2	15,8	15,8	15,8	15,8	18,7	18,7	18,7
	Abstd.	F	430	380	360	310	330	290	280	240	240	210	200	170	200	180	170
	Hafte		4,5	4,5	4,5	4,5	5,8	5,8	5,8	5,8	8,2	8,2	8,2	8,2	9,7	9,7	9,7
	Abstd.	G	320	280	270	230	250	220	210	180	180	160	150	130	150	130	130
	Hafte		6,0	6,0	6,0	6,0	7,7	7,7	7,7	7,7	10,9	10,9	10,9	10,9	12,9	12,9	12,9
	Abstd.	H	500	470	450	390	410	370	350	300	290	260	250	210	250	220	210
	Hafte		3,8	3,6	3,6	3,6	4,6	4,6	4,6	4,6	6,5	6,5	6,5	6,5	7,7	7,7	7,7
	Abstd.	J	490	430	410	360	380	340	320	280	270	240	230	200	230	200	190
	Hafte		3,9	3,9	3,9	3,9	5,0	5,0	5,0	5,0	7,1	7,1	7,1	7,1	8,4	8,4	8,4

[1] Der angegebene Haftabstand in mm ist als Mittelwert über einen Bereich von 3 m einzuhalten.

330.2 Wandbekleidung, Haftabstand und- anzahl abh. v. Gebäudehöhe, Windzone I–III

Gebäudehöhe			$h \le 10$ m				10 m < $h \le 20$ m				20 m < $h \le 50$ m				50 m < $h \le 100$ m		
Scharenbreite mm			520	590	620	720	520	590	620	720	520	590	620	720	520	590	620
Windzone I	Wand A	Abstd.	500	490	470	400	430	380	360	310	310	270	260	220	260	230	220
	h/d; $h/b \ge 5$	Hafte	3,8	3,4	3,4	3,4	4,5	4,5	4,5	4,5	6,2	6,2	6,2	6,2	7,5	7,5	7,5
	Wand A	Abstd.	500	500	500	500	500	500	500	480	480	420	400	340	400	350	330
	h/d; $h/b \le 1$	Hafte	3,8	3,4	3,2	2,8	3,8	3,4	3,2	2,9	4,0	4,0	4,0	4,0	4,8	4,8	4,8
	Wand B	Abstd.	500	500	500	500	500	500	500	480	480	420	400	340	400	350	330
		Hafte	3,8	3,4	3,2	2,8	3,8	3,4	3,2	2,9	4,0	4,0	4,0	4,0	4,8	4,8	4,8
Windzone II	Wand A	Abstd.	460	400	380	330	350	310	290	250	250	220	210	180	210	190	180
	h/d; $h/b \ge 5$	Hafte	4,2	4,2	4,2	4,2	5,5	5,5	5,5	5,5	7,7	7,7	7,7	7,7	9,1	9,1	9,1
	Wand A	Abstd.	500	500	500	500	500	500	500	480	480	420	400	340	400	350	330
	h/d; $h/b \le 1$	Hafte	3,8	3,4	3,2	2,8	3,8	3,4	3,2	2,9	4,0	4,0	4,0	4,0	4,8	4,8	4,8
	Wand B	Abstd.	500	500	500	500	500	480	450	390	390	340	330	280	330	290	270
		Hafte	3,8	3,4	3,2	2,8	3,8	3,5	3,5	3,5	5,0	5,0	5,0	5,0	5,9	5,9	5,9
Windzone III	Wand A	Abstd.	380	330	320	270	290	260	250	210	210	180	170	150	180	150	150
	h/d; $h/b \ge 5$	Hafte	5,1	5,1	5,1	5,1	6,6	6,6	6,6	6,6	9,2	9,2	9,2	9,2	11,0	11,0	11,0
	Wand A	Abstd.	480	400	380	330	360	310	300	260	250	220	210	180	210	190	180
	h/d; $h/b \le 1$	Hafte	4,2	4,2	4,2	4,2	5,4	5,4	5,4	5,4	7,6	7,6	7,6	7,6	9,0	9,0	9,0
	Wand B	Abstd.	500	500	490	420	450	400	380	330	320	280	270	230	270	240	230
		Hafte	3,8	3,4	3,3	3,3	4,2	4,2	4,2	4,2	6,0	6,0	6,0	6,0	7,1	7,1	7,1

331.1 Hafte, Nägel und Schrauben, Werkstoffe, Anforderungen DIN 18339 VOB Teil C [1]

Werkstoff der zu befestigenden Teile [1]	Hafte Werkstoff	Dicke mm	Geraute Nägel [3), 4)] ≥ 2,8 × 25 mm	Senkkopfschrauben ≥ 4 × 25 mm [4), 5)]	Erläuterungen Fußnoten
Titanzink Zn [2]	verzinkter Stahl	≥ 0,6	verzinkter Stahl	verzinkter Stahl	[1] Die erforderliche Schalungsdicke bei Dachdeckungen muss bei Blei min. 30 mm, bei allen anderen Werkstoffen min. 24 mm betragen (22 mm bei Holzwerkstoffplatten). [2] Hafte aus nicht rostendem Stahl bei allen Deckmaterialien einsetzbar (mit gerundeten Ecken).
	nicht rostender Stahl	≥ 0,4	nicht rostend. Stahl	nicht rostender Stahl	
verzinkter Stahl St [2]	verzinkter Stahl	≥ 0,6	verzinkter Stahl	verzinkter Stahl	
	nicht rostender Stahl	≥ 0,4	nicht rostend. Stahl	nicht rostender Stahl	
Aluminium Al [1]	nicht rostender Stahl	≥ 0,4	nicht rostend. Stahl	nicht rostender Stahl	
	verzinkter Stahl	≥ 0,6	verzinkter Stahl	verzinkter Stahl	
Kupfer Cu [2]	nicht rostender Stahl	≥ 0,4	nicht rostend. Stahl	nicht rostender Stahl	
	Kupfer	≥ 0,6	Kupfer		
nicht rostender St	nicht rostender Stahl	≥ 0,4	nicht rostend. Stahl	nicht rostend. Stahl	
Blei Pb [2]	nicht rostender Stahl	≥ 0,4	nicht rostend. Stahl	nicht rostend. Stahl	
	Kupfer	≥ 0,7	Kupfer	verzinkter Stahl	

[3] Auch gerillte Nägel aus nicht rostendem Stahl und feuerverzinktem Stahl 2,5 mm × 25 mm, Tragfähigkeitsklasse 3/C
[4] Je Haft min. 2 Stück mit einer Einbindtiefe von min. 20 mm. [5] Bei Werkstoff Blei Schrauben ≥ 4 mm x 30 mm.

331.2 Metall-Dachdeckung, Mindestwerkstoffdicke/Scharenbreite abhängig v. Gebäudehöhe

Gebäudehöhe	bis 10 m				über 10 m bis 20 m				über 20 m bis 50 m				> 50 m bis 100 m			Erläuterung, Fußnote
Scharenbreite	520	590	620	720	520	590	620	720	520	590	620	720	520	590	620	Die Scharenbreiten errechnen sich aus den Bandbreiten von 600, 670, 700, 800 und 1000 mm, abzügl. 80 mm beim Falzdach. Bei Einsatz einer Profiliermaschine ergeben sich 10 mm breite Scharen.
Werkstoff	Mindestwerkstoffdicke in mm; – unzulässig															
Aluminium	0,7	0,7	0,8	0,8	0,7	0,7	0,8	–	0,7	0,7	–	–	0,7	0,7	–	
Kupfer	0,6	0,6	0,6	0,7	0,6	0,6	0,6	–	0,6	0,6	–	–	0,6	0,6	–	
Titanzink	0,7	0,7	0,7	0,8	0,7	0,7	0,7	–	0,7	0,7	–	–	0,7	0,7	–	
feuerverz. Stahl	0,6	0,6	0,6	0,6	0,6	0,6	0,6	0,6	0,6	0,6	0,6	0,6	0,6	0,6	0,6	
nicht rost. Stahl	0,4	0,5	0,5	–	0,4	0,5	0,5	–	0,4	0,5	–	–	0,4	0,4	–	

Für Leistendächer ergibt sich eine geringere Scharenbreite in Abhängigkeit vom Leistenquerschnitt.

331.3 Metalldachdeckungen als Falz- und Leistendächer sowie rollennaht-geschweißte Dächer DIN 18339 VOB Teil C

- Metalldachdeckungen sind aus Bändern o. Tafeln herzus.
- Bei Dachneigungen < 7° (12,3 %) sind die Längsfalze zusätzlich abzudichten. Bei Titanzink muss die Dachneigung ≥ 3° (5,2 %) betragen, bei Dachneigung ≥ 15° (26,8 %) sind Trennlagen (Dränfunktion) einzubauen.
- Falzdächer müssen senkrecht zur Traufe doppelte Stehfalze von mindestens 23 mm Höhe aufweisen.
- Leistendächer sind mit einem Leistenquerschnitt von mindestens 40 mm × 40 mm auszuführen.
- Zwischen den Unterkanten der Längsaufkantung der Scharen ist ein Abstand ≥ 3 mm zur Aufnahme der Bewegung zwischen den Falzen vorzusehen.
- Ist Abstand zwischen First-Traufe größer als zuläss. Scharenlänge ⇒ Bewegungsausgleich nach 328.3
- Die Traufe ist so auszubilden, dass die Längenänderungen der Scharen + Windsoglasten aufgenommen werden. Die Scharenenden müssen mittels Umschlag an dem als Haftstreifen ausgebildeten Traufblech befestigt werden.
- Bei durchlüfteten Dächern dürfen durch die Ausführung der Metalldeckung die Lüftungsquerschnitte nicht beeinträchtigt werden.
- Quernähte sind nach 331.5 auszuführen.
- Gegen Abheben und Beschädigung durch Sturm sind geeignete Sicherungsmaßnahmen zu treffen. Es sind industriell hergestellte Hafte zu verwenden und mindestens zweifach zu befestigen. Sie müssen unter dynamischer Belastung eine zulässige Haftbelastung ≥ 400 N aufweisen. (s. 331.1)

331.4 Aufnahme der Scharenbewegung, Neigung

Ausführungsart	erford. Dachneigung
Schiebenaht mit einfachem Falz	≥ 25° (46,6 %)
Schiebenaht mit Zusatzfalz	≥ 10° (17,6 %)
Gefällesprung [1]	≥ 3° (5,2 %)
Aufschiebling [2]	≥ 7° (12,3 %)
doppelter Querfalz (Tafeldeckg.)	≥ 7° (12,3 %)

[1] Bauseitige Ausbildung der Unterkonstruktion
[2] Bauseitige Ergänzung der Unterkonstruktion
Bei Dachneigungen unter 7° muss das obere Blech 100 mm überstehen.

331.5 Quernähte bei verschiedenen Dachneigungen

Art der Quernähte	Dachneigung
Überlappung 100 mm	≥ 30° (57,7 %)
einfacher Querfalz	≥ 25° (46,6 %)
einfacher Querfalz mit Zusatzfalz	≥ 10° (17,6 %)
doppelter Querfalz (ohne Dichtung)	≥ 7° (12,3 %)
Wasserdichte Ausführung, je nach verwendetem Werkstoff gelötet, genietet oder doppelt gefalzt mit Dichtung	< 7° (12,3 %)

332.1 Zulässige Dachneigung bei Schiebequernähten (Längenänderungsaufnahme)

Neigung ≥ 3° (5 %)	Neigung ≥ 7° (13 %)	Neig. ≥ 10° (18 %)	Neig. ≥ 25° (47 %)	Neig. ≥ 30° (58 %)
Falz und Gefällesprung	doppelter Falz[1] nur bei Tafeldeck	einfacher Falz und Zusatzfalz	einfacher Querfalz	einfache Überlappung
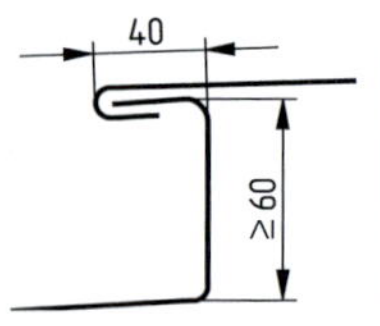	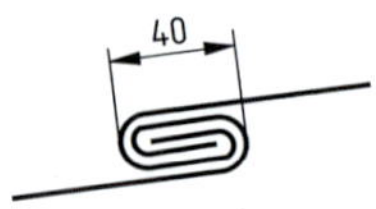	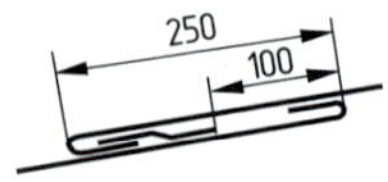	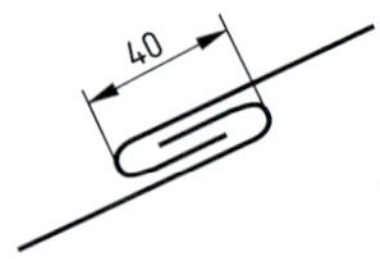	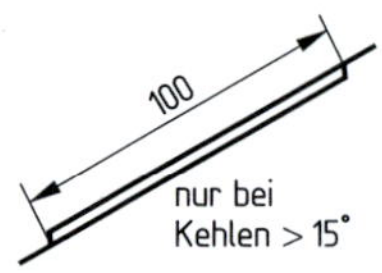

[1] Wasserdichte Ausführung: je nach Werkstoff gelötet, genietet oder doppelt gefalzt mit Dichtung.
[2] Bei Kehlneigungen unter 15° (26,8%) müssen Überdeckungen wasserdicht hergestellt werden (Löten).

332.2 Einteilung der Dachneigung, Festhaftlage, Anforderung an Quernaht — DIN 19339 VOB

Dachform	Dachneigung		Anforderung an Quernaht	Festhaftlage	Dachneigung
Sonderfall	< 5,2 %	< 3°	wasserdichte Ausführung	in der Mitte der Schar	< 3° (5 %)
Flachdach	5,2 % – 12,3 %	3°– 7°	wasserdichte Ausführung	im oberen Drittelpunkt	bis 10° (18 %)
flachgeneigt	12,3 % – 46,6 %	7° – 25°	≥ 7° doppelter, ≥ 10° einf. Querf.	im oberen Viertelpunkt	bis 30° (58 %)
Steildach	> 46,6 %	> 25°	einfacher Querfalz	am oberen Ende der Schar	> 30°

Vorschriften für die Ausführung

- Halter für Dachrandeinfassung und Verwahrung im Deckenbereich sind bündig einzulassen und versenkt zu verschrauben.
- Anschlüsse an höher geführte Bauwerksteile sind bei einer Dachneigung ≤ 5° (8,8 %) mind. 150 mm, bei einer Dachneigung > 5° mind. 100 mm über die Oberseite des Dachbelags hochzuführen, regensicher zu verwahren.
- Einzuklebende Metallanschlüsse müssen eine Klebefläche von mindestens 120 mm Breite aufweisen.
- Verbindungen sind wasserdicht auszuführen. Bei Längen > 3 m ist die Befestigung indirekt auszuführen.

332.3 Haftformen und Abmessungen — Herstellerangabe

Haftleiste	Hakenhaft	Plattenhaft	Normalhaft mit Falz	Niederhalter glatter Bleche (Zahnhaft)
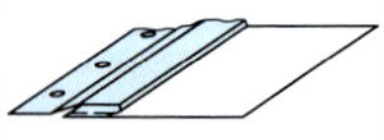	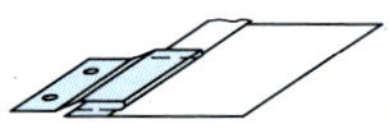	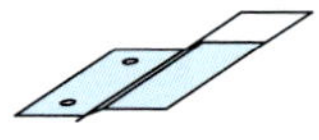	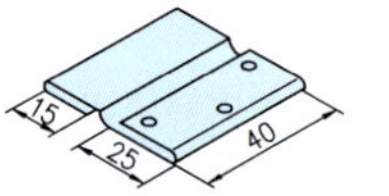	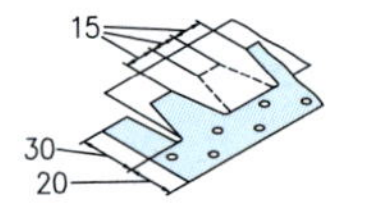
Flügelhafte Festhaft	Gleit- und Schiebehafte		Maschinenhafte Festhaft	Maschinenhafte Schiebehaft
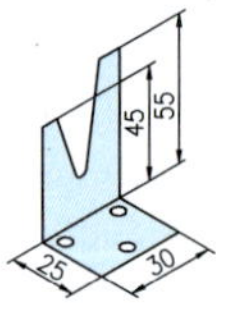	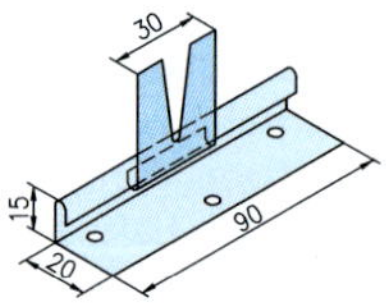	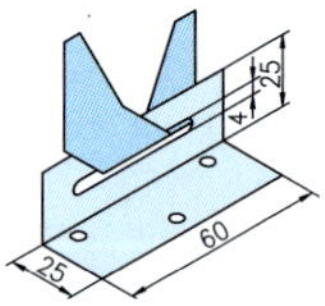	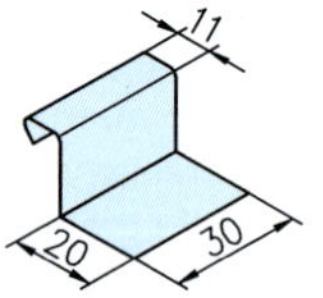	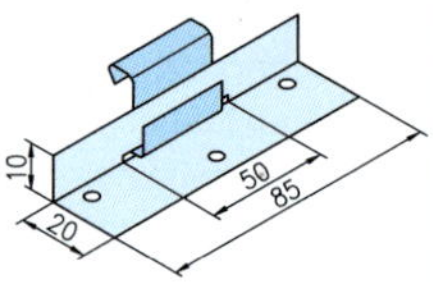

332.4 Falzarten

Stehfalz: Einsatzbereich als Längsnaht – Winkelstehfalz, Mindestdachneigung: ≥ 35°	Stehfalz: Doppelstehfalz	Querfalz: Einsatzbereich als Quernaht – einfacher Querfalz	Querfalz: doppelter Querfalz
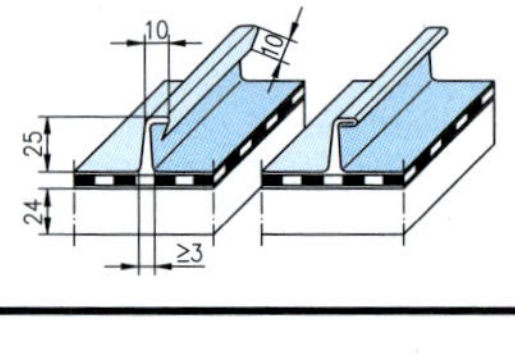	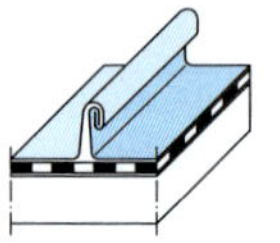	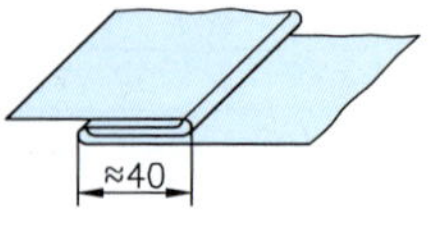	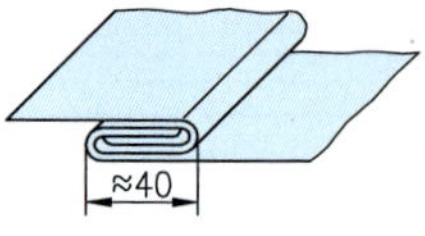

333.1 Wasserdichte Quernähte, Mindestüberlappung, Verbindungsart je nach Werkstoff

Werkstoff	Mind.-Überlappung	versetzt nieten[1]	doppelt. Falz[1]	weichlöten	einreihig nieten und weichlöten	hartlöten	Schutzgasschweißen	Erläuterungen Fußnoten
Al	40 mm	×	×	–	–	–	×	× geeignet
Cu	40 mm [2]	×	×	–	×	×	×	– nicht geeignet
St	40 mm	×	×	–	×	–	–	[1] Mit Dichteinlage, Herst.ang.
Zn	10 ... 15 mm	–	–	×	–	–	–	[2] Gilt nicht, wenn geschweißt
NRS	40 mm [2]	×	–	–	×	–	×	oder hartgelötet.

333.2 Mindestblechdicken für gekantete Bauteile ohne bauseitige Unterkonstruktion DIN 18339

Werkstoff Maße in mm	Al	Cu halbhart	Titanzink	nichtrost. Stahl	verz. Stahl
Mauerabdeckg. aus gekant. Metall; Dachrandabschluss	1,0	1,0 mm	1,0 mm	0,8 mm	0,8 mm
Nicht selbsttragende Anschlüsse und Abdeckungen[2]	0,7	0,6 mm	0,7 mm	0,4 mm	0,4 mm
Anschlüsse — [2] für Mindesdicken/-breiten gilt 331.2	0,7[1]	0,7 mm	0,7 mm	0,7 mm	0,7 mm

[1] Die Mindestdicke für Strangpressprofile muss 1,5 mm sein, für Verlegung auf Unterkonstruktionen gilt Tabelle 332.1

- Die erforderliche Blechdicke ist in Abhängigkeit von Größe, Zuschnittbreite, Formgebung, Befestigung, Unterkonstruktion und verwendetem Werkstoff zu wählen. Dabei ist die Mindestdicke für gekantete Dachrandabschlüsse, Mauerabdeckung und Anschlüsse n. 332.2 einzuhalten.
- Dachrandabschlüsse, Mauerabdeckungen, Anschlüsse sind mit korrosionsgeschützten Befestigungselementen verdeckt anzubringen.
- Abdeckungen müssen eine Tropfkante mit mindest. 20 mm Abstand von den zu schützenden Bauwerken aufweisen.
- Ecken sind regensicher auszuführen.
- Aufgesetzte Kappleisten sind min. alle 250 mm, Wandanschlussschienen min. alle 200 mm zu befestigen.
- Dachrinnenhalter sind in der Schalung bündig einzulassen und versenkt zu befestigen.

333.3 Ortgangabschluss, Tropfkantenabstand

Geb.Höhe	Dachrandabschluss		Tropfk.-Mauer
≤ 8 m	s_1 = 40– 60 mm	$s_2 \geq$ 50 mm	$20 \leq a \leq 30$ mm
bis 20 m	s_1 = 40– 60 mm	$s_2 \geq$ 80 mm	$30 \leq a \leq 40$ mm
≥ 20 m	s_1 = 60–100 mm	$s_2 \geq$ 100 mm	$40 \leq a \leq 50$ (Cu)

s_1 Scharenaufkantung; s_2 untere Abschlussüberlappung

333.4 Max. zul. Scharenlänge, Durchbiegung

Werkstoff	L_{max}	Durchbieg. 1:200	1:300
Al, Cu, TitanZn	10 m	Stahlpfette,	Trapezblech
verzinkter Stahl	14 m	Binder, Beton-	Dachbalken
nicht rost. Stahl	14 m	decke, Holz-	Holz
Blei	1,5 m	pfette, Sparren	Gasbetonplatte

333.5 Falzverlust 600-mm-Band, Doppelstehfalz

Falzhöhe	Achsmaß	Falzverlust		Zuschlag
25 mm	520 mm	80 mm	13,3 %	15,4 %
30 mm	510 mm	90 mm	15,0 %	17,7 %
35 mm	500 mm	100 mm	16,7 %	20,0 %
40 mm	490 mm	110 mm	18,3 %	22,4 %

333.6 Falzverlust beim Leistensystem

Deckart	Leistenhöhe	Achsmaß	Falzverlust		Zuschlag
belgisch	40 mm	560 mm	165 mm	22,8 %	29,5 %
	60 mm	520 mm	205 mm	28,3 %	39,4 %
deutsch	40 mm	530 mm	195 mm	26,9 %	36,8 %
	60 mm	490 mm	235 mm	32,4 %	48,0 %

333.7 Einfalzverlust für Tafeln, Bänder und Scharen

Tafelgröße mm	2000 × 1000					1000 × 666			
Aufkantung mm	55+45	50+40	45+35	40+30	34+26	45+35	34+26	45+35	34+26
Querfalz mm	90					80			
Deckfläche in m²	1,72	1,74	1,76	1,78	1,795	0,540	0,558	0,386	0,405
Falzverlust in m²	0,28	0,26	0,24	0,22	0,205	0,126	0,108	0,114	0,095
in %	16,3	14,9	13,6	12,4	11,4	23,4	19,8	27,6	23,4

Tafelgröße mm	2000 × 1000					666 × 500		500 × 400	
Aufkantung mm	55+45	50+40	45+35	40+30	34+26	45+35	34+26	45+35	34+26
Querfalz mm	80					80		80	
Deckfläche in m²	1,73	1,75	1,77	1,79	1,805	0,246	0,258	0,134	0,143
Falzverlust in m²	0,27	0,25	0,23	0,21	0,195	0,087	0,075	0,066	0,057
in %	15,6	14,3	13,0	11,7	10,8	35,4	29,1	49,4	39,8

Bandbreite mm	500	500	600	600	670	670	700	700	710	750	800	900	1000
Aufkantung mm	45+35	34+26	45+35	34+26	45+35	34+26	45+35	34+26	45+35	45+35	45+35	45+35	45+35
abrechenbar m² je m	0,42	0,44	0,52	0,54	0,59	0,61	0,62	0,64	0,63	0,67	0,72	0,82	0,92
Falzverlust in m²	0,08	0,06	0,08	0,06	0,08	0,06	0,08	0,06	0,08	0,08	0,08	0,08	0,08
Flächenverlust in %	19,1	13,6	15,4	11,1	13,6	9,8	12,9	9,4	12,7	11,9	11,1	9,8	8,7
abrechenbar in %	80,9	86,4	84,6	88,9	86,4	90,2	87,1	90,6	87,3	88,1	88,6	90,2	91,3

334.1 Kehlformen, Kehlschar, Kehlneigung

Kehlblech: Standard[1]	mit Stehfalz	mit Ziegelauflage	in vertiefter Ausführung
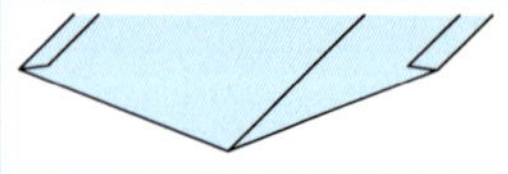	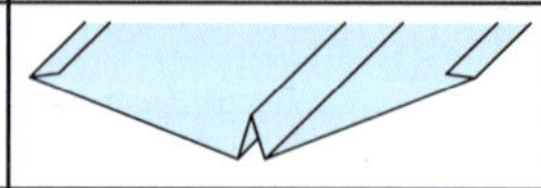		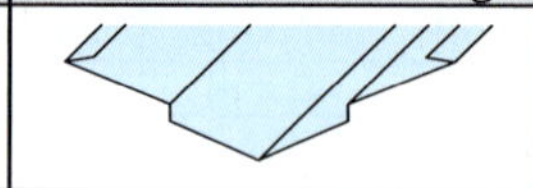
Dachneigung: > 30° greift weit unter Ziegel	unterschiedlich Falz vermeidet Überspülung	gering gute Wasserführung (Falz)	< 7° Fassung von großen V
Kehlschar mit einfachem Falz	**Kehlschar mit Zusatzfalz**	**zweiseitig umgelegt doppelt eingefalzte Dachscharen**	**vertiefte Kehlrinne, konische Scharen bis Rinne[2]**
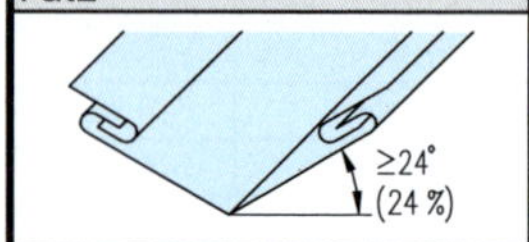	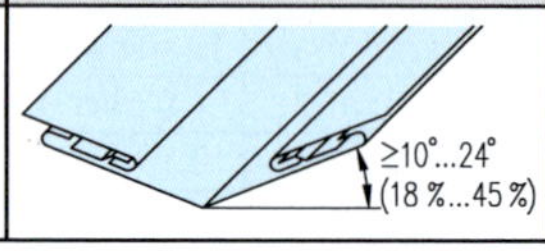	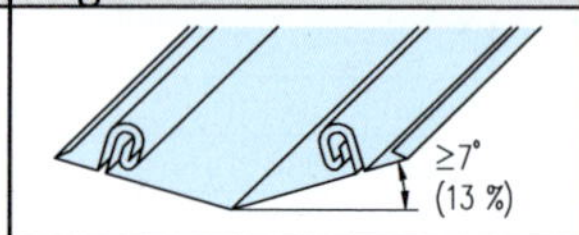	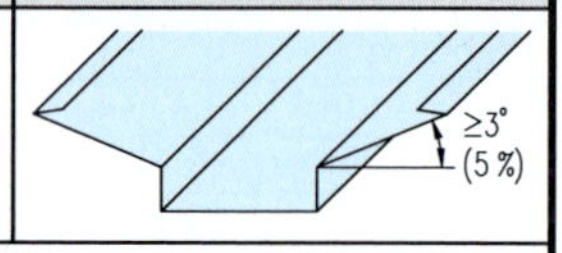

[1] Metallkehlen auf beiden Seiten mit Wasserfalz ausführen. Kehlen bei Metalldächern müssen vollflächig aufliegen. Bei kleinformatigen Deckungen sind Kehlen auf Lattung/Sparschalung möglich.

[2] Aufgabe wie Kastenrinne; Rinne muss gleichen Querschnitt wie Kastenrinne und Notüberlauf haben s. 284f. Ungelötete Überdeckung min. 100 mm, ab ≤ 15° (26,8 %) müssen Überdeckungen wasserdicht hergestellt werden.

334.2 Aufmaß, Abrechnung bei Tafeldeckung und Bauklempnerarbeiten — DIN 18339[1]

Bei der Abrechnung von Einzelelementen nach Flächenmaß m² wird bei nicht rechtwinkeligen oder ausgeklinkten Flächen das kleinste umschriebene Rechteck des Einzelteils gerechnet. Dachrinnen und Traufbleche werden an den Vorderwulsten gemessen.

Regenfallrohre werden in der Mittellinie gemessen. Übermessen werden bei Abrechnung nach Flächenmaß:

- Aussparungen, Öffnungen mit Einzelgröße ≤ 2,5 m², z.B. Schornstein, Fenster, Oberlicht, Entlüftung.
- Bohlen, Sparren und dergleichen bei Trenn-/Dämmschicht
- unbekleidete Rahmen, Riegel, Ständer, Unterzüge, Vorlagen m. Breite ≤ 30 cm in Flächen v. Außenbekleidung
- Überdeckung/-fälzung b. geformtem Blech, Blechprofil.

Bei Abrechnung nach Längenmaß:

- Unterbrechungen ≤ 1 m Einzellänge
- Winkel, Bögen, Abzw. f. Regenfallrohr; gesondert rechn.

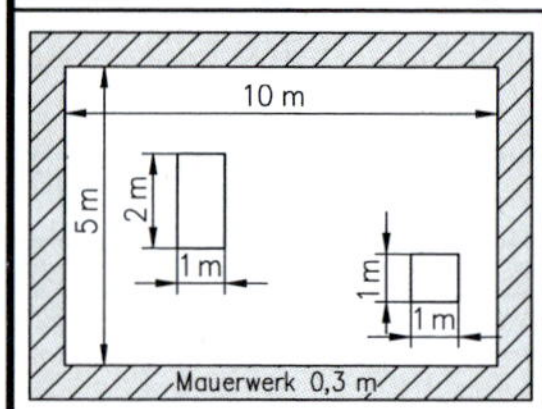

Flachdach (begrenzt):
Maße bis Rohmauer, Falze werden übermessen, Dachdurchdringungen < 2,5 m² werden übermessen.
Aufmaß:
10,00 m × 5,00 m = 50,00 m²

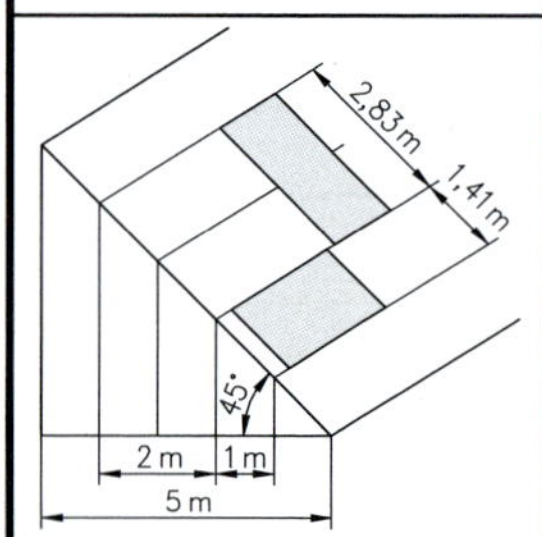

geneigtes Dach:
Die tatsächliche Fläche der Aussparung wird gemessen bzw. berechnet.

Beispiel: $\frac{2{,}0\text{ m}}{\cos 45°} = 2{,}83\text{ m}$

oder $\frac{1{,}0\text{ m}}{\cos 45°} = 1{,}41\text{ m}$

Aufmaß: jeweils 2,82 m²

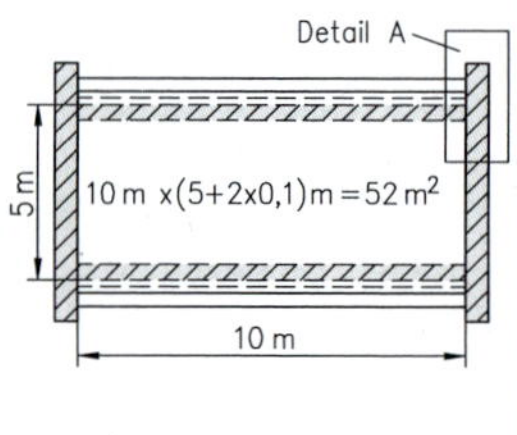

2-seitig begrenzte Fläche:
Detail A:

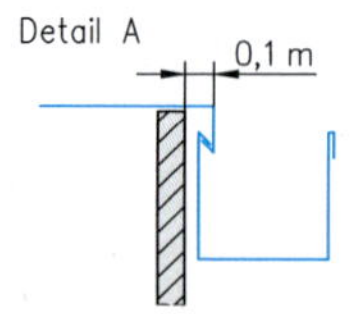

Das Überbrückungsmaß 0,1 m wird zum „Zimmermannsmaß" addiert.

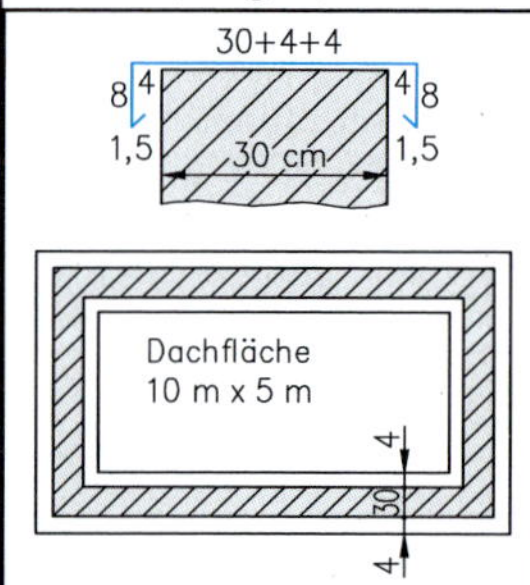

Mauerabdeckung:
Zuschnitt = 0,57 m
Abzurechnende Gesamtlänge der Mauerabdeckung:
2 × (5 + 0,30 + 0,04 + 0,30 + 0,04) m + 2 × (10 + 0,30 + 0,04 + 0,30 + 0,04) m = 32,72 laufende Meter

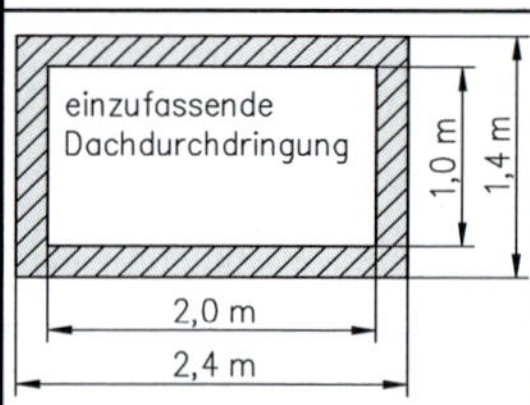

Kehle, Dachdurchdringung
Abzurechnende Länge:
(2,40 + 2,40 + 1,40 + 1,40) m = 7,60 m bei 20 cm Einarbeitungsdicke

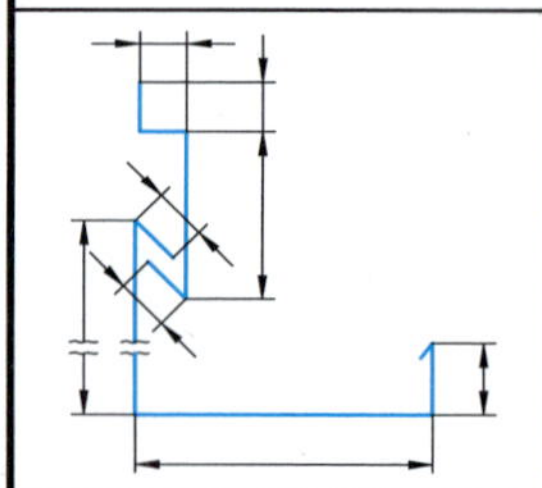

Separate Abrechnung von Überhangstreifen bzw. Kappleisten bei Überdeckung der Wandkehlen

[1] Für die Abrechnung gelten die Maße der gedeckten Fläche.

335.1 Pfannenbleche aus feuerverzinktem Stahl — DIN 59231

Beispiel:
Pfannenblech
0,63 × 1500
DIN 59231
feuerverzinkt

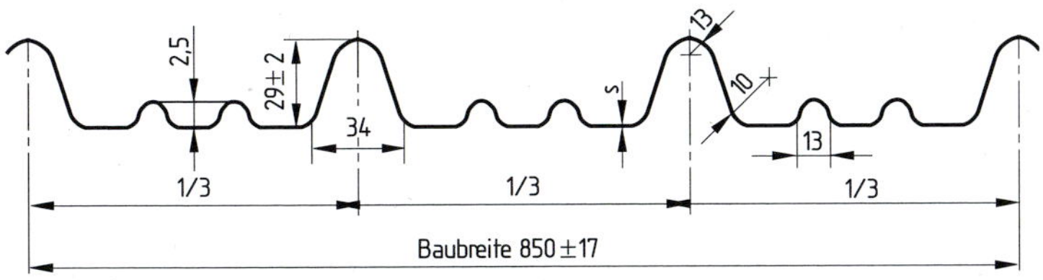

[1] Für 1 m Breite.
[2] Bei Beanspruchung 120 MPa.
[3] 750 mm, 1250 mm, 1750 mm.

Dicke s in mm	Tafellänge l in mm	Fläche bei l = 2000 mm in m²	Masse bei l = 2000 mm in kg	Querschnitt[1] F in cm²	Flächenmoment[1] J_x in cm³	zulässige Belastung in kPa für freie Stützlänge in m[2] 0,5	0,75	1	1,25	1,5	1,75	2
0,63	500[3]	1,70	10	7,35	2,74	10,30	4,59	2,58	1,65	1,15	0,84	0,65
0,75	1000		12	8,82	3,31	12,46	5,54	3,12	1,99	1,38	1,02	0,77
0,88	1500		14	10,3	3,81	14,32	6,38	3,59	2,30	1,60	1,17	0,89
1,00	2000		16	11,7	4,40	16,58	7,37	4,14	2,65	1,84	1,35	1,04

335.2 Trapez- und Falzprofile aus Aluminium für Dach und Wand — Herstellerangaben

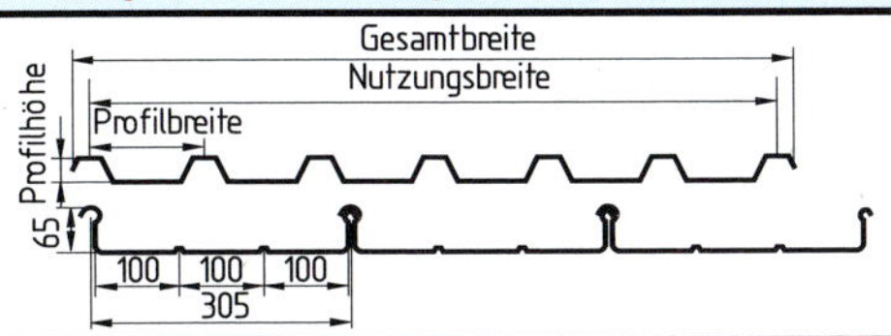

Profilhöhe × Breite	20 mm × 125 mm					
Ges.-/Nutzbreite	1082 mm/1000 mm					
Blechdicke in mm	0,40	0,50	0,60	0,70	0,80	1,00
Masse in kg je m²	1,31	1,64	1,96	2,29	2,62	3,28

Profilhöhe × Breite	25 mm × 100 mm	30 mm × 200 mm	33 mm × 200 mm			40 mm × 120 mm	42 mm × 144 mm
Ges.-/Nutzbreite	947,5 mm/900 mm	1082 mm/1000 mm	1048 mm/1000 mm			892 mm/840 mm	906 mm/864 mm
Blechdicke in mm	0,50 bis 1,20	0,50	0,55	0,70	0,85	0,50 bis 1,20	0,55 bis 1,20
Masse in kg je m²	1,90 bis 4,55	1,72	1,87	2,39	2,90	2,03 bis 4,88	2,17 bis 4,74

Profilhöhe × Breite	45 mm × 150 mm					40 mm × 167 mm						65 mm × 140 mm
Ges.-/Nutzbreite	948 mm/900 mm					1036 mm/1000 mm						762 mm/700 mm
Blechdicke in mm	0,60	0,70	0,80	1,00	1,20	0,50	0,60	0,70	0,80	1,00	1,20	0,70 bis 1,20
Masse in kg je m²	2,29	2,68	3,06	3,82	4,59	1,83	2,19	2,56	2,92	3,65	4,36	3,42 bis 5,86

Profilhöhe × Breite	50 mm × 167 mm					95 mm × 300 mm				65/305 mm Falzsystem				
Ges.-/Nutzbreite	1055 mm/1000 mm					1000 mm/900 mm				310 mm/305 mm				
Blechdicke in mm	0,70	0,80	1,00	1,20	1,50	0,85	1,00	1,20	1,50	0,70	0,80	0,90	1,00	1,20
Masse in kg je m²	2,76	3,15	3,94	4,73	5,91	3,22	3,79	4,55	5,69	3,08	3,51	3,92	4,35	5,20

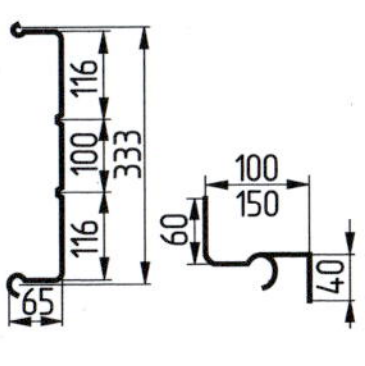

Kassette mit Zusatzprofil 65 mm × 333 mm

Ges.-/Nutzbreite	340 mm/333 mm							
Werkstoff	Aluminium					Kupfer		
Blechdicke in mm	0,70	0,80	0,90	1,00	1,20	0,60	0,70	1,00
Masse in kg je m²	2,94	3,35	3,77	4,19	5,03	8,19	10,92	13,65

335.3 Mindestdachneigung Trapezprofil

Profilhöhe	Bahnl. ≤ 10 m	≤ 18 m	> 18 m
18 ... 25 mm	8 %	15 %	22 %
≤ 36 mm	5 %	7 %	10 %
≤ 44 mm	3 %	5 %	8 %
≤ 65 mm	3 %	3 %	5 %

335.4 Bleche aus Blei (Pb 99,9) — DIN 59610

Dicke in mm	0,5	0,6	0,7	0,75	0,8	0,9	1,0	1,25	
Masse in kg/m²	5,7	6,8	7,9	8,5	9,1	10,2	11,3	14,2	
Dicke in mm	1,5	2,0	2,5	3	4	5	6	8	10
Masse in kg/m²	17	22,7	28,3	34	45,3	57	68	91	114
Breiten in mm	400	600	800	1000		1500	2000		
Längen in mm	1000	2000	5000						

336.1 Feuerverzinkte Wellbleche, nur Dachprofile — DIN 59231

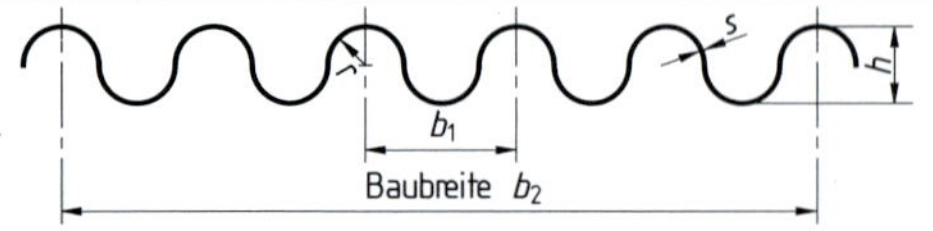

Beispiel:
Wellblech 20 × 40 × 0,063 × 2500
DIN 59231 feuerverzinkt

Wellen-höhe	Wellen-breite	Wellen-dicke	Tafellänge			Fläche bei l = 2000 mm	Masse bei l = 2000 mm	Quer-schnitt[1]	Flächen-moment	zulässige Belastung in kPa für freie Stützlänge in m[2]						
h mm	b_1 mm	s mm	l mm	b_2	r	m^2	kg	F cm²	J_x cm³	1	1,5	2	2,5	3	3,5	4
		0,56					9	6,70	2,68	2,52	1,12	0,63	0,40	0,28	0,21	0,16
		0,63	2000				10	7,54	2,99	2,82	1,26	0,71	0,45	0,31	0,23	0,18
18±2	76	0,75	2500	836	23	1,67	12	8,98	3,57	3,36	1,49	0,84	0,54	0,37	0,27	0,21
		0,88					14	10,5	4,14	3,89	1,74	0,97	0,63	0,43	0,31	0,25
		1,00	2000				16	11,9	4,71	4,43	1,97	1,11	0,71	0,49	0,36	0,27
		1,13	2500				18	13,5	5,25	4,94	2,20	1,24	0,79	0,55	0,40	0,30
		1,25	3000				20	15,0	5,80	5,46	2,42	1,36	0,87	0,61	0,44	0,34
		1,50	3500				24	18,0	6,93	6,52	2,90	1,63	1,04	0,73	0,53	0,41
		0,56	2000				9	7,0	4,18	3,93	1,75	0,98	0,63	0,44	0,32	0,25
		0,63	2500				10	7,8	4,65	4,38	1,94	1,10	0,70	0,49	0,35	0,27
		0,75					12	9,37	5,53	5,21	2,32	1,30	0,83	0,58	0,42	0,32
		0,88					14	10,8	6,46	6,08	2,71	1,52	0,97	0,68	0,50	0,38
27±2	100	1,00	2000	800	27	1,60	16	12,5	7,35	6,93	3,08	1,73	1,11	0,77	0,57	0,43
		1,13	2500				18	14,1	8,23	7,75	3,44	1,94	1,24	0,86	0,63	0,48
		1,25	3000				20	15,6	9,07	8,54	3,80	2,14	1,36	0,95	0,70	0,53
		1,50	3500				24	18,7	10,8	10,20	4,52	2,54	1,63	1,13	0,83	0,64
		2,00					32	25,0	14,3	13,44	5,98	3,36	2,16	1,50	1,10	0,84
		0,63	2000				10	7,72	4,97	4,68	2,08	1,17	0,75	0,52	0,38	0,29
		0,75	2500				12	9,25	5,99	5,64	2,51	1,41	0,90	0,63	0,46	0,35
		0,88					14	10,9	7,0	6,59	2,93	1,65	1,06	0,74	0,54	0,41
30±2	135	1,00	2000	810	45	1,62	16	12,3	7,92	7,46	3,32	1,86	1,20	0,82	0,61	0,47
		1,13	2500				18	13,9	8,86	8,35	3,71	2,09	1,33	0,93	0,68	0,52
		1,25	3000				20	15,4	9,83	9,26	4,11	2,32	1,48	1,03	0,76	0,58
		1,50	3500				24	18,5	11,7	10,99	4,90	2,76	1,77	1,23	0,90	0,69
		2,00					32	24,6	15,5	14,62	6,48	3,65	2,33	1,62	1,19	0,91
		0,75	2000				12	10,0	9,42	8,87	3,94	2,22	1,42	0,98	0,73	0,56
		0,88	2500				14	11,7	11,1	10,50	4,65	2,61	1,67	1,16	0,85	0,66
		1,00	2000				16	13,3	12,7	11,97	5,32	2,99	1,91	1,32	0,98	0,75
45±2	150	1,13	2500	750	37	1,50	18	15,0	14,2	13,34	5,94	3,35	2,14	1,48	1,09	0,83
		1,25	3000				20	16,7	15,6	14,72	6,53	3,67	2,35	1,63	1,20	0,92
		1,50	3500				24	20,0	18,6	17,56	7,79	4,38	2,81	1,94	1,43	1,10
		2,00					32	26,6	25,0	23,54	10,50	5,89	3,77	2,62	1,92	1,47
		0,63	2000				10	9,55	11,8	11,09	4,93	2,78	1,78	1,24	0,90	0,70
		0,75	2500				12	11,5	14,1	13,24	5,91	3,32	2,13	1,47	1,08	0,83
		0,88					14	13,4	16,4	15,40	6,87	3,87	2,47	1,72	1,27	0,96
48±2	100	1,00	2000	600	24	1,20	16	15,3	18,6	17,56	7,79	4,38	2,81	1,94	1,43	1,10
		1,13	2500				18	17,2	20,9	19,72	8,75	4,92	3,15	2,19	1,61	1,23
		1,25	3000				20	19,1	23,2	21,88	9,71	5,46	3,49	2,42	1,79	1,36
		1,50	3500				24	23,0	27,7	26,09	11,58	6,52	4,17	2,89	2,13	1,63
		2,00					32	30,6	36,5	34,34	15,30	8,59	5,50	3,82	2,81	2,15
		1,00	2000				16	20,6	31,2	29,43	13,05	7,35	4,70	3,27	2,40	1,83
		1,13	2500				18	23,2	34,9	32,86	14,62	8,22	5,26	3,65	2,69	2,05
67±3	90	1,25	3000	450	21	0,90	20	25,7	38,7	36,49	16,19	9,11	5,83	4,05	2,97	2,28
		1,50	3500				24	30,9	46,2	43,56	19,33	10,89	6,97	4,84	3,55	2,72
		2,00					32	41,2	61,4	57,78	25,70	14,42	9,25	6,43	4,72	3,61
		2,50					40	51,4	76,0	71,61	31,78	17,85	11,48	7,96	5,85	4,47

Mechanische Befestigungen auf Trapezprofilen mit trittsicheren Elementen ausführen (bei Gebäuden bis 20 m Höhe: in der Fläche 3 Stück/m², im Randbereich 6 Stück/m², im Eckbereich 9 Stück/m²).

[1] Für 1 m Breite.

[2] Bei Beanspruchung 120 MPa.

337.1 Übersicht, Wärmewert bei Gasen

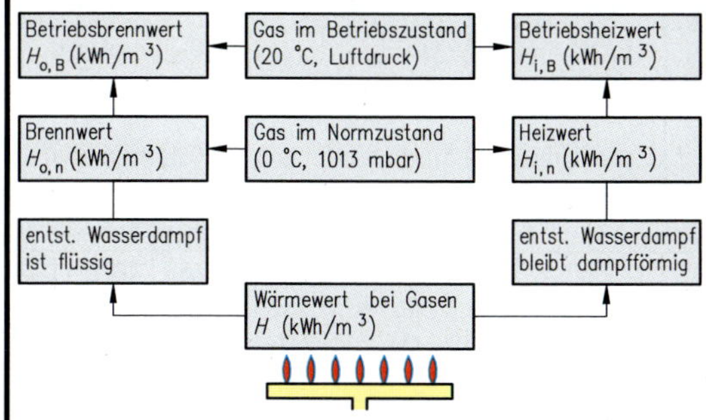

337.2 Chemische Reaktionen bei der Verbrennung

Gasbestandteile			Verbrennungsprodukt
Kohlenstoff	+	Sauerstoff	Kohlenstoffdioxid
C	+	O_2	CO_2
Wasserstoff	+	Sauerstoff	Wasserdampf
2 H_2	+	O_2	2 H_2O
Stickstoff	+	Sauerstoff	Stickstoffoxid
N_2	+	O_2	2 NO
Stickstoff	+	Sauerstoff	Stickstoffdioxid
N_2	+	2 O_2	2 NO_2
Schwefel	+	Sauerstoff	Schwefeldioxid
S	+	O_2	SO_2

337.3 Brenngase, Erdgase, Erneuerbare Gase, Grundgas DVGW G 260

Ergas	Erneuerbare Gase			andere Gase	Grundgas
Gemisch von Kohlenwasserstoffen (Methan, Ethan, Propan ...)	Biomethan/Biogas	Wasserstoff	Synthetisches Methan	Flüssiggas	Gasversorgung durch 2., 3. oder 5. Gasfamilie
	CO_2-Abtrennung Entschwefelung Trocknung	Wasser-Elektrolyse (Windkraft, Photovoltaik ...)	Synthese Wasserstoff mit Kohlenstoffdioxid katalytisch oder biologisch	Propan, Butan und deren Gemische	

337.4 Gasfamilien, Kenndaten, Anschlussdrücke, Gasbegleitstoffe DVGW-G 260

2. Gasfamilie: Methanreiche G.		25 °C/0 °C	15 °C/15 °C
Wobbe-Index H: Nennwert $W_{s,n}$	MJ/m³	54,0	51,2
	kWh/m³	15,0	14,2
zul. Bandbreite im	MJ/m³	+1,44/−5,04	+1,44/−5,1
örtlichen Verteilernetz[1]	kWh/m³	+0,4/−1,4	+0,4/−1,3

[1] Normale Verteilung $W_{s,n}$ < 15,4 kWh/m³; zulässig ist ≤ 15,7 kWh/m³ (25 °C/0 °C) an Netzkopplungs- und Netzanschlusspunkten mit nachgelagerten Netzen bei grenzüberschreitendem Gastransport (einschließlich LNG)

Wobbe-Index L:		25 °C/0 °C	15 °C/15 °C
Nennwert $W_{s,n}$	MJ/m³	44,6	42,3
	kWh/m³	12,4	11,7
zul. Bandbreite	MJ/m³	+2,2/−5,0	+2,1/−4,7
örtl. Verteilernetz	kWh/m³	+0,6/−1,4	−0,6/−1,3
Brennwert $H_{s,n}$	MJ/m³	30,2 bis 47,2	28,7 bis 44,7
(H und L)	kWh/m³	8,4 bis 13,1	8,0 bis 12,4
relative Dichte H/L d_n		0,55 bis 0,75	
Anschlussdruck Gesamtbereich		18 bis 25	mbar
Nennwert		20	mbar

Grenzwerte für Gasbestandteile und -begleitstoffe:

C-H-Kondensationspunkt	−2 °C (1 ≤ p_{abs} ≤ 70 bar)
Wassergehalt 200 mg/m³ (MOP ≤ 10 bar); 50 (MOP > 10 bar)	
Nebel, Staub, Flüssigkeit	technisch frei
Sauerstoff (L-Gasnetz) 3 mol-%; (H-Gasn.)	1 mol-%
im Hochdrucknetz (MOP ≥ 16 bar)	0,001 mol-%
Gesamtschwefel: ohne S aus Odierung	6 mg/m³
mit S aus Odierung	10 mg/m³
Mehrkaptanschwefel (als Schwefel)	6 mg/m³
H_2S und COS (als Schwefel)	5 mg/m³

Kohlenstoffdioxid: Erdgas H (MOP < 16 bar)	4 mol-%
im Hochdrucknetz (MOP ≥ 16 bar)	2,5 mol-%
Kohlenstoffmonoxid	0,1 mol-%
Ammoniak und Amine	10 mg/m³
Silizium (Erdgastankstelle 1 mg/m³)	0,3 mg/m³
Methangehalt in Biomethan und synthetischem Metan	
H-Gasnetz	≥ 95 mol-%
L-Gasnetz	≥ 90 mol-%
Propan	5 mol-%
Buthan	1,5 mol-%

3. Gasfamilie: Flüssiggasarten nach DIN 51622
1. Propan; 3. Propan/Butan-Gemische für Haushalt
(C_4-Kohlenwasserstoff ≤ 60 % Gewichtsanteil)
Anschlussdruck p_{an} Gesamtbereich 42,5–57,5 mbar
(Caravan/Boot 25–35 mbar, Altanlagen ≤ 50 mbar)
Nennwert 50 mbar (Caravan/Boot 30 mbar)

Grenzwerte für Gasbegleitstoffe:
1,3 Butadien 0,1 % (Gesamtdiene 0,5 %)
flüchtiger Schwefel nach Odierung 30 mg/kg
Abdampfrückstand 60 mg/kg
technisch frei von H_2S, Wasser, Amoniak
Geruch unangenehm und spezifisch

4. Gasfamilie: CH_4-Luft-Gemisch, F-Luft			C_n-H_m-Luft-Gemisch, N-Luft
Wobbe-Index $W_{s,n}$	Gesamtbereich	6,80–7,00 kWh/m³	7,00 kWh/m³
Brennwert $H_{s,n}$	Gesamtbereich	7,50 kWh/m³	6,00–6,40 kWh/m³
relative Dichte d_n		1,15–1,22	0,75–0,85
Anschlussdruck = Fließdruck (Nennw.)		12–18 (15) mbar	7,5–15 (8) mbar

338.1 5. Gasfamilie Wasserstoff, Grenzwerte für Gasbestandteile und -begleitstoffe G 260

Bezeichnung	Gruppe A s. 2. Gasfam.	Gruppe D	Bzeichnung	nur Gruppe D
Wasserstoff	≥ 98 mol-%	≥ 99,97 mol-%	CO	0,2 µmol/mol
Wasser (siehe auch 2. Gasfamilie)	200 mg/m³ (MOP ≤ 10 bar)	5 µmol/mol	H_2S, COS, CS_2 und Mehrkaptane	0,004 µmol/mol
Kohlenwasserstoff-Kondensationspkt.	−2 °C (1 ≤ p_{abs} ≤ 70 bar)			
Sauerstoff (siehe 2. Gasfamilie)	(ohne L-Gas) 1 mol-%	5 µmol/mol	Ammoniak	0,1 µmol/mol
Nebel, Staub, Flüssigkeit	technisch frei	1 mg/kg	nach DIN EN 16723	

Beispielw. Gruppe A	25 °C/0 °C; 2 mol-% Methan CH_4	2 mol-% Stickstoff N	15 °C/15 °C; 2 mol-% Methan	2 mol-% N
Wobbe-Index $W_{s,n}$	47,22 MJ/m³; 13,12 kWh/m³	42,25 MJ/m³; 11,74 kWh/m³	44,81 MJ/m³; 12,45 kWh/m³	40,1; 11,14
Brennwert Netz $H_{s,n}$	13,29 MJ/m³; 3,69 kWh/m³	12,50 MJ/m³; 3,47 kWh/m³	12,61 MJ/m³; 3,50 kWh/m³	11,9; 3,29
Heizwert Netz $H_{i,n}$	11,29 MJ/m³; 3,14 kWh/m³	10,57 MJ/m³; 2,94 kWh/m³	10,70 MJ/m³; 2,97 kWh/m³	10,0; 2,78
relative Dichte d	0,079	0,087	0,079	0,087

Beispielw. Gruppe D	25 °C/0 °C; 0,03 mol-% Methan	0,03 mol-% Stickstoff	15 °C/15 °C; 0,03 mol-% CH_4	0,03 mol-% N
Wobbe-Index $W_{s,n}$	48,33 MJ/m³; 13,43 kWh/m³	48,24 MJ/m³; 13,40 kWh/m³	45,86 MJ/m³; 12,74 kWh/m³	45,8; 12,72
Brennwert Netz $H_{s,n}$	12,76 MJ/m³; 3,54 kWh/m³	12,75 MJ/m³; 3,54 kWh/m³	12,11 MJ/m³; 3,36 kWh/m³	12,1; 3,36
Heizwert Netz $H_{i,n}$	10,80 MJ/m³; 3,00 kWh/m³	10,70 MJ/m³; 3,00 kWh/m³	10,23 MJ/m³; 2,84 kWh/m³	10,2; 2,84
relative Dichte d	0,07	0,07	0,07	0,07

338.2 Anforderungen an Wasserstoffnetze nach DIN EN 17124, Verunreinigungen Mengenanteile

Wasserstoffkraftstoff-Index		Sauerstoff O_2	5 µmol/mol	Schwefelverb. H_2S-Basis	0,004 µmol/mol
min. molarer Anteil	99,97 mol-%	Helium He	300 µmol/mol	Formaldehyd HCHO	0,2 µmol/mol
Nicht-Wasserstoff ∑ =	300 µmol/mol	Stickstoff N_2	300 µmol/mol	Methansäure HCOOH	0,2 µmol/mol
Wasser H_2O	5 µmol/mol	Argon Ar	300 µmol/mol	Ammoniak NH_3	0,1 µmol/mol
Kohlenwasserstoffe THC	2 µmol/mol	Kohlenstoffdioxid CO_2	2 µmol/mol	Halogenionen-Basis	0,05 µmol/mol
Methan CH_4	100 µmol/mol	Kohlenstoffmonoxid	0,2 µmol/mol	max. Schwebeteilchenkonz.	1 mg/kg

338.3 Zusammensetzung ausgewählter Erdgase und aufbereiteter Biogase/-methan unodoriert

Bezeichnung Einheit	Methan CH_4 mol-%	Stickstoff N_2 mol-%	Kohlendiox. CO_2 mol-%	Ethan C_2H_6 mol-%	Propan C_3H_8 mol-%	Butane C_4H_{10} mol-%	Pentane C_5H_{12} mol-%	Hexane + C_{6+} mol-%
Russ.-Erdgas H	96,96	0,86	0,18	1,37	0,45	0,15	0,02	0,01
Nordsee-Eg. H	88,71	0,82	1,94	6,93	1,25	0,28	0,05	0,02
Dänemark-Eg. H	90,07	0,28	0,60	5,68	2,19	0,90	0,22	0,06
Holland-Eg. L	83,64	10,21	1,68	3,56	0,61	0,19	0,04	0,07
Deutschl.-Eg. L	86,46	10,24	2,08	1,06	0,11	0,03	0,01	0,01
Biomethan H	96,15	0,75	2,90	–	–	–	–	–
Biometh. + LPG	90,94	0,69	2,68	–	5,00	0,50	–	–

Bezeichnung Symb./Einheit	Sauerstoff O_2 mol-%	Schwefel S ges. mg/m³	Brennwert $H_{s,n}$ kWh/m³	Brennwert $H_{s,n}$ MJ/m³	Normdichte ϱ_n kg/m³	Wobbe-Index $W_{s,n}$ kWh/m³	Wobbe-Index $W_{s,n}$ MJ/m³	Methanzahl MZ
Russ.-Erdgas H	< 0,001	< 3	11,2	40,3	0,74	14,8	53,1	90
Nordsee-Eg. H	< 0,001	< 5	11,6	41,9	0,81	14,7	52,9	79
Dänemark-Eg. H	< 0,001	< 3	12,1	43,7	0,81	15,3	55,0	72
Holland-Eg. L	< 0,001	< 3	10,2	36,8	0,83	12,8	46,0	88
Deutschl.-Eg. L	< 0,001	< 3	9,8	35,4	0,81	12,4	44,7	97
Biomethan H	0,20	< 3	10,6	38,3	0,76	13,9	50,0	102
Biometh. + LPG	0,19	< 3	11,6	41,9	0,83	14,5	52,3	76

338.4 Theoretischer und praktischer Luftbedarf bei der Verbrennung von Gasen

Gas	theoret. Luftbedarf je m³ (je kg) Gas	Gas	theoret. Luftbedarf je m³ Gas	prakt. Luftbedarf je m³ (je kg) Gas
Wasserstoff H_2	2,4 m³	Stadtgas	3,8 m³	5 bis 6 m³
Methan CH_4	9,6 m³	Ferngas	4,2 m³	6 m³
Ethan C_2H_6	16,7 m³	Erdgas L	7,8 m³	10,5 bis 12 m³
Propan C_3H_8	23,9 m³ (12,2 m³)	Erdgas E	9,9 m³	12,5 bis 15 m³
Butan C_4H_{10}	31,1 m³ (12,0 m³)	Propan/Butan	23,9 m³/31,1 m³	30,5 m³/39,5 m³
Kohlenstoffmonoxid CO	2,4 m³	Flüssiggas 50/50	27,5 m³	35 m³ (18 m³)

Grundlagen Elektro, Regelung
Kommunikation Bauzeichnungen
Werkstoffe Trennen, Fügen
Rohre, Zubehör Montage
Trinkwasser Feuerlöschtechnik
Entwässerung Sanitär, Klempner
Gasinstallation Flüssiggas
TW-Erwärmung Solarnutzung TWE
Energietechnik Erneuerb. Energien
Heizungs- und Feuerungstechnik
Lüftung, Klima Wärmerückführung

339.1 Stoffdaten von Gasen, $T_b = 298{,}15$ K ($t_b = 25$ °C), $p_b = 101{,}325$ kPa (Verbrennung), $T_n = 273{,}15$ K DIN EN ISO 6976

Gas, Verbindung, Symbol ()-Werte im Bezugszustd. nicht gasförmig	molare Masse M kJ/kmol	m. Brennwert H_{sm} MJ/kmol	mol. Heizwert H_{im} MJ/kmol	Summenfaktor $\sqrt{b}$	Realgasfaktor Z	Gas, Verbindung, Symbol ()-Werte im Bezugszustd. nicht gasförmig	molare Masse M kJ/kmol	m. Brennwert H_{sm} MJ/kmol	mol. Heizwert H_{im} MJ/kmol	Summenfaktor $\sqrt{b}$	Realgasfaktor Z
Stickstoff N_2	$28{,}013^{5}$			0,0224	0,9995	n-Pentan C_5H_{12}	72,150	3535,77	3271,67	0,2864	(0,918)
Sauerstoff O_2	$31{,}998^{8}$			0,0316	0,9990	iso-Pentan, 2 Methylbutan	72,150	3528,83	3264,63	0,2510	(0,937)
Kohlenstoffdioxid CO_2	44,010			0,0819	0,9933	Neopentan, 2,2 Dimeth.pr.	72,150	3514,61	3250,51	0,2387	(0,943)
Schwefeldioxid SO_2	64,065			0,1549	0,9760	Methylcyclopentan C_6H_{12}	84,161	3969,44	3705,34	0,3130	(0,902)
Luft	$28{,}962^{6}$				0,9994	n-Hexan C_6H_{14}	86,177	4194,95	3866,84	0,3286	(0,892)
Methan CH_4	16,043	890,63	802,60	0,0490	0,9976	2-Methylpentan C_6H_{14}	86,177	4187,32	3879,21	0,3194	(0,898)
Acetylen (Ethin) C_2H_2	26,038	1301,05	1257,03	0,0949	0,9910	2,2-Dimethylbutan C_6H_{14}	86,177	4177,52	3869,41	0,2898	(0,916)
Ethylen (Ethen) C_2H_4	28,054	1411,18	1323,15	0,0866	0,9925	Ethylcyclopentan C_7H_{14}	98,188	4628,47	4320,36	0,3987	(0,841)
Propadien C_3H_4	40,065	1943,11	1855,08	0,1414	0,9800	n-Heptan C_7H_{16}	100,20	4853,43	4501,30	0,4123	(0,830)
Propen C_3H_6	42,081	2058,02	1925,97	0,1378	0,9810	Ethylcyclohexan C_8H_{16}	112,22	5263,05	4910,92	0,4796	(0,770)
Propan C_3H_8	44,097	2219,17	2043,11	0,1453	0,9789	n-Octan C_8H_{18}	114,23	5511,80	5115,66	0,5079	(0,742)
1,2-Butadien C_4H_6	54,092	2593,79	2461,74	0,2121	(0,955)	n-Decan $C_{10}H_{12}$	142,29	6829,77	6345,59	0,7523	(0,434)
1,3-Butadien C_4H_6	54,092	2540,77	2408,72	0,1844	0,9660	Benzol (Benzen) C_6H_6	78,144	3301,43	3169,38	0,3017	(0,909)
1-Buten C_4H_8	56,108	2716,82	2540,76	0,1871	0,9650	Toluol (Toluen) C_4H_8	92,141	3947,89	3771,83	0,3886	(0,846)
cis-2-Buten C_4H_8	56,108	2710,00	2533,90	0,1975	(0,961)	Ethylbenzol C_8H_{10}	106,17	4607,15	4387,07	0,4858	(0,764)
trans-2-Buten C_4H_8	56,108	2706,40	2530,30	0,1975	(0,961)	Methanol CH_4O	32,042	764,09	676,06	0,4764	(0,773)
iso-Buten, 2-Meth.propen	56,108	2700,20	2524,10	0,1871	0,9650	Wasserstoff H_2	2,0159	285,83	241,81	−0,0040	1,0006
n-Butan C_4H_{10}	58,123	2877,40	2657,32	0,2069	0,9572	Schwefelwasserstoff H_2S	34,082	562,01	517,99	0,1000	0,9900
iso-Butan, 2-Meth.propan	58,123	2868,20	2648,12	0,2049	0,9580	Kohlenstoffmonoxid CO	28,010	282,98	289,98	0,0265	0,9993
Cyclopentan C_5H_{10}	70,134	3319,59	3099,51	0,2550	(0,935)	Kohlenstoffoxidsulfid COS	60,076	548,23	548,23	0,1225	0,9850
1-Penten C_5H_{10}	70,134	3375,42	3155,34	0,2490	(0,938)	Schwefelkohlenstoff CS_2	76,143	1104,49	1104,49	0,2145	0,9540

339.2 Gas-Regelwerke nach DVGW, Geltungsbereiche, Erdgasanlage auf Werksgelände

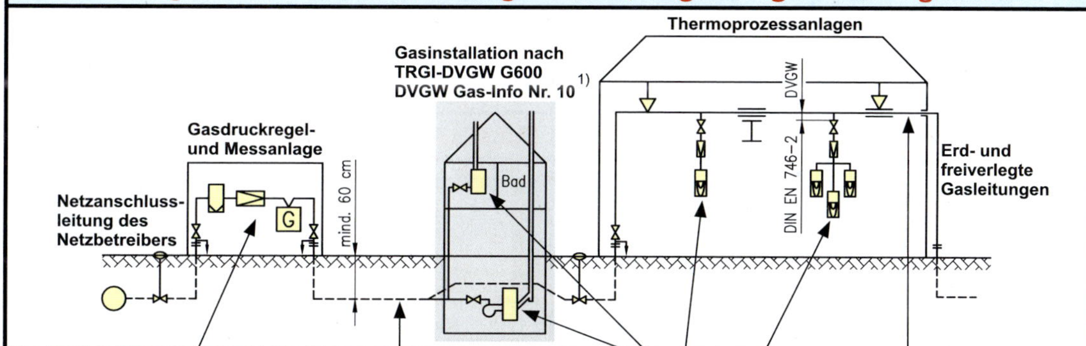

Gas-Druckregel- u. Messanlage bzw. Gas-Druckregelungen G...	Errichtung und Überprüfung von Gasleitungen/-netzen erdverlegt G...	Gasgerät und Thermoprozessanlage G...	Freiverlegte Gasleitung auf Werksgelände hinter Gasleitung
459-2, 491, 493-1/2, 459	459-1, 462-1, 465-1/2, 472	600 (TRGI 2018)	G 614

[1] Die DVGW-TRGI 2018 unterscheidet sich in fünf Punkten von der Vorfassung: 1. Prüfung und Inbetriebnahme. 2. Druckverlusttabellen und Diagramme für Wellrohre. 3. Das Bemessungsverfahren für die Leitungsanlage wurde weiterentwickelt und vereinfacht. 4. Die Verbrennungsluftversorgung raumluftabhängiger Gasgeräte wurde überarbeitet. 5. Die Abgasabführung im Überdruck bei energieeffizienten Brennwertgeräten wurde berücksichtigt (Definition, Aufstellanforderungen).

339.3 Richtwerte für Befestigungsabstände horizontal verlegter metall. Leitungen

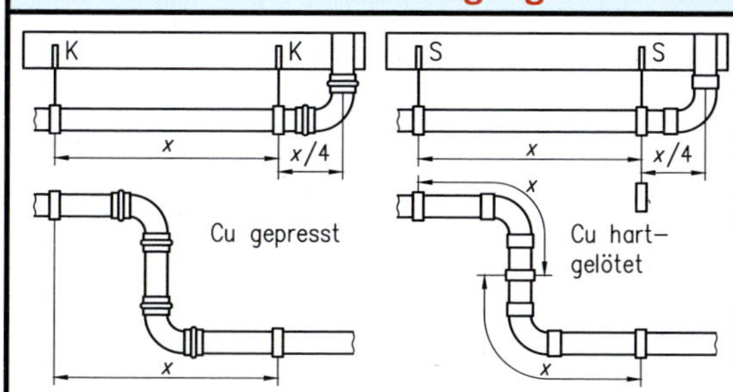

NW DN	d_a mm	X m	DN	d_a	X
			40	42	3,00
	15	1,25	50	54	3,50
15	18	1,50		64	4,00
20	22	2,00	65	76,1	4,25
25	28	2,25	80	88,9	4,75
32	35	2,75	100	108	5,00

Gasleitungen dürfen nicht an anderen Leitungen befestigt werden und dürfen nicht als Träger für andere Leitungen und Lasten dienen.

Hohlräume (abgehängte Decken, vorgesetzte Wände, Ständerwände) müssen belüftet werden, sonst sind Mantelrohre (an einem Ende offen) zu verwenden.

340.1 Gültigkeitsbereich der TRGI, Hinweisschilder, Befestigungsabstände

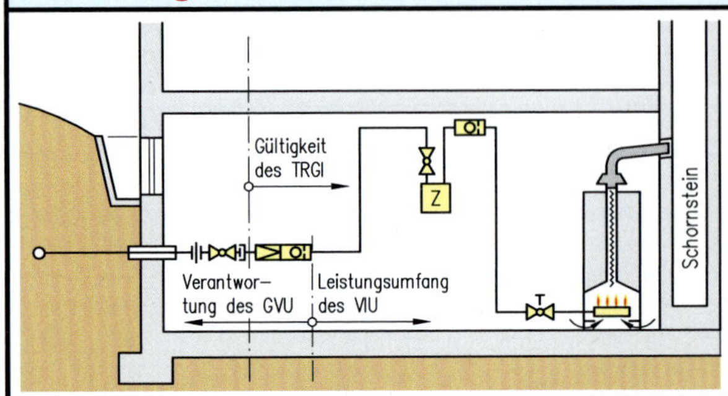

Stahlrohr		Kupferrohr	
DN	l in m	D_{xs} mm	l in m
10	2,25	12 × 1,0	1,25
–	–	15 × 1,0	1,25
15	2,75	18 × 1,0	1,50
20	3,00	22 × 1,0	2,00
25	3,50	28 × 1,5	2,25
32	3,75	35 × 1,5	2,75
40	4,25	42 × 1,5	3,00
50	4,75	54 × 2,0	3,50

340.2 Gasanlage, Gaszähler im Kellergeschoss (links), Gaszähler in den Geschossen (rechts)

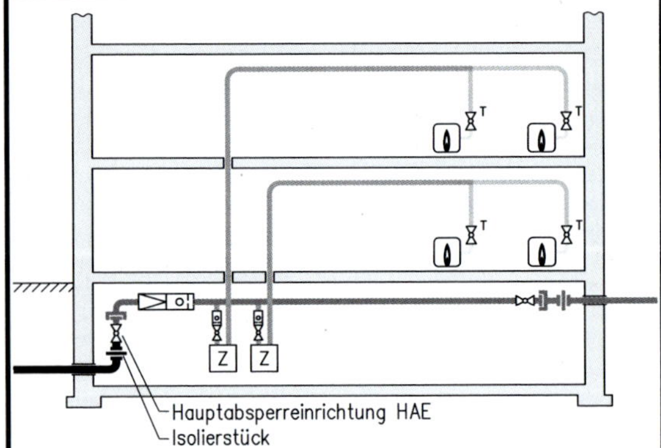

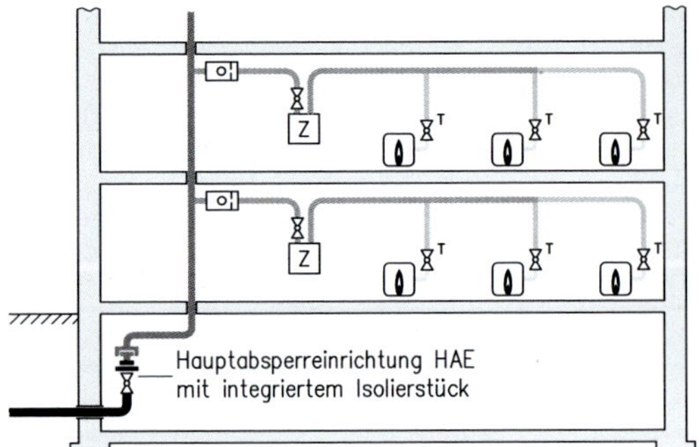

T: Thermisch auslösende Absperreinrichtung

340.3 Absperreinrichtungen, Beschilderung

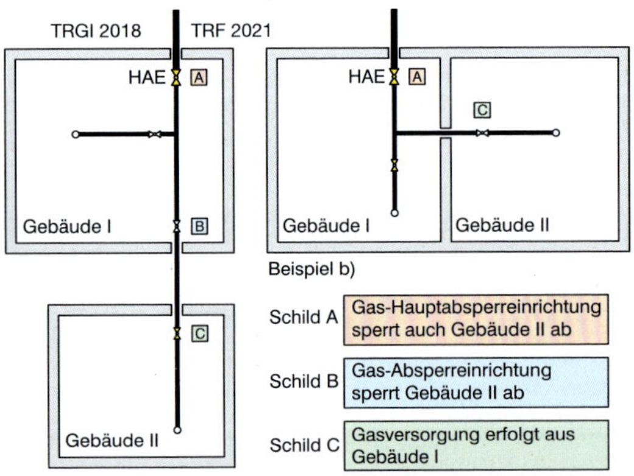

Beispiel b)

Schild A	Gas-Hauptabsperreinrichtung sperrt auch Gebäude II ab
Schild B	Gas-Absperreinrichtung sperrt Gebäude II ab
Schild C	Gasversorgung erfolgt aus Gebäude I

340.4 Isolierstücke in metallenen Leitungen

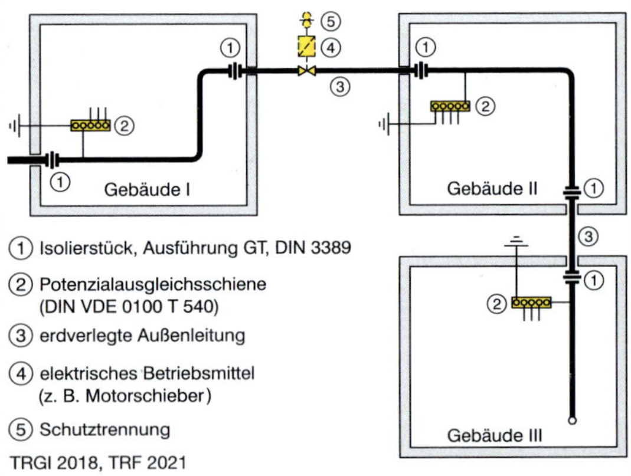

① Isolierstück, Ausführung GT, DIN 3389

② Potenzialausgleichsschiene (DIN VDE 0100 T 540)

③ erdverlegte Außenleitung

④ elektrisches Betriebsmittel (z. B. Motorschieber)

⑤ Schutztrennung

TRGI 2018, TRF 2021

340.5 Gashauseinführung, Platzbedarf

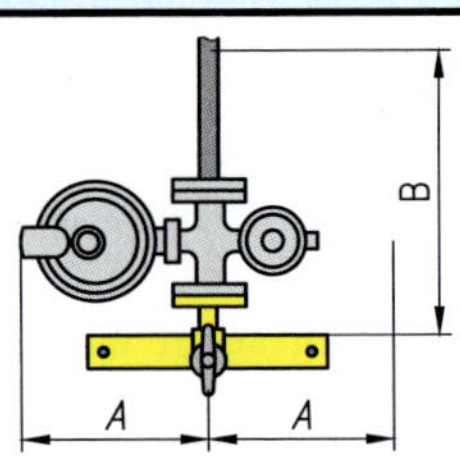

HAE-DN	A cm	B cm
25/32	40	60
40/50	55	80
65/80	60	80
100	60	100
Im Bereich keine weiteren Leitungen		

340.6 Nieder-/Mitteldruckversorgung

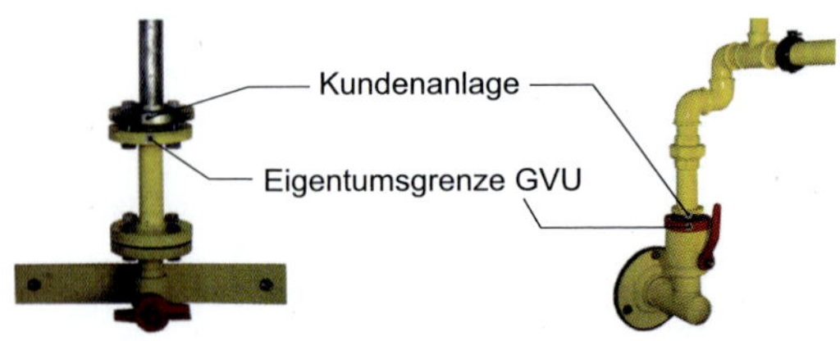

341.1 Gasdruckregler/Gaszählereinbaukasten an/in[1)] Hauswand oder frei aufgestellt

Abmessung in mm	B 700 (670[1)])	H 580 (580[1)])	T 240 (170[1)])
Hausanschluss	Hauseinführungskomb. DN 25 32 × 3 mm Rohrkapsel, Kugelhahn Rp 1, Prüfstopfen		
Anschluss Gasdruckregler	Anschlussstück R1 f. Einrohrgasdruckregler Prüfstopfen R½, Kugelhahn Rp 1		
Gaszähler	Einrohr-Anschlussst. R1, Gaszähler G 4/6		
Ausgang	Winkelverschraubung Rp 1 DIN 2999		
Hauseinführungskombination DN 25, 32, 40, 50 Kugelhahn in Durchgangsform	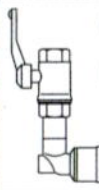 Gasrohrkapsel eingangs PE-HD, Mantelrohr besandeter Edelstahl, 90° Abgangswinkel, Isolierstück integriert.		

341.2 Einstutzenbalgengaszähler und Zweistutzenbalgengaszähler

DN	Größe	$\dot V_{max}$ m³/h	$\dot V_{min}$ m³/h	A mm	B_{max} mm	C_{max} mm	D_{1max} mm	D_{2max} mm	E_{max} mm
25	G 2,5	4	0,025	160					
25[1)]	G 4	6	0,040	250	300	100	350	270	300
25[2)]	G 6	10	0,060	250	370	110	350	270	320
40[2)]	G 10	16	0,100	280	450	120	425	380	340
40	G 16	25	0,160	280	450	150	425	420	340
50	G 25	40	0,250	385	550	180	475	450	460
80[3)]	G 40	65	0,400	510	780	200	875	620	500
80[4)]	G 65	100	0,650	640	900	250	900	650	600
100	G 100	160	1,000	710	1100	280	1000	800	660
150	G 160	250	1,600	950	1200	380	1300	950	860
200	G 250	400	2,500	1050	1500	430	1450	1050	960

Zweistutzenbalgengaszähler auch:
[1)] DN 20, [2)] DN 32, [3)] DN 65, [4)] DN 100

Einstutzenbalgengaszähler auch:
[1)] DN 32, [2)] DN 32, [3)] DN 50.

Ab DN 50 Flansch.

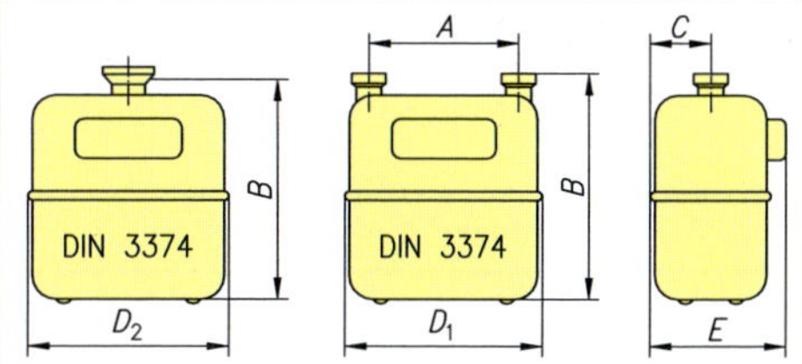

341.3 Gaskugelhahn für Einrohrzähler, thermisch auslösende Absperreinrichtung, Prüfventil

Eckform mit TAE

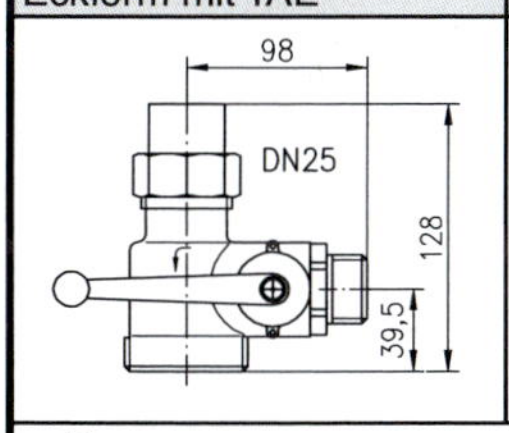

Durchgangsform mit TAE

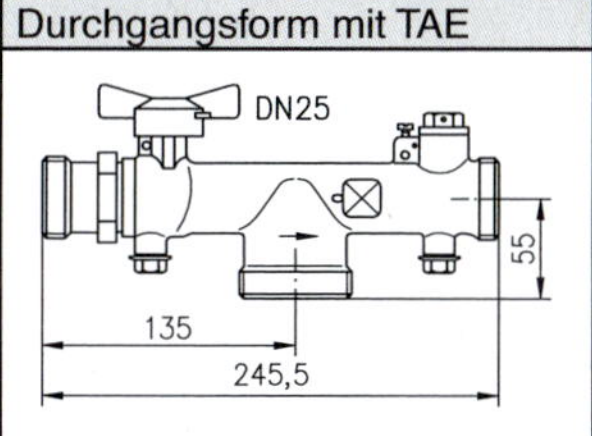

Gasprüfventil

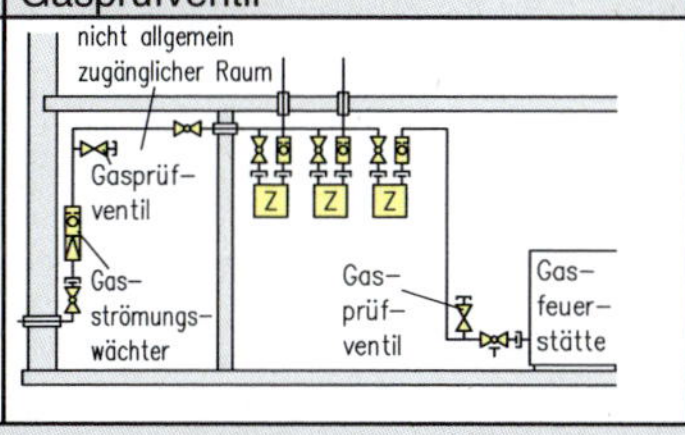

p = 20 mbar bis 4 bar

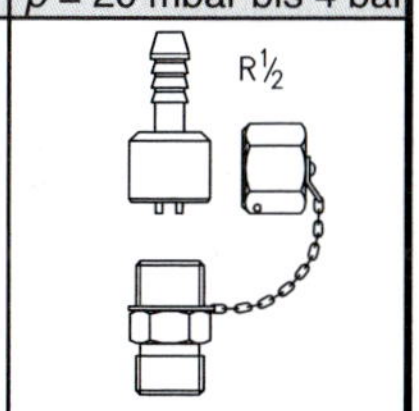

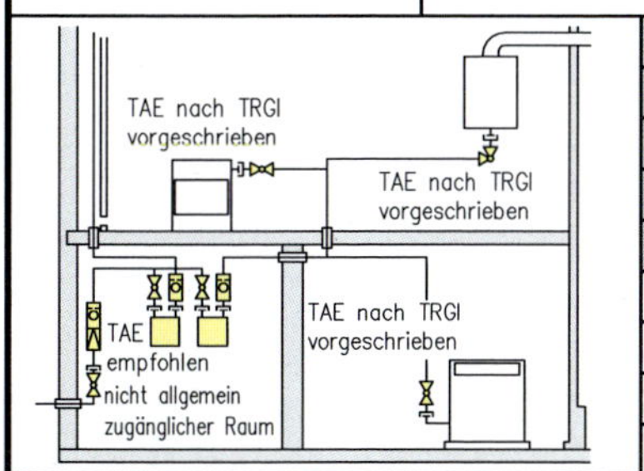

TAE PN4 mit Flansch PN16 DIN 2673

DN	32	40	50	65	80	100	125	150	200
L	90	90	110	125	125	175	175	200	200
D	140	150	165	185	200	220	250	285	340

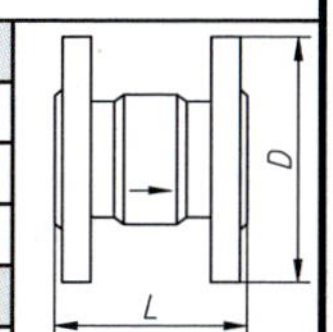

TAE PN4 mit Gewinde

DN	15	20	25	32	40	50
R/Rp	½	¾	1	1¼	1½	2
R1	60	71	79	90	90	110
R2	46	49	56	90	90	110

TAE DIN 3586 E

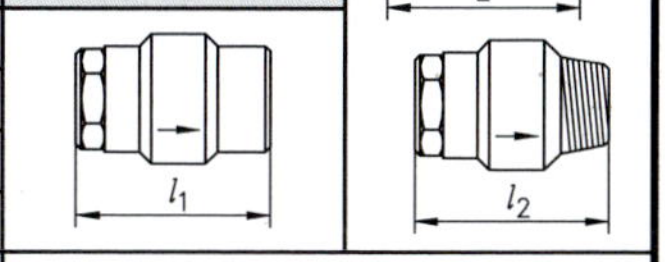

Gas-Feinfilter, AL-Si DIN 3386		PN 16 nach DIN 2501							
DN	Rp	DN	50	65	80	100	125	150	200
15	½	L	150	170	180	190	325	350	400
20	¾	H	128	158	182	194	195	225	260
25	1	ø D	165	185	200	220	250	285	340
32	1¼	ø C	15	18	18	18	18	22	22
40	1½	C	4×	4×	8×	8×	8×	8×	12×
50	2	ø K	125	145	160	180	210	240	295

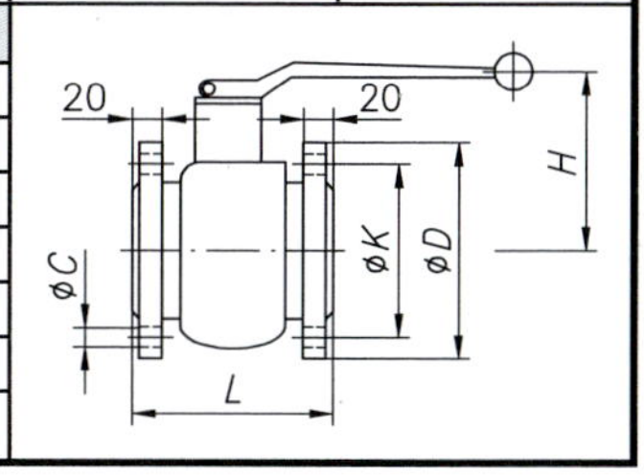

342.1 Gaskugelhahn für Zweirohrzähler HAE, Sicherh.-Allgassteckdose DIN 3537-1, 3430, EN 331

Eckform

mit TAE* DIN EN 331

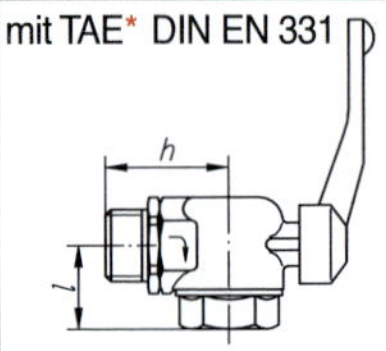

DN	*h*	*l*
20	44*	34
25	56*	39
32	59	46
40	65	51
50	74	60

Zweirohrzählerplatte

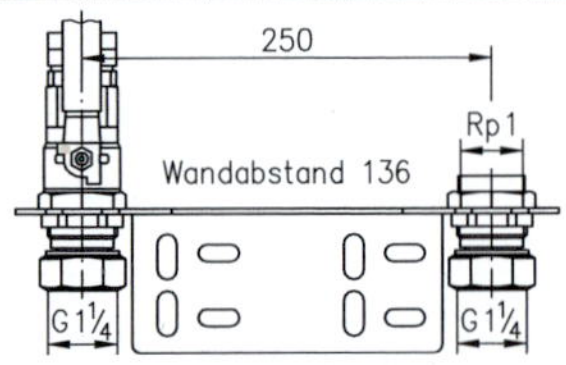

als HAE zugelassen

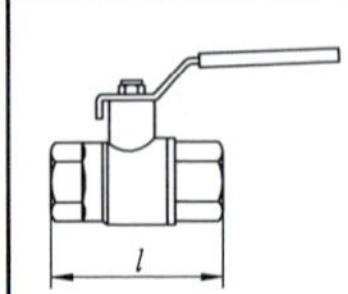

DN	*l*
15	75
20	80
25	90
32	110
40	120
50	140

mit TAE DN 15 DIN 3383-1

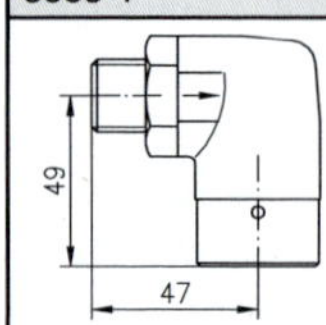

Gasgeräteanschlusskugelhahn in Durchgangsform mit TAE

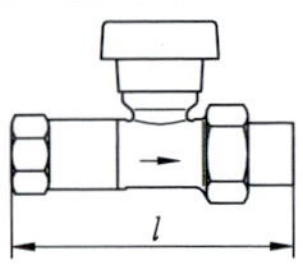

DN	*l*
15	106
20	119
25	135

Gaskugelhahn DIN 3547-1, PN16, Flansch DIN 2501

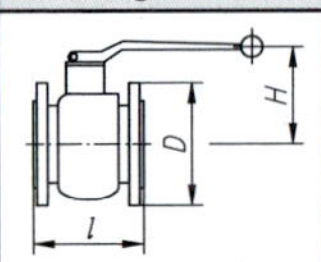

DN	50	65	80	100	125	150	200
H	128	158	182	194	195	225	260
l	150	170	180	190	325	350	400
D	165	185	200	220	250	285	340

Schlauch

l cm
50
80
100
125
150
200
250
300

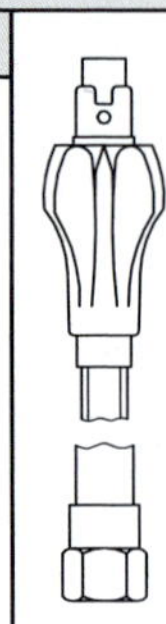

DIN 3383 DN 15

Eckform mit TAE

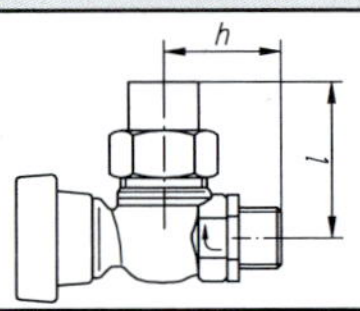

DN	*h*	*l*
15	41	53
20	45	63
25	55	80

Isolierstück

DN	*l*
20 × 15	54
25	60
32	68
40	68
50	79

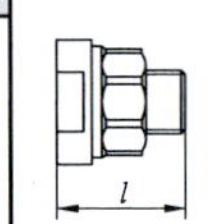

DN 15...50

Sicherheitsverschluss

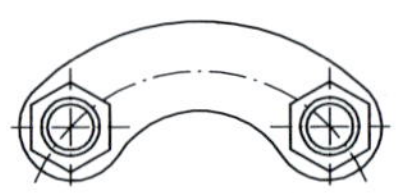

DN 25...65

342.2 Gassteckdosen-Ausstattung, Anschlusswert

Raum	GSD	Lage	vorgesehen	$\dot{V}_A$ in m³/h
Küche[1]	1 1	unter Arbeitspl. auf Arbeitsplatte	Gasherd und Tischgrill[2]	1,0 (9 kW) 1,0 (9 kW)
Wohnzim.	1	Bodennähe	Kaminofen[3]	1,5 (13 kW)
Hauswirtschaftsr.	1	Bodennähe	Gas-Wäschetrockner[4]	1,0 (9 kW)
Terrasse	1 1 1	Bodennähe oder Unterflur	Gasgrill Ter.-Strahler Gaslaterne	1,5 (13 kW) 1,5 (13 kW) 1,5 (13 kW)

[1] Mind. 15 m³ Rauminhalt mit Fenster/Tür ins Freie.
[2] Gemeinsame Aufstellung von Gasherd, Tischgrill oder Wokbrenner (Reiskocher) erfordert eine Dunstabzugseinrichtung mit elektrischer Verriegelung zur Gaszufuhr.
[3] Mit Schornsteinanschluss; Anschluss nur durch VIU.
[4] TRGI Verbrennungsluftversorgung für Gasgeräte Art B.

342.3 Einfamilienhaus mit Außensteckdose

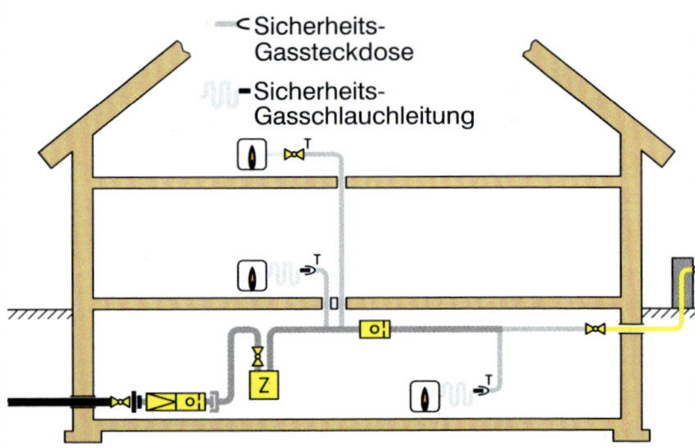

342.4 Gassteckdosen mit integriertem GS, Gasschlauchleitungen DIN 3383-1

Gassteckdose mit integriertem GS VP 635-1/2, 618-2

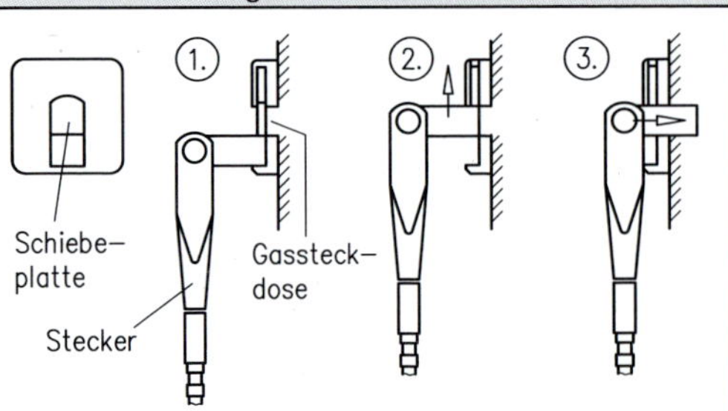

1. Stecker in Gassteckdose positionieren; 2. Schiebeplatte nach oben schieben; 3. Stecker einstecken

von Hand lösbare Gasschlauchleitung DVGW VP 618-1

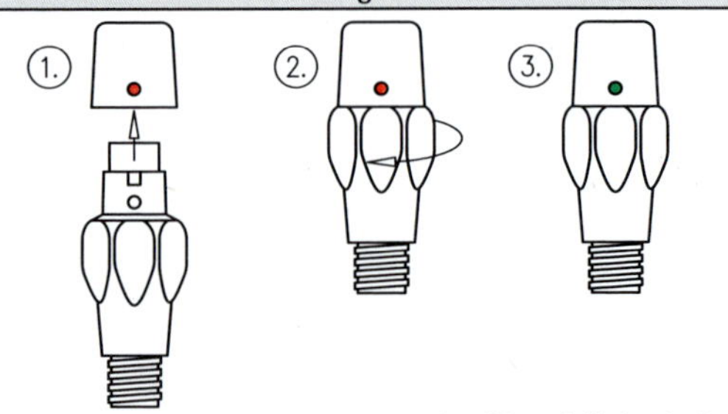

1. Schlauchstecker einstecken; 2. Drehgriff nach links drehen; 3. grünes Sichtfenster = der Gasweg ist frei und der Schlauch sitzt fest

343.1 Aktive/passive[1)] Sicherungsmaßnahmen gegen Eingriffe Unbefugter

Haus	Druckbereich ≤ 25 hPA o. Regelung	> 25 hPA < 100 hPA + Regelung	> 100 hPA < 0,5 MPa + Reg.
Ein- und Zweifamilienhaus	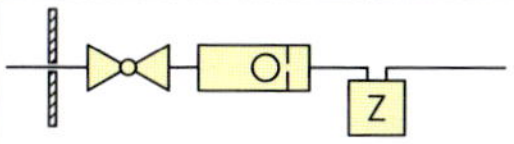 **kein** allgemein zugänglicher Raum keine passiven Maßnahmen erforderlich	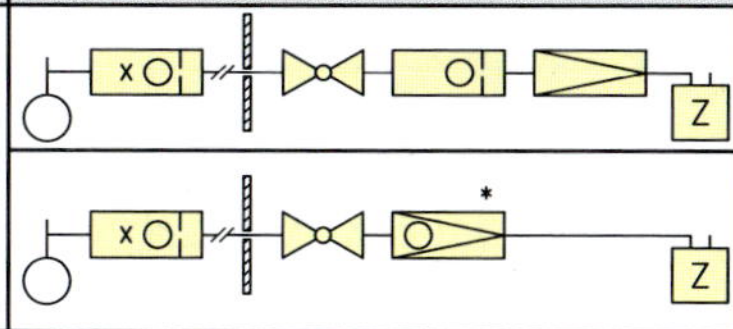	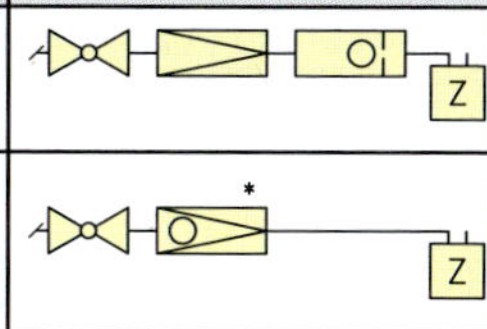
Mehrfamilienhaus zentr. Gasanwendung	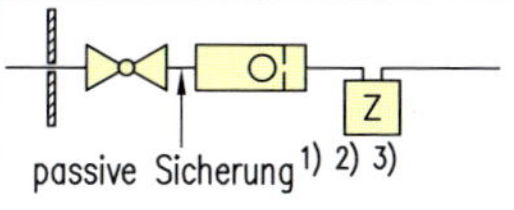	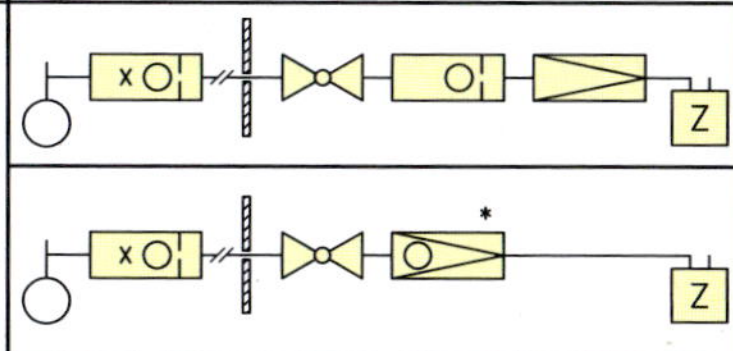	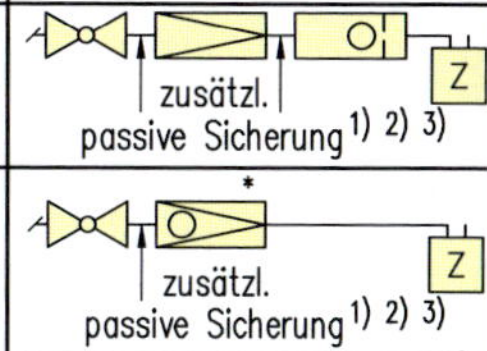
Mehrfamilienhaus Etagengasanwendung	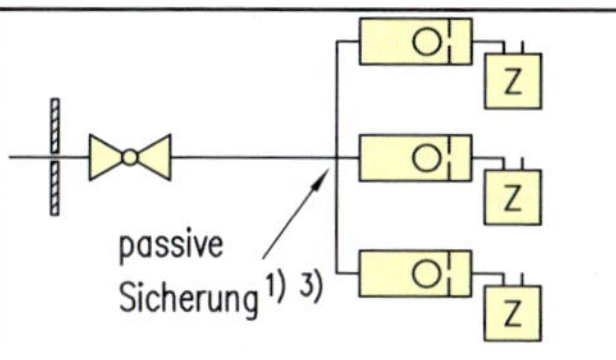	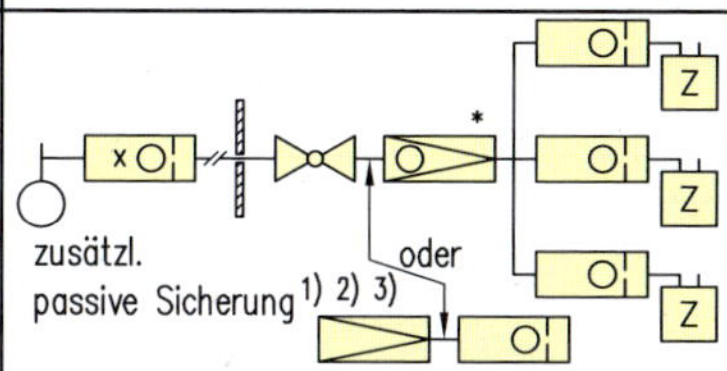	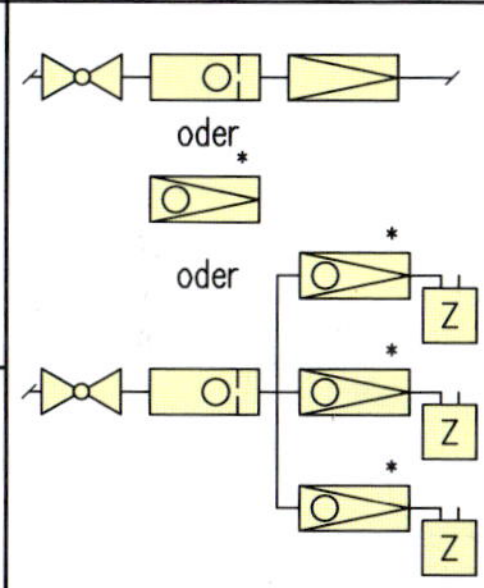

* Einsatz eines Gas-Druckregelgerätes mit integriertem GS nach DIN 33822 im Geltungsbereich von DVGW-G 459-1 und -2. Auswahl und Dimensionierung durch VIU. [x O] GS nach DVWG-Prüfgrundlage VP 305-2, DVWG G 459-1

1) Nicht „allgemein zugänglicher Raum". 2) Nicht lösbare Verbindung(en).
3) Gesicherte lösbare Verbindungen.

343.2 Mehrschichtverbundrohre, Leitungsführung, Richtwerte für die Befestigungsabstände

Anschluss eines einzelnen Gasgerätes

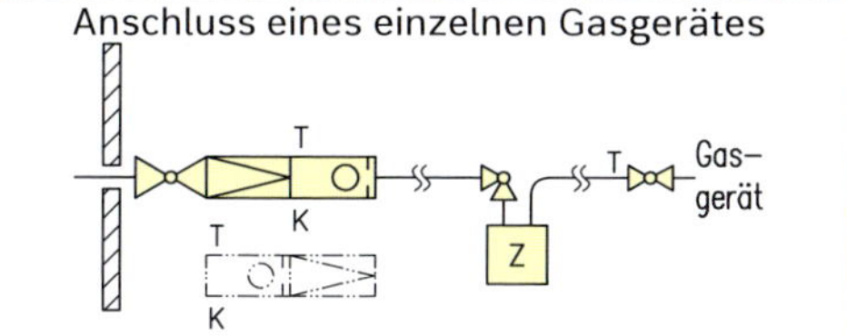

Einsatz eines Verteilers

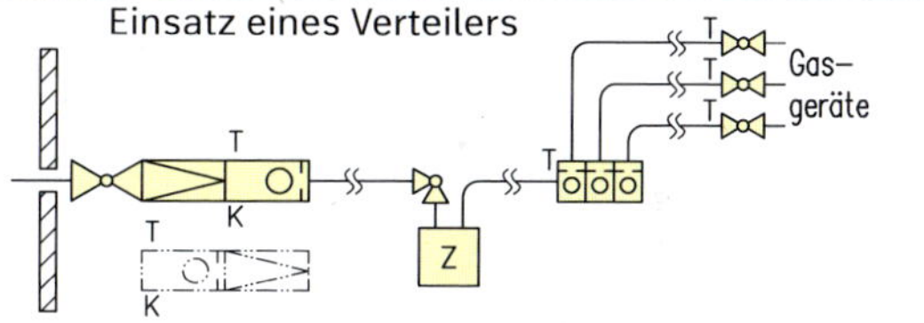

Einsatz eines Vorverteilers

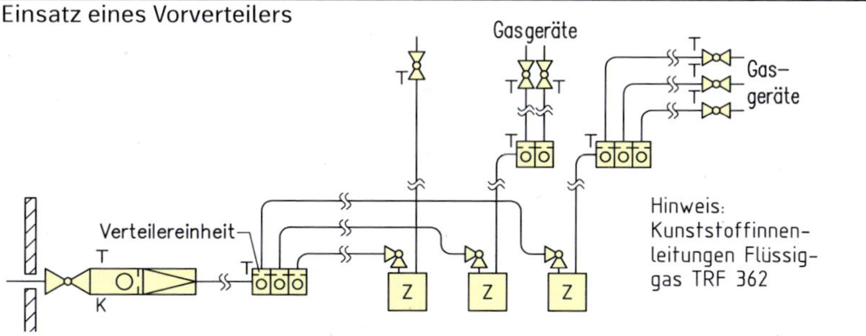

Hinweis: Kunststoffinnenleitungen Flüssiggas TRF 362

Leitungs-außen ø d_2 in mm	Befestigungs-abstände in m
16	1,00
20	1,25
25	1,50
30	1,75
40	2,00
50	2,00
63	2,00

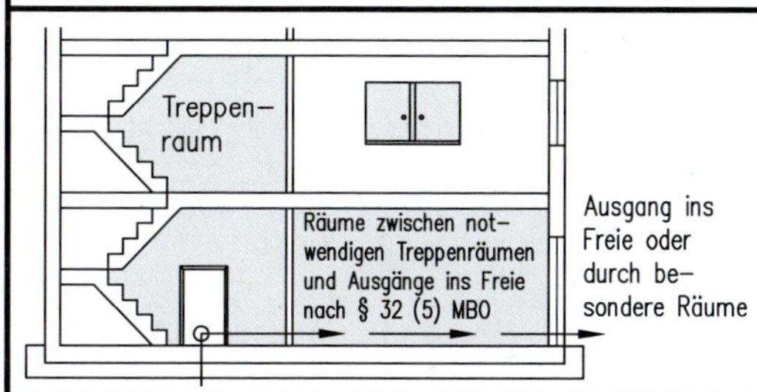

Die freie oder verdeckte Verlegung von Kunststoffleitungen ist in Rettungswegen unzulässig.

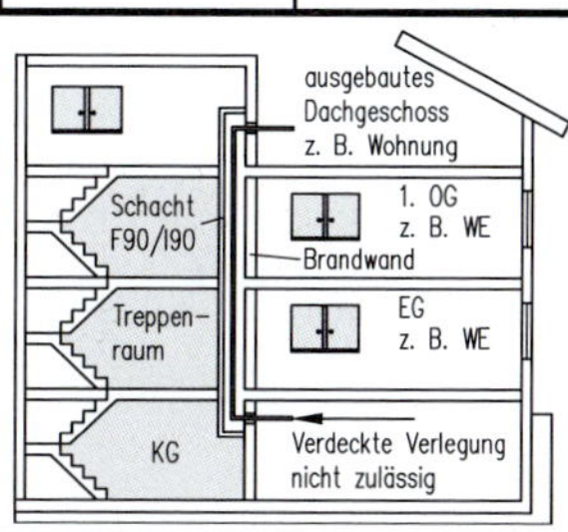

344.1 Gasströmungswächter (Herstellerangabe)

GS..H..AI				GS..H..IA			Bauform GS..HT..AI			
DN	SW	L1	L2	L1	L2	Inneng.	L1	L2	L3	R
15	27	55	40	53	38	Rp $^1/_2$				$^1/_2$
20	32	47	31	54	38	Rp $^3/_4$	ca. 72,5	16,3	16,5	$^3/_4$
25	41	50	31	56	37	Rp 1	ca. 89,5	19,1	19,3	1
32	46	70	46	70	46	Rp 1 $^1/_4$	**Beispiel** für Bezeichnung:			
40	50	78	54	78	54	Rp 1 $^1/_2$	GS 25 H HT 4 IA S			
50	65	82	54	82	54	Rp 2	15 bis 100 mbar, waagerecht			

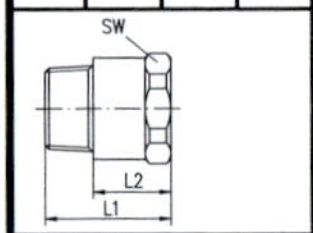

Außengewinde Innengewinde

Innengewinde Außengewinde

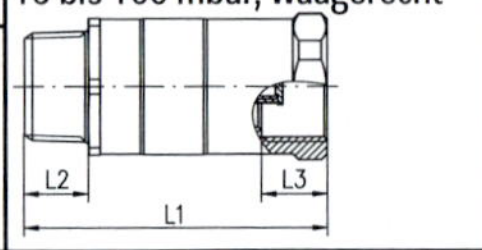

Gaseingang Außengewinde Gasausgang Innengewinde

344.2 GS-Einbau nach Austritt aus dem Schacht

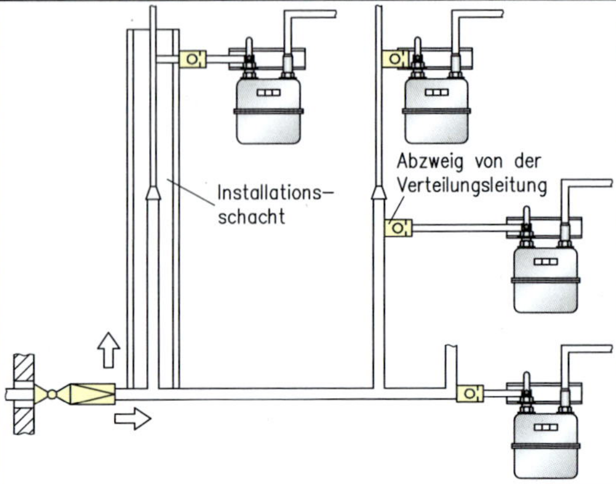

344.3 Gasströmungswächter TRGI G 600-B, Schließfaktor f_{smax}

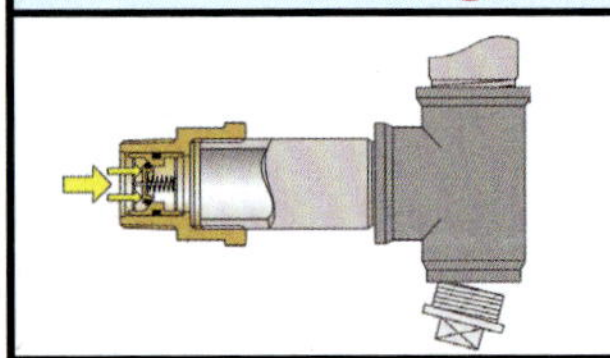

Einbau	vor Druckregelgerät				hinter D.		vor dem Gebäude (HAL)			
Typ	K1	M1	K2	M2	K3	M3	A	B	C	D
Betriebsdruck	25 bis 100 mbar		0,1 bis 5 bar		15 bis 50 mbar		25 bis 100 mbar	0,1 bis 5 bar	25 mbar bis 5 bar	25 mbar bis 1 bar
f_{smax}	1,45	1,8	1,45	1,8	1,45	1,8	1,8	1,8	1,8	1,8

344.4 Max. zul. Rohrleitungslänge in m

$\dot{V}_N$ m³/h	d_i mm	Einzelzultg. M1/M2	Einzelzultg. M3	Verbrauchsltg. M1/M2	Verbrauchsltg. M3	Abzweigltg. M1/M2	Abzweigltg. M3
2,5	13	16	14	8	7	8	7
$\Sigma\dot{V}_A$	16	40	35	20	17	20	17
< 2,1	20	115	100	57	50	57	50
4,0	13	6	5,5	3	2,5	3	2,5
	16	16	14	8	7	8	7
$\Sigma\dot{V}_A$	20	57	50	28	25	28	25
< 3,3	25	173	130	86	75	86	75
6,0	13	1,7	1,5	0,9	0,8	0,9	0,8
	16	5	4	2,5	2	2,5	2
$\Sigma\dot{V}_A$	20	23	20	11	10	11	10
< 4,9	25	77	67	38	33	38	33
10,0	20	3,5	3	1,8	1,5	1,8	1,5
	25	20	17	10	8	10	8
$\Sigma\dot{V}_A$	32	76	66	38	33	38	33
< 8,1	39	150	130	75	65	75	65
16,0	32	23	20	11	10	11	10
[1]	39	52	45	26	22	26	22

[1] $\Sigma\dot{V}_A$ < 12,9 (16,0 bei mehreren Gasgeräten)

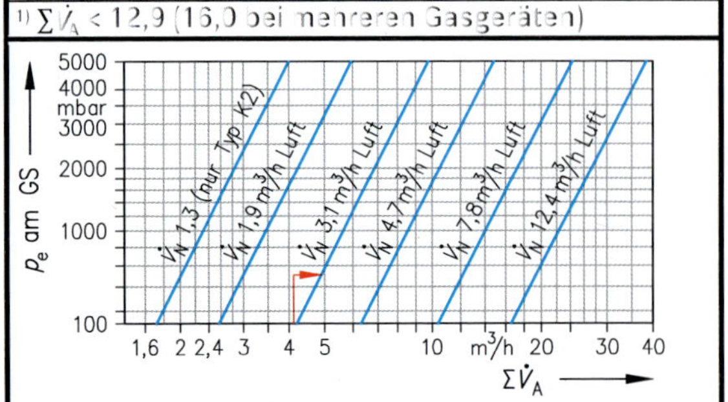

344.5 GS-Typen DVGW-VP 305-1

GS-Typ	Betriebsdruckbereich	GS	Farbe	$\dot{V}_N$ m³/h
K 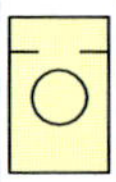	15 bis 100 mbar f_{smin} = 1,3; f_{smax} = 1,45 inst. Prüfung bei 1,15 × $\dot{V}_N$ $\Delta p \le$ 0,5 mbar	1,6 2,5 4 6 10 16	weiß gelb braun grün rot orange	1,3 2,0 3,2 4,8 8,0 12,8
M 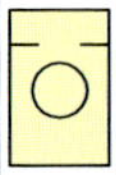	15 bis 100 mbar f_{smin} = 1,3; f_{smax} = 1,85 inst. Prüfung bei 1,15 × $\dot{V}_N$ $\Delta p \le$ 0,5 mbar	2,5 4 6 10 16	gelb braun grün rot orange	2,0 3,2 4,8 8,0 12,8

344.6 Auslegung K2/M2, Druckverlust

$\dot{V}_{Gas}$ in m³/h	2,5	4,0	6,0	10,0	16,0
$\dot{V}_{NLuft}$ in m³/h	1,9	3,1	4,7	7,8	12,4

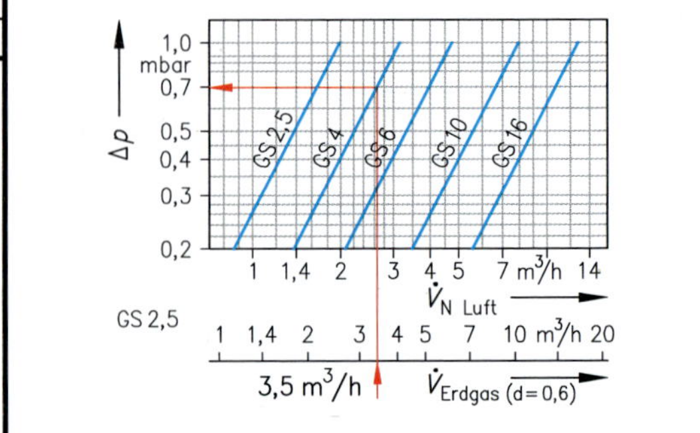

345.1 Auswahl Mindestnennweiten GS K

Gasströmungswächter GS		2,5	4	6	10	16
Ein Gasgerät $\dot{Q}_{NB}$ in kW		bis 17	27	41	68	110
Mehrere Gasgeräte $\dot{Q}_{SB}$ in kW		bis 21	34	51	86	138
Kupfer- und Edelstahlrohr		d_a in mm		18	22	28
Stahlrohr	DN	bis 10 m		20	20	25
Wellrohr	DN	bis 10 m		20	25	32
Geräteanschlussarmatur	DN	bis 10 m		15	20	25

345.2 Druckverlust Gasströmungswächter

Δp_{GS} in Pa		10	15	20	25	30	35	40	45	50
$\dot{Q}_{GS}$ in kW										
2,5	$\dot{Q}$ in kW	10	12	14	15	17	18	19	20	21
4	kW	17	20	23	25	27	29	31	33	34
6	kW	25	30	34	38	41	44	47	50	51
10	kW	43	50	57	63	69	74	79	83	86
16	kW	68	81	92	102	110	119	129	134	138

345.3 Druckverluste Zählergruppe Balgengaszähler

Δp_{ZG}	G 2,5	G 4	G 6	G 10	G 16	G 25	G 40	G 65	Δp_{ZG}	G 2,5	G 4	G 6	G 10	G 16	G 25	G 40	G 65
Pa	$\dot{Q}_{NB}$ in kW								Pa	$\dot{Q}_{NB}$ in kW							
30	5	8	10	17	25	39	63	103	90	29	40	53	89	128	201	322	523
35	10	14	18	30	44	69	111	180	95	30	42	55	92	134	209	335	544
40	13	18	23	39	57	89	143	233	100	31	43	57	96	138	217	347	564
45	15	21	28	47	68	106	170	276	105	32	45	59	99	143	224	359	583
50	17	24	32	53	77	120	193	314	110	33	46	61	102	148	231	370	601
55	19	27	35	59	85	133	213	347	115	34	48	63	105	152	238	381	619
60	21	29	38	64	92	145	232	377	120		49	65	108	156	245	392	637
65	22	31	41	69	99	156	249	405	125		50	67	111	161	251	402	654
70	24	33	44	73	106	166	265	431	130		51	68	114	165	258	412	670
75	25	35	46	77	112	175	281	456	140			71	119	173	270	432	702
80	26	37	49	81	118	184	295	480	160			78	130	178	293	469	762
85	28	39	51	85	123	193	309	502	180			86	137	201	314	503	818

Δp_{ZG} 200 Pa/$\dot{Q}_{NB}$			
G 16	G 25	G 40	G 65
215	335	535	860

Sofern diese Tabelle auch für die Auswahl des Gaszählers genutzt werden soll, ist anstatt der Spitzenbelastung $\dot{Q}$ die Summenbelastung $\dot{Q}_{SB}$ zu verwenden.

345.4 Geräteanschlussarmatur mit TAE, Absperreinrichtung o. TAE

Δp_{GA}	GSD	DN 15	20	25	32	40	50	DN 15	20	25	32	40	50	65	80
Pa	Eckform(E) $\dot{Q}_{NB}$ in kW							Durchgangsform(D) $\dot{Q}_{NB}$ in kW [2]							
5	[1] 3	7	12	20	37	58	75	10	21	33	56	83	135	237	335
10	4	9	15	26	48	75	96	13	27	43	73	108	175	306	433
15	5	11	18	31	57	89	114	16	32	51	86	127	207	362	513
20		12	21	36	64	100	130	18	36	58	97	144	235	410	581
25	6	14	23	40	71	111	143	20	40	64	108	160	259	454	643
30		15	25	43	77	121	156	21	44	69	117	173	282	493	699
35	7	16	27	46	83	130	167	23	47	74	126	186	303	530	750
40		17	29	49	89	138	178	25	50	79	134	198	322	564	799
45	8	18	31	52	94	146	188	26	53	84	141	210	341	596	845
50		19	32	55	98	154	198	27	55	88	149	220	358	627	888
55	9	20	34	57	103	161	207	29	58	92	156	231	375	656	929
60		21	35	60	107	168	216	30	60	96	162	240	391	684	969
65		22	37	62	112	174	225	31	63	100	169	250	406	711	1007
70	10		38	64	116	181	233	32	65	103	175	259	421	737	1043
75		23	39	67	120	187	241	33	67	107	181	268	435	762	1079
80	11	24	41	69	124	193	248	34	69	110	186	276	449	786	1113
85		25	43	72	128	199	256	35	71	114	192	285	463	809	1146
90		26	44	74	133	207	267	36	73	117	197	293	476	832	1180
100	12	27	46	78	139	218	280								
110	13	28	48	81	146	228	293								
Druckverluste Absperreinrichtung Eck-/Durchgangsform bei $\dot{Q}_{NB}$ in kW															
5		10	18	29	53	82	106	15	29	47	79	118	191	332	471
10		13	23	38	68	106	137	19	38	61	103	152	247	429	608
15		16	27	45	81	126	162	22	45	72	121	180	292	508	719
20		18	31	51	92	143	184	25	51	82	138	204	331	579	816
25		20	34	56	101	158	203	28	56	90	152	225	366	637	902
30		21	37	61	110	172	221	31	61	98	165	245	398	692	980
35		23	39	66	118	184	237	33	66	105	178	263	428	744	1053
40		25	42	70	126	196	252	35	70	112	189	280	455	792	1121
45		26	44	74	133	207	267	37	74	119	200	296	482	837	1185
50		27	47	78	140	218	280	39	78	125	210	312	506	880	1246

[1] GSD mit 1/2"-Anschluss entspr. DN 12
[2] gilt für separate TAE

345.5 Tabellenverfahren

Druckverlustbestimmung mit Tabellenverfahren

Der Druckverlust wird mithilfe des Leitungsschemas ermittelt. Aus Tabellen 345.1 bis 347.3 wird in Abhängigkeit von der Spitzenbelastung der vorgegebene Druckverlust der Bauteile anhand des Leitungsschemas der Anlage ermittelt. Einzelne Bauteile der Anlage können beliebig kombiniert werden. Bei technischen Weiterentwicklungen können Tabellen verändert oder ergänzt werden. Rohrwerkstoffe (z. B. St und Cu) sind kombinierbar. Auch ein im Individualfall mit dem Netzbetreiber vereinbarter anderer Gesamtdruckverlust als 300 Pa kann mit diesem Verfahren berechnet werden.

346.1 Rohrdruckgefälle R in Pa/m bei $\dot{Q}$ in kW, Kupfer-/Edelstahl-/Stahlrohr bei $\dot{Q}$ in kW

Pa/m	d_a 15	18	22	28	35	42	54	64	76,1	88,9
	Kupfer- und Edelstahlrohr Q in kW									
0,4			4	11	20	36	75	118	196	305
0,6			6	14	26	45	96	150	245	385
0,8		3	8	16	31	54	113	177	290	455
1,0		4	9	19	35	61	129	200	330	515
1,2		5	10	21	39	68	142	220	365	570
1,4		6		23	42	74	154	240	395	615
1,6	3		11	24	46	79	166	255	425	665
1,8		7	12	26	49	85	177	275	455	705
2,0	4		13	29	53	92	193	300	495	770
2,5	5	8	15	33	61	105	215	340	560	870
3,0		9	17	36	67	116	240	375	615	960
3,5	6	10	18	39	73	126	260	405	670	1040
4,0		11	20	43	80	138	285	445	730	1140
5,0	7	13	23	49	91	157	325	505	830	1290
6,0	8	14	26	54	100	173	355	555	915	1420
7,0	9	16	28	59	109	188	385	600	990	1540
8,0		17	30	64	117	200	415	645	1060	1650
9,0	10	18	32	68	125	215	445	690	1130	1750
10,0	11	20	35	74	136	230	480	750	1230	1900
12,0	12	22	39	81	150	255	530	820	1350	2090
14,0	13	24	42	88	163	275	575	890	1460	2270
16,0	14	26	46	95	175	300	615	955	1570	2430
18,0	15	28	49	101	186	315	655	1020	1670	2590
20,0	16	29	52	107	197	335	695	1080	1760	2740

Pa/m	DN 15	20	25	32	40	50	65	80	DN 15	20	25	32	40	50	65	80
	Stahlrohr mittlere Reihe								Stahlrohr schwere Reihe							
0,4		6	12	27	41	80	164	250		4	11	23	37	73	152	235
0,6		8	15	34	52	100	205	315		7	13	30	47	91	191	295
0,8	3	9	18	40	61	118	240	370		8	15	35	55	107	225	345
1,0	4	11	21	46	70	134	270	420	3	9	17	40	62	122	250	395
1,2	5	12	23	50	76	147	300	460		10	19	44	69	134	275	430
1,4		13	25	54	83	159	320	500	4	11	21	48	74	145	300	465
1,6	6	14	27	58	89	171	345	535		12	23	51	80	155	320	500
1,8		15	29	62	95	182	365	570	5	13	24	55	85	165	340	530
2,0	7	16	31	68	103	197	400	615		14	26	60	92	179	370	575
2,5	8	18	35	77	116	220	450	695	6	16	30	67	105	200	420	650
3,0	9	20	39	84	128	240	490	760		17	33	74	115	220	460	710
3,5		22	42	91	138	260	530	820	7	19	36	80	124	240	495	770
4,0	10	24	46	100	151	285	580	895	8	21	39	88	136	240	540	840
5,0	12	28	52	112	170	325	655	1010	9	23	44	99	153	295	610	945
6,0	13	30	57	123	187	355	715	1100	10	26	49	109	168	320	665	1030
7,0	14	33	62	133	200	380	775	1190	11	28	53	118	181	350	720	1110
8,0	15	35	67	143	215	410	825	1270	12	30	56	126	194	370	770	1190
9,0	16	37	71	152	225	435	875	1350	13	32	60	134	205	395	815	1260
10,0	17	41	77	164	245	470	950	1460	14	35	65	145	220	425	885	1360
12,0	19	45	84	180	270	515	1030	1590	15	38	71	159	240	465	965	1490
14,0	21	48	91	194	290	555	1110	1720	17	41	77	171	260	505	1040	1600
16,0	22	52	97	205	310	590	1190	1830	18	44	83	183	280	540	1110	1710
18,0	24	55	104	220	330	630	1260	1940	19	47	88	195	295	570	1180	1820
20,0	25	58	109	230	350	660	1330	2050	20	50	93	205	315	605	1240	1910

Pa/m	DN 15	20	25	32	40	50	Pa/m	DN 15	20	25	32	40	50
	Wellrohr $\dot{Q}$ in kW							Fortsetzung: Wellrohr $\dot{Q}$ in kW					
0,4		3	8	16	29	53	4,0	7	15	28	54	96	177
0,6		5	10	20	36	66	5,0	8	17	32	61	110	199
0,8		6	12	23	42	77	6,0	9	19	34	67	120	215
1,0	3	7	13	26	47	86	7,0		21	37	72	129	230
1,2		8	14	28	52	94	8,0	10	22	40	77	138	245
1,4	4		16	31	56	101	9,0	11	23	42	81	146	260
1,6		9	17	33	60	108	10,0	12	25	45	87	157	280
1,8		10	18	35	63	115	12,0	13	28	50	95	171	305
2,0	5	11	19	38	68	124	14,0	14	30	53	103	184	330
2,5		12	22	42	77	139	16,0	15	32	57	109	197	350
3,0	6	13	24	46	84	151	18,0	16	34	60	116	205	370
3,5		14	26	50	90	163	20,0	17	36	64	122	215	390

Pa/m	d_r 25	32	40	50	63	75	90
	PE-Rohr SDR11 $\dot{Q}$ in kW						
0,4	4	11	21	40	77	126	205
0,6	7	15	27	51	98	159	260
0,8	8	17	33	61	116	188	305
1,0	10	20	37	69	132	210	350
1,2	11	22	41	77	145	235	385
1,4	12	24	45	83	158	255	420
1,6	13	26	48	90	169	275	450
1,8	14	28	51	96	181	290	480
2,0	15	30	56	104	197	315	520
2,5	17	35	64	119	220	360	590
3,0	19	38	71	131	245	395	650
3,5	21	42	77	142	265	430	705
	Fortsetzung: PE-Rohr SDR11						
4	23	46	84	156	290	475	775
5	26	52	96	177	330	535	875

Längenzuschlag für Formteile

d_a	≥ 28	35	42	54	64	76,1 88,9
DN	≥ 25	32	40	50	65	80
T-Abg I_{TA} m	0,7	1	1,5	2	2,5	3
W90° I_w m	0,3	0,5	0,7	1	1,2	1,5

PE-Rohr W 90° $I = I_{TA} + I_W$

	R Pa/m
Erstauswahl	≤ 10
Ausn.: Verteilung mit Steigleitung	≤ 5

346.2 K Gasströmungswächter Δp Pa

GS	2,5	4	6	10	16
2,5	105	41	18		
4		105	47	17	
6			105	38	15
10				105	41
16					105

346.3 K Zählergr. Balgengaszähler

Druckverlust Pa

GS	G 2,5	G 4	G 6	G 10	G 16	G 25
2,5	100	67	51	38	34	31
4	209	123	84	49	39	32
6	434	240	151	74	51	34
10	1150	614	367	151	88	54
16	2900	1530	894	341	180	91

346.4 K Geräteanschlussarmatur mit TAE Druckverlust Pa

Eckform E Δp in Pa

GS	GSD	DN 15	20	25	32	40
2,5	23	135	48	17		
4	60	344	122	43	13	
6	135	775	275	96	30	12
10	374	2150	763	267	83	34
16	957	5510	1950	683	214	88

Durchgangsform D Pa

GS	DN 15	20	25	32	40
2,5	69	17			
4	176	43	17		
6	395	96	38	13	
10	1100	267	105	37	17
16	2810	683	270	94	43

346.5 K Absperreinrichtung ohne TAE Druckverlust Δp in Pa, Tafel 3

Eckform E Δp in Pa

GS	DN 15	DN 20	DN 25
2,5	69	23	
4	176	60	22

GS	DN 15	DN 20	DN 25	DN 32	DN 42
6	395	135	48	15	
10	1100	374	135	42	17
16	2810	957	344	106	44

Durchgangsform D in Pa

GS	DN 15	DN 20
2,5	34	
4	86	22

GS	DN 15	DN 20	DN 25	DN 32	DN 40
6	194	48	19		
10	538	135	53	18	
16	1380	344	135	47	22

347.1 Rohrdruckgefälle bei K *R* in Pa/m, Tafel 3

Cu- u. Edelstahl *R* in Pa/m							Wellrohr *R* in Pa/m						Stahl mittlere Reihe					Stahl schwere Reihe					PE-Rohr SDR11			
GS	d_a 15	18 mm	22	28	35	42	DN 15	20	25	32	40	50	DN 15	20	25	32	40	DN 15	20	25	32	40	d_a 25	32	40	50
2,5	60	23	9				67	16	5				30	7				45	9				7			
4	136	51	20	6			168	39	13	4			72	16	5			107	21	7			16	5		
6	277	103	39	11	4		373	87	28	8	3		154	33	10	3		232	44	14	3		33	10	4	
10	682	253	96	27	9	4	1025	238	77	22	7	2	412	87	27	7	3	619	116	36	8	4	80	24	9	3
16	1580	581	220	62	21	8	2600	603	195	55	17	6	1030	213	65	16	7	1550	287	88	20	9	183	55	20	7

347.2 Gasströmungswächter Δp in Pa

GS	2,5	4	6	10	16
2,5	162	63	28	10	
4		162	72	26	10
6			162	58	23
10				162	63
16					162

347.3 M Zählergr. Balgengaszähler Druckverlust Pa

GS	G 2,5	G 4	G 6	G 10	G 16	G 25
2,5	138	86	63	42	36	32
4	306	174	113	60	44	36
6	652	354	217	97	62	43
10	1760	930	550	217	120	67
16	4450	2330	1360	510	260	124

347.4 M Geräteanschlussarmatur mit TAE Druckverlust Pa

Eckform E Druckverlust in Pa							Durchgangsform D Δp in Pa					
GS	GSD	DN 15	DN 20	DN 25	32	40	GS	DN 15	DN 20	25	32	40
2,5	36	207	73	26			2,5	106	26	10		
4	92	531	188	66	21		4	271	66	26	9	
6	207	1194	423	148	46	19	6	609	148	58	20	9
10	576	3318	1176	411	129	53	10	1690	411	162	57	26
16	1470	8490	3000	1050	329	135	16	4330	1050	416	146	66

347.5 Absperreinrichtung ohne TAE Druckverlust Δp in Pa , Tafel 4

Eckform E

GS	DN 15	DN 20	DN 25	DN 32
2,5	106	36	13	
4	271	92	33	10

GS	DN 15	DN 20	DN 25	DN 32	DN 40
6	609	207	75	23	10
10	1690	576	207	64	26
16	4330	1470	531	164	68

Durchgangsform D

GS	DN 15	DN 20	DN 25
2,5	52	13	
4	133	33	13

GS	DN 15	DN 20	DN 25	DN 32	DN 40
6	299	75	29	10	
10	829	207	81	28	13
16	2120	531	207	73	33

347.6 Rohrdruckgefälle bei M *R* in Pa/m, Tafel 4

Cu- u. Edelstahl *R* in Pa/m							Wellrohr *R* in Pa/m						Stahl mittlere Reihe					Stahl schwere Reihe					PE-Rohr SDR11					
GS	d_a 15	18	22	28	35	42	DN 15	20	25	32	40	50	DN 15	20	25	32	40	DN 15	20	25	32	40	d_a 16	20	25	32	40	50
2,5	88	33	13				103	24	8				45	10				67	13				88	31	10			
4	199	74	28	8			257	60	20	6			108	23	7			161	31	10			201	70	24	7		
6	405	151	57	16	6		572	133	43	12	4		233	50	15	4		351	66	21	5		410	143	48	15	5	
10	1000	371	141	39	14	5	1573	365	118	33	11	3	626	131	40	10	5	943	176	55	12	6	1020	353	117	35	13	4
16	2320	855	323	90	31	12	4000	926	299	84	27	8	1560	323	98	24	11	2360	436	134	30	13	2370	817	269	81	29	10

347.7 Beispiel: KWH 23 kW, GS K, Stahlrohr DN 25 mittlere Reihe bis Gasz. G4 danach Kupferrohr

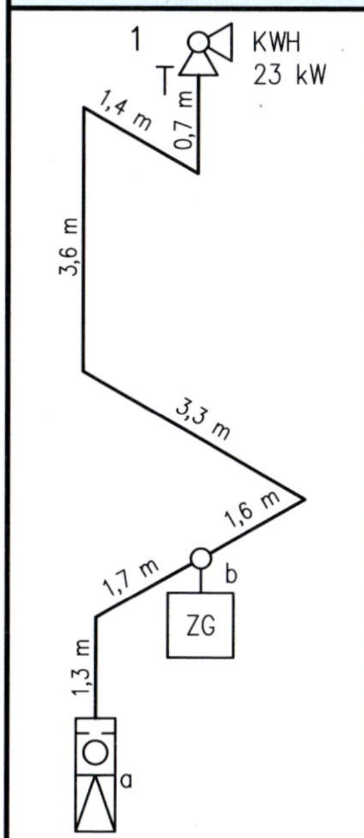

Höhe von Gas-Druckregelgerät bis Geräteanschlussarmatur:
H = 1,3 + 3,6 + 0,7 = 5,6m
gerundet: H = + 6m

Berechnungslängen der Teilstrecken:
TS b-1:
1,6 + 3,3 + 3,6 + 1,4 + 0,7 + 4 · 0,3 = 11,8m
gerundet = 12m

→ 0,7 + 4 · 0,3 → Formteilzuschlag nach Tabelle 345.1 unten rechts
1 · 0,3 bei da ≥ 28 →

TS a-b:
1,7 + 1,7 + 1 · 0,3 = 3,3m
gerundet = 3m

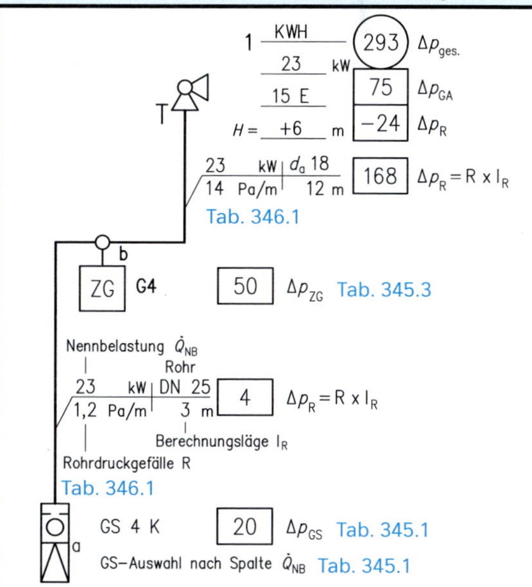

Δp_{GA}: Druckverlust der Geräteanschlussarmatur
Δp_R: Druckgewinn durch Höhe

348.1 Kupfer- und Edelstahlrohr, Einzelzuleitungen bei Nennbelastung bis 110 kW

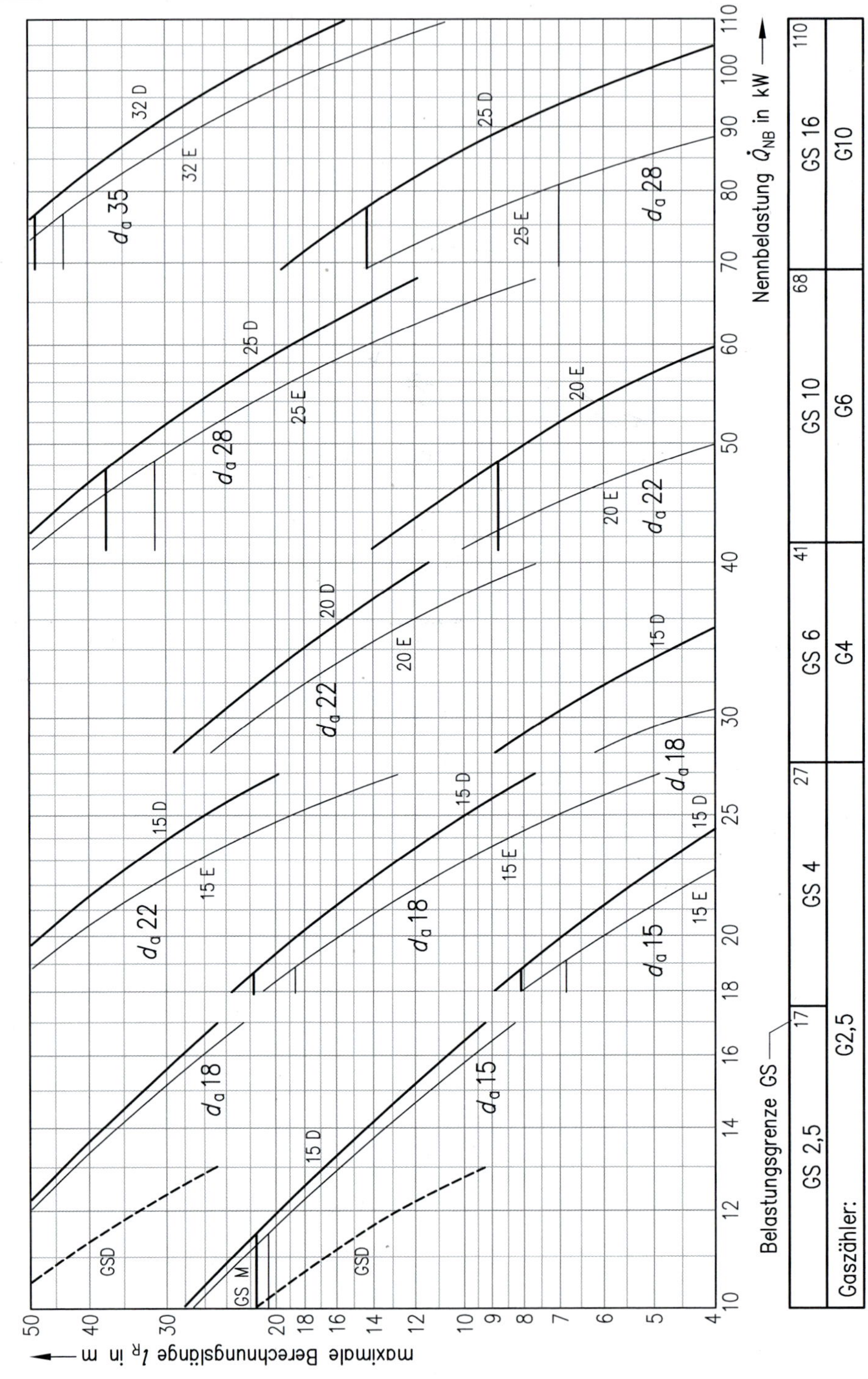

Anmerkung: $l_R = l + n \cdot l_W$ bei n = Anzahl 90°-Bögen; d_a 15 bis 28 l_W = 0,3 m; d_a 35 l_W = 0,5 m; Längenzuschlag zusätzliche Absperreinrichtung in Eckform l = 3 m

349.1 Stahlrohr DIN EN 10255 mittlere Reihe, Einzelzuleitungen bei $\dot{Q}_{NB}$ bis 110 kW

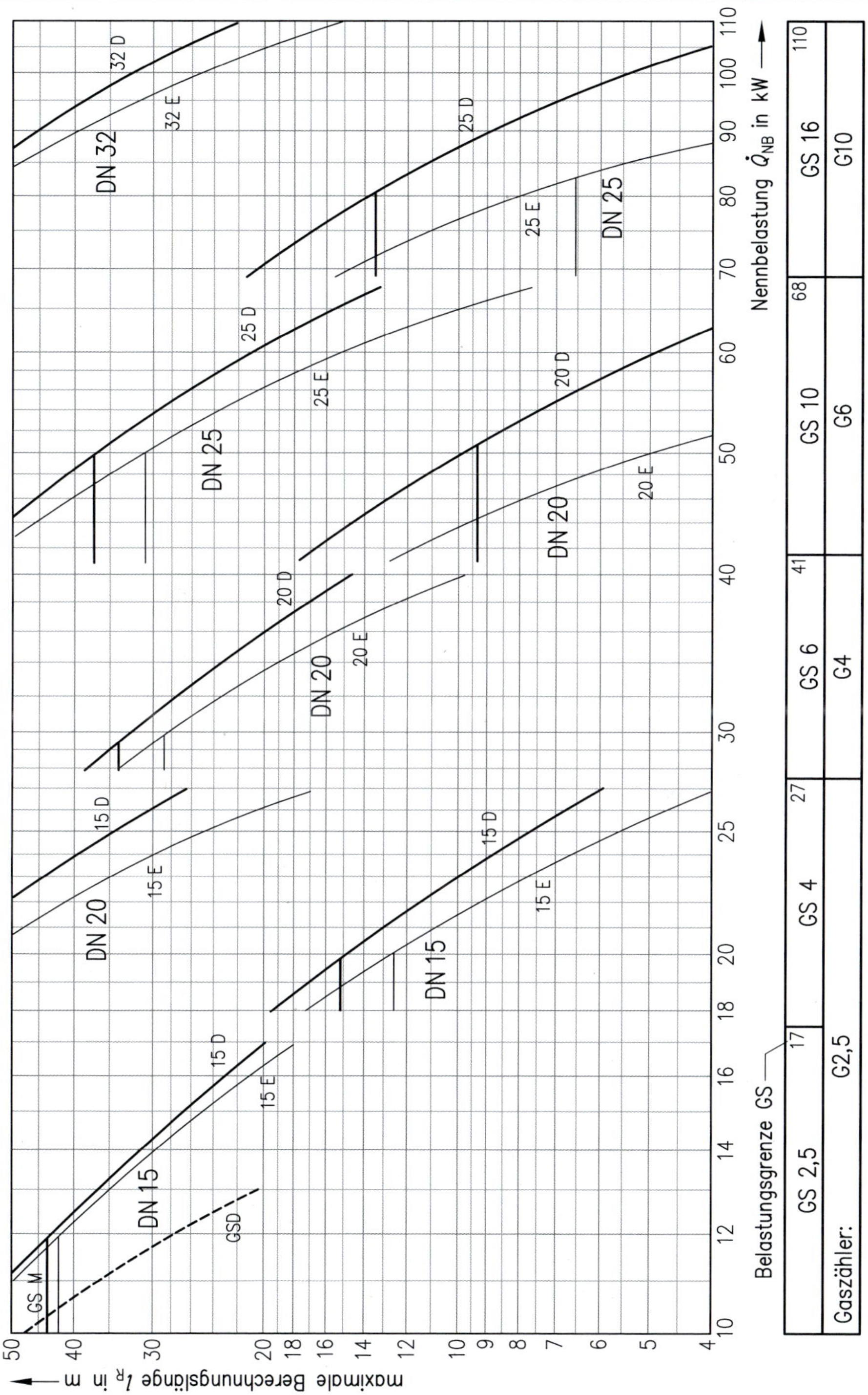

Anmerkung: $l_R = l + n \cdot l_W$ bei n = Anzahl 90°-Bögen; DN 15/25 l_W = 0,3 m; DN 32 l_W = 0,5 m; DN 40 l_W = 0,7 m; Längenzuschlag zusätzliche Absperreinrichtung in Eckform l = 0,9 m

350.1 Wellrohr, Einzelzuleitungen bei Nennbelastung bis 110 kW

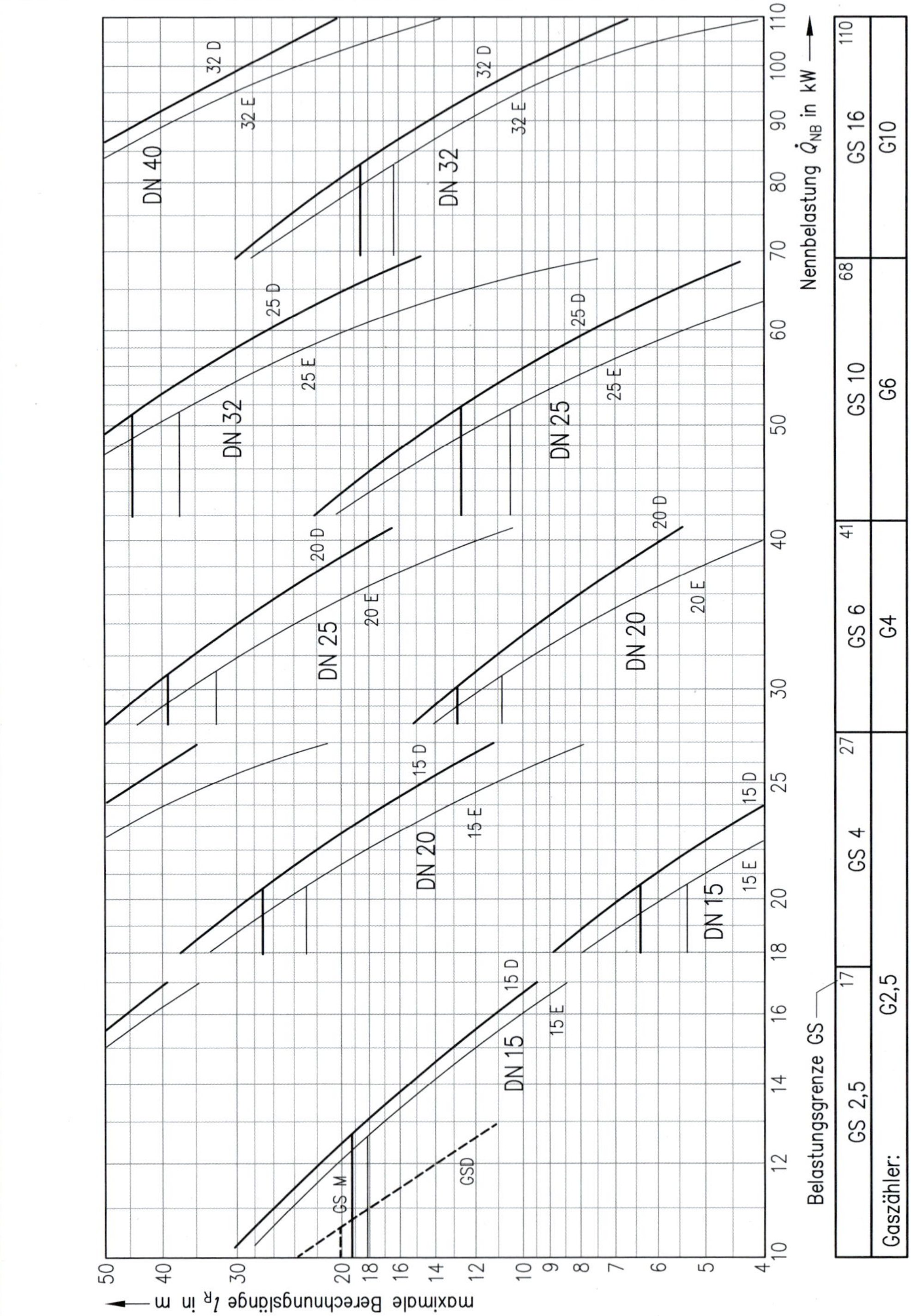

Anmerkung: Längenzuschlag zusätzliche Absperreinrichtung in Eckform $l = 3$ m

351.1 Beispiel: Verbrauchs- und Abzweigleitungen, 2 Gasgeräte KWH 28 kW, H 11,3 kW

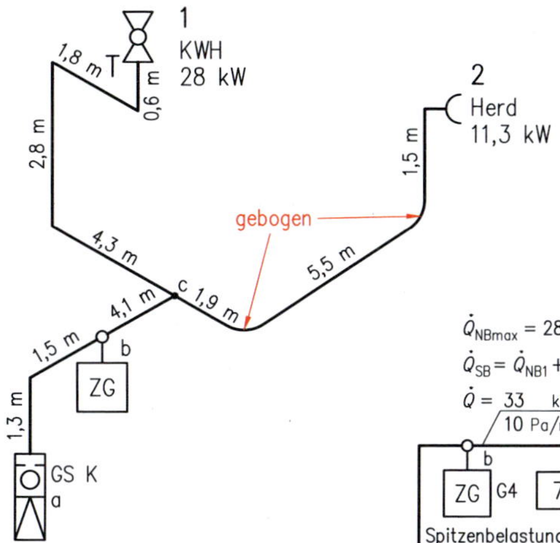

Stahlrohr mittlere Reihe DN 25 bis ZG, danach Cu-Rohr, GSK
Berechnungslängen der Teilstrecken:
TS c-1: 4,3 + 2,8 + 1,8 + 0,6 + (0,7 + 3 · 0,3) = 11,1 m → Formteilz.
TS c-2: 1,9 + 5,5 + 1,5 + (0,7 + 1 · 0,3) = 9,9 m → kein Zuschlag↓
TS b-c: 4,1 m; TS a-b: 1,3 + 1,5 + 0,3 = 3,1 m

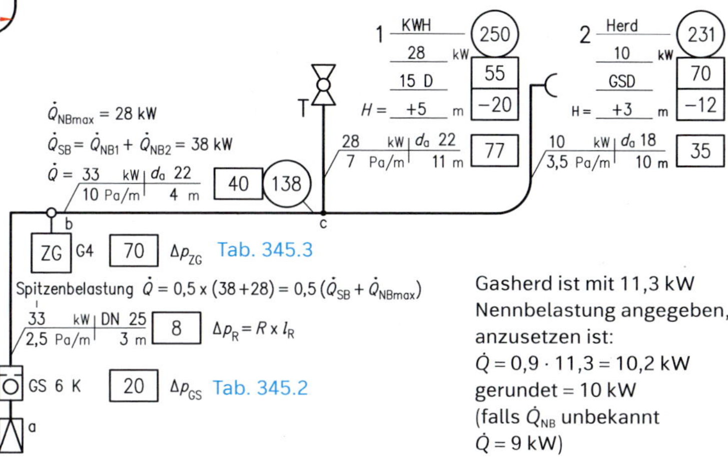

GS-Auswahl für $\dot{Q}_{SB}$ = 38 kW nach 345.1 für GS 6 K
Mindestnennwerte d_a 18 bis 10 m; < 10 m nächstgrößere NW d_a 22 oder direkter GS-Abgleich nach K-Tab.

Gasherd ist mit 11,3 kW Nennbelastung angegeben, anzusetzen ist:
$\dot{Q} = 0{,}9 \cdot 11{,}3 = 10{,}2$ kW
gerundet = 10 kW
(falls $\dot{Q}_{NB}$ unbekannt
$\dot{Q}$ = 9 kW)

351.2 Verbrauchs- und Abzweigleitung, 2 Gasgeräte, Abgleich GSM, KWH 28 kW, H 11,3 kW

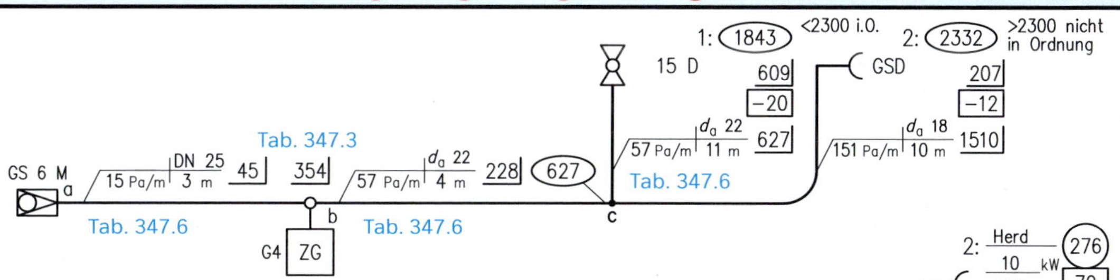

Möglichkeiten der Korrektur:
1. Vergrößerung TS c-2 d_a 22
Erhöhung Formzuschlag!

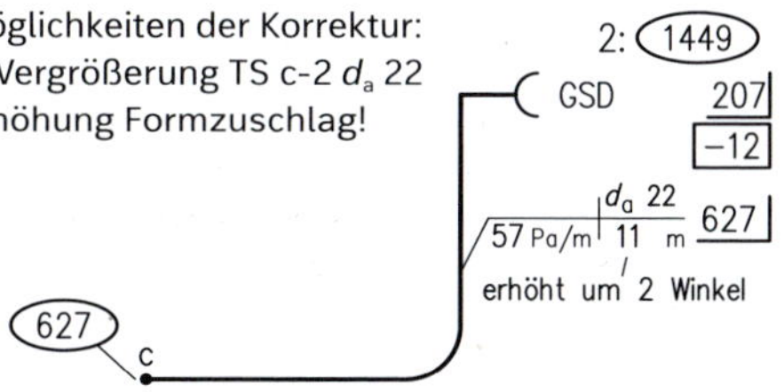

2. Zusatz-GS in TS c-2
+ GS 2,5 K → TS c-2 d_a 15
Δp nachrechnen!
345.1 GS 2,5 K
→ keine NW_{min} vorgegeben

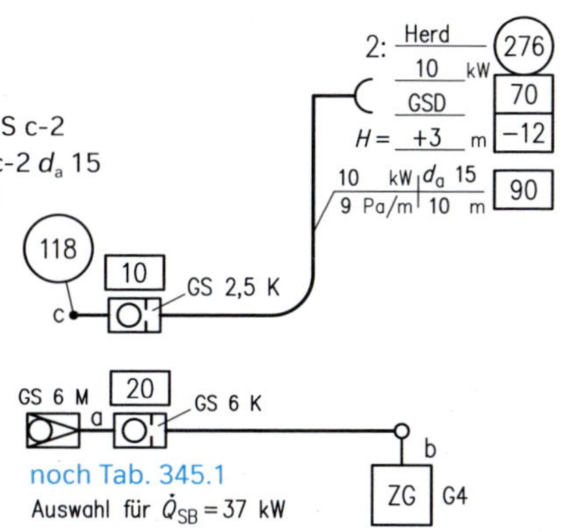

3. Zusatz-GS 6 K in TS a-b
Dann ist die Leitungsanlage gleich der von 351.1
TS c-2 wird d_a 18

Direkter GS Abgleich mit Tabellenformular

Δp Pa	Ltg	TS	WS	GS	ZG	Δp_{ZG}	DN/d_a	Korrekt	R Pa/m	l m	T-Ab.	l_{TA} m	W 90°	l_W m	$\sum l_W$ m	l_R m	Δp_R Pa	Gerät	Δp_{GA} Pa	ΔH m	Δp_H Pa	$\Delta p_{Abgleich}$ Pa	$\sum \Delta p_{Abgleich}$ Pa
	VB	a-b	St	6M	G 4	354	25		15	2,8			1	0,3	0,3	3	45					399	399
399	VB	b-c	Cu				22		57	4,1						4	228					228	627
627	AB	c-1	Cu				22		57	8,9	1	0,7	3	0,3	0,9	11	627	15D	609	5	-20	1216	1843
627	AB	c-2	Cu				18		151	8,9	1	0,7	1	0,3		10	1510	GSD	207	3	-12	1717	2332
627	AB	c-2	Cu					22	57	8,9	1	0,7	3	0,3	0,9	11	627			3	-12	834	1449

352.1 Einfamilienhaus mit Kombiwasserheizer, 25 kW, Herd 8 kW, Grill 11 kW

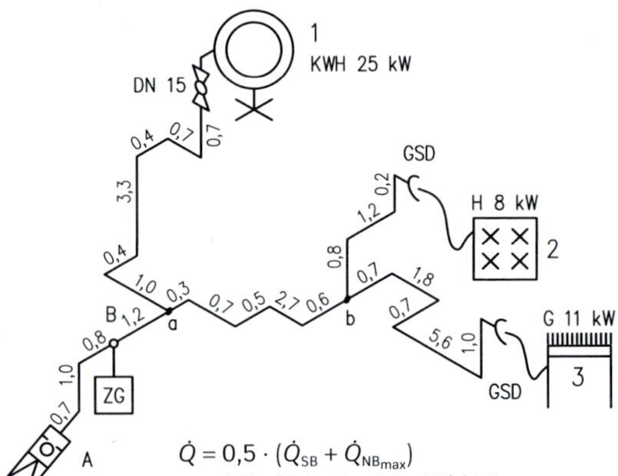

$\dot{Q} = 0{,}5 \cdot (\dot{Q}_{SB} + \dot{Q}_{NBmax})$
$= 0{,}5 \cdot (25 + 8 + 11 + 25)$ kW
$\dot{Q} = 34{,}5$ kW; gerundet 35 kW

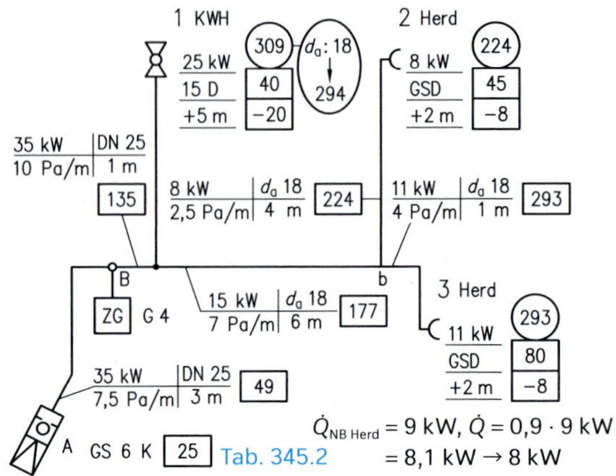

$\dot{Q}_{NB\,Herd} = 9$ kW, $\dot{Q} = 0{,}9 \cdot 9$ kW
$= 8{,}1$ kW → 8 kW
$\dot{Q}_{Gassteckdose} = 11$ kW bekannt

Δp_V Pa	Ltg.	TS	WS	$\dot{Q}_{SB}$ kw	$\dot{Q}_{max}$ kw	$\dot{Q}$ kw	GS	Δp_{GS} Pa	ZG	Δp_{ZG} Pa	DN d_a	R Pa/m	l m	T_{AB}	l_{TA} m	W 90°	l_W m	Σl_W m	l_R m	Δp_R Pa	Gerät	Δp_{GA} Pa	ΔH m	Δp_H Pa	Δp_{TS} Pa	$\Sigma\Delta p$ Pa
	VB	A-B	St	44	25	35	6	25			20	8	2,5			2	0,3	1	3	24					49	50
50	VB	B-a	Cu	44	25	35			G4	75	22	10	1,2						1	10					85	135
135	AB	a-1	Cu	25	25	25					22	6	6,5	1	0,7	5	0,3	2	9	54	15 D	40	5	-20	74	209
Korr.	AB	a-1	Cu	25	25	25					18	16	6,5	1	0,7	5	0,3	2	9	139	15 D	40	5	-20	159	294
135	VB	a-b	Cu	19	11	15					18	7	4,8			4	0,3	1	6	42					42	177
177	AB	b-2	Cu	8	8	8					18	2,5	2,2	1	0,7	2	0,3	1	4	10	GSD	45	2	-8	47	224
177	AB	b-3	Cu	11	11	11					18	4	9,8			4	0,3	1	11	44	GSD	80	2	-8	116	293

Direktes GS-Abgleich: wegen b-3 > 10m erforderlich (s. 340.1)

Δp_V Pa	Ltg.	TS	WS	GS	Δp_{GS} Pa	ZG	Δp_{ZG} Pa	DN d_a	R Pa/m	l m	T_{AB}	l_{TA} m	W 90°	l_W m	Σl_W m	l_R m	Δp_R Pa	Gerät	Δp_{GA} Pa	ΔH m	Δp_H Pa	$\Delta p_{Abgl.}$ Pa	$\Sigma\Delta p_{Abgl.}$ Pa
	VB mit	A-B	St	6K	105			20	33	2,5			2	0,3	0,6	3	99					204	204
204	VB mit	B-a	Cu					22	39	1,2						1	39					279	483
483	AB-A	a-1	Cu					18	103	6,5	1	0,7	8	0,3	1,5	9	927	15 D	395	5	-20	1302	1785
483	AB-A	a-b	Cu					18	103	4,8			4	0,3	1,2	6	618					616	1101
Korr.	AB-A	a-b	wegen b-3 > 2300					22	39	4,8			4	0,3	1,2	6	234					234	717
1101	AB-A	b-2	Cu					18	103	2,2	1	0,7	2	0,3	0,6	4	412	GSD	135	2	-8	539	1640
1101	AB-A	b-3	Cu					18	103	9,8			5	0,3	1,5	11	1133	GSD	135			1268	2369
717	AB-A	b-3	nach Korr. a-b d_a 22					18	103	9,8			5	0,3	1,5	11	1133	GSD	135	2	-8	1260	1977

352.2 Direkter Abgleich GS

Schließvolumenstrom $\dot{V}_{S_{max}}$

$\dot{V}_{S_{max}} = f_{S_{max}} \cdot \dot{V}_N$

$f_{S_{max}}$ = Schließfaktor

$\dot{V}_N$ = Nennvolumenstrom m³/h

Nennwert	Schließvolumenstrom Typ K $\dot{V}_{S_{max}}$	Typ M $\dot{V}_{S_{max}}$
GS 2,5	3,6 m³/h	4,5 m³/h
GS 4	5,8 m³/h	7,2 m³/h
GS 6	8,7 m³/h	10,8 m³/h
GS10	14,5 m³/h	18,0 m³/h
GS16	23,2 m³/h	28,8 m³/h
$f_{S_{max}}$	1,45	1,8

$\Delta p_{ges} = \Delta p_{GS} + \Delta p_{ZG} + \Delta p_{GA} + \Delta p_H + \Sigma\Delta p_R \leq 2300$ Pa

Der Gesamtdruckverlust muss kleiner sein!

352.3 Druckverlust Magnetventil

Δp_{MV} Pa	einfach $\dot{V}$ in m³/h DN 15	20	25	32	40	60	doppelt $\dot{V}$ in m³/h DN 15	20	25	32	40	50
10	1,8	3	3,9	6	8,6	12,9	1,5	2,6	3,4	5,1	7,3	10,7
15	2,1	3,6	4,6	7,2	10,2	15,3	1,8	3,1	4,1	6,1	8,7	12,8
20	2,4	4,1	5,2	8,2	11,7	17,5	2,1	3,5	4,7	7	9,9	14,6
25	2,7	4,5	5,8	9,1	12,9	19,4	2,3	3,9	5,2	7,8	11	16,2
30	3	4,9	6,3	9,9	14,1	21	2,5	4,2	5,6	8,5	12	17,6
35	3,2	5,3	6,8	10,6	15,2	23	2,7	4,5	6,1	9,1	12,9	18,9
40	3,4	5,7	7,3	11,3	16,2	24	2,9	4,8	6,5	9,7	13,7	20
45	3,6	6	7,7	12	17,1	26	3,1	5,1	6,8	10,3	14,5	21
50	3,8	6,3	8,1	12,6	18	27	3,2	5,4	7,2	10,8	15,3	22
60	4,2	7	9	13,9	20	30	3,6	6	8	12	16,9	25
70	4,5	7,5	9,6	15	21	32	3,9	6,4	8,6	12,9	18,2	27
80	4,8	8	10,3	16	23	34	4,1	6,9	9,1	13,7	19,4	29
90	5,1	8,5	10,9	16,9	24	36	4,4	7,3	9,7	14,5	21	30
100	5,3	8,9	11,4	17,6	25	38	4,6	7,6	10,2	15,3	22	32
120	5,9	9,9	12,7	19,7	28	42	5,1	8,5	11,3	16,9	24	35

Δp_{MV} Pa	einfach $\dot{V}$ in m³/h DN 15	20	25	32
140	6,4	10,6	13,6	21
160	6,8	11,3	14,5	23
200	7,6	12,6	16,2	25
300	9,4	15,6	20	31
400	10,7	17,9	23	36
Δp_{MV}	doppelt $\dot{V}$ in m³/h			
140	5,5	9,1	12,1	18,2
160	5,8	9,7	12,9	19,4
200	6,5	10,8	14,4	22
300	8	13,4	17,8	27
400	9,2	15,3	20	31

Bsp.: $GA_{Durchgang}$ + TAE + MV doppelt DN 15; $\dot{V} = 3$ m³/h
$\Delta p = \Delta p_{GA} + \Delta p_{MV}$
$\Delta p = 45 + 45 = 90$ Pa

Grundlagen Elektro, Regelung · Kommunikation Bauzeichnungen · Werkstoffe Trennen, Fügen · Rohre, Zubehör Montage · Trinkwasser Feuerlöschtechnik · Entwässerung Sanitär, Klempner · Gasinstallation Flüssiggas · TW-Erwärmung Solarnutzung TWE · Energietechnik Erneuerb. Energien · Heizungs- und Feuerungstechnik · Lüftung, Klima Wärmerückführung

353.1 Anschlusswerte $\dot{V}_A$ in m³/h für Gasverbrauchseinrichtungen

Gasverbrauchseinrichtung	Wasserheizer WH				Vorratswasserheizer VWH					Raumheizer RH				
					80 l	120	150	190	200					
Nennwärmeleistung in kW	8,7	17,5	22,7	27,9	6,9	7,6	8,3	8,7	10,5	3,5	4,7	7,0	9,3	11,6
1. Gasfamilie $H_{i,B} = 4,2$ kWh/m³	2,5	5,0	6,5	8,0	1,9	2,1	2,3	2,4	2,9	1,0	1,3	2,0	2,7	3,3
2. Gruppe LL, $H_{i,B} = 8,6$ kWh/m³	1,2	2,4	3,2	3,9	0,9	1,0	1,1	1,2	1,4	0,5	0,6	1,0	1,3	1,6
2. Gruppe E, $H_{i,B} = 10,6$ kWh/m³	1,0	2,0	2,6	3,2	0,7	0,8	0,9	1,0	1,2	0,4	0,5	0,8	1,1	1,3
4. Gasfamilie, $H_{i,B} = 6,3$ kWh/m³	1,6	3,3	4,3	5,3	1,3	1,5	1,6	1,7	1,9	0,7	0,9	1,3	1,8	2,2
Gasverbrauchseinrichtung	Umlaufwasserheizer UWH und Zentralheizkessel ZHK													Herd
Nennwärmeleistung in kW	5,0	6,0	7,0	8,0	9,0	9,3	10,0	11,0	14,0	17,5	18,6	20,9	23,3	4-fl.
1. Gasfamilie, $H_{i,B} = 4,2$ kWh/m³	1,4	1,7	2,0	2,3	2,6	2,7	2,9	3,1	4,0	5,0	5,3	6,0	6,7	3,0
2. Gruppe LL, $H_{i,B} = 8,6$ kWh/m³	0,7	0,8	1,0	1,1	1,3	1,3	1,4	1,5	1,9	2,4	2,6	2,9	3,2	1,5
2. Gruppe E, $H_{i,B} = 10,6$ kWh/m³	0,6	0,7	0,8	0,9	1,0	1,1	1,1	1,2	1,6	2,0	2,1	2,4	2,6	1,2
4. Gasfamilie, $H_{i,B} = 6,3$ kWh/m³	1,0	1,1	1,3	1,5	1,7	1,8	1,9	2,1	2,6	3,3	3,5	4,0	4,4	2,0

353.2 Anschlussdrücke, Gerätekategorie

Familie	Kategorie: Einzel/Doppel	p_{AN} hPa
Erdgas	I_{2E}; I_{2N}; I_{2R}; I_{2EL}	20
Flüssiggas	$I_{3B/P}$; I_{3P}; I_{3R}	50
Erd-/Flüssiggas	$II_{2ELL3B/P}$; $II_{E3B/A}$ II_{2R3R}; II_{2N3P}	20/50

353.3 Einzelwiderstände, Druckverlust Z

$$Z = \sum \zeta \frac{v^2 \cdot \varrho}{2} \cdot 10^{-2}$$

Z in hPa

Gasfam.	$Z =$
1.	$3,06 \cdot 10^{-3} \cdot v^2 \cdot \sum\zeta$
2.	$3,97 \cdot 10^{-3} \cdot v^2 \cdot \sum\zeta$
3.	$7,15 \cdot 10^{-3} \cdot v^2 \cdot \sum\zeta$

353.4 Praxisnahe Zustandsgrößen

Gasfamilie	kinematische Zähigkeit	Gastemperatur	Gasdruck	Luftdruck	Dichteverhältnis d	Gasdichte ϱ	Rohrrauigkeit k
1	$26 \cdot 10^{-6}$ m²/s	285 K	9,2 mbar	993 mbar	0,50	0,61 kg/m³	$5 \cdot 10^{-4}$ m
2	$14 \cdot 10^{-6}$ m²/s	285 K	22,6 mbar	993 mbar	0,64	0,79 kg/m³	$5 \cdot 10^{-4}$ m
4	$8,45 \cdot 10^{-6}$ m²/s	285 K	17,6 mbar	993 mbar	1,153	1,43 kg/m³	$5 \cdot 10^{-4}$ m

353.5 Druckverlust und Druckgewinn in Steigleitungen

$\Delta p_H = g \cdot \Delta h \cdot (\varrho_{Gas} - \varrho_{Luft}) 10^{-2}$ in mbar ; $\Delta p_H / \Delta h = g \cdot (\varrho_{Gas} - \varrho_{Luft}) \cdot 10^{-2}$ mbar/m

Gasfamilie	1	2	3 Propan	3 Butan	4
Δp_H mbar bei 1 m	– 0,06	– 0,04	+ 0,07	+ 0,14	+ 2,24
$d < 1$ z.B. Erdgas	Steigleitung: Δp_H negativ (Gewinn)			fallende Leitung: Δp_H positiv (Verlust)	
$d > 1$ Flüssiggas	Steigleitung: Δp_H positiv (Verlust)			fallende Leitung: Δp_H negativ (Gewinn)	

353.6 Druckverlust und Druckgewinn durch Auftrieb in Abhängigkeit vom Dichteverhältnis

d	0,35	0,40	0,45	0,50	0,55	0,60	0,65	0,70	0,75	0,80
Δp_H in mbar [2]	0,076	0,070	0,064	0,058	0,052	0,045	0,039	0,033	0,027	0,021
d	0,85	0,90	0,95	1,00	1,05	1,10	1,15	1,20	1,25	1,30
Δp_H in mbar [2]	0,015	0,008	0,002	0,004 [1]	0,009	0,016	0,022	0,028	0,034	0,040

[1] Bei $d = 1,00$ ist Δp_H nicht ± 0, weil Luft und Gas unterschiedliche Betriebszustände haben.
[2] **Minus** bei Stadtgas und Erdgas für steigende Leitungen und bei Flüssiggas für fallende Leitungen;
Plus bei Stadtgas und Erdgas für fallende Leitungen und bei Flüssiggas für steigende Leitungen.

353.7 Maximal zulässige Druckverluste insgesamt 3 hPa = 300 Pa = 3 mbar TRGI 2018

Leitungsteil	Hausanschlussleitung HAL	Verteilungsleitung	Gaszähler	Verbrauchsleitung	Abzweig-/Geräteanschlussleitung
Δp in mbar	0,2	0,3	1,0	0,8	0,5

354.1 Rohrreibungsverluste, Gewinderohr verzinkt, Gase der 2. und 4. Gasfam. DIN EN 10255

$\dot{V}_S$	DN 15 (1/2")			DN 20 (3/4")			DN 25 (1")			DN 32 (1 1/4")			DN 40 (1 1"/2")			DN 50 (1/2")		
in	v in	R 2.G	R 4.G	v in	R 2.G	R 4.G	v in	R 2.G	R 4.G	v in	R 2.G	R 4.G	v in	R 2.G	R 4.G	v in	R 2.G	R 4.G
m³/h	m/s	in mbar/m		m/s	in mbar/m		m/s	in mbar/m		m/s	in mbar/m		m/s	in mbar/m		m/s	in mbar/m	
1,0	1,4	0,019	0,058															
1,5	2,1	0,073	0,124	1,1	0,009	0,026												
2,0	2,8	0,126	0,216	1,5	0,027	0,042												
2,5	3,5	0,192	0,332	1,9	0,041	0,069	1,2	0,013	0,021									
3,0	4,1	0,272	0,472	2,3	0,057	0,097	1,4	0,018	0,030									
3,5	4,8	0,365	0,637	2,7	0,076	0,131	1,7	0,023	0,039									
4,0	5,5	0,472	0,828	3,0	0,098	0,169	1,9	0,030	0,051	1,1	0,007	0,012						
4,5				3,4	0,123	0,212	2,2	0,037	0,064	1,2	0,009	0,015						
5,0				3,8	0,150	0,260	2,4	0,045	0,078	1,4	0,011	0,019	1,0	0,005	0,009			
6,0				4,5	0,213	0,371	2,9	0,064	0,110	1,6	0,016	0,026	1,2	0,007	0,012			
7				5,3	0,286	0,502	3,3	0,086	0,149	1,9	0,021	0,035	1,4	0,010	0,016			
8							3,8	0,111	0,192	2,2	0,027	0,045	1,6	0,012	0,021	1,0	0,004	0,006
9							4,3	0,139	0,242	2,5	0,033	0,057	1,8	0,015	0,026	1,1	0,005	0,008
10							4,8	0,170	0,297	2,7	0,040	0,069	2,0	0,019	0,031	1,3	0,006	0,010
11							5,3	0,204	0,358	3,0	0,048	0,083	2,2	0,022	0,038	1,4	0,007	0,011
12	DN 65 (2 1/2")			DN 80 (3")			5,7	0,242	0,424	3,3	0,057	0,098	2,4	0,026	0,045	1,5	0,008	0,013
14	1,0	0,003	0,005							3,8	0,076	0,133	2,8	0,035	0,060	1,8	0,010	0,018
16	1,2	0,003	0,006							4,4	0,099	0,172	3,2	0,045	0,078	2,0	0,013	0,023
18	1,3	0,004	0,007	1,0	0,002	0,003				4,9	0,124	0,216	3,6	0,056	0,097	2,3	0,017	0,028
20	1,5	0,005	0,009	1,1	0,002	0,004				5,5	0,152	0,266	4,0	0,069	0,119	2,5	0,020	0,035
22	1,6	0,006	0,010	1,2	0,003	0,005							4,5	0,083	0,144	2,8	0,024	0,042
24	1,8	0,007	0,013	1,3	0,003	0,006							4,9	0,098	0,170	3,0	0,029	0,049
26	1,9	0,009	0,015	1,4	0,004	0,007							5,3	0,114	0,200	3,3	0,033	0,058
28	2,1	0,010	0,017	1,5	0,005	0,008							5,7	0,131	0,231	3,5	0,038	0,066
30	2,2	0,012	0,020	1,6	0,005	0,009										3,8	0,044	0,076

354.2 Rohrreibungsverluste Kupferrohr, Gase der 2. und 4. Gasfamilie DIN EN 1057

$\dot{V}_S$	18 × 1			22 × 1			28 × 1,5			35 × 1,5			42 × 1,5			54 × 2		
m³/h	v	R 2.G	R 4.G	v	R 2.G	R 4.G	v	R 2.G	R 4.G	v	R 2.G	R 4.G	v	R 2.G	R 4.G	v	R 2.G	R 4.G
1,0	1,4	0,019	0,040	0,9	0,008	0,009												
1,5	2,1	0,051	0,080	1,3	0,012	0,028												
2,0	2,8	0,088	0,132	1,8	0,029	0,046	1,1	0,006	0,016									
2,5	3,5	0,123	0,194	2,2	0,043	0,067	1,4	0,015	0,023									
3,0	4,1	0,168	0,267	2,7	0,058	0,092	1,7	0,020	0,032	1,0	0,006	0,010						
3,5	4,8	0,220	0,350	3,1	0,076	0,120	2,0	0,027	0,042	1,2	0,008	0,013						
4,0	5,5	0,277	0,443	3,5	0,096	0,152	2,3	0,033	0,052	1,4	0,010	0,016						
4,5	6,2	0,340	0,546	4,0	0,117	0,187	2,5	0,041	0,064	1,6	0,013	0,020	1,0	0,005	0,008			
5,0	6,9		0,658	4,4	0,141	0,225	2,8	0,049	0,077	1,7	0,015	0,024	1,2	0,006	0,009			
6,0				5,3	0,193	0,310	3,4	0,067	0,106	2,1	0,021	0,033	1,4	0,008	0,013			
7				6,2	0,254	0,408	4,0	0,087	0,139	2,4	0,027	0,043	1,6	0,011	0,017	1,0	0,003	0,005
8				7,1	0,320	0,517	4,5	0,110	0,177	2,8	0,034	0,054	1,9	0,013	0,021	1,1	0,004	0,007
9							5,1	0,135	0,217	3,1	0,042	0,067	2,1	0,016	0,026	1,3	0,005	0,008
10	64 × 2			76,1 × 2			5,7	0,163	0,262	3,5	0,050	0,080	2,3	0,020	0,031	1,4	0,006	0,010
11	1,1	0,003	0,005				6,2	0,193	0,310	3,8	0,059	0,095	2,6	0,023	0,037	1,6	0,007	0,011
12	1,2	0,004	0,006				6,8	0,224	0,363	4,1	0,069	0,111	2,8	0,027	0,043	1,7	0,008	0,013
14	1,4	0,005	0,007	1,0	0,002	0,003				4,8	0,090	0,145	3,3	0,035	0,056	2,0	0,011	0,017
16	1,6	0,006	0,009	1,1	0,002	0,004				5,5	0,114	0,184	3,7	0,044	0,071	2,3	0,014	0,022
18	1,8	0,007	0,011	1,2	0,003	0,005				6,2	0,141	0,227	4,2	0,055	0,088	2,5	0,017	0,027
20	2,0	0,008	0,013	1,4	0,004	0,006				6,9	0,169	0,275	4,7	0,066	0,106	2,8	0,020	0,032
22	2,2	0,010	0,016	1,5	0,004	0,007							5,1	0,078	0,125	3,1	0,024	0,038
24	2,4	0,012	0,019	1,6	0,005	0,008							5,6	0,091	0,146	3 4	0,028	0,044
26	2,6	0,013	0,021	1,8	0,006	0,009							6,0	0,104	0,169	3,7	0,032	0,051
28	2,8	0,015	0,024	1,9	0,006	0,010							6,5	0,119	0,193	4,0	0,036	0,058
30	2,9	0,017	0,028	2,0	0,007	0,011							7,0	0,134	0,218	4,2	0,041	0,066

355.1 Für Gasleitungen zugelassene Rohre, Form- und Verbindungsstücke DVGW G 600

Rohrwerkstoffe Verbindungsstücke	DIN EN DVGW-Arbeitsblatt	Betriebsdruck ≤ 100 hPa	Betriebsdruck > 100 hPa	Außenleitung frei verlegt	Außenleitung erdverlegt	Innenleitung	Geräteanschlussltg.
Stahlrohre	10255, 10216-1	×	×	×	×	×	×
	10217-1	×	×	×	×	×	×
Verbindungsstücke	1092-1/-2, 10242, 10242/A1/A2	×	×	×	×	×	×
	10253-1, 10241, DIN 3387-1[8)]	×	×	×	×	× [1)]	× [1)]
nicht rostender Stahl	GW 541, Wellrohr: E 15266	×	nur 541	nur 541		×	×
Verbindungsstücke	G 5614 (P)	×	×	nur 614		×	×
Präzisionsstahl [2)]	10305-1, -2, -3	×	×			×	×
Verbindungsstücke	DIN 3387-1, -2[3) 8)]	×	×			× [1)]	× [1)]
Kupfer	1057, GW 392 (A)	×	×	×	×	×	×
Verbindungsstücke	1092-3, DIN 3387-1[8)], GW 2, G 5614	×	ohne 3387	×	614[4)]	× [1)]	× [1)]
PE 80, PE 100, PE-Xa	GW 335 Teil A2 (A), Teil A3 (A)	×	×		×		
PE-Xb, PE-Xc	VP 640 (P)	×	×		×		
Verbindungsstücke	GW 335 Teil B2 (A), G 5600-1/2 (P)	×	×		×		
Mehrschichtverbundrohr	G 5628 (P)	×			× [4)]	×	×
Wellrohrleitungen aus	15266	×			× [4)]	×	×
nichtrost. St+Verbind.	G 5616 (P)	×			× [4)]	×	×
Gasschlauchleitungen	DIN 3384[8)], DIN 3383-1, -2[8)]	×	nur 3384				×
Sicherheitsgasschltg.	EN 16617, EN 14800	×					×
Einsatzbereiche von unlösbaren Rohrverbindungen							
Stahlgewinderohrverb.	10226-1 (DIN 2999) bis DN 50	×	×	×	×	×	×
Gewindedichtmittel	751-2, -3[8)]	×	×	×	×	×	×
Stahlschweißverbind.	10255, ISO 3183, 10216-1,	×	×	×	×	×	×
GW 350, EN 12732 für	10217-1, 10305-1, -2, -3, GW 350	×	×	×	×	×	×
Schweißerqualifikation	ISO 9606, DVS-Richtlinie 1902-1[6) 7)]	×	nur 287	×	×	×	×
Schweißnahtgüte	1902-2[7)], GW 350 Anford.stufe B[6)]	×	nur 350	×	×	×	×
Hartlötverb. für Kupfer	GW 2/DVS-Richtlinie 1903-1, -2	×	×	×	×	×	×
Schweißverb./Qualifik.	GW 2/DIN EN ISO 9606-3	×	×	×	×	×	×
metall. R. Pressverb.	G 5614 (P)/B1 (P)	×	×	×	× [4)]	×	×
Mehrschichtverb. Syst.	G 5626 (P)	×			×	×	×
Übergangsverbind. PE 80, PE 100, PE-X	G 5600-1, -2 (P)	×	×		×		
metallener Press-/ Schiebehülsenverbind.	G 5600-1 (P) als Werkstoffübergangsverbinder	×	×		×		
PE-Schweißv./Qualität Heizwendelschw./Qualifik.	G 472, GW 335 B2/DVS-2207-1 DVS-Richtl. 2207-1/Beibl., GW 330	×	×		×		
Einsatzbereiche von lösbaren Rohrverbindungen (kann unverändert wieder verbunden werden)							
Glatt-/Bördelrohrverb.	3387-1 und 2[1) 8)]	×	×	×	×	×	×
Verschraubung	10242 Design SymbolA, 10241	×	×	×	×	×	×
Zählerverschraubung	DIN 3376-1, -2	×	×	× [9)]		×	
zugehörige Dichtungen	549, 682 + DIN 3535-5 Typ C + -6 FA	×	×	×		×	×
	682[8)] + DIN 3535-6[8)]	×	×		×		
Flanschverbindung	1092-1, -2, -3	×	×	×	×	×	×
Dichtungen	DIN 3535-6[8)]	×	×			×	×
	549, 682 + DIN 3535-5 [8)] Typ C+ -6	×	×	×		× [10)]	× [10)]
	682 [8)] + DIN 3535-6 [8)]	×	×		×		
PE 80, PE 100, PE-X	G 5600-1 Klemmverbindungen	×	×		×		

[1)] Für DIN 3387-1 gilt: zugfest und thermisch erhöht belastbar. [2)] Mindestwanddicken AD ≤ 20 mm 1,5 mm; AD > 20 mm 2,0 mm. [3)] Bördelverbindung nur in Verbindung mit Rohren DIN EN 10305-1. [4)] Nur zum Anschluss von Gasgeräten zur Verwendung im Freien [5)] max. 5 bar; Wanddicke: [6)] ≥ 4,0 mm [7)] < 4,0 mm. [8)] Geöffnete Verbindungen sind an unveränderter Position nicht wieder verwendbar. [9)] z.B. Außenanschlusskasten; [10)] Für Flansche mit Vor- und Rücksprung.

356.1 Auswahl lösbarer Verbindungen

DVGW-TRGI und DVGW-TRF

Bezeichnung	verwendbar × nicht verwendbar –	Gasfam. S/N	Gasfam. F	Bezeichnung	verwendbar × nicht verwendbar –	Gasf. S/N
Gewinde nach DIN EN 10242 Design A	zylindrisch kegelig 1:16 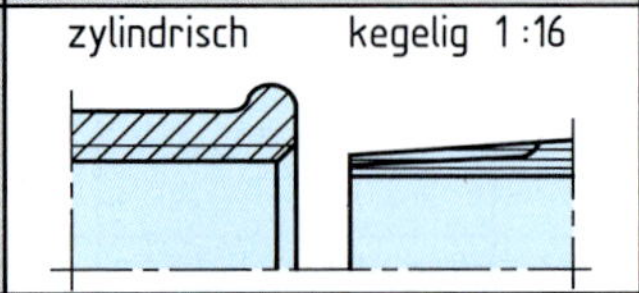	×	×	Klemmringverschraubung		–
Quetschverschraubung	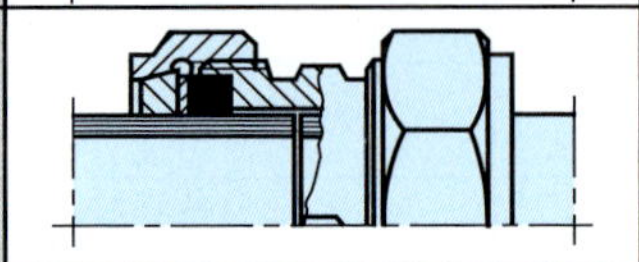	×	–	Konusverschraubung	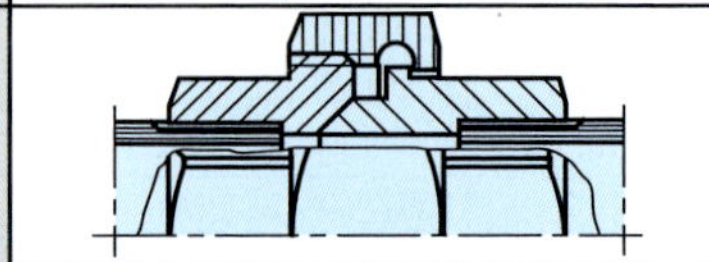	×
Schneidringverschraubung DIN 2353	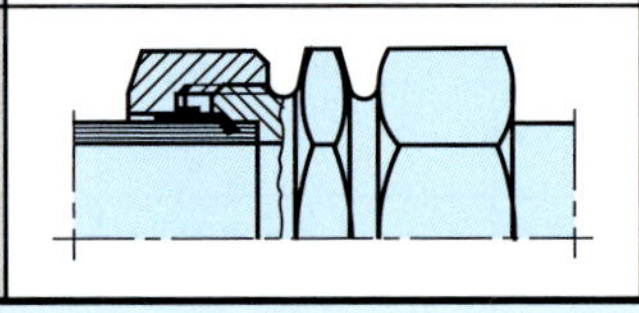	–	×	Verschraubung mit Flachdichtung	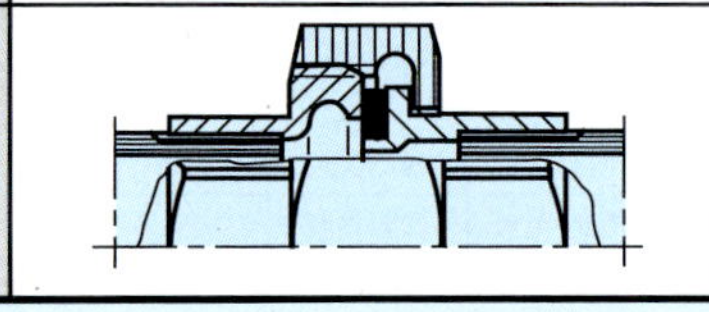	×

356.2 Äußerer Korrosionsschutz TRGI 2018

DIN EN	Innenleitung [1]	DIN 30675 Außenleitung[2] frei verlegt	DIN 30675 Außenleitung[2] erdverlegt[3]
10240	werkseitiger Korrosionsschutz		
ISO 1461 10242	Zinküberzüge Stückverzinken Temperguss Designsymbol A	DIN 30670 PE-Umhüllung EN 10289 Duroplastum EN 10290 PP-Umhüllung EN 10300 DIN 30678 EN 13349 CU-Kunststoffumm.	
	nachträglicher Korrosionsschutz		
30672 12068 10329	Korrosionsschutzbinden und Schrumpfmaterialien für Stahl-/Cu-Rohr/nicht rostender Stahl Beanspruchungsklasse A, C, B		
ISO 12944	Beschichtung und Überzug	C für Stahlrohre A, B für Kupferrohre A, B, C Armaturen, Formstücke	

[1] Flüssiggasleitg. unter Putz wie erdverlegte Leitung.
[2] Isolierstück verhindert elektrochemische Korrosion.
[3] Mindestens 10 cm dicke Sandschicht um das Rohr.

356.3 Nichtmetallische Dichtungsmaterialien

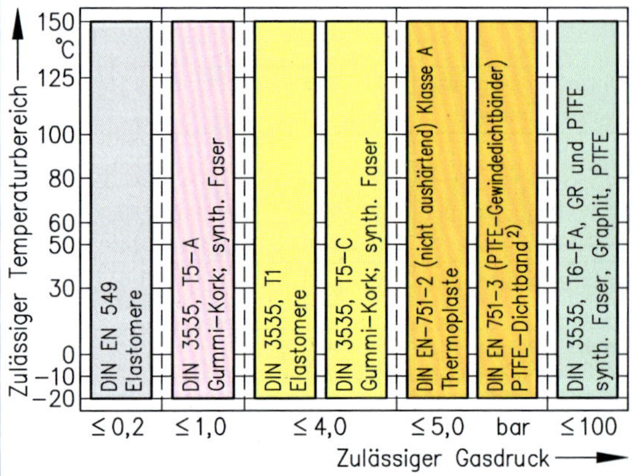

[1] ISO 7-1 für metallene Gewindedichtungen.
Bei Flüssiggaslagerung bis 20 bar einsetzbar.
PTFE = Polytetrafluoroethylen.

356.4 Gasabsperrklappen

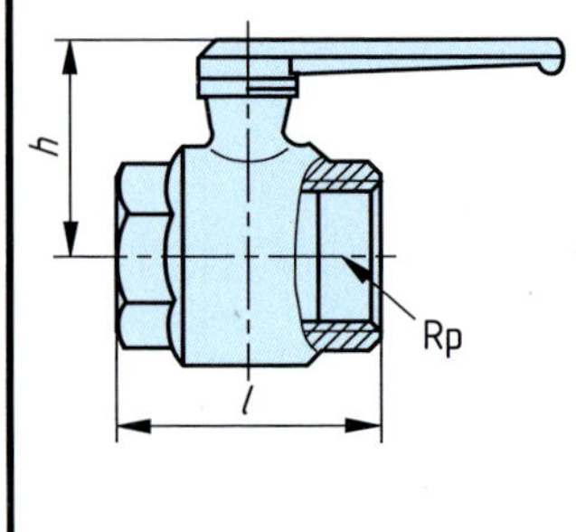

DN	Rp	l mm	h mm
15	½	65	69
20	¾	75	69
25	1	90	80
32	1¼	95	85
40	1½	100	92
50	2	112	97
65	2½	132	110

356.5 Absperrkegelhähne

DIN 3532

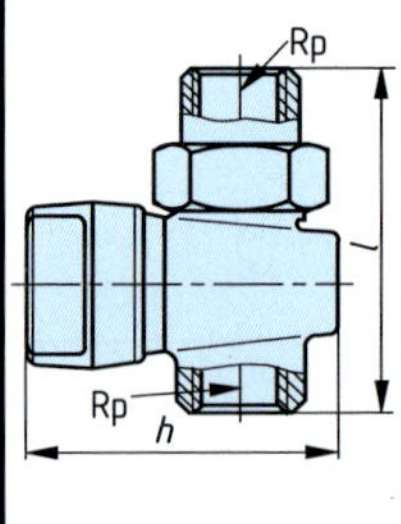

DN	l[1] mm	l_1 mm A, B	l_1 mm C	h_1 mm A, B	h_1 mm C
15[1]	65	–[1]	–[1]	–[1]	–[1]
20	75	36	33	115	106
25	90	43	38	125	117
32	105	50	45	145	143
40	120	58	50	155	155
50	140	66	59	175	175

[1] Nur Durchgangsform; Form A: mit Außengewinde; Form B: mit Innengewinde; C: Gaszähler.

357.1 Gasgerätearten, Europäische Klassifikation, Luft-Abgasführung DVGW-TRGI-G 600

Art		Luft	Strösi.	Luft-Abgasführung	Gebläse	Verbrennungsluft	Vorschriften/**Beispiele**
A	A_1 [3] A_2 [3] A_3 [3]	raumluftabhängige Verbrennungsluftversorgung	ohne	0 Abgasführung und Verbrennungsluftversorgung über Aufstellraum	1 ohne 2 hinter Bren. 3 vor Brenner	direkt aus Aufstellraum alle A [1]	Gasherd, Hockerkocher gewerblich genutzte Geräte Schmiedefeuer
B	B_{11} [3] B_{12} [3] B_{13} [3] B_{14}		mit	1 Anschluss an mehrfach belegte Abgasanlage (Unterdruck) Verbrennungsluftversorgung über Aufstellraum	1 ohne 2 hinter WT [2] 3 vor Brenner 4 hinter Strösi.	direkt aus Aufstellraum alle B [1] (s. 360.1)	AS[3] möglich ggf. G 626/G 660
	B_{21} B_{22} B_{23}		ohne	2 wie 1 (auch Überdruck möglich)	1 ohne 2 hinter WT [2] 3 vor Brenner		G 634 Dunstabzug Brennwertgerät Brennwertgerät/Gaskessel
	B_{32} B_{33}		ohne	3 Anschluss an mehrfach belegte Abgasanlage (Unterdruck), Luftzufuhr im Außenrohr	1 ohne 2 hinter WT [2] 3 vor Brenner	indirekt über Doppel-(Außen-)rohr aus Aufstellraum	*) Schutzziel 2 ist zu erfüllen [1] Nachweis ausreichender Verbrennungsluft erfordl.
	B_{41} B_{42} B_{43} B_{44}		mit	lt. Installationsanweisung des Herstellers, für Dachgeschoss und Außenwandanschluss ideal, bedarf im Einzelfall der baurechtlichen Ausnahme	1 ohne 2 hinter WT [2] 3 vor Brenner mit Ventilator	direkt aus Aufstellraum siehe untenstehende Beispiele: B_{11BS}, B_{12}, B_{14}, B_{21}, B_{41}, B_{53}	Abgas- und Windschutzeinrichtung als System mit Gasgerät zertifiziert B_{44P} bei Überdruck [2] WT: Wärmetauscher
	B_{51} B_{52} B_{53}		ohne		1 ohne 2 hinter WT [2] 3 vor Brenner		B_{52P} bei Überdruck B_{52S} bei Überdruck an LAS (Sonderform) B_{53S} bei Überdruck an LAS (Sonderform)
C	$C_{(10)2}$ $C_{(10)3}$	raumluftunabhängige Verbrennungsluftversorgung	ohne Strömungssicherung (Strösi.)	Luft-Abgasanlage, LAS für Mehrfachbelegung	2 hinter WT [2] 3 vor Brenner		
	$C_{(11)2}$ $C_{(11)3}$			LAS, die Mündungen befinden sich nahe beieinander	2 hinter WT [2] 3 vor Brenner		
	$C_{(12)2}$ $C_{(12)3}$ $C_{(13)2}$ $C_{(13)3}$			Luft aus dem Freien, Mündungen in untersch. Druckbereichen Abgasführung für Überdruck, der Schacht ist zu belüften	2 hinter WT [2] 3 vor Brenner 2 hinter WT [2] 3 vor Brenner		
	$C_{(14)2}$ $C_{(14)3}$ $C_{(15)2}$ $C_{(15)3}$			LAS für Mehrfachbelegung, Verbrennungsluftltg. zum senkrechten Schacht; Mündungen im gleichen Druckbereich	2 hinter WT [2] 3 vor Brenner 2 hinter WT [2] 3 vor Brenner		
	C_{11} C_{12} C_{13}			1 horizontal durch Außenwand, Mündungen nahe beieinander im gleichen Druckbereich	1 ohne 2 hinter WT[2] 3 vor Brenner		
	C_{21-23}			2 LAS-mehrf. Anschluss nicht in BRD	1 ohne 2/3 s.o.		
	C_{31} C_{32} C_{33}			3 senkrecht über Dach, Mündungen nahe beieinander im gleichen Druckbereich	1 ohne 2 hinter WT[2] 3 vor Brenner	alle C sind abgasdicht, verbrennungsluftumspült o. erhöht dicht (x), kein Nachweis ausreichender Raumgröße, ohne x → 150 cm² Öffnung ins Freie (s. 358.1, 359.1)	
	C_{41} C_{42} C_{43}			4 Anschluss an ein mehrfach belegtes Luft-Abgas-System (LAS), 2-zügig	1 ohne 2 hinter WT[2] 3 vor Brenner		
	C_{51} C_{52} C_{53}			5 getrennte Verbrennungsluftzu- u. Abgasführung Mündungen in unterschied. Druckbereichen	1 ohne 2 hinter WT[2] 3 vor Brenner		
	C_{61} C_{62} C_{63}			6 Anschluss an nicht mit Gasfeuerstätte geprüfte Abgasab- u. Verbrennungsluftzuführung	1 ohne 2 hinter WT[2] 3 vor Brenner		[3] AS = CO_2-Stop; BS = Kennzeichnung für Abgasüberwachungseinrichtung AÜE [4] z.Z. nicht in MFeuV, bedarf der baurechtlichen Ausnahme.
	C_{71} C_{72} C_{73}		im Dachboden	7 vertikale Verbrennungsluftzu- und Abgasführung; Abgase über Dach abgeführt[4]	1 ohne 2 hinter WT[2] 3 vor Brenner	wird Dachboden entnommen	
	C_{82} C_{83}		ohne	8 Abgasanschluss an mehrfachbelegte Abgasanlage (Unterdr.)	2 hinter WT[2] 3 vor Brenner	separat aus dem Freien	
	C_{91} C_{92} C_{93}		ohne	9 senkrecht über Dach, Mündungen nahe beieinander im gleichen Druckbereich	1 ohne 2 hinter WT[2] 3 vor Brenner	über bestehenden Schacht als Gebäudebestandteil	

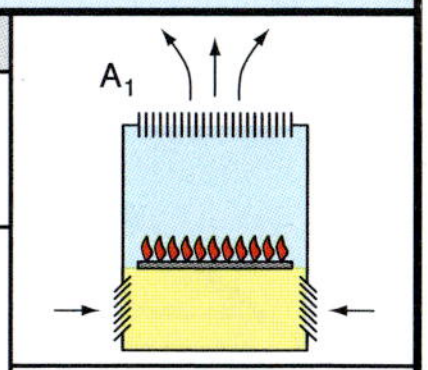

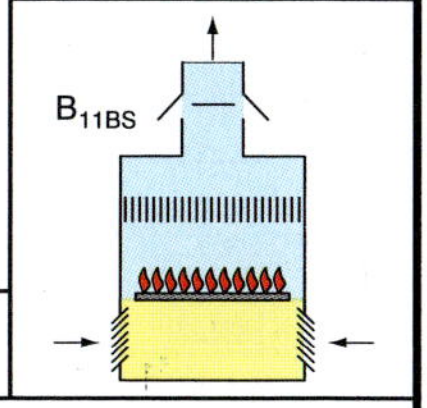

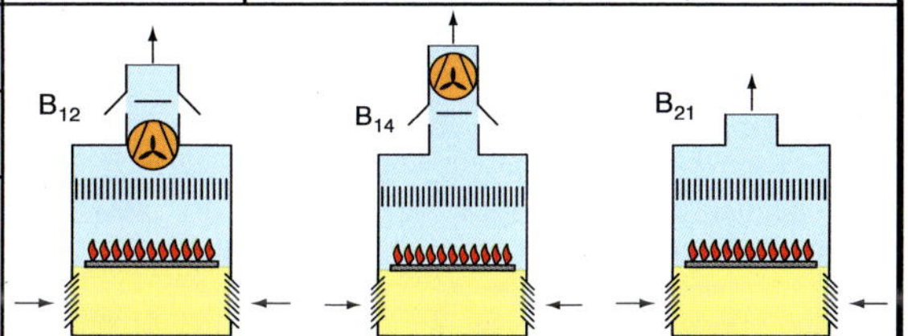

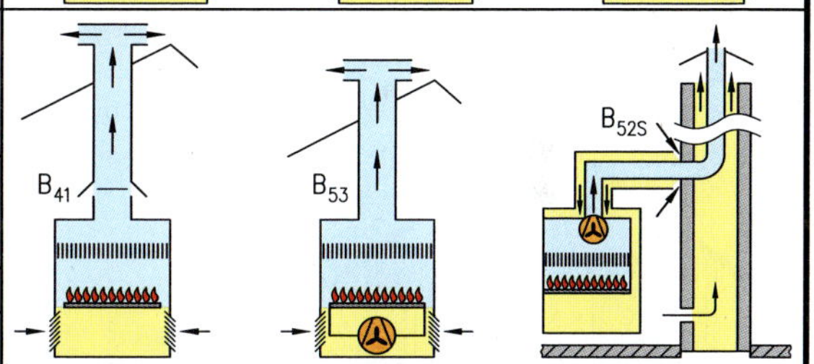

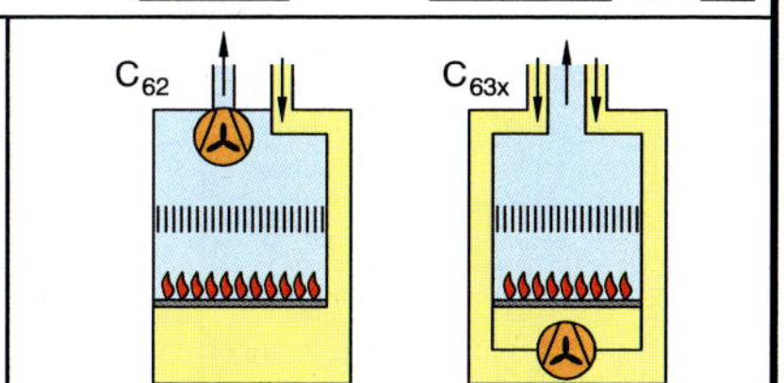

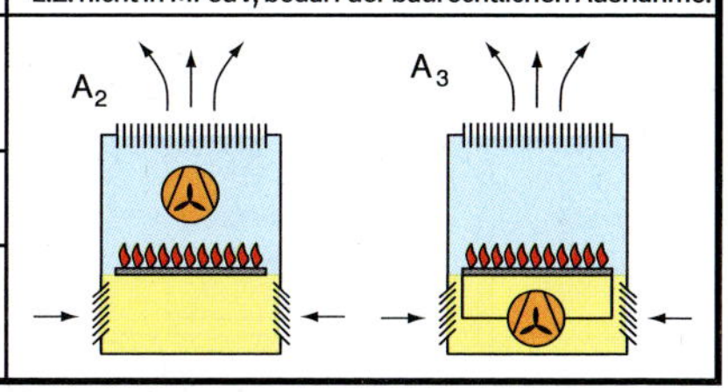

358.1 Luft-Abgasführung von Gas-Feuerstätten Art B und C (Auswahl) DVGW-TRGI 2018

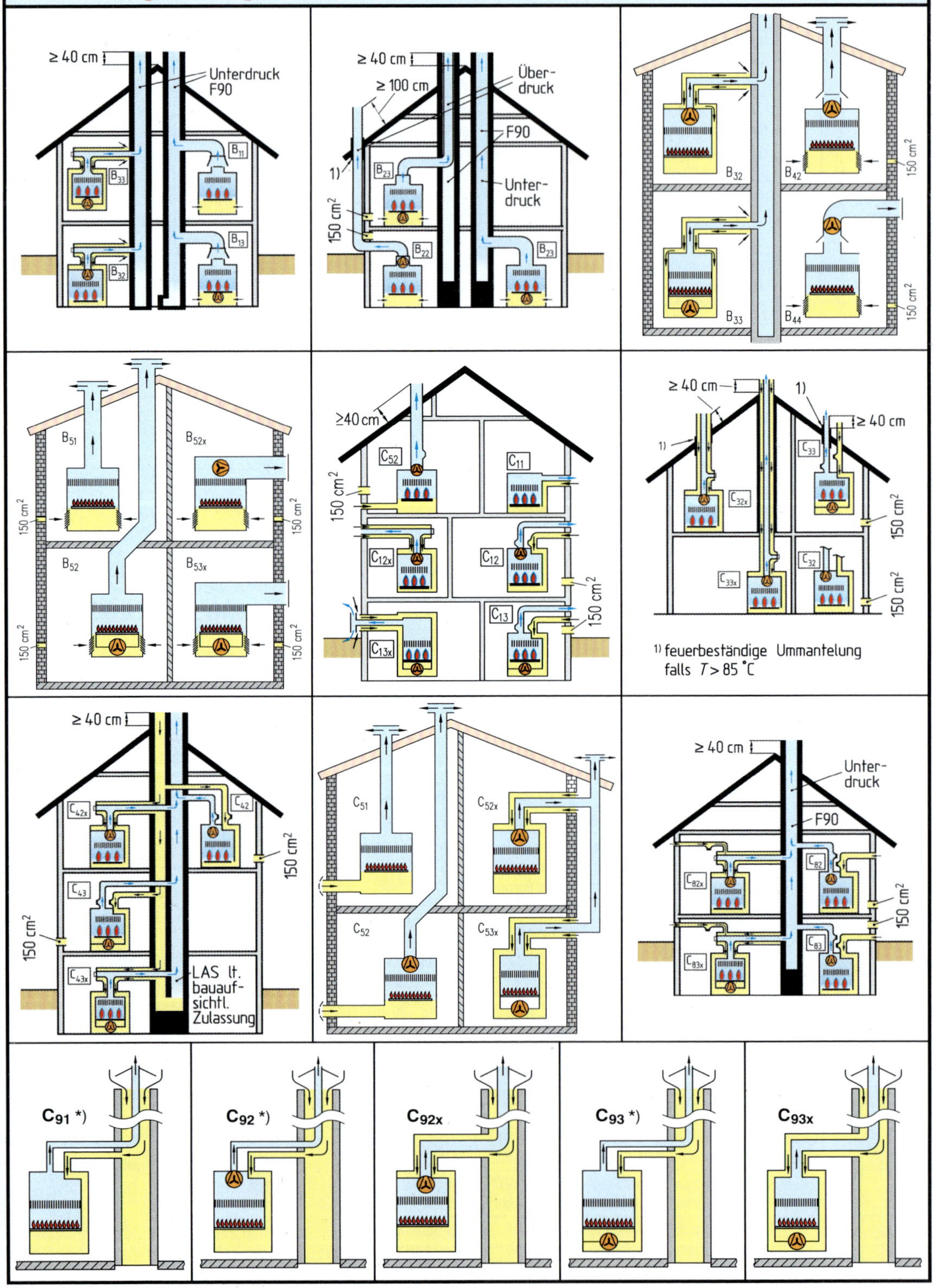

359.1 Verbrennungsluft-Abgasführung von Gasfeuerstätten Art C

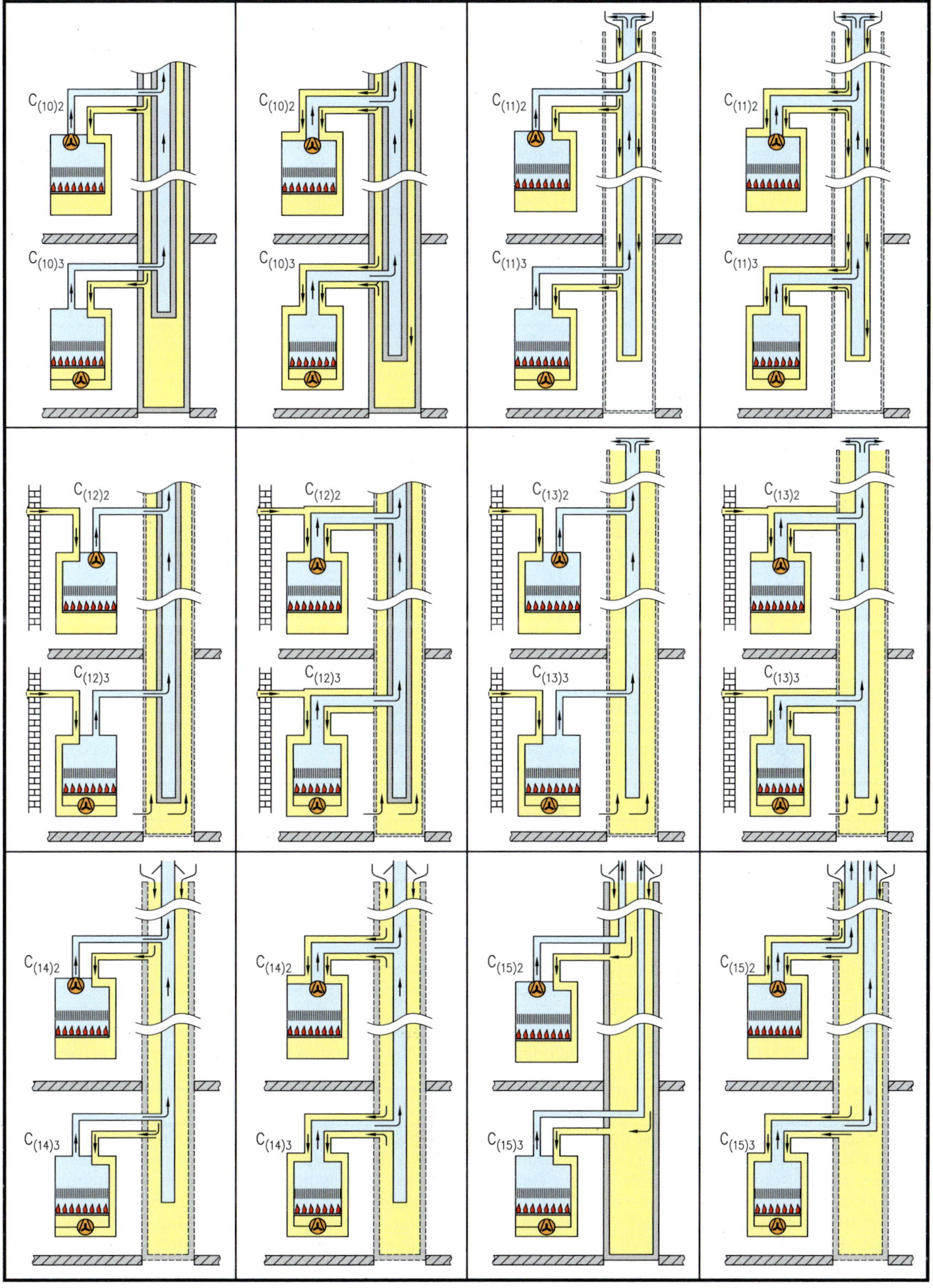

360.1 Bestimmungen der Abgasführung von Gasgeräten Art A, B

Art A	Art B	gleichzeitiger Betrieb: Gasgeräte-Ventilatoren
Abgase werden über den Aufstellraum durch sicheren Luftwechsel ins Freie geführt, GDW und GRH: $\dot{V}_{Luft} > 30\,m^3/h$ je kW $\dot{Q}_{NL}$ aus Aufstellraum ins Freie; CO ≤ 30 ppm; $\dot{Q}_{NL} \le 11$ k $V \ge 15\,m^3$; $\dot{Q}_{NL} > 12$ kW ≤ 18 kW $\frac{V_{Aufstell}}{Q_{NL}} \le 2\,\frac{m^3}{kW}$	Abgase müssen ordnungsgemäß abgeführt werden. Unzulässig: in Bädern ohne Außenfenster, die über Sammelschächte ohne Motor entlüftet werden; bei Raumluftabsaugung nur: • wenn offene Feuerstätten (Kamine) eine eigene Verbrennungsluftversorgung haben; • wenn so viel Außenluft zuströmt, dass Dunstabzugshaube, Abluftwäschetrockner oder Entlüftung die Abgasabführung nicht beeinflussen. $\dot{V}_L = \Sigma\dot{Q}_{NL}\,1,6$ (s. 363.3; 365.1, 2, 3)	Im Aufstellraum mit direkter Verbindung ins Freie: Ausrüstung Gasgerät mit Strömungssicherung mit Abgasüberwachungseinrichtung. • Druckabfall/Unterdruck ≤ 4 Pa • Σ Der $\dot{V}_{Verbrennungsluft} \le 80\,m^3/h \mathrel{\hat{=}} \Sigma\dot{Q}_{NL}$ 50 kW. $V_{min} = 4 \cdot \dot{Q}_{NL} + \frac{\dot{V}_E}{0,4}$ V_{min} = Mindestrauminhalt in m³ $\dot{V}_E = \dot{V}_{luftabsaugende\ Einrichtung}$ in m³/h = Verbrennungsluftbedarf in getrennten Räumen $\dot{Q}_L = \frac{\dot{V}_E}{1,6}$ $\dot{Q}_L$ = fiktive Nennleistung der luftabsaugenden Einrichtung in kW

360.2 Gleichzeitiger Betrieb: Gasgerät-Ventilator bei Zuluft- und Verbrennungsluftöffnung ins Freie

$A_{Verbrennungsluftöffnung} = 150 + 1,25 \cdot (\dot{Q}_{NL} + \dot{V}_E - 80)\,cm^2$ bei ausreichendem Raumleistungsverhältnis: $A = 150 + 1,25\,(\dot{V}_E - 80)$

beim Fenster mit Kontakt: $A_F = A \cdot F$
- A_F erforderlicher Querschnitt bei offenem Fenster
- f 1,5 (Faktor für erhöhte Strömungswiderstände)

Fernsterspalt s: $s = \frac{A_F}{(h+b)}$
- h Höhe des Fensters
- b Breite des Fensters

bei unverschließbarer Öffnung: $\Sigma\dot{V}_{ges} \le 80\,m^3/h \Rightarrow A_{frei} = 150\,cm^2$

Gesteuerte Zuluft- und Verbrennungsluftöffnung ins Freie: Nach Sicherstellung des Raumleistungsverhältnisses muss die Zuluftöffnung bei Betrieb der GVE offen sein. Steuerung: Stromkreis Entlüftung

Beispiel: $\dot{V}_{Ventilator} = 80\,m^3/h \Rightarrow \dot{Q}_L = \frac{\dot{V}_E}{1,6} = \frac{80\,m^3/h}{1,6\,m^3/kWh} = 50\,kW \Rightarrow A_{Zuluft} = 150\,cm^2$

$A_F = A \cdot f = 150\,cm^2 \cdot 1,5 = 225\,cm^2 \mathrel{\hat{=}}$ bei Fenster 100 cm × 80 cm einem Spalt s von:

$$s = \frac{A_F}{(h+b)} = \frac{225\,cm^2}{(100+80)cm} = 1,25\,cm \rightarrow 1,3\,cm$$

Wechselseitiger Betrieb: Gasgerät – luftabsaugende Einrichtung (Ventilator, Dunstabzug u.Ä.): Eine Einrichtung muss die andere abschalten. Bei Anschluss eines Gasgerätes Art B_1 an eine mehrfach belegte Abgasanlage ist bei wechselseitigem Betrieb hinter der Strömungssicherung eine mechanisch betätigte Abgasklappe DIN 3388-2 einzubauen (nicht Gasgeräte Art B_3).

360.3 Eigene und gemeinsame Abgasanlage, gemischt belegte Abgasanlage

eigene Abgasanlage	gemeinsame Abgasanlage	gemischte Belegung
Grundsätzlich sind anzuschließen: • Gasgeräte Art B in Aufstellräumen mit Öffnung ins Freie • Gasgeräte Art B, die über dem 5. Vollgeschoss aufgestellt werden • Gasfeuer im offenen Kamin nach DIN EN 13229	Es dürfen nur Gasgeräte der gleichen Art angeschlossen werden. Mehrere Geräte dürfen angeschlossen werden, wenn: • die einwandfreie Abgasableitung sichergestellt ist, • keine Beeinträchtigung durch luftabsaugende Einrichtungen auch aus anderen Räumen besteht, • die Übertragung von Abgasen zwischen den Aufstellräumen oder Abgasaustritt anderer Feuerstätten in Betrieb ausgeschlossen sind, • die gemeinsame Abgasleitung aus nichtbrennbaren Baustoffen besteht oder eine Brandübertragung zwischen Geschossen durch Absperrvorrichtungen verhindert wird.	Anschluss von Gasgeräten Art B_1 und Feuerstätten bis 400 °C Abgastemperatur ohne Gebläse für feste oder flüssige Brennstoffe. Diese müssen eine senkrechte Anlaufstrecke ≥ 1 m hinter dem Abgasstutzen haben.

360.4 Abgasabführung über Abluftleitungen von Lüftungsanlagen DIN 18017-1/-3

Es dürfen ein Gas-Durchlaufwasserheizer, ein Gas-Vorratswasserheizer, ein Gas-Umlaufwasserheizer oder ein Gas-Kombiwasserheizer sowie ein Gas-Raumheizer jeweils Art B_1 angeschlossen werden. Die Gasgeräte müssen im gelüfteten Raum aufgestellt sein. Bei eigenem Verbindungsstück an den Abluftschacht muss der des Gas-Raumheizers unter den der anderen Gasgeräte angeordnet sein. Die Einführungen müssen oberhalb der Abluftöffnungen liegen. Die Austrittsöffnungen der Strömungssicherungen müssen unterhalb der Abluftöffnungen liegen. Die Verbrennungsluftversorgung ist sicherzustellen. An eine Zentralentlüftungsanlage DIN 18017-3 dürfen Gasgeräte Art B_1 nach Maßgabe des DVGW-Arbeitsblattes G626 angeschlossen werden.

361.1 Mündungsausführungen von Abgasleitungen neben einem Schornstein

Kunststoffabgasleitung mit 0,3 m/0,4 m Ende aus nichtbrennbaren Baustoffen nicht LAS geeignet	Überhöhung des Schornsteins mit rußbrandbeständigen Baustoffen, brennbare Abgasleitung	nichtbrennbare Baustoffe neben einem Schornstein, gemeinsame Abströmplatte LAS	nichtbrennbare Baustoffe neben einem Schornstein, Überhöhung der Schornsteinmündung LAS
nur für raumluftabhängigen Betrieb geeignet 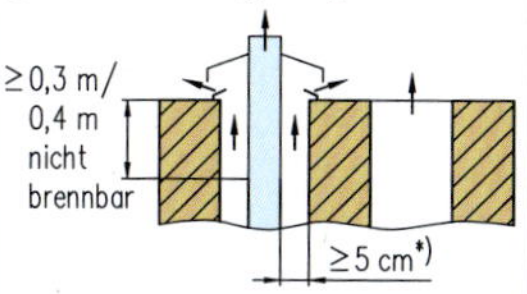	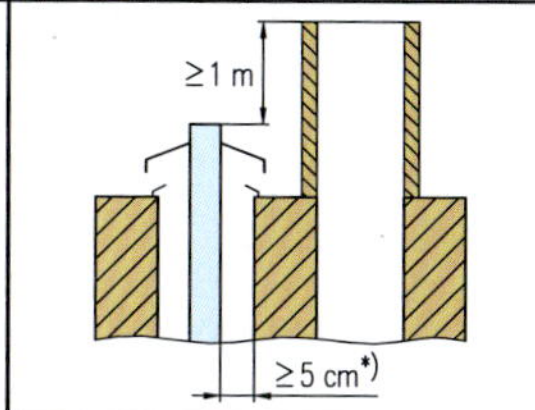	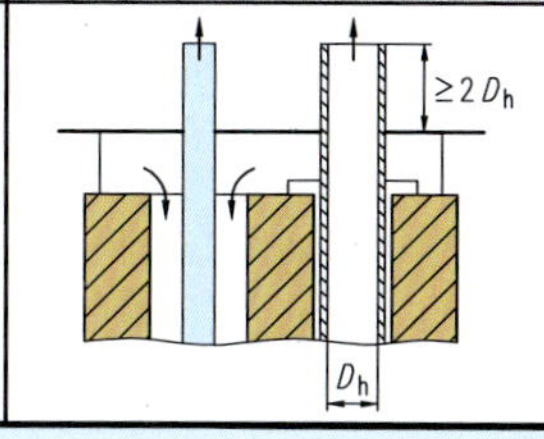	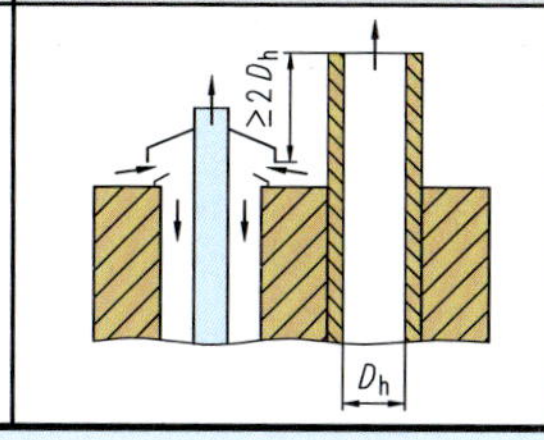

361.2 Bemessung von Abgasrohren, Verbindungsstücke, Luft-Abgasführung C_{32} über Dach

Nennwärme-Leistung $\dot{Q}_{NL}$ in kW	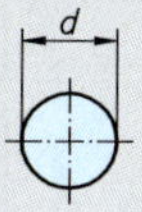		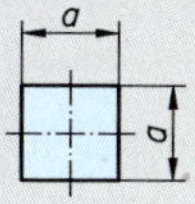		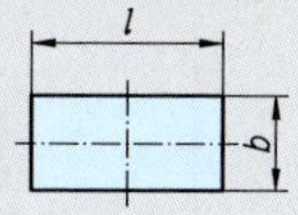		
	A cm²	d cm	A cm²	a cm	A cm²	l cm	b cm
≤ 2,8	20	5	25	5	24	6	4
≤ 4,2	28	6	36	6	35	7	5
≤ 5,9	38	7	49	7	48	8	6
≤ 9,1	50	8	64	8	70	10	7
≤ 13,2	64	9	81	9	77	11	7
≤ 17,4	80	10	100	10	104	13	8
≤ 21,6	95	11	121	11	126	14	9
≤ 27,2	115	12	144	12	150	15	10
≤ 34,9	135	13	169	13	176	16	11
≤ 43,9	150	14	196	14	204	17	12
≤ 52,3	180	15	225	15	247	19	13

Raumluftunabhängige Gasfeuerstätten mit Gebläse

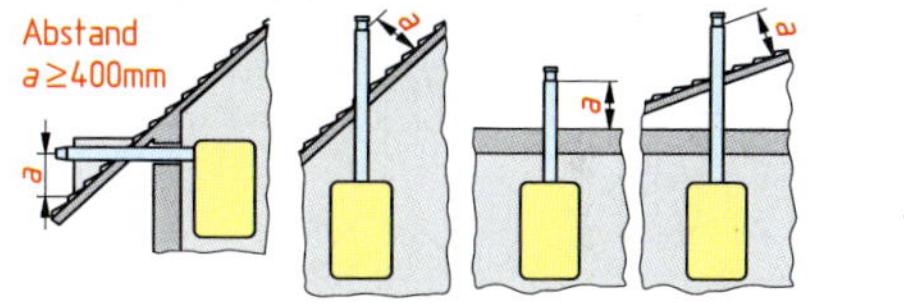

Bedingungen: (Q_{NL} > 50 kW → a ≥ 1 m)

- Abgasrohr-Ø = Gasgerätanschlussstutzen-Ø
- Querschnitt A darf nicht verringert werden
- max. 2 Gasgeräte an ein Abgasrohr
- Querschnitt gemeinsames Rohr = 80 % Σ Einzelqu.

Beispiel: GDW $\dot{Q}_{NL}$ = 22,7 kW → d_1 = 12 cm
RH $\dot{Q}_{NL}$ = 9,3 kW → d_2 = 9 cm

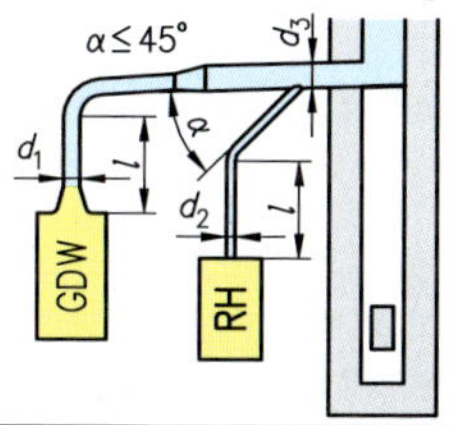

A_1 = 115 cm², A_2 = 64 cm²
ΣA_{ges} = 179 cm²
80 % ≙ a143,2 cm²
gewählt (s. 361.2)
A_3 = 150 cm² → d_3 = 14 cm

Wechselseitiger Betrieb der Gasfeuerstätten:
d_3 = der größere der beiden Durchmesser d_1, d_2 max (d_1, d_2)
Gleichzeitiger Betrieb der Gasfeuerstätten:

$$d_3 = \sqrt{0{,}8 \cdot (d_1^2 + d_2^2)}$$

361.3 Gasgeräte Art C_{11}, C_{12}, C_{13}, Mindestabstände der Abgasmündungen (s. 362.1 ⑤)

unzulässige Mündungen in	Mindestabstände	Gasgeräte Art C_{11}	Gasgeräte Art C_{12} und C_{13}
• Schutzzonen für brennbare und explosive Stoffe • Durchgängen/-fahrten • Luft-/Lichtschächte • engen Traufgassen • Loggien, Laubengängen • Ecklagen vom Innenhof (Ausnahme C_{12}, C_{13}) • Innenhöfen, wenn Länge oder Breite < als Höhe des höchsten angrenzenden Hauses ist • auf Balkonen • unter auskragenden Bauteilen	• Mündungen an Gebäudevorsprüngen aus brennbaren Baustoffen: – seitlich und unten ≥ 0,5 m – nach oben ≥ 1,5 m – nach gegenüber ≥ 1 m • Mündungen nahe der Geländeoberfläche: – nach unten ≥ 0,3 m • Mündungen an begehbaren Flächen: – bis 2 m Höhe sichern – Gasgeräte mit Gebläse, Rohr-UK nach unten ≥ 2 m	• Mindestabstände Mündung: – unten, Seite, oben ≥ 2,5 m – Lüftungsöffnungen, Fenster, Türen seitlich ≥ 2,5 m, nach oben ≥ 5m, (Ausnahme: Außenwand-RH mit $NO_{x(0\%)}$ Emission ≤ 150 mg/kWh und $CO_{(0\%)}$ ≤ 100 mg/kWh genügt Abstand oben 0,3 m). • Fassadenfläche pro Mündung ≥ 16 m². • Mengenbegrenzung: max. 4 Mündungen übereinander	• Mindestabstände zu Lüftungsöffnungen: Seite ≥ 2,5 m; oben ≥ 5 m Balkone: Seite ≥ 1,5 m, nach unten ≥ 2,5 m, nach oben ≥ 5 m 2 Mündungen mit Abstand untereinander waagerecht und senkrecht ≤ 5 m werden als 2er-Gruppe betrachtet. Weitere Mündungen müssen ≥ 5 m von jeder entfernt sein.

362.1 Gasgeräte Art C_{12} und C_{13}, Mindestabst. der Abgasmündungen zu Fenstern, Türen in m

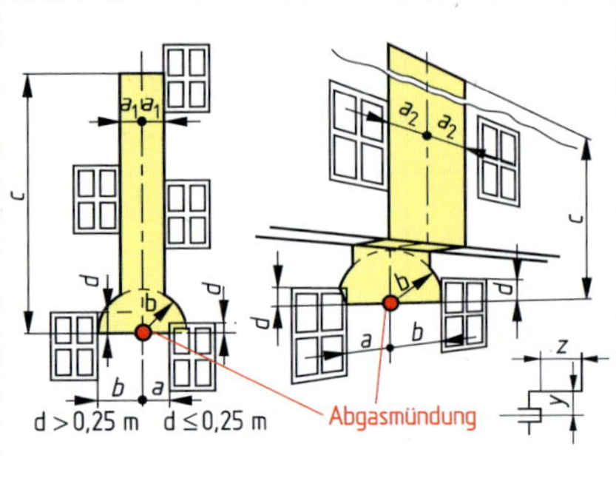

$a_1 = 0{,}5$
$a_2 = 0{,}75$
$b = 1$
$c = 5$
$w < 0{,}5$
bei
$z < 0{,}5$
$y > 0{,}4$
$\rightarrow a_2$
$z \leq 0{,}1$ oder
$y > 5$
$\rightarrow a_1$

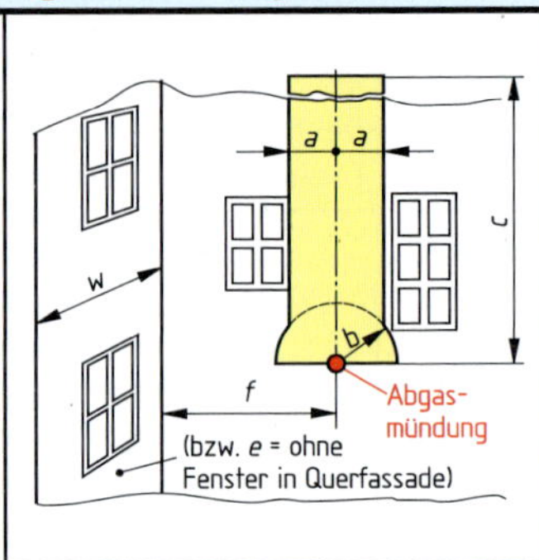

ohne Fenster:
$0{,}5 \leq w \leq 1$
$e = \geq 0{,}5$; $a \geq 0{,}5$
$w > 1$
$e = \geq 1$; $a \geq 0{,}75$

mit Fenster:
$f = 2{,}5$

a_1, a_2, b, c wie Bild ①

① 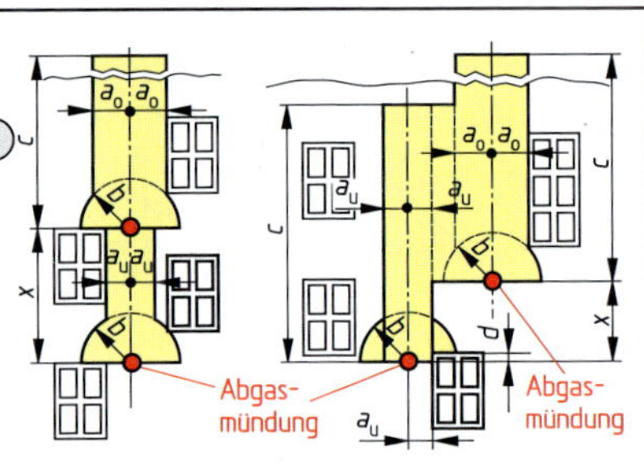

$a_u = 0{,}5$
a_o = Kurve 1
Bild ⑤

b, c, d
wie Bild ①
$w < 0{,}5$

② 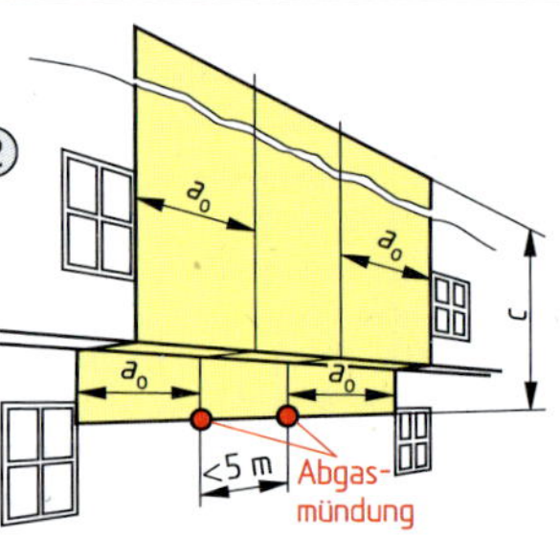

$a_o \geq 2{,}20$
a_o = Kurve 2
Bild ⑤
$x = 0$

c, y, z
wie Bild ①

③ ④ ⑤ 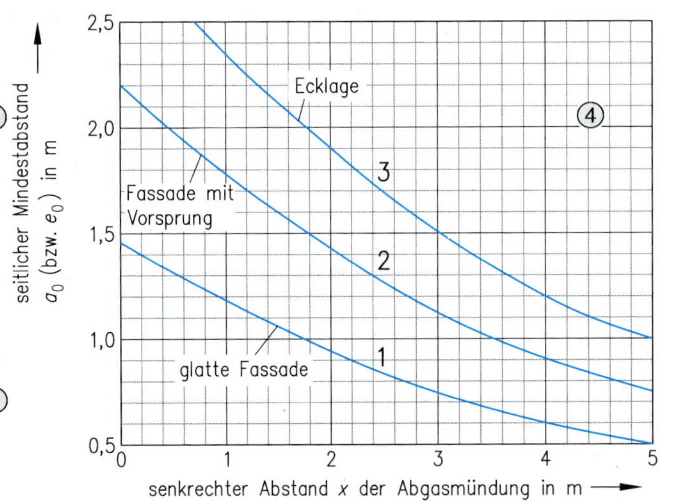

Ecklage, Querfassade

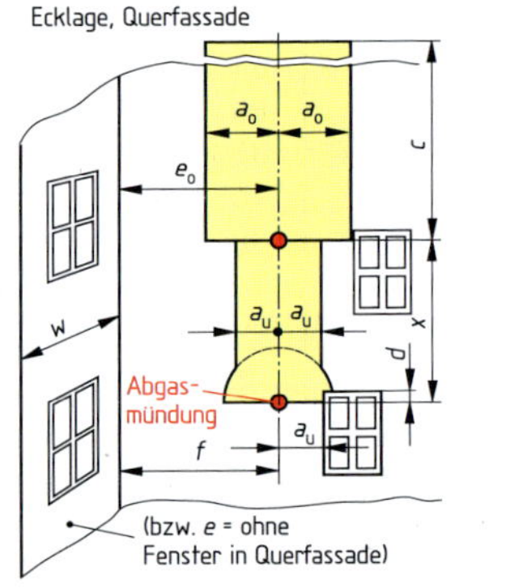

⑥ ohne Fenster:
e_o = Kurve 3
$a_u \geq 0{,}75$;
a_o = Kurve 2; $w > 1$

mit Fenster:
$f \geq 2{,}5$; $a_u \geq 0{,}75$
b, d, c wie ①
a_o = Kurve 2

Berechnungsgleichung a (e_o)

$a_o \geq 1{,}45$ m, Kurve 1
senkrechter Abstand $x = 0$
c wie (s. 362.1)

$a_o(e_o) = a \cdot x^2 + b \cdot x + c$
$0 < x < 5$

K	a	b	c
1	0,02	−0,2890	1,4470
2	0,03	−0,4335	2,1805
3	0,04	−0,5780	2,8940

1 glatte Fassade, 2 Fassade mit Vorsprung , 3 Ecklage

im Bereich von Balkonen

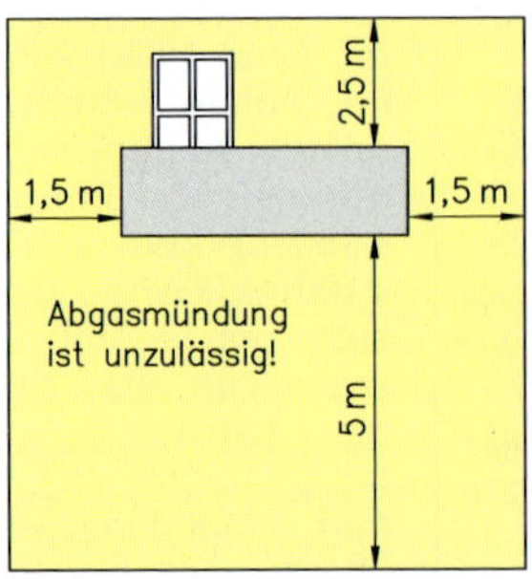

zu öffenbaren Fenstern/Türen bei glatter Fassade

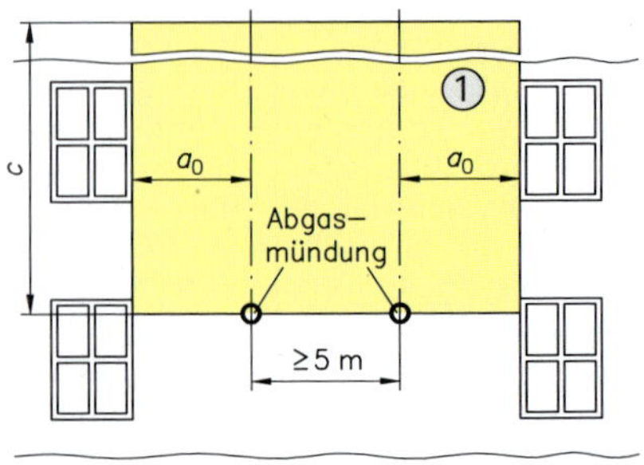

363.1 Geräteschild nach Gasgeräterichtlinie, Gasgerätekategorien DIN EN 477

1 Code-Auflösung:			Kenn-Nr.: CE	
Dänemark	DK	0048	1. Buchstabe (Prüfung)	
Deutschland	DE	0085	A 1990–1999	
Frankreich	FR	0049	B 2000–2009	
Gr. Britannien	GB	0086	C 2010–2019	
Italien	IT	0051	2. Buchstabe	
Österreich	AT	0433	L = 0	Q = 5
Portugal	PT	0064	M = 1	R = 6
Niederlande	NL	0063	N = 2	S = 7
Spanien	ES	0099	O = 3	T = 8
Kategorie $II_{2\,ELL\,3B/P}$ Art B_{11BS}			P = 4	U = 9

Kategorie	I Eingasgerät	II Mehrgasgerät	III Allgasgerät
Kennzeich.	$I_{2\,ELL}$	$II_{2\,ELL\,3B/P}$	$III_{1a2E+3B}$
geeignet für	Erdgas E/LL (s. 337.3)	Erdgas E/LL Propan/Butan	1. Gasfam. Gr. a Erdgas E, Butan

Gasgerätekennzeichnung:
A Gasgerät ohne Abgasanlage (raumluftabhängig)
B Gasgerät mit Abgasanlage (raumluftabhängig)
C Gasgerät mit Abgasanlage (raumluftunabhängig)
Stromversorgung: 230 V 50 Hz 100 W
Prüfgas G20, Prüfdruck 20 hPa

363.2 Allgemeine Aufstellvorschriften, unzulässige Aufstellräume DVGW-TRGI 2018

unzulässige Räume	Gasgeräte Art A	Gasgeräte Art C
• notwendige Treppen, Flure, Ausgänge ins Freie (Rettungswege) gilt nicht für Gebäudeklassen 1 und 2 • mit Ex-Schutz	• sicherer Luftwechsel im Aufstellraum, Abgase ohne Gefährdung und Belästigung ins Freie führen • Gashaushaltskochgerät (öffenbare Tür/Fenster) $\dot{Q}_{NB}$ ≤ 11 kW benötigt $V_{Aufstellraum}$ > 15 m³ ≤ 18 kW ⇒ $V_{Aufstellraum}$ > 2 m³/kW plus Betrieb eines Abluft-Dunstabzugs/Wohnungslüftung ≥ 15 m³/h	• C_X unbeschränkt • C ohne x nur mit 150 cm²/ 2 × 75 cm² Öffnung ins Freie • C_1 wenn Abgasableitung über Dach nicht möglich • C_{11} unmittelbar an Außenwand

363.3 Unmittelbarer u. mittelbarer Verbrennungsluftverbund für Gasgeräte Art B DVGW-TRGI 2018

für Gasgeräte Art B_1: Öffnungen ins Freie

unmittelbar

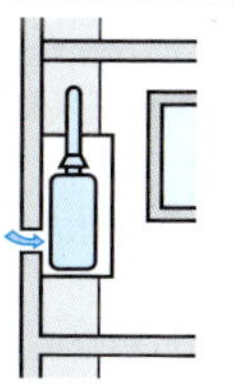

Luftleitung

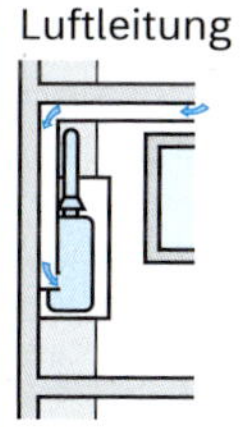

über Dach

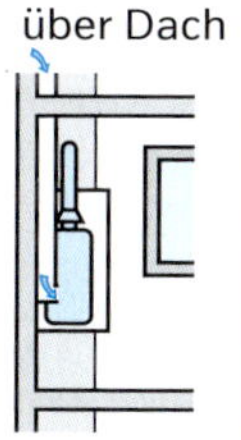

Allgemeine Aufstellvorschriften Gasgeräte Art B

Für den Aufstellraum von GVE Art B ist keine Mindestraumgröße vorgeschrieben. Er muss keine Fenster haben. Verbrennungsluftversorgung und Abgasführung müssen sichergestellt sein. Für B_1/B_4 (s. 368.1) (Schutzziel 1) Abgasverdünnung

Die ausreichende Verbrennungsluftmenge von 1,6 m³/1 kW Gesamtnennleistung der Gasgeräte Art B kann über Außenfugen des Aufstellraumes oder im Verbrennungsluftverbund oder über Öffnungen ins Freie oder gemeinsam über Außenfugen und Außenluft-Durchlasselemente oder über besondere technische Anlagen erfolgen.

B_1/B_4: $V_{Aufstellraum}$ < 1 m³/kW

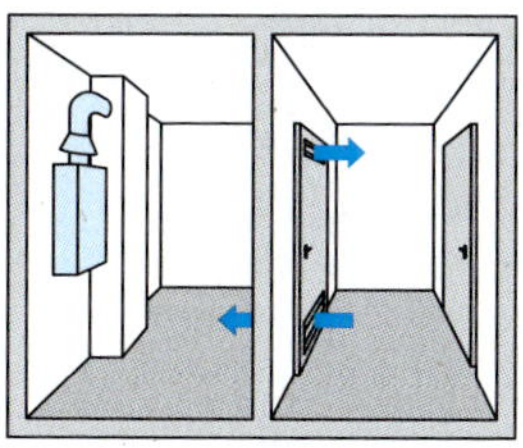

≥ 1 m³/kW

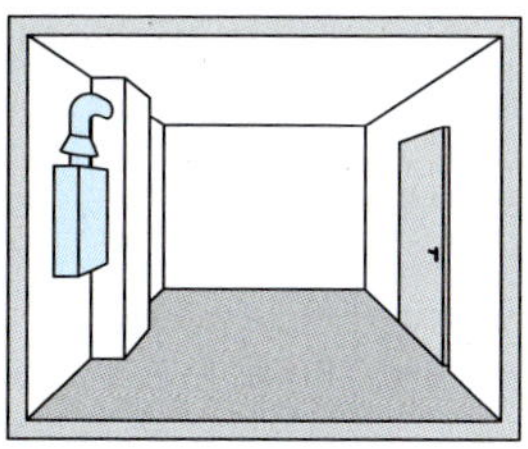

Mittelbarer VLV mit Öffnung von 1 x 150 cm² freiem Qu.

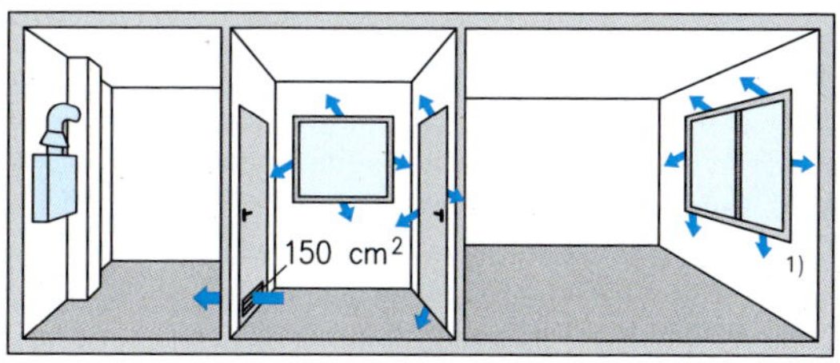

Unmittelbarer VLV: $V_{Aufstellraum\ mit\ Fenster}$ < 1 m³/kW

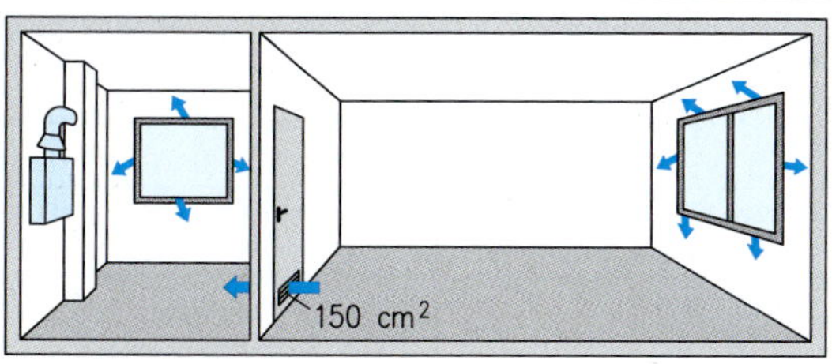

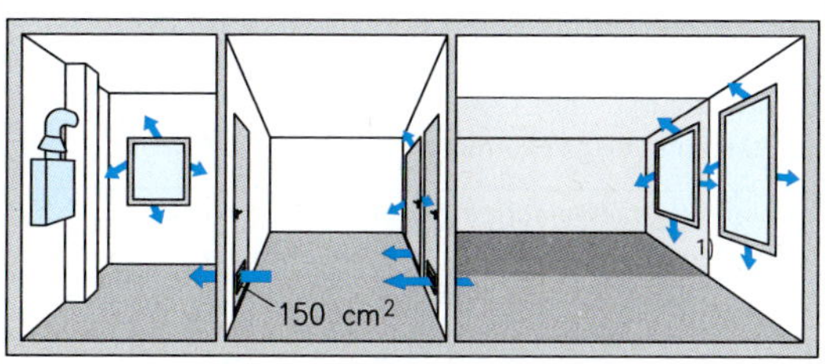

1) Volumenstrom vermindert anrechenbar

364.1 Anforderungen an den Aufstellraum GVE B Schutzziel 1 (Abgasverdünnung)

RLV ≥ 1 m³/1 kW $\Sigma\dot{Q}_{NL}$; für $\Sigma\dot{Q}_{NL}$ nur Gasgeräte Art B_1 und B_4 mit Strömungssicherung berücksichtigen.

$\Sigma\dot{Q}_{NL}$ bis kW	Aufstellraum: 1. Raum	Aufstellraum: 2. Raumgröße V	Abgasverdünnung durch **Lüftungsöffnungen**: 3.* vom Aufstellraum ins Freie (s. 364.1/2)	Abgasverdünnung durch **Lüftungsöffnungen**: 4.* in der Innentür zwischen Aufstellraum und einem/mehreren unmittelbaren Nachbarräumen mit/ohne zu öffnendes Fenster/Tür ins Freie (s. 363.3)
∞	mit oder ohne zu	≥ 1 m³ je 1 kW $\Sigma\dot{Q}_{NL}$	keine Maßnahme erforderlich; RLV ist durch ausreichende Raumgröße des Aufstellraumes erfüllt (Schutzziel 1 ist erfüllt). $\Sigma\dot{Q}_{NL}$ unbegrenzt	
≤ 50	öffnendes Fenster/Tür ins Freie	< 1 m³ je 1 kW $\Sigma\dot{Q}_{NL}$	3.*: obere und untere je 75 cm² freien Querschnitt	4.*: jeweils eine obere und eine untere mit je 150 cm² freiem Querschnitt. Die Summe aller verbundenen Räume muss das RLV ≥ 1 m³ je 1 kW $\Sigma\dot{Q}_{NL}$ erfüllen
> 50		< 1 m³ je 1 kW $\Sigma\dot{Q}_{NL}$	1 × 150 cm² plus 2 cm² je 1 kW > 50	nicht erlaubt! $\Sigma\dot{Q}_{NL}$ der raumluftabhängiger Feuerstätten ≤ 35 kW im Aufstellraum ≤ 50 kW aller Feuerstätten

Verbrennungsluftbedarf $\dot{V}_{Bed}$ in m³/h $= \Sigma\dot{Q}_{NL} \cdot 1{,}6$; anrechenbarer Verbrennungsluftvolumenstrom
$\dot{V}_{VL,\,anr} \mathrel{\hat{=}} \dot{V}_{V.inf}$ Infiltration in m³/h
$\dot{V}_{V.inf} \mathrel{\hat{=}} V_R \cdot f_{wirk,\,komp.} \cdot n_{50} \cdot 0{,}1857$
f: Eingeschoss 0,7; Mehrgeschoss 0,8
n_{50}: 1_{Ventil}; $1{,}5_{Neubau}$; $2\text{–}3_{Altbau}$

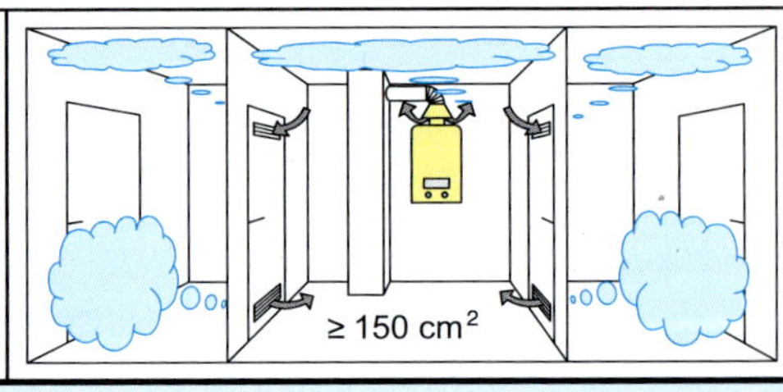

364.2 Auslegungswert n_{50}, Zuordnung Haustyp, Korrekturfaktor f wirk.komp, Luftwechselraten, Schutzziel 2

Geschoss Wohnung/Nutzungseinheit	Auslegungswert n_{50}	Eingeschossig		Mehrgeschossig	
Korrekturfaktor $f_{wirk.komp}$/Errechnete Luftwechselrate n		$f_{wirk.k}$ 0,7	n in h⁻¹	$f_{wirk.k}$ 0,8	n in h¹
Ventilatorgestützte Lüftung Ein-/Mehrfamilienhaus ab 2002	1,0	Haustyp 1	0,13	Haustyp 2	0,15
Freie Lüftung (über Undichtheit) Ein-/Mehrfamilienhaus ab 2002 Freie Lüftung MFH vor 2002 mit wesentlicher Änderung Luftdurchlass[1]	1,5	Haustyp 3	0,19	Haustyp 4	0,22
Freie Lüftung EFH vor 2002 mit wesentlicher Änderung Luftdurchlass[2]	2,0	Haustyp 5	0,26	Haustyp 6	0,30
Freie Lüftung E/MFH vor 2002 ohne wesentl. Änd. Luftdurchl. (wie TRGI 2008)	3,0	Haustyp 7	0,40	Haustyp 7	0,40

[1] Wesentliche Änderung Luftdurchlässigkeit der Gebäudehülle = es wurden mehr als 1/3 Fenster ausgetauscht oder im EFH mehr als 1/3 Dachfläche abgedichtet; [2] D. h. nach EnEV 2002 und folgende errichtete Gebäude

364.3 Einströmender Verbrennungsluftvolumenstrom $\dot{V}_{V.inf\,+\,ALD.Verbund}$ durch Infiltration und ALD

$\dot{V}_{V.inf.\,Verbund} \geq \dot{V}_{Bed} \Rightarrow$ ausreichende Verbrennungsluftversorgung
$\dot{V}_{V.inf.\,Verbund} < \dot{V}_{Bed} \Rightarrow$ weitere Maßnahmen erforderlich, z. B. ALD
Summe einströmender Luftvolumenströme durch Infiltration und ALD:
$\dot{V}_s = \dot{V}_{V.inf} + z \cdot \dot{V}_{ALD}$ in m³/h z: Zahl im Raum installierter ALD
$\dot{V}_{ALD}$: je ALD angegebener Luftvol.strom bei Differenzdruck 4 Pa in m³/h
Mit $\dot{V}_s$ kann aus Tab. 365.1 (unter 10 m³/h immer!) oder Diagramm 366.1. für den Raum ermittelte ausrechenbare Verbrennungsluftvolumenstrom $\dot{V}_{VL}$ abgelesen werden. Die Summe alle $\dot{V}_{VL}$ und des VLR ergibt den durch Infiltration und ALD über den Verbrennungsluftverbund insgesamt einströmenden Verbrennungsluftvolumenstrom $\dot{V}_{V.inf\,+\,ALD.Verbund}$
$\dot{V}_{V.inf\,+\,ALD.Verbund} \geq \dot{V}_{Bed} \Rightarrow$ ausreichende Verbrennungsluftversorgung
$\dot{V}_{V.inf\,+\,ALD.Verbund} < \dot{V}_{Bed} \Rightarrow$ weitere Maßnahmen erforderlich, z. B. Einbau weiterer ALD oder Verringerung der Nennwärmeleistung $\dot{Q}_{NL}$ der Feuerstätte(n).
Zur Bestimmung das Formblatt in Tab. 366.2 Beispiel verwenden.

$\dot{V}_{ALD}$ m³/h/Δp	2 Pa	3 Pa	4 Pa	5 Pa	6 Pa	7 Pa	8 Pa
für Kunststofffenster mit Mitteldichtung							
Single acoustic	2,0	2,5	3,0	3,4	3,8	4,1	4,4
Single	2,2	2,8	3,3	3,7	4,1	4,5	4,8
Double acoustic	3,1	3,9	4,6	5,2	5,8	6,3	6,8
Double	4,5	5,5	6,4	7,2	8,0	8,6	9,3
Triple acoustic	3,3	4,2	5,0	5,8	6,4	7,1	7,7
Triple	5,4	6,7	7,8	8,8	9,8	10,6	11,4
für Kunststofffenster mit Anschlagdichtung							
Single acoustic	2,2	2,8	3,3	3,7	4,1	4,5	4,8
Single	2,4	3,0	3,5	4,0	4,4	4,7	5,1
Double acoustic	3,6	4,4	5,2	5,9	6,5	7,1	7,6
Double	4,5	5,5	6,3	7,1	7,8	8,4	9,0
Triple acoustic	4,2	5,2	6,2	7,0	7,8	8,5	9,2
Triple	5,8	7,2	8,3	9,3	10,3	11,1	11,9

Verbrennungsluftversorgung über Öffnungen ins Freie: $\dot{Q}_{NL} \leq 50$ kW bzw. $\dot{V}_{Bed} < 80$ m³/h ⇒ ins freie führende Öffnung. ≥ 150 cm². Jedes weitere kW $\dot{Q}_{NL}$ ⇒ + 2 cm²; bzw. jeder weitere m³/h $\dot{V}_{Bed}$ ⇒ + 1,25 cm² Vergrößerung.

Der einströmende Luftvolumenstrom darf über Kanäle nicht verringert werden. Die Dimensionierung der Kanäle erfolgt nach den Diagrammen 367.1. Richtungsänderungen: + äquivalente Länge von 3 m bei 90° sowie 1,5 m bei 45°; Gitter: + äquivalente Länge von 0,5 m. Gesamte Kanallänge mit gleichbleibendem Querschnitt!

365.1 Anrechenbarer Verbrennungsluftvolumenstrom $\dot{V}_{VL}$ in m³/h abhängig vom Haustyp (Typ 7 ≙ TRGI 2008)

Wohnung eingeschossig $f_{wirk.komp.} = 0{,}7$			Wohnung mehrgeschossig $f_{wirk.komp.} = 0{,}8$			freie Lüftung vor 2002 E/MFH oder wesentliche Änderung Luftdurchlässigkeit	Aufstellraum mit Tür ins Freie oder öffenbares Fenster wie Innentür mit Verbrennungsluftöffnung von mind. 150 cm² freiem Querschnitt, Verbrennungsluftvolumenstrom durch Infiltration	Innentür ohne umlaufende Dichtung oder mit Überströmdichtung		Innentür mit 3-seitig umlaufender Dichtung		
Lüftung mit Ventilator ab 2002 errichtet E/MFH	freie Lüftung, ab 2002 errricht. E/MFH oder vor 2002 errichtet mit wesentlich geänderter Luftdurchlässigkeit	freie Lüftung vor 2002 errichtet EFH mit wesentlich geänderter Luftdurchlässigkeit	Lüftung mit Ventilator ab 2002 errichtet E/MFH	freie Lüftung ab 2002 errichtet E/MFH oder vor 2002 errichtet mit wesentl. geänderter Luftdurchlässigkeit	freie Lüftung vor 2002 errichtet EFH mit wesentlich geänderter Luftdurchlässigkeit	$f_{w,k} = 3$		Türblatt ungekürzt	Türblatt 1 cm gekürzt	Türblatt ungekürzt	Türblatt 1 cm gekürzt	Türblatt 1,5 cm gekürzt
$n_{50} = 1{,}0$	$n_{50} = 1{,}5$	$n_{50} = 2$	$n_{50} = 1{,}0$	$n_{50} = 1{,}5$	$n_{50} = 2$	$n_{50} = 3$						
$n = 0{,}13 h^{-1}$	$n = 0{,}19 h^{-1}$	$n = 0{,}26 h^{-1}$	$n = 0{,}15 h^{-1}$	$n = 0{,}22 h^{-1}$	$n = 0{,}3 h^{-1}$	$n = 0{,}4 h^{-1}$						
Typ 1: V (m³)	Haustyp 3: V (m³)	Typ 5: V (m³)	Typ 2: V (m³)	Haustyp 4: V (m³)	Typ 6: V (m³)	Typ 7: V (m³)	Ku 4 $\dot{V}_{VL}$ in m³/h	Ku 2	Ku 3	Ku 1	Ku 2	Ku 3
6	4	3	5	4	3	2	0,8	0,8	0,8	0,8	0,8	0,8
12	8	6	11	7	5	4	1,6	1,4	1,4	1,4	1,4	1,4
18	13	9	16	11	8	6	2,4	2,2	2,2	2,2	2,2	2,2
25	17	12	21	15	11	8	3,2	3,0	3,0	2,7	3,0	3,0
31	21	15	27	18	13	10	4,0	3,8	3,8	3,4	3,8	3,8
37	25	18	32	22	16	12	4,8	4,5	4,6	3,7	4,5	4,6
43	29	22	37	25	19	14	5,6	5,1	5,3	4,2	5,1	5,3
49	34	25	43	29	21	16	6,4	5,9	6,1	4,5	5,9	6,1
55	38	28	48	33	24	18	7,2	6,6	6,9	5,0	6,6	6,9
62	42	31	53	36	27	20	8,0	7,4	7,5	5,3	7,4	7,5
68	46	34	59	40	29	22	8,8	8,0	8,3	5,6	8,0	8,3
74	51	37	64	44	32	24	9,6	8,6	9,1	5,8	8,6	9,1
80	55	40	69	47	35	26	10,4	9,3	9,8	6,1	9,3	9,8
86	59	43	75	51	37	28	11,2	9,9	10,6	6,2	9,9	10,6
92	63	46	80	55	40	30	12,0	10,6	11,4	6,6	10,6	11,4
98	67	49	85	58	43	32	12,8	11,2	12,0	6,7	11,2	12,0
105	72	52	91	62	45	34	13,6	11,7	12,6	6,9	11,7	12,6
111	76	55	96	65	48	36	14,4	12,3	13,4	7,0	12,3	13,4
117	80	58	101	69	51	38	15,2	13,0	14,1	7,0	13,0	14,1
123	84	62	107	73	53	40	16,0	13,6	14,9	7,2	13,6	14,9
129	88	65	112	76	56	42	16,8	14,1	15,5	7,4	14,1	15,5
135	93	68	117	80	59	44	17,6	14,6	16,2	7,5	14,6	16,2
142	97	71	123	84	61	46	18,4	15,0	17,0	7,5	15,0	17,0
148	101	74	128	87	64	48	19,2	15,7	17,6	7,7	15,7	17,6
154	105	77	133	91	67	50	20,0	16,2	18,2	7,7	16,2	18,2
160	109	80	139	95	69	52	20,8	16,6	18,9	7,8	16,6	18,9
166	114	83	144	98	72	54	21,6	17,1	19,5	7,8	17,1	19,5
172	118	86	149	102	75	56	22,4	17,6	20,0	8,0	17,6	20,0
178	122	89	155	105	77	58	23,2	18,1	20,8	8,0	18,1	20,8
185	126	92	160	109	80	60	24,0	18,6	21,4	8,2	18,6	21,4
191	131	95	165	113	83	62	24,8	19,0	22,1	8,2	19,0	22,1
197	135	98	171	116	85	64	25,8	19,4	22,7	8,2	19,4	22,7
209	143	105	181	124	91	68	27,2	20,3	23,8	8,3	20,3	23,8
222	152	111	192	131	96	72	28,8	21,1	25,1	8,3	21,1	25,1
234	160	117	203	138	101	76	30,4	21,8	28,2	8,5	21,8	26,2
246	168	123	213	145	107	80	32,0	22,6	27,4	8,5	22,6	27,4
265	181	132	229	156	115	86	34,4	23,5	29,0	8,6	23,5	29,0
283	194	142	245	167	123	92	36,8	24,5	30,4	8,6	24,5	30,4
302	206	151	261	178	131	98	39,2	25,4	32,0	8,8	25,4	32,0
320	219	160	277	189	139	104	41,6	26,2	33,3	8,8	26,2	33,3
338	232	169	293	200	147	110	44,0	27,0	34,7	8,8	27,0	34,7
357	244	178	309	211	155	116	46,4	27,8	36,0	9,0	27,8	36,0
375	257	188	325	222	163	122	48,8	28,5	37,1	9,0	28,5	37,1
394	269	197	341	233	171	128	51,2	29,1	38,4	9,0	29,1	38,4
412	282	206	357	244	179	134	53,6	29,8	39,5	9,0	29,8	39,5
431	295	215	373	255	187	140	56,0	30,2	40,5	9,0	30,2	40,5

366.1 Anrechenbarer Verbrennungsluftvolumenstrom $\dot{V}_{VL,\,anr}$ im Aufstellraum

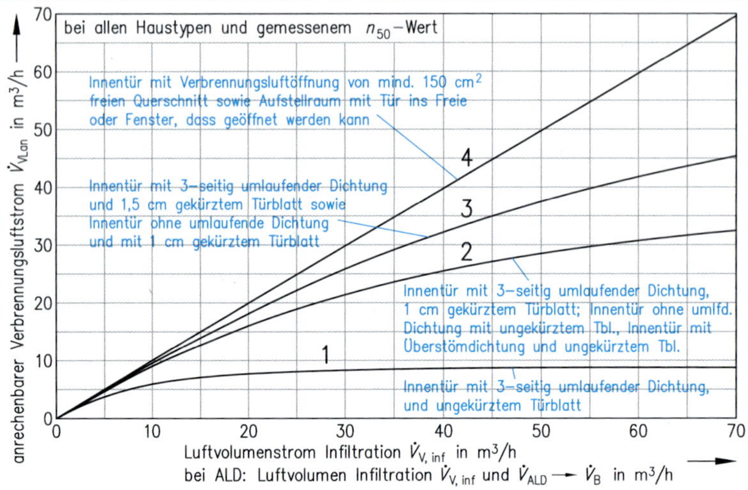

Mit den durch Infiltration in die Verbrennungslufträume kommenden Luftvol.stromen $\dot{V}_{V,\,inf}$ wird mit entsprechender Kurve $\dot{V}_{VL,\,anr}$ abgelesen. Wenn kein gemessener n_{50}-Wert vorliegt wird $\dot{V}_{VL,\,anr}$ direkt aus 365.1 bestimmt. Die $\sum$ der ermittelten $\dot{V}_{VL,\,anr}$ aller Verbrennungslufträume und des Aufstellraumes ergibt den durch Infiltration über den Verbrennungsluftverbund insg. einströmenden anrechenbaren Verbrennungsluftvolumenstr. $\dot{V}_{V,\,inf,\,Verbund}$. Die Verbrennungsluftöffnungen dürfen nicht verschließbar o. zugestellt sein. Können durch Gitter (Raster mind. 10 × 10 mm) abgedeckt werden.

366.2 Beispiel zur Verbrennungsluftberechnung eingeschossige Nutzungseinheit

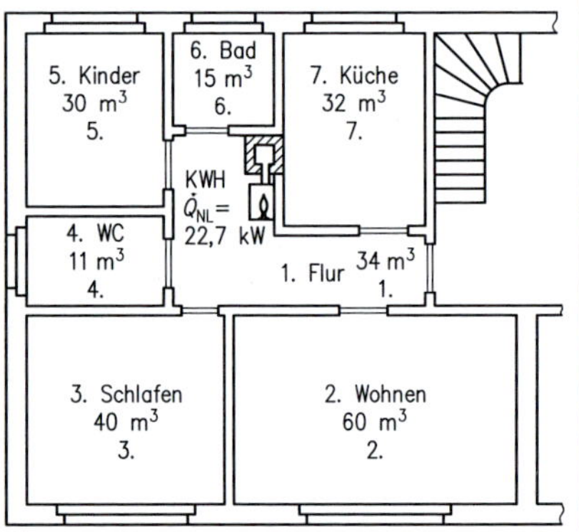

3 Zimmer, Küche, Bad, WC, Flur, alle Innentüren mit dreiseitig umlaufender Dichtung → Kurve 1 (365.1); Verbrennungsluftberechnung mit gemessenem n_{50}-Wert = 1,3; Kombiwasserheizer $\dot{Q}_{NL}$ = 22,7kW, Gasgeräteart B_{11BS}.
Eintrag in Formblatt: Messwert n_{50} = 1,3; Kennwerte aus 364.2; Raum/Nutzung, Raumvolumen V_R. Raumvolumen V_R bei Berechnung der Infiltration (ohne Aufstellraum!). $\dot{V}_{VL} \triangleq \dot{V}_{V,\,inf}$ Infiltration, $\dot{V}_{V,\,inf} = V_R \cdot f_{inf,\,komp} \cdot n_{50} \cdot 0{,}1857 = 60 \cdot 0{,}7 \cdot 1{,}3 \cdot 0{,}1857$ m³/h = 10,2 m³/h. Berechnung für Räume 2 bis 7 und Summenbildung: 32,0 m²/h. $\dot{Q}_{NL}$ = 22,7 kW; Verbennungsluftbedarf $\dot{V}_{Bed} = \dot{Q}_{NL} \cdot 1{,}6$ = 36,3 m³/h.
Schutzziel 1: RLV Aufstellraum = $V_R/\dot{Q}_{NL}$ = 34/22,7 = 1,5 > SZ 1 erfüllt.
Schutzziel 2: $\dot{V}_{VL}$ 32 m³/h < $\dot{V}_{Bed}$ 36,3m³/h → Infiltration reicht nicht! Türen → Kurve 1 → anrechenbarer Verbrennungsluftvolumenstrom, 10,2 → 5,8 m³/h u.s.w. $\sum$ = 21,3 m³/h < 36,3 ⇒ SZ 2 nicht erfüllt!

Formblatt: Objekt: Beispiel 3ZKB							Kennwerte der Nutzungseinheit aus 359.2									
Datum:				Messwert n_{50} = 1,3			$f_{wirk.komp}$ = 0,7 Auslegung n_{50} = –						Luftwechsel = 0,17/h			
Ist-Zustand							SchZ 1	Schutzziel 2								
Raum VLR [1]				Feuerstätte(n)			$\sum$1 m³/kW	Tab. 365.1			Tab. 365.1		Hersteller: $\dot{V}_{Luft}$ = 3 m³/h			
Raum Nr. Nutzung	Raumvolumen V_R	V_R bei Berechnung Infiltration [2]	$\dot{V}_{VL} \triangleq \dot{V}_{V,\,inf.}$ Infiltration	Verwendungszweck/Art	$\dot{Q}_{NL}$ bzw. $\dot{Q}_{fiktiv}$	Verbrennungsluftbedarf	RLV [3] nur Aufstellraum	Kurven. TRGI	Anrechenbarer $\dot{V}_{Verbrennungsluft}$	Maßnahme an der Tür	Neue Kurve n. Maßnahme	Anrechenbarer $\dot{V}_{Verbrennungsluft}$	Anzahl ALD	$\dot{V}_{ALD}$	$\sum\dot{V}_{Infiltration} + \dot{V}_{ALD}$	Anrechenbarer $\dot{V}_{Verbrennungsluft}$
	m³	m³	m³/h		kW	m³/h			m³/h			m³/h		m³/h	m³/h	m³/h
1. Fl	34		–	KWH B_{11BS}	22,7	36,3	1,5	1	–	–	–	–	–	–	–	–
2. WZ	60	60	10,2					1	5,8	Überströmdichtung	2	8,6	–	–	10,2	8,6
3. SZ	40	40	6,8					1	4,5		2	5,9	–	–	6,8	5,9
4. WC	11	11	1,9					1	1,4		2	1,4	–	–	1,9	1,4
5. Kz	30	30	5,1					1	3,7		2	4,5	–	–	5,1	4,5
6. B	15	15	2,6					1	2,2		2	2,2	2	6	8,6	7,4
7. Kü	32	32	5,4					1	3,7		2	4,5	2	6	11,4	9,9
$\sum$	222	188	32,0	X	22,7	36,3	X	X	21,3	X	X	27,1	4	12	44,0	37,7

Fussnote:
[1] Verbrennungsluftraum mit Tür/Fenster ins Freie
[2] V_R gleich Spalte 2
[3] Raumleistungsverhältnis = $V_R/\dot{Q}_{NL}$

Schutzziel 2: Maßnahme an den Türen → Überströmdichtung ⇒ Kurve 2 → anrechenbarer Verbrennungsluftvolumenstrom 10,2 → 8,6 m³/h usw. $\sum$ = 27,1 m³/h < 36,3 ⇒ SZ 2 nicht erfüllt! Besser → Einbau Außenluftdurchlass ALD 2x bei 6. und 7., Herstelerangabe $\dot{V}_{ALD}$ = 3 m³/h ⇒ je 6 m³/h, $\sum\dot{V}_{inf.} + \dot{V}_{ALD}$ = 2,6 + 6 = 8,6 m³/h, bzw. 5,4 + 6 = 11,4 m³/h mit restlichen $\dot{V}_{VL}$ ergibt sich $\sum$44,0 m³/h, mit Kurve 2 ergibt sich 7,4 m³/h bzw. 9,9 m³/h ⇒ $\sum$37,7 m³/h > 36,3 m³/h → Schutzziel 2 erfüllt!

367.1 Verbrennungsluftversorgung über Öffnungen ins Freie

Äquivalente quadratische Leitungsquerschnitte A_L in Abhängigkeit von Leitungslänge L für gerade Verbrennungsluftleitungen, die eine Öffnung ins Freie von 75 cm² bzw. 150 cm² freien Querschnitts entsprechen.

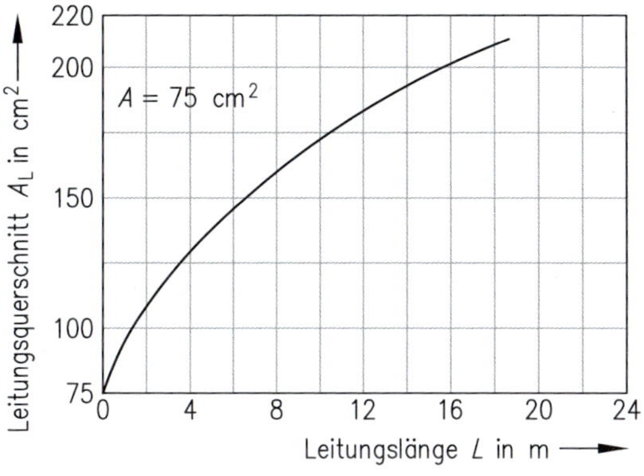

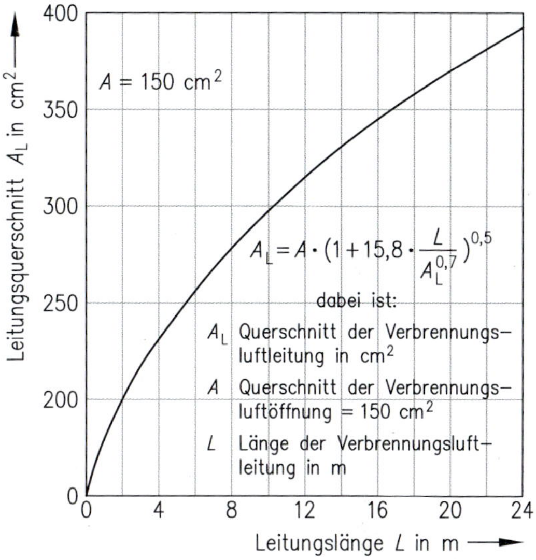

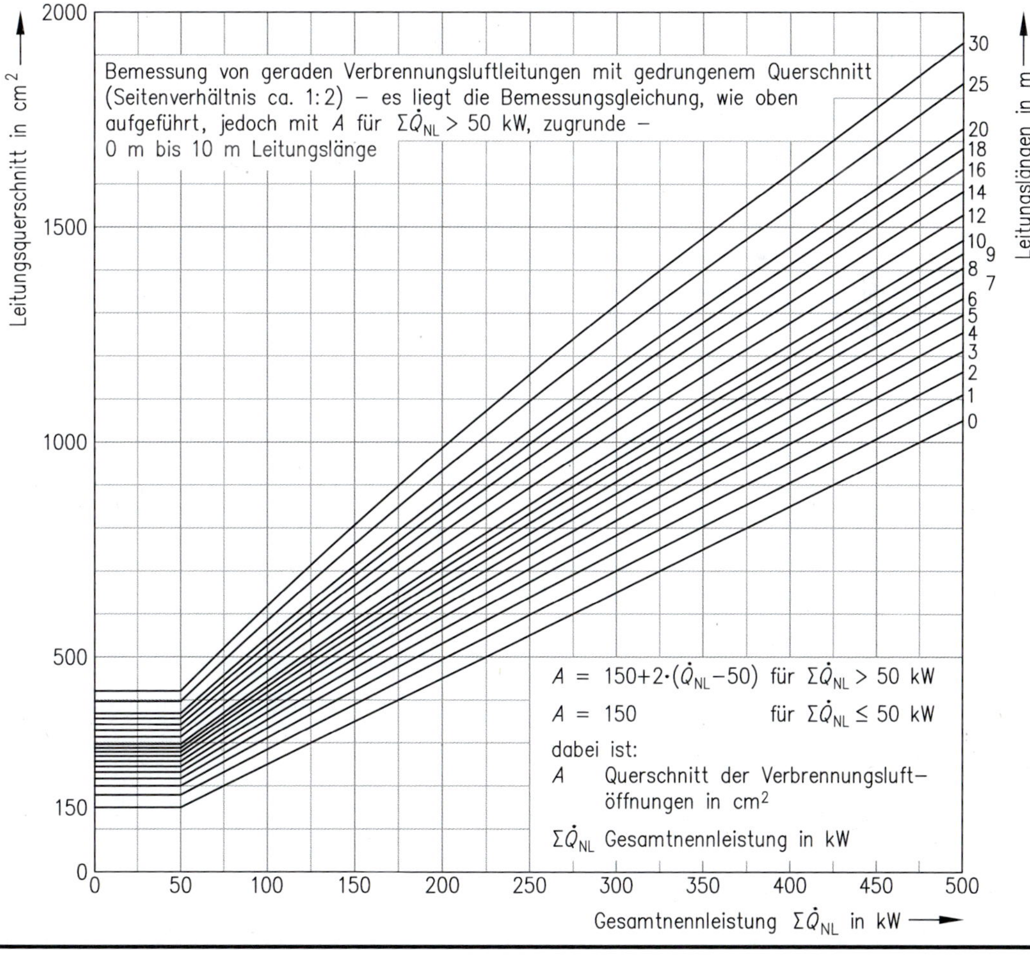

368.1 Undichtheit und Gebrauchsfähigkeit von Gasleitungen, Gasleckmengen für Erdgasbetrieb

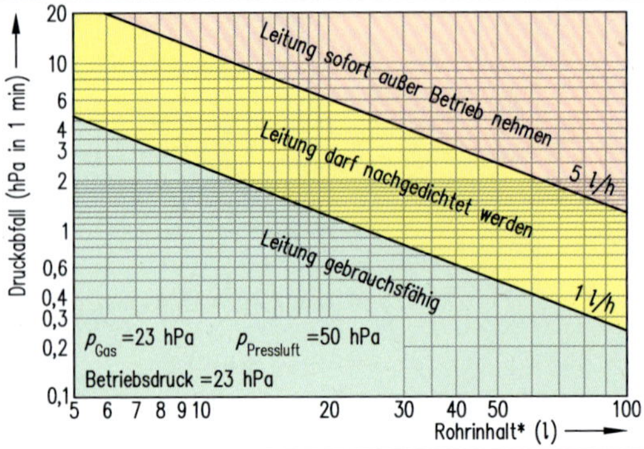

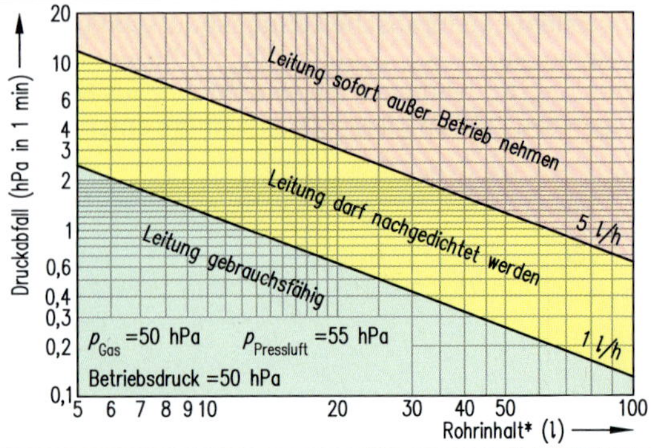

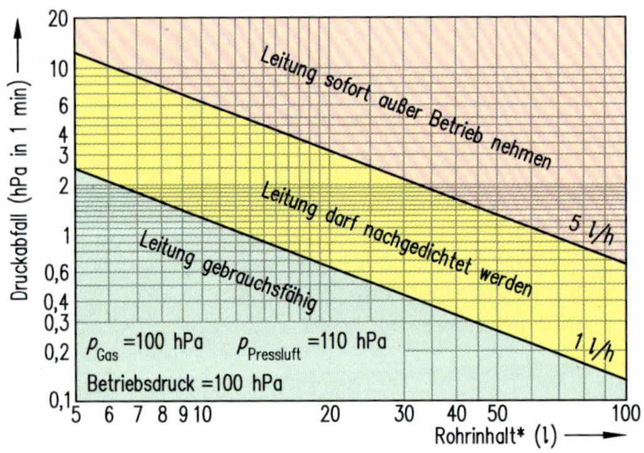

Spezifischer Rohrinhalt bei Ltg. bis $p_{Betrieb} \leq 100$ hPa

Cu/Edelst.	l/m	St DN	mittel l/m	schwer l/m
15 x 1,0	0,13			
18 x 1,0	0,20	10	0,12	0,10
22 x 1,0	0,31	15	0,20	0,17
28 x 1,5	0,49	20	0,37	0,33
35 x 1,5	0,80	25	0,59	0,52
42 x 1,5	1,19	32	1,02	0,93
54 x 2,0	1,96	40	1,38	1,28
64 x 2,0	2,83	50	2,21	2,07
76,1 x 2,0	4,08	65	3,73	3,54
88,9 x 2,0	5,66	80	5,14	4,89
108 x 2,5	8,33	100	8,71	8,41

$$V = \frac{d_i^2}{1273\,\frac{l}{m}}$$

d_i in mm

Luftleckmenge

$$\dot{V}_L = \left(V \cdot \frac{p_1}{p_2} - 1\right)$$

Gasleckmenge

$$\dot{V}_B = \dot{V}_L \cdot \frac{p_B}{p_L} \cdot f \cdot 60$$

$f_{Erdgas} = 1{,}68$

p_B – Überdruck Gas

p_L – Überdruck Luft

Für Rohrinhalte < 3 l ist generell mit 3 l zu rechnen. Gaszähler nicht einbeziehen, sonst muss der Messrauminhalt eingesetzt werden.

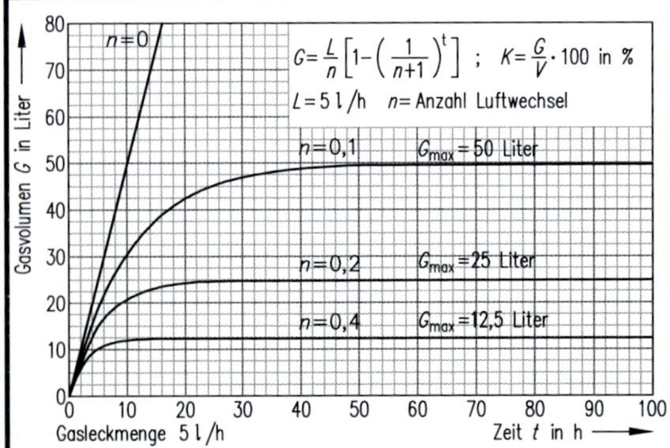

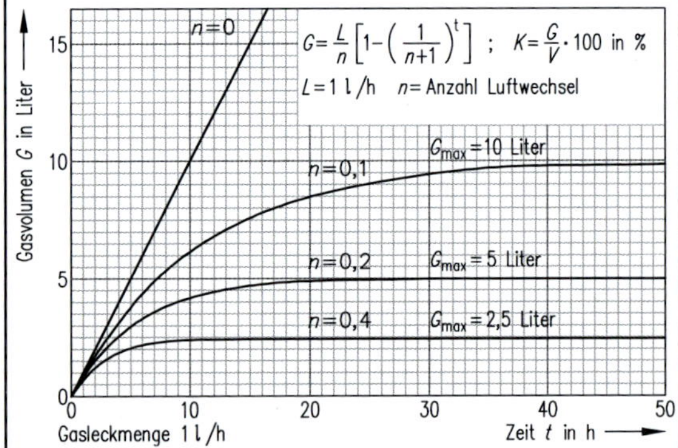

368.2 Thermisch gesteuerte Abgasklappe (Herst.-ang.) DIN 3388

	Nenn-ø mm	60	80	90	100	110	90[1]	110[1]	130[1]
	l in mm	80	90	95	75	80	85	70	70
	h in mm	45	55	65	65	70	10	10	10
	$\dot{Q}_{NB} \leq$ kW	4,5	9	13	17	23	13	23	28
	öffnet bei °C	50	50	50	50	50	40	40	40
max. $\vartheta_{Abg.}$ 320°C	offen bei °C	100	100	100	100	100	70	70	70
	schließt < s	180	180	180	180	180	180	180	180
[1] Durchl.-WH Kombi-UWH	ζ - geschlossen	15	35	50	50	50	50	50	50
	ζ - offen	0,2	0,2	0,2	0,4	0,6	1	1	1

368.3 Motorgest. Abgasklappe

	80	90	100	110	120	130	150	160
l	197	197	197	197	197	197	197	197

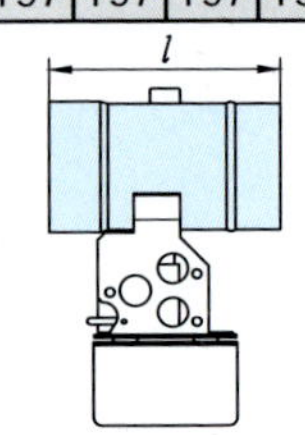

Max. ϑ_{Abgas}	400 °C
ζ-MOK geschlossen	120
ζ-MOK ... AD geschlossen	> 600
ζ-offen	< 1,2

369.1 Vorgeschriebene Prüfungen, Prüfdruck, Prüfdauer, Anpassungszeit, Prüfzeit

Belastungsprüfung Prüfdruck P_{Pr} = 0,1 MPa	Vor Dichtheitspüfung! Nur Leitungen allein; Armaturen nur, wenn ihr max. zulässiger Betriebsdruck (MOP) ≥ Prüfdruck; Prüfzeit 10 min, Druck darf nicht fallen.
Dichtheitsprüfung P_{Pr} = 150 hPa Anpassungs-/Prüfzeit s. 369.3	Leitungen, Armaturen ohne Gasgeräte, -zähler, Regel- und Sicherheitsarmaturen, Gas- Druckregelgerät, Gaszähler nur, wenn max. zul. Betriebsdruck ≥ 150hPa
Gebrauchsfähigkeitsprüfung	In Betrieb befindliche Leitungsanlagen, Betriebsdruck ≤ 1000 hPa, Funktionskontrolle
Unbeschränkte Gebrauchsfähgk.	Gasleckmenge bei Betriebsdruck: < 1 l/h. Ltg. kann betrieben werden (s. 368.1)
Verminderte Gebrauchsfähigkeit	Gasleckmenge bei Betriebsdruck: 1 l/h ≤ $\dot{V}_L$ < 5 l/h; Leitungsanlage muss innerhalb von 4 Wochen nach Feststellung instandgesetzt werden.
keine Gebrauchsfähigkeit	Gasleckmenge bei Betriebsdruck: ≥ 5 l/h. Leitung sofort außer Betrieb nehmen.
Instandsetzung nach Gebrauchsfähigkeitsprüfung	Leitungsanlage kann in Abschnitte aufgeteilt werden. Leitungen können ganz oder teilweise erneuert werden. Gewindeverbindungen nach DVGW-G 264
Kombinierte Belastungs- und Dichtheitsprüfung Anpassungs-/Prüfzeit s. 369.3	Betriebsdruck > 100 hPa und ≤ 0,1 MPa (1 bar); neue Leitungen mit Armaturen ohne Gasgeräte, -zähler, -Druckregelgeräte, Regel- und Sicherheitsarmaturen Prüfdruck 0,3 MPa, 3 h Temperaturausgleich, danach 2 h Prüfdauer ohne Druckverlust

369.2 Inbetriebnahme von Gasleitungsanlagen — DVGW-TRGI 2018

Ltg.	vor Gaseinlass	unmittelbar vor dem Gaseinlass	Gaseinlass in die Leitungsanlage
neu-verlegt	Belastungs-, Dichtheitsprüfung oder kombinierte Prüfung	Sicherstellung: alle Leitungsöffnungen verschlossen; Absperreinrichtungen mit Stopfen, Kappen ... verschließen	So lange, bis die vorhandene Luft verdrängt ist. Durch Messung oder Prüfbrenner-Brennprobe vollständige Entlüftung festellen, unmittelbar nach Gaseinlass sind die nicht erfassten Verbindungsstellen durch Dichtheitsprüfung bzw. kombinierte Belastung-/Dichtheitsprüfung zu prüfen. Kurzzeitige Außerbetriebnahme bedingt Druckmessung mit mindestens dem vorgesehenen Betriebsdruck.
still-gelegt	Inaugenscheinnahme der Leitung auf einwandfreien Zustand	Dichtheitsprüfung (s. 368.1) In undichte Leitungen darf kein Gas eingelassen werden.	
außer Betrieb	Nach Instandsetzung, Änderung der Gasinstallation könnte die Leitungsanlage undicht geworden sein. ⇒ Dichtheitsprüfung oder Gebrauchsfähigkeitsprüfung		

369.3 Protokolle Belastungs-/Dichtheitsprüfung ≤ 100 hPa, kombinierte Prüfung > 100 hPa ≤ 0,1 MPa

Belastungsprüfung	Dichtheitsprüfung
□ Armaturen ausgebaut	□ Armaturen eingebaut
□ Armaturen eingebaut	□ Prüfdruck 150 hPa
□ Prüfdruck 0,1 MPa	□ Prüfzeit nach Tabelle
□ Prüfzeit 10 Minuten	□ Prüfdruck nicht gefallen
□ Prüfdruck nicht gefallen	□ Anlage ist dicht

Leitungsvolumen	Anpassungszeit	mind. Prüfdauer
□ < 100 l	10 min	10 min
□ ≥ 100 l < 200 l	30 min	20 min
□ ≥ 200 l	60 min	30 min

kombinierte Belastungs- und Dichtheitsprüfung

□ Armaturen eingebaut (Nenndruck ≥ Prüfdruck)
□ Prüfdruck 0,3 MPa
□ Temperaturausgleich 3 h □ Prüfzeit ≥ 2 h
□ Prüfdruck während Prüfzeit nicht gefallen
□ Die Anlage ist dicht

Bauvorhaben: ....
Auftraggeber: ....
Auftragnehmer: ....
max. Betriebsdruck: .... hPa
Leitg. wurde □ als Gesamtltg. □ in ... Teilen geprüft
Prüfmedium □ Luft □ Stickstoff □ ....
Alle Leitungen sind mit metallenen Stopfen, Kappen, Steckscheiben oder Blindflanschen verschlossen.

369.4 Inbetriebnahme-/Einweisungsprotokoll

in Betrieb genommene Anlagenteile	Bemerkungen
Anlagen des Netzbetreibers	o.k.
Rohrleitungen inkl. Verbindungen	o.k.
Absperreinrichtungen	o.k.
Gasgeräte (Wärmeerzeuger und TWE)	o.k.
Gasherd, -wäschetrockner, -Haushaltsgeräte	o.k.
Abgasabführung (Anschlüsse/Verbindung)	o.k.
Verbrennungsluftversorgung	o.k.
Kondenswasserableitung	o.k.
Sonstige	–

ergänzende Bemerkungen Auftraggeber/Betreiber:
ergänzende Bemerkungen Auftragnehmer/VIU:

Die Einweisung über den Betrieb der Anlage ist erfolgt, die erforderlichen Betriebsunterlagen, Bedienungsanleitungen und Hinweise für Instandhaltungsmaßnahmen wurden vollständig ausgehändigt.

369.5 Betriebs-/Prüfdrücke je Technische Regel

Techn. Regel DVGW-	zulässiger Betriebsdruckbereich	Prüfdruck der Belastungsprfg. (Vorprüfung)	Prüfdruck der Dichtheitsprüfung (Hauptprüfung)
TVR Gas 1962	bis 50 mbar 500 mm WS	1 bar 1 atü	doppelter Betriebsdruck ≥ 50 mbar
TRGI 1972	≤ 100 mbar	1 bar	1,1-facher Betriebsdruck ≥ 50 mbar
TRGI '86/96	≤ 100 mbar	1 bar	110 mbar
	> 100 mbar ≤ 1 bar	kombinierte Prüfung 3 bar	
TRGI 2018	≤ 100 hPa	0,1 MPa	150 hPa
	> 100 hPa ≤ 0,1 MPa	kombinierte Prüfung 0,3 MPa	

Bei Erhöhung des Betriebsdruckes bis 100 hPa Dichtheitsprüfung, über 100 hPa bis 0,1 MPa kombinierte Prüfung Unter Putz/Kunststoffleitung nicht zulässig

370.1 Instandhaltungsmaßnahmen der Gasinstallation

Gasinstallationsteil	Maßnahme	Durchführung	Zeitspanne
Hausanschluss, -einführung, HAE, Gasdruckregler, Zähler	Sichtkontrolle	Bei einer Sichtkontrolle sind eventuelle Mängel oder Störungen dem Netzbetreiber (NB)/ Messstellenbetreiber (MSB) unverzüglich mitzuteilen	1 Jahr
Rohrleitungen einschließlich der Verbindungen	Sichtkontrolle	Prüfung: Zustand, Korrosion, Befestigung, mechanische Beanspruchung, vorhandene Lüftungsöffnungen an Verkleidungen	1 Jahr
	Wartung	**und zusätzlich** Prüfen auf Funktion, Gebrauchsfähigkeit bzw. Dichtheit	12 Jahre
Absperreinrichtungen	Sichtkontrolle	Prüfung: Zustand, äußerliche Korrosion, Zugänglichkeit, Bedienbarkeit	1 Jahr
	Wartung	**und zusätzlich** Prüfen auf Funktion und Dichtheit	12 Jahre
Gasgeräte (Wärmeerzeuger, TWE-)	Sichtkontrolle	Gas-/Abgasgeruch, Veränderg., Verschmutzg., Rußspuren, Geräusche, gelbe Flamme	1 Jahr
	Inspekt./Wartg.	**und zusätzlich** Inspektions-/Wartungsarbeiten nach Herstellervorgaben	1 Jahr
Haushaltskleingeräte (Gasherd, Wäschetrockn.)	Sichtkontrolle	Funktionltung, optische Kontrolle Anschlussschlauch, Veränderung, Brennerverschmutz.	1 Jahr
	Wartung	Inspektions-/Wartungsarbeit durch VIU oder Wartungsunternehmen G 676	Herstellervorg.
Abgasabführung (Anschlüsse und Verbindungen)	Sichtkontrolle	optische/Geruchskontrolle bei Betrieb der Gasgeräte auf Abgasaustritt	1 Jahr
	Inspektion	Funktion der Strömungssicherung und Abgasüberwachg. auf Rückströmen/Abschaltung bei Rückstrom; Funktion der thermischen Abgasklappe wie Öffnen/Schließen	Geräteinspektion durch BSM
Verbrennungsluftversorgung	Sichtkontrolle Inspektion	Verbrennungsluftöffnungen kontrollieren, baulicher Veränderung, nachträglicher Einbau fugendichter Fenster, Türen, Abluft-Dunstabzug, -Wäschetrockner	1 Jahr durch BSM
Kondensatableitung von Brennwertgerät	Sichtkontrolle Inspektion	ordnungsgemäßer Kondensatablauf, Neutralisationsmaterial überprüfen, soweit vorhanden. Bedienungsanleitung beachten	1 Jahr Inspekt.
Sichtkontrolle durch Betreiber		**Inspektion/Wartung/Instandsetzung** durch **V**ertrags**I**nstallations**U**nternehmen nach DVGW-G 676	
Jegliche Veränderung an der Gasinstallation (Leitung, Geräte, Verbrennungsluftzu-/Abgasabführung) ausschließlich durch VIU			

370.2 Gas-Raumheizautomaten, Herstellerangaben

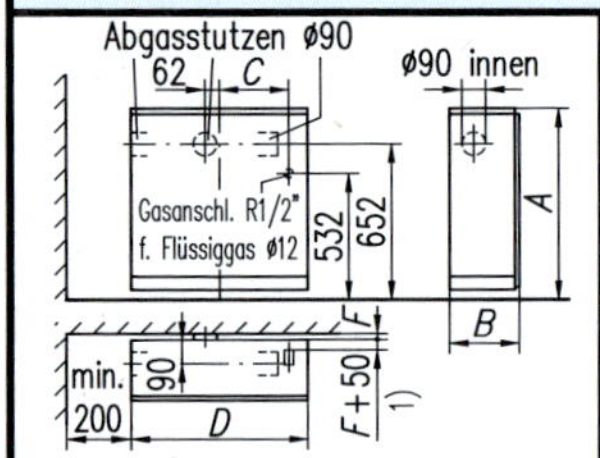

Abmessungen in mm			
Typ	30/50/4	70/4	90/4
A	788	786	790
B	277	273	275
C	202	268	343
D	568	706	849

1) Bei nichtbrennbaren Materialien genügen F + 30 mm

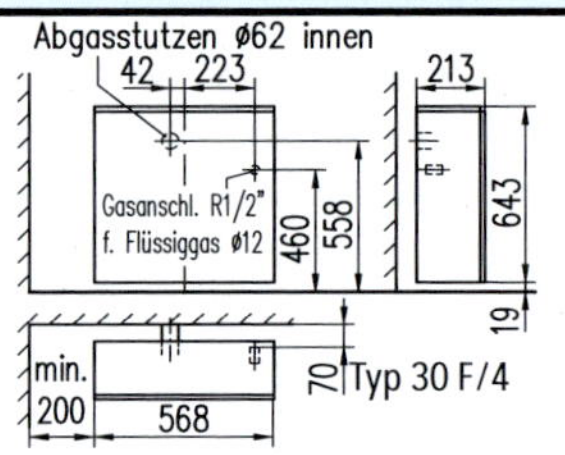

Abstände zu brennbaren Bauteilen/Gegenständen

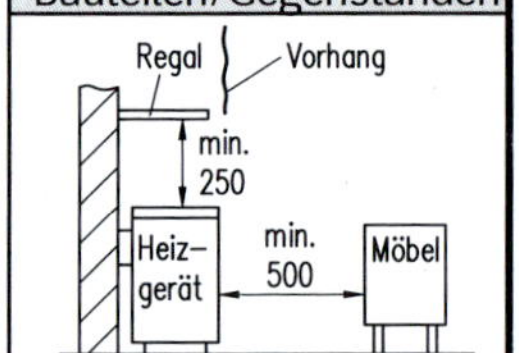

Technische Daten\Typ		30 F/4	30/4	50/4	70/4	90/4
Abgastemperatur	°C	186	155	223	254	250
Abgasmassenstrom	g/s	3,03	3,08	3,35	4,32	6,81
CO_2-Gehalt	Vol-%	4,7	5,4	7,3	7,6	6,0
Förderdruck	Pa	5,0	5,0	5,0	5,0	5,0
Eigengewicht	kg	21	33	33	40	46
$\dot{Q}_{NL}$	kW	3,14	3,69	5,33	7,00	8,60
$\dot{Q}_{NB}$ bzw. auf H_i	kW	3,66	4,27	6,10	8,15	10,37

Gasart	Düsensatz	30 F/4	30/4	50/4	70/4	90/4
Erdgas E 20 hPa	Hauptbrennerdüse Kz.[1]	170	170	210	250	280
Wobbeindex-ber. W_s	Kleinstellschraube Kz.[1]	100	100	110	130	160
11,3–15,2 kW/m³	Zündbrennerdüse SIT	37	37	37	37	37
Erdgas LL 20 hPa	Hauptbrennerdüse Kz.[1]	180	200	240	280	320
Wobbeindex-ber. W_s	Kleinstellschraube Kz.[1]	100[2]	100[2]	110[2]	130[2]	160[2]
9,5–12,4 kW/m³	Zündbrennerdüse SIT	37	37	37	37	37
Flüssiggas B/P	Hauptbrennerdüse Kz.[1]	85	90	110	130	140
50 hPa G30/31	Kleinstellschraube Kz.[1]	40	40	50	70	80
	Zündbrennerdüse SIT	20	20	20	20	20

1) Düsendurchmesser in hundertstel Millimeter (z. B. 240 ≙ ⌀ 2,4 mm)
2) regelbar

SIT Armatur, Kontrolle des Anschlussfließdruckes

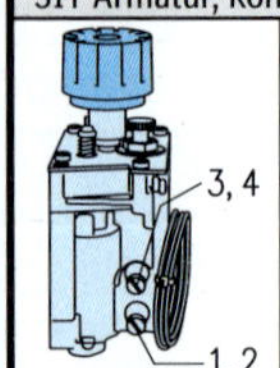

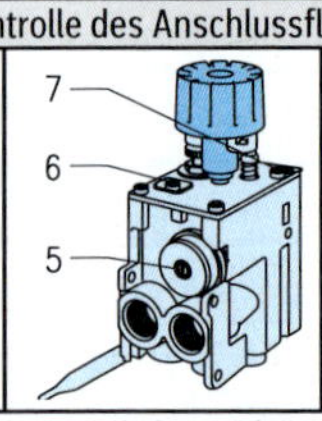

1/2/ Dichtschraube
3/4 u. Messstutzen
5 Regelschraube
6 Kleinstellschraube
7 Einstellschraube

Gasanschlusshahn schließen, Dichtschraube 1 entfern.; Druckmessgerät an 2 anschließen, Gasanschlusshahn öffnen, Gerät in Betrieb, in Vollbrand Fließdruck messen

Nennwärmebelastung einstellen Düsendruckmethode

Gasanschlusshahn schließen, 3 entfernen, Druckmessgerät an 4 anschließen, RH in Betrieb nehmen (voll), Düsendruck (s. neben) an 5 einstellen*), Gerät außer Betrieb nehmen, Druckmessgerät von 4 entfernen und mit Dichtschraube 3 gasdicht verschließen

*) Bei Flüssiggas muss der Druckregler blockiert werden, 5 bis Klicken einschrauben.

Einstellwerte für Düsendruck $p_{Düse}$ und Gasdurchfluss $\dot{V}_G / \dot{m}_{Fl\,G}$

Gasart	Einheit	30 F/4	30/4	50/4	70/4	90/4
Erdgas E 20 hPa G20	$p_{Düse}$ hPa	9,6	13,6	11,6	11,0	11,1
Heizwert H_i = 34,02 MJ/m³	$\dot{V}_G$ m³/h	0,39	0,45	0,65	0,86	1,10
Wobbeindex W_s = 50,72 MJ/m³	$\dot{V}_G$ l/min	6,5	7,5	10,8	14,3	18,3
Erdgas LL 20 hPa G25	$p_{Düse}$ hPa	11,6	11,2	10,0	10,5	9,9
H_i = 29,25 MJ/m³	$\dot{V}_G$ m³/h	0,45	0,53	0,75	1,00	1,28
W_s = 41,52 MJ/m³	$\dot{V}_G$ l/min	7,5	8,8	12,5	16,7	21,3
Flüssiggas 50 hPa G30 H_i = 45,65 MJ/m³; W_s = 87,33 MJ/m³	$\dot{m}_{Fl\,G}$ kg/h	0,29	0,34	0,48	0,64	0,82

Alle Angaben für den Heizwert H_i, Wobbeindex W_s und den Anschlusswert (Durchflussmenge) beziehen sich auf ϑ = 15 °C, Luftdruck 1013 hPa und trockenes Gas.

Volumetrische Einstellmethode; nach 10 min Betrieb, 5 min Gasverbrauch ablesen, mit Sollwert (s.o.) vergleichen, ggf. mit 5 neu einregeln.

371.1 Wichtige technische Regeln Flüssiggas

Norm		Bezeichnung
TRF	2021	Technische Regeln Flüssiggas
TRB		Technische Regeln Druckbehälter
TRG		Technische Regeln Druckgase
DIN	4680	Ortsfeste Flüssiggasbehälter, oberirdisch
DIN	4681	Ortsfeste Flüssiggasbehälter, erdgedeckt
DIN	4811	Druckregelgeräte für Flüssiggas
DIN	4815	Schläuche für Flüssiggas
DIN	4817	Absperrarmaturen für Flüssiggas
DIN	30 696	Verdampfer für Flüssiggas
DIN	51 622	Flüssiggase, Qualitätsanforderungen
DIN EN	449	Techn. Regeln für Fl.-gasheizgeräte ohne Abgasabfuhr
DVGW G	603	Kathodischer Korrosionsschutz
DVGW G	624	Nachträgliches Abdichten von Gasleitungen

371.2 Gaszündgeschwindigkeit Vergleich

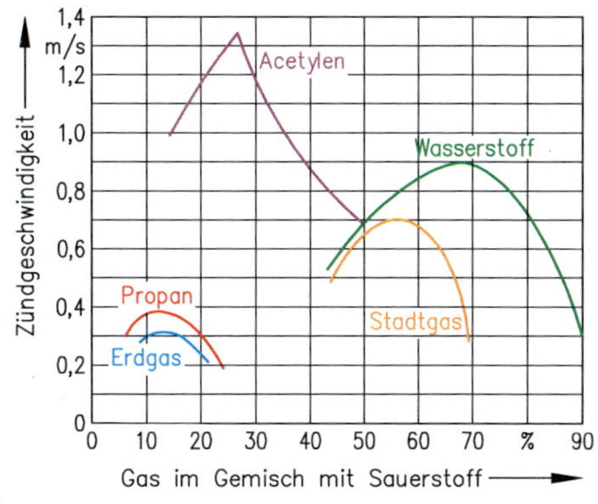

371.3 Physikalische Daten und brenntechnische Eigenschaften von Propan und n-Butan

	Propan	n-Butan		Propan	n-Butan
Dichte flüssige Phase bei 15 °C in kg/l	0,51	0,58	Wobbezahl W_n bez. auf H_n in kWh/m³	20,79	23,74
Dichte Gas bei 0 °C /1 bar in kg/m³	2,011	2,708	Flammentemperatur mit Luft in °C	1925	1895
Dichteverhältnis gegen Luft (Luft = 1)	1,55	2,09	Flammentemperatur mit Sauerstoff in °C	2850	2850
spezifisches Volumen flüssig bei 0 °C in l	1,88	1,68	Zündtemperatur mit Luft in °C	510	430
spezifisches Volumen flüssig bei 15 °C in l	1,96	1,72	Zündgrenzen mit Luft in Vol.-% Gas	1,7 ... 10,9	1,4 ... 9,3
Volumen von 1 kg Gas bei 1 bar bei 0 °C in l	508	373	Verbrennungsgeschwindigk. mit Luft in cm/s	42	39
Volumen von 1 kg Gas bei 1 bar bei 15 °C in l	535	393	theoretischer Luftbedarf L_{min} für Verbrennung in m^3_n/m^3_n	23,9	31,1
Siedepunkt bei 1,013 bar in °C	−42	−0,5	theoretischer Luftbedarf L_{min} für Verbrennung in m^3_n/kg	12,1	12,0
Verdampfungswärme bei 0 °C in kJ/kg	378,58	383,86	theoretischer Sauerstoffbedarf in m^3_n/m^3_n	5,0	6,5
Verdampfungswärme bei 0 °C in kWh/kg	0,105	0,106	theoretischer Sauerstoffbedarf in m^3_n /kg	2,6	2,5
unterer Heizwert H_u bei 0 °C und 1 bar in kWh/kg	12,87	12,72	Verbrennungsgasmenge feucht in m^3_n/m^3_n	26	33
unterer Heizwert H_u bei 0 °C und 1 bar in kWh/m³	25,99	34,32	Verbrennungsgasmenge trocken in m^3_n/m^3_n	22	29
oberer Brennwert H_s in kWh/kg	13,98	13,74	Taupunkt der Verbrennungsprodukte in °C	55	55
oberer Brennwert H_s in kWh/m³	28,28	37,22	CO_2 max in Vol.-%	13,8	14,1

Dampfdruckkurven von Propan und Butan

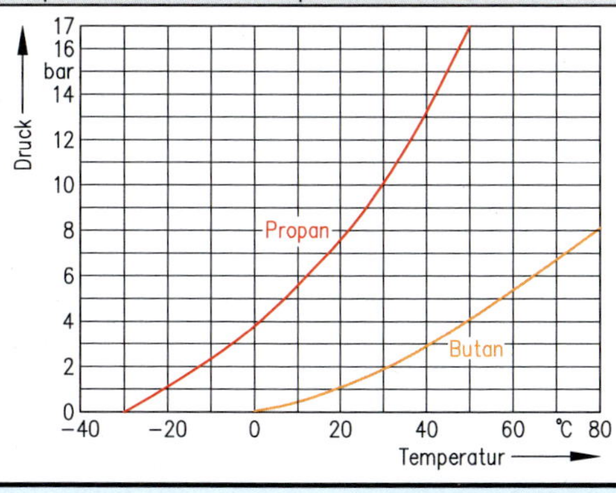

Temperaturabhängigkeit spezifisches Volumen – Dichte

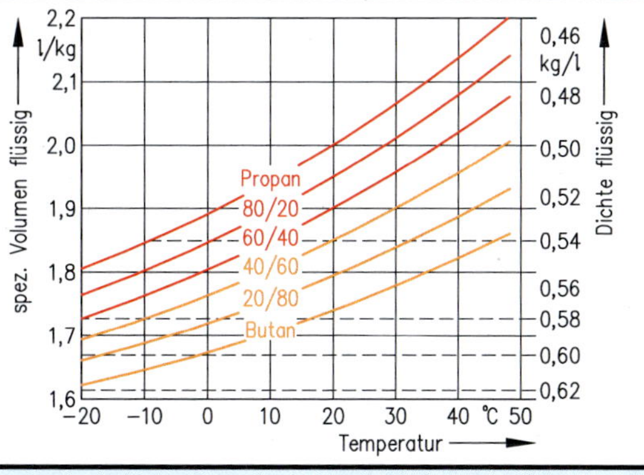

371.4 Dampfdrücke in bar von Propan-Butan-Gemischen abhängig von der Temperatur

P ... B%	100-	90...10	80...20	70...30	60...40	50...50	40...60	30...70	20...80	10...90	-100
−10 °C	2,4	2,2	1,95	1,75	1,5	1,2	0,95	0,7	0,35	0,05	–
0 °C	3,8	3,55	3,2	2,85	2,5	2,2	1,75	1,3	0,95	0,5	0,059
+10 °C	5,6	5,2	4,7	4,3	3,8	3,35	2,8	2,25	1,7	1,1	0,45
+20 °C	7,6	7,1	6,5	6,0	5,35	4,75	4,1	3,4	2,65	1,9	1,1
+30 °C	10,1	9,45	8,7	8,0	7,3	6,65	5,7	4,8	3,9	2,9	1,9
+50 °C	17,0	15,9	14,8	13,65	12,6	11,3	10,0	8,7	7,25	5,7	4,1

Grundlagen Elektro, Regelung
Kommunikation Bauzeichnungen
Werkstoffe Trennen, Fügen
Rohre, Zubehör Montage
Trinkwasser Feuerlöschtechnik
Entwässerung Sanitär, Klempner
Gasinstallation Flüssiggas
TW-Erwärmung Solarnutzung TWE
Energietechnik Erneuerb. Energien
Heizungs- und Feuerungstechnik
Lüftung, Klima Wärmerückführung

372.1 Gebräuchliche Flüssiggasflaschen und -fässer, max. Belastung

Füllmasse	in kg	0,425	5	11	22	33	300
Rauminhalt	in l	1,0	11,7	27,2	52	78	715
Leermasse	in kg	1,8	6,6	13,1	28,5	35,5	255
Außendurchmesser	in mm	84	230	300	267	320	700
Gesamthöhe	in mm	320	500	650	1220	1300	2090
Ansprechdruck	in bar	30	30	30	30	30	30

mögliche Entnahme aus der Gasphase in kg/h					
bei Füllmasse in kg	5	11	22	33	300
kurzzeitig (20 min)	1,0	1,5	2,5	3,0	15,0
50 % Unterbrechung	0,5	0,8	1,3	1,8	8,0
dauernd (Winter)	0,2	0,3	0,5	0,6	3,0

372.2 Zulässige Aufstellungsorte und Lagermengen von Flüssiggasflaschen

Aufstellungsort	Aufenthaltsraum[1]	Wohnung[1]	Aufstellungsraum	im Freien	gewerblicher Raum
Flaschenzahl	1	2 (1 je Raum)	beliebig viele	bel. viele	s. besondere Bestimmung TRG 280
Gesamtfüllmasse	14 kg	2 × 14 kg	beliebig viele	bel. viele	

[1] Nicht in Schlafräumen.

372.3 Flüssiggasflaschenanlagen, oberirdisch

Typ	I	II	III
Füllmasse	33 kg	33 kg	5 oder 11 kg
Aufstellung	im Freien, einzeln o. Mehrflaschenanl.	Aufstellungsraum, einz. o. Mehrfl.anl.	in Gebäuden mit Aufenthaltsräum.

372.4 Aufstellungsort von 33-kg-Flaschen, Schild mit notwendigen Sicherheitskennzeichen

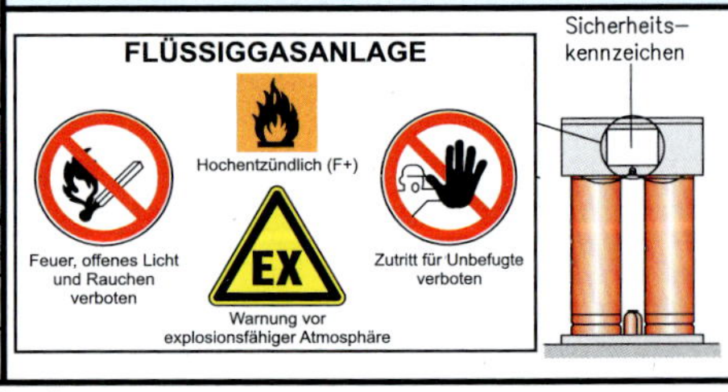

372.5 Ermittlung der explosionsgefährdeten Bereiche A und B von Anlagen Typ I (33 kg Gasphase)

Zone	Einzelflasche	2 bis 6 Flaschen	2 bis 8 Flaschen
1	$R = 1$ m	$R = 1$ m	$R = 1$ m
2	$r = 1$ m	$r = 1$ m	$r = 2$ m

Keine Kanal- und Bodeneinläufe ohne Schutz gegen Gaseintritt sowie keine Kelleröffnungen, Luft- und Lichtschächte in den Zonen 1 und 2.

372.6 Zoneneinteilung explosionsgefährdeter Bereiche ExB — BetrSichVO

Zone 0	Gefährliche explosionsfähige Atmosphäre als Gemisch aus Luft und brennbarem Gas, Dampf, Nebel ständig, lange Zeit vorhanden	Zone 20	Gefährliche explosionsfähige Atmosphäre als Wolke aus brennbarem Staub in der Luft über lange Zeit oder häufig vorhanden
Zone 1	Gefährliche explosionsfähige Atmosphäre als Gemisch aus Luft und brennbarem Gas, Dampf, Nebel gelegentlich bei Normalbetrieb	Zone 21	Gefährliche explosionsfähige Atmosphäre als Wolke aus brennb. Staub in der Luft, die sich bei Normalbetrieb gelegentlich bildet
Zone 2	Gefährliche explosionsfähige Atmosphäre als Gemisch aus Luft und brennbarem Gas, Dampf, Nebel nicht bzw. nur kurzzeitig	Zone 22	Gefährliche explosionsfähige Atmosphäre als Wolke aus brennbarem Staub in der Luft bei Normalbetrieb nicht bzw. nur kurzzeitig

372.7 Mehrflaschenanlage im Freien, Zone 2 ExB

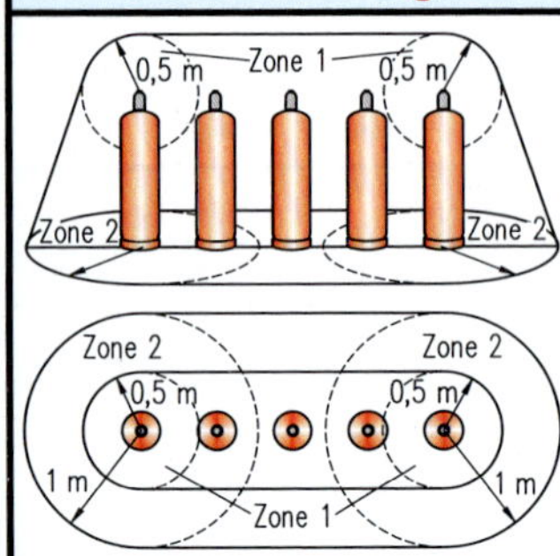

gleichzeitige Gasentnahme; keine Lagerung von brennbaren „explosionsfähigen Stoffen; Zone 2 ohne Kelleröffnung; Luft-/Lichtschacht, Bodenablauf, Kanaleinlauf; max. Schutzwände an 2 Seiten in Zone 2, eine Seite auch Gebäudewand – ohne Öffnung – möglich; nicht für Einzelflasche m. Druckregler

372.8 Ex-gefährdete Bereiche für Flaschenschrank TRF

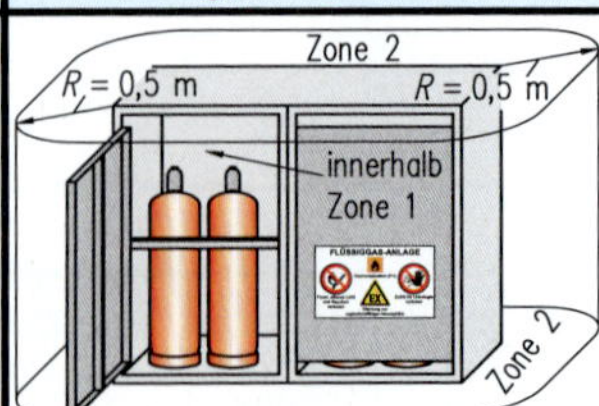

Zone 1: Ex-Bereich innen
Zone 2: 0,5 m-Radius außen
je eine Lüftungsöffnung von 1/100 Bodenfläche (mind. 100 cm²) oben und unten. Flaschenschränke im Freien müssen abschließbar sein und sind mit einem Sicherheitskennzeichen zu versehen.
Flaschen innerhalb v. Aufenthaltsräumen max. 16 kg Füllgewicht keine Flaschenaufbewahrung in Schlafräumen, in Wohnungen max. 2 Flaschen – inkl. Leerflaschen –, pro Raum max. 1 Flasche

373.1 Explosionsgefährdete Zonen 1 und 2 nach EX-RL, Anlagentyp II, 33 kg-Flaschen, Schutzschrank

EX-Zonen	Einzel-flasche	Mehrflaschenanlage 2 bis 6 Fl.	2 bis 8 Fl.
Zone 1	$R = 1$ m	$R = 1$ m	$R = 1$ m
El. Einrichtung nach EX-RL	Zone 1	Zone 1	Zone 1
Zone 2	$r = 2$ m	$r = 2$ m	$r = 3$ m
El. Einrichtung nach EX-RL	Zone 2	Zone 2	Zone 2
Flüssiggasflaschen 33 kg, Entnahme aus der Gasphase			

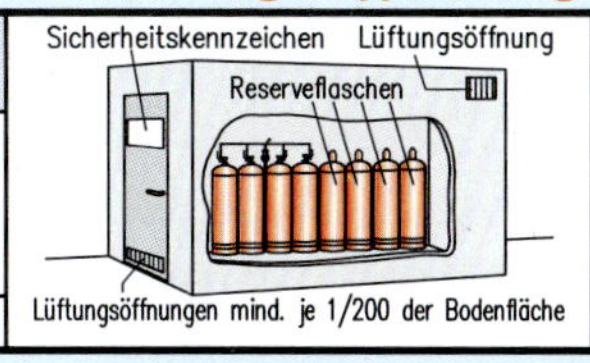

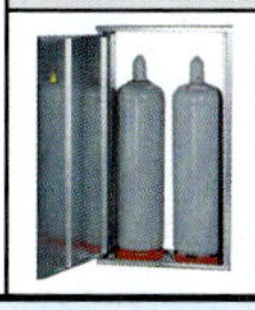

Schutz vor unbefugtem Zugriff

Fl.	$H \times B$ in mm	
1	1485	460
2	1485	840
4	1485	1680
6	1485	2520
Tiefe je 400 mm		

373.2 Schutzmaßnahmen Anlagentyp III, 5 kg-/11 kg-Flaschen, Regleranschluss, Schutzschrank

Mindestabst. Strahlungs-schutz	Heizge. Feuer-stätten	Heiz-kör-per	Gasherd u. ä. Wär-mequellen	Boden-ab-lauf
ohne	0,70 m	0,50 m	0,30 m	0,50 m
mit	0,30 m	0,10 m	0,10 m	0,50 m
Entnahme aus der Gasphase				

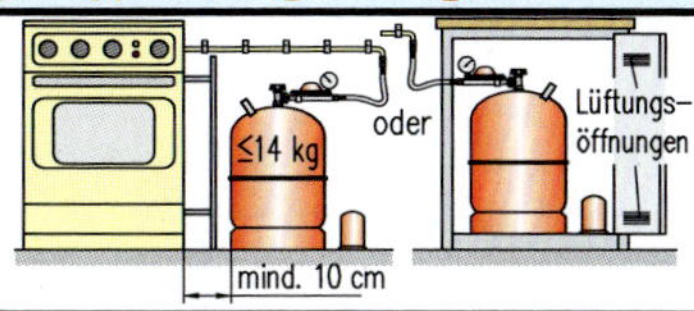

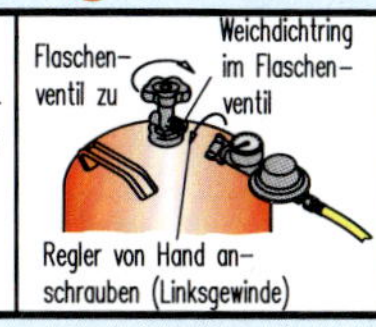

Schutz v. unbefugt. Zugriff

Fl.	B mm
1	460
2	840
H:	1 485
T:	400

373.3 Ortsfeste baumustergepr. Flüssiggaslagerbehälter, Abmessungen, Entnahme, Verbrauch

	Typ in t	V in l	$V_{Füll}$ in l	Masse leer/kg	l mm	ø mm	h mm	h_A, h_O mm	a mm	Fundament/Behältergrube c mm	b	d oder t	Belastung
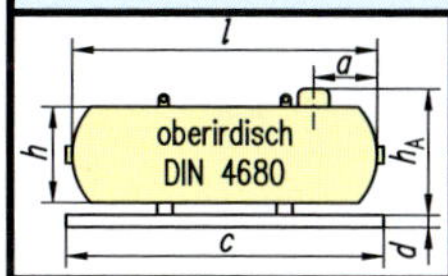	1,2	2700	2430	640	2460	1250	1400	1600	810	3000	1600	200	3,4 t
	2,1	4850	4120	1050	4255	1250	1400	1600	810	4800	1600	200	5,9 t
	2,9	6400	5440	1170	5500	1250	1400	1600	810	6000	1600	200	7,8 t
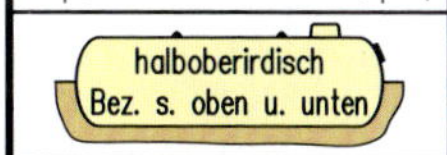	1,2	2700	2430	640	2460	1250		1450	810	3100	1850	850	Sand 4 m³
	2,1	4850	4120	1050	4255	1250		1450	810	4900	1850	850	5,5 m³
	2,9	6400	5440	1170	5500	1250		1450	810	6100	1850	850	6,5 m³
	1,2	2700	2430	780	2460	1250		1800	850	3100	1850	1950	Sand 7 m³
	2,1	4850	4120	1050	4255	1250		1800	850	4900	1850	1950	11 m³
	2,9	6400	5440	1170	5500	1250		1800	850	6100	1850	1950	13 m³

373.4 Explosionsschutzzonen oberirdische Aufstellung, Abstände zu Kanälen, Schächten und Öffnungen TRF 2021

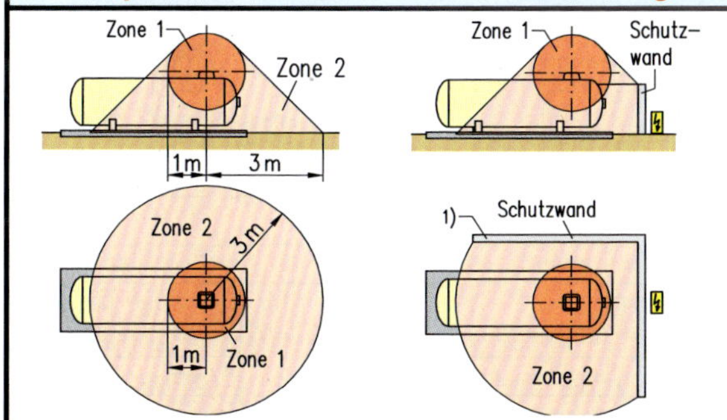

Zone 1: Es dürfen keine Zündquellen vorhanden sein.
Zone 2: Bei Befüllung dürfen keine Zündquellen vorhanden sein.
[1] Einschränkungen > 2 Seiten ⇒ zusätzl. Lüftungsmaßnahmen erf.

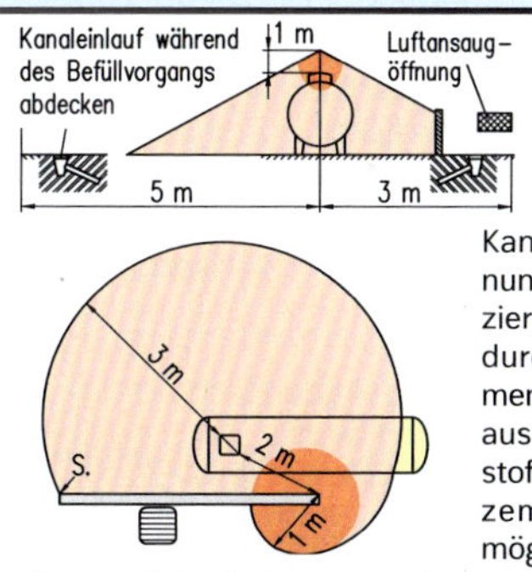

Im Radius 3 m dürfen keine Kanaleinläufe, Schächte, Luftansaugöffnungen sein. Während Befüllvorgang Kanäle, Schächte, Luftöffnungen dichten. Die Reduzierung des Abstandes ist durch bauliche Maßnahmen – öffnungslose Wände aus nichtbrennbaren Baustoffen (z. B. Blech), Faserzement, Mauerwerk) – möglich. Die Abtrennungen müssen nicht für Beanspruchungen aus Explosionen ausgelegt sein. Der Behälter ist so aufzustellen, dass eine allseitig gute Umlüftung sichergestellt ist.

373.5 Ex-Schutzzone bei Gelände mit Gefälle > 30°

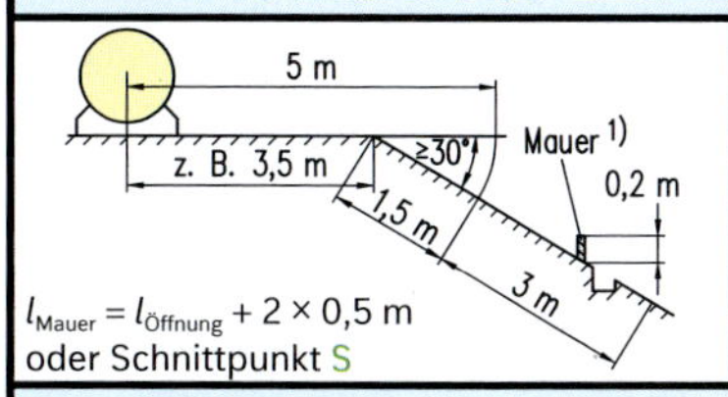

$l_{Mauer} = l_{Öffnung} + 2 \times 0{,}5$ m oder Schnittpunkt S

[1] Im Umkreis 5 m um Peilventil, Füllanschluss müssen tiefer liegende Räume, Kanäle, Schächte, Luftansaugöffnungen durch 0,2 m hohe Mauer geschützt werden.

373.6 Ex-Schutzzone bei Aufstellung im Raum

Besondere Aufstellungsräume mit:

Zwei Lüftungsöffnungen mit je mind. 1/100 der Bodenfläche

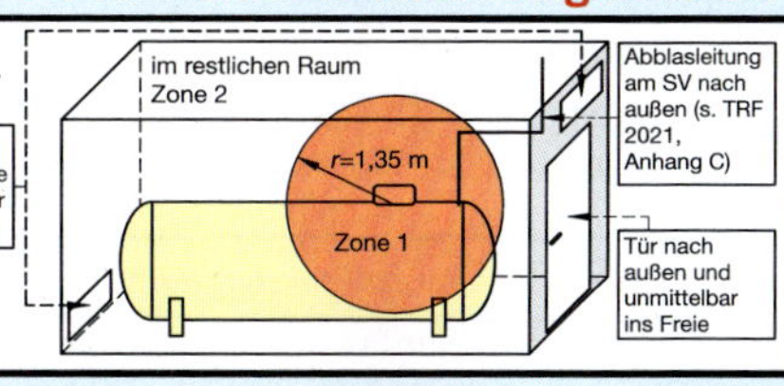

373.7 Vorschriften in explosionsgefährdeten Bereichen, Geräte, Befüllvorgang TRF 2021

In explosionsgefährdeten Bereichen dürfen nur folgende Ex-geschützte Geräte verwendet werden:

in Zone	1	2
Gerätekategorien	1 oder 2	1, 2 oder 3

Feste elektr. Installationen, nicht elektr. Geräte und potenzielle Zündquellen müssen den Anforderungen der festgelegten Zone entsprechen. Befüllung: keine Zündquellen in Zone 1, 2; blindgeschlossene Anschlüsse sind wie Behälterwand ohne Öffnung; Betreten/Durchfahren der Zone 2 durch Unbefugte verboten, Nachbargrundst. sichern.

374.1 Explosionsschutzzonen halboberirdische Aufstellung Flüssiggasbehälter TRF 2021

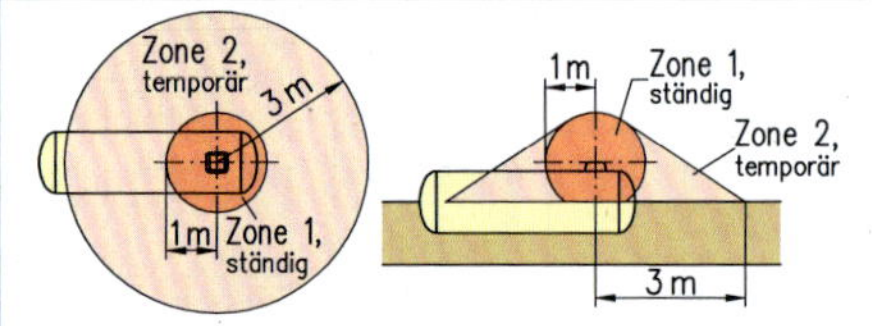

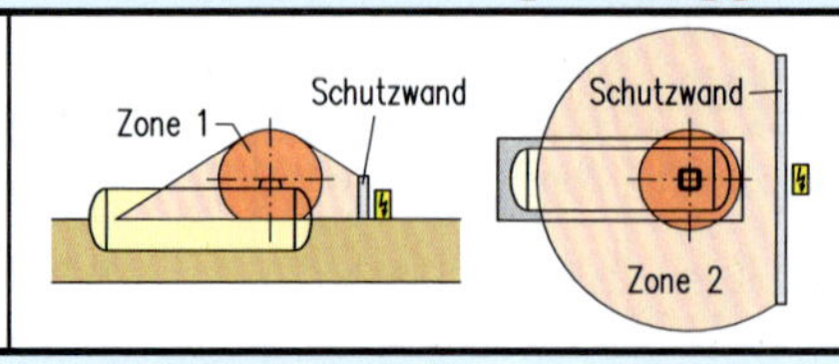

Eine Schutzwand ist erforderlich, wenn Geräte/Einrichtungen – die sich in Zone 2 befinden – nicht Ex-geschützt ausgeführt sind. Brandmeldeeinrichtung muss vorhanden sein.

374.2 Explosionsschutzzonen erdgedeckter Flüssiggasbehälter TRF 2021

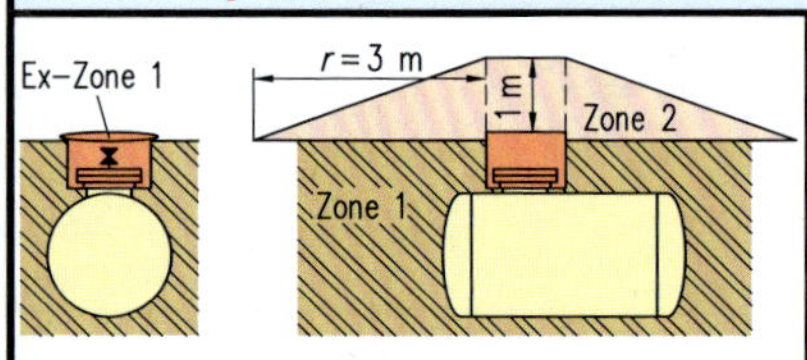

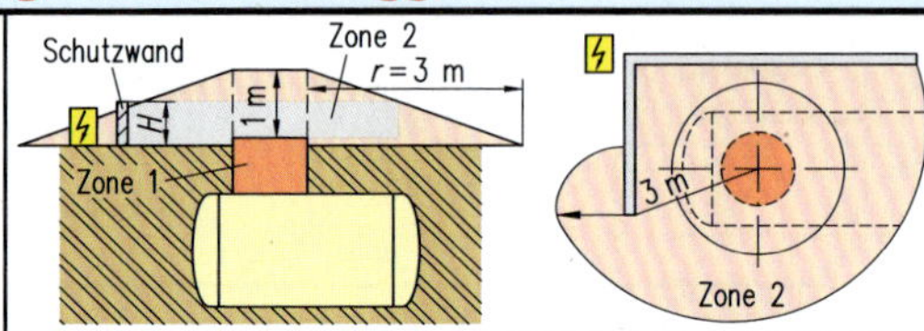

Sicherheitskennzeichnung:

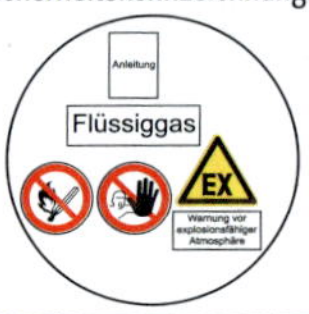

374.3 Schutz vor Brandlasten

unerhebliche Brandlast	geringe Brandlast	Brandlast
brennbare Materialien (Kabelumhüllung, Schutzkasten, Holzzaun, Strohmatten u. Ä.)	**Gebäude in Holzbauweise** zum Wohnzweck (Wohnhaus u. Ä.), zum Abstellzweck (Schuppen, Garage)	**Gebäude in Holzbauweise** für gewerblichen Zweck Lager/Verarbeitung brennbarer Stoffe (Sägerei, Kfz-Werkstatt)
brennbare Objekte (Hundehütte, ausgemauerte Fachwerkgebäude, Holzunterstand mit Dach, Holzflechtzaun u. Ä.)	**gewerbliche Gebäude** in Holzbauweise (Sportstätten, Baubaracken, Tierställe u. Ä.)	**Lagerflächen** große Mengen brennbares Material Brandlastbreite > 3,5 m (Holz, Stroh, brennbare Flüssigkeiten u. Ä.)
Wände Fertighauswände, Stahlcontainer, Glasgewächshaus Festzelt ohne Lager brennbare Materialien	**Häuser** Holzblockhaus bis zu 1,5 x Geschosshöhe, Fachwerkhaus ausgefacht mit Lehm und Stroh	**Holzhäuser** mit mehr als 1,5 x Geschosshöhe
Gebäudeöffnungen Fenster, Tür bei Abstand Behälter-Wand > 3,0 m	**Zelte** Holzlager, Lager brennbare Stoffe in geringer Menge	**Lagergebäude** mit nichtbrennbarer Außenwand (nicht F30) Lager brennbarer Stoffe
Dächer Dachüberstand = Abstand Behälter-Wand; Dachstuhl-Behälter > 3,0 m	**Dauerabstellplatz** für Fahrzeuge, Wohnwagen, Mobilheim u. Ä.	

374.4 Schutzmaßnahmen TRF 2021

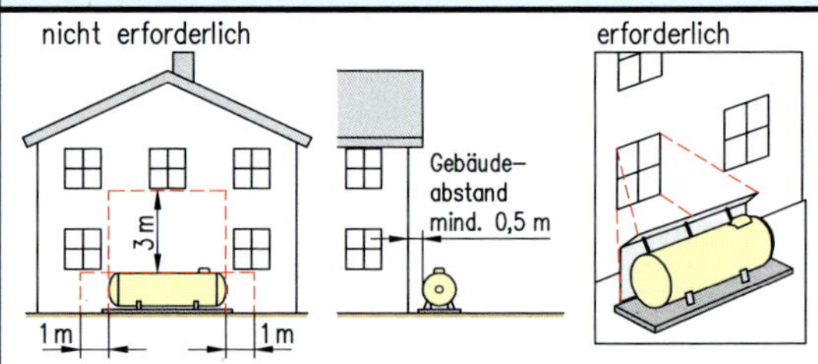

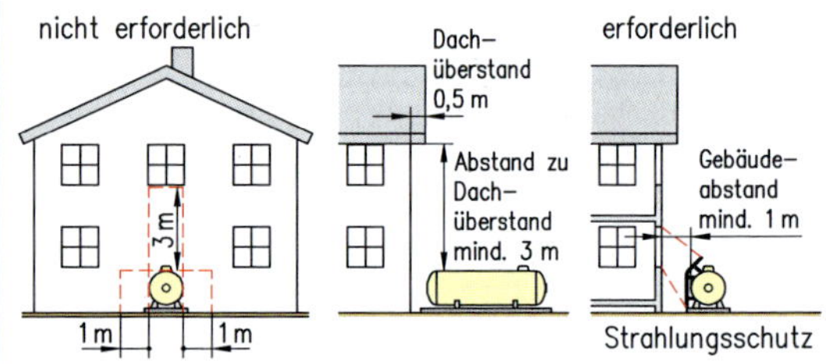

Mindestabstand Brandlast-Strahlungsschutzblech			
Gruppe Schutzmaßnahme	**1** Fenster, Tür Dachüberstand	**2** geringe Brandlast	**3** Brandlast
Strahlungsschutzblech[1]	1,0 m	3/5 m[2]	3/5 m[2]
Schutzwand • gemauert • Betonplatten • Stahlblech	– – –	– 3/5 m[2] 3/5 m[2]	– 3/5 m[2] 3/5 m[2]

[1] Abstand zum Behälter ca. 100 mm, Dicke 1 mm, verzinkt.
[2] Brandlasthöhe ≥ 4,5 m → Mindestabstand 5 m. Bei < 3 m kann Mindestabstand von 3 m weiter reduziert werden, wenn Schutzwand stabil ist. Herabstürzende Teile dürfen Schutzwand nicht beschädigen. Strahlungsschutzblech oder -wand so bemessen, dass Behälter von Brandlast vollständig abgeschirmt ist.

374.5 Zusätzliche Schutzmaßnahmen bei Dachüberstand, Bemessung von Schutzwänden bzw. -blechen TRF 2021

Dachüberstand ist keine Brandlast, wenn:

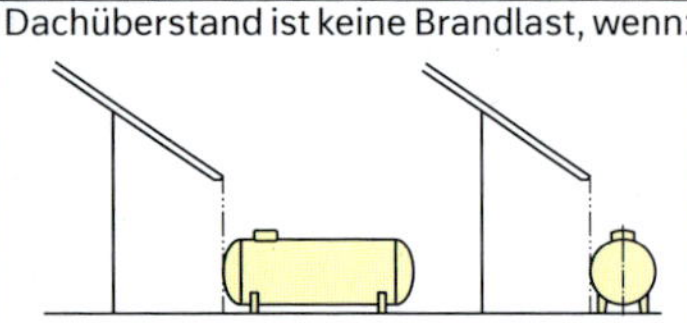

Bemessung Schutzwandhöhe:

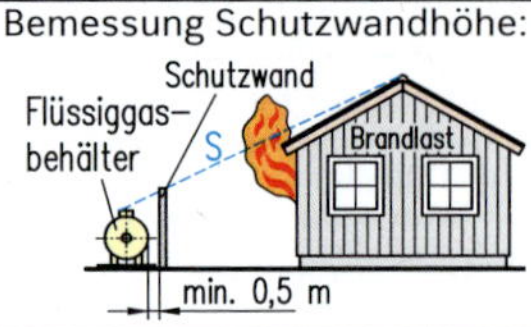

Richtstrahl S bei:
- Spitz-/Satteldach vom First ausgehend
- Flach-/Pultdach von der Traufe ausgehend

Bemessung Schutzwandbreite:

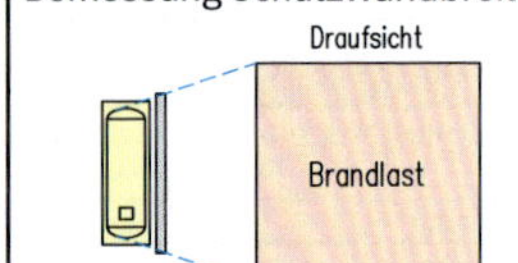

375.1 Schutzabstände für Lagerbehälter bei vorhandenen Brandlasten — TRB 610 Anlage 5

Stahlsorte	Streckgr. N/mm²	K/S; S = 1,5 N/mm²	ϑ_{zul} °C
C 22,3	220	147	258
C 22,8	240	160	262
St 35,8	235	157	266
RSt 35,8	205	137	267
1.0345	(HII) 235	157	266
1.0425	(HII) 265	177	264
WStE 355	355	237	245
15 M03	285	190	325

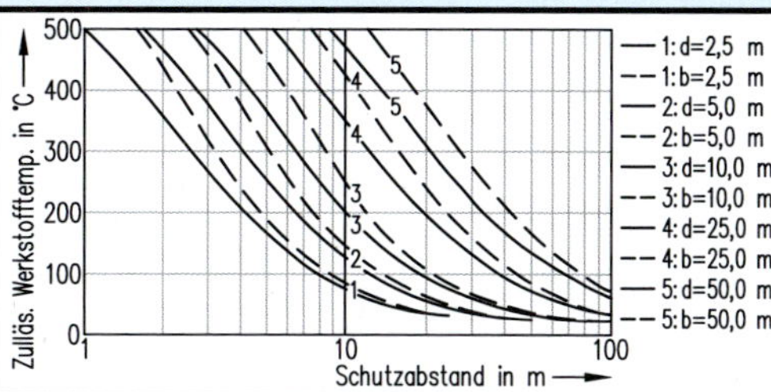

Flammenintensität: 10 W/cm² (z. B. Diesel)
Brandfläche $\pi \times (d/2)^2$ ober $b \times b$ in m²
b Brandlastbreite
d Brandlastdurchmesser

Diagr. berücks. die max. Einstrahlung auch Brandlasten oberhalb des Behälters (Dachstuhlbrand).

375.2 Schutzabstände zu Brandlasten — TRB 610 Anlage 5

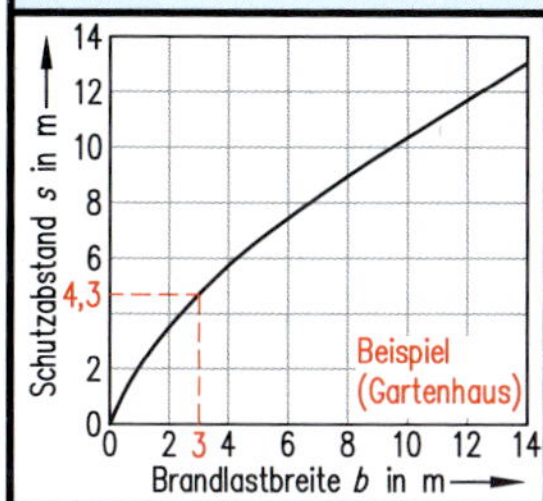

Breite der Brandlast in m	≤ 4	5	6	7	8	9	10	11	12	13	14	15
Abstand Behälter-Brandlast m	5	6,4	7,2	8,0	8,7	9,5	10,2	10,9	11,6	12,3	12,9	13,6

Schutzabstand ab senkrechter Behälterprojektion messen. Bei Behältergruppen von dem am Lagerrand stehenden Behälter messen. Bei Wärmestrahlung auf den Behälter ist der Schutzabstand von der Brandlast (von dem gelagerten Stoff und der Breite/dem Durchmesser der entstehenden Flamme) abhängig. Ein Mindestabstand 5 m ist einzuhalten. Bei Gartenhäusern/Geräteschuppen bis zu einer Breite von 3,50 m können die 5 m unterschritten werden (s. Diagramm). Tab. 375.2 gilt von 4 bis 15 m, Brandlastabstand > 15 m (s. 375.1). Schutzabstand bei Dachstuhlbrand: ≥ 3 m oberhalb Behälterscheitel. Bei erdgedeckten Behältern ist der Abstand zum Domschacht maßgebend, soweit nicht mit Stahlblechdeckel abgedeckt.

375.3 Kunststoffinnenleitungen, Leitungsführung, Absicherung mit Gasströmungswächter, TRF 2021

Anschluss Einzelgasgerät

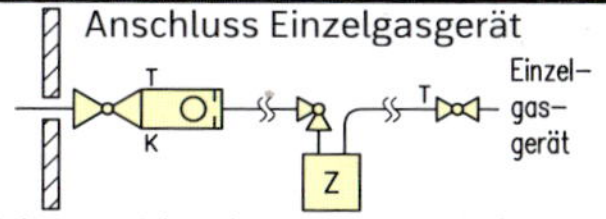

GS in Kombination mit TAE wird vorgeschaltet. (GS entsprechend Belastung)

Einsatz eines Verteilers

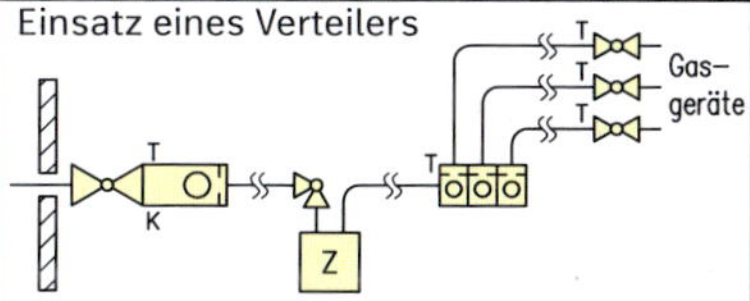

GS am Verteilerabgang entfällt, wenn GS (HAE/Druckregelgerät) leistungsstufengleich. Bei Absicherung mit GS 1,6 K entfällt GS in der Gassteckdose. Bei Gassteckdose mit GS 1,6 K ⇒ Kunststoffleitg. vorher mit GS 2,5 K sichern.

375.4 Jahresenergiebedarf, Gasentnahme, Verdampfungskapazität (Herstellerangabe)

Typ	Jahresverbrauch		oberirdischer Beh.: max. Entnahme in kg/h						halboberirdischer Beh.: Entn. kg/h						erdged. Behält: in kg/h		
			Kurzzeit (20 min)		period. 50 %		dauernd		Kurzzeit (20 min)		period.		dauernd		Kurzz.	period.	dauernd
in t	in t	in l	Sommer	Winter	So	Wi	So	Wi	Sommer	Winter	So	Wi	So	Wi			
1,2	2,4	4560	35	7	14	3	11	2	37	7	15	3	12	2	43	8	6
2,1	4,0	7600	65	13	25	5	18	4	68	14	26	5	19	4	75	15	12
2,9	5,8	11020	86	17	35	7	24	5	90	18	37	7	25	5	100	20	16

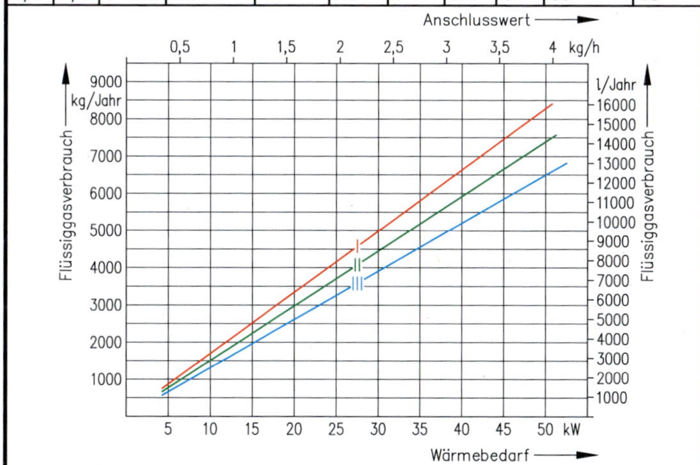

I 1800 Vollbetriebsstunden: Heizperiode, kalte Sommertage und Warmwasserversorgung
II 1600 Vollbetriebsstunden: Heizperiode und Warmwasserversorgung
III 1400 Vollbetriebsstunden: Heizperiode

Behälteraufstellung: oberirdisch

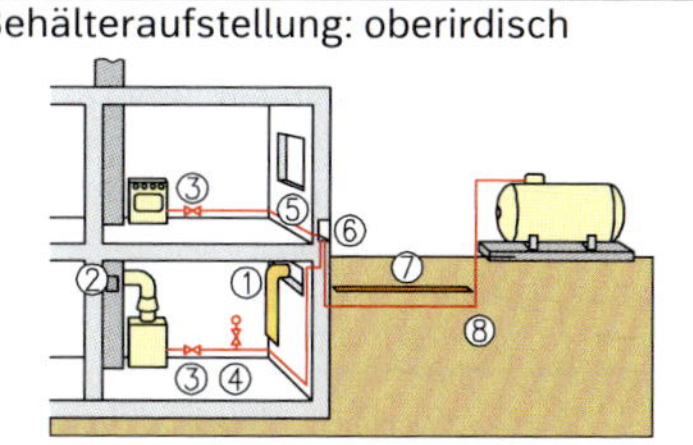

① Zuluft
② Abluftkamin
③ Absperrventil TAE
④ Prüf-, Kontrollventil
⑤ Hauseinführung
⑥ Anschlusskasten
⑦ Cu-Rohr Warnband
⑧ 10 cm Sandbett

halboberirdisch

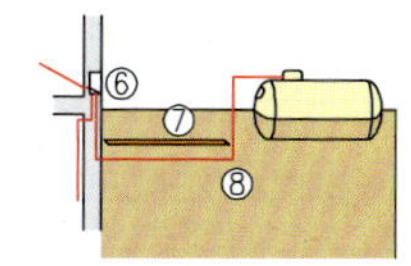

erdgedeckt

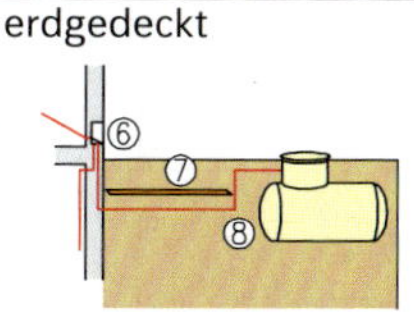

376.1 Kleinflaschenanlagen Übersicht

Behälterregler-Kombination Niederdruck 50 mbar, Hauptabsperrarmatur optional mit Gasströmungswächter GS wahlweise für Außenanlagen f oder Innenanlagen t	Anlagenschema F1-t 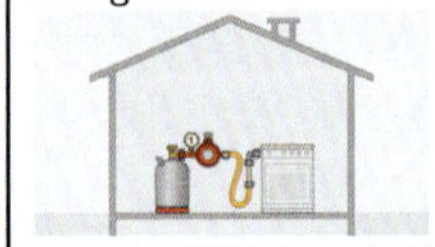
Einflaschenanlage für Haushalts- und Gewerbeanlagen im Freien, Niederdruckregler mit Überdrucksicherheitseinrichtung ÜDS mit Sichtanzeige	
Niederdruckregler für Kleinflaschenanlagen im Freien, für den privaten oder gewerblichen Bereich mit Überdrucksicherheitseinrichtung ÜDS mit Sichtanzeige	Anlagenschema F1 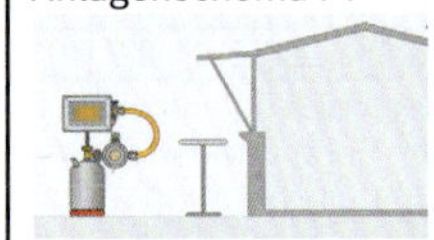
Niederdruckregler für Kleinflaschenanlagen im Freien, für den privaten oder gewerblichen Bereich mit Überdrucksicherheitseinrichtung ÜDS, Sichtanzeige, Schlauchbruchsicherung	Niederdruck 
Großflaschenregler für Einflaschenanlagen oder mit Umschaltventil für Mehrflaschenanlagen, optional mit Gasströmungswächter GS im privaten/gewerbl. Bereich	Anlagenschema F2 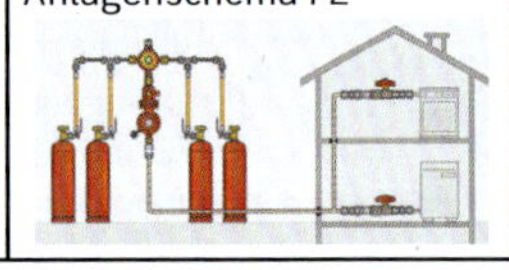

376.2 Behälteranlagen Übersicht

Behälterregler-Kombination Niederdruck 50 mbar, Hauptabsperrarmatur optional mit Gasströmungswächter GS wahlweise für Außenanlagen f oder Innenanlagen t	Anlagenschema AB 1 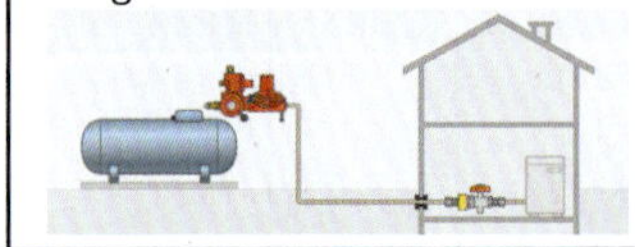
Behälterregler-Kombinat. AB 1 50 mbar, Hauptabsperrarmatur optional mit GS, für Außenanlagen f, Gasströmungswächter vor der Hauseinführung	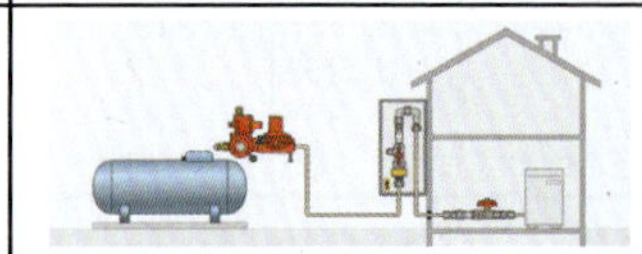
Vorstufenregler 1. Stufe, Hausanschlusskasten 2. Stufe mit GS, für Außenanlagen f Druckregelgerät 1. Stufe direkt am Behälter, Druckregelger.-Ventil-Set vor Hauseinführung	Anlagenschema A3 B3/4 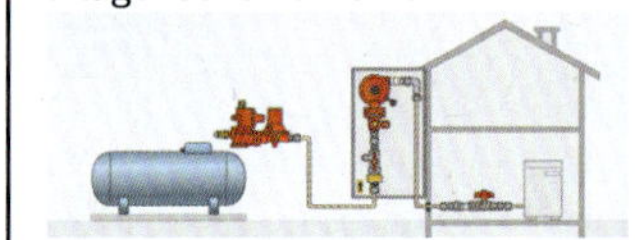
Vorstufenregler 1. Stufe, Druckregelgerät 2. Stufe (mit Sicherheitsmembrane) optional mit Gasströmungswächter GS nach Hauseinführung für Innenanlagen t	Anlagenschema A3 B3/4-t 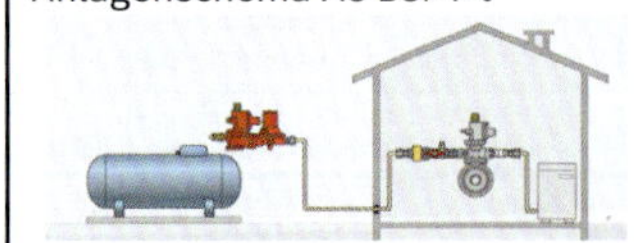
Druckregelgerät 1. Stufe direkt am Behälter 2. Stufe nach der Hauseinführung für den Einsatz in der Industrie	Behälteranlagen Industrie 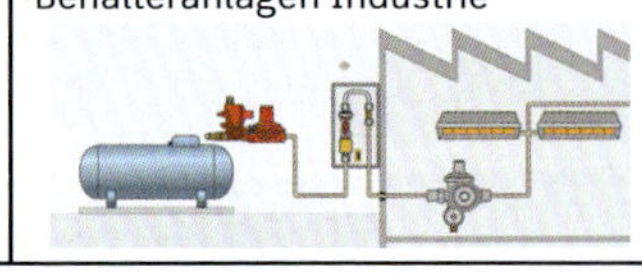

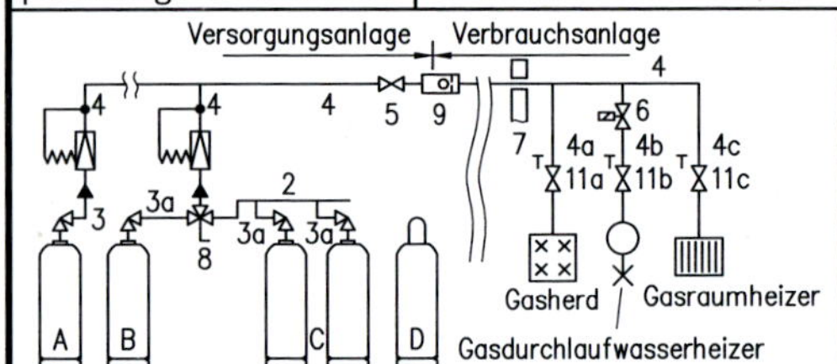

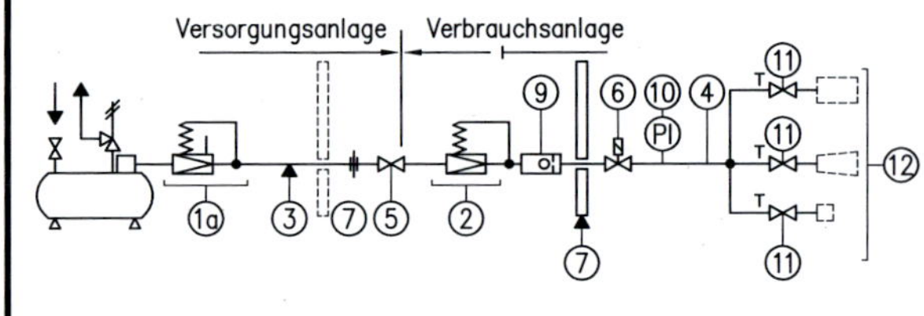

- 1 Druckregelgerät mit vorgeschaltetem SAV und nachgeschaltetem PRV
- 1a Druckregelgerät 1. Stufe mit SAV/PRV
- 2 Druckregelgerät 2. Stufe mit SAV/PRV
- 3 Mitteldruck-Rohrleitung
- 3a Schlauchleitung
- 4 Niederdruck-Rohrleitung
- 5 Hauptabsperreinrichtung
- 6 Magnetventil – stromlos geschlossen (optional)
- 7 Hauseinführung
- 8 Umschaltarmatur
- 9 Gasströmungswächter
- 10 Manometer
- 11 Geräteabsperrarmatur mit therm. auslös. Absperr. TAE
- A Einflaschenanlage; Regleranschl. am Flaschenvent.
- B Zweiflaschenanlage (2. Fl. nicht abgebildet)
- C Mehrflaschenanl. (2. Fl.-Gruppe nicht abgebildet)
- D Vorratsflasche
- B + C können entweder als Betriebs- oder Reserveflasche geschaltet sein

376.3 Niederdruckregler F1-t PS 1,6 MPa

für Nenndruck des Gasgerätes mit Schlauchbruchsicherung, TAE Abgang gerade oder 90°

Bau-/ Anschlussgröße	p_{Nenn} hPa	$\dot{m}_{Nenn}$ kg/h	p_{An} SAV
KLF × G ¼ LH-KN	50	1,5	85
zum Anschluss an Kleinstflasche für Nenndruck des Gasgerätes			
G ⅜ LH-ÜMX G ¼ LH-KN	50	1,5	85
mit Wählscheibe für 11 Drücke			
G ⅜ LH-ÜMX G ¼ LH-KN	25–50	1,0	85

376.4 Behälterregler-Kombination AB 1 PS 2,5 MPa Herst.ang.

Durchgangsform, Behälterdirektanschluss

Anschlussgröße	p_{Nenn}	$\dot{m}_{Nenn}$ B	$\dot{m}_{Nenn}$
POL × IG G ½	50 hPa	6 kg/h	12 kg/h
POL × G ¾ ÜM	50	6	12
POL × RVS 15	50	6	12
POL × RVS 18	50	6	12
POL × RVS 22	50	6	12
POL × PTV 15	50	6	12
POL × PTV 18	50	6	12
POL × PTV 22	50	6	12

mit Sicherheitsabsperrventil SAV, Sicherheitsabblaseventil PRV, Notversorgungsanschluss G ¾ LH-KN mit Rückschlagventil

Typ BHK 052B

Typ BHK 052

377.1 Einteilung der Druckregelgeräte Niederdruck- und Mitteldruck-Anlage DIN 4811

Klasse	PS MPa	p_D hPa	Stufen	p_{SAV} hPa	p_{PRV} hPa	DEV zul.	HTB t	PS / p_D	max. zulässiger Druck / Ausgangsdruck	Klasse	PS MPa	$p_{Nenn\,Ein}$ hPa	Eingangsdruckbereich hPa	p_D hPa	p_{SAV} hPa	p_{PRV} hPa	Si-Memb.	DEV zul.	HTB t
AB1	2,5	50	2	120	150	ja	nein	SAV	Sicherheitsabsperrvent.	B2	0,1	250	149 bis 325	50	120	150	nein	ja	nein
A2	2,5	25	1	50	900	nein	nein	PRV	S-Abblaseeinrichtung	B2-t	0,1	250	149 bis 325	50	120	nein	ja	nein	ja
A3	2,5	70	1	2000	2500	nein	nein	DEV	Druckentlastungsventil	B¾	0,25	700	417 bis 910	50	120	150	nein	ja	nein
A4	2,5	70	1	1000	1500	nein	nein	HTB	höh. therm. Beständigk.	B¾-t	0,25	700	417 bis 910	50	120	nein	ja	nein	ja

377.2 Mögliche Kombinationen der Druckregler TRF 2021

Stufe 1	A2	A2	A3	A3	A4	A4	Druckregler 2. Stufe in Gebäuden müssen thermisch erhöht belastbar sein - t -.
Stufe 2	B2	B2-t	B¾	B¾-t	B¾	B¾-t	Vor DR 2. Stufe Filter installieren, wenn nicht im DR bzw. SAV integriert.

377.3 Druckregler Flaschenanlagen F1/F2 (Herst.ang.)

Anschluss Kleinflaschen KLF × G¼ LH-KN für Verbrauchsgeräte mit Schlauch ≥ 400 mm $p_{Ausgang}$ > 85 hPa rotes Signal, ÜDS, SBS, Nenndruck 50 hPa; Nenndurchfluss 1,5 kg/h

Anschluss Einflaschenanlage F2, PS 1,6 MPa mit SAV, PRV, Prüfanschluss für Mitteldruck-Schlauchleitung (Schlauch 9 × 3,5 mm) G½ LH-ÜM × RVS 12 × 400 mm, p_{Nenn} 50 hPa Nenndurchfluss 4 kg/h; Anschl.: GF × RVS 12

377.4 Vorstufenregler Behälter A3 B¾ A4 B¾-t

direkt an Behälter für Anlage mit Niederdruckregler vor/nach Hauseinführung

Anschlussgröße	p_{Nenn}	$\dot{m}_{Nenn}$ A3	$\dot{m}_{Nenn}$ A4
POL × IG G½	700 hPa	24 kg/h	24 kg/h
POL × G ¾ ÜM	700	24	nur vor
POL × RVS 15	700	24	24
POL × RVS 18	700	24	24
POL × PTV 15	700	24	24
POL × PTV 18	700	24	24

Typ VSR 0523 PS 2,5 MPa
$p_{SAV\,Abschalt}$: 0,2/0,1 MPa
$p_{Eingang}$: 0,15 bis 1,6 MPa

377.5 Druckregler Großflaschenanlagen F2 (Herst.ang.)

Niederdruck PS 1,6 MPa, mit SAV, PRV (FL 91-4)

Anschlussgröße	p_{Nenn}	$\dot{m}_{Nenn}$	Typ
KLF × G½ LH-KN	50 hPa	4 kg/h	FL 90/91
GF × G½ LH-KN	50	4	FL 90/91
GF × RVS 15	50	12	BHK 052
ohne SAV → $p_{Nenn\,Gerät} \geq p_{Absicherung\,Behälter}$			
GF × G½ LH-HN	50 hPa	4 kg/h	FL 92-4
GF × G½ LH-HN	50	6	FL 92-4
GF × G½ LH-HN	50	10	FL 92-4
Niederdruckregler PS 1,6 MPa (FL 90-4 Marine) mit SAV, PRV, geeignet für den Einsatz auf gewerblichen Binnenschiffen			
GF × G½ LH-KN	30 hPa	2,5 kg/h	FL 90-4
GF × G½ LH-KN	50	4,0	Marine

377.6 Niederdruckregler Behälter A3 B¾ A4 B¾-t

für Anlage mit Niederdruck PS 1,6/0,5 MPa zum Einbau vor/nach Hauseinführung mit Sicherheitsabsperrventil SAV mit Sicherheitsabblaseventil PRV mit Prüfanschluss, p_{Nenn} = 50 hPa

NDR 0516 vor HAE

Anschlussgröße	$\dot{m}_{Nenn}$ A3	$\dot{m}_{Nenn}$ A4
IG G½ × IG G½	12 kg/h	
IG G½ × IG G¾	12	12 kg/h
IG G¾ × IG G¾	24	24
RVS 15 × RVS 15	12	12
RVS 18 × RVS 18	12	

mit Sicherheitsmembrane (PRV entfällt), RVS-Anschluss mit integriertem Gasfilter, mit therm. Absperreinricht. TAE (bei ϑ > 100 °C)

NDR 0515 nach HAE

377.7 DR Mitteldruck Großflaschenanl. F2 (Herst.ang.)

Anschlussgröße	p_N MPa	$\dot{m}_{Nenn}$	Typ	
Komb. A × G⅜ LH-KN	0,15	12 kg/h	VSR 0524	
Komb. A × G½ LH-KN	0,15	12	VSR 0524	
für Flaschenbatterien mit hoher Leistung				
GF × IG G½	0,15	24 kg/h	VSR 0136	
GF × RVS 15	0,15	24	Festeinst.	f. Batterie m. hoher Leistg.
GF × IG G½	0,07–	24	VSR 0137	Typ VSR 0137 verstell-
GF × RVS 15	0,4	24	variabel	bar/Manometer

377.8 Behälterregler-Set PS 5 bar A4 B¾-t nach HAE

mit Isolierstück, Hauptabsperrarmatur, Gasfiltereinsatz, Trennverschraubung, Niederdruckregler, SAV, Prüfanschluss, TAE zur Absperrung bei ϑ > 100 °C, S-Membr.

Anschlussgröße	p_{Nenn} hPa	$\dot{m}_{Nenn}$ kg/h
IG G½ × IG G¾	50	12
IG G¾ × IG G¾	50	24
RVS 15 × RVS 15	50	12

377.9 Behälterregler-Kombination PS 2,5 MPa Industrieanlage

Behälterdirektanschluss mit SAV, PRV, Notversorgungsanschluss G⅜ LH-KN mit RV

Anschlussgröße	p_{Nenn}	p_{Ein} MPa	$\dot{m}_{Nenn}$	Typ
POL × IG G¾	50 hPa	0,1–1,6	20 kg/h	BHK
POL × IG G1	50	0,15–1,6	60	Bild

Netzgasanlage Direktanschluss Mitteldr. PS 2,5 MPa, Ausstattung: 4× Kugelhahn PS 4, 2× Vorstufenregler (s. 377.10) VSR 0523, 2× Kugelhahn PS 0,5 bis 2 MPa, 2 Manometer, 2× Entlüftung, 2× Reglerabstützung, bei Reglerausfall automatische Umschaltung, Reglertausch ohne Gasunterbrechung und Prüfgaseinspeisung/Prüfung o. Ausbau möglich

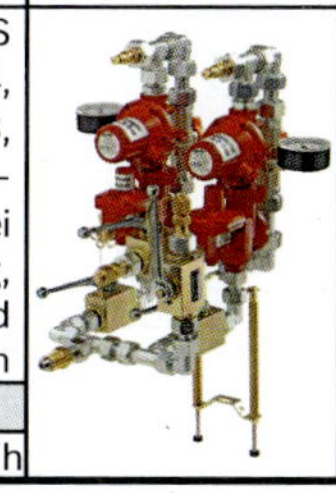

Anschlussgröße	p_{Nenn} MPa	$p_{Eingang}$ MPa	$\dot{m}_{Nenn}$
POL × RVS 18	0,07	0,15–1,6	24 kg/h

377.10 Vorstufenregler Behälter PS 2,5 MPa Industrie

Direktanschluss mit SAV, PRV, Notversorg.

Anschlussgröße	p_{Nenn} fest	p_{Nenn} var.	kg/h
POL × IG G½	0,15 MPa	0,07–0,2	24
POL × RVS 15	0,15/0,16	0,07–0,2	24
POL × RVS 18	0,15	0,07–0,2	24
POL × IG G½	0,20	0,07–0,4	24
POL × RVS 15	0,20	0,07–0,4	24
POL × RVS 18	0,20	0,07–0,4	24
POL × IG G¾	0,15		60
IG G½ × IG G¾	0,15		60
[1] POL × IG G¾	0,25	[1] 60–100 kg/h	
POL × IG G¾		0,07–0,2	60
IG G½ × IG G¾		0,07–0,2	60

[1] $\dot{m}_{Nenn\,Propan/Butan}$: 85 kg/h; p_{Vor} 0,55 MPa
100 kg/h; p_{Vor} 0,70 MPa

378.1 Armaturen für Flaschenanlagen, Herst.ang.

Zweiflaschenanlage automatische Umschaltung

PS 1,6 MPa, zur Druckregelung auf den Nenndruck des Gasgerätes 50 hPa, 1,5 kg/h

Entnahme erfolgt wechselseitig, Flaschenwechsel ohne Betriebsunterbrechung; integrierte Sicherheitseinrichtung verhindert Durchschlagen

Automatisches Umschaltventil PS 1,6 MPa

dient bei $\dot{m}$ > 4 kg/h gleichzeitig als 1. Stufe, verhindert Durchschlagen des Gasstroms

GF x AG GF × GF; $\dot{m}_{Nenn}$ = 6 kg/h; $p_{Betrieb}$ = 0,12 MPa

Anlage mit manueller Umschaltung, Groß FLA F2

Anlage Flaschen	PS MPa	p_{Nenn} hPa	$\dot{m}_{Nenn}$ kg/h	Übergangsstück	Doppel-Absperrblock
2	1,6	50	4	RST 12 mm	manu. Um.
4	1,6	50	4	RST 12 mm	manu. Um.
6	1,6	50	12	RST 12 mm	manu. Um.

Thermische Absperreinrichtung TAE 0,5 MPa

DN 12	IG Rp3/8 × AG R3/8	
DN 15	IG Rp1/2 × AG R/G1/2	IG Rp1/2 × IG Rp1/2
DN 20	IG Rp3/4 × AG R3/4	IG Rp3/4 × IG Rp3/4
DN 25	IG Rp 1 × AG R1	

Z-waagerecht bzw. senkrecht nach oben f. Propan/Butan, Erdgas

Gasströmungswächter GS PS 0,5 MPa, Einbau Z

$p_{Betrieb}$ = 15 bis 100 hPa; $\Delta p \leq 0{,}5$ hPa
Überströmmenge: 2 bis 30 l/h Luft

DN 15	AG R1/2 × IG Rp1/2	G3/4 KN × G3/4 ÜM 2 kg/h
DN 15	AG R1/2 × IG Rp1/2	G3/4 KN × G3/4 ÜM 3 kg/h
DN 20	AG R3/4 × IG Rp3/4	G3/4 KN × G3/4 ÜM 2 kg/h
DN 20	AG R3/4 × IG Rp3/4	G3/4 KN × G3/4 ÜM 3 kg/h
DN 20	AG R3/4 × IG Rp3/4	G3/4 KN × G3/4 ÜM 5 kg/h

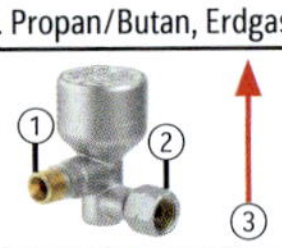

Kippschutzventil für alle ortsveränderlichen Geräte mit Zündsicherung (Terrassenstrahler)

Gasstopp ab 40° Neigung direkt nach Regler
① G1/4 LH-UM ② G1/4 LH-KN ③ Richtung!

Mitteldruck-Schlauchleitung PS 1 MPa, 6,3 x 3,5

Anschlussvarianten	Längen in m
G1/4 LH-ÜM × RVS8	0,45/0,5/0,6/3/5
G1/4 LH-ÜM × RVS8/RST8/STN	0,3/0,4/0,8/1/1,5/2/2,5
G1/4 LH-ÜM × RVS10 (*auch 12)	0,3*/0,4*/0,8/1/1,5/2/3
G1/4 LH-ÜM × G1/4 LH-ÜM	0,4/0,8/1/1,5/2/3/5
G3/8 LH-ÜM × G3/8 LH-ÜM/*RVS8	0,3*/0,4*/1/1,5/2/3/5/10
RVS8 × RVS8/*auchRST8/STN	0,3/0,4*/0,5/0,6/0,8*/1
G1/2 LH-ÜM × RVS8/12/15/*12	0,3/0,4*(Schlauch 9 x 3,5)
G3/8 LH-ÜM × G3/8 LH-ÜM	2/3/5/8/10/15/20

Hochdruck-Schlauchltg. PS 3 MPa Großfl. ≤ 33 kg

GF × AG GF/RST12 (*auch 8)	0,3*/0,4 mit Haltegriff
KLF × AG GF/RST12	0,3/0,4

378.2 Armaturen für Behälteranlagen Herst.ang.

mit TAE und GS
$p_{Betrieb}$ = 15 bis 100 hPa
$\Delta p \leq 0{,}5$ hPa

Hauptabsperreinrichtung PS 0,5 MPa

DN 15	IG	G1/2 × Rp1/2	G3/4 ÜM	2kg/h
DN 15	IG	G1/2 × Rp1/2	× G3/4 ÜM	3kg/h
DN 20	IG	G3/4 × Rp3/4	G3/4 ÜM	2kg/h
DN 20	IG	G3/4 × Rp3/4	×	3kg/h
DN 20	IG	G3/4 × Rp3/4	G3/4 ÜM	5kg/h

Regler-Set PS 1,6 MPa für Behälteranl.

vor der Hauseinführung mit GS, Typ K Isolierstück Hauptabsperrarmatur, Filter, SAV, PRV

Anschlussgrößen	p_{Nenn}	DN	$\dot{m}_{Nenn}$ kg/h
G3/4 ÜM × G3/4 ÜM	50 hPa	15	2 oder 3

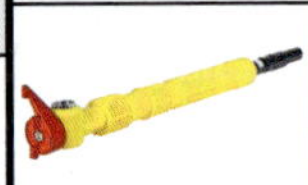

Hauseinführung Hauptabsperreinrtg.

DN 20	AG	R3/4 × RVS 15/18	3/4 ÜM	2kg/h
DN 20	AG	R3/4 × RVS 15/18	3/4 ÜM	3kg/h
DN 20	AG	R3/4 × RVS 15/18	3/4 ÜM	5kg/h

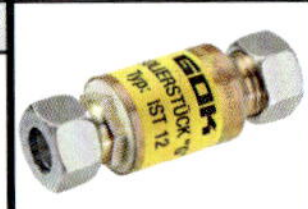

Außen PS 1,6/2,5 MPa
Innen PS 0,5 MPa HTB

Isolierstück – elektrische Trennung HAE

DN 12	IG/AG G1/2 × IG G1/2	PS 1,6 MPa
DN 12	RVS 12/15/18 × 12/15/18	PS 2,5 MPa
DN 20	IG G3/4 × AG G3/4	PS 1,6 MPa (HTB 0,5 MPa)
DN 20	RVS 18/22 × RVS 18/22	
DN 25	IG Rp 1 × AB Rp 1	

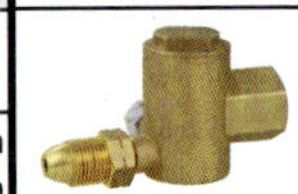

Feuchtigkeitsabscheider mit Gasfilter

PS 2,5 MPa vor dem Behälterregler Schütz Vorstufenregler vor Vereisung, verh. Rückkondensierung im Regler

Gasfilter PS 1,6 MPa, RST 15 x RVS 15

DN 5 Filtereinsatz Niro 100 µm
Einbau in Behälteranl., Regler-Ventils.

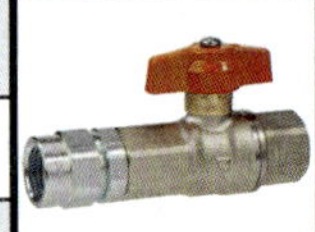

Kugelhahn thermisch TAE PS 1,6 MPa

sperrt bei ϑ > 100 °C automatisch ab
RVS8/10/12/15/18/22 × 8/10/12/15/18/20
IG Rp3/8/1/2/3/4 × IG Rp3/8/1/2/3/4
geeignet als Geräteabsperrventil

Schnellschlussventil thermisch TAE PS 0,5 MPa, Absperrung bei ϑ > 100 °C

RVS 8/12/15 × RVS 8/12/15 gerade
RVS 12 × RVS 12 Ausführung 90°

Schlauchbruchsicherung PS 1,6 MPa

Pflicht bei gewerblichen Anlagen ab Schlauchlänge 400 mm, bei Campinganlagen ab 1 500 mm, automatisch
G1/4 LH-ÜM × G1/4 LH-KN 50 hPa 1,5 kg/h
RST 8 × RST 8 50 hPa 1,5 kg/h
(200 hPa 2 kg/h), SBS manuell
G1/4 LH-ÜM × G1/4 LH-KN 50 hPa 1,5 kg/h

378.3 Zuständigkeit für Prüfung von Flüssiggasanlagen vor Inbetriebnahme DVFG-TRF 2021

Prüfung von Flüssiggasbehältern	von Rohrleitungen	Verbrauchsanlagen
durch eine ZÜS (befähigte Pers.) bei Serienfertigung (Behälter); Behälterausrüstung im Baumuster; Serienprüfung (ZÜS) ist erfolgt	ordnungsgemäße Montage, Installation, sichere Funktion durch Fachbetrieb	ohne Rohrleitungen Prüfung: Dichtheit; ordnungsgemäße Aufstellung Gasgeräte; Abgasabführung nach DVGW-G 600 Abschnitt 11
	Festigkeitsprüfung durch Fachbetrieb	
Isolierung, Einlagerung, Verfüllung erdgedeckter Behälter durch fachkundiger Person	Abnahmeprüfung für Rohrleitungen: PS ≤ 500 hPa (keine Flaschenanlage) durch Fachbetrieb	
kathod. Korrosionsschutz, zert. Fachbetrieb	PS > 500 hPa und PS x DN ≤ 200 MPa durch befäh. Pers.	
ordnungsgem. Aufstellung von Flaschen durch Fachbetrieb/TRF-Sachkundigen	PS > 500 hPa und PS x DN > 200 MPa durch ZÜS Flaschenanl.: DN ≤ 25 durch Fachbetr./TRF-Sachkundigen	Dokumentation

vor Inbetriebnahme von Gasfeuerstätten:	Inbetriebn. von Verbrennungsmotoren, Blockheizkraftwerken:
Bezirksschornsteinfegermeister bescheinigt Tauglichkeit, sichere Benutzbarkeit der Abgasanlage	BM bescheinigt Tauglichkeit und sichere Benutzbarkeit der Leitungen zur Abführung von Verbrennungsabgasen

379.1 Einsatzbereiche für Rohre, Form- und Verbindungsstücke, lösbare, unlösbare Verbindungen TRF 2021

Werkstoffe, Technische Regel, DIN, DIN EN, DVGW, DVS-Richtlinie	Betriebsdruck p_B in hPa (mbar) ≤100	$<p_B≤$	<1000	Außenltg. frei-verl.	Außenltg. erd-verl.	Innen-ltg.	Geräte-anschl.
Stahlrohr: DIN EN ISO 3183	×	×	×	×	×[3]	×[1]	×[1]
DIN EN: 10208-1, 10220,	×	×	×	×	×[3]	×	×
10255, 10216-1, 10217-1	×		×	×	×[3]	×[1]	×[1]
Verbindg.-Stück: DIN 3387-1	×	×	≤ DN 32	×		[1, 2]	×[2]
DIN EN: 10253-1	×	×	×	×	×	×	×
1092, 10241, 10242/A1/2	×	×	×	×		×[1]	×
nicht rost. Stahlr. GW 541	×	×	×	×		×	×
Verbindg.-Stück: DVGW VP 614	×	×	×	×		×[5]	×[5]
Wellrohrltg. NRS: EN 15266	×					×[1]	×
Verb. DVGW GW 354, VP 616						×[1]	
Präzisionsst. EN 10305-1/2/3	×	×	×	×		×[1]	×
Verbindg.-Stück: DIN 3387-1/2	×	×	×	×		[1, 2]	×[2]
Cu-Rohr: EN 1057, GW 392	×	×	×	×	×	×	×
Verbindg.-Stück: DVGW GW 2 (A)	×	×	≤ DN 32	×	×	×	×
DVGW G5614 (P)	×	×	×	×	×[9]	×[2]	×[2]
DIN 3387-1[8]	×			×		[1, 2]	×[1]
DIN EN 1092-3	×	×	×	×		×[2]	×
Kunstst. GW 335 A2	×	×	×		×		
Verbindg.-Stück: GW 335, G 5600	×	×	×		×		
Verbundrohr: G 5628 (P)	×				×[9]	×	×
Gasschlauchltg.: DIN 3384	×	×	1,6 MPa	×		[1, 2]	×
DIN 3383-1/2, EN 14800	×						×
Flaschen EN 16436	×	×	×[11]				×
Einsatzbereiche unlösbare Rohrverbindungen							
Stahlr.-Gewinde EN 10225/6-1	×	×		×		[10]	×
Dichtmittel EN 751-2/3	×	×		×		[10]	×
Schweißverbindg. GW 350/EN 12732 f. Rohr, EN 10255, 10216-1, ISO 3183	×	×	×	×	×	×	×

Fortsetzung Werkstoffe, Technische Regel, DIN, DIN EN, DVGW, DVS-Richtlinie	Betriebsdruck p_B in hPa (mbar) ≤100	$<p_B≤$	<1000	Außenltg. frei-verl.	Außenltg. erd-verl.	Innen-ltg.	Geräte-anschl.
Schweißerqualifikat. GW 350[12]	×	×	×	×		×	×
DIN EN ISO 9606-1[13]	×			×	×	×	×
Nahtgüte GW 350 (A) AS A[12]	×	×	×	×	×	×	×
DVGW GW 350 (A) AS B[13]	×	×	×	×	×	×	×
Cu-Hartlötverbind.: GW 2 ≤ DN 108	×	×	×	×	×	×	×
Cu-Schweißverb. GW 2 (A)	×	×	×	×	×	×	×
Qualif.: EN ISO 9606-3	×	×	×	×	×	×	×
Metallrohr-Pressverbind.: G 5614	×	×	×*)	×		×[5]	×[5]
Mehrschichtverb.rohr G 5628	×				×[9]	×	×
Übergangsverb. PE 80/100/X	×	×	×		×		
Press-/Schiebehülsverbind. (m)	×	×	×		×		
PE-Schweißvd.: G 472, GW 335	×	×	×		×		
Qualität: DVS-RL 2207, 2202	×	×	×		×		
Heizwendelschw.: 2207, 330	×	×	×		×		
Glatt-/Bördelrohrverbind.: 3387	×	×	×	×		[1, 2]	×[1]
Verschraub.: EN 10241/2/SA	×	×	×	×		×[1]	×
Zählerverschraubung: 3376-1/2	×	×	×	×		×	
Dicht. 3535-6 FA, EN 549, 682	×	×	×				×
Flanschverbind. EN 1092, DIN 3535	×	×	×	×		×[1]	×[1]
Dichtung: Typ C	×	×				×[1]	×[1]

1) nicht unter Putz
2) zugfest, thermisch erhöht belastbar
3) zul. in Wanddicken der mittelschweren Reihe mit Schweißverbindung
4) nur bis DN 32
5) thermisch erhöht belastbar
6) s_{min} = 1 mm (≤ DN 12) 1,5 m (≤ DN 22) < 2 mm
7) Bördelverbindung nur mit Rohr DIN EN 10305-1
8) mit Messing-Ü-Stück
9) nur für Geräte im Freien
10) Axialausgleich
11) zum Flaschenanschluss
12) Wanddicke < 4 mm
13) Wanddicke ≥ 4 mm

379.2 Aktive/passive Maßnahmen gegen Eingriffe Unbefugter bei metallenen Innenleitungen TRF 2021

	Ein-/Zweifamilienhaus		Mehrfamilienhaus
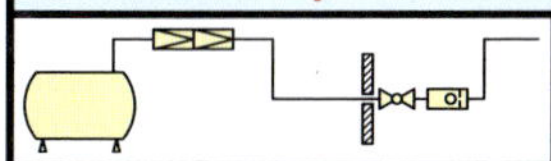	keine erforderlich, da kein allgemein zugänglicher Raum	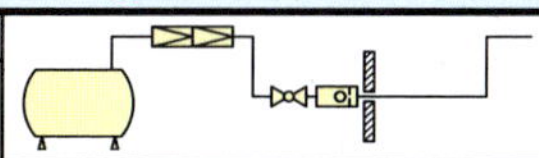	keine erforderlich, da Gasströmungswächter außen
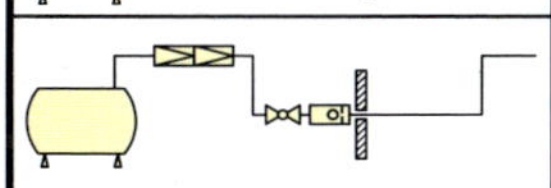	keine Passivmaßnahmen erforderlich, da Gasströmungswächter außen	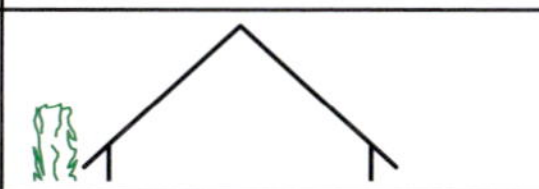	nicht allgem. zugänglich. Raum oder nicht lösbare Verbindungen oder gesicherte lösbare Verbindungen
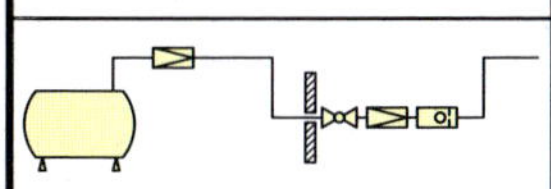	nicht allgem. zugängl. Raum oder nicht lösbare Verbindungen oder gesicherte lösbare Verbindungen	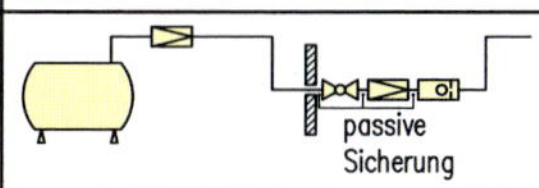	nicht allgem. zugänglich. Raum oder nicht lösbare Verbindungen oder gesicherte lösbare Verbindungen
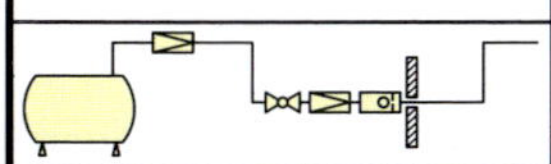	keine Passivmaßnahmen erforderlich, da Gasströmungswächter außen	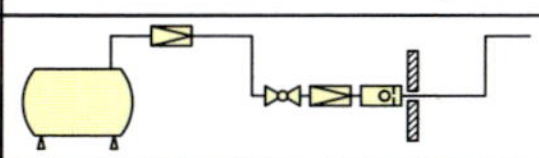	keine Passivmaßnahmen erforderlich, da Gasströmungswächter außen

	MFH Etagengasanwendung
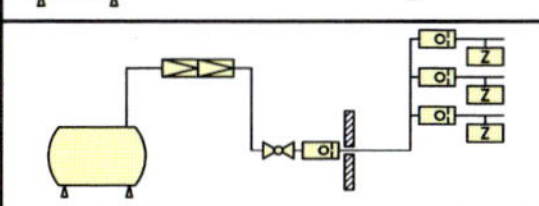	keine erforderlich, da Gasströmungswächter außen
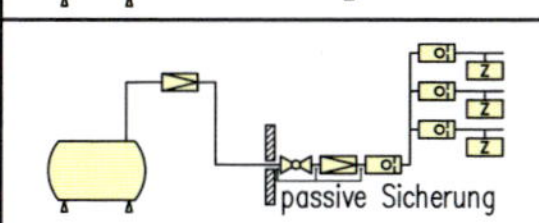	nicht allgem. zugänglich. Raum oder nicht lösbare Verbindungen oder gesicherte lösbare Verbindungen
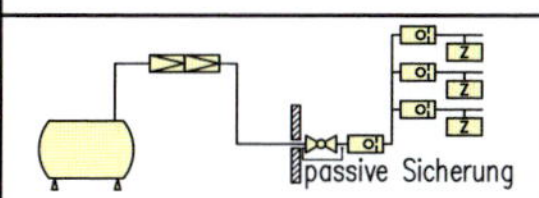	nicht allgem. zugänglich. Raum oder nicht lösbare Verbindungen oder gesicherte lösbare Verbindungen
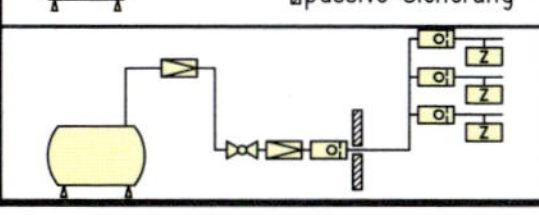	keine Passivmaßnahmen erforderlich, da Gasströmungswächter außen

Aktive/passive Maßnahmen gegen Eingriffe Unbefugter bei Sammelversorgung mit erdverlegten Leitungen

Versorgungsdruck bis 100 hPa (100 mbar)

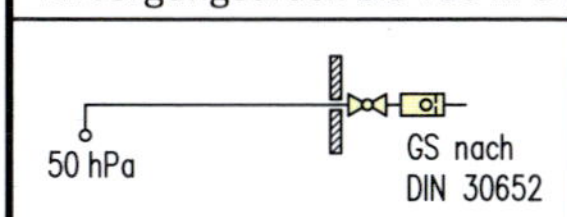

analog zu	
EFH/ZFH	1.
MFH	6.
MFH Etagengas	10.

100 hPa < Versorgungsdruck < 1 000 hPa (1 bar)

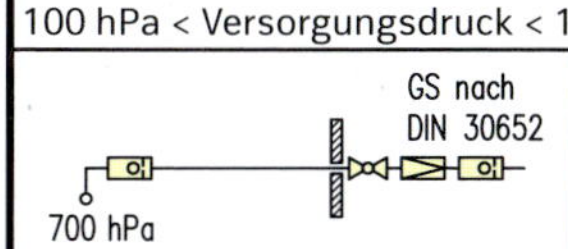

analog zu	
EFH/ZFH	3.
MFH	7.
MFH Etagengas	11.

Erddeckung erfolgt erst nach Prüfungsabschluss

Grundlagen Elektro, Regelung · Kommunikation Bauzeichnungen · Werkstoffe Trennen, Fügen · Rohre, Zubehör Montage · Trinkwasser Feuerlöschtechnik · Entwässerung Sanitär, Klempner · Gasinstallation Flüssiggas · TW-Erwärmung Solarnutzung TWE · Energietechnik Erneuerb. Energien · Heizungs- und Feuerungstechnik · Lüftung, Klima Wärmerückführung

380.1 Rohrdruckgefälle R, $f_G = 1$, Kupfer- und Edelstahlrohr, Stahlrohr — DVFG-TRF 2021

R	l_F	d_a 8	10	12	15	18	22	28	35	DN 8	10	15	20	25	32
Pa/m	m	Kupfer- und Edelstahlrohr $\dot{Q}_{NB}$ in KW								Stahlrohr DIN EN 10255 mittlere Reihe					
0,5	–	–	0,6	1,5	4,1	7,3	15	29	52	0,8	3,7	6,5	16	26	67
0,8	–	–	1,0	2,4	5,5	9,9	18	36	67	1,4	4,4	9,0	21	39	83
1,0	350	0,4	1,2	3,0	6,3	11	21	41	76	1,7	5,0	10	23	44	94
1,2	290	0,5	1,4	3,5	6,9	12	23	46	84	2,0	5,5	11	26	48	103
1,5	235	0,5	1,8	3,8	7,9	14	26	51	95	2,5	6,2	13	29	54	115
1,8	195	0,6	2,1	4,2	9,0	16	29	57	105	3,0	6,9	14	32	59	127
2,0	175	0,7	2,5	4,6	9,5	17	32	62	114	3,0	7,5	15	34	64	137
2,5	140	0,9	2,8	5,2	11	19	36	70	129	3,1	8,5	17	39	73	154
3,0	116	1,1	3,1	5,8	12	21	39	78	142	3,4	9,0	19	42	79	169
3,5	100	1,3	3,3	6,3	13	23	43	84	155	3,7	10	20	46	86	182
4,0	87	1,5	3,6	6,8	14	25	46	91	166	4,0	11	22	49	92	195
5,0	70	1,9	4,2	7,9	16	29	53	105	192	4,6	13	25	56	105	220
6,0	58	2,1	4,7	9,0	18	32	59	115	210	5,1	14	27	62	115	240
7,0	50	2,2	5,1	9,5	20	35	64	125	230	5,5	15	29	66	124	260
8,0	43	2,4	5,5	10	21	37	69	135	245	5,9	16	31	71	133	280
9,0	38	2,6	5,9	11	23	40	73	143	260	6,3	17	33	75	141	295
10	35	2,8	6,4	12	25	43	80	156	285	6,8	18	36	81	152	320
12	29	3,1	7,1	13	27	48	88	171	310	7,5	20	39	89	166	350
15	23	3,6	8,0	14	31	54	99	193	350	8,5	22	44	99	184	388
18	19	4,0	9,0	16	34	59	109	210	385	9,0	24	48	109	200	425
20	17	4,3	9,6	18	37	65	118	230	420	10	26	52	118	215	460
25	14	4,9	11	20	42	73	134	260	475	11	30	58	132	245	515
30	11	5,5	12	22	46	81	148	285	–	12	33	64	144	265	565
35	10	5,9	13	24	50	88	160	310	–	13	35	69	155	285	605
40	8	6,5	15	27	55	96	176	–	–	15	38	75	169	310	660
R	l_F	8×1	10×1	12×1	15×1,5	18×1,5	22×1,5	28×2	35×2	20×1,9	25×2,3	32×2,9	40×3,7	50×4,6	63×5,8
Pa/m	m	Präzisionsstahlrohr $\dot{Q}_{NB}$ in kW								PE-Rohr SDR 11 $\dot{Q}_{NB}$ in kW					
0,5	–	–	0,6	1,5	3,6	6,0	12	22	37	7	15	30	56	101	190
0,8	–	–	1,0	2,4	4,2	7,7	15	29	58	10	19	39	71	130	245
1,0	350	0,4	1,2	3,0	4,7	9,0	17	32	65	12	22	44	80	148	275
1,2	290	0,5	1,4	3,5	5,2	10	19	36	72	13	24	49	88	163	305
1,5	235	0,5	1,8	3,6	5,9	11	21	40	80	15	28	55	99	182	340
1,8	195	0,6	2,1	3,9	6,5	12	23	44	88	16	31	61	110	200	375
2,0	175	0,7	2,5	4,2	7,0	13	25	48	96	18	33	66	120	220	410
2,5	140	0,9	2,8	4,8	8,0	15	29	54	108	20	38	75	136	250	465
3,0	116	1,1	2,8	5,3	9,0	16	31	59	118	22	42	82	150	275	510
3,5	100	1,3	3,1	5,7	9,5	18	34	64	128	24	45	90	162	295	555
4,0	87	1,5	3,3	6,2	10	19	36	68	137	26	49	96	174	320	595
5,0	70	1,9	3,8	7,1	12	22	42	79	158	30	56	111	200	370	685
6,0	58	2,1	4,2	7,8	13	24	46	86	172	33	62	123	220	405	755
7,0	50	2,1	4,6	8,5	14	26	49	93	186	36	67	133	240	440	820
8,0	43	2,2	4,9	9,0	15	28	53	100	199	39	72	143	255	470	880
9,0	38	2,3	5,2	10	16	30	56	106	210	41	77	152	275	500	935
10	35	2,5	5,7	11	17	32	61	114	225	45	84	165	295	545	–
12	29	2,8	6,2	12	19	35	67	125	245	49	92	182	325	600	–
15	23	3,1	7,0	13	21	39	75	139	275	55	104	204	368	670	–
18	19	3,4	7,7	14	23	43	82	153	300	61	115	225	405	740	–
20	17	3,7	8,3	15	25	46	88	166	325	67	125	245	440	805	–
25	14	4,2	9,0	17	29	52	99	186	365	76	141	275	495	–	–
30	11	4,6	10	19	31	57	108	200	400	83	155	305	–	–	–
35	10	5,0	11	21	34	62	117	215	430	90	168	330	–	–	–
40	8	5,5	12	22	37	67	127	235	470	99	184	–	–	–	–

380.2 Formteilzuschlag, Berücksichtigung der Zähler — DVFG-TRF 2021

Formteil	d_a/DN	≤28/25	35/32	Anmerkung
T-Stück 90°-Abgang	l_{TA} in m	0,7	1,0	T-Durchgang $l_{TD} = 0$
90°-Bogen	l_W in m	0,3	0,5	Cu-/Edelst.-/Stahlrohr
90°-Winkel	l_W in m	0,7	1,0	Präzisionsstahl-/PE-Rohr

Ist kein Zähler im Fließweg ⇒ gemessene Länge + 20 %; mit Zähler ⇒ Druckverlustberechnung immer nach 381.4 Ohne Zähler ergibt sich oft die Möglichkeit, eine Teilstrecke um eine Nennweite zu reduzieren.

381.1 GS-Auswahl und Mindestnennweite

GS K	1 Gerät $\dot{Q}_{NB}$	$\Sigma \dot{Q}_{NB}$ kW	Cu, NSt	Präz. St	Stahl	Gerätearmat.	
GS 1,6	$\dot{Q}_{NB} \leq 18$ kW	≤ 25	alle Abmessungen				
GS 2,5	19 bis 28	26 bis 40	d_a 12 mm	15 x 1,5	DN 10	E 10	D
GS 4	29 bis 45	41 bis 64	15	18 x 1,5	15	15	10
GS 6	46 bis 67	65 bis 96	18	22 x 1,5	20	20	15
GS 10	68 bis 112	97 bis 160	22	28 x 2,0	25	25	20

Kunststoffleitungen mit GS Typ K in Kombination mit TAE absichern (GS-T). GS und TAE im gleichen Metallgehäuse. Grenzwerte: $\dot{Q}_{SB} \leq 160$ kW (mehrere Geräte), $\dot{Q}_{NB} \leq 128$ kW (ein Gerät). Bei Kunststoffleitungen ist GS-Abgleich erforderlich.

381.2 Δp_{GS} Gasströmungswächter $f_G = 1$, $f_G < 1$

Δp_{GS}	G 1,6	GS 2,5	GS 4	GS 6	GS 10	G 1,6	GS 2,5	GS 4	GS 6	GS 10
10 Pa	12	$\dot{Q}_{NB}$ in kW für $f_G = 1$			79	14	$\dot{Q}_{NB}$ in kW für $f_G < 1$			97
15	15	21	37	56	94	16	26	41	65	160
20	17	26	42	64	107	19	29	47	96	–
25	18	29	47	71	118	21	32	58	–	–
30	20	32	51	76	128	22	35	64	–	–
35	22	34	55	83	138	24	38	Gleichzeitigkeits-		
40	23	36	58	88	147	25	40	faktor $f_G < 1$:		
45	24	38	62	93	155	wenn gleichzeitiger Betrieb				
50	25	40	64	96	160	aller Geräte unwahrscheinl.				

381.3 Druckverlust Geräteanschlussarmatur mit TAE

Δp_{GA}	GSD	DN Eckhahn					DN Durchgangshahn					
in Pa	$\dot{Q}_{NB}$	10	15	20	25	32	10	15	20	25	32	40
5	7 kW	7	13	22	38	69	11	19	38	61	104	154
10	9	9	17	29	50	89	14	24	50	79	134	199
15	10	11	20	35	59	106	17	29	59	94	159	236
20	12	13	23	39	67	120	19	33	67	107	180	268
25	13	14	26	43	74	132	21	36	74	118	200	296
30	14	15	28	47	80	144	23	39	80	128	217	322
35	15	17	30	51	86	155	25	42	86	138	233	346
40	16	18	32	54	92	165	27	45	92	147	248	368
45	17	19	34	57	97	174	28	48	97	155	262	389
50	19	20	37	62	105	188	31	51	105	167	282	419
60	20	22	40	67	114	204	33	56	114	181	307	455
70	–	24	43	72	122	219	36	60	122	195	330	489
80	–	25	46	77	130	233	38	64	130	208	351	520
90	–	27	48	81	138	247	40	68	138	219	371	550
100	–	28	51	85	145	259	42	71	145	231	390	575
110	–	29	53	89	152	271	44	74	152	241	409	605

381.4 Δp_{ZG} Balgengaszähler $f_G = 1$, $f_G < 1$

Δp_{ZG}	G 2,5	G 4	G 6	G 10	G 16	G 2,5	G 4	G 6	G 10	G 16
30 Pa	$\dot{Q}_{NB}$ 10	15 kW	18	30	47	Σ 10	16 kW	25	42	59
35	18	26	32	53	83	18	29	43	104	147
40	24	33	41	69	107	23	37	67	151	205
45	28	40	49	81	126	27	44	90	190	255
50	32	45	55	92	143	31	53	110	220	295
60	40	56	69	115	179	39	81	152	290	385
70	46	64	78	113	200	44	100	181	340	445
80	51	71	87	145	220	51	117	205	380	500
90	55	77	94	157	240	60	133	225	420	550
100	59	83	101	169	260	69	147	250	455	595
120	69	95	111	195	300	89	179	295	535	695
140	75	105	128	210	330	104	200	330	595	770
160	80	113	138	230	355	117	220	365	645	835
180		121	148	245	380	129	240	390	695	895

$f_G = 1$: Alle angeschlossenen Geräte arbeiten Volllast (+TWE). Tafel 1 benutzen bei: einem Gerät, Gewerbeanlagen, gleichzeitig Volllast (BHKW, HK), Geräte ≥ 40 kW, G < 4.

381.5 Druckverlust Absperrhahn ohne TAE und Magnetventile $f_G = 1$, $f_G < 1$, Allgemeines

Δp_{AE}	DN Eckhahn $f_G = 1$					DN Durchgangshahn $f_G = 1$						
Pa	10	15	20	25	32	8	10	15	20	25	32	40
5	$\dot{Q}$ 10	19	32	54	98	10	16	27	54	87	147	218
10	14	24	42	70	127	14	21	35	70	112	190	282
15	16	29	50	83	150	16	25	41	83	133	225	334
20	18	33	56	94	170	18	28	47	94	151	255	378
25	20	36	62	104	188	20	31	52	104	167	282	418
30	22	39	68	113	204	22	34	56	113	182	307	455
35	24	42	73	122	220	24	36	61	122	195	330	489
40	26	45	78	130	234	26	39	65	130	208	351	520
45	27	48	82	137	247	27	41	68	137	220	371	550
50	29	51	88	148	266	29	44	74	148	236	399	590
60	32	56	96	161	289	32	48	80	161	257	434	640
70	34	60	103	172	311	34	51	86	172	276	486	690
80	36	64	110	184	331	36	55	92	184	294	497	735
90	38	68	116	194	350	38	58	97	194	311	525	775
100	41	73	125	209	377	41	62	104	209	335	565	835

Δp_{AE}	DN Eckhahn $f_G < 1$					DN Durchgangshahn $f_G < 1$						
Pa	10	15	20	25	32	8	10	15	20	25	32	40
5	12	21	36	76	186	[1]12	18	30	76	158	309	486
10	15	27	47	116	257	15	23	39	116	222	416	645
15	18	32	65	148	315	18	27	46	148	274	500	775
20	21	36	82	176	366	21	31	58	176	318	575	885
25	23	40	97	201	411	23	34	70	201	358	645	985
30	25	44	110	224	452	25	37	82	224	395	705	–
35	27	47	123	245	490	27	40	92	245	429	765	–
40	28	53	135	265	525	28	43	102	265	460	815	–
45	30	60	146	284	555	30	45	112	284	490	865	–
50	32	69	162	310	605	32	51	125	310	530	935	–
60	35	80	181	342	660	35	60	141	342	580	–	[1] $\Sigma \dot{Q}_{NB}$
70	38	91	199	372	715	38	69	156	372	630	–	alle
80	40	101	216	400	765	40	78	170	400	675	–	Wer-
90	43	110	231	426	815	43	85	183	426	715	–	te in
100	46	123	254	463	880	46	97	201	463	775	–	kW

DN Magnetventile $f_G = 1$ und $f_G < 1$

Δp_{AE}	[2]6	12	20	25	Pa	[2]6	12	20	25
5 Pa	3	8	24	49	45		22	61	123
10	4	11	31	63	50	9	24	66	133
15	5	13	37	75	60	10	26	72	144
20		15	42	85	70		28	77	155
25	6	17	47	94	80	11	30	82	165
30	7	18	51	102	90	12	31	87	175
35		19	55	110	100	13	34	94	188
40	8	21	58	117	[2] $\dot{Q}_{NB}$ alle Werte in kW				

Tabellen Tafel 1 und 2 gelten für die Niederdruckinstallation $p_{\text{Nenn Regler}} \leq$ 50 hPa (50 mbar). Sie enthalten für alle üblichen Rohrarten das Rohrdruckgefälle R in Pa/m und die Druckverluste für die Einzelwiderstände Z in Pa (Zählergruppe, Gasströmungswächter, Gerätehähne, Absperrhähne, Magnetventile). R und Δp sind abhängig von der Streckenbelastung (= Σ aller an TS angeschlossenen Nennbelastungen $\dot{Q}_{NB}$). Tab. 381.1 dient der Auswahl des Gasströmungswächters und nennt die kleinste DN, die durch diesen noch geschützt ist. Häufigster Fall: Anschluss nur eines Gasgerätes mit Cu- oder Edelstahlrohr nach dem Niederdruckregler ⇒ GS- und Rohrauswahl mit den Diagrammen S. 383.1. Mitteldruckleitungen werden ausschließlich mit Diagrammen S. 384.1 bestimmt.

Allgemeines: Bauteile und DN sind so auszuwählen, dass Δp vom Ausgang Niederdruckregler bis Ausgang Geräteanschlussarmatur ≤ 500 Pa (5 hPa (mbar)). Sicherstellung: $p_{\text{Nenn aus}}$ Niederdruckregler 50 hPa ≙ $p_{\text{Anschluss}}$ Gerät 45 hPa.

382.1 Gasströmungswächter, Balgengaszähler, Geräteanschlussarmatur mit TAE

Druckverlust $_{AP}$ in Pa/m, Eckform E, Durchgangsform D

GS	2,5	4	6	10	G2,5	G4	G6	G10	G16	GSD	10E	15E	20E	25E	32E	10D	15D	20D	25D	32D
2,5	105	41	18		100	67	51	38	34	23	430	135	48	17		191	69	17		
4		105	47	17	209	123	84	49	39	60	1100	344	122	43	13	488	176	43	17	
6			105	38	434	240	151	74	51	135	2470	775	275	96	30	1100	395	96	38	13
10				105	1150	614	367	151	88	374	X	2150	763	267	83	X	1100	267	105	37

382.2 Absperrarmatur ohne TAE

GS	DN10	15E	20E	25E	32E	10D	15D	20D	25D	32D
2,5	210	69	23			93	34			
4	538	176	60	22		239	86	22		
6	1200	395	135	48	15	538	194	46	19	
10	X	1100	374	135	42	1495	536	135	53	18

382.3 Rohrdruckgefälle R in Pa/m Wellrohr

GS	DN12	15	20	25	32	40	
2,5	190	67	16	5			X GS
4	485	168	39	13	4		nicht
6	1080	373	87	28	8	3	geeig-
10	X	1025	238	77	22	7	net

382.4 Rohrdruckgefälle R in Pa/m

C_u- und Edelstahlrohr d_a in mm								Stahlrohr mitl. Reihe					Präzisionsstahlrohr							PE-Rohr SDR11			
GS	d_a 10	12	15	18	22	28	35	DN10	15	20	25	32	d_a 10	12	15	18	22	28	35	GS	d_a 25	32	40
2,5	495	170	50	18	6			100	27	6			860	267	104	33	10	3		2,5	6		
4	1145	390	110	40	14	4		243	66	14	4		2150	665	257	80	24	7	2	4	13	4	
6	2375	808	230	85	30	10	3	536	145	30	9	2	X	1470	565	176	52	16	4	6	27	8	3
10	X	2030	570	210	72	22	8	1470	400	80	24	6	X	X	1540	476	140	42	11	10	66	20	7

382.5 Rohrdruckgefälle R, $f_G < 1$ (> 3 Gasgeräte mit je $\dot{Q}_{NB} \leq 40$ kW), Kupfer- und Edelstahlrohr, Stahlrohr

R Pa/m	l_F in m	d_a 8	10	12	15	18	22	28	35	DN 8	10	15	20	25	32
0,6	–	0,35	0,8	2,0	5,1	9,2	17	32	82	1,1	4,8	8,4	19	37	118
1,0	350	0,45	1,3	3,3	7,0	13	23	43	131	1,9	5,6	11	26	50	175
1,5	235	0,6	1,95	4,15	8,75	15,5	29	60,5	177,5	2,8	6,95	13,5	32	75,5	225
2,0	175	0,8	2,7	5,1	11	19	35	85	225	3,3	8,3	17	38	101	280
2,5	140	1,0	3,1	5,8	12	22	40	105	260	3,5	9,4	19	43	122	325
3,0	116	1,2	3,4	6,4	13	24	44	122	295	3,8	10	21	47	139	360
3,5	100	1,4	3,7	7,0	15	26	48	138	325	4,2	11	22	54	155	395
4,0	87	1,6	4,0	7,5	16	28	55	152	355	4,5	12	24	63	170	425
5,0	70	2,1	4,7	8,8	18	32	74	186	420	5,2	14	28	81	200	495
6,0	58	2,3	5,2	9,7	20	36	87	210	465	5,7	15	30	94	225	550
8,0	43	2,7	6,1	11,5	24	42	112	255	555	6,6	18	35	118	270	640
10	35	3,2	7,1	13	27	48	139	305	650	7,6	20	40	144	320	745
15	23	3,95	8,9	16,5	34	74,5	187	390	817,5	9,35	25	50	188,5	400	917,5
20	17	4,8	11	20	41	102	235	480	990	11	29	70	230	485	–
30	11	6,1	14	25	55	142	310	615	–	14	36	100	300	610	–

Präzisionsstahlrohr R in Pa/m										PE-Rohr SDR 11 R in Pa/m					
R	l_F in m	8 × 1	10 × 1	12 × 1	15 × 1,5	18 × 1,5	22 × 1,5	28 × 2	35 × 2	20 × 1,9	25 × 2,3	32 × 2,9	40 × 3,7	50 × 4,6	63 × 5,8
0,5	–	0,3	0,65	1,6	3,9	6,65	12,5	24	53	8,75	16	32,5	85	185	405
1,0	350	0,45	1,3	3,3	5,2	9,8	19	36	103	13	25	50	141	310	630
1,5	235	0,6	1,95	3,95	6,5	12,5	23,5	44,5	141	16	31	77	189	397,5	795
2,0	175	0,8	2,7	4,7	7,8	15	28	59	180	20	37	105	240	490	970
2,5	140	1,0	3,1	5,3	8,9	17	32	75	210	22	42	127	280	565	1 100
3,0	116	1,2	3,1	5,9	9,8	18	35	88	235	25	46	146	310	625	1 220
3,5	100	1,4	3,4	6,4	11	20	38	100	260	27	53	164	345	685	1 330
4,0	87	1,6	3,7	6,9	12	21	40	111	280	29	62	181	375	740	1 430
5,0	70	2,1	4,2	7,9	13	24	46	137	330	33	81	215	445	865	1 660
6,0	58	2,3	4,7	8,7	14	27	54	156	370	37	95	245	495	955	1 830
8,0	43	2,4	5,4	10	17	31	72	189	435	43	121	295	585	1 120	–
10	35	2,8	6,3	12	19	36	92	225	510	52	150	350	685	1 300	–
15	23	3,45	7,75	14,5	24	43,5	126	287,5	632,5	79	197,5	447,5	857,5	1 620	–
20	17	4,2	9,3	17	28	56	161	350	760	107	250	550	1 040	1 950	–
30	11	5,2	12	21	35	83	210	445	945	148	325	700	–	–	–

382.6 Balgengaszähler Einrohr G4 PS 100 hPa

Einbau in Niederdruck-Flüssig-/Erdgasanlagen

DN 25 $\dot{m}_{min} = 0{,}04$ m³/h $\dot{m}_{max} = 6$ m³/h $V_{Mess} = 1{,}2$ l

Höhe 235 mm Breite 199 mm Tiefe 162 mm

382.7 Halterung Einrohr PS 1000 hPa Herst.ang.

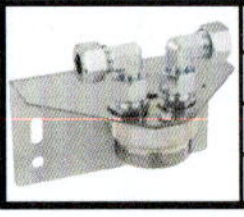

Verschrbg.	Schneidring gerade	Winkel einstellen
Anschluss	AG G2 × RVS 15/18	AG G2 × RVS 15/18
ohne Schneidringverschraubung		AG G2 × IG G1½
Montageplatte: 100 × 180 mm; Stahl verzinkt		

383.1 Rohrauswahl für Niederdruck, Kupfer- oder Edelstahlrohr, a. mit/b. ohne Gaszähler

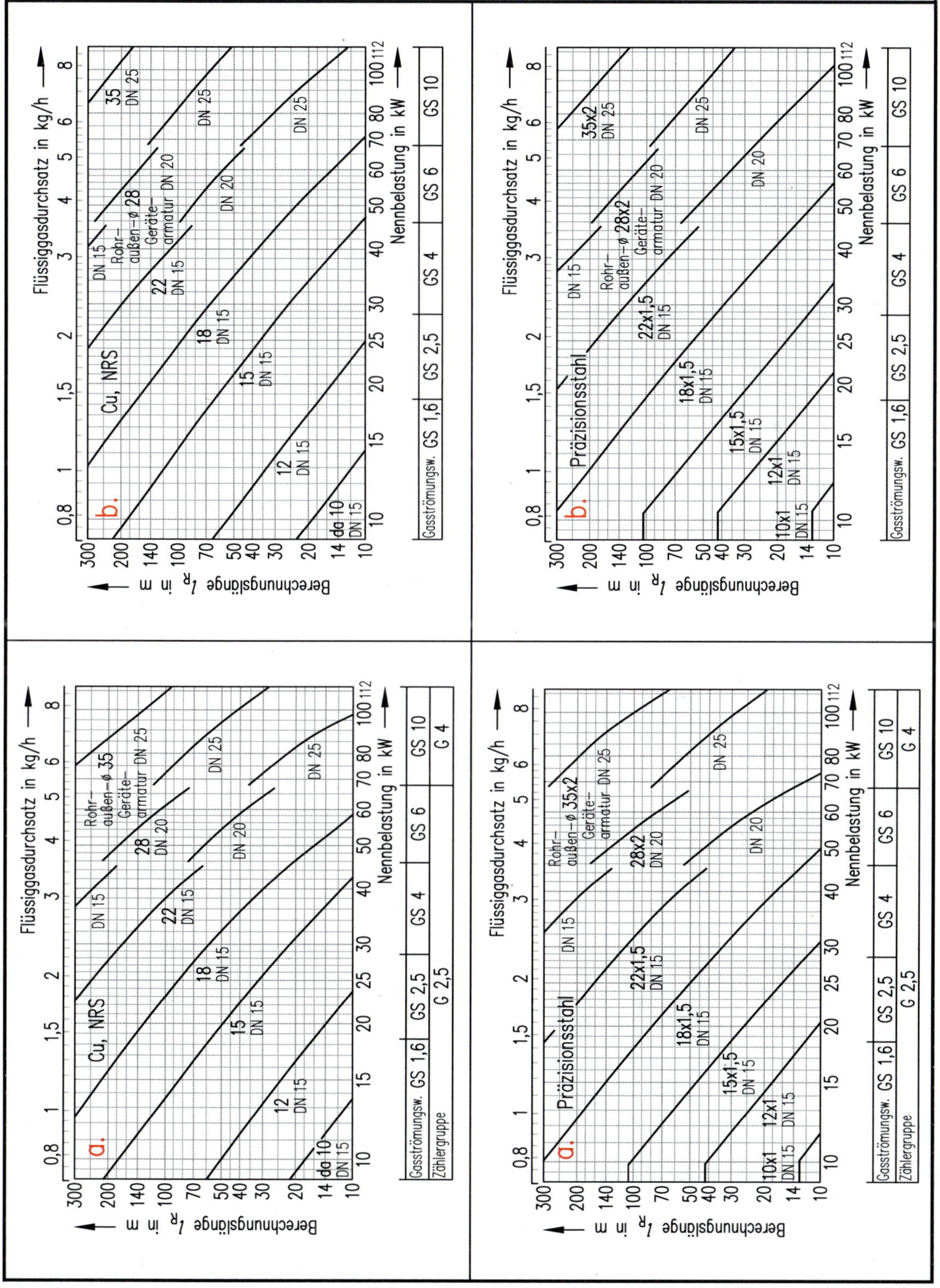

384.1 Rohrauswahl für Mitteldruck, Cu-, NRS-, Präzisionsstahl-, mittelschweres Stahl- oder PE-(SDR 11)Rohr

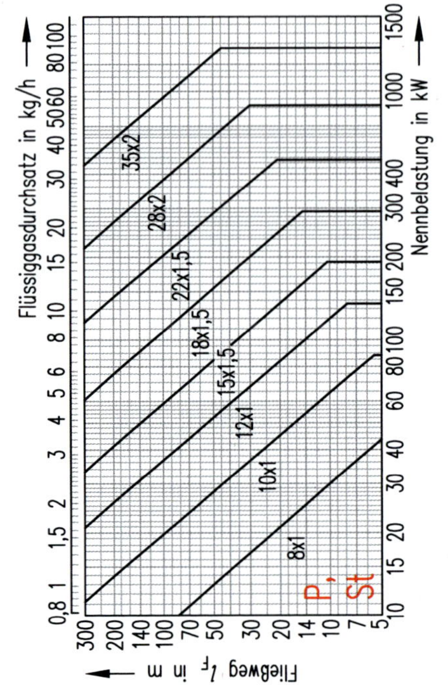

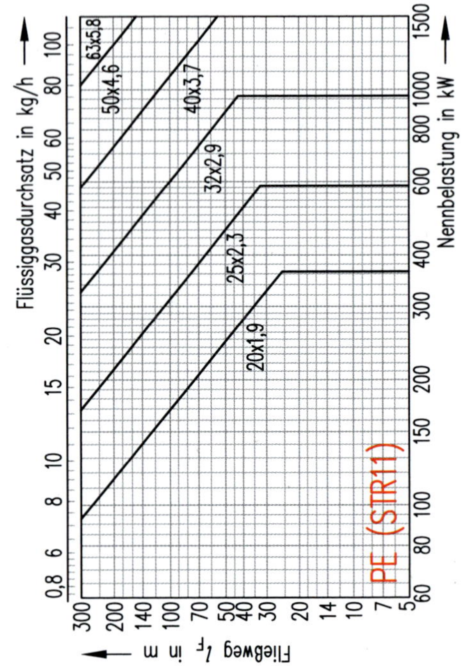

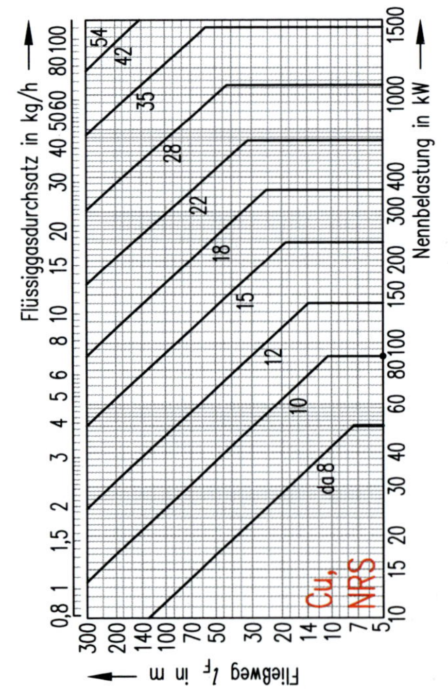

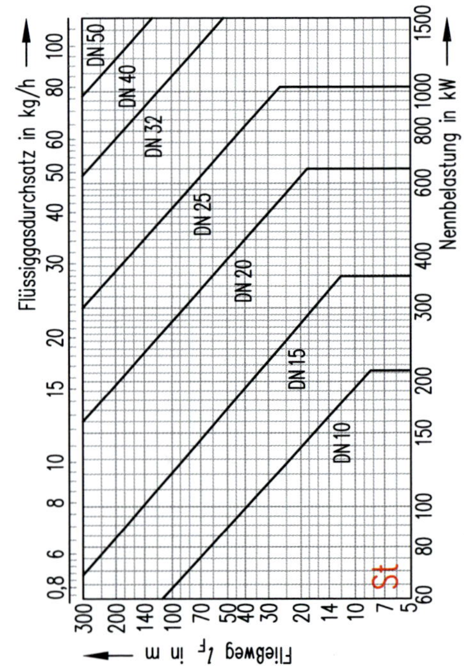

385.1 Merkmale und Anforderungen an Trinkwassererwärmungsanlagen

• Kontinuierliche Verfügbarkeit des Bedarfs (Menge und Temp.) • Entnahme ohne Verzögerung • WW-Temperaturregelung • Unkomplizierte Bedienung	• Sorgfältige Planung und Montage (hohe Betriebssicherheit) • Hygienisch einwandfreier Betrieb • Dauerbeständige Materialauswahl • Sorgfältige Wartung der Geräte	• Reduzierung der Verluste und Kosten, weitere Hinweise (s. 385.4) • Einhalt. von Normen u. Vorschriften • Sinnvolle Aufteilung der Speicher bei Großanlagen (Schaltung, Regelung)

385.2 Einteilung von Trinkwassererwärmungsanlagen TWE (Wohnung, Gewerbe, Industrie)

Anlagen-druck	offene Anlage	TWE steht in nicht verschließbarer Verbindung mit Atmosphäre ⇒ **drucklos** z. B. elektrischbeheizte Kleinspeicher (s. 400.5), Kochendwassergeräte u. a.
	geschlossene Anlage	TWE steht **unter Druck** des Versorgungsnetzes, übliche Ausführung für alle Größen von TWE-Anlagen, Auslegung für zulässigen Überdruck von mindestens 6 bar
Betriebsart	dezentrale Versorgung	**Einzelversorgung:** Wassererwärmung direkt an jeder Entnahmestelle (s. 401.6) **Gruppenversorgung:** dezentral bezogen auf ein Gebäude, zentral auf eine Gruppe (Abb.) →
	zentrale Versorgung	Alle Entnahmestellen eines oder evtl. mehrerer Gebäude werden aus einem TWE versorgt.
Bevorratung	Speicher-, Ladespeichersysteme (Schichtspeicher)	
Art der Beheizung	direkt	Wärmeübertragung unmittelbar (direkt) vom Energieträger ohne eines anderen Energieträgers – **Bsp.:** Gas-Durchlauferhitzer, Elektrospeicher
	indirekt	Beheizung des TWE meistens über Heizwasser aus Kessel oder Fernwärme; verbreitetstes System in Verbindung mit Heizungsanlage; Solarunterstützung
Energieart	Brennstoff reg. Energie	flüssige, gasförmige, feste Brennstoffe (fossile Brennstoffe), Biomasse, Solarenergie, Umweltwärme (z. B. Wärmepumpe), Abwärmenutzung, Fernwärmeversorgung
Einsatz-grenzen	Gruppe I Gruppe II	Speicher: $p \cdot V < 300$ bar Inhalt (l) und $P < 10$ kW; Durchfluss-TWE; $V_t \leq 15$ l, $P \leq 50$ kW, alle übrigen Anlagen

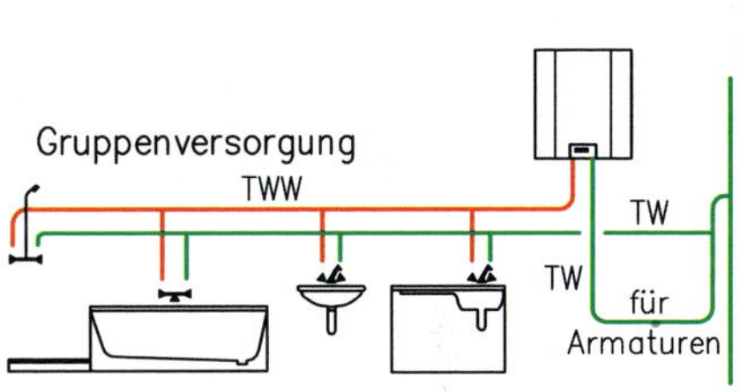

385.3 Die drei wesentlichen Systeme für die Trinkwassererwärmung (TWE)

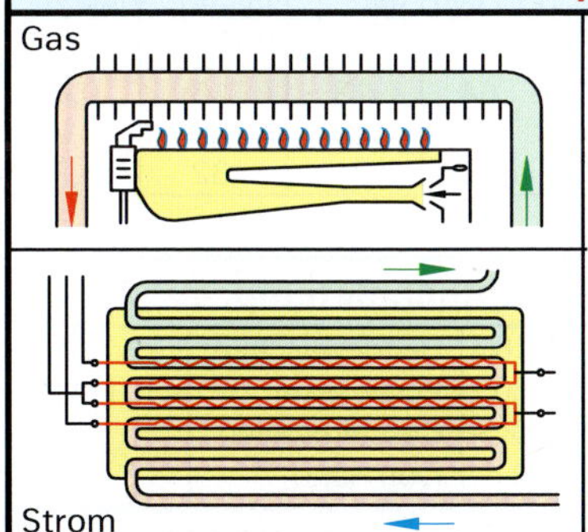

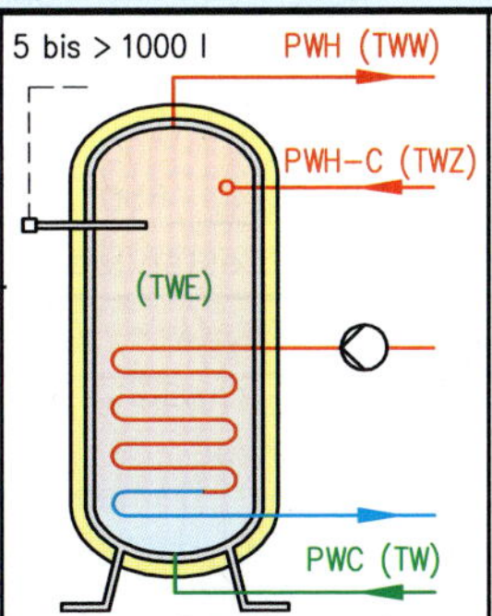

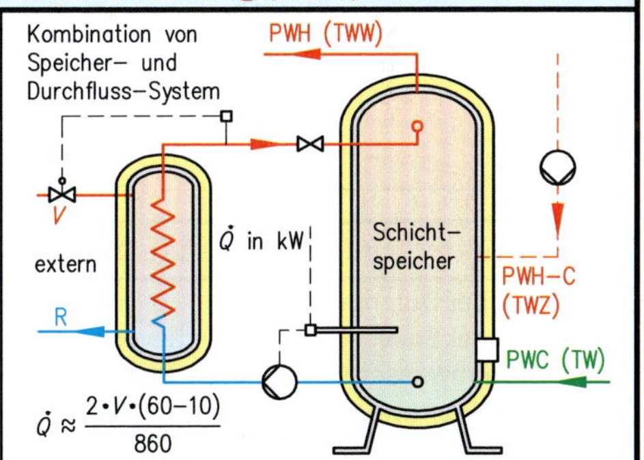

Durchfluss-System	Speichersystem	Speicherladesystem
Erwärmung während Entnahme	Erwärmung vor Entnahme Aufheizzeiten, Speicherbemessung Anschluss an Wärmeerzeuger (Kessel, Fernwärme, Kollektoren u. a.)	
keine Aufheizzeit, begrenzter Entnahmestrom (aber unbegrenzte Menge), großer Anschlusswert (Strom), geringer Platzbedarf, keine Bereitschaftsverluste (s. 403.1)	großer Entnahmestrom, viele Zapfstellen, Wärmedämm., Systemeinbind. (z. B. Solar)	großer zugeführter Wärmestrom, hohe Spitzenentnahme, schnelle Aufheizzeit, kleinere Speicher, externer oder interner Wärmeübertrager, wirtschaftlich

385.4 Verluste bei zentralen Trinkwassererwärmungsanlagen (TWEA)

Q_G	Geräteaufheizverluste (bis Betriebstemperatur erreicht)	Q_{TWE}	Gesamtwärmebedarf in kWh/Jahr
Q_A	Leitungsaufheizverluste (Warm- u. Zirkulationsleitung)		$= Q_N$ + Verluste
Q_V	Verteilungsverluste (in der Regel gering)		$= (Q_N + Q_G + Q_A + Q_V + Q_Z + Q_B) \cdot 365$
Q_Z	Zirkulationsverluste durch Zirkulationsleitungen		
Q_B	Bereitschaftsverluste (Wasserabkühlung)	Q_N	Nutzwärme an den Entnahmestellen

386.1 Spezifische Wärmeverluste in kWh/(m² · a) der Verteilung für TWW- und Zirkul. leitungen[1]

Nutzfläche *A* in m² →				100	150	200	300	500	750	1000	1500	2500	5000
Wärmeverlust der Verteilung	Verteilleitung	im unbeheizten Bereich	mit Zirkul.	14,6	11,6	10,1	8,7	7,6	7,1	6,9	6,8	6,6	6,6
			ohne Zirkul.	6,7	5,4	4,7	4,0	3,4	–	–	–	–	–
		im beheizten Bereich[2]	mit Zirkul.[2]	12,1	9,8	8,7	7,7	6,9	6,6	6,5	6,4	6,3	6,3
			ohne Zirkul.	5,1	4,2	3,8	3,3	3,0	–	–	–	–	–
Spezifischer Hilfsenergiebedarf [3]				1,14	0,82	0,66	0,49	0,34	0,27	0,22	0,18	0,14	0,11

[1] DIN V 4701-10. [2] Heizwärmegutschrift 3,6–12,1 kWh (m² · h). [3] Für TWW- und Zirkul.leitungen in kWh/(m² · h).

386.2 Vergleich der Aufheizung zwischen Schlangenspeicher und Schichtspeicher (TWE)

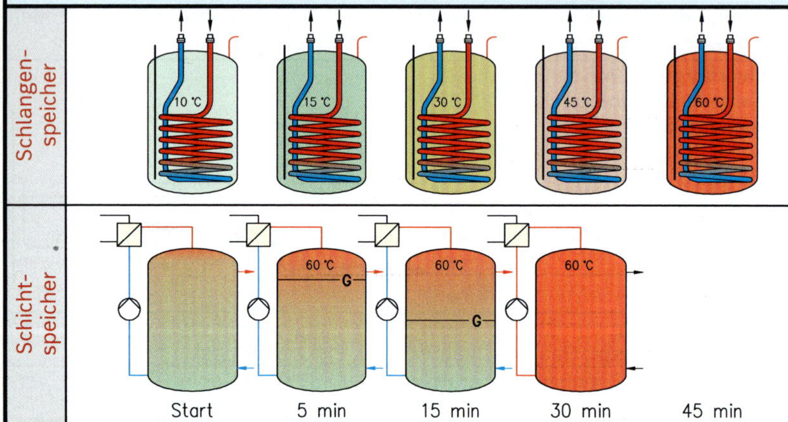

Wasserentnahme während des Aufheizvorgangs beim **Schichtspeicher:**

Grenzschicht G geht
- nach unten ↓
  Wasserentnahme geringer als der Ladestrom
- nach oben ↑
  Wasserentnahme größer als der Ladestrom
- bleibt konstant ↔
  Wasserentnahme gleich dem Ladestrom (etwa wie beim Durchlauferhitzer)

386.3 Kaltwasserleitung und Umgebungstemp.

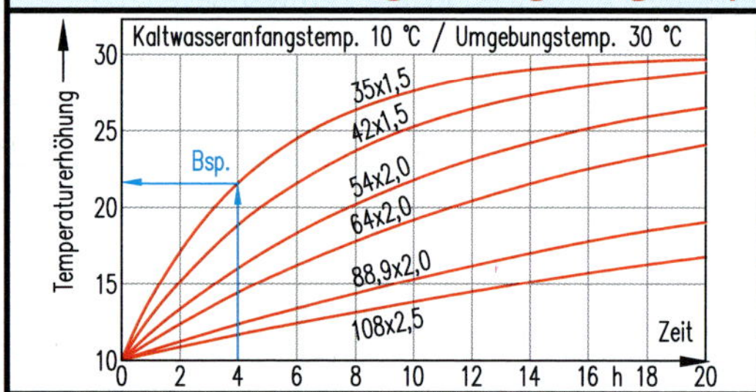

386.4 Trinkwasserbedarf (60 °C Netztemperatur)

Anzahl der Wohneinheiten	Tagesbedarf	Spitzenbedarf	Zapfmenge in 10 min	Zapfenergiebedarf	Zirkulationsenergiebedarf	Verhältnis Zapf-Zirkulation
–	l/Tag	l/min	l	kWh/Tag	kWh/Tag	–
6	280	21	64	13	16	0,84
12	500	20	99	25	20	1,23
18	650	22	79	31	32	0,97

Betr. Bestandsbauten

386.5 Elektr. Trinkwarmwasserbereitung – Warmwasserbedarf (Entnahmetemp. 40 °C)

- Elektrischer Durchlauferhitzer
- Elektrischer Boiler (Warmwasserbevorratung)
- Split-Warmwasserwärmepumpe (Vorrat)
- Speicher-Warmwasserwärmepumpe (Bevorratung)

Vollbad (Wanne)		100–180	Händewaschen	1–2
Duschbad		10–30	Putzwasser	10 (44 °C)
Haarwäsche	Damen	7–12	Geschirrspülen (von Hand)	20–25
	Herren	4–8		

386.6 Warmwasserbedarf (l/h) in Abhängigkeit der Anzahl der Badewannen (45 °C)

Wannenanzahl	5	10	15	20	30	40	60	100	200
Wohnungen	600	1000	1300	1800	2400	3000	4000	5500	10000
Einfache Hotels	800	1400	1800	2300	3500	4100	5700	7500	15000
Luxushotels	1200	2000	2400	3200	5000	6000	8000	10000	20000

- Mittlere Verbrauchszahlen
- Duschen nur 25 % davon
- Bei Wohnungen etwa 50 % des Tagesbedarfs (8–10 Uhr)

386.7 Warmwasserbedarf in landwirtschaftlichen Betrieben je Arbeitsgang (Richtwerte)

Verwendungszweck	Liter	Einheit	°C	Verwendungszweck	Liter	Einheit	°C
Milch-/Melkkan. spülen	3 ... 6	Tag u. Teil	55 ... 60	Jungtierfütterung (Kälber)	8 ... 16	Tag u. Tier	35 ... 40
Milchsam.behält. spülen	45 ... 60	Tag u. Teil	55 ... 60	Desinfektionsbad (Ferkel)	150 ... 200	Wurf	35 ... 40
Melkmasch. reinigen	20 ... 30	Benutzung	55 ... 60	desgl. für Muttersauen	40 ... 60	Sau	35 ... 40
Euter waschen	1 ... 2	Kuh	30 ... 35	Schlachten von Schweinen	40 ... 60	Schwein	100
Euter duschen	3 ... 5	Kuh	30 ... 35	Reinigung nach Schlachtung	150 ... 200	Schwein	60

387.1 Warmwasserbedarf von wesentl. Entnahmestellen

Entnahmestelle		in l[1]	°C[2]
Ausgussbecken je Eimer Wasser		6–10	45–50
Waschbecken[4]			
Handwaschbecken		0, 6–1,5	35–40
Waschtisch (priv.)		4–9	
dsgl. für Ärzte (Handdesinfektion)			
– hygienisch		8–16	35–45
– chirurgisch		40–70	
desgl. Friseur (Kopf)		7–14	
Waschbottich 70/60		20–25	40
Waschreihe[4]			40
je Waschplatz		7–16	
je Duschplatz		35–55	
Spülbecken Maße in cm	35/35 cm	12–15	50–60
	40/40 cm	15–20	
	50/50 cm	25–30	
	60/60 cm	70–80	

Entnahmestelle		in l	°C[2]
Badewannen[3][4]			36–40
Stufenwanne	105/65	120	
	118/73	145	
Kleinraumwanne (cm)	108/73	75	
	124/71	85	
	140/70	90	
	150/70	100	
Badewannen (allgem.)	160/70	110–140	36–40
	170/75	115–145	
	180/80	125–200	
	190/90	150–200	
Fußbodenwanne		20–25	35–38
Duschen[4]			35–40
Handbrause		15–40	
Körper- oder Kopfbrause		20–30	
Seitenbrause		15–25	
Bidet		5–10	

387.2 WW-Bedarf (Erfahrungswerte)

Waschen, Reinigen, Putzen von:	in Liter	Bedarf in min	in °C
Hände und Gesicht	4–6	3–5	37
Zahnpflege	1	3–4	37
Füße	20–25	5–7	38
Ober-/Unterkörper	8–10	8–10	38
Ganzkörper	35–40	12–15	39
Kopf	10–20	8–12	37
Nassrasur	2–4	3–4	40
Kleinwäsche	5–15	8–12	40
Geschirr	30–40	10–15	55
Hausputz	25–30	3–4	35

Bedarfsannahme im Haushalt

Entnahmestellen	Menge in l	°C (Entn.)
Spüle	8–15	60
Badewanne[3][4]	110–140	40
Dusche[4]	30–50	40
Waschbecken[4]	10–15	40
desgl. für Hände	2–6	40

[1] Je Nutzung. [2] Nutzungstemp. [3] Entnahmetemp. 2–3 K höher als [2]. [4] Wassereinsparung durch spezielle Armaturen 20–30 % möglich.

387.3 Täglicher Warmwasserbedarf mit 60 °C in Gebäuden

Gebäudeart	Nutzung		Bedarf l/d ①	②	③[1]	
Einfamilienhäuser je Person	**Standard**		①	②	③[1]	
	einfach		30	40	50	(55)
	mittel		35	50	60	(65)
	gehoben		40	60	80	(85)
Mehrfamilienhäuser je Person	**Wohnungsbau**					
	sozial		20	30	40	(45)
	allgemein		30	40	50	(55)
	gehoben		40	50	65	(70)
Gewerbliche Küchen Cafeteria je Sitzplatz	Kochen, Spülen, Geschirrabwaschen, Reinigen					
	Besetzung	mäßig	15	20	30	(35)
		stark	20	30	40	(45)
Gaststätten je Sitzplatz	**Besetzung**	mäßig	10	15	20	(25)
		mittel	20	25	30	(35)
		stark	25	30	40	(45)

Gebäudeart	einfach		①	②	③	
Spez. Speiserestaurants je Essen	Tellergericht		8	10	15	(20)
	bis 3 Gänge		12	15	20	(25)
	> 3 Gänge		15	20	30	(35)
Gasthöfe, Hotels, Appartments je Bett	Standard	einfach	30	40	50	(55)
		2. Klasse	40	50	70	(75)
		1. Klasse	60	80	100	(110)
		Luxus	80	100	130	(150)
Kinderheime je Bett	Standard	einfach	30	40	50	(55)
		mittel	40	50	55	(60)
Krankenhäuser je Bett	medizinisch-technische Einrichtungen					
	einfach		50	60	75	(80)
	Durchschnitt		70	80	90	(100)
	umfangreich		100	120	140	(150)

Gebäudeart	Nutzung		①	②	③	
Duschen je Person	Schüler		15	20	25	(30)
	Sportler		20	25	30	(35)
	Fabrikarbeiter					
	Schmutz	gering	20	30	35	(40)
		stark	30	40	50	(55)
Baden je Person	**Wanne**	normal	60	75	90	(100)
		groß	65	90	140	(150)
	Großraumwanne		140	180	250	(280)
	Hydrotherapie		140	180	230	(250)

[1] Komfortansprüche:
① **gering** bei Anlagenbemessungen; nicht unterschreiten (Mindestwerte)
② **mittel** Berechnungsgrundlage für Gesamtbedarf (Wasser, Wärme u.a.)
③ **hoch** (sehr hoch) Spitzenbedarf für Berechnungen der Heizleistungen

387.4 Vereinfachte Ermittlung des Warmwasserbedarfs EN 12831 Bbl. 2

Gebäudeart	Nutzenenergiebedarf Trinkwasser nutzungsbezogen kW/d	flächenbezogen Wh/m²·d	Trinkwasserbedarf nutzungsbezogen l/d	flächenbezogen l/m²	Die auf eine Person bezogenen m²
Wohngebäude	1,1/P	34,3	27,6/P	0,9	32,1/P
Bürogebäude	0,4/P	30	10,0/P	0,8	13,3/P
Krankenhaus	8/Bett	400	150,7/P	13,3	15,0/Bett
Schulen ohne Duschen	0,4/P	130	10,0/P	4,3	3,1/P
Schulen mit Duschen	1,5/P	500	37,7/P	12,6	3,0/P
Kaufhäuser	1 B	10	25,1/P	0,3	100,0/P
Werkstätten	1,8/B	90	45,2/P	1,9	20,0/P
Hotel einfach	1,9/Bett	240	47,4/Bett	4,8	7,9/Bett
Hotel mittel	3,5/Bett	350	87,9/Bett	11,3	10,0/Bett
Hotel Luxus	5,5/Bett	460	138,1/Bett	14,5	12,0/Bett
Gaststätte	1,1/SP	9200	27,6/P	31,4	1,2/SP
Heime	2,3/P	150	57,8/P	5,8	15,3/P
Kasernen	1,8/P	180	45,2/P	3,8	10,0/P
Sportanlagen	1,8/P	–	45,2/P	–	–
Bäckerei	5/3	–	125,5/P	–	–
Friseure	6/3	–	150,7/P	–	–
Fleischerei	18/B	–	452/P	–	–

d Tag; P Person; B Beschäftigte; SP Sitzplatz

388.1 Tagesprofile des Warmwasserbedarfs

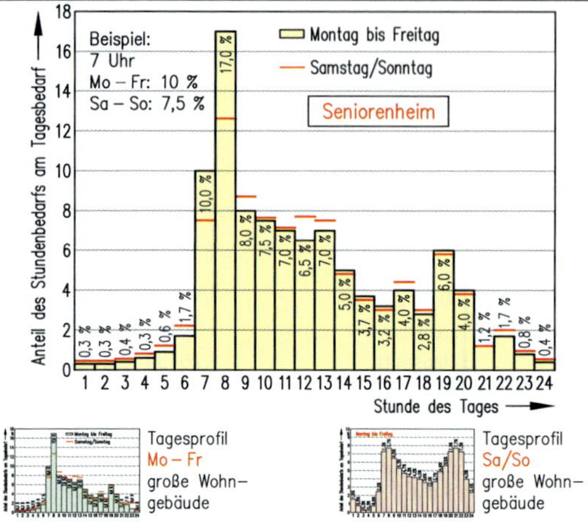

388.2 Energieeinsparung bei TWE

1	optimales System entsprechend Gebäudeart
2	genaue Bemessung entsprechend der Nutzung
3	Einhaltung der Wärmedämmvorschriften (EnEV)
4	Pumpenabschaltung über Zeitschaltuhr (z. B. nachts)
5	Nutzung erneuerbarer Energien, vorwiegend Solarnutzung – sorgfältige Planung und Montage
6	Abstimmung von Kessel, Speicher, Energieart u. a.
7	zeitlich gesteuerte Speicheraufheizung (Bedarf)
8	verbrauchsorientierte Abrechnung der WW-Kosten
9	Begrenzung der Warmwassertemp. max ≈ 60 °C
10	sparsamer Wasserverbrauch (z. B. durch energiesparende Einrichtungen: Wanne, Armaturen, u. a.)
11	Erneuerung veralteter Einrichtungen
12	optimale Kundenberatung (Auswahl, Bedienung)
13	Druckabgleich bei stark verzweigten Rohrsystemen
14	Strangregulierung, Ventile
15	Optimale Auswahl sämtlicher Armaturen

388.3 Warmwasserbedarf für Hallenbäder – Heizlast; weitere Hinweise

Wasserbedarf und Heizlast nach **Anzahl der Duschen** (VDI 2089): **10** (bis 150 m²), **20** (151 bis 450 m²), **10** weitere jeweils 150 m² Wasseroberfläche. Duschwasserbedarf m_D je Person: 0,05 bis 0,08 m³ (bei Mineralbädern bis 100 % mehr); Z Duschzahl, f_1 Faktor für Benutzereinheit/h: 0,6–0,8; f_2 = Ladespeicherfaktor ≙ Stundenspitzenbedarf/Speichervorrat.

Faustwerte (für sommerliche Schwachlast) für Standardbad: 20–30 l/Besucher, für gutausgestattetes Bad: 30–50 l/Besucher.

$$\text{Heizlast } (\dot{Q}) = Z \cdot m_D \cdot c\,(\vartheta_{DU} - \vartheta_{kalt})\, f_1 \cdot f_2$$

Weitere Hinweise: • Außenluft (s. 541.1) • Becken- und Lufttemperaturen (s. 541.2) • Über- oder Unterdruck (Luftführung, Regelung, Energieeinsparung • U-Werte (s. 542.2) • Geräte für Privatbäder (s. 541.3)

Zusammenfassung der Gesamtheizlast:

1. Transmissionswärmeverluste
2. Lüftungswärmeverluste (unter Berücksichtigung einer vorhandenen Rückgewinnung)
3. Verdunstungswärmeverluste (Becken)
4. Wärmeverluste durch Füllwasserzusatz
5. Verluste durch Becken- und Duschwasserwärme

388.4 Bewertung der Ausstattung, Berücksichtigung bei der Bedarfsermittlung (Wohnungen)

Normalausführung	1 Badewanne oder 1 Brausekabine mit/ohne Mischbatterie und Normalbrause (BRN); 1 Waschtisch (WT), 1 Küchenspüle → für die Bedarfsermittlung wird nur die Badewanne eingesetzt
Komfortausführung	**1 Badewanne** NB2, KB oder GB, **1 Brausekabine** (BRN oder BRL) falls gleichzeitige Benutzung mit Wanne möglich ist (falls keine Wanne, wird anstelle BRN/BRL die Wanne NB1 eingesetzt), 1 Waschtisch (WT), 1 Bidet (BD), 1 Küchenspüle (SP) **Gästezimmer: 1 Badewanne** (egal welche) mit 50 % des Zapfstellenbedarfs oder 1 Brausekabine (egal welche) mit 100 % des Zapfstellenbedarfs, **1 Waschtisch**, **1 Bidet** (beides mit 100 % des Bedarfs, wenn dem Gästezimmer keine Wanne oder Brausekabine zugeordnet ist) → für die Bedarfsermittlung werden nur die fettgedruckten Ausstattungsgegenstände eingesetzt

388.5 Entnahmemengen V_E[1] je Benutzung und Zapfstellenbedarf w_V DIN 4708-2

Benennung der Zapfstelle		V_E in l	w_V in Wh	Benennung der Zapfstelle		V_E in l	w_V in Wh
Badewanne	NB1	140	5820	desgl. mit Normalbrause[4]	BRN	90[2]	3660
Badewanne	NB2	160	6510	desgl. mit Luxusbrause[5]	BRL	180[2]	7320
Kleinraum- und Stufenwanne	KB	120	4890	Waschtisch	WT	17	700
Großraumwanne (1800 × 750)	GB	200	8720	Bidet	BD	20	810
Brausekabine[3] mit Mischbatterie und Sparbrause	BRS	40[2]	1630	Handwaschbecken	HT	9	350
				Spüle für die Küche	SP	30	1160

[1] Bei Badewanne gleichzeitig Nutzinhalt. [2] Entspricht einer Benutzungszeit von 6 Minuten. [3] Nur berücksichtigen, wenn Badewanne und Brausekabine räumlich getrennt sind, d.h. eine gleichzeitige Benutzung möglich ist. [4] Armaturen-Durchflussklasse A nach DIN EN 200. [5] Desgl. jedoch Klasse C.

Bei Einrichtungen mit wesentlich höheren Entnahmemengen (z. B. Whirlpool, Schwallbrausen, Brausekabinen mit mehreren Duschköpfen) Angaben der Hersteller beachten; $w_V = V_E \cdot c \cdot 35$ in Wh

389.1 Bestimmung der Leistung von Wassererwärmern – Bedarfs- und Leistungskennzahl

$$N = \frac{\text{Wärmebedarf aller anrechenbaren Zapfstellen}}{\text{Wärmebedarf einer Einheitswohnung}}$$

$$N = \frac{n \cdot p \cdot v \cdot W_V}{3{,}5 \cdot 5820} \leq N_L$$

N Bedarfskennzahl (Ermittlung kann anhand eines Formulars erfolgen)

N_L Leistungskennzahl (nach Herstellerangabe) zur Bestimmung der Speichergröße (s. 389.2)

n Anzahl gleicher Wohneinheiten im Gebäude

v Anzahl der Zapfstellen je Wohnung (Normal- oder Komfortausstattung entsprechend 388.5)

w_V Zapfstellenbedarf (Entnahme) in Wh (s. 388.5)

Einheitswohnung (Bedingungen):
Raumkennzahl: *r* = 4, Belegungszahl *p* = 3,5 (3 bis 4), Zapfstellenbedarf w_V = 5820 Wh je Entnahme für eine Wanne NB1

r	1	1,5	2	2,5	3	3,5	4	4,5	5	5,5
p	2	2	2	2,3	2,7	3,1	3,5	3,9	4,3	4,6

r Anzahl der Räume (ohne Küche, Bad, Diele)

p tatsächl. Belegungszahl (Pers.); falls im Gebäude vorwiegend nur 1- und 2-Zimmerwohnungen vorhanden, noch einen Zuschlag von +0,5 vorsehen.

389.2 Leistungskennzahl N_L von Speichern und WW-Dauerleistung (fabrikatbezogen)

Speichergröße (l)	Heizungsvorlauftemperatur (°C)	Leistungskennzahl N_L bei WW 60 °C	Warmwasserdauerleistung bei folgenden Warmwassertemperaturen 45 °C l/h	45 °C kW	60 °C l/h	60 °C kW	Heizwasserbedarf (m^3/h)	Heizw.inhalt (l)	Bereitschaftswärmeaufw. kWh/24h	Druckverlust (mbar)
200	50	–	297	12,1	–	–	4,0	10	1,7	130
	60	–	594	24,2	–	–				
	70	4,4	847	34,5	468	27,3				
	80	5,3	1133	46,1	671	39,1				
	90	5,8	1364	55,6	831	48,2				
300	50	–	311	12,7	–	–	5,0	12	2	250
	60	–	744	30,3	–	–				
	70	9,0	1081	44,0	572	33,1				
	80	10,1	1486	60,5	891	52,0				
	90	10,7	1838	74,8	1210	70,2				
400	50	–	380	15,4	–	–	7,0	12	2,87	250
	60	–	787	32,0	–	–				
	70	13,8	1089	44,2	605	35,2				
	80	14,5	1491	60,7	814	47,3				
	90	15,3	1870	76,1	1098	63,8				

Speichergröße (l)	Heizungsvorlauftemperatur (°C)	Leistungskennzahl N_L bei WW 60 °C	Warmwasserdauerleistung bei folgenden Warmwassertemperaturen 45 °C l/h	45 °C kW	60 °C l/h	60 °C kW	Heizwasserbedarf (m^3/h)	Heizw.inhalt (l)	Bereitschaftswärmeaufw. kWh/24h	Druckverlust
500	50	–	446	18,2	–	–	4,95	16	2,94	350
	60	–	933	38,0	–	–				
	70	17,0	1324	53,9	700	40,7				
	80	17,8	1757	71,5	1041	60,5				
	90	18,9	2230	90,8	1372	79,8				
750	50	–	554	22,6	–	–	4,30	23	3,94	350
	60	–	1163	47,3	–	–				
	70	24,9	1838	63,0	899	52,3				
	80	27,4	2176	88,6	1267	73,7				
	90	32,2	2811	114,4	1740	101,2				
1000	50	–	757	30,8	–	–	3,80	28	4,31	350
	60	–	1419	57,8	–	–				
	70	30,8	1987	80,9	1098	63,8				
	80	34,8	2487	101,2	1551	90,2				
	90	39,3	3068	124,9	1968	114,4				

389.3 Berechnung der Bedarfskennzahl *N* (mit Formular) – Speichergröße – N_L-Angabe

Aufgabe: Bestimmung der Bedarfskennzahl und des Speicherinhalts für ein Wohngebäude mit folgenden verschiedenen Wohnungen:

Wohngruppe	Wohn. anzahl	Raumzahl	Sanitäreinrichtungen (Ausstattung)
1	7	3	Wanne 140 l, Waschtisch im Bad, Küchenspüle
2	5	4	1 Brausekabine mit 1 Luxus- und 1 mit Normalbrause, 1 Waschtisch (Bad), 1 Spüle
3	3	4½	1 Wanne 160 l, 1 Kabine mit Luxusbrause, 1 Waschtisch und 1 Bidet im Bad, 1 Küchenspüle
4	4	5½	1 Wanne 160 l, 2 Waschtische und 1 Bidet im Bad, 1 Küchenspüle; im Gästezimmer 1 Wanne 140 l und Waschtisch

1 Wohnungsgruppe	2 Raumzahl	3 Wohnungszahl	4 Belegungszahl	5	6 Zapfstellenzahl	7 Kurzzeichen	8 Bedarfanzapfstelle in Wh	9 in Wh	10 in Wh
–	*r*	*n*	*p*	$n \cdot p$	*v*	–	w_V	$v \cdot w_V$	$n \cdot p \cdot v \cdot w_V$
1	3,0	7	2,7	18,9	1	NB1	5820	5820	109998
					1	BRL	7320	7320	128100
2	4,0	5	3,5	17,5	1	BRN	3660	3660	64050
					1	NB2	6510	6510	76167
3	4,5	3	3,9	11,7	1	BRL	7320	7320	85644
					1	NB2	6510	6510	119784
4	5,5	4	4,6	18,4	0,5	NB1	5820	2910	53544
									637287

$$N = \frac{637\,287}{3{,}5 \cdot 5820} = 31{,}2$$

⇒ 1000 l mit N_L = 30,8 (≈ 70 °C)

390.1 Wärmebedarf für Wassererwärmungsanlagen von Einheitswohnungen DIN 4708-1

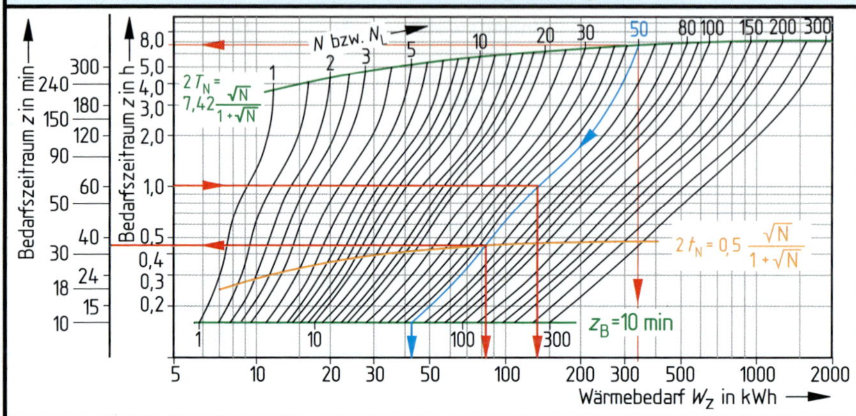

Leistungskennzahl N_L

$$2\,T_N = 2{,}42\,\frac{\sqrt{N}}{1+\sqrt{N}}$$

Beispiel:
$N = 50$ (Normalwohnungen)
Bedarfszahlen:
in 10 min ($= z_B$) etwa 43 kWh bei $2 \cdot t_N$ ($\approx$ 35 min) etwa 82 kWh (stündlicher Bedarf $\approx$ 130 kWh) bei $2\,T_N$ ($\approx$ 6,8 Stunden) etwa 330 kWh

390.2 Begriffe für zentrale Trinkwassererwärmungsanlagen DIN 4708-1

W_B	Wh	**Wärmebedarf** für ein **Wannenbad** bezogen auf eine definierte Zapftemp. für eine Einheitswohn.
W_P	Wh	**Wärmebedarf** für eine **Bedarfsperiode** $2\,T_N$; $W_P = W_{2TN}$
W_Z	Wh	**Wärmebedarf** für eine **Anzahl Einheitswohnungen** in der Bedarfszeit Z
W_{zB}	Wh	**Spitzenwärmebedarf** = Wärmemenge für definierte Zahl von EW während Wannenfüllzeit
$W_{1,0}$	Wh	**Stundenwärmebedarf** = Wärmemenge für definierte Zahl von EW in $Z = 1$ Stunde
$2 \cdot T_N$	h	**Bedarfsperiode** = Zeitspanne des max. Wärmebedarfs zur Erwärmung für best. EW-Zahl
$2 \cdot t_N$	h	**Spitzenverteilungszeit** = Σ der Spitzenbedarfszeiten innerhalb $2T_N$ für eine Anzahl EW
z	h	**Bedarfszeit** = Zeitspanne, in der Warmwasser entnommen wird (Zapfzeit) $Z_B \leq Z \leq 2 \cdot T_N$
z_B	h	**Wannenfüllzeit** = vereinbarte Zapfdauer von 10 min für ein Wannenbad mit W_B
C	Wh	nutzbare bzw. erforderliche **Speicherkapazität** Bemessung der Speichergröße

390.3 Darstellungen des Wärmebedarfs für die Trinkwassererwärmung in Wohnbauten

Statistische Darstellung

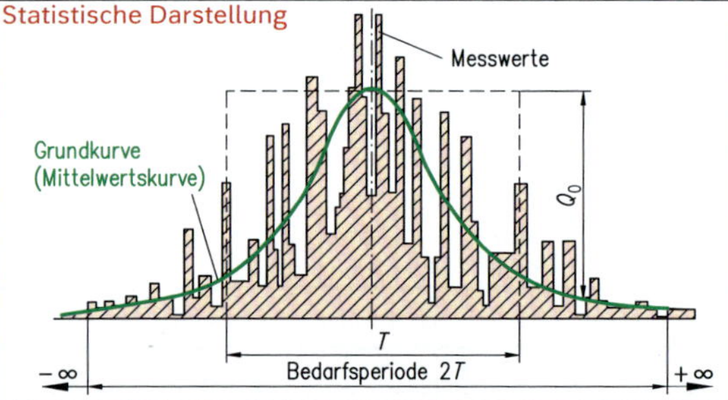

Mathematische Darstellung

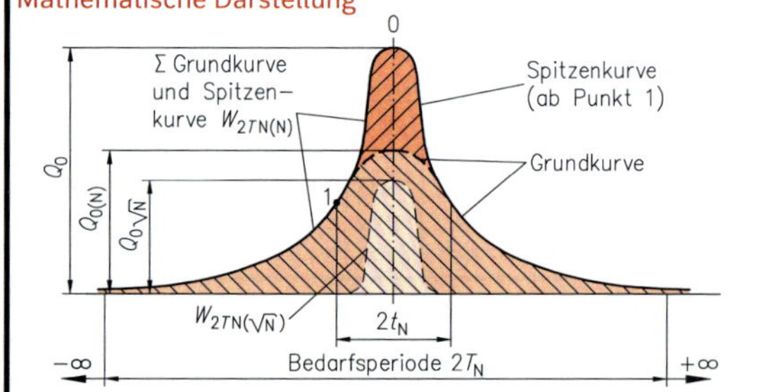

Wesentliche Einflussgrößen auf den Bedarf: • Systemwahl (Planung, Ausführung) • Gebäudeart (Wohnung, Gewerbe) • Nutzerverhalten (Komfort) • Armaturen (Spararmatur, Bedienung) • Anlagenzustand (z. B. Zirkulation) • sanitäre Einrichtungen (Wanne)

390.4 Einflussgrößen im Energiefluss von Trinkwassererwärmungsanlagen (entspr. EnEV)

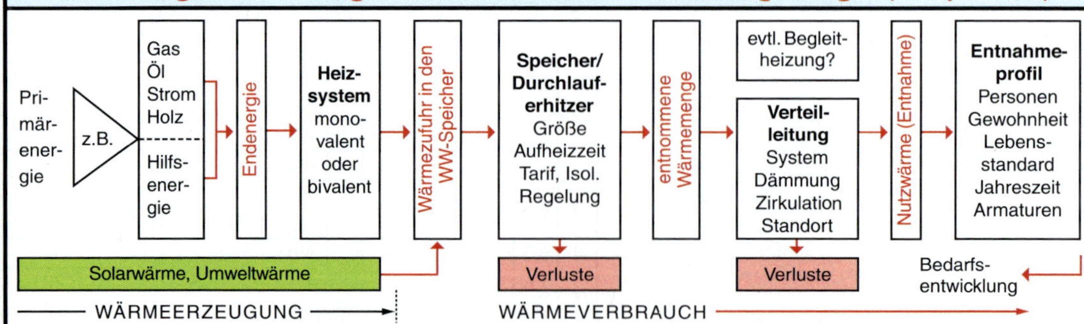

391.1 Trinkwassererwärmer bei Beheizung mit Fernwärme (Größenbestimmung)

Speichergröße in Liter	Leistungskennzahl N_L (bei 50 °C)	Dauerleistung $\dot{Q}_D$ [1] in l/h	Dauerleistung $\dot{Q}_D$ [1] in kW	Heizwasserbedarf in l/h	Druckverlust in Pa (mbar) WW-seitig
300 [2]	1,9	150	7,0 [2]	230 [2]	150 (1,5)
300	4,7 [3]	350	**16,3**	560 [3]	700 (7,5)
400	8,0 [3]	425	**19,8**	680 [3]	1100 (11,0)
550	13,4 [3]	600	27,9	960 [3]	2200 (22,0)
750	19,2 [3]	775	36,1	1240 [3]	3500 (35,0)
950	24,6 [3]	1025	47,7	1640 [3]	6500 (65,0)

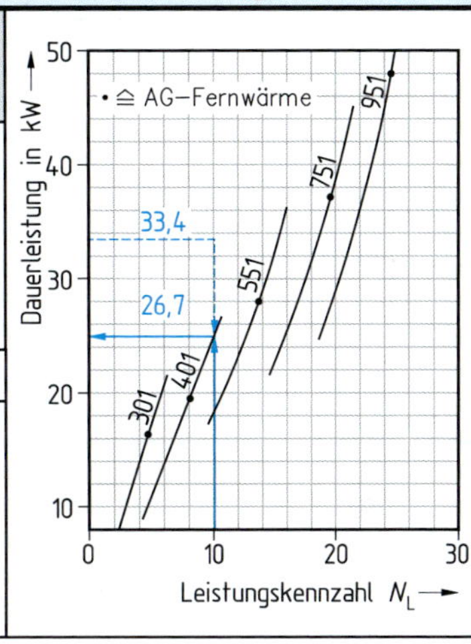

Korrigierte Dauerleistung: $\dot{Q}_K = \dot{Q}_D \cdot f_t$

ϑ_V °C	Heizwasserseitige Temp. diff. bei 20 K	25 K	30 K	35 K	40 K
60	0,80	0,61	–	–	–
65	1,23	1,00	0,77	–	–
70	1,69	1,43	1,15	0,93	–
75	–	1,87	1,65	1,30	1,07

Multiplikatoren f_t bei anderen Wassertemperaturen gegenüber 65/40 °C und WW 50/10 °C (entsprechend Tabelle)

Beispiel: $N_L = 10$; Heizung 70/50 °C, Speicher 50 °C ⇒ nach Diagramm 26,7 kW, 400 l, $f_t = 1{,}69$ (Tabelle); $\dot{Q}_K = \dot{Q}_D \cdot f = 19{,}8 \cdot 1{,}69 = 33{,}4$ kW (zu hoch) ⇒ bei 300 l: $\dot{Q}_K = 16{,}3 \cdot 1{,}69 = 27{,}5$ kW (> 26,7 kW)

[1] Bezogen auf 65/40 °C (Heizung), 50/10 (TWE). [2] Bevorratet nur Periodenverbrauch, Wiederaufheizung auf ca. 50 °C in 2 h. [3] Bei kleineren Bedarfskennzahlen sind geringere Heizwassermengen ausreichend.

391.2 Trinkwassererwärmung im Durchflusssystem mittels elektronischer Regelstation

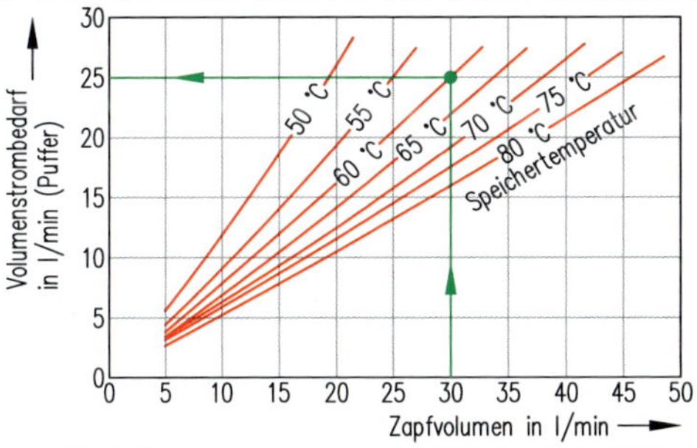

Anordnung von Wärmeerzeuger, Speicher und Regelstation

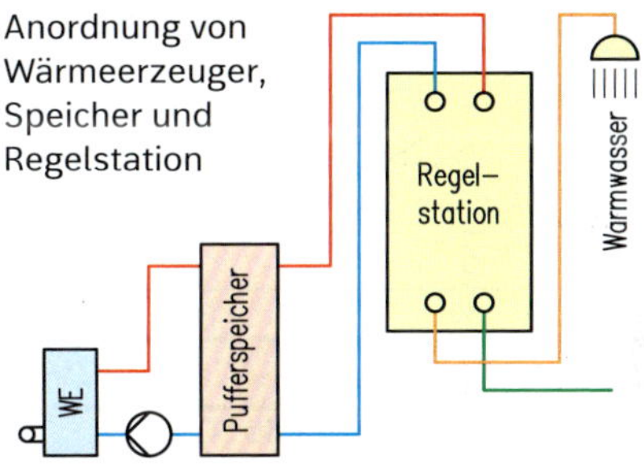

Regelstation

Beispiel: Wird am Regler die gewünschte Temperatur von 45 °C eingestellt, kann ein **Zapfvolumen von 30 l/min** bei einer Pufferspeichertemperatur von 60 °C und einem Volumenstrombedarf von 25 l/min im Pufferkreis erreicht werden. Die Veränderung des primärseitigen Volumenstroms erfolgt durch die vom Regler angesteuerte Speicherkreispumpen. Eine alternative Station hat die Einbeziehung eines Zirkulationsbetriebs mit mehreren Funktionen.

391.3 Speicherladesystem für eine Trinkwassererwärmung

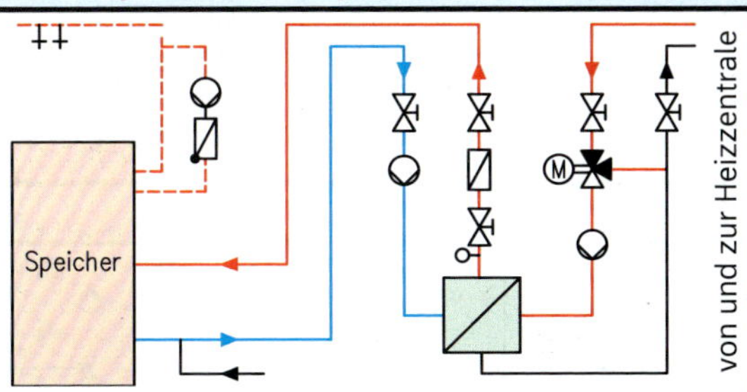

Von einem außerhalb des Speicherwassers liegenden Wärmeübertrager *W* warmes Wasser von oben in den Speicher eingebracht (geladen) und dort auch wieder entnommen.

Dadurch bildet sich im oberen Speicherdrittel eine scharfe Trennung zwischen Warm- und Kaltwasser:

- Gute Ausnutzung der Temperaturschichtung
- Nach kurzer Zeit eine ausreichende Mischwassermenge zum Duschen. Sparsamer Wasserverbrauch
- Vorteile Einsatz für erneuerbare Energien: Solar, Wärmepumpe, Holz u. a., Hohe Energieeffizienz.

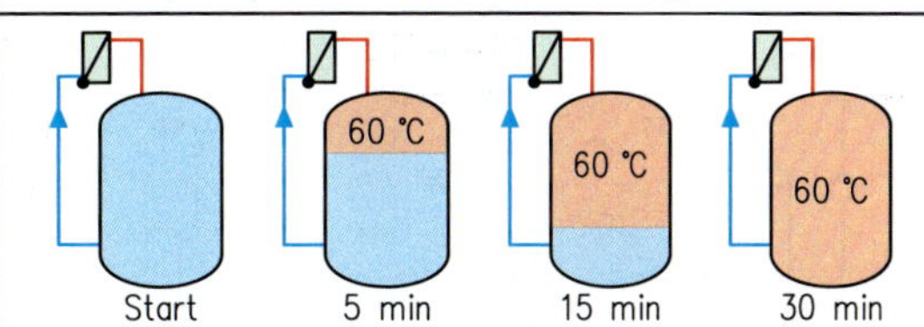

392.1 Durchfluss-Wassererwärmer (DWE) – Leistung – Δϑ – Zapfrate

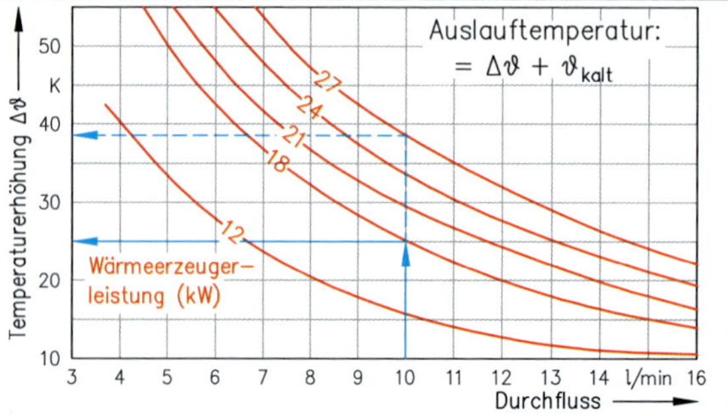

Je größer der Durchfluss eingestellt wird, desto geringer ist die Temperaturerhöhung.

Gerätearten:
- Klein-DWE (elektrisch) → direkt an Zapfstelle
- Elektro-DWE z. B. für Gruppenversorgung
- Gas-DWE auch kombiniert mit Heizung

Beispiel (in Diagramm eingezeichnet):
Leistung 18 kW, Zapfrate 10 l/min ⇒ 25 K (bzw. ϑ_{AUS} = 35 °C bei ϑ_{EIN} = 10 °C);
bei 27 kW → 38 + 10 = 48 °C
Umgekehrt: Ein 18-kW-DWE erwärmt in 1 Minute 10 Liter Wasser auf 25 + 10 = 35 °C.

392.2 Warmwasser-Dauerleistungsdiagramm eines 500-l-Speichers (fabrikbezogen)

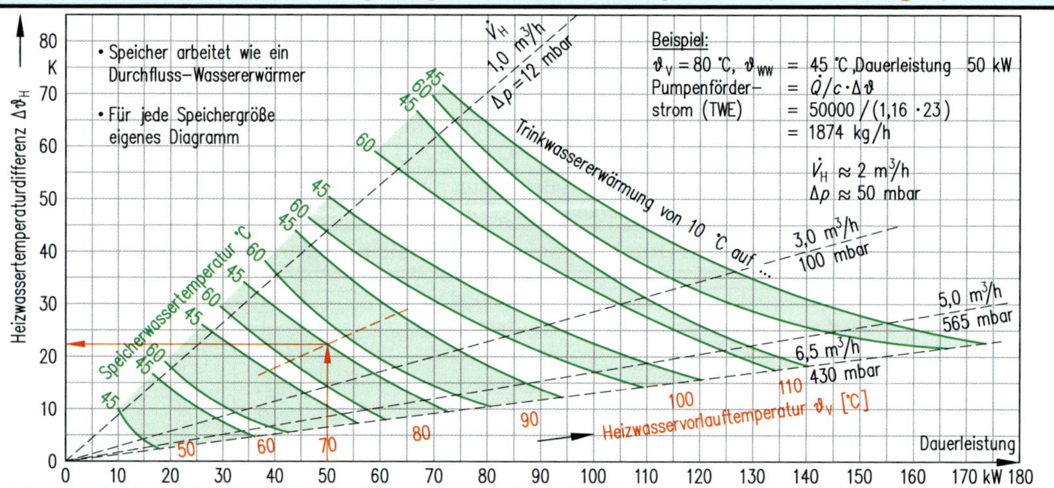

392.3 Dauerleistung bei Trinkwasserwärmer (Vorlauftemperatur, Wasserströme)

Speicher-inhalt	Trinkwassererwärmung **von 10 auf 45 °C**										**... von 10 auf 60 °C**					
	90 °C		80 °C		70 °C		60 °C		50 °C		90 °C		80 °C		70 °C	
	kW	l/h	kW	l/h	kW	l/h	kW	l/h	kW	l/h	kW	l/h	kW	l/h	kW	l/h
200	77	1892	60	1474	46	1130	31	762	13	319	67	1152	50	860	31	533
350	93	2285	73	1793	53	1302	33	811	22	540	82	1410	60	1032	38	653
500	96	2358	73	1793	56	1376	37	909	18	442	81	1393	62	1066	43	739

			Einheit			
Speicherinhalt			Liter	200	350	500
Heizmittelstrom für Dauerleistung			m³/h	5,0	5,0	6,5
Bereitschafts-energieverlust	mit	Flansch-öffnung	kWh/24 h	1,5	2,7	2,7
	ohne			–	2,0	2,4
Heizwasserinhalt			Liter	11,9	14,0	15,0
Heizfläche			m²	1,5	1,7	1,8

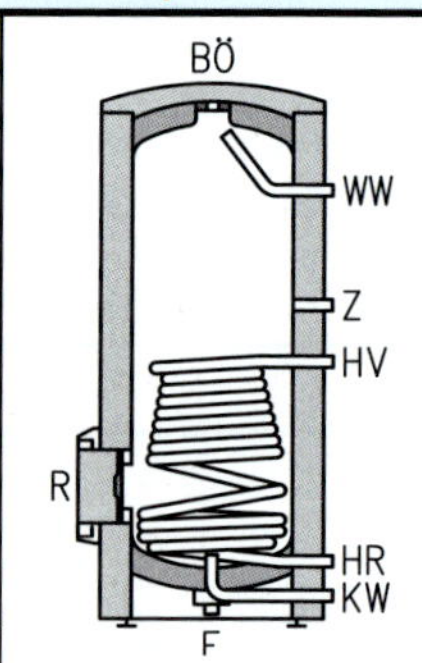

392.4 Trinkwassererwärmung (TWE) durch Heizkessel (Öl/Gas) und Solarwärme

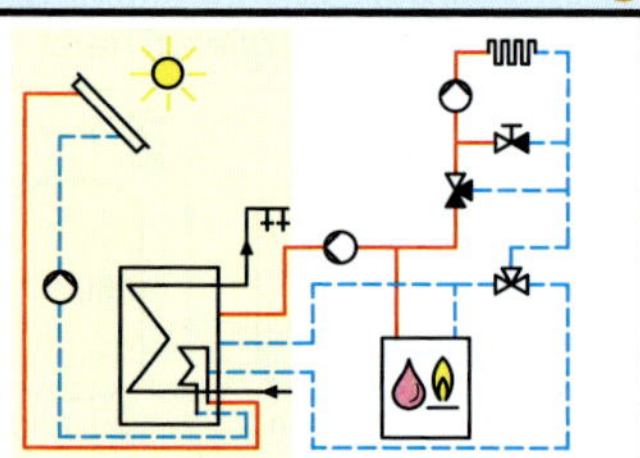
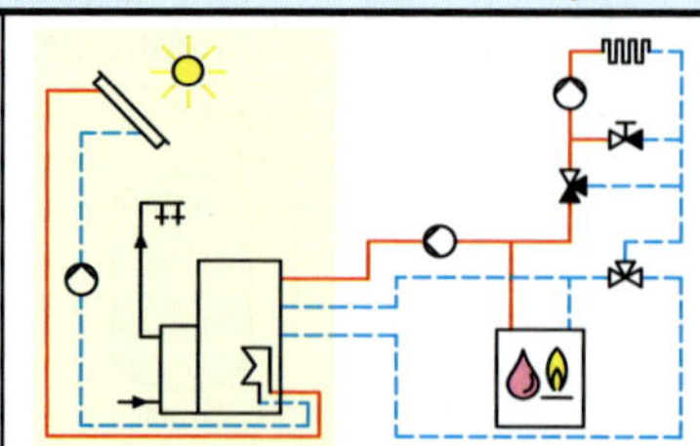
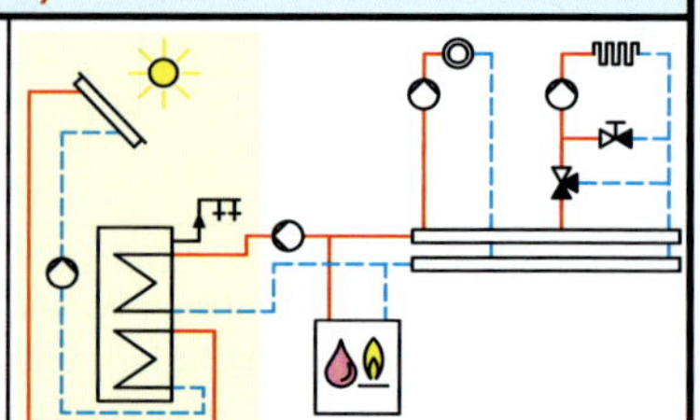

393.1 Zusammenschaltung von Speichern

Reihenschaltung im Speichersystem (Variante A oder B)

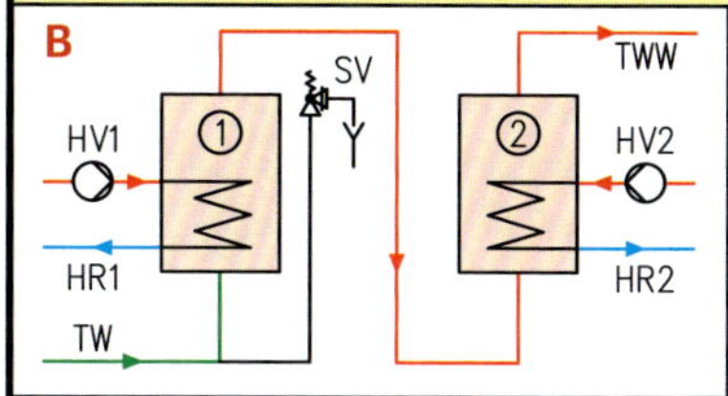

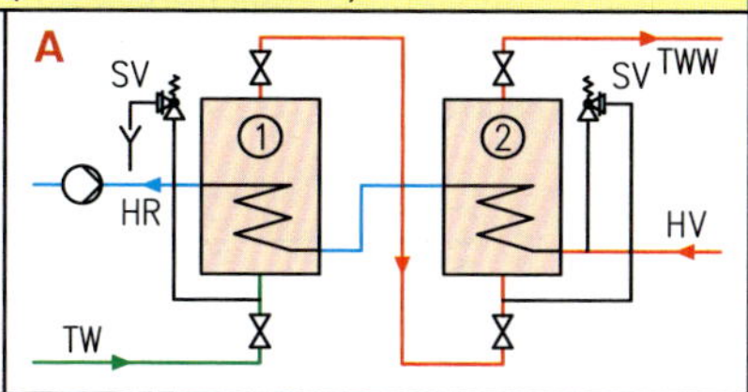

Parallelschaltung

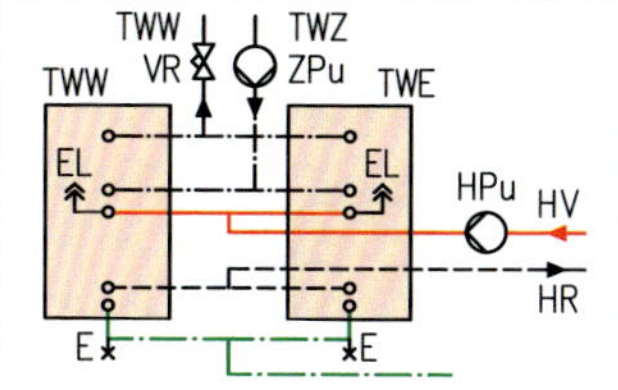

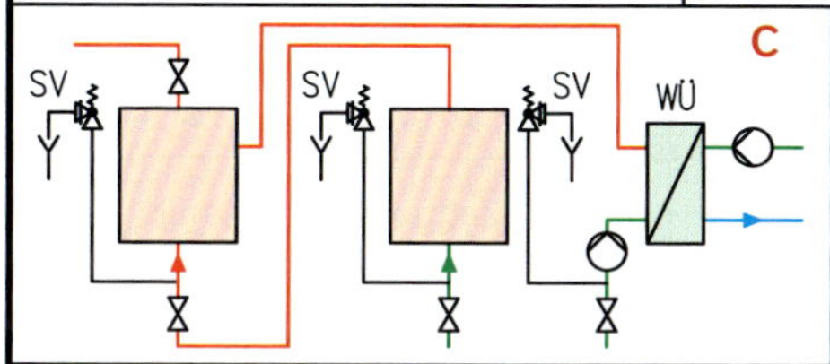

Reihenschaltung Speicherladesystem

- Hinweis zu Speicherladesystem (s. 391.3)
- Hier kann die Schaltung als ein einziger Speicher „angesehen" werden
- Falls WÜ absperrbar, 3 Sicherheitsventile

A • Erwärmtes Trinkwasser durchströmt nacheinander die beiden Speicher • Nachteilig ist die Addition der Druckverluste • Wird der Einschaltfühler in Speicher 1 montiert, erreicht die Solltemperatur nicht den nachgeschalteten Speicher.
B Beide Speicher können durch verschiedene Heizmedien versorgt werden, z. B. 1 mittels Wärmepume, 2 durch Kessel

Bedingungen:
- Hydraulisch verschalten
- Über jedem Speicheranschluss gleicher Druckabfall
- Gleiche Beaufschlagung oder Entnahme
- In keinem Speicher mehr als Spitzenwärmebedarf
- Erforderlichen Heizmittelstrom mit Abgleichventil einstellen
- Jeder Speicher mit Entlüftung EL und Entleerung

393.2 Speicherwassererwärmer (Solar), Anschlüsse und Durchflusswiderstände

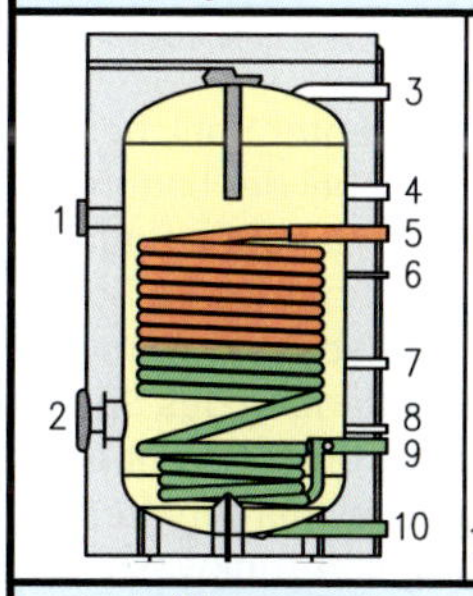

1 Stutzen für Elektroheizeinsatz
2 Flanschöffnung Elektroheizeinsatz
3 Warmwasseranschluss
4 Zirkulationsanschluss
5 Heizwasservorlaufanschluss
6 Tauchhülse Speichertemperatursensor
7 Warmwasser vom Solarwärmetauscher
8 Tauchhülse Temp.sensor des Solarwärmetau.
9 Heizwasserrücklauf
10 Kaltwasseranschluss und Entleerung

Durchflusswiderstand

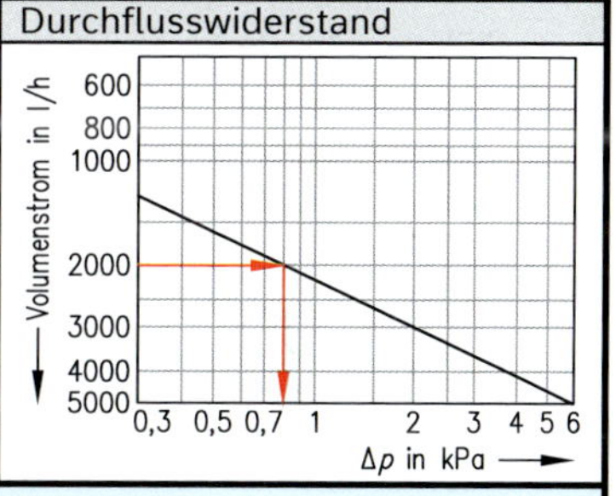

393.3 Übersicht über Klein- und Großanlagen – zugehörige Merkmale[1)]

Art des Gebäudes	Speicher-volumen	Leistungs-volumen	Anforderung entspr. Spalte 2+3	Anlagen-definition
EFH und ZFH	keine Anforderung		–	Klein-anlagen
alle anderen Gebäudearten	< 400 l	≤ 3 l	–	
	> 400 l	≤ 3 l	–	Groß-anlagen
	> 400 l	> 3 l	Einbau einer Zirkulation	
	< 400 l	> 3 l		

[1)] Merkmal 1: **Kleinanlagen**, wenn das Volumen des gespeicherten Warmwassers kleiner oder gleich 400 l ist. **Großanlagen**, wenn das Volumen größer als 400 l ist. Merkmal 2: Das Wasservolumen zwischen dem Trinkwassererwärmer und den Entnahmestellen muss bei Kleinanlagen ≤ 3 l betragen („Dreiliterregel"). Daten zur Bestimmung des Wasservolumens in den Leitungsabschnitten aus aktuellen Bestandsplänen.

- Die Anlage nach 395.2 erfüllt zwar das 1. Merkmal (Speicher < 400 l), da jedoch das Wasservolumen im Fließweg zwischen Trinkwassererwärmer und mindestens einer Entnahmestelle größer als 3 l ist, handelt es sich um eine Großanlage.

393.4 Förderstrom und Förderdruck

Maximaler Förderstrom $\dot{V}_{Pu} = 3\,\frac{V_R}{h}$ d. h. 3 · stündl. Umwälzung in der Rohrleitung zwischen Abgang Speicher und Entnahmestelle = (Kleinanlage entsp. 395.2). V_R = Wasservolumen in Leitung

Allg.: $\dot{V}_{Zu} = \frac{\dot{Q}}{c \cdot \Delta\vartheta}$ $\dot{Q}$ Wärmeverluste der Trinkwasserltg.; c spez. Wärmekapazität ≈ 1,2 Wh/(kg · K) $\Delta\vartheta$ = 2 – 3 K bis Abgang der Zirkulationsleitung

Förderdruck $\Delta p = \sum (R \cdot l) + Z + \Delta p$ (s. 472.1). Bei der Bemessung auf hydraulischen Abgleich achten!
DN 15 Zirkulationsltg./bis DN Versorgungsltg.; Wassergeschwindigkeit bis 1 m/s; bei Kupfer bis ca. 0,5 m

394.1 Gemischte Speichersysteme von Anlagen zur Trinkwassererwärmung

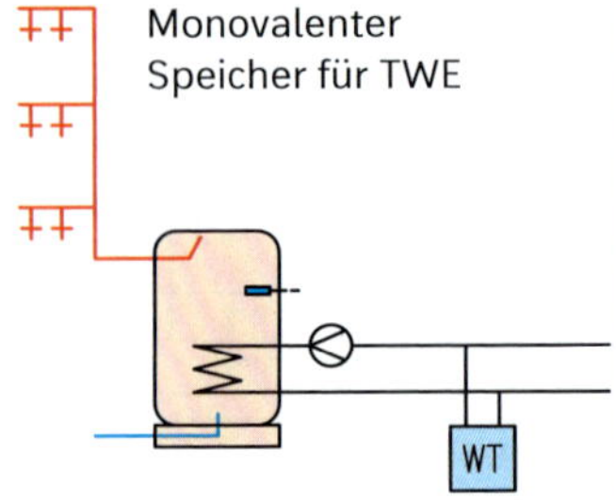

1 Monovalenter Speicher für TWE

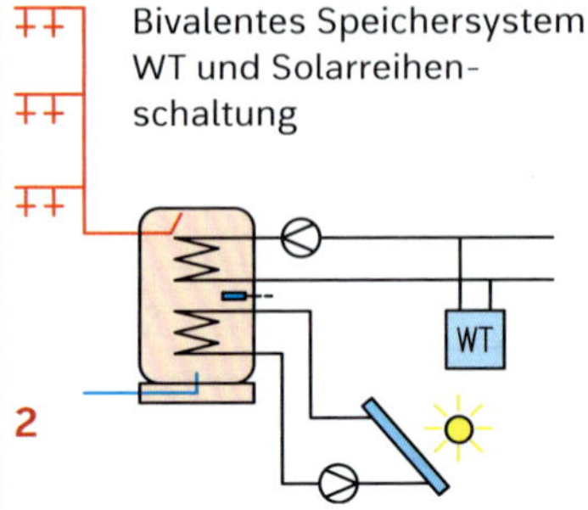

2 Bivalentes Speichersystem WT und Solarreihenschaltung

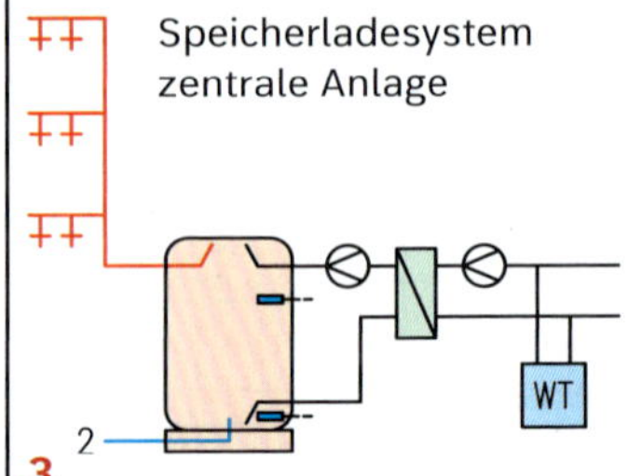

3 Speicherladesystem zentrale Anlage

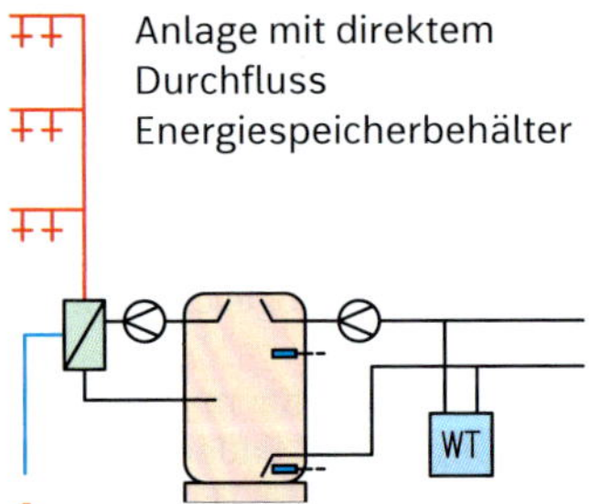

4 Anlage mit direktem Durchfluss Energiespeicherbehälter

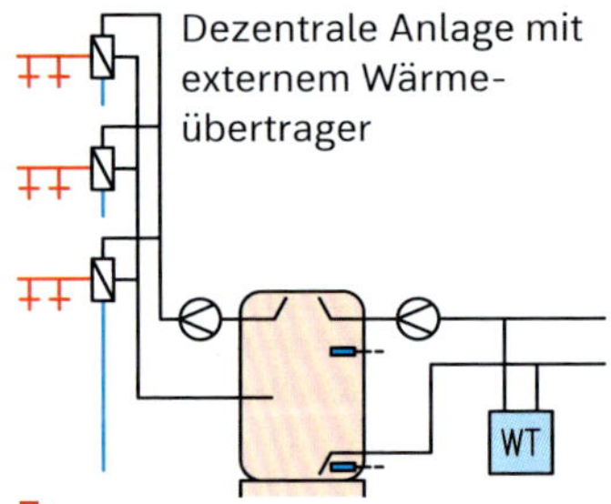

5 Dezentrale Anlage mit externem Wärmeübertrager

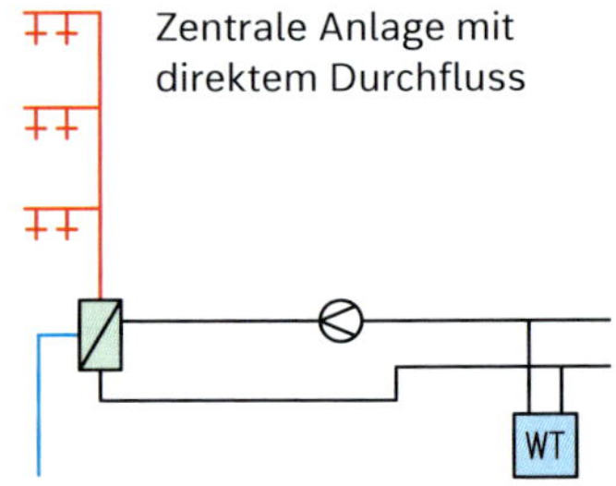

6 Zentrale Anlage mit direktem Durchfluss

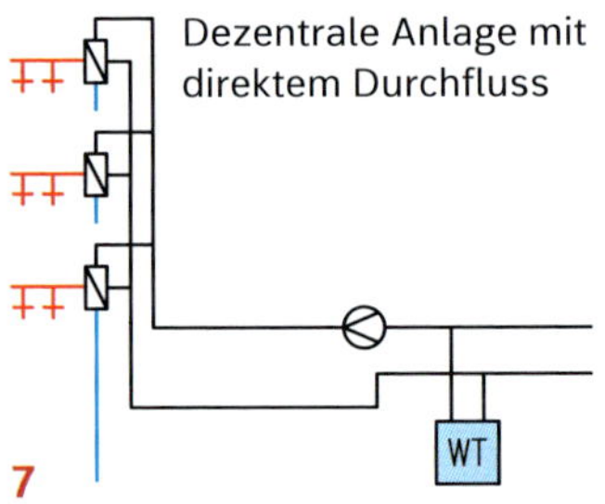

7 Dezentrale Anlage mit direktem Durchfluss

Weitere Merkmale:
1 Zentrale Anlage direkt oder indirekt beheizt, monovalenter Speicher für erwärmtes Trinkwasser, abgegrenzter Mischbereich bei der Ladung, interner Wärmeübertrager, mit oder ohne Umwälzung oder ohne Raumheizung. 2 Bivalenter Speicher, mit abgegrenztem Mischbetrieb im Bereitschaftsvolumen des Tanks während der Ladung. 3 Ladespeichersystem, minimaler Mischbereich während Ladung und Entladung des Speichers, mit oder ohne Umwälzung im Kreislauf, mit oder ohne Raumheizung. 4 Erwärmung bei direktem Durchfluss, Energiespeicherbehälter als Ladesystem, externe oder interne Wärmeüberträger. 5 Trinkwassererwärmung bei direktem Durchfluss, Energiespeicherbehälter als Ladesystem (minimaler Mischbereich während Ladung und Entladung), Trinkwasserkreislauf ohne Umwälzung, Umwälzung innerhalb des Ladesystems.

394.2 Relativer Bedarf an erwärmtem Trinkwasser in Prozent — DIN EN 12831: 2017

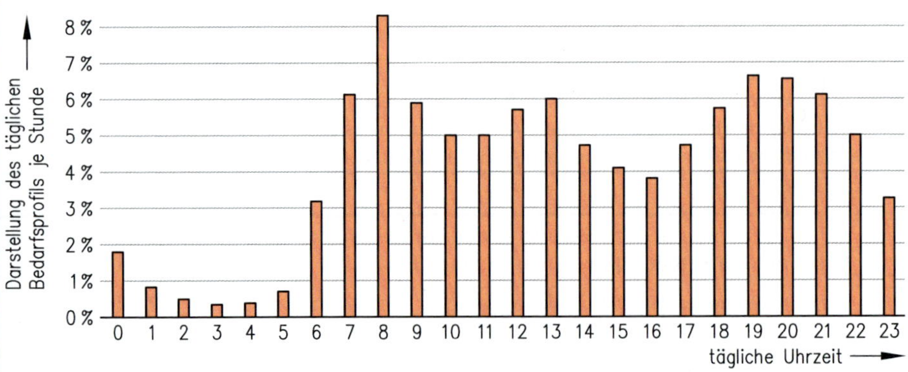

Anforderungen in l/Person und Tag
Wohngebäude (einfach) 20–60 l;
Wohngebäude (Luxus) 60–100 l;
Einfamilienhäuser 40–70 l;
Wohnungen 25–30 l

395.1 Zirkulationsleitungen (Anmerkungen)

- Hinweise zu Berechnung und Betrieb von Zirkulationssystemen und Zirkulationspumpen (s. 236.1 f.)
- **Vorteile:** Beim Aufdrehen sofort warmes Wasser, kein Kaltwasserverlust, kein abgestandenes Wasser
- **Nachteile und Forderungen:** Zusätzliche Wärmeverluste und Stromkosten, Temp.haltung 60 °C (Legionellen), hydraulischer Abgleich, Volumenberechnung (Rohrnetz), nach exakten Unterlagen, Kosten
- Unterscheidung: Klein- und Großanlagen (s. 393.3)
- Anstatt Zirkul.ltg. auch „Heizbänder" möglich (selten)

395.2 Warmwasser- und Zirkulationsleitung

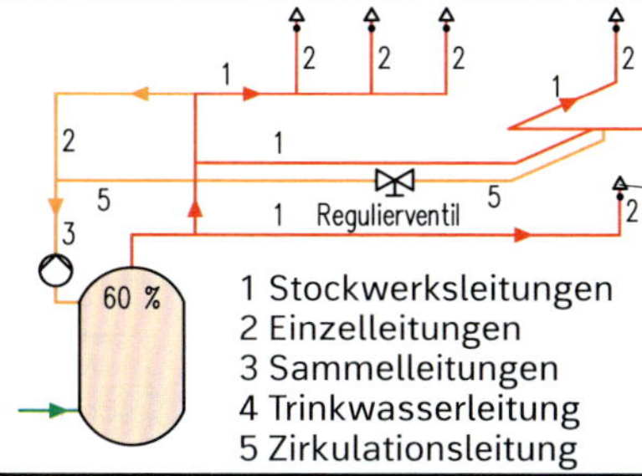

1 Stockwerksleitungen
2 Einzelleitungen
3 Sammelleitungen
4 Trinkwasserleitung
5 Zirkulationsleitung

Trinkwasserltg. PWH

Zirkulationsltg. PWH-C

395.3 Innenliegende Zirkulation (Inliner Zirkulation)

a) Konventionelle Zirkulation	b) Obenliegende Zirkulation	c) Innenliegende Zirkulation
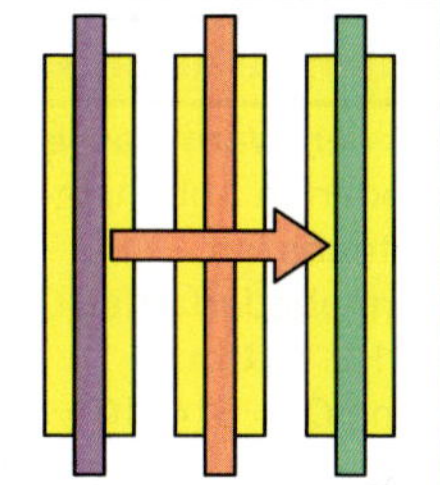	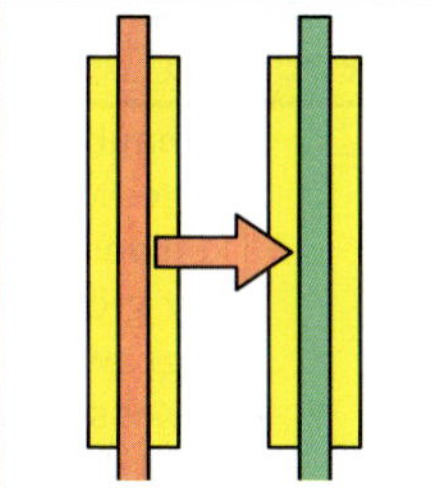	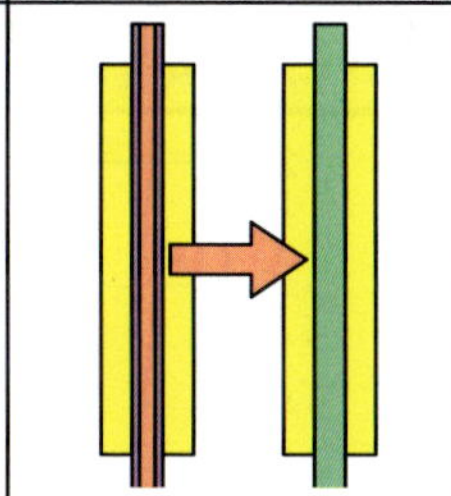
Wärmestrom zu PWC durch PWH und PWHC	Wärmestrom zu PWC durch PWH	Wärmestrom auf PWC durch PWH

Zirkulationsleitung	PWHC
Warmwasserleitung	PWH
Kaltwasserleitung	PWC
Wärmedämmung	–

Anmerkungen/Merkmale

- a) gegenüber c) eine Leitung weniger, geringere Wärmeverluste, weniger Dämmmaterial, mehr Platz (Schacht)
- vorteilhaft besonders für höhere Gebäude (max. bis ca. 10 Stockwerke)
- zeitnah Warmwasser (Komfort);
- effektiv im Steigstrang bis zu allen Entnahmestellen

Von der Verpackung abgerollt und direkt in

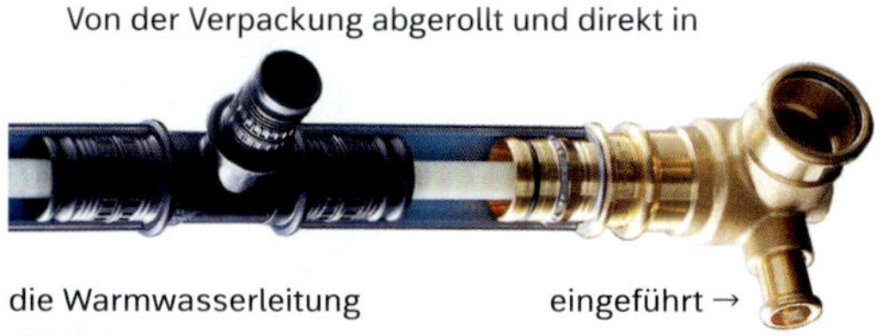

die Warmwasserleitung eingeführt →

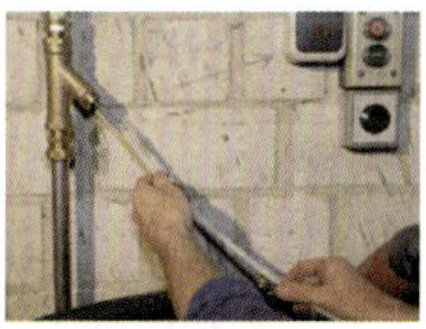

- **Montage der Innenrohre** senkrecht von oberen Etagen oder vom Keller aus möglich
- **Amortisation** (je nach Preisentwicklung und Betriebsweise etwa 4–5 Jahre (2017)

395.4 Hocheffizienz-Zirkulationspumpen für Trinkwassererwärmung

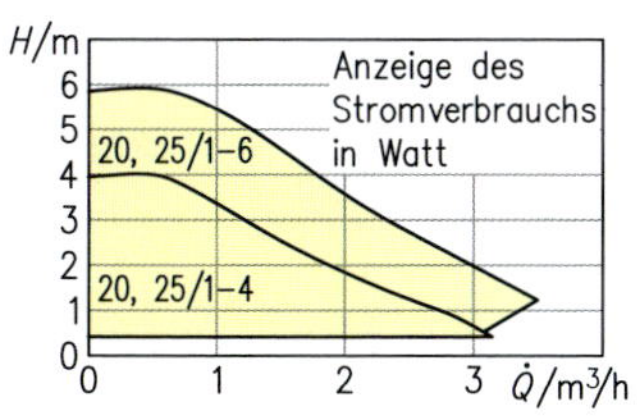

- elektronisch geregelt;
- automatische Leistungsabsenk- und Volumenstromanpassung, EC-Motor

Zwischenstecker zur Kommunikation und Fernsteuerung durch Smarthome-Gerät. Bis 0,35 m³/h, bis 9 kPa, nur 2 ... 4,5 W, Absperrventil, Edelstahllaufrad

395.5 Regelung von Zirkulationspumpen nach dem Nutzerverhalten

Die Tatsache, dass eine Zirkulationspumpe das Nutzerverhalten der Bewohner erkennt und danach ihren eigenen Betrieb entsprechend einrichtet, ist bemerkenswert. Alle Entnahmemaßnahmen werden entsprechend protokolliert und in einem Kalender verzeichnet. Ändert sich das Nutzungsprofil, gleicht sich die Pumpe den neuen Gewohnheiten automatisch an. Somit läuft die Pumpe nur dann, wenn auch tatsächlich warmes Wasser benötigt wird.

- Für die Pumpe wurde ein Algorithmus entwickelt, durch den die Betriebszeit der Pumpe automatisch in Abhängigkeit der Warmwasserentnahme geregelt wird; somit Optimierung entspr. Pumpenbetrieb.
- Zusätzlich ist ein Temperatursensor erforderlich, der zusammen mit dem in der Pumpe integrierten Sensor das Laufverhalten der Pumpe regelt bzw. erkennt, wann warmes Wasser entnommen wird.

396.1 Trinkwasserseitiger Anschluss (Kaltwassereintritt bis Warmwasseraustritt)

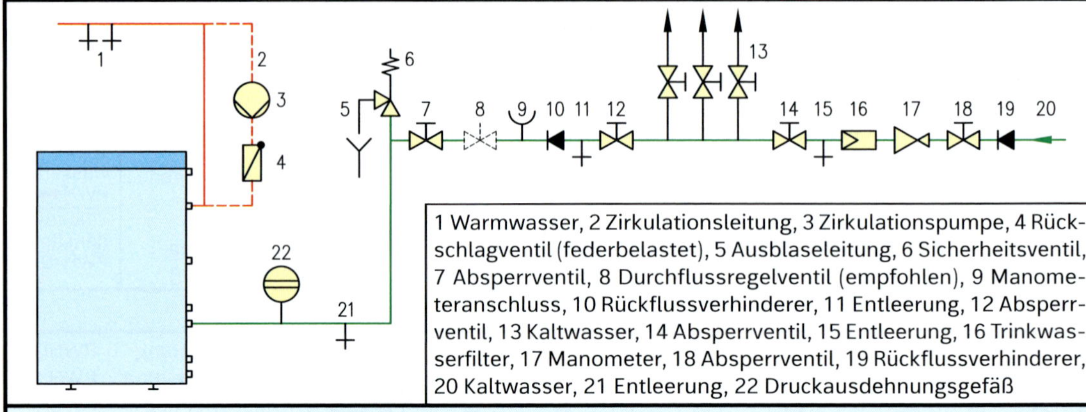

1 Warmwasser, 2 Zirkulationsleitung, 3 Zirkulationspumpe, 4 Rückschlagventil (federbelastet), 5 Ausblaseleitung, 6 Sicherheitsventil, 7 Absperrventil, 8 Durchflussregelventil (empfohlen), 9 Manometeranschluss, 10 Rückflussverhinderer, 11 Entleerung, 12 Absperrventil, 13 Kaltwasser, 14 Absperrventil, 15 Entleerung, 16 Trinkwasserfilter, 17 Manometer, 18 Absperrventil, 19 Rückflussverhinderer, 20 Kaltwasser, 21 Entleerung, 22 Druckausdehnungsgefäß

396.2 Warmwasser- und Wärmebedarf für einen Industriebetrieb (Summenlinienverfahren)

Entnahmezeitraum h	WW-Bedarf kg	erford. Temp. °C	Q_V kWh	ΣQ_V kWh
6 ... 7	1000	50	46,5	**47**
7 ... 9	2000	50	93,0	**140**
9 ... 11	1500	50	69,8	**210**
11 ... 13	3500	50	162,8	**373**
13 ... 15	1000	50	46,5	**419**
15 ... 16	4200	50	195,4	**614**
16 ... 17	900	60	52,3	**666**
6 ... 17	14100	–	666,3	–
7 ... 16	13100	–	567,5	–

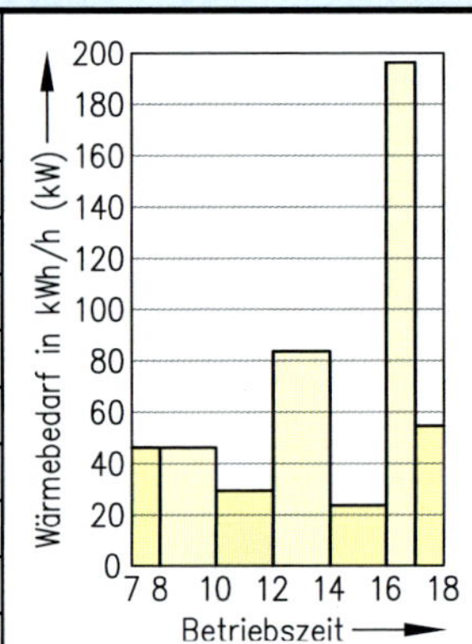

Schaubild über den Warmwasser-Tageswärmebedarf in Abhängigkeit von der Betriebszeit.
Der größte Wärmebedarfanteil Q_V liegt zwischen 15–16 Uhr
⇒ Kesselleistung $\dot{Q}_H = 614/10 = 61{,}4$ kW

Speicherinhalt:

$$V_{SP} = \frac{C \cdot b}{c \cdot (\vartheta_{Aus} - \vartheta_{EIN})} \quad \text{in l}$$

C Speicherkapazität (kWh)
b Zuschlagsfaktor 3 ... 8 %
c spezifische Wärmakapazität Wh/(kg · K) (kg ≈ l)

Speicherladesystem mit einer von vielen möglichen Kombinationen von C_S und $\dot{Q}_H$.

$$\dot{Q}_H = \frac{614}{10} = 61{,}4 \text{ kW (ca. 65 kW)}$$

$$C_S = 614 - 61{,}4 - 419 = 133{,}6 \text{ kWh}$$

$$V_{SP} = \frac{133\,600}{1{,}163 \cdot (60 - 10)} = \mathbf{2298\ l}$$

gewählt: 2500 l
Evtl. auf mehrere Speicher aufteilen.

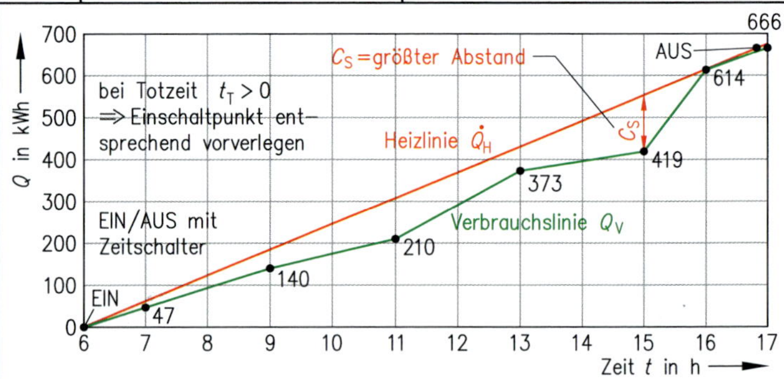

396.3 Einfluss von Kalkablagerungen bei Trinkwassererwärmungsanlagen

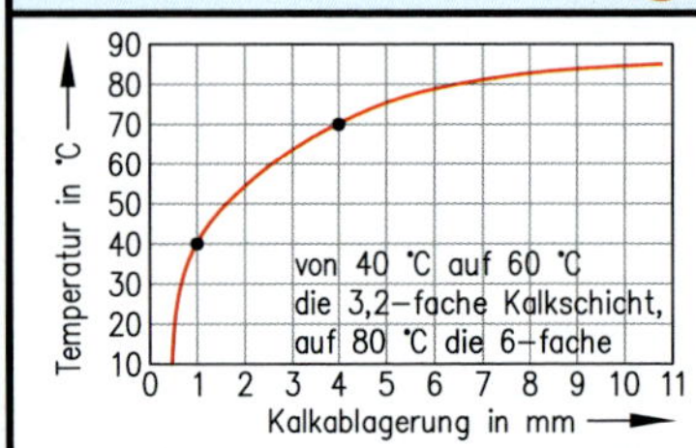

Weitere Hinweise (s. 194.2)

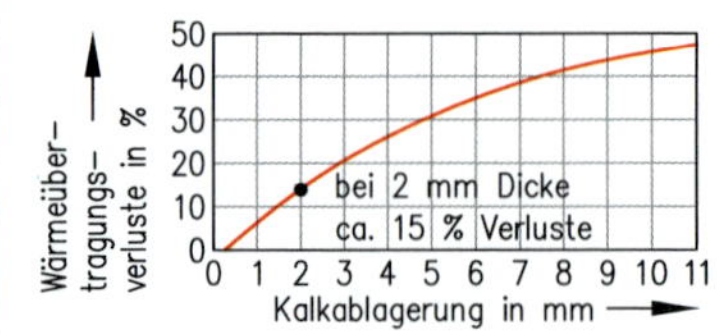

Kalkablagerung abhängig von:

- **Härtegrad** des Wassers: hart, ab 14° dH (entscheidend); mittel, ab 8,5° dH; weich bis 8,5° dH
- **Temperatur** (Kalkschicht ab ca. 40 °C stark zunehmend)
- **Übertragungsfläche**: Rohre, Wärmeüberträger, Armaturen

Etwa 8–10 % aller Leitungsschäden lassen sich jährlich auf Frostluftschäden zurückführen.

397.1 Selbstregelnde elektr. Begleitheizung für Warmwasserleitungen („Heizband")

maximale Heizkreislängen					maximale Zuleitungslängen						
Heizbandtyp [1]		45	55	70		45	55	70		45	55	70
Absicherung bei	10 A	100	55	40	Ltg. 1,5 mm²	100	130	130	Ltg. 2,5 mm²	165	215	215
	13 A	130	72	52		75	100	100		125	165	165
	16 A	180	90	80		55	80	80		90	130	130

[1] Bei **45°** Einfamilienhäuser; bei **55°** Mehrfamilienhäuser, Bürogebäude; bei **55 oder 70°** Großanlagen wie Hotels, Krankenhäuser, Großgaragen, Industriegebäude.

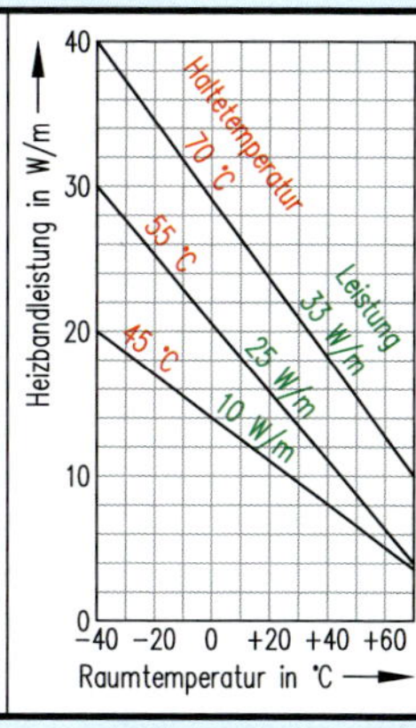

① Versorgungsleiter ② Heizleiter ③ el. Isolierhülle (mit 2 fest verschweißt) ④ Isolierhülle (z. B. Alu) ⑤ metallische Umhüllung ⑥ Schutzmantel

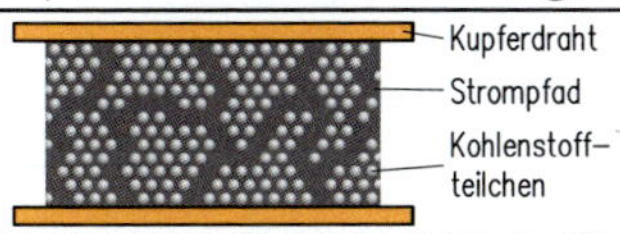

Je nach Temperatur werden die Strompfade unterbrochen (Abbildung entspricht dem kalten Zustand).

397.2 Frostschutz bei Ventilen, Messgeräten u. a.

Heizbänder können auch Armaturengruppen vor Frost schützen, indem sie **über Kreuz verlegt** werden, denn eine Bandüberhitzung ist durch die Selbstlimitierung ausgeschlossen.

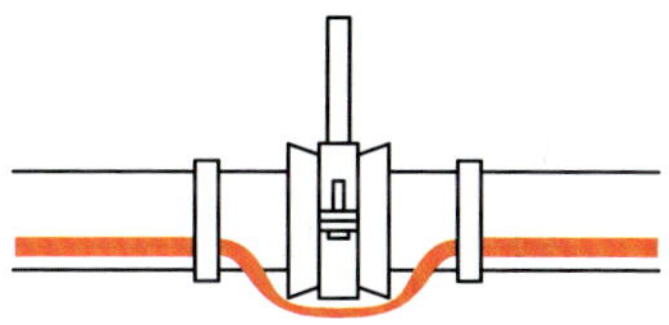

Anmerkung: Sinkt bei wasserführenden Leitungen die Temperatur unter den Gefrierpunkt, kann sich ein Eispropfen bilden, der sich beidseitig ausdehnt, bis ein Rohrschaden entsteht. Schließlich vergrößert sich das Wasservolumen um etwa 9 % gegenüber Eis.

- Band über Rohraufhängungen führen.
- Band nicht klemmen.

397.3 Hinweise zum Einsatz von elektrischen Begleitheizungsbändern

- Die **2 Anwendungsfälle** für Begleitheizungen sind Frostfreihaltung und **Temperaturhaltung**
- Wie bei Zirkulationsleitung so auch bei Begleitheizbändern an jeder Entnahme schnell warmes Wasser
- Bei steigender Umgebungstemperatur reduziert sich die Heizleistung des Bandes („**Selbstlimitierung**")
- Rohrdämmung unerlässlich (wie bei Zirkulationsltg.)
- **Heizleistung** (Verluste) abhängig von $\Delta\vartheta$, DN, Dämmung (Dicke, Leitfähigkeit) und Rohrlänge
- Einfluss der Dämmdicke auf Leistungsaufn. (s. 481.1)
- Bandverlegung parallel zum Rohrverlauf unter der Dämmung (5- oder 7-Uhr-Position)
- Befestigung ca. alle 20 cm mit Aluklebeband
- Heizband kann beliebig lang abgeschnitten werden
- Haltetemp. z. B. 45, 55, 70 °C (s. 397.1) einstellbar
- Thermostate ermöglichen die Aussteuerung der Bänder (mögl. Einsparung beim Stromverbrauch)
- Bei Kunststoffrohren kein PVC-haltiges Material
- Heizbänder auf für im Außenbezirk liegende Leitungen und Dachrinnen (Eisfreihaltung)

397.4 Leistungsaufnahme (Wärmeverluste) an Rohrleitungen mit Begleitheizung in W/m[1]

$\Delta\vartheta$ [2]	DN 15	DN 20	DN 25	DN 32	DN 40	DN 50	DN 65	DN 80	DN 100
20	4,6 (3,1)	5,3 (3,5)	6,1 (4,0)	7,2 (4,6)	7,9 (4,9)	9,4 (5,8)	11 (7)	13 (8)	16 (9)
30	6,8 (4,7)	7,9 (5,3)	9,1 (6,0)	10,8 (6,8)	11,9 (7,4)	14,2 (8,6)	16 (10)	19 (11)	24 (14)
40	9,1 (6,2)	10,6 (7,1)	12,2 (7,9)	14,4 (9,1)	15,8 (10)	18,8 (11,5)	22 (13)	25 (15)	32 (18)

[1] Dämmdicke 20 mm (Klammerwerte 40 mm), $\lambda = 0{,}035$ W/(m · K). [2] Zwischen Rohrtemp. und Umgebungstemp.

397.5 Ausdehnungsgefäße MAG-W für Trinkwassererwärmungsanlagen

Anstelle der wesentlichen in der Leitung eingebauten Armaturen, wie Absperr- und Entleerungsventil, Rücklaufverhinderer, Sicherheitsventil, Ablauftrichter hier eine **Kompaktarmatur** mit zahlreichen Vorteilen

- max. zulässige Betriebstemperatur 70 °C
- max. zulässiger Betriebsdruck 10 bar
- zur **Montage** Aufhängezarge (Schnappfkt.)

Weitere Hinweise siehe bei MAG-H ...

MAG-W:
- Aufnahme des Ausdehnungswassers
- zur Druckstoßdämpfung (bei großen Anlagen)
- Puffer- und Steuerung (Druckerhöhungsanl.)

Auswahltabelle von MAG-W						
Nennvolumen	12 Liter			18 Liter		
Ansprechdruck SV/bar	6	8	10	6	8	10
max. Volumen Trinkwassererwärmer						
Zulaufdruck 4 bar	95	210	305	140	360	480
Zulaufdruck 3 bar	210	320	370	310	480	570

398.1 Legionellen, Ursachen, Wachstum, Infektion

Legionellen	Stab-Bakterien ⌀ 0,2–0,8 mm; l = 1–4 mm
Vorkommen	Süßwasser, See, Fluss, Grundw. → Hausinst.
Wachstum, Ursachen für die Erhöhung	ab 30–45 °C, Stagnation in Kalt-/Warmwasserleitungen, Verschmutzung von Warmwasserpeichern, Inkrustation, Biofilme bes. im Duschschlauch, verkalktem Duschkopf, Umgehungsleitung Zirkulation $\vartheta \leq 55$ °C auch nur stellenweise.
Infektion	Aerosole einatmen in Dusche, Klimaanl., Luftbefeuchtung
Diagnose	Grippeähnlich, Fieber, Lungenentzündung
Therm. Desinfektion, Bekämpfung	$\vartheta \geq 60$ °C; Rücklauf WWB ≥ 55 °C; Zirkulat. ΔT max. 5K s. 236 ff DIN 1988-300; Stoßchlorung s. 202, UV-Bestrahlung s. 201.5

398.2 Legionellenwachstum, Temperatur, Spülvorgang

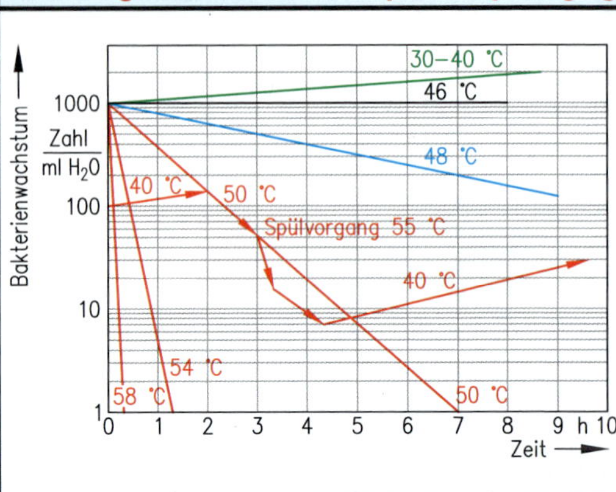

398.3 Bewertung der Befunde DVGW-W 551

Untersuchungsergebnis		Orientierende Untersuchung			Weitergehende Untersuchung		
Legionellen KBE/100 ml	Bewertung/ Kontamination	Maßnahme Sanierung	Weitergeh. Unters.	Nachunters.	Maßnahme Sanierung	Weitergeh. Unters.	Nachunters.
KBE[1] < 100	keine/geringe	keine	keine	$^1/_3$[2] J.	keine	–	$^1/_3$[2] J.
≥ 100	mittlere Kontamination	keine	innerhalb 4 Wochen	–	mittelfrist. Sanierg. erf.	innerhalb 1 Jahr	1 Woche nach Desinfektion bzw. Sanierung[3]
> 1 000	hohe Kontamination	abh. von weiterg. Unt.	umgehend	–	kurzfristige Sanierg. erf.	innerhalb 3 Mon.	
> 10 000	extrem hohe Kontamination	Desinf. sofort Duschverbot Sanierg. erf.	unverzüglich	1 Wo. nach Desinf.	Desinf. sofort Duschverbot Sanierg. erf.	unverzüglich	

[1] KBE = Kolonien bildende Einheit pro 100 ml Wasserprobe.

[2] Werden bei 2 Nachuntersuchungen im jährl. Abstand < 100 Legionellen/100 ml Wasser nachgewiesen, kann Intervall auf max. 3 Jahre ausgedehnt werden.

[3] Werden bei 2 Nachuntersuchungen im ¼ jährl. Abstand < 100 Legionellen/100 ml Wasser nachgewiesen ⇒ nächste Nachuntersuchung 1 Jahr nach 2. Nachuntersuchung. Diese entspricht [2] für orientierende Untersuchung.

398.4 Legionelle pneumophila

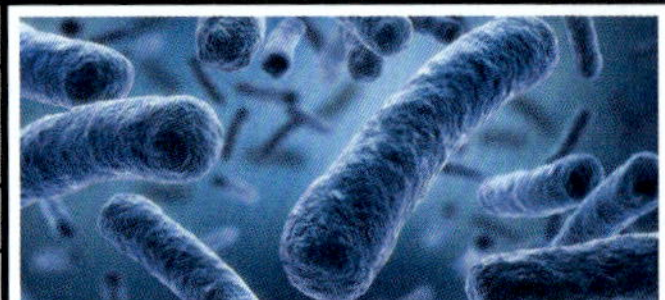

DIN 1988 TRWI s. 229 f
DIN EN 1717 Trinkwasserschutz, Sicherungseinrichtungen s. 206 f
Trinkwasserverordnung 2011 Anforderungen, Analysen s. 195 f
Mindestdämmschichtdicke s. 224.4
VGW-W551 Techn. Maßnahmen zur Verringerung d. Legionellenwachst.
VDI/DVGW 6023 Hygiene in Trinkwasserinstallationen s. 214
VDI 6002-1/-2 Solare Trinkwassererwärmung, Legionellenschutzschaltung s. 398.6

398.5 Absterbegeschwindigkeit, Verfahren

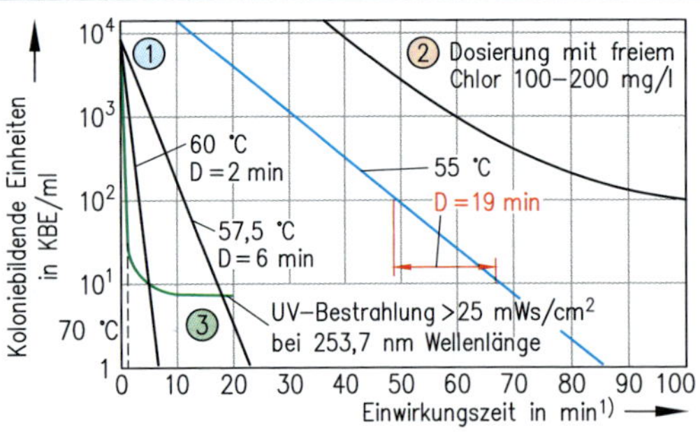

① thermische Behandlung bei 55, 57,5, 60 und 70 °C
② chemische Behandlung, Stoßchlorierung, Ozon
③ UV-Bestrahlung in Kombination mit Ultraschall

D = dezimale Reduktionszeit = Zeit des Absterbens der Legionellen um eine Zehnerpotenz
TW-Erwärmer müssen Inhalt 1 x täglich auf 60 °C erwärmen

398.6 Legionellenschutzschaltung

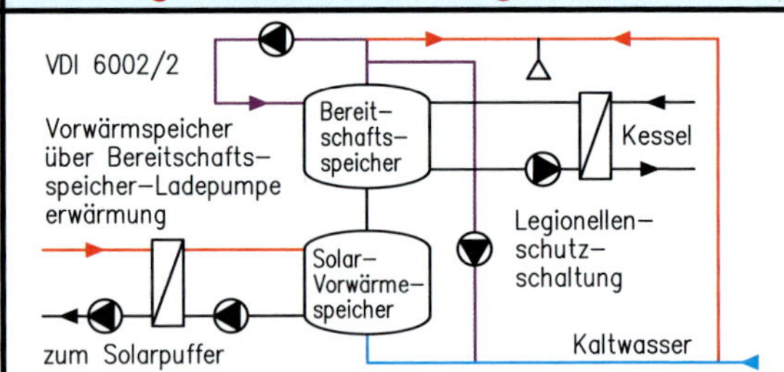

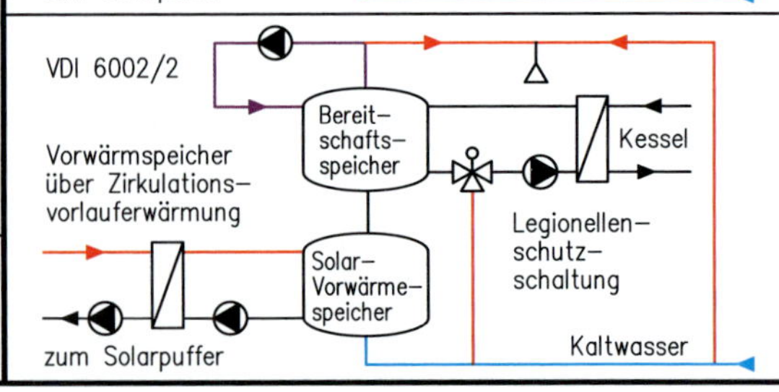

399.1 Legionellenwachstum, Typische Vermehrungsorte bei der Trinkwassererwärmung

Trinkwasser		Lebensbeding.
kochend	100 °C	
	90 °C	schnelles
	80 °C	Absterben
heiß	70 °C	langsames
	60 °C	Absterben
warm	50 °C	O-Wachstum
Dusch-	40 °C	optimales
	30 °C	Wachstum
wasser	20 °C	langsam
	10 °C	Legionellen
kalt	0 °C	schlafen

Thermische Desinfektion: Jede Entnahmestelle ≥ 3 min mit 70 °C beaufschlagen. Das Wasser im Trinkwassererwärmer muss > 70 °C aufgeheizt werden.

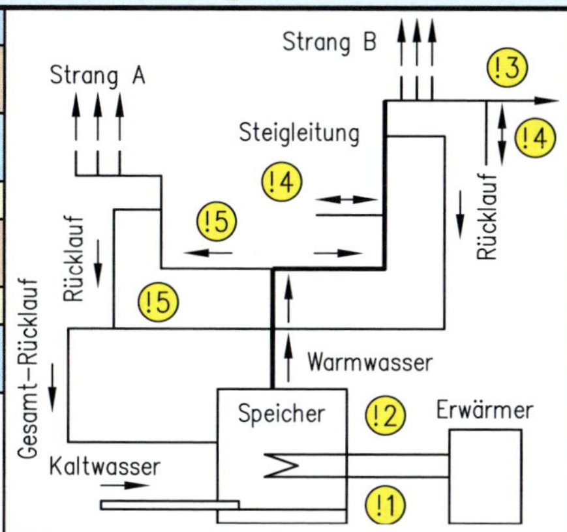

① Sediment eisenhaltig
② Temperaturschichtung im Speicher
③ Bauen auf Vorrat
④ Stagnation, nicht ständig durchflossen
⑤ niedertemperierte Zonen, Fehlplanung

Die Auslauftemperatur ist an jeder Entnahmestelle zu prüfen. Die Zirkulationspumpe muss im Dauerlauf betrieben werden.

399.2 Hygiene- und regelkonforme TWE

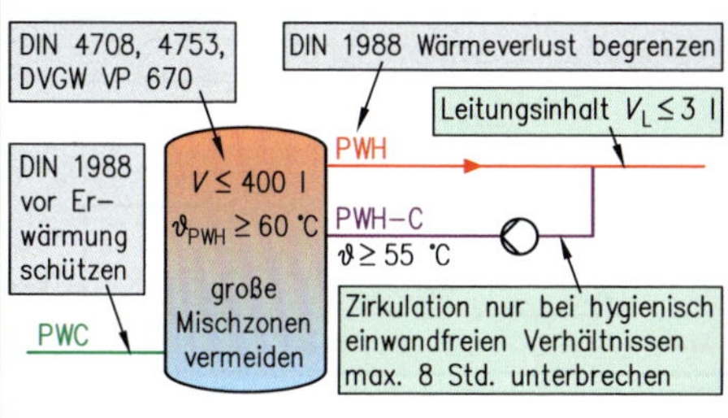

399.3 Anforderungen an Trinkwassererwärmer DVGW-W 551

Dezentrale Durchfluss-TWE	nachgeschaltete Leitungsvolumen ≤ 3 l
Speicher-/zentrale Durchfluss-Trinkwassererwärmung Kombi, Speicher-Ladesystem	$\vartheta_{PWH\text{-}Austritt} \geq 60$ °C, auch bei $V_L > 3$ l, Umwälzung, gleichmäßige Beaufschlagung einzelner Speicher
Vorwärmstufe, Solaranlage	V_{ges} 1x tägl. ≥ 60 °C (auch bival. Speicher)
Fernwärmeversorgung	$\vartheta_{Warmwasseraustritt\ TWE} \geq 60$ °C, Zirkul. ≥ 55 °C
Großanlagen: TWE	$\vartheta \geq 60$ °C, $V_{ges\ Vorwärmstufen}$ 1x tägl. ≥ 60 °C
Kleinanlagen (s. 399.2)	$\vartheta_{Betrieb} < 50$ °C, in jedem Fall vermeiden
Zirkulationssysteme, selbstregelnde Begleitheizungen	$T_{Systemwasser} \leq 5$ K gegenüber Warmwasseraustrittstemperatur TWE (mind. 55 °C)

399.4 Wartung, Inspektion, Nachuntersuchung, Sanierung DVGW-W 551

Wartung, Inspektion	Nachuntersuchung	Sanierung	Thermische Desinfektion	Chemische Desinfektion	UV-Bestrahlung
nach DIN 1988-100 (s. 213 f.)	bei < 100 KBE/100 ml (s. 398.3), bei Systemumbau bereits nach ½ Jahr erforderlich	Ziel erreicht, wenn< 100 KBE/100 ml Bei sanierten Systemen sind 2 Nachuntersuchungen (weiterg.) nach je ¼ Jahr erforderlich	(s. 399.1) für Verbrühschutz sorgen!	(s. 202.1, 200.4/5) + diskontinuierliche Zugabe von Chlorbleichlauge, ≥ 10 mg/l freies Chlor an jeder Entnahmestelle erforderlich	(s. 201.5) nicht ohne periodische Spülung/therm. o. chem. Desinf.

399.5 Bautechnische Maßnahmen, TWE und Vorwärmstufen, TWE-Anlage DVGW-W 551

TWE und Vorwärmstufen (s. 398.6) Speichergröße nur nach Verbrauch dimensionieren DIN 4708. Nicht benötigte Speicher abtrennen, tägl. aufheizen, auch Vorwärmstufen

Leitungsanlagen: $\vartheta_{PWC} \leq 10$ °C, $\vartheta_{PWH} \geq 55$ °C im ges. System Mindestdämmschichtdicken nach DIN 1988-200 (s. 224.4) Nicht benötigte Rohrleitungen sind unmittelbar am Abgang abzutrennen. Selten benutzte PWH abtrennen, durch dezentrale TWE ersetzen; PWH-C Abgleich ü. Regulierv. (s. 197.1)

Armaturen (Entn.) nur mit Einzelsicherung und Verbrühungsschutz; (Absperr-) in Entleerungsltg. unmittelbar an Hauptleitung anbringen

399.6 Thermischer Wassermischer Herst.ang.

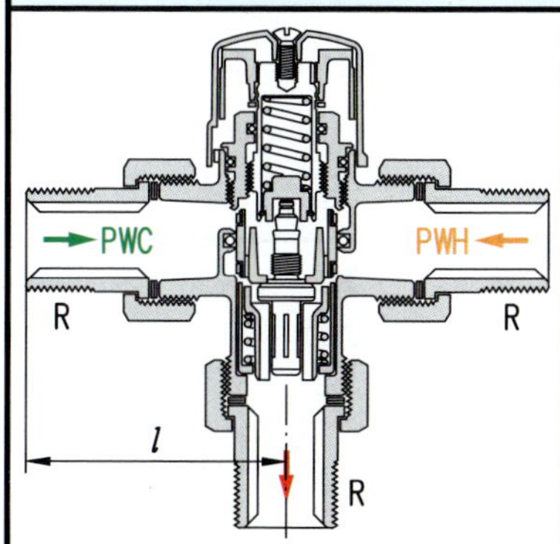

R	L mm	l	H mm
¾"	134	67	128
22	122	61	122

Kaltwasserbremse für Zirkulation

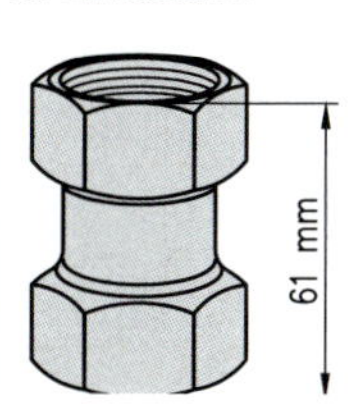

399.7 Temperaturregeleinrichtung DIN EN 1487

Einrichtung	Funktion	Arbeitsweise	Einstellvorr.
Temperaturregler TC	Auslösung bei ϑ × °C	selbsttätige Rückstellung	von Hand o. mit Werkzg.
Temperaturbegrenzer TL	unterbr. d. Energie-/Ölzufuhr	Rückstellung Hand/Werk.	werkseitig eingestellt
Sicherheitstemp. b. STL	unterbr. d. Energie-/Ölzufuhr	Rückstellung Hand/Werk.	werkseitig eingestellt

Klassifizierung der Sicherheitsgruppen

Austritt ø zum TWE		max. Nennwärmeleistung des Trinkwassererwärmers $Q_{NL\ max.}$	
G ½	G ½		4 kW
G ¾	G ¾		10 kW
G 1	G 1		18 kW
G 1¼	G 1¼		24 kW
G 1½	G 1½		30 kW

400.1 Entscheidungsmatrix Auswahl Sicherheitseinr.

Schaltung	Einrichtung	A1	A1/2, B1/2	A1/2, B1/2	B3, B4
Temperatur-gesteuerter Schalter	Temperat.regler TC Temp.begrenzer TL Sicherh.temp.begr.				
mecha-nische Einrich-tung	Sicherheitsgruppe f. Expansionswass. Sicherheitsventil f. Expansionswass. Sicherheitsgruppe[1)] Sicherheitsventil kombin. Druck-/ Temperaturventil				
Wasser-armat. und Steuer-einrichtung	Absperrventil Prüfanschluss Rückflussverhind. Manometeranschl.				

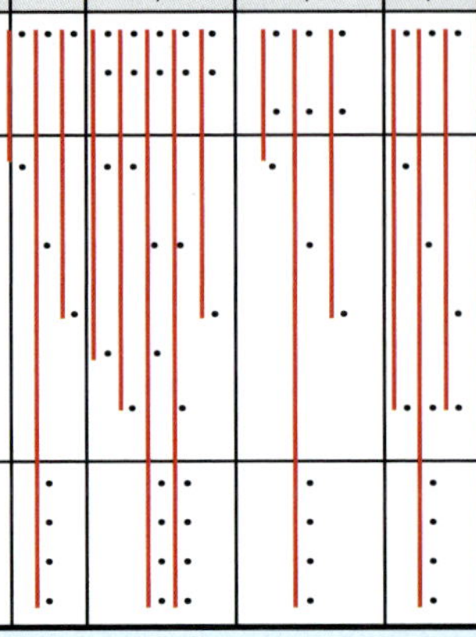

400.2 Möglichkeiten der Warmwasserbereitung

WWBTWE	Gerät	Bauform, Aufstellung., Vorteil
getrennt	Durch-lauf-erhitzer	kompakt, kein Schornstein
inte-griert		kompakt, platzsparend, Etagenheizung/-WWB
kombiniert	indirekter	wandhängend o. bodenstehend
integriert	Schichtla-despeicher	niedriger Energieverbrauch niedriger Wärmeverlust

400.3 Beispiel Auswahl Sicherheitseinr.

Sicherheitsgruppe DN 156, $p_{pr} = 0{,}6$ MPa
Armaturengruppe I, DIN EN 1487

1) Die Sicherheitsgruppe in der Entscheidungsmatrix 400.1 ist nur zulässig für eine maximale Beheizleistung von 5 kW. Sie wird im Warmwasser-Zirkulations-Zulauf eingebaut.

400.4 Klassifizierung der Wassererwärmer nach ihrer Beheizungsart — DIN EN 1487

direkt beheizt, B1: elektr., B2: Öl/Gas, B3: Festbr., B4: Abwärme

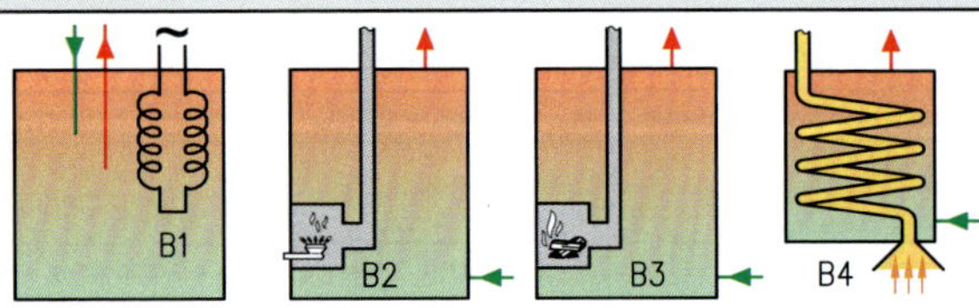

indirekt beheizt, System A1/A2

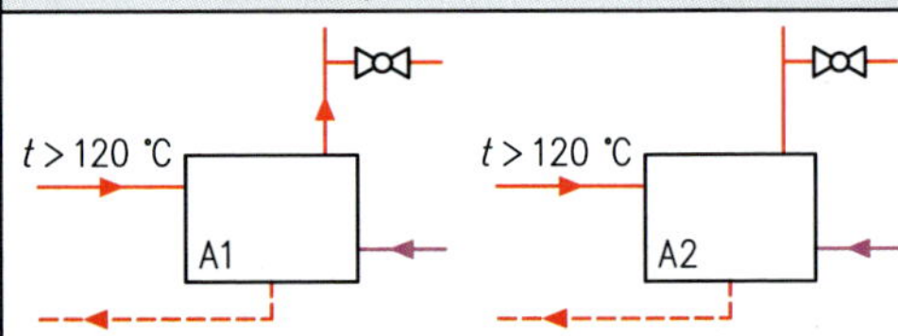

400.5 Anschluss von Trinkwassererwärmern TWE an die Trinkwasserleitung (kalt) PWC DIN 1988-200

offene Trinkwassererwärmer, unmittelbar beheizt

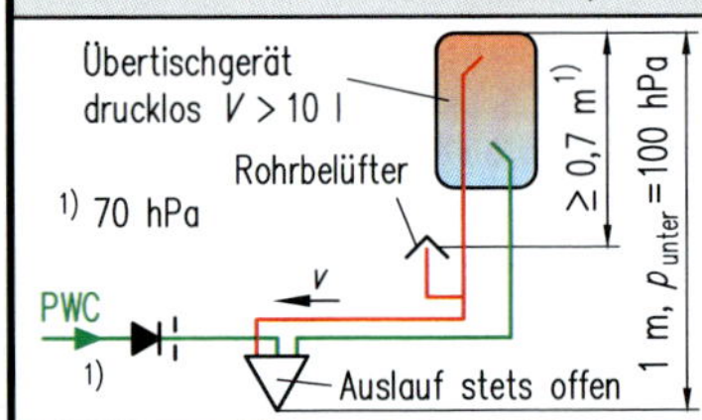

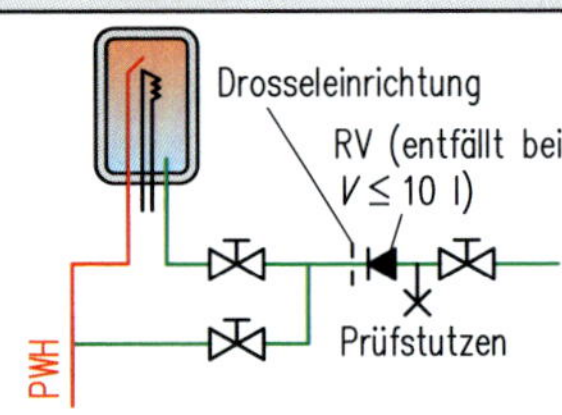

V-strom

V l	$\dot{V}_{max}$ l/min
5	5
10	10
15	12
≥ 30	18

(Hersteller-angaben)

Durchlaufwasserheizer

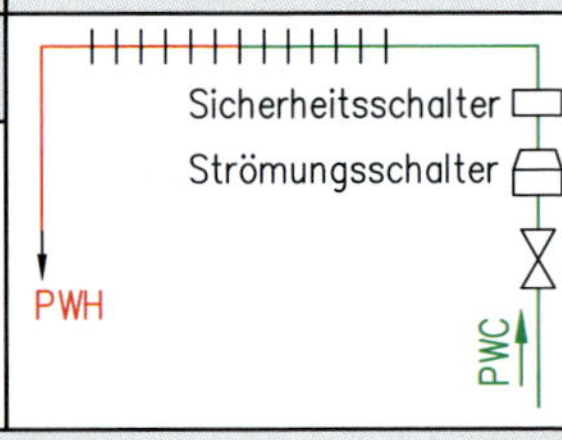

geschlossene Trinkwassererwärmer, unmittelbar beheizt, Warnschild am Sicherheitsventil

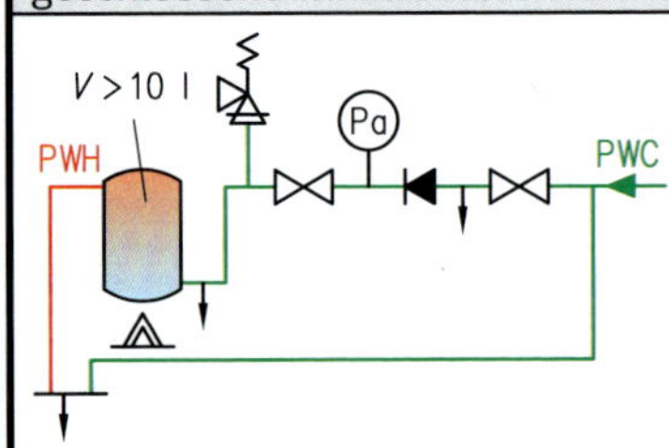

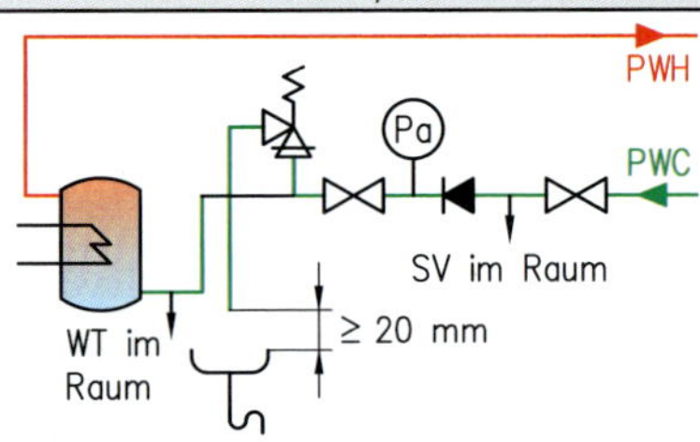

Während der Beheizung kann aus Sicherheitsgründen Wasser aus der Entlastungsleitung austreten!
Nicht verschließen!

Sicherheitsventil (s. 219.1)
Rückflussverhinderer
Manometer

400.6 Sicherheitsgruppe 150/150 D mit RV, Absperrv., Prüfstutzen, Membran-SV, Druckmind. (D) Herst.ang.

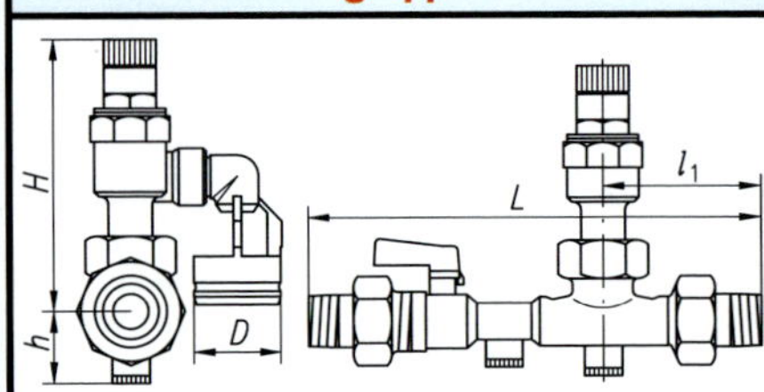

R	½"	¾"
L mm	165	186
l_1 mm	55	67
H mm	124	132
h mm	28	30
D mm	40	40
m kg	0,7	0,9

SG 160 (s. 219.1)

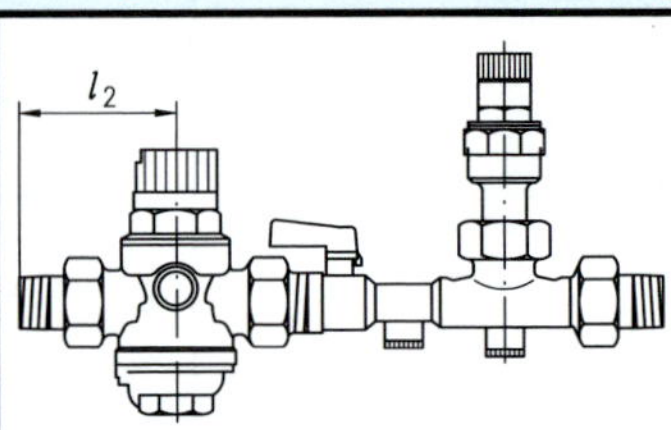

R	½"	¾"
L	247	278
l_1	55	67
l_2	68	77
H	124	132
h	58	58
m	1,2	1,5

$V_{TWE} \leq 200$ l

401.1 Geschlossene Ausdehnungsgefäße mit Membrane für Trinkwassererwärmungsanlagen DIN 1988-200

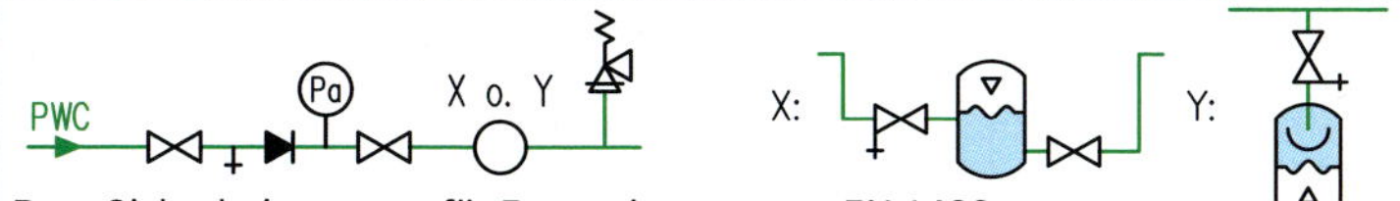

Bsp. Sicherheitsgruppe für Expansionswasser EN 1488

Für die regelmäßige Wartung/Überprüfung Gasvordruck ist eine gegen unbeabsichtigtes Schließen gesicherte ─⋈─ einzubauen

401.2 Inspektion und Wartung SV, Thermostatische Mischer, Druckminderer, TWE DIN EN 806-5

Hydraulische Sicherheitsgruppe, SG f. Expansionswasser		SV, kombiniertes Druck-Temperaturventil	Thermostatischer Mischer für Warmwasserbereich	
Inspektion ½ jährl.	Wartung 1x jährl.	Inspektion/Wartung	Inspektion	Wartung
keine Flüssigkeit versprüht, Wasser im Auslauf, Anlüfteinrichtgung betätigen, automatisches Schließen, Absperrarmatur betätigen, ggf. SG austauschen	Absperrarmatur vor RV ist zu schließen, Prüfanschluss öffnen: PWC-Austritt → Absperrarmatur undicht, PWH-Austritt → RV undicht	Kontrolle: kein Wasser läuft aus, außerhalb des Zwischenbehälters wird kein Wasser verspritzt, Flüssigkeit im Geruchsverschluss, Anlüfteinrichtung betätigen, automatisches Schließen des Ventils	Auslasstemp.: o.k. Zuläufe: $p_{PWC/H}$ o.k. Anschlüsse sind dicht	Filter kontrollieren, reinigen; Funktion RV; PWC-Zulauf abtrennen, $\vartheta_{Mischwasser}$ messen, aufzeichnen; PWC anschließen, ϑ messen (max. zul. Temperatur +2 K) sonst instandsetzen nach Hersteller
TWE: Inspektion: ϑ kontrollieren	Wartung: Dichtheit prüfen, Ablagerungen entfernen, Hygienevorschriften beachten, nur zugelassene Reinigungsmittel nach Herstellerangaben verwenden; Funktionskontrolle des Sicherheitsventils.			

401.3 DN der SV für geschlossene TWE, Beispiele für Ansprechdruckwahl DIN 1988-200

$V \leq$	DN	$\dot{Q}_{NL} \leq$	max. Druck in PWC	zul. Betriebsüberdruck d. TWE	Ansprechdruck SV
200 l	DN 15 (R/Rp ½)	75 kW	480 kPa	600 kPa	600 kPa
≤ 1 000 l	DN 20 (R/Rp ¾)	≤ 150 kW	800 kPa	1 000 kPa	1 000 kPa
≤ 5 000 l	DN 25 (R/Rp 1)	≤ 250 kW			

401.4 Unterscheidung von TWE nach Betriebsart, Funktion, Bauart, Beheizung DIN 1988-200

Dezentrale Versorgung		Zentrale Versorgung
Einzelversorgung: 1 unabh. TWE pro Entnahmestelle	Gruppenversorgung: In Wohnung versorgt 1 TWE alle Einheiten	Alle Entnahmestellen einer o. mehrerer Wohnungen werden von 1 TWE versorgt.

Funktion	Bauart	Art der Beheizung		Möglichst keine Energiespeicherung im TWE/Speicher vorsehen
Durchfluss-TWE	Offene TWE, $p_{max} \leq 100$ kPa	Unmittelbare Beheizg.	Beheizg. m. Zwischenmedium – Wärmeüberträger	
Speicher-TWE	Geschlossene TWE	Mittelbare Beheizung		

401.5 Ausführungsart TWE, Zuordnung zur Fluidkategorie des Wärmeträgers DIN 1988-100, EN 1717

Art	Anforderungen, Wärmeüberträger WÜ, korrosionsbeständig gesicherte wärmeübertr. Fläche WÜF	KAT 1/2	3	4/5
1	Zwischenmedium-WÜ (Trinkwasser-/Heizungsseite d. Zwischenraum getrennt, $p \leq p_{atm} + 0{,}15$ MPa)	zugel.	✓	✓
2	Mit WÜF (analog Art 3, keine lösbaren Verbindungen zw. Wärmeträger-/Trinkwasserraum)	zugel.	✓	–
3	Mit WÜF (z. B. Cu-Ni-Legierung, nichtrost. Stahl o. sauerstofffreies CU-DHP); *) $p_{e,\,zul} \leq 0{,}3$ MPa	✓ 206.2	✓*)	–

401.6 Offener Elektrospeicher (drucklos), Elektrodruckspeicher (0,6 MPa) Herstellerangaben

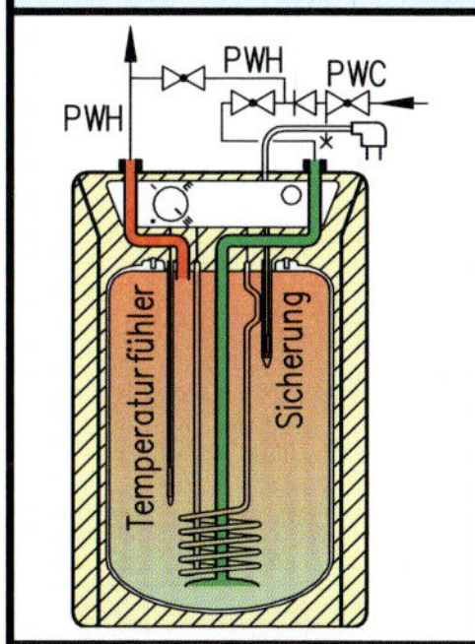

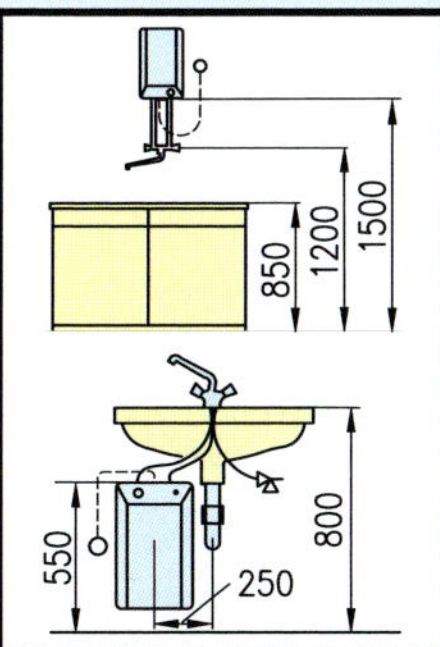

$V_{Speicher}$ in l	50	80	100	120	200	300	400	5	10
Mischwasser 40 °C	96	157	196	237	385	580	770	9,5	18,5
Leistung kW	6	6	6	6	7,5	7,5	7,5	2	2
Wärmeverl. kWh/24	0,54	0,66	0,79	0,92	1,4	1,6	1,8		
Masse (voll) kg	80	130	160	185	305	420	535	8	18
Breite mm	504	504	504	504	660	660	810	265	290
Höhe mm	685	965	1105	1245	1265	1775	1475	345	493
Tiefe mm	502	502	502	502	780	780	930	165	270

Bereitschaftsenergieverbrauch in kWh je Tag

V in l	5	10	15	30	50	80	< 130
Elektr.-	0,24	0,31	0,37	0,47	0,67	0,72	0,89
speicher	–0,34	–0,35	–0,41	–0,5	–0,75	–1,1	–1,3
ind.beh.					0,91		–2,2
dir. beh.							5,0

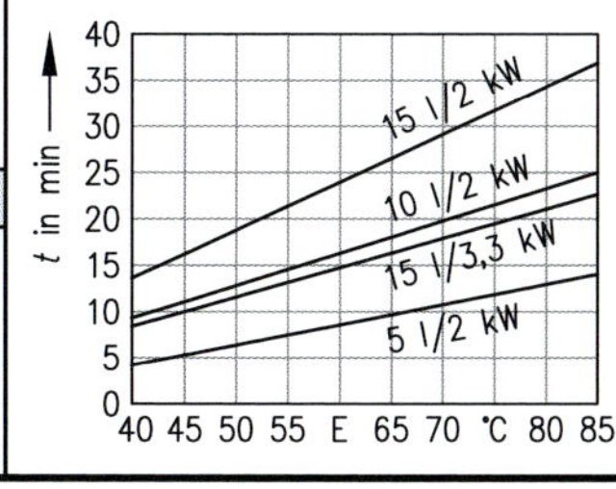

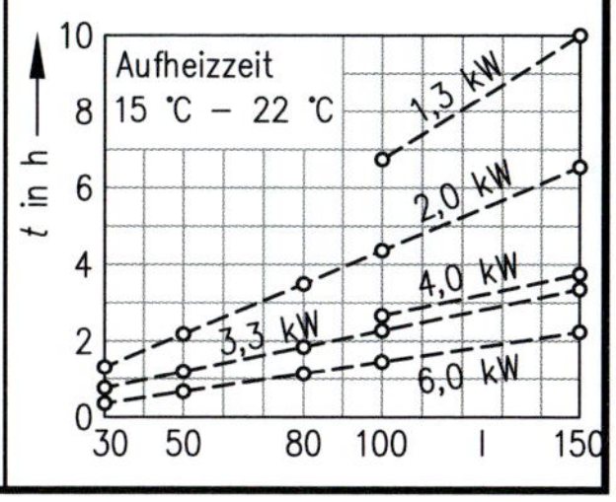

402.1 Speicherwassererwärmer, indirekt beheizt (Heizkessel, Fernheizung u. ä.) Herstelleran.

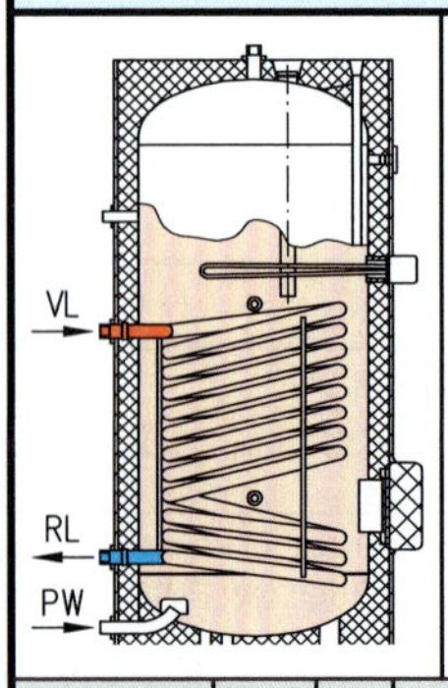

$p_{VL} \leq 2{,}5$ MPa
$p_{PWH} \leq 1$ MPa
$\vartheta_{VL} \leq 160$ °C
$\vartheta_{PWC} \leq 95$ °C
Behälter: Stahl emailliert, Magnesium
- Anode mit Elektro
- Heizeinsatz lieferbar (≥ 300 l)

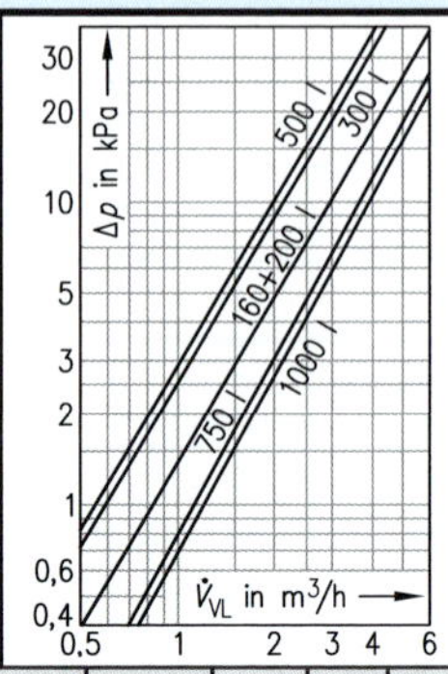

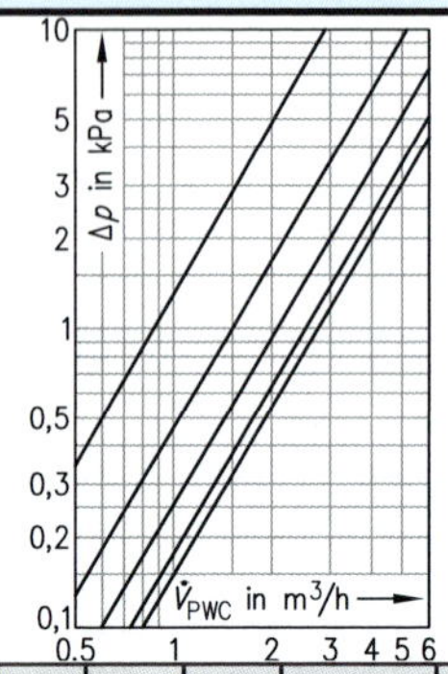

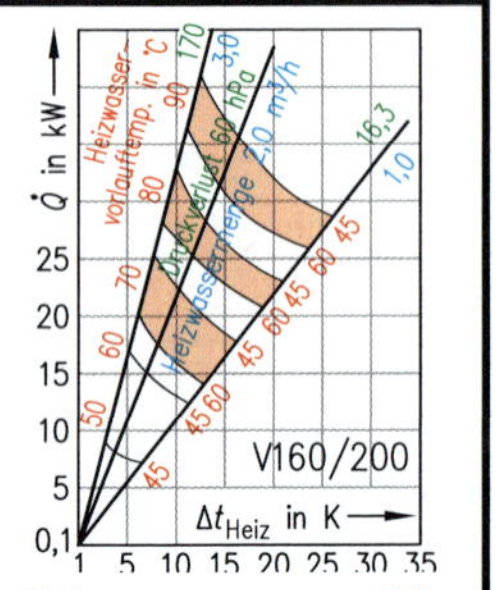

Heizwassermenge m³/h
Druckverlust in hPa

$V_{Speicher}$ l	ϑ_{VL}	160	300	500	700	1000
$\dot{Q}_{Dauer}$ kW	90 °C	40	53	70	123	136
$\dot{V}_{Dauer}$ l/h		982	1302	1720	3022	3341
bei Erwär-	80 °C	32	44	58	99	111
mung		786	1081	1425	2432	2725
PWC	70 °C	25	33	45	75	86
≥ 45 °C		614	811	1106	1843	2113
+ ϑ_{VL}	60 °C	17	23	32	53	59
		417	565	786	1302	1450
	50 °C	9	18	24	28	33

$V_{Speicher}$	ϑ_{VL}	160	300	500	750	1000
$\dot{Q}_{Dauer}$	90 °C	36	45	53	102	121
$\dot{V}_{Dauer}$		619	774	911	1754	2081
PWC	80 °C	28	34	44	77	91
→		482	584	756	1324	1565
60 °C	70 °C	19	23	33	53	61
		327	395	567	912	1050
$\dot{V}_{VL}$ m³/h		3,0	3,0	3,0	5,0	5,0
A_{Heiz} m²		1,0	1,5	1,9	3,7	4,0
N_L 90 °C		2,5	9,7	21,0	40,0	45,0

$V_{Speicher}$	160 l	300 l	500 l	750 l	1000 l
N_L 80 °C	2,4	9,3	19,0	34,0	43,0
N_L 70 °C	2,2	8,7	16,5	26,5	40,0
t_{90} min	19	23	28	24	36
VL/RL	R1	R1	R1	R1¼	R1½
PWC/H	R¾	R1	R1¼	R1¼	R1¼
PWH-C	R¾	R1	R1	R1¼	R1¼
⌀ mm	581	633	859	960	1060
H mm	1189	1746	1948	2106	2166
m kg	86	151	181	295	367

402.2 Elektrodurchlauferhitzer, elektronische Leistungssteuerung Herstellerangabe

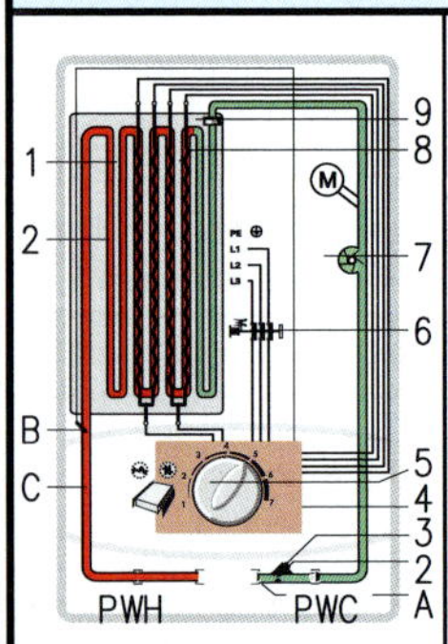

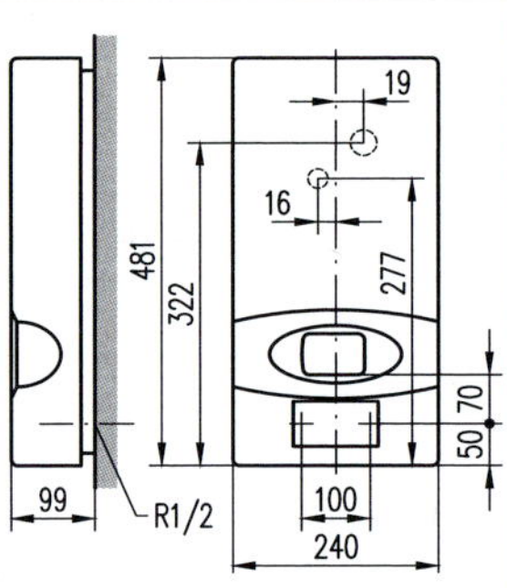

Leistung kW	12	18	21	24	27
$\dot{V}_{PWH}$ (ΔT 22 K) l/min	3,8	10	12	14	16
$\vartheta_{VL\,max}$ (Solar) °C		60	60	60	60
$\vartheta_{PWH\,min}$ °C	30	20	20	20	20
$\vartheta_{PWH\,max}$ °C	55	60	60	60	60

A: $\vartheta_{Einlauf}$-Fühler
B: $\vartheta_{Auslauf}$-Fühler
C: ϑ-Wächter
1 PWH-Nachlaufstr.
2 Wassersieb
3 PWC-Ventil
4 Regelungselektr.
5 Display m. Tasten
6 Sicherheitsschalt.
7 Flügelradsensor
8 PWC-Vorlaufstrecke
9 PWC-Regelventil

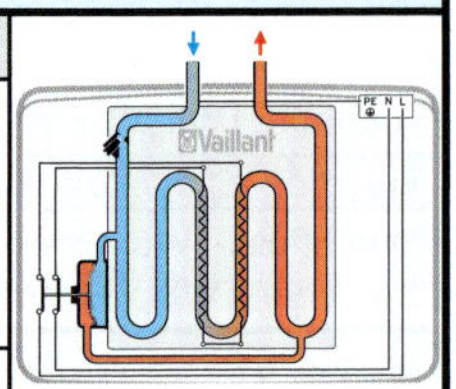

Q in kW	3,5	4,4	5,7
$\dot{V}_{PWH}$ in l/min	2	2,5	3,3

ΔT: 22 K; $B \times H \times T$: 186 × 131 × 80 mm; m: 1,2 kg; 230 V/50 Hz

402.3 Frischwasserstation zur TWE im Durchflussprinzip Herstellerangabe

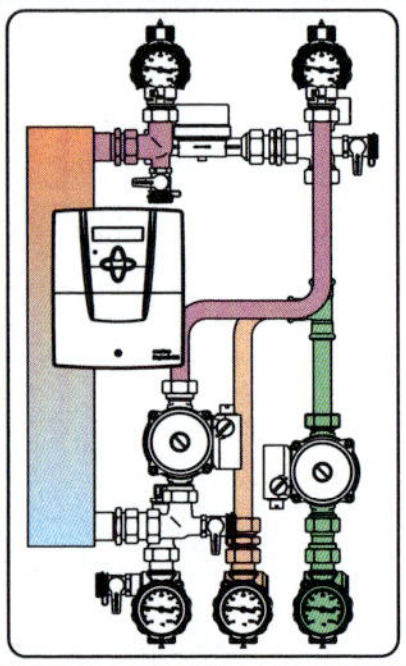

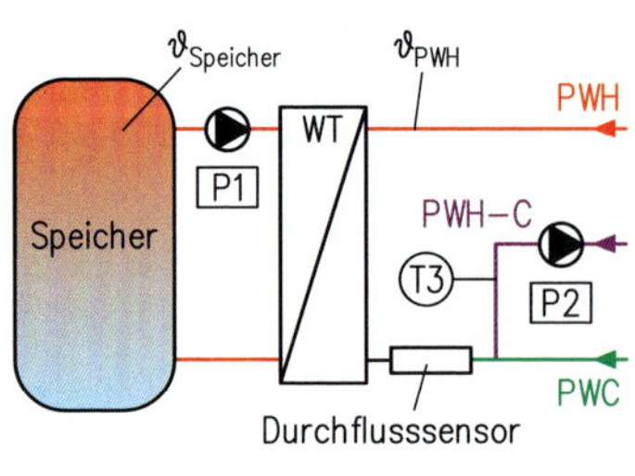

$p_{max\,Speicherkreis}$ 0,6 MPa	$K_{V\,Sp}$ 3,6	$H_{max\,Sp}$ 6 m
$p_{max\,Trinkwasserkreis}$ 1 MPa	$K_{V\,Tr}$ 3	$H_{max\,Tr}$ 4 m
$\vartheta_{max\,Betrieb}$ 120 °C	Wärme-T 30 Platten	

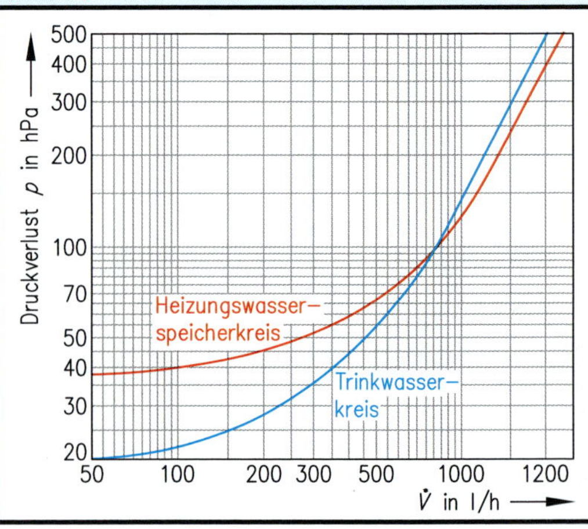

403.1 Gasdurchlaufwasserheizer f. dezentrale u. zentrale Trinkwassererwärmung Herst.ang.

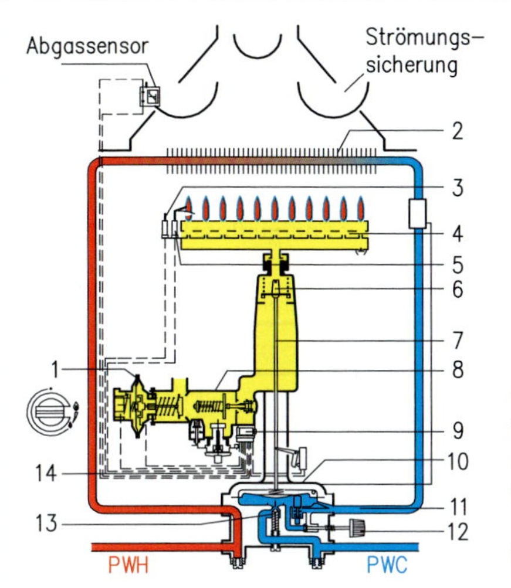

1 Servoventileinheit
2 Wärmetauscher
3 Zündelektroden
4 Hauptbrenner
5 Ionisationselektronik
6 Wassermangelventil
7 Steuerschieber
8 Gasregelblock
9 Batterie
10 Wasserschalter
11 Venturidüse
12 Temp.wähler
13 Wassermengenregler
14 Zentralschalter

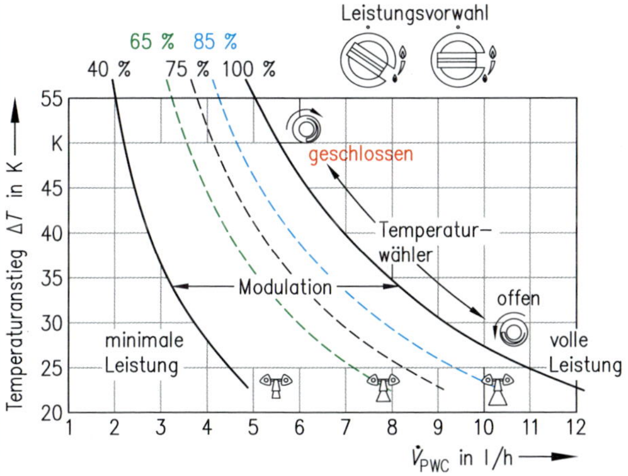

$\dot{Q}_{L\,min}$	kW	5,9	7,7	7,7	9,8	9,8
$-\dot{Q}_{L\,max}$	kW	−11,8	−19,2	−19,2	−24,4	−24,4
$\dot{Q}_{B\,min}$	kW	5,2	9,3	9,3	12,2	12,2
$\dot{Q}_{B\,max}$ bez. a. H_i	kW	10,4	22,1	22,1	28,1	28,1
$\dot{V}_{PWH}$ „Heiß"	l/min	$\dot{V}_{Nenn}$ 3	2,2	2,2	2,8	2,8
$-\dot{V}_{PWH}$ „Heiß"	l/min		−5,5	−5,5	−7,0	−7,0
$\dot{V}_{PWH}$ „Warm"	l/min	6	4	4	5,9	5,9
$-\dot{V}_{PWH}$ „Warm"	l/min		−11	−11	−14	−14
$p_{PWC\,max}$	MPa	1,3	1,3	1,3	1,3	1,3
$p_{PWC\,min}$	hPa	15	15	40	17	40
ϑ_{Abgas} bei $\dot{Q}_{L\,max}$	°C	150	160	160	165	165
ϑ_{Abgas} bei $\dot{Q}_{L\,min}$	°C	100	110	110	110	110
$\dot{m}_{Abgas}$ max.	g/s	7,8	14,4	14,4	18,1	18,1
$\dot{m}_{Abgas}$ min.	g/s	7,2	13,3	13,3	16,7	16,7
Erdgas G20						
$\dot{V}_{Anschl}$	m³/h	1,25	2,3	2,3	3,0	3,0
p_{an} vor Gerät	hPa	20	20	20	20	20
Brennerdüse	mm	1,04	1,18	1,18	1,3	1,3
$p_{Brenner} \rightarrow \dot{Q}_{L\,max}$	hPa	17,3	10,9	10,9	8,8	8,8
Erdgas G25						
$\dot{V}_{Anschl}$	m³/h	1,45	2,7	2,7	3,5	3,5
p_{an} vor Gerät	hPa	20	20	20	20	20
Brennerdüse	mm	1,18	1,35	1,35	1,5	1,5
$p_{Brenner} \rightarrow \dot{Q}_{L\,max}$	hPa	15,3	9,2	9,2	7,1	7,1
Flüssiggas G31						
$\dot{V}_{Anschl} \rightarrow \dot{Q}_{L\,max}$	m³/h	0,92	1,7	1,7	2,2	2,2
p_{an} vor Gerät	hPa	50	50	50	50	50
Brennerdüse	mm	0,66	0,72	0,72	0,76	0,76
$p_{Brenner} \rightarrow Q_{L\,max}$	hPa	35,3	31	31	28,3	28,3
Höhe	mm	573	680		680	
Breite	mm	267	350		350	
Tiefe + Schalt.	mm	194	259 (269)		259 (269)	
⌀ Abgasrohr	mm	90	110		130	
Masse m	kg	7	12		14	
$\vartheta_{PWH\,min-max}$	°C	25–50	alle Gaskat.		II 2 ELL 3 P	

403.2 Gaswandheizgerät f. Schornsteinanschluss bis 400 m² Wohnfläche mit TWE Herst.ang.

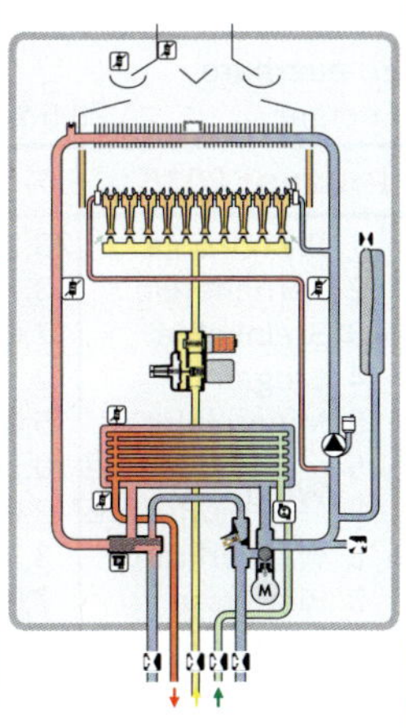

$\dot{Q}_{L\,Erdgas\,E}$ 60/80 °C kW	8,0–20	8,0–20	9,6–24	6,9–10,2	11–20,4	12,8–24,4	4,8–10	8,0–20
$\dot{Q}_{L\,Erdgas\,LL}$ 60/80 °C kW	8,0–20	8,0–20	9,6–24	6,9–10,2	11–20,4	12,8–24,4	4,8–10	8,0–20
$\dot{Q}_{L\,Flüssiggas}$ 60/80 °C kW				6,9–10,2	11–18,4	12,8–22,4		8,9–18
η_{Hs}/η_{Hi} 60/75 °C %	84/93	84/93	84/93	84/93	84/93	84/93	84/93	84/93
$\dot{V}_{PWH}$ ΔT = 30/45 K l/min		9,6/6,4	11,5/7,7		9,8/6,5	11,7/7,8	10,5/7	11,5/7,7
p_{el} 30 %-Teil-/Volllast W	65/95	65/95	65/95	75/110	80/110	80/110	45/60	45/60
Bereitschaftsverlust %				1,85	0,92	0,81		
Erdgas E $\dot{V}_{Anschl}$ m³/h	2,4	2,4	2,8	1,2	2,4	2,8	1,2	2,6
$\dot{m}_{Nenn\,Abgas}$ g/s	13	13	18,5	8,5	14,5	16,5	8	13
$\vartheta_{max\,Abgas}$ 60/80 °C °C	150	150	130	130	150	155	120	150
Max. CO_2-Gehalt %	7,6	7,6	6,2	6,4	6,4	6,4	6	7,6
Erdgas LL $\dot{V}_{Anschl}$ m³/h	2,7	2,7	3,3	1,4	2,7	3,3	1,4	3,0
Flüssiggas $\dot{V}_{Anschl}$ kg/h				0,9	1,6	1,9	0,9	1,7
Masse kg	44	44	44	47	52	52	39	44
Höhe × Breite × Tiefe	800 × 440 × 360 mm			Abgaswertegruppe nach G 636 : U 01				

Sicherheitsventil · NTC-Fühler · Flügelradsensor · Wasserdrucksensor · (M) Motor

404.1 Energie – das „Schlagwort" der SHK-Branche (Auswahl)

Energiewende · Energieausweis · Energieeinsparverordnung · Energielabel · Energiebranche · Bioenergie · Energieeffizienz · Erneuerbare Energie · Erdenergie · Primärenergie · Energieströme · Solarenergie · Energieversorgung · Endenergie · Energiemanagement · Energieverbrauch · Atomenergie · Energieaufwand · Potenzielle Energie · Antriebsenergie · Windenergie · Energieflussbild · Energiebilanz · Energieversorgung · Umweltenergie · Energiekennwerte · Energieträger · Energieflussbild · Energieaufwand · Strömungsenergie · Strahlungsenergie · Energiebedarf · Mechanische Energie · Elektrische Energie · Energieeinbußen

404.2 Energieverteilung in Deutschland 2015

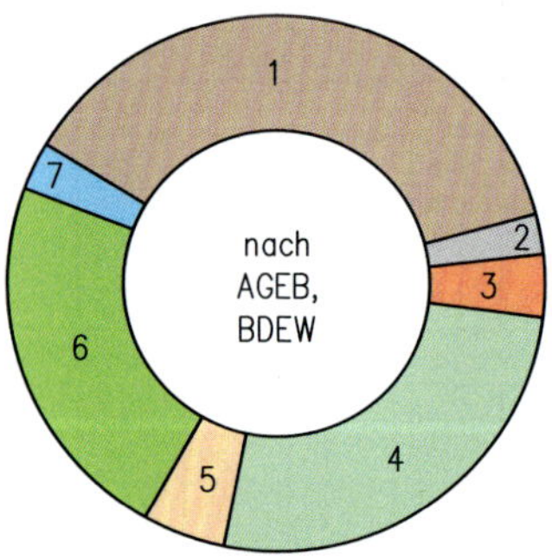

Verteilung	%
1 Mechanische Energie	39
2 IKT*)	2
3 Beleuchtung	3
4 Raumwärme	22
5 Warmwasser	5
6 Sonst. Prozesswärme	22
7 Desgl. Kälte	2

*) Informations- und Kommunikationstechnik

404.3 Energieverbrauch in privaten Haushalten

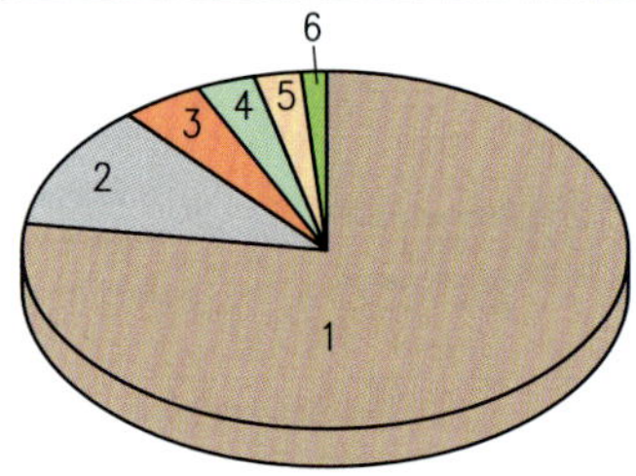

1 Heizen	78 %
2 Warmwasser	11 %
3 Sonstige Geräte	4,5 %
4 Kühlen und Gefrieren	3 %
5 Waschen, Kochen, Spülen	2,5 %
6 Beleuchtung	1 %

Nahezu drei Viertel für die Raumheizung! Gegenmaßnahmen: Optimales Heizen, effiziente Bedienung moderner Fenster, Wärmedämmung

404.4 Zentrale Wärmeerzeuger 2016

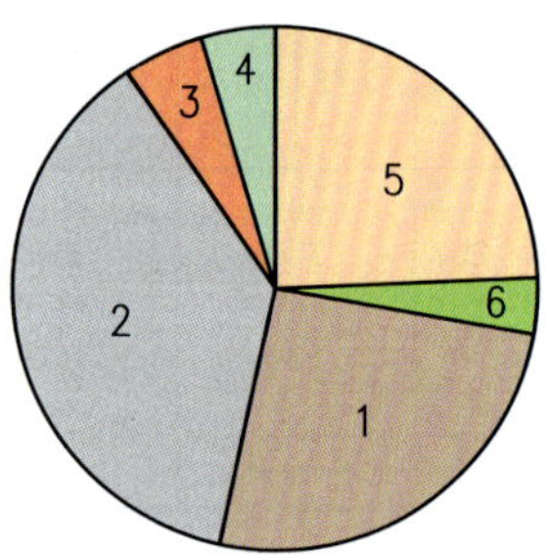

1 Gasbrennwertkessel
2 Gaskessel (Heizwert)
3 Wärmepumpen
4 Biomassekessel
5 Ölkessel (Heizwert)
6 Ölbrennwertkessel

In Mio. Stück (ca.)
1: 5,3; **2:** 7,8; **3:** 0,9; **4:** 0,9; **5:** 5,1; **6:** 0,7

ca. 29,7 Mio. im Bestand; Installierte Kollektorfläche im Bestand thermische Solaranlage: 19,9 Mio. m², 2,2 Mio. Anlagen.

404.5 Brutto-Stromerzeugung (Energieträger)x)

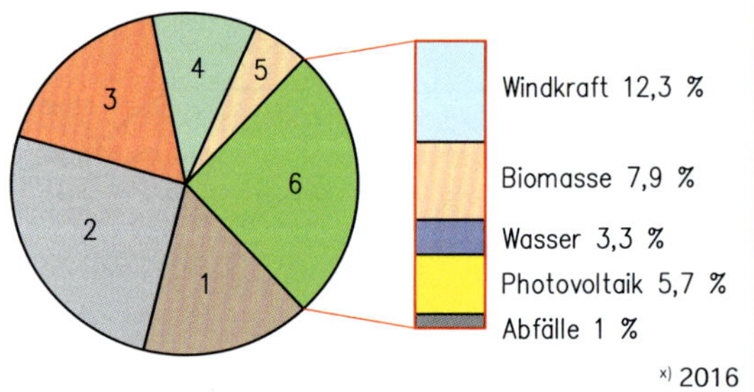

x) 2016

1 Kernenergie	13,1 %	5 Heizöl, Pumpenspeicher	5,2 %
2 Braunkohle	23,1 %	6 Erneuerbare Energie	29,5 %
3 Steinkohle	17,0 %		
4 Erdgas	12,1 %		

404.6 Primärenergieverbrauch in Dtl.

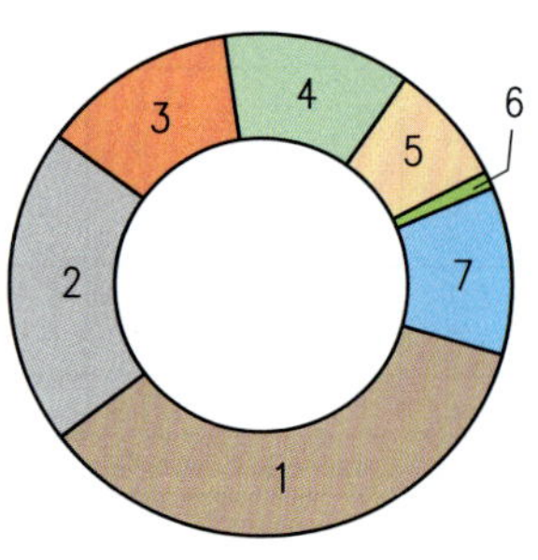

Prozentangabe	
1 Mineralöl	33,8
2 Erdgas	21,0
3 Steinkohle	12,7
4 Braunkohle	11,9
5 Kernenergie	7,5
6 Andere	6,5
7 Erneuerbare Energie	12,6

404.7 Strommix in Dtl. in Prozent 2016

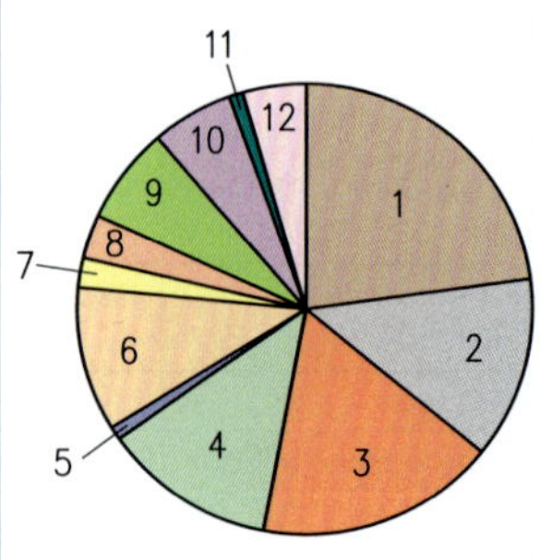

	%
1 Braunkohle	23,1
2 Kernenergie	13,1
3 Steinkohle	17,0
4 Erdgas	12,1
5 Mineralölprod.	5,0
6 Wind -onshore	10,3
7 Wind -offshore	2,0
8 Wasserkraft	3,3
9 Biomasse	7,0
10 Photovoltaik	5,9
11 Hausmüll	0,9
12 Übrige (Rest)	12,0

405.1 Unterschied zwischen Effizienz und Effektivität

Effizienz	Effektivität
Effizienz umzusetzen ist die Übernahme wirtschaftlicher, ökologischer und sozialer Verantwortung.	Effektivität: Verhältnis vom Angestrebten zum Erreichten, wobei der Aufwand keine Rolle spielt.
• Effizienz = $\frac{\text{Energieaufwand}}{\text{Erzielung eines festgelegten Nutzens}}$	• Vollständigkeit und Genauigkeit, mit der ein bestimmtes Ziel erreicht wird (das Richtige tun!).
anders ausgedrückt: $= \frac{\text{Größe der erreichten Leistung}}{\text{Größe des dafür erbrachten Aufwands}}$	• Für die Effektivität ist die Effizienz weder eine ausreichende noch notwendige Bedingung.
• Falsche Arbeiten effizient ausführen, führt nicht zum Ziel, sondern i. d. R. zur Geldverschwendung.	• Bei politischen Entscheidungen ist z. B. die Effektivität sehr oft wichtiger als die Effizienz (Wirtschaftlichkeit).

Im täglichen Leben werden Handlungen und Entscheidungen zum Erfolg führen, wenn diese im Sinne von Effektivität und Effizienz erfolgen, d. h. wenn das „Richtige" **effizient** ausgeführt wird.

405.2 Effizienz umfasst die gesamte SHK-Branche (Auswahl)

Effizienz = Schlüssel für eine erfolgreiche Neuausrichtung der Energiepolitik

Gebäudeeffizienz	Effizienzlabel	Ressourceneffizienz	Effizienzregelung	Effizienzpumpen
Effiziente Umwelttechniken	Effiziente Luftführung	Effiziente Energiespartechnik	CO_2-Effizienz	
Filtereffizienz	Effiziente Energiebilanz	Effizienznetzwerk	Effizienter CE-Ventilator	Effizienzindex
Effizienzlampe	Effiziente Raumautomation	Effizienz bei der Sanierung	Effiziente Trinkwassererwärm.	
Eff. Wärmerückgewinnung	Effiziente Nutzung erneuerb. Energien	Effizienzklassen	Eff. Montagetechnik	

405.3 Energieeffizienz und Energiemanagement

Eine Steigerung der Energieeffizienz eines Gebäudes und der Anlagentechnologie verlangt grundsätzlich: ► Zusammenführung der Automatisierungseinrichtungen aller gebäudetechnischen Anlagen zu einer übergeordneten Gebäudeautomation GA ► Jede GA benötigt als Gesamtsystem ein leistungsfähiges Energiemanagement (s. 405.5).

405.4 Auswirkungen der Energieeffizienz

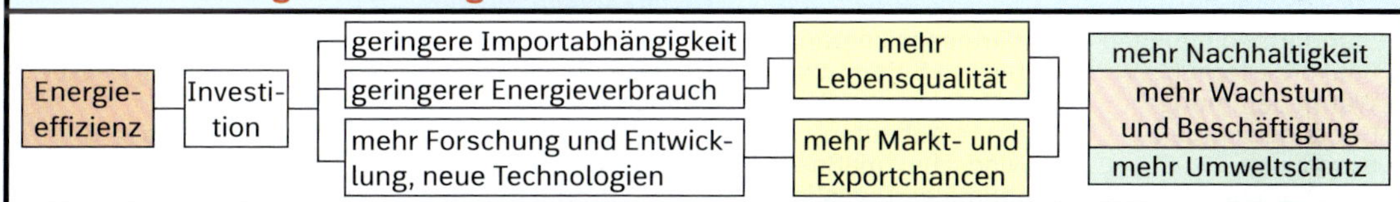

405.5 Faktoren für Gebäude-Energieeffizienz – Überordnen eines Energiemanagements

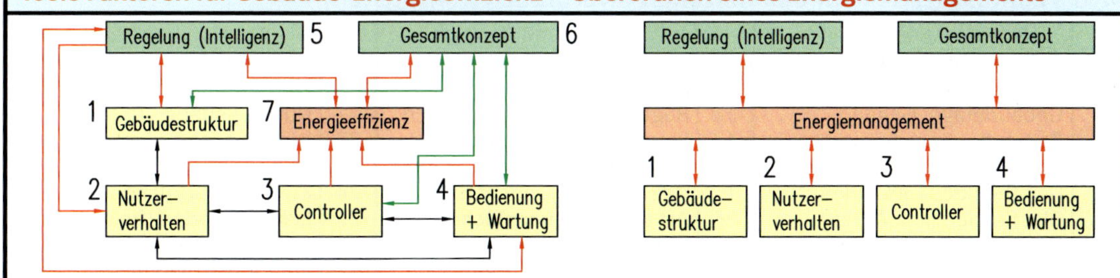

1, 2, 4, 6 zu Regelung/Intelligenz; 1, 3, 4, 5 zu Gesamtkonzept 5–6

405.6 Effizienz eines technischen Gebäudemanagements TGM (s. 68.1)

Themen des TGM
- Energie und Ökologie
- Kosten und Wirtschaftlichkeit
- Komfort und Behaglichkeit
- Nutzungsflexibilität
- Reinigung und Hygiene
- Bauunterhalt, Instandsetzung
- Technische Betriebsführung

Effizienz eines TGM $= \frac{\text{Nutzen}}{\text{Aufwand}} = \frac{\text{Funktion und Qualität}}{\text{Lebenszykluskosten}}$

zu Funktion (Raum)	zu Qualität	zu Lebenszykluskosten
• Raumklima • Sauberkeit • Sanitärfunktion • Transportfunktion • Objektsicherheit	• Thermische Behaglichkeit • Luftqualität Lüftungseffektivität • Hygienegrad • Sauberkeitsgrad	• Nutzungskosten • Investitionskosten • Projektabwicklung (Planung und Betrieb) • Instandhaltung

406.1 Vorschlag für ein Energiemanagement

Verbrauchskontrolle
- Verbrauchserfassung
- Nutzerverhalten
- Witterungseinflüsse
- Auswertungen

Investitions- und Einsparmaßnahmen
- Prioritäten, Planung
- Maßnahmenkataloge
- Finanzierungen
- Vorgaben festlegen

Analyse des Gebäudebestands
- Gebäudedaten
- Energiekennwerte
- Mängelanalysen
- Effizienznachweis

Betriebsführung (Anlage)
- Betriebsüberwachung
- Verbrauchserfassung
- Unterstützung des Wartungspersonals

Energiebeschaffung
- Kontrolle der Verträge
- Kostenvergleiche
- evtl. Umstellungen
- Contracting

Nutzungsoptimierung
- Gebäudebelegung
- Nutzerinformation
- Gerätebedienung
- techn. Verbesserung

Kommunikation
- Prüfberichte
- Weiterbildung
- Transparenz
- Geräteeinsatz

406.2 Maßnahmen zur Einsparung von Energie in Gebäuden und Anlagen

① Optimale Primärenergienutzung Energieträger, -mix; Verteilung

② Integrale Planung, Koordination (Gewerbe); opt. Produktauswahl

③ Verlustminimierung (Hydraulik, Rückgewinn, Regelung, Überwach.)

④ Anpassung: Gebäude und Anlage (Speicherung, Platz); Sanierungen

⑤ Einsatz erneuerbarer Energien

⑥ Energieberatung Info, Schulungen

⑦ Investitionen für die Forschung und Entwicklung; Innovationen

⑧ Beachtung der entsprechenden Gesetze, Verordnungen, Normen

⑨ Energetische Bilanzierung von Gebäude und einzelnen Zonen

⑩ Nachweis-, Wirtschaftlichkeits-, Optimierungsrechn. (Software)

Unterscheidung zwischen vorwiegend passiven und aktiven Einsparmaßnahmen

Passiv (Gebäude)		Aktiv (Anlage, Nutzer)	
• Standortbedingungen • Baukörperform (A/V) • Wärmedämmung • Gebäudedichtheit • Besonnung, Verschattung	• Wärmespeicherung • passive Solarnutzung • Pufferzonen (z. B. verglaste Anbauten) • Windschutzmaßnahmen • optimales Tageslicht	• rationelle und differenzierte Planungskonzepte • energiesparende Systeme (Wärmeerzeugung und -verteilung), effiziente Produktpalette	• kontrollierte Lüftung • sparsame Trinkwassererwärmung • optim. Betrieb (z. B. Regelung, Betriebszeit) • Verbrauchskontrollen

406.3 Einflussgrößen auf den Heizenergieverbrauch (Heizkosten)[1]

	A Klima und Gebäude		B Anlage		C Nutzung/Betrieb
1	Außenklima (Außentemp.)	10	Größe, Art, Bauteile	19	Nutzungsart (gewerbl., privat)
2	Gebäudeart, Bauweise	11	Planungskonzept (gesamt)	20	Ein- oder Mehrfamilienhaus
3	Gebäudelage, Gegend	12	Regelung, hydraul. Abgleich	21	Nutzungsdauer, Betrieb
4	Baustoffe, Speicherung	13	Verluste, Wirkungsgrad	22	Warmwasserbedarf (bes. Bad)
5	Wärmedämmmaßnahmen	14	Energieträger, ernerb. Energie	23	Personenanzahl, Beruf
6	Dichtheit des Gebäudes	15	Wartung, Instandsetzung	24	Komfortansprüche
7	Glasflächen (Art, Anteil)	16	Art der Raumheizflächen	25	Lüftungsbedarf (frei, mechan.)
8	Rollläden (innen, außen)	17	Heizmitteltemperaturen	26	ϑ_i-Absenkung, Heizpausen
9	passive Solarnutzung	18	Heizkostenabrechnung	27	innere Wärmequellen

[1] Zum Schätzen, Vergleichen, Nachprüfen, Bewerten und zur Energieberatung.

406.4 Anmerkungen zur Energieeinsparung

- Grundlage für Energieeinsparungsmaßnahmen ist die **Energieeinsparverordnung (EnEV).**
- Die großen **Energieeinsparpotenziale** ergeben sich **1.** bei den Gebäuden: Von den ca. 80 Mio. Gebäuden machen die Nichtwohngebäude (mit ca. 10 %) etwa 2/3 des gesamten Gebäudeenergiebedarfs aus; **2.** bei Gewerbe- und Industriebetrieben: z. B. benötigen die Elektromotoren fast 2/3 des industriell benutzten Stroms für Maschinen, Motoren, Pumpen, Ventilatoren. **3.** Große Potenziale liegen bei Prozesswärme (15–20 %) und bei Kraftfahrzeugen (ca. 15–20 %).
- In der **SHK-Branche** beziehen sich die Einsparmaßnahmen auf ein effizientes Management (Gebäude, Anlage, Energie), Nutzung erneuerbarer Energien, effiziente Anlagen (Wärmeerzeuger, Regelungstechniken, Wärmerückgewinnung, Lüftung), Sanierungen, Montagetechnik, Speicherung u. a.

407.1 Definitionen zu Wärme- und Energiebedarf — DIN 4701-10: 2003-08

Primärenergiebedarf	Q_p	Energiemenge zur Deckung des Jahresheizenergiebedarfs und Q_{TW}
Endenergiebedarf	Q_E	desgl. (Bedarf und Aufwand der Anlagentechnik), Systemgrenze Gebäude
Jahresheizwärmebedarf	Q_h	den Räumen zuzuführende Wärme, um Temp.-Sollwerte einzuhalten
Heizenergiebedarf	Q_H	Energie, die dem Heizsystem zugeführt werden muss, um Q_h zu decken
Trinkwasser-Wärmebedarf	Q_{TW}	Nutzwärme, die zur Trinkwassererwärmung zugeführt werden muss
Trinkwasser-Energiebedarf	Q_{TW}	Energie, die dem TWE-System zugeführt werden muss, um Q_{TW} zu decken
Nutzenergiebedarf		vom Heizungssystem abzugebende Energie zur Deckung von Q_h und Q_{TW}
Hilfsenergie	HE	z.B. Antriebsenergie von Systemkomponenten (Pumpen, Regelung)
Deckungsgrad	α	Energieanteil, den ein System zur Deckung von Q_h bzw. Q_{TW} beiträgt

Anlagenaufwandzahl: $e_p = \dfrac{Q_p}{Q_h}$

- Verhältnis der von der Anlagentechnik aufgenommenen Primärenergie Q_p in Relation zu der von ihr abgegebenen Nutzwärme Q_h+(Q_{TW}) einschließlich Hilfsenergie (Q_h z.B. nach DIN 4108-6)
- e_p beschreibt als dimensionslose Kennzahl die Effizienz der Anlage und ermöglicht einen Vergleich unterschiedlicher Anlagen hinsichtlich ihres Energieaufwands
- Zur Bestimmung liegen verschiedene Anlagenkomponenten (Kennwerte) zugrunde (DIN V 4701-10 Bl. 1)

Energieeffizienz = Bewertung der energetischen Qualität von Gebäuden durch Vergleich der Energiebedarfskennwerte mit Referenzwerten (d. h. mit wirtschaftlich errechenbaren Bedarfskennwerten vergleichbarer neuer oder sanierter Gebäude) oder durch Vergleich der Energieverbrauchskennwerte mit Vergleichswerten (d. h. mit den Mittelwerten der Energieverbrauchskennwerten vergleichbar genutzter Gebäude)

407.2 Energieverbrauch der privaten Haushalte in Deutschland (ohne Kraftstoffe)

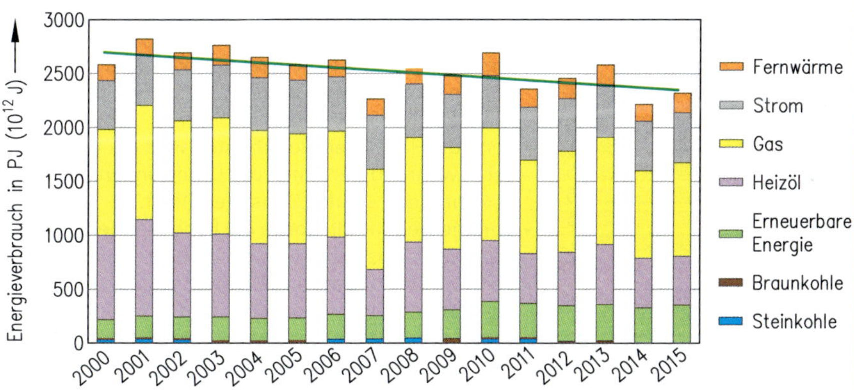

Abhängig von:
- Haushaltsgröße
- Nutzerverhalten
- Techn. Ausstattung
- Gebäudeart (Mehrfamilienhäuser ~ 35 % gegenüber Einzelhäuser)
- Witterung, Klima

Private Haushalte ca. ¼ des Gesamtenergieverbrauchs; davon ca. ⅔ für Heizzwecke: Gas, Heizöl, Fernwärme, erneuerbare Energien.

407.3 Abnehmender Heizenergiebedarf in Deutschland

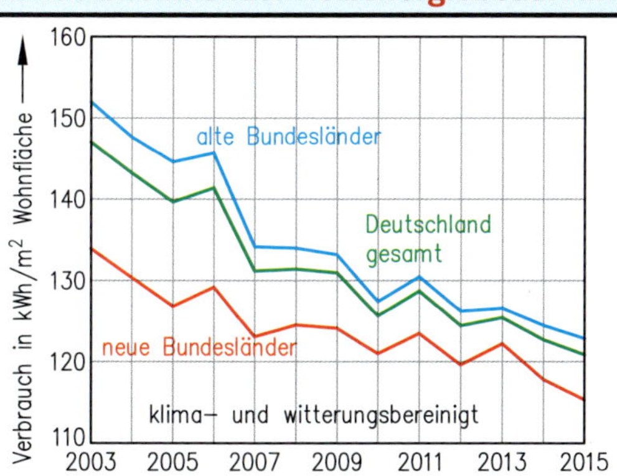

- Der sinkende Energiebedarf setzt sich fort.
- Heizenergiebedarf von Mehrfamilienhäuser ist seit dem Jahr 2003 um ca. 21 % gesunken.
- Komplett sanierte Wohngebäude ergeben Einsparungen von ca. 20–25 % (je größer das Gebäude, desto höher sind die Einsparungen).

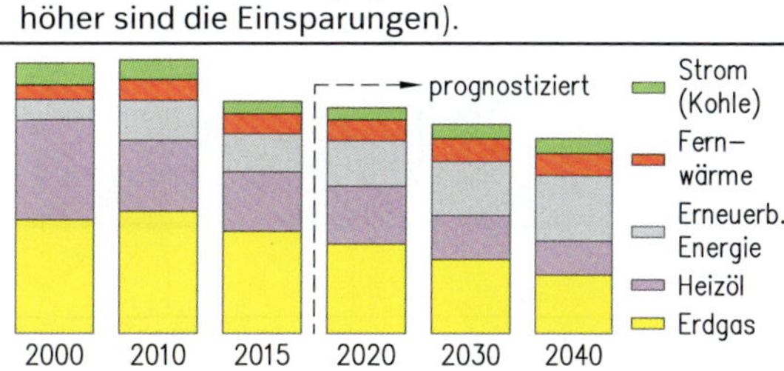

408.1 Entwicklung der Beheizungsstruktur im Neubau, Anteile der Energieträger[1] Stand 2017

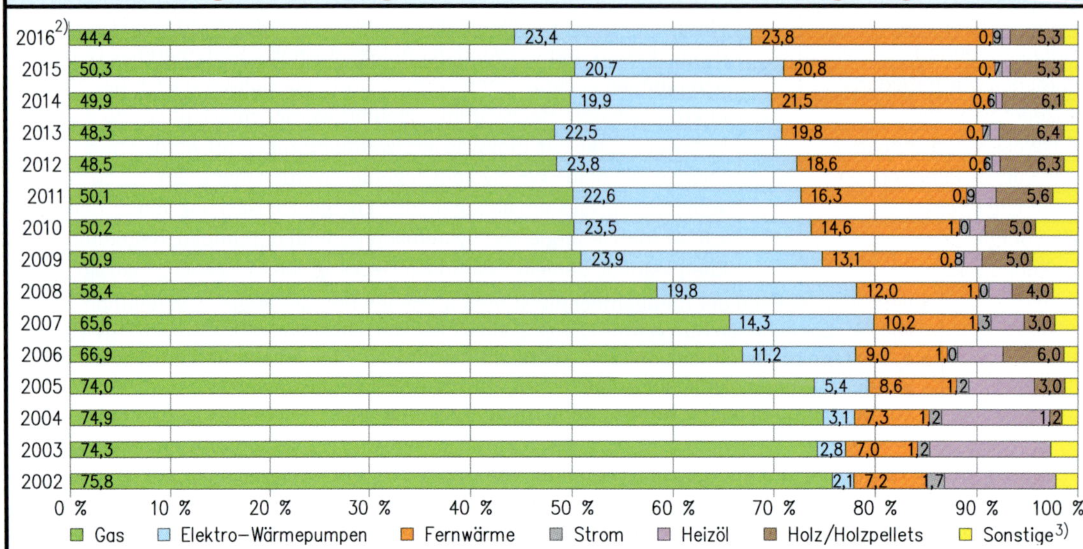

[1] Zum Bau genehmigte neue Wohnbauten; bis 2012 in neu zu errichtenden Gebäuden, ab 2013 in Bestandsbauten (primäre Heizenergie); [2] einschließlich Bioerdgas; [3] bis 2003 ausschließlich Holz/Pellets.

408.2 Beheizungsstruktur im Wohnungsbestand, Wärmemarkt in Deutschland (Neubauten)

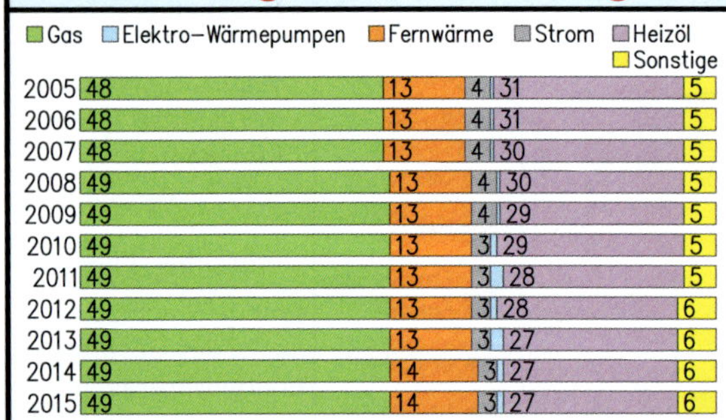

- 2015 ca. 285000 neue Wohneinheiten erstellt.
- Die Neubauquote liegt etwa nur bei 3 %, sodass sich im Gegensatz zu den Altbauten die Struktur sehr stark verändert hat.
- Rund die Hälfte der Wohnbauten wird mit Gas beheizt, während der Anteil der Ölheizungen nur etwa 1 % unter der Spalte „Sonstiges“ liegt.
- Geringe Neubauten sowie die Lebensdauer und Geräteeffizienz schlagen sich im Bestand nieder.
- Beim Vergleich Neu- und Bestandsbauten folgt: Zunahme von Wärmepumpen und Fernwärme.

408.3 Abnahme des Primärenergiebedarfs in kWh/m² · a

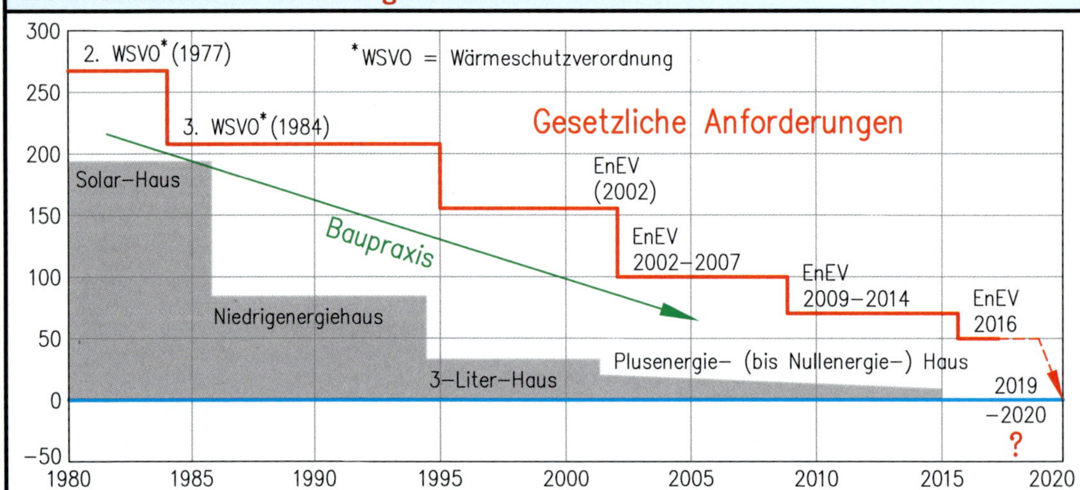

409.1 Zusammenfassung erneuerbare Energien

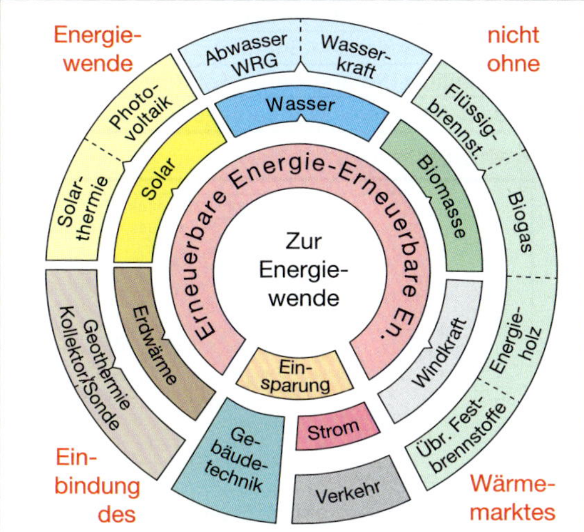

409.2 Allg. Hinweise zu erneuerb. Energien

- **EE-Branche** ist ein großer **Hoffnungsträger** für eine zukünftige Energieversorgung.
- Eine **Energiewende** ist nur durch EE möglich.
- **EE und Energieeffizienz** (s. 405.1) sind zu den wichtigsten Technologiebereichen geworden.
  Diese **Doppelstrategie** unterstützt die Ressourcen und den Klimaschutz (CO_2-Reduzierung), schafft sehr zahlreiche Arbeitsplätze, fördert Modernisierungen und ermöglicht deutliche Energieeinsparungen (Heizung, Lüftung und Trinkwassererwärmung).
- Eine zentrale Rolle für die Energiewirtschaft, speziell für eine kontinuierliche Versorgungssicherheit und ein nachhaltiges Energiesystem, spielt die **Energiespeicherung.**
- EE-Nutzung mit Optimierung eines Gesamtsystems senkt den **Verbrauch fossiler Energien.**
- **Ziele:** bis 2020 Wärmebedarfsenkung um 20 %, Primärenergiebedarf (Gebäude) bis 2050 um 50 %.

409.3 Einsatz von erneuerbaren (regenerativen) Energien (EE)

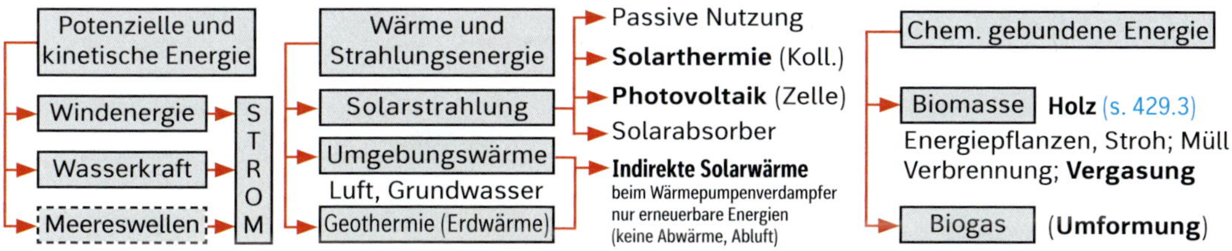

Energie	Ressourcen	Standorte	Einsatz	Leistungsbereich
Sonnenstrahlung	direkte und indirekte	Koll. meist auf Dach (s. 411.1)	TWE-Anl. z.T. Heizung	keine Leistungsgrenze nach oben
Photovoltaik	direkte und indirekte Strahl.	Dächer, Fassaden, Freiflächen	Stromerzeugung (Einspeis.)	wenige W bis > 100 kWp
Windenergie	Bewegungsenergie	Küstenreg., Bergkuppen (weltweit)	Stromerzeugung	0,05 kW bis 2,5 MW W.parks bis ≥ 100 MW
Wasserkraft	desgl. oder Fallhöhen	gebirg. Gegend, Flüsse, Stauseen	Stromerzeugung	kleine Werke bis 1 kW, große bis 5000 MW
Umgebungswärme	indirekte Sonnenenergie	nahezu überall (je nach Nutz.)	Heizung Trinkwasser	keine Leistungsgrenze
Geothermie	hohe Temp. Erdinnern bis > 100 °C	Zukünft. überall in Dtl NO, NW, SW	Heiz. Speicherung, Strom	je nach System 3 bis 50 MW
Biomasse Biogas	Holz, Pflanzen Vergärung	weltweit je nach Verfügbarkeit	Wärmeerzeug. Kraft-Wärmek.	1 kW bis 30 MW 20 kW bis 10 MW

Entwicklung erneuerb. Energien

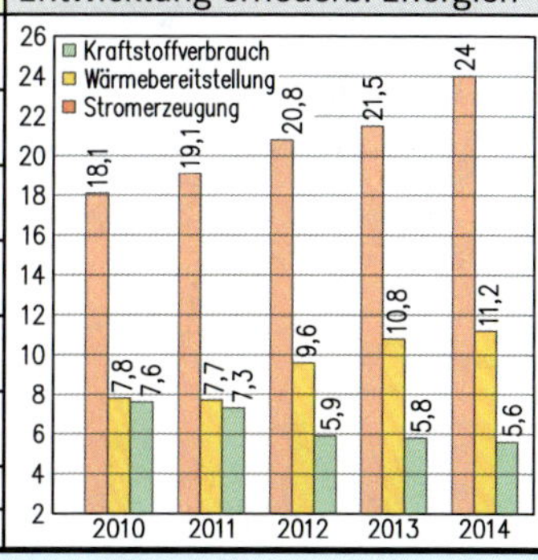

409.4 Kombinationen von erneuerbaren Energieträgern

- Solaranlagen kombiniert mit Biomassekessel (fast ausschließlich mit Holz/Pellets)
  - Mit solarer Heizungsunterstützung: im Sommer heizungsfreier Anlagenbetrieb; in der Übergangszeit übernimmt die Solaranlage im Wesentlichen die geringe Wärmeanforderung, Aufheizung von Kesselmasse und Wasser entfällt, als Nachheizung z. B. Gasbrennwertgerät.
  - Biokessel benötigen Heizwasserpufferspeicher: Auslegung so, dass bei vollständigem Ausbrand die gesamte Energiemenge untergebracht werden kann.
- Solaranlagen kombiniert mit Wärmepumpe: Wegen der üblichen Sperrzeiten ist ein Heizwasser-Pufferspeicher erforderlich, wodurch auch die solare Beladung möglich ist. Am Pufferspeicher kann auch eine Kollektorfläche angeschlossen werden, wobei der Speicheranteil zur Überbrückung der Sperrzeiten hydraulisch und regelungstechnisch getrennt werden muss.

Multivalente Heizsysteme mit einem (oder zwei) fossilen Wärmeträger und einem (oder zwei) erneuerbaren Wärmeträger (z. B. Brennwert + Solar) kommen zunehmend zum Einsatz, besonders in Verbindung mit der Trinkwassererwärmung.

410.1 Nutzungsmöglichkeiten der Sonnenenergie

passiv	durch die Architektur (Grundrisswahl, spez. Fassaden, Verglasungen, Vorbauten, Speicherung)	
aktiv	Solarthermie	Umwandlung von Sonnenenergie in Wärmeenergie → Sonnenkollektoren
	Photovoltaik	Gewinnung von elektr. Strom aus Sonnenlicht (Solarstrom) → Solarzellen (s. 421.1)
	solare Kühlung	mittels einer solarbetriebenen Ab- oder Adsorptionskälteanlage (Klimatisierung)

410.2 Strahlungsleistung in W/m² und tägliche Einstrahlung in kWh/m²

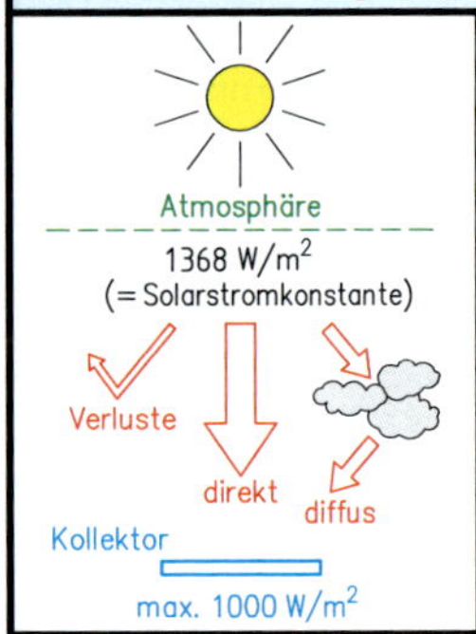

Verluste durch Reflexion und Absorption an Staubpartikel und Gasmoleküle

maximal bis 1000 W/m² (800–1000)
Sonne „bricht" durch ca. 500 bis 700 W/m²
nur hoher Diffusanteil 300–500 W/m²
trüber Wintertag ≈ 50 bis 100 W/m²

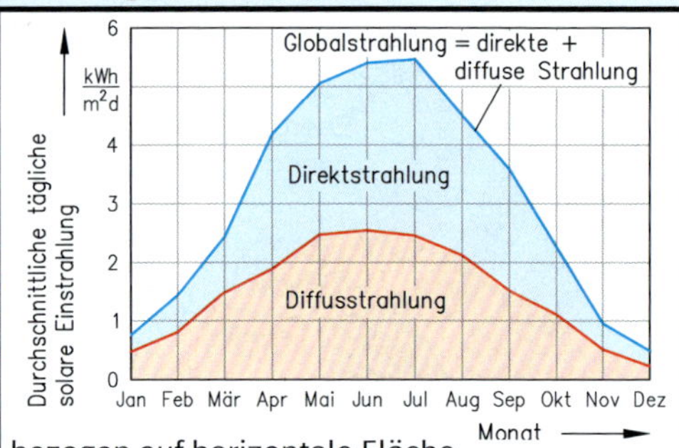

bezogen auf horizontale Fläche

410.3 Mittl. Tagessummen der Globalstrahlung in kWh/m² und mittl. Sonnenscheindauer in h/Jahr

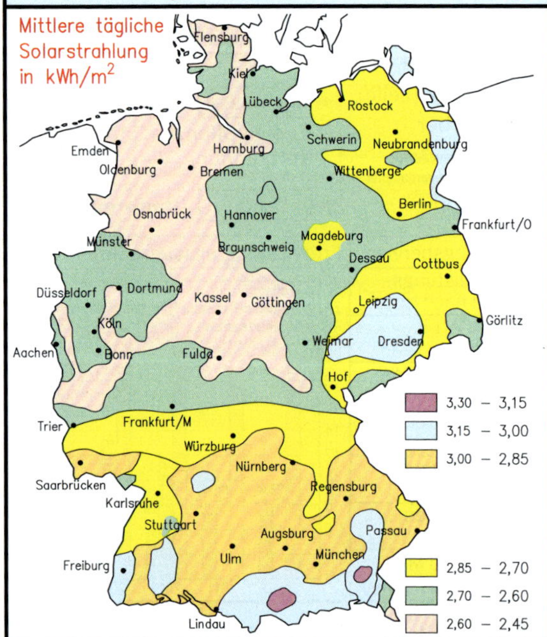

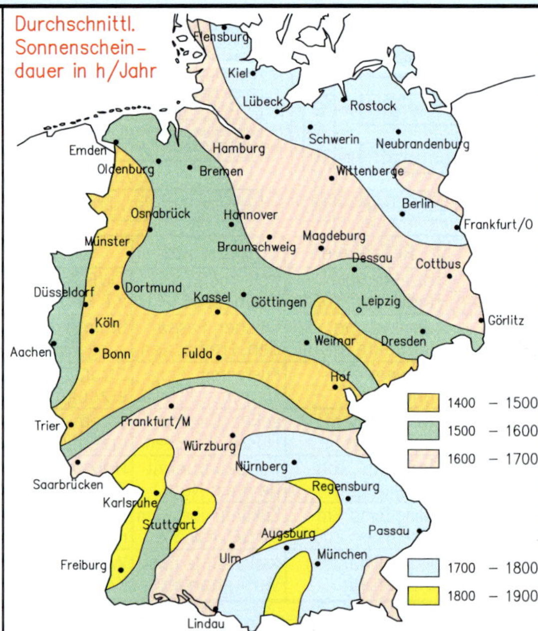

Jan	Feb	Mär	Apr	Mai	Jun	Jul	Aug	Sept	Okt	Nov	Dez
0,65	1,33	2,63	3,94	4,99	5,4	5,26	4,37	3,2	1,76	0,76	0,51

Jan	Feb	Mär	Apr	Mai	Jun	Jul	Aug	Sept	Okt	Nov	Dez
46	75	136	175	219	227	234	204	167	113	47	37

410.4 Energieströme beim Sonnenkollektor (Flachkollektor)

① direkte Sonneneinstrahlung, (1a) diffuse Strahlung
② Reflexionsverluste an der Glasabdeckung
③ Reflexionsverluste an der Absorberoberfläche
④ Nutzwärme (Gewinn an Solarwärme)
⑤ Abstrahlung von Abdeckung (5) und Absorber (5a)
⑥ konvektive Verluste (Wind, Regen, Schnee)
⑦ Absorptionsverluste (im Absorber und Reflexion)
⑧ Leistungsverluste durch Wärmeleitung

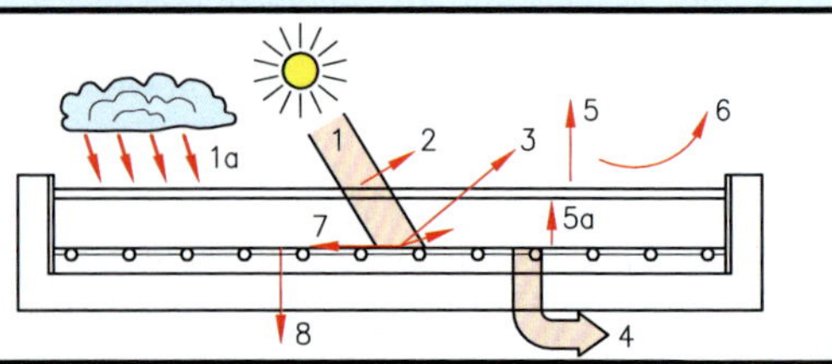

Solarthermie eignet sich – wie die Wärmepumpe – für den Niedertemperaturbereich.

411.1 Montagevarianten für Solarkollektoren und Einsatzmöglichkeiten

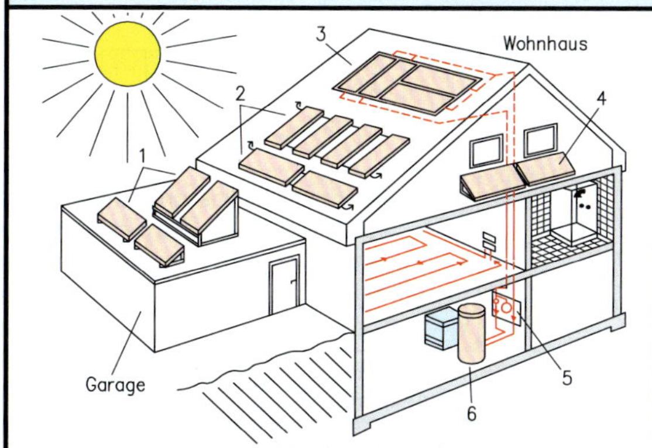

Eindeckung	Überdach	Indach	Flachdach
Pfannendach	möglich	möglich	–
Schieferdach	möglich	möglich	–
Wellplatten	möglich	–	möglich
Blechdach	–	möglich	möglich
Teerpappe	möglich	möglich	möglich
Dachneigung	25 bis 60°	25 bis 60°	0 bis 15°

1 **Flachdachmontage** (Ständerwinkel einstellbar)
2 **Aufdachmontage** (waagerecht oder senkrecht)
3 **Indachmontage** direkt auf Dachlatten
4 **Fassaden- oder Balkonmontage**
5 Komplettstation (Regelung, Pumpe, Armaturen)
6 Speicher (Kombisp. f. Trinkw.erw. u. Heizungsunterstützung)

411.2 Flachkollektor

V Vorlauf; R Rücklauf
1 Glasabdeckung
2 Absorber (Umwandlung Sonnenstrahlen in Wärme)
3 Dämmmaterial
4 Rohrführung (Register)
5 Gehäuse (z. B. Fiberglas)
6 Kollektorrahmen

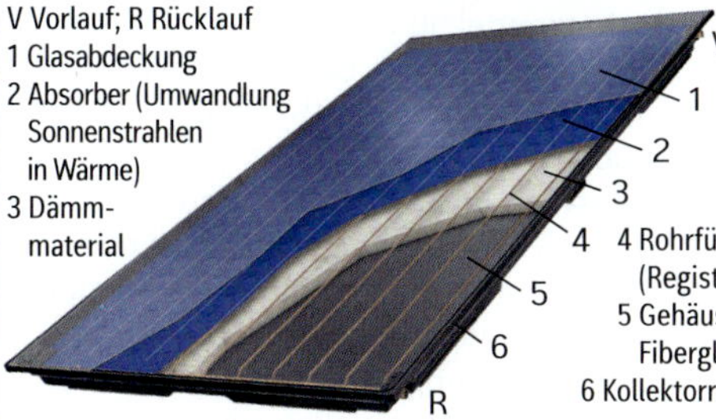

• Bruttofläche 2...2,5 m^2

Merkmale:

- Marktanteil (2015) etwa 80 % bezogen auf die gesamte verkaufte Kollektorfläche
- Für Trinkwassererwärmung und Heizungsunterstützung
- Verbreitet auch in Verbindung mit Brennwertnutzung
- Energieeinsparung bei Trinkwassererwärmung bis 50 – 60 %
- Zunehmend auch an Fassaden und Freiaufstellung
- Bis ca. 12 Kollektoren können verbunden werden
- Geringere Kosten als bei Röhrenkollektor (bis 50 %)
- Verbreitetste Kollektorart

411.3 Vakuum-Röhrenkollektor

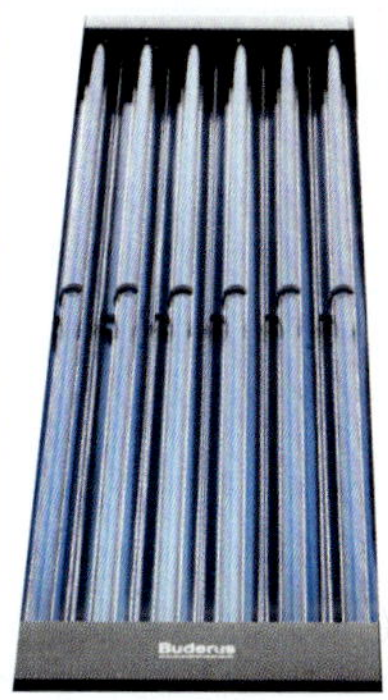

Techn. Daten (herstellerbezogen)		Typ 1	Typ 2
Außenfläche	m^2	1,43	2,32
Aperturfläche	m^2	1,28	1,33
Absorberinhalt	l	1,06	2,5
Absorptionsgrad	%	> 0,95	> 0,94
Emissionsgrad	%	< 0,05	< 0,06
Gewicht	kg	23	51
Stagnationstemp.	°C	300	220
U-Wert	W/(m^2 · K)	0,75	2,0
max. Betriebsdruck	bar	10	10

Maße: z. B. 2058 × 702 × 104

- Effiziente Verbindungssysteme
- Automatische Temperaturabsenkung
- Absorber in geschloss. vakuum. Glasröhren 65–100 mm ⌀
- Im Doppelrohr (in Glasr.) zirkulierende Soleflüss. der Anlage
- Geringere Verluste (bess. η) gg. Flachkollektoren; daher weniger Kollektorfläche (Platzbedarf); sehr hohe Anschaffungskosten
- Die Röhren sind drehbar (entsprechend Sonnenstand)
- Heat-Pipe-Kollektor = Glasröhre mit innenliegendem Wärmerohr, in dem die spezifische Flüssigkeit entspr. Sonnenstand verdampft
- höhere Systemtemperatur möglich; Prozesswärme

411.4 Wirkungsgrade verschiedener Solarkollektoren

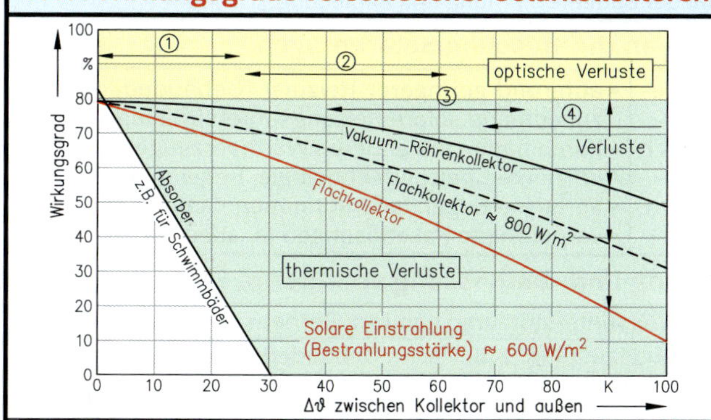

① Schwimmbadwassererwärmung (Solarabsorber-keine opt. Verluste durch fehlende Glasabdeckung $\Delta\vartheta \approx$ 0–20 K) ② Trinkwassererwärmung, $\Delta\vartheta \approx$ 30–60 K und ③ Trinkwassererwärmung und Heizungsunterstützung, $\Delta\vartheta \approx$ 30–70 K ④ Prozesswärmeerzeugung $\Delta\vartheta \approx$ 70 bis > 100 K.

411.5 Grenzen eines Solarsystems

1 Einfallende Sonneneinstrahlung (s. 409.2)
2 Aufgenommene Sonneneinstrahlung
3 Leistung des Kollektors (ohne Verschattung)
4 solare Wärmeabgabe an den Speicher
V Rohrleitungsverluste (Dämmung)

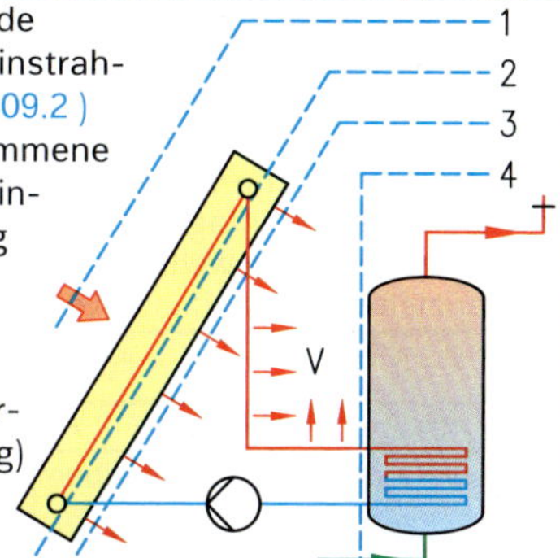

- Energieströme beim Kollektor (s. 410.4)
- Kollektorausrichtung (s. 411.1)

412.1 Verschaltungsmöglichkeiten von Solarkollektoren

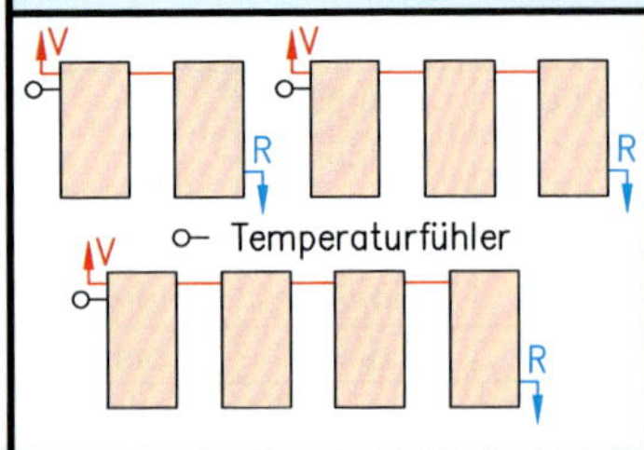

a) Reihenschaltungen, ab etwa 5 Kollektoren sollte man c) wählen

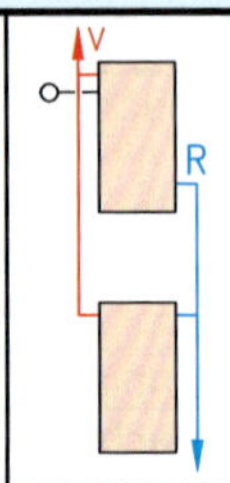

b) Parallelschaltung

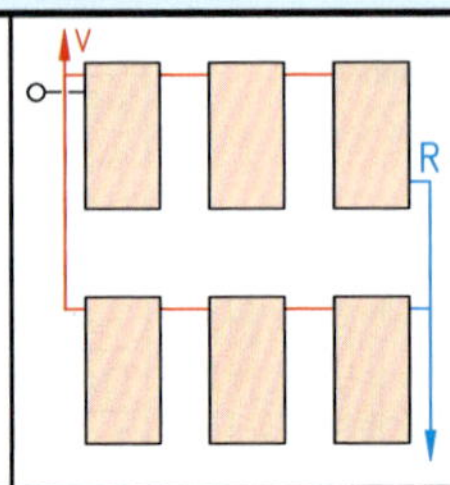

c) Kombination von a) und b)

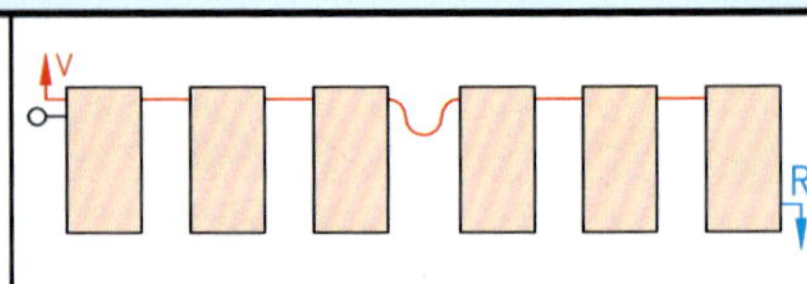

d) Bei mehr als 5 Kollektoren nebeneinander soll wegen der Wärmedehnung mindestens zwischen zwei Kollektoren eine flexible Verbindung vorgesehen werden

Bei Verschaltung von Teilfeldern: Parallelverschaltung, Anschlüsse nach Tichelmann; alle Ltg. mind. 0,4 m/s (wegen Entlüftung), alle Teilstrecken mit gleichem Druckverlust (evtl. Abgleichventile)

412.2 Druckverlust von Flachkollektoren (herstellerbezogen) – Hinweise zur Pumpenwahl

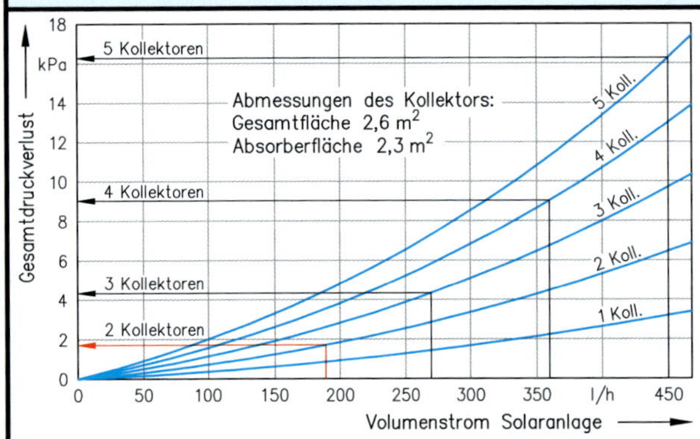

- temperaturbeständig (hohe und niedrige Temp.)
- Frostschutzmittel 50 % nicht überschreiten
- Druckverlust (Anlage) – bis 7 m möglich je nach m^2 und Glykolanteil. Bei 45 %: Δp = 1,3-fache gegenüber Wasser
- Volumenstrom im Kollektorkreislauf 30...50 l/($m^2 \cdot$ h) – bei gängigen Kollektoren
- Solarregler regelt Volumenstrom der Pumpe
- übliche Heizungspumpe ungeeignet (η)
- Pumpenabschaltung bei ≈ 120 °C
- glykolbeständige Materialien verwenden
- Pumpeneinbau grundsätzlich im Rücklauf
- langanhaltenden Stagnationsbetrieb vermeiden

412.3 Planungsablauf einer thermischen Solaranlage

1. Schritt	2. Schritt	3. Schritt	4. Schritt	5. Schritt
• Ermittlung der Kundenwünsche • Beratung, Angebot • Festlegung der Platzverhältnisse • Vorgaben zur Heizung und TWE	• Standortbestimmung (Dach, Wand) • Randbedingungen, Montageort, Dachneigung, Schatten • Heizungsunterstützung?	• Bestimmung der Kollektorfläche und Speichergröße • Zusammenstellung der gesamten Nebenkosten • Wahl der Bautiefe	• Bemessung und Ausführungen der Gesamtanlage (Rohrnetz, Pumpe, Armaturen, MAG) • Festlegung der Regelung und Bedienung	• Materialauszug und Kalkulation • Aufklärung über mögliche Fördergelder • Hinweise zur möglichen Energieeinsparung

412.4 Mögliche Ursachen für das Interesse an thermischen Solaranlagen

- Unsicherheit bei fossilen Brennstoffen (Öl, Gas), Reservenabhängigkeit, Versorgung, Preis, Gesetze
- große technische Fortschritte im Anlagenbereich (Herstellung, Montage, Kompaktsysteme, Betrieb)
- zunehmendes Umweltbewusstsein der Nutzer
- finanzielle Unterstützung (verschied. Fördergelder)
- aufgrund geringerer Heizlast (Gebäudedämmung) zunehmend solare Heizungsunterstützung
- Kombination mit anderen Wärmeerzeugern
- effiziente Speichertechnologie, Regelungen u. a.
- Verbesserungen bei Information, Schulungen
- vorgefertigte Paketlösungen m. allen Komponenten

412.5 Einflussgrößen für die Anlagenplanung und -bemessung von therm. Solaranlagen

1	nutzerseitige Vorgaben	WW-Bedarf; Heizungsunterstützung; Komfort; Betriebszeit; Finanzierung
2	gebäudetechnische Vorgaben	Gebäudeart, Gebäudezustand (z. B. Dach), Gebäudenutzung, Standort (z. B. Verschattung), Dachneigung, Platzverhältnisse
3	klimatechnische Einflüsse	Klimazone; Sonnenstrahlung, -scheindauer; Ausrichtung; Verschattung
4	anlagentechn. Bedingungen	Deckungsrate; Speichergröße; Hydraulik; Materialwahl
5	Montage des Kollektorfeldes	Kollektorgröße (Platz); Dachintegration (Befestigung, Anschlüsse)
6	betriebliche Anforderungen	Temperaturbeständigkeit (Stagnation); Regelung (Anpassung); Sicherheitsarmaturen; MAG, Pumpe; Kosten, Förderung; Wartung

413.1 Eigensicherheit, Stagnation

- Sicherheitstechnische Ausrüstung muss auf den Stagnationsfall ausgelegt werden
- Pumpe schaltet ab, wenn bei Einschaltung keine Wärmeabgabe möglich ist (z. B. voller Speicher) → „Solaranlage geht in Stagnation"
- Ansteig. Temperatur ermöglicht eine Siedepunktüberschreitung des Wärmeträgermediums
- Entstehender Dampf muss vom Rohrnetz und Ausdehnungsgefäß aufgenommen werden
- Dampf in Anlage ist normaler Betriebszust. abhängig von Betriebsweise, Kollektoren u. a

413.2 Solarheizungen in Deutschland

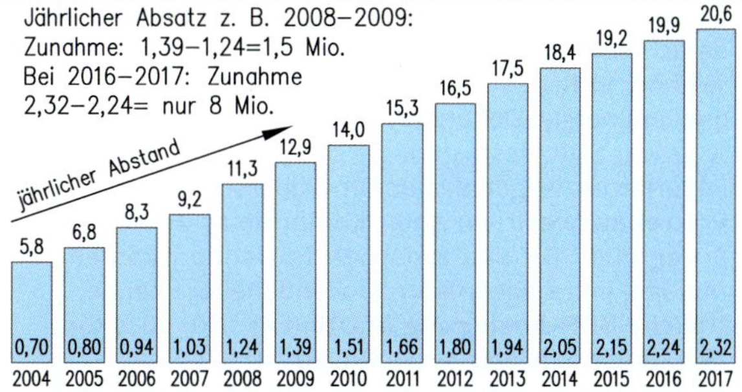

413.3 Richtwerte für den Inhalt von Ausdehungsgefäßen; Berechnen des Gefäßvolumens

Kollektoranzahl[x]	1			2			3			4			5			6			7			8			[x] Absorberoberfläche 2,3 m²; techn. Daten nach Herstellerangaben
stat. Höhe in m	5	10	15	5	10	15	5	10	15	5	10	15	5	10	15	5	10	15	5	10	15	5	10	15	
Gefäßinhalt in l	18	25		25			40			40			40	50		40	50	80	50		80	50	80		

$V_N = (V_{Kol} + V_{DR} + V_e + V_{FW}) \cdot DF$

- V_N Nennvolumen des AG
- V_{Koll} Flüssigkeitsinhalt Kollektoren
- V_{dR} Inhalt Rohrleitungssystem[1)]
- V_e Vol.zunahme (Medium) = $V_a \cdot \beta$; β Ausdehnungszahl (z. B. 13)[2)]
- V_{FL} Flüssigkeitsvorlage in AG (4 % von V_N, mind. 3 l)
- DF Druckfaktor: $p_e + 1\ (p_e - p_o)$ p_e = max. Druck am Sicherheitsventil; p_o = Anl. Vordruck[3)]

[1)] Mit Dampf beaufschlagt.
[2)] Günstig von –20 bis 5 °C.
[3)] 90 % des Ansprechdrucks des SV; p_o = 1 bar + 0,1 bar/m stat. Höhe.

413.4 Sicherheitsventil (Querschnitt)

Max. Wärmeleistung	kW	80	100	200	350	600	900
Ventilgröße (Eintritt)	mm	15	20	25	32	40	50
Kollektoraperturfläche (DIN 4757-1)	m²	50	100	200	350	600	900

413.5 Kostenverteilung der Bauteile in %

Kollektoren	28	Verrohrung	20*)
Speicher, Wärmet.	14	Planung	10
Montage, Kollektorfeld und Unterbau	17*)	Regelung	7
		Sonstiges	4

*) Beide zusammen können 30 – 40 % höher liegen.

413.6 Komponenten einer Solarstation

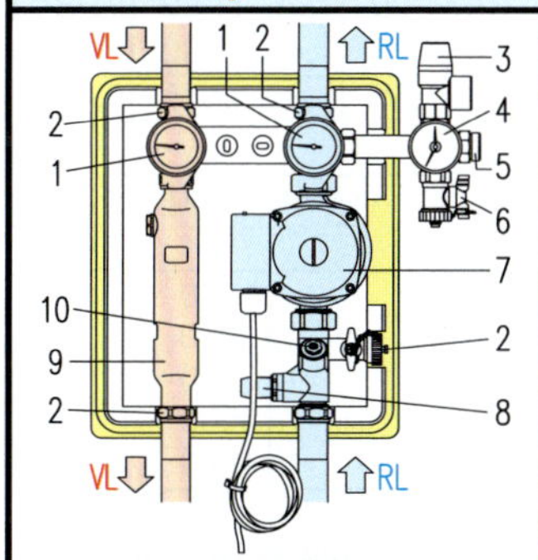

1 Thermometer, Kugelhahn,
2 Klemmringverschr.
3 Sicherheitsventil
4 Manometer
5 Anschluss für AG
6 Füll-/Entleerhahn
7 Solarpumpe
8 Vol.stromanzeiger
9 Luftabscheider
10 Regulierventil

413.7 Kostenschätzung für Solaranlagen

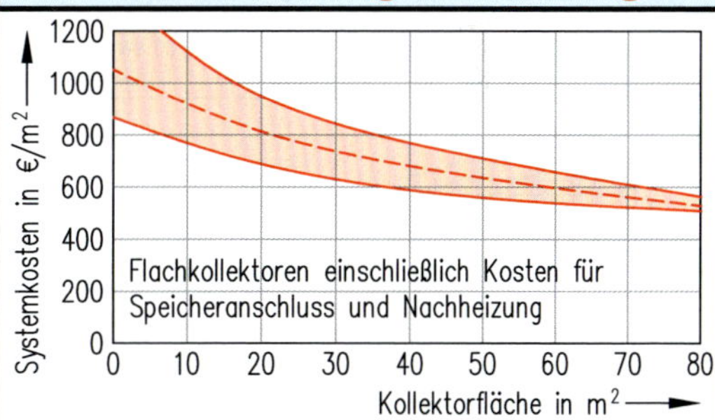

Je kleiner die Anlage, desto größer die Preisdifferenz

413.8 Solare Beheizung in Übergangszeit bis ϑ_a = +10 °C (Kollektoren und Speichervolumen)[1)]

Solare Bedingung		Energiegewinn[1)] in kWh/Kollektor		Speichervolumen in l/Koll. und Tag	
Klimazone	Sonnenscheinstunden	2,41 m² [2)]	2,33 m²	2,41 m²	2,33 m²
I	< 1500	4,85	3,90	130	105
II	1500 – 1700	5,55	4,45	145	115
III	1700 – 1900	6,25	5,00	160	125
IV	1900 – 2100	6,90	5,50	170	135
V	2100 – 2300	7,60	6,00	185	150
VI	2300 – 2500	8,30	6,60	200	160
VII	> 2500	9,00	7,20	215	170

Beispiel: $\dot{Q}_{N,Geb.}$ = 8 kW; $\vartheta_{a,min}$ = –12 °C, ϑ_i = 20 °C; Heizzeit 10 Std/Tag; Kollektor 2,41 m²
Ausrichtung Süd; Aufstellwinkel 45°; Klimazone II; Heizungs-Kombispeicher

Lösung: $\Delta\vartheta_1$ = + 20 – (–12) = 32 K; $\Delta\vartheta_2$ = + 20 – (+10 °C)
Wärmebedarf bei +10 °C : (8 kW/32 K) · 10 K = 2,5 kW;
Energiebedarf pro Tag: 2,5 kW · 10 h = 25 kWh; Energiegewinn/Kollektor = 5,55 kWh;
25 kWh/5,5 kWh = 4,55; gewählt 5 Kollektoren Speichervolumen: 145 · 5 = 725 l

[1)] Anlage 50 °C/40 °C; Kollektorausrichtung Süd; Aufstellwinkel 40° – 50°. [2)] Absorberfläche (Kollektor).

414.1 Solare Deckungsraten (SDR)

- Solare Deckungsrate = Prozentanteil von der erforderlichen Nutzung notwendiger Solarenergie.
- Je höher SDR, desto höher die Einsparung konventioneller Energie. Daher oft hohe SDR erwünscht!
- Je größer SDR, desto geringer der Ertrag pro m² Kollektorfläche, wegen des Sommerüberschusses.
- **Erstrebenswert:** ein guter Kompromiss zwischen Ertrag und SDR und zwischen Investitionskosten (Anlage) und eingesparter konventioneller Energie.
- **Übliche SDR-Auslegung in DH:** (EFH) 50–60 % für TWE-Anlagen (Geschosswohn. 20–40 %).
- Bei der Heizungsunterstützung kaum Angaben möglich, da zuviel variable Einflussgrößen.

414.2 Möglicher Solaranteil für die TWE in %

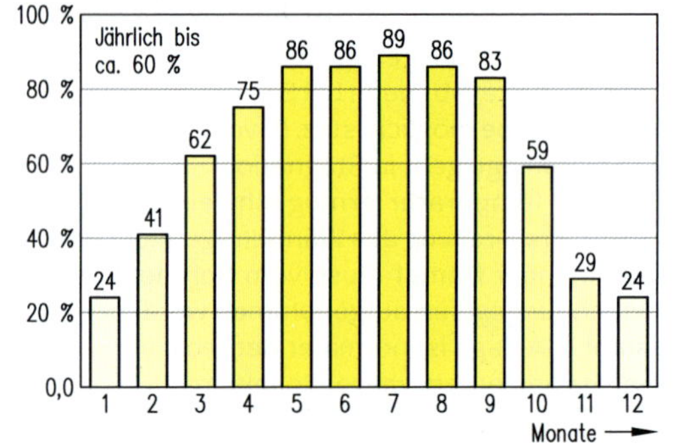

414.3 Kollektorertrag in Abhängigkeit von der Kollektorneigung

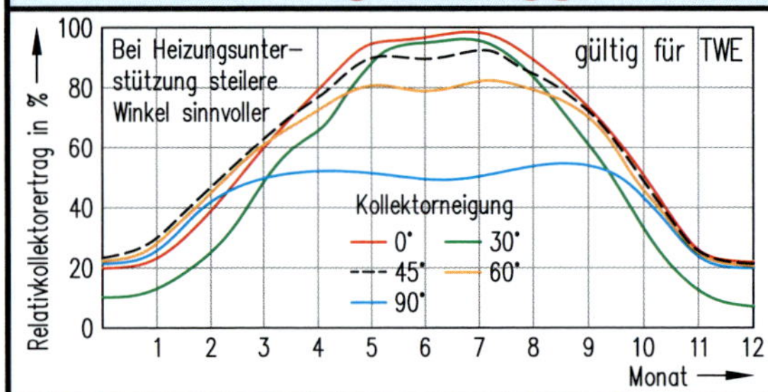

- Ertrag wichtig für Auslegung der Solaranlage und Systemkomponenten und der kWh/m².
- Jährliche kWh/m² sind wesentlich für die Beurteilung und Effizienz der Solaranlage.
- Einbezogen sind auch Betriebszustände ohne wirtschaftlichen Ertrag (z. B. bei vollem Speicher).
- Gute Ergebnisse, wenn Kollektorfläche optimal an Nutzungsschwerpunkt angepasst ist.
- Das Einstrahlungsoptimum muss demnach nicht immer das Ertragsoptimum sein.

414.4 Kollektorfläche, -neigungswinkel, -abweichung; Deckungsgrad; kWh/a; Durchmesser

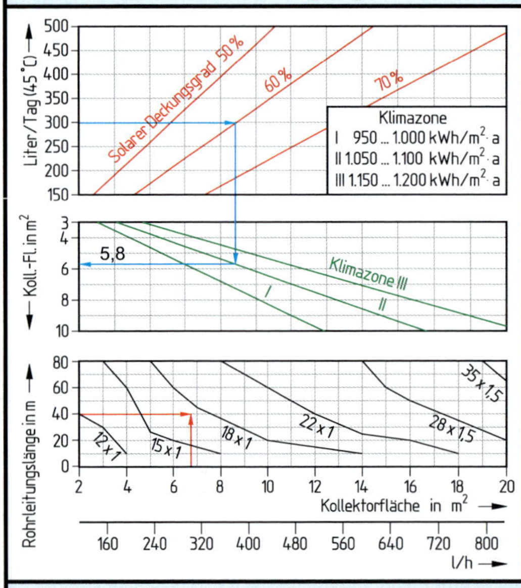

∢ Abweich. von Süd		Kollektorneigungswinkel 0°	15°	30°	45°	60°	75°	90°
Süd	0°	1,25	1,05	1,00	1,00	1,15	1,40	2,05
S	25°	1,25	1,05	1,00	1,00	1,15	1,45	2,10
SO/	45°	1,25	1,10	1,10	1,00	1,25	1,60	2,25
SW	65°	1,25	1,15	1,15	1,25	1,45	1,80	2,65
O/W	90°	1,25	1,30	1,40	1,55	1,80	2,45	3,30

Jährliche Sonnenenergie [kWh]

WW-Bedarf (Liter/Tag)	empfohlener solarer Deckungsgrad 50 %	60 %	70 %
150	1050	1250	1450
200	1400	1650	1950
250	1700	2100	2400
375	2600	3100	3600
500	3500	4200	4800

Beispiel:
Täglicher Warmwasserbedarf 300 l; solarer Deckungsgrad 60 %; Leitungslänge 40 m; Klimazone II; Süden; Kollektorneigungswinkel 60°;
Lösung: Kollektorfläche = 5,8 · 1,15 = 6,7 m²;
Energie ≈ 2500 kWh/a; Rohr 18 × 1

414.5 Solarspeicher: Aufgabe, Bauarten und Merkmale (Einbau)

Aufgabe: Mengenmäßige und zeitliche Ungleichheiten zwischen Solarüberschuss und Nutzwärmebedarf ausgleichen (s. 415.1), bedeutsam für Auslegung und Betriebsweise (Regelung).
Bauarten: **Monovalentspeicher,** falls in vorhandener Heizungsanlage und Speicher nachträglich eine Solaranlage eingebaut wird. **Bivalentspeicher** bei komplett neuer Heizung und Solaranlage.
Kombispeicher: mehrere Varianten, wie z. B. hinsichtlich Be- und Entladung, Schichtung (**Schichtspeicher**), innenliegender Speicher (**Tank im Tankspeicher**), mit Rücklaufeinbringung u. a. **Pufferspeicher** zur Aufnahme von Heizungswasser [ohne oder mit Inneneinbauten (Glatt- oder Rippenrohrwärmetauscher)].

415.1 Strahlungsangebot ≠ Nutzwärmebedarf

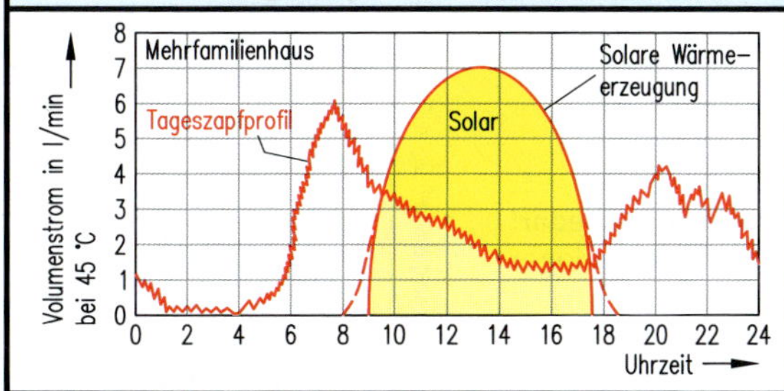

415.2 Thermosiphon-Kombispeicher

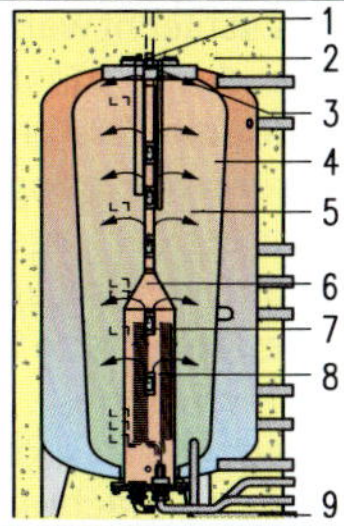

Für Trinkwassererwärmung
1 Magnesiumanode
2 Wärmedämmung
3 Warmwasseraustritt
4 Pufferspeicher
5 konischer Innenkörper
6 Wärmeleitrohr
7 Schwerkraftklappen
8 Solar-Wärmetauscher
9 Kaltwassereintritt

415.3 Einfluss des Neigungswinkels auf die Kollektorbemessung – Korrekturfaktor f_N

Nutzungszeit (≈ 50 ° nördl. Br.)	ratsam	bedingt
Jan. bis Dez. (ganzjährig)	40°–50°	30°–60°
Apr. bis Sept. (nur Sommer)	30°–40°	20°–50°
Mai bis Aug. (saisonal)	25°–35°	15°–45°
Okt. bis März (Heizperiode)	55°–65°	40°–75°

Günstiger Winkel je nach Verwendungszweck:
Trinkwassererwärmung oder Schwimmbad 30°–45°
Trinkwassererwärmung + Heizungsunterstütz. 45°–55°

Beispiel:
$\alpha = 25° \Rightarrow f_N = 1{,}05$
⇒ die unter Idealbedingungen ermittelte Kollektorfläche muss um 5 % größer sein

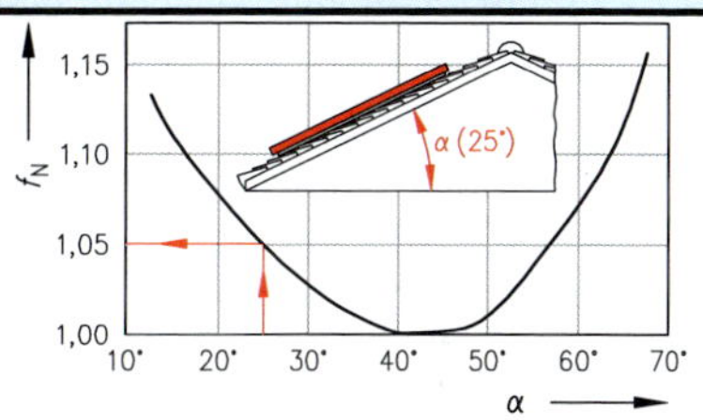

30°	bei Sonnenhochstand im Sommer (opt. ∢)
60°	bei Sonnentiefstand im Winter (opt. ∢)
45°	in Deutschl. Kompromiss (TWE im Sommer)

30...60° und Kollektorneigung zwischen SW und SO ist für Trinkwassererwärmung ausreichend; solare Deckung bei O und W: bis 50 % (S, SW, SO > 60 %)

415.4 Korrekturfaktoren bei Abweichung der Koll.ausrichtung von südl. Himmelsrichtung*)

Neigungswinkel	Abweichung nach Westen um 90°	75°	60°	45°	30°	15°	Süden 0°	Abweichung nach Osten um −15°	−30°	−45°	−60°	−75°	−90°
60°	1,26	1,19	1,13	1,09	1,06	1,05	1,05	1,06	1,09	1,13	1,19	1,26	1,34
55°	1,24	1,17	1,12	1,08	1,05	1,03	1,03	1,05	1,07	1,12	1,17	1,24	1,32
50°	1,23	1,16	1,10	1,06	1,03	1,02	1,01	1,04	1,06	1,10	1,16	1,22	1,30
45°	1,21	1,15	1,09	1,05	1,02	1,01	1,00	1,02	1,04	1,08	1,14	1,20	1,28
40°	1,20	1,14	1,09	1,05	1,02	1,01	1,00	1,02	1,04	1,08	1,13	1,19	1,26
35°	1,20	1,14	1,09	1,05	1,02	1,01	1,01	1,02	1,04	1,08	1,12	1,18	1,25
30°	1,19	1,14	1,09	1,06	1,03	1,02	1,01	1,03	1,05	1,08	1,13	1,18	1,24
25°	1,19	1,14	1,10	1,07	1,04	1,03	1,03	1,04	1,06	1,09	1,13	1,17	1,22

*) Flachkollektoren; Trinkwassererwärmung

Korrekturbereiche: 1,00...1,05 | 1,06...1,10 | 1,11...1,15 | 1,16...1,20 | 1,21...1,25 | > 1,25

415.5 Kollektorreihenabstand von Flachkollektoren (Flachdächer oder Freiflächen)

$$z = \frac{h \cdot \sin(180° - (\alpha + \beta))}{\sin \beta}$$

$$z = \frac{1056\ \text{mm} \cdot \sin 180° - 61{,}5°}{\sin 16{,}5}$$

$$z = 3268\ \text{mm}$$

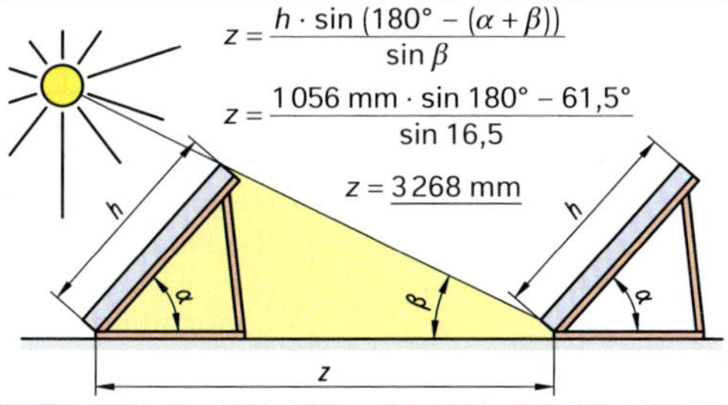

Kollektormaße nach Herstellerangabe:
z. B. Breite 156 mm, Länge 2380 mm

- h Kollektorhöhe: entweder 1056 mm (waagerechte oder 2380 mm senkrechte Montage)
- α Kollektorneigungswinkel 45° (25°–60°)
- β Winkel des Sonnenstands = 66,5°–50° = 165°
  Hinweis: nördl. Breitengrad der Stadt (s. Landkarte) z. B. Kassel 50° (Karlsruhe 49°)
  Dieser Wert wird vom Festwert 66,5° abgezogen.

Kollektorstützen einstellbar: variabel oder fest 30°, 45°, 60°

415.6 Richtwerte für Mindestabstände von Kollektorenreihen

γ	$\alpha = 15°$	$\alpha = 20°$	$\alpha = 35°$	γ	$\alpha = 15°$	$\alpha = 20°$	$\alpha = 35°$
0	3,94 (2,13)	4,47 (2,42)	5,85 (3,17)	20	2,84 (1,54)	3,03 (1,64)	3,43 (1,86)
5	3,49 (1,89)	3,88 (2,10)	4,86 (2,63)	25	2,72 (1,48)	2,87 (1,55)	3,16 (1,71)
10	3,20 (1,73)	3,50 (1,90)	4,22 (2,29)	30	2,62 (1,42)	2,73 (1,48)	2,94 (1,59)
15	3,00 (1,62)	3,23 (1,75)	3,77 (2,04)	35	2,54 (1,38)	2,62 (1,42)	2,75 (1,49)

[1] Mehrreihige Kollektorfelder, senkrecht (Klammerwerte waagerecht).

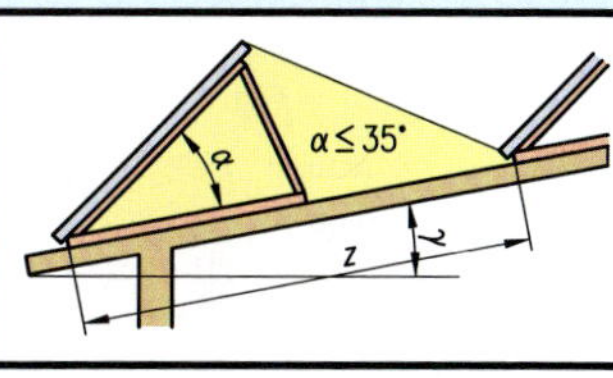

416.1 Energiebedarf – solares Energieangebot – Solarüberschuss

①	Wärmebedarf (Heizlast) eines schlecht wärmegedämmten Gebäudes, links (anfangs des Jahres) ist die Heizlast größer als rechts
②	Gebäudeheizlast eines Niedrigenergiehauses (gedämmt, dicht)
③	Energiebedarf für Trinkwassererwärmung (≈ konst. WW-Bedarf)
④	Verlauf des jährlichen Solarenergieertrags wirksam nur für die TWE; für Heizungsunterstützung unwirksam; zusätzlicher Energiebedarf durch separaten Wärmeerzeuger (blaue Fläche) nur ganz geringer Solarüberschuss (dunklegrüne Fläche)
⑤	Neuer Verlauf des Solarertrags durch größere Kollektorfläche
⑥	Zusätzl. Solargewinn (punktierte Fläche), sowohl für Trinkwassererwärmung (blaue Fläche) und für Heizungsunterstüzung (rote Fläche), allerdings zwischen etwa April bis Sept. großer Solarüberschuss (gelbe Fläche): Regelung, Speicherverlauf der Heizlast entsprechend Anlage 1 (≙ 1 + 2 und 2)
⑦	

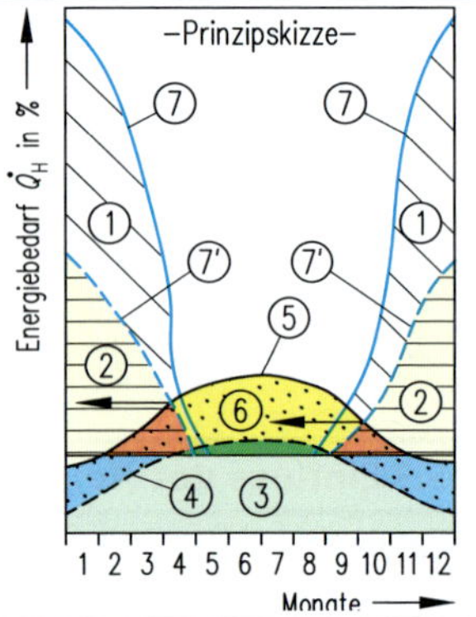

416.2 Energieangebot der Kollektoranlage für die Trinkwassererwärmung (TWE)

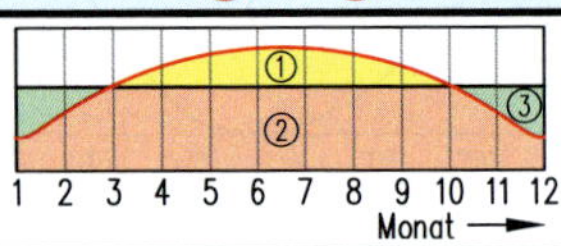

❶ Solarer Energieüberschuss (nicht genutzte Solarenergie, hier zwischen März und Sept.) ❷ genutzter Solarenergieanteil der Deckung ❸ nicht abgedeckter Energiebedarf = erforderliche Zusatzheizung von einem 2. Wärmeerzeuger. Angebot/Nutzung bei TWE + Heizung (s. 417)

416.3 Standardsolaranlage für Trinkwassererwärmung (Ein- und Zweifamilienhaus)

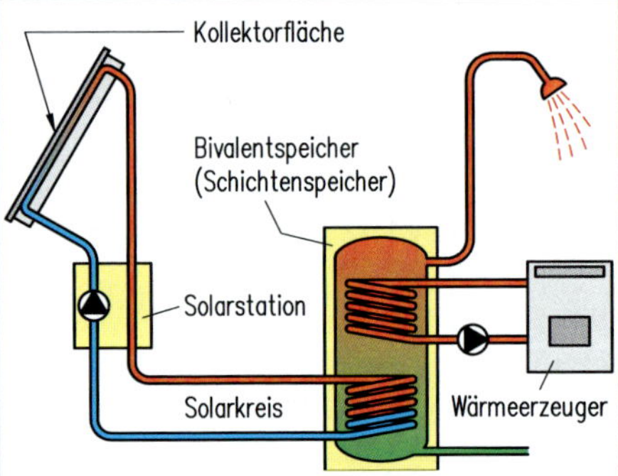

- Unterer Wärmetauscher zur solaren Erwärmung, oberer für den Anschluss zur Nacherwärmung.
- Unterschiedliche Dichte zwischen Warm- und Kaltwasser, Be- und Entladevorgang sowie konstruktive Speichergestaltung führt zur **Schichtung.**
- Solarerwärmtes Trinkwasser wird in die Ebene gleicher Temperatur eingeschichtet. Dadurch steht Solarwärme schnell auf Niveau der Nutztemperatur zur Verfügung, ohne dass gesamter Speicher erwärmt wird.
- Auch ein kurzfristig geringeres Strahlungsangebot kann effektiv genutzt werden.
- Bei Flachkollektoren Speicherinhalt mind. 50 l/m² Kollektorfläche und ca. 5 kWh Einstrahlung.

416.4 Bestimmung der Kollektoranzahl für Trinkwassererwärmungsanlagen

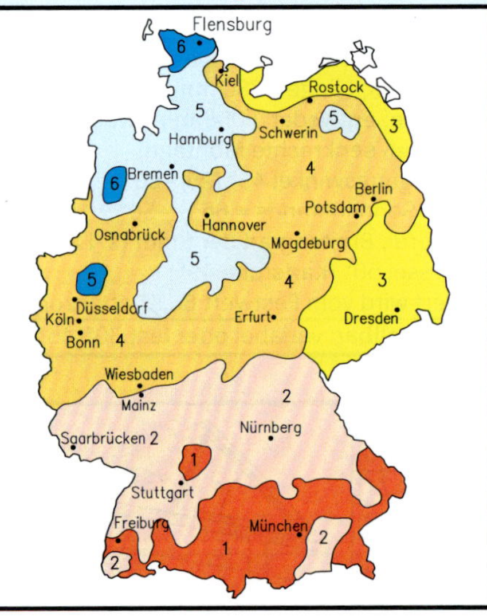

Region (Anlagenstandort)	1	2	3	4	5	6
mittl. Einstrahl. kWh/(m²·a)	1175	1125	1075	1025	975	926
Korrekturfaktor	1,0	1,05	1,1	1,15	1,2	1,25

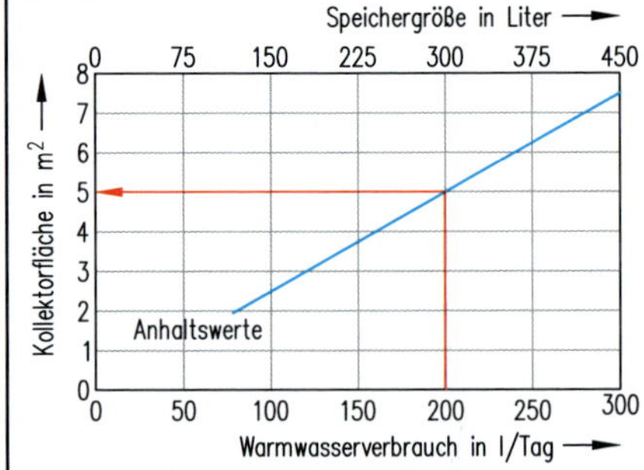

Korrekturen bei Abweichung von
- Neigungswinkel (Dachneigung) ⇒ (s. 415.3)
- Südrichtung (Azimutwinkel) ⇒ (s. 415.4; 419.2)

WW-Bedarf in l/Tag (s. 387.3)

Bsp.: 200 l/Tag, Standort Karlsruhe, Neigungswinkel 25 °, Südabweichung gegen Westen 50 °, Kollektorfläche 2,4 m², Kollektoranzahl? **Lösung:** 5 m² (Abb) · 1,05 (Region) · 1,05 (s. 415.3) · 1,1 = **6,1 m²**; Kollektoranzahl: 6,1/2,4 = 2,5 **(gewählt 3)**

417.1 Solare Heizungsunterstützung (HU) – Merkmale und Anforderungen (Auszug)

- Bei ca. 50 % der installierten Solaranlagen wird eine Heizungsunterstützung einbezogen
- Je nach Gebäudedämmung und Anlagenkonzept liegen Deckungsgrade zwischen 10 bis 30 (40) %
- Solare HU ist inzwischen Stand der Technik
- NT-Systeme sollen bevorzugt werden
- Faustwert: Nutzwohnfläche: 100/150/200 m^2 entsprechende Kollektorfläche: 6 – 7/9/11 – 12 m^2
- Vorteile: weniger Brennstoff und Primärenergie, weniger Brennerstarts (η); Fördergeld; EnEV-Erfüllung

417.2 Heizungsunterstützung bei einer Solaranlage für Trinkwassererwärmung

Angaben zu Diagr. und Aufgabe
- Ein- und Zweifamilienhäuser
- Kombispeicher 750 l
- 4-Personenhaushalt mit 200 l WW-Bedarf pro Tag
- Dachausrüstung nach Süden Dachneigung 45°
- Niedertemperatur 40 °C/30 °C
- Kollektoranzahl durch TWE gegeben; Wunsch nach einer nachträglichen Heizungsunterstützung

Beispiel 1: Ermittelte Kollektoranzahl anhand Diagramm z. B. bei 4 Kollektoren und Q_H = 13 kW, DR = 14 %. Um diese 14 % auf 20 % zu erhöhen, müsste man die Kollektoranzahl verdoppeln (4 → 8).

Bsp. 2: Um bei 9 kW DR 20 auf DR 25 zu erhöhen, sind 2 zusätzl. Koll. erforderlich

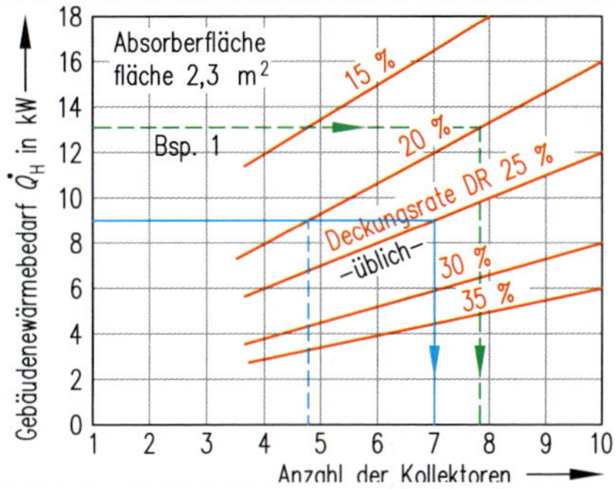

417.3 Solarsysteme mit Bivalentspeicher; Pufferspeicher (Heizungsunterstützung)

a)

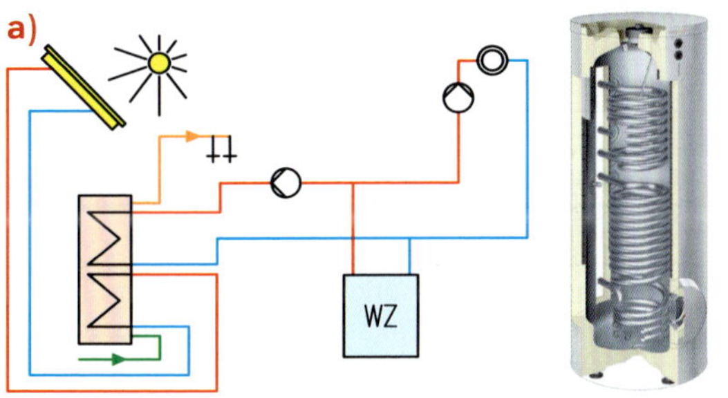

b)

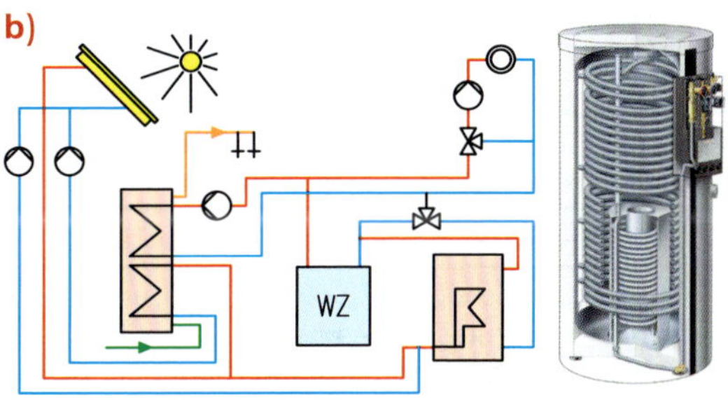

zu a) System mit bivalentem WW-Speicher; Einführung des Kollektorvorlaufs in unteren Speicherbereich. Zentraler Wärmeerzeuger garantiert zu jedem Zeitpunkt warmes Wasser (Nachheizung), Einführung im oberen Speicherteil. Alle Teile sind hydraulisch voneinander getrennt.

zu b) Zweispeichersystem für **solare Trinkwassererwärmung und Heizungsunterstützung** mit bivalentem **Trinkwasserspeicher und zusätzlichem Pufferspeicher** zur Vorhaltung von Warmwasser für die Gebäudeheizung (s. 494.4); „Speicherbeladung" über dem Wärmeübertrager im unteren Speicherbereich.
Falls genügend Solarenergie zur Verfügung steht, wird auch der Pufferspeicher mit eingebautem Wärmeübertrager mit Energie versorgt. Falls erforderlich, versorgt der Wärmeerzeuger auch den Bereitschaftsteil des Trinkwasserspeichers mit Wärme. Falls im Pufferspeicher viel Energie zur Verfügung steht und die Heizungsrücklauftemperatur geringer als die Speichertemperatur ist, kann die Heizungsunterstützung auch durch die Anhebung der Rücklauftemperatur erfolgen (Ventil im Rücklauf).

Pufferbeipassschaltung: Dreiwegeventil öffnet in Richtung Pufferspeicher, wenn die Temperatur im Speicher um den eingestellten Wert (ϑ_{EIN}) über der Heizkreisrücklauftemperatur liegt. Der Pufferspeicher erwärmt das zum Kessel fließende Rücklaufwasser. Wenn die Temperaturdifferenz zwischen Pufferspeicher und Rücklauf einen eingestellten Wert (ϑ_{AUS}) unterschreitet, schaltet das Dreiwegeumschaltventil wieder in Richtung Heizkessel und beendet die Speicherentladung.

417.4 Wesentliche Komponenten und Zubehör im Solarkreislauf

Solarstation	• Manometer	Solarflüssigkeit	Sicherheitsventil	Halterungen
• Solarpumpe	• Rückschlagventil	Verrohrung, Verbdg.	Regeleinrichtung	Wärmedämmung
• Durchflussmesser	Durchflussmesser	Ausdehnungsgefäß	Absperrarmaturen	Befüllpumpe
• Temperaturfühler	Kollektorfeld	Luftabscheider	Vorschaltgefäß	Kollektormontage

418.1 TWE und Heizungsunterstützung mit Bivalentspeicher und Heizungs-Pufferspeicher

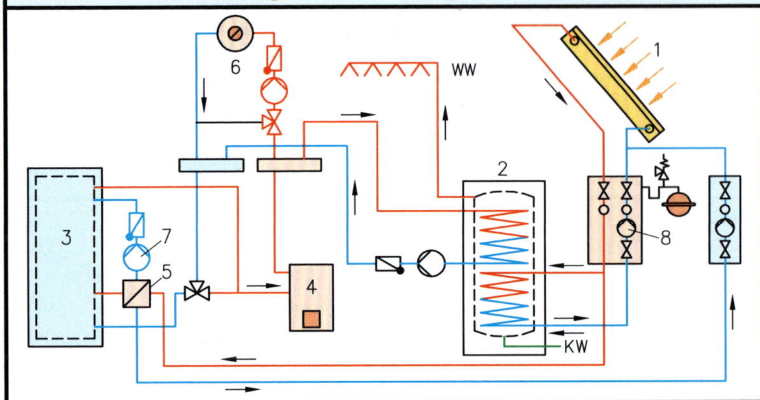

1 Kollektoranlage
2 Speicherwassererwärmer
3 Heizwasser – Pufferspeicher
4 Wärmeerzeuger (Kessel)
5 Wärmetauscher
6 Verbraucher (Heizung)
7 Pumpe für die Pufferspeicherbeheizung
8 Solarkreis – Umwälzpumpe
9 Pumpe für die Pufferspeichererwärmung
WW/KW Warm-/Kaltwasser

418.2 Solar-Luftkollektor (Solare Außenlufterwärmung)

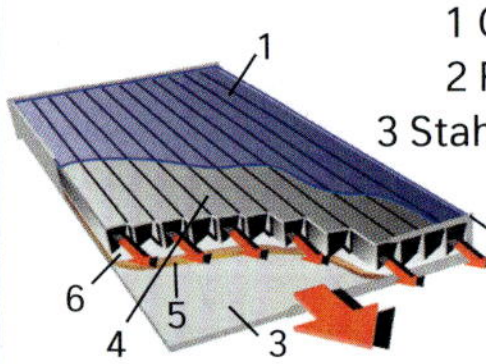

1 Glasabdeckung
2 Flanschrahmen
3 Stahlblechgehäuse
4 Alu-Rippen-absorber
5 Dämmung
6 Trennblech

- Kein Absorber mit Wärmeüberträgermedium (geschloss. System)
- Beschichtete Alu-Bleche als Luftführungssystem ausgebildet
- Gewünschte Baugröße durch Anflanschen standardisierter Raster
- Fassadenanordnung bevorzugt (s. Sonnenstand Winter ...)
- Ventilator kann über PV-Modul versorgt werden, Einschaltung nur bei entsprechender Solarschaltung (Regelung)
- Anwendung: z. B. kleine Ferienhäuser, Nebengebäude, Anbauten u. a.

- Priorität: Solare Heizungsunterstützung (Winter, Übergangszeit), Kollektorneigung mind. 45°
- 1 m² Kollektorfläche für 20 m³ Außenluft ⇒ 400 m³ ≙ ca. 20 m² Koll.fläche ≙ ca. 160 m² Wohnfl. (Anhaltswert)

418.3 Vor- und Nachteile der Solarenergie („Heizen mit Strom“)

Vorteile: 1. Unerschöpfliche Energiequelle, unendlich lang verfügbar, keine Investitionen für Forschung. **2.** Emissionsfreie Erzeugung: keine umweltbelastende Abfallprodukte wie z. B. CO_2-Emissionen, Feinstaub, Rußpartikel, Wegfall des Risikofaktors Kernenergie: Betrieb und Entsorgung. **3.** Umweltfreundliche Alternative in Zeiten globaler Erwärmung und Generationsgerechtigkeit bezüglich Ökoeffizenz. **4.** Optimale Rohstoffverfügbarkeit wie Silicium zur Herstellung von Solarzellen (s. 411 Photovoltaik). **5.** Unabhängige Energieversorgung (Rückgang der Abhängigkeit von Kohle, Erdöl und Erdgas, Preisgestaltung in den Märkten, Energiepartnern), neue Arbeitsplätze, Reduzierung der Auswirkungen evtl. Energiekrisen. **6.** Gebäudebeheizung mit Solarstrom (im Winter über Energiespeicher). **7.** Kurze Versorgungswege (die Kosten für Verteilung und Transport sind etwa so hoch wie die Erzeugung der elektrischen Energie selbst). **8.** Langfristige stabile Energiekosten, unabhängig von Entscheidungen des Energieversorgungsunternehmens und Energiepreisen.

Nachteile: 1. Hohe Stromkosten bremsen z. B. die Entwicklung der Wärmepumpe, Strompreis aus Windkraft wesentlich höher als bei herkömmlichen Kraftwerken (2–4fach). Positiv für den Strommarkt sind: Anstieg der Strompreise bei den Energiekonzernen und ständige Entwicklung zu immer günstigeren Solarmodulen (Forschung). **2.** Großer Flächenbedarf für die Nutzung der Sonnenenergie (mehr Strom, mehr Platz). **3.** Ohne Einsatz von Speicher keine konstante Energieversorgung möglich: Solarenergie (Sommer) und Heizenergie (Winter), sind nicht zeitgleich. **4.** Der Lebenszyklus von Solarmodulen liegt bei etwa 20–40 Jahren.

418.4 Stromerzeugung in Deutschland – Prozentanteile der Nettostromerzeugung

Energieträger	2000	2010	2012	2014	2015	2016
Braunkohle	25,7	23,0	25,5	24,8	23,9	23,1
Kernenergie	29,5	22,2	15,8	15,5	14,2	13,1
Steinkohle	24,8	18,5	18,5	18,9	18,9	17,0
Erdgas	8,5	14,1	12,1	9,7	9,6	12,1
Mineralölprodukte	1,0	1,4	1,2	0,9	1,0	0,9

Energieträger		2000	2010	2012	2014	2015	2016
Windenergie	– onshore	1,6	6,0	8,0	8,9	11,0	10,3
	– offshore	–	–	–	0,2	1,3	2,0
Wasserkraft		4,3	3,3	3,5	3,1	2,9	3,3
Biomasse		0,3	4,7	8,3	6,3	8,9	9,2
Photovoltaik		Entwicklung in Dtl. s. 420.3					

419.1 Aufbauprinzip einer Photovoltaikanlage (PV-Anlage); Zelle – Modul – Generator

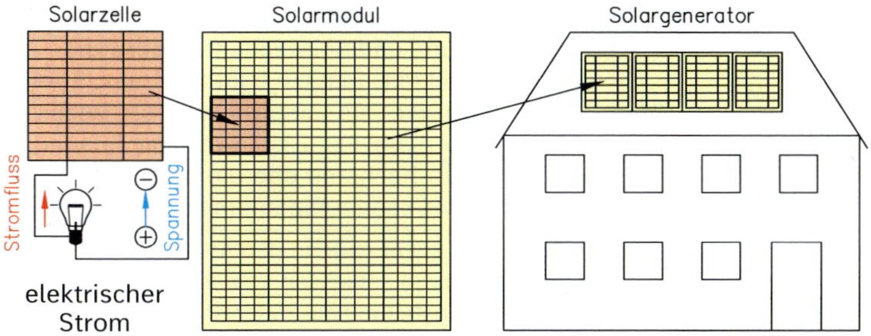

elektrischer Strom z. B. aus Windenergie — elektrisch verbundene Zellen — Zusammenschaltung mehrerer Module

Montage einer Photovoltaikanlage

419.2 Überschlägige Ertragsminderung gegenüber Südrichtung BDH

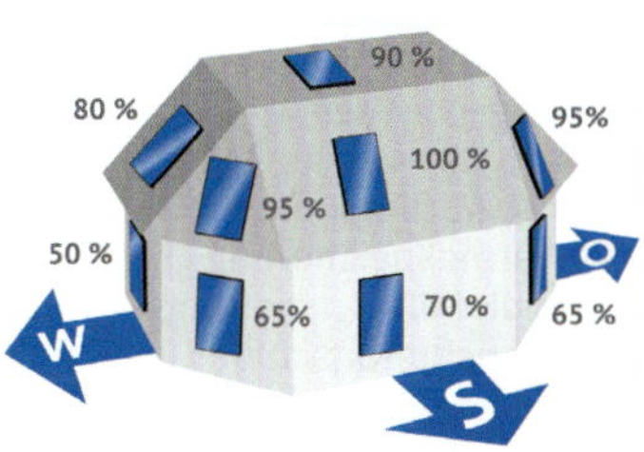

- Die beste Modulanordnung ist auf der Südseite, sofern keine Verschattung vorhanden; auch SO- und SW-Richtung möglich
- Entscheidend ist auch die **Neigung des Daches** (in Dtl. üblich 30 – 45°). Je größer die S-Abweichung, desto flacher soll die Neigung sein; bei z. B. 20° genügt auch O- und W-Richtung
- Wichtig ist auch die Tragfähigkeit des Daches (Standzeit mind. 20 Jahre)
- **Fassadenmontage** und **Aufständerungen** nach Süden richten
- Bei Modulen auf **verschieden ausgerichteten Dachflächen** muss jeder Teilgenerator mit eigenem Wechselrichter betrieben werden.

419.3 Drei Schritte zur Funktionsweise einer Photovoltaikanlage (Solarstromanlage)

A Freisetzung von Elektronen durch Lichteinfall auf den Solargenerator (Module) 1

An elektrischen Kontakten sammeln sich positive bzw. negative Ladungsträger, wodurch zwischen der Zellenvorder- und -rückseite eine Gleichspannung entsteht. Ohne mechanische oder chemische Reaktionen reicht dieser fotoelektrische Effekt für eine **Stromgewinnung** aus. Im Generatoranschlusskasten 2 befindet sich der Gleichstromschalter, die Zusammenschaltung mehrerer Module, Strangsicherungen, Überspannungsschutz, Klemmleisten und Anschlüsse. Der Gleichstromschalter ist eine Schutzeinrichtung zur Kontrolle der Grenzwerte während des Betriebs, Abschaltung bei Nacht oder bei Störungen (vollautomatisch).

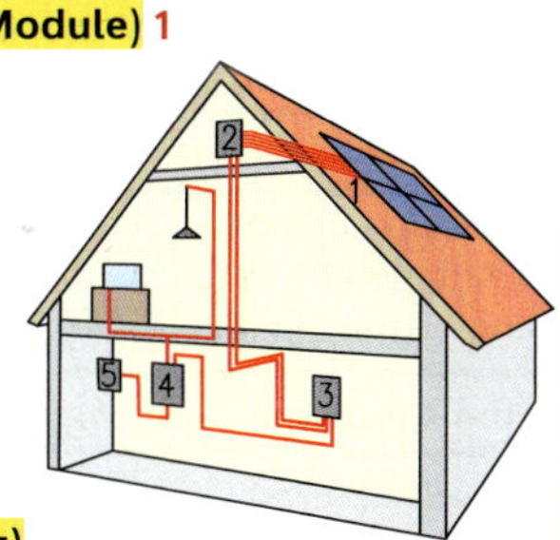

B Umwandlung des erzeugten Gleichstroms in Wechselstrom (230 V, 50 Hz)

Gleichstrom wird im Wechselrichter 3 (= Netzeinspeisegerät) in konformen Wechselstrom umgewandelt.

C Einspeisung des Energiegewinns ins öffentliche Stromnetz (Vergütung nach EEG)

Nach Einbau eines Stromzählers („Einspeisezähler") 4 und Netzanschluss 5 Einspeisung ins Stromnetz.

419.4 Montagearten für die Anordnung von Voltaikgeneratoren (Module)

Dachmontage	Einfache und schnelle Montage, günstig bei Dachsanierung gute Hinterlüftung (Kühleffekt), hoher Ertrag, weitgehend geringer Einfluss auf die Dachhaut, geringe Verschattungsmöglichkeit, günstige Vergütung (EEG), gebräuchlichste Ausführung
Indachmontage	Anspruchsvolle architektonische Lösung, bei hochwertigen Dächern, Einsparungen oder Dacheindeckung, auf gute Hinterlüftung achten (wie bei Fassade)
Flachdachaufstellung	Optimale Ausrichtung und Neigung der Module, Montage auf einem Gestell (einfach und schnell), kostengünstige Lösung, leicht zugänglich
Freiaufstellung	keine besondere statische Anforderungen an den Untergrund, großes Platzangebot, geringe Windangriffskräfte, wie bei Flachdach optimale Modulausrichtung
Fassadenmontage	Durch die steile Neigung der Module weniger Ertrag, daher höhere Vergütung („Fassadenbonus"), Module als Teilfunktion der Außenhaut zunehmend
Insellösung	PV-System ohne Netzanschluss, geringe Verbreitung (z. B. Parkuhr, Schilder, Berghütte)

420.1 Aufgabe der MPP-Steuerung (maximum power point) durch den Wechselrichter

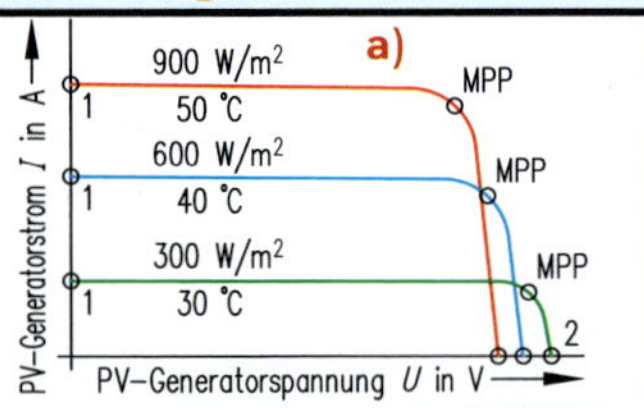

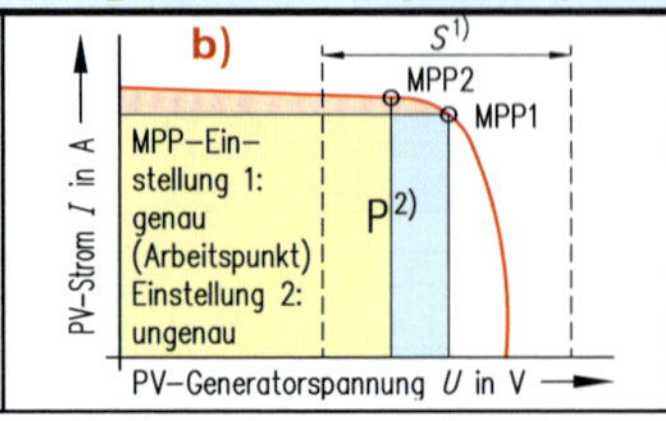

a) Kennlinien (abhängig von Einstrahlung und Solarzellentemperatur)
Bei Pkt. 1 ist $U = 0$ und die max. Stromstärke (als Kurzschlussstrom bezeichnet). Bei Pkt. 2 ist jeweils die Spannung am höchsten und die Stromstärke = 0 (als Leerlaufspannung bezeichnet).

b) Prinzip der Leistungsoptimierung (MPP-Ermittlung): MPP-Steuerung sucht laufend den Arbeitspunkt auf der Kennlinie, bei dem Spannung und Stromstärke den max. Wert (größte Leistung) aufweisen. Je nach Einstellung und Temperatur (vgl. a) verändert sich die Kennlinie, und bei ungenauer MPP-Einstellung die PV-Leistung, d. h. das momentane Produkt aus Stromstärke und -spannung ($I \times U$); Leistung bei MPP 1 ≙ Fläche gelb + blau bei MPP 2 gelb rot.

[1] MPP-Spannungsbereich des Wechselstromrichters. [2] Die **Einheit der PV-Leistung** ist bei höchster Sonnenstrahlung **Wattpeak Wp** (peak = Spitze).

420.2 Vorteile und Merkmale von Photovoltaikanlagen

- Dezentraler und effektiver Energiegewinn
- Anlage jederzeit nachträglich erneuerbar
- Direkte Stromerzeugung in Photovoltaikmodul
- Stromgewinn dann, wenn hoher Bedarf vorliegt
- Höhere Unabhängigkeit vom Strombezugspreis, Eigenverbrauch oder Einspeisung ins Stromnetz
- Stromüberschuss muss übernommen werden (EEG)
- Kaum Wartungskosten (keine beweglichen Teile)
- Einfache Vertragsabwicklung mit den EVUs
- PV deckt in Dtl. 2015/16 etwa 6 % des Strombedarfs. Bis 2020 sollen es mind. 20 % und bis 2030 mind. 30 % sein
- Kopplung PV (Sonne, Wind) und Umwelt (Wärmepumpe) ein Schritt zur Energiewende!
- Neben staatl. Einsparvergütung auch eine Vielzahl von regionalen Fördermöglichkeiten
- Leistungsgarantien bis 25 Jahren (herstellerbez.)
- Kombination von PV und Wärmepumpe: höhere Eigenverbrauchsquote, Wärmespeicherung (TWE)
- Einfache Montage: Moduleinbau, Leistungssystem verbinden, Wechselstromrichteranschluss (wichtig)
- Problemloser Einbau auch in Altbauten
- PV-Module werden immer effizienter und sind in mehreren Ausführungen verfügbar (z. B. Fassadenintegration, netzoptimierte Speicher)
- Installation erfordert Elektrokenntnisse

420.3 Entwicklung des Photovoltaikmarktes in Deutschland (z. B. gegenüber Frankreich)

Gesamtinstallierte PV-Anlagen Nennleistung in MW	Jahr	2005	2008	2009	2010	2011	2012	2013	2014	2015	2016
	Deutschland	1910	6019	9959	17370	25004	33708	36400	38409	39763	41340
	Frankreich	26,3	104	386	187	2949	4085	4625	5699	8579	7164

420.4 Kostenaufteilung einer PV-Anlage (ca.)

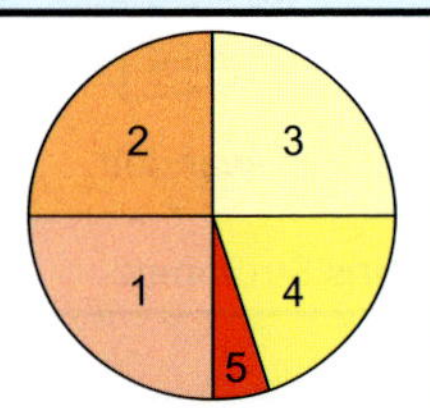

1	PV-Module	25 %
2	Montagekosten	25 %
3	Unterkonstruktion	25 %
4	Wechselrichter (Netzeinspeisegerät)	20 %
5	Zubehör zur Planung und Einbau	5 %

- Bei je kWp install. Module ca. 10² Fläche erford.
- Trotz geringer Wartung regelmäßige Kontrolle (am Zählerstand etwaige Probleme erkennbar)
- Evtl. Verschmutzung: Vogelkot, Laub, Rußablage
- Versicherungsschutz überprüfen (Fremdschaden)

415.5 TWE-Erwärmung mit Strom (PV)

1 Solargenerator
2 Wechseltrichter
3 Solarzähler
4 Wärmepupe
5 Strombezugszähler
6 Netzeinspeisezähler
7 Verteilnetz
8 Eigenverbrauch

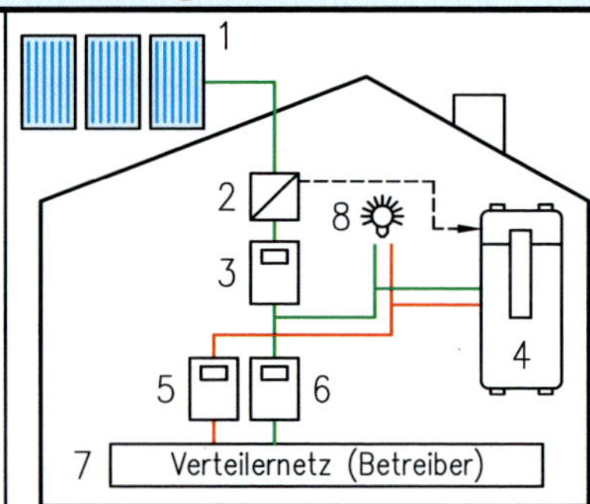

420.6 Hinweise zu Kosten, Förderung, Versicherung u. a.

- Bezüglich der Anschaffungskosten und Rentabilität spielen vor allem die Module eine entscheidende Rolle (immer effizienter und in sehr verschiedenen Ausführungen).
- Bei der Finanzierung sind wesentlich auch die Fördergelder entscheidend (Verbesserung der Rendite und Wirtschaftlichkeit). Entscheidend sind z. B. Finanzierungskredite.
- Eine Rolle für stabile Netze kann auch ein PV-Energiespeicher sein (u. a. bei Eigenbedarf)
- Nennleistungen einer PV-Anlage werden i. d. R. in W bzw. Wp angegeben – p für peak.
- Versicherungen beziehen sich auf Leistungsumfang (nicht jährl. Beitrag). Ursachen s. 421.3

421.1 Bauarten und Merkmale von Solarzellen – Flächenbedarf für Solargeneratoren

Entscheidend für die PV-Anlagenplanung ist neben Größe bzw. Leistung, Ausrichtung, Neigung, Montagesysteme der **Flächenbedarf** (ohne Verschattung) für die Anbringung der Solarmodule. Die Fläche hängt fast ausschließlich von der eingesetzten **Zellentechnologie** ab. Im Wesentlichen unterscheidet man zwischen folgenden Zellentypen:

Zellentyp (Solarmodule)	Monokristallin	Polykristallin	Dünnschicht
Flächenbedarf für 1 kWp	6 bis 9 m²	7 bis 10 m²	15 bis 20 m²

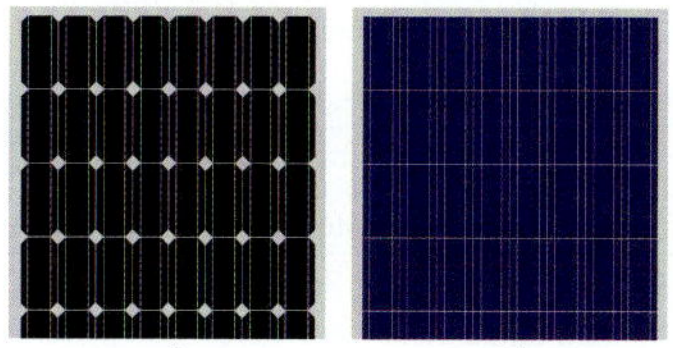
a) b)

Monokristalline Zellen a): Eintauchen von Kristallen in eine Siliziumschmelze (Ziehprozess). Merkmale: etwas höherer Wirkungsgrad und somit etwas geringerer Flächenbedarf; schwarze oder blaue Oberfläche
Polykristalline Zellen b): Erhitztes Silizium in eine rechteckige Form gegossen. Beim Auskühlen entstehen kleine Kristalle (schillernd blau, strukturiert), anschließend Zersägung in extrem dünne Scheiben („Wafern"); etwas geringerer Wirkungsgrad und Preis
Dünnschichtzellen: amorphes Silicium oder Cadmiumtellurit u. a.; etwas größerer Flächenbedarf, da deutlich geringerer Wirkungsgrad und empfindlicher gegen Verschattungen, geringer Rohstoffverbrauch, kostengünstige Herstellung photoaktiver Halbleiter, dünne Schichten auf Trägermaterial, zukunftsträchtig.

421.2 Reihen- und Parallelschaltung von Solarmodulen – Mögliche Ertragseinbußen

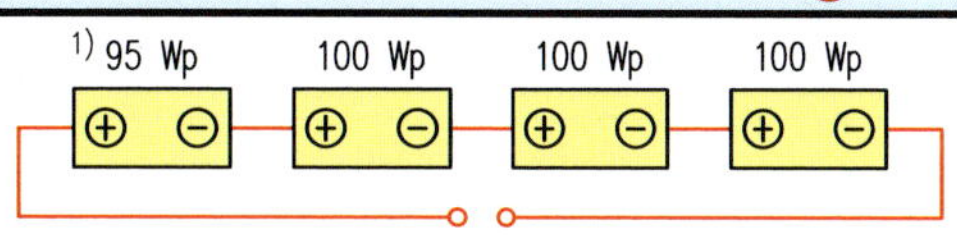

Mehrere Module werden in Reihen (sog. Strings) in den Modulen verschachtelt (übliche Schaltung).

1) Unterschiedliche Module oder Verschattungen führen zu Ertragseinbußen.

2) Gibt die Leistung vor.

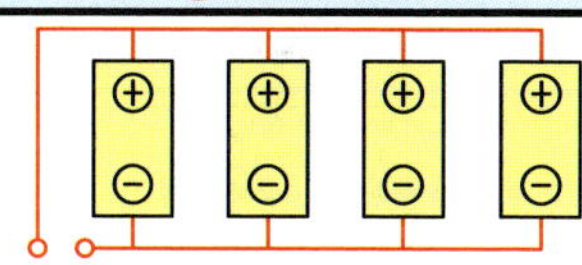
Parallelschaltung[2)]

Bei der Reihenschaltung erhöht sich die Spannung, bei der Parallelschaltung die Stromstärke.

421.3 Schadensursachen bei Gebäuden mit Solarstromanlagen — Dt. Vers. Gesellschaft

Feuer	Strom	Überspannung	Schneedruck	sonst. Schäden	Diebstahl	Hagel	Vandalismus
26 %	25 %	14 %	12 %	11 %	8 %	3 %	1 %

421.4 Aufbau und Wirkungsweise einer Wärmepumpe

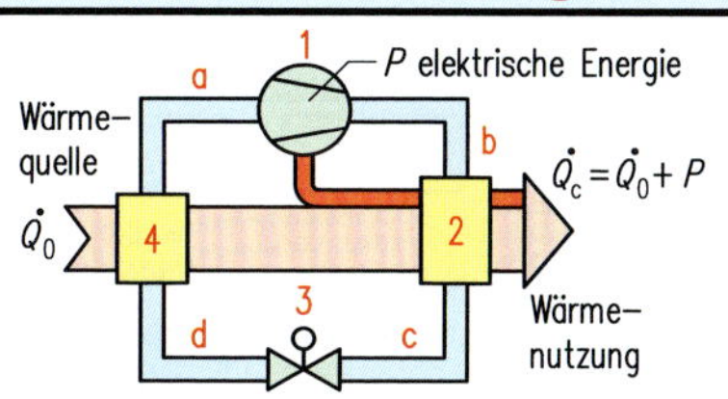

Kältemitteldampf wird vom **Verdichter (Kompressor) 1** über Saugleitung **a** angesaugt und über Druckleitung **b** auf hohes Druck- und Temperaturniveau gebracht (gepumpt) ⇒ **Hochdruckseite H**. Heißdampf wird durch Nutzungsabgabe im **Kondensator 2** verflüssigt und über die Flüssigkeitsleitung **c** dem **Expansionsventil 3** (Volumenstromregler) auf ein niedriges Druckniveau entspannt ⇒ **Niederdruckseite N**. Über die „Einspritzleitung" **d** wird im **Verdampfer 4** bei niedrigem Druck und niedriger Temperatur das Kältemittel durch Wärmeaufnahme aus der Umwelt verdampft (Verdampfungswärme).

Wärmepumpen müssen Energie einer „kalten" Wärmequelle (Luft, Wasser, Erdreich) auf ein hohes und damit nutzbares Temperaturniveau befördern (z. B. zur Wassererwärmung, Heizungs- oder Trinkwasser).

Die zwei **wichtigsten Größen einer Wärmepumpe**:

Leistungszahl[1)] $\varepsilon = \dfrac{\text{Verflüssigerleistung (Heizleistung der Wärmepumpe)}}{\text{Kompressorleistung (Antriebsleistung der Wärmepumpe)}} = \dfrac{\dot{Q}_c}{P} = \dfrac{\dot{Q}_0 + P}{P}$

Arbeitszahl[2)] $\beta = \dfrac{\text{abgegebene Nutzwärme}}{\text{aufgewendete Antriebsenergie}} = \dfrac{Q_c}{W^{3)}}$

1) Auch als COP (Coefficient of Performance) bezeichnet, wenn neben der Verdichterleistung auch die Leistungsaufnahme aller Hilfsaggregate einbezogen wird (z. B. Pumpe, Ventilator, Regelung).

2) • β = **Jahresarbeitszahl**, wenn Energiemenge auf ein Jahr bezogen wird (entspricht Nutzungsgrad bei Heizung).
• β ist maßgebend für jährlichen Wärmebedarf, energetische Systembewertung und Wirtschaftlichkeitsberechnung.
• ab $\beta \approx 3{,}3$ kann die WP-Leistung größer sein als der Primärenergieeinsatz; $1/\beta$ = **Jahresaufwandszahl**.

3) Einschließlich kWh für Hilfsaggregate

Beispiel: Gegeben: WP-Leistung ($\dot{Q}_c$) = 13,4 kW, Kompressorleistung P = 3,1 kW, Entzugsleistung 20 W/m², Rohrabstand 0,7 m; **Gesucht**: Verlegefläche A, Rohrlänge L und Leistungszahl ε. **Lösung**: Verdampferleistung $\dot{Q}_0 = \dot{Q}_c - P = 13{,}4 - 3{,}1 = 10{,}3$ kW; $A = 10300/20 =$ **575 m²**; $L = 575/0{,}7 =$ **736 m**; $\varepsilon = \dot{Q}_c/P = 13{,}4/3{,}1 =$ **4,3**

422.1 Grundschema von Wärmepumpenanlagen – Hinweise zu den Wärmequellen

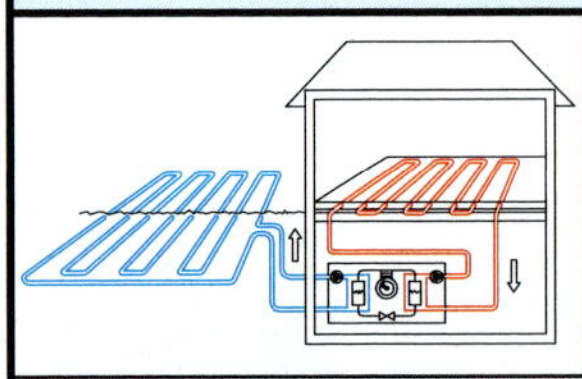	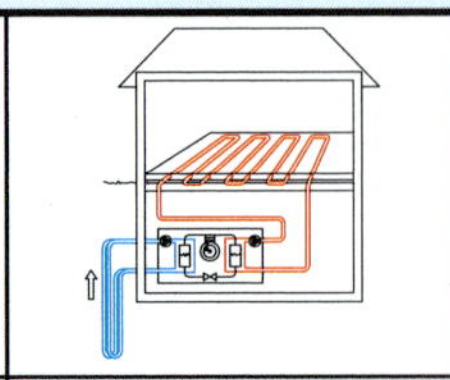	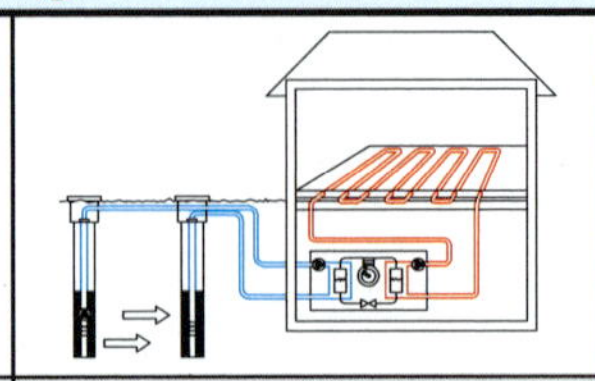	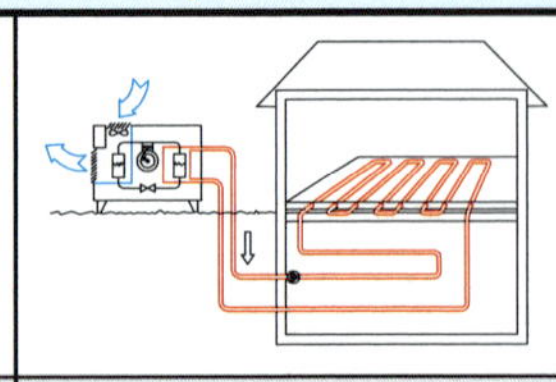
WP mit Erdreichkollektoren[1]	Erdsonden-WP (BW)[1]	Wasser-Wasser-WP (WW)[1]	Luft-Wasser-WP (AW)[1]
• Rohrschlangen oder Rohrmatten in bodennahen Schichten; Tiefe 1,2…1,5 m • gespeicherte Sonnenenergie • Arbeitszahl β = 3…4 (NT) • Entzugsleistung (s. 422.5) • Verlegeabstand 0,5 m, bei feuchtem Erdreich bis 8 m • Solekreise möglichst < 100 m • Verlegefläche (s. 422.5)	• Einsatz mittels Tiefenbohrungen 20…70 (100) m • Doppel-U-Rohrsonden jeweils (4 PE-Rohre), 2 Rohre abwärts 2 hoch • β bis 5; monoval. möglich • bei > 100 m Tiefe Genehmig. (Oberbergamt) • Entzugsleistung (s. 425.2) • Soleeintritt 2–4 °C $\Delta\vartheta$ > 3–4	• Förder- und Schluckbrunnen Tiefe 5…15 m (je nach Grundw.) • Brunnenabstand mögl. > 10 m • Temp. 7 (8) °C…10 (12) °C ganzjährig; 5…6 kW je m³/h; β 4…5 • Tauchpumpe zur Förderung • wasserrechtl. Genehmig. erforderlich • Ford. auch nach § 3 Abs. 1 (WHG) • Zwischenkreiswärmetauscher • Verwendung zur pass. Kühlung	• Außen- oder Innenaufstellung • Mittelwert ≈ + 6 °C (Heizperiode) • β…4 kW pro 1000 m³/h (AUL) • β = 2,7…3,5 (günstig mit TWE) • Luftkanal bei Innenaufstellung • bei niedrigen Außentemperaturen monoenergetischer Betrieb oder zusätzl. Wärmeerzeuger (z. B. bivalent-altern. Betrieb (s. 424.3) • steig. WP-Absatz (auch Altbau)

[1] Wasser **W** (water), Sole **B** (brine), Luft **A** (air); 1. Ziffer = Wärmequelle, 2. Ziffer = Heizmedium, z. B. B4/W35 (mit Temp.).

422.2 Mittlere Arbeitszahlen (FhS – ISE)

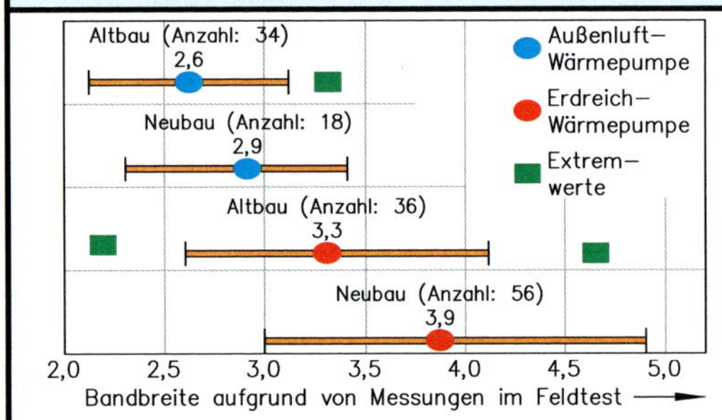

Bandbreiten aufgrund von Messungen im Feldtest

422.3 Temp.einfluss auf ε der Wärmepumpe

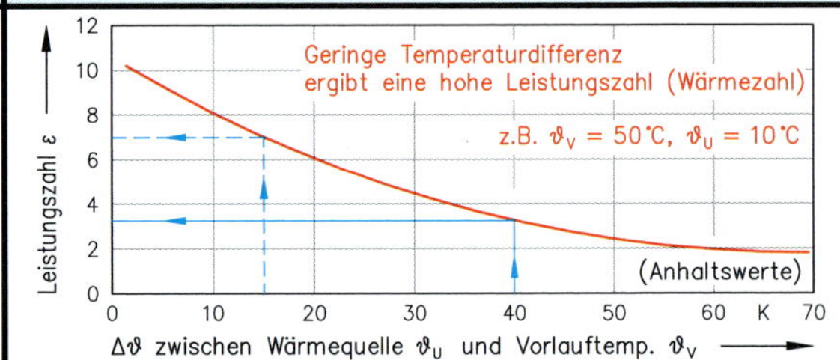

Grundsätzlich sind niedrige Systemtemperaturen (z. B. Fußbodenheizung) und möglichst warme und konstante Wärmequellen zu wählen.

422.4 Nutzung von Umweltenergie durch Wärmepumpen; Einteilung

„Antriebe"
- Kompressions-WP
  - Elektromotor (Verdichter)
  - Gasmotor
- Gas-WP
  - Kompression (Gasmotor)
  - Sorption
- elektrisch
  - motorisch (Kompressor)
  - Sorptions-WP
- Sorptions-WP
  - Absorption
  - Kompression

Wärmequelle
- Luft: Außenluft, Ab.- bzw. Fortluft, Umgebungsluft
- Wasser: Grundwasser, Oberflächenw., Kühlwasser, Abwasser, Speichersysteme, Fernwärme
- Erdreich: Geothermie, Erdkollektoren, Erdsonden, Erdspeicher

Betriebsweise
- monovalent: eine Energieform (hier: Wärmepumpe)
- monoenergetisch: eine Energieform auf zwei Arten (z.B. WP + el. Heizstab)
- bivalent: zwei Energien z.B. Wärmepumpe + Gas-/Öl-Kessel
  - Alternativbetrieb
  - Parallelbetrieb

Ergänzende Heizenergie
- Heizöl
- Heizgas
- elektrischer Strom
- Solarwärme
- Festbrennstoffe Holz, Pellets u. a.
- sonst. Biomasse
- Fernwärme

Heizmedium
- Wasser
- Luft

Heizsystem
- wesentlich: Vorlauftemp.
- Radiatorenheizung
- Fußbodenheizung
- Gebläsekonvektoren
- Luftheizung
- Trinkwassererwärmung

(farbig hinterlegt) ≙ Anlagenbeispiel

422.5 Entzugsleistung bei Erdreichkollektoren in W/m² — DIN 4640

• Trockener nicht bindiger Boden; sandig trocken **10–15** • Feuchter bindiger Boden; sandig feucht **15–20** • Sehr feuchter bindiger Boden; lehmig trocken **20–25** • Wassergesättigter Boden; lehmig feucht **25–30** • Grundwasserführendes (gesättigtes) Erdreich **30–40**; **Anmerkungen:** • Mittelwert (nur Restfeuchte) 20 W/m² • etwa 1800 Jahresbetriebsstunden; bei 2400 h etwa 10 % geringer;

Die Erdreichtemperatur ist abhängig von der Jahreszeit und Erdtiefe. So schwankt diese z. B. bei 2 m Tiefe um etwa 10 K, bei 5 m um ca. 5 K, ab 15–20 m nahezu temperaturunabhängig (s. 425.3).

423.1 Jahresarbeitszahlen β im Vergleich

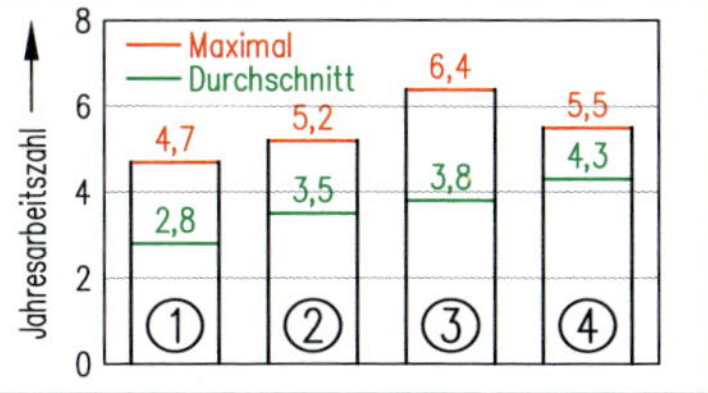

① Luft/Wasser
② Sole/Wasser
③ Wasser/Wasser
④ Direktverdampfer/Wasser

- Je größer β, desto weniger elektrische Energie
- β abhängig vom Nutzerverhalten (Heizung, TWE), sowie von Konzeption und Betrieb der Gesamtanlage

423.2 Verlauf der WP-Leistungszahl

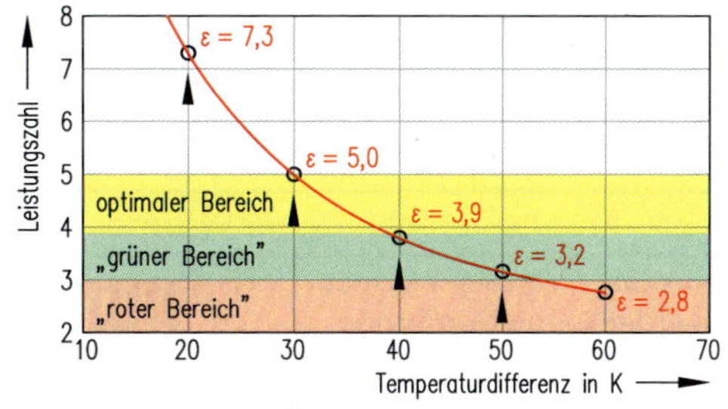

423.3 Kennlinien einer Sole-Wasser-WP

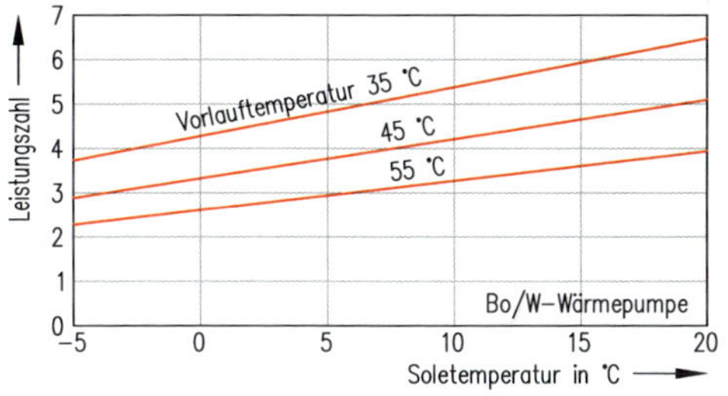

423.4 Heizkurven und Leistungszahl ε

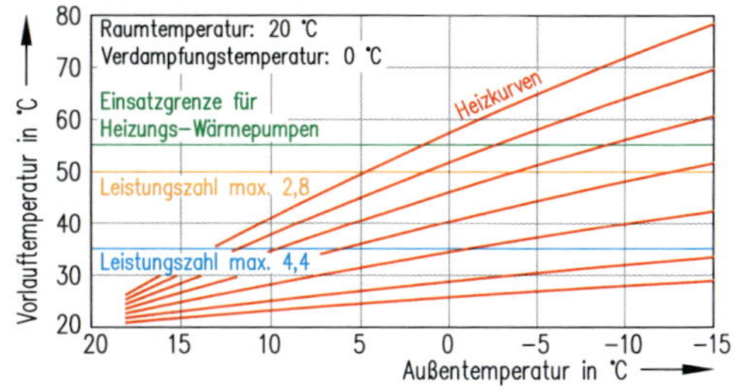

423.5 Solare Wärmepumpe (TWE+NF-Heizung)

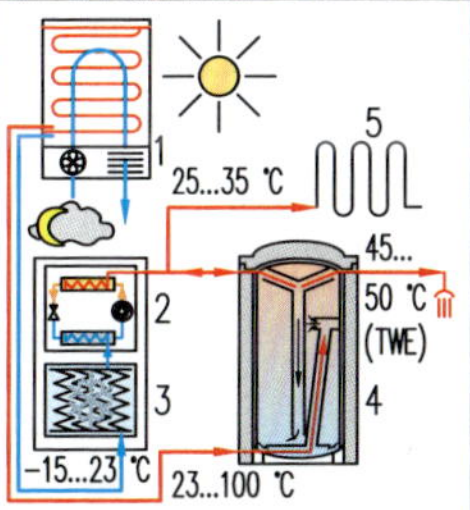

1 Hybridkollektor } Heizung
2 Wärmepumpe } + TWE
3 Latentspeicher (Wasser-Eisspeicher) – bei tiefer Außentemperatur, Entzug von NT-Energie durch WP (Wasser gefriert)
4 Kombispeicher (mind. 300 l)
5 NT-Heizung (Consolar)

423.6 Wärmepumpen im Neubau in Dtl.

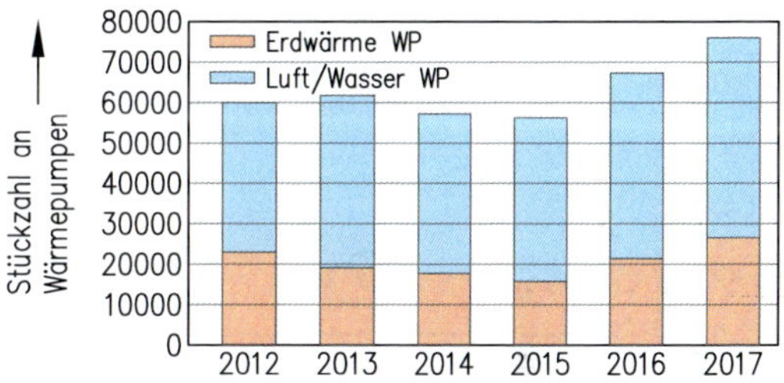

423.7 Hybridheizung: Wärme aus verschiedenen Quellen

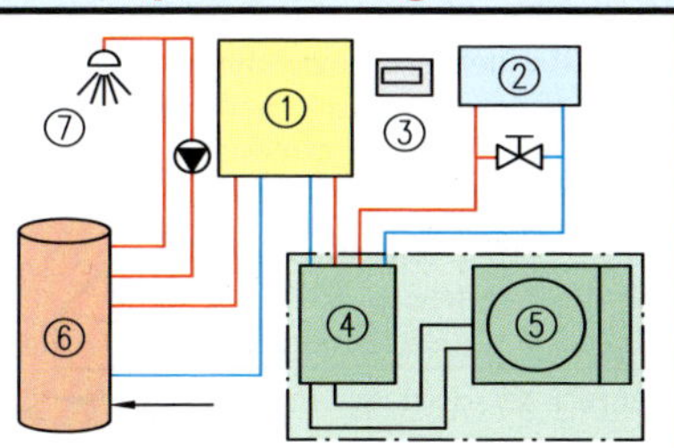

1 Brennwertgerät
2 Heizkörp.
3 Regelung
4/5 Wärmepumpe
6 Speicher
7 TWE
Wahlw. Solar

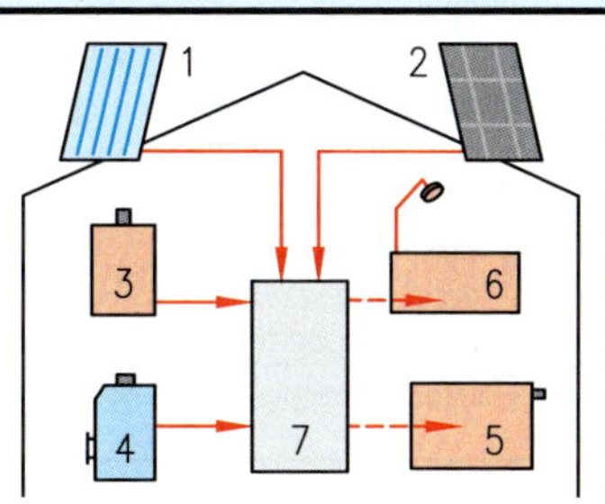

1 Geothermie
2 Strom (PV oder Windkraft)
3 Kaminofen mit Wärmetauscher
4 BW-Kessel
5 Heizung
6 Trinkwassererwärmung
7 Speicher

Anwendung von Wärmepumpen s. 426.3

- Hybridsysteme (erneuerbare Energie + verschiedene Wärmequellen) – ein Zukunftsthema.
- Hybridlösungen reduzieren die Abhängigkeit von der Preisentwicklung fossiler Brennstoffe.
- Eine Schlüsselrolle bei Hybridheizungen spielt die Regelung. Abhängig von der Außentemperatur ist in der kalten Jahreszeit das Brennwertgerät (i. d. R. Gas) in Betrieb, in der Übergangszeit die Hybridlösung und in der warmen Jahreszeit eine Luft/Wasser-Wärmepumpe.
- Inzwischen gibt es Wärmeerzeuger, wo beide (Brennwertmodul und Wärmepumpe) integriert sind.
- Hybridlösungen bieten sich auch bei Trinkwassererwärmung an (temperaturabhängig).
- Der integrierte Speicher ermöglicht im Sommer durch die Wärmepumpen einen hohen Warmwasserbedarf. Bei sehr hohem Wasserbedarf schaltet automatisch der Kessel ein.

424.1 Wärmepumpenleistung und Leistungsaufnahme in Abhängigkeit der Temp. ϑ_o, ϑ_v (Bsp.)

Wärmequellentemperatur	ϑ_o (°C)	−5			±0			+5			+10			+15		
Vorlauftemperatur	ϑ_v (°C)	35	50	60	35	50	60	35	50	60	35	50	60	35	50	60
Wärmepumpenleistung	$\dot{Q}_c$ (kW)	11,6	11,2	–	13,4	12,7	–	15,1	14,4	13,8	17,1	16,1	15,3	19,0	18,0	17,2
Leistungsaufnahme (Verdichter)	P (kW)	3,1	4,2	–	3,1	4,3	–	2,9	4,3	5,2	3,0	4,3	5,2	3,0	4,2	5,2

424.2 %-Anteile verschiedener Wärmepumpentypen am Absatz (Branchenstudie) – Prognose

Wasser-Wasser-Wärmep.
erdgekoppelte Wärmep.
Luft-Wasser-Wärmep.

- **WP-Absatz pro Jahr, (bis 2030 Prognose):** ca. 300 000 Stück (≙ 3,5 Mio. installierte Wärmepumpen) bei optimalen politischen Bedingungen; ca. 115 000 Stück ohne verbesserte Bedingungen
- **Einflussgrößen:** Forschung, Entwicklung neuer Geräte, Strom, andere Techniken (z. B. BHKW), Fördergelder, Kosten; Einsatz zur Kühlung u. a.

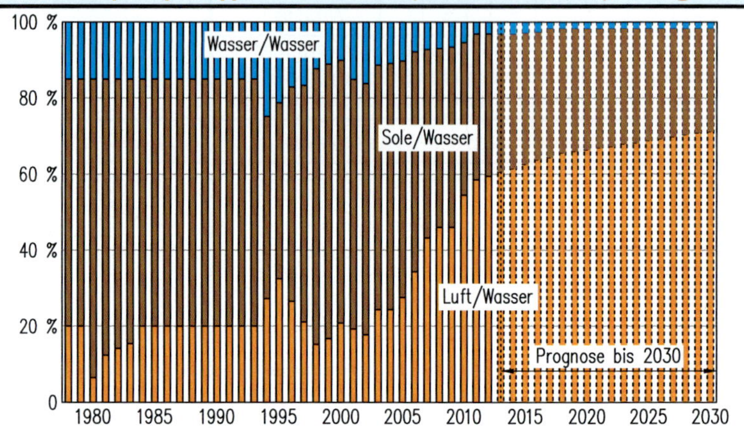

424.3 Betriebsweisen von Wärmepumpen „kombiniert" mit einem zweiten Wärmeerzeuger

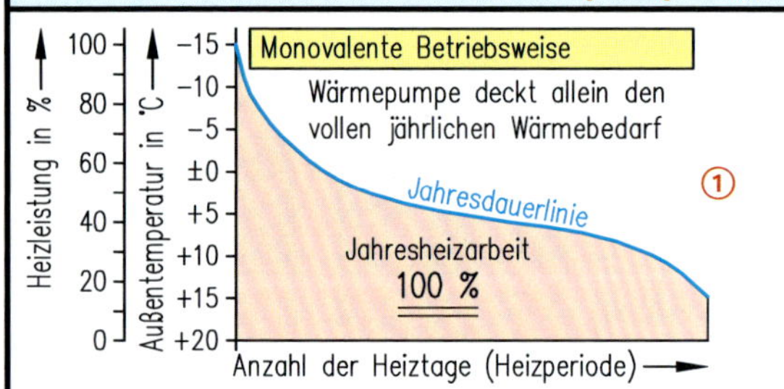

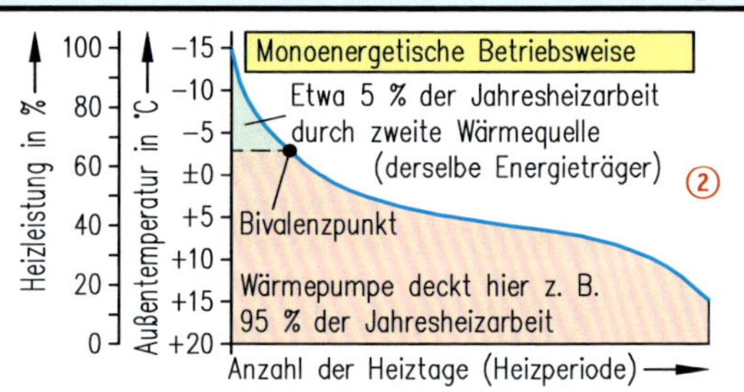

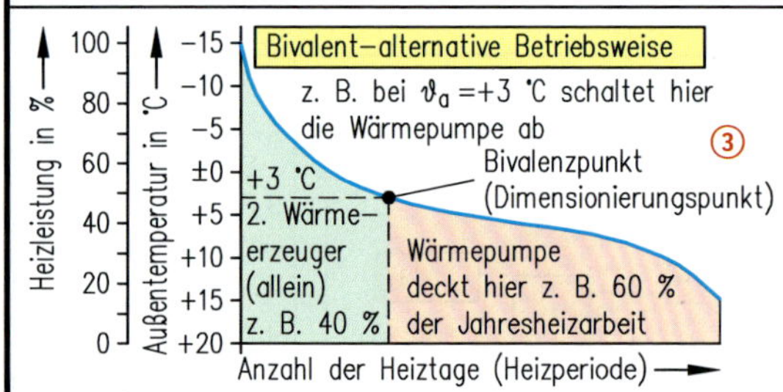

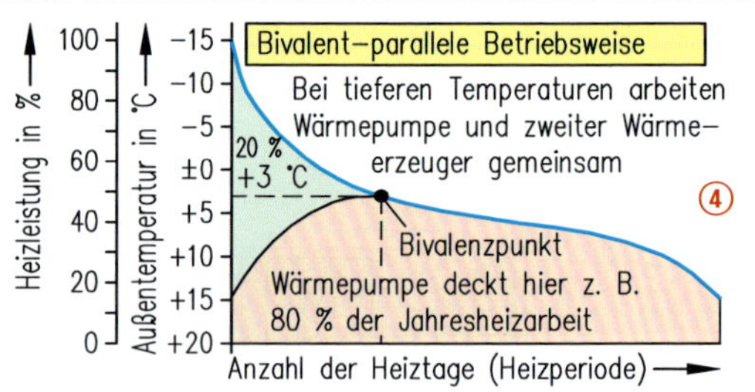

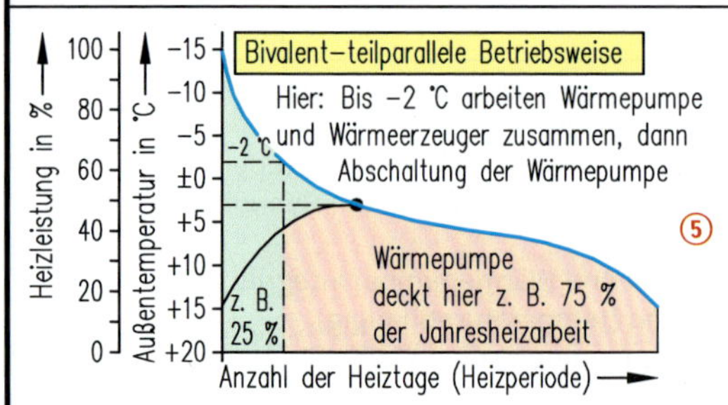

1 Evtl. bei ausreichender Ergiebigkeit (Erdreich), Passivhaus, hohe Speicherfähigkeit;
2 bei Wasser/Wasser WP (ähnlich wie bei 1);
3 Sobald 2. Wärmeerzeuger einschaltet, wird WP abgeschaltet, außenluftgeführte WP im Winter;
4 zweiter Wärmeerzeuger setzt bei temporären Spitzenlasten ein, WP erledigt weiter die Grundlast;
5 WP bleibt nur über definierten Zeitraum in Betrieb, wenn 2. Wärmeerzeuger eingeschaltet wird.

425.1 Bivalenzpunktermittlung für bivalent-parallel (Beispiel) – Monoenergetisch. Betrieb

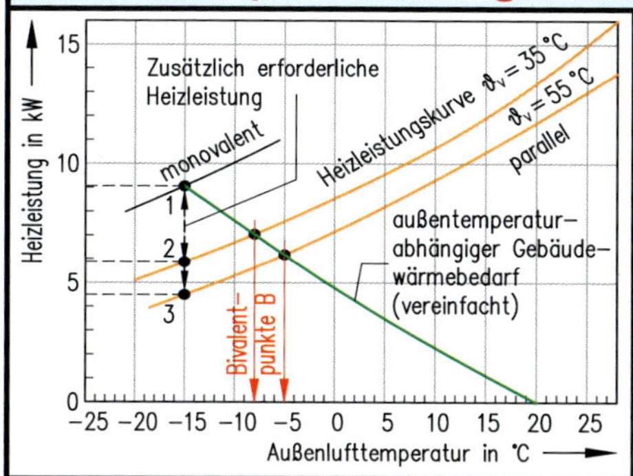

Bsp. $\dot{Q} = 9$ kW, Lufttemp. 20 °C. Bei Vorlauftemp. 55 °C kann WP bis –5 °C den gesamten Heizlastanteil übernehmen (bei $\vartheta_V = 35$ °C bis 8 °C). Zweiter Wärmeerzeuger muss demnach bei $\vartheta_a = 15$°C und $\vartheta_V = 55$ °C die Leistung 1–3 und bei $\vartheta_V = 35$°C nur 1–2 übernehmen.

Deckungsanteil bei monoenergischem Betrieb (B)

ϑ_a \ B	–12	–10	–8	–6	–4	–2	0	+2	+4	+6	+8
–10	1,00	1,00	1,00	0,99	0,99	0,98	0,96	0,92	0,87	0,81	0,75
–12	1,00	1,00	0,99	0,99	0,98	0,96	0,93	0,88	0,83	0,77	0,71
ϑ_a \ B	–12	–10	–8	–6	–4	–2	0	+2	+4	+6	+8
–14	1,00	0,99	0,98	0,98	0,97	0,94	0,90	0,85	0,79	0,72	0,65
–16	0,99	0,98	0,97	0,97	0,95	0,92	0,87	0,81	0,74	0,67	0,59

425.2 Mögl. spezif. Entzugsleistung in W/m Sonde (1800 und 2400 jährl. Betriebsstd.) VDI 4640

allgemeine Richtwerte	1800	2400
schlechter Untergrund (trockenes Sediment, $\lambda < 1{,}5$ W/(m · K))	25	20
normaler Festgesteins-Untergrund und wassergesättigtes Sediment ($\lambda = 1{,}5 - 3{,}0$ W/(m · K))	60	50
Festgestein mit hoher Leitfähigkeit ($\lambda > 3{,}0$ W/(m · K))	84	70
Mittelwert bei Doppel-U-Sonden	**ca. 55**	

einzelne Gesteinsarten	1800 h	2400 h
Kies, Sand, trocken	< 25	< 20
Wasser, Sand, wasserführend	65–80	55–65
desgl. starker Grundwasserfluss	80–100	80–100
Ton, Lehm, feucht	35–50	30–40
massiver Kalkstein	55–70	45–60
Sandstein	65–80	55–65
Magnatite sauer, z. B. Granit	65–85	55–70
desgl. basisch z. B. Basalt	40–65	35–55

Annahmen:
- Heizung einschl. Trinkwassererw.
- Sondenlänge 40 bis 100 m
- Sondenabstand bei Sondenlänge bis 50 m: 5 m > 50–100 m: 6 m
- Doppel-U-Sond.

425.3 Jährl. Temperaturverlauf im Erdreich

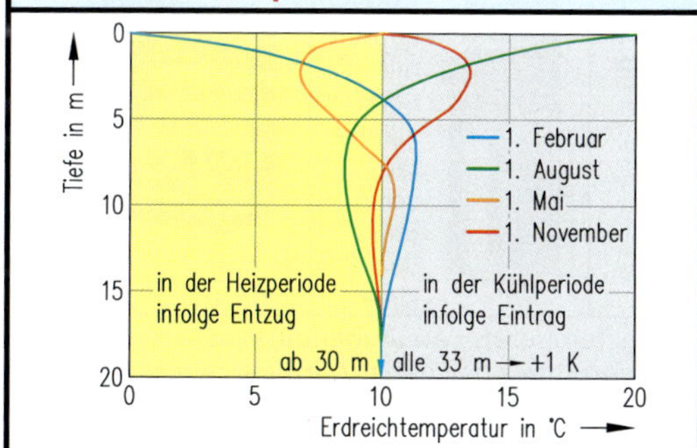

425.4 Entzugsleistung und beheizte Fläche je m Sonde

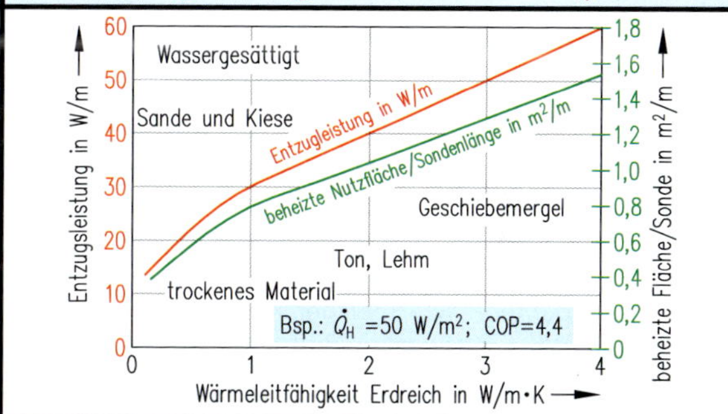

425.5 Passive Kühlung (Nutzung der kühlen Erdreichtemperatur zur Raumkühlung)

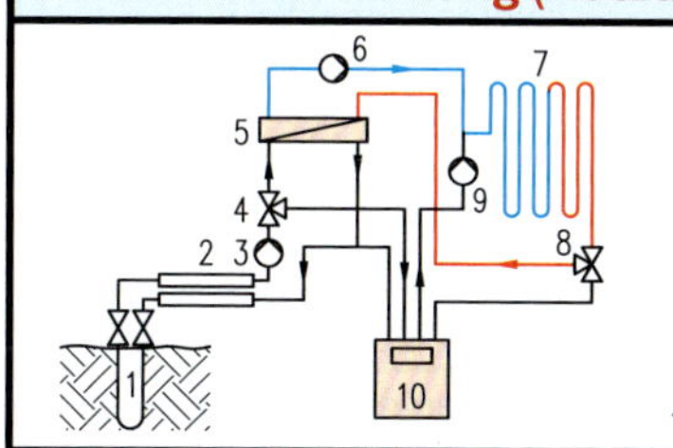

1 Erdsonde
2 Verteiler
3 Primärpumpe
4 Umschaltventil
5 Wärmetauscher
6 Pumpe (Kühlung)
7 Fußbodenheizung
8 Umschaltventil
9 Sekundärpumpe
10 Wärmepumpe

Bei Inbetriebnahme werden Pumpe 3 und 6 eingeschaltet, während Kompressor der WP ausgeschaltet bleibt. Sole und raumtemperiertes Heizungswasser werden zum Wärmeüberträger gefördert (Wärmeübertragung von Heizungswasser auf Soleflüssigkeit). Gekühltes Heizungswasser fließt zur Fußbodenheizung und nimmt dort Wärme auf. Durch die beiden Dreiwegeventile → Umschaltung Heizung/Kühlung.

425.6 CO_2-Emiss. bei elektron. TWE (HEA)

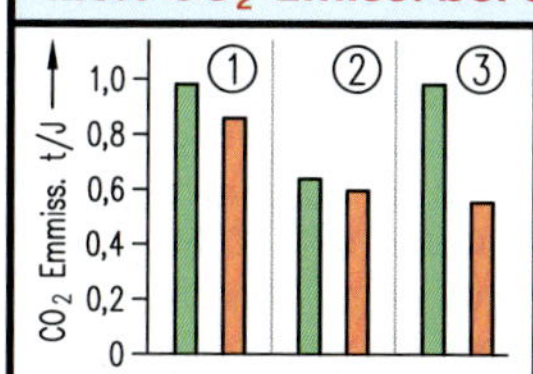

1 Zentral mit Heizöl
2 Zentral mit Heizgas
3 Dezentral mit elektronischem Durchlauferhitzer

links gilt für das Jahr 2009
rechts für 2020 (Simulation)

425.7 Benennung der Wärmepumpe (Beispiel)

B 5 1 Wärmequelle		W 35 2 Wärmemedium	
z. B. Sole 6 °C		z. B. 35 °C	
Medium	Luft (air) Sole (brine) Wasser (water)	**Abkürzung**	A B W

426.1 Warmwasserwärmepumpe

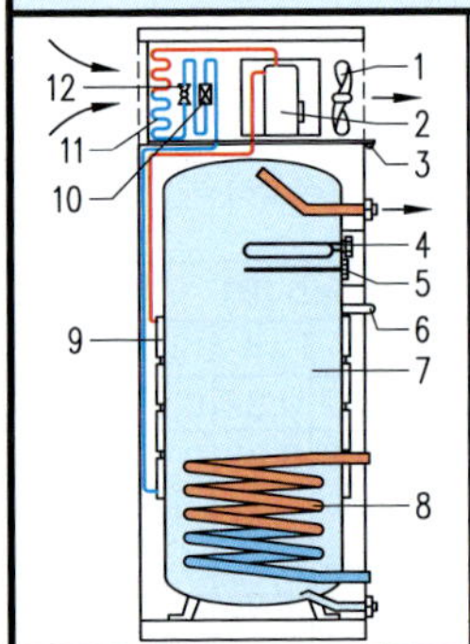

1 Ventilator
2 Rollkolbenverdichter
3 Kondensatablauf
4 Elekt. Zusatzheizung
5 Opferanode
6 Zirkulationsstutzen
7 Warmwasserspeicher
8 Wärmetauscher
9 Verflüssiger
10 Sammler
11 Verdampfer
12 Expansionsventil

426.2 Schall- und Schwingungsentkopplung

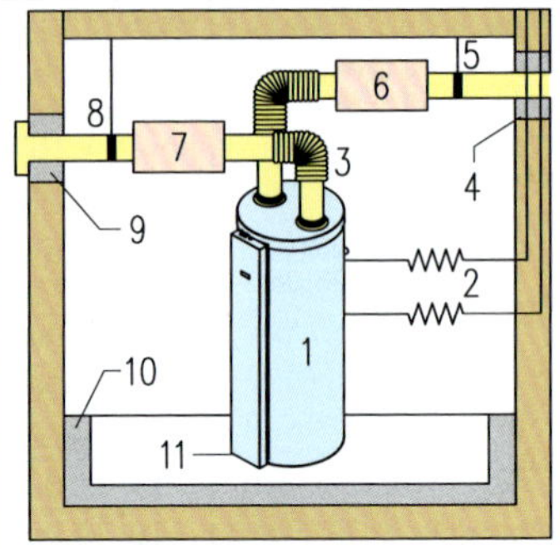

1 Wärmepumpe
2 Flexible Verbindg.
3 Flexrohr ABL/FOL
4 Schwingungsisol.
5 Aufhäng. ABL-Ltg.
6 Schalldämpfer ABL
7 Schalldämpfer FOL
8 Aufhängung FOL
9 Isol. Wanddurchf.
10 Schwing. Isol. FB
11 Stellfüße

426.3 Anwendungsbeispiele mit Einbindung einer L/W-Wärmepumpe (Splitsystem)

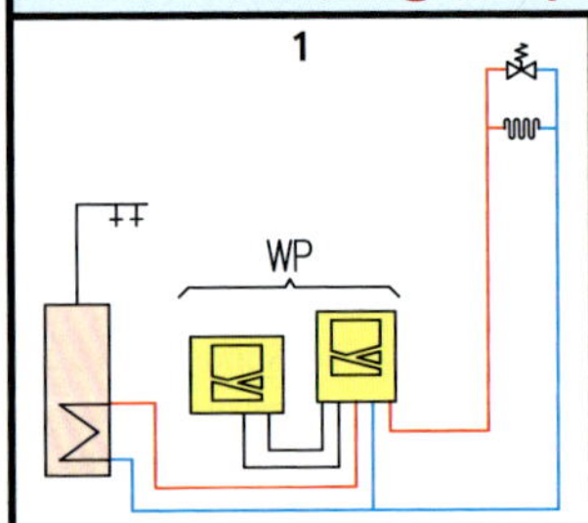

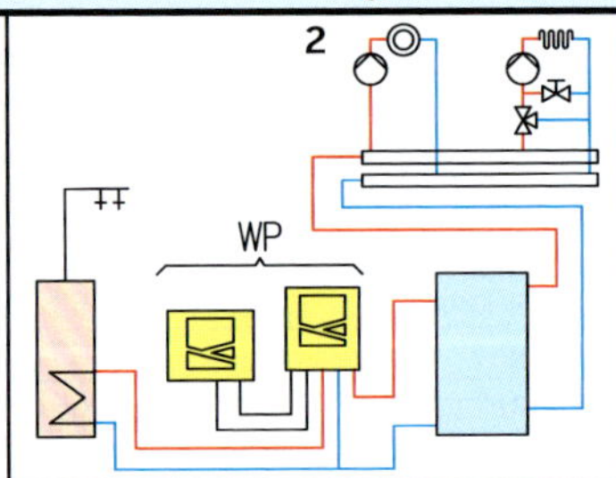

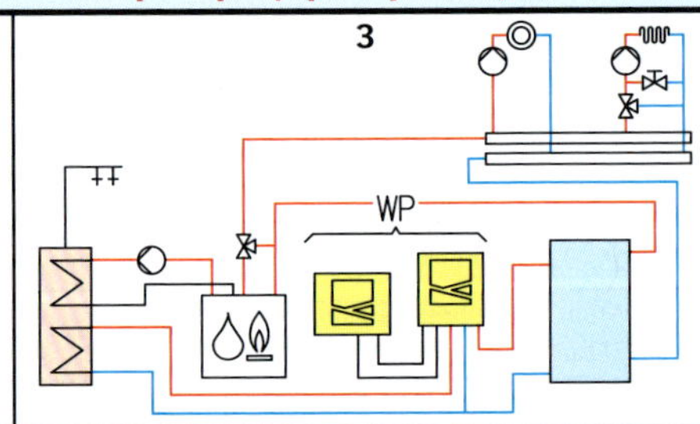

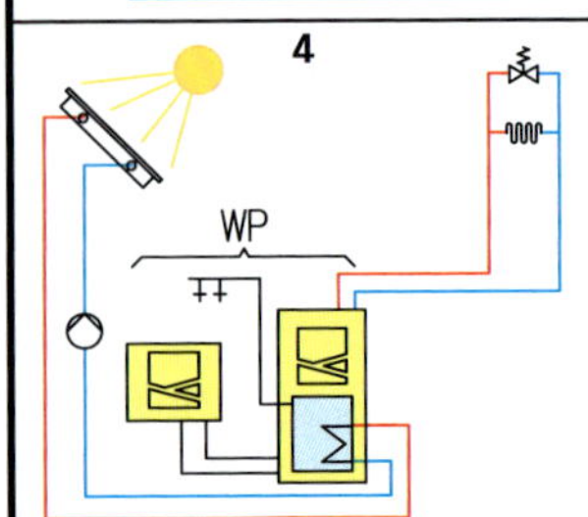

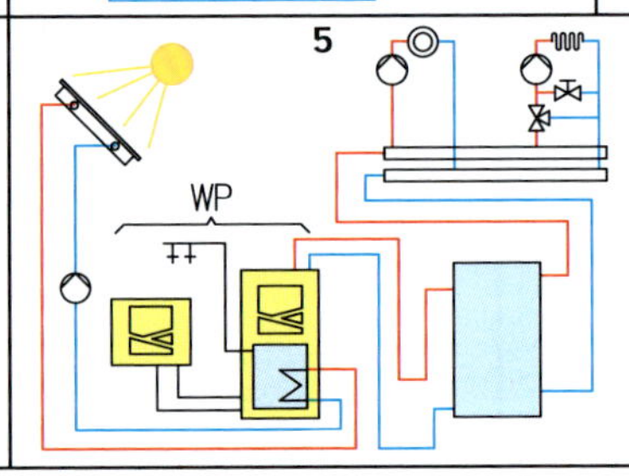

WP-Inneneinheit mit Solarwärmetauscher und Verflüssiger

WP-Außenteil

Verdampfer, Verdichter Ventilator

1 LW-Wasserpumpe, TWE-Speicher, Kühlfunktion (wenn Kühlgrenztemperatur am Außenluftsensor überschritten wird); **2** TWE + Heizwasser-Pufferspeicher; **3** TWE, Heizwasserpufferspeicher + Wärmeerzeuger; **4** Trinkwassererwärmepumpe, solar unterstützt, Kühlfunktion; **5** Desgl. mit Heizwasser-Pufferspeicher

426.4 Aufstellung der Luft/Wasserwärmepumpe im Freien – Schallemission

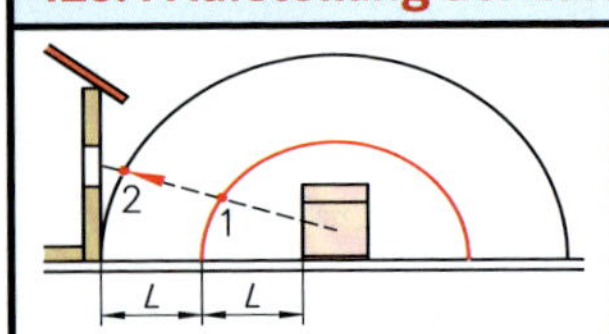

- Vom Hersteller angegebene abstandsabhängige Leistungspegel z. B. 63 dB (A)
- Gemessener Druckpegel beträgt bei 6 m Abstand 45 dB (A), Diff. = 18 dB (A)
- Bei Abstandsverdoppelung nimmt der Druckpegel um ca. 6 dB (A) ab (bei evt. Reflexionen ist die Regelabnahme deutlich geringer)
- Reduktion: 63 → 45 dB (A), bei Abstandsverdoppelung: 45 – 6 = 39 dB (A)
- Anm.: Anstieg von 10 dB (A) wird als Verdopplung der Lautheit empfunden

426.5 Anforderungen an die Außeneinheit von LW-Wärmepumpen (Herstellerangaben)

- Gute Lackierung mit hohem **Korrosionsschutz**
- Standort mit guter **Luftzirkulation** (abgekühlte Luft soll abströmen und warme gut nachströmen)
- Direkte **Sonneneinstrahlung** soll vermieden werden
- In einem Bereich mit **extremem Wind** darf zwischen ausblasender und ansaugender Luft kein Kurzschluss entstehen und die Ventilatorbelüftung nicht stören
- > 3 m **Abstand** zu Gehwegen, versiegelte Flächen
- **Aufstellung** ebenerdig (z. B. Fundament) oder Wandmontage mit Konsolenset (nicht alle Geräte)
- **Verdampferverstopfung** verhindern (Laub, Schnee)
- **Schallausbreitung** und Schallreflexion beachten
- Keine **Montage** in Ecken, Nischen, zwischen Mauern
- Keine Montage: Schlafzimmerfensternähe, unter Balkone
- Ausreichender **Abstand** für Wartungsarbeiten z. B. Luftaustritt, Serviceabstand (vorne) ≥ 1 m
- **Kältemittelleitung** Längen z. B. 3–20 oder 3–30 m max. Höhenabstand (Innen-Außenteil) 10 bis 15 m Rohrbogen in Leitung (= Schwingungskompensation)
- Elektr. **Begleitheizung** für Kondenswasserwanne

427.1 Blockheizkraftwerk BHKW (nach dem Prinzip der Kraft-Wärme-Kopplung KWK)

Mini-BHKW-Modul

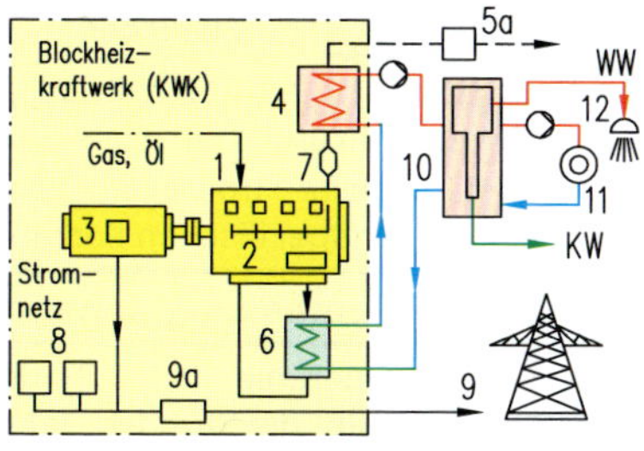

Nr.	Bauteil	Nr.	Bauteil
1	Kraftstoffanschluss	8	mit Strom versorgte Geräte/Maschinen
2	Motor (Otto, Stirling)	9	Einspeisung ins öffentliche Stromnetz (Abnahmepflicht)
3	Generator (mech. → elektr.)	9a	Stromzähler
4	Abgaswärmetauscher	10	Pufferspeicher
5	Abgasführung	11	Heizungssystem
5a	Schalldämpfer	12	Trinkwassererwärmung
6	Kühlwasserwärmetauscher		
7	Katalysator		

Prinzip eines Mini-BHKW mit seinen wesentlichen Bauteilen

Vorteile von BHKW(KWK)-Systemen: Parallele Erzeugung von Strom und Wärme, Wegfall der Abhängigkeit von Energieversorgern; reduzierte Stromkosten durch Eigenverbrauch des selbsterzeugten Stroms, komfortable und sichere Wärmeerzeugung; kompakte Abmessungen; servicefreundlich; verschiedene Fördermaßnahmen für Investition und erzeugten Strom; ökologische Vorteile, weniger CO_2 durch höhere Brennstoffnutzungsgrade, Einsatz von Biogas (besonders bei Großanlagen)

427.2 Gegenüberstellung: Kraftwerk – KWK

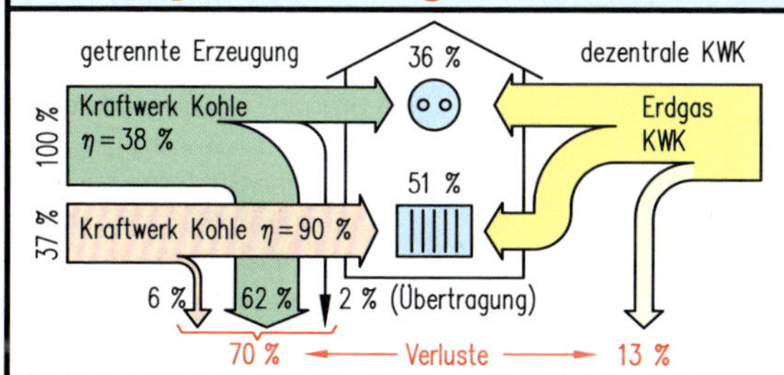

70 (60) % als Heiz- und Prozesswärme nicht nutzbar, gehen als Abwärme im Kühlturm verloren.

427.3 Leistungseinfluss durch Modulation

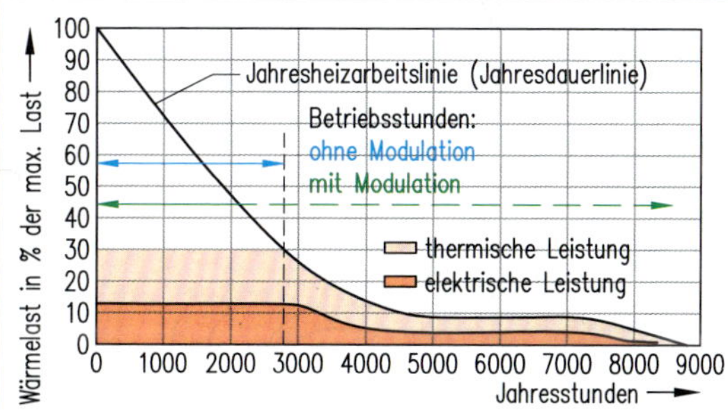

427.4 Erläuterungen und Hinweise zur Kraft-Wärme-Kopplung

Wärmeauskopplung in einem Blockheizkraftwerk (BHKW)

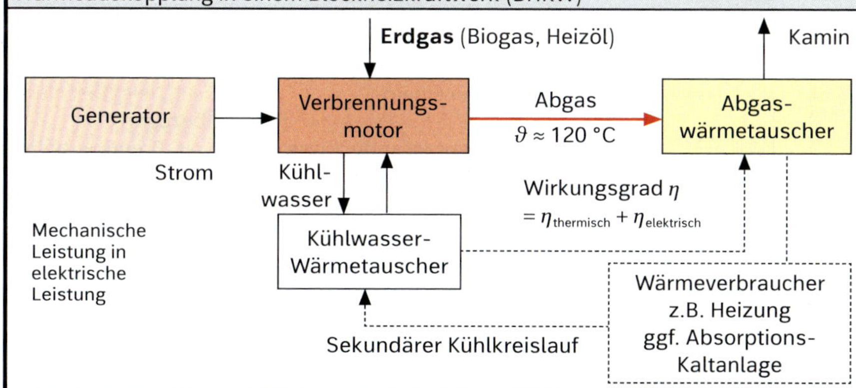

Die in einem BHKW entstehende Wärme setzt sich aus der Abgaswäme und durch die Kühlwasser abgebende Motorabwärme zusammen. Bei größeren BHKW sind beide Wärmeanteile etwa gleich groß, während bei kleinen Motoren die „Kühlwasserwärme“ überwiegt.

Die Temperatur des Abgases beträgt etwa 500 °C, die des Kühlwassers max. 100 °C. Durch die zwei unabhängigen Sekundärkreisläufe können beide Wärmeanteile optimal genutzt werden.

427.5 Anmerkungen zur Kraft-Wärme-Kopplung

• Das Konzept Kraftwärmekopplung KWK in Blockheizkraftwerk BHKW basiert auf der Umwandlung der im Brennstoff gespeicherten Energie in thermische Energie (Wärme) und elektrische Energie (Strom). • Durch die Leistungsmodulation erreicht man längere Laufzeiten, höhere Wärme- und Stromabnahme sowie eine schnellere Amortisation. Durch einen Speicher wird ein Wärme- und Strombedarf erreicht. • Die zahlreichen Fördergelder sind interessant!

428.1 Auslegungskriterien für Kraft-Wärme-Kopplung (KWK)

Thermischer Energiebedarf | Elektrischer Energiebedarf | Versorgungsobjekt → Zeitlicher Verlauf → Jahresgang, Monatsverlauf, Tagesgang

→ Lastprofile (Bedarf an Strom, Heizung, Trinkwassererwärmung)

Auslegung | Dimensionierung
zu klein: Sparpotenzial und mögliche Stromerzeugung nicht ausgenutzt
zu groß: Beachtlicher Anstieg der spezifischen Kosten

428.2 Mini- und Mikro-KWK

KWK – separat

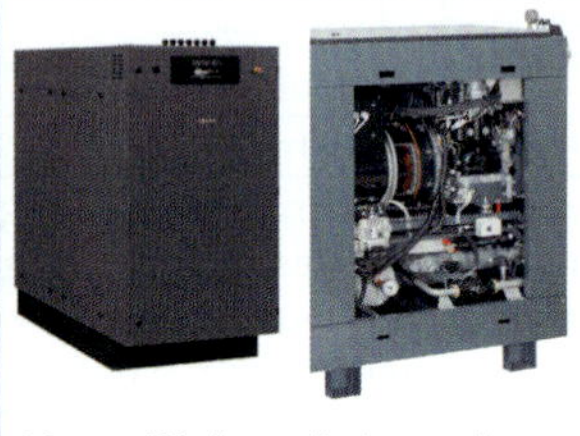
Motor/Heizgerät integriert

428.3 Bemessung anhand der Dauerkennlinie

Jahresdauerlinie (s. 427.3), die Basis der Wirtschaftlichkeit, gibt die Stunden, Jahre an, in denen eine gegebene Wärmelast erreicht oder überschritten wird; ermittelt durch Messungen oder anhand von typischen Verläufen betroffener Gebäudearten. Fläche unter der Linie entspricht Jahresbedarf. BHKW orientiert sich an der Grundlast von 20–30 %. **Beispiel:** Bei max. Heizlast z. B. 60 kW beträgt die Wärmelast bei 30 % Grundlast (ohne Modulation) ca. 2800 Jahresstunden.

428.4 Brennstoff-, Wärme- und Stromfluss bei KWK-Anlagen — VDI 2077/3.1

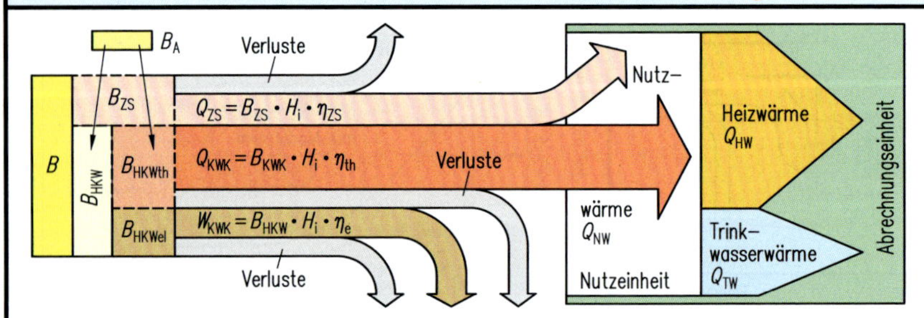

B gesamter Brennstoffverbrauch; B_A abrechnungsrelevant $= B - B_{KWK\,el}$; B_{ZS} Verbrauch für Zusatzheizgerät; $B_{KWK} + B_{ZS}$ muss gemessen werden. Erforderliche Messtechnik bei geprüften und nicht geprüften KWK-Einheiten (s. 428.6).

428.5 Abstimmung der KWK-Leistung auf Gebäudestrombedarf (Systemlösung)

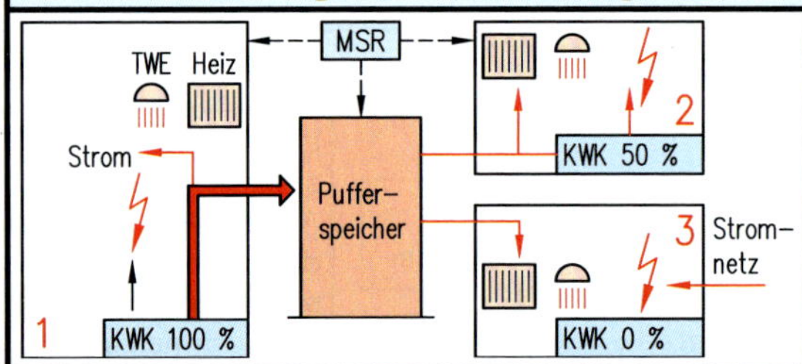

Strombedarf: 1 hoch, 2 mittel, 3 gering

- Speziell für **dezentrale Energieversorgung mit kleinen KWK-Anlagen** (Mini-KWK für EFH vorges.)
- Die Leistung kleiner KWK-Anlagen **wird dem Gebäudestrombedarf besser angepasst**: Leistungsbereich z. B. bei einem 4,7-kW-Gerät: 1,5–4,7 elektrisch und 4,7–12,5 kW thermisch (fabrikatbezogen).
- **Spitzenlastabdeckung** oft mit Gas-Brennwertgerät
- Optimaler Betrieb durch **Einbau eines ca. 800-l-Speichers**: Innenliegendes Heizregister ermöglicht die Trinkwassererwärmung im Durchlauf.

428.6 Messwerte zur Heizkostenabrechnung für Kraft-Wärme-Kopplung[1) 2)]

nicht geprüft

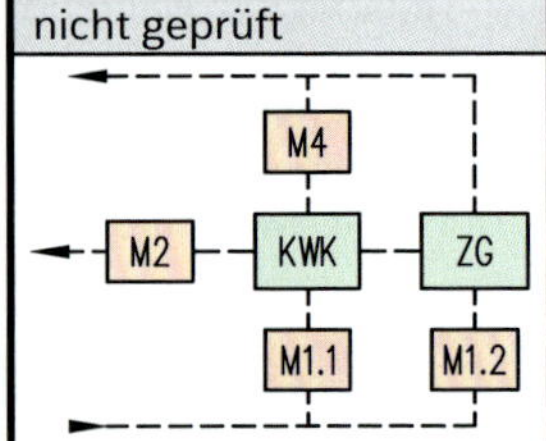

geprüft mit Modulation

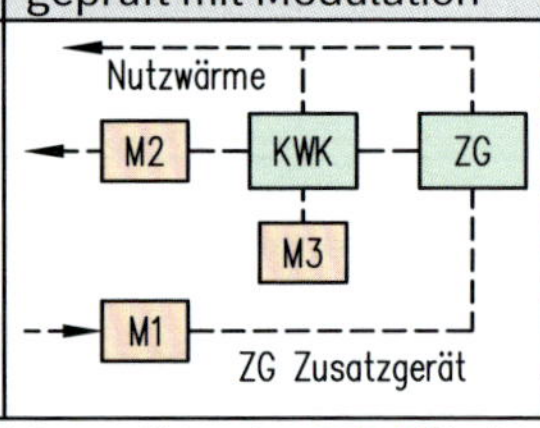

M1.1 Brennstoffzähler KWK, M1.2 Desgl. für Zusatzgerät; M2 Stromzähler KWK, M4 Wärmezähler KWK

M1 Brennstoffzähler gesamt, M2 Stromzähler KWK, M3 Betriebsstundenzähler KWK

nach Heizkostenverordnung (VDI 2077/3.1); **Ausnahme:** falls eine KWK-Anlage den überwiegenden Anteil der Wärmeversorgung übernimmt und der Verbrauch des Gebäudes mit Wärmemesser ausgestattet ist.

1) Brennstoff-, Wärme- und Stromfluss (s. 428.4)[2)], d. h. ohne herstellerunabhängiges Prüfprotokoll.
2) BHKW unterliegen nicht der Heizkostenverordnung, daher getrennte Erfassung von Strom und Wärme.

Nach VDI 2077-3.1: 2012-11: M1 Brennstoffzähler für gesamten Brennstoff; M2 Stromzähler KWK-Einheit, M3 Brennstoffzähler KWK-Einheit; M4 Wärmezähler KWK-Einheit; M5 Brennstoffzähler Zusatzheizgerät; M6 Betriebsstundenzähler KWK-Einheit.

429.1 Leistungsspektrum von BHKW-Anlagen, Verteilung der Brennstoffe

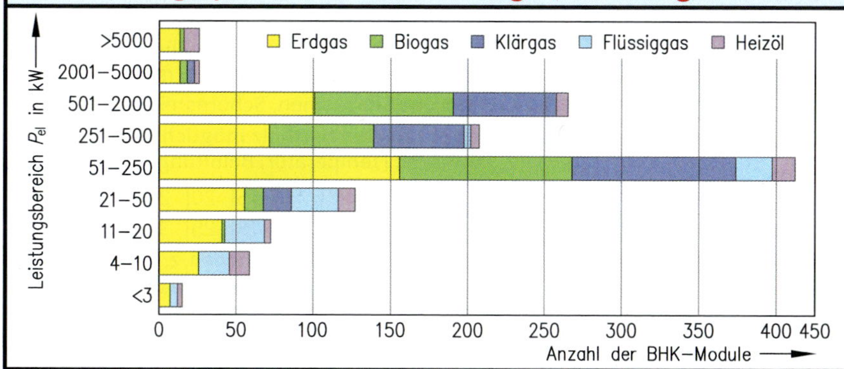

Neben den verschiedenen Technologien und Brennstoffen teilt man die BHKW vorwiegend nach ihrer Leistung ein.

Bezeichnung	Leistung [kW]
Mikro-	kleiner 10
Mini-	ab 10 – 50
kleines –	ab 50
großes –	< 2000
BHKW	> 2000

429.2 Anzahl BHKW nach Betreibergruppen bis 2020 (Referenzszenario)

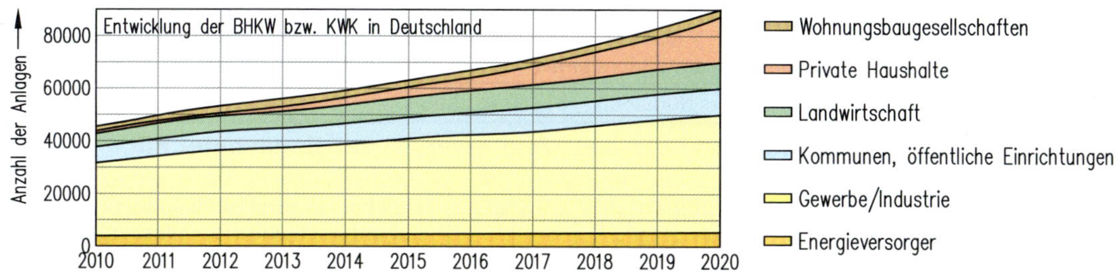

429.3 Wesentliche Formen des Brennstoffs Holz – allgemeine Hinweise

Scheitholz (auch als Stückholz bezeichnet) gewonnen aus Holzstämmen; Bearbeitung mit Axt oder Spaltschneider; Scheitlänge 20–50 cm (je nach Feuerung); typischer Kessel ist ein **Holzvergaserkessel** → 20–40 kW (auch kleinere Kessel bis 15 kW); modulierender Leistungsbereich bei Voll- und Teillast; Wirkungsgrad bis 90 %; raucharmes Nachlegen durch automatische Schwelgasabsaugung; hoher Bedienkomfort. Bei reinem Volllastkessel nur unter Einbeziehung eines Pufferspeichers.

Pellets und Pelletheizungen nehmen schon seit Jahren zu (z. Zt. etwas Flaute). Herstellung der zylindrischen Presslinge aus getrocknetem Holz, wobei Sägemehl, Holzspäne und anderes Restholz aus industriellen und gewerblichen Holzverarbeitungsbetrieben zum Einsatz kommen. Rohstoff wird im Pelletwerk auf ca. 10 % Wassergehalt getrocknet, auf einem Mahlrad zerkleinert und anschließend unter hohem Druck geformt.

Holzhackschnitzel werden entweder in Sägewerken aus nicht nutzbaren Nadelholzstammteilen hergestellt (zerkleinert) und in einer Stückgröße von 10–50 mm als Brennstoff verwendet, oder durch Verkleinerung von nicht nutzbarem Rundholz im Forst mittels schneidenden Werkzeugen (Hackern). Qualitätsmerkmale, Größenklassen, Grob- und Feinanteil EN 14961 und ÖNORM 7133.

429.4 Einheiten der Holzmasse

Fm	**Festmeter** = 1 m^3 Holzmasse ohne Zwischenraum (Dicke, Länge vor Spalten)
Rm	**Raummeter** (Ster) = 1 m^3 geschichtete Holzscheite, 1 m lang mit Zwischenräumen (entspricht ca. 0,7 Festmeter)
Srm	**Schüttraummeter** = 1 m^3 geschüttete (nicht gestapelte) Holzscheite, 1 m lang mit Zwischenräumen ≙ ca. 0,7 Fm

429.5 Holznutzung im Jahr 2016 (Festmeter Fm)

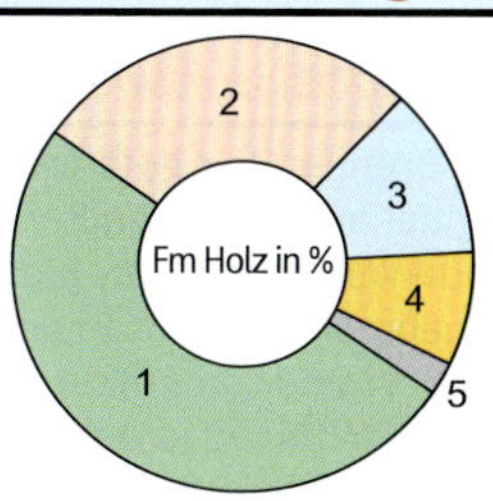

1 Bioenergie ca. 52 Mio. Fm
2 Sägeindustrie ca. 27 Mio. Fm
3 Holzwerkstoffe 12 Mio. Fm
4 Zellstoff und Holzschliff für Papierindustrie 8 Mio. Fm
5 Sonstige 1 Mio. Fm

ca. 50 % + Abfälle von Sägeindustrie = Erneuerbare Energie

430.1 Einfluss des Wassergehalts auf den Heizwert von Holz (kWh/kg)

Wassergehalt (%)	0	10	20	30	40	50	60	70
Nadelholz Fi/Ta	5,4	4,9	4,3	3,9	3,5	3,0	2,7	2,1
Laubholz (Buche)	4,8	4,3	3,9	3,6	3,2	3,0	2,7	2,1

Feuchtes Holz bedeutet: geringer Heizwert (höhere Heizkosten), starke Rauchentwicklung, Geruchsbelästigung, Rußbildung (Brandgefahr), schädliche Emissionen, Schornsteinschäden

Lagerungsdauer zur Trocknung (bis 20 %) bei Weichholz **mind.** 1 Jahr, bei Hartholz **möglichst** 2 Jahre abhängig von Holzart, Lagerung, Stückgröße, Wetterschutz, Jahreszeit (Temperatur) Belüftung

$$\text{Wassergehalt } w\,[\%] = \frac{\text{Gewicht des Wassers [kg]}}{\text{Gewicht des feuchten Holzes [kg]}} \cdot 100$$

$$\text{Holzfeuchte } u\,[\%] = \frac{\text{Gewicht des Wassers [kg]}}{\text{Gewicht des trockenen Holzes [kg]}} \cdot 100$$

Wassergehalt	10	15	20	25	30	40	50
Holzfeuchte	11	18	25	33	43	67	100

Verschiedene Messmethoden, z. B. Messung des elektr. Widerstandes (Einführen von 2 Stiften)

430.2 Heizwertverminderung bei Holz durch Feuchte – Berechnung des Heizwertes

Beispiel: 1 kg Brennholz hat einen Wassergehalt von 18 % (guter Wert).
Heizwert von 1 kg Trockenmasse = 5,1 kWh/kg; Energiebedarf zum Verdunsten von 1 kg Wasser = 0,63 kWh

$\underbrace{0{,}82 \cdot 5{,}1\ \text{kWh}}_{\text{Heizwert Trockenmasse}} - \underbrace{0{,}18 \cdot 0{,}63\ \text{kWh}}_{\text{Verdunstungswärme von Wasser}}$ = 4,182 – 0,113 = 4,069 kWh ≈ 4069 Wh anstatt 4182 kWh entspricht einem Verlust von 2,7 %

Bei einem feuchten Holz mit 30 % Wassergehalt wäre es ein Verlust von 19,2 %.

Frisch geschlagenes Holz: Holzfeuchte bei Nadelholz ≈ 55–70 %; Laubholz ≈ 70–100 %. Zur Verbrennung ≤ 20 %

430.3 Heizwerte von getrocknetem Holz je kg, Festmeter Fm und Raummeter Rm

Nadelholz	$\frac{kg}{m^3}$	Heizwert in kWh je kg	je fm	je rm	Laubholz	$\frac{kg}{m^3}$	Heizwert in kWh je kg	je fm	je rm
Fichte	430	4,0	2100	1500	Birke	580	4,1	2900	2000
Tanne	420	4,2	2200	1550	Buche	650	3,8	3100	2200
Kiefer	510	4,1	2600	1800	Eiche	630	4,0	3100	2200

- Unterschiedliche Heizwertangaben bei gleicher Holzart (Tabellenwerte) beruhen auf unterschiedlichem Wassergehalt
- Holzeinheiten fm, frm (s. 429.4)
- Berechnungsbeispiel Heizwert (s. 430.2)
- Angaben zu Pelletheizungen (s. 432.1)

430.4 Hinweise zum deutschen Wald

Deutschland ist eines der waldreichsten Länder der EU ≈ 12 Mio. ha (fast 1/3 der Landfläche); **Baumarten** in %: Buche 18; Eiche 12; Birke, Pappel, Linde zus. 10; Ahorn, Esche, Linde zus. 6; Fichte 26; Kiefer 23; Lärche 3; Tanne 2; Douglasie 2.

430.5 Äquivalentpreis von Holzbrennstoff[1)]

Heizöl	Pellets	Scheitholz[2)]	Hackgut[3)]
(2012)	w < 10 %[4)]	w = 15 %	w = 30 %
€/Liter	in €/t	in €/Rm	in €/Srm
1	450	172	75

1) Heizwertbezogen (H_u)
2) Buche
3) Fichte
4) Wassergeh.

430.6 Phasen bei der Holzverbrennung (zeitlicher Verlauf) – Hinweise zur Holzfeuerung

Trocknungsphase: ab ≈ 100 °C verdampft das Wasser

Entgasungsphase (Pyrolyse): Ab ≈ 250 °C beginnt die Aufspaltung und Entgasung der Inhaltsstoffe des Holzes (Zellulose, Harze u. a.) in brennbare Gase. Nach der Ausgasung aller flüchtigen Bestandteile (500 ... 600 °C) vergast die übrig gebliebene Holzkohle (≈ 15 %) = feste Kohlenstoffbestandteile

Verbrennungsphase: Die freigesetzten Gase beginnen ab ≈ 700 °C zu verbrennen; erreichbare Temperaturen bis > 1 200 °C

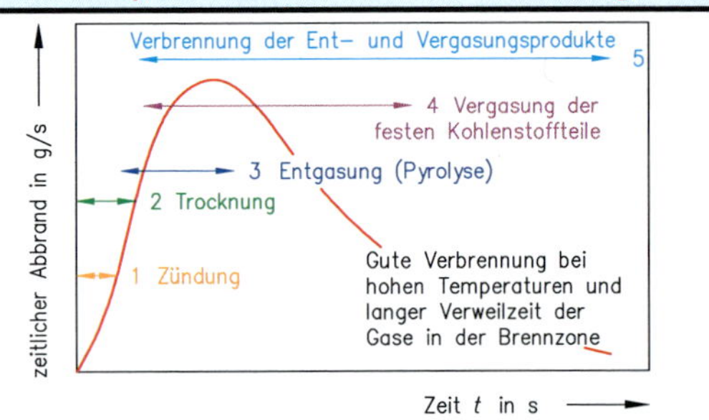

430.7 Vorteile und Merkmale des Brennstoffs Holz

• regionaler und nachwachsender Brennstoff • gute Ökobilanz (nahezu CO_2-neutral) • keine extreme Preisentwicklung • zentrale Bedeutung bei erneuerbaren Energien (Biomasse) • Schaffung lokaler Arbeitskräfte • kurze Transportwege • zunehmende Verwendung in Haushalten [meistens als zweiter Wärmeträger (Heizung und Trinkwassererwärmung)] • zunehmender Komfort durch automatisierte Wärmeerzeuger bzw. Feuerungen • Vermeidung von Überalterung der Wälder (genutzte Menge darf aber nachwachsende Menge nicht überschreiten) • jedes Jahr kommen in Deutschland je Hektar etwa 11 m³ Holz hinzu • Einsatz auch in Kraftwerken und Heizkraftwerken zur Stromerzeugung • trotz mancher Unannehmlichkeiten in vielen Haushalten beliebt

431.1 Hinweise zu Feststofffeuerungen

Durch die meist geringe spezifische Oberfläche verläuft der Abbrand mit geringer Geschwindigkeit ab.

lange Brennerverweilzeit in der Feuerung	hinderlich bei **großen Feuerungen**, da großer Feuerraum erforderlich
schnellere Verbrennung durch Brennstoffverkleinerung	meist vorteilhaft bei **kleinen handbeschickten Feuerungen**, da die Brennstoffmenge als Energiespeicher wirkt → Ausgleich von Brennstoffzufuhr und Abbrand (keine ständige Verbrennungsluftzufuhr)
geringe Oberfläche des Brennstoffs verlangt eine	ausreichende maximal verteilte gleichmäßige Verbrennungsluftzufuhr; Vermeidung von Luftmangel und somit CO-Emission

431.2 Anforderungen an Feuerungsanlagen mit Holzzentralheizungskessel[1)]

Neue Feuerungsanlagen

Anlagen nach	Holzart	Nennwärmeleistung kW	Staub g/m^3	CO g/m^3
Stufe 1 errichtet ab 22.3.2010	Scheitholz Hackschnitzel	> 4 bis ≤ 500	0,10	1,0
		> 500	0,10	0,5
	Pellets	> 4 bis ≤ 500	0,06	0,8
		> 500	0,06	0,5
Stufe 2 errichtet ab 31.1.2014	Scheitholz Hackschnitzel Pellets	≥ 4	0,02	0,4

Bestehende Feuerungsanlagen

Holzart	Nennwärmeleistung kW	Staub g/m^3	CO g/m^3
Scheitholz	> 15 bis ≤ 50	0,14	4
Hackschnitzel Pellets	> 50 bis ≤ 150	0,15	2
	> 150 bis ≤ 500	0,15	1
	> 500	0,15	0,5

1) Speichergröße bei WW-Heizungen: 12 l je l Brennstofffüllraum; 55 l je kW Wärmeleistung ist Pflicht. Bei autom. beschickten Anlagen mind. 20 l je kW (nicht bei autom. Beschickungen).

431.3 Braunkohlen- und Holzbriketts (auch für die zunehmenden Kaminöfen)

Neben Brennholz und Pellets (S. 429–433) auch Briketts:

Braunkohlebriketts (früher)
- gegenüber Holzbriketts 10 % höherer Heizwert
- höhere Umweltbelastung (ungünstige CO_2-Bilanz Schadstoffanfall)
- geringer Ascheanteil ca. 3,5 %

1 kg Briketts (Heizwert: 6 kWh/kg) entspricht:
• 0,58 m^3 Erdgas • 0,60 l Heizöl • 0,91 l Flüssiggas • 6 kWh Strom • 1,22 kg Holzpellets • 1,49 kg Brennholz • 1,4 kg Hackschnitzel • 1,22 kg Strohpellets

Lieferform: Palette ca. 1125 kg, Bündel 25 kg

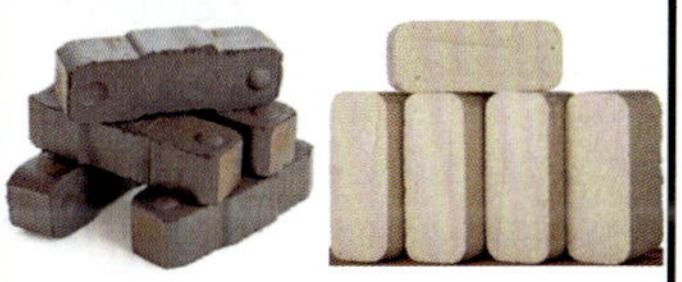

Braunkohlebriketts („Briketts")
Holzbriketts (gepresste Holzspäne)

Holzbriketts: • Bei gleichem Volumenstrom höherer Heizwert als Brennholz 5 kWh/kg gegenüber 9 kWh/kg • Alternative zur Braunkohlebriketts mit deutlich geringerer Umweltbelastung • geringere Restfeuchte gegenüber Scheitholz und Hackschnitzel • vorteilhaft bei geringerer Lagerfläche

431.4 Schüttdichte fester Brennstoffe in kg/m³

Steinkohle	720 ... 780	Brechkoks	450 ... 680	Hartholz Scheiten	≈ 560	Sägespäne	180 .. 280
Eierbriketts	740 ... 780	Briketts gesetzt	≈ 1000	Weichholz Scheiten	≈ 420	Pellets	≈ 650
Braunkohle	640 ... 780	degl. geschüttet	700 ... 720	Holzkohle	190 ... 220	Strohballen	60 ... 130

431.5 Handelsübliche Kokssorten und ihre Körnungen

Kokssorte	Großkoks	Brechkoks 1	Brechkoks 2	Brechkoks 3	Brechkoks 4	Koksgrus 1	Koksgrus 2
Korngröße [mm]	> 80	80 bis 60	60 bis 40	40 bis 20	20 bis 10	10 bis 0	6 bis 0

431.6 1. Bundes-Immissionsschutzverordn. für kleine u. mittlere Feuerungsanlagen

Abschnitt 1 (allg. Vorschriften) **§ 1** Anwendungsbereich, **§ 2** Begriffsbestimmungen, **§ 3** Brennstoffe; Abschnitt 2 (Feuerungsanlagen für feste Brennstoffe) **§ 4** Allgem. Anforderungen, **§ 5** Anlagen > 4 kW; Abschnitt 3 (Öl- und Gasfeuerungsanlagen) **§ 6** Allg. Anford., **§ 7** Ölfeuerungsanlagen mit Verdampfungsbrenner, **§ 8** Desgl. mit Zerstäubungsbrenner, **§ 9** Gasfeuerungsanlagen, **§ 10** Begrenzung der Abgasverluste, **§ 11** Öl- und Gasfeuerungen von 10 MW bis 20 MW; Abschnitt 4 (Überwachung) **§ 12** Messöffnung, **§ 13** Messeinrichtungen, **§ 14** Überwachung neuer und wesentl. geänderter Anlagen, **§ 15** Wiederkehrende Überwachung, **§ 16** Zusammenstellung der Messergebnisse, **§ 17** Eigenüberwachung, **§ 18** Überwachung von Öl- und Gasfeuerungen 10 – 20 MW; Abschnitt 5 (Gemeinsame Vorschriften) **§ 19** Ableitbedingungen für Abgase, **§ 20** Anzeige und Nachweise, **§ 21** Weitergehende Anforderungen, **§ 22** Zulassung von Ausnahmen, **§ 23** Zugänglichkeit der Normen, **§ 24** Ordnungswidrigkeiten; Abschnitt 6 (Übergangsregelungen) **§ 25** ... für Feuerungsanlagen für feste Brennstoffe (außer Einzelraumfeuerungsanlagen), **§ 26** ... für Einzelfeuerungsanlagen für feste Brennstoffe, **§ 27** ... für Schornsteinfegerarbeiten nach 1.1.13; Abschnitt 7 (Schlussvorschrift) **§ 28** Inkrafttreten, Außerkrafttreten, Schlussformel (Anlagen zu verschiedenen §§) **1.** Verord. 2.5.2013/**2.** VO 28.4.2015/**3.** VO 14.1.2017

432.1 Pellets und Pelletheizungen

Pellets = zylindrische Presslinge, Rohstoffe sind vorwiegend Sägemehl, Sägespäne ohne Bindemittel (DIN 51731)

Durchmesser D[1]	4–8 mm	Heizwert	4,9 kWh/kg	Lagervolumen gegenüber Heizöl	≈ 3-fach
Länge max. [2]	30–40 mm	Restfeuchte	8–10 %	Abrieb (Lignatest)	< 2,3 %
Rohdichte	1200 kg/m³	Energiedichte	3200 kWh/m³	Bindemittel	< 2,0 %
Schüttdichte (Transportdichte)	650 kg/m³	Ascheanteil Staubanteil	< 0,5 % max. 10 %	Stickstoffgehalt	< 0,03 %

Zum Vergleich: 1 l Heizöl ... ca. 2 kg Pellets; 1 m³ Pellets ca. 320 l Heizöl

[1] 6 mm private Haushalte, 8 mm Gewerbebetriebe, 10 mm (und größer) Industrie. [2] < 5 × D (DIN plus).

Wesentliche Informationen – Hinweise für Beratung:

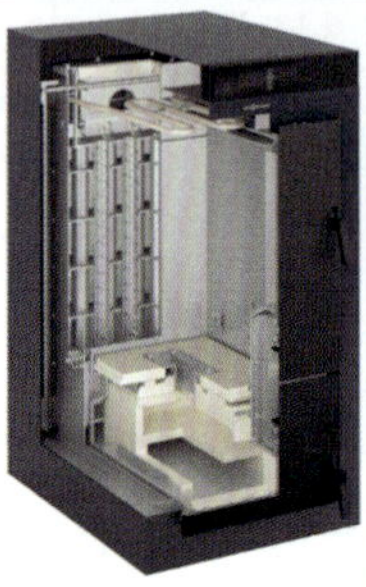

- **Vorteile und Merkmale von Pelletanlagen:** Geringer Lagerraum, Flächenbedarf gegenüber Scheitholz und Hackschnitzel, hoher Wirkungsgrad, bis 90 °C, CO_2-Einsparung (Umweltschutz), unabhängig von langfristiger Entwicklung der fossilen Brennstoffe, effizienter Einsatz in großen Leistungsbereichen.
- **Produkteigenschaften** beim Pelletkessel sind Nennwärmeleistung, Leistungsmodulation, Vorlauftemperatur (max./min.), Wirkungsgrad, Brennstofftransport und -einführung, Regelungsart, Bedienung, Konstruktionsart, Verbindungsart mit Pelletlagerung, Ascheabführung, Hybridlösungen u. a.
- **Herstellung und Qualität:** Herstellung aus getrocknetem, naturbelassenem Restholz wie Sägemehl, Hobelspänen und Waldrestholz (Abmessungen s. oben), zylindrische Presslinge, drei verschiedene Qualitätsklassen – **A1:** beste Qualität (private Haushalte), **A2:** gewerbliche Betriebe (höherer Aschegehalt), **B:** Einsatz im Industriebereich. **Pelletlieferung:** lose als Schüttgut, als Sackware von 2–20 kg, verschiedene Tankarten.
- Es gibt auch sog. **„Kombinationskessel"**, d. h. wahlweiser Betrieb mit Pellets oder Stückholz (Brennrostwechsel). Bei Gebäuden mit geringem Wärmebedarf ist es oft sinnvoll, z. B. eine **Solaranlage einzubeziehen**, um eine ganzjährige Beheizung zu ermöglichen.
- **Der Heizkessel im Pelletlagerraum** ist zulässig bis 50 kW und 10 000 l Pellets; keine Anforderungen an Wände, Decken, Türen und Nutzung. Abstand von Brennstofflager bis Feuerstätte 1 m, Belüftung des Raumes s. MFeuV § 3. (Verbesserungen im Raum üblich)
- Die **Absatzflaute** (2014/2015) hat sich etwas festgesetzt. Nachteile: fallender Preis bei fossilen Brennstoffen, Verbreitung fehlerhafter Anlagen, unzureichende Kompetenz bei Montage und Betrieb. Entwicklung bezüglich Kapazität, Produktion und Verbrauch (rücklaufend) (s. 433.6).
- **Informationen** (Kostenlose Info-Broschüre erhält man vom **DEPV** (Deutsches Pelletinstitut) oder **DEPI** (Dt. Energieholz und Pelletverband). Kostenlose Schulungen von Herstellern.

432.2 Hinweise und Anforderungen an die Pelletlagerung

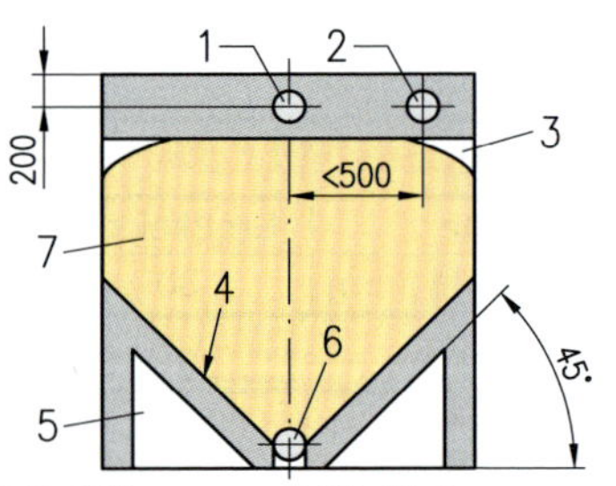

1 Befüllstutzen, 2 Rückluftstutzen, 3 Luftraum, 4 Schrägboden, 5 Leerraum, 6 Entnahmesystem, 7 Nutzbares Volumen ≈ 2/3 des Raumvolumens

• Ganzjährig **trockener Lagerraum** (Pellets sind hygroskopisch) • **Dichte Ausführung** (beim Befüllen Staubablagerung im Lagerraum) • **Massive Ausführung** (durch Pellets starker Druck auf Wandung) • **Türen oder Einstiegsöffnungen** nach außen • Staubdichte Ausführung (umlaufende Dichtung) • Bei Lagermengen > 6,5 t selbstschließende und **feuerhemmende Türen** (T 30) • Falls **Pelletleitungen durch Nebenraum** geführt werden (Verlängerungsltg.), müssen diese verkleidet werden (Brandwiderstand F 90), außerdem mittels Rohrschellen erden, keine Kunststoffltg. • Keine **wasserführenden Leitungen** im Lagerraum (evtl. Kondenswasserbildung, Rohrbruch) • Immer ein **Befüll- und Absaugstutzen** (möglichst hoch positionieren, max. 2 m über Standfläche), **Stutzenabstand** < 500 mm, Befüllstutzenabstand zur Decke 20 cm, beide Stutzen bevorzugt ins Freie führen mit ausreichender Bewegungsfreiheit für Befüllschläuche • Stutzen über **Potenzialausgleich** erden (Vermeidung einer statischen Aufladung beim Füllen) • **Stutzeneinbau** als Wandeinbau (gemauert oder geschraubt), als Fenstereinbau (geschraubt) oder im Lichtschacht • Bei rechteckigem Lagerraum schmale Seite beim Befüllen bevorzugen • **Installierte Fülleitungen** möglichst kurz < 20 m; fest installierte Absaugleitung für Gebläse des Silofahrzeuges < 10 m, Stutzen muss frei sein (Vermeidung von Überdruck beim Befüllen) • Gegenüber Befüllstutzen Anbringung einer Prallplatte (> 200 mm Wandabstand) • Länge des Schneckensystems bis max. 10 m • **Sicherstellung der Zugänglichkeit** zum Lagerraum und Lagerbehälter (Wartung, Reinigung) • **Größe des Pelletsilos** möglichst für Jahresbrennstoffmenge

433.1 Lagerraumgröße – Pelletmenge – Gelagerte Energiemenge (Beispiel)

Für Pelletlagerung nutzbares Volumen liegt bei ca. 2/3 des Raumvolumens und für das benötigte Lagerraumvolumen gilt: **1 kW Heizlast = 0,9 m³ Lagerraum** (einschl. Leerraum).
Beispiel: Lagerraumgröße: $L \cdot B \cdot H = 2{,}8 \cdot 2{,}5 \cdot 2{,}2 = 15{,}4\ \text{m} \cdot 0{,}9 = 13{,}86\ \text{m}^3$; **Pelletmenge:** $13{,}86\ \text{m}^3 \cdot 650\ \text{kg/m}^3$ (Schüttdichte) = 9009 kg ≈ **9 t**; **Gelagerte Energiemenge** = 9009 kg · 5 kWh/kg = **45045 kWh**

433.2 Heizraum und Pelletlager (s. 432.2)

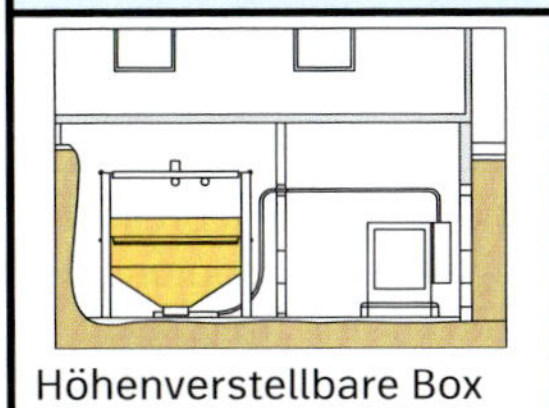
Höhenverstellbare Box

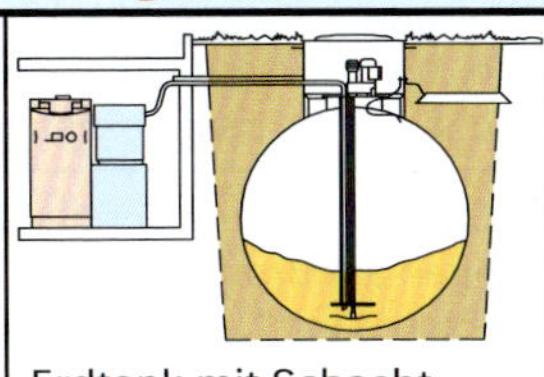
Erdtank mit Schacht

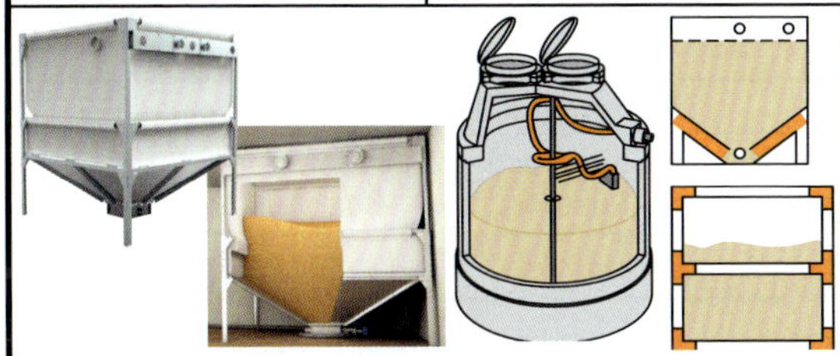

433.3 Unterscheidungskriterien (Pelletlager)[1]

Standort	Haus (Keller, Dachboden usw.)	H	Außenanlage (Hof, Garten usw.)	G
Einbausituation	Erdvergraben (unterirdisch)	U	oberirdisch (freie Aufstellung)	O
Herstellung	Serienfertigung (industriell)	S	Einzelfertigung (handwerklich)	E
Pelletförderung	pneumatisch (Transport)	P	mechanisch (Transport)	M

Kombination z. B. H, O

[1] Nach VDI 3464: 2012-09.

433.4 Schornsteinbemessung (Pellets)

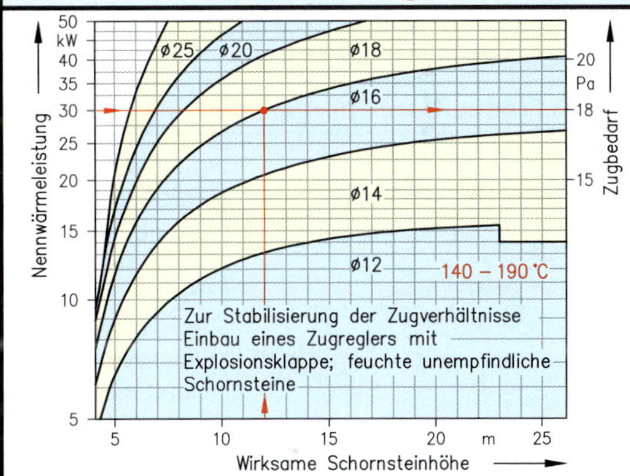

433.5 Abladen – Anschließen – Lagern

Silo (Tank) zum Abladen

Schlauchanschluss

433.6 Entwicklung von Pellets in Tausend t

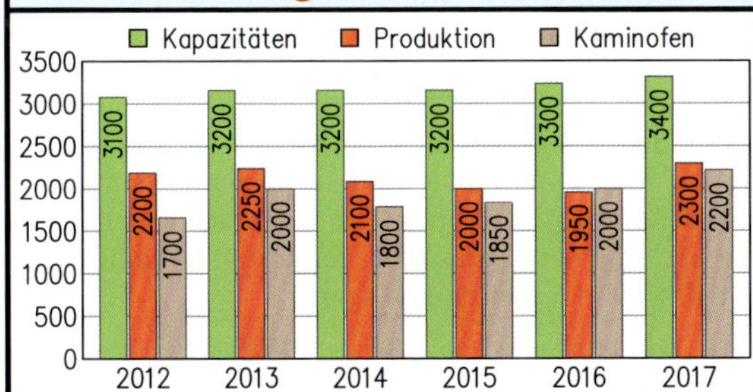

433.7 Nutzvolumen in m³ des Pelletlagers

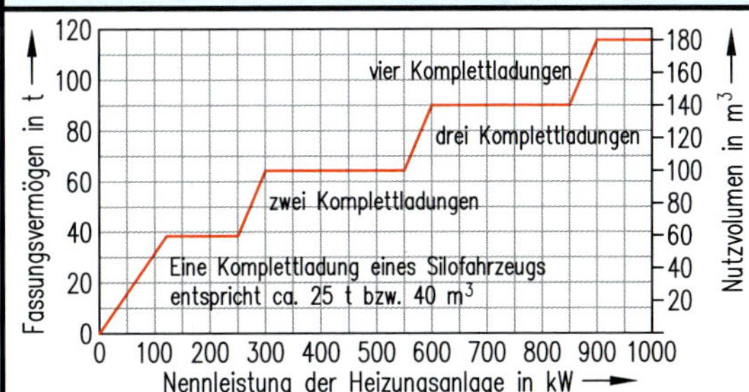

433.8 Emissionswertvergleich (Holzarten)

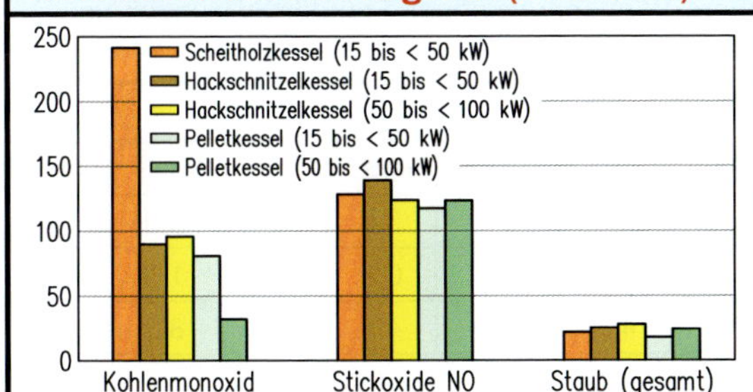

433.9 Mögl. Ursachen für Betriebsstörungen

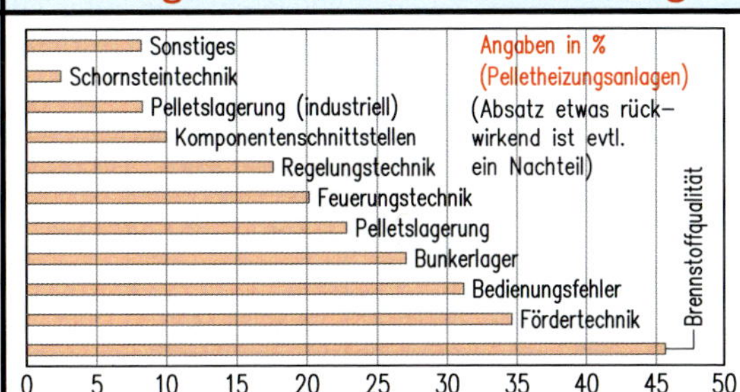

434.1 Anforderungen an die Belüftung von Pelletlagern — VDI 3464

Lüftungsart	Voraussetzungen	Ausführung
Deckellüftung	Fassungsvermögen ≤ 40 t und Befüllungsleitungen ≤ 2 m	Mindestens zwei belüftete Verschlussdeckel Freie Lüftungsfläche mind. 4 cm²/t Fassungsvermögen. Lüftung: ins Freie oder belüfteter Raum (Heiz)
Separate Lüftungs-öffnungen	Fassungsvermögen ≤ 100 t und Lüftungsweg ≤ 5 m	Je Lüftungsleitung mind. 100 cm² Querschnitt (gesamt mind. 10 cm²/t) Fassungsvermögen, Lichte Öffnung mind. 8 cm²/t Fassungsvermögen, Lüftung ins Freie
Mechanische Lüfung	Fassungsvermögen ≤ 100 t Lüftungsweg ≤ 20 m, Deckellüftung oder separate Lüftungsöffnungen nicht möglich	Lüftungsleitung mit Ventilator, Luftwechsel/h dreifach, bezogen auf Bruttovolumen (Lagerraum), Kopplung des Ventilators mit Öffnung der Lagerraumtür (falls) evtl. CO-Konzentr. Absaugen ins Freie (offene Lagerraumtür)

434.2 Holzpelletproduktion 1. Halbjahr 2017 nach DEPF

Qualitätsklasse		Handelsform		Holzart		Rohstoffeinsatz		Absatzmarkt	
EN plus A1	99,9 %	Lose Ware	79 %	Nadelholz	99,9 %	Sägerestholz	94 %	Inland	91 %
Industriepellets	0,1 %	Sackware	21 %	Laubholz	0,1 %	Restholz	6 %	Ausland	9 %

434.3 Erneuerbare Energie durch Windkraft (wesentliche Hinweise)

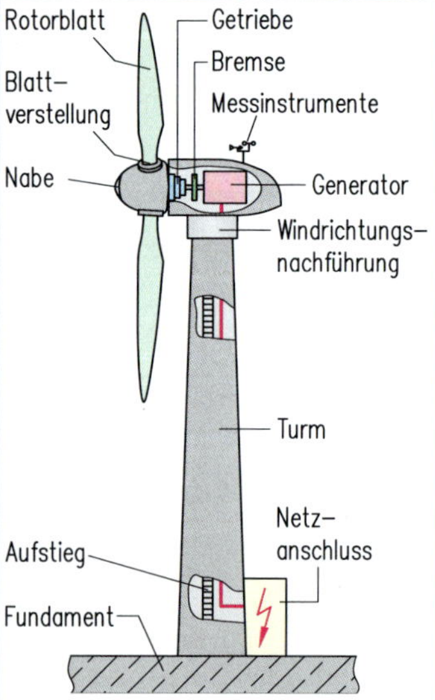

• Seit Wind zur Stromerzeugung eingesetzt wird, spricht man von Windkraftanlagen **WKA**. 2800 „Windräder" produzieren ca. 13 % des Stroms (doppelt so viel wie Atomkraft). • Wind ist wie Sonne ein Geschenk der Natur: steht reichlich, dauerhaft und kostenlos zur Verfügung (bei Wind Tag und Nacht), kein Ausstoß von Schadstoffen und Verzicht auf Importe (Rohstoffe, Energie). • **Entscheidend für WKA** sind: Technische Kontruktion, Windstärke und Windrichtung (Mittelwertprognose).• **Windenergie** leistet nicht nur ihren Beitrag zur Energieversorgung. Deutsche Hersteller sind nicht nur auf dem Weltmarkt präsent, sondern sorgen auch für zigtausend Arbeitsplätze (Produktion und Betrieb). Letztlich ist **Windkraft ein wichtiger Baustein der Energiewende**. • **Nicht überall wird Windnutzung als freundliche Energiequelle** wahrgenommen, sondern als Belastung, z. B. wegen Verschandelung der Landschaftsbilder, Todesfalle für Vögel (besonders bei Offshoreanlagen), Schattenwurf der Rotoren, Geräuschen. • Nachteile: Seit 2016 ist die Erstellung neuer Windanlagen rückläufig. **Neuer Schub** durch die Förderung der Politik, z. B. erhöhte Energiepreisvergütungen nach neuer EEG. • Weitere Nachteile sind: Probleme der Stromspeicherung noch nicht gelöst, zögerlicher Netzausbau, z. T. erforderliche Importe, evtl. Geräusche, keine konstante Strommenge, sodass fossile Kraftwerke erforderlich sind.

Untere Grenze für wirtschaftlichen Betrieb bei ca. 5–6 m/s; Windklassen: I ca. 10 m/s; II: 8,5 m/s; III: 7,5 m/s; IV: 6 m/s. • Windleistungsvorhersagen von Stunden und Tagen im Voraus nur abschätzbar (z. B. 50–70 h ca. 90 %). Einschaltung der WKA ab etwa 3–5 m/s (≈ Windstärke 3). Mindestabstände: 1 km zu Wohnbebauung, 600 m zu Gewerbe, 800 m untereinander. Offshore-Windenergie nur an Standorten in mehr als 30 km Entfernung zur Küste und mehr als 20 m Tiefe.

434.4 Stromerzeugung aus Windenergie – Monatliche Windstromproduktion — 2017-1

WK-Anlage	Jan.[3]	Febr.[3]	März	April[3]	Mai	Juni	Juli	August	Sept.	Okt.	Nov.[3]	Dez.[3]
Onshore[1]	8,0	8,8	5,3	5,1	5,3	2,8	3,9	3,9	3,6	4,4	6,9	8,1
Offshore[2]	1,4	1,2	0,8	0,9	0,9	0,6	0,8	0,9	0,7	1,3	1,3	1,3
Gesamt	9,4	10,4	6,1	6,0	6,2	3,4	4,7	4,8	4,3	5,7	8,2	9,4

[1] Windkraftanlage an Land; [2] auf See; [3] mehr Windkraft als Atomstrom

435.1 Von der Biomasseerzeugung zum Biogaseinsatz (Prozesskette)

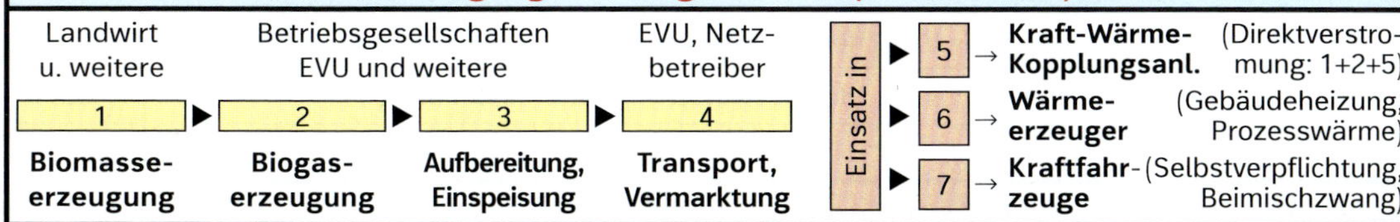

435.2 Bereitstellungsketten zur End- bzw. Nutzenergiebereitstellung aus Biomasse

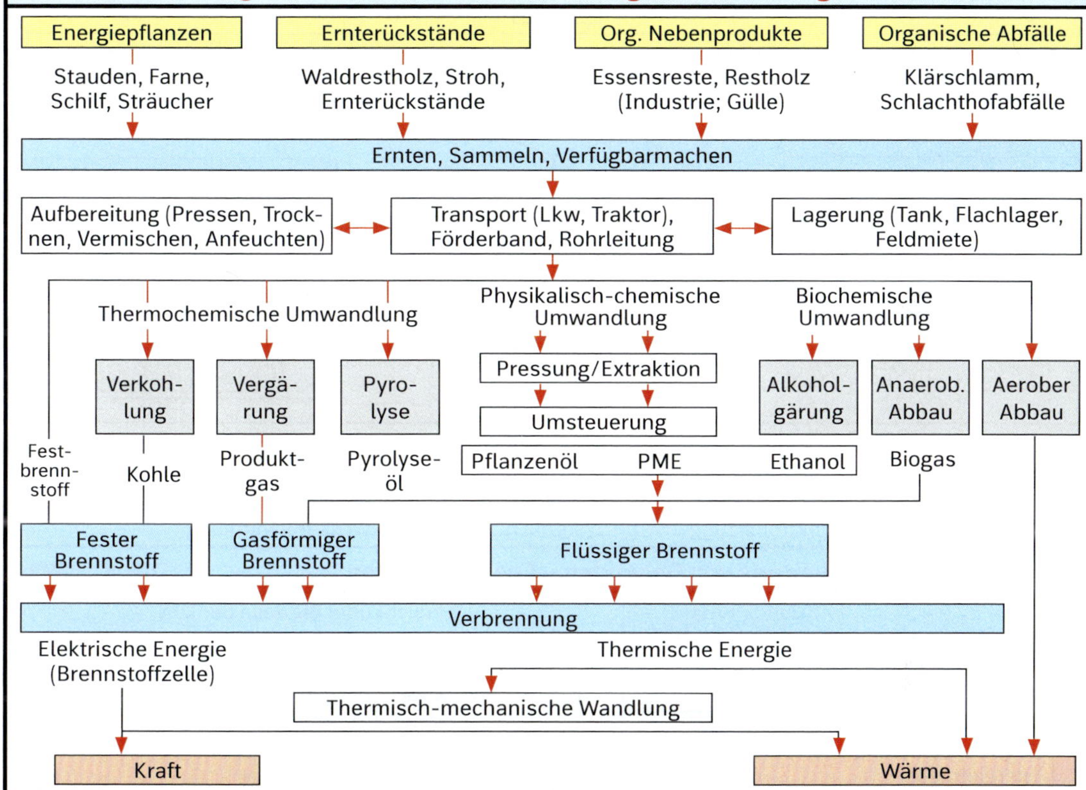

435.3 Schema der Energieflüsse in einem Gebäude

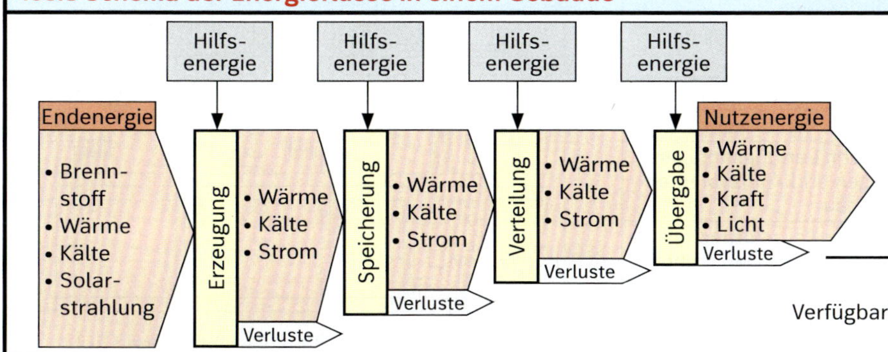

Darstellung z. B. in Form von Energieflussbildern: s. 427.3, 428.4 437.1, 437.3 438.1

Den Hausbesitzer interessiert der Energieverbrauch des Gebäudes aus ökologischen und ökonomischen Gründen. Es interessiert ihn, woher die Energie kommt und wohin sie geht. Das Aufzeichnen der Energieströme = Energiebilanz eines Gebäudes. Dazu werden alle jährlich zugeführten und die Gebäude verlassenden Energiemengen gegenübergestellt → energetische Gebäudebeurteilung

436.1 Randbedingungen für die Berechnung des Jahres-Primärenergiebedarfs-Wohngeb. (EnEV)

• Verschattungsfaktor F_S (soweit die baulichen Bedingungen nicht detailliert berücksichtigt)		0,9
• Solare Wärmegewinne über opake Bauteile	Emissionsgrad ε der Außenfläche für Wärmestrahlung	0,8
	Strahlungsabsorptionsgrad α (Klammerwert für dunkle Flächen)	0,5 (08)

436.2 Berechnung des Jahres-Primärenergiebedarfs Q_P

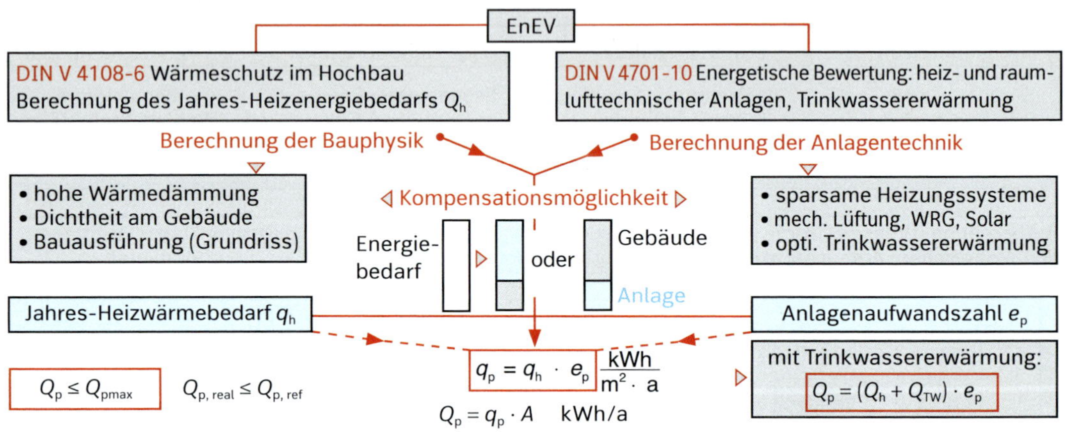

• Nach EnEV 2009 ist Q_P nach DIN 18599 zu ermitteln, ebenso die Primärenergiefaktoren, alternativ kann Q_P nach DIN V 4108-6 in Verbindung mit DIN EN 832 ermittelt werden

• Q_P kann nach DIN EN 4701-10 Beiblatt 1 anhand von Diagrammen direkt abgelesen werden, einschl. Anlagen mit erneuerb. Energien, Elektroheizungen, RLT-Systeme mit WRG, Trinkwassererwärmung

436.3 Energetische Bewertung von Gebäuden – Energiebilanzen DIN V 18599[1]

[1] Berechnung des Nutz-, End- und Primärenergiebedarfs für Heizung, Kühlung, Lüftung, Trinkwassererwärmung und Beleuchtung. Inhalt der 11 Teile mit über 900 Seiten:

1	Allgemeine Bilanzierungsverfahren, Begriffe, Zonierung und Bewertung der Energieträger
2	Nutzenenergiebedarf für Heizen und Kühlen von Gebäudezonen
3	Nutzenenergiebedarf für energetische Luftaufbereitung
4	Nutz- u. Endenergiebedarf für Beleuchtung
5	Endenergiebedarf von Heizsystemen
6	Endenergiebedarf von Lüftungsanlagen, Luftheizungsanlagen und Kühlsystemen für den Wohnungsbau
7	Endenergiebedarf von Raumlufttechnik und Klimakältesystemen für den Nichtwohnungsbau
8	Nutz- und Energiebedarf von Warmwasserbereitungssystemen
9	End- und Primärenergiebedarf von Kraft-Wärme-Kopplungsanlagen
10	Nutzungsrandbedingungen, Klimadaten
11	Gebäudeautomation

Übersicht über die Teile der DIN

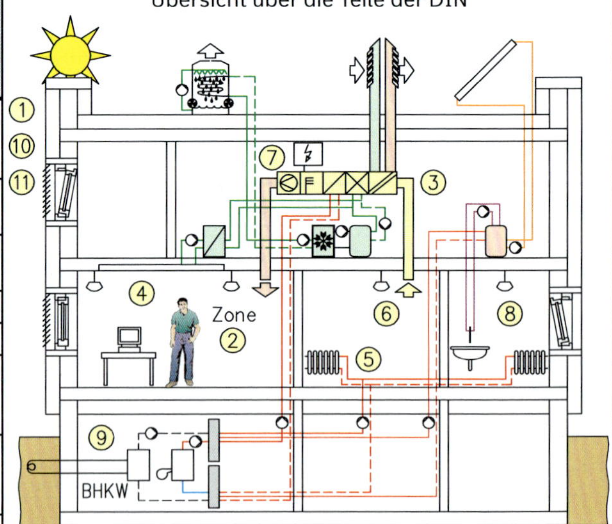

(1) Gesamtbilanz, (2) Raumbilanz, (3) Nutzenergie RLT, (4) Beleuchtung, (5) Heizung, (6) Wohnungslüftung, (7) RLT und Kälte, (8) Trinkwasser, (9) BHKW, (10) Randbedingungen, (11) Gebäudeautomation

437.1 Jahres-Primärenergiebedarf Q_p Begriffe, Energieberechn. Richtung Bedarf DIN V4701-10

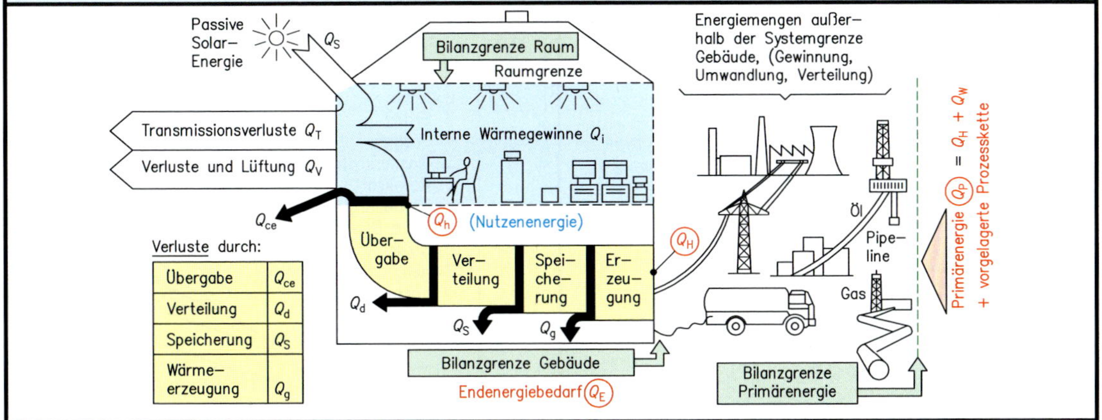

$Q_H = Q_E$ zur Deckung des Jahresheizenergiebedarfs Q_h und des Trinkwasserwärmebedarfs Q_W, ermittelt an Systemgrenze Gebäude (= Bedarf und Aufwand der Anlagentechnik)

437.2 Energieträger und Primärenergiefaktoren (PEF)*) DIN 18599-1

Unterscheidung:			A	B	Fortsetzung			A	B	A insgesamt
Fossile Brennstoffe	Heizöl EL		1,1	1,1	desgl. aus Heizkraftwerken	Brennstoff	fossil	1,3	1,3	B Nicht-erneuerbarer Anteil*)
	Erdgas H		1,1	1,1			erneuerbar	1,3	0,1	
	Flüssiggas		1,1	1,1	Strom	allgemeiner Strommix		2,8	2,1	
	Steinkohle		1,1	1,1		Verdrängungsstrommix		2,8	2,8	
	Braunkohle		1,2	1,2	Umweltenergie	Solarenergie		1,1	0,0	PEF*) zur Umrechnung von End- in Primärenergie
Biogene Brennstoffe	Biogas		1,5	0,5		Erdwärme, Geothermie		1,1	0,0	
	Bioöl		1,5	0,5		Umgebungswärme		1,1	0,0	
	Holz		1,2	0,2		Umgebungskälte		1,1	0,0	
Nah-, Fernwärme aus KWK	Brennstoff	fossil	0,7	0,7	Abwärme innerhalb des Gebäudes			1,0	1,0	
		erneuerbar	0,7	0,0						

Anmerkungen: Max. zuläss. Primärenergiebedarf: EnEV 2014: 8,5 kWh/m² · a; EnEV 2016: 64,3 kWh/m² · a

- PEF zeigen, welche Primärenergie aufzuwenden ist, um bestimmte Energiemengen bereitzustellen, z. B. Bewertung des Primärenergieeinsatzes, Darstellung von Klimaschutzeffekten
- PEF kommen in EnEV, DIN 18599 und anderen Normen vor; zur energetischen Gebäudebewertung
- PEF haben Einfluss auf Gebäudeplanung (Wärmemarkt) und Auswahl von Heiztechnologie
- PEF setzen sich in der Regel aus erneuerbaren und nicht erneuerbaren Anteilen zusammen

437.3 Jährliche Energiebilanz eines Gebäudes DIN EN 832

Gesamtwärmeverlust Q_l bei konstanter Innentemperatur: $= (H_T + H_V) \cdot (\theta_i - \theta_e) \cdot t$ (Wh)

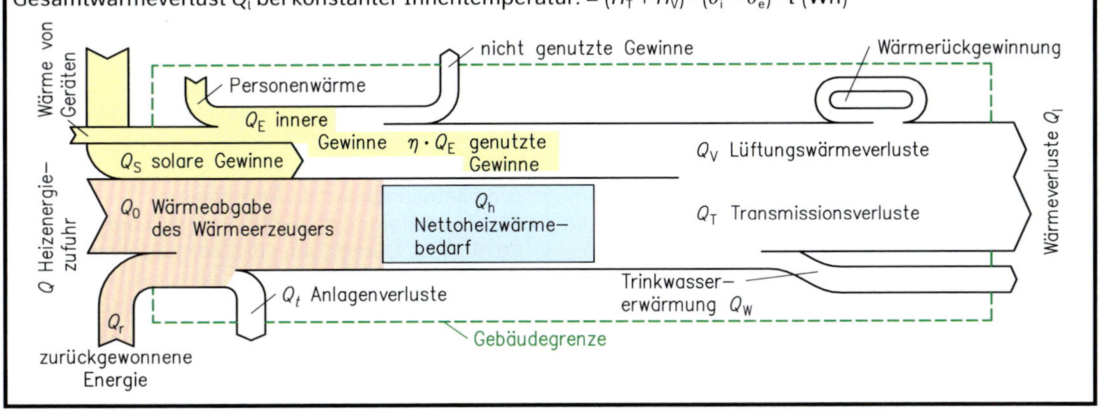

438.1 Energieflussbild zur Berechnung von Q_h

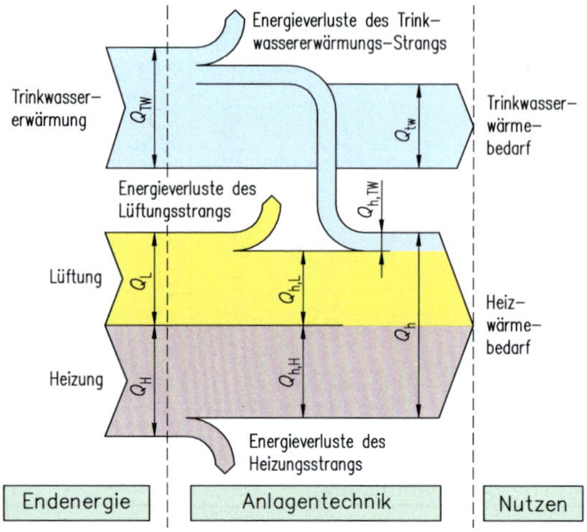

438.2 Energieprognosen

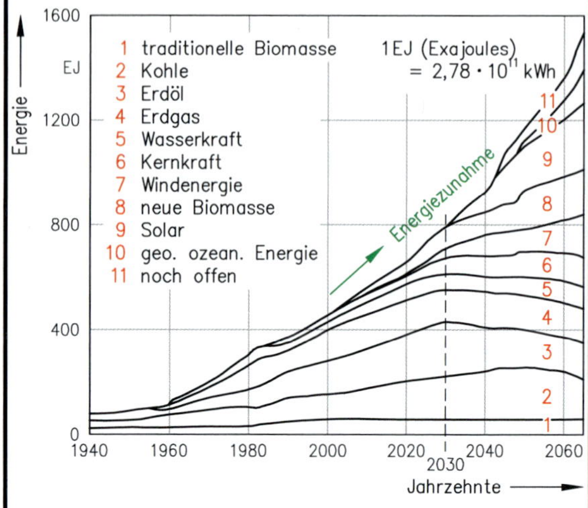

438.3 Inhaltsübersicht der Energieeinsparverordnung EnEV 2014

1 Allgemeine Vorschriften
- § 1 Zweck, Anwendungsbereich
- § 2 Begriffsbestimmungen

2 Zu errichtende Gebäude
- § 3 Anforderungen Wohngebäude
- § 4 Anford. an Nichtwohngebäude
- § 5 Anrechnung von Strom aus erneuerbaren Energien
- § 6 Dichtheit, Mind.luftwechsel
- § 7 Mindestwärmeschutz
- § 8 Anford. an kleine Gebäude

3 Bestehende Gebäude und Anlagen
- § 9 Gebäudeänderung, -erweiterung, Anbau
- § 10 Nachrüstung von Anlagen und Gebäuden
- § 11 Aufrechterhaltung der energetischen Qualität
- § 12 Energet. Inspektion Klimaanl.

4 Anlagen der Heizungs-, Kühl- und Raumlufttechnik, Warmwasserversorgung
- § 13 Inbetriebnahme Heizkessel, TWE
- § 14 Verteilungseinrichtungen und Warmwasseranlagen
- § 15 Klimaanlagen u. Sonst. aus RLT

5 Energieausweise und Verbesserung der Energieeffizienz
- § 16 Ausstellung und Verwendung
- § 16a Angaben in Immobilienanzeigen
- § 17 Grundsätze der Ausweise
- § 18 Ausstellung nach Energiebedarf
- § 19 Ausstellung nach Energieverbrauch
- § 20 Empfehlungen für die Verbesserung der Energieeffizienz
- § 21 Ausstellungsberechtigung für bestehende Gebäude

6 Gemeinsame Vorschriften, Ordnungswidrigkeiten
- § 22 Gemischt genutzte Gebäude
- § 23 Regeln der Technik
- § 24 Ausnahmen
- § 25 Befreiungen
- § 26 Verantwortliche
- § 26a Private Nachweise
- § 26b Aufgaben des bevollmächtigten Bezirksschornsteinfegers
- § 26c Registriernummern
- § 26d Stichprobenkontrollen von Ausweisen und Inspektionsberichten über Klimaanlagen
- § 27 Ordnungswidrigkeiten

7 Schlussvorschriften
- § 28 Allg. Übergangsvorschriften
- § 29 Desgl. für Ausweise u. Aussteller
- § 30 Desgl. für vorläuf. Wahrnehmung
- § 31 Inkraft- und Außerkrafttreten

438.4 Anhang und Anmerkungen zur Energieeinsparverordnung 2014

- Die Verordnungen müssen letztlich auch aufgrund der Anforderungen der EU-Gebäuderichtlinie EPBD novelliert werden.
- Die EnEV 2014 ist keine neue Verordnung, sondern eine Novellierung zahlreicher Inhalte der EnEV 2009.
- Anforderungen beziehen sich nicht nur auf Wohn-, sondern auch auf Büro-, Verwaltungs- und Betriebsgebäude.
- Hinweise auf die Fort- und Weiterbildung
- Kritik bezieht sich z. B. auf den Baubestand (wegen möglichem Sanierungsstau).
- Verwirrung durch parallele Regelungen in EuEG, EnEV, EEWärme- und Landesgesetzen
- Dichtheit des **Gesamtgebäudes**, Dämmung von u. a.; Betriebnahme von Heizungen
- Manche Anforderungen beziehen sich auf **EnEV 2016**, die z. T. schon von EnEV 2014 erfüllt werden.
- Bedeutung der Energieeffizienzklassen
- Aushang von Bedarfs- und Verbraucherausweis (Wohnungs- und Nichtwohnungsbau) z. T. überzogene Forderungen und Drohgebärden

439.1 Entwicklung zur Energieeinsparverordnung — EnEV 2014

Zusammenfassung der Heizungsanlagen- und früheren Wärmeschutzverordnung (Heizlastreduzierung) ▷ Einbeziehung der Anlagentechnik in die Energiebilanz eines Gebäudes (Verteilung, Speicherung und die bei der Wärmeverteilung entstehenden Verluste) ▷ Weniger bedeutsam ist die dem Raum zur Verfügung gestellte Nutzenergie als vielmehr die an der Gebäudegrenze zu übergebende Endenergie → **primärenergetische Bewertung des Energiebedarfs** (Einbeziehung des Primärenergiefaktors)[1)]

[1)] Primärenergetisch bedeutet, dass die Verluste jedes Energieträgers (z. B. durch Gewinnung, Umwandlung, Transport u. a.) mittels eines Primärenergiefaktors in die Energiebilanz eines Gebäudes einbezogen werden. Somit können baulicher Wärmeschutz und Anlagentechnik miteinander verrechnet werden (z. B. wird schlechtere Wärmedämmung mit effektiver Heiztechnik ausgeglichen oder umgekehrt).

439.2 Energieeinsparverordnung 2016 gegenüber 2014

- Seit 1. Januar 2016 gelten für Neubauten strengere Regelungen der EnEV aus Januar 2014
- Primärenergetische Anforderungen neuer Gebäude um 25 % gestiegen (unter Zugzwang)
- Weit über 1 Mio. alter Gebäude und Heizungen müssen in den kommenden Jahren erneuert und energetisch saniert werden
- Auch die Hersteller von Lüftungsgeräten sind in der Pflicht. Seit 1.1.2016 (in Zusammenhang mit der Ökodesign-Richtlinie) unterscheidet man bei Gebäudearten (Wohn- und Nichtwohngebäude), Geräteart, Volumenstrom, Ventilatoreneffizienz, Strombedarf
- Wärmerückgewinnung (CE-Zeichen)

439.3 Energieeffizienzklassen nach EnEV 2016 für Bestandsgebäude*)

Luft/Wasser-Wärmepumpe	Sole/Wasser-Wärmepumpe	Gas- oder Ölbrennwert	Brennwert + solare TWE	Fernwärme	Speicherheiz- + Durchlauferh.	Holzpellet-Heizung
74,4 kWh/m²·a	52,8 kWh/m²·a	185,9 kWh/m²·a	170,6 kWh/m²·a	190,2 kWh/m²·a	169,3 kWh/m²·a	254 kWh/m²·a
C	B	G	F	G	F	H

*) Einfamilienhaus, Baujahr 1985, Gebäudenutzfläche 156 m², beheizte Wohnfläche 100 m², mittlerer *U*-Wert der unsanierten Gebäudehülle 0,86 W/m²·K

439.4 Energieeffizienzklassen nach EnEV 2016 für Neubauten

Luft/Wasser-Wärmepumpe	Sole/Wasser-Wärmepumpe	Gas-/Ölbrennwert		Holzpellet-heizung
		optim. Gebäudehülle	optimierte Anlage	
30,9 kWh/m²·a	24,1 kWh/m²·a	52,5 kWh/m²·a	51,9 kWh/m²·a	117,1 kWh/m²·a
A	A+	B	B	D

439.5 *U*-Werte für Wohngebäude (EnEV 2014), *Weitere Hinweise

Bauteil		Ausführung (Einteilung)	*U*-Wert W/(m²·K)
Kellerboden		Innendämmung	≤ 0,50
Kellerwände		Perimeterdämmung	≤ 0,30
		Innendämmung	≤ 0,30
Kellerdecke		Dämm. auf Decke	≤ 0,30
		Dämm. unter Decke	≤ 0,30
Außenwand	außen	Wärmedämm-Verbundsystem (WDVS)	≤ 0,24
		Vorhangfassade	≤ 0,24
		Kerndämmung	≤ 0,24
	innen	Innendämmung	≤ 0,35
Flachdach		Warmdach	≤ 0,20
		Kaltdach	≤ 0,20
		Umkehrdach	≤ 0,20

Bauteil	Ausführung (Einteilung)		*U*-Wert W/(m²·K)
Oberste Geschossdecke	Geschossdecke	begehbar	≤ 0,24
		nicht begehb.	≤ 0,24
Steildach	Zwischensparrendämm.		≤ 0,24
	Untersparrendämmung		≤ 0,24
	Aufsparrendämmung		≤ 0,24
Fenster	Fenster normal		≤ 1,3
	Verglasung		≤ 1,1
	Dachflächenfenster		≤ 1,4
	Glasvorhangfassade		≤ 1,5
	Glasdach/Wintergarten		≤ 2,0
	Sonderverglasung		≤ 1,6

*) Einfluss der **Dämmdicke** auf *U*-Wert (s. 446.1).

U-Werte für **Fenster** (Verglasungen) (s. 446.3); Einfachverglasung mind. 3x höher als Dreifachverglasung (s. 446.3); Pauschalwerte für *U*-Werte (s. 447); zusätzlich gedämmte Gebäude (s. 447.1); *U*-Werte z. B. für Schwimmbäder (s. 542.2)

440.1 Wesentliche Hinweise zum Energieausweis GEG 2023

Energieeffizienzklassen und Energiebedarf

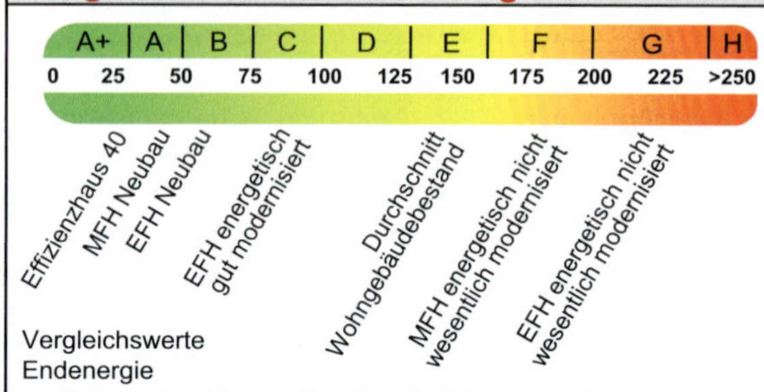

Im Beispiel auf Seite 432 beträgt der Primärenergiebedarf 90 und der Endenergiebedarf 85 kWh/(m² · a).

- Anhand des Energieausweises wird der energetische Zustand eines Gebäudes dokumentiert. Die Bewertung erfolgt anhand von 9 **Effizienzklassen** von A+ (hohe Effizienz) bis H (geringe Effizienz), vergleichbar mit Elektrogeräten. Gegenüber EnEV 2009 ist die Skalierung auf dem **Bandtacho** von 0 bis 400 auf 0 bis 250 kWh/(m² · a) geändert worden. Im Beispiel auf Seite 437 beträgt der Endenergiebedarf 85 und der Primärenergiebedarf 90 kWh/(m² · a).
- Der Ausweis dient im Wesentlichen zur Information und um einen überschlägigen Vergleich von Gebäuden zu ermöglichen, vorwiegend hinsichtlich zur Einsparung von Energie in Gebäuden.
- Wird vor dem Verkauf eine Immobilienanzeige in kommerziellen Medien aufgegeben und liegt zu diesem Zeitpunkt ein Ausweis vor, muss der Verkäufer sicherstellen, dass in der Anzeige folgende **Pflichtangaben** angegeben werden: 1. Art des Energieausweises (nach Bedarf oder Verbrauch); 2. Wert des Endenergiebedarfs oder -verbrauchs des Gebäudes; 3. die im Ausweis genannten Energieträger für die Gebäudeheizung; 4. bei Wohngebäude das im Ausweis genannte Baujahr und die dort genannte Energieeffizienzklasse. Bei Nichtwohngebäuden müssen Bedarf oder Verbrauch für Wärme und Strom getrennt aufgeführt werden.
- Wer die Anzeigepflicht vorsätzlich oder leichtsinnig nicht erfüllt, handelt ordnungswidrig und könnte mit **Geldstrafen** bis 15 000 Euro belangt werden (Inkrafttreten ab 1.5.2015).
- Bei der **Beschreibung des Gebäudes** interessieren: Gebäudetyp, Adresse, Gebäudeteil, Baujahr Gebäude, Baujahr Wärmeerzeuger, Wohnungsanzahl, Gebäudenutzfläche, wesentliche Energieträger – Heizung und Warmwasser, erneuerbare Energien, Art der Lüftung/Kühlung (Fensterlüftung, Schachtlüftung mit Wärmerückgewinnung (RGW)), ohne WRG, Anlage zur Kühlung (jeweils zum Ankreuzen)
  Anlass der Ausweisausstellung: Neubau, Modernisierung (Änderung, Erweiterung), Vermietung/Verkauf
- In weiteren Ausweisformularen geht es um Empfehlungen und Hinweise zu Gebäudequalität, Energiebedarf und -verbrauch, Verwendung des Ausweises, Modernisierungsempfehlungen u. a.
- Zu den neuen Bestimmungen gehören die verpflichtenden **Angaben energetischer Kennwerte** von Wohn- und Nichtwohngebäuden. Wer eine Immobilienanzeige aufgibt, muss jetzt exakte Angaben zum energetischen Zustand der Wohnung machen. **Pflichtangaben** in Immobilienanzeigen sind die Art des Energieausweises (Bedarfs- oder Verbrauchsausweis), der Energiekennwert, der Energieträger der Heizung, das Baujahr des Gebäudes, die Energieeffizienzklasse; dies alles, wenn ein Energieausweis der neuen EnEV vorliegt.
- **Energiekennwerte** werden nicht mehr auf die Gebäudenutzfläche, wie bei EnEV 2009, **sondern auf die Wohnfläche** bezogen. Falls ein Ausweis nach altem Recht vorliegt, müssen keine Effizienzklassen aufgeführt werden.
- Wenn ein Gebäude verkauft oder vermietet werden soll, muss der **Energieausweis schon bei der Besichtigung vorgelegt** werden (bisher nur auf Verlangen des Käufers bzw. Mieters).
- Bei Abschluss des Miet- oder Verkaufsvertrags muss der Ausweis unmittelbar übergeben werden.
- Neu für die Ausweise sind **Stichprobenkontrollen, ebenso Inspektionen von Klimaanlagen**.
- Nach Fertigstellung eines neuen Gebäudes oder bei sanierten Gebäuden, bei denen energetische Berechnungen des Jahres-Primärenergiebedarfs durchgeführt wurden, muss **dem Eigentümer unverzüglich ein Energieausweis ausgestellt** und übergeben werden.
- In **behördlich genutzten Gebäuden** mit einer Nutzfläche von mehr als 500 m² (seit 8.7.2015 mehr als 250 m²) muss der Ausweis ausgehängt werden, **ebenfalls bei privaten Eigentümern** von Gebäuden mit starkem Publikumsverkehr und ab 500 m² Nutzfläche.
- Bei großen Wohngebäuden (> 1500 m³ Luftvolumen) bestehen künftig **Anforderungen an die Luftdichtheit**.

440.2 Aufstellung des Energiebedarfs auf dem Ausweis für Nichtwohngebäude

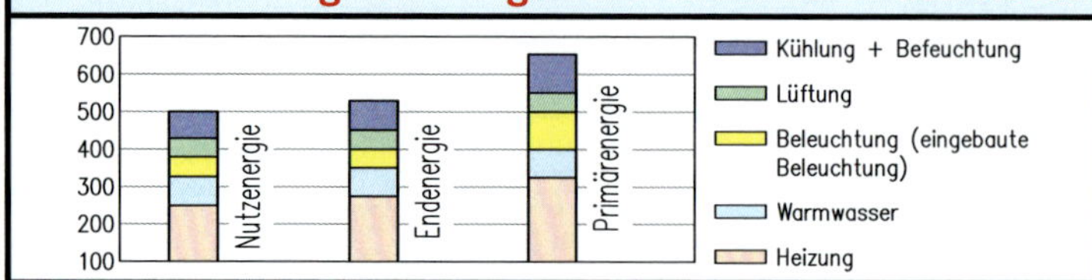

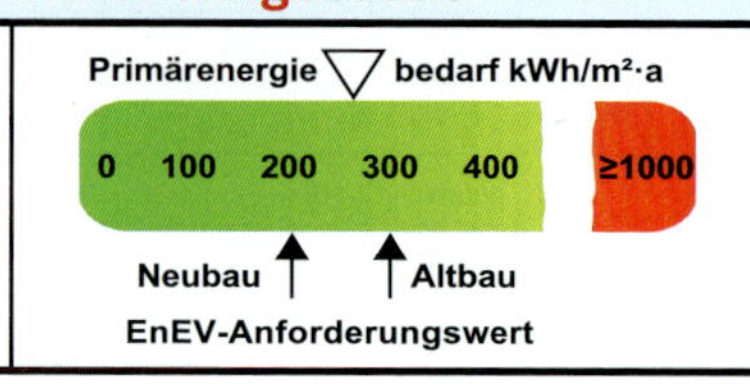

441.1 Energieausweise für Wohngebäude — GEG 2023

ENERGIEAUSWEIS für Wohngebäude

gemäß den §§ 79 ff. Gebäudeenergiegesetz (GEG) vom [1]

Berechneter Energiebedarf des Gebäudes Registriernummer: ______ **2**

Energiebedarf

Treibhausgasemissionen ______ kg CO_2-Äquivalent /(m²·a)

Endenergiebedarf dieses Gebäudes ______ kWh/(m²·a)

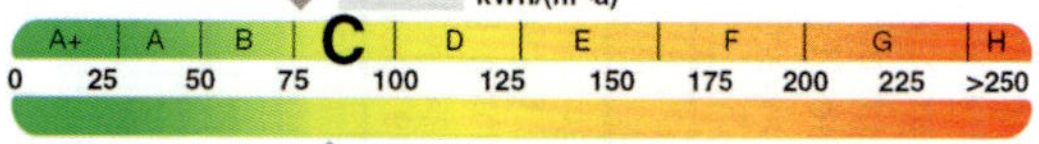

______ kWh/(m²·a) Primärenergiebedarf dieses Gebäudes

Anforderungen gemäß GEG [2]

Primärenergiebedarf

Ist-Wert ______ kWh/(m²·a) Anforderungswert ______ kWh/(m²·a)

Energetische Qualität der Gebäudehülle H_T'

Ist-Wert ______ W/(m²·K) Anforderungswert ______ W/(m²·K)

Sommerlicher Wärmeschutz (bei Neubau) ☐ eingehalten

Für Energiebedarfsberechnungen verwendetes Verfahren

☐ Verfahren nach DIN V 18599
☐ Regelung nach § 31 GEG („Modellgebäudeverfahren")
☐ Vereinfachungen nach § 50 Absatz 4 GEG

Endenergiebedarf dieses Gebäudes [Pflichtangabe in Immobilienanzeigen] ______ kWh/(m²·a)

Angaben zur Nutzung erneuerbarer Energien

Nutzung erneuerbarer Energien[5]: ○ für Heizung ○ für Warmwasser

☐ **Nutzung zur Erfüllung der 65%-EE-Regel gemäß § 71 Absatz 1 in Verbindung mit Absatz 2 oder 3 GEG**

☐ Erfüllung der 65%-EE-Regel durch pauschale Erfüllungsoptionen nach § 71 Absatz 1,3,4 und 5 in Verbindung mit § 71b bis h GEG [3]

- ○ Hausübergabestation (Wärmenetz) (§ 71b)
- ○ Wärmepumpe (§ 71c)
- ○ Stromdirektheizung (§ 71d)
- ○ Solarthermische Anlage (§ 71e)
- ○ Heizungsanlage für Biomasse oder Wasserstoff/-derivate (§ 71f,g)
- ○ Wärmepumpen-Hybridheizung (§ 71h)
- ○ Solarthermie-Hybridheizung (§ 71h)
- ○ Dezentrale, elektrische Warmwasserbereitung (§ 71 Absatz 5)

☐ Erfüllung der 65%-EE-Regel auf Grundlage einer Berechnung im Einzelfall nach § 71 Absatz 2 GEG:

Art der erneuerbaren Energie:	Anteil Wärmebereitstellung[6]:	Anteil EE[5] der Einzelanlage:	Anteil EE[6] aller Anlagen[7]:
	%	%	%
	%	%	%
		Summe[8]:	%

☐ Nutzung bei Anlagen, für die die 65%-EE-Regel nicht gilt[9]:

Art der erneuerbaren Energie:	Anteil EE[10]:
	%
	%
Summe[8]:	%

☐ weitere Einträge und Erläuterungen in der Anlage

Vergleichswerte Endenergie [4]

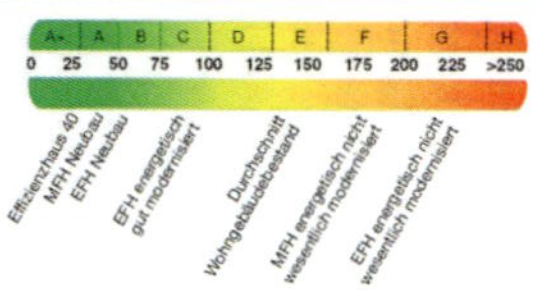

Erläuterungen zum Berechnungsverfahren

Das GEG lässt für die Berechnung des Energiebedarfs unterschiedliche Verfahren zu, die im Einzelfall zu unterschiedlichen Ergebnissen führen können. Insbesondere wegen standardisierter Randbedingungen erlauben die angegebenen Werte keine Rückschlüsse auf den tatsächlichen Energieverbrauch. Die ausgewiesenen Bedarfswerte der Skala sind spezifische Werte nach dem GEG pro Quadratmeter Gebäudenutzfläche (A_N), die im Allgemeinen größer ist als die Wohnfläche des Gebäudes.

[1] siehe Fußnote 1 auf Seite 1 des Energieausweises
[2] nur bei Neubau sowie bei Modernisierung im Fall des § 80 Absatz 2 GEG
[3] Mehrfachnennungen möglich
[4] EFH: Einfamilienhaus, MFH: Mehrfamilienhaus
[5] Anteil der Einzelanlage an der Wärmebereitstellung aller Anlagen
[6] Anteil EE an der Wärmebereitstellung der Einzelanlage/aller Anlagen
[7] nur bei einem gemeinsamen Nachweis mit mehreren Anlagen
[8] Summe einschließlich gegebenenfalls weiterer Einträge in der Anlage
[9] Anlagen, die vor dem 1. Januar 2024 zum Zweck der Inbetriebnahme in einem Gebäude eingebaut oder aufgestellt worden sind oder einer Übergangsregelung unterfallen, gemäß Berechnung im Einzelfall
[10] Anteil EE an der Wärmebereitstellung oder dem Wärme-/Kälteenergiebedarf

ENERGIEAUSWEIS für Wohngebäude

gemäß den §§ 79 ff. Gebäudeenergiegesetz (GEG) vom [1]

Erfasster Energieverbrauch des Gebäudes Registriernummer: ______ **3**

Energieverbrauch

Treibhausgasemissionen ______ kg CO_2-Äquivalent /(m²·a)

Endenergieverbrauch dieses Gebäudes ______ kWh/(m²·a)

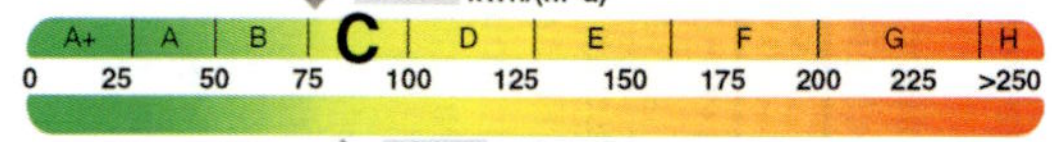

______ kWh/(m²·a) Primärenergieverbrauch dieses Gebäudes

Endenergieverbrauch dieses Gebäudes [Pflichtangabe in Immobilienanzeigen] ______ kWh/(m²·a)

Verbrauchserfassung – Heizung und Warmwasser

Zeitraum von	Zeitraum bis	Energieträger [2]	Primärenergiefaktor	Energieverbrauch [kWh]	Anteil Warmwasser [kWh]	Anteil Heizung [kWh]	Klimafaktor

☐ weitere Einträge in Anlage

Vergleichswerte Endenergie [3]

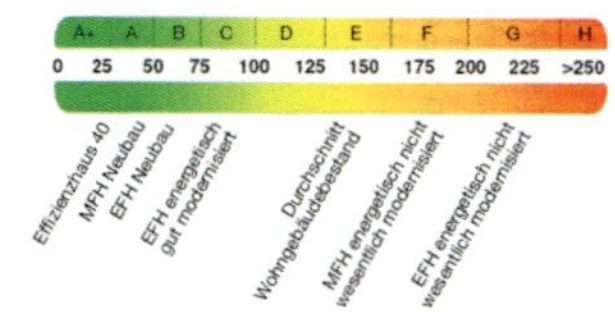

Die modellhaft ermittelten Vergleichswerte beziehen sich auf Gebäude, in denen die Wärme für Heizung und Warmwasser durch Heizkessel im Gebäude bereitgestellt wird.
Soll ein Energieverbrauch eines an ein Wärmenetz angeschlossenen Gebäudes verglichen werden, ist zu beachten, dass hier normalerweise ein um 15 bis 30 % geringerer Energieverbrauch als bei vergleichbaren Gebäuden mit Kesselheizung zu erwarten ist.

Erläuterungen zum Verfahren

Das Verfahren zur Ermittlung des Energieverbrauchs ist durch das GEG vorgegeben. Die Werte der Skala sind spezifische Werte pro Quadratmeter Gebäudenutzfläche (A_N) nach dem GEG, die im Allgemeinen größer ist als die Wohnfläche des Gebäudes. Der tatsächliche Energieverbrauch eines Gebäudes weicht insbesondere wegen des Witterungseinflusses und sich ändernden Nutzerverhaltens vom angegebenen Energieverbrauch ab.

[1] siehe Fußnote 1 auf Seite 1 des Energieausweises
[2] gegebenenfalls auch Leerstandszuschläge, Warmwasser- oder Kühlpauschale in kWh
[3] EFH: Einfamilienhaus, MFH: Mehrfamilienhaus

442.1 Wärme- und Energiewende (s. 409.1)

- **Wärmewende:** Trotz ihrer zentralen Bedeutung für die Energiewende bleibt sie hinter ihren Möglichkeiten zurück. Die Modernisierung geht noch zu langsam. Grund: Mindestens 40 % aller Heizungsanlagen in Deutschland sollen veraltet oder ineffizient sein.
- **Energiewende:** Heißt eigentlich „Sektorenkopplung", d. h. dass eine Verflechtung von Wärme, Strom und Verkehr technologisch und wirtschaftlich zusammenwachsen müssen. In der SHK-Branche geht es um Strom und Wärme, wie z. B. bei BHKW und Hybridheizungen (s. 423.7). Die Einbeziehung der fossilen Energieträger Gas und Öl wird lange einbezogen. • Sehr wichtig ist auch ein energieeffizientes Bauen (Baustoffe, Bauweise, Wärmedämmung). SHK- und Baubranche sind immer mehr voneinander abhängig. Das vorgesehene Gebäudeenergiegesetz (GEG) sollte am 1.3.18 in Kraft treten, wurde jedoch Ende 2017 zurückgezogen.

442.2 Erneuerbare-Energien-Wärmegesetz (EEWärmeG)

Ziel des Gesetzes: Unter Wahrung der wirtschaftlichen Vertretbarkeit den Anteil erneuerbarer Energien (EE) am Endenergieverbrauch für Wärme (Raum-, Kühl- und Prozesswärme sowie Warmwasser) bis 2020 um 14 % zu erhöhen.

- **EE im Sinne des Gesetzes:** 1. Solare Strahlungsenergie; 2. Wärme aus Erdboden (Geothermie); 3. Umweltwärme aus Luft oder Wasser; 4. Biomasse (fest, flüssig oder gasförmig)
- **Eigentümer von neuerstellten Gebäuden** (> 50 m² Nutzfläche) müssen den Wärmeenergiebedarf durch folgende EE-Anteile decken: **Nutzungspflicht**.
- Länder können eine Pflicht zur Nutzung von EE auch bei bereits errichteten Gebäuden festlegen.
- **Ausgenommen von der Nutzungspflicht** sind spezielle Gebäude entsprechend EnEV.
- Nutzungspflicht entfällt bei Erfüllung der Ersatzmaßnahmen oder Befreiung durch zuständige Behörde.
- **Ersatzmaßnahmen sind erfüllt, wenn:**
  - Wärmeenergiebedarf zu mind. 50 % gedeckt wird: aus Anlagen zur Abwärmenutzung durch Wärmepumpen, RLT-Anlagen mit Wärmerückgewinnung (η mind 70 %) und Leistungszahl mind. 10 (bezogen auf Stromeinsatz für Betrieb),
  - der max. Jahresprimärenergiebedarf und die Anforderungen an die **Wärmedämmung** nach EnEV um mindestens 15 % unterschreiten,
  - Wärmeenergiebedarf direkt aus einem Nah- oder Fernwärmenetz gedeckt wird, wobei der EE-Anteil zu mind. 50 % aus Anlagen zur Nutzung von Abwärme oder aus KWK-Anlagen.

• Bei **Nutzung solarer Strahlungsenergie** wird für Wohngebäude ein EE-Anteil gefordert von	15%
erreicht durch folgende **Kollektorfläche** (Aperturfläche) je m² Nutzfläche (max. 2 Wohn.)	0,04
bei mehr als 2 Wohn.	0,03
• Bei **Wärmepumpen** (elektr. Antrieb) werden folgende **Jahresarbeitszahlen** gefordert: bei Luft/Wasser und Luft/Luft-WP	3,5*
bei allen anderen Wärmepumpen (WP)	4,0*
* bei TWE (WP oder andere EE)	3,36
• Bei **Biomasse**: EE-Anteil bei flüssiger Biomasse	bzw.
(Nachhaltigkeitsverordnung beachten) und bei	3,8
fester Biomasse (Holz), gasförm. Biomasse	50%
(nur Nutzung in BHKW)	30%

- Die Verpflichteten müssen **Nachweise** erbringen.
- Zuständige **Behörden überprüfen** die Pflichterfüllung.
- Es gibt Bestrebungen, die EnEV und das EEWärmeG zusammenzufassen, letztlich um die Anforderungen aus der Gebäudeeffizienzrichtline umzusetzen. Uneinigkeit bei den Ländern bezüglich einer Novellierung des EEWärmeG führte dazu, dass Länder eigene Maßnahmen getroffen haben.
- So hat z. B. Baden-Württemberg für Wohn- und Nichtwohngebäude ein eigenes EWärmeG herausgebracht, das am 1.7.15 novelliert wurde. Wesentlich dabei ist die Pflicht, dass z. B. bei Austausch eines Heizungskessels mindestens 15 % des jährlichen Energiebedarfs durch erneuerbare Energien gedeckt werden müssen.
- EEWärmegesetz bezieht sich vor allem auf PV-Anlagen.

442.3 Inhaltsverzeichnis des EEWärmeG

Allgemeine Bestimmungen: **§ 1** Zweck und Ziel des Gesetzes, **§ 2** Begriffsbestimmungen; Nutzung Erneuerbarer Energien: **§ 3** Nutzungspflicht, **§ 4** Geltungsbereich der Nutzungspflicht, **§ 5** Anteil Ernerb. Energien, **§ 6** Versorgung mehrerer Gebäude, **§ 7** Ersatzmaßnahmen, **§ 8** Kombinationen, **§ 9** Ausnahmen, **§ 10** Nachweise, **§ 11** Überprüfung, **§ 12** Zuständigkeit; Finanzielle Unterstützung: **§ 13** Fördermittel, **§ 14** Geförderte Maßnahmen, **§ 15** Verhältnis zu Nutzungspflichten; Schlussbestimmungen: **§ 16** Anschluss und Benutzungszwang, **§ 17** Bußgeldvorschriften, **§ 18** Erfahrungsbericht, **§ 19** Übergangsvorschrift, **§ 20** Inkrafttreten

442.4 Austauschpflicht für 30 Jahre alte Öl- und Gaskessel

Stichtag 1.1.1985

vorher eingebaut → Vor Stichtag eingebaute Kessel müssen **ab 2015 außer Betrieb genommen werden.**

nachher eingebaut → Bei nach dem 1.1.1985 eingebauten Anlagen müssen die Kessel **nach 30 Jahren ersetzt werden.**

gilt unabhängig davon, ob zwischenzeitlich ein neuer Brenner eingebaut wurde, bzw. der Kessel die nach der 1. BImSchV erforderliche Emissionsgrenze noch einhält

Ausnahmen, d. h. von der Verpflichtung befreit:
- Niedrigtemperatur- und Brennwertkessel
- Heizkesselleistung kleiner 4 kW, größer 400 kW
- Heizkessel ausschließl. für Trinkwassererwärmung
- 1- und 2-Familienhausbesitzer, die am Stichtag 1.2.2002 in ihrem Haus mindestens eine Wohnung selbst genutzt haben. Bei Eigentumswechsel gilt die Austauschpflicht innerhalb von zwei Jahren.

443.1 Aufgabenbereich: Heizung – Lüftung – Klima (Planung, Installation, Betrieb)

Zentralheizungsanlagen (Systeme)	• Warmwasserheizungsanlagen (s. 443.2) • Luftheizungen (Wasser-Luft) (s. 536.2) • Strahlungsheiz. z.B. Fußbodenh., Strahlpl. • Kombinationen: z.B. Solar- und Pelletheiz. Wärmepumpenh. und Brennwertgerät • Heißwasserheizungen } Industrieanl. • Dampfheizungen } Prozesstechnik	Feuerungs- und Energietechnik	• Öl- und Gasfeuerung, Abgasanl. • Erneuerbare Energien (s. 409.1) • Energiemanagement (s. 406.1)
		Trinkwassererwärmung (TWE)	• Zentralanlagen (Einbindung in Heizungsanlage), Speichersysteme • solarthermische Anlagen (s. 416.2)
Raumlufttechnische Anlagen (RLT) und Geräte	• Lüftungsanlagen, Lüftungsgeräte • Luftheizungen (Nur-Luft) } mit oder ohne Lüftung • Teilklimaanlagen, -geräte } • Voll-Klimaanlagen } • Kühlflächen (z.B. spezielle Kühldecken) • Wärmerückgewinnungsanlagen	Regelungsanlagen	• Heizung, RLT, TWE; Prozesse u.a. • Gebäudeautomation (s. 67.3)
		Spezielle Aufgabenbereiche und Randgebiete	Umweltschutz, Wärme-, Schall-, Brand- und Korrosionsschutz, Fernwärme, Elektrotechnik, Rohrleitungsbau, Sanierungen, Messtechnik, Energieberatung, Wartungen, Angebotswesen, Kältetechnik u.a.
Prozesstechnische Anlagen	z.B. Trocknungsanlagen, Entstaubungsanlagen, Absaugeanlagen, Förderanlagen, Produktionsstätten		

443.2 Anforderungen an eine Heizungsanlage[1)]

1	wirtschaftliche Gesichtspunkte	Systemwahl, Energieform, Regelung, Qualität der Bauteile, Einbindung der Trinkwassererwärmung, Wärmedämmung, kontrollierte Lüftung, Wartung, optimale Montage
2	ökologische Gesichtspunkte	Energieeinsparmaßnahmen, min. Emissionswerte, Einsatz von erneuerbaren Energien, Nachhaltigkeit, Gewässerschutz, Nutzung von Umweltwärme, Recycling, Entsorgung
3	Maßnahmen für Anlagenbetrieb	störungsfreier Betrieb, hohe Betriebssicherheit, Beachtung von Vorschriften, sorgfältige Einregulierung, Wartungsvertrag, Kundenberatung, optimale Nutzung, Teillastbetrieb
4	Komfortanspruch, Behaglichkeit	gute Temperaturverteilung, einfache Bedienung, keine Geräusche, schnelle Anpassung, keine Zugerscheinung, ausreichendes Warmwasser, keine Staubumwälzung

[1)] Die Hinweise sind übergreifend; z.B. bezieht sich Energieeinsparung oder Regelung auf alle 4 Gruppen.

Einteilung von Warmwasserheizungen nach: **Energieart** (Wärmequelle, Feuerung), **Energienutzung** (Heizwert, Brennwert, erneuerb. Energie), **Wärmeerzeuger** (Bauart, Aufstellungsort), **Raumheizflächen**, **Wassertemperatur** (ϑ_V, $\Delta\vartheta$), **Rohrführung und Rohrmaterial, Kombinationen** (z.B. mit TWE, Solar, Lüftung, Wärmerückgewinnung)

443.3 Bewertung der wesentlichen Heizungssysteme für Komforträume

Anlagenbewertung[1)] hinsichtlich:	Raumheizkörper[2)]		Warmluftheizung[2) 3) 4)]	Fußbodenheizung[4)]	Decken-Strahlplattenheizung[4)]
	$\vartheta_V > 70$ °C	NT: bis 50 °C			
Temperaturverteilung (Behaglichkeit)	befriedigend	gut	befried./schlecht	gut	befriedigend
wirtschaftliche Betriebsweise	befriedigend	gut	befriedigend	gut	gut/befried.
Wärmetransport	befried./schlecht	gut	befriedigend	gut/befried.	gut
Trägheit	gut/befried.	gut/befried.	gut	befriedigend	gut
Anpassungsfähigkeit	gut/befried.	gut	gut/befried.	befriedigend	gut/befried.
Selbstregelfähigkeit	befriedigend	befriedigend	schlecht	gut	befriedigend
Einzelraumregelung	gut/befried.	gut	gut/befried.	befriedigend	gut
nachträgliche Änderung	gut	gut	schlecht	schlecht	gut/befried.
Hygiene (Aufwand)	gut/befried.	gut/befried.	befried./schlecht	gut	gut
Platzbedarf (Raum)	gut/befried.	gut	gut/befried.	gut	gut
Anschaffungskosten	gut	gut/befried.	gut/befried.	befr./schlecht	befriedigend

[1)] Stark abhängig von baulichen Gegebenheiten, Nutzung und Betriebsweise. [2)] Ebenso von Heizkörperart, Temperatur, Regelung, Montageort. [3)] Abhängig von System (z.B. zentral, dezentral, Wasser-Luft, nur Luft), Lüftungsforderung, Luftführung. [4)] Abhängig von System, Bodenaufbau (bei FBH), Regelung, Betriebweise, Raumnutzung, Gebäudezustand (z.B. Wärmedämmung).

444.1 Hinweise für Planung, Ausführung und Betrieb einer Anlage (Projektbearbeitung[1])

1. Kundenkontakt – Beratung – Analysen

- Feststellung der Kundenwünsche und Erwartungen
- Analyse hinsichtlich Bauausführung, Nutzung (Gewerbebetriebe); Aufzeigen von Anlagenvarianten
- Kosteneinschätzung, Info über Nebenkosten (Altbau)
- Energieversorgung und -beratung, Förderprogramme
- Hinweise zur Optimierung: Gebäude/Anlage (EnEV)

2. Angebotserstellung – Vorschläge – Erläuterungen

- Angebotsausarbeitung mit Alternativvorschlägen einschließlich Begründung der Preisunterschiede (Betriebskosten, Komfort, Qualität, Umwelt u. a.)
- Angebot über neue Technologien, Referenzanlagen
- Aufzeigen von Erweiterungsmöglichkeiten (Neubau)
- Sanierungsvorschläge und Erweiterungsmöglichkeiten beim Altbau, Zusatz- und Nebenkosten

3. Entwurfsplanung – Projektierung – Berechnung

- Planung und skizzenhafte Darstellung der gewählten Anlage in Bauplänen (Zentrale, Heizflächen und Apparate, Rohrführung, bei RLT-Anlage: Zentrale, Luftleitungen und Luftdurchlässe, Durchbrüche)
- Berechnung der Heizlast sowie bei RLT-Anlagen aller Lasten und Volumenströme
- Bemessung der Raumheizflächen und Zubehör
- Auslegung des Wärmeerzeugers einschl. Regelung
- Bemessung der sicherheitstechnischen Ausrüstung und Armaturen, Ventilbemessung, Regelung
- Festlegung der Abgasanlage/Vorschriften
- Brennstoffwahl, -versorgung, -lagerung
- Festlegung der Rohrführung, Rohrnetzberechnung
- Bemessung der Trinkwassererwärmung (Speicher, Regelung, Solarnutzung, hydraulische Einbindung)
- Erstellung von Montagepläne (Grundriss, Rohrschema, evtl. Detaildarstellungen)
- Erstellung von Massenauszügen, Montagezeit

4. Auftragsdurchführung – Montageablauf

- Bestellung und Bereitstellung sämtlicher Bauteile
- optimale Zusammenstellung von Montageunterlagen und Montagepersonal, störungsfreier Montageablauf, evtl. Unregelmäßigkeiten (z. B. bauliche Änderungen) umgehend klären
- Absprache mit anderen auf der Baustelle tätigen Gewerken, Einhaltung von Terminen
- sorgfältiger Montageablauf, z. B. hinsichtlich Funktion, Sicherheit, Schall-, Wärme-, Brandschutz
- Einregulierung der Anlage, hydraulischer Abgleich
- Überprüfung der Anlage (evtl. Nachbess.) Abnahme
- Einweisung, Angebot über Wartungsvertrag

5. Anlagenbetreuung – Kontrollarbeiten

- regelmäßige Wartung und lfd. Kontrolle (Energieverbrauch, Sicherheit, Werterhaltung, Umwelt)
- Aufklärung über optimales Nutzerverhalten (z. B. hinsichtlich Energieeinsparung u. a.)

[1] Je nach Anlagenart, baulichen oder anderen Bedingungen ist die Reihenfolge der Hinweise nicht einzuhalten und einzelne Punkte können entfallen. So müssen z. B. für Abschnitt 2 zuvor zahlreiche Hinweise aus Abschnitt 3 vorgenommen werden. Einige Punkte von Abschnitt 1 können hinzukommen.

444.2 Wärmedurchgang durch Bauteile und Temperaturverlauf

Der Wärmedurchgang ist grundlegend für die Wärmeverlust- bzw. Heizlastberechnung, die wiederum grundlegend für die Bemessung nahezu aller Einbauten einer Heizungsanlage ist (s. 36.1).

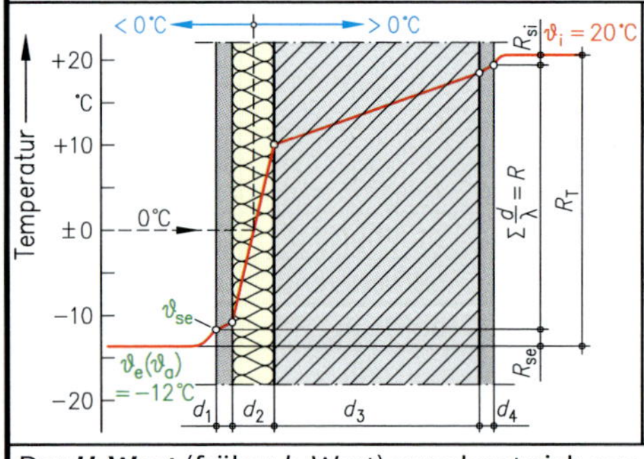

Beispiel: mehrschichtige Außenwand (s. Abb.)

U-Werte s. auch (446, 447)

R_{si} und R_{se} (s. 445.1)

Drei physikalische Vorgänge:

1. Wärmeübergang von Raumluft an die Umgebungsflächen des Raumes
2. Wärmedurchgang (Leitung) durch die einzelnen Bauteilschichten
3. Wärmeübergang von der Wandoberfläche an die umgebende Luft (Außenluft, Nebenraum)

Der ***U*-Wert** (früher *k*-Wert) errechnet sich aus den Wärmedurchlasswiderständen der Bauteilschichten und den beiden Wärmeübergangswiderständen (innen/außen).

$$U = \frac{1}{R_T} \quad \mathrm{W/(m^2 \cdot K)}$$

$$R_T = R_{si} + R_1 + R_2 + \ldots R_n + R_{se} \quad \text{in } \frac{\mathrm{m^2 \cdot K}}{\mathrm{W}}$$

$$= R_{si} + \frac{d_1}{\lambda_1} + \frac{d_2}{\lambda_2} + \ldots \frac{d_n}{\lambda_n} + R_{se}$$

R_T	Wärmedurchgangswiderst. (früher $R_k = 1/k$)
R_{si}	Wärmeübergangswiderstand (innen) = $1/h_{si}$ (früher $R_i = 1/\alpha_i$)
R_{se}	desgl. (außen) (früher $R_a = 1/\alpha_a$)
h	Wärmeübergangskoeffizient: h_{se} (außen) = $1/h_{se}$ h_{si} (innen); früher α_a und α_i
λ	Wärmeleitfähigkeit (s. 445.3)
[Λ]	[Wärmedurchlasskoeffizient λ / d (Bauteil)]
R	Wärmedurchlasswiderstand des jeweiligen Bauteils d / λ (früher $1/\Lambda$)
U	Wärmedurchgangskoeffizient (*U*-Wert)
ϑ_i, ϑ_a	Innen-, Außentemperatur (nach DIN EN 12831: Θ_{int}, Θ_e)

445.1 Innerer und äußerer Wärmeübergangswiderstand R_{si} und R_{se} in (m² · K)/W

Übergang von Luft an Fläche	R_{si}	Übergang von Fläche an Luft					R_{se}
auf Innenseite geschlossener Räume bei natürlicher Luftbewegung an senkrechte Flächen	0,13	an Außenseite von Gebäuden bei mittlerer Windgeschwindigkeit (4 m/s)					0,04
		nach EN ISO 6946:					
bei aufwärts gericht. Wärmestrom	0,10	Windgeschw. (m/s)	1	3	5	7	10
bei abwärts gericht. Wärmestrom	0,17	R_{se} (m² · K)/W	0,08	0,05	0,04	0,03	0,02

Bsp.: Außenwand

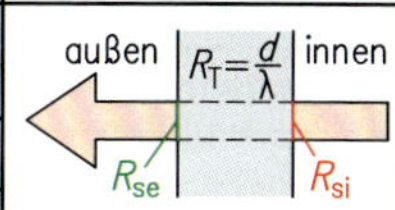

$$R_{ges} = R_{se} + \frac{d}{\lambda} + R_{si}$$

445.2 Wärmedurchlasswiderstände R_g von ruhenden Luftschichten in (m² · K)/W — DIN ISO 6946

Richtung des Wärmestroms aufwärts (Klammer: abwärts)						
Schichtdicke mm	5	7	10	15	25	50
R_g in (m² · K)/W	0,11	0,13	0,15	0,16 (0,17)	0,16 (0,19)	0,16 (0,21)

Richtung des Wärmestroms horizontal					
Luftschicht in mm	5	7	10	15	25–100
R_g in (m² · K)/W	0,11	0,13	0,15	0,17	0,18

445.3 Wärmeleitfähigkeit λ von Bauteilen — DIN V 4108-4

Nr.	Baustoff	ϱ in $\frac{kg}{m^3}$	λ in $\frac{W}{m \cdot K}$	Nr.	Baustoff	ϱ in $\frac{kg}{m^3}$	λ in $\frac{W}{m \cdot K}$
	Putze, Platten, Mauerwerk				**Wärmedämmstoffe**		
1	Putzmörtel (Kalk, Kalkzement)	1800	1,0	26	λ entsprechend Wärmeleitfä-		
2	Zementmörtel	2000	1,6		higkeitsgruppe z. B. WLG 035		0,035
3	Leichtputz ϱ = 1300/1000/700		0,56 ... 0,25		**Verschiedene Stoffe (DIN EN 1252)**		
4	Gipsputz ohne Zuschlag	1200	0,51	27	Asphalt	2100	0,70
5	Wärmedämmputz z. B. WLG	> 200	0,08	28	Bitumen (als Stoff)	1050	0,17
6	Kunstharzputz	1100	0,7	29	Beton (mittlere Rohdichte)	2000	1,35
7	Leichtmauermörtel ϱ = 250 ... 1500		0,1 ... 0,7	30	Beton mit 1% armiert	2300	2,30
8	Zement-Estrich (Anhydrid)	2000	1,4 (1,2)	31	Bodenbeläge Kunststoff	1700	0,25
9	Fliesen	2000	1,0	32	Filzunterlage	120	0,05
10	Leichtbeton; geschloss. Gefüge	1200	0,62	33	Korkfliesen	> 400	0,065
	(je nach ϱ : 800 ... 2000)		0,39 ... 1,6	34	Teppichboden	200	0,06
11	Dampfgehärteter Porenbeton	600	0,19	35	Linoleum, Gummi	1200	0,17
	bei ϱ = 300 ... 1000		0,1 ... 0,3	36	Quarzglas (Glasmosaik ϱ = 2000)	2200	1,4 (1,2)
12	Leichtbeton unter Verwendung			37	Polystyrol	1050	0,16
	von Naturbims	900	0,28	38	Polyamid (Nylon)	1150	0,25
	(bei ϱ = 400 ... 1300)		0,12 ... 0,47	39	Gummi (Naturkautschuk)	910	0,13
13	Porenbeton-Planbauplatten	600	0,19	40	Erdreich (Ton, Schlick, Schlamm)	1500	1,5
14	Leichtbeton-Wandbauplatten	1000	0,37	41	Erdreich (Sand und Kies)	1900	2,0
15	Gips-Wandbauplatten	800	0,41	42	Naturstein (kristallin), Marmor	2800	3,5
16	Gips-Kartonplatten	800	0,25	43	Kunststein	1750	1,3
17	Vollklinker, Hochlochklinker	2000	0,96	44	Holz (Konstruktionsholz)	500	0,13
18	Vollziegel, Hochlochziegel	1800	0,81	45	Spanplatte (zementgebunden)	1200	0,23
	bei ϱ = 1200 ... 2400		0,5 ... 1,4	46	Spanplatte, Holzfaserplatte	600	0,14
19	Hochlochziegel mit Lochung	800	0,34	47	Wasser bei 40 °C	990	0,63
20	Wärmedämmziegel	800	0,23	48	Eis bei −10 °C	920	2,30
21	Kalksandstein (Hüttenstein)	1400	0,7 (0,58)	49	Neuschnee, weich (30 ... 70 mm)	200	0,12
22	Hohlblöcke	800	0,32	50	Aluminiumlegierung	2800	160
23	Vollblöcke ϱ = 450 ... 1000		0,16 ... 0,29	51	Kupfer	2900	380
24	Vollblöcke m. Zuschläge	700	0,33	52	Gusseisen	7500	50
25	Beton-Mauersteine	1000	0,70	53	Zink	7200	110

445.4 Wärmeleitfähigkeit von Baustoffen in W/(m · K)[1)]

Baustoff	λ	Baustoff	λ	Baustoff	λ	Baustoff	λ	Baustoff	λ
Leichtziegel	0,8	Zementmörtel	1,15	Steinwolle	0,042	Kies	0,7	ruhende Luft-	
Beton	1,75	Polystyrol	0,043	Mineralische		Bitumen	0,23	schicht (40 mm)	0,18
Gips	0,35	desgl. extrud.	0,037	Faserdämmst.	0,041	Holz	0,15	Metalllegierung	0,12

[1)] Diese Werte werden für die Beispiele der in DIN EN 12831 berechneten U-Werte zugrunde gelegt.

446.1 Einfluss von Dämmdicke und λ-Wert auf den Wärmedurchgangskoeffizienten U

Beispiel: Dicke des Mauerwerks 36,5 cm	*U*-Wert ohne Wärmedämmung	λ-Werte in W/(m · K)		*U*-Werte der gedämmten Wand, Wärmedämmdicke in cm					
Kalksandstein $\lambda \approx 0{,}7$ W/(m · K) ⇒	1,36 W/(m² · K)	Mauerwerk	Dämmstoff	6	8	10	12	14	16
Ziegel $\lambda \approx 0{,}56$ W/(m · K) ⇒	1,15 W/(m² · K)								
jeweils mit Kalkzementputz 1,5 bzw. 2,5 cm		0,7	0,040	0,45	0,37	0,31	0,27	0,24	0,21
Bei Bsp. Dämmstoffdicke 14 cm, $\lambda = 0{,}04$ W/(m · K) wird der *U*-Wert durch die Wärmedämmung von 1,15 auf 0,23 W/(m² · K) reduziert, d. h. *U*-Wert beträgt nur noch 20 %!			0,030	0,40	0,30	0,25	0,21	0,19	0,17
		0,6	0,040	0,43	0,35	0,30	0,26	0,23	0,21
			0,030	0,35	0,29	0,24	0,21	0,18	0,16

s. 447.2 (EnEV)

Die 2 cm (von 6 auf 8 cm) ergeben eine 3-fach größere *U*-Wert-Verbesserung als die 2 cm von 14 auf 16 cm.

446.2 Einfluss Wärmedämmanordnung auf Temperaturverlauf und Speicherfähigkeit

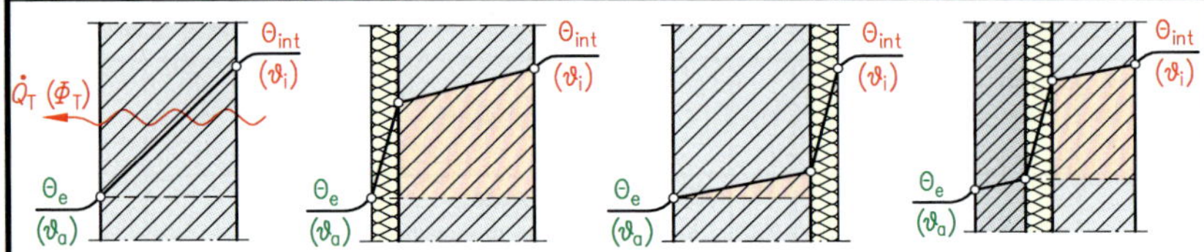

ohne Dämmung | Außendämmung | Innendämmung | Kerndämmung

Speicherkapazität

$Q_{SP} = c \cdot \underbrace{V \cdot \varrho}_{m} \cdot \Delta\Theta$ c in kJ/kg · K

Speicherfähig: z. B. Fußbodenheizung, Bauteilkühlung (Rohre in Decke), Wärmespeicher (Wasser)

Dämmung außen	**großes Speichervermögen** (günstig bei Dauerheizung), langsame Raumauskühlung, Dämpfung von ϑ_a-Schwankungen im Sommer, keine Wärmebrücken und Feuchteschäden, Speicherung von Wärmequellen (z. B. Solarwärme durch Fenster), lange Aufheizzeiten nach langen Heizpausen
Dämmung innen	**geringes Speichervermögen** (günstig bei kurzzeitigem Heizbetrieb), schnelle Raumlufterwärmung, im Sommer oft Überheizung des Raumes (Sonne), kostengünstige Anbringung, evtl. Feuchteprobl.

446.3 Fenster, Verglasungen, *U*-Werte, Dämmmaße

Verglasungen (Holzfenster) Anordnungen und Abmessungen		*U*-Wert W/m² · K	Schalldämmmaß dB	Verglasungen (Holzfenster) Anordnungen und Abmessungen		*U*-Wert W/m² · K	Schalldämmmaß dB
Einfachfenster	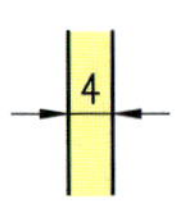	~ 5,7	30	Schallschutzglas	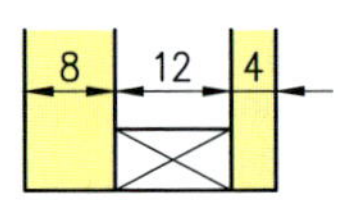	~ 3,0	40
Zweifach-Isolierglas	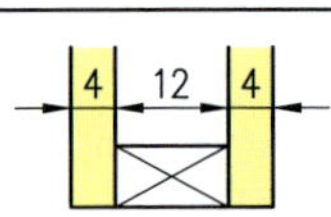	~ 3,3	30	2-fach-Isolierglas, Wärmebeschichtung, Schallschutz	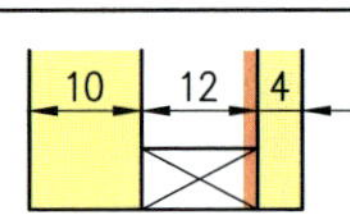	~	43
Zweifach-Isolierglas mit Wärmedämmung	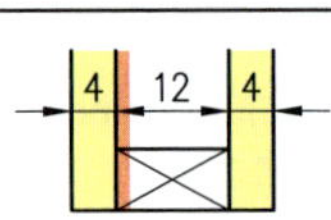	~ 1,7	30	Verbundfenster als Schallschutzfenster	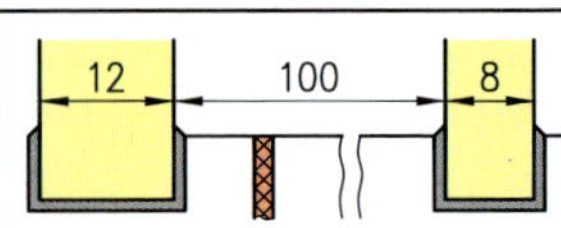	~ 2,0	45
Zweifachverglasung + Wärme- und Sonnenschutz	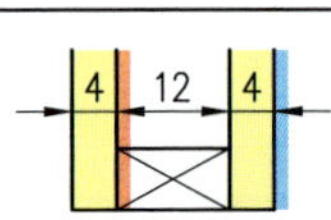	~ 1,8	35	Verbundfenster (Wärme- und Schallschutz)	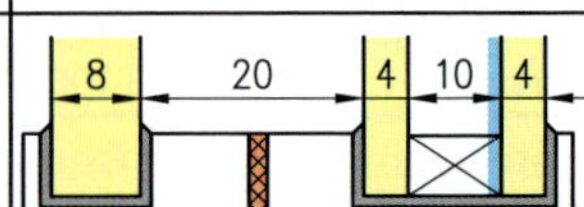	~ 3,0	40
Dreifachverglasung	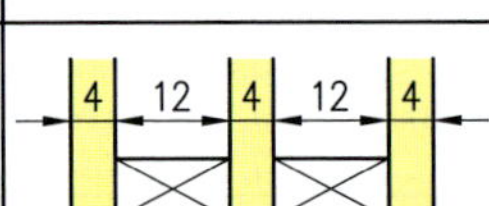	~ 2,0	40	Glasbausteine	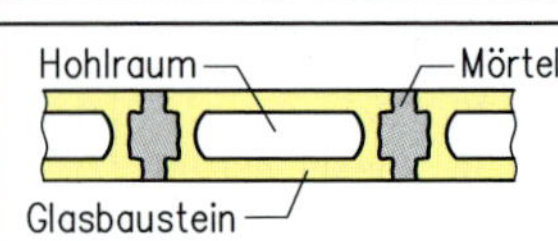	~ 3,6	42

447.1 Pauschalwerte für Wärmedurchgangskoeffizienten DIN EN 12831 Bbl. 3: 2016-12

Bauteil	Konstruktion	Bauteilaltersklassen[1] bis 1918	1919–1948	1949–1957	1958–1968	1969–1978	1979–1983	1984–1994	ab 1995
		Pauschalwerte für den Wärmedurchgangskoeffizienten U in W/m² · K							
Fenster und Fenstertüren [2]	Holzfenster einfach verglast	5,0	5,0	5,0	5,0	5,0	5,0	–	–
	Holzfenster zwei Scheiben	2,0	2,7	2,7	2,7	2,7	2,7	2,7	1,8
	Kunststofffenster, Isolierverglasung	–	–	–	3,0	3,0	3,0	3,0	1,8
	Alu- oder Stahlfenster, Isolierverglasung	–	–	–	4,3	4,3	4,3	4,3	1,8
Rollladenkästen [3]	neu, gedämmt	1,8							
	alt, ungedämmt	3,0							
Türen		3,5							
Außenwand [4]	Massive Konstruktion, Mauerwerk	1,7	1,7	14,4	1,4	1,0	0,8	0,6	0,5
	Holzkonstr. (Fachwerk, Fertighaus)	2,0	2,0	1,4	1,4	0,6	0,6	0,4	0,4
Bauteile gegen Erdreich, Keller	Massive Bauteile	1,2	1,2	1,5	1,0	1,0	0,8	0,6	0,6
	Holzbalkendecke	1,0	0,8	0,8	0,8	0,6	0,6	0,4	0,4
Dach (DG) [5]	Massive Konstruktion, vorw. Flachdächer	2,1	2,1	2,1	2,1	0,6	0,5	0,4	0,3
	Holzkonstruktion, vorw. Steildächer	2,6	1,4	1,4	1,4	0,8	0,5	0,4	0,3
Obere Geschossdecken [6]	Massive Decke	2,1	2,1	2,1	2,1	0,6	0,5	0,4	0,3
	Holzbalkendecke	1,0	0,8	0,8	0,8	0,6	0,4	0,3	0,3

[1] Bei neu eingebauten Bauteilen, insbes. Fenster, Bauteilklasse 1984 bis 1994, betrifft Gebäude, die nach der Wärmeschutzverordnung (24.2.1982) errichtet wurden.
[2] Isolierverglasung, Kastenfenster nach 1995 Wärmeschutzverglasung
[3] In diesem Beiblatt werden Rollladenkästen nicht berücksichtigt
[4] Auch Wände zum Erdreich und in unbeheizten Kellerräumen
[5] Auch Wände zwischen beheiztem und unbeheiztem DG [6] Auch Fußboden gegen außen (auch über Durchfahrten)

447.2 Wärmedurchgangskoeffizienten (*U*-Werte) für zusätzlich gedämmte Bauteile x_1) x_2)

Urzustand	Zusätzliche Dämmung 2 cm	5 cm	8 cm	12 cm	16 cm	20 cm	30 cm	40 cm
	Pauschalwerte für *U*-Werte in W/m² · K							
> 2,5	1,20	0,63	0,53	0,30	0,23	0,19	0,13	0,10
> 2,0 ... 2,5	1,11	0,61	0,42	0,29	0,23	0,19	0,13	0,10
> 1,5 ... 2,0	1,00	0,57	0,40	0,29	0,22	0,18	0,13	0,10
> 1,0 ... 1,5	0,86	0,52	0,38	0,27	0,21	0,18	0,12	0,09
> 0,7 ... 1,0	0,67	0,44	0,33	0,25	0,20	0,17	0,12	0,09
> 0,5 ... 0,7	0,52	0,37	0,29	0,23	0,18	0,16	0,11	0,09
≤ 0,5	0,40	0,31	0,25	020	0,17	0,14	0,11	0,08

x_1) Zahlenwerte nach DIN-EN 12831 Bbl 3: 2016-12

x_2) Quelle: Bekanntmachung gemäß § 9 Abs. 2 der Energieeinsparverordnung 2009 – Vereinfachungen für die Aufnahme geometrischer Abmessungen und die Ermittlung energetischer Kennwerte von Bauteilen und Anlagensystemen sowie Erfahrungswerte für Bauteile und Anlagenkomponenten von bestehenden Wohngebäuden.

- Einfluss von Dämmdicke auf *U*-Wert (s. 446.1)
- *U*-Werte (Pauschalwerte) von Altbauten (s. 447.1)

447.3 Näherungsweise Bestimmung der *U*-Werte (W/m² · K) von Fenstern DIN EN 12831-2016-12

	Verglasung	U_g		Rahmenqualität	U_f
a	Einfachverglasung	5,8	f	Alu-Stahlrahmen ohne thermische Trennung	3,6
b	2-Scheiben-Isolierglas	3,0	g	Alu-Stahlrahmen mit thermischer Trennung	3,1
c	3-Scheiben-Isolierglas	2,1	h	Holz/Kunststoff (Altbau)	2,4
d	2-Scheiben-Wärmeschutzglas	1,3	i	Holz/Kunststoff (Standard)	1,7
e	3-Scheiben-Wärmeschutzglas	0,7	j	Niedrigenergiehausrahmen (Passivhaus)	1,1 (0,6)

447.4 Ergänzende Anmerkungen zum „Fenstereinfluss“

- Bei **Sanierungen** steht die Fenstersanierung im Vordergrund (vor Wärmedämmmaßnahmen).
- **Wärmedämm-Isolierglas** unterscheidet sich vom älteren Glas weniger in der Optik als in seiner Wirkung (Energieeinsparung, Komfort).
- **Energieeinsparung:** vor allem durch geringen *U*-Wert: etwa **1,1 W/m² · K** bei Wärmedämm-Isolierglas, ca. **3 W/m² · K** bei herkömmlichen Isolierglas- und Einfachfenster, ≈ **1,2 W/m² · K ≙ 60 % weniger Wärmeverluste** (hohe Oberflächentemp. unberücksichtigt) d. h. pro m² jährlich ca. 20 l Heizöl.
- Moderne Wärmeschutzverglasungen auch auf **Schallschutz- und Sicherheitsglas** abstimmbar.
- Fensterglas leicht einsetzbar, in der Regel vor Ort.
- Fensterflächentemperatur nahe der Lufttemperatur bedeutet **Energieeinsparung und Komfort in Fensternähe** (Wegfall der „Kaltstrahlung“, s. 525.3)
- **Dreifachverglasungen** verursachen hohe Kosten (in der Regel keine wirtschaftliche Amortisation)
- Vorteilhaft sind im Sommer die geringeren **Solareinträge** (geringere Kühllast, Klimatechik).
- Geringere Lämreintragungen (Schallschutz).

448.1 Außentemperaturen θ'_e [1]) Jahresmittel $\theta_{m,e}$ [2]); Klimazonen KZo — DIN EN 12831 Bbl. 1

Ort[3])	KZo	θ_e	$\theta_{m,e}$	Ort[3])	KZo	θ_e	$\theta_{m,e}$	Ort[3])	KZo	θ_e	$\theta_{m,e}$	Ort[3])	KZo	θ_e	$\theta_{m,e}$
Aachen	5	-10	8,1	Essen	5	-8	8,1	Kiel	2	-9	8,4	Regensburg	13	-13	7,9
Amberg	13	-16	7,9	Feldberg/Sch.	11	-18	3,0	Kleve	5	-10	8,1	Remscheid	6	-9	6,8
Apolda	9	-14	7,9	Finsterwalde	4	-14	9,5	Koblenz	5	-10	8,1	Rostock	2	-10	8,4
Augsburg	13	-14	7,9	Flensburg	3	-10	8,5	Köln	5	-10	8,1	Saarbrücken	6	-10	6,8
Baden-Baden	12	-12	10,2	Frankfurt/M	12	-10	10,2	Konstanz	13	-12	7,9	Salzgitter	3	-12	8,5
Bamberg	13	-14	7,9	Frankfurt/O	4	-14	9,5	Landshut/B	13	-16	7,9	Schwäb.-Hall	13	-12	7,9
Bautzen	10	-16	6,3	Freiburg i. Br.	12	-11	10,2	Leipzig	4	-14	8,7	Schweinfurt	13	-14	7,9
Berchtesgad.	15	-16	6,8	Fürth, Bay.	13	-16	7,9	Leverkusen	5	-9	8,1	Schwerin	4	-11	9,5
Bergen/Rügen	2	-10	8,4	Fulda	7	-14	8,8	Lübbenau	4	-16	9,5	Senftenberg	4	-16	9,5
Berlin	4	-10	9,5	Garmisch-P.	15	-15	6,8	Lübeck	2	-10	8,4	Siegen	6	-10	6,8
Bielefeld	6	-12	6,8	Gelsenkirch.	5	-8	8,1	Magdeburg	4	-13	9,5	Singen,Ho.	13	-14	7,9
Bingen/Rhein	12	-12	10,2	Gera	9	-14	7,9	Mainz	12	-10	10,2	Solingen	6	-12	6,8
Bitterfeld	4	-14	9,5	Giesen	10	-11	6,3	Mannheim	12	-11	10,2	Stade	3	-10	8,5
Bochum	5	-11	8,1	Glauchau	10	-14	6,3	Meißen	4	-13	9,5	Stralsund	2	-10	8,4
Bonn	5	-10	8,1	Görlitz	9	-14	7,9	Memmingen	13	-16	7,9	Straubing	11	-13	3,0
Braunschweig	3	-10	8,5	Göttingen	7	-12	8,8	Mönchenglad.	5	-10	8,1	Stuttgart	12	-12	10,2
Bremen	3	-10	8,5	Goslar	3	-13	8,5	Mühlhausen	8	-14	6,0	Torgau	4	-13	9,5
Bremerhaven	1	-10	9,0	Greifswald	2	-12	8,4	Mülheim/R.	5	-10	8,1	Trier	7	-10	8,8
Celle	3	-12	8,5	Güstrow	4	-12	9,5	München	13	-14	7,9	Tübingen	6	-12	6,8
Chemnitz	9	-14	7,9	Hagen	5	-10	8,1	Münster/W	5	-9	8,1	Ulm, Donau	13	-13	7,9
Coburg	13	-14	7,9	Halle/Saale	4	-14	9,5	Neubrand.	4	-13	9,5	Unna	5	-12	8,1
Cottbus	4	-14	9,5	Hamburg	3	-11	8,5	Neumünster	3	-9	8,5	Villingen/Sch	8	-16	6,0
Cuxhaven	1	-10	9,0	Hamm/Westf.	5	-12	8,1	Neuruppin	4	-13	9,5	Wattenscheid	5	-10	8,1
Darmstadt	12	-10	10,2	Hannover	3	-11	8,5	Nürnberg	13	-14	7,9	Weimar	9	-14	7,9
Dessau	4	-14	9,5	Heidelberg	12	-10	10,2	Oberhausen/R	5	-8	8,1	Weinheim/B	6	-10	6,8
Dortmund	5	-9	8,1	Heidenheim	14	-16	6,8	Oberstdorf	15	-16	6,8	Wernigerode	6	-13	6,8
Dresden	4	-14	9,5	Heilbronn	12	-11	10,2	Offenbach/M	12	-10	10,2	Wetzlar	7	-12	8,8
Düsseldorf	5	-8	8,1	Herne	5	-9	8,1	Oldenburg	3	-10	8,5	Wismar	2	-10	8,4
Eberswalde	4	-14	9,5	Hildesheim	3	-12	8,5	Oranienbg.	4	-13	9,5	Wittenberg	4	-13	9,5
Eisenach	7	-12	8,8	Hof/Saale	11	-15	3,0	Osnabrück	5	-10	8,1	Wolfenbüttel	3	-12	8,5
Eisenhütt.st	4	-16	9,5	Ingolstadt	13	-13	7,9	Paderborn	5	-11	8,1	Wolfsburg	3	-12	8,5
Eisleben	4	-14	9,5	Jena	9	-13	7,9	Passau	13	-12	7,9	Wuppertal	6	-10	6,8
Emden	1	-10	9,0	Kaiserslaut.	6	-10	6,8	Pforzheim	6	-12	6,8	Würzburg	13	-11	7,9
Erfurt	9	-14	7,9	Karlsruhe	12	-11	10,2	Pinneberg	1	-12	9,0	Zweibrücken	6	-9	6,8
Erlangen	13	-13	7,9	Kassel	7	-12	8,8	Plauen	10	-15	6,3	Zwickau	9	-14	7,9

[1]) Unterschied zwischen Außentemperatur und Normtemp.-Außentemperatur (s. 448.1). [2]) $\theta_{m,e}$ (mittlere Außentemperatur) in Übereinstimmung mit DIN 4710; (s. 448.2). [3]) In der DIN EN 12831 Bbl. 1 (**525 Städte**) sind alle Städte mit mehr als 20000 Einwohnern erfasst.

448.2 Übersicht über Klimazonen und Jahresmittel der Außentemperatur — DIN 4710

Zone	Bezeichnung	Repräsentanzstation für Temp.	$\theta_{m,e}$ °C	Zone	Bezeichnung	Repräsentanzstation für Temp.	$\theta_{m,e}$ °C
1	Nordseeküste	Bremerhaven	9,0	9	Thüringisches Becken und sächsisches Hügelland	Chemnitz	7,9
2	Ostseeküste	Rostock-Warnem	8,4				
3	Nordwestdt. Tiefland	Hamburg-Fuhlsb.	8,5	10	südöstl. Mittelgeb. ≤ 1000 m	Hof	6,3
4	Nordostdt. Tiefland	Potsdam	9,5	11	Erzgebirge, Böhmer- und Schwarzwald > 1000m	Fichtelberg	3,0
5	Nordrhein-Westfälische Bucht und Emsland	Essen	8,1	12	Oberrheingraben und unteres Neckartal	Mannheim	10,2
6	nördl. und westl. Mittelgebirge, Randgebiete	Bad Marienburg	6,8	13	schwäbisch-fränk. Stufenland, Alpenvorland	Passau	7,9
7	nördl. und westl. Mittelgebirge, zentrale Bereiche	Kassel	8,8	14	Schwäb. Alb und Baar	Stötten	6,8
8	Oberharz, Schwarzw. mittl.L.	Braunlage	6,0	15	Alpenrand und Täler	Garmisch-Part.	6,8

449.1 Isothermenkarte für Deutschland — DIN EN 12831-Beiblatt 1

- Für **Orte, die nicht in** Tab. 449.1 **enthalten** sind, ist als Außentemperatur der Wert des nächstgelegenen in der Tab. aufgeführten Ortes ähnlicher klimatischer Lage anzusetzen.

- Da Tab. 448.1 nur einen Auszug der Originaltabelle angibt (ca. 20 %), bietet die **Isothermenkarte** evtl. eine bessere Temperaturermittlung.

- Alle Temperaturen sind nur Anhaltswerte und können **witterungsbedingt wesentlich unterschritten** werden.

- In der letzten DIN-Ausgabe wurde die Außentemperatur $\theta(\vartheta)$ – je nach Gebäudespeicherung mit θ_e korrigiert (angehoben): $\boldsymbol{\theta_e = Q_e + Q_e'}$ Temperaturerhöhung +1 bis +4 °C (i. d. R. ohne Bedeutung mehr)

- **Isothermen** sind Linien gleicher Temp., z. B. gilt die −12 °C-Isotherme für Bereiche von −12 °C bis 12,9 °C. **Bereiche zwischen den Isothermen** stellen keine bestimmten Gebiete mit einer fest zugeordneten Temperatur dar.

449.2 Empfohlene Norm-Innentemperaturen θ_{int} — DIN EN 12831-Beiblatt 1: 2008-07

	Raumart	°C		Raumart	°C	Anmerkungen
1	Wohn- und Schlafräume	20	7	Bade- und Duschräume, Bäder, Umkleideräume, Untersuchungszimmer, (generell) jede Nutzung für den unbekleideten Bereich	24	• Norm-Innentemperatur $\boldsymbol{\theta_{int}}$ (ϑ_i) = **empfundene Temperatur** (soll dem Tabellenwert entsprechen) • Lufttemperatur $\boldsymbol{\theta_L}$ = **gemessene Temperatur** = erforderliche Temp. zur Erzielung einer ausreichenden Behaglichkeit. In der Regel: $\boldsymbol{\theta_{int}} > \boldsymbol{\theta_L}$ z. B. bei Strahlungsheizungen, Flächenheizungen $\boldsymbol{\theta_{int}} < \boldsymbol{\theta_L}$ z. B. bei kalten Umgebungsflächen
2	Büroräume, Sitzungszimmer, Ausstellungsräume, Haupttreppenräume, Schalterhallen	20				
3	Hotelzimmer	20	8	WC-Räume	20	
4	Verkaufsräume und Läden allgemein	20	9	beheizte Nebenräume (z. B. Flure, Treppenhäuser)	15	
5	Unterrichtsräume allgemein	20		Empfohlene Werte (soweit vom Auftraggeber keine andere Werte gefordert werden)		
6	Theater- und Konzerträume	20				

Bei **unterbrochenem Heizbetrieb** (z. B. bei Bürogebäuden) muss der Innentemperaturabfall beachtet werden, d. h. um die geforderte Norm-Innentemperatur innerhalb einer bestimmten Zeit wieder zu erreichen, muss evtl. eine zusätzliche Aufheizleistung vereinbart werden (s. 450.1).

450.1 Aufheizleistung für Zeiten der Nichtnutzung zwischen 8 h und 168 h DIN EN 1281/1 2017

Dauer der Nichtnutzung in h	8 Nachtabsenkung in Wohngebäuden				14 Nachtabsenkung in Büros (Einschichtbetr.)				62 Wochenend-absenkung				168 Urlaubsperiode	
Luftwechselrate x₁)	0,1		0,5		0,1		0,5		0,1		0,5		–	
Aufheizdauer x₂)	g	h	g	h	g	h	g	h	g	h	g	h	g	h
0,5	63	16	74	26	88	38	91	56	92	> 100	92	> 100	92	> 100
1	34	10	43	16	50	29	50	43	55	100	55	> 100	55	> 100
2	14	3	21	8	28	18	28	29	32	86	32	> 100	32	> 100
3	5	0	10	2	17	12	18	11	23	73	23	94	22	> 100
4	0	0	3	0	11	7	12	15	17	64	17	84	17	95
6	0	0	0	0	3	1	5	5	10	52	10	70	10	81

x₁) Luftwechsel bei geschlossenen Fenstern und Türen 0,1 h^{-1}
x₂) g: gering (z. B. Leichtbauweise), h: hoch (Massivbau, hohe Räume)

450.2 Temperaturprofile für unterbrochenen Heizbetrieb

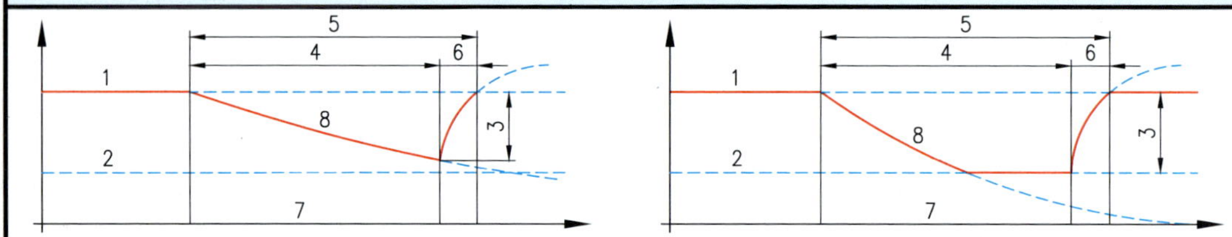

1 Zieltemperatur (Norm-Innentemperatur), 2 Stütztemperatur, 3 Temperaturabfall (Senkung), 4 Absenkperiode, 5 Aufheizdauer, 6 Nichtnutzungsdauer, 7 Zeit, 8 Innentemperatur

a) Freier Temperaturabfall, bis das Aufheizen beginnt; die Innentemperatur bleibt oberhalb der Stütztemperatur.
b) Freier Temperaturabfall, bis zur Stütztemperatur durch Temperaturregelung beibehalten, bis das Aufheizen beginnt.

450.3 Norm-Transmissionswärmeverluste eines Raumes

Φ	Norm-Heizlast eines Raumes = $\Phi_T + \Phi_V$ 1) 2)
Φ_T	Norm-Transmissionswärmeverlust (s. 455.1) = $(H_{T,e} + H_{T,ue} + H_{T,g} + H_{T,j}) \cdot (\Theta_{int} - \Theta_e)$ in W
H 3)	Transmissionswärmeverlust-Koeffizient in W/K wird in Spalte 15 (s. 455.1) eingetragen
Θ_{int}	Norm-Innentemperatur (s. 449.2)
Θ_e	Norm-Außentemperatur (s. 448.1)
Θ_{ue}	Temperatur eines unbeheizten Nebenraums
Θ_j	Temperatur eines beheizten Nebenraums

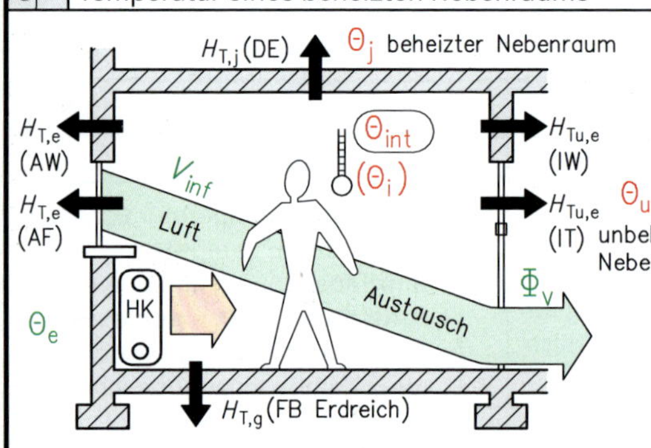

Norm-Transmissionswärmeverlust

Φ_V	Lüftungswärmeverlust = $H_V \cdot (\Theta_{int} - \Theta_e)$: (Infiltration, mech. Lüftung, Mindestwert $\dot{V}_{min}$) Hinweise und Rechenansätze: (s. 453.3)
$H_{T,e}$	Verluste an äußere Umgebung in W/K $= \Sigma[A \cdot (U_k + \Delta U_{WB})]$ (s. 451.1) $k \triangleq$ Bauteil (Außenwand, Außenfenster, Flachdach)
$H_{T,ue}$	Verluste durch unbeheizte Nebenräume in W/K $= \Sigma[A \cdot (U + \Delta U_{WB})] \cdot b_u$ Red.faktor (s. 451.2)
$H_{T,g}$	Transmissions-Wärmeverlust an das Erdreich $= f_{g1} \cdot f_{g2} \cdot (\Sigma A \cdot U_{equiv}) \cdot G_w$ in W/K f_{g1} Korrektur für jährl. Θ_e-Schwankung f_{g2} Reduktionsfaktor für Temp.diff. (s. 453.2) G_w Korrekturfaktor für Grundwasser (s. 453.2)
$H_{T,j}$	Wärmefluss zwischen Räumen unterschiedlicher Temperatur mit deutlich unterschiedlicher Temperaturdifferenz $= \Sigma(A \cdot U) \cdot f_j$ in W/K (ΔU_{WB} entfällt hier) f_j Reduktionsfaktorfaktor = $(\Theta_{int} - \Theta_j)/(\Theta_{int} - \Theta_e)$

1) Eine vereinbarte zusätzl. Leistung für Räume mit unterbrochenem Heizbetrieb fällt nicht unter die Heizlast. Wird jedoch zusätzl. eine Aufheizleistung Φ_{RH} gewählt, spricht man von der Auslegungsleistung (s. 455.1).
2) Die Norm-Heizlast einer Gebäudeeinheit bzw. eines Gebäudes: $\Phi_{HL,Geb} = \Sigma\Phi_T + \Sigma\Phi_V$, jeweils ohne Berücksichtigung des Wärmeflusses innerhalb des Gebäudes; bei Φ_V liegen natürlich belüftete Räume zugrunde.
3) Weitere Bedeutung: Kennzahl bei der energetischen Gebäudebewertung (Energieausweis s. 441.1), zur Bestimmung des Jahresheizwärmebedarfs (EnEV).

451.1 Lineare Transmissionswärmeverluste – Wärmebrückenzuschlag ΔU_{WB}[1] (Korrekturfaktor f_C)

ohne bauseitige Berücksichtigung von Wärmebrücken	0,10 W/(m² · K)	$U_C = U + \Delta U_{WB}$[3]
mit bauseitiger Ausführung der Bauteilanschlüsse (DIN 4108-2)	0,05 W/(m² · K)	
detaillierter Nachweis der Wärmebrückenzuschläge DIN EN ISO 10211	$\Delta U_{WB} = \frac{(\Sigma\, \Psi_l \cdot l_l \cdot e_l)}{A_k}$[2]	$U_{kC} = U_k + \Delta U_{WB}$

[1] Gilt für alle Bauteile nach Anzahl der wärmeübertragenden Gebäudehülle (Dach, Außenwand, Fenster, Türen, Kellerdecke, Bodenplatten, erdberührte Flächen); in DIN EN 12831 wird der Faktor ΔU_{WB} auch als f_C bezeichnet.
[2] Ψ_l längenbezogener U-Wert (W/(m² · K)), l_l Länge der Wärmebrücke, e_l = 1,0; A_k Fläche in m².
[3] ΔU_{WB} ist dem physikalischen U-Wert der Außenbauteile zu addieren (s. 455.1).

451.2 Temperatur-Korrekturfaktor b_U für unbeheizte Nachbarräume[1]

Nachbarräume	b_U
mit keiner Außenwand	0,1
mit einer Außenwand	0,2
ohne äußere Türen	0,4
mit äußeren Türen	0,5
mit zwei Außenwänden	
ohne äußere Türen	0,5
mit äußeren Türen	0,6
mit drei Außenwänden (auch außenliegende Treppenräume)	0,8
Kellerräume	
ohne Fenster bzw. äußere Türen	0,4
mit Fenstern bzw. äußeren Türen	0,5

Innenliegende Treppenräume

Annahme: $\frac{\sum H_{T,iu}}{\sum H_{T,ue}} = 3,0$

Gebäudehöhe	Geschoss	b_U
≤ 20 m	EG, KG	0,45
	1. OG	0,30
	über 1. OG	0,25
> 20 m	EG, KG	0,65
	1. OG	0,45
	2. OG	0,35
	3. bis 7. OG	0,30
	über 7. OG	0,25

Geschlossene Dachräume

Wärmedurchgangskoeffizienten U in W/(m² · K)

Dachaußenfläche ↓	nach außen U_{ue}	zu beheizt. Raum U_{iu}	b_U
dicht Luftwechsel $n = 0,5\ h^{-1}$	5,0	1,25	0,85
		0,60	0,90
	2,5	1,25	0,75
		0,60	0,85
	1,0	1,25	0,55
		0,60	0,70
	0,5	1,25	0,50
		0,60	0,65
	0,25	1,25	0,45
		0,60	0,60

Dachaußenfläche ↓	nach außen U_{ue}	zu beheizt. Raum U_{iu}	b_U
undicht $n = 2,5\ h^{-1}$	5	1,25	0,85
		0,60	0,90
	2,5	1,25	0,80
		0,60	0,90

Aufgeständerter Boden (Boden über Kriechraum)	0,8

[1] Alle Faktoren werden bei der Berechnung (Formblatt) in Spalte 11 (s. 455.1) eingetragen.

für Erdreich (s. 452.3)

451.3 Bestimmung der Temperatur des Nachbarraumes DIN EN 12831 Bbl. 1

angrenzender Raum einer anderen Gebäudeeinheit (z. B. Appartements)	$\frac{\Theta_{int} + \Theta_{m,e}}{2}$
angrenzender Raum eines separaten Gebäudes	$\Theta_{m,e}$
Θ_{int} (s. 449.2), $\Theta_{m,e}$ (s. 448.2); Θ_e (s. 448.1)	

Temperatur unbeheizter Raum (entspr. 12831)

$$\Theta_u = \frac{\Sigma\,(U \cdot A \cdot \Theta_{int})\ iu + \Sigma\,(U \cdot A \cdot \Theta_e)\ ue + V_u \cdot n_u \cdot \varphi \cdot c \cdot \Theta_e}{\Sigma\,(U \cdot A)\ iu + \Sigma\,(U \cdot A)\ ue + V_u \cdot n_u \cdot \varphi \cdot c}$$

Falls Werte unbekannt sind ► b_u-Werte wählen

451.4 Mindestluftwechselzahlen n_{min} (h^{-1}) DIN EN 12831 Bbl. 1

Raumart[1]	n_{min}[2]	Raumart[1]	n_{min}[2]	Raumart[1]	n_{min}[2]
Daueraufenthaltsräume wie z. B. Wohn- und Schlafräume, Büros u. ä. (**Standardfall**)	0,5	Küche ≤ 20 m³	1,0	WC oder Badezimmer mit Fenster	0,5
		Küche > 20 m³	0,5	Nebenräume, innenliegende Räume	0,0

[1] Innenliegende Daueraufenthaltsräume, Bäder und Toilettenräme sind mit Lüftungsanlagen zu rechnen.
[2] Bei anderen Raumarten oder bei Räumen > 3 m Raumhöhe ist ein angemessener Luftwechsel festzulegen; das Gleiche gilt auch für innenliegende Treppenhäuser, die über Vorflur mit Außenluft verbunden sind (z. B. $n_{min} = 0,5\ h^{-1}$).

451.5 Luftwechsel n_{50} in h^{-1} bei 50 Pa Druckdifferenz (in Anlehnung an DIN V 18599)

Kat.	Richtwerte für Luftdichtheit bei 50 Pa für Kategorie I bis IV	n_{50}
Ia	nach EnEV errichtete Gebäude mit raumlufttechnischen Anlagen (auch Wohnungslüftung)	**1,5**
Ib	nach EnEV errichtete Gebäude ohne raumlufttechnische Anlagen	**3**
II	nicht nach EnEV errichtete Gebäude mit mittlerer Dichtheit	**4**
III	Fälle, die nicht den v. g. Kategorien entsprechen z. B. Wohngebäude im Bestand (wenig dicht)	**6**
IV	Vorhandensein offensichtlicher Undichtigkeiten, wie z. B. offene Fugen in der Luftdichtheitsschicht oder der wärmeübertragenden Umfassungsfläche (sehr undicht)	**10**

• Bei anderen Δp als 50 Pa, s. DIN 12831: 2008 unter 7.2.2. • Falls keine Einstufung möglich ist, ungünstigeren Wert einsetzen oder Dichtheitsprüfungen. • n_{50}-Werte gelten für gesamtes Gebäude. • Falls innerhalb des Gebäudes sehr große Dichtheitsunterschiede, können raumweise unterschiedliche Werte gewählt werden.

452.1 Abschirmkoeffizienten *e* für verschiedene Gebäudestandorte (beheizte Räume)

Abschirmungsklasse – Lage der Gebäude			dem Wind ausgesetzte Fassade[1]		
			keine	eine	> eine
Abschirmung	keine	windreiche Gegend, Hochhäuser in Stadtzentren	0	0,03	0,05
	moderate	frei, umgeben von Bäumen, and. Gebäuden, Vorstädte	0	0,02	0,03
	gute	mittlere Höhe in Stadtzentren, bewaldete Regionen	0	0,01	0,02

[1] Auch Fassaden ohne Außenfenster/-türen, können Undichtigkeiten aufweisen.

452.2 Höhenkorrekturfaktor ε nach Lage (Höhe *h* in m) des Raumes über Erdreichniveau[1]

Höhe	ε	Höhe	ε	Höhe	ε	Höhe	ε	Höhe	ε	
0 – 10[2]	1,0	> 20 – 30	1,5	> 40 – 50	2,0	> 60 – 70	2,3	> 80 – 90	2,6	$\varepsilon = \max\left[1, \left(\frac{h}{10}\right)^{4/9}\right]$
> 10 – 20	1,2	> 30 – 40	1,7	> 50 – 60	2,1	> 70 – 80	2,4	> 90 – 100	2,8	

[1] ε berücksichtigt die Zunahme der Windgeschwindigkeit mit der Höhe des Raumes über dem Boden, d.h. *h* gilt von Raummitte des beheizten Raumes bis Erdreichniveau. [2] Die Höhe 10 m kann bei Wohnräumen generell für alle Häuser mit max. 4 beheizten Geschossen über Erdreich eingesetzt werden. Anwendung bei $\dot{V}_{inf}$ (s. 453.3).

452.3 Verluste an Erdreich – Äquivalenter Wärmedurchgangskoeffizient U_{equiv} [1) 2) 3)] [W/(m²· K)]

B'-Wert[1]	ohne Dämm.	U_{Boden} W/(m²· K) z = 0 m				ohne Dämm.	U_{Boden} W/(m²· K) z = 1,5 m				ohne Dämm.	U_{Boden} W/(m²· K) z ≥ 3 m			
		2,0	1,0	0,5	0,25		2,0	1,0	0,5	0,25		2,0	1,0	0,5	0,25
2	1,30	0,77	0,55	0,33	0,17	0,86	0,58	0,44	0,28	0,16	0,63	0,46	0,35	0,24	0,14
4	0,88	0,59	0,45	0,30	0,17	0,64	0,48	0,38	0,26	0,16	0,51	0,40	0,33	0,24	0,14
6	0,68	0,48	0,38	0,27	0,17	0,52	0,40	0,33	0,25	0,15	0,43	0,35	0,29	0,22	0,14
8	0,55	0,41	0,33	0,25	0,16	0,44	0,35	0,29	0,23	0,15	0,37	0,31	0,26	0,21	0,14
10	0,47	0,36	0,30	0,23	0,15	0,38	0,31	0,26	0,21	0,14	0,32	0,27	0,24	0,19	0,13
12	0,41	0,32	0,27	0,21	0,14	0,34	0,28	0,24	0,19	0,14	0,29	0,25	0,22	0,18	0,13
14	0,37	0,29	0,24	0,19	0,14	0,30	0,25	0,22	0,18	0,13	0,26	0,23	0,20	0,17	0,12
16	0,33	0,26	0,22	0,18	0,13	0,28	0,23	0,20	0,17	0,12	0,24	0,21	0,19	0,16	0,12
18	0,31	0,24	0,21	0,17	0,12	0,25	0,22	0,19	0,16	0,12	0,22	0,20	0,18	0,15	0,11
20	0,28	0,22	0,19	0,16	0,12	0,24	0,20	0,18	0,15	0,11	0,21	0,18	0,16	0,14	0,11

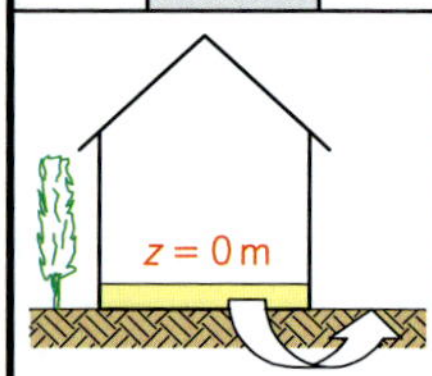

Betonplatte liegt unmittelbar auf dem Erdreich

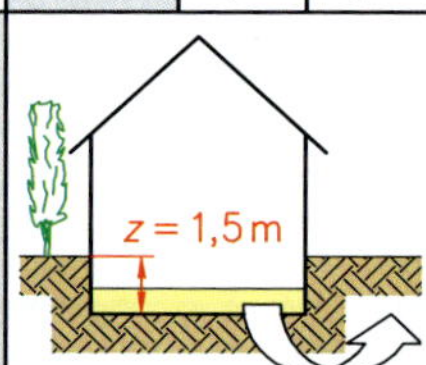

beheizter Keller mit Bodenplatte 1,5 m unter Erdbodenniveau

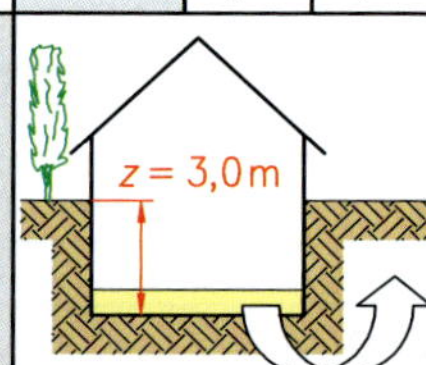

beheizter Keller mit Bodenplatte = 3 m unter Erdbodenniveau

$$B'\text{-Wert} = \frac{A_g}{0{,}5 \cdot P}$$

A_g Bodenplatte (m²)
P Umfang der Bodenplatte (m) bei Reihenhaus, Eck- oder Zwischenräume nur die Länge der Außenwände

Bei einem Gesamtgebäude ist A_G die gesamte Grundfläche; bei einem Gebäudeteil (z. B. Reihenhaus) ist A_G nur die Grundfläche der Gebäudeeinheit.

Bei einem Gesamtgebäude ist ***P*** der Gesamtumfang des Gebäudes; bei einem Gebäudeteil (z. B. Häuserreihe) beinhaltet ***P*** nur die Längen der Außenwände.

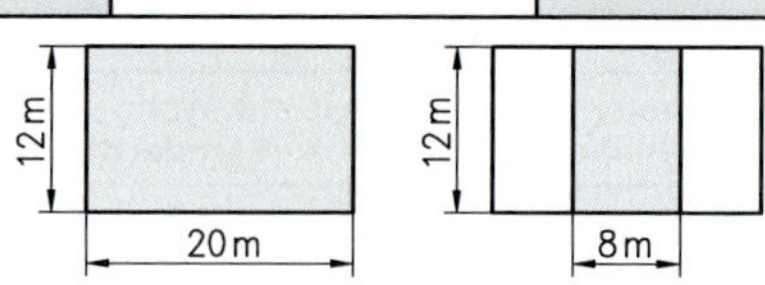

Beispiele:

A_G = 240 m², P = 64 m ⇒ B' = 7,5

A_G = 96 m², P = 16 m ⇒ B' = 12

Exponierter Umfang, Beispiele (Draufsicht)

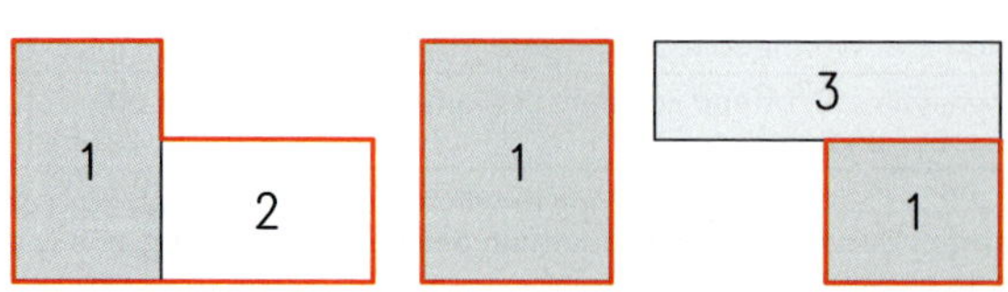

1 Betrachtetes (+) Gebäude/Raum
2 angrenzendes Gebäude/Raum
3 angrenzendes Gebäude/Raum

exponierter Umfang

Bodenplatte

453.1 U_{equiv}-Wert für Bodenelemente in Abhängigkeit vom U-Wert der Wandelemente

U_{Wand} (W/m²·K) ▸		0,00	0,50	0,75	1,00	1,25	1,50	1,75	2,00	2,25	2,50	2,75	3,0
Tiefe z	0 m	0,00	0,44	0,63	0,81	0,98	1,14	1,28	1,42	1,55	1,67	1,78	1,89
unter Erd-	1 m	0,00	0,39	0,54	0,68	0,81	0,92	1,02	1,11	1,19	1,27	1,34	1,41
boden-	2 m	0,00	0,35	0,48	0,59	0,69	0,78	0,85	0,92	0,98	1,04	1,09	1,13
niveau	≥3 m	0,00	0,32	0,43	0,53	0,61	0,68	0,74	0,79	0,84	0,88	0,92	0,96

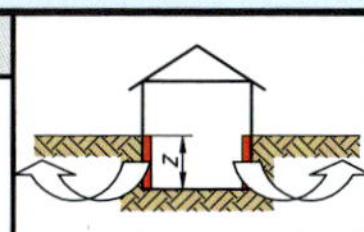

beheizter Keller

453.2 Transmissionswärmeverlust an Erdreich H_{Tg} in W/K[1)]

$$H_{Tg} = f_{g1} \cdot f_{g2} \cdot \left(\sum A \cdot U_{equiv}\right) \cdot G_w \quad \text{(in W/K)}$$

H_{Tg} Wärmeverlust-Koeffizient
A Bauteilfläche in Berührung mit Erdreich (m²)
f_{g1} Korrekturfaktor für jährliche Schwankung der Außentemperatur **1,45** (DIN EN 12831 Beiblatt 1)

$$f_{g2}\,(\text{Reduktionsfaktor}) = \frac{\Theta_{int} - \Theta_{m,e}}{\Theta_{int} - \Theta_e}$$

U_{equiv} äquivalenter Wärmedurchgangskoeffizient je nach Bodencharakteristik (U_{Boden}) (s. 452.3)
G_w Korrekturfaktor zur Berücksichtigung des Einflusses von Grundwasser
Abstand zum Grundwasserspiegel ≥ 3 m → **1,0**
zur Fundamentplatte < 3 m → **1,15**

$\Phi_g = H_{Tg} \cdot (\Theta_{int} - \Theta_e)$ in W

1) Der Berechnung liegt EN ISO 13370 zugrunde.

453.3 Norm-Lüftungswärmeverluste — DIN EN 12831

- Grundsätzlich unterscheidet man zwischen natürlicher Lüftung ($\dot V_{inf}$) und mechanischer Lüftung $\dot V_{mech}$ (s. 521.1)
- Allgemein gilt $\Phi_V = H_V \cdot (\Theta_{int} - \Theta_e) = \dot V \cdot c \cdot \varrho \cdot (\Theta_{int} - \Theta_e) \approx \dot V \cdot 0{,}34 \cdot (\Theta_{int} - \Theta_e)$; $\dot V$ (in m³/h); $c \cdot \varrho \approx 0{,}34$ in Wh/(m³·K) wesentlich für $\dot V_{inf}$ sind Windeinfluss (Gebäudestandort s. 452.1), Dichtheit (Gebäudeart, Gebäude bzw. Lage des Raumes über Erdgleiche (s. 452.2)
- Φ_V wird bei $\Phi_{HL,Geb}$ durch den gleichzeitig wirksamen Lüftungswärmeanteil ζ reduziert

Einströmender **Luftvolumenstrom durch natürliche Infiltration:**

$$\dot V_{inf} = 2 \cdot V_R \cdot n_{50} \cdot e \cdot \varepsilon \; \frac{\text{m}^3}{\text{h}}$$

V_R Raumvolumen in m³

n_{50} Luftwechselrate bei einer Druckdifferenz von 50 Pa (s. 451.5)

e Abschirmungskoeffizient (s. 451.1)

ε Höhenkorrekturfaktor (s. 452.2)

Ergebnis wird mit Mindest-Luftvolumenstrom (s. 451.4) verglichen, der größte Wert wird berücksichtigt[1)].

- Luftvolumenstrombestimmung bei Räumen **ohne ventilatorgestützte Lüftungsanlagen**: $\dot V_i = \dot V_{inf\,max}$ oder $\dot V_{min}$ (größeren Wert einsetzen)
- Luftvolumenstrombestimmung bei Räumen **mit ventilatorgestützten Lüftungsanlagen**: $\dot V_i = \dot V_{inf} + \dot V_{su} \cdot f_{v,su} + \dot V_{mech,\,inf,\,e} + \dot V_{mech,\,inf,\,j} \cdot f_{v,\,mech,\,j}$

$\dot V_i$[1)] Volumenstrom des Raumes i in m³/h; $\dot V_{inf}$ Desgl. aufgrund natürlicher Infiltration; $\dot V_{su}$ Zuluftvolumenstrom des Raumes in m³/h; $f_{v,\,su}$ Korrekturfaktor für den Zuluftvolumenstrom; $\dot V_{mech,\,inf,\,e}$ Außenluftvolumenstrom des Raumes aufgrund mechanischer Infiltration in m³/h (Temp. korrekturfaktor in diesem Fall 1); $\dot V_{mech,\,inf,\,j}$ überströmender Luftstrom aus Nachbarräumen aufgrund mechanischer Infiltration in m³/h; $f_{v,\,mech,\,j}$ Korrekturfaktor für überströmende Luft aus Nachbarräumen[2)]

Anmerkung:
1) Index i (in der Norm bei allen Werten angefügt) wurde weggelassen.
2) Die Gleichung aus DIN 12831: wurde mit diesem Faktor erweitert, um Überströmungen durch Über- oder Unterdruck zu erfassen (meist 0).

- Bei Anrechnung einer **Wärmerückgewinnung** ist die Zulufttemperatur θ_{su} bei Norm-Außentemp. zu bestimmen und in die **Berechnung des Reduktionsfaktors** $f_{v,su}$ einzusetzen.
Bei Wohnungslüftungen kann θ_{su} mit gleichen Zu- und Abluftströmen vereinfacht bestimmt werden: $\theta_{su} = \eta_{WRG}\,(\theta_{ex} - \theta_e) + \theta_e$; η_{WRG} = Wärmebereitstellungsgrad des Wärmeerzeugers; θ_{ex} = die in den Wärmeübertrager eingehende Ablufttemperatur, θ_e = Norm-Außentemperatur (s. 448.1)
- V_{therm} (s. 455.1) muss mind. gleich dem hygienisch erforderlichen $V_{min} = V_{RAUM} \cdot n$ sein (n_{min} s. 451.4)

$$f_{v,\,su} = \frac{\theta_{int} - \theta_{su}}{\theta_{int} - \theta_e}$$

$$\theta_{ex} = \frac{\sum \dot V_{ex} \cdot \theta_{int}}{\sum \dot V_{ex}}$$

453.4 Prozentualer Einfluss des Luftwechsels auf den Jahresheizenergiebedarf

Luftwechselrate n = 1,1 h⁻¹ Raumlufttemperatur °C							Luftwechselrate n = 0,8 h⁻¹ Raumlufttemperatur °C							Luftwechselrate n = 0,5 h⁻¹ Raumlufttemperatur °C						
18	19	20	21	22	23	24	18	19	20	21	22	23	24	18	19	20	21	22	23	24
138	152	170	188	210	228	250	108	120	135	150	165	180	200	78	90	100	110	120	138	150

454.1 Temperaturanpassungstherm (Anhaltswerte) x1) x2) x3) DIN EN 12831-1: 2017

Unbeheizter Raum				
Raum oder Gruppe aneinander angrenzender Räume	1 Außenwand		0,4	Verkehrsflächen: innenliegender Raum (keine Außenwände) mit geringer Luftwechselrate $\leq 0{,}5\ h^{-1}$ (durchströmt (A) $V > 0{,}005\ m^2/m^3$)
	2 Außenwände	ohne Außentüren	0,5	
		mit Außentüren	0,6	
	3 oder mehr Außenwände; z. B. außenliegende (beheizte) Treppenhäuser		0,8	Boden: aufgeständerter Boden (Boden über einem Kriechraum)
x3) Kellergeschoss	ohne Außentüren/Fenstern		0,5	
	mit Außentüren/Fenstern		0,8	
Dachgeschoss	hohe Luftwechselraten des Dachgeschosses, z. B. Dächer ohne durchgängige Abdeckung, z. B. (Dachziegel) sowie ohne abdichtende Unterspanbahn		1,0	

x1) Bisherige Korrekturfaktoren für unbeheizte Nachbarräume s. 451.2

x2) Zahlenwerte beziehen sich auf Raumhöhen < 4 m

x3) Ein Raum kann als Kellergeschoss betrachtet werden, wenn mehr als 70 % der Außenwand mit dem Erdreich in Kontakt sind.

454.2 Norm-Gebäudeheizlast (Heizlast eines Gebäudes oder einer Gebäudeeinheit)[1)2)]

$\Phi_{HL,Geb} = \Sigma\Phi_T + \Sigma\Phi_V$

$\Sigma\Phi_T$ Summe der Transmissionsverluste aller beheizten Räume ohne Berücksichtigung des Wärmeflusses zwischen Gebäudeeinheiten bzw. innerhalb des Gebäudes

$\Sigma\Phi_V$ Lüftungswärmeverluste (ebenfalls ohne Berücksichtigung des Wärmeflusses innerhalb des Gebäudes)

Für natürlich belüftete Räume [3)]
$\Sigma\Phi_V = \max(\zeta \cdot \Sigma\Phi_{inf}, 0{,}5 \cdot \Sigma\Phi_{min})$

Nach DIN EN 12831 wird für die Berechnung von $\Phi_{HL,Geb}$ der gleichzeitig wirksame Lüftungswärmeanteil ζ bei ΣV_{inf} pauschal mit 0,5 gesetzt (bei Einraumgebäude, Hallen bis $\zeta = 1$).

Bei der Berechnung des anzurechnenden Mindestluftvolumenstroms ΣV_{min} wird die Summe der raumweise ermittelten Werte (somit auch $\Sigma\Phi_{V,min}$) halbiert. Auf das gesamte Gebäude bezogen entspricht dies einem Außenluftwechsel von $\eta_{HL,Geb} = 0{,}25\ h^{-1}$.

1) Flächen- und volumenspezifische Angaben zur Heizlast W/m² bzw. W/m³ beziehen sich auf Φ_{HL}.

2) Bei Räumen bzw. Gebäuden mit unterbrochenem Heizbetrieb muss Φ_{HL} bzw. $\Phi_{HL,Geb}$ ergänzt werden (Aufheizleistung s. 455.1; Auslegungsleistung s. 455.1). 3) $\Phi(\dot{Q})$ für mechanisch belüftete Räume (s. 455.1).

454.3 Auslegungsheizlast eines Raumes und eines Gebäudes (Zusatzaufheizleistung Φ_{RH})

Beheizter Raum: $\Phi_{HL,Ausl} = \Phi_{HL} + \Phi_{RH}$ | **Beheiztes Gebäude:** $\Phi_{HL,Ausl,Geb} = \Sigma\Phi_{HL} + \Sigma\Phi_{RH}$

- Temperaturverlauf bei Unterbrechung (s. 450.2); Ermittlung des Wiederaufheizfaktors.
- Φ_{RH} ist nicht Bestandteil der Normheizlast Φ_{HL} und ist separat auszuweisen (s. 455.1) (Formular).
- Zusätzl. Aufheizleistungen werden vorwiegend bei der Heizlast einzelner Räume berücksichtigt.
- Ob Φ_{RH} bei der zentralen Wärmeerzeugung berücksichtigt werden muss, bedarf einer Abschätzung. So sind z. B. bei einer eingebundenden Trinkwassererwärmung oder RLT-Anlage Reserven meist vorhanden.
- Φ_{RH} kann evtl. entfallen bei Anlagen mit spez. Regelungsverfahren im Wiederaufheizbetrieb.

454.4 Kurzbezeichnungen bei der Heizlastberechnung DIN EN 12831

Bezeichnung der Bauteile				Indizes		Raum	R	Formblatt Spalte 9 grenzt an:		
AF	Außenfenster	DE	Decke	innen	int	Geschoss	G			
AT	Außentür	FB	Fußboden	außen	e	Bauteil	k	Außenluft		e
AW	Außenwand	IF	Innenfenster	beheizt. Raum	i,j	Gebäude	Geb	Nachbarraum	beheizt	ij
DF	Dachfenster	IT	Innentür	Transmission	T	Heizlast	HL		unbeheizt	u
DA	Dach	IW	Innenwand	Lüftung	V	Infiltration	inf			
				zuführen (ZUL)	su	Wiederaufheiz.	RH			
Eintragung in Spalte 2 im Formblatt				abführen (ABL)	ex	Absenk	Abs	Erdreich		g

455.1 Berechnungsbeispiel zur Heizlastbestimmung DIN EN 12831-Bbl. 1 2008-07

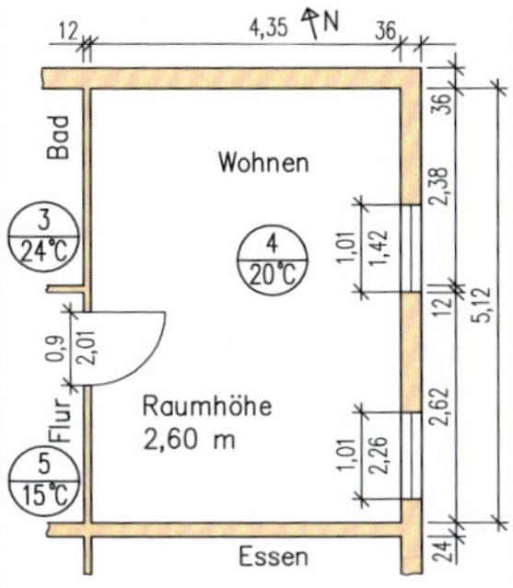

Lage: moderate Abschirmung
Luftdichtheit: sehr dicht
Absenkzeit 7 h,
Wiederaufheizzeit 1 h,
Gebäudemasse schwer $n = 0{,}1\ h^{-1}$

Gesucht:
Auslegungsheizleistung

Projekt: Einfamilienhaus: Peter Müller Karlsruhe
Wohneinheit: – Geschoss: EG Raum-Nr. 4 Wohnen

Innentemperatur	$\Theta_{int} = 20\ °C$
Mindestluftwechsel	$n_{min} = 0{,}5\ h^{-1}$
Abmessungen	
Raumbreite	$b_R = 4{,}35$ m
Raumlänge	$l_R = 5{,}12$ m
Raumfläche	$A_R = 22{,}3\ m^2$
Geschosshöhe	$h_G = 2{,}86$ m
Deckendicke	$d = 0{,}26$ m
Raumhöhe	$h_R = 2{,}60$ m
Raumvolumen	$V_R = 57{,}9\ m^3$
Erdreich	
Tiefe unter Erdreich	$z = 0{,}00$ m
Erdreich berührter Umfang	$P = 9{,}47$ m
Grundwassertiefe	$T = 4{,}5$ m
B'-Wert raumweise	$B' = 4{,}7$ m

Infiltration	
Luftdichtheit	$n_{50} = 3{,}00\ h^{-1}$
Abschirmkoeffizient moderat (s. 452.1)	$e = 0{,}02$ –
Höhe über Erdreich	$h = 1{,}4$ m
Höhen-Korrekturfaktor	$\varepsilon = 1{,}00$ –
Mechanische Belüftung	
Zuluftvolumenstrom	$\dot{V}_{SU} = ...m^3/h$
– Temperatur	$\Theta_{SU} = ...°C$
– Korrekturfaktor	$f_{V,SU} = ...$ –
Abluftvolumenstrom	$\dot{V}_{ex} = ...m^3/h$
Überströmungen von Nachbarräumen	$\dot{V}_{mech,inf,ij} = ...m^3/h$
– Temperatur	$\Theta_{mech,inf,ij} = ...°C$
– Korrekturfaktor	$f_{V,mech,inf,ij} = ...$ –
mech. Infiltr. von außen	$\dot{V}_{mech,inf,e} = ...m^3/h$

1	2	3	4	5	6	7	8	9	10	11	12	13	14	15	16
Himmelsrichtung	Bauteil	Anzahl	Breite	Länge / Höhe	Bruttofläche	Abzugsfläche	Nettofläche	grenzt an	angrenzende Temperatur	Korrekturfaktoren	U-Wert	Wärmebrückenfaktor	korrigierter U-Wert	Wärmeverlustkoeffizient	Transmissions-Wärmeverlust
		n	b	l/h	A_{BRU}	A_{AB}	A_{NET}	e/u g/j	Θ_u/Θ_j	e/bu f_{g1}/f_{g2}	U	ΔU_{WB}	$U_{c/equiv}$	H_T	Θ_T
			m		m²				°C		W/(m²K)			W/K	W
N	AW	1	4,77	2,86	13,64	–	13,64	e	–	–	0,35	0,05	0,40	5,46	175
O	AF	1	1,01	1,42	1,43	–	1,43	e	–	–	1,40	0,05	1,45	2,07	66
O	AT	1	1,01	2,26	2,28	–	2,28	e	–	–	1,40	0,05	1,45	3,31	106
O	AW	1	5,60	2,86	16,02	3,71	12,31	e	–	–	0,35	0,05	0,40	4,92	158
W	IT	1	0,90	2,01	1,81	–	1,81	j	15	0,16	2,00	–	2,00	0,58	19
	IW	1	2,80	2,86	8,01	1,81	6,20	j	15	0,16	1,92	–	1,92	1,90	61
W	IW	1	2,80	2,86	8,00	–	8,01	j	24	−0,13	1,92	–	1,92	−2,00	−64
	FB		4,77	5,60	26,71	–	26,71	g	–	1,45/0,31	0,62	0,05	0,37	4,44	142
Transmissionswärme H_T und Φ_T														**20,68**	**663**

Mindest-Luftvolumenstrom (hygienisch bedingt)	$\dot{V}_{min} =$	$V_R \cdot n_{min} = 57{,}9 \cdot 0{,}5 =$	29 m³/h	
aus natürlicher Infiltration	$\dot{V}_{inf} =$	$2 \cdot V_R \cdot n_{50} \cdot e \cdot \varepsilon =$	6,9 m³/h	
aus mechanischem Zuluftvolumenstrom	$\dot{V}_{SU} \cdot f_{SU}$	=	– m³/h	
aus mechanisch infiltriertem Zuluftvolumenstrom	$\dot{V}_{mech,inf,j} \cdot f_{v,mech,inf,j}$	=	– m³/h	
thermisch wirksamer Luftvolumenstrom $\dot{V}_{therm}$			**29 m³/h (größerer Wert)**	
Lüftungswärmeverlust H_V und Θ_V		$H_V = 57{,}9 \cdot 0{,}5 \cdot 0{,}34$	**9,84**	**315**
Normheizlast Φ_{HL}		spezifisch: 43,51 W/m² oder 16,0 W/m³		**978**
Zusatz-Aufheizleistung Φ_{RH}		$f_{RH} = 10\ W/m^2$		**223**
Auslegungs-Heizleistung $\Phi_{HL,Auslg}$		$\Phi_{HL} + \Phi_{RH}$		**1221**

Anmerkungen zu den einzelnen Spalten im Formblatt, Tabellenhinweise, Berechnungsansätze:
1 Himmelsrichtung; 2 Bauteil; 3 z. B. Bauteilanzahl; 4/5 Innenmaße; 6 Erfass. der Abzugsfläche erst anschließend; 7 neben Grundfläche; 8 in Rechnung gestellt; 9 (s. 454.4); 10 Nachbarräume; 11 z. B. (20 – 24)/(20 – (–)12) = –0,13 (s. 451.2), bei Erdreich (s. 453.2): (20 – 10,2)/(20 – (–)12) = 0,31; 12 z. B. aus DIN V 4108-6; 13 (s. 451.1); 14 $U + \Delta U_{WB}$, bei Erdreich (s. 453.2); 0,37 durch Interpolation (s. 452.3), $\Theta_{m,e}$ 10,2; 15 $A \cdot U_C$ (bei Erdreich $U_{equiv} \cdot 1{,}45$) z. B. 6,8 · 0,13 · 1,92 = –1,7; 16 $\Phi_T = H_T \cdot (\Theta_{int} - \Theta_e)$.
Hinweis zu Stellen hinter Komma: keine bei Θ und Φ; **eine** (ausreichend) bei A, V, $\dot{V}$, spez Φ_{HL}; **zwei** bei l, b, h, d, U, H_T, H_V.

456.1 Transmissionswärmeverluste – Formblatt — DIN EN 12831 Bbl. 3: 2016-12

C.1.5 Berechnung der einzelnen Räume

Projekt-Nr.: 00 Bez.: 1-2016 Einfamilienhaus

Geschoss-Nr.: EG — Datum:
Raum-Nr.: 4 — Bez.: Schlafen

Außentemperatur	ϑ_e	−14 °C	Raumtemperaturdifferenz	$\Delta\vartheta$	34 K
Raumtemperatur	ϑ_i	20 °C			
Innentemperatur	–	–			
Raumlänge	l_R	4,27 m	Raumhöhe	h_R	2,60 m
Raumbreite	b_R	4,12 m	Raumvolumen	V_R	54,74 m³
Raumfläche	A_r	17,59 m²	Luftwechsel	n	0,5 h⁻¹

1	2	3	4	5	6	7	8	9	10	11	12	13	14
Bauteil	Anzahl	1. Länge	2. Länge	3. Länge	Σ Länge	Länge oder Höhe	Faktor Fläche	Bruttofläche	Abzugsfläche	Nettofläche	U-Wert	Temperatur-Korrekturfaktor	Transmissions-wärmeverlust
BT	n	l_1	l_2	l_3	Σl	l/h	$f_{Fläche}$	A_{Brutto}	A_{Abzug}	A_{Netto}	W/m²K	f_x	Θ_T
		m					–		m²				W
AW	1	4,27	4,12		8,39	2,60	1,25	37,3	3,7	23,6	0,35	1,0	2,90
AF	1	1,01			1,01	1,42	1,00	1,4		1,4	1,45	1,0	70
AT	1	1,01			1,01	2,26	1,00	2,3		2,3	1,45	1,0	111
FBg	1	4,27			4,27	4,12	1,25	22,0		22,0	0,55	0,3	1,23

Transmissionswärmeverlust		Θ_T	584
Lüftungswärmeverlust		Θ_V	264
Heizlast	18 W/m³	Θ_{HL}	848

456.2 Transmissionswärmeverluste bei Industriehallen (grobe Schätzwerte)

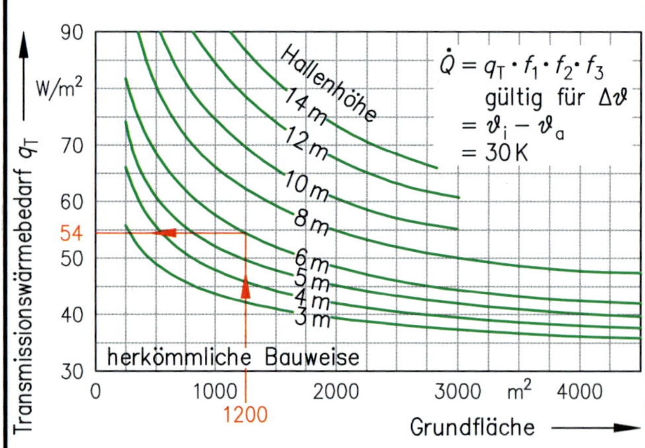

Korrekturfaktoren (Mittelwerte)

$f_1 \approx 0{,}7 \ldots 0{,}8$ gute Wärmedämmung und Fensterflächen
$\approx 1{,}5 \ldots 1{,}8$ bei sehr schlechter Dämmung, Einfachfenster

f_2 bei anderen Temp. diff. $\Delta\vartheta : \Delta\vartheta/30$
z.B. 25/30 : $f = 0{,}83$

$f_3 \approx 0{,}85 \ldots 0{,}9$ (50 % angebaut), 0,7 .... 0,8 (≈70 % angebaut)

Anmerkungen:

- stark vom Heizsystem abhängig (z.B. geringere Zuschläge bei Strahlungsheizungen, ohne Zuschläge bei Fußbodenheizungen)
- oft unsicherer Lüftungswärmebedarf (z.B. offene Tore oder bei der Festlegung der Luftwechselzahl s. 537.3)
- großen Einfluss hat die Wärmedämmung

456.3 Neuerung bei der Energieberatung

Seit 1.12.2017 werden (durch die Neuregelung des Bundeswirtschaftsministeriums) auch qualifizierte **SHK-Unternehmen als Energieberater** anerkannt. Entscheidend ist nicht mehr die berufliche Herkunft, sondern die aktuelle Tätigkeit. Nun können auch SHK-Handwerksbetriebe eine umfangreiche Energieberatung anbieten und auch vergütet bekommen. Gefördert wird dies vom Bundesamt für Wirtschaft.

457.1 Flachheizkörper (Bauarten, Leistungsangaben, Hinweise)

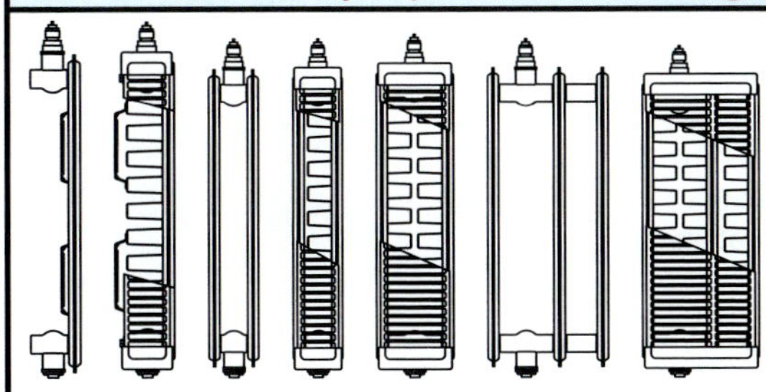

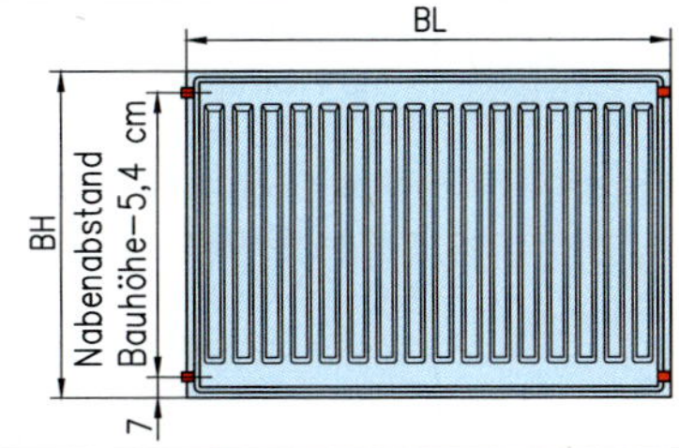

Anschlussprofile: Kompaktausführung mit Einbauventil, mit Mittenanschluss oder vierseitliche Anschlüsse

Erste Zahl: Anzahl der Platten; Zweite Zahl: Anzahl der Konvektionsbleche (Lamellen), Typ : 10, 20 und 30 ohne Konvektionsbleche (bei hohen hygienischen Anforderungen)

Wärmeleistungsangaben bei 20 °C Raumtemperatur; Wasserinhalt und Gewicht/Watt/mtr.

Typ	Bauhöhe 300 mm					Typ	Bauhöhe 400 mm					Typ	Bauhöhe 500 mm				
	75/65	70/55	55/45	l	kg		75/65	70/55	55/45	l	kg		75/65	70/55	55/45	l	kg
10	340	279	172	2,1	6,7	10	442	357	226	2,6	8,8	10	540	438	280	3,0	10,9
11	578	468	300	2,1	10,1	11	706	573	366	2,6	12,8	11	854	693	444	3,0	16,1
21	766	623	401	4,2	14,8	21	950	769	491	5,2	19,5	21	1 128	911	580	6,1	23,2
22	980	792	504	4,2	17,0	22	1 222	985	625	5,2	22,5	22	1 456	1 175	748	6,1	28,6
33	1 422	1 152	736	6,1	25,5	33	1 766	1 428	909	7,9	33,4	33	2 094	1 689	1 072	9,6	42,5

Typ	Bauhöhe 600 mm					Typ	Bauhöhe 900 mm				
	75/65	70/55	55/45	l	kg		75/65	70/55	55/45	l	kg
10	636	516	331	3,5	12,5	10	902	729	464	5,1	18,2
11	968	807	516	3,5	19,2	11	1 418	1 146	730	5,1	29,2
21	1 302	1 050	666	7,1	28,0	21	1 820	1 461	918	10,1	42,4
22	1 688	1 362	864	7,1	34,0	22	2 378	1 914	1 206	10,1	51,4
33	2 410	1 941	1 228	11,4	50,2	33	3 322	2 672	1 684	15,4	76,8

Befestigungen

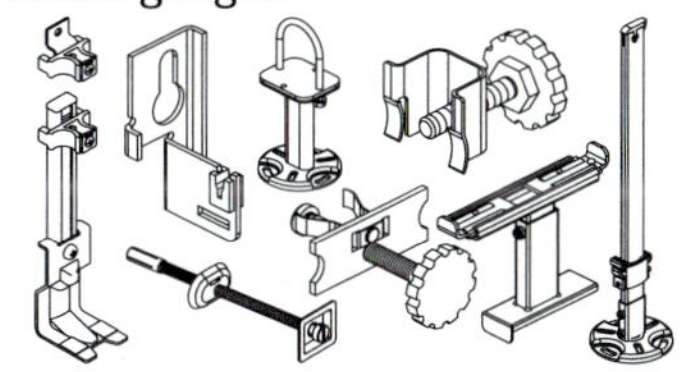

457.2 Flachheizkörper mit integrierter Ventilgarnitur

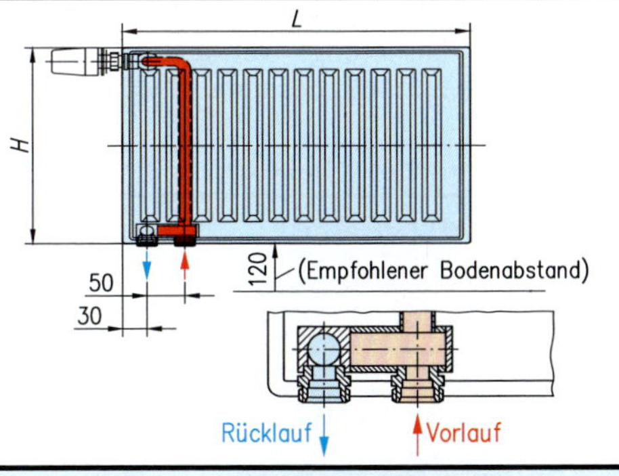

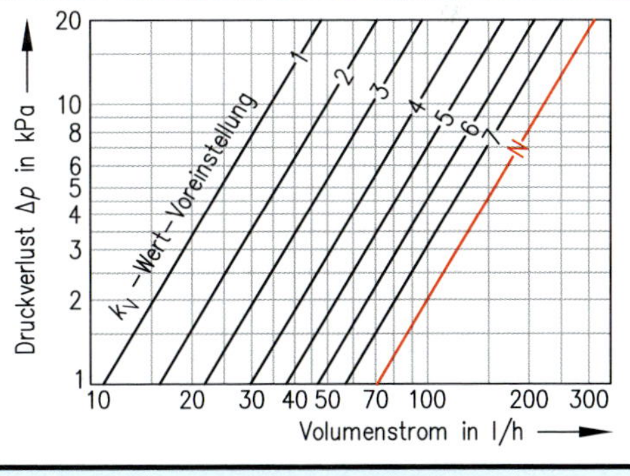

457.3 Heizkörperanschlussmöglichkeiten

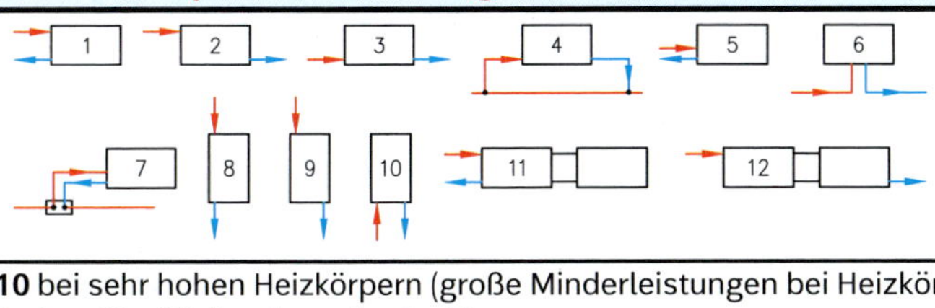

1 gleichseitig (einseitig)
2 wechselseitig
3 reitend
4 desgl. bei Einrohranlagen
5 V und R seitlich und
6 mittig am Heizkörper
7 Einrohranlage (Bypass im Ventil)

8–10 bei sehr hohen Heizkörpern (große Minderleistungen bei Heizkörper mit Lamellen, bis > 40 %), **11** gekoppelt einseitig, **12** desgl. wechselseitig.

458.1 Stahlröhrenradiatoren (Gliederradiatoren) – Wärmeleistung, Inhalt, Gewicht je Glied [1)]

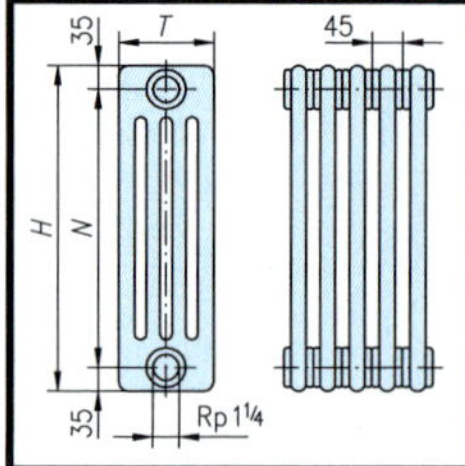

- **Nabenabstand *N*** = Bauhöhe *H* – 70 mm
- max. Blockgröße 60 Glieder (bis etwa *H* = 500/145 oder 600/105, dann abgestuft je nach Bauhöhe und Bautiefe bis max. 10 Gl.)
- max. Druck und Temperatur (s. 459.3)
- große Bauhöhen: (an Säulen; Raumteiler u. a.)
- Anschlussarten
- Normzustand nach DIN EN 442: 75/65/20

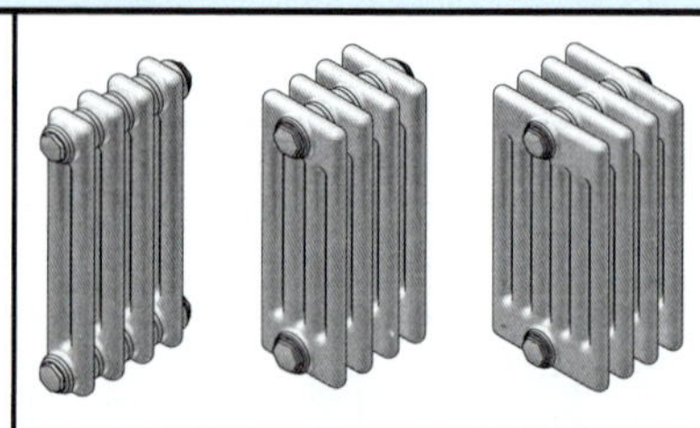

Bauhöhe *H* in mm	Bautiefe *T* = 65 mm zweisäulig			*T* = 105 mm dreisäulig			*T* = 145 mm viersäulig			*T* = 185 mm fünfsäulig			*T* = 225 mm sechssäulig		
	Watt[2)] 75/65/20 (55/45/20)	l [3)]	kg [3)]	Watt[2)] 75/65/20 (55/45/20)	l [3)]	kg [3)]	Watt[2)] 75/65/20 (55/45/20)	l [3)]	kg [3)]	Watt[2)] 75/65/20 (55/45/20)	l [3)]	kg [3)]	Watt[2)] 75/65/20 (55/45/20)	l [3)]	kg [3)]
190	15 (8)	0,3	0,3	20 (10)	0,4	0,5	27 (14)	0,5	0,7	[4)]32 (16)	0,6	0,9	[4)]39 (20)	0,7	1,1
260	20 (11)	0,3	0,4	28 (14)	0,5	0,7	36 (18)	0,6	0,9	45 (23)	0,8	1,2	53 (26)	0,9	1,4
300	24 (13)	0,4	0,5	33 (17)	0,5	0,8	43 (21)	0,7	1,0	53 (26)	0,9	1,3	62 (30)	1,0	1,6
350	28 (14)	0,4	0,6	38 (19)	0,6	0,9	49 (24)	0,8	1,2	61 (30)	1,0	1,5	72 (35)	1,1	1,8
400	31 (16)	0,5	0,6	43 (21)	0,7	1,0	56 (28)	0,9	1,3	69 (34)	1,1	1,7	81 (39)	1,3	2,0
450	35 (18)	0,5	0,7	48 (24)	0,7	1,1	62 (31)	0,9	1,5	77 (37)	1,2	1,8	90 (43)	1,4	2,2
500	39 (20)	0,5	0,8	53 (26)	0,8	1,2	69 (35)	1,0	1,6	85 (42)	1,3	2,0	99 (48)	1,5	2,4
550	42 (21)	0,6	0,8	58 (29)	0,8	1,3	75 (37)	1,1	1,7	93 (45)	1,4	2,2	108 (52)	1,6	2,6
600	46 (23)	0,6	0,9	63 (31)	0,9	1,4	81 (40)	1,2	1,9	100 (49)	1,5	2,4	117 (56)	1,7	2,9
750	57 (29)	0,7	1,1	78 (39)	1,1	1,7	100 (50)	1,4	2,3	123 (60)	1,8	2,9	143 (69)	2,1	3,5
900	67 (34)	0,8	1,3	92 (46)	1,3	2,0	117 (58)	1,6	2,7	144 (70)	2,1	3,5	168 (81)	2,5	4,1
1000	74 (37)	0,9	1,5	102 (51)	1,4	2,3	129 (64)	1,8	3,0	158 (78)	2,3	3,8	185 (90)	2,7	4,6
1100	81 (41)	1,0	1,6	111 (58)	1,5	2,5	141 (70)	2,0	3,3	172 (84)	2,5	4,2	201 (97)	2,9	5,0
1200	88 (44)	1,1	1,8	120 (60)	1,6	2,7	152 (76)	2,1	3,6	186 (91)	2,7	4,5	217 (106)	3,2	5,4
1500	109 (55)	1,3	2,2	147 (73)	2,0	3,3	186 (93)	2,6	4,5	225 (114)	3,2	5,6	264 (129)	3,9	6,7

Produktvorteile

• Speziell für hohe hygienische Ansprüche z. B. in Krankenhäusern, Kindergärten und Seniorenräumen • Maximale Wärmeleistung bei hoher Verarbeitungsqualität • Ohne scharfe Ecken und Kanten • geringer Platzbedarf (Breite) • Perfekte Oberflächen und optimaler Korrosionsschutz (3-Stufenlackierung) • Vermeidung von Lackschäden durch spezielle Verpackung • Evtl. vergrößerter Gliederabstand und somit besonders hygienisch und pflegeleicht

[1)] Herstellerangaben. [2)] Exponent n = 1,23 bis 1,41 (große Bautiefen). [3)] Gerundet. [4)] Höhe bis ca. 3000 mm.

458.2 Bankradiatoren (Stahlröhrenradiatoren) vor bodentiefen Fenstern

Baulänge *L* in mm	Bautiefe *T* in mm	Bauhöhe *H* in mm [Gliederanzahl] 160 [4] 70/55/20 °C (55/45/20 °C)	205 [5] 70/55/20 °C (55/45/20 °C)	250 [6] 70/55/20 °C (55/45/20 °C)	397 [7] 70/55/20 °C (55/45/20 °C)
1500	145	740 (470)	887 (564)	1067 (678)	1197 (761)
	185	896 (564)	1075 (677)	1248 (786)	1448 (912)
	225	1063 (664)	1265 (791)	1476 (922)	1696 (1060)
2000	145	982 (625)	1155 (735)	1377 (876)	1589 (1011)
	185	1176 (742)	1383 (873)	1638 (1035)	1901 (1201)
	225	1395 (873)	1660 (1040)	1937 (1213)	2227 (1394)
2500	145	1223 (779)	1469 (935)	1716 (1093)	1981 (1262)
	185	1460 (924)	1753 (1110)	2034 (1288)	2359 (1494)
	225	1756 (1101)	2089 (1310)	2437 (1529)	2802 (1757)

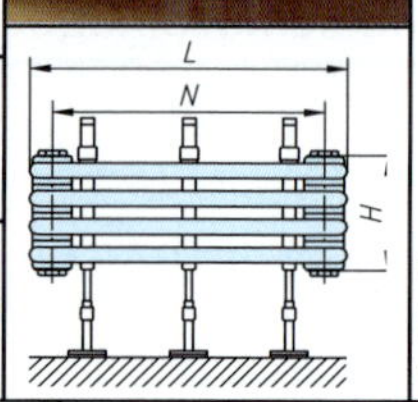

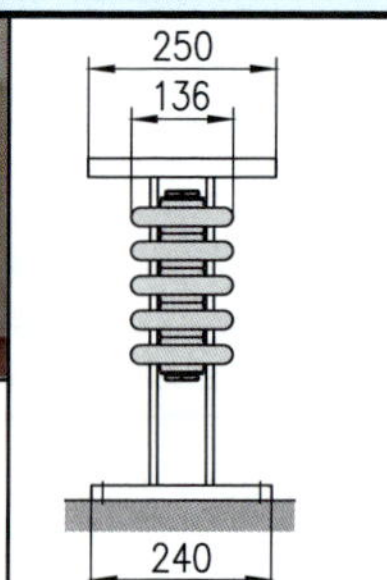

viersäulig, *T* 140
Konsolen höhenverstellbar

- 3 Konsolen bis 2000 mm, 4 ab 2000 mm
- Lieferbar auch *L* = 1800 mm und 3000 mm
- Nabenabstand *N* = *H* – 70 mm
- Inhalt, Gewicht
- Befestigung auf Rohfußboden oder mit einer Abdeckrosette auf Estrich

459.1 Handtuch-Radiatoren (fabrikatbezogen)[1)]

Bauhöhe H mm[5)]	Nabenabstand N mm	Baubreite L mm[6)]	Wärmeleistung in Watt[2) 3) 4)] Temperaturen in °C 70/55/24	55/45/24	Elektro-Heizpatrone[7)]	Wasserinhalt in l	Gewicht (etwa) in kg
700	450	500	275 (310)	172 (205)	ohne Raumtemperaturregelung (Schalter) oder mit Raumtemperaturregelung (Thermostat)	3,6	6,4
	550	600	323 (363)	203 (240)		4,0	7,4
	700	750	395 (443)	250 (295)		4,7	8,8
1110	450	500	412 (464)	257 (305)		5,5	9,9
	550	600	482 (543)	302 (358)		6,2	11,4
	700	750	593 (665)	378 (445)		7,2	13,5

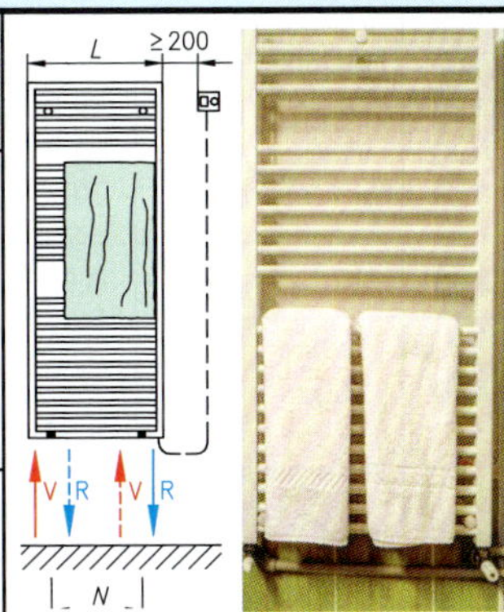

Bauhöhe 1110 mm

[1)] Verschiedene Bauarten. [2)] Klammerwerte bei $\vartheta_i = 20$ °C. [3)] Exponent $n = 1{,}192$, 1,186/1,163/1,207/1,195/1,149. [4)] Minderleistungen bei Verdeckung durch Textilien 10 – 40 %. [5)] Weitere Bauhöhen 1438 mm, 1725 mm. [6)] Bautiefe 59 mm. [7)] Erwärmung auf max. 70 °C; 300 W (350), 400 W (410), 700 W (550), 1000 W (710), 1500 W (1100) Klammerwerte: Länge mm.

459.2 Prozentualer Strahlungsanteil verschiedener Raumheizkörper[1)]

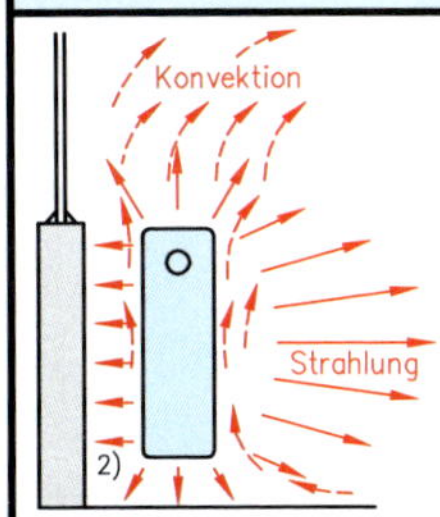

Flachheizkörper (s. 457.3)						Röhrenheizkörper (s. 458.1)				Gliederheizk.	
Heizkörpertyp	10	11	21	22	33	Säulenanzahl	2	3	4	Guss [3)]	Stahl [3)]
%-Anteil an Raum	36	24	18	13	11	%-Anteil an Raum	28	18	16	28 (25)	26 (24)
% an Außenwand	16	10	6	5	4	an Außenwand	14	8	6	11 (9)	10 (8)

Konvektoren ohne Verkleidung, 3–6 %; mit Verkleidung 0 %; Rohrregister ca. 20 %

[1)] Angaben der Hersteller nicht einheitlich. [2)] Bei Heizkörpermontage vor Glasflächen ist die Anbringung eines Strahlungsschirmes empfehlenswert. U-Wert der Nische soll nicht geringer als bei der Wand sein. [3)] Klammerwerte für Bautiefe > 110 mm.

459.3 Zulässige Temperaturen und Drücke für Heizkörperarten

Heizkörperart	Druckstufe (PN) in bar	Heizmedium	max. Temp. °C	max. Betriebsüberdruck in bar	Werkprüfdruck [1)]	Baustellenprüfdruck min	Baustellenprüfdruck max
Flachheizkörper	10	Wasser	120	10	13	1	wie Werksprüfdruck
Röhrenradiatoren 65–145	12	Wasser	120	12	15,6	1	
Röhrenradiatoren 185–225	10	Wasser	120	10	13	1	
Röhrenradiatoren Einsäuler	18	Wasser	120	18	23,4	1	
Handtuchradiatoren [2)]	10 (4)	Wasser	110 (110)	10 (4)	13 (5,2)	1	
DIN-Gussradiatoren	6	Wasser	120	6	7,8	1	
	2	Dampf	133	2	2,6	1	
DIN-Stahlradiatoren	6	Wasser	120	6	7,8	1	
Konvektoren [3)]	4	Wasser	120	4	5,2	1	

[1)] = Druckstufe PN × 1,3 in bar. [2)] Klammerwerte: Sonderformen PN 4, Werksprüfdruck 5,2 bar. [3)] Unterschiede (s. Herstellerangaben).

459.4 Technische Daten von Stahlgliederradiatoren (Herstellerangaben) DIN 4703

Bauhöhe H in mm	Nabenabstand N in mm	Bautiefe T in mm	Gewicht je Glied in kg	Inhalt je Glied in l[1)]	Anstrichfläche je Glied in m²	Wärmeleistung[2)] in W/Glied ($\vartheta_i = 20$ °C) 75/65	70/55	55/45
300	200	**250**	1,52	1,08	0,160	62	49	31
450	350	**160**	1,49	0,92	0,155	59	47	30
		220	1,98	1,25	0,210	76	61	39
600	500	**110**	1,33	0,83	0,140	54	44	28
		160	1,89	1,16	0,205	73	59	38
		220	2,68	1,51	0,285	97	77	49
1000	900	**110**	2,52	1,21	0,240	86	69	44
		160	3,27	1,74	0,345	115	92	58
		220	4,37	2,30	0,480	150	120	76

[1)] Nicht in DIN 4703. [2)] 75/65/20 °C Normzustand nach DIN EN 442; Exponent 1,3. [3)] Klammerwert für Aufstellung frei vor der Wand.

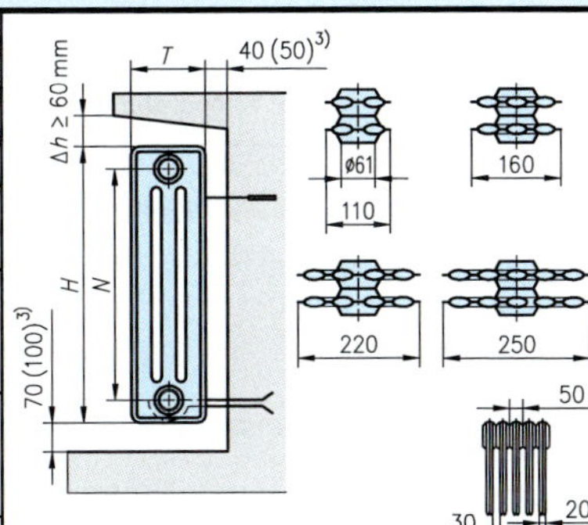

Montageabstände Maße DIN 4703-1

460.1 Technische Daten von Guss-Gliederradiatoren (Herstellerunterlagen) DIN 4703

Bauhöhe *H* in mm	Nabenabstand *N* in mm	Bautiefe *T* mm	Gewicht kg je Glied	Inhalt in l je Glied	Anstrichfläche in m²/Glied	Wärmeleistung in Watt je Glied[1) 75/65 [2)	70/55	55/45	NDD [3)
280	200	**250**	4,90	0,99	0,185	75	60	38	131
430	350	**160**	4,72	0,84	0,185	75	60	39	131
		220	5,91	1,11	0,255	97	78	49	170
580	500	**70**	3,10	0,50	0,120	52	42	27	91
		110	4,46	0,78	0,180	72	58	37	126
		160	5,62	1,02	0,255	96	77	49	168
		220	7,50	1,30	0,345	122	98	62	214
680	600	**110**	5,57	0,86	0,226	81	65	42	142
		160	6,86	1,13	0,313	111	90	56	194
680	623 [3)	135	7,20	1,07	0,300	119	95	60	208
980	900	**110**	6,80	1,21	0,280	107	86	55	187
		160	9,45	1,55	0,396	148	126	76	259

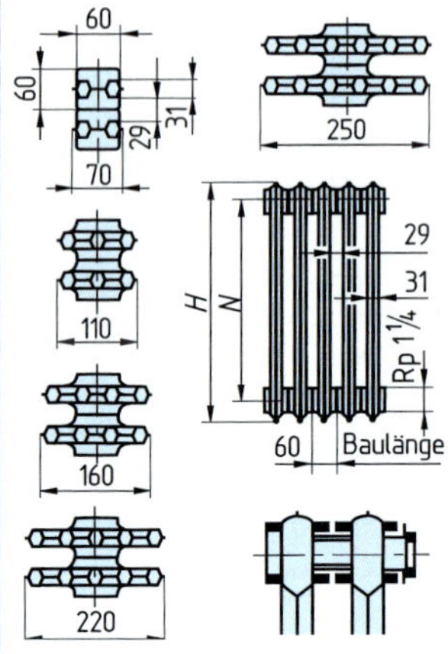

ϑ_{max}, p_{max} (s. 459.3)

[1) Exponent 1,3. [2) Nach DIN EN 442. [3) Sattdampf ≈ 100 °C. [4) Längentoleranz ± 1,5 %; Maße s. DIN 4703-1

460.2 Niedrigtemperatur-Heizkörper in gut gedämmten Gebäuden

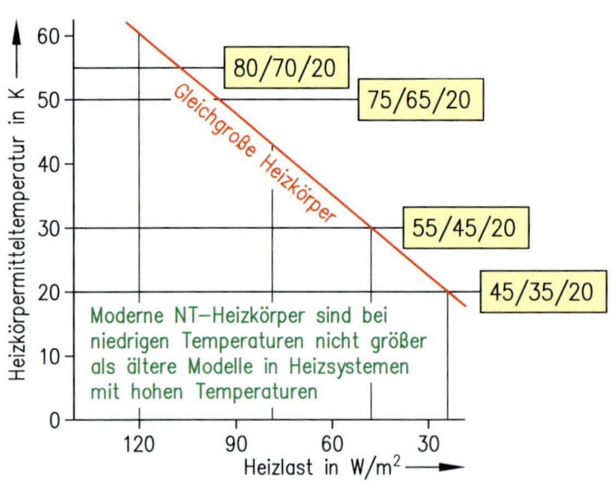

Merkmale und Vorteile von NT-Systemen und NT-Heizkörpern:

- geringe thermische Hkp-Masse, geringer Wasserinhalt
- schnelle Reaktion auf Wärmeverluste und -gewinne
- bei guter Dämmung i. d. R. anpassungsfähiger, oft weniger Energie und gleichmäßigeres Temperaturniveau als Fußbodenheizungen
- geringere Systemwärmeverluste
- Konvektionslamellen auf den heißen Wasserkanälen

Norm-Übertemperatur = 50 K

(unter Normbedingung 75/55/20)

Übertemperatur = Diff. zwischen mittlerer Wassertemperatur und Bezugs-Lufttemperatur

Norm-Nennwärmeleistung = definierte Leistung bei 50 K

Norm-Niedertemperaturleistung bei 30 K Übertemperatur

max. zulässiger Betriebsdruck und Betriebstemperatur wird vom Hersteller angegegen

461.1 Umrechnungsfaktoren *f* bei abweichenden Auslegungstemperaturen (Exponent $n = 1,3$)

ϑ_V	ϑ_R	Raumtemperatur ϑ_L in °C						
°C	ϑ	10	12	15	18	20	22	24
90	85	0,57	0,58	0,61	0,65	0,67	0,70	0,73
	80	0,59	0,61	0,64	0,68	0,71	0,74	0,77
	75	0,62	0,64	0,68	0,72	0,75	0,78	0,82
	70	0,65	0,67	0,72	0,76	0,80	0,83	0,87
	65	0,68	0,71	0,76	0,81	0,85	0,89	0,93
	60	0,71	0,76	0,81	0,87	0,91	0,96	1,01
85	80	0,62	0,64	0,67	0,72	0,75	0,78	0,81
	75	0,64	0,67	0,71	0,75	0,79	0,82	0,86
	70	0,68	0,70	0,75	0,80	0,84	0,88	0,92
	65	0,72	0,75	0,80	0,85	0,89	0,94	0,99
	60	0,76	0,79	0,85	0,91	0,96	1,01	1,07
80	75	0,68	0,70	0,75	0,79	0,83	0,87	0,91
	70	0,71	0,74	0,79	0,84	0,88	0,93	0,97
	65	0,75	0,78	0,84	0,90	0,94	0,99	1,05
	60	0,80	0,83	0,89	0,96	1,01	1,07	1,13
	55	0,83	0,89	0,96	1,04	1,10	1,16	1,24
75	70	0,75	0,78	0,93	0,89	0,94	0,98	1,04
	65	0,79	0,82	0,88	0,95	**1,00**	1,05	1,12
	60	0,84	0,88	0,94	1,02	1,08	1,14	1,21
	55	0,89	0,94	1,01	1,10	1,17	1,24	1,32
	50	0,96	1,01	1,10	1,20	1,28	1,37	1,47
70	65	0,68	0,87	0,94	1,01	1,07	1,13	1,19
	60	0,88	0,93	1,00	1,08	1,15	1,22	1,30
	55	0,94	0,99	1,08	1,17	**1,25**	1,33	1,42
	50	1,01	1,07	1,17	1,28	1,37	1,47	1,58
	45	1,07	1,16	1,28	1,42	1,52	1,64	1,79

ϑ_V	ϑ_R	Raumlufttemperatur ϑ_L in °C						
°C	°C	10	12	15	18	20	22	24
65	60	0,94	0,98	1,07	1,16	1,23	1,31	1,40
	55	1,00	1,05	1,15	1,26	1,37	1,43	1,54
	50	1,08	1,14	1,25	1,37	1,47	1,58	1,71
	45	1,17	1,24	1,37	1,52	1,64	1,78	1,94
	40	1,23	1,37	1,52	1,71	1,87	2,05	2,27
60	55	1,07	1,13	1,23	1,36	1,45	1,56	1,68
	50	1,15	1,22	1,34	1,48	1,60	1,73	1,87
	45	1,25	1,33	1,47	1,65	1,78	1,94	2,13
	40	1,37	1,47	1,64	1,86	2,03	2,24	2,50
	35	1,45	1,64	1,87	2,15	2,39	2,69	3,06
55	50	1,23	1,31	1,45	1,62	1,75	1,90	2,07
	45	1,34	1,43	1,60	1,80	**1,96**	2,15	2,37
	40	1,47	1,59	1,78	2,03	2,24	2,48	2,78
	35	1,64	1,78	2,03	2,36	2,64	2,99	3,43
	30	1,75	2,05	2,39	2,86	3,29	3,86	4,67
	25	1,94	2,44	2,96	3,75	4,60	6,03	9,62
50	45	1,45	1,56	1,75	1,98	2,17	2,40	2,67
	40	1,60	1,73	1,96	2,25	2,50	2,79	3,15
	35	1,78	1,94	2,24	2,63	2,96	3,38	3,92
	30	2,03	2,24	2,64	3,20	3,70	4,39	5,39
45	40	1,75	1,90	2,17	2,53	2,83	3,19	3,66
	35	1,96	2,15	2,50	2,96	3,37	3,89	4,58
	30	2,24	2,48	2,96	3,63	4,25	5,11	6,38
	25	2,64	2,99	3,70	4,84	6,08	8,26	13,9
40	35	2,17	2,40	2,83	3,41	3,93	4,62	5,54
	30	2,50	2,79	3,37	4,21	5,01	6,14	7,87
	25	2,80	3,37	4,25	5,68	7,28	10,2	17,9

$f = \left(\frac{\Delta\vartheta_N}{\Delta\vartheta}\right)^n$	$\Delta\vartheta_N$ 50 K (nach DIN EN 442-2: (75/65) – 20 = 70 – 20 K) $\Delta\vartheta$ Temperaturdifferenz $\vartheta_m - \vartheta_L$ der betreffenden Anlage; $\vartheta_m = (\vartheta_V + \vartheta_R)/2$ n durch Versuch ermittelter Exponent ($\dot{Q}_{HN}$-Abhängigkeit von $\Delta\vartheta_N$)
$\dot{Q}_{HN} = \dot{Q}_H \cdot f$	Bemessung des Heizkörpers aufgrund der Wärmebedarfsberechnung (Heizlastberechnung). „Aufzusuchende" Wärmeleistung in der vorliegenden „Temperaturspalte" (s. Beispiel)
$\dot{Q}_H = \frac{\dot{Q}_{HN}}{f}$	Tatsächliche Nennleistung eines vorgegebenen Heizkörpers bei der vorhandenen Temperaturdifferenz $\vartheta_m - \vartheta_i$.

$\dot{Q}_H$ Wärmeleistung bei vorliegenden Betriebsbedingungen bzw. vorliegender Temperaturdifferenz $\Delta\vartheta$

$\dot{Q}_{HN}$ Norm-Wärmeleistung (Leistung bei $\Delta\vartheta_N = 50$ K)

Beispiel 1: Wärmebedarf des Raums 1100 W, Anlage 55/45/20 ⇒ $f = 1,96$ (s. 461.1) Plattenheizkörper, Bauhöhe 600 mm, Nischenbreite 1,8 m (Platz für Heizkörper 1,6 m); Lösung: Aufzusuchende Wärmeleistung = 1100 · 1,96 = 2156 W; in Spalte 75/65/20 °C (bzw. $\Delta\vartheta_N = 50$ K): 2156/1,6 = 1347 W/m gewählt: **Typ 22/1600/600** (s. 457.1). Da Spalte 55/45/20 vorhanden, auch direkt ablesbar: 1100/1,6 W/m (ebenfalls 22/1600/600)

Beispiel 2: (s. 457.1) Es liegt ein 1 m langer Flachheizkörper vor: 21/1000/500 ⇒ Norm-Wärmeleistung (75/65/20) = 1101 W. Bei 55/45/20 ⇒ 1101/1,96 = **561 W**, bei 70/55/20 ⇒ 1101/f = 1101/1,25 = **881 W**

Leistungsverhalten eines Heizkörpers mit unterschiedlichen Exponenten (Beispiel)

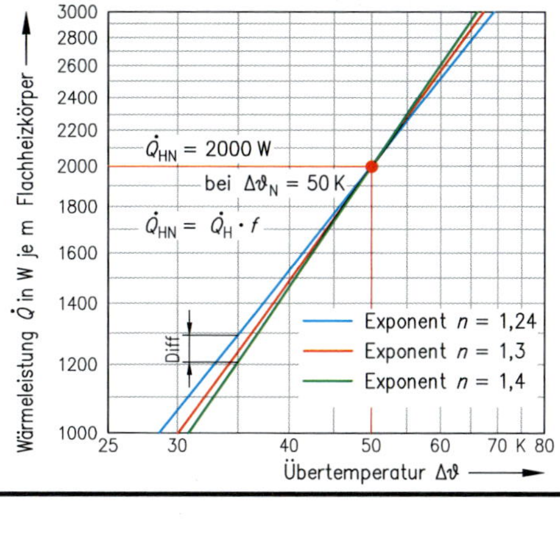

462.1 Umrechnungsfaktoren bezogen auf $\Delta\vartheta_N = 50$ K, Abstufung je Grad

$\Delta\vartheta$	0 K	1 K	2 K	3 K	4 K	5 K	6 K	7 K	8 K	9 K
20	3,29	3,09	2,91	2,74	2,59	2,46	2,34	2,23	2,12	2,03
30	1,94	1,86	1,78	1,72	1,65	1,59	1,53	1,48	1,43	1,38
40	1,34	1,29	1,25	1,22	1,18	1,15	1,11	1,08	1,05	1,03
50	1,00	0,97	0,95	0,92	0,90	0,88	0,86	0,84	0,82	0,81
60	0,79	0,77	0,76	0,74	0,72	0,71	0,70	0,68	0,67	0,66
70	0,64	0,63	0,62	0,61	0,60	0,59	0,58	0,57	0,56	0,55

Beispiel: $\dot{Q} = 1800$ W; $\vartheta_L = 22$ °C

$\Delta\vartheta_m = (66 - 22)$ K $= 44$ K

$f = (\Delta\vartheta_{50}/\Delta\vartheta_{44})^n = 1{,}18$ (bei $n = 1{,}3$)

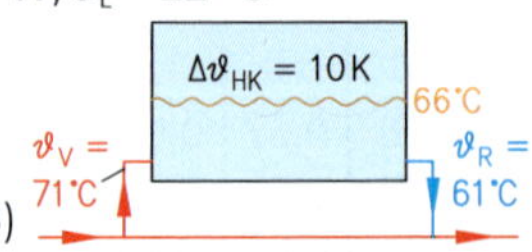

Mit der Wärmeleistung 1800 W · 1,18 = 2124 W den Hkp. bei 75/65/20 °C ermitteln.

462.2 Schachtkonvektoren, Bautiefe 150 mm – Wärmeleistungen bei $\vartheta_m - \vartheta_L = 50$ K, $n = 1{,}41$

Höherer Schacht (Verkleidungshöhe) (h_4) → stärkerer Auftrieb (Δp) → höhere Geschwindigkeit (v) → größerer Volumenstrom ($\dot{V}$) → größere Heizleistung ($\dot{Q}$)

Tiefe in mm	Länge in dm	Kennziffer	Gesamtlänge mm	h_1 300 h_2 80 h_3 80 h_4 140	**400** 100 100 200	**500** 100 100 300	**600** 100 100 400	**700** 100 100 500	**800** 100 100 600	**900** 100 100 700	Gewicht (Masse) in kg	Wasserinhalt in l
15	10	5	1000	725	923	1113	1278	1407	1508	1580	13,1	1,3
15	12	5	1200	887	1129	1361	1562	1719	1844	1932	15,7	1,4
15	14	5	1400	1048	1334	1608	1846	2032	2179	2283	18,2	1,6
15	16	5	1600	1209	1642	1979	2272	2501	2682	2810	20,8	1,7
15	18	5	1800	1370	1744	2103	2414	2657	2849	2985	23,4	1,8
15	20	5	2000	1531	1949	2350	2698	2970	3184	3336	26,0	1,9
15	22	5	2200	1693	2155	2598	2982	3282	3520	3688	28,6	2,1
15	24	5	2400	1854	2360	2845	3266	3595	3855	4039	31,1	2,2
15	26	5	2600	2015	2565	3093	3550	3908	4190	4390	33,7	2,3
15	28	5	2800	2176	2770	3340	3834	4220	4525	4741	36,3	2,4
15	30	5	3000	2337	2975	3587	4118	4533	4860	5092	38,9	2,6

alle Tabellenmaße in mm

- h_1 Nischenhöhe
- h_2 Lufteintritt
- h_3 Luftaustritt
- h_4 Wirksame „Schachthöhe" (Verkleidung)
- S Kombinierte Schachtblende-Konsole, h_5 = Höhe
- H Aufhängehaken
- a Konvektorbauhöhe
- b Konvektortiefe
- c $= b + 4$ mm
- h_6 Montagehöhe $= h_2 + 1$ cm

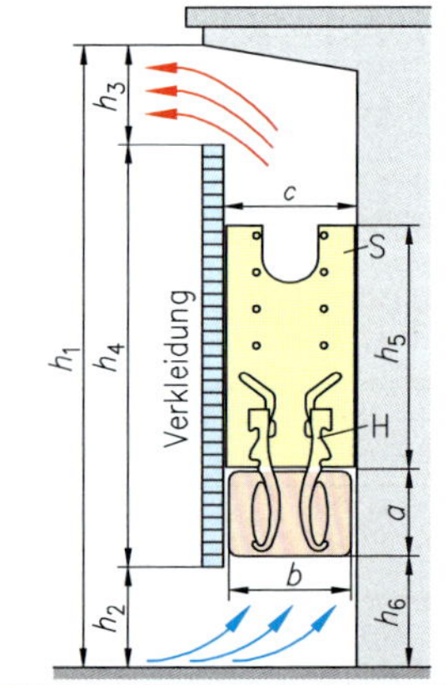

• weitere Bautiefen (s. 462.3) • Bauhöhe 70 mm bei einlagiger (= Kennziffer 5), 160 mm bei zweilagiger Anordnung • lieferbare Baulängen von 0,5 bis 6 m (10 cm Abstufung) • max. Betriebsdruck 8 bar bei 120 °C • Heizmedium Wasser und Dampf • ein- oder wechselseitiger Anschluss (b = 50 mm nur wechselseitig)

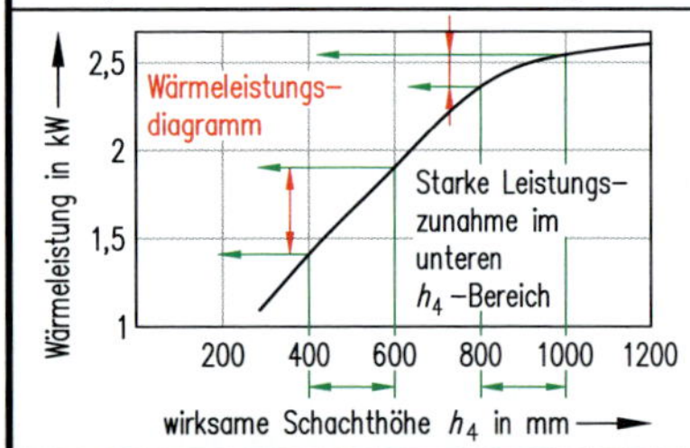

462.3 Schachtkonvektoren (Ergänzung zu 462.2), verschiedene Bautiefen

Tiefe mm	Leistung in W/m bei folgenden Nischenhöhen h_1 in mm										Gew. kg/m	Inhalt l/m	Fläche m^2/m
	300	400	500	600	700	**800**	900	1000	1100	1200			
50	277	332	383	427	462	**487**	506	520	530	539	4,4	0,41	1,44
100	498	612	717	811	883	**935**	973	999	1018	1031	8,7	0,86	2,88
200	957	1204	1435	1642	1803	**1922**	2010	2069	2110	2143	17,4	1,76	5,76
250	1138	1434	1715	1955	2148	**2276**	2398	2478	2539	2590	21,7	2,21	7,20
300	1257	1584	1890	2181	2412	**2606**	2766	2897	3015	3121	26,1	2,65	8,64

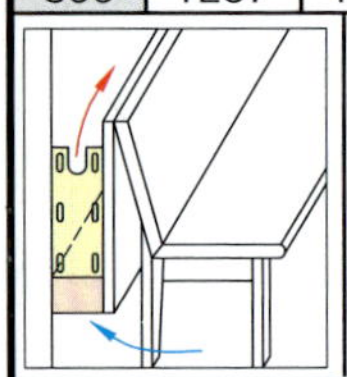

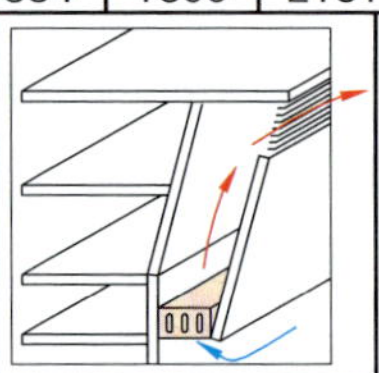

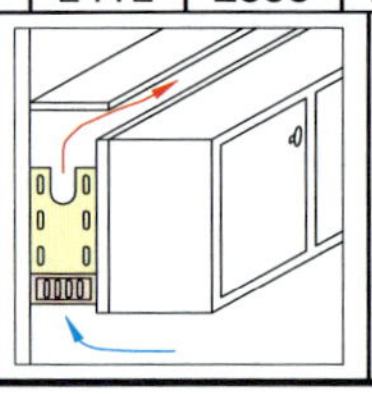

Spezielle Einbaubeispiele:

- zusätzlicher Luftwiderstand beim Einbau in Möbel oder Regale größeres h_2-Maß wählen + 30 ... 50 %
- leicht abnehmbare oder klappbare Verkleidungen (einfache Reinigung)
- kein direkter Kaltluftabfall am Fenster auf den Warmluftstrom (sonst Minderleistung bis > 20 % möglich)

463.1 Umrechnungsfaktoren für Konvektoren bezogen auf $\Delta\vartheta$ = 50 K (75/65/20 °C)

ϑ_i ↓	50/40	55/45	60/50	70/55	75/65	90/70	110/60	110/70
+ 15	2,00	1,65	1,37	1,08	0,87	0,69	0,69	0,56
+ 18	2,38	1,88	1,53	1,18	0,95	0,74	0,74	0,60
+ 20	2,66	2,05	1,65	1,26	**1,00**	0,77	0,77	0,62
+ 22	2,98	2,26	1,80	1,35	1,06	0,81	0,81	0,65

$$f = \left(\frac{\Delta\vartheta_{50}}{\vartheta_m - \vartheta_L}\right)^{1,41}$$

Beispiel: Norm-Wärmebedarf $\dot{Q}_H$ = 3200 W; Nischenhöhe h_1 = 800 mm; Anlage 70/55; ϑ_L = 18 °C; ⇒ f = 1,18; $\dot{Q}_{HN}$ = 3200 · 1,18 = 3776 kW; **Typ 15245** (s. 462.2)

463.2 Unterfluranordnung von Konvektoren, Schachtmaße für Anordnung 2

Konvektor-Bautiefe b mm		100	150	200	250	300
Schachthöhe h_4	min.	100	150	200	250	300
	max.	500	500	500	500	500
Luftkanalmaß s		95	110	125	140	160
Schachtbreite B		320	400	480	560	650
Schachttiefe T (jeweils h_4 addieren)		135 + h_4	150 + h_4	165 + h_4	180 + h_4	200 + h_4
Rahmenmaß A		370	450	530	608	700

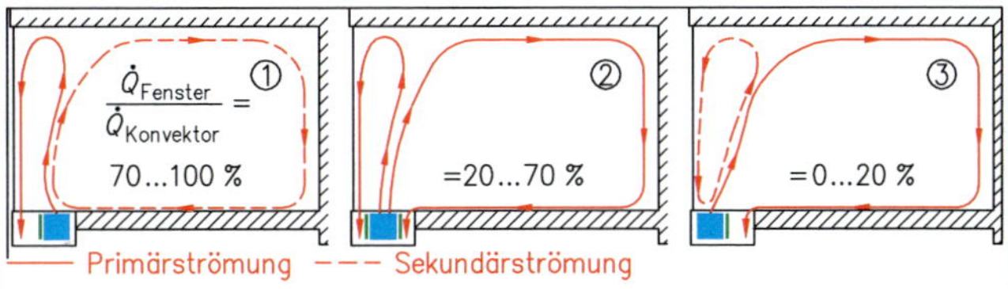

Leistungsminderung 20 %! d. h. bei der Konvektorbemessung: zugrunde liegender Normwärmebedarf ist $\dot{Q}_N$/0,8

- mind. 70 % freier Querschnitt beim Rost
- Kanal(schacht)länge möglichst = Fensterlänge + ca. 200 mm für Anschlüsse

zu ①	z. B. Fensterfläche sonst angrenzende beheizte Räume
zu ②	außer Fensterfläche weitere Abkühlflächen (Wände, Decke, Fußboden)
zu ④	geringer Wärmebedarf am Fenster, hohe raumseitige Wärmeverluste

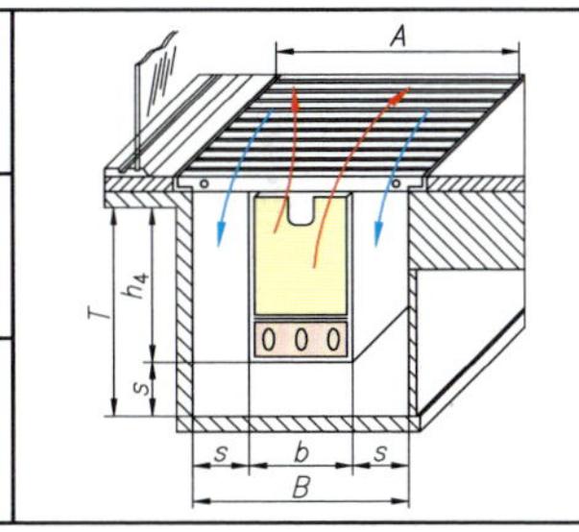

Bodenkanalheizung („Estrichkonvektoren"), z. B. vor großen Fenstern (bis Boden); Kanalbreite 182, 272, 340, 400 mm; Kanalhöhe: 92, 120, 150, 200 mm; 10 Baulängen (850 – 5000 mm); einbaufertige Kanäle; konv. Bauhöhe 50 mm; Leistung (natürl. Konvektion) 182–3500 W (75/65/20 °C). **Weitere Ausführungen**: mit Ventilatorunterstütz.; zum Heizen + Kühlen; mit Elektroheizregister 90 – 480 m³/4,847 bis 3000 W, 2 Typen

Heizkanal mit natürlicher Konvektion

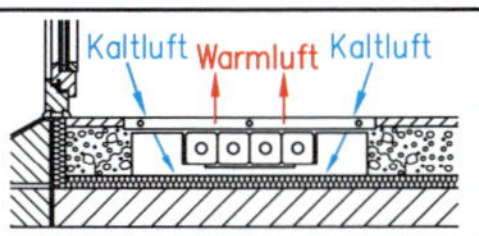

Natürl. Konvektion mit zusätzl. Ventilator

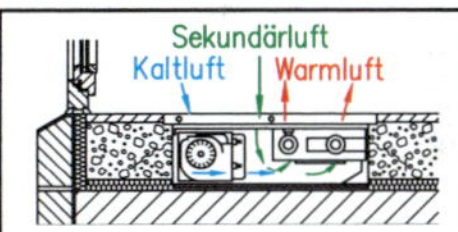

463.3 Technische Daten und Hinweise zu Standardkonvektoren (fabrikatbezogen)

Bauhöhe mm	Bautiefe mm	Wärmeleistung in W/m bei ϑ_i = 20 °C 75/65	70/55	55/45	Inhalt l/m	Gewicht kg/m	Heizfläche m²	Exponent
140	72	543	433	280	2,6	12,2	2,26	1,30
	133	723	581	381	2,5	17,3	4,15	1,26
	(133)	876	701	453	4,1	20,5	4,19	1,29
	194	1145	918	599	4,1	25,5	6,08	1,27
	(194)	1185	947	614	5,6	28,6	6,12	1,29
210	133	934	743	478	3,9	25,9	6,34	1,31
	(133)	1127	887	560	6,1	31,5	6,41	1,37
	194	1432	1136	726	6,1	38,6	9,31	1,33
	(194)	1640	1296	822	8,3	43,9	9,37	1,35

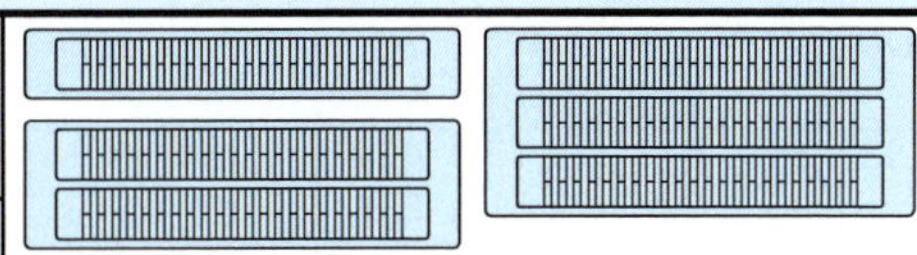

- Bis max. 120 °C und 6 bar Betriebsüberdruck
- 18 Längen (0,5 – 3 m); Nabenabstand 100 bzw. 140 mm
- Klammerwerte: mit integr. Strahlungsschirm
- Montageabstände ≥ 4 cm (Wand) ≥ 10 cm (Glas)
- Minderleistung: 5 – 7 % mit Aufsteckgitter
- Vor- und Rücklaufanschluss im Sammelrohr
- Konsolenanzahl: 2 (500 – 1800), 3 (2000 – 3000)
- Sonderzubehör: Bankträger, Rosetten, spezielle Konsolen
- Gleich- oder wechselseitiger Anschluss, DN 15

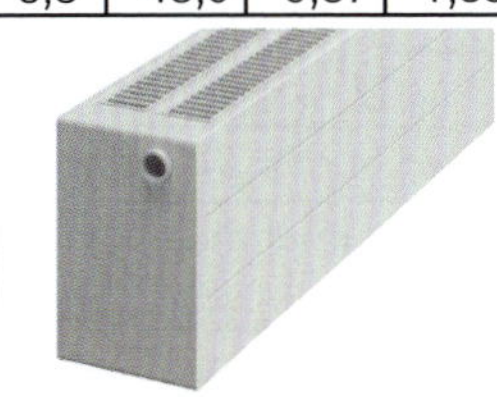

464.1 Wärmeleistung (Wärmeverluste) von glatten unisolierten Rohren in W/m [1]

	Gewinderohre			Siederohre						
Nennweite DN	15	20	25	32	40	50	50	50	65	80
Außen-Ø mm	21,3	26,9	33,7	42,4	40,2	57	63	70	76	89
$\Delta\vartheta_m = \vartheta_m - \vartheta_L$	Wärmestrom an die Umgebung W/m									
80	87	103	124	150	157	196	208	225	241	271
75	79	94	114	137	143	179	190	205	220	248
70	72	85	102	124	130	161	173	186	201	225
65	65	77	92	111	117	146	154	167	180	202
60	58	68	82	100	105	130	138	150	160	180
58	55	66	79	95	100	123	132	143	153	172
56	52	62	74	90	95	117	125	136	145	163
54	50	59	71	86	90	111	119	129	139	155
52	48	56	68	81	86	106	113	122	131	147
50	44	53	64	78	81	100	107	115	124	139
48	42	50	61	73	77	93	101	108	116	132
46	39	46	57	68	72	89	95	102	110	124
44	37	44	53	65	67	84	89	96	103	116
42	35	41	50	60	64	79	85	90	97	109
40	33	38	46	57	59	73	78	84	91	102

$$\dot{Q}_H = A \cdot U \cdot (\vartheta_W - \vartheta_L)$$

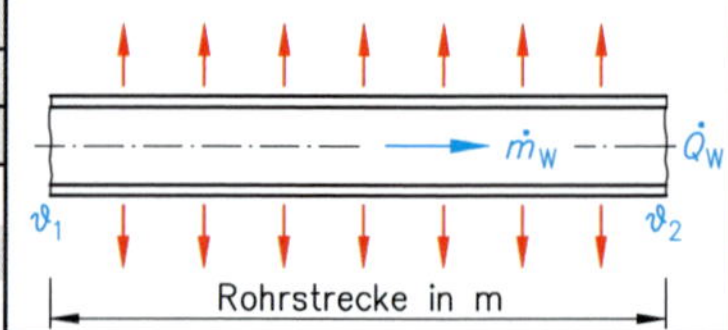

- $\dot{Q}_H$ Wärmeleistung ≈ Verluste $\dot{Q}_W$
- A Rohroberfläche m² (s. 153.1)
- U Wärmedurchgangskoeffizient (früher k-Zahl) in W/(m² · K)
- ϑ_W Wassertemperatur ϑ_m (≈ ϑ_1)
- ϑ_L Temperatur der Umgebungsluft

- $\dot{Q}_W$ Abkühlverluste des Wasserstroms
- $\dot{m}$ Massenstrom (Medium) kg/h
- c spez. Wärmekapazität W/(kg · K)
- ϑ_1 Eintrittstemperatur °C
- ϑ_2 Austrittstemperatur °C

Vermeidung von Rohr-Wärmeverlusten durch optimale Dämmmaßnahmen!

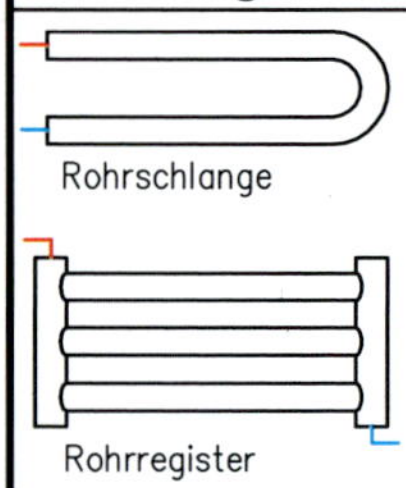

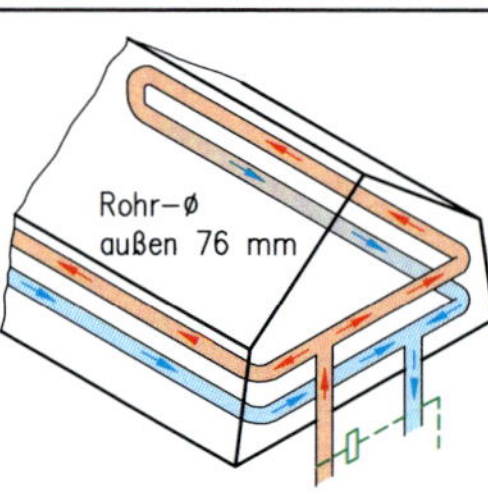

„Rohrheizung" in einem Gewächshaus

Beispiel: 60 m; 70/55 °C
$\vartheta_L = 18\ °C \Rightarrow \Delta\vartheta_m = 62{,}5 - 18 = 44{,}5\ K$; $Q \approx 105\ W$ (Tab.);
$\dot{Q} \approx 60 \cdot 105 = 6300\ W$

$\Delta\vartheta = \vartheta_2 - \vartheta_1$; $\Delta\vartheta_m = \vartheta_w - \vartheta_L$ ($\vartheta_w \approx \vartheta_1$)

Beispiel: Teilstrecke 12 m, DN 32
$\vartheta_m \approx \vartheta_1 = 70\ °C$, $\vartheta_L = 10\ °C$, $\dot{m} = 1090\ l/h$

Abkühlung:

$$\Delta\vartheta = \frac{\dot{Q}}{c \cdot \dot{m}} = \frac{100 \cdot 12}{1{,}16 \cdot 1090} = 0{,}95\ K (\approx 1\ K)$$

U-Wert:

$$U = \frac{\dot{Q}}{A \cdot \Delta\vartheta_m} = \frac{100 \cdot 12}{12 \cdot 0{,}133 \cdot 60} = 12{,}5\ W/(m^2 \cdot K)$$

[1] Wärmeabgabe (Verluste) wärmegedämmter Rohre (s. 481.2).

464.2 Heizleistung und Heizfläche von gewellten Stahlrippenrohren (fabrikatbezogen)

DN	H mm	a = 10 mm		a = 12 mm		a = 14 mm		Wärmedurchgangskoeff. U
		q_n [1] W/m	A [2] m²/m	q_n [1] W/m	A [2] m²/m	q_n [1] W/m	A [2] m²/m	W/(m² · K)
32	25	513	1,19	482	1,03	461	0,92	6,7...7,3
	30	598	1,51	564	1,30	543	1,15	8,5...9,0
50	30	682	1,81	635	1,56	607	1,38	6,0...6,5
	35	776	2,20	725	1,90	693	1,67	7,5...8,0
65	35	880	2,65	824	2,27	784	2,01	5,3...5,7
	40	988	3,13	925	2,68	877	2,36	6,8...7,1

Bauformen

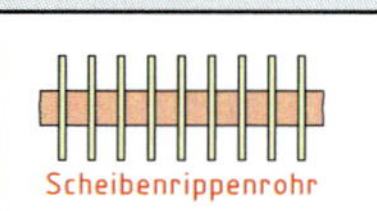

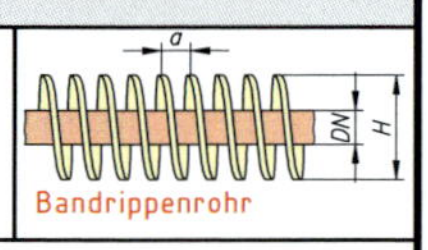

[1] Wärmeleistung bei 75/65/20 °C, Exponent $n = 1{,}25$; bei glatten Rippen etwa 3 ... 4 % weniger.
[2] Die wesentlich größere Heizfläche ermöglicht gegenüber dem glatten Rohr eine ca. 6–8 mal größere Heizleistung.

464.3 Deckenstrahlplatten(fabrikatbezogen)

1	Strahlplattenblech 1,25 mm, Baulänge 2000 bis 7500 mm
2	Präz.Stahlrohre ä Ø 33 mm Rohrabstand 150 mm
3	Kopfstück 45 mm × 45 mm Anschlussmuffe
4	Abkantungen auch zur Niederhaltung der Wärmedämmung (40 mm, WLG 040)
5	Aufhängeachsen (Abstand 2000 bis 3500 mm) zur Aufnahme der jeweiligen Montagesätze, Bohrungen zur Aufnahme der Deckenbefestigung
6	Abdeckblech für Verbindungsstellen (Schweißen, Pressfittings) von Strahlplatten

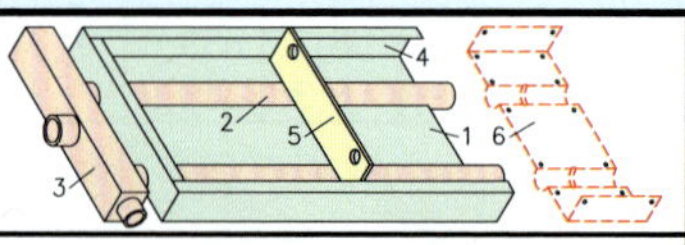

465.1 Wärmeleistungen in Watt/m von Deckenstrahlplatten (fabrikatbezogen)[1) 2)]

$\Delta\vartheta$	Bautyp: Bautiefe in mm/Rohranzahl						
K	300/2	450/3	600/4	750/5	900/6	1160/7	1310/8
102	421	568	717	868	1035	1155	1339
98	401	542	684	828	987	1103	1277
94	382	516	651	789	939	1051	1215
90	362	490	619	750	892	999	1154
86	343	464	587	711	845	948	1093
82	324	493	555	673	798	897	1033
78	305	414	524	634	752	846	973
74	287	401	508	615	729	821	944
70	268	364	461	559	661	747	856
66	259	340	431	522	617	697	798
62	232	316	400	485	572	649	741
58	214	292	370	449	529	600	684
54	196	268	341	413	486	553	628
50	179	245	311	377	443	505	573
46	162	222	282	342	401	459	519
42	145	199	254	308	360	413	466
38	129	177	226	274	320	368	414
34	113	155	198	240	280	323	362
30	97	134	171	207	241	280	312

Typenübersicht (Herstellerangabe)

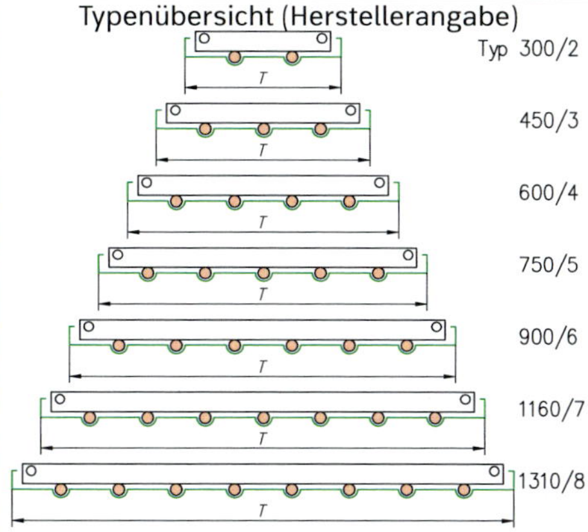

1) Gültig mit eingelegter Wärmedämmung 40 mm dick, $\lambda = 0{,}04$ W/(m · K), Oberseite Alufolie.

2) $\Delta\vartheta = \vartheta_m - \vartheta_L$, Exponent 1,2 bis 1,16, max. Betriebsdruck 12 bar, Werkprüfdruck 16 bar, max. Betriebstemperatur 140 °C, (s. 465.3) Einfluss bei Schrägstellung (s. 466.2).

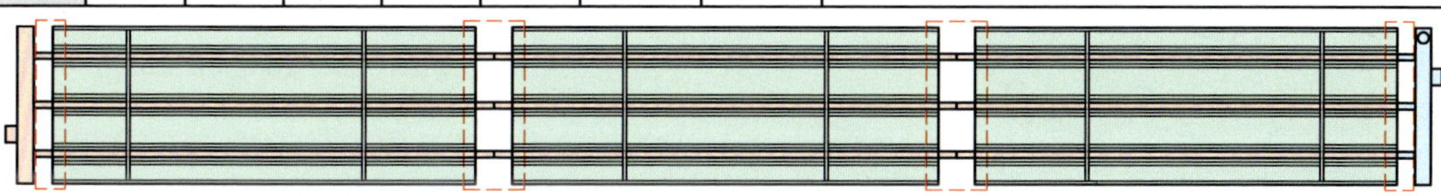

465.2 Merkmale und Systemvorteile von Deckenstrahlplatten

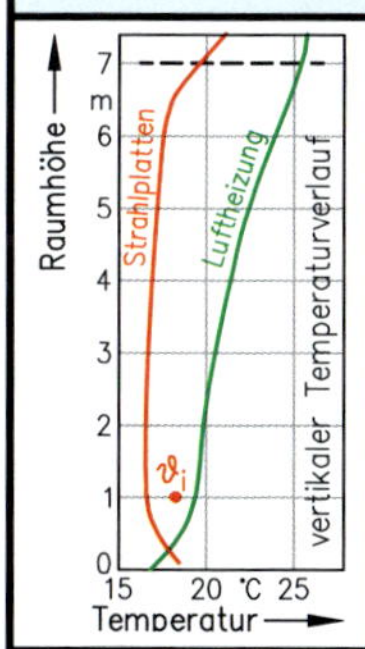

Einsatzgebiete: Produktionshallen, Lagerhallen, Verkaufsmärkte, Ausstellungshallen, Sporthallen, Garagen, Mehrzweckhallen u. a.

- ϑ_i etwa 2 ... 3 K geringer als bei Luftheiz.
- geringere Temp. schichtung (s. Abb.)
- günstige Raumflächentemperatur
- keine Staubumwälzung, keine Zugerscheinung und Geruchsausbreitung
- energiesparend (bezügl. Temp.verteil.)
- einsetzbar auch als Deckenkühlfläche

- geringe Speichermasse des Systems: gute Regelfähigkeit, kurze Aufheizzeit
- uneingeschränkte Nutzung von Fußb. und Wänden
- geeignet auch für große Höhen (bis 30 m)
- geringe Wärmeverteilverluste (Raum)
- Erwärmung des Fußbodens und der Raumgegenstände (Sekundärheizfläche)
- Sonderausführungen: z. B. schallabsorbierende Lochplatten (geringe Nachhallzeit), Ausschnittsöffnungen, Winkelschnitte, verschiedene Farben,
- Ballabweisbleche (Turnhallen)

465.3 Zuläss. Heizwassertemperatur ϑ_m[1)]

Abhängehöhe *H*	prozentuale Strahlplattenbelegung der Deckenfläche					
m	10 %	15 %	20 %	25 %	30 %	35 %
3	73	71	68	64	58	56
4	115	105	91	78	67	60
5	>147	123	100	83	71	64
6		132	104	87	75	69
7		137	108	91	80	74
8		>141	112	96	86	80
9			117	101	92	87
10			122	107	98	94

465.4 Grenztemperaturen[1)] für versch. Strahlplatten

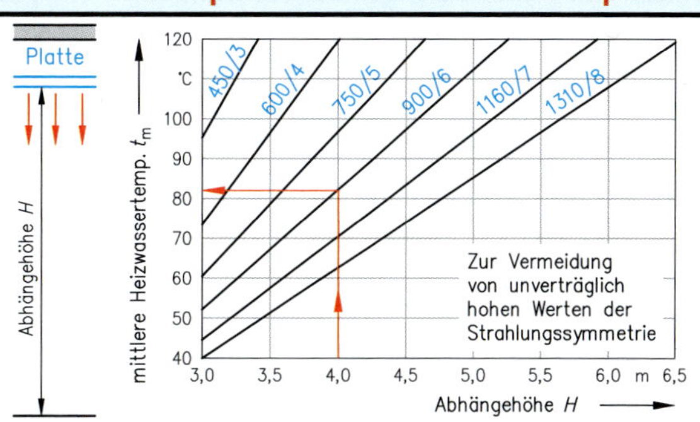

1) ϑ_{max} muss vom Hersteller angegeben werden; DIN EN 14037 (Deckenstrahlplatten) bezieht sich auf < 120 °C.

466.1 Berechnung des Druckverlustes von Deckenstrahlplatten

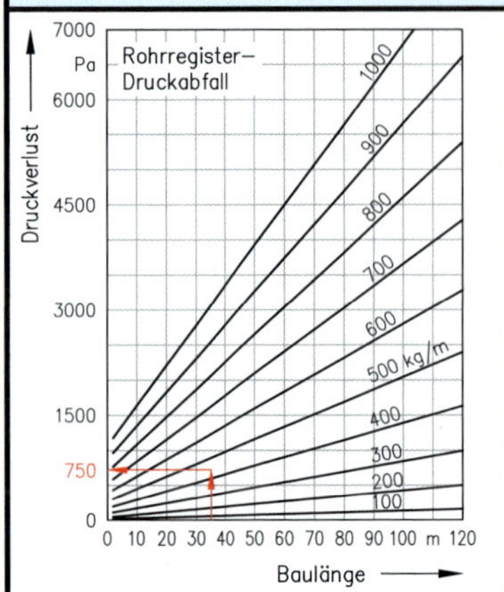

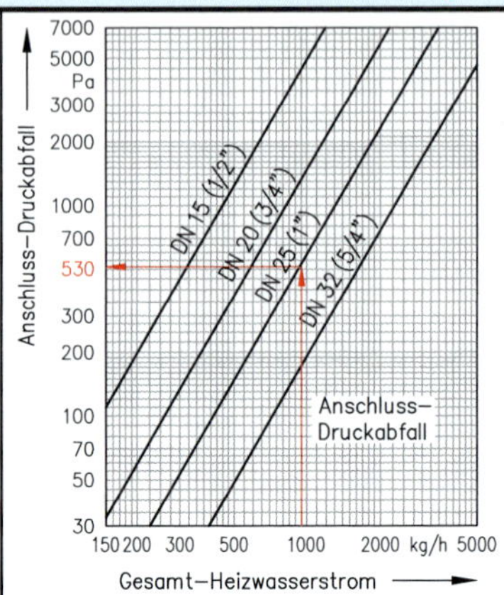

Beispiel (s. Diagramm):
Typ 600/4, Baulänge 35 m, einseitiger Anschluss (s. Abb.), DN 25, $\vartheta_V = 70\,°C$, $\vartheta_R = 60\,°C$, $\vartheta_i = 15\,°C$.
(nach Tab. 465.1) bei $\Delta\vartheta_m = \vartheta_m - \vartheta_i = 65 - 15 =$ **50 K** $\Rightarrow 311 \cdot 35 = 10885$ W
Heizwasserstrom $\dot{m}_{ges} = 10885/(1{,}163 \cdot 10) =$ **936 l/h**
$\dot{m}_{Rohr} = \dot{m}/2 =$ **468 l/h** ($\dot{m}_{min}$ (nach Tab. 465.3) erfüllt).
$\Delta p_{Register} \approx 750$ Pa
$\Delta p_{Anschlüsse} \approx 530 \cdot 2 =$ **1060 Pa**
$\Delta p_{ges} = 750 + 1060 =$ **1810 Pa**

Je nach Anschlussart (ein- oder wechselseitig), Anzahl und Aufteilung der Rohre je Strahlplatte wird die Wasserführung ($\dot{m}$ je Meter Rohr) so gewählt, dass der Mindestwasserstrom erreicht wird.

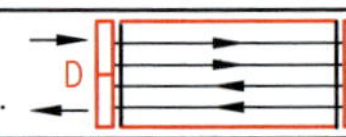

$\dot{m}_{Rohr} = \dot{m}/2$

466.2 Einfluss auf die Wärmeleistung von Strahlplatten bei Schrägstellung

Schräganordnung in

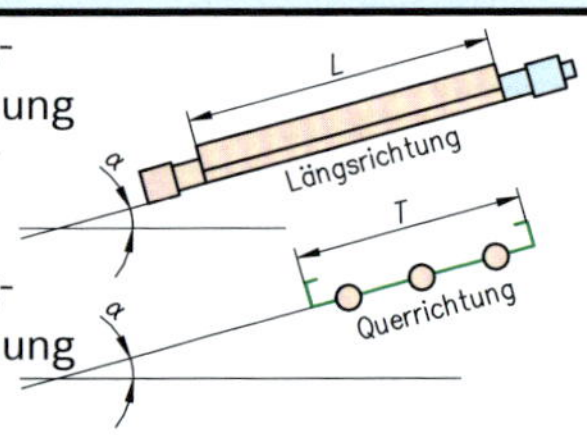

Schräganordnung in

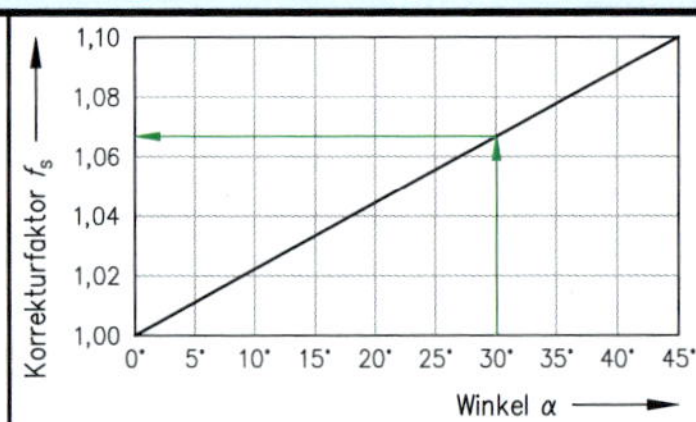

Schrägstellung erhöht wegen der höheren Konvektion die Wärmeleistung (Quer- oder Längsrichtung)

$\dot{Q} = q \cdot l \cdot f_s$ in W

q in W/m (s. 465.1)

l Baulänge der Platte

466.3 Mindestheizwasserstrom im Rohr der Deckenstrahlplatte

Rücklauftemperatur ϑ_R der Platte	°C	30	40	50	60	70	80	90	100	110	120	130	140
Mindestwasserstrom $\dot{m}$ je Rohr	kg/h	208	170	142	122	106	93	82	73	67	60	56	50

- Erforderliche Mindest-Fließgeschwindigkeit wird durch ϑ_R bestimmt $\Rightarrow$ turbulente Strömung.
- Nur bei einer turbulenten Strömung gelten die Leistungsangaben (s. 465.1).
- Lässt sich $\dot{m}_{min}$ je Rohr nicht erreichen und ist eine Reihenschaltung mehrerer Platten nicht möglich, muss eine Leistungsminderung von 15 % berücksichtigt werden (≙ 18 % größere Auslegung).

466.4 Weitere Hinweise zur Auswahl und Montage von Deckenstrahlplatten

- möglichst parallel zur längsten Außenwand
- Abstand Außenwand bis 1. Platte ca. 0,5 ... 2 m (bessere Verteilung der Strahlungsintensität)
- möglichst große Baulängen der Plattenbänder (Kostenminimierung, geringere Druckverluste)
- Mittenabstand der Bänder *A* soll mindestens der Abhängehöhe *H* sein
- bei *H* < 4 m, Platten mit kleiner Bautiefe wählen
- aus ermittelter Bänderanzahl ergibt sich die erforderliche Wärmeleistung je Band und somit der Typ
- Bänder an der Außenwand sollen möglichst größer dimensioniert werden als die in Raummitte
- hydraulischer Abgleich bei Platten versch. Leistung
- bei Platten über Rasterdecke Minderleist. beachten

Anschlussarten von Deckenstrahlplatten in das Heizsystem

Parallelschaltung	Reihenschaltung	wechselseitig	

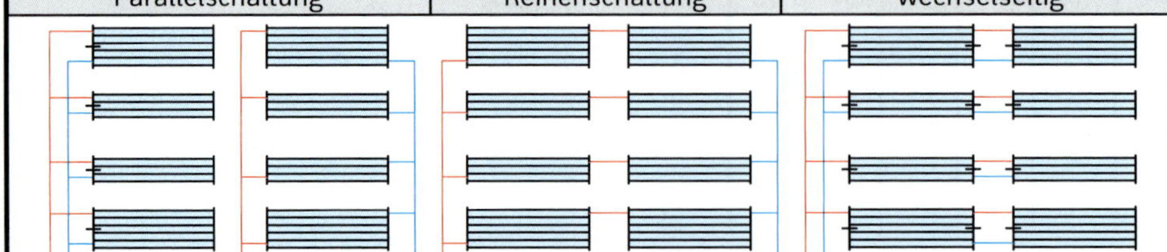

Parallel- oder Reihenschaltung gleich- oder wechselseitig

467.1 Kriterien für Planung, Montage und Betrieb von Warmwasser-Fußbodenheizungen

Auslegungsdaten	Rohranordnung	Rohrwerkstoff	Estrich	Aufbau (Konstruktion)
Nutzung, Dimensionier., Systemwahl, hydr. Einbindung	Verlegeart, Kreise, Abstände, Δp-Abgleich, Verteiler	Kunststoff, Kupfer, Kompaktsysteme, spez. Rohrmatten	Estrichart, Randdämmung, Fugen, Funktionsheizen	Untergrund (Bodenkonstr.), Schichtdicken, Dämmmaßnahmen

Temperaturregelung · Verbindungstechnik · Inbetriebn., Fkt.prüf. · Wirtschaftlichkeit

467.2 Wärmeübertragung bei der Fußbodenheizung (Nasssystem)

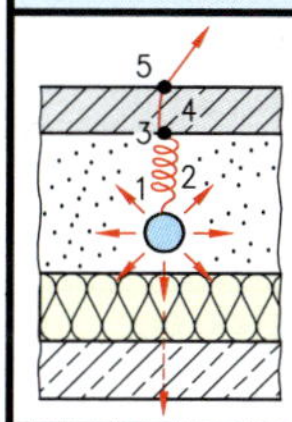

Art der Wärmeübertragung	Anforderungen
① Wärmeübertragung: Rohroberfläche – Estrich	allseitige feste Berührung mit Estrich
② Wärmeleitung im Estrich	möglichst hohe Wärmeleitfähigkeit (schneller Wärmefluss (α, R gering)
③ Wärmeübergang: Estrich – Bodenbelag	homogene Estrichfläche für Belag
④ Wärmeleitung im Bodenbelag	Forderung wie bei ②
⑤ Wärmeübergang: Bodenbelag → Raumluft	Wärmeleistung: $\dot{Q} = A \cdot \alpha \cdot (\vartheta_{F,m} - \vartheta)$

467.3 Temperaturen und Temperaturdifferenzen bei der Fußbodenheizung

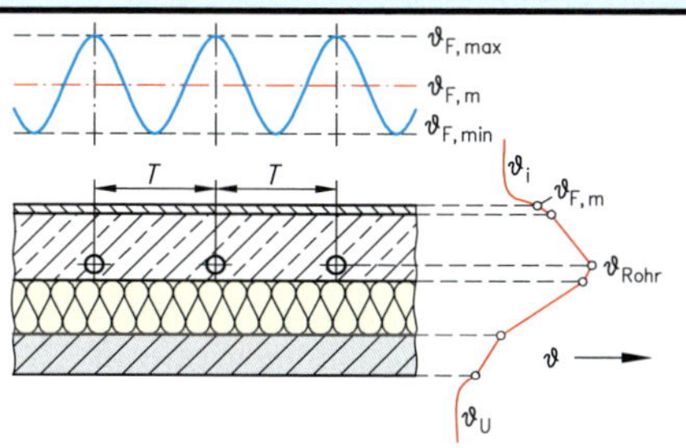

Temperaturprofile

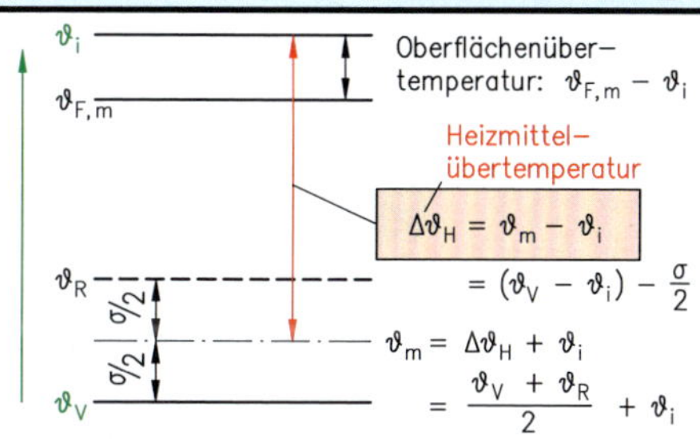

Temperaturangaben

aufgrund q, T, R und $\sigma \Rightarrow \Delta h_H$ gegeben

aufgrund $\Delta\vartheta$ (ϑ_V, σ und q $\Rightarrow$ Teilung T gegeben

Max. zuläss. Fußbodenoberflächentemperatur (aus physiologischen Gründen)		
• Aufenthaltsräume ($\vartheta_i = 20\ °C$) $\vartheta_{F,max} = 29\ °C = \vartheta_i + 9\ K$	Grenzwärme	100 W/m²
• Bäder ($\vartheta_i = 24\ °C$) $\vartheta_{F,max} = 35\ °C = \vartheta_i + 15\ K$	Stromdichte	175 W/m²
• Randzonen ($\vartheta_i = 20\ °C$) $\vartheta_{F,max} = 33\ °C = \vartheta_i + 9\ K$	(s. 469.1)	100 W/m²

$$\vartheta_{F,m} = \frac{\vartheta_{F,max} + \vartheta_{F,min}}{2};\ \Delta\vartheta_{F,m} = \vartheta_{F,m} - \vartheta_i;\ \Delta\vartheta_H = \frac{\vartheta_V + \vartheta_R}{2} - \vartheta_i \text{ bzw.} = \frac{\vartheta_V + \vartheta_R}{\ln\dfrac{\vartheta_V - \vartheta_i}{\vartheta_R - \vartheta_i}}$$

$$\vartheta_V = \Delta\vartheta_H + \vartheta_i + \frac{\sigma}{2} \Rightarrow$$

$$\Delta\vartheta_H = \underbrace{\vartheta_V - \vartheta_i}_{\Delta\vartheta_V} - \frac{\sigma}{2} \cdot \vartheta_V;\ \sigma = \vartheta_V - \vartheta_R = (\vartheta_V - \vartheta_i - \Delta\vartheta_H) \cdot 2 = 3 \cdot \Delta\vartheta_H \left[\sqrt{+\frac{4(\vartheta_V - \vartheta_i - \Delta\vartheta_H)}{3 \cdot \Delta\vartheta_H}} - 1\right]$$

467.4 Merkmale – Vor- und Nachteile der Fußbodenheizung

Mögliche Vorteile (objekt- und systembezogen)	Mögliche Nachteile (objekt- und systembezogen)
• Nutzung der energetischen Vorteile einer Niedertemperaturheizung, Wärmepumpen, Solar, Niedrigenergiehäuser (NE) • geringere Raumtemperatur durch wärmere Raumumschließungsflächen infolge Strahlung, höhere Behaglichkeit • optimale Temperaturverteilung der Vertikalen (keine „Fußkälte“ und keine Wärmepolster im Deckenbereich) • keine Luft- und evtl. Staubumwälzungen (geringe Luftbewegungen) • Minimum an Schlitzen und Aussparungen • Wegfall von Heizkörpern (lichtvolle und sichtfreie Fensterfront) • systembedingter Selbstregelungseffekt (s. 468.1) • spezielle Anwendungsfälle: z. B. Sporthallen, Freiflächen (Sportplätze), Wände, Bauteilaktivierung (Heizung + Kühlung)	• schlechte Regelfähigkeit bei großer Estrichmasse (ungünstig, wenn Räume kurzzeitig oder unerwartet beheizt werden müssen) • Erhöhte Wärmeverluste nach unten • höhere Investitionskosten (einschl. Nebenkosten) • höherer Fußbodenaufbau (Estrich, Wärmedämmung) • hohe Strahlungsasymmetrie und oft ungenügende Kälteabschirmung bei großen älteren, undichten Glasfenstern • mögliche Raumüberheizung bei NE-Haus, wenn plötzlich intensive Fremdwärmequellen wirksam sind • zahlreiche Qualitätsfragen (auch in baulicher Hinsicht) • geringe nachträgliche Änderungsmöglichkeit bei evtl. Planungsfehlern oder nachträglichen Änderungen

468.1 Einfluss der Raumtemperatur auf die Heizleistung – Selbstregelungseffekt

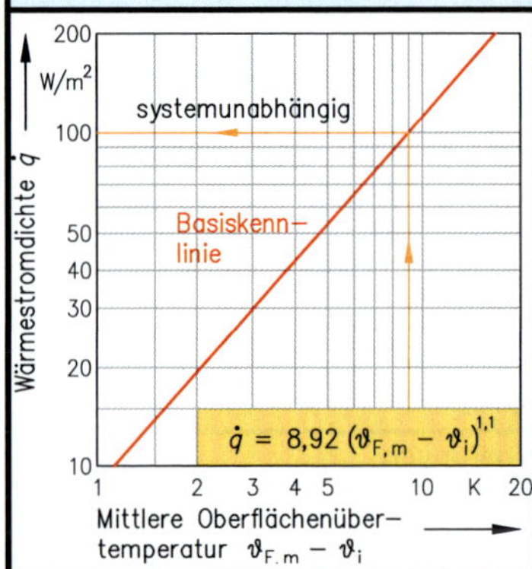

Ohne Fremdwärmeeinfluss	Fremdwärmeeinflüsse (Beispiel)

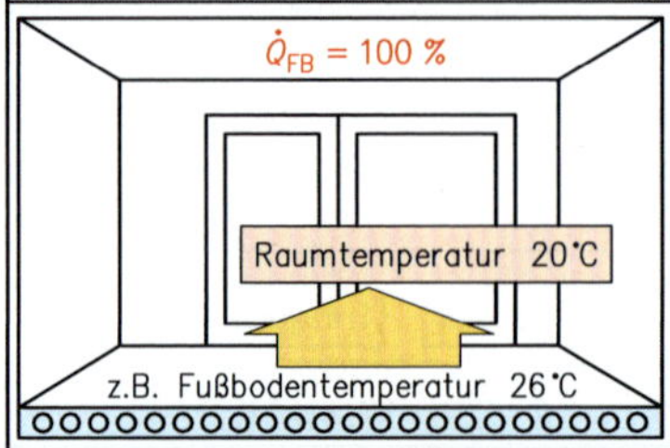

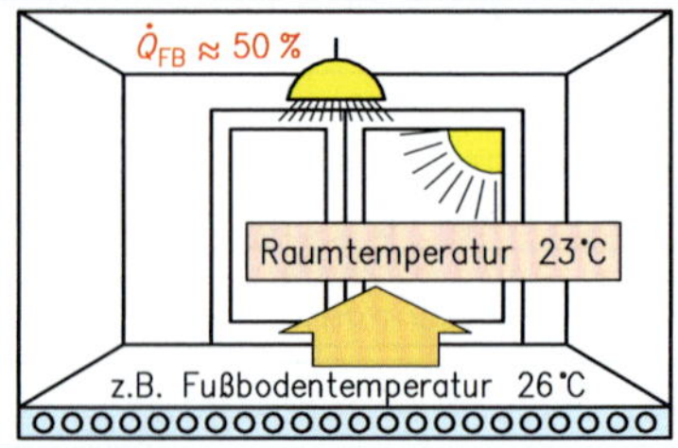

$\vartheta_{F,m} - \vartheta_i$ (K)	2 [1]	3	4	5	6	**9** [2]
q (W/m²)	19,1	29,2	40,1	52,4	64,0	**100**

[1] z. B. bei Schwimmhalle $\vartheta_{F,m}$ = 32 °C, ϑ_i = 30 °C.
[2] $\vartheta_{F,max}$ 29 °C und ϑ_i = 20 °C

468.2 Verlegungsarten für Heizkreise – Einflussgrößen auf die Rohrlänge

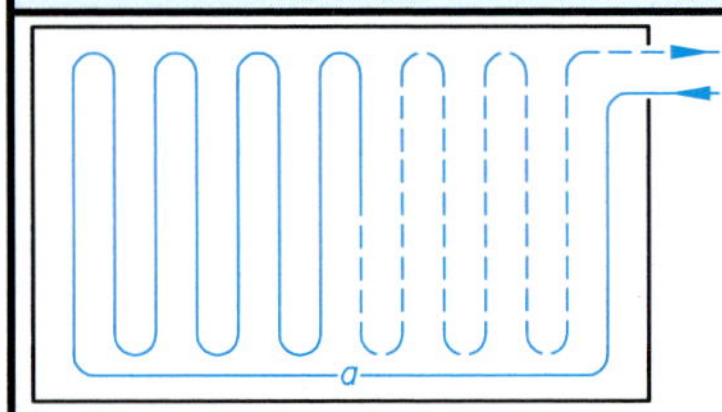

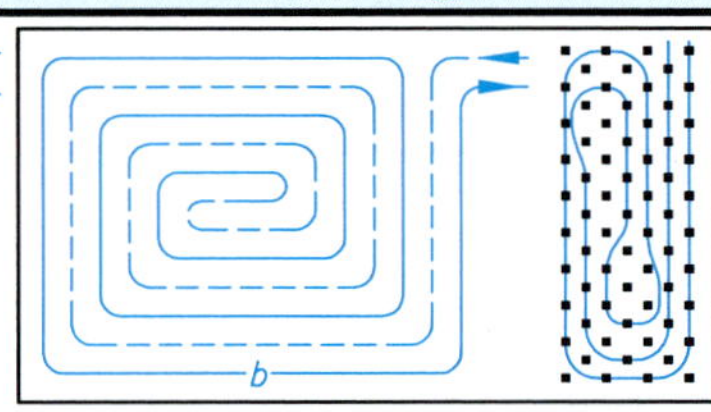

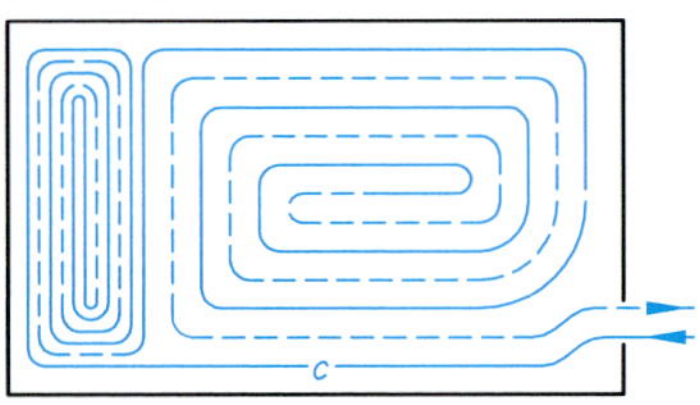

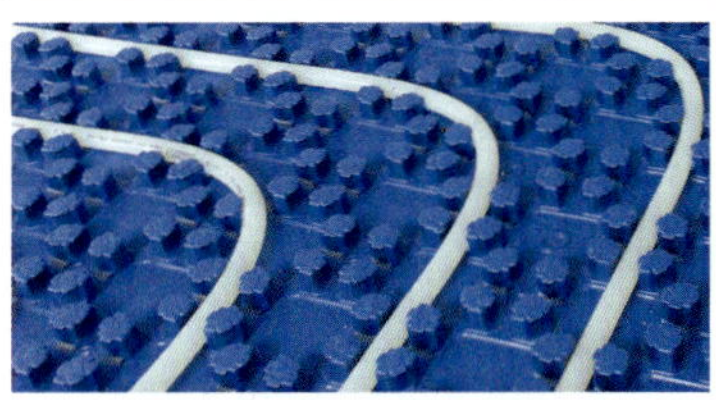

Einflussgrößen auf Heizkreis:

- Wärmestromdichte q_{des}, Temperatur, Bodenbelag, Rohrabstand, System, Raumnutzung
- Pumpendruck Verteiler und Kreis, erford. hydraulischer Abgleich
- Estrich (Fugenausbildung, Feldgröße (bei > 40 m² aufteilen)
- Raumbedingungen: Größe, Form, Einbauten (Möbel), Randzone, Verteileranordnung, Komfort
- Anschlussleitungen (Anzahl, Länge), Verteilerstandort
- Lieferlängen der Rohre

zu a): mäanderförmig (schlangenförmig), gleichgerichtete Schleifen, für kleine Einzelräume (Temperierung)
zu b): bifilare („schneckenförmige", spiralförmige) vorteilhafteste und übliche Anordnung (gleichmäßige ϑ_F)
zu c): bifilare Anordnung mit integrierter Randzone (Kombiheizkreis), ϑ_R Randzone, ϑ_V Aufenthaltszone

468.3 Rohrlängen je m² Bodenfläche in Abhängigkeit des Rohrabstandes *T*

Rohrabstand (Rohrteilung *T*)	cm	5,5 [2]	11 [2]	16,5	22	27,5	33
theoretische verlegbare Rohrmengen [1]	m/m²	18,2	9,1	6,1	4,5	3,6	3,0
Praxiswerte für Materialauszug	m/m²	17,6	8,8	5,9	4,4	3,5	2,9
zu beheizende Bodenfläche = $l \cdot T$	m²	5,5	11	16,5	22	27,5	33

[1] Für Druckverlustberechnung max. 100-120 m pro Heizkreis.
[2] Vorwiegend für Randzone sowie für Bäder, WC (bei Temperierung auch 16,5 cm).

468.4 Einfache Einzelraumregelung zur Fußbodentemperierung

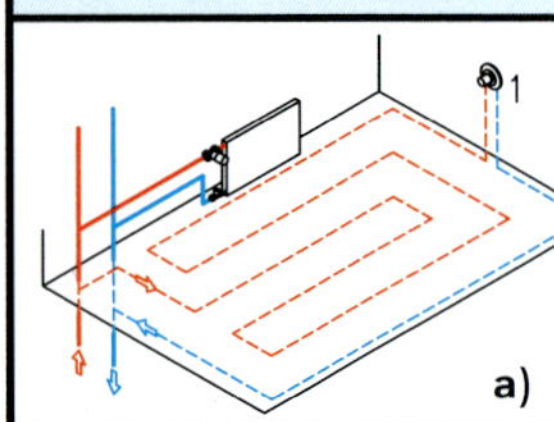

a)

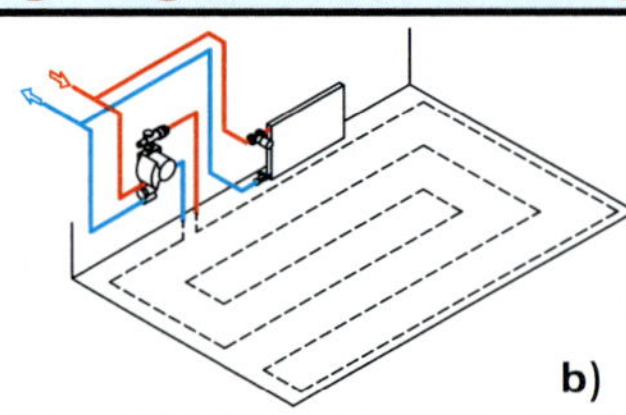
b)

1 Rücklauftemperaturbegrenzer
G ¾, k_{VS} = 0,88 m³/h mit Fühlerelement Regelbereich 10–50 °C, mit oder ohne Abdeckplatte. Zur **Fußbodentemperierung** in Verbindung mit Radiatoren. Rohranschluss in Wandeinbaukasten, der nach der Verrohrung abgedeckt wird.

zu a): Nach EnEV 2014 benötigen Fußbodenheizungen in Räumen < 6 m² Nutzfläche keine Einzelraumregelung mehr. So kann z. B. ein Gäste-WC an anderen Regelkreis angeschlossen werden, dem dieselbe Raumtemp. zugrunde liegt (schriftlich vereinbaren). **zu b):** Die Temperierung der Fußbodenfläche dient dem Komfort, gleichzeitig wird ein Teil des Wärmebedarfs gedeckt. Bei der Beimischregelung garantiert die Mischerpumpe die konstante Wassertemperatur im Fußbodenheizkreis. Die Absicherung gegen Übertemperatur erfolgt mittels integriertem Temperaturwächter durch Pumpenabschaltung.

469.1 Leistungsdiagramm – Zusammenhang der verschiedenen Einflussgrößen

Übliches Diagramm (R_λ-Wert) für Aufenthaltsräume: Estrich, 7 mm Teppichboden; Parkett oder Steinboden mit z. T. Teppichbelegung

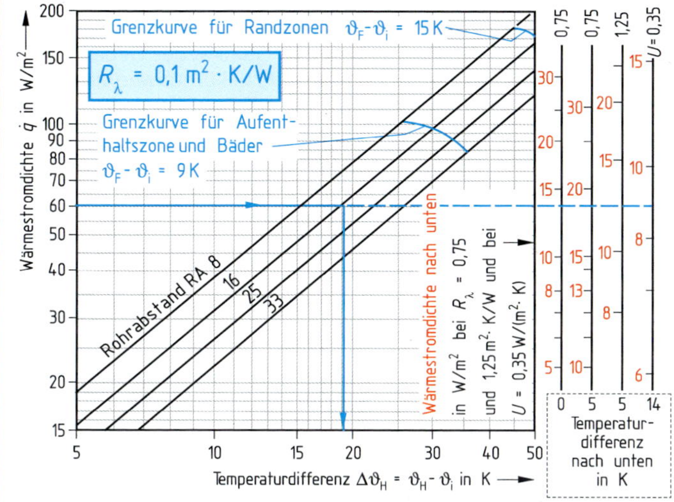

Beispiel (in Diagr. eingezeichnet):
Gegeben: q = 60 W/m², ϑ_i = 20 °C, ϑ_U = 6 °C (Kellertemperatur), U nach unten 0,35 W/(m² · K), Spreizung σ = 6 K (gewählt), Rohrteilung 16 cm (RA 16)
Gesucht: ϑ_V; Wärmeverlust nach unten q_u und Werte nach Grenzkurve (ϑ_V, q)
Lösung: $\Delta\vartheta_H \approx$ **19 K**, $\vartheta_m(\vartheta_H) = \Delta\vartheta_H + \vartheta_i$ = 19 + 20 = 39 °C, bei σ = 6 K ⇒ ϑ_V = 39 + 6/2 = **42 °C**, $q_u \approx$ **9 W/m²**.

Umgekehrt (üblich) ausgehend von ϑ_V bzw. $\Delta\vartheta_H$ und $\dot q$ ⇒ RA ermitteln
Bsp.: ϑ_V = 45 °C, σ = 6 K, ϑ_i = 20 °C, $\dot q$ = 60 W/m²
Ges. RA, Grenzwert ϑ_{Vmax}, q_{max}, ($\vartheta_H = \vartheta_m$)
Lös.: ϑ_H = 42 °C, $\Delta\vartheta_H$ = 22 K, **RA 25**; $\Delta\vartheta_{Hmax} \approx$ 33 K, ϑ_H = 53 °C, $\boldsymbol{\vartheta_V}$ **= 56 °C**, $q_{max} \approx$ **95 W/m²** (bei RA 8: $\Delta\vartheta_{H\,max} \approx$ 26 K, ϑ_H = 46 °C, ϑ_V = 49 °C)
Empfohl: ϑ_V (Planung) 40 ... 45 ... (50) °C

469.2 Wärmeleitfähigkeiten λ in W/(m · K) für Bodenbeläge

Bodenbelag	λ	Bodenbelag	λ	Bodenbelag	λ	Bodenbelag	λ
Naturstein	1,2	Marmorplatten	2,1	Stabparkett	0,20	Korkplatten (Parkett)	0,09
Fliesen	1,0	Nadelvlies	0,54	Linoleum	0,17	Teppichboden	0,01–0,2
Keramikplatten	1,2	Mosaikparkett	0,24	Kunststoffbeläge	0,23	PVC-Beläge	0,2

469.3 Ermittlung der Rohrabstände und der maximalen Heizkreisfläche

q in W/m²			30	35	40	45	50	55	60	65	70	75	80	85	90	95	100	105	110	115	120	125	130
$\vartheta_{F,m}$		bei ϑ_i	Aufenthaltszone ←												→ Randzone								
		20 °C	23	24		25			26			27		28		29			30			31	
		24 °C	27	28		29			30			31		32		33							
ϑ_V	ϑ_i	$R_{\lambda B}$	obere Zeile: empfohlener Rohrabstand RA; untere Zeile: max. Heizkreisfläche																				
40 °C	20 °C	0,05	33,0 39,9	27,5 33,5	27,5 26,6	22,0 23,0	16,5 20,0	16,5 16,6	16,5 13,4	11,0 12,3	11,0 10,1	11,0 8,0	5,5 7,4	5,5 6,1	5,5 4,8	5,5 3,4	5,5 1,8						*RA* m²
40 °C	20 °C	**0,10**	33,0 34,4	27,5 27,9	22,0 22,7	16,5 19,0	16,5 14,6	11,0 10,3	11,0 9,2	11,0 6,1	5,5 5,8	5,5 3,7	5,5 1,0										*RA* m²
40 °C	20 °C	0,15	27,5 31,6	22,0 24,1	16,5 18,9	16,5 13,2	16,5 7,4	11,0 6,3	5,5 5,2	5,5 1,9													*RA* m²
40 °C	24 °C	0,01					16,5 18,4	16,5 15,5	16,5 12,9	11,0 12,0	11,0 10,2	11,0 8,5	11,0 6,9	11,0 5,2	5,5 5,9	5,5 5,0	5,5 4,0	5,5 3,0	5,5 1,9				*RA* m²
45 °C	20 °C	0,05			33,0 36,1	27,5 32,0	27,5 26,6	22,0 24,0	22,0 20,2	16,5 18,6	16,5 15,9	16,5 13,4	11,0 12,7	11,0 11,0	11,0 9,3	11,0 7,6	11,0 5,8	5,5 6,4	5,5 5,3	5,5 4,3	5,5 3,1	5,5 1,8	*RA* m²
45 °C	20 °C	**0,10**		33,0 38,9	33,0 34,9	27,5 26,3	22,0 22,7	16,5 19,9	16,5 16,3	16,5 12,9	11,0 11,7	11,0 9,2	11,0 6,7	5,5 6,6	5,5 5,0	5,5 3,3							*RA* m²
45 °C	20 °C	0,15		33,0 33,7	27,5 30,0	22,0 26,5	22,0 20,9	16,5 19,1	16,5 13,8	11,0 13,2	11,0 8,3	5,5 8,5	5,5 4,5										*RA* m²
45 °C	24 °C	0,01								16,5 18,7	16,5 16,4	16,5 14,3	16,5 12,4	11,0 12,0	11,0 10,7	11,0 9,4	11,0 8,1	11,0 6,9	11,0 5,6	11,0 6,4	5,5 5,6	5,5 4,9	5,5 4,2

Rohrabstände *RA* 5,5/11,0/16,5/22,0/27,5/33 cm (herstellerbezogen)

Beispiel: ϑ_i = 20 °C, Heizbodenfläche = 17 m², q = 55 W/m²; $R_{\lambda,B}$ = 0,1 (m² · K)/W, ϑ_V (gewählt) 45 °C, Lös.: $\vartheta_{F,m} \approx$ 25,5 °C RA = 16,5, max. Heizkreisfläche 19,9 m² (> 17 m²) ⇒ 1 Heizkreis. Bei ϑ_V = 40 °C, RA = 11, max. 10,3 m² ⇒ 2 Heizkreise

470.1 Mögliche Probleme und Folgerungen nicht abgeglichener Heizungsanlagen

- Ungleichmäßige Wärmeabgabe (Komfortverlust)
- Aufheizzeiten der Räume sind nicht gleich
- Eingeschränkter Frostschutz (Verlust an Sicherheit)
- In Ventilen evtl. lästige Strömungsgeräusche
- Kein Erhalt von evtl. Förderungsmaßnahmen
- Kosten durch evtl. Störbeseitigungen
- Schlechtere Nutzung von Systemkomponenten
- Stromverbrauch bei zu hoch eingestellter Umwälzpumpe oder bei Überdimensionierung
- Hohe Anfahr- und Stillstandverluste (Anlage)
- Unzufriedene Kunden (keine Werbungsträger)
- Geringere energetische Qualität des Gebäudes
- Geringerer Wirkungsgrad bei Brennwertanlagen, pumpennahe Hkp. evtl. höhere Rücklauftemperatur und somit geringerer Brennwerteffekt

470.2 Kombination Differenzdruckregler und Strangregulierventil → Differenzdruckregelung

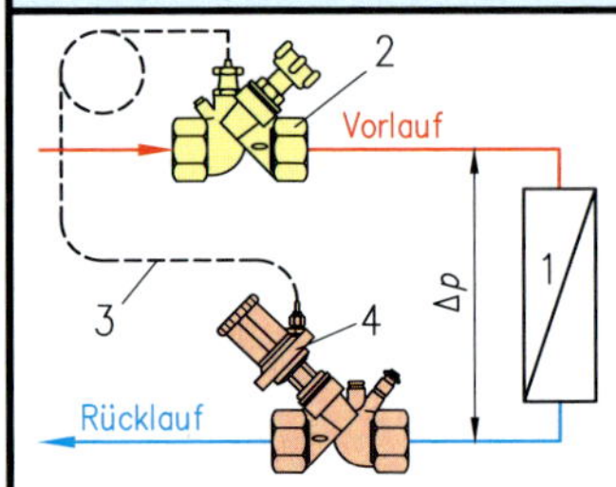

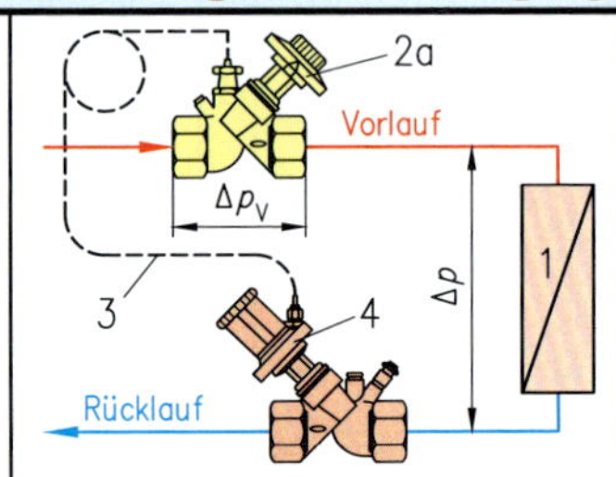

1 Anlage
2 Absperr- und Messventil
2a Durchflussregler
3 Impulsleitung
4 Differenzdruckregler

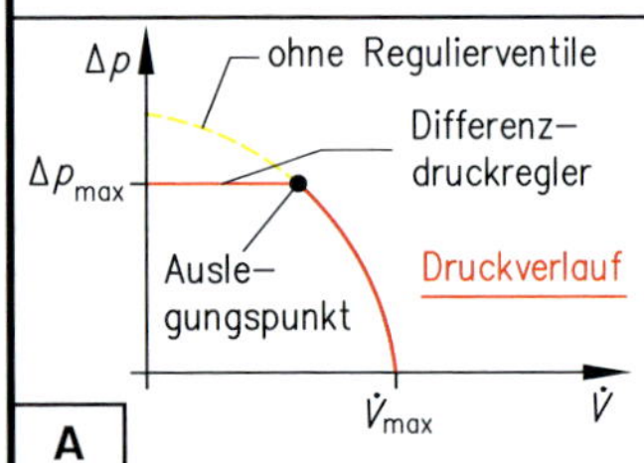

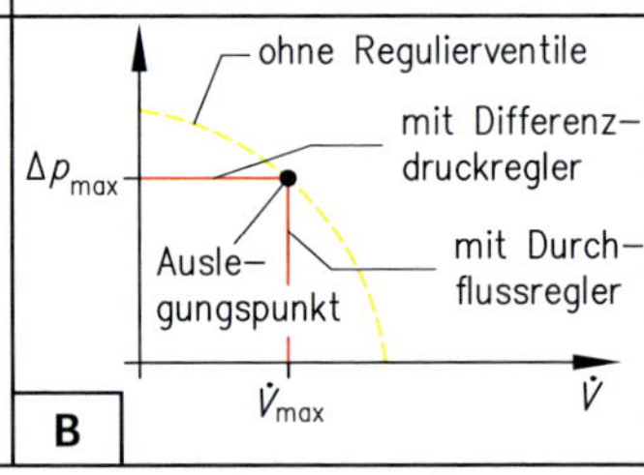

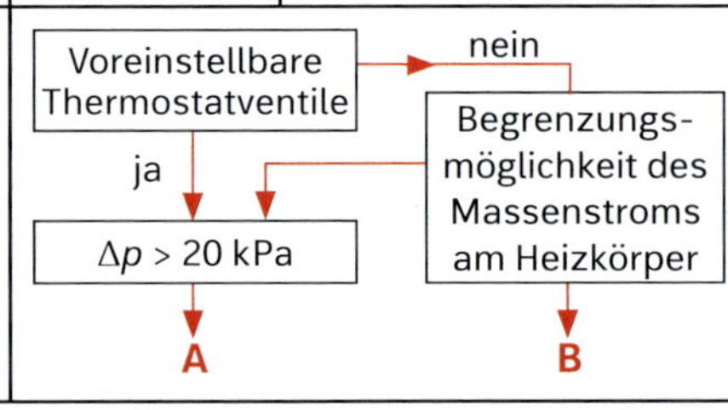

Regulierarmaturen für hydraulischen Abgleich von Heizungsanlagen

470.3 Übersicht über Vorschriften zur Fußbodenheizung und -kühlung (Fortschreibung)

DIN EN 1264 Fußbodenh. Systeme, Komponenten
Teil 1: Definitionen und Symbole
Teil 2: Bestimmung der Wärmeleistung
Teil 3: Auslegung; **Teil 4:** Installation
Teil 5: Raumflächen integr. Heiz- und Kühlsyst.; Wärme- u. Kühlleistung für Boden-, Wand- und Deckensysteme

EN 15377 Heizsysteme in Gebäuden; Planung von eingebetteten Flächenheiz- und Kühlsystemen
▶ **Teil 1:** Bestimmung der Norm-Heizlast und Kühlleistung
▶ **Teil 2:** Planung, Auslegung und Installation
Teil 3: Optimierung f. Nutzung erneuerbarer Energien

Neu: Bauteilaktivierung; dyn. Berechnungsverfahren; Computer-Simulation; stationäre Berechn.verf. aus EN 1264

470.4 Berechnungsformblatt für Fußbodenheizungen

1	2	3	4	5	6	7	8	9	10	11	12	13	14	15	16	17	18	19	20	21	22	23	24	25	26
–	–	°C	°C	m²	W	W/m²	(m²·K)/W	–	m²	W/m²	°C	cm	K	K	W/m²	W	l/h	m	m	m	Pa	Pa	Pa	Pa	Nr.
Raumnummer	Bezeichnung des Raumes	Norm-Innentemperatur	ϑ_u darunterliegend. Raum	A_F zu beheiz. Bodenfläche	$\dot{Q}_{des}$ Auslegungswärmeleist.	$\dot{q}_{des}$ Ausleg.Wärmestromdichte	B.belag/Wärmeleitwiderst.	Heizkreisanzahl	$A_{A/R}$ Aufenth.- o. Randzone	$\dot{q}_{A/R}$ Wärmestromdichte	$\vartheta_{F,m}$ mittl. Oberflächentemp.	Rohrabstand (Teilung)	$\Delta\vartheta_H$ Heizmittelübertemp.	σ Heizkreisspreizung	q_U Wärmestrom n. unten	$\dot{Q}_F$ Heizkreisleistung	$\dot{m}_H$ Heizmittelstrom (Ausleg.)	lfd. m Systemrohr/H.Kreisleit.	lfd. m Systemrohr/Zuleitung	Σ Lfd. m Heizkreis u. Zuleit.	Δp_R Druckverl. Heizkreis + Zul.	Δp_V desgl. Vor- und Rückl.	$\Delta p_{ges.}$ Gesamt-Druckverlust	$\Delta p_{Dross.}$ Voreinstellung	Ventilvoreinstellung

471.1 Mindest-Wärmeleitwiderstände der Dämmschichten DIN 1264-4

Thermische Randbedingungen unter der Fußbodenheizung bzw. unter der „Heizebene"	Darunterliegender Raum		Darunter vorhandene Außenlufttemperatur		
	beheizt	unbeheizt [1] oder auf Erdreich [2]	Auslegungstemperatur ϑ_a in °C		
			$\vartheta_a > 0$	$\vartheta_a < 0; > 5$	$\vartheta_a < -5; \geq 15$
Wärmeleitwiderstand (m² · K)/W	0,75	1,25	1,25	1,50	2,00

[1] Auch wenn in Abständen beheizt (z. B. gewerblich). [2] Bei Grundwasserspiegel ≤ 5 m Wert erhöhen.

471.2 Bauarten und Nenndicken von Heizestrichen auf Dämmschichten DIN 18560

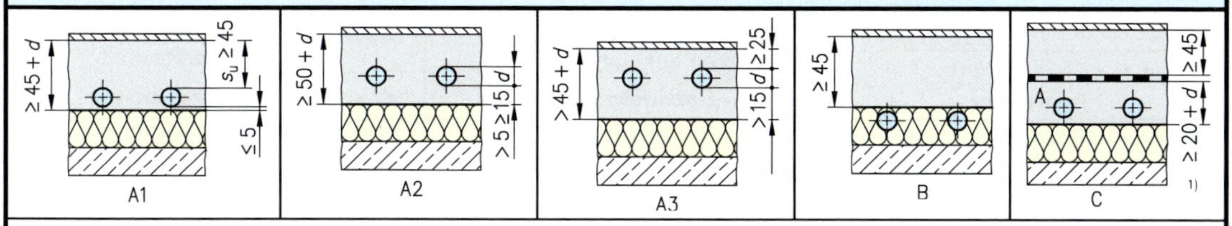

Gültig für Anhydridestrich **AE** und Zementestrich **ZE**; beim Kurzzeichen z. B. AE 20-S70H: **20** Festigkeitsklasse (≥ 20 N/mm²), **S** schwimmend, **70** mm Nenndicke, **H** Heizestrich. [1] Rohre im Ausgleichestrich, Trennschicht.

471.3 Fußbodensystem DIN EN 1264-2

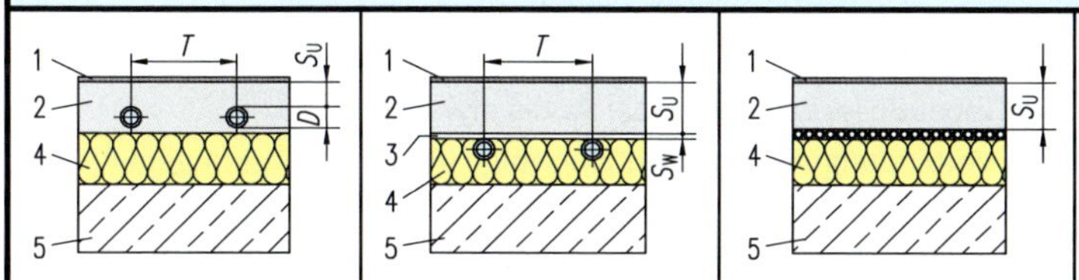

Rohre innerhalb des Estrichs (Typ A und C) — Rohre unterhalb des Estrichs (Typ B) — Flächenelemente (Typ D)

1 Fußbodenbelag (R_λ maßgebend)
2 Wärme- und Lastverteilschicht (Estr.) Abstand Rohr-Dämmschicht 0 – 10 mm
2' Verteilschicht X_E (Estrich)
3 Wärmeleiteinrichtung (s_W Dicke)
4 Wärmedämmschicht
5 tragender Untergrund (z. B. Beton)
T Rohrteilung (Abstand)
s_U Schichtdicke über dem Rohr

471.4 Weitere Hinweise zur Planung und Auslegung von Fußbodenheizungen

1	Werden über 30 % des FB mit Möbeln bedeckt, sind ca. 15 % der Raumfläche in Abzug zu bringen	8	Randzonen ($\vartheta_{F,\,max}$ = 35 °C) etwa 1 m breit
2	generell vollflächige Verlegung im Raum (Vermeidung von Spannungen im Estrich) warm/kalt	9	Wärmestrom nach unten (s. 469.1) ablesen
3	unter Wanne und Dusche kann Rohrverl. entfallen	10	hydraulischer Abgleich (Druckdifferenzen der einzelnen Heizkreise) anhand von (s. 470.2)
4	für die Wahl der Vorlauftemp. des Objekts gilt der Raum mit dem größten $\dot{q}$ (W/m²) = $q_{Ausl.}$	11	enge Rohrverlegung am Verteiler evtl. mit Wärmedämmung abdecken (Überheizung vermeiden)
5	üblicher Bodenbelag mit R = 0,1 m² · K/W (Standardwert nach DIN); Spreizung meist 5-6 K	12	Randdämmstreifen ermöglicht Bewegungsspielraum und verhindert Schallbrücken im Randbereich
		13	nach EnEV raumweise Temperaturregelung
6	Wahl und Hinweise zum Rohrabstand (s. 469.3)	14	bei Inbetriebnahme Estrichbedingungen beachten
7	Heizkreise auf Estrichfeldgrößen abstimmen	15	Dichtheitsprüf. der Heizkreise: 1,3 fach Betriebsdr.

471.5 Trockenverlegesystem im Altbau

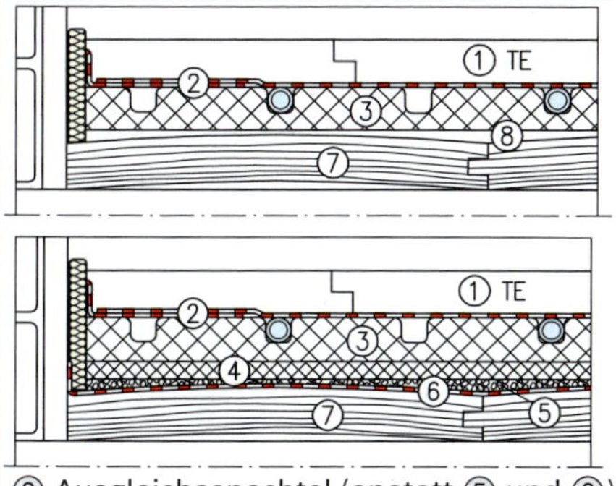

① Trockenestrichplatten
② Abdeckung
③ Verlegeplatte mit Rohr
④ Abdeckplatte
⑤ Trockenschüttung
⑥ Rieselschutz
⑦ sanierter Dielenboden
⑧ Ausgleichsspachtel (anstatt ⑤ und ⑥)

471.6 Fußbodenkühlung (Bauteilkühlung)

- Alternative zu Kühldecken und Klimageräten
- q = 20 – 40 W/m² (bei Deckenkühlung 60 – 80 W/m²)
- Empfohl. FB-Oberfl.temp. 19 – 20 °C; Spreiz. max. 5 K
- Vorlauftemp. 14 – 18 °C (abhängig von Taupunkt.)
- Rohrsystem auch als Fußbodenheizung geeignet

Kapillarrohrmatten: 4,3 × 0,8 mm
- je nach Rohrabstand 30/20/10 mm 33/50/100 m/m²!
- Aufbauhöhe 6 mm (Trocken- oder Nasssyst. Boden, Wand, Decke)
- ϑ_V nahe der gewünschten ϑ_i
- schnelle Aufheiz. und Regelung
- indiv. Längen 1 – 6 m, Breiten 330 und 600 mm; Steckverbindung

472.1 Widerstände im Rohrnetz einer Heizungsanlage (entsprechend auch beim Kanalnetz)

Druckverluste im Rohrnetz

in geraden Rohrstrecken	Formstücke in Rohrleitungen	Armaturen, Bauteile (Einbauten)
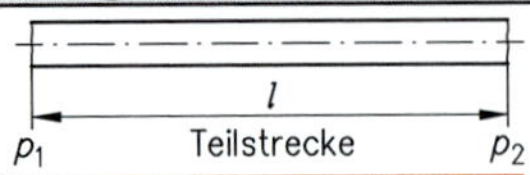 $p_2 - p_1 = \Delta p_R = \underbrace{\frac{\lambda}{d} \cdot \frac{\varrho}{2}}_{R\text{-Wert}} \cdot v^2 \cdot l$ Pa **– Rohrreibung –**	 Widerstandsbeiwerte ζ $\Delta p_E = Z = \Sigma\zeta \cdot \frac{\varrho}{2} \cdot v^2$ Pa bezogen auf eine Teilstrecke **– Einzelwiderstände –**	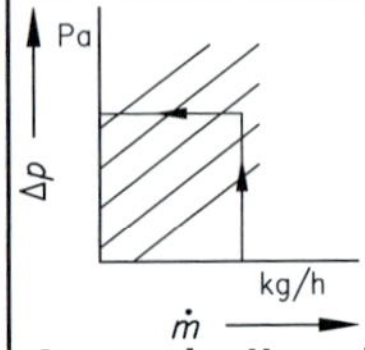 z. B. Ventile (voll geöffnet) Wärmeerzeuger Apparate, Speicher Heizkörper, Geräte, Messgeräte u. a. **Δp_B aus den Herstellerunterlagen**
λ Rohrreibungsbeiwert Anhaltswert 0,03(0,02 ... 0,05)	$\varrho \approx 1000$ kg/m³ (s. 105.2) v in m/s (s. 473.1 ff.)	ζ Widerstandsbeiwerte (s. 476.1) d lichter Durchmesser in m

$\Delta p_R = l \cdot \frac{\lambda}{d} \cdot \frac{\varrho}{2} \cdot v^2 \Rightarrow \text{m} \cdot \frac{1}{\text{m}} \cdot \frac{\text{kg}}{\text{m}^3} = \frac{\text{kg m}}{\text{s}^2} \cdot \frac{1}{\text{m}^2} = \frac{\text{N}}{\text{m}^2} \triangleq \text{Pa}$

$\Delta p_E = \Sigma\zeta \frac{\varrho}{2} \cdot v^2 \Rightarrow \frac{\text{kg}}{\text{m}^3} \cdot \frac{\text{m}^2}{\text{s}^2} = \frac{\text{kg m}}{\text{s}^2} \cdot \frac{1}{\text{m}^2} = \frac{\text{N}}{\text{m}^2} \triangleq \text{Pa}$

472.2 Erfahrungswerte für R-Wert-Annahmen zur vorläufigen Berechnung

R-Wert in Pa/m	Anwendungsbeispiele
50 ... 100	weit vom Kessel entfernte Teilstrecken, Kesselstromkreise Ø > DN 80
100 ... 150 200	übliche Annahmen für Gebäude jeglicher Art (200 Pa bis etwa DN 50)
200 ... 300 ... 400	bei teueren Rohren und Verbindungen, bei Aufputzmontage (Altbau), bei geringem Platzbedarf (z. B. im Fußboden), bei kurzen Rohrstrecken, bei speziellen Armaturen
> 400	desgl. bei extremen Bedingungen, bei konventionellen Einrohranlagen (bis ≈ DN 25)

472.3 Berechnungsmethoden für Rohrnetze von Zweirohranlagen

entweder		oder	
gegeben:	**gesucht:**	**gegeben:**	**gesucht:**
Rohrdimensionen →	Pumpendruck	Druckangaben →	Rohrdimensionen
→ durch R-Wert-Annahme → oder Geschwindigkeitsannahme (vorläufige Dimensionierung)	→ Pumpentyp → Drehzahl → Regelung	→ Pumpendruck Δp_{Pu} (regelbare Drehzahl) → Druckverluste $Z, \Delta p_B$ Bauteile (z. B. Regelventile)	→ R-Wert $= \frac{\Delta p_{pu} - Z - \Delta p_B}{\text{Länge des Stromkreises}}$

472.4 Zusammenstellung der Druckverluste für die Pumpenauswahl

- Rohrreibung $\Sigma(R \cdot l)$ des ungünstigsten Stromkreises
- Formstücke $\Delta p_E = (\Sigma Z)$, wie Bogen, Abzweig usw.
- Wärmeerzeuger (Kessel, Wandgerät u. a.)
- Raumheizflächen (z. B. Heizkörper, Fußbodenheizung)
- Thermostatventil (Regelung)
- Abgleichventil beim Rücklaufausschluss
- Armaturen wie Mischventil, Absperrorgane, Differenzdruckregler, Wärmemengenzähler u. a.
- Verteiler, Apparate, Speicher, Wärmetauscher in RLT-Geräten u. a.

Σ aller Widerstände werden im Pumpendiagramm mit $\dot{V}$ zum Schnitt gebracht (s. 483.4)

472.5 Anwendung der Rohrnetztabellen S. 468 ff. mit Berechnungsbeispiel

Dimensionierung der Teilstrecken 1 bis 4 (max R-Wert 150 Pa/m) Gesucht: DN, tatsächl. R-Wert, $\Sigma(R \cdot l)$

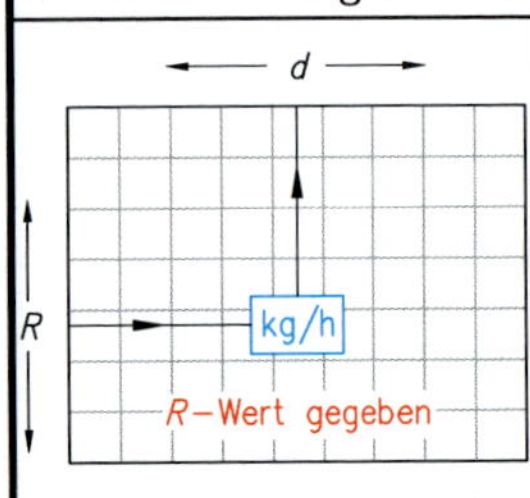

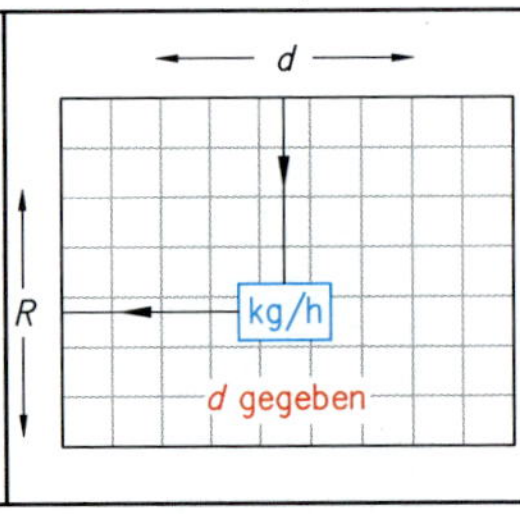

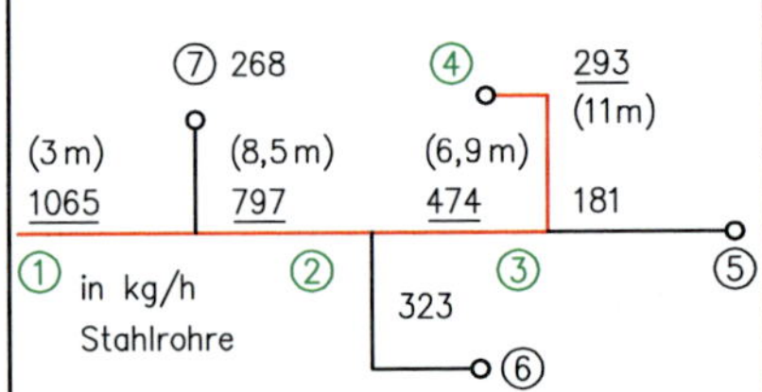

① DN 15 140 Pa/m
② DN 25 80 Pa/m
③ DN 20 100 Pa/m
④ DN 20 40 Pa/m

Druckverlust durch Rohrreibung $\Sigma(R \cdot l) = 140 \cdot 3 + 80 \cdot 8{,}5 + 100 \cdot 6{,}9 + 40 \cdot 11 = 2230$ Pa (DN 15/190)

473.1 Bestimmung der Rohrdurchmesser für Stahlrohre $\vartheta_m \approx 80$ °C[1]

	mittelschw. Gewinderohr DIN EN 10255					nahtloses Stahlrohr DIN EN 10220						
DN	10	15	20	25	32	40	50	65	80	100	125	150
d_i in mm [2]	12,5	16,0	21,6	27,2	35,9	39,3	51,2	70,3	82,5	100,8	125,0	150,0
R-Wert in Pa/m	obere Zeile: Massenstrom in kg/h (≈ Volumenstrom in l/h) untere Zeile: Wassergeschwindigkeit *v* in m/s											
4,0	17,9	34,9	79,2	151	326	428	879	2010	3120	5310	9470	15500
	0,045	0,050	0,065	0,075	0,095	0,10	0,12	0,15	0,17	0,19	0,22	0,26
5	20,3	39,7	89,7	172	370	485	995	2270	3530	6040	10700	17500
	0,050	0,060	0,070	0,085	0,11	0,11	0,14	0,17	0,19	0,22	0,24	0,28
6	22,3	44,0	99,4	192	412	539	1100	2500	3910	6680	11900	19200
	0,055	0,065	0,080	0,095	0,12	0,13	0,15	0,19	0,20	0,24	0,28	0,32
7	24,3	47,9	108	208	447	587	1200	2720	4250	7260	12900	20800
	0,060	0,070	0,085	0,10	0,13	0,14	0,16	0,20	0,22	0,26	0,30	0,34
8	26,1	51,5	117	224	482	632	1290	2950	4560	7790	13900	22200
	0,065	0,075	0,095	0,11	0,14	0,15	0,18	0,22	0,24	0,28	0,32	0,35
10	29,6	58,4	133	254	546	715	1460	3330	5140	8720	15600	25000
	0,070	0,085	0,11	0,13	0,16	0,17	0,20	0,24	0,28	0,32	0,36	0,40
12	32,8	64,9	147	281	601	789	1630	3680	5690	9660	17200	27800
	0,080	0,095	0,12	0,14	0,17	0,18	0,22	0,28	0,30	0,34	0,40	0,46
14	35,8	70,9	160	307	657	862	1780	4000	6180	10500	18600	30300
	0,085	0,10	0,13	0,15	0,19	0,20	0,24	0,30	0,34	0,38	0,44	0,50
16	38,6	76,4	173	331	710	926	1910	4300	6640	11300	20000	32700
	0,095	0,11	0,14	0,17	0,20	0,22	0,26	0,32	0,36	0,40	0,46	0,53
18	41,3	81,5	184	354	755	987	2030	4580	7090	12100	21400	34800
	0,10	0,12	0,15	0,18	0,22	0,24	0,28	0,34	0,38	0,44	0,50	0,55
20	43,8	86,1	195	374	801	1050	2150	4830	7480	12800	22500	36700
	0,11	0,13	0,16	0,19	0,24	0,26	0,30	0,36	0,40	0,46	0,55	0,60
24	48,5	94,9	217	413	882	1160	2360	5330	8250	14000	24900	40400
	0,12	0,14	0,18	0,20	0,26	0,28	0,32	0,40	0,44	0,50	0,60	0,65
28	52,9	104	236	451	959	1250	2570	5790	8960	15300	27100	43800
	0,13	0,15	0,19	0,22	0,28	0,30	0,36	0,44	0,48	0,55	0,65	0,70
33	58,1	115	261	498	1060	1385	2816	6381	9874	16660	29600	45200
	0,14	0,17	0,21	0,25	0,30	0,32	0,39	0,47	0,53	0,60	0,68	0,73
36	60,8	120	273	519	1100	1450	2940	6610	10300	17400	29500	47600
	0,15	0,18	0,22	0,25	0,32	0,34	0,40	0,50	0,55	0,65	0,70	0,75
40	64,5	127	298	545	1160	1540	3110	7000	10800	18400	32800	52600
	0,16	0,19	0,24	0,28	0,34	0,36	0,42	0,50	0,60	0,65	0,75	0,85
45	68,8	136	309	583	1240	1630	3300	7440	11500	19500	34900	55700
	0,17	0,20	0,24	0,30	0,36	0,38	0,46	0,55	0,60	0,70	0,80	0,90
50	73,1	144	325	615	1310	1720	3490	7870	12200	20600	36800	59000
	0,18	0,22	0,26	0,30	0,38	0,40	0,48	0,60	0,65	0,75	0,85	0,95
55	77,6	151	344	645	1380	1820	3650	8310	12900	21700	38600	61900
	0,19	0,22	0,28	0,32	0,40	0,42	0,50	0,60	0,70	0,80	0,90	1,0
60	81,3	159	360	679	1450	1900	3830	8690	13500	22700	40300	65000
	0,20	0,24	0,30	0,34	0,42	0,44	0,55	0,65	0,70	0,80	0,95	1,1

[1] Bei 50 °C ist der *R*-Wert um etwa 3 bis 6 % größer (je nach Durchmesser).

[2] d_i Innendurchmesser; Außendurchmesser *D* (s. 153.1).

474.1 Bestimmung der Rohrdurchmesser für Stahlrohre $\vartheta_m \approx 80$ °C[1]

	mittelschw. Gewinderohr DIN EN 10255					nahtloses Stahlrohr DIN EN 10220-1						
DN	10	15	20	25	32	40	50	65	80	100	125	150
d_i in mm[2]	12,5	16,0	21,6	27,2	35,9	39,3	51,2	70,3	82,5	100,8	125,0	150,0
R-Wert in Pa/m	obere Zeile: Massenstrom in kg/h (≈ Volumenstrom in l/h) untere Zeile: Wassergeschwindigkeit *v* in m/s											
65	84,6	167	376	707	1510	1990	3990	9070	14100	23700	41900	67800
	0,20	0,24	0,30	0,36	0,44	0,46	0,55	0,65	0,75	0,85	1,0	1,1
70	87,9	173	391	738	1580	2060	4150	9440	14600	24700	43500	70600
	0,22	0,26	0,32	0,36	0,44	0,48	0,55	0,70	0,80	0,90	1,0	1,1
75	91,6	180	406	766	1630	2140	4320	9810	15200	25500	45100	73300
	0,22	0,26	0,32	0,38	0,46	0,50	0,60	0,75	0,80	0,90	1,1	1,2
80	94,9	186	419	798	1690	2220	4470	10100	15700	26400	46700	75800
	0,24	0,28	0,34	0,40	0,48	0,50	0,60	0,75	0,85	0,95	1,1	1,2
90	101	199	447	850	1800	2350	4770	10800	16600	28100	49600	80400
	0,24	0,30	0,36	0,42	0,50	0,55	0,65	0,80	0,90	1,0	1,2	1,3
100	107	211	474	900	1900	2400	5050	11400	17600	29700	52400	84800
	0,26	0,32	0,38	0,44	0,55	0,60	0,70	0,85	0,95	1,1	1,2	1,4
110	113	222	500	946	2000	2620	5310	11900	18500	31200	55100	89000
	0,28	0,32	0,40	0,48	0,55	0,60	0,75	0,90	1,0	1,2	1,4	1,6
120	118	233	524	992	2090	2740	5550	12500	19300	32700	57600	93400
	0,28	0,34	0,42	0,50	0,60	0,65	0,75	0,95	1,0	1,2	1,3	1,5
130	123	246	548	1030	2180	2860	5800	13000	20100	34100	60100	97100
	0,30	0,36	0,44	0,55	0,60	0,65	0,80	1,0	1,1	1,3	1,5	1,6
140	128	252	570	1070	2270	2970	6020	13500	20900	35400	62500	101000
	0,32	0,38	0,46	0,55	0,65	0,70	0,85	1,0	1,1	1,3	1,5	1,6
150	132	262	591	1110	2350	3080	6230	14000	21600	36700	64800	105000
	0,32	0,38	0,48	0,55	0,65	0,70	0,85	1,0	1,2	1,3	1,5	1,7

[1] Bei 50 °C ist der *R*-Wert um etwa 3 bis 6 % größer (je nach Durchmesser).
[2] d_i Innendurchmesser; Außendurchmesser *D* (s. 153.1).

474.2 Werkzeuge für die Rohrmontage (Auswahl) (s. 135.2)

1 Ölhydraulischer Handrohrbieger, 2 Elektr. Rohrabschneider, 3 Einhandrohrbieger, 4 Rohrabschneider, 5 Presszange, 6 Rohrspannstock, 7 elektr. Säbelsäge, 8 Presszange, 9 Gewindeschneidmaschine, 10 Rohrreinigungsgerät, 11 Trennzange (kleiner ⌀), 12 Diamantbohrgerät, 13 Rohrreinigungsgerät, 14 Bohrmaschine

475.1 Bestimmung der Rohrdurchmesser für Kupferrohre $\vartheta_m \approx 80\ °C$[1)]

$d_a \times s$[2)] in mm	12×1	15×1	18×1	22×1	28×1,5	35×1,5	$d_a \times s$[2)] in mm	12×1	15×1	18×1	22×1	28×1,5	35×1,5
R-Wert in Pa/m	obere Zeile: Massenstrom in kg/h (≈ $\dot{V}$ in l/h) untere: Wassergeschwindigkeit *v* in m/s						*R*-Wert in Pa/m	obere Zeile: Massenstrom in kg/h (≈ $\dot{V}$ in l/h) untere: Wassergeschwindigkeit *v* in m/s					
14	21	44	77	143	263	515	110	70	144	252	462	842	1640
	0,08	0,09	0,11	0,13	0,15	0,18		0,26	0,31	0,36	0,42	0,49	0,58
16	23	47	84	154	284	556	120	74	151	266	485	885	1720
	0,08	0,10	0,12	0,14	0,17	0,20		0,27	0,32	0,38	0,44	0,52	0,61
18	25	51	90	165	304	594	130	77	158	277	507	926	1800
	0,09	0,11	0,13	0,15	0,18	0,21		0,28	0,34	0,39	0,46	0,54	0,64
20	26	54	95	176	323	631	140	80	166	290	529	966	1880
	0,10	0,12	0,14	0,16	0,19	0,22		0,29	0,35	0,41	0,48	0,56	0,67
22	28	57	100	184	338	660	150	84	172	301	551	1000	1950
	0,10	0,12	0,14	0,17	0,20	0,24		0,30	0,37	0,43	0,50	0,58	0,69
24	29	60	105	194	355	700	160	87	179	312	571	1040	2020
	0,11	0,13	0,15	0,18	0,21	0,25		0,32	0,38	0,44	0,52	0,61	0,72
26	30	63	110	203	371	730	170	90	185	323	591	1080	2090
	0,11	0,13	0,16	0,18	0,22	0,26		0,33	0,40	0,46	0,54	0,63	0,74
28	31	66	115	212	390	760	180	93	191	334	610	1110	2140
	0,11	0,14	0,16	0,19	0,23	0,27		0,34	0,41	0,48	0,56	0,65	0,77
30	33	68	120	220	404	790	190	96	198	344	629	1150	2220
	0,12	0,15	0,17	0,20	0,24	0,28		0,35	0,42	0,49	0,57	0,67	0,79
35	36	75	132	240	445	860	200	99	203	355	647	1180	2290
	0,13	0,16	0,18	0,22	0,26	0,31		0,36	0,43	0,50	0,59	0,69	0,81
40	39	80	141	259	476	930	220	104	214	374	683	1250	2410
	0,14	0,17	0,20	0,24	0,27	0,33		0,38	0,46	0,53	0,62	0,72	0,86
45	42	86	151	277	508	990	240	109	225	393	717	1320	2540
	0,15	0,18	0,21	0,25	0,30	0,35		0,39	0,48	0,56	0,65	0,76	0,90
50	44	92	161	294	540	1050	260	114	235	411	750	1370	2650
	0,16	0,20	0,23	0,27	0,31	0,37		0,42	0,50	0,58	0,68	0,80	0,94
55	47	97	170	311	570	1110	280	120	245	428	782	1420	2760
	0,17	0,21	0,24	0,28	0,33	0,39		0,44	0,53	0,61	0,71	0,83	0,98
60	49	102	179	328	600	1170	300	125	255	445	813	1480	2870
	0,18	0,22	0,25	0,30	0,35	0,41		0,45	0,55	0,63	0,74	0,86	1,02
65	52	107	187	342	626	1220	330	131	270	470	859	1560	3030
	0,19	0,23	0,27	0,31	0,36	0,43		0,48	0,58	0,67	0,78	0,91	1,08
70	54	111	195	357	652	1270	360	139	284	493	901	1640	3170
	0,20	0,24	0,28	0,33	0,38	0,45		0,50	0,61	0,70	0,82	0,95	1,13
75	56	115	202	372	675	1320	400	147	302	523	956	1740	3370
	0,20	0,25	0,29	0,34	0,40	0,47		0,53	0,62	0,74	0,87	1,01	1,20
80	58	120	211	385	703	1370	450	157	322	561	1015	1850	3590
	0,21	0,26	0,30	0,35	0,41	0,49		0,57	0,69	0,80	0,93	1,08	1,28
90	62	129	225	412	753	1460	500	167	342	595	1080	1970	3800
	0,23	0,27	0,32	0,38	0,44	0,52		0,61	0,73	0,85	0,99	1,15	1,35
100	66	137	239	437	800	1550	600	185	379	658	1200	2190	4220
	0,24	0,29	0,34	0,40	0,47	0,55		0,67	0,81	0,94	1,09	1,27	1,50

1) Bei 50 °C ist der *R*-Wert um etwa 6 % größer.

2) d_a Außendurchmesser; *s* Wanddicke.

476.1 Widerstandsbeiwerte ζ für Formstücke und Armaturen (Mittelwerte)[1]

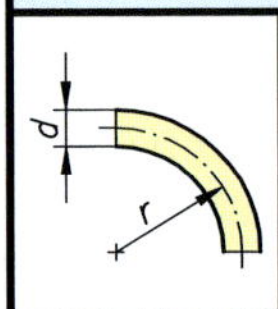

Bogen

r/d	0,5	1,0	2,0	3,0	
ζ	1,0	0,35	0,2	0,15	glatt
ζ	0,5	0,2	0,1	0,1	rau
Anhaltswert: 0,5 eng			0,3 weit		

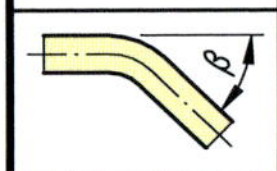

Knie, Winkel

β	45°	60°	90° (Anhaltswert)
ζ	0,4	0,8	1,0 ... 1,5 (1,3)

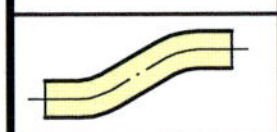

Etagenbogen (Überbogen): $\zeta = 0{,}5$

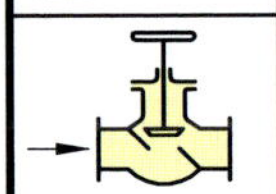

Absperrventil (Normalventil)

DN	10 ... 15	20	25	32	40...100
ζ	10,0	8,5	4,0	6	5

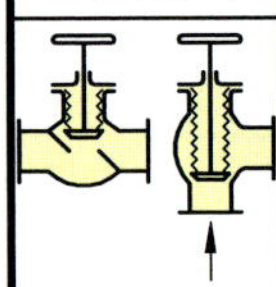

Absperrventil mit Faltenbalg und Standardkegel

	DN	25	50	100
Durchgang	ζ	5,5	4,5	5,0
Eck	ζ	4,3	4,3	4,3

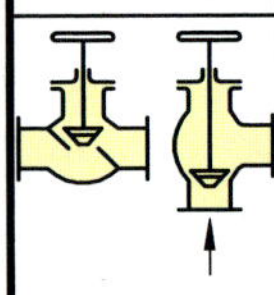

Absperrventil mit Faltenbalg und Drosselkegel

	DN	25	50	100
Durchgang	ζ	12	10	17
Eck	ζ	10	8	15

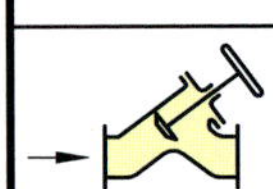

Schrägsitzventil

DN	15	20	25 ... 50
ζ	3 ... 4	2 ... 3	1,5 ... 2,0

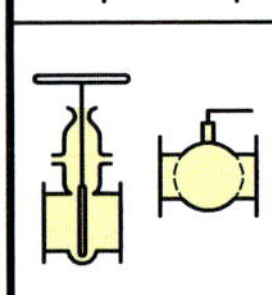

Schieber

DN	10 ... 15	20 ... 25	32 ... ≥50
ζ	0,5	0,3	0,2

Kugelhahn: 0

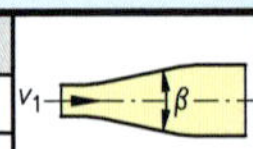

Erweiterung (stetig)

β	10°	20°	30°	40°
ζ_1	0,20	0,45	0,60	0,75

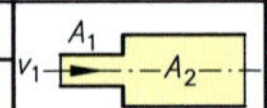

Erweiterung, plötzlich: $\zeta_1 = \left(\frac{A_1}{A_2}\right)^2$

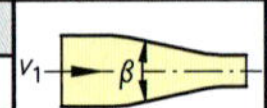

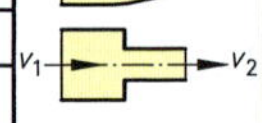

Verengung, stetig / plötzlich

β	30°	45°	60°	plötzlich: –
ζ_1	0,02	0,04	0,07	0,5
ζ_1	–	–	–	0,35

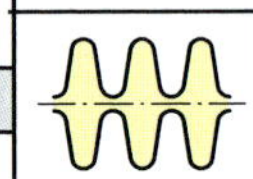

Wellrohrausgleicher je Welle (unabhängig vom Ø): $\zeta = 2{,}0$

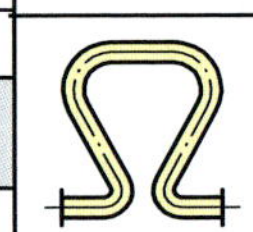

Lyrabogen (Dehnungsbogen)

DN	50 ... 200	
ζ	0,75	glatt
ζ	1,5	gefaltet

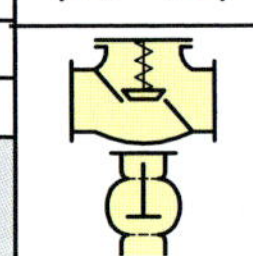

Rückschlagventil

DN	15 ... 20	25 ... 50	
ζ	10 ... 15	9 ... 14	wagerecht
ζ	3,0 ... 3,5	2,8 ... 3	senkrecht

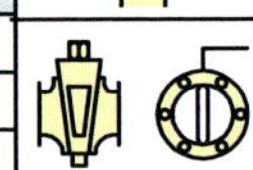

Hahn		**Absperrklappe**		
DN	25	*DN*	50	100
ζ	1,0	ζ	0,8 ... 1,3	0,27 ... 0,4

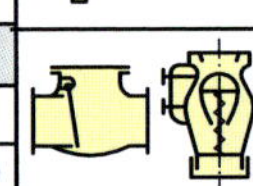

Rückschlagklappe		**-verhinderer**	
DN	50 ... 200	25 ... 40	50
ζ	2,5 ... 3,5	2 ... 3	2

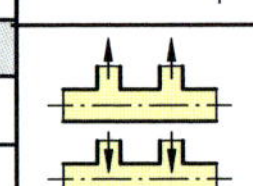

Verteiler/Sammler	ζ_1
Austritt	0,5
Eintritt	1,0

Abzweigstücke (T-Stücke) (s. 476.2)

[1] Bei den Armaturen Herstellerunterlagen beachten.

476.2 Kennzeichnung der Abzweige und Bestimmung der ζ-Werte

T-Abzweig Trennung TA_T

T-Durchgang Trennung TD_T

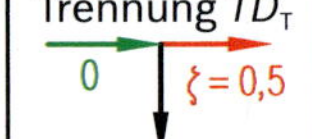

T-Abzweig Vereinigung TA_V

T-Durchgang Vereinigung TD_V

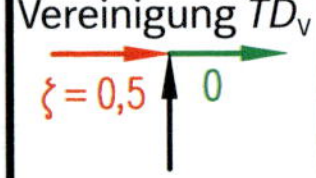

T-Gegenlauf TG

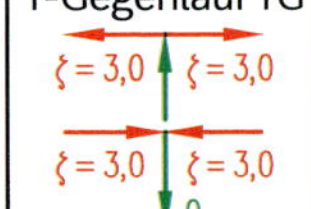

Hosenstück

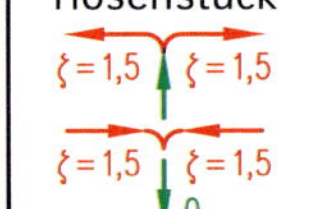

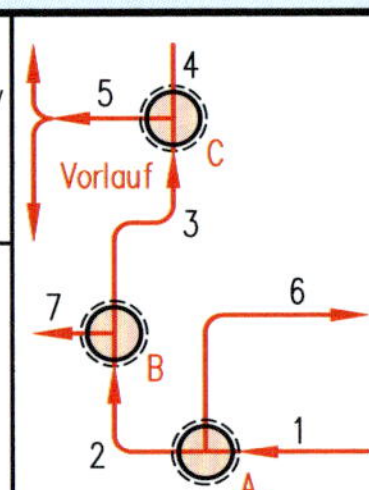

Teilstrecken – Kennzeichnung (Beispiel)

A		B		C		D	
1	0	2	0	3	0	8	TD_V
2	TD_T	3	TD_T	4	TD_T	9	0
6	TA_T	7	TA_T	5	TA_T	10	TA_V

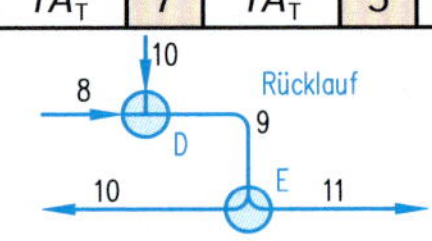

E	
9	0
10	H0
11	H0

476.3 Druckverlust Z für Einzelwiderstände für Σζ = 1 (Wassertemperatur 80 °C)

Wassergeschwindigkeit in m/s	0,03	0,04	0,05	0,06	0,07	0,08	0,09	0,10	0,11	0,12	0,13
Einzelwiderstand *Z* in Pa	0,5	0,78	1,21	1,75	2,38	3,11	3,94	4,86	5,88	7,0	8,71
Wassergeschwindigkeit in m/s	0,14	0,15	0,16	0,17	0,18	0,19	0,20	0,22	0,24	0,26	0,28
Einzelwiderstand *Z* in Pa	9,52	10,9	12,4	14,0	15,7	17,5	19,4	23,5	28,0	32,8	38,1
Wassergeschwindigkeit in m/s	0,30	0,32	0,34	0,36	0,38	0,40	0,42	0,44	0,46	0,48	0,50
Einzelwiderstand *Z* in Pa	43,7	49,8	56,2	63,0	70,2	77,7	85,7	94,1	103	112	121
Wassergeschwindigkeit in m/s	0,55	0,6	0,65	0,7	0,75	0,8	0,85	0,9	0,95	1,0	1,1
Einzelwiderstand *Z* in Pa	147	175	205	238	273	311	351	394	439	486	588

$Z = \frac{\varrho}{2} \cdot v^2 \cdot \Sigma$

$\varrho = 972\ \text{kg/m}^3$ (s. 105.2)

Beispiel: Rohr DN 20; 310 l/h; $\Sigma\zeta = 5{,}5$ (nach Tab. 473.1) ist $v = 0{,}24$ m/s

$Z = \frac{972}{2} \cdot 0{,}24^2 \cdot 5{,}5\ \text{Pa} = \mathbf{154\ Pa}$

477.1 Prozentualer Anteil für Einzelwiderstände $\sum Z$

$\sum Z$ wird in der Praxis meistens nur geschätzt: 30...50 % der Rohrleitungsverluste (ohne Einbauten)	
10 bis 20 %	z. B. Einrohranlagen (lange Ringe, wenig Heizkörper); große Hallen mit Lufterhitzer, Fernleitung
20 bis 30 %	bei Gebäuden mit langen Leitungen und relativ wenig Formstücken (Fabrikgebäude)
30 bis 40 %	normale Verhältnisse (System und Gebäude) z. B. Wohngebäude, Bürogebäude
40 bis 50 %	bei Anlagen mit geringen Rohrlängen und zahlreichen Formstücken, kleinere Wohngebäude, Anschlussleitungen bei Speichern, Heizzentralen

Beispiel 1: $\sum(R \cdot l)$ ungünst. Stromkreis 6000 Pa, $\sum Z = 30$ % (geschätzt) $\Rightarrow \sum Z = 2571$ Pa, $\Delta p_{\text{Rohr}} =$ **8571 Pa**
Beispiel 2: $\Delta p_{\text{Pumpe}} = 17$ kPa, $\Delta p_{\text{Armat.}} = 5$ kPa; $\sum Z = 1/3$ (geschätzt) $\Rightarrow \sum(R \cdot l + Z) = 12$ kPa, $\sum Z =$ **4 kPa**

477.2 Gleichwertige Rohrlänge l_{gl} in m für $\zeta = 1$ (Gewinderohre)

Geschwindigkeit in m/s		0,1	0,2	0,3	0,4	0,5	0,6	0,7	0,8	0,9	1,0
DN 10	l_{gl}-Werte, d. h. der Druck-	0,27	0,30	0,32	0,34	0,36	0,37	0,38	0,39	0,39	0,40
DN 15	verlust Z für $\zeta = 1$ wird	0,37	0,44	0,46	0,48	0,50	0,52	0,53	0,54	0,55	0,55
DN 20	in Meter Rohrlänge an-	0,55	0,64	0,67	0,71	0,73	0,75	0,77	0,79	0,80	0,81
DN 25	gegeben, d. h. anstatt	0,75	0,87	0,92	0,97	1,00	1,02	1,04	1,06	1,08	1,10
DN 32	$\sum(R \cdot l + Z) \Rightarrow R \cdot l_{\text{gl}} \cdot \zeta$	1,08	1,25	1,33	1,40	1,44	1,47	1,50	1,53	1,56	1,60
DN 40		1,29	1,50	1,60	1,68	1,72	1,76	1,80	1,84	1,88	1,91

477.3 Teilstreckennummerierung im Strangschema – Druckverteilung

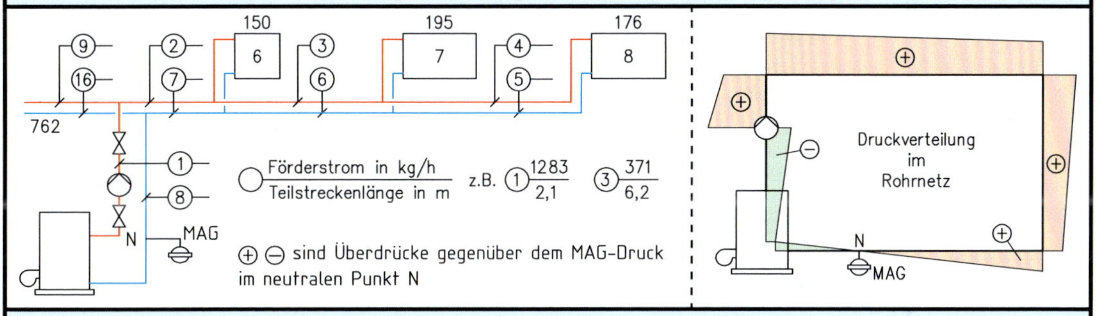

477.4 Formular zur Berechnung des Rohrnetzes

Aus den Planunterlagen					Druckverluste in den Teilstrecken					Stromkreis	
1	2	3	4	5	6	7	8	9	10	11	12
Teil-strecke	Wärme-strom $\dot{Q}$	Wasser-strom $\dot{m}$	Teil-strecken-länge l	Rohr-durch-messer ⌀	Druck-abfall R	Druckver-lust Rohr-reibung $R \cdot l$	Ge-schwin-digkeit v	Wider-stands-beiwert $\sum\zeta$	Druckverl. durch Ein-zelwiderst. Z	$R \cdot l + Z$ $+ \Delta p$ Ein-bauten (s. 472.1)	Druck-ab-gleich Δp_{Dr}
Nr	W	kg/h	m	DN (d)	Pa/m	Pa	m/s	–	Pa	Pa	Pa

Spalte	Anmerkungen zur Rohrnetzberechnung und zum Formular
1	Nummerierung von Kessel bis ungünst. Heizkörper (s. 477.3); meist nur Vorlauf, da der Rücklauf nahezu denselben Druckverlust verursacht. Danach die nächstliegenden Stränge/Heizkörper
2	Wärmeleistung nach Heizlastberechnung (da i. d. R. nur mit $\dot{m}$ gerechnet, entfällt Spalte 2)
3	Massenstrom: $\dot{m} = \dot{Q} / (c \cdot \Delta\vartheta)$, $\Delta\vartheta$ = Spreizung (je nach Art und Größe der Anlage: 10 ... 15 ... (20) °C)
4	Teilstrecken aus Grundriss und Rohrschema entnommen; $\dot{m}$ und l anfügen (s. 477.3)
5	Bestimmung der Rohrdurchmesser (s. 472.5; 473.1 bis 475.1)
6	Eintragung nicht des vorläufigen, sondern des tatsächlichen R-Werts (s. 472.5)
7	Rohrreibungswiderstand je Teilstrecke, wird dann je Stromkreis zu $\sum(R \cdot l)$ zusammengefasst
8	v-Werte werden aus Rohrnetztabellen entnommen; 1,0 m/s sollte nicht überschritten werden
9	ζ-Werte (s. 476.1, 476.2); beziehen sich hier i. Allg. nur auf die Formstücke (Bo, ∢, T)
10	Z-Berechnung (s. 476.3); Schätzwerte (s. 477.1) gelten nur für den gesamten Stromkreis
11	$\sum(R \cdot l + Z)$ ergänzt durch $\Delta p_{\text{Einbauten}}$ wie Heizkörper, Ventil u. a. $\Rightarrow$ Pumpendruck
12	Druckdifferenzen zur Durchführung des hydraulischen Druckabgleichs (s. 483.1; 476.2)

Grundlagen Elektro, Regelung · Kommunikation Bauzeichnungen · Werkstoffe Trennen, Fügen · Rohre, Zubehör Montage · Trinkwasser Feuerlöschtechnik · Entwässerung Sanitär, Klempner · Gasinstallation Flüssiggas · TW-Erwärmung Solarnutzung TWE · Energietechnik Erneuerb. Energien · Heizungs- und Feuerungstechnik · Lüftung, Klima Wärmerückführung

478.1 Hydraulischer Abgleich – Einregulierung von Heizkörpern und Rohrnetz

Nach VOB/C:
Der hydraulische Abgleich ist so vorzunehmen, dass bei bestimmungsgemäßem Betrieb (d. h. auch nach Raumtemperaturabsenkungen oder Betriebspausen) alle Wärmeverbraucher entsprechend ihrem Wärmebedarf mit Heizungswasser versorgt werden.

Merkmale:
- Energieeinsparung 5 ... 15 % je nach Wärmeerz.
- Komfortsteigerung (gleichmäßige Erwärmung)
- opt. Betrieb auch bei Teillast und NE-Häusern
- bessere Nutzung der Systemkomponenten
- Emissionsminderung (starke CO_2-Reduzierung)
- zufriedene Kunden (Werbungsträger)
- Kosteneinsparung (Wegfall v. Störbeseitigung)

Strang 1

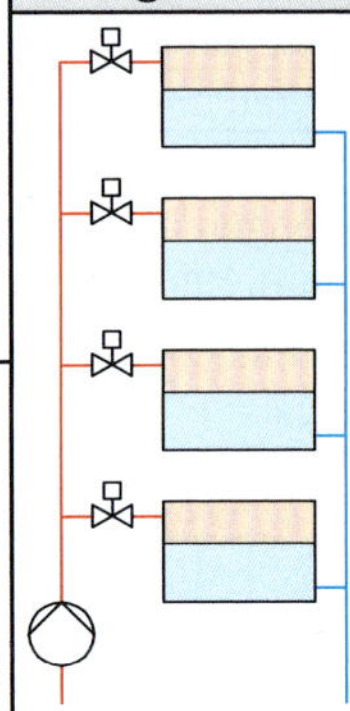

einregulierte Heizkörper

Strang 2

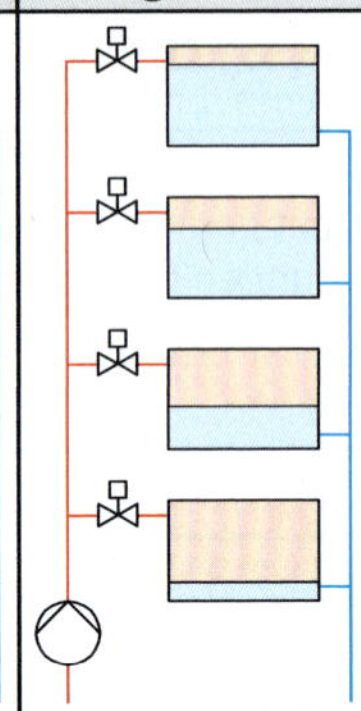

nicht einregulierte Heizkörper

Örtlicher Abgleich an den Heizkörpern:
Strang 1: Abgleich mit Thermostatventilen oder Abgleichventilen im Rücklauf (s. 486.2). Jeder Heizkörper eines Stranges erhält entsprechend seiner Leistung den erforderl. Wasserstrom $\dot{m} = \dot{Q} / (c \cdot \Delta\vartheta)$

Strang 2: fehlende Einregulierung verursacht ungleiche Wasserströme und Wärmeleistungen

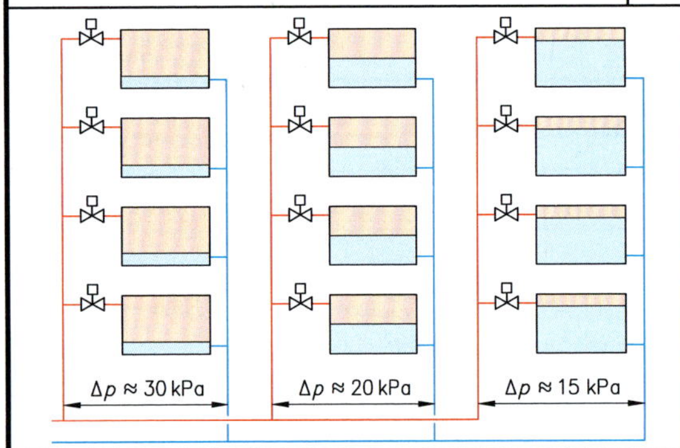

Hydraulischer Druckabgleich innerhalb der Stränge, jedoch **fehlender Abgleich des Rohrnetzes**: Kesselnahe Stränge erhalten einen größeren Volumen- und somit Wärmestrom (evtl. auch Strömungsgeräusche); weit entfernte Stränge sind oft unterversorgt.

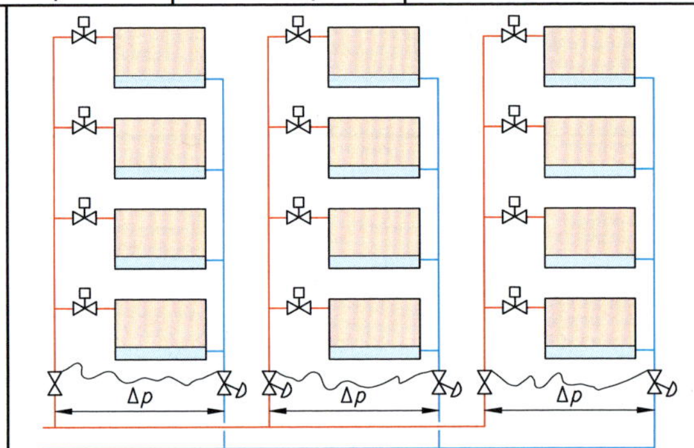

Hydraulischer **Abgleich bei Heizkörpern und Strängen** Volumenstromanpassung der Stränge untereinander durch **Strangregulierventile** oder bei größeren Anlagen **Differenzdruckregler** (P-Regler ohne Hilfsenergie). Differenzdruck wird in jedem Strang konstant gehalten.

Druckabgleich (Beispiele), Thermostatventil (s. 479.4) Rücklaufverschr. (s. 486.2) Fußbodenheizung (s. 470.2)

478.2 Vorgehensweise zum hydraulischen Druckabgleich – Einregulierung des Rohrnetzes

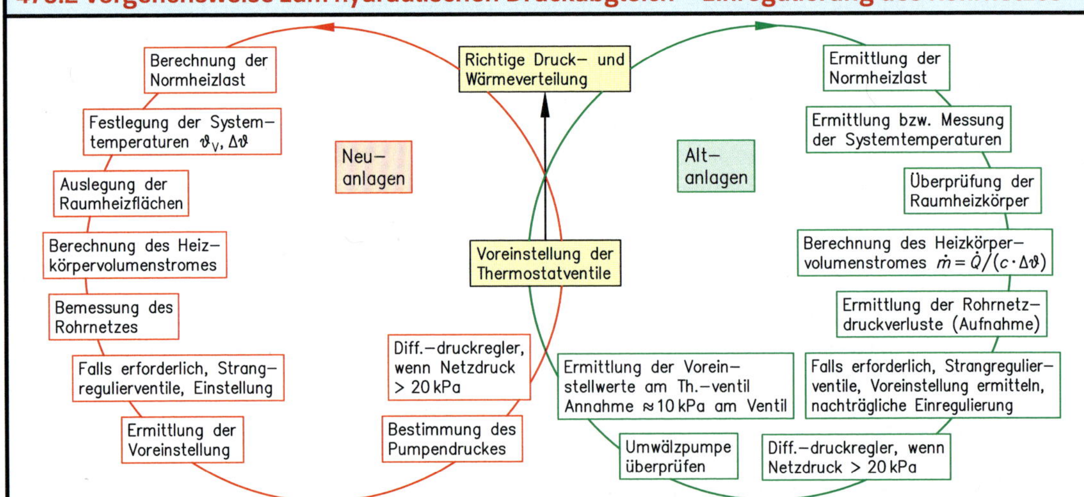

479.1 Möglichkeiten zur Erzielung oder Verbesserung des hydraulischen Abgleichs

1	Thermostatische Heizkörperventile (s. 479.4)	4	Differenzdruckregler (oder Durchflussregler)
2	Rücklaufverschraubungen, Abgleichventil (s. 486.2)	5	Kombination (z. B. 4 + 3 (als $\dot{V}$-Begrenzung)
3	Strangregulierventile (s. 478.1), Strangabgleich	6	Tichelmann (s. 84.2), hydr. Weiche (s. 66.2)

Ein exakter bedarfsgerechter Abgleich (bzw. Differenzdruckbegrenzung bei den Thermostatventilen) ist im Teillastbereich nur mit Differenzdruckregler möglich (exakt nicht nur im Auslegungsfall).

479.2 Hydraul. Abgleich (Anlagenbeispiel)

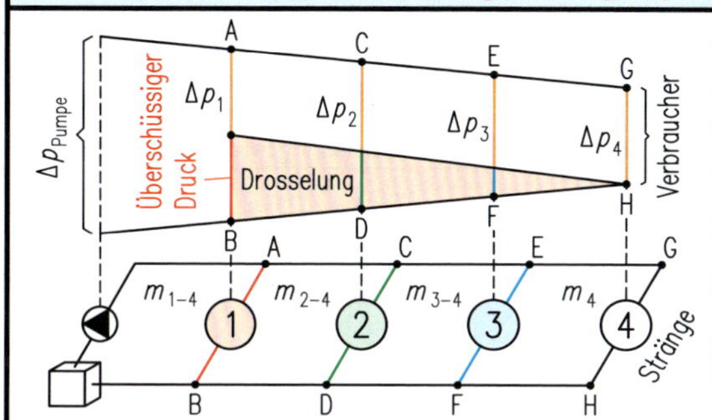

479.3 Volumeneinfluss auf Leistung und Temp.

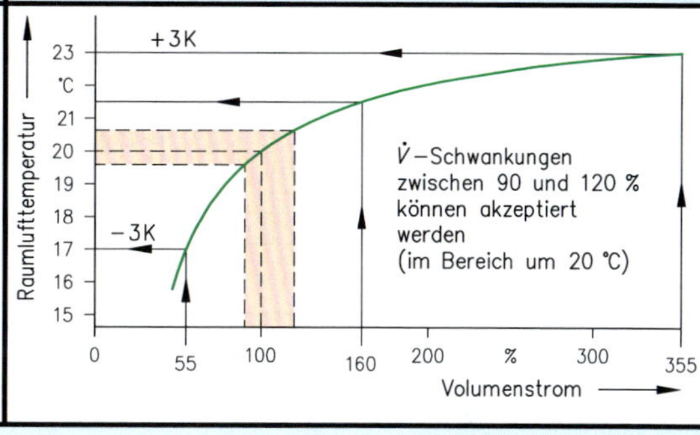

479.4 Diagramm für Thermostatventil – Bestimmung der Voreinstellung (herstellerbezogen)

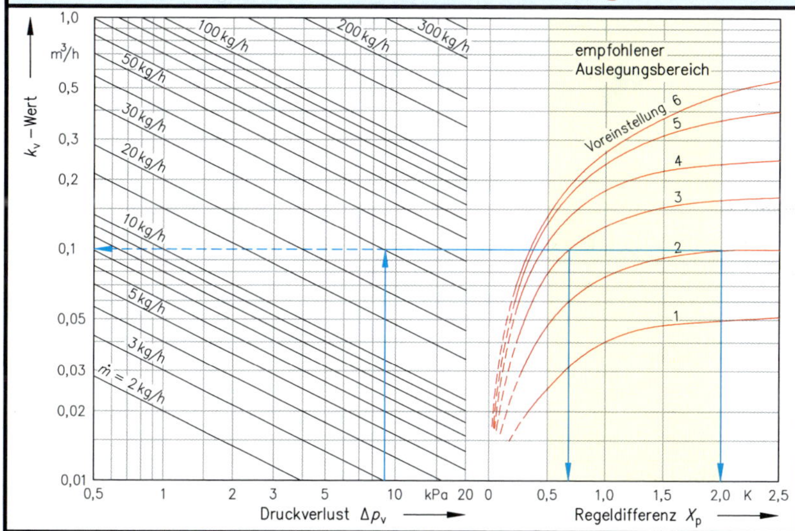

Beispiel:
Gegeben: Wärmestrom $\dot{Q} = 525$ kW, Spreiz. 65/50 °C, Druckverlust Thermostatventil 90 mbar (= 9 kPa)
Lösung:
$$\dot{m} = \frac{525}{1{,}163 \cdot 15} = 30 \text{ kg/h}$$
aus Diagramm: k_v-Wert 0,1
Voreinstellung 2 bei Regeldifferenz X_p von max. 2 K
Voreinstellung 3 bei X_p von max. 1 K

zul. Differenzdruck, bei dem das Ventil noch geschlossen wird: 3,5 bar (Thermostatkopf: 4 bar)

			Voreinstellung ►	1	2	3	4	5	6	1	2	3	4	5	6
DN 10/15	Regeldiff. X_p	k_v-	min	0,019	>0,038	>0,076	>0,126	>0,180	>0,234	k_{VS}-Wert in m³/h					
	0,4 bis 1,0 K	Wert	max	0,030	0,076	0,126	0,180	0,234	0,262	0,054	0,104	0,174	0,247	0,459	0,730
DN 20	Regeldiff. X_p	k_v-	min	0,025	>0,047	>0,098	>0,161	>0,234	>0,364	Durchflusstoleranz ± %					
	0,4 bis 1,0 K	Wert	max	0,047	0,098	0,161	0,234	0,364	0,468	20	15	10	8	7	6

479.5 Hydraulische Weiche – Merkmale

- hydraulische Entkoppelung von Wärmeerzeuger und Heizkreisen
- Vermeidung einer gegenseitigen Beeinflussung von $\dot{V}_K$ und $\dot{V}_H$,
  $\dot{V}_H = \dot{V}_K$: Hydraulische Weiche funktionslos (keine Durchströmung)
  $\dot{V}_H > \dot{V}_K$: $\dot{V}_H - \dot{V}_K$ strömt über Weiche von $\dot{V}_H$-Vorl. zum $\dot{V}_H$-Rücklauf
  $\dot{V}_H < \dot{V}_K$: $\dot{V}_K - \dot{V}_H$ strömt über Weiche von $\dot{V}_K$-Vorl. zum $\dot{V}_K$-Rücklauf
- optimale Auslegung von Heizkreispumpen und Regelventilen
- bei Mehrkesselanlagen Entkoppelung von abgeschalteten Kesseln

S Schmutzfang und Entleerung; E Entlüftung; V Verteiler (s. 66.1, 86.1)

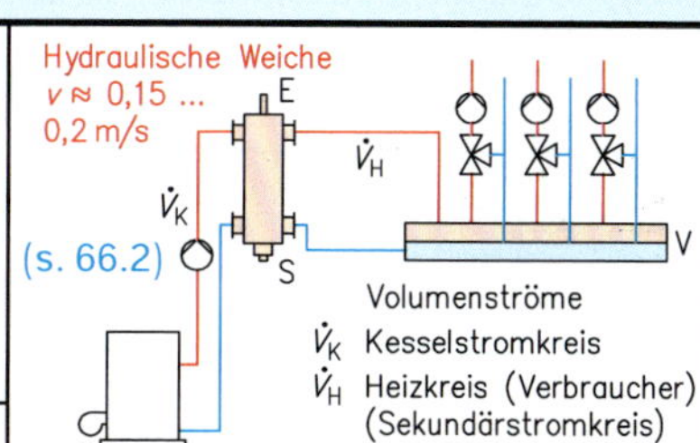

480.1 Wärmedämmung von Rohren, Wärmeleitwiderstände – Dämmschichtdickenvergleich

Dicke d in cm	Wärmeleitfähigkeit λ in W/(m · K) 0,045	0,040	0,035	0,030	0,025
2	0,44	0,50	0,57	0,67	0,80
4	0,89	1,00	1,14	1,33	1,60
6	1,33	1,50	1,71	2,00	2,40
8	1,78	2,00	2,29	2,67	3,20
10	2,22	2,50	2,86	3,33	4,00
12	2,67	3,00	3,43	4,00	4,80
14	3,11	3,50	4,00	4,67	5,60
16	3,56	4,00	4,57	5,33	6,40
18	4,00	4,50	5,14	6,00	7,20
20	4,44	5,00	5,71	6,67	8,00

$R = \frac{d}{\lambda}$ = Wärmeleitwiderstand „Dämmwert"

R = Wärmedurchlasswiderstand
λ = 0,04 marktüblich; λ = 0,035 EnEV Referenzwert,
λ = 0,025 spezielle Dämmstoffe; entsprechend Wärmeleitgruppe (WLG) 04,035, 025

Beispiel: Cu-Rohr 22 × 1 mm

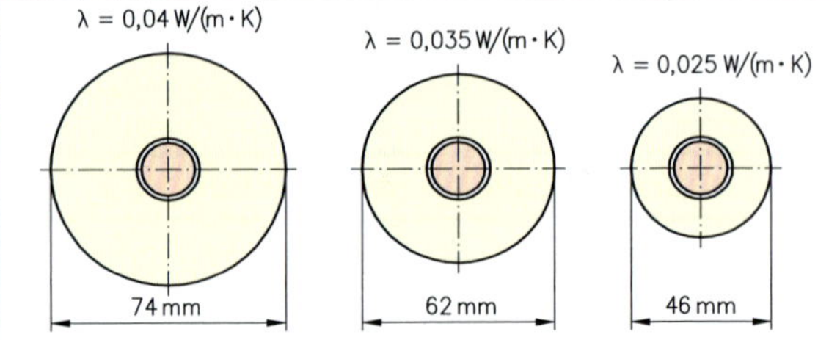

Unterschiedlicher λ-Wert und ∅ ▸gleicher Dämmwert

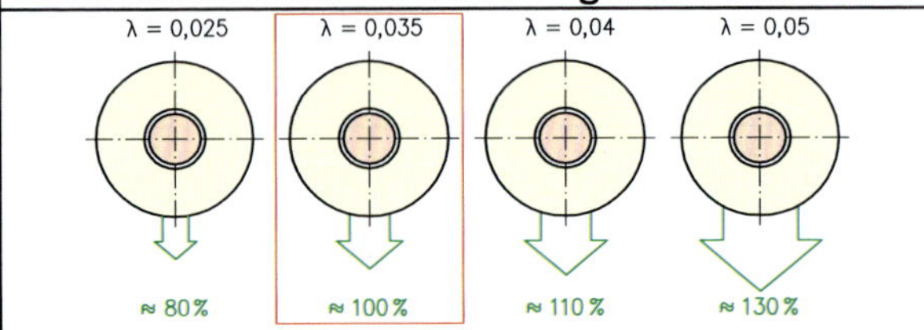

Gleiche Dämmstoffdicke, unterschiedliche λ-Werte ▸ unterschiedlicher Dämmwert, 30 % mehr Wärmeverluste

480.2 Mindest-Wärmedämmdicken von Wärmeverteilungs- und Warmwasserltg. EnEV 2014

	Art der Leitungen und Armaturen		d_{min} mm		Art der Leitungen und Armaturen	d_{min} mm
1	Innen-durch-messer d_i	bis 22 mm	20	6	Leitungen von Zentralheizungen nach Zeile 1 bis 4, die nach Inkrafttreten der EnEV in Bauteilen zwischen beheizten Räumen verschiedener Nutzer verlegt werden	wie bei Zeile 5
2		über 22 mm bis 35 mm	30			
3		über 35 mm bis 100 mm	= d_i			
4		über 100 mm	100			
5	Leitungen und Armaturen nach Zeile 1-4 in Wand- und Deckendurchbrüchen, im Kreuzungsbereich von Leitungen, an Leitungsverbindungsstellen		50 % der Anforderung von Zeile 1-4	7	Leitungen nach Zeile 6, im Fußboden	6
				8	Kälteverteilungs- und Kaltwasserleitungen (bei λ = 0,4 → > 9 mm); meist größere Dicke wegen Tauwasserverhinderung	6

Die Mindestdicken der Dämmschicht sind auf eine **Wärmeleitfähigkeit von 0,035 W/(m·K)** bezogen. Bei Materialien mit anderen Wärmeleitfähigkeiten (s. 480.3) umrechnen!

Leitungen von Zentralheizungen sind nicht mit **Warmwasserleitungen für die Trinkwassererwärmung** gleichzusetzen, für die in den Zirkulationskreislauf einbezogene oder mit einer Begleitheizung ausgestattete Warmwasserleitung gelten die Zeilen 1–4, ebenso die Zeilen 6 und 7. Warmwasserleitungen bis 22 mm ∅ in Wohnungen, die nicht im Zirkulationskreislauf einbezogen sind, werden keine Mindestdicken der Dämmschicht vorgeschrieben (DVGW W 551), Leitungsabschnitten max. 3 l; keine Abkühlung > 5 K zulässig.

480.3 Umrechnung der Dämmstoffdicken in mm; abhängig von Wärmeleitfähigkeit und Rohr-Ø

λ in W/(m·K)	DN 15	DN 20	DN 25	DN 32	DN 40	DN 50
0,025	11	12	18	18	25	32
0,030	15	16	23	28	33	42
0,035	**20**	**20**	**30**	**30**	**40**	**50**
0,040	26	25	38	46	53	67
0,045	33	32	48	57	66	83

- Die Dämmdicken (s. 480.2) können nach dieser Tabelle umgerechnet werden; **Beispiel:** DN 25, λ = 0,03 W/(m · K) → **23** anstatt 30 mm.
- Beim Vergleich interessiert der Dämmwert $R_\lambda = d/\lambda$, d. h., **je geringer der λ-Wert, desto geringer die erforderliche Dämmdicke**.
- Beim Dämmmaterial muss λ vom Hersteller angegeben werden.
- Wirtschaftlichste Dämmdicke ≙ Minimum der ges. Kosten (s. 481.4)
- Mindestanforderung bei 100 % (bei 50 %) (s. 481.1)

481.1 Mindestanforderung an die Wärmedämmschichtdicke in mm (nach EnEV)

Dämmstoffdicke in mm nach EnEV	ausgehend von $\lambda = 0{,}035$ W/(m · K) 20 mm | 10 mm; 100 % | 50 % (s. 480.2)										30 mm | 15 mm						40 mm | 20 mm			
Kupferrohre[1]	10/12		13/15		16/18		19/22		–		25/28		32/35		–		39/42		–	
Stahlrohre mm[2]	12,6/17,2		–		–		(16,1/21,3)		21,7/26,9		27,3/33,7		–		36/42,4		–		40/48,3	
DN	10		10		15		20 (15)		20		25		32		32		40		40	
λ_D W/(m · K)	**100**	**50**	**100**	**50**	**100**	**50**	**100**	**50**	**100**	**50**	**100**	**50**	**100**	**50**	**100**	**50**	**100**	**50**	**100**	**50**
0,025	10[3]	5	11	6	11	6	11	6	12	6	17	9	18	9	21	11	23	12	24	13
0,030	15	8	15	8	15	8	15	8	14	8	23	12	23	12	28	14	30	16	31	16
0,035	**20**	**10**	**20**	**10**	**20**	**10**	**20**	**10**	**20**	**10**	**30**	**15**	**30**	**15**	**36**	**17**	**39**	**20**	**40**	**20**
0,040	27[4]	13	26	13	26	13	26	13	25	13[4]	39	19	38	19	46	21	50	24	50	24
0,045	37[5]	18	34	16	33	16	33	16	30	16[4]	49	23	47[3]	22	57	25	62	29	69	32

[1] Nach DIN EN 1057. [2] Nach DIN EN 10255. [3] Bei Stahlrohren: 1 mm mehr. [4] 1 mm weniger. [5] 3 mm weniger.

481.2 Wärmeabgabe (Verluste) von wärmegedämmten Rohren

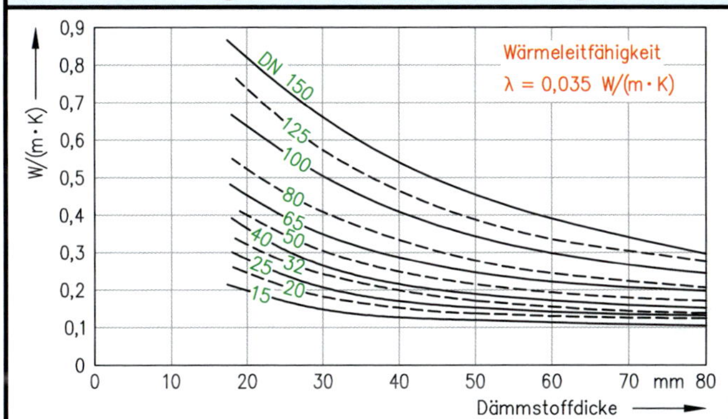

Die Wirksamkeit einer Verbesserung der Wärmedämmung ist bei unterschiedlichem Durchmesser und Dämmdickenbereich sehr unterschiedlich (s. 480.1).

Beispiel 1: Dämmdicke bei DN 50 wird jeweils um 10 mm erhöht: 20 auf 30 mm → Verbesserung um **25 %** (0,4 → 0,3 W) bei 40 auf 50 mm nur um **12 %** (0,25 → 0,22 W)

Beispiel 2: Bei DN 80 wird bei Erhöhung von 20 auf 30 mm die Dämmwirkung ebenfalls um 23 % verbessert (0,52 → 0,4 W). Eine Erhöhung der nach der EnEV vorgeschriebenen Dämmdicke von 80 mm bringt bei einer größeren Dämmdicke keinen Erfolg.

481.3 Wirtschaftl. Dämmschichtdicke (VDI 2055)

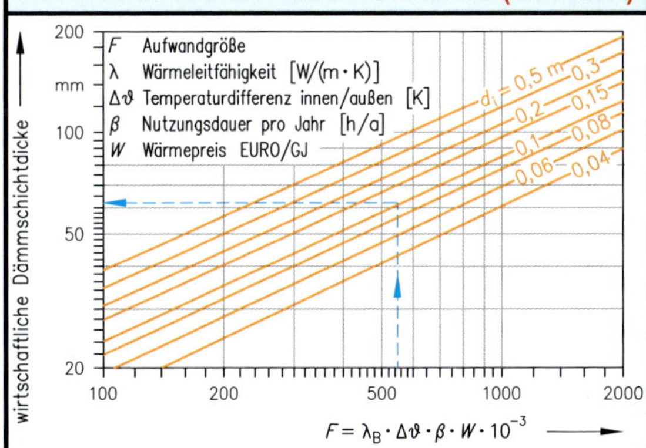

481.4 Bestimmung des Kostenminimums

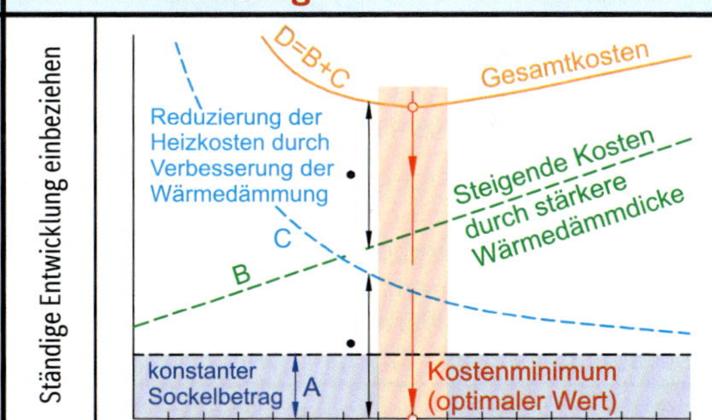

Diese Darstellung kann man für alle Investitionen anwenden (Wirtschaftlichkeit), zukünftige Entwicklungen einbeziehen

481.5 Einteilung in Dämmklassen für Rohre (≤ 400 mm) nach Wärmedurchgangskoeffizient

Dämmklasse	0	1	2	3	4	5	6	d_1
U_{max} (W/(m² · K))	0	$3{,}3\,d_1 + 0{,}22$	$2{,}6\,d_1 + 0{,}20$	$2{,}0\,d_1 + 0{,}18$	$1{,}5\,d_1 + 0{,}16$	$1{,}1\,d_1 + 0{,}14$	$0{,}8\,d_1 + 0{,}12$	äuß. ø

481.6 Grundmaterialien und Lieferformen von Wärmedämmstoffen

- Mineralwolle (Steinwolle, Glaswolle)
- Weiche u. harte Kunststoffschäume (PVC, PU, PE u. a.)
- Naturprodukte (Kork, Faserdämmstoffe)

Formen: Platten, Schalen, Schläuche (geschlossen, geschlitzt), Bänder, Schnüre, Schütt- und Stopfisolierungen, werkseitig gedämmte Rohre

Anm.
- Äußerer Schutz von Wärmedämmungen durch Kunststoff, Folien, Bitumenpappe, Blechmantel
- Dämmstoffe dürfen nicht durchfeuchtet werden (λ_{Wasser} ist 25 × höher als λ_{Luft}!)

482.1 Wesentliche Merkmale für die Pumpenauswahl (Auswahlkriterien)

1	Volumenstrom (Förderstrom)	5	Wirtschaftlichkeit (Kosten)	9	Nutzung (s. 4 ... 6), Bedienung u. a.
2	Förderhöhe (Druckdifferenz)	6	Betriebssicherheit (z. B. Notfall)	10	Einbaubedingung (Platz, Lage)
3	Leistungs- und Einsatzbereich	7	Kennlinienform (Betriebspunkt)	11	zul. Temp. (z. B. Industrie, Solar)
4	Regelbarkeit (Drehzahl)	8	Fördermedium (z. B. Frostschutz)	12	spez. Anford. (z. B. Geb. autom.)

Nach der EnEV müssen in **Anlagen** > **25 kW** Nennleistung bei allen Umwälzpumpen, die erstmalig eingebaut oder ersetzt werden, deren **elektrische Leistungsaufnahme – entsprechend dem Bedarf – selbsttätig angepasst** werden (stetig, nach EnEV mind. 3 Drehzahlen). **Seit 2013 nur noch Hocheffizienzpumpen!**

482.2 Aufbau und Merkmale einer Heizungsumwälzpumpe (Nassläuferpumpe)

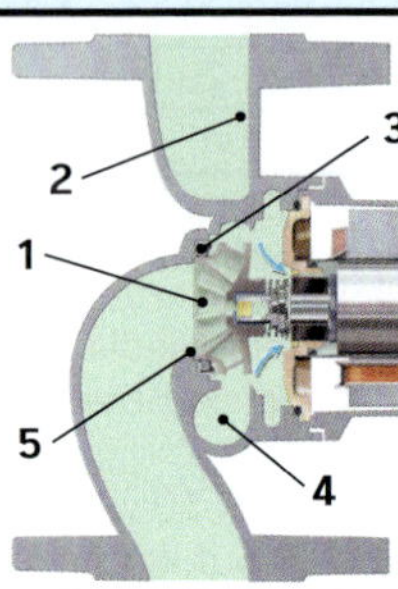

Hocheffizienz-pumpe

Kennlinien (s. 482.3)

1 Laufrad
2 Glatte Oberfläche
3 Saughaltsdichtung
4 Spiralgehäuse
5 Dichtlippe

- Bei Nassläuferpumpen bewegt sich das Laufrad innerhalb des mit Wasser gefüllten Rotors
- Fördervolumen dient zur Schmierung der Motorlagerung und Rotorraumkühlung
- Höchste Wirkungsgrade dank ECM-Technolog.

- Systemerweiterung durch nachrüstbare Schnittstellenmodule zur Kommunikation Modbus, BAC net, CAN, LON, PLR u. a.
- Frontseitige Bedienung und Zugang zum Klemmenraum, variable Einbaupositionen, lageunabhängiges Display, Kombiflansch
- Fernbedienung über Infrarotschnittstelle, IR-Stick (IR-Monitor)

482.3 Ansicht, Montage und Kennlinienfeld der Pumpe nach 476.2 – Hinweise zur Funktion

Pumpe mit EC-Motor mit automatischer Leistungsanpassung – Montage an einer Verteilerstation

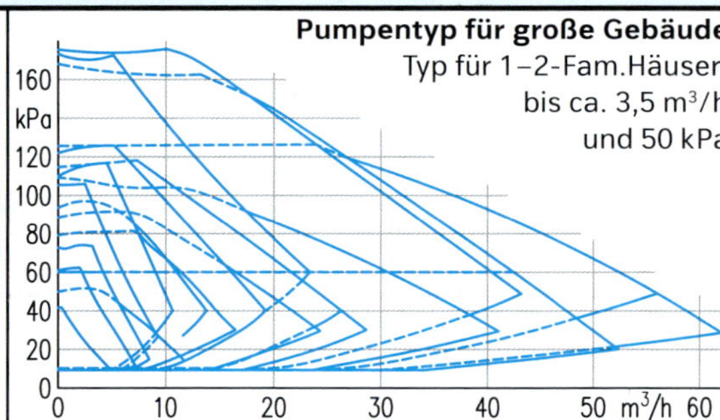

- **Betriebsarten:** Steuerbetrieb konst. Drehzahl, Δp_C für konstanten, Δp_V für variablen und Δp_T für temp. geführten Differenzdruck (über IR-Stick u. a.)
- **Manuelle Funktionen:** Einstellung von Betriebsart, Differenzdrucksollwerte, Absenkbetrieb, EIN/AUS Schaltung der Drehzahl (Handstellbetrieb)

- **Autom.-Funktionen:** stufenlose Leistungsanpassung, Absenkbetrieb, Deblockiereffekt, Softstart, Motorsch.
- **Externe Steuerfunktionen:** Steuereingang, Vorrang aus, Vorrang min, analog 0–10 V
- **Melde- und Anzeigefunktion:** Sammelstörung u. a.
- **Datenaustausch:** z. B. Infrarotschnittstelle u. a.

482.4 Trockenläuferpumpe – Merkmale – Pumpenaufbau

- Flüssigkeit kommt mit dem Motor nicht in Berührung
- Abdichtung durch Stopfbuchsenpackung oder Gleitringdichtung
- Einsatz vorwiegend bei großen Fördermengen vor allem in Klima-/Kälteanlagen, Verfahrenstechnik u. a.
- Verschiedene Bauarten: Inline-, Block- und Normpumpen
- Hocheffizienzpumpe mit optimalen Wirkungsgraden
- Integrierte elektronische Leistungsanpassung
- Opt. Schnittstellen zur Buskommunikation (Module)
- Max. Betriebsdruck 16 bar (bis 120 °C) bzw. 13 bar (140 °C)
- Rohreinbau bis ≤ 15 kW ansonsten Konsolenaufbau

Aufbau einer Trockenläuferpumpe

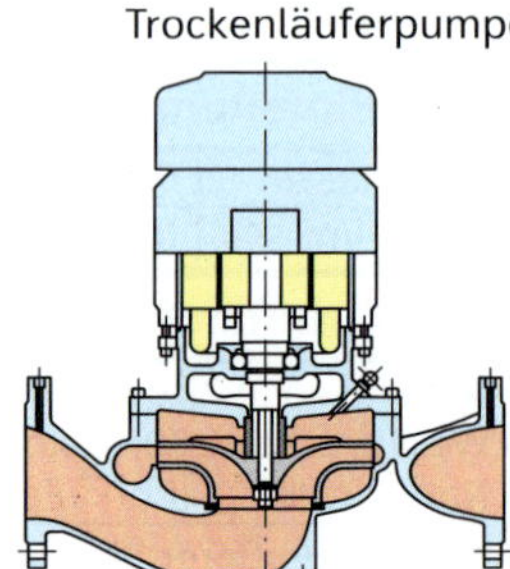

483.1 Einbaubeispiele von Pumpen (Auswahl)

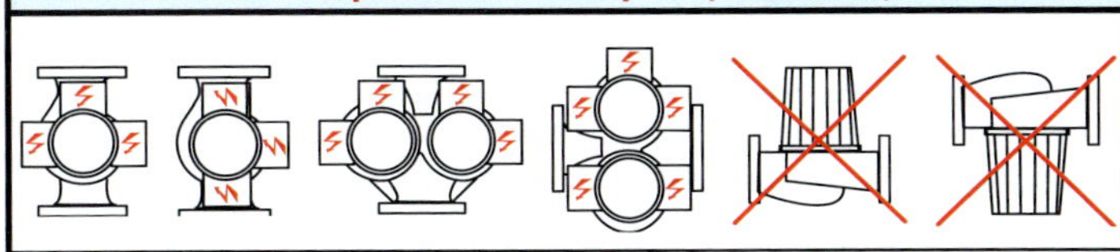

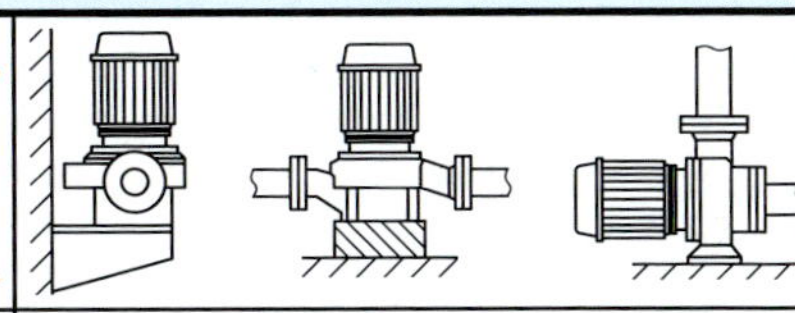

Nassläuferpumpen, waagerechte Welle, beliebige Rohrführung Klemmkasteneinbau oben oder seitlich; Betriebsanleitungen	**Trockenläuferpumpen**, weitere Einbaumöglichkeiten, auch Doppelpumpen

483.2 Dezentrale Pumpenregelung für → Bedarfsgerechte Wärmeerzeugung

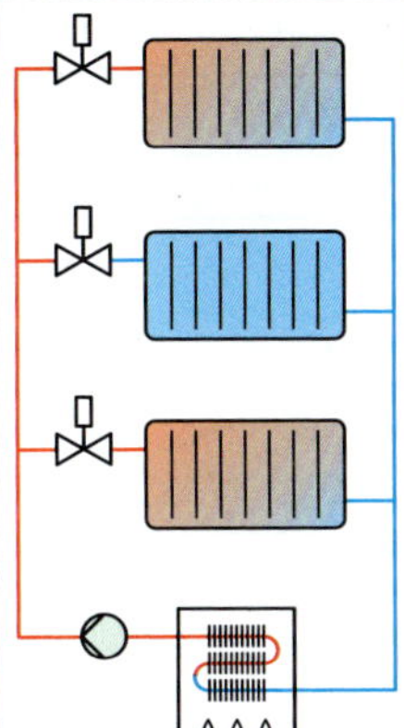

Mit zentraler Pumpe, Drosselregelung

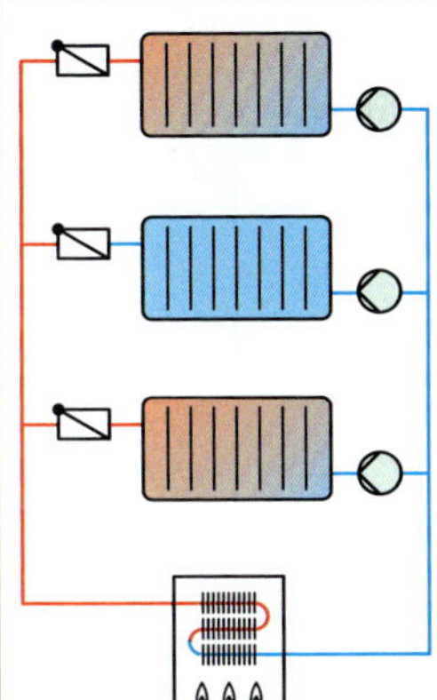

Dezentrales Pumpensystem, Pumpenregelung

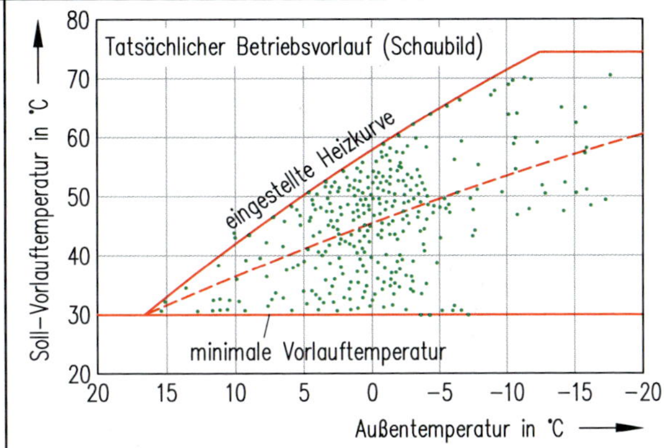

-------- Tatsächliche Vorlauftemperatur im Mittelwert (bedarfsgeführt), ⁙⁙ tatsächlich benötigte Betriebspunkte (Sollwerte)

Merkmale, Vorteile: • selbstregelnder hydraulischer Abgleich (im Voll- und Teillastverhalten) • exakter „Wärmemengentransport“ zu allen unterschiedlichen Verbrauchern • integrierbar in die Gebäudeautomation (Bussystem) • optimale Temperaturanpassung • hoher Energieeinspareffekt (bis ca. 30 % gegenüber konventionellen Anlagen) • hohe Investitionskosten • zusätzl. Funktionen (z. B. Schnellaufheizung und Kühlmöglichkeit) • optimaler Wohnkomfort durch exakte Temp.einstellung, hohe Temperaturstabilität, raumweise Steuerung, Zeit und Nutzerprofil • Ferneinstellung/-auslegung

483.3 Hocheffizienzpumpen – Zukünftige Pumpen für Heizung, Lüftung, Warmwasser (TWE) u. a.

• Zum Begriff „Effizienz“ (s. 405) • Nach neuer EU-Verordnung dürfen alle Pumpenhersteller der EU ab Jan. 2013 nur noch besonders stromsparende Pumpen in den Verkehr bringen • Weitere Verschärfungen bis 2015/2020 • Ein Austausch lohnt sich (Amortisation 2–4 Jahre) • 2012 sind ca. 80 % der Pumpen überaltert

483.4 Proportionalitätsgesetze bei der Änderung der Drehzahl

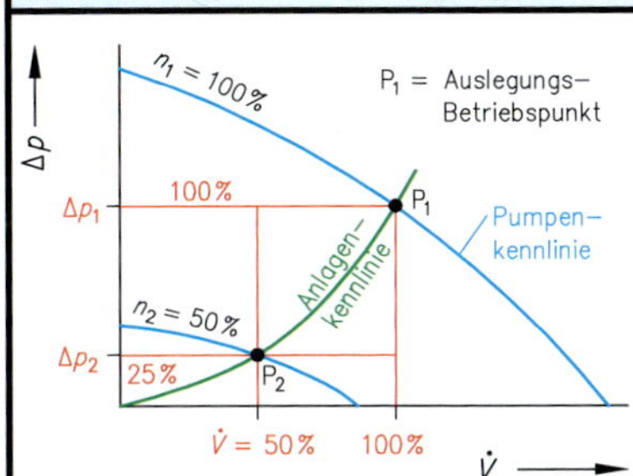

$$\frac{\dot V_2}{\dot V_1} = \frac{n_2}{n_1}$$

z. B. Halbierung der Drehzahl (Drehfrequenz) n ⇒ Halbierung des Volumenstroms (proportional)

$$\frac{\Delta p_2}{\Delta p_1} = \left(\frac{\dot V_2}{\dot V_1}\right)^2 = \left(\frac{n_2}{n_1}\right)^2 \Rightarrow \Delta p_2 = \Delta p_1 \left(\frac{n_2}{n_1}\right)^2 \quad {}^{1)}$$

Halbierung der Drehzahl (50 %) ⇒ ¼ des Druckes Δp_1 (25 %) (½ · ½ = ¼)

Hydraulische Leistung

$$\frac{P_2}{P_1} = \left(\frac{n_2}{n_1}\right)^3 \quad P = \dot V \cdot \Delta p; \quad P_2 = P_1 \cdot \left(\frac{n_2}{n_1}\right)^3$$

Halbierung der Drehzahl (50 %) ⇒ ⅛ der Leistung P_1 (½ · ½ · ½ = ⅛)

1) Nach dieser Beziehung kann entsprechend der Abbildung die Anlagenkennlinie „konstruiert“ werden. Sie sind in den Herstellerunterlagen bereits eingezeichnet (s. 484.1); auf log. Papier sind es Geraden.

484.1 Zusammenhang zwischen Pumpen- und Anlagenkennlinie

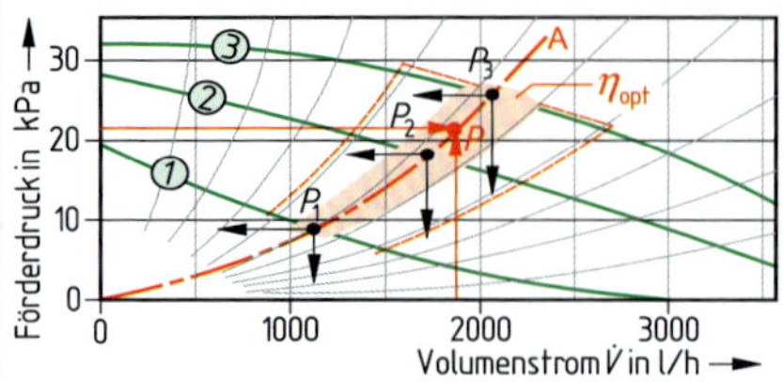

- Anlagenkennlinie A = Charakteristikum des Rohrnetzes: hohe Widerstände bedeuten steile und geringe Widerstände, flache Kennlinien;
- Pumpen- bzw. Drehzahlkennlinien ① ② ③
- Betriebspunkt = Schnittpunkt von Pumpen- und Anlagenkennlinie (je nach Drehzahl: Punkt P_1 P_2 P_3)
- Anlagenkennlinie A soll möglichst in Diagrammmitte liegen, optimaler Wirkungsgrad in roter Fläche (zwischen roten Linien noch akzeptabel)
- alle möglichen Betriebspunkte liegen auf der Drehzahlkennlinie

Punkt P (gewünschter Betriebspunkt) ergibt sich aufgrund der Anlagenberechnung; hier Druckverluste 22 kPa $\dot{V} = \dot{Q}/(c \cdot \Delta\vartheta) = 1800$ l/h, tatsächlichen Betriebspunkt: P_3; meistens wäre Drehzahl ② ausreichend ⇒ P_2 (Teillast).

484.2 Einfluss der Pumpenkennlinienform auf Druckdifferenz und Volumenstrom

Drehzahl-Stufenschaltung	Steile Pumpenkennlinie	Flache Pumpenkennlinie
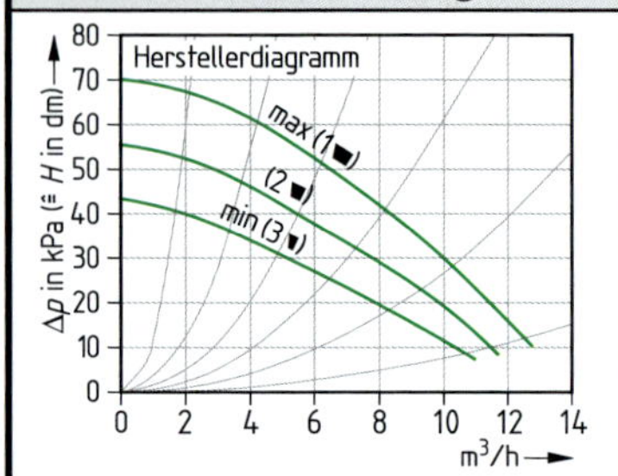	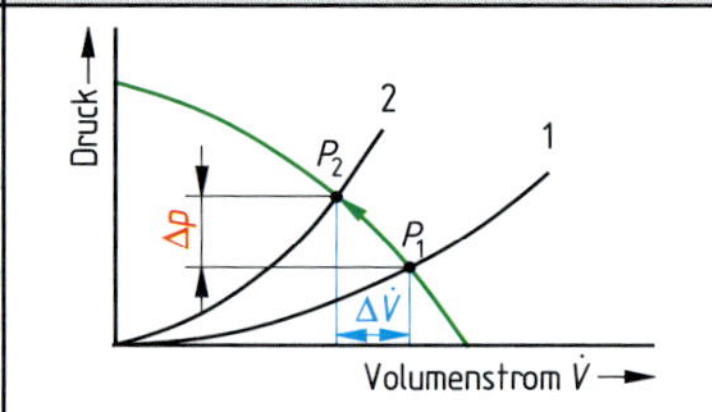	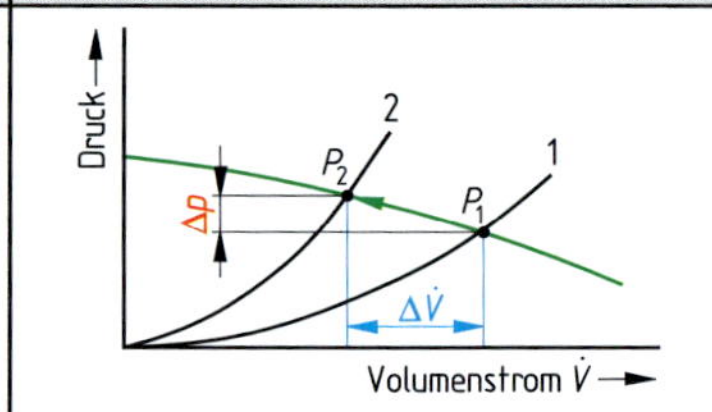
	bei Drosselung ($P_1 \rightarrow P_2$) großer Druckanstieg, selbst bei geringem $\Delta\dot{V}$	bei Drosselung geringer Druckanstieg, selbst bei großem $\Delta\dot{V}$

484.3 Betriebspunktänderung (ungeregelte Pumpen)

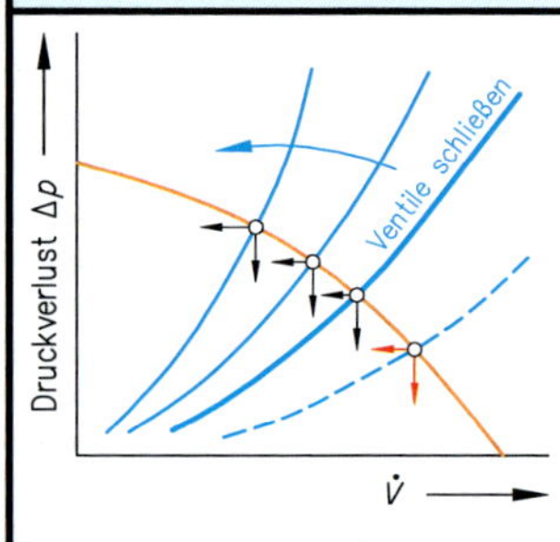

Anl. Kennlinien nach links bei schließenden Ventilen → steiler
----- z. B. durch Ausbau eines Bauteils (Widerstand) → flacher

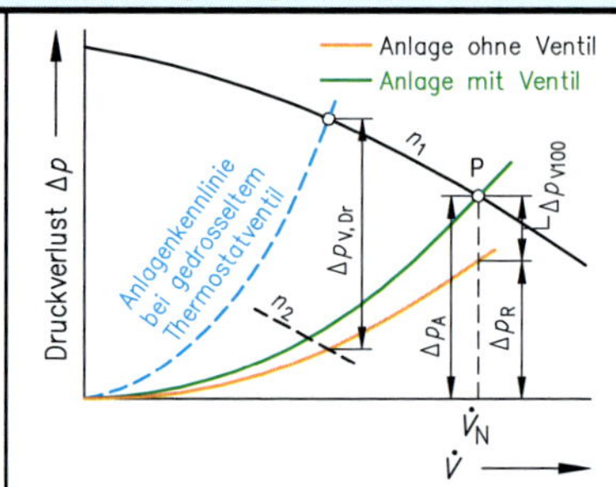

Δp_{v100} voll geöffnetes Ventil
Δp_A Anlage (Auslegung)
Δp_R Rohrnetz ohne Ventil
n_2 erford. Drehzahl z. B. bei Solaranlagen

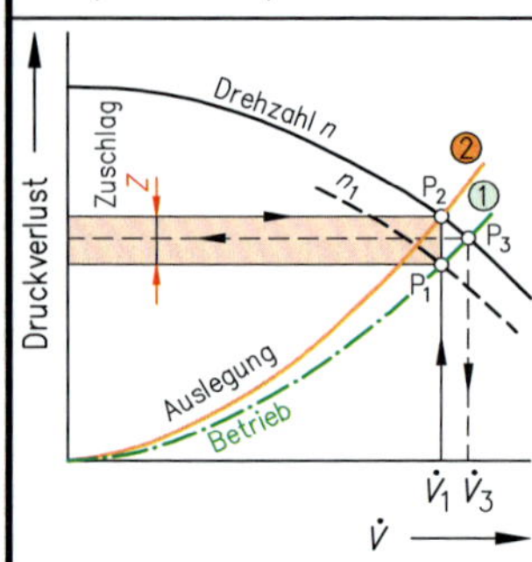

Z „Angstzuschlag" bei Rohrnetzberechnung ⇒ $P_1 \rightarrow P_3$ und $\dot{V}_1 \rightarrow \dot{V}_3$ (erforderlich wäre hier dann n_1)

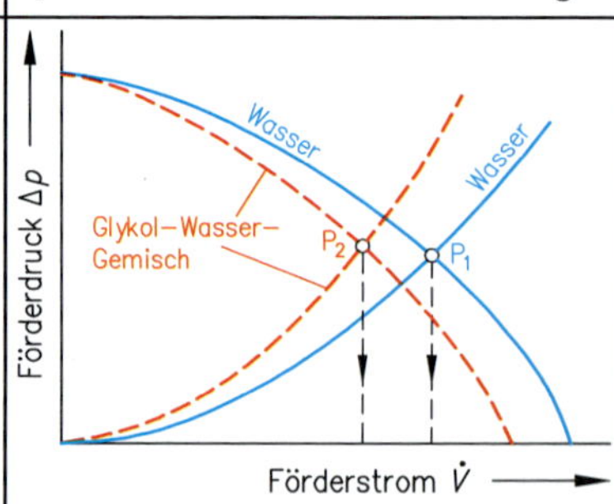

$P_1 \rightarrow P_2$ durch Zugabe von Frostschutz. Bei Glycolanteil > 20 % berücksichtigen (Einfluss auf V und Δp)

484.4 Heizleistungsdiagramm

Abhängigkeit der Heizkörperleistung und Leistungsaufnahme von Volumenstrom $\dot{V}$

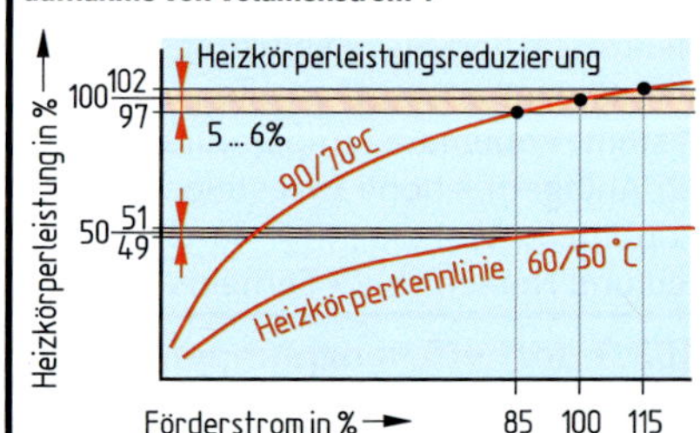

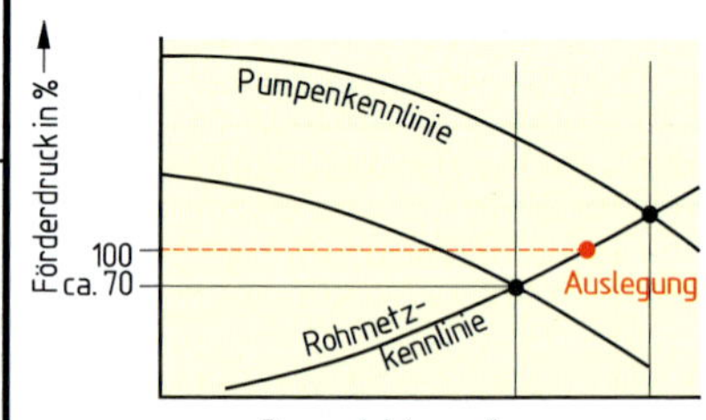

Pumpenleistungsdiagramm

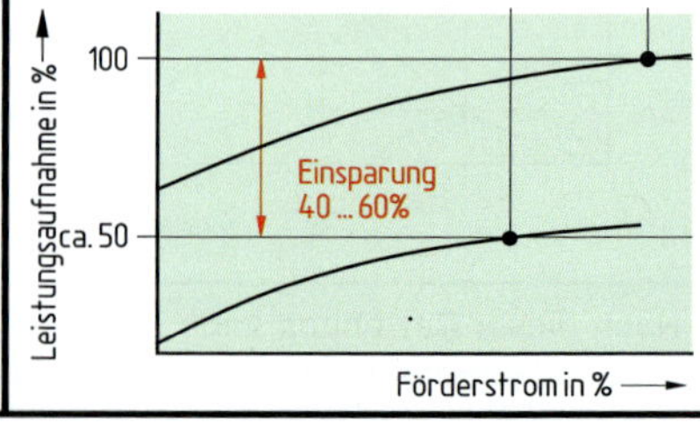

485.1 Addition von Pumpenkennlinien – Gemeinsamer Betriebspunkt *P*

zwei gleich große Pumpen	zwei ungleich große Pumpen	gemeinsame Pumpenkennlinie
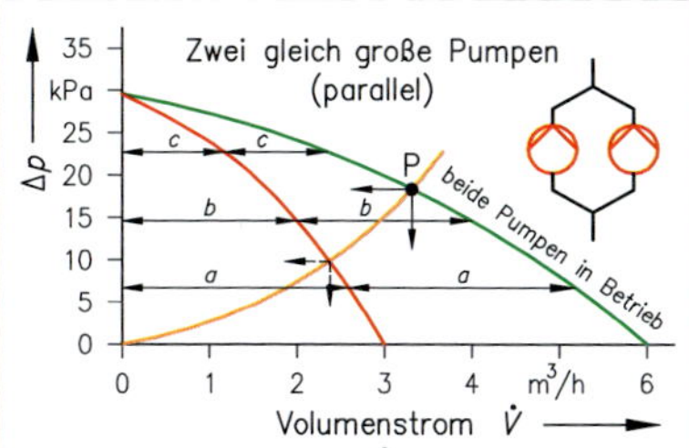	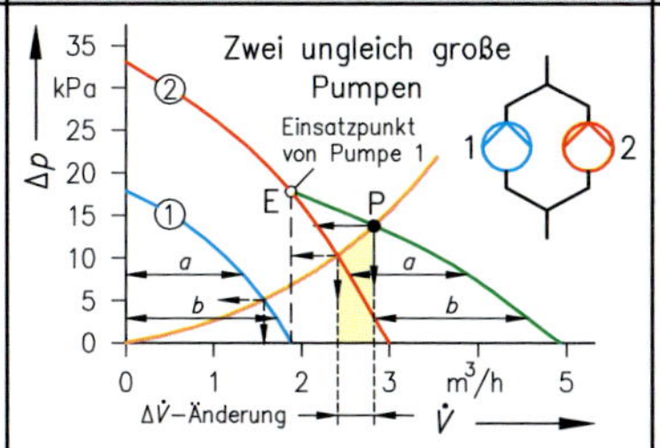	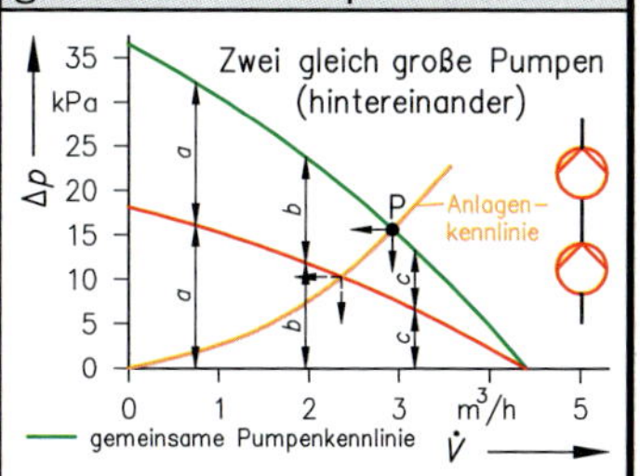
1× Doppel- oder 2× Einzelpumpe: Haupt-/Reservebetrieb zur automatischen Störumschaltung auf betriebsbereite Pumpe oder Additionsbetrieb zur optimierten Zu- und Abschaltung der Spitzenlastpumpe und automatische Störabschaltung auf betriebsbereite Pumpe 		Hintereinanderschaltung nur von geringer Bedeutung, eher bei Ventilatoren in lufttechnischen Anlagen

485.2 Addition von Widerstandskennlinien (Beispiel)

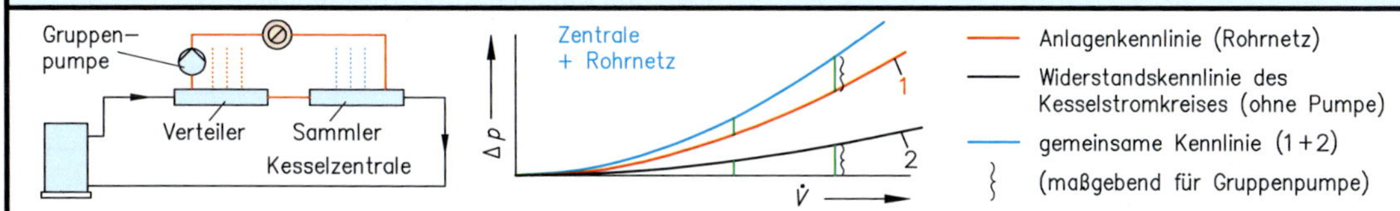

485.3 Betriebspunktveränderungen bei Elektronikpumpen im Teillastbereich (Vergleich)

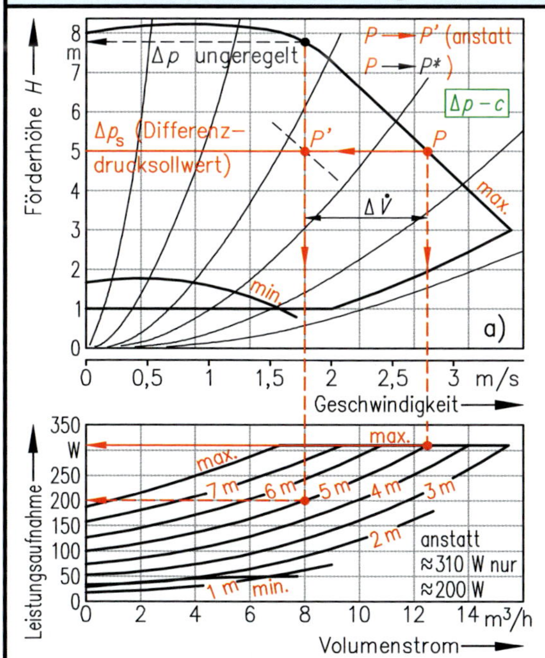

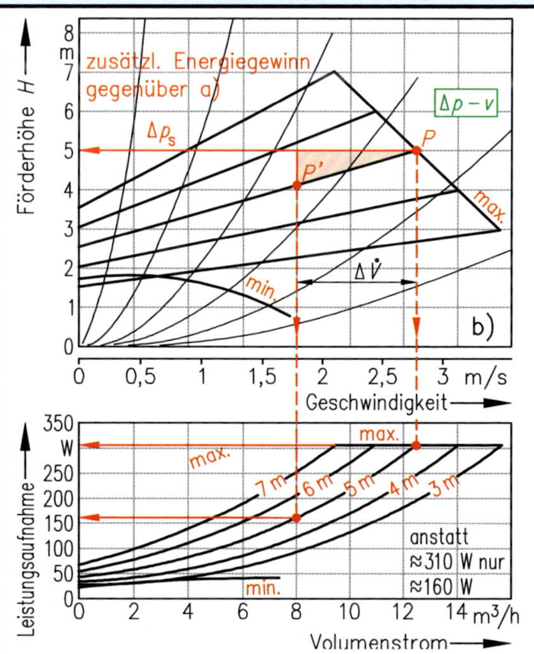

Konstantdruckregelung Δp-c (konst. Differenzdruck)
- Δp_s Sollwert des eingestellten Differenzdruckes
- Bei Drosselung kein Δp-Anstieg mehr auf Pumpenkennlinie
- Δp_{min} z. B. bei Nacht • hydraulische Leistung (> als bei **b)**)

Variable Druckregelung Δp-v (variabl. Differenzdruck)
- Differenzdruck-Sollwert nimmt linear zwischen Δp_s und $\approx \Delta p_s/2$ ab (abnehm. Δp – Rohrnetz berücksichtigt)
- rote Fläche entspricht zusätzlichem Energiegewinn gegenüber **a)**

Variable Differenzdruckregelung: übliche elektronische Regelung, vor allem bei größeren Förderhöhen (Pumpendrücke) etwa > 4 m (40 kPa), bei langen Verteilungsleitungen und Strangdifferenzdruckreglern, bei geringer Spreizung, bei Primärkreisen mit sehr hohen Druckverlusten

486.1 Strangregulierventil (Druckverlust)

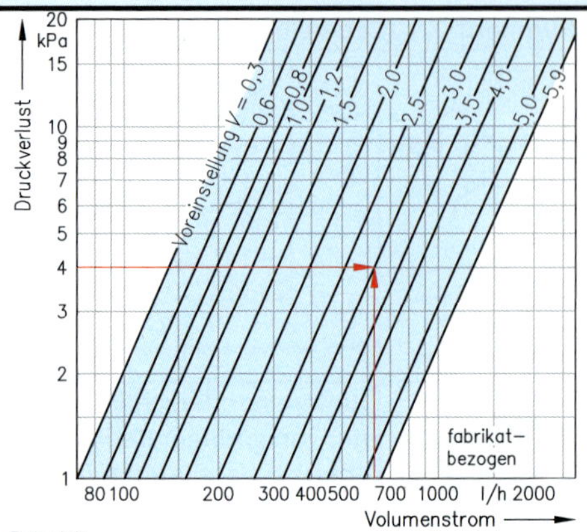

Beispiel:

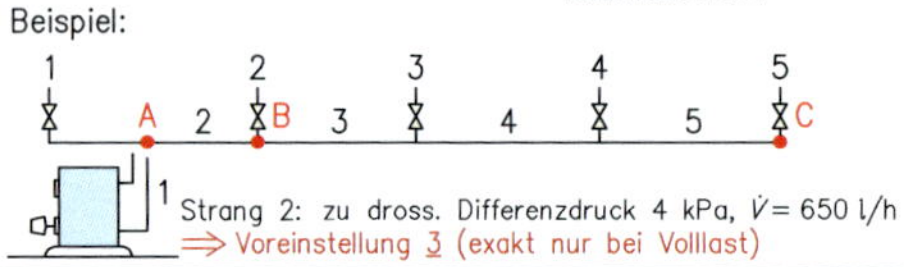

486.2 Abgleichventil am Heizkörperrücklauf

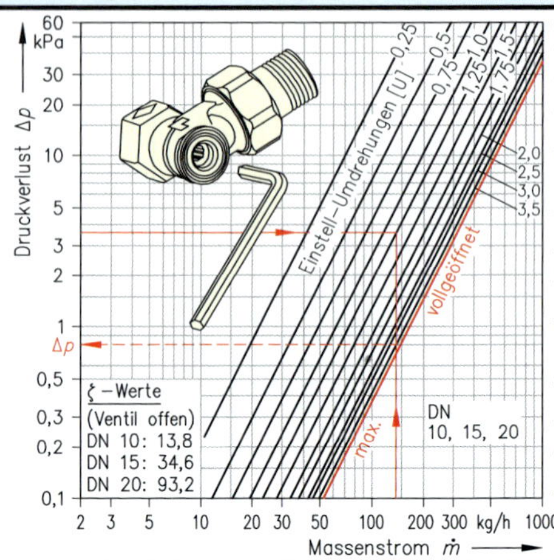

Weitere **Beispiele** für Druckabgleich:
- durch Heizkörper-Thermostatventile (s. 479.4)
- durch Regulierventile beim Fußbodenverteiler (s. 470.2)

486.3 Mischventil: Druckverlustbemessung

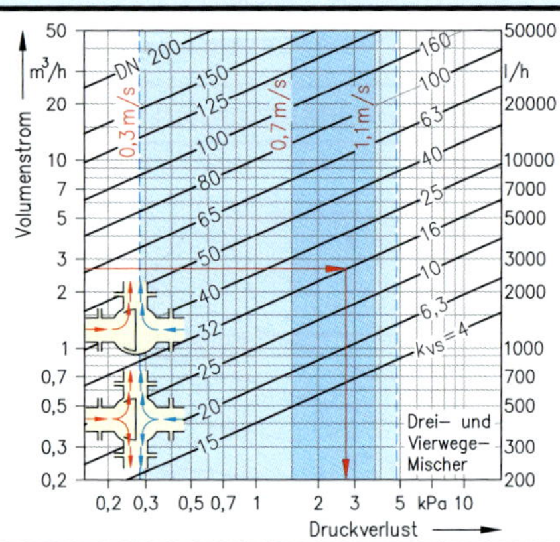

486.4 Druckverlust bei Flachheizkörpern

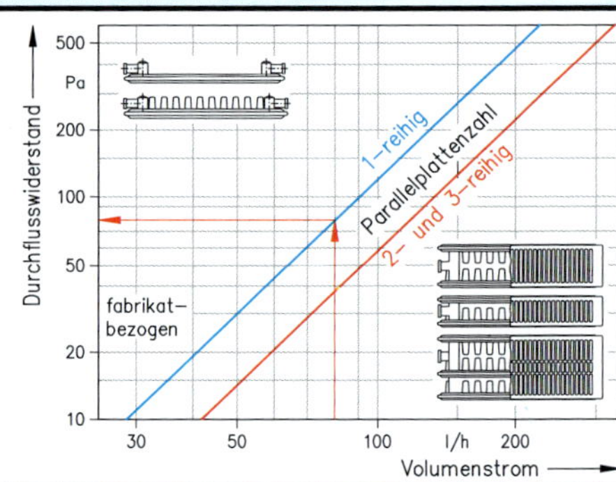

- Näheres über Flachheizkörper (s. 457.3; 459.1)
- Druckverluste Deckenstrahlplatten (s. 466.1)

486.5 Sicherheitstechnische Einrichtungen für Warmwasserheizungen DIN EN 12828

- Die Absicherung bei offenen Anlagen ist einfach (s. 486.6), bei geschlossenen umfangreicher (s. 487.1).
- Die Einrichtungen müssen eine Überschreitung des max. Druckes und der max. Temperatur verhindern.
- Schutz gegen eine Temperaturüberschreitung übernimmt der Sicherheitstemperaturbegrenzer (STB) bzw. bei der indirekten Anlage (s. 487.1) der Temp.wächter (STW); jeder Wärmeerzeuger mit Temperaturregler.
- Schutz gegen eine Drucküberschreitung übernehmen das Sicherheitsventil (s. 487.3) und der Druckbegrenzer.
- Jede geschlossene Anlage muss ein Membran-Druckausdehnungsgefäß (MAG) erhalten (s. 490.1)
- Einrichtungen übereinstimmend mit Wärmeerzeuger, Leistung, Energieeinsatz (Öl, Gas, Holz, Solar u. a.).

486.6 Sicherheitsleitungen bei sehr alten offenen Warmwasserheizungen

Ø bei folgenden Leistungen des Wärmeerzeugers WEZ (in kW)

Ltg. zwischen WEZ und Gefäß	DN 25	DN 32	DN 40	usw.
Sicherheitsvorlaufleitung SV [1]	bis 50	50...150	150...350	...
Sicherheitsrücklaufleitung SRL	bis 100	100...350	350...600	...

$d_{SV} = 15 + 1{,}4 \cdot \sqrt{\dot{Q}}$ $d_{SR} = 15 + 1{,}0 \cdot \sqrt{\dot{Q}}$

[1] Überlaufltg. Ü. 1 Dim > als SV

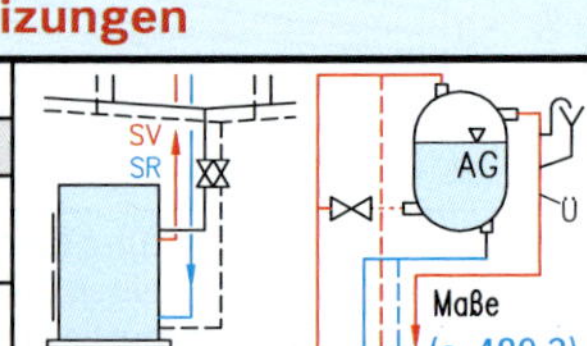

Vorteile: kein Druckanstieg im Betrieb, stromunabhängig bei Festbrennstoffen („Schwerkraftanlage")
Nachteile: Sauerstoffaufnahme (Korrosion), Wasserverluste (störanfällig), erhöhte Montagekosten, Wärmeverluste durch AG und SV und SR, evtl. Einfriergefahr für AG (⇒ daher keine Anwendung mehr)

487.1 Sicherheitstechnische Ausrüstung für geschlossene WW-Heizungen (verschied. Darst.)

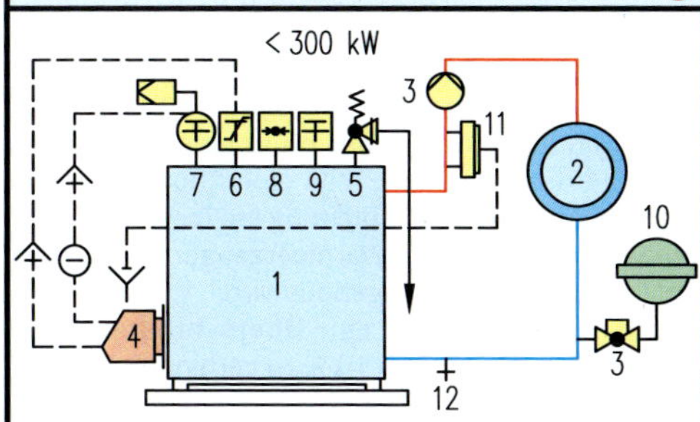

1 Wärmeerzeuger, 2 Heizflächen, 3 Umwälzpumpe, 4 Brenner, 5 Sicherheitsventil, 6 Sicherheitstemperaturbegrenzer STB, 7 Temperaturregler, 8 Manometer, 9 Thermometer, 10 Membranausdehnungsgefäß, 11 Wassermangelsicherung, 12 Füllung und Entleerung, 13 Kappenventil

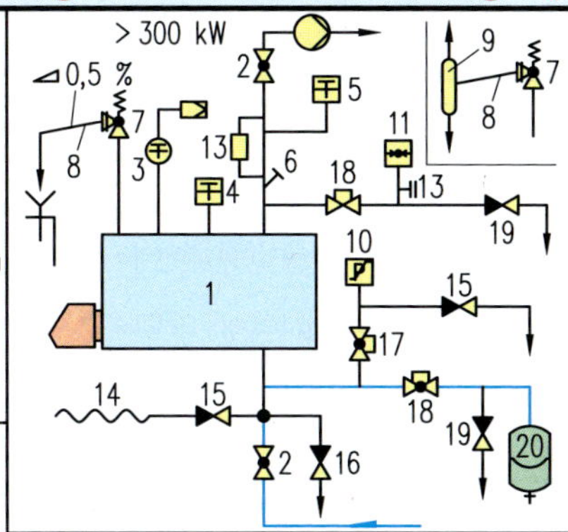

1 Kessel, 2 Absperrventil, 3 Temp.regler, 4 STB, 5 Thermometer, 6 Tauchhülse, 7 Sicherheitsventil, 8 Ausblaseltg., 9 Entspannungstopf (> 300 kW), 10 Druckbegrenzer (> 100 °C), 11 Manometer, 12 Messstutzen (Druck), 13 Wassermangelsich., 14 Schlauchltg., 15 Rückflussverhinderer, 16 Füllung und Entleerung, 17 Ausdehnungsleitung, 18 gegen unbeabsichtiges Schließen, 19 Entleerung MAG, 20 MAG

487.2 Weitere Schaltbilder zur Absicherung

Beheizung mit festen Brennstoffen bis 100 kW Nennwärmeleistung	eigensichere Anlage mit Sonnenkollektor und Temp. schichtspeicher	Absicherung von Zwangsumlauf-Wärmeerzeugern (z. B. Gasdurchlauferhitzer)
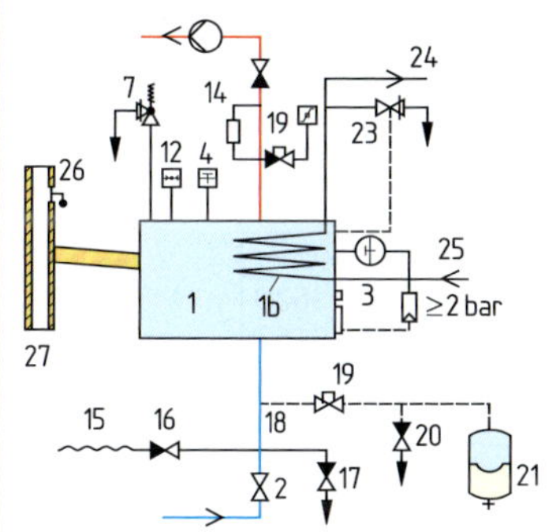	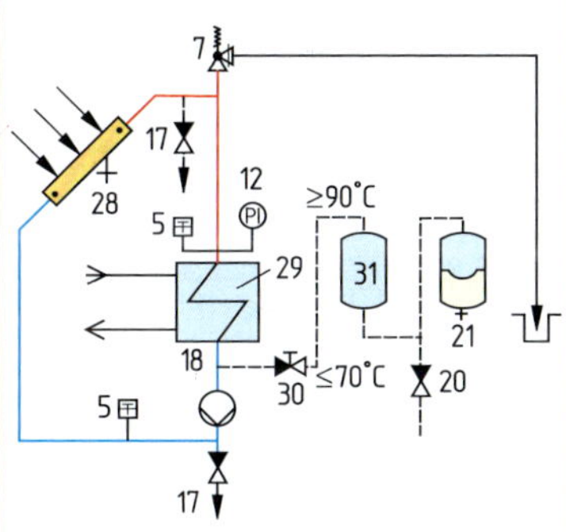	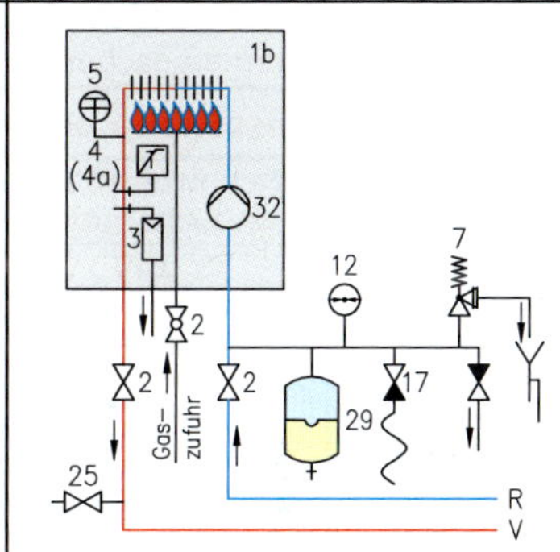

Ergänzung zu Tab. 487.1: 23 thermische Ablaufsicherung; 24 Warmwasserleitung; 25 Kaltwasserzulauf (Zulaufdruck mind. 2,0 bar); 26 Nebenlufteinrichtung; 27 Schornstein; 28 Sonnenkollektor; 29 Wassererwärmer; 30 Absperrarmatur mit Entlüftung und Entleerung; 31 Temperaturschichtbehälter (bei ≥ 90 °C); 32 Pumpe

487.3 Bemessung und Anordnung von Membransicherheitsventilen SV[1]

Abblaseleistung[2][3]		kW	50	100	200	350
Verbindungsleitung zum SV		DN	15	20	25	32
Anschlussgewinde (Nenngröße)	Zuleitung Z	R	½	¾	1	1¼
	Ausblaseltg. A[4]	R	¾	1	1¼	1½

[1] Ansprechdruck (max. Betriebsdruck 2,5 oder 3 bar).
[2] Entspricht der abzusichernden Wärmeleistung.
[3] Für Heizungsanlagen (hitzebeständig bis 140 °C).
[4] Gültig bei ≤ 2 m Länge und max. 2 Bogen; bei ≤ 4 m, max. 3 Bogen eine Dimension größer.

Ablauftrichter für Ventil DN	15	20	25
Anschlussmaß (Außengewinde) Ablaufleitung (Innengewinde)	¾" 1"	1" 1½"	1¼" 1½"

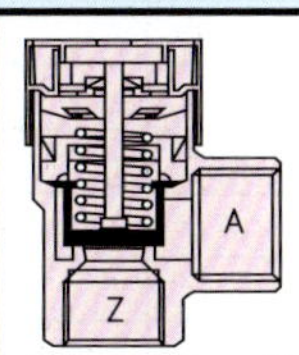

Kurzzeichen H

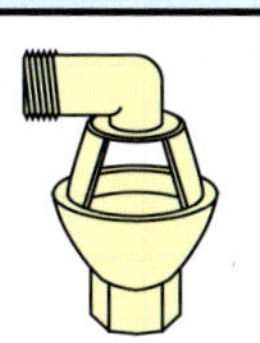

Ablauftrichter

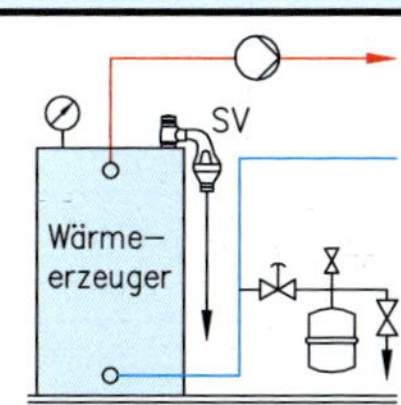

SV-Nennweiten für Trinkwassererwärmungsanlagen

Mindest-DN-Stufe	Nennwasserinhalt des Wasserraums	Beheizungsleistung in kW
DN 15	≤ 200 l	≤ 75
DN 20	> 200...1000 l	≤ 150
DN 25	> 1000...5000 l	≥ 250

488.1 Hinweise und Anforderungen an Auswahl und Montage von Sicherheitsventilen (SV)

- Jeder Wärmeerzeuger wird durch ein SV gegen Überschreitung des **zuläss. Betriebsdruckes gesichert**.
- Bei mehr als 1 SV, muss kleinstes SV eine Abblaseleistung von mind. 40 % der Gesamtwassermenge haben.
- Die **Anbringung** muss senkrecht am höchsten Punkt des Wärmeerzeugers oder in unmittelbarer Nähe im Vorlauf eingebaut werden und leicht zugänglich sein (bei indirekter Beheizung auch im Rücklauf möglich).
- Jedes SV muss eine eigene **Abblaseleistung** haben, Gefälle > 5 %, Führung nach unten, unabsperrbar und beobachtbar; Druckverlust der Vbdg. Ltg. darf < 3 % und Abblaseleitung 10 % des SV-Nenndruckes nicht überschreiten.
- Bei Wärmeerzeuger > 300 kW ist ein **Entspannungstopf** erforderlich (Anordnung, Durchmesser s. 489.1).
- An der tiefsten Stelle des Topfes muss eine Wasserabfluss- und an der höchsten Stelle eine Abblaseleitung angeordnet werden (Dampfableitung ins Freie).
- Topf kann entfallen, wenn je Wärmeerzeuger ein zweiter STB und Druckbegrenzer eingebaut wird.
- SV müssen in der Lage sein, eine **Überschreitung des max. Betriebsdruckes** von > 10 % zu verhindern.
- Sicherheitsventile müssen der EN 1268 entsprechen.

488.2 Aufgaben der wesentlichen Sicherheitsgeräte

Temperaturregler (TR) muss die vorgegebene Temperatur (Sollwert) einhalten (Wärmeerzeuger).
Temperaturwächter (TW) bzw. Sicherheits- (STW) unterbricht bei einem festeingestelltem Temperaturgrenzwert die Brennstoffzufuhr und gibt sie erst nach wesentlicher Unterschreitung dieser Temperatur wieder frei.
Temperaturbegrenzer (TB) schaltet bei Erreichung eines festeingestellten Temperaturgrenzwertes den Wärmeerzeuger (WEZ) ab und „verriegelt“ ihn. Wiedereinschaltung ist von Hand möglich.
Sicherheitstemperaturbegrenzer (STB) wie bei TB, eine Wiedereinschaltung ist nur mit Werkzeug möglich.
Druckbegrenzer Abschaltung der Beheizung und Unterbrechung der Hilfsenergie bei unzulässiger Druckerhöhung im WEZ; Verriegelung gegen selbsttätiges Wiedereinschalten; Einstellung bevor das SV anspricht
Wassermangelsicherung verhindert unzuläss. Erwärmung des WEZ bei Wassermangel, Abschalt., Verriegel.
Thermische Ablaufsicherung verhindert z. B. bei Holzfeuerung Anlagenüberdruck durch Abführen überschüss. Wärme an einen Wärmetauscher. Durch Nachströmung kalten Wassers wird dem WEZ Wärme entzogen.

488.3 Abblaseleistungen bei federbelasteten Sicherheitsventilen (Herstellerangaben)

Ansprechdruck	Abblaseleistung	Nennweite bei Eintritt in das Sicherheitsventil DN					Ansprechdruck	Abblaseleistung	Nennweite bei Eintritt in das Sicherheitsventil DN				
		25	30	40	50	65			25	30	40	50	65
1,0 bar	kg/h[1]	305	510	780	1220	2060	2,5 bar	kg/h[1]	535	890	1370	2180	3620
	kW	186	310	477	746	1261		kW	321	533	821	1283	6167
1,5 bar	kg/h[1]	410	680	1045	1630	2760	3,0 bar	kg/h[1]	620	1025	1580	2470	4170
	kW	245	406	626	978	1653		kW	366	608	936	1463	2472
2,0 bar	kg/h[1]	455	750	1155	1810	3050	3,5 bar	kg/h[1]	695	1125	1780	2785	4705
	kW	270	448	691	1080	1825		kW	412	685	1055	1648	2786

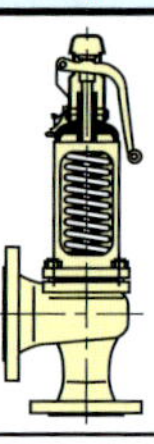

[1] Sattdampf

488.4 Absicherung gegen Druck- und Temp. überschreitung und Wassermangel EN 12828[1]

Sicherheitstechnische Einrichtung (Ausstattung)	Art der Anlage/Wärmeerzeuger WE			
	direkt beheizt	indirekt beheizt	ungeregelter Wärmeerzeuger	Festbrennstoff Kessel
Sicherheitstemp. begrenzer[2]	ja	ja[3]	ja	ja[4]
Sicherheitstemp. wächter	–	ja	–	–
Heizverteilungskreis	–	–	–	ja[5]
Sicherheitsventil[6]	ja	ja	ja	ja
Entspannungstopf[7]	ja	ja	ja	ja
Sicherheitsdruckbegrenzer[8]	ja	–	–	ja
Wassermangelsicherung[9]	ja	–	–	ja
Druckausdehnungsgefäß[10]	ja	ja	ja	ja
Thermometer	ja	ja	ja	ja
Manometer	ja	ja	ja	ja
Temperaturregler	ja	ja	ja	ja

[1] Hinweise (s. 488.2).
[2] Falls nicht im WEZ integriert, Einbau im Vorlauf nahe WEZ; separater Fühler.
[3] Auf Primärseite (bei primärseitig ≤ 105 °C genügt Temperaturregler auf Sekundärseite).
[4] Besonderer Begrenzer für Notkühlung (thermische Ablaufsicherung).
[5] Unabsperrbar oder automat. Öffnung bei Übertemperatur.
[6] Bemessung, Anordnung und Anforderungen an Montage (s. 487.2, 487.3, 483.2).

[7] Bei WEZ > 300 kW (Anordnung s. 487.1, 489.1) Ausblas ins Freie. [8] Bei WEZ > 300 kW, bei weiterem WE (z. B. Solar) sind deren Anforderungen zu beachten. [9] Oder Mindestdruckbegrenzer oder Durchflussbegrenzer (Wassermangelsicherung) entfällt bei Elektrodenkessel. [10] Bemessung und Anordnung (s. 489.4 bis 491.3).

489.1 Bemessung der Leitungen zum Membran-Sicherheitsventil (SV) u. Entspannungstopf

Abblaseleistung in kW					Anzahl Bögen	50	100	200	350	600
Art der Leitung				Länge		Mindestdurchmesser und Mindest-DN				
Zuleitung			d_{10}	≤ 1 m	≤ 1	15	20	25	32	40
Ausblaseleitung	ohne Entspannungstopf ET		d_{20}	≤ 2 m	≤ 2	20	25	32	40	50
			d_{20}	≤ 4 m	≤ 3	25	32	40	50	65
	zwischen	SV und ET	d_{21}	≤ 5 m	≤ 2	32	40	50	65	80
		ET und AB	d_{22}	≤ 15 m	≤ 3	40	50	65	80	100
Entspannungstopf ET			d_{30}	> 1,7 · d_{30}	0	125	150	200	250	300
Wasserabflussleitung			d_{40}	–	–	32	40	50	65	80

A Ausblaseleitung zwischen Entspannungstopf-ET und Ausblaseöffnung AB

Entspannungstopf

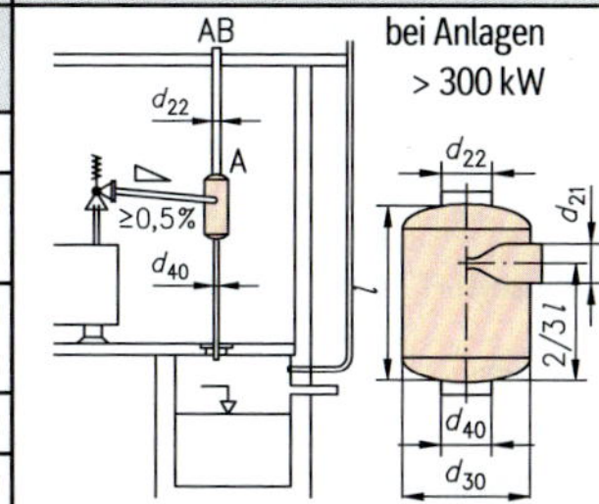

Hinweise (s. 488.1)

489.2 Umtriebsdruck durch Schwerkraftwirkung

Rücklauftemp.	Umtriebsdruck in Pa/m – Vorlauftemperatur in °C 70	75	80	85	90	95
50 °C	101	128	159	189	233	257
55 °C	73	107	137	168	221	233
60 °C	54	81	112	143	175	209
65 °C		96	86	117	149	183
70 °C			59	90	**122**	156
75 °C				61	94	127

Umtriebsdruck in Pa

$\Delta p = h \cdot g \cdot (\varrho_R - \varrho_V)$

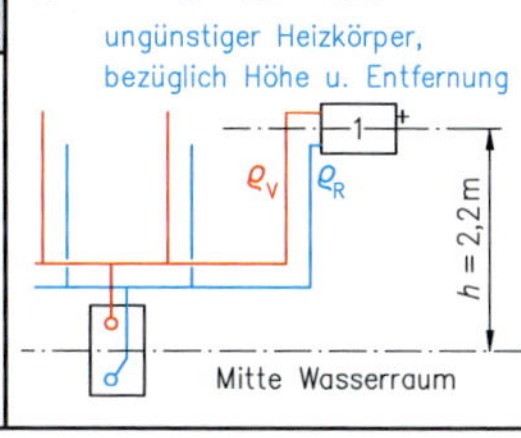

h Höhendifferenz (m) Kessel-Heizkörpermitte, d.h. zwischen Erwärmungs- u. Abkühlungspunkt
g Fallbeschleunigung 9,81 m/s²; *ϱ* (s. 105.2)

Beispiel:

$\varrho_{70} = 977{,}7\ \text{kg/m}^3$; $\varrho_{90} = 965{,}2\ \text{kg/m}^3$

$\Delta p = 2{,}2 \cdot 9{,}81 \cdot 12{,}5$ Pa

$\Delta p = 2{,}2 \cdot 122$ Pa ⇒ $\Delta p =$ **269 Pa**

Die Rohrleitung (Vor- u. Rücklauf einschließlich Δp Kessel, Heizkörper, Ventil) darf diesen Druck als Druckverlust „verbrauchen".

Um in Pumpenwarmwasserheizungen evtl. mögliche Zirkulationsstörungen zu verhindern, kann im Vorlauf eine sog. Schwerkraftbremse eingebaut werden.

489.3 „Offene" Ausdehnungsgefäße für WW-Heizungen — DIN 4807-2

Inhalt	l	30	50	75	100	125	150...
Durchmesser	mm	300	350	400	400	500	500
Länge	mm	500	580	670	870	710	850
Gewicht	kg	14	19	25	31	34	40

Dimensionierung der Leitungen (s. 486.6)

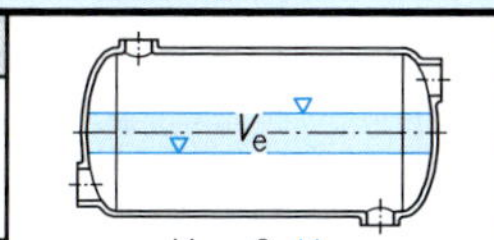

$V_n \approx 2 \cdot V_e$

V_n erforderlicher Gefäßinhalt
V_e Ausdehnungsvolumen ΔV

Anschlussleitungen (s. 486.6)
(SV und SR sep. hochführen)

489.4 Begriffe zur Bemessung des Membran-Druckausdehnungsgefäßes (MAG)

Begriff	Formelzeichen	Einheit
Wasserinhalt der Anlage	V_A	l
Wasservorlage (für mögl. Wasserverlust)	V_V	l
Wasserausdehnung (s. 489.5)	n	%
Ausdehnungsvolumen	V_e	l
Rechnerisches MAG-Volumen	V_n	l
MAG-Nennvolumen (bei Betriebsbeding.)	V_N	l
Vordruck (Anlieferungszustand)	p_0	bar
Hydrostatischer Druck	p_{st}	bar
Niedrigster Anfangsdruck (Fülldruck)	$p_{a,min}$	bar
Höchster Anfangsdruck	$p_{a,max}$	bar
Enddruck (bei max. zuläss. Vorlauftemp.)	p_e	bar
Ansprechdruck des Sicherheitsventils	p_{SV}	bar
Dampfüberdruck bei $\vartheta \geq 100$ °C	p_D	bar

$p_0 = p_{st} + p_D$; $p_{st} = \varrho \cdot g \cdot H$

$p_{sv} - 0{,}5\ \text{bar} \geq p_e \leq 0{,}5 \cdot p_{sv}$

$V_v = 0{,}2 \cdot V_N$ bei $V_N \leq 15$ l

$= 0{,}005 \cdot V_A$ bei $V_N > 15$ l

jedoch mindestens 3 l

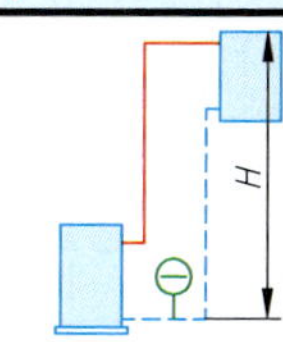

$$V_e = \frac{n \cdot V_A}{100}$$

Wasserausdehnung = *n* bei der maximal am Temperaturregler einstellbaren Vorlauftemperatur

$$V_n = (V_e + V_v) \cdot \frac{p_e + 1}{p_e - p_0};\ V_N \geq V_n$$

$$p_{a,min} = \frac{V_N(p_0 + 1)}{V_N - V_v} - 1 \text{ bei 10 °C}$$

$$p_{a,max} = \frac{p_e + 1}{1 + \frac{V_e(p_e + 1)}{V_N(p_0 + 1)}} - 1 \text{ bei 10 °C}$$

Bedingung: $p_{a,max} - p_{a,min} \geq 0{,}2$ bar (ggf. größeres MAG wählen)

$p_{a,min} < p_a \leq p_{a,max}$

489.5 Wasserausdehnung *n* bei verschiedenen Temperaturen

Max. Auslegungstemp.	°C	30	40	50	60	70	80	90	100	110	120	130	Befüllungstemperatur +10 °C
Wasserausdehnung	%	0,40	0,75	1,18	1,68	2,25	2,89	3,58	4,34	5,16	6,03	6,97	

490.1 Darstellung und Auswahlbeispiel eines Membran-Druckausdehnungsgefäßes (MAG)[1]

Anlageninhalt 730 l; Vorlauftemperatur 80 °C; statischer Druck 8 m; Enddruck 2,5 bar

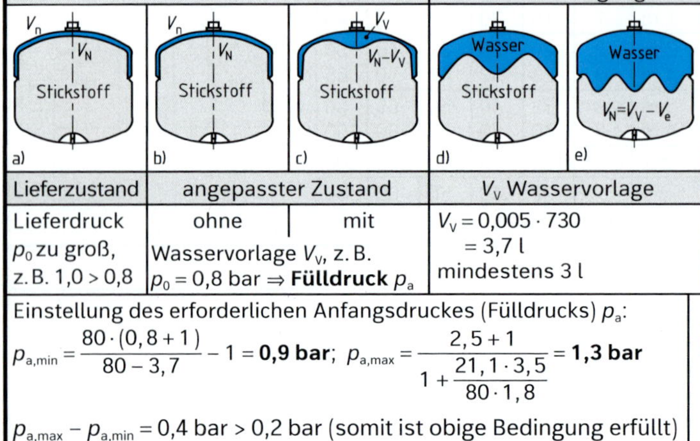

vor dem Aufheizvorgang a)	b)	c)	während d)	nach dem Aufheizvorgang e)	Ausdehnungsvolumen V_e	Rechnerisches Nennvolumen V_n
					$= \frac{V_A \cdot n}{100} = \frac{730 \cdot 2{,}89}{100} = \mathbf{21{,}4\ l}$	$= (V_e + V_V) \cdot \left(\frac{p_e + 1}{p_e - p_0}\right) = (21{,}1 + 3{,}7)\left(\frac{2{,}5+1}{2{,}5-0{,}8}\right) = \mathbf{51{,}1\ l}$
Lieferzustand	angepasster Zustand		V_V Wasservorlage		Indizes nach EN 12828 gewählt	
Lieferdruck p_0 zu groß, z.B. 1,0 > 0,8	ohne Wasservorlage V_V, z.B. $p_0 = 0{,}8$ bar ⇒ **Fülldruck** p_a	mit	$V_V = 0{,}005 \cdot 730 = 3{,}7$ l mindestens 3 l		$V_N = 80/1$ angepasst auf $p_0 = 0{,}8$ bar	

Einstellung des erforderlichen Anfangsdruckes (Fülldrucks) p_a:

$$p_{a,min} = \frac{80 \cdot (0{,}8 + 1)}{80 - 3{,}7} - 1 = \mathbf{0{,}9\ bar};\quad p_{a,max} = \frac{2{,}5 + 1}{1 + \frac{21{,}1 \cdot 3{,}5}{80 \cdot 1{,}8}} = \mathbf{1{,}3\ bar}$$

$p_{a,max} - p_{a,min} = 0{,}4$ bar > 0,2 bar (somit ist obige Bedingung erfüllt)

Tatsächliche Wasservorlage bei z.B.: $p_a = 1{,}1$ bar : $V_V = 80\left(1 - \frac{1{,}8}{2{,}1}\right) = \mathbf{11{,}4\ l} > 3{,}7$ l

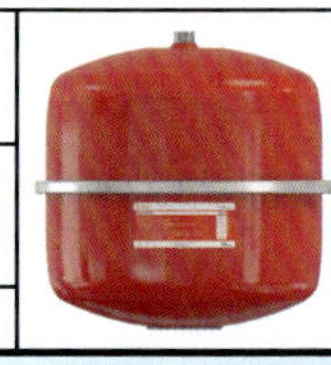

[1] Nach DIN 4807 (vgl. EN 12828), Druckhaltung ohne Hilfsenergie (bis ca. 150 kW); bei **Großanlagen** mit kompressor- oder pumpengesteuerter Fremddruckhaltung – wahlweise mit automatischer integrierter Nachspeisung und Entgasung (Leistungsbereich bis > 1 MW).

MAG – Auslegung für Trinkwassererwärmungsanlagen (s. 490.3)

490.2 Montagebeispiele von Membran-Druckausdehnungsgefäßen

490.3 Bestimmung des Nennvolumens V_N von MAG-W (Trinkwassererwärmung) DIN 4807-5

MAG-W in l			8		12		18		25	
Druckwerte		p_{SV}	6	10	6	10	6	10	6	10
		p_e	4,8	8	4,8	8	4,8	8	4,8	8,0
p_a	p_o		Trinkwassererwärmer V_{Sp} in l							
3,0	2,8		141	253	212	379	318	569	441	790
3,5	3,3		103	229	154	343	231	515	362	715
4,0	3,8		63	204	95	307	143	460	198	639
4,5	4,3		24	180	35	269	54	404	75	561
5,0	4,8		–	154	–	232	–	347	–	479
5,5	5,3		–	129	–	193	–	290	–	403
6,0	5,8		–	103	–	155	–	233	–	323

$$V_N = \frac{V_{sp} \cdot n/100}{\frac{p_e - p_o}{p_e + 1} - 1 + \frac{p_o + 1}{p_a + 1}}$$

Ansprechdruck SV: $p_{SV} = 6$ oder 10 bar

Arbeitsdruckdifferenz: $d_{pA} = 20\ \%$ von p_{SV}

Anlagendruck: $p_e = p_{SV} - d_{pA} = 4{,}8$ oder 8 bar nach Aufheizung

Vordruck am MAG-W: $p_o = p_a - 0{,}2$ bar

Kaltwasser: 10 °C, Warmwasser: 60 °C

Wasserausdehnung: $n = 1{,}67\ \%$ (bei 60 °C)

$$V_{sp} = \frac{V_N \cdot 100}{n} \cdot \left(\frac{p_e - p_o}{p_e + 1}\right) - 1 + \frac{p_o + 1}{p_a + 1}$$

491.1 Technische Daten von MAG für Heizungs-, Solar- und Kühlanlagen (Flamco)

Gesamtinhalt	2	4	8	12	18	25	35	50	80	110	140	200	300	425	600	110	140	200	300	425
Vordruck (bar)	2,5 bar															3,5 bar				
Betriebsüberdruck	6 bar															10 bar				
Bauhöhe (mm)	144	194	280	313	306	359	416	473	540	784	950	1224	1328	1176	1538	784	950	960	1330	1180
Durchmesser	216	216	245	286	328	358	396	437	519	484	484	484	600	790	790	484	484	600	600	790
Gewicht (kg)	1,7	2,1	3,2	4,5	5,7	7,3	8,8	11,2	15,0	23,8	25,3	38,1	56,9	76,4	92,9	41,0	44,6	49,3	73,7	105
Anschluss R	R ¾"								R 1"											

491.2 MAG für Solaranlagen

MAG-Nennvolumen $V_N = V_e + V_V + V_D + V_L$
Dampfvolumen (V_D) setzt sich zusammen aus Kollektorinhalt V_K und Dampfinhalt der Kollektoranschlussleitungen V_L
näherungsweise ist $V_D = 1{,}2 \cdot V_K$

Es gilt: $1{,}1 \cdot V_K \leq V_D \leq 1{,}4 \cdot V_K$

- Nach DIN EN 12976-1 muss Eigensicherung gewährleistet sein (ohne Nutzereinfluss)
- Frostschutz von (30) ... 40 % ausreichend
- Kenntnisse des Stillstandsverhaltens erford.
- Kriterien für Pumpe beachten (bes. Temp.)

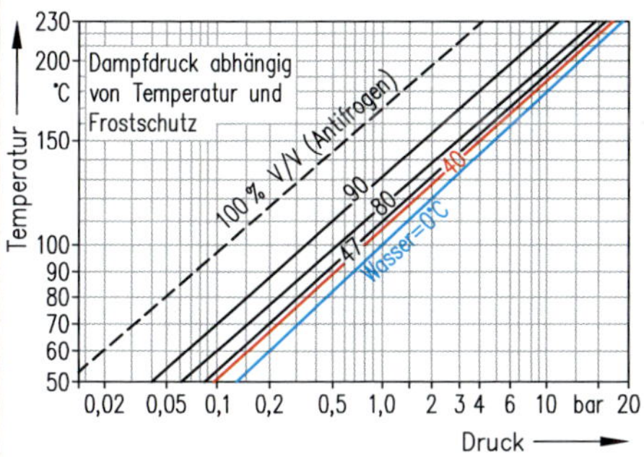

Physikalische Eigenschaften des jeweiligen Mediums sind zu beachten.

491.3 Automat: Druckhaltung, Entgasung, Nachspeisung

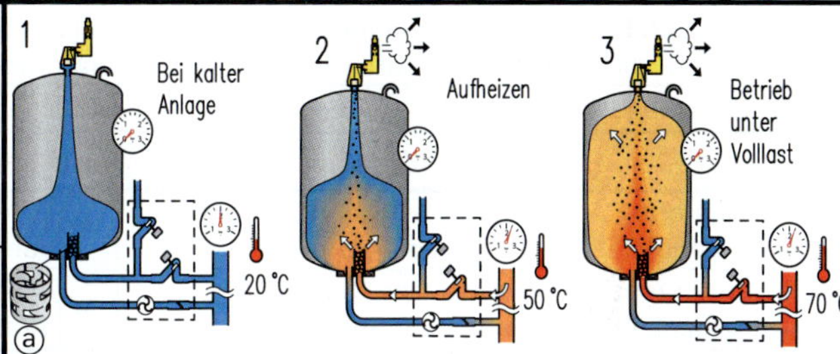

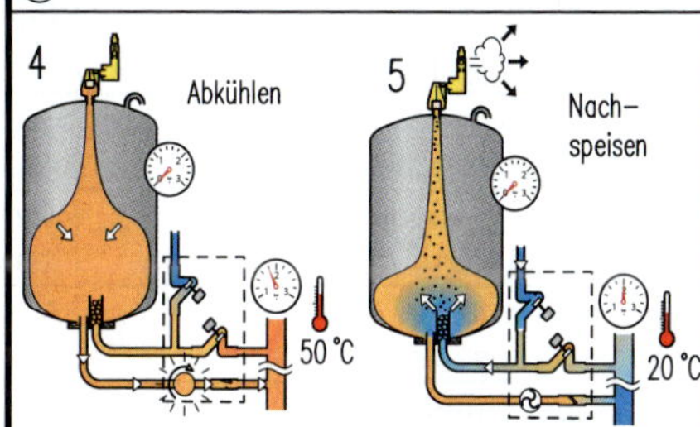

1 Automat mit geringem Wasserinhalt (Ruhezustand) a = Prallring (Luftabscheider); **2** Mit steigendem Druck Ventilöffnung, durch Umströmung der Ringe ⓐ und Druckabfall optimale Entgasung; **3** Nahezu konstanter Anlagendruck, indem mehr Wasser aufgenommen wird, höchster Füllstand im Gefäß bei max. Anlagentemp.; **4** Wasserstand und Druck nehmen ab, automatisch wird entgastes Wasser in die Anlage zurückgepumpt, Druck bleibt ≈ konstant; **5** kontrolliertes Nachspeisen von entgastem Wasser bei zu geringem Füllstand (Wasserverluste)

491.4 Luft in Heizungsanlagen (Lösungsvermögen, Ursachen, Störungen)

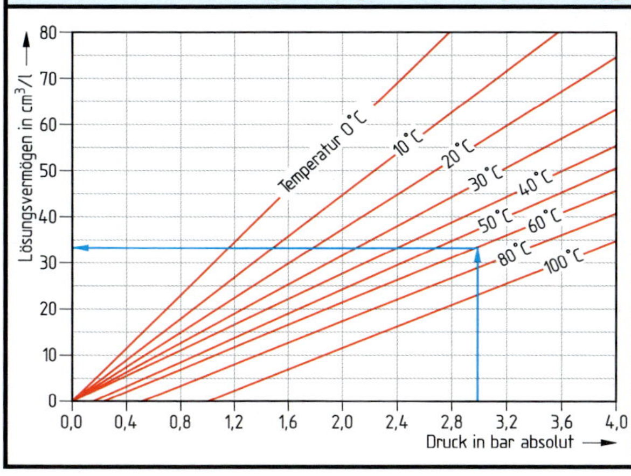

Mögliche Ursachen:

- Lufteintritt beim Füllen der Anlage
- im Wasser gebundene Luft wird frei, wenn Temperatur steigt oder der Druck fällt (vgl. Diagr. →)
- Eindringen von außen, wenn sich Unterdruck bildet (bei zu kleinem Ausdehnungsgefäß)
- Gasbildung durch faulende Schmutzteilchen (Reaktion mit dem Sauerstoff des Wassers)

Mögliche Betriebsstörungen:

- störende Geräusche („Mitreißen" von Luftblasen)
- Gefahr von Korrosionen im Innern der Anlage
- Leistungsminderung und Beschädigung der Pumpe
- Zirkulationsstörung („Abschneiden") von Heizkörpern
- Störungen bei der Wärmeübertragung

492.1 Entlüftungsmöglichkeiten bei Warmwasserheizungen (Auswahl)

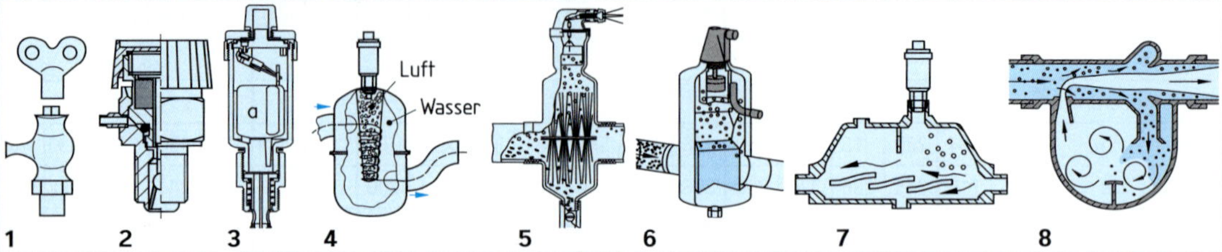

1 Ventil mit Steckschlüssel an Hkp. oder Luftltg.; **2** Autom. Hkp.-Ventil mit hygroskop. Scheiben; **3** Schwimmerlüfter (Ent- und Belüftung); **4** Zentrifugal-Luftabscheider in waagerechten Ltg.; **5** Absorptionsabscheider mit Schlammabscheider; **6** Luftabscheider (Fliehkraftprinzip), Anschlüsse tangential angeordnet, 1. Abscheider auf Lufttopf., 2. Entschlammungshahn, 3. Ablassstopfen (Verunreinigungen schwerer als Wasser); **7** Luftabscheider mit Prallplatten; **8** Injektorwirkung, Wirbelkammer (wahlweise mit Magnet (Flamco))

- Heizungsanlage ist wasserdicht, jedoch nicht immer luftdicht, was zu manchen Problemen führen kann!

492.2 Einteilungskriterien für Wärmeerzeuger und Feuerungen

1	Brennstoffe, Energiequelle	Öl, Gas, Festbrennstoffe, (Holz, Pellets), Solar, Umweltwärme	8	Rauchgasführung im WEZ	Dreizugprinzip, Teilstromprinzip-Flammenumkehr u. a. (s. 492.3)
2	Wärmeträger (Heizmedium)	Warmwasser, Heißwasser, Dampf, Luft, Sole	9	Montageart, Aufstellung	bodenstehend, Wandmontage, Keller, Wohnung, Dachgeschoss
3	Art der Energienutzung	Heizwert, Brennwert (int./ext.) Einbeziehung erneuerbarer En.	10	Temperatur, Druck (Netz)	Wahl der Vorlauftemperatur z. B. 90 °C, 75 °C, ≤ 50 °C (NT)
4	Konstruktion, Zubehörteile	Material (Guss, Stahl, Alu u. a.), Heizfläche, Regelung, Form	11	Druck im Feuerraum	Naturzugkessel, Überdruckfeuerungen (Brennerdruck)
5	Art der Abgasführung	Schornstein, Abgasleitungen, (Art der Zuluftzuführung)	12	Kesselgröße (Leistung)	Kleinkessel, Großkessel, Mehrkesselanlagen, BHKW
6	Einbindung Trinkwasser	Speichersysteme, Anordnung, Solarnutzung, Kombinationen	13	Anzahl der Energien	z. B. in Verbindung von Solar, Wärmepumpe, Holz (bivalent)
7	Betriebsweise Regelung	stufenlos, stufenweise, modulierend ⇒ Regelung	14	besondere Anforderungen	hydraul. Einbindung, Energienutzung, Umwelt, Fördermaßn. u. a.

492.3 Beispiele der Heizgasführung in Wärmeerzeugern

Dreizugprinzip	Teilstromprinzip	Dreizugprinzip komb. mit b)	Flammen-umkehrprinzip	Flammen-umstülpprinzip	Sturzprinzip
a)	b)	c)	d)	e)	f)

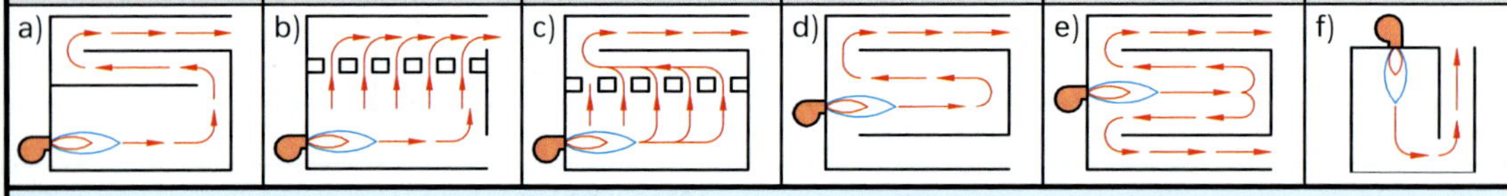

492.4 Wasser-Taupunkttemperatur der Abgase bei Verbrennung – Säuretaupunkt bei Heizöl EL

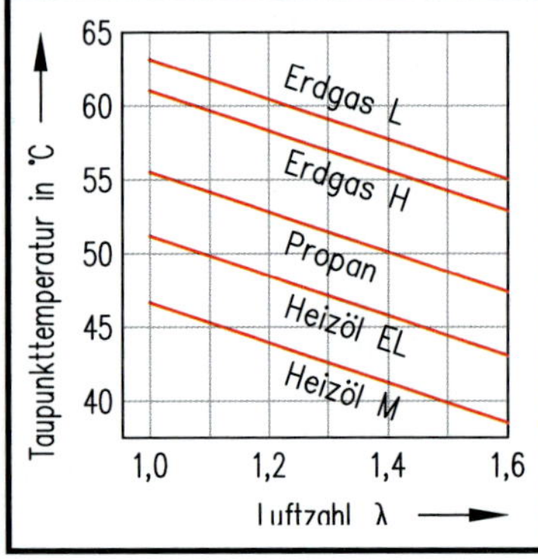

- Wasserdampf der Abgase besteht aus:
  - Verbrennungsprodukt des im Brennstoff enthaltenen Wasserstoffes
  - Wassergehalt des jeweiligen Brennstoffes
  - Flüssigkeit der Luft
- Je höher der Luftüberschuss desto niedriger die Taupunkttemperatur (Wasserdampfverdünn.)

Wasserdampf im Abgas g/Nm³, 0 °C	20	40	60	80	100	120	140
Taupkt.temp. °C	20	32	40	46	50	54	55

Säuretaupunkttemperatur ϑ_{STP} = Kondensationstemperatur des Gemischs H_2O-SO_3 (abhängig vom Schwefelgehalt und SO_3, aus dem Schwefelsäure H_2SO_4 entsteht, das den Taupunkt heraufsetzt).

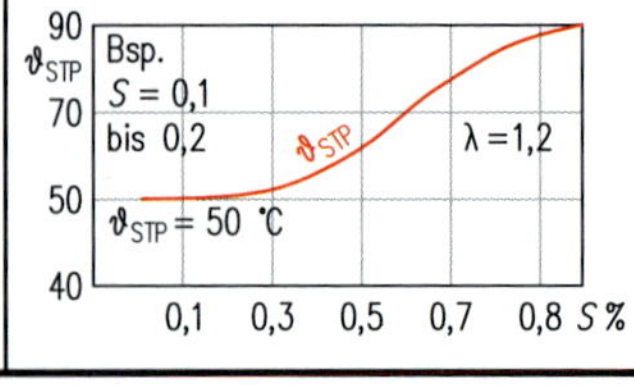

493.1 Leistungsanteil von Heizkesseln

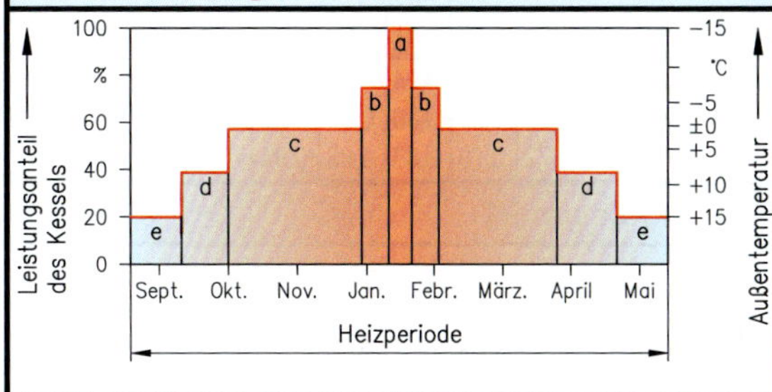

- Bei der Kesselauslegung geht man vom Volllastfall aus (a), i. d. R. nicht erreichbar; grundlegend ist $\dot{Q}_{N,\,Geb}$
- Die Jahresheizarbeit (Belastung) kann als Kurve dargestellt werden (s. 493.2, 494.2)

493.2 Anteil der Jahresheizarbeit

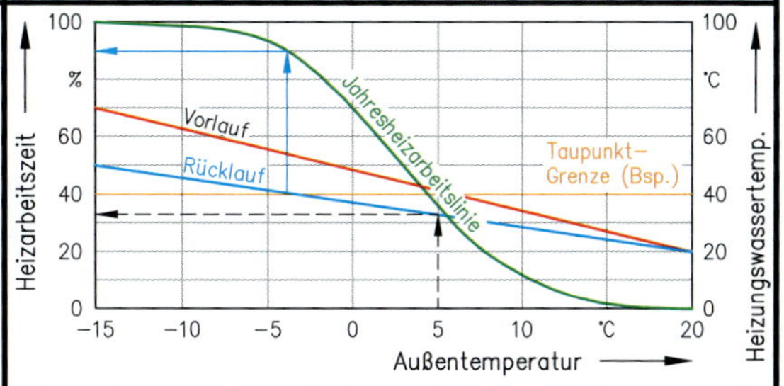

Bsp.: Auslegung 70/50 ° (Lösung eingetragen): Bei $\vartheta_a = -4$ °C liegen 90 % der Jahresarbeitszeit im kondensierenden Betrieb (bei $\vartheta_a = +5$ °C nur ≈ 32 %) Brennwertnutzung durch Kondensation (s. 501.2)

493.3 Darstellung der Verluste und Wärmenutzung bei verschiedenen Wärmeerzeugern

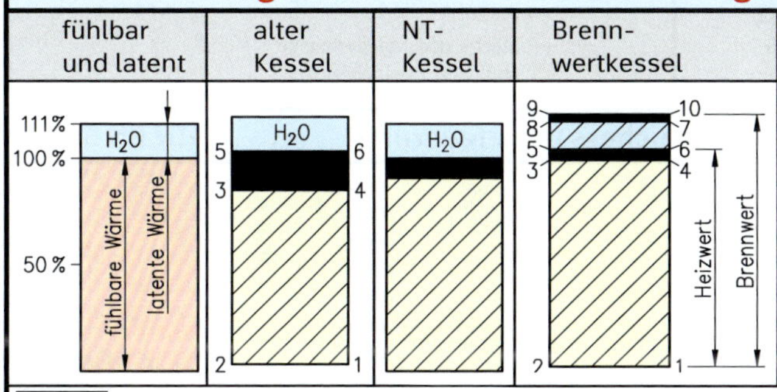

1	– 2	– 3	– 4	nutzbare fühlbare Wärme
1	– 2	– 5	– 6	theoretisch maximal erreichbare fühlbare Wärme (≙ H_i)
3	– 4	– 6	– 5	Abgas- und Auskühlverluste
5	– 6	– 10	– 9	max. erreichbare Kond.wärme
5	– 6	– 7	– 8	desgl. bei Teilkondensation
7	– 8	– 9	– 10	ungenutzte Kond.wärme
1	– 2	– 9	– 10	theoretisch maximal erreichbare Gesamtwärme (≙ H_s)

Verbesserung des Nutzungsgrades durch Brennwertnutzung (s. 505.5)

■ Abgas-, Strahlungs-, Bereitschaftsverluste und ungenutzte Kondensationswärme
▨ momentan erreichbare Nutzwärme (wird auf Heizwert H_i bezogen) (s. 505.5)

493.4 Wirkungsgrade und Nutzungsgrade bei Wärmeerzeugern

Wirkungsgrad (allg.)	Verhältnis von abgegebener Leistung zur zugeführten (Feuerungsleist., Belastung)
Feuerungstechn. W.	stellt den Abgasverlust in Form eines Wirkungsgrades dar
Kesselwirkungsgrad	Verhältnis von abgeg. Wärmeerz.leistung zur momentanen Feuerungsleistung
Nutzungsgrad	Verhältnis von abgegebener Wärme und Feuerungswärme (definierter Zeitraum)
Jahresnutzungsgrad	Nutzungsgrad auf den Zeitraum von einem Jahr bezogen (s. 501.1)
Norm-Nutzungsgrad	ermittelt auf Prüfstand unter Berücksichtigung des Teillastverhaltens

493.5 Nutzungsgradverlauf

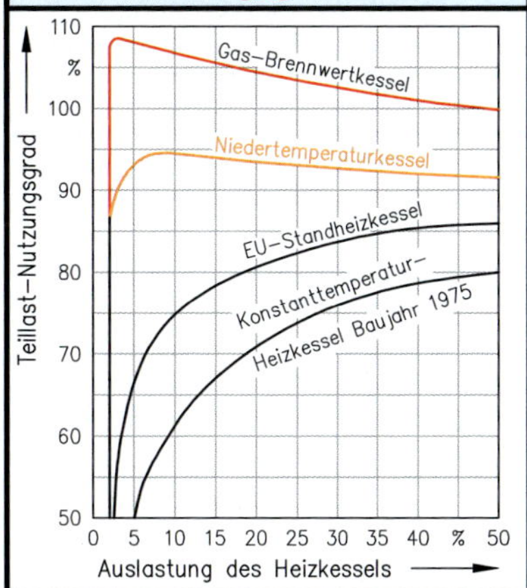

493.6 Heizkurven (Vorlauftemperaturregelung $\vartheta_V = f(\vartheta_a)$)

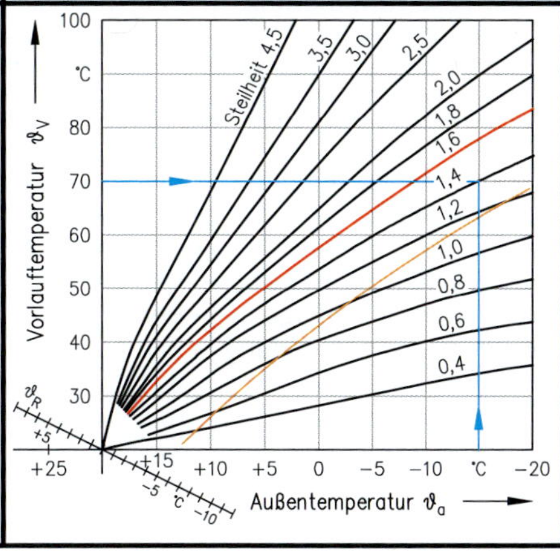

Heizkurve = Verhältnis von Vorlauftemperatur zur Außentemperatur (Steilheit)

$$\text{Steilheit} = \frac{\Delta\vartheta_{Vorlauf}}{\Delta\vartheta_{Außentemp.}}$$

Bsp.: $\frac{70 - 20}{20 - (-)15} = \mathbf{1{,}4}$

= Kennzahl der Heizkurve (Idealfall)

Niveauverstellung:
Parallelverschiebung einer Heizkurve nach oben, wenn ein Gebäude höher, oder nach unten, wenn es tiefer beheizt werden soll

494.1 Heizkreisbelastung φ_{HK} bei verschieden herrschenden Außentemperaturen ϑ'_a

bei ϑ'_a	°C	15	14	12	10	8	6	4	2	±0	−2	−4	−6	−8	−10	−12	−14	−16	Belastungsfaktor:
bei ϑ_i = 20 °C	−12	0,16	0,19	0,25	0,31	0,37	0,44	0,50	0,56	0,62	0,69	0,75	0,81	0,87	0,94	**1,0**	1,06	1,12	$\varphi = \frac{\vartheta_i - \vartheta'_a}{\vartheta_i - \vartheta_a}$
u. Auslegung	−14	0,15	0,18	0,23	0,29	0,35	0,41	0,47	0,53	0,59	0,65	0,71	0,76	0,82	0,88	0,94	**1,0**	1,06	
$\vartheta_a \rightarrow$	−16	0,14	0,17	0,22	0,28	0,33	0,39	0,44	0,50	0,56	0,61	0,67	0,72	0,78	0,83	0,89	0,94	**1,0**	

494.2 Heizkesselauslastungsstufen

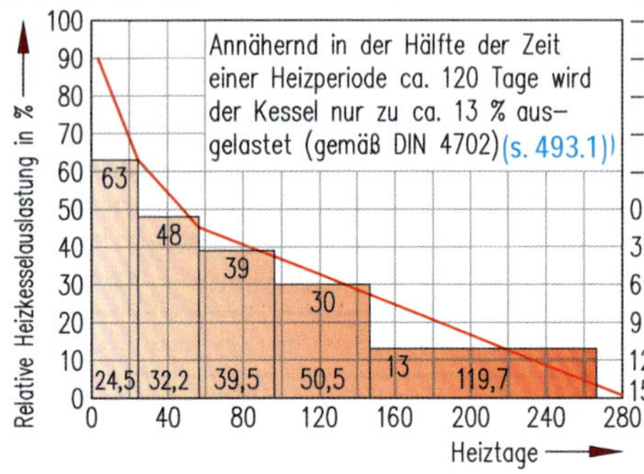

494.3 Emissionsbelastung

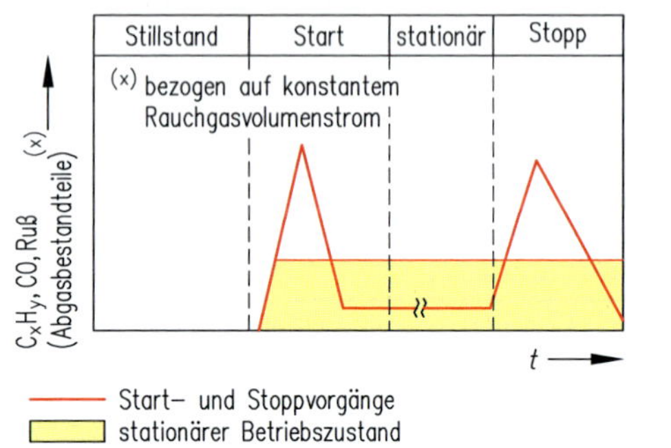

494.4 Bemessung eines Heizwasser-Pufferspeichers (Holzfeuerung) DIN EN 303-5

$\dot{V}_{Sp} = 15 \cdot T_B \cdot \dot{Q}_N (1 - 0{,}3 \cdot \dot{Q}_H / \dot{Q}_{min})$ in l

nur gültig, wenn $\dot{Q}_{min} \geq \dot{Q}_N$

T_B Abbrandzeit einer Füllung bei $\dot{Q}_N$

Buche	voll	5,5 h[1]	[1] Anhaltswert (abhängig
Fichte	ge-	4 h	von Stückgröße, Was-
Holzbriketts	füllt	13 h	sergehalt, Feuerung)

$\dot{Q}_N$ Nennwärmeleistung des Kessels in kW

$\dot{Q}_H$ Errechnete Heizlast (s. 454.2)

$\dot{Q}_{min}$ kleinste Wärmeleistung des Kessels

Beispiel: Kesselleistung 13–26 kW

$\dot{Q}_{N\,Geb}$ 19 kW; Buchenholz (≈ 20 % Wassergehalt)

$\dot{V}_{Sp} = 15 \cdot 5{,}5 \cdot 26\,(1 - 0{,}3 \cdot 19/13) =$ **1200 l**

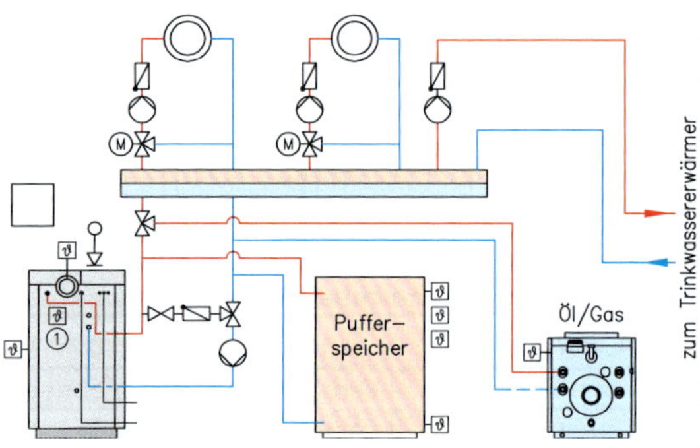

Faustwert: $V_{Puffer} \approx V_{Füllschacht} \cdot$ 7...10 (Weichholz) bzw. 12...15 (Hartholz)

- **Pufferspeicher** (Herzstück einer effizienten Anlage) = Wasserspeicher, der Wärme puffert
- **Prinzip:** Aufnahme überschüssiger Wärme, die später je nach Bedarf wieder abgegeben wird
- **Einsatz:** Heizungs- (spez. mit Feststofffeuerung), IWE-, Solar-, Wärmepumpen-, BHKW-Anlagen
- **Vorteile:** Kombination mit verschiedenen Wärmeerzeugern (Hybridsysteme); Energieeinsparung (15–30 %), Reduzierung von Brennerstarts (Umwelt)
- **Anforderungen:** Schichtenspeicherung, opt. Regelung, ausreichender Inhalt; Wärmedämmung
- **Vielzahl** von P-Speicher (z. T. mit 1 oder 2 Wärmet.)

494.5 Angaben zur Ausführung von Heizräumen (bei Feuerstätten über 50 kW Gesamtleistung)[1]

- gute Bedienungs- und Wartungsmöglichkeit
- nichtbrennbare Stoffe für Wände, Decke, Fußboden
- lichte Höhe mind. 2 m; Raumgröße mind. 8 m³
- mind. 1 Fenster ins Freie (mind. 1/12 Grundfläche)
- feuerhemmende, selbstschließende Tür, die in Fluchtrichtung nach außerhalb des Raumes aufschlägt
- Zuluft z. B. durch Schächte aus dem Freien; Mündung ≤ 50 cm über Fußboden; Querschnitt (s. 495.1)
- Abluftschacht mind. 180 cm² (FeuVO) Anordnung unter der Decke, Abführung über Dach (Öl, Festbrennstoffe); bei Gasfeuerung s. TRGI; Abluftschächte nur mit gleich bleibendem Querschnitt
- bei $\dot{Q}_{ges}$ > 350 kW sind 2 Ausgänge erforderlich, einer nach außen (z. B. Fenster mit Steigeisen)
- Beleuchtung durch Tageslicht oder elektrisch
- Notschalter für Öl- oder Gasfeuerung außerhalb des Heizraumes (Kontrolllampe zeigt Betrieb)
- Bodenablauf mit Ölabscheider oder Ölsperre
- Zapfstelle zum Füllen mit Rückflussverhinderer
- Zwischenräume bei Mauerdurchführung gasdicht und mit nichtbrennbaren Stoffen gefüllt

[1] Anhaltswerte; entscheidend sind die Feuerungsverordnung der Landesbauordnung der Länder. Ausführliche Angaben: VDI 2050

495.1 Verbrennungsluftleitungen für Heizräume (zugeführte Außenluft)

Querschnittsbemessung (150 cm² bis 50 kW)

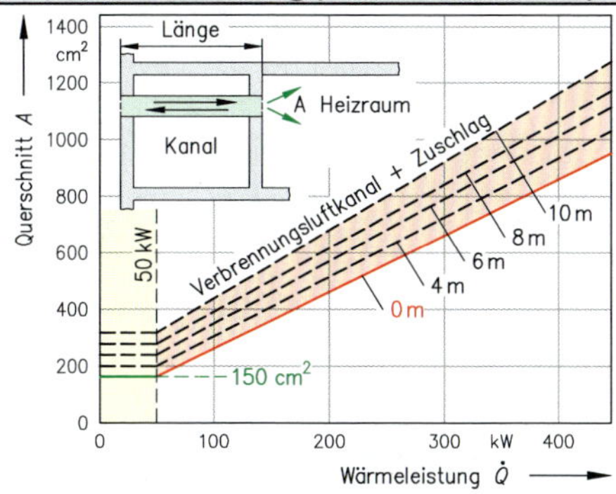

Mindestquerschnitt für Zuluftöffnungen in Heizräumen > 50 kW (300 cm² bis 50 kW)*)

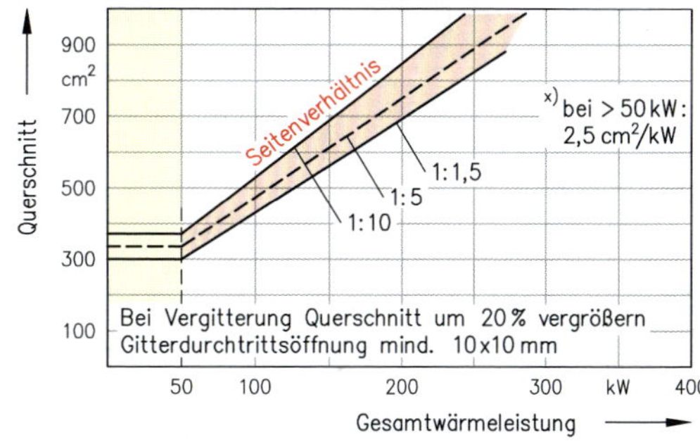

495.2 Abluftquerschnitt bei Heizräumen — VDI 2050 Bl. 1

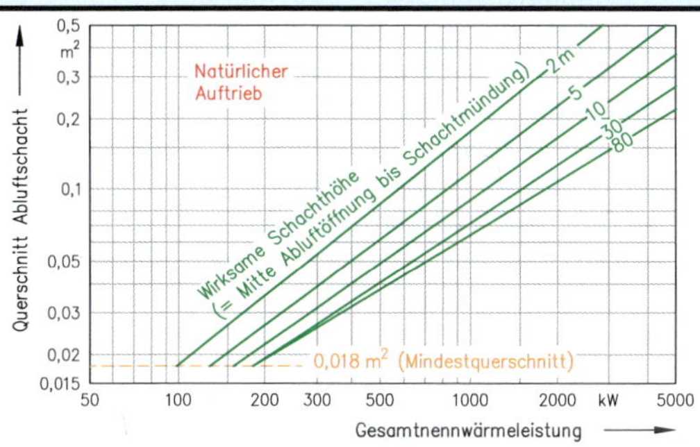

Anmerkungen

- gerade Schächte mit Rechteckquerschnitt: längere Seite ≤ 1,5-Fache der kürzeren
- bei einem erforderlichen Winkel (≤ 30°), muss Querschnitt 5 % größer sein
- Diagr. gültig, wenn Verbrennungsluft (Vol.strom > 0,5 m³/h je kW) aus Heizraum; bei Zuführung aus dem Freien, muss dies mit $1{,}5 \cdot \dot{Q}$ berücksichtigt werden
- Abluftschacht darf nicht mit anderen Lüftungsleitungen verbunden sein
- weitere Bedingungen: unabsperrbar, keine Übertragung von Feuer und Rauch

495.3 Einteilung von Abgassystemen für Feuerstätten – Anforderungen

Schornsteine | Abgasltg. (Rohre) | Luft-Abgassysteme | Verbindungsstücke | Sonderformen

Welche Brennstoffarten kommen zum Einsatz? Abgastemperatur? | Altbau oder Sanierung?

Welche Druckverhältnisse sind einzuhalten (Über- oder Unterdruck)? | Mehrfachbelegung?

Anforderungen	1	Brandsicherheit	3	Rauchgassicherheit	5	Wärmedämmeigenschaft	7	Brennstoffabhängigkeit
	2	Standsicherheit	4	Säurebeständigkeit	6	Feuchteunempfindlichkeit		

495.4 Druck- und Temperaturangaben bei einer Abgasanlage (Schornstein) – Begriffe

Unterdrucksystem:

$p_Z > p_{Ze}$

$p_Z = p_H - p_R$

$p_{Ze} = p_L + p_W + p_{FV}$

$\vartheta_{iob} > \vartheta_{TP}$ herkömmliche Schornsteine

$\vartheta_{iob} > 0$ feuchtigkeitsunempfindliche Schornsteine, Abgasleitungen

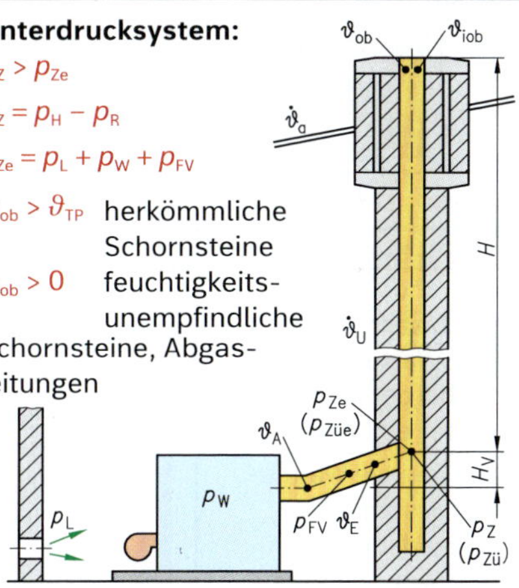

Symbol	Begriff
H	wirksame Schornsteinhöhe
H_V	wirksame Höhe des Verbindungsstückes
p_{FV}	notwendiger Förderdruck für Verbindungsstück
p_H	Ruhedruck des Schornsteins $= h \cdot g \cdot (\varrho_L - \varrho_R)$
p_L	notwendiger Förderdruck für die Zuluft
p_R	Widerstandsdruck im Schornstein
p_W	notwendiger Förderdruck für Wärmeerzeuger
p_Z	Unterdruck (negativer Überdruck) an der Abgaseinführung in den Schornstein bzw.
$p_{Zü}$	Überdruck an der Abgaseinführung ($\leq p_{Züe}$)
p_{Ze}	notwendiger Unterdruck an Abgaseinführung
$p_{Züe}$	max. nutzbarer Überdruck ($= p_W - p_L - p_{FV}$)
ϑ_{ob}	Abgastemperatur an der Schornsteinmündung
ϑ_{iob}	Innenwandtemperatur an Schornsteinmündung
ϑ_{Tp}	Wasserdampftaupunkttemperatur
ϑ_A	Abgastemperatur (ϑ_E desgl. an Schornsteinmündung)
ϑ_u	Temperatur der Umgebungsluft im Gebäude
ϑ_a	Temperatur der Außenluft

496.1 Druckverhältnisse und Temperaturverlauf bei Abgasanlagen

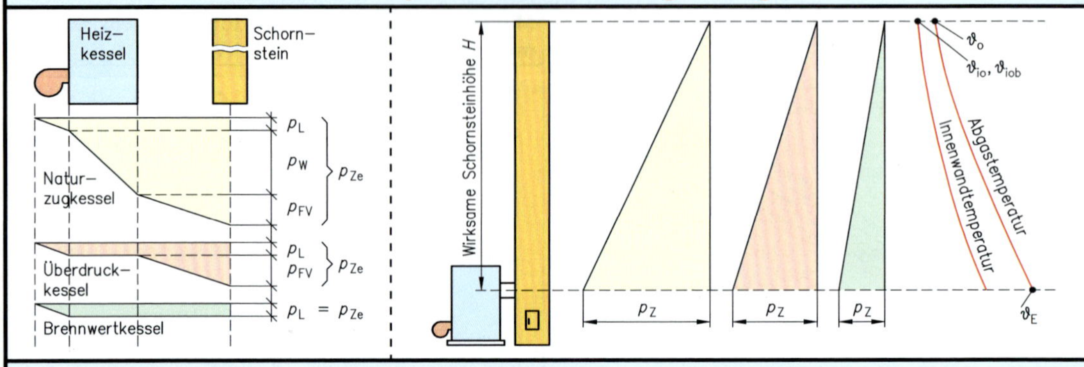

496.2 Entwicklung der Schornsteinbauarten

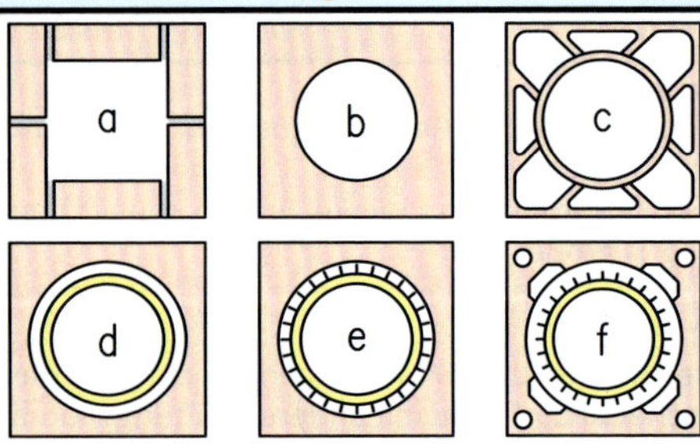

a einschalig, gemauert, seit etwa 1900, für heutige Feuerstätten völlig ungeeignet; **b** einschalig, vollwandig seit etwa 1930, einfache Montage, sonst wie a); **c** einschaliger Fertigschornstein mit Zellen, kurz nach 1930, weniger Material und geringeres Gewicht, etwas bessere Wärmedämmung durch Hohlräume; **d** zweischalig, ab etwa 1950, bewegliches Innnenrohr, geringere Reibungsverluste, säurebeständig, bessere Standsicherheit; **e** dreischaliger Isolierschornstein, seit etwa 1960, innenliegender Kern mit Wärmedämmung umgeben, geringere Abgastemperaturen; **f** feuchteunempfindlicher Luft-Abgasschornstein, universeller Einsatz, ab etwa 1970 (Marktanteil 70–80 %), dünnwandiges Keramikinnenrohr, Ringspalt für Verbrennungsluftzufuhr (s. 496.3)

496.3 Ein- und mehrzügige Schornsteinsysteme (Isolierschornsteine)

a	b	c	d	e	f

Isolierschornstein (Schiedel)

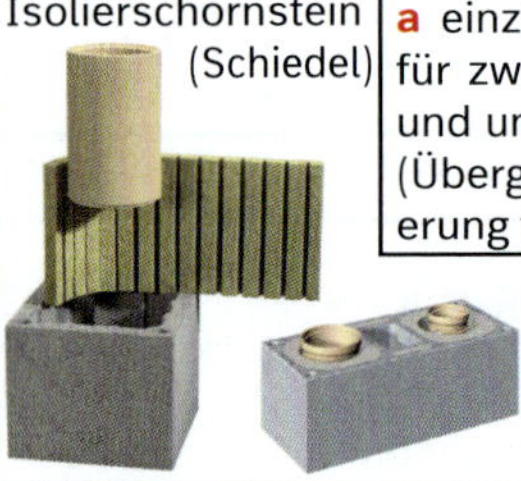

a einzügig, **b** desgl. mit Schacht für Lüftung oder Installationsleitungen, **c** zweizügig für zwei Wärmeerzeuger, **d** desgl. jedoch mit Lüftungs-/Installationszug, **e** kombiniert und unabhängig von Brennstoffart, d. h. z. B. neben Heizkesselbetrieb eines Kaminofens (Übergangszeit), **f** desgl. mit Lüftungs-/Installationsschacht oder bei Festbrennstofffeuerung für Verbrennungsluftzufuhr (LAS-Schornstein)

1 Festbrennstoffe
2 Thermo-Lüftung (evtl. Versorg.ltg)
3 Zentralheizung

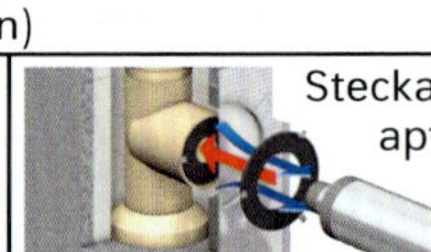

Steckadapter

Querschnittbemessung Abgastemp. (s. 494.1)

496.4 Schornsteinsanierung – Querschnittsminderung – Einsatzrohre

Anforderungen an Schornstein/Schacht bzw. Einsatzrohr (Edelstahl, Kunststoff, Keramik, Alu)

- Schornsteinabmessung: 20 cm > Rohr-⌀
- überschlägige Bemessung (s. 499.1)
- glatte Rohrfläche, schnelle Erwärmung
- Sch. bzw. Schacht: Feuerwiderstandsdauer 90 min, bei geringer Sch.Höhe 30 min
- Zentrierung durch Abstandshalter
- flexible Rohre bei geschweiften Sch.
- einfache Montage und Wartung
- besond. Vorkehrungen bei der Mündung
- Schornsteinfegermeister einbeziehen

Begründung der Sanierung: Zu großer Sch.querschnitt (Altbau) und sehr geringe Wärmeleistung ⇒ geringer Abgasmassenstrom ⇒ geringe Abgasgeschwindigkeit ⇒ starke Abgasabkühlung (lange Verweilzeit) ⇒ geringe Temp. der Schornsteininnenwand (bes. oben) ⇒ Gefahr von Feuchteniederschlag ⇒ Korrosion (aggresive Bestandsteile) ⇒ Sch. Zerstörung

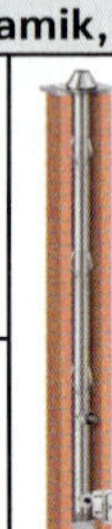

Edelstahleinsatzrohr

497.1 Wärmedurchlasswiderstandsgruppen (WDG) von Schornsteinen; niedr. zuläss. Abgastemp.

WDG	I	II	III	IV	Aufgrund der heutigen Anforderungen (s. 495.3) hat i. d. R. nur noch Gruppe I Bedeutung
Wärmedurchlasswiderstand [$(m^2 \cdot K)/W$]	mind. 0,65	0,22-0,64	0,12-0,21	< 0,12	

497.2 Klassifizierung bzw. Leistungsgrößen von Abgasanlagen — DIN 18160-1

Abgasanlage DIN 18160-1 – **Bsp.** T400 N2 G D 3 TR65 L90 C50

Klasse	Beispiel	Erläuterung
Temperaturklasse	T400	zul. Abgastemp.
Druckklasse	N2	(s. 497.3)
Rußbrandbeständigkeitsklasse	G	(s. 497.3)
Kondensatbeständigkeitsklasse	D	Betrieb: D trocken W feucht
Korrosionswiderstandsklasse	3	1 Gas, 2 Öl + Gas, 3 Öl, Gas + Festst.
Wärmedurchlasswiderstandsklasse	TR65	0,065 $m^2 \cdot K/W$
Feuerwiderstandsklasse	L90	L Leitung, Widerstandsklasse in min
Abstandsklasse[1]	C50	Abstand in mm von brennbaren Baustoffen

Kennzeichnungsklassen z. B. für Montageschornsteine, Produktmerkmale für Formstücke sowie Innen- und Außenschalen, Systemschornsteine, System-Abgasleitungen, Bauprodukte für Luft-Abgas-Systeme und Verbindungsstücke

[1] Die Abstände von Abgasleitungen oder von Schächten für Abgasleitungen zu brennbaren Bauteilen hängen vorwiegend von der Feuerwiderstandsklasse (Leitung und Schacht) und Temperaturklasse ab.

497.3 Druck- und Rußbeständigkeitsklassen — DIN 18160-1

Druckklasse	N1[1]	N2[1]	P1[1]	P2[2]	H1[1]	H2[2]
Leckrate ($l \cdot s^{-1} \cdot m^2$)	2,0	3,0	0,006	0,12	0,006	0,12
Prüfdruck (Pa)	40	20	200	200	5000	5000
Betriebsweise	*U*	*U*	*Ü/U*	*Ü/U*	*Ü/U*	*Ü/U*
bei Überdruck *Ü* →			max. 200 Pa		5000 Pa	

Klasse	Bauprodukte Montage	Bauprodukte System	Abgasanlage
G	–	rb	rb
S	rb	–	–
O	n rb	n rb	n rb

rb: rußbeständig
nrb: nicht rußbeständig

[1] Im Gebäude oder im Freien. [2] Im Freien (bei Unterdruck *U* auch im Gebäude).

497.4 Edelstahlschornsteinsystem mit keramischem Profilinnenrohr – Merkmale

• Elementbauweise • für Öl-, Gas- und Festbrennstoffe • 32,5 mm starke Mineralfaser-Dämmschicht • Abgastemperatur bis 400 °C • Betriebsweise trocken oder feucht • Boden- oder Wandmontage • Unterdruckbetrieb • feuchteunempfindlich und rußbeständig • lichter ⌀ 140–200 mm (4 Baugrößen) • Anlagenhöhe 4,5–30 m, 1 – 4 zwischen Wandhalterungen • keramische Muffenverbindung • kurze Bauzeit • wenig Platz

497.5 Mehrschalige Abgasanlage (A)-Zubehör

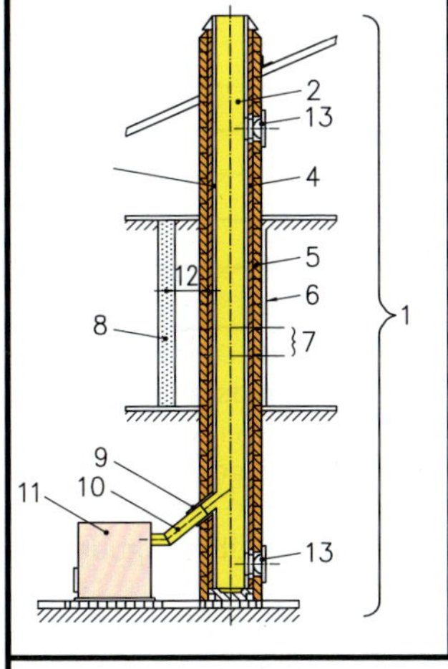

1 senkrechter Teil
2 Abgasweg (Zug)
3 Innenrohr
4 Wärmedämmung
5 Außenschale
6 nicht brennbare Ummant./Verkl.
7 Abschnitt der A
8 angrenz. brennbare Bauteile
9 Formstück der A
10 Verbindungsstück
11 Feuerstätte
12 Abstand zu 8
13 Reinigungs- und Inspektionsöffnung

497.6 Systemabgasanlage (SA)

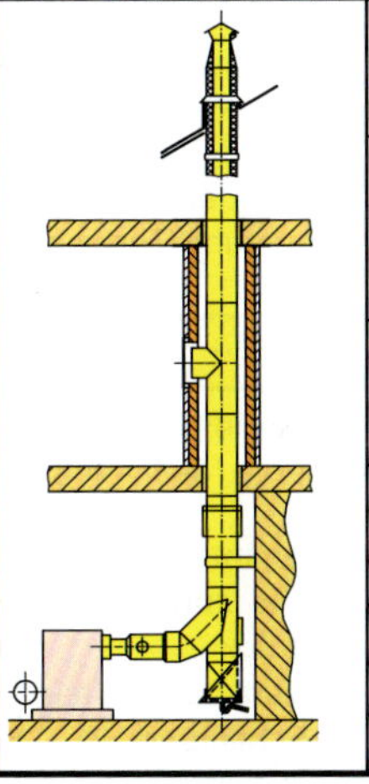

	Abgasanlage in einem Schacht aus vollwandigen Formstücken
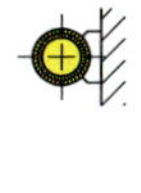	im Gebäude befindlicher oder außen angebaute Abgasanlage ohne Ummantelung
	Abgasanlage aus Formstücken mit Luftkammern
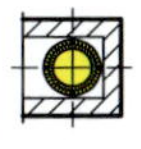	Abgasanlage mit Schacht oder Ummantelung als Teil des Gebäudes
	Abgasanlage mit vom Gebäude unabhängiger Ummantelung

Empfohlene Maße für die Lage der Mündungen von Abgasanlagen nach DIN EN 15287

498.1 Nebenluftvorrichtung/Zugbegrenzer — DIN 4795

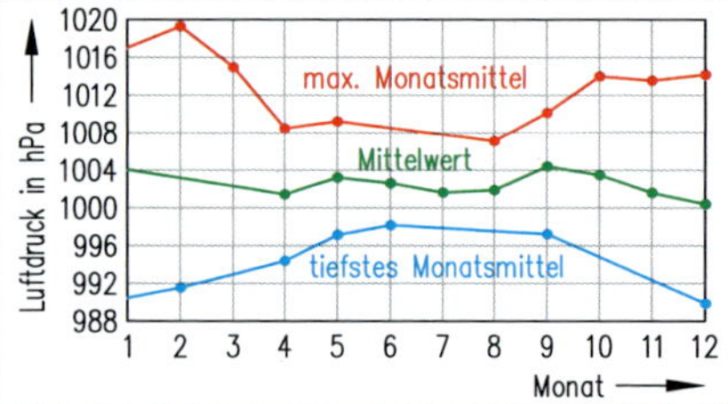

Zugregler ermöglichen gleichbleibende Druckbedingungen in der Abgasstrecke und erhöhen so den feuerungstechnischen Wirkungsgrad einer Feuerstätte → Energieeinsparung

Schwankender Luftdruck s. Abb. (Beispiel) abhängig von Ort, Lage, Tageszeit, Wettereinflüsse, Jahreszeit (Sommer/Winter)

bei etwa + 15 °C und hohem Luftdruck → guter Schornsteinzug	bei tiefer Temperatur und geringem Luftdruck zu starker Schornsteinzug	unabhängig von Luftdruck und Temp. mit Zugregler

498.2 Bauteile eines Zugbegrenzers (KW)

DIN 4795

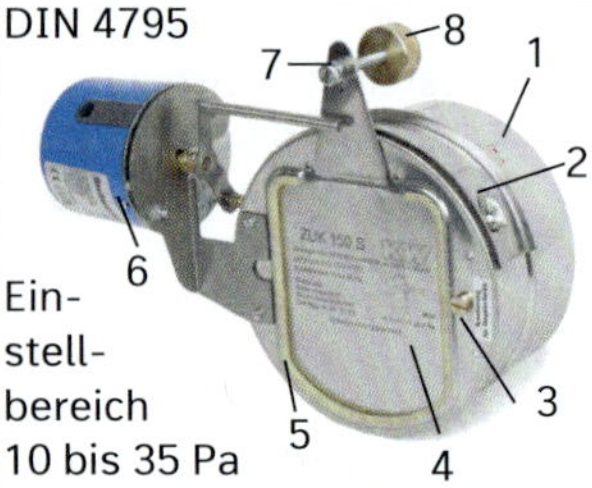

Einstellbereich 10 bis 35 Pa

1 Gehäuse
2 Überdruckklappe
3 Arretierschraube
4 Regelscheibe
5 Spezialdichtung
6 Motorsteuerung (für Regelscheibe)
7 Messerlager (Reg.)
8 Stellgewicht

498.3 Vorteile/Merkmale von Zugbegrenzern

- Nach Einbau ruhiger Abbrand, geringe Emission
- Gleichmäßige Unterdruckbedingungen mit mechanischen und motorischen Bauteilen
- Nach Vorliegen opt. Betriebsbedingungen (auch bezügl. Schornsteintrockn.), Mindestzugbedarf
- Bei atmosph. Gasfeuerstätten oder Heizkesseln mit geringer Leistung reicht Zugbedarf von 10 Pa aus (bei Großanlagen jedoch bis ca. 30 Pa)
- Verschließbar in den Stillstandszeiten

498.4 Anordnung des Zugbegrenzers

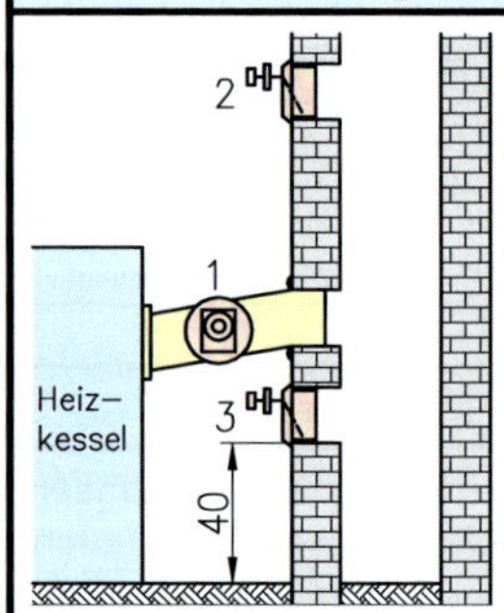

Einbaumöglichkeiten:

1. im Abgasstutzen (Verbindungsstück) gute Zugbegrenzung
2. über Verbindungsstück (etwa 30 cm unter Decke) gute Austrocknung des Schornsteins
3. unterhalb Verbindungsstück (bei Feststofffeuerungen)

498.5 Abgasklappen (Kutzner + Weber)

Abgasklappen verhindern das Abströmen warmer Raumluft über Wärmeerzeuger bzw. Schornstein.

a) Thermische Abgasklappe

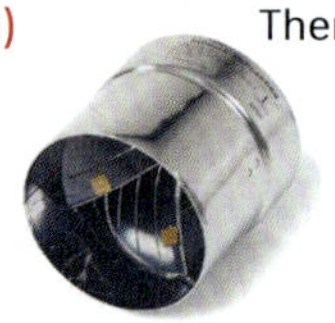

b) Motorische Abgasklappe

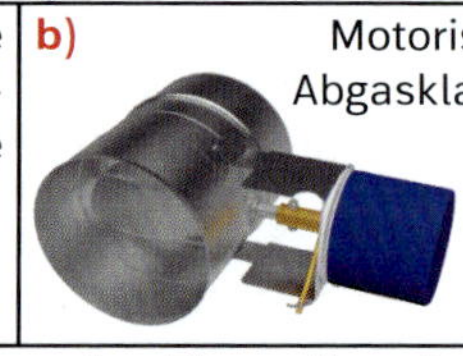

a) Klappenbetätigung über eine Bimetallmechanik, sobald heißem Luftstrom ausgesetzt. **b)** Wesentlich mehr Einsatzmöglichkeiten (s. 498.6)

498.6 Motorische Abgasklappen – Wirkungsweise und Einsatzbereiche

- Einsatzunabhängig von Abgastemp., Einbaulage und Einbauort ⇒ Erhöhung von Energieeinsparmöglichkeiten
- Bei allen Brennstoffarten einsetzbar und durch die verschiedenen Materialien und Motorvarianten Abdeckung aller Anwendungsgebiete (z. B. als Bypass- oder Zuluftklappe)
- Verschiedene Variationen, wie z. B. manuelle Steuerung über Netzschalter, temp.abhängige Steuerung (Thermostat)
- Einfluss auf die Verbrennungsqualität

Anwendungen	motorisch	thermisch
Atmosph. Gasfeuerstätten	×	×
Kessel m. Gasgebläsebrenner	×	
Festbrennstofffeuerungen	×	
Biomassekessel	×	
Kachelöfen, Kaminöfen	×	
Gaseinzelofen		×
Feuerstätten an LAS	×	

498.7 Anforderungen an Verbindungsstücke („Abgasstutzen")

- geringer Druckverlust: Gestreckte Länge max. ein Viertel der wirksamen Schornsteinhöhe, max. Länge 7 m, strömungsgünstiger Bogen
- kurz ansteigend zum Sch. Falls Kondensatanfall, korrosionsbeständiges Material, Gefälle zum Kessel (≈ 3 %) oder Ablauf am Verbindungsstück
- Bei offenen Kaminen ca. 45° steigend zum Schornstein
- keine Verlegung in Wänden, Decken, Schächten
- Anordnung und Maße der Reinigungsöffnungen beachten; maximaler Abstand ca. 2 m
- Brandschutzanforderungen beim Durchführen in Wänden beachten (Feuerwiderstandsfähigkeit)
- Abstand von brennbaren Bauteilen: bei Festbrennstoffen 40 cm, bei gasförmigen und flüssigen Brennstoffen 20 cm (> 160 < 400 °C) und 5 cm (> 80 < 160 °C)
- bei Einführung in Schornstein Schallübertragung vermeiden (Keramikschnur, Adapter)
- Maße für Reinigungsöffnungen im Abgasstutzen (rechteckig, oval, rund) s. DIN 18160-1

499.1 Bemessung von Schornsteinen nach Herstellerangabe (Überschlägige Auswahl)

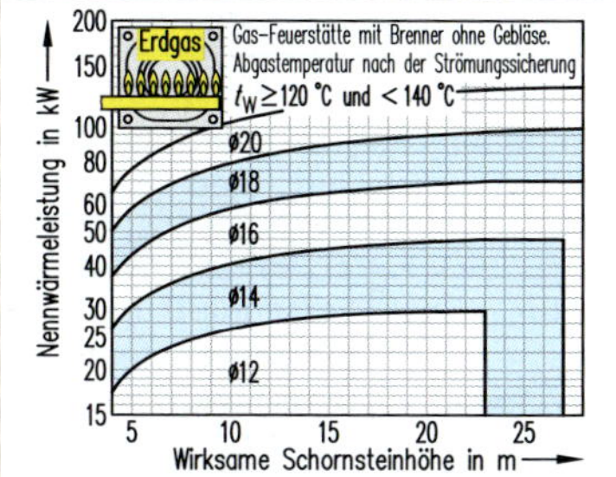

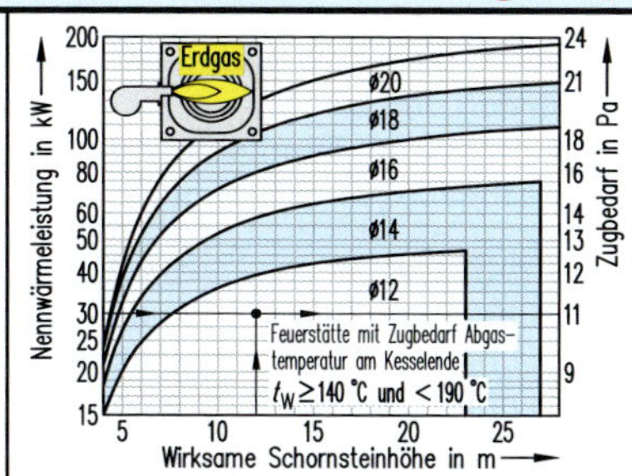

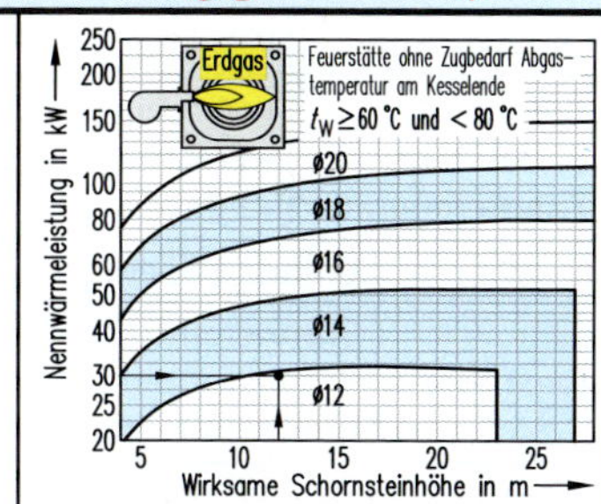

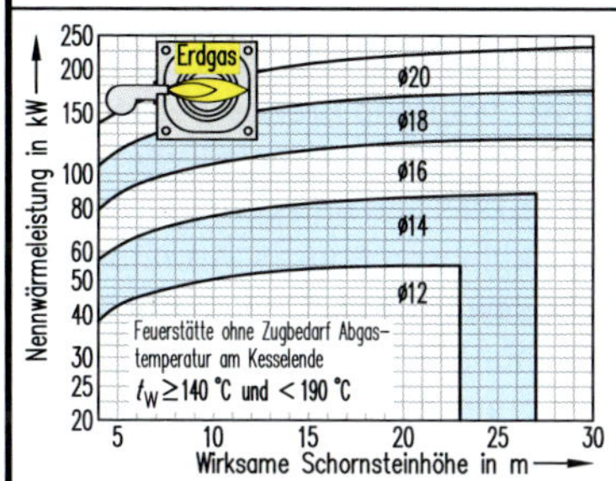

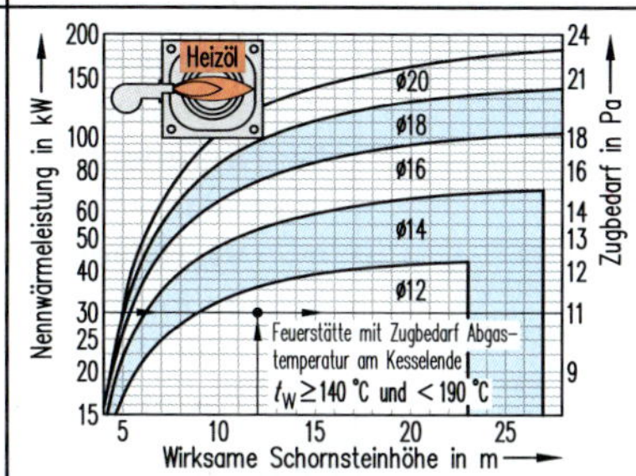

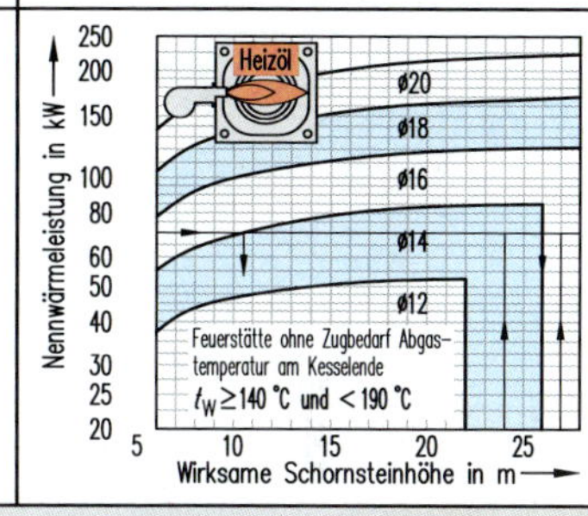

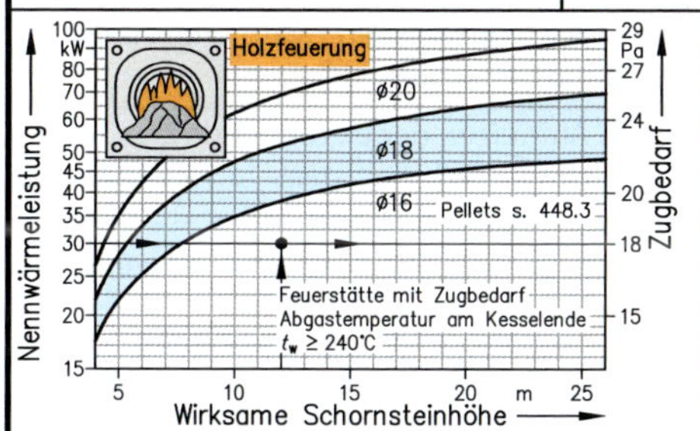

- Schornsteinbemessung für Pelletanlagen (s. 433.4)
- Anstelle eines Schornsteins auch eine Systemabgasanlage, z. B. an der Fassade (s. 497.6)

Spezielle Diagramme für Feuerst. und Abgastemp. (Herstellerangaben)				
Feuerstätten mit Brenner ohne Gebläse (atmosphärischer Brenner)	> 80 - < 100 > 100 - < 120 > 120 - < 140 > 140	Feuerstätten mit Ölfeuerung; Gebläsebrenner mit Zugbedarf		> 140 - < 190 > 190
Gas-Feuerstätten mit Zugbedarf, Gebläsebrenner	> 140 - < 190 > 190 °C	desgl., jedoch ohne Zugbedarf		> 60 - < 80 > 80 - < 100 > 100 - < 140 > 140 - < 190 > 190
Gas-Feuerstätten ohne Zugbedarf mit Gebläsebrenner	> 60 - < 80 ≥ 80 - < 100 > 100 - < 140 > 140 - < 190 < 190	Festbrennstoffe	Holz, Kohle	240 °C
			Pellets	140 °C 190 °C

499.2 Marktentwicklung bei Wärmeerzeugern von 2005 bis 2015

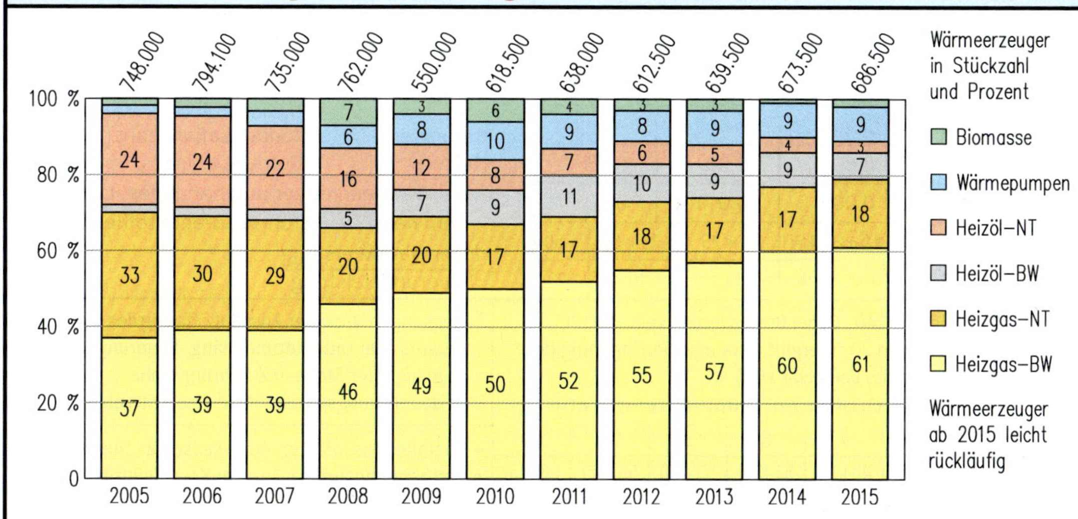

500.1 Voraussetzungen und Eigenschaften einer Verbrennung – Störeinflüsse

Voraussetzung	Vorgänge	Verbrennungseigenschaften
• Brennstoff • Sauerstoff • Zündtemperatur	• Mischung von Brennstoff und Luft • Erwärmung des Gemisches auf Zündtemperatur • Reaktion und Wärmeabgabe (Verbrennung)	• Zündgrenze • Zündtemperatur • Flammengeschwind. (theor., real) • Flammentemperatur

	brennstoffseitig	luftseitig	abgasseitig	betriebsseitig
Störeinflüsse	Brennstoffdruck Brennstofftemperatur Brennstoffeigenschaft	Barometerstand Lufttemperatur Luftfeuchtigkeit	Außentemperatur Windeinflüsse Schornsteinzug, Raum	Verschmutzungen Einstellprobleme Verschleißteile

500.2 Verluste und Wirkungsgrade – Wärmebedarf und Wärmeübergabe

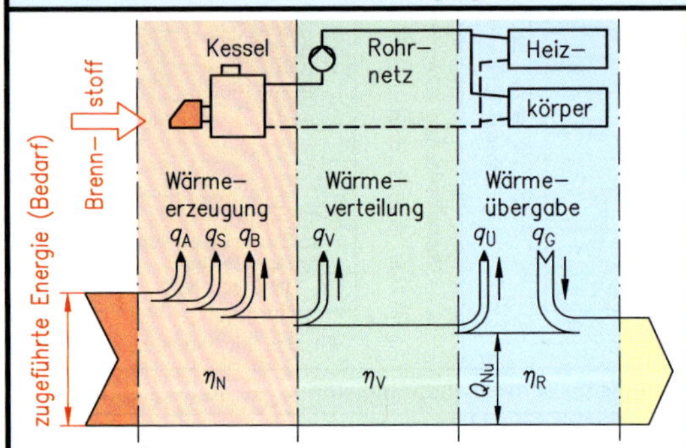

q_A	**Abgasverluste** (sensibel u. latent) (s. 500.3)
q_S	**Strahlungsverluste** (während Brennerbetrieb)
q_B	**Bereitschaftsverluste** („Stillstandsverluste") bedeutungslos bei mod. Kesseln und geringen Temp.
q_V	**Verteilverluste** (Abkühl. von Rohren, Armaturen)
$q_Ü$	unnötige **Überschusswärme** (z. B. träge Heizflächen, falsche Bedienung und Bemessung)
q_G	**Wärmegewinne** (Sonne, Beleucht. Geräte, Pers.)

zur Deckung des Wärmebedarfs (Transmissionsheizlast und Lüftungsheizlast), Trinkwassererwärmung, spezielle Verbraucher, Gebäudespeicherung [1]

[1] Durch die meist instationäre Betriebsweise wird ständig Energie zum Aufheizen der abgekühlten Gebäudemassen benötigt → Bauphysik (Speichervermögen, Wärmedämmung, Gebäudedichtheit, passive Solarnutzung u. a.) muss bei Auswahl und Bewertung eines Heizsystems einbezogen werden.

η_N	Nutzungswirkungsgrad des Wärmeerzeugers	η_R	Raumnutzungsgrad (früher Regelungswirkungsgr.)
η_N	Verteilnutzungsgrad (je nach Rohrverlegung, Wärmedämmung, Temperaturen, Regelung)	η_{ges}	$= \eta_N \cdot \eta_V \cdot \eta_R$ (ohne Brennwertnutzung)
		Q_{Nu}	erforderliche Nutzenergie (Wärmebedarf)

500.3 Bestimmung der Abgasverluste q_A in % – Wirkungsgrade (Feuerung, Kessel)

aufgrund O_2-Messung

$$q_A = (\vartheta_A - \vartheta_L) \cdot \left(\frac{A}{21 - O_2} + B\right)$$

ϑ_A **Abgastemperatur in °C**[1]
ϑ_L Verbrennungslufttemperatur in °C[2]
O_2 Volumengehalt an O_2 im trockenen Abgas

Beiwerte	Heizöl	Erdgas	Kokereigas	Flüssiggas
A	0,68	0,66	0,60	0,63
B	0,007	0,009	0,011	0,008

Max. zuläss. q_A für Öl- und Gasfeuerungen (ab 1.1.1998)	kW	> 4 ≤ 25	> 25 < 50	> 50
	%	11	10	9

Feuerungstechnischer Wirkungsgrad

$\eta_F = 100 - q_A$ in % (nicht genormt)

Kesselwirkungsgrad (q_S = Strahlungsverluste)

$\eta_K = 100 - q_A - q_S$

da q_S meist ≤ 1, ist $\eta_F = \eta_K$

Bei Brennwertkesseln(-geräten)

$$\eta_K = 100 - q_A - q_S + \frac{H_S - H_i}{H_S} \cdot \alpha$$

H_S Brennwert
H_i Heizwert
α Kondensationszahl (je nach Betriebsweise (s. 507.1))

$$\eta_K = \frac{\text{vom Wärmeerzeuger nutzbar abgeg. Leistung}^{3)}}{\text{dem Kessel zugeführte „Brennstoffleistung"}} = \frac{\text{Nennwärmeleistung}}{\text{Feuerungsleistung}}$$

[1] • Bei NT-Kesseln ≈ < 140 °C, bei Brennwertkesseln < 80 °C
• Eine Senkung ϑ_A von 20 °C ergibt etwa eine Verringerung der Jahresenergieverluste von etwa 10 %
• Die Grenze nach unten ist die zul. **Taupunkttemperatur** ϑ_{Tp}:

CO_2	Vol. %	6	7	8	9	10	11
ϑ_{Tp}	x)	45 (33)	48 (36)	51 (38)	53 (40)	56 (42)	58 (43)

x) bei Erdgas (Klammerwerte bei Heizöl EL)

[2] Messung in Nähe der Aussaugöffnung des Wärmeerzeugers; bei raumluftunabhäng. Feuerungsanlagen an geeigneter Stelle in Zuführungsrohr

[3] an das Heizungswasser (Kesselaustritt) abgegeben

• Abstand Messöffn. im Rohr-Kessel: 2 · Durchmesser
• Verbrennungsluft ca. 1 m vor Kesseleintritt messen

Ermittl. der Abgasverluste anhand Diagr. (s. 507.2)

501.1 Nutzungsgrad bei Wärmeerzeugern – Normnutzungsgrad, Jahresnutzungsgrad

Wirkungsgrad Nutzungsgrad	beziehen sich	auf bestimmten Betriebszustand (Aufwandsverhältnis von Leistungsströmen $\dot{Q}$) auf einen definierten Zeitraum (Verhältnis von Energiemengen Q)
Norm-Nutzungsgrad η_N	wird auf Prüfstand ermittelt; berechnet aus 5 gleich stark gewichteten experimentell bestimmten Teilnutzungsgraden ⇒ objektiver Maßstab	
Jahresnutzungsgrad η_a	$\eta_a \approx \dfrac{\eta_N}{\left(\dfrac{b_a}{b_{VH}} - 1\right) q_B + 1}$	b_a Betriebsbereitschaftszeit h/a (ca. 4000 bis 6500 h/a) b_{VH} Vollbenutzungsstunden der Feuerung in h/a (Heizung) Anhaltswerte: Einfamilienhaus 2000; Mehrfamilienhaus 1900; Bürogebäude 1600; Schule 1000 bis 1300; Krankenhaus 2300. q_B Betriebsbereitschaftsverlust

501.2 Luftverhältniszahl, Luftüberschuss in der Feuerungsanlage

$$\text{Luft(verhältnis)zahl } \lambda = \frac{\text{der Feuerung tatsächlich zugeführter Luftstrom}}{\text{theoretischer Mindestluftstrom (stöchiometrische Verbrennung)}} = \frac{\dot{V}_L}{\dot{V}_{Lmin}} = \frac{CO_{2max}}{CO_2}$$

Ölfeuerungen		λ	n (%)
Verdampfungsbrenner		1,3...1,4	30...40
Gebläsebrenner	Gelbbrenner	1,15...1,3	15...30
	Blaubrenner	1,1...1,2	10...20

zu hohe Luftzahl ⇒ • geringer CO_2-Gehalt (s. 501.3)
• Luft muss erwärmt werden • geringere Verbrennungstemperatur
• Probleme bei der Abgasführung (Schornstein)
zu geringe Luftzahl ⇒ unvollkommene Verbrennung (CO-Bildung)
Forderung: Optimierung der Öl-Luftdurchmischung

501.3 Zusammenhang zwischen λ, CO_2, O_2 und q_A

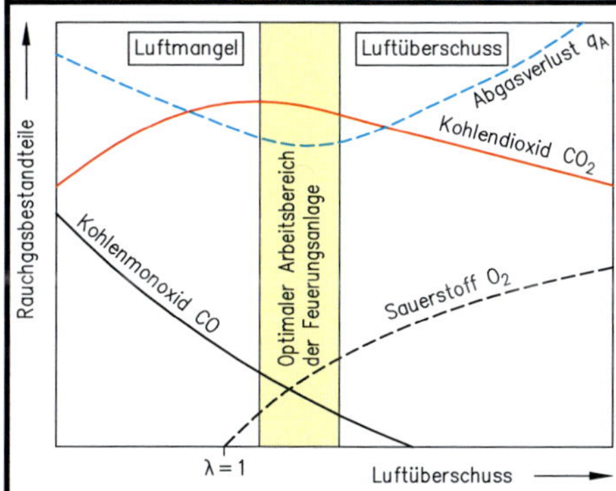

Abgasverlust q_A:
- Vorwiegend von Abgastemperatur und CO_2-Gehalt abhängig
- Berechnung der Abgasverluste und zul. Maximalwerte (s. 500.3)
- q_A-Werte werden nach Kleinfeuerungsverordnung festgelegt

Kohlenstoffdioxid CO_2:
- Mögl. hoher CO_2-Gehalt
- Für jeden Brennstoff nur ein Maximalwert möglich
- Luftüberschussangabe durch CO_2-Messung
- Messstelle wie bei Temp.

Kohlenstoffmonoxid CO:
- CO bei unvollkommener Verbrennung (Anhaltswert 0–1%)
- CO-Messung allein unzureichend (auch die O_2-Messung)
- zur Messung Mehrlochblende
- CO-Grenzwerte nach Abgaswegeüberprüfung

Sauerstoff O_2:
- gemess. O_2-Wert ist verbleibender Restsauerstoff
- durch O_2-Messung, q_A-Bestimmung (s. 500.3)
- Konzentrationsmessung gleichzeitig mit der von CO
- Messpkt. wie bei CO_2 u. a.

501.4 Rußbildung – Rußmessung

Ursachen einer Rußbildung
(insbesondere beim Anfahren)
- zu wenig Verbrennungsluft
- schlechte oder unvollständige Gemischbildung
- zu geringer Zerstäubungsdruck folglich zu große Öltropfen
- Schmutz an Düse o. Mischkopf
- schlechte Ölqualität
- kalte Heizöl o. Flammentemp.
- instabile Zugverhältnisse

Bacharach-Skala

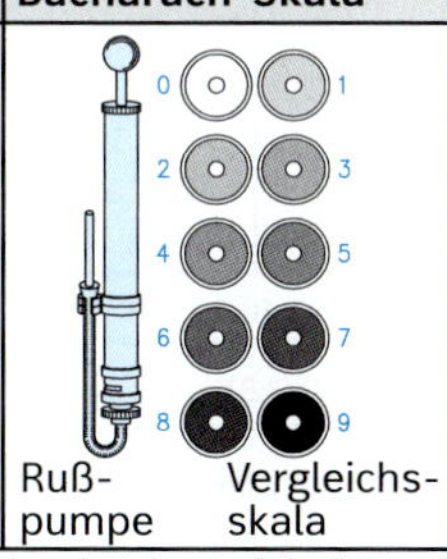

Rußmessung an ölbefeuertem Heizkessel

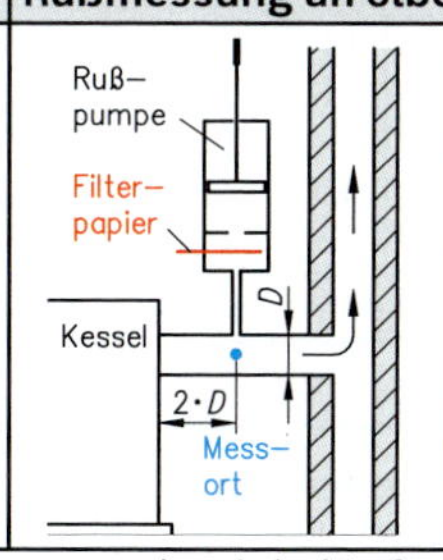

- **Rußzahl** R als Mittelwert von 3 Einzelmessungen
- Vergleich mit Skalen 1–9
- **Grenzwert nach BImSchV**[1]
  $R \leq 1$ Zerstäuberbrenner
  $R \leq 2$ Verdampfungsbrenner
- Papier muss trocken und gleichmäßig verfärbt sein
- Kolben ≈ 10-mal zurückziehen, Einstellung 2–3 s. halten.

[1] Grundsätzlich Rußzahl 0 anstreben! Kein Ruß bei Blaubrenner (auch bei Luftmangel). Brennstoffmehrverbrauch: etwa 2 % bei 0,5 mm Rußschicht (wegen höherer Abgastemperatur und geringerem Wirkungsgrad).

501.5 Prüfungen und Überwachungen des Schornsteinfegers für Ölkessel

Prüfungsordnung – 1. BImSchV – Feuerstättenschau	Öl-Brennwertkessel	Öl-Standard Öl-NT-Kessel
Sicherheitsprüfung nach **K**ehr- und **Ü**berprüfungs**o**rdnung (KÜO)	alle 2 Jahre	jährlich
Emissionsmessung nach 1. Bundes-Immissionsschutzverordnung	alle 2 bzw. 3 Jahre[1]	
Feuerstättenschau nach Schornsteinfegergesetz (SchfG)	alle 5 Jahre	

[1] 3 Jahre bei Anlagenalter bis zu 12 Jahren; 2 Jahre bei Anlagenalter von mehr als 12 Jahren.

502.1 Zündtemperaturen von Brennstoffen in Luft (Mittelwerte)

Brennstoff	Temp. °C	Brennstoff	Temp. °C	Brennstoff	Temp. °C
Benzin	350 bis 520	Holz	200 bis 300	Braunkohle	200 bis 240
Erdgas	≈ 650	Holzkohle	300 bis 425	Ruß	500 bis 600
Stadtgas	≈ 500	Koks	550 bis 600	Fett- (und Esskohle)	≈ 250 (260)
Heizöl EL	230 bis 250	Propan	≈ 500	Anthrazitkohle	≈ 480

502.2 Hinweise zu Gas-Infrarotstrahler – Hell- und Dunkelstrahler DIN EN 13410

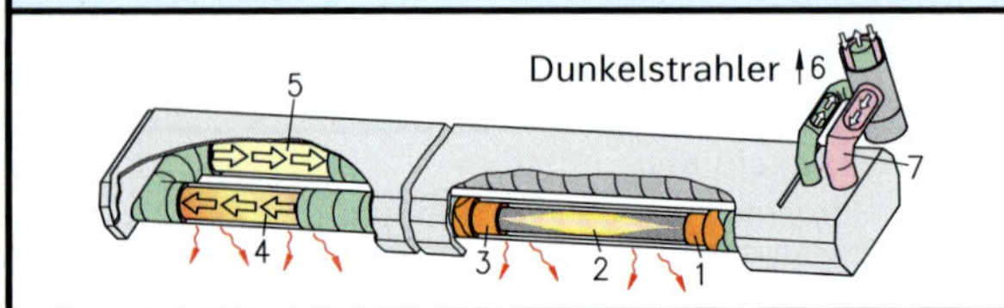

1	Gas-Gebläsebrenner	**5**	Abgasführung
2	Flammenbildung	**6**	Abgasabführung
3	Strahlungsrohr m. Hülsen	**7**	Verbrennungsluftzufuhr
4	heiße Verbrennungsgase	**8**	Abdeckung, Reflektor

Hellstrahler
- mit Brenner ohne Gebläse → Abgase in Raum
- Leistungsbereich von ca. 5 bis 40 kW
- Temp. > 500 °C (Heizfl.), ca. 300 °C Keramikpl.
- Bezeichn. Hellstrahler (sichtbares Glühen)

Dunkelstrahler
- Gebläsebrenner, Abgasventilator, Unterdruck
- Temp. < 500 °C (Heizfläche), 350 °C (Rohr)
- langwellige Wärmestrahlen, unsichtbar und daher als Dunkelstrahler bezeichnet

502.3 Europäische und nationale Einteilung der Erdgase – Wobbe-Indexbereich

Europäische Gasarten DIN EN 473

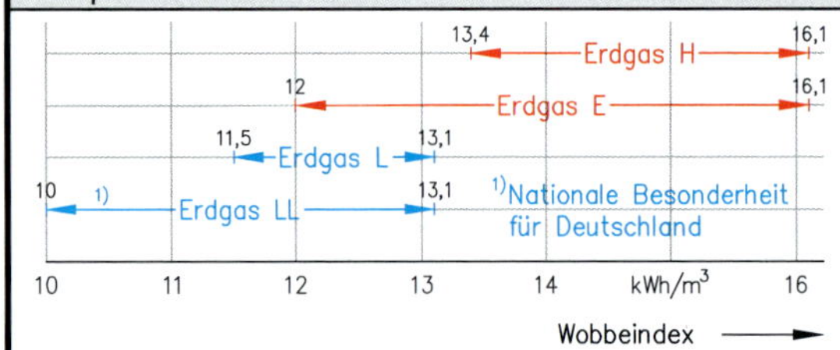

Deutsche Gasarten DVGW-Arb. Bl. G 620

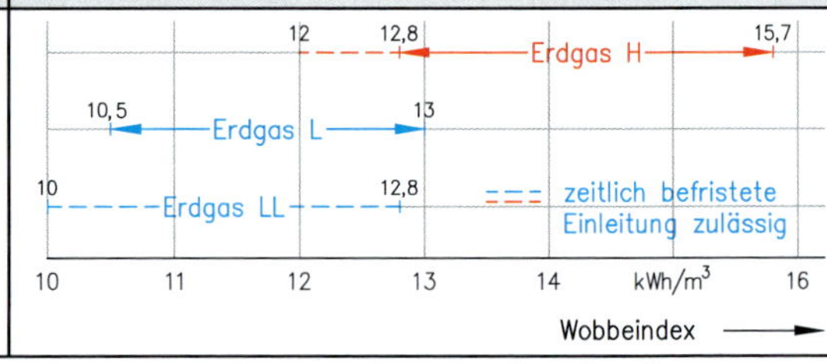

L (LL)-Gas (vorwieg. Holland-Gas); H (E)-Gas (vorwiegend GUS-, Nordsee- und Nordverbundgas)

Brennwerte (im Mittel): GUS: 11,06; Nordverb. H 11,45; L 9,85; Nordsee: 12,26, Holland 10,30 kWh/m³

502.4 Verbrennungswerte (Zusammensetzung) für Erdgas E

Luftzahl λ	–	1,0	1,1	1,2	1,3	1,4	1,5
Luftbedarf	m³/m³	9,90	10,89	11,88	12,87	13,86	14,85
Abgasvol. [1]	m³/m³	10,93 (8,89)	11,92 (9,88)	12,91 (10,87)	13,89 (11,86)	14,88 (12,85)	15,88 (13,84)
CO_2 [1]	Vol-%	12,0 (9,8)	10,8 (8,9)	9,8 (8,2)	9,0 (7,7)	8,3 (7,1)	7,7 (6,7)
H_2O [1]	Vol-%	– (18,6)	– (17,1)	– (15,8)	– (14,6)	– (13,7)	– (12,8)
N_2 [1]	Vol-%	88,0 (71,6)	87,1 (72,3)	86,4 (72,8)	85,7 (73,2)	85,2 (73,6)	84,8 (74,0)
O_2 [1]	Vol-%	–	2,1 (1,7)	3,8 (3,2)	5,3 (4,5)	6,5 (5,6)	7,5 (6,5)

[1] Die Werte beziehen sich auf trockenes Abgas (Klammerwerte auf feuchtes Abgas).

502.5 Drücke in Gasfeuerungsanlagen (Angabe in mbar)

- Gasdruck — **Gemessener statischer Überdruck gegenüber dem Atmosphärendruck**
- Leitungsdruck
  - Ruhedruck — Überdruck des nicht strömenden Gases
  - Fließdruck — Überdruck des strömenden Gases
  - Versorgungsdruck — Überdruck der am Grundstück angeschlossenen Gasleitung
  - Anschlussdruck — Fließdruck am Anschluss eines Gasgerätes
- Betriebsdruck — Höchster Überdruck = Sollwert des Ausgangsdruckes des Regelventils + Regelabweichung
- Brennerdruck — Fließdruck am Brennerkopf (ohne Luftvormisch.), bedeutsam für Gemischbildung
- Düsendruck — Fließdruck vor Düse (Brenner mit Luftvormischung) entscheidend für Massenstrom

503.1 Einteilung der Gasbrenner für Feuerstätten

1 **Diffusionsbrenner** – übliche Gasgebläsebrenner (ohne Vormischung- Gas/Luft- oder mit Gebläse); Vermischung erfolgt an der Stelle, an der auch die Zündung stattfindet

2 **Vorschmischbrenner** – die Vermischung – Gas/Luft ist örtlich von der Zündstelle entfernt

2.2 **Gebläse-Vormischbrenner** – Mischenergie geht vom Impuls des erzeugten Luftstrahls aus
→ mit abgehobener Flamme | mit wassergekühlter Brennerfläche | mit glühender Brennerfläche

2.3 **Injektionsbrenner** – atmosphärischer Brenner (Mischenergie geht vom Gasimpuls aus) ohne oder mit Gebläse (besonders bei raumluftunabhängigen Geräten)

2.3.1 **Teilvormischbrenner** – ca. 60 % Primärluft an der Düse, Rest an der Flamme (Diffusion)
→ ohne Kühlstäbe | mit Kühlstäbe

Unterteilung wie bei 2.2

2.3.2 **Vollvormischbrenner** – (LOW-NOX-Verbrennungstechnik): gesamte Verbrennungsluft wird als Primärlauf vor der Verbrennung vermischt + zusätzlicher Luftüberschuss

503.2 Bauteile eines Gas-Gebläsebrenners (herstellerbezogen)

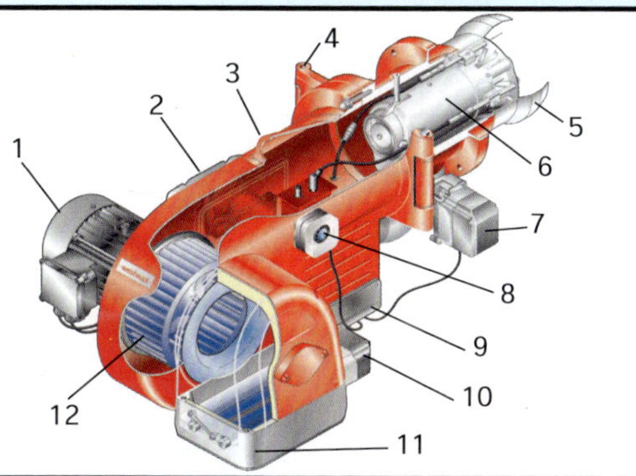

1 Brennermotor und Anschlussbox mit eingebautem Leistungsschütz
2 Digitaler Feuerungsmanager und angebaute Anzeige- und Bedieneinheit
3 Sichtfenster zur Beobachtung der Flamme
4 Rechts oder links ausschwenkbares Brennergehäuse
5 Flammrohr
6 Mischeinrichtung
7 Stellantrieb, Gasdrossel
8 Luftdruckwächter
9 Montagefreundliche Leitungsdurchführung
10 Stellantrieb Luftklappen
11 Geräuschdämpfendes Ansauggehäuse
12 Gebläserad

503.3 Einflussgrößen bei Gasbrennern

Nr.	Einflussgröße	Ausführung	Nr.	Einflussgröße	Ausführung
1	Art der Flamme	Leuchtflammenbrenner, Blaubrenner, flammenlose Brenner	4	Art der Automatik	vollautomatische, halbautomatische Brenner; handbetätigte u. a.
2	Art der Luftzufuhr	Brenner ohne Gebläse (atmosph. Brenner), Gasgebläsebrenner	5	vorhandener Gasdruck	Niederdruckbrenner (5...50 mbar) Hochdruckbrenner (0,5...3 bar)
3	Gasart (Brennstoff)	Erdgas-, Allgasbrenner, Propanbrenner, Zweistoffbrenner usw.	6	Flammenanordnung	Einzelbrenner, Gruppenbrenner, Ring-, Flach-, Rundbrenner u. a.
7	Regelungsart	Einstufenschaltung (EIN/AUS), zweistufige Brenner, modulierende Brenner (s. 504.3)			

503.4 Merkmale von Gas-Gebläsebrennern (gegenüber atmosph. Brennern) – Bauformen

- Zuführung der Verbrennungsluft durch Gebläse (unabhängig von der Wirkung der Abgasanlage)
- Überdruck in der Brennkammer, Druckabbau im Abgasweg(kessel) und (je nach System) in Abgasleitung
- Einbaumöglichkeit an jeden Kessel (wie bei Ölzerstäuberbrenner) daher Austauschmöglichkeit
- geeignet früher nur für großen Leistungsbereich (heute auch schon ab etwa 4 kW), hoher Wirkungsgrad
- **Zwei wesentliche Bauformen** sind **1. Flächenbrenner** und **2. Flammrohrbrenner**:

zu 1: Gas/Luft-Gemisch auf großer Fläche verteilt, geringe Flammenhöhe, Temperatur < 1000 °C
zu 2: Gas und Luft an Stauscheibe im Brennerrohr gemischt; bezüglich der Mischart unterscheidet man:
- Parallelstrom: Gas und Luft in parallelen Strömen (Gasführung durch „Gaslanzen")
- Kreuzstrom: Gas- und Luftstrom kreuzen sich, (Gasführung durch Mittelrohr mit Öffnungen)
- Wirbelstrom: Gas- und Luftstrom werden mittels Leitschaufeln und Düsen ineinander verwirbelt

Schadstoffreduzierung durch Abgas-Rezirkulation, Zweistufen- und modulierend Brenner, Strahlungsbrenner

Atmosphärischer Brenner: Zuführung der Verbrennungsluft ohne Gebläseunterstützung; durch die Düse einströmendes Gas reißt Verbrennungsluft mit (Primärluft). Nachschub erfolgt durch Auftrieb der Verbrennungsgase (Sekundärluft).

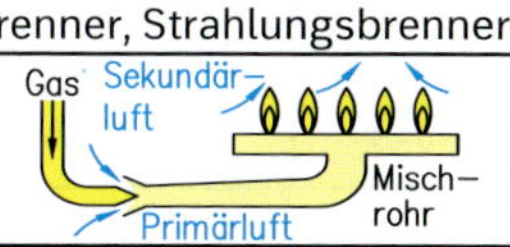

504.1 Ausrüstung eines Gas-Gebläsebrenners ≤ 360 mbar (Beispiel nach EN 676: 2008-11)

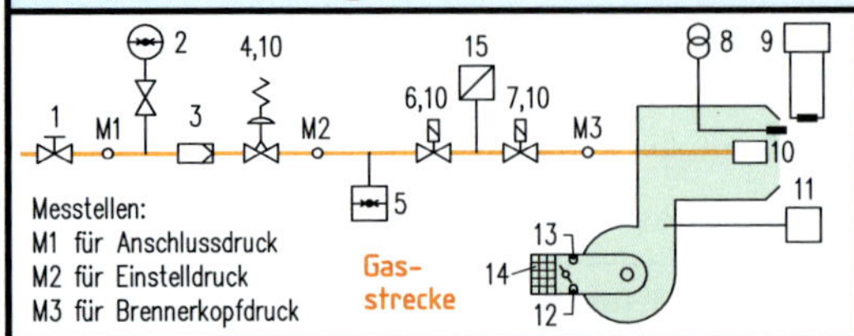

- **1** Absperreinricht. (handbetätigt)
- **2** Gasdruckmesseinrichtung
- **3** Filter
- **4** Gasdruckregler
- **5** Niederdrucksich.
- **6** erste Sicherheitseinrichtung (SE)
- **7** zweite SE
- **8** Zündeinrichtung
- **9** Flammenüberwachungseinricht.
- **10** Voreinstellgerät
- **11** Luftüberwachungseinrichtung
- **12** Endlagerschalt. kleiner Vol. strom
- **13** desgl. großer Vol.
- **14** Schutzgitter
- **15** Ventilüberwach.[1]

[1] Nach DIN EN 161, Freigabe der Gaszufuhr, wenn Regler Wärme anfordert.

504.2 Einstellwerte für den erforderlichen Gasdurchfluss in l/min (s. 32.3)

Erford. Leistung (kW) ►	Betriebsheizwert H_i in kWh/m³	Brennwert H_S in kWh/m³	8,0	9,0	10,5	12,5	13,5	15,0	16,5	18,0	19,5	21,0	22,5	24,0	25,5	27,0	28,5	30,0
• volumetri-	7,6	8,9	18	22	26	30	33	37	41	44	48	52	55	59	63	66	70	74
sche	8,0	9,3	17	21	25	28	32	35	39	42	46	49	53	56	60	63	67	70
Methode	8,4	9,9	16	20	23	27	30	34	37	40	43	47	50	54	57	60	63	67
• für die	8,8	10,3	15	19	22	26	29	32	35	38	41	45	48	51	54	57	61	64
Gasarten	9,2	10,8	14	18	21	24	28	31	34	37	40	43	46	49	52	55	58	61
LL und E	9,8	11,2	15	18	20	23	26	29	32	35	38	41	44	47	50	53	56	59
• Mindest-	10,0	11,7	14	17	20	23	25	28	31	34	37	39	42	45	48	51	53	56
einstell-	10,4	12,2	13	16	19	22	24	27	30	32	35	38	41	43	46	49	51	54
zeit 1 min	10,8	12,7	13	16	18	21	23	26	29	31	34	36	39	42	44	47	49	52
einhalten	11,2	13,1	12	15	18	20	23	25	28	30	33	35	38	40	43	45	48	50

504.3 Gegenüberstellung eines einstufigen und modulierenden Brenners

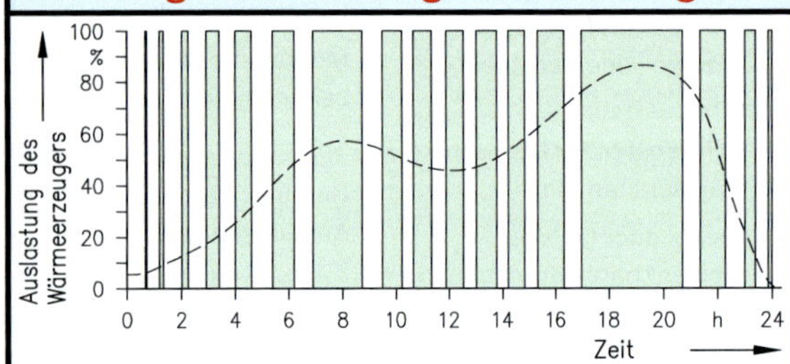

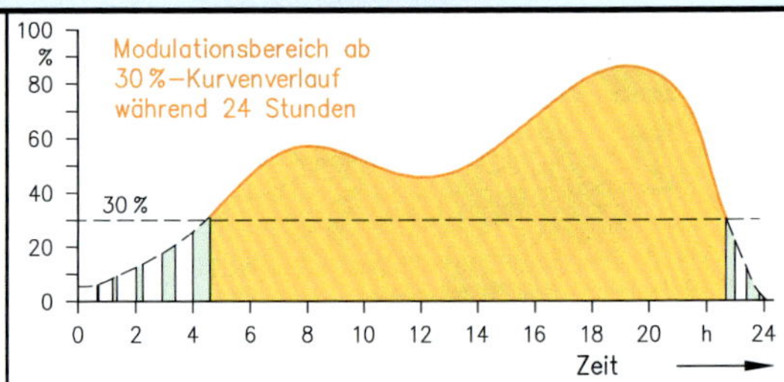

- Häufigkeit der Brennerstarts während eines beliebigen Wintertags (Lauflänge je nach Bedarf)
- mehr Starts → mehr Emissionen, geringerer Wirkungsgrad

- Reduzierung der Brennerstarts auf z. B. 30 %
- Brenngasmenge und Luft im Verbund geregelt (elektronisch, mechanisch oder pneumatisch)

504.4 Schalthäufigkeit eines ein- bzw. zweistufigen Brenners

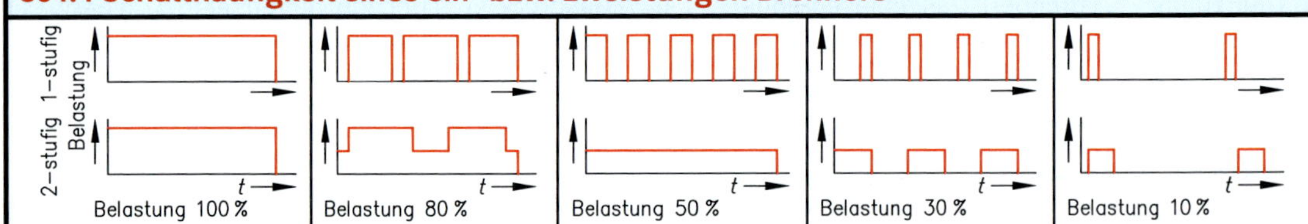

504.5 Sicherheitszeiten und max. Startwärmeleistung für Gas-Gebläsebrenner DIN EN 676

Hauptbrenner	Direkte Zündung des Hauptbrenners bei				Zündung des Hauptbr. durch unabhäng. Zündbr.			
	voller Leistung		verringerter Leistung[1]		Zündung d. Zündbrenners		Zünd. des Hauptbrenners	
Leistung $\dot{Q}_{NL}$ (kW)	Leistung $\dot{Q}_{NL}$ (kW)	Sich. Zeit t_s in s	Leistung $\dot{Q}_{NL}$ (kW)	Sich. Zeit t_s in s	Leistung $\dot{Q}_{NL}$ (kW)	1. Sich. Zeit t_s in s	Leistung $\dot{Q}_{NL}$ (kW)	2. Sich. Zeit t_s in s
≤ 70	$\dot{Q}_{NL}$ [2]	5	$\dot{Q}_{NL}$ [2]	5	$\leq 0{,}1 \cdot \dot{Q}_{NL}$ [2]	5	$\dot{Q}_{NL}$ [2]	5
> 70 ≤ 120	$\dot{Q}_{NL}$ [2]	3	$\dot{Q}_{NL}$ [2]	3	$\leq \dot{Q}_{NL}$ [2]	5	$\dot{Q}_{NL}$ [2]	3
> 120	nicht zulässig		120 kW od. $t_s \cdot \dot{Q}_s \leq 100$ (max. $t_s = 3$ s)[3]		$\leq 0{,}1 \cdot \dot{Q}_{NL}$	3	120 kW oder $t_s \cdot \dot{Q}_s \leq 150$ (max. $t_s = 5$ s)[3]	

[1] Auch mit unabhäng. Startgasversorgung. [2] $\dot{Q}_{NL}$ max. Brennerleistung. [3] $\dot{Q}_s$ max. Startwärmeleistung.

505.1 Funktionsablauf eines Gasbrenners mit Zündgasventil (Beispiel)

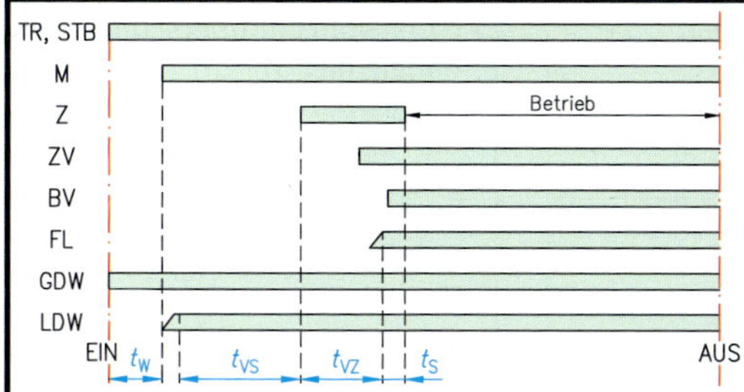

TR, STB	Temp.regler, Sicherheitstemp.begr.	t_W	Wartezeit
M	Brennermotor (Gebläse)	t_{VS}	Vorspülzeit
Z	Zündung	t_{VZ}	Vorzündzeit
ZV	Zündgasventil	t_s	Sicherheitszeit
BV	Hauptgasventil („Brennstoffventil")	EIN	Einschaltung
FL	Flammensignal, Flammenüberwach	AUS	Ausschaltung
GDW	Gasdruckwächter (Dichtheitskontr.)		
LDW	Luftdruckwächter (Vorbelüftung)		

Armaturen und Einrichtungen („Gasstraße") (s. 503.2, 504.1)

505.2 Strömungssicherung (aufgesetzt oder integriert) für Feuerstätten nach B₁[1]

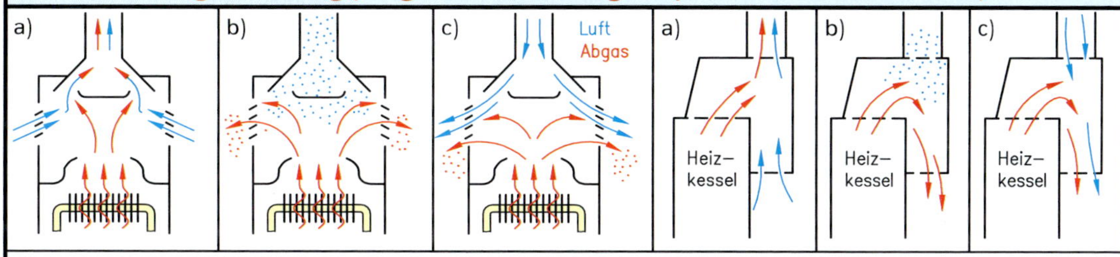

a) zu starker Zug (Auftrieb) b) Stau im Abgasweg c) Rückstrom (z. B. bei Fallwinden)

[1] Raumluftabhängige Feuerstätten mit Brenner ohne Gebläse („atmosphärische Brenner").

505.3 Brennwerttechnik und -nutzung

- Brennwert H_s und Heizwert H_i unterscheiden sich um die Kondensationswärme des Wasserdampfes im Abgas.
- Bewusste Kondensation im Wärmeerzeuger ermöglicht eine zusätzliche Heizenergie, auch fühlbarer Wärmegewinn durch Abkühlung der Verbrennungsgase. $H_s / H_i = 1{,}1$ bei Gas und 1,08 bei Heizöl EL.
- In Niedrigenergiegebäuden Einbindung erneuerbarer Energien: z. B. Brennwert + Solar, Brennwert + Wärmepumpe.

505.4 Prinzip eines Brennwertgerätes

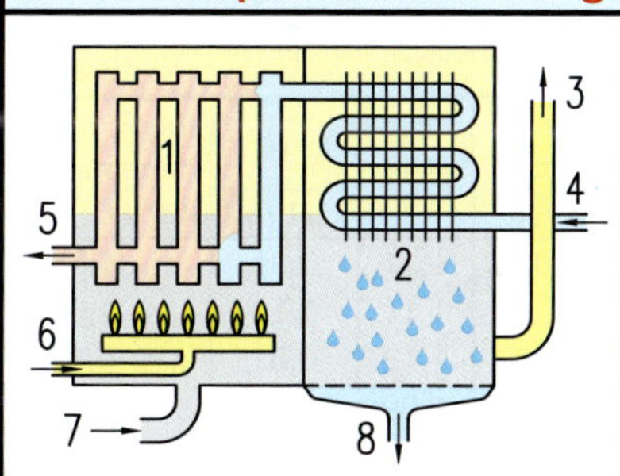

1 Erster Wärmetauscher
2 Zweiter Wärmetauscher
3 Abgasführung
4 Rücklauf
5 Vorlauf
6 Gaszuführung
7 Luftzufuhr
8 Kondensatablauf

505.5 Verbesserung des Nutzungsgrades durch Brennwertnutzung – Verluste (Beispiel)

Gas-Niedertemp. Kessel 75/60 °C

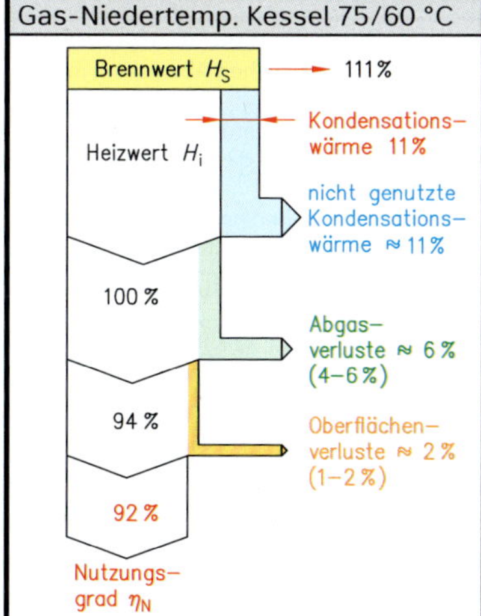

Gas-Brennwertkessel 75/60 °C

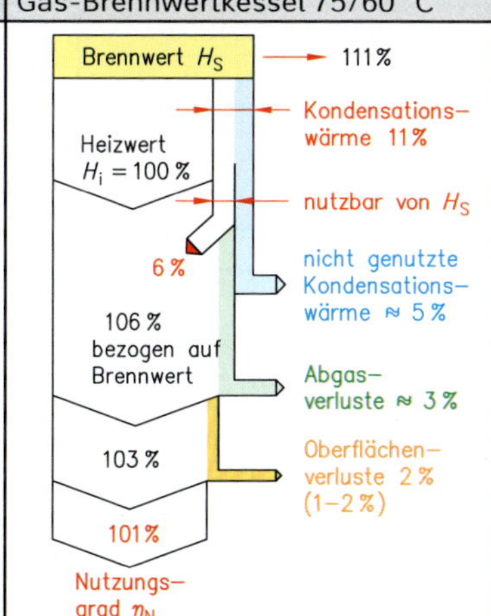

Gas-Brennwertkessel 40/30 °C

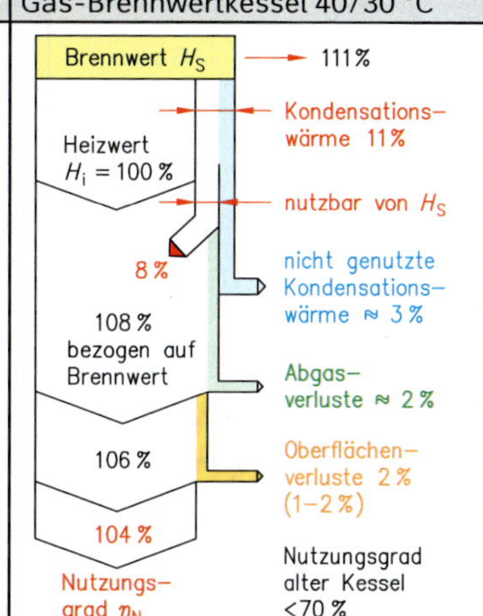

506.1 Theoretische Kondensationsbildung bei unterschiedlichen Systemtemperaturen

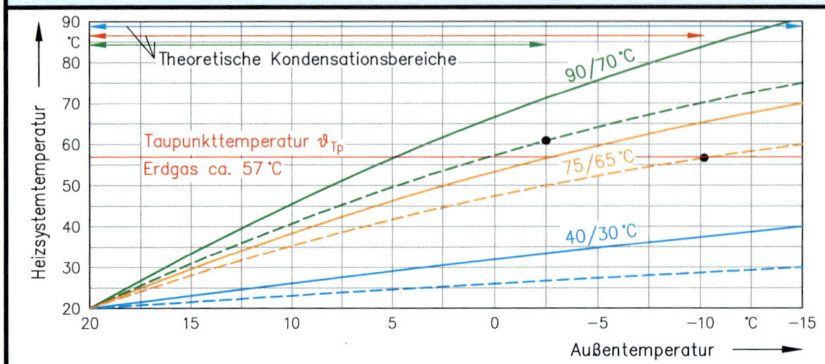

- ϑ_{Tp} ist vom Luftüberschuss abhängig hier 57 °C
- bei Abgastemp. < 57 % beginnt die Abgaskondensation
- entscheidend für den Kondensationsbereich ist $\vartheta_{Rücklauf}$
- selbst bei 90/70 °C ist ab $\vartheta = -2{,}5$ °C eine geringe Brennwertnutzung möglich; bei 40/30 °C durchgehend möglich
- Kondensatanfall (s. 506.3) u. a.
- Kondensatableitung beachten

506.2 Anteil der Brennwertnutzung (75/60 °C)

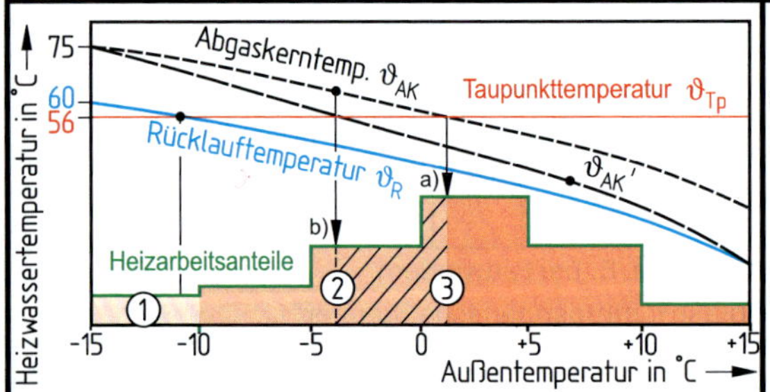

506.3 Kondensatanfall und Nutzungsgrad

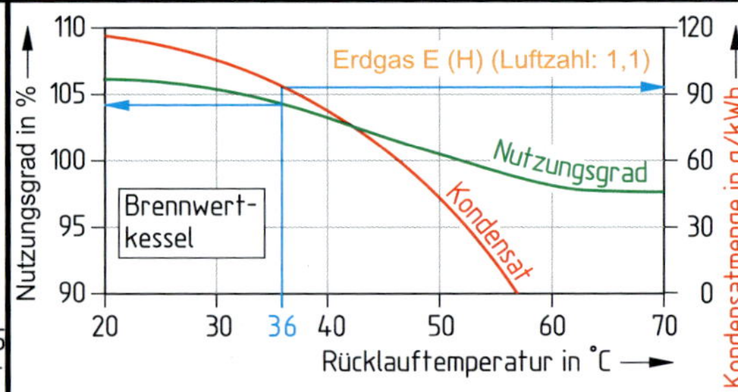

506.4 Energieinhalte von Brennstoffen – Verbesserung der Brennwertnutzung (Einflüsse)

Brennstoff	Brennwert H_s kWh/m³	Heizwert H_i kWh/m³	H_s[1] / H_i	$H_s - H_i$ kWh/m³	theor. Kondensatanfall in kg/m³ [2)3)]
Erdgas LL	9,78	8,83	1,11	0,95	1,53
Erdgas E	11,46	10,35	1,11	1,11	1,63
Stadtgas	5,48	4,87	1,13	0,61	0,89
Propan	28,02	25,80	1,09	2,22	3,37
Butan	37,19	34,35	1,08	2,84	4,29
Heizöl [4)]	10,68	10,08	1,06	0,60	0,88

1) Brennstoffspezifische Eigenschaft = **möglicher Wärmegewinn** (abhängig vom Wasserstoffanteil) – beim Vergleich mit NT-Kesseln auch geringere Abgasverluste beachten (s. 505.5)
2) **tatsächl. variabl. Kondensatanfall** (s. 507.1) Kondensatformen: im Heizgasstrom (Nebelbildung) und an Heizfläche (Beschlagen)
3) bezogen auf die Brennstoffmenge
4) Angaben sind hier auf Liter bezogen

506.5 Neutralisation bei Gas- und Öl-Feuerungsanlagen – Vermischung: Kondensat/Abwasser

Wärmeleistung in kW	Gas	Heizöl EL (DIN 51603) schwefelarm[1)]	Heizöl EL (DIN 51603) Standard[2)]
< 25	nein[3) 4)]	nein[3) 4)]	ja
25 bis 200	nein[3) 4) 5)]	nein[3) 4) 5)]	ja
> 200	ja	ja	ja

Schwefelanteil: 1) < 0,005 Gew.-%;

2) ≈ 20 Gew.-% **Neutralisation ist erforderlich:**
3) bei Ableitung des häuslichen Abwassers in Kleinkläranlagen
4) bei Gebäuden und Grundstücken, deren Entwässerungsleitungen die Materialanforderungen nicht erfüllen
5) bei Gebäuden, die die Bedingungen der nachfolgenden Vermischungen nicht erfüllen (s. Tab.)

Neutralisation	Wohngebäude – Gas (Öl)					Bürogebäude – Gas				
Kesselbelastung kW	25	50	100	150	200	25	50	100	150	200
Kondensat m³/a	7 (4)	14 (8)	28 (16)	42 (24)	56 (32)	6	12	24	36	48
Wohnungsanzahl	> 1	> 2	> 4	> 6	> 8	–	–	–	–	–
mind. Beschäftigte	–	–	–	–	–	≥ 10	≥ 20	≥ 40	≥ 60	≥ 80

Annahme bei Wohngeb. 3 Pers./Wohn.; 75/60 °C; TWW 145 l/(Pers. · Tag); 2000 Betriebsstunden TWW + TW = 40 l/(Pers. · Tag)

- ATV **A**bwasser**t**echn. **V**ereinigung, Arb. Bl. A251
- (jährl. Mittelwert) Abwasser/Kondensat mind. 20:1
- Neutrale Verfahren: Behälter mit Granulate, Einricht. mit Dosierung flüssiger Mittel; Ionentauscher
- zul. Abwasserrohre: Steinzeug, Glas, PVC-U, PE-HD, PP, nicht rost. Stahl; kein Cu, Ms für Kondensatleitung
- Vergleich des pH-Wertes mit anderen Stoffen durch Mischung von Abwasser: pH-Wert ≈ 6,5

507.1 Anhaltswerte zur Bestimmung des Kondensatanfalls während des Betriebs

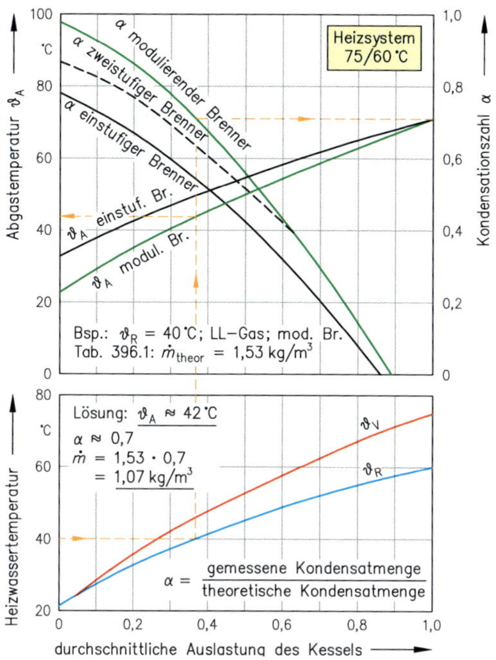

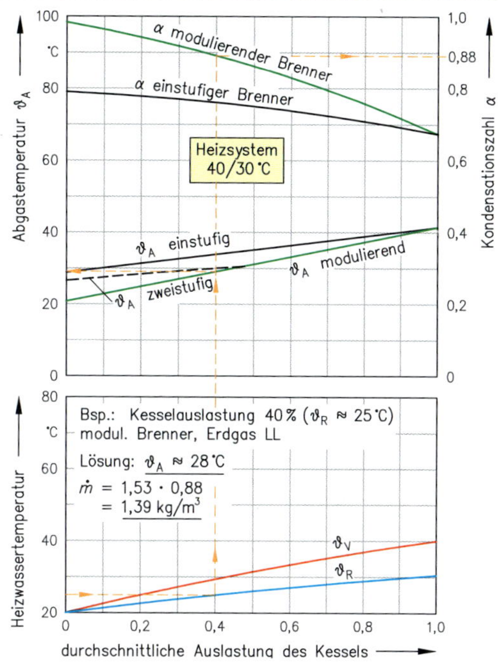

507.2 Mindestanforderungen an Heizöl EL – Stoffeigenschaften DIN 51603-108

Dichte (15 °C)	g/ml	max. 0,86	Koksrückstand	Gew.-%	max. 0,3	Brennwert H_S	kJ/kg	> 45400
Flammpunkt	°C	> 55	Schwefelgehalt	Gew.-%	max. 0,1[1)]	Asche (Oxidasche)	Gew.-%	≤ 0,01
kinem. Viskos.	mm^2/s	≤ 6 (20 °C)	Wassergehalt	mg/kg	≤ 200	Destill. bis 250 °C	Vol.-%	< 65
CP-Wert (CFPP)	°C	≤ 3 (s.u.)	Gesamtverschm.	mg/kg	≤ 24	Verlauf bis 350 °C	Vol.-%	≥ 85

Dichte	zur Umrechnung: kg in l oder l in kg; bezogen auf +15°C; $\varrho = \varrho_{15} - 0{,}00068\ (\vartheta - 15)$ kg/l
Flammpunkt	gibt Aufschluss über Entflammbarkeit von Dämpfen; Gefahrenklasse
Viskosität	zur Beurteilung des Verbrennungsverhaltens; Abnahme bei steigender Temperatur (s. 508.4)
Cloud point CP	bei Unterschreitung sichtbare Trübung oder Ausscheid. von Paraffinen (z. T. schon bei > 0 °C)
CFPP-Wert	(cold filter plugging point), Grenzwert für Filtrierbarkeit; CP u. CFPP charakters. Kälteverhalten (Transport, Lagerung) bei CP +3 °C bis −12 °C, bei +2 (bis −11 °C), bei +1 (bis −10 °C)
Koksrückstand	Hinweis auf Verkokungsneigung; nur aufgrund Prüfverfahren auf Verbrennung übertragbar
Schwefelgehalt	bewirkt SO_2-Emiss.; Aufoxidierung zu SO_3 bei höh. Temp., Taupunkterhöhung Korrosionsprobleme
Wassergehalt	von Raffin. ≈ wasserfrei (EL), falls zu hoch evtl. Trübung; gelöst keine Verbrennungsstörung
Gesamtverschm.	Rückstände (Rost, Staub, Sand u.a.) evtl. mit Wasser „Schlamm" auf Tankboden
Brennwert	freiwerdende Wärme bei der Verbrennung einschließlich Latentwärme (s. 505.5)
Asche	mineralische Rückstände (Sulfat, Oxid); EL frei von Asche bildenden Substanzen
Destillation	Verlauf mit insgesamt verdampften Volumenanteilen (bis 250 °C bzw. bis 350 °C)

1) Gilt für Standardöl; schwefelarmes Heizöl: < 0,005 Gew.-% (für Brennwerttechnik geeignet).

507.3 „Haftungskette" für mängelfreies Funktionieren einer Feuerstätte

1	Hersteller	Lieferant der Feuerstätte muss über geprüfte technische Daten verfügen
2	Planer	muss die Feuerstätte mit dem Gebäude abstimmen (z. B. Regelfähigkeit u. a.)
3	Schornsteinfeger	muss Anlage bezüglich Abgasführung und Aufstellungsraum kontrollieren
4	Prüfinstitut	muss dem Hersteller und der Zulassungsstelle technische Daten nach bauaufsichtlich festgelegten Prüfmethoden liefern
5	Betreiber	muss für einen ordnungsgemäßen Betrieb gerade stehen (Wartung, Überwachung)

508.1 Verbrennungswerte bei Heizöl EL

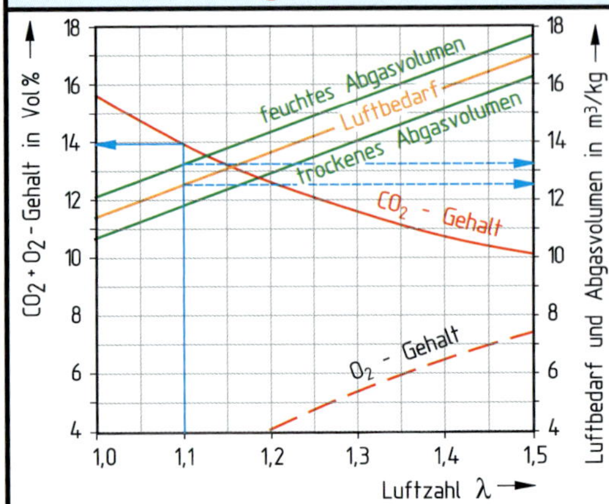

508.2 Abgasverluste bei Heizöl EL

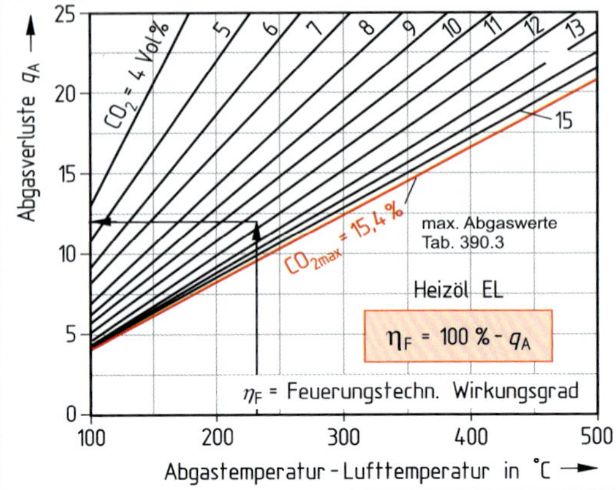

508.3 Mögl. Verbrennungsprodukte beim Heizöl

Brennbare Stoffe im Heizöl:
C Kohlenstoff
H Wasserstoff
S Schwefel

Unvollkommene Verbrennung ⇒ CO, Ruß, H_2
Vollkommene Verbrennung ⇒ CO_2, SO_2, N_2

- **Kohlenstoffdioxid (CO_2)**
- (Kohlenstoffmonoxid) (CO)
- **Schwefeldioxid (SO_2)**
- Schwefeltrioxid (SO_3)
- **Wasserdampf (H_2O)**
- (Schwefelsäure) (H_2SO_4)
- Sauerstoff (O_2)
- Stickstoff (N_2)
- (Stickoxide) (NO_2)
- (Ruß) (C)

508.4 Viskositäts-Temp.-Kurve (Heizöl EL)

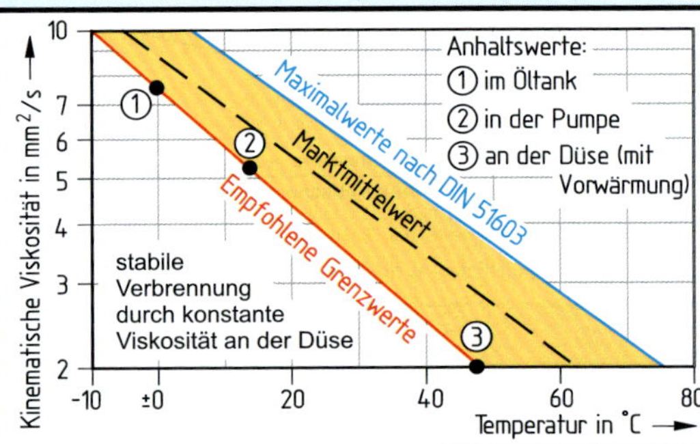

508.5 Schematische Darstellung eines Ölzerstäubungsbrenners (wesentliche Bauteile)

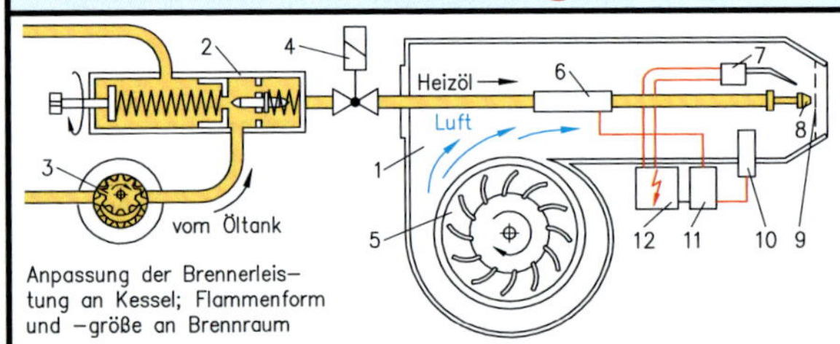

1	Ölbrenner	7	Zündelektrode
2	Druckregulierventil	8	Öldüse
3	Zahnradpumpe	9	Stauscheibe (Mischeinricht.)
4	Magnetabsperrventil	10	Flammenüberwachung
5	Gebläse mit Luftansaugung	11	Steuergerät
6	Ölvorwärmer	12	Zündtransform.

DIN 4759 Ölfeuerungsanl.

508.6 Elektronischer Ölfeuerungsautomat für einstufige Brenner bis 30 kg/h

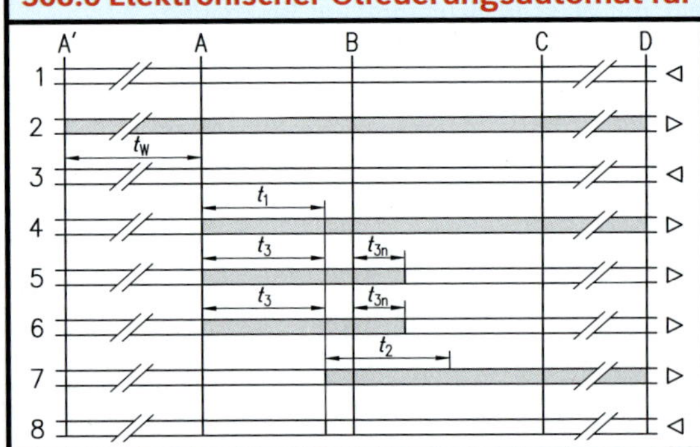

▷ Ausgangssignale des Ölfeuerungsautomaten
◁ Erforderliche Eingangssignale

Aufgabe: Steuerung der Ein- und Abschaltung der Ölbrennerkomponenten sowie Überwachung eines sicheren Ablaufs des Verbrennungszyklus

A' Brennerstart mit Ölvorwärmer, **A** Brennerstart ohne Vorwärmer, **B** Flammenbildung, **C** Betriebsstellung, **D** Abschaltung des Brenners

t_w Aufheizzeit des Ölvorwärmers bis Freigabe des OVT, t_1 Vorbelüftung (≈ 13 s), t_2 Sicherheitszeit (≈ 10 s), t_3 Vorzündzeit (≈ 13 s), t_{3n} Nachzündzeit

1 Kesselthermostat, **2** Ölvorwärmer, **3** Ölvorwärmthermostat OVT, **4** Brennermotor, **5/6** OVT mit Beginn der Vorbelüftung und Zündung, Ölfreigabe (Ventilöffnung) nach t_3, **7** Magnetventil, **8** Flammenbildung

Grundlagen Elektro, Regelung · Kommunikation Bauzeichnungen · Werkstoffe Trennen, Fügen · Rohre, Zubehör Montage · Trinkwasser Feuerlöschtechnik · Entwässerung Sanitär, Klempner · Gasinstallation Flüssiggas · TW-Erwärmung Solarnutzung TWE · Energietechnik Erneuerb. Energien · Heizungs- und Feuerungstechnik · Lüftung, Klima Wärmerückführung

509.1 Maximale Sicherheitszeiten für Ölzerstäuberbrenner DIN 4787

Durchsatz in kg	t_s beim Anlauf	t_s im Betrieb	bei Ausfall der Flamme: Wiederzündung	bei Ausfall der Flamme: Wiederanlauf
bis 30	10 s[1)]	10 s[2)]	zulässig	zulässig
über 30	5 s	1 s	unzulässig	zulässig

t_s = längst zulässige Zeitspanne, während Heizöl in den Feuerraum gefördert wird, ohne dass eine Flamme vorhanden ist

[1)] Zwischen Beginn und Ende der Ölzufuhr.

[2)] Zwischen Erlöschen d. Flamme und Ölstopp.

509.2 Öldurchsatz von Zerstäuberdüsen in Abhängigkeit vom Zerstäubungsdruck

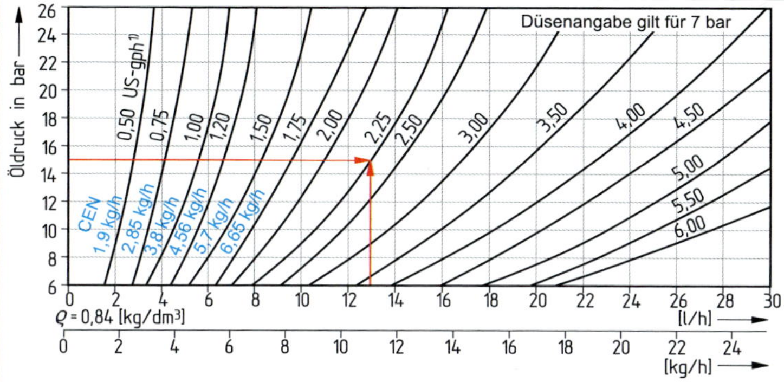

[1)] **gph** **g**allons **p**er **h**our (Gallonen pro Stunde) = 3,785 l/h.

$$\dot{m}_2 = \dot{m}_1 \cdot \sqrt{\frac{p_2}{p_1}} \text{ in } \frac{\text{kg}}{\text{h}}$$

$$\dot{V}_2 = \dot{V}_1 \sqrt{\frac{p_2}{p_1}} \text{ in l/h}$$

$$p_2 = p_1 \left(\frac{\dot{m}_2}{\dot{m}_1}\right)^2 = p_1 \left(\frac{\dot{V}_2}{\dot{V}_1}\right)^2$$

$\dot{V}_1$ geeichter Durchfluss, hier bei 7 bar

$\dot{V}_2$ Durchfluss bei eingestelltem Druck

p_1 geeichter Druck (hier 7 bar)

p_2 eingestellter Zerstäubungsdruck

509.3 Sprühwinkel und Sprühmuster bei Öldüsen – Hinweise

Sprühwinkel

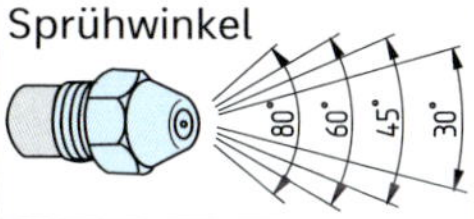

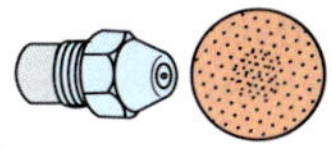

Vollstrahl

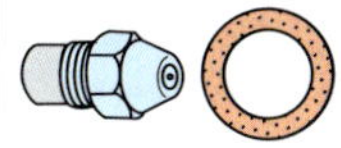

Hohlstrahl

halbhohl

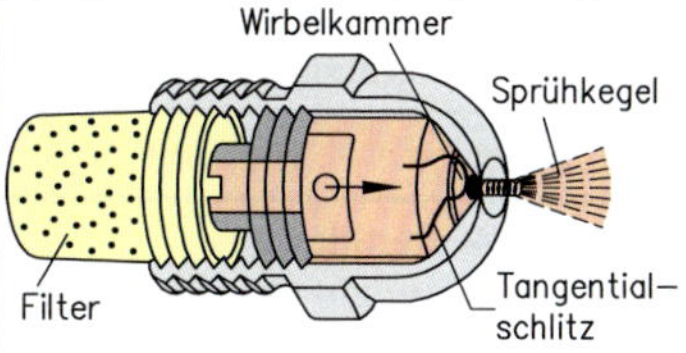

Düsenaufbau

- Voll und halbvoll bevorzugt, abhängig von Sprühwinkel und Feuerraum
- Düsenbezeichnung herstellerabhängig
- x = Abstand Düsenkante bis Elektrode
- Rotationsbewegung in Wirbelkammer
- Feine Zerstäubung → große Oberfläche

[1)] Um 30 % feinere Filtrationsleistung.

Anordnung der Öltropfen innerhalb des Sprühkegels

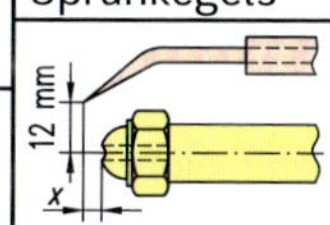

Düsen-∢	x mm
80°	1
60°	3
45°	4
30°	5

Doppelfilterdüse[1)]

- Zerstäubungsdruck bei kleineren und mittl. Anlagen zwischen 8–15 bar, bei größeren Anlagen bis 30 bar
- Sprühmusterdefinition (EN 299) bei 50 %/80 % Winkelfunktion: Index I < 0,700 voll; Index II 0,700–0,749 halbvoll; Index III 0,750–0,799 halbhohl; Index IV = 0,88 hohl

509.4 Maße und Kennzeichnung von Ölzerstäuberdüsen; CEN-Markierung EN 299

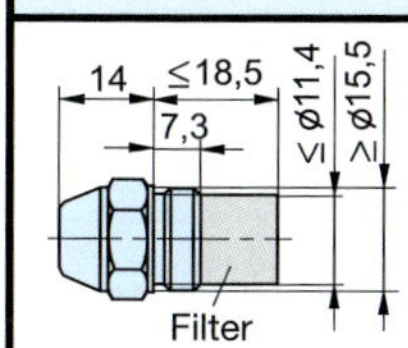

① Herstellerangabe ② CEN-Markierung ③ Interner Herstellercode ④ Bestehende Daten

Die neue **CEN-Markierung** gibt an: Durchsatz in **kg/h bei 10 bar** Prüfdruck (1000 kPa) mit Viskosität 3,4 mm²/s und Dichte 840 kg/m³; Durchsatztoleranz ± 4 %; Sprühmuster- und Sprühwinkelindex.

509.5 Öldurchsatz (kg/h) bei verschiedenen Drücken (bezogen auf 10 bar)

Nenndurchsatz bei 10 bar		1,46	1,87	2,11	2,37	2,67	2,94	3,31	3,72	4,24	4,45	4,71	5,17	5,84	6,08
Durchsatz bei verändertem Druck	bei 8 bar	1,30	1,67	1,88	2,11	2,38	2,62	2,96	3,32	3,79	3,98	4,21	4,62	5,22	5,43
	bei 12 bar	1,59	2,04	2,31	2,59	2,92	3,22	3,63	4,07	4,64	4,87	5,15	5,66	6,39	6,90
	bei 14 bar	1,72	2,21	2,49	2,80	3,15	3,47	3,91	4,40	5,01	5,26	5,57	6,11	6,90	7,19

$$\dot{V} = \frac{\dot{Q}_K}{H_i \cdot \eta_K}$$

$\dot{V}$ erforderlicher Öldurchsatz (s. 509.2) in l/h; $\dot{Q}_K$ Kesselnennleistung in kW; H_i Heizwert in kWh/l; η_K Kesselwirkungsgrad (Dezimalzahl) (s. 500.3).

510.1 Nenndurchsatz bei Öldruckzerstäuberdüsen bei 10 bar — DIN EN 293

Nenn-durchsatz																
	kg/h	1,03	1,25	1,60	1,80	2,00	2,25	2,50	2,80	3,15	3,55	4,00	4,50	5,00	5,60	6,30
	gal/h	0,32	0,40	0,51	0,57	0,64	0,71	0,79	0,89	1,00	1,13	1,67	1,43	1,59	1,78	2,00

510.2 Abgasseitige Korrosion bei Heizungsanlagen

Mögliche Ursachen	Mögliche Schäden	Mögliche Schutzmaßnahmen
• schwefelhaltige Brennstoffe → $SO_2 + 1/2\,O_2 + H_2O \Rightarrow H_2SO_4$ ($SO_3 + H_2O$) schwefelige Säure + Wasserdampf • nasses Holz, Schwelbrand • verunreinigte Verbrennungsluft (z. B. durch Reinigungs-, Lösungs-, Desinfektions-, Pflanzenschutzmittel, Lacke) • Stickstoff der Verbrennungsluft (evtl. Bildung von Salpetersäure) • ungeeignete Materialauswahl beim Abgassystem (nicht korrosionsbeständig) • Montagefehler (Dichtheit, Reinigung)	• Metalldurchbrüche im Kessel- und Abgassystem • Austritt von Heizungswasser und Abgaskondensat, Betriebsstörung • Beläge aus Korrosionsprodukten und dadurch auch geringere Heizleistung und größere Strömungswiderstände • Durchfeuchtung (Zerstörung des Schornsteins)	**Planung:** • Abstimmung von Materialauswahl, Energieträger, Anlagenbemessung • optim. Abgasführung (möglichst raumluftunabhängig), Systemwahl **Ausführung:** • sorgfältige Montage, keine Beschädigungen an Oberflächen **Betriebliche Maßnahmen:** • keine Chlorwasserstoffe in der Luft • regelmäßige Heizflächenreinigung • kein häufiges Ein- und Abschalten

510.3 Überschlägige Ermittlung des Brennstoffbedarfs *B* (in Anlehnung an VDI 2067)[1]

$$B_{Ha} = \frac{Q_a - Q_U}{H_i \cdot \eta_{ges}} = b_{VH} \cdot \frac{\dot{Q}_N}{H_i \cdot \eta_{ges}}$$

*) je nach H_i-Einheit: l/a, m³/a, kg/a

Anhaltswerte für b_{VH}	
1-Fam.Geb.	1500-2100
Mehrf.-Geb.	1600-2000
Bürogebäude	1400-1900
Krankenh.	1900-2500
Schulen	1100-1400

- Q_a Jahreswärmebedarf in kWh/a
- Q_U innere und äußere Wärmequellen (z. B. Geräte, Sonne)
- $\dot{Q}_N$ Norm-Wärmebedarf (Normheizlast) in kW
- H_i Heizwert (z. B. in kWh/m³)*); Brennwertnutzung (s. 506.4)
- η_{ges} (η_a)Jahresnutzungsgrad (s. 501.1)
- b_{VH} Jahresvollbenutzungsstunden (Tendenz nach unten)

[1] Wegen der vielen Einflussgrößen (s. 406.3) ist eine genaue Vorausberechnung nicht möglich.

510.4 Brennstoffverbrauch bei zentralen Trinkwassererwärmungsanlagen nach Heizkost. VO

$$B = \frac{2{,}5 \cdot V \cdot (\vartheta_W - \vartheta_K)}{H_i}$$ in m³ (Gas), l (Heizöl), kg (z. B. Holz)

$$Q = 2{,}0 \cdot V \cdot (\vartheta_W - 10)$$

- 2,5 Konstante für Wirkungsgrad der WW-Bereitung
- V Volumen des aufbereiteten Warmwassers in m³
- ϑ_W Erfahrungswert 55 °C (Begrenzung 60 °C)
- ϑ_K durchschnittliche Wassertemp. aus Versorgungsleitung

H_i (Anhaltswerte): Heizöl: 10 kWh/l; Erdgas LL: 9 kWh/m³, H(E) 10,4 kWh/m³; Holz (trocken) 4,3 kWh/kg

510.5 Jährlicher Brennstoffverbrauch (Heizung) je m² Wohnfläche in l (Öl) bzw. m³ (Gas)[1]

Anhaltswerte	Bewertung und Empfehlungen
≥ 30	extrem ungünstig und unverantwortlich hoch, umfangreiche Sanierung (Gebäude u. Anlage)
> 25-30	immer noch sehr hoch, umfangreiche Einsparmaßnahmen sind vorzusehen (möglich)
> 20-25	sollte im Altbau obere Grenze sein, im Neubau viel zu hoch, Einflussgrößen überprüfen
> 15-20	Normalbereich im Altbau, in Neubauten relativ hoher Wert, übliche Durchschnittswerte
> 10-15	Normaler „Neubauwert", gut sanierte Altbauten (Gebäude und Heizungsanlage)
> 5-10	sehr guter Wert, nur bei opt. Bedingungen möglich (Gebäude, Anlage, Nutzung, Klima)
≤ 5	hochgedämmte dichte Gebäude (NE-Geb.), opt. Nutzung, passive Solarwärme, Heizpausen

[1] Ohne Trinkwassererwärmung (mit Trinkwassererwärmung um etwa 10–20 % höhere Werte).

Jedes fünfte Gebäude in Deutschland benötigt zu viel Heizenergie, Verbrauchsunterschiede im Gebäudebestand sind eklatant unterschiedlich, ≈ 50 % aller Gebäude verbrauchen jährlich < 15 l/m² Heizöl (= 15 m³/m² Gas), davon 20 % unter 12 l/m² und 18% über 20 l/m²; große Unterschiede gibt es zwischen den Städten und Bundesländern (in manchen Städten bis 70 % < 16 l/m²).

511.1 Heizölbatterietanks aus Kunststoff (Beispiel) — VDI 2050-3/2017

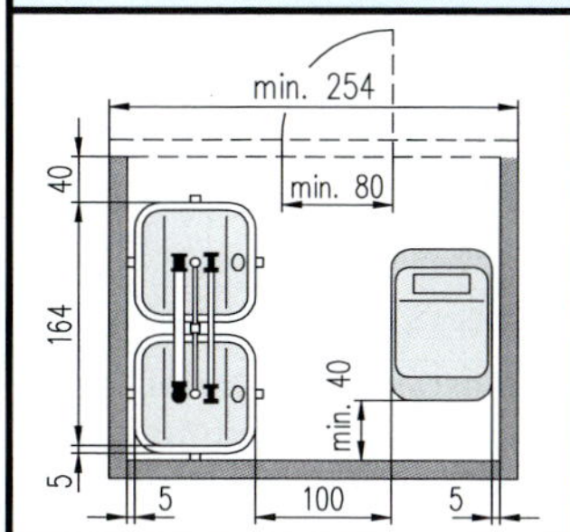

Maße von Batterietanks **(Beispiel)**

Tankinhalt in Liter	Länge in m	Breite in m	Höhe in m
600	0,80	0,80	1,25
750	0,80	0,80	1,55
1 000	0,80	0,80	2,00

Aufstellvariante **(Beispiele)**

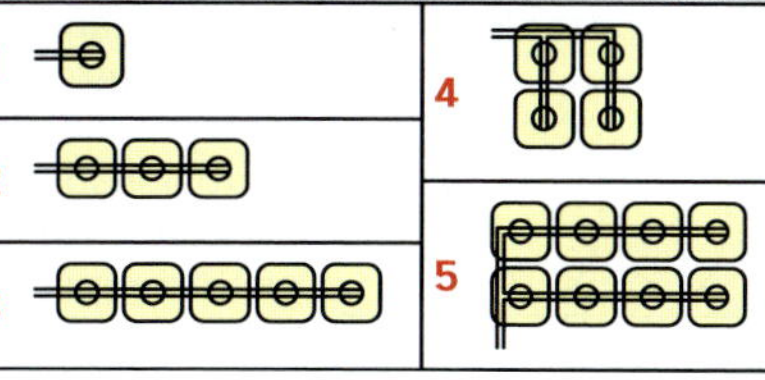

Grundfläche in m x m:
1 0,80 x 0,80; 2 250 x 250; 3 4,25 x 0,80
4 165 x 165; 5 3,40 x 1,65

• Ausnutzung des Lagerraums durch modularen Aufbau • Bis 25 Behälter dürfen zu einer Batterie zusammengeschlossen werden (bei GFK oder Stahl max. 5). In einer Reihe dürfen maximal 5 Behälter stehen. • Gesamtes Fassungsvermögen darf 25 000 l nicht überschreiten.

511.2 Rechtsgebiete und Vorschriften bei der Öllagerung

Wasserrecht: WHG, VAwS		Arbeitsrecht: VbF, TRbF		Baurecht: LBO, FeuVO		Umweltschutzrecht: BlmSch	
WHG	Wasserhaushaltsgesetz	VbF	**V**erordn. über**b**rennb. **F**lüss.	FeuVO	Feuerungsverordnung		
VAwS (AwSV)	**V**erordn. üb. **An**l. zum Umgang mit **w**assergefährd. **S**toffen*)	TRbF	**T**echn. **R**egeln **b**rennb. **F**lüss.	BlmSch VO	Bundesimmissions-schutzverordnung		
		LBO	**L**andes**b**au**o**rdnungen				

*) Seit 1.8.2017 neu in Kraft; jetzt bundesweit für Öltanks mit größer als 1000 Liter (für unerirdische Lagerung generell). Neu ist auch die **Fachbetriebspflicht** (Zertifizierung). Weitere Abkürzungen: **TRWS** Technische Regeln wassergefährdender Stoffe, **IWO** Institut Wärme und Öltechnik (2017); zahlreiche Normen, z. B. 4119, 6600, 6618, EN 12285 usw.

511.3 Maximal zulässige Öllagermengen innerhalb von Gebäuden (FeuVO)

	Aufstellungsraum	Lagermenge	Hinweise und Anforderungen
1	in Wohnungen	bis insgesamt 40 l (bis 100 l)	Lagerung in Kanistern (in Behältern)
2	außerhalb von Wohnungen	bis 5000 l je Gebäude- oder Brandabschnitt	Raum belüftbar; dichte selbstschließende Türen, keine Öffnungen zu anderen Räumen, Heizölsperre u. a.
3	desgl. jedoch mit Feuerstätten	wie unter 2	wie unter 2; > 1 m Abstand zur Feuerstätte ggf. geeign. Strahlungsschutz; Feuerst. außerhalb „Wanne“
4	in separatem Brennstofflagerraum	bis 100000 l je Gebäude- oder Brandabschnitt	feuerbest. Wände, Decke, Boden; Türen T 30, selbstschließend; Raum belüftbar u. vom Freien aus beschäumbar; Ltg. durch Wände nur bedingt; Ölsperre

Unzulässige Behälteraufstellung in Treppenräumen, Durchgängen, Durchfahrten, in allgemein zugänglichen Fluren auf Dächern, in Dach-, Arbeits-, Gast- und Schrankräumen

511.4 Doppelwandige Kunststofftanks für oberirdische Lagerung, Füllstandsmessgeräte

Inhalt je Tank (l)	600	750	1000
max. Lagermenge (l)	bis 15000	bis 18750	bis 25000
Gewicht (kg)	32	39	57

keine Auffangwanne, kein Mindestabstand, kein besonderer Putz, kein ölsperrender Farbanstrich

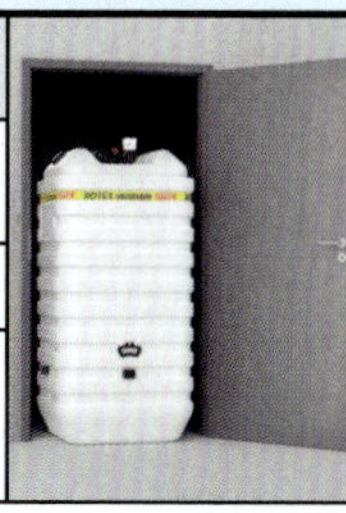

① Pneumatisches Gerät, kontinuierliche Messung

② Hydrostatisches Messgerät. Zu große Ölstandsdifferenz → Alarmauslösung

③ Digitale Inhaltsanzeige, elektronischer Messwertaufnehmer (kontinuierl.)

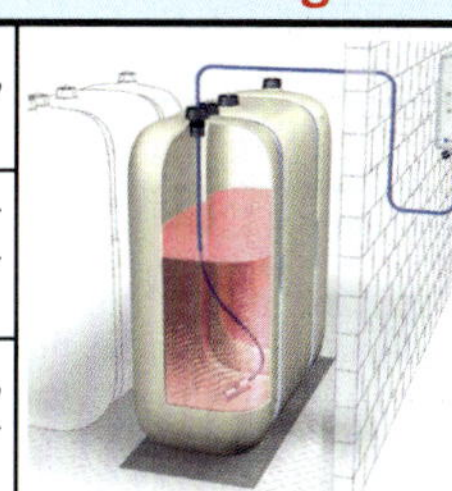
①

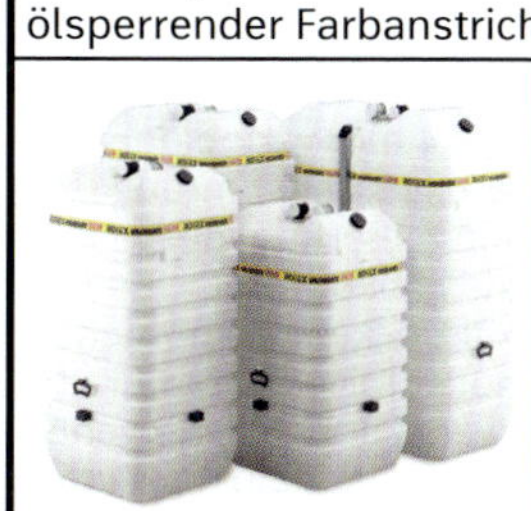

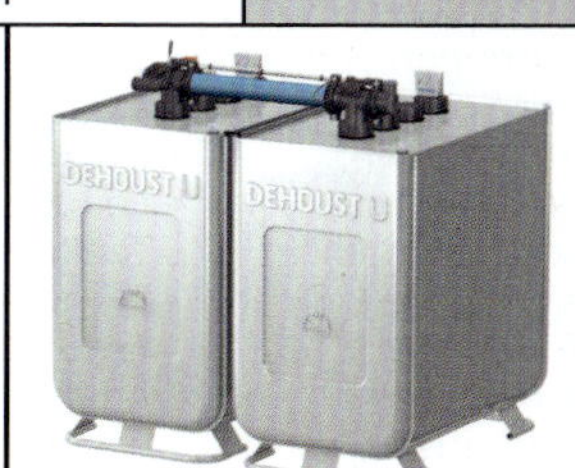

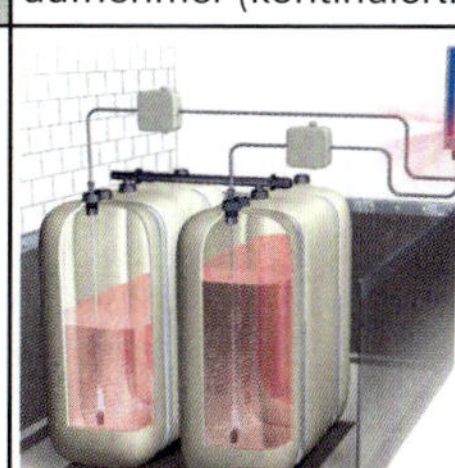

②

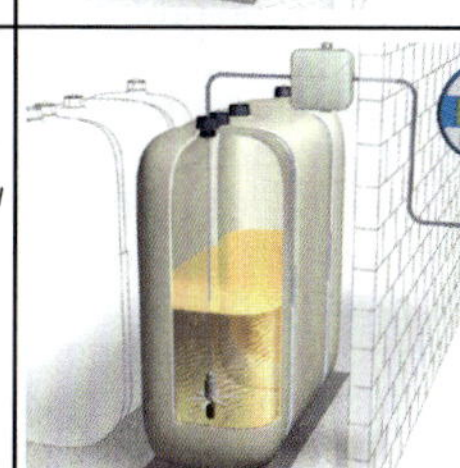
③

512.1 GFK-Öltanks

Glasfaserverstärkte Kunststofftanks (GFK-Tanks): vorwiegend noch im Bestand, extrem langlebiges Material, absolute Korrosionsbeständigkeit, vorwiegend doppelwandig. Nachteilig ist der höhere Platzbedarf, sind nicht so flexibel wie die Kunststoff-Batterietanks (s. 511.1 und 511.4).

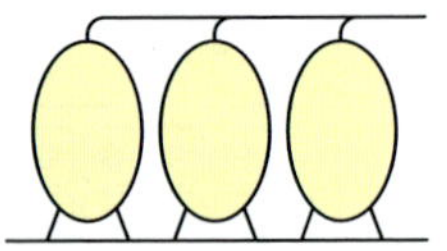

512.2 Doppelwandiger Erdtank

Wahlweise auch in Kugelform.

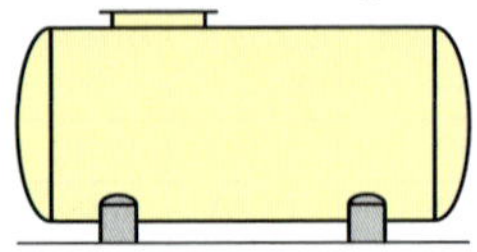

Beide bei Stilllegung evtl. zur Regenwassersammlung verwendbar. Bei **innenliegende Anordnung** sind einige Anforderungen zu beachten.

512.3 Standortgefertigter Tank

Einwandiger Tank in Auffangwanne

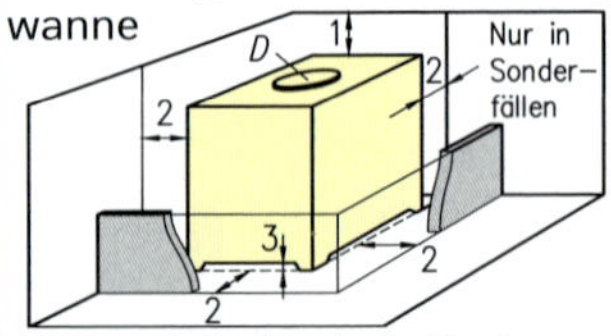

Mindestabstände 1: Decke und Tank (je nach ⌀-Öffnung) 50–60 cm; 2: Tank und Umgebung 40 cm; 3: 4 cm

512.4 Anforderungen und Vorschriften für unterirdische Öllagerung — DIN 6608

- keine Beschädigung der Isolierung bei Transport und Einlagerung sowie durch Witterungseinflüsse
- gleichmäßige Auflage auf gesamter Länge
- keine Lageveränderung nach der Befüllung
- ausreichende Befestigung bei nicht tragfähigem Untergrund, evtl. Fundament vorsehen
- Tank zum Domdeckel hin etwa 1 % Gefälle
- Abstand zum Nachbargebäude mind. 1 m desgl. zu öffentlichen Versorgungsleitungen
- Abstand zwischen mehreren Tanks mind. 40 cm
- Erddeckung mind. 80 cm (nicht mehr als 1 m)
- allseitig mit 20 cm dicker Schicht umgeben (steinfrei)
- Füllmaterial ohne Hohlräume und ohne aggressive Stoffe; Sand mit Körnung ≤ 2 mm
- Auftriebssicherung bei Überschwemmungsgefahr
- lichte Weite des Domschachtes möglichst ≥ 1 m und mind. 20 cm größer als ⌀ des Domdeckels
- keine Entwässerungsleitungen im Domschacht
- nach landesrechtlichen Vorschriften genehmigungs- und alle 5 Jahre prüfpflichtig (in Wasserschutzgebieten 2,5 Jahre)

512.5 Unterirdische Öllagerung mit doppelwandigem Tank, Tankarmaturen — VDI 2050-3

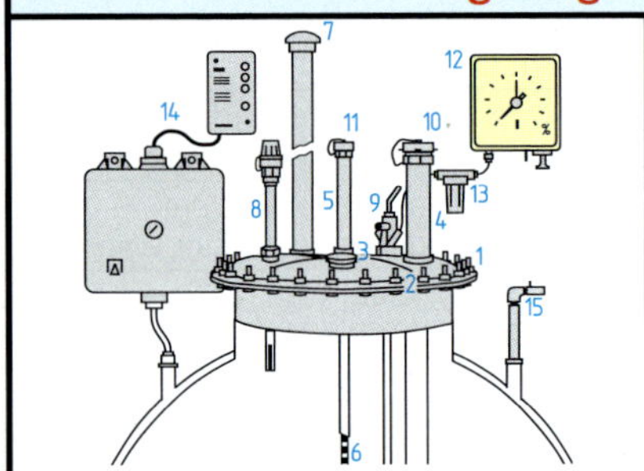

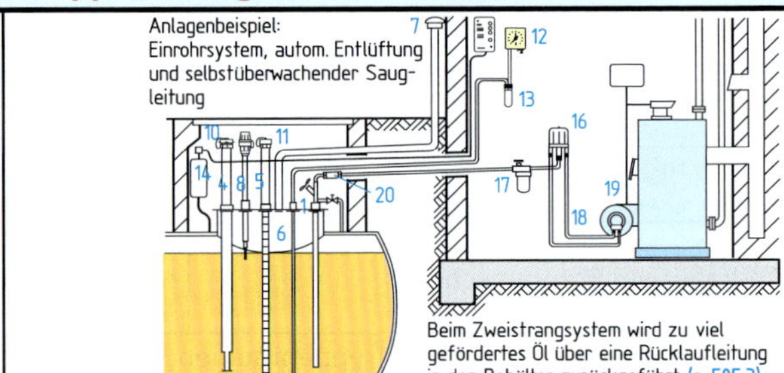

Beim Zweistrangsystem wird zu viel gefördertes Öl über eine Rücklaufleitung in den Behälter zurückgeführt (s. 505.3).

1 Domdeckel, **2** Dichtung, **3** Blindstopfen, **4** Füllrohr mit Tauchrohr, **5** Peilrohr, **6** Peilstab, **7** Entlüftungshaube, **8** Grenzwertgeber, **9** Kombinationsverschraubung, **10** Füllrohrverschluss, **11** Peilrohrverschluss, **12** Inhaltsmessgerät, **13** Kondensatgefäß, **14** Leckwarngerät, **15** LWG-Montageset, **16** Heizölentlüfter, **17** Filter (mit **16** kombiniert), **18** Schlauchleitung, **19** Doppelnippel, **20** Absperrarmatur und Isolierverschr.

512.6 Fülleinrichtung, Be- und Entlüftungs- und Entnahmeleitungen bei Erdtanks

Fülleinrichtung	Be- und Entlüftungsleitung	Entnahmeleitung
• Füllstutzen außerhalb des Gebäudes, gut zugängliche Anordnung von der Straße aus • verschließbare Verschlusskappe • Füllrohr DN 50 oder DN 80 (Großanl.), Gefälle zum Öltank • Ende der Auslauföffnung im unteren Drittel des Öltanks • Zuordnung des Füllstutzens an Anschluss des Grenzwertgebers • unzulässige Spannungen vermeiden (Dehnungen beachten) • Fülldruck und -geschw. beachten • evtl. Überfüllsicherungen (Niveaustandsgeber, -begrenzer)	• keine Absperreinrichtung und Querschnittsverengung • Anschluss am höchsten Punkt des Tanks, Steigung ins Freie • Durchmesser mindestens DN 40 • Schutz gegen Eindringen von Regenwasser oder Schmutz • Mündung mind 0,5 m über Füllstutzen, desgl. über Erdgleiche (früher ≥ 2,5m) nicht in geschlossenen Räumen, nicht Nähe Fensteröffnungen • bei mehrreihiger Montage Verbindung zu jedem Tank • Undichtigkeiten vermeiden	• Einführung nur von Oberseite • Ansaugstelle etwa 5–10 cm über Behälterboden • Rohrleitungen dicht und widerstandsfähig befestigen • Strömungsgeschwindigkeit 0,2 ... 0,5 m/s; ⌀ < 4 mm vermeiden • frostsichere Leitungsführung • Leitung von außerhalb des Tankraumes absperrbar • Wand- und Deckendurchbrüche, Erdverlegung: mit Schutzrohr • Antiheberventil oder Magnetventil, wenn Leitung unterhalb max. mögl. Ölstand (Unterdruck)

513.1 Leckanzeigegerät (LAG) für unterirdische Öllagerung

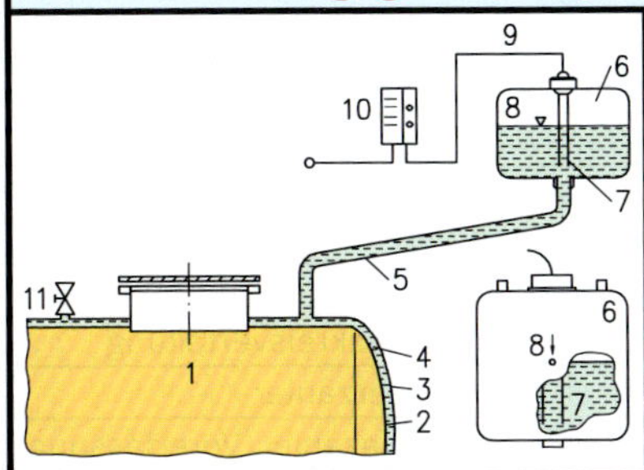

1 Öllagerbehälter	**5** Verbindungsleitung	**8** Flüssigkeitsspiegel
2 Innenmantel	**6** Leckanzeige-flüssigkeitsbehälter	**9** Sonde-Signal Ltg.
3 Außenmantel		**10** Signalteil (Anzeige)
4 Überwachungsraum	**7** Sonde	**11** Entlüftung, Prüf.

- Anzeige von Undichtigkeiten an Tankwandung (optisch u. akustisch)
- Montage des LAG, im Domschacht; in Nische mind. 10 cm zwischen Unterkante LAG und Prüfventil (11), mind. 30 cm zum Tankscheitel
- außer Flüssigkeitssystem gibt es Vakuum- und Überdrucksysteme, Hoch-Vakuumbasis; Leckanzeiger für Rohrleitungen, Geräte auf Kaltleiter- oder Leitfähigkeitsbasis, optoelektronische Sonden

Grundsatzforderung: Jegliche Undichtigkeit muss schnell und zuverlässig erkennbar sein!

513.2 Bemessung der Ölleitung

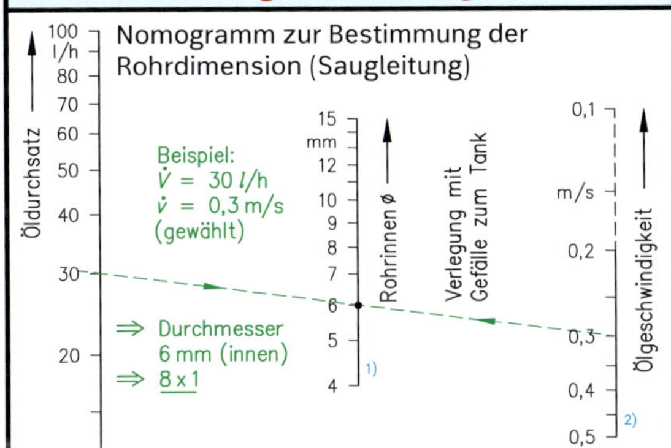

Druckverlust im Saugbetrieb					
$\dot{V}$ in l/h	20	40	60	80	100
Δp in Pa	160	650	1500	2700	4200

[1] Abmessungen < 4 mm vermeiden.
[2] Geschwindigkeitsbereich:
0,2–0,5 m/s Saugleitung
0,4–1,2 m/s Druckleitung

513.3 Einstrang- und Zweistrangsystem

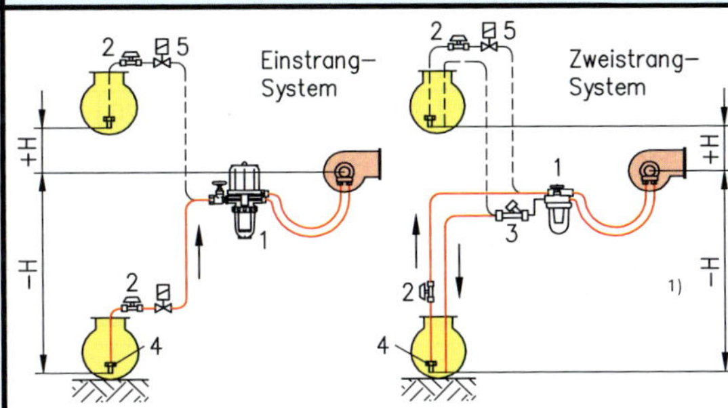

Einstrang: nur eine Saugltg. - Ölförderung: nur so viel wie benötigt wird; aus Sicherheitsgründen bevorzugen **Zweistrang**: zuviel geförderte Ölmenge strömt über Rücklaufleitung zurück zum Tank (nachteilig)
1 Filter mit Absperrhahn, **2** Abschlussventil, **3** Rückschlagventil, **4** Fußventil, **5** Magnetventil oder Antiheberventil, wenn Leitung von Tank zum Brenner z. T. unterhalb des maximalen Ölstandes liegen.

[1] Max. Saughöhe der Ölpumpe beachten.

513.4 Technische Regeln brennbarer Flüssigkeiten TRbF

TRbF	Inhaltsangabe	TRbF	Inhaltsangabe	TRbF	Inhaltsangabe
001	Allgemeines der TRbF	280	Betriebsvorschriften	512	Abfüllsicherungen
200	allg. Sicherheitsanforderungen	501	Leckanzeigegeräte Behälter	613	selbstt. schließ. Zapfventile
210	Öllagerräume	502	desgl. f. doppelwand. Rohrltg.	521	kath. Korr. Schutz (Erdtank)
220	Ortsfeste metallische und	503	Leckanzeigegeräte Montage	522	desgl. lokal
221	nicht metallische Tanks		und Überwachung	600	allg. Prüfgrundsätze
231-1	metallische Werkstoffe	510	Überfüllsicherungen	620	Prüfung von Tanks und
	Ölleitungen in Werksgeländen	511	Grenzwertgeber		Rohrleitungen

Weitere Vorschriften für Heizöllagerung: 511.2

513.5 Einstufungen hinsichtlich der Verwendung von wassergefährdeten Stoffen

Einstufungen wassergefährdender Stoffe			
Wassergefährdungsklassen WGK	3	stark wassergefährdend	
	2	wassergefährdend [1]	
	1	schwach wassergefährdend	
Gefährdungspotenzial für WGK 2 (Heizöl)			
Volumen in m³ [2]	< 1,0	> 1,0 ≤ 10	> 10 ≤ 100	> 100
Gefährdungsstufe	A	B	C	D

Einstufung nach arbeitsschutzrechtl. Verordn.				
Flüssigkeiten mit Flammpunkt [°C]	≤ 100	< 21	21 ... 55	55 ... 100
Gefahrklasse	A	A I	A II	A III [1]

Gefahrklasse B Flüssigk. mit Flammpunkt < 21 °C, die sich bei 15 °C in Wasser auflösen

[1] Für Heizöl.
[2] Fassungsvermögen der Anlage.

514.1 Wärmezähler – Überblick über die verschiedenen Zählerarten

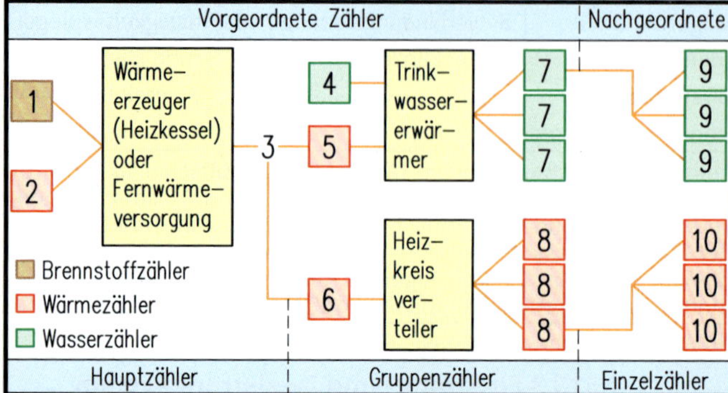

1 Brennstoffzähler (fraktuiert)	
2 Wärmezähler (Fernwärmeversorg.)	
3 Gesamtwärmezähler (alle Wohnungen)	
4 Kaltwasserzähler (im Zufluss der Warmwasserbereitung)	
5 Wärmezähler	Warmwasserbereitung
6 vor der	Heizkreisverteilung
7 Nutzer-	Wasserzähler
8 gruppen	Wärmezähler (Vorerfassung)
9 Nutzer-	Wasserzähler
10 einheiten	Wärmezähler

514.2 Auslegung eines Wärmezählers zwischen Kessel und Speicher für Trinkwassererwärmung

Auslegung nach Wohneinheiten[2]														nach Speichervolumen										
Wohneinheiten[1]	1	2	3	4	5	6	10	12	20	26	30	36	50	100	150	200	300	350	400	500	600	700	1000	1500
$\dot{V}$ in m³/h	0,8	1,5	1,5	1,5	1,5	1,5	2,5	2,5	3,5	3,5	3,5	6,0	6,0	0,6	0,6	1,5	1,5	2,5	2,5	2,5	3,5	3,5	6,0	6,0

[1] Die Werte entsprechen auch der Leistungskennzahl *N* (s. 389.2), kann am Typenschild abgelesen werden.

[2] Angaben bei einem anderen Geräten (Fabrikat): Wohneinheit (Durchfluss m³/h), < 3 (1,5), 4–10 (2,5), 11–30 (3,5), 31–80 (6,0)

514.3 Hinweise zur Auswahl von Wärmez.

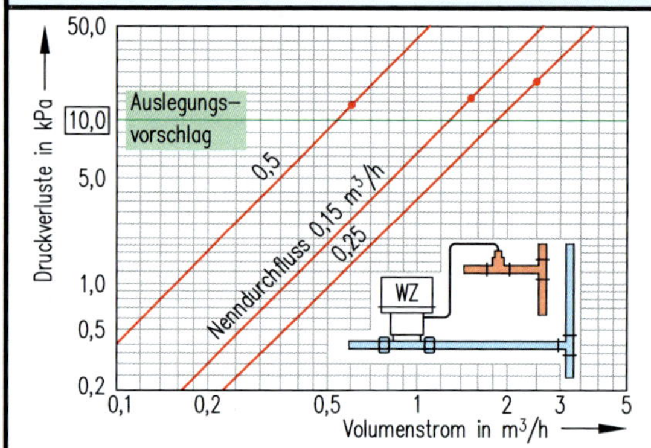

- Auswahl richtet sich nach Volumenstrom, Messanforderungen (Messbereichsgrenzen), Montagebedingungen, Temp.-bereich, evtl. Integration in Funksystem oder Busanlage, Einsatzgebiet (Wohngebäude, Industrie, Fernwärme)
- Wärmezähler soll möglichst im unteren Nenngrößenbereich arbeiten (daher wird Δp sowohl bei Nenndurchfluss als auch bei 10 kPa angegeben („G"))
- Gerätekauf (oft mit Wartungsvertrag kann auch m. E. gemietet werden (Miete und Wartungskosten sind umlagefähig)
- Montagezubehörteile sind z. B. spezielle Passstücke, Tauchhülsengehäuse, Fühler

514.4 Ultraschallwärmezähler (Beispiel)

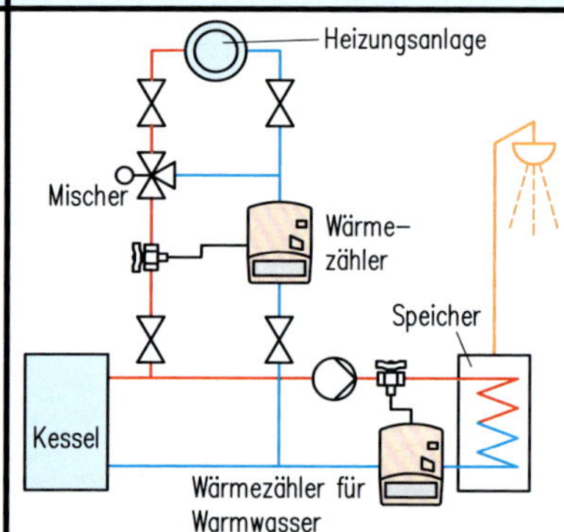

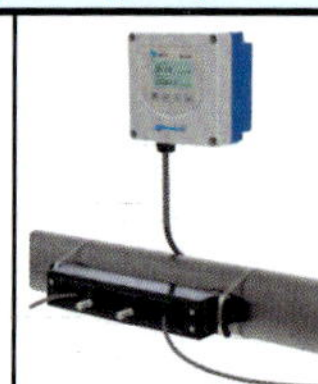

Seit 1.1.2014 muss ab 2 Wohneinheiten ein Wärmezähler eingebaut werden (HKVO).

Bestimmung des Durchflusses durch die Laufzeit von Schallwellen; akustische Impulse mit einer Frequenz von ca. 1 MHz werden Mit- und Gegenströmung des Mediums durch ein Messrohr gesendet. Verarbeitung der Signale von $\dot{V}$ und $\Delta\vartheta$ im Rechenwerk mit anschließender Anzeige auf Display. **Vorteile** gegenüber Flügelradwärmezähler: höhere Messgenauigkeit und -stabilität, längere Nutzungsdauer, höhere Überbelastungssicherheit, flexiblere Einbaulage. Temp.fühler direkt oder indirekt messend

- **Verschiedene Varianten** ermöglichen die Einbindung in Fernausbesserungssysteme wie M-Bus, Funk usw.
- Die **Norm DIN 1494** (6 Teile) wurde 2016 überarbeitet.

514.5 Erfassungsgeräte bei der Heizkostenverteilung – Anforderungen HKVO

Heizung:
Heizkostenverteiler HKV:
a) Verdunstungsgeräte
b) Elektronische Geräte
Wärmezähler:
Messkapsel-, Kompakt- Ultraschallwärmezähler

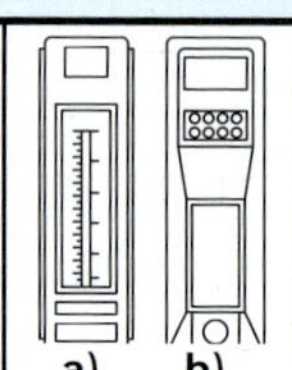

- Seit 1.1.2014: Verteilschlüssel 70 % verbrauchsabhängige Kosten und 30 % Grundkosten. Bisherige Wahl zwischen 50–70 % nur noch als Ausnahme
- Vor Juli 1981 installierte HKV und WWKV müssen ausgetauscht werden (§ 7 Abs. 1, § 9 Abs. 2, § 12 Abs. 2)

Trinkwassererwärmung:
(Wasserzähler)
- Unterputzmontage
- Aufputzmontage

(auch für Nachrüstungen)

Einbaupflicht eines Wärmezählers seit 1.1.2014

515.1 Nutzungsdauer („Lebensdauer") von Anlagenteilen in Jahren EN 15459 und VDI 2067

Abgasanlagen	15 – 20	Heizkessel Öl/Gas	20 – 30	Plattenheizkörper	30 – 40	Umwälzpumpen	10 – 20
Armaturen	20 – 30	Kühldecken	30	Rohrnetz – Heizung	20 – 40	Ventilatoren	15 – 20
Ausdehnungsgefäß	15	Luftheizgeräte	15 – 20	Rohrnetz – Sanitär	15 – 40	Verbundrohre	50
Brenner Öl/Gas	10 – 15	Luftkanäle	30	Solarkollektoren	15 – 25	Wärmepumpe – Strom	20
Dämmung (Rohre)	20	Mess-/Regelgeräte	15 – 20	Speicher (TWE)	20	Wärmepumpe – Gas/Öl	15
Fußbodenheizung	30 – 50	Öltanks Stahl/u. a.	25 – 30	Thermostatventil	10 – 15	Werkzeuge	10

Nutzungsdauer
- allgemein: Zeitraum, über den ein Wirtschaftsgut betrieblich genutzt werden kann
- geschätzt: Geplante Nutzungsdauer als Basis einer regulären Abschreibung des Wirtschaftsgutes
- tatsächlich: Nutzungsdauer z. B. durch techn. Überalterung, Verschleiß, Wartung, Reparatur, Witterung

515.2 Kostenarten bei gebäudetechnischen Anlagen

1. **kapitalgebundene Kosten,** z. B. Kapitalkosten, Instandhaltungskosten
2. **verbrauchsgebundene Kosten,** z. B. Energie-, Hilfsenergiekosten, Betriebsstoffe
3. **betriebsgebundene Kosten,** z. B. Wartung, Reinigung, Prüfung, Überwachung
4. **sonstige Kosten** z. B. Versicherungen, allgemeine Abgaben, Verwaltung

Anforderungen hinsichtlich Funktion, Hygiene, Sicherheit, Wirtschaftlichkeit, Umweltschutz

$$\text{Preis-Leistungs-Verhältnis PLV} = \frac{\text{gesamte Investitionskosten}}{\text{jährl. Energieeinsparung} \times \textbf{Nutzungsdauer}} \quad \text{in EUR/kWh}$$

PLV ermöglicht, verschiedene Maßnahmen mit verschieden langer Nutzungsdauer miteinander zu vergleichen

515.3 Brennstoffkosten in Deutschland 2016

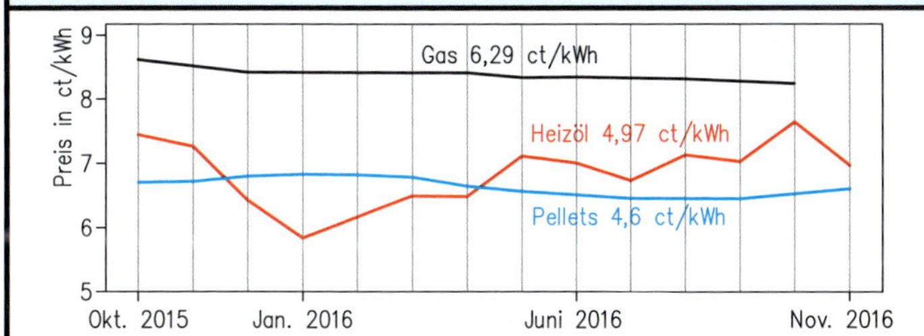

Basis: Verbraucherpreise für die Abnahme von 33540 kWh **Gas** (H_o); 3000 l **Heizöl EL** (H_u: 10 kWh/l); 6 t **Pellets** EN plus A1 (H_u: 5 kWh/kg), inkl. MwSt. und sonstigen Kosten

515.4 Wirtschaftlichkeit (Anlagen)

- Kostenberechnung (Gebäude)
- Energiebedarf für Heizung
- Nutzenenergiebedarf für Trinkwassererwärmung (TWE)
- Energieaufwand (Nutzerübergabe: WW-Heizung, TWE und raumlufttechnische Anlagen)
- Energieaufwand für Verteilung und Erzeugung

nach VDI 2067 „Wirtschaftlichkeit gebäudetechnischer Anlagen"

515.5 Inhalt der Heizkostenverordnung (HeizkostenV)

§ 1	Anwendungsbereich (Anlagen, Wärmelieferung)	§ 9	Verteilung der Kosten der Versorgung mit Wärme und Warmwasser bei verbundenen Anlagen (i. Allg. nach Anteilen am Brennstoffverbrauch)[1]
§ 2	Vorrang für rechtsgeschäftl. Bestimmungen		
§ 3	Anwendung auf das Wohneigentum		
§ 4	Pflicht zur Verbrauchserfassung (Eigentümer)	§ 9a	Kostenverteilung in Sonderfällen (Durchschnitt)
§ 5	Ausstattung zur Verbrauchserfassung	§ 9b	Kostenaufteilung bei Nutzerwechsel
§ 6	Pflicht zur verbrauchsabhäng. Kostenverteil.	§ 10	Überschreitung der Höchstsätze
§ 7	Verteilung der Kosten der Versorgung mit Wärme	§ 11	Ausnahmen[2]
§ 8	Verteilung der Kosten der Warmwasserversorg.[1]	§ 12	Kürzungsrecht, Übergangsregelungen

[1] Nach der Verordnung müssen für Zentralheizungen, die auch warmes Wasser bereiten, seit 2014 Wärmezähler eingebaut werden (s. 514.5). Bei unzumutbar hohem Aufwand darf der Energiebedarf rechnerisch erfolgen.

[2] **Ausnahmen:** • wenn Mieter und Vermieter zusammen ein 2-Familien-Haus bewohnen • bei Passivhäusern < 15 kWh/m² • falls eine Abrechnung technisch nicht möglich oder unwirtschaftlich ist • beim Einsatz von erneuerbaren Energien • bei Alten- und Pflegeheimen, Studenten- und Jugendwohnheimen.

515.6 Umlagefähige Nebenkosten bei der Heizkostenabrechnung (nach der HeizkostenV)

- Betriebsstrom (z. B. für Brenner, Pumpe, Regelung)
- Bedienung, Überwachung, Reinigung, Einstellung
- Wartung (jedoch ohne Reparaturkosten, Ersatzteile)
- Schornsteinfegerkosten (Reinigung, Abgasanlage)
- Abgasmessung entspr. Immissionschutzgesetz
- Kosten für Eichung bzw. gleichwertige Verfahren
- Kosten der Verbrauchserfassung und Abrechnung
- Kaltwasserkosten für Warmwasser
- Kosten für die Verbrauchsanalyse (§ 7 Abs. 2)
- Miet- oder Leasingkosten für Erfassungsgeräte (m.E.)
- Zusatzmittel gg. Frostschäden, Korrosion, Rußbildung
- Öltankreinigung (auf entsprechende Jahre verteilt)

516.1 Merkmale der Fernwärmeversorgung

- wie bei Gasfeuerung: Wegfall von Brennstoffbeschaffung und -transport (Verkehrsentlastung)
- geringe Preisschwankungen, Abrechnung in Raten
- keine Vorschriften bezügl. Verbrennungsluftversorgung, Aufstell- und Brennstofflagerung
- Betriebssicherheit; keine lfd. Überprüfungen
- Verwendung auch „billiger“ Brennstoffe (z. B. Müll), d. h. hohe Wirtschaftlichkeit bei Brennstoffnutzung
- Nutzung von Abwärme bei Kraft-Wärme-Kopplung
- geringere Umweltbelastung (weniger Emissionen)

516.2 Schematische Darstellung eines Fernwärmeanschlusses – Begriffe

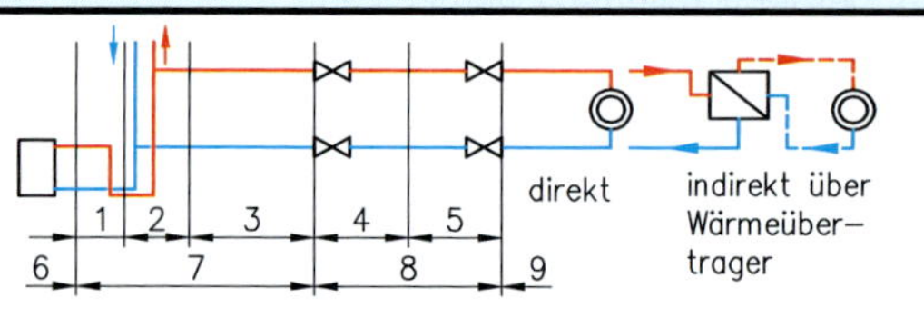

1 Hauptleitung
2 Verteilleitung
3 Hausanschlussleitung
4 Übergabestation
5 Hauszentrale
6 Wärmeerzeugungsanlage (Heizzentrale,
7 Heizwerk)
8 Fernwärmenetz
9 Hausstation (DIN 4747)
Hausanlage (DIN 4751)

516.3 Fernwärmeübergabestationen (Platzbedarf/Nutzungsflächenmaße (s. 83.2))

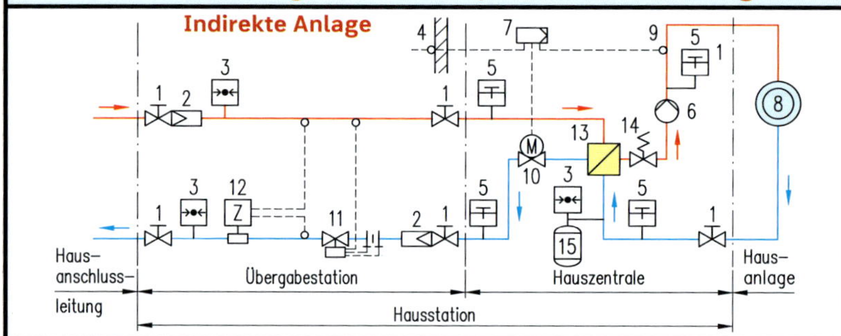

1 Absperrorgan, **2** Schmutzfänger, **3** Manometer, **4** Außenfühler, **5** Thermometer, **6** Umwälzpumpe, **7** Vorlauftemperaturregelung, **8** Heizflächen, **9** Vorlauffühler, **10** Regelventil, **11** Differenzdruckregler, **12** Wärmemengenzähler, **13** Wärmeübertrager, **14** Sicherheitsventil, **15** Ausdehnungsgefäß

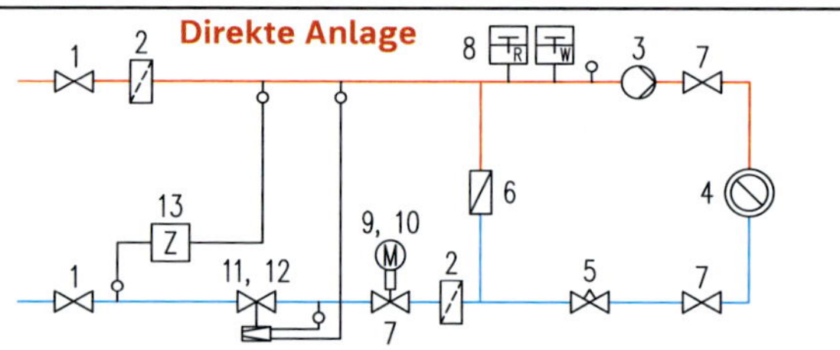

vielfach nicht mehr zugelassen oder erwünscht

1 Absperrventil, **2** Schmutzfilter, **3** Pumpe, **4** Heizflächen, **5** Drosselarmatur, **6** Rückflussverhinderer, **7** Durchgangsventil, **8** Temperaturregelung, **9** Stell-antrieb (DIN 4747), **10** Gerät mit Sicherheitsfunktion drosselt den Durchfluss und regelt somit witterungsabhängig die Vorlauftemperatur, **11** Differenz- und **12** Durchflussregelung, **13** Erfassung des Wärmeverbrauchs

516.4 Temperaturabsicherung von Fernwärmehausstationen — DIN 4747-1

Anlage		max. Netzvorlauftemperatur (Heizmitteltemp. ϑ_{Hzul})	max. zuläss. Temp. in Hausanlage ϑ_{HA}	Vorlauf- bzw WW-Temp.Regelung	Sicherheitstechn. Ausrüstung TR[1]	STW[1]	Sicherheitsfunktion
				konstante Netzfahrweise			
Raumheizung + Raumluftheizung	a	≤ 120 °C	≥ Netzvorlauf	nicht erford.[3]	nicht erford.	nicht erforderlich	nicht erford.
	b		< Netzvorlauf	erforderlich	nicht erford.	erforderlich[2) 4)]	erforderl.[4]
	c	> 120 °C	< Netzvorlauf	erforderlich	erforderl.[5]	erforderlich[2) 4)]	erforderl.[4]
	[1] TR Temperaturregler, STW Sicherheitstemperwächter. [2] Max. ϑ_{Hzul}.						
	gleitende und gleitend-konstante Netzfahrweise						
	[3] Thermost. Hkp. Ventile ausreichend. [4] Nicht erforderlich bei Anlagen, deren Primärwasserstrom ≤ 1 m³/h beträgt. [5] Bei > 120 °C bis ≤ 140 °C nicht erforderlich, jedoch bei > 140 °C erforderlich.						
Trinkwassererwärmung		≤ 100 °C	≤ 75 °C	erforderlich	erforderlich	erforderlich[2]	erforderlich
			> 75 °C	erforderlich	nicht erford.	nicht erforderlich[2]	nicht erford.
		> 100 ≤ 140 °C	> 75 °C	erforderlich	erforderlich	erforderlich[2]	erforderl.[6]
			< 75 °C	erforderlich	erforderlich	nicht erforderl.[2) 7)]	nicht erford.

[6] In Anlehnung an DIN 32730. [7] Bei ϑ_{Hzul} 120 °C / ϑ_{HA} > 75 °C erforderlich max. 75 °C, nicht erforderlich bei TWE-Anlagen mit Durchflusssystem, deren primär zur Verfügung gestellter Heizwasserstrom 2 m³/h nicht überschreitet.

517.1 Umweltschutz – Aufgabe der Sanitär-, Heizungs- u. Lüftungstechnik (Beispiele)

Sanitärtechnik	Abwasserbeseitigung, Abwasserreinigung, Abscheidung wassergefährdender Stoffe, Schutzmaßnahmen bei Gasfeuerstätten u. Gaslagerung (Flüssiggas), Korrosionsschutz, Solarnutzung
Heizungstechnik	optimale Brennstoffnutzung, Ressourcenschonung, weniger Emissionen, sichere Öllagerung (Gewässerschutz), Energieeinsparmaßnahmen, Einsatz erneuerbarer Energien
Lufttechnik Lüftungsanlagen	Absaugeanl., Abluftreinigung, Entstaubung, Brandschutz, Energieeinsparungsmaßnahmen (z. B. Wärmerückgewinnung); Lüftung + Klimatisier., gesunde Luftqualität → „innere Umwelt“
Die Überschneidung der Aufgaben zeigt die enge Verzahnung aller 3 Fachbereiche.	

517.2 Überlastung der Erde – Probleme hinsichtlich Energieversorgung und Umwelt

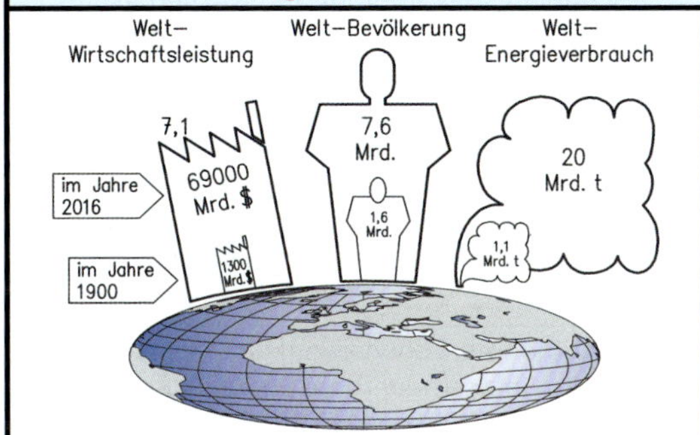

Energieversorgung und Umweltschutz haben eine Schlüsselfunktion in der Volkswirtschaft (wichtiger Teil der Lebensgrundlage).

Probleme und Aufgaben sind:

- längerfristige Begrenztheit fossiler Energieträger
- Energieimportabhängigkeit, mögliche Erpressbarkeit
- weltweit zunehmender Energieverbrauch durch das rasante Bevölkerungswachstum der dritten Welt
- hoher Kostenaufwand für Forschung und Entwicklung
- Belastung durch Umweltkosten (Luft, Wasser, Erdreich)
- zunehmende Entwicklungshilfe (Nahrung, Arbeit, Bildung)
- finanzielle Belastungen für Subventionen (neuer Rekord)
- oft schwierige Durchsetzung gesetzlicher Vorgaben

517.3 Umweltbelastung durch Schadstoffemissionen

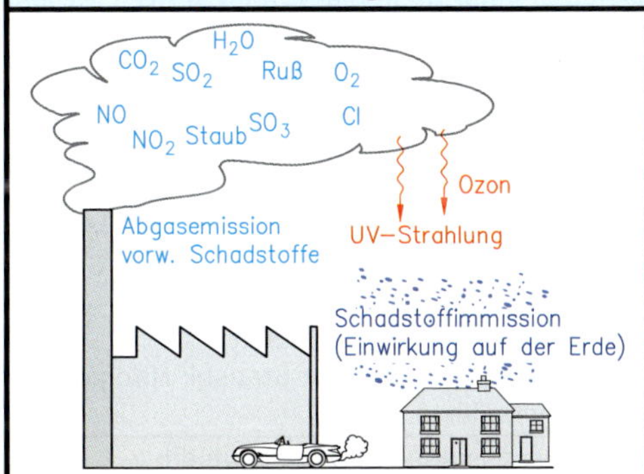

- CO_2 erhöht zus. mit NO_x, CH_4, FCKW u. a. die **„Dunstglocke“** in der Atmosphäre → geringere Wärmeabstrahlung in den Weltraum → stärkere **Erderwärmung** und Niederschlagsveränderungen → extreme und örtliche Niederschläge und lange Trockenzeiten → **Naturkatastrophen** (Überschwemmungen, Sturmschäden, Verödung von Ackerland, Veränderung der Weltmeere u. a.), heiße Sommertemperaturen
- Staub und chem. Vbdg. (H_2SO_3, H_2NO_3, H_2CO_3) → **Smog** (**sm**oke Rauch + **fog** Nebel), der Sonnenlicht abhält, die Atmung erschwert und mit Regenwasser **sauren Regen** bildet und Wald- und Steinschäden verursacht
- Zerstörung der Ozonschicht durch FCKW (**„Ozonloch“**) kann durch starke UV-Strahlung Hautkrebs verursachen
- Geruchs- und Schadstoffe in Innenräumen (s. 526.3

517.4 Umweltschutzgesetze in Deutschland (Auswahl)

- **Immissionsschutzgesetz:** Schutz von Menschen, Tieren, Pflanzen, Schutz des Bodens (Erdrutsch), Wassers, der Atmosphäre, der Kulturgüter u. a.; prinzipiell geht es um Vorbeugung des Entstehens von jeglichen schädlichen Umwelteinrichtungen, d. h. Emissionen in Luft, Wasser, Boden
- **Lärmschutzgesetz:** z. B. gegen sehr störenden Lärm (Nachbarschafts-, Betriebslärm) oder gar gesundheitsschädlichen Lärm wie Baustellen; Industrie- oder Luft-, Schienen-, Straßenverkehr
- **Wasserschutzgesetz:** (EU-Richtlinie) Zustandsanalysen von Oberflächen- und Grundwasser, Analysen von Flüssen, Maßnahmen gegen Eindringen von Schadstoffen ins Grundwasser (Chemikalien, Öl, Benzin u. a.)
- **Bodenschutzgesetz:** Vorsorge gegen des Entstehens schädlicher Bodenveränderungen. Hier gibt es eine gemeinsame europaweite „Bodenstrategie“ durch EU-Kommission, vor allem Bekämpfung von Verschmutzungen
- **Gesetz zur Prüfung der Umweltverträglichkeit** von raumbedeutsamen Verfahren

Zuständig für Umweltschutz (Dtl.) ist das **BMU** (**Bundesministerium** für **Umwelt**, Naturschutz und nukleare Sicherheit).

517.5 Qualitätskriterien zur Verbesserung von Nachhaltigkeit („3-Säulen-Modell“)

Ökologische	bedeutet: Umweltschutz und Ressourcenschonung – Gleichgewicht anstreben
Ökonomische	Ermittlung der Lebenszyklen: **Maximalprinzip** → bei bestimmtem Aufwand größtmöglicher Erfolg; **Minimalprinzip** → mit geringstem Aufwand ein bestimmter Erfolg
Soziokulturelle Funktionale	Gesundheit, Behaglichkeit, Nutzerfreundlichkeit, gestalterische Qualität, Sicherheitstechnik, gesellschaftliche Verantwortung wie z. B. Generationsgerechtigkeit

Oft spricht man auch von einer **technischen Nachhaltigkeit** z. B. hinsichtlich Brand-, Schall-, Feuchte-, Korrosionsschutz; ebenso muss auch die Bauwirtschaft den Sprung in die Nachhaltigkeit schaffen (s. Bauproduktenverordnung 2011)

518.1 Umweltschutz und Klimaschutz (Naturschutz)

Schutz der Umwelt (Schutz durch Gesetz?)	Begründungen für Umwelt- und Klimaschutz	Große Bedeutung des Klimaschutzes (ohne Umweltschutz kein Naturschutz)
• Seit Oktober 1994 Verpflichtung durch das Verfassungsgericht (Artikel 20a) an den Staat • Nationale Gesetze (s. 517.4) • Der Staat schützt in Verantwortung für die künftigen Generationen die natürlichen Lebensgrundlagen. • Umweltschutz hat lokale und globale Aufgaben zu bewältigen.	• Extremer Zuwachs der Weltbevölkerung • Hoher Lebensstandard • Globale Vernetzung • Wissenschaftliche globale Fortschritte • Reger Anstieg der Wirtschaftlichkeit • Kollektive Verantwortung und steigendes Bewusstsein • Negative Auswirkungen der Industriegesellschaft	Schwerpunkte beim Naturschutz sind: • Landschaften • Schutzgebiete • Bodenschutz (z. B. Mikroklima) • Tiere und Pflanzen • Gewässerschutz • Ökologische Landwirtschaft (z. B. Verzicht auf Pflanzenschutzmittel) • Schädlingsbekämpfung • Abwasserbeseitigung • Waldschutz Fazit: „Umwelt- und Klimaschützer" müssen gegenseitig alle Einflussgrößen und Wechselwirkungen langfristig bewerten. Klimaschutz der Umwelt beschäftigt sich wesentlich mit dem Großklima.

Selbst wenn Umwelt- und Klimaschutz die gleichen Ziele verfolgen, gibt es doch Unterschiede oder sogar Zielkonflikte, meist durch unterschiedliche Bewertungen.

Beispiel 1: Wald bedeutet für **Naturschützer**: Baumpflege, CO_2-Aufnahme, Lebensraum für Mensch und Tier, Landschaftspflege. Für **Umweltschützer**: Nachhaltige Energiequelle Holz (erneuerbare Energie), Reduzierung von Umweltschäden durch Verbrennung fossiler Brennstoffe.
Beispiel 2: Umweltschützer sind für Ausbau neuer Energien, z. B. Windkraft (s. 434.3), BHKW (s. 427.1) oder PV-Anlagen zur Stromerzeugung (s. 515.1). **Klimaschützer** beklagen Eingriffe in die Natur, Landschaftsverschandelung, nicht konstant (von Null bis extrem), Speicherung, Netzausbau u. a.

In Deutschland arbeiten mehr Menschen im Umwelt- und Klimaschutz als in der Autoindustrie.

518.2 Treibhausgasemissionen in Dtl. 2015

CO_2 equivalente (**Mio. t**)	CO_2	CH_4	NO_2
Energiebedingte Emissionen	837,5	12,9	5,7
• Energiewirtschaft	339,3	2,8	2,7
• Verarbeitendes Gewerbe	118,7	0,3	0,8
• Verkehr	161,9	0,1	1,5
• Übrige Feuerungsanlagen	127,7	1,1	0,4
davon Haushalte	87,3	0,7	0,3
• Brennstoffgewinnung und Verteilung	2,6	7,9	0
Industrieprozesse	45,5	0,5	1,1
• Mineralische Produkte	19,7	–	–
• Chemische Industrie	6,2	0,5	0,7
• Herstellung von Metall	17,7	0	0
• Produktverwendungen	2,4	0	0,4
Landwirtschaft	2,9	32,6	31,4
Abfallwirtschaft	–	0,9	0,8
Insgesamt	885,9	55,3	45,4

518.3 Umweltschutz als Wirtschaftsfaktor

• 2015 ca. 66 Mrd. EUR erwirtschaftet
• Wichtigster Teilsektor: Klimaschutz mit 16,5 Mrd. EUR für erneuerbare Energien und 19,8 Mrd. EUR für Energieeinsparungen
• 2/3 des Umsatzes im Inland erzielt
• Am Umweltschutz hängen der Statistik zufolge 260 000 Arbeitsplätze

Treibhausgasemissionen in Deutschland[2)]

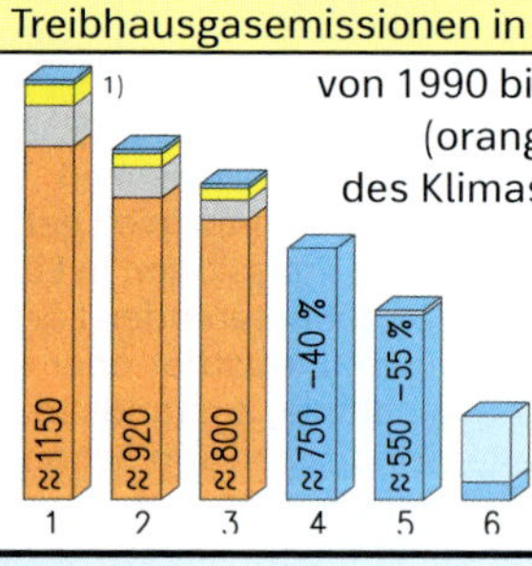

von 1990 bis 2050 **CO_2-Angaben in t** (orange) sowie die Zielangaben des Klimaschutzplanes 2050 (blau). Jahresangaben: 1 (1990), 2 (2000), 3 (2014), 4 (2020), 5 (2030), 6 (2050 bis ?)

[1)] graue Fläche: Methan
[2)] alle Schadstoffe enthalten

518.4 Arbeitsstättenverordnung (novelliert) in Kraft 3.12.2016

Arbeitgeber muss seine Beschäftigen jährlich unterweisen:

• Bestimmungsgemäßes Betreiben der Arbeitsstätte
• Zusammenhang zwischen gesundheitlichen und sicherheitsrelevanten Fragen mit ihrer Tätigkeit
• Maßnahmen zur Gewährleistung der Sicherheit und zum Schutz der Gesundheit
• Arbeitsplatzspezifische Maßnahmen wie z. B. Tätigkeit auf der Baustelle, an Bildschirmgeräten
• Maßnahmen im Gefahrenfall wie z. B. Bedienung der Sicherheits- und Warnanlagen
• Vorgaben zur Ersten-Hilfe-Leistung
• Brandverhütung, Maßnahmen im Brandfall
• Nutzung der Fluchtwege und Notausgänge

Unterweisung:
Schon vor Aufnahme der Tätigkeiten sowie bei betrieblichen Veränderungen, z. B. Tätigkeiten, Arbeitsorganisation, Fertigungsverfahren, Umbauten u. a.

519.1 Neue GHS-Piktogramme für Gefahrenstoffe (neu hinzugekommen 7 bis 9)

Hinweise zu den Piktogrammen

Nr.	Hinweis
1	Stoffe können auch ohne Luftsauerstoff mit Wärmeentwicklung und unter schneller Entwicklung von Gasen reagieren. Sie explodieren leicht oder verpuffen schnell. – Achtung Explosionsgefahr –
2	Schnelle Entzündung in Nähe von Hitze mit offenen Flammen. Gefahr beim Rauchen, Sprays
3	Chemikalien können in Berührung mit entzündlichen Stoffen mit starker Wärmeentwicklung sehr schnell reagieren.
4	Chemikalien können in kleinsten Mengen zu Vergiftungen führen. Niemals in direkten Kontakt kommen!
5	Bestimmte Chemikalien können schon in kleinsten Mengen zu Vergiftungen führen. Auf keinen Fall in direkten Kontakt!!
6	Sterbender Baum und sterbender Fisch warnen vor Umweltgefahren. Gefahren für Menschen, Tiere, Pflanzen
7	Gasflasche weist auf unter Druck stehende Gase hin. Vorschriften im Umgang!
8	Rufzeichen warnt vor diversen Gesundheitsgefahren (z. B. Reizungen, Allergien u. a.)
9	Hinweis auf Gefahren von schweren Gesundheitsschäden (z. B. krebserregendes Potenzial; Produkte mit Vorsicht verwenden)

519.2 Auszüge aus den ca. 60 Gefahrenhinweisen: H-Sätze[x)]

H	Physikalische Gefahren
200	Instabil, explosiv
220	Extrem entzündliche Gase
225	Flüssigkeit, Dampf entzündbar
241	Erwärmung kann Brand oder Explosion verursachen
	Gesundheitsgefahren
300	Lebensgefahr bei Verschlucken
315	Verursacht Hautreizungen
318	Verursacht u. a. Augenschäden
330	Giftig bei Einatmen (Gefahr)
335	Kann Atemwege reizen
336	Kann Schläfrigkeit und Benommenheit verursachen
370	Schädigt die Organe
350	Kann Krebs erzeugen
332	Kann genetische Defekte verursachen
310	Lebensgefahr bei Hautkontakt
314	Verätzungen der Haut
	Umweltgefahren
400	Sehr giftig für Wasserorganismen
410	Dsgl. mit langfristiger Wirkung

x) **H**azard statements

519.3 P-Sätze[x1)]

- P-Sätze nach CLP-Verordnung ersetzen die alten S-Sätze (Sicherheitssätze) (keine 1 : 1 Übertragung)
- Sicherheitsmaßnahmen
- ca. **135 Sätze** (können mit H-Sätzen nebeneinander genutzt werden)
- Knappe Sicherheitshinweise, z. B.
  - Vor Feuchtigkeit schützen
  - Kühl halten
  - Achtung, enthält Blei

x1) **P**recautionary

519.4 Ratschläge zum Schutz vor Gefahrenstoffen · GHS-Sätze (H-Sätze)

- **GHS-System** (Global Harmonised System), ein weltweites einheitliches System zur Einstufung und Kenntlichmachung und Hilfestellung zum Umgang mit Chemikalien
- Hilfestellung anhand von **Gefahrenpiktogrammen** und Hinweisen, z. B. auf Verpackungen von gefährlichen Produkten (klare Handlungsanweisungen und Warnungen (s. 519.1))
- GHS auf UN-Ebene nicht rechtsverbindlich, sondern eine Empfehlung anhand von Sätzen

Die **CLP-Verordnung** (Classification, Labelling and Packaging) ist eine EU-Cemikalienverordnung: Einstufung, Kennzeichnung und Verpackung von Stoffen und Stoffgemischen. Ab Juni 2015 dürfen Stoffe nur mit CLP-Einstufung verwendet werden. Die EU hat aus GHS alle Gefahrenklassen übernommen.

519.5 Alte Gefahrensymbole

E · F, F+ · O · C · T, T+ · Xh, Xl · N

- **E**, **Xh** entfällt; **C** korrigiert
- Neue Piktogramme (s. 519.1)
- Farbe und Form geändert
- Symbole (s. 519.1) ab 2009

+ lebensgefährlich

Grundlagen Elektro, Regelung | Kommunikation Bauzeichnungen | Werkstoffe Trennen, Fügen | Rohre, Zubehör Montage | Trinkwasser Feuerlöschtechnik | Entwässerung Sanitär, Klempner | Gasinstallation Flüssiggas | TW-Erwärmung Solarnutzung TWE | Energietechnik Erneuerb. Energien | Heizungs- und Feuerungstechnik | Lüftung, Klima Wärmerückführung

520.1 Einteilung der Dampfarten nach Druck und Zustand

Niederdruckdampf ND	bezeichnet nach zurückgezog. Dampfkesselverordnung (1980)	Betriebs-druck	< bar bzw. < 120 °C Heißwasser (s. 520.4)
Hochdruckdampf HD			> bar bzw. > 120 °C Heißwasser
Vakuumdampf	Druck auf Wasserspiegel unterh. des Atmosph.drucks (Wasserverdampf. bei ϑ < 100 °C)		
Nassdampf	Dampf, bei dem nicht das gesamte Wasser verdampft ist (noch Kontakt mit Wasser)		
Sattdampf	(Trockendampf, gesättigter Dampf) Wasser vollständig verdampft (s. 520.3)		
Heißdampf	(überhitzter Dampf), wenn dem Sattdampf weiterhin Wärme zugeführt wird		
Nachdampf	entsteht, wenn heißes Kondensat in einen Raum gelangt, in dem der Druck niedriger ist als der zugehörende Sättigungsdampfdruck ⇒ Dampfentspannung		
Abdampf	Abwärme in Form von Dampf aus Heizkraftwerk (Turbine) ⇒ Kraftwärmekopplung		
Frischdampf	(im Gegens. zum Abdampf od. Nachdampf) aus Dampfkessel oder spez. Dampferzeuger		

520.2 Betriebsicherheitsverordnung (Erricht. und Betrieb von Dampfkesselanlagen DK)

DK der Gruppe I: DK mit einem **Wasserinhalt ≤ 10 l**; DK der Gruppe II: DK mit einem **Wasserinhalt > 10 l**, wenn bei Dampferzeugern der zuläss. **Betriebsdruck** $p_{zul.}$ max. 1 bar und bei Heißwassererzeugern die zul. **Vorlauftemp.** max. 120 °C beträgt; DK der Gruppe III: mit **Wasserinhalt** > 10 l und von 50 l, wenn **1.** bei Dampferzeugern $p_{zul.}$ > 1 bar beträgt und das **Produkt** aus Wasserinhalt V (in l) und $p_{zul.}$ (bar) die Zahl 1000 nicht überschreitet; **2.** bei Heißwassererzeuger $\vartheta_{v\,zul.}$ > 120 °C beträgt und $V \cdot p$ den der zul. ϑ_v entsprechenden Dampfüberdruck die Zahl 1000 nicht überschreitet; Gruppe IV: die nicht unter I–III fallen (Dampf für Gebäudeheizung bedeutungslos)

520.3 *h,s*-Diagramm nach Mollier (Ausschnitt)

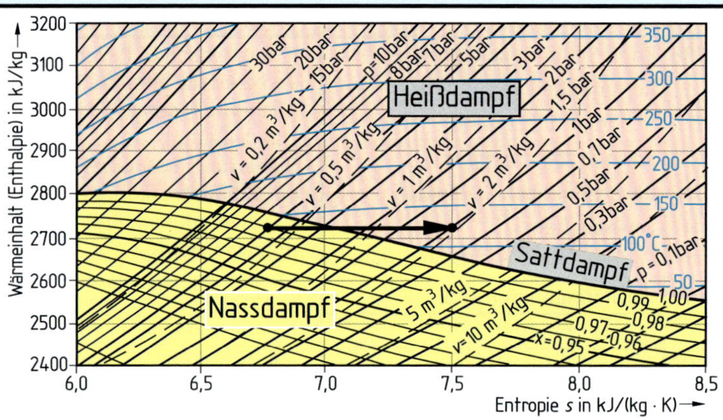

Beispiel:
Druckreduzierung von Nassdampf 5 bar (Dampfgehalt x = 99 %) auf 1 bar.
⇒ Nassdampf ⇒ Sattdampf (= Grenzlinie) (3 bar, 133 °C) ⇒ Heißdampf (1 bar, 125 °C), d. h., **nur geringfügiger Temperaturabfall**
$v_{5\,bar} \approx 0{,}4$ m³/kg ⇒
$v_{1\,bar} \approx 1{,}9$ m³/kg, d. h., wesentlich **größerer Dampfvolumenstrom:** (m³/kg) · kg/h = **m³/h** und somit größerer Rohrdurchmesser (s. 520.4)

520.4 Dampf-Reduzierstation (HD → ND-Dampf) – ⌀-Änderung nach Druckänderung

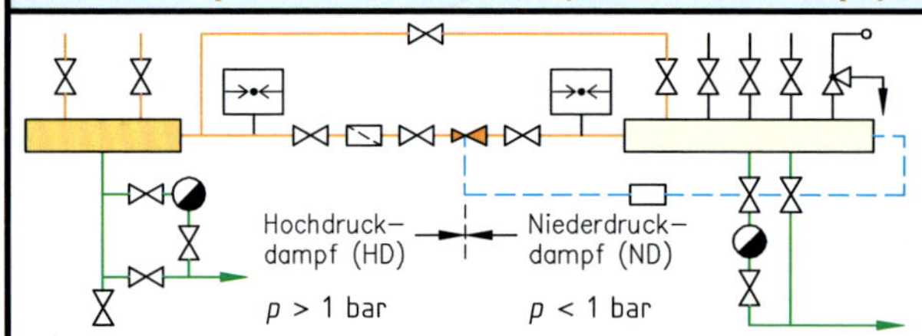

- **Dampfdrücke**: gewerbliche Zwecke (Kochanlagen, Wäschereien, Apparate): 0,2 ... 0,5 bar; spezielle Apparate, technische Prozesse, Abdampfanlagen: 1 ... 3 bar; Dampf-Fernversorgung 2 ... 3 ... (5) (max. 10 bar)
- Kondensat von HD- und ND-Anlagen muss getrennt zurückgeführt werden (unterschiedliche Temperatur)
- nach der Verordnung dürfen unter bewohnten Räumen nur ND-Wärmeerzeuger montiert werden

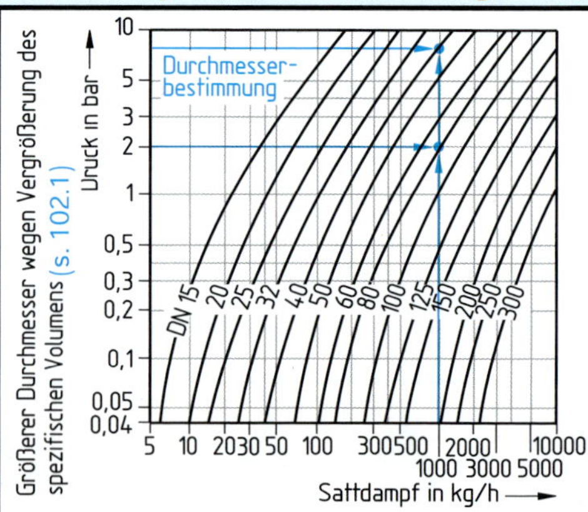

Bsp.: 1000 kg/h, von 8 auf 2 bar ⇒ von DN 40 auf DN 80

521.1 Einteilung der lufttechnischen Anlagen

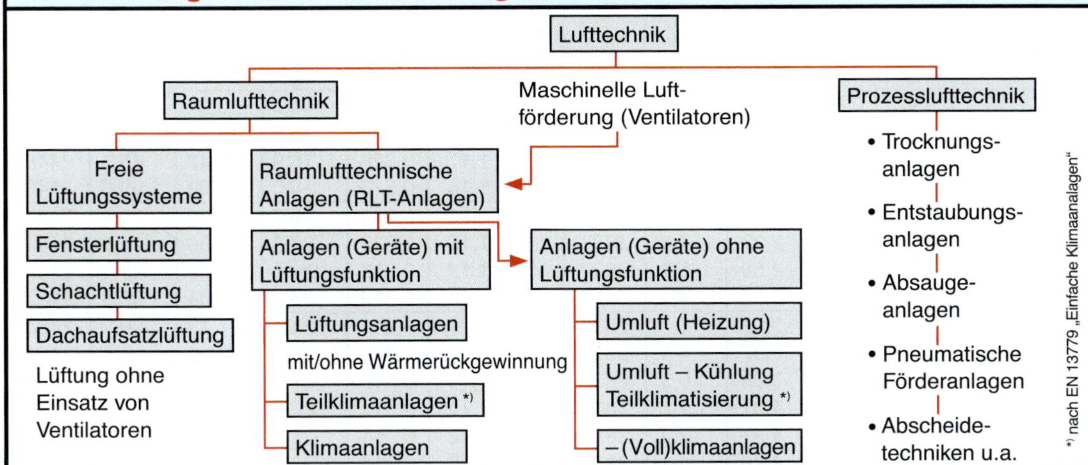

521.2 Benennung von RLT-Anlagen nach den thermodynamischen Luftbehandlungsfunktionen

Thermodynamische Luftbehandlung		Art der RLT-Anlage bzw. des RLT-Gerätes			
Anzahl thermodyn. Aufbereitungsstufen		**mit Lüftungsfunktion**			**ohne Lüftung (UML)**
keine	–	nur Lüftung (Anlage, Geräte)[1)]		AUL oder MIL	Umwälzanlage[2)]
eine	z. B. H	Lüftungsanlage mit Heizung[3)]			Umluftanlage
zwei	z. B. H,B	Lüftungsanl. mit Heizung und Befeuchtung			Umluftanlage H, B, K
	z. B. H,K[4)]	Lüftung und Kühlung	Einfach-klimaanlage		oft als Teilklimaanlage bezeichnet
drei	z. B. H,B,K[4)]	Lüft. + Befeucht. + Kühlung			
vier	H,K,B,E[5)]	mit garantierter (geregelter) Entfeuchtung			(Voll)Klimaanlage

1) Bei tieferen Außentemperaturen mit Mischluftbetrieb oder AUL+Rad. (ohne H unbefriedigend).
2) „Umwälzanlage“, z.B. „Luftfächer“ im Raum (Kühlung durch Luftbewegung) (s. 568.1).
3) Hierzu gehört auch die Luftheizungsanlage (Betriebsvarianten (s. 535.4)).
4) Bei Kühlung auch Entfeuchtung möglich, jedoch nicht garantiert (häufigste Anwendung).
5) In der Regel nur für große Versammlungsräume, fast ausschließlich mit Lüftung.

Abkürzungen

AUL	Außenluft (ODA)
UML	Umluft (RCA)
MIL	Mischluft (MIA) (= AUL + UML) (= ODA + RCA)
H	Heizen
K	Kühlen
B	Befeuchten
E	Entfeuchten

Filterklassifizierung (s. 569.4)

521.3 Aufgaben und Anforderungen von raumlufttechnischen Einrichtungen

Lüftungseinrichtungen

- Sicherstellung des Luftsauerstoffs durch gezielte Einführung von unbelasteter bzw. gereinigter Außenluft
- Abführung von Schadstoffen, Gerüchen, Staub (z. B. in Industriebetrieben, Versammlungsräumen, Labors u. a.)
- Abführen von Wasserdampf in Nassräumen z. B. Schwimmbadentfeuchtung mit trockener Außenluft (Winter)
- Druckhaltung in Gebäuden zum Schutz gegen unerwünschten Luftaustausch innerhalb des Gebäudes (s. 531.2); Nach DIN EN 16798 (Kategorie PC 1 bis PC 5) → **Unterdruck**: ≤ 6 Pa; **leichter Unterdruck**: –2 Pa bis –6 Pa; **ausgeglichen**: –2 Pa bis +2 Pa (= Standardbedingung); **leichter Überdruck**: 2 Pa bis 6 Pa; **Überdruck**: > 6 Pa
- Luftkühlung mit Außenluft falls $\vartheta_a < \vartheta_i$ (z.B. als „freie Kühlung“ oder zur Bauteilkühlung während der Nachtstunden)
- Beheizungsmöglichkeit, wenn die Außenluft über Raumtemperatur erwärmt werden muss ($\vartheta_{zu} > \vartheta_i$), zugfreie Zuluft
- Schutz vor Außenlärm, falls wegen Luftaustausch die Fenster häufig geöffnet werden müssten
- Luftreinigung durch Einsatz von Luftfiltern, Einhaltung der Hygieneanford. (s. 570.4), Filteraufgaben (s. 570.1)
- Wärmerückgewinnung durch Wärmeübertragung von warmer Fortluft an kalte Außenluft (s. 570.2)
- Produktivitätsverbesserung und bessere Arbeitsbedingungen (Qualität, Arbeitsplatz)

Weitere Anforderungen:

- Sicherstellung der erforderlichen Volumenströme
- optimale Luftverteilung im Raum (Anpassung an Raumnutzung und Raumgeometrie durch opt. Anordnung der Zu- und Abluftdurchlässe)
- Vermeidung von Zugerscheinungen (s. 526.1), Raumklima (s. 525.1)
- Vermeidung von Anlagengeräuschen (Schallschutzmaßnahmen z.B. spezielle Fenster (s. 421.2))
- wirtschaftliche Betriebsweise, Wartung
- geeignete, sichere Geräte und optimale Materialauswahl

Klimatisierung (ergänzende Aufgaben zu Lüftungseinrichtungen und Anforderungen):

- exakte thermodynamische Luftbehandlung, d.h. Abführung von fühlbaren Wärmelasten (Heizlast, Kühllast) und latenten (feuchten) Wärmelasten (Entfeuchtungslast); Wärmebedarf bei Befeuchtung (Verdunstung, Zerstäubung)
- exakte Regelung und Einhaltung der geforderten Raumlufttemperatur und relativen Feuchte; Sicherheitsmaßnahmen

522.1 Zustandsgrößen von gesättigter Luft bei 1000 mbar (= 1000 hPa)

°C	ϱ $\frac{kg}{m^3}$	c_p $\frac{Wh}{m^3 \cdot K}$	x_s $\frac{g}{kg}$	p_D mbar	h_s $\frac{kJ}{kg}$	r $\frac{kJ}{kg}$	in °C	ϱ $\frac{kg}{m^3}$	c_p $\frac{Wh}{m^3 \cdot K}$	x_s $\frac{g}{kg}$	p_D mbar	h $\frac{kJ}{kg}$	r $\frac{kJ}{kg}$
−20	1,38	0,386	0,64	1,03	−18,6	2839	20	1,18	0,330	14,9	23,37	58,0	2453
−15	1,35	0,378	1,03	1,65	−12,6	2838	21	1,17	0,328	15,9	24,85	61,5	2451
−14	1,34	0,375	1,13	1,81	−11,4	2838	22	1,17	0,328	16,9	26,42	65,1	2448
−13	1,34	0,375	1,23	1,98	−10,1	2838	23	1,16	0,325	18,0	28,08	69,0	2446
−12	1,33	0,372	1,35	2,17	−8,8	2837	24	1,16	0,325	19,1	29,82	72,9	2444
−11	1,33	0,372	1,48	2,37	−7,4	2837	25	1,15	0,322	20,3	31,66	77,1	2441
−10	1,32	0,370	1,62	2,59	−6,1	2837	26	1,15	0,322	21,6	33,60	81,4	2439
−9	1,32	0,370	1,77	2,83	−4,7	2836	27	1,14	0,319	23,0	35,64	85,9	2437
−8	1,31	0,367	1,93	3,09	−3,3	2836	28	1,14	0,319	24,4	37,79	90,7	2434
−7	1,31	0,367	2,11	3,37	−1,8	2836	29	1,14	0,319	26,0	40,05	95,6	2432
−6	1,30	0,364	2,30	3,68	−0,3	2836	30	1,13	0,316	27,6	42,42	100,8	2430
−5	1,30	0,364	2,51	4,01	1,2	2836	31	1,13	0,316	29,3	44,92	106,2	2428
−4	1,29	0,361	2,73	4,37	2,8	2835	32	1,12	0,314	31,1	47,54	111,8	2425
−3	1,29	0,361	2,97	4,76	4,4	2835	33	1,12	0,314	32,9	50,30	117,8	2423
−2	1,28	0,358	3,24	5,17	6,1	2835	34	1,11	0,311	35,0	53,19	124,0	2420
−1	1,28	0,358	3,52	5,62	7,8	2835	35	1,11	0,311	37,1	56,22	130,5	2418
0	**1,27**	**0,356**	**3,82**	**6,11**	**9,6**	**2500**	36	1,10	0,308	39,3	59,41	137,3	2416
1	1,27	0,356	4,11	6,57	11,3	2498	37	1,10	0,308	41,6	62,75	144,4	2414
2	1,26	0,353	4,42	7,05	13,1	2496	38	1,09	0,305	44,1	66,25	151,9	2411
3	1,26	0,353	4,75	7,58	14,9	2494	39	1,09	0,305	46,8	69,91	159,8	2409
4	1,25	0,350	5,10	8,13	16,8	2492	40	1,08	0,302	49,6	73,76	168,0	2406
5	1,25	0,350	5,47	8,72	18,8	2489	42	1,07	0,300	55,6	81,99	185,7	2401
6	1,24	0,347	5,87	9,35	20,5	2486	44	1,06	0,297	62,3	91,00	205,3	2396
7	1,24	0,347	6,29	10,01	22,9	2484	46	1,05	0,294	69,8	100,9	227,0	2392
8	1,23	0,344	6,74	10,72	25,0	2482	48	1,04	0,291	78,2	111,6	251,0	2387
9	1,23	0,344	7,22	11,47	27,3	2480	50	1,03	0,288	87,5	123,3	277,6	2382
10	1,22	0,342	7,73	12,27	29,6	2477	55	1,00	0,282	116	157,4	358,1	2370
11	1,22	0,342	8,27	13,12	32,0	2475	60	0,97	0,272	155	199,2	464,9	2358
12	1,22	0,342	8,84	14,01	34,4	2473	65	0,93	0,260	207	250,1	609,6	2345
13	1,21	0,339	9,45	14,96	37,0	2470	70	0,90	0,252	282	311,6	811,7	2333
14	1,21	0,339	10,10	15,97	39,7	2468	75	0,85	0,238	390	385,5	1106	2321
15	1,20	0,336	10,79	17,04	42,4	2465	80	0,81	0,227	560	473,6	1564	2308
16	1,20	0,336	11,51	18,17	45,3	2463	85	0,76	0,213	852	578,1	2353	2296
17	1,19	0,333	12,29	19,36	48,3	2461	90	0,71	0,199	1460	701,2	3987	2283
18	1,19	0,333	13,10	20,62	51,4	2458	95	0,64	0,179	3401	845,3	9203	2270
19	1,18	0,330	13,97	21,96	54,6	2456	–	–	–	–	–	–	2258

Zustandsgrößen für die Berechnung und Bewertung von Lüftungs- und Klimaanlagen

ϑ	Temperatur
ϱ	Dichte (ϱ_{tr} trockene, ϱ_s gesättigte Luft)
c	spezifische Wärmekapazität hier bezogen auf 1 m³ ($\varrho \cdot 0{,}28$), Umrechnung (s. 523.2; 523.3)
x_s	absolute Feuchte der gesättigten Luft = höchstmöglicher Wasserdampfgehalt
x	tatsächlicher Wasserdampfgehalt
φ	$\frac{x}{x_s}$ = relative Feuchte (Behaglichkeitskomponente Mess- und Regelgröße)
h	Wärmeinhalt (Enthalpie) gesättigter Luft

h	Wärmeinhalt der vorhandenen Feuchtluft (Trocken-)Luftanteil + Wasserdampfanteil $\approx c_{Luft} \cdot \vartheta + r \cdot x$ (s. 548.2)
r	Verdampfungswärme, Verdunstungswärme, Kondensationswärme bei 0 °C ⇒ 2500 kJ/kg bzw. ≈ **700 Wh/kg**

Wichtigste Größen für die Berechnung von:

- Lüftungs- und Luftheizungsanlagen: ϑ, c
- Klimaanlagen: ϑ, x, h (h,x-Diagramm (s. 549.1))

522.2 Zusammensetzung trockener, reiner Luft in Volumenprozent

Sauerstoff	20,93	Stickstoff	78,1	Kohlenstoffdioxid	0,03	Wasserstoff	0,01	Edelgase	0,93

523.1 Luftdruckeinfluss auf Wärmekapazität, Dichte, Temperatur und absolute Feuchte

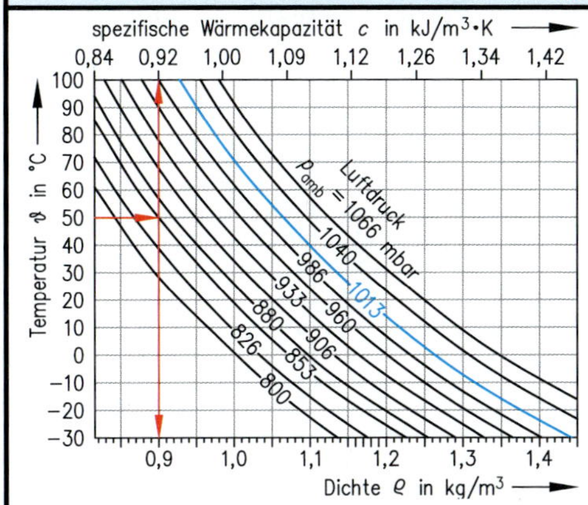

Beispiel: $\vartheta = 50$ °C; Höhe 1500 m über NN
Lösung (im Diagramm eingetragen) = Luftdruck ≈ 850 mbar; $\varrho = 0{,}9$ kg/m³; $c \approx 0{,}92$ kJ/(m³ · K)

Höhe ü. NN	m	0	500	1000	2000	3000
Luftdruck	mbar	1013[1]	955	899	795	701
Temperatur	°C	15[1]	11,8	8,5	2,05	– 4,5
absol. Feuchte	g/kg	10,6	15,6	16,6	18,8	21,0

[1] Luftdruck der Norm-Atmosphäre in mbar (≙ h Pa).

Näherungsweise ist die absolute Feuchte bei einem Druck $p: x_{s(p)} \approx x_{s(1\,bar)}/p_{abs}$

Beispiel: Luft 20 °C wird von 1 bar (absolut) auf 3 bar Überdruck komprimiert (z. B. Pressluft)
$x_s \approx 14{,}7/4 = \mathbf{3{,}67\ g/kg} \Rightarrow$ Wasserausscheidung

523.2 Dichte ϱ und spezifische Wärmekapazität c von heißer Luft (L) und Rauchgas (R)

ϑ in °C	150	200	250	300	350	400	450	500	550	600	700	800
ϱ_L in kg/m³ (ϱ_ϑ)	0,83	0,74	0,67	0,61	0,57	0,52	0,48	0,46	0,43	0,40	0,35	0,32
c_L in Wh/(m³ · K)	0,23	0,21	0,18	0,17	0,16	0,14	0,13	0,12	0,12	0,11	0,10	0,09
ϱ_R in kg/m³ [2]	0,85	0,76	0,69	0,63	0,58	0,54	0,50	0,47	0,44	0,41	0,36	0,33

$$\varrho = \frac{\varrho_0}{1 + \vartheta \cdot \alpha} \qquad \varrho = \frac{1{,}27\,\frac{\text{kg}}{\text{m}^3}}{1 + \frac{\vartheta}{273\,\text{K}^{1)}}}$$

ϱ_0 (s. 517.1)

$$\frac{\varrho_1}{\varrho_2} = \frac{T_2}{T_1} \qquad \frac{T_2}{T_1} = \frac{\vartheta_2 + 273\,\text{K}}{\vartheta_1 + 273\,\text{K}}$$

spezifische Wärmekapazität von Luft
1 kJ/(kg · K) = 0,278 ≈ 0,28 Wh/(kg · K)

$$c_\vartheta = \varrho_\vartheta \cdot c_{\text{Luft}} = \frac{\text{kg}}{\text{m}^3} \cdot \frac{\text{Wh}}{\text{kg} \cdot \text{K}} = \frac{\text{Wh}}{\text{m}^3 \cdot \text{K}}$$

Beispiel: heiße Luft 800 °C (z. B. bei Brandfall); $\varrho = \frac{1{,}27\ \text{kg/m}^3}{1 + 2{,}93} = 0{,}32\,\frac{\text{kg}}{\text{m}^3} \Rightarrow c_\vartheta = 0{,}32 \cdot 0{,}28 = \mathbf{0{,}09}\,\frac{\textbf{Wh}}{\textbf{m}^3 \cdot \textbf{K}}$

[1] 1/273 = Ausdehnungskoeffizient m³/(m³ · K). [2] $\varrho_R, c_R \approx \varrho_L, c_L$.

523.3 Wärmeübertragerleistung eines Lufterwärmers (Heizregister)

Grundgleichung	$\dot{Q} = \dot{m} \cdot c \cdot (\vartheta_2 - \vartheta_1)$	$c \approx 0{,}28$ Wh/(kg · K); genau : 0,278 bei $c = 1\,\frac{\text{kj}}{\text{kg} \cdot \text{K}} \Rightarrow \frac{\text{kj}}{\text{h}} = \frac{\text{kg}}{\text{h}} \cdot \frac{\text{kj}}{\text{kg} \cdot \text{K}} \cdot \text{K}$ bei c in J/(kg · K) ⇒ $\dot{m}$ in kg/s	**Registerleistung** $\dot{Q}_{Reg}$ = $\dot{V}_{ZU} \cdot c\,(\vartheta_{Zu} - \vartheta_i)$ (**Heizung** $\dot{Q}_H$) + $\dot{V}_a \cdot c \cdot (\vartheta_i - \vartheta_a)$ (**Lüftung** $\dot{Q}_L$) Anwendung (s. 536.1)
auf Masse bezogen	$\dot{Q} = \dot{m} \cdot 0{,}28 \cdot (\vartheta_2 - \vartheta_1)$		
Einheitengleichung	$\text{W} = \frac{\text{kg}}{\text{h}} \cdot \frac{\text{Wh}}{\text{kg} \cdot \text{K}} \cdot \text{K}$		
auf Volumen bezogen auf 0 °C bezogen	$\dot{Q} = \dot{V} \cdot \underbrace{\varrho_\vartheta \cdot c} \cdot (\vartheta_2 - \vartheta_1)$ $\dot{Q} = \dot{V} \cdot \underbrace{1{,}27 \cdot 0{,}28} \cdot (\vartheta_2 - \vartheta_1)$ $\dot{Q} = \dot{V} \cdot 0{,}36 \cdot (\vartheta_2 - \vartheta_1)$	$\dot{m}$ wird durch $\dot{V} \cdot \varrho$ ersetzt ϱ und c (s. 522.1) z. B. bei 20 °C : $c = 0{,}33\,\frac{\text{Wh}}{\text{m}^3 \cdot \text{K}}$ +20 ±0 +10 −10	
näherungsweise Einheitengleichung	$\dot{Q} \approx \dot{V} \cdot 0{,}35 \cdot (\vartheta_2 - \vartheta_1)$ $\text{W} = \frac{\text{m}^3}{\text{h}} \cdot \frac{\text{Wh}}{\text{m}^3 \cdot \text{K}} \cdot (\vartheta_2 - \vartheta_1)$	in der Praxis meist ausreichend, da sich die Temperaturen bzw. ϱ-Werte ständig ändern	

523.4 Empfohlene Raumtemperaturen und relative Feuchte φ

Raumart	ϑ (°C)	φ (%)	Raumart	ϑ (°C)	φ (%)
Wohnräume	20 – 21	40 – 60	Turnhallen	15 – 18	50 – 70
Bäder, Duschräume	24	50 – 80	**Normtemperatur**		
Büroräume	20	50 – 60	**Arbeitsräume**	20 °C	80 %
Gaststätten	20	50 – 60	(nach Arbeits-	21 °C	70 %
Geschäftsräume	18 – 20	≈ 50	stättenricht-	24 °C	62 %
Werkstätten	14 – 18	40 – 60	linien)	26 °C	55 %

Zu beachten ist, dass in Fabrikationsbetrieben oft extreme Temperatur und Luftfeuchte erforderlich sind:
z. B. Hefelagerung 0 – 5 °C, 60 – 75 %
Pilzlagerung 0 – 2 °C, 80 – 85 %; spezielle Gärräume 4 ... 8 °C, 60 – 70 %
Tabak (Vorbereit.) 22 – 26 °C, φ = 75 – 85 %

524.1 Einflussgrößen auf das Behaglichkeitsempfinden (B) in Aufenthaltsräumen

Thermisches[1] B.	Chemisches B.	Physikalisches B.	Optische Einflussgr.	Sonstige Einflussgrößen
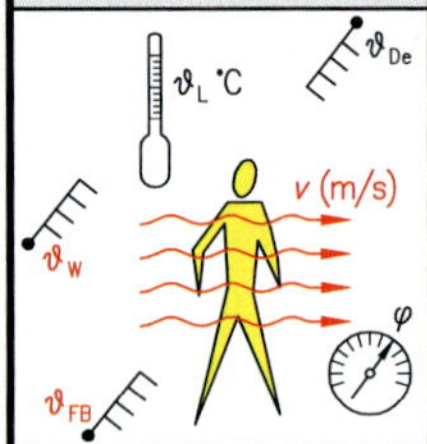	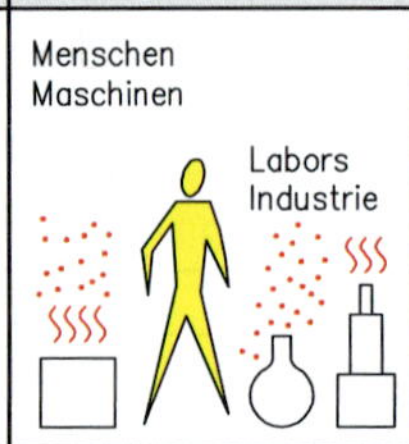	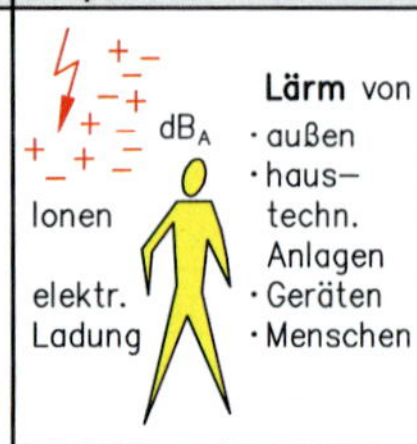		z. B.  • physische und psychische Belastungen • Tätigkeit • Bekleidung • Gesundheitszustand, Schlaf
• Lufttemperatur • Umschließungsflächentemperatur • Luftgeschwindigk. • Luftfeuchtigkeit	• Geruchs- und Ekelstoffe, CO_2 • Stäube, Gase • Chem. Verbindg. • mikrobiol. biol. Stoffe	• Störungen durch Lärmbelästigung • Elektrostatische Aufladungen • Ionenkonzentrat.	• Lichtgebung • Blendung • Farbgestaltung • Verschmutzung • Ausblick	• Raumbelegung • Aufenthaltsdauer • Alter, Geschlecht • subjektive Einstellung, Einbildung

• nicht beeinflussbar; beeinflussbar durch • Heizung • Lüftung • Klimatisierung

[1] Thermische Behaglichkeit ist entscheidend für das Wärme- und Kälteempfinden (s. 525.3).

524.2 Wärme- und Wasserdampfabgabe einer Person (nach VDI 2078)

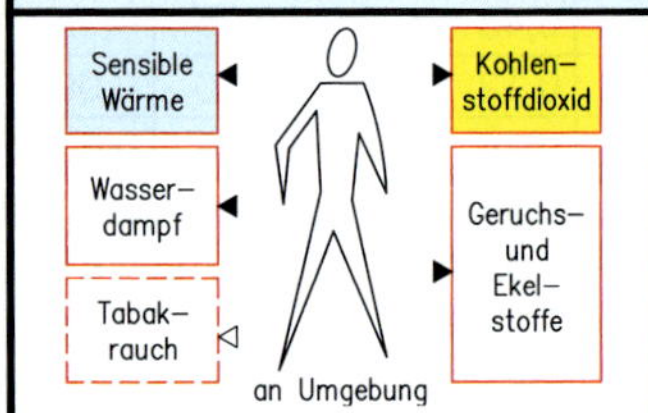

Lufttemperatur (Umgebung) in °C			18	20	22	23	24	25	26
körperlich nicht tätig	$\dot{Q}_s$	sensible Wärme[2] in W	100	95	90	85	75	75	70
	$\dot{Q}_l$	latente Wärme[3] in W	25	25	30	35	40	40	45
	$\dot{Q}_{ges}$	Gesamtwärme[4] in W	125	120	120	120	115	115	115
	$\dot{m}_W$	Wasserdampf[5] in g/h	35	35	40	50	60	60	65
mäßig. schw. Arbeit Akt III		sensible Wärme[2] in W	125	115	105	100	95	90	85
		Gesamtwärme[4] in W	190	190	190	190	190	190	190

Kohlenstoffdioxidabgabe in l/h abhängig von der Aktivitätsstufe[1] I: ≈ 15 | II: ≈ 23 | III: ≈ 30 | IV: ≈ 40 (s. 538.1)

[1] Angaben nicht aus VDI 2078. [2] Auch als trockene, fühlbare Wärme bezeichnet. [3] Auch als feuchte Wärme bezeichnet. [4] Nahezu unabhängig von der Lufttemperatur. [5] ≙ Latente Wärme z. B. bei 22 °C ist $\dot{m}_W = 40$ g/h ⇒ $(x / 1000) \cdot r = (40 / 1000) \cdot 700 = 28$ W/ (≈ 30 W). **Beispiel:** Saal mit 1000 Pers. (bei 26 °C) ⇒ $\dot{m}_W = 65$ l/h

Gesamtwärmeabgabe $\dot{Q}$ je Person in Abhängigkeit von der Tätigkeit (Anhaltswerte)

Art der Tätigkeit unterteilt in vier Aktivitätsstufen		$\dot{Q}$ [W]	Prozentualer Anteil
statische Tätigkeit im Sitzen (z. B. Lesen oder Schreiben)	I	120	sensibel: Strahlung 46 %, Konvektion 33 %
sehr leichte körperliche Tätigkeit im Stehen oder Sitzen	II	150	latent: Verdunstung (Haut 19 %, Atemluft 2 %)
Leichte körperliche Tätigkeit	III	190	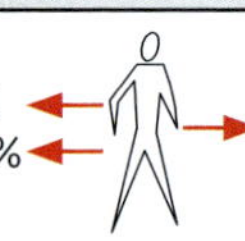
Mittelschwere bis schwere körperliche Tätigkeit	IV	> 270	

1 met (metabolic rate) = Ruheenergieumsatz einer sitzenden Person = 58 W/m² Körperoberfläche (bei 1,7 m²)

524.3 Empfohlene Raumlufttemperaturen

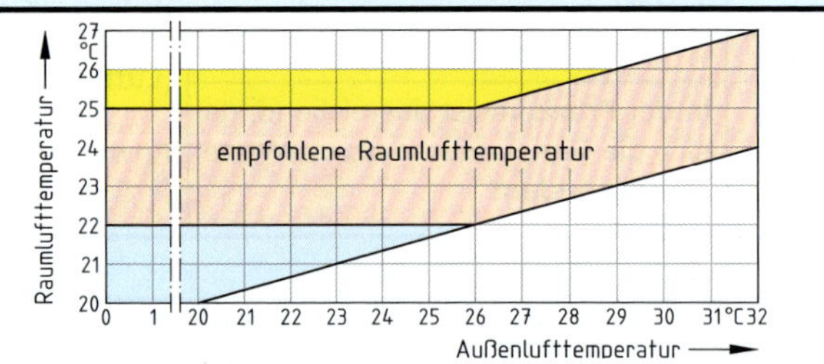

- gelb: nur bei kurzzeitig auftretenden thermischen Lasten zulässig
- hellblau: nur bei turbulenzarmer Raumluftströmung (z. B. Quelllüftung 526.1)
- gültig für Aktivitätsstufe I und II und bei leichter bis mittlerer Bekleidung
- richtige Temp. ist abhängig von ϑ_0 (s. 525.3), Feuchte φ (s. 525.1), Luftbewegung (s. 526.1) und sonstige Einflussgrößen (s. 524.1)

- Entscheidend ist auch die Lufttemperaturschichtung (z. B. bei 0,1 m über Fußboden möglichst ≥ 21 °C).
- In vielen Arbeitsstätten wird die Raumtemperatur durch die Produktionsbedingungen bestimmt.

524.4 Wärmedurchlasswiderstand der Bekleidung in (m² · K)/W

ohne Kleidung: 0	leichte Sommerkleidung: 0,08	mittlere Kleidung: 0,16	warme Kleidung: 0,24
Weitere Einheit des Durchlasswiderstandes = clo (clothes): 1 clo = 0,155 (m² · K)/W, 1 (m² · K)/W = 6,45 clo			

525.1 Zusammenhang zwischen Raumlufttemperatur und relativer Feuchtigkeit

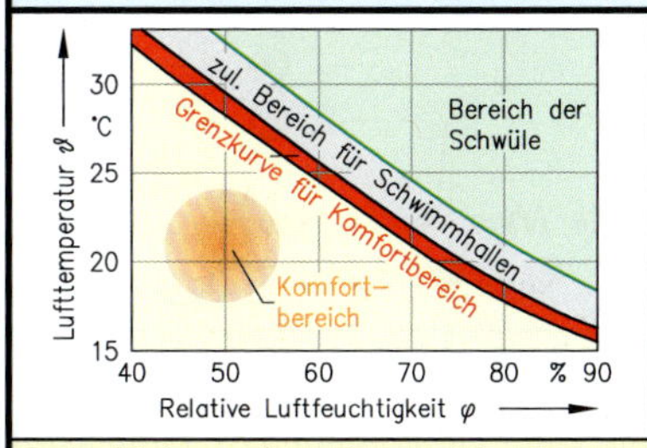

Schwülekurve (Feuchteproblem)

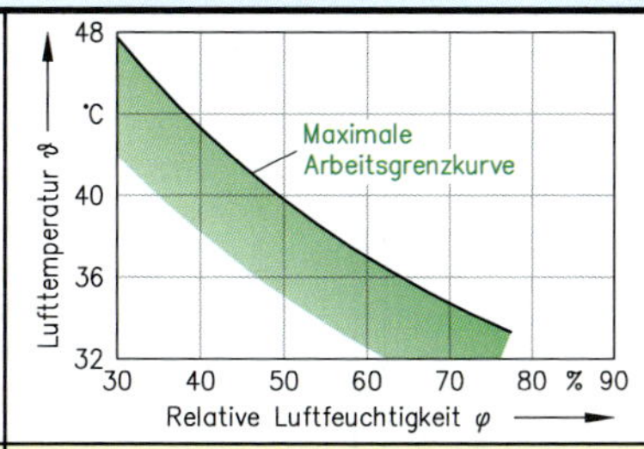

Beeinträchtigung der Arbeitsfähigkeit

$\varphi = \frac{x}{x_s}$

$x = x_s \cdot \varphi$ (x_s s. 522.1)

Beispiele (Schwülekurve)

- 25 °C/60 % empfindet man wie 20 °C / 74 %
- $\vartheta = 22$ °C, $\varphi = 50$ % Komfortbereich (optimal)
- $\vartheta = 22$ °C, $\varphi = 45$ % ⇒ absolute Feuchte $x = x_s \cdot \varphi$ = 16,6 g/kg mal 0,45 = 7,47 g/kg

- Schwülegefühl ist eine Störung der Körperentwärmung, d. h. eine unzureichende latente Wärmeabgabe
- Während als obere Grenze etwa 65 % angenommen werden, liegen über die untere Grenze keine gesicherten Erkenntnisse vor – Empfohlener Mittelwert liegt bei etwa 40 ... 50 % (bei ϑ = 20–23 °C)

525.2 Minimal zul. Wärmedurchgangskoeff., abhängig von ϑ_a und rel. Feuchte (ϑ_i = 20 °C)

a)

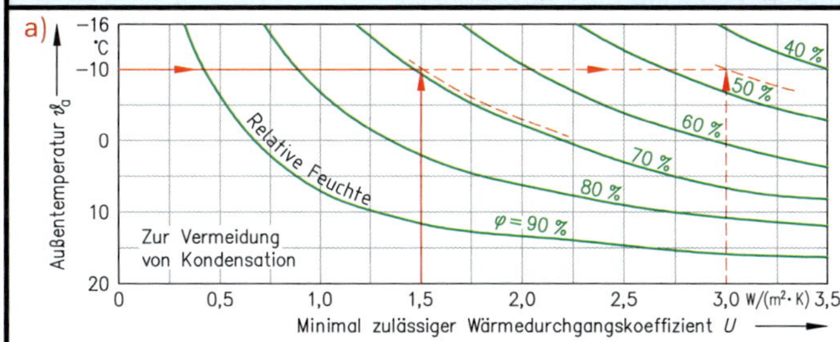

b)

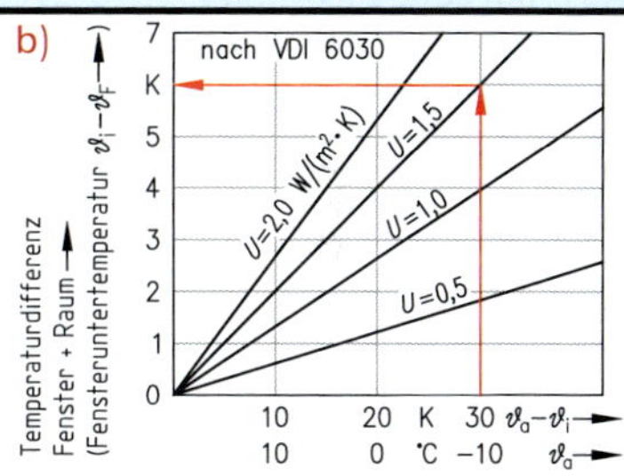

Beispiel zu a): Bei U_{max} = 1,5 W/(m² · K), ist φ_{max} ≈ **69 %**; bei U = 3 W/(m² · K) nur **46 %**. Die Taupunkttemp. ϑ_{Tp} (= Sättigungstemp.) entspricht zwar der niedrigstzul. Oberflächentemp., doch sollte man einen Zuschlag von 2 K oder φ = 90 % annehmen (unterschiedl. Wärmeübergang). **Beispiel zu b):** Bei ϑ_a = –10 °C, U = 1,5 W/(m² · K) ist ϑ_{Fenst} bei ϑ_i = 20 °C: 20 – 6 = **14 °C**, bei U = 0,5 W/(m² · K) nur ≈ **20 – 2 = 18 °C**. Möglichst $\Delta\vartheta_{max}$ 3 ... 4 K wählen.

525.3 Innere Oberflächentemperaturen von Fenstern und Wänden (Raumtemp. etwa 20 °C)

Außenbauteile (Wände, Fenster, Türen)	Norm-Außentemperatur in °C						
	–14	–10	–5	0	5	10	15
Einfachverglasung [1]	–2	2	4	7	11	13	17
Doppelverglasung [2]	8	9	12	13,5	15	17	18
2-Scheibenisolierglas [3]	13	14	15	16	17	18	19
U (k) – Wert 1,2 W/(m² · K)	15	15,5	16	17	17,5	18,5	19
U (k) – Wert 0,8 W/(m² · K)	16,5	17	17,5	18	18,5	19	19,3
U (k) – Wert 0,5 W/(m² · K)	17,5	18	18,5	18,7	19	19,3	19,5

[1] U (k) ≈ 5 W/(m² · K) [2] U (k) ≈ 3 W/(m² · K) [3] U (k) ≈ 1,5 W/(m² · K).

Raumumschließungsflächentemp. ϑ_o (im Aufenthaltsbereich) **Beispiel:**

wärmer | kälter

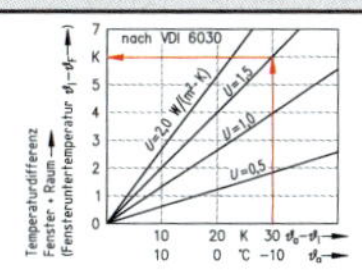

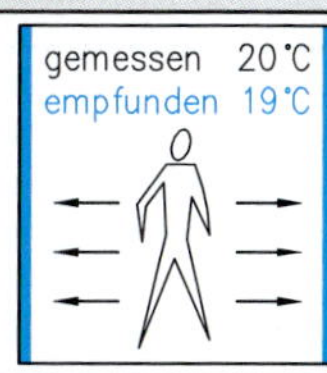

- die empfundene (operative) Raumlufttemperatur ϑ_E ist etwa das arithmetische Mittel zwischen Raumlufttemperatur ϑ_i und mittlerer Umschließungstemperatur ϑ_o; $\vartheta_E \approx (\vartheta_i + \vartheta_o)/2$
- ϑ_o-Senkung bei langen Heizpausen (z. B. Nachtabsenkung oder Wochenenden), stark abhängig von der Wärmedämmung und Speicherfähigkeit
- oft lästige „Kaltstrahlung“ vor größeren kalten Fensterflächen, auch an kalten Außenwänden
- 1 K höhere Lufttemperatur ≈ 5 % höherer Energieverbrauch
- kalte Fußböden „Fußkälte“ wird auch öfters mit höheren Lufttemp. kompensiert (ϑ_{FB} möglichst nicht unter 17 °C)
- bei Kühldecken ist $\Delta\vartheta = \vartheta_i - \vartheta_{Wasser}$ entscheidend

525.4 Zusammenhang zwischen Raumtemperatur und Luftgeschwindigkeit – Zugluft

Lokale Lufttemperatur	°C	20	21	22	24	26	[1] DR Zugluftrisiko % unzufriedener Pers. durch Zugluft
Übliche Luftgeschwindigk.	m/s	0,10–0,16	0,10–0,17	0,11–0,18	0,13–0,21	0,15–0,25	
Standardw. bei DR = 15 %[1]	m/s	< 0,13	< 0,14	< 0,15	< 0,17	< 0,20	

- Wird der Körper zu wenig entwärmt, schwitzt der Mensch, • wird er stärker einseitig (örtlich) entwärmt, empfindet er dies als Zug, • wird er zu stark entwärmt, friert der Mensch.

526.1 Anhaltswerte für zulässige Raumluftgeschwindigkeiten im Behaglichkeitsbereich

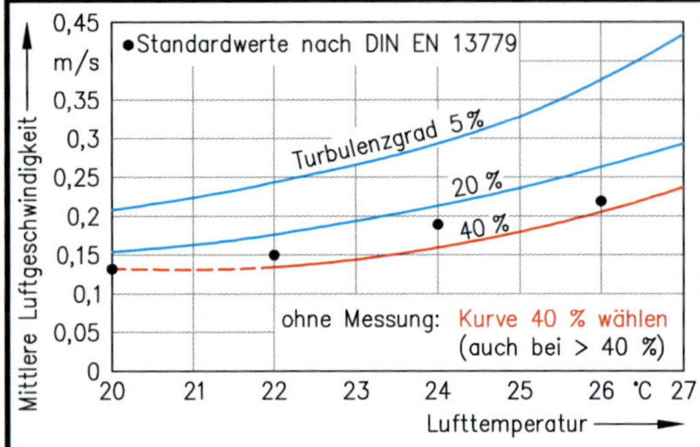

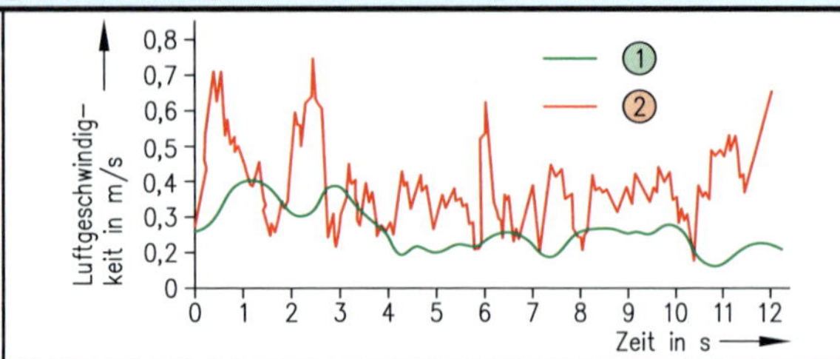

Turbulenzen innerhalb einer Luftströmung ①, Mittelwert einer Spitzengeschwindigkeit ② (dsgl. Wasserströmung)

Turbulenz = durch Wirbelbildung unregelmäßige Schwankungen des Strömungsverlaufs. Daher Einfluss auf Luftgeschwindigkeit (s. 564.2). Luftführung (s. 533); Zugerscheinung (s. 525.4), Druckverluste

Ungeordnete, nicht vorhersagende Struktur (vgl. Zigarettenqualm)	turbulent	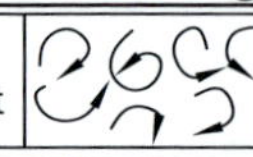
Gleichförmige Bewegungen bei geringer Geschwindigkeit	laminar	

526.2 Einfluss der CO_2-Konzentration auf Luftqualität und Außenluftvolumenstrom (s. 538.1)

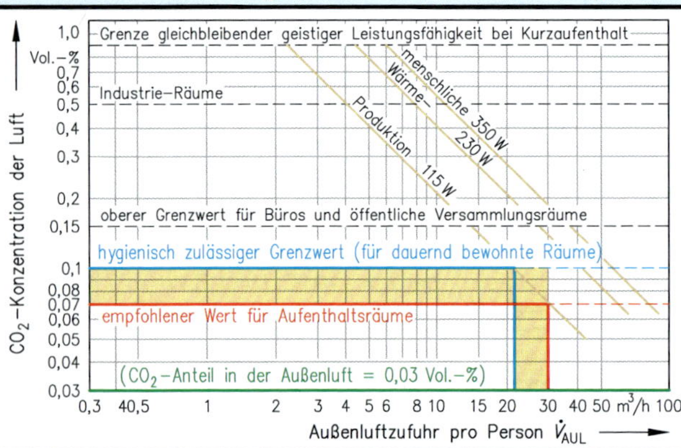

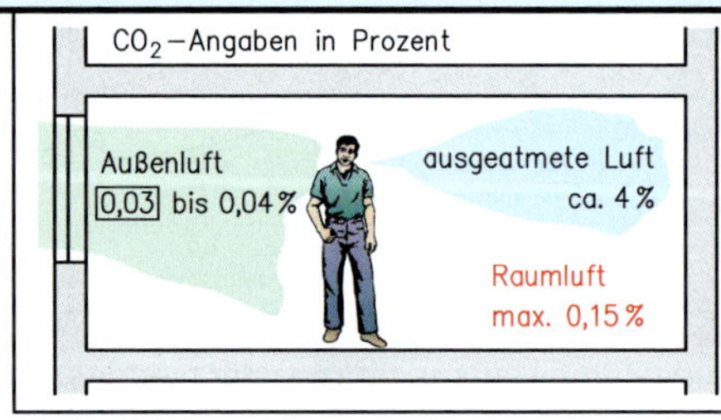

Beispiel (aus Diagramm):
Bei 115 W (Aktivitätsstufe I): 30 m³/h Empfehlung; 22 m³/h (blaue Linie) als zulässiger Grenzwert (Wohnraum); 14 m³/h oberer Grenzwert (z. B. Büroraum)

526.3 Mögliche Geruchs- und Schadstoffe in Innenräumen – Luftqualität

Von außerhalb: z. B. von Industriebetrieben, Verkehr
Baustoffe und Baunebenprodukte: z. B. Holzschutzmittel, Anstriche, Dichtungsmaterialien, Teppichböden, Wandverkleidugnen, Dämmstoffe u. a.
Chemische Stoffe: z. B. Reinigungsmittel, Desinfektionsstoffe, Schädlingsbekämpfungsmittel
Gerüche und Dämpfe: z. B. aus Küche, Bad, WC

Nutzer: Rauchen, Körpergeruch, Staubaufwirbelung
Mikrobiologische Verunreinigungen: z. B. Pilze (Mauerschwamm), Bakterien, Pollen, Alergene
Offene Feuerstätten: z. B. Staub, Ruß, CO
Technische Einrichtungen: z. B. Geräte, Möbel
RLT-Anlage: z. B. durch Filter, Befeuchter, Kanal
Radioaktivität: z. B. aus Bauuntergrund

Tabakrauch: wichtigste Ursache für die Raumbelastung in Innenräumen (z. B. Versammlungsräume). Der höhere Außenluftvolumenstrom, nach DIN EN 16798-3 ca. 100 % höher als bei Nichtrauchern (s. 539.1), bedeutet höhere Kosten für die RLT-Anlage (Bauteile, Kanalnetz) und wesentlich höhere Energiekosten.
Staub: Beim ständig aufgewirbeltem Staub setzen sich die größeren Staubteilchen relativ schnell ab, während die mikroskopisch feinen Staubteilchen (Aerosole) im Raum schweben und als Träger von Bakterien, Viren, Milben, Pollen usw. gesundheitsgefährdendes Potenzial mit sich tragen.
In Räumen entstehende Geruchstoffe, Gase, Dämpfe müssen an ihrer Ausbreitung in Nachbarräume durch entsprechende Luftführung und Druckhaltung (s. 534.1) verhindert werden.

Als Beurteilungskriterium für die **Luftqualität** dient die **Lüftungseffektivität** ε_V:

$$\varepsilon_V = \frac{1}{\mu_{RA}} = \frac{C_{ABL} - C_{ZUL}}{C_{AZ} - C_{ZUL}}$$

μ Raumbelastungsgrad
C Schadstoffkonzentration

ABL (ETA), Abluft, ZUL (SUP), Zuluft, AZ Aufenthaltszone

- Einheit der **Geruchsintensität: olf** – je nach Aktivität: 1 ... 2,5, Raucher 6 (Durchschn.) 25 beim Raucher.
- Einheit der **Geruchswahrnehmung: dezipol** (=Verunr.) die entsteht, wenn 10 l/s reine Luft mit 1 olf verunreinigt werden): hoch: 0,7 (≤ 10), mittel: 1,4 (≤ 20), niedrig: 2,5 (≤ 30). Klammerw. unzufriedene Pers. b. Raumbetreten.

527.1 Freie Lüftung (Lüftung ohne Ventilatoren) – Druckdifferenzen

Fugenlüftung	durch neue Vorschriften und dichte Fensterbauarten völlig unzureichend
Fensterlüftung	abhängig von Fensterkonstruktion, Nutzerverhalten, Einflussgrößen (s. 528.1)
Schachtlüftung	besonders abhängig von Temperaturdifferenz und Schachthöhe (s. 530.1; 530.2)
Dachaufsatzlüftung	spezielle Aufsätze, Dachlichtelemente mit Mehrfachnutzung u. a. (s. 529.2; 568.4)

Nachströme bzw. Ausgleich der Luftströmungen durch (Fugen), Fenstern, Türen oder definierten Öffnungen

Druckdifferenz durch Windkräfte **(Winddruck)**	Horizontale Druckverteilung	Druckdifferenz durch **thermischen Auftrieb**	Vertikale Druckverteilung

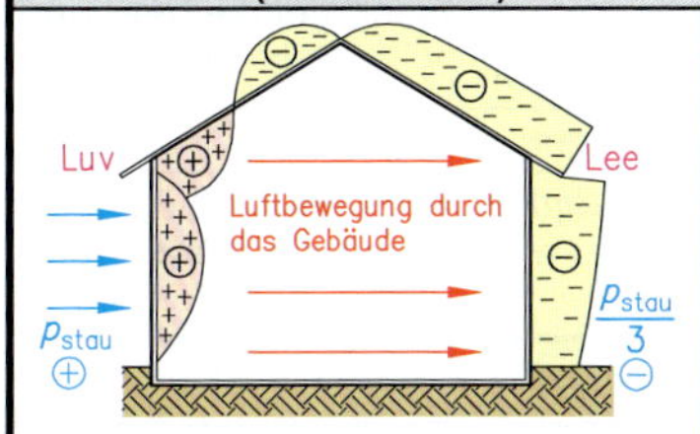

$\Delta p = \frac{4}{3} \cdot p_{stau}$ zwischen Luv ⊕ und Lee ⊖

$p_{stau} = \frac{\varrho}{2} \cdot v^2$

Δp, p_{stau} in Pa
ϱ (s. 522.1)
v (s. 527.2)

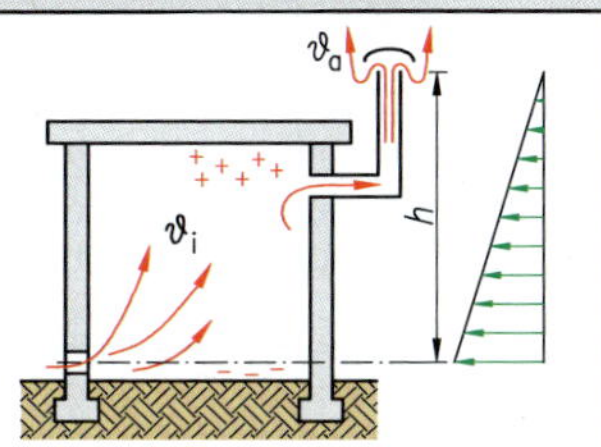

$\Delta p = \Delta\varrho \cdot g \cdot h$

$\Delta\varrho = \varrho_a - \varrho_i$ (↓ Außenluft)

h wirksame Höhe
g Erdbeschleunigung 9,81 m/s²

527.2 Windstärken und Windgeschwindigkeiten

Stärke	Übliche Bezeichnung	Auswirkungen des Windes	v in m/s [1] von	v in m/s [1] bis	Stärke	Übliche Bezeichnung	Auswirkungen des Windes	v in m/s [1] von	v in m/s [1] bis
0	windstill	Rauch senkrecht	0	0,2	7	heftig, steif	erschwert. Gehen	13,9	17,1
1	leichter Zug	Rauch schief	0,3	1,5	8	stürmisch	Zweige brechen	17,2	20,7
2	leichte Brise	eben fühlbar	1,6	3,3	9	Sturm	kl. Dachschäden	20,8	24,4
3	schwache Brise	Blattbewegung	3,4	5,4	10	schwerer Sturm	Bäume brechen	24,5	28,4
4	mäßige Brise	Zweigbewegung	5,5	7,9	11	orkanart. Sturm	Dächer „fliegen“	28,5	32,6
5	frische Brise	Astbewegung	8,0	10,7	12	Orkan	Mauern stürzen	32,7	36,9
6	starker Wind	Heulton	10,8	13,8	>12	starker Orkan	Totalschäden	> 37 [2]	

[1] **Bsp.** zum Berechnen des Winddrucks (s. 527.1); Umrechnungen: 1 m/s ≙ 3,6 km/h; 1 km/h ≙ 0,36 m/s.
[2] Erweiterter Stufenbereich: Windstärke 13 bis 17, für Tropenstürme bis 80 m/s (288 km/h).

527.3 Außenluftvolumenstrom durch Fensterfugen („Fugenlüftung“) je m Fugenlänge l

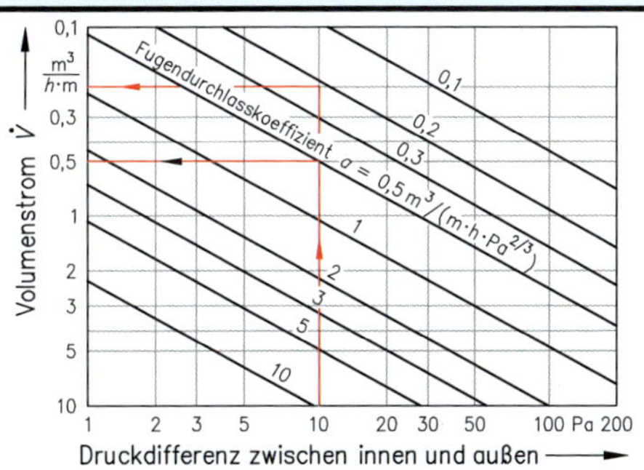

- Die Forderungen nach erhöhtem Wärmeschutz und somit dichten Fenstern und Fenstertüren (NE-Haus) ergeben meist a-Werte < 0,1 und somit eine völlig unzureichende Lüftung → häufiges Fensteröffnen erforderlich oder mechanische Lüftung (s. 530.3)
- Bei a > 0,3 ... 0,5 handelt es sich um herkömmliche Fenster bei > 1 ... 5 ... (10) um ältere Fenster (alte Einfachfenster)
- Geringerer Luftaustausch durch Reduzierung der Druckdifferenz (Rollladen, Vorhang, Schwelle, Dichtung) ebenso durch geringen a-Wert der nicht angeblasenen Flächen; Luftdurchlässigkeit bei Fenstern und Türen
- Lüftungswärmeverlust mit $\dot{V}_{inf.} \ll$ als $\dot{V}_{Raum} \cdot n$

527.4 Druckverteilung durch Temperaturdifferenzen – Verschiebung der neutralen Zone

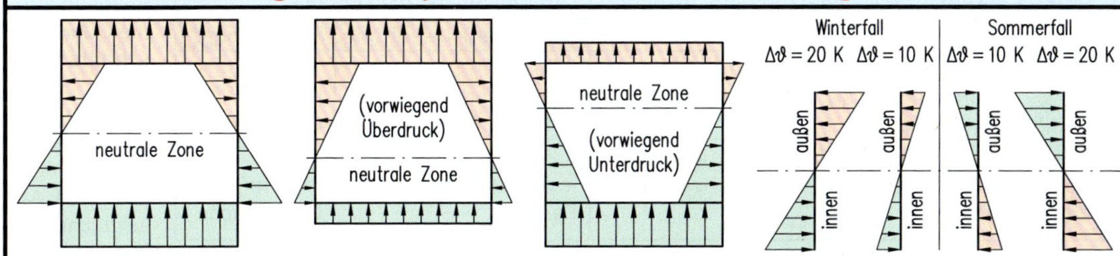

Je nachdem, wo sich die Öffnungen befinden (z. B. Fenster), bildet sich die sog. neutrale Zone.
Im Winter ($\vartheta_a < \vartheta_i$) strömt oben die Raumluft nach außen und Außenluft unten nach innen (ohne Windeinfluss).

528.1 Freie Lüftung durch Fenster und Fenstertüren – Geschätzte Luftwechselzahlen

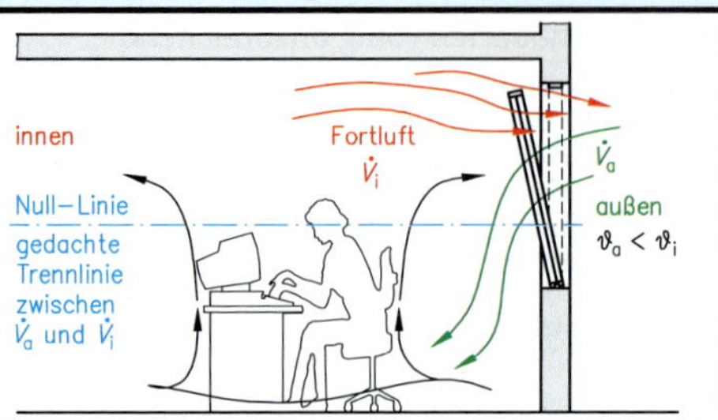

Fensterstellung	β in 1/h [1]
Fenster und Fenstertüren geschlossen	0,05 bis 0,4
Fenster gekippt, ohne Querlüftung	0,8 bis 2,5
Fenster gekippt, mit Querlüftung	2 bis 4
Fenster nur zur Hälfte geöffnet	4 bis 8
Fenster ganz offen (ohne Querlüftung)	8 bis 15
Fenster ganz geöffnet (gegenüberliegend)	25 bis 40

Grundsätzlich unterscheidet man zwischen einseitiger und zweiseitiger Lüftung (Querlüftung).

Der Luftwechsel in Wohnräumen sollte – je nach Nutzung – 0,3 bis 0,8 h^{-1} betragen.

[1] Starke Schwankungen entstehen durch folgende Einflussgrößen: Windgeschwindigkeit, Fenstergröße, Fensteranzahl und -flügel, Fugen (Länge, Dichtheit), Rollladenkonstruktion, Lage von Raum und Gebäude, Widerstand gegen abströmende Luft (z. B. undichte oder offene Innentüren), Nutzverhalten.

528.2 Fensterkonstruktionen bzw. Fensteröffnungsarten (Auswahl)

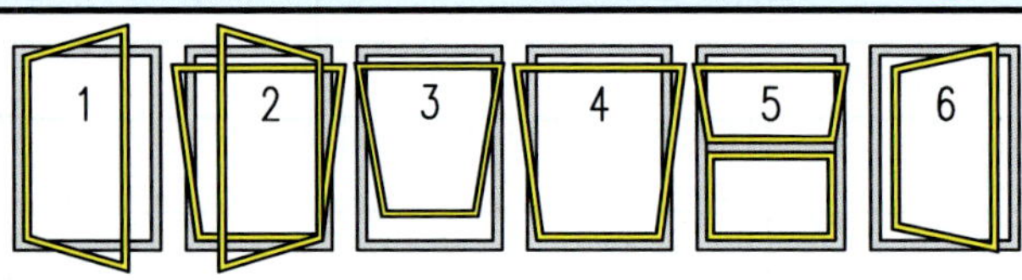

Symbolhafte Darstellung von verschiedenen Fensterarten:
1 Drehflügel, **2** Drehkippflügel, **3** Schwingflügel, **4** Kippflügel, **5** Kippflügel mit Kämpfer, **6** Wendeflügel

528.3 Luftdurchlässigkeit bei Fenstern und Türen (Klassifizierung nach DIN EN 12207)

Klassen			0	1	2	3	4
Durchlässigkeit Q [1] bezogen auf:	Gesamtfläche	m³/(h · m²)	nicht geprüft	50	27	9	3
	Fugenlänge	m³/(h · m)		12,5	6,75	2,25	0,75
maximaler Prüfdruck p		Pa		150	300	600	600

[1] Bezieht sich auf Prüfdruck von 100 Pa. Für andere Druckstufen gilt $Q = Q_{100} \cdot \left(\frac{p}{100}\right)^{2/3}$

528.4 Jährlicher Lüftungswärmeverbrauch bei unterschiedlicher Lüftungsdauer (Anhaltswerte)

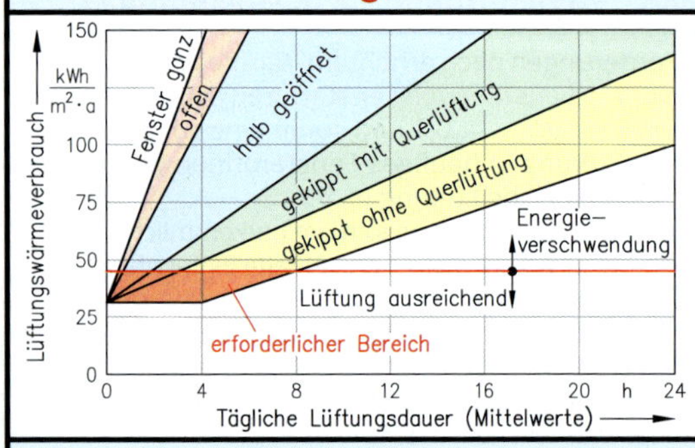

- **Dauerlüftung:** Längeres Öffnen eines Fensters (vorwiegend mit Kippfenstern) verursacht beachtliche Energieverluste durch:
  - übermäßige Auskühlung der Räume (Winter)
  - Öffnen der Thermostatventile (Frostschutzmaßnahme)
- **Stoßlüftung:** Kurzzeitiges Öffnen bei Bedarf
  - schneller Austausch der verbrauchten Luft
  - sehr wirksam bei Querlüftung, z. B. bei gegenüberliegendem Fenster und offener Innentür
  - keine Gefahr von Taupunktunterschreitung
  - starke, aber kurze Unbehaglichkeit
  - in etwa 4 ... 6 min → ≈ 1 facher Luftwechsel

528.5 Mindestöffnungsflächen der Fenster nach den Arbeitsstättenregeln

System[4]	Maximal zulässige Raumtiefe bezogen auf eine lichte Raumhöhe h in m	Öffnungsfläche der Fenster[2] kontinuierliche Lüftung	Öffnungsfläche der Fenster[2] Stoßlüftung[3]
I Lüftung einseitig	Raumtiefe = 2,5 × h (bei h > 4 m max. Raumtiefe = 10 m), Luftgeschwindigkeit[1] = 0,08 m/s	0,35 m² je anwesender Person	1,06 m² je 10 m² Grundfläche
II Querlüftung	Raumtiefe = 5 × h (bei h > 4 m, max. Raumtiefe = 20 m), Luftgeschwindigkeit = 0,14 m/s	0,2 m² je anwesender Person	0,6 m² je 10 m² Grundfläche

[1] Bezogen auf die Querschnittsöffnung.
[2] Zur Sicherung des Mindestluftwechsels (Zu- und Abluftflächen).

[3] Möglichst in regelm. Abständen: Büroraum z. B. nach 60 min, Besprechungsraum nach 10 min; Mindestdauer von $\Delta\vartheta$ und windabhängig: Sommer z. B. bis 10 min, Frühling/Herbst z. B. 5 min, Winter 3 min. [4] Bei I: Zu- und Abluftöffnung an einer Außenwand (auch beide offen); bei II: auch Außenwand und Dachflächen.

529.1 Geschätzte Luftwechselzahlen in Abhängigkeit der Fensterlüftung

Stellung und Anordnung des Fensters	Fenster und Türen geschlossen	Fensterflügel gekippt – Rollladen geschlossen	Fensterflügel gekippt – ohne Rollladen	Fensterflügel gekippt – ohne Querlüftung	Fensterflügel gekippt – mit Querlüftung	Fenster halb geöffnet	Fenster ganz offen – ohne Querlüftung	Fenster ganz offen – mit Querlüftung
Luftwechsel h^{-1}	0,05 bis 0,3	0,3 bis 0,5	0,5 bis 3	0,8 bis 2	2 bis 4	3 bis 8	8 bis 15	25 bis 40

529.2 Luftaustrittsgeschwindigkeit v_A in m/s bei Dachaufsatzlüftungen – Wärmeabzug

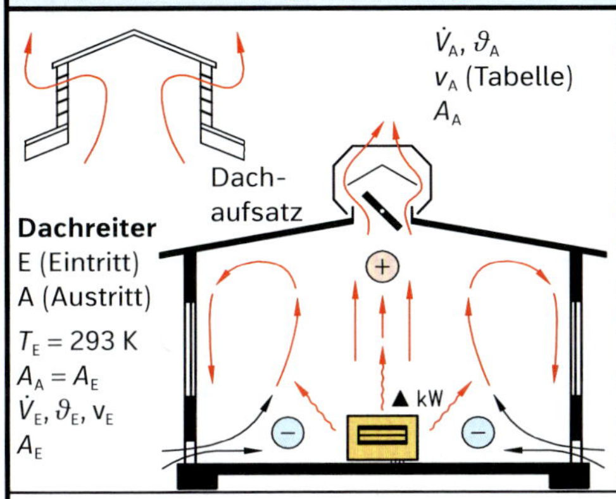

$\Delta\vartheta/T_E$	0,01	0,02	0,04	0,06	0,08	0,10	0,12	0,14	0,16
H = 5 m	0,5	0,7	1,0	1,2	1,4	1,6	1,7	1,8	2,0
H = 10 m	0,7	0,9	1,4	1,7	2,0	2,2	2,5	2,7	2,9
H = 15 m	0,8	1,2	1,7	2,1	2,4	2,7	3,0	3,2	3,5
H = 20 m	1,0	1,5	2,0	2,5	2,8	3,2	3,5	3,7	4,0

Beispiel: Fabrikhalle 30 m lang, 20 m breit, 10 m hoch Eintrittstemp. 20 °C, Austrittstemp. 30 °C, abzuführender Wärmestrom 25 kW; Erforderlicher Luftwechsel?

Lösung: $\Delta\vartheta/T_E = 10/273 = 0{,}034 \Rightarrow v \approx 1{,}3$ m/s (aus obiger Tab.)
$\dot{V} = \dot{Q}/(c \cdot \Delta\vartheta) = 25000/(0{,}35 \cdot 10) = 7143$ m³/h, $A = \dot{V}/(v \cdot 3600)$ $= 7143/(1{,}3 \cdot 3600) = 1{,}52$ m², LW $= \dot{V}/V = 7143/6000 =$ **1,2 h⁻¹**

Mehrzweck-Dachentlüftung: **a)** max. Luftdurchlass, **b)** Wetterschutz bei Regen, **c)** ohne Lüftung, **d)** Entweichung von Hitze, Qualm, Rauchgase bei Brand, **e)** Tageslicht (transparent)

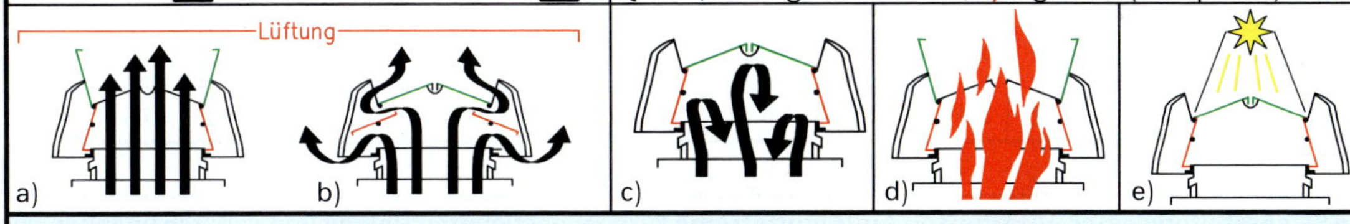

529.3 Luftgeschwindigkeiten zur Bestimmung der Austrittsfläche

$\Delta\vartheta/T_E$	0,01	0,02	0,04	0,06	0,08	0,10	0,12	0,14
H 5 m	0,5	0,7	1,0	1,2	1,4	1,6	1,7	1,8
H 10 m	0,7	0,9	1,4	1,7	2,0	2,2	2,5	2,7
H 15 m	0,8	1,2	1,7	2,1	2,4	2,7	3,0	3,2
H 20 m	1,0	1,5	2,0	2,5	2,8	3,2	3,5	3,7

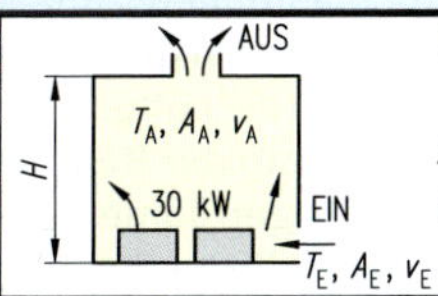

T absolute Temperatur in K
A Fläche in m²
v Geschwindigkeit in m/s

Vertikal aufsteigende Wärmeströmung wird zur Lüftung ausgenutzt.

529.4 Ausführungen von Fortluftöffnungen (Dachlüfter)

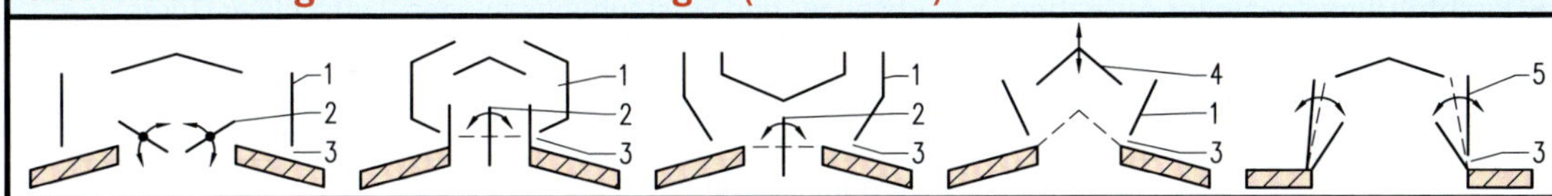

1 Windleitfläche, **2** Klappe, **3** Spalt, **4** höhenverstellbare Haube, **5** Windleitfläche mit Klappe

529.5 Vor- und Nachteile der Fensterlüftung – „Nachtlüftung“

Nachteile: • keine Garantie für eine definierte Außenluftzufuhr („Zufallslüftung“) • kein gesichertes Abführen von Geruch- und Schadstoffen, begrenzte Raumströmung insbesondere bei großen Raumtiefen und einseitiger Fensteranordnung (keine Querlüftung) • meist zu hohe Luftgeschwindigkeiten und zu tiefe Temperaturen in Bodennähe (Zugerscheinungen, eingeschränkter Aufenthalt in Fensternähe) • evtl. Eindringen von Lärm, Staub, Gerüchen von außen • Probleme bei ungünstigen Witterungen (Regen, Windanfall, Schnee) • eingeschränkte Einhaltung von Behaglichkeitskriterien nach Normen- und Richtlinien • große Energieverluste bei übermäßigem Lüften • Sicherheitsprobleme (z. B. Fenster im Erdgeschoss) • keine Wärmerückgewinnung • Uneinigkeit bei manchen Personen im Raum, extreme Probleme in Versammlungsräumen (z. B. Vortragsräume, Gaststätten, Schulen, Verkaufsstätten u. a.)

Vorteile: • hohe Nutzerakzeptanz, wenn bei einer plötzlich auftretenden Raumluftbelastung eine schnellwirsame Luftverbesserung gefordert wird • durch geöffnete Fenster während der Nacht können die Gebäudespeichermassen abgekühlt werden, die am folgenden Tag Wärme wiederaufnehmen können („**Nachtkühlung**“) • Nassräume (z. B. Bäder) können durch Einführung kalter Außenluft (geringe absolute Feuchte) entfeuchtet werden • z. B. bei Wohnungslüftungen wird bei planmäßiger Festlegung des Außenluftvolumenstroms die Intensivlüftung (IL), d.h. eine „Nutzerunterstützung durch Fensteröffnung“ vorgesehen (s. 545.1)

530.1 Luftgeschwindigkeiten in Schächten in m/s (ohne Ventilator) – Anhaltswerte

Schachthöhe in m	**Temperaturdifferenz $\Delta\vartheta$** zwischen Temperatur im Schachtinnern (ungefähr Raumtemperatur) und der außerhalb des Schachtes (Mittelwert)									
	4K	**5K**	**6K**	**8K**	**10K**	**15K**	**20K**	**25K**	**30K**	**40K**
3	0,36	0,41	0,45	0,52	0,60	0,73	0,84	0,92	0,99	1,13
4	0,43	0,48	0,53	0,61	0,69	0,84	0,96	1,06	1,14	1,30
6	0,54	0,60	0,66	0,76	0,84	1,03	1,17	1,30	1,40	1,58
8	0,62	0,69	0,77	0,87	0,97	1,18	1,35	1,50	1,62	1,83
10	0,69	0,77	0,85	0,98	1,09	1,33	1,51	1,67	1,81	2,05
12	0,76	0,84	0,93	1,06	1,18	1,46	1,65	1,83	1,98	2,24
14	0,82	0,91	1,01	1,15	1,28	1,57	1,79	1,98	2,14	2,42
16	0,88	0,98	1,08	1,24	1,37	1,68	1,91	2,11	2,29	2,58

Beispiel: vorhandener Schachtquerschnitt $A = 140\ \text{cm}^2$; Schachthöhe $h = 14$ m; $\Delta\vartheta = 10$ K ($\vartheta_i = 10$ °C); Rauminhalt 85 m³

Lösung: nach Tabelle ist $v = 1{,}28$ m/s

$\dot V = A \cdot v$
$= 0{,}014\ \text{m}^2 \cdot 1{,}28\ \text{m/s}$
$= 0{,}0179\ \text{m}^3/\text{s}$
$= \mathbf{64{,}5\ m^3/h}$

$LW = \frac{65{,}5}{85} = \mathbf{0{,}76\ h^{-1}}$

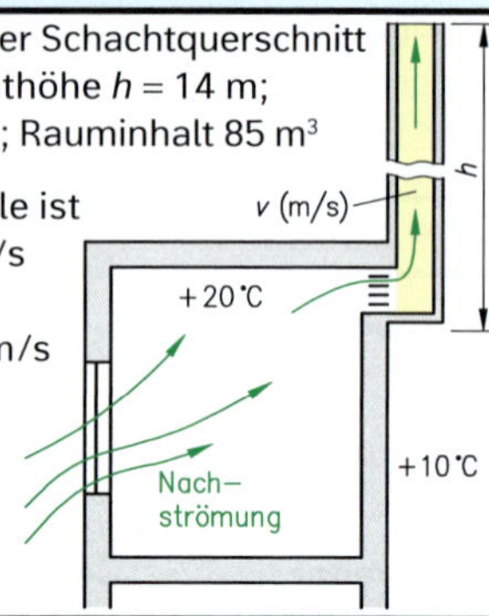

530.2 Auftriebsdruck $\Delta\varrho \cdot g$ in Lüftungsschächten in Pa je m senkrechter Schachtlänge

Außentemperatur ϑ_a	Lufttemperatur im Schachtinnern ϑ_i (etwa Raumlufttemperatur)											
	2 °C	4 °C	6 °C	8 °C	10 °C	12 °C	14 °C	16 °C	18 °C	20 °C	22 °C	24 °C
+15 °C	–	–	–	–	–	–	–	0,039	0,128	0,206	0,284	0,363
+10 °C	–	–	–	–	–	0,088	0,177	0,255	0,343	0,422	0,500	0,579
+5 °C	–	–	0,049	0,138	0,216	0,304	0,392	0,471	0,559	0,638	0,716	0,795
±0 °C	0,088	0,177	0,275	0,363	0,441	0,530	0,618	0,697	0,785	0,863	0,942	1,020
– 5 °C	0,324	0,412	0,510	0,596	0,677	0,765	0,853	0,932	1,020	1,099	1,177	1,256
– 10 °C	0,569	0,657	0,755	0,844	0,922	1,010	1,099	1,177	1,265	1,344	1,422	1,501
– 15 °C	0,824	0,912	1,010	1,099	1,177	1,265	1,354	1,432	1,521	1,599	1,678	1,756

530.3 Vorteile der maschinellen Lüftung (mit Ventilatoren)

- **Sicherstellung eines geforderten Außenluftstroms** zu jeder bestimmten Uhrzeit und dadurch unabhängig von Witterungseinflüssen, Raumbelastungen, Umgebung (Bebauung), baulichen Anforderungen.
- **Einbau von Bauelementen und Geräten in den Luftstrom** zur weiteren Luftaufbereitung (z. B. Filter, Wärmetauscher u. a.), in manchen Fällen ist freie Lüftung trotzdem zur Unterstützung möglich (s. 561.5).
- **Beliebige Druckverhältnisse innerhalb der Räume** (s. 531.1) z. B. Vermeidung von Geruchsübertragungen, Schutzmaßnahmen für Produkte in Lagerräumen, Anpassung bei baulichen/betrieblichen Veränderungen.
- **Optimale Luft- und Temperaturverteilung** durch entsprechende Wahl und Anordnung der Luftdurchlässe
- **Möglichkeit der Wärmerückgewinnung** und somit Energieeinsparung (Wärmetauscher s. 572.2 ff.)
- **Durchführung spezieller Aufgaben** (z. B. Absauge- und Entstaubungsanlagen, Luftschleier (Türen) u. a.

530.4 Einteilung von RLT-Anlagen nach dem Luftsystem (Druck)

„Drucklüftung“ → nur Zuluftventilator → Belüftungsanlage → „Überdrucklüftung“

„Kombinierte Lüftung“ → Verbundlüftung → Zu- und Abluftventilator → Be- und Entlüftungsanlage →
- Zuluftstrom größer als Abluftstrom → „Überdrucklüftung“
- Abluftstrom größer als Zuluftstrom → „Unterdrucklüftung“
- Zuluftstrom = Abluftstrom = „Gleichdrucklüftung“

„Sauglüftung“ → nur Abluftventilator → Entlüftungsanlage → „Unterdrucklüftung“

bezieht sich auch auf Einzelgeräte

530.5 Von der Außenluft zur Atemluft – Einflussgrößen

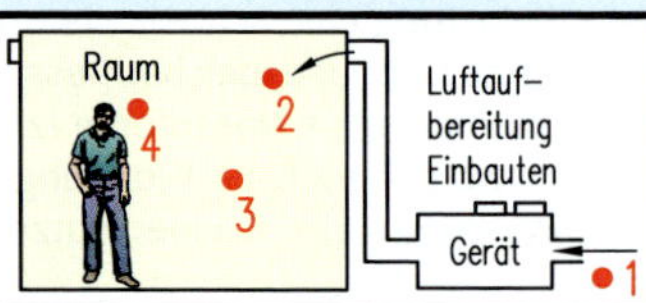

4 Atemluft ←	3 Raumluft ←	2 Zuluft ←	1 Außenluft
direkter Aufenthalt (optimale Luftqualität, Behaglichkeit, Hygiene)	Anforderungen IDA 1 bis IDA 4; Luftverteilung, Raumnutzung u. -lasten	Gerätekonzeption, Sauberkeit und Qualität der Ltg., Umluftbetrieb?	Umwelteinflüsse, Qualität ODA 1 bis ODA 3; optimale Einführung (Ort)

531.1 Druckverhältnisse in Abhängigkeit der Ventilatoranordnung (Druckhaltung)

Unterdruck	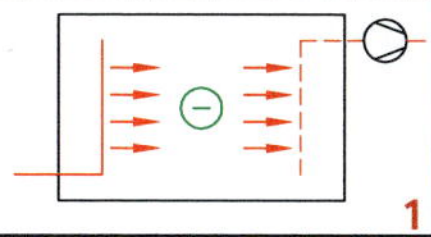 1	Fortluftsystem ($\dot{V}_{FOL}$) ⇒ Entlüftung Luft von außen → Zuggefahr (evtl. erwärmen); keine Geruchausbreitung in Nebenräumen	Überdruck	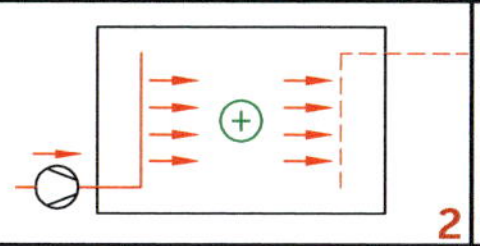 2	Außenluftsystem ($\dot{V}_{AUL}$) = Belüftung in der Regel mit Erwärmung keine Geruchausbreitung aus Nebenräumen
Gleichdruck	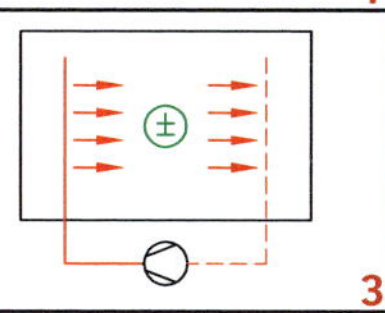 3	Umluftsystem: z. B. Raumheizung oder Raumkühlung, separate Lüftung (oder auch freie Lüftung) Im Raum herrscht weder Unter- noch Überdruck.	Überdruck	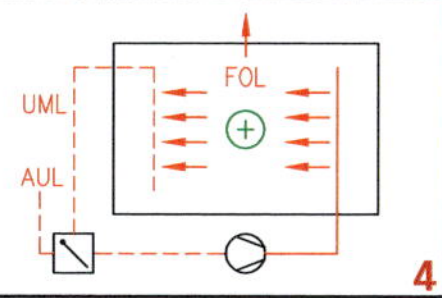 4	Mischluftsystem, je nach Klappenstellung Außen- und/oder Umluft; Fortluft nach außen (Syst. problematisch) besser Syst. 5 oder 6
Über-, Unter-, Gleichdruck	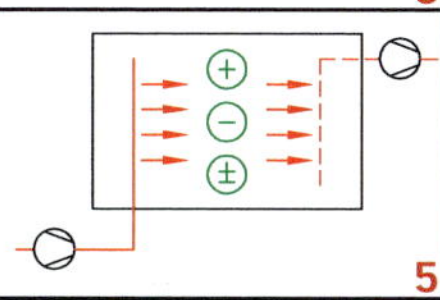 5	Außen-Fortluftsystem separate Geräte, Anwendung wenn keine Umluft vorgesehen werden soll (darf) ⊕⊖⊖ je nach $\dot{V}_{ZUL}$- bzw. $\dot{V}_{ABL}$-Anteil	Über-, Unter-, Gleichdruck	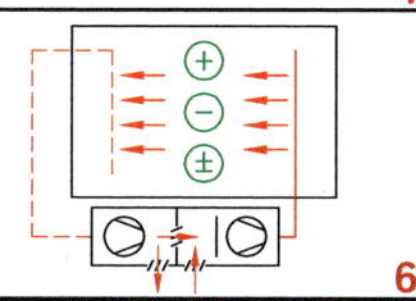 6	Außen-Misch- und Fortluftsystem. Beste Lösung als Kammerzentrale (s. 531.4) vielseitig verwendbar, anpassungsfähig, wirtschaftlich

531.2 Auslegungsdruckbedingungen im Raum (als Luftvolumenstrom angegeben) DIN EN 16798-3

Kategorie 1	Kategorie 2	Kategorie 3	Kategorie 4	Kategorie 5
$\dot{V}_{AB} > 1{,}15\ \dot{V}_{ZU}$	$1{,}05\ \dot{V}_{ZU} < \dot{V}_{AB} < 1{,}15\ \dot{V}_{ZU}$	$0{,}95\ \dot{V}_{ZU} < \dot{V}_{AB} < 1{,}05\ \dot{V}_{ZU}$	$0{,}85\ \dot{V}_{ZU} < \dot{V}_{AB} < 0{,}95\ \dot{V}_{ZU}$	$\dot{V}_{AB} < 0{,}85\ \dot{V}_{ZU}$

531.3 Klassifizierung (Kategorien) der Abluft ETA und der Fortluft EHA

Kateg.	Verunreinig.	Beschreibung und Anmerkungen zu den Emissionen und Verunreinigungsquellen
ETA 1 EHK 1	gering	Emissionen aus Bauwerk, Gerüche aus Nachbarräumen, Emissionen aus menschlichem Stoffwechsel, kurzfristige Geruchsbelästigungen, Rauchverbot
ETA 2 EHK 2	mäßig	wie bei Kategorie 1, jedoch stärkere Belastungen, z. B. hohe Raumbelegung, geringe Schadstoffe in Arbeitsstätten, Lagerräumen, Werkstätten u. a.
ETA 3 EHK 3	hoch	wie bei Kategorie 2, jedoch spezielle Produktionsstätten (lästige Geruchsbelastung, stärkere Staubbildung, Dämpfe, schlechte Luftverteilung – Lüftung)
ETA 4 EHK 4	sehr hoch	wie bei Kategorie 3, jedoch völlige Missachtung der Arbeitsstättenverordnung (fehlende Schutzmaßnahmen, völliges Versagen der raumlufttechnischen Anlage

531.4 Kammerzentrale (Lüftung und Luftheizung) – Luftarten und Bauteile

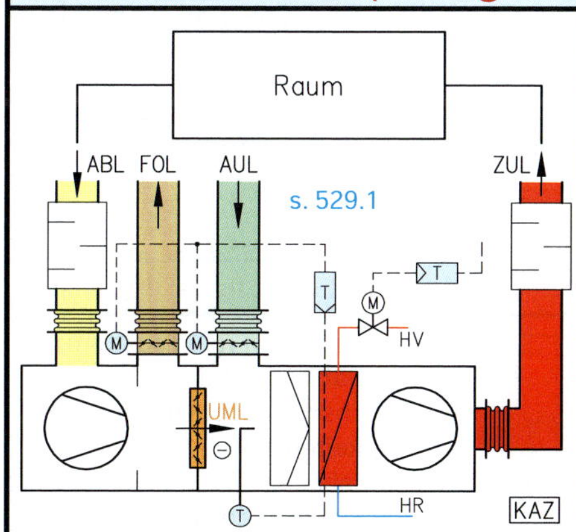

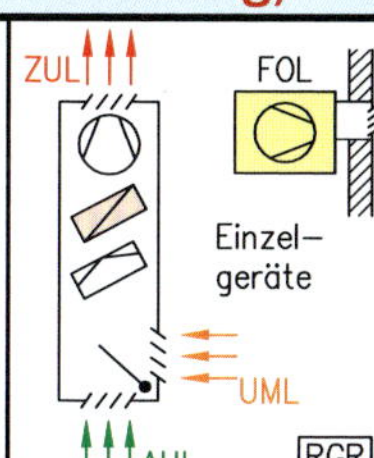

Luftart	Abk.	1)	Definition
Außenluft	AUL	ODA	unbehandelt von außen
Fortluft	FOL	EHA	strömt ins Freie
Abluft	ABL	ETA	verlässt den Raum
Umluft	UML	RCA	ETA-Anteil in SUP
Mischluft	MIL	MIA	meist aus 2 Luftströmen
Zuluft	ZUL	SUP	in den zu behand. Raum

Weitere Einzelgeräte

(= dezentrale Luftbehandlung): Lüftungs-, Luftheizungs-, Klimageräte (Wand, Decken, Fußboden u. a.) (s. 536.2, 550.3 u. a.)

[1] nach DIN EN 16798-3:	Tab
• Übersicht sämtlicher Luftarten	532.1
• Klassifizierung Ab- und Fortluft	531.1
• Klassifizierung der Außenluft	537.2
• Kategorien der Raumluftqualität	537.2
• Regelung der Raumluftqualität z. B. über CO_2-Sensor	538.1

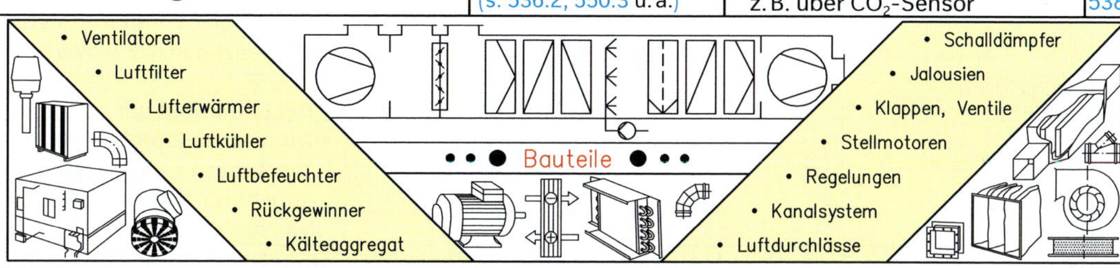

Grundlagen Elektro, Regelung · Kommunikation Bauzeichnungen · Werkstoffe Trennen, Fügen · Rohre, Zubehör Montage · Trinkwasser Feuerlöschtechnik · Entwässerung Sanitär, Klempner · Gasinstallation Flüssiggas · TW-Erwärmung Solarnutzung TWE · Energietechnik Erneuerb. Energien · Heizungs- und Feuerungstechnik · Lüftung, Klima Wärmerückführung

532.1 Festlegung der Luftarten DIN EN 16798-3

Nr.	Luftart	Abk.	Farbe	Darstellung
1	Außenluft	ODA	grün	
2	Zuluft	SUP	blau	
3	Raumluft	IDA	grau	
4	Überströml.	TRA	grau	
5	Abluft	ETA	gelb	
6	Umluft	RCA	orange	
7	Fortluft	EHA	braun	
8	Sekundärl.	SEC	orange	
9	Leckluft	LEA	grau	
10	Infiltration	INF	grün	
11	Exfiltration	EXF	grau	
12	Mischluft	MIA	versch.	
1.1	Außenluft	SRO	grün	von außen in LBE (2)
2.1	Zuluft	SRS	blau	Luftstrom in Raum 3 (8)
5.1	Abluft	SET	gelb	von Raum 3 in LBE (8)
7.1	Fortluft	SEH	braun	von LBE ins Freie (11)

Einzelraumluftbehandlungseinheit (LBE) (graue Fläche)

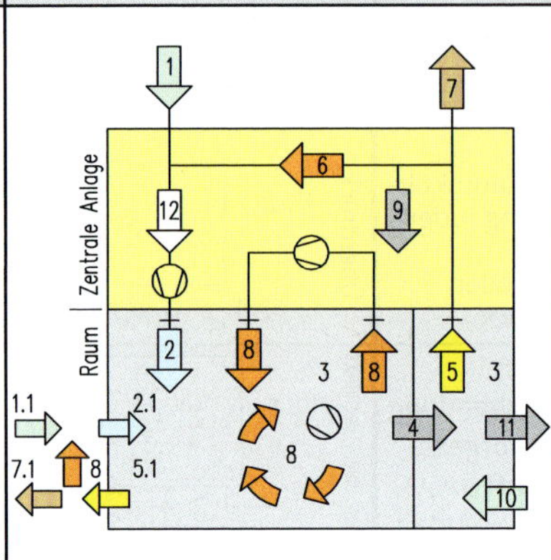

532.2 Klassifizierung d. Außenluft

Kateg.	Beschreibung
ODA 1	saubere Luft, die nur zeitweise staubbelastet sein darf (z. B. Pollen)
ODA 2	Außenluft mit hoher Konzentration an Staub und Feinstaub und/oder gasförmigen Verunreinigungen
ODA 3	Außenluft mit sehr hoher Konzentration an gasförmigen Verunreinigungen und/oder Staub oder Feinstaub

532.3 Klassifizierung d. Raumluft

Kategorie		
IDA 1	hohe	• bezogen auf Luftqualität oder auf Gesundheit
IDA 2	mittlere	• gültig für Aufenthaltsber.
IDA 3	mäßige	• weitere Hinweise der IDA-Klassen siehe EN 19521
IDA 4	niedrige	

- Regelung IDA-C1 bis C6 (DIN EN 16798-3)
- **Außenluftbestimmung** (s. 537.1 ff.)

532.4 Kombinationsmöglichkeiten von Lüftungszentralen (Kammerzentralen)

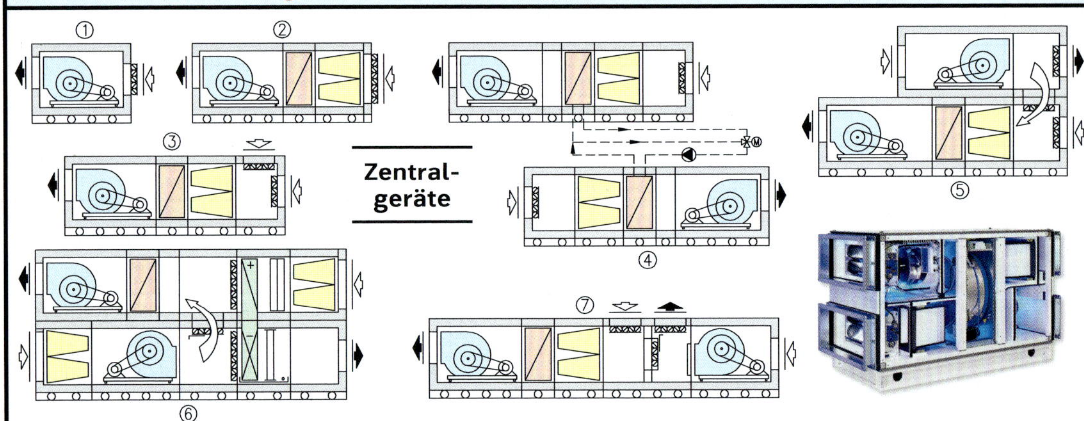

532.5 Auswahl eines Zentralgerätes (abhängig von Volumenstrom und Geschwindigkeit)

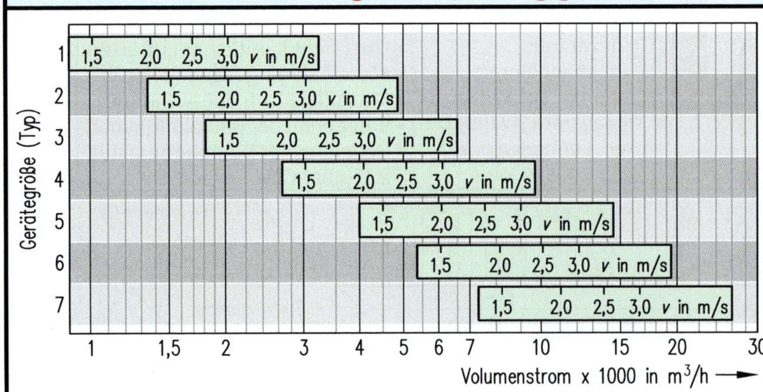

- abhängig von Volumenstrom und **gewählter** Geschwindigkeit
- durchschnittliche **Luftgeschwindigkeiten in RLT-Geräten** (s. nebenstehende Tabelle)
- hohe Geschwindigkeitsannahme ergibt hohe **Ventilatorleistung** (begrenzt durch SFP-Wert) (s. 567.5)
- **bei Einbauten** auf Δp achten
- **Auswahlbeispiel**: 4000 m³/h: Typ 3 oder 4 gewählt **Typ 4**, entspricht nach EN 13053 Klasse V3 oder V4

Hohe Geschwindigkeiten in Zentrale und Leitungen ergeben eine hohe Ventilatorleistung.

533.1 Einteilungsschema für Luftführungsarten

a) Mischströmung (turbulent)

- Einzelstrahlen
  - tangential
    - horizontal
    - vertikal
  - Strahlformen
    - Freistrahlen
    - Wandstrahlen
    - Raumstrahlen (Walzen)
  - Luftdurchlässe
    - Decken- Wand-
    - Punktauslässe
- Starke Diffusstrahlen
  - hochinduktive verdrallte Einzelstrahlen ▼
  - Drallauslässe (Drallschaufeln)
    - Deckenbereich
    - Fußbodenbereich
    - Punktauslässe
  - Strahlverlauf
    - radial (üblich)
    - axial

b) Verdrängungsströmung

- Auslassflächen (Kolbenlüftung)
  - Großfläche – Decke, Wand
  - Teilflächen – örtlich
- Einzelauslässe
  - Anordnung – in oder über Aufenthaltszone
  - Bauformen
    - zylindrisch
    - eckig
    - radial

c) Quellströmung

Sonderfall von b) Komfortbereich

- Einzelstrahlen
  - rund 360°, 180°, 90°
  - frei, wandbündig
  - in oder über Aufenthaltszone
- Induktionsauslässe – z. B. unter Fenster
- komb. m. Kühlflächen

d) Schichtströmung

- ähnlich wie bei c)
- spez. Industriebereich

533.2 Mischströmung (turbulente Strömung) · Verdrängungsströmung (Quellluftströmung) · Kolbenströmung

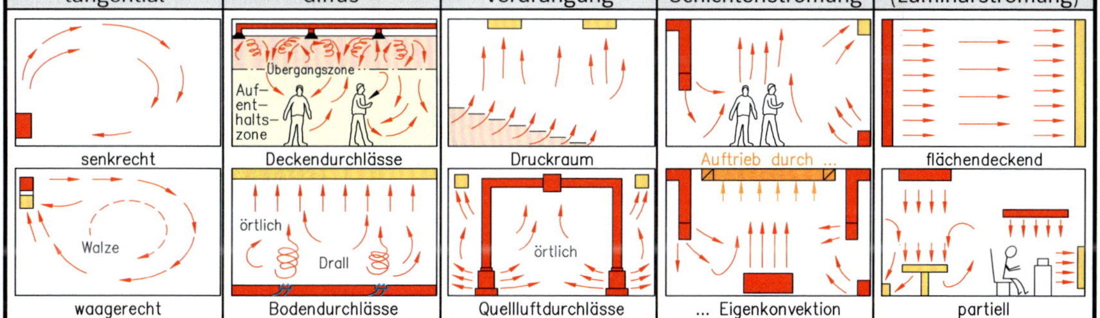

Einflussgrößen bei der Wahl der Luftführung: **Raumbeschaffenheit** (z. B. Abmessungen, Einrichtungen, Dichtheit, Speicherfähigkeit); **Raumnutzung** (z. B. Versammlungs-, Büro-, Mehrzweck-, Produktionsräume u. a.); **Lasten** (Heiz-, Kühl-, Stofflasten); Luftdurchlässe (Einbauart, Bauform, Verstellbarkeit, Strahlform, Optik)

533.3 Luftdurchlässe für raumlufttechnische Anlagen (kleine Auswahl)

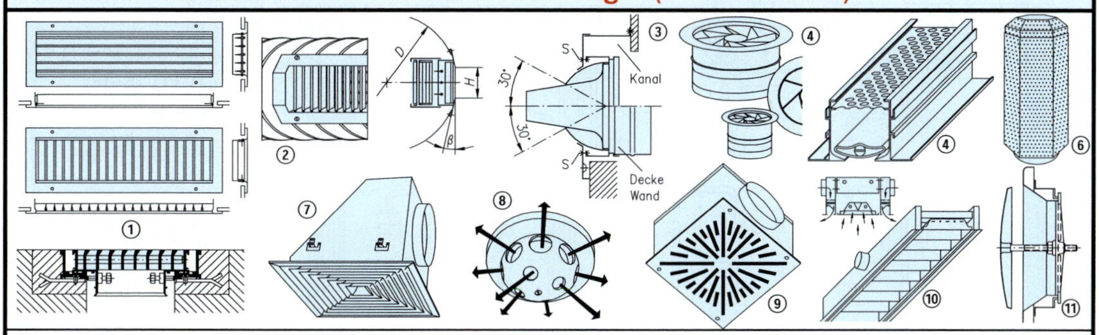

1 Gitter (Wand, Boden), **2** desgl. in Wickelfalzrohr, **3** Weitwurfdüse, **4** Bodendrallauslass (Kühl.), **5** Schlitzauslass, **6** Quellluftauslass, **7** Lamellenzuluftverteiler, **8** Düsenkopf, **9** Drallauslass, **10** Leuchte (Zu-/Abluft), **11** Tellerventil

534.1 Kriterien zur Auswahl von Luftdurchlässen · Drallauslässe · Kanalführung

Große Bedeutung haben die Zuluftdurchlässe (s. 533.1 und 533.2)

Strahlform: Freistrahl, Diffusstrahl, Anlegestrahl	Bauformen: quadratisch, rund, rechteckig	Einbau: Wand, Decke, Fußboden, Kanal, u. a.	Ansprüche: Qualität, Ästhetik, Kosten, u. a.

Über die Hälfte aller Beschwerden durch RLT-Anlagen dürften auf eine mangelhafte Auswahl, Montage, Funktion, Inbetriebnahme der gewählten und angeordneten Zuluftdurchlässe zurückzuführen sein. Großen Einfluss haben sie auf die Luftströmung im Raum (Temperaturverteilung, Behaglichkeit).

534.2 Dralldurchlässe (in Stichworten)

• Einzelstrahlen, wo jeder einen individuellen Induktionsbereich hat, aus dem Raumluft beigemischt wird. Drallerzeugung nahe am Auslass, wo sich die Einzelstrahlen gegenseitig induzieren bis Dralleffekt erreicht ist • Drallbereich ⌀ 2–3,5 m • Austritt mit ca. 0,9 – 3 m/s • Diffuse Luftbewegung in alle Richtungen

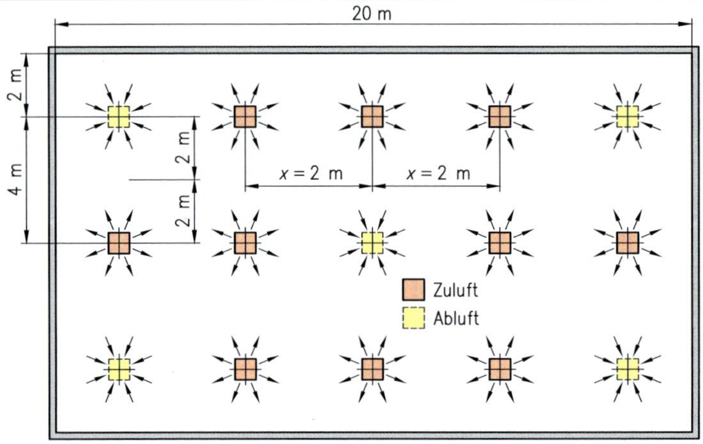

• geringe Luftgeschwindigkeit • gleichmäßige Temperaturverteilung, hoher Luftwechsel (10–12 K) • verschiedene Frontplatten (rund oder quadratisch) • geringe Eindringtiefe • Teillastbereich (100–40 %) • bedarfsgerechte Regelung.

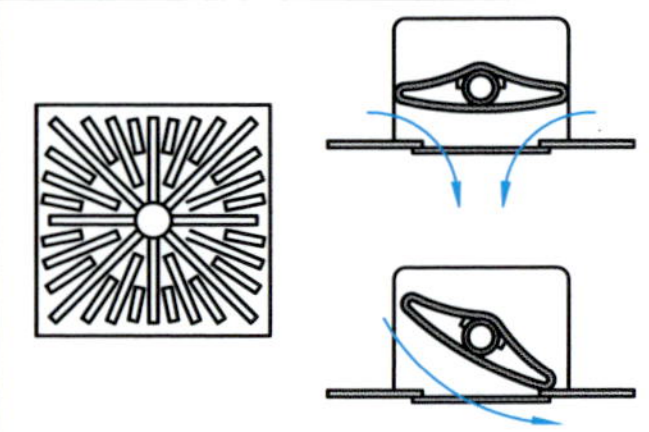

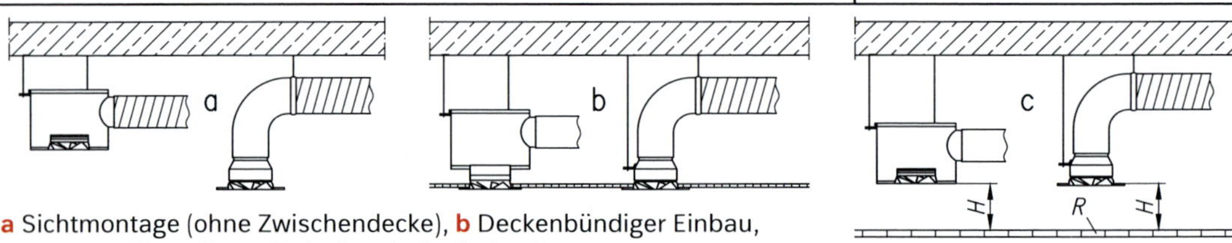

a Sichtmontage (ohne Zwischendecke), **b** Deckenbündiger Einbau, **c** Montage über offener Zwischendecke (selten)

534.3 Kanalsystem: Abluft (gelb) über Deckengeräte, Zuluft über Quellauslässe (rot)

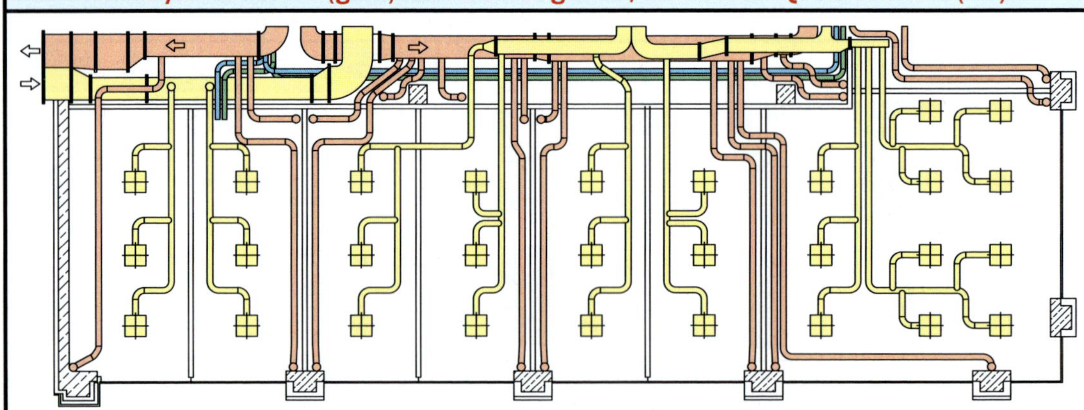

535.1 Strömungsrichtungen des Zuluftstrahls

von oben nach oben	von oben nach unten	von unten nach oben	von unten nach unten	von Seite zu Seite	von Seite nach oben

535.2 Kriterien für die Bemessung von Zuluftdurchlässen – Auswahldiagramm

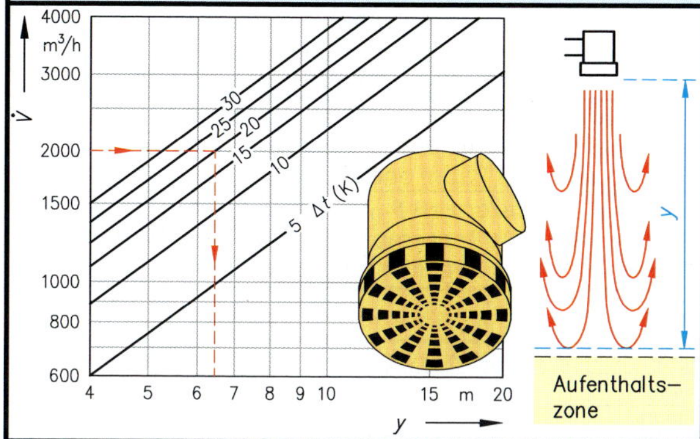

- Bei der **Gitterauswahl** interessieren z. B.: Gittermaße (Höhe, Länge), Temperaturdifferenz $\Delta\vartheta$ ($\vartheta_{Zu} - \vartheta_{Raum}$), Volumenstrom $\dot{V}_{Zu}$, erforderliche Strahllänge (Eindringtiefe) y, maximale Endgeschwindigkeit, Abstand zur Decke (Coandaeffekt), Anzahl bzw. Abstände der Durchlässe, Konstruktionsdetails, Ablenkung y am Strahlende, Induktionsverhältnis, Schallleistung bei Drosselung
- **Beispiel**: **Industrie-Deckendurchlass** (Diagramm) $\dot{V}_{Zu} = 2000\ m^3/h$, $\Delta\vartheta = \vartheta_{Zu} - \vartheta_{Raum} = 20\ K \Rightarrow$ Vertikale Eindringtiefe $y = 6{,}4\ m$, bei $2500\ m^3/h \Rightarrow$ ca. 8,2 m (+ 28 %), bei $\Delta\vartheta = 10\ K \Rightarrow y \approx 9\ m$ (+ 41 %)

535.3 Wahl der Zulufttemperatur bzw. Unter-/Übertemperatur bei RLT-Anlagen

Heizung (Übertemperatur $\Delta\vartheta_{ü} = \vartheta_{Zu} - \vartheta_{Raum}$) ⊕

Nutzung des Raumes	Komfort	gewerbl.	Industrie
Anhaltswerte in K	5 ... 10	10 ... 20	15 ... 25

Abhängigkeit: von Art des Luftdurchlasses (Regulierbarkeit, Induktion u. a.), gewählte Luftführung, Ort der Ausblasung, Raumgeometrie (Tiefe, Höhe), Lüftungsanteil (bei Mischluftbetrieb etwas höher), Sitz- bzw. Arbeitsplätze, Luftwechsel, Anlage (zentral, dezentral), Betriebsweise (z. B. Regelung)

Kühlung (Untertemperatur $\Delta\vartheta_{u} = \vartheta_{Zu} - \vartheta_{Raum}$) ⊖

Art des Luftdurchlasses	Komfortbereich	Industrie
Gitter an Wand (unten)	2...3...(4) K	3...4...5 K
Raumluftgerät (oben)	4...5...(6) K	5...6 K
Deckenluftverteiler	(3)...4...5 K	4...6 K
Decken-Schlitzdurchlass	(6)...8...(10) K	selten
Decken-Dralldurchlass	7...8...(10) K	8...10...12 K
Düsendurchlass	4...6...(7) K	5...6...8 K
Tellerventile	2...3 K	3...4...5 K
Quellluftdurchlass	1...2...(3) K	2...3 K

535.4 (Umluft-)Luftheizung – Einteilung, Luftführung, Übertemperatur

Beheizungsart	Aufbau (Anlage, Gerät)	Geräteanordnung	Luftführung	Wärmeübertragung
• direkt (Gas, Öl, Holz) • indirekt (z. B. Warmwasserheizung)	• zentral (Luftleitung) • dezentral (Geräte) • kombiniert	• auf Fußboden • Wand, Decke (Raum, Keller)	• Raumströmungen (s. 530.2) • Rohre, Kanäle	konvektiv (im Gegensatz zur Strahlungsheizung)

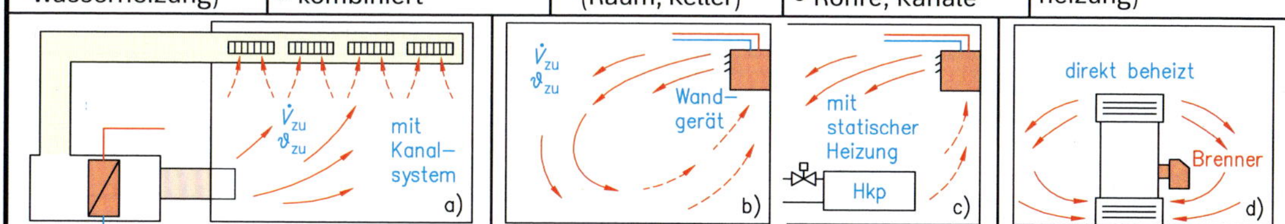

$$\dot{V}_{Zu} = \frac{\dot{Q}_N}{c \cdot \underbrace{(\vartheta_{Zu} \cdot \vartheta_i)}_{\Delta\vartheta_ü}}$$

$$\vartheta_{Zu} = \underbrace{\frac{\dot{Q}_N}{\dot{V}_{Zu} \cdot c}}_{\Delta\vartheta_ü} + \vartheta_i$$

$\dot{Q}_N$ Normwärmeverlust des Raumes in W bei c) aufgeteilt in Luftheizung und statische Heizfläche z. B. als Grundlast
ϑ_{Zu} Zulufttemperatur °C; ϑ_i Raumlufttemperatur °C
c spezifische Wärmekapazität in $W/(m^3 \cdot K)$; (s. 523.2)

535.5 Spezielle Raum-Heizgeräte mit Ventilator (Auswahl)

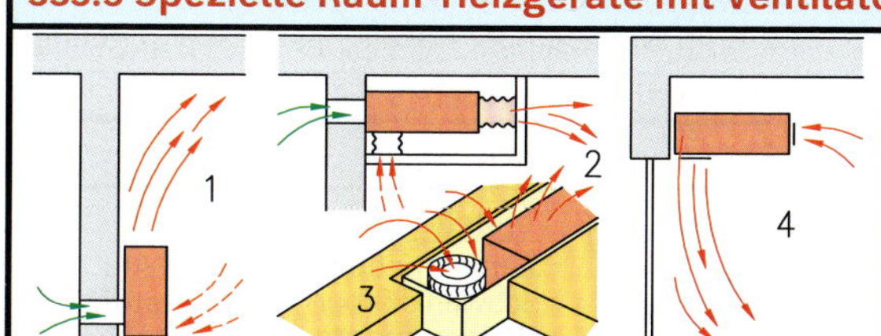

1 Ventilatorkonvektoren, als Umluftgerät oder mit Außenluftanschluss (Lüftung), Wandgerät
2 Desgl. als Deckengerät mit Verkleidung
3 Bodenkanalheizung mit Gebläse-Konvektor z. B. für Schwimmhallen, als Kirchenheizung u. a.
4 Luftschleier, kontrollierte Abschirmung von offenen Türen (horizontale oder vertikale Anordnung)

536.1 Registerleistung bei verschiedenen Betriebsbedingungen (Temp. angenommen)

$\dot{Q}_{Reg} = \dot{Q}_H$ Raumheizung (Heizlast) + $\dot{Q}_L$ Wärmebedarf für die Lüftung (hier $\dot{V}$ = konst.)

a) $\vartheta_{ZU} = 40\ °C$ ($\dot{Q}_H$) $\vartheta_i = 20\ °C$ ($\dot{Q}_L$) $\vartheta_a = -12\ °C$	**Temperaturdifferenz zwischen ϑ_{ZU} und ϑ_a:** maximal erforderlicher Raumwärmebedarf (Auslegung) und 100 % Außenluftbetrieb (Ausgangstemperatur) – selten
b) ϑ_{ZU} ($\dot{Q}_H$) ϑ_i ($\dot{Q}_L$) $\vartheta_m = +4\ °C$	**Temperaturdifferenz zwischen ϑ_{ZU} und ϑ_m:** maximaler Raumwärmebedarf (Auslegung) und 50 % Außenluft (Mischluftbetrieb) – bedingt anwendbar
c) ϑ_{ZU}' ($\dot{Q}_H$) ϑ_i ($\dot{Q}_L$) ϑ_m	**Temperaturdifferenz zwischen ϑ_{ZU}' und ϑ_m:** $\dot{Q}_L$ wie bei b); $\dot{Q}_H$: entweder zusätzliche statische Heizung, Wärmequellen im Raum oder Übergangszeit
d) ϑ_{ZU}' ($\dot{Q}_H$) ϑ_i ($\dot{Q}_L$) ϑ_a'	**Temperaturdifferenzen $\vartheta_{ZU}' - \vartheta_i$ und $\vartheta_i - \vartheta_a'$:** bei geringerer Außentemperatur ($\dot{Q}_H$ und $\dot{Q}_L$ geringer) Registerleistung ≙ Regelleistung bei ϑ_a'

536.2 Technische Daten eines Luftheizgerätes (Wand- oder Deckenmontage)[1)]

		Gerätetyp/Baugröße A						Gerätetyp/Baugröße B			
Nenndrehzahl U/min		900		680		450		900		680	
Luftvolumenstrom m³/h		6250		4980		3230		5410		4310	
Lufteintritts-temperatur ϑ_{EIN}	°C	$\dot{Q}$ kW	ϑ_{ZU} °C	$\dot{Q}$ kW	ϑ_{ZU} °C	$\dot{Q}$ kW	ϑ_{ZU} °C	$\dot{Q}$ kW	ϑ_{ZU} °C	$\dot{Q}$ kW	ϑ_{ZU} °C
PWW 80/60 °C $\dot{Q}_{Reg} = \dot{Q}_H + \dot{Q}_L$	−10	39,5	9	35,4	11	28,5	16	86,9	38	73,7	41
	+5	31,3	20	28,0	22	22,5	26	69,1	43	58,7	46
	+15	25,4	27	23,0	29	18,3	32	57,4	47	49,4	49
Leistungsaufnahme	W	380 (690)		270		90		380 (690)		270	
Nennstrom	A	0,73 (3,0)		0,44		0,26		0,73 (3,0)		0,44	
Schalldruckpegel[2)]	dB_A	58		53		43		58		53	
Wurfweite[3)] (Wand)	m	16,7		13,6		9,4		15,1		12,3	
Aufhängehöhe[3)]	m	10,9		8,9		6,1		9,6		7,9	

[1)] Je nach Gerätetyp, Baugröße und Drehzahl: $\dot{V}$ = 2270 – 9320 m³/h ϑ_{ZU}: 24 – 53 °C bei ϑ_{EIN} = 15 °C $\dot{Q}$: 7,2 bis 85 kW.

[2)] 4 m Abstand vom Gerät (170 m² Sabin).

[3)] $\Delta\vartheta$ bei etwa 15 – 20 K über Raumtemperatur Erhöhung der Eindringtiefe durch spezielle Lamellen, Induktionsauslässe.

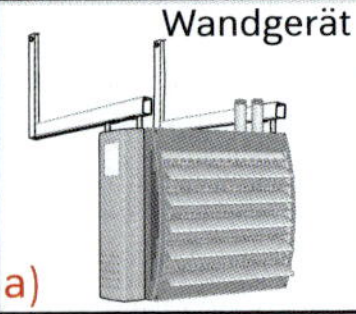
a) Wandgerät

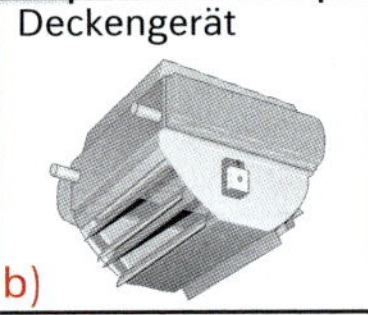
b) Deckengerät

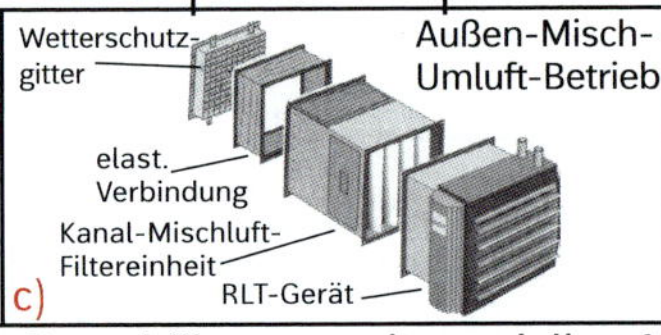

c) Außen-Misch-Umluft-Betrieb

Probleme bei zu hoher Zulufttemperatur: **a)** schnelle Ablenkung nach oben, Warmluftpolster im Deckenbereich (Energieverluste), schlechte Temperaturverteilung im Raum (Komfortverluste); **b)** Warmluftstrahl erreicht bei größeren Raumhöhen nur mit speziellen Auslässen den Aufenthaltsbereich (gilt für alle Zuluftdurchlässe (s. 535.1); **c)** in der Regel sind Lüftung und Heizung getrennt

536.3 Bestimmung des Zuluftvolumenstroms für RLT-Anlagen (Zusammenfassung)

	Art der Anlage	Berechnungsansätze, Berechnungsmethoden, Hinweise	
1	Lüftungsanlage	$\dot{V}_{AUL}$: AUL-Rate (s. 537.2) Luftwechsel (s. 537.3), AGW-Wert (s. 538.2), spez. Räume →	
2	Luftheizungs-anlage	$\dot{V}_{Zu} = \dfrac{\dot{Q}_N}{c \cdot (\vartheta_{Zu} \cdot \vartheta_i)}$	ohne statische Raumheizflächen und ohne Lüftung (Umluftanlage); $\vartheta_{ZU} - \vartheta_i$ (Übertemperatur) (s. 535.3)
3	kombinierte Lüftungs-Luftheizungsanlage	**entweder** nach **1** (wenn Lüftung vorrangig) und **2** anpassen und zwar mit $\dot{Q}$ (z. B. zusätzl. Heizkörper) oder mit ϑ_{ZU} (Luftführung) **oder** nach **2** (wenn Heizung vorrangig) und **1** anpassen (z. B. falls $\dot{V}_{ZUL} > \dot{V}_{AUL} \Rightarrow$ Mischluftbetrieb) Umluftqualität prüfen	
4	Luftkühlanlage (Klimaanlage) kalte Außenluft	$\dot{V}_{Zu} = \dfrac{-\dot{Q}}{c \cdot (\vartheta_{Zu} - \vartheta_i)}$	$\dot{Q}_K$ **Kühllast** nach VDI 2078, innere und äußere Wärmequellen (s. 551.2), u. a. $\vartheta_{zu} - \vartheta_i$ (Untertemperatur) (s. 535.3); falls mit Lüftung, entsprechend **3**
5	Entnebelungs-(Entfeuchtungs)-Anlage	$\dot{V}_{AUL} = \dfrac{\dot{m}_W}{\varrho \cdot (x_i - x_a)}$	$\dot{m}_W$ verdunsteter Wasserstrom z. B. Hallenbäder (s. 541.1) ϱ, x_i (s. 522.1); $x_i - x_a$: z. B. im Winter großer Trocknungseffekt ($\dot{V}_{AUL}$ gering)
6	Absaugeanlagen	Spezielle Einrichtungen z. B. in Industriebetrieben, Küchen (s. 542.3) u. a.	

536.4 Auswahlkriterien zur Auswahl von Luftdurchlässen

Strahlform	Bauform	Einbau	Luftbehandlung	Verstellbarkeit	Material
• Freistrahl	• quadratisch	• Wandeinbau	• Lüftungsbetrieb	• Lenklamellen	• Stahl/Alu
• Anlegestrahl	• rund	• Kanaleinbau	• Heizbetrieb	• Schwenkkörper	• Kunststoff
• Diffusstrahl	• länglich	• Decke, Boden	• Kühlbetrieb	• Walzelemente	• Edelstahl

537.1 Empfohlene Lüftungsraten für die energetische Bewertung von Gebäuden DIN 18599

Raumnutzung	m³/h je Pers.	m³/h je m²	Raumnutzung	m³/h je Pers.	m³/h je m²	Raumnutzung	m³/h je Pers.	m³/h je m²
Ausstellungsraum	7	2	Klassenzimmer, Kindergarten, Gruppenraum	30	–	Sitzungszimmer, Bespr.	20	15
Büroraum mit Arbeitsplätze bis 6	40	4				Schalterhalle	20	–
Büroraum mit Arbeitsplätze ab 6	60	6	Küche (allg. und	–	90	Theater Zuschauerber.	30	–
Bettenzimmer z. B. Pflege	–	4	Vorbereitung, Lager)	–	15	Theater Foyer	25	30
Bibliothek Lesesaal	20	–	Lager (Technik, Archiv)	–	0,15	Turnhalle ohne Zusch.	60	–
Bibliothek Freihandbereich	20	–	Messe, Kongress	20	–	Wartezimmer	–	7
Hörsaal, Auditorium	30	–	Nebenfläche ohne Aufenth.	–	0,15	WC u. Sanitärraum,	–	15
Hotelzimmer (Doppelz.)	30	–	Parkhaus Büro, Privat	–	8	und sonst. Aufenth.	–	7
Kantine, Restaurant	30	18	Parkhaus öffentlich	–	8	Werkstätten (Montage und Fertigung)	–	20
Kaufhaus (Einzelhandel)	20	–	Rechenzentr., Serverraum	40	–			

537.2 AUL-Volumenstrom/Person und m² – Klassifizierung von Raum- und Außenluft DIN EN 16798-3

Kategorie (s. 527.2)	Außenluftvolumenstrom in m³/(h · Person) – Nichtraucherbereich: üblicher Bereich	Nichtraucherbereich: Standardwert	Raucherbereich[1]: üblicher Bereich	Raucherbereich[1]: Standardwert	Außenluftvolumenstrom in m³/(h · m²)[2]: üblicher Bereich	Außenluftvolumenstrom in m³/(h · m²)[2]: Standardwert	$\dot{V}_{AU/RA}$ nach CO_2-Gehalt im Raum (gegenüber dem in der Außenluft) in ppm: üblich	$\dot{V}_{AU/RA}$ … in ppm: Stand.	Klassifizierung der Raumluftqualität IDA im Aufenthaltsbereich (s. 527.3): Anforderungen
ODA 1	> 54	72	> 108	144	–	–	≤ 400	350	hoch
ODA 2	36 – 54	45	72 – 108	90	> 2,5	3	400 – 600	500	mittel
ODA 3	22 – 36	29	43 – 72	58	1,32 – 2,5	2	600 – 1000	800	mäßig
ODA 4	< 22	18	< 43	36	< 1,3	1	> 1000	1200	niedrig

[1] Empfohlen wird eine klare Trennung von Raucher- und Nichtraucherbereich (Anlage entsprechend auslegen).
[2] Werte beziehen sich auf Nettobodenfläche, für Räume, die nicht für den Aufenthalt von Personen bestimmt sind. Sie beruhen auf einer Anlagenlaufzeit von 50 % und einer Raumhöhe von 3 m.

537.3 Anhaltswerte für Luftwechselzahlen (nur unter Beachtung der Raumbedingungen)

Art des Raumes	Luftwechsel	Art des Raumes	Luftwechsel	Art des Raumes	Luftwechsel
Akkumulatorräume	4...8	Hörsäle	8...10	Speiseräume	6...8
Arbeitsräume (allg.)	3...7	Hotelzimmer	3...5	Tresor	3...6
Ausstellungshallen	1,5...3	Kantinen	6...10	Turnhallen	4...8
Baderäume	4...7	Kaufhäuser	4...6	Überdruckräume zur Verhinderung des Eindringens	
Beizereien	5...15	Kino (Rauchverbot)	4...6		
Bibliotheken, Museen	3...5	Kirchen	1,5...4	von Staub – Überdruck	4...6
Büroräume	3...7	Klassenzimmer	3...6	von Gerüchen – Überdruck	1...3
Duschräume	10...30	Krankenhaus (Bettenst.)	2...5	Umkleideräume	6...8
EDV-Räume	10...>30	Küchen (klein)	8...20	Verkaufsräume	4...8
Fabrikhallen (allg.) groß	1,5...3	Küchen mittel, groß	10...15	Versammlungsräume (allg.)	5...9
Fabrikhallen (allg.) klein	2...4	Laboratorien	5...15	Wartezimmer	4...6
Farbspritzräume	15...50	Lackierereien	15...40	Wäschereien	10...12
Flure	1...4	Markthallen	1,5...3	Wäschetrocknung	20...35
Garagen	4...5	Maschinenräume	10...30	WC Bürogebäude	5...8
Garderoben	3...6	Mess- und Prüfräume	8...10	WC Schulen	5...8
Gaststätten	5...8	Montagehallen	5...7	WC Fabriken	8...10
Gewächshäuser	3...5	Schwimmhallen	3...4	Werkstätten (normal)	4...7
Gießereien	8...15	Sitzungszimmer	6...8	Wohnungen	0,5...>3

• **LW (n)** = Verhältnis von Zuluftvolumenstrom (i. d. R. Außenluft) und Raumvolumen; Einheit h^{-1} (1/h) • Man kann unterscheiden zwischen **energetischem LW**, der dafür sorgen soll, dass die Wärme-, Kühl- und Feuchtelasten abgeführt werden (gleichmäßige Verteilung) und **hygienischem Luftwechsel**, der sämtliche schädliche oder lästige Stoffe abführen soll (Luftreinheit durch eine „raumfüllende" Strömung). • Besteht der Zuluftvolumenstrom aus Umluft sollte man von einer **Luftumwälzzahl** sprechen. • Ein LW hat kaum Einfluss auf die Richtungsänderungen der **Luftströmung im Raum**, z. B. bei sehr unsymmetrischer Raumeinteilung durch Widerstände im Raum (Wände, Einrichtungen, Abtrennungen). • Die LW-Zahl kann als **Erfahrungswert zur Kontrolle** der aus Luftraten usw. ermittelten Volumenströme herangezogen werden. Durch den Luftwechsel kann man Rückschlüsse auf die Änderungsgeschwindigkeit des Luftzustandes im Raum ziehen. LW spielt auch bei der Fensterlüftung eine Rolle (s. 528.1). • Bei **gewerblichen und industriellen Betrieben** sind die Tabellenwerte ohne Information wenig hilfreich. • Die kleineren Werte in der Bandbreite der Tabellenangabe gelten nicht nur bei einer verhältnismäßig geringeren Luftverschlechterung, sondern z. B. auch bei geringen Raumhöhen und Induktionsauslässen. • Wenn die Verunreinigungen zahlenmäßig nicht erfassbar sind (z. B. WC, Duschräume, spezielle Betriebe) bleibt nichts anderes übrig, als den Volumenstrom anhand der LW-Werte zu schätzen.

538.1 Anhaltswerte von CO_2-Emissionen in $m^3/(h \cdot Pers.)$ oder in $[l/(h \cdot Pers.)]$ – Kinder ca. 70–80 %

Körperliche Tätigkeit („Aktivitätsgrad")	① statische Tätigkeit im Sitzen (lesen, schreiben)	② leichte körperliche Tätigkeit sitzend, stehend	③ mittelschwere Tätigkeit am Arbeitsplatz	④ schwere körperliche Tätigkeit am Arbeisplatz; Sport
CO_2-Abgabe	0,013–0,015 [13–15]	0,02–0,025 [20–25]	0,03–0,04 [30–40]	0,05–0,07 [50–70]

Beispiel: Versammlungsraum (Aktivitätsgrad 1), CO_2-Abgabe 0,015 m^3/h (Tab.), zulässiger CO_2-Wert im Raum = 0,1 %, vorhanden in der Außenluft 0,03 %; $\dot{V}_{AU} = \dot{V}_{ZU}$ pro Person:

$$\dot{V}_{AU} = \frac{CO_2\ (\text{Abgabe})}{CO_2\ (\text{Raum}) - CO_2\ (\text{AUL})}$$

Lösung: $\dot{V}_{AU} = \dfrac{0{,}015}{0{,}001 - 0{,}0003} = 21{,}4\ m^3/h$ (bei Aktivitätsgrad 2 wären es 35,7 m^3/h (≈ 67 %) höher

538.2 Volumenstrombestimmung nach Arbeitsplatzgrenzwerte AGW (früher MAK-Werte)

Schadstoffbezeichnung	AGW (MAK) ml/m³	AGW (MAK) mg/m³	Bemerkung[2]	f[3]
Aceton	500	1200	DFG	2
Ammoniak	20	14	DFG, Y	2
Brom	–	0,7	EU, AGS	1
Butan	1000	2400	DFG	4
Methylester	50	180	DFG, Y	1,5
Chlor	0,5	1,5	DFG, Y	
Chlorbenzol	10	47	DFG, Y	2
Essigsäure	10	25	DFG, Y	2

Schadstoffbezeichnung	AGW (MAK) ml/m³	AGW (MAK) mg/m³	Bemerkung[2]	f[3]
Ethanol	500	960	DFG, Y	2
Fluor	1	1,6	EU	2
Glykoldinitrat	0,05	0,32	DFG, H	1
Isobutan	1000	2400	DFG	4
Kohlenstoff- dioxid	5000	9100	DFG, EU	2
Kohlenstoff- monoxid	30	35	DFG, Z	1
Methanol	200	270	DFG, H, Y	4
Nikotin	–	0,5	EU, H	2

Schadstoffbezeichnung	AGW (MAK) ml/m³	AGW (MAK) mg/m³	Bemerkung[2]	f[3]
Nitroethan	100	310	DFG	4
Pentan	1000	3000	DFG, Y	2
Phenol	2	7,8	EU, H	–
Phosphor	0,01 E	–	AGB, Y	2
Propan	1000	1800	DFG	4
Quecksilber	–	0,1	DFG	8
Salpetersäure	1	26	EU	–
Vinylacetat	5	18	AGS	2

[1] In TRGS über 300 Schadstoffe. [2] Abkürz. H hautresorptiv. Y Risiko der Fruchtschädigung nicht zu befürchten; Z Risiko der Fruchtschädigung nicht ausgeschlossen; **Herkunft** der AGW: AGS Ausschuss für Gefahrstoffe; DFG Senatskommis., zur Prüfung der gesundheitsschädl. Arbeitsstoffe; EU Europ. Union. [3] Überschreitungsfaktor (Kurzzeitkonzentration).

$$\dot{V}_{AUL} = \frac{\dot{m}_{Sch}}{K_i - K_a}$$

$\dot{V}_{AUL}$ Außenluftvolumenstrom in m^3/h; $K_i \triangleq$ AGW; K_a = Konzentration in der Außenluft; Schadstoffmenge in ml/h oder mg/h (entspr. der AGW-Angabe) – mg/m^3 = ppm (part per million ≙ 0,000 % **Beispiel**: 0,2 kg/h Ammoniak; $K_a = 0$; $V_{AUL} = 0{,}2 \cdot 10^6/(14-0) =$ **14285 m^3/h**

AGW Arbeitsplatzgrenzwert: Nach der GefStV ist der AGW der Grenzwert für die zeitlich gewichtete durchschnittliche Konzentration eines Stoffes in der Luft am Arbeitsplatz. Er gibt an, bei welcher Konzentration eines Stoffes akute oder chronische Schädigung der Gesundheit im Allgemeinen nicht zu erwarten ist. Es handelt sich um Schichtmittelwerte bei der tägl. achtstündigen „Einwirkzeit" an wöchentlich fünf Tagen.

TRK Techn. Richtkonzentration: TRK-Werte wurden für krebserzeugende, erbgutveränderte Stoffe angegeben, für die kein AGW-Wert angegeben werden darf. Die GefStoffV kennt jedoch nur noch gesundheitsbasierte Grenzwerte AGW. Die in der TRGS 900 geführten TRK-Werte haben demnach keine Rechtsgrundlagen mehr.

TRGS Techn. Regeln der Gefahrenstoffe: Sie geben hinsichtlich Arbeitsmedizin und -hygiene Erkenntnisse für die Tätigkeit mit Gefahrenstoffen einschließlich deren Einstufung und Kennzeichnung wieder.

Zur Beurteilung der **Gesundheitsgefahren durch Schwebstoffe** (Staub, Rauch, Nebel) sind nicht nur die spezielle gefährliche Wirkung, die Konzentration und Einwirkzeit, sondern auch die Partikelgestalt zu berücksichtigen.

538.3 Planungsangaben (Volumenstrom, Temperaturen) für Sportstätten DIN 18032-1

Anforderungen an die Lüftung

Halle	60 m^3/h je Sportler 20 m^3/h je Zuschauer	Umkleideräume Duschräume	LW 6 h^{-1} LW 8-10 h^{-1}	Krafttrainingsräume (Fitnessräume) je Gerätestation (Sportler)	100 m^3/h

Anforderungen an die Luftführung

Zuluft etwa 2,5 m über Fußboden, desgl. Abluft (auf gleicher Seite); falls Zuluft an der Decke, sollte die Abluft 50 % unter Decke und 50 % über Fußboden angeordnet werden.

Anforderungen an die Raumlufttemperaturen und Trinkwassererwärmung

Halle, Nebenräume Waschräume Umkleideräume	20 °C 24 °C 24 °C	Toiletten Treppenraum, Flur Auskühlschutz mind.	15 °C 12 °C 8 °C	Warmwasser max. 40 °C, Verbrauch 9–10 $l/(min \cdot Pers.)$, Duschzeit 4 min, Aufheizzeit der TWE-Anlage ca. 50 min.

539.1 Empfohlene Lüftungsraten für Nichtwohngebäude (Personen, Gebäudeemiss.)[2] EN 15251

Gebäude bzw. Raumtyp	Kategorie	Bodenfläche m²/Pers	Lüftungsraten l/(s · m²) bzw. m³/(h · m²): je Person (Belegung)	Gebäudeemissionen: sehr schadst.arm	Gebäudeemissionen: schad. stoff-arm	Gebäudeemissionen: nicht schadst.arm	Zugabe für Raucher[1]
Einzelbüro	1	10	1,0 (3,6)	0,5 (1,8)	1,0 (3,6)	2,0 (7,2)	0,7 (2,5)
	2	**10**	**0,7 (2,5)**	**0,3 (1,1)**	**0,7 (2,5)**	**1,4 (5,0)**	**0,5 (1,8)**
	3	10	0,4 (1,4)	0,2 (0,7)	0,4 (1,4)	0,8 (2,9)	0,3 (1,1)
Großraumbüro	1	15	0,7 (2,5)	0,5 (1,8)	1,0 (3,6)	2,0 (7,2)	0,7 (2,5)
	2	**15**	**0,5 (1,8)**	**0,3 (1,1)**	**0,7 (2,5)**	**1,4 (5,0)**	**0,5 (1,8)**
	3	15	0,3 (1,1)	0,2 (0,7)	0,4 (1,4)	0,8 (2,9)	0,3 (1,1)
Konferenzraum	1	2	5,0 (18)	0,5 (1,8)	1,0 (3,6)	2,0 (7,2)	5,0 (18)
	2	**2**	**3,5 (12)**	**0,3 (1,1)**	**0,7 (2,5)**	**1,4 (5,0)**	**3,6 (13)**
	3	2	2,0 (7,2)	0,2 (0,7)	0,4 (1,4)	0,8 (2,9)	2,0 (7,2)
Hör- bzw. Zuschauersaal	1	0,75	15 (54)	0,5 (1,8)	1,0 (3,6)	2,0 (7,2)	–
	2	**0,75**	**10,5 (38)**	**0,3 (1,1)**	**0,7 (2,5)**	**1,4 (5,0)**	–
	3	0,75	6,0 (21)	0,2 (0,7)	0,4 (1,4)	0,8 (2,9)	–

Gebäude bzw. Raumtyp	Kategorie	Bodenfläche m²/Pers	Lüftungsraten l/(s · m²) bzw. m³/(h · m²): je Person (Belegung)	Gebäudeemissionen: sehr schadst.arm	Gebäudeemissionen: schad. stoff-arm	Gebäudeemissionen: nicht schadst.arm	Zugabe für Raucher
Restaurant	1	1,5	7 (25)	0,5 (1,8)	1,0 (3,6)	2,0 (7,2)	–
	2	**1,5**	**4,9 (17)**	**0,3 (1,1)**	**0,7 (2,5)**	**1,4 (5,0)**	**5,0 (18)**
	3	1,5	2,8 (10)	0,2 (0,7)	0,4 (1,4)	0,8 (2,9)	2,8 (10)
Klassenraum	1	2,0	5,0 (18)	0,5 (1,8)	1,0 (3,6)	2,0 (7,2)	–
	2	**2,0**	**3,5 (12)**	**0,3 (1,1)**	**0,7 (2,5)**	**1,4 (5,0)**	–
	3	2,0	2,0 (0,7)	0,2 (0,7)	0,4 (1,4)	0,8 (2,9)	–
Kindergarten	1	2,0	6,0 (21)	0,5 (1,8)	1,0 (3,6)	2,0 (7,2)	–
	2	**2,0**	**4,2 (15)**	**0,3 (1,1)**	**0,7 (2,5)**	**1,4 (5,0)**	–
	3	2,0	2,4 (8,6)	0,2 (0,7)	0,4 (1,4)	0,8 (2,9)	–
Kaufhaus	1	7	2,1 (7,6)	1,0 (3,6)	2,0 (7,2)	3,0 (11)	–
	2	**7**	**1,5 (5,4)**	**0,7 (2,5)**	**1,4 (5,0)**	**2,1 (7,6)**	–
	3	7	0,9 (3,2)	0,4 (1,4)	0,8 (2,9)	1,2 (4,3)	–

[1] Basiert auf der Annahme, dass 20 % der Nutzer rauchen und diese 1,2 Zigaretten je Stunde konsumieren.
[2] Dies bezieht sich auf Behaglichkeitskriterien und nicht auf Gesundheitskriterien; Klammerwerte: m³/(h · m²).

539.2 Personenbezogene Außenluftvolumenströme [m³/(h · Pers.)] nach Arbeitsstättenrichtl.

Tätigkeit	Art der Belästigungen: normal	zusätzlich[1]	sehr hoch[2]	typische Räume bzw. Arbeitsstätten
überwiegend sitzend	20–40	30–40	40	Büroräume, Konferenzräume, Klassenzimmer, Hörsäle, Fließbandarbeiten
nicht überwiegend sitzend	40–60	50–60	60	Gaststätten, Laborräume, Verkaufsräume, Bibliotheken, Messehallen
schwere körperliche Arbeit[3]	über 65	über 75	über 85	[a] Werkstätten, Montagehallen, Lager [b] „Staubbetriebe", feuchte oder heiße Räume

[1] Gegenüber „normal" um 10 m³/(h · Pers.) erhöht: z. B. bei belästigenden Gerüchen, hoher Wärmelast, Rauchen.
[2] Desgl. um 20 m³/(h · Pers.) erhöht: z. B. bei sehr intensiver Geruchsverschlechterung; starkes Rauchen.
[3] Hier sollte man handwerkliche Tätigkeiten zwischen [a] „mittelschwer" und [b] „schwer" unterscheiden.

539.3 Lüftungsöffnungen für Verkaufs- und Arbeitsstätten (freie Lüftung)

Lüftungssystem für freie Lüftung	Ausführung des freien Lüftungssystems	Maximale Raumtiefe bezogen auf lichte Raumhöhe in m	Zuluftquerschnitt bezogen auf m² Bodenfläche: ohne geruchsintensive Ware	Zuluftquerschnitt: mit geruchsintensiver Ware	Abluftquerschn.
Öffnungen in einer Außenwand (einseitige Lüftung)	Fenster oder Lüftungsgitter oben und unter der Tür	2,5 × Höhe	200 cm²/m²	350 cm²/m²	wie Zuluftquerschnitt
Querlüftung mit Öffnungen in gegenüberlieg. Außenwand oder in Außenwand und Dachfläche	Fenster oder Lüftungsgitter oder Fenster und Gitter oder Fenster bzw. Gitter und Dachaufsatz	5 × Höhe	120 cm²/m²	200 cm²/m²	wie Zuluftquerschnitt
Querlüftung mit Öffnungen in einer Außenwand mit gegenüberliegendem Schacht	Fenster oder Lüftungsgitter und Schacht	5 × Höhe	60 cm²/m²	140 cm²/m²	je nach Schachthöhe

Lüftungsöffnungsflächen bei Fenstern (freie Lüftung) (s. 528.2)

539.4 Vorgehen beim Ermitteln des Zuluftstroms für Fertigungsstätten VDI 3802

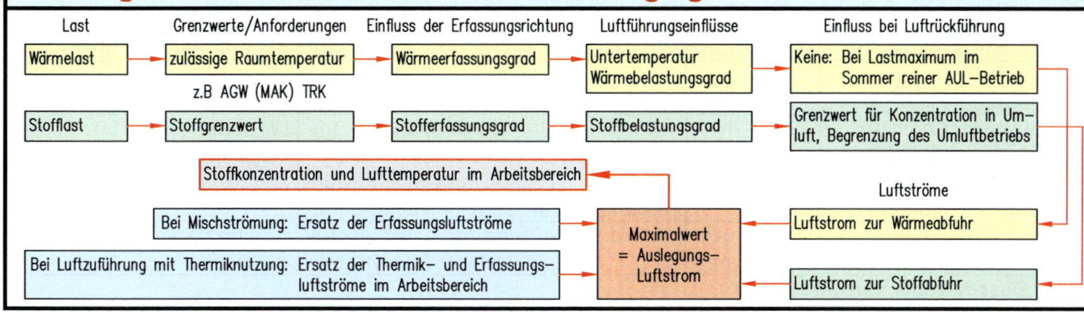

540.1 Anhaltswerte für die Auslegung von RLT-Anlagen für Verkaufsstätten

	Raumgruppen (abhängig von Nutzung, Waren, Gerüche u. a.)	Pers.-dichte Pers/m²	Mind.außenluftvol.strom $\dot{V}_{AU\,min}$ a) m³/(h · m²)	Max. abzuführbare Lasten b) durch $\dot{V}_{AU\,min}$
1	Verkauf, allgemein (z. B. verpackte Ware, Textilien, Schmuck, Hartwaren)	0,15	10,9 (6,1)	36 (20)
2	Verkauf (geruchsintensiv), z. B. Reinigung, Parfümerie, Lederwaren, Farben	0,10	16,1 (9,0)	53 (30)
3	Verkauf mit hohem Wärmeanfall (z. B. Lampen, Funk, Friseurladen)	0,10	9,0 (5,0)	30 (17)
4	Verkauf, allgemein, mit geringer Kundenfrequenz (z. B. Hausrat)	0,05	7,1 (4,0)	23 (13)
5	Verkauf geruchsintensiver Waren, geringe Kundenfreqenz (z. B. Möbel)	0,05	9,9 (5,5)	33 (18)
6	Verkaufszone, Backwaren	0,40	20,5 (11,5)	68 (38)
7	Verkaufszone, offene Lebensmittel (z. B. Fleisch, Wurst, Käse, Fisch)	0,15	21,2 (12,0)	70 (40)
8	Angegliederte Gastronomiebetriebe, nur Speisebereich (z. B. Café, Imbiss)	0,60	20,5 (11,5)	68 (38)
9	Lager allgemein	keine Dauer-Arbeitsplätze	8,1 (4,5)	27 (15)
10	Lager mit geruchsintensiven Waren		10,7 (6,0)	35 (20)

Zugrunde liegt die EN 15251 mit jeweils (Volumenstrom und Lasten) zwei Kategorien II und III.
Werte nach a): Aktivität 1,6 met (Kat. II), Klammerwerte Aktivität III: Aktivität 1,2 met (Lüftungseffektivität $\varepsilon_v = 1{,}0$).
Werte nach b): diffuses Lüftungssystem mit $\Delta\vartheta$ ($\vartheta_{Zu} - \vartheta_i$) = 10 K; m² bezogen auf Bruttobodenfläche.

540.2 Erforderlicher Außenluftvolumenstrom für $\dot{V}_{AUL}$ Garagen — VDI 2053[1)]

Ausgangsgröße ist der CO-Anfall der Fahrzeuge, vorwiegend auf der Fahrstrecke in der Garage von Autos, die aus- oder einfahren (kalt oder warm), erzeugt werden. Für den mechanisch zuzuführenden Außenluftstrom muss neben dem CO-Anfall die Auslastung bzw. Frequentierung (v) und Luftführung (f_G) berücksichtigt werden.

Emissionen Em von Kohlenstoffmonoxid (CO) in Gramm g

warm	–	$0{,}008 \cdot s$	s Fahrstrecke in m für ein Fahrzeug
kalt	$s < 80$ m	7,6	
	s 80 m bis 500 m	$0{,}89 \cdot s^{0{,}49}$	

$$q_{CO} = \frac{E_m \cdot v}{\varrho_{CO} \cdot 10^3} \text{ in m}^3\text{/h je SP}$$

v Frequentierung
ϱ Dichte 1,16 kg/m³ (20 °C)

$$\dot{V}_{AUL} = \frac{q_{CO} \cdot SP}{(CO_{ZUL} - CO_{AUL}) \cdot 10^{-6}} \cdot f_G \text{ in } \frac{m^3}{h}$$

SP Anzahl der Stellplätze

Beispiel: 200 Stellplätze; Fahrweg 117 m; Auslastung 60 %;
Abweichung von optimaler Luftführung: $f_G = 1{,}25$
Wohnhausgarage (Ausfahrt morgens: kalt) $CO_{AUL} = 0$

$$q_{co} = \frac{0{,}89 \cdot 117^{0{,}49} \cdot 0{,}6}{1{,}16 \cdot 10^3} = 0{,}0048 \text{ m}^3\text{/h}$$

$$\dot{V}_{AUL} = \frac{0{,}0048 \cdot 200}{(60 - 0) \cdot 10^{-6}} \cdot 1{,}25 = \mathbf{16\,000\ m^3/h}$$

Faustwert (Wohngaragen): 6 m³/h je m² Nutzfläche

f_G Faktor, der die Abweichung einer idealgleichmäßigen Durchmischung berücksichtigt (1,25 – 1,5)
v stündl. bewegter Fahrzeuganteil bezog. auf SP
CO_{ZUL} (≙ TRK-Wert) höchstzulässiger CO-Wert 60 ppm (m³CO/m³ Luft) nach TRGS 900 als Viertelstundenwert soll nach VDI 2053 nicht überschritten werden
CO_{AUL} 5 ppm (stark befahrene Straßen), 0 ppm in Wohnbereichen mit geringem Verkehrsaufkommen.

Tiefgarage mit Abluftanlage

- Gesamtstrom soll über alle Fahrzeuge strömen
- bei nur Abluftanlagen (üblich) auf ausreichend freie Nachströmöffnungen achten (nicht nur Tor)
- bei Zu- und Abluftanlagen (Großanlagen: 2 Ventilatoren, jeder muss 2/3 von $\dot{V}_{gesamt}$ fördern können)
- optische und akustische Anzeige bei $CO_{ZUL} > 60$ ppm
- bei freier Lüftung: Öffnung 0,15 m² je Stellplatz

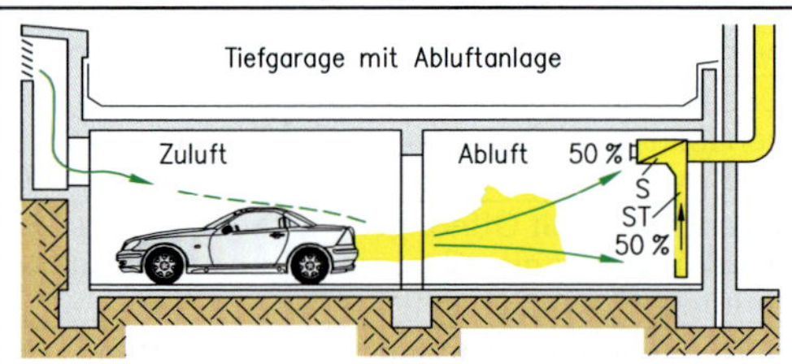

S Sammelkanal, St Stichkanal, Aufteilung 50 %

[1)] Anstelle von Außenluft kann auch geeignete Fortluft aus anderen Räumen zugeführt werden (z. B. Kaufhaus).

540.3 Empfehlungswerte für Saunen und deren angeschlossenen Nebenräume

Bezeichnung	Umkleiden	Vorreinigung	WC-Anlage	Saunakabine	Dampfbad	Abkühlraum[1)]	Ruheraum
Raumluft-temperatur	24 °C	24 bis 26 °C	24 °C	50 bis 95 °C an der Decke	40 bis 55 °C	18 bis 20 °C	22 bis 24 °C
Luftwechsel, Volumenstrom	20 m³/h Grundfläche	220 m³/h Dusche	100 m³/h je Sitz/Urinal	LW = 10- bis 20-fach	LW = 5- bis 7-fach	LW = 8-fach, Verdunst. beachten	150 m³/h je Liege, LW = 5
Zu-/Abluft-führung	Zuluft-führung	Abluft-führung	Abluft-führung	Zuluftführung am Ofen	Zuluft im unteren Drittel	Zuluftführung	Zuluft-führung
Druck	Überdruck oder Zu-/Abluftführung	Unterdruck	Unterdruck	Abführung am Boden	Abf. im oberen Drittel	Abführung an der Decke	Überdruck

[1)] Mit Duschen oder Kaltwasserbecken.

541.1 Raumluftentfeuchtung durch Zuführung von Außenluft ($\dot{V}_{AUL}$) Bsp. Hallenbad

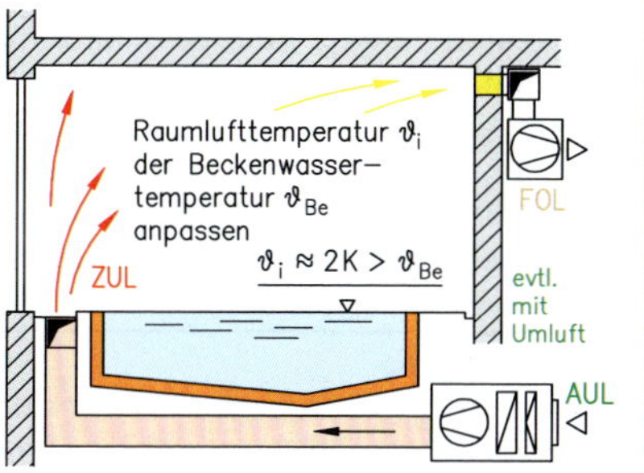

$$\dot{V}_{AUL} = \frac{\dot{m}_w}{\varrho \cdot (X_i - X_a)} \left[\frac{m^3}{h}\right] \quad \dot{m}_w = \frac{\beta_{u/b}}{(\vartheta_i - \vartheta_W)} (p_{DW} - p_{DL}) \cdot A_B \left[\frac{kg}{h}\right]$$

β Wasserübergangskoeffizienten in m/h; R_D Gaskonstante, Wasserdampf = 461,57 J/kg · K; $\vartheta_i = \vartheta_{Raum}$; $\vartheta_W = \vartheta_{Wasser}$; p_{DW} Sättigungsdruck von Wasserdampf (Pa); p_{DL} Wasserdampfdruck der Schwimmhallenluft; x_i Wasserdampfgehalt der Schwimmhallenluft = 0,0143 kg/kg; x_a Wasserdampfgehalt der Außenluft im Mittel aller dt. Klimazonen = 0,009 kg (kg) ⇒ $\Delta x \approx 5$ kg/kg

betrachtetes Becken		β_u[1]	β_b[2]
abgedeckte Beckenfläche [3]		0,7	–
Privatbecken (Wohnhaus)		7	21
Hallenbad	Wassertiefe > 1,35m	7	28
	Wassertiefe < 1,35m[4]	7	40
Wellenbecken (bei Betrieb)		7	50
Rutschen und -auffangbeck.[5]		–	50

[1] Unbenutztes Becken.
[2] Benutztes Becken.
[3] Verdunstung nur aus Überlaufrinne.
[4] Bei Freizeitbädern sind Wasserattraktionen (Wasserfälle, -spiele, -sprudel und -speier) zu berücksichtigen.
[5] Anstatt A_B Länge × Breite.

Verluste (Energiebedarf) $\dot{Q}_{HL}$ eines Hallenschwimmbades

$\dot{Q}_{HL}$ setzt sich wie folgt zusammen:

1. Transmissionswärmeverlust $\dot{Q}_T$
2. Lüftungswärmeverlust (unter Berücksichtigung der Wärmerückgew.) $\dot{Q}_L$, $\dot{Q}_{RLT}$
3. Verdunstungswärmeverlust (Becken) $\dot{Q}_V$
4. Wärmeverlust durch Füllwasserzusatz $\dot{Q}_S$
5. Wärmeverlust für Wässererwärmung $\dot{Q}_W \cdot f_g$ Gleichzeitigkeitfaktor 0,6 bis 0,9

$$\dot{Q}_{HL} = f_g \left(\dot{Q}_T + \dot{Q}_{RLT} + \frac{\dot{Q}_V + \dot{Q}_S}{3} + \frac{\dot{Q}_W}{2}\right) + \dot{Q}_L$$

Jährlicher Verlauf der absoluten Feuchte der Außenluft [5] in g/kg

Jan.	Febr.	März	Apr.	Mai	Juni	Juli	Aug.	Sept.	Okt.	Nov.	Dez.
3,8	3,9	4,1	5,0	7,0	8,5	9,8	9,4	8,0	6,2	4,8	4,0

Im Winter muss $\dot{V}_{AUL}$ oft reduziert werden, da $x_i - x_a$ zunimmt.
Im Sommer kann die Entfeuchtung (Trocknungseffekt) sehr unbefriedigend sein, da $x_i - x_a$ oft sehr gering ist. Entsprechend nimmt bei geringem $(p_{DW} - p_{DL})$ m_w und somit der Außenluftstrom zu.

Volumenströme für Nebenräume (Außenluft)		Anmerkungen
Duschräume (max. je Dusche)	220 m³/h	$\dot{V}_{ZU}$ soll ≤ 30 m³/h je m³ Rauminhalt sein
Schwimmmeister- und Sanitärräume	25 m³/(h · m²)	bei großen Grundflächen Werte reduzieren
Toiletten je Sitz oder Stand (Sanitärbereich)	100 m³/h	$\dot{V}_{FO}$ soll mind. 15 m³/h je m³ Rauminhalt sein
Umkleidebereich	20 m³/(h · m²)	bezieht sich auf Sammelumkleiden
desgl. mit Einzel- und Wechselkabinen	15 m³/(h · m²)	einschließlich Garderobenschränke

541.2 Auslegungstemperaturen für Schwimmhallen VDI 2089 – Blatt 1

Beckenwassertemperaturen ϑ_{Be}	in °C
Schwimm-, Springer- und Wellenbecken	28
Plansch-, Freizeit- und Bewegungsbecken	32
Therapiebecken	36
Warmsprudelbecken	36
Becken in Schwitzbädern warm (kalt)	35 (15)

Raumlufttemperaturen ϑ_i in °C	min	max
Eingang, Nebenräume, Treppenhaus	20	28
Umkleideräume	22	28
Sanitäter, Schwimmmeister, Personal	22	26
Duschräume mit zugeordneten Bereichen	26	34
Schwimmhalle (etwa 2 – 3 K über ϑ_{Be})	30	34

Oberflächentemperaturen ϑ_o	°C
an Sitz- und Liegeflächen	30–39
am Fußboden im Barfußbereich	22–30

Heizflächentemperaturen ϑ_o	°C
im Barfußbereich ohne Berührungsschutz	≤ 50
im Barfußbereich mit Berührungsschutz	beliebig

541.3 Entfeuchtungsgerät für kleinere Schwimmbadräume

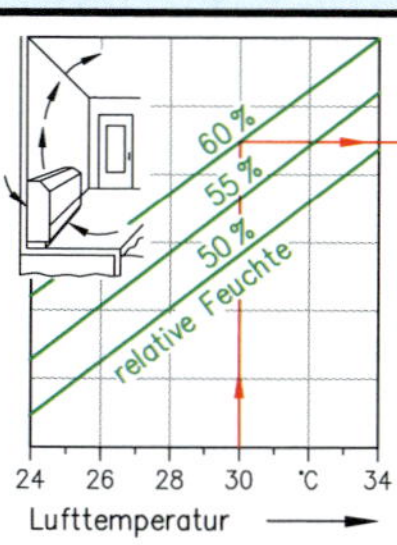

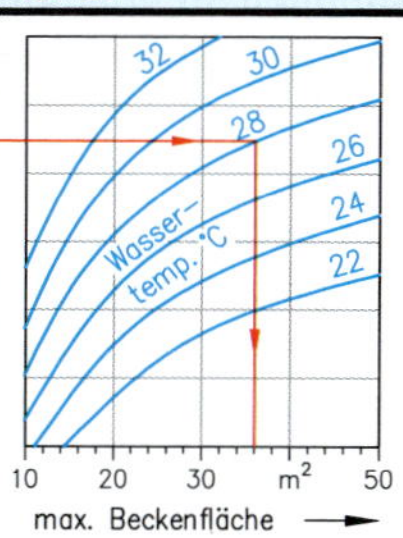

Beispiel: Raumtemp. 30 °C, relative Feuchtigkeit φ_i = 60 % Beckenwassertemp. ϑ_{Be} = 28 °C	$\vartheta_{Be}, \vartheta_i$ = konst φ_i reduziert		ϑ_i, φ_i = konst ϑ_{Be} reduziert		$\vartheta_{Be}, \varphi_i$ = konst ϑ_i reduziert	
	$\vartheta_i = 30$	$\vartheta_{Be} = 28$	$\vartheta_i = 30$	$\varphi_i = 60$	$\vartheta_{Be} = 28$	$\varphi_i = 60$
	60 % → 55 % $A \approx 35 \rightarrow 25$ m²		28 °C → 27 °C $A \approx 35 \rightarrow 45$ m²		30 °C → 28 °C $A \approx 35 \rightarrow 25$ m²	

Ob die Geräteleistung (Luftentfeuchtung) ausreicht, hängt von der Verdunstungsmenge ab, diese wiederum von Beckenoberfläche A, Wasserübergangszahl β (s. 541.1), Raumluftzustand (ϑ_i, φ_i) und Beckenwassertemperatur.

542.1 Kleinraumventilatoren

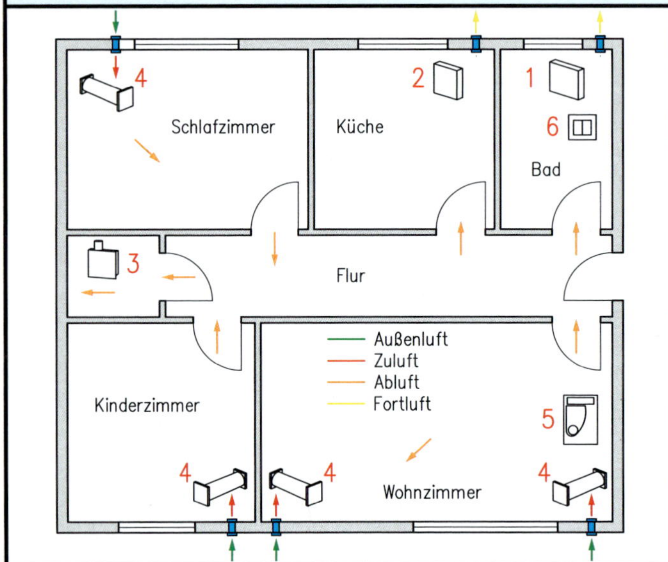

1 Abluftventilator mit Funkempfänger und Feuchtesteuerung, **2** Abluftventilator mit Funkempfänger, **3** Einzelentlüftungsgerät mit Funkempfänger, **4** Außenluftdurchlass, **5** Raumluftsteuerung gemeinsam für alle Abluftventilatoren in der Wohnung, **6** Optional zusätzlicher Funkschalter für einzelne Abluftventilatoren

Ausführungen:
a) Standard, b) mit einstellbarer Einschaltzeitverzögerung und Nachlaufzeit, c) mit Lichtsteuerung, d) mit automatischer Feuchteregelung, e) mit Bewegungsmelder, f) mit Funkempfänger und Feuchtsteuerung

Vielzahl von Zubehör (Auswahl)
Montagezubehör, z. B. Dachdurchführung, Fenstereinbausatz; Gitterarten (außen, innen), Befestigungen, Hygrostat, u. a.

542.2 Maximale *U*-Werte in W/(m² · K) für Schwimmbäder — En-OP-Institut

Bauteil	*U*-Wert[1]	Bauteil	*U*-Wert[1]
Dach (Decke gegen Außenluft)	0,18 (0,15)	Außenwand gegen Erdreich	0,30 (0,25)
Decken (gegen beheizte Räume)	0,50 (0,40)	Innenwand gg. unbeheizte Räume	0,35 (0,25)
Außenwand gegen Außenluft	0,30 (0,20)	Innenwand gg. beheizte Räume	0,50 (0,40)

[1] Klammerwerte: Empfehlung NEH-Niveau.

542.3 Unterschiedliche Luftströmrichtungen in kleinen/Mittel- und Großküchen

Großküche: Unter- und Überdruck: 1 Kochen, Backen, Frittieren (−); 2 Fleischzubereitung (+); 3 kalte Küche (+); 4 Gemüse (−); 5 Zuluftschleuse (±); 6 Backen (+); 7 Geschirrspüler (−); 8 Kiosk (±); 9 Ausgabe (+)

Zu beachten: • Stoff und Wärmelasten • Volumenströme • Temperatur, Feuchte, Geschwindigkeit • Geruchsbildungen • Feuchte, Dünste • Hygiene • RLT-Anlage • Luftverteilung • Regelung • Hauben/Decken • Reinigung

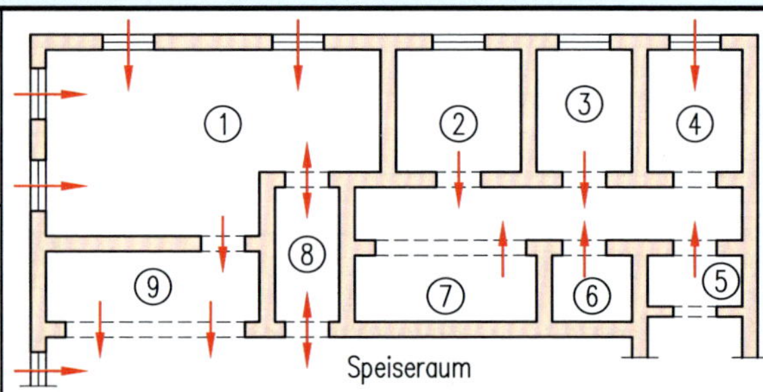

542.4 Überschlägige Volumenstrombestimmung für Küchen — VDI 2052 (2006-04)

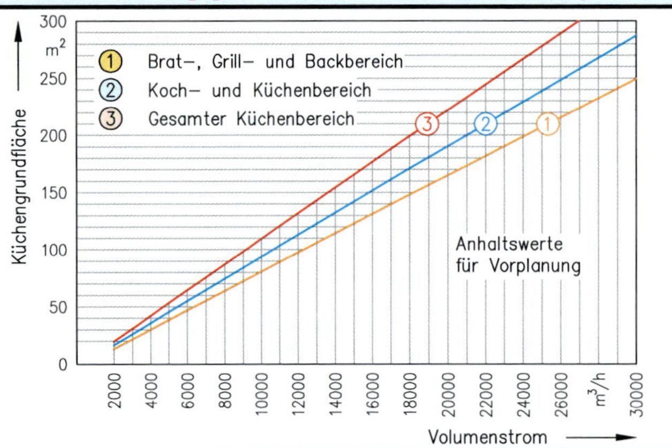

Volumenströme für Nebenräume

Bereich	m³/(h · m²)
Fleischvorbereitung	25
Fischvorbereitung	25
Geflügelvorbereitung	25
Gemüsevorbereitung	25
Trockenlager	6
Brotlager	6
Non-Food-Lager	6
Personal-Aufenthaltsraum	10[1]
Personal-Umkleideraum	[1]
Leergutlager	6
Warmspeisenausgabe	60

[1] Nach Arbeitsstättenrichtlinien.

543.1 Volumenströme für Tierställe nach Wärme-, Wasserdampf- und CO_2-Bilanz DIN 18910

Wärmestrombilanz $\dot{Q}_A + \dot{Q}_H$	$\dot{V} = \dfrac{\dot{Q}_{sensibel}}{0{,}35 \cdot \Delta\vartheta}$ in m³/h	$\dot{Q}_A = \dot{Q}_{Tiere}$ $\dot{Q}_H = \dot{Q}_T + \dot{Q}_L$ $\dot{Q}_s$ sensible Wärme (Sommer/Winter)
Wasserdampfbilanz $\dot{m}_{H_2O}$	$\dot{V} = \dfrac{\dot{m}_{H2O}}{\varrho(x_i - x_a)}$ in m³/h	k_i zul. Maximalwert ≈ 5,5 g/kg (≙ 3300 cm³/m³)
Kohlenstoffdioxidbilanz $\dot{m}_{CO_2}$	$\dot{V} = \dfrac{\dot{m}_{CO_2}}{\varrho(k_{i\,zul} - k_a)}$ in m³/h	k_a Außenluftwert ≈ 0,55 g/kg
im Winter nach $\dot{m}_{H_2O}$- und $\dot{m}_{CO_2}$-Bilanz im Sommer nach $\dot{Q}_{sens}$ und $\dot{m}_{H_2O}$-Bilanz		$\Delta\vartheta$ Sommer 2–4 K

Wärme-, Wasserdampf- und CO_2-Abgabe

Tierart [1]	Gew kg	$\dot{Q}_{s(So)}$ W	$\dot{Q}_{s(wi)}$ W	$\dot{m}_{H_2O}$ g/h	$\dot{m}_{CO_2}$ g/h
Kuh, Kalb [1]	500	303	774	339	288
Arb.pferd [2]	500	202	498	236	192
Schwein [1]	200	138	225	106	88
Schaf [1]	40	27	69	30	26
Huhn [3]	1,5	3,0	7,1	3,7	2,9

$\vartheta_{a,So} \approx 30$ °C, $\vartheta_{a,Wi}$ [1] 10 °C. [2] 12 °C. [3] 14 °C.

[1] Nach DIN 18910 über 100 Angaben hinsichtlich Tierart, Tiergewicht, Temperaturen, Feuchte u. a.

543.2 Technische Daten einer Luftschleieranlage (fabrikat- und bauartbezogen)

Baureihe		A					B					C				
Baubreite	m	1	1,5	2	2,5	3	1	1,5	2	2,5	3	1	1,5	2	2,5	3
max. Einbauhöhe	m	2,3	2,3	2,3	2,3	2,3	2,6	2,6	2,6	2,6	2,6	3,0	3,0	3,0	3,0	3,0
max. Ausblasgeschw.	m/s	5,4	5,4	5,4	5,4	5,4	7,9	7,3	7,7	7,6	7,3	9,7	9,6	9,5	9,4	9,4
Volumenstrom	m³/h	1200	1800	2400	3000	3600	1900	2700	3800	4600	5400	2700	3600	5400	6300	7200
Heizleistung	kW	6,9	10,5	13,9	17,4	20,9	11,1	15,7	22,1	26,7	31,4	15,7	20,9	31,4	36,6	41,8
Schalldruckpegel	dB(A)		53	54	55	56	58	54	55	56	57	59	55	57	58	60

543.3 Volumenströme für Warmluftschleieranlagen und Torbeheizungen (Anhaltswerte)

Warmluftschleier (Volumenstrom je m² Torfläche)		Windgeschw.	Weiterer Anhaltswert:	
1500 bis 2000 m³/h	bei geschützt liegenden Toren	bis ca. 2,5 m/s	$\dot{V} = \sqrt{H} \cdot f \cdot A$	f = 1000 windgeschützt
2000 bis 4000 m³/h	bei Toren mit mittlerem Windanfall	bis ca. 3 m/s	H Torhöhe m	f = 1500 ungeschützt
4000 bis 6000 m³/h	bei Toren in ungeschützten Lagen	bis ca. 5 m/s	A Torfläche m²	

543.4 Saugluftvolumenstrom für frei hängende Oberhauben

v_x in m/s	$\dot{V}$ in m³/h je Meter Haubenumfang bei Abstand x in m: 0,1	0,2	0,4	0,6	0,8	1,0
0,1	72	144	288	432	576	720
0,2	144	288	576	864	1152	1440
0,3	215	430	860	1290	1720	2150
0,4	290	580	1160	1740	2320	2900
0,5	360	720	1440	2160	2880	3600

Anhaltswerte für die Erfassungsgeschwindigkeit v_x

0,1 bis 0,15 m/s ruhige Luft	
0,15 bis 0,3 m/s schwache	Querströmungen
0,2 bis 0,4 m/s starke	

$\dot{V} \approx 2 \cdot x \cdot \text{Umfang} \cdot v_x$ in m³/s

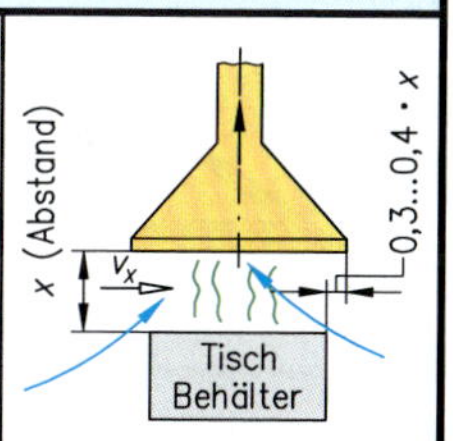

543.5 Prinzip einer kontrollierten Wohnungslüftung (KWL) – Einbauteile

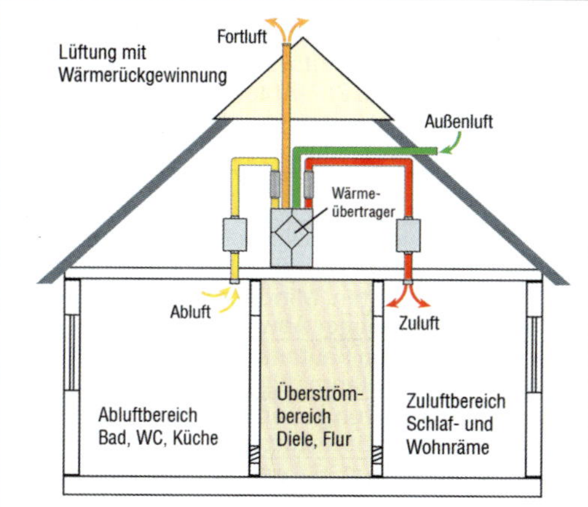

1 Zentrales Lüftungssystem **2** Fortlufthaube (Dachdurchführung) **3** Außenlufthaube **4** Ventile für Zu- und Abluft **5** Thermrohr für Luftführung von AU u. FO zu Lüftungsgeräten u. bis zu den Luftverteilern **6** Schalldämpfer für Zu- und Ablufleitung **7** Luftverteiler jeweils für Zu- und Ablufträume

544.1 Übersicht der Wohnungslüftungen — DIN 1946-6

- **Freie Lüftung**
  - Querlüftung – Windlüftung
  - Schachtlüftung – Auftriebslüftung
    - Auftriebslüftung – mehrgeschoss. Wohn.
    - Schachtlüftung – Einzelschächte
- Fensterlüftung (s. 544.3)
- **Ventilatorgestützte Lüftung**
  - Zuluftsysteme
  - Abluftsysteme
  - Zu-/Abluftsysteme
    - Einzelventilator – ohne WRG; EFH, MFH
    - Zentralventilator – mit/ohne WRG; Abluft EFH, MFH; Zu/Abl. MFH
    - Lüftungsgeräte – EFH, WE, Raum mit/ohne WRG

544.2 Darstellung und Kennzeichnung der Wohnungslüftungssysteme — DIN 1946-6

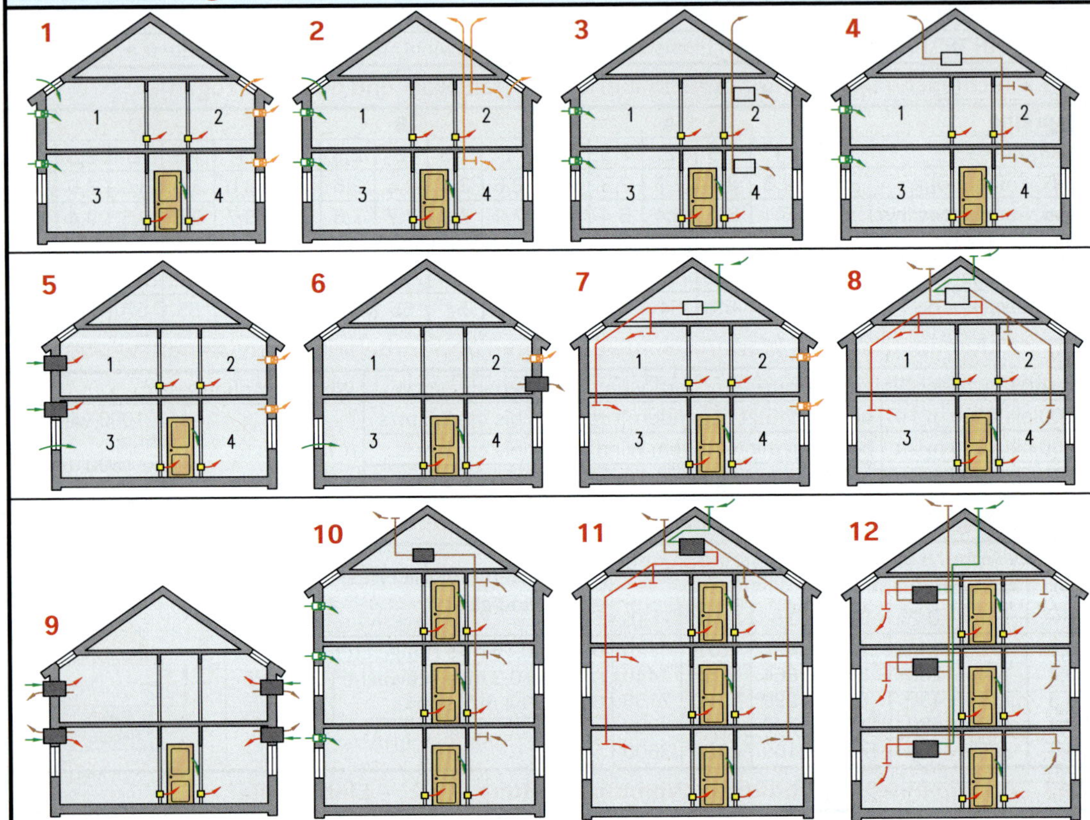

1 Freie Lüftung, Querlüftung – 1 Schlafen, 2 Bad, 3 Wohnen, 4 Küche; **2** Freie Lüftung, Schachtlüftung; **3** Abluftsystem, Einzelventilator; **4** Abluftsystem, Zentralventilator; **5** Dezentrales Zuluftsystem (Wohnungsweise); **6** Desgl., Anordnung nur in einem Nutzungsraum; **7** Zentrales Zuluftsystem; **8** Zu-/Abluftsystem mit Wärmerückgewinnung (WRG); **9** Raumweise Einzelgeräte mit WRG; **10** MFH, Abluftsystem (vgl. 4); **11** MFH, Zu-/Abluftsystem mit WRG; **12** Im Gegensatz zu 11 mit wohnungsweiser Geräteaufstellung

544.3 Einteilung der Lüftungsanforderungen in Wohngebäuden — DIN 1946-6

1	Lüftung zum Feuchteschutz	FL	03 (0,4) × NL [1]	nutzerunabhängig; Minimalbetrieb; reduzierte Feuchte und Raumtemperatur, **Vermeidung von Schimmel- und Feuchteschäden**
2	reduzierte Lüftung	RL	0,7 × NL [2]	übliche Feuchte- und Schadstofflasten; **Mindestanforderungen an Raumluftqualität** (auch bei zeitweiliger Abwesenheit)
3	Nennlüftung	NL	1,0 × NL	**Normalbetrieb**; Gewährleistung von Bautenschutz; hygienische und gesundheitliche Erfordernisse bei planmäßiger Nutzung
4	Intensivlüftung	IL	1,3 × NL	**zeitweise notwendige erhöhte Lüftung** zum Abbau von Lastspitzen; z. T. durch Nutzerunterstützung (**Fensterlüftung**)

[1] 0,3 = Wärmeschutz hoch: Neubau nach 1995 oder komplett modernisiert; 0,4 = Wärmeschutz gering: vor 1995 errichtete Gebäude, nur zum Teil modernisiert. [2] Nur zulässig bei entsprechender Begründung.

545.1 Realisierung der Außenluftvolumenströme (Systeme der Wohnungslüftung)

Freie Lüftung — mit anrechenbarer Infiltration — **Ventilatorgestützte Lüftung**

	Querlüftung (Feuchteschutz)	Querlüftung (allgemein)	Schachtlüftung	Abluftsystem	Zuluftsystem	Zu-/Abluftsystem
	FL – – –	FL RL (NL) –	FL RL (NL) –	FL RL NL (IL)	FL RL NL (IL)	FL RL NL (IL)
Nutzerunterstützung durch Fensteröffnung	– RL NL IL	– – (NL) IL	– – (NL) (IL)	– – – (IL)	– – – (IL)	– – – (IL)

545.2 Berechnung des Gesamt-Außenluftvolumenstroms *q* in (m³/h); A Freie Lüft. B mit Ventilator

A	**FL 1** ***Q***: $q_{v,ges,FL} = \max(q_{v,ges,NE,FL} \cdot 0{,}5 \cdot \Sigma\, q_{v,ges,R,FL})$; **2** ***Sch***: $q_{v,ges,FL} = \max(q_{v,ges,NE,FL} \cdot \Sigma\, q_{v,ges,R,ab,FL})$
	RL 3 ***Q + Sch***: $q_{v,ges,RL} = (q_{v,ges,FL} / q_{v,ges,NE,FL}) \cdot q_{v,ges,NE,RL}$; **NL 4**: $q_{v,ges,NL} = (q_{v,ges,FL} / q_{v,ges,NE,FL}) \cdot q_{v,ges,NE,NL}$
B	**FL 5** $q_{v,ges,FL} = (q_{v,ges,NL} / q_{v,ges,NE,NL}) \cdot q_{v,ges,NE,FL}$; **RL 6**: $q_{v,ges,RL} = (q_{v,ges,NE,FL} / q_{v,ges,NE,NL}) \cdot q_{v,ges,NE,RL}$
	NL 7 $q_{v,ges,NL} = \max(q_{v,ges,NE,NL} \cdot \Sigma\, q_{v,ges,R,ab,NL})$; **IL 8**: $q_{v,ges,IL} = (q_{v,ges,NL} / q_{v,ges,NL}) \cdot q_{v,ges,NE,IL}$

545.3 Begriffe und Abkürzungen bei Wohnungslüftungen — DIN 1946-6

AB	Aufenth.bereich	FL	Lüftung zum	LH	Luftheizung	R	Raum	WE-LG	Wohnungs-
AbLD	Abluftdurchlass		Feuchteschutz	LS	Lüft.system	R,ab	Abluft-Raum	(NE-LG)	lüftungsgerät
AbLS	Abluftsystem	fr	freie Lüftung	LSch	Luft.schacht	R,zu	Zuluft-Raum	WRG	Wärmerückge-
ALD	Außenl.durchl.	HH	Herdhaube	LtM	Lüftungstechn.	RL	Reduz. Lüftung		winnung (sens/lat)
BL	Bedarfslüftung	HL	Hauptleitung		Maßnahme	R-LG	Einzelraum-	WÜT	Wärmeüberträger
EFH	Einfam.haus	Hzg	Heizung	LW	Lufterwärmer		lüftungsgerät	LL	Luftleitung
EV	Einzelventilator	IL	Intensivlüftung	LZ	Lüftungszentr.	SL	Schachtlüftung	Zu AbLS	Zuluft-/Abluftsyst.
EVA	EV für Lüft.anl.	Inf	Infiltration	MFH	Mehrfam.haus	TWW	Trinkwarmwasser	Zu LD	Zuluftdurchlass
E-WÜT	Erdreich-Luft-	Komp	Lüft.Kompon.	NE	Nutzeinheit	ÜLD	Überström-Luftd.	Zu LS	Zuluftsystem
	Wärmeübertr.	LA	Lüftungsanlage	NL	Nennlüftung	vg	vent. unterstützt. L.	ZV	Zentral Ventilator
(Fe	Fensteröffnen)	LD	Luftdurchlass	QL	Querlüftung	WE	Wohnung	ZVA	Zentralventilator
FLD	Fortluftdurchl.	LG	Lüftungsgerät	q_v	Volumenstrom	wirk	wirksam		Lüftungszentrale

545.4 Außenluftvolumenstrom (m³/h) bei freier Lüftung für einzelne Räume mit Fenstern

	Raumart – Schachtlüftung	FL_h[1)]	FL_g[1)]	RL red	NL nenn	IL int.
Ablufträume	Küche, Bad, Dusche, WC, Hobbyraum, Arbeits- u. Gästezimmer	8	12	Gleichungen		Fenster-Lüft.[4)]
Zulufträume	Wohnzimmer, Esszimmer, Schlafzimmer, Kinderzimmer	16	18	GL 3 [2) 3)]	GL 4 [3)]	

[1)] Zum Feuchteschutz: h Wärmeschutz hoch, g gering. [2)] Ohne LtM. [3)] Z. T. durch Nutzerunterstützung (NU). [4)] Mit NU.

545.5 Abluftvolumenstrom m³/h (ventilatorgesteuerte Lüftung) für einzelne Räume[1)]

Raumart (s. 542.2)	Feuchtesch. RL	Red. Lüft. RL	Nenn Lüft. NL	Intens. Lüft IL
Hausarbeitsraum, Hobbyraum[2)5)], Keller[2)]	nach Gleichung 5	nach Gleichung 6	20 [4)]	nach Gleichung 8
Küche[3)], Bad mit/ohne WC[3)], Duschräume			40	
Sauna- bzw. Fitnessraum			40 [5)]	

[1)] Einschließlich Infiltration. [2)] Innerhalb therm. Hülle. [3)] Intensiv lüft. fensterloser Küchen 200 m³/h. [4)] Falls erforderlich auch Flure. [5)] Bei erhöhten Feuchte- bzw Stofflasten gesondert behandeln.

545.6 Mindestwerte der Gesamt-Außenluftvolumenströme $q_{v,ges}$[1)] — DIN 1946-6

Betriebsstufen			Nutzungseinheit in m² [2)]	30	50	70	90	110	130	150	170	190	210
	Lüftung zum Feuchteschutz (FL)	Wärmeschutz[3)]	gering	K.A-	20	25	30	35	40	40	45	45	50
			hoch	20	25	35	40	45	50	55	60	65	65
	reduzierte Lüftung (RL)[4)]			30	45	55	70	80	90	95	105	110	115
	Nennlüftung (NL)[5)]			45	65	80	100	115	125	140	150	155	165
	Intensivlüftung (IL)[6)]			55	85	105	130	145	165	180	195	205	215

[1)] In Abhängigkeit der Nutzung (Betriebsstufen). [2)] Z. B. WE oder EFH. [3)] Hoch: Neubau nach 1995 oder kompl. modernisiert; gering: vor 1995 erricht. Gebäude nur z. T. modernisiert. [4)] Nur zulässig bei entspr. Begründung. [5)] Zur Sicherstellung der hygien. Anforderungen. [6)] Abbau von Lastspitzen (s. 539.3) bei fr durch Fensterlüftung; gilt max. Nennlüftung NL.

545.7 Freie Mindestfläche für Überstromluftdurchlässe in cm² — DIN 1946-6[1)]

Überström-Vol. strom in m³/h	10	20	30	40	50	60	70	80	90
Türen mit Dichtung seitl. und oben	44 (25)	88 (50)	132 (75)	175 (100)	219 (125)	263 (150)	307 (175)	351 (200)	395 (225)
Türen ohne Dichtung	19 (0)	63 (25)	107 (50)	150 (75)	194 (100)	238 (125)	283 (150)	336 (175)	370 (200)

[1)] Bei freier Lüftung; Klammerwerte für ventilatorgestützte Lüftung; auch Herstellerunterlagen beachten.

546.1 Komponentenzuordnung zum System

Art des Bauteils		Abluft-system	Zuluft-system	Zu-/Abluft-system
Außenluftdurchl.	ALD	×	×	–
Überströmdurchl.	ÜLD	×	×	×
Abluftdurchlass	AbLD	×	×	×
Fortluftdurchlass	FLD	×	×	×
Zuluftdurchlass	ZULD	–	×	×
Luftleitungen	LL	×	×	×
Lüftungsschacht	LS	×	×	–
Ventilatoren	–	×	×	×

546.2 Kritische Fragen zur Wohnungslüftung

Fakt: Wohnungslüftungen sind vor allem aus bauphysikalischen (dichte Bauweise), hygienischen (evtl. Schimmel CO_2), ökonomischen (Effizienz) und ökologischen (evtl. fossile Brennstoffe) Gründen unabdingbar.

Fragen: Kann die Wohnungslüftung (KWK) alle Probleme lösen? Reichen die von EnEV, Normen u. a. vorgegebenen Mindestluftwechsel aus (unterschiedliches Nutzerverhalten)? Können alle Systeme Zugerscheinung sowie Geräusche und Geruchsübertragungen (Türspalt) verhindern? Können „Frischluftfans" zufriedengestellt werden? Wie kann man die oft hohen Kosten (Neubau und Sanierung) reduzieren? Welchen Aufwand verursachen die Wartungskosten?

546.3 Leistungsprüfungen von Bauteilen/Produkten für Wohnungslüftungen

Nach DIN EN: 2010-12 gibt es 10 Teile für maschinelle und natürliche Lüftung von Wohnungen	T1: Außenwand- und Überströmluftauslässe; T2: Abluft- und Zuluftdurchlässe; T3: Dunstabzugshauben für den Hausgebrauch; T4: Ventilatoren in Wohnungslüftungsanlagen; T5: Hauben und Dach-Fortluftdurchlässe; T6: Baueinheiten für Abluftanlagen für einzelne Wohnungen; T7: Mechanische Zu- und Ablufteinheiten (einschl. WRG) für mechanische Lüftungsanlagen in Einfamilienhäusern; T8: Mechanische Zu- und Ablufteinheiten ohne Luftkanalsystem (einschl. ERG) für mechanische Lüftungsanlagen von Einzelzimmern; T9: Außen angebrachter luftfeuchtegeregelter Luftdurchlass; T10: Luftfeuchtegeregelter Abluftdurchlass

546.4 Auslegungsdifferenzdrücke für ein- und mehrgeschossige Gebäude im Standardfall

Lüftungssystem nach Abb. 527.1		Windverhältnisse [1]	Nutzungseinheiten typ. MFH[2]	Nutzungseinheiten typ. EFH[3]
Freie Lüftung	Quer-Lüftung	schwach	2 Pa	5 Pa
		stark	4 Pa	7Pa
	Schacht-Lüftung	schwach	5 Pa	
		stark	8 Pa	

Lüftungssystem nach Abb. 530.3		Windverhältnisse [1]	Nutzungseinheiten typ. MFH[2] typ. EFH[3]
Ventilatorgestützte Lüftung	Abluftsystem	–	8 Pa [4]
	Zuluftsystem	–	4 Pa
	Zu-/Abluft-system	windschwach	2 Pa
		windstark	4 Pa

[1] Windstark > 3,3 m/s (Jahresmittel), windschwach < 3,3 m/s (in 10 m Höhe), Städtetabelle H1 in DIN 1946-6.
[2] Eingeschossige Nutzungseinheiten NE. [3] Mehrgeschossige NE mit zusätzl. therm. Auftrieb. [4] Darf nicht größer sein.

546.5 Überschlägige Auslegung der Luftleitungen DIN 1946-6

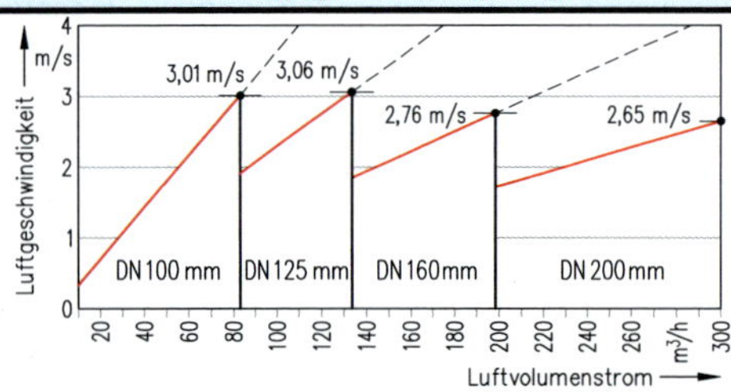

- Auslegungen der Leitungen gilt für Nennlüftung; gilt auch für Ventilatorbemessung
- $v \leq 5$ m/s bei Sammelltg., ≤ 3 m/s bei sonst. Leitungen
- Wärmedämmdicken für Leitungen (s. 547.1)
- Dichtheitsanforderungen mind. Klasse A (DIN 12237)
- vor Inbetriebnahme Druckabgleich vornehmen
- Hauptleitung mögl. glatt und rund (Schmutz)
- bei vertikal verlegten Ltg. unten Revisionsöffnung
- bei Sammelschächten Brandschutz beachten
- Fortluftleitung möglichst über Dach führen

546.6 Empfohlene Auslegungslüftungsraten in Wohngebäuden[1) 2)] EN 15251

Kategorie	Luftw.rate [1] $m^3/(s \cdot m^2)$ [2]	Wohn- u. Schlafraum [4] $m^3/(s \cdot Pers.)$ [2)3)]	Wohn- u. Schlafraum [4] $m^3/(s \cdot m^2)$ [2]	Küche [5] m^3/s [2]	Bad [5] m^3/s [2]	Toilette [5] m^3/s [2]
1	1,76 (0,49)	36,0 (10)	5,04 (1,4)	101 (28)	72 (20)	50,4 (14)
2	1,51 (0,42)	25,2 (7)	3,60 (1,0)	72 (20)	54 (15)	36,0 (10)
3	1,26 (0,35)	14,4 (4)	2,16 (0,6)	50,4 (14)	36 (10)	25,2 (7)

[1] Bei Deckenhöhe 2,5 m; [1] oder [4] bei Wohn. jeweils höherer Wert. [2] **Klammerwerte** in $l/(s \cdot m^2)$, $l/(s \cdot Pers.^2)$, l/s. [3] Oder je Schlafzi.anzahl. [4] Hier Außenluft zuführen. [5] Fortluft geringer bei kleinen Wohn. und umgekehrt.

Anmerkung: Kategorie je nach Schadstoffbelastung (stark, mittel, schwach); bei Küchen, Bädern und WC kann es sich auch um Überströmluft aus Wohn- und Schlafräumen handeln; während Belegung kontinuierlicher Betrieb; vollständige Mischung im Raum

546.7 Formstücke zu Kunststoff-Wellrohren (1–7) und Ovalrohren (8–14) entsprechend 548.4

1 1a 2 3 4 5 6 7 8 9 10 11 12 13 14

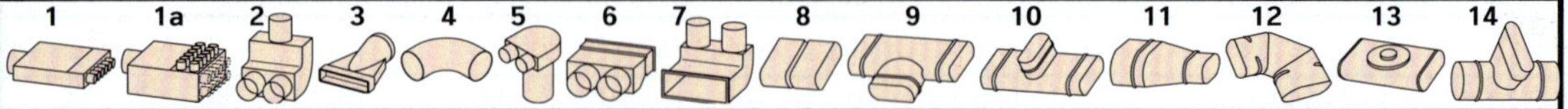

1 Verteilkasten; **1a** Desgl. mit schallabsorbierender Auskleidung; **2** 90°-Bogen als Übergang auf 2 Rohre; **3** Übergangsstück von Flexrohr auf Flachkanalsystem; **4** Kurzbogen 90°; **5** Deckenkasten zum Anschluss von Zu- und Abluftventilen; **6** Wanddurchführung mit 2 Schiebestutzen (Wandauslass); **7** Winkelbogen mit Schiebestutzen (Wandauslass); **8** Verbinder; **9** Abzweigstück (schmalseitiger Abgang); **10** Desgl. mit breitseitigem Abgang; **11** Reduzierung; **12** Winkel; **13** Revisionsöffnung; **14** Abzweigstück von Ovalrohren auf Rundrohr

547.1 Wärmedämmdicke in mm (λ = 0,045 W/(m · K)) – Mindestwerte (Klammerwerte: verbessert)

Luftart, Lufttemp. in Ltg.	< 10 °C[1]	< 18 °C[1]	≥18 °C[2]
Außenluft (dampfdicht)	≥ 25 (≥ 25)	≥ 40 (≥ 40)	≥ 60 (≥ 60)
Zuluft ohne WRG	≥ 25 (≥ 25)	≥ 40 (≥ 40)	≥ 60 (≥ 60)
Zuluft ≤ 20 °C mit WRG	≥ 25 (≥ 40)	≥ 10 (≥ 25)	0 (0)
Zuluft. > 20 °C mit ABL-Wärmepumpen	≥ 40 (≥ 40)	≥ 25 (≥ 40)	≥ 25 (≥ 40)

Luftart, Luftemp. in Ltg.	< 10 °C[2]	< 18 °C[2]	≥18 °C[2]
Zuluft > 40 °C Luftheiz.	≥ 60 (> 80)	≥ 40 (≥ 60)	≥ 25 (≥ 40)
Abluft/Fortluft ohne WRG	≥ 40 (≥ 40)	> 25 (≥ 25)	0 (0)
Fortluft (dampfdicht)	≥ 20 (≥ 20)	≥ 30 (≥ 30)	≥ 25 (≥ 40)

[1] Außerhalb thermischer Hülle, innerhalb Gebäude.
[2] Innerhalb thermischer Hülle.

547.2 Kennzeichnung von Lüftungsanlagen (LA) und Lüftungsgeräten (LG) DIN 4719

Lüftungssystem	freie	ventilatorgestützt
	QLFS, QL, SL	**AbLS, ZuLS, Zu/AbLS**

1. Lüftungssystem: freie **QLFS, QL, SL**; ventilatorgestützt **AbLS, ZuLS, Zu/AbLS**
2. Geräteanordnung: zentral **Z** dezentral **D**
3. Anordnung der Anlage: **R, WE, EFH, MFH**
4. Wärmerückgewinn.: **WÜT, WP, WÜT+WP, 0** ohne
5. bes. effiziente Energienutzung **E**; **0** ungeprüft
6. erhöhte Anford. an Hygiene **H**; **0** ungeprüft
7. Kennzeichn. Rückschlagklappe **RK**; **0** ohne
7. Kennzeichn. für Schallschutz: **S** mit einheitlicher Angabe: **0** ohne einheitliche Angabe
8. Kennzeichen für gemeinsamen Betrieb mit Feuerstätt. **F** mit Nachweis, **0** ohne Nachweis

Beispiel: Zu/AbLS - Z - WE - WÜT - E - H - 0 - S - 0

Betr. Geräte in eigenen und fremden Nutzungseinheiten; Weitere Abkürzungen: QL Querlüftung; QLFS Querlüftung (Feuchte); SL Schachtlüftung; R Raum; WE Wohnung im MFH; ZuLS Zuluftsystem; AbLS Abluftsystem; WÜT Wärmeüberträger; WP Wärmepumpe.

547.3 Zunahme von Wohnungslüftungen

- Vorgeschriebene Gebäudedichtheit führt oft zu einer ungenügenden Raumluftqualität
- Zunehmende Nutzungsakzeptanz feststellbar, ein massiver „Durchbruch" kaum erkennbar
- Starke Zunahme der vielseitigen Einzelgeräte

Zunahme der Wohnungslüftung (1. Halbjahr)

Jahr	2012	2014	2016	
zentral	17000	20500	23000	stark zunehmend mit Wärmerückgewinnung
dezentral	15500	21000	28000	

547.4 Anm. zu Druckverlusten und allg. Planung

- Überschlägige Leitungsbemessung (Geschw.) (s. 546.5)

Druckverluste in Luftleitungen durch Einbauten	• Reibungsverluste $R \cdot l + Z$ (s. 568.1) • Formstücke (s. 563.2) u. a. z. B. Schalldämpfer, Klappen

- Druckverluste der Gesamtanlage (Ventilatorleistung)
  Δp_{ges} = Lüftungsgerät + ($l \cdot R + Z$) + Δp Einbauten
  $\Delta p_{Ventilator} = \Delta p_{stat} + \Delta p_{dyn}$ +(**Beispiel** s. 565.2)
- Geringere Druckverluste → geringere Energiekosten

547.5 Lüftungssysteme DIN 18017-3

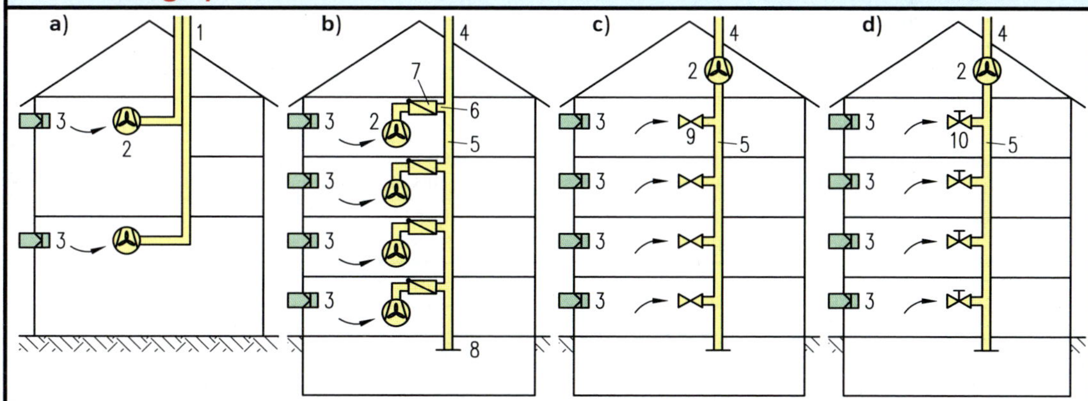

a) Einzelentlüftungsanlage mit eigenen Entlüftungsleitungen und Ventilatoren für jede Wohnung; **b)** Dezentrale Entlüftungsanlage mit Einzelgeräten und einer gemeinsamen Abluftleitung (unter Überdruck ins Freie) verbreitetstes System (auch in anderen Gebäuden); **c)** Zentral-Entlüftungsanlage mit nur einem gemeinsam veränderlichen Gesamtvolumenstrom; **d)** Desgl. mit wohnungsweise veränderlichen Luftvolumenströmen (berücksichtigt die meist unterschiedlichen Nutzerbedürfnisse) geregelt mit einem konstanten Differenzdruck

Bauteile: **1** Abluftleitung; **2** Ventilator; **3** Außenluftdurchlass; **4** Ausblasleitung (Fortluftauslass); **5** gemeinsame Abluftleitung; **6** Ausschlussleitung; **7** Rückschlagklappe; **8** Reinigungsverschluss; **9** Ventile mit gleicher betrieblich unveränderlicher Kennlinie; **10** Ventile mit verstellbarer Kennlinie

548.1 Zustandsgrößen feuchter Luft (Gemisch von trockener Luft und Wasserdampf)

ϑ, x, h, φ	$x(x_s), p_D(p_{DS}), \varphi, \vartheta_s, \vartheta_f$	ϱ		
eigentliche Zustandsgrößen	zur Kennzeichnung oder Bestimmung der Luftfeuchtigkeit	Dichte	ϑ Temperatur °C x absolute Feuchte g/kg h Enthalpie (Wärmeinhalt) φ relative Feuchte	für gesättigte Luft bei z. B. 1000 hPa (mbar) Luftdruck Index s: gesättigt

Taupunkttemperatur ϑ_S = Temperatur, bei der die Luft beginnt, Wasser auszuscheiden
Wasserdampfpartialdruck p_D = Druck, den der Wasserdampfanteil auf die Umgebung ausübt
Relative Feuchte φ = Verhältnis des in der Luft vorhandenen zum maximal möglichen Wasserdampf (x/x_s)
Feuchtkugeltemperatur ϑ_f = tiefstmögliche Temperatur, die sich beim Wärmeaustausch zwischen Luft und Wasser einstellen kann (tiefste erreichbare Lufttemperatur durch Befeuchtung (s. 549.1)

548.2 Enthalpie (Wärmeinhalt) feuchter Luft – Sensible und latente Wärme

$$h = c_L \cdot \vartheta + c_D \cdot x \cdot \vartheta + x \cdot r$$

- h: Wärmeinhalt feuchter Luft
- $c_L \cdot \vartheta$: Wärmeinhalt des Trockenluftanteils
- $c_D \cdot x \cdot \vartheta$: sensibler Wärmeinhalt des Wasserdampfanteils
- $x \cdot r$: latenter Wärmeinhalt

Wärmeinhalt ▶ Trockenluftanteil + Wasserdampfanteil

sensible Wärme: $c_L \cdot \vartheta + c_D \cdot x \cdot \vartheta$; latente Wärme: $x \cdot r$

da $c_D \cdot x \cdot \vartheta$ vernachlässigbar gering ist, folgt:

$$h = c_L \cdot \vartheta + \frac{r \cdot x}{1000} \text{ bzw. } \Delta h = c \cdot \Delta\vartheta + \frac{r \cdot \Delta x}{1000} \quad [\text{Wh/kg}]$$

spezifische Wärmekapazität: Luft/Wasserdampf
$c_L = 0{,}28$ Wh/(kg · K); $c_W = 0{,}56$ Wh/(kg · K)
$r \approx 700$ Wh/kg
x vorhandener Wasserdampfanteil ($= \varphi \cdot x_S$)

Stoff-Wärmeaustausch (am Beispiel der Düsenkammer in einer Klimazentrale):

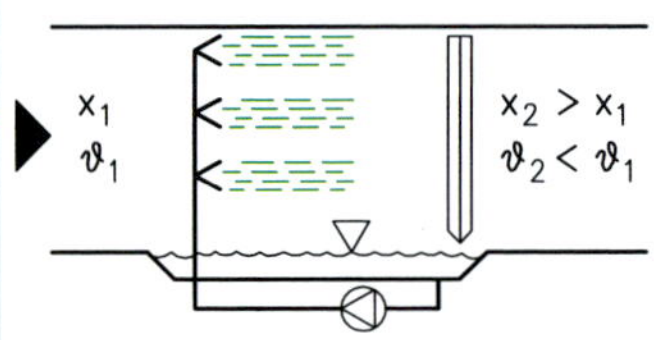

auf Kosten sensibler Wärme nimmt die latente zu (durch Wasser wird keine Wärme zugeführt)

- Zustandsänderung bei konst. h (s. 549.1(5))

548.3 Bedeutung und Veränderung der Luftfeuchtigkeit

Folgen von zu hoher Luftfeuchtigkeit
- Unbehaglichkeit ⇒ siehe Schwülekurve (s. 525.1)
- Abnahme der Leistungsfähigkeit, Konzentration (Ausfallzeiten); hygienische Nachteile
- mögliche Gebäudeschäden (Kondensation, Schimmelbildung, korrodierende Metalle, Fäulnisse u. a.)
- höhere Lüftungskosten (Luftentfeuchtung)
- mögliche Produktionseinbußen (z. B. Pharmazie)

Folgen von zu geringer Luftfeuchtigkeit
- Beeinträchtigung der Behaglichkeit, Leistungsfähigkeit und Gesundheit (Nasen-Rachenraum, Atemwege, Verminderung der Abwehrkräfte), φ möglichst > 30 % (exakte Grenze nicht möglich)
- elektrostatische Aufladungen (je nach Materialien)
- Schäden an Einrichtungen (z. B. Kunstgegenstände)
- Einbußen bei zahlreichen Produktionsverfahren

Erhöhung von φ	1. Wasserverdunstung/Zerstäubung oder Einblasen von Dampf in Luftstrom 2. Zumischen von noch feuchterer Luft 3. Senkung der Temperatur (Luftkühlung) 4. Feuchtequellen im Raum
Senkung von φ	1. Kondensation (Kühler) 2. Trocknung (Absorption) 3. Lufterwärmung 4. Zumischung von trockener Luft (geringere absolute Feuchte) bei 3 bleibt x jeweils konstant

548.4 Taupunkttemperatur ϑ_s in Abhängigkeit von Lufttemperatur und relativer Feuchte

ϑ °C	Relative Feuchte der Luft φ (in %)													
	30	**35**	**40**	**45**	**50**	**55**	**60**	**65**	**70**	**75**	**80**	**85**	**90**	**95**
30	10,5	12,9	14,9	16,8	18,4	20,0	21,4	22,7	23,9	25,1	26,2	27,2	28,2	29,1
28	8,8	11,1	13,1	15,0	16,6	18,1	19,5	20,8	22,0	23,2	24,2	25,2	26,2	27,1
26	7,1	9,4	11,4	13,2	14,8	16,3	17,6	18,9	20,1	21,2	22,3	23,3	24,2	25,1
24	5,4	7,6	9,6	11,3	12,9	14,4	15,8	17,0	18,2	19,3	20,3	21,3	22,3	23,1
22	3,6	5,9	7,8	9,5	11,1	12,5	13,9	15,1	16,3	17,4	18,4	19,4	20,3	21,2
20	1,9	4,1	6,0	7,7	9,3	10,7	12,0	13,2	14,4	15,4	16,4	17,4	18,3	19,2
18	0,2	2,3	4,2	5,9	7,4	8,8	10,1	11,3	12,5	13,5	14,5	15,4	16,3	17,2
16	–1,4	0,5	2,4	4,1	5,6	7,0	8,2	9,4	10,5	11,6	12,6	13,5	14,4	15,2
14	–2,9	–1,0	0,6	2,3	3,7	5,1	6,4	7,5	8,6	9,6	10,6	11,5	12,4	13,2
12	–4,5	–2,6	–1,0	0,4	1,9	3,2	4,5	5,7	6,7	7,7	8,7	9,6	10,4	11,2
10	–6,0	–4,2	–2,6	–1,2	0,1	1,4	2,6	3,7	4,8	5,8	6,7	7,6	8,4	9,2

Tauwasserbildung z. B. an Fensterflächen, wenn die innenseitige Oberflächentemp. ϑ_{oi} die Taupunkttemp ϑ_S unterschreitet ⇒ ϑ_{oi} muss immer ≥ ϑ_S sein. Dies erfordert einen entsprechenden U-Wert

Tauwasser am Luftkanal: **innerhalb**, wenn z. B. warme feuchte Küchenluft durch kalten Raum; **außerhalb**, wenn kalte Außenluft durch warmen feuchten Raum

549.1 Zustandsgrößen und Zustandsänderungen feuchter Luft im *h,x*-Diagramm (1013 mbar)

1. Mischungsvorgang

Beispiel: Winter

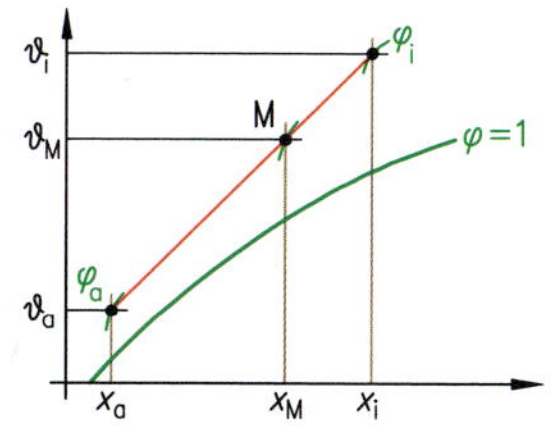

a: außen; i: innen (Raum)
M: Mischluftzustand (hier etwa 30 % Außenluft)

Beispiel: Sommer

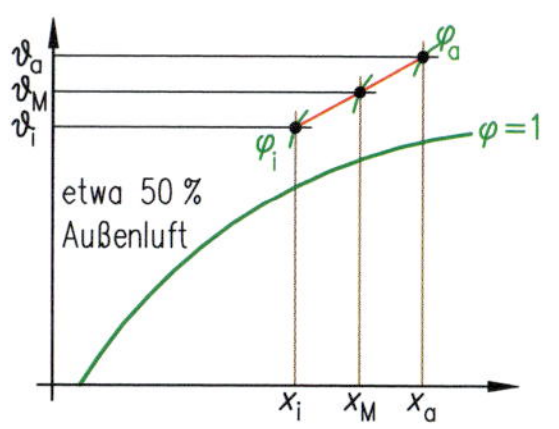

2. Erwärmungsvorgang

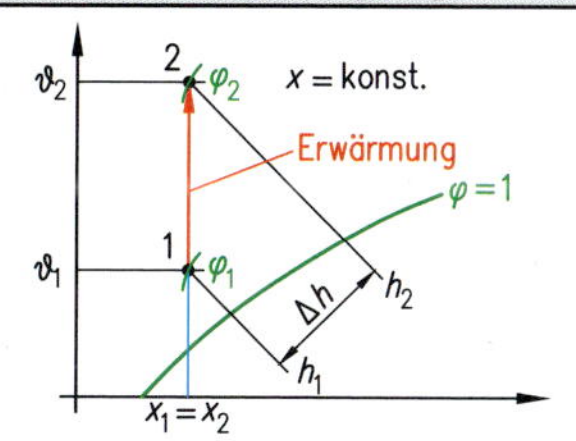

$\dot{Q}_{Reg} = \dot{m}_{Luft} \cdot \Delta h = \dot{m} \cdot c \cdot \Delta\vartheta$
Index 1: Eintritt; Index 2: Austritt

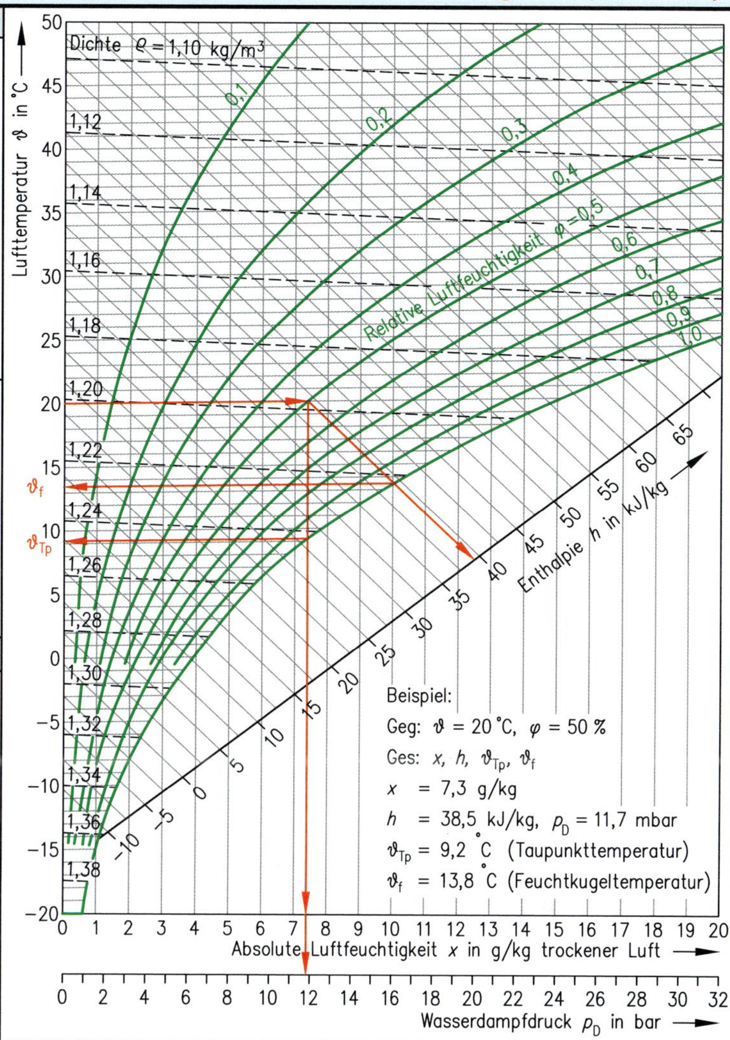

3. Kühlvorgang ($\vartheta_K > \vartheta_{TP}$)

d. h. trockene Kühleroberfläche (kleine Entfeuchtung)

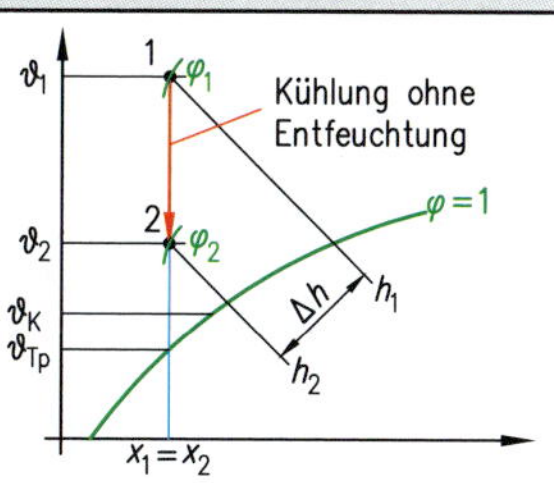

ϑ_K Kühleroberflächentemperatur
ϑ_{Tp} Taupunkttemperatur
$\dot{Q}_{Reg} = \dot{m}_{Luft} \cdot \Delta h$ [kJ/h]

4. Kühl- und Entfeuchtungsvorgang ($\vartheta_K < \vartheta_{TP}$)

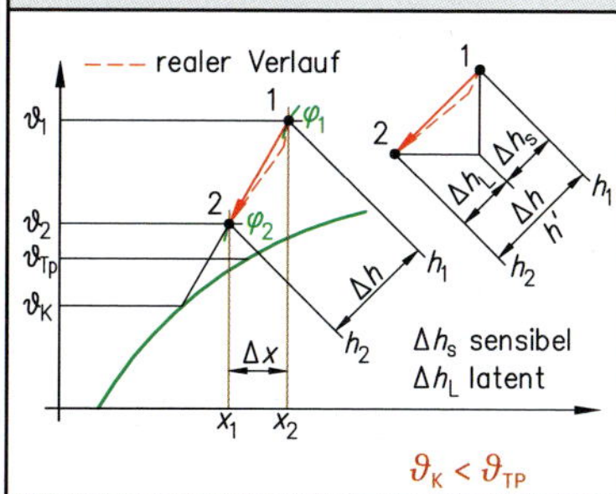

5. Befeuchtungsvorgang

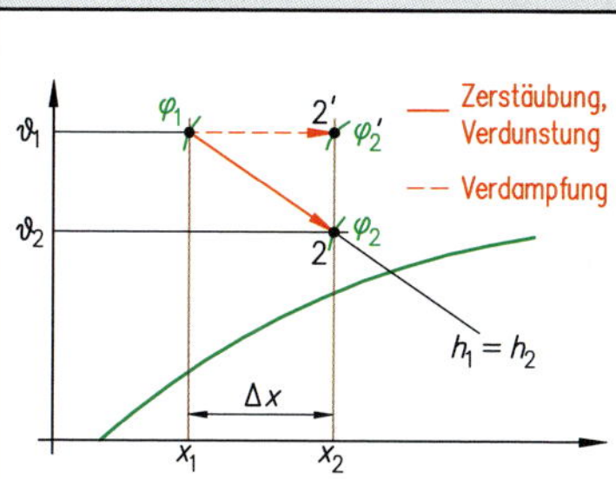

Kühlung von Mischluft		Kühlerleistung kJ/h	Entfeuchtungsleist.	Befeuchtungsleistung in g/h
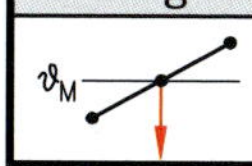	Lüftung + Kühlung (≈ 50 % Außenluft)	$\dot{Q}_{Kü} = \dot{m}_{Luft} \cdot \Delta h$	$\dot{m} = \dot{m}_{Luft} \cdot \Delta x\,(-)$	$\dot{m}_W = \dot{m}_{Luft} \cdot \Delta x\,(+)$

550.1 Vorteile von Einzelklimageräten (dezentrale Klimatisierung)[1)]

1	geringer Installationsaufwand (anschlussfertig)	9	falls mehrere Geräte, keine Unterbrechung bei einer Störung (hohe Betriebssicherheit)
2	geringer Platzbedarf (Kompaktbauweise)		
3	auch nachträglich problemloser Einbau	10	im Sommer: effektive Kühlung, oft ausreichende Entfeuchtung, selten Außenluftbetrieb
4	einfache Bedienung (z. T. auch Fernbedienung)		
5	raumweise individuelle Nutzung (Regelbarkeit)		im Winter: z. T. Wärmepumpenschalt. (Übergangszeit)
6	einfacher Transport und einfache Lagerung	11	Wiederverwendung bei Umzug; Mobilgeräte
7	geringe Wartungs- und Folgekosten	12	kostengünstige schrittweise Klimatis. (bes. Altbau)
8	sofortige Betriebsbereitschaft (Kältеaggregat)	13	Auch für größere Gebäude gut geeignet

[1)] Stark zunehmender Absatz von Einzelgeräten (seit etwa 1995 mehr als verdoppelt). Direktverdampfergeräte (Split/Multisplit) (s. 550.3) stehen im Wettbewerb mit den Einzelgeräten verschied. Bauarten auf Wasserbasis (Kaltwassererzeuger).

550.2 Klimageräte – Einteilung – Einsatzmöglichkeiten[1)] („Kleinklimatechnik")

Bauart	Einbauort	Anwendung	Merkmale
Mobilgerät	freistehend	Einzelräume	Ein- oder Zweischlauch
Fenster und Wandeinbau	auf Fensterbank od. in Außenwand (selten)	untergeordnete Räume	laut, mit Kälteaggregat, Fassadenbeeinträchtigung
Truhengerät	Fensterbrüstung, Wand	Einsatz stärker im Komfortbereich verbreitet	mit Kälteaggregat (i. allg. Splitbauweise) oder mit Kaltwassererzeuger
Deckengerät	Ein- und Unterbau		
Kassettengerät	in Decke integriert		
Schrankgerät Ausblasung direkt oder über Kanal	im klimatisierten Raum, Nebenraum, Kellerraum, in Nischen	größere Anlagen Verkaufsräume Produktionsstätt.	wie zuvor, optimale Luftführung mit Kanalanschluss (s. Abb. rechts), Planung
Splitgerät Innen/Außenteil	vielseitige Anordnungsmöglichkeit (s. Abb.)	übliche Anwendung	Verdampferteil (innen) Kondensatorteil (außen)

[1)] Vorwiegend Kühlung; neben Direktverdampfung auch Geräte mit Kaltwasser (Hydrosysteme).

Truhengerät

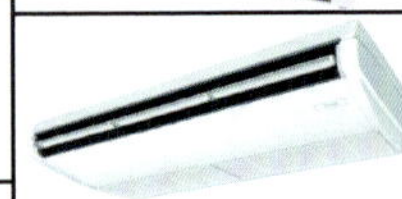
Deckengerät

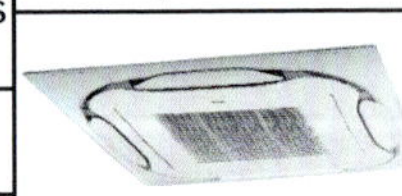
Kassettengerät

550.3 Leistungsangaben (Split) Wand-, Truhen-, Decken-, Kassetten-, Schrankgeräte (Hersteller)

Truhe | Wandgerät | Standgerät | Deckengerät | Kassettengerät | Splitanlage mit Kanalführung

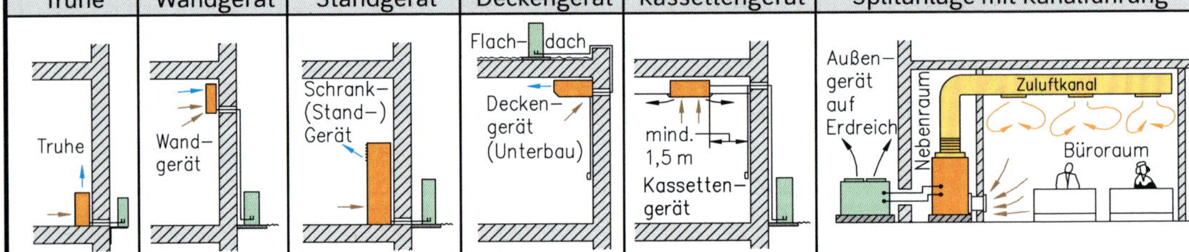

Typ (Auswahl)		W1	W2	T1	T2	D1	D2	K1	K2	S1	S2
Volumenstrom	m³/h	475	480	730	970	720	830	960	1380	1620	4080
Kälteleistung	W	1870	2490	3800	6500	3800	4700	7800	9700	9200	22700
Entfeuchtung ≈	kg/h	(1,0)	(1,2)	(1,8)	(4,2)	(1,8)	(2,4)	(3,5)	(3,8)	(3,2)	(8,6)
Heizleistung	W	–	2870	6300	8850	–	–	9300	10600	–	–
Schallpegel (innen)	dB(A)	28/38	36/43	34/42	41/50	33/42	35/44	28/30	33/41	45/50	48/53
Leistungsaufnahme	W	520	880	1390	2350	1390	1770	3400	3700	2200	5700

550.4 Anordnungsbeispiele von Raumklimageräten – Luftführung

1 beste Anordnung; **2** gute Anordnung (Fernbedienung); **3** schlechte Anordnung, wenn Personen direkt angeblasen werden; **4** falsche Anordnung (Stau, Kurzschluss); **5** günstige Anordnung (Anblasung von vorn); **6** evtl. noch tolerierbar; **7** sehr schlechte Anordnung, da Anblasung von hinten (Kaltluft ins Genick); **8** extrem ungünstig (unzumutbar)

551.1 Kältemaschinenbetrieb unter Einbeziehung der „Nachtlüftung“

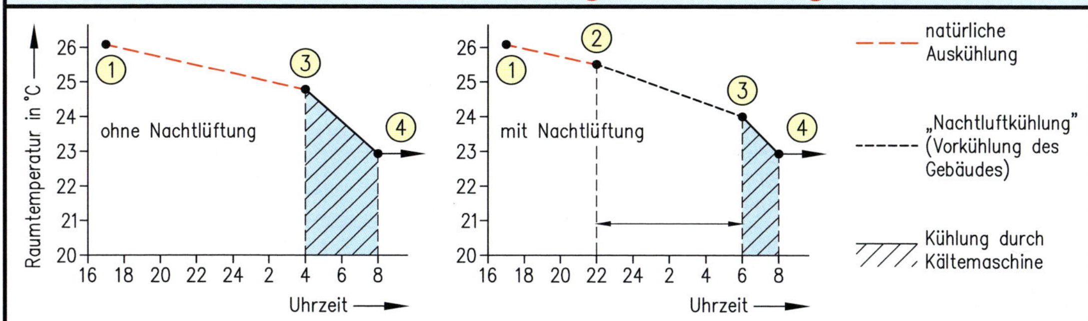

„Nachtluftkühlung“ durch „Fensterlüftung“ und evtl. durch abgekühlte Außenwandflächen.

551.2 Gebäudeinnere Kühllast $\dot{Q}_I$ und äußere Kühllast $\dot{Q}_A$ — VDI 2078

Innere Wärmequellen $\dot{Q}_I = \dot{Q}_P + \dot{Q}_E + \dot{Q}_R$		Äußere Wärmequellen $\dot{Q}_A = \dot{Q}_W + \dot{Q}_F + \dot{Q}_{FL}$	
$\dot{Q}_P$	sensible Wärmeabgabe der Personen (s. 524.2)	$\dot{Q}_W$	Wärmeströme durch Außenwände und Dächer
$\dot{Q}_E$	Wärmeabgabe durch Einrichtungen: $\dot{Q}_B$ durch Beleuchtung (s. 553.1), $\dot{Q}_M$ durch Maschinen und Geräte (s. 551.4, 552.3), $\dot{Q}_G$ durch Wärmeaufnahme und -abgabe beim Stoffdurchsatz, $\dot{Q}_C$ z. B. durch chemische Reaktionen	$\dot{Q}_F$	Wärmeströme durch Fenster (d. h. nicht transparente und strahlungstransparente Flächen), unterschieden zwischen Transmissionswärme $\dot{Q}_T$ und Strahlungswärme $\dot{Q}_S$ ($\dot{Q}_F = \dot{Q}_T + \dot{Q}_S$)
$\dot{Q}_R$	Wärmeströme aus Nachbarräumen	$\dot{Q}_{FL}$	Lüftungswärme, d. h. Einfluss eines Luftwechsels Einführung warmer Außenluft

551.3 Näherungsweise Kühllast - bzw. Kälteleistungsbestimmung in W (Raumklimagerät)

① **Fenster/Fenstertüren** (der Sonne ausgesetzt)

Himmelsrichtung	Sonnenschutz ohne	Sonnenschutz innen	Sonnenschutz außen
Nordost	200	120	70
Ost	330	230	100
Südost	330	220	130
Süd	280	180	70
Südwest	350	220	110
West	340	210	100
Nordwest	230	150	80
Nord	80	60	40

② **Fenster/Fenstertüren, die nicht unter 1 berücksichtigt sind**: ohne Sonnenschutz: 70, Sonnenschutz innen 40 und Sonnenschutz außen 30 bei allen Himmelsrichtungen

③ **Außenflächen (direkt der Sonne ausgesetzt)**

	massiv	sehr leicht
Wand	7	12
Dach	8	18

④ **Außenwände nicht der Sonne ausgesetzt**

	massiv	sehr leicht
	7	8

⑤ **Innenwände und Decken** angrenzend gegen

		Decke	Wände mit Wärmedämmung	Wände ohne Wärmedämmung
nicht ausgebautes Dachgesch.		20	40	25
ausgebaute Dachräume		7	12	9
nicht klimatisierte Nebenräume	Wand	–	6	3
	Decke	5	–	–
	Fußboden	4	Erdreich 0	

⑥ **Personen** (Nichtraucher) Wärmeabgabe (s. 524.2) zusätzlich Lüftung ca. 150 ... 180 W $\dot{Q}_{ges} = 150 + \dot{Q}_{Lü}$

⑦ **Beleuchtungswärme** (s. 553.1)
⑧ **Elektrische Geräte** (s. 551.4)
Max. Kühllast möglichst < 50 W/m²

Von der Summe aller Werte können ca. 15 bis 20 % abgezogen werden, je nach Speichervermögen, gleichzeitiges Wirksamwerden (z. B. Fenster direkt/Flachdach verzögert), Nutzungszeit, Beschattung u. a.

551.4 Wärmeabgabe verschiedener elektrischer Geräte (Typenschild beachten)

Geräteart	P [1)] W	t [2)] min	$\dot{Q}$ [3)] W	Geräteart	P [1)] W	t [2)] min	$\dot{Q}$ [3)] W	Geräteart	P [1)] W	t [2)] min	$\dot{Q}$ [3)] W
Bügeleisen	500	60	230	Haartrockner	1000	30	350	Schreibmasch. elektr.	50	60	40
Computer (PC)	120	60	50	Kaffeemaschine	500	30	180	Staubsauger	200	15	50
Elektroherd	3000	60	1450	Kühlschrank 100 l	100	60	300	Sterilisierapparat	1000	30	175
Fernsehgerät	175	60	175	Kühlschrank 200 l	175	60	500	Toaster	500	30	200
Fleischgrill	3000	30	1200	Kochplatte	1000	30	250	Waschmaschine	3000	60	2000
Heizsonne	1000	60	1000	Radiogerät	40	60	40	Wäscheschleuder	100	10	15

1) Anschlusswerte (**Typenschild**) entsprechend $\dot{Q}$ ändern. 2) Benutzungszeiten t (min/h) angenommen, bei Abweichungen $\dot{Q}$ anpassen. 3) Differenz zwischen P und $\dot{Q}$ ist die latente Wärme $\dot{Q}_1$, auf die Stunde bezogen ist der anfallende Wasserdampf $\dot{m} = \dot{Q}/r$ [kg / h], r = Verdampfungswärme ≈ 700 Wh/kg.

552.1 Sonnenwärme durch Wände und Flachdächer

$\dot{Q} = A \cdot U \cdot \Delta\vartheta_{äq}$ — A Fläche in m² (abzüglich Fenster); U Wärmedurchgangskoeffizient in W/(m² · K);

$\Delta\vartheta_{äq}$ äquivalente Temperaturdifferenz in K; (Tabellenwerte) berücksichtigt die Sonnenstrahlung (in Abhängigkeit der Himmelsrichtung), die Tageszeit und die Speicherfähigkeit des Gebäudes

552.2 Richtwerte der Nennbeleuchtungsstärke E_N für verschiedene Räume — DIN 5035

Nutzung der Räumlichkeiten bzw. Art der Tätigkeiten (z. T. auch Anhaltswerte nach VDI 2078)	Bel. stärke E_N in lx
Lagerräume (mit Suchaufgabe), Verkehrswege (Gebäude), Treppen, Flure Eingangshallen, Produktionsstätten (ohne Anford.), Theater, Wohnräume	100
Lagerräume (mit Sehaufgabe), Kantinen, Speiseräume, (Hotels, Gaststätten) Arbeitsplätze in Produktionsanlagen, einfache Montagearb. grobe Arbeiten	200
Büroräume in Fensternähe, Mehrzweckräume, Unterrichtsräume, Sitzungszimmer, Verkaufsräume, mittelfeine Montagearbeiten, Schalterhallen	300
Gruppenbüros, EDV-Räume, Unterrichtsräume (ungenügendes, Tageslicht), Hörsäle mit Fenster, feine Montagearb., Hotelküchen, Forschungslabore, Kaufhäuser	500
Großraumbüros, Kontrollplätze, Techn. Zeichn., Färben, Nähen; Säle ohne Fenster	750
Farbprüf. Arbeiten an Feingeräten, Schmuckwarenherst; besond. Großraumbüros	1000
Montage feinster Teile, Edelsteinbearb., Qualitätskontrolle (sehr hohe Ansprüche)	1500
in der Regel durch Platzbeleuchtung in Verbindg. mit allg. Beleucht. (≈ 500 lx)	2000

Lux (lx): Einheit der Beleuchtungsstärke ≙ Lumen (lm): Einheit des Lichtstroms (Helligkeit) lx = lm/m²

Watt	≙	Lumen
200 W	≙	3000 lm [1]
100 W	≙	1300 lm
75 W	≙	900 lm
60 W	≙	700 lm
40 W	≙	400 lm
25 W	≙	200 lm
15 W	≙	100 lm [2]

[1] extem hell [2] dunkel

552.3 Wärmelasten von Geräten und Maschinen

Allgemeine kW(W)-Angaben (z. B. in der Literatur) sind i. d. R. zu ungenau, denn beide Lastenangaben sind herstellerbezogen: ständig neue Modelle (z. B. Handhabung, Effizienz, Design). Oft wählt man die Wärmelasten aus Erfahrungen, besser anhand aktueller Herstellerunterlagen.

Bsp. Computer			Beispiel Elektroherd		Beispiel Kopierer (Büro)		Beispiel	
	Anschlusswert	120 W		3000 W		400 W	Wirkungsgrad	0,55 kW
	Benutzung	60 min/h		60 min/h		Standby		$\eta_{ol} = 0{,}7$
	Wärmelast	50 W		1500 W		20 W	Motorleistung	$Q_M = 790$ W

Entscheidend für Energiebedarf sind kWh (z. B. „Fernseher", je nach Typ, Größe) 50–250 kWh/Jahr

552.4 LED-Leistungsvergleiche

LED		Halogen	Glühbirne
3–4 W	entspricht	20 W	15 W
5–6 W	entspricht	30 W	20 W
7–8 W	entspricht	45 W	40 W
9–11 W	entspricht	60 W	60 W
13–15 W	entspricht	75 W	100 W

Durchschnittlicher Stromverbrauch/Jahr (Haushalt) ca. 3000 kW. Davon ca. 11 % für Beleuchtungskosten ≙ ca. 80 % Einsparung; entspricht ca. jährlich 70 €. Amortisation ≈ 20 Jahre.

552.5 Strom- und Anschaffungskosten

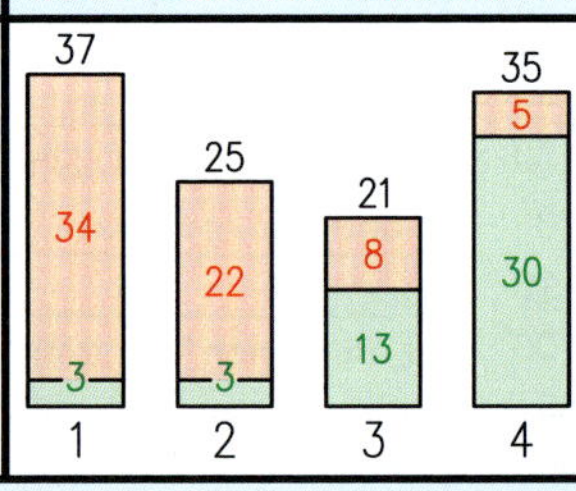

1 Glühlampe 60 W
2 Halogenlampe 40 W
3 Energiesparl. 14 W
4 LED-Lampe 10 W

Stromkosten (gleiches Licht)
Anschaffungskosten

552.6 Relativer Energieverbrauch im Verhältnis zur Glühbirne – Lichtstrom

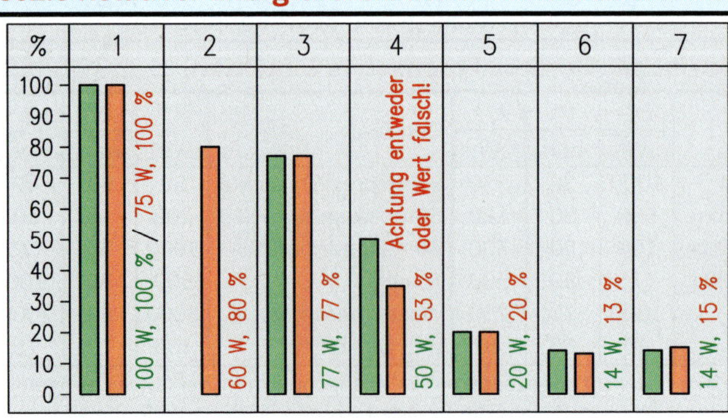

Lumen = SI-Einheit des Lichtstroms d. h. gesamte Lichtleistung, die eine Lichtquelle abstrahlt

	Lumen	
1 Glühlampen E27	1350	950
2 Halogenlampen G9	980	–
3 Halogenlampen E27	1320	915
4 Halogenlampen Gyb. 35	1200	860
5 Energiesparlampe kompakt E27	1200	900
6 T16 Leuchtstofflampe (G)	1350	960
7 LED-Lampe E27	1521	1060

LED: Lichtemittierende Diode

Lebensdauer: Glühbirne 1000 h; Energiesparlampe 1500 h, Halogenlampe 2000 h, LED 25000 h

553.1 Berechnung der Beleuchtungswärme $\dot{Q}_B$ — VDI 2078

$\dot{Q}_B = A \cdot P \cdot l_1 \cdot \alpha_B \cdot s_B$ in W

α_B Raumbelastungsgrad bei Abluftleuchten

$\dot{V}$ in m³/(h · W)		0,2	0,3	0,5	1,0
Absaugung über	Deckenhohlraum	0,80	0,70	0,55	0,45
	ungedämmte Luftltg.	0,45	0,40	0,35	0,30
	gedämmte Luftltg.	0,40	0,35	0,30	0,25

A gesamte Bodenfläche (m²)
P gesamte Anschlussleistung der Leuchten einschließl. Vorschaltleistung (W), abhängig von E_N Gleichzeitigkeitsfaktor (Teilbeleuchtung)
l_1 Kühllastfaktoren je nach Himmelsrichtung, Bauart,
s_B Leuchtenanordnung, Sonnenschutz ≈ 0,75 ...w 0,9 (2 bis 8 h nach Einschaltung)

553.2 Max. Strahlungsintensitäten für Deutschland am Auslegungstag W/m² (Referenzklima)

Orientierung	Horizontal	Süd	Süd-Ost	Süd-West	Ost	West	Nord-West	Nord-Ost	Nord
Juli	927	605	690	690	739	739	533	533	164
September	709	783	785	791	645	651	321	308	132

[1] Neigungswinkel 0° für horizontal (gilt von 0° bis 60°) für > 60° gilt generell 90°.

553.3 Monatl. Maxima der Gesamtstrahlung[1)2)] durch zweifach verglaste Flächen in W/m²

	NO	O	SO	S	SW	W	NW	N	H[3)]		NO	O	SO	S	SW	W	NW	N	H[3)]
Jan.	45	279	526	612	526	279	45	46	168	Juli	**357**	**528**	481	385	481	**528**	**357**	**94**	**631**
Febr.	68	373	581	**627**	581	373	68	59	286	Aug.	278	508	534	483	534	508	278	87	554
März	179	477	**607**	599	**607**	477	179	74	455	Sept.	154	433	565	563	565	433	154	76	431
April	307	551	570	509	570	551	307	86	585	Okt.	68	376	**581**	**626**	**581**	376	68	58	286
Mai	384	**563**	507	400	507	**563**	384	93	**659**	Nov.	45	259	498	586	498	259	45	45	161
Juni	**385**	533	458	347	458	533	**385**	**97**	657	Dez.	38	202	464	561	464	202	38	38	113

[1)] Direkte und diffuse Sonnenstrahlung. [2)] Nach VDI 2078. [3)] Horizontale Einstrahlung (Maximalwert).

553.4 Überschlagswerte g_V für Glasflächenanteil bei verschiedenen Fensterkonstruktionen

g_V Glasflächenanteil je nach Fensterbauart (VDI 2078) / Maueröffnungsmaß A_N in m²	0,5	1,0	1,5	2,0	2,5	3	4	5	6	8
Holzfenster, einfach oder doppelt verglast, Verbundfenster	0,47	0,58	0,63	0,67	0,69	0,71	0,72	0,73	0,74	0,75
Holzdoppelfenster	0,36	0,48	0,55	0,60	0,62	0,55	0,68	0,69	0,70	0,71
Stahlfenster	0,58	0,77	0,83	0,86	0,87	0,88	0,90	0,90	0,90	0,90

Schaufenster, Oberlichte 0,9; Balkontür mit Glasfüllung 0,5; Fenster mit Mittelstück -0,05

553.5 Sonnendurchlassfaktoren *b* (Reduktionsfaktoren) bei Verglasung — VDI 2078

Glasart, Verglasung		*b*	Glasart, Verglasung		*b*	Glasart, Verglasung			*b*
Tafelglas T	einfach	1,1	Absorptionsglas A	Einfachverglasung	0,75	Reflexionsglas R	Einfachverglasung[2)]		0,65
	doppelt	1,0		doppelt (außen A, innen T)	0,65		doppelt verglast[3)]	Metalloxid	0,55
	dreifach	0,9		vorgehängte Abs.scheibe[1)]	0,5			Edelmetall	0,45

[1)] ≥ 5 cm Luftspalt. [2)] Belag außen. [3)] Schicht meist auf Innenseite der Außenscheibe, innen Tafelglas.

553.6 Sonnendurchlassfaktoren *b* (Reduktionsfaktoren) bei Sonnenschutzeinrichtungen[1)]

Außenjalousien		*b*	Innenjalousien	*b*	Jalousie zwischen den Scheiben		*b*
Öffnungswinkel 45°		0,15	Öffnungswinkel 45°	0,7	Jalousie mit Öffnungswinkel 45°; Zwischenraum	unbelüftet	0,5
Stoffmarkise oben und seitlich	ventiliert	0,3[2)]	Vorhang, hell[3)4)]	0,5		belüftet	≈ 0,3
	anliegend	0,4[2)]	Kunststofffolien[5)]	0,7			

[1)] Bei mehreren Einr. ist $b = b_1 \cdot b_2$ usw. [2)] Völlige Beschattung durch Markise. [3)] Bei dunklen Jalousien die Werte um 0,2 erhöhen. [4)] Baumwolle, Kunststoff, Nessel. [5)] Absorbierend 0,7, metallisch reflektierend 0,35.

553.7 Ermittlung der Kühlerleistung (Auslegung)

(Sensible) Kühllast[1)] $\dot{Q}_K = \dot{V}_{ZU} \cdot c \cdot (\vartheta_{ZU} - \vartheta_i)$

„Latente Kühllast" = frei gewordene Kondensationswärme während der Wasserabscheidung $\dot{m}_W$ an der Kühleroberfläche

$\dot{Q}_{K(lat.)} = \dot{m}_W \cdot r = \dot{m}_{ZU} \cdot \frac{x_i - x_{ZU}}{1\,000} \cdot r$

Entfeuchtungslast $\dot{m}_W$ = Wasserdampf, der im Raum entsteht

$\dot{m}_{ZU}$ Zuluftmassenstrom kg/h
$r \approx 700$ Wh/kg
$x_i - x_{ZU} = \Delta x_{Raum}$

Kühlung und Entfeuchtung der Außenluft[2)] $= \dot{Q}_{Lü}$ falls $\vartheta_a > \vartheta_i$, $x_a > x_i$ (sens. + lat.)

$\dot{Q}_S = \dot{V}_a \cdot c \cdot (\vartheta_i - \vartheta_a)$

$\dot{Q}_l = \dot{m}_a \cdot \frac{x_i - x_a}{1\,000} \cdot r$

[1)] Kühllast (sens.) entspricht der Kühlerleistung bei Umluftbetrieb und trockener Kühleroberfläche.

[2)] **Beispiel:** Bei einer Außenluftrate von 20 m³/(h · Pers), $\vartheta_i = 26$ °C, $\varphi_i = 50$ %, $\vartheta_a = 32$ °C, $\varphi_a = 40$ % ist
$\dot{Q}_{Lü} \approx 20 \cdot 0{,}35 \cdot 6 + 20 \cdot 1{,}2\,(12{,}4 - 10{,}8)/1000 \cdot 700 =$ **69 W**

554.1 Schematische Darstellung einer Klimaanlage – Bauteile

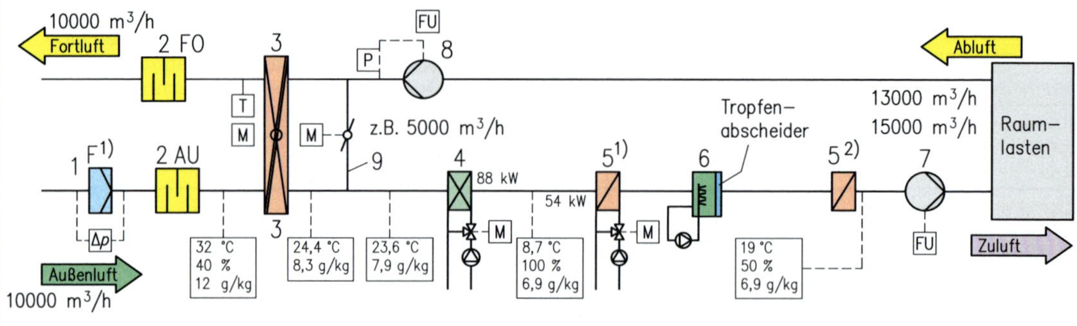

F[1)] Filter (Außenluft), 2 Schalldämpfer, 3 Wärmerückgewinnung (Rotationswärmetauscher, s. 572.3), 4 Kühler (evtl. mit Entfeuchtung), 5[1)] Vorwärmer, 5[2)] Nachwärmer, 6 Luftbefeuchter (Düsenkammer und Tropfabscheider, s. 548.2), 7 Zuluftventilator, 8 Abluftventilator, 9 Bypass (Umluftleitung)

„Voll-Klimaanlage":

Aufgabe der Bauteile

- **Reinigung der Außenluft und Zuluft** (Filter)
- **Erwärmung der Raumluft** (Heizlast, ϑ_{zu})
- **Kühlung der Raumluft** (sensible Kühllast)
- **Entfeuchtung der Raumluft** (Entfeuchtungslast)
- **Befeuchtung der Raumluft** (Befeuchtungslast)
- **Entfernung von Geruchs- und Schadstoffen** Qualitätsverbesserung durch Lüftung
- **Energieeinsparung durch Wärmerückgewinnung**
- Vollautomatische **Temperatur- und Feuchteregelung**
- **Vermeidung von Lärmbelästigungen** (AUL und Anlage)

Wärmerückgewinnung außerhalb der Zentrale (KVS-System)

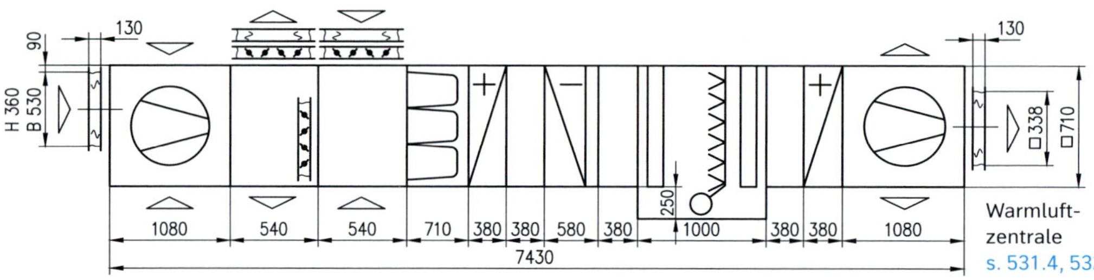

Warmluft-zentrale s. 531.4, 532.4

Anmerkungen: Zentralklimaanlagen (mit fünf Aufbereitungsstufen)

- Für Kulturbauten, Krankenhäuser, große Forschungszentren, Verwaltungsgebäude, chemische Industrie
- Zentralanlagen werden stark durch dezentrale Anlagen verdrängt (z. B. Arztpraxen, Büros, Arbeitsräume, Verkaufsräume, Konferenzräume, Wohnungen u. a.)
- Anlagen, Geräte werden i. d. R. auch ohne Befeuchtung oder Heizung als Klimagerät bezeichnet

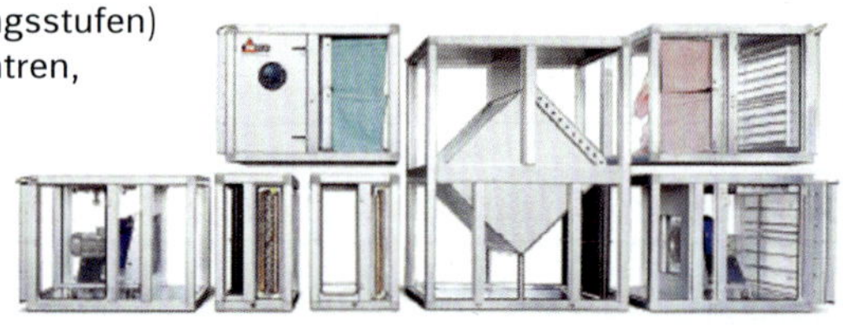

554.2 Toleranzen der Leistungsangaben eines RLT-Gerätes — DIN EN 13053/2017

Luftvolumenstrom ± 5 %	Motorleistungswirkungsgrad ± 5 %
Externe Gesamtdruckdifferenz + 8 %	Gesamtschallleistungspegel + 4 %

554.3 „Bestandteile" zur Volumenstrombestimmung für Klimaanlagen

- **Lüftungsforderung**: Außenluftbedarf, Luftqualität
- **Verunreinigungslast**: Schadstoffe (außen und innen) TRK-Werte
- **Luftwechselzahl**: LW-Luftbewegung
- **nach Kühllast**: VDI 2078, (sensibel) $\dot{Q}_K, = \Delta\vartheta_u = \vartheta_{zu} - \vartheta_i$
- **nach der Heizlast**: DIN EN 12831/EnEV
- **Stofflast (Latentlast)**: Entfeuchtung ($-\dot{m}_W$) Befeuchtung ($+\dot{m}_W$)
- **spezielle Räume/Sonstiges**: z. B. Reinraumtechnik: z. B. OP, Halbleitertechn., Pharmazie, Biowissenschaft, Nanotechnologie, u.a. VDI 2083, DIN EN ISO 14644

555.1 Platzbedarf für RLT-Kammerzentralen — VDI 2050

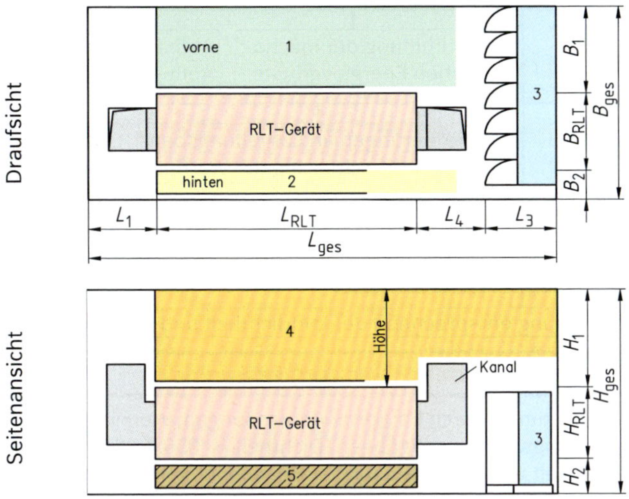

1 Platz für Wartung v. Versorgungsltg.
2 für Versorg.ltg und hyg. Reinigung
3 für Schaltbereich (GLT und MSR)
4 für Luft- u. Versorg.ltg. elektr. Inst.
5 für Grundrahmen

Raumbedarf – Abmessungen	
L_{ges}	RLT-Zentrale = $\geq L_{RLT} + L_1 + L_3 + L_4$
L_{RLT}	RLT-Gerät = $\Sigma\, L_B$[1]
L_1	$> 0{,}20$ m $+ 0{,}75 \cdot B_{RLT}$
L_3	$\geq 0{,}60$ m
L_4	$\geq 0{,}8$ m $+ 0{,}75 \cdot B_{RLT}$
B_{ges}	$\geq B_{RLT} + B_1 + B_2$
B_1	$\geq B_{RLT}$ + Zuschlag (Versorg.ltg.)
B_2	$\geq 0{,}80$ m
H_{ges}	$\geq H_{RLT} + H_1 + H_2$ (mind. 3 m!)
H_1	$\geq B_{RLT}$ bzw. $\geq H_{RLT}$
H_2	$\geq 0{,}20 \ldots 0{,}3$ m

[1] Unter Berücksichtigung des Platzbedarfs für An-/Abströmung, Wartung.

555.2 Kühlmethoden bei RLT-Anlagen – Kompressionskältemaschine (Kältekreislauf)

Kühlverfahren:

- Nutzung kalter Außenluft (Lüftung mit geringer Untertemp. $\vartheta_{Zu} - \vartheta_i$)
- Nutzung kalter Außenluft, passive Kühlung (Bauteilkühlung, Nachtlüftung)
- Kühlung durch Nutzung von kühlem Erdreich (Erdkanäle, Erdkollektoren, Sonden)
- Einsatz von Kältemaschinen (Verdampferleistung)
- Solarkühlung: Im Solarkollektor wird Strahlung in Wärme umgewandelt, die benutzt wird, um mittels eines Verfahrens entweder Kaltwasser oder direkt behandelte Luft zu liefern.
- Kühlung mittels Grundwasser (sehr eingeschränkt, selten)
- Verdunstungskühlung (latente in sensible Wärme) – adiabatische Kühlung, sorptionsgestützte Klimatisierung

$\dot{Q}_0$ Kälteleistung, $\dot{Q}_c$ Verflüssigerleistung, P Verdichterleistung

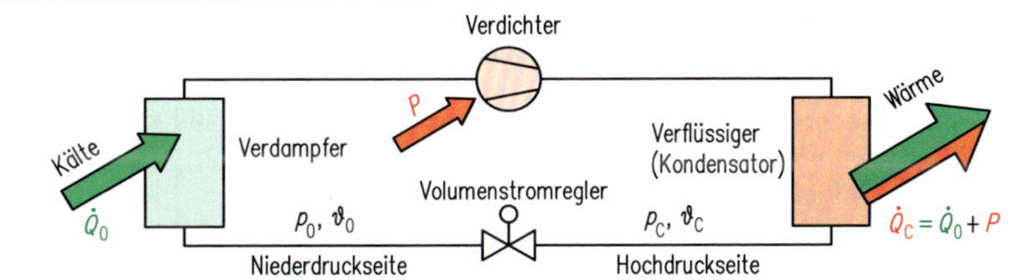

Direkte Kühlung
Verdampfer (Kühler) im Klimagerät

a)

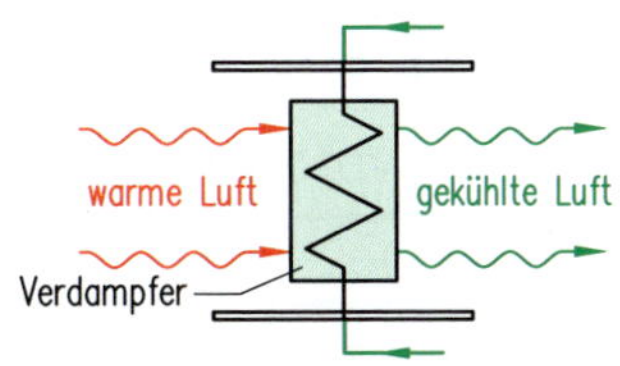

Indirekte Kühlung
Verdampfer außerhalb des Gerätes

b)

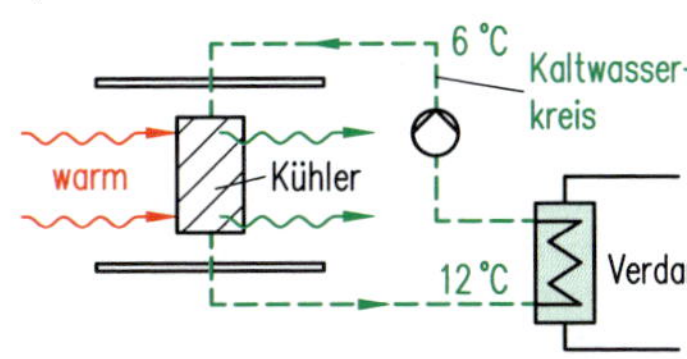

Luftgekühlter Verflüssiger
Q_c mittels Ventilatoren

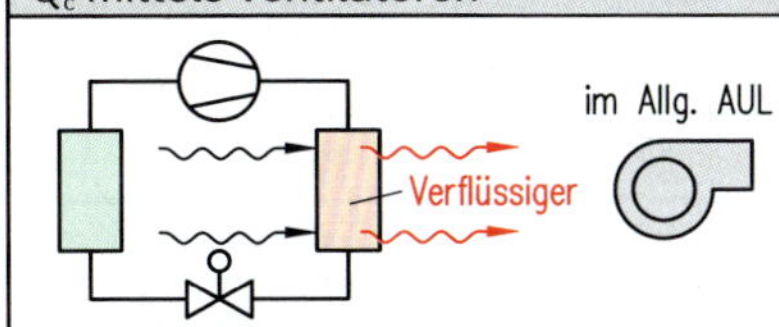

Wassergekühlter Verflüssiger
mit Rückkühlung (Kühlturm)

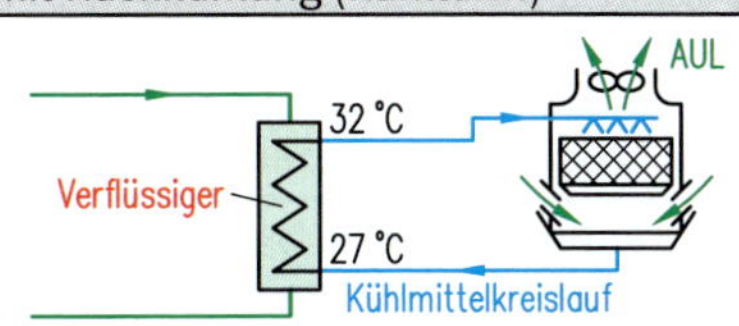

555.3 Kühlung durch die Sonne (solare Kälteerzeugung)

- Noch geringe Beachtung, obwohl Kälteleistung und Sonnenstrahlung **zeitgleich** zusammenfallen
- Bei der solarthermischen Klimatisierung unterscheidet man zwischen Adsorptions- und Absorptionsanlagen (beides thermomechanische Systeme). Merkmale: Energieeinsparung, Umweltschutz, Abwärmenutzung, Wasser als Kältemittel; hohe Investitionskosten, für große Gebäude, großer Platzbedarf, u. a.

556.1 Luftleitungen im Bereich der techn. Gebäudeautomation — EN 15727: 2010-10

- Runde Luftleitungen aus Blech; Maße
- Flexible Luftleitungen
- Bestimmung der mechanischen Energieverluste
- Aufhängungen und Auflager
- Rechteckige Luftleitungen aus Blech; Maße
- Messungen der Luftleitungsoberfläche
- Anforderungen an Luftleitungsbauteile zur Erleichterung der Wartung
- Flanschen
- Identifizierung
- Runde Luftleitungen aus Blech; Festigkeit und Dichtheit
- Rechteckige Luftleitungen aus Blech; Festigkeit und Dichtheit
- Luftleitungen aus Dämmplatten
- Technische Luftleitungsprodukte; Klassifizierung entsprechend der Luftdichtheit und Prüfungen

556.2 Anforderungen an die Wahl und Ausführung des Luftleitungssystems

Auswahl und Montage werden im Wesentlichen bestimmt durch Bauform, Abmessungen, Werkstoffe (Korrosion, Brandverhalten, Gewicht, Steifholz), Verbindungsart, Befestigungen, Dichtheit (s. 556.4), Betriebsdruck bzw. Festigkeit, Luftdurchlässe, Anpassungsfähigkeit an spezielle bauliche Gegebenheiten (Platzprobleme, Anpassung an Architektur bei freier Verlegung).

556.3 Normen zu Luftleitungen, Leitungsmontage und -zubehör, Schutzmaßnahmen

Norm	Inhalt	Norm	Inhalt
EN 1505	Luftleitungen und Formstücke aus Blech mit Rechteckquerschnitt	EN 13180	Maße und Anforderungen an flexible Luftleitungen
EN 1506	Luftleitungen und Formstücke aus Blech mit rundem Querschnitt	EN 13403	Nichtmetallische Luftleitungen, Leitungen aus Dämmplatten
EN 1507	Rechteckige Luftleitungen aus Blech – Anforderungen an Festigkeit und Dichtheit	EN 14239	Messung von Luftleitungsoberflächen
EN 12097	Anforderungen an Luftleitungsbauteile zur Wartung von Luftleitungssystemen	EN 15727	Luftleitungen und Luftleitungsbauteile, Klassifizierung entsprechender Luftdichtheit und Prüfung
EN 12220	Maße von runden Flanschen für allgemeine Lüftungszwecke	EN 15780	Sauberkeit von Lüftungsanlagen
EN 12236	Aufhängungen und Auflager für Luftleitungen	EN 16211	Volumenstrombestimmung in Lüftungssystemen
EN 12237	Festigkeit und Dichtheit von Luftleitungen mit rundem Querschnitt aus Blech	EN 18299	Leistungsbeschreibung
EN 12599	Prüf- und Messverfahren für Übergabe raumlufttechnischer Anlagen	DIN 18379	Vergabe- und Vertragsordnung für Bauleistungen
		VDI 2087	Luftleitungssysteme, Bemessungsgrundlagen

556.4 Abmessungen von Ovalrohren (Auswahl) — fabrikatbezogen

Ovalrohr							Größe 2							Größe 3							
Größe		1	2	3	4	5	$\dot{V}$	m³/h	60	70	80	90	100	90	105	120	140	150	170	190	205
a	mm	129	158	192	208	271	v	m/s	1,67	1,94	2,22	2,50	2,78	1,79	2,09	2,38	2,78	2,98	3,38	3,77	4,07
b	mm	52	70	80	52	80	R	Pa/m	0,58	0,79	1,03	1,30	1,61	0,56	0,76	0,99	1,35	1,55	1,99	2,49	2,89

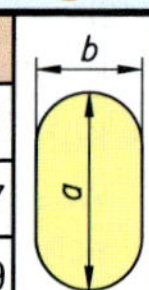

556.5 Druckbelastbarkeit für Luftleitungen – Blechdicken — VDI 3803

Druckstufe	Max. Druckbelastbarkeit (Unter-/Überdruck)	Empfohlene Bauart	Anhaltswerte für Blechdicke (mm)[2]				
			Nennmaße (mm)[3]	N	M	Nennmaße[3]	H
Niederdruck (N)	–500 bis +1 000 Pa	gefalzt	100– 500	0,5	0,7	100– 250	1,5
Mitteldruck (M)	–750 bis +2 000 Pa	gefalzt/geschweißt	600–1 000	0,8	0,9	300–1 000	2,0
Hochdruck (H)	–2 500 bis +6 000 Pa[1]	geschweißt	1 200–2 000	1,0	1,1	1 200–2 000	3,0

[1] Evtl. mit zusätzlicher Versteifung. [2] Nicht in VDI 3803 enthalten. [3] Kantenlänge.

557.1 Verschiedene Ausführungen von End- und Verbindungsstücken EN 1506

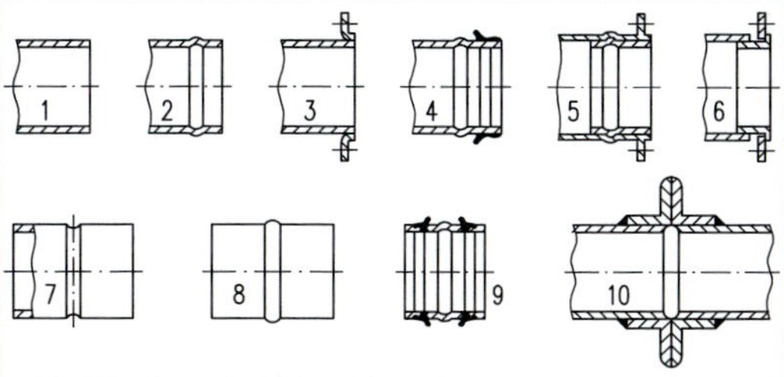

Formstückenden (1–4); Luftleitungsenden (5–6), Beispiele für Verbindungsstücke (7–10)

1 glattes Formstückende; **2** desgl. mit Sicke; **3** desgl. mit Flansch; **4** desgl. mit Dichtung; **5** desgl. mit fest montiertem Flansch; **6** desgl. mit losem Flansch; **7** Muffe zur Verbindung von Formstücken untereinander; **8** Steckverbinder zur Verbindung von Leitungen untereinander; **9** Steckverbindungen mit Dichtung; **10** Stoßverbindung mit geschweißtem Flansch

557.2 Verbindungsarten (Falzarten) für Lüftungsrohre und -kanäle

Längsfalz	Doppelfalz	Eckfalz	desgl. maschinell	Treibschieber	S-Schieber	Schiebeleiste u. Einsteckwinkel
				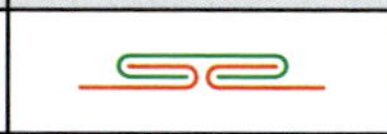	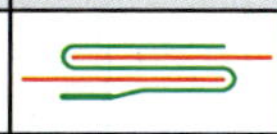	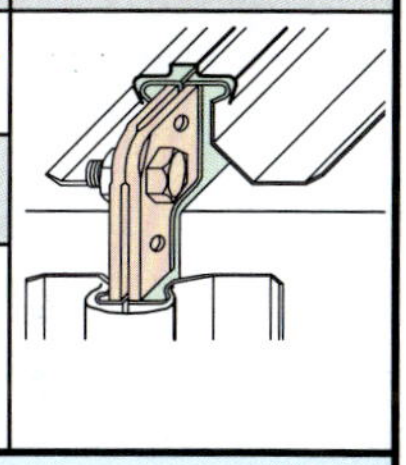
Stehfalz	**S-Schieber mit Stehfalz**	**Pittsburgfalz**	**Schnappfalz**	**Taschenschieber**	**desgl. mit Steg**	
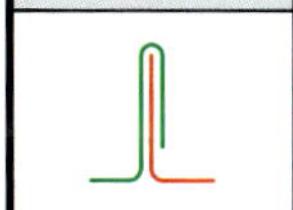	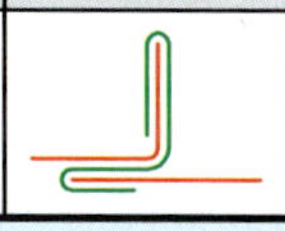	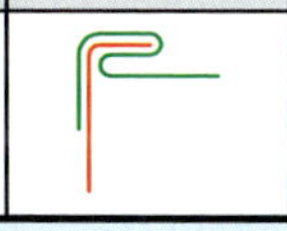			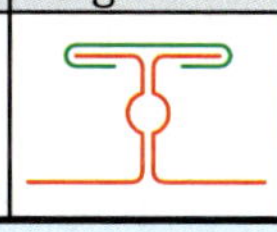	

557.3 Durchmesser d [1]), Oberfläche A für Luftleitungen mit rundem Querschnitt DIN EN 1506

Empfohlene Größen (Vorzugsmaße) – entsprechend den Größen nach ISO 7807

d in mm	63	80	100	125	160	200	250	315	400	500	630	800	1000	1250
A in m²/m	0,197	0,251	0,314	0,393	0,502	0,628	0,785	0,990	1,26	1,57	1,98	2,51	3,14	3,93

Zusätzliche Größen

d in mm	150	300	355	450	560	710	900	1120
A in m²/m	0,471	0,943	1,11	1,41	1,76	2,23	2,83	3,52

Überlappungslängen l

d	63 bis 350	> 350 bis 800	> 800 bis 1200
l	≥ 25 mm	≥ 50 mm	≥ 100 mm

Bogenradius r: bei $d \leq 100$ mm ist $r = 100$ mm; bei $d > 100$ mm ist $r = d$

[1]) d = Innendurchmesser.

557.4 Abmessungen für Abzweige, T-Stücke und Übergangsstücke DIN EN 1506

d, d_1	d_3 in mm								
80	63	80							
100	63	80	100						
125	80	100	125						
150	80	100	125	150					
160	80	100	125	150	160				
200	80	100	125	150	160	200			
250	80	100	125	150	160	200	250		
300	100	125	150	160	200	250	300		
315	100	125	150	160	200	250	300	350	
350	160	200	250	300	315	355			
400	160	200	250	300	315	355	400		
450	200	250	300	315	355	400	450		
500	200	250	300	315	355	400	450	500	
560	250	300	315	355	400	450	500	560	
630	200	250	300	315	355	400	450	500	560
710	315	355	400	450	500	560	630	710	
800	315	355	400	450	500	560	630	710	800
900	400	450	500	560	630	710	800	900	
1000	400	450	500	560	630	710	800	900	1000
1120	500	560	630	710	800	900	1000	1120	
1250	500	560	630	710	800	900	1000	1120	1250

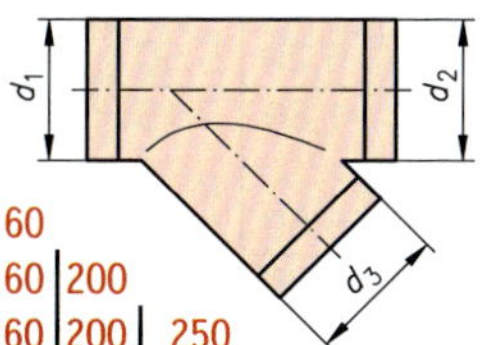

T-Stück mit 45° Abzweig

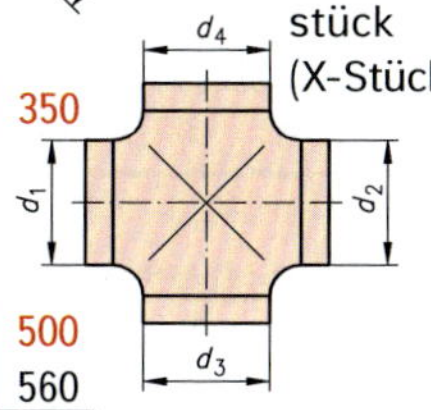

Kreuzstück (X-Stück)

empfohlene Größen

zusätzliche Größen

d, d_1	d_2 in mm			
80	63			
100	63	80		
125	63	80	100	
150	80	100	125	
160	80	100	125	150
200	100	125	150	160
250	125	150	160	200
300	150	160	200	250
315	160	200	250	
355	200	250	300	315
400	250	300	315	355
450	300	315	355	400
500	355	400	450	
560	400	450	500	
630	450	500	560	
710	500	560	630	
800	560	630	710	
900	630	710	800	
1000	710	800	900	
1120	800	900	1000	
1250	900	1000		

Übergangsstücke 15° < d < 60°

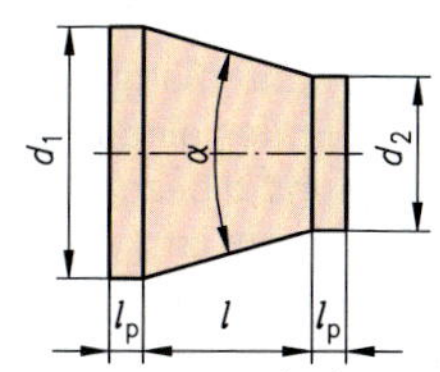

symmetrisch

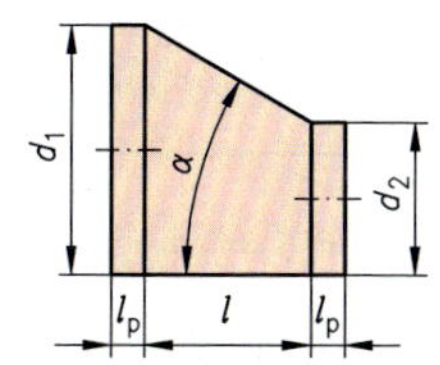

asymmetrisch

empfohlene Größen

zusätzliche Größen

558.1 Luftleitungen mit Rechteckquerschnitt — DIN EN 1505

Each cell lists: Querschnittsfläche A_c in m² / d_h in mm / Luftleitungsoberfläche A_i in m²/m

a, b mm	100	150	200	250	300	400	500	600	800	1000	1200
200	0,020 133 0,60	0,030 171 0,70	0,040 200 0,80								
250	0,025 165 0,70	0,038 188 0,80	0,050 222 0,90	0,063 250 1,00							
300	0,030 150 0,80	0,045 200 0,90	0,060 240 1,00	0,075 273 1,10	0,090 300 1,20						
400	0,040 160 1,00	0,060 218 1,10	0,08 267 1,20	0,10 308 1,30	0,12 343 1,40	0,16 400 1,60					
500		0,075 231 1,30	0,10 286 1,40	0,13 333 1,50	0,15 375 1,60	0,20 444 1,80	0,25 500 2,00				
600		0,090 240 1,50	0,12 300 1,60	0,15 353 1,70	0,18 400 1,80	0,24 480 2,00	0,30 545 2,20	0,36 600 240			
800			0,16 320 2,00	0,20 381 2,10	0,24 436 2,20	0,32 533 2,40	0,40 615 2,60	0,48 686 2,80	0,64 800 320		
1000				0,25 400 2,50	0,30 462 2,60	0,40 571 2,80	0,50 667 3,00	0,60 750 3,20	0,80 889 3,60	1,00 1000 4,00	
1200					0,36 480 3,00	0,48 600 3,20	0,60 706 3,40	0,72 800 3,60	0,96 960 4,00	1,20 1091 4,40	1,44 1200 4,80
1400						0,56 622 3,60	0,70 737 3,80	0,84 840 4,00	1,12 1018 4,40	1,40 1167 4,80	1,68 1292 5,20
1600						0,64 640 4,00	0,80 763 4,20	0,96 873 4,40	1,28 1067 4,80	1,60 1231 5,20	1,92 1371 5,60
1800							0,90 783 4,60	1,08 900 4,80	1,44 1108 5,20	1,80 1286 5,80	2,16 1440 6,00
2000							1,00 800 5,00	1,20 923 5,20	1,60 1143 5,60	2,00 1333 6,00	2,40 1500 6,40

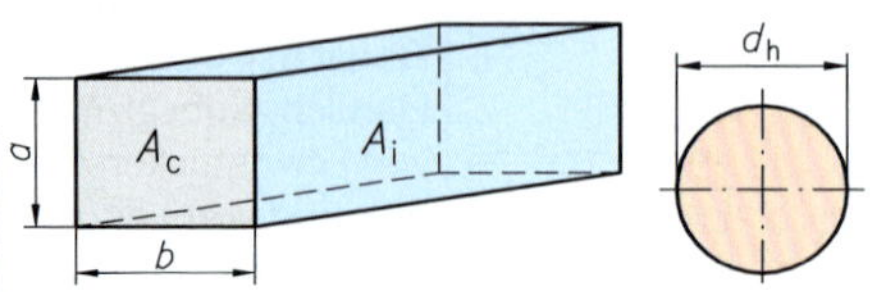

Querschnittsfläche A_c in m² (jeweils 1. Zeile)
d_h hydraulischer Durchmesser in mm

$$d_h = \frac{2ab}{a+b}$$

Durchmesser eines Rundrohrs, in dem der gleiche Druckabfall bei gleicher Luftgeschwindigkeit herrscht (s. 556.2)

Luftleitungsoberfläche A_i in m²/m

Nenngröße (Bezugsmaß) ergibt sich aus den Innenmaßen *a* und *b*, wobei *a* die sichtbare Kante ist.

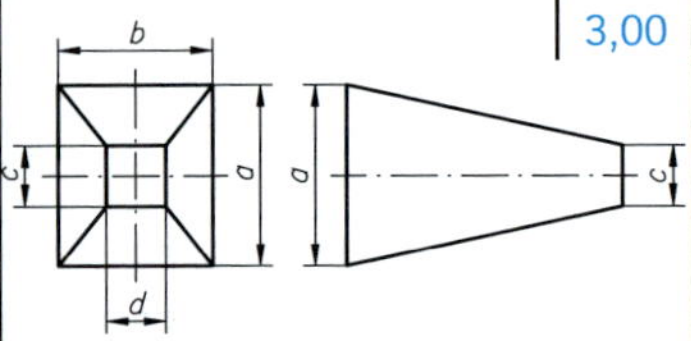

Kantenlängen des kleineren Endes eines Formstückes werden mit *c* und *d* bezeichnet, wobei *c* die sichtbare Kante ist.

Fertigung: gefalzt F, geschweißt S
Abmessung: z.B. 600 × 300 × 2000

Maße für Bogen

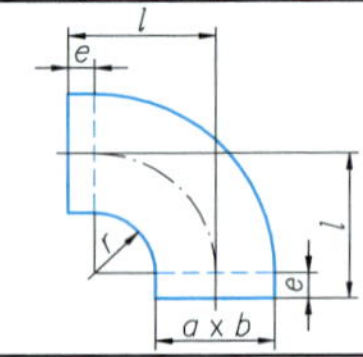

$e \geq 25$ mm, $r \geq 100$ mm
$l = 0{,}5 \cdot a + r$

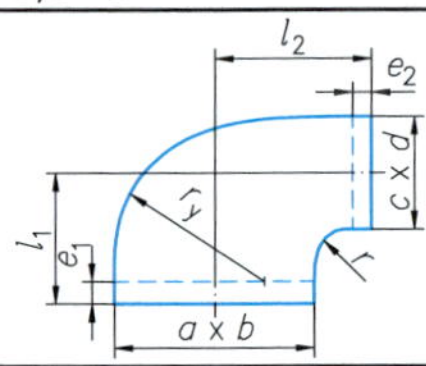

$e_1, e_2 \geq 25$ mm, $r_i \geq 100$ mm
$r_y = c + r_i$, $l_1 = 0{,}5\,a + r_i + e_2$
$l_2 = 0{,}5\,c + r_i + e_1$

Anzahl und Anordnung von Leitblechen

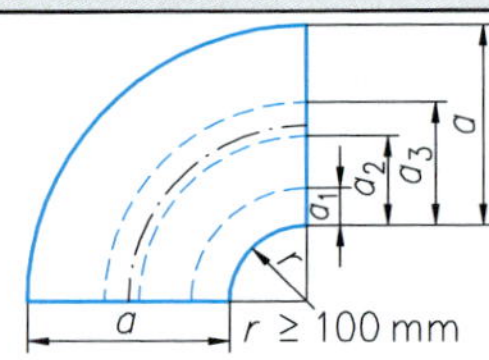

Breite *a* der Luftleitung in mm		400… < 800	> 800 … ≤ 1600	> 1600 … ≤ 2000
Anzahl		1	2	3
Abstand zwischen den Leitblechnen	a_1	$a/3$	$a/4$	$a/8$
	a_2	–	$a/2$	$a/3$
	a_3	–	–	$a/2$

558.2 Technische Daten von biegsamen (flexiblen) Lüftungsrohren (herstellerbezogen)

Rohreigenschaften	Anforderungen für Montage: normal	erschwert	schwierig	zulässige Über- und Unterdrücke: DN	in Pa
Biegeradius $r =$	bis $1{,}5 \cdot D$	bis $1{,}0 \cdot D$	bis $1{,}0 \cdot D$		
Biegehäufigkeit	bis 7	bis 10	bis 12	71…150	3150
Biegung am kurzen Rohr	nein	ja	ja	160…224	2500
Stauch- und Streckbarkeit	nein	vorteilhaft	notwendig	250…315	2000
Biegung in mehreren Ebenen	nein	ja	ja	355…400	1600
Zugänglichkeit	gut	erschwert	schwierig	450	1250
Durchmesserbereich	50…200	50…500	71…300	500	1000

Werkstoffauswahl: Aluminium (ein- oder mehrlagig); Stahl galvanisch verzinkt; nicht rostender Stahl
Nennweiten (≙ Innendurchmesser) (s. 559.1); wärmeisolierte Rohre: (s. 559.3) biegsame Schalldämpfer.

559.1 Druckverluste von biegsamen Rohren („Flexrohre") (herstellerbezogen)

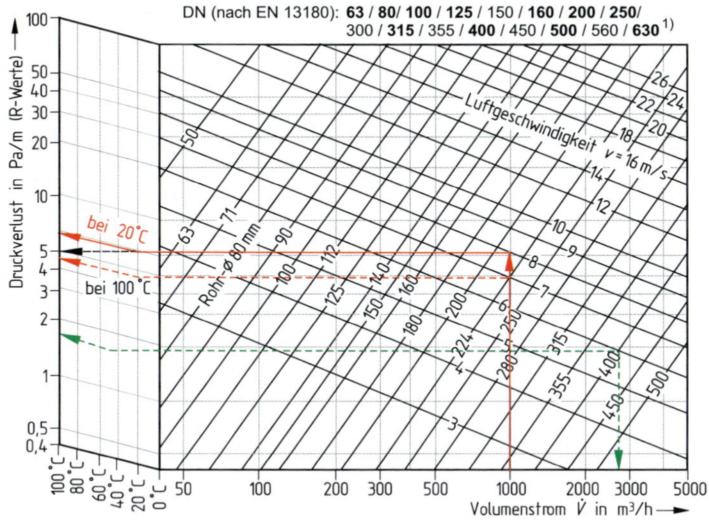

[1] Fettgedruckte Werte = empfohlene Größen.

Auswahlbeispiel 1
Gegeben:
Volumenstrom: 1000 m³/h
Lufttemperatur: 20 °C
gewählte Geschw.: 8 m/s
Lösung (im Diagramm):
Druckverlust (*R*-Wert):
etwa 7 Pa/m; bei
ø = **224 mm** (gewählt): *R*-Wert
≈ **4,8 Pa/m, *v* ≈ 7 m/s**

Auswahlbeispiel 2
Zulässige Geschw.: 6 m/s;
Vorhandener Rohrleitungsdurchmesser: 400 mm;
Lufttemperatur: 50 °C ⇒
$\dot{V}$ ≈ 2700 m³/h,
***R* ≈ 1,7 Pa/m**

Geschwindigkeitsannahmen (s. 564.2)

559.2 Biegsame Telefonieschalldämpfer – Einfügungsdämpfung D_e in dB (nach Hersteller)

DN	100		200		300		400	
Länge L_N	1 m	2 m	1 m	2 m	1 m	2 m	1 m	2 m
D_e dB[1]	15(29)	27(52)	9(18)	16(32)	7(17)	13(31)	7(16)	12(32)

[1] Bei 500 Hz; Stopfdicke *P* = 30 mm (Klammerwerte 50 mm). (s. 577.1)

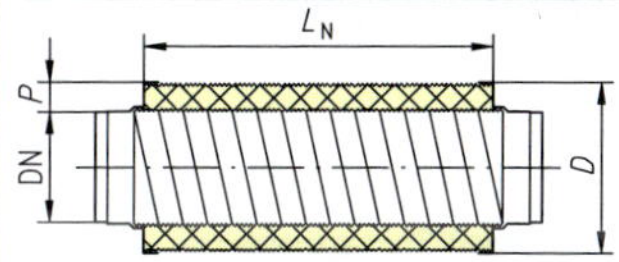

559.3 Wärmeverluste von Lüftungsrohren (glatte, Wickelfalz- und Flexrohre, Formstücke)

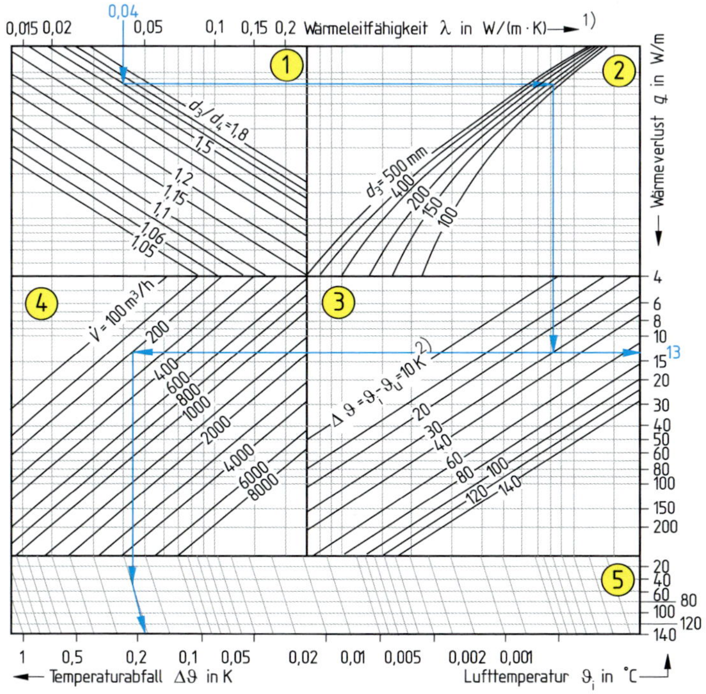

Gegeben:
$\dot{V}$ = 200 m³; DN 100; *l* = 10 m
λ = 0,04 W/(m · K);
Lufttemp.: 50 °C ($ϑ_i$);
Umgebungstemp.: 20 °C ($ϑ_u$)
Dämmdicke: 30 mm = ($d_3 - d_4$)/2
Aus Diagramm: ausgehend von λ = 0,04 und 160/100 = 1,6
⇒Temperaturabfall: 0,19 · 10 = **1,9 K**; $\dot{Q}$ = 13 · 10 = **130 W**

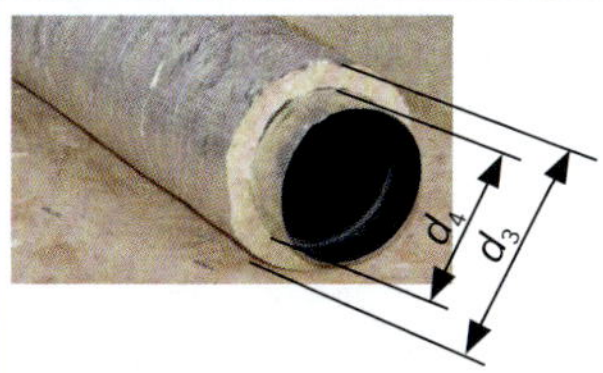

Dämmmaterial: Mineral- oder Glaswolle, lieferbar in 25 mm oder 50 mm (fabrikatabhängig)

[1] λ temperaturabhängig bei 10 °C: 0,034; bei 50 °C: 0,04; bei 100 °C: 0,052.

[2] $ϑ_i$ = mittl. Temp. schätzen näherungsweise: $ϑ_{Eintritt}$.

560.1 Technische Daten für Wickelfalzrohre (Herstellerangaben)

DN (≙ d_{innen}) mm	70	80	100	125	150	160	180	200	224	250	280	300	315	355	400	450	500	560	600	630
nach Hersteller	710	800	900	1000	1120	1250	1400	1600			nach DIN 24145					63	80	100	125	150

160	**200**	**250**	300	**315**	355	**400**	450	**500**	560	**630**	710	**800**	900
1000	1120	**1250**	fettgedruckte DN bevorzugen										

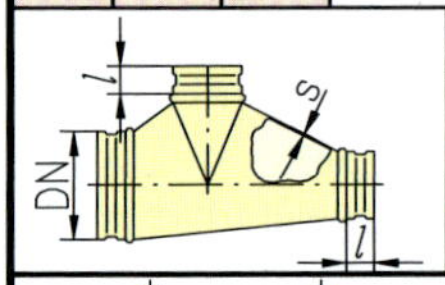

Mindesteinstecklängen *l* bei Formteilen

40 mm bis ⌀ 250; 60 mm bis ⌀ 315
80 mm bis ⌀ 800; 100 mm bis ⌀ 1600

Temperaturbeständigkeit (Dauertemp. [1])		
Stahl verzinkt	Standard ohne Dichtmasse	−20 bis +80 °C
		bis +350 °C
Aluminium		bis +250 °C
nicht rostender Stahl		bis +450 °C

[1] Kurzzeitig mind. 20 % höherer Wert.

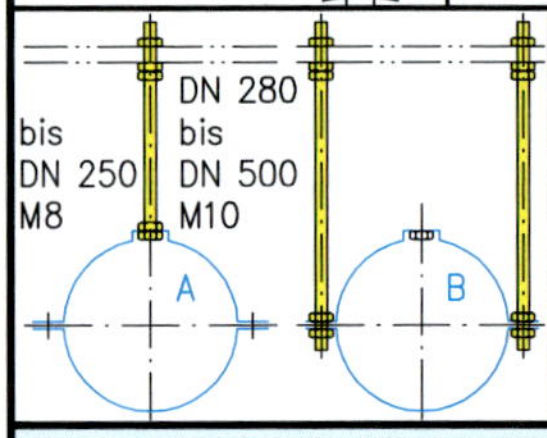

Max. Befestigungsabstände

DN	m
71–80	3
100–150	4
160–280	5
300–600	6
630–800	7

Durchbiegung der Rohre < 1% der DN-Angabe bei Einhaltung dieser Abstände
A: siehe Abb.
B: ab DN 500 (M10)

Druckangaben in Pa (DIN EN 1506)

Nennweite DN	Überdruck	Unterdruck
50–280	6300	2500
300–560	5000	1400
600–900	4000	800
1000–1250	3150	400

Angaben gelten auch für Formteile und für biegsame Rohre und Absaugschläuche.

560.2 Steckverbindungen von Wickelfalzrohren und Formteilen (Auswahl)

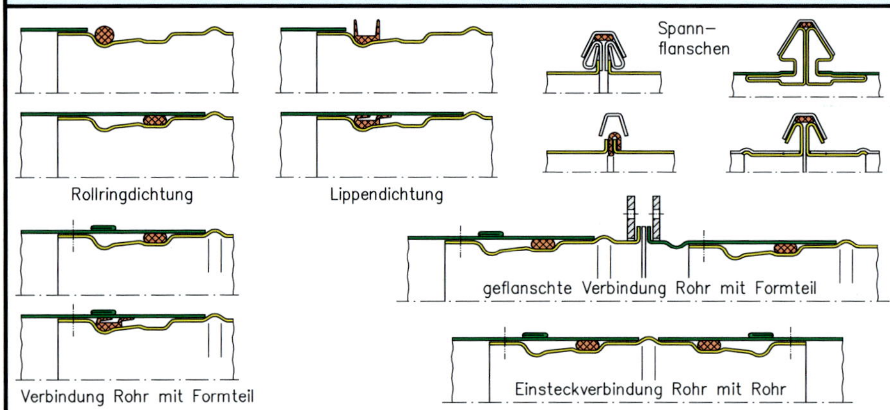

560.3 Druckverluste (*R*-Werte) von Wickelfalzrohren (fabrikatbezogen) – Äquiv. Rohrlänge

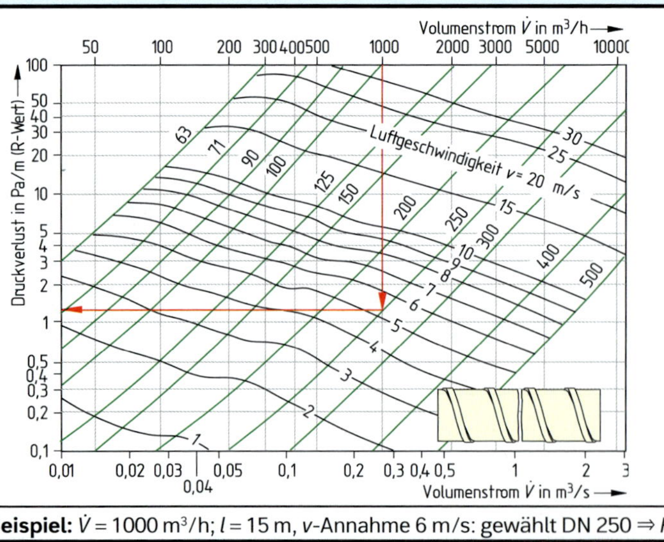

Äquivalente Rohrlänge entsprechend Δp Bogen (glatt)

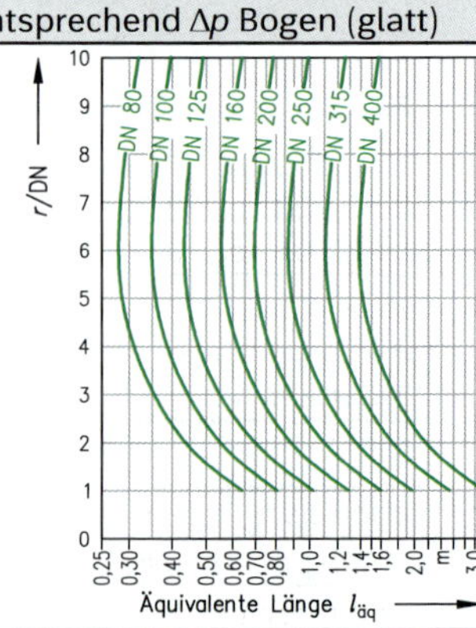

Beispiel: 2 Bo. (90° und 60°), DN 200, $r/D = 1{,}0 : l_{äq} = 1{,}6 + 60/90 = 2{,}3$ m

Beispiel: $\dot{V} = 1000$ m³/h; $l = 15$ m, v-Annahme 6 m/s: gewählt DN 250 ⇒ $R = 1{,}3$ Pa/m bei $v \approx 5{,}4$ m/s; $R \cdot l =$ **19,5 Pa**

561.1 Aufhängungen von Befestigungselementen für Wickelfalzrohre

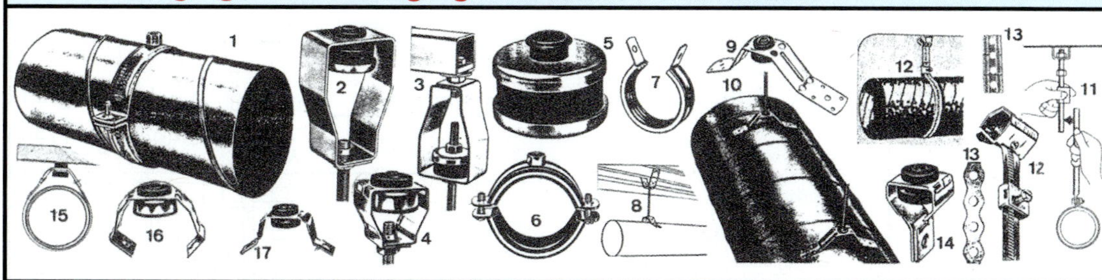

561.2 Druckverlauf in RLT-Anlage

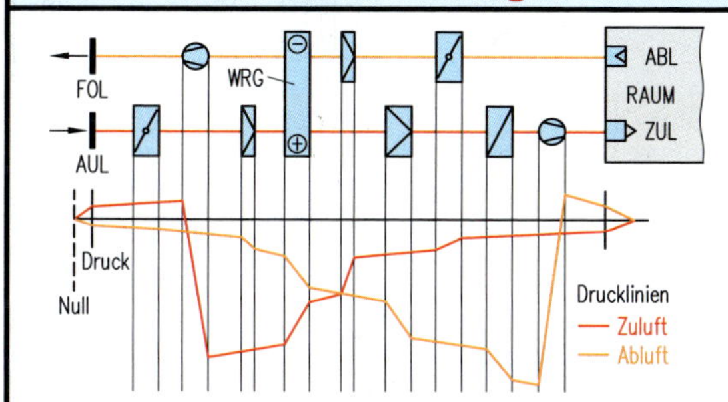

561.3 Druckverteilung in RLT-Anlage (Saug- u. Druckseite)

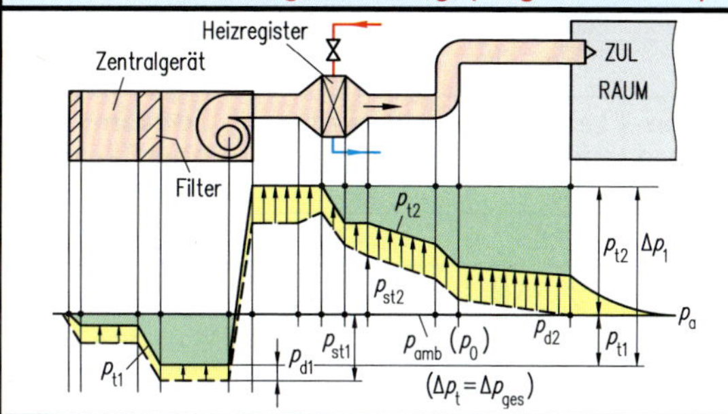

561.4 Gegenüberstellung der Dichtheitsklassen bei Lüftungsleitungen DIN EN 16798-3

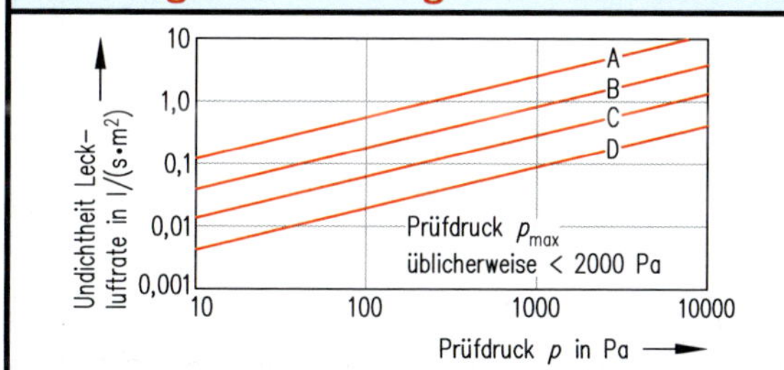

Eine höhere Dichtheitsklasse ist empfehlungswert:
- bei sehr langen Leitungen (Volumenstromverluste)
- bei sehr hohen Innendrücken (Hochdrucksysteme)
- wenn Keime/Partikel aus dem Leitungsnetz in schutzbedürftige Aufenthaltsräume gelangen können (Hyg.)
- wenn die Luft in den Leitungen verschmutzt werden kann
- bei mögl. Beeinträchtigung der Raumluft (z. B. Gerüche)
- bei mögl. Kondensat, Strömungsgeräusche, Schmutzfahnen

Achten auf Montagequalität (z. B. Flanschendichtheit)

561.5 Luftdichtheitsklassen für Luftleitungsprodukte EN 15727

Luftdichtheitsklassen	Grenzwerte des Leckluftvolumenstroms (f_{max}) m³/(s · m²)	Grenzwert des statischen Druckes in Pa					
		runder Querschnitt		rechteckiger Querschnitt			
		positiv	negativ	negativ für alle Druckklassen	positiv bei Druckklasse 1	2	3
A	$0{,}027 \cdot p_{test}\,0{,}065 \cdot 10^{-3}$	500	500	200	400	–	–
B	$0{,}009 \cdot p_{test}\,0{,}065 \cdot 10^{-3}$	1000	750	500	400	1000	2000
C	$0{,}003 \cdot p_{test}\,0{,}065 \cdot 10^{-3}$	2000	750	750	400	1000	2000
D	$0{,}001 \cdot p_{test}\,0{,}065 \cdot 10^{-3}$	2000	750	750	400	1000	2000

- Luftleckrate = der zu prüfende Luftstrom (m³/s) bei einem vorgegebenen Prüfdruck (Druckklasse)
- Einige technische Luftleitungsprodukte nach Klasse C erfüllen nicht automatisch die Anforderungen der Klasse C in Systemen, d. h., es besteht ein Unterschied zw. systembezogenen und techn. Produktspezifikationen.

561.6 Auswirkungen undichter Luftleitungen in RLT-Anlagen

① Geräuschbelästigungen
② Größere Anlagenbemessung
③ Unkontrollierter Luftein- und austritt in andere Räume
④ Abweichender Volumenstrom
⑤ Eindringen von Schmutz

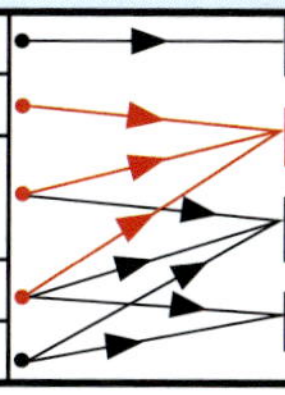

1 Erforderliche Schallschutzmaßnahmen
2 Höherer Energiebedarf [größerer Lufttransport (Ventilator)]; Wärmeverluste
3 Einschränkungen bei der Nutzung
4 Höhere Hygiene-, Gesundheits- und Umweltschutzmaßnahmen

Anforderungsklassen	
A	sehr gering
B	Mindestauf.
C	höhere
D	höchste

562.1 Aufmaß von Luftleitungen mit rundem und rechteckigem Querschnitt EN 14289

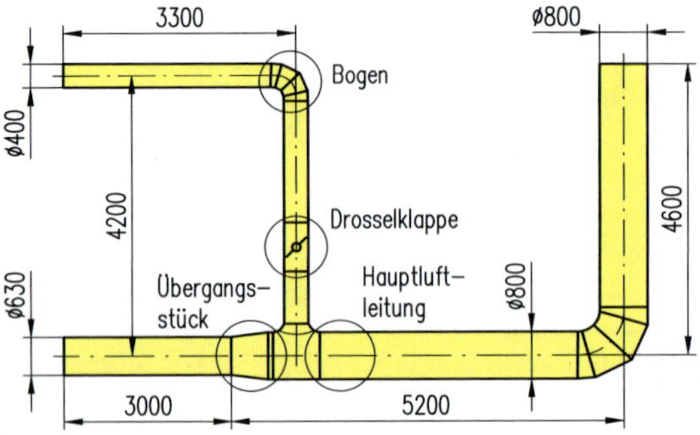

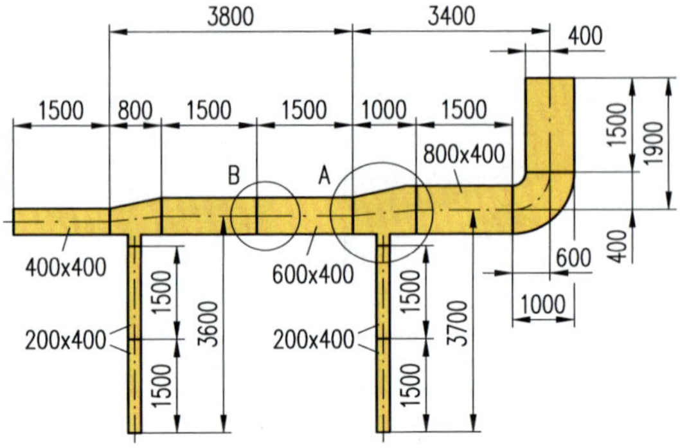

Seitenlängen mm	Leitungsoberfläche m²/m	Länge der Leitungsstücke m	**Gesamtoberfläche m²**
800	2,51	4,6 + 5,2	9,8 · 2,51 = 24,6
630	1,98	3,0	3,0 · 1,98 = 5,9
400	1,26	4,2 + 3,3	7,5 · 1,26 = 9,4
Summe der Leitungsoberfläche			39,9

Seitenlängen mm	Leitungsoberfl. mm	Länge der Leitungsstücke m	**Gesamtoberfläche m²**
800 × 400	2,4	1,5+0,4+0,6+1,5+1,0	5,0·2,4=12,0
600 × 400	2,0	1,5+1,5+0,8	3,8·2,0=7,6
400 × 400	1,6	1,5	1,5·1,6=2,4
200 × 400	1,2	3,6+3,7	7,3·1,2=8,8
Summe der Leitungsoberfläche			30,8

Hinweise zur Flächenermittlung:

- Die Länge jeder geraden Luftleitung mit gleichbleibendem Durchmesser ist zwischen zwei Punkten auf der senkrechten Achse der Luftleitung zu messen (Messunsicherheit ± 10 mm).
- Die Längen eingebauter Bauteile (z. B. Drosselklappe) sind immer eingeschlossen.
- Öffnungen (z. B. Revisionsöffnungen) dürfen nicht von der Oberfläche abgezogen werden.
- Die Länge eines Bogens ist für den Schnittpunkt der geraden Mittellinien zu berechnen und die Länge eines Abzweigs ist von der Achse der Hauptleitung zu berechnen.

562.2 Widerstandsbeiwerte ζ für Kanal-/Rohrformstücke

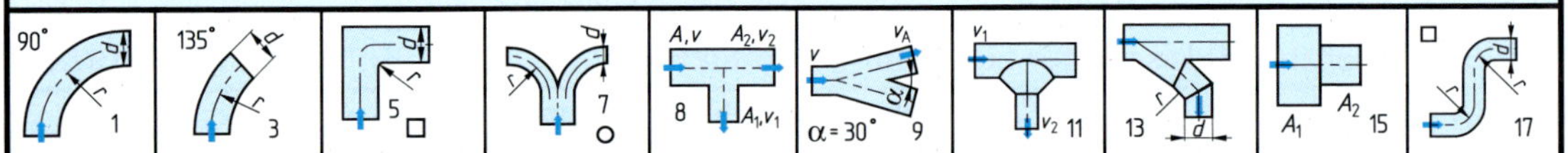

1 (90°)

r/d	ζ
0,5	0,39
2d	0,33
4d	0,19

3 (135°)

r/d	ζ
2d	0,05
Ecke	scharf
–	0,5

5

r/d	ζ
	blech
	undet
	0,8
Ecke-sch. 1,3	Leitblech 0,5

7

○ r/d	ζ
0,5	1,1
1,0	0,4
1,5	0,25
2,0	0,2

□ r/d	ζ
0,5	1,1
1,0	0,25
1,5	0,15
2,0	0,1

8

$A = A_1 + A_2$ bezogen auf v_1:

v_1/v	ζ
0,4	6,3
0,6	2,8
0,8	1,6
1,0	1,0
1,2	0,8

bezogen auf v_2: $\zeta = 0...0,5$

9

v/v_A	ζ
0,6	0,8
0,8	0,3
1,0	0,1

11

v_2/v_1	ζ
0,4	5,0
0,6	2,2
0,8	1,2
1,0	0,9
1,5	0,5

13

r/d	ζ
0,5	1,3
0,75	0,9
1,0	0,8
1,5	0,6
2,0	0,5
2,5	0,3

15

A_2/A_1	ζ_2
0,2	0,45
0,4	0,3
0,6	0,2
0,8	0,1

17 (□)

r/d	ζ
1,5	0,4

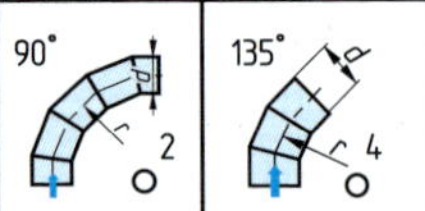

2 (90°)

r =	ζ
d	0,55
2d	0,45
3d	0,35

4 (135°)

r =	ζ
d	0,35
2d	0,25
3d	0,25

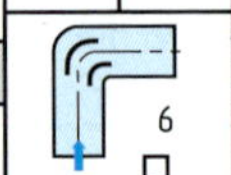

6: $\zeta = 0,15$

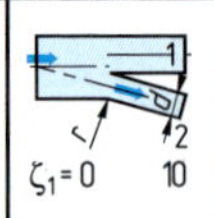

10

r/d	ζ_2
1	0,3
2	0,15
3	0,01

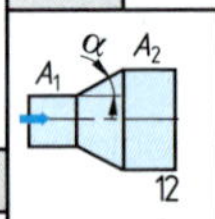

12: $A_2/A_1 \geq 0,1$ $\zeta \approx 0,1$

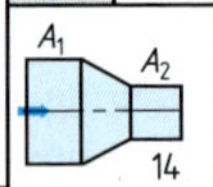

14: $\zeta = 0,01$ bis 0,08

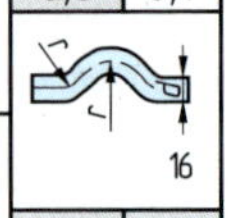

16

r/d	ζ
2	0,6
4	0,4
6	0,2

Öffnungen

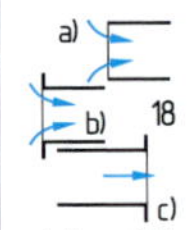

a) $\zeta_{\circ} \approx 0,9$ $\zeta_{\square} \approx 1,3$
b) $\zeta \approx 0,1 ... 0,6$
c) $\zeta \approx 1,0$

562.3 Durchschnittliche Luftgeschwindigkeiten in RLT-Zentralen EN 13053

Klassen[1]	–	V1	V2	V3	V4	V5	V6	V7	V8	V9
Luftgeschw.	m/s	max.< 1,6	>1,6...1,8	>1,8...2,0	>2,0...2,2	>2,2...2,5	>2,5...2,8	>2,8...3,2	>3,2...3,6	>3,6

[1] V2 bis V7 gebräuchliche Klassen.

563.1 Spezifische Rohrreibungswiderstände (*R*-Werte) für Lüftungsrohre

R in Pa/m: **Obere Zeile:** Volumenstrom $\dot{V}$ in m³/s. **Untere Zeile**: Luftgeschwindigkeit *v* in m/s, wobei für ein **stufenförmig gekennzeichnetes Feld die gleiche Geschwindigkeit** gilt.

d [1]	140	160	180	200	240	280	300	350	400	450	500	550	600	650	700	750	800
0,08	0,011 0,7	0,016 0,8	0,022 0,9	0,030 1,0	0,049 1,0	0,075 1,2	0,091 1,2	0,137 1,4	0,20 1,6	0,27 1,8	0,36 1,8	0,46 2,0	0,58 2,0	0,72 2,25	0,88 2,25	1,07 2,5	1,25 2,5
0,10	0,013 0,8	0,018 0,9	0,025 1,0	0,034 1,0	0,055 1,2	0,084 1,4	0,102 1,4	0,153 1,6	0,22 1,8	0,30 1,8	0,40 2,0	0,52 2,25	0,66 2,25	0,82 2,5	0,99 2,5	1,20 2,75	1,42 2,75
0,12	0,014 0,9	0,020 1,0	0,028 1,0	0,037 1,2	0,061 1,4	0,093 1,6	0,113 1,6	0,17 1,8	0,24 2,0	0,33 2,0	0,44 2,25	0,57 2,5	0,73 2,5	0,90 2,75	1,09 2,75	1,32 3,0	1,57 3,0
0,14	0,015 1,0	0,022 1,0	0,031 1,2	0,041 1,2	0,064 1,4	0,102 1,6	0,123 1,8	0,186 2,0	0,27 2,0	0,36 2,25	0,48 2,5	0,62 2,75	0,79 2,75	0,99 3,0	1,18 3,0	1,43 3,5	1,72 3,5
0,17	0,017 1,2	0,025 1,2	0,034 1,4	0,046 1,4	0,075 1,6	0,113 1,8	0,137 2,0	0,207 2,25	0,30 2,25	0,40 2,5	0,54 2,75	0,69 3,0	0,88 3,0	1,09 3,5	1,33 3,5	1,60 3,5	1,90 3,5
0,21	0,019 1,2	0,028 1,4	0,038 1,6	0,051 1,6	0,085 1,8	0,127 2,0	0,154 2,25	0,233 2,5	0,33 2,75	0,45 3,0	0,61 3,0	0,78 3,5	0,99 3,5	1,23 3,5	1,50 4,0	1,80 4,0	2,15 4,0
0,25	0,021 1,4	0,031 1,6	0,042 1,6	0,057 1,8	0,094 2,0	0,14 2,25	0,17 2,5	0,257 2,75	0,37 3,0	0,50 3,0	0,67 3,5	0,86 3,5	1,08 4,0	1,37 4,0	1,65 4,5	1,97 4,5	2,36 4,5
0,31	0,024 1,6	0,035 1,8	0,048 1,8	0,064 2,0	0,105 2,25	0,158 2,5	0,192 2,75	0,289 3,0	0,41 3,5	0,56 3,5	0,76 4,0	0,97 4,0	1,23 4,5	1,53 4,5	1,86 5	2,22 5	2,66 5
0,37	0,027 1,8	0,039 2,0	0,053 2,0	0,071 2,25	0,116 2,5	0,175 2,75	0,212 3,0	0,32 3,5	0,46 3,5	0,62 4,0	0,83 4,0	1,07 4,5	1,36 5	1,68 5	2,04 5	2,45 6	2,91 6
0,45	0,030 2,0	0,043 2,25	0,059 2,25	0,079 2,5	0,13 3,0	0,196 3,0	0,236 3,5	0,356 3,5	0,51 4,0	0,69 4,5	0,93 5	1,18 5	1,50 5	1,87 6	2,28 6	2,72 6	3,25 6
0,55	0,034 2,25	0,048 2,5	0,066 2,75	0,089 2,75	0,145 3,0	0,219 3,5	0,265 4,0	0,396 4,0	0,57 4,5	0,78 5	1,03 5	1,33 6	1,68 6	2,09 6	2,54 7	3,04 7	3,62 7
0,67	0,038 2,5	0,054 2,75	0,074 3,0	0,099 3,0	0,162 3,5	0,245 4,0	0,295 4,0	0,443 4,5	0,64 5	0,87 6	1,15 6	1,48 6	1,88 7	2,33 7	2,83 7	3,38 8	4,03 8
0,81	0,042 2,75	0,060 3,0	0,083 3,5	0,111 3,5	0,18 4,0	0,272 4,5	0,327 4,5	0,491 5	0,71 6	0,96 6	1,27 7	1,65 7	2,08 7	2,58 8	3,15 8	3,76 9	4,48 9
1,0	0,047 3,0	0,068 3,5	0,094 3,5	0,125 4,0	0,202 4,5	0,31 5	0,37 5	0,56 6	0,80 6	1,08 7	1,45 7	1,86 8	2,36 8	2,90 9	3,51 9	4,22 10	5,0 10
1,2	0,053 3,5	0,076 4,0	0,104 4,0	0,138 4,5	0,225 5	0,34 6	0,41 6	0,62 7	0,89 7	1,20 8	1,60 8	2,06 9	2,60 9	3,21 10	3,9 10	4,68 10	5,6 12
1,4	0,058 4,0	0,083 4,0	0,113 4,5	0,152 5	0,246 5	0,37 6	0,445 6	0,67 7	0,96 8	1,31 8	1,75 9	2,25 9	2,82 10	3,5 10	4,24 12	5,1 12	6,0 12
1,7	0,064 4,0	0,093 4,5	0,126 5	0,168 5	0,273 6	0,411 7	0,495 7	0,74 8	1,07 9	1,45 9	1,95 10	2,50 10	3,13 12	3,88 12	4,71 12	5,6 12	6,7 14
2,1	0,072 4,5	0,104 5	0,142 6	0,19 6	0,307 7	0,464 8	0,56 8	0,84 9	1,20 10	1,64 10	2,18 12	2,80 12	3,51 12	4,35 14	5,3 14	6,3 14	7,5 14
2,5	0,08 5	0,115 6	0,156 6	0,209 7	0,339 8	0,51 8	0,61 9	0,93 10	1,32 10	1,8 12	2,39 12	3,08 12	3,86 14	4,79 14	5,8 16	6,9 16	8,3 16
3,1	0,09 6	0,129 6	0,177 7	0,235 7	0,381 8	0,57 9	0,69 10	1,03 10	1,48 12	2,03 12	2,69 14	3,45 14	4,33 16	5,4 16	6,5 16	7,8 18	9,3 18

Beispiel: Lüftungsrohr (rund) Volumenstrom 5000 m³/h; *v*-Annahme 6 m/s (s. 564.2); Länge 25 m.
Gesucht: Druckverlust durch Kanalreibung ⇒ $\dot{V}$ = 5000 m³/h = 1,39 m³/s; bei 6 m/s ⇒ ⌀ 550 mm ⇒
R = 0,67 Pa/m ⇒ *R* · *l* = 0,67 Pa/m · 25 m = **16,75 Pa**

[1] Bei Rechteckkänalen handelt es sich um den hydraulischen Durchmesser d_g (s. 564.3; 564.4), bei dem der gleiche Druckabfall bei gleicher Luftgeschwindigkeit und gleichbleibendem *R*-Wert herrscht. Demnach zuerst $d_g = 2 \cdot a \cdot b : (a + b)$ berechnen (Höhe, Breite), dann bei *v* den *R*-Wert ablesen ($\dot{V}$ bleibt unberücksichtigt). $A = \dot{V}_s / v$ (in m²); $a = A/b$ (*a* **oder** *b* angenommen oder baulich gegeben).

563.2 Druckverlust *Z* (Einzelwiderstände) für $\Sigma\zeta = 1$ (ϱ = 1,2 kg/m³)

Geschwindigkeit in m/s	2,0	2,25	2,5	2,75	3,0	3,5	4	4,5	5	6	7	8	9	10	12
Druckverlust in Pa	2,4	3,0	3,8	4,5	5,4	7,4	9,6	12,2	15	21,6	29,4	38,4	48,6	60	117

564.1 Sauberkeit und Inspektion in raumlufttechnischen Anlagen — EN 15780

Sauberqualitätsklassen

Klasse	Typische Beispiele
niedrig	nicht durchgehend belegte Räume z. B. Lagerräume, Technikräume
mittel	Büros, Hotels, Restaurants, Schulen, Theater, Wohnheime, Einkaufsbereiche, Ausstellungen, Sportstätten, allg. Räume, Krankenhaus, Arbeitsbereiche Industrie
hoch	Laboratorien, Behandlungsräume in Krankenhäusern, hochwertige Büros

Sauberkeitsgrade g/m³

Klasse	Luftleitungen Zuluft[1]	Um- oder Sekundär[2]
niedrig	< 4,5 (< 0,9)	< 0,6 (< 1,8)
mittel	< 3,0 (< 0,6)	< 4,5 (< 1,8)
hoch	< 0,6 (< 0,3)	< 3,0 (< 0,9)

Klammerwerte: in neuen Leitungen; [1] Zu-, Um- oder Sekundärluft. [2] Abluft.

Inspektionsintervalle in Monaten

Klasse	Zentrale[1]	Filter	Luftleitung und -durchlässe
niedrig	24	12	48
mittel	12	12	24
hoch	12	6	12

[1] Wasserführende und feuchte Teile mindestens 2× jährlich.

564.2 Geschwindigkeitsannahmen in Luftleitungen und Luftauslässen (Maximalwerte)

• Niederdruckanlagen [1) 2)]	Komfortanlagen	Industrieanlagen	• Hochdruckanlagen [4)]
Hauptleitungen Abzweigleitungen	3...5...(7) 2...4...(5)	8...10...(12) 5...7...(8)	Hauptleitung 10...12...(15)
Zuluftdurchlässe[3)] Abluft- und Umluftdurchlässe Außenluftjalousien	1,5...3...4 2...3 2...3...(4)	3...4...(5) 3...4 4–5–(6)	Abzweigltg. (8)...10...(12) Anschlussltg. 6...8...(10)

[1)] Nach VDI 3803 (12-2010) werden für Komfortbereiche max. 5 m/s und für Industriebereiche 8 m/s empfohlen. [2)] Größere Unterschreitungen wegen mögl. Geräuschbildung: 3–4 m/s bei Hotelzimmern, Hörsälen, Theatern, Krankenräumen; 4–5 m/s Bürogebäude, Bibliotheken, Luxusläden; 5–7 m/s Banken, Verkaufsräume; 7–8 m/s Gaststätten. [3)] Abhängig von Größe und Nutzung des Raumes, Art und Anordnung der Luftauslässe, Luftbehandlung (s. Diagramme der Herstellerunterlagen). [4)] Vereinzelt in Klimaanlagen oder Industrie; Luftgeschwindigkeiten in Zentralgeräten (s. 532.5)

Schutzeinrichtungen [5) 6)]	saugend [8)]	druckseitig [7)]
Gitterflächen	2,5 m/s	4,0 m/s
Tropfenabscheider	3,5 m/s	5,0 m/s
Absaughauben	4,5 m/s	6,0 m/s

[5)] Bezogen auf wetterfeste Zentralgeräte. [6)] Wetterschutz auch bei Stillstand. [7)] empfohl. Maximalwerte, bezogen auf Anschlussquerschnitt. [8)] Außenluftkammer mit Bodenwanne evtl. Heizeinricht., Maschenweite max. 20 × 20 mm.

564.3 Hydraulischer Durchmesser d_h

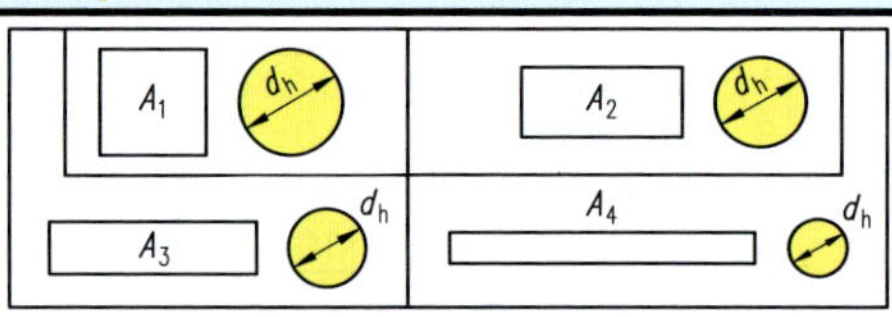

$A_1 = A_2 = A_3 = A_4$ daher (bei gleicher Geschwindigkeit) auch $\dot{V}_1 = \dot{V}_2 = \dot{V}_3 = \dot{V}_4$, aber nicht $R_1 = R_2 = R_3 = R_4$ (R-Wert)

Einfluss auf Umfang und Druckverlust in %

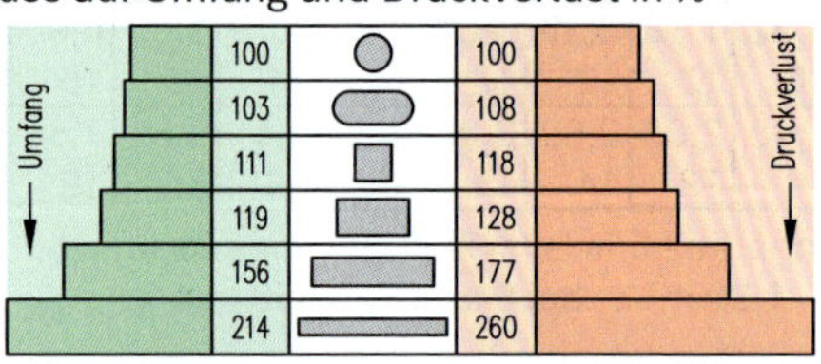

564.4 Tabellarische Ermittlung von d_h

mm	100	150	200	250	300	400	500	600	800	1000	1200
200	133	171	200	222	240	267	286	300	320	333	343
250	143	186	222	250	273	308	333	353	381	400	414
300	150	200	240	273	300	343	375	400	436	462	480
400	160	218	267	308	343	400	444	480	633	571	600
500	167	231	286	333	375	444	500	545	615	667	706
600	171	240	300	353	400	480	545	600	686	750	800
800	178	253	320	381	436	533	615	686	800	889	960
1000	182	261	333	400	462	571	667	750	889	1000	1091
1200	185	267	343	414	480	600	706	800	960	1091	1200
1400	187	271	350	424	494	622	737	840	1018	1167	1292
1600	188	274	356	432	505	640	762	873	1067	1231	1371
1800	189	277	360	439	514	655	763	900	1108	1286	1440
2000	190	279	364	444	522	667	800	923	1143	1333	1500

- Farbige Fläche zeigt die bevorzugten Maße
- Hinweise zur Definition und Anwendung (s. 563.1)
- Anwendung (s. 565.2), Spalte 8 (Kanalnetzberechnung)

564.5 Absolute und relative Rauigkeit – Korrekturfaktoren f für R-Wert

Kanal-/Rohrwerkstoff	k in mm
Blechkanäle (gefalzt)	0,15...0,2
Flexible Lüftungsrohre	0,6...0,8... (2,0)
Kunststoffkanäle	≈ 0,005
Faserzementkanäle	0,05...0,15
Betonkanäle (rau)	1,0...3,0

k absolute Rauigkeit und

k/d relative Rauigkeit der Rohrwandung

d Durchmesser (mm)

R-Werte mit Faktor f multiplizieren

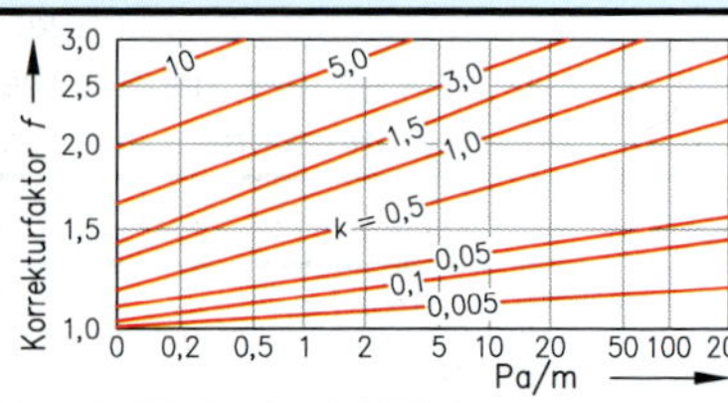

565.1 Druckverluste vom Luftleitungssystem und Einbauten (in Pa) DIN EN 16798-3

Bauteile		niedrig	normal	hoch	Bauteile		niedrig	normal	hoch
Luftleitungs-system	Zuluft	200	300	600	Luftfilter (je Stufe)[4]	M5 – F7	100	150	250
	Ab-/Fortluft	100	200	300		F8 – F9	150	250	400
Wärme-[1] übertrager	Heizregister	40	80	100	Gasfilter	(s. 570.6)	100	150	250
	Kühlregister	100	140	200	Heplafilter		400	500	700
Wärmerück-gewinner[2]	H3	100	150	250	Schalldämpfer		30	50	80
	H2, H1	200	300	400	Luftein- und -auslass[5]		20–30	50	70
Befeuchter (Wäscher)[3]		50(100)	100(200)	150(300)					

[1] Stark abhängig von Anzahl der Rohrreihen und Luftgeschwindigkeit. [2] Nach EN 13053. [3] Wäscher (= Klammerwert). [4] Druckverlust vor Einbau.

565.2 Kanalnetzberechnung (rechteckiger Querschnitt) – Formular – Ventilatordruck Δp_t

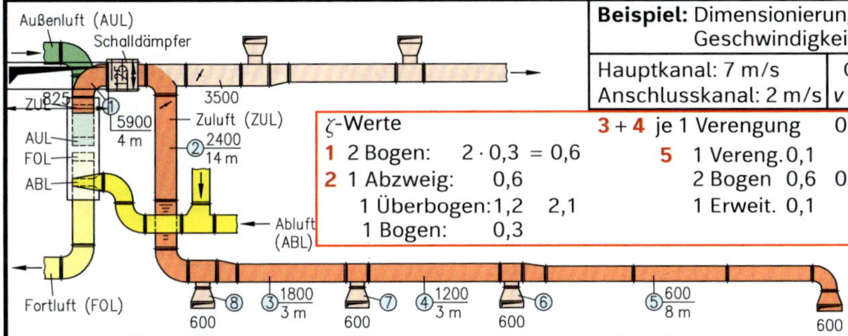

Beispiel: Dimensionierung der unteren Zuluftleitung nach Geschwindigkeitsannahme (s. 574.2)

Hauptkanal: 7 m/s
Anschlusskanal: 2 m/s

Gitteraustritt
v = 2 m/s

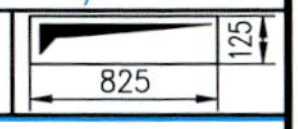

ζ-Werte
1 2 Bogen: 2 · 0,3 = 0,6
2 1 Abzweig: 0,6
1 Überbogen: 1,2 2,1
1 Bogen: 0,3
3 + 4 je 1 Verengung 0,1
5 1 Vereng. 0,1
2 Bogen 0,6 0,8
1 Erweit. 0,1

Δp Einbauten = 120 Pa
Δp Schalldämpfer = 40 Pa
Δp Luftgitter = 22 Pa

$\dot V_{AU}$ 100% (Annahme)
$\Delta p_{Ventilator}$ (hier):
$\Delta p_{ZUL} + \Delta p_{AUL} + \Delta p_{dyn}$

1	2	3	4	5	6	7	8	9	10	11	12	13	14
Num. der Teilstrecke	Volumenstrom		Geschwindigkeit	Querschnittsfläche des Kanals	Abmessungen des Kanals (Breite, Höhe)		Durchm. oder dg bei Rechteckkanal	Teilstreckenlänge	spezifischer Reibungswiderstand	Reibungsverlust	Widerstandsbeiwert	Einzelwiderstand	Druckverl. $l \cdot R + Z$
Nr.	$\dot V_h$	$\dot V_s$	v	A	a	b	$d(d_g)$	l	R	$l \cdot R$	$\Sigma\zeta$	Z	Δp_{st}
–	m³/h	m³/s	m/s	m²	mm	mm	mm	m	Pa/m	Pa	–	Pa	**Pa**
①	5900	1,64	7	0,234	600	400	4,80	4	1,0	4,0	0,6	16,6	**20,6**
②	2400	0,67	7	0,096	400	250	350	14	1,2	16,8	2,1	56,6	73,4
③	1800	0,5	7	0,071	400	200	260	3	1,7	5,1	0,1	2,3	7,4
④	1200	0,33	7	0,047	300	160	220	3	2,5	7,5	0,1	2,9	10,4
⑤	600	0,17	5	0,033	200	160	180	8	1,7	13,6	0,8	13,5	27,1
Druckverlust des Zuluftdurchlasses aus Herstellerdiagramm													22,0

Anmerkungen zu den Spalten	
3	(s. 537.1) in m³/s
4	v-Annahme (s. 564.2) durch ⌀ Aufrunden 7 geringer
6	ein Maß liegt oft aus baulichen Gründen fest (hier 600 mm)
7	aufgerundet auf Abmessung
8	hydr. ⌀ $= 2 \cdot a \cdot b \,/\, (a + b)$
5–7	entfällt bei rund. Ltg ($d_g \triangleq d$)
9	gegeben durch Festlegung der Luftdurchlässe, Nummerierung nach ungünstigstem Kanal
10	ermittelt (s. 563.1)
12	ermittelt (s. 562.2 u. a.)
13	$Z = (\varrho/2) \cdot v^2 \cdot \Sigma\zeta$
14	Kanalverluste + Δp Einbauten

$\Delta P_{dyn.} = (\varrho/2) \cdot V^2 = (1{,}2/2) \cdot 6{,}8^2 = 27{,}7$ Pa

v bezogen auf Saugstutzen $\dot V$ und Δp_{dyn} können aus Ventilatordiagramm entnommen werden (s. 567.1)

$\Delta p_{stat.}$ Zuluftkanal: $\Sigma (R \cdot l + Z)$	160,9
Δp Einbauten (im Gerät und Kanal)	170,0
$\Delta p_{stat.}$ Außenluftkanal	80,5
$\Sigma \Delta p_{stat}$	411,4

$p_{ges} = \Delta p_t = \Delta p_{Ventilator} = 411{,}4 + 27{,}7 = \mathbf{439{,}1\ Pa}$

Druckabgleich:
$\Delta p_{Tstr.}$ 6 ≙ $\Delta p_{Tstr.}$ 5
$\Delta p_{Tstr.}$ 7 ≙ $\Delta p_{Tstr.}$ 4 + 5
$\Delta p_{Tstr.}$ 8 ≙ $\Delta p_{Tstr.}$ 3 bis 5

565.3 Revisionsöffnungen bei Luftleitungen DIN EN 12097

Runde Luftleitungen: Durchmesser [mm]	Minimale Abmessungen A		Minimale Abmessungen B		Rechteckige Luftleitungen: Kantenlänge s [mm]	Minimale Abmessungen A		Minimale Abmessungen B	
200–315	A	300	B	100	s < 200	A	300	B	100
300–500		400		200	200 < s ≤ 500		400		200
> 500		500		400	s > 500		500		400
[1]		600		500	[1]		600		500

Bildl. Darstellung (rund):

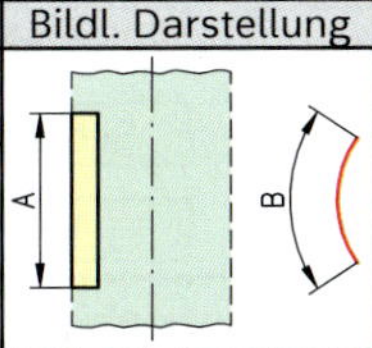

Bildl. Darstellung (rechteckig):

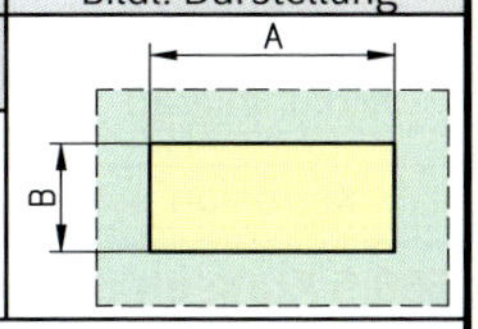

[1] Für Personeneintritt (Leitungen und Halterungen für diese Lasten ausreichend dimensionieren).
Zusätzl. Öffnungen bei nicht austauschbaren Einbauten: von einer Seite bei Brandschutzklappen und Schalldämpfer (rund), von beiden Seiten bei Klappen, Wärmetauscher, Schalldämpfer (eckig)

566.1 Auswahlkriterien von Radialventilatoren

- **1. Laufradform**
  - vorwärts gekrümmt → Trommellaufrad
  - rückwärts gekrümmt → Radiallaufrad
- **2. Kennlinienform**
  - Trommellaufrad
  - Radiallaufrad
- **3. Ansaugung**
  - einseitig
  - beidseitig (Gehäuse
  - freisaugend
- **4. Drehrichtung**
  je nach Gehäusestellung:
  - rechtsdrehend
  - linksdrehend
- **5. Gehäuseart**
  - quadratisch
  - spiralförmig
  - Materialart
- **6. Antrieb**
  - Direktantrieb
  - Riemenantrieb
  - Kupplung
- **7. Motor**
  - AC-Motor (herkömmlich)
  - EC-Motor (energiesparend)
- **8. Regelungsart**
  - Drehzahlregelung
  - Drallregelung
  - Drosselregelung
- **9. Anwendung**
  - Komfortbereich
  - Industriebereich
  - Brand, Rauch u. a.
- **10. Anschluss**
  - Kanal, Rohr
  - frei (Düse)
  - Dachsockel
- **11. Einbauart**
  - saugseitig
  - druckseitig
  - beides

566.2 Ventilatorbauarten – Ventilatorkennlinien

Radialventilatoren

vorwärts-gekrümmte Schaufeln (Trommelläufer)

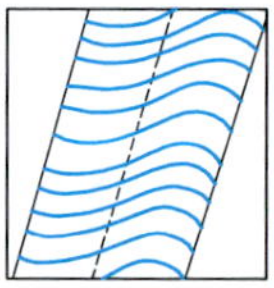

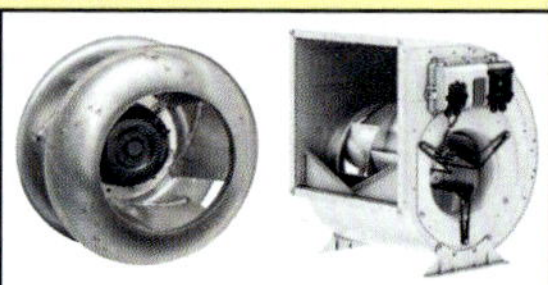

rückwärts-gekrümmte Schaufeln
- EC-Laufrad
- beidseitig saugend

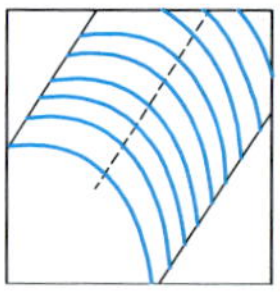

Axialventilatoren

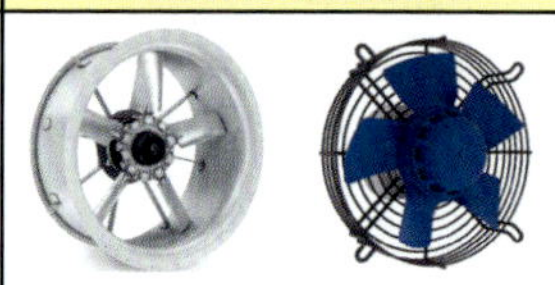

- Rohrgehäuse mit Anschlussflanschen
- Prozessluftventilator

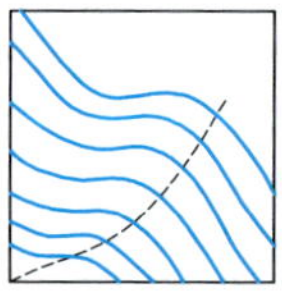

Rohreinbauventilatoren

Querstromventilator

(„Walzenlüfter“)

Weitere Beispiele: Fenster-, Wand-, Kleinraum-, Decken-, Dachventilatoren, Ventilatorboxen (in Luftkanälen); spezielle Ventilatoren z. B. Brand-/Entrauchungsventilatoren, Impulsventilatoren

566.3 Kriterien bei der Gegenüberstellung von Radial- und Axialventilatoren[1]

Einteilungsmögl.			Radialventilatoren	Axialventilatoren
1	Luftführung		Eintritt axial, 90°-Umlenkung, Austritt radial	axial ein, axial aus (keine Umlenkung)
2	Bestandteile		Rahmen, Gehäuse, Laufrad, Motor, Ansaug.	Nabe mit Schaufeln, Wandring od. Gehäuse
3	Einbau		Kammerzentrale, Geräte, Leitungen	Fenster, Wand, Geräte, Aggregate
4	Bauform		1- o. 2-seitig saugend (Gehäuse), freiblasend	ein-, mehrstufig, mit und ohne Leitrad
5	Laufrad		ca. 11–12 Schaufeln (rückwärts), 36–48 (vorw.)	einfache Flügel, Schaufeln (fest, verstellbar)
6	Förderdruck		Niederdruck bis 700 Pa, Mitteldruck bis ca. 3000 Pa, Hochdruckventilatoren > 3000 Pa	Niederdruck bis etwa 300 Pa, Mitteldruck bis ≈ 3000 Pa, Hochdruck > 1000 Pa
7	Wirkungsgrad %		vorwärts. 50–65 %, rückwärtsgekr. 70–85 %	kl. Lüfter 25...40, mittel 50...60, Hochleist. bis 90
8	Kennlinie		flach (bei vorw.) steil, stabil (bei rückw.)	steiler Verlauf (im Grenzfall instabil)
9	Regelung und Antrieb		Drosselregelung, Drehzahlregelung mittels verschied. Motoren (AC, EC), Drallregelung	spez. Motoren, Drehzahl-, Laufradschaufelregelung, zahlreiche Antriebsmöglichkeiten
10	Merkmale (Laufrad)	vorw. rückwärts	geringere Geräusche einfache Leistungsregelung, stabil gegen Lastschwankung,	leichter Einbau, geringer Platz; Anw. z. B. Rohr- und Wandeinbau, Gewerbe, Garagen, Kälteanlagen, Gewächshäuser, Prozesse

[1] Einige Merkmale gelten nur unter bestimmten Bedingungen.

566.4 Einflussgrößen für Auswahl und Betrieb von Ventilatoren

Volumenstrom	Förderdruck	Drehzahlen	Regelbarkeit	Betriebsverlauf
Wirkungsgrad	Energiebedarf	Betriebszeit	Schallleistung	Antrieb, Lager
Korrosion	Platzbedarf	Sicherheit	Wartung	Kostenfragen

566.5 Klassen der Leistungsaufnahme von Ventilatorantrieben[1] EN 13053

Klassen	P_1	P_2	P_3	P_4	P_5	P_6	P_7	P_{ref} (= Referenzwert) P_2– P_5 sind gebräuchlichste Klassen.
$P_{m,\,max}$ (kW) < $P_{m,\,ref}$	0,85	0,90	0,95	1,00	1,06	1,12	1,12	[1] ≙ Leistungsaufnahme aus dem Stromnetz.

567.1 Ventilatordiagramm – Bestimmung der Ventilatorkenndaten

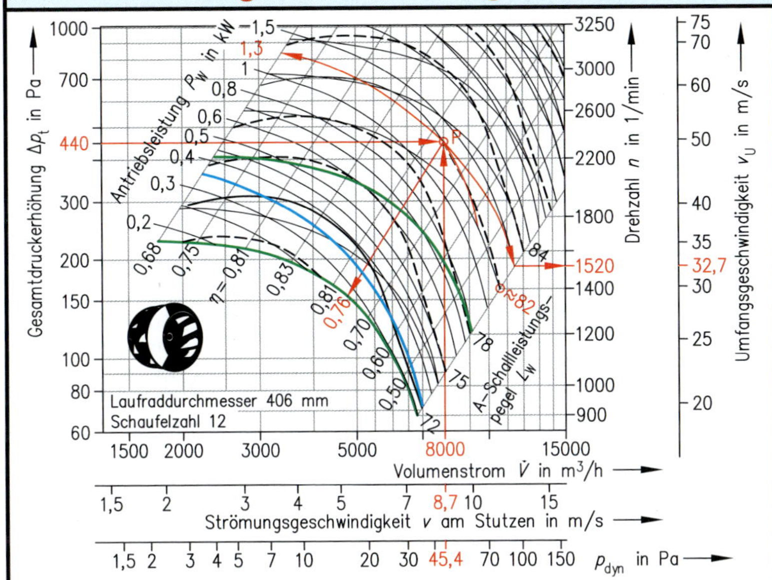

Hinweise zur Ventilatorauswahl nach Diagramm

- Bestimmung des Volumenstroms $\dot{V}$ (m³/h)
- Ermittlung des Gesamtdrucks Δp_t (Pa)
- Schnittpunkt von $\dot{V}$ und Δp_t ⇒ Betriebspunkt P
- im Diagramm aufsuchen, wo P im Bereich des optimalen Wirkungsgrads liegt (hier mit 76 % noch nahe bei η_{opt} mit 83 %); hierzu geeigneten Laufraddurchmesser wählen
- **Ablesen aller Kenndaten**: Drehzahl n in 1/min, Antriebsleistung P_W in kW (an der Welle) Motorleistung $= P_W \cdot 1{,}05....1{,}25$, Schallpegel in dBA, Umfangsgeschwindigkeit in m/s, Luftgeschwindigkeit am Vent.-Druckstutzen in m/s, dynamischer Druck Δp_{dyn} in Pa

567.2 Leistung und Wirkungsgrade von Ventilatoren

P_N	Nutzleistung des Ventilators $= \Delta p_t \cdot \dot{V}_s$ (theor.)
P_W	Wellenleistung am Ventilator (siehe Diagramm)
P_M	abgegebene **Motorleistung** an den Ventilator (Leistung an der Motorwelle) $= \dot{V}_s \cdot \Delta p_t / (\eta_V \cdot \eta_A)$
$P_M{}'$	**zur Bestimmung der Motorgröße:** $\approx P_W$ + Zuschläge (da η_A stark schwankt)

Wellen- und Motorwirkleistung

$$P_W = \frac{\dot{V}_s \cdot \Delta p_t}{\eta_V}$$

$$P_{Wirk} = \frac{\dot{V}_s \cdot \Delta p_t}{\eta_V \cdot \eta_A \cdot \eta_M}$$

$\dot{V}_s$ m³/s; Δp_t Pa

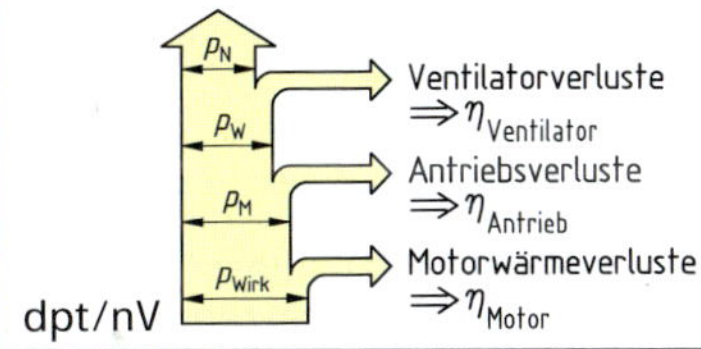

Zuschläge: Leistung	Riemenantrieb	Direktantrieb
bis 3 kW	25 ... 25	10 ... 15
bis 10 kW	15 ... 20	8 ... 12
über 10 kW	10 ... 15	6 ... 10
Antriebe durch Kupplungen liegen etwas dazwischen.		

Wirkungsgrade

η_V	Ventilator
η_A	Antrieb
η_M	Motor

Motorscheinleistung

$$P_{Schein} = \frac{\dot{V}_s \cdot \Delta p_t}{\eta_V \cdot \eta_A \cdot \eta_M \cdot \cos\varphi}$$

Physikalische Gesetzmäßigkeiten bei veränderter Drehzahl–Proportionalitätsgesetze – Ventilatorwärme

$P = \frac{\dot{V}_h \cdot \Delta p_t}{\eta_{ges}}$; **Bsp:** $P = \frac{5000 \cdot 300}{3600 \cdot 0{,}8} = \mathbf{521\ W}$; $\Delta\vartheta = \frac{521}{5000 \cdot 0{,}35} = \mathbf{0{,}3\ K}$; $\left(\Delta\vartheta = \frac{\Delta p_t}{1200 \cdot \eta} = \frac{300}{1200 \cdot 0{,}8} = 0{,}3\ K\right)$ ⇒ je kPa ca. 1K

567.3 Ventilatorwirkungsgrade in zentralen Lüftungsanlagen — DIN EN 16798-3

Bauteil	a	b	c	Bauteil		a	b	c	Bauteil		a	b	c	Bauteil	a	b	c
Ventilator	niedrig	normal	hoch	Motorenleistung	< 1,1 kW	70	77	80	Riemenantrieb	< 1,1 kW	70	75	80	Flachriemen	90	93	97
basierend auf					< 3,0 kW	75	82	85		< 3,0 kW	75	80	85	Frequenzumr.	88	92	97
Gesamtdruck	65	75	80		< 7,5 kW	80	87	90		< 7,5 kW	80	85	90	Gesamte Ventilatoreinheit	50	55	60
stat. Druck	55	65	70		> 7,5 kW	82	89	92		> 7,5 kW	85	90	95				

567.4 Klassen der Leistungsaufnahme von Ventilatorantrieben in kW — EN 13053

Klassen[1]	P_1	P_2	P_3	P_4	P_5	P_6	P_7	[1] Jeden Ventilator entspr. Klasse einordnen.
P_{max} [2]	≤ 0,85	≤ 0,90	≤ 0,95	≤ 0,10	≤ 1,06	≤ 1,12	≤ 1,12	[2] Referenzwerte; gebräuchliche Kl. P_2–P_5.

567.5 Klassifizierung der spezifischen Ventilatorleistung (SFP-Werte) — DIN EN 16798-3

Kategorie	SFP 1	SFP 2	SFP 3	SFP 4	SFP 5	SFP 6	SFP 7	für zentrale, dezentrale Anlagen und Einheiten
P_{SFP} in W · m⁻³ · s	< 500	500–750	750–1250	1250–2000	2000–3000	3000–4500	> 4500	

Beispiele			
Zuluftventilator[1]	Klimaanlage: SFP 1 bis SFP 5 (SFP 4) Lüftungsanlage ohne WRG: 1 bis 4 (3)	Abluftventilator[1]	Klima- oder Lüftungsanl. mit WRG: 1 bis 5 (3) Lüftungsanl. ohne Wärmerückg.: 1 bis 4 (2)

SFP (specific fan power): Wird eine SFP-Wert festgelegt, muss der Planer den zuläss. Energiebedarf der Ventilatoren berücksichtigen (i. Allg. SFP 4) → max. Druckverluste der Anlage einhalten.

568.1 Zusammensetzung des Gesamtdrucks von Ventilatoren $\Delta p_t = p_{st} + p_d$ (Zentrale)

Statischer Druck $\Delta p_{st} = \Sigma\,(R \cdot l + Z) + \Delta p_E$ (Druckverluste)		Dyn. Druck $p_d = \frac{\varrho}{2} \cdot v^2$
$R \cdot l$	Reibungsverluste an der Kanalwandung (s. 565.2)	$\varrho \approx 1{,}2\ \text{kg/m}^3$ (s. 522.1)
Z	Einzelwiderstände durch Einbauten (ζ-Werte (s. 562.2))	v Geschwindigkeit am
Δp_E	Widerstände der Einbauten (aus Herstellerunterlagen) (s. 565.1)	Ventilatorstutzen

Widerstände Zuluftventilator (**Bsp.** in Kammerzentrale)	Widerstände für Abluftventilator
Außenluftgitter, Δp Außenluftkanal, evtl. Schalldämpfer, Einbauten: Filter, Lufterwärmer, Kühler, Befeuchter, u.a. Δp Zuluftkanal, Schalldämpfer, Zuluftdurchlass	Abluftdurchlass, Δp Abluftkanal, Eintritt (ABL), Austritt (FOL), Schalldämpfer, Δp Fortluftkanal, Fortluftgitter (Wetterschutz)

568.2 Dichte von heißer Luft und Rauchgasen

Temperatur		°C	150	200	250	300	350	400	450	500	600	Anwendung:
Dichte	Luft	kg/m³	0,824	0,737	0,667	0,609	0,560	0,518	0,482	0,451	0,398	Brand- u. Rauch-
	Rauchgas	kg/m³	0,856	0,766	0,693	0,632	0,581	0,538	0,501	0,469	0,415	gasventilatoren

568.3 Bauteile eines Radialventilators

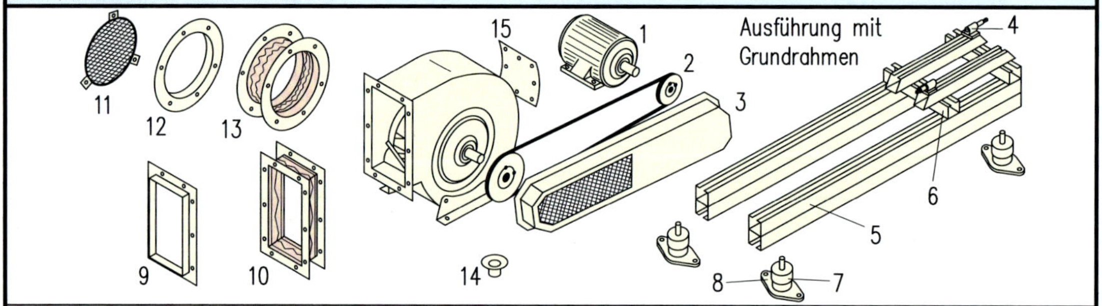

1 Antriebsmotor, **2** Riemenantrieb, **3** Riemenschutz, **4** Motorspannschienen, **5** Grundrahmen (alternativ mit Wippe), **6** Grundrahmenanteile für Gehäusestellung, **7** Schwingungsdämpfer, **8** Befestigungspratze, **9** Ausblasflansch, **10** Ausblasstutzen, **11** Berührungsschutzgitter, **12** Ansaugflansch, **13** Ansaugstutzen, **14** Kondenswasserablaufstutzen, **15** Inspektionsdeckel

568.4 Dachventilatoren und Montagebeispiele

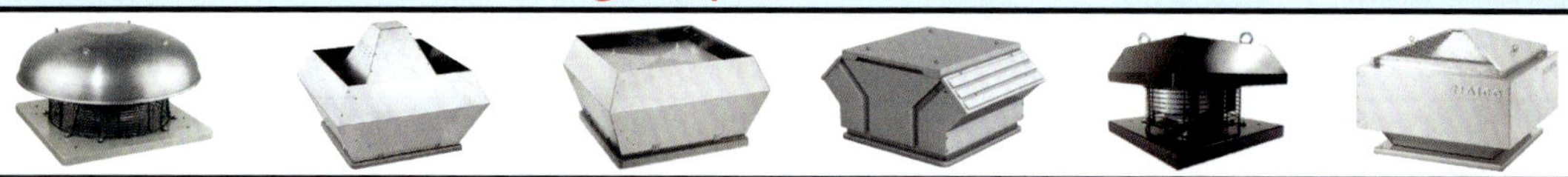

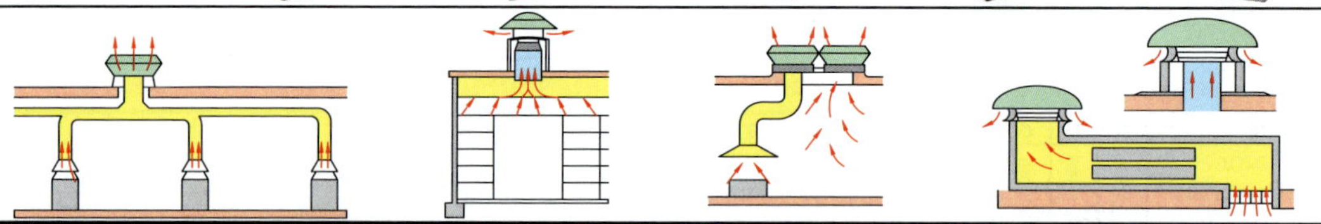

568.5 Wirkungsgradvergleich: von Ventilatoren

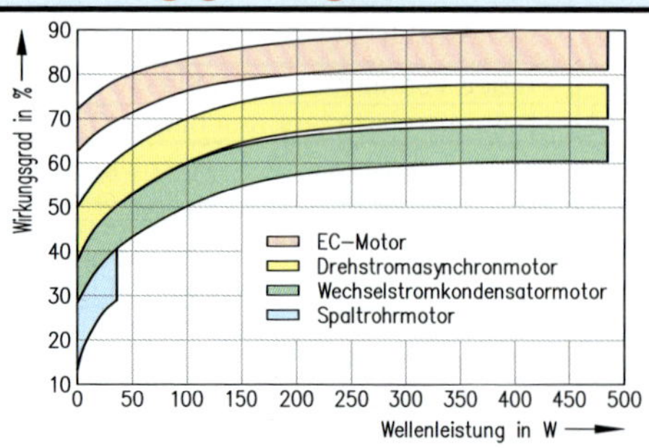

568.6 Merkmale des EC-Ventilators

• hoher Wirkungsgrad (auch bei Teillast) • geringe Amortisationszeiten • nahezu verschleißfrei • geräuscharmer Lauf • stufenlos in der Drehzahl regelbar • Ansteuerung analog (über Signal) oder digital (über Schnittstelle) • geringer Energieverlust • hohe Lebensdauer • geringes Gewicht • geringer Platzbedarf (Einbaumaße im Zentralgerät) • sehr effizient nach Er-P-Richtlinie • Busvernetzung

569.1 Deckenventilatoren (Deckenfächer)

Anwendung

Sommer: zur Luftkühlung (stärkere Luftbewegung)

Winter: gegen Wärmepolster bei hohen Räumen durch effektive Luftumwälzung (Energieeinsparung)

Technische Daten		A	A'	B
Flügel-⌀	mm	900	1400	1300
Flügelblätter	–	3	3	5
Leistungsaufn.	W	50	75	66[1]
max. Drehzahl	min^{-1}	340	270	220
Schalldruck[2]	dB(A)	35	44	29
Gewicht	kg	4,8	6,8	6,7

[1] Regelautomatik (temperaturabh.)
[2] Pegel bei 4 m Abstand.

A, A'

B

Raumhöhe abzüglich Pendellänge ist die **Abhängehöhe.**

Montagehinweis:

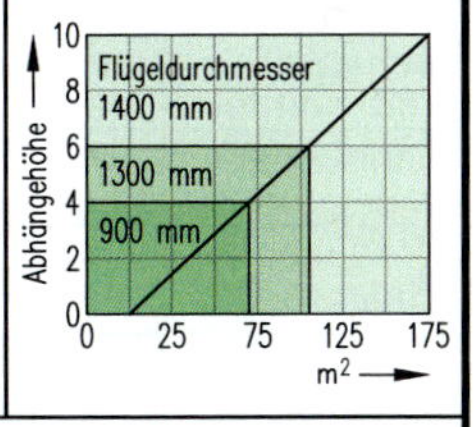

- **Abstand von Ventilatormittelpunkt** zur Wand soll etwa 3 × dem Flügelraddurchmesser entsprechen.
- **Abstand von Ventilatormitte zur Ventilatormitte** (mehrere Ventilatoren) ca. 6 × Flügelraddurchmesser

569.2 Durchschnittlicher Staubgehalt der Luft in mg/m^3

Landgegend	0,05...0,1	Stadtstraßen		1...3	Werkstätten	1...10	Warenhäuser	2...5
Kurorte	0,08...0,1	Indus-	mittel	0,3...0,5	Wohnräume	0,05...2	Sägewerke	10...20
Vororte	0,05...0,3	trie-	im Regen	0,1...0,15	Klassenräume	3...8	Eisengießerei	30... > 40
Stadt (allgem)	0,2...0,6	gebiet	Inversion	1...4	Geschäftsräume	2...4	Zementfabrik	100...200

- Staubteilchen werden nach der Staubkorngröße in µm **gemessen und auch danach bewertet**
- anorganischer Staub: z. B. Ruß, Sand, Zement; organischer Staub: z. B. Pollen, Samen, Textilfasern
- Partikel unter 2,0 µm sind i. d. R. lungengängig (Feinstaub, Ruß); immer striktere Regelungen
- **Maßnahmen:** Spezialfilter bei Abgasanlagen (Vorschriften), Absauganlagen in Produktionsstätten, Schwebstofffilter in Reinraumtechnik (s. 570.6) z. B. Mikroelektronik, Pharmazie, OP; Wartungsaufgaben

569.3 Partikeldurchmesser und Filterklassen — DIN 10505

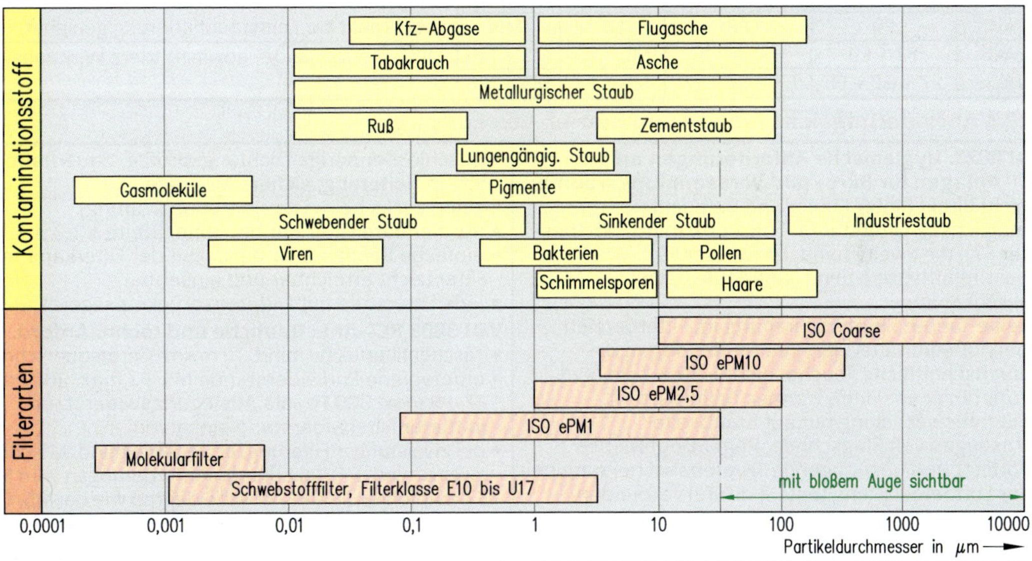

569.4 Klassifizierung von Grob- (G), Mittel- (M) und Feinstaubfilter (F)

Charakteristik	Mittlerer Abscheidegrad A_m in %[1]				Mittlerer Wirkungsgrad E_m [2]				
Filterklasse	G1	G2	G3	G4	M5	M6	F7	F8	F9
Filtration	$50 \leq A_m < 65$	$65 \leq A_m < 80$	$80 < A_m < 90$	$90 \leq A_m$	$40 \leq E_m < 60$	$60 \leq E_m < 80$	$80 \leq E_m < 90$	$90 \leq E_m < 95$	$95 \leq E_m$
Prüfenddruckdifferenz (Pa)	250	250	250	250	450	450	450	450	450
Maximale Prüfdruckdifferenz (Pa)	Grobfilter 250 Pa Medium- und Feinstaubfilter 450 Pa (Maximalwerte)				Mindestwirkungsgrad % bei Partikeln von 0,4 µm [3]		35	55	70

[1] Synthetischer Prüfstaub. [2] Bei Partikeln von 0,4 µm. [3] Niedrigster Mindestwirkungsgrad ermittelt aus dem Wirkungsgrad des behandelten Filters, des Anfangswirkungsgrades und der während en Belastung.

570.1 Aufgaben und Notwendigkeit von Luftfiltern

Gesundheit Hygiene	Minimierung von eingetragenen gesundheitsgefährdenden Schadstoffen, Mikroorganismen u. a., keinesfalls dürfen Luftfilter selbst zu einer gesundheitsbelasteten Quelle werden (Wartung!)
Behaglichkeit, Komfort	steigende Ansprüche an gute Luftqualität in Wohn-, Büro-, Versammlungs- und Arbeitsräumen. Anforderungen in Produktionsstätten. Verunreinigte Luft wird als unbehaglich empfunden.
Schutz der Anlagenteile	Schutz der Wärmetauscher (Heizregister, Kühler, Wärmerückgewinnungsgeräte), Sauberhaltung des Gerätes und Kanalnetzes, Reduzierung der Reinigungskosten, Werterhaltung
Produktionssteigerung	Viele technologische Verfahren ohne Luftfiltrierung nicht möglich, Qualitätssicherung, Sicherheit, gesteigerte Präzision, geringere Störungen und Materialverluste

570.2 Einteilungskriterien von Luftfiltern

Material	Faserfilter, Metallfilter, Aktivkohlefilter, Elektrofilter
Filterprinzip	Trockenschicht-, Elektro-, Geruchs-, ölbenetzte Filter
Nutzung, Wartung	Wegwerffilter, Automatikfilter, regenerierbare Filter
Filterklasse	Grobfilter, Feinfilter, Schwebstofffilter (s. 570.6),
Bauart, Bauform	Taschen-, Trommel-, Rund-, Bandfilter
Betriebsart	stationäre Filter, Umlauffilter, Bandfilter, Elektrofilter
Einbauart	Kanalfilter, Deckenfilter, Wandfilter, Gerätefilter

Taschen- und Kompaktfilter

• Staubabscheideleistung, • Druckdifferenz, • Staubspeicherfähigkeit, • Betriebskosten, • Sonstiges unter Sonstiges zählen z. B. Umweltbelastung (Herstellung, Betrieb, Entsorgung), Stabilität, Austauschmöglichkeit, Platzbedarf, Handhabung, Einbauverhältnisse, Lieferformen u. a.

570.3 Empfohlene Mindestfilterklassen je Filterstufe[1] DIN EN 16798-3

Außenluftqualität[3]	Raumluftqualität[2]			
	IDA 1 hoch	IDA 2 mittel	IDA 3 mäßig	IDA 4 niedrig
ODA 1	F9	F8	F7	M5
ODA 2	F7 + F9	M5 + F8	M5 + F7	M5 + M6
ODA 3	F7 + GF + F5	F7 + GF + F9	M5 + F7	M5 + M6

[1] Klassifizierung (s. 569.3 und 569.4). [2] ODA-Werte (s. 532.2). [3] IDA-Werte (s. 532.3). [4] M Mediumfilter nach DIN EN 779 (2011), generell nur eingeschränkt zur Feinstaubfiltrierung geeignet.

Mittlere Abscheide- sowie mittlere Wirkungsgrade (s. 569.4)

570.4 Anforderungen an Einbau und Betrieb von Luftfiltern

VDI 6022: Hygienische Anforderungen an RLT-Anlagen für Büro- und Versammlungsräume:
- nicht direkt hinter Kühler und Befeuchter
- möglichst 2 Filterstufen – die erste mind. M5 (besser F7), die zweite mind. F7 (besser F9)
- bei Umluftbetrieb mind. eine Stufe nach Mischkammer
- keine Taupunktunterschreitung im Filterbereich
- bei Außenluftfilter darf innerhalb 3 Tagen die durchschnittliche Feuchte nicht > 80 % sein (evtl. Vorerhitzer vor Filter, warmer Teilluftstrom)
- Filterauswechslung nur auf Staubseite
- Ansaugen von Flugschnee, Regentropfen (betr. Vorfilter und ungenügende Tropfenabscheidung bei der Luftbefeuchtung (betr. 2. Stufe) vermeiden
- geschlossenporige Dichtungsprofile, dauerhafter Sitz in Halterung, sichere Montage
- keine Lecks beim Filtermaterial (Prüfung)
- ausziehbare Filter nur bis Höhe/Breite ≤ 1,3 m
- einfache Reinigungsmöglichkeit der Filterkammer, Filter leicht erreichbar und einsehbar
- jede Filterstufe mit Differenzdruckmessgerät

VDI 3803 RLT-Anl.: Bauliche und techn. Anford.
- Taschenfilterfläche mind. 10 m²/m² Gerätequerschnitt
- empfohlene Endwiderstände M5-F7 max. 200 Pa, F7-F9 max. 300 Pa; als Auslegungswiderstand mittlerer Filterwiderstand einsetzen
- bei zweistufiger Filterung: erste Stufe mind. M5 und zweite mind. F7. Bei höheren Anforderungen wird F7/F7 empfohlen (≈ ähnl. Abscheidegrad wie bei M5/F9)

570.5 Druckverluste verschiedener Filter

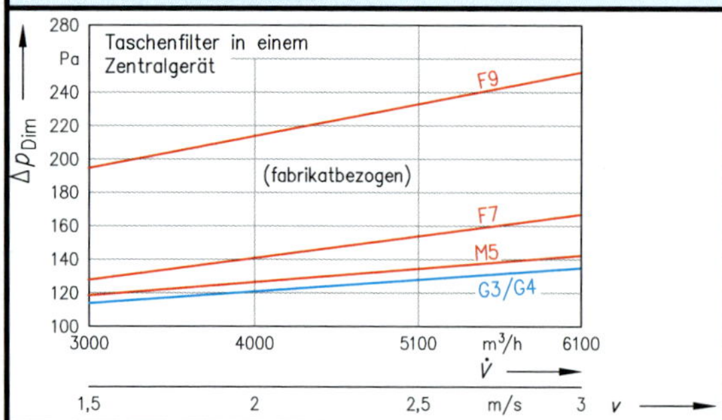

570.6 Schwebstofffilter[1]

Filterstufe[2]	mittl. A_m[3] in %
H10	85
H11	95
H12	99,5
H13	99,95
H14	99,995
U15	99,9995
U16	99,99995
U17	99,999995

[1] Nach DIN EN 1822, 5 Teile 1998 (2001).

[2] H (HEPA Filter) (**H**igh **E**fficiency **P**articulate **A**ir)
U (ULPA-Filter) (**U**ltra **L**ow **P**enetration **A**ir).

[3] Abscheidegrad A_m; Differenz zu 100 % = **Durchlassgrad.**

571.1 Druckanstieg durch Filterverschmutzung – Verschiebung der Betriebspunkte

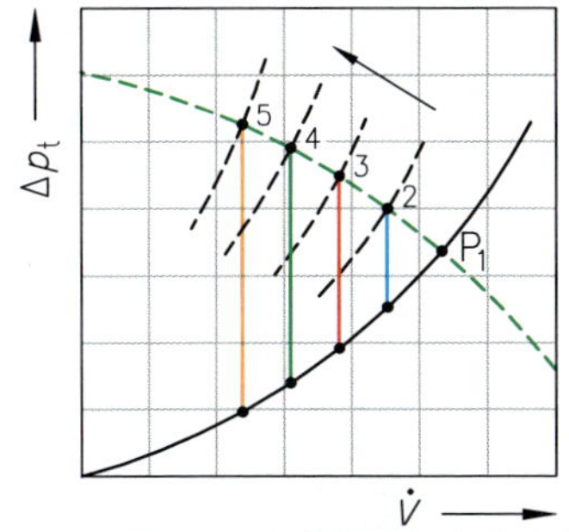

Linie	Bedeutung
- - - - -	Anlagenkennlinien 1–6, Ventilatorkennlinie (grün gestrichelt)
blau	**Anfangsdruckdifferenz** Δp_A bei Nennvolumenstrom
rot	„Dimensionierungswiderstand" oft zwischen 30...50 % unter Δp_E (abhängig von Δp_E und Ventilatorkennlinie)
grün	empfohlene **Enddruckdifferenz** Δp_E, etwa 4–5-fache von Δp_A; abhängig von Filterart, Energiekosten u. a. – wirtschaftlicher Zeitpunkt für Filterreinigung bzw. -erneuerung; Auslegung, Auslösung eines Warnsignals (Differenzdruckwächter)
orange	maximal mögliche Druckdifferenz

571.2 Übersicht über Wärmerückgewinnungssysteme

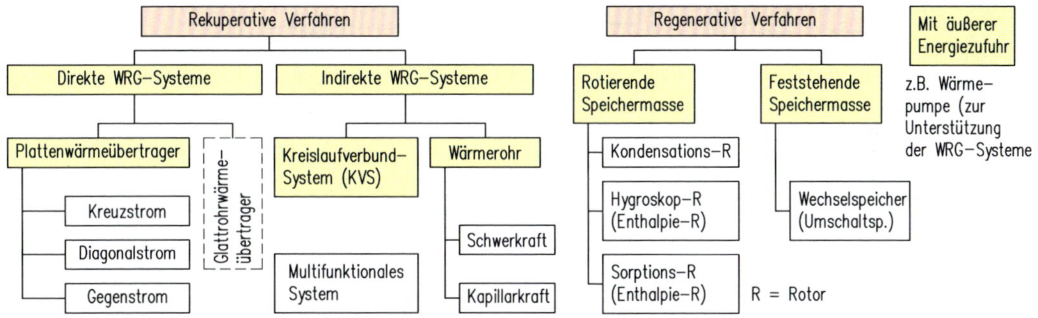

571.3 Kriterien zur Auswahl von Wärmerückgewinnungssystemen

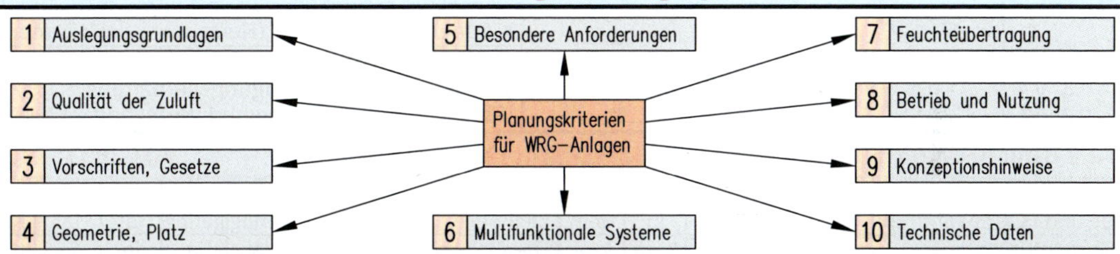

571.4 Einbeziehung der Wärmerückgewinnung (Systemgrenze) – Bezeichnung der Luftströme

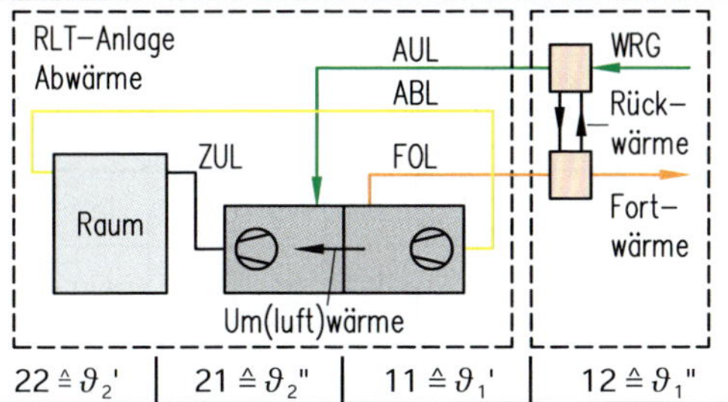

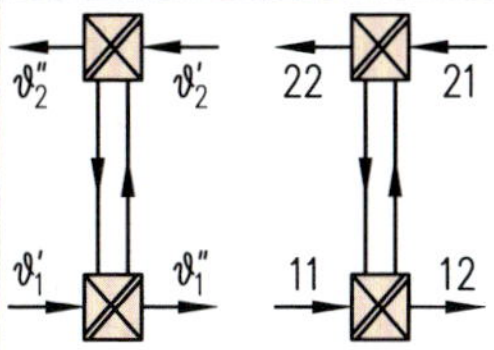

Erste Zahl 1 kennzeichnet rückwärmeabgebende Seite, Abkühlung warmer Fortluft (steht primär zur Verfügung).
Erste Zahl 2 kennzeichnet rückwärmeaufnehmende kalte Seite; kalte Außenluft wird erwärmt.

Zweite Zahl 1 kennzeichnet Anfangszustand von Außen- und Abluft. Zweite Zahl 2 kennzeichnet Ausgangszustand von Außen- oder Abluft, bzw. Fortluft.

Φ und Ψ systemunabhängig

Übertragung von nur sensibler Wärme:

$$\Phi = \frac{\vartheta_{22} - \vartheta_{21}}{\vartheta_{11} - \vartheta_{21}} = \frac{\Delta\vartheta_{AUL}}{\Delta\vartheta_{max}}$$

Rückwärmezahl

Übertragung von nur latenter Wärme (Stoffaustausch):

$$\Psi = \frac{X_{22} - X_{21}}{X_{11} - X_{12}} = \frac{\Delta X_{AU}}{\Delta X}$$

Rückfeuchtezahl

Übertragung von sensibler und latenter Wärme:

$$\Phi = \frac{h_{22} - h_{21}}{h_{11} - h_{21}} = \frac{\Delta h_{AUL}}{\Delta h_{max}}$$

Rückwärmezahl (enthalpiebezogen)

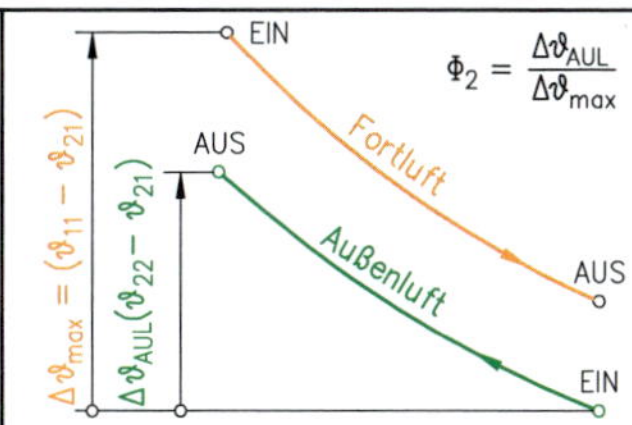

572.1 Darstellungen der Wärmerückgewinnung im *h,x*-Diagramm

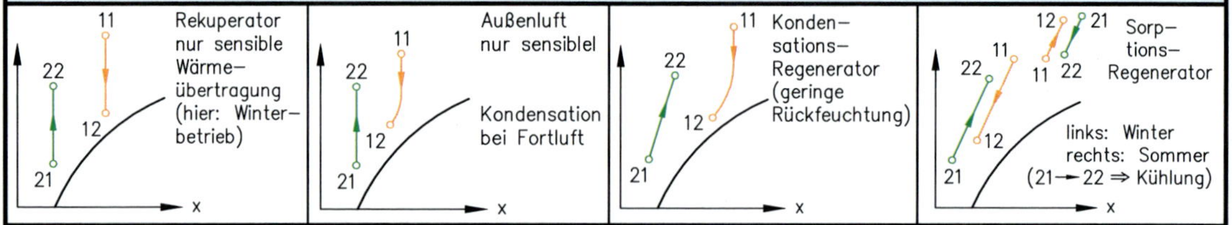

572.2 Sinnbilder, Rückwärme- und Rückfeuchtezahlen bei Wärmerückgewinnungssyst. VDI 2071

Rekuperative Systeme		Regenerative Systeme				Regeneratoren mit drehendem/nicht dreh. Wärmeträger	
		Kreislaufverbundsysteme		Wärmerohre		Rotoren	
① Plattenwärmetauscher	② Röhrenwärmetauscher	③ Kompakt wärmet.	④ Gegenstr. schicht-W.	⑤ Schwerkr. Thermosyph.	⑥ Kapillarkraft	⑦ mit Sorption	⑧ ohne Sorpt.
Φ = 0,4...0,8	Φ = 0,3...0,5	Φ = 0,3...05	Φ = 0,7...0,8	Φ = 0,2...0,4	Φ = 0,5...0,8	Φ = 0,7...0,8	Φ = 0,6...0,8
Ψ = –	Ψ = –	Ψ = –	Ψ = –	Ψ = –	Ψ = –	Ψ = 0,6...0,7	Ψ = 0,1...0,2

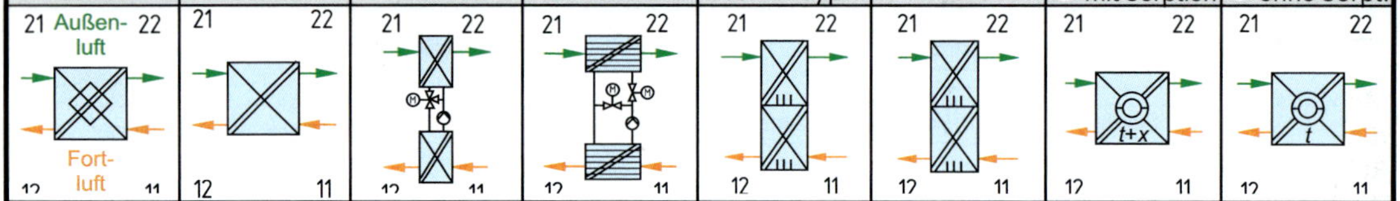

Regeneratoren (Forts.)		Wärmepumpen	
⑨ Kapillargebläse	⑩ Umschaltspeicher	⑪ Kompr. Wärmep.	⑫ Absorptionswärmepumpe
Φ = 0,2...0,4	Φ = 0,6...0,9	$\Phi \geq 1{,}0$	$\Phi > 1{,}0$
Ψ = 0,2...0,4	Ψ = 0,5...0,7	Ψ –	Ψ –

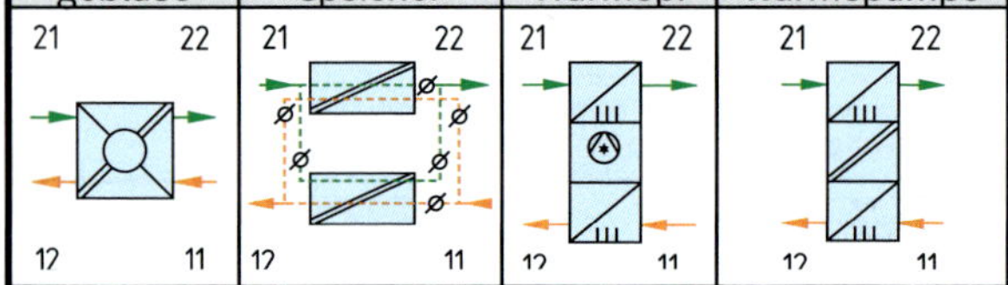

Erste Ziffer	1	für Ab- bzw. Fortluft (Wärmeabgabe)
	2	für Außenluft (Wärmeaufnahme)
Zweite Ziffer	1	Lufteintritt (Außen- und Fortluft)
	2	Luftaustritt (Außen- und Fortluft)

- Einfluss durch Leckluft beachten.
- Je nach Auslegung und Konstruktion Ausströmgeschwindigkeit 2,5...3,5 m/s; $\Delta p \approx$ 100...400 Pa.
- Anderes Bezugsmaß (Heizzahlen bei Wärmep.)

Φ Rückwärme- und Ψ Rückfeuchtezahl (s. 571.4)
Bewertung des Übertragungsverhaltens (s. 572.3)
(für Anlagenbemessung und Wirtschaftlichkeit)

572.3 Übliche Merkmale der Wärmerückgewinnungssysteme VDI 3803 – Bl. 5

Merkmale (s. Abb. 1–5)	1	2	3	4	5
AUL und FOL zusammen	ja	ja	ja	ja	nein
Volumenstrom [x)]	k–m	k–m	k–g	k–m	k–g
Platzbedarf	groß	klein	klein	groß	mittel
Mögl. Kontamination der Zuluft bei Druckgefälle von FOL in der AUL	ja	ja	ja	ja	nein
Feuchteübertragung bei Kondensation	nein	nein	ja	ja	nein
Desgl. durch Sorption	nein	nein	ja	ja	nein
Mögl. Mehrfachfunktionale Nutzung	nein	nein	nein	nein	ja [a)]
Hilfsenergie	nein	nein	ja	ja	ja

Merkmale	1	2	3	4	5
Leckage	gering	gering	ja!	ja!	nein
Desgl. bei Defekt mögl.	ja	ja	ja	ja	nein
Kälterückgewinnung	ja	nein [b)]	ja	ja	ja
Indir. Verdunstungskühl.	ja	nein [b)]	nein [c)]	nein [c)]	ja
Wartungsaufwand	gering	gering	hoch	mittel	mittel
Mögl. Brand-/Rauchübertg.	ja	ja	ja	ja	nein
Ventilatoraufwand für Luftzusammenführ. mögl.	ja	ja	ja	ja	nein
Begrenz. max. Druckdiff. der Luftströme notwend.	ja	nein	ja	ja	nein
konstante Druckverhältnisse möglich	ja	ja	ja	nein	ja

1 Plattenwärmeüberträger; **2** Wärmerohr; **3** Rotationswärmeübertrager; **4** Umschaltspeicher; **5** Kreislaufverbundsystem (KVS); [x)] k–m (klein bis mittel), k–g (klein bis groß). [a)] Ab 70 % Rückwärmezahl sinnvoll. [b)] Ausnahme bei horizont. Kapillarwärmerohr oder Kippregel. [c)] Wenn geringe Feuchte möglich ist.

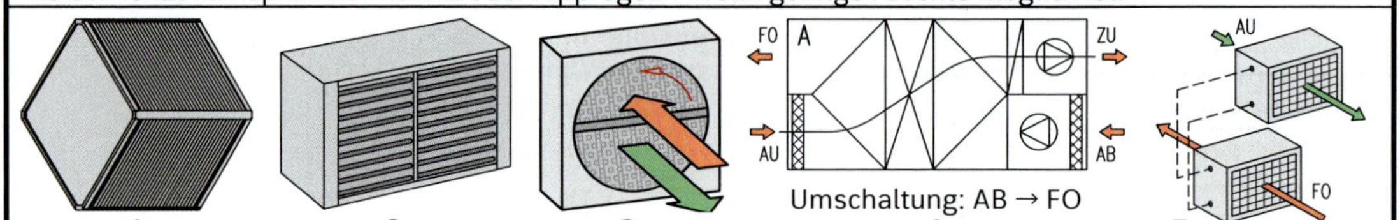

1 2 3 4 5

573.1 Mindest-Rückwärmezahlen[1] und maximale Druckverluste nach WRG-Klasse H3 EnEV[3]

Außenluftvolumenstrom in m^3/h	nach VDI (E) 3803 (2008-07)	Betriebsstunden in h/a: bis 2000	2000–4000	4000–6000	ab 6000
2000 bis 5000	Rückwärmezahl bei max.	– –	≥ 0,40 175 Pa	0,43 200 Pa	0,45 225 Pa
5000 bis 10000	Rückwärmezahl bei max.	0,40 150 Pa	0,43 200 Pa	0,45 225 Pa	0,50 250 Pa
10000 bis 25000	Rückwärmezahl bei max.	0,43 175 Pa	0,47 225 Pa	0,50 250 Pa	0,55 275 Pa
25000 bis 50000	Rückwärmezahl bei max.	0,50 200 Pa	0,53 250 Pa	0,58 275 Pa	0,63 300 Pa
>50000	Rückwärmezahl bei max.	0,55 225 Pa	0,58 275 Pa	0,63 300 Pa	0,68 325 Pa

WRG-Klasse[2]	Ausgehend von H3: Faktoren für Rückwärmezahl	Druckverluste
H1	1,15	0,75
H2	1,10	0,90
H3	1	1
H4	0,9	1,10
H5	keine Anforderungen	

[1] Trocken Massenstromverhältnis 1:1.
[2] Nach DIN EN 13053 H_3 gefordert.
[3] EnEV: 2014.

573.2 Mögliche Mehr- und Minderkosten für RLT-Anlagen mit und ohne WRG

⊕ **Mehrkosten für RLT-Anlage mit Wärmerückgewinnung** (je nach RLT-Anlage und WRG-System)	Bei der Anschaffung (Investitionskosten)	WRG-System, zusätzlicher Wärmeüberträger (Vorwärmer), Ventilator, Pumpe, Leitungen mit Zubehör, Regelung, elektrische Anschlüsse, evtl. Filter, Montagekosten, evtl. Umgehungsleitung, evtl. Kosten für bauliche Maßnahmen
	im Betrieb	Ventilatorstromkosten (wegen Druckverluste), Pumpenstromkosten, Kosten für Instandhaltung
⊖ **Minderkosten für RLT-Anlage ohne Wärmerückgewinnung** (je nach RLT-Anlage und WRG-System)	Bei der Anschaffung (Investitionskosten)	kleinere Wärmeübertrager im Zentralgerät, geringere Investitionskosten bei der Heizungsanlage (evtl. auch Kälteanlage), geringere Anschlussleistung, evtl. geringerer Platzbedarf für Technikzentrale
	im Betrieb	geringere Energiekosten für Außenlufterwärmung, geringere Kosten beim Wärme- und Kälteträger für die RLT-Zentrale, Nutzung vorhandener „Abfallwärme" (gewerbliche und industrielle Betriebe)

573.3 Kostenvergleich beim Ventilator – WRG und ihre Bedeutung für EEWärmeG

Investitionskosten

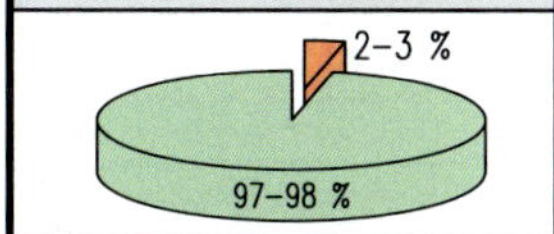

Betriebskosten

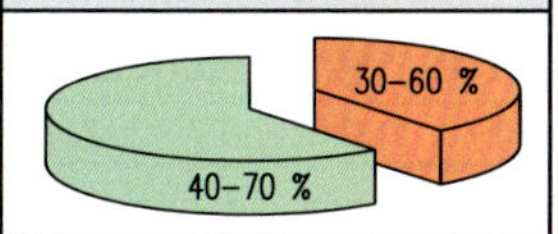

■ Kostenanteil beim Ventilator
■ Kostenanteil bei übrigen Komponenten

Verhältnismäßig geringe Anschaffungskosten, z. T. hohe Kosten im Betrieb (Strom, Wartung)

Ventilatorbetriebskosten haben wesentlichen Einfluss auf die Energie-Effizienz-Kennzahl.
Die geforderten Mindestwerte an erneuerbaren Energien bei Neubauten kann die WRG als Ersatzmaßnahme in die Energiebilanz des EEWärmeG einfließen lassen.
Erforderlich ist ein WRG-Grad von 70 % ($\Delta\vartheta$ AB- und Zuluft > 10 K) und eine **Leistungszahl** ε >10.

$$\varepsilon = \frac{\text{Wärmerückgewinn (kW) bei } \vartheta_{AUL} - \vartheta_{ABL}}{\text{zusätzl. Ventilatorstrombedarf (kW)}}$$

573.4 Amortisationszeiten von WRG-Systemen

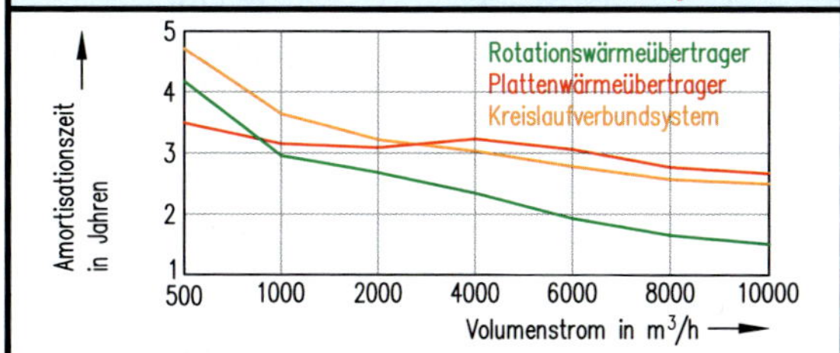

573.5 Einsparungsangaben von WRG-Systemen

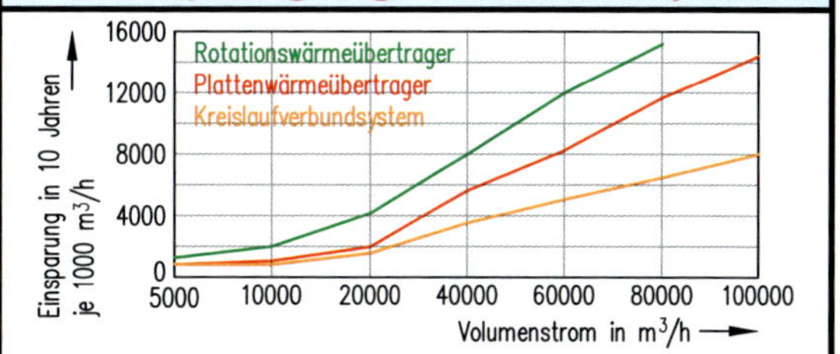

573.6 Wärmerückgewinnung aus der Abluft

Wärmerückgewinnung aus der Abluft ist die effizienteste Möglichkeit zur Energieeinsparung.
Daraus ergeben sich folgende **Vorteile:**

- geringere Betriebskosten → Wirtschaftlichkeit
- reduzierte Schadstoffemission → Umweltschutz
- weniger Primärenergie → Volkswirtschaft

574.1 Schallarten – Schallausbreitung – Schallschutzmaßnahmen

Schallarten		Schallfortpflanzung (Schwingungen)	Verhinderung der Schallausbreitung durch
1.	Körperschall [2]	in festen Körpern (z. B. Wände, Decken, Rohre, Kanäle, Schornstein)	Reflexion an Grenzflächen (z. B. Fundament), elast. Kanalstücke, spezielle Rohrschellen → Dämmung
2.	Luftschall [1)2)]	in Luft (z. B. in Räumen, Lüftungs- oder Abgasrohren, Schächten u. a.)	Absorption in porös. Stoffen, Umwandl. von Schall in Wärmeenergie (z. B. Schalldämpfer) → Dämpfung
3.	Trittschall	z. B. in Decken (Sonderfall von 1.)	schwimm. Estrich, dicke, weiche Beläge, Vorsatzschale
4.	Wasserschall	in Wasser, über Rohrwandung	konstr. Maßnahmen, geringe Geschwindigkeiten

[1] Verhinderung von Luftschall durch Flächen (z. B. von außen durch Luftkanal) → Luftschalldämmung.
[2] In der Regel: Kombination von Luft- und Körperschall → Dämpfungs- und Dämm-Maßnahmen.

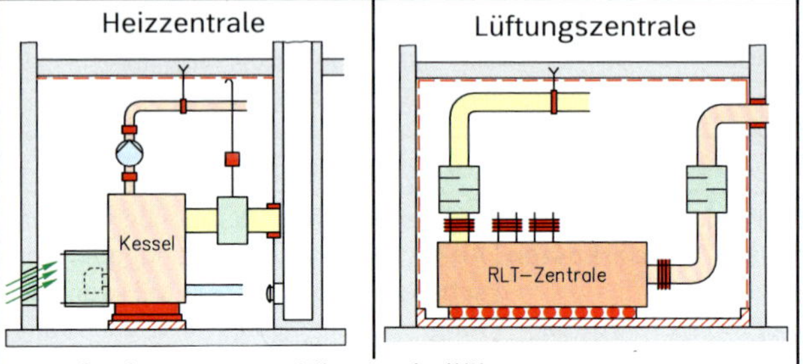

■ Maßnahmen gegen Körperschallübertragung
■ Maßnahmen gegen Luftschallübertragung
von Geräuschquelle → Ohr (Schallleistung → Schalldruck)

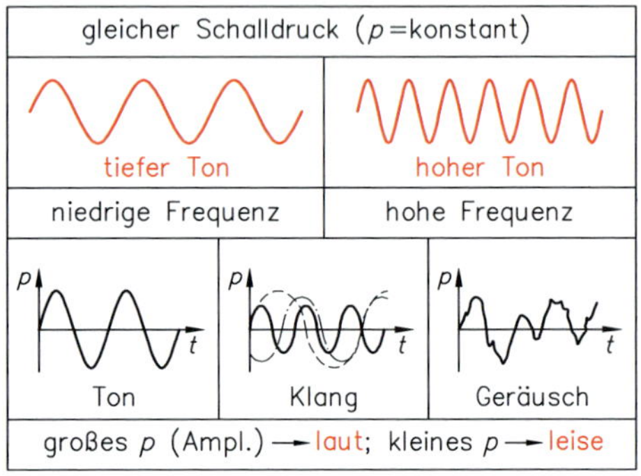

574.2 Anhaltswerte und Bewertung von Schalldruckpegeln

L_p dB(A)	Beispiele	Hinweise	L_p dB(A)	Beispiele	Hinweise
10	kaum hörbar	sehr	70... 80	starker Straßenverkehr	sehr laut
15...20	nachts im Freien, Kirche	leise	75... 85	U-Bahn, diverse Fabriken	und
25...30	Rundfunkstudio, Flüstern	leise,	80...85	schreien, laut rufen	lästig
30...40	ruhige Wohngegend	noch	80...90	Lkw, laute Werkhallen	teilweise
40...50	Büro, leises Gespräch	akzeptabel	90...100	Schnellzug (vorbeifahr.)	uner-
50...60	normale Unterhaltung		100...110	Schmiede, laute Disko	träglich
55...65	Staubsauger, Fernseher	mäßig	110...120	Flugzeug, laute Hupe	teilweise
60...65	lautes Büro, Kaufhaus	laut und	120...130	Presslufthammer (1 m)	schmerz-
65...70	Schreibmaschine, Hund	störend	130...150	Düsentriebwerke	haft

10...40 sicherer Betrieb | (40)45...70(80) Belästigungsbereich | 70...100 Schädigungsbereich | > 100 Schmerzbereich

574.3 Richtwerte für Schalldruckpegel VDI 2081 (Klammerwerte nach DIN EN 16798-3)

Art des Raumes	Beispiele (Auswahl)	Anforderungen hoch	Anforderungen niedrig	Art des Raumes	Beispiele (Auswahl)	Anforderungen hoch	Anforderungen niedrig
Arbeitsräume	Einzelbüro	35 (30)	40 (40)	Unterrichtsräume	Lesesaal	30	35
	Großraumbüro	45 (35)	50 (45)		Klassen-, Hörsaal	35 (30)	40 (40)
	Werkstätten[1]	50	–	Räume mit Publikumsverkehr	Museum	35 (28)	40 (35)
	Labor	≤ 52	40		Gaststätte	40 (35)	55 (50)
Versammlungsräume	Konzert, Oper	25	30		Verkaufsraum	45 (40)	60 (50)
	Theater, Kino	30	35	Sportstätten	z. B. Turnhallen	45	50
	Konferenzraum	35 (30)	40 (40)	sonstige Räume	Rundfunkstudio	15	25
Wohnräume	und Hotelzimmer[2]	30 (30)	35 (40)		Fernsehstudio	25	30
Sozialräume	Ruhe-, Pausenraum	30	40		EDV-Raum	45 (40)	60 (60)
	Wasch-, WC-Raum	45	55		Restaurant, Küche	50 (40)	65 (60)

[1] Produktionsbedingt können die Werte wesentlich höher liegen. [2] Nachts (22–6 Uhr) um 5 dB(A) geringer. Nach VDI 4100 (2007) Wohnungen ▶ 15 dB(A): ruhige ländl. Einzelwohnanlage; 20 dB(A): Wohngebiete ohne Einwirk. von Außenlärm; 25 dB(A): Wohn. mit erhöht. Außenlärm; 30 dB(A) Wohn: in lauten Straßen (A s. 575.2).

574.4 Zulässiger Schalldruckpegel L_p in dB(A) in Verkaufsstätten VDI 2082

Raum	L_p	Raum	L_p
Personalräume, Ruheräume	35–45	Verkaufs-, Dienstleistungsräume	40–50
Warenannahme, -vorbereitung, -ausgabe	40–55	Ladengeschäfte (erhöhte) Anford. Restaurants	35–50
Verarbeitungsräume, Küchen, Werkst., Kantine	40–55	Selbstbedienungsläden (nach Luftschleier)	40–55

575.1 Zulässige Schallpegel in der Nachbarschaft von Wohngebäuden VDI 2058

Gebiet, Einwirkort	dB(A)[1]	Gebiet, Einwirkort	dB(A)[1]
nur gewerbliche Anlagen (Industriegebiet)	70 (70)	überwiegend Wohngeb. (allg. Wohngebiet)	55 (40)
überwiegend gewerbliche Anlagen	65 (50)	ausschließlich Wohngeb. (reines Wohngebiet)	50 (35)
Gewerbebetriebe und Wohngebäude	60 (45)	Kurgebiet, Krankenhäuser, Sanatorien u.a.	45 (35)

[1] Kurzzeitig zuläss. Spitzenwerte: bei Tag ≤ +30 dB(A), nachts ≤ +20 dB(A); Klammerwerte: nachts.

Immissionsrichtwerte für Wohnungen (Geräuschübertragung innerhalb Gebäude): tagsüber ≤ 35 dB(A), nachts ≤ 25 dB(A), kurzzeitig zulässige Geräuschspitzen ≤ +10 dB(A), (tagsüber und nachts).

zuläss. Verkehrslärm (1 bis 2 m vor Gebäude): ≤ 55 (≤ 45), Überschreitung (Ausnahme) jeweils ≤ +10 dB(A)

575.2 Zuläss. Schalldruckpegel in Räumen von Geräuschen aus haustechn. Anlagen DIN 4109

	Geräuschquelle	Wohn- und Schlafräume	Unterrichts- und Arbeitsräume
1	Wasserinstallationen (Wasserversorgungs- und Abwasseranlagen (gemeinsam))	< 30 dB(A) a) b)	≤ 35 dB(A) a) b)
2	Sonstige haustechnische Anlagen	< 30 dB(A) c)	≤ 35 dB(A) c)
3	Betriebe tagsüber 6 bis 22 Uhr	≤ 35 dB(A)	≤ 35 dB(A) c)
4	Betriebe nachts 22 bis 6 Uhr	≤ 25 dB(A)	≤ 35 dB(A) c)

a) Einzelne kurzzeitige Spitzen, die beim Betätigen der Armaturen und Geräte entstehen (Öffnen, Schließen, Umstellen, Unterbrechen), sind z. Z. nicht zu berücksichtigen.
b) Werkvertragliche Voraussetzungen zur Erfüllung des zuläss. Installationsschalldruckpegels:

- Ausführungsunterlagen müssen die Anforderungen des Schallschutzes berücksichtigen
- Benennung der verantwortlichen Bauteilung und Hinzuziehung zur Teilnahme bei Installationsveränderungen

c) Bei Lüftungsanlagen sind um 5 dB(A) höhere Werte zulässig (bei Dauergeräuschen ohne auffällige Einzeltöne).

575.3 Anforderungen der TA-Lärm – Grenzwerte für Schallpegel

Gebiet – Objekt	Schalldruckpegel tagsüber	Schalldruckpegel nachts
Industriegebiete	70	
Gewerbebetriebe	65 dB(A)	50 dB(A)
Kern-, Dorf-, Mischgebiete	60 dB(A)	45 dB(A)
Allgemeine Wohn- und Kleinsiedlungsgebiete	55 dB(A)	40 dB(A)
Reine Wohngebiete	50 dB(A)	35 dB(A)
Kurgebiete, Krankenhäuser, Pflegeanstalten	45 dB(A)	35 dB(A)

- Die Grenzwerte dürfen kurzzeitig tagsüber (6–20 Uhr) um max. 30 dB(A) und nachts um max. 20 dB(A) überschritten werden.
- Pegelbeurteilung hängt auch vom Grundschallpegel ab.
- Bei Geräuschübertragung im Gebäudeinnern gibt TA-Lärm Grenzwerte für schutzbedürftige Räume tagsüber mit 35 dB(A) und nachts mit 25 dB(A) an. Bei kurzzeitigen Geräuschspitzen dürfen diese Werte um 10 dB(A) überschritten werden.
- Tab.-Werte gelten immer beim Nachbarn (offene Fenster).
- Mit zunehmendem Abstand zur Schallquelle verringert sich der Schalldruckpegel. **Bsp.:** L/W-Wärmepumpe (s. 417.4).

575.4 Dämpfungsglieder vom Schallleistungspegel (Ventilator) zum Schalldruckpegel (Ohr)

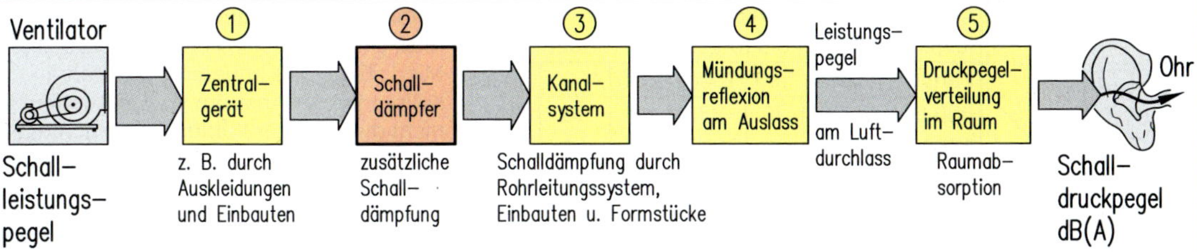

575.5 Luft- und Körperschall

- Auf geringen Leistungspegel achten (Herstellerangaben)
- Körperschall vermeiden (Dämmung)

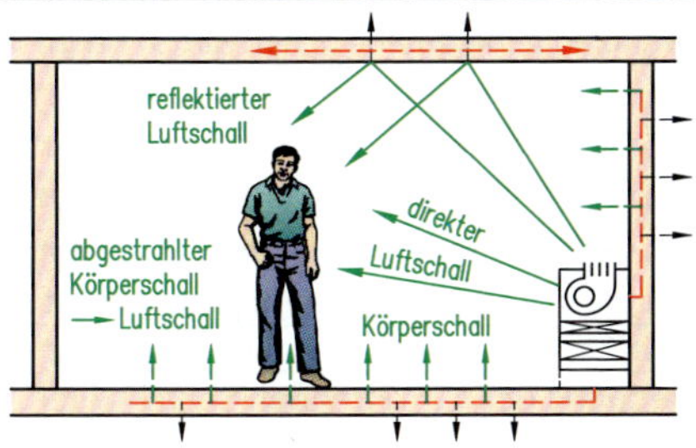

575.6 Raumabsorption (näherungsweise)

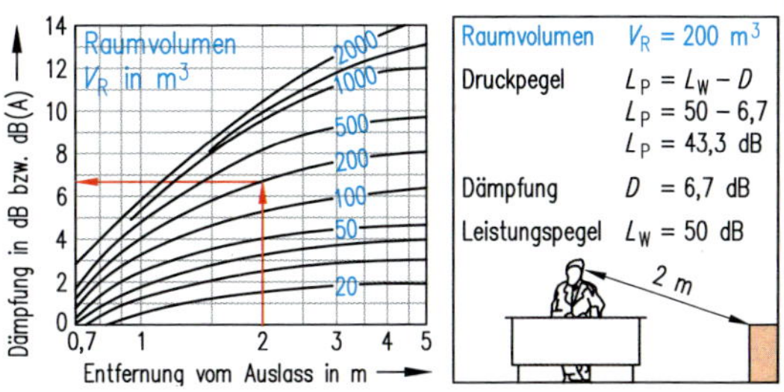

576.1 Frequenzband – bewertete Oktavpegel – Bestimmung des Summenpegels

Mittelwert[1]	Hz	63	125	250	500	1000	2000	4000	8000
Fr. Bereich[2]	Hz	45...90	90...180	180...350	350...710	710...1400	1400...2800	2800...5600	5600...11200
Schallpegel[3]	dB(A)	69	75	73	70	67	63	58	45

[1] Die Mittenfrequenz f_m der folgenden Oktave hat immer den doppelten Wert der vorangegangenen.
[2] Der Frequenzbereich (Frequenzband, Frequenzspektrum) ist nach VDI 2081 international festgelegt.
[3] Schallpegelmessung für jede der 8 Oktaven.

Den maßgebenden Summenpegel kann man dann rechnerisch oder grafisch ermitteln. Er beträgt hier Pegelzunahme 78,7 dB(A) jeweils aus Differenzen (aus Diagramm entnommen).

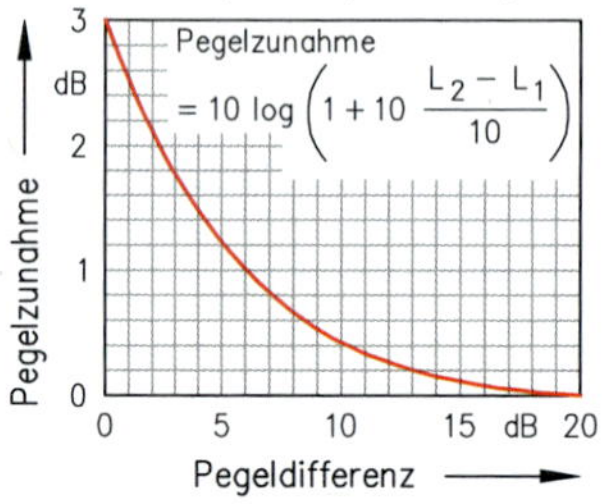

63	125	250	500	1000	2000	4000	8000
69	75	73	70	67	63	58	45

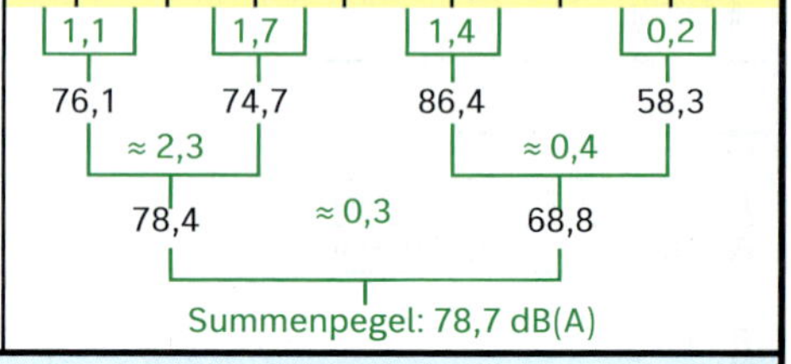

576.2 Anpassung des Schallpegels an die Frequenzabhängigkeit des Ohres[1]

Mittenfrequenz	Hz	63	125	250	500	1000	2000	4000	8000
Geräuschanalyse (unbewerteter Pegel) **Bsp:**	dB	51,3	57,2	56,0	49,8	46,4	43,5	36,6	29,8
Korrekturwerte nach der A-Bewertung	dB	−26,1	−16,1	−8,6	−3,2	0	+1,2	+1,0	−1,1
A-bewerteter Schallpegel (Oktavpegel)	dB(A)	25,2	41,1	47,4	46,6	46,4	44,7	37,6	28,7

[1] Neben Mikrofon, Verstärker, Anzeigegerät hat daher der Pegelmesser noch einen elektronischen Filter, wodurch der Schallpegel dem menschlichen Ohr angepasst wird ⇒ Starke Korrektur bei niedrigen Frequenzen!

576.3 Schallübertragung über Luftleitungen

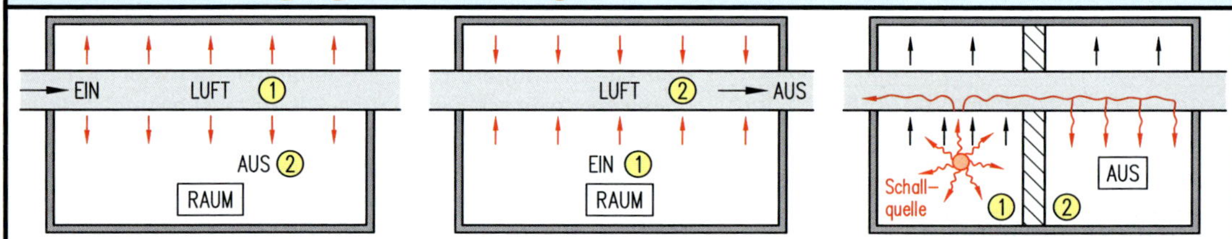

Schallabstrahlung — Schalleinstrahlung — Schallweiterleitung

576.4 Schalldämpfer für RLT-Anlagen – Einfügungsdämpfung – Anforderungen VDI 3803

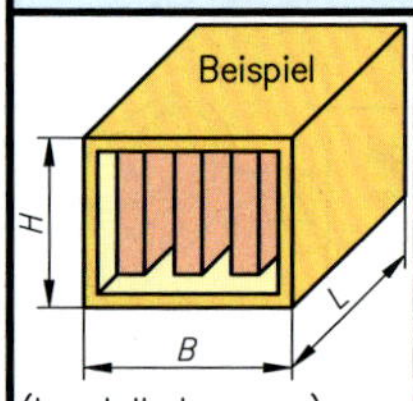

(herstellerbezogen)

Einfügungsdämpfung DE (Höhe *H*, Breite *B* jeweils 800 mm) bei folgenden Frequenzen

Länge *L*	250	500	1000	2000	4000	8000
800 mm	20	20	23	17	13	11
1000 mm	25	25	27	21	14	12
1250 mm	30	33	35	25	17	16
1600 mm	36	38	42	30	20	18

- Einbau direkt vor und hinter Ventilator
- max. Druckverlust in Leitungen ca. 50 Pa
- Mind.abstand zu anderen Einbauten: 1 × Kulissenbreite (Anström.), 1,5 × (Abström.)
- nicht direkt hinter Kühler u. Befeuchter
- Kulissen: auswechselbar, stabile Oberfläche, abriebfestes Mat., hygienisch einwandfrei
- innerhalb 3 Tage: durchschn. rel. F. ≤ 80 %

576.5 Aufteilung der auf eine Wand auftreffenden Schwingungen einer Schallquelle[1]

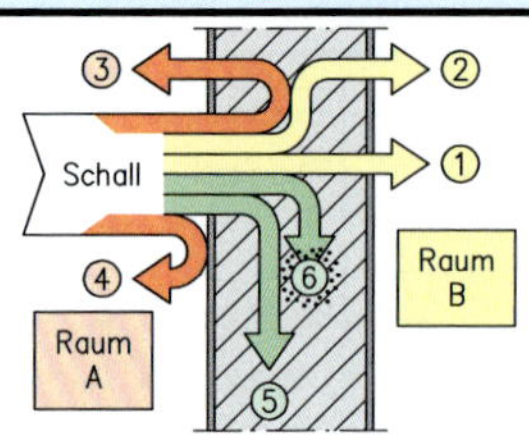

Schallausbreitung

① durchgelassene Schallenergie (in Raum B als Luftschall hörbar)
② der von der Wand aufgenommene Schall wird in Raum B abgestrahlt
③ der von der Wand aufgenommene Schall „strahlt" wieder zurück
④ reflektierter Schall, der (wie bei ③) bezügl. der Geräuschbelästigung für Raum B (praktisch auch für A) keinen Einfluss hat
⑤ Schallenergie, die als Körperschall in der Wand weitergeleitet wird
⑥ Schallenergie, die in der Wand absorbiert wird (materialabhängig)

[1] Entscheidend für Schallübertragung ist das **Dämmmaß**.

Schalldämmung eines Bauteils ist abhängig von der Frequenz der auftreffenden Schallwellen.
Schallschutzfenster je nach Schallschutzzone (1–5) → Dämmmaß > 25 bis 52 dB

577.1 Telefonieschalldämpfer

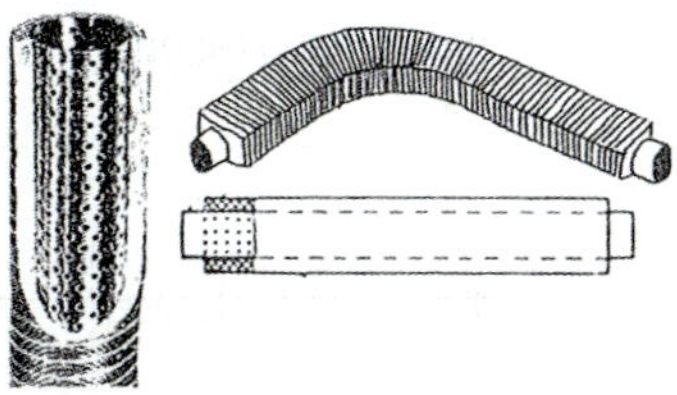

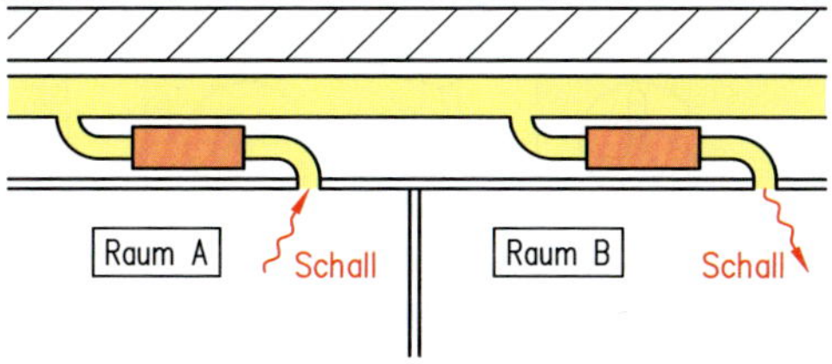

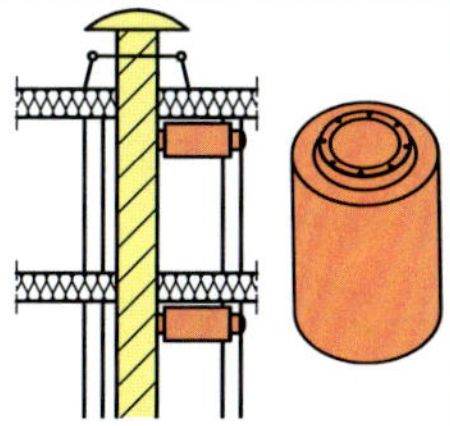

577.2 Feuerwiderstandsklassen und -dauer (FWD), Brandverhalten von Baustoffen

Feuerwiderstandsklassen/Feuerwiderstandsdauer					
F	Wände, Decken, Stützen			**K**	Absperrvorrichtungen in Luftleitungen
W	Nichttragende Außenwände			**K**	Absperrvorrichtungen in Luftleitungen
T	Türen, Tore			**S**	Kabelabschottung
F	Verglasungen[1]	strahlungs-	undurchlässig	**I**	Inst. Schacht, Kanäle
G	Verglasungen[1]	strahlungs-	durchlässig	**R**	Rohrdurchführung
L	Leitungen, Formstücke (Lüftung)			**E**	elektr. Leitungen

Die Zahl 30, 60, 90 oder 120 hinter den Buchstaben gibt die **Widerstandsdauer in Minuten** an (z. B. F90, K90).

[1] Brandschutzverglasung. [2] Auch Kanäle. [3] Für Funktionserhalt.

Baustoffklassen			Benennung
A	**A_1**	nicht brennbare Bestandteile	keine Entzündung möglich
A	**A_2**	nicht brennbare Bestandteile	keine Entzündung möglich
B	**B_1**	brennbare Bestandteile vorhanden	schwer entflammbar
B	**B_2**	brennbare Bestandteile vorhanden	normal entflammbar
B	**B_3**	brennbare Bestandteile vorhanden	leicht entflammbar

Baustoffe z. B. **A_1** Stahl, Beton, Glas u. a.; **A_2** z. B. Gipskarton u. a.; **B_1** z. B. Holzwolle-Leichtbauplatten; **B_2** z. B. Holz, m. E. Kunststoffe u. a.; **B_3** im Baubereich keine Verwendung zulässig

577.3 Verlauf der Temperatur (Wärmefreisetzung) und Rauchfreisetzung VDI 3819-2

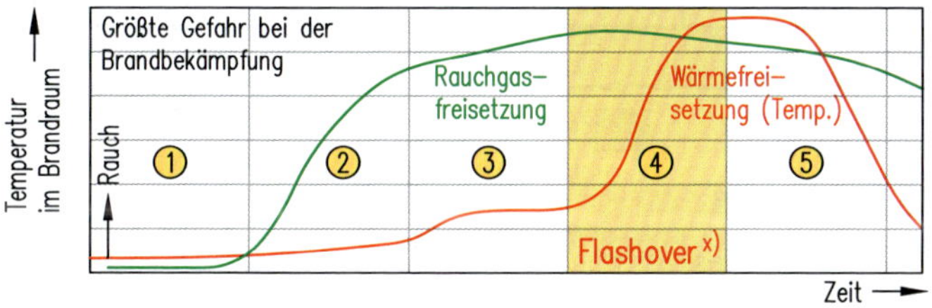

Brandphasen (Schutzziele)
1 vor dem Brand (Brandvermeidung); **2** Schwelbrand (Rettung von Mensch und Tier, Erhalt von Sachwerten, Löscharbeiten ermöglichen); **3** Entstehungsbrand (verstärkt gegenüber 2); **4** Vollbrand, sog. Flashover (Schadensbegrenzung und verstärkte Löscharbeiten ermöglichen); **5** Abklingen (Begrenzung der Folgeschäden)

x) schlagartiger Übergang von Entstehungs- zur Vollbrandphase (ϑ_i > Zündtemperatur der Einrichtungen)

577.4 Brand- und Rauchschutzabschluss durch Brandschutz- und Entrauchungsklappen

1

2

3

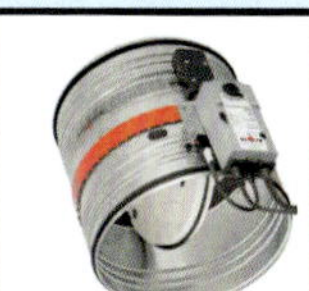
4

5

1 Standardausführung, Anschl. an Lüft.Ltg; **2** Brandschutzklappe, geeignet zur Einbindung in die Gebäudeleittechnik, Wand- und Deckeneinbau; **3** Klappe austauschbar, mit verschiedenen Einbaurahmen für unterschiedliche Wand- und Deckenarten; **4** Brandschutzventil für Zu- und Abluft, Einbau in Unterdecken F30; **5** Entrauchungsklappe für masch. Entrauchungs- und Entlüftungsanl.

577.5 Möglichkeiten zur Überbrückung von Brandwänden bzw. Brandabschnitten

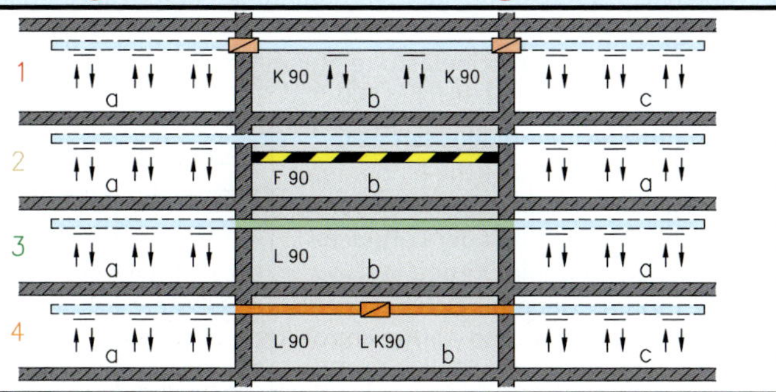

①	Abschnitte a, b, c durch Absperrvorrichtungen (Brandschutzklappen K90) getrennt
②	beide Räume a durch Kanäle bzw. Ltg. verbunden, Zwischendecke F90 schließt Kanäle gegen das Innere des Brandabschnitts ab
③	beide Räume a werden durch einen Kanal L90 verbunden
④	Räume sind durch feuerwiderstandsfähige Leitungen und Brandschutzklappe voneinander getrennt

578.1 Brandverhalten (Entstehungsphase) von Baustoffen (Bsp. synthetische Baustoffe)

578.2 Einbau von Brandschutzklappen

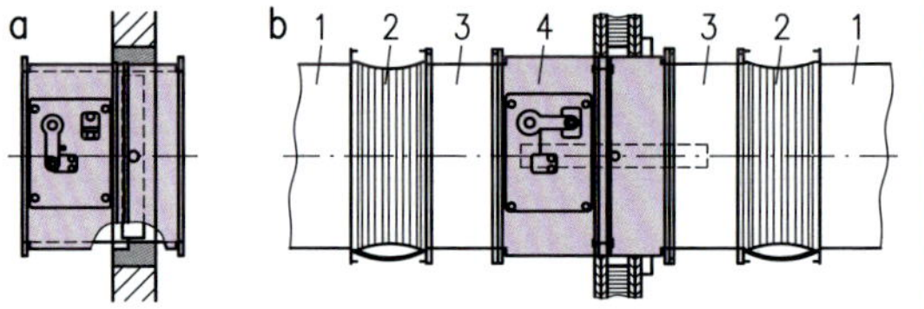

a) Einbau in massive Wand (Bedienung links), **b**) Anschluss an Lüftungsanlage: 1 Leitung, 2 flexibler Stutzen, 3 ggf. Verlängerung, 4 Brandschutzklappe

578.3 Tellerventil mit Brandschutz

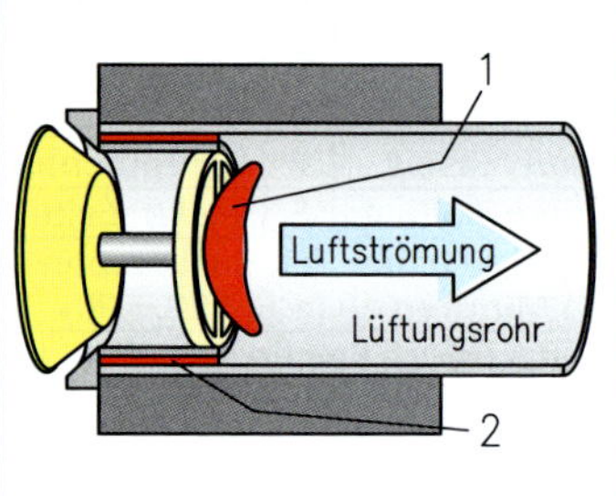

1 Kaltrauchsperre, z. B. Silikonplatte oder Regelklappe mit Haftmagnet
2 Aufschäumend bei Brandfall

Rauchsperre zu bei Luftstillstand

578.4 Brandursachenstatistik für 2016

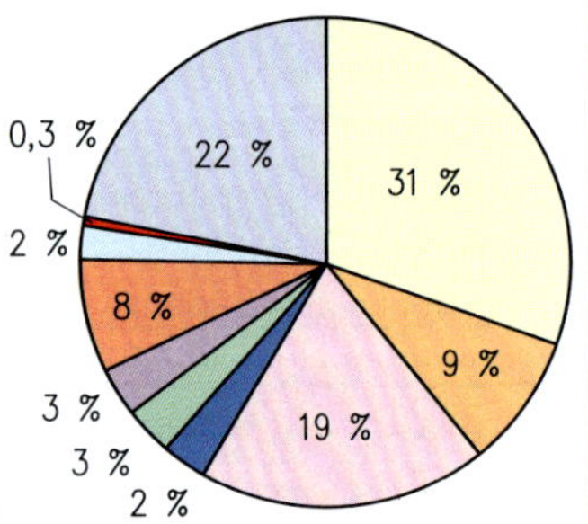

- Elektrizität
- Überhitzung
- Menschliches Fehlverhalten
- Offenes Feuer
- Selbstentzündung
- Feuergefährliches Arbeiten
- Brandstiftung
- Explosion
- Blitzschlag
- Sonstiges und unbekannt

- 2016 etwa 1500 Brandursachen ermittelt
- Relative Verteilung der Brandursachen über Jahre hinweg etwa konstant
- Schadendatenbank seit 2002
- IFS Institut für Schadenforschung (Verhütung)
- Hinweise zu Brandschutz SHK (s. 181, 253, 375, 577)

578.5 Entrauchung, Entrauchungsanlagen

- Jeder Brandvorgang wird begleitet durch den für die Menschen so schädlichen Brandrauch. Der Rauch verdrängt den Sauerstoff, wirkt selbst toxisch und ist aggressiv und **ist in der Regel gefährlicher als Feuer**. Bei einem Gebäudebrand sind ca. 70–80 % der Personenschäden auf eine Rauchvergiftung zurückzuführen (Stellenwert einer Entrauchung!).
- Der Verlauf der **Rauchgasfreisetzung** (s. 577.3) zeigt, dass dieser viel früher beginnt als die Wärmefreisetzung, und somit ist die Vergiftungsgefahr sehr früh möglich.
- Mechanische **Entrauchungssysteme** bewirken eine Verzögerung der „Verqualmung", längeres Offenhalten der Flucht- und Rettungswege und Vertreibung.
- Die mögliche Temperatur im Brandraum ist abhängig von Brandbelastung, Raumgröße, Volumenstrom, Speicherfähigkeit des Baukörpers und Branddauer (nach 1 1/2 Std. bis 200 °C)
- Eine **Rauchübertragung durch eine Lüftungsanlage** zu ermöglichen, soll möglichst in Zone 1 (s. 577.3) erfolgen („Kaltrauch"). Eine mögliche Einbindung der Anlage ist bei kontrolliertem Brand nur möglich: 1. bei einem ausreichendem Abluftstrom (meistens zu gering); 2. bei geklärter Qualität der Luftnachströmung; 3. bei ausreichendem Abstand zwischen Zulufteinführung und Rauchschicht; 4. bei optimaler Lufteinführung (unterer Raumbereich besser als Deckenbereich). Wesentliche Normen sind DIN 18232-1, -5 und -8 (Rauch- und Wärmefreihaltung, Teil 1, 5, 8).

Rauchgase	
Temp. °C	Dichte kg/m³
150	0,856
250	0,693
350	0,581
450	0,501
600	0,415

|3P Technik Filtersysteme GmbH, Bad Überkingen: 292.4, 292.5, 292.6, 292.7, 292.8, 292.9. |ACO Passavant GmbH, Philippsthal: 295.1. |AFRISO, Güglingen: 511.8, 511.11, 511.12. |Albert ROLLER GmbH & Co KG, Waiblingen: 86.8, 86.9, 86.10, 86.11, 474.1, 474.2, 474.3, 474.5, 474.6, 474.8, 474.10, 474.11, 474.12, 474.13. |Allmess GmbH, Oldenburg: 222.14, 222.15. |Arbonia Riesa GmbH, Glaubitz: 463.3, 463.4, 463.8, 463.9, 464.8. |BC GmbH Verlags- und Medien-, Forschungs- und Beratungsgesellschaft, Ingelheim: 43.14, 85.5, 85.6, 85.7, 85.8, 100.1, 100.2, 100.3, 100.4, 100.5, 100.6, 100.7, 100.8, 100.9, 100.10, 100.12, 100.13, 100.14, 100.15, 100.16, 100.19, 100.20, 100.21, 100.22, 100.23, 100.24, 100.25, 100.26, 100.27, 100.28, 100.29, 100.30, 100.31, 100.33, 100.34, 100.35, 100.36, 100.37, 100.38, 100.39, 100.40, 100.41, 100.42, 100.43, 100.44, 100.45, 100.46, 100.47, 100.48, 100.49, 100.50, 100.52, 363.1, 519.1, 519.2, 519.3, 519.4, 519.5, 519.6, 519.7, 519.8, 519.9. |BLAUBERG VENTILATOREN GMBH, München: 566.5. |Bosch Thermotechnik GmbH, Wetzlar: 71.2, 397.5, 411.2, 411.3. |Bundesanzeiger Verlag GmbH, Köln: 441.1, 441.2. |C.A.R.M.E.N. e.V., Straubing: 433.9. |Camfil GmbH, Reinfeld: 570.1, 570.2. |Clina Heiz- und Kühlelemente GmbH, Berlin: 471.10. |Courtesy of Badger Meter, Neuffen: 514.4. |DAIKIN Airconditioning Germany GmbH, Unterhaching: 511.7, 511.9, 550.1, 550.2, 550.3. |DALAP GmbH, Olbernhau: 568.6. |Dallmer GmbH + Co. KG, Arnsberg: 270.9. |Danfoss GmbH, Offenbach/Main: 25.5. |DEHOUST GmbH, Leimen: 511.10. |DEUTSCHE ROCKWOOL GmbH & Co. KG, Gladbeck: 480.6. |Di Gaspare, Michele (Bild und Technik Agentur für technische Grafik und Visualisierung), Bergheim: 13.1, 14.1, 14.2, 14.3, 14.4, 14.5, 14.6, 15.1, 15.2, 15.3, 15.4, 15.5, 15.6, 18.1, 18.2, 18.3, 18.4, 18.5, 18.6, 18.7, 18.8, 19.1, 19.2, 19.3, 19.4, 19.5, 19.6, 19.7, 19.8, 19.9, 19.10, 19.11, 20.1, 20.2, 20.3, 20.4, 20.5, 20.6, 20.7, 20.8, 20.9, 20.10, 20.11, 21.1, 21.2, 21.3, 21.4, 21.5, 21.6, 21.7, 21.8, 21.9, 21.10, 21.11, 21.12, 22.1, 22.2, 22.3, 22.4, 22.5, 22.6, 22.7, 22.8, 22.9, 22.10, 23.1, 23.2, 23.3, 23.4, 23.5, 23.6, 23.7, 24.1, 24.2, 24.3, 24.4, 24.5, 24.6, 24.7, 25.1, 25.2, 25.3, 25.4, 25.6, 26.1, 26.2, 26.3, 26.4, 27.1, 27.2, 27.3, 28.1, 28.2, 28.3, 28.4, 28.5, 28.6, 29.1, 29.2, 29.3, 29.4, 30.1, 30.2, 31.1, 31.2, 31.3, 32.1, 32.2, 32.3, 32.4, 33.1, 33.2, 34.1, 34.2, 34.3, 34.4, 35.1, 35.2, 35.3, 35.4, 35.5, 35.6, 36.1, 36.2, 36.3, 36.4, 36.5, 37.1, 37.2, 38.1, 38.2, 38.3, 38.4, 38.5, 38.6, 39.1, 39.2, 39.3, 40.1, 40.2, 40.3, 40.4, 40.5, 40.6, 40.7, 41.1, 41.2, 41.3, 41.4, 41.5, 41.6, 41.7, 41.8, 41.9, 41.10, 41.11, 41.12, 42.1, 42.2, 42.3, 42.4, 42.5, 42.6, 42.7, 42.8, 42.9, 42.10, 42.11, 42.12, 43.1, 43.2, 43.3, 43.4, 43.5, 43.6, 43.7, 43.8, 43.9, 43.10, 44.1, 44.2, 44.3, 44.4, 44.5, 44.6, 44.7, 44.8, 44.9, 45.1, 45.2, 45.3, 45.4, 45.5, 45.6, 45.7, 45.8, 45.9, 45.10, 45.11, 45.12, 47.2, 47.4, 47.5, 47.6, 47.7, 48.2, 48.3, 48.4, 48.5, 48.6, 48.7, 49.1, 49.2, 49.3, 49.4, 49.5, 50.1, 50.2, 50.3, 50.4, 50.5, 51.2, 51.3, 51.4, 52.1, 52.2, 52.3, 52.4, 52.5, 52.6, 52.7, 52.8, 53.1, 53.2, 54.1, 54.2, 54.3, 54.4, 55.1, 55.2, 56.1, 56.2, 56.3, 56.4, 56.5, 56.6, 56.7, 56.8, 56.9, 56.10, 56.11, 56.12, 56.13, 56.14, 56.15, 56.16, 56.17, 56.18, 56.19, 57.1, 57.2, 57.3, 57.4, 57.5, 57.6, 57.7, 58.1, 58.2, 59.1, 59.2, 59.3, 59.4, 60.1, 60.2, 60.3, 60.4, 60.5, 61.1, 61.2, 61.3, 61.4, 61.5, 61.6, 61.7, 61.8, 61.9, 61.10, 62.1, 62.2, 62.3, 62.4, 62.5, 62.6, 63.1, 63.2, 63.3, 63.4, 63.5, 63.6, 63.7, 63.8, 63.9, 63.10, 63.11, 63.12, 63.13, 63.14, 65.1, 65.2, 65.3, 65.4, 65.5, 65.6, 65.7, 65.8, 65.9, 66.1, 66.2, 66.3, 66.4, 66.5, 66.6, 67.1, 67.2, 67.3, 69.1, 71.1, 71.3, 72.1, 72.2, 73.1, 74.1, 74.2, 74.3, 74.4, 74.5, 74.6, 74.7, 74.8, 75.1, 75.2, 75.3, 75.4, 76.1, 77.1, 77.2, 77.3, 77.4, 77.5, 78.1, 78.2, 78.3, 78.4, 78.5, 78.6, 79.1, 79.2, 79.3, 82.1, 82.2, 82.3, 82.4, 82.5, 82.6, 82.7, 82.8, 82.9, 82.10, 82.11, 82.12, 82.13, 82.14, 82.15, 82.16, 82.17, 82.18, 82.19, 82.20, 82.21, 82.22, 82.23, 82.24, 82.25, 82.26, 83.1, 83.2, 83.3, 83.4, 83.5, 83.6, 84.1, 84.2, 84.3, 84.4, 84.5, 84.6, 84.7, 84.8, 84.9, 84.10, 85.1, 85.2, 85.3, 86.1, 86.2, 86.3, 86.4, 86.5, 86.6, 86.7, 87.1, 87.2, 87.3, 87.4, 87.5, 87.6, 89.1, 89.2, 89.3, 89.4, 89.5, 89.6, 90.1, 90.2, 90.3, 90.4, 90.5, 90.6, 90.7, 90.8, 90.9, 90.10, 90.11, 90.12, 90.13, 90.14, 90.15, 90.16, 90.17, 90.18, 90.19, 90.20, 90.21, 90.22, 90.23, 91.1, 91.2, 91.3, 91.4, 91.5, 91.6, 91.7, 91.8, 91.9, 91.10, 91.11, 91.12, 92.1, 93.1, 93.2, 93.3, 93.4, 93.5, 93.6, 93.7, 93.8, 93.9, 93.10, 93.11, 93.12, 93.13, 93.14, 93.15, 93.16, 93.17, 93.18, 94.1, 94.2, 94.3, 94.4, 94.5, 94.6, 94.7, 94.8, 94.9, 94.10, 94.11, 94.12, 94.13, 94.14, 94.15, 94.16, 94.17, 94.18, 94.19, 94.20, 94.21, 94.22, 94.23, 94.24, 94.25, 94.26, 94.27, 94.28, 94.29, 94.30, 94.31, 94.32, 94.33, 94.34, 94.35, 94.36, 94.37, 94.38, 94.39, 94.40, 94.41, 94.42, 94.43, 94.44, 94.45, 94.46, 94.47, 94.48, 94.49, 94.50, 94.51, 94.52, 94.53, 94.54, 94.55, 94.56, 94.57, 94.58, 94.59, 94.60, 94.61, 94.62, 94.63, 94.64, 94.65, 94.66, 94.67, 94.68, 94.69, 94.70, 94.71, 94.72, 94.73, 94.74, 94.75, 94.76, 94.77, 94.78, 94.79, 94.80, 94.81, 94.82, 94.83, 94.84, 94.85, 95.1, 95.2, 95.3, 95.4, 95.5, 95.6, 95.7, 95.8, 95.9, 95.10, 95.11, 95.12, 95.13, 95.14, 95.15, 95.16, 95.17, 95.18, 95.19, 95.20, 95.21, 95.22, 95.23, 95.24, 95.25, 95.26, 95.27, 95.28, 95.29, 95.30, 95.31, 95.32, 95.33, 95.34, 95.35, 95.36, 95.37, 95.38, 95.39, 95.40, 95.41, 95.42, 95.43, 95.44, 95.45, 95.46, 95.47, 95.48, 95.49, 95.50, 95.51, 95.52, 95.53, 95.54, 95.55, 95.56, 95.57, 95.58, 95.59, 95.60, 95.61, 95.62, 95.63, 95.64, 95.65, 95.66, 95.67, 95.68, 95.69, 95.70, 95.71, 95.72, 95.73, 95.74, 95.75, 95.76, 95.77, 95.78, 96.1, 96.2, 96.3, 96.4, 96.5, 96.6, 96.7, 96.8, 96.9, 96.10, 96.11, 96.12, 96.13, 96.14, 96.15, 96.16, 96.17, 96.18, 96.19, 96.20, 96.21, 96.22, 96.23, 96.24, 96.25, 96.26, 96.27, 96.28, 96.29, 96.30, 96.31, 96.32, 96.33, 96.34, 96.35, 96.36, 96.37, 96.38, 96.39, 96.40, 96.41, 96.42, 96.43, 96.44, 96.45, 96.46, 96.47, 96.48, 96.49, 96.50, 96.51, 96.52, 96.53, 96.54, 96.55, 96.56, 96.57, 96.58, 96.59, 96.60, 96.61, 96.62, 96.63, 96.64, 96.65, 97.1, 97.2, 97.3, 97.4, 97.5, 97.6, 97.7, 97.8, 97.9, 97.10, 97.11, 97.12, 97.13, 97.14, 97.15, 97.16, 97.17, 97.18, 97.19, 97.20, 97.21, 97.22, 97.23, 97.24, 97.25, 97.26, 97.27, 97.28, 97.29, 97.30, 97.31, 97.32, 97.33, 97.34, 97.35, 97.36, 97.37, 97.38, 97.39, 97.40, 97.41, 97.42, 97.43, 97.44, 97.45, 97.46, 97.47, 97.48, 97.49, 97.50, 97.51, 97.52, 97.53, 97.54, 97.55, 97.56, 97.57, 97.58, 97.59, 97.60, 98.1, 98.2, 98.3, 98.4, 98.5, 98.6, 98.7, 98.8, 98.9, 98.10, 98.11, 98.12, 98.13, 98.14, 98.15, 98.16, 98.17, 98.18, 98.19, 98.20, 98.21, 98.22, 98.23, 98.24, 98.25, 98.26, 98.27, 98.28, 98.29, 98.30, 98.31, 98.32, 98.33, 98.34, 98.35, 98.36, 98.37, 98.38, 98.39, 98.40, 98.41, 98.42, 98.43, 98.44, 98.45, 98.46, 98.47, 98.48, 98.49, 98.50, 98.51, 98.52, 98.53, 98.54, 98.55, 98.56, 98.57, 98.58, 98.59, 98.60, 98.61, 98.62, 98.63, 98.64, 98.65, 98.66, 98.67, 98.68, 98.69, 98.70, 98.71, 98.72, 98.73, 98.74, 98.75, 98.76, 98.77, 98.78, 98.79, 98.80, 98.81, 98.82, 98.83, 99.1, 99.2, 99.3, 99.4, 99.5, 99.6, 99.7, 99.8, 99.9,

99.10, 99.11, 99.12, 99.13, 99.14, 99.15, 99.16, 99.17, 99.18, 99.19, 99.20, 99.21, 99.22, 99.23, 99.24, 99.25, 99.26, 99.27, 99.28, 99.29, 99.30, 99.31, 99.32, 99.33, 99.34, 99.35, 99.36, 99.37, 99.38, 99.39, 99.40, 99.41, 99.42, 99.43, 99.44, 99.45, 99.46, 99.47, 99.48, 99.49, 99.50, 99.51, 99.52, 99.53, 99.54, 99.55, 99.56, 99.57, 99.58, 99.59, 99.60, 99.61, 99.62, 99.63, 99.64, 99.65, 99.66, 99.67, 99.68, 99.69, 99.70, 99.71, 99.72, 99.73, 99.74, 99.75, 99.76, 101.1, 101.2, 112.1, 112.2, 112.3, 113.1, 125.1, 125.2, 125.3, 126.1, 126.2, 126.3, 126.4, 127.1, 127.2, 127.3, 127.4, 127.5, 127.6, 127.7, 127.8, 129.1, 129.2, 129.3, 129.4, 130.1, 130.2, 130.3, 132.1, 133.1, 133.2, 133.3, 133.4, 135.4, 136.1, 138.1, 138.2, 138.3, 138.4, 138.5, 138.6, 138.7, 138.8, 138.9, 138.10, 138.11, 138.12, 138.13, 138.14, 138.15, 138.16, 138.17, 138.18, 138.19, 138.20, 138.21, 138.22, 138.23, 138.24, 138.25, 138.26, 138.27, 138.28, 138.29, 138.30, 138.31, 138.32, 139.1, 139.2, 139.3, 139.4, 139.5, 139.6, 139.7, 139.8, 139.9, 139.10, 139.11, 139.12, 139.13, 139.14, 139.15, 139.16, 139.17, 139.18, 139.19, 139.20, 139.21, 139.22, 139.23, 139.24, 139.25, 139.26, 139.27, 139.28, 139.29, 139.30, 139.31, 139.32, 140.1, 140.2, 140.3, 141.1, 141.2, 141.3, 141.4, 141.5, 141.6, 141.7, 141.8, 141.9, 141.10, 141.11, 142.1, 142.2, 142.3, 142.4, 142.5, 142.6, 142.7, 142.8, 142.9, 143.1, 143.2, 143.3, 143.4, 143.5, 143.6, 144.1, 144.2, 144.3, 144.4, 144.5, 144.6, 144.7, 144.8, 144.9, 144.10, 145.1, 145.2, 145.3, 145.4, 145.5, 145.6, 145.7, 145.8, 145.9, 145.10, 145.11, 145.12, 145.13, 145.14, 145.15, 145.16, 145.17, 145.18, 145.19, 145.20, 145.21, 145.22, 145.23, 145.24, 145.25, 145.26, 145.27, 146.1, 146.2, 146.3, 146.4, 146.5, 146.6, 146.7, 146.8, 146.9, 146.10, 146.11, 146.12, 146.13, 146.14, 146.15, 146.16, 146.17, 146.18, 146.19, 146.20, 146.21, 146.22, 146.23, 146.24, 146.25, 146.26, 147.1, 147.2, 147.3, 147.4, 147.5, 147.6, 147.7, 147.8, 147.9, 147.10, 147.11, 148.1, 148.2, 148.3, 148.4, 148.5, 148.6, 148.7, 148.8, 148.9, 148.11, 148.12, 148.13, 148.14, 148.15, 149.1, 149.2, 149.3, 149.4, 149.5, 149.6, 149.7, 149.8, 149.9, 149.10, 149.11, 149.12, 149.13, 149.14, 149.15, 150.1, 150.2, 150.3, 150.4, 150.5, 150.6, 150.7, 150.8, 150.9, 150.10, 150.11, 150.12, 150.13, 150.14, 150.15, 150.16, 150.17, 150.18, 150.19, 150.20, 150.21, 150.22, 150.23, 150.24, 150.25, 150.26, 151.1, 151.2, 151.3, 151.4, 151.5, 151.6, 151.7, 151.8, 151.9, 151.10, 151.11, 151.12, 151.13, 151.14, 151.15, 151.16, 151.17, 151.18, 152.1, 152.2, 152.3, 152.4, 152.5, 152.6, 152.7, 152.8, 152.9, 152.10, 152.11, 152.12, 152.13, 152.14, 153.1, 153.2, 153.3, 153.4, 153.5, 153.6, 153.7, 153.8, 153.9, 153.10, 153.11, 153.12, 154.1, 154.2, 154.3, 154.4, 154.5, 154.6, 154.7, 154.8, 154.9, 154.10, 154.11, 155.1, 155.2, 155.3, 155.4, 155.5, 155.6, 155.7, 155.8, 155.9, 156.1, 156.2, 156.3, 156.4, 156.5, 156.6, 156.7, 156.8, 156.9, 156.10, 156.11, 156.12, 156.13, 156.14, 156.15, 156.16, 156.17, 156.18, 156.19, 156.20, 156.21, 156.22, 156.23, 156.24, 156.25, 156.26, 156.27, 156.28, 156.29, 156.30, 156.31, 156.32, 156.33, 156.34, 156.35, 156.36, 156.37, 156.38, 156.39, 156.40, 156.41, 156.42, 156.43, 157.1, 157.2, 157.3, 157.4, 157.5, 157.6, 157.7, 157.8, 157.9, 157.10, 157.11, 157.12, 157.13, 157.14, 157.15, 157.16, 157.17, 157.18, 157.19, 157.20, 157.21, 157.22, 157.23, 157.24, 158.1, 159.1, 159.2, 159.3, 159.4, 159.5, 159.6, 159.7, 159.8, 159.9, 159.10, 159.11, 159.12, 159.13, 159.14, 160.1, 160.2, 160.3, 160.4, 160.5, 160.6, 160.7, 160.8, 160.9, 160.10, 160.11, 160.12, 160.13, 160.14, 160.15, 160.16, 160.17, 160.18, 160.19, 160.20, 160.21, 160.22, 160.23, 160.24, 160.25, 160.26, 161.1, 161.2, 161.3, 161.4, 161.5, 161.6, 161.7, 161.8, 161.9, 161.10, 161.11, 161.12, 161.13, 161.14, 161.15, 161.16, 162.1, 162.2, 162.3, 162.4, 162.5, 162.6, 162.7, 162.8, 162.9, 162.10, 162.11, 163.1, 163.2, 163.3, 163.4, 163.5, 163.6, 163.7, 163.8, 163.9, 163.10, 163.11, 163.12, 163.13, 163.14, 163.15, 164.1, 164.2, 164.3, 164.4, 164.5, 164.6, 164.7, 164.8, 164.9, 164.10, 164.11, 164.12, 164.13, 164.14, 165.1, 165.2, 165.3, 165.4, 165.5, 165.6, 166.1, 166.2, 166.3, 166.4, 167.1, 167.2, 172.1, 172.2, 172.3, 172.4, 172.5, 172.6, 172.7, 172.8, 172.9, 173.1, 173.2, 173.3, 173.4, 173.5, 173.6, 173.7, 173.8, 173.9, 174.1, 174.2, 174.3, 174.4, 174.5, 174.6, 174.7, 174.8, 175.1, 175.2, 175.3, 175.4, 175.5, 175.6, 175.7, 175.8, 175.9, 175.10, 176.1, 176.2, 176.3, 176.4, 176.5, 176.6, 176.7, 176.8, 176.9, 176.10, 176.11, 176.12, 176.13, 176.14, 176.15, 176.16, 176.17, 176.18, 176.19, 176.20, 176.21, 176.22, 176.23, 176.24, 176.25, 176.26, 176.27, 176.28, 176.29, 177.1, 177.2, 177.3, 177.4, 177.5, 177.6, 177.7, 177.8, 177.9, 177.10, 177.11, 177.12, 177.13, 177.14, 177.15, 177.16, 177.17, 177.18, 177.19, 177.20, 177.21, 177.22, 177.23, 177.24, 177.25, 177.26, 177.27, 177.28, 177.29, 177.30, 177.31, 177.32, 177.33, 177.34, 177.35, 177.36, 177.37, 177.38, 177.39, 177.40, 177.41, 177.42, 177.43, 177.44, 177.45, 177.46, 177.47, 177.48, 177.49, 177.50, 178.1, 179.2, 179.3, 179.4, 179.5, 179.6, 179.7, 179.8, 179.9, 179.10, 179.11, 179.12, 180.1, 181.1, 181.2, 181.3, 181.4, 181.5, 181.6, 181.7, 181.8, 181.9, 181.10, 181.11, 181.12, 181.13, 181.14, 181.15, 181.16, 181.17, 181.18, 181.19, 181.20, 181.21, 181.22, 181.23, 181.24, 181.25, 181.26, 181.27, 181.28, 181.29, 181.30, 181.31, 181.32, 183.1, 183.2, 183.3, 183.4, 183.5, 183.6, 184.1, 184.2, 184.3, 184.4, 184.5, 184.6, 184.7, 184.8, 184.9, 185.1, 185.2, 185.3, 185.4, 185.5, 185.6, 186.1, 186.2, 186.3, 186.4, 186.5, 186.6, 186.7, 186.8, 187.1, 187.2, 187.3, 187.4, 187.5, 187.6, 187.7, 187.8, 187.9, 187.10, 187.11, 187.12, 187.13, 188.1, 188.2, 189.1, 189.2, 189.3, 189.4, 189.5, 189.6, 189.7, 189.8, 189.9, 189.10, 190.1, 190.2, 190.3, 192.1, 192.2, 193.1, 193.2, 193.3, 194.1, 194.2, 196.1, 196.3, 197.1, 197.2, 197.3, 197.4, 197.5, 197.6, 197.7, 197.8, 197.9, 198.1, 198.2, 198.3, 198.4, 198.5, 198.6, 198.7, 198.8, 198.10, 198.11, 198.12, 199.1, 199.2, 199.5, 199.6, 199.7, 200.1, 200.2, 201.1, 201.2, 201.3, 201.4, 201.5, 201.6, 203.1, 203.2, 203.3, 204.1, 204.2, 204.3, 205.1, 205.2, 207.1, 207.2, 207.3, 207.4, 207.5, 207.6, 207.7, 207.8, 207.9, 207.10, 207.11, 207.12, 207.13, 207.14, 207.15, 207.16, 207.17, 207.18, 207.19, 207.20, 207.21, 207.22, 207.23, 208.1, 208.2, 208.3, 208.4, 208.5, 208.6, 208.7, 208.8, 208.9, 208.10, 208.11, 208.12, 208.13, 208.14, 208.15, 208.16, 208.17, 208.18, 208.19, 208.20, 208.21, 208.22, 208.23, 208.24, 208.25, 208.26, 208.27, 208.28, 208.29, 208.30, 208.31, 208.32, 208.33, 208.34, 208.35, 208.36, 208.37, 208.38, 208.39, 208.40, 208.41, 208.42, 208.43, 208.44, 208.45, 208.46, 208.47, 208.48, 208.49, 208.50, 208.51, 208.52, 208.53, 208.54, 208.55, 208.56, 208.57, 208.58, 208.59, 208.60, 208.61, 208.62, 208.63, 208.64, 208.65, 208.66, 208.67, 208.68, 208.69, 208.70, 208.71, 208.72, 208.73, 208.74, 208.75, 208.76, 208.77, 209.1, 209.2, 209.3, 209.4, 209.5, 209.6, 209.7, 209.8, 209.9, 209.10, 209.11, 209.12, 209.13, 209.14, 209.15,

209.16, 209.17, 209.18, 210.1, 210.2, 210.3, 210.4, 210.5, 210.6, 210.7, 210.8, 210.9, 210.10, 210.11, 210.12, 210.13, 210.14, 210.15, 210.16, 210.17, 210.18, 210.19, 210.20, 210.21, 210.22, 210.23, 211.1, 211.2, 211.4, 211.5, 212.1, 212.2, 212.3, 212.4, 216.1, 216.2, 216.3, 217.11, 217.12, 217.13, 217.14, 217.15, 218.1, 218.2, 218.3, 218.4, 218.5, 218.6, 218.7, 218.8, 218.9, 218.10, 218.11, 219.1, 219.2, 219.3, 219.4, 219.5, 219.6, 219.7, 219.8, 219.9, 219.10, 219.11, 219.12, 220.1, 220.2, 220.3, 220.4, 220.5, 220.6, 220.7, 220.8, 220.9, 220.10, 220.11, 220.12, 220.13, 220.14, 220.15, 221.1, 221.2, 221.3, 221.4, 221.5, 221.6, 221.7, 221.8, 222.1, 222.2, 222.3, 222.4, 222.5, 222.6, 222.7, 222.8, 222.10, 222.11, 222.12, 222.13, 222.16, 222.17, 223.1, 223.2, 223.3, 227.1, 228.1, 229.1, 231.1, 231.2, 231.3, 232.1, 232.2, 233.1, 233.2, 233.3, 233.4, 233.5, 233.6, 233.7, 233.8, 233.9, 233.10, 233.11, 233.12, 233.13, 233.14, 233.15, 233.16, 233.17, 233.18, 234.1, 235.1, 236.1, 236.2, 236.3, 236.4, 236.5, 237.1, 237.2, 237.3, 238.1, 238.2, 238.3, 238.4, 239.1, 239.2, 239.3, 239.5, 239.6, 240.1, 240.2, 240.3, 240.4, 240.5, 247.1, 247.2, 247.3, 247.4, 247.5, 247.6, 248.1, 248.2, 248.3, 248.4, 248.5, 248.6, 249.2, 249.3, 249.4, 249.5, 249.9, 249.10, 250.1, 250.2, 250.3, 250.4, 250.5, 250.6, 250.7, 250.8, 250.9, 251.1, 251.2, 251.4, 251.6, 251.7, 251.12, 252.3, 252.4, 253.1, 253.2, 255.1, 256.1, 256.2, 256.3, 256.4, 256.5, 256.6, 256.7, 256.8, 256.9, 256.10, 256.11, 256.12, 256.13, 256.14, 256.15, 256.16, 256.17, 257.1, 257.2, 257.3, 257.4, 257.5, 257.6, 257.7, 257.8, 257.9, 257.10, 257.11, 257.12, 257.13, 257.14, 257.15, 257.16, 257.17, 258.1, 258.2, 258.3, 258.4, 258.5, 258.6, 258.7, 258.8, 258.9, 258.10, 258.11, 258.12, 258.13, 258.14, 258.15, 258.16, 258.17, 258.18, 258.19, 258.20, 258.21, 259.1, 259.2, 259.3, 259.4, 259.5, 259.6, 259.7, 259.8, 259.9, 259.10, 259.11, 259.12, 260.1, 260.2, 260.3, 260.4, 260.5, 260.6, 260.7, 260.8, 260.9, 260.10, 260.11, 261.1, 261.2, 261.3, 261.4, 261.5, 261.6, 261.7, 261.8, 261.9, 261.10, 261.11, 261.12, 261.13, 261.14, 261.15, 261.16, 261.17, 261.18, 261.19, 261.20, 261.21, 262.1, 262.2, 262.3, 262.4, 262.5, 262.6, 262.7, 262.8, 262.9, 262.10, 262.11, 262.12, 262.13, 262.14, 262.15, 262.16, 262.17, 262.18, 262.19, 262.20, 262.21, 262.22, 262.23, 262.24, 262.25, 263.1, 263.2, 263.3, 263.4, 263.5, 264.1, 264.2, 264.3, 264.4, 264.5, 264.6, 264.7, 264.8, 264.9, 265.1, 265.2, 265.3, 265.9, 265.11, 265.12, 265.13, 265.14, 265.15, 265.16, 265.17, 265.18, 266.1, 266.2, 266.3, 266.4, 266.5, 266.6, 266.7, 266.8, 267.1, 267.2, 267.3, 267.4, 267.5, 267.6, 267.7, 267.8, 267.9, 267.10, 267.11, 267.13, 267.14, 267.15, 267.16, 267.17, 267.18, 267.19, 267.20, 267.21, 267.22, 268.1, 268.2, 268.3, 268.4, 268.5, 268.6, 268.7, 268.8, 268.9, 268.10, 268.11, 268.13, 268.14, 268.17, 269.1, 269.2, 269.3, 269.4, 269.5, 269.6, 269.7, 269.8, 269.9, 269.10, 269.11, 269.12, 269.13, 269.14, 269.15, 269.16, 269.17, 269.18, 270.1, 270.2, 270.3, 270.4, 270.5, 270.6, 270.7, 270.8, 270.10, 270.11, 270.12, 270.13, 270.14, 270.15, 270.16, 270.17, 270.18, 270.19, 270.20, 271.1, 271.2, 271.3, 272.1, 272.2, 272.3, 272.4, 272.5, 272.6, 272.7, 272.8, 273.1, 276.1, 279.1, 280.1, 280.2, 280.3, 280.4, 280.5, 280.6, 281.1, 281.2, 281.3, 281.4, 281.5, 281.6, 281.7, 282.1, 282.2, 283.1, 283.2, 283.3, 283.4, 283.5, 284.1, 284.2, 284.3, 284.4, 284.5, 284.6, 284.7, 284.8, 284.9, 284.10, 284.11, 284.12, 284.13, 284.14, 285.1, 285.2, 285.3, 285.4, 285.5, 285.6, 285.7, 285.8, 285.9, 285.10, 285.11, 285.12, 285.13, 285.14, 286.1, 286.2, 286.3, 286.4, 286.5, 286.6, 286.7, 286.8, 286.9, 286.10, 286.11, 286.12, 287.1, 287.2, 287.3, 287.4, 287.5, 287.6, 288.1, 288.2, 288.3, 288.4, 288.5, 288.6, 288.7, 288.8, 288.9, 289.1, 289.2, 289.3, 289.4, 289.5, 289.6, 290.1, 290.2, 290.3, 290.4, 290.5, 290.6, 290.7, 290.8, 290.9, 290.10, 291.1, 291.2, 291.3, 291.4, 291.5, 291.6, 291.8, 291.9, 291.10, 291.11, 291.13, 291.14, 292.1, 292.2, 292.3, 292.10, 292.11, 293.1, 293.2, 293.3, 293.4, 293.5, 293.6, 293.10, 293.11, 293.12, 294.2, 294.3, 294.4, 294.5, 294.6, 295.2, 295.3, 295.4, 295.5, 295.6, 295.7, 296.1, 296.2, 296.3, 296.4, 296.5, 296.6, 296.7, 296.8, 297.1, 298.1, 298.2, 298.3, 299.1, 299.2, 299.3, 299.4, 299.5, 299.6, 299.7, 299.8, 299.9, 299.10, 299.11, 299.12, 299.13, 299.14, 299.15, 299.16, 300.1, 300.2, 300.3, 300.4, 300.5, 301.1, 301.2, 301.3, 301.4, 301.5, 301.6, 301.7, 301.8, 301.9, 303.1, 305.1, 305.2, 305.3, 305.4, 305.5, 305.6, 305.7, 305.8, 305.9, 306.1, 306.2, 310.1, 311.1, 311.2, 311.3, 311.4, 312.1, 312.2, 312.3, 312.4, 312.5, 312.6, 312.7, 312.8, 312.9, 312.10, 312.11, 312.12, 313.2, 313.3, 313.4, 313.5, 314.1, 314.2, 314.3, 314.4, 314.5, 314.6, 314.7, 314.8, 314.9, 315.1, 315.2, 315.3, 315.4, 315.6, 315.7, 315.8, 315.10, 315.11, 315.12, 315.14, 315.15, 315.17, 315.20, 315.24, 315.25, 315.26, 315.27, 316.1, 316.2, 316.3, 316.4, 316.5, 316.6, 316.7, 316.8, 316.9, 316.10, 316.11, 316.12, 316.13, 316.14, 316.15, 316.16, 316.17, 316.18, 316.19, 316.20, 316.21, 316.22, 316.23, 316.24, 316.25, 316.26, 316.27, 316.28, 316.29, 316.30, 316.31, 316.32, 316.33, 316.35, 316.36, 316.37, 316.38, 316.39, 316.40, 316.41, 316.42, 316.43, 317.8, 317.9, 317.10, 317.11, 317.12, 317.13, 317.14, 317.15, 317.16, 318.1, 318.2, 318.7, 318.8, 318.9, 318.10, 318.13, 318.14, 318.15, 318.16, 318.17, 318.18, 318.19, 318.20, 318.21, 318.22, 318.23, 318.24, 319.1, 319.2, 319.3, 319.4, 319.5, 319.6, 319.7, 319.8, 319.12, 319.13, 319.15, 319.16, 319.17, 319.18, 319.19, 319.20, 319.21, 320.1, 320.2, 320.3, 320.4, 320.5, 320.6, 320.7, 320.8, 320.9, 320.10, 320.11, 320.12, 320.13, 320.14, 320.15, 320.16, 320.17, 320.18, 320.19, 320.21, 320.22, 320.23, 320.24, 320.26, 320.27, 320.28, 320.29, 321.1, 321.2, 321.3, 321.4, 321.5, 321.6, 321.7, 321.8, 321.9, 321.10, 321.11, 321.12, 321.13, 321.14, 321.15, 321.16, 321.17, 321.18, 321.19, 321.20, 321.21, 321.22, 321.23, 321.24, 321.25, 322.1, 322.2, 322.3, 322.4, 322.5, 322.6, 322.7, 322.8, 322.9, 322.10, 322.11, 322.12, 322.13, 322.14, 322.15, 322.16, 322.17, 322.18, 323.1, 323.2, 323.3, 323.4, 323.5, 323.6, 323.7, 323.8, 323.9, 323.10, 323.11, 323.12, 323.13, 323.14, 323.15, 323.16, 323.17, 323.18, 323.19, 323.20, 323.21, 323.22, 323.23, 323.24, 323.25, 324.1, 324.2, 324.3, 324.4, 324.5, 324.6, 324.7, 324.8, 324.9, 324.10, 324.11, 324.12, 324.13, 324.14, 324.15, 324.16, 324.17, 324.18, 324.19, 324.20, 324.21, 324.22, 324.23, 324.24, 325.1, 325.2, 325.3, 325.4, 325.5, 325.6, 325.7, 325.8, 325.9, 325.10, 325.11, 325.12, 325.13, 325.14, 325.15, 325.16, 325.17, 326.1, 328.1, 328.2, 328.3, 328.4, 329.1, 329.2, 329.3, 329.4, 329.5, 329.6, 329.7, 329.8, 329.9, 332.1, 332.2, 332.3, 332.4, 332.5, 332.6, 332.7, 332.8, 332.9, 332.10, 332.11, 332.12, 332.13, 332.14, 334.1, 334.2, 334.3, 334.4, 334.5, 334.6, 334.7, 334.8, 334.9, 334.10, 334.11, 334.12, 334.13, 334.14, 334.15, 337.1, 339.1, 339.2, 340.1, 340.3, 340.4, 340.5, 340.6, 340.7, 341.1, 341.3, 341.4, 341.5, 341.6, 341.7, 342.1, 342.2, 342.3, 342.4, 342.5, 342.6, 343.1, 343.2, 343.3, 343.4,

343.5, 343.6, 343.7, 343.8, 343.9, 343.10, 343.11, 343.12, 343.13, 343.14, 343.15, 343.16, 343.17, 343.18, 343.19, 344.1, 344.2, 344.3, 344.4, 344.5, 344.6, 344.7, 344.8, 344.9, 344.10, 344.11, 347.1, 347.2, 348.1, 349.1, 350.1, 351.1, 351.2, 351.3, 351.4, 351.5, 351.6, 352.1, 352.2, 356.1, 356.2, 356.3, 357.1, 357.2, 357.3, 357.4, 357.5, 357.6, 357.7, 357.8, 357.9, 357.10, 357.11, 357.12, 358.1, 358.2, 359.1, 359.2, 359.3, 359.4, 359.5, 359.6, 359.7, 359.8, 359.9, 359.10, 359.11, 359.12, 361.1, 361.2, 361.3, 361.4, 361.5, 361.6, 361.7, 361.8, 362.1, 362.2, 362.3, 362.4, 363.5, 363.6, 363.7, 363.8, 363.9, 363.10, 363.11, 364.1, 366.1, 366.2, 367.1, 367.2, 367.3, 368.1, 368.2, 368.3, 368.4, 368.5, 368.7, 370.1, 370.2, 370.3, 371.1, 371.2, 371.3, 372.1, 372.2, 372.3, 372.4, 372.5, 373.1, 373.3, 373.4, 373.6, 373.7, 373.8, 373.9, 373.10, 373.11, 373.12, 373.13, 373.14, 374.1, 374.2, 374.3, 374.4, 374.5, 374.6, 374.7, 374.8, 374.9, 375.1, 375.2, 375.3, 375.4, 375.5, 375.6, 375.7, 375.8, 376.11, 376.12, 379.1, 379.2, 379.3, 379.4, 379.5, 379.6, 379.7, 379.8, 379.9, 379.10, 379.11, 379.12, 379.13, 379.14, 383.1, 383.2, 383.3, 383.4, 384.1, 384.2, 384.3, 384.4, 385.1, 385.2, 385.3, 385.4, 385.5, 386.1, 386.2, 386.3, 388.1, 388.2, 388.3, 390.1, 390.2, 390.3, 391.2, 391.3, 391.4, 391.5, 392.1, 392.2, 392.3, 392.4, 392.5, 392.6, 393.1, 393.2, 393.3, 393.4, 393.5, 393.6, 394.1, 394.2, 394.3, 394.4, 394.5, 394.6, 394.7, 394.8, 395.1, 395.2, 395.3, 395.4, 395.9, 396.1, 396.2, 396.3, 396.4, 396.5, 397.1, 397.2, 397.3, 397.4, 398.1, 398.3, 398.4, 398.5, 399.1, 399.2, 399.3, 399.4, 400.1, 400.2, 400.3, 400.4, 400.5, 400.6, 400.7, 400.8, 400.9, 400.10, 400.11, 400.12, 400.13, 400.14, 401.1, 401.2, 401.3, 401.4, 401.5, 401.6, 401.7, 401.8, 402.1, 402.2, 402.3, 402.4, 402.5, 402.6, 402.7, 402.8, 402.9, 402.10, 403.1, 403.2, 404.1, 404.2, 404.3, 404.4, 404.5, 404.6, 405.1, 406.1, 407.1, 407.2, 407.3, 408.1, 408.2, 408.3, 409.1, 410.1, 410.2, 410.3, 410.4, 410.5, 410.6, 410.7, 411.1, 411.4, 411.5, 412.1, 412.2, 412.3, 412.4, 412.5, 413.1, 413.2, 413.3, 414.1, 414.2, 415.1, 415.2, 415.3, 415.4, 415.5, 416.1, 416.2, 416.3, 416.4, 416.5, 417.1, 417.4, 417.5, 418.1, 419.1, 419.3, 419.4, 420.1, 420.2, 420.3, 420.4, 421.3, 421.4, 421.5, 422.1, 422.2, 422.3, 422.4, 422.5, 422.6, 423.1, 423.2, 423.3, 423.4, 423.5, 423.6, 423.7, 423.8, 424.1, 424.2, 424.3, 424.4, 424.5, 424.6, 424.7, 424.8, 424.9, 425.1, 425.2, 425.3, 425.4, 425.5, 426.1, 426.2, 426.3, 426.4, 426.5, 426.6, 426.8, 426.10, 427.1, 427.3, 427.4, 428.4, 428.5, 428.6, 428.7, 429.1, 429.2, 429.7, 430.1, 432.3, 433.1, 433.2, 433.4, 433.5, 433.7, 433.8, 433.11, 433.12, 433.13, 433.14, 434.1, 436.1, 437.1, 437.2, 438.1, 438.2, 440.1, 444.1, 445.1, 446.1, 446.2, 446.3, 446.4, 446.5, 446.6, 446.7, 446.8, 446.9, 446.10, 446.11, 446.12, 446.13, 446.14, 450.1, 450.2, 450.3, 452.1, 452.2, 452.3, 452.4, 452.5, 452.6, 453.1, 455.1, 456.1, 457.1, 457.2, 457.3, 457.4, 457.5, 457.6, 457.7, 457.8, 457.9, 457.10, 457.11, 457.12, 458.1, 458.5, 458.6, 458.7, 458.8, 458.9, 458.11, 458.12, 459.1, 459.3, 459.4, 460.1, 460.2, 461.1, 462.1, 462.2, 462.3, 462.4, 462.6, 462.7, 462.8, 463.1, 463.2, 463.5, 463.6, 463.7, 464.1, 464.2, 464.3, 464.4, 464.5, 464.6, 464.7, 465.1, 465.2, 465.3, 465.4, 465.5, 466.1, 466.2, 466.3, 466.4, 466.5, 466.6, 467.1, 467.2, 467.3, 468.1, 468.2, 468.3, 468.4, 468.5, 468.6, 468.8, 468.9, 470.1, 470.2, 470.4, 470.5, 471.1, 471.2, 471.3, 471.4, 471.5, 471.6, 471.7, 471.8, 471.9, 471.11, 472.1, 472.2, 472.3, 472.4, 472.5, 476.1, 476.2, 476.3, 476.4, 476.5, 476.6, 476.7, 476.8, 476.9, 476.10, 476.11, 476.12, 476.13, 476.14, 476.15, 476.16, 476.17, 476.18, 476.19, 476.20, 476.21, 476.22, 476.23, 476.24, 476.25, 477.1, 477.2, 478.1, 478.2, 478.3, 478.4, 478.5, 479.1, 479.2, 479.3, 479.4, 480.1, 480.2, 481.1, 481.2, 481.3, 482.4, 482.6, 483.1, 483.2, 483.3, 483.4, 483.5, 483.6, 483.7, 483.8, 483.9, 483.10, 483.11, 483.12, 483.13, 483.14, 484.1, 484.2, 484.3, 484.4, 485.1, 485.2, 485.3, 485.5, 485.6, 485.7, 486.1, 486.2, 486.3, 486.4, 486.5, 486.6, 487.1, 487.2, 487.3, 487.4, 487.5, 487.6, 487.7, 487.8, 488.1, 489.1, 489.2, 489.3, 489.4, 489.5, 490.1, 491.1, 492.1, 492.2, 492.3, 492.4, 492.5, 492.6, 492.7, 492.8, 493.1, 493.2, 493.3, 493.4, 493.5, 493.6, 493.7, 493.8, 493.9, 494.1, 494.2, 494.3, 495.1, 495.2, 495.3, 495.4, 496.1, 496.2, 496.3, 496.4, 496.5, 496.6, 496.7, 496.8, 496.9, 497.2, 497.3, 497.4, 497.5, 497.6, 497.7, 497.8, 498.1, 498.3, 499.1, 499.2, 499.3, 499.4, 499.5, 499.6, 499.7, 499.8, 500.1, 501.1, 501.2, 501.3, 502.1, 502.2, 502.3, 503.2, 504.1, 504.2, 504.3, 504.4, 505.1, 505.2, 505.3, 505.4, 505.5, 506.1, 507.1, 507.2, 508.1, 508.2, 508.3, 509.2, 509.3, 511.1, 511.2, 511.3, 511.4, 511.5, 511.6, 512.1, 512.2, 512.3, 513.1, 513.2, 513.3, 514.1, 514.2, 514.3, 514.5, 514.6, 515.1, 516.1, 516.2, 516.3, 517.1, 517.2, 518.1, 520.1, 523.1, 524.1, 524.2, 524.3, 524.4, 524.5, 524.6, 524.7, 525.1, 525.2, 525.3, 526.1, 526.2, 526.3, 526.4, 526.5, 526.6, 527.1, 527.2, 527.3, 527.4, 528.1, 528.2, 528.3, 529.1, 529.2, 529.3, 529.4, 529.5, 529.6, 529.7, 529.8, 529.9, 529.10, 529.11, 529.12, 530.1, 530.2, 531.1, 531.2, 531.3, 531.4, 531.5, 531.6, 531.7, 531.8, 531.9, 532.1, 532.2, 532.3, 532.4, 532.5, 532.6, 532.8, 532.9, 532.10, 533.1, 533.2, 533.3, 533.4, 533.5, 533.6, 533.7, 533.8, 533.9, 533.10, 533.11, 533.12, 533.13, 533.14, 533.15, 533.16, 533.17, 533.18, 533.19, 534.1, 534.2, 534.3, 534.4, 534.5, 534.6, 535.1, 535.2, 535.3, 535.4, 535.5, 535.6, 535.7, 539.1, 540.1, 541.1, 541.2, 542.1, 542.2, 542.3, 543.1, 544.1, 544.2, 544.3, 546.1, 546.2, 546.3, 546.4, 546.5, 546.6, 546.7, 546.8, 546.9, 546.10, 546.11, 546.12, 546.13, 546.14, 546.15, 546.16, 547.1, 548.1, 549.1, 549.2, 549.3, 549.4, 549.5, 549.6, 549.7, 549.8, 550.4, 550.5, 551.1, 552.1, 552.2, 552.3, 554.1, 554.2, 555.1, 555.2, 555.3, 555.4, 555.5, 555.6, 555.7, 556.1, 557.1, 557.2, 557.3, 557.4, 557.5, 557.6, 557.7, 557.8, 557.9, 557.10, 557.11, 557.12, 557.13, 557.14, 557.15, 557.16, 557.17, 557.18, 558.1, 558.2, 558.3, 558.4, 558.5, 558.6, 558.7, 558.8, 558.9, 558.10, 558.11, 558.12, 559.1, 560.1, 560.2, 560.3, 560.6, 561.1, 561.2, 561.3, 562.1, 562.2, 564.1, 564.2, 564.3, 565.1, 565.2, 565.3, 565.4, 565.5, 566.8, 566.9, 566.10, 567.1, 568.1, 568.8, 568.9, 568.10, 568.11, 568.12, 568.13, 569.2, 569.4, 570.3, 570.4, 571.1, 571.2, 571.3, 571.4, 571.5, 571.6, 572.1, 572.2, 572.3, 572.4, 572.5, 572.6, 572.7, 572.8, 572.9, 572.10, 572.11, 572.12, 572.13, 572.14, 572.15, 572.16, 572.17, 572.18, 572.19, 572.20, 572.21, 572.22, 572.23, 572.24, 572.25, 573.1, 573.2, 573.3, 573.4, 574.1, 574.2, 574.3, 574.4, 574.5, 574.6, 574.7, 574.8, 574.9, 575.1, 575.2, 575.3, 575.4, 576.1, 576.2, 576.3, 576.4, 576.5, 576.6, 577.1, 577.2, 577.3, 577.4, 577.10, 578.1, 578.2, 578.3, 578.4, 578.5, 578.6, 578.7, 578.8. |Düker GmbH, Karlstadt/Main: 251.5, 251.10. |ebm-papst, Mulfingen: 566.1, 566.2, 566.3, 566.4, 566.6, 566.7, 566.11, 568.14. |Europäische Kommission, Brussels: 43.11, 43.12, 363.4. |Flamco GmbH, Machern: 490.2. |fotolia.com, New York: Wieselpixx 431.1; womue 431.2. |Geberit, Pfullendorf: 85.4, 265.4, 265.5, 265.6, 265.7, 265.8, 265.10, 313.1, 317.1, 317.2, 317.3, 317.4,

317.5, 317.6, 317.7, 319.9, 319.10, 319.11, 319.14, 320.20. |Gebr. Kemper GmbH + Co. KG, Olpe-Biggesee: 196.2, 198.9, 199.3, 199.4, 239.4. |GEOplast Kunststofftechnik Ges.m.b.H, Theresienfeld: 433.6. |Georg Fischer AG, Schaffhausen: 221.9, 221.10, 221.12. |GLORIA GmbH, Wadersloh: 251.3, 251.8, 251.9, 251.11, 252.1, 252.2. |GOK Regler- und Armaturen Gesellschaft mbH & Co. KG, Marktbreit: 373.2, 373.5, 376.1, 376.2, 376.3, 376.4, 376.5, 376.6, 376.7, 376.8, 376.9, 376.10, 376.13, 376.14, 376.15, 376.16, 376.17, 377.1, 377.2, 377.3, 377.4, 377.5, 377.6, 377.7, 377.8, 377.9, 377.10, 377.11, 377.12, 377.13, 377.14, 377.15, 378.1, 378.2, 378.3, 378.4, 378.5, 378.6, 378.7, 378.8, 378.9, 378.10, 378.11, 378.12, 378.13, 378.14, 378.15, 378.16, 378.17, 378.18, 378.19, 378.20, 378.21, 382.1, 382.2. |Grammer Solar GmbH, Amberg: 418.2. |Grundfos GmbH, Wahlstedt: Werkbild Grundfos 395.10. |hager.de, Blieskastel: 46.3, 47.3, 48.1. |Hansgrohe SE, Schiltach: 315.21, 315.22, 315.23. |Hauff-Technik GmbH & Co. KG, Hermaringen: 221.11, 221.13. |Heinrich Klar Schilder- u. Etikettenfabrik GmbH & Co. KG, Wuppertal: 100.11, 100.17, 100.18, 100.32, 100.51. |Heinrich Kopp GmbH, Kahl: 47.1, 51.1. |Hilti AG, Kaufering: 178.2, 178.3, 178.4, 178.5, 178.6, 178.7, 178.8, 178.9, 178.10, 178.11, 179.1, 474.14. |Ideal Standard GmbH, Bonn: 315.5. |Jeremias GmbH, Wassertrüdingen: 497.1. |Kampmann GmbH & Co. KG, Lingen: 462.5. |Kessel AG, Lenting: 267.12, 293.7, 293.8, 293.9, 294.1. |Kutzner + Weber GmbH, Maisach: 368.6, 498.2, 498.4, 498.5. |KWC Aquarotter GmbH, Ludwigsfelde: 315.9, 315.13, 315.16, 315.18, 315.19. |Maico Elektroapparate-Fabrik GmbH, Villingen-Schwenningen: 543.2, 543.3, 543.4, 543.5, 543.6, 543.7, 543.8, 568.7. |Max Weishaupt GmbH, Schwendi: 503.1. |MEPA - Pauli und Menden GmbH, Rheinbreitenbach: 320.25. |Metabowerke GmbH, Nürtingen: 474.9. |METU Meinig AG, Rietheim-Weilheim: 560.4, 560.5. |Neoperl GmbH, Müllheim: 218.12, 218.13, 218.14, 218.15, 218.16, 218.17, 218.18, 218.19. |Nicotra Gebhardt GmbH, Waldenburg: 568.5. |niemehrheizoel.de, Berlin: 433.10. |Oventrop GmbH & Co. KG, Olsberg: 70.1, 70.2, 70.3, 70.4, 70.5, 70.6, 70.7, 70.8, 70.9, 70.10, 70.11, 70.12, 70.13, 70.14, 70.15, 70.16, 70.17, 391.1, 470.3, 470.6, 470.7, 470.8, 470.9, 470.10, 470.11, 470.12. |REHAU Industries SE & Co. KG, Erlangen: 268.12, 268.15, 268.20, 268.21, 268.22. |REMS GmbH & Co KG, Waiblingen: 135.12, 474.4, 474.7. |Resideo, Mosbach: 217.1, 217.2, 217.3, 217.4, 217.5, 217.6, 217.7, 217.8, 217.9, 217.10. |SCHAKO KG, Kolbingen: 577.6. |Schiedel GmbH & Co. KG, München: 496.10, 496.11, 496.12, 496.13, 496.14. |SENERTEC Kraft-Wärme-Energiesysteme GmbH, Schweinfurt: 427.2, 428.1. |Sensus GmbH Hannover, Laatzen: 222.9. |Shutterstock.com, New York: grafvision Titel; Keepsmiling4u 421.1, 421.2. |Siemens AG, München: 46.1, 46.2. |Steinen, Parsippany: 509.1. |stock.adobe.com, Dublin: 3desc 475.1, 475.2; Bartussek, Ingo 419.2; carroteater 569.1, 569.3; creAtive 468.7; detailfoto 340.2, 340.8; Eisenhans 467.4; fotoember Titel; Gregor, Nicolas Titel; Kosev, Aleksandar 558.13; kuchina 559.2; Michel, T. 519.10, 519.11, 519.12, 519.13, 519.14, 519.15, 519.16; phadventure 398.2, 459.2; photocrew 480.4; rdnzl 480.3; Rosskothen, Michael Titel; Studio Harmony Titel, Titel; Trischberger, Rupert/rupbilder 480.5. |TECE GmbH, Emsdetten: 148.10. |Trox GmbH, Neukirchen-Vluyn: 532.7. |URIMAT Deutschland GmbH, Hundsangen: 318.5, 318.11, 318.12. |VDE Prüf- und Zertifizierungsinstitut GmbH, Offenbach: 43.13, 43.15, 43.16, 43.17, 43.18, 363.2, 363.3. |Viega GmbH & Co. KG, Attendorn: 102.1, 135.1, 135.2, 135.3, 135.5, 135.6, 135.7, 135.8, 135.9, 135.10, 135.11, 135.13, 135.14, 341.2. |Viessmann Industrie GmbH, Allendorf (Eder): 417.2, 417.3, 426.7, 426.9, 428.2, 428.3, 429.3, 429.4, 429.5, 429.6, 432.1, 432.2, 433.3. |Villeroy & Boch AG, Mettlach: 316.34, 318.3, 318.4, 318.6. |Wildeboer Bauteile GmbH, Weener: 577.5, 577.7, 577.8, 577.9. |WILO SE, Wiener Neudorf: 211.3, 248.7, 249.1, 249.6, 249.7, 249.8, 268.16, 268.18, 268.19, 291.7, 291.12, 395.5, 395.6, 395.7, 395.8, 482.1, 482.2, 482.3, 482.5, 485.4. |WOLF Anlagen-Technik GmbH & Co. KG, Geisenfeld: 554.3, 568.2, 568.3, 568.4. |Zehnder Group Deutschland GmbH, Lahr: 458.2, 458.3, 458.4, 458.10.

584.1 Verzeichnis technischer Regeln (Auswahl)

DIN — Seite

DIN EN — Seite

585.1 Verzeichnis technischer Regeln (Auswahl)

Symbole

A

B

C

D

E

F

G

H

I

J

K

L

M

N

O

P

Q

R

S

T

U

V

W

Z